一、二级注册结构工程师
必备规范汇编

（修订缩印本）

（下　册）

本社　编

中国建筑工业出版社

总　目　录

（附条文说明）

（● 为二级注册结构工程师考试必备规范）

中华人民共和国国家标准

钢结构焊接规范

Code for welding of steel structures

GB 50661—2011

主编部门：中华人民共和国住房和城乡建设部
批准部门：中华人民共和国住房和城乡建设部
施行日期：２０１２年８月１日

中华人民共和国住房和城乡建设部
公　告

第 1212 号

关于发布国家标准
《钢结构焊接规范》的公告

现批准《钢结构焊接规范》为国家标准，编号为 GB 50661-2011，自 2012 年 8 月 1 日起实施。其中，第 4.0.1、5.7.1、6.1.1、8.1.8 条为强制性条文，必须严格执行。

本规范由我部标准定额研究所组织中国建筑工业出版社出版发行。

中华人民共和国住房和城乡建设部
2011 年 12 月 5 日

前　言

本规范根据原建设部《关于印发〈2007 年工程建设标准规范制订、修订计划（第二批）〉的通知》（建标〔2007〕126 号）的要求，由中冶建筑研究总院有限公司会同有关单位编制而成。

本规范提出了钢结构焊接连接构造设计、制作、材料、工艺、质量控制、人员等技术要求。同时，为贯彻执行国家技术经济政策，反映钢结构建设领域可持续发展理念，本规范在控制钢结构焊接质量的同时，加强了节能、节材与环境保护等要求。

本规范在编制过程中，总结了近年来我国钢结构焊接的实践经验和研究成果，编制组开展了多项专题研究，充分采纳了已在工程实际中应用的焊接新技术、新工艺、新材料，并借鉴了有关国际标准和国外先进标准，广泛征求了各方面的意见，对具体内容进行了反复讨论和修改，经审查定稿。

本规范的主要内容有：总则，术语和符号，基本规定，材料，焊接连接构造设计，焊接工艺评定，焊接工艺，焊接检验，焊接补强与加固等。

本规范中以黑体字标志的条文为强制性条文，必须严格执行。

本规范由住房和城乡建设部负责管理和对强制性条文的解释，由中冶建筑研究总院有限公司负责具体技术内容的解释。请各单位在本规范执行过程中，总结经验，积累资料，随时将有关意见和建议反馈给中冶建筑研究总院有限公司《钢结构焊接规范》国家标准管理组（地址：北京市海淀区西土城路 33 号；邮政编码：100088；电子邮箱：jyz3408@263.net），以供今后修订时参考。

本 规 范 主 编 单 位：中冶建筑研究总院有限公司
　　　　　　　　　　中国二冶集团有限公司
本 规 范 参 编 单 位：国家钢结构工程技术研究中心
　　　　　　　　　　中国京冶工程技术有限公司
　　　　　　　　　　中国航空工业规划设计研究院
　　　　　　　　　　宝钢钢构有限公司
　　　　　　　　　　宝山钢铁股份有限公司
　　　　　　　　　　中冶赛迪工程技术股份有限公司
　　　　　　　　　　水利部水工金属结构质量检验测试中心
　　　　　　　　　　江苏沪宁钢机股份有限公司
　　　　　　　　　　浙江东南网架股份有限公司
　　　　　　　　　　北京远达国际工程管理咨询有限公司
　　　　　　　　　　上海中远川崎重工钢结构有限公司
　　　　　　　　　　陕西省建筑科学研究院
　　　　　　　　　　中铁山桥集团有限公司
　　　　　　　　　　浙江精工钢结构有限公司
　　　　　　　　　　北京三杰国际钢结构有限公司

上海宝冶建设有限公司

中建钢构有限公司

中建一局钢结构工程有限公司

北京市市政工程设计研究总院

中国电力科学研究院

北京双圆工程咨询监理有限公司

天津二十冶钢结构制造有限公司

大连重工·起重集团有限公司

武钢集团武汉冶金重工有限公司

武钢集团金属结构有限责任公司

本规范主要起草人员：刘景凤　周文瑛　段　斌
　　　　　　　　　　苏　平　侯兆新　马德志
　　　　　　　　　　葛家琪　屈朝霞　费新华
　　　　　　　　　　马　鹰　江文琳　李翠光
　　　　　　　　　　范希贤　董晓辉　刘绪明
　　　　　　　　　　张宣关　徐向军　戴为志
　　　　　　　　　　尹敏达　王　斌　卢立香
　　　　　　　　　　戴立先　何维利　徐德录
　　　　　　　　　　刘明学　张爱民　王　晖
　　　　　　　　　　胡银华　吴佑明　任文军
　　　　　　　　　　贺明玄　曹晓春　王　建
　　　　　　　　　　高　良　刘　春

本规范主要审查人员：杨建平　李本端　鲍广鉴
　　　　　　　　　　贺贤娟　但泽义　吴素君
　　　　　　　　　　张心东　施天敏　尹士安
　　　　　　　　　　张玉玲　吴成材

目　　次

Contents

1 总 则

1.0.1 为在钢结构焊接中贯彻执行国家的技术经济政策，做到技术先进、经济合理、安全适用、确保质量、节能环保，制定本规范。

1.0.2 本规范适用于工业与民用钢结构工程中承受静荷载或动荷载、钢材厚度不小于3mm的结构焊接。本规范适用的焊接方法包括焊条电弧焊、气体保护电弧焊、药芯焊丝自保护焊、埋弧焊、电渣焊、气电立焊、栓钉焊及其组合。

1.0.3 钢结构焊接必须遵守国家现行安全技术和劳动保护等有关规定。

1.0.4 钢结构焊接除应符合本规范外，尚应符合国家现行有关标准的规定。

2 术语和符号

2.1 术 语

2.1.1 消氢热处理 hydrogen relief heat treatment

对于冷裂纹倾向较大的结构钢，焊接后立即将焊接接头加热至一定温度（250℃～350℃）并保温一段时间，以加速焊接接头中氢的扩散逸出，防止由于扩散氢的积聚而导致延迟裂纹产生的焊后热处理方法。

2.1.2 消应热处理 stress relief heat treatment

焊接后将焊接接头加热到母材 A_{c1} 线以下的一定温度（550℃～650℃）并保温一段时间，以降低焊接残余应力，改善接头组织性能为目的的焊后热处理方法。

2.1.3 过焊孔 weld access hole

在构件焊缝交叉的位置，为保证主要焊缝的连续性，并有利于焊接操作的进行，在相应位置开设的焊缝穿越孔。

2.1.4 免予焊接工艺评定 prequalification of WPS

在满足本规范相应规定的某些特定焊接方法和参数、钢材、接头形式、焊接材料组合的条件下，可以不经焊接工艺评定试验，直接采用本规范规定的焊接工艺。

2.1.5 焊接环境温度 temperature of welding circumstance

施焊时，焊件周围环境的温度。

2.1.6 药芯焊丝自保护焊 flux cored wire selfshield arc welding

不需外加气体或焊剂保护，仅依靠焊丝药芯在高温时反应形成的熔渣和气体保护焊接区进行焊接的方法。

2.1.7 检测 testing

按照规定程序，由确定给定产品的一种或多种特

性进行检验、测试处理或提供服务所组成的技术操作。

2.1.8 检查 inspection

对材料、人员、工艺、过程或结果的核查，并确定其相对于特定要求的符合性，或在专业判断的基础上，确定相对于通用要求的符合性。

2.2 符 号

α——焊缝坡口角度；

h——焊缝坡口深度；

b——焊缝坡口根部间隙；

P——焊缝坡口钝边高度；

h_e——焊缝计算厚度；

z——焊缝计算厚度折减值；

h_f——焊脚尺寸；

h_k——加强焊脚尺寸；

L——焊缝的长度；

B——焊缝宽度；

C——焊缝余高；

Δ——对接焊缝错边量；

$D(d)$——主（支）管直径；

Φ——直径；

Ψ——两面角；

δ——试样厚度；

t——板、壁的厚度；

a——间距；

W——型钢杆件的宽度；

Σ_f——角焊缝名义应力；

T_f——角焊缝名义剪应力；

η——焊缝强度折减系数；

f_f^w——角焊缝的抗剪强度设计值；

$HV10$——试验力为98.07N（10kgf），保持荷载（10～15）s的维氏硬度；

R_{eH}——上屈服强度；

R_{eL}——下屈服强度；

R_m——抗拉强度；

A——断后伸长率；

Z——断面收缩率。

3 基 本 规 定

3.0.1 钢结构工程焊接难度可按表 3.0.1 分为 A、B、C、D 四个等级。钢材碳当量（CEV）应采用公式（3.0.1）计算。

$$CEV(\%) = C + \frac{Mn}{6} + \frac{Cr + Mo + V}{5} + \frac{Cu + Ni}{15}(\%) \quad (3.0.1)$$

注：本公式适用于非调质钢。

表 3.0.1　钢结构工程焊接难度等级

焊接难度等级　＼　影响因素[a]	板厚 t (mm)	钢材分类[b]	受力状态	钢材碳当量 $CEV(\%)$
A（易）	$t\leqslant30$	I	一般静载拉、压	$CEV\leqslant0.38$
B（一般）	$30<t\leqslant60$	II	静载且板厚方向受拉或间接动载	$0.38<CEV\leqslant0.45$
C（较难）	$60<t\leqslant100$	III	直接动载、抗震设防烈度等于 7 度	$0.45<CEV\leqslant0.50$
D（难）	$t>100$	IV	直接动载、抗震设防烈度大于等于 8 度	$CEV>0.50$

注：a　根据表中影响因素所处最难等级确定整体焊接难度；

　　b　钢材分类应符合本规范表 4.0.5 的规定。

3.0.2 钢结构焊接工程设计、施工单位应具备与工程结构类型相应的资质。

3.0.3 承担钢结构焊接工程的施工单位应符合下列规定：

1 具有相应的焊接质量管理体系和技术标准；

2 具有相应资格的焊接技术人员、焊接检验人员、无损检测人员、焊工、焊接热处理人员；

3 具有与所承担的焊接工程相适应的焊接设备、检验和试验设备；

4 检验仪器、仪表应经计量检定、校准合格且在有效期内；

5 对承担焊接难度等级为 C 级和 D 级的施工单位，应具有焊接工艺试验室。

3.0.4 钢结构焊接工程相关人员的资格应符合下列规定：

1 焊接技术人员应接受过专门的焊接技术培训，且有一年以上焊接生产或施工实践经验；

2 焊接技术负责人除应满足本条 1 款规定外，还应具有中级以上技术职称。承担焊接难度等级为 C 级和 D 级焊接工程的施工单位，其焊接技术负责人应具有高级技术职称；

3 焊接检验人员应接受过专门的技术培训，有一定的焊接实践经验和技术水平，并具有检验人员上岗资格证；

4 无损检测人员必须由专业机构考核合格，其资格证应在有效期内，并按考核合格项目及权限从事无损检测和审核工作。承担焊接难度等级为 C 级和 D 级焊接工程的无损检测审核人员应具备现行国家标准《无损检测人员资格鉴定与认证》GB/T 9445 中的 3 级资格要求；

5 焊工应按所从事钢结构的钢材种类、焊接节点形式、焊接方法、焊接位置等要求进行技术资格考试，并取得相应的资格证书，其施焊范围不得超越资格证书的规定；

6 焊接热处理人员应具备相应的专业技术。用电加热设备加热时，其操作人员应经过专业培训。

3.0.5 钢结构焊接工程相关人员的职责应符合下列规定：

1 焊接技术人员负责组织进行焊接工艺评定，编制焊接工艺方案及技术措施和焊接作业指导书或焊接工艺卡，处理施工过程中的焊接技术问题；

2 焊接检验人员负责对焊接作业进行全过程的检查和控制，出具检查报告；

3 无损检测人员应按设计文件或相应规范规定的探伤方法及标准，对受检部位进行探伤，出具检测报告；

4 焊工应按照焊接工艺文件的要求施焊；

5 焊接热处理人员应按照热处理作业指导书及相应的操作规程进行作业。

3.0.6 钢结构焊接工程相关人员的安全、健康及作业环境应遵守国家现行安全健康相关标准的规定。

4　材　料

4.0.1 钢结构焊接工程用钢材及焊接材料应符合设计文件的要求，并应具有钢厂和焊接材料厂出具的产品质量证明书或检验报告，其化学成分、力学性能和其他质量要求应符合国家现行有关标准的规定。

4.0.2 钢材及焊接材料的化学成分、力学性能复验应符合国家现行有关工程质量验收标准的规定。

4.0.3 选用的钢材应具备完善的焊接性资料、指导性焊接工艺、热加工和热处理工艺参数、相应钢材的焊接接头性能数据等资料；新材料应经专家论证、评审和焊接工艺评定合格后，方可在工程中采用。

4.0.4 焊接材料应由生产厂提供熔敷金属化学成分、性能鉴定资料及指导性焊接工艺参数。

4.0.5 钢结构焊接工程中常用国内钢材按其标称屈服强度分类应符合表 4.0.5 的规定。

表 4.0.5　常用国内钢材分类

类别号	标称屈服强度	钢材牌号举例	对应标准号
I	≤295MPa	Q195、Q215、Q235、Q275	GB/T 700
		20、25、15Mn、20Mn、25Mn	GB/T 699
		Q235q	GB/T 714
		Q235GJ	GB/T 19879
		Q235NH、Q265GNH、Q295NH、Q295GNH	GB/T 4171
		ZG 200-400H、ZG 230-450H、ZG 275-485H	GB/T 7659
		G17Mn5QT、G20Mn5N、G20Mn5QT	CECS 235

续表 4.0.5

类别号	标称屈服强度	钢材牌号举例	对应标准号
II	>295MPa 且 ≤370MPa	Q345	GB/T 1591
		Q345q、Q370q	GB/T 714
		Q345GJ	GB/T 19879
		Q310GNH、Q355NH、Q355GNH	GB/T 4171
III	>370MPa 且 ≤420MPa	Q390、Q420	GB/T 1591
		Q390GJ、Q420GJ	GB/T 19879
		Q420q	GB/T 714
		Q415NH	GB/T 4171
IV	>420MPa	Q460、Q500、Q550、Q620、Q690	GB/T 1591
		Q460GJ	GB/T 19879
		Q460NH、Q500NH、Q550NH	GB/T 4171

注：国内新钢材和国外钢材按其屈服强度级别归入相应类别。

4.0.6 T 形、十字形、角接接头，当其翼缘板厚度不小于 40mm 时，设计宜采用对厚度方向性能有要求的钢板。钢材的厚度方向性能级别应根据工程的结构类型、节点形式及板厚和受力状态等情况按现行国家标准《厚度方向性能钢板》GB/T 5313 的有关规定进行选择。

4.0.7 焊条应符合现行国家标准《碳钢焊条》GB/T 5117、《低合金钢焊条》GB/T 5118 的有关规定。

4.0.8 焊丝应符合现行国家标准《熔化焊用钢丝》GB/T 14957、《气体保护电弧焊用碳钢、低合金钢焊丝》GB/T 8110 及《碳钢药芯焊丝》GB/T 10045、《低合金钢药芯焊丝》GB/T 17493 的有关规定。

4.0.9 埋弧焊用焊丝和焊剂应符合现行国家标准《埋弧焊用碳钢焊丝和焊剂》GB/T 5293、《埋弧焊用低合金钢焊丝和焊剂》GB/T 12470 的有关规定。

4.0.10 气体保护焊使用的氩气应符合现行国家标准《氩》GB/T 4842 的有关规定，其纯度不应低于 99.95%。

4.0.11 气体保护焊使用的二氧化碳应符合现行行业标准《焊接用二氧化碳》HG/T 2537 的有关规定。焊接难度为 C、D 级和特殊钢结构工程中主要构件的重要焊接节点，采用的二氧化碳质量应符合该标准中优等品的要求。

4.0.12 栓钉焊使用的栓钉及焊接瓷环应符合现行国家标准《电弧螺柱焊用圆柱头焊钉》GB/T 10433 的有关规定。

5 焊接连接构造设计

5.1 一般规定

5.1.1 钢结构焊接连接构造设计，应符合下列规定：

　　1 宜减少焊缝的数量和尺寸；

　　2 焊缝的布置宜对称于构件截面的中性轴；

　　3 节点区的空间应便于焊接操作和焊后检测；

　　4 宜采用刚度较小的节点形式，宜避免焊缝密集和双向、三向相交；

　　5 焊缝位置应避开高应力区；

　　6 应根据不同焊接工艺方法选用坡口形式和尺寸。

5.1.2 设计施工图、制作详图中标识的焊缝符号应符合现行国家标准《焊缝符号表示法》GB/T 324 和《建筑结构制图标准》GB/T 50105 的有关规定。

5.1.3 钢结构设计施工图中应明确规定下列焊接技术要求：

　　1 构件采用钢材的牌号和焊接材料的型号、性能要求及相应的国家现行标准；

　　2 钢结构构件相交节点的焊接部位、有效焊缝长度、焊脚尺寸、部分焊透焊缝的焊透深度；

　　3 焊缝质量等级，有无损检测要求时应标明无损检测的方法和检查比例；

　　4 工厂制作单元及构件拼装节点的允许范围，并根据工程需要提出结构设计应力图。

5.1.4 钢结构制作详图中应标明下列焊接技术要求：

　　1 对设计施工图中所有焊接技术要求进行详细标注，明确钢结构构件相交节点的焊接部位、焊接方法、有效焊缝长度、焊缝坡口形式、焊脚尺寸、部分焊透焊缝的焊透深度、焊后热处理要求；

　　2 明确标注焊缝坡口详细尺寸，如有钢衬垫标注钢衬垫尺寸；

　　3 对于重型、大型钢结构，明确工厂制作单元和工地拼装焊接的位置，标注工厂制作或工地安装焊缝；

　　4 根据运输条件、安装能力、焊接可操作性和设计允许范围确定构件分段位置和拼接节点，按设计规范有关规定进行焊缝设计并提交原设计单位进行结构安全审核。

5.1.5 焊缝质量等级应根据钢结构的重要性、荷载特性、焊缝形式、工作环境以及应力状态等情况，按下列原则选用：

　　1 在承受动荷载且需要进行疲劳验算的构件中，凡要求与母材等强连接的焊缝应焊透，其质量等级应符合下列规定：

　　　　1） 作用力垂直于焊缝长度方向的横向对接焊

缝或 T 形对接与角接组合焊缝，受拉时应为一级，受压时不应低于二级；

2) 作用力平行于焊缝长度方向的纵向对接焊缝不应低于二级；

3) 铁路、公路桥的横梁接头板与弦杆角焊缝应为一级，桥面板与弦杆角焊缝、桥面板与 U 形肋角焊缝（桥面板侧）不应低于二级；

4) 重级工作制（A6～A8）和起重量 $Q \geqslant 50t$ 的中级工作制（A4、A5）吊车梁的腹板与上翼缘之间以及吊车桁架上弦杆与节点板之间的 T 形接头焊缝应焊透，焊缝形式宜为对接与角接的组合焊缝，其质量等级不应低于二级。

2 不需要疲劳验算的构件中，凡要求与母材等强的对接焊缝宜焊透，其质量等级受拉时不应低于二级，受压时不宜低于二级。

3 部分焊透的对接焊缝、采用角焊缝或部分焊透的对接与角接组合焊缝的 T 形接头，以及搭接连接角焊缝，其质量等级应符合下列规定：

1) 直接承受动荷载且需要疲劳验算的结构和吊车起重量等于或大于 50t 的中级工作制吊车梁以及梁柱、牛腿等重要节点不应低于二级；

2) 其他结构可为三级。

5.2 焊缝坡口形式和尺寸

5.2.1 焊接位置、接头形式、坡口形式、焊缝类型及管结构节点形式（图 5.2.1）代号，应符合表 5.2.1-1～表 5.2.1-5 的规定。

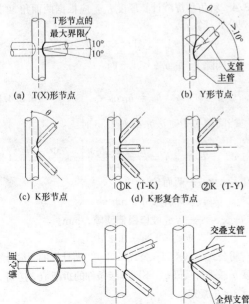

图 5.2.1 管结构节点形式

表 5.2.1-1 焊接位置代号

代 号	焊接位置
F	平焊
H	横焊
V	立焊
O	仰焊

表 5.2.1-2 接头形式代号

代 号	接头形式
B	对接接头
T	T 形接头
X	十字接头
C	角接接头
F	搭接接头

表 5.2.1-3 坡口形式代号

代 号	坡口形式
I	I 形坡口
V	V 形坡口
X	X 形坡口
L	单边 V 形坡口
K	K 形坡口
Uª	U 形坡口
Jª	单边 U 形坡口

注：a 当钢板厚度不小于 50mm 时，可采用 U 形或 J 形坡口。

表 5.2.1-4 焊缝类型代号

代 号	焊缝类型
B(G)	板(管)对接焊缝
C	角接焊缝
B_c	对接与角接组合焊缝

表 5.2.1-5 管结构节点形式代号

代 号	节点形式
T	T 形节点
K	K 形节点
Y	Y 形节点

5.2.2 焊接接头坡口形式、尺寸及标记方法应符合本规范附录 A 的规定。

5.3 焊缝计算厚度

5.3.1 全焊透的对接焊缝及对接与角接组合焊缝，采用双面焊时，反面应清根后焊接，其焊缝计算厚度 h_e 对于对接焊缝应为焊接部位较薄的板厚，对于对接与角接组合焊缝（图 5.3.1），其焊缝计算厚度 h_e 应为坡口根部至焊缝两侧表面（不计余高）的最短距离之和；采用加衬垫单面焊，当坡口形式、尺寸符合本规范表 A.0.2～表 A.0.4 的规定时，其焊缝计算厚度 h_e 应为坡口根部至焊缝表面（不计余高）的最短距离。

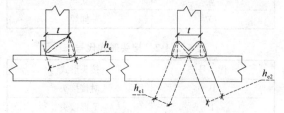

图 5.3.1　全焊透的对接与角接组合焊缝计算厚度 h_e

5.3.2 部分焊透对接焊缝及对接与角接组合焊缝，其焊缝计算厚度 h_e（图 5.3.2）应根据不同的焊接方法、坡口形式及尺寸、焊接位置对坡口深度 h 进行折减，并应符合表 5.3.2 的规定。

V 形坡口 $\alpha \geqslant 60°$ 及 U、J 形坡口，当坡口尺寸符合本规范表 A.0.5～表 A.0.7 的规定时，焊缝计算厚度 h_e 应为坡口深度 h。

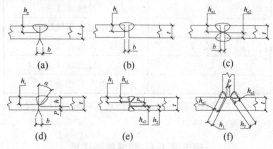

图 5.3.2　部分焊透的对接焊缝及对接
与角接组合焊缝计算厚度

**表 5.3.2　部分焊透的对接焊缝及对
接与角接组合焊缝计算厚度**

图号	坡口形式	焊接方法	t (mm)	α (°)	b (mm)	P (mm)	焊接位置	焊缝计算厚度 h_e (mm)
5.3.2(a)	I 形坡口单面焊	焊条电弧焊	3	—	1.0～1.5	—	全部	$t-1$
5.3.2(b)	I 形坡口单面焊	焊条电弧焊	$3<t$ $\leqslant 6$	—	$\frac{t}{2}$	—	全部	$\frac{t}{2}$
5.3.2(c)	I 形坡口双面焊	焊条电弧焊	$3<t$ $\leqslant 6$	—	$\frac{t}{2}$	—	全部	$\frac{3}{4}t$
5.3.2(d)	单 V 形坡口	焊条电弧焊	$\geqslant 6$	45	0	3	全部	$h-3$
5.3.2(d)	L 形坡口	气体保护焊	$\geqslant 6$	45	0	3	F, H	h
							V, O	$h-3$
5.3.2(d)	L 形坡口	埋弧焊	$\geqslant 12$	60	0	6	F	h
							H	$h-3$

续表 5.3.2

图号	坡口形式	焊接方法	t (mm)	α (°)	b (mm)	P (mm)	焊接位置	焊缝计算厚度 h_e (mm)
5.3.2(e)、(f)	K 形坡口	焊条电弧焊	$\geqslant 8$	45	0	3	全部	h_1+h_2 -6
5.3.2(e)、(f)	K 形坡口	气体保护焊	$\geqslant 12$	45	0	3	F, H	h_1+h_2
							V, O	h_1+h_2-6
5.3.2(e)、(f)	K 形坡口	埋弧焊	$\geqslant 20$	60	0	6	F	h_1+h_2

5.3.3 搭接角焊缝及直角角焊缝计算厚度 h_e（图 5.3.3）应按下列公式计算（塞焊和槽焊焊缝计算厚度 h_e 可按角焊缝的计算方法确定）：

1 当间隙 $b \leqslant 1.5$ 时：

$$h_e = 0.7h_f \qquad (5.3.3-1)$$

2 当间隙 $1.5 < b \leqslant 5$ 时：

$$h_e = 0.7(h_f - b) \qquad (5.3.3-2)$$

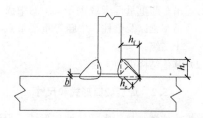

图 5.3.3　直角角焊缝及搭接角焊缝计算厚度

5.3.4 斜角角焊缝计算厚度 h_e，应根据两面角 Ψ 按下列公式计算：

1 $\Psi = 60°～135°$[图 5.3.4(a)、(b)、(c)]：

当间隙 b、b_1 或 $b_2 \leqslant 1.5$ 时：

$$h_e = h_f \cos\frac{\Psi}{2} \qquad (5.3.4-1)$$

当间隙 $1.5 < b$、b_1 或 $b_2 \leqslant 5$ 时：

$$h_e = \left[h_f - \frac{b(\text{或}\ b_1, b_2)}{\sin\psi} \right]\cos\frac{\Psi}{2} \qquad (5.3.4-2)$$

式中：　Ψ——两面角，（°）；

　　　　h_f——焊脚尺寸，mm；

b、b_1 或 b_2——焊缝坡口根部间隙，mm。

2 $30° \leqslant \Psi < 60°$[图 5.3.4(d)]：

将公式(5.3.4-1)和公式(5.3.4-2)所计算的焊缝计算厚度 h_e 减去折减值 z，不同焊接条件的折减值 z 应符合表 5.3.4 的规定。

3 $\Psi < 30°$：必须进行焊接工艺评定，确定焊缝计算厚度。

表 5.3.4　30°≤Ψ<60°时的焊缝计算厚度折减值 z

两面角 Ψ	焊接方法	折减值 z(mm)	
		焊接位置 V 或 O	焊接位置 F 或 H
60°>Ψ ≥45°	焊条电弧焊	3	3
	药芯焊丝自保护焊	3	0
	药芯焊丝气体保护焊	3	0
	实心焊丝气体保护焊	3	0
45°>Ψ ≥30°	焊条电弧焊	6	6
	药芯焊丝自保护焊	6	3
	药芯焊丝气体保护焊	10	6
	实心焊丝气体保护焊	10	6

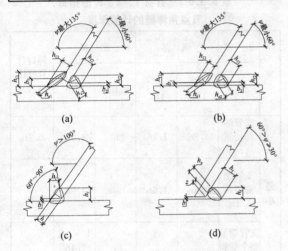

(a)　　　　(b)

(c)　　　　(d)

图 5.3.4　斜角角焊缝计算厚度

Ψ—两面角；b、b_1 或 b_2—根部间隙；h_f—焊脚尺寸；
h_e—焊缝计算厚度；z—焊缝计算厚度折减值

5.3.5 圆钢与平板、圆钢与圆钢之间的焊缝计算厚度 h_e 应按下列公式计算：

1 圆钢与平板连接[图 5.3.5(a)]：

$$h_e = 0.7h_f \qquad (5.3.5-1)$$

2 圆钢与圆钢连接[图 5.3.5(b)]：

$$h_e = 0.1(\varphi_1 + 2\varphi_2) - a \qquad (5.3.5-2)$$

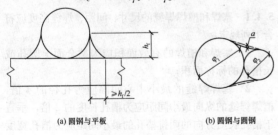

(a) 圆钢与平板　　　　(b) 圆钢与圆钢

图 5.3.5　圆钢与平板、圆钢与圆钢焊缝计算厚度

式中：φ_1——大圆钢直径，mm；

φ_2——小圆钢直径，mm；

a——焊缝表面至两个圆钢公切线的间距，mm。

5.3.6 圆管、矩形管 T、Y、K 形相贯节点的焊缝计算厚度 h_e，应根据局部两面角 Ψ 的大小，按相贯节点趾部、侧部、跟部各区和局部细节计算取值(图 5.3.6-1、图 5.3.6-2)，且应符合下列规定：

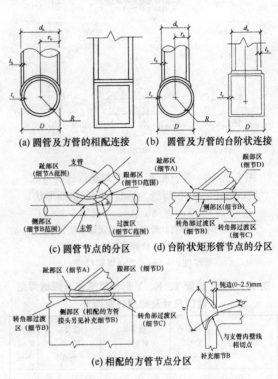

(a) 圆管及方管的相配连接　　(b) 圆管及方管的台阶状连接

(c) 圆管节点的分区　　(d) 台阶状矩形管节点的分区

(e) 相配的方管节点分区

图 5.3.6-1　圆管、矩形管相贯节点焊缝分区

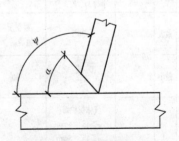

图 5.3.6-2　局部两面角 Ψ 和坡口角度 α

1 管材相贯节点全焊透焊缝各区的形式及尺寸细节应符合图 5.3.6-3 的要求，焊缝坡口尺寸及计算厚度宜符合表 5.3.6-1 的规定；

2 管材台阶状相贯节点部分焊透焊缝各区坡口形式与尺寸细节应符合图 5.3.6-4(a)的要求；矩形管材相配的相贯节点部分焊透焊缝各区坡口形式与尺寸细节应符合图 5.3.6-4(b)的要求。焊缝计算厚度的折减值 z 应符合本规范表 5.3.4 的规定；

3 管材相贯节点各区细节应符合图 5.3.6-5 的要求，角焊缝的焊缝计算厚度 h_e 应符合表 5.3.6-2 的规定。

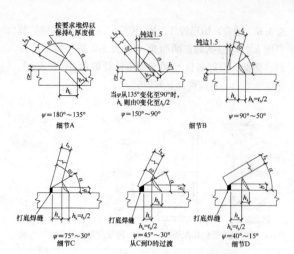

图 5.3.6-3 管材相贯节点全焊透焊缝的各区
坡口形式与尺寸(焊缝为标准平直状剖面形状)

1—尺寸 h_e、h_L、b、b'、ψ、ω、α 见表 5.3.6-1;

2—最小标准平直状焊缝剖面形状如实线所示;

3—可采用虚线所示的下凹状剖面形状;4—支

管厚度;5—h_k:加强焊脚尺寸

表 5.3.6-1　圆管 T、K、Y 形相贯节点全焊透焊缝坡口尺寸及焊缝计算厚度

坡口尺寸		细节 A $\psi=180°$ $\sim135°$	细节 B $\psi=150°$ $\sim50°$	细节 C $\psi=75°$ $\sim30°$	细节 D $\psi=40°$ $\sim15°$
坡口角度 α	最大	90°	$\psi\leqslant105°$:60°	40°; ψ 较大时 60°	—
	最小	45°	37.5°; ψ 较小时 $1/2\psi$	$1/2\psi$	—
支管端部斜削角度 ω	最大	—	90°	根据所需的 α 值确定	
	最小		10° 或 ψ > 105°:45°	10°	
根部间隙 b	最大	5mm	气体保护焊: α>45°:6mm α≤45°:8mm 焊条电弧焊和药芯焊丝自保护焊:6mm		
	最小	1.5mm	1.5mm		
打底焊后坡口底部宽度 b'	最大	—	焊条电弧焊和药芯焊丝自保护焊: α=25°~40°:3mm α=15°~25°:5mm 气体保护焊: α=30°~40°:3mm α=25°~30°:6mm α=20°~25°:10mm α=15°~20°:13mm		

续表 5.3.6-1

坡口尺寸	细节 A $\psi=180°$ $\sim135°$	细节 B $\psi=150°$ $\sim50°$	细节 C $\psi=75°$ $\sim30°$	细节 D $\psi=40°$ $\sim15°$
焊缝计算厚度 h_e		$\psi\geqslant90°$ 时, $\geqslant t_b$; $\psi<90°$ 时, $\geqslant \dfrac{t_b}{\sin\psi}$	$\geqslant\dfrac{t_b}{\sin\psi}$, 最大 $1.75t_b$	$\geqslant2t_b$
h_L	$\geqslant\dfrac{t_b}{\sin\psi}$, 最大 $1.75t_b$		焊缝可堆焊至满足要求	

注:坡口角度 $\alpha<30°$ 时应进行工艺评定;由打底焊道保证坡口底部必要的宽度 b'。

表 5.3.6-2　管材 T、Y、K 形相贯节点角焊缝的计算厚度

ψ		趾部	侧部		跟部		焊缝计算厚度 (h_e)
		>120°	110°~ 120°	100°~ 110°	≤100°	<60°	
最小 h_f	支管端部切斜 t_b	1.2t_b	1.1t_b	t_b	1.5t_b		0.7t_b
	支管端部切斜 1.4t_b	1.8t_b	1.6t_b	1.4t_b	1.5t_b		t_b
	支管端部整个切斜 60°~90° 坡口角	2.0t_b	1.75t_b	1.5t_b	1.5t_b	1.5t_b 或 1.4t_b +z 取较大值	1.07t_b

注:1　低碳钢($R_{eH}\leqslant280$MPa)圆管,要求焊缝与管材超强匹配的弹性工作应力设计时,$h_e=0.7t_b$;要求焊缝与管材等强匹配的极限强度设计时,$h_e=1.0t_b$;

　　2　其他各种情况,$h_e=t_c$ 或 $h_e=1.07t_b$ 中较小值;t_c 为主管壁厚。

5.4　组焊构件焊接节点

5.4.1　塞焊和槽焊焊缝的尺寸、间距、焊缝高度应符合下列规定:

　1　塞焊和槽焊的有效面积应为贴合面上圆孔或长槽孔的标称面积;

　2　塞焊焊缝的最小中心间隔应为孔径的 4 倍,槽焊焊缝的纵向最小间距应为槽孔长度的 2 倍,垂直于槽孔长度方向的两排槽孔的最小间距应为槽孔宽度的 4 倍;

　3　塞焊孔的最小直径不得小于开孔板厚度加 8mm,最大直径应为最小直径值加 3mm 和开孔件厚度的 2.25 倍两值中较大者。槽孔长度不应超过开孔件厚度的 10 倍,最小及最大槽宽规定应与塞焊孔的

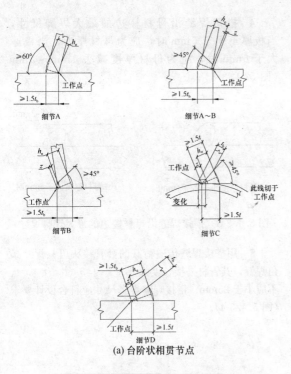

(a) 台阶状相贯节点

图 5.3.6-4 管材相贯节点部分焊透
焊缝各区坡口形式与尺寸（一）

1—t 为 t_b、t_c 中较薄截面厚度；

2—除过渡区域或跟部区域外，其余部位削斜到边缘；

3—根部间隙 0mm～5mm；4—坡口角度 $\alpha<30°$
时应进行工艺评定；5—焊缝计算厚度 $h_e>t_b$，

z 折减尺寸见本规范表 5.3.4；6—方管截面角部过
渡区的接头应制作成从一细部圆滑过渡到另一细部，
焊接的起点与终点都应在方管的平直部位，转角部
位应连续焊接，转角处焊缝应饱满

最小及最大孔径规定相同；

 4 塞焊和槽焊的焊缝高度应符合下列规定：

  1）当母材厚度不大于 16mm 时，应与母材厚
度相同；

  2）当母材厚度大于 16mm 时，不应小于母材
厚度的一半和 16mm 两值中较大者。

 5 塞焊焊缝和槽焊焊缝的尺寸应根据贴合面上
承受的剪力计算确定。

5.4.2 角焊缝的尺寸应符合下列规定：

 1 角焊缝的最小计算长度应为其焊脚尺寸（h_f）
的 8 倍，且不应小于 40mm；焊缝计算长度应为扣除
引弧、收弧长度后的焊缝长度；

 2 角焊缝的有效面积应为焊缝计算长度与计算
厚度（h_e）的乘积。对任何方向的荷载，角焊缝上的
应力应视为作用在这一有效面积上；

 3 断续角焊缝焊段的最小长度不应小于最小计
算长度；

 4 角焊缝最小焊脚尺寸宜按表 5.4.2 取值；

 5 被焊构件中较薄板厚度不小于 25mm 时，宜

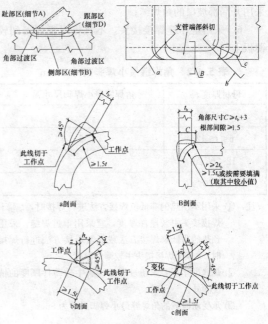

(b) 矩形管材相配的相贯节点

图 5.3.6-4 管材相贯节点部分焊
透焊缝各区坡口形式与尺寸（二）

1—t 为 t_b、t_c 中较薄截面厚度；

2—除过渡区域或跟部区域外，其余部位削斜到边缘；

3—根部间隙 0mm～5mm；4—坡口角度 $\alpha<30°$ 时
应进行工艺评定；5—焊缝计算厚度 $h_e>t_b$，

z 折减尺寸见本规范表 5.3.4；6—方管截面角部
过渡区的接头应制作成从一细部圆滑过渡到另一细部，
焊接的起点与终点都应在方管的平直部位，转角部位应
连续焊接，转角处焊缝应饱满

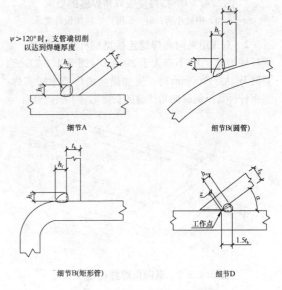

图 5.3.6-5 管材相贯节点角焊缝
接头各区形状与尺寸

1—t_b 为较薄件厚度；2—h_f 为最小焊脚尺寸

采用开局部坡口的角焊缝；

6 采用角焊缝焊接接头，不宜将厚板焊接到较薄板上。

表 5.4.2 角焊缝最小焊脚尺寸（mm）

母材厚度 $t^{①}$	角焊缝最小焊脚尺寸 $h_f^{②}$
$t \leqslant 6$	$3^{③}$
$6 < t \leqslant 12$	5
$12 < t \leqslant 20$	6
$t > 20$	8

注：① 采用不预热的非低氢焊接方法进行焊接时，t 等于焊接接头中较厚件厚度，宜采用单道焊缝；采用预热的非低氢焊接方法或低氢焊接方法进行焊接时，t 等于焊接接头中较薄件厚度；
② 焊缝尺寸不要求超过焊接接头中较薄件厚度的情况除外；
③ 承受动荷载的角焊缝最小焊脚尺寸为 5mm。

5.4.3 搭接接头角焊缝的尺寸及布置应符合下列规定：

1 传递轴向力的部件，其搭接接头最小搭接长度应为较薄件厚度的 5 倍，且不应小于 25mm（图 5.4.3-1），并应施焊纵向或横向双角焊缝；

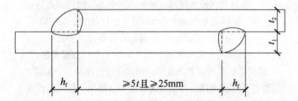

图 5.4.3-1 搭接接头双角焊缝的要求
t—t_1 和 t_2 中较小者；h_f—焊脚尺寸，按设计要求

2 只采用纵向角焊缝连接型钢杆件端部时，型钢杆件的宽度 W 不应大于 200mm（图 5.4.3-2），当宽度 W 大于 200mm 时，应加横向角焊或中间塞焊；型钢杆件每一侧纵向角焊缝的长度 L 不应小于 W；

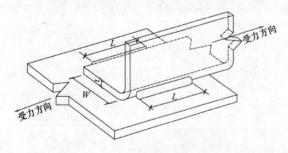

图 5.4.3-2 纵向角焊缝的最小长度

3 型钢杆件搭接接头采用围焊时，在转角处应连续施焊。杆件端部搭接角焊缝绕焊时，绕焊长度不应小于焊脚尺寸的 2 倍，并应连续施焊；

4 搭接焊缝沿母材棱边的最大焊脚尺寸，当板厚不大于 6mm 时，应为母材厚度，当板厚大于 6mm 时，应为母材厚度减去 1mm～2mm（图 5.4.3-3）；

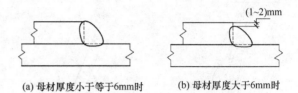

(a) 母材厚度小于等于6mm时   (b) 母材厚度大于6mm时

图 5.4.3-3 搭接焊缝沿母材棱边的最大焊脚尺寸

5 用搭接焊缝传递荷载的套管接头可只焊一条角焊缝，其管材搭接长度 L 不应小于 5（$t_1 + t_2$），且不应小于 25mm。搭接焊缝焊脚尺寸应符合设计要求（图 5.4.3-4）。

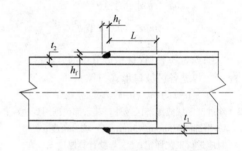

图 5.4.3-4 管材套管连接的搭接焊缝最小长度

5.4.4 不同厚度及宽度的材料对接时，应作平缓过渡，并应符合下列规定：

1 不同厚度的板材或管材对接接头受拉时，其允许厚度差值（$t_1 - t_2$）应符合表 5.4.4 的规定。当厚度差值（$t_1 - t_2$）超过表 5.4.4 的规定时应将焊缝焊成斜坡状，其坡度最大允许值应为 1：2.5，或将较厚板的一面或两面及管材的内壁或外壁在焊前加工成斜坡，其坡度最大允许值应为 1：2.5（图 5.4.4）。

表 5.4.4 不同厚度钢材对接的允许厚度差（mm）

较薄钢材厚度 t_2	$5 \leqslant t_2 \leqslant 9$	$9 < t_2 \leqslant 12$	$t_2 > 12$
允许厚度差 $t_1 - t_2$	2	3	4

2 不同宽度的板材对接时，应根据施工条件采用热切割、机械加工或砂轮打磨的方法使之平缓过渡，其连接处最大允许坡度值应为 1：2.5 [图 5.4.4 (e)]。

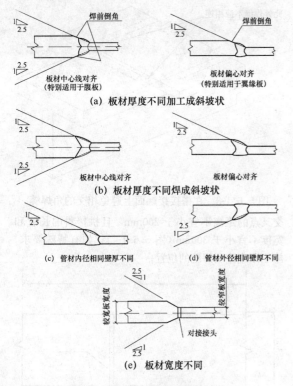

（a）板材厚度不同加工成斜坡状

板材中心线对齐
（特别适用于腹板）

板材偏心对齐
（特别适用于翼缘板）

板材中心线对齐

板材偏心对齐

（b）板材厚度不同焊成斜坡状

（c）管材内径相同壁厚不同

（d）管材外径相同壁厚不同

较宽板宽度

较窄板宽度

对接接头

（e）板材宽度不同

图5.4.4　对接接头部件厚度、
宽度不同时的平缓过渡要求

5.5　防止板材产生层状撕裂的
节点、选材和工艺措施

5.5.1　在T形、十字形及角接接头设计中，当翼缘板厚度不小于20mm时，应避免或减少使母材板厚方向承受较大的焊接收缩应力，并宜采取下列节点构造设计：

　1　在满足焊透深度要求和焊缝致密性条件下，宜采用较小的焊接坡口角度及间隙［图5.5.1-1(a)］；

　2　在角接接头中，宜采用对称坡口或偏向于侧板的坡口［图5.5.1-1(b)］；

　3　宜采用双面坡口对称焊接代替单面坡口非对称焊接［图5.5.1-1(c)］；

　4　在T形或角接接头中，板厚方向承受焊接拉应力的板材端头宜伸出接头焊缝区［图5.5.1-1(d)］；

　5　在T形、十字形接头中，宜采用铸钢或锻钢过渡段，并宜以对接接头取代T形、十字形接头［图5.5.1-1(e)、图5.5.1-1(f)］；

　6　宜改变厚板接头受力方向，以降低厚度方向的应力（图5.5.1-2）；

　7　承受静荷载的节点，在满足接头强度计算要求的条件下，宜用部分焊透的对接与角接组合焊缝代替全焊透坡口焊缝（图5.5.1-3）。

5.5.2　焊接结构中母材厚度方向上需承受较大焊接收缩应力时，应选用具有较好厚度方向性能的钢材。

5.5.3　T形接头、十字接头、角接接头宜采用下列

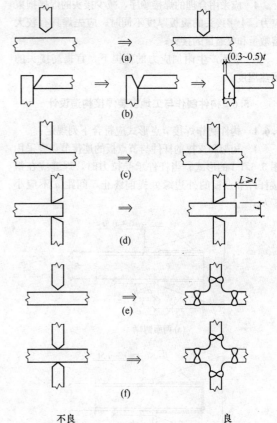

不良　　　　　　　　　良

图5.5.1-1　T形、十字形、角接接头
防止层状撕裂的节点构造设计

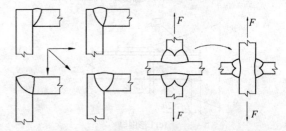

图5.5.1-2　改善厚度方向焊接应力大小的措施

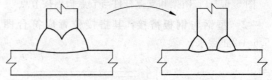

图5.5.1-3　采用部分焊透对接与
角接组合焊缝代替全焊透坡口焊缝

焊接工艺和措施：

　1　在满足接头强度要求的条件下，宜选用具有较好熔敷金属塑性性能的焊接材料；应避免使用熔敷金属强度过高的焊接材料；

　2　宜采用低氢或超低氢焊接材料和焊接方法进行焊接；

　3　可采用塑性较好的焊接材料在坡口内翼缘板表面上先堆焊塑性过渡层；

4 应采用合理的焊接顺序，减少接头的焊接拘束应力；十字接头的腹板厚度不同时，应先焊具有较大熔敷量和收缩量的接头；

5 在不产生附加应力的前提下，宜提高接头的预热温度。

5.6 构件制作与工地安装焊接构造设计

5.6.1 构件制作焊接节点形式应符合下列规定：

1 桁架和支撑的杆件与节点板的连接节点宜采用图5.6.1-1的形式；当杆件承受拉力时，焊缝应在搭接杆件节点板的外边缘处提前终止，间距 a 不应小于 h_f；

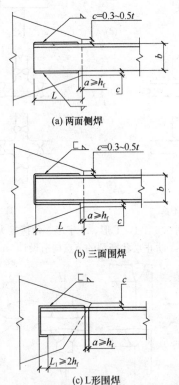

(a) 两面侧焊

(b) 三面围焊

(c) L形围焊

图 5.6.1-1　桁架和支撑杆件与节点板连接节点

2 型钢与钢板搭接，其搭接位置应符合图5.6.1-2的要求；

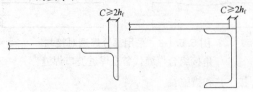

图 5.6.1-2　型钢与钢板搭接节点
h_f—焊脚尺寸

3 搭接接头上的角焊缝应避免在同一搭接接触面上相交（图5.6.1-3）；

4 要求焊缝与母材等强和承受动荷载的对接接头，其纵横两方向的对接焊缝，宜采用 T 形交叉；

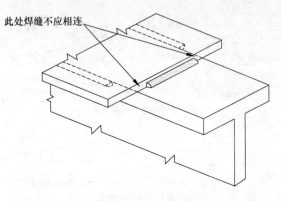

此处焊缝不应相连

图 5.6.1-3　在搭接接触面上避免相交的角焊缝

交叉点的距离不宜小于 200mm，且拼接料的长度和宽度不宜小于 300mm（图5.6.1-4）；如有特殊要求，施工图应注明焊缝的位置；

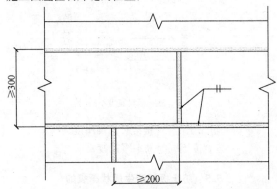

图 5.6.1-4　对接接头 T 形交叉

5 角焊缝作纵向连接的部件，如在局部荷载作用区采用一定长度的对接与角接组合焊缝来传递荷载，在此长度以外坡口深度应逐步过渡至零，且过渡长度不应小于坡口深度的 4 倍；

6 焊接箱形组合梁、柱的纵向焊缝，宜采用全焊透或部分焊透的对接焊缝（图5.6.1-5）；要求全焊透时，应采用衬垫单面焊[图5.6.1-5（b）]；

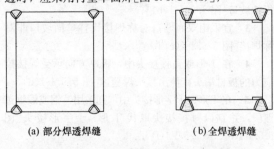

(a) 部分焊透焊缝　　　(b) 全焊透焊缝

图 5.6.1-5　箱形组合柱的纵向组装焊缝

7 只承受静荷载的焊接组合 H 形梁、柱的纵向连接焊缝，当腹板厚度大于 25mm 时，宜采用全焊透焊缝或部分焊透焊缝[图5.6.1-6（b）、（c）]；

8 箱形柱与隔板的焊接，应采用全焊透焊缝[图5.6.1-7（a）]；对无法进行电弧焊焊接的焊缝，宜采用电渣焊焊接，且焊缝宜对称布置[图5.6.1-7（b）]；

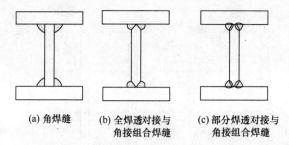

(a) 角焊缝　　(b) 全焊透对接与　　(c) 部分焊透对接与
　　　　　　　　　　角接组合焊缝　　　　角接组合焊缝

图 5.6.1-6　角焊缝、全焊透及部分焊透
对接与角接组合焊缝

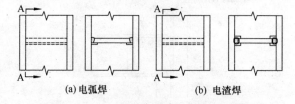

(a) 电弧焊　　　　　　　(b) 电渣焊

图 5.6.1-7　箱形柱与隔板的焊接接头形式

9 钢管混凝土组合柱的纵向和横向焊缝，应采用双面或单面全焊透接头形式（高频焊除外），纵向焊缝焊接接头形式见图 5.6.1-8；

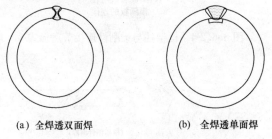

(a) 全焊透双面焊　　　(b) 全焊透单面焊

图 5.6.1-8　钢管柱纵向焊缝焊接接头形式

10 管-球结构中，对由两个半球焊接而成的空心球，采用不加肋和加肋两种形式时，其构造见图 5.6.1-9。

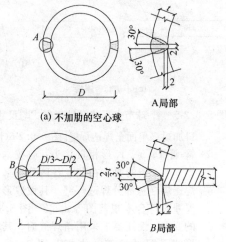

(a) 不加肋的空心球

(b) 加肋的空心球

图 5.6.1-9　空心球制作焊接接头形式

5.6.2 工地安装焊接节点形式应符合下列规定：

1 H 形框架柱安装拼接接头宜采用高强度螺栓和焊接组合节点或全焊接节点［图 5.6.2-1(a)、图 5.6.2-1(b)］。采用高强度螺栓和焊接组合节点时，腹板应采用高强度螺栓连接，翼缘板应采用单 V 形坡口加衬垫全焊透焊缝连接［图 5.6.2-1(c)］。采用全焊接节点时，翼缘板应采用单 V 形坡口加衬垫全焊透焊缝，腹板宜采用 K 形坡口双面部分焊透焊缝，反面不应清根；设计要求腹板全焊透时，如腹板厚度不大于 20mm，宜采用单 V 形坡口加衬垫焊接［图 5.6.2-1(d)］，如腹板厚度大于 20mm，宜采用 K 形坡口，应反面清根后焊接［图 5.6.2-1(e)］；

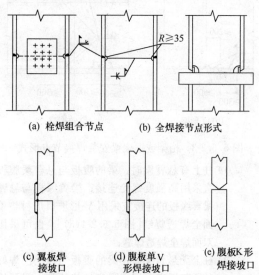

(a) 栓焊组合节点　　(b) 全焊接节点形式

(c) 翼板焊　　(d) 腹板单 V　　(e) 腹板 K 形
接坡口　　　形焊接坡口　　焊接坡口

图 5.6.2-1　H 形框架柱安装拼接节点及坡口形式

2 钢管及箱形框架柱安装拼接应采用全焊接头，并应根据设计要求采用全焊透焊缝或部分焊透焊缝。全焊透焊缝坡口形式应采用单 V 形坡口加衬垫，见图 5.6.2-2；

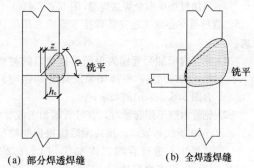

(a) 部分焊透焊缝　　　(b) 全焊透焊缝

图 5.6.2-2　箱形及钢管框架柱安装拼接接头坡口形式

3 桁架或框架梁中，焊接组合 H 形、T 形或箱形钢梁的安装拼接采用全焊连接时，翼缘板与腹板拼接截面形式见图 5.6.2-3，工地安装纵焊缝焊接质量要求应与两侧工厂制作焊缝质量要求相同；

4 框架柱与梁刚性连接时，应采用下列连接节点形式：

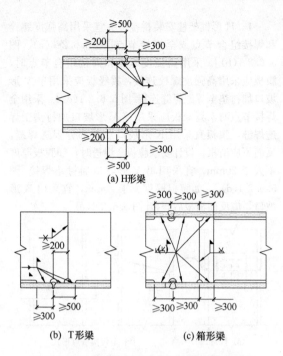

(a) H形梁

(b) T形梁　　　(c) 箱形梁

图 5.6.2-3　桁架或框架梁安装焊接节点形式

1) 柱上有悬臂梁时，梁的腹板与悬臂梁腹板
宜采用高强度螺栓连接；梁翼缘板与悬臂
梁翼缘板的连接宜采用 V 形坡口加衬垫单
面全焊透焊缝[图 5.6.2-4(a)]，也可采用
双面焊全焊透焊缝；

2) 柱上无悬臂梁时，梁的腹板与柱上已焊好
的承剪板宜采用高强度螺栓连接，梁翼缘
板与柱身的连接应采用单边 V 形坡口加衬
垫单面全焊透焊缝[图 5.6.2-4(b)]；

3) 梁与 H 形柱弱轴方向刚性连接时，梁的腹
板与柱的纵筋板宜采用高强度螺栓连接；
梁翼缘板与柱横隔板的连接应采用 V 形坡
口加衬垫单面全焊透焊缝[图 5.6.2-4(c)]。

5　管材与空心球工地安装焊接节点应采用下列
形式：

1) 钢管内壁加套管作为单面焊接坡口的衬垫
时，坡口角度、根部间隙及焊缝加强应符
合图 5.6.2-5(b)的要求；

2) 钢管内壁不用套管时，宜将管端加工成 30°
～60°折线形坡口，预装配后应根据间隙尺
寸要求，进行管端二次加工[图 5.6.2-5
(c)]；要求全焊透时，应进行焊接工艺评
定试验和接头的宏观切片检验以确认坡口
尺寸和焊接工艺参数。

6　管-管连接的工地安装焊接节点形式应符合下
列要求：

1) 管-管对接：在壁厚不大于 6mm 时，可采用
I 形坡口加衬垫单面全焊透焊缝[图 5.6.2-6
(a)]；在壁厚大于 6mm 时，可采用 V 形坡

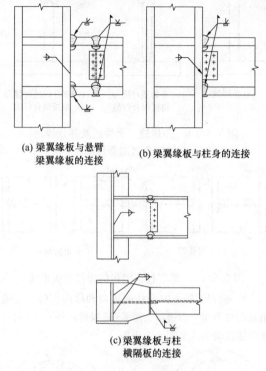

(a) 梁翼缘板与悬臂　　(b) 梁翼缘板与柱身的连接
　　梁翼缘板的连接

(c) 梁翼缘板与柱
横隔板的连接

图 5.6.2-4　框架柱与梁刚性连接节点形式

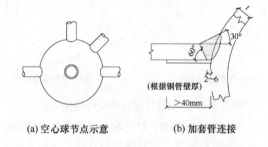

(a) 空心球节点示意　　(b) 加套管连接

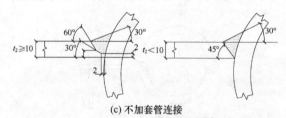

(c) 不加套管连接

图 5.6.2-5　管-球节点形式及坡口形式与尺寸

口加衬垫单面全焊透焊缝[图 5.6.2-6(b)]；

2) 管-管 T、Y、K 形相贯接头：应按本规范
第 5.3.6 条的要求在节点各区分别采用全
焊透焊缝和部分焊透焊缝，其坡口形式及
尺寸应符合本规范图 5.3.6-3、图 5.3.6-4
的要求；设计要求采用角焊缝时，其坡口
形式及尺寸应符合本规范图 5.3.6-5 的
要求。

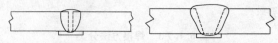

(a) I 形坡口对接   (b) V 形坡口对接

图 5.6.2-6　管-管对接连接节点形式

5.7　承受动载与抗震的焊接构造设计

5.7.1 承受动载需经疲劳验算时，严禁使用塞焊、槽焊、电渣焊和气电立焊接头。

5.7.2 承受动载时，塞焊、槽焊、角焊、对接接头应符合下列规定：

1　承受动载不需要进行疲劳验算的构件，采用塞焊、槽焊时，孔或槽的边缘到构件边缘在垂直于应力方向上的间距不应小于此构件厚度的 5 倍，且不应小于孔或槽宽度的 2 倍；构件端部搭接接头的纵向角焊缝长度不应小于两侧焊缝间的垂直间距 a，且在无塞焊、槽焊等其他措施时，间距 a 不应大于较薄件厚度 t 的 16 倍，见图 5.7.2；

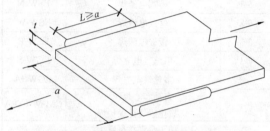

图 5.7.2　承受动载不需进行疲劳验算时
构件端部纵向角焊缝长度及间距要求

a—不应大于 $16t$（中间有塞焊焊缝或槽焊焊缝时除外）

2　严禁采用焊脚尺寸小于 5mm 的角焊缝；

3　严禁采用断续坡口焊缝和断续角焊缝；

4　对接与角接组合焊缝和 T 形接头的全焊透坡口焊缝应采用角焊缝加强，加强焊脚尺寸应不小于接头较薄件厚度的 1/2，但最大值不得超过 10mm；

5　承受动载需经疲劳验算的接头，当拉应力与焊缝轴线垂直时，严禁采用部分焊透对接焊缝、背面不清根的无衬垫焊缝；

6　除横焊位置以外，不宜采用 L 形和 J 形坡口；

7　不同板厚的对接接头承受动载时，应按本规范第 5.4.4 条的规定做成平缓过渡。

5.7.3 承受动载构件的组焊节点形式应符合下列规定：

1　有对称横截面的部件组合节点，应以构件轴线对称布置焊缝，当应力分布不对称时应作相应调整；

2　用多个部件组叠成构件时，应沿构件纵向采用连续焊缝连接；

3　承受动载荷需经疲劳验算的桁架，其弦杆和腹杆与节点板的搭接焊缝应采用围焊，杆件焊缝间距

不应小于 50mm。节点板连接形式应符合图 5.7.3-1 的要求；

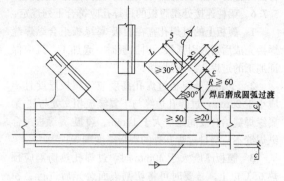

图 5.7.3-1　桁架弦杆、腹杆与节点板连接形式
$L > b$；$c \geqslant 2h_f$

4　实腹吊车梁横向加劲板与翼缘板之间的焊缝应避免与吊车梁纵向主焊缝交叉。其焊接节点构造宜采用图 5.7.3-2 的形式。

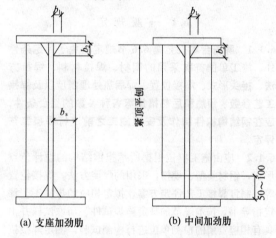

(a) 支座加劲肋   (b) 中间加劲肋

图 5.7.3-2　实腹吊车梁横向加劲肋板连接构造
$b_1 \approx \dfrac{b_s}{3}$ 且 $\leqslant 40mm$；$b_2 \approx \dfrac{b_s}{2}$ 且 $\leqslant 60mm$

5.7.4 抗震结构框架柱与梁的刚性连接节点焊接时，应符合下列规定：

1　梁的翼缘板与柱之间的对接与角接组合焊缝的加强焊脚尺寸应不小于翼缘板厚的 1/4，但最大值不得超过 10mm；

2　梁的下翼缘板与柱之间宜采用 L 或 J 形坡口无衬垫单面全焊透焊缝，并应在反面清根后封底焊成平缓过渡形状；采用 L 形坡口加衬垫单面全焊透焊缝时，焊接完成后应去除全部长度的衬垫及引弧板、引出板，打磨清除未熔合或夹渣等缺陷后，再封底焊成平缓过渡形状。

5.7.5 柱连接焊缝引弧板、引出板、衬垫应符合下列规定：

1　引弧板、引出板、衬垫均应去除；

2　去除时应沿柱-梁交接拐角处切割成圆弧过渡，且切割表面不得有大于 1mm 的缺棱；

3 下翼缘衬垫沿长度去除后必须打磨清理接头背面焊缝的焊渣等缺欠，并应焊补至焊缝平缓过渡。

5.7.6 梁柱连接处梁腹板的过焊孔应符合下列规定：

1 腹板上的过焊孔宜在腹板-翼缘板组合纵焊缝焊接完成后切除引弧板、引出板时一起加工，且应保证加工的过焊孔圆滑过渡；

2 下翼缘处腹板过焊孔高度应为腹板厚度且不应小于20mm，过焊孔边缘与下翼缘板相交处与柱-梁翼缘焊缝熔合线间距应大于10mm。腹板-翼缘板组合纵焊缝不应绕过焊孔处的腹板厚度围焊；

3 腹板厚度大于40mm时，过焊孔热切割应预热65℃以上，必要时可将切割表面磨光后进行磁粉或渗透探伤；

4 不应采用堆焊方法封堵过焊孔。

6 焊接工艺评定

6.1 一般规定

6.1.1 除符合本规范第6.6节规定的免予评定条件外，施工单位首次采用的钢材、焊接材料、焊接方法、接头形式、焊接位置、焊后热处理制度以及焊接工艺参数、预热和后热措施等各种参数的组合条件，应在钢结构构件制作及安装施工之前进行焊接工艺评定。

6.1.2 应由施工单位根据所承担钢结构的设计节点形式，钢材类型、规格，采用的焊接方法，焊接位置等，制订焊接工艺评定方案，拟定相应的焊接工艺评定指导书，按本规范的规定施焊试件、切取试样并由具有相应资质的检测单位进行检测试验，测定焊接接头是否具有所要求的使用性能，并出具检测报告；应由相关机构对施工单位的焊接工艺评定施焊过程进行见证，并由具有相应资质的检查单位根据检测结果及本规范的相关规定对拟定的焊接工艺进行评定，并出具焊接工艺评定报告。

6.1.3 焊接工艺评定的环境应反映工程施工现场的条件。

6.1.4 焊接工艺评定中的焊接热输入、预热、后热制度等施焊参数，应根据被焊材料的焊接性制订。

6.1.5 焊接工艺评定所用设备、仪表的性能应处于正常工作状态，焊接工艺评定所用的钢材、栓钉、焊接材料必须能覆盖实际工程所用材料并应符合相关标准要求，并应具有生产厂出具的质量证明文件。

6.1.6 焊接工艺评定试件应由该工程施工企业中持证的焊接人员施焊。

6.1.7 焊接工艺评定所用的焊接方法、施焊位置分类代号应符合表6.1.7-1、表6.1.7-2及图6.1.7-1～图6.1.7-4的规定，钢材类别应符合本规范表4.0.5的规定，试件接头形式应符合本规范表5.2.1的

要求。

表 6.1.7-1　焊接方法分类

焊接方法类别号	焊接方法	代号
1	焊条电弧焊	SMAW
2-1	半自动实心焊丝二氧化碳气体保护焊	GMAW-CO$_2$
2-2	半自动实心焊丝富氩＋二氧化碳气体保护焊	GMAW-Ar
2-3	半自动药芯焊丝二氧化碳气体保护焊	FCAW-G
3	半自动药芯焊丝自保护焊	FCAW-SS
4	非熔化极气体保护焊	GTAW
5-1	单丝自动埋弧焊	SAW-S
5-2	多丝自动埋弧焊	SAW-M
6-1	熔嘴电渣焊	ESW-N
6-2	丝极电渣焊	ESW-W
6-3	板极电渣焊	ESW-P
7-1	单丝气电立焊	EGW-S
7-2	多丝气电立焊	EGW-M
8-1	自动实心焊丝二氧化碳气体保护焊	GMAW-CO$_2$A
8-2	自动实心焊丝富氩＋二氧化碳气体保护焊	GMAW-ArA
8-3	自动药芯焊丝二氧化碳气体保护焊	FCAW-GA
8-4	自动药芯焊丝自保护焊	FCAW-SA
9-1	非穿透栓钉焊	SW
9-2	穿透栓钉焊	SW-P

表 6.1.7-2　施焊位置分类

焊接位置		代号	焊接位置	代号
板材	平 F		管材 水平转动平焊	1G
	横 H		竖立固定横焊	2G
	立 V		水平固定全位置焊	5G
			倾斜固定全位置焊	6G
	仰 O		倾斜固定加挡板全位置焊	6GR

6.1.8 焊接工艺评定结果不合格时，可在原焊件上就不合格项目重新加倍取样进行检验。如还不能达到合格标准，应分析原因，制订新的焊接工艺评定方案，按原步骤重新评定，直到合格为止。

6.1.9 除符合本规范第6.6节规定的免予评定条件外，对于焊接难度等级为A、B、C级的钢结构焊接工程，其焊接工艺评定有效期应为5年；对于焊接难度等级为D级的钢结构焊接工程应按工程项目进行

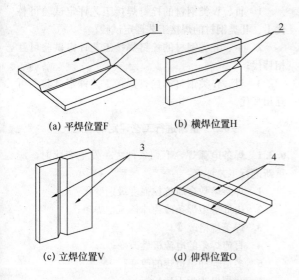

(a) 平焊位置F   (b) 横焊位置H

(c) 立焊位置V   (d) 仰焊位置O

图 6.1.7-1　板材对接试件焊接位置

1—板平放，焊缝轴水平；2—板横立，焊缝轴水平；

3—板 90°放置，焊缝轴垂直；4—板平放，焊缝轴水平

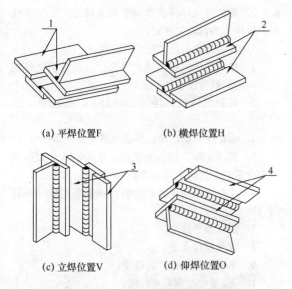

(a) 平焊位置F   (b) 横焊位置H

(c) 立焊位置V   (d) 仰焊位置O

图 6.1.7-2　板材角接试件焊接位置

1—板 45°放置，焊缝轴水平；2—板平放，焊缝轴水平；

3—板竖立，焊缝轴垂直；4—板平放，焊缝轴水平

焊接工艺评定。

6.1.10　焊接工艺评定文件包括焊接工艺评定报告、焊接工艺评定指导书、焊接工艺评定记录表、焊接工艺评定检验结果表及检验报告，应报相关单位审查备案。焊接工艺评定文件宜采用本规范附录 B 的格式。

6.2　焊接工艺评定替代规则

6.2.1　不同焊接方法的评定结果不得互相替代。不同焊接方法组合焊接可用相应板厚的单种焊接方法评定结果替代，也可用不同焊接方法组合焊接评定，但弯曲及冲击试样切取位置应包含不同的焊接方法；同

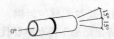

(a) 焊接位置1G (转动)

管平放（±15°）焊接时转动，在顶部及附近平焊

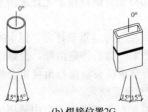

(b) 焊接位置2G

管竖立（±15°）焊接时不转动，焊缝横焊

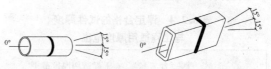

(c) 焊接位置5G

管平放并固定（±15°）施焊时不转动，焊缝平、立、仰焊

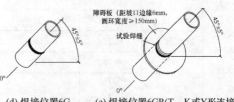

(d) 焊接位置6G   (e) 焊接位置6GR(T、K或Y形连接)

管倾斜固定（45°±5°）焊接时不转动

图 6.1.7-3　管材对接试件焊接位置

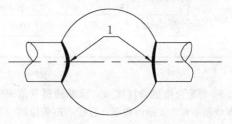

图 6.1.7-4　管-球接头试件

1—焊接位置分类按管材对接接头

种牌号钢材中，质量等级高的钢材可替代质量等级低的钢材，质量等级低的钢材不可替代质量等级高的钢材。

6.2.2　除栓钉焊外，不同钢材焊接工艺评定的替代规则应符合下列规定：

　　1　不同类别钢材的焊接工艺评定结果不得互相替代；

　　2　Ⅰ、Ⅱ类同类别钢材中当强度和质量等级发生变化时，在相同供货状态下，高级别钢材的焊接工艺评定结果可替代低级别钢材；Ⅲ、Ⅳ类同类别钢材中的焊接工艺评定结果不得相互替代；除Ⅰ、Ⅱ类别钢材外，不同类别的钢材组合焊接时应重新评定，不得用单类钢材的评定结果替代；

3 同类别钢材中轧制钢材与铸钢、耐候钢与非耐候钢的焊接工艺评定结果不得互相替代，控轧控冷（TMCP）钢、调质钢与其他供货状态的钢材焊接工艺评定结果不得互相替代；

4 国内与国外钢材的焊接工艺评定结果不得互相替代。

6.2.3 接头形式变化时应重新评定，但十字形接头评定结果可替代 T 形接头评定结果，全焊透或部分焊透的 T 形或十字形接头对接与角接组合焊缝评定结果可替代角焊缝评定结果。

6.2.4 评定合格的试件厚度在工程中适用的厚度范围应符合表 6.2.4 的规定。

**表 6.2.4 评定合格的试件厚度
与工程适用厚度范围**

焊接方法类别号	评定合格试件厚度(t)(mm)	工程适用厚度范围	
		板厚最小值	板厚最大值
1、2、3、4、5、8	≤25	3mm	2t
	25<t≤70	0.75t	2t
	>70	0.75t	不限
6	≥18	0.75t 最小 18mm	1.1t
7	≥10	0.75t 最小 10mm	1.1t
9	1/3φ≤t<12	t	2t，且不大于 16mm
	12≤t<25	0.75t	2t
	t≥25	0.75t	1.5t

注：φ 为栓钉直径。

6.2.5 评定合格的管材接头，壁厚的覆盖范围应符合本规范第 6.2.4 条的规定，直径的覆盖原则应符合下列规定：

1 外径小于 600mm 的管材，其直径覆盖范围不应小于工艺评定试验管材的外径；

2 外径不小于 600mm 的管材，其直径覆盖范围不应小于 600mm。

6.2.6 板材对接与外径不小于 600mm 的相应位置管材对接的焊接工艺评定可互相替代。

6.2.7 除栓钉焊外，横焊位置评定结果可替代平焊位置，平焊位置评定结果不可替代横焊位置。立、仰焊接位置与其他焊接位置之间不可互相替代。

6.2.8 有衬垫与无衬垫的单面焊全焊透接头不可互相替代；有衬垫单面焊全焊透接头和反面清根的双面焊全焊透接头可互相替代；不同材质的衬垫不可互相替代。

6.2.9 当栓钉材质不变时，栓钉焊被焊钢材应符合下列替代规则：

1 Ⅲ、Ⅳ类钢材的栓钉焊接工艺评定试验可替代Ⅰ、Ⅱ类钢材的焊接工艺评定试验；

2 Ⅰ、Ⅱ类钢材的栓钉焊接工艺评定试验可互相替代；

3 Ⅲ、Ⅳ类钢材的栓钉焊接工艺评定试验不可互相替代。

6.3 重新进行工艺评定的规定

6.3.1 焊条电弧焊，下列条件之一发生变化时，应重新进行工艺评定：

1 焊条熔敷金属抗拉强度级别变化；

2 由低氢型焊条改为非低氢型焊条；

3 焊条规格改变；

4 直流焊条的电流极性改变；

5 多道焊和单道焊的改变；

6 清焊根改为不清焊根；

7 立焊方向改变；

8 焊接实际采用的电流值、电压值的变化超出焊条产品说明书的推荐范围。

6.3.2 熔化极气体保护焊，下列条件之一发生变化时，应重新进行工艺评定：

1 实心焊丝与药芯焊丝的变换；

2 单一保护气体种类的变化；混合保护气体的气体种类和混合比例的变化；

3 保护气体流量增加 25% 以上，或减少 10% 以上；

4 焊炬摆动幅度超过评定合格值的 ±20%；

5 焊接实际采用的电流值、电压值和焊接速度的变化分别超过评定合格值的 10%、7% 和 10%；

6 实心焊丝气体保护焊时熔滴颗粒过渡与短路过渡的变化；

7 焊丝型号改变；

8 焊丝直径改变；

9 多道焊和单道焊的改变；

10 清焊根改为不清焊根。

6.3.3 非熔化极气体保护焊，下列条件之一发生变化时，应重新进行工艺评定：

1 保护气体种类改变；

2 保护气体流量增加 25% 以上，或减少 10% 以上；

3 添加焊丝或不添加焊丝的改变；冷态送丝和热态送丝的改变；焊丝类型、强度级别型号改变；

4 焊炬摆动幅度超过评定合格值的 ±20%；

5 焊接实际采用的电流值和焊接速度的变化分别超过评定合格值的 25% 和 50%；

6 焊接电流极性改变。

6.3.4 埋弧焊，下列条件之一发生变化时，应重新进行工艺评定：

1 焊丝规格改变；焊丝与焊剂型号改变；

2 多丝焊与单丝焊的改变；

3 添加与不添加冷丝的改变；

4 焊接电流种类和极性的改变；

5 焊接实际采用的电流值、电压值和焊接速度变化分别超过评定合格值的10%、7%和15%；

6 清焊根改为不清焊根。

6.3.5 电渣焊，下列条件之一发生变化时，应重新进行工艺评定：

1 单丝与多丝的改变；板极与丝极的改变；有、无熔嘴的改变；

2 熔嘴截面积变化大于30%，熔嘴牌号改变；焊丝直径改变；单、多熔嘴的改变；焊剂型号改变；

3 单侧坡口与双侧坡口的改变；

4 焊接电流种类和极性的改变；

5 焊接电源伏安特性为恒压或恒流的改变；

6 焊接实际采用的电流值、电压值、送丝速度、垂直提升速度变化分别超过评定合格值的20%、10%、40%、20%；

7 偏离垂直位置超过10°；

8 成形水冷滑块或挡板的变换；

9 焊剂装入量变化超过30%。

6.3.6 气电立焊，下列条件之一发生变化时，应重新进行工艺评定：

1 焊丝型号和直径的改变；

2 保护气种类或混合比例的改变；

3 保护气流量增加25%以上，或减少10%以上；

4 焊接电流极性改变；

5 焊接实际采用的电流值、送丝速度和电压值的变化分别超过评定合格值的15%、30%和10%；

6 偏离垂直位置变化超过10°；

7 成形水冷滑块与挡板的变换。

6.3.7 栓钉焊，下列条件之一发生变化时，应重新进行工艺评定：

1 栓钉材质改变；

2 栓钉标称直径改变；

3 瓷环材料改变；

4 非穿透焊与穿透焊的改变；

5 穿透焊中被穿透板材厚度、镀层量增加与种类的改变；

6 栓钉焊接位置偏离平焊位置25°以上的变化或平焊、横焊、仰焊位置的改变；

7 栓钉焊接方法改变；

8 预热温度比评定合格的焊接工艺降低20℃或高出50℃以上；

9 焊接实际采用的提升高度、伸出长度、焊接时间、电流值、电压值的变化超过评定合格值的±5%；

10 采用电弧焊时焊接材料改变。

6.4 试件和检验试样的制备

6.4.1 试件制备应符合下列要求：

1 选择试件厚度应符合本规范表6.2.4中规定的评定试件厚度对工程构件厚度的有效适用范围；

2 试件的母材材质、焊接材料、坡口形式、尺寸和焊接必须符合焊接工艺评定指导书的要求；

3 试件的尺寸应满足所制备试样的取样要求。各种接头形式的试件尺寸、试样取样位置应符合图6.4.1-1～图6.4.1-8的要求。

6.4.2 检验试样种类及加工应符合下列规定：

1 检验试样种类和数量应符合表6.4.2的规定。

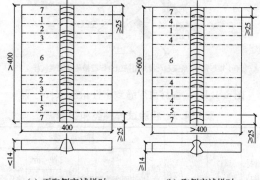

(a) 不取侧弯试样时　　　　(b) 取侧弯试样时

图6.4.1-1　板材对接接头试件及试样取样

1—拉伸试样；2—背弯试样；3—面弯试样；4—侧弯试样；5—冲击试样；6—备用；7—舍弃

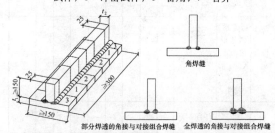

图6.4.1-2　板材角焊缝和T形对接与角接组合焊缝接头试件及宏观试样的取样

1—宏观酸蚀试样；2—备用；3—舍弃

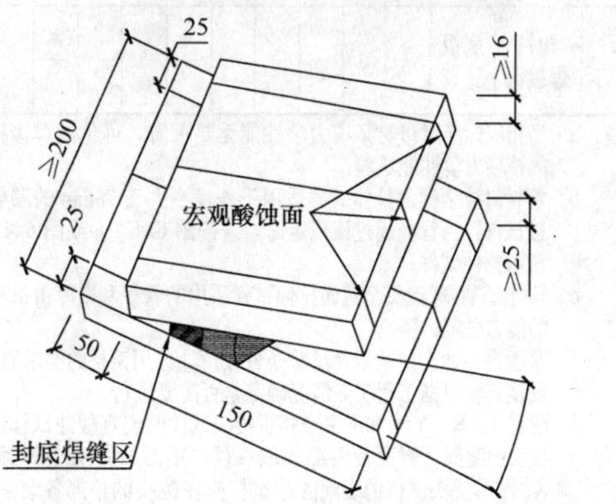

图6.4.1-3　斜T形接头（锐角根部）

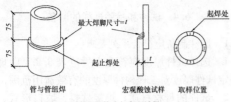

（a）圆管套管接头与宏观试样

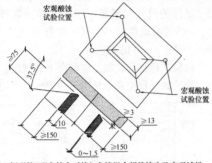

（b）矩形管T形角接和对接与角接组合焊缝接头及宏观试样

图 6.4.1-4　管材角焊缝致密性检验取样位置

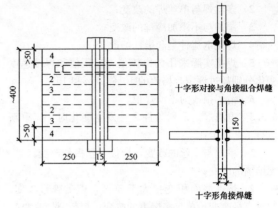

图 6.4.1-5　板材十字形角接（斜角接）及对接与角接组合焊缝接头试件及试样取样

1—宏观酸蚀试样；2—拉伸试样、冲击试样（要求时）；3—舍弃

表 6.4.2　检验试样种类和数量[a]

母材形式	试件形式	试件厚度(mm)	无损探伤	试样数量 全断面拉伸	拉伸	面弯	背弯	侧弯	30°弯曲	冲击[d] 焊缝中心	冲击[d] 热影响区	宏观酸蚀及硬度[e,f]
板、管	对接接头	<14	要	管2[b]	2	2	2	—	—	3	3	—
		≥14	要	—	2	—	—	4	—	3	3	—
板、管	板T形、斜T形和管T、K、Y形角接接头	任意	要	—	—	—	—	—	—	—	—	板2[g] 管4
板	十字形接头	任意	要	—	2	—	—	—	—	3	3	2
管-管	十字形接头	任意	要	2[c]	—	—	—	—	—	—	—	4
管-球	—											2
板-焊钉	栓钉焊接头	底板≥12		—	—	—	—	—	5	—	—	—

注：a 当相应标准对母材某项力学性能无要求时，可免做焊接接头的该项力学性能试验；

　　b 管材对接全截面拉伸试样适用于外径不大于76mm的圆管对接试件，当管径超过该规定时，应按图6.4.1-6或图6.4.1-7截取拉伸试件；

　　c 管-管、管-球接头全截面拉伸试样适用的管径和壁厚由试验机的能力决定；

　　d 是否进行冲击试验以及试验条件按设计选用钢材的要求确定；

　　e 硬度试验根据工程实际情况确定是否需要进行；

　　f 圆管T、K、Y形和十字形相贯接头试件的宏观酸蚀试样应在接头的趾部、侧面及跟部各取一件；矩形管接头全焊透T、K、Y形接头试件的宏观酸蚀试样应在接头的角部各取一个，详见图6.4.1-4；

　　g 斜T形接头（锐角根部）按图6.4.1-3进行宏观酸蚀检验。

（a）拉力试验为整管时弯曲试样取样位置

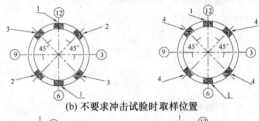

（b）不要求冲击试验时取样位置

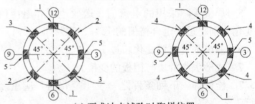

（c）要求冲击试验时取样位置

图 6.4.1-6　管材对接接头试件、试样及取样位置

③⑥⑨⑫—钟点记号，为水平固定位置焊接时的定位

1—拉伸试样；2—面弯试样；3—背弯试样；4—侧弯试样；5—冲击试样

2 对接接头检验试样的加工应符合下列要求：

　　1） 拉伸试样的加工应符合现行国家标准《焊接接头拉伸试验方法》GB/T 2651的有关规定；根据试验机能力可采用全截面拉伸试样或沿厚度方向分层取样；分层取样时试样厚度应覆盖焊接试件的全厚度；应按试验机的能力和要求加工；

　　2） 弯曲试样的加工应符合现行国家标准《焊接接头弯曲试验方法》GB/T 2653的有关规定；焊缝余高或衬垫应采用机械方法去除至与母材齐平，试样受拉面应保留母材原轧制表

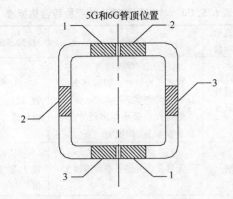

图 6.4.1-7 矩形管材对接接头试样取样位置
1—拉伸试样；2—面弯或侧弯试样、冲击试样(要求时)；
3—背弯或侧弯试样、冲击试样(要求时)

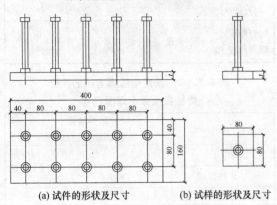

(a) 试件的形状及尺寸　　　(b) 试样的形状及尺寸

图 6.4.1-8　栓钉焊焊接试件及试样

面；当板厚大于 40mm 时可分片切取，试样厚度应覆盖焊接试件的全厚度；

3) 冲击试样的加工应符合现行国家标准《焊接接头冲击试验方法》GB/T 2650 的有关规定；其取样位置单面焊时应位于焊缝正面，双面焊时应位于后焊面，与母材原表面的距离不应大于 2mm；热影响区冲击试样缺口加工位置应符合图 6.4.2-1 的要求，不同牌号钢材焊接时其接头热影响区冲击试样应取自对冲击性能要求较低的一侧；不同焊接方法组合的焊接接头，冲击试样的取样应能覆盖所有焊接方法焊接的部位(分层取样)；

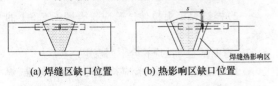

(a) 焊缝区缺口位置　　(b) 热影响区缺口位置

图 6.4.2-1　对接接头冲击试样缺口加工位置
注：热影响区冲击试样根据不同焊接工艺，缺口轴线至试样轴线与熔合线交点的距离 $S=0.5mm\sim1mm$，并应尽可能使缺口多通过热影响区。

4) 宏观酸蚀试样的加工应符合图 6.4.2-2 的要

求。每块试样应取一个面进行检验，不得将同一切口的两个侧面作为两个检验面。

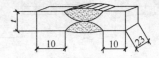

图 6.4.2-2　对接接头宏观酸蚀试样

3　T 形角接接头宏观酸蚀试样的加工应符合图 6.4.2-3 的要求。

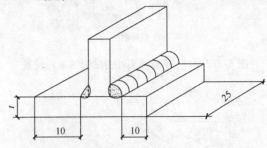

图 6.4.2-3　角接接头宏观酸蚀试样

4　十字形接头检验试样的加工应符合下列要求：
1) 接头拉伸试样的加工应符合图 6.4.2-4 的要求；

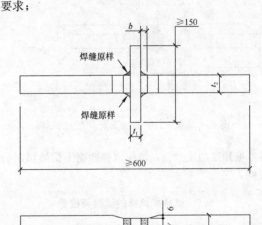

焊缝原样

焊缝原样

图 6.4.2-4　十字形接头拉伸试样
t_2—试验材料厚度；b—根部间隙；$t_2<36mm$ 时，$W=35mm$，$t_2\geqslant36$ 时，$W=25mm$；平行区长度：$t_1+2b+12mm$

2) 接头冲击试样的加工应符合图 6.4.2-5 的要求；

3) 接头宏观酸蚀试样的加工应符合图 6.4.2-6 的要求，检验面的选取应符合本条第 2 款第 4 项的规定。

5　斜 T 形角接接头、管-球接头、管-管相贯接头的宏观酸蚀试样的加工宜符合图 6.4.2-2 的要求，检验面的选取应符合本条第 2 款第 4 项的规定。

6　采用热切割取样时，应根据热切割工艺和试

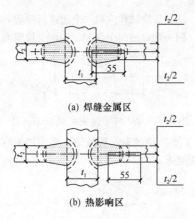

(a) 焊缝金属区

(b) 热影响区

图 6.4.2-5　十字形接头冲击试验的取样位置

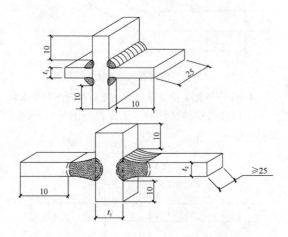

图 6.4.2-6　十字形接头宏观酸蚀试样

件厚度预留加工余量，确保试样性能不受热切割的影响。

6.5　试件和试样的试验与检验

6.5.1　试件的外观检验应符合下列规定：

　　1　对接、角接及 T 形等接头，应符合下列规定：

　　1）用不小于 5 倍放大镜检查试件表面，不得有裂纹、未焊满、未熔合、焊瘤、气孔、夹渣等超标缺陷；

　　2）焊缝咬边总长度不得超过焊缝两侧长度的 15%，咬边深度不得超过 0.5mm；

　　3）焊缝外观尺寸应符合本规范第 8.2.2 条中一级焊缝的要求（需疲劳验算结构的焊缝外观尺寸应符合本规范第 8.3.2 条的要求）；试件角变形可以冷矫正，可以避开焊缝缺陷位置取样。

　　2　栓钉焊接接头外观检验应符合表 6.5.1-1 的要求。当采用电弧焊方法进行栓钉焊接时，其焊缝最小焊脚尺寸还应符合表 6.5.1-2 的要求。

表 6.5.1-1　栓钉焊接接头外观检验合格标准

外观检验项目	合格标准	检验方法
焊缝外形尺寸	360°范围内焊缝饱满 拉弧式栓钉焊：焊缝高 $K_1 \geqslant$ 1mm；焊缝宽 $K_2 \geqslant 0.5$mm 电弧焊：最小焊脚尺寸应符合表 6.5.1-2 的规定	目测、钢尺、焊缝量规
焊缝缺欠	无气孔、夹渣、裂纹等缺欠	目测、放大镜（5倍）
焊缝咬边	咬边深度≤0.5mm，且最大长度不得大于 1 倍的栓钉直径	钢尺、焊缝量规
栓钉焊后高度	高度偏差≤±2mm	钢尺
栓钉焊后倾斜角度	倾斜角度偏差 θ≤5°	钢尺、量角器

表 6.5.1-2　采用电弧焊方法的栓钉焊接接头最小焊脚尺寸

栓钉直径(mm)	角焊缝最小焊脚尺寸(mm)
10，13	6
16，19，22	8
25	10

6.5.2　试件的无损检测应在外观检验合格后进行，无损检测方法应根据设计要求确定。射线探伤应符合现行国家标准《金属熔化焊焊接接头射线照相》GB/T 3323 的有关规定，焊缝质量不低于 BⅡ 级；超声波探伤应符合现行国家标准《钢焊缝手工超声波探伤方法和探伤结果分级》GB 11345 的有关规定，焊缝质量不低于 BⅡ 级。

6.5.3　试样的力学性能、硬度及宏观酸蚀试验方法应符合下列规定：

　　1　拉伸试验方法应符合下列规定：

　　1）对接接头拉伸试验应符合现行国家标准《焊接接头拉伸试验方法》GB/T 2651 的有关规定；

　　2）栓钉焊接接头拉伸试验应符合图 6.5.3-1 的要求。

　　2　弯曲试验方法应符合下列规定：

　　1）对接接头弯曲试验应符合现行国家标准《焊接接头弯曲试验方法》GB/T 2653 的有关规定，弯心直径为 4δ（δ 为弯曲试样厚度），弯曲角度为 180°；面弯、背弯时试样厚度应为试件全厚度（$\delta < 14$mm）；侧弯时试样厚度 $\delta = 10$mm，试件厚度不大于 40mm 时，试样宽度应为试件的全厚度，试件厚度大于

40mm 时，可按 20mm～40mm 分层取样；

2）栓钉焊接头弯曲试验应符合图 6.5.3-2 的要求。

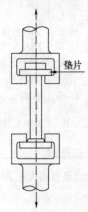

图 6.5.3-1　栓钉焊接头试样
拉伸试验方法

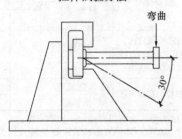

图 6.5.3-2　栓钉焊接头试样
弯曲试验方法

3　冲击试验应符合现行国家标准《焊接接头冲击试验方法》GB/T 2650 的有关规定。

4　宏观酸蚀试验应符合现行国家标准《钢的低倍组织及缺陷酸蚀检验法》GB 226 的有关规定。

5　硬度试验应符合现行国家标准《焊接接头硬度试验方法》GB/T 2654 的有关规定；采用维氏硬度 HV_{10}，硬度测点分布应符合图 6.5.3-3～图 6.5.3-5 的要求，焊接接头各区域硬度测点为 3 点，其中部分焊透对接与角接组合焊缝在焊缝区和热影响区测点可为 2 点，若热影响区狭窄不能并排分布时，该区域测点可平行于焊缝熔合线排列。

6.5.4　试样检验合格标准应符合下列规定：

1　接头拉伸试验应符合下列规定：

1）接头母材为同钢号时，每个试样的抗拉强度不应小于该母材标准中相应规格规定的下限值；对接接头母材为两种钢号组合时，每个试样的抗拉强度不应小于两种母材标准中相应规格规定下限值的较低者；厚板分片取样时，可取平均值；

2）栓钉焊接头拉伸时，当拉伸试样的抗拉荷载大于或等于栓钉焊接端力学性能规定的最小抗拉荷载时，则无论断裂发生于何处，均为

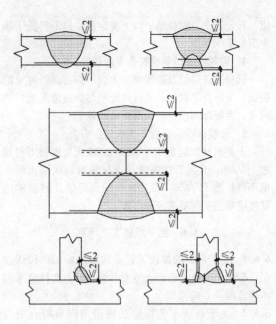

图 6.5.3-3　硬度试验测点位置

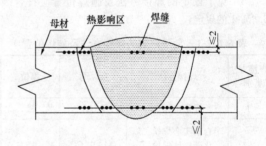

图 6.5.3-4　对接焊缝硬度试验测点分布

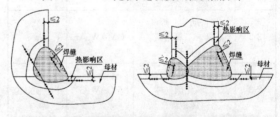

图 6.5.3-5　对接与角接组合焊缝硬度试验测点分布

合格。

2　接头弯曲试验应符合下列规定：

1）对接接头弯曲试验：试样弯至 180° 后应符合下列规定：

各试样任何方向裂纹及其他缺欠单个长度不应大于 3mm；

各试样任何方向不大于 3mm 的裂纹及其他缺欠的总长不应大于 7mm；

四个试样各种缺欠总长不应大于 24mm；

2）栓钉焊接头弯曲试验：试样弯曲至 30° 后焊接部位无裂纹。

3　冲击试验应符合下列规定：

焊缝中心及热影响区粗晶区各三个试样的冲击功平均值应分别达到母材标准规定或设计要求的最低

值，并允许一个试样低于以上规定值，但不得低于规定值的70％。

4 宏观酸蚀试验应符合下列规定：

试样接头焊缝及热影响区表面不应有肉眼可见的裂纹、未熔合等缺陷，并应测定根部焊透情况及焊脚尺寸、两侧焊脚尺寸差、焊缝余高等。

5 硬度试验应符合下列规定：

Ⅰ类钢材焊缝及母材热影响区维氏硬度值不得超过 HV280，Ⅱ类钢材焊缝及母材热影响区维氏硬度值不得超过 HV350，Ⅲ、Ⅳ类钢材焊缝及热影响区硬度应根据工程要求进行评定。

6.6 免予焊接工艺评定

6.6.1 免予评定的焊接工艺必须由该施工单位焊接工程师和单位技术负责人签发书面文件，文件宜采用本规范附录 B 的格式。

6.6.2 免予焊接工艺评定的适用范围应符合下列规定：

1 免予评定的焊接方法及施焊位置应符合表 6.6.2-1 的规定。

表 6.6.2-1 免予评定的焊接方法及施焊位置

焊接方法类别号	焊接方法	代 号	施焊位置
1	焊条电弧焊	SMAW	平、横、立
2-1	半自动实心焊丝二氧化碳气体保护焊（短路过渡除外）	GMAW-CO₂	平、横、立
2-2	半自动实心焊丝富氩＋二氧化碳气体保护焊	GMAW-Ar	平、横、立
2-3	半自动药芯焊丝二氧化碳气体保护焊	FCAW-G	平、横、立
5-1	单丝自动埋弧焊	SAW(单丝)	平、平角
9-2	非穿透栓钉焊	SW	平

2 免予评定的母材和焊缝金属组合应符合表 6.6.2-2 的规定，钢材厚度不应大于 40mm，质量等级应为 A、B 级。

表 6.6.2-2 免予评定的母材和匹配的焊缝金属要求

母 材			焊条(丝)和焊剂-焊丝组合分类等级			
钢材类别	母材最小标称屈服强度	钢材牌号	焊条电弧焊 SMAW	实心焊丝气体保护焊 GMAW	药芯焊丝气体保护焊 FCAW-G	埋弧焊 SAW(单丝)
Ⅰ	<235MPa	Q195 Q215	GB/T 5117；E43XX	GB/T 8110；ER49-X	GB/T 10045；E43XT-X	GB/T 5293；F4AX-H08A

续表 6.6.2-2

母 材			焊条(丝)和焊剂-焊丝组合分类等级			
Ⅰ	≥235MPa 且 <300MPa	Q235 Q275 Q235GJ	GB/T 5117；E43XX E50XX	GB/T 8110；ER49-X ER50-X	GB/T 10045；E43XT-X E50XT-X	GB/T 5293；F4AX-H08A GB/T 12470；F48AX-H08MnA
Ⅱ	≥300MPa 且 ≤355MPa	Q345 Q345GJ	GB/T 5117；E50XX GB/T 5118；E5015 E5016-X	GB/T 8110；ER50-X	GB/T 17493；E50XT-X	GB/T 5293；F5AX-H08MnA GB/T 12470；F48AX-H08MnA F48AX-H10Mn2 F48AX-H10Mn2A

3 免予评定的最低预热、道间温度应符合表 6.6.2-3 的规定。

表 6.6.2-3 免予评定的钢材最低预热、道间温度

钢材类别	钢材牌号	设计对焊接材料要求	接头最厚部件的板厚 t(mm)	
			t≤20	20<t≤40
Ⅰ	Q195、Q215、Q235、Q235GJ、Q275、20	非低氢型	5℃	20℃
		低氢型	5℃	5℃
Ⅱ	Q345、Q345GJ	非低氢型		40℃
		低氢型		20℃

注：1 接头形式为坡口对接，一般拘束度；
2 SMAW、GMAW、FCAW-G 热输入约为 15kJ/cm ～ 25kJ/cm；SAW-S 热输入约为 15kJ/cm ～ 45kJ/cm；
3 采用低氢型焊材时，熔敷金属扩散氢（甘油法）含量应符合下列规定：
焊条 E4315、E4316 不应大于 8mL/100g；
焊条 E5015、E5016 不应大于 6mL/100g；
药芯焊丝不应大于 6mL/100g。
4 焊接接头板厚不同时，应按最大板厚确定预热温度；焊接接头材质不同时，应按高强度、高碳当量的钢材确定预热温度；
5 环境温度不应低于 0℃。

4 焊缝尺寸应符合设计要求，最小焊脚尺寸应符合本规范表 5.4.2 的规定；最大单道焊焊缝尺寸应符合本规范表 7.10.4 的规定。

5 焊接工艺参数应符合下列规定：

1）免予评定的焊接工艺参数应符合表 6.6.2-4 的规定；

2）要求完全焊透的焊缝，单面焊时应加衬垫，双面焊时应清根；

3）焊条电弧焊焊接时焊道最大宽度不应超过焊条标称直径的 4 倍，实心焊丝气体保护焊、药芯焊丝气体保护焊焊接时焊道最大宽度不应超过 20mm；

4）导电嘴与工件距离：埋弧自动焊 40mm±10mm；气体保护焊 20mm±7mm；

5）保护气种类：二氧化碳；富氩气体，混合比例为氩气 80％＋二氧化碳 20％；

6)保护气流量：20L/min～50L/min。

6 免予评定的各类焊接节点构造形式、焊接坡口的形式和尺寸必须符合本规范第 5 章的要求，并应符合下列规定：

　　1)斜角角焊缝两面角 ψ>30°；

　　2)管材相贯接头局部两面角 ψ>30°。

7 免予评定的结构荷载特性应为静载。

8 焊丝直径不符合表 6.6.2-4 的规定时，不得免予评定。

9 当焊接工艺参数按表 6.6.2-4、表 6.6.2-5 的规定值变化范围超过本规范第 6.3 节的规定时，不得免予评定。

表 6.6.2-4　各种焊接方法免予评定的焊接工艺参数范围

焊接方法代号	焊条或焊丝型号	焊条或焊丝直径(mm)	电流(A)	电流极性	电压(V)	焊接速度(cm/min)
SMAW	EXX15 EXX16 EXX03	3.2	80～140	EXX15：直流反接	18～26	8～18
		4.0	110～210	EXX16：交、直流	20～27	10～20
		5.0	160～230	EXX03：交流	20～27	10～20
GMAW	ER-XX	1.2	打底180～260 填充220～320 盖面220～280	直流反接	25～38	25～45
FCAW	EXX1T1	1.2	打底160～260 填充220～320 盖面220～280	直流反接	25～38	30～55
SAW	HXXX	3.2	400～600	直流反接或交流	24～40	25～65
		4.0	450～700		24～40	
		5.0	500～800		34～40	

注：表中参数为平、横焊位置。立焊电流应比平、横焊减小 10%～15%。

表 6.6.2-5　拉弧式栓钉焊免予评定的焊接工艺参数范围

焊接方法代号	栓钉直径(mm)	电流(A)	电流极性	焊接时间(s)	提升高度(mm)	伸出长度(mm)
SW	13	900～1000	直流正接	0.7	1～3	3～4
	16	1200～1300		0.8		4～5

6.6.3 免予焊接工艺评定的钢材表面及坡口处理、焊接材料储存及烘干、引弧板及引出板、焊后处理、焊接环境、焊工资格等要求应符合本规范的规定。

7　焊接工艺

7.1　母材准备

7.1.1 母材上待焊接的表面和两侧应均匀、光洁，

且应无毛刺、裂纹和其他对焊缝质量有不利影响的缺陷。待焊接的表面和距焊缝坡口边缘位置 30mm 范围内不得有影响正常焊接和焊缝质量的氧化皮、锈蚀、油脂、水等杂质。

7.1.2 焊接接头坡口的加工或缺陷的清除可采用机加工、热切割、碳弧气刨、铲凿或打磨等方法。

7.1.3 采用热切割方法加工的坡口表面质量应符合现行行业标准《热切割　气割质量和尺寸偏差》JB/T 10045.3 的有关规定；钢材厚度不大于 100mm 时，割纹深度不应大于 0.2mm；钢材厚度大于 100mm 时，割纹深度不应大于 0.3mm。

7.1.4 割纹深度超过本规范第 7.1.3 条的规定，以及坡口表面上的缺口和凹槽，应采用机械加工或打磨清除。

7.1.5 母材坡口表面切割缺陷需要进行焊接修补时，应根据本规范规定制订修补焊接工艺，并应记录存档；调质钢及承受动荷载需经疲劳验算的结构，母材坡口表面切割缺陷的修补还应报监理工程师批准后方可进行。

7.1.6 钢材轧制缺欠（图 7.1.6）的检测和修复应符合下列要求：

　　1 焊接坡口边缘上钢材的夹层缺欠长度超过 25mm 时，应采用无损检测方法检测其深度。当缺欠深度不大于 6mm 时，应用机械方法清除；当缺欠深度大于 6mm 且不超过 25mm 时，应用机械方法清除后焊接修补填满；当缺欠深度大于 25mm 时，应采用超声波测定其尺寸，如果单个缺欠面积（a×d）或聚集缺欠的总面积不超过被切割钢材总面积（B×L）的 4%时为合格，否则不应使用；

　　2 钢材内部的夹层，其尺寸不超过本条第 1 款的规定且位置离母材坡口表面距离 b 不小于 25mm 时不需要修补；距离 b 小于 25mm 时应进行焊接修补；

　　3 夹层是裂纹时，裂纹长度 a 和深度 d 均不大于 50mm 时应进行焊接修补；裂纹深度 d 大于 50mm 或累计长度超过板宽的 20%时不应使用；

　　4 焊接修补应符合本规范第 7.11 节的规定。

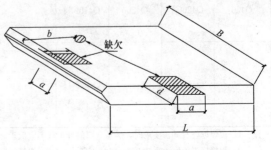

图 7.1.6　夹层缺欠

7.2　焊接材料要求

7.2.1 焊接材料熔敷金属的力学性能不应低于相应

母材标准的下限值或满足设计文件要求。

7.2.2 焊接材料贮存场所应干燥、通风良好，应由专人保管、烘干、发放和回收，并应有详细记录。

7.2.3 焊条的保存、烘干应符合下列要求：

1 酸性焊条保存时应有防潮措施，受潮的焊条使用前应在100℃～150℃范围内烘焙1h～2h；

2 低氢型焊条应符合下列要求：

　1）焊条使用前应在300℃～430℃范围内烘焙1h～2h，或按厂家提供的焊条使用说明书进行烘干。焊条放入时烘箱的温度不应超过规定最高烘焙温度的一半，烘焙时间以烘箱达到规定最高烘焙温度后开始计算；

　2）烘干后的低氢焊条应放置于温度不低于120℃的保温箱中存放、待用；使用时置于保温筒中，随用随取；

3）焊条烘干后在大气中放置时间不应超过4h，用于焊接Ⅲ、Ⅳ类钢材的焊条，烘干后在大气中放置时间不应超过2h。重新烘干次数不应超过1次。

7.2.4 焊剂的烘干应符合下列要求：

1 使用前应按制造厂家推荐的温度进行烘焙，已受潮或结块的焊剂严禁使用；

2 用于焊接Ⅲ、Ⅳ类钢材的焊剂，烘干后在大气中放置时间不应超过4h。

7.2.5 焊丝和电渣焊的熔化或非熔化导管表面以及栓钉焊接端面应无油污、锈蚀。

7.2.6 栓钉焊瓷环保存时应有防潮措施，受潮的焊接瓷环使用前应在120℃～150℃范围内烘焙1h～2h。

7.2.7 常用钢材的焊接材料可按表7.2.7的规定选用，屈服强度在460MPa以上的钢材，其焊接材料的选用应符合本规范第7.2.1条的规定。

表7.2.7 常用钢材的焊接材料推荐表

母　材					焊　接　材　料			
GB/T 700 和GB/T 1591标准钢材	GB/T 19879标准钢材	GB/T 714标准钢材	GB/T 4171标准钢材	GB/T 7659标准钢材	焊条电弧焊SMAW	实心焊丝气体保护焊GMAW	药芯焊丝气体保护焊FCAW	埋弧焊SAW
Q215	—	—	—	ZG200-400HZG230-450H	GB/T 5117：E43XX	GB/T 8110：ER49-X	GB/T 10045：E43XTX-XGB/T 17493：E43XTX-X	GB/T 5293：F4XX-H08A
Q235Q275	Q235GJ	Q235q	Q235NHQ265GNHQ295NHQ295GNH	ZG275-485H	GB/T 5117：E43XXE50XXGB/T 5118：E50XX-X	GB/T 8110：ER49-XER50-X	GB/T 10045：E43XTX-XE50XTX-XGB/T 17493：E43XTX-XE49XTX-X	GB/T 5293：F4XX-H08AGB/T 12470：F48XX-H08MnA
Q345Q390	Q345GJQ390GJ	Q345qQ370q	Q310GNHQ355NHQ355GNH	—	GB/T 5117：E50XXGB/T 5118：E5015、16-XE5515、16-Xᵃ	GB/T 8110：ER50-XER55-X	GB/T 10045：E50XTX-XGB/T 17493：E50XTX-X	GB/T 5293：F5XX-H08MnAF5XX-H10Mn2GB/T 12470：F48XX-H08MnAF48XX-H10Mn2F48XX-H10Mn2A
Q420	Q420GJ	Q420q	Q415NH	—	GB/T 5118：E5515、16-XE6015、16-Xᵇ	GB/T 8110ER55-XER62-Xᵇ	GB/T 17493：E55XTX-X	GB/T 12470：F55XX-H10Mn2AF55XX-H08MnMoA
Q460	Q460GJ	—	Q460NH	—	GB/T 5118：E5515、16-XE6015、16-X	GB/T 8110ER55-X	GB/T 17493：E55XTX-XE60XTX-X	GB/T 12470：F55XX-H08MnMoAF55XX-H08Mn2MoVA

注：1 被焊母材有冲击要求时，熔敷金属的冲击功不应低于母材规定；

　　2 焊接接头板厚不小于25mm时，宜采用低氢型焊接材料；

　　3 表中X对应焊材标准中的相应规定；

　　a 仅适用于厚度不大于35mm的Q3459钢及厚度不大于16mm的Q3709钢；

　　b 仅适用于厚度不大于16mm的Q4209钢。

7.3 焊接接头的装配要求

7.3.1 焊接坡口尺寸宜符合本规范附录 A 的规定。组装后坡口尺寸允许偏差应符合表 7.3.1 的规定。

表 7.3.1 坡口尺寸组装允许偏差

序号	项　目	背面不清根	背面清根
1	接头钝边	±2mm	—
2	无衬垫接头根部间隙	±2mm	+2mm −3mm
3	带衬垫接头根部间隙	+6mm −2mm	—
4	接头坡口角度	+10° −5°	+10° −5°
5	U形和J形坡口 根部半径	+3mm −0mm	—

7.3.2 接头间隙中严禁填塞焊条头、铁块等杂物。

7.3.3 坡口组装间隙偏差超过表 7.3.1 规定但不大于较薄板厚度 2 倍或 20mm 两值中较小值时，可在坡口单侧或两侧堆焊。

7.3.4 对接接头的错边量不应超过本规范表 8.2.2 的规定。当不等厚部件对接接头的错边量超过 3mm 时，较厚部件应按不大于 $1:2.5$ 坡度平缓过渡。

7.3.5 采用角焊缝及部分焊透焊缝连接的 T 形接头，两部件应密贴，根部间隙不应超过 5mm；当间隙超过 5mm 时，应在待焊板端表面堆焊并修磨平整使其间隙符合要求。

7.3.6 T 形接头的角焊缝连接部件的根部间隙大于 1.5mm 且小于 5mm 时，角焊缝的焊脚尺寸应按根部间隙值予以增加。

7.3.7 对于搭接接头及塞焊、槽焊以及钢衬垫与母材间的连接接头，接触面之间的间隙不应超过 1.5mm。

7.4 定 位 焊

7.4.1 定位焊必须由持相应资格证书的焊工施焊，所用焊接材料应与正式焊缝的焊接材料相当。

7.4.2 定位焊缝附近的母材表面质量应符合本规范第 7.1 节的规定。

7.4.3 定位焊缝厚度不应小于 3mm，长度不应小于 40mm，其间距宜为 300mm～600mm。

7.4.4 采用钢衬垫的焊接接头，定位宜在接头坡口内进行；定位焊焊接时预热温度宜高于正式施焊预热温度 20℃～50℃；定位焊缝与正式焊缝应具有相同的焊接工艺和焊接质量要求；定位焊焊缝存在裂纹、气孔、夹渣等缺陷时，应完全清除。

7.4.5 对于要求疲劳验算的动荷载结构，应根据结构特点和本节要求制定定位焊工艺文件。

7.5 焊 接 环 境

7.5.1 焊条电弧焊和自保护药芯焊丝电弧焊，其焊接作业区最大风速不宜超过 8m/s，气体保护电弧焊不宜超过 2m/s，如果超出上述范围，应采取有效措施以保障焊接电弧区域不受影响。

7.5.2 当焊接作业处于下列情况之一时严禁焊接：

　　1 焊接作业区的相对湿度大于 90%；

　　2 焊件表面潮湿或暴露于雨、冰、雪中；

　　3 焊接作业条件不符合现行国家标准《焊接与切割安全》GB 9448 的有关规定。

7.5.3 焊接环境温度低于 0℃但不低于 −10℃时，应采取加热或防护措施，应确保接头焊接处各方向不小于 2 倍板厚且不小于 100mm 范围内的母材温度，不低于 20℃或规定的最低预热温度二者的较高值，且在焊接过程中不应低于这一温度。

7.5.4 焊接环境温度低于 −10℃时，必须进行相应焊接环境下的工艺评定试验，并应在评定合格后再进行焊接，如果不符合上述规定，严禁焊接。

7.6 预热和道间温度控制

7.6.1 预热温度和道间温度应根据钢材的化学成分、接头的拘束状态、热输入大小、熔敷金属含氢量水平及所采用的焊接方法等综合因素确定或进行焊接试验。

7.6.2 常用钢材采用中等热输入焊接时，最低预热温度宜符合表 7.6.2 的要求。

表 7.6.2 常用钢材最低预热温度要求（℃）

钢材 类别	接头最厚部件的板厚 t（mm）				
	$t \leqslant 20$	$20 < t \leqslant 40$	$40 < t \leqslant 60$	$60 < t \leqslant 80$	$t > 80$
Ⅰ[a]	—	—	40	50	80
Ⅱ	—	20	60	80	100
Ⅲ	20	60	80	100	120
Ⅳ[b]	20	80	100	120	150

注：1　焊接热输入约为 15kJ/cm～25kJ/cm，当热输入每增大 5kJ/cm 时，预热温度可比表中温度降低 20℃；

　　2　当采用非低氢焊接材料或焊接方法焊接时，预热温度应比表中规定的温度提高 20℃；

　　3　当母材施焊处温度低于 0℃时，应根据焊接作业环境、钢材牌号及板厚的具体情况将表中预热温度适当增加，且应在焊接过程中保持这一最低道间温度；

　　4　焊接接头板厚不同时，应按接头中较厚板的板厚选择最低预热温度和道间温度；

　　5　焊接接头材质不同时，应按接头中较高强度、较高碳当量的钢材选择最低预热温度；

　　6　本表不适用于供货状态为调质处理的钢材；控轧控冷（TMCP）钢最低预热温度可由试验确定；

　　7　"—"表示焊接环境在 0℃以上时，可不采取预热措施；

　　a　铸钢除外，Ⅰ类钢材中的铸钢预热温度宜参照Ⅱ类钢材的要求确定；

　　b　仅限于Ⅳ类钢材中的 Q460、Q460GJ 钢。

7.6.3 电渣焊和气电立焊在环境温度为 0℃ 以上施焊时可不进行预热；但板厚大于 60mm 时，宜对引弧区域的母材预热且预热温度不应低于 50℃。

7.6.4 焊接过程中，最低道间温度不应低于预热温度；静载结构焊接时，最大道间温度不宜超过 250℃；需进行疲劳验算的动荷载结构和调质钢焊接时，最大道间温度不宜超过 230℃。

7.6.5 预热及道间温度控制应符合下列规定：

　　1 焊前预热及道间温度的保持宜采用电加热法、火焰加热法，并应采用专用的测温仪器测量；

　　2 预热的加热区域应在焊缝坡口两侧，宽度应大于焊件施焊处板厚的 1.5 倍，且不应小于 100mm；预热温度宜在焊件受热面的背面测量，测量点应在离电弧经过前的焊接点各方向不小于 75mm 处；当采用火焰加热器预热时正面测温应在火焰离开后进行。

7.6.6 Ⅲ、Ⅳ类钢材及调质钢的预热温度、道间温度的确定，应符合钢厂提供的指导性参数要求。

7.7　焊后消氢热处理

7.7.1 当要求进行焊后消氢热处理时，应符合下列规定：

　　1 消氢热处理的加热温度应为 250℃～350℃，保温时间应根据工件板厚按每 25mm 板厚不小于 0.5h，且总保温时间不得小于 1h 确定。达到保温时间后应缓冷至常温；

　　2 消氢热处理的加热和测温方法应按本规范第 7.6.5 条的规定执行。

7.8　焊后消应力处理

7.8.1 设计或合同文件对焊后消除应力有要求时，需经疲劳验算的动荷载结构中承受拉应力的对接接头或焊缝密集的节点或构件，宜采用电加热器局部退火和加热炉整体退火等方法进行消除应力处理；如仅为稳定结构尺寸，可采用振动法消除应力。

7.8.2 焊后热处理应符合现行行业标准《碳钢、低合金钢焊接构件焊后热处理方法》JB/T 6046 的有关规定。当采用电加热器对焊接构件进行局部消除应力热处理时，尚应符合下列要求：

　　1 使用配有温度自动控制仪的加热设备，其加热、测温、控温性能应符合使用要求；

　　2 构件焊缝每侧面加热板（带）的宽度应至少为钢板厚度的 3 倍，且不应小于 200mm；

　　3 加热板（带）以外构件两侧宜用保温材料适当覆盖。

7.8.3 用锤击法消除中间焊层应力时，应使用圆头手锤或小型振动工具进行，不应对根部焊缝、盖面焊缝或焊缝坡口边缘的母材进行锤击。

7.8.4 用振动法消除应力时，应符合现行行业标准《焊接构件振动时效工艺参数选择及技术要求》JB/T

10375 的有关规定。

7.9　引弧板、引出板和衬垫

7.9.1 引弧板、引出板和钢衬垫板的钢材应符合本规范第 4 章的规定，其强度不应大于被焊钢材强度，且应具有与被焊钢材相近的焊接性。

7.9.2 在焊接接头的端部应设置焊缝引弧板、引出板，应使焊缝在提供的延长段上引弧和终止。焊条电弧焊和气体保护电弧焊焊缝引弧板、引出板长度应大于 25mm，埋弧焊引弧板、引出板长度应大于 80mm。

7.9.3 引弧板和引出板宜采用火焰切割、碳弧气刨或机械等方法去除，去除时不得伤及母材并将割口处修磨至与焊缝端部平整。严禁使用锤击去除引弧板和引出板。

7.9.4 衬垫材质可采用金属、焊剂、纤维、陶瓷等。

7.9.5 当使用钢衬垫时，应符合下列要求：

　　1 钢衬垫应与接头母材金属贴合良好，其间隙不应大于 1.5mm；

　　2 钢衬垫在整个焊缝长度内应保持连续；

　　3 钢衬垫应有足够的厚度以防止烧穿。用于焊条电弧焊、气体保护电弧焊和自保护药芯焊丝电弧焊焊接方法的衬垫板厚度不应小于 4mm；用于埋弧焊焊接方法的衬垫板厚度不应小于 6mm；用于电渣焊焊接方法的衬垫板厚度不应小于 25mm；

　　4 应保证钢衬垫与焊缝金属熔合良好。

7.10　焊接工艺技术要求

7.10.1 焊接施工前，施工单位应制定焊接工艺文件用于指导焊接施工，工艺文件可依据本规范第 6 章规定的焊接工艺评定结果进行制定，也可依据本规范第 6 章对符合免除工艺评定条件的工艺直接制定焊接工艺文件。焊接工艺文件应至少包括下列内容：

　　1 焊接方法或焊接方法的组合；

　　2 母材的规格、牌号、厚度及适用范围；

　　3 填充金属的规格、类别和型号；

　　4 焊接接头形式、坡口形式、尺寸及其允许偏差；

　　5 焊接位置；

　　6 焊接电源的种类和电流极性；

　　7 清根处理；

　　8 焊接工艺参数，包括焊接电流、焊接电压、焊接速度、焊层和焊道分布等；

　　9 预热温度及道间温度范围；

　　10 焊后消除应力处理工艺；

　　11 其他必要的规定。

7.10.2 对于焊条电弧焊、实心焊丝气体保护焊、药芯焊丝气体保护焊和埋弧焊（SAW）焊接方法，每一道焊缝的宽深比不应小于 1.1。

7.10.3 除用于坡口焊缝的加强角焊缝外，如果满足设计要求，应采用最小角焊缝尺寸，最小角焊缝尺寸应符合本规范表 5.4.2 的规定。

7.10.4 对于焊条电弧焊、半自动实心焊丝气体保护焊、半自动药芯焊丝气体保护焊、药芯焊丝自保护焊和自动埋弧焊焊接方法，其单道焊最大焊缝尺寸宜符合表 7.10.4 的规定。

表 7.10.4　单道焊最大焊缝尺寸

焊道类型	焊接位置	焊缝类型	焊接方法		
			焊条电弧焊	气体保护焊和药芯焊丝自保护焊	单丝埋弧焊
根部焊道最大厚度	平焊	全部	10mm	10mm	
	横焊		8mm	8mm	
	立焊		12mm	12mm	
	仰焊		8mm	8mm	
填充焊道最大厚度	全部	全部	5mm	6mm	6mm
单道角焊缝最大焊脚尺寸	平焊	角焊缝	10mm	12mm	12mm
	横焊		8mm	10mm	8mm
	立焊		12mm	12mm	
	仰焊		8mm	8mm	—

7.10.5 多层焊时应连续施焊，每一焊道焊接完成后应及时清理焊渣及表面飞溅物，遇有中断施焊的情况，应采取适当的保温措施，必要时应进行后热处理，再次焊接时重新预热温度应高于初始预热温度。

7.10.6 塞焊和槽焊可采用焊条电弧焊、气体保护电弧焊及药芯焊丝自保护焊等焊接方法。平焊时，应分层焊接，每层熔渣冷却凝固后必须清除再重新焊接；立焊和仰焊时，每道焊缝焊完后，应待熔渣冷却并清除再施焊后续焊道。

7.10.7 在调质钢上严禁采用塞焊和槽焊焊缝。

7.11　焊接变形的控制

7.11.1 钢结构焊接时，采用的焊接工艺和焊接顺序应能使最终构件的变形和收缩最小。

7.11.2 根据构件上焊缝的布置，可按下列要求采用合理的焊接顺序控制变形：

1 对接接头、T 形接头和十字接头，在工件放置条件允许或易于翻转的情况下，宜双面对称焊接；有对称截面的构件，宜对称于构件中性轴焊接；有对称连接杆件的节点，宜对称于节点轴线同时对称焊接；

2 非对称双面坡口焊缝，宜先在深坡口面完成部分焊缝焊接，然后完成浅坡口面焊缝焊接，最后完成深坡口面焊缝焊接。特厚板宜增加轮流对称焊接的循环次数；

3 对长焊缝宜采用分段退焊法或多人对称焊接法；

4 宜采用跳焊法，避免工件局部热量集中。

7.11.3 构件装配焊接时，应先焊收缩量较大的接头，后焊收缩量较小的接头，接头应在小的拘束状态下焊接。

7.11.4 对于有较大收缩或角变形的接头，正式焊接前应采用预留焊接收缩裕量或反变形方法控制收缩和变形。

7.11.5 多组件构成的组合构件应采取分部组装焊接，矫正变形后再进行总装焊接。

7.11.6 对于焊缝分布相对于构件的中性轴明显不对称的异形截面的构件，在满足设计要求的条件下，可采用调整填充焊缝熔敷量或补偿加热的方法。

7.12　返　修　焊

7.12.1 焊缝金属和母材的缺欠超过相应的质量验收标准时，可采用砂轮打磨、碳弧气刨、铲凿或机械加工等方法彻底清除。对焊缝进行返修，应按下列要求进行：

1 返修前，应清洁修复区域的表面；

2 焊瘤、凸起或余高过大，应采用砂轮或碳弧气刨清除过量的焊缝金属；

3 焊缝凹陷或弧坑、焊缝尺寸不足、咬边、未熔合、焊缝气孔或夹渣等应在完全清除缺陷后进行焊补；

4 焊缝或母材的裂纹应采用磁粉、渗透或其他无损检测方法确定裂纹的范围及深度，用砂轮打磨或碳弧气刨清除裂纹及其两端各 50mm 长的完好焊缝或母材，修整表面或磨除气刨渗碳层后，应采用渗透或磁粉探伤方法确定裂纹是否彻底清除，再重新进行焊补；对于拘束度较大的焊接接头的裂纹用碳弧气刨清除前，宜在裂纹两端钻止裂孔；

5 焊接返修的预热温度应比相同条件下正常焊接的预热温度提高 30℃～50℃，并应采用低氢焊接材料和焊接方法进行焊接；

6 返修部位应连续焊接。如中断焊接时，应采取后热、保温措施，防止产生裂纹；厚板返修焊宜采用消氢处理；

7 焊接裂纹的返修，应由焊接技术人员对裂纹产生的原因进行调查和分析，制定专门的返修工艺方案后进行；

8 同一部位两次返修后仍不合格时，应重新制定返修方案，并经业主或监理工程师认可后方可实施。

7.12.2 返修焊的焊缝应按原检测方法和质量标准进行检测验收，填报返修施工记录及返修前后的无损检测报告，作为工程验收及存档资料。

7.13　焊　件　矫　正

7.13.1 焊接变形超标的构件应采用机械方法或局部

加热的方法进行矫正。

7.13.2 采用加热矫正时，调质钢的矫正温度严禁超过其最高回火温度，其他供货状态的钢材的矫正温度不应超过 800℃ 或钢厂推荐温度两者中的较低值。

7.13.3 构件加热矫正后宜采用自然冷却，低合金钢在矫正温度高于 650℃ 时严禁急冷。

7.14 焊缝清根

7.14.1 全焊透焊缝的清根应从反面进行，清根后的凹槽应形成不小于 10°的 U 形坡口。

7.14.2 碳弧气刨清根应符合下列规定：

　　1 碳弧气刨工的技能应满足清根操作技术要求；

　　2 刨槽表面应光洁，无夹碳、粘渣等；

　　3 Ⅲ、Ⅳ类钢材及调质钢在碳弧气刨后，应使用砂轮打磨刨槽表面，去除渗碳淬硬层及残留熔渣。

7.15 临时焊缝

7.15.1 临时焊缝的焊接工艺和质量要求应与正式焊缝相同。临时焊缝清除时应不伤及母材，并应将临时焊缝区域修磨平整。

7.15.2 需经疲劳验算结构中受拉部件或受拉区域严禁设置临时焊缝。

7.15.3 对于Ⅲ、Ⅳ类钢材、板厚大于 60mm 的Ⅰ、Ⅱ类钢材、需经疲劳验算的结构，临时焊缝清除后，应采用磁粉或渗透探伤方法对母材进行检测，不允许存在裂纹等缺陷。

7.16 引弧和熄弧

7.16.1 不应在焊缝区域外的母材上引弧和熄弧。

7.16.2 母材的电弧擦伤应打磨光滑，承受动载或Ⅲ、Ⅳ类钢材的擦伤处还应进行磁粉或渗透探伤检测，不得存在裂纹等缺陷。

7.17 电渣焊和气电立焊

7.17.1 电渣焊和气电立焊的冷却块或衬垫块以及导管应满足焊接质量要求。

7.17.2 采用熔嘴电渣焊时，应防止熔嘴上的药皮受潮和脱落，受潮的熔嘴应经过 120℃ 约 1.5h 的烘焙后方可使用，药皮脱落、锈蚀和带有油污的熔嘴不得使用。

7.17.3 电渣焊和气电立焊在引弧和熄弧时可使用钢制或铜制引熄弧块。电渣焊使用的铜制引熄弧块长度不应小于 100mm，引弧槽的深度不应小于 50mm，引弧槽的截面积应与正式电渣焊接头的截面积一致，可在引弧块的底部加入适当的碎焊丝（ø1mm×1mm）便于起弧。

7.17.4 电渣焊用焊丝应控制 S、P 含量，同时应具有较高的脱氧元素含量。

7.17.5 电渣焊采用Ⅰ形坡口（图 7.17.5）时，坡口间隙 b 与板厚 t 的关系应符合表 7.17.5 的规定。

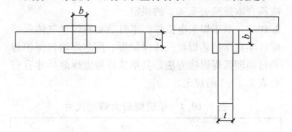

图 7.17.5　电渣焊Ⅰ形坡口

表 7.17.5　电渣焊Ⅰ形坡口间隙与板厚关系

母材厚度 t (mm)	坡口间隙 b (mm)
$t \leqslant 32$	25
$32 < t \leqslant 45$	28
$t > 45$	30～32

7.17.6 电渣焊焊接过程中，可采用填加焊剂和改变焊接电压的方法，调整渣池深度和宽度。

7.17.7 焊接过程中出现电弧中断或焊缝中间存在缺陷，可钻孔清除已焊焊缝，重新进行焊接。必要时应刨开面板采用其他焊接方法进行局部焊补，返修后应重新按检测要求进行无损检测。

8 焊接检验

8.1 一般规定

8.1.1 焊接检验应按下列要求分为两类：

　　1 自检，是施工单位在制造、安装过程中，由本单位具有相应资质的检测人员或委托具有相应检验资质的检测机构进行的检验；

　　2 监检，是业主或其代表委托具有相应检验资质的独立第三方检测机构进行的检验。

8.1.2 焊接检验的一般程序包括焊前检验、焊中检验和焊后检验，并应符合下列规定：

　　1 焊前检验应至少包括下列内容：

　　　1）按设计文件和相关标准的要求对工程中所用钢材、焊接材料的规格、型号（牌号）、材质、外观及质量证明文件进行确认；

　　　2）焊工合格证及认可范围确认；

　　　3）焊接工艺技术文件及操作规程审查；

　　　4）坡口形式、尺寸及表面质量检查；

　　　5）组对后构件的形状、位置、错边量、角变形、间隙等检查；

　　　6）焊接环境、焊接设备等条件确认；

　　　7）定位焊缝的尺寸及质量认可；

　　　8）焊接材料的烘干、保存及领用情况检查；

　　　9）引弧板、引出板和衬垫板的装配质量检查。

　　2 焊中检验应至少包括下列内容：

1）实际采用的焊接电流、焊接电压、焊接速度、预热温度、层间温度及后热温度和时间等焊接工艺参数与焊接工艺文件的符合性检查；

2）多层多道焊焊道缺欠的处理情况确认；

3）采用双面焊清根的焊缝，应在清根后进行外观检查及规定的无损检测；

4）多层多道焊中焊层、焊道的布置及焊接顺序等检查。

3 焊后检验应至少包括下列内容：

1）焊缝的外观质量与外形尺寸检查；

2）焊缝的无损检测；

3）焊接工艺规程记录及检验报告审查。

8.1.3 焊接检验前应根据结构所承受的荷载特性、施工详图及技术文件规定的焊缝质量等级要求编制检验和试验计划，由技术负责人批准并报监理工程师备案。检验方案应包括检验批的划分、抽样检验的抽样方法、检验项目、检验方法、检验时机及相应的验收标准等内容。

8.1.4 焊缝检验抽样方法应符合下列规定：

1 焊缝处数的计数方法：工厂制作焊缝长度不大于1000mm时，每条焊缝应为1处；长度大于1000mm时，以1000mm为基准，每增加300mm焊缝数量应增加1处；现场安装焊缝每条焊缝应为1处。

2 可按下列方法确定检验批：

1）制作焊缝以同一工区（车间）按300～600处的焊缝数量组成检验批；多层框架结构可以每节柱的所有构件组成检验批；

2）安装焊缝以区段组成检验批；多层框架结构以每层（节）的焊缝组成检验批。

3 抽样检验除设计指定焊缝外应采用随机取样方式取样，且取样中应覆盖到该批焊缝中所包含的所有钢材类别、焊接位置和焊接方法。

8.1.5 外观检测应符合下列规定：

1 所有焊缝应冷却到环境温度后方可进行外观检测。

2 外观检测采用目测方式，裂纹的检查应辅以5倍放大镜并在合适的光照条件下进行，必要时可采用磁粉探伤或渗透探伤检测，尺寸的测量应用量具、卡规。

3 栓钉焊接接头的焊缝外观质量应符合本规范表6.5.1-1或表6.5.1-2的要求。外观质量检验合格后进行打弯抽样检查，合格标准：当栓钉弯曲至30°时，焊缝和热影响区不得有肉眼可见的裂纹，检查数量不应小于栓钉总数的1%且不少于10个。

4 电渣焊、气电立焊接头的焊缝外观成形应光滑，不得有未熔合、裂纹等缺陷；当板厚小于30mm时，压痕、咬边深度不应大于0.5mm；板厚不小于30mm时，压痕、咬边深度不应大于1.0mm。

8.1.6 焊缝无损检测报告签发人员必须持有现行国家标准《无损检测人员资格鉴定与认证》GB/T 9445规定的2级或2级以上资格证书。

8.1.7 超声波检测应符合下列规定：

1 对接及角接接头的检验等级应根据质量要求分为A、B、C三级，检验的完善程度A级最低，B级一般，C级最高，应根据结构的材质、焊接方法、使用条件及承受载荷的不同，合理选用检验级别。

2 对接及角接接头检验范围见图8.1.7，其确定应符合下列规定：

1）A级检验采用一种角度的探头在焊缝的单面单侧进行检验，只对能扫查到的焊缝截面进行探测，一般不要求作横向缺欠的检验。母材厚度大于50mm时，不得采用A级检验。

2）B级检验采用一种角度探头在焊缝的单面双侧进行检验，受几何条件限制时，应在焊缝单面、单侧采用两种角度探头（两角度之差大于15°）进行检验。母材厚度大于100mm时，应采用双面双侧检验，受几何条件限制时，应在焊缝双面单侧，采用两种角度探头（两角度之差大于15°）进行检验，检验应覆盖整个焊缝截面。条件允许时应作横向缺欠检验。

3）C级检验至少应采用两种角度探头在焊缝的单面双侧进行检验。同时应作两个扫查方向和两种探头角度的横向缺欠检验。母材厚度大于100mm时，应采用双面双侧检验。检查前应将对接焊缝余高磨平，以便探头在焊缝上作平行扫查。焊缝两侧斜探头扫查经过母材部分应采用直探头作检查。当焊缝母材厚度不小于100mm，或窄间隙焊缝母材厚度不小于40mm时，应增加串列式扫查。

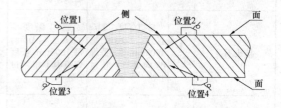

图8.1.7 超声波检测位置

8.1.8 抽样检验应按下列规定进行结果判定：

1 抽样检验的焊缝数不合格率小于2%时，该批验收合格；

2 抽样检验的焊缝数不合格率大于5%时，该批验收不合格；

3 除本条第5款情况外抽样检验的焊缝数不合格

率为 2%～5%时，应加倍抽检，且必须在原不合格部位两侧的焊缝延长线各增加一处，在所有抽检焊缝中不合格率不大于 3%时，该批验收合格，大于 3%时，该批验收不合格；

4 批量验收不合格时，应对该批余下的全部焊缝进行检验；

5 检验发现 1 处裂纹缺陷时，应加倍抽查，在加倍抽检焊缝中未再检查出裂纹缺陷时，该批验收合格；检验发现多于 1 处裂纹缺陷或加倍抽查又发现裂纹缺陷时，该批验收不合格，应对该批余下焊缝的全数进行检查。

8.1.9 所有检出的不合格焊接部位应按本规范第 7.11 节的规定予以返修至检查合格。

8.2 承受静荷载结构焊接质量的检验

8.2.1 焊缝外观质量应满足表 8.2.1 的规定。

表 8.2.1 焊缝外观质量要求

焊缝质量等级 / 检验项目	一级	二级	三级
裂纹	不允许		
未焊满	不允许	≤ 0.2mm ＋ 0.02t 且≤1mm，每 100mm 长度焊缝内未焊满累积长度≤25mm	≤ 0.2mm ＋ 0.04t 且≤2mm，每 100mm 长度焊缝内未焊满累积长度≤25mm
根部收缩	不允许	≤ 0.2mm ＋ 0.02t 且≤1mm，长度不限	≤ 0.2mm ＋ 0.04t 且≤2mm，长度不限
咬边	不允许	深度≤0.05t 且 ≤ 0.5mm，连续长度 ≤ 100mm，且焊缝两侧咬边总长≤10%焊缝全长	深度≤0.1t 且 ≤1mm，长度不限
电弧擦伤	不允许		允许存在个别电弧擦伤
接头不良	不允许	缺口深度≤0.05t 且 ≤ 0.5mm，每 1000mm 长度焊缝内不得超过 1 处	缺口深度≤0.1t 且≤1mm，每 1000mm 长度焊缝内不得超过 1 处
表面气孔	不允许		每 50mm 长度焊缝内允许存在直径≤3mm 的气孔 2 个；孔距应≥6 倍孔径
表面夹渣	不允许		深≤0.2t，长 ≤0.5t 且≤20mm

注：t 为母材厚度。

8.2.2 焊缝外观尺寸应符合下列规定：

1 对接与角接组合焊缝（图 8.2.2），加强角焊缝尺寸 h_k 不应小于 t/4 且不应大于 10mm，其允许偏差应为 $h_k{}^{+0.4}_0$。对于加强焊角尺寸 h_k 大于 8.0mm 的角焊缝其局部焊脚尺寸允许低于设计要求值 1.0mm，但总长度不得超过焊缝长度的 10%；焊接 H 形梁腹板与翼缘板的焊缝两端在其两倍翼缘板宽度范围内，焊缝的焊脚尺寸不得低于设计要求值；焊缝余高应符合本规范表 8.2.4 的要求。

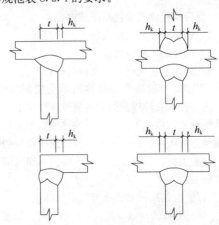

图 8.2.2 对接与角接组合焊缝

2 对接焊缝与角焊缝余高及错边允许偏差应符合表 8.2.2 的规定。

表 8.2.2 焊缝余高和错边允许偏差（mm）

序号	项目	示意图	允许偏差	
			一、二级	三级
1	对接焊缝余高（C）		B<20 时，C 为 0～3；B≥20 时，C 为 0～4	B<20 时，C 为 0～3.5；B≥20 时，C 为 0～5
2	对接焊缝错边（△）		△<0.1t 且≤2.0	△<0.15t 且≤3.0
3	角焊缝余高（C）		h_f≤6 时 C 为 0～1.5；h_f>6 时 C 为 0～3.0	

注：t 为对接接头较薄件母材厚度。

8.2.3 无损检测的基本要求应符合下列规定：

1 无损检测应在外观检测合格后进行。Ⅲ、Ⅳ

类钢材及焊接难度等级为 C、D 级时，应以焊接完成 24h 后无损检测结果作为验收依据；钢材标称屈服强度不小于 690MPa 或供货状态为调质状态时，应以焊接完成 48h 后无损检测结果作为验收依据。

2 设计要求全焊透的焊缝，其内部缺欠的检测应符合下列规定：

1）一级焊缝应进行 100% 的检测，其合格等级不应低于本规范第 8.2.4 条中 B 级检验的 II 级要求；

2）二级焊缝应进行抽检，抽检比例不应小于 20%，其合格等级不应低于本规范第 8.2.4 条中 B 级检测的 III 级要求。

3 三级焊缝应根据设计要求进行相关的检测。

8.2.4 超声波检测应符合下列规定：

1 检验灵敏度应符合表 8.2.4-1 的规定；

表 8.2.4-1 距离-波幅曲线

厚度（mm）	判废线（dB）	定量线（dB）	评定线（dB）
3.5～150	$\phi 3 \times 40$	$\phi 3 \times 40-6$	$\phi 3 \times 40-14$

2 缺欠等级评定应符合表 8.2.4-2 的规定；

表 8.2.4-2 超声波检测缺欠等级评定

评定等级	检验等级		
	A	B	C
	板厚 t（mm）		
	3.5～50	3.5～150	3.5～150
I	$2t/3$；最小 8mm	$t/3$；最小 6mm 最大 40mm	$t/3$；最小 6mm 最大 40mm
II	$3t/4$；最小 8mm	$2t/3$；最小 8mm 最大 70mm	$2t/3$；最小 8mm 最大 50mm
III	$<t$；最小 16mm	$3t/4$；最小 12mm 最大 90mm	$3t/4$；最小 12mm 最大 75mm
IV	超过 III 级者		

3 当检测板厚在 3.5mm～8mm 范围时，其超声波检测的技术参数应按现行行业标准《钢结构超声波探伤及质量分级法》JG/T 203 执行；

4 焊接球节点网架、螺栓球节点网架及圆管 T、K、Y 节点焊缝的超声波探伤方法及缺陷分级应符合现行行业标准《钢结构超声波探伤及质量分级法》JG/T 203 的有关规定；

5 箱形构件隔板电渣焊焊缝无损检测，除应符合本规范第 8.2.3 条的相关规定外，还应按本规范附录 C 进行焊缝焊透宽度、焊缝偏移检测；

6 对超声波检测结果有疑义时，可采用射线检测验证；

7 下列情况之一宜在焊前用超声波检测 T 形、十字形、角接接头坡口处的翼缘板，或在焊后进行翼缘板的层状撕裂检测：

1）发现钢板有夹层缺欠；

2）翼缘板、腹板厚度不小于 20mm 的非厚度方向性能钢板；

3）腹板厚度大于翼缘板厚度且垂直于该翼缘板厚度方向的工作应力较大。

8 超声波检测设备及工艺要求应符合现行国家标准《钢焊缝手工超声波探伤方法和探伤结果分级》GB/T 11345 的有关规定。

8.2.5 射线检测应符合现行国家标准《金属熔化焊焊接接头射线照相》GB/T 3323 的有关规定，射线照相的灵量等级不应低于 B 级的要求，一级焊缝评定合格等级不应低于 II 级的要求，二级焊缝评定合格等级不应低于 III 级的要求。

8.2.6 表面检测应符合下列规定：

1 下列情况之一应进行表面检测：

1）设计文件要求进行表面检测；

2）外观检测发现裂纹时，应对该批中同类焊缝进行 100% 的表面检测；

3）外观检测怀疑有裂纹缺陷时，应对怀疑的部位进行表面检测；

4）检测人员认为有必要时。

2 铁磁性材料应采用磁粉检测表面缺欠。不能使用磁粉检测时，应采用渗透检测。

8.2.7 磁粉检测应符合现行行业标准《无损检测 焊缝磁粉检测》JB/T 6061 的有关规定，合格标准应符合本规范第 8.2.1 条、第 8.2.2 条中外观检测的有关规定。

8.2.8 渗透检测应符合现行行业标准《无损检测 焊缝渗透检测》JB/T 6062 的有关规定，合格标准应符合本规范第 8.2.1 条、第 8.2.2 条中外观检测的有关规定。

8.3 需疲劳验算结构的焊缝质量检验

8.3.1 焊缝的外观质量应无裂纹、未熔合、夹渣、弧坑未填满及超过表 8.3.1 规定的缺欠。

表 8.3.1 焊缝外观质量要求

焊缝质量等级 / 检验项目	一级	二级	三级
裂纹	不允许		
未焊满	不允许		$\leqslant 0.2mm + 0.02t$ 且 $\leqslant 1mm$，每 100mm 长度焊缝内未焊满累积长度 $\leqslant 25mm$

续表8.3.1

焊缝质量 等级 检验项目	一级	二级	三级
根部收缩	不允许	不允许	≤0.2mm+0.02t 且 ≤1mm，长度 不限
咬边	不允许	深度≤0.05t且≤0.3mm，连续长度≤100mm，且焊缝两侧咬边总长≤10%焊缝全长	深度≤0.1t且≤0.5mm，长度不限
电弧擦伤	不允许	不允许	允许存在个别电弧擦伤
接头不良	不允许	不允许	缺口深度≤0.05t且≤0.5mm，每1000mm长度焊缝内不得超过1处
表面气孔	不允许	不允许	直径小于1.0mm，每米不多于3个，间距不小于20mm
表面夹渣	不允许	不允许	深≤0.2t，长≤0.5t且≤20mm

注：1 t为母材厚度；
2 桥面板与弦杆角焊缝、桥面板侧的桥面板与U形肋角焊缝、腹板侧受拉区竖向加劲肋角焊缝的咬边缺陷应满足一级焊缝的质量要求。

8.3.2 焊缝的外观尺寸应符合表8.3.2的规定。

表8.3.2 焊缝外观尺寸要求（mm）

项 目		焊缝种类	允许偏差
焊脚尺寸		主要角焊缝[a]（包括对接与角接组合焊缝）	$h_f{}^{+2.0}_{\ 0}$
		其他角焊缝	$h_f{}^{+2.0}_{-1.0}$ [b]
焊缝高低差		角焊缝	任意25mm范围高低差≤2.0mm
余高		对接焊缝	焊缝宽度b≤20mm时≤2.0mm 焊缝宽度b>20mm时≤3.0mm
余高铲磨后	表面高度	横向对接焊缝	高于母材表面不大于0.5mm 低于母材表面不大于0.3mm
	表面粗糙度		不大于50μm

注：a 主要角焊缝是指主要杆件的盖板与腹板的连接焊缝；
b 手工焊角焊缝全长的10%允许 $h_f{}^{+1.0}_{-2.0}$。

8.3.3 无损检测应符合下列规定：

1 无损检测应在外观检查合格后进行。Ⅰ、Ⅱ

类钢材及焊接难度等级为A、B级时，应以焊接完成24h后检测结果作为验收依据，Ⅲ、Ⅳ类钢材及焊接难度等级为C、D级时，应以焊接完成48h后的检查结果作为验收依据。

2 板厚不大于30mm（不等厚对接时，按较薄板计）的对接焊缝除按本规范第8.3.4条的规定进行超声波检测外，还应采用射线检测抽检其接头数量的10%且不少于一个焊接接头。

3 板厚大于30mm的对接焊缝除按本规范第8.3.4条的规定进行超声波检测外，还应增加接头数量的10%且不少于一个焊接接头，按检验等级为C级、质量等级为不低于一级的超声波检测，检测时焊缝余高应磨平，使用的探头折射角应有一个为45°，探伤范围应为焊缝两端各500mm。焊缝长度大于1500mm时，中部应加探500mm。当发现超标缺欠时应加倍检验。

4 用射线和超声波两种方法检验同一条焊缝，必须达到各自的质量要求，该焊缝方可判定为合格。

8.3.4 超声波检测应符合下列规定：

1 超声波检测设备和工艺要求应符合现行国家标准《钢焊缝手工超声波探伤方法和探伤结果分级》GB/T 11345的有关规定。

2 检测范围和检验等级应符合表8.3.4-1的规定。距离-波幅曲线及缺欠等级评定应符合表8.3.4-2、表8.3.4-3的规定。

表8.3.4-1 焊缝超声波检测范围和检验等级

焊缝质量级别	探伤部位	探伤比例	板厚t（mm）	检验等级
一、二级横向对接焊缝	全长	100%	10≤t≤46	B
	—		46<t≤80	B（双面双侧）
二级纵向对接焊缝	焊缝两端各1000mm	100%	10≤t≤46	B
	—		46<t≤80	B（双面双侧）
二级角焊缝	两端螺栓孔部位并延长500mm，板梁主梁及纵、横梁跨中加探1000mm	100%	10≤t≤46	B（双面单侧）
	—		46<t≤80	B（双面单侧）

表8.3.4-2 超声波检测距离-波幅曲线灵敏度

焊缝质量等级	板厚（mm）	判废线	定量线	评定线
对接焊缝一、二级	10≤t≤46	φ3×40-6dB	φ3×40-14dB	φ3×40-20dB
	46<t≤80	φ3×40-2dB	φ3×40-10dB	φ3×40-16dB

续表 8.3.4-2

焊缝质量等级	板厚(mm)	判废线	定量线	评定线
全焊透对接与角接组合焊缝一级	10≤t≤80	φ3×40-4dB	φ3×40-10dB	φ3×40-16dB
		φ6	φ3	φ2
角焊缝二级	部分焊透对接与角接组合焊缝	10≤t≤80	φ3×40-4dB	φ3×40-10dB	φ3×40-16dB
	贴角焊缝	10≤t≤25	φ1×2	φ1×2-6dB	φ1×2-12dB
		25<t≤80	φ1×2+4dB	φ1×2-4dB	φ1×2-10dB

注：1 角焊缝超声波检测采用铁路钢桥制造专用柱孔标准试块或与其校过的其他孔形试块；

2 φ6、φ3、φ2 表示纵波探伤的平底孔参考反射体尺寸。

表 8.3.4-3 超声波检测缺欠等级评定

焊缝质量等级	板厚 t (mm)	单个缺欠指示长度	多个缺欠的累计指示长度
对接焊缝一级	10≤t≤80	t/4，最小可为 8mm	在任意 9t，焊缝长度范围不超过 t
对接焊缝二级	10≤t≤80	t/2，最小可为 10mm	在任意 4.5t，焊缝长度范围不超过 t
全焊透对接与角接组合焊缝一级	10≤t≤80	t/3，最小可为 10mm	—
角焊缝二级	10≤t≤80	t/2，最小可为 10mm	

注：1 母材板厚不同时，按较薄板评定；

2 缺欠指示长度小于 8mm 时，按 5mm 计。

8.3.5 射线检测应符合现行国家标准《金属熔化焊焊接接头射线照相》GB/T 3323 的有关规定，射线照相质量等级不应低于 B 级，焊缝内部质量等级不应低于 Ⅱ 级。

8.3.6 磁粉检测应符合现行行业标准《无损检测焊缝磁粉检测》JB/T 6061 的有关规定，合格标准应符合本规范第 8.2.1 条、第 8.2.2 条中外观检验的有关规定。

8.3.7 渗透检测应符合现行行业标准《无损检测焊缝渗透检测》JB/T 6062 的有关规定，合格标准应符合本规范第 8.2.1 条、第 8.2.2 条中外观检测的有关规定。

9 焊接补强与加固

9.0.1 钢结构焊接补强和加固设计应符合现行国家

标准《建筑结构加固工程施工质量验收规范》GB 50550 及《建筑抗震设计规范》GB 50011 的有关规定。补强与加固的方案应由设计、施工和业主等各方共同研究确定。

9.0.2 编制补强与加固设计方案时，应具备下列技术资料：

1 原结构的设计计算书和竣工图，当缺少竣工图时，应测绘结构的现状图；

2 原结构的施工技术档案资料及焊接性资料，必要时应在原结构构件上截取试件进行检测试验；

3 原结构或构件的损坏、变形、锈蚀等情况的检测记录及原因分析，并应根据损坏、变形、锈蚀等情况确定构件（或零件）的实际有效截面；

4 待加固结构的实际荷载资料。

9.0.3 钢结构焊接补强或加固设计，应考虑时效对钢材塑性的不利影响，不应考虑时效后钢材屈服强度的提高值。

9.0.4 对于受气相腐蚀介质作用的钢结构构件，应根据所处腐蚀环境按现行国家标准《工业建筑防腐蚀设计规范》GB 50046 进行分类。当腐蚀削弱平均量超过原构件厚度的 25% 以及腐蚀削弱平均量虽未超过 25% 但剩余厚度小于 5mm 时，应对钢材的强度设计值乘以相应的折减系数。

9.0.5 对于特殊腐蚀环境中钢结构焊接补强和加固问题应作专门研究确定。

9.0.6 钢结构的焊接补强或加固，可按下列两种方式进行：

1 卸载补强或加固：在需补强或加固的位置使结构或构件完全卸载，条件允许时，可将构件拆下进行补强或加固；

2 负荷或部分卸载状态下进行补强或加固：在需补强或加固的位置上未经卸载或仅部分卸载状态下进行结构或构件的补强或加固。

9.0.7 负荷状态下进行补强与加固工作时，应符合下列规定：

1 应卸除作用于待加固结构上的可变荷载和可卸除的永久荷载。

2 应根据加固时的实际荷载（包括必要的施工荷载），对结构、构件和连接进行承载力验算，当待加固结构实际有效截面的名义应力与其所用钢材的强度设计值之间的比值符合下列规定时应进行补强或加固：

　　1）β 不大于 0.8（对承受静态荷载或间接承受动态荷载的构件）；

　　2）β 不大于 0.4（对直接承受动态荷载的构件）。

3 轻钢结构中的受拉构件严禁在负荷状态下进行补强和加固。

9.0.8 在负荷状态下进行焊接补强或加固时，可根据具体情况采取下列措施：

1 必要的临时支护；

2 合理的焊接工艺。

9.0.9 负荷状态下焊接补强或加固施工应符合下列要求：

1 对结构最薄弱的部位或构件应先进行补强或加固；

2 加大焊缝厚度时，必须从原焊缝受力较小部位开始施焊。道间温度不应超过200℃，每道焊缝厚度不宜大于3mm；

3 应根据钢材材质，选择相应的焊接材料和焊接方法。应采用合理的焊接顺序和小直径焊材以及小电流、多层多道焊接工艺；

4 焊接补强或加固的施工环境温度不宜低于10℃。

9.0.10 对有缺损的构件应进行承载力评估。当缺损严重，影响结构安全时，应立即采取卸载、加固措施或对损坏构件及时更换；对一般缺损，可按下列方法进行焊接修复或补强：

1 对于裂纹，应查明裂纹的起止点，在起止点分别钻直径为12mm~16mm的止裂孔，彻底清除裂纹后并加工成侧边斜面角大于10°的凹槽，当采用碳弧气刨方法时，应磨掉渗碳层。预热温度宜为100℃~150℃，并应采用低氢焊接方法按全焊透对接焊缝要求进行。对承受动荷载的构件，应将补焊焊缝的表面磨平；

2 对于孔洞，宜将孔边修整后采用加盖板的方法补强；

3 构件的变形影响其承载能力或正常使用时，应根据变形的大小采取矫正、加固或更换构件等措施。

9.0.11 焊接补强与加固应符合下列要求：

1 原有结构的焊缝缺欠，应根据其对结构安全影响的程度，分别采取卸载或负荷状态下补强与加固，具体焊接工艺应按本规范第7.11节的相关规定执行。

2 角焊缝补强宜采用增加原有焊缝长度（包括增加端焊缝）或增加焊缝有效厚度的方法。当负荷状态下采用加大焊缝厚度的方法补强时，被补强焊缝的长度不应小于50mm；加固后的焊缝应力应符合下式要求：

$$\sqrt{\sigma_f^2 + \tau_f^2} \leqslant \eta \times f_f^w \qquad (9.0.11)$$

式中：σ_f——角焊缝按有效截面（$h_e \times l_w$）计算垂直于焊缝长度方向的名义应力；

τ_f——角焊缝按有效截面（$h_e \times l_w$）计算沿长度方向的名义剪应力；

η——焊缝强度折减系数，可按表9.0.11采用；

f_f^w——角焊缝的抗剪强度设计值。

表 9.0.11 焊缝强度折减系数 η

被加固焊缝的长度（mm）	≥600	300	200	100	50
η	1.0	0.9	0.8	0.65	0.25

9.0.12 用于补强或加固的零件宜对称布置。加固焊缝宜对称布置，不宜密集、交叉，在高应力区和应力集中处，不宜布置加固焊缝。

9.0.13 用焊接方法补强铆接或普通螺栓接头时，补强焊缝应承担全部计算荷载。

9.0.14 摩擦型高强度螺栓连接的构件用焊接方法加固时，栓接、焊接两种连接形式计算承载力的比值应在1.0~1.5范围内。

附录A 钢结构焊接接头坡口形式、尺寸和标记方法

A.0.1 各种焊接方法及接头坡口形式尺寸代号和标记应符合下列规定：

1 焊接方法及焊透种类代号应符合表A.0.1-1的规定。

表 A.0.1-1 焊接方法及焊透种类代号

代号	焊接方法	焊透种类
MC	焊条电弧焊	完全焊透
MP		部分焊透
GC	气体保护电弧焊药芯焊丝自保护焊	完全焊透
GP		部分焊透
SC	埋弧焊	完全焊透
SP		部分焊透
SL	电渣焊	完全焊透

2 单、双面焊接及衬垫种类代号应符合表A.0.1-2的规定。

表 A.0.1-2 单、双面焊接及衬垫种类代号

反面衬垫种类		单、双面焊接	
代号	使用材料	代号	单、双面焊接面规定
BS	钢衬垫	1	单面焊接
BF	其他材料的衬垫	2	双面焊接

3 坡口各部分尺寸代号应符合表A.0.1-3的规定。

表 A.0.1-3 坡口各部分的尺寸代号

代　号	代表的坡口各部分尺寸
t	接缝部位的板厚（mm）

代　号	代表的坡口各部分尺寸
b	坡口根部间隙或部件间隙（mm）
h	坡口深度（mm）
p	坡口钝边（mm）
α	坡口角度（°）

4 焊接接头坡口形式和尺寸的标记应符合下列规定：

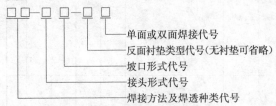

- 单面或双面焊接代号
- 反面衬垫类型代号（无衬垫可省略）
- 坡口形式代号
- 接头形式代号
- 焊接方法及焊透种类代号

标记示例：焊条电弧焊、完全焊透、对接、Ⅰ形坡口、背面加钢衬垫的单面焊接接头表示为 MC-BⅠ-B$_\text{S}$1。

A.0.2 焊条电弧焊全焊透坡口形式和尺寸宜符合表 A.0.2 的要求。

A.0.3 气体保护焊、自保护焊全焊透坡口形式和尺寸宜符合表 A.0.3 的要求。

A.0.4 埋弧焊全焊透坡口形式和尺寸宜符合表 A.0.4 要求。

A.0.5 焊条电弧焊部分焊透坡口形式和尺寸宜符合表 A.0.5 的要求。

A.0.6 气体保护焊、自保护焊部分焊透坡口形式和尺寸宜符合表 A.0.6 的要求。

A.0.7 埋弧焊部分焊透坡口形式和尺寸宜符合表 A.0.7 的要求。

表 A.0.2 焊条电弧焊全焊透坡口形式和尺寸

序号	标记	坡口形状示意图	板厚（mm）	焊接位置	坡口尺寸（mm）	备注
1	MC-BI-2 / MC-TI-2 / MC-CI-2		3~6	F H V O	$b=\dfrac{t}{2}$	清根
2	MC-BI-B1 / MC-CI-B1		3~6	F H V O	$b=t$	
3	MC-BV-2 / MC-CV-2		≥6	F H V O	$b=0\sim3$ $p=0\sim3$ $\alpha_1=60°$	清根
4	MC-BV-B1 / MC-CV-B1		≥6（BV） / ≥12（CV）	F,H V,O / F,V O	b / 6 / 10 / 13 ; α_1 / 45° / 30° / 20° ; $p=0\sim2$	
5	MC-BL-2 / MC-TL-2 / MC-CL-2		≥6	F H V O	$b=0\sim3$ $p=0\sim3$ $\alpha_1=45°$	清根
6	MC-BL-B1 / MC-TL-B1 / MC-CL-B1		≥6	F H V O ; F,H V,O (F,V,O) ; F,H V,O (F,V,O)	b / 6 / p=0~2 ; α_1 / 45° / (10)(30°)	
7	MC-BX-2		≥16	F H V O	$b=0\sim3$ $H_1=\dfrac{2}{3}(t-p)$ $p=0\sim3$ $H_2=\dfrac{1}{3}(t-p)$ $\alpha_1=45°$ $\alpha_2=60°$	清根

序号	标记	坡口形状示意图	板厚(mm)	焊接位置	坡口尺寸(mm)	备注
8	MC-BK-2 MC-TK-2 MC-CK-2		≥16	F H V O	$b=0\sim3$ $H_1=\dfrac{2}{3}(t-p)$ $p=0\sim3$ $H_2=\dfrac{1}{3}(t-p)$ $\alpha_1=45°$ $\alpha_2=60°$	清根

表 A.0.3　气体保护焊、自保护焊全焊透坡口形式和尺寸

序号	标记	坡口形状示意图	板厚(mm)	焊接位置	坡口尺寸(mm)	备注
1	GC-BI-2 GC-TI-2 GC-CI-2		3~8	F H V O	$b=0\sim3$	清根
2	GC-BI-B1 GC-CI-B1		6~10	F H V O	$b=t$	
3	GC-BV-2 GC-CV-2		≥6	F H V O	$b=0\sim3$ $p=0\sim3$ $\alpha_1=60°$	清根
4	GC-BV-B1 GC-CV-B1		≥6 ≥12	F V O	b　α_1　6　45°　10　30° $p=0\sim2$	

序号	标记	坡口形状示意图	板厚(mm)	焊接位置	坡口尺寸(mm)	备注
5	GC-BL-2 GC-TL-2 GC-CL-2		≥6	F H V O	$b=0\sim3$ $p=0\sim3$ $\alpha_1=45°$	清根
6	GC-BL-B1 GC-TL-B1 GC-CL-B1		≥6	F, H V, O	b　α_1　6　45°　(F)(10)(30°) $p=0\sim2$	
7	GC-BX-2		≥16	F H V O	$b=0\sim3$ $H_1=\dfrac{2}{3}(t-p)$ $p=0\sim3$ $H_2=\dfrac{1}{3}(t-p)$ $\alpha_1=45°$ $\alpha_2=60°$	清根
8	GC-BK-2 GC-TK-2 GC-CK-2		≥16	F H V O	$b=0\sim3$ $H_1=\dfrac{2}{3}(t-p)$ $p=0\sim3$ $H_2=\dfrac{1}{3}(t-p)$ $\alpha_1=45°$ $\alpha_2=60°$	清根

表 A.0.4　埋弧焊全焊透坡口形式和尺寸

序号	标记	坡口形状示意图	板厚(mm)	焊接位置	坡口尺寸(mm)	备注
1	SC-BI-2		6~12	F	$b=0$	清根
	SC-TI-2					
	SC-CI-2		6~10	F		
2	SC-BI-B1		6~10	F	$b=t$	
	SC-CI-B1					
3	SC-BV-2		≥12	F	$b=0$　$H_1=t-p$　$p=6$　$\alpha_1=60°$	清根
	SC-CV-2		≥10	F	$b=0$　$p=6$　$\alpha_1=60°$	清根
4	SC-BV-B1		≥10	F	$b=8$　$H_1=t-p$　$p=2$　$\alpha_1=30°$	
	SC-CV-B1					
5	SC-BL-2		≥12	F	$b=0$　$H_1=t-p$　$p=6$　$\alpha_1=55°$	清根
			≥10	H		
	SC-TL-2		≥8	F	$b=0$　$H_1=t-p$　$p=6$　$\alpha_1=60°$	
	SC-CL-2		≥8	F	$b=0$　$H_1=t-p$　$p=6$　$\alpha_1=55°$	清根

续表 A.0.4

序号	标记	坡口形状示意图	板厚(mm)	焊接位置	坡口尺寸(mm)	备注
6	SC-BL-B1		≥10	F	b：6→$\alpha_1$45°；10→30°　$p=2$	
	SC-TL-B1					
	SC-CL-B1					
7	SC-BX-2		≥20	F	$b=0$　$H_1=\frac{2}{3}(t-p)$　$p=6$　$H_2=\frac{1}{3}(t-p)$　$\alpha_1=45°$　$\alpha_2=60°$	清根
	SC-BK-2		≥20	F	$b=0$　$H_1=\frac{2}{3}(t-p)$　$p=5$　$H_2=\frac{1}{3}(t-p)$　$\alpha_1=45°$　$\alpha_2=60°$	清根
			≥12	H		
8	SC-TK-2		≥20	F	$b=0$　$H_1=\frac{2}{3}(t-p)$　$p=5$　$H_2=\frac{1}{3}(t-p)$　$\alpha_1=45°$　$\alpha_2=60°$	清根
	SC-CK-2		≥20	F	$b=0$　$H_1=\frac{2}{3}(t-p)$　$p=5$　$H_2=\frac{1}{3}(t-p)$　$\alpha_1=45°$　$\alpha_2=60°$	清根

表 A.0.5 焊条电弧焊部分焊透坡口形式和尺寸

序号	标记	坡口形状示意图	板厚(mm)	焊接位置	坡口尺寸(mm)	备注
1	MP-BI-1		3~6	F H V O	$b=0$	
	MP-CI-1					
2	MP-BI-2		3~6	F H V O	$b=0$	
	MP-CI-2		6~10	F H V O	$b=0$	
3	MP-BV-1		≥6	F H V O	$b=0$ $H_1 \geq 2\sqrt{t}$ $p=t-H_1$ $\alpha_1=60°$	
	MP-BV-2					
	MP-CV-1					
	MP-CV-2					
4	MP-BL-1		≥6	F H V O	$b=0$ $H_1 \geq 2\sqrt{t}$ $p=t-H_1$ $\alpha_1=45°$	
	MP-BL-2					
	MP-CL-1					
	MP-CL-2					
5	MP-TL-1		≥10	F H V O	$b=0$ $H_1 \geq 2\sqrt{t}$ $p=t-H_1$ $\alpha_1=45°$	
	MP-TL-2					
6	MP-BX-2		≥25	F H V O	$b=0$ $H_1 \geq 2\sqrt{t}$ $p=t-H_1-H_2$ $H_2 \geq 2\sqrt{t}$ $\alpha_1=60°$ $\alpha_2=60°$	

续表 A.0.5

序号	标记	坡口形状示意图	板厚(mm)	焊接位置	坡口尺寸(mm)	备注
7	MP-BK-2		≥25	F H V O	$b=0$ $H_1 \geq 2\sqrt{t}$ $p=t-H_1-H_2$ $H_2 \geq 2\sqrt{t}$ $\alpha_1=45°$ $\alpha_2=45°$	
	MP-TK-2					
	MP-CK-2					

表 A.0.6 气体保护焊、自保护焊部分焊透坡口形式和尺寸

序号	标记	坡口形状示意图	板厚(mm)	焊接位置	坡口尺寸(mm)	备注
1	GP-BI-1		3~10	F H V O	$b=0$	
	GP-CI-1					
2	GP-BI-2		3~10	F H V O	$b=0$	
	GP-CI-2		10~12			
3	GP-BV-1		≥6	F H V O	$b=0$ $H_1 \geq 2\sqrt{t}$ $p=t-H_1$ $\alpha_1=60°$	
	GP-BV-2					
	GP-CV-1					
	GP-CV-2					

续表 A.0.6

序号	标记	坡口形状示意图	板厚 (mm)	焊接位置	坡口尺寸 (mm)	备注
4	GP-BL-1		≥6	F H V O	$b=0$ $H_1 \geqslant 2\sqrt{t}$ $p=t-H_1$ $\alpha_1=45°$	
	GP-BL-2					
	GP-CL-1		6~24			
	GP-CL-2					
5	GP-TL-1		≥10	F H V O	$b=0$ $H_1 \geqslant 2\sqrt{t}$ $p=t-H_1$ $\alpha_1=45°$	
	GP-TL-2					
6	GP-BX-2		≥25	F H V O	$b=0$ $H_1 \geqslant 2\sqrt{t}$ $p=t-H_1-H_2$ $H_2 \geqslant 2\sqrt{t}$ $\alpha_1=60°$ $\alpha_2=60°$	
7	GP-BK-2		≥25	F H V O	$b=0$ $H_1 \geqslant 2\sqrt{t}$ $p=t-H_1-H_2$ $H_2 \geqslant 2\sqrt{t}$ $\alpha_1=45°$ $\alpha_2=45°$	
	GP-TK-2					
	GP-CK-2					

表 A.0.7　埋弧焊部分焊透坡口形式和尺寸

序号	标记	坡口形状示意图	板厚 (mm)	焊接位置	坡口尺寸 (mm)	备注
1	SP-BI-1		6~12	F	$b=0$	
	SP-CI-1					
2	SP-BI-2		6~20	F	$b=0$	
	SP-CI-2					

续表 A.0.7

序号	标记	坡口形状示意图	板厚 (mm)	焊接位置	坡口尺寸 (mm)	备注
3	SP-BV-1		≥14	F	$b=0$ $H_1 \geqslant 2\sqrt{t}$ $p=t-H_1$ $\alpha_1=60°$	
	SP-BV-2					
	SP-CV-1					
	SP-CV-2					
4	SP-BL-1		≥14	F H	$b=0$ $H_1 \geqslant 2\sqrt{t}$ $p=t-H_1$ $\alpha_1=60°$	
	SP-BL-2					
	SP-CL-1					
	SP-CL-2					
5	SP-TL-1		≥14	F H	$b=0$ $H_1 \geqslant 2\sqrt{t}$ $p=t-H_1$ $\alpha_1=60°$	
	SP-TL-2					
6	SP-BX-2		≥25	F	$b=0$ $H_1 \geqslant 2\sqrt{t}$ $p=t-H_1-H_2$ $H_2 \geqslant 2\sqrt{t}$ $\alpha_1=60°$ $\alpha_2=60°$	
7	SP-BK-2		≥25	F H	$b=0$ $H_1 \geqslant 2\sqrt{t}$ $p=t-H_1-H_2$ $H_2 \geqslant 2\sqrt{t}$ $\alpha_1=60°$ $\alpha_2=60°$	
	SP-TK-2					
	SP-CK-2					

附录 B 钢结构焊接工艺评定报告格式

B.0.1 钢结构焊接工艺评定报告封面见图 B.0.1。

B.0.2 钢结构焊接工艺评定报告目录应符合表 B.0.2 的规定。

B.0.3 钢结构焊接工艺评定报告格式应符合表 B.0.3-1～表 B.0.3-12 的规定。

钢结构焊接工艺评定报告

报告编号：＿＿＿＿＿＿＿

编　　制：＿＿＿＿＿＿＿

审　　核：＿＿＿＿＿＿＿

批　　准：＿＿＿＿＿＿＿

单　　位：＿＿＿＿＿＿＿

日　　期：＿＿＿＿年＿＿＿＿月＿＿＿＿日

图 B.0.1　钢结构焊接工艺评定报告封面

表 B.0.2　焊接工艺评定报告目录

序号	报　告　名　称	报告编号	页数
1			
2			
3			
4			
5			
6			
7			
8			
9			
10			

续表 B.0.2

序号	报　告　名　称	报告编号	页数
11			
12			
13			
14			
15			
16			
17			
18			
19			
20			

表 B.0.3-1　焊接工艺评定报告

共　页　第　页

工程(产品)名称		评定报告编号		
委托单位		工艺指导书编号		
项目负责人		依据标准	《钢结构焊接规范》GB 50661-2011	
试样焊接单位		施焊日期		
焊工	资格代号		级别	
母材钢号	板厚或管径×壁厚	轧制或热处理状态	生产厂	

化学成分(%)和力学性能

	C	Mn	Si	S	P	Cr	Mo	V	Cu	Ni	B	$R_{eH}(R_{el})$ (N/mm²)	R_m (N/mm²)	A (%)	Z (%)	A_{kv} (J)
标准																
合格证																
复验																

$C_{eq,IIW}$ (%)	$C+\dfrac{Mn}{6}+\dfrac{Cr+Mo+V}{5}+\dfrac{Cu+Ni}{15}=$	$P_{cm}(\%)$	$C+\dfrac{Si}{30}+\dfrac{Mn+Cu+Cr}{20}+\dfrac{Ni}{60}+\dfrac{Mo}{15}+\dfrac{V}{10}+5B=$

焊接材料	生产厂	牌号	类型	直径(mm)	烘干制度(℃×h)	备注
焊条						
焊丝						
焊剂或气体						

焊接方法		焊接位置		接头形式	
焊接工艺参数	见焊接工艺评定指导书		清根工艺		
焊接设备型号			电源及极性		
预热温度(℃)		道间温度(℃)		后热温度(℃)及时间(min)	
焊后热处理					

评定结论：本评定按《钢结构焊接规范》GB 50661-2011 的规定，根据工程情况编制工艺评定指导书、焊接试件、制取并检验试样、测定性能，确认试验记录正确，评定结果为：＿＿＿＿＿。焊接条件及工艺参数适用范围按本评定指导书规定执行

评定	年 月 日	评定单位：	(签章)
审核	年 月 日		
技术负责	年 月 日	年 月 日	

表 B.0.3-2　焊接工艺评定指导书

共 页 第 页

工程名称			指导书编号		
母材钢号	板厚或管径×壁厚		轧制或热处理状态		生产厂
焊接材料	生产厂	牌号	型号	类型	烘干制度(℃×h)	备注
焊条						
焊丝						
焊剂或气体						
焊接方法			焊接位置		
焊接设备型号			电源及极性		
预热温度(℃)		道间温度		后热温度(℃)及时间(min)	
焊后热处理					

接头及坡口尺寸图		焊接顺序图

焊接工艺参数	道次	焊接方法	焊条或焊丝牌号 φ(mm)	焊剂或保护气	保护气体流量(L/min)	电流(A)	电压(V)	焊接速度(cm/min)	热输入(kJ/cm)	备注

技术措施	焊前清理		道间清理	
	背面清根			
	其他：			

编制		日期	年 月 日	审核		日期	年 月 日

表 B.0.3-3　焊接工艺评定记录表

共 页 第 页

工程名称			指导书编号		
焊接方法		焊接位置		设备型号	电源及极性
母材钢号		类别		生产厂	
母材板厚或管径×壁厚			轧制或热处理状态		

接头尺寸及施焊道次顺序	焊接材料			
		牌号	型号	类型
	焊条	生产厂		批号
		烘干温度(℃)		时间(min)
	焊丝	牌号	型号	规格(mm)
		生产厂		批号
	焊剂或气体	牌号		规格(mm)
		生产厂		
		烘干温度(℃)		时间(min)

施焊工艺参数记录								
道次	焊接方法	焊条(焊丝)直径(mm)	保护气体流量(L/min)	电流(A)	电压(V)	焊接速度(cm/min)	热输入(kJ/cm)	备注

施焊环境	室内/室外		环境温度(℃)		相对湿度	%
预热温度(℃)		道间温度(℃)		后热温度(℃)		时间(min)
后热处理						

技术措施	焊前清理		道间清理	
	背面清根			
	其他			

焊工姓名		资格代号		级别	施焊日期	年 月 日

记录		日期	年 月 日	审核		日期	年 月 日

表 B.0.3-4　焊接工艺评定检验结果

非 破 坏 检 验				
试验项目	合格标准	评定结果	报告编号	备注
外　观				
X　光				
超声波				
磁　粉				

拉伸试验		报告编号			弯曲试验		报告编号		
试样编号	R_{eH} (R_{el}) (MPa)	R_m (MPa)	断口位置	评定结果	试样编号	试验类型	弯心直径 D(mm)	弯曲角度	评定结果

冲击试验		报告编号		宏观金相	报告编号
试样编号	缺口位置	试验温度 (℃)	冲击功 A_{kv}(J)	评定结果：	
				硬度试验	报告编号
				评定结果：	

评定结果：

其他检验：

检验		日期	年 月 日	审核		日期	年 月 日

表 B.0.3-5　栓钉焊焊接工艺评定报告

工程(产品)名称		评定报告编号	
委托单位		工艺指导书编号	
项目负责人		依据标准	
试样焊接单位		施焊日期	
焊　工		资格代号	级　别

施焊材料	牌号	型号或材质	规格	热处理或表面状态	烘干制度 (℃×h)	备注
焊接材料						
母　材						
穿透焊板材						
焊　钉						
瓷　环						

焊接方法		焊接位置		接头形式	
焊接工艺参数	见焊接工艺评定指导书				
焊接设备型号		电源及极性			

备　注：

评定结论：

本评定按《钢结构焊接规范》GB 50661-2011 的规定，根据工程情况编制工艺评定指导书、焊接试件、制取并检验试样、测定性能，确认试验记录正确，评定结果为：_____。

焊接条件及工艺参数适用范围应按本评定指导书规定执行

评　定	年 月 日	检测评定单位：　　　　(签章)
审　核	年 月 日	
技术负责	年 月 日	年 月 日

表 B.0.3-6 栓钉焊焊接工艺评定指导书

共 页 第 页

工程名称		指导书编号		
焊接方法		焊接位置		
设备型号		电源及极性		
母材钢号	类别	厚度(mm)	生产厂	

接头及试件形式	施焊材料				
	焊接材料	牌号	型号	规格(mm)	
		生产厂		批号	
	穿透焊钢材	牌号	规格(mm)		
		生产厂	表面镀层		
	焊钉	牌号	规格(mm)		
		生产厂			
	瓷环	牌号	规格(mm)		
		生产厂			
	烘干温度(℃)及时间(min)				

	序号	电流(A)	电压(V)	时间(s)	保护气体流量(L/min)	伸出长度(mm)	提升高度(mm)	备注
焊接工艺参数	1							
	2							
	3							
	4							
	5							
	6							
	7							
	8							
	9							
	10							

技术措施	焊前母材清理	
	其他:	

编制		日期	年 月 日	审核		日期	年 月 日

表 B.0.3-7 栓钉焊焊接工艺评定记录表

共 页 第 页

工程名称		指导书编号		
焊接方法		焊接位置		
设备型号		电源及极性		
母材钢号	类别	厚度(mm)	生产厂	

接头及试件形式	施焊材料				
	焊接材料	牌号	型号	规格(mm)	
		生产厂		批号	
	穿透焊钢材	牌号	规格(mm)		
		生产厂	表面镀层		
	焊钉	牌号	规格(mm)		
		生产厂			
	瓷环	牌号	规格(mm)		
		生产厂			
	烘干温度(℃)及时间(min)				

施焊工艺参数记录									
	序号	电流(A)	电压(V)	时间(s)	保护气体流量(L/min)	伸出长度(mm)	提升高度(mm)	环境温度(℃)	相对湿度(%)	备注
	1									
	2									
	3									
	4									
	5									
	6									
	7									
	8									
	9									

技术措施	焊前母材清理	
	其他:	

焊工姓名		资格代号		级别		施焊日期	年 月 日

编制		日期	年 月 日	审核		日期	年 月 日

表 B.0.3-8 栓钉焊焊接工艺评定试样检验结果

共 页 第 页

焊缝外观检查						
检验项目	实测值（mm）				规定值（mm）	检验结果
	0°	90°	180°	270°		
焊缝高					>1	
焊缝宽					>0.5	
咬边深度					<0.5	
气孔					无	
夹渣					无	

拉伸试验	报告编号			
试样编号	抗拉强度 R_m (MPa)	断口位置	断裂特征	检验结果

弯曲试验	报告编号			
试样编号	试验类型	弯曲角度	检验结果	备注
	锤击	30°		
	锤击	30°		
	锤击	30°		
	锤击	30°		
	锤击	30°		

其他检验：

检验		日期	年 月 日	审核		日期	年 月 日

表 B.0.3-9 免予评定的焊接工艺报告

共 页 第 页

工程(产品)名称		报告编号	
施工单位		工艺编号	
项目负责人		依据标准	《钢结构焊接规范》GB 50661-2011

母材钢号		板厚或管径×壁厚		轧制或热处理状态	生产厂	

化学成分(%)和力学性能																
	C	Mn	Si	S	P	Cr	Mo	V	Cu	Ni	B	$R_{eH}(R_{el})$ (N/mm²)	R_m (N/mm²)	A (%)	Z (%)	A_{kv} (J)
标准																
合格证																
复验																

$C_{eq,IIW}$ (%)	$C+\dfrac{Mn}{6}+\dfrac{Cr+Mo+V}{5}+\dfrac{Cu+Ni}{15}=$	P_{cm}(%)	$C+\dfrac{Si}{30}+\dfrac{Mn+Cu+Cr}{20}+\dfrac{Ni}{60}+\dfrac{Mo}{15}+\dfrac{V}{10}+5B=$

焊接材料	生产厂	牌号	类型	直径(mm)	烘干制度(℃×h)	备注
焊条						
焊丝						
焊剂或气体						

焊接方法		焊接位置		接头形式	
焊接工艺参数	见免于评定的焊接工艺	清根工艺			
焊接设备型号		电源及极性			
预热温度(℃)		道间温度(℃)		后热温度(℃)及时间(min)	
焊后热处理					

本报告按《钢结构焊接规范》GB 50661-2011第6.6节关于免予评定的焊接工艺的规定，根据工程情况编制免予评定的焊接工艺报告。焊接条件及工艺参数适用范围按本报告规定执行

编制	年 月 日	编制单位: （签章）
审核	年 月 日	
技术负责	年 月 日	年 月 日

表 B.0.3-10　免于评定的焊接工艺

共 页 第 页

工程名称			工艺编号		
母材钢号	板厚或管径×壁厚		轧制或热处理状态		生产厂
焊接材料	生产厂	牌号	型号	类型	烘干制度(℃×h)	备注
焊条						
焊丝						
焊剂或气体						
焊接方法			焊接位置		
焊接设备型号			电源及极性		
预热温度(℃)		道间温度		后热温度(℃)及时间(min)	
焊后热处理					

接头及坡口尺寸图		焊接顺序图

		焊条或焊丝		焊剂或保护气	保护气体流量(L/min)	电流(A)	电压(V)	焊接速度(cm/min)	热输入(kJ/cm)	备注
焊接工艺参数	道次	焊接方法	牌号	φ(mm)							

技术措施	焊前清理		道间清理	
	背面清根			
	其他:			

编制		日期	年 月 日	审核		日期	年 月 日

表 B.0.3-11　免于评定的栓钉焊焊接工艺报告

共 页 第 页

工程(产品)名称			报告编号		
施工单位			工艺编号		
项目负责人			依据标准		
施焊材料	牌号	型号或材质	规格	热处理或表面状态	烘干制度(℃×h)	备注
焊接材料						
母材						
穿透焊板材						
焊钉						
瓷环						
焊接方法		焊接位置	—	接头形式	
焊接工艺参数	见免于评定的栓钉焊焊接工艺(编号：_____)				
焊接设备型号			电源及极性		
备注：					

本报告按《钢结构焊接规范》GB 50661-2011第6.6节关于免予评定的焊接工艺的规定，根据工程情况编制免予评定的栓钉焊焊接工艺。焊接条件及工艺参数适用范围按本报告规定执行

编制		年 月 日	编制单位：　　　(签章)
审核		年 月 日	
技术负责		年 月 日	年 月 日

工程名称			工艺编号			
焊接方法			焊接位置			
设备型号			电源及极性			
母材钢号		类别	厚度(mm)		生产厂	

接头及试件形式	施 焊 材 料					
	焊接材料	牌号		型号		规格(mm)
		生产厂				批号
	穿透焊钢材	牌号		规格(mm)		
		生产厂		表面镀层		
	焊钉	牌号		规格(mm)		
		生产厂				
	瓷环	牌号		规格(mm)		
		生产厂				
	烘干温度(℃)及时间(min)					

焊接工艺参数	序号	电流(A)	电压(V)	时间(s)	伸出长度(mm)	提升高度(mm)	备注

技术措施	焊前母材清理	
	其他：	

编制		日期	年 月 日	审核		日期	年 月 日

附录 C　箱形柱（梁）内隔板电渣焊缝焊透宽度的测量

C. 0. 1　应采用超声波垂直探伤法以使用的最大声程作为探测范围调整时间轴，在被探工件无缺陷的部位将钢板的第一次底面反射回波调至满幅的80%高度作为探测灵敏度基准，垂直于焊缝方向从焊缝的终端开始以100mm间隔进行扫查，并应对两端各50mm＋t_1范围进行全面扫查（图C.0.1）。

C. 0. 2　焊接前必须在面板外侧标记上焊接预定线，探伤时应以该预定线为基准线。

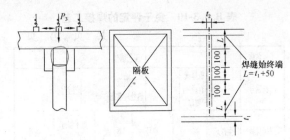

图 C. 0. 1　扫查方法示意

C. 0. 3　应把探头从焊缝一侧移动至另一侧，底波高度达到40%时的探头中心位置作为焊透宽度的边界点，两侧边界点间距即为焊透宽度。

C. 0. 4　缺陷指示长度的测定应符合下列规定：

　1　焊透指示宽度不足时，应按本规范第C.0.3条规定扫查求出的焊透指示宽度小于隔板尺寸的沿焊缝长度方向的范围作为缺陷指示长度；

　2　焊透宽度的边界点错移时，应将焊透宽度边界点向焊接预定线内侧沿焊缝长度方向错位超过3mm的范围作为缺陷指示长度；

　3　缺陷在焊缝长度方向的位置应以缺陷的起点表示。

本规范用词说明

　1　为便于在执行本规范条文时区别对待，对要求严格程度不同的用词说明如下：

　　1）表示很严格，非这样做不可的用词：
　　　　正面词采用"必须"，反面词采用"严禁"；

　　2）表示严格，在正常情况均应这样做的用词：
　　　　正面词采用"应"，反面词采用"不应"或"不得"；

　　3）表示允许稍有选择，在条件许可时首先应这样做的用词：
　　　　正面词采用"宜"，反面词采用"不宜"；

　　4）表示有选择，在一定条件下可以这样做的，采用"可"。

　2　条文中指明应按其他有关标准执行的写法为："应符合……的规定"或"应按……执行"。

引用标准名录

　1　《建筑抗震设计规范》GB 50011

　2　《工业建筑防腐蚀设计规范》GB 50046

　3　《建筑结构制图标准》GB/T 50105

　4　《建筑结构加固工程施工质量验收规范》GB 50550

　5　《钢的低倍组织及缺陷酸蚀检验法》GB 226

　6　《焊缝符号表示法》GB/T 324

　7　《焊接接头冲击试验方法》GB/T 2650

8 《焊接接头拉伸试验方法》GB/T 2651

9 《焊接接头弯曲试验方法》GB/T 2653

10 《焊接接头硬度试验方法》GB/T 2654

11 《金属熔化焊焊接接头射线照相》GB/T 3323

12 《氩》GB/T 4842

13 《碳钢焊条》GB/T 5117

14 《低合金钢焊条》GB/T 5118

15 《埋弧焊用碳钢焊丝和焊剂》GB/T 5293

16 《厚度方向性能钢板》GB/T 5313

17 《气体保护电弧焊用碳钢、低合金钢焊丝》GB/T 8110

18 《无损检测人员资格鉴定与认证》GB/T 9445

19 《焊接与切割安全》GB 9448

20 《碳钢药芯焊丝》GB/T 10045

21 《电弧螺柱焊用圆柱头焊钉》GB/T 10433

22 《钢焊缝手工超声波探伤方法和探伤结果分级》GB 11345

23 《埋弧焊用低合金钢焊丝和焊剂》GB/T 12470

24 《熔化焊用钢丝》GB/T 14957

25 《低合金钢药芯焊丝》GB/T 17493

26 《钢结构超声波探伤及质量分级法》JG/T 203

27 《碳钢、低合金钢焊接构件焊后热处理方法》JB/T 6046

28 《无损检测　焊缝磁粉检测》JB/T 6061

29 《无损检测　焊缝渗透检测》JB/T 6062

30 《热切割　气割质量和尺寸偏差》JB/T 10045.3

31 《焊接构件振动时效工艺参数选择及技术要求》JB/T 10375

32 《焊接用二氧化碳》HG/T 2537

中华人民共和国国家标准

钢结构焊接规范

GB 50661—2011

条 文 说 明

制 定 说 明

《钢结构焊接规范》GB 50661-2011，经住房和城乡建设部 2011 年 12 月 5 日以第 1212 号公告批准、发布。

本规范制订过程中，编制组进行了大量的调查研究，总结了我国钢结构焊接施工领域的实践经验，同时参考了国外先进技术法规、技术标准，通过大量试验与实际应用验证，取得了钢结构焊接施工及质量验收等方面的重要技术参数。

为便于广大设计、施工、科研、学校等单位有关人员在使用本规范时能正确理解和执行条文规定，《钢结构焊接规范》编制组按章、节、条顺序编制了本规范的条文说明，对条文规定的目的、依据以及执行中需注意的有关事项进行了说明（还着重对强制性条文的强制理由作了解释）。但是，本条文说明不具备与标准正文同等的法律效力，仅供使用者作为理解和把握规范规定的参考。

目 次

1 总　则

1.0.1 本规范对钢结构焊接给出的具体规定，是为了保证钢结构工程的焊接质量和施工安全，为焊接工艺提供技术指导，使钢结构焊接质量满足设计文件和相关标准的要求。钢结构焊接，应贯彻节材、节能、环保等技术经济政策。本规范的编制主要根据我国钢结构焊接技术发展现状，充分考虑现行的各行业相关标准，同时借鉴欧、美、日等先进国家的标准规定，适当采用我国钢结构焊接的最新科研成果、施工实践编制而成。

1.0.2 在荷载条件、钢材厚度以及焊接方法等方面规定了本规范的适用范围。

对于一般桁架或网架（壳）结构、多层和高层梁—柱框架结构的工业与民用建筑钢结构、公路桥梁钢结构、电站电力塔架、非压力容器罐体以及各种设备钢构架、工业炉窑罐壳体、照明塔架、通廊、工业管道支架、人行过街天桥或城市钢结构跨线桥等钢结构的焊接可参照本规范规定执行。

对于特殊技术要求领域的钢结构，根据设计要求和专门标准的规定补充特殊规定后，仍可参照本规范执行。

本条所列的焊接方法包括了目前我国钢结构制作、安装中广泛采用的焊接方法。

1.0.3 焊接过程是钢材的热加工过程，焊接过程中产生的火花、热量、飞溅物等往往是建筑工地火灾事故的起因，如果安全措施不当，会对焊工的身体造成伤害。因此，焊接施工必须遵守国家现行安全技术和劳动保护的有关规定。

1.0.4 本规范是有关钢结构制作和安装工程对焊接技术要求的专业性规范，是对钢结构相关规范的补充和深化。因此，在钢结构工程焊接施工中，除应按本规范的规定执行外，还应符合国家现行有关强制性标准的规定。

2　术语和符号

2.1　术　　语

国家标准《焊接术语》GB/T 3375 中所确立的相应术语适用于本规范，此外，本规范规定了 8 个特定术语，这些术语是从钢结构焊接的角度赋予其涵义的。

2.2　符　　号

本规范给出了 29 个符号，并对每一个符号给出了相应的定义，本规范各章节中均有引用，其中材料力学性能符号，与现行国家标准《金属材料　拉伸试验　第 1 部分：室温试验方法》GB/T 228.1 相一致，强度符号用英文字母 R、伸长率用英文字母 A、断面收缩率用英文字母 Z 表示。鉴于目前有些相关的产品标准未进行修订，为避免力学性能符号的引用混乱，建议在试验报告中，力学性能名称及其新符号之后，用括号标出旧符号，例如：上屈服强度 R_{eH}（σ_{sU}）、下屈服强度 R_{eL}（σ_{sL}）、抗拉强度 R_m（σ_b）、规定非比例延伸强度 $R_{p0.2}$（$\sigma_{p0.2}$）、伸长率 A（δ_5）、断面收缩率 Z（Ψ）等。

3　基 本 规 定

3.0.1 本规范适用的钢材类别、结构类型比较广泛，基本上涵盖了目前钢结构焊接施工的实际需要。为了提高钢结构工程焊接质量，保证结构使用安全，根据影响施工焊接的各种基本因素，将钢结构工程焊接按难易程度区分为易、一般、较难和难四个等级。针对不同情况，施工企业在承担钢结构工程时应具备与焊接难度相适应的技术条件，如施工企业的资质、焊接施工装备能力、施工技术和人员水平能力、焊接工艺技术措施、检验与试验手段、质保体系和技术文件等。

表 3.0.1 中钢材碳当量采用国际焊接学会推荐的公式，研究表明，该公式主要适用于含碳量较高的钢（含碳量≥0.18%），20 世纪 60 年代以后，世界各国为改进钢的性能和焊接性，大力发展了低碳微合金元素的低合金高强钢，对于这类钢，该公式已不适用，为此提出了适用于含碳量较低（0.07%～0.22%）钢的碳当量公式 P_{cm}：

$$P_{cm}(\%) = C + \frac{Si}{30} + \frac{Mn + Cu + Cr}{20}$$
$$+ \frac{Ni}{60} + \frac{Mo}{15} + \frac{V}{10} + 5B \tag{1}$$

但目前国内大部分现行钢材标准主要还是以国际焊接学会 IIW 的碳当量 CEV 作为评价其焊接性优劣的指标，为了与钢材标准规定相一致，本规范仍然沿用国际焊接学会 IIW 的碳当量 CEV 公式，对于含碳量小于 0.18% 的情况，可通过试验或采用 P_{cm} 评价钢材焊接性。

板厚的区分，是按照目前国内钢结构的中厚板使用情况，将 $t \leqslant 30mm$ 定为易焊的结构，将 $t = 30mm$ ～60mm 定为焊接难度一般的结构，将 $t = 60mm$ ～100mm 定为较难焊接的结构，$t > 100mm$ 定为难焊的结构。

受力状态的区分参照了有关设计规程。

3.0.2、3.0.3 鉴于目前国内钢结构工程承包的实际情况，结合近二十年来的实际施工经验和教训，要求承担钢结构工程制作安装的企业必须具有相应的资质等级、设备条件、焊接技术质量保证体系，并配备具有金属材料、焊接结构、焊接工艺及设备等方面专业知识的焊接技术责任人员，强调对施工企业焊接相关从业人员的资质要求，明确其职责，是非常必要的。

随着大中城市现代化的进程，在钢结构的设计中越来越多的采用一些超高、超大新型钢结构。这些结构中焊接节点设计复杂，接头拘束度较大，一旦发生质量问题，尤其是裂纹，往往对工程的安全、工期和投资造成很大损失。目前，重大工程中经常采用一些进口钢材或新型国产钢材，这样就要求施工单位必须全面了解其冶炼、铸造、轧制上的特点，掌握钢材的焊接性，才能制订出正确的焊接工艺，确保焊接施工质量。此两条规定了对于特殊结构或采用高强度钢材、特厚材料及焊接新工艺的钢结构工程，其制作、安装单位应具备相应的焊接工艺试验室和基本的焊接试验开发技术人员，是非常必要的。

3.0.4 本规范对焊接相关人员的资格作出了明确规定，借以加强对各类人员的管理。

焊接相关人员，包括焊工、焊接技术人员、焊接检验人员、无损检测人员、焊接热处理人员，是焊接实施的直接或间接参与者，是焊接质量控制环节中的重要组成部分，焊接从业人员的专业素质是关系到焊接质量的关键因素。2008 年北京奥运会场馆钢结构工程的成功建设和四川彩虹大桥的倒塌，从正反两个方面都说明了加强焊接从业人员管理的重要性。近年来，随着我国钢结构的突飞猛进，焊接从业人员的数量急剧增加，但由于国内没有相应的准入机制和标准，缺乏对相关人员的有效考核和管理致使一些钢结构企业的焊接从业人员管理水平不高，尤其是在焊工资格管理方面部分企业甚至处于混乱状态，在钢结构工程的生产制作、施工安装过程中埋下隐患，对整个工程的质量安全造成不良影响。因此本标准借鉴欧、美、日等发达国家的先进经验，对焊接从业人员的考核要求从焊工、无损检测人员扩充到了其他相关人员。我国现行可供执行的焊接从业人员技术资格考试规程包括锅炉压力容器相关规程中的人员资格考试标准，对从事该行业的焊工、检验员、无损检测人员等进行必需的考试认可，其焊工的考试资格可以作为钢结构焊工的基本考试要求予以认可。另外，现行行业标准《冶金工程建设焊工考试规程》YB/T 9259 则是针对钢结构焊接施工的特点，制定了焊工技术资格考试的基本资格考试、定位焊资格考试和建筑钢结构焊工手法操作技能附加考试规程，可以满足钢结构焊工技术资格考试的要求。

3.0.5 本条对焊接相关人员的职责作出了规定，其中焊接检验人员负责对焊接作业进行全过程的检查和控制，出具检查报告。所谓检查报告，是根据若干检测报告的结果，通过对材料、人员、工艺、过程或质量的核查进行综合判断，确定其相对于特定要求的符合性，或在专业判断的基础上，确定相对于通用要求的符合性所出具的书面报告，如焊接工艺评定报告、焊接材料复验报告等。与检查报告不同，检测报告是对某一产品的一种或多种特性进行测试并提供检测结果，如材料力学性能检测报告、无损检测报告等。

出具检测报告、检查报告的检测机构或检查机构均应具有相应检测、检查资质，其中，检测机构应通过国家认证认可监督管理委员会的 CMA 计量认证（具备国家有关法律、行政法规规定的基本条件和能力，可以向社会出具具有证明作用的数据和结果）或中国合格评定国家认可委员会的试验室认可（符合CNAS-CL01《检测和校准试验室能力能力认可准则》idt ISO/IEC 17025 的要求）。

3.0.6 焊接过程是钢材的热加工过程，焊接过程中产生的火花、热量、飞溅物、噪声以及烟尘等都是影响焊接相关人员身心健康和安全的不可忽视的因素，从事焊接生产的相关人员必须遵守国家现行安全健康相关标准的规定，其焊接施工环境中的场地、设备及辅助机具的使用和存放，也必须遵守国家现行相关标准的规定。

4 材 料

4.0.1 合格的钢材及焊接材料是获得良好焊接质量的基本前提，其化学成分和力学性能是影响焊接性的重要指标，因此钢材及焊接材料的质量要求必须符合国家现行相关标准的规定。

本条为强制性条文，必须严格执行。

4.0.2 钢材的化学成分决定了钢材的碳当量数值，化学成分是影响钢材的焊接性和焊接接头安全性的重要因素之一。在工程前期准备阶段，钢结构焊接施工企业就应确切的了解所用钢材的化学成分和力学性能，以作为焊接性试验、焊接工艺评定以及钢结构制作和安装的焊接工艺及措施制订的依据。并应按国家现行有关工程质量验收规范要求对钢材的化学成分和力学性能进行必要的复验。

不论对于国产钢材或国外钢材，除满足本规范免予评定规定的材料外，其焊接施工前，必须按本规范第 6 章的要求进行焊接工艺评定试验，合格后制订出相应的焊接工艺文件或焊接作业指导书。钢材的碳当量，是作为制订焊接工艺评定方案时所考虑的重要因素，但非唯一因素。

4.0.3 焊接材料的选配原则，根据设计要求，除保证焊接接头强度、塑性不低于钢材标准规定的下限值以外，还应保证焊接接头的冲击韧性不低于母材标准规定的冲击韧性下限值。

4.0.4 新材料是指未列入国家或行业标准的材料，或已列入国家或行业标准，但对钢厂或焊接材料生产厂为首次试制或生产。鉴于目前国内新材料技术开发工作发展迅速，其产品的性能和质量良莠不齐，新材料的使用必须有严格的规定。

4.0.5 钢材可按化学成分、强度、供货状态、碳当量等进行分类。按钢材的化学成分分类，可分为低碳钢、低合金钢和不锈钢等；按钢材的标称屈服强度分类，可分为 235MPa、295MPa、345MPa、370MPa、390MPa、420MPa、460MPa 等级别；按钢材的供货状态分类，可分为热轧钢、正火钢、控轧钢、控轧控冷（TMCP）钢、TMCP＋回火处理钢、淬火＋回火钢、淬火＋自回火钢等。

本规范中，常用国内钢材分类是按钢材的标称屈服强度级别划分的。常用国外钢材大致对应于国内钢材分类见表1所示，由于国内外钢材屈服强度标称值与实际值的差别不尽相同，国外钢材难以完全按国内钢材进行分类，所以只能兼顾参照国内钢材的标称和实际屈服强度来大体区分。

表 1 常用国外钢材的分类

类别号	屈服强度（MPa）	国外钢材牌号举例	国外钢材标准
I	195～245	SM400（A、B）$t\leqslant$200mm；SM400C $t\leqslant$100mm	JIS G 3106 - 2004
	215～355	SN400（A、B）6mm$<t\leqslant$100mm；SN400C 16mm$<t\leqslant$100mm	JIS G 3136 - 2005
	145～185	S185 $t\leqslant$250mm	EN 10025 - 2：2004
	175～235	S235JR $t\leqslant$250mm	
	175～235	S235J0 $t\leqslant$250mm	EN 10025 - 2：2004
	165～235	S235J2 $t\leqslant$400mm	
	195～235	S235 J0W $t\leqslant$150mm S275 J2W $t\leqslant$150mm	EN 10025 - 5：2004
	$\geqslant$260	S260NC $t\leqslant$20mm	EN 10149 - 3：1996
	$\geqslant$250	ASTM A36/A36M	ASTM A36/A36M - 05
	225～295	E295 $t\leqslant$250mm	EN 10025 - 2：2004
	205～275	S275 JR $t\leqslant$250mm	
	205～275	S275 J0 $t\leqslant$250mm	EN 10025 - 2：2004
	195～275	S275 J2 $t\leqslant$400mm	
	205～275	S275 N $t\leqslant$250mm S275 NL $t\leqslant$250mm	EN 10025 - 3：2004
	240～275	S275 M $t\leqslant$150mm S275 ML $t\leqslant$150mm	EN 10025 - 4：2004
II	$\geqslant$290	ASTM A572/A572M Gr42 $t\leqslant$150mm	ASTM A572/A572M - 06
	$\geqslant$315	S315NC $t\leqslant$20mm	EN 10149 - 3：1996
	$\geqslant$315	S315MC $t\leqslant$20mm	EN 10149 - 2：1996
	275～325	SM490（A、B）$t\leqslant$200mm；SM490C $t\leqslant$100mm	JIS G 3106 - 2004
	325～365	SM490Y（A、B）$t\leqslant$100mm	JIS G 3106 - 2004
	295～445	SN490B 6mm$<t\leqslant$100mm；SN490C 16mm$<t\leqslant$100mm	JIS G 3136 - 2005

续表 1

类别号	屈服强度（MPa）	国外钢材牌号举例	国外钢材标准
II	255～335	E335 $t\leqslant$250mm	EN 10025 - 2：2004
	275～355	S355 JR $t\leqslant$250mm	
	275～355	S355J0 $t\leqslant$250mm	EN 10025 - 2：2004
	265～355	S355J2 $t\leqslant$400mm	
	265～355	S355K2 $t\leqslant$400mm	
	275～355	S355 N $t\leqslant$250mm S355 NL $t\leqslant$250mm	EN 10025 - 3：2004
	320～355	S355 M $t\leqslant$150mm S355 ML $t\leqslant$150mm	EN 10025 - 4：2004
	345～355	S355 J0WP $t\leqslant$40mm S355 J2WP $t\leqslant$40mm	EN 10025 - 5：2004
	295～355	S355 J0W $t\leqslant$150mm S355 J2W $t\leqslant$150mm S355 K2W $t\leqslant$150mm	EN 10025 - 5：2004
	$\geqslant$345	ASTM A572/A572M Gr50 $t\leqslant$100mm	ASTM A572/A572M - 06
	$\geqslant$355	S355NC $t\leqslant$20mm	EN 10149 - 3：1996
	$\geqslant$355	S355MC $t\leqslant$20mm	EN 10149 - 2：1996
	$\geqslant$345	ASTM A913/ A913M Gr50	ASTM A913/A913M - 07
	285～360	E360 $t\leqslant$250mm	EN 10025 - 2：2004
III	325～365	SM520（B、C）$t\leqslant$100mm	JIS G 3106 - 2004
	$\geqslant$380	ASTM A572/A572M Gr55 $t\leqslant$50mm	ASTM A572/A572M - 06
	$\geqslant$415	ASTM A572/A572M Gr60 $t\leqslant$32mm	ASTM A572/A572M - 06
	$\geqslant$415	ASTM A913/ A913M Gr60	ASTM A913/A913M - 07
	320～420	S420 N $t\leqslant$250mm S420 NL $t\leqslant$250mm	EN 10025 - 3：2004
	365～420	S420 M $t\leqslant$150mm S420 ML $t\leqslant$150mm	EN 10025 - 4：2004
IV	420～460	SM570 $t\leqslant$100mm	JIS G 3106 - 2004
	$\geqslant$450	ASTM A572/A572M Gr65 $t\leqslant$32mm	ASTM A572/A572M - 06
	$\geqslant$420	S420NC $t\leqslant$20mm	EN 10149 - 3：1996
	$\geqslant$420	S420MC $t\leqslant$20mm	EN 10149 - 2：1996
	380～450	S450 J0 $t\leqslant$150mm	EN 10025 - 2：2004
	370～460	S460 N $t\leqslant$200mm S460 NL $t\leqslant$200mm	EN 10025 - 3：2004
	385～460	S460 M $t\leqslant$150mm S460 ML $t\leqslant$150mm	EN 10025 - 4：2004
	400～460	S460 Q $t\leqslant$150mm S460 QL $t\leqslant$150mm S460 QL1 $t\leqslant$150mm	EN 10025 - 6：2004
	$\geqslant$460	S460MC $t\leqslant$20mm	EN 10149 - 2：1996
	$\geqslant$450	ASTM A913/A913M Gr65	ASTM A913/A913M - 07

4.0.6 Ｔ形、十字形、角接节点，当翼缘板较厚时，由于焊接收缩应力较大，且节点拘束度大，而使板材在近缝区或近板厚中心区沿轧制带状组织晶间产生台阶状层状撕裂。这种现象在国内外工程中屡有发生。焊接工艺技术人员虽然针对这一问题研究出一些改善、克服层状撕裂的工艺措施，取得了一定的实践经验（见本规范第5.5.1条），但要从根本上解决问题，必须提高钢材自身的厚度方向即Ｚ向性能。因此，在设计选材阶段就应考虑选用对于有厚度方向性能要求的钢材。

对于有厚度方向性能要求的钢材，在质量等级后面加上厚度方向性能级别（Z15、Z25或Z35），如Q235GJD Z25。有厚度方向性能要求时，其钢材的P、S含量，断面收缩率值的要求见表2。

表2　钢板厚度方向性能级别及其磷、硫含量、断面收缩率值

级别	磷含量（质量分数），≤（%）	含硫量（质量分数），≤（%）	断面收缩率（Ψ_z,%）	
			三个试样平均值，≥	单个试样值，≥
Z15		0.010	15	10
Z25	≤0.020	0.007	25	15
Z35		0.005	35	25

4.0.7~4.0.9 焊接材料熔敷金属中扩散氢的测定方法应依据现行国家标准《熔敷金属中扩散氢测定方法》GB/T 3965 的规定进行。水银置换法只用于焊条电弧焊；甘油置换法和气相色谱法适用于焊条电弧焊、埋弧焊及气体保护焊。当用甘油置换法测定的熔敷金属材料中的扩散氢含量小于 2mL/100g 时，必须使用气相色谱法测定。钢材分类为Ⅲ、Ⅳ类钢种匹配的焊接材料扩散氢含量指标，由供需双方协商确定，也可以要求供应商提供。埋弧焊时应按现行国家标准并根据钢材的强度级别、质量等级和牌号选择适当焊剂，同时应具有良好的脱渣性等焊接工艺性能。

4.0.11 现行行业标准《焊接用二氧化碳》HG/T 2537 规定的焊接用二氧化碳组分含量要求见表3。重要焊接节点的定义参照现行国家标准《钢结构工程施工质量验收规范》GB 50205 的规定。

表3　焊接用二氧化碳组分含量的要求

项　目	组分含量（%）		
	优等品	一等品	合格品
二氧化碳含量（不小于）	99.9	99.7	99.5
液态水	不得检出	不得检出	不得检出
油			
水蒸气＋乙醇含量（不大于）	0.005	0.02	0.05
气味	无异味	无异味	无异味

注：表中对以非发酵法所得的二氧化碳、乙醇含量不作规定。

5　焊接连接构造设计

5.1　一　般　规　定

5.1.1 钢结构焊接节点的设计原则，主要应考虑便于焊工操作以得到致密的优质焊缝，尽量减少构件变形、降低焊接收缩应力的数值及其分布不均匀性，尤其是要避免局部应力集中。

现代建筑钢结构类型日趋复杂，施工中会遇到各种焊接位置。目前无论是工厂制作还是工地安装施工中仰焊位置已广泛应用，焊工技术水平也已提高，因此本规范未把仰焊列为应避免的焊接操作位置。

对于截面对称的构件，焊缝布置对称于构件截面中性轴的规定是减少构件整体变形的根本措施。但对于桁架中角钢类非对称型材构件端部与节点板的搭接角焊缝，并不需要把焊缝对称布置，因其对构件变形影响不大，也不能提高其承载力。

为了满足建筑艺术的要求，钢结构形状日益多样化，这往往使节点复杂、焊缝密集甚至于立体交叉，而且板厚大、拘束度大使焊缝不能自由收缩，导致双向、三向焊接应力产生，这种焊接残余应力一般能达到钢材的屈服强度值。这对焊接延迟裂纹以及板材层状撕裂的产生是极重要的影响因素之一。一般在选材上采取控制碳当量，控制焊缝扩散氢含量，工艺上采取预热甚至于消氢热处理，但即使不产生裂纹，施焊后节点区在焊接收缩应力作用下，由于晶格畸变产生的微观应变，将使材料塑性下降，相应强度及硬度增高，使结构在工作荷载作用下产生脆性断裂的可能性增大。因此，要求节点设计时尽可能避免焊缝密集、交叉并使焊缝布置避开高应力区是非常必要的。

此外，为了结构安全而对焊缝几何尺寸要求宁大勿小这种做法是不正确的，不论设计、施工或监理各方都要走出这一概念上的误区。

5.1.2 施工图中应采用统一的标准符号标注，如焊缝计算厚度、焊缝坡口形式等焊接有关要求，可以避免在工程实际中因理解偏差而产生质量问题。

5.1.3 本条明确了钢结构设计施工图的具体技术要求：

1 现行国家标准《钢结构设计规范》GB 50017 - 2003第1.0.5条（强条）规定："在钢结构设计文件中应注明建筑结构的设计使用年限、钢材牌号、连接材料的型号（或钢号）和对钢材所要求的力学性能、化学成分及其他的附加保证项目。此外，还应注明所要求的焊缝形式、焊缝质量等级、端面刨平顶紧部位及对施工的要求。"其中"对施工的要求"指的是什么，在标准中没有明确指出，本规范作为具体的技术规范，需要在具体条文中予以明确。

2 钢结构设计制图分为钢结构设计施工图和

钢结构施工详图两个阶段。钢结构设计施工图应由具有设计资质的设计单位完成，其内容和深度应满足进行钢结构制作详图设计的要求。

3 本条编制依据《钢结构设计制图深度和表示方法》(03G102)，同时参照美国《钢结构焊接规范》AWS D1.1 对钢结构设计施工图的焊接技术要求进行规定。

4 由于构件的分段制作或安装焊缝位置对结构的承载性能有重要影响，同时考虑运输、吊装和施工的方便，特别强调应在设计施工图中明确规定工厂制作和现场拼装节点的允许范围，以保证工程焊接质量与结构安全。

5.1.4 本条明确了钢结构制作详图的具体技术要求：

1 钢结构制作详图一般应由具有钢结构专项设计资质的加工制作单位完成，也可以由该项资质的其他单位完成。钢结构制作详图是对钢结构施工图的细化，其内容和深度应满足钢结构制作、安装的要求。

2 本条编制依据《钢结构设计制图深度和表示方法》(03G102)，同时参照美国《钢结构焊接规范》AWS D1.1 对钢结构制作详图焊接技术的要求进行规定。

3 本条明确要求制作详图应根据运输条件、安装能力、焊接可操作性和设计允许范围确定构件分段位置和拼接节点，按设计规范有关规定进行焊缝设计并提交设计单位进行安全审核，以便施工企业遵照执行，保证工程焊接质量与结构安全。

5.1.5 焊缝质量等级是焊接技术的重要控制指标，本条参照现行国家标准《钢结构设计规范》GB 50017，并根据钢结构焊接的具体情况作出了相应规定：

1 焊缝质量等级主要与其受力情况有关，受拉焊缝的质量等级要高于受压或受剪的焊缝；受动荷载的焊缝质量等级要高于受静荷载的焊缝。

2 由于本规范涵盖了钢结构桥梁，因此参照现行行业标准《铁路钢桥制造规范》TB 10212 增加了对桥梁相应部位角焊缝质量等级的规定。

3 与现行国家标准《钢结构设计规范》GB 50017 不同，将"重级工作制（A6~A8）和起重重量 Q ≥50t 的中级工作制（A4、A5）吊车梁的腹板与上翼缘之间以及吊车桁架上弦杆与节点板之间的 T 形接头焊缝"的质量等级规定纳入本条第 1 款第 4 项，不再单独列款。

4 不需要疲劳验算的构件中，凡要求与母材等强的对接焊缝宜予焊透，与现行国家标准《钢结构设计规范》GB 50017 规定的"应予焊透"有所放松，这也是考虑钢结构行业的实际情况，避免要求过严而造成不必要的浪费。

5 本条第 3 款中，根据钢结构焊接实际情况，在现行国家标准《钢结构设计规范》GB 50017 的基础上，增加了"部分焊透的对接焊缝"及"梁柱、牛腿等重要节点"的内容，第 1 项中的质量等级规定由原来的"焊缝的外观质量标准应符合二级"改为"焊缝的质量等级应符合二级"。

5.2 焊缝坡口形式和尺寸

5.2.1、5.2.2 现行国家标准《气焊、焊条电弧焊、气体保护焊和高能束焊的推荐坡口》GB/T 985.1 和《埋弧焊的推荐坡口》GB/T 985.2 中规定了坡口的通用形式，其中坡口部分尺寸均给出了一个范围，并无确切的组合尺寸；GB/T 985.1 中板厚 40mm 以上、GB/T 985.2 中板厚 60mm 以上均规定采用 U 形坡口，且没有焊接位置规定及坡口尺寸及装配允差规定。总的来说，上述两个国家标准比较适合于可以使用焊接变位器等工装设备及坡口加工、组装要求较高的产品，如机械行业中的焊接加工，对钢结构制作的焊接施工则不尽适合，尤其不适合于钢结构工地安装中各种钢材厚度和焊接位置的需要。目前大型、大跨度、超高层建筑钢结构多由国内进行施工图设计，在本规范中，将坡口形式和尺寸的规定与国际先进国家标准接轨是十分必要的。美国与日本国家标准中全焊透焊缝坡口的规定差异不大，部分焊透焊缝坡口的规定有些差异。美国《钢结构焊接规范》AWS D1.1 中对部分焊透焊缝坡口的最小焊缝尺寸规定值较小，工程中很少应用。日本建筑施工标准规范《钢结构工程》JASS 6（96 年版）所列的日本钢结构协会《焊缝坡口标准》JSSI 03（92 年底版）中，对部分焊透焊缝规定最小坡口深度为 $2\sqrt{t}$（t 为板厚）。实际上日本和美国的焊缝坡口形式标准在国际和国内均已广泛应用。本规范参考了日本标准的分类排列方式，综合选用美、日两国标准的内容，制订了三种常用焊接方法的标准焊缝坡口形式与尺寸。

5.3 焊缝计算厚度

5.3.1~5.3.6 焊缝计算厚度是结构设计中构件焊缝承载应力计算的依据，不论是角焊缝、对接焊缝或角接与对接组合焊缝中的全焊透焊缝或部分焊透焊缝，还是管材 T、K、Y 形相贯接头中的全焊透焊缝、部分焊透焊缝、角焊缝，都存在着焊缝计算厚度的问题。对此，设计者应提出明确要求，以免在焊接施工过程中引起混淆，影响结构安全。参照美国《钢结构焊接规范》AWS D1.1，对于对接焊缝、对接与角接组合焊缝，其部分焊透焊缝计算厚度的折减值在第 5.3.2 条给出了明确规定，见表 5.3.2。如果设计者应用该表中的折减值对焊缝承载应力进行计算，即可允许采用不加衬垫的全焊透坡口形式，反面不清根焊接。施工中不使用碳弧气刨清根，对提高施工效率和保障施工安全有很大好处。国内目前某些由日本企业设计的钢结构工程中采用了这种坡口形式，如北京国贸二期超高层钢结构等工程。

同样参照美国《钢结构焊接规范》AWS D1.1，在第5.3.4条中对斜角焊缝不同两面角（Ψ）时的焊缝计算厚度计算公式及折减值，在第5.3.6条中对管材T、K、Y形相贯接头全焊透、部分焊透及角焊缝的各区焊缝计算厚度或折减值以及相应的坡口尺寸作了明确规定，以供施工图设计时使用。

5.4 组焊构件焊接节点

5.4.1 为防止母材过热，规定了塞焊和槽焊的最小间隔及最大直径。为保证焊缝致密性，规定了最小直径与板厚关系。塞焊和槽焊的焊缝尺寸应按传递剪力计算确定。

5.4.2 为防止因热输入量过小而使母材热影响区冷却速度过快而形成硬化组织，规定了角焊缝最小长度、断续角焊缝最小长度及角焊缝的最小焊脚尺寸。采用低氢焊接方法，由于降低了氢对焊缝的影响，其最小角焊缝尺寸可比采用非低氢焊接方法时小一些。

5.4.3 本条规定参照了美国《钢结构焊接规范》AWS D1.1。

为防止搭接接头角焊缝在荷载作用下张开，规定了搭接接头角焊缝在传递部件受轴向力时，应采用双角焊缝。

为防止搭接接头受轴向力时发生偏转，规定了搭接接头最小搭接长度。

为防止构件因翘曲而使贴合不好，规定了搭接接头纵向角焊缝连接构件端部时的最小焊缝长度，必要时应增加横向角焊或塞焊。

为保证构件受拉力时有效传递荷载，构件受压时保持稳定，规定了断续搭接角焊缝最大纵向间距。

为防止焊接时材料棱边熔塌，规定了搭接焊缝与材料棱边的最小距离。

5.4.4 不同厚度、不同宽度材料对接焊时，为了减小材料因截面及外形突变造成的局部应力集中，提高结构使用安全性，参照美国《钢结构焊接规范》AWS D1.1 及日本建筑施工标准《钢结构工程》JASS 6，规定了当焊缝承受的拉应力超过设计容许拉应力的三分之一时，不同厚度及宽度材料对接时的坡度过渡最大允许值为1：2.5，以减小材料因截面及外形突变造成的局部应力集中，提高结构使用安全性。

5.5 防止板材产生层状撕裂的节点、选材和工艺措施

5.5.1~5.5.3 在T形、十字形及角接接头焊接时，由于焊接收缩应力作用于板厚方向（即垂直于板材纤维的方向）而使板材产生沿轧制带状组织晶间的台阶状层状撕裂。这一现象在国外钢结构焊接工程实践中早已发现，并经过多年试验研究，总结出一系列防止

层状撕裂的措施，在本规范第4.0.6条中已规定了对材料厚度方向性能的要求。本条主要从焊接节点形式的优化设计方面提出要求，目的是减小焊缝截面和焊接收缩应力，使焊接收缩力尽可能作用于板材的轧制纤维方向，同时也给出了防止层状撕裂的相应的焊接工艺措施。

需要注意的是目前我国钢结构正处于蓬勃发展的阶段，近年来在重大工程项目中已发生过多起由层状撕裂而引起的工程质量问题，应在设计与材料要求方面给予足够的重视。

5.6 构件制作与工地安装焊接构造设计

5.6.1 本条规定的节点形式中，第1、2、4、6、7、8、9款为生产实践中常用的形式；第3、5款引自美国《钢结构焊接规范》AWS D1.1。其中第5款适用于为传递局部载荷，采用一定长度的全焊透坡口对接与角焊组合焊缝的情况，第10款为现行行业标准《空间网格结构技术规程》JGJ 7的规定，目的是为避免焊缝交叉、减小应力集中程度、防止三向应力，以防止焊接裂纹产生，提高结构使用安全性。

5.6.2 本条规定的安装节点形式中，第1、2、4款与国家现行有关标准一致；第3款桁架或框架梁安装焊接节点为国内一些施工企业常用的形式。这种焊接节点已在国内一些大跨度钢结构中得到应用，它不仅可以避免焊缝立体交叉，还可以预留一段纵向焊缝最后施焊，以减小横向焊缝的拘束度。第5款的图5.6.2-5(c)为不加衬套的球—管安装焊接节点形式，管端在现场二次加工调整钢管长度和坡口间隙，以保证单面焊透。这种焊接节点的坡口形式可以避免衬套固定焊接后管长及安装间隙不易调整的缺点，在首都机场四机位大跨度网架工程中已成功应用。

5.7 承受动载与抗震的焊接构造设计

5.7.1 由于塞焊、槽焊、电渣焊和气电立焊焊接热输入大，会在接头区域产生过热的粗大组织，导致焊接接头塑韧性下降而达不到承受动载需经疲劳验算钢结构的焊接质量要求，所以本条为强制性条文。

本条为强制性条文，必须严格执行。

5.7.2 本条对承受动载时焊接节点作出了规定。如承受动载需经疲劳验算时塞焊、槽焊的禁用规定，间接承受动载时塞焊、槽焊孔与板边垂直于应力方向的净距离，角焊缝的最小尺寸，部分焊透焊缝、单边V形和单边U形坡口的禁用规定以及不同板厚、板宽对焊接接头的过渡坡度的规定均引自美国《钢结构焊接规范》AWS D1.1；角接与对接组合焊缝和T形接头坡口焊缝的加强焊角尺寸要求则给出了最小和最大的限制。需要注意的是，对承受与焊缝轴线垂直的动载拉应力的焊缝，禁止采用部分焊透焊缝、无衬垫单面焊、未经评定的非钢衬垫单面焊；不同板厚对接接

头在承受各种动载力（拉、压、剪）时，其接头斜坡过渡不应大于 1：2.5。

5.7.3 本条中第 1、2 两款引自美国《钢结构焊接规范》AWS D1.1；第 3、4 两款是根据现行国家标准《钢结构设计规范》GB 50017 中有关要求而制订，目的是便于制作施工中注意焊缝的设置，更好的保证构件的制作质量。

5.7.4 本条为抗震结构框架柱与梁的刚性节点焊接要求，引自美国《钢结构焊接规范》AWS D1.1。经历了美国洛杉矶大地震和日本坂神大地震后，国外钢结构专家在对震害后柱-梁节点断裂位置及破坏形式进行了统计并分析其原因，据此对有关规范作了修订，即推荐采用无衬垫单面全焊透焊缝（反面清根后封底焊）或采用陶瓷衬垫单面焊双面成形的焊缝。

5.7.5 本条规定了引弧板、引出板及衬垫板的去除及去除后的处理要求。引弧板、引出板可以用气割工艺割去，但钢衬垫板去除不能采用气割方法，宜采用碳弧气刨方法去除。

6 焊接工艺评定

6.1 一般规定

6.1.1 由于钢结构工程中的焊接节点和焊接接头不可能进行现场实物取样检验，为保证工程焊接质量，必须在构件制作和结构安装施工焊接前进行焊接工艺评定。现行国家标准《钢结构工程施工质量验收规范》GB 50205 对此有明确的要求并已将焊接工艺评定报告列入竣工资料必备文件之一。

本规范参照美国《钢结构焊接规范》AWS D1.1，并充分考虑国内钢结构焊接的实际情况，增加了免予焊接工艺评定的相关规定。所谓免予焊接工艺评定就是把符合本规范规定的钢材种类、焊接方法、焊接坡口形式和尺寸、焊接位置、匹配的焊接材料、焊接工艺参数规范化。符合这种规范化焊接工艺规程或焊接作业指导书，施工企业可以不再进行焊接工艺评定试验，而直接使用免予焊接工艺评定的焊接工艺。

本条为强制性条文，必须严格执行。

6.1.2~6.1.10 焊接工艺评定所用的焊接参数，原则上是根据被焊钢材的焊接性试验结果制订，尤其是热输入、预热温度及后热制度。对于焊接性已经被充分了解，有明确的指导性焊接工艺参数，并已在实践中长期使用的国内、外生产的成熟钢种，一般不需要由施工企业进行焊接性试验。对于国内新开发生产的钢种，或者由国外进口未经使用过的钢种，应由钢厂提供焊接性试验评定资料，否则施工企业应进行焊接性试验，以作为制订焊接工艺评定参数的依据。施工企业进行焊接工艺评定还必须根据施工工程的特点和

企业自身的设备、人员条件确定具体焊接工艺，如实记录并与实际施工相一致，以保证施工中得以实施。

考虑到目前国内钢结构飞速发展，在一定时期内，钢结构制作、施工企业的变化尤其是人员、设备、工艺条件也比较大，因此，根据国内实际情况，第 6.1.9 条根据焊接难度等级对焊接工艺评定的有效期作出了规定。

6.2 焊接工艺评定替代规则

6.2.1、6.2.2 同种牌号钢材中，质量等级高，是指钢材具有更高的冲击功要求，其对焊接材料、焊接工艺参数的选择要求更为严格，因此当质量等级高的钢材焊接工艺评定合格后，必然满足质量等级低的钢材的焊接工艺要求。由于本规范中的 Ⅰ、Ⅱ 类钢材中，其同类别钢材主要合金成分相似，焊接工艺也比较接近，当高强度、高韧性的钢材工艺评定试验合格后，必然也适用于同类的低级别钢材。而 Ⅲ、Ⅳ 类钢材，其同类别钢材的主要合金成分或交货状态往往差异较大，为了保证钢结构的焊接质量，要求每一种钢材必须单独进行焊接工艺评定。

6.3 重新进行工艺评定的规定

6.3.1~6.3.7 不同的焊接工艺方法中，各种焊接工艺参数对焊接接头质量产生影响的程度不同。为了保证钢结构焊接施工质量，根据大量的试验结果和实践经验并参考国外先进标准的相关规定，本节各条分别规定了不同焊接工艺方法中各种参数的最大允许变化范围。

6.5 试件和试样的试验与检验

6.5.1~6.5.4 本节对试件和试样的试验与检验作出了相应规定，在基本采用现行行业标准《建筑钢结构焊接技术规程》JGJ 81 的相应条款的基础上，增加了硬度试验的相应要求，同时根据现行行业标准《建筑钢结构焊接技术规程》JGJ 81 的应用情况，去掉了十字接头、T 形接头弯曲试验的要求，使规范更加科学、合理，可操作性大大增强。

6.6 免予焊接工艺评定

6.6.1 对于一些特定的焊接方法和参数、钢材、接头形式和焊接材料种类的组合，其焊接工艺已经长期使用，实践证明，按照这些焊接工艺进行焊接所得到的焊接接头性能良好，能够满足钢结构焊接的质量要求。本着经济合理、安全适用的原则，本规范借鉴了美国《钢结构焊接规范》AWS D1.1，并充分考虑到国内实际情况，对免予评定焊接工艺作出了相应规定。当然，采用免予评定的焊接工艺并不免除对钢结构制作、安装企业资质及焊工个人能力的要求，同时有效的焊接质量控制和监督也必不可少。在实际生产

中，应严格执行规范规定，通过免予评定焊接工艺文件编制可实际操作的焊接工艺，并经焊接工程师和技术负责人签章后，方可使用。

6.6.2 本条规定了免予评定所适用的焊接方法、母材、焊接材料及焊接工艺，在实际应用中必须严格遵照执行。

7 焊接工艺

7.1 母材准备

7.1.1 接头坡口表面质量是保证焊接质量的重要条件，如果坡口表面不干净，焊接时带入各种杂质及碳、氢等物质，是产生焊接热裂纹和冷裂纹的原因。若坡口面上存在氧化皮或铁锈等杂质，在焊缝中可能还会产生气孔。鉴于坡口表面状况对焊缝质量的影响，本条给出了相应规定，与《美国钢结构规范》AWS D1.1、《加拿大钢结构规范》W59要求相一致。

7.1.3～7.1.5 热切割的坡口表面粗糙度因钢材的厚度不同，割纹深度存在差别，若出现有限深度的缺口或凹槽，可通过打磨或焊接进行修补。

7.1.6 当钢材的切割面上存在钢材的轧制缺陷如夹渣、夹杂物、脱氧产物或气孔等时，其浅的和短的缺陷可以通过打磨清除，而较深和较长的缺陷应采用焊接进行修补，若存在严重的或较难焊接修补的缺陷，该钢材不得使用。

7.2 焊接材料要求

7.2.1 焊接材料对焊接结构的安全性有着极其重要的影响，其熔敷金属化学成分和力学性能及焊接工艺性能应符合国家现行标准的规定，施工企业应采取抽样方法进行验证。

7.2.2 焊接材料的保管规定主要目的是为防止焊接材料锈蚀、受潮和变质，影响其正常使用。

7.2.3 由于低氢型焊条一般用于重要的焊接结构，所以对低氢型焊条的保管要求更为严格。

低氢型焊条焊前应进行高温烘焙，去除焊条药皮中的结晶水和吸附水，主要是为了防止焊条药皮中的水分在施焊过程中经电弧热分解使焊缝金属中扩散氢含量增加，而扩散氢是焊接延迟裂纹产生的主要因素之一。

调质钢、高强度钢及桥梁结构的焊接接头对氢致延迟裂纹比较敏感，应严格控制其焊接材料中的氢来源。

7.2.4 埋弧焊时，焊剂对焊缝金属具有保护和参与合金化的作用，但焊剂受到油、氧化皮及其他杂质的污染会使焊缝产生气孔并影响焊接工艺性能。对焊剂进行防潮和烘焙处理，是为了降低焊缝金属中的扩散氢含量。需要说明的是，如果焊剂经过严格的防潮和

烘焙处理，试验证明熔敷金属的扩散氢含量不大于8mL/100g，可以认为埋弧焊也是一种低氢的焊接方法。

7.2.5 实心焊丝和药芯焊丝的表面油污和锈蚀等杂质会影响焊接操作，同时容易造成气孔和增加焊缝中的含氢量，应禁止使用表面有油污和锈蚀的焊丝。

7.2.6 栓钉焊接瓷环应确保焊缝挤出后的成型，栓钉焊接瓷环受潮后会影响栓钉焊的工艺性能及焊接质量，所以焊前应烘干受潮的焊接瓷环。

7.3 焊接接头的装配要求

7.3.1～7.3.7 焊接接头的坡口及装配精度是保证焊接质量的重要条件，超出公差要求的坡口角度、钝边尺寸、根部间隙会影响焊接施工操作和焊接接头质量，同时也会增大焊接应力，易于产生延迟裂缝。

7.4 定位焊

7.4.1～7.4.5 定位焊缝的焊接质量对整体焊缝质量有直接影响，应从焊前预热、焊材选用、焊工资格及施焊工艺等方面给予充分重视，避免造成正式焊缝中的焊接缺陷。

7.5 焊接环境

7.5.1 实践经验表明：对于焊条电弧焊和自保护药芯焊丝电弧焊，当焊接作业区风速超过8m/s，对于气体保护电弧焊，当焊接作业区风速超过2m/s时，焊接熔渣或气体对熔化的焊缝金属保护环境就会遭到破坏，致使焊缝金属中产生大量的密集气孔。所以实际焊接施工过程中，应避免在上述风速条件下进行施焊，必须进行施焊时应设置防风屏障。

7.5.2～7.5.4 焊接作业环境不符合要求，会对焊接施工造成不利影响。应避免在工件潮湿或雨、雪天气下进行焊接操作，因为水分是氢的来源，而氢是产生焊接延迟裂纹的重要因素之一。

低温会造成钢材脆化，使得焊接过程的冷却速度加快，易于产生淬硬组织，对于碳当量相对较高的钢材焊接是不利的，尤其是对于厚板和接头拘束度大的结构影响更大。本条对低温环境施焊作出了具体规定。

7.6 预热和道间温度控制

7.6.1～7.6.6 对于最低预热温度和道间温度的规定，主要目的是控制焊缝金属和热影响区的冷却速度，降低焊接接头的冷裂倾向。预热温度越高，冷却速度越慢，会有效的降低焊接接头的淬硬倾向和裂纹倾向。

对调质钢而言，不希望较慢的冷却速度，且钢厂也不推荐如此。

本条是根据常用钢材的化学成分、中等结构拘束

度、常用的低氢焊接方法和焊接材料以及中等热输入条件给出的可避免焊接接头出现淬硬或裂纹的最低温度。实践经验及试验证明：焊接一般拘束度的接头时，按本条规定的最低预热温度和道间温度，可以防止接头产生裂纹。在实际焊接施工过程中，为获得无裂纹、塑性好的焊接接头，预热温度和道间温度应高于本条规定的最低值。为避免母材过热产生脆化而降低焊接接头的性能，对道间温度的上限也作出了规定。

实际工程结构焊接施工时，应根据母材的化学成分、强度等级、碳当量、接头的拘束状态、热输入大小、焊缝金属含氢量水平及所采用的焊接方法等因素综合判断或进行焊接试验，以确定焊接时的最低预热温度。如果有充分的试验数据证明，选择的预热温度和道间温度能够防止接头焊接时裂纹的产生，可以选择低于表 7.6.2 规定的最低预热温度和道间温度。

为了确保焊接接头预热温度均匀，冷却时具有平滑的冷却梯度，本条对预热的加热范围作出了规定。

电渣焊、气电立焊，热输入较大，焊接速度较慢，一般对焊接预热不作要求。

7.7　焊后消氢热处理

7.7.1 焊缝金属中的扩散氢是延迟裂纹形成的主要影响因素，焊接接头的含氢量越高，裂纹的敏感性越大。焊后消氢热处理的目的就是加速焊接接头中扩散氢的逸出，防止由于扩散氢的积聚而导致延迟裂纹的产生。当然，焊接接头裂纹敏感性还与钢种的化学成分、母材拘束度、预热温度以及冷却条件有关，因此要根据具体情况来确定是否进行焊后消氢热处理。

焊后消氢热处理应在焊后立即进行，处理温度与钢材有关，但一般为 200℃～350℃，本规范规定为250℃～350℃。温度太低，消氢效果不明显；温度过高，若超出马氏体转变温度则容易在焊接接头中残存马氏体组织。

如果在焊后立即进行消应力热处理，则可不必进行消氢热处理。

7.8　焊后消应力处理

7.8.1～7.8.4 焊后消应力处理目前国内多采用热处理和振动两种方法。消应力热处理目的是为了降低焊接残余应力或保持结构尺寸的稳定性，主要用于承受较大拉应力的厚板对接焊缝、承受疲劳应力的厚板或节点复杂、焊缝密集的重要受力构件；局部消应力热处理通常用于重要焊接接头的应力消减。振动消应力处理虽然能达到消减一定应力的目的，但其效果目前学术界还难以准确界定。如果为了稳定结构尺寸，采用振动消应力方法对构件进行整体处理既方便又经济。

某些调质钢、含钒钢和耐大气腐蚀钢进行消应力

热处理后，其显微组织可能发生不良变化，焊缝金属或热影响区的力学性能会产生恶化，甚至产生裂纹，应慎重选择消应力热处理。

此外，还应充分考虑消应力热处理后可能引起的构件变形。

7.9　引弧板、引出板和衬垫

7.9.1～7.9.5 在焊接接头的端部设置引弧板、引出板的目的是：避免因引弧时由于焊接热量不足而引起焊接裂纹，或熄弧时产生焊缝缩孔和裂纹，以影响接头的焊接质量。

引弧板、引出板和衬垫板所用钢材应对焊缝金属性能不产生显著影响，不要求与母材材质相同，但强度等级不应高于母材，焊接性不应比所焊母材差。考虑到承受周期性荷载结构的特殊性，桥梁结构的引弧板、引出板和衬垫板用钢材应为在同一钢材标准条件下不大于被焊母材强度等级的任何钢材。

为确保焊缝的完整性，规定了引弧板、引出板的长度；为防止烧穿，规定了钢衬垫板的厚度。为避免未焊的 I 对接接头形成严重缺口导致焊缝中横向裂缝并延伸和扩展到母材中，要求钢衬垫板在整个焊缝长度内连续或采用熔透焊拼接。

采用铜块和陶瓷作为衬垫主要目的是强制焊缝成形，同时防止烧穿，在大热输入焊接或在狭小的空间结构焊接（如全熔透钢管）中经常使用，但需要注意的是，不得将铜和陶瓷熔入焊缝，以免影响焊缝内部质量。

7.10　焊接工艺技术要求

7.10.1 施工单位用于指导实际焊接操作的焊接工艺文件应根据本规范要求和工艺评定结果进行编制。只有符合本规范要求或经评定合格的焊接工艺方可确保获得满足质量要求的焊缝。如果施工过程中不严格执行焊接工艺文件，将对焊接结构的安全性带来较大隐患，应引起足够关注。

7.10.2 焊道形状是影响焊缝裂纹的重要因素。由于母材的冷却作用，熔融的焊缝金属凝固从母材金属的边缘开始，并向中部发展直至完成这一过程，最后凝固的液态金属位于通过焊缝中心线的平面内。如果焊缝深度大于其表面宽度，则在焊缝中心凝固之前，焊缝表面可能凝固，此时作用于仍然热的、半液态的焊缝中央或心部的收缩力会导致焊缝中心裂纹并使其扩展而贯穿焊缝纵向全长。

7.10.3 本条规定的最小角焊缝尺寸是基于焊接时应保证足够的热输入，以降低焊缝金属或热影响区产生裂纹的可能性，同时与较薄的连接件（厚度）保持合理的比例。如果最小角焊缝尺寸大于设计尺寸，应按本条规定的最小角焊缝尺寸执行。

7.10.4 本条对于 SMAW、GMAW、FCAW 和

SAW 焊接方法，规定了最大根部焊道厚度、最大填充焊道厚度、最大单道角焊缝尺寸和最大单道焊焊层宽度，主要目的是为了在焊接过程中确保焊接的可操作性和焊缝质量的稳定。实践证明，超出上述限制进行焊接操作，对焊缝的外观质量和内部质量都会产生不利影响。施工单位应按本条规定严格执行。

7.11 焊接变形的控制

7.11.1～7.11.6 焊接变形控制主要目的是保证构件或结构要求的尺寸，但有时对焊接变形控制的同时会造成结构焊接应力和焊接裂纹倾向增大，因此应采取合理的焊接工艺措施、装焊顺序、平衡焊接热输入等方法控制焊接变形，避免采用刚性固定或强制措施控制焊接变形。本条给出的一些方法，是实践经验的总结，可根据实际结构情况合理的采用，对控制构件的焊接变形是十分有效的。

7.12 返 修 焊

7.12.1、7.12.2 焊缝金属或部分母材的缺欠超过相应的质量验收标准时，施工单位可以选择局部修补或全部重焊。焊接或母材的缺陷修补前应分析缺陷的性质和种类及产生原因。如果不是因焊工操作或执行工艺参数不严格而造成的缺陷，应从工艺方面进行改进，编制新的工艺并经过焊接试验评定合格后进行修补，以确保返修成功。多次对同一部位进行返修，会造成母材的热影响区的热应变脆化，对结构的安全有不利影响。

7.13 焊 件 矫 正

7.13.1～7.13.3 允许局部加热矫正焊接变形，但所采用的加热温度应避免引起钢的性能发生变化。本条规定的最高矫正温度是为了防止材质发生变化。在一定温度之上避免急冷，是为了防止淬硬组织的产生。

7.14 焊 缝 清 根

7.14.1 为保证焊缝的焊透质量，必须进行反面清根。清根不彻底或清根后坡口形式不合理容易造成焊缝未焊透和焊接裂纹的产生。

7.14.2 碳弧气刨作为缺陷清除和反面清根的主要手段，其操作工艺对焊接的质量有相当大的影响。碳弧气刨时应避免夹碳、夹渣等缺陷的产生。

7.15 临 时 焊 缝

7.15.1、7.15.2 临时焊缝焊接时应避免焊接区域的母材性能改变和留存焊接缺陷，因此焊接临时焊缝采用的焊接工艺和质量要求与正式焊缝相同。对于Q420、Q460 等级钢材或厚板大于 40mm 的低合金钢，临时焊缝清除后应采用磁粉或着色方法检测，以确保母材中不残留焊接裂纹或出现淬硬裂纹，对结构

的安全产生不利影响。

7.16 引弧和熄弧

7.16.1 在非焊接区域母材上进行引弧和熄弧时，由于焊接引弧热量不足和迅速冷却，可能导致母材的硬化，形成弧坑裂纹和气孔，成为导致结构破坏的潜在裂纹源。施工过程中应避免这种情况的发生。

7.17 电渣焊和气电立焊

7.17.1～7.17.7 电渣焊主要用于箱形构件内横隔板的焊接。电渣焊是利用电阻热对焊丝熔化建立熔池，再利用熔池的电阻热对填充焊丝和接头母材进行熔化而形成焊接接头。调节焊接工艺参数和焊剂填加量以建立合适大小的熔池是确保电渣焊焊缝质量的关键。

电渣焊的焊接热量较大，引弧时为防止引弧块被熔化而造成熔池建立失败，一般采用铜制引熄弧块，且规定其长度不小于 100mm。规定引弧槽的截面与接头的截面大致相同，主要考虑到在引弧槽中建立的熔池转换到正式接头时，如果截面积相差较大，将造成正式接头的熔合不良或衬垫板烧穿，导致电渣焊失败。

为避免电渣焊时焊缝产生裂纹和缩孔，应采用脱氧元素含量充分且 S、P 含量较低的焊丝。

为了使焊缝金属与接头的坡口面完全熔合，必须在积累了足够的热量状态下开始焊接。如果焊接过程因故中断，熔渣或熔池开始凝固，可重新引弧焊接直至焊缝完成，但应对焊缝重新焊接处的上、下两端各150mm 范围内进行超声波检测，并对停弧位置进行记录。

8 焊 接 检 验

8.1 一 般 规 定

8.1.1 自检是钢结构焊接质量保证体系中的重要步骤，涉及焊接作业的全过程，包括过程质量控制、检验和产品最终检验。自检人员的资质要求除应满足本规范的相关规定外，其无损检测人员数量的要求尚需满足产品所需检测项目每项不少于两名 2 级及 2 级以上人员的规定。监检同自检一样是产品质量保证体系的一部分，但需由具有资质的独立第三方来完成。监检的比例需根据设计要求及结构的重要性确定，对于焊接难度等级为 A、B 级的结构，监检的主要内容是无损检测，而对于焊接难度等级为 C、D 级的结构其监检内容还应包括过程中的质量控制和检验，见证检验应由具有资质的独立第三方来完成，但见证检验是业主或政府行为，不在产品质量保证范围内。

8.1.2 本条强调了过程检验的重要性，对过程检验的程序和内容进行了规定。就焊接产品质量控制而

言，过程控制比焊后无损检测显得更为重要，特别是对高强钢或特种钢，产品制造过程中工艺参数对产品性能和质量的影响更为直接，产生的不利后果更难于恢复，同时也是用常规无损检测方法无法检测到的。因此正确的过程检验程序和方法是保证产品质量的重要手段。

8.1.3 焊缝在结构中所处的位置不同，承受荷载不同，破坏后产生的危害程度也不同，因此对焊缝质量的要求理应不同。如果一味提高焊缝的质量要求将造成不必要的浪费。本规范参照美国《钢结构焊接规范》AWS D1.1，根据承受荷载不同将焊缝分成动载和静载结构，并提出不同的质量要求。同时要求按设计图及说明文件规定荷载形式和焊缝等级，在检查前按照科学的方法编制检查方案，并由质量工程师批准后实施。设计文件对荷载形式和焊缝等级要求不明确的应依据现行国家标准《钢结构设计规范》GB 50017及本规范的相关规定执行，并须经原设计单位签认。

8.1.4 在现行国家标准《钢结构工程施工质量验收规范》GB 50205中部分探伤的要求是对每条焊缝按规定的百分比进行探伤，且每处不小于200mm。这样规定虽然对保证每条焊缝质量是有利的，但检验工作量大，检验成本高，特别是结构安装焊缝都不长，大部分焊缝为梁—柱连接焊缝，每条焊缝的长度大多在250mm～300mm之间。以概率论为基础的抽样理论表明，制定合理的抽样方案（包括批的构成、采样规定、统计方法），抽样检验的结果完全可以代表该批的质量，这也是与钢结构设计以概率论为基础相一致的。

为了组成抽样检验中的检验批，首先必须知道焊缝个体的数量。一般情况下，作为检验对象的钢结构安装焊缝长度大多较短，通常将一条焊缝作为一个焊缝个体。在工厂制作构件时，箱形钢柱（梁）的纵焊缝、H形钢柱（梁）的腹板—翼板组合焊缝较长，此时可将一条焊缝划分为每300mm为一个检验个体。检验批的构成原则上以同一条件的焊缝个体为对象，一方面要使检验结果具有代表性，另一方面要有利于统计分析缺陷产生的原因，便于质量管理。

取样原则上按随机取样方式，随机取样方法有多种，例如将焊缝个体编号，使用随机数表来规定取样部位等。但要强调的是对同一批次抽查焊缝的取样，一方面要涵盖该批焊缝所涉及的母材类别和焊接位置、焊接方法，以便于客观反映不同难度下的焊缝合格率结果；另一方面自检、监检及见证检验所抽查的对象应尽可能避免重复，只有这样才能达到更有效的控制焊缝质量的目的。

8.1.5 焊接接头在焊接过程中、焊缝冷却过程中及以后相当长的一段时间内均可产生裂纹，但目前钢结构用钢由于生产工艺及技术水平的提高，产生延迟裂纹的几率并不高，同时，在随后的生产制作过程中，

还要进行相应的无损检测。为避免由于检测周期过长使工期延误造成不必要的浪费，本规范借鉴欧美等国家先进标准，规定外观检测应在焊缝冷却以后进行。由于裂纹很难用肉眼直接观察到，因此在外观检测中应用放大镜观察，并注意应有充足的光线。

8.1.6 无损检测是技术性较强的专业技术，按照我国各行业无损检测人员资格考核管理的规定，1级人员只能在2级或3级人员的指导下从事检测工作。因此，规定1级人员不能独立签发检测报告。

8.1.7 超声波检测的检验等级分为A、B、C三级，与现行国家标准《钢焊缝手工超声波探伤方法和探伤结果分级》GB/T 11345和现行行业标准《钢结构超声波探伤及质量分级法》JG/T 203基本相同，只是对B级的规定作了局部修改。修改的原因是上述两标准在此规定上对建筑钢结构而言存在缺陷，易增加漏检比例。GB 11345和JG/T 203中规定：B级检验采用一种角度探头在焊缝单面双侧检测。母材厚度大于100mm时，双面双侧检测。条件许可应作横向检测。但在钢结构中存在大量无法进行单面双侧检测的节点，为弥补这一缺陷本规范规定：受几何条件限制时，可在焊缝单面、单侧采用两种角度探头（两角度之差大于15°）进行检验。

8.1.8 本条实际上是引入允许不合格率的概念，事实上，在一批检查个数中要达到100%合格往往是不切实际的，既无必要，也浪费大量资源。本着安全、适度的原则，并根据近几年来钢结构焊缝检验的实际情况及数据统计，规定小于抽样数的2%时为合格，大于5%时为不合格，2%～5%之间时加倍抽检，不仅确保钢结构焊缝的质量安全，也反映了目前我国钢结构焊接施工水平。

本条为强制性条文，必须严格执行。

8.2 承受静荷载结构焊接质量的检验

8.2.1、8.2.2 外观检测包括焊缝外观缺陷检测和焊缝几何尺寸测量两部分。

8.2.3 无损检测必须在外观检测合格后进行。

裂纹可在焊接、焊缝冷却及以后相当长的一段时间内产生。Ⅰ、Ⅱ类钢材产生焊接延迟裂纹的可能性很小，因此规定在焊缝冷却到室温进行外观检测后即可进行无损检测。Ⅲ、Ⅳ类钢材若焊接工艺不当则具有产生焊缝延迟裂纹的可能性，且裂纹延迟时间较长，有些国外规范规定此类钢焊接裂纹的检查应在焊后48h进行。考虑到工厂存放条件、现场安装进度、工序衔接的限制以及随着时间延长，产生延迟裂纹的几率逐渐减小等因素，本规范对Ⅲ、Ⅳ类钢材及焊接难度等级为C、D级的结构，规定以24h后无损检测的结果作为验收的依据。对钢材标称屈服强度大于690MPa（调质状态）的钢材，考虑产生延迟裂纹的可能性更大，故规定以焊后48h的无损检测结果作为

验收依据。

内部缺陷的检测一般可用超声波探伤和射线探伤。射线探伤具有直观性、一致性好的优点，但其成本高、操作程序复杂、检测周期长，尤其是钢结构中大多为T形接头和角接头，射线检测的效果差，且射线探伤对裂纹、未熔合等危害性缺陷的检出率低。超声波探伤则正好相反，操作程序简单、快速，对各种接头形式的适应性好，对裂纹、未熔合的检测灵敏度高，因此世界上很多国家对钢结构内部质量的控制采用超声波探伤。本规范原则规定钢结构焊缝内部缺陷的检测宜采用超声波探伤，如有特殊要求，可在设计图纸或订货合同中另行规定。

本规范将二级焊缝的局部检验定为抽样检验。这一方面是基于钢结构焊缝的特殊性；另一方面，目前我国推行全面质量管理已有多年的经验，采用抽样检测是可行的，在某种程度上更有利于提高产品质量。

8.2.4 目前钢结构节点设计大量采用局部熔透对接、角接及纯贴角焊缝的节点形式，除纯贴角焊缝节点形式的焊缝内部质量国内外尚无现行无损检测标准外，对于局部熔透对接及角接焊缝均可采用超声波方法进行检测，因此，应与全熔透焊一样对其焊缝的内部质量提出要求。

本条对承受静荷载结构焊缝的超声波检测灵敏度及评定缺陷的允许长度作了适当调整，放宽了评定尺度。这样做的主要目的：一是区别对待静载结构与动载结构焊缝的质量评定；二是尽量减少因不必要的返修造成的浪费及残余应力。

为此规范主编单位进行了大量的试验研究，对国内外相关标准如：《钢焊缝手工超声波探伤方法和探伤结果分级》GB/T 11345、《承压设备无损检测 第3部分：超声检测》JB/T 4730.3、《船舶钢焊缝超声波检测工艺和质量分级》CB/T 3559、《铁路钢桥制造规范》TB 10212、《公路桥涵施工技术规范》JTG/T F50、《起重机械无损检测 钢焊缝超声检测》JB/T 10559、《钢结构焊接规范》AWS D1.1/D1.1M、《超声波探伤评定验收标准》EN 1712、《焊接接头超声波探伤》EN 1714、《铁素体钢超声波检验方法》JIS Z 3060 等以《钢焊缝手工超声波探伤方法和探伤结果分级》GB/T 11345 为基础进行了对比试验（其中包括理论计算和模拟试验）。通过对试验结果的分析、比较得出如下结论：

《钢焊缝手工超声波探伤方法和探伤结果分级》GB/T 11345 标准的检测灵敏度及缺陷评定等级在参与对比的标准中处于中等偏严的水平。

在参与对比的标准中《超声波探伤评定验收标准》EN 1712 检测灵敏度最低。

在参与对比的标准中《钢结构焊接规范》AWS D1.1 和《起重机械无损检测 钢焊缝超声检测》JB/T 10559 标准在小于 20mm 范围内允许的单个缺陷长

度最大，《超声波探伤评定验收标准》EN 1712 在 20mm～100mm 范围内允许的单个缺陷长度最大。

参照上述对比结果，对《钢焊缝手工超声波探伤方法和探伤结果分级》GB/T 11345 标准的检测灵敏度及缺陷评定等级进行了适当的调整，本规范中所采用的检测灵敏度及缺陷评定等级与《钢结构焊接规范》AWS D1.1/D1.1M 标准相当。

对于目前在高层钢结构、大跨度桁架结构箱形柱（梁）制造中广泛采用的隔板电渣焊的检验，本规范参照日本标准《铁素体钢超声波检验方法》JIS Z 3060 以附录的形式给出了探伤方法。

随着钢结构技术进步，对承受板厚方向荷载的厚板（$\delta \geqslant 40mm$）结构产生层状撕裂的原因认识越来越清晰，对材料的质量要求越来越明确。但近年来一些薄板结构（$\delta \leqslant 40mm$）出现层状撕裂问题，有的还造成严重的经济损失。针对这一现象本规范提出相应的检测要求，以杜绝类似情况的发生。

8.2.5 射线探伤作为钢结构内部缺陷检验的一种补充手段，在特殊情况采用，主要用于对接焊缝的检测，按现行国家标准《金属熔化焊焊接接头射线照相》GB/T 3323 的有关规定执行。

8.2.6～8.2.8 表面检测主要是作为外观检查的一种补充手段，其目的主要是为了检查焊接裂纹，检测结果的评定按外观检验的有关要求验收。一般来说，磁粉探伤的灵敏度要比渗透检测高，特别是在钢结构中，要求作磁粉探伤的焊缝大部分为角焊缝，其中立焊缝的表面不规则，清理困难，渗透探伤效果差，且渗透探伤难度较大，费用高。因此，为了提高表面缺陷检出率，规定铁磁性材料制作的工件应尽可能采用磁粉检测方法进行检测。只有在因结构形状的原因（如探伤空间狭小）或材料的原因（如材质为奥氏体不锈钢）不能采用磁粉探伤时，宜采用渗透探伤。

8.3 需疲劳验算结构的焊缝质量检验

8.3.1～8.3.7 承受疲劳荷载结构的焊缝质量检验标准基本采用了现行行业标准《铁路钢桥制造规范》TB 10212 及《公路桥涵施工技术规范》JTG/T F50 的内容，只是增加了磁粉和渗透探伤作为检测表面缺陷的手段。

9 焊接补强与加固

9.0.1 我国现有的有关钢结构加固的技术标准为行业标准《钢结构检测评定及加固技术规程》YB 9257 和中国工程建设标准化协会标准《钢结构加固技术规范》CECS 77，抗震设计规范有现行国家标准《建筑抗震设计规范》GB 50011 和《构筑物抗震设计规范》GB 50191。为使原有钢结构焊接补强加固安全可靠、经济合理、施工方便、切合实际，加固方案应由设计、施工、业主三方结合，共同研究决定，以便于实践。

9.0.2 原始资料是加固设计必不可少的，是进行设计计算的重要依据。资料越完整，补强加固就越能做到经济合理、安全可靠。

9.0.3～9.0.5 钢材的时效性能系随时间的推移，钢材的屈服强度增高塑性降低的现象。在对原结构钢材进行试验时应考虑这一影响。在加固设计时，不应考虑由于时效硬化而提高的屈服强度，仍按原有钢材的强度进行计算。当塑性显著降低，延伸率低于许可值时，其加固计算应按弹性阶段进行，即不应考虑内力重分布。对于有气相腐蚀介质作用的钢构件，当腐蚀较严重时，除应考虑腐蚀对原有截面的削弱外，根据已有资料，还应考虑钢材强度的降低。钢材强度的降低幅度与腐蚀介质的强弱有关，腐蚀介质的强弱程度按现行国家标准《工业建筑防腐蚀设计规范》GB 50046 确定。

9.0.7 在负荷状态下进行加固补强时，除必要的施工荷载和难于移动的固定设备或装置外，其他活动荷载都必须卸除。用圆钢、小角钢制成的轻钢结构因杆件截面较小，焊接加固时易使原有构件因焊接加热而丧失承载能力，所以不宜在负荷状态下采用焊接加固。特别是圆钢拉杆，更严禁在负荷状态下焊接加固。对原有结构构件中的应力限制主要参考原苏联的有关经验和国内的几个工程试验，同时还吸收了国内的钢结构加固工程经验。原苏联于 1987 年在《改建企业钢结构加固计算建议》中认为所有构件（不论承受静力荷载或是动力荷载）都可按内力重分布原则进行计算，仅对加固时原有构件的名义应力 σ^0（即不考虑次应力和残余应力，按弹性阶段计算的应力）与钢材强度设计值 f 的比值 β 限制如下：

$\beta = \dfrac{\sigma^0}{f} \leqslant 0.2$ 特重级动力荷载作用下的结构；

$\beta = \dfrac{\sigma^0}{f} \leqslant 0.4$ 对承受动力荷载，其极限塑性应变值为 0.001 的结构；

$\beta = \dfrac{\sigma^0}{f} \leqslant 0.8$ 对承受静力荷载，其极限塑性应变值为 0.002～0.004 的结构。

国内关于在负荷状态下焊接加固资料都提出了加固时原有构件中的应力极限值可以达到（0.6～0.8）f。而且在静态荷载下，都可按内力重分布原则进行计算。本章对在负荷状态下采用焊接加固时，规定对承受静态荷载的构件，原有构件中的名义应力不应大于钢材强度设计值的 80%，承受动态荷载时，原有构件中的名义应力不应大于强度设计值的 40%。其理由是：

1 原苏联的资料和我国的一些试验和加固工程实践都证明对承受静态荷载的构件取 $\beta \leqslant 0.8$ 是可行的。对承受动态荷载的构件，因本规程不考虑内力重分布，故参考原苏联的经验，适当扩大应用范围，取 $\beta \leqslant 0.4$。

2 在工程实际中要完全卸荷或大量卸荷一般都是难以实现的。在钢结构中，钢屋架是长期在高应力状态下工作的，因为大部分屋架所承受的荷载中，永久荷载大都占屋面总荷载的 80% 左右，要卸掉这部分荷载（扒掉油毡、拆除大型屋面板）是比较困难的。若应力限制值取强度设计值的 80%，则大多数焊接加固工程都可以在负荷状态下进行。

9.0.8 $\beta \leqslant 0.8$ 这一限制值虽然安全可靠，但仍然比较高，而且还须考虑在焊接过程中，焊接产生的高温会使一部分母材的强度和弹性模量在短时间内降低，故在施工过程中仍应根据具体情况采取必要的安全措施，以防万一。

9.0.9 负荷状态下实施焊接补强和加固是一项艰巨而复杂的工作。由于外部环境和条件差，影响因素多，比新建工程的困难更大，必须认真地进行施工组织设计。本条规定的各项要求是施工中应遵循的最基本事项，也是国内外实践经验的总结。按照要求执行，方能做到安全可靠、经济合理。

9.0.10 对有缺损的钢构件承载能力的评估可根据现行行业标准《钢结构检测评定及加固技术规程》YB 9257 进行。关于缺损的修补方法是总结国内外的经验而得到的。其中裂纹的修补是根据原苏联及国内的实践经验，用热加工矫正变形的温度限制值是参照美国《钢结构焊接规范》AWS D1.1 的规定。

9.0.11 焊缝缺陷的修补方法是根据国内实践经验提出的。采用加大焊缝厚度和加长焊缝长度两种方法来加固角焊缝都是行之有效的。国外资料介绍加长角焊缝长度时，对原有焊缝中的应力限值是不超过焊缝的计算强度。但加大角焊缝厚度时，由于焊接时的热影响会使部分焊缝暂时退出工作，从而降低了原有角焊缝的承载能力。所以对在负荷状态下加大角焊缝厚度时，必须对原有角焊缝中的应力加以限制。

我国有关单位的试验资料指出，焊缝加厚时，原有焊缝中的应力应限制在 $0.8f_f^w$ 以内。据原苏联 20 世纪 60 年代通过试验得出的结论是：加厚焊缝时，焊接接头的最大强度损失一般为 10%～20%。

根据近年来国内的试验研究，在负荷状态下加厚焊缝时，由于施焊时的热作用，在温度 $T \geqslant 600℃$ 区域内的焊缝将退出工作，致使焊缝的平均强度降低。经计算分析并简化后引入了原焊缝在加固时的强度降低系数 η，详见现行中国工程建设标准化协会标准《钢结构加固技术规范》CECS 77 的相关规定。本规范引用了这条规定。

9.0.12 对称布置主要是使补强或加固的零件及焊缝受力均匀，新旧杆件易于共同工作。其他要求是为了避免加固焊缝对原有构件产生不利影响。

9.0.13 考虑铆钉或普通螺栓经焊接补强加固后不能

与焊缝共同工作，因此规定全部荷载应由焊缝承受，保证补强安全可靠。

9.0.14 先栓后焊的高强度螺栓摩擦型连接是可以和焊缝共同工作的，日本、美国、挪威等国以及 ISO 的钢结构设计规范均允许它们共同受力。这种共同工作也为我国的试验研究所证实。虽然我国钢结构设计规范还未纳入这一内容，但考虑在加固这一特定情况下是可以允许的。所以本条作出了可共同工作的原则规定。另外，根据国内的试验研究，加固后两种连接承载力的比例应在 1.0～1.5 范围内，否则荷载将主要由强的连接承担，弱的连接基本不起作用。

中华人民共和国行业标准

高层民用建筑钢结构技术规程

Technical specification for steel structure of tall building

JGJ 99 — 2015

批准部门：中华人民共和国住房和城乡建设部
施行日期：２０１６年５月１日

中华人民共和国住房和城乡建设部
公　告

第 983 号

住房城乡建设部关于发布行业标准
《高层民用建筑钢结构技术规程》的公告

现批准《高层民用建筑钢结构技术规程》为行业标准，编号为 JGJ 99-2015，自 2016 年 5 月 1 日起实施。其中，第 3.6.1、3.7.1、3.7.3、5.2.4、5.3.1、5.4.5、6.1.5、6.4.1、6.4.2、6.4.3、6.4.4、7.5.2、7.5.3、8.8.1 条为强制性条文，必须严格执行。原《高层民用建筑钢结构技术规程》JGJ 99-98 同时废止。

本规程由我部标准定额研究所组织中国建筑工业出版社出版发行。

中华人民共和国住房和城乡建设部
2015 年 11 月 30 日

前　言

根据原建设部《关于印发〈二〇〇四年度工程建设城建、建工行业标准制定、修订计划的通知〉》（建标〔2004〕66 号）的要求，规程编制组经广泛调查研究，认真总结工程实践经验，参考有关国际标准和国外先进标准，在广泛征求意见的基础上，修订了《高层民用建筑钢结构技术规程》JGJ 99-98。

本规程主要技术内容是：1. 总则；2. 术语和符号；3. 结构设计基本规定；4. 材料；5. 荷载与作用；6. 结构计算分析；7. 钢构件设计；8. 连接设计；9. 制作和涂装；10. 安装；11. 抗火设计。

本规程修订的主要内容是：1. 修改了适用范围；2. 修改、补充了结构平面和立面规则性有关规定；3. 调整了部分结构最大适用高度，增加了 7 度（0.15g）、8 度（0.3g）抗震设防区房屋最大适用高度规定；4. 增加了相邻楼层的侧向刚度比的规定；5. 增加了抗震等级的规定；6. 增加了结构抗震性能设计基本方法及抗连续倒塌设计基本要求；7. 增加和修订了高性能钢材 GJ 钢和低合金高强度结构钢的力学性能指标；8. 修改、补充了风荷载及地震作用有关内容；9. 增加了结构刚重比的有关规定；10. 修改、补充了框架柱计算长度的设计规定和框筒结构柱轴压比的限值；11. 增加了伸臂桁架和腰桁架的有关规定；12. 修改了构件连接强度的连接系数；13. 修改了梁柱刚性连接的计算方法、设计规定和构造要求；14. 修改了强柱弱梁的计算规定，增加了圆管柱和十字形截面柱的节点域有效体积的计算公式；

15. 修改了钢柱脚的计算方法和设计规定；16. 增加了加强型的梁柱连接形式和骨式连接形式；17. 增加了梁腹板与柱连接板采用焊接的有关内容；18. 增加了钢板剪力墙、异形柱的制作允许偏差值的规定；19. 增加了构件预拼装的有关内容。

本规程中以黑体字标志的条文为强制性条文，必须严格执行。

本规程由住房和城乡建设部负责管理和对强制性条文的解释，由中国建筑标准设计研究院有限公司负责具体技术内容的解释。执行过程中如有意见和建议，请寄送中国建筑标准设计研究院有限公司（地址：北京市海淀区首体南路 9 号主语国际 2 号楼，邮编：100048）。

本 规 程 主 编 单 位：中国建筑标准设计研究院
　　　　　　　　　　　　有限公司
本 规 程 参 编 单 位：哈尔滨工业大学
　　　　　　　　　　　　清华大学
　　　　　　　　　　　　浙江大学
　　　　　　　　　　　　同济大学
　　　　　　　　　　　　西安建筑科技大学
　　　　　　　　　　　　苏州科技大学
　　　　　　　　　　　　湖南大学
　　　　　　　　　　　　广州大学
　　　　　　　　　　　　中冶集团建筑研究总院
　　　　　　　　　　　　中国建筑科学研究院
　　　　　　　　　　　　宝钢钢构有限公司

中国新兴建设开发总公司

钢结构工程公司

上海中巍结构设计事务所
有限公司

浙江杭萧钢构股份有限
公司

江苏沪宁钢机股份有限
公司

深圳建升和钢结构建筑安
装工程有限公司

浙江精工钢结构有限公司

舞阳钢铁有限责任公司

本规程主要起草人员：郁银泉　蔡益燕　钱稼茹
　　　　　　　　　　童根树　张耀春　李国强
　　　　　　　　　　柴　昶　贺明玄　王康强
　　　　　　　　　　崔鸿超　舒兴平　苏明周

陈绍蕃　沈祖炎　王　喆
张文元　孙飞飞　张艳明
顾　强　周　云　郭彦林
石永久　鲍广鉴　申　林
何若全　胡天兵　宋文晶
李元齐　杨强跃　郭海山
易方民　常跃峰　王寅大
陈国栋　梁志远　刘中华
刘晓光　高继领

本规程主要审查人员：周绪红　范　重　路克宽
　　　　　　　　　　娄　宇　黄世敏　肖从真
　　　　　　　　　　徐永基　窦南华　冯　远
　　　　　　　　　　戴国欣　方小丹　吴欣之
　　　　　　　　　　舒赣平　范懋达　贺贤娟
　　　　　　　　　　包联进

目　次

Contents

1 总　则

1.0.1 为了在高层民用建筑中合理应用钢结构，做到技术先进、安全适用、经济合理、确保质量，制定本规程。

1.0.2 本规程适用于 10 层及 10 层以上或房屋高度大于 28m 的住宅建筑以及房屋高度大于 24m 的其他高层民用建筑钢结构的设计、制作与安装。非抗震设计和抗震设防烈度为 6 度至 9 度抗震设计的高层民用建筑钢结构，其适用的房屋最大高度和结构类型应符合本规程的有关规定。

　　本规程不适用于建造在危险地段以及发震断裂最小避让距离内的高层民用建筑钢结构。

1.0.3 高层民用建筑钢结构应注重概念设计，综合考虑建筑的使用功能、环境条件、材料供应、制作安装、施工条件因素，优先选用抗震抗风性能好且经济合理的结构体系、构件形式、连接构造和平立面布置。在抗震设计时，应保证结构的整体抗震性能，使整体结构具有必要的承载能力、刚度和延性。

1.0.4 抗震设计的高层民用建筑钢结构，当其房屋高度、规则性、结构类型等超过本规程的规定或抗震设防标准等有特殊要求时，可采用结构抗震性能化设计方法进行补充分析和论证。

1.0.5 高层民用建筑钢结构设计、制作与安装除应符合本规程外，尚应符合国家现行有关标准的规定。

2　术语和符号

2.1　术　语

2.1.1 高层民用建筑　tall building

　　10 层及 10 层以上或房屋高度大于 28m 的住宅建筑以及房屋高度大于 24m 的其他高层民用建筑。

2.1.2 房屋高度　building height

　　自室外地面至房屋主要屋面的高度，不包括突出屋面的电梯机房、水箱、构架等高度。

2.1.3 框架　moment frame

　　由柱和梁为主要构件组成的具有抗剪和抗弯能力的结构。

2.1.4 中心支撑框架　concentrically braced frame

　　支撑杆件的工作线交汇于一点或多点，但相交构件的偏心距应小于最小连接构件的宽度，杆件主要承受轴心力。

2.1.5 偏心支撑框架　eccentrically braced frame

　　支撑框架构件的杆件工作线不交汇于一点，支撑连接点的偏心距大于连接点处最小构件的宽度，可通过消能梁段耗能。

2.1.6 支撑斜杆　diagonal bracing

承受轴力的斜杆，与框架结构协同作用以桁架形式抵抗侧向力。

2.1.7 消能梁段　link

　　偏心支撑框架中，两根斜杆端部之间或一根斜杆端部与柱间的梁段。

2.1.8 屈曲约束支撑　buckling restrained brace

　　支撑的屈曲受到套管的约束，能够确保支撑受压屈服前不屈曲的支撑，可作为耗能阻尼器或抗震支撑。

2.1.9 钢板剪力墙　steel plate shear wall

　　将设置加劲肋或不设加劲肋的钢板作为抗侧力剪力墙，是通过拉力场提供承载能力。

2.1.10 无粘结内藏钢板支撑墙板　shear wall with unbonded bracing inside

　　以钢板条为支撑，外包混凝土墙板为约束构件的屈曲约束支撑墙板。

2.1.11 带竖缝混凝土剪力墙　slitted reinforced concrete shear wall

　　将带有一段竖缝的钢筋混凝土墙板作为抗侧力剪力墙，是通过竖缝墙段的抗弯屈服提供承载能力。

2.1.12 延性墙板　shear wall with refined ductility

　　具有良好延性和抗震性能的墙板。本规程特指：带加劲肋的钢板剪力墙、无粘结内藏钢板支撑墙板、带竖缝混凝土剪力墙。

2.1.13 加强型连接　strengthened beam-to-column connection

　　采用梁端翼缘扩大或设置盖板等形式的梁与柱刚性连接。

2.1.14 骨式连接　dog-bone beam-to-column connection

　　将梁翼缘局部削弱的一种梁柱连接形式。

2.1.15 结构抗震性能水准　seismic performance levels of structure

　　对结构震后损坏状况及继续使用可能性等抗震性能的界定。

2.1.16 结构抗震性能设计　performance-based seismic design of structure

　　针对不同的地震地面运动水准设定的结构抗震性能水准。

2.2　符　号

2.2.1 作用和作用效应

　　a——加速度；

　　F——地震作用标准值；

　　G——重力荷载代表值；

　　H——水平力；

　　M——弯矩设计值；

　　N——轴心压力设计值；

　　Q——重力荷载设计值；

S ——作用效应设计值；

T ——周期；温度；

V ——剪力设计值；

v ——风速。

2.2.2 材料指标

c ——比热；

E ——弹性模量；

f ——钢材抗拉、抗压、抗弯强度设计值；

f_c^b、f_t^b、f_v^b ——螺栓承压、抗拉、抗剪强度设计值；

f_c^w、f_t^w、f_v^w ——对接焊缝抗压、抗拉、抗剪强度设计值；

f_{ce} ——钢材端面承压强度设计值；

f_{ck}、f_{tk} ——混凝土轴心抗压、抗拉强度标准值；

f_{cu}^b ——螺栓连接板件的极限承压强度；

f_f^w ——角焊缝抗拉、抗压、抗剪强度设计值；

f_t ——混凝土轴心抗拉强度设计值；

f_t^a ——锚栓抗拉强度设计值；

f_u ——钢材抗拉强度最小值；

f_u^b ——螺栓钢材的抗拉强度最小值；

f_v ——钢材抗剪强度设计值；

f_y ——钢材屈服强度；

G ——剪切模量；

M_{lp} ——消能梁段的全塑性受弯承载力；

M_{pb} ——梁的全塑性受弯承载力；

M_{pc} ——考虑轴力时，柱的全塑性受弯承载力；

M_u ——极限受弯承载力；

N_E ——欧拉临界力；

N_y ——构件的轴向屈服承载力；

N_t^a ——单根锚栓受拉承载力设计值；

N_t^b、N_v^b ——高强度螺栓仅承受拉力、剪力时，抗拉、抗剪承载力设计值；

N_{vu}^b、N_{cu}^b ——1 个高强度螺栓的极限受剪承载力和对应的板件极限承载力；

R ——构件承载力设计值；

V_l、V_{lc} ——消能梁段不计入轴力影响和计入轴力影响的受剪承载力；

V_u ——受剪承载力；

ρ ——材料密度。

2.2.3 几何参数

A ——毛截面面积；

A_e^b ——螺栓螺纹处的有效截面面积；

d ——螺栓杆公称直径；

h_{0b} ——梁腹板高度，自翼缘中心线算起；

h_{0c} ——柱腹板高度，自翼缘中心线算起；

I ——毛截面惯性矩；

I_e ——有效截面惯性矩；

K_1、K_2 ——汇交于柱上端、下端的横梁线刚度之

和与柱线刚度之和的比值；

S ——面积矩；

t ——厚度；

V_p ——节点域有效体积；

W ——毛截面模量；

W_e ——有效截面模量；

W_n、W_{np} ——净截面模量；塑性净截面模量；

W_p ——塑性截面模量。

2.2.4 系数

α ——连接系数；

α_{max}、α_{vmax} ——水平、竖向地震影响系数最大值；

γ_0 ——结构重要性系数；

γ_{RE} ——承载力抗震调整系数；

γ_x ——截面塑性发展系数；

φ ——轴心受压构件的稳定系数；

φ_b、φ_b' ——钢梁整体稳定系数；

λ ——构件长细比；

λ_n ——正则化长细比；

μ ——计算长度系数；

ξ ——阻尼比。

3 结构设计基本规定

3.1 一 般 规 定

3.1.1 高层民用建筑的抗震设防烈度必须按国家审批、颁发的文件确定。一般情况下，抗震设防烈度应采用根据中国地震动参数区划图确定的地震基本烈度。

3.1.2 抗震设计的高层民用建筑，应按现行国家标准《建筑工程抗震设防分类标准》GB 50223 的规定确定其抗震设防类别。本规程中的甲类建筑、乙类建筑、丙类建筑分别为现行国家标准《建筑工程抗震设防分类标准》GB 50223 中的特殊设防类、重点设防类、标准设防类的简称。

3.1.3 抗震设计的高层民用建筑的结构体系应符合下列规定：

1 应具有明确的计算简图和合理的地震作用传递途径；

2 应具有必要的承载能力，足够大的刚度，良好的变形能力和消耗地震能量的能力；

3 应避免因部分结构或构件的破坏而导致整个结构丧失承受重力荷载、风荷载和地震作用的能力；

4 对可能出现的薄弱部位，应采取有效的加强措施。

3.1.4 高层民用建筑的结构体系尚宜符合下列规定：

1 结构的竖向和水平布置宜使结构具有合理的刚度和承载力分布，避免因刚度和承载力突变或结构扭转效应而形成薄弱部位；

2 抗震设计时宜具有多道防线。

3.1.5 高层民用建筑的填充墙、隔墙等非结构构件宜采用轻质板材，应与主体结构可靠连接。房屋高度不低于150m的高层民用建筑外墙宜采用建筑幕墙。

3.1.6 高层民用建筑钢结构构件的钢板厚度不宜大于100mm。

3.2 结构体系和选型

3.2.1 高层民用建筑钢结构可采用下列结构体系：

 1 框架结构；

 2 框架-支撑结构：包括框架-中心支撑、框架-偏心支撑和框架-屈曲约束支撑结构；

 3 框架-延性墙板结构；

 4 筒体结构：包括框筒、筒中筒、桁架筒和束筒结构；

 5 巨型框架结构。

3.2.2 非抗震设计和抗震设防烈度为6度至9度的乙类和丙类高层民用建筑钢结构适用的最大高度应符合表3.2.2的规定。

表3.2.2 高层民用建筑钢结构适用的最大高度（m）

结构体系	6度，7度(0.10g)	7度(0.15g)	8度(0.20g)	8度(0.30g)	9度(0.40g)	非抗震设计
框架	110	90	90	70	50	110
框架-中心支撑	220	200	180	150	120	240
框架-偏心支撑 框架-屈曲约束支撑 框架-延性墙板	240	220	200	180	160	260
筒体（框筒，筒中筒，桁架筒，束筒） 巨型框架	300	280	260	240	180	360

注：1 房屋高度指室外地面到主要屋面板板顶的高度（不包括局部突出屋顶部分）；

 2 超过表内高度的房屋，应进行专门研究和论证，采取有效的加强措施；

 3 表内筒体不包括混凝土筒；

 4 框架柱包括全钢柱和钢管混凝土柱；

 5 甲类建筑，6、7、8度时宜按本地区抗震设防烈度提高1度后符合本表要求，9度时应专门研究。

3.2.3 高层民用建筑钢结构的高宽比不宜大于表3.2.3的规定。

表3.2.3 高层民用建筑钢结构适用的最大高宽比

烈度	6、7	8	9
最大高宽比	6.5	6.0	5.5

注：1 计算高宽比的高度从室外地面算起；

 2 当塔形建筑底部有大底盘时，计算高宽比的高度从大底盘顶部算起。

3.2.4 房屋高度不超过50m的高层民用建筑可采用框架、框架-中心支撑或其他体系的结构；超过50m的高层民用建筑，8、9度时宜采用框架-偏心支撑、框架-延性墙板或屈曲约束支撑等结构。高层民用建筑钢结构不应采用单跨框架结构。

3.3 建筑形体及结构布置的规则性

3.3.1 高层民用建筑钢结构的建筑设计应根据抗震概念设计的要求明确建筑形体的规则性。不规则的建筑方案应按规定采取加强措施；特别不规则的建筑方案应进行专门研究和论证，采用特别的加强措施；严重不规则的建筑方案不应采用。

3.3.2 高层民用建筑钢结构及其抗侧力结构的平面布置宜规则、对称，并应具有良好的整体性；建筑的立面和竖向剖面宜规则，结构的侧向刚度沿高度宜均匀变化，竖向抗侧力构件的截面尺寸和材料强度宜自下而上逐渐减小，应避免抗侧力结构的侧向刚度和承载力突变。建筑形体及其结构布置的平面、竖向不规则性，应按下列规定划分：

 1 高层民用建筑存在表3.3.2-1所列的某项平面不规则类型或表3.3.2-2所列的某项竖向不规则类型以及类似的不规则类型，应属于不规则的建筑。

 2 当存在多项不规则或某项不规则超过规定的参考指标较多时，应属于特别不规则的建筑。

表3.3.2-1 平面不规则的主要类型

不规则类型	定义和参考指标
扭转不规则	在规定的水平力及偶然偏心作用下，楼层两端弹性水平位移（或层间位移）的最大值与其平均值的比值大于1.2
偏心布置	任一层的偏心率大于0.15（偏心率按本规程附录A的规定计算）或相邻层质心相差大于相应边长的15%
凹凸不规则	结构平面凹进的尺寸，大于相应投影方向总尺寸的30%
楼板局部不连续	楼板的尺寸和平面刚度急剧变化，例如，有效楼板宽度小于该层楼板典型宽度的50%，或开洞面积大于该层楼面面积的30%，或有较大的楼层错层

表3.3.2-2 竖向不规则的主要类型

不规则类型	定义和参考指标
侧向刚度不规则	该层的侧向刚度小于相邻上一层的70%，或小于其上相邻三个楼层侧向刚度平均值的80%；除顶层或出屋面小建筑外，局部收进的水平向尺寸大于相邻下一层的25%
竖向抗侧力构件不连续	竖向抗侧力构件（柱、支撑、剪力墙）的内力由水平转换构件（梁、桁架等）向下传递
楼层承载力突变	抗侧力结构的层间受剪承载力小于相邻上一楼层的80%

3.3.3 不规则高层民用建筑应按下列要求进行水平地震作用计算和内力调整，并应对薄弱部位采取有效的抗震构造措施：

1 平面不规则而竖向规则的建筑，应采用空间结构计算模型，并应符合下列规定：

1）扭转不规则或偏心布置时，应计入扭转影响，在规定的水平力及偶然偏心作用下，楼层两端弹性水平位移（或层间位移）的最大值与其平均值的比值不宜大于1.5，当最大层间位移角远小于规程限值时，可适当放宽。

2）凹凸不规则或楼板局部不连续时，应采用符合楼板平面内实际刚度变化的计算模型；高烈度或不规则程度较大时，宜计入楼板局部变形的影响。

3）平面不对称且凹凸不规则或局部不连续时，可根据实际情况分块计算扭转位移比，对扭转较大的部位应采用局部的内力增大。

2 平面规则而竖向不规则的高层民用建筑，应采用空间结构计算模型，侧向刚度不规则、竖向抗侧力构件不连续、楼层承载力突变的楼层，其对应于地震作用标准值的剪力应乘以不小于1.15的增大系数，应按本规程有关规定进行弹塑性变形分析，并应符合下列规定：

1）竖向抗侧力构件不连续时，该构件传递给水平转换构件的地震内力应根据烈度高低和水平转换构件的类型、受力情况、几何尺寸等，乘以1.25～2.0的增大系数；

2）侧向刚度不规则时，相邻层的侧向刚度比应依据其结构类型符合本规程第3.3.10条的规定；

3）楼层承载力突变时，薄弱层抗侧力结构的受剪承载力不应小于相邻上一楼层的65%。

3 平面不规则且竖向不规则的高层民用建筑，应根据不规则类型的数量和程度，有针对性地采取不低于本条第1、2款要求的各项抗震措施。特别不规则时，应经专门研究，采取更有效的加强措施或对薄弱部位采用相应的抗震性能化设计方法。

3.3.4 高层民用建筑宜不设防震缝；体型复杂、平立面不规则的建筑，应根据不规则程度、地基基础等因素，确定是否设防震缝；当在适当部位设置防震缝时，宜形成多个较规则的抗侧力结构单元。

3.3.5 防震缝应根据抗震设防烈度、结构类型、结构单元的高度和高差情况，留有足够的宽度，其上部结构应完全分开；防震缝的宽度不应小于钢筋混凝土框架结构缝宽的1.5倍。

3.3.6 抗震设计的框架-支撑、框架-延性墙板结构中，支撑、延性墙板宜沿建筑高度竖向连续布置，并应延伸至计算嵌固端。除底部楼层和伸臂桁架所在楼层外，支撑的形式和布置沿建筑竖向宜一致。

3.3.7 高层民用建筑，宜采用有利于减小横风向振动影响的建筑形体。

3.3.8 高层民用建筑钢结构楼盖应符合下列规定：

1 宜采用压型钢板现浇钢筋混凝土组合楼板、现浇钢筋桁架混凝土楼板或钢筋混凝土楼板，楼板应与钢梁有可靠连接；

2 6、7度时房屋高度不超过50m的高层民用建筑，尚可采用装配整体式钢筋混凝土楼板，也可采用装配式楼板或其他轻型楼盖，应将楼板预埋件与钢梁焊接，或采取其他措施保证楼板的整体性；

3 对转换楼层楼盖或楼板有大洞口等情况，宜在楼板内设置钢水平支撑。

3.3.9 建筑物中有较大的中庭时，可在中庭的上端楼层用水平桁架将中庭开口连接，或采取其他增强结构抗扭刚度的有效措施。

3.3.10 抗震设计时，高层民用建筑相邻楼层的侧向刚度变化应符合下列规定：

1 对框架结构，楼层与其相邻上层的侧向刚度比γ_1可按式（3.3.10-1）计算，且本层与相邻上层的比值不宜小于0.7，与相邻上部三层刚度平均值的比值不宜小于0.8。

$$\gamma_1 = \frac{V_i \Delta_{i+1}}{V_{i+1} \Delta_i} \qquad (3.3.10-1)$$

式中：γ_1——楼层侧向刚度比；

V_i、V_{i+1}——第i层和第$i+1$层的地震剪力标准值（kN）；

Δ_i、Δ_{i+1}——第i层和第$i+1$层在地震作用标准值作用下的层间位移（m）。

2 对框架-支撑结构、框架-延性墙板结构、筒体结构和巨型框架结构，楼层与其相邻上层的侧向刚度比γ_2可按式（3.3.10-2）计算，且本层与相邻上层的比值不宜小于0.9；当本层层高大于相邻上层层高的1.5倍时，该比值不宜小于1.1；对结构底部嵌固层，该比值不宜小于1.5。

$$\gamma_2 = \frac{V_i \Delta_{i+1}}{V_{i+1} \Delta_i} \cdot \frac{h_i}{h_{i+1}} \qquad (3.3.10-2)$$

式中：γ_2——考虑层高修正的楼层侧向刚度比；

h_i、h_{i+1}——第i层和第$i+1$层的层高（m）。

3.4 地基、基础和地下室

3.4.1 高层民用建筑钢结构的基础形式，应根据上部结构情况、地下室情况、工程地质、施工条件等综合确定，宜选用筏基、箱基、桩筏基础。当基岩较浅、基础埋深不符合要求时，应验算基础抗拔。

3.4.2 钢框架柱应至少延伸至计算嵌固端以下一层，并且宜采用钢骨混凝土柱，以下可采用钢筋混凝土柱。基础埋深宜一致。

3.4.3 房屋高度超过50m的高层民用建筑宜设置地下室。采用天然地基时，基础埋置深度不宜小于房屋总高度的1/15；采用桩基时，不宜小于房屋总高度的1/20。

3.4.4 当主楼与裙房之间设置沉降缝时，应采用粗砂等松散材料将沉降缝地面以下部分填实；当不设沉降缝时，施工中宜设后浇带。

3.4.5 高层民用建筑钢结构与钢筋混凝土基础或地下室的钢筋混凝土结构层之间，宜设置钢骨混凝土过渡层。

3.4.6 在重力荷载与水平荷载标准值或重力荷载代表值与多遇水平地震作用标准值共同作用下，高宽比大于4时基础底面不宜出现零应力区；高宽比不大于4时，基础底面与基础之间零应力区面积不应超过基础底面积的15%。质量偏心较大的裙楼和主楼，可分别计算基底应力。

3.5 水平位移限值和舒适度要求

3.5.1 在正常使用条件下，高层民用建筑钢结构应具有足够的刚度，避免产生过大的位移而影响结构的承载能力、稳定性和使用要求。

3.5.2 在风荷载或多遇地震标准值作用下，按弹性方法计算的楼层层间最大水平位移与层高之比不宜大于1/250。

3.5.3 高层民用建筑钢结构在罕遇地震作用下的薄弱层弹塑性变形验算，应符合下列规定：

　　1　下列结构应进行弹塑性变形验算：

　　　　1）甲类建筑和9度抗震设防的乙类建筑；

　　　　2）采用隔震和消能减震设计的建筑结构；

　　　　3）房屋高度大于150m的结构。

　　2　下列结构宜进行弹塑性变形验算：

　　　　1）本规程表5.3.2所列高度范围且为竖向不规则类型的高层民用建筑钢结构；

　　　　2）7度Ⅲ、Ⅳ类场地和8度时乙类建筑。

3.5.4 高层民用建筑钢结构薄弱层或薄弱部位弹塑性层间位移不应大于层高的1/50。

3.5.5 房屋高度不小于150m的高层民用建筑钢结构应满足风振舒适度要求。在现行国家标准《建筑结构荷载规范》GB 50009规定的10年一遇的风荷载标准值作用下，结构顶点的顺风向和横风向振动最大加速度计算值不应大于表3.5.5的限值。结构顶点的顺风向和横风向振动最大加速度，可按现行国家标准《建筑结构荷载规范》GB 50009的有关规定计算，也可通过风洞试验结果判断确定。计算时钢结构阻尼比宜取0.01~0.015。

表3.5.5　结构顶点的顺风向和横风向风振加速度限值

使用功能	a_{lim}
住宅、公寓	0.20m/s²
办公、旅馆	0.28m/s²

3.5.6 圆筒形高层民用建筑顶部风速不应大于临界风速，当大于临界风速时，应进行横风向涡流脱落试验或增大结构刚度。顶部风速、临界风速应按下列公式验算：

$$v_n < v_{cr} \qquad (3.5.6-1)$$

$$v_{cr} = 5D/T_1 \qquad (3.5.6-2)$$

$$v_n = 40\sqrt{\mu_z w_0} \qquad (3.5.6-3)$$

式中：v_n——圆筒形高层民用建筑顶部风速（m/s）；

　　　μ_z——风压高度变化系数；

　　　w_0——基本风压（kN/m²），按现行国家标准《建筑结构荷载规范》GB 50009的规定取用；

　　　v_{cr}——临界风速（m/s）；

　　　D——圆筒形建筑的直径（m）；

　　　T_1——圆筒形建筑的基本自振周期（s）。

3.5.7 楼盖结构应具有适宜的舒适度。楼盖结构的竖向振动频率不宜小于3Hz，竖向振动加速度峰值不应大于表3.5.7的限值。楼盖结构竖向振动加速度可按现行行业标准《高层建筑混凝土结构技术规程》JGJ 3的有关规定计算。

表3.5.7　楼盖竖向振动加速度限值

人员活动环境	峰值加速度限值（m/s²）	
	竖向自振频率不大于2Hz	竖向自振频率不小于4Hz
住宅、办公	0.07	0.05
商场及室内连廊	0.22	0.15

注：楼盖结构竖向频率为2Hz~4Hz时，峰值加速度限值可按线性插值选取。

3.6 构件承载力设计

3.6.1 高层民用建筑钢结构构件的承载力应按下列公式验算：

　　持久设计状况、短暂设计状况

$$\gamma_0 S_d \leqslant R_d \qquad (3.6.1-1)$$

　　地震设计状况　　$S_d \leqslant R_d/\gamma_{RE} \qquad (3.6.1-2)$

式中：γ_0——结构重要性系数，对安全等级为一级的结构构件不应小于 1.1，对安全等级为二级的结构构件不应小于 1.0；

S_d——作用组合的效应设计值；

R_d——构件承载力设计值；

γ_{RE}——构件承载力抗震调整系数。结构构件和连接强度计算时取 0.75；柱和支撑稳定计算时取 0.8；当仅计算竖向地震作用时取 1.0。

3.7 抗 震 等 级

3.7.1 各抗震设防类别的高层民用建筑钢结构的抗震措施应分别符合现行国家标准《建筑工程抗震设防分类标准》GB 50223 和《建筑抗震设计规范》GB 50011 的有关规定。

3.7.2 当建筑场地为 Ⅲ、Ⅳ 类时，对设计基本地震加速度为 0.15g 和 0.30g 的地区，宜分别按抗震设防烈度 8 度（0.2g）和 9 度时各类建筑的要求采取抗震构造措施。

3.7.3 抗震设计时，高层民用建筑钢结构应根据抗震设防分类、烈度和房屋高度采用不同的抗震等级，并应符合相应的计算和构造措施要求。丙类建筑的抗震等级应按现行国家标准《建筑抗震设计规范》GB 50011 的有关规定确定。对甲类建筑和房屋高度超过 50m，抗震设防烈度 9 度时的乙类建筑应采取更有效的抗震措施。

3.8 结构抗震性能化设计

3.8.1 结构抗震性能化设计应根据结构方案的特殊性、选用适宜的结构抗震性能目标，并采取满足预期的抗震性能目标的措施。

结构抗震性能目标应综合考虑抗震设防类别、设防烈度、场地条件、结构的特殊性、建造费用、震后损失和修复难易程度等各项因素选定。结构抗震性能目标可分为 A、B、C、D 四个等级，结构抗震性能可分为 1、2、3、4、5 五个水准，每个性能目标均与一组在指定地震地面运动下的结构抗震性能水准相对应，具体情况可按表 3.8.1 划分。

表 3.8.1 结构抗震性能目标

地震水准＼性能目标性能水准	A	B	C	D
多遇地震	1	1	1	1
设防烈度地震	1	2	3	4
预估的罕遇地震	2	3	4	5

3.8.2 结构抗震性能水准可按表 3.8.2 进行宏观判别。

表 3.8.2 各性能水准结构预期的震后性能状况的要求

结构抗震性能水准	宏观损坏程度	损坏部位			继续使用的可能性
		关键构件	普通竖向构件	耗能构件	
第1水准	完好、无损坏	无损坏	无损坏	无损坏	一般不需修理即可继续使用
第2水准	基本完好、轻微损坏	无损坏	无损坏	轻微损坏	稍加修理即可继续使用
第3水准	轻度损坏	轻微损坏	轻微损坏	轻度损坏、部分中度损坏	一般修理后才可继续使用
第4水准	中度损坏	轻度损坏	部分构件中度损坏	中度损坏、部分比较严重损坏	修复或加固后才可继续使用
第5水准	比较严重损坏	中度损坏	部分构件比较严重损坏	比较严重损坏	需排险大修

注：关键构件是指该构件的失效可能引起结构的连续破坏或危及生命安全的严重破坏；普通竖向构件是指关键构件之外的竖向构件；耗能构件包括框架梁、消能梁段、延性墙板及屈曲约束支撑等。

3.8.3 不同抗震性能水准的结构可按下列规定进行设计：

1 第 1 性能水准的结构，应满足弹性设计要求。在多遇地震作用下，其承载力和变形应符合本规程的有关规定；在设防烈度地震作用下，结构构件的抗震承载力应符合下式规定：

$$\gamma_G S_{GE} + \gamma_{Eh} S^*_{Ehk} + \gamma_{Ev} S^*_{Evk} \leqslant R_d / \gamma_{RE}$$

(3.8.3-1)

式中：R_d、γ_{RE}——分别为构件承载力设计值和承载力抗震调整系数，同本规程第 3.6.1 条；

S_{GE}——重力荷载代表值的效应；

S^*_{Ehk}——水平地震作用标准值的构件内力，不需考虑与抗震等级有关的增大系数；

S^*_{Evk}——竖向地震作用标准值的构件内力，不需考虑与抗震等级有关的增大系数；

γ_G、γ_{Eh}、γ_{Ev}——分别为上述荷载或作用的分项系数。

2 第 2 性能水准的结构，在设防烈度地震或预估的罕遇地震作用下，关键构件及普通竖向构件的抗震承载力宜符合式（3.8.3-1）的规定；耗能构件的抗震承载力应符合下式规定：

$$S_{GE} + S^*_{Ehk} + 0.4 S^*_{Evk} \leqslant R_k \quad (3.8.3-2)$$

式中：R_k——截面极限承载力，按钢材的屈服强度计算。

3 第 3 性能水准的结构应进行弹塑性计算分析，在设防烈度地震或预估的罕遇地震作用下，关键构件及普通竖向构件的抗震承载力应符合式（3.8.3-2）的规定，水平长悬臂结构和大跨度结构中的关键构件的抗震承载力尚应符合式（3.8.3-3）的规定；部分耗能构件进入屈服阶段，但不允许发生破坏。在预估的罕遇地震作用下，结构薄弱部位的最大层间位移应满足本规程第 3.5.4 条的规定。

$$S_{GE} + 0.4S_{Ehk}^* + S_{Evk}^* \leq R_k \quad (3.8.3-3)$$

4 第 4 性能水准的结构应进行弹塑性计算分析，在设防烈度地震或预估的罕遇地震作用下，关键构件的抗震承载力应符合式（3.8.3-2）的规定，水平长悬臂结构和大跨度结构中的关键构件的抗震承载力尚应符合式（3.8.3-3）的规定；允许部分竖向构件以及大部分耗能构件进入屈服阶段，但不允许发生破坏。在预估的罕遇地震作用下，结构薄弱部位的最大层间位移应符合本规程第 3.5.4 条的规定。

5 第 5 性能水准的结构应进行弹塑性计算分析，在预估的罕遇地震作用下，关键构件的抗震承载力宜符合式（3.8.3-2）的规定；较多的竖向构件进入屈服阶段，但不允许发生破坏且同一楼层的竖向构件不宜全部屈服；允许部分耗能构件发生比较严重的破坏；结构薄弱部位的层间位移应符合本规程第 3.5.4 条的规定。

3.9 抗连续倒塌设计基本要求

3.9.1 安全等级为一级的高层民用建筑钢结构应满足抗连续倒塌概念设计的要求，有特殊要求时，可采用拆除构件方法进行抗连续倒塌设计。

3.9.2 抗连续倒塌概念设计应符合下列规定：

1 应采取必要的结构连接措施，增强结构的整体性；

2 主体结构宜采用多跨规则的超静定结构；

3 结构构件应具有适宜的延性，应合理控制截面尺寸，避免局部失稳或整个构件失稳、节点先于构件破坏；

4 周边及边跨框架的柱距不宜过大；

5 转换结构应具有整体多重传递重力荷载途径；

6 框架梁柱宜刚接；

7 独立基础之间宜采用拉梁连接。

3.9.3 抗连续倒塌的拆除构件方法应符合下列规定：

1 应逐个分别拆除结构周边柱、底层内部柱以及转换桁架腹杆等重要构件；

2 可采用弹性静力方法分析剩余结构的内力与变形；

3 剩余结构构件承载力应满足下式要求：

$$R_d \geq \beta S_d \quad (3.9.3)$$

式中：S_d——剩余结构构件效应设计值，可按本规程第 3.9.4 条的规定计算；

R_d——剩余结构构件承载力设计值，可按本规程第 3.9.6 条的规定计算；

β——效应折减系数，对中部水平构件取 0.67，对其他构件取 1.0。

3.9.4 结构抗连续倒塌设计时，荷载组合的效应设计值可按下式确定：

$$S_d = \eta_d(S_{Gk} + \sum \psi_{qi}S_{Qi,k}) + \psi_w S_{wk} \quad (3.9.4)$$

式中：S_{Gk}——永久荷载标准值产生的效应；

$S_{Qi,k}$——竖向可变荷载标准值产生的效应；

S_{wk}——风荷载标准值产生的效应；

ψ_{qi}——第 i 个竖向可变荷载的准永久值系数；

ψ_w——风荷载组合值系数，取 0.2；

η_d——竖向荷载动力放大系数，当构件直接与被拆除竖向构件相连时取 2.0，其他构件取 1.0。

3.9.5 构件截面承载力计算时，钢材强度可取抗拉强度最小值。

3.9.6 当拆除某构件不能满足结构抗连续倒塌要求时，在该构件表面附加 80kN/m² 侧向偶然作用设计值，此时其承载力应满足下列公式的要求：

$$R_d \geq S_d \quad (3.9.6-1)$$
$$S_d = S_{Gk} + 0.6S_{Qk} + S_{Ad} \quad (3.9.6-2)$$

式中：R_d——构件承载力设计值，按本规程第 3.6.1 条采用；

S_d——作用组合的效应设计值；

S_{Gk}——永久荷载标准值的效应；

S_{Qk}——活荷载标准值的效应；

S_{Ad}——侧向偶然作用设计值的效应。

4 材 料

4.1 选材基本规定

4.1.1 钢材的选用应综合考虑构件的重要性和荷载特征、结构形式和连接方法、应力状态、工作环境以及钢材品种和厚度等因素，合理地选用钢材牌号、质量等级及其性能要求，并应在设计文件中完整地注明对钢材的技术要求。

4.1.2 钢材的牌号和质量等级应符合下列规定：

1 主要承重构件所用钢材的牌号宜选用 Q345 钢、Q390 钢，一般构件宜选用 Q235 钢，其材质和材料性能应分别符合现行国家标准《低合金高强度结构钢》GB/T 1591 或《碳素结构钢》GB/T 700 的规定。有依据时可选用更高强度级别的钢材。

2 主要承重构件所用较厚的板材宜选用高性能建筑用 GJ 钢板，其材质和材料性能应符合现行国家标准《建筑结构用钢板》GB/T 19879 的规定。

3 外露承重钢结构可选用 Q235NH、Q355NH 或 Q415NH 等牌号的焊接耐候钢，其材质和材料性能要求应符合现行国家标准《耐候结构钢》GB/T 4171 的规定。选用时宜附加要求保证晶粒度不小于 7

级，耐腐蚀指数不小于 6.0。

4 承重构件所用钢材的质量等级不宜低于 B 级；抗震等级为二级及以上的高层民用建筑钢结构，其框架梁、柱和抗侧力支撑等主要抗侧力构件钢材的质量等级不宜低于 C 级。

5 承重构件中厚度不小于 40mm 的受拉板件，当其工作温度低于 −20℃ 时，宜适当提高其所用钢材的质量等级。

6 选用 Q235A 或 Q235B 级钢时应选用镇静钢。

4.1.3 承重构件所用钢材应具有屈服强度、抗拉强度、伸长率等力学性能和冷弯试验的合格保证；同时尚应具有碳、硫、磷等化学成分的合格保证。焊接结构所用钢材尚应具有良好的焊接性能，其碳当量或焊接裂纹敏感性指数应符合设计要求或相关标准的规定。

4.1.4 高层民用建筑中按抗震设计的框架梁、柱和抗侧力支撑等主要抗侧力构件，其钢材性能要求尚应符合下列规定：

1 钢材抗拉性能应有明显的屈服台阶，其断后伸长率 A 不应小于 20%；

2 钢材屈服强度波动范围不应大于 120N/mm²，钢材实物的实测屈强比不应大于 0.85；

3 抗震等级为三级及以上的高层民用建筑钢结构，其主要抗侧力构件所用钢材应具有与其工作温度相应的冲击韧性合格保证。

4.1.5 焊接节点区 T 形或十字形焊接接头中的钢板，当板厚不小于 40mm 且沿板厚方向承受较大拉力作用（含较高焊接约束拉应力作用）时，该部分钢板应具有厚度方向抗撕裂性能（Z 向性能）的合格保证。其沿板厚方向的断面收缩率不应小于现行国家标准《厚度方向性能钢板》GB/T 5313 规定的 Z15 级允许限值。

4.1.6 钢框架柱采用箱形截面且壁厚不大于 20mm 时，宜选用直接成方工艺成型的冷弯方（矩）形焊接钢管，其材质和材料性能应符合现行行业标准《建筑结构用冷弯矩形钢管》JG/T 178 中 I 级产品的规定；框架柱采用圆钢管时，宜选用直缝焊接圆钢管，其材质和材料性能应符合现行行业标准《建筑结构用冷成型焊接圆钢管》JG/T 381 的规定，其截面规格的径厚比不宜过小。

4.1.7 偏心支撑框架中的消能梁段所用钢材的屈服强度不应大于 345N/mm²，屈强比不应大于 0.8；且屈服强度波动范围不应大于 100N/mm²。有依据时，屈曲约束支撑核心单元可选用材质与性能符合现行国家标准《建筑用低屈服强度钢板》GB/T 28905 的低屈服强度钢。

4.1.8 钢结构楼盖采用压型钢板组合楼板时，宜采用闭口型压型钢板，其材质和材料性能应符合现行国家标准《建筑用压型钢板》GB/T 12755 的相关规定。

4.1.9 钢结构节点部位采用铸钢节点时，其铸钢件宜选用材质和材料性能符合现行国家标准《焊接结构用铸钢件》GB/T 7659 的 ZG 270-480H、ZG 300-500H 或 ZG 340-550H 铸钢件。

4.1.10 钢结构所用焊接材料的选用应符合下列规定：

1 手工焊焊条或自动焊焊丝和焊剂的性能应与构件钢材性能相匹配，其熔敷金属的力学性能不应低于母材的性能。当两种强度级别的钢材焊接时，宜选用与强度较低钢材相匹配的焊接材料。

2 焊条的材质和性能应符合现行国家标准《非合金钢及细晶粒钢焊条》GB/T 5117、《热强钢焊条》GB/T 5118 的有关规定。框架梁、柱节点和抗侧力支撑连接节点等重要连接或拼接节点的焊缝宜采用低氢型焊条。

3 焊丝的材质和性能应符合现行国家标准《熔化焊用钢丝》GB/T 14957、《气体保护电弧焊用碳钢、低合金钢焊丝》GB/T 8110、《碳钢药芯焊丝》GB/T 10045 及《低合金钢药芯焊丝》GB/T 17493 的有关规定。

4 埋弧焊用焊丝和焊剂的材质和性能应符合现行国家标准《埋弧焊用碳钢焊丝和焊剂》GB/T 5293、《埋弧焊用低合金钢焊丝和焊剂》GB/T 12470 的有关规定。

4.1.11 钢结构所用螺栓紧固件材料的选用应符合下列规定：

1 普通螺栓宜采用 4.6 或 4.8 级 C 级螺栓，其性能与尺寸规格应符合现行国家标准《紧固件机械性能 螺栓、螺钉和螺柱》GB/T 3098.1、《六角头螺栓 C 级》GB/T 5780 和《六角头螺栓》GB/T 5782 的规定。

2 高强度螺栓可选用大六角高强度螺栓或扭剪型高强度螺栓。高强度螺栓的材质、材料性能、级别和规格应分别符合现行国家标准《钢结构用高强度大六角头螺栓》GB/T 1228、《钢结构用高强度大六角螺母》GB/T 1229、《钢结构用高强度垫圈》GB/T 1230、《钢结构用高强度大六角头螺栓、大六角螺母、垫圈技术条件》GB/T 1231 和《钢结构用扭剪型高强度螺栓连接副》GB/T 3632 的规定。

3 组合结构所用圆柱头焊钉（栓钉）连接件的材料应符合现行国家标准《电弧螺柱焊用圆柱头焊钉》GB/T 10433 的规定。其屈服强度不应小于 320N/mm²，抗拉强度不应小于 400N/mm²，伸长率不应小于 14%。

4 锚栓钢材可采用现行国家标准《碳素结构钢》GB/T 700 规定的 Q235 钢，《低合金高强度结构钢》GB/T 1591 中规定的 Q345 钢、Q390 钢或强度更高的钢材。

4.2 材料设计指标

4.2.1 各牌号钢材的设计用强度值应按表 4.2.1 采用。

表 4.2.1 设计用钢材强度值（N/mm²）

钢材牌号		钢材厚度或直径（mm）	钢材强度		钢材强度设计值		
			抗拉强度最小值 f_u	屈服强度最小值 f_y	抗拉、抗压、抗弯 f	抗剪 f_v	端面承压（刨平顶紧）f_{ce}
碳素结构钢	Q235	≤16	370	235	215	125	320
		>16，≤40		225	205	120	
		>40，≤100		215	200	115	
低合金高强度结构钢	Q345	≤16	470	345	305	175	400
		>16，≤40		335	295	170	
		>40，≤63		325	290	165	
		>63，≤80		315	280	160	
		>80，≤100		305	270	155	
	Q390	≤16	490	390	345	200	415
		>16，≤40		370	330	190	
		>40，≤63		350	310	180	
		>63，≤100		330	295	170	
	Q420	≤16	520	420	375	215	440
		>16，≤40		400	355	205	
		>40，≤63		380	320	185	
		>63，≤100		360	305	175	
建筑结构用钢板	Q345GJ	>16，≤50	490	345	325	190	415
		>50，≤100		335	300	175	

注：表中厚度系指计算点的钢材厚度，对轴心受拉和受压杆件系指截面中较厚板件的厚度。

4.2.2 冷弯成型的型材与管材，其强度设计值应按现行国家标准《冷弯薄壁型钢结构技术规范》GB 50018 的规定采用。

4.2.3 焊接结构用铸钢件的强度设计值应按表 4.2.3 采用。

4.2.4 设计用焊缝的强度值应按表 4.2.4 采用。

表 4.2.3 焊接结构用铸钢件的强度设计值（N/mm²）

铸钢件牌号	抗拉、抗压和抗弯 f	抗剪 f_v	端面承压（刨平顶紧）f_{ce}
ZG 270-480H	210	120	310
ZG 300-500H	235	135	325
ZG 340-550H	265	150	355

注：本表适用于厚度为 100mm 以下的铸件。

表 4.2.4 设计用焊缝强度值（N/mm²）

焊接方法和焊条型号	构件钢材		对接焊缝抗拉强度最小值 f_u	对接焊缝强度设计值			角焊缝强度设计值
	钢材牌号	厚度或直径（mm）		抗压 f_c^w	焊缝质量为下列等级时抗拉、抗弯 f_t^w		抗剪 f_v^w	抗拉、抗压和抗剪 f_f^w
					一级、二级	三级		
F4XX-H08A 焊剂焊丝自动焊、半自动焊 E43 型焊条手工焊	Q235	≤16	370	215	215	185	125	160
		>16，≤40		205	205	175	120	
		>40，≤100		200	200	170	115	

续表 4.2.4

焊接方法和焊条型号	构件钢材		对接焊缝抗拉强度最小值 f_u	对接焊缝强度设计值				角焊缝强度设计值
	钢材牌号	厚度或直径（mm）		抗压 f_c^w	焊缝质量为下列等级时抗拉、抗弯 f_t^w		抗剪 f_v^w	抗拉、抗压和抗剪 f_f^w
					一级、二级	三级		
F48XX-H08MnA或 F48XX-H10Mn2 焊剂-焊丝自动焊、半自动焊 E50 型焊条手工焊	Q345	≤16	470	305	305	260	175	200
		>16，≤40		295	295	250	170	
		>40，≤63		290	290	245	165	
		>63，≤80		280	280	240	160	
		>80，≤100		270	270	230	155	
F55XX-H10Mn2 或 F55XX-H08Mn MoA 焊剂-焊丝自动焊、半自动焊 E55 型焊条手工焊	Q390	≤16	490	345	345	295	200	220
		>16，≤40		330	330	280	190	
		>40，≤63		310	310	265	180	
		>63，≤100		295	295	250	170	
	Q420	≤16	520	375	375	320	215	220
		>16，≤40		355	355	300	205	
		>40，≤63		320	320	270	185	
		>63，≤100		305	305	260	175	
	Q345GJ	>16，≤50	490	325	325	275	185	200
		>50，≤100		300	300	255	170	

注：1 焊缝质量等级应符合现行国家标准《钢结构焊接规范》GB 50661 的规定，其检验方法应符合现行国家标准《钢结构工程施工质量验收规范》GB 50205 的规定。其中厚度小于 8mm 钢材的对接焊缝，不应采用超声波探伤确定焊缝质量等级。

2 对接焊缝在受压区的抗弯强度设计值取 f_c^w，在受拉区的抗弯强度设计值取 f_t^w。

3 表中厚度系指计算点的钢材厚度，对轴心受拉和轴心受压构件系指截面中较厚板件的厚度。

4 进行无垫板的单面施焊对接焊缝的连接计算时，上表规定的强度设计值应乘折减系数 0.85。

5 Q345GJ 钢与 Q345 钢焊接时，焊缝强度设计值按较低者采用。

4.2.5 设计用螺栓的强度值应按表 4.2.5 采用。

表 4.2.5 设计用螺栓的强度值（N/mm²）

螺栓的钢材牌号（或性能等级）和连接构件的钢材牌号		螺栓的强度设计值										锚栓、高强度螺栓钢材的抗拉强度最小值 f_u^b
		普通螺栓					锚栓		承压型连接高强螺栓			
		C 级螺栓			A 级、B 级螺栓								
		抗拉 f_t^b	抗剪 f_v^b	承压 f_c^b	抗拉 f_t^b	抗剪 f_v^b	承压 f_c^b	抗拉 f_t^a	抗剪 f_v^a	抗拉 f_t^b	抗剪 f_v^b	承压 f_c^b	
普通螺栓	4.6 级 4.8 级	170	140	—	—	—	—	—	—	—	—	—	—
	5.6 级	—	—	—	210	190	—	—	—	—	—	—	
	8.8 级	—	—	—	400	320	—	—	—	—	—	—	
锚栓	Q235 钢	—	—	—	—	—	—	140	80	—	—	—	370
	Q345 钢	—	—	—	—	—	—	180	105	—	—	—	470
	Q390 钢	—	—	—	—	—	—	185	110	—	—	—	490

螺栓的钢材牌号（或性能等级）和连接构件的钢材牌号		螺栓的强度设计值										锚栓、高强度螺栓钢材的抗拉强度最小值 f_u^b
		普通螺栓						锚栓		承压型连接高强螺栓			
		C级螺栓			A级、B级螺栓								
		抗拉 f_t^b	抗剪 f_v^b	承压 f_c^b	抗拉 f_t^b	抗剪 f_v^b	承压 f_c^b	抗拉 f_t^a	抗剪 f_v^a	抗拉 f_t^b	抗剪 f_v^b	承压 f_c^b	
承压型连接的高强度螺栓	8.8级	—	—	—	—	—	—	—	—	400	250	—	830
	10.9级	—	—	—	—	—	—	—	—	500	310	—	1040
所连接构件钢材牌号	Q235钢	—	—	305	—	—	405	—	—	—	—	470	—
	Q345钢	—	—	385	—	—	510	—	—	—	—	590	—
	Q390钢	—	—	400	—	—	530	—	—	—	—	615	—
	Q420钢	—	—	425	—	—	560	—	—	—	—	655	—
	Q345GJ钢	—	—	400	—	—	530	—	—	—	—	615	—

注：1　A级螺栓用于 $d\leqslant24$mm 和 $l\leqslant10d$ 或 $l\leqslant150$mm（按较小值）的螺栓；B级螺栓用于 $d>24$mm 或 $l>10d$ 或 $l>150$mm（按较小值）的螺栓。d 为公称直径，l 为螺杆公称长度。

2　B级螺栓孔的精度和孔壁表面粗糙度及C级螺栓孔的允许偏差和孔壁表面粗糙度，均应符合现行国家标准《钢结构工程施工质量验收规范》GB 50205的规定。

3　摩擦型连接的高强度螺栓钢材的抗拉强度最小值与表中承压型连接的高强度螺栓相应值相同。

5　荷载与作用

5.1　竖向荷载和温度作用

5.1.1　高层民用建筑的楼面活荷载、屋面活荷载及屋面雪荷载等应按现行国家标准《建筑结构荷载规范》GB 50009 的规定采用。

5.1.2　计算构件内力时，楼面及屋面活荷载可取为各跨满载，楼面活荷载大于 4kN/m² 时宜考虑楼面活荷载的不利布置。

5.1.3　施工中采用附墙塔、爬塔等对结构有影响的起重机械或其他施工设备时，应根据具体情况验算施工荷载对结构的影响。

5.1.4　旋转餐厅轨道和驱动设备自重应按实际情况确定。

5.1.5　擦窗机等清洁设备应按实际情况确定其大小和作用位置。

5.1.6　直升机平台的活荷载应采用下列两款中能使平台产生最大内力的荷载：

1　直升机总重量引起的局部荷载，应按实际最大起飞重量决定的局部荷载标准值乘以动力系数确定。对具有液压轮胎起落架的直升机，动力系数可取1.4；当没有机型技术资料时，局部荷载标准值及其作用面积可根据直升机类型按表5.1.6取用。

表 5.1.6　局部荷载标准值及其作用面积

直升机类型	局部荷载标准值（kN）	作用面积（m²）
轻型	20.0	0.20×0.20
中型	40.0	0.25×0.25
重型	60.0	0.30×0.30

2　等效均布活荷载 5kN/m²。

5.1.7　宜考虑施工阶段和使用阶段温度作用对钢结构的影响。

5.2　风　荷　载

5.2.1　垂直于高层民用建筑表面的风荷载，包括主要抗侧力结构和围护结构的风荷载标准值，应按现行国家标准《建筑结构荷载规范》GB 50009 的规定计算。

5.2.2　对于房屋高度大于 30m 且高宽比大于 1.5 的房屋，应考虑风压脉动对结构产生顺风向振动的影响。结构顺风向风振响应计算应按随机振动理论进行，结构的自振周期应按结构动力学计算。

对横风向风振作用效应或扭转风振作用效应明显的高层民用建筑，应考虑横风向风振或扭转风振的影响。横风向风振或扭转风振的计算范围、方法及顺风向与横风向效应的组合方法应符合现行国家标准《建筑结构荷载规范》GB 50009 的有关规定。

5.2.3　考虑横风向风振或扭转风振影响时，结构顺风向及横风向的楼层层间最大水平位移与层高之比应分别符合本规程第3.5.2条的规定。

5.2.4 基本风压应按现行国家标准《建筑结构荷载规范》GB 50009的规定采用。对风荷载比较敏感的高层民用建筑，承载力设计时应按基本风压的1.1倍采用。

5.2.5 计算主体结构的风荷载效应时，风荷载体型系数 μ_s 可按下列规定采用：

1 对平面为圆形的建筑可取0.8。

2 对平面为正多边形及三角形的建筑可按下式计算：

$$\mu_s = 0.8 + 1.2/\sqrt{n} \qquad (5.2.5)$$

式中：μ_s——风荷载体型系数；

n——多边形的边数。

3 高宽比 H/B 不大于4的平面为矩形、方形和十字形的建筑可取1.3。

4 下列建筑可取1.4：

1）平面为 V 形、Y 形、弧形、双十字形和井字形的建筑；

2）平面为 L 形和槽形及高宽比 H/B 大于4的平面为十字形的建筑；

3）高宽比 H/B 大于4、长宽比 L/B 不大于1.5的平面为矩形和鼓形的建筑。

5 在需要更细致计算风荷载的场合，风荷载体型系数可由风洞试验确定。

5.2.6 当多栋或群集的高层民用建筑相互间距较近时，宜考虑风力相互干扰的群体效应。一般可将单栋建筑的体型系数 μ_s 乘以相互干扰增大系数，该系数可参考类似条件的试验资料确定，必要时通过风洞试验或数值技术确定。

5.2.7 房屋高度大于200m或有下列情况之一的高层民用建筑，宜进行风洞试验或通过数值技术判断确定其风荷载：

1 平面形状不规则，立面形状复杂；

2 立面开洞或连体建筑；

3 周围地形和环境较复杂。

5.2.8 计算檐口、雨篷、遮阳板、阳台等水平构件的局部上浮风荷载时，风荷载体型系数 μ_s 不宜大于−2.0。

5.2.9 设计高层民用建筑的幕墙结构时，风荷载应按国家现行标准《玻璃幕墙工程技术规范》JGJ 102、《金属与石材幕墙工程技术规范》JGJ 133、《人造板材幕墙工程技术规范》JGJ 336和《建筑结构荷载规范》GB 50009的有关规定采用。

5.3 地 震 作 用

5.3.1 高层民用建筑钢结构的地震作用计算除应符合现行国家标准《建筑抗震设计规范》GB 50011的有关规定外，尚应符合下列规定：

1 扭转特别不规则的结构，应计入双向水平地震作用下的扭转影响；其他情况，应计算单向水平地震作用下的扭转影响；

2 9度抗震设计时应计算竖向地震作用；

3 高层民用建筑中的大跨度、长悬臂结构，7度（0.15g）、8度抗震设计时应计入竖向地震作用。

5.3.2 高层民用建筑钢结构的抗震计算，应采用下列方法：

1 高层民用建筑钢结构宜采用振型分解反应谱法；对质量和刚度不对称、不均匀的结构以及高度超过100m的高层民用建筑钢结构应采用考虑扭转耦联振动影响的振型分解反应谱法。

2 高度不超过40m、以剪切变形为主且质量和刚度沿高度分布比较均匀的高层民用建筑钢结构，可采用底部剪力法。

3 7度～9度抗震设防的高层民用建筑，下列情况应采用弹性时程分析进行多遇地震下的补充计算。

1）甲类高层民用建筑钢结构；

2）表5.3.2所列的乙、丙类高层民用建筑钢结构；

3）不满足本规程第3.3.2条规定的特殊不规则的高层民用建筑钢结构。

表 5.3.2 采用时程分析的房屋高度范围

烈度、场地类别	房屋高度范围（m）
8度Ⅰ、Ⅱ类场地和7度	＞100
8度Ⅲ、Ⅳ类场地	＞80
9度	＞60

4 计算罕遇地震下的结构变形，应按现行国家标准《建筑抗震设计规范》GB 50011的规定，采用静力弹塑性分析方法或弹塑性时程分析法。

5 计算安装有消能减震装置的高层民用建筑的结构变形，应按现行国家标准《建筑抗震设计规范》GB 50011的规定，采用静力弹塑性分析方法或弹塑性时程分析法。

5.3.3 进行结构时程分析时，应符合下列规定：

1 应按建筑场地类别和设计地震分组，选取实际地震记录和人工模拟的加速度时程曲线，其中实际地震记录的数量不应少于总数量的2/3，多组时程曲线的平均地震影响系数曲线应与振型分解反应谱法所采用的地震反应谱曲线在统计意义上相符。进行弹性时程分析时，每条时程曲线计算所得结构底部剪力不应小于振型分解反应谱法计算结果的65%，多条时程曲线计算所得结构底部剪力平均值不应小于振型分解反应谱法计算结果的80%。

2 地震波的持续时间不宜小于建筑结构基本自振周期的5倍和15s，地震波的时间间距可取0.01s或0.02s。

3 输入地震加速度的最大值可按表 5.3.3 采用。

表 5.3.3　时程分析所用地震加速度最大值（cm/s²）

地震影响	6 度	7 度	8 度	9 度
多遇地震	18	35（55）	70（110）	140
设防地震	50	100（150）	200（300）	400
罕遇地震	125	220（310）	400（510）	620

注：括号内数值分别用于设计基本地震加速度为 0.15g 和 0.30g 的地区。

4　当取三组加速度时程曲线输入时，结构地震作用效应宜取时程法计算结果的包络值与振型分解反应谱法计算结果的较大值；当取七组及七组以上的时程曲线进行计算时，结构地震作用效应可取时程法计算结果的平均值与振型分解反应谱法计算结果的较大值。

5.3.4　计算地震作用时，重力荷载代表值应取永久荷载标准值和各可变荷载组合值之和。各可变荷载的组合值系数应按表 5.3.4 采用。

表 5.3.4　组合值系数

可变荷载种类		组合值系数
雪荷载		0.5
屋面活荷载		不计入
按实际情况计算的楼面活荷载		1.0
按等效均布荷载计算的楼面活荷载	藏书库、档案库、库房	0.8
	其他民用建筑	0.5

5.3.5　建筑结构的地震影响系数应根据烈度、场地类别、设计地震分组和结构自振周期以及阻尼比确定。其水平地震影响系数最大值 α_{max} 应按表 5.3.5-1 采用；对处于发震断裂带两侧 10km 以内的建筑，尚应乘以近场效应系数。近场效应系数，5km 以内取 1.5，5km～10km 取 1.25。特征周期 T_g 应根据场地类别和设计地震分组按表 5.3.5-2 采用，计算罕遇地震作用时，特征周期应增加 0.05s。周期大于 6.0s 的高层民用建筑钢结构所采用的地震影响系数应专门研究。

表 5.3.5-1　水平地震影响系数最大值 α_{max}

地震影响	6 度	7 度	8 度	9 度
多遇地震	0.04	0.08（0.12）	0.16（0.24）	0.32
设防地震	0.12	0.23（0.34）	0.45（0.68）	0.90
罕遇地震	0.28	0.50（0.72）	0.90（1.20）	1.40

注：7、8 度时括号内的数值分别用于设计基本地震加速度为 0.15g 和 0.30g 的地区。

表 5.3.5-2　特征周期值 T_g（s）

设计地震分组	场地类别				
	I₀	I₁	II	III	IV
第一组	0.20	0.25	0.35	0.45	0.65
第二组	0.25	0.30	0.40	0.55	0.75
第三组	0.30	0.35	0.45	0.65	0.90

5.3.6　建筑结构地震影响系数曲线（图 5.3.6）的阻尼调整和形状参数应符合下列规定：

1　当建筑结构的阻尼比为 0.05 时，地震影响系数曲线的阻尼调整系数应按 1.0 采用，形状参数应符合下列规定：

1）直线上升段，周期小于 0.1s 的区段；

2）水平段，自 0.1s 至特征周期 T_g 的区段，地震影响系数应取最大值 α_{max}；

3）曲线下降段，自特征周期至 5 倍特征周期的区段，衰减指数 γ 应取 0.9；

4）直线下降段，自 5 倍特征周期至 6.0s 的区段，下降斜率调整系数 η_1 应取 0.02。

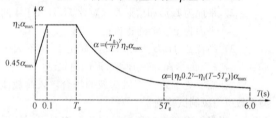

图 5.3.6　地震影响系数曲线

α—地震影响系数；α_{max}—地震影响系数最大值；η_1—直线下降段的下降斜率调整系数；γ—衰减指数；T_g—特征周期；η_2—阻尼调整系数；T—结构自振周期

2　当建筑结构的阻尼比不等于 0.05 时，地震影响系数曲线的阻尼调整系数和形状参数应符合下列规定：

1）曲线下降段的衰减指数应按下式确定：

$$\gamma = 0.9 + \frac{0.05 - \xi}{0.3 + 6\xi} \qquad (5.3.6\text{-}1)$$

式中：γ——曲线下降段的衰减指数；

ξ——阻尼比。

2）直线下降段的下降斜率调整系数应按下式确定：

$$\eta_1 = 0.02 + \frac{0.05 - \xi}{4 + 32\xi} \qquad (5.3.6\text{-}2)$$

式中：η_1——直线下降段的下降斜率调整系数，小于 0 时取 0。

3）阻尼调整系数应按下式确定：

$$\eta_2 = 1 + \frac{0.05 - \xi}{0.08 + 1.6\xi} \qquad (5.3.6\text{-}3)$$

式中：η_2——阻尼调整系数，当小于 0.55 时，应取 0.55。

5.3.7 多遇地震下计算双向水平地震作用效应时可不考虑偶然偏心的影响，但应验算单向水平地震作用下考虑偶然偏心影响的楼层竖向构件最大弹性水平位移与最大和最小弹性水平位移平均值之比；计算单向水平地震作用效应时应考虑偶然偏心的影响。每层质心沿垂直于地震作用方向的偏移值可按下列公式计算：

方形及矩形平面　　$e_i = \pm 0.05 L_i$　　(5.3.7-1)

其他形式平面　　$e_i = \pm 0.172 r_i$　　(5.3.7-2)

式中：e_i——第 i 层质心偏移值（m），各楼层质心偏移方向相同；

r_i——第 i 层相应质点所在楼层平面的转动半径（m）；

L_i——第 i 层垂直于地震作用方向的建筑物长度（m）。

5.4 水平地震作用计算

5.4.1 采用振型分解反应谱法时，对于不考虑扭转耦联影响的结构，应按下列规定计算其地震作用和作用效应：

1 结构 j 振型 i 层的水平地震作用标准值，应按下列公式确定：

$$F_{ji} = \alpha_j \gamma_j X_{ji} G_i \qquad (5.4.1-1)$$

$$\gamma_j = \sum_{i=1}^{n} X_{ji} G_i \Big/ \sum_{i=1}^{n} X_{ji}^2 G_i \; (i=1,2,\cdots,n, j=1,2,\cdots,m) \qquad (5.4.1-2)$$

式中：F_{ji}——j 振型 i 层的水平地震作用标准值；

α_j——相应于 j 振型自振周期的地震影响系数，应按本规程第 5.3.5 条、第 5.3.6 条确定；

X_{ji}——j 振型 i 层的水平相对位移；

γ_j——j 振型的参与系数；

G_i——i 层的重力荷载代表值，应按本规程第 5.3.4 条确定；

n——结构计算总层数，小塔楼宜每层作为一个质点参与计算；

m——结构计算振型数；规则结构可取 3，当建筑较高、结构沿竖向刚度不均匀时可取 5～6。

2 水平地震作用效应，当相邻振型的周期比小于 0.85 时，可按下式计算：

$$S_{Ek} = \sqrt{\sum_{j=1}^{m} S_j^2} \qquad (5.4.1-3)$$

式中：S_{Ek}——水平地震作用标准值的效应；

S_j——j 振型水平地震作用标准值的效应（弯矩、剪力、轴向力和位移等）。

5.4.2 考虑扭转影响的平面、竖向不规则结构，按扭转耦联振型分解法计算时，各楼层可取两个正交的水平位移和一个转角位移共三个自由度，并应按

下列规定计算结构的地震作用和作用效应。确有依据时，尚可采用简化计算方法确定地震作用效应。

1 j 振型 i 层的水平地震作用标准值，应按下列公式确定：

$$F_{xji} = \alpha_j \gamma_{tj} X_{ji} G_i$$
$$F_{yji} = \alpha_j \gamma_{tj} Y_{ji} G_i \quad (i=1,2,\cdots,n, j=1,2,\cdots,m)$$
$$\qquad (5.4.2-1)$$
$$F_{tji} = \alpha_j \gamma_{tj} r_i^2 \varphi_{ji} G_i$$

式中：F_{xji}、F_{yji}、F_{tji}——分别为 j 振型 i 层的 x 方向、y 方向和转角方向的地震作用标准值；

X_{ji}、Y_{ji}——分别为 j 振型 i 层质心在 x、y 方向的水平相对位移；

φ_{ji}——j 振型 i 层的相对扭转角；

r_i——i 层转动半径，可取 i 层绕质心的转动惯量除以该层质量的商的正二次方根；

α_j——相当于第 j 振型自振周期 T_j 的地震影响系数，应按本规程第 5.3.5 条、第 5.3.6 条确定；

γ_{tj}——计入扭转的 j 振型参与系数，可按本规程式（5.4.2-2）～式（5.4.2-4）确定；

n——结构计算总质点数，小塔楼宜每层作为一个质点参与计算；

m——结构计算振型数。一般情况可取 9～15，多塔楼建筑每个塔楼振型数不宜小于 9。

当仅考虑 x 方向地震作用时：

$$\gamma_{tj} = \sum_{i=1}^{n} X_{ji} G_i \Big/ \sum_{i=1}^{n} (X_{ji}^2 + Y_{ji}^2 + \varphi_{ji}^2 r_i^2) G_i$$
$$\qquad (5.4.2-2)$$

当仅考虑 y 方向地震作用时：

$$\gamma_{tj} = \sum_{i=1}^{n} Y_{ji} G_i \Big/ \sum_{i=1}^{n} (X_{ji}^2 + Y_{ji}^2 + \varphi_{ji}^2 r_i^2) G_i$$
$$\qquad (5.4.2-3)$$

当考虑与 x 方向斜交的地震作用时：

$$\gamma_{tj} = \gamma_{xj} \cos\theta + \gamma_{yj} \sin\theta \qquad (5.4.2-4)$$

式中：γ_{xj}、γ_{yj}——分别由式（5.4.2-2）、式（5.4.2-3）求得的振型参与系数；

θ——地震作用方向与 x 方向的夹角（度）。

2 单向水平地震作用下，考虑扭转耦联的地震作用效应，应按下列公式确定：

$$S_{Ek} = \sqrt{\sum_{j=1}^{m} \sum_{k=1}^{m} \rho_{jk} S_j S_k} \qquad (5.4.2\text{-}5)$$

$$\rho_{jk} = \frac{8\sqrt{\xi_j \xi_k}(\xi_j + \lambda_T \xi_k)\lambda_T^{1.5}}{(1-\lambda_T^2)^2 + 4\xi_j\xi_k(1+\lambda_T)^2\lambda_T + 4(\xi_j^2 + \xi_k^2)\lambda_T^2} \qquad (5.4.2\text{-}6)$$

式中：S_{Ek} ——考虑扭转的地震作用标准值的效应；

S_j、S_k ——分别为 j、k 振型地震作用标准值的效应；

ξ_j、ξ_k ——分别为 j、k 振型的阻尼比；

ρ_{jk} —— j 振型与 k 振型的耦联系数；

λ_T —— k 振型与 j 振型的自振周期比。

3 考虑双向水平地震作用下的扭转地震作用效应，应按下列公式中的较大值确定：

$$S_{Ek} = \sqrt{S_x^2 + (0.85 S_y)^2} \qquad (5.4.2\text{-}7)$$

或

$$S_{Ek} = \sqrt{S_y^2 + (0.85 S_x)^2} \qquad (5.4.2\text{-}8)$$

式中：S_x ——仅考虑 x 向水平地震作用时的地震作用效应，按式（5.4.2-5）计算；

S_y ——仅考虑 y 向水平地震作用时的地震作用效应，按式（5.4.2-5）计算。

5.4.3 采用底部剪力法计算高层民用建筑钢结构的水平地震作用时，各楼层可仅取一个自由度，结构的水平地震作用标准值，应按下列公式确定（图5.4.3）。

$$F_{Ek} = \alpha_1 G_{eq} \qquad (5.4.3\text{-}1)$$

$$F_i = \frac{G_i H_i}{\sum_{j=1}^{n} G_j H_j} F_{Ek}(1-\delta_n) \quad (i=1,2,\cdots,n) \qquad (5.4.3\text{-}2)$$

$$\Delta F_n = \delta_n F_{Ek} \qquad (5.4.3\text{-}3)$$

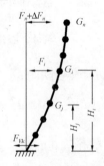

图 5.4.3 结构水平地震作用计算简图

式中：F_{Ek} ——结构总水平地震作用标准值（kN）；

α_1 ——相应于结构基本自振周期的水平地震影响系数值，应按本规程第5.3.5条、第5.3.6条确定；

G_{eq} ——结构等效总重力荷载代表值（kN），多质点可取总重力荷载代表值的85%；

F_i ——质点 i 的水平地震作用标准值（kN）；

G_i、G_j ——分别为集中于质点 i、j 的重力荷载代

表值（kN），应按本规程第5.3.4条确定；

H_i、H_j ——分别为质点 i、j 的计算高度（m）；

δ_n ——顶部附加地震作用系数，按表5.4.3采用；

ΔF_n ——顶部附加水平地震作用（kN）。

表 5.4.3 顶部附加地震作用系数 δ_n

T_g (s)	$T_1 > 1.4 T_g$	$T_1 \le 1.4 T_g$
$T_g \le 0.35$	$0.08 T_1 + 0.07$	
$0.35 < T_g \le 0.55$	$0.08 T_1 + 0.01$	0
$T_g > 0.55$	$0.08 T_1 - 0.02$	

注：T_1 为结构基本自振周期。

5.4.4 高层民用建筑钢结构采用底部剪力法计算水平地震作用时，突出屋面的屋顶间、女儿墙、烟囱等的地震作用效应，宜乘以增大系数3。此增大部分不应往下传递，但与该突出部分相连的构件应予计入；采用振型分解法反应谱时，突出屋面部分可作为一个质点。

5.4.5 多遇地震水平地震作用计算时，结构各楼层对应于地震作用标准值的剪力应符合现行国家标准《建筑抗震设计规范》GB 50011 的有关规定。

5.4.6 高层民用建筑钢结构抗震计算时的阻尼比值宜符合下列规定：

1 多遇地震下的计算：高度不大于50m可取0.04；高度大于50m且小于200m可取0.03；高度不小于200m时宜取0.02；

2 当偏心支撑框架部分承担的地震倾覆力矩大于地震总倾覆力矩的50%时，多遇地震下的阻尼比可比本条1款相应增加0.005；

3 在罕遇地震作用下的弹塑性分析，阻尼比可取0.05。

5.5 竖向地震作用

5.5.1 9度时的高层民用建筑钢结构，其竖向地震作用标准值应按下列公式确定（图5.5.1）；楼层各构件的竖向地震作用效应可按各构件承受的重力荷载

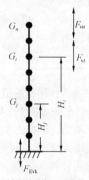

图 5.5.1 结构竖向地震作用计算简图

代表值的比例分配，并宜乘以增大系数 1.5。

$$F_{Evk} = \alpha_{vmax} G_{eq} \qquad (5.5.1-1)$$

$$F_{vi} = \frac{G_i H_i}{\sum\limits_{j=1}^{n} G_j H_j} F_{Evk} \qquad (5.5.1-2)$$

式中：F_{Evk}——结构总竖向地震作用标准值（kN）；

F_{vi}——质点 i 的竖向地震作用标准值（kN）；

α_{vmax}——竖向地震影响系数最大值，可取水平地震影响系数最大值的 65%；

G_{eq}——结构等效总重力荷载代表值（kN），可取其总重力荷载代表值的 75%。

5.5.2 跨度大于 24m 的楼盖结构、跨度大于 12m 的转换结构和连体结构，悬挑长度大于 5m 的悬挑结构，结构竖向地震作用效应标准值宜采用时程分析法或振型分解反应谱法进行计算。时程分析计算时输入的地震加速度最大值可按规定的水平输入最大值的 65% 采用，反应谱分析时结构竖向地震影响系数最大值可按水平地震影响系数最大值的 65% 采用，设计地震分组可按第一组采用。

5.5.3 高层民用建筑中，大跨度结构、悬挑结构、转换结构、连体结构的连接体的竖向地震作用标准值，不宜小于结构或构件承受的重力荷载代表值与表 5.5.3 规定的竖向地震作用系数的乘积。

表 5.5.3　竖向地震作用系数

设防烈度	7 度	8 度		9 度
设计基本地震加速度	$0.15g$	$0.20g$	$0.30g$	$0.40g$
竖向地震作用系数	0.08	0.10	0.15	0.20

注：g 为重力加速度。

6　结构计算分析

6.1　一般规定

6.1.1　在竖向荷载、风荷载以及多遇地震作用下，高层民用建筑钢结构的内力和变形可采用弹性方法计算；罕遇地震作用下，高层民用建筑钢结构的弹塑性变形可采用弹塑性时程分析法或静力弹塑性分析法计算。

6.1.2　计算高层民用建筑钢结构的内力和变形时，可假定楼盖在其自身平面内为无限刚性，设计时应采取相应措施保证楼盖平面内的整体刚度。当楼盖可能产生较明显的面内变形时，计算时应采用楼盖平面内的实际刚度，考虑楼盖的面内变形的影响。

6.1.3　高层民用建筑钢结构弹性计算时，钢筋混凝土楼板与钢梁间有可靠连接，可计入钢筋混凝土楼板对钢梁刚度的增大作用，两侧有楼板的钢梁其惯性矩可取为 $1.5 I_b$，仅一侧有楼板的钢梁其惯性矩可取为 $1.2 I_b$，I_b 为钢梁截面惯性矩。弹塑性计算时，不应

考虑楼板对钢梁惯性矩的增大作用。

6.1.4　结构计算中不应计入非结构构件对结构承载力和刚度的有利作用。

6.1.5　计算各振型地震影响系数所采用的结构自振周期，应考虑非承重填充墙体的刚度影响予以折减。

6.1.6　当非承重墙体为填充轻质砌块、填充轻质墙板或外挂墙板时，自振周期折减系数可取 0.9～1.0。

6.1.7　高层民用建筑钢结构的整体稳定性应符合下列规定：

1　框架结构应满足下式要求：

$$D_i \geqslant 5 \sum_{j=i}^{n} G_j / h_i \, (i=1, \ 2, \ \cdots, \ n)$$

$$(6.1.7-1)$$

2　框架-支撑结构、框架-延性墙板结构、筒体结构和巨型框架结构应满足下式要求：

$$EJ_d \geqslant 0.7 H^2 \sum_{i=1}^{n} G_i \qquad (6.1.7-2)$$

式中：D_i——第 i 楼层的抗侧刚度（kN/mm），可取该层剪力与层间位移的比值；

h_i——第 i 楼层层高（mm）；

G_i、G_j——分别为第 i、j 楼层重力荷载设计值（kN），取 1.2 倍的永久荷载标准值与 1.4 倍的楼面可变荷载标准值的组合值；

H——房屋高度（mm）；

EJ_d——结构一个主轴方向的弹性等效侧向刚度（kN·mm²），可按倒三角形分布荷载作用下结构顶点位移相等的原则，将结构的侧向刚度折算为竖向悬臂受弯构件的等效侧向刚度。

6.2　弹性分析

6.2.1　高层民用建筑钢结构的弹性计算模型应根据结构的实际情况确定，应能较准确地反映结构的刚度和质量分布以及各结构构件的实际受力状况；可选择空间杆系、空间杆-墙板元及其他组合有限元等计算模型；延性墙板的计算模型，可按本规程附录 B、附录 C、附录 D 的有关规定执行。

6.2.2　高层民用建筑钢结构弹性分析时，应计入重力二阶效应的影响。

6.2.3　高层民用建筑钢结构弹性分析时，应考虑构件的下列变形：

1　梁的弯曲和扭转变形，必要时考虑轴向变形；

2　柱的弯曲、轴向、剪切和扭转变形；

3　支撑的弯曲、轴向和扭转变形；

4　延性墙板的剪切变形；

5　消能梁段的剪切变形和弯曲变形。

6.2.4　钢框架-支撑结构的支撑斜杆两端宜按铰接计算；当实际构造为刚接时，也可按刚接计算。

6.2.5 梁柱刚性连接的钢框架计入节点域剪切变形对侧移的影响时，可将节点域作为一个单独的剪切单元进行结构整体分析，也可按下列规定作近似计算：

1 对于箱形截面柱框架，可按结构轴线尺寸进行分析，但应将节点域作为刚域，梁柱刚域的总长度，可取柱截面宽度和梁截面高度的一半两者的较小值。

2 对于 H 形截面柱框架，可按结构轴线尺寸进行分析，不考虑刚域。

3 当结构弹性分析模型不能计算节点域的剪切变形时，可将框架分析得到的楼层最大层间位移角与该楼层柱下端的节点域在梁端弯矩设计值作用下的剪切变形角平均值相加，得到计入节点域剪切变形影响的楼层最大层间位移角。任一楼层节点域在梁端弯矩设计值作用下的剪切变形角平均值可按下式计算：

$$\theta_{\mathrm{m}} = \frac{1}{n}\sum_{i=1}^{n}\frac{M_i}{GV_{\mathrm{p},i}} \quad (i = 1,2,\cdots,n) \quad (6.2.5)$$

式中：θ_{m} ——楼层节点域的剪切变形角平均值；

M_i ——该楼层第 i 个节点域在所考虑的受弯平面内的不平衡弯矩（N·mm），由框架分析得出，即 $M_i = M_{\mathrm{b1}} + M_{\mathrm{b2}}$，$M_{\mathrm{b1}}$、$M_{\mathrm{b2}}$ 分别为受弯平面内该楼层第 i 个节点左、右梁端同方向的地震作用组合下的弯矩设计值；

n ——该楼层的节点域总数；

G ——钢材的剪切模量（N/mm²）；

$V_{\mathrm{p},i}$ ——第 i 个节点域的有效体积（mm²），按本规程第 7.3.6 条的规定计算。

6.2.6 钢框架-支撑结构、钢框架-延性墙板结构的框架部分按刚度分配计算得到的地震层剪力应乘以调整系数，达到不小于结构总地震剪力的 25% 和框架部分计算最大层剪力 1.8 倍二者的较小值。

6.2.7 体型复杂、结构布置复杂以及特别不规则的高层民用建筑钢结构，应采用至少两个不同力学模型的结构分析软件进行整体计算。对结构分析软件的分析结果，应进行分析判断，确认其合理、有效后方可作为工程设计的依据。

6.3 弹塑性分析

6.3.1 高层民用建筑钢结构进行弹塑性计算分析时，可根据实际工程情况采用静力或动力时程分析法，并应符合下列规定：

1 当采用结构抗震性能设计时，应根据本规程第 3.8 节的有关规定，预定结构的抗震性能目标；

2 结构弹塑性分析的计算模型应包括全部主要结构构件，应能较正确反映结构的质量、刚度和承载力的分布以及结构构件的弹塑性性能；

3 弹塑性分析宜采用空间计算模型。

6.3.2 高层民用建筑钢结构弹塑性分析时，应考虑构件的下列变形：

1 梁的弹塑性弯曲变形，柱在轴力和弯矩作用下的弹塑性变形，支撑的弹塑性轴向变形，延性墙板的弹塑性剪切变形，消能梁段的弹塑性剪切变形；

2 宜考虑梁柱节点域的弹塑性剪切变形；

3 采用消能减震设计时尚应考虑消能器的弹塑性变形，隔震结构尚应考虑隔震支座的弹塑性变形。

6.3.3 高层民用建筑钢结构弹塑性变形计算应符合下列规定：

1 房屋高度不超过 100m 时，可采用静力弹塑性分析方法；高度超过 150m 时，应采用弹塑性时程分析法；高度为 100m～150m 时，可视结构不规则程度选择静力弹塑性分析法或弹塑性时程分析法；高度超过 300m 时，应有两个独立的计算。

2 复杂结构应首先进行施工模拟分析，应以施工全过程完成后的状态作为弹塑性分析的初始状态。

3 结构构件上应作用重力荷载代表值，其效应与水平地震作用产生的效应组合，分项系数可取 1.0。

4 钢材强度可取屈服强度 f_{y}。

5 应计入重力荷载二阶效应的影响。

6.3.4 钢柱、钢梁、屈曲约束支撑及偏心支撑消能梁段恢复力模型的骨架线可采用二折线型，其滞回模型可不考虑刚度退化；钢支撑和延性墙板的恢复力模型，应按杆件特性确定。杆件的恢复力模型也可由试验研究确定。

6.3.5 采用静力弹塑性分析法进行罕遇地震作用下的变形计算时，应符合下列规定：

1 可在结构的各主轴方向分别施加单向水平力进行静力弹塑性分析；

2 水平力可作用在各层楼盖的质心位置，可不考虑偶然偏心的影响；

3 结构的每个主轴方向宜采用不少于两种水平力沿高度分布模式，其中一种可与振型分解反应谱法得到的水平力沿高度分布模式相同；

4 采用能力谱法时，需求谱曲线可由现行国家标准《建筑抗震设计规范》GB 50011 的地震影响系数曲线得到，或由建筑场地的地震安全性评价提出的加速度反应谱曲线得到。

6.3.6 采用弹塑性时程分析法进行罕遇地震作用下的变形计算，应符合下列规定：

1 一般情况下，采用单向水平地震输入，在结构的各主轴方向分别输入地震加速度时程；对体型复杂或特别不规则的结构，宜采用双向水平地震或三向地震输入；

2 地震地面运动加速度时程的选取，时程分析所用地震加速度时程的最大值等，应符合本规程第 5.3.3 条的规定。

6.4 荷载组合和地震作用组合的效应

6.4.1 持久设计状况和短暂设计状况下，当荷载与荷载效应按线性关系考虑时，荷载基本组合的效应设计值应按下式确定：

$$S_d = \gamma_G S_{Gk} + \gamma_L \psi_Q \gamma_Q S_{Qk} + \psi_w \gamma_w S_{wk} \quad (6.4.1)$$

式中：S_d——荷载组合的效应设计值；

γ_G、γ_Q、γ_w——分别为永久荷载、楼面活荷载、风荷载的分项系数；

γ_L——考虑结构设计使用年限的荷载调整系数，设计使用年限为 50 年时取 1.0，设计使用年限为 100 年时取 1.1；

S_{Gk}、S_{Qk}、S_{wk}——分别为永久荷载、楼面活荷载、风荷载效应标准值；

ψ_Q、ψ_w——分别为楼面活荷载组合值系数和风荷载组合值系数，当永久荷载效应起控制作用时应分别取 0.7 和 0.0；当可变荷载效应起控制作用时应分别取 1.0 和 0.6 或 0.7 和 1.0；对书库、档案库、储藏室、通风机房和电梯机房，楼面活荷载组合值系数取 0.7 的场合应取 0.9。

6.4.2 持久设计状况和短暂设计状况下，荷载基本组合的分项系数应按下列规定采用：

1 永久荷载的分项系数 γ_G：当其效应对结构承载力不利时，对由可变荷载效应控制的组合应取 1.2，对由永久荷载效应控制的组合应取 1.35；当其效应对结构承载力有利时，应取 1.0。

2 楼面活荷载的分项系数 γ_Q：一般情况下应取 1.4。

3 风荷载的分项系数 γ_w 应取 1.4。

6.4.3 地震设计状况下，当作用与作用效应按线性关系考虑时，荷载和地震作用基本组合的效应设计值，应按下式确定：

$$S_d = \gamma_G S_{GE} + \gamma_{Eh} S_{Ehk} + \gamma_{Ev} S_{Evk} + \psi_w \gamma_w S_{wk}$$

$$(6.4.3)$$

式中：S_d——荷载和地震作用基本组合的效应设计值；

S_{GE}——重力荷载代表值的效应；

S_{Ehk}——水平地震作用标准值的效应，尚应乘以相应的增大系数、调整系数；

S_{Evk}——竖向地震作用标准值的效应，尚应乘以相应的增大系数、调整系数；

γ_G、γ_{Eh}、γ_{Ev}、γ_w——分别为上述各相应荷载或作用的分项系数；

ψ_w——风荷载的组合值系数，应取 0.2。

6.4.4 地震设计状况下，荷载和地震作用基本组合的分项系数应按表 6.4.4 采用。当重力荷载效应对结构的承载力有利时，表 6.4.4 中的 γ_G 不应大于 1.0。

表 6.4.4 地震设计状况时荷载和地震作用基本组合的分项系数

参与组合的荷载和作用	γ_G	γ_{Eh}	γ_{Ev}	γ_w	说　明
重力荷载及水平地震作用	1.2	1.3	—	—	抗震设计的高层民用建筑均应考虑
重力荷载及竖向地震作用	1.2	—	1.3	—	9 度抗震设计时考虑；水平长悬臂和大跨度结构 7 度（0.15g）、8 度、9 度抗震设计时考虑
重力荷载、水平地震作用及竖向地震作用	1.2	1.3	0.5	—	9 度抗震设计时考虑；水平长悬臂和大跨度结构 7 度（0.15g）、8 度、9 度抗震设计时考虑
重力荷载、水平地震作用及风荷载	1.2	1.3	—	1.4	60m 以上高层民用建筑考虑
重力荷载、水平地震作用、竖向地震作用及风荷载	1.2	1.3	0.5	1.4	60m 以上高层民用建筑，9 度抗震设计时考虑；水平长悬臂结构和大跨度结构 7 度（0.15g）、8 度、9 度抗震设计时考虑
	1.2	0.5	1.3	1.4	水平长悬臂结构和大跨度结构 7 度（0.15g）、8 度、9 度抗震设计时考虑

6.4.5 非抗震设计时，应按本规程第 6.4.1 条的规定进行荷载组合的效应计算。抗震设计时，应同时按本规程第 6.4.1 条和第 6.4.3 条的规定进行荷载和地震作用组合的效应计算；按本规程第 6.4.3 条计算的组合内力设计值，尚应按本规程的有关规定进行调整。

6.4.6 罕遇地震作用下高层民用建筑钢结构弹塑性变形计算时，可不计入风荷载的效应。

7 钢构件设计

7.1 梁

7.1.1 梁的抗弯强度应满足下式要求：

$$\frac{M_x}{\gamma_x W_{nx}} \leq f \qquad (7.1.1)$$

式中：M_x——梁对 x 轴的弯矩设计值（N·mm）；

W_{nx}——梁对 x 轴的净截面模量（mm³）；

γ_x——截面塑性发展系数，非抗震设计时按现行国家标准《钢结构设计规范》GB 50017 的规定采用，抗震设计时宜取 1.0；

f——钢材强度设计值（N/mm²），抗震设计时应按本规程第 3.6.1 条的规定除以 γ_{RE}。

7.1.2 除设置刚性隔板情况外，梁的稳定应满足下式要求：

$$\frac{M_x}{\varphi_b W_x} \leq f \qquad (7.1.2)$$

式中：W_x——梁的毛截面模量（mm³）（单轴对称者以受压翼缘为准）；

φ_b——梁的整体稳定系数，应按现行国家标准《钢结构设计规范》GB 50017 的规定确定。当梁在端部仅以腹板与柱（或主梁）相连时，φ_b（或 $\varphi_b > 0.6$ 时的 φ'_b）应乘以降低系数 0.85；

f——钢材强度设计值（N/mm²），抗震设计时应按本规程第 3.6.1 条的规定除以 γ_{RE}。

7.1.3 当梁上设有符合现行国家标准《钢结构设计规范》GB 50017 中规定的整体式楼板时，可不计算梁的整体稳定性。

7.1.4 梁设有侧向支撑体系，并符合现行国家标准《钢结构设计规范》GB 50017 规定的受压翼缘自由长度与其宽度之比的限值时，可不计算整体稳定。按三级及以上抗震等级设计的高层民用建筑钢结构，梁受压翼缘在支撑连接点间的长度与其宽度之比，应符合现行国家标准《钢结构设计规范》GB 50017 关于塑性设计时的长细比要求。在罕遇地震作用下可能出现塑性铰处，梁的上下翼缘均应设侧向支撑点。

7.1.5 在主平面内受弯的实腹构件，其抗剪强度应按下式计算：

$$\tau = \frac{VS}{It_w} \leq f_v \qquad (7.1.5-1)$$

框架梁端部截面的抗剪强度，应按下式计算：

$$\tau = \frac{V}{A_{wn}} \leq f_v \qquad (7.1.5-2)$$

式中：V——计算截面沿腹板平面作用的剪力设计值

（N）；

S——计算剪应力处以上毛截面对中性轴的面积矩（mm³）；

I——毛截面惯性矩（mm⁴）；

t_w——腹板厚度（mm）；

A_{wn}——扣除焊接孔和螺栓孔后的腹板受剪面积（mm²）；

f_v——钢材抗剪强度设计值（N/mm²），抗震设计时应按本规程第 3.6.1 条的规定除以 γ_{RE}。

7.1.6 当在多遇地震组合下进行构件承载力计算时，托柱梁地震作用产生的内力应乘以增大系数，增大系数不得小于 1.5。

7.2 轴心受压柱

7.2.1 轴心受压柱的稳定性应满足下式要求：

$$\frac{N}{\varphi A} \leq f \qquad (7.2.1)$$

式中：N——轴心压力设计值（N）；

A——柱的毛截面面积（mm²）；

φ——轴心受压构件稳定系数，应按现行国家标准《钢结构设计规范》GB 50017 的规定采用；

f——钢材强度设计值（N/mm²），抗震设计时应按本规程第 3.6.1 条的规定除以 γ_{RE}。

7.2.2 轴心受压柱的长细比不宜大于 $120\sqrt{235/f_y}$，f_y 为钢材的屈服强度。

7.3 框 架 柱

7.3.1 与梁刚性连接并参与承受水平作用的框架柱，应按本规程第 6 章的规定计算内力，并应按现行国家标准《钢结构设计规范》GB 50017 的有关规定及本节的规定计算其强度和稳定性。

7.3.2 框架柱的稳定计算应符合下列规定：

1 结构内力分析可采用一阶线弹性分析或二阶线弹性分析。当二阶效应系数大于 0.1 时，宜采用二阶线弹性分析。二阶效应系数不应大于 0.2。框架结构的二阶效应系数应按下式确定：

$$\theta_i = \frac{\sum N \cdot \Delta u}{\sum H \cdot h_i} \qquad (7.3.2-1)$$

式中：$\sum N$——所考虑楼层以上所有竖向荷载之和（kN），按荷载设计值计算；

$\sum H$——所考虑楼层的总水平力（kN），按荷载的设计值计算；

Δu——所考虑楼层的层间位移（m）；

h_i——第 i 楼层的层高（m）。

2 当采用二阶线弹性分析时，应在各楼层的楼盖处加上假想水平力，此时框架柱的计算长度系数取 1.0。

1) 假想水平力 H_{ni} 应按下式确定：

$$H_{ni} = \frac{Q_i}{250}\sqrt{\frac{f_y}{235}}\sqrt{0.2+\frac{1}{n}} \quad (7.3.2-2)$$

式中：Q_i ——第 i 楼层的总重力荷载设计值（kN）；

n ——框架总层数，当 $\sqrt{0.2+1/n}>1$ 时，取此根号值为 1.0。

2) 内力采用放大系数法近似考虑二阶效应时，允许采用叠加原理进行内力组合。放大系数的计算应采用下列荷载组合下的重力：

$$1.2G+1.4[\psi L+0.5(1-\psi)L]$$
$$=1.2G+1.4\times0.5(1+\psi)L \quad (7.3.2-3)$$

式中：G ——为永久荷载；

L ——为活荷载；

ψ ——为活荷载的准永久值系数。

3 当采用一阶线弹性分析时，框架结构柱的计算长度系数应符合下列规定：

1) 框架柱的计算长度系数可按下式确定：

$$\mu=\sqrt{\frac{7.5K_1K_2+4(K_1+K_2)+1.6}{7.5K_1K_2+K_1+K_2}}$$
$$(7.3.2-4)$$

式中：K_1、K_2 ——分别为交于柱上、下端的横梁线刚度之和与柱线刚度之和的比值。当梁的远端铰接时，梁的线刚度应乘以 0.5；当梁的远端固接时，梁的线刚度应乘以 2/3；当梁近端与柱铰接时，梁的线刚度为零。

2) 对底层框架柱：当柱下端铰接且具有明确转动可能时，$K_2=0$；柱下端采用平板式铰支座时，$K_2=0.1$；柱下端刚接时，$K_2=10$。

3) 当与柱刚接的横梁承受的轴力很大时，横梁线刚度应乘以按下列公式计算的折减系数。

当横梁远端与柱刚接时 $\alpha=1-N_b/(4N_{Eb})$
$$(7.3.2-5)$$

当横梁远端铰接时 $\alpha=1-N_b/N_{Eb}$ $(7.3.2-6)$

当横梁远端嵌固时 $\alpha=1-N_b/(2N_{Eb})$
$$(7.3.2-7)$$

$$N_{Eb}=\pi^2EI_b/l_b^2 \quad (7.3.2-8)$$

式中：α ——横梁线刚度折减系数；

N_b ——横梁承受的轴力（N）；

I_b ——横梁的截面惯性矩（mm^4）；

l_b ——横梁的长度（mm）。

4) 框架结构当设有摇摆柱时，由式（7.3.2-4）计算得到的计算长度系数应乘以按下式计算的放大系数，摇摆柱本身的计算长度系数可取 1.0。

$$\eta=\sqrt{1+\sum P_k/\sum N_j} \quad (7.3.2-9)$$

式中：η ——摇摆柱计算长度放大系数；

$\sum P_k$ ——为本层所有摇摆柱的轴力之和（kN）；

$\sum N_j$ ——为本层所有框架柱的轴力之和（kN）。

4 支撑框架采用线性分析设计时，框架柱的计算长度系数应符合下列规定：

1) 当不考虑支撑对框架稳定的支承作用，框架柱的计算长度按式（7.3.2-4）计算；

2) 当框架柱的计算长度系数取 1.0，或取无侧移失稳对应的计算长度系数时，应保证支撑能对框架的侧向稳定提供支承作用，支撑构件的应力比 ρ 应满足下式要求。

$$\rho\leqslant1-3\theta_i \quad (7.3.2-10)$$

式中：θ_i ——所考虑柱在第 i 楼层的二阶效应系数。

5 当框架按无侧移失稳模式设计时，应符合下列规定：

1) 框架柱的计算长度系数可按下式确定：

$$\mu=\sqrt{\frac{(1+0.41K_1)(1+0.41K_2)}{(1+0.82K_1)(1+0.82K_2)}}$$
$$(7.3.2-11)$$

式中：K_1、K_2 ——分别为交于柱上、下端的横梁线刚度之和与柱线刚度之和的比值。当梁的远端铰接时，梁的线刚度应乘以 1.5；当梁的远端固接时，梁的线刚度应乘以 2；当梁近端与柱铰接时，梁的线刚度为零。

2) 对底层框架柱：当柱下端铰接且具有明确转动可能时，$K_2=0$；柱下端采用平板式铰支座时，$K_2=0.1$；柱下端刚接时，$K_2=10$。

3) 当与柱刚接的横梁承受的轴力很大时，横梁线刚度应乘以折减系数。当横梁远端与柱刚接和横梁远端铰接时，折减系数应按本规程式（7.3.2-5）和式（7.3.2-6）计算；当横梁远端嵌固时，折减系数应按本规程式（7.3.2-7）计算。

7.3.3 钢框架柱的抗震承载力验算，应符合下列规定：

1 除下列情况之一外，节点左右梁端和上下柱端的全塑性承载力应满足式（7.3.3-1）、式（7.3.3-2）的要求：

1) 柱所在楼层的受剪承载力比相邻上一层的受剪承载力高出 25%；

2) 柱轴压比不超过 0.4；

3) 柱轴力符合 $N_2\leqslant\varphi A_cf$ 时（N_2 为 2 倍地震作用下的组合轴力设计值）；

4) 与支撑斜杆相连的节点。

2 等截面梁与柱连接时：

$$\sum W_{pc}(f_{yc}-N/A_c)\geqslant\sum(\eta f_{yb}W_{pb})$$
$$(7.3.3-1)$$

3 梁端加强型连接或骨式连接的端部变截面梁

与柱连接时：

$$\sum W_{pc}(f_{yc} - N/A_c) \geqslant \sum (\eta f_{yb} W_{pb1} + M_v)$$

$$(7.3.3-2)$$

式中：W_{pc}、W_{pb} ——分别为计算平面内交汇于节点的柱和梁的塑性截面模量（mm³）；

W_{pb1} ——梁塑性铰所在截面的梁塑性截面模量（mm³）；

f_{yc}、f_{yb} ——分别为柱和梁钢材的屈服强度（N/mm²）；

N ——按设计地震作用组合得出的柱轴力设计值（N）；

A_c ——框架柱的截面面积（mm²）；

η ——强柱系数，一级取 1.15，二级取 1.10，三级取 1.05，四级取 1.0；

M_v ——梁塑性铰剪力对梁端产生的附加弯矩（N·mm），$M_v = V_{pb} \cdot x$；

V_{pb} ——梁塑性铰剪力（N）；

x ——塑性铰至柱面的距离（mm），塑性铰可取梁端部变截面翼缘的最小处。骨式连接取 $(0.5 \sim 0.75) b_f + (0.30 \sim 0.45) h_b$，$b_f$ 和 h_b 分别为梁翼缘宽度和梁截面高度。梁端加强型连接可取加强板的长度加四分之一梁高。如有试验依据时，也可按试验取值。

7.3.4 框筒结构柱应满足下式要求：

$$\frac{N_c}{A_c f} \leqslant \beta \qquad (7.3.4)$$

式中：N_c ——框筒结构柱在地震作用组合下的最大轴向压力设计值（N）；

A_c ——框筒结构柱截面面积（mm²）；

f ——框筒结构柱钢材的强度设计值（N/mm²）；

β ——系数，一、二、三级时取 0.75，四级时取 0.80。

7.3.5 节点域的抗剪承载力应满足下式要求：

$$(M_{b1} + M_{b2})/V_p \leqslant (4/3) f_v \qquad (7.3.5)$$

式中：M_{b1}、M_{b2} ——分别为节点域左、右梁端作用的弯矩设计值（kN·m）；

V_p ——节点域的有效体积，可按本规程第 7.3.6 条的规定计算。

7.3.6 节点域的有效体积可按下列公式确定：

工字形截面柱（绕强轴）$V_p = h_{b1} h_{c1} t_p$ (7.3.6-1)

工字形截面柱（绕弱轴）$V_p = 2h_{b1} b t_f$ (7.3.6-2)

箱形截面柱　$V_p = (16/9) h_{b1} h_{c1} t_p$ (7.3.6-3)

圆管截面柱　$V_p = (\pi/2) h_{b1} h_{c1} t_p$ (7.3.6-4)

式中：h_{b1} ——梁翼缘中心间的距离（mm）；

h_{c1} ——工字形截面柱翼缘中心间的距离、箱形截面壁板中心间的距离和圆管截面柱管壁中线的直径（mm）；

t_p ——柱腹板和节点域补强板厚度之和，或局部加厚时的节点域厚度（mm），箱形柱为一块腹板的厚度（mm），圆管柱为壁厚（mm）；

t_f ——柱的翼缘厚度（mm）；

b ——柱的翼缘宽度（mm）。

十字形截面柱（图 7.3.6）$V_p = \varphi h_{b1}(h_{c1} t_p + 2 b t_f)$

$$(7.3.6-5)$$

$$\varphi = \frac{\alpha^2 + 2.6(1 + 2\beta)}{\alpha^2 + 2.6} \qquad (7.3.6-6)$$

$$\alpha = h_{b1}/b \qquad (7.3.6-7)$$

$$\beta = A_f/A_w \qquad (7.3.6-8)$$

$$A_f = b t_f \qquad (7.3.6-9)$$

$$A_w = h_{c1} t_p \qquad (7.3.6-10)$$

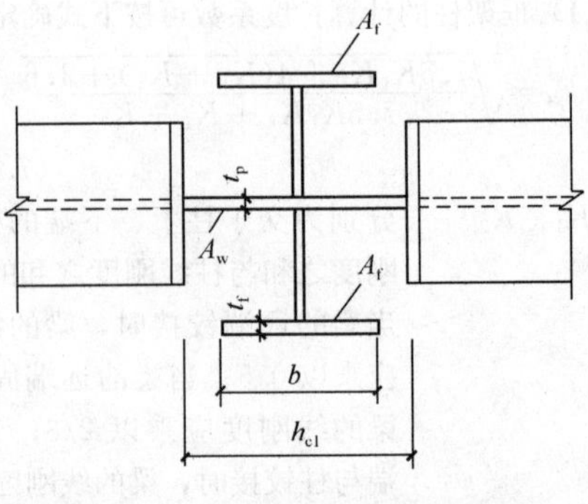

图 7.3.6　十字形柱的节点域体积

7.3.7 柱与梁连接处，在梁上下翼缘对应位置应设置柱的水平加劲肋或隔板。加劲肋（隔板）与柱翼缘所包围的节点域的稳定性，应满足下式要求：

$$t_p \geqslant (h_{0b} + h_{0c})/90 \qquad (7.3.7)$$

式中：t_p ——柱节点域的腹板厚度（mm），箱形柱时为一块腹板的厚度（mm）；

h_{0b}、h_{0c} ——分别为梁腹板、柱腹板的高度（mm）。

7.3.8 抗震设计时节点域的屈服承载力应满足下式要求，当不满足时应进行补强或局部改用较厚柱腹板。

$$\psi(M_{pb1} + M_{pb2})/V_p \leqslant (4/3) f_{yv} \qquad (7.3.8)$$

式中：ψ ——折减系数，三、四级时取 0.75，一、二级时取 0.85；

M_{pb1}、M_{pb2} ——分别为节点域两侧梁段截面的全塑性受弯承载力（N·mm）；

f_{yv} ——钢材的屈服抗剪强度，取钢材屈服强度的 0.58 倍。

7.3.9 框架柱的长细比，一级不应大于 $60\sqrt{235/f_y}$，二级不应大于 $70\sqrt{235/f_y}$，三级不应大于 $80\sqrt{235/f_y}$，四级及非抗震设计不应大于 $100\sqrt{235/f_y}$。

7.3.10 进行多遇地震作用下构件承载力计算时，钢结构转换构件下的钢框架柱，地震作用产生的内力应乘以增大系数，其值可采用1.5。

7.4 梁柱板件宽厚比

7.4.1 钢框架梁、柱板件宽厚比限值，应符合表7.4.1的规定。

表7.4.1 钢框架梁、柱板件宽厚比限值

板件名称		抗震等级				非抗震设计
		一级	二级	三级	四级	
柱	工字形截面翼缘外伸部分	10	11	12	13	13
	工字形截面腹板	43	45	48	52	52
	箱形截面壁板	33	36	38	40	40
	冷成型方管壁板	32	35	37	40	40
	圆管（径厚比）	50	55	60	70	70
梁	工字形截面和箱形截面翼缘外伸部分	9	9	10	11	11
	箱形截面翼缘在两腹板之间部分	30	30	32	36	36
	工字形截面和箱形截面腹板	$72-120\rho$	$72-100\rho$	$80-110\rho$	$85-120\rho$	$85-120\rho$

注：1 $\rho=N/(Af)$ 为梁轴压比；
2 表列数值适用于Q235钢，采用其他牌号应乘以 $\sqrt{235/f_y}$，圆管应乘以 $235/f_y$；
3 冷成型方管适用于Q235GJ或Q345GJ钢；
4 工字形截面和箱形梁的腹板宽厚比，对一、二、三、四级分别不宜大于60、65、70、75。

7.4.2 非抗侧力构件的板件宽厚比应按现行国家标准《钢结构设计规范》GB 50017的有关规定执行。

7.5 中心支撑框架

7.5.1 高层民用建筑钢结构的中心支撑宜采用：十字交叉斜杆（图7.5.1-1a），单斜杆（图7.5.1-1b），人字形斜杆（图7.5.1-1c）或V形斜杆体系。中心支撑斜杆的轴线应交汇于框架梁柱的轴线上。抗震设计的结构不得采用K形斜杆体系（图7.5.1-1d）。当采用只能受拉的单斜杆体系时，应同时设不同倾斜方向的两组单斜杆（图7.5.1-2），且每层不同方向单斜杆的截面面积在水平方向的投影面积之差不得大于10%。

(a) 十字交叉斜杆 (b) 单斜杆 (c) 人字形斜杆 (d) K形斜杆

图 7.5.1-1 中心支撑类型

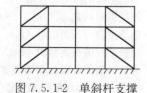

图 7.5.1-2 单斜杆支撑

7.5.2 中心支撑斜杆的长细比，按压杆设计时，不应大于 $120\sqrt{235/f_y}$，一、二、三级中心支撑斜杆不得采用拉杆设计，非抗震设计和四级采用拉杆设计时，其长细比不应大于180。

7.5.3 中心支撑斜杆的板件宽厚比，不应大于表7.5.3规定的限值。

表7.5.3 钢结构中心支撑板件宽厚比限值

板件名称	一级	二级	三级	四级、非抗震设计
翼缘外伸部分	8	9	10	13
工字形截面腹板	25	26	27	33
箱形截面壁板	18	20	25	30
圆管外径与壁厚之比	38	40	40	42

注：表中数值适用于Q235钢，采用其他牌号钢材应乘以 $\sqrt{235/f_y}$，圆管应乘以 $235/f_y$。

7.5.4 支撑斜杆宜采用双轴对称截面。当采用单轴对称截面时，应采取防止绕对称轴屈曲的构造措施。

7.5.5 在多遇地震效应组合作用下，支撑斜杆的受压承载力应满足下式要求：

$$N/(\varphi A_{br}) \leqslant \psi f/\gamma_{RE} \tag{7.5.5-1}$$
$$\psi = 1/(1+0.35\lambda_n) \tag{7.5.5-2}$$
$$\lambda_n = (\lambda/\pi)\sqrt{f_y/E} \tag{7.5.5-3}$$

式中：N——支撑斜杆的轴压力设计值（N）；
A_{br}——支撑斜杆的毛截面面积（mm²）；
φ——按支撑长细比 λ 确定的轴心受压构件稳定系数，按现行国家标准《钢结构设计规范》GB 50017确定；
ψ——受循环荷载时的强度降低系数；
$\lambda、\lambda_n$——支撑斜杆的长细比和正则化长细比；
E——支撑杆件钢材的弹性模量（N/mm²）；
$f、f_y$——支撑斜杆钢材的抗压强度设计值（N/mm²）和屈服强度（N/mm²）；
γ_{RE}——中心支撑屈曲稳定承载力抗震调整系数，按本规程第3.6.1条采用。

7.5.6 人字形和V形支撑框架应符合下列规定：

1 与支撑相交的横梁，在柱间应保持连续。

2 在确定支撑跨的横梁截面时，不应考虑支撑在跨中的支承作用。横梁除应承受大小等于重力荷载代表值的竖向荷载外，尚应承受跨中节点处两根支撑斜杆分别受拉屈服、受压屈曲所引起的不平衡竖向分力和水平分力的作用。在该不平衡力中，支撑的受压屈曲承载力和受拉屈服承载力应分别按 $0.3\varphi A f_y$ 及 $A f_y$ 计算。为了减小竖向不平衡力引起的梁截面过大，可采用跨层X形支撑（图7.5.6a）或采用拉链柱（图7.5.6b）。

3 在支撑与横梁相交处，梁的上下翼缘应设置

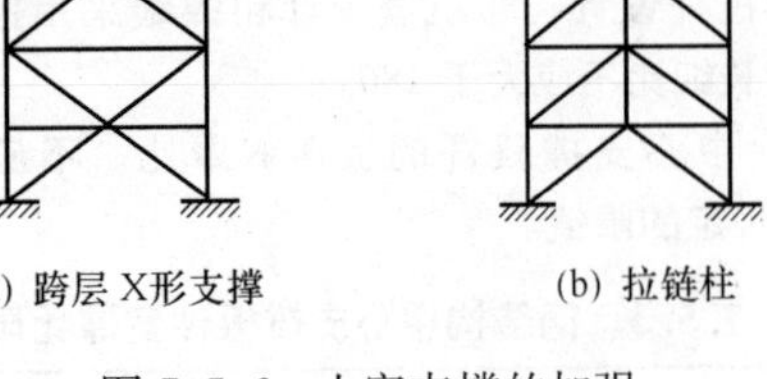

(a) 跨层 X 形支撑   (b) 拉链柱

图 7.5.6　人字支撑的加强
1—拉链柱

侧向支承，该支承应设计成能承受在数值上等于 0.02 倍的相应翼缘承载力 $f_y b_f t_f$ 的侧向力的作用，f_y、b_f、t_f 分别为钢材的屈服强度、翼缘板的宽度和厚度。当梁上为组合楼盖时，梁的上翼缘可不必验算。

7.5.7　当中心支撑构件为填板连接的组合截面时，填板的间距应均匀，每一构件中填板数不得少于 2 块。且应符合下列规定：

　　1　当支撑屈曲后会在填板的连接处产生剪力时，两填板之间单肢杆件的长细比不应大于组合支撑杆件控制长细比的 0.4 倍。填板连接处的总受剪承载力设计值至少应等于单肢杆件的受拉承载力设计值。

　　2　当支撑屈曲后不在填板连接处产生剪力时，两填板之间单肢杆件的长细比不应大于组合支撑杆件控制长细比的 0.75 倍。

7.5.8　一、二、三级抗震等级的钢结构，可采用带有耗能装置的中心支撑体系。支撑斜杆的承载力应为耗能装置滑动或屈服时承载力的 1.5 倍。

7.6　偏心支撑框架

7.6.1　偏心支撑框架中的支撑斜杆，应至少有一端与梁连接，并在支撑与梁交点和柱之间或支撑同一跨内另一支撑与梁交点之间形成消能梁段（图 7.6.1）。超过 50m 的钢结构采用偏心支撑框架时，顶层可采用中心支撑。

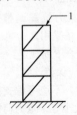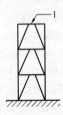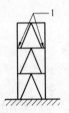

图 7.6.1　偏心支撑框架立面图
1—消能梁段

7.6.2　消能梁段的受剪承载力应符合下列公式的规定：

　　1　$N \leqslant 0.15Af$ 时

$$V \leqslant \phi V_l \qquad (7.6.2-1)$$

　　2　$N > 0.15Af$ 时

$$V \leqslant \phi V_{lc} \qquad (7.6.2-2)$$

式中：N——消能梁段的轴力设计值（N）；

　　　　V——消能梁段的剪力设计值（N）；

　　　　ϕ——系数，可取 0.9；

　　V_l、V_{lc}——分别为消能梁段不计入轴力影响和计入轴力影响的受剪承载力（N），可按本规程第 7.6.3 条的规定计算；有地震作用组合时，应按本规程第 3.6.1 条规定除以 γ_{RE}。

7.6.3　消能梁段的受剪承载力可按下列公式计算：

　　1　$N \leqslant 0.15Af$ 时

$$
\left.
\begin{aligned}
&V_l = 0.58 A_w f_y \quad \text{或} \quad V_l = 2M_{lp}/a, \text{取较小值}\\
&A_w = (h - 2t_f) t_w \\
&M_{lp} = f W_{np}
\end{aligned}
\right\}
$$

$$(7.6.3-1)$$

　　2　$N > 0.15Af$ 时

$$V_{lc} = 0.58 A_w f_y \sqrt{1 - [N/(fA)]^2}$$

$$(7.6.3-2)$$

或　　$V_{lc} = 2.4 M_{lp}[1 - N/(fA)]/a$, 取较小值

$$(7.6.3-3)$$

式中：　V_l——消能梁段不计入轴力影响的受剪承载力（N）；

　　　　V_{lc}——消能梁段计入轴力影响的受剪承载力（N）；

　　　　M_{lp}——消能梁段的全塑性受弯承载力（N·mm）；

a、h、t_w、t_f——分别为消能梁段的净长（mm）、截面高度（mm）、腹板厚度和翼缘厚度（mm）；

　　　　A_w——消能梁段腹板截面面积（mm²）；

　　　　A——消能梁段的截面面积（mm²）；

　　　　W_{np}——消能梁段对其截面水平轴的塑性净截面模量（mm³）；

　　f、f_y——分别为消能梁段钢材的抗压强度设计值和屈服强度值（N/mm²）。

7.6.4　消能梁段的受弯承载力应符合下列公式的规定：

　　1　$N \leqslant 0.15Af$ 时

$$\frac{M}{W} + \frac{N}{A} \leqslant f \qquad (7.6.4-1)$$

　　2　$N > 0.15Af$ 时

$$\left(\frac{M}{h} + \frac{N}{2} \right) \frac{1}{b_f t_f} \leqslant f \qquad (7.6.4-2)$$

式中：M——消能梁段的弯矩设计值（N·mm）；

　　　　N——消能梁段的轴力设计值（N）；

　　　　W——消能梁段的截面模量（mm³）；

　　　　A——消能梁段的截面面积（mm²）；

h、b_f、t_f——分别为消能梁段的截面高度（mm）、翼缘宽度（mm）和翼缘厚度（mm）。

f——消能梁端钢材的抗压强度设计值（N/mm²），有地震作用组合时，应按本规程第3.6.1条的规定除以γ_{RE}。

7.6.5 有地震作用组合时，偏心支撑框架中除消能梁段外的构件内力设计值应按下列规定调整：

1 支撑的轴力设计值

$$N_{br} = \eta_{br} \frac{V_l}{V} N_{br,com} \qquad (7.6.5-1)$$

2 位于消能梁段同一跨的框架梁的弯矩设计值

$$M_b = \eta_b \frac{V_l}{V} M_{b,com} \qquad (7.6.5-2)$$

3 柱的弯矩、轴力设计值

$$M_c = \eta_c \frac{V_l}{V} M_{c,com} \qquad (7.6.5-3)$$

$$N_c = \eta_c \frac{V_l}{V} N_{c,com} \qquad (7.6.5-4)$$

式中：N_{br}——支撑的轴力设计值（kN）；

M_b——位于消能梁段同一跨的框架梁的弯矩设计值（kN·m）；

M_c、N_c——分别为柱的弯矩（kN·m）、轴力设计值（kN）；

V_l——消能梁段不计入轴力影响的受剪承载力（kN），取式（7.6.3-1）中的较大值；

V——消能梁段的剪力设计值（kN）；

$N_{br,com}$——对应于消能梁段剪力设计值V的支撑组合的轴力计算值（kN）；

$M_{b,com}$——对应于消能梁段剪力设计值V的位于消能梁段同一跨框架梁组合的弯矩计算值（kN·m）；

$M_{c,com}$、$N_{c,com}$——分别为对应于消能梁段剪力设计值V的柱组合的弯矩计算值（kN·m）、轴力计算值（kN）；

η_{br}——偏心支撑框架支撑内力设计值增大系数，其值在一级时不应小于1.4，二级时不应小于1.3，三级时不应小于1.2，四级时不应小于1.0；

η_b、η_c——分别为位于消能梁段同一跨的框架梁的弯矩设计值增大系数和柱的内力设计值增大系数，其值在一级时不应小于1.3，二、三、四级时不应小于1.2。

7.6.6 偏心支撑斜杆的轴向承载力应符合下式要求：

$$\frac{N_{br}}{\varphi A_{br}} \leqslant f \qquad (7.6.6)$$

式中：N_{br}——支撑的轴力设计值（N）；

A_{br}——支撑截面面积（mm²）；

φ——由支撑长细比确定的轴心受压构件稳

定系数；

f——钢材的抗拉、抗压强度设计值（N/mm²），有地震作用组合时，应按本规程第3.6.1条的规定除以γ_{RE}。

7.6.7 偏心支撑框架梁和柱的承载力，应按现行国家标准《钢结构设计规范》GB 50017的规定进行验算；有地震作用组合时，钢材强度设计值应按本规程第3.6.1条的规定除以γ_{RE}。

7.7 伸臂桁架和腰桁架

7.7.1 伸臂桁架及腰桁架的布置应符合下列规定：

1 在需要提高结构整体侧向刚度时，在框架-支撑组成的筒中筒结构或框架-核心筒结构的适当楼层（加强层）可设置伸臂桁架，必要时可同时在外框柱之间设置腰桁架。伸臂桁架设置在外框架柱与核心构架或核心筒之间，宜在全楼层对称布置。

2 抗震设计结构中设置加强层时，宜采用延性较好、刚度及数量适宜的伸臂桁架及（或）腰桁架，避免加强层范围产生过大的层刚度突变。

3 巨型框架中设置的伸臂桁架应能承受和传递主要的竖向荷载及水平荷载，应与核心构架或核心筒墙体及外框巨柱有同等的抗震性能要求。

4 9度抗震设防时不宜使用伸臂桁架及腰桁架。

7.7.2 伸臂桁架及腰桁架的设计应符合下列规定：

1 伸臂桁架、腰桁架宜采用钢桁架。伸臂桁架应与核心构架柱或核心筒转角部或有T形墙相交部位连接。

2 对抗震设计的结构，加强层及其上、下各一层的竖向构件和连接部位的抗震构造措施，应按规定的结构抗震等级提高一级采用。

3 伸臂桁架与核心构架或核心筒之间的连接应采用刚接，且宜将其贯穿核心筒或核心构架，与另一边的伸臂桁架相连，锚入核心筒剪力墙或核心构架中的桁架弦杆、腹杆的截面面积不小于外部伸臂桁架构件相应截面面积的1/2。腰桁架与外框架柱之间应采用刚性连接。

4 在结构施工阶段，应考虑内筒与外框的竖向变形差。对伸臂结构与核心筒及外框柱之间的连接应按施工阶段受力状况采取临时连接措施，当结构的竖向变形差基本消除后再进行刚接。

5 当伸臂桁架或腰桁架兼作转换层构件时，应按本规程第7.1.6条规定调整内力并验算其竖向变形及承载能力；对抗震设计的结构尚应按性能目标要求采取措施提高其抗震安全性。

6 伸臂桁架上、下楼层在计算模型中宜按弹性楼板假定。

7 伸臂桁架上、下层楼板厚度不宜小于160mm。

7.8 其他抗侧力构件

7.8.1 钢板剪力墙的设计，应符合本规程附录B的有关规定。

7.8.2 无粘结内藏钢板支撑墙板的设计，应符合本规程附录 C 的有关规定。

7.8.3 钢框架-内嵌竖缝混凝土剪力墙板的设计，应符合本规程附录 D 的有关规定。

7.8.4 屈曲约束支撑的设计，应符合本规程附录 E 的有关规定。

8 连 接 设 计

8.1 一 般 规 定

8.1.1 高层民用建筑钢结构的连接，非抗震设计的结构应按现行国家标准《钢结构设计规范》GB 50017 的有关规定执行。抗震设计时，构件按多遇地震作用下内力组合设计值选择截面；连接设计应符合构造措施要求，按弹塑性设计，连接的极限承载力应大于构件的全塑性承载力。

8.1.2 钢框架抗侧力构件的梁与柱连接应符合下列规定：

　　1 梁与 H 形柱（绕强轴）刚性连接以及梁与箱形柱或圆管柱刚性连接时，弯矩由梁翼缘和腹板受弯区的连接承受，剪力由腹板受剪区的连接承受。

　　2 梁与柱的连接宜采用翼缘焊接和腹板高强度螺栓连接的形式，也可采用全焊接连接。一、二级时梁与柱宜采用加强型连接或骨式连接。

　　3 梁腹板用高强度螺栓连接时，应先确定腹板受弯区的高度，并应对设置于连接板上的螺栓进行合理布置，再分别计算腹板连接的受弯承载力和受剪承载力。

8.1.3 钢框架抗侧力结构构件的连接系数 α 应按表 8.1.3 的规定采用。

表 8.1.3　钢构件连接的连接系数 α

母材牌号	梁柱连接		支撑连接、构件拼接		柱脚	
	母材破坏	高强螺栓破坏	母材或连接板破坏	高强螺栓破坏		
Q235	1.40	1.45	1.25	1.30	埋入式	1.2 (1.0)
Q345	1.35	1.40	1.20	1.25	外包式	1.2 (1.0)
Q345GJ	1.25	1.30	1.10	1.15	外露式	1.0

注：1 屈服强度高于 Q345 的钢材，按 Q345 的规定采用；
　　2 屈服强度高于 Q345GJ 的 GJ 钢材，按 Q345GJ 的规定采用；
　　3 括号内的数字用于箱形柱和圆管柱；
　　4 外露式柱脚是指刚接柱脚，只适用于房屋高度 50m 以下。

8.1.4 梁与柱刚性连接时，梁翼缘与柱的连接、框架柱的拼接、外露式柱脚的柱身与底板的连接以及伸臂桁架等重要受拉构件的拼接，均应采用一级全熔透焊缝，其他全熔透焊缝为二级。非熔透的角焊缝和部

分熔透的对接与角接组合焊缝的外观质量标准应为二级。现场一级焊缝宜采用气体保护焊。

　　焊缝的坡口形式和尺寸，宜根据板厚和施工条件，按现行国家标准《钢结构焊接规范》GB 50661 的要求选用。

8.1.5 构件拼接和柱脚计算时，构件的受弯承载力应考虑轴力的影响。构件的全塑性受弯承载力 M_p 应按下列规定以 M_{pc} 代替：

　　1 对 H 形截面和箱形截面构件应符合下列规定：

　　　　1）H 形截面（绕强轴）和箱形截面

当 $N/N_y \leqslant 0.13$ 时　　$M_{pc} = M_p$　　(8.1.5-1)

当 $N/N_y > 0.13$ 时　　$M_{pc} = 1.15(1 - N/N_y)M_p$
　　　　　　　　　　　　　　　　　　　　　(8.1.5-2)

　　　　2）H 形截面（绕弱轴）

当 $N/N_y \leqslant A_w/A$ 时　　$M_{pc} = M_p$　　(8.1.5-3)

当 $N/N_y > A_w/A$ 时

$$M_{pc} = \left\{ 1 - \left(\frac{N - A_w f_y}{N_y - A_w f_y} \right)^2 \right\} M_p \quad (8.1.5-4)$$

　　2 圆形空心截面的 M_{pc} 可按下列公式计算：

当 $N/N_y \leqslant 0.2$ 时　　$M_{pc} = M_p$　　(8.1.5-5)

当 $N/N_y > 0.2$ 时　　$M_{pc} = 1.25(1 - N/N_y)M_p$
　　　　　　　　　　　　　　　　　　　　　(8.1.5-6)

式中：N——构件轴力设计值（N）；

　　　N_y——构件的轴向屈服承载力（N）；

　　　A——H 形截面或箱形截面构件的截面面积（mm²）；

　　　A_w——构件腹板截面积（mm²）；

　　　f_y——构件腹板钢材的屈服强度（N/mm²）。

8.1.6 高层民用建筑钢结构承重构件的螺栓连接，应采用高强度螺栓摩擦型连接。考虑罕遇地震时连接滑移，螺栓杆与孔壁接触，极限承载力按承压型连接计算。

8.1.7 高强度螺栓连接受拉或受剪时的极限承载力，应按本规程附录 F 的规定计算。

8.2 梁与柱刚性连接的计算

8.2.1 梁与柱的刚性连接应按下列公式验算：

$$M_u^j \geqslant \alpha M_p \quad (8.2.1\text{-}1)$$

$$V_u^j \geqslant \alpha (\sum M_p / l_n) + V_{Gb} \quad (8.2.1\text{-}2)$$

式中：M_u^j——梁与柱连接的极限受弯承载力（kN·m）；

　　　M_p——梁的全塑性受弯承载力（kN·m）（加强型连接按未扩大的原截面计算），考虑轴力影响时按本规程第 8.1.5 条的 M_{pc} 计算；

　　　$\sum M_p$——梁两端截面的塑性受弯承载力之和（kN·m）；

V_u ——梁与柱连接的极限受剪承载力（kN）；

V_{Gb} ——梁在重力荷载代表值（9度尚应包括竖向地震作用标准值）作用下，按简支梁分析的梁端截面剪力设计值（kN）；

l_n ——梁的净跨（m）；

α ——连接系数，按本规程表8.1.3的规定采用。

8.2.2 梁与柱连接的受弯承载力应按下列公式计算：

$$M_j = W_e^j \cdot f \qquad (8.2.2\text{-}1)$$

梁与 H 形柱（绕强轴）连接时

$$W_e^j = 2I_e/h_b \qquad (8.2.2\text{-}2)$$

梁与箱形柱或圆管柱连接时

$$W_e^j = \frac{2}{h_b}\left\{ I_e - \frac{1}{12}t_{wb}(h_{0b} - 2h_m)^3 \right\} \qquad (8.2.2\text{-}3)$$

式中：M_j ——梁与柱连接的受弯承载力（N·mm）；

W_e^j ——连接的有效截面模量（mm³）；

I_e ——扣除过焊孔的梁端有效截面惯性矩（mm⁴）；当梁腹板用高强度螺栓连接时，为扣除螺栓孔和梁翼缘与连接板之间间隙后的截面惯性矩；

h_b、h_{0b} ——分别为梁截面和梁腹板的高度（mm）；

t_{wb} ——梁腹板的厚度（mm）；

f ——梁的抗拉、抗压和抗弯强度设计值（N/mm²）；

h_m ——梁腹板的有效受弯高度（mm），应按本规程第8.2.3条的规定计算。

8.2.3 梁腹板的有效受弯高度 h_m 应按下列公式计算（图8.2.3）：

H 形柱（绕强轴） $h_m = h_{0b}/2 \qquad (8.2.3\text{-}1)$

箱形柱时 $h_m = \dfrac{b_j}{\sqrt{\dfrac{b_j t_{wb} f_{yb}}{t_{fc}^2 f_{yc}} - 4}} \qquad (8.2.3\text{-}2)$

圆管柱时 $h_m = \dfrac{b_j}{\sqrt{\dfrac{k_1}{2}}\sqrt{k_2\sqrt{\dfrac{3k_1}{2}} - 4}} \qquad (8.2.3\text{-}3)$

当箱形柱、圆管柱 $h_m < S_r$ 时，取 $h_m = S_r$

$$(8.2.3\text{-}4)$$

当箱形柱 $h_m > \dfrac{d_j}{2}$ 或 $\dfrac{b_j t_{wb} f_{yb}}{t_{fc}^2 f_{yc}} \leqslant 4$ 时，取 $h_m = \dfrac{d_j}{2}$

$$(8.2.3\text{-}5)$$

当圆管柱 $h_m > \dfrac{d_j}{2}$ 或 $k_2\sqrt{\dfrac{3k_1}{2}} \leqslant 4$ 时，取 $h_m = \dfrac{d_j}{2}$

$$(8.2.3\text{-}6)$$

式中：d_j ——箱形柱壁板上下加劲肋内侧之间的距离（mm）；

b_j ——箱形柱壁板屈服区宽度（mm），$b_j = b_c - 2t_{fc}$；

b_c ——箱形柱壁板宽度或圆管柱的外径（mm）；

h_m ——与箱形柱或圆管柱连接时，梁腹板（一侧）的有效受弯高度（mm）；

S_r ——梁腹板过焊孔高度，高强螺栓连接时为剪力板与梁翼缘间间隙的距离（mm）；

h_{0b} ——梁腹板高度（mm）；

f_{yb} ——梁钢材的屈服强度（N/mm²），当梁腹板用高强度螺栓连接时，为柱连接板钢材的屈服强度（N/mm²）；

f_{yc} ——柱钢材屈服强度（N/mm²）；

t_{fc} ——箱形柱壁板厚度（mm）；

t_{fb} ——梁翼缘厚度（mm）；

t_{wb} ——梁腹板厚度（mm）；

k_1、k_2 ——圆管柱有关截面和承载力指标，$k_1 = b_j/t_{fc}$，$k_2 = t_{wb}f_{yb}/(t_{fc}f_{yc})$。

8.2.4 抗震设计时，梁与柱连接的极限受弯承载力应按下列规定计算（图8.2.4）：

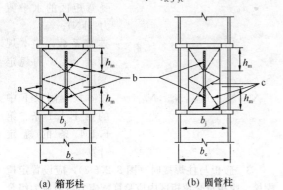

（a）箱形柱　　　　　（b）圆管柱

图8.2.3　工字形梁与箱形柱和圆管柱连接的符号说明
a—壁板的屈服线；b—梁腹板的屈服区；c—钢管壁的屈服线

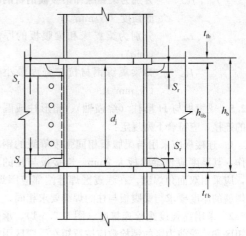

图8.2.4　梁柱连接

1 梁端连接的极限受弯承载力

$$M_u^j = M_{uf}^j + M_{uw}^j \qquad (8.2.4\text{-}1)$$

2 梁翼缘连接的极限受弯承载力

$$M_{uf} = A_f (h_b - t_{fb}) f_{ub} \qquad (8.2.4-2)$$

3 梁腹板连接的极限受弯承载力

$$M_{uw} = m \cdot W_{wpe} \cdot f_{yw} \qquad (8.2.4-3)$$

$$W_{wpe} = \frac{1}{4}(h_b - 2t_{fb} - 2S_r)^2 t_{wb} \quad (8.2.4-4)$$

4 梁腹板连接的受弯承载力系数 m 应按下列公式计算：

H形柱（绕强轴）　　　$m = 1$ 　　　(8.2.4-5)

箱形柱 $m = \min\left\{1, 4\dfrac{t_{fc}}{d_j}\sqrt{\dfrac{b_j \cdot f_{yc}}{t_{wb} \cdot f_{yw}}}\right\}$ (8.2.4-6)

圆管柱

$$m = \min\left\{1, \frac{8}{\sqrt{3}k_1 \cdot k_2 \cdot r}\left(\sqrt{k_2\sqrt{\frac{3k_1}{2}} - 4} + r\sqrt{\frac{k_1}{2}}\right)\right\}$$

$$(8.2.4-7)$$

式中：W_{wpe} ——梁腹板有效截面的塑性截面模量（mm^3）；

f_{yw} ——梁腹板钢材的屈服强度（N/mm^2）；

h_b ——梁截面高度（mm）；

d_j ——柱上下水平加劲肋（横隔板）内侧之间的距离（mm）；

b_j ——箱形柱壁板内侧的宽度或圆管柱内直径（mm），$b_j = b_c - 2t_{fc}$；

r ——圆钢管上下横隔板之间的距离与钢管内径的比值，$r = d_j/b_j$；

t_{fc} ——箱形柱或圆管柱壁板的厚度（mm）；

f_{yc} ——柱钢材屈服强度（N/mm^2）；

f_{yf}、f_{yw} ——分别为梁翼缘和梁腹板钢材的屈服强度（N/mm^2）；

t_{fb}、t_{wb} ——分别为梁翼缘和梁腹板的厚度（mm）；

f_{ub} ——为梁翼缘钢材抗拉强度最小值（N/mm^2）。

8.2.5 梁腹板与 H 形柱（绕强轴）、箱形柱或圆管柱的连接，应符合下列规定：

1 连接板应采用与梁腹板相同强度等级的钢材制作，其厚度应比梁腹板大 2mm。连接板与柱的焊接，应采用双面角焊缝，在强震区焊缝端部应围焊，对焊缝的厚度要求与梁腹板与柱的焊缝要求相同。

2 采用高强度螺栓连接时（图8.2.5-1），承受弯矩区和承受剪力区的螺栓数应按弯矩在受弯区引起的水平力和剪力作用在受剪区（图8.2.5-2）分别进行计算，计算时应考虑连接的不同破坏模式取较小值。

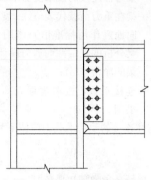

图 8.2.5-1　柱连接板与梁腹板的螺栓连接

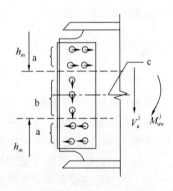

图 8.2.5-2　梁腹板与柱连接时高强度螺栓连接的内力分担

a—承受弯矩区；b—承受剪力区；c—梁轴线

对承受弯矩区：

$$\alpha V_{um} \leqslant N_u^b = \min\{n_1 N_{vu}^b, n_1 N_{cu1}^b, N_{cu2}^b, N_{cu3}^b, N_{cu4}^b\}$$

$$(8.2.5-1)$$

对承受剪力区：

$$V_u^j \leqslant n_2 \cdot \min\{N_{vu}^b, N_{cu1}^b\} \qquad (8.2.5-2)$$

式中：　　n_1、n_2 ——分别为承受弯矩区（一侧）和承受剪力区需要的螺栓数；

V_{um} ——为弯矩 M_{uw}^j 引起的承受弯矩区的水平剪力（kN）；

α ——连接系数，按本规程表 8.1.3 的规定采用；

$N_{vu}^b, N_{cu1}^b, N_{cu2}^b, N_{cu3}^b, N_{cu4}^b$ ——按本规程附录 F 中的第 F.1.1 条、第 F.1.4 条的规定计算。

3 腹板与柱焊接时（图8.2.5-3），应设置定位螺栓。腹板承受弯矩区内应验算弯应力与剪应力组合的复合应力，承受剪力区可仅按所承受的剪力进行受剪承载力验算。

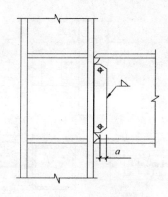

图 8.2.5-3 柱连接板与
梁腹板的焊接连接

a—不小于 50mm

8.3 梁与柱连接的形式和构造要求

8.3.1 框架梁与柱的连接宜采用柱贯通型。在互相垂直的两个方向都与梁刚性连接时,宜采用箱形柱。箱形柱壁板厚度小于 16mm 时,不宜采用电渣焊焊接隔板。

8.3.2 冷成型箱形柱应在梁对应位置设置隔板,并应采用隔板贯通式连接。柱段与隔板的连接应采用全熔透对接焊缝(图 8.3.2)。隔板宜采用 Z 向钢制作。其外伸部分长度 e 宜为 25mm～30mm,以便将相邻焊缝热影响区隔开。

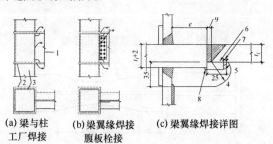

(a)梁与柱 (b)梁翼缘焊接 (c)梁翼缘焊接详图
工厂焊接 腹板栓接

图 8.3.2 框架梁与冷成型箱形柱隔板的连接
1—H形钢梁;2—横隔板;3—箱形柱;4—大圆弧半径
≈35mm;5—小圆弧半径≈10mm;6—衬板厚度 8mm 以
上;7—圆弧端点至衬板边缘 5mm;8—隔板外侧衬板边
缘采用连续焊缝;9—焊根宽度 7mm,坡口角度 35°

8.3.3 当梁与柱在现场焊接时,梁与柱连接的过焊孔,可采用常规型(图 8.3.3-1)和改进型(图 8.3.3-2)两种形式。采用改进型时,梁翼缘与柱的连接焊缝应采用气体保护焊。

梁翼缘与柱翼缘间应采用全熔透坡口焊缝,抗震等级一、二级时,应检验焊缝的 V 形切口冲击韧性,其夏比冲击韧性在−20℃时不低于 27J。

梁腹板(连接板)与柱的连接焊缝,当板厚小于 16mm 时可采用双面角焊缝,焊缝的有效截面高度应符合受力要求,且不得小于 5mm。当腹板厚度等于或大于 16mm 时应采用 K 形坡口焊缝。设防烈度 7 度

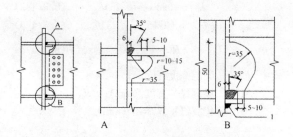

图 8.3.3-1 常规型过焊孔
1—h_w≈5 长度等于翼缘总宽度

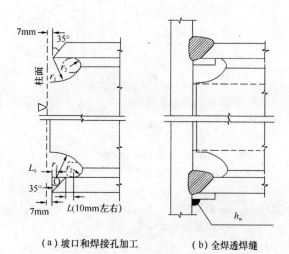

(a)坡口和焊接孔加工 (b)全焊透焊缝

图 8.3.3-2 改进型过焊孔
r_1 =35mm 左右;r_2 =10mm 以上;
O 点位置:t_f<22mm;L_0(mm)=0
t_f≥22mm;L_0(mm)=0.75t_f−15,t_f 为下翼缘板厚
h_w≈5 长度等于翼缘总宽度

(0.15g)及以上时,梁腹板与柱的连接焊缝应采用围焊,围焊在竖向部分的长度 l 应大于 400mm 且连续施焊(图 8.3.3-3)。

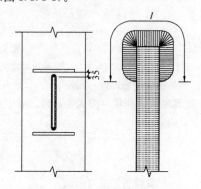

图 8.3.3-3 围焊的施焊要求

8.3.4 梁与柱的加强型连接或骨式连接包含下列形式,有依据时也可采用其他形式。

1 梁翼缘扩翼式连接(图 8.3.4-1),图中尺寸应按下列公式确定:

$$l_a = (0.50 \sim 0.75)b_f \qquad (8.3.4-1)$$

$$l_b = (0.30 \sim 0.45)h_b \qquad (8.3.4-2)$$
$$b_{wf} = (0.15 \sim 0.25)b_f \qquad (8.3.4-3)$$
$$R = \frac{l_b^2 + b_{wf}^2}{2b_{wf}} \qquad (8.3.4-4)$$

式中：h_b——梁的高度（mm）；

$\quad\quad b_f$——梁翼缘的宽度（mm）；

$\quad\quad R$——梁翼缘扩翼半径（mm）。

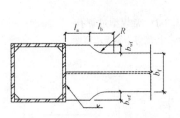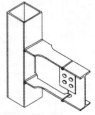

图 8.3.4-1　梁翼缘扩翼式连接

2　梁翼缘局部加宽式连接（图 8.3.4-2），图中尺寸应按下列公式确定：

$$l_a = (0.50 \sim 0.75)h_b \qquad (8.3.4-5)$$
$$b_s = (1/4 \sim 1/3)b_f \qquad (8.3.4-6)$$
$$b'_s = 2t_f + 6 \qquad (8.3.4-7)$$
$$t_s = t_f \qquad (8.3.4-8)$$

式中：t_f——梁翼缘厚度（mm）；

$\quad\quad t_s$——局部加宽板厚度（mm）。

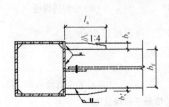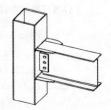

图 8.3.4-2　梁翼缘局部加宽式连接

3　梁翼缘盖板式连接（图 8.3.4-3）：

$$L_{cp} = (0.5 \sim 0.75)h_b \qquad (8.3.4-9)$$
$$b_{cp1} = b_f - 3t_{cp} \qquad (8.3.4-10)$$
$$b_{cp2} = b_f + 3t_{cp} \qquad (8.3.4-11)$$
$$t_{cp} \geqslant t_f \qquad (8.3.4-12)$$

式中：t_{cp}——楔形盖板厚度（mm）。

4　梁翼缘板式连接（图 8.3.4-4），图中尺寸应按下列公式确定：

$$l_{tp} = (0.5 \sim 0.8)h_b \qquad (8.3.4-13)$$
$$b_{tp} = b_f + 4t_f \qquad (8.3.4-14)$$
$$t_{tp} = (1.2 \sim 1.4)t_f \qquad (8.3.4-15)$$

式中：t_{tp}——梁翼缘板厚度（mm）。

5　梁骨式连接（图 8.3.4-5），切割面应采用铣刀加工。图中尺寸应按下列公式确定：

$$a = (0.5 \sim 0.75)b_f \qquad (8.3.4-16)$$
$$b = (0.65 \sim 0.85)h_b \qquad (8.3.4-17)$$
$$c = 0.25b_b \qquad (8.3.4-18)$$
$$R = (4c^2 + b^2)/8c \qquad (8.3.4-19)$$

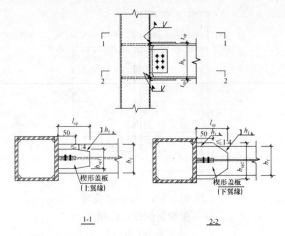

1-1　　　　　　　　　2-2

图 8.3.4-3　梁翼缘盖板式连接

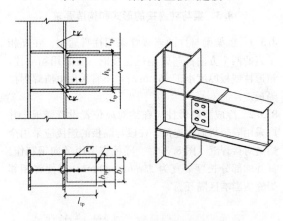

图 8.3.4-4　梁翼缘板式连接

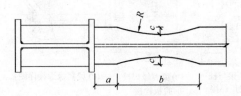

图 8.3.4-5　梁骨式连接

8.3.5　梁与 H 形柱（绕弱轴）刚性连接时，加劲肋应伸至柱翼缘以外75mm，并以变宽度形式伸至梁翼缘，与后者用全熔透对接焊缝连接。加劲肋应两面设置（无梁外侧加劲肋厚度不应小于梁翼缘厚度之半）。翼缘加劲肋应大于梁翼缘厚度，以协调翼缘的允许偏差。梁腹板与柱连接板用高强螺栓连接。

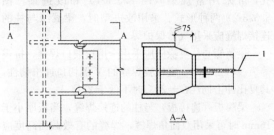

图 8.3.5　梁与 H 形柱弱轴刚性连接
1—梁柱轴线

8.3.6 框架梁与柱刚性连接时，应在梁翼缘的对应位置设置水平加劲肋（隔板）。对抗震设计的结构，水平加劲肋（隔板）厚度不得小于梁翼缘厚度加2mm，其钢材强度不得低于梁翼缘的钢材强度，其外侧应与梁翼缘外侧对齐（图8.3.6）。对非抗震设计的结构，水平加劲肋（隔板）应能传递梁翼缘的集中力，厚度应由计算确定；当内力较小时，其厚度不得小于梁翼缘厚度的1/2，并应符合板件宽厚比限值。水平加劲肋宽度应从柱边缘后退10mm。

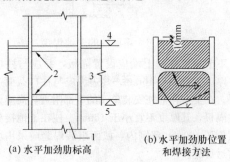

(a) 水平加劲肋标高　　(b) 水平加劲肋位置和焊接方法

图 8.3.6　柱水平加劲肋与梁翼缘外侧对齐

1—柱；2—水平加劲肋；3—梁；
4—强轴方向梁上端；5—强轴方向梁下端

8.3.7 当柱两侧的梁高不等时，每个梁翼缘对应位置均应按本条的要求设置柱的水平加劲肋。加劲肋的间距不应小于150mm，且不应小于水平加劲肋的宽度（图8.3.7a）。当不能满足此要求时，应调整梁的端部高度，可将截面高度较小的梁腹板高度局部加大，腋部翼缘的坡度不得大于1:3（图8.3.7b）。当与柱相连的梁在柱的两个相互垂直的方向高度不等时，应分别设置柱的水平加劲肋（图8.3.7c）。

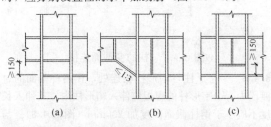

(a)　　　　　(b)　　　　　(c)

图 8.3.7　柱两侧梁高不等时的水平加劲肋

8.3.8 当节点域厚度不满足本规程第7.3.5条～第7.3.8条要求时，对焊接组合柱宜将腹板在节点域局部加厚（图8.3.8-1），腹板加厚的范围应伸出梁上下

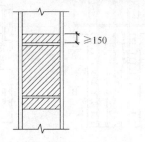

图 8.3.8-1　节点域的加厚

翼缘外不小于150mm；对轧制H形钢柱可贴焊补强板加强（图8.3.8-2）。

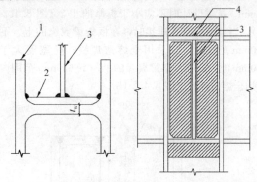

图 8.3.8-2　补强板的设置

1—翼缘；2—补强板；3—弱轴方向梁腹板；
4—水平加劲肋

8.3.9 梁与柱铰接时（图8.3.9），与梁腹板相连的高强度螺栓，除应承受梁端剪力外，尚应承受偏心弯矩的作用，偏心弯矩M应按下式计算。当采用现浇钢筋混凝土楼板将主梁和次梁连成整体时，可不计算偏心弯矩的影响。

$$M = V \cdot e \qquad (8.3.9)$$

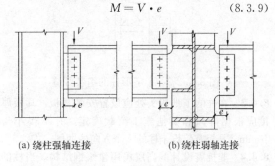

(a) 绕柱强轴连接　　　(b) 绕柱弱轴连接

图 8.3.9　梁与柱的铰接

8.4　柱与柱的连接

8.4.1 柱与柱的连接应符合下列规定：

1　钢框架宜采用H形柱、箱形柱或圆管柱，钢骨混凝土柱中钢骨宜采用H形或十字形。

2　框架柱的拼接处至梁面的距离应为1.2m～1.3m或柱净高的一半，取二者的较小值。抗震设计时，框架柱的拼接应采用坡口全熔透焊缝。非抗震设计时，柱拼接也可采用部分熔透焊缝。

3　采用部分熔透焊缝进行柱拼接时，应进行承载力验算。当内力较小时，设计弯矩不得小于柱全塑性弯矩的一半。

8.4.2 箱形柱宜为焊接柱，其角部的组装焊缝一般应采用V形坡口部分熔透焊缝。当箱形柱壁板的Z向性能有保证，通过工艺试验确认不会引起层状撕裂时，可采用单边V形坡口焊缝。

箱形柱含有组装焊缝一侧与框架梁连接后，其抗震性能低于未设焊缝的一侧，应将不含组装焊缝的一侧置于主要受力方向。

组装焊缝厚度不应小于板厚的 1/3，且不应小于 16mm，抗震设计时不应小于板厚的 1/2（图 8.4.2-1a）。当梁与柱刚性连接时，在框架梁翼缘的上、下 500mm 范围内，应采用全熔透焊缝；柱宽度大于 600mm 时，应在框架梁翼缘的上、下 600mm 范围内采用全熔透焊缝（图 8.4.2-1b）。

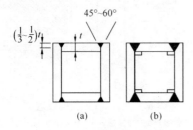

图 8.4.2-1　箱形组合柱
的角部组装焊缝

十字形柱应由钢板或两个 H 形钢焊接组合而成（图 8.4.2-2）；组装焊缝均应采用部分熔透的 K 形坡口焊缝，每边焊接深度不应小于 1/3 板厚。

图 8.4.2-2　十字形柱的组装焊缝

8.4.3　在柱的工地接头处应设置安装耳板，耳板厚度应根据阵风和其他施工荷载确定，并不得小于 10mm。耳板宜仅设于柱的一个方向的两侧。

8.4.4　非抗震设计的高层民用建筑钢结构，当柱的弯矩较小且不产生拉力时，可通过上下柱接触面直接传递 25% 的压力和 25% 的弯矩，此时柱的上下端应磨平顶紧，并应与柱轴线垂直。坡口焊缝的有效深度 t_e 不宜小于板厚的 1/2（图 8.4.4）。

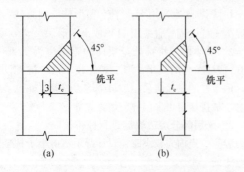

图 8.4.4　柱接头的部分熔透焊缝

8.4.5　H 形柱在工地的接头，弯矩应由翼缘和腹板承受，剪力应由腹板承受，轴力应由翼缘和腹板分担。翼缘接头宜采用坡口全熔透焊缝，腹板可采用高强度螺栓连接。当采用全焊接接头时，上柱翼缘应开 V 形坡口，腹板应开 K 形坡口。

8.4.6　箱形柱的工地接头应全部采用焊接（图 8.4.6）。非抗震设计时，可按本规程第 8.4.4 条的规定执行。

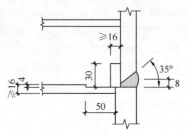

图 8.4.6　箱形柱的工地焊接

下节箱形柱的上端应设置隔板，并应与柱口齐平，厚度不宜小于 16mm。其边缘应与柱口截面一起刨平。在上节箱形柱安装单元的下部附近，尚应设置上柱隔板，其厚度不宜小于 10mm。柱在工地接头的上下侧各 100mm 范围内，截面组装焊缝应采用坡口全熔透焊缝。

8.4.7　当需要改变柱截面积时，柱截面高度宜保持不变而改变翼缘厚度。当需要改变柱截面高度时，对边柱宜采用图 8.4.7a 的做法，对中柱宜采用图 8.4.7b 的做法，变截面的上下端均应设置隔板。当变截面段位于梁柱接头时，可采用图 8.4.7c 的做法，变截面两端距梁翼缘不宜小于 150mm。

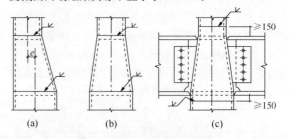

图 8.4.7　柱的变截面连接

8.4.8　十字形柱与箱形柱相连处，在两种截面的过渡段中，十字形柱的腹板应伸入箱形柱内，其伸入长度不应小于钢柱截面高度加 200mm（图 8.4.8）。与上部钢结构相连的钢骨混凝土柱，沿其全高应设栓钉，栓钉间距和列距在过渡段内宜采用 150mm，最

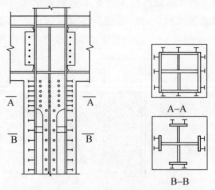

图 8.4.8　十字形柱与箱形柱的连接

大不得超过 200mm；在过渡段外不应大于 300mm。

8.5 梁与梁的连接和梁腹板设孔的补强

8.5.1 梁的拼接应符合下列规定：

1 翼缘采用全熔透对接焊缝，腹板用高强度螺栓摩擦型连接；

2 翼缘和腹板均采用高强度螺栓摩擦型连接；

3 三、四级和非抗震设计时可采用全截面焊接；

4 抗震设计时，应先做螺栓连接的抗滑移承载力计算，然后再进行极限承载力计算；非抗震设计时，可只做抗滑移承载力计算。

8.5.2 梁拼接的受弯、受剪承载力应符合下列规定：

1 梁拼接的受弯、受剪极限承载力应满足下列公式要求：

$$M_{ub,sp}^{l} \geqslant \alpha M_p \qquad (8.5.2-1)$$

$$V_{ub,sp}^{l} \geqslant \alpha(2M_p/l_n) + V_{Gb} \qquad (8.5.2-2)$$

2 框架梁的拼接，当全截面采用高强度螺栓连接时，其在弹性设计时计算截面的翼缘和腹板弯矩宜满足下列公式要求：

$$M = M_f + M_w \geqslant M_j \qquad (8.5.2-3)$$

$$M_f \geqslant (1 - \psi \cdot I_w/I_0)M_j \qquad (8.5.2-4)$$

$$M_w \geqslant (\psi \cdot I_w/I_0)M_j \qquad (8.5.2-5)$$

式中：$M_{ub,sp}^{l}$ ——梁拼接的极限受弯承载力（kN·m）；

$V_{ub,sp}^{l}$ ——梁拼接的极限受剪承载力（kN）；

M_f、M_w ——分别为拼接处梁翼缘和梁腹板的弯矩设计值（kN·m）；

M_j ——拼接处梁的弯矩设计值原则上应等于 $W_b f_y$，当拼接处弯矩较小时，不应小于 $0.5 W_b f_y$，W_b 为梁的截面塑性模量，f_y 为梁钢材的屈服强度（MPa）；

I_w ——梁腹板的截面惯性矩（m⁴）；

I_0 ——梁的截面惯性矩（m⁴）；

ψ ——弯矩传递系数，取 0.4；

α ——连接系数，按本规程表 8.1.3 的规定采用。

8.5.3 抗震设计时，梁的拼接应按本规程第 8.1.5 条的要求考虑轴力的影响；非抗震设计时，梁的拼接可按内力设计，腹板连接应按受全部剪力和部分弯矩计算，翼缘连接应按所分配的弯矩计算。

8.5.4 次梁与主梁的连接宜采用简支连接，必要时也可采用刚性连接（图 8.5.4）。

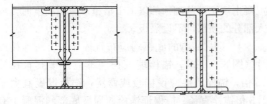

图 8.5.4 梁与梁的刚性连接

8.5.5 抗震设计时，框架梁受压翼缘根据需要设置

侧向支承（图 8.5.5），在出现塑性铰的截面上、下翼缘均应设置侧向支承。当梁上翼缘与楼板有可靠连接时，固端梁下翼缘在梁端 0.15 倍梁跨附近均宜设置隔撑（图 8.5.5a）；梁端采用加强型连接或骨式连接时，应在塑性区外设置竖向加劲肋，隔撑与偏置 45°的竖向加劲肋在梁下翼缘附近相连（图 8.5.5b），该竖向加劲肋不应与翼缘焊接。梁端下翼缘宽度局部加大，对梁下翼缘侧向约束较大时，视情况也可不设隔撑。相邻两支承点间的构件长细比，应符合现行国家标准《钢结构设计规范》GB 50017 对塑性设计的有关规定。

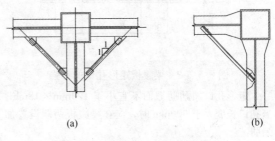

(a) (b)

图 8.5.5 梁的隔撑设置

8.5.6 当管道穿过钢梁时，腹板中的孔口应予补强。补强时，弯矩可仅由翼缘承担，剪力由孔口截面的腹板和补强板共同承担，并符合下列规定：

1 不应在距梁端相当于梁高的范围内设孔，抗震设计的结构不应在隔撑范围内设孔。孔口直径不得大于梁高的 1/2。相邻圆形孔口边缘间的距离不得小于梁高，孔口边缘至梁翼缘外皮的距离不得小于梁高的 1/4。

圆形孔直径小于或等于 1/3 梁高时，可不予补强。当大于 1/3 梁高时，可用环形加劲肋加强（图 8.5.6-1a），也可用套管（图 8.5.6-1b）或环形补强板（图 8.5.6-1c）加强。

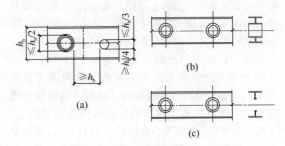

(a) (b) (c)

图 8.5.6-1 梁腹板圆形孔口的补强

圆形孔口加劲肋截面不宜小于 100mm×10mm，加劲肋边缘至孔口边缘的距离不宜大于 12mm。圆形孔口用套管补强时，其厚度不宜小于梁腹板厚度。用环形板补强时，若在梁腹板两侧设置，环形板的厚度可稍小于腹板厚度，其宽度可取 75mm～125mm。

2 矩形孔口与相邻孔口间的距离不得小于梁高或矩形孔口长度之较大值。孔口上下边缘至梁翼缘外皮的距离不得小于梁高的1/4。矩形孔口长度不得大于750mm，孔口高度不得大于梁高的1/2，其边缘应采用纵向和横向加劲肋加强。

矩形孔口上下边缘的水平加劲肋端部宜伸至孔口边缘以外各300mm。当矩形孔口长度大于梁高时，其横向加劲肋应沿梁全高设置（图8.5.6-2）。

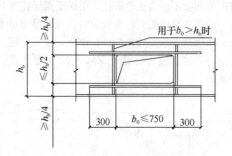

图 8.5.6-2　梁腹板矩形孔口的补强

矩形孔口加劲肋截面不宜小于125mm×18mm。当孔口长度大于500mm时，应在梁腹板两侧设置加劲肋。

8.6　钢柱脚

8.6.1　钢柱柱脚包括外露式柱脚、外包式柱脚和埋入式柱脚三类（图8.6.1-1）。抗震设计时，宜优先采用埋入式；外包式柱脚可在有地下室的高层民用建筑中采用。各类柱脚均应进行受压、受弯、受剪承载力计算，其轴力、弯矩、剪力的设计值取钢柱底部的相应设计值。各类柱脚构造应分别符合下列规定：

1　钢柱外露式柱脚应通过底板锚栓固定于混凝土基础上（图8.6.1-1a），高层民用建筑的钢柱应采用刚接柱脚。三级及以上抗震等级时，锚栓截面面积不宜小于钢柱下端截面面积的20%。

2　钢柱外包式柱脚由钢柱脚和外包混凝土组成，位于混凝土基础顶面以上（图8.6.1-1b），钢柱脚与基础的连接应采用抗弯连接。外包混凝土的高度不应小于钢柱截面高度的2.5倍，且从柱脚底板到外包层顶部箍筋的距离与外包混凝土宽度之比不应小于1.0。外包层内纵向受力钢筋在基础内的锚固长度（l_a，l_{aE}）应根据现行国家标准《混凝土结构设计规范》GB 50010的有关规定确定，且四角主筋的上、下都应加弯钩，弯钩投影长度不应小于15d；外包层中应配置箍筋，箍筋的直径、间距和配箍率应符合现行国家标准《混凝土结构设计规范》GB 50010中钢筋混凝土柱的要求；外包层顶部箍筋应加密且不应少于3道，其间距不应大于50mm。外包部分的钢柱翼缘表面宜设置栓钉。

3　钢柱埋入式柱脚是将柱脚埋入混凝土基础内（图8.6.1-1c），H形截面柱的埋置深度不应小于钢柱截面高度的2倍，箱形柱的埋置深度不应小于柱截面长边的2.5倍，圆管柱的埋置深度不应小于柱外径的

3倍；钢柱脚底板应设置锚栓与下部混凝土连接。钢柱埋入部分的侧边混凝土保护层厚度要求（图8.6.1-2a）：C_1不得小于钢柱受弯方向截面高度的一半，且不小于250mm，C_2不得小于钢柱受弯方向截面高度的2/3，且不小于400mm。

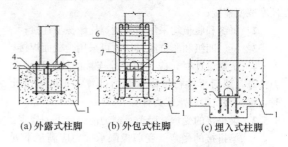

图 8.6.1-1　柱脚的不同形式
1—基础；2—锚栓；3—底板；4—无收缩砂浆；5—抗剪键；6—主筋；7—箍筋

钢柱埋入部分的四角应设置竖向钢筋，四周应配置箍筋，箍筋直径不应小于10mm，其间距不大于250mm；在边柱和角柱柱脚中，埋入部分的顶部和底部尚应设置U形钢筋（图8.6.1-2b），U形钢筋的开口应向内；U形钢筋的锚固长度应从钢柱内侧算起，锚固长度（l_a，l_{aE}）应根据现行国家标准《混凝土结构设计规范》GB 50010的有关规定确定。埋入部分的柱表面宜设置栓钉。

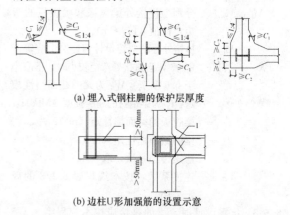

图 8.6.1-2　埋入式柱脚的其他构造要求
1—U形加强筋（二根）

在混凝土基础顶部，钢柱应设置水平加劲肋。当箱形柱壁板宽厚比大于30时，应在埋入部分的顶部设置隔板；也可在箱形柱的埋入部分填充混凝土，当混凝土填充至基础顶部以上1倍箱形截面高度时，埋入部分的顶部可不设隔板。

4　钢柱柱脚的底板均应布置锚栓按抗弯连接设计（图8.6.1-3），锚栓埋入长度不应小于其直径的25倍，锚栓底部应设锚板或弯钩，锚板厚度宜大于1.3倍锚栓直径。应保证锚栓四周及底部的混凝土有足够厚度，避免基础冲切破坏；锚栓应按混凝土基础要求设置保护层。

图 8.6.1-3 抗弯连接钢柱底板形状和锚栓的配置

5 埋入式柱脚不宜采用冷成型箱形柱。

8.6.2 外露式柱脚的设计应符合下列规定：

1 钢柱轴力由底板直接传至混凝土基础，按现行国家标准《混凝土结构设计规范》GB 50010 验算柱脚底板下混凝土的局部承压，承压面积为底板面积。

2 在轴力和弯矩作用下计算所需锚栓面积，应按下式验算：

$$M \leqslant M_1 \qquad (8.6.2-1)$$

式中：M ——柱脚弯矩设计值（kN·m）；

M_1 ——在轴力与弯矩作用下按钢筋混凝土压弯构件截面设计方法计算的柱脚受弯承载力（kN·m）。设截面为底板面积，由受拉边的锚栓单独承受拉力，混凝土基础单独承受压力，受压边的锚栓不参加工作，锚栓和混凝土的强度均取设计值。

3 抗震设计时，在柱与柱脚连接处，柱可能出现塑性铰的柱脚极限受弯承载力应大于钢柱的全塑性抗弯承载力，应按下式验算：

$$M_u \geqslant M_{pc} \qquad (8.6.2-2)$$

式中：M_{pc} ——考虑轴力时柱的全塑性受弯承载力（kN·m），按本规程第 8.1.5 条的规定计算；

M_u ——考虑轴力时柱脚的极限受弯承载力（kN·m），按本条第 2 款中计算 M_1 的方法计算，但锚栓和混凝土的强度均取标准值。

4 钢柱底部的剪力可由底板与混凝土之间的摩擦力传递，摩擦系数取 0.4；当剪力大于底板下的摩擦力时，应设置抗剪键，由抗剪键承受全部剪力；也可由锚栓抵抗全部剪力，此时底板上的锚栓孔直径不应大于锚栓直径加 5mm，且锚栓垫片下应设置盖板，盖板与柱底板焊接，并计算焊缝的抗剪强度。当锚栓同时受拉、受剪时，单根锚栓的承载力应按下式计算：

$$\left(\frac{N_t}{N_t^a}\right)^2 + \left(\frac{V_v}{V_v^a}\right)^2 \leqslant 1 \qquad (8.6.2-3)$$

式中：N_t ——单根锚栓承受的拉力设计值（N）；

V_v ——单根锚栓承受的剪力设计值（N）；

N_t^a ——单根锚栓的受拉承载力（N），取 $N_t^a = A_e f_t^a$；

V_v^a ——单根锚栓的受剪承载力（N），取 $V_v^a = A_e f_v^a$；

A_e ——单根锚栓截面面积（mm²）；

f_t^a ——锚栓钢材的抗拉强度设计值（N/mm²）；

f_v^a ——锚栓钢材的抗剪强度设计值（N/mm²）。

8.6.3 外包式柱脚的设计应符合下列规定：

1 柱脚轴向压力由钢柱底板直接传给基础，按现行国家标准《混凝土结构设计规范》GB 50010 验算柱脚底板下混凝土的局部承压，承压面积为底板面积。

2 弯矩和剪力由外包层混凝土和钢柱脚共同承担，按外包层的有效面积计算（图 8.6.3-1）。柱脚的受弯承载力应按下式验算：

$$M \leqslant 0.9 A_s f h_0 + M_1 \qquad (8.6.3-1)$$

式中：M ——柱脚的弯矩设计值（N·mm）；

A_s ——外包层混凝土中受拉侧的钢筋截面面积（mm²）；

f ——受拉钢筋抗拉强度设计值（N/mm²）；

h_0 ——受拉钢筋合力点至混凝土受压区边缘的距离（mm）；

M_1 ——钢柱脚的受弯承载力（N·mm），按本规程第 8.6.2 条外露式钢柱脚 M_1 的计算方法计算。

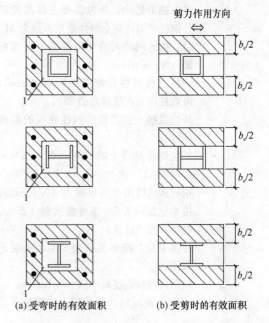

(a) 受弯时的有效面积　　(b) 受剪时的有效面积

图 8.6.3-1 斜线部分为外包式钢筋混凝土的有效面积
1—底板

3 抗震设计时，在外包混凝土顶部箍筋处，柱可能出现塑性铰的柱脚极限受弯承载力应大于钢柱的全塑性受弯承载力（图 8.6.3-2）。柱脚的极限受弯承载力应按下列公式验算：

$$M_u \geqslant \alpha M_{pc} \qquad (8.6.3-2)$$

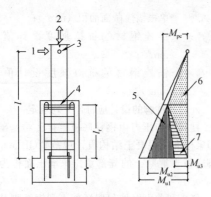

图 8.6.3-2 极限受弯承载力时外包式柱脚的受力状态
1—剪力；2—轴力；3—柱的反弯点；4—最上部箍筋；
5—外包钢筋混凝土的弯矩；6—钢柱的弯矩；
7—作为外露式柱脚的弯矩

$$M_u = \min\{M_{u1}, M_{u2}\} \qquad (8.6.3\text{-}3)$$

$$M_{u1} = M_{pc}/(1 - l_r/l) \qquad (8.6.3\text{-}4)$$

$$M_{u2} = 0.9 A_s f_{yk} h_0 + M_{u3} \qquad (8.6.3\text{-}5)$$

式中：M_u——柱脚连接的极限受弯承载力（N·mm）；

M_{pc}——考虑轴力时，钢柱截面的全塑性受弯承载力（N·mm），按本规程第 8.1.5 条的规定计算；

M_{u1}——考虑轴力影响，外包混凝土顶部箍筋处钢柱弯矩达到全塑性受弯承载力 M_{pc} 时，按比例放大的外包混凝土底部弯矩（N·mm）；

l——钢柱底板到柱反弯点的距离（mm），可取柱脚所在层层高的 2/3；

l_r——外包混凝土顶部箍筋到柱底板的距离（mm）；

M_{u2}——外包钢筋混凝土的抗弯承载力（N·mm）与 M_{u3} 之和；

M_{u3}——钢柱脚的极限受弯承载力（N·mm），按本规程第 8.6.2 条外露式钢柱脚 M_u 的计算方法计算；

α——连接系数，按本规程表 8.1.3 的规定采用；

f_{yk}——钢筋的抗拉强度最小值（N/mm²）。

4 外包层混凝土截面的受剪承载力应满足下式要求：

$$V \leqslant b_e h_0 (0.7 f_t + 0.5 f_{yv} \rho_{sh}) \qquad (8.6.3\text{-}6)$$

抗震设计时尚应满足下列公式要求：

$$V_u \geqslant M_u/l_r \qquad (8.6.3\text{-}7)$$

$$V_u = b_e h_0 (0.7 f_{tk} + 0.5 f_{yvk} \rho_{sh}) + M_{u3}/l_r$$

$$(8.6.3\text{-}8)$$

式中：V——柱底截面的剪力设计值（N）；

V_u——外包式柱脚的极限受剪承载力（N）；

b_e——外包层混凝土的截面有效宽度（mm）（图 8.6.3-1b）；

f_{tk}——混凝土轴心抗拉强度标准值（N/mm²）；

f_t——混凝土轴心抗拉强度设计值（N/mm²）；

f_{yv}——箍筋的抗拉强度设计值（N/mm²）；

f_{yvk}——箍筋的抗拉强度标准值（N/mm²）；

ρ_{sh}——水平箍筋的配箍率；$\rho_{sh} = A_{sh}/b_e s$，当 $\rho_{sh} > 1.2\%$ 时，取 1.2%；A_{sh} 为配置在同一截面内箍筋的截面面积（mm²）；s 为箍筋的间距（mm）。

8.6.4 埋入式柱脚的设计应符合下列规定：

1 柱脚轴向压力由柱脚底板直接传给基础，应按现行国家标准《混凝土结构设计规范》GB 50010 验算柱脚底板下混凝土的局部承压，承压面积为底板面积。

2 抗震设计时，在基础顶面处柱可能出现塑性铰的柱脚应按埋入部分钢柱侧向应力分布（图 8.6.4-1）验算在轴力和弯矩作用下基础混凝土的侧向抗弯极限承载力。埋入式柱脚的极限受弯承载力不应小于钢柱全塑性抗弯承载力；与极限受弯承载力对应的剪力不应大于钢柱的全塑性抗剪承载力，应按下列公式验算：

$$M_u \geqslant \alpha M_{pc} \qquad (8.6.4\text{-}1)$$

$$V_u = M_u/l \leqslant 0.58 h_w t_w f_y \qquad (8.6.4\text{-}2)$$

$$M_u = f_{ck} b_c l \{ \sqrt{(2l+h_B)^2 + h_B{}^2} - (2l+h_B) \}$$

$$(8.6.4\text{-}3)$$

式中：M_u——柱脚埋入部分承受的极限受弯承载力（N·mm）；

M_{pc}——考虑轴力影响时钢柱截面的全塑性受弯承载力（N·mm），按本规程第 8.1.5 条的规定计算；

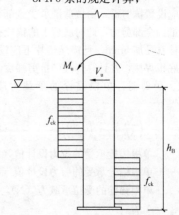

图 8.6.4-1 埋入式柱脚混凝土
的侧向应力分布

l ——基础顶面到钢柱反弯点的距离（mm），可取柱脚所在层层高的2/3；

b_c ——与弯矩作用方向垂直的柱身宽度，对H形截面柱应取等效宽度（mm）；

h_B ——钢柱脚埋置深度（mm）；

f_{ck} ——基础混凝土抗压强度标准值（N/mm²）；

α ——连接系数，按本规程表8.1.3的规定采用。

3 采用箱形柱和圆管柱时埋入式柱脚的构造应符合下列规定：

1) 截面宽厚比或径厚比较大的箱形柱和圆管柱，其埋入部分应采取措施防止在混凝土侧压力下被压坏。常用方法是填充混凝土（图8.6.4-2b）；或在基础顶面附近设置内隔板或外隔板（图8.6.4-2c、d）。

2) 隔板的厚度应按计算确定，外隔板的外伸长度不应小于柱边长（或管径）的1/10。对于有抗拔要求的埋入式柱脚，可在埋入部分设置栓钉（图8.6.4-2a）。

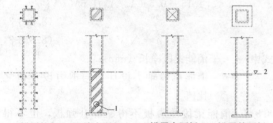

(a) 设置栓钉 (b) 填充混凝土 (c) 设置内隔板 (d) 设置外隔板

图 8.6.4-2 埋入式柱脚的抗压和抗拔构造
1—灌注孔；2—基础顶面

4 抗震设计时，在基础顶面处钢柱可能出现塑性铰的边（角）柱的柱脚埋入混凝土基础部分的上、下部位均需布置U形钢筋加强，可按下列公式验算U形钢筋数量：

1) 当柱脚受到由内向外作用的剪力时（图8.6.4-3a）：

$$M_u \leqslant f_{ck} b_c l \left\{ \frac{T_y}{f_{ck}b_c} - l - h_B + \sqrt{(l+h_B)^2 - \frac{2T_y(l+a)}{f_{ck}b_c}} \right\}$$

(8.6.4-4)

2) 当柱脚受到由外向内作用的剪力时（图8.6.4-3b）：

$$M_u \leqslant -(f_{ck}b_c l^2 + T_y l) + f_{ck}b_c l \sqrt{l^2 + \frac{2T_y(l+h_B-a)}{f_{ck}b_c}}$$

(8.6.4-5)

式中： M_u ——柱脚埋入部分由U形加强筋提供的侧向极限受弯承载力（N·mm），可取 M_{pc}；

T_y ——U形加强筋的受拉承载力（N/mm²），$T_y = A_t f_{yk}$，A_t 为U形加强筋的截面面积（mm²）之和，f_{yk} 为U形加强筋的强度标准值（N/mm²）；

f_{ck} ——基础混凝土的受压强度标准值（N/mm²）；

a ——U形加强筋合力点到基础上表面或到柱底板下表面的距离（mm）（图8.6.4-3）；

l ——基础顶面到钢柱反弯点的高度（mm），可取柱脚所在层层高的2/3；

h_B ——钢柱脚埋置深度（mm）；

b_c ——与弯矩作用方向垂直的柱身尺寸（mm）。

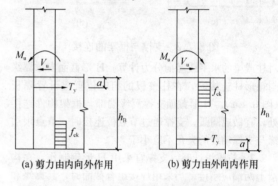

(a) 剪力由内向外作用   (b) 剪力由外向内作用

图 8.6.4-3 埋入式钢柱脚U形加强筋计算简图

8.7 中心支撑与框架连接

8.7.1 中心支撑与框架连接和支撑拼接的设计承载力应符合下列规定：

1 抗震设计时，支撑在框架连接处和拼接处的受拉承载力应满足下式要求：

$$N_{ubr}^j \geqslant \alpha A_{br} f_y$$

(8.7.1)

式中：N_{ubr}^j ——支撑连接的极限受拉承载力（N）；

α ——连接系数，按本规程表8.1.3的规定采用；

A_{br} ——支撑斜杆的截面面积（mm²）；

f_y ——支撑斜杆钢材的屈服强度（N/mm²）。

2 中心支撑的重心线应通过梁与柱轴线的交点，当受条件限制有不大于支撑杆件宽度的偏心时，节点设计应计入偏心造成的附加弯矩的影响。

8.7.2 当支撑翼缘朝向框架平面外，且采用支托式连接时（图8.7.2a、b），其平面外计算长度可取轴线长度的0.7倍；当支撑腹板位于框架平面内时（图8.7.2c、d），其平面外计算长度可取轴线长度的0.9倍。

8.7.3 中心支撑与梁柱连接处的构造应符合下列规定：

1 柱和梁在与H形截面支撑翼缘的连接处，应设置加劲肋。加劲肋应按承受支撑翼缘分担的轴心力

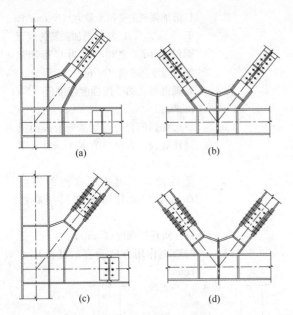

(a)   (b)

(c)   (d)

图 8.7.2　支撑与框架的连接

对柱或梁的水平或竖向分力计算。H 形截面支撑翼缘与箱形柱连接时，在柱壁板的相应位置应设置隔板（图 8.7.2）。H 形截面支撑翼缘端部与框架构件连接处，宜做成圆弧。支撑通过节点板连接时，节点板边缘与支撑轴线的夹角不应小于 30°。

2 抗震设计时，支撑宜采用 H 形钢制作，在构造上两端应刚接。当采用焊接组合截面时，其翼缘和腹板应采用坡口全熔透焊缝连接。

3 当支撑杆件为填板连接的组合截面时，可采用节点板进行连接（图 8.7.3）。为保证支撑两端的节点板不发生出平面失稳，在支撑端部与节点板约束点连线之间应留有 2 倍节点板厚的间隙。节点板约束点连线应与支撑杆轴线垂直，以免支撑受扭。

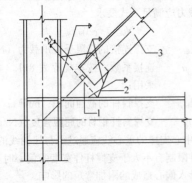

图 8.7.3　组合支撑杆件端部与单壁节点板的连接
1—假设约束；2—单壁节点板；3—组合支撑杆；
t—节点板的厚度

8.8　偏心支撑框架的构造要求

8.8.1 消能梁段及与消能梁段同一跨内的非消能梁段，其板件的宽厚比不应大于表 8.8.1 规定的限值。

表 8.8.1　偏心支撑框架梁板件宽厚比限值

板件名称		宽厚比限值
翼缘外伸部分		8
腹板	当 $N/(Af) \leqslant 0.14$ 时	$90[1-1.65N/(Af)]$
	当 $N/(Af) > 0.14$ 时	$33[2.3-N/(Af)]$

注：表列数值适用于 Q235 钢，当材料为其他钢号时应乘以 $\sqrt{235/f_y}$，$N/(Af)$ 为梁轴压比。

8.8.2 偏心支撑框架的支撑杆件的长细比不应大于 $120\sqrt{235/f_y}$，支撑杆件的板件宽厚比不应大于现行国家标准《钢结构设计规范》GB 50017 规定的轴心受压构件在弹性设计时的宽厚比限值。

8.8.3 消能梁段的净长应符合下列规定：

1 当 $N \leqslant 0.16Af$ 时，其净长不宜大于 $1.6M_{lp}/V_l$。

2 当 $N > 0.16Af$ 时：

1）$\rho(A_w/A) < 0.3$ 时

$$a \leqslant 1.6M_{lp}/V_l \qquad (8.8.3-1)$$

2）$\rho(A_w/A) \geqslant 0.3$ 时

$$a \leqslant [1.15 - 0.5\rho(A_w/A)]1.6M_{lp}/V_l$$
$$(8.8.3-2)$$

$$\rho = N/V \qquad (8.8.3-3)$$

式中：a——消能梁段净长（mm）；

ρ——消能梁段轴力设计值与剪力设计值之比值。

8.8.4 消能梁段的腹板不得贴焊补强板，也不得开洞。

8.8.5 *消能梁段的腹板应按下列规定设置加劲肋（图 8.8.5）：

1 消能梁段与支撑连接处，应在其腹板两侧设置加劲肋，加劲肋的高度应为梁腹板高度，一侧的加劲肋宽度不应小于 $(b_f/2 - t_w)$，厚度不应小于 $0.75t_w$ 和 10mm 的较大值；

2 当 $a \leqslant 1.6M_{lp}/V_l$ 时，中间加劲肋间距不应大于 $(30t_w - h/5)$；

3 当 $2.6M_{lp}/V_l < a \leqslant 5M_{lp}/V_l$ 时，应在距消能梁段端部 $1.5b_f$ 处设置中间加劲肋，且中间加劲肋间距不应大于 $(52t_w - h/5)$；

4 当 $1.6M_{lp}/V_l < a \leqslant 2.6M_{lp}/V_l$ 时，中间加劲肋的间距可取本条 2、3 两款间的线性插入值；

5 当 $a > 5M_{lp}/V_l$ 时，可不设置中间加劲肋；

6 中间加劲肋应与消能梁段的腹板等高，当消能梁段截面的腹板高度不大于 640mm 时，可设置单侧加劲肋；消能梁段截面腹板高度大于 640mm 时，应在两侧设置加劲肋，一侧加劲肋的宽度不应小于 $(b_f/2 - t_w)$，厚度不应小于 t_w 和 10mm 的较大值；

7 加劲肋与消能梁段的腹板和翼缘之间可采用角焊缝连接，连接腹板的角焊缝的受拉承载力不应小

于 fA_{st}，连接翼缘的角焊缝的受拉承载力不应小于 $fA_{st}/4$，A_{st} 为加劲肋的横截面面积。

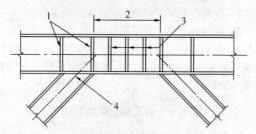

图 8.8.5 消能梁段的腹板加劲肋设置
1—双面全高设加劲肋；2—消能梁段上、下翼缘均设侧向支撑；3—腹板高大于 640mm 时设双面中间加劲肋；4—支撑中心线与消能梁段中心线交于消能梁段内

8.8.6 消能梁段与柱的连接应符合下列规定：

1 消能梁段与柱翼缘应采用刚性连接，且应符合本规程第 8.2 节、第 8.3 节框架梁与柱刚性连接的规定。

2 消能梁段与柱翼缘连接的一端采用加强型连接时，消能梁段的长度可从加强的端部算起，加强的端部梁腹板应设置加劲肋，加劲肋应符合本规程第 8.8.5 条第 1 款的要求。

8.8.7 支撑与消能梁段的连接应符合下列规定：

1 支撑轴线与梁轴线的交点，不得在消能梁段外；

2 抗震设计时，支撑与消能梁段连接的承载力不得小于支撑的承载力，当支撑端有弯矩时，支撑与梁连接的承载力应按抗压弯设计。

8.8.8 消能梁段与支撑连接处，其上、下翼缘应设置侧向支撑，支撑的轴力设计值不应小于消能梁段翼缘轴向极限承载力的 6%，即 $0.06f_yb_ft_f$。f_y 为消能梁段钢材的屈服强度，b_f、t_f 分别为消能梁段翼缘的宽度和厚度。

8.8.9 与消能梁段同一跨框架梁的稳定不满足要求时，梁的上、下翼缘应设置侧向支撑，支撑的轴力设计值不应小于梁翼缘轴向承载力设计值的 2%，即 $0.02fb_ft_f$。f 为框架梁钢材的抗拉强度设计值，b_f、t_f 分别为框架梁翼缘的宽度和厚度。

9 制作和涂装

9.1 一般规定

9.1.1 钢结构制作单位应具有相应的钢结构工程施工资质，应根据已批准的技术设计文件编制施工详图。施工详图应由原设计工程师确认。当修改时，应向原设计单位申报，经同意签署文件后修改才能生效。

9.1.2 钢结构制作前，应根据设计文件、施工详图的要求以及制作厂的条件，编制制作工艺书。制作工艺书应包括：施工中所依据的标准，制作厂的质量保证体系，成品的质量保证体系和措施，生产场地的布置，采用的加工、焊接设备和工艺装备，焊工和检查人员的资质证明，各类检查项目表格和生产进度计算表。

制作工艺书应作为技术文件经发包单位代表或监理工程师批准。

9.1.3 钢结构制作单位宜对构造复杂的构件进行工艺性试验。

9.1.4 钢结构制作、安装、验收及土建施工用的量具，应按同一计量标准进行鉴定，并应具有相同的精度等级。

9.2 材料

9.2.1 钢结构所用钢材应符合设计文件、本规程第 4 章及国家现行有关标准的规定，应具有质量合格证明文件，并经进场检验合格后使用。常用钢材标准宜按表 9.2.1 采用。

表 9.2.1 常用钢材标准

标准编号	标准名称及牌号
GB/T 700	《碳素结构钢》GB/T 700　Q235
GB/T 1591	《低合金高强度结构钢》GB/T 1591　Q345、Q390、Q420
GB/T 19879	《建筑结构用钢板》GB/T 19879　Q235GJ、Q345GJ、Q390GJ、Q420GJ
GB/T 4171	《耐候结构钢》GB/T 4171　Q235NH、Q355NH、Q415NH
GB/T 7659	《焊接结构用铸钢件》GB/T 7659　ZG270-480H、ZG300-500H、ZG340-550H

9.2.2 钢结构所用焊接材料、连接用普通螺栓、高强度螺栓等紧固件和涂料应符合设计文件、本规程第 4 章及国家现行有关标准的规定，应具有质量合格证明文件，并经进场检验合格后使用。常用焊接材料标准宜按表 9.2.2-1 采用，钢结构连接用紧固件标准宜按表 9.2.2-2 采用，并应符合下列规定：

1 严禁使用药皮脱落或焊芯生锈的焊条，受潮结块或已熔烧过的焊剂以及生锈的焊丝。用于栓钉焊的栓钉，其表面不得有影响使用的裂纹、条痕、凹痕和毛刺等缺陷。

2 焊接材料应集中管理，建立专用仓库，库内要干燥，通风良好，同时应满足产品说明书的要求。

3 螺栓应在干燥通风的室内存放。高强度螺栓的入库验收，应按现行行业标准《钢结构高强度螺栓连接技术规程》JGJ 82 的要求进行，严禁使用锈蚀、沾污、受潮、碰伤和混批的高强度螺栓。

4 涂料应符合设计要求，并存放在专门的仓库内，不得使用过期、变质、结块失效的涂料。

表 9.2.2-1 常用焊接材料标准

标准编号	标准名称
GB/T 5117	《非合金钢及细晶粒钢焊条》
GB/T 5118	《热强钢焊条》
GB/T 14957	《熔化焊用钢丝》
GB/T 8110	《气体保护电弧焊用碳钢、低合金钢焊丝》
GB/T 10045	《碳钢药芯焊丝》
GB/T 17493	《低合金钢药芯焊丝》
GB/T 5293	《埋弧焊用碳钢焊丝和焊剂》
GB/T 12470	《埋弧焊用低合金钢焊丝和焊剂》

表 9.2.2-2 钢结构连接用紧固件标准

标准编号	标准名称
GB/T 5780	《六角头螺栓　C级》
GB/T 5781	《六角头螺栓　全螺纹　C级》
GB/T 5782	《六角头螺栓》
GB/T 5783	《六角头螺栓　全螺纹》
GB/T 1228	《钢结构用高强度大六角头螺栓》
GB/T 1229	《钢结构用高强度大六角螺母》
GB/T 1230	《钢结构用高强度垫圈》
GB/T 1231	《钢结构用高强度大六角头螺栓、大六角螺母、垫圈技术条件》
GB/T 3632	《钢结构用扭剪型高强度螺栓连接副》
GB/T 3098.1	《紧固件机械性能　螺栓、螺钉和螺柱》

9.3　放样、号料和切割

9.3.1 放样和号料应符合下列规定：

1 需要放样的工件应根据批准的施工详图放出足尺节点大样；

2 放样和号料应预留收缩量（包括现场焊接收缩量）及切割、铣端等需要的加工余量，钢框架柱尚应按设计要求预留弹性压缩量。

9.3.2 钢框架柱的弹性压缩量，应按结构自重（包括钢结构、楼板、幕墙等的重量）和经常作用的活荷载产生的柱轴力计算。相邻柱的弹性压缩量相差不超过 5mm 时，可采用相同的压缩量。

柱压缩量应由设计单位提出，由制作单位、安装单位和设计单位协商确定。

9.3.3 号料和切割应符合下列规定：

1 主要受力构件和需要弯曲的构件，在号料时应按工艺规定的方向取料，弯曲件的外侧不应有冲样点和伤痕缺陷；

2 号料应有利于切割和保证零件质量；

3 型钢的下料，宜采用锯切。

9.3.4 框架梁端部过焊孔、圆弧半径和尺寸应符合本规程第 8.3.3 条的要求，孔壁表面应平整，不得采用手工切割。

9.4　矫正和边缘加工

9.4.1 矫正应符合下列规定：

1 矫正可采用机械或有限度的加热（线状加热或点加热），不得采用损伤材料组织结构的方法；

2 进行加热矫正时，应确保最高加热温度及冷却方法不损坏钢材材质。

9.4.2 边缘加工应符合下列规定：

1 需边缘加工的零件，宜采用精密切割来代替机械加工；

2 焊接坡口加工宜采用自动切割、半自动切割、坡口机、刨边等方法进行；

3 坡口加工时，应用样板控制坡口角度和各部分尺寸；

4 边缘加工的精度，应符合表 9.4.2 的规定。

表 9.4.2　边缘加工的允许偏差

边线与号料线的允许偏差（mm）	边线的弯曲矢高（mm）	粗糙度（mm）	缺口（mm）	渣	坡度
±1.0	$L/3000$，且≤2.0	0.02	1.0（修磨平缓过度）	清除	±2.5°

注：L 为弦长。

9.5　组　装

9.5.1 钢结构构件组装应符合下列规定：

1 组装应按制作工艺规定的顺序进行；

2 组装前应对零部件进行严格检查，填写实测记录，制作必要的工装。

9.5.2 组装允许偏差，应符合现行国家标准《钢结构工程施工质量验收规范》GB 50205 的有关规定。

9.6　焊　接

9.6.1 从事钢结构各种焊接工作的焊工，应按现行国家标准《钢结构焊接规范》GB 50661 的规定经考试并取得合格证后，方可进行操作。

9.6.2 在钢结构中首次采用的钢种、焊接材料、接头形式、坡口形式及工艺方法，应进行焊接工艺评定，其评定结果应符合设计及现行国家标准《钢结构焊接规范》GB 50661 的规定。

9.6.3 钢结构的焊接工作，必须在焊接工程师的指导下进行；并应根据工艺评定合格的试验结果和数据，编制焊接工艺文件。焊接工作应严格按照所编工艺文件中规定的焊接方法、工艺参数、施焊顺序等进行；并应符合现行国家标准《钢结构焊接规范》GB 50661 的规定。

9.6.4 低氢型焊条在使用前必须按照产品说明书的规定进行烘焙。烘焙后的焊条应放入恒温箱备用，恒温温度不应小于 120℃。使用中应置于保温桶中。烘焙合格的焊条外露在空气中超过 4h 应重新烘焙。焊条的反复烘焙次数不应超过 2 次。

9.6.5 焊剂在使用前必须按产品说明书的规定进行烘焙。焊丝必须除净锈蚀、油污及其他污物。

9.6.6 二氧化碳气体纯度不应低于 99.9%（体积法），其含水量不应大于 0.005%（重量法）。若使用瓶装气体，瓶内气体压力低于 1MPa 时应停止使用。

9.6.7 当采用气体保护焊焊接时，焊接区域的风速应加以限制。风速在 2m/s 以上时，应设置挡风装置，对焊接现场进行防护。

9.6.8 焊接开始前，应复查组装质量、定位焊质量和焊接部位的清理情况。如不符合要求，应修正合格后方准施焊。

9.6.9 对接接头、T 形接头和要求全熔透的角部焊缝，应在焊缝两端配置引弧板和引出板。手工焊引板长度不应小于 25mm，埋弧自动焊引板长度不应小于 80mm，引焊到引板的焊缝长度不得小于引板长度的 2/3。

9.6.10 引弧应在焊道处进行，严禁在焊接区以外的母材上打火引弧。

9.6.11 焊接时应根据工作地点的环境温度、钢材材质和厚度，选择相应的预热温度对焊件进行预热。无特殊要求时，可按表 9.6.11 选取预热温度。凡需预热的构件，焊前应在焊道两侧各 100mm 范围内均匀进行预热，预热温度的测量应在距焊道 50mm 处进行。当工作地点的环境温度为 0℃ 以下时，焊接件的预热温度应通过试验确定。

表 9.6.11　常用的预热温度

钢材分类	环境温度	板厚（mm）	预热及层间宜控温度（℃）
碳素结构钢	0℃及以上	≥50	80
低合金高强度结构钢	0℃及以上	≥36	100

9.6.12 板厚超过 30mm，且有淬硬倾向和拘束度较大低合金高强度结构钢的焊接，必要时可进行后热处理。后热处理的时间应按每 25mm 板厚为 1h。

后热处理应于焊后立即进行。后热的加热范围为焊缝两侧各 100mm，温度的测量应在距焊缝中心线 75mm 处进行。焊缝后热达到规定温度后，应按规定时间保温，然后使焊件缓慢冷却至常温。

9.6.13 要求全熔透的两面焊焊缝，正面焊完成后在焊背面之前，应认真清除焊缝根部的熔渣、焊瘤和未焊透部分，直至露出正面焊缝金属时方可进行背面的焊接。

9.6.14 30mm 以上厚板的焊接，为防止在厚度方向出现层状撕裂，宜采取下列措施：

　　1 将易发生层状撕裂部位的接头设计成拘束度小、能减小层状撕裂的构造形式（图 9.6.14）；

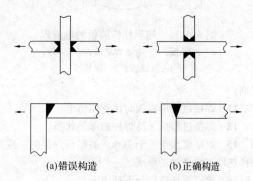

(a)错误构造　　　(b)正确构造

图 9.6.14　能减少层状撕裂的构造形式

　　2 焊接前，对母材焊道中心线两侧各 2 倍板厚加 30mm 的区域内进行超声波探伤检查。母材中不得有裂纹、夹层及分层等缺陷存在；

　　3 严格控制焊接顺序，尽可能减小垂直于板面方向的拘束；

　　4 根据母材的 C_{eq}（碳当量）和 P_{cm}（焊接裂纹敏感性指数）值选择正确的预热温度和必要的后热处理；

　　5 采用低氢型焊条施焊，必要时可采用超低氢型焊条。在满足设计强度要求的前提下，采用屈服强度较低的焊条。

9.6.15 高层民用建筑钢结构箱形柱内横隔板的焊接，可采用熔嘴电渣焊设备进行焊接。箱形构件封闭后，通过预留孔用两台焊机同时进行电渣焊（图 9.6.15），施焊时应注意下列事项：

　　1 施焊现场的相对湿度等于或大于 90% 时，应停止焊接；

　　2 熔嘴孔内不得受潮、生锈或有污物；

　　3 应保证稳定的网路电压；

　　4 电渣焊施焊前必须做工艺试验，确定焊接工艺参数和施焊方法；

　　5 焊接衬板的下料、加工及装配应严格控制质量和精度，使其与横隔板和翼缘板紧密贴合；当装配缝隙大于 1mm 时，应采取措施进行修整和补救；

　　6 同一横隔板两侧的电渣焊宜同时施焊，并一次焊接成型；

　　7 当翼缘板较薄时，翼缘板外部的焊接部位应安装水冷却装置；

　　8 焊道两端应按要求设置引弧和引出套筒；

　　9 熔嘴应保持在焊道的中心位置；

　　10 焊接起动及焊接过程中，应逐渐少量加入

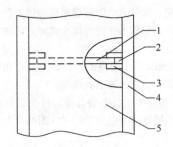

图 9.6.15 箱形柱横隔板的电渣焊

1—横隔板；2—电渣焊部位；3—衬板；
4—翼缘板；5—腹板

焊剂；

11 焊接过程中应随时注意调整电压；

12 焊接过程应保持焊件的赤热状态；

13 对厚度大于等于 70mm 的厚板焊接时，应考虑预热以加快渣池的形成。

9.6.16 栓钉焊接应符合下列规定：

1 焊接前应将构件焊接面上的水、锈、油等有害杂质清除干净，并应按规定烘焙瓷环；

2 栓钉焊电源应与其他电源分开，工作区应远离磁场或采取措施避免磁场对焊接的影响；

3 施焊构件应水平放置。

9.6.17 栓钉焊应按下列规定进行质量检验：

1 目测检查栓钉焊接部位的外观，四周的熔化金属应以形成一均匀小圈而无缺陷为合格。

2 焊接后，自钉头表面算起的栓钉高度 L 的允许偏差应为 ±2mm，栓钉偏离竖直方向的倾斜角度 θ 应小于等于 5°（图 9.6.17）。

3 目测检查合格后，对栓钉进行弯曲试验，弯曲角度为 30°。在焊接面上不得有任何缺陷。

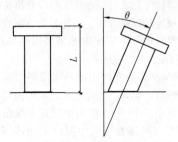

图 9.6.17 栓钉的焊接要求

栓钉焊的弯曲试验采取抽样检查。取样率为每批同类构件抽查 10%，且不应少于 10 件；被抽查构件中，每件检查焊钉数量的 1%，但不应少于 1 个。试验可用手锤进行，试验时应使拉力作用在熔化金属最少的一侧。当达到规定弯曲角度时，焊接面上无任何缺陷为合格。抽样栓钉不合格时，应再取两个栓钉进行试验，只要其中一个仍不符合要求，则余下的全部栓钉都应进行试验。

4 经弯曲试验合格的栓钉可在弯曲状态下使用，不合格的栓钉应更换，并应经弯曲试验检验。

9.6.18 焊缝质量的外观检查，应按设计文件规定的标准在焊缝冷却后进行。由低合金高强度结构钢焊接而成的大型梁柱构件以及厚板焊接件，应在完成焊接工作 24h 后，对焊缝及热影响区是否存在裂缝进行复查。

1 焊缝表面应均匀、平滑，无折皱、间断和未满焊，并与基本金属平缓连接，严禁有裂纹、夹渣、焊瘤、烧穿、弧坑、针状气孔和熔合性飞溅等缺陷；

2 所有焊缝均应进行外观检查，当发现有裂纹疑点时，可用磁粉探伤或着色渗透探伤进行复查。设计文件无规定时，焊缝质量的外观检查可按表 9.6.18-1 及表 9.6.18-2 的规定执行。

表 9.6.18-1 焊缝外观质量要求

检验项目＼焊缝质量等级	一级	二级	三级
裂纹		不允许	
未焊满	不允许	≤0.2mm＋0.02t 且≤1mm，每 100mm 长度焊缝内未焊满累计长度≤25mm	≤0.2mm＋0.04t 且≤2mm，每 100mm 长度焊缝内未焊满累计长度≤25mm
根部收缩	不允许	≤0.2mm＋0.02t 且≤1mm，长度不限	≤0.2mm＋0.04t 且≤2mm，长度不限
咬边	不允许	深度≤0.05t 且≤0.5mm，连续长度≤100mm，且焊缝两侧咬边总长≤10% 焊缝全长	深度≤0.1t 且≤1mm，长度不限
电弧擦伤		不允许	允许存在个别电弧擦伤
接头不良	不允许	缺口深度≤0.05t 且≤0.5mm，每 1000mm 长度焊缝内不得超过 1 处	缺口深度≤0.1t 且≤1mm，每 1000mm 长度焊缝内不得超过 1 处

检验项目 / 焊缝质量等级	一级	二级	三级
表面气孔		不允许	每 50mm 长度焊缝内允许存在直径 < $0.4t$ 且 ≤3mm 的气孔 2 个；孔距应≥6 倍孔径
表面夹渣		不允许	深≤$0.2t$，长≤$0.5t$，且≤20mm

注：t 为母材厚度。

表 9.6.18-2　焊缝余高和错边允许偏差

序号	项目	示意图	允许偏差（mm）	
			一、二级	三级
1	对接焊缝余高（C）		$B<20$ 时，C 为 0～3；$B≥20$ 时，C 为 0～4	$B<20$ 时，C 为 0～3.5；$B≥20$ 时，C 为 0～5
2	对接焊缝错边（△）		△$<0.1t$ 且≤2.0	△$<0.15t$ 且≤3.0
3	角焊缝余高（C）		$h_f≤6$ 时 C 为 0～1.5；$h_f>6$ 时 C 为 0～3.0	

注：t 为对接接头较薄母材厚度。

9.6.19　焊缝的超声波探伤检查应按下列规定进行：

1　图纸和技术文件要求全熔透的焊缝，应进行超声波探伤检查。

2　超声波探伤检查应在焊缝外观检查合格后进行。焊缝表面不规则及有关部位不清洁的程度，应不妨碍探伤的进行和缺陷的辨认，不满足上述要求时事前应对需探伤的焊缝区域进行铲磨和修整。

3　全熔透焊缝的超声波探伤检查数量，应由设计文件确定。设计文件无明确要求时，应根据构件的受力情况确定；受拉焊缝应 100％检查；受压焊缝可抽查 50％，当发现有超过标准的缺陷时，应全部进行超声波检查。

4　超声波探伤检查应根据设计文件规定的标准进行。设计文件无规定时，超声波探伤的检查等级按现行国家标准《焊缝无损检测　超声检测　技术、检测等级和评定》GB/T 11345 标准中规定的 B 级要求执行，受拉焊缝的评定等级为 B 检查等级中的Ⅰ级，

受压焊缝的评定等级为 B 检查等级中的Ⅱ级。

5　超声波检查应做详细记录，并应写出检查报告。

9.6.20　经检查发现的焊缝不合格部位，必须进行返修。

1　当焊缝有裂纹、未焊透和超标准的夹渣、气孔时，必须将缺陷清除后重焊。清除可用碳弧气刨或气割进行。

2　焊缝出现裂纹时，应进行原因分析，并制定出修复措施后方可返修。当裂纹界限清楚时，应从裂纹两端加长 50mm 处开始，沿裂纹全长进行清除后再焊接。

3　对焊缝上出现的间断、凹坑、尺寸不足、弧坑、咬边等缺陷，应予补焊。补焊焊条直径不宜大于 4mm。

4　修补后的焊缝应用砂轮进行修磨，并应按要求重新进行检查。

5 低合金高强度结构钢焊缝，在同一处返修次数不得超过 2 次。对经过 2 次返修仍不合格的焊缝，应会同设计或有关部门研究处理。

9.7 制 孔

9.7.1 制孔应按下列规定进行：

1 宜采用下列制孔方法：

1）使用多轴立式钻床或数控机床等制孔；

2）同类孔径较多时，采用模板制孔；

3）小批量生产的孔，采用样板划线制孔；

4）精度要求较高时，整体构件采用成品制孔。

2 制孔过程中，孔壁应保持与构件表面垂直。

3 孔周围的毛刺、飞边，应用砂轮等清除。

9.7.2 高强度螺栓孔的精度应为 H15 级，孔径的允许偏差应符合表 9.7.2 的规定。

表 9.7.2 高强度螺栓孔径的允许偏差

名称	允许偏差（mm）						
螺栓	12	16	20	(22)	24	(27)	30
孔径	13.5	17.5	22	(24)	26	(30)	33
不圆度（最大和最小直径差）	1.0			1.5			
中心线倾斜	不应大于板厚的 3%，且单层板不得大于 2.0mm，多层板叠组合不得大于 3.0mm						

9.7.3 孔在零件、部件上的位置，应符合设计文件的要求。当设计无要求时，成孔后任意两孔间距离的允许偏差，应符合表 9.7.3 的规定。

表 9.7.3 孔间距离的允许偏差

项 目	允 许 偏 差（mm）			
	≤500	>500～1200	>1200～3000	>3000
同一组内任意两孔间	±1.0	±1.2	—	—
相邻两组的端孔间	±1.2	±1.5	±2.0	±3.0

9.7.4 过焊孔的加工应符合下列规定：

1 过焊孔加工，应根据加工图的要求。

2 当对工字形截面端部坡口的加工没有注明要设置过焊孔时，可采用下列方法之一：

1）不设过焊孔（图 9.7.4-1）按下列规定制作；

2）设置过焊孔（图 9.7.4-2），过焊孔的曲线圆弧应与翼缘相切，其中，$r_1=35mm$，$r_2=$

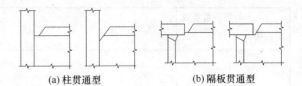

(a) 柱贯通型　　　(b) 隔板贯通型

图 9.7.4-1　不设过焊孔时的加工形状

10mm，半径改变和与翼缘相切处应光滑过渡。

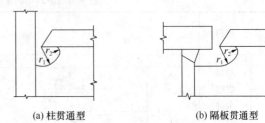

(a) 柱贯通型　　　(b) 隔板贯通型

图 9.7.4-2　过焊孔的加工

3 过焊孔加工采用切削加工机或带有固定件手动气切加工机。当用手动气切切割机时，过焊孔圆弧的曲线与翼缘连接处应光滑，采用修边器修正。梁柱连接以外的过焊孔加工精度：当切削面的粗糙度为 $R_z \leqslant 100\mu m$ 时，槽口深度应为 1mm 以下；当此精度不能确保时，应采用修边器修正。

9.8 摩擦面的加工

9.8.1 采用高强度螺栓连接时，应对构件摩擦面进行加工处理。处理后的抗滑移系数应符合设计要求。

9.8.2 高强度螺栓连接摩擦面的加工，可采用喷砂、抛丸和砂轮打磨等方法。砂轮打磨方向应与构件受力方向垂直，且打磨范围不得小于螺栓直径的 4 倍。

9.8.3 经处理的摩擦面应采取防油污和损伤的保护措施。

9.8.4 制作厂应在钢结构制作的同时进行抗滑移系数试验，并出具试验报告。试验报告应写明试验方法和结果。

9.8.5 应根据现行行业标准《钢结构高强度螺栓连接技术规程》JGJ 82 的规定或设计文件的要求，制作材质和处理方法相同的复验抗滑移系数用的试件，并与构件同时移交。

9.9 端 部 加 工

9.9.1 构件的端部加工应按下列规定进行：

1 构件的端部加工应在矫正合格后进行；

2 应根据构件的形式采取必要的措施，保证铣平端面与轴线垂直；

3 端部铣平面的允许偏差，应符合表 9.9.1 的规定。

表 9.9.1　端面铣平面的允许偏差

项　目	允许偏差（mm）
两端铣平时构件长度	±2
两端铣平时零件长度	±0.5
铣平面的平面度	0.3
铣平面的垂直度	$l/1500$
表面粗糙度	0.03

9.10　防锈、涂层、编号及发运

9.10.1　钢结构的除锈和涂装工作，应在质量检查部门对制作质量检验合格后进行。

9.10.2　除锈等级分为三级，并应符合表 9.10.2 的规定。

表 9.10.2　除锈质量等级

涂料品种	除锈等级
油性酚醛、醇酸等底漆或防锈漆	St2
高氯化聚乙烯、氯化橡胶、氯磺化聚乙烯、环氧树脂、聚氨酯等底漆或防锈漆	Sa2
无机富锌、有机硅、过氯乙烯等底漆	Sa2 $\frac{1}{2}$

9.10.3　钢结构的防锈涂料和涂层厚度应符合设计要求，涂料应配套使用。

9.10.4　对规定的工厂内涂漆的表面，要用机械或手工方法彻底清除浮锈和浮物。

9.10.5　涂层完毕后，应在构件明显部位印制构件编号。编号应与施工图的构件编号一致，重大构件尚应标明重量、重心位置和定位标记。

9.10.6　根据设计文件要求和构件的外形尺寸、发运数量及运输情况，编制包装工艺。应采取措施防止构件变形。

9.10.7　钢结构的包装和发运，应按吊装顺序配套进行。

9.10.8　钢结构成品发运时，必须与订货单位有严格的交接手续。

9.11　构件预拼装

9.11.1　制作单位应对合同要求或设计文件规定的构件进行预拼装。

9.11.2　钢构件预拼装有实体预拼装和计算机辅助模拟预拼装方法。

9.11.3　除有特殊规定外，构件预拼装应按设计文件和现行国家标准《钢结构工程施工质量验收规范》GB 50205 的有关规定进行验收。

9.11.4　当采用计算机辅助模拟预拼装的偏差超过现行国家标准《钢结构工程施工质量验收规范》GB 50205 的有关规定时，应进行实体预拼装。

9.12　构　件　验　收

9.12.1　构件制作完毕后，检查部门应按施工详图的要求和本节的规定，对成品进行检查验收。成品的外形和几何尺寸的偏差应符合表 9.12.1-1～表 9.12.1-4 的规定。

表 9.12.1-1　高层多节柱的允许偏差

项目		允许偏差（mm）	图例
一节柱长度的制造偏差 Δl		±3.0	
柱底刨平面到牛腿支撑面距离 l 的偏差 Δl_1		±2.0	
楼面间距离的偏差 Δl_2 或 Δl_3		±3.0	
牛腿的翘曲或扭曲 a	$l_5 \leqslant 600$	2.0	
	$l_5 > 600$	3.0	
柱身挠曲矢高	$l/1000$ 且不大于 5.0		
翼缘板倾斜度	$b \leqslant 400$	3.0	
	$b > 400$	5.0	
	接合部位	$B/100$ 且大于 1.5	

项目		允许偏差 （mm）	图例
腹板中心 线偏移		接合部位 1.5	
		其他部分 3.0	
柱截面 尺寸偏差	$h{\leqslant}400$	± 2.0	
	$400{<}h$ ${<}800$	$\pm h/200$	
	$h{\geqslant}800$	± 4.0	
每节柱的 柱身扭曲		$6h/1000$ 且不大于 5.0	
柱脚底板翘 曲和弯折		3.0	
柱脚螺栓孔对底板 中心线的偏移		1.5	
柱端连接处 的倾斜度		$1.5h/1000$	

表 9.12.1-2　梁的允许偏差

项目		允许偏差 （mm）	图例
梁的长度偏差		$l/2500$ 且 不大于 5	
焊接梁端部 高度偏差	$h \leqslant 800$	± 2.0	
	$h > 800$	± 3.0	
两端最外侧孔间 距离偏差		± 3.0	
梁的弯曲矢高		$l/1000$ 且 不大于 10	
梁的扭曲 （梁高 h）		$h/200$ $\leqslant 8$	
腹板局部 不平直度	$t < 14$	$3l/1000$	
	$t \geqslant 14$	$2l/1000$	
悬臂梁段 端部偏差	竖向偏差	$l/300$	
	水平偏差	3.0	
	水平总偏差	4.0	
悬臂梁段 长度偏差		± 3.0	
梁翼缘板 弯曲偏差		2.0	

表 9.12.1-3　异型断面柱外形尺寸的允许偏差

项目		允许偏差（mm）		图例
单箱体	箱形截面高度 h	连接处	±3.0	
		非连接处	+4.0 +0.0	
	宽度 b	±2.0		
	腹板间距 b_0	±3.0		
	垂直度 Δ	2b/150，且不大于 5.0		
双箱体	箱形截面高度 h	连接处	±4.0	
		非连接处	+8.0 +0.0	
	翼板宽度 b	±2.0		
	腹板间距 b_0	±3.0		
	翼板间距 h_0	±3.0		
	垂直度 Δ	2b/150，且不大于 6.0		
三箱体	箱形截面尺寸 h	连接处	±4.0	
		非连接处	+8.0 +0.0	
	翼板宽度 b	±2.0		
	腹板间距 b_0	±3.0		
	翼板间距 h_0	±3.0		
	垂直度 Δ	非连接处±4.0		
特殊箱体	箱形截面尺寸 h	连接处	±5.0	
		非连接处	+12.0 +0.00	
	翼板宽度 b	+2.0		
	腹板间距 b_0	±3.0		
	翼板间距 h_0	±3.0		
	垂直度 Δ	2h/150，且不大于 5.0		

表 9.12.1-4　钢板剪力墙的允许偏差

项　目	允许偏差（mm）	备注
柱与柱中心轴线间距离 A	±3.0	
柱预装单元总长 L	−4～+2	
预装块上下相邻两块对角线之差 ΔC	H/2000，且≤8.0	H 为相应预装块高度
预装块单块对角线之差 ΔE	H/2000，且≤5.0	
摩擦面连接间隙	≤1.0	
墙板边缘的直线度	H/1500，且≤5.0	H 为相应预装块高度
板间接口错边（焊接位置）	t/10，且≤3.0	t 为相应板件厚度
与预装墙面正交的构件垂直度（地下部分有孔侧）	≤2.0	

注：由于构件的外形影响手工测量，对角线的测量使用全站仪。

9.12.2 构件出厂时，制作单位应分别提交产品质量证明及下列技术文件。提交的技术文件同时应作为制作单位技术文件的一部分存档备查。

  1 钢结构加工图纸；

  2 制作中对问题处理的协议文件；

  3 所用钢材、焊接材料的质量证明书及必要的实验报告；

  4 高强度螺栓抗滑移系数的实测报告；

  5 焊接的无损检验记录；

  6 发运构件的清单。

10 安 装

10.1 一 般 规 定

10.1.1 钢结构安装前，应根据设计图纸编制安装工程施工组织设计。对于复杂、异型结构，应进行施工过程模拟分析并采取相应安全技术措施。

10.1.2 施工详图设计时应综合考虑安装要求：如吊装构件的单元划分、吊点和临时连接件设置、对位和测量控制基准线或基准点、安装焊接的坡口方向和形式等。

10.1.3 施工过程验算时应考虑塔吊设置及其他施工活荷载、风荷载等。施工活荷载可按 $0.6kN/m^2 \sim 1.2kN/m^2$ 选取，风荷载宜按现行国家标准《建筑结构荷载规范》GB 50009 规定的 10 年一遇的风荷载标准值采用。

10.1.4 钢结构安装时应有可靠的作业通道和安全防护措施，应制定极端气候条件下的应对措施。

10.1.5 电焊工应具备安全作业证和技能上岗证。持证焊工须在考试合格项目认可范围有效期内施焊。

10.1.6 安装用的焊接材料、高强度螺栓、普通螺栓、栓钉和涂料等，应具有产品质量证明书，其质量应分别符合现行国家标准《非合金钢及细晶粒钢焊条》GB/T 5117、《热强钢焊条》GB/T 5118、《熔化焊用钢丝》GB/T 14957、《气体保护电弧焊用碳钢、低合金钢焊丝》GB/T 8110、《碳钢药芯焊丝》GB/T 10045、《低合金钢药芯焊丝》GB/T 17493、《埋弧焊用碳钢焊丝和焊剂》GB/T 5293、《埋弧焊用低合金钢焊丝和焊剂》GB/T 12470、《钢结构用高强度大六角头螺栓、大六角螺母、垫圈技术条件》GB/T 1231、《钢结构用扭剪型高强度螺栓连接副》GB/T 3632、《紧固件机械性能 螺栓、螺钉和螺柱》GB/T 3098.1、《六角头螺栓 C 级》GB/T 5780 和《六角头螺栓》GB/T 5782、《电弧螺柱焊用圆柱头焊钉》GB/T 10433 及其他相关标准。

10.1.7 安装用的专用机具和工具，应满足施工要求，并定期进行检验，保证合格。

10.1.8 安装的主要工艺，如测量校正、厚钢板焊接、栓钉焊接、高强度螺栓连接的抗滑移面加工、防腐及防火涂装等，应在施工前进行工艺试验，并应在试验结论的基础上制定各项操作工艺指导书，指导施工。

10.1.9 安装前，应对构件的外形尺寸、螺栓孔直径及位置、连接件位置及角度、焊缝、栓钉焊、高强度螺栓接头抗滑移面加工质量、构件表面的涂层等进行检查，在符合设计文件或本规程第 9 章的要求后，方能进行安装工作。

10.1.10 安装使用的钢尺，应符合本规程第 9.1.4 条的要求。土建施工、钢结构制作、钢结构安装应使用同一标准检验的钢尺。

10.1.11 安装工作应符合环境保护、劳动保护和安全技术方面现行国家有关法规和标准的规定。

10.2 定位轴线、标高和地脚螺栓

10.2.1 钢结构安装前，应对建筑物的定位轴线、平面闭合差、底层柱的位置线、钢筋混凝土基础的标高和混凝土强度等级等进行检查，合格后方能开始安装工作。

10.2.2 框架柱定位测量可采用内控法和外控法。每节柱的定位轴线应从地面控制轴线引上来，不得从下层柱的轴线引出。

10.2.3 地脚螺栓应采用套板或套箍支架独立、精确定位。当地脚螺栓与钢筋相互干扰时，应遵循先施工地脚螺栓，后穿插钢筋的原则，并做好成品保护。螺栓螺纹应采取保护措施。

10.2.4 底层柱地脚螺栓的紧固轴力，应符合设计文件的规定。一般螺母止退采用双螺母固定。

10.2.5 结构的楼层标高可按相对标高或设计标高进行控制，并符合下列规定：

  1 按相对标高安装时，建筑物高度的累积偏差不得大于各节柱制作、安装、焊接允许偏差的总和。

  2 按设计标高安装时，应以每节柱为单位进行柱标高的测量工作。

10.2.6 第一节柱标高精度控制，可采用在底板下的地脚螺栓上加一调整螺母的方法（图 10.2.6）。

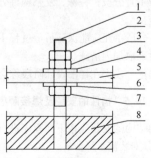

图 10.2.6 柱脚的调整螺母
1—地脚螺栓；2—止退螺母；3—紧固螺母；4—螺母垫板；5—钢柱底板；6—螺母垫板；7—调整螺母；8—钢筋混凝土基础

10.2.7 地脚螺栓施工完毕直至混凝土浇筑终凝前，应加强测量监控，采取必要的成品保护措施。混凝土终凝后应实测地脚螺栓最终定位偏差值，偏差超过允许值影响钢柱就位时，可通过适当扩大柱底板螺栓孔的方法处理。

10.3 构件的质量检查

10.3.1 构件成品出厂时，制作厂应将每个构件的质量检查记录及产品合格证交安装单位。

10.3.2 对柱、梁、支撑等主要构件，应在出厂前进行检查验收，检查合格后方可出厂。

10.3.3 端部进行现场焊接的梁、柱构件，其长度尺寸应按下列方法进行检查：

  1 柱的长度，应增加柱端焊接产生的收缩变形值和荷载使柱产生的压缩变形值。

  2 梁的长度应增加梁接头焊接产生的收缩变形值。

10.3.4 钢构件的弯曲变形、扭曲变形以及钢构件上的连接板、螺栓孔等的位置和尺寸，应以钢构件的轴线为基准进行核对，不宜采用钢构件的边棱线作为检查基准线。

10.3.5 钢构件焊缝的外观质量和超声波探伤检查，栓钉的位置及焊接质量，以及涂层的厚度和强度，应符合现行国家标准《钢结构焊接规范》GB 50661、《电弧螺柱焊用圆柱头焊钉》GB/T 10433 和《涂覆涂料前钢材表面处理　表面清洁度的目视评定　第1部分：未涂覆过的钢材表面和全面清除原有涂层后的钢材表面的锈蚀等级和处理等级》GB/T 8923.1 等的规定。

10.4 吊装构件的分段

10.4.1 构件分段应综合考虑加工、运输条件和现场起重设备能力，本着方便实施、减少现场作业量的原则进行。

10.4.2 钢柱分段一般宜按（2～3）层一节，分段位置应在楼层梁顶标高以上 1.2m～1.3m；钢梁、支撑等构件一般不宜分段；特殊、复杂构件分段应会同设计共同确定。

10.4.3 各分段单元应能保证吊运过程中的强度和刚度，必要时采取加固措施。

10.4.4 构件分段应在详图设计阶段综合考虑。

10.5 构件的安装及焊接顺序

10.5.1 钢结构的安装应按下列程序进行：

  1 划分安装流水区段；

  2 确定构件安装顺序；

  3 编制构件安装顺序图、安装顺序表；

  4 进行构件安装，或先将构件组拼成扩大安装单元，再进行安装。

10.5.2 安装流水区段可按建筑物的平面形状、结构形式、安装机械的数量、现场施工条件等因素划分。

10.5.3 构件的安装顺序，平面上应从中间向四周扩展，竖向应由下向上逐渐安装。

10.5.4 构件的安装顺序表，应注明构件的平面位置图、构件所在的详图号，并应包括各构件所用的节点板、安装螺栓的规格数量、构件的重量等。

10.5.5 构件接头的现场焊接应按下列程序进行：

  1 完成安装流水段内主要构件的安装、校正、固定（包括预留焊接收缩量）；

  2 确定构件接头的焊接顺序；

  3 绘制构件焊接顺序图；

  4 按规定顺序进行现场焊接。

10.5.6 构件接头的焊接顺序，平面上应从中部对称地向四周扩展，竖向可采用有利于工序协调、方便施工、保证焊接质量的顺序。当需要通过焊接收缩微调柱顶垂直偏差值时，可适当调整平面方向接头焊接顺序。

10.5.7 构件的焊接顺序图应根据接头的焊接顺序绘制，并应列出顺序编号，注明焊接工艺参数。

10.5.8 电焊工应严格按分配的焊接顺序施焊，不得自行变更。

10.6 钢构件的安装

10.6.1 柱的安装应先调整标高，再调整水平位移，最后调整垂直偏差，并应重复上述步骤，直到柱的标高、位移、垂直偏差符合要求。调整柱垂直度的缆风绳或支撑夹板，应在柱起吊前在地面绑扎好。

10.6.2 当由多个构件在地面组拼成为扩大安装单元进行安装时，其吊点应经计算确定。

10.6.3 柱、梁、支撑等大构件安装时，应随即进行校正。

10.6.4 当天安装的钢构件应形成空间稳定体系。

10.6.5 当采用内、外爬塔式起重机或外附塔式起重机进行高层民用建筑钢结构安装时，对塔式起重机与钢结构相连接的附着装置，应进行验算，并应采取相应的安全技术措施。

10.6.6 进行钢结构安装时，楼面上堆放的安装荷载应予限制，不得超过钢梁和压型钢板的承载能力。

10.6.7 一节柱的各层梁安装完毕并验收合格后，应立即铺设各层楼面的压型钢板，并安装本节柱范围内的各层楼梯。

10.6.8 钢构件安装和楼盖中的钢筋混凝土楼板的施工，应相继进行，两项作业相距不宜超过6层。当超过6层时，应由责任工程师会同设计部门和专业质量检查部门共同协商处理。

10.6.9 一个流水段一节柱的全部钢构件安装完毕并验收合格后，方可进行下一个流水段的安装工作。

10.6.10 钢板剪力墙单元应随柱梁等构件从下到上

依次安装。吊装及运输时应采取措施防止平面外变形；钢板剪力墙与柱和梁的连接次序应满足设计要求。当设计无要求时，宜与柱梁等构件同步连接。

10.6.11 对设有伸臂桁架的钢框架-混凝土核心筒结构，为避免由于施工阶段竖向变形差在伸臂结构中产生过大的初应力，应对悬挑段伸臂桁架采取临时定位措施，待竖向变形差基本消除后再进行刚接。

10.6.12 转换桁架或腰桁架应根据制作运输条件和起重能力进行分段并散装，采用由下到上，从中间向两端的顺序安装。

10.7 安装的测量校正

10.7.1 钢结构安装前，应按本规程第10.2.5条的要求确定按设计标高或相对标高安装。

10.7.2 钢结构安装前应根据现场测量基准点分别引测内控和外控测量控制网，作为测量控制的依据。地下结构一般采用外控法，地上结构可根据场地条件和周边建筑情况选择内控法或外控法。

10.7.3 高度大于400m的高层民用建筑的平面控制网在垂直传递时，宜采用GPS进行复核。

10.7.4 柱在安装校正时，水平及垂直偏差应校正到现行国家标准《钢结构工程施工质量验收规范》GB 50205规定的允许偏差以内，垂直偏差应达到±0.000。安装柱与柱之间的主梁时，应根据焊缝收缩量预留焊缝变形值，预留的变形值应作书面记录。

10.7.5 结构安装时，应注意日照、焊接等温度变化引起的热影响对构件的伸缩和弯曲引起的变化，并应采取相应措施。

10.7.6 安装柱与柱之间的主梁构件时，应对柱的垂直度进行监测。除监测这根梁的两端柱子的垂直度变化外，尚应监测相邻各柱因梁连接影响而产生的垂直度变化。

10.7.7 安装压型钢板前，应在梁上标出压型钢板铺放的位置线。铺放压型钢板时，相邻两排压型钢板端头的波形槽口应对准。

10.7.8 栓钉施工前应标出栓钉焊接的位置。若钢梁或压型钢板在栓钉位置有锈污或镀锌层，应采用角向砂轮打磨干净。栓钉焊接时应按位置线排列整齐。

10.7.9 在一节柱子高度范围内的全部构件完成安装、焊接、铺设压型钢板、栓接并验收合格后，方能从地面引放上一节柱的定位轴线。

10.7.10 各种构件的安装质量检查记录，应为结构全部安装完毕后的最后一次实测记录。

10.8 安装的焊接工艺

10.8.1 钢结构安装前，应对主要焊接接头的焊缝进行焊接工艺试验，制定所用钢材的焊接材料、有关工艺参数和技术措施。

10.8.2 当焊接作业处于下列情况之一时，严禁焊接：

  1 焊接作业区的相对湿度大于90%；

  2 焊件表面潮湿或暴露于雨、冰、雪中；

  3 焊接作业条件不符合现行国家标准《焊接与切割安全》GB 9448的有关规定。

10.8.3 焊接环境温度低于0℃但不低于-10℃时，应采取加热或防护措施。应确保接头焊接处各方向大于等于2倍板厚且不小于100mm范围内，母材温度不低于20℃和现行国家标准《钢结构焊接规范》GB 50661规定的最低预热温度二者的较大值，且在焊接过程中不应低于该温度。

10.8.4 当焊接环境温度低于-10℃时，必须进行相应焊接环境下的工艺评定试验，并应在评定合格后再进行焊接，否则，严禁焊接。

10.8.5 低碳钢和低合金钢厚钢板，应选用与母材同一强度等级的焊条或焊丝，同时考虑钢材的焊接性能、焊接结构形状、受力状况、设备状况等条件。焊接用的引弧板的材质，应与母材相一致，或通过试验选用。

10.8.6 焊接开始前，应将焊缝处的水分、脏物、铁锈、油污、涂料等清除干净，垫板应靠紧，无间隙。

10.8.7 零件采用定位点焊时，其数量和长度应由计算确定，也可按表10.8.7的数值采用。

表10.8.7 点焊缝的最小长度

钢板厚度	点焊缝的最小长度（mm）	
（mm）	手工焊、半自动焊	自动焊
3.2以下	30	40
3.2～25	40	50
25以上	50	60

10.8.8 柱与柱接头焊接，应由两名或多名焊工在相对称位置以相等速度同时施焊。

10.8.9 加引弧板焊接柱与柱接头时，柱四对边的焊缝首次焊接的层数不宜超过4层。焊完第一个4层，切去引弧板和清理焊缝表面后，转90°焊另两个相对边的焊缝。这时可焊完8层，再换至另两相对边，如此循环直至焊满整个柱接头的焊缝为止。

10.8.10 不加引弧板焊接柱与柱接头时，应由两名焊工在相对称位置以逆时针方向在距柱角50mm处起焊。焊完一层后，第二层及以后各层均在离前一层起焊点（30～50）mm处起焊。每焊一遍应认真检查清渣，焊到柱角处要稍放慢焊条移动速度，使柱角焊成方角，且焊缝饱满。最后一遍盖面焊缝可采用直径较小的焊条和较小的电流进行焊接。

10.8.11 梁和柱接头的焊接，应设长度大于3倍焊缝厚度的引弧板。引弧板的厚度、坡口角度应和焊缝厚度相适应，焊完后割去引弧板时应留5mm～10mm。

10.8.12 梁和柱接头的焊缝，宜先焊梁的下翼缘板，再焊上翼缘板。先焊梁的一端，待其焊缝冷却至常温后，再焊另一端，不宜对一根梁的两端同时施焊。

10.8.13 柱与柱、梁与柱接头焊接试验完毕后，应将焊接工艺全过程记录下来，测量出焊缝的收缩值，反馈到钢结构制作厂，作为柱和梁加工时增加长度的依据。

厚钢板焊缝的横向收缩值，可按下式计算确定，也可按表10.8.13选用。

$$S = k \times \frac{A}{t} \qquad (10.8.13)$$

式中：S——焊缝的横向收缩值（mm）；
$\quad\quad A$——焊缝横截面面积（mm^2）；
$\quad\quad t$——焊缝厚度，包括熔深（mm）；
$\quad\quad k$——常数，一般可取0.1。

表10.8.13　焊缝的横向收缩值

焊缝坡口形式	钢材厚度（mm）	焊缝收缩值（mm）	构件制作增加长度（mm）
上柱 35° 6mm~9mm 下柱	19	1.3~1.6	1.5
	25	1.5~1.8	1.7
	32	1.7~2.0	1.9
	40	2.0~2.3	2.2
	50	2.2~2.5	2.4
	60	2.7~3.0	2.9
	70	3.1~3.4	3.3
	80	3.4~3.7	3.5
	90	3.8~4.1	4.0
	100	4.1~4.4	4.3
35° 柱 梁 6mm~9mm	12	1.0~1.3	1.2
	16	1.1~1.4	1.3
	19	1.2~1.5	1.4
	22	1.3~1.6	1.5
	25	1.4~1.7	1.6
	28	1.5~1.8	1.7
	32	1.7~2.0	1.8

10.8.14 进行手工电弧焊时当风速大于8m/s，进行气体保护焊时当风速大于2m/s，均应采取防风措施方能施焊。

10.8.15 焊接工作完成后，焊工应在焊缝附近打上代号钢印。焊工自检和质量检查员所作的焊缝外观检查以及超声波检查，均应有书面记录。

10.8.16 经检查不合格的焊缝应按本规程第9.6.20条的要求进行返修，并应按同样的焊接工艺进行补焊，再用同样的方法进行质量检查。同一部位的一条焊缝，修理不宜超过2次，否则应更换母材，或由责

任工程师会同设计和专业质量检验部门协商处理。

10.8.17 发现焊接引起的母材裂纹或层状撕裂时，应会同相关部门和人员分析原因，制定专项处理方案。

10.8.18 栓钉焊接开始前，应对采用的焊接工艺参数进行测定，编制焊接工艺方案，并应在施工中执行。

10.9　高强度螺栓施工工艺

10.9.1 高强度螺栓的入库、存放和使用，应符合本规程第9.2.2条第3款的要求。

10.9.2 高强度螺栓拧紧后，丝扣应露出2扣~3扣为宜；高强度螺栓长度可根据表10.9.2选用。

表10.9.2　高强度螺栓需增加的长度

螺栓直径（mm）	接头钢板总厚度外增加的长度（mm）	
	扭剪型高强度螺栓	大六角头高强度螺栓
M12	—	25
M16	25	30
M20	30	35
M22	35	40
M24	40	45
M27	45	50
M30	50	55

10.9.3 高强度螺栓接头的抗滑移面加工，应按本规程第9.8.1条、第9.8.2条的规定进行。

10.9.4 高强度螺栓接头各层钢板安装时发生错孔，允许用铰刀扩孔。一个节点中的扩孔数不宜多于节点孔数的1/3，扩孔直径不得大于原孔径2mm。严禁用气割扩孔。

10.9.5 高强度螺栓应能自由穿入螺孔内，严禁用榔头强行打入或用扳手强行拧入。一组高强度螺栓宜同一方向穿入螺孔内，并宜以扳手向下压为紧固螺栓的方向。

10.9.6 当钢框架梁与柱接头为腹板栓接、翼缘焊接时，宜按先栓后焊的方式进行施工。

10.9.7 在工字钢、槽钢的翼缘上安装高强度螺栓时，应采用与其斜面的斜度相同的斜垫圈。

10.9.8 高强度螺栓应通过初拧、复拧和终拧达到拧紧。终拧前应检查接头处各层钢板是否充分密贴。钢板较薄，板层较少，也可只作初拧和终拧。

10.9.9 高强度螺栓拧紧的顺序，应从螺栓群中部开始，向四周扩展，逐个拧紧。

10.9.10 使用扭剪型高强度螺栓扳子时，应定期进行扭矩值的检查，每天上班前检查一次。

10.9.11 扭剪型高强度螺栓的初拧、复拧、终拧，每完成一次应做一次相应的颜色或标记。

10.9.12 对于个别不能用扭剪型专用扳手进行终拧的扭剪型高强度螺栓，可用六角头高强度螺栓扳手进行终拧（扭转系数为 0.13）。

10.9.13 高强度螺栓不得用作安装螺栓使用。

10.10 现场涂装

10.10.1 高层民用建筑钢结构在一个流水段一节柱的所有构件安装完毕，并对结构验收合格后，结构的现场焊缝、高强度螺栓及其连接点，以及在运输安装过程中构件涂层被磨损的部位，应补刷涂层。涂层应采用与构件制作时相同的涂料和相同的涂刷工艺。

10.10.2 涂装前应将构件表面的焊接飞溅、油污杂质、泥浆、灰尘、浮锈等清除干净。

10.10.3 涂装时环境温度、湿度应符合涂料产品说明书的要求，当产品说明书无要求时，温度应为 5℃～38℃，湿度不应大于 85%。

10.10.4 涂层外观应均匀、平整、丰满，不得有咬底、剥落、裂纹、针孔、漏涂和明显的皱皮流坠，且应保证涂层厚度。当涂层厚度不够时，应增加涂刷的遍数。

10.10.5 经检查确认不合格的涂层，应铲除干净，重新涂刷。

10.10.6 当涂层固化干燥后方可进行下道工序。

10.11 安装的竣工验收

10.11.1 钢结构安装工程的竣工验收应分下列两个阶段进行：

1 每个流水段一节柱的高度范围内全部构件（包括钢楼梯、压型钢板等）安装、校正、焊接、栓接完毕并自检合格后，应作隐蔽工程验收；

2 全部钢结构安装、校正、焊接、栓接完成并经隐蔽工程验收合格后，应做钢结构安装工程的竣工验收。

10.11.2 安装工程竣工验收，应提交下列文件：

1 钢结构施工图和设计变更文件，并在施工图中注明修改内容；

2 钢结构安装过程中，业主、设计单位、钢构件制作厂、钢结构安装单位达成协议的各种技术文件；

3 钢构件出厂合格证；

4 钢结构安装用连接材料（包括焊条、螺栓等）的质量证明文件；

5 钢结构安装的测量检查记录、高强度螺栓安装检查记录、栓钉焊质量检查记录；

6 各种试验报告和技术资料；

7 隐蔽工程分段验收记录。

10.11.3 钢结构安装工程的安装允许偏差应符合现行国家标准《钢结构工程施工质量验收规范》GB 50205 的相关规定。

11 抗火设计

11.1 一般规定

11.1.1 钢结构的梁、柱和楼板宜进行抗火设计。钢结构各种构件的耐火极限应符合现行国家标准《建筑设计防火规范》GB 50016 的规定。

11.1.2 在规定的结构耐火极限时间内，结构或构件的承载力应满足下式要求：

$$R_d \geqslant S_m \tag{11.1.2}$$

式中：R_d ——结构或构件的承载力；

S_m ——各种作用所产生的组合效应值。

11.1.3 结构的抗火设计可按各种构件分别进行。进行结构某一构件抗火设计时，可仅考虑该构件受火升温。

11.1.4 结构构件抗火设计应按下列步骤进行：

1 确定防火被覆厚度；

2 计算构件在耐火时间内的内部温度；

3 计算构件在外荷载和受火温度作用下的内力；

4 进行构件荷载效应组合；

5 根据构件和受载的类型，按本规程第 11.2 节的有关规定，进行构件抗火验算；

6 当设定的防火被覆厚度不适合时（过小或过大），调整防火被覆厚度，重复本条第 1 款至第 5 款的步骤。

11.1.5 构件在耐火时间内的内部温度可按下列公式计算：

$$T_s = \left(\sqrt{0.044 + 5.0 \times 10^{-5} B} - 0.2 \right) t + 20 \tag{11.1.5-1}$$

$$B = \frac{1}{1 + \dfrac{c_i \rho_i d_i F_i}{2 c_s \rho_s V}} \frac{\lambda_i}{d_i} \frac{F_i}{V} \tag{11.1.5-2}$$

式中：T_s ——构件在耐火时间内的内部温度（℃）；

t ——构件耐火时间（s）；

B ——防火被覆的综合参数；

ρ_s ——钢材的密度，$\rho_s = 7850 \text{kg/m}^3$；

c_s ——钢材的比热，$c_s = 600 \text{J/(kg·K)}$；

ρ_i ——防火保护层的密度（kg/m^3）；

c_i ——防火保护层的比热 [J/(kg·K)]；

F_i ——单位构件长度的防火保护层的内表面积（m^3/m）；

d_i ——防火保护层厚度（m）；

λ_i ——防火保护层的导热系数 [W/(m·K)]。

11.1.6 进行结构构件抗火验算时，受火构件在外荷载作用下的内力，可采用常温下相同荷载所产生的内力。

11.1.7 进行结构抗火验算时，采用下式对荷载效应进行组合：

$$S = \gamma_G S_{Gk} + \sum_i \gamma_{Qi} S_{Qki} + \gamma_W S_{Wk} + \gamma_F S_T$$

$$(11.1.7)$$

式中：S——荷载组合效应；

S_{Gk}——永久荷载标准值的效应；

S_{Qki}——楼面或屋面活载（不考虑屋面雪载）标准值的效应；

S_{Wk}——风荷载标准值的效应；

S_T——构件或结构的温度变化（考虑温度效应）产生的效应；

γ_G——永久荷载分项系数，取 1.0；

γ_{Qi}——楼面或屋面活载分项系数，取 0.7；

γ_W——风载分项系数，取 0 或 0.3，选不利情况；

γ_F——温度效应的分项系数，取 1.0。

11.1.8 进行钢构件抗火设计时，应考虑温度内力的影响。在荷载效应组合中不考虑温度内力时，则对于在结构中受约束较大的构件应将计算所得的保护层厚度增加 30% 作为构件的保护层设计厚度。

11.1.9 连接节点的防火保护层厚度不得小于被连接构件保护层厚度的较大值。

11.2 钢梁与柱的抗火设计

11.2.1 对于钢框架梁，当有楼板作为梁的可靠侧向支撑时，应按下列公式进行梁的抗火验算。

$$\frac{B_n}{8} q l^2 \leqslant W_p \gamma_R \eta_T f \qquad (11.2.1-1)$$

当 $20℃ \leqslant T_s \leqslant 300℃$ 时，

$$\eta_T = 1 \qquad (11.2.1-2)$$

当 $300℃ < T_s < 800℃$ 时，

$$\eta_T = 1.24 \times 10^{-8} T_s^3 - 2.096 \times 10^{-5} T_s^2 + 9.228 \times 10^{-3} T_s - 0.2168 \qquad (11.2.1-3)$$

式中：q——作用在梁上的局部荷载设计值（N/mm）；

l——梁的跨度（mm）；

B_n——与梁连接有关的系数，当梁两端铰接时，取 1.0，当梁两端刚接时，取 0.5；

W_p——梁的塑性截面模量（mm³）；

f——常温下钢材的抗拉、抗压和抗弯强度设计值（N/mm²）；

γ_R——钢材抗火设计强度调整系数，取 1.1；

η_T——高温下钢材强度折减系数；

T_s——火灾下构件的内部温度（℃），按本规程第 11.1.5 条确定。

11.2.2 钢框架柱应按下列公式验算火灾下框架平面内和平面外的整体稳定性。

$$\frac{N}{\varphi_T A} \leqslant 0.75 \gamma_R \eta_T f \qquad (11.2.2-1)$$

$$\varphi_T = \alpha \varphi \qquad (11.2.2-2)$$

式中：N——火灾下框架柱的轴压力设计值（N）；

φ_T——按框架平面内或平面外柱的计算长度确定的高温下轴压构件的稳定系数的较小值；

α——系数，根据构件的长细比和温度按表 11.2.2 确定；

φ——受压构件的稳定系数，按现行国家标准《钢结构设计规范》GB 50017 的有关规定确定。

表 11.2.2 系数 α 的确定

构件长细比 \ 构件温度(℃)	200	300	400	500	550	570	580	600
≤50	1.00	1.00	1.00	1.00	1.00	1.00	1.00	0.96
100	1.04	1.08	1.12	1.12	1.05	1.00	0.97	0.85
150	1.08	1.14	1.21	1.21	1.11	1.00	0.94	0.74
≥200	1.10	1.17	1.25	1.25	1.13	1.00	0.93	0.68

11.3 压型钢板组合楼板

11.3.1 当压型钢板组合楼板中的压型钢板仅用作混凝土楼板的永久性模板、不充当板底受拉钢筋参与结构受力时，压型钢板可不进行防火保护。

11.3.2 当压型钢板组合楼板中的压型钢板除用作混凝土楼板的永久性模板外、还充当板底受拉钢筋参与结构受力时，组合楼板应按下列规定进行耐火验算与防火设计。

1 组合楼板不允许发生大挠度变形时，在温升关系符合国家现行标准规定的标准火灾作用下，组合楼板的耐火时间 t_d 应按式（11.3.2-1）进行计算。当组合楼板的耐火时间 t_d 大于或等于组合楼板的设计耐火极限 t_m 时，组合楼板可不进行防火保护；当组合楼板的耐火时间 t_d 小于组合楼板的设计耐火极限 t_m 时，应按本规程第 11.3.3 条规定采取措施。

$$t_d = 114.06 - 26.8 \frac{M}{f_t W} \qquad (11.3.2-1)$$

式中：t_d——无防火保护的组合楼板的耐火时间（min）；

M——火灾下单位宽度组合楼板内的最大正弯矩设计值（N·mm）；

f_t——常温下混凝土的抗拉强度设计值（N/mm²）；

W——常温下素混凝土板的截面模量（mm³）。

2 组合楼板允许发生大挠度变形时，组合楼板的耐火验算可考虑组合楼板的薄膜效应。当火灾下组合楼板考虑薄膜效应时的承载力符合下式规定时，组合楼板可不进行防火保护；不符合下式规定时，应按本规程第 11.3.3 条的规定采取措施。

$$q_r \geqslant q \qquad (11.3.2-2)$$

式中：q_r——火灾下组合楼板考虑薄膜效应时的承载力设计值（kN/m²），应按国家现行标准的规定确定；

q——火灾下组合楼板的荷载设计值（kN/m²），应按国家现行标准的规定确定。

11.3.3 当组合楼板不满足耐火要求时，应对组合楼板进行防火保护，或者在组合楼板内增配足够的钢筋、将压型钢板改为只作模板使用。其中，组合楼板的防火保护应根据组合楼板耐火试验结果确定，耐火试验应按现行国家标准《建筑构件耐火试验方法 第1部分：通用要求》GB/T 9978.1、《建筑构件耐火试验方法 第3部分：试验方法和试验数据应用注释》GB/T 9978.3、《建筑构件耐火试验方法 第5部分：承重水平分隔构件的特殊要求》GB/T 9978.5的有关规定进行。

附录 A 偏心率计算

A. 0. 1 偏心率应按下列公式计算：

$$\varepsilon_x = \frac{e_y}{r_{ex}} \qquad \varepsilon_y = \frac{e_x}{r_{ey}} \qquad (A. 0.1-1)$$

$$r_{ex} = \sqrt{\frac{K_T}{\sum K_x}} \qquad r_{ey} = \sqrt{\frac{K_T}{\sum K_y}} \qquad (A. 0.1-2)$$

$$K_T = \sum (K_x \cdot y^2) + \sum (K_y \cdot x^2)$$
$$(A. 0.1-3)$$

式中：ε_x、ε_y——分别为所计算楼层在 x 和 y 方向的偏心率；

e_x、e_y——分别为 x 和 y 方向水平作用合力线到结构刚心的距离；

r_{ex}、r_{ey}——分别为 x 和 y 方向的弹性半径；

$\sum K_x$、$\sum K_y$——分别为所计算楼层各抗侧力构件在 x 和 y 方向的侧向刚度之和；

K_T——所计算楼层的扭转刚度；

x、y——以刚心为原点的抗侧力构件坐标。

附录 B 钢板剪力墙设计计算

B. 1 一 般 规 定

B. 1. 1 钢板剪力墙可采用非加劲钢板和加劲钢板两种形式，并符合下列规定：

1 非抗震设计及四级的高层民用建筑钢结构，采用钢板剪力墙时，可以不设加劲肋（图 B.1.1-1）；

2 三级及以上时，宜采用带竖向及（或）水平加劲肋的钢板剪力墙（图 B.1.1-2），竖向加劲肋的设置，可采用竖向加劲肋不连续的构造和布置；

3 竖向加劲肋宜两面设置或两面交替设置，横向加劲肋宜单面或两面交替设置。

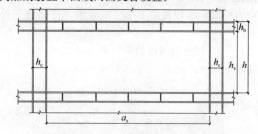

图 B. 1. 1-1 非加劲钢板剪力墙

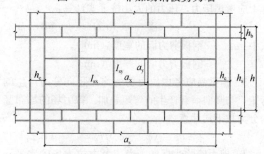

图 B. 1. 1-2 加劲钢板剪力墙

B. 1. 2 钢板剪力墙宜按不承受竖向荷载设计。实际情况不易实现时，承受竖向荷载的钢板剪力墙，其竖向应力导致抗剪承载力的下降不应大于20%。

B. 1. 3 钢板剪力墙的内力分析模型应符合下列规定：

1 不承担竖向荷载的钢板剪力墙，可采用剪切膜单元参与结构的整体内力分析；

2 参与承担竖向荷载的钢板剪力墙，应采用正交异性板的平面应力单元参与结构整体的内力分析。

B. 2 非加劲钢板剪力墙计算

B. 2. 1 不承受竖向荷载的非加劲钢板剪力墙，不利用其屈曲后抗剪强度时，应按下列公式计算其抗剪稳定性：

$$\tau \leqslant \varphi_s f_v \qquad (B. 2.1-1)$$

$$\varphi_s = \frac{1}{\sqrt[3]{0.738 + \lambda_s^6}} \leqslant 1.0 \qquad (B. 2.1-2)$$

$$\lambda_s = \sqrt{\frac{f_y}{\sqrt{3}\tau_{cr0}}} \qquad (B. 2.1-3)$$

$$\tau_{cr0} = \frac{k_{ss0} \pi^2 E}{12(1-\nu^2)} \frac{t^2}{a_s^2} \qquad (B. 2.1-4)$$

$$\frac{h_s}{a_s} \geqslant 1: k_{ss0} = 6.5 + \frac{5}{(h_s/a_s)^2} \qquad (B. 2.1-5)$$

$$\frac{h_s}{a_s} \leqslant 1: k_{ss0} = 5 + \frac{6.5}{(h_s/a_s)^2} \qquad (B. 2.1-6)$$

式中：f_v——钢材抗剪强度设计值（N/mm²）；

ν——泊松比，可取 0.3；

E——钢材弹性模量（N/mm²）；

a_s、h_s——分别为剪力墙的宽度和高度（mm）；

t——钢板剪力墙的厚度（mm）。

B.2.2 不承受竖向荷载的非加劲钢板剪力墙，允许利用其屈曲后强度，但在荷载标准值组合作用下，其剪应力应满足本规程第 B.2.1 的要求，且符合下列规定：

1 考虑屈曲后强度的钢板剪力墙的平均剪应力应满足下列公式要求：

$$\tau \leqslant \varphi_{sp} f_v \qquad (B.2.2-1)$$

$$\varphi_{sp} = \frac{1}{\sqrt[3]{0.552 + \lambda_s^{3.6}}} \leqslant 1.0 \qquad (B.2.2-2)$$

2 按考虑屈曲后强度的设计，其横梁的强度计算中应考虑压力，压力的大小按下式计算：

$$N = (\varphi_{sp} - \varphi_s) a_s t f_v \qquad (B.2.2-3)$$

式中：a_s —— 钢板剪力墙的宽度（mm）；

t —— 钢板剪力墙的厚度（mm）。

3 横梁尚应考虑拉力场的均布竖向分力产生的弯矩，与竖向荷载产生的弯矩叠加。拉力场的均布竖向分力按下式计算：

$$q_s = (\varphi_{sp} - \varphi_s) t f_v \qquad (B.2.2-4)$$

4 剪力墙的边框柱，尚应考虑拉力场的水平均布分力产生的弯矩，与其余内力叠加。

5 利用钢板剪力墙屈曲后强度的设计，可设置少量竖向加劲肋组成接近方形的区格，其竖向强度、刚度应分别满足下列公式的要求：

$$N \leqslant (\varphi_{sp} - \varphi_s) a_x t f_v \qquad (B.2.2-5)$$

$$\gamma = \frac{EI_{sy}}{Da_x} \geqslant 60 \qquad (B.2.2-6)$$

$$D = \frac{Et^3}{12(1-\nu^2)} \qquad (B.2.2-7)$$

式中：a_x —— 竖向加劲肋之间的水平距离（mm），在闭口截面加劲肋的情况下是区格净宽；

D —— 剪力墙板的抗弯刚度（N·mm）。

B.2.3 竖向重力荷载产生的压应力应满足下列公式的要求：

$$\sigma_G \leqslant 0.3 \varphi_\sigma f \qquad (B.2.3-1)$$

$$\varphi_\sigma = \frac{1}{(1+\lambda_\sigma^{2.4})^{0.833}} \qquad (B.2.3-2)$$

$$\lambda_\sigma = \sqrt{\frac{f_y}{\sigma_{cr0}}} \qquad (B.2.3-3)$$

$$\sigma_{cr0} = \frac{k_{\sigma0} \pi^2 E}{12(1-\nu^2)} \left(\frac{t}{a_s}\right)^2 \qquad (B.2.3-4)$$

$$k_{\sigma0} = \chi \left(\frac{a_s}{h_s} + \frac{h_s}{a_s}\right)^2 \qquad (B.2.3-5)$$

式中：χ —— 嵌固系数，取 1.23。

B.2.4 钢板剪力墙承受弯矩的作用，弯曲应力应满足下列公式要求：

$$\sigma_b \leqslant \varphi_{bs} f \qquad (B.2.4-1)$$

$$\varphi_{bs} = \frac{1}{\sqrt[3]{0.738 + \lambda_b^6}} \leqslant 1 \qquad (B.2.4-2)$$

$$\lambda_b = \sqrt{\frac{f_y}{\sigma_{bcr0}}} \qquad (B.2.4-3)$$

$$\sigma_{bcr0} = \frac{k_{b0} \pi^2 E}{12(1-\nu^2)} \frac{t^2}{a_s^2} \qquad (B.2.4-4)$$

$$k_{b0} = 11 \frac{h_s^2}{a_s^2} + 14 + 2.2 \frac{a_s^2}{h_s^2} \qquad (B.2.4-5)$$

B.2.5 承受竖向荷载的钢板剪力墙或区格，应力组合应满足下式要求：

$$\left(\frac{\tau}{\varphi_s f_v}\right)^2 + \left(\frac{\sigma_b}{\varphi_{bs} f}\right)^2 + \frac{\sigma_G}{\varphi_\sigma f} \leqslant 1 \qquad (B.2.5)$$

B.2.6 未加劲的钢板剪力墙，当有洞口时应符合下列规定：

1 洞口边缘应设置边缘构件，其平面外的刚度应满足下式的要求：

$$\gamma_y = \frac{EI_{sy}}{Da_x} \geqslant 150 \qquad (B.2.6)$$

2 钢板剪力墙的抗剪承载力，应按洞口高度处的水平剩余截面计算；

3 当钢板剪力墙考虑屈曲后强度时，竖向边缘构件宜采用工字形截面或双加劲肋，尚应按压弯构件验算边缘构件的平面内、平面外稳定。其压力等于剪力扣除屈曲承载力；弯矩等于拉力场水平分力按均布荷载作用在两端固定的洞口边缘加劲肋上。

B.2.7 按不承受竖向重力荷载进行内力分析的钢板剪力墙，不考虑实际存在的竖向应力对抗剪承载力的影响，但应限制实际可能存在的竖向应力。竖向应力 σ_G 应满足本规程第 B.2.3 条的要求，σ_G 应按下式计算：

$$\sigma_G = \frac{\sum N_i}{\sum A_i + A_s} \qquad (B.2.7)$$

式中：$\sum N_i, \sum A_i$ —— 分别为重力荷载在剪力墙边框柱中产生的轴力（N）和边框柱截面面积（mm²）的和，当边框是钢管混凝土柱时，混凝土应换算成钢截面面积；

A_s —— 剪力墙截面面积（mm²）。

B.3 仅设置竖向加劲肋的钢板剪力墙计算

B.3.1 按本节和第 B.4 节规定设计的加劲钢板剪力墙，一般不利用其屈曲后强度。竖向加劲肋宜在构造上采取不承受竖向荷载的措施。

B.3.2 仅设置竖向加劲肋的钢板剪力墙，其弹性剪切屈曲临界应力应按下列公式计算：

1 当 $\gamma = \dfrac{EI_s}{Da_x} \geqslant \gamma_{rth}$ 时：

$$\tau_{cr} = \tau_{crp} = k_{\tau p} \frac{\pi^2 E}{12(1-\nu^2)} \frac{t^2}{a_x^2} \qquad (B.3.2-1)$$

$$\frac{h_s}{a_x} \geqslant 1: k_{\tau p} = \chi \left[5.34 + \frac{4}{(h_s/a_x)^2}\right] \qquad (B.3.2-2)$$

$$\frac{h_s}{a_x} \leqslant 1: k_{\tau p} = \chi \left[4 + \frac{5.34}{(h_s/a_x)^2}\right] \qquad (B.3.2-3)$$

2 当 $\gamma < \gamma_{rth}$ 时：

$$\tau_{cr} = k_{ss} \frac{\pi^2 E}{12(1-\nu^2)} \frac{t^2}{a_x^2} \quad (B.3.2\text{-}4)$$

$$k_{ss} = k_{ss0} \frac{a_x^2}{a_s^2} + (k_{\tau p} - k_{ss0}) \frac{a_x^2}{a_s^2} \left(\frac{\gamma}{\gamma_{\tau th}}\right)^{0.6}$$
$$(B.3.2\text{-}5)$$

3 当 $0.8 \leqslant \beta = \dfrac{h_s}{a_x} \leqslant 5$ 时，$\gamma_{\tau th}$ 应按下列公式计算：

$$\gamma_{\tau th} = 6\eta_v (7\beta^2 - 5) \geqslant 6 \quad (B.3.2\text{-}6)$$

$$\eta_v = 0.42 + \frac{0.58}{\left[1 + 5.42\,(J_{sy}/I_{sy})^{2.6}\right]^{0.77}}$$
$$(B.3.2\text{-}7)$$

$$a_x = \frac{a_s}{n_v + 1} \quad (B.3.2\text{-}8)$$

式中：χ ——闭口加劲肋时取 1.23，开口加劲肋时取 1.0。

J_{sy}、I_{sy} ——分别为竖向加劲肋自由扭转常数和惯性矩（mm^4）；

a_x ——在闭口加劲肋的情况下取区格净宽（mm）；

n_v ——竖向加劲肋的道数。

B.3.3 仅设置竖向加劲肋的钢板剪力墙，竖向受压弹性屈曲应力应按下列公式计算：

1 当 $\gamma \geqslant \gamma_{\sigma th}$ 时：

$$\sigma_{cr} = \frac{k_{pan} \pi^2 E}{12(1-\nu^2)} \left(\frac{t}{a_x}\right)^2 \quad (B.3.3\text{-}1)$$

式中：k_{pan} ——小区格竖向受压屈曲系数，取 $k_{pan} = 4\chi$；

χ ——嵌固系数，开口加劲肋取 1.0，闭口加劲肋取 1.23。

2 当 $\gamma < \gamma_{\sigma th}$ 时：

$$\sigma_{cr} = \sigma_{cr0} + (\sigma_{crp} - \sigma_{cr0}) \frac{\gamma}{\gamma_{\sigma th}} \quad (B.3.3\text{-}2)$$

式中：σ_{cr0} ——未加劲钢板剪力墙的竖向屈曲应力。

3 $\gamma_{\sigma th}$ 应按下式计算：

$$\gamma_{\sigma th} = 1.5\left(1 + \frac{1}{n_v}\right)\left[k_{pan}(n_v+1)^2 - k_{\sigma 0}\right]\frac{h_s^2}{a_s^2}$$
$$(B.3.3\text{-}3)$$

B.3.4 仅设置竖向加劲肋的钢板剪力墙，其竖向抗弯弹性屈曲应力应按下列公式计算：

1 当 $\gamma \geqslant \gamma_{\sigma th}$ 时：

$$\sigma_{bcrp} = \frac{k_{bpan} \pi^2 E}{12(1-\nu^2)} \left(\frac{t}{a_x}\right)^2 \quad (B.3.4\text{-}1)$$

$$k_{bpan} = 4 + 2\beta_\sigma + 2\beta_\sigma^3 \quad (B.3.4\text{-}2)$$

式中：k_{bpan} ——小区格竖向不均匀受压屈曲系数；

β_σ ——区格两边的应力差除以较大压应力。

2 当 $\gamma < \gamma_{\sigma th}$ 时：

$$\sigma_{bcr} = \sigma_{bcr0} + (\sigma_{bcrp} - \sigma_{bcr0}) \frac{\gamma}{\gamma_{\sigma th}} \quad (B.3.4\text{-}3)$$

式中：σ_{bcr0} ——未加劲钢板剪力墙的竖向弯曲屈曲应力（N/mm^2）。

B.3.5 加劲钢板剪力墙，在剪应力、压应力和弯曲应力作用下的弹塑性承载力的计算应符合下列规定：

1 应由受剪、受压和受弯各自的弹性临界应力，分别按本规程第 B.2.1 条、第 B.2.3 条和第 B.2.4 条计算稳定性；

2 在受剪、受压和受弯组合内力作用下的稳定承载力应按本规程第 B.2.5 条计算；

3 当竖向重力荷载产生的应力设计值，不符合本规程第 B.2.7 条的规定时，应采取措施减少竖向荷载传递给剪力墙。

B.4 仅设置水平加劲肋的钢板剪力墙计算

B.4.1 仅设置水平加劲肋的钢板剪力墙的受剪计算，应符合下列规定：

1 当 $\gamma_x = \dfrac{EI_{sx}}{Da_y} \geqslant \gamma_{\tau th,h}$ 时，弹性屈曲剪应力应按小区格计算：

$$\tau_{crp} = k_{\tau p} \frac{\pi^2 E t^2}{12(1-\nu^2)a_s^2} \quad (B.4.1\text{-}1)$$

当 $\dfrac{a_y}{a_s} \geqslant 1$ 时，$\quad k_{\tau p} = \chi\left[5.34 + \dfrac{4}{(a_y/a_s)^2}\right]$
$$(B.4.1\text{-}2)$$

当 $\dfrac{a_y}{a_s} \leqslant 1$ 时，$\quad k_{\tau p} = \chi\left[4 + \dfrac{5.34}{(a_y/a_s)^2}\right]$
$$(B.4.1\text{-}3)$$

当 $0.8 \leqslant \beta_h = \dfrac{a_s}{a_y} \leqslant 5$ 时，$\gamma_{\tau th,h} = 6\eta_h(7\beta_h^2 - 4) \geqslant 5$
$$(B.4.1\text{-}4)$$

$$\eta_h = 0.42 + \frac{0.58}{\left[1 + 5.42\,(J_{sx}/I_{sx})^{2.6}\right]^{0.77}}$$
$$(B.4.1\text{-}5)$$

$$a_y = \frac{h_s}{n_h + 1} \quad (B.4.1\text{-}6)$$

式中：J_{sx}、I_{sx} ——分别为水平加劲肋自由扭转常数和惯性矩（mm^4）；

a_y ——在闭口加劲肋的情况下取区格净高（mm）；

n_h ——水平加劲肋的道数。

2 当 $\gamma < \gamma_{\tau th,h}$ 时：

$$\tau_{cr} = k_{ss} \frac{\pi^2 E}{12(1-\nu^2)} \left(\frac{t}{a_s}\right)^2 \quad (B.4.1\text{-}7)$$

$$k_{ss} = k_{ss0} + (k_{\tau p} - k_{ss0})\left(\frac{\gamma}{\gamma_{\tau th,h}}\right)^{0.6}$$

$$(B.4.1-8)$$

B.4.2 仅设置水平加劲肋的钢板剪力墙竖向受压计算，应符合下列规定：

1 当 $\gamma_x = \dfrac{EI_{sx}}{Da_y} \geqslant \gamma_{x0}$ 时，在竖向荷载作用下的临界应力应按下列公式计算：

$$\sigma_{crp} = k_{pan}\frac{\pi^2 Et^2}{12(1-\nu^2)a_s^2} \quad (B.4.2-1)$$

$$k_{pan} = \left(\frac{a_s}{a_y} + \frac{a_y}{a_s}\right)^2 \quad (B.4.2-2)$$

$$\gamma_{x0} = 0.3\left(1 + \cos\frac{\pi}{n_h+1}\right)\left(1 + \frac{a_s^2}{a_y^2}\right)^2$$

$$(B.4.2-3)$$

2 当 $\gamma_x < \gamma_{x0}$ 时：

$$\sigma_{cr} = \sigma_{cr0} + (\sigma_{crp} - \sigma_{cr0})\left(\frac{\gamma}{\gamma_{x0}}\right)^{0.6} \quad (B.4.2-4)$$

B.4.3 仅设置水平加劲肋的钢板剪力墙的受弯计算，应符合下列规定：

1 当 $\gamma_x \geqslant \gamma_{x0}$ 时，在弯矩作用下的临界应力应按下列公式计算：

$$\sigma_{bcrp} = K_{bpan}\frac{\pi^2 D}{a_s^2 t} \quad (B.4.3-1)$$

$$K_{bpan} = 11\left(\frac{a_y}{a_s}\right)^2 + 14 + 2.2\left(\frac{a_s}{a_y}\right)^2$$

$$(B.4.3-2)$$

2 当 $\gamma_x < \gamma_{x0}$ 时：

$$\sigma_{b,cr} = \sigma_{bcr0} + (\sigma_{bcrp} - \sigma_{bcr0})\left(\frac{\gamma}{\gamma_{x0}}\right)^{0.6}$$

$$(B.4.3-3)$$

B.4.4 水平加劲钢板剪力墙，在剪应力、压应力和弯曲应力作用下的弹塑性承载力的验算，应符合下列规定：

1 应由受剪、受压和受弯各自的弹性临界应力，分别按本规程第 B.2.1 条、第 B.2.3 条和第 B.2.4 条计算各自的稳定性；

2 在受剪、受压和受弯组合内力作用下的稳定承载力应按本规程第 B.2.5 条计算；

3 当竖向重力荷载产生的应力设计值，不符合本规程第 B.2.7 条的规定时，应采取措施减小竖向荷载传递给剪力墙。

B.5 设置水平和竖向加劲肋的钢板剪力墙计算

B.5.1 同时设置水平和竖向加劲肋的钢板剪力墙，不宜采用考虑屈曲后强度的计算；加劲肋一侧的计算宽度取钢板剪力墙厚度的 15 倍（图 B.5.1）。加劲肋划分的剪力墙板区格的宽高比宜接近 1；剪力墙板区格的宽厚比应满足下列公式的要求：

当采用开口加劲肋时， $\dfrac{a_x + a_y}{t} \leqslant 220$

$$(B.5.1-1)$$

当采用闭口加劲肋时， $\dfrac{a_x + a_y}{t} \leqslant 250$

$$(B.5.1-2)$$

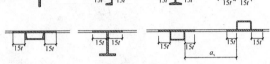

图 B.5.1 单面加劲时计算加劲肋惯性矩的截面

B.5.2 当加劲肋的刚度参数满足下列公式时，可只验算区格的稳定性。

$$\gamma_x = \frac{EI_{sx}}{Da_y} \geqslant 33\eta_h \quad (B.5.2-1)$$

$$\gamma_y = \frac{EI_{sy}}{Da_x} \geqslant 40\eta_v \quad (B.5.2-2)$$

B.5.3 当加劲肋的刚度不符合本规程第 B.5.2 条的规定时，加劲钢板剪力墙的剪切临界应力应满足下列公式的要求：

$$\tau_{cr} = \tau_{cr0} + (\tau_{crp} - \tau_{cr0})\left(\frac{\gamma_{av}}{36.33\sqrt{\eta_v\eta_h}}\right)^{0.7} \leqslant \tau_{crp}$$

$$(B.5.3-1)$$

$$\gamma_{av} = \sqrt{\frac{EI_{sx}}{Da_x} \cdot \frac{EI_{sy}}{Da_y}} \quad (B.5.3-2)$$

式中：τ_{crp} —— 小区格的剪切屈曲临界应力（N/mm²）；

τ_{cr0} —— 未加劲板的剪切屈曲临界应力（N/mm²）。

B.5.4 当加劲肋的刚度不符合本规程第 B.5.2 条的规定时，加劲钢板剪力墙的竖向临界应力应按下列公式计算：

当 $\dfrac{h_s}{a_s} < \left(\dfrac{D_y}{D_x}\right)^{0.25}$ 时，

$$\sigma_{ycr} = \frac{\pi^2}{a_s^2 t_s}\left(\frac{h_s^2}{a_s^2}D_x + 2D_{xy} + D_y\frac{a_s^2}{h_s^2}\right) \quad (B.5.4-1)$$

当 $\dfrac{h_s}{a_s} \geqslant \left(\dfrac{D_y}{D_x}\right)^{0.25}$ 时，$\sigma_{ycr} = \dfrac{2\pi^2}{a_s^2 t_s}\left(\sqrt{D_x D_y} + D_{xy}\right)$

$$(B.5.4-2)$$

$$D_x = D + \frac{EI_{sx}}{a_y} \quad (B.5.4-3)$$

$$D_y = D + \frac{EI_{sy}}{a_x} \quad (B.5.4-4)$$

$$D_{xy} = D + \frac{1}{2}\left(\frac{GJ_{sx}}{a_x} + \frac{GJ_{sy}}{a_y}\right) \quad \text{(B.5.4-5)}$$

B.5.5 设置水平和竖向加劲肋的钢板剪力墙，其竖向抗弯弹性屈曲应力应按下列公式计算：

当 $\dfrac{h_s}{a_s} < \dfrac{2}{3}\left(\dfrac{D_y}{D_x}\right)^{0.25}$ 时，

$$\sigma_{bcr} = \frac{6\pi^2}{a_s^2 t_s}\left(\frac{a_s^2}{h_s^2}D_y + 2D_{xy} + D_x\frac{h_s^2}{a_s^2}\right) \quad \text{(B.5.5-1)}$$

当 $\dfrac{h_s}{a_s} \geqslant \dfrac{2}{3}\left(\dfrac{D_y}{D_x}\right)^{0.25}$ 时，

$$\sigma_{bcr} = \frac{12\pi^2}{a_s^2 t_s}\left(\sqrt{D_x D_y} + D_{xy}\right) \quad \text{(B.5.5-2)}$$

B.5.6 双向加劲钢板剪力墙，在剪应力、压应力和弯曲应力作用下的弹塑性稳定承载力的验算，应符合下列规定：

1 应由受剪、受压和受弯各自的弹性临界应力，分别按本规程第 B.2.1 条、第 B.2.3 条和第 B.2.4 条计算各自的稳定性；

2 在受剪、受压和受弯组合内力作用下的稳定承载力应按本规程第 B.2.5 条计算；

3 竖向重力荷载作用产生的应力设计值，不宜大于竖向弹塑性稳定承载力设计值的 0.3 倍。

B.5.7 加劲的钢板剪力墙，当有门窗洞口时，应符合下列规定：

1 计算钢板剪力墙的抗剪承载力时，不计算洞口以外部分的水平投影面积；

2 钢板剪力墙上开设门洞时，门洞口边加劲肋的刚度，应满足本规程第 B.2.6 条的要求，加强了的竖向边缘加劲肋应延伸至整个楼层高度，门洞上边的边缘加劲肋宜延伸 600mm 以上。

B.6 弹塑性分析模型

B.6.1 允许利用屈曲后强度的钢板剪力墙，参与整体结构的静力弹塑性分析时，宜采用下列平均剪应力与平均剪应变关系曲线（图 B.6.1）。

B.6.2 允许利用屈曲后强度的钢板剪力墙，平均剪应变应按下列公式计算：

$$\gamma_s = \frac{\varphi'_s f_v}{G} \quad \text{(B.6.2-1)}$$

$$\gamma_{sp} = \gamma_s + \frac{(\varphi'_{sp} - \varphi'_s)f_v}{\kappa G} \quad \text{(B.6.2-2)}$$

$$\kappa = 1 - 0.2\frac{\varphi'_{sp}}{\varphi'_s}, \quad 0.5 \leqslant \kappa \leqslant 0.7$$

$$\text{(B.6.2-3)}$$

式中：φ'_s、φ'_{sp} ——分别为扣除竖向重力荷载影响的剩余剪切屈曲强度和屈曲后强度的稳定系数。

B.6.3 设置加劲肋的钢板剪力墙，不利用其屈曲后强度，参与静力弹塑性分析时，应采用下列平均剪应

力与平均剪应变关系曲线（图 B.6.3）。

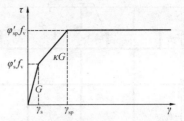

图 B.6.1 考虑屈曲后强度的平均剪应力与平均剪应变关系曲线

τ ——平均剪应力；γ ——平均剪应变

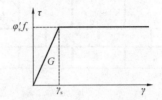

图 B.6.3 未考虑屈曲后强度的平均剪应力与平均剪应变关系曲线

τ ——平均剪应力；γ ——平均剪应变

B.6.4 弹塑性动力分析时，应采用合适的滞回曲线模型。在设置加劲肋的情况下，可采用双线性弹塑性模型，第二阶段的剪切刚度取为初始刚度的 0.01～0.03，但最大强度应取为 $\varphi'_s f_v$。

B.7 焊接要求

B.7.1 钢柱上应焊接鱼尾板作为钢板剪力墙的安装临时固定，鱼尾板与钢柱应采用熔透焊缝焊接，鱼尾板与钢板剪力墙的安装宜采用水平槽孔，钢板剪力墙与柱子的焊接应采用与钢板等强的对接焊缝，对接焊缝质量等级三级；鱼尾板尾部与钢板剪力墙宜采用角焊缝现场焊接（图 B.7.1）。

B.7.2 当设置水平加劲肋时，可以采用横向加劲肋贯通，钢板剪力墙水平切断的形式，此时钢板剪力墙与水平加劲肋的焊缝，采用熔透焊缝，焊缝质量等级二级，现场应采用自动或半自动气体保护焊，单面熔透焊缝的垫板应采用熔透焊缝焊接在贯通加劲肋上，垫板上部与钢板剪力墙角焊缝焊接。钢板厚度大于等于 22mm 时宜采用 K 形熔透焊。

B.7.3 钢板剪力墙跨的钢梁腹板，其厚度不应小于钢板剪力墙厚度。其翼缘可采用加劲肋代替，但此处加劲肋的截面，不应小于所需要钢梁的翼缘截面。加劲肋与钢柱的焊缝质量等级按梁柱节点的焊缝要求执行。

B.7.4 加劲肋与钢板剪力墙的焊缝，水平加劲肋与柱子的焊缝，水平加劲肋与竖向加劲肋的焊缝，根据加劲肋的厚度可选择双面角焊缝或坡口全熔透焊缝，达到与加劲肋等强，熔透焊缝质量等级为三级。

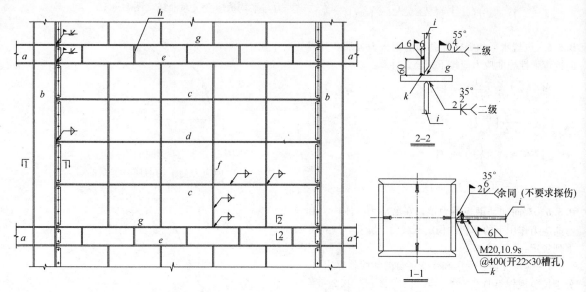

图 B.7.1　焊接要求

a—钢梁；b—钢柱；c—水平加劲肋；d—贯通式水平加劲肋；
e—水平加劲肋兼梁的下翼缘；f—竖向加劲肋；g—贯通式水平
加劲肋兼梁的上翼缘；h—梁内加劲肋，与剪力墙上的加劲肋错开，
可尽量减少加劲肋承担的竖向应力；i—钢板剪力墙；k—工厂熔透焊缝

附录 C　无粘结内藏钢板支撑墙板的设计

C.1　一　般　规　定

C.1.1　内藏钢板支撑的形式宜采用人字支撑、V 形支撑或单斜杆支撑，且应设置成中心支撑。若采用单斜杆支撑，应在相应柱间成对对称布置。

C.1.2　内藏钢板支撑的净截面面积，应根据无粘结内藏钢板支撑墙板所承受的楼层剪力按强度条件选择，不考虑屈曲。

C.1.3　无粘结内藏钢板支撑墙板制作中，应对内藏钢板表面的无粘结材料的性能和敷设工艺进行专门的验证。无粘结材料应沿支撑轴向均匀地设置在支撑钢板与墙板孔壁之间。

C.1.4　钢板支撑的材料性能应符合下列规定：

1　钢材拉伸应有明显屈服台阶，且钢材屈服强度的波动范围不应大于 100N/mm²；

2　屈强比不应大于 0.8，断后伸长率 A 不应小于 20%；

3　应具有良好的可焊性。

C.2　构　造　要　求

C.2.1　混凝土墙板厚度 T_c 应满足下列公式要求。支撑承载力调整系数可按表 C.2.1 采用。

$$T_c \geqslant 2\sqrt{A} \cdot \left(\frac{f_y}{235}\right)^{\frac{1}{3}} \cdot \chi \qquad \text{(C.2.1-1)}$$

$$T_c \geqslant \left[\frac{6N_{max}a_0}{5bf_t(1 - N_{max}/N_E)}\right]^{\frac{1}{2}} \qquad \text{(C.2.1-2)}$$

$$T_c \geqslant 140\text{mm} \qquad \text{(C.2.1-3)}$$

$$T_c \geqslant 7t \qquad \text{(C.2.1-4)}$$

$$N_E = \pi^2 E_c I / L^2 \qquad \text{(C.2.1-5)}$$

$$I = 5bT_c^3 / 12 \qquad \text{(C.2.1-6)}$$

$$N_{max} = \beta\omega\eta A f_y \qquad \text{(C.2.1-7)}$$

式中：A ——支撑钢板屈服段的横截面面积（mm²）；

f_y ——支撑钢材屈服强度实测值（N/mm²）；

χ ——循环荷载下的墙板加厚系数，可结合滞回试验确定，无试验时可取 1.2；

a_0 ——钢板支撑中部面外初始弯曲矢高与间隙之和（mm）；

b ——钢板支撑屈服段的宽度（mm）；

f_t ——墙板混凝土的轴心抗拉强度设计值（N/mm²）；

N_E ——宽度为 $5b$ 的混凝土墙板的欧拉临界力（N），按两端铰支计算；

E_c ——墙板混凝土弹性模量（N/mm²）；

L ——钢板支撑长度（mm）；

t ——钢板支撑屈服段的厚度（mm）；

N_{max} ——钢板支撑的最大轴向承载力（N）；

β ——支撑与墙板摩擦作用的受压承载力调整系数；

ω ——应变硬化调整系数；

η ——钢板支撑钢材的超强系数，定义为屈服强度实测值与名义值之比，当 f_y 采用实

测值时取 $\eta = 1.0$。

表 C.2.1　支撑承载力调整系数

钢材牌号	η	ω	β
Q235	1.25	1.5	1.2
其他钢材	通过试验或参考相关研究取值		

注：一般采用的钢材要求 $100\text{N/mm}^2 \leqslant f_y \leqslant 345\text{N/mm}^2$。

C.2.2　支撑钢板与墙板间应留置适宜间隙（图 C.2.2），为实现适宜间隙量值，板厚和板宽方向每侧无粘结材料的厚度宜满足下列公式要求：

$$C_t = 0.5\varepsilon_p t \qquad (\text{C.2.2-1})$$

$$C_b = 0.5\varepsilon_p b \qquad (\text{C.2.2-2})$$

$$\varepsilon_p = \delta / L_p \qquad (\text{C.2.2-3})$$

$$\delta = \Delta\cos\alpha \approx h\gamma\cos\alpha \qquad (\text{C.2.2-4})$$

式中：b、t——分别为支撑钢板的宽度和厚度。

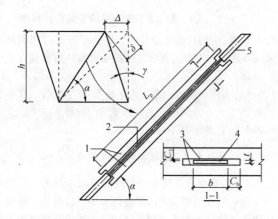

图 C.2.2　钢板支撑与墙板孔道间的适宜间隙
1—墙板；2—屈服段；3—墙板孔壁；
4—钢板支撑；5—弹性段

C.2.3　钢板支撑宜采用较厚实的截面，支撑的宽厚比宜满足下式的要求。钢板支撑两端应设置加劲肋。钢板支撑的厚度不应小于12mm。

$$5 \leqslant b/t \leqslant 19 \qquad (\text{C.2.3})$$

C.2.4　墙板的混凝土强度等级不应小于C20。混凝土墙板内应设双层钢筋网，每层单向最小配筋率不应小于0.2%，且钢筋直径不应小于6mm，间距不应大于150mm。沿支撑周围间距应加密至75mm，加密筋每层单向最小配筋率不应小于0.2%。双层钢筋网之间应适当设置连系钢筋，在支撑钢板周围应加强双层钢筋网之间的拉结，钢筋网的保护层厚度不应小于15mm。应在支撑上部加劲肋端部粘贴松软的泡沫橡胶作为缓冲材料（图 C.2.4）。

C.2.5　在支撑两端的混凝土墙板边缘应设置锚板或角钢等加强件，且应在该处墙板内设置箍筋或加密筋等加强构造（图 C.2.5）。

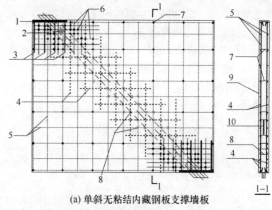

(a) 单斜无粘结内藏钢板支撑墙板
1—锚板；2—泡沫橡胶；3—锚筋；4—加密钢筋；
5—双层双向钢筋；6—加密的钢筋和拉结筋；
7—拉结筋；8—加密拉结筋；9—墙板；10—钢板支撑

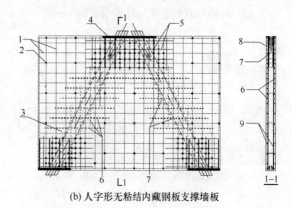

(b) 人字形无粘结内藏钢板支撑墙板
1—双层双向钢筋；2—拉结筋；3—墙板；4—锚板；
5—加密的钢筋和拉结筋；6—加密钢筋；7—加密拉结筋；
8—钢板支撑；9—双层双向钢筋
图 C.2.4　墙板内钢筋布置

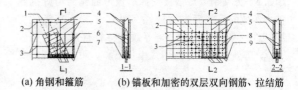

(a) 角钢和箍筋　　　(b) 锚板和加密的双层双向钢筋、拉结筋
图 C.2.5　墙板端部的加强构造
1—钢板支撑；2—拉结筋；3—加密的拉结筋；
4—纵横向双层钢筋；5—锚板；6—箍筋；7—角钢；
8—加密的纵横向钢筋；9—锚板

C.2.6　当平卧浇捣混凝土墙板时，应避免钢板自重引起支撑的初始弯曲。应使支撑的初始弯曲矢高小于 $L/1000$，L 为支撑的长度。

C.2.7　支撑钢板应进行刨边加工，应力求沿轴向截面均匀，其两端的加劲肋宜用角焊缝沿侧边均匀施焊，避免偏心和应力集中。

C.2.8　无粘结内藏钢板支撑墙板应仅在节点处与框架结构相连，墙板的四周均应与框架间留有间隙。在无粘结内藏钢板支撑墙板安装完毕后，墙板四周与框架之间的间隙，宜用隔音的弹性绝缘材料填充，并用轻型金属架及耐火板材覆盖。

墙板与框架间的间隙量应综合无粘结内藏钢板支撑墙板的连接构造和施工等因素确定。最小的间隙应满足层间位移角达1/50时，墙板与框架在平面内不发生碰撞。

C.3 强度和刚度计算

C.3.1 多遇地震作用下，无粘结内藏钢板支撑承担的楼层剪力 V 应满足下式的要求：

$$0.81 \leqslant \frac{V}{nA_p f_y \cos\alpha} \leqslant 0.90 \qquad (C.3.1)$$

式中：n ——支撑斜杆数，单斜杆支撑 $n=1$，人字支撑和 V 形支撑 $n=2$；

α ——支撑杆相对水平面的倾角；

A_p ——支撑杆屈服段的横截面面积（mm^2）；

f_y ——支撑钢材的屈服强度（N/mm^2）。

C.3.2 钢板在屈服前后，不考虑失稳的整个钢板支撑的抗侧刚度应按下列公式计算：

当 $\Delta \leqslant \Delta_y$ 时，$k_e = E(\cos\alpha)^2/(l_p/A_p + l_e/A_e)$
$$\qquad (C.3.2\text{-}1)$$

当 $\Delta > \Delta_y$ 时，$k_t = (\cos\alpha)^2/(l_p/E_t A_p + l_e/EA_e)$
$$\qquad (C.3.2\text{-}2)$$

式中：Δ_y ——支撑的侧向屈服位移（mm）；

A_e ——支撑两端弹性段截面面积（mm^2）；

A_p ——中间屈服段截面面积（mm^2）；

l_p ——支撑屈服段长度（mm）；

l_e ——支撑弹性段的总长度（mm）；

E ——钢材的弹性模量（N/mm^2）；

E_t ——屈服段的切线模量（N/mm^2）。

C.3.3 无粘结内藏钢板支撑墙板可简化为与其抗侧能力等效的等截面支撑杆件（图 C.3.3）。其等效支撑杆件的截面面积 A_{eq}，等效支撑杆件的屈服强度 f_{yeq}，等效支撑杆件的切线模量 E_{teq}，可按下列公式计算：

$$A_{eq} = L/a \qquad (C.3.3\text{-}1)$$

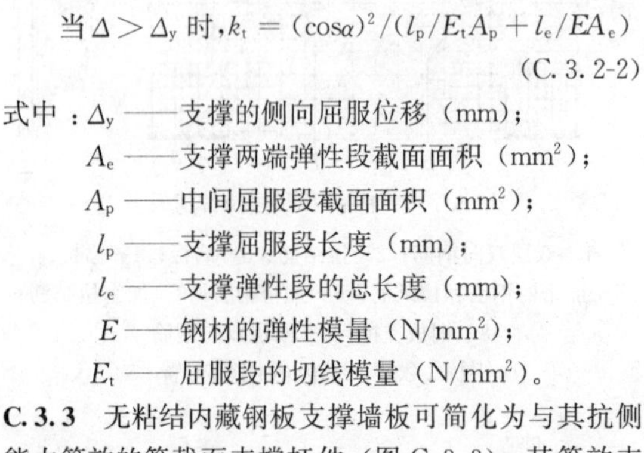

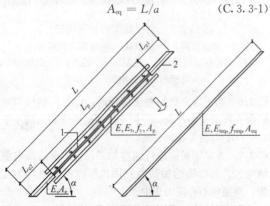

图 C.3.3 无粘结内藏钢板支撑墙板的简化模型
1—屈服段；2—弹性段

$$f_{yeq} = A_p f_y a/L \qquad (C.3.3\text{-}2)$$

$$E_{teq} = k_t L/(A_{eq}(\cos\alpha)^2) = a/t \qquad (C.3.3\text{-}3)$$

$$L = L_p + L_e \qquad (C.3.3\text{-}4)$$

$$L_e = L_{e1} + L_{e2} \qquad (C.3.3\text{-}5)$$

$$a = L_p/A_p + L_e/A_e \qquad (C.3.3\text{-}6)$$

$$t = L_p/E_t A_p + L_e/EA_e \qquad (C.3.3\text{-}7)$$

C.3.4 单斜和人字形无粘结内藏钢板支撑墙板计算分析时，可采用下列两种滞回模型（图 C.3.4）。对于单斜钢板支撑，当拉、压两侧的承载力和刚度相差较小时，也可以采用拉、压两侧一致的滞回模型。

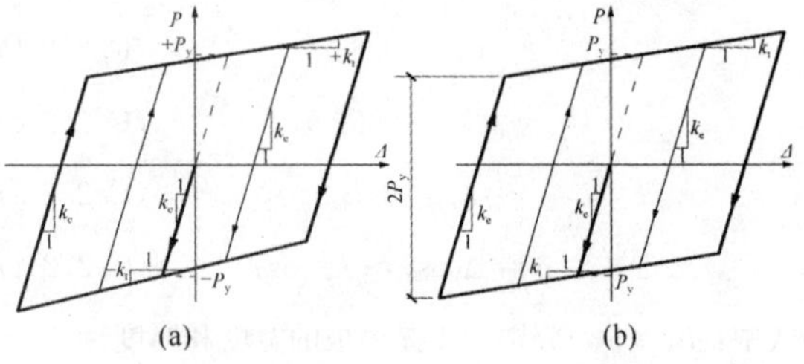

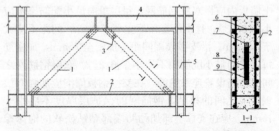

图 C.3.4 无粘结内藏钢板支撑墙板的滞回模型

C.3.5 可应用性能化设计等方法，结合支撑屈服后超强等因素，对与支撑相连的框架梁和柱的承载力进行设计。

C.3.6 当内藏钢板支撑为人字形和 V 字形时，在本规程第 C.3.2 条的基础上，被撑梁的设计不应考虑支撑的竖向支点作用。

C.4 墙板与框架的连接

C.4.1 内藏钢板支撑连接节点的极限承载力，应结合支撑的屈服后超强等因素进行验算，以避免在地震作用下连接节点先于支撑杆件破坏。连接的极限轴力 N_c 应按下列公式计算确定：

受拉时：$\qquad N_c = \omega \cdot N_{yc} \qquad (C.4.1\text{-}1)$

受压时：$\qquad N_c = \omega \cdot \beta \cdot N_{yc} \qquad (C.4.1\text{-}2)$

式中：N_{yc} ——钢板支撑的屈服承载力。

C.4.2 钢板支撑的上、下节点与钢梁翼缘可采用角焊缝连接（图 C.4.2-1），也可采用带端板的高强度螺栓连接（图 C.4.2-2）。最终的固定，应在楼面自

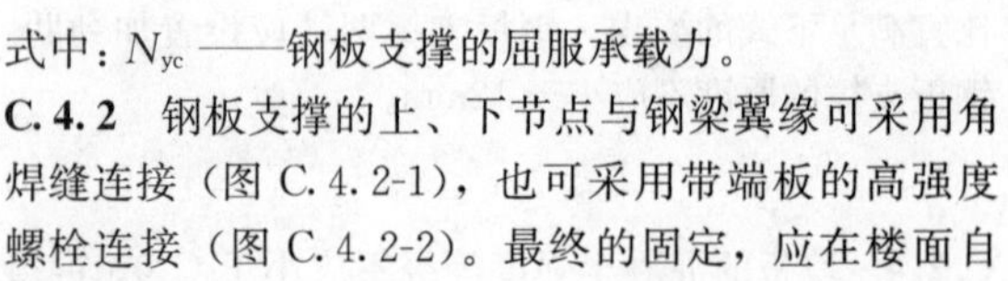

图 C.4.2-1 无粘结内藏钢板支撑墙板与框架的连接
1—无粘结内藏钢板支撑；2—混凝土墙板；3—泡沫橡胶等松软材料；4—钢梁；5—钢柱；6—拉结筋；7—松软材料；8—钢板支撑；9—无粘结材料

重到位后进行，以防支撑承受过大的竖向荷载。

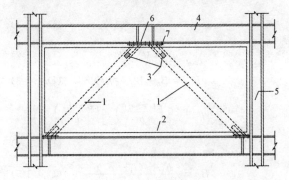

图 C.4.2-2 带端板的高强度螺栓连接方式示意
1—无粘结内藏钢板支撑；2—混凝土墙板；
3—泡沫橡胶等松软材料；4—钢梁；5—钢柱；
6—高强螺栓；7—端板

附录 D 钢框架-内嵌竖缝混凝土剪力墙板

D.1 设计原则与几何尺寸

D.1.1 带竖缝混凝土剪力墙板应按承受水平荷载，不应承受竖向荷载的原则进行设计。

D.1.2 带竖缝混凝土剪力墙板的几何尺寸，可按下列要求确定（图 D.1.2）：

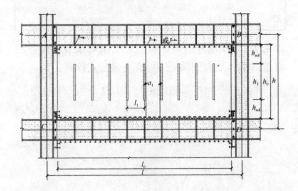

图 D.1.2 带竖缝剪力墙板结构的外形图

1 墙板总尺寸 l、h 应按建筑和结构设计要求确定。

2 竖缝的数目及其尺寸，应按下列公式要求：

$$h_1 \leqslant 0.45 h_0 \qquad (D.1.2-1)$$

$$0.6 \geqslant l_1/h_1 \geqslant 0.4 \qquad (D.1.2-2)$$

$$h_{sol} \geqslant l_1 \qquad (D.1.2-3)$$

式中：h_0——每层混凝土剪力墙部分的高度（m）；

h_1——竖缝的高度（m）；

h_{sol}——实体墙部分的高度（m）；

l_1——竖缝墙墙肢的宽度（m），包括缝宽。

3 墙板厚度 t 应满足下列公式的要求：

$$t \geqslant \frac{\eta_v V_1}{0.18(l_{10} - a_1) f_c} \qquad (D.1.2-4)$$

$$t \geqslant \frac{\eta_v V_1}{k_s l_{10} f_c} \qquad (D.1.2-5)$$

$$k_s = \frac{0.9\lambda_s (l_{10}/h_1)}{0.81 + (l_{10}/h_1)^2 [h_0/(h_0-h_1)]^2} \qquad (D.1.2-6)$$

$$\lambda_s = 0.8(n_1 - 1)/n_l \qquad (D.1.2-7)$$

式中：k_s——竖向约束力对实体墙斜截面抗剪承载力影响系数；

η_v——剪力设计值调整系数，可取 1.2；

f_c——混凝土抗压强度设计值（N/mm²）；

λ_s——剪应力不均匀修正系数；

n_l——墙肢的数量；

V_1——单肢竖缝墙的剪力设计值（N）；

l_{10}——单肢缝间墙的净宽，$l_{10} = l_1 - $缝宽，缝宽一般取为 10mm；

a_1——墙肢内受拉钢筋合力点到竖缝墙混凝土边缘的距离（mm）。

4 内嵌竖缝墙板的框架，梁柱节点应上下扩大加强。

D.1.3 墙板的混凝土强度等级不应低于 C20，也不应高于 C35。

D.2 计算模型

D.2.1 带竖缝剪力墙采用等效剪切膜单元参与整体结构的内力分析时，等效剪切膜的厚度应按下式确定：

$$t' = \frac{3.12h}{E_s l \left[\frac{4.11(h_0 - h_1)}{E_c l_0 t} + \frac{2.79h_1^3}{\sum\limits_{i=1}^{n_l} E_c l l_{1i0}^3} + \frac{4.11h_1}{\sum\limits_{i=1}^{n_l} E_c l_{1i0} t} + \frac{h^2}{2E_s l_n^2 t_w} \right]}$$

$$(D.2.1)$$

式中：l_0——竖缝墙的总宽度（mm），$l_0 = \sum\limits_{i=1}^{n_1} l_{1i}$；

E_c——混凝土的弹性模量（N/mm²）；

E_s——钢材的弹性模量（N/mm²）；

l_{1i}——第 i 个墙肢的宽度（mm），包括缝宽；

l_{1i0}——第 i 个墙肢的净宽（mm），$l_{1i0} = l_{1i} - $缝宽；

h——层高（mm）；

l_n——钢梁净跨度（mm）；

t_w——钢梁腹板的厚度（mm）；

t——墙板的厚度（mm）。

D.2.2 钢梁梁端截面腹板和上、下加强板共同抵抗梁端剪力。梁端剪力应按下式计算：

$$V_{\text{beam}} = \frac{h}{l_n} V + V_{b,\text{FEM}} \qquad (D.2.2)$$

式中：V ——竖缝墙板承担的总剪力（kN）；

$V_{b,\text{FEM}}$ ——框架梁内力计算输出的剪力（kN）。

D.3 墙板承载力计算

D.3.1 墙板的承载力，宜以一个缝间墙及在相应范围内的实体墙作为计算对象。

D.3.2 缝间墙两侧的纵向钢筋，应按对称配筋大偏心受压构件计算确定，且应符合下列规定：

1 缝根截面内力应按下列公式计算：

$$M = V_1 h_1 / 2 \qquad (D.3.2-1)$$

$$N_1 = 0.9 V_1 h_1 / l_1 \qquad (D.3.2-2)$$

$$\rho_1 = \frac{A_s}{t(l_{10} - a_1)} \frac{f_{yv}}{f_c} \qquad (D.3.2-3)$$

2 ρ_1 宜为 $0.075 \sim 0.185$，且实配钢筋面积不应超过计算所需面积的 5%。

D.3.3 缝间墙斜截面受剪承载力应满足下列公式要求：

$$V_1 \leqslant V_s \qquad (D.3.3-1)$$

$$V_s = \frac{\dfrac{1.75}{\lambda+1} f_t t(l_{10} - a_1) + f_{yv} \dfrac{A_{sv}}{s}(l_{10} - a_1)}{1 - 0.063 h_1 / l_{10}}$$

$$(D.3.3-2)$$

式中：λ ——偏心受压构件计算截面的剪跨比，$\lambda = h_1/l_{10}$；

s ——沿竖缝墙高度方向的箍筋间距（mm）；

A_{sv} ——配置在同一截面箍筋的全部截面面积（mm²）；

f_{yv} ——箍筋的抗拉强度设计值（N/mm²）；

f_t ——混凝土抗拉强度设计值（N/mm²）。

D.3.4 缝间墙弯曲破坏时的最大抗剪承载力 V_b 应满足下列公式要求：

$$V_1 \leqslant V_b \qquad (D.3.4-1)$$

$$V_b = 1.1 t x f_c \cdot l_1 / h_1 \qquad (D.3.4-2)$$

$$x = -B + \sqrt{B^2 + \frac{2A_s f(l_1 - 2a_1)}{t f_c}}$$

$$(D.3.4-3)$$

$$B = \frac{l_1}{18} + 0.003 h_0 \qquad (D.3.4-4)$$

式中：x ——缝根截面的缝间墙混凝土受压区高度（mm）；

A_s ——缝间墙所配纵向受拉钢筋截面面积（mm²）；

f ——纵向受拉钢筋抗拉强度设计值（N/mm²）。

D.3.5 竖缝墙的配筋及其构造应满足下式要求：

$$V_b \leqslant 0.9 V_s \qquad (D.3.5)$$

D.4 墙板骨架曲线

D.4.1 缝间墙板纵筋屈服时的总受剪承载力 V_{y1} 和墙板的总体侧移 u_y，应按下列公式计算：

$$V_{y1} = \mu \cdot \frac{l_1}{h_1} \cdot A_s f_{sk} \qquad (D.4.1-1)$$

$$u_y = V_{y1} / K_y \qquad (D.4.1-2)$$

$$K_y = B_1 \cdot 12 / (\xi h_1^3) \qquad (D.4.1-3)$$

$$\xi = \left[35\rho_1 + 20 \left(\frac{l_1 - a_1}{h_1} \right)^2 \right] \left(\frac{h - h_1}{h} \right)^2$$

$$(D.4.1-4)$$

$$B_1 = \frac{E_s A_s (l_1 - a_1)^2}{1.35 + 6(E_s/E_c)\rho} \qquad (D.4.1-5)$$

$$\rho = \frac{A_s}{t(l_{10} - a_1)} \qquad (D.4.1-6)$$

式中：μ ——系数，按表 D.4.1 采用。

A_s ——缝间墙所配纵筋截面面积（mm²）；

K_y ——缝间墙纵筋屈服时墙板的总体抗侧力刚度（N/mm）；

ξ ——考虑剪切变形影响的刚度修正系数；

f_{sk} ——水平横向钢筋的强度标准值（N/mm²）；

B_1 ——缝间墙抗弯刚度（N·mm²）；

ρ ——缝间墙的受拉钢筋的配筋率。

表 D.4.1 μ 系数值

a_1	μ
$0.05 l_1$	3.67
$0.10 l_1$	3.41
$0.15 l_1$	3.20

D.4.2 缝间墙弯曲破坏时的最大抗剪承载力 V_{u1} 和墙板的总体最大侧移 u_u，可按下列公式计算：

$$V_{u1} = 1.1 t x f_{ck} \cdot l_1 / h_1 \qquad (D.4.2-1)$$

$$u_u = u_y + (V_{u1} - V_{y1}) / K_u \qquad (D.4.2-2)$$

$$K_u = 0.2 K_y \qquad (D.4.2-3)$$

$$x = -B + \sqrt{B^2 + \frac{2A_s f_{sk}(l_1 - 2a_1)}{t f_{ck}}}$$

$$(D.4.2-4)$$

$$B = l_1 / 18 + 0.003 h_0 \qquad (D.4.2-5)$$

式中：K_u ——缝间墙达到压弯最大力时的总体抗侧移刚度（N/mm）；

x ——缝根截面的缝间墙混凝土受压区高度（mm）；

f_{ck} ——混凝土抗压强度标准值（N/mm²）。

D.4.3 墙板的极限侧移可按下式确定：

$$u_{\max} = \frac{h_0}{\sqrt{\rho_1}} \cdot \frac{h_1}{l_1 - a_1} \cdot 10^{-3} \qquad (D.4.3)$$

D.4.4 进行墙板的弹塑性分析时，可采用下列墙板骨架曲线（图 D.4.4）。

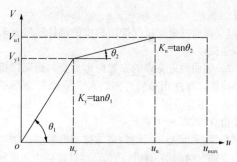

图 D.4.4 墙板的骨架曲线

D.5 强度和稳定性验算

D.5.1 梁柱连接和梁腹板的抗剪强度应满足下列公式要求：

$$Q_u \geqslant \beta \frac{\sum_{i=1}^{n_l} V_{ul} h}{l_n} \qquad (D.5.1\text{-}1)$$

$$Q_u = h_w t_w f_v + Q_v \qquad (D.5.1\text{-}2)$$

$$Q_v = \min \left[(h_{v1} + h_{v2}) t_v f_v, \ \sum N_v^s \right]$$

$$(D.5.1\text{-}3)$$

式中：h_w、t_w —— 分别为钢梁腹板的高度和厚度（mm）；

f_v —— 梁腹板或加强板钢材的抗剪强度设计值（N/mm²）；

β —— 增强系数，梁柱连接的抗剪强度计算时取 1.2，梁腹板抗剪强度计算时取 1.0；

V_{ul} —— 单肢剪力墙弯曲破坏时最大抗剪承载力（N）；

h_{v1}、h_{v2} —— 用于加强梁端截面抗剪强度的角部抗剪加强板的高度（mm）（图 D.5.1）；

t_v —— 角部加强板的厚度（mm）。

$\sum N_v^s$ —— 角部加强板预埋在混凝土墙里面的栓钉提供的抗剪能力（N）。

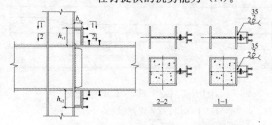

图 D.5.1 梁柱节点角部抗剪加强板

D.5.2 框架梁腹板稳定性计算应符合下列规定：

1 梁腹板受竖缝墙膨胀力作用下的稳定计算应满足下式要求：

$$N_1 \leqslant \varphi w_b t_w f \qquad (D.5.2\text{-}1)$$

式中：N_1 —— 缝间墙宽度 l_1 传给钢梁腹板的竖向力（N）；

φ —— 稳定系数，按现行国家标准《钢结构设计规范》GB 50017 的柱子稳定系数 b 曲线计算；

w_b —— 承受竖向力 N_1 的腹板宽度（mm），对蜂窝梁取墩腰处的最小截面，对实腹梁取 l_1；

t_w —— 钢梁腹板的厚度（mm）；

f —— 钢梁腹板钢材的抗压强度设计值（N/mm²）。

2 采用蜂窝梁时，长细比应按下式计算：

$$\lambda = 0.7 \sqrt{3} h_w / t_w \qquad (D.5.2\text{-}2)$$

3 采用实腹梁时，长细比应按下式计算：

$$\lambda = \sqrt{3} h_w / t_w \qquad (D.5.2\text{-}3)$$

4 当不满足稳定要求时，应设置横向加劲肋，每片缝间墙对应的位置至少设置 1 道加劲肋。

D.5.3 钢梁与墙板采用栓钉的数量 n_s、梁柱节点下部抗剪加强板截面应满足下式要求：

$$V \leqslant n_s N_v^s + 2 b_v t_v f_v \qquad (D.5.3)$$

式中：n_s —— 钢梁与墙板间采用的栓钉数量；

N_v^s —— 1 个栓钉的抗剪承载力设计值（N）；

b_v —— 梁柱节点下部加强板的宽度（mm）；

t_v —— 梁柱节点下部加强板的厚度（mm）；

f_v —— 加强板钢材的抗剪强度设计值（N/mm²）。

D.6 构 造 要 求

D.6.1 钢框架-内嵌竖缝混凝土剪力墙板的构造应符合下列规定：

1 墙肢中水平横向钢筋应满足下列公式要求：

当 $\eta_v V_1 / V_{yl} < 1$ 时

$$\rho_{sh} \leqslant 0.65 \frac{V_{yl}}{t l_1 f_{sk}} \qquad (D.6.1\text{-}1)$$

当 $1 \leqslant \eta_v V_1 / V_{yl} \leqslant 1.2$ 时

$$\rho_{sh} \leqslant 0.60 \frac{V_{ul}}{t l_1 f_{sk}} \qquad (D.6.1\text{-}2)$$

$$\rho_{sh} = \frac{A_{sh}}{ts} \qquad (D.6.1\text{-}3)$$

式中：s —— 横向钢筋间距（mm）；

A_{sh} —— 同一高度处横向钢筋总截面积（mm²）；

f_{sk} —— 水平横向钢筋的强度标准值（N/mm²）；

V_{yl}、V_{ul} —— 缝间墙纵筋屈服时的抗剪承载力（N）和缝间墙压弯破坏时的抗剪承载力（N），按本规程第 D.4.1 条、第 D.4.2 条计算；

ρ_{sh} —— 墙板水平横向钢筋配筋率，其值不宜小于 0.3%。

2 缝两端的实体墙中应配置横向主筋，其数量不低于缝间墙一侧的纵向钢筋用量。

3 形成竖缝的填充材料宜用延性好、易滑移的耐火材料（如二片石棉板）。

4 高强度螺栓和栓钉的布置应符合现行国家标准《钢结构设计规范》GB 50017 的有关规定。

5 框架梁的下翼缘宜与竖缝墙整浇成一体。吊装就位后，在建筑物的结构部分完成总高度的 70%（含楼板），再与腹板和上翼缘组成的 T 形截面梁现场焊接，组成工字形截面梁。

6 当竖缝墙很宽，影响运输或吊装时，可设置竖向拼接缝。拼接缝两侧采用预埋钢板，钢板厚度不小于 16mm，通过现场焊接连成整体（图 D.6.1）。

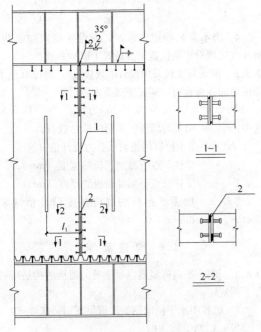

图 D.6.1 设置竖向拼缝的构造要求
1—缝宽等于 2 个预埋板厚；2—绕角焊缝 50mm 长度

附录 E 屈曲约束支撑的设计

E.1 一般规定

E.1.1 屈曲约束支撑的设计应符合下列规定：

1 屈曲约束支撑宜设计为轴心受力构件；

2 耗能型屈曲约束支撑在多遇地震作用下应保持弹性，在设防地震和罕遇地震作用下应进入屈服；承载型屈曲约束支撑在设防地震作用下应保持弹性，在罕遇地震作用下可进入屈服，但不能用作结构体系的主要耗能构件；

3 在罕遇地震作用下，耗能型屈曲约束支撑的连接部分应保持弹性。

E.1.2 屈曲约束支撑框架结构的设计应符合下列规定：

1 屈曲约束支撑框架结构中的梁柱连接宜采用刚接连接；

2 屈曲约束支撑的布置应形成竖向桁架以抵抗水平荷载，宜选用单斜杆形、人字形和 V 字形等布置形式，不应采用 K 形和 X 形布置形式；支撑与柱的夹角宜为 30°～60°；

3 在平面上，屈曲约束支撑的布置应使结构在两个主轴方向的动力特性相近，尽量使结构的质量中心与刚度中心重合，减小扭转地震效应；在立面上，屈曲约束支撑的布置应避免因局部的刚度削弱或突变而形成薄弱部位，造成过大的应力集中或塑性变形集中；

4 屈曲约束支撑框架结构的地震作用计算可采用等效阻尼比修正的反应谱法。对重要的建筑物尚应采用时程分析法补充验算。

E.2 屈曲约束支撑构件

E.2.1 屈曲约束支撑可根据使用需求采用外包钢管混凝土型屈曲约束支撑、外包钢筋混凝土型屈曲约束支撑与全钢型屈曲约束支撑。屈曲约束支撑应由核心单元、约束单元和两者之间的无粘结构造层三部分组成（图 E.2.1-1）。核心单元由工作段、过渡段和连接段组成（图 E.2.1-2）。

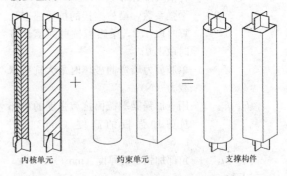

内核单元　　　约束单元　　　支撑构件

图 E.2.1-1 屈曲约束支撑的构成

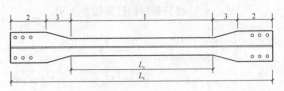

图 E.2.1-2 核心单元的构成
1—工作段；2—连接段；3—过渡段

E.2.2 屈曲约束支撑的承载力应满足下式要求：

$$N \leqslant A_1 f \qquad (E.2.2)$$

式中：N——屈曲约束支撑轴力设计值（N）；

　　　f——核心单元钢材强度设计值（N/mm²）；

　　　A_1——核心单元工作段截面积（mm²）。

E.2.3 屈曲约束支撑的轴向受拉和受压屈服承载力可按下式计算：

$$N_{ysc} = \eta_y f_y A_1 \qquad (E.2.3)$$

式中：N_{ysc}——屈曲约束支撑的受拉或受压屈服承载力（N）；

f_y——核心单元钢材的屈服强度（N/mm²）；

η_y——核心单元钢材的超强系数，可按表 E.2.3 采用，材性试验实测值不应超出表中数值 15%。

表 E.2.3 核心单元钢材的超强系数 η_y

钢材牌号	η_y
Q235	1.25
Q195	1.15
低屈服点钢（$f_y \leqslant 160 \text{ N/mm}^2$）	1.10

E.2.4 屈曲约束支撑的极限承载力可按下式计算：

$$N_{ymax} = \omega N_{ysc} \qquad (E.2.4)$$

式中：N_{ymax}——屈曲约束支撑的极限承载力（N）；

ω——应变强化调整系数，可按表 E.2.4 采用。

表 E.2.4 核心单元钢材的应变强化调整系数 ω

钢材牌号	ω
Q195、Q235	1.5
低屈服点钢（$f_y \leqslant 160\text{N/mm}^2$）	2.0

E.2.5 屈曲约束支撑连接段的承载力设计值应满足下式要求：

$$N_c \geqslant 1.2 N_{ymax} \qquad (E.2.5)$$

式中：N_c——屈曲约束支撑连接段的轴向承载力设计值（N）。

E.2.6 屈曲约束支撑的约束比宜满足下列公式要求：

$$\zeta = \frac{N_{cm}}{N_{ysc}} \geqslant 1.95 \qquad (E.2.6\text{-}1)$$

$$N_{cm} = \frac{\pi^2 (\alpha E_1 I_1 + K E_r I_r)}{L_t^2} \qquad (E.2.6\text{-}2)$$

$$E_r I_r = \begin{cases} E_c I_c + E_2 I_2 & \text{外包钢管混凝土型} \\ E_c I_c + E_s I_s & \text{外包钢筋混凝土型} \\ E_2 I_2 & \text{全钢型} \end{cases} \qquad (E.2.6\text{-}3)$$

$$K = \frac{B_s}{E_r I_r} \qquad (E.2.6\text{-}4)$$

$$B_s = (0.22 + 3.75 \alpha_E \rho_s) E_c I_c \qquad (E.2.6\text{-}5)$$

式中：ζ——屈曲约束支撑的约束比；

N_{cm}——屈曲约束支撑的屈曲荷载（N）；

N_{ysc}——核心单元的受压屈服承载力（N）；

L_t——屈曲约束支撑的总长度（mm）；

α——核心单元钢材屈服后刚度比，通常取 0.02~0.05；

E_1、I_1——分别为核心单元的弹性模量（N/

mm²）与核心单元对截面形心的惯性矩（mm⁴）；

E_r、I_r——分别为约束单元的弹性模量（N/mm²）与约束单元对截面形心的惯性矩（mm⁴）；

E_c、E_s、E_2——分别为约束单元所使用的混凝土、钢筋、钢管或全钢构件的弹性模量（N/mm²）；

I_c、I_s、I_2——分别为约束单元所使用的混凝土、钢筋、钢管或全钢构件的截面惯性矩（mm⁴）；当约束单元采用全钢材料时，I_2 取由各个装配式构件所形成的组合截面惯性矩（mm⁴）；

K——约束单元刚度折减系数；当约束单元采用整体式钢管混凝土或整体式全钢时，取 $K = 1$；当约束单元外包钢筋混凝土时，按式（E.2.6-4）计算；当约束单元采用全钢构件时，取 $K = 1$；

B_s——钢筋混凝土短期刚度（N·mm²）；

α_E——钢筋与混凝土模量比，$\alpha_E = E_s/E_c$；

ρ_s——钢筋混凝土单侧纵向钢筋配筋率，$\rho_s = A_s/(bh_0)$，其中 A_s 为单侧受拉纵向钢筋面积（mm²），b 为钢筋混凝土约束单元的截面宽度（mm），h_0 为钢筋混凝土约束单元的截面有效高度（mm）。

E.2.7 屈曲约束支撑约束单元的抗弯承载力应满足下列公式要求：

$$M \leqslant M_u \qquad (E.2.7\text{-}1)$$

$$M = \frac{N_{cmax} N_{cm} a}{N_{cm} - N_{cmax}} \qquad (E.2.7\text{-}2)$$

式中：M——约束单元的弯矩设计值（kN·m）；

M_u——约束单元的受弯承载力（kN·m），当采用钢管混凝土时，按现行行业标准《型钢混凝土组合结构技术规程》JGJ 138 计算；当采用钢筋混凝土时，按现行国家标准《混凝土结构设计规范》GB 50010 计算；当采用全钢构件时，依据边缘屈服准则按现行国家标准《钢结构设计规范》GB 50017 计算；

N_{cmax}——核心单元的极限受压承载力（kN），取 $N_{cmax} = 2 N_{ysc}$；

a——屈曲约束支撑的初始变形（m），取 $L_t/500$ 和 $b/30$ 两者中的较大值，其中 b 为截面边长尺寸中的较大值，当为圆形截面时，取截面直径。

E.2.8 约束单元的钢管壁厚或钢筋混凝土的体积配

箍率应符合下列规定：

1 当约束单元采用钢管混凝土时，约束单元的钢管壁厚应满足下式要求：

$$t_s \geqslant \frac{f_{ck}b_1}{12f}$$ （E.2.8-1）

2 当约束单元采用钢筋混凝土时，其体积配箍率 ρ_{sv} 应满足下列公式要求：

对矩形截面：

$$\rho_{sv} \geqslant \frac{(b+h-4a_s)f_{ck}b_1}{6bhf_v}$$ （E.2.8-2）

对圆形截面：

$$\rho_{sv} \geqslant \frac{f_{ck}b_1}{12df_v}$$ （E.2.8-3）

式中：t_s——钢管壁厚（mm）；

b_1——核心单元工作段宽度（mm），对于工字形钢和十字形钢，取翼缘宽度（mm）；

f_{ck}——混凝土抗压强度标准值（N/mm²）；

f——钢管钢材的抗拉强度设计值（N/mm²）；

f_v——箍筋的抗拉强度设计值（N/mm²）；

d——圆形截面直径（mm）；

a_s——箍筋的保护层厚度（mm）；

b、h——钢筋混凝土截面边长（mm）。

3 在约束单元端部的1.5倍截面长边尺寸范围内，钢管壁厚或钢筋混凝土的配箍率不应小于按式（E.2.8-1）、式（E.2.8-2）或式（E.2.8-3）确定值的2倍。

E.2.9 屈曲约束支撑的设计尚应满足以下要求：

1 屈曲约束支撑的钢材选用应满足现行国家标准《金属材料 拉伸试验 第1部分：室温试验方法》GB/T 228.1和《金属材料 室温压缩试验方法》GB/T 7314的规定，混凝土材料强度等级不宜小于C25。核心单元宜优先采用低屈服点钢材，其屈强比不应大于0.8，断后伸长率 A 不应小于25%，且在3%应变下无弱化，应具有夏比冲击韧性0℃下27J的合格保证，核心单元内部不允许有对接接头，且应具有良好的可焊性。

2 核心单元的截面可设计成一字形、工字形、十字形和环形等，其宽厚比或径厚比（外径与壁厚的比值）应满足下列要求：①对一字形板截面宽厚比取10～20；②对十字形截面宽厚比取5～10；③对环形截面径厚比不宜超过22；④对其他截面形式，应满足本规程表7.5.3中所规定的一级中心支撑板件宽厚比限值要求；⑤核心单元钢板厚度宜为10mm～80mm。

3 核心单元钢板与外围约束单元之间的间隙值每一侧不应小于核心单元工作段截面边长的1/250，一般情况下取1mm～2mm，并宜采用无粘结材料隔离。

4 当采用钢管混凝土或钢筋混凝土作为约束单

元时，加强段伸入混凝土，伸入混凝土部分的过渡段与约束单元之间应预留间隙，并用聚苯乙烯泡沫或海绵橡胶材料填充（图E.2.9a）。过渡段与加强段不伸入混凝土内部，在外包约束段端部与支撑加强段端部斜面之间应预留间隙（图E.2.9b）。间隙值应满足罕遇地震作用下核心单元的最大压缩变形的需求。

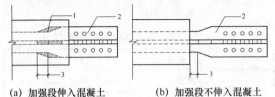

(a) 加强段伸入混凝土　　　(b) 加强段不伸入混凝土

图 E.2.9 端部加强段构造
1—聚苯乙烯泡沫；2—连接加强段；3—间隙

E.3 屈曲约束支撑框架结构

E.3.1 耗能型屈曲约束支撑结构在设防地震和罕遇地震作用下的验算应采用弹塑性分析方法。可采用静力弹塑性分析法或动力弹塑性分析法，其中屈曲约束支撑可选用双线性恢复力模型(图E.3.1)。

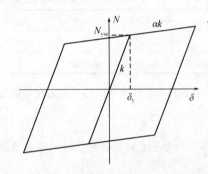

图 E.3.1 屈曲约束支撑双线性恢复力模型
注：N_{ysc} 为屈曲约束支撑的屈服承载力（N）；δ_y 为屈曲约束支撑的初始屈服变形；k 为屈曲约束支撑的刚度（N/mm），$k=EA_e/L_t$，A_e 为屈曲约束支撑的等效截面积（mm²）；L_t 为支撑长度（mm）。

E.3.2 屈曲约束支撑框架的梁柱设计应考虑屈曲约束支撑所传递的最大拉力与最大压力的作用。屈曲约束支撑采用人字形或V形布置时，横梁应能承担支撑拉力与压力所产生的竖向力差值，此差值可根据屈曲约束支撑的单轴拉压试验确定。梁柱的板件宽厚比应符合本规程第7.4.1条的规定。

E.3.3 屈曲约束支撑与结构的连接节点设计应符合下列规定：

1 屈曲约束支撑与结构的连接宜采用高强度螺栓或销栓连接，也可采用焊接连接。

2 当采用高强度螺栓连接时，螺栓数目 n 可由下式确定：

$$n \geqslant \frac{1.2N_{ymax}}{0.9n_f\mu P}$$ （E.3.3-1）

式中：n_f——螺栓连接的剪切面数量；

μ——摩擦面的抗滑移系数，按现行国家标准《钢结构设计规范》GB 50017 的有关规定采用；

P——每个高强螺栓的预拉力（kN），按现行国家标准《钢结构设计规范》GB 50017 的有关规定采用。

3 当采用焊接连接时，焊缝的承载力设计值 N_f 应满足下式要求：

$$N_f \geqslant 1.2 N_{ymax} \quad (E.3.3-2)$$

4 梁柱等构件在与屈曲约束支撑相连接的位置处应设置加劲肋。

5 在罕遇地震作用下，屈曲约束支撑与结构的连接节点板不应发生强度破坏与平面外屈曲破坏。

E.4 试验及验收

E.4.1 屈曲约束支撑的设计应基于试验结果，试验至少应有两组：一组为组件试验，考察支撑连接的转动要求；另一组为支撑的单轴试验，以检验支撑的工作性状，特别是在拉压反复荷载作用下的滞回性能。

E.4.2 屈曲约束支撑的试验加载应采取位移控制，对构件试验时控制轴向位移，对组件试验时控制转动位移。

E.4.3 耗能型屈曲约束支撑的单轴试验应按下列加载幅值及顺序进行：

1 依次在 1/300、1/200、1/150、1/100 支撑长度的位移水平下进行拉压往复加载，每级位移水平下循环加载 3 次，轴向累计非弹性变形至少为屈服变形的 200 倍；

2 组件试验可不按 1 款加载幅值与顺序进行。

E.4.4 屈曲约束支撑的试验检验应符合下列规定：

1 同一工程中，屈曲约束支撑应按支撑的构造形式、核心单元材料和屈服承载力分类别进行试验检验。抽样比例为 2%，每种类别至少有一根试件。构造形式和核心单元材料相同且屈服承载力在试件承载力的 50%～150% 范围内的屈曲约束支撑划分为同一类别。

2 宜采用足尺试件进行试验。当试验装置无法满足足尺试验要求时，可减小试件的长度。

3 屈曲约束支撑试件及组件的制作应反映设计实际情况，包括材料、尺寸、截面构成及支撑端部连接等情况。

4 对屈曲约束支撑核心单元的每一批钢材应进行材性试验。

5 当屈曲约束支撑试件的试验结果满足下列要求时，试件检验合格：

1）材性试验结果满足本规程第 E.2.9 条第 1 款的要求；

2）屈曲约束支撑试件的滞回曲线稳定饱满，没有刚度退化现象；

3）屈曲约束支撑不出现断裂和连接部位破坏的现象；

4）屈曲约束支撑试件在每一加载循环中核心单元屈服后的最大拉、压承载力均不低于屈服荷载，且最大压力和最大拉力之比不大于 1.3。

E.4.5 试验结果的内插或外推应有合理的依据，并应考虑尺寸效应和材料偏差等不利影响。

附录 F 高强度螺栓连接计算

F.1 一 般 规 定

F.1.1 高强度螺栓连接的极限承载力应取下列公式计算得出的较小值：

$$N_{vu}^b = 0.58 n_f A_e^b f_u^b \quad (F.1.1-1)$$

$$N_{cu}^b = d \Sigma t f_{cu}^b \quad (F.1.1-2)$$

式中：N_{vu}^b——1 个高强度螺栓的极限受剪承载力（N）；

N_{cu}^b——1 个高强度螺栓对应的板件极限承载力（N）；

n_f——螺栓连接的剪切面数量；

A_e^b——螺栓螺纹处的有效截面面积（mm²）；

f_u^b——螺栓钢材的抗拉强度最小值（N/mm²）；

f_{cu}^b——螺栓连接板件的极限承压强度（N/mm²），取 $1.5 f_u$；

d——螺栓杆直径（mm）；

Σt——同一受力方向的钢板厚度（mm）之和。

F.1.2 高强度螺栓连接的极限受剪承载力，除应计算螺栓受剪和板件承压外，尚应计算连接板件以不同形式的撕裂和挤穿，取各种情况下的最小值。

F.1.3 螺栓连接的受剪承载力应满足下式要求：

$$N_u^b \geqslant \alpha N \quad (F.1.3)$$

式中：N——螺栓连接所受拉力或剪力（kN），按构件的屈服承载力计算；

N_u^b——螺栓连接的极限受剪承载力（kN）；

α——连接系数，按本规程表 8.1.3 的规定采用。

F.1.4 高强度螺栓连接的极限受剪承载力应按下列公式计算：

1 仅考虑螺栓受剪和板件承压时：

$$N_u^b = \min\{n N_{vu}^b, n N_{cu1}^b\} \quad (F.1.4-1)$$

2 单列高强度螺栓连接时：

$$N_u^b = \min\{n N_{vu}^b, n N_{cu1}^b, N_{cu2}^b, N_{cu3}^b\}$$

$$(F.1.4-2)$$

3 多列高强度螺栓连接时：

$$N_u^b = \min\{nN_{vu}^b, nN_{cu1}^b, N_{cu2}^b, N_{cu3}^b, N_{cu4}^b\}$$

$$\text{(F.1.4-3)}$$

4 连接板挤穿或拉脱时，承载力 $N_{cu2}^b \sim N_{cu4}^b$ 可按下式计算：

$$N_{cu}^b = (0.5A_{ns} + A_{nt})f_u \quad \text{(F.1.4-4)}$$

式中：N_u^b——螺栓连接的极限承载力（N）；

$\quad N_{vu}^b$——螺栓连接的极限受剪承载力（N）；

$\quad N_{cu1}^b$——螺栓连接同一受力方向的板件承压承载力(N)之和；

$\quad N_{cu2}^b$——连接板边拉脱时的受剪承载力（N）（图F.1.4b）；

$\quad N_{cu3}^b$——连接板件沿螺栓中心线挤穿时的受剪承载力（N）（图F.1.4c）；

$\quad N_{cu4}^b$——连接板件中部拉脱时的受剪承载力(N)（图F.1.4a）；

$\quad f_u$——构件母材的抗拉强度最小值（N/mm²）；

$\quad A_{ns}$——板区拉脱时的受剪截面面积（mm²）（图F.1.4）；

$\quad A_{nt}$——板区拉脱时的受拉截面面积（mm²）（图F.1.4）；

$\quad n$——连接的螺栓数。

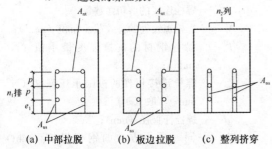

(a) 中部拉脱　　(b) 板边拉脱　　(c) 整列挤穿

图 F.1.4　拉脱举例（计算示意）

中部拉脱 $A_{ns} = 2\{(n_1-1)p + e_1\}t$

板边拉脱 $A_{ns} = 2\{(n_1-1)p + e_1\}t$

整列挤穿 $A_{ns} = 2n_2\{(n_1-1)p + e_1\}t$

F.1.5 高强度螺栓连接在两个不同方向受力时应符合下列规定：

1 弹性设计阶段，高强度螺栓摩擦型连接在摩擦面间承受两个不同方向的力时，可根据力作用方向求出合力，验算螺栓的承载力是否符合要求，螺栓受剪和连接板承压的强度设计值应按弹性设计时的规定取值。

2 弹性设计阶段，高强度螺栓摩擦型连接同时承受摩擦面间剪力和螺栓杆轴方向的外拉力时（如端板连接或法兰连接），其承载力应按下式验算：

$$\frac{N_v}{N_v^b} + \frac{N_t}{N_t^b} \leqslant 1 \quad \text{(F.1.5)}$$

式中：N_v、N_t——所考虑高强度螺栓承受的剪力和拉力设计值（kN）；

$\quad N_v^b$——高强度螺栓仅承受剪力时的抗剪承载力设计值（kN）；

$\quad N_t^b$——高强度螺栓仅承受拉力时的抗拉承载力设计值（kN）。

3 极限承载力验算时，考虑罕遇地震作用下摩擦面已滑移，摩擦型连接成为承压型连接，只能考虑一个方向受力。在梁腹板的连接和拼接中，当工形梁与H形柱（绕强轴）连接时，梁腹板全高可同时受弯和受剪，应验算螺栓由弯矩和剪力引起的螺栓连接极限受剪承载力的合力。螺栓群角部的螺栓受力最大，其由弯矩和剪力引起的按本规程式（F.1.4-2）和式（F.1.4-3）分别计算求得的较小者得出的两个剪力，应根据力的作用方向求出合力，进行验算。

F.2　梁拼接的极限承载力计算

F.2.1 梁拼接采用的极限承载力应按下列公式计算：

$$M_u^j \geqslant \alpha M_{pb} \quad \text{(F.2.1-1)}$$

$$M_u^j = M_{uf}^j + M_{uw}^j \quad \text{(F.2.1-2)}$$

$$V_u^j \leqslant n_w N_{vu}^b \quad \text{(F.2.1-3)}$$

式中：M_{pb}——梁的全塑性截面受弯承载力（kN·m）；

$\quad \alpha$——连接系数，按本规程表8.1.3确定；

$\quad V_u^j$——梁拼接的极限受剪承载力；

$\quad n_w$——腹板连接一侧的螺栓数；

$\quad N_{vu}^b$——1个高强度螺栓的极限受剪承载力（kN）。

F.2.2 梁翼缘拼接的极限受弯承载力应按下列公式计算：

$$M_{uf1}^j = A_{nf}f_u(h_b - t_f) \quad \text{(F.2.2-1)}$$

$$M_{uf2}^j = A_{ns}f_{us}(h_{bs} - t_{fs}) \quad \text{(F.2.2-2)}$$

$$M_{uf3}^j = n_2\{(n_1-1)p + e_{f1}\}t_f f_u(h_b - t_f) \quad \text{(F.2.2-3)}$$

$$M_{uf4}^j = n_2\{(n_1-1)p + e_{s1}\}t_{fs} f_{us}(h_{bs} - t_{fs}) \quad \text{(F.2.2-4)}$$

$$M_{uf5}^j = n_3 N_{vu}^b h_b \quad \text{(F.2.2-5)}$$

式中：M_{uf1}^j——翼缘正截面净面积决定的最大受弯承载力（N·mm）；

$\quad M_{uf2}^j$——翼缘拼接板正截面净面积决定的拼接最大受弯承载力（N·mm）；

$\quad M_{uf3}^j$——翼缘沿螺栓中心线挤穿时的最大受弯承载力（N·mm）；

$\quad M_{uf4}^j$——翼缘拼接板沿螺栓中心线挤穿时的最大受弯承载力（N·mm）；

$\quad M_{uf5}^j$——高强螺栓受剪决定的最大受弯承载力（N·mm）；

$\quad A_{nf}$——翼缘正截面净面积（mm²）；

$\quad A_{ns}$——翼缘拼接板正截面净面积（mm²）；

f_u ——翼缘钢材抗拉强度最小值（N/mm²）；

f_{us} ——拼接板钢材抗拉强度最小值（N/mm²）；

h_b ——上、下翼缘外侧之间的距离（mm）；

h_{bs} ——上、下翼缘拼接板外侧之间的距离（mm）；

n_1 ——翼缘拼接螺栓每列中的螺栓数；

n_2 ——翼缘拼接螺栓（沿梁轴线方向）的列数；

n_3 ——翼缘拼接（一侧）的螺栓数；

e_{f1} ——梁翼缘板相邻两列螺栓横向中心间的距离（mm）；

e_{s1} ——翼缘拼接板相邻两列螺栓横向中心间的距离（mm）；

t_f ——梁翼缘板厚度（mm）；

t_{fs} ——翼缘拼接板板厚（mm）（两块时为其和）。

F.2.3 梁腹板拼接的极限承载力应按下列公式计算

$$M_{uw} = \min\{M_{uw1}^j, M_{uw2}^j, M_{uw3}^j, M_{uw4}^j, M_{uw5}^j\}$$

(F.2.3-1)

$$M_{uw1}^j = W_{pw} f_u$$ (F.2.3-2)

$$M_{uw2}^j = W_{sn} f_{us}$$ (F.2.3-3)

$$M_{uw3}^j = (\sum r_i^2 / r_m) e_{w1} t_w f_u$$ (F.2.3-4)

$$M_{uw4}^j = (\sum r_i^2 / r_m) e_{s1} t_{ws} f_{us}$$ (F.2.3-5)

$$M_{uw5}^j = \frac{\sum r_i^2}{r_m} \left\{ \sqrt{(N_{vu}^b)^2 - \left(\frac{V_j y_m}{n_w r_m}\right)^2} - \frac{V_j x_m}{n_w r_m} \right\}$$

(F.2.3-6)

$$r_m = \sqrt{x_m^2 + y_m^2}$$ (F.2.3-7)

式中：M_{uw1}^j ——梁腹板的极限受弯承载力（N·mm）；

M_{uw2}^j ——腹板拼接板正截面决定的极限受弯承载力（N·mm）；

M_{uw3}^j ——腹板横向单排螺栓拉脱时的极限受弯承载力（N·mm）；

M_{uw4}^j ——腹板拼接板横向单排螺栓拉脱时的极限受弯承载力（N·mm）；

M_{uw5}^j ——腹板螺栓决定的极限受弯承载力（N·mm）；

W_{pw} ——梁腹板全截面塑性截面模量（mm³）；

W_{sn} ——腹板拼接板正截面净面积截面模量（mm³）；

e_{w1} ——梁腹板受力方向的端距（mm）；

e_{s1} ——腹板拼接板受力方向的端距（mm）；

t_w ——梁腹板的板厚（mm）；

t_{ws} ——腹板拼接板板厚（mm）（二块时为厚度之和）；

r_i、r_m ——腹板螺栓群中心至所计算螺栓的距离（mm），r_m 为 r_i 的最大值；

N_{vu}^b ——一个螺栓的极限受剪承载力（N）；

V_j ——腹板拼接处的设计剪力（N）；

x_m、y_m ——分别为最外侧螺栓至螺栓群中心的横标距和纵标距（mm）。

F.2.4 当梁拼接进行截面极限承载力验算时，最不利截面应取通过翼缘拼接最外侧螺栓孔的截面。当沿梁轴线方向翼缘拼接的螺栓数 n_f 大于该方向腹板拼接的螺栓数 n_w 加2时（图 F.2.4a），有效截面为直虚线；当沿梁轴线方向的梁翼缘拼接的螺栓数 n_f 小于或等于该方向腹板拼接的螺栓数 n_w 加2时（图 F.2.4b），有效截面位置为折虚线。

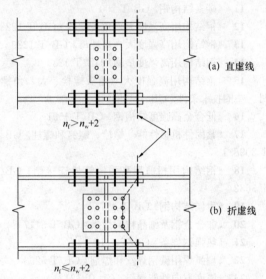

(a) 直虚线

$n_f > n_w + 2$

1

(b) 折虚线

$n_f \leqslant n_w + 2$

图 F.2.4 有效截面

1—有效断面位置

本规程用词说明

1 为便于在执行本规程条文时区别对待，对于要求严格程度不同的用词说明如下：

1）表示很严格，非这样做不可的：
正面词采用"必须"，反面词采用"严禁"；

2）表示严格，在正常情况下均应这样做的：
正面词采用"应"，反面词采用"不应"或"不得"；

3）表示允许稍有选择，在条件许可时首先应这样做的：
正面词采用"宜"，反面词采用"不宜"；

4）表示有选择，在一定条件下可以这样做的，采用"可"。

2 条文中指明应按其他标准执行的写法为："应

符合……的规定"或"应按……执行"。

引用标准名录

1 《建筑结构荷载规范》GB 50009
2 《混凝土结构设计规范》GB 50010
3 《建筑抗震设计规范》GB 50011
4 《建筑设计防火规范》GB 50016
5 《钢结构设计规范》GB 50017
6 《冷弯薄壁型钢结构技术规范》GB 50018
7 《钢结构工程施工质量验收规范》GB 50205
8 《建筑工程抗震设防分类标准》GB 50223
9 《钢结构焊接规范》GB 50661
10 《金属材料 拉伸试验 第1部分：室温试验方法》GB/T 228.1
11 《碳素结构钢》GB/T 700
12 《钢结构用高强度大六角头螺栓》GB/T 1228
13 《钢结构用高强度大六角螺母》GB/T 1229
14 《钢结构用高强度垫圈》GB/T 1230
15 《钢结构用高强度大六角头螺栓、大六角螺母、垫圈技术条件》GB/T 1231
16 《低合金高强度结构钢》GB/T 1591
17 《紧固件机械性能 螺栓、螺钉和螺柱》GB/T 3098.1
18 《钢结构用扭剪型高强度螺栓连接副》GB/T 3632
19 《耐候结构钢》GB/T 4171
20 《非合金钢及细晶粒钢焊条》GB/T 5117
21 《热强钢焊条》GB/T 5118
22 《埋弧焊用碳钢焊丝和焊剂》GB/T 5293
23 《厚度方向性能钢板》GB/T 5313
24 《六角头螺栓 C级》GB/T 5780
25 《六角头螺栓 全螺纹 C级》GB/T 5781
26 《六角头螺栓》GB/T 5782
27 《六角头螺栓 全螺纹》GB/T 5783
28 《金属材料 室温压缩试验方法》GB/T 7314
29 《焊接结构用铸钢件》GB/T 7659
30 《气体保护电弧焊用碳钢、低合金钢焊丝》GB/T 8110
31 《涂覆涂料前钢材表面处理 表面清洁度的目视评定 第1部分：未涂覆过的钢材表面和全面清除原有涂层后的钢材表面的锈蚀等级和处理等级》GB/T 8923.1
32 《焊接与切割安全》GB 9448
33 《建筑构件耐火试验方法 第1部分：通用要求》GB/T 9978.1
34 《建筑构件耐火试验方法 第3部分：试验方法和试验数据应用注释》GB/T 9978.3
35 《建筑构件耐火试验方法 第5部分：承重水平分隔构件的特殊要求》GB/T 9978.5
36 《碳钢药芯焊丝》GB/T 10045
37 《电弧螺柱焊用圆柱头焊钉》GB/T 10433
38 《焊缝无损检测 超声检测 技术、检测等级和评定》GB/T 11345
39 《埋弧焊用低合金钢焊丝和焊剂》GB/T 12470
40 《建筑用压型钢板》GB/T 12755
41 《熔化焊用钢丝》GB/T 14957
42 《低合金钢药芯焊丝》GB/T 17493
43 《建筑结构用钢板》GB/T 19879
44 《建筑用低屈服强度钢板》GB/T 28905
45 《高层建筑混凝土结构技术规程》JGJ 3
46 《钢结构高强度螺栓连接技术规程》JGJ 82
47 《玻璃幕墙工程技术规范》JGJ 102
48 《金属与石材幕墙工程技术规范》JGJ 133
49 《型钢混凝土组合结构技术规程》JGJ 138
50 《人造板材幕墙工程技术规范》JGJ 336
51 《建筑结构用冷弯矩形钢管》JG/T 178
52 《建筑结构用冷成型焊接圆钢管》JG/T 381

中华人民共和国行业标准

高层民用建筑钢结构技术规程

JGJ 99－2015

条 文 说 明

修 订 说 明

《高层民用建筑钢结构技术规程》JGJ 99-2015，经住房和城乡建设部 2015 年 11 月 30 日以第 983 号公告批准、发布。

本规程是在《高层民用建筑钢结构技术规程》JGJ 99-98 的基础上修订而成。上一版的主编单位是中国建筑技术研究院标准设计研究所（现中国建筑标准设计研究院有限公司），参编单位是北京市建筑设计研究院、哈尔滨建筑大学、冶金部建筑研究总院、清华大学、同济大学、西安建筑科技大学、中国建筑科学研究院结构所、中国建筑科学研究院抗震所、武警学院、中国建筑西北设计院、北京建筑机械厂、北京市机械施工公司、沪东造船厂、中国建筑总公司三局。主要起草人员是蔡益燕、胡庆昌、周炳章、张耀春、俞国音、方鄂华、潘世劼、陈绍蕃、范懋达、王康强、钱稼如、邱国桦、崔鸿超、赵西安、高小旺、姜峻岳、李云、张良铎、何若全、张相庭、沈祖炎、黄本才、王焕定、丁洁民、秦权、朱聘儒、汪心洌、徐安庭、刘大海、罗家谦、计学润、廉晓飞、王辉、臧国和、陈民权、鲍广鉴、于福海、易兵、郝锐坤、顾强、李国强、陈德彬、钟益村、陈琢如、贺贤娟、李兆凯。

本次修订的主要技术内容是：1. 更加明确了适用范围；2. 修改、补充了选材要求、高性能钢材 GJ 钢、低合金高强度结构钢和高强度螺栓的材料设计指标；3. 调整补充了房屋适用的最大高度；增加了 7 度（0.15g）、8 度（0.30g）抗震设防区房屋最大适用高度的规定；4. 补充了结构平面和立面规则性的有关规定；5. 修改了风荷载标准值作用下的层间位移角限值的规定，增加了风振舒适度计算时结构阻尼比取值及楼盖竖向振动舒适度要求；6. 增加了相邻楼层的侧向刚度比的规定；7. 增加了抗震等级的规定；8. 增加了结构抗震性能基本设计方法及结构抗连续倒塌设计基本要求；9. 风荷载比较敏感的高层民用建筑钢结构承载力设计时，风荷载按基本风压的 1.1 倍采用，扩大了考虑竖向地震作用的计算范围和设计要求；10. 修改了多遇地震作用下钢结构的阻尼比，对不同高度范围采用不同值；11. 增加了刚重比的有关规定；12. 修改、补充了结构计算分析的有关内容，修改了节点域变形对框架层间位移影响的计算方法；13. 正常使用极限状态的效应组合不作为强制性要求，增加了考虑结构设计使用年限的荷载调整系数，补充了竖向地震作用作为主导可变作用的组合工况；14. 修改、补充了框架柱计算长度的设计规定；15. 增加了梁端采用加强型连接或骨式连接时强柱弱梁的计算规定和圆管截面柱和十字形截面柱的节点域有效体积的计算公式；16. 修改了框架柱、中心支撑长细比的限值规定；17. 修改了框架柱的板件宽厚比限值规定；主梁腹板宽厚比限值取消了适用调幅连续梁的轴压比规定，补充了梁柱连接中梁腹板厚度小于 16mm 时采用角焊缝的规定；18. 增加了伸臂桁架和腰桁架的有关规定；19. 修改了人字支撑、V 形支撑和偏心支撑构件的内力调整系数；20. 修改了钢框架抗震设计的连接系数规定，不再作为承载力抗震调整系数列入，改为全部在承载力连接系数中表达；21. 修改了框架梁与 H 形柱绕弱轴的连接，柱的加劲肋（连续板）改为应伸出柱翼缘以外不小于 75mm，并以变截面形式将宽度改变至梁翼缘宽度的规定；22. 增加了采用电渣焊时箱形柱壁板厚度不应小于 16mm 的规定；23. 修改了梁柱刚性连接的计算方法和设计规定；24. 增加了梁与柱现场焊接时，过焊孔的形式，提出了剪力板与柱的连接焊缝要求；增加了梁腹板与柱连接板采用焊接的有关内容；25. 增加了加强型的梁柱连接形式和骨式连接形式；26. 修改了节点域局部加厚的构造要求；27. 补充了采用现浇钢筋混凝土楼板将主梁和次梁连成整体，可不考虑偏心弯矩影响的规定；28. 补充了梁拼接时按受弯极限承载力的计算规定；29. 修改了钢柱脚的计算方法和设计规定；30. 增加了构件预拼装的有关内容；31. 增加了钢板剪力墙、异形柱的制作允许偏差值的规定；32. 修改了焊缝质量的外观检查的允许偏差的规定；33. 增加了防火涂装的有关内容；34. 修改、补充了钢板剪力墙的形式，计算和构造的有关规定；35. 增加了屈曲约束支撑设计的有关内容；36. 增加了高强度螺栓破坏的形式和计算方法的规定。

本规程修订过程中，编制组调查总结了国内外高层民用建筑钢结构有关研究成果和工程实践经验，开展了梁端加强型连接、节点域变形对框架层间位移影响、构件长细比和板件宽厚比、框架柱计算长度、过焊孔型、框架梁与柱连接计算方法、高强度螺栓连接破坏模式和计算方法、钢板剪力墙、屈曲约束支撑、内藏钢板支撑墙板、内嵌竖缝混凝土剪力墙板等专题研究，参考了国外有关先进技术标准，在全国范围内广泛地征求意见，并对反馈意见进行了汇总和处理。

为便于设计、科研、教学、施工等单位的有关人员在使用本规程时，能正确理解和执行条文规定，《高层民用建筑钢结构技术规程》编制组按照章、节、条顺序编写了本规程条文说明，对条文规定的目的、依据以及执行中需要注意的有关事宜进行了说明，还着重对强制性条文的强制性理由作了解释。但是，本条文说明不具备与规程正文同等的法律效力，仅供使用者作为理解和把握条文规定的参考。

目　　次

1 总　　则

1.0.1 本条是高层民用建筑工程中合理应用钢结构必须遵循的总方针。

1.0.2 《高层民用建筑钢结构技术规程》JGJ 99-98（以下简称98规程）没规定适用高度的下限。本次修订将适用范围修改为10层及10层以上或房屋高度大于28m的住宅建筑，以及房屋高度大于24m的其他高层民用建筑，主要是为了设计人员便于掌握对规程的使用，同时也与我国现行有关标准协调。

本条还规定，本规程不适用于建造在危险地段及发震断裂最小避让距离之内的高层民用建筑。大量地震震害及其他自然灾害表明，在危险地段及发震断裂最小避让距离之内建造房屋和构筑物较难幸免灾祸；我国也没有在危险地段和发震断裂的最小避让距离内建造高层民用建筑的工程实践经验和相应的研究成果，本规程也没有专门条款。发震断裂的最小避让距离应符合现行国家标准《建筑抗震设计规范》GB 50011的有关规定。

1.0.3 注重高层民用建筑钢结构的概念设计，保证结构的整体性，是国内外历次大地震及风灾的重要经验总结。概念设计及结构整体性能是决定高层民用建筑钢结构抗震、抗风性能的重要因素，若结构严重不规则，整体性差，则按目前的结构设计及计算技术水平，较难保证结构的抗震、抗风性能，尤其是抗震性能。

1.0.4 高层民用建筑采用抗震性能设计已是一种趋势。正确应用性能设计方法将有利于判断高层民用建筑钢结构的抗震性能，有针对性地加强结构的关键部位和薄弱部位，为发展安全、适用、经济的结构方案提供创造性的空间。本条提出了对有特殊要求的高层民用建筑钢结构可采用抗震性能设计方法进行分析和论证，具体的抗震性能设计方法见本规程第3.8节。

2　术语和符号

本章是根据标准编制要求增加的内容。

"高层民用建筑"是参照现行行业标准《高层建筑混凝土结构技术规程》JGJ 3的定义拟定的。

本规程中的"延性墙板"是指：带加劲肋的钢剪力墙板、无粘结内藏钢板支撑墙板和带竖缝混凝土剪力墙板。

"加强型连接"是使梁端预期出现的塑性铰外移，减小梁端的应力集中，防止梁端连接破坏的连接形式。本规程主要形式有：梁翼缘扩翼式、梁翼缘局部加宽式、梁翼缘盖板式和梁翼缘板式。

"骨式连接"是采用梁翼缘局部削弱来使预期塑性铰外移的梁柱连接形式。

3　结构设计基本规定

3.1　一般规定

3.1.1 抗震设防烈度是按国家规定权限批准作为一个地区抗震设防依据的地震烈度，一般情况下取50年内超越概率为10%的地震烈度，我国目前分为6、7、8、9，与设计基本加速度一一对应，见表1。

表1　抗震设防烈度和设计基本地震加速度值的对应关系

抗震设防烈度	6	7	8	9
设计基本地震加速度值	0.05g	0.10(0.15)g	0.20(0.30)g	0.40g

3.1.2 建筑工程的抗震设防分类，是根据建筑遭遇地震破坏后，可能造成人员伤亡、直接和间接经济损失、社会影响程度以及建筑在抗震救灾中的作用等因素，对各类建筑所作的抗震设防类别划分。根据高层民用建筑钢结构的特点，具体分为特殊设防类、重点设防类、标准设防类，分别简称甲类、乙类和丙类。建筑抗震设防分类的划分应符合现行国家标准《建筑工程抗震设防分类标准》GB 50223的规定。

3.1.3、3.1.4 这两条强调了高层民用建筑钢结构概念设计原则，宜采用规则的结构，不应采用严重不规则的结构。

规则结构一般指：体型（平面和立面）规则，结构平面布置均匀，对称并具有较好的抗扭刚度；结构竖向布置均匀，结构的刚度、承载力和质量分布均匀、无突变。

实际工程设计中，要使结构方案规则往往比较困难，有时会出现平面或竖向布置不规则的情况。本规程第3.3.1条～第3.3.4条分别对结构平面布置及竖向布置的不规则性提出了限制条件。若结构方案中仅有个别项目超过了条款中的规定，此结构属不规则结构，但仍按本规程的有关规定进行计算和采取相应的构造措施；若结构方案中有多项超过了条款中的规定或某一项超过较多，此结构属特别不规则结构，应尽量避免。若结构方案中有多项超过了条款中的规定而且超过较多，则此结构属严重不规则结构，必须对结构方案进行调整。

无论采用何种钢结构体系，结构的平面和竖向布置都应使结构具有合理的刚度、质量和承载力分布，避免因局部突变和扭转效应而形成薄弱部位；对可能出现的薄弱部位，在设计中应采取有效措施，增强其抗震能力；结构宜具有多道防线，避免因部分结构或构件的破坏而导致整个结构丧失承受水平风荷载、地震作用和重力荷载的能力。

3.1.5 高层民用建筑钢结构层数较高，减轻填充墙体的自重是减轻结构总重量的有效措施，而且轻质板材容易实现与主体结构的连接构造，能适应钢结构层间位移角相对大的特点，减轻或防止其发生破坏。非承重墙体无论与主体结构采用刚性连接还是柔性连接，都应按非结构构件进行抗震设计。

幕墙包覆主体结构而使主体结构免受外界温度变化的影响，有效地减少了主体结构温度变化的不利影响。

3.1.6 自98规程公布以来，高层民用建筑钢结构和大跨度空间结构中，钢板厚度突破100mm的已不少见，但厚板不但制作安装难度较大，而且连接部位焊后受力复杂，作为设计标准仍希望大多数高层民用建筑钢结构将板厚控制在100mm以内，因此保留此规定，确有必要时可采用厚度大于100mm的钢板。

3.2 结构体系和选型

3.2.1 高层民用建筑钢结构应根据房屋高度和高宽比、抗震设防类别、抗震设防烈度、场地类别和施工技术条件等因素考虑其适宜的钢结构体系。

高层民用建筑钢结构采用的结构体系有：框架、框架-支撑体系、框架-延性墙板体系、筒体和巨型框架体系。这里所说的框架是具有抗弯能力的钢框架；框架-支撑体系中的支撑在设计中可采用中心支撑、偏心支撑和屈曲约束支撑；框架-延性墙板体系中的延性墙板主要指钢板剪力墙、无粘结内藏钢板支撑剪力墙板和内嵌竖缝混凝土剪力墙板等。筒体体系包括框筒、筒中筒、桁架筒、束筒，这些筒体采用钢结构容易实现。巨型框架主要是由巨型柱和巨型梁（桁架）组成的结构。

3.2.2 将框架-偏心支撑（延性墙板）单列，有利于促进它的推广应用。筒体和巨型框架以及框架-偏心支撑的适用最大高度，与国内现有建筑已达到的高度相比是保守的。AISC抗震规程对C抗震等级（大致相当于我国0.10g以下）的结构，不要求执行规定的抗震构造措施，明显放宽。据此，有必要对7度按设计加速度划分。对8度也按设计加速度作了划分。

对框架柱在附注中列明为全钢柱和钢管混凝土柱两种，以适合钢结构设计的需要。

3.2.3 高层民用建筑的高宽比，是对结构刚度、整体稳定、承载能力和经济合理性的宏观控制；在结构设计满足本规程规定的承载力、稳定、抗倾覆、变形和舒适度等基本要求后，仅从结构安全角度讲高宽比限值不是必须满足的，主要影响结构设计的经济性。

98规程建议的高宽比限值参考了20世纪国外主要超高层建筑，本次根据发展情况作了相应修订。同时为方便大底盘高层民用建筑钢结构高宽比的计算，规定了底部有大底盘的房屋高度取法。设计人员可根据大底盘的实际情况合理确定。

3.2.4 本条按房屋高度和设防烈度给出了高层民用建筑钢结构房屋的结构选型要求。本次修订又增加了高层民用建筑钢结构不应采用单跨框架结构的要求。

3.3 建筑形体及结构布置的规则性

3.3.1 本条主要针对建筑方案的规则性提出了要求。建筑形体和结构布置应根据抗震概念设计划分为规则和不规则两大类；对于具有不规则的建筑，针对其不规则的具体情况，明确提出不同的要求；强调应避免采用严重不规则的设计方案。

3.3.2 本条结构布置要求、不规则定义和参考指标，与现行国家标准《建筑抗震设计规范》GB 50011 的规定基本一致，只是作了文字修改，进一步明确了扭转位移比的含义和保留了偏心布置的不规则类型，偏心率的计算按本规程附录A的规定进行。在计算不规则项数时，表3.3.2-1中扭转不规则和偏心布置不重复计算。

3.3.3 按不规则类型的数量和程度，采取了不同的抗震措施。不规则的程度和设计的上限控制，可根据设防烈度的高低适当调整。对于特别不规则的结构应进行专门研究。本条与现行国家标准《建筑抗震设计规范》GB 50011 的规定一致。

3.3.4 提倡避免采用不规则建筑结构方案，不设防震缝。对体型复杂的建筑可分具体情况决定是否设防震缝。总体倾向是：可设缝、可不设缝时，不设缝。设置防震缝可使结构抗震分析模型较为简单，容易估计其地震作用和采取抗震措施，但需考虑扭转地震效应，并按本规程的规定确定缝宽。当不设置防震缝时，结构分析模型复杂，连接处局部应力集中需要加强，而且需仔细估计地震扭转效应等可能导致的不利影响。

3.3.5 本条规定了防震缝设置的要求和防震缝宽度的最小值。

3.3.6 抗剪支撑在竖向连续布置，结构的受力和层间刚度变化都比较均匀，现有工程中基本上都采用竖向连续布置的方法。建筑底部的楼层刚度较大，顶层不受层间刚度比规定的限制，这是参考国外有关规定制订的。在竖向支撑桁架与刚性伸臂相交处，照例都是保持刚性伸臂连续，以发挥其水平刚臂的作用。

3.3.7 高层民用建筑钢结构的刚度较小，容易出现对舒适度不利的横风向振动，通过采用合适的建筑形体，可减小横风向振动的影响。

3.3.8 压型钢板现浇钢筋混凝土楼板、现浇钢筋桁架混凝土楼板，整体刚度大，施工方便，是高层民用建筑钢结构楼板的主要形式。这里指的压型钢板是各种由钢板制成的楼承板的泛指。为加强建筑的抗震整体性，6、7度地区超过50m以及8度及以上地区的高层民用建筑钢结构，不应采用装配式楼板或其他轻型楼盖。

3.3.9 在多功能的高层民用建筑中，上部常常要求设置旅馆或者公寓，但这类房间的进深不能太大，因而必需设置中庭，在中庭上下端设置水平桁架是加强刚度的比较好的方法。

3.3.10 正常设计的高层民用建筑下部楼层侧向刚度宜大于上部楼层的侧向刚度，否则变形会集中于侧向刚度小的下部楼层而形成结构软弱层，所以应对下层与相邻上层的侧向刚度比值进行限制。

本次修订，参照现行行业标准《高层建筑混凝土结构技术规程》JGJ 3 的相关规定增补了此条。

3.4 地基、基础和地下室

3.4.1 筏基、箱基、桩筏基础是高层民用建筑常用的基础形式，可根据具体情况选用。

3.4.2 钢框架柱延伸至计算嵌固端以下一层，可作为柱脚；框架柱的竖向荷载宜直接传给基础。

3.4.3 规定基础最小埋置深度，目的是使基础有足够大的抗倾覆能力。抗震设防烈度高时埋置深度应取较大值。

3.4.4 用粗砂等将沉降缝地面以下部分填实的目的是确保主楼基础四周的可靠侧向约束。

3.4.5 高层民用建筑钢结构下部若干层采用钢骨混凝土结构是日本常用做法，它将上部钢结构与钢筋混凝土基础连成整体，使传力均匀，并使框架柱下端完全固定，对结构受力有利。

3.4.6 为使高层民用建筑钢结构在水平力和竖向荷载作用下，其地基压应力不致过于集中，对基础底面压应力较小一端的应力状态作了限制。同时，满足本条规定时，高层民用建筑钢结构的抗倾覆能力有足够的安全储备，不需再验算结构的整体倾覆。

对裙楼和主楼质量偏心较大的高层民用建筑，裙楼与主楼可分别进行基底应力验算。

3.5 水平位移限值和舒适度要求

3.5.1 高层民用建筑层数多，高度大，为保证高层民用建筑钢结构具有必要的刚度，应对其楼层位移加以控制。侧向位移控制实际上是对构件截面大小、刚度大小的一个宏观指标。

在正常情况下，限制高层民用建筑钢结构层间位移的主要目的有：一是保证主体结构基本处于弹性受力状态；二是保证填充墙板、隔墙和幕墙等非结构构件的完好，避免产生明显损伤。

3.5.2 本规程采用层间位移角作为刚度控制指标，不扣除整体弯曲转角产生的侧移。本次修订采用了现行国家标准《建筑抗震设计规范》GB 50011 的层间位移角限值。

3.5.3 震害表明，结构如果存在薄弱层，在强烈地震作用下，结构薄弱部位将产生较大的弹塑性变形，会引起结构严重破坏甚至倒塌。本条对不同高层民用

建筑钢结构的薄弱层弹塑性变形验算提出了不同要求，第 1 款所列的结构应进行弹塑性变形验算，第 2 款所列的结构必要时宜进行弹塑性变形验算。

3.5.5 对照国外的研究成果和有关标准，要求高层民用建筑钢结构应具有良好的使用条件，满足舒适度的要求。按现行国家标准《建筑结构荷载规范》GB 50009 规定的 10 年一遇的风荷载取值计算或进行风洞试验确定的结构顶点最大加速度 a_{lim} 不应超过本规程表 3.5.5 的限值。这限值未变，主要是考虑计算舒适度时结构阻尼比的取值影响较大，一般情况下，对房屋高度小于 100m 的钢结构阻尼比取 0.015，对房屋高度大于 100m 的钢结构阻尼比取 0.01。

高层民用建筑的风振反应加速度包括顺风向的最大加速度、横风向最大加速度和扭转角速度。

关于顺风向最大加速度和横风向最大加速度的研究工作虽然较多，但各国的计算方法并不统一，互相之间也存在明显的差异。本次修订取消了 98 规程的计算公式，建议可按现行国家标准《建筑结构荷载规范》GB 50009 的相关规定进行计算。

3.5.6 圆筒形高层民用建筑有时会发生横风向的涡流共振现象，此种振动较为显著，但设计是不允许出现横风向共振的，应予避免。一般情况下，设计中用房屋建筑顶部风速来控制，如果不能满足这一条件，一般可采用增加刚度使自振周期减小来提高临界风速，或者横风向涡流脱落共振验算，其方法可参考结构风工程著作，本条不作规定。

3.5.7 本条主要针对大跨度楼盖结构。楼盖结构舒适度控制已成为钢结构设计的重要工作内容。

对于钢-混凝土组合楼盖结构，一般情况下，楼盖结构竖向频率不宜小于 3Hz，以保证结构具有适宜的舒适度，避免跳跃时周围人群的不舒适。一般住宅、办公、商业建筑楼盖结构的竖向频率小于 3Hz 时，需验算竖向振动加速度。

3.6 构件承载力设计

3.6.1 本条是高层民用建筑钢结构构件承载力设计的原则规定，采用了以概率理论为基础、以可靠指标度量结构可靠度、以分项系数表达的设计方法。本条针对持久设计状况、短暂设计状况和地震设计状况下构件的承载力极限状态设计，与现行国家标准《工程结构可靠性设计统一标准》GB 50153 和《建筑抗震设计规范》GB 50011 保持一致。偶然设计状况（如结构连续倒塌设计）以及结构抗震性能设计时的承载力设计应符合本规程的有关规定，必要时可采用，不作为强制性内容。

结构构件作用组合的效应设计值应符合本规程第6.4.1 条～第 6.4.4 条规定。由于高层民用建筑钢结构的安全等级一般不低于二级，因此结构重要性系数的取值不应小于 1.0。按照现行国家标准《工程结构

可靠性设计统一标准》GB 50153 的规定，结构重要性系数不再考虑结构设计使用年限的影响。

3.7 抗 震 等 级

3.7.1 本条采用直接引用的方法，规定了各设防类别高层民用建筑钢结构采取的抗震措施（包括抗震构造措施），与现行国家标准《建筑工程抗震设防分类标准》GB 50223 的规定一致。Ⅰ类建筑场地上高层民用建筑抗震构造措施放松要求与现行国家标准《建筑抗震设计规范》GB 50011 的规定一致。

3.7.2 历次大地震的经验表明，同样或相近的建筑，建造于Ⅰ类场地时震害较轻，建造于Ⅲ、Ⅳ类场地震害较重。对Ⅲ、Ⅳ类场地，本条规定对 7 度设计基本地震加速度为 0.15g 以及 8 度设计基本地震加速度 0.30g 的地区，宜分别按抗震设防烈度 8 度（0.20g）和 9 度时各类建筑的要求采取抗震构造措施。

3.7.3 本条采用引用的办法，将抗震等级的划分按现行国家标准《建筑抗震设计规范》GB 50011 的有关规定执行。将不同层数所规定的"作用效应调整系数"和"抗震构造措施"共 7 种，归纳、整理为四个不同要求，称之为抗震等级。将《建筑抗震设计规范》GB 50011 - 2001（以下简称 01 抗规）以 12 层为界改为 50m 为界。对 6 度高度不超过 50m 的钢结构，与 01 抗规相同，其"作用效应调整系数"和"抗震构造措施"可按非抗震设计执行。

不同的抗震等级，体现不同的抗震要求。因此，当构件的承载力明显提高时，允许降低其抗震等级。

对于 7 度（0.15g）和 8 度（0.30g）设防且处于Ⅲ、Ⅳ类场地的高层民用建筑钢结构，宜分别按 8 度和 9 度确定抗震等级。甲、乙类设防的高层民用建筑钢结构，其抗震等级的确定按现行国家标准《建筑抗震设计规范》GB 50011 的有关规定处理。

在执行时，为了确保结构安全，应按构件受力情况采取相应构造措施，对 50m 以下房屋，表列等级偏宽。一般说来，耗能构件应从严，非耗能构件可稍宽。框架体系应从严，支撑框架体系可稍宽；高层从严，多层可稍宽；8、9 度从严，6、7 度可稍宽。

不同结构体系的抗震性能差别较大，破坏后果也不同，在执行时应考虑此影响。

3.8 结构抗震性能化设计

本节是参照现行行业标准《高层建筑混凝土结构技术规程》JGJ 3 的相关规定，结合高层民用建筑钢结构构件的特点拟定的。

3.9 抗连续倒塌设计基本要求

本节是参照现行行业标准《高层建筑混凝土结构技术规程》JGJ 3 的相关规定，结合高层民用建筑钢结构构件的特点拟定的。

4 材 料

4.1 选材基本规定

4.1.1 工程经验表明，以高层民用建筑钢结构为代表的现代钢结构对钢材的品种、质量和性能有着更高的要求，同时也要求在设计选材中更要做好优化比选工作。本条依据相关设计规范和工程经验并结合高层民用建筑钢结构的用钢特点，提出了选材时应综合考虑的诸要素。其中应力状态指弹性或塑性工作状态和附加应力（约束应力、残余应力）情况；工作环境指高温、低温及露天等环境条件；钢材品种指轧制钢材、冷弯钢材或铸钢件；钢材厚度主要指厚板、厚壁钢材。为了保证结构构件的承载力、延性和韧性并防止脆性断裂，工程设计中应综合考虑上述要素，正确合理的选用钢材牌号、质量等级和性能要求。同时由于钢结构工程中钢材费用约可占到工程总费用的 60% 左右，故选材还应充分的考虑到工程的经济性，选用性价比较高的钢材。此外作为工程重要依据，在设计文件中应完整的注明对钢材和连接材料的技术要求，包括牌号、型号、质量等级、力学性能和化学成分、附加保证性能和复验要求，以及应遵循的技术标准等。

4.1.2 钢材的牌号和质量等级的规定，主要是考虑了国内钢材的生产水平、高层和超高层民用建筑钢结构应用的现状、高性能钢材发展的趋势和相关国家标准的规定而修订的。

1 近年来国内建造的高层和超高层民用建筑钢结构除大量应用 Q345 钢外，也较多应用了 Q390 钢与 Q345GJ 厚板。经验表明，由于品种完善和质量性能的提高，现国产结构用钢已可在保有较高强度的同时，也具有较好的延性、韧性和焊接性能，完全能够满足抗风、抗震高层钢结构用钢的综合性能要求。故本条提出承重构件宜采用 Q345、Q390 与 Q235 等牌号的钢材。由于轧制状态交货的钢材在强度提高时，其延性、韧性与焊接性能会有一定幅度的降低。如 Q460 钢的伸长率较 Q345 要降低 15%，按最小值计算的屈强比要提高约 10%；Q500 钢 -40℃冲击功较 Q345 钢要降低约 10%，碳当量也相应有所提高。故本条提出了有依据时，如进行性能化设计，经比选确认可同时保证相应的延性与韧性性能时，也可采用更高强度的钢材。本条规定与国外经验也是一致的，如日本 SN 系列高性能钢材（推荐为抗震用钢）仅列 SN400 钢（相当于 Q235 钢）与 SN490 钢（相当于 Q345 钢），同时专门研发出高性能抗震结构用 SA440 钢〔屈服强度（440～540）N/mm²，屈强比≤0.8，伸长率≥20%～26%，其 C 级钢可保证 Z25 性能〕用于工程；美国抗震规程规定对预期会出现较大非弹性受力构件，如特殊抗弯框架、特殊支撑框架、偏心支撑框架和屈曲约束支撑框架等所用钢材屈服强度均不应超过 345N/mm²；对经受有限非弹性作用的普通抗弯框架和普通中心支撑等结构允许采用屈服强度不大于 380N/mm² 的钢材。

2　GJ 钢板（《建筑结构用钢板》GB/T 19879）是我国专为高层民用建筑钢结构生产的高性能钢板，其性能与日本 SN 系列高性能钢材相当。与同级别低合金结构钢相比，除化学成分优化、并有较好的延性、塑性与焊接性能外，还具有厚度效应小、屈服强度波动范围小等特点，并将屈服强度幅（屈服强度波动范围，对 Q345 钢、Q390 钢为 120 N/mm²）、屈强比、碳当量均作为基本交货条件予以保证。虽然按国家标准《低合金高强度结构钢》GB/T 1591-2008 生产的低合金钢较原标准提高了屈服强度和冲击功，增加了碳当量作为供货条件，综合质量有明显改善，其性能与 GJ 钢板已较为接近，但采用较厚的 GJ 钢板时仍有一定的综合优势。以 Q345 钢 80～100mm 厚板为例，Q345GJ 钢板屈服强度较普通 Q345 钢板可提高 6.5%，伸长率可提高 10%，碳当量可降低 8% 以上，故推荐其为重要构件较厚板件优先选用的钢材。

3　耐候钢是我国早已制订标准并可批量生产的钢种，现可生产 Q235NH、Q355NH、Q415NH、Q460NH 等六种牌号焊接结构用耐候钢，其性能与《低合金高强度结构钢》GB/T 1591 系列钢材相当。除力学性能、延性和韧性性能有保证外，其耐腐蚀性能可为普通钢材的 2 倍以上，并可显著提高涂装附着性能，故用于外露大气环境中有较好的耐腐蚀效果。选用时作为量化的性能指标宜要求其晶粒度不小于 7 级，耐腐蚀性指数不小于 6。但由于以往建筑钢结构工程中耐候钢应用不多，现行国家标准《钢结构设计规范》GB 50017 亦未对其抗力分项系数和强度设计值作出规定，如在工程中选用时需按该规范的规定进行钢材试样统计分析，以确定抗力分项系数和强度设计值。

近年来，我国宝钢、鞍钢、马钢等钢铁企业已研发生产了耐火结构用钢板和 H 形钢，其在 600℃高温作用下，屈服强度降幅不大于 1/3，因而具有较好的耐火性能，但因缺乏实用经验，也缺少相关的设计标准与参数，故本规程暂未列入其相关条文。

4　现行各钢材标准规定的钢材质量等级主要体现了其韧性（冲击吸收功）和化学成分优化方面的差异，质量等级愈高则冲击功保证值越高，而有害元素（硫、磷）含量限值则越低，因而是一个材质综合评定的指标，不同级别钢材价格也有差异。选材时应按优材优用的原则合理选用质量等级。本条根据相关规范规定和工程经验提出了钢材质量等级选用的规定和建议。对抗震结构主要考虑地震具有强烈交变作用的

特点，会引起结构构件的高应变低周疲劳，因而二级抗震框架与抗侧力支撑等主要抗侧力构件钢材等级不宜低于 C 级，以保证应有的韧性性能。另应注意部分钢材产品不分质量等级或只限定较低或较高的质量等级（如 Q390GJ 和 Q420GJ 钢板最低质量等级为 C 级，冷弯矩形钢管未规定 Q345E 级与 Q390D、E 级质量等级），选用质量等级时，不应超出其规定范围。

5　防止结构脆断破坏是钢结构选材的基本要求之一。《钢结构设计规范》GB 50017-2003 在选材和构造规定中，均提出了防止结构构件脆断的要求和构造措施。研究表明钢结构的抗脆断性能与环境温度、结构形式、钢材厚度、应力特征、钢材性能、加荷速率等多种因素有关。工作环境温度越低、钢材厚度越厚、名义拉应力越大、应力集中及焊接残余应力越高（特别是有多向拉应力存在时）和加荷速率越快，则钢材韧性越差，结构更易发生脆断。而提高钢材抗脆断能力的主要措施是提高其韧性性能。关于钢材应力状态与厚度、温度对冷脆断性能的影响国内尚较少研究，但欧洲规范 Eurocode 3 对此已有明确的规定，如 JO 级 S335 钢板工作（拉）应力为 $0.75f_y$ 时，其允许厚度在 10℃时可为 60mm，0℃与 −20℃时则分别降至 50mm 与 30mm。高层钢结构具有板件厚度大，焊接残余应力高并承受交变荷载的特点，其选材应考虑防脆断性能的要求。据此，本条提出了宜适当提高低温环境下受拉（包括弯曲受拉）厚板的质量等级。

6　当用平炉及铸锭方法生产时，Q235A 级或 B 级钢的脱氧方法可分为沸腾钢或镇静钢，后者脱氧充分，晶粒细化，材质均匀而性能较好。现转炉和连铸方法生产的钢材一般均为镇静钢，目前已在国内钢材生产总量中约占 90% 以上，故现市场上沸腾钢有时价格反而偏高。根据近年来工程用材经验，钢结构用钢应选用镇静钢。

关于 A 级钢的选用问题，按相关标准规定，Q235A 级钢可能会以超过其含碳量限值（0.22%）交货，而现行国家标准《钢结构设计规范》GB 50017 又以强制性条文规定了"对焊接结构尚应具有碳当量的合格保证"，故一直以来在工程用焊接结构中规定不采用 Q235A 级钢。但参照国内外实际用材经验，美国与日本的 235 级碳素结构钢允许含碳量可达 0.25%，国内也有含碳量达 0.24% 钢材应用于焊接结构的实例，亦即不宜绝对不允许 Q235A 级钢的应用。如对经复验其含碳量合格的 Q235A 级钢或碳含量不大于 0.24% 的 Q235A 级钢，经采取必要的焊接措施并检验认可后仍可用于一般承重结构中。而对 Q345A 级钢，若其碳当量或焊接裂纹敏感性指数符合要求即可用于焊接结构的一般构件，不必因其碳、锰单项指标未符合标准规定而限制其使用。

4.1.3　本条依据现行国家标准《钢结构设计规范》

GB 50017 规定了高层民用建筑钢结构承重构件钢材应保证的基本性能要求，包括化学成分含量限值、力学性能和工艺性能（冷弯、焊接性能）等，冷弯虽属钢材工艺性能但也是体现钢材材质细化和防脆断性能的参考指标，仍应作为承重结构用钢的基本保证项目。目前实际工程中多以碳当量作为量化焊接性能的指标，其计算公式和允许限值可依现行国家标准《低合金高强度结构钢》GB/T 1591 的规定为依据，并按钢材熔炼分析的化学元素含量值计算。由于各种交货状态钢材的碳当量有差异，若对焊接性能有更高要求时，可选用按热机械轧制（TMCP）状态交货的钢材并要求较低的碳当量保证，其在细化晶粒、提高韧性、焊接性能方面有较好的改善效果。

4.1.4 在强烈的交变地震作用下，承重钢结构的工作条件与失效模式与静载作用下的结构是完全不同的。罕遇地震作用时，较大的频率一般为(1~3)Hz，造成建筑物破坏的循环周次通常在(100~200)周以内，因而使结构带有高应变低周疲劳工作的特点，并进入非弹性工作状态。这就要求结构钢材在有较高强度的同时，还应具有适应更大应变与塑性变形的延性和韧性性能，从而实现地震作用能量与结构变形能量的转换，有效地减小地震作用，达到结构大震不倒的设防目标。这一对钢材延性的要求，目前已作为一个基本准则列入美国、加拿大、日本等国的相关技术标准中，我国现行国家标准《建筑抗震设计规范》GB 50011 也以强制性条文规定了为保证结构钢材延性的相应指标要求。综上所述，本条提出了对钢材伸长率和屈强比限值的规定。同时为了保证钢材实物产品的屈强比限值不会有较大的波动，参照 GJ 钢板标准对 Q345GJ、Q390GJ 性能指标的规定，补充提出了钢材的屈服强度波动范围不应大于 120N/mm² 的要求。

4.1.5 关于抗层状撕裂性能问题，国内外研究和工程经验均表明，因较高应力而在沿厚度方向承受较大撕裂作用的钢材，应有抗撕裂性能（Z 向性能）的保证，并需按不同性能等级分别要求板厚方向断面收缩率不小于现行国家标准《厚度方向性能钢板》GB/T 5313 规定的 15%（Z15）、25%（Z25）和 35%（Z35）限值。由于要求 Z 向性能会大幅增加钢材成本（约 15%~20%），而国内有关规范对如何合理选用 Z 向性能等级缺乏专门研究与相应规定，致使目前工程设计中随意扩大或提高要求 Z 向性能的情况时有发生。实际上在高层民用建筑钢结构中有较大撕裂作用的典型部位是厚壁箱型柱与梁的焊接节点区，而高额拉应力主要是焊接约束应力。欧洲钢结构规范 Eurocode3 根据研究成果，已在相关条文中提出了量化确定 Z 向等级的计算方法，表明影响 Z 向性能指标的因素主要是：节点处因钢材收缩而受拉的焊脚厚度、焊接接头形式（T 字形，十字形）、约束焊缝收缩的钢材厚度、焊后部分结构的间接约束以及焊前预热等，可见抗撕裂性

能问题实质上是焊接问题，而结构使用阶段的外拉力并非主要因素。合理的解决方法首先是节点设计应合理的构造，焊接时采取有效的焊接措施，减少接头区的焊接约束应力等，而不应随意要求并提高 Z 向性能的等级，在采取相应措施后不宜再提出 Z35 抗撕裂性能的要求。综上所述，本条做出了相应的规定。

4.1.6 近年来，在高层民用建筑钢结构工程中，箱形截面与方（矩）钢管截面以其优良的截面特性得到了更普遍的应用。随着现行国家标准《结构用冷弯空心型钢尺寸、外形、重量及允许偏差》GB/T 6728 和行业标准《建筑结构用冷弯矩形钢管》JG/T 178 相继颁布，大尺寸冷弯矩形钢管（600×400×20 或 500×500×20）亦可批量供货，同时后者还规定了按 I 级产品交货时，应以保证成型管材的力学性能，屈强比、碳当量等作为交货基本保证条件，使得产品质量更有保证。现已有多项工程的框架柱采用冷成型方（矩）钢管混凝土柱的实例。同时工程经验表明，当四块板组合箱形截面壁厚小于 16mm，时，不仅加工成本高，工效低而且焊接变形大，导致截面板件平整度差，反而不如采用方（矩）钢管更为合理可行。

由于热轧无缝钢管价格较高，产品规格较小（直径一般小于 500mm）并壁厚公差较大，其 Q345 钢管的屈服强度和—40℃冲击功要低于 Q345 钢板的相应值。故高层民用建筑钢结构工程中选用较大截面圆钢管时，宜选用直缝焊接圆钢管，并要求其原板和成管后管材的材质性能均符合设计要求或相应标准的规定。还应注意选用时为避免过大的冷作硬化效应降低钢管的延性，其截面规格的径厚比不应过小，根据现有的应用经验，对主要承重构件用钢管不宜小于 20（Q235 钢）或 25（Q345 钢）。

4.1.7 为了保证偏心支撑消能梁段有良好的延性和耗能能力，本条依据现行国家标准《建筑抗震设计规范》GB 50011，对其用材的强度级别和屈强比作出了规定。

4.1.8 多年来，高层民用建筑钢结构楼盖结构多采用压型钢板-混凝土组合楼板，压型钢板主要作为模板起到施工阶段的承载作用，所沿用板型多为开口型。现行国家标准《建筑用压型钢板》GB/T 12755 对建筑用压型钢板的材料、质量、性能等技术要求作出了规定，并提出组合楼板用压型钢板宜采用闭口型板，该种板型可增加组合楼板的有效厚度和刚度，提高楼盖使用的舒适度和隔声效果，并便于吊顶构造，近年来已有较多的工程应用实例，本条据此作出了相应规定。

4.1.9 现行国家标准《钢结构设计规范》GB 50017 对铸钢件选材，仅规定了可选用《一般工程用铸造碳钢件》GB/T 11352，但其碳当量过高仅适用于非焊接结构。在近年来国内钢结构工程中，焊接结构用铸钢节点不仅在大跨度管结构中被普遍采用，而且也已

有多个在高层民用建筑钢结构中应用的先例，其节点铸钢件所用材料多采用符合欧洲标准的 G20Mn5 牌号铸钢件。按新修订的国家标准《焊接结构用铸钢件》GB/T 7659-2011 的规定，国内已可生产牌号为ZG340-550H 的铸钢件，其性能与 G20Mn5 相当。据此，本条提出了焊接结构用铸钢件的选材规定。

关于铸钢件的材质，因其为铸造成型，缺少轧制改善钢材性能的效应，其致密度、晶粒度均不如轧制钢材，故抗力分项系数要比轧制钢材高 15% 以上，亦即强度级别相同时，其强度设计值约低 15%，加之价格是热轧钢材的（2~3）倍。因而铸钢件是一种性价比不高的钢材，选用铸钢件时，应进行认真的优化比选与论证，防止随意扩大用量并增大工程成本的不合理做法。

4.1.10 现行国家标准《钢结构焊接规范》GB 50661 对焊接材料的质量、性能要求及与母材的匹配和焊接工艺、焊接构造等有详细的规定，应作为设计选用焊接材料和技术要求的依据。选用焊接材料时应注意其强度、性能与母材的正确匹配关系。同时对重要构件的焊接应选用低氢型焊条，其型号为 4315（6）、5015（6）或 5515（6）。各类焊接材料与结构钢材的合理匹配关系可见表 2：

表 2　焊接材料与结构钢材的匹配

结构钢材			焊接材料		
《碳素结构钢》GB/T 700 和《低合金高强度结构钢》GB/T 1591	《建筑结构用钢板》GB/T 19879	《耐候结构钢》GB/T 4171	焊条电弧焊	实心焊丝气体保护焊	埋弧焊
Q235	Q235GJ	Q235NH	GB/T 5117 E43XX	GB/T 8110 ER49-X	GB/T 5293 F4XX-H08A
Q345 Q390	Q345GJ Q390GJ	Q355NH Q355GNH	GB/T 5117 E50 XX GB/T 5118 E5015、16-X	GB/T 8110 ER50-X ER55-X	GB/T 5293 F5XX-H08MnA F5XX-H10Mn2 GB/T 12470 F48XX-H08MnA F48XX-H10Mn2 F48XX-H10Mn2A
Q420	Q420GJ	Q415NH	GB/T 5118 E5515、16-X	GB/T 8110 ER55-X	GB/T 12470 F55XX-H10Mn2A F55XX-H08MnMoA

注：1　被焊母材有冲击要求时，熔敷金属的冲击功不应低于母材的规定；
　　2　表中 X 对应各焊材标准中的相应规定。

4.1.11 选用高强度螺栓时，设计人员应了解大六角型和扭剪型是指高强度螺栓产品的分类，摩擦型和承压型是指高强度螺栓连接的分类，不应将二者混淆。在选用螺栓强度级别时，应注意大六角螺栓有 8.8 级和10.9 级两个强度级别，扭剪型螺栓仅有 10.9 级。现行行业标准《钢结构高强度螺栓连接技术规程》JGJ

82，对螺栓材料、性能等级、设计指标、连接接头设计与施工验收等有详细的规定，设计时可作为主要的参照依据。

锚栓一般按其承受拉力计算选择截面，故宜选用 Q345、Q390 等牌号钢。为了增加柱脚刚度或为构造用时，也可选用 Q235 钢。

4.2　材料设计指标

4.2.1 国家标准《钢结构设计规范》GB 50017-2003 中 Q235、Q345 钢的抗力分项系数的取值依据仍为 1988 年以前的试样与统计分析数据，时效性已较差，而对 Q390 钢、Q420 钢、Q460 钢及Q345GJ 钢板则一直未进行系统的取样与统计分析工作，现规定的取值多为分析推算所得，其科学性、合理性亦不充分。有鉴于此，负责《钢结构设计规范》GB 50017 修编工作的编制组根据极限状态设计安全度的准则和概率统计分析参数取值的要求，组织了较大规模的国产结构钢材材性调研和试样取集以及试验研究工作。共对上述牌号钢材取集试样 1.8 万余组，代表了十个钢厂约 27 万吨钢材，在统一取样，统一试验，并对材料性能不定性、材料几何特性不定性及试验不定性等重要影响参数深入细致分析的基础上，得出了规律性的相关公式与计算参数，最终经细化分析计算得出了 Q235、Q345、Q390、Q420、Q460 与Q345GJ 等牌号钢的抗力分项系数与强度设计值，建议列入规范。该项研究已作为大型课题于 2012 年9 月通过了专家鉴定并给予较高评价，认为研究结论所得数据代表性强、可信度高，一致同意其建议值可列入正修订的《钢结构设计规范》GB 50017 作为设计依据。本条表 4.2.1 即据此列入了各牌号钢的强度设计值。应用表 4.2.1 各强度设计值时，需注意各钢种系列的厚度分组是不相同的，新采用的抗力分项系数也因厚度分组不同而略有差异，较合理的体现了其性能的差异性。

2008 年在本规程的修订中，中国建筑标准设计研究院与舞阳钢厂、重庆大学等单位也组织了专题研究，对舞阳钢厂的 Q345GJ 钢板产品进行了系统的抽样统计分析与试验研究，其成果也较早通过了专家鉴定，最终确认舞阳钢厂的 Q345GJ 钢板仍可按抗力分项系数为 1.111 取值。这与表 4.2.1 中所列相关值也是一致的。

4.2.3 现行国家标准《钢结构设计规范》GB 50017 规定了《一般工程用铸造碳钢件》GB/T 11352 的强度设计值，其抗力分项系数按 $\gamma_R = 1.282$ 取值。表4.2.3 即按此值计算列出了焊接结构用铸钢件的强度设计值。

4.2.4 表 4.2.4 根据新的钢材性能指标和调整后的钢材强度设计值，列出了焊缝的强度设计值，同时根据现行国家标准《钢结构焊接规范》GB 50661 和相应的焊剂、焊丝标准补充列出了其与钢材匹配的型号。当抗震设计需进行焊接连接极限承载力验算时，其对接焊缝极限强度可按表中 f_u 取值，角焊缝可按 $0.58f_u$ 取值。

4.2.5 表 4.2.5 按《钢结构设计规范》GB 50017-2003 列出了螺栓和锚栓的强度设计值。同时增加了锚栓和高强度螺栓钢材的抗拉强度最小值。

5 荷载与作用

5.1 竖向荷载和温度作用

5.1.1 高层民用建筑的竖向荷载应按现行国家标准《建筑结构荷载规范》GB 50009 的相关规定采用。当业主对楼面活荷载有特别要求时，可按业主的要求采用，但不应小于现行国家标准《建筑结构荷载规范》GB 50009 的规定值。

5.1.2 高层民用建筑中活荷载与永久荷载相比是不大的，不考虑活荷载不利分布可简化计算。但楼面活荷载大于 4kN/m² 时，宜考虑不利布置，如通过增大梁跨中弯矩的方法等。

5.1.3 结构设计要考虑施工时的情况，对结构进行验算。

5.1.6 本条关于直升机平台活荷载的规定，是根据现行国家标准《建筑结构荷载规范》GB 50009 的有关规定确定的。

5.1.7 温度作用属于可变的间接荷载，主要由季节性气温变化、太阳辐射、使用热源等因素引起。钢结构对温度比较敏感，所以宜考虑其对结构的影响。

5.2 风 荷 载

5.2.1 风荷载计算主要依据现行国家标准《建筑结构荷载规范》GB 50009 的规定。

5.2.2 本条是根据现行国家标准《建筑结构荷载规范》GB 50009 的要求拟定的，意在提醒设计人员注意考虑结构顺风向风振、横风向风振或扭转风振对高层民用建筑钢结构的影响。一般高层民用建筑钢结构高度较高，高宽比较大，结构顶点风速可能大于临界风速，引起较明显的结构横向振动。横风向风振作用效应明显一般是指房屋高度超过 150m 或者高宽比大于 5 的高层民用建筑钢结构。

判断高层民用建筑钢结构是否需要考虑扭转风振的影响，主要考虑房屋的高度、高宽比、厚宽比、结构自振频率、结构刚度与质量的偏心等多种因素。

5.2.3 横风向效应与顺风向效应是同时发生的，因此必须考虑两者的效应组合。但对于结构侧向位移的控制，不必考虑矢量和方向控制结构的层间位移，而是仍按同时考虑横风向与顺风向影响后的计算方向位移确定。

5.2.4 按照现行国家标准《建筑结构荷载规范》GB 50009 的规定，对风荷载比较敏感的高层民用建筑，其基本风压适当提高。因此，本条明确了承载力设计时，应按基本风压的 1.1 倍采用。

对风荷载是否敏感，主要与高层民用建筑的体型、结构体系和自振特性有关，目前尚无实用的划分标准。一般情况下高度大于 60m 的高层民用建筑，承载力设计时风荷载计算可按基本风压的 1.1 倍采用；对于房屋高度不超过 60m 的高层民用建筑，风荷载取值是否提高，可由设计人员根据实际情况确定。

本条的规定，对设计使用年限为 50 年和 100 年的高层民用建筑钢结构都是适用的。

5.2.5 本条是对现行国家标准《建筑结构荷载规范》GB 50009 有关规定的适当简化和整理，以便于高层民用建筑钢结构设计时采用。

5.2.6 对高层民用建筑群，当房屋相互间距较近时，由于漩涡的相互干扰，房屋某些部位的局部风压会显著增大，所以设计人员应予注意。对重要的高层民用建筑，建议在风洞试验中考虑周围建筑物的干扰因素。

本规程中所说的风洞试验是指边界层风洞试验。

5.2.7 对结构平面及立面形状复杂、开洞或连体建筑及周围地形和环境复杂的结构，建议进行风洞试验或通过数值计算。对风洞试验或数值计算的结果，当与按规范计算的风荷载存在较大差距时，设计人员应进行分析判断，合理确定建筑物的风荷载取值。

5.2.8 高层民用建筑表面的风荷载压力分布很不均匀，在角隅，檐口，边棱处和附属结构的部位（如阳台、雨篷等外挑构件），局部风压会超过按本规程第 5.2.5 条体型系数计算的平均风压。根据风洞试验和一些实测成果，并参考国外的风荷载规范，对水平外挑构件，其局部体型系数不宜大于 -2.0。

5.2.9 建筑幕墙设计时的风荷载计算，应按现行国家标准《建筑结构荷载规范》GB 50009 以及幕墙的相关现行行业标准的有关规定采用。

5.3 地 震 作 用

5.3.1 本条基本采用了引用的方法。除第 3 款 "7度 (0.15g)" 外，与现行国家标准《建筑抗震设计规范》GB 50011 的规定基本一致。某一方向水平地震作用主要由该方向抗侧力构件承担。有斜交抗侧力构件的结构，当交角大于 15° 时，应考虑斜交抗侧力构件方向的地震作用计算。扭转特别不规则的结构应考虑双向地震作用的扭转影响。

大跨度指跨度大于 24m 的楼盖结构、跨度大于 12m 的转换结构，悬挑长度大于 5m 的悬挑结构。大跨度、长悬臂结构应验算自身及其支承部位结构的竖向地震效应。

大跨度、长悬臂结构 7 度（0.15g）时也应计入竖向地震作用的影响。主要原因是：高层民用建筑由于高度较高，竖向地震作用效应放大比较明显。

5.3.2 不同的结构采用不同的分析方法在各国抗震规范中均有体现，振型分解反应谱法和底部剪力法仍是基本方法。对高层民用建筑钢结构主要采用振型分解反应谱法，底部剪力法的应用范围较小。弹性时程分析法作为补充计算方法，在高层民用建筑中已得到比较普遍的应用。

本条第 3 款对于需要采用弹性时程分析法进行补充计算的高层民用建筑钢结构作了具体规定，这些结构高度较高或刚度、承载力和质量沿竖向分布不均匀的特别不规则建筑或特别重要的甲、乙类建筑。所谓"补充"，主要指对计算的底部剪力、楼层剪力和层间位移进行比较，当时程法分析结果大于振型分解反应谱法分析结果时，相关部位的构件内力作相应的调整。

本条第 4、5 款规定了罕遇地震和有消能减震装置的高层民用建筑钢结构计算应采用的分析方法。

5.3.3 进行时程分析时，鉴于不同地震波输入进行时程分析的结果不同，本条规定一般可以根据小样本容量下的计算结果来估计地震效应值。通过大量地震加速度记录输入不同结构进行时程分析结果的统计分析，若选用不少于 2 组实际记录和 1 组人工模拟的加速度时程曲线作为输入，计算的平均地震效应值不小于大样本容量平均值的保证率在 85% 以上，而且一般也不会偏大很多。当选用较多的地震波，如 5 组实际记录和 2 组人工模拟时程曲线，则保证率很高。所谓"在统计意义上相符"是指，多组时程波的平均地震影响系数曲线与振型分解反应谱法所用的地震影响系数相比，在对应于结构主要振型的周期点上相差不大于 20%。计算结果的平均底部剪力一般不会小于振型分解反应谱法计算结果的 80%，每条地震波输入的计算结果不会小于 65%；从工程应用角度考虑，可以保证时程分析结果满足最低安全要求。但时程法计算结果也不必过大，每条地震波输入的计算结果不大于 135%，多条地震波输入的计算结果平均值不大于 120%，以体现安全性与经济性的平衡。

正确选择输入的地震加速度时程曲线，要满足地震动三要素的要求，即频谱特性、有效峰值和持续时间均要符合规定。频谱特性可用地震影响系数曲线表征，依据所处的场地类别和设计地震分组确定；加速度的有效峰值按表 5.3.3 采用。输入地震加速度时程曲线的有效持续时间，一般从首次达到该时程曲线最大峰值的 10% 那一点算起，到最后一点达到最大峰值的 10% 为止，约为结构基本周期的（5～10）倍。

本次修订增加了结构抗震性能设计规定，本条第 3 款给出了设防地震（中震）和 6 度时的数值。

5.3.5 本条规定了水平地震影响系数最大值和场地特征周期取值。现阶段仍采用抗震设防烈度所对应的水平地震影响系数最大值 α_{max}，多遇地震烈度（小震）和预估的罕遇地震烈度（大震）分别对应于 50 年设计基准周期内超越概率为 63% 和 2%～3% 的地震烈度。本次按现行国家标准《建筑抗震设计规范》GB 50011 作了修订，补充中震参数和近场效应的规定；同时为了与结构抗震性能设计要求相适应，增加了设防烈度地震（中震）的地震影响系数最大值规定。

根据土层等效剪切波速和场地覆盖层厚度将建筑的场地划分为 Ⅰ、Ⅱ、Ⅲ、Ⅳ 四类，其中 Ⅰ 类分为 Ⅰ₀ 和 Ⅰ₁ 两个亚类，本规程中提及 Ⅰ 类场地而未专门注明 Ⅰ₀ 或 Ⅰ₁ 的均包含这两个亚类。

5.3.6 弹性反应谱理论仍是现阶段抗震设计的最基本理论，本规程的反应谱与现行国家标准《建筑抗震设计规范》GB 50011 一致。这次《建筑抗震设计规范》GB 50011 - 2010 只对其参数进行调整，达到以下效果：

1 阻尼比为 5% 的地震影响系数维持不变。

2 基本解决了在长周期段不同阻尼比地震影响系数曲线交叉、大阻尼曲线值高于小阻尼曲线值的不合理现象。Ⅰ、Ⅱ、Ⅲ 类场地的地震影响系数曲线在周期接近 6s 时，基本交汇在一点上，符合理论和统计规律。

3 降低了小阻尼（2%～3.5%）的地震影响系数值，最大降低幅度达 18%，使钢结构设计地震作用有所降低。

4 略微提高了阻尼比 6%～10% 的地震影响系数值，长周期部分最大增幅约 5%。

5 适当降低了大阻尼（20%～30%）的地震影响系数，在 $5T_g$ 周期以内，基本不变，长周期部分最大降幅约 10%，扩大了消能减震技术的应用范围。

5.3.7 本条规定主要是考虑结构地震动力反应过程中可能由于地面扭转运动，结构实际的刚度和质量分布相对于计算假定值的偏差，以及在弹塑性反应过程中各抗侧力结构刚度退化程度不同等原因引起的扭转反应增大，特别是目前对地面运动扭转分量的强震实测记录很少，地震作用计算中还不能考虑输入地面运动扭转分量。采用附加偶然偏心作用计算是一种实用方法。

本条规定方形及矩形平面直接取各层质量偶然偏心为 $0.05L_i$，其他形式平面取 $0.172r_i$ 来计算单向水平地震作用。实际计算时，可将每层质心沿主轴的同一方向（正向或反向）偏移。

采用底部剪力法计算地震作用时，也应考虑偶然偏心的不利影响。

当采用双向地震作用计算时，可不考虑偶然偏心的影响，但进行位移比计算时，按单向地震作用考虑偶然偏心影响计算。同时应与单向地震作用考虑偶然偏心的计算结果进行比较，取不利的情况进行设计。

5.4 水平地震作用计算

5.4.2 引用现行国家标准《建筑抗震设计规范》GB 50011 的条文。增加了考虑双向水平地震作用下的地震效应组合方法。根据强震观测记录的统计分析，两个方向水平地震加速度的最大值不相等，二者之比约为1：0.85；而且两个方向的最大值不一定发生在同一时刻，因此采用完全两次型方根法计算两个方向地震作用效应的组合（CQC法）。

作用效应包括楼层剪力，弯矩和位移，也包括构件内力（弯矩、剪力、轴力、扭矩等）和变形。

本规程建议的振型数是对质量和刚度分布比较均匀的结构而言的。对于质量和刚度分布不均匀的结构，振型分解反应谱法所需的振型数一般可取为振型参与质量达到总质量的90%时所需的振型数。

5.4.3 底部剪力法在高层民用建筑水平地震作用计算中已很少应用，但作为一种方法，本规程仍予以保留。

对于规则结构，采用本条方法计算水平地震作用时，仍应考虑偶然偏心的不利影响。

5.4.5 本条采用直接引用方法，与现行国家标准《建筑抗震设计规范》GB 50011 的有关规定一致。由于地震影响系数在长周期段下降较快，对于基本周期大于3.5s的结构，由此计算所得的水平地震作用下的结构效应可能过小。出于结构安全的考虑，增加了对各楼层水平地震剪力最小值的要求，规定了不同设防烈度下的楼层最小地震剪力系数值。当不满足时，结构水平地震总剪力和各楼层的水平地震剪力均需要进行相应的调整，或改变结构的刚度使之达到规定的要求。但当基本周期为3.5s～5.0s的结构，计算的底部剪力系数比规定值低15%以内、基本周期为5.0s～6.0s的结构，计算的底部剪力系数比规定值低18%以内、基本周期大于6.0s的结构，计算的底部剪力系数比规定值低20%以内，不必采取提高结构刚度的办法来满足计算剪力系数最小值的要求，而是可采用本条关于剪力系数最小值的规定进行调整设计，满足承载力要求即可。

对于竖向不规则结构的薄弱层的水平地震剪力，本规程第3.3.3条规定应乘以不小于1.15的增大系数，该层剪力放大后，仍需要满足本条规定，即该层的地震剪力系数不应小于规定数值的1.15倍。

扭转效应明显的结构，是指楼层两端弹性水平位移（或层间位移）的最大值与其平均值的比值大于1.2倍的结构。

5.4.6 本条引用现行国家标准《建筑抗震设计规范》GB 50011 的规定。

采用该阻尼比后，地震影响系数均应按本规程第5.3.5条、第5.3.6条的规定计算。

5.5 竖向地震作用

5.5.1 本条竖向地震作用的计算，是现行国家标准《建筑抗震设计规范》GB 50011 所规定的，采用了简化的计算方法。

5.5.2 本条主要考虑目前高层民用建筑中较多采用大跨度和长悬挑结构，需要采用时程分析方法或反应谱方法进行竖向地震分析，给出了反应谱和时程分析计算时需要的数据。反应谱采用水平反应谱的65%，包括最大值和形状参数，但认为竖向反应谱的特征周期与水平反应谱相比，尤其在远离震中时，明显小于水平反应谱，故本条规定，现行特征周期均按第一组采用。对处于发震断裂10km以内的场地，其最大值可能接近水平反应谱，特征周期小于水平谱。

5.5.3 高层民用建筑中的大跨度、悬挑、转换、连体结构的竖向地震作用大小与其所处的位置以及支承结构的刚度都有一定关系，因此对于跨度较大，所处位置较高的情况，建议采用本规程第5.5.1条、第5.5.2条的规定进行竖向地震作用计算，并且计算结果不宜小于本条规定。

为了简化计算，跨度或悬挑长度不大于本规程第5.5.2条规定的大跨结构和悬挑结构，可直接按本条规定的地震作用系数乘以相应的重力荷载代表值作为竖向地震作用标准值。

6 结构计算分析

6.1 一般规定

6.1.1 多遇地震作用下的内力和变形分析是对结构地震反应、截面承载力验算和变形验算最基本的要求。按现行国家标准《建筑抗震设计规范》GB 50011 的规定，建筑物当遭受不低于本地区抗震设防烈度的多遇地震影响时，主体结构不受损坏或不需修理可继续使用，与此相应，结构在多遇地震作用下的反应分析的方法，截面抗震验算，以及层间弹性位移的验算，都是以线弹性理论为基础。因此，本条规定，当建筑结构进行多遇地震作用下的内力和变形分析时，可假定结构与构件处于弹性工作状态。

现行国家标准《建筑抗震设计规范》GB 50011 同样也规定：当建筑物遭受高于本地区抗震设防烈度的罕遇地震影响时，不致倒塌或者发生危及生命的严重破坏。高层民用建筑钢结构抗侧力系统相对复杂，有可能发生应力集中和变形集中，严重时会导致重大的破坏甚至倒塌的危险，因此，本条也提出了弹塑性变形采用弹塑性分析方法的要求。

6.1.2 一般情况下，可将楼盖视为平面内无限刚性，结构计算时取为刚性楼盖。根据楼板开洞等实际情况，确定结构计算时是否按弹性楼板计算。

6.1.3 钢筋混凝土楼板与钢梁连接可靠时，楼板可作为钢梁的翼缘，两者共同工作，计算钢梁截面的惯性矩时，可计入楼板的作用。大震时，楼板可能开裂，不计入楼板对钢梁刚度的增大作用。

6.1.5 大量工程实测周期表明：实际建筑物自振周期短于计算周期，为不使地震作用偏小，所以要考虑周期折减。对于高层民用建筑钢结构房屋非承重墙体宜采用填充轻质砌块，填充轻质墙板或外挂墙板。

6.1.7 本条用于控制重力 P-Δ 效应不超过 20%，使结构的稳定具有适宜的安全储备。在水平力作用下，高层民用建筑钢结构的稳定应满足本条的规定，不应放松要求。如不满足本条的规定，应调整并增大结构的侧向刚度。

为了便于广大设计人员理解和应用，本条表达采用了行业标准《高层建筑混凝土结构技术规程》JGJ 3－2010 第 5.5.4 条相同的形式。

6.2 弹性分析

6.2.1 高层民用建筑钢结构是复杂的三维空间受力体系，计算分析时应根据结构实际情况，选取能较准确地反映结构中各构件的实际受力状况的力学模型。目前国内商品化的结构分析软件所采用的力学模型主要有：空间杆系模型、空间杆-墙板元模型以及其他组合有限元模型。

6.2.4 在钢结构设计中，支撑内力一般按两端铰接的计算简图求得，其端部连接的刚度则通过支撑构件的计算长度加以考虑。有弯矩时也应考虑弯矩对支撑的影响。

6.2.5 本条式（6.2.5）参考 J. Struct. Eng, No. 12, ASCE, 1990, Tsai K. C. & Povop E. P., Seismic Panel Zone Design Effects on Elastic story Drift of Steel Frame 一文的方法计算，它忽略了框架分析时节点域刚度的影响，计算结果偏于安全。已在美国 NEHRP 抗震设计手册（第二版）采用。

6.2.6 依据多道防线的概念设计，钢框架-支撑结构、钢框架-延性墙板结构体系中，支撑框架、带延性墙板的框架是第一道防线，在强烈地震中支撑和延性墙板先屈服，内力重分布使框架部分承担的地震剪力增大，二者之和大于弹性计算的总剪力。如果调整的结果框架部分承担的地震剪力不适当增大，则不是"双重抗侧力体系"，而是按刚度分配的结构体系。按美国 IBC 规范的要求，框架部分的剪力调整不小于结构总地震剪力的 25% 则可以认为是双重抗侧力体系了。

6.2.7 体型复杂、结构布置复杂以及特别不规则的高层民用建筑钢结构的受力情况复杂，采用至少两个不同力学模型的结构分析软件进行整体计算分析，可以相互比较和分析，以保证力学分析结果的可靠性。

在计算机软件广泛使用的条件下，除了要选择使用可靠的计算软件外，还应对计算结果从力学概念和工程经验等方面加以分析判断，确认其合理性和可靠性。

6.3 弹塑性分析

6.3.1 对高层民用建筑钢结构进行弹塑性计算分析，可以研究结构的薄弱部位，验证结构的抗震性能，是目前应用越来越多的一种方法。

在进行结构弹塑性计算分析时，应根据工程的重要性、破坏后的危害性及修复的难易程度，设定结构的抗震性能目标。可按本规程第 3.8 节的有关规定执行。

建立结构弹塑性计算模型时，应包括主要结构构件，并反映结构的质量、刚度和承载力的分布以及结构构件的弹塑性性能。

建议弹塑性分析要采用空间计算模型。

6.3.2 结构弹塑性分析主要的是薄弱层的弹塑性变形分析。本条规定了高层民用建筑钢结构构件主要弹塑性变形类型。

6.3.3、6.3.4 结构材料的性能指标（如弹性模量、强度取值等）以及本构关系，与预定的结构或构件的抗震性能有密切关系，应根据实际情况合理选用。如钢材一般选用材料的屈服强度。

结构弹塑性变形往往比弹性变形大很多，考虑结构几何非线性进行计算是必要的，结果的可靠性也会因此有所提高。

结构材料的本构关系直接影响弹塑性分析结果，选择时应特别注意。

弹塑性计算结果还与分析软件的计算模型以及结构阻尼选取、构件破损程度衡量、有限元的划分有关，存在较多的人为因素和经验因素。因此，弹塑性计算分析首先要了解分析软件的适应性，选用适合于所设计工程的软件，然后对计算结果的合理性进行分析判断。工程设计中有时会遇到计算结果出现不合理或怪异现象，需要结构工程师与软件编制人员共同研究解决。

6.3.5 采用静力弹塑性分析方法时，可用能力谱法或其他有效的方法确定罕遇地震时结构层间弹塑性位移角，可取两种水平力沿高度分布模式得到的层间弹塑性位移角的较大值作为罕遇地震作用下该结构的层间弹塑性位移角。

6.4 荷载组合和地震作用组合的效应

6.4.1～6.4.4 本节是高层民用建筑承载能力极限状态设计时作用组合效应的基本要求，主要根据现行国家标准《工程结构可靠性设计统一标准》GB 50153 以及《建筑结构荷载规范》GB 50009、《建筑抗震设计规范》GB 50011 的有关规定制订。①增加了考虑设计使用年限的可变荷载（楼面活荷载）调整系数；②仅规定了持久、短暂设计状况下以及地震设计状况下，作用基本组合时的作用效应设计值的计算公式，对偶然作用组合、标准组合不做强制性规定。有关结构侧向位移的规定见本规程第3.5.2条；③明确了本节规定不适用于作用和作用效应呈非线性关系的情况；④表6.4.4中增加了7度（0.15g）时，也要考虑水平地震、竖向地震作用同时参与组合的情况；⑤对水平长悬臂结构和大跨度结构，表6.4.4增加了竖向地震作用为主要可变作用的组合工况。

第6.4.1条和6.4.3条均适用于作用和作用效应呈线性关系的情况。如果结构上的作用和作用效应不能以线性关系表达，则作用组合的效应应符合现行国家标准《工程结构可靠性设计统一标准》GB 50153的规定。

持久设计状况和短暂设计状况作用基本组合的效应，当永久荷载效应起控制作用时，永久荷载分项系数取1.35，此时参与组合的可变作用（如楼面活荷载、风荷载等）应考虑相应的组合值系数；持久设计状况和短暂设计状况的作用基本组合的效应，当可变荷载效应起控制作用（永久荷载分项系数取1.2）的组合，如风荷载作为主要可变荷载、楼面活荷载作为次要可变荷载时，其组合值系数分别取1.0和0.7；对车库、档案库、储藏室、通风机房和电梯机房等楼面活荷载较大且相对固定的情况，其楼面活荷载组合系数应由0.7改为0.9；持久设计状况和短暂设计状况的作用基本组合的效应，当楼面活荷载作为主要可变荷载、风荷载作为次要可变荷载时，其组合值系数分别取1.0和0.6。

结构设计使用年限为100年时，本条式（6.4.1）中参与组合的风荷载效应应按现行国家标准《建筑结构荷载规范》GB 50009规定的100年重现期的风压值计算；当高层民用建筑对风荷载比较敏感时，风荷载效应计算尚应符合本规程第5.2.4条的规定。

地震设计状况作用基本组合的效应，当本规程有规定时，地震作用效应标准值应首先乘以相应的调整系数、增大系数，然后再进行效应组合。如薄弱层剪力增大、楼层最小地震剪力系数调整、转换构件地震内力放大、钢框架-支撑结构和钢框架-延性墙板结构有关地震剪力调整等。

7度（0.15g）和8、9度抗震设计的大跨度结构、长悬臂结构应考虑竖向地震作用的影响，如高层民用建筑的大跨度转换构件、连体结构的连接体等。

关于不同设计状况的定义以及作用的标准组合、偶然组合有关规定，可参照现行国家标准《工程结构可靠性设计统一标准》GB 50153。

6.4.6 一般情况下，可不考虑风荷载与罕遇地震用的组合效应。

7 钢构件设计

7.1 梁

7.1.1 高层民用建筑钢结构除在预估的罕遇地震作用下出现一系列塑性铰外，在多遇地震作用下应保证不损坏。现行国家标准《钢结构设计规范》GB 50017对一般梁都允许出现少量塑性，即在计算强度时引进大于1的截面塑性发展系数γ_x，但对直接承受动荷载的梁，取$\gamma_x=1$。基于上述原因，抗震设计时的梁取$\gamma_x=1.0$。

在竖向荷载作用下，梁的弯矩取节点弯矩；在水平荷载作用下，梁的弯矩取柱面弯矩。

7.1.2 支座处仅以腹板与柱（或主梁）相连的梁，由于梁端截面不能保证完全没有扭转，故在验算整体稳定时，φ_b应乘以0.85的降低系数。

7.1.3、7.1.4 梁的整体稳定性一般由刚性隔板或侧向支撑体系来保证，当有压型钢板现浇钢筋混凝土楼板或现浇钢筋混凝土楼板在梁的受压翼缘上并与其牢固连接，能阻止受压翼缘的侧向位移时，梁不会丧失整体稳定，不必计算其整体稳定性。在梁的受压翼缘上仅铺设压型钢板，当有充分依据时方可不计算梁的整体稳定性。

框架梁在预估的罕遇地震作用下，在可能出现塑性铰的截面（为梁端和集中力作用处）附近均应设置侧向支撑（隔撑），由于地震作用方向变化，塑性铰弯矩的方向也变化，故要求梁的上下翼缘均应设支撑。如梁上翼缘整体稳定性有保证，可仅在下翼缘设支撑。

7.1.5 本条按现行国家标准《钢结构设计规范》GB 50017规定，补充了框架梁端部截面的抗剪强度计算公式。

7.1.6 托柱梁的地震作用产生的内力应乘以增大系数是考虑地震倾覆力矩对传力不连续部位的增值效应，以保证转换构件的设计安全度并具有良好的抗震性能。

7.2 轴心受压柱

7.2.1、7.2.2 轴心受压柱一般为两端铰接，不参与抵抗侧向力的柱。

7.3 框 架 柱

7.3.1 框架柱的强度和稳定，依本规程第6章计算得到的内力，按现行国家标准《钢结构设计规范》GB 50017的有关规定和本节的各项规定计算。

7.3.2 框架柱的稳定计算应符合下列规定：

1 高层民用建筑钢结构，根据抗侧力构件在水平力作用下变形的形态，可分为剪切型（框架结构）、弯曲形（例如高跨比 6 以上的支撑架）和弯剪型；式（7.3.2-1）只适用于剪切型结构，弯剪型和弯曲型计算公式复杂，采用计算机分析更加方便。

2 现行国家标准《钢结构设计规范》GB 50017 对二阶分析时的假想荷载引入钢材强度影响系数 α_y，对强度等级较高的钢材取较大值，若取 α_y 等于 $\sqrt{f_y/235}$，与《钢结构设计规范》GB 50017 - 2003 规定给出的该系数值基本一致，仅稍大，可使假想水平力表达式简化。

二阶分析法叠加原理严格说来是不适用的，荷载必须先组合才能够进行分析，且工况较多。但考虑到实际工程的二阶效应不大，可近似采用叠加原理。这里规定了对二阶效应采用线性组合时，内力应乘以放大系数，其数值取自式（7.3.2-3）规定的重力荷载组合产生的二阶效应系数。对侧移对应的弯矩进行反施，这个放大系数也应施加于侧移对应的支撑架柱子的轴力上。

3 式（7.3.2-4）的计算长度系数是对框架稳定理论的有侧移失稳的七杆模型的解的拟合，最大误差约 1.5%。

当一个结构中存在只承受竖向荷载，不参与抵抗水平力的柱子时，其余柱子的计算长度系数就应按照式（7.3.2-9）放大。这个放大，不仅包括框架柱，也适用于构成支撑架一部分的柱子的计算长度系数。

4 框架-支撑（含延性墙板）结构体系，存在两种相互作用，第 1 种是线性的，在内力分析的层面上得到自动的考虑，第 2 种是稳定性方面的，例如一个没有承受水平力的结构，其中框架部分发生失稳，必然带动支撑架一起失稳，或者在当支撑架足够刚强时，框架首先发生无侧移失稳。

水平力使支撑受拉屈服，则它不再有刚度为框架提供稳定性方面的支持，此时框架柱的稳定性，按无支撑框架考虑。

但是，如果希望支撑架对框架提供稳定性支持，则对支撑架的要求就是两个方面的叠加：既要承担水平力，还要承担对框架柱提供支撑，使框架柱的承载力从有侧移失稳的承载力增加到无侧移失稳的承载力。

研究表明，这两种要求是叠加的，用公式表达是

$$\frac{S_{ith}}{S_i} + \frac{Q_i}{Q_{iy}} \leqslant 1 \tag{1}$$

$$S_{ith} = \frac{3}{h_i}\left(1.2\sum_{j=1}^{m} N_{jb} - \sum_{j=1}^{m} N_{ju}\right)_i \quad i = 1, 2, \cdots, n \tag{2}$$

式中：Q_i——第 i 层承受的总水平力（kN）；

Q_{iy}——第 i 层支撑能够承受的总水平力（kN）；

S_i——支撑架在第 i 层的层抗侧刚度（kN/mm）；

S_{ith}——为使框架柱从有侧移失稳转化为无侧移

失稳所需要的支撑架的最小刚度（kN/mm）；

N_{jb}——框架柱按照无侧移失稳的计算长度系数决定的压杆承载力（kN）；

N_{ju}——框架柱按照有侧移失稳的计算长度系数决定的压杆承载力（kN）；

h_i——所计算楼层的层高（mm）；

m——本层的柱子数量，含摇摆柱。

《钢结构设计规范》GB 50017 - 2003 采用了表达式 $S_b \geqslant 3(1.2\sum N_{bi} - \sum N_{0i})$，其中，侧移刚度 S_b 是产生单位侧移倾角的水平力。当改用单位位移的水平力表示时，应除以所计算楼层高度 h_i，因此采用（2）式。

为了方便应用，式（2）进行如下简化：

① 式（2）括号上的有侧移承载力略去，同时 1.2 也改为 1.0，这样得到

$$S_{ith} = \frac{3}{h_i}\sum_{j=1}^{m} N_{ib} \tag{3}$$

② 将上式的无侧移失稳承载力用各个柱子的轴力代替，代入式（1）得到

$$3\frac{\sum N_i}{S_i h_i} + \frac{Q_i}{Q_{iy}} \leqslant 1 \tag{4}$$

而 $\dfrac{\sum N_i}{S_i h_i}$ 就是二阶效应系数 θ，Q_i/Q_{iy} 就是支撑构件的承载力被利用的百分比，简称利用比，俗称应力比。

对弯曲型支撑架，也有类似于式（1）的公式，因此式（7.3.2-10）适用于任何的支撑架。但是对应弯曲型支撑架，从底部到顶部应采用统一的二阶效应系数，除非结构立面分段（缩进），可以取各段的最大的二阶效应系数。

应力比不满足式（7.3.2-10），但是离 1.0 还有距离，则支撑架对框架仍有一定的支撑作用，此时框架柱的计算长度系数，可以参考有关稳定理论著作计算。

满足式（7.3.2-10）的情况下，框架柱可以按无侧移失稳的模式决定计算长度系数。

5 式（7.3.2-11）早在 20 世纪 40 年代即已提出，与稳定理论的七杆模型的精确结果比较，最大误差仅 1%。

7.3.3 可不验算强柱弱梁的条件之第 1 款第 3）项，系根据陈绍蕃教授的建议进行更正；是将小震地震力加倍得出的内力设计值，而非 01 抗规就是 2 倍地震力产生的轴力。参考美国规定增加了梁端塑性铰外移的强柱弱梁验算公式。骨式连接的塑性铰至柱面的距离，参考 FEMA350 的规定采用；梁端加强型连接可取加强板的长度加四分之一梁高。强柱系数建议以 7 度（0.10g）作为低烈度区分界，大致相当于 AISC 的 C 级，按 AISC 抗震规程，等级 B、C 是低烈度区，

可不执行该标准规定的抗震构造措施。强柱系数实际上已包含系数 1.15，参见本规程第 8.1.5 条式 (8.1.5-2)。

7.3.4 一般框筒结构柱不需要满足强柱弱梁的要求，所以对于框筒结构柱要求符合本条轴压比要求，参考日本做法而提出的。轴压比系数的规定按下式计算得到：

$$N \leqslant 0.6 A_c \frac{f}{\gamma_{RE}} \tag{5}$$

即

$$\frac{N}{A_c f} \leqslant \frac{0.6}{\gamma_{RE}} = \frac{0.6}{0.75} = 0.80 \tag{6}$$

与结构的延性设计综合考虑，本条偏于安全的规定系数 β：一、二、三级时取 0.75，四级时取 0.80。

7.3.5 柱与梁连接的节点域，应按本条规定验算其抗剪承载力。

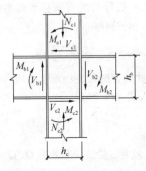

图 1

节点域在周边弯矩和剪力作用下，其剪应力为：

$$\tau = \frac{M_{b1} + M_{b2}}{h_{b1} h_{c1} t_p} - \frac{V_{c1} + V_{c2}}{2 h_{c1} t_p} \tag{7}$$

式中 V_{c1} 和 V_{c2} 分别为上下柱传来的剪力，节点域高度和宽度 h_{c1} 和 h_{c2} 分别取梁翼缘中心间距离。

在工程设计中为了简化计算通常略去式中第二项，计算表明，这样使所得剪应力偏高 20%～30%，所以将式（7.3.5）右侧抗剪强度设计值提高三分之一来代替。试验表明，节点域的实际抗剪屈服强度因边缘构件的存在而有较大提高。

7.3.6 本次修订补充了圆管柱和十字形截面柱节点域有效体积 V_p 的计算公式。对于边长不等的矩形箱形柱，其有效节点域体积可参阅有关文献。

7.3.7 日本规定节点板域尺寸自梁柱翼缘中心线算起，AISC 的节点域稳定公式规定自翼缘内侧算起，为了统一起见，拟取自翼缘中心线算起。美国节点板域稳定公式为高度和宽度之和除以 90，历次修订此式未变；我国同济大学和哈工大做过试验，结果都是 1/70，考虑到试件板厚有一定限制，过去对高层用 1/90，对多层用 1/70。板的初始缺陷对平面内稳定影响较大，特别是板厚有限制时，一次试验也难以得出可靠结果。考虑到该式一般不控制，这次修订统一采用 1/90。

7.3.8 对于抗震设计的高层民用建筑钢结构，节点域应按本条规定验算在预估的罕遇地震作用下的屈服承载力。在抗震设计的结构中，若节点域太厚，将使其不能吸收地震能量。若太薄，又使钢框架的水平位移过大。根据日本的研究，使节点域的屈服承载力为框架梁屈服承载力的（0.7～1.0）倍是适合的。但考虑到日本第一阶段相当于我国 8 度，结合我国实际，为避免由此引起节点域过厚导致多用钢材，本次修订保留了折减系数 ψ，只是将 98 规程的折减系数适当提高，同时将按设防烈度划分改为按抗震等级划分，故三、四级时 ψ 取 0.75，一、二级时 ψ 取 0.85。

7.3.9 框架柱的长细比关系到钢结构的整体稳定。研究表明，钢结构高度加大时，轴力加大，竖向地震对框架柱的影响很大。本条规定比现行国家标准《建筑抗震设计规范》GB 50011 的规定严格。

7.4 梁柱板件宽厚比

7.4.1 本条所列限值是参考了 ANSI/AISC341-10 对主要抗侧力体系的受压板件宽厚比限值以及日本 2004 年提出的规定拟定的。

钢框架梁板件宽厚比应随截面塑性变形发展的程度而满足不同要求。形成塑性铰后需要实现较大转动者，要求最严格。所以按不同的抗震等级划分了不同的要求。梁腹板宽厚比还要考虑轴压力的影响。

按照强柱弱梁的要求，钢框架柱一般不会出现塑性铰，但是考虑材料性能变异，截面尺寸偏差以及一般未计及的竖向地震作用等因素，柱在某些情况下也可能出现塑性铰。因此，柱的板件宽厚比也应考虑按塑性发展来加以限制，不过不需要像梁那样严格。所以本条也按照不同的抗震等级划分了不同的要求。

7.5 中心支撑框架

7.5.1 本条是高层民用建筑钢结构中的中心支撑布置的原则规定。

K 形支撑体系在地震作用下，可能因受压斜杆屈曲或受拉斜杆屈服，引起较大的侧向变形，使柱发生屈曲甚至造成倒塌，故不应在抗震结构中采用。

7.5.2 国内外的研究均表明，支撑杆件的低周疲劳寿命与其长细比成正相关，而与其板件的宽厚比成负相关。为了防止支撑过早断裂，适当放松对按压杆设计的支撑杆件长细比的控制是合理的。欧洲 EC8 对相当于 Q235 钢制成的支撑长细比的限值为 190 左右；美国 ANSI/AISC341-10 规定：对普通中心支撑框架（OCBF）相当于 Q235 钢支撑长细比的限值为 120，而对于延性中心支撑框架（SCBF），不管何钢种的支撑长细比限值均为 200。考虑到本规程没有"普通"和"延性"之分，因此作出了"杆件的长细比不应大于 120……"的规定。

7.5.3 在罕遇地震作用下，支撑杆件要经受较大的弹塑性拉压变形，为了防止过早地在塑性状态下发生板件的局部屈曲，引起低周疲劳破坏，国内外的有关研究表明，板件宽厚比取得比塑性设计要求更小一些，对支撑抗震有利。哈尔滨工业大学试验研究也证明了这种看法。

本条关于板件宽厚比的限值是根据我国研究并参考国外相关规范拟定的。

还有试验表明，双角钢组合T形截面支撑斜杆绕截面对称轴失稳时，会因弯扭屈曲和单肢屈曲而使滞回性能下降，故不宜用于一、二、三级抗震等级的斜杆。

7.5.5 在预估的罕遇地震作用下斜杆反复受拉压，且屈曲后变形增长很大，转为受拉时变形不能完全拉直，这就造成再次受压时承载力降低，即出现退化现象，长细比越大，退化现象越严重，这种现象需要在计算支撑斜杆时予以考虑。式（7.5.5-1）是由国外规范公式加以改写得出的，计算时仍以多遇地震作用为准。

7.5.6 国内外的试验和分析研究均表明，在罕遇地震作用下，人字形和V形支撑框架中的成对支撑会交替经历受拉屈服和受压屈曲的循环作用，反复的整体屈曲，使支撑杆的受压承载力降低到初始稳定临界力的30%左右，而相邻的支撑受拉仍能接近屈服承载力，在横梁中产生不平衡的竖向分力和水平力的作用，梁应按压弯构件设计。显然支撑截面越大，该不平衡力也越大，将使梁截面增大很多，因此取消了98规程中关于该形支撑的设计内力应乘以增大系数1.5的规定，并引入了跨层X形支撑和拉链柱的概念，以便进一步减少支撑跨梁的用钢量。

顶层和出屋面房间的梁可不执行此条。

7.6 偏心支撑框架

7.6.1 偏心支撑框架的每根支撑，至少应有一端交在梁上，而不是交在梁与柱的交点或相对方向的另一支撑节点上。这样，在支撑与柱之间或支撑与支撑之间，有一段梁，称为消能梁段。消能梁段是偏心支撑框架的"保险丝"，在大震作用下通过消能梁段的非弹性变形耗能，而支撑不屈曲。因此，每根支撑至少一端必须与消能梁段连接。

7.6.2、7.6.3 当消能梁段的轴力设计值不超过 $0.15Af$ 时，按 AISC 规定，忽略轴力影响，消能梁段的受剪承载力取腹板屈服时的剪力和消能梁段两端形成塑性铰时的剪力两者的较小值。本规程根据我国钢结构设计规范关于钢材拉、压、弯强度设计值与屈服强度的关系，取承载力抗震调整系数为1.0，计算结果与 AISC 相当。当轴力设计值超过 $0.15Af$ 时，则降低梁段的受剪承载力，以保证消能梁段具有稳定的滞回性能。

7.6.5 偏心支撑框架的设计意图是提供消能梁段，当地震作用足够大时，消能梁段屈服，而支撑不屈曲。能否实现这一意图，取决于支撑的承载力。据此，根据抗震等级对支撑的轴压力设计值进行调整，保证消能梁段能进入非弹性变形而支撑不屈曲。

强柱弱梁的设计原则同样适用于偏心支撑框架。考虑到梁钢材的屈服强度可能会提高，为了使塑性铰出现在梁而不是柱中，可将柱的设计内力适当提高。但本条文的要求并不保证底层柱脚不出现塑性铰，当水平位移足够大时，作为固定端的底层柱脚有可能屈服。

为了使塑性铰出现在消能梁段而不是同一跨的框架梁，也应该将同一跨的框架梁的设计弯矩适当提高。

7.7 伸臂桁架和腰桁架

7.7.1 在框架-支撑组成的筒中筒结构或框架-核心筒结构的加强层设置伸臂桁架及（或）腰桁架可以提高结构的侧向刚度，据统计对于200m～300m高度的结构，设置伸臂桁架后刚度可提高15%左右，设置腰桁架可提高5%左右，设计中为提高侧向刚度主要设置伸臂桁架。

由于伸臂桁架形成的加强层造成结构竖向刚度不均匀，使墙、柱形成薄弱层，因此对于抗震设计的结构为提高侧向刚度，优先采用其他措施，尽可能不设置或少设置伸臂桁架。同时由于这个原因提出9度抗震设防区不宜采用伸臂桁架。

抗震设计中设置加强层时，需控制每道伸臂桁架刚度不宜过大，需要时可设多道加强层。

非抗震设计的结构，可采用刚性伸臂桁架。

7.7.2 由于设置伸臂桁架在同层及上下层的核心筒与柱的剪力、弯矩都增大，构件截面设计及构造上需加强。

在高烈度设防区，当在较高的或者特别不规则的高层民用建筑中设置加强层时，宜采取进一步的性能设计要求和措施。在设防地震或预估的罕遇地震作用下，对伸臂桁架及相邻上下各一层的竖向构件提出抗震性能的更高要求，但伸臂桁架腹杆性能要求宜低于弦杆。

由于伸臂桁架上下弦同时承受轴力、弯矩、剪力，与一般楼层梁受力状态不同，在计算模型中应按弹性楼板假定计算上下弦的轴力。

8 连 接 设 计

8.1 一 般 规 定

8.1.1 钢框架的连接主要包括：梁与柱的连接、支撑与框架的连接、柱脚的连接以及构件拼接。连接的高强度螺栓数和焊缝长度（截面）宜在构件选择截面时预估。

8.1.2 钢框架梁柱连接设计的基本要求，与梁柱连接的新计算方法有关，详见计算方法规定。98 规程提到的悬臂段式梁柱连接，根据日本 2007 年 JASS 6 的说明，此种连接形式的钢材和螺栓用量均偏高，影响工程造价，且运输和堆放不便；更重要的是梁端焊接影响抗震性能，1995 年阪神地震表明悬臂梁段式连接的梁端破坏率为梁腹板螺栓连接时的 3 倍，虽然其梁端内力传递性能较好和现场施工作业较方便，但综合考虑不宜作为主要连接形式之一推广采用。1994 年北岭地震和 1995 年阪神地震后，美日均规定梁端采用截面减弱型或加强型连接，目的是将塑性铰由柱面外移以减小梁柱连接的破坏，根据现行国家标准《建筑抗震设计规范》GB 50011 的规定，对一、二级的高层民用建筑钢结构宜采用类似的加强措施。

8.1.3 钢结构连接系数修订，系参考日本建筑学会《钢结构连接设计指南》2006 的规定拟定的，见表 3。

表 3

母材牌号	梁柱连接		支撑连接、构件拼接		柱脚	
	母材破断	高强螺栓破断	母材破断	高强螺栓破断		
SS400	1.40	1.45	1.25	1.30	埋入式	1.2
SM490	1.35	1.40	1.20	1.25	外包式	1.2
SN400	1.30	1.35	1.15	1.20	外露式	1.0
SN490	1.25	1.30	1.10	1.15	—	

注：1 高强度螺栓的极限承载力计算时按承压型连接考虑；
　　2 柱脚连接系数用于 H 形柱，对箱形柱和圆管柱取 1.0。

该标准说明，钢柱脚的极限受弯承载力与柱的全塑性受弯承载力之比有下列关系：H 形埋深达 2 倍柱宽时该比值可达 1.2；箱形柱埋深达 2 倍柱宽时该比值可达 0.8～1.2；圆管柱埋深达 3 倍外径时该比值可能达到 1.0。因此，对箱形柱和圆管柱柱脚的连接系数取 1.0，且圆管柱的埋深不应小于柱外径的 3 倍。

表 3 中的连接系数包括了超强系数和应变硬化系数。按日本规定，SS 是碳素结构钢，SM 是焊接结构钢，SN 是抗震结构钢，其性能等级是逐步提高的；连接系数随钢种的提高而递减，也随钢材的强度等级递增而递减，是以钢材超强系数统计数据为依据的，而应变硬化系数各国普遍采用 1.1。该文献说明，梁柱连接的塑性要求最高，连接系数也最高，而支撑连接和构件拼接的塑性变形相对较小，故连接系数可取较低值。高强螺栓连接受滑移的影响，且螺栓的强屈比低于相应母材的强屈比，影响了承载力。美国和欧洲规范中都没有这样详细的划分和规定。我国目前对建筑钢材的超强系数还没有作过统计。

8.1.4 梁与柱刚性连接的梁端全熔透对接焊缝，属于关键性焊缝，对于通常处于封闭式房屋中温度保持在 10℃ 或稍高的结构，其焊缝金属应具有 −20℃ 时 27J 的夏比冲击韧性。

8.1.5 构件受轴力时的全塑性受弯承载力，对工形截面和箱形截面沿用了 98 规程的规定；对圆管截面参考日本建筑学会《钢结构连接设计指南》2001/2006 的规定列入。

8.2 梁与柱刚性连接的计算

8.2.1 梁截面通常由弯矩控制，故梁的极限受剪承载力取与极限受弯承载力对应的剪力加竖向荷载产生的剪力。

8.2.2、8.2.3 本条给出了新计算方法的梁柱连接弹性设计表达式。其中箱形柱壁板和圆管柱管壁平面外的有效高度也适用于连接的极限受弯承载力计算。

01 抗规规定：当梁翼缘的塑性截面模量与梁全截面的塑性截面模量之比小于 70% 时，梁腹板与柱的连接螺栓不得少于二列；当计算仅需一列时，仍应布置二列，且此时螺栓总数不得少于计算值的 1.5 倍。该法不能对腹板螺栓数进行定量计算，并导致螺栓用量多。但 01 抗规规定的方法仍可采用。

8.2.4 本条提出的梁柱连接极限承载力的设计计算方法，适用于抗震设计的所有等级，包括可不做结构抗震计算但仍需满足构造要求的低烈度区抗震结构。

钢框架梁柱连接，弯矩除由翼缘承受外，还可由腹板承受，但由于箱形柱壁板出现平面外变形，过去无法对腹板受弯提出对应的计算公式，采用弯矩由翼缘承受的方法，当弯矩超出翼缘抗弯能力时，只能采用加强腹板连接螺栓或采用螺栓连接和焊缝并用等构造措施，做到使其在大震下不坏。日本建筑学会于 1998 年在《钢结构极限状态设计规范》中提出，梁端弯矩可由翼缘和腹板连接的一部分承受的概念，于 2001 提出完整的设计方法，2006 年又将其扩大到圆管柱。

新方法的特点可概括如下：①利用横隔板（加劲肋）对腹板的嵌固作用，发挥了壁板边缘区的抗弯潜能，解决了箱形柱和圆管柱壁板不能承受面外弯矩的问题；②腹板承受弯矩区和承受剪力区的划分思路合理，解决了腹板连接长期无法定量计算的难题；③梁与工形柱（绕强轴）的连接，以前虽可用内力合成方法解决，但计算繁琐，新方法使计算简化，并显著减少螺栓用量，经济效果显著，值得推广。

本条中的梁腹板连接的极限受弯承载力 M_{uw}^j 也可由下式直接计算：

$$M_{uw}^j = \frac{d_j(h_m - S_r)^2}{2h_m} t_{wb} \cdot f_{yw}$$
$$+ \frac{b_j^2 \cdot d_j + (2d_j^2 - b_j^2)h_m - 4d_j \cdot h_m^2}{2b_j \cdot h_m} t_{fc}^2 \cdot f_{yc}$$

(8)

8.2.5 因 $N_{cu2}^b \sim N_{cu4}^b$ 在破断面积计算时已计入螺栓

数，而 N_{vu}^b 和 N_{cul}^b 为单螺栓的承载力，故仅对单螺栓承载力乘以有关的螺栓数即可。

8.3 梁与柱连接的形式和构造要求

8.3.1 采用电渣焊时箱形柱壁板最小厚度取 16mm 是经专家论证的，更薄时将难以保证焊件质量。当箱形柱壁板小于该值时，可改用 H 形柱、冷成型柱或其他形式柱截面。

8.3.3 过焊孔是为梁翼缘的全熔透焊缝衬板通过设置的，美国标准称为通过孔，日本标准称为扇形切角，本规程按现行国家标准《钢结构焊接规范》GB 50661 称为过焊孔。01 抗规采用了常规型，并列入 2010 版。其上端孔高 35mm，与翼缘相接处圆弧半径改为 10mm，以便减小该处应力集中；下端孔高 50mm，便于施焊时将火口位置错开，以避免腹板处成为震害源点。改进型与梁翼缘焊缝改用气体保护焊有关，上端孔型与常规型相同，下端孔高改为与上端孔相同，唯翼缘板厚大于 22mm 时下端孔的圆弧部分需适当放宽以利操作，并规定腹板焊缝端部应围焊，以减少该处震害。下孔高度减小使腹板焊缝有效长度增大 15mm，对受力有利。鉴于国内长期采用常规型，目前拟推荐优先采用改进型，并对翼缘焊缝采用气体保护焊。此时，下端过焊孔衬板与柱翼缘接触的一侧下边缘，应采用 5mm 角焊缝封闭，防止地震时引发裂缝。

美国 ANSI/AISC341-10 规定采用 FEMA350 提出的孔型（图 2），其特点是上下对称，在梁轴线方向孔较长，可适应较大转角，应力集中普遍较小。我国对此种梁端连接形式尚缺少试验验证，采用时应进行试验。

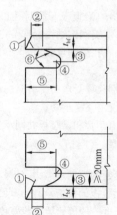

图 2　AISC 推荐孔型

①坡口角度符合有关规定；②翼缘厚度或 12mm，取小者；③（1～0.75）倍翼缘厚度；④最小半径 19mm；⑤3 倍翼缘厚度（±12mm）；⑥表面平整，圆弧开口不大于 25°

ANSI/AISC341-10 规定了四条关键性焊缝，即：梁翼缘与框架柱连接，梁腹板与框架柱连接，梁腹板与柱连接板连接和框架柱的拼接。按本规定，一、二级时对梁翼缘与柱连接焊缝应满足规定的冲击韧性要求，对其余焊缝采取构造措施加强。

8.3.4 本条推荐在一、二级时采用的梁柱刚性连接节点，形式有：梁翼缘扩翼式、梁翼缘局部加宽式、梁翼缘盖板式、梁翼缘板式、梁骨式连接。

梁翼缘加强型节点塑性铰外移的设计原理如图 3 所示。通过在梁上下翼缘局部焊接钢板或加大截面，达到提高节点延性，在罕遇地震作用下获得在远离梁柱节点处梁截面塑性发展的设计目标。

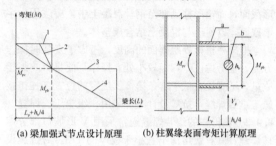

(a) 梁加强式节点设计原理　　(b) 柱翼缘表面弯矩计算原理

图 3

1—翼缘板（盖板）抗弯承载力；2—侧板（扩翼式）抗弯承载力；3—钢梁抗弯承载力；4—外荷载产生弯矩；a—加强板；b—塑性铰

8.3.6 加劲肋承受梁翼缘传来的集中力，与梁翼缘轴线对齐施工时难以保证，参考日本做法改为将外边缘对齐。其厚度应比梁翼缘厚 2mm，是考虑板厚存在的公差，且连接存在偏心。加劲肋应采用与梁翼缘同等强度的钢材制作，不得用较低强度等级的钢材，以保证必要的承载力。

8.3.8 对焊接组合柱，宜加厚节点板，将柱腹板在节点域范围更换为较厚板件。加厚板件应伸出柱横向加劲肋之外各 150mm，并采用对接焊缝与柱腹板相连。

轧制 H 形柱贴焊补强板时，其上、下边缘可不伸过柱横向加劲肋或伸过柱横向加劲肋之外各 150mm。当不伸过横向加劲肋时，横向加劲肋应与柱腹板焊接，补强板与横向加劲肋之间的角焊缝应能传递补强板所分担的剪力，且厚度不小于 5mm。当补强板伸过柱横向加劲肋时，横向加劲肋仅与补强板焊接，此焊缝应能将加劲肋传来的力传递给补强板，补强板的厚度及其焊缝应按传递该力的要求设计。补强板侧边可采用角焊缝与柱翼缘相连，其板面尚应采用塞焊与柱腹板连成整体。塞焊点之间的距离，不应大于相连板件中较薄板件厚度的 $21\sqrt{235/f_y}$ 倍。

8.3.9 日本《钢结构标准连接——H 形钢篇》SC-SS-H97 规定："楼盖次梁与主梁用高强度螺栓连接，采取了考虑偏心影响的设计方法，次梁端部的连接除传递剪力外，还应传递偏心弯矩。但是，当采用现浇钢筋混凝土楼板将主梁与次梁连成一体时，偏心弯矩将由混凝土楼板承担，次梁端部的连接计算可忽略偏心弯矩的作用"。参考此规定，凡符合上述条件者，楼盖次梁与钢梁的连接在计算时可以忽略螺栓连接引起的偏心弯矩的影响，此时楼板厚度应符合设计标准的要求（采用组合板时，压型钢板顶面以上的混凝土厚度不应小于 80mm）。

8.4 柱与柱的连接

8.4.1 当高层民用建筑钢结构底部有钢骨混凝土结构层时，H 形截面钢柱延伸至钢骨混凝土中仍为 H 形截面，而箱形柱延伸至钢骨混凝土中，应改用十字形截面，以便于与混凝土结合成整体。

框架柱拼接处距楼面的高度，考虑了安装时操作方便，也考虑位于弯矩较小处。操作不便将影响焊接质量，不宜设在低于本条第 2 款规定的位置。柱拼接属于重要焊缝，抗震设计时应采用一级全熔透焊缝。

8.4.2 箱形柱的组装焊缝通常采用 V 形坡口部分熔透焊缝，其有效熔深不宜小于板厚的 1/3，对抗震设计的结构不宜小于板厚的 1/2。

柱在主梁上下各 600mm 范围内，应采用全熔透焊缝，是考虑该范围柱段在预估的罕遇地震作用时将进入塑性区。600mm 是日本在工程设计中通常采用的数值，当柱截面较小时也有采用 500mm 的。

8.4.3 箱形柱的耳板宜仅设置在一个方向，对工地施焊比较方便。

8.4.4 美国 AISC 规范规定，当柱支承在承压板上或在拼接处端部铣平承压时，应有足够螺栓或焊缝使所有部件均可靠就位，接头应能承受由规定的侧向力和 75% 的计算永久荷载所产生的任何拉力。日本规范规定，在不产生拉力的情况下，端部紧密接触可传递 25% 的压力和 25% 的弯矩。我国现行国家标准《钢结构设计规范》GB 50017 规定，轴心受压柱或压弯柱的端部为铣平端时，柱身的最大压力由铣平端传递，其连接焊缝，铆钉或螺栓应按最大压力的 15% 计算。考虑到高层民用建筑的重要性，本条规定，上下柱接触面可直接传递压力和弯矩各 25%。

8.4.5 当按内力设计柱的拼接时，可按本条规定设计。但在抗震设计的结构中，应按本规程第 8.4.1 条的规定，柱的拼接采用坡口全熔透焊缝和柱身等强，不必做相应计算。

8.4.6 图 8.4.6 所示箱形柱的工地接头，是日本高层民用建筑钢结构中采用的典型构造方式，在我国已建成的高层民用建筑钢结构中也被广泛采用。下柱横隔板应与柱壁板焊接一定深度，使周边铣平后不致将焊根露出。

8.4.7 当柱需要改变截面时，宜将变截面段设于梁接头部位，使柱在层间保持等截面，变截面端的坡度不宜过大。为避免焊缝重叠，柱变截面上下接头的标

高，应离开梁翼缘连接焊缝至少 150mm。

8.4.8 伸入长度参考日本规定采用。十字形截面柱的接头，在抗震设计的结构中应采用焊接。十字形柱与箱形柱连接处的过渡段，位于主梁之下，紧靠主梁。伸入箱形柱内的十字形柱腹板，通过专用工具来焊接。

在钢结构向钢骨混凝土结构过渡的楼层，为了保证传力平稳和提高结构的整体性，栓钉是不可缺少的。

8.5 梁与梁的连接和梁腹板设孔的补强

8.5.1 本条所规定的连接形式中，第 1 种形式应用最多。

8.5.2 高强度螺栓拼接在弹性阶段的抗弯计算，腹板的弯矩传递系数需乘以降低系数，是因为梁弯矩是在翼缘和腹板的拼接板间按其截面惯性矩所占比例进行分配的，由于梁翼缘的拼接板长度大于腹板拼接板长度，在其附近的梁腹板弯矩，有向刚度较大的翼缘侧传递的倾向，其结果使腹板拼接部分承受的弯矩减小。日本《钢结构连接设计指南》（2001/2006）根据试验结果对腹板拼接所受弯矩考虑了折减系数 0.4，本条参考采用。

8.5.4 次梁与主梁的连接，一般为次梁简支于主梁，次梁腹板通过高强度螺栓与主梁连接。次梁与主梁的刚性连接用于梁的跨度较大，要求减小梁的挠度时。图 8.5.4 为次梁与主梁刚性连接的构造举例。

8.5.5 朱聘儒等学者对负弯矩区段组合梁钢部件的稳定性作了计算分析，指出负弯矩区段内的梁部件名义上虽是压弯构件，由于其截面轴压比较小，稳定问题不突出。

8.5.6 本条提出的梁腹板开洞时孔口及其位置的尺寸规定，主要参考美国钢结构标准节点构造大样。

用套管补强有孔梁的承载力时，可根据以下三点考虑：

1）可分别验算受弯和受剪时的承载力；

2）弯矩仅由翼缘承受；

3）剪力由套管和梁腹板共同承担，即

$$V = V_s + V_w \tag{9}$$

式中：V_s——套管的抗剪承载力（kN）；

V_w——梁腹板的抗剪承载力（kN）。

补强管的长度一般等于梁翼缘宽度或稍短，管壁厚度宜比梁腹板厚度大一些。角焊缝的焊脚长度可以取 $0.7t_w$，t_w 为梁腹板厚度。

8.6 钢柱脚

8.6.1 据日本的研究，埋入式柱脚管壁局部变形引起的应力集中，使角部应力最大，而冷成型钢管柱角部因冷加工使钢材变脆。在埋入部分的上端，应采用

内隔板、外隔板、内填混凝土或外侧设置栓钉等措施，对箱形柱壁板进行加强。当采用外隔板时，外伸部分的长度应不小于管径的1/10，板厚不小于钢管柱壁板厚度。

8.6.2 外露式柱脚应用于各种柱脚中，外包式柱脚和埋入式柱脚中钢柱部分与基础的连接，都应按抗弯要求设计。锚栓承载力计算参考了高强度螺栓连接（承压型）同时受拉受剪的承载力计算规定。锚栓抗剪时的孔径不大于锚栓直径加5mm左右的要求，是参考国外规定，国内已有工程成功采用。当不能做到时，应设置抗剪键。

8.6.3 外包式柱脚的设计参考了日本的新规定，与以前的规定相比，在受力机制上有较大修改。它不再通过栓钉抗剪形成力偶传递弯矩，甚至对栓钉设置未作明确规定（但栓钉对加强柱脚整体性作用是不可或缺的），抗弯机制由钢筋混凝土外包层中的受拉纵筋和外包层受压区混凝土受压形成对弯矩的抗力。试验表明，它的破坏过程首先是钢柱本身屈服，随后外包层受拉区混凝土出现裂缝，然后外包层在平行于受弯方向出现斜拉裂缝，进而使外包层受拉区粘结破坏。为了确保外包层的塑性变形能力，要求在外包层顶部钢柱达到 M_{pc} 时能形成塑性铰。但是当柱尺寸较大时，外包层高度增大，此要求不易满足。

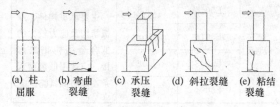

| (a) 柱屈服 | (b) 弯曲裂缝 | (c) 承压裂缝 | (d) 斜拉裂缝 | (e) 粘结裂缝 |

图4 外包式柱脚的受力机制

外包式柱脚设计应注意的主要问题是：①当外包层高度较低时，外包层和柱面间很容易出现粘结破坏，为了确保刚度和承载力，外包层应达到柱截面的2.5倍以上，其厚度应符合有效截面要求。②若纵向钢筋的粘结力和锚固长度不够，纵向钢筋在屈服前会拔出，使承载力降低。为此，纵向钢筋顶部一定要设弯钩，下端也应设弯钩并确保锚固长度不小于 $25d$。③如果箍筋太少，外包层就会出现斜裂缝，箍筋至少要满足通常钢筋混凝土柱的设计要求，其直径和间距应符合现行国家标准《混凝土结构设计规范》GB 50010的规定。为了防止出现承压裂缝，使剪力能从纵筋顺畅地传给钢筋混凝土，除了通常的箍筋外，柱顶密集配置三道箍筋十分重要。④抗震设计时，在柱脚达到最大受弯承载力之前，不应出现剪切裂缝。⑤采用箱形柱或圆管柱时，若壁板或管壁局部变形，承压力会集中出现在局部。为了防止局部变形，柱壁板宽厚比和径厚比应符合现行国家标准《钢结构设计规范》GB 50017关于塑性设计规定。也可在柱脚部分的钢管内灌注混凝土。

8.6.4 当边（角）柱混凝土保护层厚度较小时，可能出现冲切破坏，可用下列方法之一补强：①设置栓钉。根据过去的研究，栓钉对于传递弯矩没有什么支配作用，但对于抗拉，由于栓钉受剪，能传递内力。②锚栓。因柱子的弯矩和剪力是靠混凝土的承压力传递的，当埋深较深时，在锚栓中几乎不引起内力，但柱受拉时，锚栓对传递内力起支配作用。在埋深较浅的柱脚中，加大埋深，提高底板和锚栓的刚度，可对锚栓传力起积极作用，已得到试验确认。

8.7 中心支撑与框架连接

8.7.1 为了安装方便，有时将支撑两端在工厂与框架构件焊接在一起，支撑中部设工地拼接，此时拼接应按式（8.7.1）计算。

8.7.2 采用支托式连接时的支撑平面外计算长度，是参考日本的试验研究结果和有关设计规定提出的。H形截面支撑腹板位于框架平面内时的计算长度，是根据主梁上翼缘有混凝土楼板、下翼缘有隅撑以及楼层高度等情况提出来的。

8.7.3 试验表明当支撑杆件发生出平面失稳时，将带动两端节点板的出平面弯曲。为了不在单壁节点板内发生节点板的出平面失稳，又能使节点板产生非约束的出平面塑性转动，可在支撑端部与假定的节点板约束线之间留有2倍节点板厚的间隙。按UBC规定，当支撑在节点板平面内屈曲时，支撑连接的设计承载力不应小于支撑截面承载力，以确保塑性铰出现在支撑上而不是节点板。当支撑可能在节点板平面外屈曲时，节点板应按支撑不致屈曲的受压承载力设计。

8.8 偏心支撑框架的构造要求

8.8.1 构件宽厚比参照AISC的规定作了适当调整。当梁上翼缘与楼板固定但不能表明其下翼缘侧向固定时，仍需设置侧向支撑。

8.8.3 支撑斜杆轴力的水平分量成为消能梁段的轴向力，当此轴向力较大时，除降低此梁段的受剪承载力外，还要减少该梁段的长度，以保证消能梁段具有良好的滞回性能。

8.8.4 由于腹板上贴焊的补强板不能进入弹塑性变形，因此不能采用补强板，腹板上开洞也会影响其弹塑性变形能力。

8.8.5 为使消能梁段在反复荷载作用下具有良好的滞回性能，需采取合适的构造并加强对腹板的约束：

1 消能梁段与支撑斜杆连接处，需设置与腹板等高的加劲肋，以传递梁段的剪力并防止梁腹板屈曲。

2 消能梁段腹板的中间加劲肋，需按梁段的长度区别对待，较短时为剪切屈服型，加劲肋间距小些；较长时为弯曲屈服型，需在距端部1.5倍的翼缘宽度处设置加劲肋；中等长度时需同时满足剪切屈服型和弯曲屈服型要求。消能梁段一般应设计成剪切屈服型。

8.8.7 偏心支撑的斜杆轴线与梁轴线的交点，一般在消能梁段的端部，也允许在消能梁段内，此时将产生与消能梁段端部弯矩方向相反的附加弯矩，从而减少消能梁段和支撑杆的弯矩，对抗震有利；但交点不应在消能梁段以外，因此时将增大支撑和消能梁段的弯矩，于抗震不利。

8.8.8 消能梁段两端设置翼缘的侧向隔撑，是为了承受平面外扭转作用。

8.8.9 与消能梁段处于同一跨内的框架梁，同样承受轴力和弯矩，为保持其稳定，也需设置翼缘的侧向隔撑。

9 制作与涂装

9.1 一般规定

9.1.1 钢结构的施工详图，应由承担制作的钢结构制作单位负责绘制且应具有钢结构工程施工资质。编制施工详图时，设计人员应详细了解并熟悉最新的工程规范以及工厂制作和工地安装的专业技术。

施工详图审批认可后，由于材料代用、工艺或其他原因，可能需要进行修改。修改时应向原设计单位申报，并签署文件后才能生效，作为施工的依据。

9.1.2 钢结构的制作是一项很严密的流水作业过程，应当根据工程特点编制制作工艺。制作工艺应包括：施工中所依据的标准，制作厂的质量保证体系，成品的质量保证体系和为保证成品达到规定的要求而制定的措施，生产场地的布置，采用的加工、焊接设备和工艺装备，焊工和检查人员的资质证明，各类检查项目表格，生产进度计算表。一部完整的考虑周密的制作工艺是保证质量的先决条件，是制作前期工作的重要环节。

9.1.3 在制作构造复杂的构件时，应根据构件的组成情况和受力情况确定其加工、组装、焊接等的方法，保证制作质量，必要时应进行工艺性试验。

9.1.4 本条规定了对钢尺和其他主要测量工具的检测要求，测量部门的校定是保证质量和精度的关键。校定得出的钢卷尺各段尺寸的偏差表，在使用中应随时依照调整。由于高层民用建筑钢结构工程施工周期较长，随着气温的变化，会使量具产生误差，特别是在大量工程测量中会更为明显，各个部门要按气温情况来计算温度修正值，以保证尺寸精度。

9.2 材 料

9.2.1 本条对采用的钢材必须具有质量证明书并符合各项要求，作出了明确规定，对质量有疑义的钢材应抽样检查。这里的"疑义"是指对有质量证明书的

材料有怀疑，而不包括无质量证明书的材料。

对国内材料，考虑其实际情况，对材质证明中有个别指标缺项者，可允许补作试验。

9.2.2 本条款提到的各种焊接材料、螺栓、防腐材料，为国家标准规定的产品或设计文件规定使用的产品，故均应符合国家标准的规定和设计要求，并应有质量证明书。

选用的焊接材料，应与构件所用钢材的强度相匹配，必要时应通过试验确定。表4、表5仅做参考，选用时应根据焊接工艺的具体情况作出适当的修正。厚板的焊接，特别是当低合金结构钢的板厚大于25mm时，应采用碱性低氢焊条，若采用酸性焊条，会使焊缝金属大量吸收氢，甚至引起焊缝开裂。

表 4 焊条选用表

钢号	焊条型号		备注
	国标	牌号	
Q235	E4303	J422	厚板结构的焊条宜选用低氢型焊条
	E4316	J426	
	E4315	J427	
	E4301	J423	
Q345	E5016	J506	主要承重构件、厚板结构及应力较大的低合金结构钢的焊接，应选用低氢型焊条，以防低氢脆
	E5016	J507	
	E5003	J502	
	E5001	J503	

表 5 自动焊、半自动焊的焊丝和焊剂选用表

钢号	焊条型号	备注
Q235	H08A+HJ431	H08Mn2Si
	H08A+HJ430	
	H08MnA+HJ230	
Q345	H08A+HJ431	H08Mn2SiA
	H08A+HJ430	
	H08Mn2+HJ230	

本条款对焊接材料的贮存和管理做了必要的规定，编写时参考了现行行业标准《焊接材料质量管理规程》JB/T 3223、焊接材料产品样本等资料。由于各种资料提法不一，本规程仅对两项指标进行了一般性的规定。焊接材料保管的好坏对焊接质量影响很大，因此在条件许可时，应从严控制各项指标。

螺栓的质量优劣对连接部位的质量和安全以及构件寿命的长短都有影响，所以应严格按规定存放、管理和使用。扭矩系数是高强度螺栓的重要指标，若螺栓碰伤、混批，扭矩系数就无法保证，因此有以上问

题的高强度螺栓应禁用。

在腐蚀损失中，钢结构的腐蚀损失占有重要份额，因此对高层民用建筑钢结构采用的防腐涂料的质量，应给予足够重视。对防腐涂料应加强管理，禁止使用失效涂料，保证涂装质量。

9.3 放样、号料和切割

9.3.1 为保证钢结构的制作质量，凡几何形状不规则的节点，均应按 1:1 放足尺大样，核对安装尺寸和焊缝长度，并根据需要制作样板或样杆。

焊接收缩量可根据分析计算或参考经验数据确定，必要时应作工艺试验。

9.3.2 钢框架柱的弹性压缩量，应根据经常作用的荷载引起的柱轴力确定。压缩量与分担的荷载面积有关，周边柱压缩量较小，中间柱压缩量较大，因此，各柱的压缩量是不等的。根据日本《超高层建筑》构造篇的介绍，弹性压缩需要的长度增量在相邻柱间相差不超过 5mm 时，对梁的连接在容许范围之内，可以采用相同的增量。这样，可以按此原则将柱子分为若干组，从而减少增量值的种类。在钢结构和混凝土混合结构高层建筑中，混凝土剪力墙的压应力较低，而柱的压应力很高，二者的压缩量相差颇大，应予以特别重视。

9.3.3 关于号料和切割的要求，要注意下列事项：

1 弯曲件的取料方向，一般应使弯折线与钢材轧制方向垂直，以防止出现裂纹。

2 号料工作应考虑切割的方法和条件，要便于切割下料工序的进行。

3 钢结构制作中，宽翼缘型钢等材料采用锯切下料时，切割面一般不需再加工，从而可大大提高生产效率，宜普遍推广使用，但有端部铣平要求的构件，应按要求另行铣端。由于高层民用建筑钢结构构件的尺寸精度要求较高，下料时除锯切外，还应尽量使用自动切割、半自动切割、切板机等，以保证尺寸精度。

9.4 矫正和边缘加工

9.4.1 对矫正的要求可说明如下：

1 本条规定了矫正的一般方法，强调要根据钢材的特性、工艺的可能性以及成形后的外观质量等因素，确定矫正方法；

2 碳素结构钢和低合金高强度结构钢允许加热矫正的工艺要求，在现行国家标准《钢结构工程施工质量验收规范》GB 50205 中已有具体规定，故本条只提出原则要求。

9.4.2 对边缘加工的要求，可说明如下：

1 精密切割与普通火焰切割的切割机具和切割工艺过程基本相同，但精密切割采用精密割咀和丙烷气，切割后断面的平整和尺寸精度均高于普通火焰切割，可完成焊接坡口加工等，以代替刨床加工，对提高切割质量和经济效益有很大益处。本条规定的目的，是提高制作质量和促进我国钢结构制作工艺的进步。

2 钢结构的焊接坡口形式较多，精度要求较高，采用手工方法加工难以保证质量，应尽量使用机械加工。

3 使用样板控制焊接坡口尺寸及角度的方法，是方便可行的，但要时常检验，应在自检、互检和交检的控制下，确保其质量。

4 本条参考了现行国家标准《钢结构工程施工质量验收规范》GB 50205 的规定，并增加了被加工表面的缺口、清渣及坡度的要求，为了更为明确，以表格的形式表示。

在表 9.4.2 中，边线是指刨边或铣边加工后的边线，规定的容许偏差是根据零件尺寸或不经划线刨边和铣边的零件尺寸的容许偏差确定的，弯曲矢高的偏差不得与尺寸偏差叠加。

9.5 组　装

9.5.1 对组装的要求，可作如下说明：

1 构件的组装工艺要根据高层民用建筑钢结构的特点来考虑。组装工艺应包括：组装次序、收缩量分配、定位点、偏差要求、工装设计等。

2 零部件的检查应在组装前进行，应检查编号、数量、几何尺寸、变形和有害缺陷等。

9.5.2 组装允许偏差，按照现行国家标准《钢结构工程施工质量验收规范》GB 50205 的有关规定执行。

9.6 焊　接

9.6.1 高层民用建筑钢结构的焊接与一般建筑钢结构的焊接有所不同，对焊工的技术水平要求更高，特别是几种新的焊接方法的采用，使得焊工的培训工作显得更为重要。因此，在施工中焊工应按照其技术水平从事相应的焊接工作，以保证焊接质量。

停焊时间的增加和技术的老化，都将直接影响焊接质量。因此，对焊工应每三年考核一次，停焊超过半年的焊工应重新进行考核。

9.6.2 首次采用是指本单位在此以前未曾使用过的钢材、焊接材料、接头形式及工艺方法，都必须进行工艺评定。工艺评定应对可焊性、工艺性和力学性能等方面进行试验和鉴定，达到规定标准后方可用于正式施工。在工艺评定中应选出正确的工艺参数指导实际生产，以保证焊接质量能满足设计要求。

9.6.3 高层民用建筑钢结构对焊接质量的要求高，厚板较多、新的接头形式和焊接方法的采用，都对工艺措施提出更严格的要求。因此，焊接工作必须在焊接工程师的指导下进行，并应制定工艺文件，指导施工。

施工中应严格按照工艺文件的规定执行，在有疑义时，施工人员不得擅自修改，应上报技术部门，由主管工程师根据情况进行处理。

9.6.4 由于生产的焊条各个厂都有各自的配方和工艺流程，控制含水率的措施也有差异，因此本规程对焊条的烘焙温度和时间未做具体规定，仅规定按产品说明书的要求进行烘焙。

低氢型焊条的烘焙次数过多，药皮中的铁合金容易氧化，分解碳酸盐，易老化变质，降低焊接质量，所以本规程对反复烘焙次数进行了控制，以不超过二次为限。

本条款的制定，参考了国家现行标准《焊接材料质量管理规程》JB/T 3223、《钢结构焊接规范》GB 50661 和美国标准《钢结构焊接规范》ANSI/AWS D1.1-88。

9.6.5 为了严格控制焊剂中的含水量，焊剂在使用前必须按规定进行烘焙。焊丝表面的油污和锈蚀在高温作用下会分解出气体，易在焊缝中造成气孔和裂纹等缺陷，因此，对焊丝表面必须仔细进行清理。

9.6.6 本条款选自原国家机械委员会颁布的《二氧化碳气体保护焊工艺规程》JB 2286-87，用于二氧化碳气体保护焊的保护气体，必须满足本条款之规定数值，方可达到良好的保护效果。

9.6.7 焊接场地的风速大时，会破坏二氧化碳气体对焊接电弧的保护作用，导致焊缝产生缺陷。因此，本条给出了风速限值，超过此限值时应设置防护装置。

9.6.8 装配间隙过大会影响焊接质量，降低接头强度。定位焊的施焊条件较差，出现各种缺陷的机会多。焊接区的油污、锈蚀在高温作用下分解出气体，易造成气孔、裂纹等缺陷。据此，特对焊前进行检查和修整做出规定。

9.6.9 本条是对一些较重要的焊缝应配置引弧板和引出板作出的具体规定。焊缝通过引板过渡升温，可以防止构件端部未焊透、未熔合等缺陷，同时也对消除熄弧处弧坑有利。

9.6.10 在焊区以外的母材上打火引弧，会导致被烧伤母材表面应力集中，缺口附近的断裂韧性值降低，承受动荷载时的疲劳强度也将受到影响，特别是低合金结构钢对缺口的敏感性高于碳素结构钢，故更应避免"乱打弧"现象。

9.6.11 本条的制定参考了现行国家标准《钢结构工程施工质量验收规范》GB 50205 和部分国内高层民用建筑钢结构制作的有关技术资料。钢板厚度越大，散热速度越快，焊接热影响区易形成组织硬化，生成焊接残余应力，使焊缝金属和熔合线附近产生裂纹。当板厚超过一定数值时，用预热的办法减慢冷却速度，有利于氢的逸出和降低残余应力，是防止裂纹的一项工艺措施。

本条仅给出了环境温度为 0℃ 以上时的预热温度，对于环境温度在 0℃ 以下者未做具体规定，制作单位应通过试验确定适当的预热温度。

9.6.12 后热处理也是防止裂纹的一项措施，一般与预热措施配合使用。后热处理使焊件从焊后温度过渡到环境温度的过程延长，即降低冷却速度，有利于焊缝中氢的逸出，能较好地防止冷裂纹的产生，同时能调整焊接收缩应力，防止收缩应力裂纹。考虑到高层民用建筑钢结构厚板较多，防止裂纹是关键问题之一，故将后热处理列入规程条款中。因各工程的具体情况不同，各制作单位的施焊条件也不同，所以未做硬性规定，制作单位应通过工艺评定来确定工艺措施。

9.6.13 高层民用建筑钢结构的主要受力节点中，要求全熔透的焊缝较多，清根则是保证焊缝熔透的措施之一。清根方法以碳弧气刨为宜，清根工作应由培训合格的人员进行，以保证清根质量。

9.6.14 层状撕裂的产生是由于焊缝中存在收缩应力，当接头处拘束度过大时，会导致沿板厚度方向产生较大的拉力，此时若钢板中存在片状硫化夹杂物，就易产生层状撕裂。厚板在高层民用建筑钢结构中应用较多，特别是大于 50mm 厚板的使用，存在着层状撕裂的危险。因此，防止沿厚度方向产生层状撕裂是梁柱接头中最值得注意的问题。根据国内外一些资料的介绍和一些制作单位的经验，本条款综合给出了几个方面可采取的措施。由于裂纹的形成是错综复杂的，所以施工中应采取哪些措施，需依据具体情况具体分析而定。

碳当量法是将各种元素按相当于含碳量的作用总合起来，碳是各种合金元素中对钢材淬硬、冷裂影响最明显的因素，国际焊接学会推荐的碳当量为 C_{eq}（%）$=C+Mn/6+（Ni+Cu）/15+（Cr+Mo+V）/5$，$C_{eq}$ 值越高，钢材的淬硬倾向越大，需较高的预热温度和严格的工艺措施。

焊接裂纹敏感系数是日本提出和应用的，它计入钢材化学成分，同时考虑板厚和焊缝含氢量对裂纹倾向的影响，由此求出防止裂纹的预热温度。焊接裂纹敏感性指数 P_{cm}（%）$=C+Si/30+Mn/20+Cu/20+Ni/60+Cr/20+Mo/15+V/10+5B$，预热温度 $T℃=1440P_{cm}-392$。

9.6.15 消耗熔嘴电渣焊在高层民用建筑钢结构中是常用的一种焊接技术，由于熔嘴电渣焊的施焊部位是封闭的，消除缺陷相当困难，因此要求改善焊接环境和施焊条件，当出现影响焊接质量的情况时，应停止焊接。

为保证焊接工作的正常进行，对垫板下料和加工精度应严格要求，并应严格控制装配间隙。间隙过大易使熔池铁水泄漏，造成缺陷。当间隙大于 1mm 时，应进行修整和补救。

焊接时应由两台电渣焊机在构件两侧同时施焊，以防焊件变形。因焊接电压随焊接过程而变化，施焊时应随时注意调整，以保持规定数值。

焊接过程中应使焊件处于赤热状态，其表面温度在 800℃ 以上时熔合良好，当表面温度不足 800℃ 时，应适当调整焊接工艺参数，适量增加渣池的总热能。采用电渣焊的板材宜选用热轧、正火的钢材。

9.6.16 栓钉焊接面上的水、锈、油等有害杂质对焊接质量有影响，因此，在焊接前应将焊接面上的杂质仔细清除干净，以保证栓焊的顺利进行。从事栓钉焊的焊工应经过专门训练，栓钉焊所用电源应为专门电源，在与其他电源并用时必须有足够的容量。

9.6.17 栓钉焊是一种特殊焊接方法，其检查方法不同于其他焊接方法，因此，本规程将栓钉焊的质量检验作为一项专门条款给出。本条款的编制按现行国家标准《钢结构工程施工质量验收规范》GB 50205 和参考了日本的有关标准和资料。

栓钉焊缝外观应全部检查，其焊肉形状应整齐，焊接部位应全部熔合。

需更换不合格栓钉时，在去掉旧栓钉以后，焊接新栓钉之前，应先修补母材，将母材缺损处磨修平整，然后再焊新栓钉，更换过的栓钉应重新做弯曲试验，以检验新栓钉的焊接质量。

9.6.18 本条款对焊缝质量的外观检查时间进行了规定，这里考虑延迟裂纹的出现需要一定的时间，而高层民用建筑钢结构构件采用低合金高强度结构钢及厚板较多，存在延迟断裂的可能性更大，对构件的安全存在着潜在的危险，因此应对焊缝的检查时间进行控制。考虑到实际生产情况，将全部检查项目都放到 24h 后进行有一定困难，所以仅对 24h 后应对裂纹倾向进行复验作出了规定。

本条款在严禁的缺陷一项中，增加了熔合性飞溅的内容。当熔合性飞溅严重时，说明施焊中的焊接热能量过大，由此造成施焊区温度过高，接头韧性降低，影响接头质量，因此，对焊接中出现的熔合性飞溅要严加控制。

焊缝质量的外观检验标准大部分均由设计规定，设计无规定者极少。本规程给出的表 9.6.18-1、表 9.6.18-2 仅用于设计无规定时。该表的编制，参考了现行国家标准《钢结构焊接规范》GB 50661。

9.6.19 钢结构节点部位中，有相当一部分是要求全熔透的，因此，本规程特将焊缝的超声波检查探伤作为一个专门条款提出。

按照现行国家标准《钢结构工程施工质量验收规范》GB 50205 的规定，焊缝检验分为三个等级，一级用于动荷载或静荷载受拉，二级用于动荷载或静荷载受压，三级用于其他角焊缝。本条款给出的超检数量，参考了该规范的规定。在现行国家标准《焊缝无损检测 超声检测 技术、检测等级和评定》GB/T 11345 中，按检验的完善程度分为 A、B、C 三个等级。A 级最低，B 级一般，C 级最高。评定等级分为 Ⅰ、Ⅱ、Ⅲ、Ⅳ 四个等级，Ⅰ 级最高、Ⅳ 级最低。根据高层民用建筑钢结构的特点和要求以及施工单位的建议，本条款比照《焊缝无损检测 超声检测 技术、检测等级和评定》GB/T 11345 的规定，给出了高层民用建筑钢结构受拉、受压焊缝应达到的检验等级和评定等级。

本条款给出的超声波检查数量和等级标准，仅限于设计文件无规定时使用。

9.6.20 为保证焊接质量，应对不合格焊缝的返修工作给予充分重视，一般应编制返修工艺。本规程仅对几种返修方法作出了一般性规定，施工单位还应根据具体情况作出返修方法的规定。

焊接裂纹是焊接工作中最危险的缺陷，也是导致结构脆性断裂的原因之一。焊缝产生裂纹的原因很多，也很复杂，一般较难分辨清楚。因此，焊工不得随意修补裂纹，必须由技术人员制定出返修措施后再进行返修。

本条款对低合金高强度结构钢的返修次数作出了明确规定。因低合金高强度结构钢在同一处返修的次数过多，容易损伤合金元素，在热影响区产生晶粒粗大和硬脆过热组织，并伴有较大残余应力停滞在返修区段，易发生质量事故。

9.7 制 孔

9.7.1 制孔分零件制孔和成品制孔，即组装前制孔和组装后制孔。

保证孔的精度可以有很多方法，目前国外广泛使用的多轴立式钻床、数控钻床等，可以达到很高精度，消除了尺寸误差，但这些设备国内还不普及，所以本规程推荐模板制孔的方法。正确使用钻模制孔，可以保证高强度螺栓组装孔和工地安装孔的精度。采用模板制孔应注意零件、构件与模板贴紧，以免铁屑进入钻套。零件、构件上的中心线与模板中心线要对齐。

9.7.4 钢框架梁与柱连接中的梁端过焊孔，有以下几种形式：

1) 柱贯通型连接中的常规过焊孔；
2) 柱贯通型连接中的梁上翼缘无过焊孔形式；
3) 梁贯通型连接中的常规过焊孔；
4) 梁贯通型连接中的无过焊孔形式。

本条是引用了《日本建筑工程标准 JASS 6 钢结构工程》（2007）中的新构造规定。翼缘无过焊孔的连接目前在日本钢结构制作中应用已较多且颇受欢迎，因为它既有较好的抗震性能，又省工。随着电渣焊限定柱壁板厚度（不小于 16mm），梁贯通型连接已难以避免，势在必行。本条也列入了梁贯通型连接有过焊孔和无过焊孔的构造形式，供设计和施工时参考。

9.8 摩擦面的加工

9.8.1 高强度螺栓结合面的加工，是为了保证连接接触面的抗滑移系数达到设计要求。结合面加工的方法和要求，应按现行行业标准《钢结构高强度螺栓连接技术规程》JGJ 82 执行。

9.8.2 本条参考现行国家标准《钢结构工程施工质量验收规范》GB 50205，规定了喷砂、抛丸和砂轮打磨等方法，是为方便施工单位根据自己的条件选择。但不论选用哪一种方法，凡经加工过的表面，其抗滑移系数值必须达到设计要求。

本条文去掉了酸洗加工的方法，是因为现行国家标准《钢结构设计规范》GB 50017 已不允许用酸洗加工，而且酸洗在建筑结构上很难做到，即使小型构件能用酸洗，残存的酸液往往会继续腐蚀连接面。

9.8.3 经过处理的抗滑移面，如有油污或涂有油漆等物，将会降低抗滑移系数值，故对加工好的连接面必须加以保护。

9.8.4 本条规定了制作单位进行抗滑移系数试验的时间和试验报告的主要内容。一般说来，制作单位宜在钢结构制作前进行抗滑移系数试验，并将其纳入工艺，指导生产。

9.8.5 本条规定了高强度螺栓抗滑移系数试件的制作依据和标准。考虑到我国目前高层民用建筑钢结构施工有采用国外标准的工程，所以本文中也允许按设计文件规定的制作标准制作试件。

9.9 端部加工

9.9.1 有些构件端部要求磨平顶紧以传递荷载，这时端部要精加工。为保证加工质量，本条规定构件要在矫正合格后才能进行端部加工。表 9.9.1 是根据现行国家标准《钢结构工程施工质量验收规范》GB 50205 的规定制定的。

9.10 防锈、涂层、编号及发运

9.10.1、9.10.2 参照现行国家标准《钢结构工程施工质量验收规范》GB 50205 的规定制定。

9.10.3 本条指出了防锈涂料和涂层厚度的依据标准，强调涂料要配套使用。

9.10.4 本条规定了涂漆表面的处理要求，以保证构件的外观质量，对有特殊要求的，应按设计文件的规定进行。

9.10.5 本条规定在涂层完毕后对构件编号的要求。由于高层民用建筑钢结构构件数量多，品种多，施工场地相对狭小，构件编号是一件很重要的工作。编号应有统一规定和要求，以利于识别。

9.10.6 包装对成品质量有直接影响。合格的产品，如果发运、堆放和管理不善，仍可能发生质量问题，

所以应当引起重视。一般构件要有防止变形的措施，易碰部位要有适当的保护措施；节点板、垫板等小型零件宜装箱保存；零星构件及其他部件等，都要按同一类别用螺栓和铁丝紧固成束；高强度螺栓、螺母、垫圈应配套并有防止受潮等保护措施；经过精加工的构件表面和有特殊要求的孔壁要有保护措施等。

9.10.7 高层民用建筑钢结构层数多，施工场地相对狭小，如果存放和发运不当，会给安装单位造成很大困难，影响工程进度和带来不必要的损失，所以制作单位应与吊装单位根据安装施工组织设计的次序，认真编制安装程序表，进行包装和发运。

9.10.8 由于高层民用建筑钢结构数量大，品种多，一旦管理不善，造成的后果是严重的，所以本条规定的目的是强调制作单位在成品发运时，一定要与订货单位做好交接工作，防止出现构件混乱、丢失等问题。

9.11 构件预拼装

9.11.1～9.11.4 对于连接复杂的构件及受运输条件和吊装条件限制，设计规定或者合同要求的构件在出厂前应进行预拼装。有关预拼装方法和验收标准应符合现行国家标准《钢结构工程施工质量验收规范》GB 50205 和《钢结构工程施工规范》GB 50755 的规定。

9.12 构件验收

9.12.1 本节所指验收，是构件出厂验收，即对具备出厂条件的构件按照工程标准要求检查验收。

表 9.12.1-1～表 9.12.1-4 的允许偏差，是参考了现行国家标准《钢结构工程施工质量验收规范》GB 50205 和日本《建筑工程钢结构施工验收规范》编制的，根据我国高层民用建筑钢结构施工情况，对其中各项做了补充和修改，补充和修改的依据是通过一些新建高层民用建筑钢结构的施工调查取得的。钢桁架外形尺寸的允许偏差应符合《钢结构工程施工质量验收规范》GB 50205 的相关要求。

9.12.2 本条是在现行国家标准《钢结构工程施工质量验收规范》GB 50205 规定的基础上，结合高层民用建筑钢结构的特点制定的，增加了无损检验和必要的材料复验要求。

本条规定的目的，是要制作单位为安装单位提供在制作过程中变更设计、材料代用等的资料，以便据此施工，同时也为竣工验收提供原始资料。

10 安 装

10.1 一 般 规 定

10.1.1 编制施工组织设计或施工方案是组织高层民

用建筑钢结构安装的重要工作，应按结构安装施工组织设计的一般要求，结合钢结构的特点进行编制，其具体内容这里不拟一一列举。

异型、复杂结构施工过程中，结构构件的受力与设计使用状态有较大差异，结构应力会产生复杂的变化，甚至出现应力和变形超限的情况，施工过程模拟分析可以有效地预测施工风险，通过采取必要的安全措施确保施工过程安全。

10.1.3 塔吊锚固往往会对安装中的结构有较大影响，需要通过精确计算确保结构和锚固的安全。

10.1.6 安装用的焊接材料、高强度螺栓和栓钉等，必须具有产品出厂的质量证明书，并符合设计要求和有关标准的要求，必要时还应对这些材料进行复验，合格后方能使用。

10.1.7 高层民用建筑钢结构工程安装工期较长，使用的机具和工具必须进行定期检验，保证达到使用要求的性能及各项指标。

10.1.8 安装的主要工艺，在安装工作开始前必须进行工艺试验（也叫工艺考核），以试验得出的各项参数指导施工。

10.1.9 高层民用建筑钢结构构件数量很多，构件制作尺寸要求严，对钢结构加工质量的检查，应比单层房屋钢结构构件要求更严格，特别是外形尺寸，要求安装单位在构件制作时应派员到构件制作单位进行检查，发现超出允许偏差的质量问题时，一定要在厂内修理，避免运到现场再修理。

10.1.10 土建施工单位、钢结构制作单位和钢结构安装单位三家使用的钢尺，必须是由同一计量部门由同一标准鉴定的。原则上，应由土建施工单位（总承包单位）向安装单位提供鉴定合格的钢尺。

10.1.11 高层民用建筑钢结构是多单位、多机械、多工种混合施工的工程，必须严格遵守国家和企业颁发的现行环境保护和劳动保护法规以及安全技术规程。在施工组织设计中，要针对工程特点和具体条件提出环境保护、安全施工和消防方面的措施。

10.2 定位轴线、标高和地脚螺栓

10.2.1 安装单位对土建施工单位提出的钢结构安装定位轴线、水准标高、柱基础位置线、预埋地脚螺栓位置线、钢筋混凝土基础面的标高、混凝土强度等级等各项数据，必需进行复查，符合设计和规范的要求后，方能进行安装。上述各项的实际偏差不得超过允许偏差。

10.2.2 柱子的定位轴线，可根据现场场地宽窄，在建筑物外部或建筑物内部设辅助控制轴线。

现场比较宽敞、钢结构总高度在100m以内时，可在柱子轴线的延长线上适当位置设置控制桩位，在每条延长线上设置两个桩位，供架经纬仪用；现场比较狭小、钢结构总高度在100m以上时，可在建筑

物内部设辅助线，至少要设3个点，每2点连成的线最好要垂直，因此，三点不得在一条直线上。

钢结构安装时，每一节柱子的定位轴线不得使用下一节柱子的定位轴线，应从地面控制轴线引到高空，以保证每节柱子安装正确无误，避免产生过大的累积偏差。

10.2.3 地脚螺栓（锚栓）可选用固定式或可动式，以一次或二次的方法埋设。不管用何种方法埋设，其螺栓的位置、标高、丝扣长度等应符合设计和规范的要求。

施工中经常出现地脚螺栓与底板钢筋位置冲突干扰，地脚螺栓不能正常就位而影响施工，必须做好工序间的协调。

10.2.4 地脚螺栓的紧固力一般由设计规定，也可按表6采用。地脚螺栓螺母的止退，一般可用双螺母，也可在螺母拧紧后将螺母与螺栓杆焊牢。

表6 地脚螺栓紧固力

地脚螺栓直径（mm）	紧固轴力（kN）
30	60
36	90
42	150
48	160
56	240
64	300

10.2.5 钢结构安装时，其标高控制可以用两种方法：一是按相对标高安装，柱子的制作长度偏差只要不超过规范规定的允许偏差±3mm即可，不考虑焊缝的收缩变形和荷载引起的压缩变形对柱子的影响，建筑物总高度只要达到各节柱制作允许偏差总和以及柱压缩变形总和就算合格；另一种是按设计标高安装（不是绝对标高，不考虑建筑物沉降），即按土建施工单位提供的基础标高安装，第一节柱子底面标高和各节柱子累加尺寸的总和，应符合设计要求的总尺寸，每节柱接头产生的收缩变形和建筑物荷载引起的压缩变形，应加到柱子的加工长度中去，钢结构安装完成后，建筑物总高度应符合设计要求的总高度。

10.2.6 底层第一节柱安装时，可在柱子底板下的地脚螺栓上加一个螺母，螺母上表面的标高调整到与柱底板标高齐平，放上柱子后，利用底板下的螺母控制柱子的标高，精度可达±1mm以内，用以代替柱子的底板下做水泥墩子的老办法。柱子底板下预留的空隙，可以用无收缩砂浆以捻浆法填实。使用这种方法时，对地脚螺栓的强度和刚度应进行计算。

10.2.7 地脚螺栓定位后往往会受到钢筋绑扎、混凝土浇筑及振捣等工序的影响，成品保护难度很大。即使初始定位精确，最终位置往往会发生一定的偏移，个别会出现超过规范允许值的偏差。本条规定可以对柱底板孔适当扩大予以解决，但扩大值一般不应超过

20mm，且应在工厂完成。

10.3 构件的质量检查

10.3.1 安装单位应派有检查经验的人员深入到钢结构制作单位，从构件制作过程到构件成品出厂，逐个进行细致检查，并作好书面记录。

10.3.2 对主要构件，如梁、柱、支撑等的制作质量，应在出厂前进行验收。

10.3.3 对端头用坡口焊缝连接的梁、柱、支撑等构件，在检查其长度尺寸时，应将焊缝的收缩值计入构件的长度。如按设计标高进行安装时，还要将柱子的压缩变形值计入构件的长度。

制作单位在构件加工时，应将焊缝收缩值和压缩变形值计入构件长度。

10.3.4 在检查构件外形尺寸、构件上的节点板、螺栓孔等位置时，应以构件的中心线为基准进行检查，不得以构件的棱边、侧面对准基准线进行检查，否则可能导致误差。

10.4 吊装构件的分段

10.4.1～10.4.4 为提高综合施工效率，构件分段应尽量减少。但由于受工厂和现场起重能力限制，构件分段重量应满足吊装要求；受运输条件限制，构件尺寸不宜太大。同时，应综合考虑构件分段后单元的刚度满足吊装运输要求。这些问题都应在详图设计阶段综合考虑确定。

10.5 构件的安装及焊接顺序

10.5.1 钢结构的安装顺序对安装质量有很大影响，为了确保安装质量，应遵循本条规定的步骤。

10.5.2 流水区段的划分要考虑本条列举的诸因素，区段内的结构应具有整体性和便于划分。

10.5.3 每节柱高范围内全部构件的安装顺序，不论是柱、梁、支撑或其他构件，平面上应从中间向四周扩展安装，竖向要由下向上逐件安装，这样在整个安装过程中，由于上部和周边处于自由状态，构件安装进档和测量校正都易于进行，能取得良好的安装效果。

有一种习惯，即先安装一节柱子的顶层梁。但顶层梁固定了，将使中间大部分构件进档困难，测量校正费力费时，增加了安装的难度。

10.5.4 钢结构构件的安装顺序，要用图和表格的形式表示，图中标出每个构件的安装顺序，表中给出每一顺序号的构件名称、编号，安装时需用节点板的编号、数量，高强度螺栓的型号、规格、数量，普通螺栓的规格和数量等。从构件质量检查、运输、现场堆存到结构安装，都使用这一表格，可使高层建筑钢结构安装有条不紊，有节奏、有秩序地进行。

10.5.5 构件接头的现场焊接顺序，比构件的安装顺序更为重要，如果不按合理的顺序进行焊接，就会使结构产生过大的变形，严重的会将焊缝拉裂，造成重大质量事故。本条规定的作业顺序必须严格执行，不得任意变更。高层民用建筑钢结构构件接头的焊接工作，应在一个流水段的一节柱范围内，全部构件的安装、校正、固定、预留焊缝收缩量（也考虑温度变化的影响）和弹性压缩量均已完成并经质量检查部门检查合格后方能开始，因焊接后再发现大的偏差将无法纠正。

10.5.6 构件接头的焊接顺序，在平面上应从中间向四周并对称扩展焊接，使整个建筑物外形尺寸得到良好的控制，焊缝产生的残余应力也较小。

柱与柱接头和梁与柱接头的焊接以互相协调为好，一般可以先焊一节柱的顶层梁，再从下往上焊各层梁与柱的接头；柱与柱的接头可以先焊也可以最后焊。

10.5.7 焊接顺序编完后，应绘出焊接顺序图，列出焊接顺序表，表中注明构件接头采用那种焊接工艺，标明使用的焊条、焊丝、焊剂的型号、规格、焊接电流，在焊接工作完成后，记入焊工代号，对于监督和管理焊接工作有指导作用。

10.5.8 构件接头的焊接顺序按照参加焊接工作的焊工人数进行分配后，应在规定时间内完成焊接，如不能按时完成，就会打乱焊接顺序。而且，焊工不得自行调换焊接顺序，更不允许改变焊接顺序。

10.6 钢构件的安装

10.6.1 柱子的安装工序应该是：①调整标高；②调整位移（同时调整上柱和下柱的扭转）；③调整垂直偏差。如此重复数次。如果不按这样的工序调整，会很费时间，效率很低。

10.6.2 当构件截面较小，在地面将几个构件拼成扩大单元进行安装时，吊点的位置和数量应由计算或试吊确定，以防因吊点位置不正确造成结构永久变形。

10.6.3 柱子、主梁、支撑等主要构件安装时，应在就位并临时固定后，立即进行校正，并永久固定（柱接头临时耳板用高强度螺栓固定，也是永久固定的一种）。不能使一节柱子高度范围内的各个构件都临时连接，这样在其他构件安装时，稍有外力，该单元的构件都会变动，钢结构尺寸将不易控制，安装达不到优良的质量，也很不安全。

10.6.4 已安装的构件，要在当天形成稳定的空间体系。安装工作中任何时候，都要考虑安装好的构件是否稳定牢固，因为随时可能会由于停电、刮风、下雨、下雪等而停止安装。

10.6.5 安装高层民用建筑钢结构使用的塔式起重机，有外附在建筑物上的，随着建筑物增高，起重机的塔身也要往上接高，起重机塔身的刚度要靠与钢结构的附着装置来维持。采用内爬式塔式起重机时，随着建筑物的增高，要依靠钢结构一步一步往上爬升。塔式起重机的爬升装置和附着装置及其对钢结构的影响，都必须进行计算，根据计算结果，制定相应的技术措施。

10.6.6 楼面上铺设的压型钢板和楼板的模板，承载能力比较小，不得在上面堆放过重的施工机械等集中荷载。安装活荷载必须限制或经过计算，以防压坏钢梁和压型钢板，造成事故。

10.6.7 一节柱的各层梁安装完毕后，宜随即把楼梯安装上，并铺好梁面压型钢板。这样的施工顺序，既方便下一道工序，又保证施工安全。国内有些高层民用建筑钢结构的楼梯和压型钢板施工，与钢结构错开（6～10）层，施工人员上下要从塔式起重机上爬行，既不方便，也不安全。

10.6.8 楼板对建筑物的刚度和稳定性有重要影响，楼板还是抗扭的重要结构，因此，要求钢结构安装到第6层时，应将第一层楼板的钢筋混凝土浇完，使钢结构安装和楼板施工相距不超过6层。如果因某些原因超过6层或更多层数时，应由现场责任工程师会同设计和质量监督部门研究解决。

10.6.9 一个流水段一节柱子范围的构件要一次装齐并验收合格，再开始安装上面一节柱的构件，不要造成上下数节柱的构件都不装齐，结果东补一根构件，西补一根构件，既延长了安装工期，又不能保证工程质量，施工也很不安全。

10.6.10 钢板剪力墙在国内应用相对较少。在形式上又有纯钢板剪力墙和组合式钢板剪力墙，构造形式有加肋和不加肋之分，连接节点又分为高强度螺栓连接和焊接连接，差异性较大。共同特点是单元尺寸大，平面外刚度差，本条仅对钢板剪力墙施工提出原则性要求。

10.6.11 在混合结构中，由于内筒和外框自重差异较大，沉降变形不均匀，如果不采取措施，极易在伸臂桁架中产生较大的初始内应力。在结构施工完成后，这种不均匀变形基本趋于完成，此时再焊接伸臂桁架连接节点，能最大限度减小或消除桁架的初始应力。

10.6.12 转换桁架或腰桁架尺寸和重量都较大，现场一般采用原位散装法，安装工艺及要求同钢柱和钢梁。

10.7 安装的测量校正

10.7.1 钢结构安装中，楼层高度的控制可以按相对标高，也可以按设计标高，但在安装前要先决定用哪一种方法，可会同建设单位、设计单位、质量检查部门共同商定。

10.7.2 地上结构测量方法应结合工程特点和周边条件确定。可以采用内控法，也可以采用外控法，或者内控外控结合使用。

10.7.3 建筑高度较高时，控制点需要经过多次垂直投递时，为减小多次投递可能造成的累计偏差过大，采用GPS定位技术对投递后的控制点进行复核，可以保证控制点精度小于等于20mm。

10.7.4 柱子安装时，垂直偏差一定要校正到±0.000，先不留焊缝收缩量。在安装和校正柱与柱之间的主梁时，再把柱子撑开，留出接头焊接收缩量，这时柱子产生的内力，在焊接完成和焊缝收缩后也就消失。

10.7.5 高层民用建筑钢结构对温度很敏感，日照、季节温差、焊接等产生的温度变化，会使它的各种构件在安装过程中不断变动外形尺寸，安装中要采取能调整这种偏差的技术措施。

如果日照变化小的早中晚或阴天进行构件的校正工作，由于高层民用建筑钢结构平面尺寸较小，又要分流水段，每节柱的施工周期很短，这样做的结果就会因测量校正工作拖了安装进度。

另一种方法是不论在什么时候，都以当时经纬仪的垂直平面为垂直基准，进行柱子的测量校正工作。温度的变化会使柱子的垂直度发生变化，这些偏差在安装柱与柱之间的主梁时，用外力强制复位，使之回到要求的位置（焊接接头别忘了留焊缝收缩量），这时柱子内会产生（30～40）N/mm² 的温度应力，试验证明，它比由于构件加工偏差进行强制校正时产生的内力要小得多。

10.7.6 仅对被安装的柱子本身进行测量校正是不够的，柱子一般有多层梁，一节柱有二层、三层，甚至四层梁，柱和柱之间的主梁截面大，刚度也大，在安装主梁时柱子会变动，产生超出规定的偏差。因此，在安装柱和柱之间的主梁时，还要对柱子进行跟踪校正；对有些主梁连系的隔跨甚至隔两跨的柱子，也要一起监测。这时，配备的测量人员也要适当增加，只有采取这样的措施，柱子的安装质量才有保证。

10.7.7 在楼面安装压型钢板前，梁面上必须先放出压型钢板的位置线，按照图纸规定的行距、列距顺序排放。要注意相邻二列压型钢板的槽口必须对齐，使组合楼板钢筋混凝土下层的主筋能顺利地放入压型钢板的槽内。

10.7.8 栓钉也要按图纸的规定，在钢梁上放出栓钉的位置线，使栓钉焊完后在钢梁上排列整齐。

11.7.9 各节柱的定位轴线，一定要从地面控制轴线引上来，并且要在下一节柱的全部构件安装、焊接、栓接并验收合格后进行引线工作；如果提前将线引上来，该层有的构件还在安装，结构还会变动，引上来的线也在变动，这样就保证不了柱子定位轴线的准确性。

10.7.10 结构安装的质量检查记录，必须是构件已安装完成，而且焊接、栓接等工作也已完成并验收合格后的最后一次检查记录，中间检查的各次记录不能作为安装的验收记录。如柱子的垂直度偏差检查记录，只能是在安装完毕，且柱间梁的安装、焊接、栓接也已完成后所作的测量记录。

10.8 安装的焊接工艺

10.8.1 高层民用建筑钢结构柱子和主梁的钢板，一般都比较厚，材质要求也较严，主要接头要求用焊缝连接，并达到与母材等强。这种焊接工作，工艺比较复杂，施工难度大，不是一般焊工能够很快达到所要求技术水平的。所以在开工前，必须针对工程具体要求，进行焊接工艺试验，以便一方面提高焊工的技术水平，一方面取得与实际焊接工艺一致的各项参数，制定符合高层民用建筑钢结构焊接施工的工艺规程，指导安装现场的焊接施工。

10.8.2～10.8.4 焊接作业环境不符合要求，会对焊接施工造成不利影响。应避免在工件潮湿或雨、雪天气下进行焊接操作，因为水分是氢的来源，而氢是产生焊接延迟裂纹的重要因素之一。另外，低温会造成钢材脆化，使得焊接过程的冷却速度加快，易于产生淬硬组织，影响焊接质量。

10.8.5 焊接用的焊条、焊丝、焊剂等焊接材料，在选用时应与母材强度等级相匹配，并考虑钢材的焊接性能等条件。钢材焊接性能可参考下列碳当量公式选用：C_{eq}（％）＝C＋Mn/6＋Si/24＋Ni/40＋Cr/5＋Mo/4＋V/14＜0.44％，引弧板的材质必须与母材一致，必要时可通过试验选用。

10.8.6 焊接工作开始前，焊口应清理干净，这一点往往为焊工所忽视。如果焊口清理不干净，垫板又不密贴，会严重影响焊接质量，造成返工。

10.8.7 定位点焊是焊接构件组拼时的重要工序，定位点焊不当会严重影响焊接质量。定位点焊的位置、长度、厚度应由计算确定，其焊接质量应与焊缝相同。定位点焊的焊工，应该是具有点焊技能考试合格的焊工，这一点往往被忽视。由装配工任意进行点焊是不对的。

10.8.8 框架柱截面一般较大，钢板又较厚，焊接时应由两个或多个焊工在柱子两个相对边的对称位置以大致相等的速度逆时针方向施焊，以免产生焊接变形。

10.8.9 柱子接头用引弧板进行焊接时，首先焊接的相对边焊缝不宜超过4层，焊毕应清理焊根，更换引弧板方向，在另两边连续焊8层，然后清理焊根和更换引弧板方向，在相垂直的另两边焊8层，如此循环进行，直到将焊缝全部焊完，参见图5。

10.8.10 柱子接头不加引弧板焊接时，两个焊工在对面焊接，一个焊工焊两面，也可以两个焊工以逆时针方向转圈焊接。前者要在第一层起弧点和第二层起弧点相距30mm～50mm开始焊接（图5）。每层焊道要认真清渣，焊到柱棱角处要放慢焊条运行速度，使

柱棱成为方角。

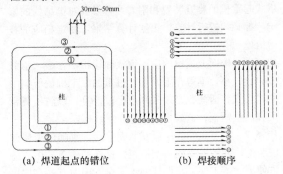

(a) 焊道起点的错位　　(b) 焊接顺序

图5　柱接头焊接顺序

10.8.11 梁与柱接头的焊缝在一条焊缝的两个端头加引弧板（另一侧为收弧板）。引弧板的长度不小于30mm，其坡口角应与焊缝坡口一致。焊接工作结束后，要等焊缝冷却再割去引弧板，并留5mm～10mm，以免损伤焊缝。

10.8.12 梁翼缘与柱的连接焊缝，一般宜先焊梁的下翼缘再焊上翼缘。由于在荷载下梁的下翼缘受压，上翼缘受拉，故认为先焊下翼缘最合理。一根梁两个端头的焊缝不宜同时焊接，宜先焊一端头，再焊另一端头。

10.8.13 柱与柱、梁与柱接头的焊接收缩值，可用试验的方法，或按公式计算，或参考经验公式确定，有条件时最好用试验的方法。制作单位应将焊接收缩值加到构件制作长度中去。

10.8.14 规定焊接时的风速是为了保证焊接质量。

10.8.15 焊接工作完成后，焊工应在距焊缝5mm～10mm的明显位置上打上焊工代号钢印，此规定在施工中必须严格执行。焊缝的外观检查和超声波探伤检查的各次记录，都应整理成书面形式，以便在发现问题时便于分析查找原因。

10.8.16 一条焊缝重焊如超过二次，母材和焊缝将不能保证原设计的要求，此时应更换母材。如果设计和检验部门同意进行局部处理，是允许的，但要保证处理质量。

10.8.17 母材由于焊接产生层状撕裂时，若缺陷严重，要更换母材；若缺陷仅发生在局部，经设计和质量检验部门同意，可以局部处理。

10.8.18 栓钉焊有直接焊在钢梁上和穿透压型钢板焊在钢梁上两种形式，施工前必须进行试焊，焊点处有铁锈、油污等脏物时，要用砂轮清除锈污，露出金属光泽。焊接时，焊点处不能有水和结露。压型钢板表面有锌层必须除去以免产生铁锌共晶体熔敷金属。栓钉焊的地线装置必须正确，防止产生偏弧。

10.9 高强度螺栓施工工艺

10.9.2 高强度螺栓长度按下式计算：
$$L = A + B + C + D \qquad (10)$$

式中：L 为螺杆需要的长度；A 为接头各层钢板厚度总和；B 为垫圈厚度；C 为螺母厚度；D 为拧紧螺栓后丝扣露出（2～3）扣的长度。

统计出各种长度的高强度螺栓后，要进行归类合并，以 5mm 或 10mm 为级差，种类应越少越好。表 10.9.2 列出的数值，是根据上列公式计算的结果。

10.9.4 高强度螺栓节点上的螺栓孔位置、直径等超过规定偏差时，应重新制孔，将原孔用电焊填满磨平，再放线重新打孔。安装中遇到几层钢板的螺孔不能对正时，只允许用铰刀扩孔。扩孔直径不得超过原孔径 2mm。绝对禁止用气割扩高强度螺栓孔，若用气割扩高强度螺栓孔时应按重大质量事故处理。

10.9.5 高强度螺栓按扭矩系数使螺杆产生额定的拉力。如果螺栓不是自由穿入而是强行打入，或用螺母把螺栓强行拉入螺孔内，则钢板的孔壁与螺栓杆产生挤压力，将使扭矩转化的拉力很大一部分被抵消，使钢板压紧力达不到设计要求，结果达不到高强度螺栓接头的安装质量，这是必须注意的。

高强度螺栓在一个接头上的穿入方向要一致，目的是为了整齐美观和操作方便。

10.9.6 高层民用建筑钢结构中，柱与梁的典型连接，是梁的腹板用高强度螺栓连接，梁翼缘用焊接。这种接头的施工顺序是，先拧紧腹板上的螺栓，再焊接梁翼缘板的焊缝，或称"先栓后焊"。焊接热影响使高强度螺栓轴力损失约 5%～15%（平均损失 10% 左右），这部分损失在螺栓连接设计中通常忽略不计。

10.9.8 高强度螺栓初拧和复拧的目的，是先把螺栓接头各层钢板压紧；终拧则使每个螺栓的轴力比较均匀。如果钢板不预先压紧，一个接头的螺栓全部拧完后，先拧的螺栓就会松动。因此，初拧和复拧完毕要检查钢板密贴的程度。一般初拧扭矩不能用得太小，最好用终拧扭矩的 89%。

10.9.9 高强度螺栓拧紧的次序，应从螺栓群中部向四周扩展逐个拧紧，无论是初拧、复拧还是终拧，都要遵守这一规则，目的是使高强度螺栓接头的各层钢板达到充分密贴，避免产生弹簧效应。

10.9.10 拧紧高强度螺栓用的定扭矩扳子，要定期进行定扭矩值的检查，每天上下午上班前都要校核一次。高强度螺栓使用扭矩大，扳手在强大的扭矩下工作，原来调好的扭矩值很容易变动，所以检查定扭矩扳子的额定扭矩值，是十分必要的。

10.9.11 高强度螺栓从安装到终拧要经过几次拧紧，每遍都不能少，为了明确拧紧的次数，规定每拧一遍都要做上记号。用不同记号区别初拧、复拧、终拧，是防止漏拧的较好办法。

10.9.13 作为安装螺栓使用会损伤高强螺栓丝扣，影响终拧扭矩。

10.10 现场涂装

10.10.1 钢结构都要用防火涂层，因此钢结构加工厂在构件制作时只作防锈处理，用防锈涂层刷两道，不涂刷面层。但构件的接头，不论是焊接还是螺栓连接，一般是不刷油漆和各种涂料的，所以钢结构安装完成后，要补刷这些部位的涂层。钢结构安装后补刷涂层的部位，包括焊缝周围、高强度螺栓及摩擦面外露部分，以及构件在运输安装时涂层被擦伤的部位。

10.10.2 灰尘、杂质、飞溅等会影响油漆与钢材的粘接强度，影响耐久性。涂装前必须彻底清除。

10.10.3 本条规定涂装时温度以 5℃～38℃ 为宜，该规定只适合室内无阳光直接照射的情况，一般来说钢材表面温度比气温高 2℃～3℃。如果在阳光直接照射下，钢材表面温度比气温高 8℃～12℃，涂装时漆膜耐热性能只能在 40℃ 以下，当超过 43℃ 时，漆膜容易产生气泡而局部鼓起，降低附着力。低于 0℃ 时，漆膜容易冻结而不易固化。湿度超过 85% 时，钢材表面有露点凝结，漆膜附着力差。

10.10.4～10.10.6 钢结构安装补刷涂层工作，必须在整个安装流水段内的结构验收合格后进行，否则在刷涂层后再作别的项目工作，还会损伤涂层。涂料和涂刷工艺应和结构加工时所用相同。露天、冬季涂刷，还要制定相应的施工工艺。

10.11 安装的竣工验收

10.11.1～10.11.3 钢结构的竣工验收工作分为两步：第一步是每个流水区段一节柱子的全部构件安装、焊接、栓接等各单项工程，全部检查合格后，要进行隐蔽工程验收工作，这时要求这一段内的原始记录应该齐全。第二步是在各流水区段的各项工程全部检查合格后，进行竣工验收。竣工验收按照本节规定的各条，由各相关单位办理。

钢结构的整体偏差，包括整个建筑物的平面弯曲、垂直度、总高度允许偏差等，本规程不再做具体规定，按现行国家标准《钢结构工程施工质量验收规范》GB 50205 的规定执行。

11 抗火设计

11.3 压型钢板组合楼板

11.3.1 压型钢板组合楼板是建筑钢结构中常用的楼板形式。压型钢板使用有两种方式：一是压型钢板只作为混凝土板的施工模板，在使用阶段不考虑压型钢板的受力作用（实际上不能算是组合楼板）；二是压型钢板除了作为施工模板外，还与混凝土板形成组合楼板共同受力。显然，当压型钢板只作为模板使用时，不需要进行防火保护。当压型钢板作为组合楼板的受力结构使用时，由于火灾高温对压型钢板的承载力会有较大影响，因此应进行耐火验算与抗火设计。

11.3.2 组合楼板中压型钢板、混凝土楼板之间的粘结，在楼板升温不高时即发生破坏，压型钢板在火灾下对楼板的承载力实际几乎不起作用。但忽略压型钢板的素混凝土板仍有一定的耐火能力。式（11.3.2-1）给出的耐火时间即为素混凝土板的耐火时间，此时楼板的挠度很小。

组合楼板在火灾下可产生很大的变形，"薄膜效应"是英国 Cardington 八层足尺钢结构火灾试验（1995 年～1997 年）的一个重要发现（图 6），这一现象也出现于 2001 年 5 月我国台湾省东方科学园大楼的火灾事故中。楼板在大变形下产生的薄膜效应，使楼板在火灾下的承载力可比基于小挠度破坏准则的承载力高出许多。利用薄膜效应，发挥楼板的抗火性能潜能，有助于降低工程费用。

组合楼板在火灾下薄膜效应的大小与板块形状、板块的边界条件等有很大关系。如图 7a 所示支承于梁柱格栅上的钢筋混凝土楼板，在火灾下可能产生两种破坏模式：①梁的承载能力小于板的承载能力时，梁先于板发生破坏，梁内将首先形成塑性铰（图7b），随着荷载的增加，屈服线将贯穿整个楼板；在这种破坏模式下，楼板不会产生薄膜效应；②梁的承载力大于楼板的承载力时，楼板首先屈服，梁内不产生塑性铰，此时楼板的极限承载力将取决于单个板块的性能，其屈服形式如图 7c 所示；如楼板周边上的垂直支承变形一直很小，楼板在变形较大的情况下就会产生薄膜效应。因此，楼板产生薄膜效应的一个重要条件是：火灾下楼板周边有垂直支承且支承的变形一直很小。

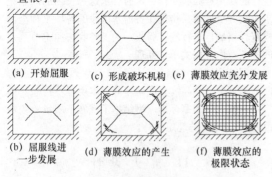

(a) 开始屈服　(c) 形成破坏机构　(e) 薄膜效应充分发展

(b) 屈服线进一步发展　(d) 薄膜效应的产生　(f) 薄膜效应的极限状态

图 6　均匀受荷楼板随着温度升高形成薄膜效应的过程

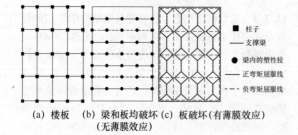

(a) 楼板　(b) 梁和板均破坏（无薄膜效应）　(c) 板破坏（有薄膜效应）

■ 柱子
— 支撑梁
● 梁内的塑性铰
— 正弯矩屈服线
--- 负弯矩屈服线

图 7　楼板弯曲破坏的形式

11.3.3　由于楼板的面积很大，对压型钢板进行防火

保护，工程量大、费用高、施工周期长。在有些情况下，将压型钢板设计为只作模板使用是更经济、可行的解决措施。

压型钢板进行防火保护时，常采用防火涂料。对于防火涂料保护的压型钢板组合楼板，目前尚没有简便的耐火验算方法，因此本条规定基于标准耐火试验结果确定防火保护。

附录 B　钢板剪力墙设计计算

B.1　一般规定

B.1.1　主要用于抗震的抗侧力构件不承担竖向荷载，在欧美日等国的抗震设计规范中是一个常见的要求，但是实际工程中具体的构造是很难做到这一点。因此在实践上对这个要求应进行灵活的理解：设置了钢板剪力墙开间的框架梁和柱，不能因为钢板剪力墙承担了竖向荷载而减小截面。这样，即使钢板剪力墙发生了屈曲，框架梁和柱也能够承担竖向荷载，从而限制钢板剪力墙屈曲变形的发展。

梁内加劲肋与剪力墙上加劲肋错开，可以减小或避免加劲肋承担竖向力，所以应采用这种构造和布置。

B.1.3　剪切膜单元刚度矩阵，参考《钢结构设计方法》（童根树，中国建筑工业出版社，2007 年 11 月）或有关有限元分析方面的专门书籍。

加劲肋采取不承担竖向荷载的构造，使得地震作用下，加劲肋可以起到类似防屈曲支撑的外套管那样的作用，有利于提高钢板剪力墙的抗震性能（延性和耗能能力）。

B.2　非加劲钢板剪力墙计算

B.2.1　本条提出的钢板剪力墙弹塑性屈曲的稳定系数，是早期 EC3（1994 年版本）分段公式的简化和修正，对比如图 8 所示。

按照不承担竖向荷载设计的钢板剪力墙，无需考

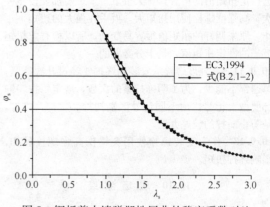

图 8　钢板剪力墙弹塑性屈曲的稳定系数对比

虑竖向荷载在钢板剪力墙内实际产生的应力，因为钢板剪力墙一旦变形，共同的作用使得钢梁能够马上分担竖向荷载，并传递到两边柱子，变形不会发展。

B.2.2 考虑屈曲后的抗剪强度计算公式，参照《冷弯薄壁型钢结构技术规范》GB 50018-2003 和 EC3 的简化公式，但是进行了连续化，由分段表示改为连续表示。对比如图 9 所示。

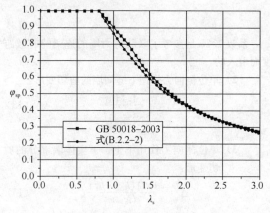

图 9 考虑屈曲后的抗剪强度对比

B.3 仅设置竖向加劲肋钢板剪力墙计算

B.3.1 竖向加劲肋中断是措施之一。

B.5 设置水平和竖向加劲肋的钢板剪力墙计算

B.5.2 经过分析表明，在设置了水平加劲肋的情况下，只要 $\gamma_x = \gamma_y \geq 22\eta$，就不会发生整体的屈曲，考虑一部分缺陷影响，这里放大 1.5 倍。竖向加劲肋，虽然不要求它承担竖向应力，但是无论采用何种构造，它都会承担荷载，其抗弯刚度就要折减，因此对竖向加劲肋的刚度要求增加 20%。

B.5.3 剪切应力作用下，竖向和水平加劲肋是不受力的，加劲肋的刚度完全被用来对钢板提供支撑，使其剪切屈曲应力得到提高，此时按照支撑的概念来对设置加劲肋以后的临界剪应力提出计算公式。有限元分析表明：如果按照 98 规程的规定，即式（11）来计算：

$$\tau_{cr} = 3.5\frac{\pi^2}{h_s^2 t_s}D_x^{1/4}D_y^{3/4} \tag{11}$$

即使这个公式本身，按照正交异性板剪切失稳的理论分析来判断，已经非常的保守，但与有限元分析得到的剪切临界应力计算结果相比也是偏大的，属不安全的。因此在剪切临界应力的计算上，在加劲肋充分加劲的情况下，应放弃正交异性板的理论。

在竖向应力作用下，加劲钢板剪力墙的屈曲则完全不同，此时竖向加劲肋参与承受竖向荷载，并且还可能是钢板对加劲肋提供支援。

B.6 弹塑性分析模型

B.6.2 钢板剪力墙屈曲后的剪切刚度，从屈曲瞬时

的约 $0.7G$ 逐渐下降，可以减小到（$0.6\sim0.4$）G，这里取一个中间值。

B.6.4 非加劲的钢板剪力墙，不推荐应用在设防烈度较高（例如 7 度（0.15g）及以上）的地震区；滞回曲线形状随高厚比变化，标准作出规定将非常复杂。而对于设置加劲肋的钢板剪力墙，其设计思路已经发生变化，例如，此时屈曲后的退化就不是很严重，因此，作为近似可以采用理想弹塑性模型。但是考虑到实际工程的千变万化，设计人员仍要注意设置加劲肋以后的滞回曲线的形状与理想的双线性曲线之间的差别。

附录 C 无粘结内藏钢板支撑墙板的设计

C.2 构造要求

C.2.1 公式（C.2.1-1）是在 $\alpha=45°$、$L=4.3$m 的单斜无粘结支撑墙板轴心受压的基础上得出的，故暂且建议实际工程应用中，α 应取 45°左右，且 $L\leqslant 4.3$m，方可用此公式确定墙板厚度。当 $L\geqslant4.3$m，且 $\alpha<40°$ 或 $\alpha>50°$ 时，应通过试验和分析确定墙板的厚度。

应用公式（C.2.1-2）～式（C.2.1-4）时，不受支撑倾角和长度限制。但结合所作的试验研究，支撑屈服后承载力进一步增大是客观事实，且考虑间隙对整体压弯作用的增大，对相关文献的公式进行了修正。

表 7 中三个系数的取值，建议通过试验确定。对于 Q235 钢材，表中系数是结合所作试验与相关文献确定的，为偏于安全，三个系数取值偏大。如表 7 所示，它们各有一定的取值范围。建议在工程设计中，根据具体情况由试验确定。当由试验确定时，$\omega = +N_u/N_{yc}$，$+N_u$ 为实测的支撑在最大设计层间位移角时的轴向受拉承载力，N_{yc} 为支撑的实测屈服轴力，$N_{yc}=\eta A f_y$，当 f_y 采用实测值时 $\eta=1.0$；$\beta=|-N_u| \div(+N)$，$-N_u$ 为实测的支撑在最大设计层间位移角时的轴向受压承载力。

表 7

钢材牌号	η	ω	β
Q235	$1.15\sim1.25$	$1.2\sim1.5$	$1.1\sim1.2$
其他牌号的钢材，这三个系数可通过试验或参考相关研究确定。			

利用公式（C.2.1-2）确定墙板厚度时，需要试算。即事先假定墙板厚度（因为公式右侧 N_E 的计算中需要先给 T_c 一个预设值），然后计算公式右侧，如果假定厚度满足该公式，则假定成立（如假定的墙板

厚度超出公式右侧计算值较多，可以减小假定厚度，重新验算）；如果假定厚度不满足该公式（表明假定厚度偏小），重新增大假定厚度，并验算，直至所假定的厚度满足公式。式（C.2.1-3）、式（C.2.1-4）为构造要求。

C.2.2 为隔离支撑与墙板间的黏着力，避免钢板受压时横向变形胀裂墙板，需要在钢板与墙板孔壁间为敷设无粘结材料留置间隙。

C.3 强度和刚度计算

C.3.1 给出支撑设计承载力 V 与抗侧屈服承载力的比值范围，是为了使支撑在多遇地震作用下处于弹性，而在罕遇地震作用下能先于框架梁和柱子屈服而耗能。

C.3.4 对于单斜钢板支撑，因泊松效应和支撑受压后与墙板孔壁产生摩擦等因素，使相同侧移时，支撑的受压承载力高于受拉承载力。在多遇地震作用下，结构设计中需要考虑支撑拉压作用下受力差异对结构受力的不利作用时，可偏于安全取：$|-P_y|=1.1\times|+P_y|$。

C.3.5 这是为实现预估的罕遇地震作用下，钢支撑框架结构主要利用无粘结内藏钢板支撑墙板耗能和尽量保持框架梁和柱处于弹性的抗震设计目的。

C.3.6 抗震分析表明，罕遇地震作用下，因支撑大幅累积塑性变形，导致其对被撑梁竖向支点作用几乎消失。

附录 D 钢框架-内嵌竖缝混凝土剪力墙板

D.1 设计原则与几何尺寸

D.1.1 使用阶段竖缝剪力墙板会承受一定的竖向荷载，本条规定不应承受竖向荷载是指：

1 横梁应该按照承受全部的竖向荷载设计，不能因为竖缝剪力墙承受竖向荷载而减小梁的截面；

2 两侧的立柱要按照承受其从属面积内全部的竖向荷载设计，为在预估的罕遇地震作用下竖缝剪力墙板开裂、竖向承载能力下降而发生的"竖向荷载重新卸载给两侧的柱子"做好准备，以保证整体结构的"大震不到"；

3 为达成以上目的，竖缝剪力墙的内力分析模型应按不承担竖向荷载的剪切膜单元进行分析。

D.1.2 本条前三款与98规程一致，第4款是新增要求，其目的：一是增强梁柱节点竖向抗剪能力；二是增强框架梁上下翼缘与竖缝墙板之间的传力，避免竖缝板与钢梁连接面成为薄弱环节。

D.2 计算模型

D.2.1 混凝土实体墙和缝间墙的刚度计算采用现行

国家标准《混凝土结构设计规范》GB 50010 的有关规定，同时考虑混凝土的开裂因素，对弹性模量乘以0.7系数。竖缝墙刚度等效必须考虑如下变形分量：

1）单位侧向力作用下缝间墙的弯曲变形：

$$\Delta_{cs1}=\frac{h_1'^3}{8.4\sum\limits_{i=1}^{n_l}E_cI_{csi}}=\frac{(1.25h_1)^3}{8.4\sum\limits_{i=1}^{n_l}E_cI_{csi}}=\frac{2.79h_1^3}{\sum\limits_{i=1}^{n_l}E_ctl_{li0}^3}$$

(12)

系数 1.25 是参考了联肢剪力墙的连梁的有效跨度而引入的。

2）单位侧向力作用下缝间墙的剪切变形：

$$\Delta_{cs2}=\frac{1.71h_1}{\sum\limits_{i=1}^{n_l}G_cl_{li0}t}$$

(13)

3）单位侧向力作用下上、下实体墙部分的剪切变形：

$$\Delta_c=\frac{1.71(h_0-h_1)}{G_cl_0t}$$

(14)

4）单位侧向力作用下钢梁腹板剪切变形产生的层间侧移：

$$\Delta_b=\frac{h}{G_sl_nt_w}$$

(15)

竖缝剪力墙总体抗侧刚度由下式得出：

$$K=(\Delta_c+\Delta_{cs1}+\Delta_{cs2}+\Delta_b)^{-1}$$

(16)

按照这个等效的刚度，换算出等效剪切膜的厚度。

在有限元的实现上，等效剪切板作为一个单元，四个角点（图10）的位移记为 u_i、ν_i（$i=1$，2，3，4），从这些位移中计算出剪切板的剪应变。整个剪力墙区块的变形包括剪切变形、弯曲变形和伸缩变形，变形示意图分别见图11，由于弯曲变形和伸缩变形中节点域两对角线的长度保持相等，两对角线长度差仅由剪切变形引起，因此可以通过两对角线变形后的长度差来计算等效剪切板的剪切角。记剪切变形为 γ，L_d 为变形前剪力墙对角线的长度，L_1' 和 L_2' 为变形后剪力墙两对角线的长度，h 和 l 分别为剪力墙的层高和跨度（梁形心到梁形心，柱形心到柱形心），变形后对角线的长度差为：

$$L_1'=\sqrt{(l+u_2-u_3)^2+(h+\nu_3-\nu_2)^2}$$
$$\approx L_d+\frac{l}{L_d}(u_2-u_3)+\frac{h}{L_d}(\nu_3-\nu_2)$$
$$L_2'=\sqrt{(l+u_4-u_1)^2+(h+\nu_4-\nu_1)^2}$$
$$\approx L_d+\frac{l}{L_d}(u_4-u_1)+\frac{h}{L_d}(\nu_4-\nu_1)$$
$$L_2'-L_1'=\frac{l}{L_d}(u_2-u_3-u_4+u_1)$$
$$+\frac{h}{L_d}(\nu_3-\nu_2-\nu_4+\nu_1)$$

而如果剪切板单纯发生剪切变形，则由：

$$L_2'-L_1'=\sqrt{(l+\gamma h)^2+h^2}-\sqrt{(l-\gamma h)^2+h^2}$$

$$= \sqrt{L_d^2 + 2\gamma lh} - \sqrt{L_d^2 - 2\gamma lh}$$

式中：$L_d = \sqrt{h^2 + l^2}$。略去高阶微量，得到剪切角为：

$$\gamma = \frac{(L_2' - L_1')L_d}{2lh}$$
$$= \frac{1}{2}\left(\frac{u_2 - u_3 - u_4 + u_1}{h} + \frac{v_3 - v_2 - v_4 + v_1}{l}\right)$$

(17)

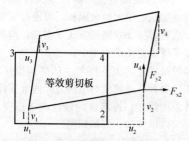

图 10　剪切膜四角点的位移

(a) 变形前　(b) 剪切变形　(c) 弯曲变形　(d) 伸缩变形

图 11　竖缝剪力墙的变形分解

节点力和剪切膜内的剪力的关系是：

$$V_x = F_{x3} + F_{x4} = -(F_{x1} + F_{x2}) = G_s t_{eq} l\gamma$$
$$= \frac{1}{2}G_s t_{eq}\left(\frac{l}{h}(u_1 + u_2 - u_3 - u_4)\right.$$
$$\left. + v_1 + v_3 - v_2 - v_4\right)$$

$$V_y = F_{y2} + F_{y4} = -(F_{y1} + F_{y3}) = G t h\gamma$$
$$= \frac{1}{2}G_s t_{eq}\left(u_1 + u_2 - u_3 - u_4\right.$$
$$\left. + \frac{h}{l}(v_1 + v_3 - v_2 - v_4)\right)$$

$F_{x1} = F_{x2}$，$F_{x3} = F_{x4}$，$F_{y2} = F_{y4}$，$F_{y1} = F_{y3}$，则得到剪切膜的刚度矩阵是：

$$\begin{Bmatrix} F_d \\ F_{y1} \\ F_{x2} \\ F_{y2} \\ F_{x3} \\ F_{y3} \\ F_{x4} \\ F_{y4} \end{Bmatrix} = \frac{1}{4}Gth \begin{bmatrix} l/h & 1 & l/h & -1 & -l/h & 1 & -l/h & -1 \\ 1 & h/l & 1 & -h/l & -1 & h/l & -1 & -h/l \\ l/h & 1 & l/h & -1 & -l/h & 1 & -l/h & -1 \\ -1 & -h/l & -1 & h/l & 1 & -h/l & 1 & h/l \\ -l/h & -1 & -l/h & 1 & l/h & -1 & l/h & 1 \\ 1 & h/l & 1 & -h/l & -1 & h/l & -1 & -h/l \\ -l/h & -1 & -l/h & 1 & l/h & -1 & l/h & 1 \\ -1 & -h/l & -1 & h/l & 1 & -h/l & 1 & h/l \end{bmatrix} \begin{Bmatrix} u_1 \\ v_1 \\ u_2 \\ v_2 \\ u_3 \\ v_3 \\ u_4 \\ v_4 \end{Bmatrix}$$

(18)

剪切膜的单元刚度矩阵必须与其他单元一起使用。

D.2.2　内嵌竖缝墙的钢框架梁的梁端小段长度范围内存在很大的剪力，剪切膜模型无法掌握，必须按照

式（D.2.2）计算，确保梁端的抗剪强度得到满足。

D.3　墙板承载力计算

D.3.2　若超出此范围过多，则应重新调整缝间墙肢数 n_l、缝间墙尺寸 l_1、h_1 以及 a_1（受力纵筋合力点至缝间墙边缘的距离）、f_c 和 f_y 的值，使 ρ_1 尽可能控制在上述范围内。

D.3.5　这是为了确保竖缝墙墙肢发生延性较好的压弯破坏。

D.5　强度和稳定性验算

D.5.1　角部加强板起三个非常重要的作用：

1　为竖缝墙的安装提供快速固定，使墙板准确就位；

2　帮助框架梁抵抗式（D.2.2）的梁端剪力；

3　加强梁下翼缘与竖缝墙连接面的水平抗剪强度，避免出现抗剪薄弱环节。

D.6　构　造　要　求

D.6.1　这是为了让竖缝墙尽量少地承受竖向荷载。形成竖缝的填充材料可采用石棉板等。

附录 E　屈曲约束支撑的设计

E.1　一　般　规　定

E.1.1　由于屈曲约束支撑在偏心受力状态下，可能在过渡段预留的空隙处发生弯曲，导致整个支撑破坏，所以屈曲约束支撑应用于结构中宜设计成轴心受力构件，并且要保证在施工过程中不产生过大的误差导致屈曲约束支撑成为偏心受力构件。

耗能型屈曲约束支撑在风荷载或多遇地震作用产生的内力必须小于屈曲约束支撑的屈服强度，而在设防地震与罕遇地震作用下，屈曲约束支撑作为结构中附加的主要耗能装置，应具有稳定的耗能能力，减小主体结构的破坏。

根据"强节点弱杆件"的抗震设计原则，在罕遇地震作用下核心单元发生应变强化后，屈曲约束支撑的连接部分仍不应发生损坏。

E.1.2　在屈曲约束支撑框架中，支撑与梁柱节点宜设计为刚性连接，便于梁柱节点部位的支撑节点的构造设计。尽管刚性连接可能会导致一定的次弯矩，但其影响可忽略不计。尽管铰接连接从受力分析是最合理的，但由于对连接精度的控制不易实现，故较少在工程中采用。

采用 K 形支撑布置方式，在罕遇地震作用下，屈曲约束支撑会使柱承受较大的水平力，故不宜采用。而由于屈曲约束支撑的构造特点，X 形布置也难

以实现。

屈曲约束支撑的总体布置原则与中心支撑的布置原则类似。屈曲约束支撑可根据需要沿结构的两个主轴方向分别设置或仅在一个主轴方向布置，但应使结构在两个主轴方向的动力特性相近。屈曲约束支撑在结构中布置时通常是各层均布置为最优，也可以仅在薄弱层布置，但后者由于增大了个别层的层间刚度，需要考虑相邻层层间位移放大的现象。屈曲约束支撑的数量、规格和分布应通过技术性和经济性的综合分析合理确定，且布置方案应有利于提高整体结构的消能能力，形成均匀合理的受力体系，减少不规则性。

E.2 屈曲约束支撑构件

E.2.1 屈曲约束支撑的常用截面如图 12 所示。

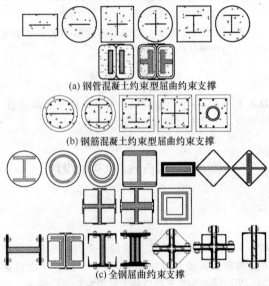

(a) 钢管混凝土约束型屈曲约束支撑

(b) 钢筋混凝土约束型屈曲约束支撑

(c) 全钢屈曲约束支撑

图 12　屈曲约束支撑常用截面形式

屈曲约束支撑一般由三个部分组成：核心单元、无粘结构造层与约束单元。

核心单元是屈曲约束支撑中主要的受力元件，由特定强度的钢材制成，一般采用延性较好的低屈服点钢材或 Q235 钢，且应具有稳定的屈服强度值。常见的截面形式为十字形、T 形、双 T 形、一字形或管形，适用于不同的承载力要求和耗能需求。

无粘结构造层是屈曲约束机制形成的关键。无粘结材料可选用橡胶、聚乙烯、硅胶、乳胶等，将其附着于核心单元表面，目的在于减少或消除核心单元与约束单元之间的摩擦剪力，保证外围约束单元不承担或极少承担轴向力。核心单元与约束单元之间还应留足间隙，以防止核心单元受压膨胀后与约束单元发生接触，进而在二者之间产生摩擦力。该间隙值也不能过大，否则核心屈服段的局部屈曲变形会较大，从而对支撑承载力与耗能能力产生不利影响。

约束单元是为核心单元提供约束机制的构件，主要形式有钢管混凝土、钢筋混凝土或全钢构件（如钢管、槽钢、角钢等）组成。约束单元不承受任何轴力。

其中核心单元也由三个部分组成：工作段、过渡段、连接段。

工作段也称为约束屈服段，该部分是支撑在反复荷载下发生屈服的部分，是耗能机制形成的关键。

过渡段是约束屈服段的延伸部分，是屈服段与非屈服段之间的过渡部分。为确保连接段处于弹性阶段，需要增加核心单元的截面积。可通过增加构件的截面宽度或者焊接加劲肋的方式来实现，但截面的转换应尽量平缓以避免应力集中。

连接段是屈曲约束支撑与主体结构连接的部分。为便于现场安装，连接段与结构之间通常采用螺栓连接，也可采用焊接。连接段的设计应考虑安装公差，此外还应采取措施防止局部屈曲。

E.2.2 设计承载力是屈曲约束支撑的弹性承载力，用于静力荷载、风荷载与多遇地震作用工况下的弹性设计验算，一般情况下先估计一个支撑吨位、确定核心单元材料，然后确定支撑构件核心单元的截面面积。

E.2.3 屈曲约束支撑的轴向承载力由工作段控制，因此应根据该段的截面面积来计算轴向受拉和受压屈服承载力 N_{ysc}。

由于钢材依据屈服强度的最低值——强度标准值供货，所以钢材的实际屈服强度可能明显高于理论屈服强度标准值。为了确保结构中屈曲约束支撑首先屈服，设计中宜采用实际屈服强度来验算。由于实际屈服强度有一定的离散性，为方便设计，本条给出了三种钢材的超强系数中间值。

屈曲约束支撑的性能可靠性完全依赖于支撑构造的合理性，而且其对设计和制作缺陷十分敏感，难以通过一般性的设计要求来保证。因此，不能将屈曲约束支撑当作一般的钢结构构件来设计制作，必须由专业厂家作为产品来供货，其性能须经过严格的试验验证，其制作应有完善的质量保证体系，并且在实际工程应用时按照本规程第 E.2.3 条的规定进行抽样检验。

由于屈曲约束支撑按照其屈服承载力 N_{ysc} 来供货，因此式（E.2.3）中的工作段截面面积 A_1 为名义值，为避免因材料的实际屈服强度过大而造成工作段的实际截面面积过小，本条规定超强系数材性试验实测值不应大于表 E.2.3 中数值的 15%。

E.2.4 极限承载力用于屈曲约束支撑的节点及连接设计。钢材经过多次拉压屈服以后会发生应变强化，应力会超过屈服强度，应变强化调整系数 ω 是钢材应力因应变强化可能达到的最大值与实际屈服强度的比值。

E.2.5 由于约束单元的作用，屈曲约束支撑的受压承载力大于受拉承载力，在应变强化系数中将这一因素一并考虑。屈曲约束支撑的连接段应按支撑的预期最大承载力来设计。式（E.2.5）中的系数 1.2 是安全系数。

E.2.6 Mochizuki 等的研究认为，屈曲约束支撑的失稳承载力为核心钢支撑与约束单元失稳承载力的线性组合，如式（19）所示：

$$N_{cm} = \frac{\pi^2}{L_t^2}(E_1 I_1 + K E_r I_r) \qquad (19)$$

式中：N_{cm} 为修正后的屈曲约束支撑失稳承载力；K 为约束单元抗弯刚度的折减系数，$0 \leqslant K \leqslant 1$，反映随着混凝土开裂和裂缝发展，约束单元抗弯刚度的降低。当支撑芯材屈服后，取屈服后弹性模量为 αE_1，α 为支撑芯材屈服后刚度比，通常取 $2\% \sim 5\%$。由 N_{cm} 大于核心钢支撑的屈服承载力 N_{ysc} 的条件，得到：

$$N_{cm} = \frac{\pi^2}{L_t^2}(\alpha E_1 I_1 + K E_r I_r) \geqslant N_{ysc} \qquad (20)$$

约束单元为钢管混凝土时，Black 等认为 $K=1$。用钢筋混凝土作为约束单元时，考虑纵向弯曲对钢筋混凝土抗弯刚度的降低影响，系数 K 可由式（21）确定：

$$K = \frac{B_s}{E_r I_r} \qquad (21)$$

式中：B_s 为钢筋混凝土截面的短期刚度，$B_s = (0.22 + 3.75 \alpha_E \rho_s) E_c I_c$，$\alpha_E$ 为钢筋与混凝土模量比，$\alpha_E = E_s / E_c$，ρ_s 为单边纵向钢筋配筋率，$\rho_s = A_s / (bh_0)$，A_s 为受拉纵向钢筋面积；h_0 为截面有效高度。

由于约束单元对核心单元的约束作用和钢材的强化，屈曲约束支撑的极限受压承载力 N_{ymax} 往往大于 N_{ysc}。因此，为避免屈曲约束支撑在达到 N_{ymax} 前产生整体失稳，建议将式（20）修改为：

$$N_{cm} = \frac{\pi^2}{L_t^2}(\alpha E_1 I_1 + K E_r I_r) \geqslant N_{ymax} = \beta \omega N_{ysc} \qquad (22)$$

式中：β 为受压承载力调整系数，由受压极限承载力 N_{cmax} 和受拉极限承载力 N_{tmax} 之比 $\beta = N_{cmax} / N_{tmax}$ 确定，FEMA450 规定 $\beta \leqslant 1.3$；ω 为钢材应变强化调整系数，根据 Iwata M 和 Tremblay R 的试验结果，支撑应变为 $1.5\% \sim 4.8\%$ 时，$\omega = 1.2 \sim 1.5$。偏于安全取 $\beta = 1.3$，$\omega = 1.5$，则有 $\beta \omega = 1.95$，因此有：

$$\frac{\pi^2 (\alpha E_1 I_1 + K E_r I_r)}{L_t^2} \geqslant 1.95 N_{ysc} \qquad (23)$$

当采用钢管混凝土作为支撑约束单元时，取 $K=1$，则式（23）与 Kmiura 建议的约束钢管混凝土 Euler 稳定承载力应大于 1.9 倍核心单元屈服承载力的要求接近。

对于全钢型屈曲约束支撑，其约束单元只有全钢构件，其受力途径比较明确，故计算可以简化，E_r、I_r 直接取为外约束全钢构件全截面的弹性模量和截面惯性矩。

E.2.7 依据上海中巍钢结构设计有限公司委托清华

大学所做的研究成果，屈曲约束支撑的抗弯计算要求应与其整体稳定计算相同，即应采用极限荷载 N_{cmax} 作为抗弯设计的控制荷载，并应考虑约束混凝土部分开裂的刚度折减。

如图 13 所示，设屈曲约束支撑的初始缺陷为正弦函数，则在屈曲约束支撑的极限荷载 $N_{c\,max}$ 作用下的平衡方程为

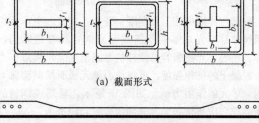

(a) 截面形式

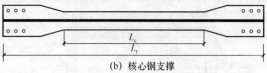

(b) 核心钢支撑

图 13　屈曲约束支撑截面形式和核心单元

$$K E_r I_r \frac{d^2 \nu}{dx^2} + (\nu + \nu_0) P_u = 0 \qquad (24)$$

$$\nu_0 = a \sin \frac{\pi x}{L_t} \qquad (25)$$

式中：ν_0 为初始挠度，ν 为轴向荷载产生的挠度；a 为跨中初始变形，取值建议 $L_t/500$（《钢结构设计规范》GB 50017-2003）和 $(B_1, B_2)_{max}/30$（《混凝土结构设计规范》GB 50010-2010）两者中较大值。由式（23）、式（24）可解得屈曲约束支撑跨中弯曲变形为：

$$\nu + \nu_0 = \frac{a}{1 - \dfrac{N_{cmax}}{N_{cm}}} \sin \frac{\pi x}{L_t} \qquad (26)$$

则在极限荷载 $N_{c\,max}$ 作用下约束单元的跨中最大弯矩为：

$$M_{rmax} = N_{cmax}(\nu + \nu_0)_{max} = \frac{N_{cmax} N_{cm} a}{N_{cm} - N_{cmax}} \qquad (27)$$

按 M_{rmax} 进行约束单元的抗弯设计即可。

E.2.8 核心单元在轴压力作用下会对约束单元产生侧向膨胀作用，侧向膨胀作用的大小与无粘结层厚度有关。通常无粘结材料的弹性模量远小于钢和混凝土材料，当无粘结层较厚时，约束单元对核心单元的约束作用较弱。随着轴向压力增大，核心单元板件最终形成如图 14 所示的多波高阶屈曲模态。此时当采用钢管混凝土作为约束单元时，可直接按抗弯要求确定钢管壁厚；采用钢筋混凝土作为约束单元时，箍筋可按现行国家标准《混凝土结构设计规范》GB 50010 中的构造要求配置即可。

当无粘结构造层较薄时，核心单元在轴压力作用下的侧向膨胀会对约束单元产生挤压作用（图 15）。

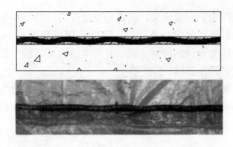

图 14　核心单元多波高阶屈曲

这种挤压作用可能导致混凝土开裂，所以约束单元应通过计算配置足够的箍筋或保证钢管具有足够的壁厚。核心单元膨胀容易使外包混凝土开裂，所以不考虑混凝土的抗拉强度，可将核心单元截面横向膨胀对约束单元的作用力简化如图 16 所示，箍筋或钢管的环向拉力应与核心单元的侧向膨胀力相平衡。

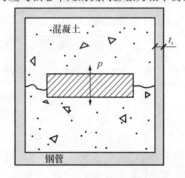

图 15　核心单元的挤压膨胀

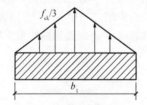

图 16　核心单元对约束
单元膨胀力示意图

按此受力模型，采用有限元方法对不同钢板厚度和混凝土强度时界面上的压应力进行分析。根据分析结果，当钢板与混凝土界面为完全无粘结时，中部截面核心单元膨胀对混凝土产生的界面压应力分布近似如图 16 所示。当约束单元为钢管时，可得支撑中部钢管的壁厚 t_s 应满足下式：

$$t_s \geqslant \frac{f_{ck}b_1}{12f_y} \qquad (28)$$

式中：f_{ck} 为混凝土轴心抗压强度标准值；f_y 为钢管的屈服强度。

当采用钢筋混凝土时，可得到支撑中部箍筋的体积配箍率 ρ_{sv} 为：

$$\rho_{sv} \geqslant \frac{(b+h-4a_s)f_{ck}b_1}{6bhf_{yv}} \qquad (29)$$

式中：b、h 为截面边长；a_s 为混凝土保护层厚度；

f_{yv} 为箍筋屈服强度。

由于核心单元与混凝土界面存在摩擦，特别是在屈曲约束支撑端部，膨胀力比中部大，因此支撑端部应采取一定的加强措施。根据试验结果和有限元分析结果，屈曲约束支撑端部的钢管壁厚或者配箍率可取式（28）和式（29）计算值的两倍，且端部加强区长度可取为构件长边边长的 1.5 倍。

E.2.9　屈曲约束支撑的核心单元截面可选用一字形、十字形、H 形或环形。Mase S，Yabe Y 等人的试验研究表明，当核心单元截面采用一字形时，其宽厚比对屈曲约束支撑的低周疲劳性能有一定影响，截面积相同，宽厚比越小，极限承载力越高，力学行为越稳定。另外，对钢材的性能应有一定的要求，钢材的屈强比不应大于 0.8，且在 3% 应变下不弱化，有较好的低周疲劳性能，当作为金属屈服型阻尼器设计时，可选择低屈服点特种钢材，但核心单元内部不能存在对接焊缝，因为焊接残余应力会影响核心单元的性能。

通常使用的无粘结材料有：环氧树脂、沥青油漆、乙烯基层＋泡沫、橡胶层、硅树脂橡胶层等，厚度为 0.15mm～3.5mm。Wakabayashi 等研究了各种无粘结材料对屈曲约束支撑性能的影响，建议采用"硅树脂＋环氧树脂"做无粘结材料。其他研究者也建议了多种无粘结构造，如 0.15mm～0.2mm 聚乙烯薄膜、1.5mm 丁基橡胶、2mm 硅树脂橡胶层等。

在外包混凝土约束段端部与支撑加强段端部斜面之间预留间隙，主要是为了避免在支撑受压时端部斜面楔入外包混凝土中，所以预留的间隙值应考虑罕遇地震下核心单元的最大压缩变形。

E.3　屈曲约束支撑框架结构

E.3.2　通过国内外已有的对支撑结构的分析表明，在地震作用时，地震水平力集中在支撑上，作为力传递路径的楼板也将产生平面内的剪力。单独的组合大梁有可能发生楼板剪切破坏的情况，此时水平面内作用有剪力，当大梁中间部分设置有"人"形支撑时，支撑所产生的剪力与上述水平力合成使楼板剪力变得非常大而导致其发生平面内的剪切破坏。由此可见，屈曲约束支撑设计时必须慎重考虑结构内力的传递路径。

E.3.3　屈曲约束支撑与结构之间可以采用螺栓连接或焊接连接。采用螺栓连接可方便替换，建议采用高强度螺栓摩擦型连接，主要是为了保证地震作用下螺栓与连接板件间不发生相对滑移，减少螺栓滑移对支撑非弹性变形的影响。对于极限承载力较大的屈曲约束支撑，如节点采用螺栓连接，所需的螺栓数量比较多，使得节点所需连接段较长，此时也可采用焊接连接。

为了保证屈曲约束支撑具有足够的耗能能力，支撑的连接节点不应先于核心单元破坏。故屈曲约束支撑与梁柱的连接节点应有足够的强度储备。在设计支撑连接节点时，最大作用力按照支撑极限承载力的1.2倍考虑。

屈曲约束支撑与梁、柱构件的连接节点板应保证在最大作用力下不发生强度破坏和稳定破坏。节点板在支撑压力作用下的稳定性可按现行国家标准《钢结构设计规范》GB 50017中节点板强度与稳定性计算的相关规定计算。

E.4 试验及验收

E.4.1~E.4.5 本节主要参照美国FEMA450、ANSI/AISC341-05的相关规定以及国内的相关试验研究结果制定，其中加载幅值结合现行国家标准《建筑抗震设计规范》GB 50011制定。

对支撑进行单轴试验的目的在于，为屈曲约束支撑满足强度和非弹性变形的要求提供证明，为检验支撑的工作性状，特别是在拉压反复荷载作用下的滞回性能，以及连接节点的设计计算提供依据。

支撑单轴试验中，试件中核心单元的形状和定位都应与原型支撑相同；试验的连接构造应尽可能接近实际的原型连接构造；试验构件中屈曲约束单元的材料应与原型支撑相同。

试验还应满足以下要求：

1) 荷载-位移历程图应表现出稳定的滞回特性，且不应出现刚度退化现象。

2) 试验中不应出现开裂、支撑失稳或支撑端部连接失效的现象。

3) 对于支撑试验，在变形大于第一个屈服点的轴向变形值时，每一加载周期的最大拉力和最大压力都不应小于核心单元的屈服强度。

4) 对于支撑试验，在变形大于第一个屈服点的轴向变形值时，每一加载周期的最大压力和最大拉力的比值不应大于1.3。

附录F 高强度螺栓连接计算

F.1 一 般 规 定

F.1.4 板件受拉和受剪破坏时的强度不同，为了简化计算，式（F.1.4-4）将受剪破坏的计算截面近似取为与孔边相切的截面长度的一半，对受拉和受剪时的破断强度取相同值 f_u，该式参考日本规定的计算方法。

中华人民共和国行业标准

空间网格结构技术规程

Technical specification for space frame structures

JGJ 7—2010

批准部门：中华人民共和国住房和城乡建设部
实施日期：２０１１年３月１日

中华人民共和国住房和城乡建设部
公 告

第 700 号

关于发布行业标准
《空间网格结构技术规程》的公告

现批准《空间网格结构技术规程》为行业标准，编号为JGJ 7-2010，自2011年3月1日起实施。其中，第3.1.8、3.4.5、4.3.1、4.4.1、4.4.2条为强制性条文，必须严格执行。原行业标准《网架结构设计与施工规程》JGJ 7-91和《网壳结构技术规程》JGJ 61-2003同时废止。

本规程由我部标准定额研究所组织中国建筑工业出版社出版发行。

中华人民共和国住房和城乡建设部

2010年7月20日

前 言

根据原建设部《关于印发〈二〇〇四年度工程建设城建、建工行业标准制订、修订计划〉的通知》（建标[2004]66号）的要求，规程编制组经广泛调查研究，认真总结实践经验，参考有关国际标准和国外先进标准，并在广泛征求意见的基础上，修订了本规程。

本规程的主要技术内容是：总则、术语和符号、基本规定、结构计算、杆件和节点的设计与构造、制作、安装与交验等，包括了空间网格结构的定义、网格形式、计算模型、稳定与抗震分析、杆件和各类节点的设计与构造要求、制作、安装与交验。

本规程修订的主要技术内容是：将《网架结构设计与施工规程》JGJ 7-91和《网壳结构技术规程》JGJ 61-2003的内容合并。在计算方面，对《网壳结构技术规程》JGJ 61-2003的稳定分析极限承载力与容许承载力之比系数 K 作出了调整，并对采用大直径空心球时焊接空心球受拉与受压承载力设计值计算公式作适当调整，改进了压弯或拉弯的承载力计算公式。结构体系方面，新增了立体管桁架、立体拱架与张弦立体拱架。在杆件与节点方面，新增了对杆件设计时的低应力小规格拉杆、受力方向相邻弦杆截面刚度变化等构造方面的要求。新增铸钢节点、销轴式节点与预应力拉索节点。对组合网架补充了螺栓环节点与焊接球缺节点。增加了聚四氟乙烯可滑动支座节点。在制作、安装施工方面，新增了折叠展开式整体提升法，新增了高空散装法对拼装支架搭设的具体要求。

本规程中以黑体字标志的条文为强制性条文，必须严格执行。

本规程由住房和城乡建设部负责管理和对强制性条文的解释，由中国建筑科学研究院负责具体技术内容的解释。执行过程中如有意见或建议，请寄送中国建筑科学研究院（地址：北京市北三环东路30号中国建筑科学研究院建筑结构研究所，邮编：100013）。

本规程主编单位：中国建筑科学研究院

本规程参编单位：浙江大学
东南大学
哈尔滨工业大学
北京工业大学
同济大学
中国建筑标准设计研究院
上海建筑设计研究院有限公司
煤炭工业太原设计研究院
天津大学
浙江东南网架股份有限公司
徐州飞虹网架（集团）有限公司

本规程主要起草人员：	赵基达	蓝 天	董石麟
	严 慧	肖 炽	沈世钊
	曹 资	赵 阳	刘锡良
	张运田	姚念亮	钱若军
	范 峰	刘善维	张毅刚
	王平山	周观根	韩庆华
	钱基宏	宋 涛	崔靖华
本规程主要审查人员：	沈祖炎	尹德钰	范 重
	耿笑冰	甘 明	朱 丹
	吴耀华	杨庆山	马宝民
	周 岱	张 伟	

目　次

Contents

1 总 则

1.0.1 为了在空间网格结构的设计与施工中贯彻执行国家的技术经济政策，做到技术先进、安全适用、经济合理、确保质量，制定本规程。

1.0.2 本规程适用于主要以钢杆件组成的空间网格结构，包括网架、单层或双层网壳及立体桁架等结构的设计与施工。

1.0.3 设计空间网格结构时，应从工程实际情况出发，合理选用结构方案、网格布置与构造措施，并应综合考虑材料供应、加工制作与现场施工安装方法，以取得良好的技术经济效果。

1.0.4 单层网壳结构不应设置悬挂吊车。网架和双层网壳结构直接承受工作级别为 A3 及以上的悬挂吊车荷载，当应力变化的循环次数大于或等于 5×10^4 次时，应进行疲劳计算，其容许应力幅及构造应经过专门的试验确定。

1.0.5 进行空间网格结构设计与施工时，除应符合本规程外，尚应符合国家现行有关标准的规定。

2 术语和符号

2.1 术 语

2.1.1 空间网格结构 space frame, space latticed structure

按一定规律布置的杆件、构件通过节点连接而构成的空间结构，包括网架、曲面型网壳以及立体桁架等。

2.1.2 网架 space truss, space grid

按一定规律布置的杆件通过节点连接而形成的平板型或微曲面型空间杆系结构，主要承受整体弯曲内力。

2.1.3 交叉桁架体系 intersecting lattice truss system

以二向或三向交叉桁架构成的体系。

2.1.4 四角锥体系 square pyramid system

以四角锥为基本单元构成的体系。

2.1.5 三角锥体系 triangular pyramid system

以三角锥为基本单元构成的体系。

2.1.6 组合网架 composite space truss

由作为上弦构件的钢筋混凝土板与钢腹杆及下弦杆构成的平板型网架结构。

2.1.7 网壳 latticed shell, reticulated shell

按一定规律布置的杆件通过节点连接而形成的曲面状空间杆系或梁系结构，主要承受整体薄膜内力。

2.1.8 球面网壳 spherical latticed shell, braced dome

外形为球面的单层或双层网壳结构。

2.1.9 圆柱面网壳 cylindrical latticed shell, braced vault

外形为圆柱面的单层或双层网壳结构。

2.1.10 双曲抛物面网壳 hyperbolic paraboloid latticed shell

外形为双曲抛物面的单层或双层网壳结构。

2.1.11 椭圆抛物面网壳 elliptic paraboloid latticed shell

外形为椭圆抛物面的单层或双层网壳结构。

2.1.12 联方网格 lamella grid

由二向斜交杆件构成的菱形网格单元。

2.1.13 肋环型 ribbed type

球面上由径向与环向杆件构成的梯形网格单元。

2.1.14 肋环斜杆型 ribbed type with diagonal bars (Schwedler dome)

球面上由径向、环向与斜杆构成的三角形网格单元。

2.1.15 三向网格 three-way grid

由三向杆件构成的类等边三角形网格单元。

2.1.16 扇形三向网格 fan shape three-way grid (Kiewitt dome)

球面上径向分为 n（$n = 6, 8$）个扇形曲面，在扇形曲面内由平行杆件构成联方网格，与环向杆件共同形成三角形网格单元。

2.1.17 葵花形三向网格 sunflower shape three-way grid

球面上由放射状二向斜交杆件构成联方网格，与环向杆件共同形成三角形网格单元。

2.1.18 短程线型 geodesic type

以球内接正 20 面体相应的等边球面三角形为基础，再作网格划分的三向网格单元。

2.1.19 组合网壳 composite latticed shell

由作为上弦构件的钢筋混凝土板与钢腹杆及下弦杆构成的网壳结构。

2.1.20 立体桁架 spatial truss

由上弦、腹杆与下弦杆构成的横截面为三角形或四边形的格构式桁架。

2.1.21 焊接空心球节点 welded hollow spherical joint

由两个热冲压钢半球加肋或不加肋焊接成空心球的连接节点。

2.1.22 螺栓球节点 bolted spherical joint

由螺栓球、高强螺栓、销子（或螺钉）、套筒、锥头或封板等零部件组成的机械装配式节点。

2.1.23 嵌入式毂节点 embedded hub joint

由柱状毂体、杆端嵌入件、上下盖板、中心螺栓、平垫圈、弹簧垫圈等零部件组成的机械装配式节点。

2.1.24 铸钢节点 cast steel joint

以铸造工艺制造的用于复杂形状或受力条件的空间节点。

2.1.25 销轴节点 pin axis joint

由销轴和销板构成，具有单向转动能力的机械装配式节点。

2.2 符 号

2.2.1 作用、作用效应与响应

F——空间网格结构节点荷载向量；

F_{Evki}——作用在 i 节点的竖向地震作用标准值；

F_{Exji}、F_{Eyji}、F_{Ezji}——j 振型、i 节点分别沿 x、y、z 方向的地震作用标准值；

$F_{t+\Delta t}$——网壳全过程稳定分析时 $t+\Delta t$ 时刻节点荷载向量；

F_t——滑移时总启动牵引力；

F_{t1}、F_{t2}——整体提升时起重滑轮组的拉力；

G_i——空间网格结构第 i 节点的重力荷载代表值；

G_{ok}——滑移牵引力计算时空间网格结构的总自重标准值；

G_1——整体提升时每根拔杆所负担的空间网格结构、索具等荷载；

g_{ok}——网架自重荷载标准值；

M——作用于空心球节点的主钢管杆端弯矩；

$N_{t+\Delta t}^{(i-1)}$——网壳全过程稳定分析时 $t+\Delta t$ 时刻相应的杆件节点内力向量；

N_p——多维反应谱法计算时第 p 杆的最大内力响应值；

N_x、N_y、N_{xy}——组合网架带肋平板的 x、y 向的压力与剪力；

N_{oi}、N_{ti}——组合网架肋和平板等代杆系的轴向力设计值；

N_R——空心球节点的轴向受压或受拉承载力设计值；

N_m——单层网壳空心球节点拉弯或压弯的承载力设计值；

N——作用于空心球节点的主钢管杆端轴力；

N_t^b——高强度螺栓抗拉承载力设计值；

N_{Evi}——竖向地震作用引起的第 i 杆件轴向力设计值；

N_{Gi}——在重力荷载代表值作用下第 i 杆件轴向力设计值；

N_E^m，N_E^c，N_E^d——网壳的主肋、环杆及斜杆的地震作用轴向力标准值；

N_{Gmax}^m，N_{Gmax}^c，N_{Gmax}^d——重力荷载代表值作用下网壳的主肋、环杆及斜杆轴向力标准值的绝对最大值；

N_E^r，N_E^e——网壳抬高端斜杆、其他弦杆与斜杆的地震作用轴向力标准值；

N_{Gmax}^r，N_{Gmax}^e——重力荷载代表值作用下网壳抬高端 1/5 跨度范围内斜杆、其他弦杆与斜杆轴向力标准值的绝对最大值；

N_E^t，N_E^l，N_E^w——网壳横向弦杆、纵向弦杆与腹杆的地震作用轴向力标准值；

N_{Gmax}^l，N_{Gmax}^w——重力荷载代表值作用下网壳纵向弦杆、腹杆轴向力标准值的绝对最大值；

$[q_{ks}]$——按网壳稳定性验算确定的容许承载力标准值；

q_w——除网架自重以外的屋面荷载或楼面荷载的标准值；

s_{Ek}——空间网格结构杆件地震作用标准值的效应；

s_j、s_k——j 振型、k 振型地震作用标准值的效应；

Δt——温差；

u——网架结构可不考虑温度作用影响的下部支承结构与支座的允许水平位移；

U、$\dot{U}$、$\ddot{U}$——节点位移向量、速度向量、加速度向量；

$\ddot{U}_g$——地面运动加速度向量；

U_{ix}、U_{iy}、U_{iz}——节点 i 在 x、y、z 三个方向最大位移响应值；

$\Delta U^{(i)}$——网壳全过程稳定分析时当前位移的迭代增量；

X_{ji}、Y_{ji}、Z_{ji}——j 振型、i 节点的 x、y、z 方向的相对位移。

2.2.2 材料性能

E——材料的弹性模量；

f——钢材的抗拉强度设计值；

f_t^b——高强度螺栓经热处理后的抗拉强度设计值；

ν——材料的泊松比；

α——材料的线膨胀系数。

2.2.3 几何参数与截面特性

A_{eff}——螺栓球节点中高强度螺栓的有效截面面积；

A_i——组合网架带肋板在 i（$i=1$，2，3，4）方向等代杆系的截面面积；

B——圆柱面网壳的宽度或跨度；

B_e——网壳的等效薄膜刚度；

B_{e11}、B_{e22}——网壳沿1、2方向的等效薄膜刚度；

b_{hp}——嵌入式毂节点嵌入榫颈部宽度；

C——结构阻尼矩阵；

D——空心球节点的空心球外径、螺栓球节点的钢球直径；

D_{e11}、D_{e22}——网壳沿1、2方向的等效抗弯刚度；

D_e——网壳的等效抗弯刚度；

d——与空心球相连的主钢管杆件的外径；

d_1、d_2——汇交于空心球节点的两根钢管的外径；

d_1^b、d_s^b——螺栓球节点两相邻螺栓的较大直径、较小直径；

d_h——嵌入式毂节点的毂体直径；

d_{ht}——嵌入式毂节点的嵌入榫直径；

f——圆柱面网壳的矢高；

f_1——网架结构的基本频率；

h_{hp}——嵌入式毂节点嵌入榫高度；

K——空间网格结构总弹性刚度矩阵；

K_t——网壳全过程稳定分析时 t 时刻结构的切线刚度矩阵；

L——圆柱面壳的长度或跨度；

L_2——网架短向跨度；

l_s——螺栓球节点的套筒长度；

l——杆件节点之间中心长度；螺栓球节点的高强度螺栓长度；

l_0——杆件的计算长度；

r——球面或圆柱面网壳的曲率半径；滑移时滚动轴的半径；

M——空间网格结构质量矩阵；

r_1、r_2——椭圆抛物面网壳两个方向的主曲率半径；

r_1——滑移时滚轮的外圆半径；

s——组合网架1、2两方向肋的间距；

t——空心球壁厚，组合网架平板厚度；

α——嵌入式毂节点的杆件两端嵌入榫不共面的扭角；

θ——汇交于空心球节点任意两相邻

杆件夹角；汇交于螺栓球节点两相邻螺栓间的最小夹角；

φ——嵌入式毂节点毂体嵌入榫的中线与其相连的杆件轴线的垂线之间的夹角。

2.2.4 计算系数

c——场地修正系数；空心球节点压弯或拉弯计算时的主钢管偏心系数；

g——重力加速度；

k——滚动滑移时钢制轮与钢之间的滚动摩擦系数；

m——按振型分解反应谱法计算中考虑的振型数；

α_j、α_{vj}——相应于 j 振型自振周期的水平与竖向地震影响系数；

γ_j——j 振型参与系数；

ζ——滑移时阻力系数；

ζ_j、ζ_k——j、k 振型的阻尼比；

η_d——空心球节点加肋承载力提高系数；

η_0——大直径空心球节点承载力调整系数；

η_m——考虑空心球节点受压弯或拉弯作用的影响系数；

λ——抗震设防烈度系数；螺栓球节点套筒外接圆直径与螺栓直径的比值；

λ_T——k 振型与 j 振型的自振周期比；

$[\lambda]$——杆件的容许长细比；

μ_1、μ_2——滑移时滑动、滚动摩擦系数；

ξ——螺栓球节点螺栓拧入球体长度与螺栓直径的比值；

ρ_{jk}——多维反应谱法计算时 j 振型与 k 振型的耦联系数；

ψ_v——竖向地震作用系数。

3 基 本 规 定

3.1 结 构 选 型

3.1.1 网架结构可采用双层或多层形式；网壳结构可采用单层或双层形式，也可采用局部双层形式。

3.1.2 网架结构可选用下列网格形式：

　　1 由交叉桁架体系组成的两向正交正放网架、两向正交斜放网架、两向斜交斜放网架、三向网架、单向折线形网架（图 A.0.1）；

　　2 由四角锥体系组成的正放四角锥网架、正放抽空四角锥网架、棋盘形四角锥网架、斜放四角锥网架、星形四角锥网架（图A.0.2）；

　　3　由三角锥体系组成的三角锥网架、抽空三角锥网架、蜂窝形三角锥网架（图A.0.3）。

3.1.3　网壳结构可采用球面、圆柱面、双曲抛物面、椭圆抛物面等曲面形式，也可采用各种组合曲面形式。

3.1.4　单层网壳可选用下列网格形式：

　　1　单层圆柱面网壳可采用单向斜杆正交正放网格、交叉斜杆正交正放网格、联方网格及三向网格等形式（图B.0.1）。

　　2　单层球面网壳可采用肋环型、肋环斜杆型、三向网格、扇形三向网格、葵花形三向网格、短程线型等形式（图B.0.2）。

　　3　单层双曲抛物面网壳宜采用三向网格，其中两个方向杆件沿直纹布置。也可采用两向正交网格，杆件沿主曲率方向布置，局部区域可加设斜杆（图B.0.3）。

　　4　单层椭圆抛物面网壳可采用三向网格、单向斜杆正交正放网格、椭圆底面网格等形式（图B.0.4）。

3.1.5　双层网壳可由两向、三向交叉的桁架体系或由四角锥体系、三角锥体系等组成，其上、下弦网格可采用本规程第3.1.4条的方式布置。

3.1.6　立体桁架可采用直线或曲线形式。

3.1.7　空间网格结构的选型应结合工程的平面形状、跨度大小、支承情况、荷载条件、屋面构造、建筑设计等要求综合分析确定。杆件布置及支承设置应保证结构体系几何不变。

3.1.8　单层网壳应采用刚接节点。

3.2　网架结构设计的基本规定

3.2.1　平面形状为矩形的周边支承网架，当其边长比（即长边与短边之比）小于或等于1.5时，宜选用正放四角锥网架、斜放四角锥网架、棋盘形四角锥网架、正放抽空四角锥网架、两向正交斜放网架、两向正交正放网架。当其边长比大于1.5时，宜选用两向正交正放网架、正放四角锥网架或正放抽空四角锥网架。

3.2.2　平面形状为矩形、三边支承一边开口的网架可按本规程第3.2.1条进行选型，开口边必须具有足够的刚度并形成完整的边桁架，当刚度不满足要求时可采用增加网架高度、增加网架层数等办法加强。

3.2.3　平面形状为矩形、多点支承的网架可根据具体情况选用正放四角锥网架、正放抽空四角锥网架、两向正交正放网架。

3.2.4　平面形状为圆形、正六边形及接近正六边形等周边支承的网架，可根据具体情况选用三向网架、三角锥网架或抽空三角锥网架。对中小跨度，也可选用蜂窝形三角锥网架。

3.2.5　网架的网格高度与网格尺寸应根据跨度大小、荷载条件、柱网尺寸、支承情况、网格形式以及构造要求和建筑功能等因素确定，网架的高跨比可取1/10～1/18。网架在短向跨度的网格数不宜小于5。确定网格尺寸时宜使相邻杆件间的夹角大于45°，且不宜小于30°。

3.2.6　网架可采用上弦或下弦支承方式，当采用下弦支承时，应在支座边形成边桁架。

3.2.7　当采用两向正交正放网架，应沿网架周边网格设置封闭的水平支撑。

3.2.8　多点支承的网架有条件时宜设柱帽。柱帽宜设置于下弦平面之下（图3.2.8a），也可设置于上弦平面之上（图3.2.8b）或采用伞形柱帽（图3.2.8c）。

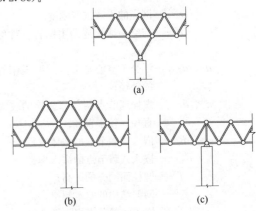

图3.2.8　多点支承网架柱帽设置

3.2.9　对跨度不大于40m的多层建筑的楼盖及跨度不大于60m的屋盖，可采用以钢筋混凝土板代替上弦的组合网架结构。组合网架宜选用正放四角锥形式、正放抽空四角锥形式、两向正交正放形式、斜放四角锥形式和蜂窝形三角锥形式。

3.2.10　网架屋面排水找坡可采用下列方式：

　　1　上弦节点上设置小立柱找坡（当小立柱较高时，应保证小立柱自身的稳定性并布置支撑）；

　　2　网架变高度；

　　3　网架结构起坡。

3.2.11　网架自重荷载标准值可按下式估算：

$$g_{ok} = \sqrt{q_{w}} \, L_{2}/150 \qquad (3.2.11)$$

式中：g_{ok}——网架自重荷载标准值（kN/m²）；

　　　　q_{w}——除网架自重以外的屋面荷载或楼面荷载的标准值（kN/m²）；

　　　　L_{2}——网架的短向跨度（m）。

3.3　网壳结构设计的基本规定

3.3.1　球面网壳结构设计宜符合下列规定：

　　1　球面网壳的矢跨比不宜小于1/7；

　　2　双层球面网壳的厚度可取跨度（平面直径）的1/30～1/60；

3 单层球面网壳的跨度（平面直径）不宜大于 80m。

3.3.2 圆柱面网壳结构设计宜符合下列规定：

1 两端边支承的圆柱面网壳，其宽度 B 与跨度 L 之比（图 3.3.2）宜小于 1.0，壳体的矢高可取宽度 B 的 $1/3 \sim 1/6$；

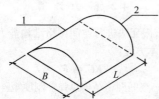

图 3.3.2　圆柱面网壳跨度 L、
宽度 B 示意
1—纵向边；2—端边

2 沿两纵向边支承或四边支承的圆柱面网壳，壳体的矢高可取跨度 L（宽度 B）的 $1/2 \sim 1/5$；

3 双层圆柱面网壳的厚度可取宽度 B 的 $1/20 \sim 1/50$；

4 两端边支承的单层圆柱面网壳，其跨度 L 不宜大于 35m；沿两纵向边支承的单层圆柱面网壳，其跨度（此时为宽度 B）不宜大于 30m。

3.3.3 双曲抛物面网壳结构设计宜符合下列规定：

1 双曲抛物面网壳底面的两对角线长度之比不宜大于 2；

2 单块双曲抛物面壳体的矢高可取跨度的 $1/2 \sim 1/4$（跨度为两个对角支承点之间的距离），四块组合双曲抛物面壳体每个方向的矢高可取相应跨度的 $1/4 \sim 1/8$；

3 双层双曲抛物面网壳的厚度可取短向跨度的 $1/20 \sim 1/50$；

4 单层双曲抛物面网壳的跨度不宜大于 60m。

3.3.4 椭圆抛物面网壳结构设计宜符合下列规定：

1 椭圆抛物面网壳的底边两跨度之比不宜大于 1.5；

2 壳体每个方向的矢高可取短向跨度的 $1/6 \sim 1/9$；

3 双层椭圆抛物面网壳的厚度可取短向跨度的 $1/20 \sim 1/50$；

4 单层椭圆抛物面网壳的跨度不宜大于 50m。

3.3.5 网壳的支承构造应可靠传递竖向反力，同时应满足不同网壳结构形式所必需的边缘约束条件；边缘约束构件应满足刚度要求，并应与网壳结构一起进行整体计算。各类网壳的相应支座约束条件应符合下列规定：

1 球面网壳的支承点应保证抵抗水平位移的约束条件；

2 圆柱面网壳当沿两纵向边支承时，支承点应保证抵抗侧向水平位移的约束条件；

3 双曲抛物面网壳应通过边缘构件将荷载传递给下部结构；

4 椭圆抛物面网壳及四块组合双曲抛物面网壳应通过边缘构件沿周边支承。

3.4　立体桁架、立体拱架与张弦立体拱架设计的基本规定

3.4.1 立体桁架的高度可取跨度的 $1/12 \sim 1/16$。

3.4.2 立体拱架的拱架厚度可取跨度的 $1/20 \sim 1/30$，矢高可取跨度的 $1/3 \sim 1/6$。当按立体拱架计算时，两端下部结构除了可靠传递竖向反力外还应保证抵抗水平位移的约束条件。当立体拱架跨度较大时应进行立体拱架平面内的整体稳定性验算。

3.4.3 张弦立体拱架的拱架厚度可取跨度的 $1/30 \sim 1/50$，结构矢高可取跨度的 $1/7 \sim 1/10$，其中拱架矢高可取跨度的 $1/14 \sim 1/18$，张弦的垂度可取跨度的 $1/12 \sim 1/30$。

3.4.4 立体桁架支承于下弦节点时桁架整体应有可靠的防侧倾体系，曲线形的立体桁架应考虑支座水平位移对下部结构的影响。

3.4.5 对立体桁架、立体拱架和张弦立体拱架应设置平面外的稳定支撑体系。

3.5　结构挠度容许值

3.5.1 空间网格结构在恒荷载与活荷载标准值作用下的最大挠度值不宜超过表 3.5.1 中的容许挠度值。

表 3.5.1　空间网格结构的容许挠度值

结构体系	屋盖结构（短向跨度）	楼盖结构（短向跨度）	悬挑结构（悬挑跨度）
网架	1/250	1/300	1/125
单层网壳	1/400	—	1/200
双层网壳立体桁架	1/250	—	1/125

注：对于设有悬挂起重设备的屋盖结构，其最大挠度值不宜大于结构跨度的 1/400。

3.5.2 网架与立体桁架可预先起拱，其起拱值可取不大于短向跨度的 1/300。当仅为改善外观要求时，最大挠度可取恒荷载与活荷载标准值作用下挠度减去起拱值。

4　结　构　计　算

4.1　一般计算原则

4.1.1 空间网格结构应进行重力荷载及风荷载作用下的位移、内力计算，并应根据具体情况，对地震、温度变化、支座沉降及施工安装荷载等作用下的位

移、内力进行计算。空间网格结构的内力和位移可按弹性理论计算；网壳结构的整体稳定性计算应考虑结构的非线性影响。

4.1.2 对非抗震设计，作用及作用组合的效应应按现行国家标准《建筑结构荷载规范》GB 50009进行计算，在杆件截面及节点设计中，应按作用基本组合的效应确定内力设计值；对抗震设计，地震组合的效应应按现行国家标准《建筑抗震设计规范》GB 50011计算。在位移验算中，应按作用标准组合的效应确定其挠度。

4.1.3 对于单个球面网壳和圆柱面网壳的风载体型系数，可按现行国家标准《建筑结构荷载规范》GB 50009取值；对于多个连接的球面网壳和圆柱面网壳，以及各种复杂形体的空间网格结构，当跨度较大时，应通过风洞试验或专门研究确定风载体型系数。对于基本自振周期大于0.25s的空间网格结构，宜进行风振计算。

4.1.4 分析网架结构和双层网壳结构时，可假定节点为铰接，杆件只承受轴向力；分析立体管桁架时，当杆件的节间长度与截面高度（或直径）之比不小于12（主管）和24（支管）时，也可假定节点为铰接；分析单层网壳时，应假定节点为刚接，杆件除承受轴向力外，还承受弯矩、扭矩、剪力等。

4.1.5 空间网格结构的外荷载可按静力等效原则将节点所辖区域内的荷载集中作用在该节点上。当杆件上作用有局部荷载时，应另行考虑局部弯曲内力的影响。

4.1.6 空间网格结构分析时，应考虑上部空间网格结构与下部支承结构的相互影响。空间网格结构的协同分析可把下部支承结构折算等效刚度和等效质量作为上部空间网格结构分析时的条件；也可把上部空间网格结构折算等效刚度和等效质量作为下部支承结构分析时的条件；也可以将上、下部结构整体分析。

4.1.7 分析空间网格结构时，应根据结构形式、支座节点的位置、数量和构造情况以及支承结构的刚度，确定合理的边界约束条件。支座节点的边界约束条件，对于网架、双层网壳和立体桁架，应按实际构造采用两向或一向可侧移、无侧移的铰接支座或弹性支座；对于单层网壳，可采用不动铰支座，也可采用刚接支座或弹性支座。

4.1.8 空间网格结构施工安装阶段与使用阶段支承情况不一致时，应区别不同支承条件分析计算施工安装阶段和使用阶段在相应荷载作用下的结构位移和内力。

4.1.9 根据空间网格结构的类型、平面形状、荷载形式及不同设计阶段等条件，可采用有限元法或基于连续化假定的方法进行计算。选用计算方法的适用范围和条件应符合下列规定：

1 网架、双层网壳和立体桁架宜采用空间杆系有限元法进行计算；

2 单层网壳应采用空间梁系有限元法进行计算；

3 在结构方案选择和初步设计时，网架结构、网壳结构也可分别采用拟夹层板法、拟壳法进行计算。

4.2 静 力 计 算

4.2.1 按有限元法进行空间网格结构静力计算时可采用下列基本方程：

$$KU = F \qquad (4.2.1)$$

式中：K——空间网格结构总弹性刚度矩阵；

U——空间网格结构节点位移向量；

F——空间网格结构节点荷载向量。

4.2.2 空间网格结构应经过位移、内力计算后进行杆件截面设计，如杆件截面需要调整应重新进行计算，使其满足设计要求。空间网格结构设计后，杆件不宜替换，如必须替换时，应根据截面及刚度等效的原则进行。

4.2.3 分析空间网格结构因温度变化而产生的内力，可将温差引起的杆件固端反力作为等效荷载反向作用在杆件两端节点上，然后按有限元法分析。

4.2.4 当网架结构符合下列条件之一时，可不考虑由于温度变化而引起的内力：

1 支座节点的构造允许网架侧移，且允许侧移值大于或等于网架结构的温度变形值；

2 网架周边支承、网架验算方向跨度小于40m，且支承结构为独立柱；

3 在单位力作用下，柱顶水平位移大于或等于下式的计算值：

$$u = \frac{L}{2\xi EA_m}\left(\frac{E\alpha\,\Delta t}{0.038f} - 1\right) \qquad (4.2.4)$$

式中：f——钢材的抗拉强度设计值（N/mm²）；

E——材料的弹性模量（N/mm²）；

α——材料的线膨胀系数（1/℃）；

Δt——温差（℃）；

L——网架在验算方向的跨度（m）；

A_m——支承（上承或下承）平面弦杆截面积的算术平均值（mm²）；

ξ——系数，支承平面弦杆为正交正放时 $\xi = 1.0$，正交斜放时 $\xi = \sqrt{2}$，三向时 $\xi = 2.0$。

4.2.5 预应力空间网格结构分析时，可根据具体情况将预应力作为初始内力或外力来考虑，然后按有限元法进行分析。对于索应考虑几何非线性的影响，并应按预应力施加程序对预应力施工全过程进行分析。

4.2.6 斜拉空间网格结构可按有限元法进行分析。斜拉索（或钢棒）应根据具体情况施加预应力，以确保在风荷载和地震作用下斜拉索处于受拉状态，必要时可设置稳定索加强。

4.2.7 由平面桁架系或角锥体系组成的矩形平面、周边支承网架结构，可简化为正交异性或各向同性的平板按拟夹层板法进行位移、内力计算。

4.2.8 网壳结构采用拟壳法分析时，可根据壳面形式、网格布置和构件截面把网壳等代为当量薄壳结构，在由相应边界条件求得拟壳的位移和内力后，可按几何和平衡条件返回计算网壳杆件的内力。网壳等效刚度可按本规程附录 C 进行计算。

4.2.9 组合网架结构可按有限元法进行位移、内力计算。分析时应将组合网架的带肋平板离散成能承受轴力、膜力和弯矩的梁元和板壳元，将腹杆和下弦作为承受轴力的杆元，并应考虑两种不同材料的材性。

4.2.10 组合网架结构也可采用空间杆系有限元法作简化计算。分析时可将组合网架的带肋平板等代为仅能承受轴力的上弦，并与腹杆和下弦构成两种不同材料的等代网架，按空间杆系有限元法进行位移、内力计算。等代上弦截面及带肋平板中内力可按本规程附录 D 确定。

4.3 网壳的稳定性计算

4.3.1 单层网壳以及厚度小于跨度 1/50 的双层网壳均应进行稳定性计算。

4.3.2 网壳的稳定性可按考虑几何非线性的有限元法（即荷载—位移全过程分析）进行计算，分析中可假定材料为弹性，也可考虑材料的弹塑性。对于大型和形状复杂的网壳结构宜采用考虑材料弹塑性的全过程分析方法。全过程分析的迭代方程可采用下式：

$$K_t \Delta U^{(i)} = F_{t+\Delta t} - N_{t+\Delta t}^{(i-1)} \qquad (4.3.2)$$

式中：K_t——t 时刻结构的切线刚度矩阵；

$\Delta U^{(i)}$——当前位移的迭代增量；

$F_{t+\Delta t}$——$t+\Delta t$ 时刻外部所施加的节点荷载向量；

$N_{t+\Delta t}^{(i-1)}$——$t+\Delta t$ 时刻相应的杆件节点内力向量。

4.3.3 球面网壳的全过程分析可按满跨均布荷载进行，圆柱面网壳和椭圆抛物面网壳除应考虑满跨均布荷载外，尚应考虑半跨活荷载分布的情况。进行网壳全过程分析时应考虑初始几何缺陷（即初始曲面形状的安装偏差）的影响，初始几何缺陷分布可采用结构的最低阶屈曲模态，其缺陷最大计算值可按网壳跨度的 1/300 取值。

4.3.4 按本规程第 4.3.2 条和第 4.3.3 条进行网壳结构全过程分析求得的第一个临界点处的荷载值，可作为网壳的稳定极限承载力。网壳稳定容许承载力（荷载取标准值）应等于网壳稳定极限承载力除以安全系数 K。当按弹塑性全过程分析时，安全系数 K 可取为 2.0；当按弹性全过程分析、且为单层球面网壳、柱面网壳和椭圆抛物面网壳时，安全系数 K 可取为 4.2。

4.3.5 当单层球面网壳跨度小于 50m、单层圆柱面网壳拱向跨度小于 25m、单层椭圆抛物面网壳跨度小于 30m 时，或进行网壳稳定性初步计算时，其容许承载力可按本规程附录 E 进行计算。

4.4 地震作用下的内力计算

4.4.1 对用作屋盖的网架结构，其抗震验算应符合下列规定：

1 在抗震设防烈度为 8 度的地区，对于周边支承的中小跨度网架结构应进行竖向抗震验算，对于其他网架结构均应进行竖向和水平抗震验算；

2 在抗震设防烈度为 9 度的地区，对各种网架结构应进行竖向和水平抗震验算。

4.4.2 对于网壳结构，其抗震验算应符合下列规定：

1 在抗震设防烈度为 7 度的地区，当网壳结构的矢跨比大于或等于 1/5 时，应进行水平抗震验算；当矢跨比小于 1/5 时，应进行竖向和水平抗震验算；

2 在抗震设防烈度为 8 度或 9 度的地区，对各种网壳结构应进行竖向和水平抗震验算。

4.4.3 在单维地震作用下，对空间网格结构进行多遇地震作用下的效应计算时，可采用振型分解反应谱法；对于体型复杂或重要的大跨度结构，应采用时程分析法进行补充计算。

4.4.4 按时程分析法计算空间网格结构地震效应时，其动力平衡方程应为：

$$M\ddot{U} + C\dot{U} + KU = -M\ddot{U}_g \qquad (4.4.4)$$

式中：M——结构质量矩阵；

C——结构阻尼矩阵；

K——结构刚度矩阵；

$\ddot{U}$，$\dot{U}$，U——结构节点相对加速度向量、相对速度向量和相对位移向量；

$\ddot{U}_g$——地面运动加速度向量。

4.4.5 采用时程分析法时，应按建筑场地类别和设计地震分组选用不少于两组的实际强震记录和一组人工模拟的加速度时程曲线，其平均地震影响系数曲线应与振型分解反应谱法所采用的地震影响系数曲线在统计意义上相符。加速度曲线峰值应根据与抗震设防烈度相应的多遇地震的加速度时程曲线最大值进行调整，并应选择足够长的地震动持续时间。

4.4.6 采用振型分解反应谱法进行单维地震效应分析时，空间网格结构 j 振型、i 节点的水平或竖向地震作用标准值应按下式确定：

$$\left. \begin{array}{l} F_{Exji} = \alpha_j \gamma_j X_{ji} G_i \\ F_{Eyji} = \alpha_j \gamma_j Y_{ji} G_i \\ F_{Ezji} = \alpha_j \gamma_j Z_{ji} G_i \end{array} \right\} \qquad (4.4.6-1)$$

式中：F_{Exji}、F_{Eyji}、F_{Ezji}——j 振型、i 节点分别沿 x、y、z 方向的地震作用标准值；

α_j——相应于 j 振型自振周期的水平地震影响系数，

按现行国家标准《建筑抗震设计规范》GB 50011确定；当仅 z 方向竖向地震作用时，竖向地震影响系数取 $0.65\alpha_j$；

X_{ji}、Y_{ji}、Z_{ji}——分别为 j 振型、i 节点的 x、y、z 方向的相对位移；

G_i——空间网格结构第 i 节点的重力荷载代表值，其中恒载取结构自重标准值；可变荷载取屋面雪荷载或积灰荷载标准值，组合值系数取 0.5；

γ_j——j 振型参与系数，应按公式（4.4.6-2）～（4.4.6-4）确定。

当仅 x 方向水平地震作用时，j 振型参与系数应按下式计算：

$$\gamma_j = \frac{\sum_{i=1}^{n} X_{ji} G_i}{\sum_{i=1}^{n}(X_{ji}^2 + Y_{ji}^2 + Z_{ji}^2)G_i} \quad (4.4.6\text{-}2)$$

当仅 y 方向水平地震作用时，j 振型参与系数应按下式计算：

$$\gamma_j = \frac{\sum_{i=1}^{n} Y_{ji} G_i}{\sum_{i=1}^{n}(X_{ji}^2 + Y_{ji}^2 + Z_{ji}^2)G_i} \quad (4.4.6\text{-}3)$$

当仅 z 方向竖向地震作用时，j 振型参与系数应按下式计算：

$$\gamma_j = \frac{\sum_{i=1}^{n} Z_{ji} G_i}{\sum_{i=1}^{n}(X_{ji}^2 + Y_{ji}^2 + Z_{ji}^2)G_i} \quad (4.4.6\text{-}4)$$

式中：n——空间网格结构节点数。

4.4.7 按振型分解反应谱法进行在多遇地震作用下单维地震作用效应分析时，网架结构杆件地震作用效应可按下式确定：

$$S_{Ek} = \sqrt{\sum_{j=1}^{m} S_j^2} \quad (4.4.7\text{-}1)$$

网壳结构杆件地震作用效应宜按下列公式确定：

$$S_{Ek} = \sqrt{\sum_{j=1}^{m} \sum_{k=1}^{m} \rho_{jk} S_j S_k} \quad (4.4.7\text{-}2)$$

$$\rho_{jk} = \frac{8\zeta_j\zeta_k(1+\lambda_T)\lambda_T^{1.5}}{(1-\lambda_T^2)^2 + 4\zeta_j\zeta_k(1+\lambda_T)^2\lambda_T} \quad (4.4.7\text{-}3)$$

式中：S_{Ek}——杆件地震作用标准值的效应；

S_j、S_k——分别为 j、k 振型地震作用标准值的效应；

ρ_{jk}——j 振型与 k 振型的耦联系数；

ζ_j、ζ_k——分别为 j、k 振型的阻尼比；

λ_T——k 振型与 j 振型的自振周期比；

m——计算中考虑的振型数。

4.4.8 当采用振型分解反应谱法进行空间网格结构地震效应分析时，对于网架结构宜至少取前 10～15 个振型，对于网壳结构宜至少取前 25～30 个振型，以进行效应组合；对于体型复杂或重要的大跨度空间网格结构需要取更多振型进行效应组合。

4.4.9 在抗震分析时，应考虑支承体系对空间网格结构受力的影响。此时宜将空间网格结构与支承体系共同考虑，按整体分析模型进行计算；亦可把支承体系简化为空间网格结构的弹性支座，按弹性支承模型进行计算。

4.4.10 在进行结构地震效应分析时，对于周边落地的空间网格结构，阻尼比值可取 0.02；对设有混凝土结构支承体系的空间网格结构，阻尼比值可取 0.03。

4.4.11 对于体型复杂或较大跨度的空间网格结构，宜进行多维地震作用下的效应分析。进行多维地震效应计算时，可采用多维随机振动分析方法、多维反应谱法或时程分析法。当按多维反应谱法进行空间网格结构三维地震效应分析时，结构各节点最大位移响应与各杆件最大内力响应可按本规程附录 F 公式进行组合计算。

4.4.12 周边支承或多点支承与周边支承相结合的用于屋盖的网架结构，其竖向地震作用效应可按本规程附录 G 进行简化计算。

4.4.13 单层球面网壳结构、单层双曲抛物面网壳结构和正放四角锥双层圆柱面网壳结构水平地震作用效应可按本规程附录 H 进行简化计算。

5 杆件和节点的设计与构造

5.1 杆 件

5.1.1 空间网格结构的杆件可采用普通型钢或薄壁型钢。管材宜采用高频焊管或无缝钢管，当有条件时应采用薄壁管型截面。杆件采用的钢材牌号和质量等级应符合现行国家标准《钢结构设计规范》GB 50017 的规定。杆件截面应按现行国家标准《钢结构设计规范》GB 50017 根据强度和稳定性的要求计算确定。

5.1.2 确定杆件的长细比时，其计算长度 l_0 应按表 5.1.2 采用。

表 5.1.2　杆件的计算长度 l_0

结构体系	杆件形式	节点形式				
		螺栓球	焊接空心球	板节点	毂节点	相贯节点
网架	弦杆及支座腹杆	1.0*l*	0.9*l*	1.0*l*	—	—
	腹杆	1.0*l*	0.8*l*	0.8*l*	—	—
双层网壳	弦杆及支座腹杆	1.0*l*	1.0*l*	1.0*l*	—	—
	腹杆	1.0*l*	0.9*l*	0.9*l*	—	—
单层网壳	壳体曲面内	—	0.9*l*	—	1.0*l*	0.9*l*
	壳体曲面外	—	1.6*l*	—	1.6*l*	1.6*l*
立体桁架	弦杆及支座腹杆	1.0*l*	1.0*l*	—	—	1.0*l*
	腹杆	1.0*l*	0.9*l*	—	—	0.9*l*

注：*l* 为杆件的几何长度（即节点中心间距离）。

5.1.3 杆件的长细比不宜超过表 5.1.3 中规定的数值。

表 5.1.3　杆件的容许长细比 [λ]

结构体系	杆件形式	杆件受拉	杆件受压	杆件受压与压弯	杆件受拉与拉弯
网架 立体桁架 双层网壳	一般杆件	300	180		
	支座附近杆件	250			
	直接承受动力荷载杆件	250			
单层网壳	一般杆件	—	—	150	250

5.1.4 杆件截面的最小尺寸应根据结构的跨度与网格大小按计算确定，普通角钢不宜小于 L50×3，钢管不宜小于 $\phi48\times3$。对大、中跨度空间网格结构，钢管不宜小于 $\phi60\times3.5$。

5.1.5 空间网格结构杆件分布应保证刚度的连续性，受力方向相邻的弦杆其杆件截面面积之比不宜超过 1.8 倍，多点支承的网架结构其反弯点处的上、下弦杆宜按构造要求加大截面。

5.1.6 对于低应力、小规格的受拉杆件其长细比宜按受压杆件控制。

5.1.7 在杆件与节点构造设计时，应考虑便于检查、清刷与油漆，避免易于积留湿气或灰尘的死角与凹槽，钢管端部应进行封闭。

5.2　焊接空心球节点

5.2.1 由两个半球焊接而成的空心球，可根据受力大小分别采用不加肋空心球（图 5.2.1-1）和加肋空心球（图 5.2.1-2）。空心球的钢材宜采用现行国家标准《碳素结构钢》GB/T 700 规定的 Q235B 钢或《低

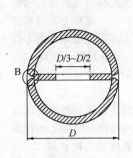
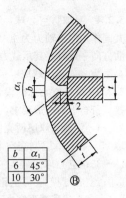

图 5.2.1-2　加肋空心球

合金高强度结构钢》GB/T 1591 规定的 Q345B、Q345C 钢。产品质量应符合现行行业标准《钢网架焊接空心球节点》JG/T 11 的规定。

5.2.2 当空心球直径为 120mm～900mm 时，其受压和受拉承载力设计值 N_R（N）可按下式计算：

$$N_R = \eta_0 \left(0.29 + 0.54\frac{d}{D}\right)\pi t d f \quad (5.2.2)$$

式中：η_0——大直径空心球节点承载力调整系数，当空心球直径≤500mm 时，$\eta_0=1.0$；当空心球直径>500mm 时，$\eta_0=0.9$；

　　　D——空心球外径（mm）；

　　　t——空心球壁厚（mm）；

　　　d——与空心球相连的主钢管杆件的外径（mm）；

　　　f——钢材的抗拉强度设计值（N/mm²）。

5.2.3 对于单层网壳结构，空心球承受压弯或拉弯的承载力设计值 N_m 可按下式计算：

$$N_m = \eta_m N_R \quad (5.2.3\text{-}1)$$

式中：N_R——空心球受压和受拉承载力设计值（N）；

　　　η_m——考虑空心球受压弯或拉弯作用的影响系数，应按图 5.2.3 确定，图中偏心系数 c 应按下式计算：

$$c = \frac{2M}{Nd} \quad (5.2.3\text{-}2)$$

式中：M——杆件作用于空心球节点的弯矩（N·mm）；

　　　N——杆件作用于空心球节点的轴力（N）；

　　　d——杆件的外径（mm）。

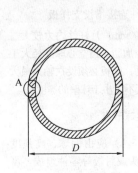
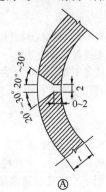

图 5.2.1-1　不加肋空心球

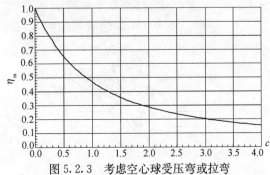

图 5.2.3　考虑空心球受压弯或拉弯作用的影响系数 η_m

5.2.4 对加肋空心球，当仅承受轴力或轴力与弯矩共同作用但以轴力为主（$\eta_m \geq 0.8$）且轴力方向和加肋方向一致时，其承载力可乘以加肋空心球承载力提高系数 η_d，受压球取 $\eta_d = 1.4$，受拉球取 $\eta_d = 1.1$。

5.2.5 焊接空心球的设计及钢管杆件与空心球的连接应符合下列构造要求：

1 网架和双层网壳空心球的外径与壁厚之比宜取 25～45；单层网壳空心球的外径与壁厚之比宜取 20～35；空心球外径与主钢管外径之比宜取 2.4～3.0；空心球壁厚与主钢管的壁厚之比宜取 1.5～2.0；空心球壁厚不宜小于 4mm。

2 不加肋空心球和加肋空心球的成型对接焊接，应分别满足图 5.2.1-1 和图 5.2.1-2 的要求。加肋空心球的肋板可用平台或凸台，采用凸台时，其高度不得大于 1mm。

3 钢管杆件与空心球连接，钢管应开坡口，在钢管与空心球之间应留有一定缝隙并予以焊透，以实现焊缝与钢管等强，否则应按角焊缝计算。钢管端头可加套管与空心球焊接（图 5.2.5）。套管壁厚不应小于 3mm，长度可为 30mm～50mm。

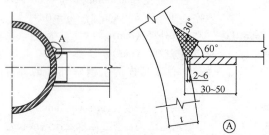

图 5.2.5 钢管加套管的连接

4 角焊缝的焊脚尺寸 h_f 应符合下列规定：

1）当钢管壁厚 $t_c \leq 4$mm 时，$1.5t_c \geq h_f > t_c$；

2）当 $t_c > 4$mm 时，$1.2t_c \geq h_f > t_c$。

5.2.6 在确定空心球外径时，球面上相邻杆件之间的净距 a 不宜小于 10mm（图 5.2.6），空心球直径可按下式估算：

$$D = (d_1 + 2a + d_2)/\theta \qquad (5.2.6)$$

式中：θ——汇集于球节点任意两相邻钢管杆件间的夹角（rad）；

d_1，d_2——组成 θ 角的两钢管外径（mm）；

a——球面上相邻杆件之间的净距（mm）。

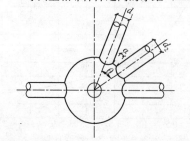

图 5.2.6 空心球节点相邻钢管杆件

5.2.7 当空心球直径过大、且连接杆件又较多时，为了减少空心球节点直径，允许部分腹杆与腹杆或腹杆与弦杆相汇交，但应符合下列构造要求：

1 所有汇交杆件的轴线必须通过球中心线；

2 汇交两杆中，截面积大的杆件必须全截面焊在球上（当两杆截面积相等时，取受拉杆），另一杆坡口焊在相汇交杆上，但应保证有 3/4 截面焊在球上，并应按图 5.2.7-1 设置加劲板；

3 受力大的杆件，可按图 5.2.7-2 增设支托板。

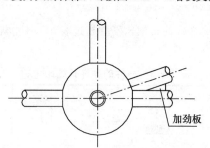

图 5.2.7-1 汇交杆件连接

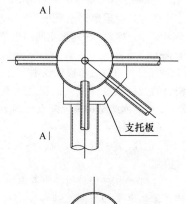

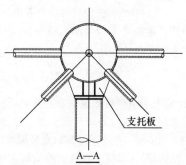

图 5.2.7-2 汇交杆件连接增设支托板

5.2.8 当空心球外径大于 300mm，且杆件内力较大需要提高承载能力时，可在球内加肋；当空心球外径大于或等于 500mm，应在球内加肋。肋板必须设在轴力最大杆件的轴线平面内，且其厚度不应小于球壁的厚度。

5.3 螺栓球节点

5.3.1 螺栓球节点（图 5.3.1）应由钢球、高强度螺栓、套筒、紧固螺钉、锥头或封板等零件组成，可用于连接网架和双层网壳等空间网格结构的圆钢管杆件。

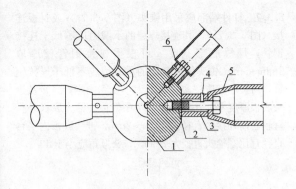

图 5.3.1　螺栓球节点
1—钢球；2—高强度螺栓；3—套筒；
4—紧固螺钉；5—锥头；6—封板

5.3.2　用于制造螺栓球节点的钢球、高强度螺栓、套筒、紧固螺钉、封板、锥头的材料可按表 5.3.2 的规定选用，并应符合相应标准技术条件的要求。产品质量应符合现行行业标准《钢网架螺栓球节点》JG/T 10 的规定。

表 5.3.2　螺栓球节点零件材料

零件名称	推荐材料	材料标准编号	备　注
钢　球	45 号钢	《优质碳素结构钢》GB/T 699	毛坯钢球锻造成型
高强度螺栓	20MnTiB、40Cr、35CrMo	《合金结构钢》GB/T 3077	规格 M12~M24
	35VB、40Cr、35CrMo		规格 M27~M36
	35CrMo、40Cr		规格 M39~M64×4
套筒	Q235B	《碳素结构钢》GB/T 700	套筒内孔径为 13mm~34mm
	Q345	《低合金高强度结构钢》GB/T 1591	套筒内孔径为 37mm~65mm
	45 号钢	《优质碳素结构钢》GB/T 699	
紧固螺钉	20MnTiB	《合金结构钢》GB/T 3077	螺钉直径宜尽量小
	40Cr		
锥头或封板	Q235B	《碳素结构钢》GB/T 700	钢号宜与杆件一致
	Q345	《低合金高强度结构钢》GB/T 1591	

5.3.3　钢球直径应保证相邻螺栓在球体内不相碰并应满足套筒接触面的要求（图 5.3.3），可分别按下列公式核算，并按计算结果中的较大者选用。

$$D \geqslant \sqrt{\left(\dfrac{d_s^b}{\sin\theta} + d_1^b\cot\theta + 2\xi d_1^b\right)^2 + \lambda^2 d_1^{b2}}$$

（5.3.3-1）

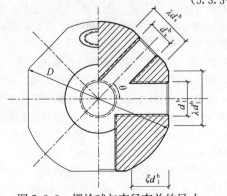

图 5.3.3　螺栓球与直径有关的尺寸

$$D \geqslant \sqrt{\left(\dfrac{\lambda d_s^b}{\sin\theta} + \lambda d_1^b\cot\theta\right)^2 + \lambda^2 d_1^{b2}}$$

（5.3.3-2）

式中：D——钢球直径（mm）；

θ——两相邻螺栓之间的最小夹角（rad）；

d_1^b——两相邻螺栓的较大直径（mm）；

d_s^b——两相邻螺栓的较小直径（mm）；

ξ——螺栓拧入球体长度与螺栓直径的比值，可取为 1.1；

λ——套筒外接圆直径与螺栓直径的比值，可取为 1.8。

当相邻杆件夹角 θ 较小时，尚应根据相邻杆件及相关封板、锥头、套筒等零部件不相碰的要求核算螺栓球直径。此时可通过检查可能相碰点至球心的连线与相邻杆件轴线间的夹角不大于 θ 的条件进行核算。

5.3.4　高强度螺栓的性能等级应按规格分别选用。对于 M12~M36 的高强度螺栓，其强度等级应按 10.9 级选用；对于 M39~M64 的高强度螺栓，其强度等级应按 9.8 级选用。螺栓的形式与尺寸应符合现行国家标准《钢网架螺栓球节点用高强度螺栓》GB/T 16939 的要求。选用高强度螺栓的直径应由杆件内力确定，高强度螺栓的受拉承载力设计值 N_t^b 应按下式计算：

$$N_t^b = A_{eff} f_t^b$$ （5.3.4）

式中：f_t^b——高强度螺栓经热处理后的抗拉强度设计值，对 10.9 级，取 430N/mm²；对 9.8 级，取 385N/mm²；

A_{eff}——高强度螺栓的有效截面积，可按表 5.3.4 选取。当螺栓上钻有键槽或钻孔时，A_{eff} 值取螺纹处或键槽、钻孔处二者中的较小值。

表 5.3.4　常用高强度螺栓在螺纹处的有效截面面积 A_{eff} 和承载力设计值 N_t^b

性能等级	规格 d	螺距 p (mm)	A_{eff} (mm²)	N_t^b (kN)
10.9 级	M12	1.75	84	36.1
	M14	2	115	49.5
	M16	2	157	67.5
	M20	2.5	245	105.3
	M22	2.5	303	130.5
	M24	3	353	151.5
	M27	3	459	197.5
	M30	3.5	561	241.2
	M33	3.5	694	298.4
	M36	4	817	351.3
9.8 级	M39	4	976	375.6
	M42	4.5	1120	431.5
	M45	4.5	1310	502.8
	M48	5	1470	567.1
	M52	5	1760	676.7
	M56×4	4	2144	825.4
	M60×4	4	2485	956.6
	M64×4	4	2851	1097.6

注：螺栓在螺纹处的有效截面积 $A_{eff} = \pi(d - 0.9382p)^2/4$。

5.3.5 受压杆件的连接螺栓直径，可按其内力设计值绝对值求得螺栓直径计算值后，按表5.3.4的螺栓直径系列减少1~3个级差。

5.3.6 套筒（即六角形无纹螺母）外形尺寸应符合扳手开口系列，端部要求平整，内孔径可比螺栓直径大1mm。

套筒可按现行国家标准《钢网架螺栓球节点用高强度螺栓》GB/T 16939的规定与高强度螺栓配套采用，对于受压杆件的套筒应根据其传递的最大压力值验算其抗压承载力和端部有效截面的局部承压力。

对于开设滑槽的套筒应验算套筒端部到滑槽端部的距离，应使该处有效截面的抗剪力不低于紧固螺钉的抗剪力，且不小于1.5倍滑槽宽度。

套筒长度 l_s（mm）和螺栓长度 l（mm）可按下列公式计算（图5.3.6）：

$$l_s = m + B + n \tag{5.3.6-1}$$
$$l = \xi d + l_s + h \tag{5.3.6-2}$$

式中：B——滑槽长度（mm），$B = \xi d - K$；

ξd——螺栓伸入钢球长度（mm），d为螺栓直径，ξ一般取1.1；

m——滑槽端部紧固螺钉中心到套筒端部的距离（mm）；

n——滑槽顶部紧固螺钉中心至套筒顶部的距离（mm）；

K——螺栓露出套筒距离（mm），预留4mm~5mm，但不应少于2个丝扣；

h——锥头底板厚度或封板厚度（mm）。

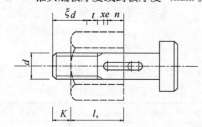

（a）拧入前

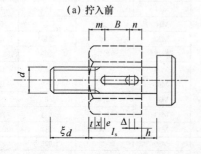

（b）拧入后

图5.3.6 套筒长度及螺栓长度

图中：t——螺纹根部到滑槽附加余量，取2个丝扣；

x——螺纹收尾长度；

e——紧固螺钉的半径；

Δ——滑槽预留量，一般取4mm。

5.3.7 杆件端部应采用锥头（图5.3.7a）或封板连接（图5.3.7b），其连接焊缝的承载力应不低于连接钢管，焊缝底部宽度 b 可根据连接钢管壁厚取2mm~5mm。锥头任何截面的承载力应不低于连接钢管，封板厚度应按实际受力大小计算确定，封板及锥头底板厚度不应小于表5.3.7中数值。锥头底板外径宜较套筒外接圆直径大1mm~2mm，锥头底板内平台直径宜比螺栓头直径大2mm。锥头倾角应小于40°。

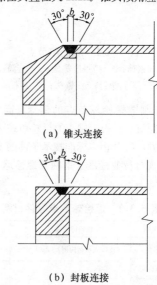

（a）锥头连接

（b）封板连接

图5.3.7 杆件端部连接焊缝

表5.3.7 封板及锥头底板厚度

高强度螺栓规格	封板/锥头底厚（mm）	高强度螺栓规格	锥头底厚（mm）
M12、M14	12	M36~M42	30
M16	14	M45~M52	35
M20~M24	16	M56×4~M60×4	40
M27~M33	20	M64×4	45

5.3.8 紧固螺钉宜采用高强度钢材，其直径可取螺栓直径的0.16~0.18倍，且不宜小于3mm。紧固螺钉规格可采用M5~M10。

5.4 嵌入式毂节点

5.4.1 嵌入式毂节点（图5.4.1）可用于跨度不大于60m的单层球面网壳及跨度不大于30m的单层圆柱面网壳。

5.4.2 嵌入式毂节点的毂体、杆端嵌入件、盖板、中心螺栓的材料可按表5.4.2的规定选用，并应符合相应材料标准的技术条件。产品质量应符合现行行业标准《单层网壳嵌入式毂节点》JG/T 136的规定。

5.4.3 毂体的嵌入槽以及与其配合的嵌入榫应做成小圆柱状（图5.4.3、图5.4.6a）。杆端嵌入件倾角 φ（即嵌入榫的中线和嵌入件轴线的垂线之间的夹角）和柱面网壳斜杆两端嵌入榫不共面的扭角 α 可按本规程附录J进行计算。

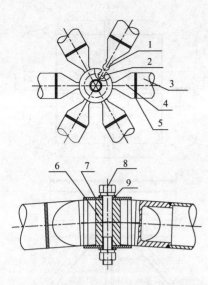

图 5.4.1 嵌入式毂节点
1—嵌入榫；2—毂体嵌入槽；3—杆件；4—杆端嵌入件；5—连接焊缝；6—毂体；7—盖板；8—中心螺栓；9—平垫圈、弹簧垫圈

表 5.4.2 嵌入式毂节点零件推荐材料

零件名称	推荐材料	材料标准编号	备注
毂体	Q235B	《碳素结构钢》GB/T 700	毂体直径宜采用100mm～165mm
盖板			
中心螺栓			
杆端嵌入件	ZG230-450H	《焊接结构用碳素钢铸件》GB 7659	精密铸造

5.4.4 嵌入件几何尺寸（图 5.4.3）应按下列计算方法及构造要求设计：

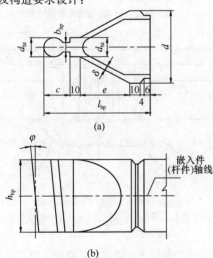

(a)

(b)

图 5.4.3 嵌入件的主要尺寸
注：δ—杆端嵌入件平面壁厚，不宜小于 5mm。

1 嵌入件颈部宽度 b_{hp} 应按与杆件等强原则计算，宽度 b_{hp} 及高度 h_{hp} 应按拉弯或压弯构件进行强度验算；

2 当杆件为圆管且嵌入件高度 h_{hp} 取圆管外径 d 时，$b_{hp} \geqslant 3t_c$（t_c 为圆管壁厚）；

3 嵌入榫直径 d_{ht} 可取 $1.7b_{hp}$ 且不宜小于 16mm；

4 尺寸 c 可根据嵌入榫直径 d_{ht} 及嵌入槽尺寸计算；

5 尺寸 e 可按下式计算：

$$e = \frac{1}{2}(d - d_{ht})\cot 30° \qquad (5.4.4)$$

5.4.5 杆件与杆端嵌入件应采用焊接连接，可参照螺栓球节点锥头与钢管的连接焊缝。焊缝强度应与所连接的钢管等强。

5.4.6 毂体各嵌入槽轴线间夹角 θ（即汇交于该节点各杆件轴线间的夹角在通过该节点中心切平面上的投影）及毂体其他主要尺寸（图 5.4.6）可按本规程附录 J 进行计算。

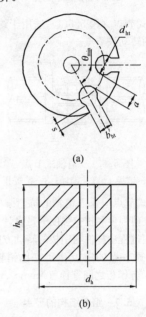

(a)

(b)

图 5.4.6 毂体各主要尺寸

5.4.7 中心螺栓直径宜采用 16mm～20mm，盖板厚度不宜小于 4mm。

5.5 铸钢节点

5.5.1 空间网格结构中杆件汇交密集、受力复杂且可靠性要求高的关键部位节点可采用铸钢节点。铸钢节点的设计和制作应符合国家现行有关标准的规定。

5.5.2 焊接结构用铸钢节点的材料应符合现行国家标准《焊接结构用碳素钢铸件》GB 7659 的规定，必要时可参照国际标准或其他国家的相关标准执行；非焊接结构用铸钢节点的材料应符合现行国家标准《一般工程用铸造碳钢件》GB/T 11352 的规定。

5.5.3 铸钢节点的材料应具有屈服强度、抗拉强度、伸长率、截面收缩率、冲击韧性等力学性能和碳、硅、锰、硫、磷等化学成分含量的合格保证，对焊接结构用铸钢节点的材料还应具有碳当量的合格保证。

5.5.4 铸钢节点设计时应根据铸钢件的轮廓尺寸选择合理的壁厚，铸件壁间应设计铸造圆角。制造时应严格控制铸造工艺、铸模精度及热处理工艺。

5.5.5 铸钢节点设计时应采用有限元法进行实际荷载工况下的计算分析，其极限承载力可根据弹塑性有限元分析确定。当铸钢节点承受多种荷载工况且不能明显判断其控制工况时，应分别进行计算以确定其最小极限承载力。极限承载力数值不宜小于最大内力设计值的 3.0 倍。

5.5.6 铸钢节点可根据实际情况进行检验性试验或破坏性试验。检验性试验时试验荷载不应小于最大内力设计值的 1.3 倍；破坏性试验时试验荷载不应小于最大内力设计值的 2.0 倍。

5.6 销轴式节点

5.6.1 销轴式节点（图 5.6.1）适用于约束线位移、放松角位移的转动铰节点。

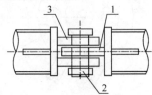

图 5.6.1 销轴式节点
1—销板Ⅰ；2—销轴；3—销板Ⅱ

5.6.2 销轴式节点应保证销轴的抗弯强度和抗剪强度、销板的抗剪强度和抗拉强度满足设计要求，同时应保证在使用过程中杆件与销板的转动方向一致。

5.6.3 销轴式节点的销板孔径宜比销轴的直径大 1mm～2mm，各销板之间宜预留 1mm～5mm 间隙。

5.7 组合结构的节点

5.7.1 组合网架与组合网壳结构的上弦节点构造应符合下列规定：

　　1 应保证钢筋混凝土带肋平板与组合网架、组合网壳的腹杆、下弦杆能共同工作；

　　2 腹杆的轴线与作为上弦的带肋板有效截面的中轴线应在节点处交于一点；

　　3 支承钢筋混凝土带肋板的节点板应能有效地传递水平剪力。

5.7.2 钢筋混凝土带肋板与腹杆连接的节点构造可采用下列三种形式：

　　1 焊接十字板节点（图 5.7.2-1），可用于杆件为角钢的组合网架与组合网壳；

　　2 焊接球缺节点（图 5.7.2-2），可用于杆件为圆钢管、节点为焊接空心球的组合网架与组合网壳；

　　3 螺栓环节点（图 5.7.2-3），可用于杆件为圆钢管、节点为螺栓球的组合网架与组合网壳。

5.7.3 组合网架与组合网壳结构节点的构造应符合下列规定：

　　钢筋混凝土带肋板的板肋底部预埋钢板应与

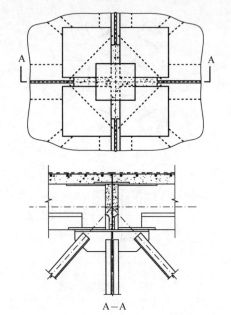

A—A
图 5.7.2-1 焊接十字板节点构造

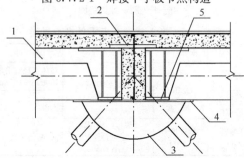

图 5.7.2-2 焊接球缺节点构造
1—钢筋混凝土带肋板；2—上盖板；3—球缺节点；
4—圆形钢板；5—板肋底部预埋钢板

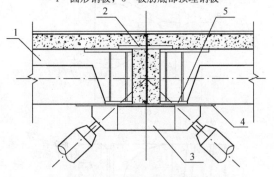

图 5.7.2-3 螺栓环节点构造
1—钢筋混凝土带肋板；2—上盖板；3—螺栓环节点；
4—圆形钢板；5—板肋底部预埋钢板

十字节点板的盖板（或球缺与螺栓环上的圆形钢板）焊接，必要时可在盖板（或圆形钢板）上焊接 U 形短钢筋，并在板缝中浇灌细石混凝土，构成水平盖板的抗剪键；

　　2 后浇板缝中宜配置通长钢筋；

　　3 当节点承受负弯矩时应设置上盖板，并应将其与板肋顶部预埋钢板焊接；

4 当组合网架用于楼层时，板面宜采用配筋后浇的细石混凝土面层；

5 组合网架与组合网壳未形成整体时，不得在钢筋混凝土上弦板上施加不均匀集中荷载。

5.8 预应力索节点

5.8.1 预应力索可采用钢绞线拉索、扭绞型平行钢丝拉索或钢拉杆，相应的拉索形式与端部节点锚固可采用下列方式：

1 钢绞线拉索，索体应由带有防护涂层的钢绞线制成，外加防护套管。固定端可采用挤压锚，张拉端可采用夹片锚，锚板应外带螺母用以微调整索力（图5.8.1-1）。

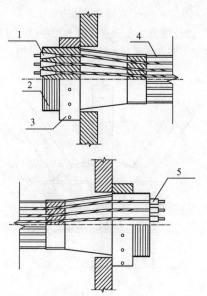

图 5.8.1-1 钢绞线拉索
1—夹片锚；2—锚板；3—外螺母；
4—护套；5—挤压锚

2 扭绞型平行钢丝拉索，索体应为平行钢丝束扭绞成型，外加防护层。钢索直径较小时可采用压接方式锚固，钢索直径大于30mm时宜采用铸锚方式锚固。锚固节点可外带螺母或采用耳板销轴节点（图5.8.1-2）。

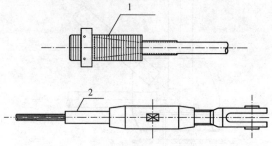

图 5.8.1-2 扭绞型平行钢丝拉索
1—铸锚；2—压接锚

3 钢拉杆，拉杆应为带有防护涂层的优质碳素结构钢、低合金高强度钢、合金结构钢或不锈钢，两端锚固方式应为耳板销轴节点，并宜配有可调节索长的调节套筒（图5.8.1-3）。

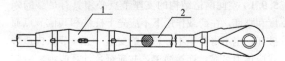

图 5.8.1-3 钢拉杆
1—调节套筒；2—钢棒

5.8.2 预应力体外索在索的转折处应设置鞍形垫板，以保证索的平滑转折（图5.8.2）。

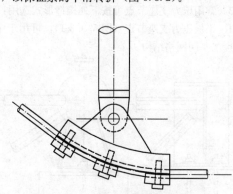

图 5.8.2 预应力体外索的鞍形垫板

5.8.3 张弦立体拱架撑杆下端与索相连的节点宜采用两半球铸钢索夹形式，索夹的连接螺栓应受力可靠，便于在拉索预应力各阶段拧紧索夹。张弦立体拱架的拉索宜采用两端带有铸锚的扭绞型平行钢丝索，拱架端部宜采用铸钢件作为索的锚固节点（图5.8.3）。

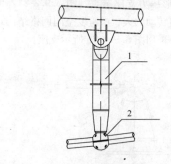

(a) 张弦立体拱架撑杆节点

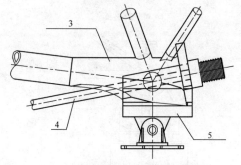

(b)张弦立体拱架支座索锚固节点
图 5.8.3 张弦立体拱架节点
1—撑杆；2—铸钢索夹；3—铸钢锚固节点；
4—索；5—支座节点

5.9 支座节点

5.9.1 空间网格结构的支座节点必须具有足够的强度和刚度，在荷载作用下不应先于杆件和其他节点而破坏，也不得产生不可忽略的变形。支座节点构造形式应传力可靠、连接简单，并应符合计算假定。

5.9.2 空间网格结构的支座节点应根据其主要受力特点，分别选用压力支座节点、拉力支座节点、可滑移与转动的弹性支座节点以及兼受轴力、弯矩与剪力的刚性支座节点。

5.9.3 常用压力支座节点可按下列构造形式选用：

1 平板压力支座节点（图5.9.3-1），可用于中、小跨度的空间网格结构；

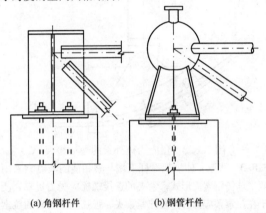

(a) 角钢杆件　　(b) 钢管杆件

图 5.9.3-1　平板压力支座节点

2 单面弧形压力支座节点（图5.9.3-2），可用于要求沿单方向转动的大、中跨度空间网格结构，支座反力较大时可采用图5.9.3-2b所示支座；

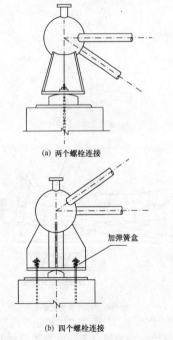

(a) 两个螺栓连接

加弹簧盒

(b) 四个螺栓连接

图 5.9.3-2　单面弧形压力支座节点

3 双面弧形压力支座节点（图5.9.3-3），可用于温度应力变化较大且下部支承结构刚度较大的大跨度空间网格结构；

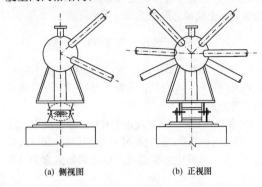

(a) 侧视图　　(b) 正视图

图 5.9.3-3　双面弧形压力支座节点

4 球铰压力支座节点（图5.9.3-4），可用于有抗震要求、多点支承的大跨度空间网格结构。

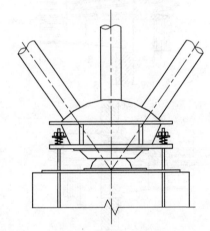

图 5.9.3-4　球铰压力支座节点

5.9.4 常用拉力支座节点可按下列构造形式选用：

1 平板拉力支座节点（同图5.9.3-1），可用于较小跨度的空间网格结构；

2 单面弧形拉力支座节点（图5.9.4-1），可用于要求沿单方向转动的中、小跨度空间网格结构；

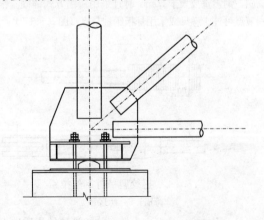

图 5.9.4-1　单面弧形拉力支座节点

3 球铰拉力支座节点（图5.9.4-2），可用于多点支承的大跨度空间网格结构。

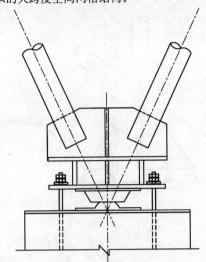

图5.9.4-2 球铰拉力支座节点

5.9.5 可滑动铰支座节点（图5.9.5），可用于中、小跨度的空间网格结构。

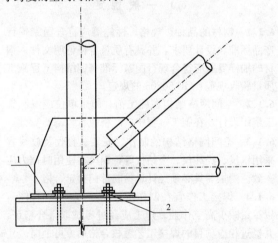

图5.9.5 可滑动铰支座节点
1—不锈钢板或聚四氟乙烯垫板；
2—支座底板开设椭圆形长孔

5.9.6 橡胶板式支座节点（图5.9.6），可用于支座反力较大、有抗震要求、温度影响、水平位移较大与有转动要求的大、中跨度空间网格结构，可按本规程附录K进行设计。

5.9.7 刚接支座节点（图5.9.7）可用于中、小跨度空间网格结构中承受轴力、弯矩与剪力的支座节点。支座节点竖向支承板厚度应大于焊接空心球节点球壁厚度2mm，球体置入深度应大于2/3球径。

5.9.8 立体管桁架支座节点可按图5.9.8选用。

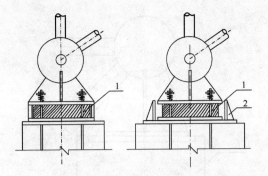

图5.9.6 橡胶板式支座节点
1—橡胶垫板；2—限位件

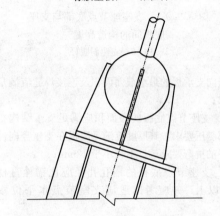

图5.9.7 刚接支座节点

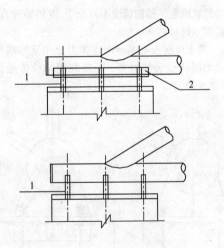

图5.9.8 立体管桁架支座节点
1—加劲板；2—弧形垫板

5.9.9 支座节点的设计与构造应符合下列规定：

1 支座竖向支承板中心线应与竖向反力作用线一致，并与支座节点连接的杆件汇交于节点中心；

2 支座球节点底部至支座底板间的距离应满足支座斜腹杆与柱或边梁不相碰的要求（图5.9.9-1）；

3 支座竖向支承板应保证其自由边不发生侧向屈曲，其厚度不宜小于10mm；对于拉力支座节点，

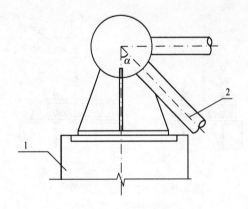

图 5.9.9-1 支座球节点底部与支座
底板间的构造高度
1—柱；2—支座斜腹杆

支座竖向支承板的最小截面面积及连接焊缝应满足强度要求；

4 支座节点底板的净面积应满足支承结构材料的局部受压要求，其厚度应满足底板在支座竖向反力作用下的抗弯要求，且不宜小于 12mm；

5 支座节点底板的锚孔孔径应比锚栓直径大10mm 以上，并应考虑适应支座节点水平位移的要求；

6 支座节点锚栓按构造要求设置时，其直径可取 20mm～25mm，数量可取 2～4 个；受拉支座的锚栓应经计算确定，锚固长度不应小于 25 倍锚栓直径，并应设置双螺母；

7 当支座底板与基础面摩擦力小于支座底部的水平反力时应设置抗剪键，不得利用锚栓传递剪力（图 5.9.9-2）；

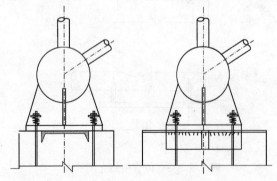

图 5.9.9-2 支座节点抗剪键

8 支座节点竖向支承板与螺栓球节点焊接时，应将螺栓球球体预热至 150℃～200℃，以小直径焊条分层、对称施焊，并应保温缓慢冷却。

5.9.10 弧形支座板的材料宜用铸钢，单面弧形支座板也可用厚钢板加工而成。板式橡胶支座应采用由多层橡胶片与薄钢板相间粘合而成的橡胶垫板，其材料性能及计算构造要求可按本规程附录 K 确定。

5.9.11 压力支座节点中可增设与埋头螺栓相连的过渡钢板，并应与支座预埋钢板焊接（图5.9.11）。

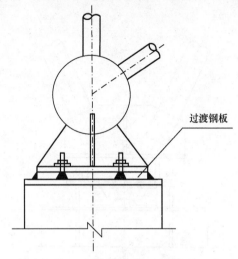

图 5.9.11 采用过渡钢板的压力支座节点

6 制作、安装与交验

6.1 一般规定

6.1.1 钢材的品种、规格、性能等应符合国家现行产品标准和设计要求，并具有质量合格证明文件。钢材的抽样复验应符合现行国家标准《钢结构工程施工质量验收规范》GB 50205 的规定。

6.1.2 空间网格结构在施工前，施工单位应编制施工组织设计，在施工过程中应严格执行。

6.1.3 空间网格结构的制作、安装、验收及放线宜采用钢尺、经纬仪、全站仪等，钢尺在使用时拉力应一致。测量器具必须经计量检验部门检定合格。

6.1.4 焊接工作宜在制作厂或施工现场地面进行，以尽量减少高空作业。焊工应经过考试取得合格证，并经过相应项目的焊接工艺考核合格后方可上岗。

6.1.5 空间网格结构安装前，应根据定位轴线和标高基准点复核和验收支座预埋件、预埋锚栓的平面位置和标高。预埋件、预埋锚栓的施工偏差应符合现行国家标准《钢结构工程施工质量验收规范》GB 50205 的规定。

6.1.6 空间网格结构的安装方法，应根据结构的类型、受力和构造特点，在确保质量、安全的前提下，结合进度、经济及施工现场技术条件综合确定。空间网格结构的安装可选用下列方法：

1 高空散装法 适用于全支架拼装的各种类型的空间网格结构，尤其适用于螺栓连接、销轴连接等非焊接连接的结构。并可根据结构特点选用少支架的悬挑拼装施工方法：内扩法（由边支座向中央悬挑拼装）、外扩法（由中央向边支座悬挑拼装）。

2 分条或分块安装法 适用于分割后结构的刚度和受力状况改变较小的空间网格结构。分条或分块的大小应根据起重设备的起重能力确定。

3 滑移法 适用于能设置平行滑轨的各种空间网格结构，尤其适用于必须跨越施工（待安装的屋盖结构下部不允许搭设支架或行走起重机）或场地狭窄、起重运输不便等情况。当空间网格结构为大柱网或平面狭长时，可采用滑移法施工。

4 整体吊装法 适用于中小型空间网格结构，吊装时可在高空平移或旋转就位。

5 整体提升法 适用于各种空间网格结构，结构在地面整体拼装完毕后提升至设计标高、就位。

6 整体顶升法 适用于支点较少的各种空间网格结构。结构在地面整体拼装完毕后顶升至设计标高、就位。

7 折叠展开式整体提升法 适用于柱面网壳结构等。在地面或接近地面的工作平台上折叠拼装，然后将折叠的机构用提升设备提升到设计标高，最后在高空补足原先去掉的杆件，使机构变成结构。

6.1.7 安装方法确定后，应分别对空间网格结构各吊点反力、竖向位移、杆件内力、提升或顶升时支承柱的稳定性和风载下空间网格结构的水平推力等进行验算，必要时应采取临时加固措施。当空间网格结构分割成条、块状或悬挑法安装时，应对各相应施工工况进行跟踪验算，对有影响的杆件和节点应进行调整。安装用支架或起重设备拆除前应对相应各阶段工况进行结构验算，以选择合理的拆除顺序。

6.1.8 安装阶段结构的动力系数宜按下列数值选取：液压千斤顶提升或顶升取1.1；穿心式液压千斤顶钢绞线提升取1.2；塔式起重机、拔杆吊装取1.3；履带式、汽车式起重机吊装取1.4。

6.1.9 空间网格结构正式安装前宜进行局部或整体试拼装，当结构较简单或确有把握时可不进行试拼装。

6.1.10 空间网格结构不得在六级及六级以上的风力下进行安装。

6.1.11 空间网格结构在进行涂装前，必须对构件表面进行处理，清除毛刺、焊渣、铁锈、污物等。经过处理的表面应符合设计要求和国家现行有关标准的规定。

6.1.12 空间网格结构宜在安装完毕、形成整体后再进行屋面板及吊挂构件等的安装。

6.2 制作与拼装要求

6.2.1 空间网格结构的杆件和节点应在专门的设备或胎具上进行制作与拼装，以保证拼装单元的精度和互换性。

6.2.2 空间网格结构制作与安装中所有焊缝应符合设计要求。当设计无要求时应符合下列规定：

1 钢管与钢管的对接焊缝应为一级焊缝；

2 球管对接焊缝、钢管与封板（或锥头）的对接焊缝应为二级焊缝；

3 支管与主管、支管与支管的相贯焊缝应符合现行行业标准《建筑钢结构焊接技术规程》JGJ 81的规定；

4 所有焊缝均应进行外观检查，检查结果应符合现行行业标准《建筑钢结构焊接技术规程》JGJ 81的规定；对一、二级焊缝作无损探伤检验，一级焊缝探伤比例为100%，二级焊缝探伤比例为20%，探伤比例的计数方法为焊缝条数的百分比，探伤方法及缺陷分级应分别符合现行行业标准《钢结构超声波探伤及质量分级法》JG/T 203和《建筑钢结构焊接技术规程》JGJ 81的规定。

6.2.3 空间网格结构的杆件接长不得超过一次，接长杆件总数不应超过杆件总数的10%，并不得集中布置。杆件的对接焊缝距节点或端头的最短距离不小于500mm。

6.2.4 空间网格结构制作尚应符合下列规定：

1 焊接球节点的半圆球，宜用机床坡口。焊接后的成品球表面应光滑平整，不应有局部凸起或折皱。焊接球的尺寸允许偏差应符合表6.2.4-1的规定。

表6.2.4-1 焊接球尺寸的允许偏差

项　　目	规格(mm)	允许偏差(mm)
直　径	$D \leqslant 300$	±1.5
	$300 < D \leqslant 500$	±2.5
	$500 < D \leqslant 800$	±3.5
	$D > 800$	±4.0
圆　度	$D \leqslant 300$	1.5
	$300 < D \leqslant 500$	2.5
	$500 < D \leqslant 800$	3.5
	$D > 800$	4.0
壁厚减薄量	$t \leqslant 10$	$0.18t$，且不应大于1.5
	$10 < t \leqslant 16$	$0.15t$，且不应大于2.0
	$16 < t \leqslant 22$	$0.12t$，且不应大于2.5
	$22 < t \leqslant 45$	$0.11t$，且不应大于3.5
	$t > 45$	$0.08t$，且不应大于4.0
对口错边量	$t \leqslant 20$	1.0
	$20 < t \leqslant 40$	2.0
	$t > 40$	3.0

注：D为焊接球的外径，t为焊接球的壁厚。

2 螺栓球不得有裂纹。螺纹应按6H级精度加工，并应符合现行国家标准《普通螺纹　公差》GB/T 197的规定。螺栓球的尺寸允许偏差应符合表6.2.4-2的规定。

表 6.2.4-2 螺栓球尺寸的允许偏差

项　目	规格(mm)	允许偏差
毛坯球直径	D≤120	+2.0mm -1.0mm
	D>120	+3.0mm -1.5mm
球的圆度	D≤120	1.5mm
	120<D≤250	2.5mm
	D>250	3.5mm
同一轴线上两铣平面平行度	D≤120	0.2mm
	D>120	0.3mm
铣平面距球中心距离	—	±0.2mm
相邻两螺栓孔中心线夹角	—	±30′
铣平面与螺栓孔轴线垂直度	—	0.005r

注：D 为螺栓球直径，r 为铣平面半径。

3 嵌入式毂节点杆端嵌入榫与毂体槽口相配合部分的制造精度应满足 0.1mm～0.3mm 间隙配合的要求。杆端嵌入件倾角 φ 制造中以 30′ 分类，与杆件组焊时，在专用胎具上微调，其调整后的偏差为 20′。嵌入式毂节点尺寸允许偏差应符合表 6.2.4-3 的规定。

表 6.2.4-3　嵌入式毂节点尺寸的允许偏差

项　目	允许偏差
嵌入槽圆孔对分布圆中心线的平行度	0.3mm
分布圆直径	±0.3mm
直槽部分对圆孔平行度	0.2mm
毂体嵌入槽间夹角	±20′
毂体端面对嵌入槽分布圆中心线的端面跳动	0.3mm
端面间平行度	0.5mm

6.2.5 钢管杆件宜用机床下料。杆件下料长度应预加焊接收缩量，其值可通过试验确定。杆件制作长度的允许偏差应为±1mm。采用螺栓球节点连接的杆件其长度应包括锥头或封板；采用嵌入式毂节点连接的杆件，其长度应包括杆端嵌入件。

6.2.6 支座节点、铸钢节点、预应力索锚固节点、H 型钢、方管、预应力索等的制作加工应符合设计及现行国家标准《钢结构工程施工质量验收规范》GB 50205 等的规定。

6.2.7 空间网格结构宜在拼装模架上进行小拼，以保证小拼单元的形状和尺寸的准确性。小拼单元的允许偏差应符合表 6.2.7 规定。

表 6.2.7　小拼单元的允许偏差

项　目	范　围	允许偏差 （mm）
节点中心偏移	D≤500	2.0
	D>500	3.0
杆件中心与节点中心的偏移	d(b)≤200	2.0
	d(b)>200	3.0
杆件轴线的弯曲矢高	—	L₁/1000，且 不应大于 5.0
网格尺寸	L≤5000	±2.0
	L>5000	±3.0
锥体（桁架）高度	h≤5000	±2.0
	h>5000	±3.0
对角线长度	L≤7000	±3.0
	L>7000	±4.0
平面桁架节点处 杆件轴线错位	d(b)≤200	2.0
	d(b)>200	3.0

注：1　D 为节点直径；
　　2　d 为杆件直径，b 为杆件截面边长；
　　3　L₁ 为杆件长度，L 为网格尺寸，h 为锥体（桁架）高度。

6.2.8 分条或分块的空间网格结构单元长度不大于 20m 时，拼接边长度允许偏差应为±10mm；当条或块单元长度大于 20m 时，拼接边长度允许偏差应为±20mm。高空总拼应有保证精度的措施。

6.2.9 空间网格结构在总拼前应精确放线，放线的允许偏差应为边长的 1/10000。总拼所用的支承点应防止下沉。总拼时应选择合理的焊接工艺顺序，以减少焊接变形和焊接应力。拼装与焊接顺序应从中间向两端或四周发展。网壳结构总拼完成后应检查曲面形状，其局部凹陷的允许偏差应为跨度的 1/1500，且不应大于 40mm。

6.2.10 螺栓球节点及用高强度螺栓连接的空间网格结构，按有关规定拧紧高强度螺栓后，应对高强度螺栓的拧紧情况逐一检查，压杆不得存在缝隙，确保高强度螺栓拧紧。安装完成后应对拉杆套筒的缝隙和多余的螺孔用油腻子填嵌密实，并应按规定进行防腐处理。

6.2.11 支座安装应平整垫实，必要时可用钢板调整，不得强迫就位。

6.3　高空散装法

6.3.1 采用小拼单元或杆件直接在高空拼装时，其顺序应能保证拼装精度，减少累积误差。悬挑法施工时，应先拼成可承受自重的几何不变结构体系，然后逐步扩拼。为减少扩拼时结构的竖向位移，可设置少量支撑。空间网格结构在拼装过程中应对控制点空间坐标随时跟踪测量，并及时调整至设计要求值，不应使拼装偏差逐步积累。

6.3.2 当选用扣件式钢管搭设拼装支架时，应在立杆柱网中纵横每相隔 15m～20m 设置格构柱或格构框架，作为核心结构。格构柱或格构框架必须设置交叉斜杆，斜杆与立杆或水平杆交叉处节点必须用扣件连接牢固。

6.3.3 格构柱应验算强度、整体稳定性和单根立杆稳定性；拼装支架除应验算单根立杆强度和稳定性外，尚应采取构造措施保证整体稳定性。压杆计算长度 l_0 应取支架步高。

计算时工作条件系数 μ_a 可取 0.36，高度影响系数 μ_b 可按下式计算：

$$\mu_b = \frac{1}{1 + 0.005 H_s} \qquad (6.3.3)$$

式中：μ_b——高度影响系数；

H_s——支架搭设高度（m）。

6.3.4 对于高宽比比较大的拼装支架还应进行抗倾覆验算。

6.3.5 拼装支架搭设应符合下列规定：

1 必须设置足够完整的垂直剪刀撑和水平剪刀撑；

2 支架应与土建结构连接牢固，当无连接条件时，应设置安全缆风绳、抛撑等；

3 支架立杆安装每步高允许垂直偏差应为 ±7mm；支架总高 20m 以下时，全高允许垂直偏差应为 ±30mm；支架总高 20m 以上时，全高允许垂直偏差应为 ±48mm；

4 扣件拧紧力矩不应小于 40N·m，抽检率不应低于 20%；

5 支架在结构自重及施工荷载作用下，其立杆总沉降量不应大于 10mm；

6 支架搭设的其余技术要求应符合现行行业标准《建筑施工扣件式钢管脚手架安全技术规范》JGJ 130 的相关规定。

6.3.6 在拆除支架过程中应防止个别支承点集中受力，宜根据各支承点的结构自重挠度值，采用分区、分阶段按比例下降或用每步不大于 10mm 的等步下降法拆除支承点。

6.4 分条或分块安装法

6.4.1 将空间网格结构分成条状单元或块状单元在高空连成整体时，分条或分块结构单元应具有足够刚度并保证自身的几何不变性，否则应采取临时加固措施。

6.4.2 在分条或分块之间的合拢处，可采用安装螺栓或其他临时定位等措施。设置独立的支撑点或拼装支架时，应符合本规程第 6.3.2 条的规定。合拢时可

用千斤顶或其他方法将网格单元顶升至设计标高，然后连接。

6.4.3 网格单元宜减少中间运输。如需运输时，应采取措施防止变形。

6.5 滑 移 法

6.5.1 滑移可采用单条滑移法、逐条积累滑移法与滑架法。

6.5.2 空间网格结构在滑移时应至少设置两条滑轨，滑轨间必须平行。根据结构支承情况，滑轨可以倾斜设置，结构可上坡或下坡牵引。当滑轨倾斜时，必须采取安全措施，使结构在滑移过程中不致因自重向下滑动。对曲面空间网格结构的条状单元可用辅助支架调整结构的高低；对非矩形平面空间网格结构，在滑轨两边可对称或非对称将结构悬挑。

6.5.3 滑轨可固定于梁顶面或专用支架上，也可置于地面，轨面标高宜高于或等于空间网格结构支座设计标高。滑轨及专用支架应能抵抗滑移时的水平力及竖向力，专用支架的搭设应符合本规程第 6.3.2 条的规定。滑轨接头处应垫实，两端应做圆倒角，滑轨两侧应无障碍，滑轨表面应光滑平整，并应涂润滑油。大跨度空间网格结构的滑轨采用钢轨时，安装应符合现行国家标准《桥式和门式起重机制造和轨道安装公差》GB/T 10183 的规定。

6.5.4 对大跨度空间网格结构，宜在跨中增设中间滑轨。中间滑轨宜用滚动摩擦方式滑移，两边滑轨宜用滑动摩擦方式滑移。当滑移单元由于增设中间滑轨引起杆件内力变号时，应采取措施防止杆件失稳。

6.5.5 当设置水平导向轮时，宜设在滑轨内侧，导向轮与滑轨的间隙应在 10mm～20mm 之间。

6.5.6 空间网格结构滑移时可用卷扬机或手拉葫芦牵引，根据牵引力大小及支座之间的杆件承载力，左右两边可采用一点或多点牵引。牵引速度不宜大于 0.5m/min，不同步值不应大于 50mm。牵引力可按滑动摩擦或滚动摩擦分别按下列公式进行验算：

1 滑动摩擦

$$F_t \geqslant \mu_1 \cdot \zeta \cdot G_{ok} \qquad (6.5.6-1)$$

式中：F_t——总启动牵引力；

G_{ok}——空间网格结构的总自重标准值；

μ_1——滑动摩擦系数，在自然轧制钢表面，经粗除锈充分润滑的钢与钢之间可取 0.12～0.15；

ζ——阻力系数，当有其他因素影响牵引力时，可取 1.3～1.5。

2 滚动摩擦

$$F_t \geqslant \left(\frac{k}{r_1} + \mu_2 \frac{r}{r_1} \right) \cdot G_{ok} \cdot \zeta_1 \qquad (6.5.6-2)$$

式中：F_t——总启动牵引力；

G_{ok}——空间网格结构总自重标准值；

k ——钢制轮与钢轨之间滚动摩擦力臂，当圆
　　　顶轨道车轮直径为 100mm～150mm 时，
　　　取 0.3mm，车轮直径为 200mm～
　　　300mm 时，取 0.4mm；

μ_2 ——车轮轴承摩擦系数，滑动开式轴承取
　　　0.1，稀油润滑取 0.08，滚珠轴承取
　　　0.015，滚柱轴承、圆锥滚子轴承
　　　取 0.02；

ζ_1 ——阻力系数，由小车制造安装精度、钢轨
　　　安装精度、牵引的不同步程度等因素确
　　　定，取 1.1～1.3；

r_1 ——滚轮的外圆半径（mm）；

r ——轴的半径（mm）。

6.5.7 空间网格结构在滑移施工前，应根据滑移方案对杆件内力、位移及支座反力进行验算。当采用多点牵引时，还应验算牵引不同步对结构内力的影响。

6.6 整体吊装法

6.6.1 空间网格结构整体吊装可采用单根或多根拔杆起吊，也可采用一台或多台起重机起吊就位，并应符合下列规定：

　1　当采用单根拔杆整体吊装方案时，对矩形网架，可通过调整缆风绳使空间网格结构平移就位；对正多边形或圆形结构可通过旋转使结构转动就位；

　2　当采用多根拔杆方案时，可利用每根拔杆两侧起重机滑轮组中产生水平力不等原理推动空间网格结构平移或转动就位（图 6.6.1）；

　3　空间网格结构吊装设备可根据起重滑轮组的拉力进行受力分析，提升或就位阶段可分别按下列公式计算起重滑轮组的拉力：

　　提升阶段（图 6.6.1a），

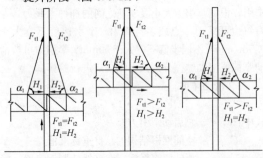

(a)提升阶段　(b)移位阶段　(c)就位阶段

图 6.6.1　空间网格结构空中移位示意

$$F_{t1} = F_{t2} = \frac{G_1}{2\sin\alpha_1} \qquad (6.6.1\text{-}1)$$

就位阶段（图 6.6.1b），

$$F_{t1}\sin\alpha_1 + F_{t2}\sin\alpha_2 = G_1 \qquad (6.6.1\text{-}2)$$

$$F_{t1}\cos\alpha_1 = F_{t2}\cos\alpha_2 \qquad (6.6.1\text{-}3)$$

式中：G_1 ——每根拔杆所担负的空间网格结构、索具等荷载（kN）；

F_{t1}、F_{t2} ——起重滑轮组的拉力（kN）；

α_1、α_2 ——起重滑轮组钢丝绳与水平面的夹角（rad）。

6.6.2 在空间网格结构整体吊装时，应保证各吊点起升及下降的同步性。提升高差允许值（即相邻两拔杆间或相邻两吊点组的合力点间的相对高差）可取吊点间距离的 1/400，且不宜大于 100mm，或通过验算确定。

6.6.3 当采用多根拔杆或多台起重机吊装空间网格结构时，宜将拔杆或起重机的额定负荷能力乘以折减系数 0.75。

6.6.4 在制订空间网格结构就位总拼方案时，应符合下列规定：

　1　空间网格结构的任何部位与支承柱或拔杆的净距不应小于 100mm；

　2　如支承柱上设有凸出构造（如牛腿等），应防止空间网格结构在提升过程中被凸出物卡住；

　3　由于空间网格结构错位需要，对个别杆件暂不组装时，应进行结构验算。

6.6.5 拔杆、缆风绳、索具、地锚、基础及起重滑轮组的穿法等，均应进行验算，必要时可进行试验检验。

6.6.6 当采用多根拔杆吊装时，拔杆安装必须垂直，缆风绳的初始拉力值宜取吊装时缆风绳中拉力的 60%。

6.6.7 当采用单根拔杆吊装时，应采用球铰底座；当采用多根拔杆吊装时，在拔杆的起重平面内可采用单向铰接头。拔杆在最不利荷载组合作用下，其支承基础对地面的平均压力不应大于地基承载力特征值。

6.6.8 当空间网格结构承载能力允许时，在拆除拔杆时可采用在结构上设置滑轮组将拔杆悬挂于空间网格结构上逐段拆除的方法。

6.7 整体提升法

6.7.1 空间网格结构整体提升可在结构柱上安装提升设备进行提升，也可在进行柱子滑模施工的同时提升，此时空间网格结构可作为操作平台。

6.7.2 提升设备的使用负荷能力，应将额定负荷能力乘以折减系数，穿心式液压千斤顶可取 0.5～0.6；电动螺杆升板机可取 0.7～0.8；其他设备通过试验确定。

6.7.3 空间网格结构整体提升时应保证同步。相邻两提升点和最高与最低两个点的提升允许高差值应通过验算或试验确定。在通常情况下，相邻两个提升点允许高差值，当用升板机时，应为相邻点距离的 1/400，且不应大于 15mm；当采用穿心式液压千斤顶时，应为相邻点距离的 1/250，且不应大于 25mm。最高点与最低点允许高差值，当采用升板机时应为 35mm，当采用穿心式液压千斤顶时应为 50mm。

6.7.4 提升设备的合力点与吊点的偏移值不应大

于 10mm。

6.7.5 整体提升法的支承柱应进行稳定性验算。

6.8 整体顶升法

6.8.1 当空间网格结构采用整体顶升法时，宜利用空间网格结构的支承柱作为顶升时的支承结构，也可在原支承柱处或其附近设置临时顶升支架。

6.8.2 顶升用的支承柱或临时支架上的缀板间距，应为千斤顶使用行程的整倍数，其标高偏差不得大于 5mm，否则应用薄钢板垫平。

6.8.3 顶升千斤顶可采用螺旋千斤顶或液压千斤顶，其使用负荷能力应将额定负荷能力乘以折减系数，丝杠千斤顶取 0.6～0.8，液压千斤顶取 0.4～0.6。各千斤顶的行程和升起速度必须一致，千斤顶及其液压系统必须经过现场检验合格后方可使用。

6.8.4 顶升时各顶升点的允许高差应符合下列规定：

　　1 不应大于相邻两个顶升支承结构间距的 1/1000，且不应大于 15mm；

　　2 当一个顶升点的支承结构上有两个或两个以上千斤顶时，不应大于千斤顶间距的 1/200，且不应大于 10mm。

6.8.5 千斤顶应保持垂直，千斤顶或千斤顶合力的中心与顶升点结构中心线偏移值不应大于 5mm。

6.8.6 顶升前及顶升过程中空间网格结构支座中心对柱基轴线的水平偏移值不得大于柱截面短边尺寸的 1/50 及柱高的 1/500。

6.8.7 顶升用的支承结构应进行稳定性验算，验算时除应考虑空间网格结构和支承结构自重、与空间网格结构同时顶升的其他静载和施工荷载外，尚应考虑上述荷载偏心和风荷载所产生的影响。如稳定性不满足时，应采取措施予以解决。

6.9 折叠展开式整体提升法

6.9.1 将柱面网壳结构由结构变成机构，在地面拼装完成后用提升设备整体提升到设计标高，然后在高空补足杆件，使机构成为结构。在作为机构的整个提升过程中应对网壳结构的杆件内力、节点位移及支座反力进行验算，必要时应采取临时加固措施。

6.9.2 提升用的工具宜采用液压设备，并宜采用计算机同步控制。提升点应根据设计计算确定，可采用四点或四点以上的提升点进行提升。提升速度不宜大于 0.2m/min，提升点的不同步值不应大于提升点间距的 1/500，且不应大于 40mm。

6.9.3 在提升过程中只允许机构在竖直方向作一维运动。提升用的支架应符合本规程第 6.3.2 条的规定，并应设置导轨。

6.9.4 柱面网壳结构由若干条铰线分成多个区域，每条铰线包含多个活动铰，应保证同一铰线上的各个铰节点在一条直线上，各条铰线之间应相互平行。

6.9.5 对提升过程中可能出现瞬变的柱面网壳结构，应设置临时支撑或临时拉索。

6.10 组合空间网格结构施工

6.10.1 预制钢筋混凝土板几何尺寸的允许偏差及混凝土质量标准应符合现行国家标准《混凝土结构工程施工质量验收规范》GB 50204 的有关规定。

6.10.2 灌缝混凝土应采用微膨胀补偿收缩混凝土，并应连续灌筑。当灌缝混凝土强度达到强度等级的 75％以上时，方可拆除支架。

6.10.3 组合空间网格结构的腹杆及下弦杆的制作、拼装允许偏差及焊缝质量要求应符合本规程第 6.2 节的规定。

6.10.4 组合空间网格结构安装方法可采用高空散装法、整体提升法、整体顶升法。

6.10.5 组合空间网格结构在未形成整体前，不得拆除支架或施加局部集中荷载。

6.11 交　验

6.11.1 空间网格结构的制作、拼装和安装的每道工序完成后均应进行检查，凡未经检查，不得进行下一工序的施工，每道工序的检查均应作出记录，并汇总存档。结构安装完成后必须进行交工验收。

　　组成空间网格结构的各种节点、杆件、高强度螺栓、其他零配件、构件、连接件等均应有出厂合格证及检验记录。

6.11.2 交工验收时，应检查空间网格结构的各边长度、支座的中心偏移和高度偏差，各允许偏差应符合下列规定：

　　1 各边长度的允许偏差应为边长的 1/2000 且不应大于 40mm；

　　2 支座中心偏移的允许偏差应为偏移方向空间网格结构边长（或跨度）的 1/3000，且不应大于 30mm；

　　3 周边支承的空间网格结构，相邻支座高差的允许偏差应为相邻间距的 1/400，且不大于 15mm；对多点支承的空间网格结构，相邻支座高差的允许偏差应为相邻间距的 1/800，且不应大于 30mm；支座最大高差的允许偏差不应大于 30mm。

6.11.3 空间网格结构安装完成后，应对挠度进行测量。测量点的位置可由设计单位确定。当设计无要求时，对跨度为 24m 及以下的情况，应测量跨中的挠度；对跨度为 24m 以上的情况，应测量跨中及跨度方向四等分点的挠度。所测得的挠度值不应超过现荷载条件下挠度计算值的 1.15 倍。

6.11.4 空间网格结构工程验收，应具备下列文件和记录：

　　1 空间网格结构施工图、设计变更文件、竣工图；

　　2 施工组织设计；

3 所用钢材及其他材料的质量证明书和试验报告；

4 零部件产品合格证和试验报告；

5 焊接质量检验资料；

6 总拼就位后几何尺寸偏差、支座高度偏差和挠度测量记录。

附录 A 常用网架形式

A.0.1 交叉桁架体系可采用下列五种形式：

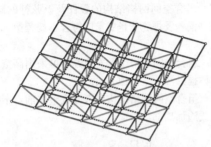

图 A.0.1（a） 两向正交正放网架

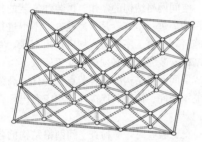

图 A.0.1（b） 两向正交斜放网架

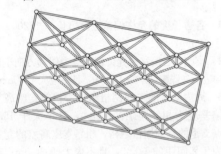

图 A.0.1（c） 两向斜交斜放网架

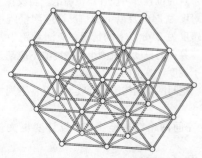

图 A.0.1（d） 三向网架

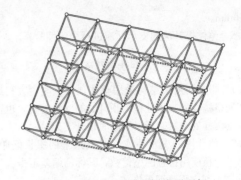

图 A.0.1（e） 单向折线形网架

A.0.2 四角锥体系可采用下列五种形式：

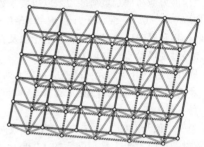

图 A.0.2（a） 正放四角锥网架

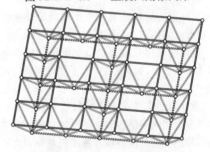

图 A.0.2（b） 正放抽空四角锥网架

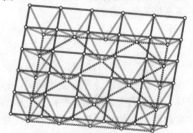

图 A.0.2（c） 棋盘形四角锥网架

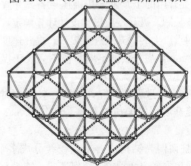

图 A.0.2（d） 斜放四角锥网架

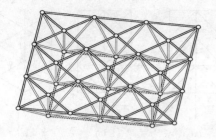

图 A.0.2（e）　星形四角锥网架

A.0.3　三角锥体系可采用下列三种形式：

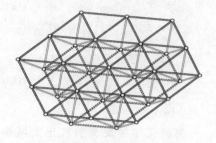

图 A.0.3（a）　三角锥网架

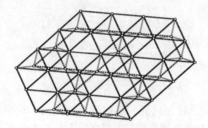

图 A.0.3（b）　抽空三角锥网架

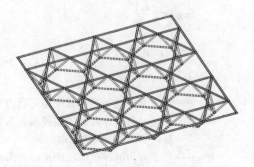

图 A.0.3（c）　蜂窝形三角锥网架

附录 B　常用网壳形式

B.0.1　单层圆柱面网壳网格可采用下列四种形式：

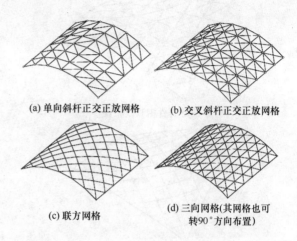

(a) 单向斜杆正交正放网格　　　(b) 交叉斜杆正交正放网格

(c) 联方网格　　　(d) 三向网格(其网格也可
转90°方向布置)

图 B.0.1　单层圆柱面网壳网格形式

B.0.2　单层球面网壳网格可采用下列六种形式：

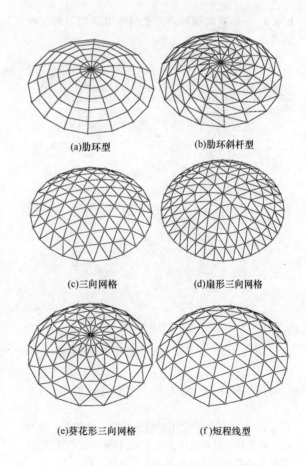

(a)肋环型　　　(b)肋环斜杆型

(c)三向网格　　　(d)扇形三向网格

(e)葵花形三向网格　　　(f)短程线型

图 B.0.2　单层球面网壳网格形式

B.0.3　单层双曲抛物面网壳网格可采用下列二种形式：

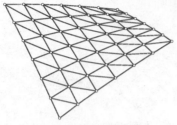

(a) 杆件沿直纹布置

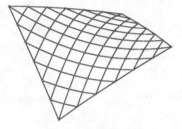

(b) 杆件沿主曲率方向布置

图 B.0.3 单层双曲抛物面网
壳网格形式

B.0.4 单层椭圆抛物面网壳网格可采用下列三种形式：

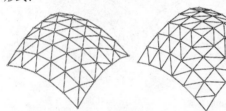

(a) 三向网格　　(b) 单向斜杆正交正放网格

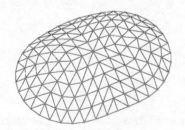

(c) 椭圆底面网格

图 B.0.4 单层椭圆抛物面网壳网格形式

附录 C　网壳等效刚度的计算

C.0.1 网壳的各种常用网格形式可分为图 C.0.1 所示三种类型，其等效薄膜刚度 B_e 和等效抗弯刚度 D_e 可按不同类型所给出的下列公式进行计算。

1　扇形三向网格球面网壳主肋处的网格（方向 1 代表径向）或其他各类网壳中单斜杆正交网格（图 C.0.1a）

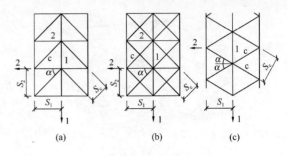

图 C.0.1　网壳常用网格形式

$$B_{e11} = \frac{EA_1}{s_1} + \frac{EA_c}{s_c}\sin^4\alpha \left.\right\}$$
$$B_{e22} = \frac{EA_2}{s_2} + \frac{EA_c}{s_c}\cos^4\alpha \quad (C.0.1-1)$$

$$D_{e11} = \frac{EI_1}{s_1} + \frac{EI_c}{s_c}\sin^4\alpha \left.\right\}$$
$$D_{e22} = \frac{EI_2}{s_2} + \frac{EI_c}{s_c}\cos^4\alpha \quad (C.0.1-2)$$

2　各类网壳中的交叉斜杆正交网格（图 C.0.1b）

$$B_{e11} = \frac{EA_1}{s_1} + 2\frac{EA_c}{s_c}\sin^4\alpha \left.\right\}$$
$$B_{e22} = \frac{EA_2}{s_2} + 2\frac{EA_c}{s_c}\cos^4\alpha \quad (C.0.1-3)$$

$$D_{e11} = \frac{EI_1}{s_1} + 2\frac{EI_c}{s_c}\sin^4\alpha \left.\right\}$$
$$D_{e22} = \frac{EI_2}{s_2} + 2\frac{EI_c}{s_c}\cos^4\alpha \quad (C.0.1-4)$$

3　圆柱面网壳的三向网格（方向 1 代表纵向）或椭圆抛物面网壳的三向网格（图 C.0.1c）

$$B_{e11} = \frac{EA_1}{s_1} + 2\frac{EA_c}{s_c}\sin^4\alpha \left.\right\}$$
$$B_{e22} = 2\frac{EA_c}{s_c}\cos^4\alpha \quad (C.0.1-5)$$

$$D_{e11} = \frac{EI_1}{s_1} + 2\frac{EI_c}{s_c}\sin^4\alpha \left.\right\}$$
$$D_{e22} = 2\frac{EI_c}{s_c}\cos^{4'}\alpha \quad (C.0.1-6)$$

式中：　B_{e11}——沿 1 方向的等效薄膜刚度，当为圆球面网壳时方向 1 代表径向，当为圆柱面网壳时代表纵向；

B_{e22}——沿 2 方向的等效薄膜刚度，当为圆球面网壳时方向 2 代表环向，当为圆柱面网壳时代表横向；

D_{e11}——沿 1 方向的等效抗弯刚度；

D_{e22}——沿 2 方向的等效抗弯刚度；

A_1、A_2、A_c——沿 1、2 方向和斜向的杆件截面面积；

s_1、s_2、s_c——1、2 方向和斜向的网格间距；

I_1、I_2、I_c——沿 1、2 方向和斜向的杆件截面惯性矩；

α——沿 2 方向杆件和斜杆的夹角。

附录 D 组合网架结构的简化计算

D.0.1 当组合网架结构的带肋平板采用如图 D.0.1a 的布置形式时，可假定为四组杆系组成的等代上弦杆（图 D.0.1b），其截面面积应按下列公式计算：

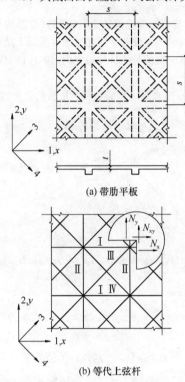

(a) 带肋平板

(b) 等代上弦杆

图 D.0.1 组合网架结构的计算简图

$$A_i = A_{0i} + A_{ti} \quad (i=1,2,3,4) \quad (D.0.1\text{-}1)$$

$$A_{t1} = A_{t2} = 0.75\eta ts \quad (D.0.1\text{-}2)$$

$$A_{t3} = A_{t4} = \frac{0.75}{\sqrt{2}}\eta ts \quad (D.0.1\text{-}3)$$

式中：A_{0i}——i 方向肋的截面面积（$i=1$，2，3，4）；

A_{ti}——带肋板的平板部分在 i 方向等代杆系的截面面积（$i=1$，2，3，4）；计算矩形平面组合网架边界处内力时，A_{t1}、A_{t2} 应减半，取 $0.375\eta ts$；

t——平板厚度；

s——1、2 两方向肋的间距；

η——考虑钢筋混凝土平板泊松比 ν 的修正系数，当 $\nu=1/6$ 时，可取 $\eta=0.825$。

组合网架带肋平板的混凝土弹性模量，在长期荷载组合下应乘折减系数 0.5，在短期荷载组合下应乘折减系数 0.85。

D.0.2 肋和平板等代杆系的轴向力设计值 N_{0i}、N_{ti} 可按下列公式计算：

$$N_{0i} = \frac{A_{0i}}{A_i}N_i \quad (D.0.2\text{-}1)$$

$$N_{ti} = \frac{A_{ti}}{A_i}N_i \quad (D.0.2\text{-}2)$$

式中：N_i——由截面积为 A_i 的等代上弦杆组成的网架结构所求得的上弦内力设计值（$i=1$，2，3，4）。

D.0.3 Ⅰ、Ⅲ类三角形单元与Ⅱ、Ⅳ类三角形单元（图 D.0.1b）内的平板内力设计值 N_x、N_y、N_{xy} 可分别按下列公式计算：

$$\left\{\begin{array}{c} N_x \\ N_y \\ N_{xy} \end{array}\right\} = \frac{1}{2s}\left[\begin{array}{ccc} 2 & 1 & 1 \\ -2 & 3 & 3 \\ 0 & 1 & -1 \end{array}\right]\left\{\begin{array}{c} N_{t1} \\ \sqrt{2}N_{t3} \\ \sqrt{2}N_{t4} \end{array}\right\}$$

$$(D.0.3\text{-}1)$$

$$\left\{\begin{array}{c} N_x \\ N_y \\ N_{xy} \end{array}\right\} = \frac{1}{2s}\left[\begin{array}{ccc} -2 & 3 & 3 \\ 2 & 1 & 1 \\ 0 & 1 & -1 \end{array}\right]\left\{\begin{array}{c} N_{t2} \\ \sqrt{2}N_{t3} \\ \sqrt{2}N_{t4} \end{array}\right\}$$

$$(D.0.3\text{-}2)$$

式中：N_{ti}——三角形单元边界处相应平板等代杆系的轴力设计值。计算矩形平面组合网架边界处内力时，N_{t1}、N_{t2} 应加倍，取 $2N_{t1}$、$2N_{t2}$。

D.0.4 根据板的连接构造，对多支点双向多跨连续板或四支点单跨板，应计算带肋板的肋中和板中的局部弯曲内力。

附录 E 网壳结构稳定承载力计算公式

E.0.1 当单层球面网壳跨度小于 50m、单层圆柱面网壳宽度小于 25m、单层椭圆抛物面网壳跨度小于 30m，或对网壳稳定性进行初步计算时，其容许承载力标准值 $[q_{ks}]$（kN/m^2）可按下列公式计算：

1 单层球面网壳

$$[q_{ks}] = 0.25\frac{\sqrt{B_e D_e}}{r^2} \quad (E.0.1\text{-}1)$$

式中：B_e——网壳的等效薄膜刚度（kN/m）；

D_e——网壳的等效抗弯刚度（kN·m）；

r——球面的曲率半径（m）。

扇形三向网壳的等效刚度 B_e 和 D_e 应按主肋处的网格尺寸和杆件截面进行计算；短程线型网壳应按三角形球面上的网格尺寸和杆件截面进行计算；肋环斜杆型和葵花形三向网壳应按自支承圈梁算起第三圈环梁处的网格尺寸和杆件截面进行计算。网壳径向和环向的等效刚度不相同时，可采用两个方向的平均值。

2 单层椭圆抛物面网壳，四边铰支在刚性横隔上

$$[q_{ks}] = 0.28\mu\frac{\sqrt{B_e D_e}}{r_1 r_2} \quad (E.0.1\text{-}2)$$

$$\mu = \frac{1}{1 + 0.956\dfrac{q}{g} + 0.076\left(\dfrac{q}{g}\right)^2}$$

$$\text{(E. 0. 1-3)}$$

式中：r_1、r_2——椭圆抛物面网壳两个方向的主曲率半径（m）；

      μ——考虑荷载不对称分布影响的折减系数；

      g、q——作用在网壳上的恒荷载和活荷载（kN/m²）。

注：公式（E.0.1-3）的适用范围为 $q/g = 0 \sim 2$。

3 单层圆柱面网壳

  1） 当网壳为四边支承，即两纵边固定铰支（或固结），而两端铰支在刚性横隔上时：

$$[q_{ks}] = 17.1\frac{D_{e11}}{r^3(L/B)^3} + 4.6\times10^{-5}\frac{B_{e22}}{r(L/B)}$$
$$+ 17.8\frac{D_{e22}}{(r+3f)B^2} \quad \text{(E. 0. 1-4)}$$

式中：L、B、f、r——分别为圆柱面网壳的总长度、宽度、矢高和曲率半径（m）；

    D_{e11}、D_{e22}——分别为圆柱面网壳纵向（零曲率方向）和横向（圆弧方向）的等效抗弯刚度（kN·m）；

    B_{e22}——圆柱面网壳横向等效薄膜刚度（kN/m）。

当圆柱面网壳的长宽比 L/B 不大于 1.2 时，由式（E.0.1-4）算出的容许承载力应乘以考虑荷载不对称分布影响的折减系数 μ。

$$\mu = 0.6 + \frac{1}{2.5 + 5\dfrac{q}{g}} \quad \text{(E. 0. 1-5)}$$

注：公式（E.0.1-5）的适用范围为 $q/g = 0 \sim 2$。

  2） 当网壳仅沿两纵边支承时：

$$[q_{ks}] = 17.8\frac{D_{e22}}{(r+3f)B^2} \quad \text{(E. 0. 1-6)}$$

  3） 当网壳为两端支承时：

$$[q_{ks}] =$$
$$\mu\left(0.015\frac{\sqrt{B_{e11}D_{e11}}}{r^2}\frac{\sqrt{D_{e11}}}{\sqrt{L/B}} + 0.033\frac{\sqrt{B_{e22}D_{e22}}}{r^2(L/B)\xi} + 0.020\frac{\sqrt{I_h I_v}}{r^2\sqrt{Lr}}\right\}$$
$$\xi = 0.96 + 0.16(1.8 - L/B)^4$$

$$\text{(E. 0. 1-7)}$$

式中：B_{e11}——圆柱面网壳纵向等效薄膜刚度；

    I_h、I_v——边梁水平方向和竖向的线刚度（kN·m）。

对于桁架式边梁，其水平方向和竖向的线刚度可按下式计算：

$$I_{h,v} = E(A_1 a_1^2 + A_2 a_2^2)/L \quad \text{(E. 0. 1-8)}$$

式中：A_1、A_2——分别为两根弦杆的面积；

    a_1、a_2——分别为相应的形心距。

两端支承的单层圆柱面网壳尚应考虑荷载不对称

分布的影响，其折减系数 μ 可按下式计算：

$$\mu = 1.0 - 0.2\frac{L}{B} \quad \text{(E. 0. 1-9)}$$

注：公式（E.0.1-9）的适用范围为 $L/B = 1.0 \sim 2.5$。

以上各式中网壳等效刚度的计算公式可见本规程附录 C。

附录 F　多维反应谱法计算公式

F.0.1 当按多维反应谱法进行空间网格结构三维地震效应分析时，三维非平稳随机地震激励下结构各节点最大位移响应值与各杆件最大内力响应值可按下列公式计算：

  1 第 i 节点最大地震位移响应值组合公式：

$$U_{ix} = \left\{ \sum_{j=1}^{m}\sum_{k=1}^{m}\phi_{j,ix}\phi_{k,ix}\left[(\gamma_{jx}S_{hxj} + \gamma_{jy}S_{hyj})\right.\right.$$
$$\left.\left.(\gamma_{kx}S_{hxk} + \gamma_{ky}S_{hyk})\rho_{jk} + \gamma_{jz}\gamma_{kz}\rho_{jk}S_{vj}S_{vk}\right] \right\}^{\frac{1}{2}}$$

$$\text{(F. 0. 1-1)}$$

$$U_{iy} = \left\{ \sum_{j=1}^{m}\sum_{k=1}^{m}\phi_{j,iy}\phi_{k,iy}\left[(\gamma_{jx}S_{hxj} + \gamma_{jy}S_{hyj})\right.\right.$$
$$\left.\left.(\gamma_{kx}S_{hxk} + \gamma_{ky}S_{hyk})\rho_{jk} + \gamma_{jz}\gamma_{kz}\rho_{jk}S_{vj}S_{vk}\right] \right\}^{\frac{1}{2}}$$

$$\text{(F. 0. 1-2)}$$

$$U_{iz} = \left\{ \sum_{j=1}^{m}\sum_{k=1}^{m}\phi_{j,iz}\phi_{k,iz}\left[(\gamma_{jx}S_{hxj} + \gamma_{jy}S_{hyj})(\gamma_{kx}S_{hxk}\right.\right.$$
$$\left.\left.+ \gamma_{ky}S_{hyk})\rho_{jk} + \gamma_{jz}\gamma_{kz}\rho_{jk}S_{vj}S_{vk}\right] \right\}^{\frac{1}{2}}$$

$$\text{(F. 0. 1-3)}$$

$$\rho_{jk} =$$
$$\frac{2\sqrt{\zeta_j\zeta_k}\left[(\omega_j + \omega_k)^2(\zeta_j + \zeta_k) + (\omega_j^2 - \omega_k^2)(\zeta_j - \zeta_k)\right]}{4(\omega_j - \omega_k)^2 + (\omega_j + \omega_k)^2(\zeta_j + \zeta_k)^2}$$

$$\text{(F. 0. 1-4)}$$

$$S_{hxj} = \frac{\alpha_{hxj}g}{\omega_j^2},$$

$$S_{hyj} = \frac{\alpha_{hyj}g}{\omega_j^2},$$

$$S_{vj} = \frac{\alpha_{vj}g}{\omega_j^2}, \quad S_{hxk} = \frac{\alpha_{hxk}g}{\omega_k^2},$$

$$S_{hyk} = \frac{\alpha_{hyk}g}{\omega_k^2}, \quad S_{vk} = \frac{\alpha_{vk}g}{\omega_k^2} \quad \text{(F. 0. 1-5)}$$

式中：U_{ix}、U_{iy}、U_{iz}——依次为节点 i 在 X、Y、Z 三个方向最大位移响应值；

    m——计算时所考虑的振型数；

    ϕ——振型矩阵，$\phi_{j,ix}$、$\phi_{k,ix}$ 分别为相应 j 振型、k 振型时节点 i 在 X 方向的振型值；$\phi_{j,iy}$、$\phi_{k,iy}$ 与

$\phi_{j,iz}$、$\phi_{k,iz}$ 类推；

γ ——振型参与系数，γ_{jx}、γ_{jy}、γ_{jz} 依次为第 j 振型在 X、Y、Z 激励方向的振型参与系数；

ρ_{jk} ——振型间相关系数；

ω_j、ω_k ——分别为相应第 j 振型、第 k 振型的圆频率；

ζ_j、ζ_k ——分别为相应第 j 振型、第 k 振型的阻尼比；

S_{hxj}、S_{hyj} ——分别为相应于 j 振型自振周期的 X 向水平位移反应谱值和 Y 向水平位移反应谱值；

S_{hxk}、S_{hyk} ——分别为相应于 k 振型自振周期的 X 向水平位移反应谱值和 Y 向水平位移反应谱值；

S_{vj} ——相应于 j 振型自振周期的竖向位移反应谱值；

S_{vk} ——相应于 k 振型自振周期的竖向位移反应谱值；

g ——重力加速度；

α_{hxj}、α_{hyj}、α_{vj} ——依次为相应于 j 振型自振周期的 X 向水平、Y 向水平与竖向地震影响系数，取 $\alpha_{hyj} = 0.85\alpha_{hxj}$，$\alpha_{vj} = 0.65\alpha_{hxj}$；

α_{hxk}、α_{hyk}、α_{vk} ——依次为相应于 k 振型自振周期的 X 向水平、Y 向水平与竖向地震影响系数，取 $\alpha_{hyk} = 0.85\alpha_{hxk}$，$\alpha_{vk} = 0.65\alpha_{hxk}$。

2 第 p 杆最大地震内力响应值（即随机振动中最大响应的均值）的组合公式为：

$$N_p = \left\{ \sum_{j=1}^{m} \sum_{k=1}^{m} \beta_{jp}\beta_{kp} \left[(\gamma_{jx}S_{hxj} + \gamma_{jy}S_{hyj})(\gamma_{kx}S_{hxk} + \gamma_{ky}S_{hyk})\rho_{jk} + \gamma_{jz}\gamma_{kz}\rho_{jk}S_{vj}S_{vk} \right] \right\}^{\frac{1}{2}} \quad \text{(F. 0. 1-6)}$$

$$\beta_{jp} = \sum_{q=1}^{t} T_{pq}\phi_{jq}, \quad \beta_{kp} = \sum_{q=1}^{t} T_{pq}\phi_{kq} \quad \text{(F. 0. 1-7)}$$

式中：N_p ——第 p 杆的最大内力响应值；

t ——结构总自由度数；

T ——内力转换矩阵，T_{pq} 为矩阵中的元素，根据节点编号和单元类型确定。

附录 G 用于屋盖的网架结构竖向地震作用和作用效应的简化计算

G. 0. 1 对于周边支承或多点支承和周边支承相结合的用于屋盖的网架结构，竖向地震作用标准值可按下式确定：

$$F_{Evki} = \pm \psi_v \cdot G_i \quad \text{(G. 0. 1)}$$

式中：F_{Evki} ——作用在网架第 i 节点上竖向地震作用标准值；

ψ_v ——竖向地震作用系数，按表 G. 0. 1 取值。

表 G. 0. 1 竖向地震作用系数

设防烈度	场地类别		
	Ⅰ	Ⅱ	Ⅲ、Ⅳ
8	—	0.08	0.10
9	0.15	0.15	0.20

对于平面复杂或重要的大跨度网架结构可采用振型分解反应谱法或时程分析法作专门的抗震分析和验算。

G. 0. 2 对于周边简支、平面形式为矩形的正放类和斜放类（指上弦杆平面）用于屋盖的网架结构，在竖向地震作用下所产生的杆件轴向力标准值可按下列公式计算：

$$N_{Evi} = \pm \xi_i | N_{Gi} | \quad \text{(G. 0. 2-1)}$$

$$\xi_i = \lambda \xi_v \left(1 - \frac{r_i}{r}\eta \right) \quad \text{(G. 0. 2-2)}$$

式中：N_{Evi} ——竖向地震作用引起第 i 杆的轴向力标准值；

N_{Gi} ——在重力荷载代表值作用下第 i 杆轴向力标准值；

ξ_i ——第 i 杆竖向地震轴向力系数；

λ ——抗震设防烈度系数，当 8 度时 $\lambda = 1$，9 度时 $\lambda = 2$；

ξ_v ——竖向地震轴向力系数，可根据网架结构的基本频率按图 G. 0. 2-1 和表 G. 0. 2-1 取用；

r_i ——网架结构平面的中心 O 至第 i 杆中点 B 的距离（图 G. 0. 2-2）；

r ——OA 的长度，A 为 OB 线段与圆（或椭圆）锥底面圆周的交点（图 G. 0. 2-2）；

η ——修正系数，按表 G. 0. 2-2 取值。

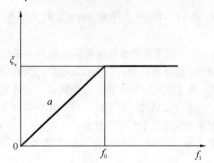

图 G. 0. 2-1 竖向地震轴向力系数的变化

注：a 及 f_0 值可按表 G. 0. 2-1 取值。

网架结构的基本频率可近似按下式计算：

$$f_1 = \frac{1}{2}\sqrt{\frac{\sum G_j w_j}{\sum G_j w_j^2}}$$ (G.0.2-3)

式中：w_j ——重力荷载代表值作用下第 j 节点竖向位移。

表 G.0.2-1　确定竖向地震轴向力系数的参数

场地类别	a		f_0 (Hz)
	正放类	斜放类	
Ⅰ	0.095	0.135	5.0
Ⅱ	0.092	0.130	3.3
Ⅲ	0.080	0.110	2.5
Ⅳ	0.080	0.110	1.5

表 G.0.2-2　修正系数

网架结构上弦杆布置形式	平面形式	η
正放类	正方形	0.19
	矩　形	0.13
斜放类	正方形	0.44
	矩　形	0.20

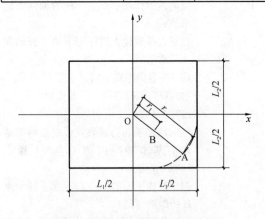

图 G.0.2-2　计算修正系数的长度

附录 H　网壳结构水平地震内力系数

H.0.1　对于轻屋盖的单层球面网壳结构，采用扇形三向网格、肋环斜杆型或短程线型网格，当周边固定铰支承，按 7 度或 8 度设防、Ⅲ类场地、设计地震分组第一组进行多遇地震效应计算时，其杆件地震作用轴向力标准值可按下列方法计算：

当主肋、环杆、斜杆分别各自取等截面杆设计时：

主肋：　　　　$N_E^m = c\xi_m N_{Gmax}^m$　　　(H.0.1-1)

环肋：　　　　$N_E^c = c\xi_c N_{Gmax}^c$　　　(H.0.1-2)

斜杆：　　　　$N_E^d = c\xi_d N_{Gmax}^d$　　　(H.0.1-3)

式中：N_E^m，N_E^c，N_E^d ——网壳的主肋、环杆及斜杆的地震作用轴向力标准值；

N_{Gmax}^m，N_{Gmax}^c，N_{Gmax}^d ——重力荷载代表值作用下网壳的主肋、环杆及斜杆的轴向力标准值的绝对最大值；

ξ_m、ξ_c、ξ_d ——主肋、环杆及斜杆地震轴向力系数；设防烈度为 7 度时，按表 H.0.1-1 确定，8 度时取表中数值的 2 倍；

c ——场地修正系数，按表 H.0.1-2 确定。

表 H.0.1-1　单层球面网壳杆件地震轴向力系数 ξ

矢跨比（f/L）	0.167	0.200	0.250	0.300
ξ_m	0.16			
ξ_c	0.30	0.32	0.35	0.38
ξ_d	0.26	0.28	0.30	0.32

表 H.0.1-2　场地修正系数 c

场地类别	Ⅰ	Ⅱ	Ⅲ	Ⅳ
c	0.54	0.75	1.00	1.55

H.0.2　对于轻屋盖单层双曲抛物面网壳结构，斜杆为拉杆（沿斜杆方向角点为抬高端）、弦杆为正交正放网格；当四角固定铰支承、四边竖向铰支承，按 7 度或 8 度设防、Ⅲ类场地、设计地震分组第一组进行多遇地震效应计算时，其杆件地震作用轴向力标准值可按下列方法计算：

除了刚度远远大于内部杆的周边及抬高端斜杆外，所有弦杆及斜杆均取等截面杆件设计时：

抬高端斜杆：　$N_E^r = c\xi N_{Gmax}^r$　　(H.0.2-1)

弦杆及其他斜杆：$N_E^e = c\xi N_{Gmax}^e$　　(H.0.2-2)

式中：N_E^r，N_E^e ——网壳抬高端斜杆及其他弦杆与斜杆的地震作用轴向力标准值；

N_{Gmax}^r ——重力荷载代表值作用下，网壳抬高端 1/5 跨度范围内斜杆的轴向力标准值的绝对最大值；

N_{Gmax}^e ——重力荷载代表值作用下，网壳全部弦杆和其他斜杆的轴向力标准值的绝对最大值；

ξ ——网壳杆件地震轴向力系数；设防烈度为 7 度时，$\xi = 0.15$ 取，8 度时取 $\xi = 0.30$。

H.0.3　对于轻屋盖正放四角锥双层圆柱面网壳结构，沿两纵边固定铰支承在上弦节点、两端竖向铰支在刚性横隔上，当按 7 度及 8 度设防、Ⅲ类场地、设计地震分组第一组进行多遇地震效应计算时，其杆件地震作用轴向力标准值可按下列方法计算：

当纵向弦杆、腹杆分别按等截面设计，横向弦杆分为两类时：

横向上、下弦杆：$N_E = c\xi_i N_G$ (H.0.3-1)

纵向弦杆：$N_E^l = c\xi_l N_{Gmax}^l$ (H.0.3-2)

腹杆：$N_E^w = c\xi_w N_{Gmax}^w$ (H.0.3-3)

式中：N_E、N_E^l、N_E^w——网壳横向弦杆、纵向弦杆与腹杆的地震作用轴向力标准值；

N_G^t——重力荷载代表值作用下网壳横向弦杆轴向力标准值；

N_{Gmax}^l、N_{Gmax}^w——重力荷载代表值作用下分别为网壳纵向弦杆与腹杆轴向力标准值的绝对最大值；

ξ_i、ξ_l、ξ_w——横向弦杆、纵向弦杆、腹杆的地震轴向力系数；设防烈度为7度时，按表H.0.3确定，8度时取表中数值的2倍。

表 H.0.3　双层圆柱面网壳地震轴向力系数 ξ

横向弦杆 ξ_i		f/B	0.167	0.200	0.250	0.300
图中阴影部分杆件	上弦		0.22	0.28	0.40	0.54
	下弦		0.34	0.40	0.48	0.60
图中空白部分杆件	上弦		0.18	0.23	0.33	0.44
	下弦		0.27	0.32	0.40	0.48
纵向弦杆 ξ_l	上弦		0.18	0.32	0.56	0.78
	下弦		0.10	0.16	0.24	0.34
腹杆 ξ_w			0.50			

附录 J　嵌入式毂节点主要尺寸的计算公式

J.0.1　嵌入式毂节点的毂体嵌入槽以及与其配合的嵌入榫呈圆柱状。嵌入榫的中线和与其相连杆件轴线的垂线之间的夹角，即杆件端嵌入榫倾角 φ（图5.4.3b），可分别按下列公式计算：

对于球面网壳杆件及圆柱面网壳的环向杆件：

$$\varphi = \arcsin\left(\frac{l}{2r}\right) \quad (J.0.1\text{-}1)$$

对于圆柱面网壳的斜杆：

$$\varphi = \arcsin\frac{2r\sin^2\frac{\beta}{2}}{\sqrt{4r^2\sin^2\frac{\beta}{2}+\frac{l_b^2}{4}}} \quad (J.0.1\text{-}2)$$

式中：r——球面或圆柱面网壳的曲率半径；

l——杆件几何长度；

β——圆柱面网壳相邻两母线所对应的中心角（图J.0.1c）；

l_b——斜杆所对应的三角形网格底边几何长度，对于单向斜杆及交叉斜杆正交正放网格

按图J.0.1a取用；对于联方网格及三向网格按图J.0.1b取用。

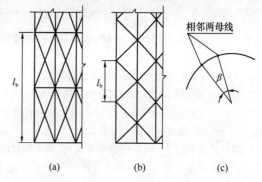

图 J.0.1　圆柱面网壳的网格尺寸与角度

J.0.2　球面网壳杆件和圆柱面网壳的环向杆件，同一根杆件的两端嵌入榫中心线在同一平面内；圆柱面网壳的斜杆两端嵌入榫的中心线不在同一平面内（图J.0.2），其扭角 α 应按下式计算：

$$\alpha = \pm\operatorname{arccot}\left(\frac{l}{2l_b}\tan\frac{\beta}{2}\right) \quad (J.0.2)$$

式中：l——杆件几何长度；

l_b——见图J.0.1中（a）、（b）；

β——见图J.0.1中（c）；

注："+"表示顺时针向；"−"表示逆时针向。

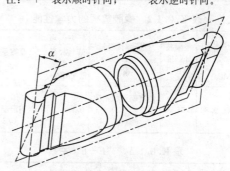

图 J.0.2　圆柱面网壳斜杆两端嵌入榫中心线的扭角

J.0.3　嵌入式毂节点中的毂体上各嵌入槽轴线间夹角 θ 应为汇交于该节点各杆件轴线间的夹角在通过该节点中心切平面上的投影（图5.4.6a），应按下式计算：

$$\theta = \arccos\frac{\cos\theta_0 - \sin\varphi_1 \cdot \sin\varphi_2}{\cos\varphi_1 \cdot \cos\varphi_2} \quad (J.0.3)$$

式中：θ_0——相汇交二杆间的夹角，可按三角形网格用余弦定理计算；

φ_1、φ_2——相汇交二杆件嵌入榫的中线与相应嵌入件（杆件）轴线的垂线之间的夹角（即杆端嵌入榫倾角）（图5.4.3）。

J.0.4　毂体的其他各主要尺寸（图5.4.6）应符合下列规定：

毂体直径 d_h 应分别按下列公式计算，并按计算结果中的较大者选用。

$$d_{\rm h} = \frac{(2a + d'_{\rm ht})}{\theta_{\min}} + d'_{\rm ht} + 2s \qquad (\text{J.0.4-1})$$

$$d_{\rm h} = 2\left(\frac{d + 10}{\theta_{\min}} + c - l_{\rm hp}\right) \qquad (\text{J.0.4-2})$$

式中：a——两嵌入槽间最小间隙，可取本规程第5.4.4条中的 $b_{\rm hp}$；

$d'_{\rm ht}$——按嵌入榫直径 $d_{\rm ht}$ 加上配合间隙；

$\theta_{\min}$——毂体嵌入槽轴线间最小夹角（rad）；

s——按截面面积 $2h_{\rm h} \cdot s$ 的抗剪强度与杆件抗拉强度等强原则计算。

槽口宽度 $b'_{\rm hp}$ 等于嵌入件颈部宽度 $b_{\rm hp}$ 加上配合间隙；毂体高度等于嵌入件高度（管径）加 1mm。

附录 K　橡胶垫板的材料性能及计算构造要求

K.0.1　橡胶垫板的胶料物理性能与力学性能可按表 K.0.1-1、表 K.0.1-2 采用。

表 K.0.1-1　胶料的物理性能

胶料类型	硬度（邵氏）	扯断力（MPa）	伸长率（%）	300%定伸强度（MPa）	扯断永久变形（%）	适用温度不低于
氯丁橡胶	60°±5°	≥18.63	≥4.50	≥7.84	≤25	−25℃
天然橡胶	60°±5°	≥18.63	≥5.00	≥8.82	≤20	−40℃

表 K.0.1-2　橡胶垫板的力学性能

允许抗压强度 $[\sigma]$（MPa）	极限破坏强度（MPa）	抗压弹性模量 E（MPa）	抗剪弹性模量 G（MPa）	摩擦系数 μ
7.84～9.80	>58.82	由支座形状系数 β 按表 K.0.1-3 查得	0.98～1.47	（与钢）0.2（与混凝土）0.3

表 K.0.1-3　"$E-\beta$" 关系

β	4	5	6	7	8	9	10	11	12
E（MPa）	196	265	333	412	490	579	657	745	843

β	13	14	15	16	17	18	19	20
E（MPa）	932	1040	1157	1285	1422	1559	1706	1863

注：支座形状系数 $\beta = \dfrac{ab}{2(a+b)d_i}$；$a$，$b$ 分别为支座短边及长边长度（m）；d_i 为中间橡胶层厚度（m）。

K.0.2　橡胶垫板的设计计算应符合下列规定：

1　橡胶垫板的底面面积 A 可根据承压条件按下式计算：

$$A \geqslant \frac{R_{\max}}{[\sigma]} \qquad (\text{K.0.2-1})$$

式中：A——橡胶垫板承压面积，即 $A = a \times b$（如橡胶垫板开有螺孔，则应减去开孔面积）；

a,b——支座的短边与长边的边长；

$R_{\max}$——网架全部荷载标准值作用下引起的支座反力；

$[\sigma]$——橡胶垫板的允许抗压强度，按本规程表 K.0.1-2 采用。

2　橡胶垫板厚度应根据橡胶层厚度与中间各层钢板厚度确定（图 K.0.2）。

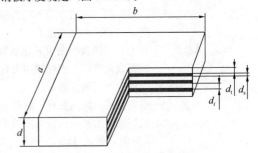

图 K.0.2　橡胶垫板的构造

橡胶层厚度可由上、下表层及各钢板间的橡胶片厚度之和确定：

$$d_0 = 2d_{\rm t} + n\, d_i \qquad (\text{K.0.2-2})$$

式中：d_0——橡胶层厚度；

$d_{\rm t}$、d_i——分别为上（下）表层及中间各层橡胶片厚度；

n——中间橡胶片的层数。

根据橡胶剪切变形条件，橡胶层厚度应同时满足下列公式的要求：

$$d_0 \geqslant 1.43u \qquad (\text{K.0.2-3})$$

$$d_0 \leqslant 0.2a \qquad (\text{K.0.2-4})$$

式中：u——由于温度变化等原因在网架支座处引起的水平位移。

上、下表层橡胶片厚度宜取 2.5mm，中间橡胶层常用厚度宜取 5mm、8mm、11mm，钢板厚度宜用 2mm～3mm。

3　橡胶垫板平均压缩变形 $w_{\rm m}$ 可按下式计算：

$$w_{\rm m} = \frac{\sigma_{\rm m} d_0}{E} \qquad (\text{K.0.2-5})$$

式中：$\sigma_{\rm m}$——平均压应力，$\sigma_{\rm m} = \dfrac{R_{\max}}{A}$。

橡胶垫板的平均压缩变形应满足下列条件：

$$0.05d_0 \geqslant w_{\rm m} \geqslant \frac{1}{2}\theta_{\max}a \qquad (\text{K.0.2-6})$$

式中：$\theta_{\max}$——结构在支座处的最大转角（rad）。

4　在水平力作用下橡胶垫板应按下式进行抗滑移验算：

$$\mu R_{\rm g} \geqslant GA\frac{u}{d_0} \qquad (\text{K.0.2-7})$$

式中：μ——橡胶垫板与混凝土或钢板间的摩擦系数，按本规程表 K.0.1-2 采用；

$R_{\rm g}$——乘以荷载分项系数 0.9 的永久荷载标准值作用下引起的支座反力；

G——橡胶垫板的抗剪弹性模量，按本规程表 K.0.1-2 采用。

K.0.3 橡胶垫板的构造应符合下列规定：

1 对气温不低于 $-25℃$ 地区，可采用氯丁橡胶垫板；对气温不低于 $-30℃$ 地区，可采用耐寒氯丁橡胶垫板；对气温不低于 $-40℃$ 地区，可采用天然橡胶垫板；

2 橡胶垫板的长边应顺网架支座切线方向平行放置，与支柱或基座的钢板或混凝土间可用 502 胶等胶粘剂粘结固定；

3 橡胶垫板上的螺孔直径应大于螺栓直径 10mm～20mm，并应与支座可能产生的水平位移相适应；

4 橡胶垫板外宜设限位装置，防止发生超限位移；

5 设计时宜考虑长期使用后因橡胶老化而需更换的条件，在橡胶垫板四周可涂以防止老化的酚醛树脂，并粘泡沫塑料；

6 橡胶垫板在安装、使用过程中，应避免与油脂等油类物质以及其他对橡胶有害的物质的接触。

K.0.4 橡胶垫板的弹性刚度计算应符合下列规定：

1 分析计算时应把橡胶垫板看作为一个弹性元件，其竖向刚度 K_{z0} 和两个水平方向的侧向刚度 K_{n0} 和 K_{s0} 分别可取为：

$$K_{z0} = \frac{EA}{d_0}, \quad K_{n0} = K_{s0} = \frac{GA}{d_0} \quad \text{(K.0.4-1)}$$

2 当橡胶垫板搁置在网架支承结构上，应计算橡胶垫板与支承结构的组合刚度。如支承结构为独立柱时，悬臂独立柱的竖向刚度 K_{zl} 和两个水平方向的侧向刚度 K_{nl}、K_{sl} 应分别为：

$$K_{zl} = \frac{E_l A_l}{l}, \quad K_{nl} = \frac{3E_l I_{nl}}{l^3}, \quad K_{sl} = \frac{3E_l I_{sl}}{l^3}$$

$$\text{(K.0.4-2)}$$

式中：E_l——支承柱的弹性模量；

I_{nl}、I_{sl}——支承柱截面两个方向的惯性矩；

l——支承柱的高度。

橡胶垫板与支承结构的组合刚度，可根据串联弹性元件的原理，分别求得相应的组合竖向与侧向刚度 K_z、K_n、K_s，即：

$$K_z = \frac{K_{z0}K_{zl}}{K_{z0}+K_{zl}}, K_n = \frac{K_{n0}K_{nl}}{K_{n0}+K_{nl}}, K_s = \frac{K_{s0}K_{sl}}{K_{s0}+K_{sl}}$$

$$\text{(K.0.4-3)}$$

本规程用词说明

1 为便于在执行本规程条文时区别对待，对要求严格程度不同的用词说明如下：

1）表示很严格，非这样做不可的：

正面词采用"必须"，反面词采用"严禁"；

2）表示严格，在正常情况下均应这样做的：

正面词采用"应"，反面词采用"不应"或"不得"；

3）表示允许稍有选择，在条件许可时首先这样做的：

正面词采用"宜"，反面词采用"不宜"；

4）表示有选择，在一定条件下可以这样做的，采用"可"。

2 条文中指明应按其他有关标准执行的写法为："应符合……的规定"或"应按……执行"。

引用标准名录

1 《建筑结构荷载规范》GB 50009

2 《建筑抗震设计规范》GB 50011

3 《钢结构设计规范》GB 50017

4 《混凝土结构工程施工质量验收规范》GB 50204

5 《钢结构工程施工质量验收规范》GB 50205

6 《普通螺纹　公差》GB/T 197

7 《优质碳素结构钢》GB/T 699

8 《碳素结构钢》GB/T 700

9 《低合金高强度结构钢》GB/T 1591

10 《合金结构钢》GB/T 3077

11 《焊接结构用碳素钢铸件》GB 7659

12 《桥式和门式起重机制造和轨道安装公差》GB/T 10183

13 《一般工程用铸造碳钢件》GB/T 11352

14 《钢网架螺栓球节点用高强度螺栓》GB/T 16939

15 《建筑钢结构焊接技术规程》JGJ 81

16 《建筑施工扣件式钢管脚手架安全技术规范》JGJ 130

17 《钢网架螺栓球节点》JG/T 10

18 《钢网架焊接空心球节点》JG/T 11

19 《单层网壳嵌入式毂节点》JG/T 136

20 《钢结构超声波探伤及质量分级法》JG/T 203

中华人民共和国行业标准

空间网格结构技术规程

JGJ 7—2010

条 文 说 明

制订说明

《空间网格结构技术规程》JGJ 7－2010，经住房和城乡建设部 2010 年 7 月 20 日以 700 号公告批准、发布。

本规程是在《网架结构设计与施工规程》JGJ 7-91 和《网壳结构技术规程》JGJ 61－2003 的基础上合并修订而成的。《网架结构设计与施工规程》JGJ 7-91 的主编单位是中国建筑科学研究院、浙江大学，参编单位是天津大学、东南大学、煤炭部太原煤矿设计研究院、河海大学、同济大学、中国建筑标准设计研究所，主要起草人员是蓝天、董石麟、刘锡良、肖炽、刘善维、钱若军、陈扬骥、严慧、张运田、蒋寅、樊晓红；《网壳结构技术规程》JGJ 61－2003 的主编单位是中国建筑科学研究院，参编单位是浙江大学、煤炭部太原设计研究院、北京工业大学、同济大学、哈尔滨建筑大学、上海建筑设计研究院、北京市机械施工公司，主要起草人员是蓝天、董石麟、刘善维、刘景园、沈世钊、陈昕、钱若军、曹资、严慧、董继斌、姚念亮、陆锡军、张伟、赵鹏飞、樊晓红。

本规程修订过程中，编制组对我国空间网格结构近年来的发展、技术进步与工程应用情况进行了大量调查研究，总结了许多工程实践经验，在收集了大量试验资料的同时补充了多项试验，并与国内新颁布的相关标准进行了协调，为规程修订提供了重要依据。

为便于广大设计、施工、科研、学校等单位的有关人员在使用本规程时能正确理解和执行条文规定，《空间网格结构技术规程》编制组按章、节、条顺序编制了本规程的条文说明，对条文规定的目的、依据以及执行中需注意的有关事项进行了说明，还着重对强制性条文的理由作了解释。但是，本条文说明不具备与标准正文同等的法律效力，仅供使用者作为理解和把握标准规定的参考。

目　次

1 总 则

1.0.1 本条是空间网格结构的设计与施工中必须遵循的原则。

1.0.2 本规程是以原《网架结构设计与施工规程》JGJ 7-91 与原《网壳结构技术规程》JGJ 61-2003 为主，综合考虑二本规程共同点与各自特点，将网架、网壳与新增加的立体桁架统称空间网格结构。空间网格结构包括主要承受弯曲内力的平板型网架、主要承受薄膜力的单层与双层网壳，同时也包括现在常用的立体管桁架。当平板型网架上弦构件或双层网壳上弦构件采用钢筋混凝土板时，构成了组合网架或组合网壳。当空间网格结构采用预应力索组合时形成预应力空间网格结构，本规程中的有关章节均可适用于这些类型空间网格的设计与施工。

原《网架结构设计与施工规程》JGJ 7-91 中对于网架的最大跨度有规定，而《网壳结构技术规程》JGJ 61-2003 已不再对跨度作限定，因此本规程也不再对最大跨度作专门限定。因为不论空间网格结构跨度大小，其结构设计都将受到承载能力与稳定的约束，而其构造与施工原理都是相同的，这样更有利于空间网格结构的技术发展与进步。

为了便于在空间网格结构设计时理解相关条文，对空间网格屋盖结构的跨度划分为：大跨度为 60m 以上；中跨度为 30m～60m；小跨度为 30m 以下。

1.0.3 对于采用何种类型的空间结构体系，应由设计人员综合考虑建筑要求、下部结构布置、结构性能与施工制作安装而确定，以取得良好的技术经济效果。

1.0.4 单层网壳由于承受集中力对于其内力与稳定性不利，故不宜设置悬挂吊车，而网架与双层网壳结构有很好的空间受力性能，承受悬挂吊车荷载后比之平面桁架杆力迅速分散且内力分布比较均匀。但动荷载会使杆件和节点产生疲劳，例如钢管杆件连接锥头或空心球的焊缝、焊接空心球本身及螺栓球与高强度螺栓，目前这方面的试验资料还不多。故本规程规定当直接承受工作级别为 A3 级以上的悬挂吊车荷载，且应力变化的循环次数大于或等于 5×10^4 次时，可由设计人员根据具体情况，如动力荷载的大小与容许应力幅经过专门的试验来确定其疲劳强度与构造要求。

3 基 本 规 定

3.1 结 构 选 型

3.1.1 当网架结构跨度较大，需要较大的网架结构高度而网格尺寸与杆件长细比又受限时，可采用三层形式；当网壳结构跨度较大时，因受整体稳定影响应采用双层网壳，为了既满足整体稳定要求，又使结构相对比较轻巧，也可采用局部双层网壳形式。

3.1.2 条文中按网格组成形式，如交叉桁架体系、四角锥体系与三角锥体系，列出了国内常用的 13 种网架形式。

3.1.3 网壳结构的曲面形式多种多样，能满足不同建筑造型的要求。本规程中仅列出一般常用的典型几何曲面，即球面、圆柱面、双曲抛物面与椭圆抛物面，这些曲面都可以几何学方程表达。必要时可通过这几个典型的几何曲面互相组合，创造更多类型的曲面形式。此外，网壳也可以采用非典型曲面，往往是在给定的边界与外形条件下，采用多项式的数学方程来拟合其曲面，或者采用链线、膜等实验手段来寻求曲面。

3.1.4 单层网壳的杆件布置方式变化多样，本条中仅对常用曲面给出一些最常用的形式供设计人员选用，设计人员也可以参照现有的布置方式进行变换。

本规程根据网格的形成方式对不同形式的网壳统一命名。例如联方型，国外称 Lamella，用于圆柱网壳时早期多为木梁构成的菱形网格，节点为刚性连接，从而保证壳体几何不变。用于钢网壳时一般加纵向杆件或由纵向的屋面檩条而形成三角形网格，这样就由联方网格演变为三向网格；如在球面网壳中，对肋环斜杆型，国外都是以这种形式网壳的提出者 Schwedler 的名字命名，称为施威德勒穹顶；又如扇形三向网格与葵花形网格在国外往往都列为联方型穹顶，如果杆件按放射状曲线，自球中心开始将球面分成大小不等的菱形，即形成本条的葵花形网格球面网壳；如果将圆形平面划分为若干个扇形（一般是 6 或 8 个），再以平行肋分成大小相等的菱形网格，这种形式在国外以其创始人 Kiewitt 的名字命名，称为凯威特穹顶，为了在屋面上放檩条而设置了环肋，这样就划分为三角形网格，本规程统一称为扇形三向网格球面网壳。

3.1.6 立体桁架通常是由二根上弦、一根下弦或一根上弦、二根下弦组成的单向桁架式结构体系，早期都是采用直线形式，近几年曲线形式的立体桁架以其建筑形式丰富在航站楼、会展中心中广泛应用，且一般都采用钢管相贯节点形式。

3.1.7 本条文使设计人员可对不同的建筑选用最适宜的空间网格结构。应注意网架与网壳在受力特性与支承条件方面有较大差异。网架结构整体以承受弯曲内力为主，支承条件应提供竖向约束（结构计算时水平约束可以放松，只是应加局部水平约束处理以保证不出现刚体位移，或直接采用下部结构的水平刚度）；而网壳则以承受薄膜内力为主，支承条件一般都希望有水平约束，能可靠承受网壳结构的水平推力或水平切向力。

3.1.8 网架、双层网壳、立体桁架在计算时节点可采用铰接模型，并在网架与双层网壳的设计与制作中可采用接近铰接的螺栓球节点。而单层网壳虽与双层网壳形式相似，但计算分析与节点构造截然不同，单层网壳是刚接杆件体系，计算时杆件必须采用梁单元，考虑6个自由度，且设计与构造上必须达到刚性节点要求。

3.2 网架结构设计的基本规定

3.2.1 对于周边支承的矩形网架，宜根据不同的边长比选用相应的网架类型以取得较好的经济指标。

3.2.2 平面形状为矩形，三边支承一边开口的网架，对开口边的刚度有一定要求，通常有两种处理方法：一种是在网架开口边加反梁（图1）。另一种方法是将整体网架的高度较周边支承时的高度适当加高，开口边杆件适当加大。根据48m×48m平面三边支承一边开口的两向正交正放网架、两向正交斜放网架、斜向四角锥网架、正放四角锥和正放抽空四角锥网架等五种网架的计算结果表明，加反梁和不加反梁两种方法的用钢量及挠度都相差不多，故上述支承条件的中小跨度网架，上述两种方法都可采用。当跨度较大或平面形状比较狭长时，则在开口边加反梁的方法较为有利。设计时应注意在开口边要形成边桁架，以加强整体性。

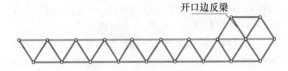

图 1 网架开口边加反梁

3.2.3 对平面形状为矩形多点支承的网架，选用两向正交正放、正放四角锥或正放抽空四角锥网架较为合适，因为多点支承时，这种正放类型网架的受力性能比斜放类型合理，挠度也小。对四点支承网架的计算表明，正向正交正放网架与两向正交斜放网架的内力比为5:7，挠度比为6:7。

3.2.4 平面形状为圆形、正六边形和接近正六边形的多边形且周边支承的网架，大多应用于大中跨度的公共建筑中。从平面布置及建筑造型看，比较适宜选用三向网架、三角锥网架和抽空三角锥网架。特别是当平面形状为正六边形时，这种网架的网格布置规整，杆件种类少，施工较方便。经计算表明，三向网架、三角锥和抽空三角锥网架的用钢量和挠度较为接近，故在规程中予以推荐采用。

蜂窝形三角锥网架计算用钢量较少，建筑造型也好，适用于各种规则的平面形状。但其上弦网格是由六边形和三角形交叉组成，屋面构造较为复杂，整体性也差些，目前国内在大跨度屋盖中还缺少实践经验，故建议在中小跨度屋盖中采用。

3.2.5 网架的最优高跨比则主要取决于屋面体系（采用钢筋混凝土屋面时为1/10~1/14，采用轻屋面时为1/13~1/18），并有较宽的最优高度带。规程中所列的高跨比是根据网架优化结果通过回归分析而得。优化时以造价为目标函数，综合考虑了杆件、节点、屋面与墙面的影响，因而具有比较科学的依据。对于网格尺寸应综合考虑柱网尺寸与网架的网格形式，网架二相邻杆间夹角不宜小于30°，这是网架的制作与构造要求的需要，以免杆件相碰或节点尺寸过大。

3.2.6 网架结构一般采用上弦支承方式。当因建筑功能要求采用下弦支承时，应在网架的四周支座边形成竖直或倾斜的边桁架，以确保网架的几何不变形性，并可有效地将上弦垂直荷载和水平荷载传至支座。

3.2.7 两向正交正放网架平面内的水平刚度较小，为保证各榀网架平面外的稳定性及有效传递与分配作用于屋盖结构的风荷载等水平荷载，应沿网架上弦周边网格设置封闭的水平支撑，对于大跨度结构或当下弦周边支撑时应沿下弦周边网格设置封闭的水平支撑。

3.2.8 对多点支承网架，由于支承柱较少，柱子周围杆件的内力一般很大。在柱顶设置柱帽可减小网架的支承跨度，并分散支承柱周围杆件内力，节点构造也较易处理，所以多点支承网架一般宜在柱顶设置柱帽。柱帽形式可结合建筑功能（如通风、采光等）要求而采用不同形式。

3.2.9 以钢筋混凝土板代替上弦的组合网架结构国内已建成近40幢。用于楼层中的新乡百货大楼售货大厅楼层网架，平面几何尺寸为34m×34m；用于屋盖中的抚州体育馆网架，平面几何尺寸为58m×45.5m，都取得了较好的技术经济效果。规程中规定组合网架用于楼层中跨度不大于40m；用于屋盖中跨度不大于60m是以上述实践为依据的。

3.2.10 网架屋面排水坡度的形成方式，过去大多采用在上弦节点上加小立柱形成排水坡。但当网架跨度较大时，小立柱自身高度也随之增加，引起小立柱自身的稳定问题。当小立柱较高时应布置支撑，用于解决小立柱的稳定问题，同时有效将屋面风荷载与地震等水平力传递到网架结构。近年来为克服上述缺点，多采用变高度网架形成排水坡，这种做法不但节省了小立柱，而且网架内力也趋于均匀，缺点是网架杆件与节点种类增多，给网架加工制作增加一定麻烦。

3.2.11 网架自重的估算公式是一个近似的经验公式，原网架规程中的网架自重估算公式均小于工程实际，而近几年来网架一般都采用轻屋面，网架自重估算偏小的影响较大，为确保网架结构的安全，根据大量工程的统计结果，对原网架规程的网架自重计算公式作了适当提高，将原分母下的参数200调整至150，使网架自重估算值比原网架规程公式约增加 30%。另外由于型钢网架工程应用很少，故该公式中不再列入型钢网架自重调整系数。

3.3 网壳结构设计的基本规定

3.3.1～3.3.4 各条分别对球面网壳、圆柱面网壳、双曲抛物面网壳及椭圆抛物面网壳的构造尺寸以及单层网壳的适用跨度作了规定，这是根据国内外已建成的网壳工程统计分析所得的经验数值。根据国内外已建成的单层网壳工程情况，考虑到单层网壳非线性屈曲分析技术的进步，将单层网壳适用跨度比《网壳结构技术规程》JGJ 61-2003 作了适当放宽。但在接近该限值时单层网壳其受力将主要受整体稳定控制，故工程设计时不宜大于各类单层网壳的跨度限值。圆柱面网壳可采用两端边支承、沿两纵向边支承或沿四边支承，对于不同的支承方式本规程给出了相应的几何参数要求。

3.3.5 网壳的支承构造，包括其支座节点与边缘构件，对网壳的正确受力是十分重要的。如果不能满足所必需的边缘约束条件，实现不了网壳以承受薄膜内力为主的受力特性的要求，有时会造成弯曲内力的大幅度增加，使网壳杆件内力变化，甚至内力产生反号。对边缘构件要有刚度要求，以实现网壳支座的边缘约束条件。为准确分析网壳受力，边缘约束构件应与网壳结构一起进行整体计算。

3.4 立体桁架、立体拱架与张弦立体拱架设计的基本规定

3.4.1～3.4.3 立体桁架高跨比与网架的高跨比一致。立体拱架的矢高与双层圆柱面网壳一致，而对拱架厚度比双层圆柱面网壳适当加厚。张弦立体拱架的结构矢高、拱架矢高与张弦的垂度是参照近几年工程应用情况给出的。立体桁架、立体拱架与张弦立体拱架近几年工程应用比较多的是采用相贯节点的管桁架形式，管桁架截面常为上弦两根杆件、下弦一根杆件的倒三角形。管桁架的弦杆（主管）与腹杆（支管）及两腹杆（支管）之间的夹角不宜小于 30°。

3.4.4 防侧倾体系可以是边桁架或上弦纵向水平支撑。曲线形的立体桁架在竖向荷载作用下其支座水平位移较大，下部结构设计时要考虑这一影响。

3.4.5 当立体桁架、立体拱架与张弦立体拱架应用于大、中跨度屋盖结构时，其平面外的稳定性应引起重视，应在上弦设置水平支撑体系（结合檩条）以保证立体桁架（拱架）平面外的稳定性。

3.5 结构挠度容许值

3.5.1 空间网格结构的计算容许挠度，是综合近年国内外的工程设计与使用经验而定的。对网架、立体桁架用于屋盖时规定为不宜超过网架短向跨度或桁架跨度的 1/250。一般情况下，按强度控制而选用的杆件不会因为这样的刚度要求而加大截面。至于一些跨度特别大的网架，即使采用了较小的高度（如跨高比为 1/16），只要选择恰当的网架形式，其挠度仍可满足小于 1/250 跨度的要求。当网架用作楼层时则参考混凝土结构设计规范，容许挠度取跨度的 1/300。网壳结构的最大计算位移规定为单层不得超过短向跨度的 1/400，双层不得超过短向跨度的 1/250，由于网壳的竖向刚度较大，一般情况下均能满足此要求。对于在屋盖结构中设有悬挂起重设备的，为保证悬挂起重设备的正常运行，与钢结构设计规范一致，其最大挠度值提高到不宜大于结构跨度的 1/400。

3.5.2 国内已建成的网架，有的起拱，有的不起拱。起拱给网架制作增加麻烦，故一般网架可以不起拱。当网架或立体桁架跨度较大时，可考虑起拱，起拱值可取小于或等于网架短向跨度（立体桁架跨度）的 1/300。此时杆件内力变化"较小"，设计时可按不起拱计算。

4 结 构 计 算

4.1 一般计算原则

4.1.1 空间网格结构主要应对使用阶段的外荷载（对网架结构主要为竖向荷载，网壳结构则包括竖向和水平向荷载）进行内力、位移计算，对单层网壳通常要进行稳定性计算，并据此进行杆件截面设计。此外，对地震、温度变化、支座沉降及施工安装荷载，应根据具体情况进行内力、位移计算。由于在大跨度结构中风荷载往往非常关键，本条特别强调风荷载作用下的计算。

4.1.3 风荷载往往对网壳的内力和变形有很大影响，对在现行国家标准《建筑结构荷载规范》GB 50009 中没有相应的风荷载体型系数及跨度较大的复杂形体空间网格结构，应进行模型风洞试验以确定风荷载体型系数，也可通过数值风洞等方法分析确定体型系数。大跨度结构的风振问题非常复杂，特别对于大型、复杂形体的空间网格结构宜进行基于随机振动理论的风振响应计算或风振时程分析。

4.1.4 网架结构、双层网壳和立体桁架的计算模型可假定为空间铰接杆系结构，忽略节点刚度的影响，不计次应力；单层网壳的计算模型应假定为空间刚接梁系结构，杆件要承受轴力、弯矩（包括扭矩）和剪力。

立体桁架中，主管是指在节点处连续贯通的杆件，如桁架弦杆；支管则指在节点处断开并与主管相连的杆件，如与主管相连的腹杆。

4.1.5 作用在空间网格结构杆件上的局部荷载在分析时先按静力等效原则换算成节点荷载进行整体计

算，然后考虑局部弯曲内力的影响。

4.1.6 空间网格结构与其支承结构之间相互作用的影响往往十分复杂，因此分析时应考虑两者的相互作用而进行协同分析。结构分析时应根据上、下部的影响设计结构体系的传力路线，确定上、下连接的刚度并选择合适的计算模型。

4.1.7 空间网格结构的支承条件对结构的计算结果有较大的影响，支座节点在哪些方向有约束或为弹性约束应根据支承结构的刚度和支座节点的连接构造来确定。

网架结构、双层网壳按铰接杆系结构每个节点有三个线位移来确定支承条件，网架结构一般下部为独立柱或框架柱支承，柱的水平侧向刚度较小，并由于网架受力为类似于板的弯曲型，因此对于网架支座的约束可采用两向或一向可侧移铰接支座或弹性支座；单层网壳结构按刚接梁系结构每个节点有三个线位移和三个角位移来确定支承条件。因此，单层网壳支承条件的形式比网架结构和双层网壳的要多。

4.1.8 网格结构在施工安装阶段的支承条件往往与使用阶段不一致，如采用悬挑拼装施工的网壳结构，其支承边界条件与使用状态下网壳的边界条件完全不同。此时应特别注意施工安装阶段全过程位移和内力分析计算，并可作为网壳的初内力和初应变而残留在网壳内。

4.1.9 网格结构的计算方法较多，列入本规程的只是比较常用的和有效的计算方法。总体上包括两类计算方法，即基于离散化假定的有限元方法（包括空间杆系有限元法和空间梁系有限元法）和基于连续化假定的方法（包括拟夹层板分析法和拟壳分析法）。

空间杆系有限元法即空间桁架位移法，可用来计算各种形式的网架结构、双层网壳结构和立体桁架结构。

空间梁系有限元法即空间刚架位移法，主要用于单层网壳的内力、位移和稳定性计算。

拟夹层板分析法和拟壳分析法物理概念清晰，有时计算也很方便，常与有限元法互为补充，但计算精度和适用性不如有限元法，故本规程建议仅在结构方案选择和初步设计时采用。

4.2 静 力 计 算

4.2.1 有限单元法是将网格结构的每根杆件作为一个单元，采用矩阵位移法进行计算。网架结构和双层网壳以杆件节点的三个线位移为未知数，单层网壳以节点的三个线位移和三个角位移为未知数。无论是理论分析及模型试验乃至工程实践均表明，这种杆系的有限单元法是迄今为止分析网格结构最为有效、适用范围最为广泛且相对而言精度也是最高的方法。目前这种方法在国内外已被普遍应用于网格结构的设计计算中，因此本规程将其列为分析网格结构的主要

方法。

有限单元法可以用来分析不同类型、具有任意平面和几何外形、具有不同的支承方式及不同的边界条件、承受不同类型外荷载的网格结构。有限单元法不仅可用于网壳结构的静力分析，还可用于动力分析、抗震分析以及稳定分析。这种方法适合于在计算机上进行运算，目前我国相关单位已编制了一些网格结构分析与设计的计算机软件可供使用。由于杆系和梁系有限元法在不少书本中已有详尽的论述，本规程仅列出其基本方程。

值得指出，对于空间梁单元，尚有考虑弯曲、剪切、扭转、翘曲和轴向变形耦合影响的、更为精确的单元。每个节点除了通常的三个线位移和三个角位移，还考虑截面翘曲的影响，即增加了表征截面翘曲变形的翘曲角自由度，因此每个节点有七个自由度。目前的大多数分析程序只包含了一般的空间梁单元，可满足大多数实际工程的计算精度要求；对于杆件约束扭转影响十分显著的情况，可考虑采用七个自由度的空间梁单元。

4.2.2 空间网格结构设计中，由于杆件截面调整而进行的重分析次数一般为 3～4 次。空间网格结构设计后，如由于备料困难等原因必须进行杆件替换时，应根据截面及刚度等效的原则进行，被替换的杆件应不是结构的主要受力杆件且数量不宜过多（通常不超过全部杆件的 5%），否则应重新复核。

4.2.3 本条给出了空间网格结构温度内力的计算原则。对于杆件只承受轴向力的网架结构和双层网壳结构，因温差引起的杆件内力可由下式计算：

$$N_{ij} = \overline{N}_{ij} - E\Delta t\alpha A_{ij} \tag{1}$$

式中：$\overline{N}_{ij}$——温度变化等效荷载作用下的杆件内力；

E——空间网格结构材料的弹性模量；

α——空间网格结构材料的线膨胀系数，对于钢材 $\alpha = 0.000012/℃$；

A_{ij}——杆件的截面面积；

Δt——温差（℃），以升温为正。

空间网格结构的温度应力是指在温度场变化作用下产生的应力，温度场变化范围应取施工安装完毕的气温与当地常年最高或最低气温之差。一般情况下，可取均匀温度场，即式（1）中的温差 Δt。但对某些大型复杂结构，在有些情况下（如室内构件与室外构件、迎光面构件与背光面构件等）会形成梯度较大的温度场分布，此时应进行温度场分析，确定合理的温度场分布，相应的，式（1）中的 Δt 应改为 Δt_{ij}。

4.2.4 对于网架结构，温度应力主要由支承体系阻碍网架变形而产生，其中支承平面的弦杆受影响最大，应作为网架是否考虑温度应力的依据。支承平面弦杆的布置情况，可归纳为正交正放、正交斜放、三

向等三类。

其次，在网架的不同区域中，支承平面弦杆的温度应力也不同。计算表明，边缘区域比中间区域大，考虑到边缘区域杆件大部分由构造决定，有较富裕的强度储备，本条将支承平面弦杆的跨中区域最大温度应力小于 $0.038f$（f 为钢材强度设计值）作为不必进行温度应力验算的依据，条文中的规定经计算均满足这一要求。

4.2.5 对于预应力空间网格结构，往往采用多次分批施加预应力及加荷的原则（即多阶段设计原则），使结构在使用荷载下达到最佳内力状态。同时，由于施工工艺和施工设备的限制，施工过程中也会出现分级分批张拉预应力的情况。因此预应力网格结构的设计不仅要分析结构在使用阶段的受力特性，而且要考虑结构在施工阶段的受力性能，施工阶段的受力分析甚至可能比使用阶段更重要。因此，对预应力空间网格结构进行考虑施工程序的全过程分析是十分必要的。

4.2.6 斜拉索的单元分析可采用有限元法和二力直杆法（亦称等效弹性模量法）。有限元分析中的索单元主要包括二节点直线杆单元和多节点曲线索单元两类。前者没有考虑索自重垂度的影响，索长度较小时误差较小，通常需将整索划分为若干单元；后者则考虑了索自重垂度影响，可视整索为一个单元。

对斜拉网格结构的整体而言，二力直杆法也是有限元方法。将斜拉索等代为弹性模量随索张力大小而变化的受拉二力直杆单元，其刚度矩阵即归结为常规杆单元的刚度矩阵。等效弹性模量可由下式计算：

$$E_{eq} = \frac{E}{1 + \frac{EA(\gamma Al)^2}{12T^3}} \qquad (2)$$

式中：E——斜拉索的弹性模量；

A——斜拉索的截面面积；

γ——斜拉索的比重；

l——斜拉索的水平跨度；

T——斜拉索的索张力。

显然，E_{eq} 与斜拉索的索张力有关。该方法十分有效，在斜拉结构和塔桅结构的分析中应用广泛。

4.2.7 网架结构的拟夹层板法计算，是指把网架结构连续化为由上、下表层（即上、下弦杆）和夹心层（即腹杆）组成的正交异性或各向同性的夹层板，采用考虑剪切变形的、具有三个广义位移的平板理论的分析方法。一般情况下，由平面桁架系或角锥体组成的网架结构均可采用这种方法来计算。通过分析比较，拟夹层板法的计算精度在通常情况下能满足工程的要求。

拟夹层板法曾是国内应用较广的方法之一。采用该法计算网架结构时，可直接查用图表，比较简便，容易掌握，不必借助于电子计算机。目前国内已有不

少著作和手册介绍此法，并有现成图表可供设计人员使用，故本规程不再给出具体的计算公式和计算图表。

4.2.8 大部分网壳结构可通过连续化的计算模型等代为正交异性，甚至各向同性的薄壳结构，并根据边界条件求解薄壳的微分方程式而得出薄壳的位移和内力，然后可通过内力等效的原则，由拟壳结构的薄膜内力和弯曲内力返回计算网壳杆件的轴力、弯矩和剪力。

4.2.9、4.2.10 组合网架结构的计算分析目前主要采用有限元法。对于上弦带肋平板有两种计算模型，一是将带肋平板分离为梁元与板壳元；另一是把带肋平板等代为上弦杆，仍采用空间桁架位移法作简化计算。本规程把这两种计算方法均推荐为分析组合网架时采用。

按空间桁架位移法简化计算组合网架的具体步骤、等代上弦杆截面积的确定及反算平板中的薄膜内力均在本规程附录 D 中作了阐述。该法计算简便，可采用普通网架结构的计算程序，目前国内许多组合网架实际工程的分析计算均采用了该方法，能满足工程计算精度的要求。

4.3 网壳的稳定性计算

4.3.1 单层网壳和厚度较小的双层网壳均存在整体失稳（包括局部壳面失稳）的可能性；设计某些单层网壳时，稳定性还可能起控制作用，因而对这些网壳应进行稳定性计算。从大量双曲抛面网壳的全过程分析与研究来看，从实用角度出发，可以不考虑这类网壳的失稳问题，作为一种替代保证，结构刚度应该是设计中的主要考虑因素，而这是在常规计算中已获保证的。

4.3.2 以非线性有限元分析为基础的结构荷载-位移全过程分析可以把结构强度、稳定乃至刚度等性能的整个变化历程表示得十分清楚，因而可以从全局的意义上来研究网壳结构的稳定性问题。目前，考虑几何及材料非线性的荷载-位移全过程分析方法已相当成熟，包括对初始几何缺陷、荷载分布方式等因素影响的分析方法也比较完善。因而现在完全有可能要求对实际大型网壳结构进行仅考虑几何非线性的或考虑双重非线性的荷载-位移全过程分析，在此基础上确定其稳定性承载力。考虑双重非线性的全过程分析（即弹塑性全过程分析）可以给出精确意义上的结果，只是需耗费较多计算时间。在可能条件下，尤其对于大型的和形状复杂的网壳结构，应鼓励进行考虑双重非线性的全过程分析。

4.3.3 当网壳受恒载和活载作用时，其稳定性承载力以恒载与活载的标准组合来衡量。大量算例分析表明：荷载的不对称分布（实际计算中取活载的半跨分布）对球面网壳的稳定性承载力无不利影响；对四边

支承的柱面网壳当其长宽比 $L/B{\leqslant}1.2$ 时，活载的半跨分布对网壳稳定性承载力有一定影响；而对椭圆抛物面网壳和两端支承的圆柱面网壳，活载的半跨分布影响则较大，应在计算中考虑。

初始几何缺陷对各类网壳的稳定性承载力均有较大影响，应在计算中考虑。网壳的初始几何缺陷包括节点位置的安装偏差、杆件的初弯曲、杆件对节点的偏心等，后面两项是与杆件计算有关的缺陷。我们在分析网壳稳定性时有一个前提，即在强度设计阶段网壳所有杆件都已经过强度和杆件稳定验算。这样，与杆件有关的缺陷对网壳总体稳定性（包括局部壳面失稳问题）的影响就自然地被限制在一定范围内，而且在相当程度上可以由关于网壳初始几何缺陷（节点位置偏差）的讨论来覆盖。

节点安装位置偏差沿壳面的分布是随机的。通过实例进行的研究表明：当初始几何缺陷按最低阶屈曲模态分布时，求得的稳定性承载力是可能的最不利值。这也就是本规程推荐采用的方法。至于缺陷的最大值，按理应采用施工中的容许最大安装偏差；但大量算例表明，当缺陷达到跨度的 1/300 左右时，其影响往往才充分展现；从偏于安全角度考虑，本条规定了"按网壳跨度的 1/300"作为理论计算的取值。

4.3.4 确定安全系数 K 时考虑到下列因素：（1）荷载等外部作用和结构抗力的不确定性可能带来的不利影响；（2）复杂结构稳定性分析中可能的不精确性和结构工作条件中的其他不利因素。对于一般条件下的钢结构，第一个因素可用系数 1.64 来考虑；第二个因素暂设用系数 1.2 来考虑，则对于按弹塑性全过程分析求得的稳定极限承载力，安全系数 K 应取为 $1.64{\times}1.2{\approx}2.0$。对于按弹性全过程分析求得的稳定极限承载力，安全系数 K 中尚应考虑由于计算中未考虑材料弹塑性而带来的误差；对单层球面网壳、柱面网壳和双曲扁网壳的系统分析表明，塑性折减系数 c_p（即弹塑性极限荷载与弹性极限荷载之比）从统计意义上可取为 0.47，则系数 K 应取为 $1.64{\times}1.2/0.47{\approx}4.2$。对其他形状更为复杂的网壳无法作系统分析，对这类网壳和一些大型或特大型网壳，宜进行弹塑性全过程分析。

4.3.5 本条附录给出的稳定性实用计算公式是由大规模参数分析的方法求出的，即结合不同类型的网壳结构，在其基本参数（几何参数、构造参数、荷载参数等）的常规变化范围内，应用非线性有限元分析方法进行大规模的实际尺寸网壳的全过程分析，对所得到的结果进行统计分析和归纳，得出网壳结构稳定性的变化规律，最后用拟合方法提出网壳稳定性的实用计算公式。总计对 2800 余例球面、圆柱面和椭圆抛物面网壳进行了全过程分析。所提出的公式形式简单，便于应用。

给出实用计算公式的目的是为了设计人员应用方便；然而，尽管所进行的参数分析规模较大，但仍然难免有某些疏漏之处，简单的公式形式也很难把复杂的实际现象完全概括进来，因而条文中对这些公式的应用范围作了适当限制。

4.4　地震作用下的内力计算

4.4.1、4.4.2 本二条给出的抗震验算原则是通过对网架与网壳结构进行大量计算机实例计算与理论分析总结得出的，系针对水平放置的空间网格结构。

网架结构属于平板网格结构体系。由大量网架结构计算机分析结果表明，当支承结构刚度较大时，网架结构将以竖向振动为主。所以在设防烈度为 8 度的地震区，用于屋盖的网架结构应进行竖向和水平抗震验算，但对于周边支承的中小跨度网架结构，可不进行水平抗震验算，可仅进行竖向抗震验算。在抗震设防烈度为 6 度或 7 度的地区，网架结构可不进行抗震验算。

网壳结构属于曲面网格结构体系。与网架结构相比，由于壳面的拱起，使得结构竖向刚度增加，水平刚度有所降低，因而使网壳结构水平振动将与竖向振动属同一数量级，尤其是矢跨比较大的网壳结构，将以水平振动为主。对大量网壳结构计算机分析结果表明，在设防烈度为 7 度的地震区，当网壳结构矢跨比不小于 1/5 时，竖向地震作用对网壳结构的影响不大，而水平地震作用的影响不可忽略，因此本条规定在设防烈度为 7 度的地震区，矢跨比不小于 1/5 的网壳结构可不进行竖向抗震验算，但必须进行水平抗震验算。在抗震设防烈度为 6 度的地区，网壳结构可不进行抗震验算。

4.4.5 采用时程分析法时，应考虑地震动强度、地震动谱特征和地震动持续时间等地震动三要素，合理选择与调整地震波。

1　地震动强度

地震动强度包括加速度、速度及位移值。采用时程分析法时，地震动强度是指直接输入地震响应方程的加速度的大小。加速度峰值是加速度曲线幅值中最大值。当震源、震中距、场地、谱特征等因素均相同，而加速度峰值高时，则建筑物遭受的破坏程度大。

为了与设计时的地震烈度相当，对选用的地震记录加速度时程曲线应按适当的比例放大或缩小。根据选用的实际地震波加速度峰值与设防烈度相应的多遇地震时的加速度时程曲线最大值相等的原则，实际地震波的加速度峰值的调整公式为：

$$a'(t) = \frac{A'_{max}}{A_{max}} a(t) \qquad (3)$$

式中：$a'(t)$、A'_{max}——调整后地震加速度曲线及峰值；

$a(t)$、A_{max}——原记录的地震加速度曲线及峰值。

调整后的加速度时程的最大值 A'_{max} 按《建筑抗震设计规范》GB 50011-2001 表 5.1.2-2 采用，即：

表 1　时程分析所用的地震加速度时程曲线的最大值（cm/s²）

地震影响	6度	7度	8度	9度
多遇地震	18	35(55)	70(110)	140

注：括号内的数值分别用于设计基本地震加速度为 0.15g 和 0.30g 的地区。

2　地震动谱特征

地震动谱特征包括谱形状、峰值、卓越周期等因素，与震源机制、地震波传播途径、反射、折射、散射和聚焦以及场地特性、局部地质条件等多种因素相关。当所选用的加速度时程曲线幅值的最大值相同，而谱特征不同，则计算出的地震响应往往相差很大。

考虑到地震动的谱特征，在选取实际地震波时，首先应选择与场地类别相同的一组地震波，而后经计算选用其平均地震影响系数曲线与振型分解反应谱法所采用的地震影响系数曲线在统计意义上相符的加速度时程曲线。所谓"在统计意义上相符"指的是，用选择的加速度时程曲线计算单质点体系得出的地震影响系数曲线与振型分解反应谱法所采用的地震影响系数曲线相比，在不同周期值时均相差不大于20%。

3　地震动持续时间

所取地震动持续时间不同，计算出的地震响应亦不同。尤其当结构进入非线性阶段后，由于持续时间的差异，使得能量损耗积累不同，从而影响了地震响应的计算结果。

地震动持续时间有不同定义方法，如绝对持时、相对持时和等效持时，使用最方便的是绝对持时。按绝对持时计算时，输入的地震加速度时程曲线的持续时间内应包含地震记录最强部分，并要求选择足够长的持续时间，一般建议取不少结构基本周期的10倍，且不小于10s。

4.4.8　为设计人员使用简便，根据大量计算机分析，本条给出振型分解反应谱法所需至少考虑的振型数。按《建筑抗震设计规范》GB 50011-2001 条文说明，振型个数一般亦可取振型参与质量达到总质量90%所需的振型数。

4.4.10　阻尼比取值应根据结构实测与试验结果经统计分析而得来。

1　多高层钢结构阻尼比取值

有关结构阻尼比值有多种建议，早期以20世纪60年代纽马克（N.M.Newmark）及20世纪70年代武藤清给出的实测值资料较为系统。日本建筑学会阻尼评定委员会于2003年发布了205栋多高层建筑阻尼比实测结果，其中钢结构137栋，钢-混凝土混合结构43栋，混凝土结构25栋。由大量实测结果分析

统计得出阻尼比变化规律及第一阶阻尼比 ζ_1 的简化计算公式，并给出绝大部分钢结构 ζ_1 均小于 0.02 的结论。

影响阻尼比值的因素甚为复杂，现仍属于正在研究的课题。在没有其他充分科学依据之前，多高层钢结构阻尼比取0.02是可行的。

2　空间网格结构阻尼比取值

空间网格结构的阻尼比值最好是由空间网格结构实测和试验统计分析得出，但至今这方面的资料甚少。研究表明，结构类型与材料是影响结构阻尼比值的重要因素，所以在缺少实测资料的情况下，可参考多高层钢结构，对于落地支承的空间网格结构阻尼比可取0.02。

对设有混凝土结构支承体系的空间网格结构，阻尼比值可采用下式计算：

$$\zeta = \frac{\sum_{s=1}^{n} \zeta_s W_s}{\sum_{s=1}^{n} W_s} \qquad (4)$$

式中：ζ——考虑支承体系与空间网格结构共同工作时，整体结构的阻尼比；

ζ_s——第 s 个单元阻尼比；对钢构件取 0.02，对混凝土构件取 0.05；

n——整体结构的单元数；

W_s——第 s 个单元的位能。

梁元位能为：

$$W_s = \frac{L_s}{6(EI)_s}(M_{as}^2 + M_{bs}^2 - M_{as}M_{bs}) \qquad (5)$$

杆元位能为：

$$W_s = \frac{N_s^2 L_s}{2(EA)_s} \qquad (6)$$

式中：L_s、$(EI)_s$、$(EA)_s$——分别为第 s 杆的计算长度、抗弯刚度和抗拉刚度；

M_{as}、M_{bs}、N_s——分别取第 s 杆两端在重力荷载代表值作用下的静弯矩和静轴力。

上述阻尼比值计算公式是考虑到不同材料构件对结构阻尼比的影响，将空间网格结构与混凝土结构支承体系视为整体结构，引用等效结构法的思路，用位能加权平均法推导得出的。

为简化计算，对于设有混凝土结构支承的空间网格结构，当将空间网格结构与混凝土结构支承体系按整体结构分析或采用弹性支座简化模型计算时，本条给出阻尼比可取 0.03 的建议值。这是经大量计算机实例计算及收集的实测结果经统计分析得来。

4.4.11　地震时的地面运动是一复杂的多维运动，包括三个平动分量和三个转动分量。对于一般传统结构仅分别进行单维地震作用效应分析即可满足设计要求的精度，但对于体型复杂或较大跨度的网格结构，

宜进行多维地震作用下的效应分析。这是由于空间网格结构为空间结构体系，呈现明显的空间受力和变形特点，如水平和竖向地震对网壳结构的反应都有较大影响。因此，需对网壳结构进行多维地震响应分析。此外，网壳结构频率甚为密集，应考虑各振型之间的相关性。根据大量空间网格结构计算机分析，如单层球面网壳，除少数杆件外，三维地震内力均大于单维地震内力，有些杆件地震内力要大 1.5 倍～2 倍左右，可见对于体型复杂或较大跨度的空间网格结构宜进行多维地震响应分析。

进行多维地震效应计算时，可采用多维随机振动分析方法、多维反应谱法或时程分析法。按《建筑抗震设计规范》GB 50011-2001，当多维地震波输入时，其加速度最大值通常按 1（水平 1）：0.85（水平 2）：0.65（竖向）的比例调整。

由于空间网格结构自由度甚多，由传统的随机振动功率谱方法推导的 CQC 表达式计算工作量巨大，很难用于工程计算，因此建议采用多维虚拟激励随机振动分析方法。该法自动包含了所有参振振型间的相关性以及激励之间的相关性，与传统的 CQC 法完全等价，是一种精确、快速的 CQC 法，特别适用于分析自由度多、频率密集的网壳结构在多维地震作用下的随机响应。

为了更便于设计人员采用，以多维随机振动分析理论为基础，建立了空间网格结构多维抗震分析的实用反应谱法。附录 F 给出的即是按多维反应谱法进行空间网格结构三维地震效应分析时，各节点最大位移响应与各杆件最大内力响应的组合公式。其中考虑了《建筑抗震设计规范》GB 50011-2001 所提出的当三维地震作用时，其加速度最大值按 1（水平 1）：0.85（水平 2）：0.65（竖向）的比例。

采用时程分析法进行多维地震效应计算时，计算方法与单维地震效应分析相同，仅地面运动加速度向量中包含了所考虑的几个方向同时发生的地面运动加速度项。

4.4.12 为简化计算，本条给出周边支承或多点支承与周边支承相结合的用于屋盖的网架结构竖向地震作用效应简化计算方法。

本规程附录 G 中所列出的简化计算方法是采用反应谱法和时程法，对不同跨度、不同形式的周边支承或多点支承与周边支承相结合的用于屋盖的网架结构进行了竖向地震作用下的大量计算机分析，总结地震内力系数分布规律而提出的。

4.4.13 为了减少 7 度和 8 度设防烈度时网壳结构的设计工作量，在大量实例分析的基础上，给出承受均布荷载的几种常用网壳结构杆件地震轴向力系数值，以便于设计人员直接采用。

对于单层球面网壳结构，考虑了各类杆件各自为等截面情况；对于单层双曲抛物面网壳结构，考虑了弦杆和斜杆均为等截面情况，仅抬高端斜拉杆由于受力较大需要另行设计；

对于双层圆柱面网壳结构，考虑纵向弦杆和腹杆分别为等截面情况。由于横向弦杆各单元地震内力系数沿网壳横向 1/4 跨度附近较大，所以给出的地震内力系数除按矢跨比、上下弦不同外，还按横向弦杆各单元位置划分了两类区域，在本规程表 H.0.3 中以阴影与空白分别表示。

5 杆件和节点的设计与构造

5.1 杆 件

5.1.1 本条明确规定网格结构杆件的材质应符合现行国家标准《钢结构设计规范》GB 50017 的有关规定，严禁采用非结构用钢管。管材强调了采用高频焊管或无缝钢管，主要考虑高频焊管价格比无缝钢管便宜，且高频焊管性能完全满足使用要求。

5.1.2 空间网格结构杆件的计算长度按结构类型、节点形式与杆件所处的部位分别考虑。

网架结构压杆计算长度的确定主要是根据国外理论研究和有关手册规定以及我国对网架压杆计算长度的试验研究。对螺栓球节点，因杆两端接近铰接，计算长度取几何长度（节点至节点的距离）。对空心球节点网架，由于受该节点上相邻拉杆的约束，其杆件的计算长度可作适当折减，弦杆及支座腹杆取 $0.9l$，腹杆则仍按普通钢结构的规定取 $0.8l$。对采用板节点的，为偏于安全，仍按一般平面桁架的规定。

双层网壳的节点一般可视为铰接。但由于双层网壳中大多数上、下弦杆均受压，它们对腹杆的转动约束要比网架小，因此对焊接空心球节点和板节点的双层网壳的腹杆计算长度作了调整，其计算长度取 $0.9l$，而上、下弦杆和螺栓球节点的双层网壳杆件的计算长度仍取为几何长度。

单层网壳在壳体曲面内、外的屈曲模态不同，因此其杆件在壳体曲面内、外的计算长度不同。

在壳体曲面内，壳体屈曲模态类似于无侧移的平面刚架。由于空间汇交的杆件较少，且相邻环向（纵向）杆件的内力、截面都较小，因此相邻杆件对压杆的约束作用不大，这样其计算长度主要取决于节点对杆件的约束作用。根据我国的试验研究，考虑焊接空心球节点与相贯节点对杆的约束作用时，杆件计算长度可取为 $0.9l$，而毂节点在壳体曲面内对杆件的约束作用很小，杆件的计算长度应取为几何长度。

在壳体曲面外，壳体有整体屈曲和局部凹陷两种屈曲模态，在规定杆件计算长度时，仅考虑了局部凹陷一种屈曲模态。由于网壳环向（纵向）杆件可能受压、受拉或内力为零，因此其横向压杆的支承作用不确定，在考虑压杆计算长度时，可以不计其影响，而仅考虑压杆远端的横向杆件给予的弹性转动约束，经简化计算，并适当考虑节点的约束作用，取其计算长度为 $1.6l$。

对于立体桁架，其上弦压杆与支座腹杆无其他杆件约束，故其计算长度均取 $1.0l$，采用空心球节点与相贯节点时，腹杆计算长度取 $0.9l$。

5.1.3 空间网格结构杆件的长细比按结构类型，杆件所处位置与受力形式考虑如下：

网架、双层网壳与立体桁架其压杆的长细比仍取用原网架规程取值，即 $[\lambda] \leqslant 180$，多年网架工程实践证明这个压杆的长细比取值是适宜的，是完全可以保证结构安全的。

从网架工程的实践来，很少有拉杆其长细比达到 400 的，本次修订中将网架、立体桁架与双层网壳的长细比限值调整到与双层网壳一致，统一取 $[\lambda] \leqslant 300$。对于网架、立体桁架与双层网壳的支座附件杆件，由于边界条件复杂，杆件内力有时产生变号，故对其长细比控制从严，$[\lambda] \leqslant 250$。对于直接承受动力荷载的杆件，从严控制于 $[\lambda] \leqslant 250$。

统计已建成的单层网壳其压杆的计算长细比一般在 $60\sim150$。考虑到网壳结构主要由受压杆件组成，压杆太柔会造成杆件初弯曲等几何初始缺陷，对网壳的整体稳定形成不利影响；另外杆件的初始弯曲，会引起二阶力的作用，因此，单层网壳杆件受压与压弯时其长细比按照现行国家标准《钢结构设计规范》GB 50017 的有关规定取 $[\lambda] \leqslant 150$。

5.1.4 根据多年来空间网格结构的工程实践规定了杆件截面的最小尺寸。但这并不是说，所有空间网格工程都可以采用本条规定的最小截面尺寸，这里明确指出，杆件最小截面尺寸必须在实际工程中根据计算分析经杆件截面验算后确定。

5.1.5 空间网格结构杆件当其内力分布变化较大时，如杆件按满应力设计，将会造成沿受力方向相邻杆件规格过于悬殊，而造成杆件截面刚度的突变，故从构造要求考虑，其受力方向相连续的杆件截面面积之比不宜超过 1.8 倍，对于多点支承网架，虽然其反弯点处杆件内力很小，也应考虑杆件刚度连续原则，对反弯点处的上下弦杆宜按构造要求加大截面。

5.1.6 由于大量的空间网格结构实际工程中，小规格的低应力拉杆经常会出现弯曲变形，其主要原因是此类杆件受制作、安装及活荷载分布影响时，小拉力杆转化为压杆而导致杆件弯曲，故对于低应力的小规格拉杆宜按压杆来控制长细比。

5.1.7 本条规定提醒设计人员注意细部构造设计，避免给施工和维护造成困难。

5.2 焊接空心球节点

5.2.1 目前针对焊接空心球的有关试验和理论分析基本集中在焊接空心球和圆钢管的连接。因此本条明确焊接空心球适用于连接圆钢管。如需应用焊接空心球连接其他类型截面的钢管，应进行专门的研究。

5.2.2 焊接空心球在我国已广泛用作网架结构的节点，近年来在单层网壳结构中也得到了应用，取得了一定的经验。

由于网架和网壳结构中空心球为多向受力，计算与试验均很复杂，为简化，以往设计中均以单向受力（受压或受拉）情况下空心球的承载能力来决定空心球的允许设计荷载。而单向受力空心球的承载力，原《网架结构设计与施工规程》JGJ 7-91 中的公式是以大量的试验数据（其中绝大多数为单向受压且球直径为 500mm 以下）用数理统计方法得出的经验公式。随着工程应用的发展，出现了直径大于 500mm 的空心球，同时随着计算技术的进步，已有条件对空心球节点进行数值计算分析，原《网壳结构技术规程》JGJ 61-2003 编制时即采用数值计算和已有试验结果一起参与数理统计，进行回归分析，数值分析结果表明，在满足空心球的有关构造要求后，单向拉、压时空心球均为强度破坏。考虑设计使用方便，将空心球节点承载力设计值公式统一为一种形式。数值计算分析考虑了节点破坏时钢管与球体连接处已进入塑性状态，产生较大的塑性变形，故采用了以弹塑性理论为基础的非线性有限元法。本次规程编制时仍采用拉、压承载力设计值统一公式形式，根据空心球制作实际情况和钢板供货大量出现负公差的情况，对空心球壁厚的允许减薄量进行了放宽，同时放宽了对较大直径空心球直径允许偏差和圆度允许偏差的限制，以及对口错边量的限制。据此，本次修编中又作了上述限制放宽后的计算分析，并与原规程未放宽时的计算结果作了比较，在此基础上对《网壳结构技术规程》JGJ 61-2003 公式中的相关系数作了调整。

因目前大于 500mm 直径的焊接空心球制作质量离散性较大，试验数据离散性较大，同时试验数据也较少，因此对于直径大于 500mm 的焊接空心球，对其承载力设计值考虑 0.9 的折减系数，以保证足够的安全度。

经本次修订调整后的公式，基本覆盖了数值分析和试验结果，同时与其他经验公式比较也均能覆盖。由于受拉空心球的试验较少，大直径空心球受拉试验更少，当有可靠试验依据时，大直径受拉空心球强度设计值可适当提高。

5.2.3 单层网壳的杆端除承受轴向力外，尚有弯矩、扭矩及剪力作用。在单层球面及柱面网壳中，由于弯矩作用在杆与球接触面产生的附加正应力在不同部分出入较大，一般可增加 $20\%\sim50\%$ 左右。对轴力和弯矩共同作用下的节点承载力，《网壳结构技术规程》JGJ 61-2003 根据经验给出了考虑空心球承受压弯或拉弯作用的影响系数 $\eta_m = 0.8$。本次修订时，根据试验结果、有限元分析和简化理论分析，得到了 η_m 与

偏心系数 c 相应的的计算公式，偏心系数 $c=2M/(Nd)$，η_m 不再限定为统一的 0.8。η_m 可采用下述方法确定：

（1）$0 \leqslant c \leqslant 0.3$ 时

$$\eta_\mathrm{m} = \frac{1}{1+c} \tag{7}$$

（2）$0.3 < c < 2.0$ 时

$$\eta_\mathrm{m} = \frac{2}{\pi}\sqrt{3+0.6c+2c^2} - \frac{2}{\pi}(1+\sqrt{2}c) + 0.5 \tag{8}$$

（3）$c \geqslant 2.0$ 时

$$\eta_\mathrm{m} = \frac{2}{\pi}\sqrt{c^2+2} - \frac{2c}{\pi} \tag{9}$$

上式中：

$$c = \frac{2M}{Nd} \tag{10}$$

式中：M——作用在节点上的弯矩（N・mm）；

　　　N——作用在节点上的轴力（N）。

为了便于设计人员使用，本规程中将上述公式以图形形式表示，设计人员只要根据偏心系数 c，即可按图查到影响系数 η_m。

5.2.4　《网壳结构技术规程》JGJ 61 - 2003 采用了承载力提高系数 η_d 考虑空心球设加劲肋的作用，受压球取 $\eta_\mathrm{d}=1.4$，受拉球取 $\eta_\mathrm{d}=1.1$。考虑到承受弯矩为主的空心球目前还缺少工程实践，加劲肋对弯矩作用下节点承载力的影响尚无足够的试验结果，实际工程中也难以保证加劲肋位于弯矩作用平面内，因此在弯矩较大的情况下，不考虑加劲肋的作用，以确保安全。对以轴力为主而弯矩较小的情况（$\eta_\mathrm{m} \geqslant 0.8$），仍可考虑加劲肋承载力提高系数。

5.2.5　本条中所提出的一些构造要求是为了避免空心球在受压时会由于失稳而破坏。为了使钢管杆件与空心球连接焊缝做到与钢管等强，规定钢管应开坡口（从工艺要求考虑钢管壁厚大于 6mm 的必须开坡口），焊缝要焊透。根据大量工程实践的经验，钢管端部加套管是保证焊缝质量、方便拼装的好办法。当采用的焊接工艺可以保证焊接质量时，也可以不加套管。此外本条对管、球坡口焊缝尺寸与角焊缝高度也作了具体规定。

5.2.8　加肋空心球的肋板应设置在空间网格结构最大杆件与主要受力杆件组成的轴线平面内。对于受力较大的特殊节点，应根据各主要杆件在空心球节点的连接情况，验算肋板平面外空心球节点的承载能力。

5.3　螺栓球节点

5.3.1　利用高强度螺栓将圆钢管与螺栓球连接而成的螺栓球节点，在构造上比较接近于铰接计算模型，因此适用于双层以及两层以上的空间网格结构中圆钢管杆件的节点连接。

5.3.2　螺栓球节点的材料在选用时考虑以下因素：

螺栓球节点上沿各汇交杆件的轴向端部设有相应螺孔，当分别拧入杆件中的高强度螺栓后即形成网架整体。钢球的硬度可略低于螺栓的硬度，材料强度也较螺栓低，因而球体原坯原材料选用 45 号钢，且不进行热处理，可以满足设计要求，并便于加工制作。球体原坯宜采用锻造成型。

锥头或封板是圆钢管杆件通过高强度螺栓与钢球连接的过渡零件，它与钢管焊接成一体，因此其钢号宜与钢管一致，以方便施焊。

套筒主要传递压力，因此对于与较小直径高强度螺栓（$\leqslant$M33）相应的套筒，可选取 Q235 钢。对于与较大直径高强度螺栓（$\geqslant$M36）相应的套筒，为避免由于套筒承压面积的增大而加大钢球直径，宜选用 Q345 钢或 45 号钢。

高强度螺栓的钢材应保证其抗拉强度、屈服强度与淬透性能满足设计技术条件的要求。结合目前国内钢材的供应情况和实际使用效果，推荐采用 40Cr 钢、35CrMo 钢，同时考虑到多年使用和厂家习惯用材，对于 M12～M24 的高强度螺栓还可采用 20MnTiB 钢，M27～M36 的高强度螺栓还可采用 35VB 钢。

紧固螺钉也宜选用高强度钢材，以免拧紧高强度螺栓时被剪断。

5.3.4　现行国家标准《钢网架螺栓球节点用高强度螺栓》GB/T 16939 将高强度螺栓的性能等级按照其直径大小分为 10.9 级与 9.8 级两个等级，这是根据我国高强度螺栓生产的实际情况而确定的。

高强度螺栓在制作过程中要经过热处理，使成调质钢。热处理的方式是先淬火，再高温回火。淬火可以提高钢材强度，但降低了它的韧性，再回火可恢复钢的韧性。对于采用规程推荐材料的高强度螺栓，影响其能否淬透的主要因素是螺栓直径的大小。当螺栓直径较小（M12～M36）时，其截面芯部能淬透，因此在此直径范围内的高强度螺栓性能等级定为 10.9 级。对大直径高强度螺栓（M39～M64×4），由于芯部不能淬透，从稳妥、可靠、安全出发将其性能等级定为 9.8 级。

本规程采用高强度螺栓经热处理后的抗拉强度设计值为 430N/mm²，为使 9.8 级的高强度螺栓与其有相同的抗力分项系数，其抗拉强度设计值相应定为 385N/mm²。由于本规程中已考虑了螺栓直径对性能等级的影响，在计算高强度螺栓抗拉设计承载力时，不必再乘以螺栓直径对承载力的影响系数。

高强度螺栓的最高性能等级采用 10.9 级，即经过热处理后的钢材极限抗拉强度 f_u 达 1040N/mm² ～1240N/mm²，规定不低于 1000N/mm²，屈服强度与抗拉强度之比为 0.9，以防止高强度螺栓发生延迟断裂。所谓延迟断裂是指钢材在一定的使用环境下，虽然使用应力远低于屈服强度，但经过一段时间后，外表可能尚未发现明显塑性变形，钢材却发生了突然脆断现象。导致延迟断裂的重要因素是应力腐蚀，而应力腐蚀则随高强度螺栓抗拉强度的提高而增加。因此性能等级为 10.9 级与 9.8 级的高强度螺栓，其抗拉强度的下限值分别取 1000N/mm² 与 900N/mm²，可使螺栓保持一定的断裂韧度。

5.3.5 根据螺栓球节点连接受力特点可知，杆件的轴向压力主要是通过套筒端面承压来传递的，螺栓主要起连接作用。因此对于受压杆件的连接螺栓可不作验算。但从构造上考虑，连接螺栓直径也不宜太小，设计时可按该杆件内力绝对值求得螺栓直径后适当减小，建议减小幅度不大于表 5.3.4 中螺栓直径系列的 3 个级差。减少螺栓直径后的套筒应根据传递的压力值验算其承压面积，以满足实际受力要求，此时套筒可能有别于一般套筒，施工安装时应予以注意。

5.3.7 钢管端部的锥头或封板以及它们与钢管间的连接焊缝均为杆件的重要组成部分，应确保锥头或封板以及连接焊缝与钢管等强，一般封板用于连接直径小于 76mm 的钢管，锥头用于连接直径大于或等于 76mm 的钢管。

封板与锥头的计算可考虑塑性的影响，其底板厚度都不应太薄，否则在较小的荷载作用下即可能使塑性区在底板处贯通，从而降低承载力。

锥头底板厚度和锥壁厚度变化应与内力变化协调，锥壁与锥头底板及钢管交接处应和缓变化，以减少应力集中。

本规程中的表 5.3.7 摘自《钢网架螺栓球节点用高强度螺栓》GB/T 16939-1997 附录 A 表 3。

5.4 嵌入式毂节点

5.4.1 嵌入式毂节点是 20 世纪 80 年代我国自行开发研制的装配式节点体系。对嵌入式毂节点的足尺模型及采用此节点装配成的单层球面网壳的试验结果证明，结构本身具有足够的强度、刚度和安全保证。

20 多年来，我国用嵌入式毂节点已建成近 100 个单层球面网壳和圆柱面网壳，面积达 20 余万平方米。曾应用于体育馆、展览馆、娱乐中心、食堂等建筑的屋盖。并在 40m~60m 的煤泥浓缩池、贮煤库和 20000m³ 以上的储油罐中采用。这些已建成的工程经多年的应用实践证明了这种节点的可靠性。

5.4.2 杆端嵌入件的形式比较复杂，嵌入榫的倾角也各不相同，采用机械加工工艺难于实现，一般铸钢件又不能满足精度要求，故选择精密铸造工艺生产嵌入件。

5.4.6 毂体是嵌入式毂节点的主体部件，毛坯可用热轧大直径棒料，经机械加工而成。为保证汇于毂体的杆件可靠地连接在一起，毂体应有足够的刚度和强度，嵌入槽的尺寸精度应保证各嵌入件能顺利嵌入并良好吻合。毂体直径是根据以下原则确定的：

　　1 槽孔开口处的抗剪强度大于杆件截面的抗拉

强度；

　　2 保证两槽孔间有足够的强度；

　　3 相邻两杆件不能相碰。

5.5 铸 钢 节 点

5.5.1 铸钢节点由于自重大、造价高，所以在实际工程中主要适用于有特殊要求的关键部位。

5.5.2、5.5.3 铸钢件的材质必须符合化学成分及力学性能的要求，同时应具有良好的焊接性能，以保证与被连接件的焊接质量。当节点设计需要更高等级的铸钢材料时，可参照国际标准或其他国家的相关标准执行，如德国标准或日本标准。

5.5.5、5.5.6 条件具备时铸钢件均宜进行足尺试验或缩尺试验，试验要求由设计单位提出。铸钢节点试验必须辅以有限元分析和对比，以便确定节点内部的应力分布。考虑到铸钢材料的离散性、设计经验的不足及弹塑性有限元分析的不定性，其安全系数比其他节点略有提高。

5.6 销轴式节点

5.6.3 销轴式节点一般为外露节点，同时为保证安装精度，销轴式节点的销轴与销板均应进行精确加工。

5.7 组合结构的节点

5.7.1、5.7.2 组合网架与组合网壳上弦节点的连接构造合理性直接关系到组合网架和组合网壳结构能否协同工作。根据工程实践经验和试验研究成果，本条中给出的组合网架和组合网壳结构上弦节点构造图经合理设计可保证这两种不同材料的构件间的共同工作，可实现上弦节点在上弦平面内与各杆件间连接的要求。

图 5.7.2-1 中所示节点构造主要用于角钢组合网架，板肋底部预埋钢板应与十字节点板的盖板焊接牢固以传递内力，必要时盖板上可焊接 U 形短钢筋（在板缝中后浇筑细石混凝土）或为盖板加抗剪锚筋，缝中宜配置通长钢筋，以从构造上加强整体性。当组合网架用于楼层时，宜在预制混凝土板上配筋后浇筑细石混凝土面层。在已建成使用的新乡百货大楼扩建工程以及长沙纺织大厦工程中都采用了类似的经验。

当腹杆为圆钢管、节点为焊接空心球时，可将图 5.7.2-1 所示十字节点板改用冲压成型的球缺（一般不足半球）与钢盖板焊接，预制钢筋混凝土上弦板可直接搁置在球缺节点的支承盖板上，并将上弦板肋上的预埋件与盖板焊接牢固。灌缝后将上弦板四角顶部的埋板间连以另一盖板使之成为整体铰支座（图 5.7.2-2）。对于采用螺栓球节点的组合网架，上弦节点与腹杆间的连接件亦可将图 5.7.2-1 所示十字节点板改用相应的螺栓环等代替（图 5.7.2-3）。这些构造方案在国内组合网架工程中均有所采用。

5.7.3 组合网格结构施工支架的搭设应符合施工负荷的要求，在节点未形成整体前严禁在钢筋混凝土面板上施加过量不均匀荷载，防止施工支架超载破坏而危及结构安全。

5.8 预应力索节点

5.8.1 设计中采用哪种预应力索应根据具体结构与施工条件来确定。钢绞线拉索施工简便且成本低，但预应力锚头尺寸较大并需增加防护外套，防腐要求高；扭绞型平行钢丝拉索其制索与锚头的加工都必须在工厂完成，质量可靠，但索的长度控制要求严且施工技术要求高；钢棒拉杆是近年开始应用的一种新形式，端部用螺纹连接质量可靠，防护处理容易，当拉杆较长时要10m左右设一个接头。除了小吨位的拉索外，对于大吨位的拉索应有可靠的索长微调系统以确保索力的正确。

5.8.2 体外索转折处设鞍形垫板，其作用是保证索在转折处的弯曲半径以免应力集中。

5.8.3 张弦桁架撑杆下端与索连接节点要求设置随时可以上紧的索夹是为了防止预应力张拉时索夹的可能滑动。桁架端部预应力索锚固处因节点内力大且应力复杂，故宜用铸钢节点。

5.9 支座节点

5.9.1 空间网格结构支座节点的构造应与结构分析所取的边界条件相符，否则将使结构的实际内力、变形与计算内力、变形出现较大差异，并可能由此而危及空间网格结构的整体安全。一个合理的支座节点必须是受力明确、传力简捷、安全可靠。同时还应做到构造简单合理、制作拼装方便，并具有较好的经济性。

5.9.2 根据空间网格结构支座节点的主要受力特点可分为压力支座节点、拉力支座节点、可滑移、转动的弹性支座节点以及兼受轴力、弯矩与剪力的刚性支座节点。

5.9.3 平板压力支座节点构造简单、加工方便，但支座底板下应力分布不均匀，与计算假定相差较大。一般仅适用于较小跨度的网架支座。

单面弧形压力支座节点及双面弧形压力支座节点，支座节点可沿弧面转动。它们可分别应用于要求支座节点沿单方向转动的中小跨度网架结构，或为适应温度变化而需支座节点转动并有一定侧移，且下部支承结构具有较大刚度的大跨度网架结构，双面弧形是在支座底板与支承面顶板上焊出带椭圆孔的梯形钢板然后以螺栓将它们连为一体。这种支座节点构造与不动圆柱铰支承的约束条件比较接近，但它只能沿一个方向转动，而且不利于抗震。虽然这种节点构造较复杂但鉴于当前铸造工艺的进步，这类节点制作尚属

方便，具有一定应用空间。

球铰压力支座节点是由一个置于支承面板上的凸形半实心球与一个连于节点支承底板的凹形半球相嵌合，并以锚栓相连而成，锚栓螺母下设弹簧以适应节点转动，这种构造可使支座节点绕两个水平轴自由转动而不产生线位移。它既能较好地承受水平力又能自由转动，比较符合不动球铰支承的约束条件且有利于抗震。但其构造较复杂，一般用于多点支承的大跨度空间网格结构。

可滑动铰支座节点（图5.9.5）、板式橡胶支座节点（图5.9.6）可按有侧移铰支座计算。常用压力支座节点可按相对于节点球体中心的铰接支座计算，但应考虑下部结构的侧向刚度。

5.9.4 对于某些矩形平面周边支承的网架，如两向正交斜放网架，在竖向荷载作用下网架角隅支座上常出现拉力，因此应根据传递支座拉力的要求来设计这种支座节点。常用拉力支座节点主要有平板拉力支座节点、单面弧形拉力支座节点以及球铰拉力支座。它们共同的特点都是利用连接支座节点与下部支承结构的锚栓来传递拉力，此时锚栓应有足够的锚固深度。且锚栓应设置双螺母，并应将锚栓上的垫板焊于相应的支座底板上。

当支座拉力较小时，为简便起见，可采用与平板压力支座节点相同的构造。但此时锚栓承受拉力，因此平板拉力支座节点仅适用于跨度较小的网架。

当支座拉力较大，且对支座节点有转动要求时，可在单面弧形压力支座节点的基础上增设锚栓承力架，当锚栓承受较大拉力时，藉以减轻支座底板的负担。可用于大、中跨度的网架。

5.9.6 板式橡胶支座是在支座底板与支承面顶板或过渡钢板间加设橡胶垫板而实现的一种支座节点。由于橡胶垫板具有良好的弹性和较大的剪切变位能力，因而支座既可微量转动又可在水平方向产生一定的弹性变位。为防止橡胶垫板产生过大的水平变位，可将支座底板与支承面顶板或过渡钢板加工成"盆"形，或在节点周边设置其他限位装置（可在橡胶垫板外围设图5.9.6所示钢板或角钢构成的方框，橡胶垫板与方框间应留有足够空隙）。防止橡胶垫板可能产生的过大位移。支座底板与支承面顶板或过渡钢板由贯穿橡胶垫板的锚栓连成整体。锚栓的螺母下也应设置压力弹簧以适应支座的转动。支座底板与橡胶垫板上应开设相应的圆形或椭圆形锚孔，以适应支座的水平变位。

板式橡胶支座在我国网格结构中已得到普遍应用，效果良好。本规程附录K列出了橡胶垫板的材料性能及有关计算与构造要点，可供设计参考。

5.9.7 刚接支座节点应能可靠地传递轴向力、弯矩与剪力。因此这种支座节点除本身应具有足够刚度外，支座的下部支承结构也应具有较大刚度，使下部

结构在支座反力作用下所产生的位移和转动都能控制在设计允许范围内。

图 5.9.7 表示空心球节点刚接支座。它是将刚度较大的支座节点板直接焊于支承顶面的预埋钢板上，并将十字节点板与节点球体焊成整体，利用焊缝传力。锚栓设计时应考虑支座节点弯矩的影响。

5.9.8 当立体管桁架支座反力较小时可采用图 5.9.8 所示构造。但对于支座反力较大的管桁架节点宜在管桁架管件底部加设弧形垫板，通过弧形垫板使杆件与支座竖向支承板相连，既可使受压管杆件截面得到加强，同时也可避免主要连接焊缝横切钢管杆件截面，改善支座节点附近杆件的受力状况。

5.9.9 考虑到支座节点可能存在一定的水平反力，为减少由此而产生的附加弯矩，应尽量减小支座球节点中心至支座底板的距离。

对于上弦支承空间网格结构，设计时应控制边缘斜腹杆与支座节点竖向中心线间具有适当夹角，防止斜腹杆与支座柱边相碰，在支座设计时应进行放样验算。

支座底板与支座竖板厚度应根据支座反力进行验算，确保其强度与稳定性要求。

当支座节点中的水平剪力大于竖向压力的 40% 时，不应利用锚栓抗剪。此时应通过抗剪键传递水平剪力。

5.9.10 弧形支座板由于形状变异，宜用铸钢浇铸成型。为简便起见，单面弧形支座板也可用厚钢板加工成型。橡胶支座垫板系指符合橡胶材料技术要求的多层橡胶片与薄钢板相间粘合压制而成的橡胶垫板，一般由工程橡胶制品厂专业生产。不得采用纯橡胶垫板。

5.9.11 在实际工程中要求将支座节点底板上的锚孔精确对准已埋入支承柱内的锚栓，对土建施工精度要求较高，因此对传递压力为主的网架压力支座节点中也可以在支座底板与支承面顶板间增设过渡钢板。

过渡钢板上设埋头螺栓与支座底板相连，过渡钢板可通过侧焊缝与支承面顶板相连，这种构造支座底板传力虽较间接，但可简化施工。当支座底板面积较大时可在过渡钢板上开设椭圆形孔，以槽焊与支承面顶板相连，以确保钢板间的紧密接触。

6 制作、安装与交验

6.1 一般规定

6.1.1 空间网格结构的施工，首先必须加强对材质的检验，经验表明，由于材质不清或采用可焊性差的合金钢材常造成焊接质量差等隐患，甚至造成返工等质量问题。

6.1.3 空间网格结构施工控制几何尺寸精度的难度较大，而且精度要求比一般平面结构严格，故所用测量器具应经计量检验合格。

6.1.4 为了保证空间网格结构施工的焊接质量，明确规定焊工应经过考核合格，持证上岗，并规定焊接内容应与考试内容相同。

6.1.5 在工程实践中，由于支座预埋件或预埋锚栓的偏差较大，安装单位在没有复核和验收的情况下，匆忙施工，常造成事故。为避免这种情况的发生，特规定本条文。

6.1.6 空间网格结构各种安装方法的主要内容和区别如下：

1 高空散装法是指网格结构的杆件和节点或事先拼成的小拼单元直接在设计位置总拼，拼装时一般要搭设全支架，有条件时，可选用局部支架的悬挑法安装，以减少支架的用量。

2 分条分块安装法是将整个空间网格结构的平面分割成若干条状或块状单元，吊装就位后再在高空拼成整体。分条一般是在网格结构的长跨方向上分割。条状单元的大小，视起重机起重能力而定。

3 滑移法是将网格结构的条状单元向一个方向滑移的施工方法。网格结构的滑移方向可以水平、向上、向下或曲线方向。它比分条安装法具有网格结构安装与室内土建施工平行作业的优点，因而缩短工期，节约拼装支架，起重设备也容易解决。

对于具有中间柱子的大面积房屋或狭长平面的矩形建筑可采用滑架法施工，分段的空间网格结构在可滑移的拼装架上就位拼装完成，移动拼装支架，再拼接下一段网格结构，如此反复进行，直至网格结构拼装完成。滑架法的特点是拼装支架移动而结构本身在原位逐条高空拼装，结构拼装后不再移动，比较安全。

4 整体吊装法吊装中小型空间网格结构时，一般采用多台吊车抬升或拔杆起吊，大型空间网格结构由于重量较大及起吊高度较高，则宜用多根拔杆吊装，在高空作移动或转动就位安装。

5、6 整体提升或整体顶升方法只能作垂直起升，不能作水平移动。提升与顶升的区别是：当空间网格结构在起重设备的下面称为提升；当空间网格结构在起重设备的上面称为顶升。由于空间网格结构的重心和提（顶）升力作用点的相对位置不同，其施工特点也有所不同。当采用顶升法时，应特别注意由于顶升的不同步，顶升设备作用力的垂直度等原因而引起的偏移问题，应采取措施尽量减少其偏移，而对提升法来说，则不是主要问题。因此，起升、下降的同步控制，顶升法要求更严格。

7 折叠展开式整体提升法的特点是首先将柱面网壳结构分成若干块，块与块之间设置若干活动铰节点使之形成若干条能够灵活转动的铰线，并去掉铰线上方或下方的杆件，使结构变成机构。安装时提升设备将变成机构的柱面网壳结构垂直地向上运动，柱面网壳结构便能逐渐形成所需的结构形状，再将因结构转动需要而拆去的杆件补上即可。这种安装方法，由于是在地面或接近地面拼装，因而可以省去大量的拼装支架和大型起重设备。折叠展开式整体提升法也可适用于球面网壳结构的安装。

对某些空间网格结构根据其结构特点和现场条件，可采用两种或两种以上不同的安装方法结合起来综合运用，以求安装方法的更合理化。例如球面网壳结构可以将四周向内扩拼的悬挑法（内扩法）与中央部分用提升法或吊装法结合起来安装。

6.1.7 选择吊点时，首先应使吊点位置与空间网格结构支座相接近；其次应使各起重设备的负荷尽量接近，避免由于起重设备负荷悬殊而引起起升时过大的升差。在大型空间网格结构安装中应加强对起重设备的维修管理，达到安装过程中确保安全可靠的要求，当采用升板机或滑模千斤顶安装空间网格结构时，还应考虑个别设备出故障而加大邻近设备负荷的因素。

6.1.8 安装阶段的动力系数是在正常施工条件下，在现场实测所得。当用履带式或汽车式起重机吊装时，应选择同型号的设备，起吊时应采用最低档起重速度，严禁高速起升和急刹车。

6.2 制作与拼装要求

6.2.2 对焊缝质量的检验，首先应对全部焊缝进行外观检查。无损探伤检验的取样部位以设计单位为主并与监理、施工单位协商确定，首先应检验应力最大以及跨中与支座附近的拉杆。

6.2.3 空间网格结构杆件在接长时，钢管的对接焊缝必须保证一级焊缝。对接杆件不应布置在支座腹杆、跨中的下弦杆及承受疲劳荷载的杆件。

6.2.4 焊接球节点允许偏差值中壁厚减薄量允许偏差由两部分组成：一是钢板负公差，二是在轧制过程中空心球局部拉薄量，是根据工厂长期生产实践统计值计算而来。

螺栓球由圆钢经加热后锻压而成，在加工过程中有时会产生表面微裂纹，表面微裂纹可经打磨处理，严禁存在深度更深或内部的裂纹。

6.2.9 空间网格结构的总拼，应采取合理的施焊顺序，尽量减少焊接变形和焊接应力。总拼时的施焊顺序应从中间向两端或从中间向四周发展。这样，网格结构在拼接时就可以有一端自由收缩，焊工可随时调节尺寸（如预留收缩量的调整等），既保证网格结构尺寸的准确又使焊接应力较小。

按照本规程第4.3.3条，对网壳结构稳定性进行全过程分析时考虑初始曲面安装偏差，计算值可取网壳跨度的1/300。实际上安装允许偏差不仅由稳定计算控制，还应考虑屋面排水、美观等因素，因此，将此值定为随跨度变化（跨度的1/1500）并给予一最

大限值40mm，进行双控。

6.2.10 螺栓球节点的高强度螺栓应确保拧紧，工程中总存在个别高强度螺栓拧紧不够的所谓"假拧"情况，因此本条文强调要设专人对高强度螺栓拧紧情况逐根检查。另外螺栓球节点拧紧螺栓后不加任何填嵌密封与防腐处理时，接头与大气相通，其中高强度螺栓与钢管、锥头或封板等内壁容易腐蚀，因此施工后必须认真执行密封防腐要求。

6.3 高空散装法

6.3.3 对于重大工程或当缺乏经验时，对所设计的支架应进行试压，以检验其承载力、刚度及有无不均匀沉降等。

当选用扣件式钢管搭设拼装支架时，其核心结构应用多立杆格构柱（图2），常用有二立杆、三立杆、四立杆、五立杆、六立杆、七立杆等形式。

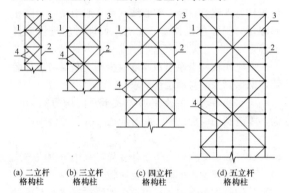

(a) 二立杆 (b) 三立杆 (c) 四立杆 (d) 五立杆
格构柱 格构柱 格构柱 格构柱

图2 几种格构柱构造示意

1—扣件；2—立杆；3—水平杆；4—斜杆

格构柱极限承载力 P_E 计算公式为：

$$P_E = \frac{\pi^2 EI}{4H^2} \cdot \frac{1}{1 + U\frac{\pi^2 EI}{4H^2}} \cdot \mu_a \cdot \mu_b \quad (11)$$

式中：P_E——格构柱极限承载力；

E——钢弹性模量；

I——格构柱整体惯性矩；

$$I = \sum(IX + Aa^2);$$

H——格构柱总高；

μ_a——工作条件系数，$\mu_a = 0.36$；

μ_b—— 高度影响系数 $\mu_b = \frac{1}{1 + 0.005H_s}$

（H_s——支架搭设高度）；

U——单位水平位移：

二立杆时：$U = \frac{2kd^2}{hb^2}$ （12）

三立杆时：$U = \frac{(3/4)k(1+\sin^2\alpha)d^2 + (1/2)kb^2}{hb^2}$

(13)

四立杆时：$U=\dfrac{(2/3)k(1+\sin^2\alpha)d^2+(1/3)kb^2}{hb^2}$

$$(14)$$

五立杆时：$U=\dfrac{(5/8)k(1+\sin^2\alpha)d^2+(1/4)kb^2}{hb^2}$

$$(15)$$

六立杆时：$U=\dfrac{(3/5)k(1+\sin^2\alpha)d^2+(1/5)kb^2}{hb^2}$

$$(16)$$

七立杆时：$U=\dfrac{(7/12)k(1+\sin^2\alpha)d^2+(1/6)kb^2}{hb^2}$

$$(17)$$

式中：k——扣件挠曲系数，$k=0.001\text{mm/N}$；

　　　α——斜杆与地面水平夹角；

　　　d——一个单元网格斜对角线长；

　　　b——一个单元网格的宽（立杆间距）；

　　　h——一个单元网格高（水平杆步高）。

　　格构柱间距一般取15m～20m，其余支架水平杆步高与立杆间距布置与格构支架相同。

　　单根立杆稳定验算：

$$\frac{N}{\varphi A}\cdot\frac{1}{\mu_a\mu_b}\leqslant f \qquad (18)$$

式中：N——每根立杆所承受的荷载；

　　　φ——轴心受压构件的稳定系数，根据长细比λ由行业标准《建筑施工扣件式钢管脚手架安全技术规范》JGJ 130－2001 附录C表C取值；

　　　A——立杆截面面积；

　　　f——钢材抗压强度计算值，$f=205\text{N/mm}^2$。

　　立杆强度验算：

$$\frac{N}{A}\cdot\frac{1}{\mu_a\mu_b}\leqslant f \qquad (19)$$

式中各符号意义相同。

6.4 分条或分块安装法

6.4.1 当空间网格结构分割成条状或块状单元后，对于正放类空间网格结构，在自重作用下若能形成稳定体系，可不考虑加固措施。而对于斜放类空间网格结构，分割后往往形成几何可变体系，因而需要设置临时加固杆件。各种加固杆件在空间网格结构形成整体后方可拆除。

6.4.2 空间网格结构被分割成条（块）状单元后，在合拢处产生的挠度值一般均超过空间网格结构形成整体后该处的自重挠度值。因此，在总拼前应用千斤顶等设备调整其挠度，使之与空间网格结构形成整体后该处挠度相同，然后进行总拼。

6.5 滑 移 法

6.5.1 滑移法一般分为单条滑移法、逐条积累滑移法和滑架法三种，前二种为结构滑移；而后一种为支

架滑移，结构本身不滑移。

　　1 单条滑移法——几何不变的空间网格结构单元在滑轨上单条滑移到设计位置后拼接成整体；

　　2 逐条积累滑移法——几何不变的空间网格结构单元在滑轨上逐条积累滑移到设计位置形成整体结构；

　　3 滑架法——施工时先搭设一个拼装支架，在拼装支架上拼装空间网格结构，完成相应几何不变的空间网格结构单元后移动拼装支架拼装下一单元。空间网格结构在分段滑移的拼装支架上分段拼装成整体，结构本身不滑移。

6.5.2 采用滑移法施工时，应至少设置两条滑轨，滑轨之间必须平行，表面光滑平整，滑轨接头处垫实。如不垫实，当网格结构滑到该处时，滑轨接头处会因承受重量而下陷，未下陷处就会挡住滑移中的支座而形成"卡轨"。

6.5.3 滑轨可固定在梁顶面（混凝土梁或钢梁）、地面及专用支架上，滑轨设置可以等高也可以不等高。

6.5.4 对跨度大的空间网格结构在滑移时，除两边的滑轨外，一般在中间也可设置滑轨。中间滑轨一般采用滚动摩擦，两边滑轨采用滑动摩擦。牵引点设置在两边滑轨，中间滑轨不设牵引点。由于增设了中间滑轨，改变了结构的受力情况，因此必须进行验算。当杆件应力不满足设计要求时应采取临时加固措施。

6.6 整体吊装法

6.6.2 根据空间网格结构吊装时现场实测资料，当相邻吊点间高差达到吊点间距离的1/400时，各节点的反力约增加15%～30%，因此本条将提升高差允许值予以限制。

6.6.6 为防止在起吊和旋转过程中拔杆端部偏移过大，应加大缆风绳预紧力，缆风绳初始拉力应取该缆风绳受力的60%。

6.7 整体提升法

6.7.3 在提升过程中，由于设备本身的因素，施工荷载的不均匀以及操作方面等原因，会出现升差。当升差超过某一限值时，会对空间网格结构杆件产生过大的附加应力，甚至使杆件内力变号，还会使空间网格结构产生较大的偏移。因此，必须严格控制空间网格结构相邻提升点及最高与最低点的允许升差。

6.7.4 为防止起升时空间网格结构晃动，故对提升设备的合力点及其偏移值作出规定。

6.8 整体顶升法

6.8.4 整体顶升法允许升差值的规定同本规程第6.7.3条，由于整体顶升法大多用于支点较少的点支承空间网格结构，一般跨度较大，因此，允许升差值有所不同。

6.9 折叠展开式整体提升法

6.9.4 为保证在展开运动中各铰线平行，应用全站仪进行全过程跟踪测量校正。

6.9.5 在提升过程中，机构的空间铰在运行轨迹中有时会出现三排铰在一直线上的瞬变状态，在施工组织设计中应给予足够的重视，并采取可靠的措施，以确保柱面网壳结构在展开的运动中不致出现瞬变而失稳。

6.10 组合空间网格结构施工

6.10.1～6.10.3 组合空间网格结构中的钢筋混凝土板的混凝土质量、钢筋材质要求、预制板的几何尺寸及灌缝混凝土要求等均应符合现行国家标准《混凝土结构工程施工质量验收规范》GB 50204 要求。

为增强预制板灌缝后的整体性，灌缝混凝土应连续浇筑，不留设施工缝。

6.10.5 组合空间网格结构在施工时应特别注意，在未形成整体结构前（即未形成整体组合结构前），安装用的支撑体系必须牢固可靠，并不得集中堆放屋面板等局部集中荷载。

6.11 交 验

6.11.2 空间网格结构安装中如支座标高产生偏差，可用钢板垫平垫实。如支座水平位置超过允许值，应由设计、监理、施工单位共同研究解决办法。严禁用捯链等强行就位。

6.11.3 空间网格结构若干控制点的挠度是对设计和施工的质量综合反映，故必须测量这些数据值并记录存档。挠度测量点的位置一般由设计单位确定。当设计无要求时，对小跨度，设在下弦中央一点；对大、中跨度，可设五点：下弦中央一点，两向下弦跨度四分点处各二点；对三向网架应测量每向跨度三个四等分点处的挠度，测量点应能代表整个结构的变形情况。本条文中允许实测挠度值大于现荷载条件下挠度计算值（最多不超过 15%）是考虑到材料性能、施工误差与计算上可能产生的偏差。

中华人民共和国国家标准

砌体结构设计规范

Code for design of masonry structures

GB 50003—2011

主编部门：中华人民共和国住房和城乡建设部
批准部门：中华人民共和国住房和城乡建设部
施行日期：2 0 1 2 年 8 月 1 日

中华人民共和国住房和城乡建设部
公　告

第 1094 号

关于发布国家标准
《砌体结构设计规范》的公告

现批准《砌体结构设计规范》为国家标准，编号为 GB 50003 - 2011，自 2012 年 8 月 1 日起实施。其中，第 3.2.1、3.2.2、3.2.3、6.2.1、6.2.2、6.4.2、7.1.2、7.1.3、7.3.2（1、2）、9.4.8、10.1.2、10.1.5、10.1.6 条（款）为强制性条文，必须严格执行。原《砌体结构设计规范》GB 50003 -

2001 同时废止。

本规范由我部标准定额研究所组织中国建筑工业出版社出版发行。

中华人民共和国住房和城乡建设部

2011 年 7 月 26 日

前　　言

本规范是根据原建设部《关于印发〈2007 年工程建设标准规范制订、修订计划（第一批）〉的通知》（建标〔2007〕125 号）的要求，由中国建筑东北设计研究院有限公司会同有关单位在《砌体结构设计规范》GB 50003 - 2001 的基础上进行修订而成的。

修订过程中，编制组按"增补、简化、完善"的原则，在考虑了我国的经济条件和砌体结构发展现状，总结了近年来砌体结构应用的新经验，调查了我国汶川、玉树地震中砌体结构的震害，进行了必要的试验研究及在借鉴砌体结构领域科研的成熟成果基础上，增补了在节能减排、墙材革新的环境下涌现出来部分新型砌体材料的条款，完善了有关砌体结构耐久性、构造要求、配筋砌块砌体构件及砌体结构构件抗震设计等有关内容，同时还对砌体强度的调整系数等进行了必要的简化。

修订内容在全国范围内广泛征求了有关设计、科研、教学、施工、企业及相关管理部门的意见和建议，经多次反复讨论、修改、充实，最后经审查定稿。

本规范共分 10 章和 4 个附录，主要技术内容包括：总则，术语和符号，材料，基本设计规定，无筋砌体构件，构造要求，圈梁、过梁、墙梁及挑梁，配筋砖砌体构件，配筋砌块砌体构件，砌体结构构件抗震设计等。

本规范主要修订内容是：增加了适应节能减排、墙材革新要求、成熟可行的新型砌体材料，并提出相应的设计方法；根据试验研究，修订了部分砌体强度

的取值方法，对砌体强度调整系数进行了简化；增加了提高砌体耐久性的有关规定；完善了砌体结构的构造要求；针对新型砌体材料墙体存在的裂缝问题，增补了防止或减轻因材料变形而引起墙体开裂的措施；完善和补充了夹心墙设计的构造要求；补充了砌体组合墙平面外偏心受压计算方法；扩大了配筋砌块砌体结构的应用范围，增加了框支配筋砌块剪力墙房屋的设计规定；根据地震震害，结合砌体结构特点，完善了砌体结构的抗震设计方法，补充了框架填充墙的抗震设计方法。

本规范中以黑体字标志的条文是强制性条文，必须严格执行。

本规范由住房和城乡建设部负责管理和对强制性条文的解释，中国建筑东北设计研究院有限公司负责具体技术内容的解释。在执行过程中，请各单位结合工程实践，认真总结经验，并将意见和建议寄交中国建筑东北设计研究院有限公司《砌体结构设计规范》管理组（地址：沈阳市和平区光荣街 65 号，邮编：110003，Email：gaoly@masonry.cn），以便今后修订时参考。

本规范主编单位、参编单位、参加单位、主要起草人及主要审查人：

主 编 单 位：中国建筑东北设计研究院有限公司

参 编 单 位：中国机械工业集团公司

湖南大学

长沙理工大学

浙江大学

哈尔滨工业大学

西安建筑科技大学

重庆市建筑科学研究院

同济大学

北京市建筑设计研究院

重庆大学

云南省建筑技术发展中心

广州市民用建筑科研设计院

沈阳建筑大学

郑州大学

陕西省建筑科学研究院

中国地震局工程力学研究所

南京工业大学

四川省建筑科学研究院

参加单位：贵州开磷磷业有限责任公司

主要起草人：高连玉　徐　建　苑振芳

　　　　　　施楚贤　梁建国　严家熺　唐岱新

　　　　　　林文修　梁兴文　龚绍熙　周炳章

　　　　　　吴明舜　金伟良　刘　斌　薛慧立

　　　　　　程才渊　李　翔　骆万康　杨伟军

　　　　　　胡秋谷　王凤来　何建罡　张兴富

　　　　　　赵成文　黄　靓　王庆霖　刘立新

　　　　　　谢丽丽　刘　明　肖小松　秦士洪

　　　　　　雷　波　姜　凯　余祖国　熊立红

　　　　　　侯汝欣　岳增国　郭樟根

主要审查人：周福霖　孙伟民　马建勋　王存贵

　　　　　　由世岐　陈正祥　张友亮　张京街

　　　　　　顾祥林

目　次

Contents

1 总 则

1.0.1 为了贯彻执行国家的技术经济政策，坚持墙材革新、因地制宜、就地取材，合理选用结构方案和砌体材料，做到技术先进、安全适用、经济合理、确保质量，制定本规范。

1.0.2 本规范适用于建筑工程的下列砌体结构设计，特殊条件下或有特殊要求的应按专门规定进行设计：

1 砖砌体：包括烧结普通砖、烧结多孔砖、蒸压灰砂普通砖、蒸压粉煤灰普通砖、混凝土普通砖、混凝土多孔砖的无筋和配筋砌体；

2 砌块砌体：包括混凝土砌块、轻集料混凝土砌块的无筋和配筋砌体；

3 石砌体：包括各种料石和毛石的砌体。

1.0.3 本规范根据现行国家标准《建筑结构可靠度设计统一标准》GB 50068 规定的原则制订。设计术语和符号按照现行国家标准《建筑结构设计术语和符号标准》GB/T 50083 的规定采用。

1.0.4 按本规范设计时，荷载应按现行国家标准《建筑结构荷载规范》GB 50009 的规定执行；墙体材料的选择与应用应按现行国家标准《墙体材料应用统一技术规范》GB 50574 的规定执行；混凝土材料的选择应符合现行国家标准《混凝土结构设计规范》GB 50010 的要求；施工质量控制应符合现行国家标准《砌体结构工程施工质量验收规范》GB 50203、《混凝土结构工程施工质量验收规范》GB 50204 的要求；结构抗震设计应符合现行国家标准《建筑抗震设计规范》GB 50011 的有关规定。

1.0.5 砌体结构设计除应符合本规范规定外，尚应符合国家现行有关标准的规定。

2 术语和符号

2.1 术 语

2.1.1 砌体结构 masonry structure

由块体和砂浆砌筑而成的墙、柱作为建筑物主要受力构件的结构。是砖砌体、砌块砌体和石砌体结构的统称。

2.1.2 配筋砌体结构 reinforced masonry structure

由配置钢筋的砌体作为建筑物主要受力构件的结构。是网状配筋砌体柱、水平配筋砌体墙、砖砌体和钢筋混凝土面层或钢筋砂浆面层组合砌体柱（墙）、砖砌体和钢筋混凝土构造柱组合墙和配筋砌块砌体剪力墙结构的统称。

2.1.3 配筋砌块砌体剪力墙结构 reinforced concrete masonry shear wall structure

由承受竖向和水平作用的配筋砌块砌体剪力墙和

混凝土楼、屋盖所组成的房屋建筑结构。

2.1.4 烧结普通砖 fired common brick

由煤矸石、页岩、粉煤灰或黏土为主要原料，经过焙烧而成的实心砖。分烧结煤矸石砖、烧结页岩砖、烧结粉煤灰砖、烧结黏土砖等。

2.1.5 烧结多孔砖 fired perforated brick

以煤矸石、页岩、粉煤灰或黏土为主要原料，经焙烧而成、孔洞率不大于35%，孔的尺寸小而数量多，主要用于承重部位的砖。

2.1.6 蒸压灰砂普通砖 autoclaved sand-lime brick

以石灰等钙质材料和砂等硅质材料为主要原料，经坯料制备、压制排气成型、高压蒸汽养护而成的实心砖。

2.1.7 蒸压粉煤灰普通砖 autoclaved flyash-lime brick

以石灰、消石灰（如电石渣）或水泥等钙质材料与粉煤灰等硅质材料及集料（砂等）为主要原料，掺加适量石膏，经坯料制备、压制排气成型、高压蒸汽养护而成的实心砖。

2.1.8 混凝土小型空心砌块 concrete small hollow block

由普通混凝土或轻集料混凝土制成，主规格尺寸为390mm×190mm×190mm、空心率为25%～50%的空心砌块。简称混凝土砌块或砌块。

2.1.9 混凝土砖 concrete brick

以水泥为胶结材料，以砂、石等为主要集料，加水搅拌、成型、养护制成的一种多孔的混凝土半盲孔砖或实心砖。多孔砖的主规格尺寸为240mm×115mm×90mm、240mm×190mm×90mm、190mm×190mm×90mm等；实心砖的主规格尺寸为240mm×115mm×53mm、240mm×115mm×90mm等。

2.1.10 混凝土砌块（砖）专用砌筑砂浆 mortar for concrete small hollow block

由水泥、砂、水以及根据需要掺入的掺和料和外加剂等组分，按一定比例，采用机械拌和制成，专门用于砌筑混凝土砌块的砌筑砂浆。简称砌块专用砂浆。

2.1.11 混凝土砌块灌孔混凝土 grout for concrete small hollow block

由水泥、集料、水以及根据需要掺入的掺和料和外加剂等组分，按一定比例，采用机械搅拌后，用于浇注混凝土砌块砌体芯柱或其他需要填实部位孔洞的混凝土。简称砌块灌孔混凝土。

2.1.12 蒸压灰砂普通砖、蒸压粉煤灰普通砖专用砌筑砂浆 mortar for autoclaved silicate brick

由水泥、砂、水以及根据需要掺入的掺和料和外加剂等组分，按一定比例，采用机械拌和制成，专门用于砌筑蒸压灰砂砖或蒸压粉煤灰砖砌体，且砌体抗剪强度应不低于烧结普通砖砌体的取值的砂浆。

2.1.13 带壁柱墙 pilastered wall

沿墙长度方向隔一定距离将墙体局部加厚，形成的带垛墙体。

2.1.14 混凝土构造柱 structural concrete column

在砌体房屋墙体的规定部位，按构造配筋，并按先砌墙后浇灌混凝土柱的施工工序制成的混凝土柱。通常称为混凝土构造柱，简称构造柱。

2.1.15 圈梁 ring beam

在房屋的檐口、窗顶、楼层、吊车梁顶或基础顶面标高处，沿砌体墙水平方向设置封闭状的按构造配筋的混凝土梁式构件。

2.1.16 墙梁 wall beam

由钢筋混凝土托梁和梁上计算高度范围内的砌体墙组成的组合构件。包括简支墙梁、连续墙梁和框支墙梁。

2.1.17 挑梁 cantilever beam

嵌固在砌体中的悬挑式钢筋混凝土梁。一般指房屋中的阳台挑梁、雨篷挑梁或外廊挑梁。

2.1.18 设计使用年限 design working life

设计规定的时期。在此期间结构或结构构件只需进行正常的维护便可按其预定的目的使用，而不需进行大修加固。

2.1.19 房屋静力计算方案 static analysis scheme of building

根据房屋的空间工作性能确定的结构静力计算简图。房屋的静力计算方案包括刚性方案、刚弹性方案和弹性方案。

2.1.20 刚性方案 rigid analysis scheme

按楼盖、屋盖作为水平不动铰支座对墙、柱进行静力计算的方案。

2.1.21 刚弹性方案 rigid-elastic analysis scheme

按楼盖、屋盖与墙、柱为铰接，考虑空间工作的排架或框架对墙、柱进行静力计算的方案。

2.1.22 弹性方案 elastic analysis scheme

按楼盖、屋盖与墙、柱为铰接，不考虑空间工作的平面排架或框架对墙、柱进行静力计算的方案。

2.1.23 上柔下刚多层房屋 upper flexible and lower rigid complex multistorey building

在结构计算中，顶层不符合刚性方案要求，而下面各层符合刚性方案要求的多层房屋。

2.1.24 屋盖、楼盖类别 types of roof or floor structure

根据屋盖、楼盖的结构构造及其相应的刚度对屋盖、楼盖的分类。根据常用结构，可把屋盖、楼盖划分为三类，而认为每一类屋盖和楼盖中的水平刚度大致相同。

2.1.25 砌体墙、柱高厚比 ratio of height to sectional thickness of wall or column

砌体墙、柱的计算高度与规定厚度的比值。规定

厚度对墙取墙厚，对柱取对应的边长，对带壁柱墙取截面的折算厚度。

2.1.26 梁端有效支承长度 effective support length of beam end

梁端在砌体或刚性垫块界面上压应力沿梁跨方向的分布长度。

2.1.27 计算倾覆点 calculating overturning point

验算挑梁抗倾覆时，根据规定所取的转动中心。

2.1.28 伸缩缝 expansion and contraction joint

将建筑物分割成两个或若干个独立单元，彼此能自由伸缩的竖向缝。通常有双墙伸缩缝、双柱伸缩缝等。

2.1.29 控制缝 control joint

将墙体分割成若干个独立墙肢的缝，允许墙肢在其平面内自由变形，并对外力有足够的抵抗能力。

2.1.30 施工质量控制等级 category of construction quality control

根据施工现场的质保体系、砂浆和混凝土的强度、砌筑工人技术等级综合水平划分的砌体施工质量控制级别。

2.1.31 约束砌体构件 confined masonry member

通过在无筋砌体墙片的两侧、上下分别设置钢筋混凝土构造柱、圈梁形成的约束作用提高无筋砌体墙片延性和抗力的砌体构件。

2.1.32 框架填充墙 infilled wall in concrete frame structure 在框架结构中砌筑的墙体。

2.1.33 夹心墙 cavity wall with insulation

墙体中预留的连续空腔内填充保温或隔热材料，并在墙的内叶和外叶之间用防锈的金属拉结件连接形成的墙体。

2.1.34 可调节拉结件 adjustable tie

预埋在夹心墙内、外叶墙的灰缝内，利用可调节特性，消除内外叶墙因竖向变形不一致而产生的不利影响的拉结件。

2.2 符　号

2.2.1 材料性能

MU——块体的强度等级；

M——普通砂浆的强度等级；

Mb——混凝土块体（砖）专用砌筑砂浆的强度等级；

Ms——蒸压灰砂普通砖、蒸压粉煤灰普通砖专用砌筑砂浆的强度等级；

C——混凝土的强度等级；

Cb——混凝土砌块灌孔混凝土的强度等级；

f_1——块体的抗压强度等级值或平均值；

f_2——砂浆的抗压强度平均值；

f、f_k——砌体的抗压强度设计值、标准值；

f_g——单排孔且对穿孔的混凝土砌块灌孔砌体

抗压强度设计值（简称灌孔砌体抗压强度设计值）；

f_{vg}——单排孔且对穿孔的混凝土砌块灌孔砌体抗剪强度设计值（简称灌孔砌体抗剪强度设计值）；

f_t、$f_{t,k}$——砌体的轴心抗拉强度设计值、标准值；

f_{tm}、$f_{tm,k}$——砌体的弯曲抗拉强度设计值、标准值；

f_v、$f_{v,k}$——砌体的抗剪强度设计值、标准值；

f_{VE}——砌体沿阶梯形截面破坏的抗震抗剪强度设计值；

f_n——网状配筋砖砌体的抗压强度设计值；

f_y、f'_y——钢筋的抗拉、抗压强度设计值；

f_c——混凝土的轴心抗压强度设计值；

E——砌体的弹性模量；

E_c——混凝土的弹性模量；

G——砌体的剪变模量。

2.2.2 作用和作用效应

N——轴向力设计值；

N_l——局部受压面积上的轴向力设计值、梁端支承压力；

N_0——上部轴向力设计值；

N_t——轴心拉力设计值；

M——弯矩设计值；

M_r——挑梁的抗倾覆力矩设计值；

M_{ov}——挑梁的倾覆力矩设计值；

V——剪力设计值；

F_1——托梁顶面上的集中荷载设计值；

Q_1——托梁顶面上的均布荷载设计值；

Q_2——墙梁顶面上的均布荷载设计值；

σ_0——水平截面平均压应力。

2.2.3 几何参数

A——截面面积；

A_b——垫块面积；

A_c——混凝土构造柱的截面面积；

A_l——局部受压面积；

A_n——墙体净截面面积；

A_0——影响局部抗压强度的计算面积；

A_s、A'_s——受拉、受压钢筋的截面面积；

a——边长、梁端实际支承长度距离；

a_i——洞口边至墙梁最近支座中心的距离；

a_0——梁端有效支承长度；

a_s、a'_s——纵向受拉、受压钢筋重心至截面近边的距离；

b——截面宽度、边长；

b_c——混凝土构造柱沿墙长方向的宽度；

b_f——带壁柱墙的计算截面翼缘宽度、翼墙计算宽度；

b'_f——T 形、倒 L 形截面受压区的翼缘计算宽度；

b_s——在相邻横墙、窗间墙之间或壁柱间的距离范围内的门窗洞口宽度；

c、d——距离；

e——轴向力的偏心距；

H——墙体高度、构件高度；

H_i——层高；

H_0——构件的计算高度、墙梁跨中截面的计算高度；

h——墙厚、矩形截面较小边长、矩形截面的轴向力偏心方向的边长、截面高度；

h_b——托梁高度；

h_0——截面有效高度、垫梁折算高度；

h_T——T 形截面的折算厚度；

h_w——墙体高度、墙梁墙体计算截面高度；

l——构造柱的间距；

l_0——梁的计算跨度；

l_n——梁的净跨度；

I——截面惯性矩；

i——截面的回转半径；

s——间距、截面面积矩；

x_0——计算倾覆点到墙外边缘的距离；

u_{max}——最大水平位移；

W——截面抵抗矩；

y——截面重心到轴向力所在偏心方向截面边缘的距离；

z——内力臂。

2.2.4 计算系数

α——砌块砌体中灌孔混凝土面积和砌体毛面积的比值、修正系数、系数；

α_M——考虑墙梁组合作用的托梁弯矩系数；

β——构件的高厚比；

$[\beta]$——墙、柱的允许高厚比；

β_V——考虑墙梁组合作用的托梁剪力系数；

γ——砌体局部抗压强度提高系数、系数；

γ_a——调整系数；

γ_f——结构构件材料性能分项系数；

γ_0——结构重要性系数；

γ_G——永久荷载分项系数；

γ_{RE}——承载力抗震调整系数；

δ——混凝土砌块的孔洞率、系数；

ζ——托梁支座上部砌体局压系数；

ζ_c——芯柱参与工作系数；

ζ_s——钢筋参与工作系数；

η_i——房屋空间性能影响系数；

η_c——墙体约束修正系数；

η_N——考虑墙梁组合作用的托梁跨中轴力系数；

λ——计算截面的剪跨比；

μ——修正系数、剪压复合受力影响系数；

μ_1——自承重墙允许高厚比的修正系数;

μ_2——有门窗洞口墙允许高厚比的修正系数;

μ_c——设构造柱墙体允许高厚比提高系数;

ξ——截面受压区相对高度、系数;

ξ_b——受压区相对高度的界限值;

ξ_1——翼墙或构造柱对墙梁墙体受剪承载力影响系数;

ξ_2——洞口对墙梁墙体受剪承载力影响系数;

ρ——混凝土砌块砌体的灌孔率、配筋率;

ρ_s——按层间墙体竖向截面计算的水平钢筋面积率;

φ——承载力的影响系数、系数;

φ_n——网状配筋砖砌体构件的承载力的影响系数;

φ_0——轴心受压构件的稳定系数;

φ_{com}——组合砖砌体构件的稳定系数;

ψ——折减系数;

ψ_M——洞口对托梁弯矩的影响系数。

3 材　料

3.1 材料强度等级

3.1.1 承重结构的块体的强度等级，应按下列规定采用：

1 烧结普通砖、烧结多孔砖的强度等级：MU30、MU25、MU20、MU15和MU10;

2 蒸压灰砂普通砖、蒸压粉煤灰普通砖的强度等级：MU25、MU20和MU15;

3 混凝土普通砖、混凝土多孔砖的强度等级：MU30、MU25、MU20和MU15;

4 混凝土砌块、轻集料混凝土砌块的强度等级：MU20、MU15、MU10、MU7.5和MU5;

5 石材的强度等级：MU100、MU80、MU60、MU50、MU40、MU30和MU20。

注：1 用于承重的双排孔或多排孔轻集料混凝土砌块砌体的孔洞率不应大于35%;

2 对用于承重的多孔砖及蒸压硅酸盐砖的折压比限值和用于承重的非烧结材料多孔砖的孔洞率、壁及肋尺寸限值及碳化、软化性能要求应符合现行国家标准《墙体材料应用统一技术规范》GB 50574的有关规定;

3 石材的规格、尺寸及其强度等级可按本规范附录A的方法确定。

3.1.2 自承重墙的空心砖、轻集料混凝土砌块的强度等级，应按下列规定采用：

1 空心砖的强度等级：MU10、MU7.5、MU5和MU3.5;

2 轻集料混凝土砌块的强度等级：MU10、MU7.5、MU5和MU3.5。

3.1.3 砂浆的强度等级应按下列规定采用：

1 烧结普通砖、烧结多孔砖、蒸压灰砂普通砖和蒸压粉煤灰普通砖砌体采用的普通砂浆强度等级：M15、M10、M7.5、M5和M2.5；蒸压灰砂普通砖和蒸压粉煤灰普通砖砌体采用的专用砌筑砂浆强度等级：Ms15、Ms10、Ms7.5、Ms5.0;

2 混凝土普通砖、混凝土多孔砖、单排孔混凝土砌块和煤矸石混凝土砌块砌体采用的砂浆强度等级：Mb20、Mb15、Mb10、Mb7.5和Mb5;

3 双排孔或多排孔轻集料混凝土砌块砌体采用的砂浆强度等级：Mb10、Mb7.5和Mb5;

4 毛料石、毛石砌体采用的砂浆强度等级：M7.5、M5和M2.5。

注：确定砂浆强度等级时应采用同类块体为砂浆强度试块底模。

3.2 砌体的计算指标

3.2.1 龄期为28d的以毛截面计算的砌体抗压强度设计值，当施工质量控制等级为**B**级时，应根据块体和砂浆的强度等级分别按下列规定采用：

1 烧结普通砖、烧结多孔砖砌体的抗压强度设计值，应按表3.2.1-1采用。

表3.2.1-1　烧结普通砖和烧结多孔砖砌体的
抗压强度设计值（MPa）

砖强度等级	砂浆强度等级					砂浆强度
	M15	M10	M7.5	M5	M2.5	0
MU30	3.94	3.27	2.93	2.59	2.26	1.15
MU25	3.60	2.98	2.68	2.37	2.06	1.05
MU20	3.22	2.67	2.39	2.12	1.84	0.94
MU15	2.79	2.31	2.07	1.83	1.60	0.82
MU10	—	1.89	1.69	1.50	1.30	0.67

注：当烧结多孔砖的孔洞率大于30%时，表中数值应乘以0.9。

2 混凝土普通砖和混凝土多孔砖砌体的抗压强度设计值，应按表3.2.1-2采用。

表3.2.1-2　混凝土普通砖和混凝土多孔砖砌体的
抗压强度设计值（MPa）

砖强度等级	砂浆强度等级					砂浆强度
	Mb20	Mb15	Mb10	Mb7.5	Mb5	0
MU30	4.61	3.94	3.27	2.93	2.59	1.15
MU25	4.21	3.60	2.98	2.68	2.37	1.05
MU20	3.77	3.22	2.67	2.39	2.12	0.94
MU15	—	2.79	2.31	2.07	1.83	0.82

3 蒸压灰砂普通砖和蒸压粉煤灰普通砖砌体的抗压强度设计值，应按表 3.2.1-3 采用。

表 3.2.1-3 蒸压灰砂普通砖和蒸压粉煤灰普通砖砌体的抗压强度设计值（MPa）

砖强度等级	砂浆强度等级				砂浆强度
	M15	M10	M7.5	M5	0
MU25	3.60	2.98	2.68	2.37	1.05
MU20	3.22	2.67	2.39	2.12	0.94
MU15	2.79	2.31	2.07	1.83	0.82

注：当采用专用砂浆砌筑时，其抗压强度设计值按表中数值采用。

4 单排孔混凝土砌块和轻集料混凝土砌块对孔砌筑砌体的抗压强度设计值，应按表 3.2.1-4 采用。

表 3.2.1-4 单排孔混凝土砌块和轻集料混凝土砌块对孔砌筑砌体的抗压强度设计值（MPa）

砌块强度等级	砂浆强度等级					砂浆强度
	Mb20	Mb15	Mb10	Mb7.5	Mb5	0
MU20	6.30	5.68	4.95	4.44	3.94	2.33
MU15	—	4.61	4.02	3.61	3.20	1.89
MU10	—	—	2.79	2.50	2.22	1.31
MU7.5	—	—	—	1.93	1.71	1.01
MU5	—	—	—	—	1.19	0.70

注：1 对独立柱或厚度为双排组砌的砌块砌体，应按表中数值乘以 0.7；
　　2 对 T 形截面墙体、柱，应按表中数值乘以 0.85。

5 单排孔混凝土砌块对孔砌筑时，灌孔砌体的抗压强度设计值 f_g，应按下列方法确定：

1）混凝土砌块砌体的灌孔混凝土强度等级不应低于 Cb20，且不应低于 1.5 倍的块体强度等级。灌孔混凝土强度指标取同强度等级的混凝土强度指标。

2）灌孔混凝土砌块砌体的抗压强度设计值 f_g，应按下列公式计算：

$$f_g = f + 0.6\alpha f_c \qquad (3.2.1\text{-}1)$$
$$\alpha = \delta\rho \qquad (3.2.1\text{-}2)$$

式中：f_g——灌孔混凝土砌块砌体的抗压强度设计值，该值不应大于未灌孔砌体抗压强度设计值的 2 倍；
　　　　f——未灌孔混凝土砌块砌体的抗压强度设计值，应按表 3.2.1-4 采用；
　　　　f_c——灌孔混凝土的轴心抗压强度设计值；
　　　　α——混凝土砌块砌体中灌孔混凝土面积与砌体毛面积的比值；
　　　　δ——混凝土砌块的孔洞率；
　　　　ρ——混凝土砌块砌体的灌孔率，系截面灌

混凝土面积与截面孔洞面积的比值，灌孔率应根据受力或施工条件确定，且不应小于 33%。

6 双排孔或多排孔轻集料混凝土砌块砌体的抗压强度设计值，应按表 3.2.1-5 采用。

表 3.2.1-5 双排孔或多排孔轻集料混凝土砌块砌体的抗压强度设计值（MPa）

砌块强度等级	砂浆强度等级			砂浆强度
	Mb10	Mb7.5	Mb5	0
MU10	3.08	2.76	2.45	1.44
MU7.5	—	2.13	1.88	1.12
MU5	—	—	1.31	0.78
MU3.5	—	—	0.95	0.56

注：1 表中的砌块为火山渣、浮石和陶粒轻集料混凝土砌块；
　　2 对厚度方向为双排组砌的轻集料混凝土砌块砌体的抗压强度设计值，应按表中数值乘以 0.8。

7 块体高度为 180mm～350mm 的毛料石砌体的抗压强度设计值，应按表 3.2.1-6 采用。

表 3.2.1-6 毛料石砌体的抗压强度设计值（MPa）

毛料石强度等级	砂浆强度等级			砂浆强度
	M7.5	M5	M2.5	0
MU100	5.42	4.80	4.18	2.13
MU80	4.85	4.29	3.73	1.91
MU60	4.20	3.71	3.23	1.65
MU50	3.83	3.39	2.95	1.51
MU40	3.43	3.04	2.64	1.35
MU30	2.97	2.63	2.29	1.17
MU20	2.42	2.15	1.87	0.95

注：对细料石砌体、粗料石砌体和干缝勾缝石砌体，表中数值应分别乘以调整系数 1.4、1.2 和 0.8。

8 毛石砌体的抗压强度设计值，应按表 3.2.1-7 采用。

表 3.2.1-7 毛石砌体的抗压强度设计值（MPa）

毛石强度等级	砂浆强度等级			砂浆强度
	M7.5	M5	M2.5	0
MU100	1.27	1.12	0.98	0.34
MU80	1.13	1.00	0.87	0.30
MU60	0.98	0.87	0.76	0.26
MU50	0.90	0.80	0.69	0.23
MU40	0.80	0.71	0.62	0.21
MU30	0.69	0.61	0.53	0.18
MU20	0.56	0.51	0.44	0.15

3.2.2 龄期为28d的以毛截面计算的各类砌体的轴心抗拉强度设计值、弯曲抗拉强度设计值和抗剪强度设计值，应符合下列规定：

1 当施工质量控制等级为B级时，强度设计值应按表3.2.2采用：

表3.2.2 沿砌体灰缝截面破坏时砌体的轴心抗拉强度设计值、弯曲抗拉强度设计值和抗剪强度设计值（MPa）

强度类别	破坏特征及砌体种类		砂浆强度等级			
			≥M10	M7.5	M5	M2.5
轴心抗拉	沿齿缝	烧结普通砖、烧结多孔砖	0.19	0.16	0.13	0.09
		混凝土普通砖、混凝土多孔砖	0.19	0.16	0.13	
		蒸压灰砂普通砖、蒸压粉煤灰普通砖	0.12	0.10	0.08	
		混凝土和轻集料混凝土砌块	0.09	0.08	0.07	
		毛石	—	0.07	0.06	0.04
弯曲抗拉	沿齿缝	烧结普通砖、烧结多孔砖	0.33	0.29	0.23	0.17
		混凝土普通砖、混凝土多孔砖	0.33	0.29	0.23	
		蒸压灰砂普通砖、蒸压粉煤灰普通砖	0.24	0.20	0.16	
		混凝土和轻集料混凝土砌块	0.11	0.09	0.08	
		毛石	—	0.11	0.09	0.07
	沿通缝	烧结普通砖、烧结多孔砖	0.17	0.14	0.11	0.08
		混凝土普通砖、混凝土多孔砖	0.17	0.14	0.11	
		蒸压灰砂普通砖、蒸压粉煤灰普通砖	0.12	0.10	0.08	
		混凝土和轻集料混凝土砌块	0.08	0.06	0.05	
抗剪	烧结普通砖、烧结多孔砖		0.17	0.14	0.11	0.08
	混凝土普通砖、混凝土多孔砖		0.17	0.14	0.11	
	蒸压灰砂普通砖、蒸压粉煤灰普通砖		0.12	0.10	0.08	
	混凝土和轻集料混凝土砌块		0.09	0.08	0.06	
	毛石		—	0.19	0.16	0.11

注：1 对于用形状规则的块体砌筑的砌体，当搭接长度与块体高度的比值小于1时，其轴心抗拉强度设计值 f_t 和弯曲抗拉强度设计值 f_{tm} 应按表中数值乘以搭接长度与块体高度比值后采用；

2 表中数值是依据普通砂浆砌筑的砌体确定，采用经研究性试验且通过技术鉴定的专用砂浆砌筑的蒸压灰砂普通砖、蒸压粉煤灰普通砖砌体，其抗剪强度设计值按相应普通砂浆强度等级砌筑的烧结普通砖砌体采用；

3 对混凝土普通砖、混凝土多孔砖、混凝土和轻集料混凝土砌块砌体，表中的砂浆强度等级分别为：≥Mb10、Mb7.5及Mb5。

2 单排孔混凝土砌块对孔砌筑时，灌孔砌体的抗剪强度设计值 f_{vg}，应按下式计算：

$$f_{vg}=0.2f_g^{0.55} \qquad (3.2.2)$$

式中：f_g——灌孔砌体的抗压强度设计值（MPa）。

3.2.3 下列情况的各类砌体，其砌体强度设计值应乘以调整系数 γ_a：

1 对无筋砌体构件，其截面面积小于 $0.3m^2$ 时，γ_a 为其截面面积加0.7；对配筋砌体构件，当其中砌体截面面积小于 $0.2m^2$ 时，γ_a 为其截面面积加0.8；构件截面面积以"m^2"计；

2 当砌体用强度等级小于M5.0的水泥砂浆砌筑时，对第3.2.1条各表中的数值，γ_a 为0.9；对第3.2.2条表中数值，γ_a 为0.8；

3 当验算施工中房屋的构件时，γ_a 为1.1。

3.2.4 施工阶段砂浆尚未硬化的新砌砌体的强度和稳定性，可按砂浆强度为零进行验算。对于冬期施工采用掺盐砂浆法施工的砌体，砂浆强度等级按常温施工的强度等级提高一级时，砌体强度和稳定性可不验算。配筋砌体不得用掺盐砂浆施工。

3.2.5 砌体的弹性模量、线膨胀系数和收缩系数、摩擦系数分别按下列规定采用。砌体的剪变模量按砌体弹性模量的0.4倍采用。烧结普通砖砌体的泊松比可取0.15。

1 砌体的弹性模量，按表3.2.5-1采用：

表3.2.5-1 砌体的弹性模量（MPa）

砌体种类	砂浆强度等级			
	≥M10	M7.5	M5	M2.5
烧结普通砖、烧结多孔砖砌体	1600f	1600f	1600f	1390f
混凝土普通砖、混凝土多孔砖砌体	1600f	1600f	1600f	—
蒸压灰砂普通砖、蒸压粉煤灰普通砖砌体	1060f	1060f	1060f	—
非灌孔混凝土砌块砌体	1700f	1600f	1500f	—
粗料石、毛料石、毛石砌体		5650	4000	2250
细料石砌体		17000	12000	6750

注：1 轻集料混凝土砌块砌体的弹性模量，可按表中混凝土砌块砌体的弹性模量采用；

2 表中砌体抗压强度设计值不按3.2.3条进行调整；

3 表中砂浆为普通砂浆，采用专用砂浆砌筑的砌体的弹性模量也按此表取值；

4 对混凝土普通砖、混凝土多孔砖、混凝土和轻集料混凝土砌块砌体，表中的砂浆强度等级分别为：≥Mb10、Mb7.5及Mb5；

5 对蒸压灰砂普通砖和蒸压粉煤灰普通砖砌体，当采用专用砂浆砌筑时，其强度设计值按表中数值采用。

2 单排孔且对孔砌筑的混凝土砌块灌孔砌体的弹性模量,应按下列公式计算:

$$E = 2000f_g \quad (3.2.5)$$

式中:f_g——灌孔砌体的抗压强度设计值。

3 砌体的线膨胀系数和收缩率,可按表 3.2.5-2 采用。

表 3.2.5-2　砌体的线膨胀系数和收缩率

砌体类别	线膨胀系数 (10^{-6}/℃)	收缩率 (mm/m)
烧结普通砖、烧结多孔砖砌体	5	—0.1
蒸压灰砂普通砖、蒸压粉煤灰普通砖砌体	8	—0.2
混凝土普通砖、混凝土多孔砖、混凝土砌块砌体	10	—0.2
轻集料混凝土砌块砌体	10	—0.3
料石和毛石砌体	8	—

注:表中的收缩率系由达到收缩允许标准的块体砌筑 28d 的砌体收缩系数。当地方有可靠的砌体收缩试验数据时,亦可采用当地的试验数据。

4 砌体的摩擦系数,可按表 3.2.5-3 采用。

表 3.2.5-3　砌体的摩擦系数

材料类别	摩擦面情况	
	干　燥	潮　湿
砌体沿砌体或混凝土滑动	0.70	0.60
砌体沿木材滑动	0.60	0.50
砌体沿钢滑动	0.45	0.35
砌体沿砂或卵石滑动	0.60	0.50
砌体沿粉土滑动	0.55	0.40
砌体沿黏性土滑动	0.50	0.30

4 基本设计规定

4.1 设计原则

4.1.1 本规范采用以概率理论为基础的极限状态设计方法,以可靠指标度量结构构件的可靠度,采用分项系数的设计表达式进行计算。

4.1.2 砌体结构应按承载能力极限状态设计,并满足正常使用极限状态的要求。

4.1.3 砌体结构和结构构件在设计使用年限内及正常维护条件下,必须保持满足使用要求,而不需大修或加固。设计使用年限可按现行国家标准《建筑结构可靠度设计统一标准》GB 50068 的有关规定确定。

4.1.4 根据建筑结构破坏可能产生的后果(危及人的生命、造成经济损失、产生社会影响等)的严重

性,建筑结构应按表 4.1.4 划分为三个安全等级,设计时应根据具体情况适当选用。

表 4.1.4　建筑结构的安全等级

安全等级	破坏后果	建筑物类型
一级	很严重	重要的房屋
二级	严重	一般的房屋
三级	不严重	次要的房屋

注:1　对于特殊的建筑物,其安全等级可根据具体情况另行确定;
　　2　对抗震设防区的砌体结构设计,应按现行国家标准《建筑抗震设防分类标准》GB 50223 根据建筑物重要性区分建筑物类别。

4.1.5 砌体结构按承载能力极限状态设计时,应按下列公式中最不利组合进行计算:

$$\gamma_0 \left(1.2S_{Gk} + 1.4\gamma_L S_{Q1k} + \gamma_L \sum_{i=2}^{n} \gamma_{Qi}\psi_{ci}S_{Qik} \right)$$
$$\leqslant R(f, a_k \cdots) \quad (4.1.5-1)$$

$$\gamma_0 \left(1.35S_{Gk} + 1.4\gamma_L \sum_{i=1}^{n} \psi_{ci}S_{Qik} \right) \leqslant R(f, a_k \cdots)$$
$$(4.1.5-2)$$

式中:γ_0——结构重要性系数。对安全等级为一级或设计使用年限为 50a 以上的结构构件,不应小于 1.1;对安全等级为二级或设计使用年限为 50a 的结构构件,不应小于 1.0;对安全等级为三级或设计使用年限为 1a～5a 的结构构件,不应小于 0.9;

γ_L——结构构件的抗力模型不定性系数。对静力设计,考虑结构设计使用年限的荷载调整系数,设计使用年限为 50a,取 1.0;设计使用年限为 100a,取 1.1;

S_{Gk}——永久荷载标准值的效应;

S_{Q1k}——在基本组合中起控制作用的一个可变荷载标准值的效应;

S_{Qik}——第 i 个可变荷载标准值的效应;

$R(\cdot)$——结构构件的抗力函数;

γ_{Qi}——第 i 个可变荷载的分项系数;

ψ_{ci}——第 i 个可变荷载的组合值系数。一般情况下应取 0.7;对书库、档案库、储藏室或通风机房、电梯机房应取 0.9;

f——砌体的强度设计值,$f = f_k/\gamma_f$;

f_k——砌体的强度标准值,$f_k = f_m - 1.645\sigma_f$;

γ_f——砌体结构的材料性能分项系数,一般情况下,宜按施工质量控制等级为 B 级考虑,取 $\gamma_f = 1.6$;当为 C 级时,取 $\gamma_f = 1.8$;当为 A 级时,取 $\gamma_f = 1.5$;

f_m——砌体的强度平均值,可按本规范附录 B 的方法确定;

σ_f——砌体强度的标准差；

a_k——几何参数标准值。

注：1 当工业建筑楼面荷载标准值大于 $4kN/m^2$ 时，式中系数 1.4 应为 1.3；

2 施工质量控制等级划分要求，应符合现行国家标准《砌体结构工程施工质量验收规范》GB 50203 的有关规定。

4.1.6 当砌体结构作为一个刚体，需验算整体稳定性时，应按下列公式中最不利组合进行验算：

$$\gamma_0 \left(1.2S_{G2k} + 1.4\gamma_L S_{Q1k} + \gamma_L \sum_{i=2}^{n} S_{Qik} \right) \leqslant 0.8S_{G1k}$$

(4.1.6-1)

$$\gamma_0 \left(1.35S_{G2k} + 1.4\gamma_L \sum_{i=1}^{n} \psi_{Ci} S_{Qik} \right) \leqslant 0.8S_{G1k}$$

(4.1.6-2)

式中：S_{G1k}——起有利作用的永久荷载标准值的效应；

S_{G2k}——起不利作用的永久荷载标准值的效应。

4.1.7 设计应明确建筑结构的用途，在设计使用年限内未经技术鉴定或设计许可，不得改变结构用途、构件布置和使用环境。

4.2 房屋的静力计算规定

4.2.1 房屋的静力计算，根据房屋的空间工作性能分为刚性方案、刚弹性方案和弹性方案。设计时，可按表 4.2.1 确定静力计算方案。

表 4.2.1 房屋的静力计算方案

屋盖或楼盖类别		刚性方案	刚弹性方案	弹性方案
1	整体式、装配整体和装配式无檩体系钢筋混凝土屋盖或钢筋混凝土楼盖	$s<32$	$32{\leqslant}s{\leqslant}72$	$s>72$
2	装配式有檩体系钢筋混凝土屋盖、轻钢屋盖和有密铺望板的木屋盖或木楼盖	$s<20$	$20{\leqslant}s{\leqslant}48$	$s>48$
3	瓦材屋面的木屋盖和轻钢屋盖	$s<16$	$16{\leqslant}s{\leqslant}36$	$s>36$

注：1 表中 s 为房屋横墙间距，其长度单位为"m"；

2 当屋盖、楼盖类别不同或横墙间距不同时，可按本规范第 4.2.7 条的规定确定房屋的静力计算方案；

3 对无山墙或伸缩缝处无横墙的房屋，应按弹性方案考虑。

4.2.2 刚性和刚弹性方案房屋的横墙，应符合下列规定：

1 横墙中开有洞口时，洞口的水平截面面积不应超过横墙截面面积的 50%；

2 横墙的厚度不宜小于 180mm；

3 单层房屋的横墙长度不宜小于其高度，多层房屋的横墙长度不宜小于 $H/2$（H 为横墙总高度）。

注：1 当横墙不能同时符合上述要求时，应对横墙的刚度进行验算。如其最大水平位移值 $u_{max} \leqslant \dfrac{H}{4000}$ 时，仍可视作刚性或刚弹性方案房屋的横墙；

2 凡符合注 1 刚度要求的一段横墙或其他结构构件（如框架等），也可视作刚性或刚弹性方案房屋的横墙。

4.2.3 弹性方案房屋的静力计算，可按屋架或大梁与墙（柱）为铰接的、不考虑空间工作的平面排架或框架计算。

4.2.4 刚弹性方案房屋的静力计算，可按屋架、大梁与墙（柱）铰接并考虑空间工作的平面排架或框架计算。房屋各层的空间性能影响系数，可按表 4.2.4 采用，其计算方法应按本规范附录 C 的规定采用。

表 4.2.4 房屋各层的空间性能影响系数 η_i

屋盖或楼盖类别	横墙间距 s（m）															
	16	20	24	28	32	36	40	44	48	52	56	60	64	68	72
1	—	—	—	—	0.33	0.39	0.45	0.50	0.55	0.60	0.64	0.68	0.71	0.74	0.77
2	—	0.35	0.45	0.54	0.61	0.68	0.73	0.78	0.82						
3	0.37	0.49	0.60	0.68	0.75	0.81									

注：i 取 $1 \sim n$，n 为房屋的层数。

4.2.5 刚性方案房屋的静力计算，应按下列规定进行：

1 单层房屋：在荷载作用下，墙、柱可视为上端不动铰支承于屋盖，下端嵌固于基础的竖向构件；

2 多层房屋：在竖向荷载作用下，墙、柱在每层高度范围内，可近似地视作两端铰支的竖向构件；在水平荷载作用下，墙、柱可视作竖向连续梁；

3 对本层的竖向荷载，应考虑对墙、柱的实际偏心影响，梁端支承压力 N_l 到墙内边的距离，应取梁端有效支承长度 a_0 的 0.4 倍（图 4.2.5）。由上面楼层传来的荷载 N_u，可视作作用于上一楼层的墙、柱的截面重心处；

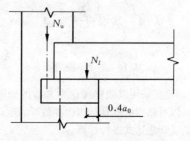

图 4.2.5 梁端支承压力位置

注：当板支撑于墙上时，板端支承压力 N_l 到墙内边的距离可取板的实际支承长度 a 的 0.4 倍。

4 对于梁跨度大于 9m 的墙承重的多层房屋，按上述方法计算时，应考虑梁端约束弯矩的影响。可按梁两端固结计算梁端弯矩，再将其乘以修正系数 γ 后，按墙体线性刚度分到上层墙底部和下层墙顶部。

修正系数 γ 可按下式计算:

$$\gamma = 0.2\sqrt{\frac{a}{h}} \qquad (4.2.5)$$

式中: a——梁端实际支承长度;

h——支承墙体的墙厚,当上下墙厚不同时取下部墙厚,当有壁柱时取 h_T。

4.2.6 刚性方案多层房屋的外墙,计算风荷载时应符合下列要求:

1 风荷载引起的弯矩,可按下式计算:

$$M = \frac{wH_i^2}{12} \qquad (4.2.6)$$

式中: w——沿楼层高均布风荷载设计值(kN/m);

H_i——层高(m)。

2 当外墙符合下列要求时,静力计算可不考虑风荷载的影响:

1)洞口水平截面面积不超过全截面面积的 2/3;

2)层高和总高不超过表 4.2.6 的规定;

3)屋面自重不小于 $0.8kN/m^2$。

表 4.2.6 外墙不考虑风荷载影响时的最大高度

基本风压值(kN/m²)	层高(m)	总高(m)
0.4	4.0	28
0.5	4.0	24
0.6	4.0	18
0.7	3.5	18

注:对于多层混凝土砌块房屋,当外墙厚度不小于 190mm、层高不大于 2.8m、总高不大于 19.6m、基本风压不大于 0.7kN/m² 时,可不考虑风荷载的影响。

4.2.7 计算上柔下刚多层房屋时,顶层可按单层房屋计算,其空间性能影响系数可根据屋盖类别按本规范表 4.2.4 采用。

4.2.8 带壁柱墙的计算截面翼缘宽度 b_f,可按下列规定采用:

1 多层房屋,当有门窗洞口时,可取窗间墙宽度;当无门窗洞口时,每侧翼墙宽度可取壁柱高度(层高)的 1/3,但不应大于相邻壁柱间的距离;

2 单层房屋,可取壁柱宽加 2/3 墙高,但不应大于窗间墙宽度和相邻壁柱间的距离;

3 计算带壁柱墙的条形基础时,可取相邻壁柱间的距离。

4.2.9 当转角墙段角部受竖向集中荷载时,计算截面的长度可从角点算起,每侧宜取层高的 1/3。当上述墙体范围内有门窗洞口时,则计算截面取至洞边,但不宜大于层高的 1/3。当上层的竖向集中荷载传至本层时,可按均布荷载计算,此时转角墙段可按角形截面偏心受压构件进行承载力验算。

4.3 耐久性规定

4.3.1 砌体结构的耐久性应根据表 4.3.1 的环境类别和设计使用年限进行设计。

表 4.3.1 砌体结构的环境类别

环境类别	条 件
1	正常居住及办公建筑的内部干燥环境
2	潮湿的室内或室外环境,包括与无侵蚀性土和水接触的环境
3	严寒和使用化冰盐的潮湿环境(室内或室外)
4	与海水直接接触的环境,或处于滨海地区的盐饱和的气体环境
5	有化学侵蚀的气体、液体或固态形式的环境,包括有侵蚀性土壤的环境

4.3.2 当设计使用年限为 50a 时,砌体中钢筋的耐久性选择应符合表 4.3.2 的规定。

表 4.3.2 砌体中钢筋耐久性选择

环境类别	钢筋种类和最低保护要求	
	位于砂浆中的钢筋	位于灌孔混凝土中的钢筋
1	普通钢筋	普通钢筋
2	重镀锌或有等效保护的钢筋	当采用混凝土灌孔时,可为普通钢筋;当采用砂浆灌孔时应为重镀锌或有等效保护的钢筋
3	不锈钢或有等效保护的钢筋	重镀锌或有等效保护的钢筋
4 和 5	不锈钢或等效保护的钢筋	不锈钢或等效保护的钢筋

注:1 对夹心墙的外叶墙,应采用重镀锌或有等效保护的钢筋;

2 表中的钢筋即为国家现行标准《混凝土结构设计规范》GB 50010 和《冷轧带肋钢筋混凝土结构技术规程》JGJ 95 等标准规定的普通钢筋或非预应力钢筋。

4.3.3 设计使用年限为 50a 时,砌体中钢筋的保护层厚度,应符合下列规定:

1 配筋砌体中钢筋的最小混凝土保护层应符合表 4.3.3 的规定;

2 灰缝中钢筋外露砂浆保护层的厚度不应小于 15mm；

3 所有钢筋端部均应有与对应钢筋的环境类别条件相同的保护层厚度；

4 对填实的夹心墙或特别的墙体构造，钢筋的最小保护层厚度，应符合下列规定：

 1）用于环境类别 1 时，应取 20mm 厚砂浆或灌孔混凝土与钢筋直径较大者；

 2）用于环境类别 2 时，应取 20mm 厚灌孔混凝土与钢筋直径较大者；

 3）采用重镀锌钢筋时，应取 20mm 厚砂浆或灌孔混凝土与钢筋直径较大者；

 4）采用不锈钢筋时，应取钢筋的直径。

表 4.3.3　钢筋的最小保护层厚度

环境类别	混凝土强度等级			
	C20	C25	C30	C35
	最低水泥含量（kg/m³）			
	260	280	300	320
1	20	20	20	20
2	—	25	25	25
3	—	40	40	30
4	—	—	40	40
5	—	—	—	40

注：1 材料中最大氯离子含量和最大碱含量应符合现行国家标准《混凝土结构设计规范》GB 50010 的规定；

 2 当采用防渗砌块体和防渗砂浆时，可以考虑部分砌体（含抹灰层）的厚度作为保护层，但对环境类别 1、2、3，其混凝土保护层的厚度相应不应小于 10mm、15mm 和 20mm；

 3 钢筋砂浆面层的组合砌体构件的钢筋保护层厚度宜比表 4.3.3 规定的混凝土保护层厚度数值增加 5mm～10mm；

 4 对安全等级为一级或设计使用年限为 50a 以上的砌体结构，钢筋保护层的厚度应至少增加 10mm。

4.3.4 设计使用年限为 50a 时，夹心墙的钢筋连接件或钢筋网片、连接钢板、锚固螺栓或钢筋，应采用重镀锌或等效的防护涂层，镀锌层的厚度不应小于 290g/m²；当采用环氧涂层时，灰缝钢筋涂层厚度不应小于 290μm，其余部件涂层厚度不应小于 450μm。

4.3.5 设计使用年限为 50a 时，砌体材料的耐久性应符合下列规定：

1 地面以下或防潮层以下的砌体、潮湿房间的墙或环境类别 2 的砌体，所用材料的最低强度等级应符合表 4.3.5 的规定：

表 4.3.5　地面以下或防潮层以下的砌体、潮湿房间的墙所用材料的最低强度等级

潮湿程度	烧结普通砖	混凝土普通砖、蒸压普通砖	混凝土砌块	石材	水泥砂浆
稍潮湿的	MU15	MU20	MU7.5	MU30	M5
很潮湿的	MU20	MU20	MU10	MU30	M7.5
含水饱和的	MU20	MU25	MU15	MU40	M10

注：1 在冻胀地区，地面以下或防潮层以下的砌体，不宜采用多孔砖，如采用时，其孔洞应用不低于 M10 的水泥砂浆预先灌实。当采用混凝土空心砌块时，其孔洞应用强度等级不低于 Cb20 的混凝土预先灌实；

 2 对安全等级为一级或设计使用年限大于 50a 的房屋，表中材料强度等级应至少提高一级。

2 处于环境类别 3～5 等有侵蚀性介质的砌体材料应符合下列规定：

1） 不应采用蒸压灰砂普通砖、蒸压粉煤灰普通砖；

2） 应采用实心砖，砖的强度等级不应低于 MU20，水泥砂浆的强度等级不应低于 M10；

3） 混凝土砌块的强度等级不应低于 MU15，灌孔混凝土的强度等级不应低于 Cb30，砂浆的强度等级不应低于 Mb10；

4） 应根据环境条件对砌体材料的抗冻指标、耐酸、碱性能提出要求，或符合有关规范的规定。

5　无筋砌体构件

5.1　受压构件

5.1.1 受压构件的承载力，应符合下式的要求：

$$N \leqslant \varphi f A \qquad (5.1.1)$$

式中：N——轴向力设计值；

 φ——高厚比 β 和轴向力的偏心距 e 对受压构件承载力的影响系数；

 f——砌体的抗压强度设计值；

 A——截面面积。

注：1 对矩形截面构件，当轴向力偏心方向的截面边长大于另一方向的边长时，除按偏心受压计算外，还应对较小边长方向，按轴心受压进行验算；

 2 受压构件承载力的影响系数 φ，可按本规范附录 D 的规定采用；

 3 对带壁柱墙，当考虑翼缘宽度时，可按本规范第 4.2.8 条采用。

5.1.2 确定影响系数 φ 时，构件高厚比 β 应按下列公式计算：

对矩形截面 $$\beta = \gamma_\beta \frac{H_0}{h} \qquad (5.1.2-1)$$

对 T 形截面 $\quad \beta = \gamma_\beta \dfrac{H_0}{h_T}$ $\quad$ (5.1.2-2)

式中：γ_β——不同材料砌体构件的高厚比修正系数，按表 5.1.2 采用；

H_0——受压构件的计算高度，按本规范表 5.1.3 确定；

h——矩形截面轴向力偏心方向的边长，当轴心受压时为截面较小边长；

h_T——T 形截面的折算厚度，可近似按 $3.5i$ 计算，i 为截面回转半径。

表 5.1.2 高厚比修正系数 γ_β

砌 体 材 料 类 别	γ_β
烧结普通砖、烧结多孔砖	1.0
混凝土普通砖、混凝土多孔砖、混凝土及轻集料混凝土砌块	1.1
蒸压灰砂普通砖、蒸压粉煤灰普通砖、细料石	1.2
粗料石、毛石	1.5

注：对灌孔混凝土砌块砌体，γ_β 取 1.0。

5.1.3 受压构件的计算高度 H_0，应根据房屋类别和构件支承条件等按表 5.1.3 采用。表中的构件高度 H，应按下列规定采用：

1 在房屋底层，为楼板顶面到构件下端支点的距离。下端支点的位置，可取在基础顶面。当埋置较深且有刚性地坪时，可取室外地面下 500mm 处；

2 在房屋其他层，为楼板或其他水平支点间的距离；

3 对于无壁柱的山墙，可取层高加山墙尖高度的 1/2；对于带壁柱的山墙可取壁柱处的山墙高度。

表 5.1.3 受压构件的计算高度 H_0

房 屋 类 别			柱		带壁柱墙或周边拉接的墙	
			排架方向	垂直排架方向	$s > 2H$	$2H \geqslant s > H$ $\quad$ $s \leqslant H$
有吊车的单层房屋	变截面柱上段	弹性方案	$2.5H_u$	$1.25H_u$	$2.5H_u$	
		刚性、刚弹性方案	$2.0H_u$	$1.25H_u$	$2.0H_u$	
	变截面柱下段		$1.0H_l$	$0.8H_l$	$1.0H_l$	
无吊车的单层和多层房屋	单跨	弹性方案	$1.5H$	$1.0H$	$1.5H$	
		刚弹性方案	$1.2H$	$1.0H$	$1.2H$	
	多跨	弹性方案	$1.25H$	$1.0H$	$1.25H$	
		刚弹性方案	$1.10H$	$1.0H$	$1.1H$	
	刚性方案		$1.0H$	$1.0H$	$1.0H$	$0.4s + 0.2H$ $\quad$ $0.6s$

注：1 表中 H_u 为变截面柱的上段高度；H_l 为变截面柱的下段高度；

2 对于上端为自由端的构件，$H_0 = 2H$；

3 独立砖柱，当无柱间支撑时，柱在垂直排架方向的 H_0 应按表中数值乘以 1.25 后采用；

4 s 为房屋横墙间距；

5 自承重墙的计算高度应根据周边支承或拉接条件确定。

5.1.4 对有吊车的房屋，当荷载组合不考虑吊车作用时，变截面柱上段的计算高度可按本规范表 5.1.3 规定采用；变截面柱下段的计算高度，可按下列规定采用：

1 当 $H_u/H \leqslant 1/3$ 时，取无吊车房屋的 H_0；

2 当 $1/3 < H_u/H < 1/2$ 时，取无吊车房屋的 H_0 乘以修正系数 μ，修正系数 μ 可按下式计算：

$$\mu = 1.3 - 0.3 I_u/I_l \quad (5.1.4)$$

式中：I_u——变截面柱上段的惯性矩；

I_l——变截面柱下段的惯性矩。

3 当 $H_u/H \geqslant 1/2$ 时，取无吊车房屋的 H_0。但在确定 β 值时，应采用上柱截面。

注：本条规定也适用于无吊车房屋的变截面柱。

5.1.5 按内力设计值计算的轴向力的偏心距 e 不应超过 $0.6y$。y 为截面重心到轴向力所在偏心方向截面边缘的距离。

5.2 局 部 受 压

5.2.1 砌体截面中受局部均匀压力时的承载力，应满足下式的要求：

$$N_l \leqslant \gamma f A_l \quad (5.2.1)$$

式中：N_l——局部受压面积上的轴向力设计值；

γ——砌体局部抗压强度提高系数；

f——砌体的抗压强度设计值，局部受压面积小于 $0.3m^2$，可不考虑强度调整系数 γ_a 的影响；

A_l——局部受压面积。

5.2.2 砌体局部抗压强度提高系数 γ，应符合下列规定：

1 γ 可按下式计算：

$$\gamma = 1 + 0.35 \sqrt{\dfrac{A_0}{A_l} - 1} \quad (5.2.2)$$

式中：A_0——影响砌体局部抗压强度的计算面积。

2 计算所得 γ 值，尚应符合下列规定：

1） 在图 5.2.2（a）的情况下，$\gamma \leqslant 2.5$；

2） 在图 5.2.2（b）的情况下，$\gamma \leqslant 2.0$；

3） 在图 5.2.2（c）的情况下，$\gamma \leqslant 1.5$；

4） 在图 5.2.2（d）的情况下，$\gamma \leqslant 1.25$；

5） 按本规范第 6.2.13 条的要求灌孔的混凝土砌块砌体，在 1)、2) 款的情况下，尚应符合 $\gamma \leqslant 1.5$。未灌孔混凝土砌块砌体，$\gamma = 1.0$；

6） 对多孔砖砌体孔洞难以灌实时，应按 $\gamma = 1.0$ 取用；当设置混凝土垫块时，按垫块下的砌体局部受压计算。

5.2.3 影响砌体局部抗压强度的计算面积，可按下列规定采用：

1 在图 5.2.2（a）的情况下，$A_0 = (a + c + h)h$；

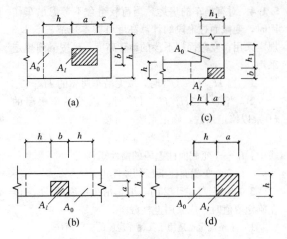

图 5.2.2 影响局部抗压强度的面积 A_0

2 在图 5.2.2（b）的情况下，$A_0 = (b+2h)h$；

3 在图 5.2.2（c）的情况下，
$$A_0 = (a+h)h + (b+h_1-h)h_1；$$

4 在图 5.2.2（d）的情况下，$A_0 = (a+h)h$；

式中：a、b——矩形局部受压面积 A_l 的边长；

h、h_1——墙厚或柱的较小边长，墙厚；

c——矩形局部受压面积的外边缘至构件边缘的较小距离，当大于 h 时，应取为 h。

5.2.4 梁端支承处砌体的局部受压承载力，应按下列公式计算：

$$\psi N_0 + N_l \leq \eta \gamma f A_l \qquad (5.2.4\text{-}1)$$

$$\psi = 1.5 - 0.5 \frac{A_0}{A_l} \qquad (5.2.4\text{-}2)$$

$$N_0 = \sigma_0 A_l \qquad (5.2.4\text{-}3)$$

$$A_l = a_0 b \qquad (5.2.4\text{-}4)$$

$$a_0 = 10 \sqrt{\frac{h_c}{f}} \qquad (5.2.4\text{-}5)$$

式中：ψ——上部荷载的折减系数，当 A_0/A_l 大于或等于 3 时，应取 ψ 等于 0；

N_0——局部受压面积内上部轴向力设计值(N)；

N_l——梁端支承压力设计值（N）；

σ_0——上部平均压应力设计值（N/mm²）；

η——梁端底面压应力图形的完整系数，应取 0.7，对于过梁和墙梁应取 1.0；

a_0——梁端有效支承长度（mm）；当 a_0 大于 a 时，应取 a_0 等于 a，a 为梁端实际支承长度（mm）；

b——梁的截面宽度（mm）；

h_c——梁的截面高度（mm）；

f——砌体的抗压强度设计值（MPa）。

5.2.5 在梁端设有刚性垫块时的砌体局部受压，应符合下列规定：

1 刚性垫块下的砌体局部受压承载力，应按下列公式计算：

$$N_0 + N_l \leq \varphi \gamma_1 f A_b \qquad (5.2.5\text{-}1)$$

$$N_0 = \sigma_0 A_b \qquad (5.2.5\text{-}2)$$

$$A_b = a_b b_b \qquad (5.2.5\text{-}3)$$

式中：N_0——垫块面积 A_b 内上部轴向力设计值(N)；

φ——垫块上 N_0 与 N_l 合力的影响系数，应取 β 小于或等于 3，按第 5.1.1 条规定取值；

γ_1——垫块外砌体面积的有利影响系数，γ_1 应为 0.8γ，但不小于 1.0。γ 为砌体局部抗压强度提高系数，按公式（5.2.2）以 A_b 代替 A_l 计算得出；

A_b——垫块面积（mm²）；

a_b——垫块伸入墙内的长度（mm）；

b_b——垫块的宽度（mm）。

2 刚性垫块的构造，应符合下列规定：

1）刚性垫块的高度不应小于 180mm，自梁边算起的垫块挑出长度不应大于垫块高度 t_b；

2）在带壁柱墙的壁柱内设刚性垫块时（图 5.2.5），其计算面积应取壁柱范围内的面积，而不应计算翼缘部分，同时壁柱上垫块伸入翼墙内的长度不应小于 120mm；

3）当现浇垫块与梁端整体浇筑时，垫块可在梁高范围内设置。

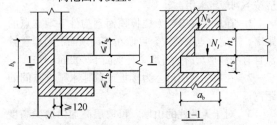

图 5.2.5 壁柱上设有垫块时梁端局部受压

3 梁端设有刚性垫块时，垫块上 N_l 作用点的位置可取梁端有效支承长度 a_0 的 0.4 倍。a_0 应按下式确定：

$$a_0 = \delta_1 \sqrt{\frac{h_c}{f}} \qquad (5.2.5\text{-}4)$$

式中：δ_1——刚性垫块的影响系数，可按表 5.2.5 采用。

表 5.2.5 系数 δ_1 值表

σ_0/f	0	0.2	0.4	0.6	0.8
δ_1	5.4	5.7	6.0	6.9	7.8

注：表中其间的数值可采用插入法求得。

5.2.6 梁下设有长度大于 πh_0 的垫梁时，垫梁上梁端有效支承长度 a_0 可按公式（5.2.5-4）计算。垫梁下的砌体局部受压承载力，应按下列公式计算：

$$N_0 + N_l \leq 2.4 \delta_2 f b_b h_0 \qquad (5.2.6\text{-}1)$$

$$N_0 = \pi b_b h_0 \sigma_0 / 2 \qquad (5.2.6\text{-}2)$$

$$h_0 = 2 \sqrt[3]{\frac{E_c I_c}{Eh}} \qquad (5.2.6\text{-}3)$$

式中：N_0——垫梁上部轴向力设计值（N）；

b_b——垫梁在墙厚方向的宽度（mm）；

δ_2——垫梁底面压应力分布系数，当荷载沿墙厚方向均匀分布时可取 1.0，不均匀分布时可取 0.8；

h_0——垫梁折算高度（mm）；

E_c、I_c——分别为垫梁的混凝土弹性模量和截面惯性矩；

E——砌体的弹性模量；

h——墙厚（mm）。

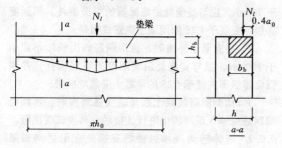

图 5.2.6 垫梁局部受压

5.3 轴心受拉构件

5.3.1 轴心受拉构件的承载力，应满足下式的要求：

$$N_t \leqslant f_t A \qquad (5.3.1)$$

式中：N_t——轴心拉力设计值；

f_t——砌体的轴心抗拉强度设计值，应按表 3.2.2 采用。

5.4 受 弯 构 件

5.4.1 受弯构件的承载力，应满足下式的要求：

$$M \leqslant f_{tm} W \qquad (5.4.1)$$

式中：M——弯矩设计值；

f_{tm}——砌体弯曲抗拉强度设计值，应按表 3.2.2 采用；

W——截面抵抗矩。

5.4.2 受弯构件的受剪承载力，应按下列公式计算：

$$V \leqslant f_v bz \qquad (5.4.2-1)$$

$$z = I/S \qquad (5.4.2-2)$$

式中：V——剪力设计值；

f_v——砌体的抗剪强度设计值，应按表 3.2.2 采用；

b——截面宽度；

z——内力臂，当截面为矩形时取 z 等于 $2h/3$（h 为截面高度）；

I——截面惯性矩；

S——截面面积矩。

5.5 受 剪 构 件

5.5.1 沿通缝或沿阶梯形截面破坏时受剪构件的承载力，应按下列公式计算：

$$V \leqslant (f_v + \alpha \mu \sigma_0) A \qquad (5.5.1-1)$$

当 $\gamma_G = 1.2$ 时，$\mu = 0.26 - 0.082 \dfrac{\sigma_0}{f}$ $\qquad (5.5.1-2)$

当 $\gamma_G = 1.35$ 时 $\mu = 0.23 - 0.065 \dfrac{\sigma_0}{f}$ $\qquad (5.5.1-3)$

式中：V——剪力设计值；

A——水平截面面积；

f_v——砌体抗剪强度设计值，对灌孔的混凝土砌块砌体取 f_{vg}；

α——修正系数；当 $\gamma_G = 1.2$ 时，砖（含多孔砖）砌体取 0.60，混凝土砌块砌体取 0.64；当 $\gamma_G = 1.35$ 时，砖（含多孔砖）砌体取 0.64，混凝土砌块砌体取 0.66；

μ——剪压复合受力影响系数；

f——砌体的抗压强度设计值；

σ_0——永久荷载设计值产生的水平截面平均压应力，其值不应大于 $0.8f$。

6 构 造 要 求

6.1 墙、柱的高厚比验算

6.1.1 墙、柱的高厚比应按下式验算：

$$\beta = \frac{H_0}{h} \leqslant \mu_1 \mu_2 [\beta] \qquad (6.1.1)$$

式中：H_0——墙、柱的计算高度；

h——墙厚或矩形柱与 H_0 相对应的边长；

μ_1——自承重墙允许高厚比的修正系数；

μ_2——有门窗洞口墙允许高厚比的修正系数；

$[\beta]$——墙、柱的允许高厚比，应按表 6.1.1 采用。

注：1 墙、柱的计算高度应按本规范第 5.1.3 条采用；

2 当与墙连接的相邻两墙间的距离 $s \leqslant \mu_1 \mu_2 [\beta] h$ 时，墙的高度可不受本条限制；

3 变截面柱的高厚比可按上、下截面分别验算，其计算高度可按第 5.1.4 条的规定采用。验算上柱的高厚比时，墙、柱的允许高厚比可按表 6.1.1 的数值乘以 1.3 后采用。

表 6.1.1 墙、柱的允许高厚比 $[\beta]$ 值

砌体类型	砂浆强度等级	墙	柱
无筋砌体	M2.5	22	15
	M5.0 或 Mb5.0、Ms5.0	24	16
	≥M7.5 或 Mb7.5、Ms7.5	26	17
配筋砌块砌体		30	21

注：1 毛石墙、柱的允许高厚比应按表中数值降低 20%；

2 带有混凝土或砂浆面层的组合砖砌体构件的允许高厚比，可按表中数值提高 20%，但不得大于 28；

3 验算施工阶段砂浆尚未硬化的新砌砌体构件高厚比时，允许高厚比对墙取 14，对柱取 11。

6.1.2 带壁柱墙和带构造柱墙的高厚比验算，应按下列规定进行：

1 按公式（6.1.1）验算带壁柱墙的高厚比，此

时公式中 h 应改用带壁柱墙截面的折算厚度 h_T，在确定截面回转半径时，墙截面的翼缘宽度，可按本规范第 4.2.8 条的规定采用；当确定带壁柱墙的计算高度 H_0 时，s 应取与之相交相邻墙之间的距离。

2 当构造柱截面宽度不小于墙厚时，可按公式 (6.1.1) 验算带构造柱墙的高厚比，此时公式中 h 取墙厚；当确定带构造柱墙的计算高度 H_0 时，s 应取相邻横墙间的距离；墙的允许高厚比 $[\beta]$ 可乘以修正系数 μ_c，μ_c 可按下式计算：

$$\mu_c = 1 + \gamma \frac{b_c}{l} \qquad (6.1.2)$$

式中：γ——系数。对细料石砌体，$\gamma = 0$；对混凝土砌块、混凝土多孔砖、粗料石、毛料石及毛石砌体，$\gamma = 1.0$；其他砌体，$\gamma = 1.5$；

b_c——构造柱沿墙长方向的宽度；

l——构造柱的间距。

当 $b_c/l > 0.25$ 时取 $b_c/l = 0.25$，当 $b_c/l < 0.05$ 时取 $b_c/l = 0$。

注：考虑构造柱有利作用的高厚比验算不适用于施工阶段。

3 按公式 (6.1.1) 验算壁柱间墙或构造柱间墙的高厚比时，s 应取相邻壁柱间或相邻构造柱间的距离。设有钢筋混凝土圈梁的带壁柱墙或带构造柱墙，当 $b/s \geqslant 1/30$ 时，圈梁可视作壁柱间墙或构造柱间墙的不动铰支点（b 为圈梁宽度）。当不满足上述条件且不允许增加圈梁宽度时，可按墙体平面外等刚度原则增加圈梁高度，此时，圈梁仍可视为壁柱间墙或构造柱间墙的不动铰支点。

6.1.3 厚度不大于 240mm 的自承重墙，允许高厚比修正系数 μ_1，应按下列规定采用：

1 墙厚为 240mm 时，μ_1 取 1.2；墙厚为 90mm 时，μ_1 取 1.5；当墙厚小于 240mm 且大于 90mm 时，μ_1 按插入法取值。

2 上端为自由端墙的允许高厚比，除按上述规定提高外，尚可提高 30%。

3 对厚度小于 90mm 的墙，当双面采用不低于 M10 的水泥砂浆抹面，包括抹面层的墙厚不小于 90mm 时，可按墙厚等于 90mm 验算高厚比。

6.1.4 对有门窗洞口的墙，允许高厚比修正系数，应符合下列要求：

1 允许高厚比修正系数，应按下式计算：

$$\mu_2 = 1 - 0.4 \frac{b_s}{s} \qquad (6.1.4)$$

式中：b_s——在宽度 s 范围内的门窗洞口总宽度；

s——相邻横墙或壁柱之间的距离。

2 当按公式 (6.1.4) 计算的 μ_2 的值小于 0.7 时，μ_2 取 0.7；当洞口高度等于或小于墙高的 1/5 时，μ_2 取 1.0。

3 当洞口高度大于或等于墙高的 4/5 时，可按独立墙段验算高厚比。

6.2 一般构造要求

6.2.1 预制钢筋混凝土板在混凝土圈梁上的支承长度不应小于 80mm，板端伸出的钢筋应与圈梁可靠连接，且同时浇筑；预制钢筋混凝土板在墙上的支承长度不应小于 100mm，并应按下列方法进行连接：

1 板支承于内墙时，板端钢筋伸出长度不应小于 70mm，且与支座处沿墙配置的纵筋绑扎，用强度等级不应低于 C25 的混凝土浇筑成板带；

2 板支承于外墙时，板端钢筋伸出长度不应小于 100mm，且与支座处沿墙配置的纵筋绑扎，并用强度等级不应低于 C25 的混凝土浇筑成板带；

3 预制钢筋混凝土板与现浇板对接时，预制板端钢筋应伸入现浇板中进行连接后，再浇筑现浇板。

6.2.2 墙体转角处和纵横墙交接处应沿竖向每隔 400mm～500mm 设拉结钢筋，其数量为每 120mm 墙厚不少于 1 根直径 6mm 的钢筋；或采用焊接钢筋网片，埋入长度从墙的转角或交接处算起，对实心砖每边不小于 500mm，对多孔砖墙和砌块墙不小于 700mm。

6.2.3 填充墙、隔墙应分别采取措施与周边主体结构构件可靠连接，连接构造和嵌缝材料应能满足传力、变形、耐久和防护要求。

6.2.4 在砌体中留槽洞及埋设管道时，应遵守下列规定：

1 不应在截面长边小于 500mm 的承重墙体、独立柱内埋设管线；

2 不宜在墙体中穿行暗线或预留、开凿沟槽，当无法避免时应采取必要的措施或按削弱后的截面验算墙体的承载力。

注：对受力较小或未灌孔的砌块砌体，允许在墙体的竖向孔洞中设置管线。

6.2.5 承重的独立砖柱截面尺寸不应小于 240mm×370mm。毛石墙的厚度不宜小于 350mm，毛料石柱较小边长不宜小于 400mm。

注：当有振动荷载时，墙、柱不宜采用毛石砌体。

6.2.6 支承在墙、柱上的吊车梁、屋架及跨度大于或等于下列数值的预制梁的端部，应采用锚固件与墙、柱上的垫块锚固：

1 对砖砌体为 9m；

2 对砌块和料石砌体为 7.2m。

6.2.7 跨度大于 6m 的屋架和跨度大于下列数值的梁，应在支承处砌体上设置混凝土或钢筋混凝土垫块；当墙中设有圈梁时，垫块与圈梁宜浇成整体。

1 对砖砌体为 4.8m；

2 对砌块和料石砌体为 4.2m；

3 对毛石砌体为 3.9m。

6.2.8 当梁跨度大于或等于下列数值时，其支承处宜加设壁柱，或采取其他加强措施：

1 对 240mm 厚的砖墙为 6m；对 180mm 厚的砖墙为 4.8m；

2 对砌块、料石墙为 4.8m。

6.2.9 山墙处的壁柱或构造柱宜砌至山墙顶部，且屋面构件应与山墙可靠拉结。

6.2.10 砌块砌体应分皮错缝搭砌，上下皮搭砌长度不应小于 90mm。当搭砌长度不满足上述要求时，应在水平灰缝内设置不小于 2 根直径不小于 4mm 的焊接钢筋片（横向钢筋的间距不应大于 200mm，网片每端应伸出该垂直缝不小于 300mm）。

6.2.11 砌块墙与后砌隔墙交接处，应沿墙高每 400mm 在水平灰缝内设置不少于 2 根直径不小于 4mm、横筋间距不应大于 200mm 的焊接钢筋网片（图 6.2.11）。

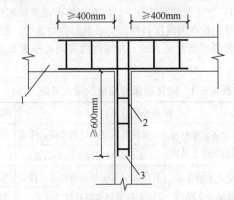

图 6.2.11　砌块墙与后砌隔墙交接处钢筋网片
1—砌块墙；2—焊接钢筋网片；3—后砌隔墙

6.2.12 混凝土砌块房屋，宜将纵横墙交接处，距墙中心线每边不小于 300mm 范围内的孔洞，采用不低于 Cb20 混凝土沿全墙高灌实。

6.2.13 混凝土砌块墙体的下列部位，如未设圈梁或混凝土垫块，应采用不低于 Cb20 混凝土将孔洞灌实：

1 搁栅、檩条和钢筋混凝土楼板的支承面下，高度不应小于 200mm 的砌体；

2 屋架、梁等构件的支承面下，长度不应小于 600mm，高度不应小于 600mm 的砌体；

3 挑梁支承面下，距墙中心线每边不应小于 300mm，高度不应小于 600mm 的砌体。

6.3　框架填充墙

6.3.1 框架填充墙墙体除应满足稳定要求外，尚应考虑水平风荷载及地震作用的影响。地震作用可按现行国家标准《建筑抗震设计规范》GB 50011 中非结构构件的规定计算。

6.3.2 在正常使用和正常维护条件下，填充墙的使用年限宜与主体结构相同，结构的安全等级可按二级考虑。

6.3.3 填充墙的构造设计，应符合下列规定：

1 填充墙宜选用轻质块体材料，其强度等级应符合本规范第 3.1.2 条的规定；

2 填充墙砌筑砂浆的强度等级不宜低于 M5（Mb5、Ms5）；

3 填充墙墙体墙厚不应小于 90mm；

4 用于填充墙的夹心复合砌块，其两肢块体之间应有拉结。

6.3.4 填充墙与框架的连接，可根据设计要求采用脱开或不脱开方法。有抗震设防要求时宜采用填充墙与框架脱开的方法。

1 当填充墙与框架采用脱开的方法时，宜符合下列规定：

　1）填充墙两端与框架柱，填充墙顶面与框架梁之间留出不小于 20mm 的间隙；

　2）填充墙端部应设置构造柱，柱间距宜不大于 20 倍墙厚且不大于 4000mm，柱宽度不小于 100mm。柱竖向钢筋不宜小于 $\phi10$，箍筋宜为 ϕ^R5，竖向间距不宜大于 400mm。竖向钢筋与框架梁或其挑出部分的预埋件或预留钢筋连接，绑扎接头时不小于 $30d$，焊接时（单面焊）不小于 $10d$（d 为钢筋直径）。柱顶与框架梁（板）应预留不小于 15mm 的缝隙，用硅酮胶或其他弹性密封材料封缝。当填充墙有宽度大于 2100mm 的洞口时，洞口两侧应加设宽度不小于 50mm 的单筋混凝土柱；

　3）填充墙两端宜卡入设在梁、板底及柱侧的卡口铁件内，墙侧卡口板的竖向间距不宜大于 500mm，墙顶卡口板的水平间距不宜大于 1500mm；

　4）墙体高度超过 4m 时宜在墙高中部设置与柱连通的水平系梁。水平系梁的截面高度不小于 60mm。填充墙高不宜大于 6m；

　5）填充墙与框架柱、梁的缝隙可采用聚苯乙烯泡沫塑料板条或聚氨酯发泡材料充填，并用硅酮胶或其他弹性密封材料封缝；

　6）所有连接用钢筋、金属配件、铁件、预埋件等均应作防腐防锈处理，并应符合本规范第 4.3 节的规定。嵌缝材料应能满足变形和防护要求。

2 当填充墙与框架采用不脱开的方法时，宜符合下列规定：

　1）沿柱高每隔 500mm 配置 2 根直径 6mm 的拉结钢筋（墙厚大于 240mm 时配置 3 根直径 6mm），钢筋伸入填充墙长度不宜小于 700mm，且拉结钢筋应错开截断，相距不宜小于 200mm。填充墙墙顶应与框架梁紧密结合。顶面与上部结构接触处宜用一皮砖或配砖斜砌楔紧；

2）当填充墙有洞口时，宜在窗洞口的上端或下端、门洞口的上端设置钢筋混凝土带，钢筋混凝土带应与过梁的混凝土同时浇筑，其过梁的断面及配筋由设计确定。钢筋混凝土带的混凝土强度等级不小于C20。当有洞口的填充墙尽端至门窗洞口边距离小于240mm时，宜采用钢筋混凝土门窗框；

3）填充墙长度超过5m或墙长大于2倍层高时，墙顶与梁宜有拉接措施，墙体中部应加设构造柱；墙高度超过4m时宜在墙高中部设置与柱连接的水平系梁；墙高超过6m时，宜沿墙高每2m设置与柱连接的水平系梁，梁的截面高度不小于60mm。

6.4 夹 心 墙

6.4.1 夹心墙的夹层厚度，不宜大于120mm。

6.4.2 **外叶墙的砖及混凝土砌块的强度等级，不应低于MU10。**

6.4.3 夹心墙的有效面积，应取承重或主叶墙的面积。高厚比验算时，夹心墙的有效厚度，按下式计算：

$$h_l = \sqrt{h_1^2 + h_2^2} \qquad (6.4.3)$$

式中：h_l——夹心复合墙的有效厚度；

h_1、h_2——分别为内、外叶墙的厚度。

6.4.4 夹心墙外叶墙的最大横向支承间距，宜按下列规定采用：设防烈度为6度时不宜大于9m，7度时不宜大于6m，8、9度时不宜大于3m。

6.4.5 夹心墙的内、外叶墙，应由拉结件可靠拉结，拉结件宜符合下列规定：

1 当采用环形拉结件时，钢筋直径不应小于4mm，当为Z形拉结件时，钢筋直径不应小于6mm；拉结件应沿竖向梅花形布置，拉结件的水平和竖向最大间距分别不宜大于800mm和600mm；对有振动或有抗震设防要求时，其水平和竖向最大间距分别不宜大于800mm和400mm；

2 当采用可调拉结件时，钢筋直径不应小于4mm，拉结件的水平和竖向最大间距均不宜大于400mm。叶墙间灰缝的高差不大于3mm，可调拉结件中孔眼和扣钉间的公差不大于1.5mm；

3 当采用钢筋网片作拉结件时，网片横向钢筋的直径不应小于4mm；其间距不应大于400mm；网片的竖向间距不宜大于600mm；对有振动或有抗震设防要求时，不宜大于400mm；

4 拉结件在叶墙上的搁置长度，不应小于叶墙厚度的2/3，并不应小于60mm；

5 门窗洞口周边300mm范围内应附加间距不大于600mm的拉结件。

6.4.6 夹心墙拉结件或网片的选择与设置，应符合下列规定：

1 夹心墙宜用不锈钢拉结件。拉结件用钢筋制作或采用钢筋网片时，应先进行防腐处理，并应符合本规范4.3的有关规定；

2 非抗震设防地区的多层房屋，或风荷载较小地区的高层的夹芯墙可采用环形或Z形拉结件；风荷载较大地区的高层建筑房屋宜采用焊接钢筋网片；

3 抗震设防地区的砌体房屋（含高层建筑房屋）夹心墙应采用焊接钢筋网作为拉结件。焊接网应沿夹心墙连续通长设置，外叶墙至少有一根纵向钢筋。钢筋网片可计入内叶墙的配筋率，其搭接与锚固长度应符合有关规范的规定；

4 可调节拉结件宜用于多层房屋的夹心墙，其竖向和水平间距均不应大于400mm。

6.5 防止或减轻墙体开裂的主要措施

6.5.1 在正常使用条件下，应在墙体中设置伸缩缝。伸缩缝应设在因温度和收缩变形引起应力集中、砌体产生裂缝可能性最大处。伸缩缝的间距可按表6.5.1采用。

表6.5.1 砌体房屋伸缩缝的最大间距（m）

屋盖或楼盖类别		间距
整体式或装配整体式钢筋混凝土结构	有保温层或隔热层的屋盖、楼盖	50
	无保温层或隔热层的屋盖	40
装配式无檩体系钢筋混凝土结构	有保温层或隔热层的屋盖、楼盖	60
	无保温层或隔热层的屋盖	50
装配式有檩体系钢筋混凝土结构	有保温层或隔热层的屋盖	75
	无保温层或隔热层的屋盖	60
瓦材屋盖、木屋盖或楼盖、轻钢屋盖		100

注：1 对烧结普通砖、烧结多孔砖、配筋砌块砌体房屋，取表中数值；对石砌体、蒸压灰砂普通砖、蒸压粉煤灰普通砖、混凝土砌块、混凝土普通砖和混凝土多孔砖房屋，取表中数值乘以0.8的系数，当墙体有可靠外保温措施时，其间距可取表中数值；

2 在钢筋混凝土屋面上挂瓦的屋盖应按钢筋混凝土屋盖采用；

3 层高大于5m的烧结普通砖、烧结多孔砖、配筋砌块砌体结构单层房屋，其伸缩缝间距可按表中数值乘以1.3；

4 温差较大且变化频繁地区和严寒地区不采暖的房屋及构筑物墙体的伸缩缝的最大间距，应按表中数值予以适当减小；

5 墙体的伸缩缝与结构的其他变形缝相重合，缝宽度应满足各种变形缝的变形要求；在进行立面处理时，必须保证缝隙的变形作用。

6.5.2 房屋顶层墙体，宜根据情况采取下列措施：

1 屋面应设置保温、隔热层；

2 屋面保温（隔热）层或屋面刚性面层及砂浆找平层应设置分隔缝，分隔缝间距不宜大于6m，其缝宽不小于30mm，并与女儿墙隔开；

3 采用装配式有檩体系钢筋混凝土屋盖和瓦材屋盖；

4 顶层屋面板下设置现浇钢筋混凝土圈梁，并沿内外墙拉通，房屋两端圈梁下的墙体内宜设置水平钢筋；

5 顶层墙体有门窗等洞口时，在过梁上的水平灰缝内设置2～3道焊接钢筋网片或2根直径6mm钢筋，焊接钢筋网片或钢筋应伸入洞口两端墙内不小于600mm；

6 顶层及女儿墙砂浆强度等级不低于M7.5（Mb7.5、Ms7.5）；

7 女儿墙应设置构造柱，构造柱间距不宜大于4m，构造柱应伸至女儿墙顶并与现浇钢筋混凝土压顶整浇在一起；

8 对顶层墙体施加竖向预应力。

6.5.3 房屋底层墙体，宜根据情况采取下列措施：

1 增大基础圈梁的刚度；

2 在底层的窗台下墙体灰缝内设置3道焊接钢筋网片或2根直径6mm钢筋，并应伸入两边窗间墙内不小于600mm。

6.5.4 在每层门、窗过梁上方的水平灰缝内及窗台下第一和第二道水平灰缝内，宜设置焊接钢筋网片或2根直径6mm钢筋，焊接钢筋网片或钢筋应伸入两边窗间墙内不小于600mm。当墙长大于5m时，宜在每层墙高度中部设置2～3道焊接钢筋网片或3根直径6mm的通长水平钢筋，竖向间距为500mm。

6.5.5 房屋两端和底层第一、第二开间门窗洞处，可采取下列措施：

1 在门窗洞口两边墙体的水平灰缝中，设置长度不小于900mm、竖向间距为400mm的2根直径4mm的焊接钢筋网片。

2 在顶层和底层设置通长钢筋混凝土窗台梁，窗台梁高宜为块材高度的模数，梁内纵筋不少于4根，直径不小于10mm，箍筋直径不小于6mm，间距不大于200mm，混凝土强度等级不低于C20。

3 在混凝土砌块房屋门窗洞口两侧不少于一个孔洞中设置直径不小于12mm的竖向钢筋，竖向钢筋应在楼层圈梁或基础内锚固，孔洞用不低于Cb20混凝土灌实。

6.5.6 填充墙砌体与梁、柱或混凝土墙体结合的界面处（包括内、外墙），宜在粉刷前设置钢丝网片，网片宽度可取400mm，并沿界面缝两侧各延伸200mm，或采取其他有效的防裂、盖缝措施。

6.5.7 当房屋刚度较大时，可在窗下或窗台角处墙体内、在墙体高度或厚度突然变化处设置竖向控制缝。竖向控制缝宽度不宜小于25mm，缝内填以压缩性能好的填充材料，且外部用密封材料密封，并采用不吸水的、闭孔发泡聚乙烯实心圆棒（背衬）作为密

封膏的隔离物（图6.5.7）。

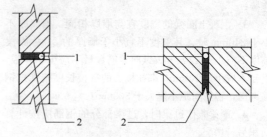

图6.5.7 控制缝构造
1—不吸水的、闭孔发泡聚乙烯实心圆棒；
2—柔软、可压缩的填充物

6.5.8 夹心复合墙的外叶墙宜在建筑墙体适当部位设置控制缝，其间距宜为6m～8m。

7 圈梁、过梁、墙梁及挑梁

7.1 圈 梁

7.1.1 对于有地基不均匀沉降或较大振动荷载的房屋，可按本节规定在砌体墙中设置现浇混凝土圈梁。

7.1.2 厂房、仓库、食堂等空旷单层房屋应按下列规定设置圈梁：

1 砖砌体结构房屋，檐口标高为5m～8m时，应在檐口标高处设置圈梁一道；檐口标高大于8m时，应增加设置数量；

2 砌块及料石砌体结构房屋，檐口标高为4m～5m时，应在檐口标高处设置圈梁一道；檐口标高大于5m时，应增加设置数量；

3 对有吊车或较大振动设备的单层工业房屋，当未采取有效的隔振措施时，除在檐口或窗顶标高处设置现浇混凝土圈梁外，尚应增加设置数量。

7.1.3 住宅、办公楼等多层砌体结构民用房屋，且层数为3层～4层时，应在底层和檐口标高处各设置一道圈梁。当层数超过4层时，除应在底层和檐口标高处各设置一道圈梁外，至少应在所有纵、横墙上隔层设置。多层砌体工业房屋，应每层设置现浇混凝土圈梁。设置墙梁的多层砌体结构房屋，应在托梁、墙梁顶面和檐口标高处设置现浇钢筋混凝土圈梁。

7.1.4 建筑在软弱地基或不均匀地基上的砌体结构房屋，除按本节规定设置圈梁外，尚应符合现行国家标准《建筑地基基础设计规范》GB 50007的有关规定。

7.1.5 圈梁应符合下列构造要求：

1 圈梁宜连续地设在同一水平面上，并形成封闭状；当圈梁被门窗洞口截断时，应在洞口上部增设相同截面的附加圈梁。附加圈梁与圈梁的搭接长度不应小于其中到中垂直间距的2倍，且不得小于1m；

2 纵、横墙交接处的圈梁应可靠连接。刚弹性

和弹性方案房屋，圈梁应与屋架、大梁等构件可靠连接；

3 混凝土圈梁的宽度宜与墙厚相同，当墙厚不小于 240mm 时，其宽度不宜小于墙厚的 2/3。圈梁高度不应小于 120mm。纵向钢筋数量不应少于 4 根，直径不应小于 10mm，绑扎接头的搭接长度按受拉钢筋考虑，箍筋间距不应大于 300mm；

4 圈梁兼作过梁时，过梁部分的钢筋应按计算面积另行增配。

7.1.6 采用现浇混凝土楼（屋）盖的多层砌体结构房屋，当层数超过 5 层时，除应在檐口标高处设置一道圈梁外，可隔层设置圈梁，并应与楼（屋）面板一起现浇。未设置圈梁的楼面板嵌入墙内的长度不应小于 120mm，并沿墙长配置不少于 2 根直径为 10mm 的纵向钢筋。

7.2 过 梁

7.2.1 对有较大振动荷载或可能产生不均匀沉降的房屋，应采用混凝土过梁。当过梁的跨度不大于 1.5m 时，可采用钢筋砖过梁；不大于 1.2m 时，可采用砖砌平拱过梁。

7.2.2 过梁的荷载，应按下列规定采用：

1 对砖和砌块砌体，当梁、板下的墙体高度 h_w 小于过梁的净跨 l_n 时，过梁应计入梁、板传来的荷载，否则可不考虑梁、板荷载；

2 对砖砌体，当过梁上的墙体高度 h_w 小于 $l_n/3$ 时，墙体荷载应按墙体的均布自重采用，否则应按高度为 $l_n/3$ 墙体的均布自重来采用；

3 对砌块砌体，当过梁上的墙体高度 h_w 小于 $l_n/2$ 时，墙体荷载应按墙体的均布自重采用，否则应按高度为 $l_n/2$ 墙体的均布自重采用。

7.2.3 过梁的计算，宜符合下列规定：

1 砖砌平拱受弯和受剪承载力，可按 5.4.1 条和 5.4.2 条计算；

2 钢筋砖过梁的受弯承载力可按式（7.2.3）计算，受剪承载力，可按本规范第 5.4.2 条计算；

$$M \leqslant 0.85 h_0 f_y A_s \qquad (7.2.3)$$

式中：M ——按简支梁计算的跨中弯矩设计值；

h_0 ——过梁截面的有效高度，$h_0 = h - a_s$；

a_s ——受拉钢筋重心至截面下边缘的距离；

h ——过梁的截面计算高度，取过梁底面以上的墙体高度，但不大于 $l_n/3$；当考虑梁、板传来的荷载时，则按梁、板下的高度采用；

f_y ——钢筋的抗拉强度设计值；

A_s ——受拉钢筋的截面面积。

3 混凝土过梁的承载力，应按混凝土受弯构件计算。验算过梁下砌体局部受压承载力时，可不考虑上层荷载的影响；梁端底面压应力图形完整系数可取

1.0，梁端有效支承长度可取实际支承长度，但不应大于墙厚。

7.2.4 砖砌过梁的构造，应符合下列规定：

1 砖砌过梁截面计算高度内的砂浆不宜低于 M5（Mb5、Ms5）；

2 砖砌平拱用竖砖砌筑部分的高度不应小于 240mm；

3 钢筋砖过梁底面砂浆层处的钢筋，其直径不应小于 5mm，间距不宜大于 120mm，钢筋伸入支座砌体内的长度不宜小于 240mm，砂浆层的厚度不宜小于 30mm。

7.3 墙 梁

7.3.1 承重与自承重简支墙梁、连续墙梁和框支墙梁的设计，应符合本节规定。

7.3.2 采用烧结普通砖砌体、混凝土普通砖砌体、混凝土多孔砖砌体和混凝土砌块砌体的墙梁设计应符合下列规定：

1 墙梁设计应符合表 7.3.2 的规定：

表 7.3.2 墙梁的一般规定

墙梁类别	墙体总高度(m)	跨度(m)	墙体高跨比 h_w/l_{0i}	托梁高跨比 h_b/l_{0i}	洞宽比 b_h/l_{0i}	洞高 h_h
承重墙梁	≤18	≤9	≥0.4	≥1/10	≤0.3	≤$5h_w/6$ 且 $h_w - h_h$ ≥0.4m
自承重墙梁	≤18	≤12	≥1/3	≥1/15	≤0.8	—

注：墙体总高度指托梁顶面到檐口的高度，带阁楼的坡屋面应算到山尖墙 1/2 高度处。

2 墙梁计算高度范围内每跨允许设置一个洞口，洞口高度，对窗洞取洞顶至托梁顶面距离。对自承重墙梁，洞口至边支座中心的距离不应小于 $0.1 l_{0i}$，门窗洞上口至墙顶的距离不应小于 0.5m。

3 洞口边缘至支座中心的距离，距边支座不应小于墙梁计算跨度的 0.15 倍，距中支座不应小于墙梁计算跨度的 0.07 倍。托梁支座处上部墙体设置混凝土构造柱、且构造柱边缘至洞口边缘的距离不小于 240mm 时，洞口边至支座中心距离的限值可不受本规定限制。

4 托梁高跨比，对无洞口墙梁不宜大于 1/7，对靠近支座有洞口的墙梁不宜大于 1/6。配筋砌块砌体墙梁的托梁高跨比可适当放宽，但不宜小于 1/14；当墙梁结构中的墙体均为配筋砌块砌体时，墙体总高度可不受本规定限制。

7.3.3 墙梁的计算简图，应按图 7.3.3 采用。各计算参数应符合下列规定：

1 墙梁计算跨度，对简支墙梁和连续墙梁取净跨的 1.1 倍或支座中心线距离的较小值；框支墙梁支

座中心线距离，取框架柱轴线间的距离；

2 墙体计算高度，取托梁顶面上一层墙体（包括顶梁）高度，当 h_w 大于 l_0 时，取 h_w 等于 l_0（对连续墙梁和多跨框支墙梁，l_0 取各跨的平均值）；

3 墙梁跨中截面计算高度，取 $H_0 = h_w + 0.5h_b$；

4 翼墙计算宽度，取窗间墙宽度或横墙间距的 2/3，且每边不大于 3.5 倍的墙体厚度和墙梁计算跨度的 1/6；

5 框架柱计算高度，取 $H_c = H_{cn} + 0.5h_b$；H_{cn} 为框架柱的净高，取基础顶面至托梁底面的距离。

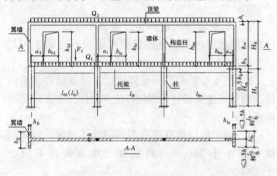

图 7.3.3 墙梁计算简图

l_0（l_{0i}）—墙梁计算跨度；h_w—墙体计算高度；h—墙体厚度；H_0—墙梁跨中截面计算高度；b_{f1}—翼墙计算宽度；H_c—框架柱计算高度；b_{hi}—洞口宽度；h_{hi}—洞口高度；a_i—洞口边缘至支座中心的距离；Q_1、F_1—承重墙梁的托梁顶面的荷载设计值；Q_2—承重墙梁的墙梁顶面的荷载设计值

7.3.4 墙梁的计算荷载，应按下列规定采用：

1 使用阶段墙梁上的荷载，应按下列规定采用：

  1）承重墙梁的托梁顶面的荷载设计值，取托梁自重及本层楼盖的恒荷载和活荷载；

  2）承重墙梁的墙梁顶面的荷载设计值，取托梁以上各层墙体自重，以及墙梁顶面以上各层楼（屋）盖的恒荷载和活荷载；集中荷载可沿作用的跨度近似化为均布荷载；

  3）自承重墙梁的墙梁顶面的荷载设计值，取托梁自重及托梁以上墙体自重。

2 施工阶段托梁上的荷载，应按下列规定采用：

  1）托梁自重及本层楼盖的恒荷载；

  2）本层楼盖的施工荷载；

  3）墙体自重，可取高度为 $l_{0max}/3$ 墙体自重，开洞时尚应按洞顶以下实际分布的墙体自重复核；l_{0max} 为各计算跨度的最大值。

7.3.5 墙梁应分别进行托梁使用阶段正截面承载力和斜截面受剪承载力计算、墙体受剪承载力和托梁支座上部砌体局部受压承载力计算，以及施工阶段托梁承载力验算。自承重墙梁可不验算墙体受剪承载力和砌体局部受压承载力。

7.3.6 墙梁的托梁正截面承载力，应按下列规定计算：

1 托梁跨中截面应按混凝土偏心受拉构件计算，第 i 跨跨中最大弯矩设计值 M_{bi} 及轴心拉力设计值 N_{bti} 可按下列公式计算：

$$M_{bi} = M_{1i} + \alpha_M M_{2i} \qquad (7.3.6-1)$$

$$N_{bti} = \eta_N \frac{M_{2i}}{H_0} \qquad (7.3.6-2)$$

  1）当为简支墙梁时：

$$\alpha_M = \psi_M \left(1.7 \frac{h_b}{l_0} - 0.03 \right) \qquad (7.3.6-3)$$

$$\psi_M = 4.5 - 10 \frac{a}{l_0} \qquad (7.3.6-4)$$

$$\eta_N = 0.44 + 2.1 \frac{h_w}{l_0} \qquad (7.3.6-5)$$

  2）当为连续墙梁和框支墙梁时：

$$\alpha_M = \psi_M \left(2.7 \frac{h_b}{l_{0i}} - 0.08 \right) \qquad (7.3.6-6)$$

$$\psi_M = 3.8 - 8.0 \frac{a_i}{l_{0i}} \qquad (7.3.6-7)$$

$$\eta_N = 0.8 + 2.6 \frac{h_w}{l_{0i}} \qquad (7.3.6-8)$$

式中：M_{1i}——荷载设计值 Q_1、F_1 作用下的简支梁跨中弯矩或按连续梁、框架分析的托梁第 i 跨跨中最大弯矩；

  M_{2i}——荷载设计值 Q_2 作用下的简支梁跨中弯矩或按连续梁、框架分析的托梁第 i 跨跨中最大弯矩；

  α_M——考虑墙梁组合作用的托梁跨中截面弯矩系数，可按公式（7.3.6-3）或（7.3.6-6）计算，但对自承重简支墙梁应乘以折减系数 0.8；当公式（7.3.6-3）中的 $h_b/l_0 > 1/6$ 时，取 $h_b/l_0 = 1/6$；当公式（7.3.6-3）中的 $h_b/l_{0i} > 1/7$ 时，取 $h_b/l_{0i} = 1/7$；当 $\alpha_M > 1.0$ 时，取 $\alpha_M = 1.0$；

  η_N——考虑墙梁组合作用的托梁跨中截面轴力系数，可按公式（7.3.6-5）或（7.3.6-8）计算，但对自承重简支墙梁应乘以折减系数 0.8；当 $h_w/l_{0i} > 1$ 时，取 $h_w/l_{0i} = 1$；

  ψ_M——洞口对托梁跨中截面弯矩的影响系数，对无洞口墙梁取 1.0，对有洞口墙梁可按公式（7.3.6-4）或（7.3.6-7）计算；

  a_i——洞口边缘至墙梁最近支座中心的距离，当 $a_i > 0.35l_{0i}$ 时，取 $a_i = 0.35l_{0i}$。

2 托梁支座截面应按混凝土受弯构件计算，第 j 支座的弯矩设计值 M_{bj} 可按下列公式计算：

$$M_{bj} = M_{1j} + \alpha_M M_{2j} \qquad (7.3.6-9)$$

$$\alpha_M = 0.75 - \frac{a_i}{l_{0i}} \qquad (7.3.6\text{-}10)$$

式中：M_{1j}——荷载设计值 Q_1、F_1 作用下按连续梁或框架分析的托梁第 j 支座截面的弯矩设计值；

　　　M_{2j}——荷载设计值 Q_2 作用下按连续梁或框架分析的托梁第 j 支座截面的弯矩设计值；

　　　α_M——考虑墙梁组合作用的托梁支座截面弯矩系数，无洞口墙梁取 0.4，有洞口墙梁可按公式（7.3.6-10）计算。

7.3.7 对多跨框支墙梁的框支边柱，当柱的轴向压力增大对承载力不利时，在墙梁荷载设计值 Q_2 作用下的轴向压力值应乘以修正系数 1.2。

7.3.8 墙梁的托梁斜截面受剪承载力应按混凝土受弯构件计算，第 j 支座边缘截面的剪力设计值 V_{bj} 可按下式计算：

$$V_{bj} = V_{1j} + \beta_v V_{2j} \qquad (7.3.8)$$

式中：V_{1j}——荷载设计值 Q_1、F_1 作用下按简支梁、连续梁或框架分析的托梁第 j 支座边缘截面剪力设计值；

　　　V_{2j}——荷载设计值 Q_2 作用下按简支梁、连续梁或框架分析的托梁第 j 支座边缘截面剪力设计值；

　　　β_v——考虑墙梁组合作用的托梁剪力系数，无洞口墙梁边支座截面取 0.6，中间支座截面取 0.7；有洞口墙梁边支座截面取 0.7，中间支座截面取 0.8；对自承重墙梁，无洞口时取 0.45，有洞口时取 0.5。

7.3.9 墙梁的墙体受剪承载力，应按公式（7.3.9）验算，当墙梁支座处墙体中设置上、下贯通的落地混凝土构造柱，且其截面不小于 240mm×240mm 时，可不验算墙梁的墙体受剪承载力。

$$V_2 \leqslant \xi_1 \xi_2 \left(0.2 + \frac{h_b}{l_{0i}} + \frac{h_t}{l_{0i}} \right) fhh_w \qquad (7.3.9)$$

式中：V_2——在荷载设计值 Q_2 作用下墙梁支座边缘截面剪力的最大值；

　　　ξ_1——翼墙影响系数，对单层墙梁取 1.0，对多层墙梁，当 $b_f/h = 3$ 时取 1.3，当 $b_f/h = 7$ 时取 1.5，当 $3 < b_f/h < 7$ 时，按线性插入取值；

　　　ξ_2——洞口影响系数，无洞口墙梁取 1.0，多层有洞口墙梁取 0.9，单层有洞口墙梁取 0.6；

　　　h_t——墙梁顶面圈梁截面高度。

7.3.10 托梁支座上部砌体局部受压承载力，应按公式（7.3.10-1）验算，当墙梁的墙体中设置上、下贯通的落地混凝土构造柱，且其截面不小于 240mm×

240mm 时，或当 b_f/h 大于等于 5 时，可不验算托梁支座上部砌体局部受压承载力。

$$Q_2 \leqslant \zeta fh \qquad (7.3.10\text{-}1)$$

$$\zeta = 0.25 + 0.08 \frac{b_f}{h} \qquad (7.3.10\text{-}2)$$

式中：ζ——局压系数。

7.3.11 托梁应按混凝土受弯构件进行施工阶段的受弯、受剪承载力验算，作用在托梁上的荷载可按本规范第 7.3.4 条的规定采用。

7.3.12 墙梁的构造应符合下列规定：

　1 托梁和框支柱的混凝土强度等级不应低于 C30；

　2 承重墙梁的块体强度等级不应低于 MU10，计算高度范围内墙体的砂浆强度等级不应低于 M10（Mb10）；

　3 框支墙梁的上部砌体房屋，以及设有承重的简支墙梁或连续墙梁的房屋，应满足刚性方案房屋的要求；

　4 墙梁的计算高度范围内的墙体厚度，对砖砌体不应小于 240mm，对混凝土砌块砌体不应小于 190mm；

　5 墙梁洞口上方应设置混凝土过梁，其支承长度不应小于 240mm；洞口范围内不应施加集中荷载；

　6 承重墙梁的支座处应设置落地翼墙，翼墙厚度，对砖砌体不应小于 240mm，对混凝土砌块砌体不应小于 190mm，翼墙宽度不应小于墙梁墙体厚度的 3 倍，并与墙梁墙体同时砌筑。当不能设置翼墙时，应设置落地且上、下贯通的混凝土构造柱；

　7 当墙梁墙体在靠近支座 1/3 跨度范围内开洞时，支座处应设置落地且上、下贯通的混凝土构造柱，并应与每层圈梁连接；

　8 墙梁计算高度范围内的墙体，每天可砌筑高度不应超过 1.5m，否则，应加设临时支撑；

　9 托梁两侧各两个开间的楼盖应采用现浇混凝土楼盖，楼板厚度不应小于 120mm，当楼板厚度大于 150mm 时，应采用双层双向钢筋网，楼板上应少开洞，洞口尺寸大于 800mm 时应设洞口边梁；

　10 托梁每跨底部的纵向受力钢筋应通长设置，不应在跨中弯起或截断，钢筋连接应采用机械连接或焊接；

　11 托梁跨中截面的纵向受力钢筋总配筋率不应小于 0.6%；

　12 托梁上部通长布置的纵向钢筋面积与跨中部纵向钢筋面积之比值不应小于 0.4；连续墙梁或多跨框支墙梁的托梁支座上部附加纵向钢筋从支座边缘算起每边延伸长度不应小于 $l_0/4$；

　13 承重墙梁的托梁在砌体墙、柱上的支承长度不应小于 350mm；纵向受力钢筋伸入支座的长度应符合受拉钢筋的锚固要求；

14 当托梁截面高度 h_b 大于等于 450mm 时，应沿梁截面高度设置通长水平腰筋，其直径不应小于 12mm，间距不应大于 200mm；

15 对于洞口偏置的墙梁，其托梁的箍筋加密区范围应延到洞口外，距洞边的距离大于等于托梁截面高度 h_b（图 7.3.12），箍筋直径不应小于 8mm，间距不应大于 100mm。

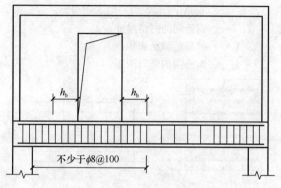

图 7.3.12 偏开洞时托梁箍筋加密区

7.4 挑 梁

7.4.1 砌体墙中混凝土挑梁的抗倾覆，应按下列公式进行验算：

$$M_{ov} \leqslant M_r \qquad (7.4.1)$$

式中：M_{ov} ——挑梁的荷载设计值对计算倾覆点产生的倾覆力矩；

M_r ——挑梁的抗倾覆力矩设计值。

7.4.2 挑梁计算倾覆点至墙外边缘的距离可按下列规定采用：

1 当 l_1 不小于 $2.2 h_b$ 时（l_1 为挑梁埋入砌体墙中的长度，h_b 为挑梁的截面高度），梁计算倾覆点到墙外边缘的距离可按式（7.4.2-1）计算，且其结果不应大于 $0.13 l_1$。

$$x_0 = 0.3 h_b \qquad (7.4.2-1)$$

式中：x_0 ——计算倾覆点至墙外边缘的距离（mm）；

2 当 l_1 小于 $2.2 h_b$ 时，梁计算倾覆点到墙外边缘的距离可按下式计算：

$$x_0 = 0.13 l_1 \qquad (7.4.2-2)$$

3 当挑梁下有混凝土构造柱或垫梁时，计算倾覆点到墙外边缘的距离可取 $0.5 x_0$。

7.4.3 挑梁的抗倾覆力矩设计值，可按下式计算：

$$M_r = 0.8 G_r (l_2 - x_0) \qquad (7.4.3)$$

式中：G_r ——挑梁的抗倾覆荷载，为挑梁尾端上部 45°扩展角的阴影范围（其水平长度为 l_3）内本层的砌体与楼面恒荷载标准值之和（图 7.4.3）；当上部楼层无挑梁时，抗倾覆荷载中可计及上部楼层的楼面永久荷载；

l_2 ——G_r 作用点至墙外边缘的距离。

7.4.4 挑梁下砌体的局部受压承载力，可按下式验算（图 7.4.4）：

$$N_l \leqslant \eta \gamma f A_l \qquad (7.4.4)$$

式中：N_l ——挑梁下的支承压力，可取 $N_l = 2R$，R 为挑梁的倾覆荷载设计值；

η ——梁端底面压应力图形的完整系数，可取 0.7；

γ ——砌体局部抗压强度提高系数，对图 7.4.4a 可取 1.25；对图 7.4.4b 可取 1.5；

A_l ——挑梁下砌体局部受压面积，可取 $A_l = 1.2 b h_b$，b 为挑梁的截面宽度，h_b 为挑梁的截面高度。

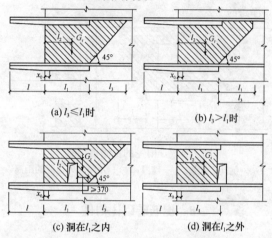

(a) $l_3 \leqslant l_1$ 时   (b) $l_3 > l_1$ 时

(c) 洞在 l_1 之内   (d) 洞在 l_1 之外

图 7.4.3 挑梁的抗倾覆荷载

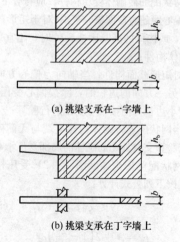

(a) 挑梁支承在一字墙上

(b) 挑梁支承在丁字墙上

图 7.4.4 挑梁下砌体局部受压

7.4.5 挑梁的最大弯矩设计值 M_{max} 与最大剪力设计值 V_{max}，可按下列公式计算：

$$M_{max} = M_0 \qquad (7.4.5-1)$$
$$V_{max} = V_0 \qquad (7.4.5-2)$$

式中：M_0 ——挑梁的荷载设计值对计算倾覆点截面产生的弯矩；

V_0——挑梁的荷载设计值在挑梁墙外边缘处截面产生的剪力。

7.4.6 挑梁设计除应符合现行国家标准《混凝土结构设计规范》GB 50010 的有关规定外，尚应满足下列要求：

　　1 纵向受力钢筋至少应有 1/2 的钢筋面积伸入梁尾端，且不少于 2φ12。其余钢筋伸入支座的长度不应小于 $2l_1/3$；

　　2 挑梁埋入砌体长度 l_1 与挑出长度 l 之比宜大于 1.2；当挑梁上无砌体时，l_1 与 l 之比宜大于 2。

7.4.7 雨篷等悬挑构件可按第 7.4.1 条～7.4.3 条进行抗倾覆验算，其抗倾覆荷载 G_r 可按图 7.4.7 采用，G_r 距墙外边缘的距离为墙厚的 1/2，l_3 为门窗洞口净跨的 1/2。

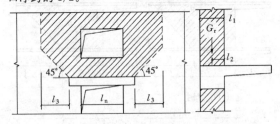

图 7.4.7　雨篷的抗倾覆荷载
G_r—抗倾覆荷载；l_1—墙厚；l_2—G_r 距墙外边缘的距离

8　配筋砖砌体构件

8.1　网状配筋砖砌体构件

8.1.1 网状配筋砖砌体受压构件，应符合下列规定：

　　1 偏心距超过截面核心范围（对于矩形截面即 $e/h>0.17$），或构件的高厚比 $\beta>16$ 时，不宜采用网状配筋砖砌体构件；

　　2 对矩形截面构件，当轴向力偏心方向的截面边长大于另一方向的边长时，除按偏心受压计算外，还应对较小边长方向按轴心受压进行验算；

　　3 当网状配筋砖砌体构件下端与无筋砌体交接时，尚应验算交接处无筋砌体的局部受压承载力。

8.1.2 网状配筋砖砌体（图 8.1.2）受压构件的承载力，应按下列公式计算：

$$N \leqslant \varphi_n f_n A \qquad (8.1.2\text{-}1)$$

$$f_n = f + 2\left(1 - \frac{2e}{y}\right)\rho f_y \qquad (8.1.2\text{-}2)$$

$$\rho = \frac{(a+b)A_s}{abs_n} \qquad (8.1.2\text{-}3)$$

式中：N——轴向力设计值；

　　φ_n——高厚比和配筋率以及轴向力的偏心距对网状配筋砖砌体受压构件承载力的影响系数，可按附录 D.0.2 的规定采用；

f_n——网状配筋砖砌体的抗压强度设计值；

　　A——截面面积；

　　e——轴向力的偏心距；

　　y——自截面重心至轴向力所在偏心方向截面边缘的距离；

　　ρ——体积配筋率；

　　f_y——钢筋的抗拉强度设计值，当 f_y 大于 320MPa 时，仍采用 320MPa；

　　a、b——钢筋网的网格尺寸；

　　A_s——钢筋的截面面积；

　　s_n——钢筋网的竖向间距。

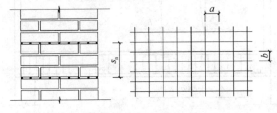

图 8.1.2　网状配筋砖砌体

8.1.3 网状配筋砖砌体构件的构造应符合下列规定：

　　1 网状配筋砖砌体中的体积配筋率，不应小于 0.1％，并不应大于 1％；

　　2 采用钢筋网时，钢筋的直径宜采用 3mm～4mm；

　　3 钢筋网中钢筋的间距，不应大于 120mm，并不应小于 30mm；

　　4 钢筋网的间距，不应大于五皮砖，并不应大于 400mm；

　　5 网状配筋砖砌体所用的砂浆强度等级不应低于 M7.5；钢筋网应设置在砌体的水平灰缝中，灰缝厚度应保证钢筋上下至少各有 2mm 厚的砂浆层。

8.2　组合砖砌体构件

Ⅰ　砖砌体和钢筋混凝土面层或钢筋砂浆面层的组合砌体构件

8.2.1 当轴向力的偏心距超过本规范第 5.1.5 条规定的限值时，宜采用砖砌体和钢筋混凝土面层或钢筋砂浆面层组成的组合砖砌体构件（图 8.2.1）。

8.2.2 对于砖墙与组合砌体一同砌筑的 T 形截面构件（图 8.2.1b），其承载力和高厚比可按矩形截面组合砌体构件计算（图 8.2.1c）。

8.2.3 组合砖砌体轴心受压构件的承载力，应按下式计算：

$$N \leqslant \varphi_{com}(fA + f_cA_c + \eta_s f_y' A_s') \qquad (8.2.3)$$

式中：φ_{com}——组合砖砌体构件的稳定系数，可按表 8.2.3 采用；

　　A——砖砌体的截面面积；

　　f_c——混凝土或面层水泥砂浆的轴心抗压强

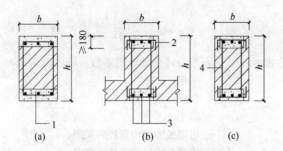

图 8.2.1　组合砖砌体构件截面

1—混凝土或砂浆；2—拉结钢筋；3—纵向钢筋；4—箍筋

度设计值，砂浆的轴心抗压强度设计值可取为同强度等级混凝土的轴心抗压强度设计值的 70%，当砂浆为 M15 时，取 5.0MPa；当砂浆为 M10 时，取 3.4MPa；当砂浆强度为 M7.5 时，取 2.5MPa；

A_c——混凝土或砂浆面层的截面面积；

η_s——受压钢筋的强度系数，当为混凝土面层时，可取 1.0；当为砂浆面层时可取 0.9；

f'_y——钢筋的抗压强度设计值；

A'_s——受压钢筋的截面面积。

表 8.2.3　组合砖砌体构件的稳定系数 φ_{com}

高厚比 β	配筋率 ρ（%）					
	0	0.2	0.4	0.6	0.8	≥1.0
8	0.91	0.93	0.95	0.97	0.99	1.00
10	0.87	0.90	0.92	0.94	0.96	0.98
12	0.82	0.85	0.88	0.91	0.93	0.95
14	0.77	0.80	0.83	0.86	0.89	0.92
16	0.72	0.75	0.78	0.81	0.84	0.87
18	0.67	0.70	0.73	0.76	0.79	0.81
20	0.62	0.65	0.68	0.71	0.73	0.75
22	0.58	0.61	0.64	0.66	0.68	0.70
24	0.54	0.57	0.59	0.61	0.63	0.65
26	0.50	0.52	0.54	0.56	0.58	0.60
28	0.46	0.48	0.50	0.52	0.54	0.56

注：组合砖砌体构件截面的配筋率 $\rho = A'_s/bh$。

8.2.4　组合砖砌体偏心受压构件的承载力，应按下列公式计算：

$$N \leqslant fA' + f_cA'_c + \eta_s f'_y A'_s - \sigma_s A_s$$

$$(8.2.4\text{-}1)$$

或

$$Ne_N \leqslant fS_s + f_cS_{c,s} + \eta_s f'_y A'_s (h_0 - a'_s)$$

$$(8.2.4\text{-}2)$$

此时受压区的高度 x 可按下列公式确定：

$$fS_N + f_cS_{c,N} + \eta_s f'_y A'_s e'_N - \sigma_s A_s e_N = 0$$

$$(8.2.4\text{-}3)$$

$$e_N = e + e_a + (h/2 - a_s) \quad (8.2.4\text{-}4)$$

$$e'_N = e + e_a - (h/2 - a'_s) \quad (8.2.4\text{-}5)$$

$$e_a = \frac{\beta^2 h}{2200}(1 - 0.022\beta) \quad (8.2.4\text{-}6)$$

式中：A'——砖砌体受压部分的面积；

A'_c——混凝土或砂浆面层受压部分的面积；

σ_s——钢筋 A_s 的应力；

A_s——距轴向力 N 较远侧钢筋的截面面积；

S_s——砖砌体受压部分的面积对钢筋 A_s 重心的面积矩；

$S_{c,s}$——混凝土或砂浆面层受压部分的面积对钢筋 A_s 重心的面积矩；

S_N——砖砌体受压部分的面积对轴向力 N 作用点的面积矩；

$S_{c,N}$——混凝土或砂浆面层受压部分的面积对轴向力 N 作用点的面积矩；

e_N、e'_N——分别为钢筋 A_s 和 A'_s 重心至轴向力 N 作用点的距离（图 8.2.4）；

e——轴向力的初始偏心距，按荷载设计值计算，当 e 小于 $0.05h$ 时，应取 e 等于 $0.05h$；

e_a——组合砖砌体构件在轴向力作用下的附加偏心距；

h_0——组合砖砌体构件截面的有效高度，取 $h_0 = h - a_s$；

a_s、a'_s——分别为钢筋 A_s 和 A'_s 重心至截面较近边的距离。

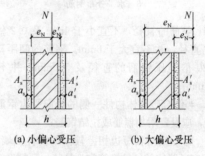

图 8.2.4　组合砖砌体偏心受压构件

8.2.5　组合砖砌体钢筋 A_s 的应力 σ_s（单位为 MPa，正值为拉应力，负值为压应力）应按下列规定计算：

1　当为小偏心受压，即 $\xi > \xi_b$ 时，

$$\sigma_s = 650 - 800\xi \quad (8.2.5\text{-}1)$$

2　当为大偏心受压，即 $\xi \leqslant \xi_b$ 时，

$$\sigma_s = f_y \quad (8.2.5\text{-}2)$$

$$\xi = x/h_0 \quad (8.2.5\text{-}3)$$

式中：σ_s——钢筋的应力，当 $\sigma_s > f_y$ 时，取 $\sigma_s = f_y$；

当 $\sigma_s < f'_y$ 时，取 $\sigma_s = f_y$；

  ξ——组合砖砌体构件截面的相对受压区高度；

  f_y——钢筋的抗拉强度设计值。

3 组合砖砌体构件受压区相对高度的界限值 ξ_b，对于 HRB400 级钢筋，应取 0.36；对于 HRB335 级钢筋，应取 0.44；对于 HPB300 级钢筋，应取 0.47。

8.2.6 组合砖砌体构件的构造应符合下列规定：

1 面层混凝土强度等级宜采用 C20。面层水泥砂浆强度等级不宜低于 M10。砌筑砂浆的强度等级不宜低于 M7.5；

2 砂浆面层的厚度，可采用 30mm～45mm。当面层厚度大于 45mm 时，其面层宜采用混凝土；

3 竖向受力钢筋宜采用 HPB300 级钢筋，对于混凝土面层，亦可采用 HRB335 级钢筋。受压钢筋一侧的配筋率，对砂浆面层，不宜小于 0.1%，对混凝土面层，不宜小于 0.2%。受拉钢筋的配筋率，不应小于 0.1%。竖向受力钢筋的直径，不应小于 8mm，钢筋的净间距，不应小于 30mm；

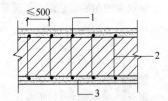

图 8.2.6 混凝土或砂浆
面层组合墙
1—竖向受力钢筋；2—拉结钢筋；
3—水平分布钢筋

4 箍筋的直径，不宜小于 4mm 及 0.2 倍的受压钢筋直径，并不宜大于 6mm。箍筋的间距，不应大于 20 倍受压钢筋的直径及 500mm，并不应小于 120mm；

5 当组合砖砌体构件一侧的竖向受力钢筋多于 4 根时，应设置附加箍筋或拉结钢筋；

6 对于截面长短边相差较大的构件如墙体等，应采用穿通墙体的拉结钢筋作为箍筋，同时设置水平分布钢筋。水平分布钢筋的竖向间距及拉结钢筋的水平间距，均不应大于 500mm（图 8.2.6）；

7 组合砖砌体构件的顶部和底部，以及牛腿部位，必须设置钢筋混凝土垫块。竖向受力钢筋伸入垫块的长度，必须满足锚固要求。

Ⅱ 砖砌体和钢筋混凝土构造柱组合墙

8.2.7 砖砌体和钢筋混凝土构造柱组合墙（图 8.2.7）的轴心受压承载力，应按下列公式计算：

$$N \leqslant \varphi_{com}[fA + \eta(f_cA_c + f'_yA'_s)]$$

（8.2.7-1）

$$\eta = \left[\frac{1}{\frac{l}{b_c} - 3}\right]^{\frac{1}{4}}$$

（8.2.7-2）

式中：φ_{com}——组合墙的稳定系数，可按表 8.2.3 采用；

  η——强度系数，当 l/b_c 小于 4 时，取 l/b_c 等于 4；

  l——沿墙长方向构造柱的间距；

  b_c——沿墙长方向构造柱的宽度；

  A——扣除孔洞和构造柱的砖砌体截面面积；

  A_c——构造柱的截面面积。

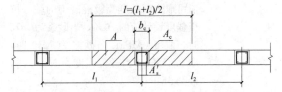

图 8.2.7 砖砌体和构造柱组合墙截面

8.2.8 砖砌体和钢筋混凝土构造柱组合墙，平面外的偏心受压承载力，可按下列规定计算：

1 构件的弯矩或偏心距可按本规范第 4.2.5 条规定的方法确定；

2 可按本规范第 8.2.4 条和 8.2.5 条的规定确定构造柱纵向钢筋，但截面宽度应改为构造柱间距 l；大偏心受压时，可不计受压区构造柱混凝土和钢筋的作用，构造柱的计算配筋不应小于第 8.2.9 条规定的要求。

8.2.9 组合砖墙的材料和构造应符合下列规定：

1 砂浆的强度等级不应低于 M5，构造柱的混凝土强度等级不宜低于 C20；

2 构造柱的截面尺寸不宜小于 240mm×240mm，其厚度不应小于墙厚，边柱、角柱的截面宽度宜适当加大。柱内竖向受力钢筋，对于中柱，钢筋数量不宜少于 4 根、直径不宜小于 12mm；对于边柱、角柱，钢筋数量不宜少于 4 根、直径不宜小于 14mm。构造柱的竖向受力钢筋的直径也不宜大于 16mm。其箍筋，一般部位宜采用直径 6mm、间距 200mm，楼层上下 500mm 范围内宜采用直径 6mm、间距 100mm。构造柱的竖向受力钢筋应在基础梁和楼层圈梁中锚固，并应符合受拉钢筋的锚固要求；

3 组合砖墙砌体结构房屋，应在纵横墙交接处、墙端部和较大洞口的洞边设置构造柱，其间距不宜大于 4m。各层洞口宜设置在相应位置，并宜上下对齐；

4 组合砖墙砌体结构房屋应在基础顶面、有组合墙的楼层处设置现浇钢筋混凝土圈梁。圈梁的截面高度不宜小于 240mm；纵向钢筋数量不宜少于 4 根、直径不宜小于 12mm，纵向钢筋应伸入构造柱内，并应符合受拉钢筋的锚固要求；圈梁的箍筋直径宜采用

5 砖砌体与构造柱的连接处应砌成马牙槎，并应沿墙高每隔 500mm 设 2 根直径 6mm 的拉结钢筋，且每边伸入墙内不宜小于 600mm；

6 构造柱可不单独设置基础，但应伸入室外地坪下 500mm，或与埋深小于 500mm 的基础梁相连；

7 组合砖墙的施工顺序应为先砌墙后浇混凝土构造柱。

9 配筋砌块砌体构件

9.1 一般规定

9.1.1 配筋砌块砌体结构的内力与位移，可按弹性方法计算。各构件应根据结构分析所得的内力，分别按轴心受压、偏心受压或偏心受拉构件进行正截面承载力和斜截面承载力计算，并应根据结构分析所得的位移进行变形验算。

9.1.2 配筋砌块砌体剪力墙，宜采用全部灌芯砌体。

9.2 正截面受压承载力计算

9.2.1 配筋砌块砌体构件正截面承载力，应按下列基本假定进行计算：

1 截面应变分布保持平面；

2 竖向钢筋与其毗邻的砌体、灌孔混凝土的应变相同；

3 不考虑砌体、灌孔混凝土的抗拉强度；

4 根据材料选择砌体、灌孔混凝土的极限压应变：当轴心受压时不应大于 0.002；偏心受压时的极限压应变不应大于 0.003；

5 根据材料选择钢筋的极限拉应变，且不应大于 0.01；

6 纵向受拉钢筋屈服与受压区砌体破坏同时发生时的相对界限受压区的高度，应按下式计算：

$$\xi_b = \frac{0.8}{1 + \frac{f_y}{0.003E_s}} \qquad (9.2.1)$$

式中：ξ_b——相对界限受压区高度 ξ_b 为界限受压区高度与截面有效高度的比值；

f_y——钢筋的抗拉强度设计值；

E_s——钢筋的弹性模量。

7 大偏心受压时受拉钢筋考虑在 $h_0 - 1.5x$ 范围内屈服并参与工作。

9.2.2 轴心受压配筋砌块砌体构件，当配有箍筋或水平分布钢筋时，其正截面受压承载力应按下列公式计算：

$$N \leqslant \varphi_{0g}(f_g A + 0.8f'_y A'_s) \qquad (9.2.2\text{-}1)$$

$$\varphi_{0g} = \frac{1}{1 + 0.001\beta^2} \qquad (9.2.2\text{-}2)$$

式中：N——轴向力设计值；

f_g——灌孔砌体的抗压强度设计值，应按第 3.2.1 条采用；

f'_y——钢筋的抗压强度设计值；

A——构件的截面面积；

A'_s——全部竖向钢筋的截面面积；

φ_{0g}——轴心受压构件的稳定系数；

β——构件的高厚比。

注：1 无箍筋或水平分布钢筋时，仍应按式（9.2.2）计算，但应取 $f'_y A'_s = 0$；

2 配筋砌块砌体构件的计算高度 H_0 可取层高。

9.2.3 配筋砌块砌体构件，当竖向钢筋仅配在中间时，其平面外偏心受压承载力可按本规范式（5.1.1）进行计算，但应采用灌孔砌体的抗压强度设计值。

9.2.4 矩形截面偏心受压配筋砌块砌体构件正截面承载力计算，应符合下列规定：

1 相对界限受压区高度的取值，对 HPB300 级钢筋取 ξ_b 等于 0.57，对 HRB335 级钢筋取 ξ_b 等于 0.55，对 HRB400 级钢筋取 ξ_b 等于 0.52；当截面受压区高度 x 小于等于 $\xi_b h_0$ 时，按大偏心受压计算；当 x 大于 $\xi_b h_0$ 时，按为小偏心受压计算。

2 大偏心受压时应按下列公式计算（图 9.2.4）：

$$N \leqslant f_g bx + f'_y A'_s - f_y A_s - \sum f_{si} A_{si} \qquad (9.2.4\text{-}1)$$

$$Ne_N \leqslant f_g bx(h_0 - x/2) + f'_y A'_s(h_0 - a'_s) - \sum f_{si} S_{si} \qquad (9.2.4\text{-}2)$$

式中：N——轴向力设计值；

f_g——灌孔砌体的抗压强度设计值；

f_y、f'_y——竖向受拉、压主筋的强度设计值；

b——截面宽度；

f_{si}——竖向分布钢筋的抗拉强度设计值；

A_s、A'_s——竖向受拉、压主筋的截面面积；

A_{si}——单根竖向分布钢筋的截面面积；

S_{si}——第 i 根竖向分布钢筋对竖向受拉主筋的面积矩；

e_N——轴向力作用点到竖向受拉主筋合力点之间的距离，可按第 8.2.4 条的规定计算；

a'_s——受压区纵向钢筋合力点至截面受压区边缘的距离，对 T 形、L 形、工形截面，当翼缘受压时取 100mm，其他情况取 300mm；

a_s——受拉区纵向钢筋合力点至截面受拉区边缘的距离，对 T 形、L 形、工形截面，当翼缘受压时取 300mm，其他情况取 100mm。

3 当大偏心受压计算的受压区高度 x 小于 $2a'_s$ 时，其正截面承载力可按下式进行计算：

$$Ne'_N \leqslant f_y A_s(h_0 - a'_s) \qquad (9.2.4\text{-}3)$$

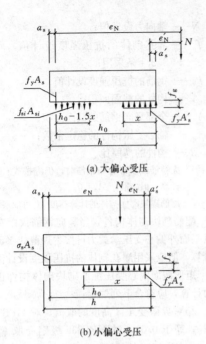

(a) 大偏心受压

(b) 小偏心受压

图 9.2.4 矩形截面偏心受压正截面
承载力计算简图

式中：e'_N——轴向力作用点至竖向受压主筋合力点
之间的距离，可按本规范第 8.2.4 条的
规定计算。

4 小偏心受压时，应按下列公式计算（图 9.2.4）：

$$N \leqslant f_g bx + f'_y A'_s - \sigma_s A_s \qquad (9.2.4\text{-}4)$$

$$Ne_N \leqslant f_g bx(h_0 - x/2) + f'_y A'_s(h_0 - a'_s) \qquad (9.2.4\text{-}5)$$

$$\sigma_s = \frac{f_y}{\xi_b - 0.8}\left(\frac{x}{h_0} - 0.8\right) \qquad (9.2.4\text{-}6)$$

注：当受压区竖向受压主筋无箍筋或无水平钢筋约束
时，可不考虑竖向受压主筋的作用，即取 $f'_y A'_s = 0$。

5 矩形截面对称配筋砌块砌体小偏心受压时，
也可近似按下列公式计算钢筋截面面积：

$$A_s = A'_s = \frac{Ne_N - \xi(1 - 0.5\xi)f_g bh_0^2}{f'_y(h_0 - a'_s)} \qquad (9.2.4\text{-}7)$$

$$\xi = \frac{x}{h_0} = \frac{N - \xi_b f_g bh_0}{\dfrac{Ne_N - 0.43 f_g bh_0^2}{(0.8 - \xi_b)(h_0 - a'_s)} + f_g bh_0} + \xi_b \qquad (9.2.4\text{-}8)$$

注：小偏心受压计算中未考虑竖向分布钢筋的作用。

9.2.5 T 形、L 形、工形截面偏心受压构件，当翼
缘和腹板的相交处采用错缝搭接砌筑和同时设置中距
不大于 1.2m 的水平配筋带（截面高度大于等于
60mm，钢筋不少于 2φ12 时），可考虑翼缘的共同工
作，翼缘的计算宽度应按表 9.2.5 中的最小值采用，
其正截面受压承载力应按下列规定计算：

1 当受压区高度 x 小于等于 h'_f 时，应按宽度为
b'_f 的矩形截面计算；

2 当受压区高度 x 大于 h'_f 时，则应考虑腹板的
受压作用，应按下列公式计算：

1）当为大偏心受压时，

$$N \leqslant f_g[bx + (b'_f - b)h'_f] + f'_y A'_s - f_y A_s - \sum f_{si} A_{si} \qquad (9.2.5\text{-}1)$$

$$Ne_N \leqslant f_g[bx(h_0 - x/2) + (b'_f - b)h'_f(h_0 - h'_f/2)] + f'_y A'_s(h_0 - a'_s) - \sum f_{si} S_{si} \qquad (9.2.5\text{-}2)$$

2）当为小偏心受压时，

$$N \leqslant f_g[bx + (b'_f - b)h'_f] + f'_y A'_s - \sigma_s A_s \qquad (9.2.5\text{-}3)$$

$$Ne_N \leqslant f_g[bx(h_0 - x/2) + (b'_f - b)h'_f(h_0 - h'_f/2)] + f'_y A'_s(h_0 - a'_s) \qquad (9.2.5\text{-}4)$$

式中：b'_f——T 形、L 形、工形截面受压区的翼缘计
算宽度；

h'_f——T 形、L 形、工形截面受压区的翼缘
厚度。

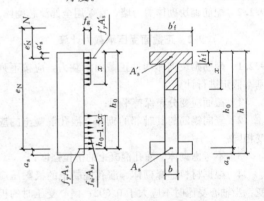

图 9.2.5 T 形截面偏心受压构件
正截面承载力计算简图

**表 9.2.5 T 形、L 形、工形截面偏心受压构件
翼缘计算宽度 b'_f**

考 虑 情 况	T、工形截面	L 形截面
按构件计算高度 H_0 考虑	$H_0/3$	$H_0/6$
按腹板间距 L 考虑	L	$L/2$
按翼缘厚度 h'_f 考虑	$b + 12h'_f$	$b + 6h'_f$
按翼缘的实际宽度 b'_f 考虑	b'_f	b'_f

9.3 斜截面受剪承载力计算

9.3.1 偏心受压和偏心受拉配筋砌块砌体剪力墙，
其斜截面受剪承载力应根据下列情况进行计算：

1 剪力墙的截面，应满足下式要求：

$$V \leqslant 0.25 f_g bh_0 \qquad (9.3.1\text{-}1)$$

式中：V——剪力墙的剪力设计值；

b——剪力墙截面宽度或 T 形、倒 L 形截面腹
板宽度；

h_0——剪力墙截面的有效高度。

2 剪力墙在偏心受压时的斜截面受剪承载力，

应按下列公式计算：

$$V \leqslant \frac{1}{\lambda - 0.5}\left(0.6 f_{vg} b h_0 + 0.12 N \frac{A_w}{A}\right) + 0.9 f_{yh} \frac{A_{sh}}{s} h_0 \tag{9.3.1-2}$$

$$\lambda = M/V h_0 \tag{9.3.1-3}$$

式中：f_{vg}——灌孔砌体的抗剪强度设计值，应按第3.2.2条的规定采用；

M、N、V——计算截面的弯矩、轴向力和剪力设计值，当 N 大于 $0.25 f_g b h$ 时取 $N = 0.25 f_g b h$；

A——剪力墙的截面面积，其中翼缘的有效面积，可按表9.2.5的规定确定；

A_w——T形或倒L形截面腹板的截面面积，对矩形截面取 A_w 等于 A；

λ——计算截面的剪跨比，当 λ 小于1.5时取1.5，当 λ 大于或等于2.2时取2.2；

h_0——剪力墙截面的有效高度；

A_{sh}——配置在同一截面内的水平分布钢筋或网片的全部截面面积；

s——水平分布钢筋的竖向间距；

f_{yh}——水平钢筋的抗拉强度设计值。

3 剪力墙在偏心受拉时的斜截面受剪承载力应按下列公式计算：

$$V \leqslant \frac{1}{\lambda - 0.5}\left(0.6 f_{vg} b h_0 - 0.22 N \frac{A_w}{A}\right) + 0.9 f_{yh} \frac{A_{sh}}{s} h_0 \tag{9.3.1-4}$$

9.3.2 配筋砌块砌体剪力墙连梁的斜截面受剪承载力，应符合下列规定：

1 当连梁采用钢筋混凝土时，连梁的承载力应按现行国家标准《混凝土结构设计规范》GB 50010的有关规定进行计算；

2 当连梁采用配筋砌块砌体时，应符合下列规定：

1）连梁的截面，应符合下列规定：

$$V_b \leqslant 0.25 f_g b h_0 \tag{9.3.2-1}$$

2）连梁的斜截面受剪承载力应按下列公式计算：

$$V_b \leqslant 0.8 f_{vg} b h_0 + f_{yv} \frac{A_{sv}}{s} h_0 \tag{9.3.2-2}$$

式中：V_b——连梁的剪力设计值；

b——连梁的截面宽度；

h_0——连梁的截面有效高度；

A_{sv}——配置在同一截面内箍筋各肢的全部截面面积；

f_{yv}——箍筋的抗拉强度设计值；

s——沿构件长度方向箍筋的间距。

注：连梁的正截面受弯承载力应按现行国家标准《混凝土结构设计规范》GB 50010受弯构件的有关规定进行计算，当采用配筋砌块砌体时，应采用其相应的计算参数和指标。

9.4 配筋砌块砌体剪力墙构造规定

Ⅰ 钢 筋

9.4.1 钢筋的选择应符合下列规定：

1 钢筋的直径不宜大于25mm，当设置在灰缝中时不应小于4mm，在其他部位不应小于10mm；

2 配置在孔洞或空腔中的钢筋面积不应大于孔洞或空腔面积的6%。

9.4.2 钢筋的设置，应符合下列规定：

1 设置在灰缝中钢筋的直径不宜大于灰缝厚度的1/2；

2 两平行的水平钢筋间的净距不应小于50mm；

3 柱和壁柱中的竖向钢筋的净距不宜小于40mm（包括接头处钢筋间的净距）。

9.4.3 钢筋在灌孔混凝土中的锚固，应符合下列规定：

1 当计算中充分利用竖向受拉钢筋强度时，其锚固长度 l_a，对 HRB335 级钢筋不应小于 $30d$；对 HRB400 和 RRB400 级钢筋不应小于 $35d$；在任何情况下钢筋（包括钢筋网片）锚固长度不应小于 300mm；

2 竖向受拉钢筋不应在受拉区截断。如必须截断时，应延伸至按正截面受弯承载力计算不需要该钢筋的截面以外，延伸的长度不应小于 $20d$；

3 竖向受压钢筋在跨中截断时，必须伸至按计算不需要该钢筋的截面以外，延伸的长度不应小于 $20d$；对绑扎骨架中末端无弯钩的钢筋，不应小于 $25d$；

4 钢筋骨架中的受力光圆钢筋，应在钢筋末端作弯钩，在焊接骨架、焊接网以及轴心受压构件中，不作弯钩；绑扎骨架中的受力带肋钢筋，在钢筋的末端不做弯钩。

9.4.4 钢筋的直径大于22mm时宜采用机械连接接头，接头的质量应符合国家现行有关标准的规定；其他直径的钢筋可采用搭接接头，并应符合下列规定：

1 钢筋的接头位置宜设置在受力较小处；

2 受拉钢筋的搭接接头长度不应小于 $1.1 l_a$，受压钢筋的搭接接头长度不应小于 $0.7 l_a$，且不应小于 300mm；

3 当相邻接头钢筋的间距不大于 75mm 时，其搭接长度应为 $1.2 l_a$。当钢筋间的接头错开 $20d$ 时，搭接长度可不增加。

9.4.5 水平受力钢筋（网片）的锚固和搭接长度应符合下列规定：

1 在凹槽砌块混凝土带中钢筋的锚固长度不宜小于 $30d$，且其水平或垂直弯折段的长度不宜小于 $15d$ 和 200mm；钢筋的搭接长度不宜小于 $35d$；

2 在砌体水平灰缝中，钢筋的锚固长度不宜小于 50d，且其水平或垂直弯折段的长度不宜小于 20d 和 250mm；钢筋的搭接长度不宜小于 55d；

3 在隔皮或错缝搭接的灰缝中为 55d＋2h，d 为灰缝受力钢筋的直径，h 为水平灰缝的间距。

Ⅱ 配筋砌块砌体剪力墙、连梁

9.4.6 配筋砌块砌体剪力墙、连梁的砌体材料强度等级应符合下列规定：

1 砌块不应低于 MU10；

2 砌筑砂浆不应低于 Mb7.5；

3 灌孔混凝土不应低于 Cb20。

注：对安全等级为一级或设计使用年限大于 50a 的配筋砌块砌体房屋，所用材料的最低强度等级应至少提高一级。

9.4.7 配筋砌块砌体剪力墙厚度、连梁截面宽度不应小于 190mm。

9.4.8 配筋砌块砌体剪力墙的构造配筋应符合下列规定：

1 应在墙的转角、端部和孔洞的两侧配置竖向连续的钢筋，钢筋直径不应小于 12mm；

2 应在洞口的底部和顶部设置不小于 2φ10 的水平钢筋，其伸入墙内的长度不应小于 40d 和 600mm；

3 应在楼（屋）盖的所有纵横墙处设置现浇钢筋混凝土圈梁，圈梁的宽度和高度应等于墙厚和块高，圈梁主筋不应少于 4φ10，圈梁的混凝土强度等级不应低于同层混凝土块体强度等级的 2 倍，或该层灌孔混凝土的强度等级，也不应低于 C20；

4 剪力墙其他部位的竖向和水平钢筋的间距不应大于墙长、墙高的 1/3，也不应大于 900mm；

5 剪力墙沿竖向和水平方向的构造钢筋配筋率均不应小于 0.07%。

9.4.9 按壁式框架设计的配筋砌块砌体窗间墙除应符合本规范第 9.4.6 条～9.4.8 条规定外，尚应符合下列规定；

1 窗间墙的截面应符合下列要求规定：

1）墙宽不应小于 800mm；

2）墙净高与墙宽之比不宜大于 5。

2 窗间墙中的竖向钢筋应符合下列规定：

1）每片窗间墙中沿全高不应少于 4 根钢筋；

2）沿墙的全截面应配置足够的抗弯钢筋；

3）窗间墙的竖向钢筋的配筋率不宜小于 0.2%，也不宜大于 0.8%。

3 窗间墙中的水平分布钢筋应符合下列规定：

1）水平分布钢筋应在墙端部纵筋处向下弯折射 90°，弯折段长度不小于 15d 和 150mm；

2）水平分布钢筋的间距：在距梁边 1 倍墙宽范围内不应大于 1/4 墙宽，其余部位不应大于 1/2 墙宽；

3）水平分布钢筋的配筋率不宜小于 0.15%。

9.4.10 配筋砌块砌体剪力墙，应按下列情况设置边缘构件：

1 当利用剪力墙端部的砌体受力时，应符合下列规定：

1）应在一字墙的端部至少 3 倍墙厚范围内的孔中设置不小于 φ12 通长竖向钢筋；

2）应在 L、T 或＋字形墙交接处 3 或 4 个孔中设置不小于 φ12 通长竖向钢筋；

3）当剪力墙的轴压比大于 0.6f_g 时，除按上述规定设置竖向钢筋外，尚应设置间距不大于 200mm、直径不小于 6mm 的钢箍。

2 当在剪力墙墙端设置混凝土柱作为边缘构件时，应符合下列规定：

1）柱的截面宽度宜不小于墙厚，柱的截面高度宜为 1～2 倍的墙厚，并不应小于 200mm；

2）柱的混凝土强度等级不宜低于该墙体块体强度等级的 2 倍，或不低于该墙体灌孔混凝土的强度等级，也不应低于 Cb20；

3）柱的竖向钢筋不宜小于 4φ12，箍筋不宜小于 φ6、间距不宜大于 200mm；

4）墙体中的水平钢筋应在柱中锚固，并应满足钢筋的锚固要求；

5）柱的施工顺序宜为先砌砌块墙体，后浇捣混凝土。

9.4.11 配筋砌块砌体剪力墙中当连梁采用钢筋混凝土时，连梁混凝土的强度等级不宜低于同层墙体块体强度等级的 2 倍，或同层墙体灌孔混凝土的强度等级，也不应低于 C20；其他构造尚应符合现行国家标准《混凝土结构设计规范》GB 50010 的有关规定。

9.4.12 配筋砌块砌体剪力墙中当连梁采用配筋砌块砌体时，连梁应符合下列规定：

1 连梁的截面应符合下列规定：

1）连梁的高度不应小于两皮砌块的高度和 400mm；

2）连梁应采用 H 型砌块或凹槽砌块组砌，孔洞应全部浇灌混凝土。

2 连梁的水平钢筋宜符合下列规定：

1）连梁上、下水平受力钢筋宜对称、通长设置，在灌孔砌体内的锚固长度不宜小于 40d 和 600mm；

2）连梁水平受力钢筋的含钢率不宜小于 0.2%，也不宜大于 0.8%。

3 连梁的箍筋应符合下列规定：

1）箍筋的直径不应小于 6mm；

2）箍筋的间距不宜大于 1/2 梁高和 600mm；

3）在距支座等于梁高范围内的箍筋间距不应大于 1/4 梁高，距支座表面第一根箍筋的间距不应大于 100mm；

4）箍筋的面积配筋率不宜小于 0.15%；

5）箍筋宜为封闭式，双肢箍末端弯钩为 135°；单肢箍末端的弯钩为 180°，或弯 90°加 12 倍箍筋直径的延长段。

Ⅲ 配筋砌块砌体柱

9.4.13 配筋砌块砌体柱（图 9.4.13）除应符合本规范第 9.4.6 条的要求外，尚应符合下列规定：

1 柱截面边长不宜小于 400mm，柱高度与截面短边之比不宜大于 30；

2 柱的竖向受力钢筋的直径不宜小于 12mm，数量不应少于 4 根，全部竖向受力钢筋的配筋率不宜小于 0.2%；

3 柱中箍筋的设置应根据下列情况确定：

1）当纵向钢筋的配筋率大于 0.25%，且柱承受的轴向力大于受压承载力设计值的 25% 时，柱应设箍筋；当配筋率小于等于 0.25% 时，或柱承受的轴向力小于受压承载力设计值的 25% 时，柱中可不设置箍筋；

2）箍筋直径不宜小于 6mm；

3）箍筋的间距不应大于 16 倍的纵向钢筋直径、48 倍箍筋直径及柱截面短边尺寸中较小者；

4）箍筋应封闭，端部应弯钩或绕纵筋水平弯折 90°，弯折段长度不小于 10d；

5）箍筋应设置在灰缝或灌孔混凝土中。

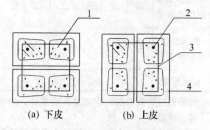

图 9.4.13 配筋砌块砌体柱截面示意
1—灌孔混凝土；2—钢筋；3—箍筋；4—砌块

10 砌体结构构件抗震设计

10.1 一般规定

10.1.1 抗震设防地区的普通砖（包括烧结普通砖、蒸压灰砂普通砖、蒸压粉煤灰普通砖、混凝土普通砖）、多孔砖（包括烧结多孔砖、混凝土多孔砖）和混凝土砌块等砌体承重的多层房屋，底层或底部两层框架-抗震墙砌体房屋，配筋砌块砌体抗震墙房屋，除应符合本规范第 1 章至第 9 章的要求外，尚应按本章规定进行抗震设计，同时尚应符合现行国家标准《建筑抗震设计规范》GB 50011、《墙体材料应用统一技术规范》GB 50574 的有关规定。甲类设防建筑

不宜采用砌体结构，当需采用时，应进行专门研究并采取高于本章规定的抗震措施。

注：本章中"配筋砌块砌体抗震墙"指全部灌芯配筋砌块砌体。

10.1.2 本章适用的多层砌体结构房屋的总层数和总高度，应符合下列规定：

1 房屋的层数和总高度不应超过表 10.1.2 的规定；

表 10.1.2 多层砌体房屋的层数和总高度限值（m）

房屋类别		最小墙厚度(mm)	设防烈度和设计基本地震加速度									
			6		7				8			9
			0.05g		0.10g		0.15g		0.20g		0.30g	0.40g
			高度	层数	高度	层数	高度	层数	高度	层数	高度	层数	高度	层数
多层砌体房屋	普通砖	240	21	7	21	7	21	7	18	6	15	5	12	4
	多孔砖	240	21	7	21	7	18	6	18	6	15	5	9	3
	多孔砖	190	21	7	18	6	15	5	15	5	12	4	—	—
	混凝土砌块	190	21	7	21	7	18	6	18	6	15	5	9	3
底部框架抗震墙砌体房屋	普通砖多孔砖	240	22	7	22	7	19	6	16	5				
	多孔砖	190	22	7	19	6	16	5	13	4				
	混凝土砌块	190	22	7	22	7	19	6	16	5				

注：1 房屋的总高度指室外地面到主要屋面板板顶或檐口的高度，半地下室从地下室室内地面算起，全地下室和嵌固条件好的半地下室应允许从室外地面算起；对带阁楼的坡屋面应算到山尖墙的 1/2 高度处；

2 室内外高差大于 0.6m 时，房屋总高度应允许比表中的数据适当增加，但增加量应少于 1.0m；

3 乙类的多层砌体房屋仍按本地区设防烈度查表，其层数应减少一层且总高度应降低 3m；不应采用底部框架-抗震墙砌体房屋。

2 各层横墙较少的多层砌体房屋，总高度应比表 10.1.2 中的规定降低 3m，层数相应减少一层；各层横墙很少的多层砌体房屋，还应再减少一层；

注：横墙较少是指同一楼层内开间大于 4.2m 的房间占该层总面积的 40% 以上；其中，开间不大于 4.2m 的房间占该层总面积不到 20% 且开间大于 4.8m 的房间占该层总面积的 50% 以上为横墙很少。

3 抗震设防烈度为 6、7 度时，横墙较少的丙类多层砌体房屋，当按现行国家标准《建筑抗震设计规范》GB 50011 规定采取加强措施并满足抗震承载力要求时，其高度和层数应允许仍按表10.1.2中的规定采用；

　　4　采用蒸压灰砂普通砖和蒸压粉煤灰普通砖的砌体房屋，当砌体的抗剪强度仅达到普通黏土砖砌体的70%时，房屋的层数应比普通砖房屋减少一层，总高度应减少3m；当砌体的抗剪强度达到普通黏土砖砌体的取值时，房屋层数和总高度的要求同普通砖房屋。

10.1.3　本章适用的配筋砌块砌体抗震墙结构和部分框支抗震墙结构房屋最大高度应符合表10.1.3的规定。

表10.1.3　配筋砌块砌体抗震墙房屋
适用的最大高度（m）

结构类型 最小墙厚（mm）		设防烈度和设计基本地震加速度					
		6度	7度		8度		9度
		0.05g	0.10g	0.15g	0.20g	0.30g	0.40g
配筋砌块砌体抗震墙	190mm	60	55	45	40	30	24
部分框支抗震墙		55	49	40	31	24	—

注：1　房屋高度指室外地面到主要屋面板板顶的高度（不包括局部突出屋顶部分）；

　　2　某层或几层开间大于6.0m以上的房间建筑面积占相应层建筑面积40%以上时，表中数据相应减少6m；

　　3　部分框支抗震墙结构指首层或底部两层为框支层的结构，不包括仅个别框支墙的情况；

　　4　房屋的高度超过表内高度时，应根据专门研究，采取有效的加强措施。

10.1.4　砌体结构房屋的层高，应符合下列规定：

　　1　多层砌体结构房屋的层高，应符合下列规定：

　　　　1）多层砌体结构房屋的层高，不应超过3.6m；

　　注：当使用功能确有需要时，采用约束砌体等加强措施的普通砖房屋，层高不应超过3.9m。

　　　　2）底部框架-抗震墙砌体房屋的底部，层高不应超过4.5m；当底层采用约束砌体抗震墙时，底层的层高不应超过4.2m。

　　2　配筋混凝土空心砌块抗震墙房屋的层高，应符合下列规定：

　　　　1）底部加强部位（不小于房屋高度的1/6且不小于底部二层的高度范围）的层高（房屋总高度小于21m时取一层），一、二级不宜大于3.2m，三、四级不应大于3.9m；

　　　　2）其他部位的层高，一、二级不应大于3.9m，三、四级不应大于4.8m。

10.1.5　考虑地震作用组合的砌体结构构件，其截面承载力应除以承载力抗震调整系数γ_{RE}，承载力抗震调整系数应按表10.1.5采用。当仅计算竖向地震作用时，各类结构构件承载力抗震调整系数均应采用1.0。

表10.1.5　承载力抗震调整系数

结构构件类别	受力状态	γ_{RE}
两端均设有构造柱、芯柱的砌体抗震墙	受剪	0.9
组合砖墙	偏压、大偏拉和受剪	0.9
配筋砌块砌体抗震墙	偏压、大偏拉和受剪	0.85
自承重墙	受剪	1.0
其他砌体	受剪和受压	1.0

10.1.6　配筋砌块砌体抗震墙结构房屋抗震设计时，结构抗震等级应根据设防烈度和房屋高度按表10.1.6采用。

表10.1.6　配筋砌块砌体抗震墙结构房屋的抗震等级

结构类型		设防烈度							
		6		7		8		9	
配筋砌块砌体抗震墙	高度（m）	≤24	>24	≤24	>24	≤24	>24	≤24	
	抗震墙	四	三	三	二	二	一	一	
部分框支抗震墙	非底部加强部位抗震墙	四	三	三	二	二	一	不应采用	
	底部加强部位抗震墙	三	二	二	一	一			
	框支框架	二	二	二	一	一			

注：1　对于四级抗震等级，除本章有规定外，均按非抗震设计采用；

　　2　接近或等于高度分界时，可结合房屋不规则程度及场地、地基条件确定抗震等级。

10.1.7　结构抗震设计时，地震作用应按现行国家标准《建筑抗震设计规范》GB 50011的规定计算。结构的截面抗震验算，应符合下列规定：

　　1　抗震设防烈度为6度时，规则的砌体结构房屋构件，应允许不进行抗震验算，但应有符合现行国家标准《建筑抗震设计规范》GB 50011和本章规定的抗震措施；

　　2　抗震设防烈度为7度和7度以上的建筑结构，应进行多遇地震作用下的截面抗震验算。6度时，下列多层砌体结构房屋的构件，应进行多遇地震作用下的截面抗震验算。

　　　　1）平面不规则的建筑；

　　　　2）总层数超过三层的底部框架-抗震墙砌体房屋；

3) 外廊式和单面走廊式底部框架-抗震墙砌体房屋；

4) 托梁等转换构件。

10.1.8 配筋砌块砌体抗震墙结构应进行多遇地震作用下的抗震变形验算，其楼层内最大的层间弹性位移角不宜超过 1/1000。

10.1.9 底部框架-抗震墙砌体房屋的钢筋混凝土结构部分，除应符合本章规定外，尚应符合现行国家标准《建筑抗震设计规范》GB 50011—2010 第 6 章的有关要求；此时，底部钢筋混凝土框架的抗震等级，6、7、8 度时应分别按三、二、一级采用；底部钢筋混凝土抗震墙和配筋砌块砌体抗震墙的抗震等级，6、7、8 度时应分别按三、三、二级采用。多层砌体房屋局部有上部砌体墙不能连续贯通落地时，托梁、柱的抗震等级，6、7、8 度时应分别按三、三、二级采用。

10.1.10 配筋砌块砌体短肢抗震墙及一般抗震墙设置，应符合下列规定：

1 抗震墙宜沿主轴方向双向布置，各向结构刚度、承载力宜均匀分布。高层建筑不宜采用全部为短肢墙的配筋砌块砌体抗震墙结构，应形成短肢抗震墙与一般抗震墙共同抵抗水平地震作用的抗震墙结构。9 度时不宜采用短肢墙。

2 纵横方向的抗震墙宜拉通对齐；较长的抗震墙可采用楼板或弱连梁分为若干个独立的墙段，每个独立墙段的总高度与长度之比不宜小于 2，墙肢的截面高度也不宜大于 8m；

3 抗震墙的门窗洞口宜上下对齐，成列布置；

4 一般抗震墙承受的第一振型底部地震倾覆力矩不应小于结构总倾覆力矩的 50%，且两个主轴方向，短肢抗震墙截面面积与同一层所有抗震墙截面面积比例不宜大于 20%；

5 短肢抗震墙宜设翼缘。一字形短肢墙平面外不宜布置与之单侧相交的楼面梁；

6 短肢墙的抗震等级应比表 10.1.6 的规定提高一级采用；已为一级时，配筋应按 9 度的要求提高；

7 配筋砌块砌体抗震墙的墙肢截面高度不宜小于墙肢截面宽度的 5 倍。

注：短肢抗震墙是指墙肢截面高度与宽度之比为 5~8 的抗震墙，一般抗震墙是指墙肢截面高度与宽度之比大于 8 的抗震墙。L 形，T 形，十形等多肢墙截面的长短肢性质应由较长一肢确定。

10.1.11 部分框支配筋砌块砌体抗震墙房屋的结构布置，应符合下列规定：

1 上部的配筋砌块砌体抗震墙与框支层落地抗震墙或框架应对齐或基本对齐；

2 框支层应沿纵横两方向设置一定数量的抗震墙，并均匀布置。框支层抗震墙可采用配筋砌块砌体抗震墙或钢筋混凝土抗震墙，但在同一层内不应混用；

3 矩形平面的部分框支配筋砌块砌体抗震墙房屋结构的楼层侧向刚度比和底层框架部分承担的地震倾覆力矩，应符合现行国家标准《建筑抗震设计规范》GB 50011—2010 第 6.1.9 条的有关要求。

10.1.12 结构材料性能指标，应符合下列规定：

1 砌体材料应符合下列规定：

1) 普通砖和多孔砖的强度等级不应低于 MU10，其砌筑砂浆强度等级不应低于 M5；蒸压灰砂普通砖、蒸压粉煤灰普通砖及混凝土砖的强度等级不应低于 MU15，其砌筑砂浆强度等级不应低于 Ms5（Mb5）；

2) 混凝土砌块的强度等级不应低于 MU7.5，其砌筑砂浆强度等级不应低于 Mb7.5；

3) 约束砖砌体墙，其砌筑砂浆强度等级不应低于 M10 或 Mb10；

4) 配筋砌块砌体抗震墙，其混凝土空心砌块的强度等级不应低于 MU10，其砌筑砂浆强度等级不应低于 Mb10。

2 混凝土材料，应符合下列规定：

1) 托梁，底部框架-抗震墙砌体房屋中的框架梁、框架柱、节点核芯区、混凝土墙和过渡层底板，部分框支配筋砌块砌体抗震墙结构中的框支梁和框支柱等转换构件、节点核芯区、落地混凝土墙和转换层楼板，其混凝土的强度等级不应低于 C30；

2) 构造柱、圈梁、水平现浇钢筋混凝土带及其他各类构件不应低于 C20，砌块砌体芯柱和配筋砌块砌体抗震墙的灌孔混凝土强度等级不应低于 Cb20。

3 钢筋材料应符合下列规定：

1) 钢筋宜选用 HRB400 级钢筋和 HRB335 级钢筋，也可采用 HPB300 级钢筋；

2) 托梁、框架梁、框架柱等混凝土构件和落地混凝土墙，其普通受力钢筋宜优先选用 HRB400 钢筋。

10.1.13 考虑地震作用组合的配筋砌体结构构件，其配置的受力钢筋的锚固和接头，除应符合本规范第 9 章的要求外，尚应符合下列规定：

1 纵向受拉钢筋的最小锚固长度 l_{ae}，抗震等级为一、二级时，l_{ae} 取 $1.15l_a$，抗震等级为三级时，l_{ae} 取 $1.05l_a$，抗震等级为四级时，l_{ae} 取 $1.0l_a$，l_a 为受拉钢筋的锚固长度，按第 9.4.3 条的规定确定。

2 钢筋搭接接头，对一、二级抗震等级不小于 $1.2l_a+5d$；对三、四级不小于 $1.2l_a$。

3 配筋砌块砌体剪力墙的水平分布钢筋沿墙长应连续设置，两端的锚固应符合下列规定：

1) 一、二级抗震等级剪力墙，水平分布钢筋可绕主筋弯180°弯钩，弯钩端部直段长度不宜小于12d；水平分布钢筋亦可弯入端部灌孔混凝土中，锚固长度不应小于30d，且不应小于250mm；

2）三、四级剪力墙，水平分布钢筋可弯入端部灌孔混凝土中，锚固长度不应小于20d，且不应小于200mm；

3）当采用焊接网片作为剪力墙水平钢筋时，应在钢筋网片的弯折端部加焊两根直径与抗剪钢筋相同的横向钢筋，弯入灌孔混凝土的长度不应小于150mm。

10.1.14 砌体结构构件进行抗震设计时，房屋的结构体系、高宽比、抗震横墙的间距、局部尺寸的限值、防震缝的设置及结构造措施等，除满足本章规定外，尚应符合现行国家标准《建筑抗震设计规范》GB 50011的有关规定。

10.2 砖砌体构件

Ⅰ 承载力计算

10.2.1 普通砖、多孔砖砌体沿阶梯形截面破坏的抗震抗剪强度设计值，应按下式确定：

$$f_{vE} = \zeta_N f_v \quad (10.2.1)$$

式中：f_{vE}——砌体沿阶梯形截面破坏的抗震抗剪强度设计值；

f_v——非抗震设计的砌体抗剪强度设计值；

ζ_N——砖砌体抗震抗剪强度的正应力影响系数，应按表10.2.1采用。

表10.2.1 砖砌体强度的正应力影响系数

砌体类别	σ_0/f_v						
	0.0	1.0	3.0	5.0	7.0	10.0	12.0
普通砖、多孔砖	0.80	0.99	1.25	1.47	1.65	1.90	2.05

注：σ_0为对应于重力荷载代表值的砌体截面平均压应力。

10.2.2 普通砖、多孔砖墙体的截面抗震受剪承载力，应按下列公式验算：

1 一般情况下，应按下式验算：

$$V \leqslant f_{vE} A / \gamma_{RE} \quad (10.2.2-1)$$

式中：V——考虑地震作用组合的墙体剪力设计值；

f_{vE}——砖砌体沿阶梯形截面破坏的抗震抗剪强度设计值；

A——墙体横截面面积；

γ_{RE}——承载力抗震调整系数，应按表10.1.5采用。

2 采用水平配筋的墙体，应按下式验算：

$$V \leqslant \frac{1}{\gamma_{RE}}(f_{vE} A + \zeta_s f_{yh} A_{sh}) \quad (10.2.2-2)$$

式中：ζ_s——钢筋参与工作系数，可按表10.2.2采用；

f_{yh}——墙体水平纵向钢筋的抗拉强度设计值；

A_{sh}——层间墙体竖向截面的总水平纵向钢筋面积，其配筋率不应小于0.07%且不大于0.17%。

表10.2.2 钢筋参与工作系数（ζ_s）

墙体高宽比	0.4	0.6	0.8	1.0	1.2
ζ_s	0.10	0.12	0.14	0.15	0.12

3 墙段中部基本均匀的设置构造柱，且构造柱的截面不小于240mm×240mm（当墙厚190mm时，亦可采用240mm×190mm），构造柱间距不大于4m时，可计入墙段中部构造柱对墙体受剪承载力的提高作用，并按下式进行验算：

$$V \leqslant \frac{1}{\gamma_{RE}}[\eta_c f_{vE}(A - A_c) + \zeta_c f_t A_c + 0.08 f_{yc} A_{sc} + \zeta_s f_{yh} A_{sh}]$$

$$(10.2.2-3)$$

式中：A_c——中部构造柱的横截面面积（对横墙和内纵墙，$A_c > 0.15A$时，取0.15A；对外纵墙，$A_c > 0.25A$时，取0.25A）；

f_t——中部构造柱的混凝土轴心抗拉强度设计值；

A_{sc}——中部构造柱的纵向钢筋截面总面积，配筋率不应小于0.6%，大于1.4%时取1.4%；

f_{yh}、f_{yc}——分别为墙体水平钢筋、构造柱纵向钢筋的抗拉强度设计值；

ζ_c——中部构造柱参与工作系数，居中设一根时取0.5，多于一根时取0.4；

η_c——墙体约束修正系数，一般情况取1.0，构造柱间距不大于3.0m时取1.1；

A_{sh}——层间墙体竖向截面的总水平纵向钢筋面积，其配筋率不应小于0.07%且不大于0.17%，水平纵向钢筋配筋率小于0.07%时取0。

10.2.3 无筋砖砌体墙的截面抗震受压承载力，按第5章计算的截面非抗震受压承载力除以承载力抗震调整系数进行计算；网状配筋砖墙、组合砖墙的截面抗震受压承载力，按第8章计算的截面非抗震受压承载力除以承载力抗震调整系数进行计算。

Ⅱ 构造措施

10.2.4 各类砖砌体房屋的现浇钢筋混凝土构造柱（以下简称构造柱），其设置应符合现行国家标准《建筑抗震设计规范》GB 50011的有关规定，并应符合下列规定：

1 构造柱设置部位应符合表10.2.4的规定；

2 外廊式和单面走廊式的房屋，应根据房屋增加一层的层数，按表10.2.4的要求设置构造柱，且单面走廊两侧的纵墙均应按外墙处理；

3 横墙较少的房屋，应根据房屋增加一层的层数，按表10.2.4的要求设置构造柱。当横墙较少的房屋为外廊式或单面走廊式时，应按本条2款要求设置构造柱；但6度不超过四层、7度不超过三层和8度不超过二层时应按增加二层的层数对待；

4 各层横墙很少的房屋，应按增加二层的层数设置构造柱；

5 采用蒸压灰砂普通砖和蒸压粉煤灰普通砖的砌体房屋，当砌体的抗剪强度仅达到普通黏土砖砌体的70%时（普通砂浆砌筑），应根据增加一层的层数按本条1～4款要求设置构造柱；但6度不超过四层、7度不超过三层和8度不超过二层时应按增加二层的层数对待；

6 有错层的多层房屋，在错层部位应设置墙，其与其他墙交接处应设置构造柱；在错层部位的错层楼板位置应设置现浇钢筋混凝土圈梁；当房屋层数不低于四层时，底部1/4楼层处错层部位墙中部的构造柱间距不宜大于2m。

表10.2.4 砖砌体房屋构造柱设置要求

房屋层数				设置部位	
6度	7度	8度	9度		
≤五	≤四	≤三		楼、电梯间四角，楼梯斜梯段上下端对应的墙体处；外墙四角和对应转角；错层部位横墙与外纵墙交接处；大房间内外墙交接处；较大洞口两侧	隔12m或单元横墙与外纵墙交接处；楼梯间对应的另一侧内横墙与外纵墙交接处
六	五	四	二		隔开间横墙（轴线）与外墙交接处；山墙与内纵墙交接处
七	六七	五六	三四		内墙（轴线）与外墙交接处；内墙的局部较小墙垛处；内纵墙与横墙（轴线）交接处

注：1 较大洞口，内墙指不小于2.1m的洞口；外墙在内外墙交接处已设置构造柱时允许适当放宽，但洞侧墙体应加强；

2 当按本条第2～5款规定确定的层数超出表10.2.4范围时，构造柱设置要求不应低于表中相应烈度的最高要求且宜适当提高。

10.2.5 多层砖砌体房屋的构造柱应符合下列构造规定：

1 构造柱的最小截面可为180mm×240mm（墙厚190mm时为180mm×190mm）；构造柱纵向钢筋宜采用4φ12，箍筋直径可采用6mm，间距不宜大于250mm，且在柱上、下端适当加密；当6、7度超过六层、8度超过五层和9度时，构造柱纵向钢筋宜采用4φ14，箍筋间距不应大于200mm；房屋四角的构造柱应适当加大截面及配筋；

2 构造柱与墙连接处应砌成马牙槎，沿墙高每隔500mm设2φ6水平钢筋和φ4分布短筋平面内点焊组成的拉结网片或φ4点焊钢筋网片，每边伸入墙内不宜小于1m。6、7度时，底部1/3楼层，8度时底部1/2楼层，9度时全部楼层，上述拉结钢筋网片应沿墙体水平通长设置；

3 构造柱与圈梁连接处，构造柱的纵筋应在圈梁纵筋内侧穿过，保证构造柱纵筋上下贯通；

4 构造柱可不单独设置基础，但应伸入室外地面下500mm，或与埋深小于500mm的基础圈梁相连；

5 房屋高度和层数接近本规范表10.1.2的限值时，纵、横墙内构造柱间距尚应符合下列规定：

　1）横墙内的构造柱间距不宜大于层高的二倍；下部1/3楼层的构造柱间距适当减小；

　2）当外纵墙开间大于3.9m时，应另设加强措施。内纵墙的构造柱间距不宜大于4.2m。

10.2.6 约束普通砖墙的构造，应符合下列规定：

1 墙段两端设有符合现行国家标准《建筑抗震设计规范》GB 50011要求的构造柱，且墙肢两端及中部构造柱的间距不大于层高或3.0m，较大洞口两侧应设置构造柱；构造柱最小截面尺寸不宜小于240mm×240mm（墙厚190mm时为240mm×190mm），边柱和角柱的截面宜适当加大；构造柱的纵筋和箍筋设置宜符合表10.2.6的要求。

2 墙体在楼、屋盖标高处均设置满足现行国家标准《建筑抗震设计规范》GB 50011要求的圈梁，上部各楼层处圈梁截面高度不宜小于150mm；圈梁纵向钢筋应采用强度等级不低于HRB335的钢筋，6、7度时不小于4φ10；8度时不小于4φ12；9度时不小于4φ14；箍筋不小于φ6。

表10.2.6 构造柱的纵筋和箍筋设置要求

位置	纵向钢筋			箍筋		
	最大配筋率（%）	最小配筋率（%）	最小直径（mm）	加密区范围（mm）	加密区间距（mm）	最小直径（mm）
角柱	1.8	0.8	14	全高	100	6
边柱	1.8	0.8	14	上端700	100	6
中柱	1.4	0.6	12	下端500	100	6

10.2.7 房屋的楼、屋盖与承重墙构件的连接，应符合下列规定：

1 钢筋混凝土预制楼板在梁、承重墙上必须具有足够的搁置长度。当圈梁未设在板的同一标高时，板端的搁置长度，在外墙上不应小于 120mm，在内墙上，不应小于 100mm，在梁上不应小于 80mm，当采用硬架支模连接时，搁置长度允许不满足上述要求；

2 当圈梁设在板的同一标高时，钢筋混凝土预制楼板端头应伸出钢筋，与墙体的圈梁相连接。当圈梁设在板底时，房屋端部大房间的楼盖，6 度时房屋的屋盖和 7～9 度时房屋的楼、屋盖，钢筋混凝土预制板应相互拉结，并应与梁、墙或圈梁拉结；

3 当板的跨度大于 4.8m 并与外墙平行时，靠外墙的预制板侧边应与墙或圈梁拉结；

4 钢筋混凝土预制楼板侧边之间应留有不小于 20mm 的空隙，相邻跨预制楼板板缝宜贯通，当板缝宽度不小于 50mm 时应配置板缝钢筋；

5 装配整体式钢筋混凝土楼、屋盖，应在预制板叠合层上双向配置通长的水平钢筋，预制板应与后浇的叠合层有可靠的连接。现浇板和现浇叠合层应跨越承重内墙或梁，伸入外墙内长度应不小于 120mm 和 1/2 墙厚；

6 现浇或装配整体式钢筋混凝土楼、屋盖与墙体有可靠连接的房屋，应允许不另设圈梁，但楼板沿抗震墙体周边均应加强配筋并应与相应的构造柱钢筋可靠连接。

10.3 混凝土砌块砌体构件

Ⅰ 承载力计算

10.3.1 混凝土砌块砌体沿阶梯形截面破坏的抗震抗剪强度设计值，应按下式计算：

$$f_{vE} = \zeta_N f_v \qquad (10.3.1)$$

式中：f_{vE}——砌体沿阶梯形截面破坏的抗震抗剪强度设计值；

f_v——非抗震设计的砌体抗剪强度设计值；

ζ_N——砌块砌体抗震抗剪强度的正应力影响系数，应按表 10.3.1 采用。

表 10.3.1 砌块砌体抗震抗剪强度的正应力影响系数

砌体类别	σ_0/f_v						
	1.0	3.0	5.0	7.0	10.0	12.0	≥16.0
混凝土砌块	1.23	1.69	2.15	2.57	3.02	3.32	3.92

注：σ_0 为对应于重力荷载代表值的砌体截面平均压应力。

10.3.2 设置构造柱和芯柱的混凝土砌块墙体的截面抗震受剪承载力，可按下式验算：

$$V \leqslant \frac{1}{\gamma_{RE}}[f_{vE}A + (0.3f_{t1}A_{c1} + 0.3f_{t2}A_{c2}$$

$$+ 0.05f_{y1}A_{s1} + 0.05f_{y2}A_{s2})\zeta_c] \qquad (10.3.2)$$

式中：f_{t1}——芯柱混凝土轴心抗拉强度设计值；

f_{t2}——构造柱混凝土轴心抗拉强度设计值；

A_{c1}——墙中部芯柱截面总面积；

A_{c2}——墙中部构造柱截面总面积，$A_{c2}=bh$；

A_{s1}——芯柱钢筋截面总面积；

A_{s2}——构造柱钢筋截面总面积；

f_{y1}——芯柱钢筋抗拉强度设计值；

f_{y2}——构造柱钢筋抗拉强度设计值；

ζ_c——芯柱和构造柱参与工作系数，可按表 10.3.2 采用。

表 10.3.2 芯柱和构造柱参与工作系数

灌孔率	$\rho<0.15$	$0.15\leqslant\rho<0.25$	$0.25\leqslant\rho<0.5$	$\rho\geqslant0.5$
ζ_c	0	1.0	1.10	1.15

注：灌孔率指芯柱根数（含构造柱和填实孔洞数量）与孔洞总数之比。

10.3.3 无筋混凝土砌块砌体抗震墙的截面抗震受压承载力，应按本规范第 5 章计算的截面非抗震受压承载力除以承载力抗震调整系数进行计算。

Ⅱ 构造措施

10.3.4 混凝土砌块房屋应按表 10.3.4 的要求设置钢筋混凝土芯柱。对外廊式和单面走廊式的房屋、横墙较少的房屋、各层横墙很少的房屋，尚应分别按本规范第 10.2.4 条第 2、3、4 款关于增加层数的对应要求，按表 10.3.4 的要求设置芯柱。

表 10.3.4 混凝土砌块房屋芯柱设置要求

房屋层数				设 置 部 位	设 置 数 量
6度	7度	8度	9度		
≤五	≤四	≤三		外墙四角和对应转角；楼、电梯间四角；楼梯斜梯段上下端对应的墙体处；大房间内外墙交接处；错层部位横墙与外纵墙交接处；隔 12m 或单元横墙与外纵墙交接处	外墙转角，灌实 3 个孔；内外墙交接处，灌实 4 个孔；楼梯斜段上下端对应的墙体处，灌实 2 个孔
六	五	四	一	同上；隔开间横墙（轴线）与外纵墙交接处	
七	六	五	二	同上；各内墙（轴线）与外纵墙交接处；内纵墙与横墙（轴线）交接处和洞口两侧	外墙转角，灌实 5 个孔；内外墙交接处，灌实 4 个孔；内墙交接处，灌实 4～5 个孔；洞口两侧各灌实 1 个孔

续表 10.3.4

房屋层数				设　置　部　位	设置数量
6 度	7 度	8 度	9 度		
					外墙转角，灌实 7 个孔； 内外墙交接处，灌实 5 个孔； 内墙交接处，灌实 4~5 个孔； 洞口两侧各灌实 1 个孔
七	六	三		同上； 横墙内芯柱间距不宜大于 2m	

注：1　外墙转角、内外墙交接处、楼电梯间四角等部位，应允许采用钢筋混凝土构造柱替代部分芯柱。
　　2　当按 10.2.4 条第 2~4 款规定确定的层数超出表 10.3.4 范围，芯柱设置要求不应低于表中相应烈度的最高要求且宜适当提高。

10.3.5　混凝土砌块房屋混凝土芯柱，尚应满足下列要求：

1　混凝土砌块砌体墙纵横墙交接处、墙段两端和较大洞口两侧宜设置不少于单孔的芯柱；

2　有错层的多层房屋，错层部位应设置墙，墙中部的钢筋混凝土芯柱间距宜适当加密，在错层部位纵横墙交接处宜设置不少于 4 孔的芯柱；在错层部位的错层楼板位置尚应设置现浇钢筋混凝土圈梁；

3　为提高墙体抗震受剪承载力而设置的芯柱，宜在墙体内均匀布置，最大间距不宜大于 2.0m。当房屋层数或高度等于或接近表 10.1.2 中限值时，纵、横墙内芯柱间距尚应符合下列要求：

　1）底部 1/3 楼层横墙中部的芯柱间距，7、8 度时不宜大于 1.5m；9 度时不宜大于 1.0m；

　2）当外纵墙开间大于 3.9m 时，应另设加强措施。

10.3.6　梁支座处墙内宜设置芯柱，芯柱灌实孔数不少于 3 个。当 8、9 度房屋采用大跨梁或井字梁时，宜在梁支座处墙内设置构造柱；并应考虑梁端弯矩对墙体和构造柱的影响。

10.3.7　混凝土砌块砌体房屋的圈梁，除应符合现行国家标准《建筑抗震设计规范》GB 50011 要求外，尚应符合下述构造要求：

圈梁的截面宽度宜取墙宽且不应小于 190mm，配筋宜符合表 10.3.7 的要求，箍筋直径不小于 φ6；基础圈梁的截面宽度宜取墙宽，截面高度不应小于 200mm，纵筋不应少于 4φ14。

表 10.3.7　混凝土砌块砌体房屋圈梁配筋要求

配　　筋	烈　　度		
	6、7	8	9
最小纵筋	4φ10	4φ12	4φ14
箍筋最大间距（mm）	250	200	150

10.3.8　楼梯间墙体构件除按规定设置构造柱或芯柱外，尚应通过墙体配筋增强其抗震能力，墙体应沿墙高每隔 400mm 水平通长设置 φ4 点焊拉结钢筋网片；楼梯间墙体中部的芯柱间距，6 度时不宜大于 2m；7、8 度时不宜大于 1.5m；9 度时不宜大于 1.0m；房屋层数或高度等于或接近表 10.1.2 中限值时，底部 1/3 楼层芯柱间距适当减小。

10.3.9　混凝土砌块房屋的其他抗震构造措施，尚应符合本规范第 10.2 节和现行国家标准《建筑抗震设计规范》GB 50011 有关要求。

10.4　底部框架-抗震墙砌体房屋抗震构件

Ⅰ　承载力计算

10.4.1　底部框架-抗震墙砌体房屋中的钢筋混凝土抗震构件的截面抗震承载力应按国家现行标准《混凝土结构设计规范》GB 50010 和《建筑抗震设计规范》GB 50011 的规定计算。配筋砌块砌体抗震墙的截面抗震承载力应按本规范第 10.5 节的规定计算。

10.4.2　底部框架-抗震墙砌体房屋中，计算由地震剪力引起的柱端弯矩时，底层柱的反弯点高度比可取 0.55。

10.4.3　底部框架-抗震墙砌体房屋中，底部框架、托梁和抗震墙组合的内力设计值尚应按下列要求进行调整：

1　柱的最上端和最下端组合的弯矩设计值应乘以增大系数，一、二、三级的增大系数应分别按 1.5、1.25 和 1.15 采用。

2　底部框架梁或托梁尚应按现行国家标准《建筑抗震设计规范》GB 50011—2010 第 6 章的相关规定进行内力调整。

3　抗震墙墙肢不应出现小偏心受拉。

10.4.4　底层框架-抗震墙砌体房屋中嵌砌于框架之间的砌体抗震墙，应符合本规范第 10.4.8 条的构造要求，其抗震验算应符合下列规定：

1　底部框架柱的轴向力和剪力，应计入砌体墙引起的附加轴向力和附加剪力，其值可按下列公式确定：

$$N_f = V_w H_f / l \qquad (10.4.4-1)$$
$$V_f = V_w \qquad (10.4.4-2)$$

式中：N_f——框架柱的附加轴压力设计值；

　V_w——墙体承担的剪力设计值，柱两侧有墙时可取二者的较大值；

　H_f、l——分别为框架的层高和跨度；

　V_f——框架柱的附加剪力设计值。

2　嵌砌于框架之间的砌体抗震墙及两端框架柱，其抗震受剪承载力应按下式验算：

$$V \leqslant \frac{1}{\gamma_{REc}} \sum (M_{yc}^u + M_{yc}^l)/H_0 + \frac{1}{\gamma_{REw}} \sum f_{vE} A_{w0}$$

$$(10.4.4-3)$$

式中：V——嵌砌砌体墙及两端框架柱剪力设计值；

γ_{REc}——底层框架柱承载力抗震调整系数，可采用 0.8；

M_{yc}^u、M_{yc}^l——分别为底层框架柱上下端的正截面受弯承载力设计值，可按现行国家标准《混凝土结构设计规范》GB 50010 非抗震设计的有关公式取等号计算；

H_0——底层框架柱的计算高度，两侧均有砌体墙时取柱净高的 2/3，其余情况取柱净高；

γ_{REw}——嵌砌砌体抗震墙承载力抗震调整系数，可采用 0.9；

A_{w0}——砌体墙水平截面的计算面积，无洞口时取实际截面的 1.25 倍，有洞口时取截面净面积，但不计入宽度小于洞口高度 1/4 的墙肢截面面积。

10.4.5 由重力荷载代表值产生的框支墙梁托梁内力应按本规范第 7.3 节的有关规定计算。重力荷载代表值应按现行国家标准《建筑抗震设计规范》GB 50011 的有关规定计算。但托梁弯矩系数 α_M、剪力系数 β_V 应予增大；当抗震等级为一级时，增大系数取为 1.15；当为二级时，取为 1.10；当为三级时，取为 1.05；当为四级时，取为 1.0。

Ⅱ 构 造 措 施

10.4.6 底部框架-抗震墙砌体房屋中底部抗震墙的厚度和数量，应由房屋的竖向刚度分布来确定。当采用约束普通砖墙时其厚度不得小于 240mm；配筋砌块砌体抗震墙厚度，不应小于 190mm；钢筋混凝土抗震墙厚度，不宜小于 160mm；且均不宜小于层高或无支长度的 1/20。

10.4.7 底部框架-抗震墙砌体房屋的底部采用钢筋混凝土抗震墙或配筋砌块砌体抗震墙时，其截面和构造应符合现行国家标准《建筑抗震设计规范》GB 50011 有关规定。配筋砌块砌体抗震墙尚应符合下列规定：

1 墙体的水平分布钢筋应采用双排布置；

2 墙体的分布钢筋和边缘构件，除应满足承载力要求外，可根据墙体抗震等级，按 10.5 节关于底部加强部位配筋砌块砌体抗震墙的分布钢筋和边缘构件的规定设置。

10.4.8 6 度设防的底层框架-抗震墙房屋的底层采用约束普通砖墙时，其构造除应同时满足 10.2.6 要求外，尚应符合下列规定：

1 墙长大于 4m 时和洞口两侧，应在墙内增设钢筋混凝土构造柱。构造柱的纵向钢筋不宜少于 4φ14；

2 沿墙高每隔 300mm 设置 2φ8 水平钢筋与 φ4 分布短筋平面内点焊组成的通长拉结网片，并锚入框架柱内；

3 在墙体半高附近尚应设置与框架柱相连的钢筋混凝土水平系梁，系梁截面宽度不应小于墙厚，截面高度不应小于 120mm，纵筋不应小于 4φ12，箍筋直径不应小于 φ6，箍筋间距不应大于 200mm。

10.4.9 底部框架-抗震墙砌体房屋的框架柱和钢筋混凝土托梁，其截面和构造除应符合现行国家标准《建筑抗震设计规范》GB 50011 的有关要求外，尚应符合下列规定：

1 托梁的截面宽度不应小于 300mm，截面高度不应小于跨度的 1/10，当墙体在梁端附近有洞口时，梁截面高度不宜小于跨度的 1/8；

2 托梁上、下部纵向贯通钢筋最小配筋率，一级时不应小于 0.4%，二、三级时分别不应小于 0.3%；当托墙梁受力状态为偏心受拉时，支座上部纵向钢筋至少应有 50% 沿梁全长贯通，下部纵向钢筋应全部直通到柱内；

3 托梁箍筋的直径不应小于 10mm，间距不应大于 200mm；梁端在 1.5 倍梁高且不小于 1/5 净跨范围内，以及上部墙体的洞口处和洞口两侧各 500mm 且不小于梁高的范围内，箍筋间距不应大于 100mm；

4 托梁沿梁高每侧应设置不小于 1φ14 的通长腰筋，间距不应大于 200mm。

10.4.10 底部框架-抗震墙砌体房屋的上部墙体，对构造柱或芯柱的设置及其构造应符合多层砌体房屋的要求，同时应符合下列规定：

1 构造柱截面不宜小于 240mm×240mm（墙厚 190mm 时为 240mm×190mm），纵向钢筋不宜少于 4φ14，箍筋间距不宜大于 200mm；

2 芯柱每孔插筋不应小于 1φ14；芯柱间应沿墙高设置间距不大于 400mm 的 φ4 焊接水平钢筋网片；

3 顶层的窗台标高处，宜沿纵横墙通长设置的水平现浇钢筋混凝土带；其截面高度不小于 60mm，宽度不小于墙厚，纵向钢筋不少于 2φ10，横向分布筋的直径不小于 6mm 且其间距不大于 200mm。

10.4.11 过渡层墙体的材料强度等级和构造要求，应符合下列规定：

1 过渡层砌体块材的强度等级不应低于 MU10，砖砌体砌筑砂浆强度的等级不应低于 M10，砌块砌体砌筑砂浆强度的等级不应低于 Mb10；

2 上部砌体墙的中心线宜同底部的托梁、抗震墙的中心线相重合。当过渡层砌体墙与底部框架梁、抗震墙不对齐时，应另设置托墙转换梁，并且应对底层和过渡层相关结构构件另外采取加强措施；

3 托梁上过渡层砌体墙的洞口不宜设置在框架柱或抗震墙边框柱的正上方；

4 过渡层应在底部框架柱、抗震墙边框柱、砌体抗震墙的构造柱或芯柱所对应处设置构造柱或芯柱，并宜上下贯通。过渡层墙体内的构造柱间距不宜大于层高；芯柱除按本规范第10.3.4条和10.3.5条规定外，砌块砌体墙体中部的芯柱宜均匀布置，最大间距不宜大于1m；

构造柱截面不宜小于240mm×240mm（墙厚190mm时为240mm×190mm），其纵向钢筋，6、7度时不宜少于4ϕ16，8度时不宜少于4ϕ18。芯柱的纵向钢筋，6、7度时不宜少于每孔1ϕ16，8度时不宜少于每孔1ϕ18。一般情况下，纵向钢筋应锚入下部的框架柱或混凝土墙内；当纵向钢筋锚固在托墙梁内时，托墙梁的相应位置应加强；

5 过渡层的砌体墙，凡宽度不小于1.2m的门洞和2.1m的窗洞，洞口两侧宜增设截面不小于120mm×240mm（墙厚190mm时为120mm×190mm）的构造柱或单孔芯柱；

6 过渡层砖砌体墙，在相邻构造柱间应沿墙高每隔360mm设置2ϕ6通长水平钢筋与ϕ4分布短筋平面内点焊组成的拉结钢片或ϕ4点焊钢筋网片；过渡层砌块砌体墙，在芯柱之间沿墙高应每隔400mm设置ϕ4通长水平点焊钢筋网片；

7 过渡层的砌体墙在窗台标高处，应设置沿纵横墙通长的水平现浇钢筋混凝土带。

10.4.12 底部框架-抗震墙砌体房屋的楼盖应符合下列规定：

1 过渡层的底板应采用现浇钢筋混凝土楼板，且板厚不应小于120mm，并应采用双排双向配筋，配筋率分别不应小于0.25%；应少开洞、开小洞，当洞口尺寸大于800mm时，洞口周边应设置边梁；

2 其他楼层，采用装配式钢筋混凝土楼板时均应设现浇圈梁，采用现浇钢筋混凝土楼板时应允许不另设圈梁，但楼板沿抗震墙体周边均应加强配筋并应与相应的构造柱、芯柱可靠连接。

10.4.13 底部框架-抗震墙砌体房屋的其他抗震构造措施，应符合本章其他各节和现行国家标准《建筑抗震设计规范》GB 50011的有关要求。

10.5 配筋砌块砌体抗震墙

I 承载力计算

10.5.1 考虑地震作用组合的配筋砌块砌体抗震墙的正截面承载力应按本规范第9章的规定计算，但其抗力应除以承载力抗震调整系数。

10.5.2 配筋砌块砌体抗震墙承载力计算时，底部加强部位的截面组合剪力设计值 V_w，应按下列规定调整：

1 当抗震等级为一级时，$V_w = 1.6V$

$$(10.5.2-1)$$

2 当抗震等级为二级时，$V_w = 1.4V$

$$(10.5.2-2)$$

3 当抗震等级为三级时，$V_w = 1.2V$

$$(10.5.2-3)$$

4 当抗震等级为四级时，$V_w = 1.0V$

$$(10.5.2-4)$$

式中：V——考虑地震作用组合的抗震墙计算截面的剪力设计值。

10.5.3 配筋砌块砌体抗震墙的截面，应符合下列规定：

1 当剪跨比大于2时：

$$V_w \leqslant \frac{1}{\gamma_{RE}} 0.2 f_g b h_0 \qquad (10.5.3-1)$$

2 当剪跨比小于或等于2时：

$$V_w \leqslant \frac{1}{\gamma_{RE}} 0.15 f_g b h_0 \qquad (10.5.3-2)$$

10.5.4 偏心受压配筋砌块砌体抗震墙的斜截面受剪承载力，应按下列公式计算：

$$V_w \leqslant \frac{1}{\gamma_{RE}} \left[\frac{1}{\lambda - 0.5} \left(0.48 f_{vg} b h_0 + 0.10 N \frac{A_w}{A} \right) + 0.72 f_{yh} \frac{A_{sh}}{s} h_0 \right]$$

$$(10.5.4-1)$$

$$\lambda = \frac{M}{V h_0} \qquad (10.5.4-2)$$

式中：f_{vg}——灌孔砌块砌体的抗剪强度设计值，按本规范第3.2.2条的规定采用；

M——考虑地震作用组合的抗震墙计算截面的弯矩设计值；

N——考虑地震作用组合的抗震墙计算截面的轴向力设计值，当时 $N > 0.2 f_g b h$，取 $N = 0.2 f_g b h$；

A——抗震墙的截面面积，其中翼缘的有效面积，可按第9.2.5条的规定计算；

A_w——T形或I字形截面抗震墙腹板的截面面积，对于矩形截面取 $A_w = A$；

λ——计算截面的剪跨比，当 $\lambda \leqslant 1.5$ 时，取 $\lambda = 1.5$；当 $\lambda \geqslant 2.2$ 时，取 $\lambda = 2.2$；

A_{sh}——配置在同一截面内的水平分布钢筋的全部截面面积；

f_{yh}——水平钢筋的抗拉强度设计值；

f_g——灌孔砌体的抗压强度设计值；

s——水平分布钢筋的竖向间距；

γ_{RE}——承载力抗震调整系数。

10.5.5 偏心受拉配筋砌块砌体抗震墙，其斜截面受剪承载力，应按下列公式计算：

$$V_w \leqslant \frac{1}{\gamma_{RE}} \left[\frac{1}{\lambda - 0.5} \left(0.48 f_{vg} b h_0 - 0.17 N \frac{A_w}{A} \right) + 0.72 f_{yh} \frac{A_{sh}}{s} h_0 \right]$$

$$(10.5.5)$$

注：当 $0.48 f_{vg} b h_0 - 0.17 N \frac{A_w}{A} < 0$ 时，取 $0.48 f_{vg} b h_0$

$-0.17 N \frac{A_w}{A} = 0$。

10.5.6 配筋砌块砌体抗震墙跨高比大于2.5的连梁应采用钢筋混凝土连梁，其截面组合的剪力设计值和斜截面承载力，应符合现行国家标准《混凝土结构设计规范》GB 50010对连梁的有关规定；跨高比小于或等于2.5的连梁可采用配筋砌块砌体连梁，采用配筋砌块砌体连梁时，应采用相应的计算参数和指标；连梁的正截面承载力应除以相应的承载力抗震调整系数。

10.5.7 配筋砌块砌体抗震墙连梁的剪力设计值，抗震等级一、二、三级时应按下式调整，四级时可不调整：

$$V_b = \eta_{v} \frac{M_b^l + M_b^r}{l_n} + V_{Gb} \quad (10.5.7)$$

式中：V_b——连梁的剪力设计值；

　　　η_{v}——剪力增大系数，一级时取1.3；二级时取1.2；三级时取1.1；

　　M_b^l、M_b^r——分别为梁左、右端考虑地震作用组合的弯矩设计值；

　　　V_{Gb}——在重力荷载代表值作用下，按简支梁计算的截面剪力设计值；

　　　l_n——连梁净跨。

10.5.8 抗震墙采用配筋混凝土砌块砌体连梁时，应符合下列规定：

1 连梁的截面应满足下式的要求：

$$V_b \leqslant \frac{1}{\gamma_{RE}}(0.15 f_g b h_0) \quad (10.5.8-1)$$

2 连梁的斜截面受剪承载力应按下式计算：

$$V_b = \frac{1}{\gamma_{RE}}\left(0.56 f_{vg} b h_0 + 0.7 f_{yv}\frac{A_{sv}}{s}h_0\right)$$

$$(10.5.8-2)$$

式中：A_{sv}——配置在同一截面内的箍筋各肢的全部截面面积；

　　　f_{yv}——箍筋的抗拉强度设计值。

Ⅱ 构造措施

10.5.9 配筋砌块砌体抗震墙的水平和竖向分布钢筋应符合下列规定，抗震墙底部加强区的高度不小于房屋高度的1/6，且不小于房屋底部两层的高度。

1 抗震墙水平分布钢筋的配筋构造应符合表10.5.9-1的规定：

表10.5.9-1 抗震墙水平分布钢筋的配筋构造

抗震等级	最小配筋率（%）		最大间距（mm）	最小直径（mm）
	一般部位	加强部位		
一级	0.13	0.15	400	$\phi 8$
二级	0.13	0.13	600	$\phi 8$
三级	0.11	0.13	600	$\phi 8$
四级	0.10	0.10	600	$\phi 6$

注：1 水平分布钢筋宜双排布置，在顶层和底部加强部位，最大间距不应大于400mm；

　　2 双排水平分布钢筋应设不小于$\phi 6$拉结筋，水平间距不应大于400mm。

2 抗震墙竖向分布钢筋的配筋构造应符合表10.5.9-2的规定：

表10.5.9-2 抗震墙竖向分布钢筋的配筋构造

抗震等级	最小配筋率（%）		最大间距（mm）	最小直径（mm）
	一般部位	加强部位		
一级	0.15	0.15	400	$\phi 12$
二级	0.13	0.13	600	$\phi 12$
三级	0.11	0.13	600	$\phi 12$
四级	0.10	0.10	600	$\phi 12$

注：竖向分布钢筋宜采用单排布置，直径不应大于25mm，9度时配筋率不应小于0.2%。在顶层和底部加强部位，最大间距应适当减小。

10.5.10 配筋砌块砌体抗震墙除应符合本规范第9.4.11的规定外，应在底部加强部位和轴压比大于0.4的其他部位的墙肢设置边缘构件。边缘构件的配筋范围：无翼墙端部为3孔配筋；"L"形转角节点为3孔配筋；"T"形转角节点为4孔配筋；边缘构件范围内应设置水平箍筋；配筋砌块砌体抗震墙边缘构件的配筋应符合表10.5.10的要求。

表10.5.10 配筋砌块砌体抗震墙边缘构件的配筋要求

抗震等级	每孔竖向钢筋最小量		水平箍筋最小直径	水平箍筋最大间距（mm）
	底部加强部位	一般部位		
一级	1ϕ20（4ϕ16）	1ϕ18（4ϕ16）	$\phi 8$	200
二级	1ϕ18（4ϕ16）	1ϕ16（4ϕ14）	$\phi 6$	200
三级	1ϕ16（4ϕ12）	1ϕ14（4ϕ12）	$\phi 6$	200
四级	1ϕ14（4ϕ12）	1ϕ12（4ϕ12）	$\phi 6$	200

注：1 边缘构件水平箍筋宜采用横筋为双筋的搭接点焊网片形式；

　　2 当抗震等级为二、三级时，边缘构件箍筋应采用HRB400级或RRB400级钢筋；

　　3 表中括号中数字为边缘构件采用混凝土边框柱时的配筋。

10.5.11 宜避免设置转角窗，否则，转角窗开间相关墙尽端边缘构件最小纵筋直径应比表10.5.10的规定值提高一级，且转角窗开间的楼、屋面应采用现浇钢筋混凝土楼、屋面板。

10.5.12 配筋砌块砌体抗震墙在重力荷载代表值作用下的轴压比，应符合下列规定：

1 一般墙体的底部加强部位，一级（9度）不宜大于0.4，一级（8度）不宜大于0.5，二、三级不宜大于0.6，一般部位，均不宜大于0.6；

2 短肢墙体全高范围，一级不宜大于0.50，二、三级不宜大于0.60；对于无翼缘的一字形短肢墙，其轴压比限值应相应降低0.1；

3 各向墙肢截面均为3~5倍墙厚的独立小墙肢，一级不宜大于0.4，二、三级不宜大于0.5；对于无翼缘的一字形独立小墙肢，其轴压比限值应相应降低 0.1。

10.5.13 配筋砌块砌体圈梁构造，应符合下列规定：

 1 各楼层标高处，每道配筋砌块砌体抗震墙均应设置现浇钢筋混凝土圈梁，圈梁的宽度应为墙厚，其截面高度不宜小于 200mm；

 2 圈梁混凝土抗压强度不应小于相应灌孔砌块砌体的强度，且不应小于 C20；

 3 圈梁纵向钢筋直径不应小于墙中水平分布钢筋的直径，且不应小于 4φ12；基础圈梁纵筋不应小于 4φ12；圈梁及基础圈梁箍筋直径不应小于 φ8，间距不应大于 200mm；当圈梁高度大于 300mm 时，应沿梁截面高度方向设置腰筋，其间距不应大于 200mm，直径不应小于 φ10；

 4 圈梁底部嵌入墙顶砌块孔洞内，深度不宜小于 30mm；圈梁顶部应是毛面。

10.5.14 配筋砌块砌体抗震墙连梁的构造，当采用混凝土连梁时，应符合本规范第 9.4.12 条的规定和现行国家标准《混凝土结构设计规范》GB 50010 中有关地震区连梁的构造要求；当采用配筋砌块砌体连梁时，除应符合本规范第 9.4.13 条的规定以外，尚应符合下列规定：

 1 连梁上下水平钢筋锚入墙体内的长度，一、二级抗震等级不应小于 $1.1l_a$，三、四级抗震等级不应小于 l_a，且不应小于 600mm；

 2 连梁的箍筋应沿梁长布置，并应符合表 10.5.14 的规定。

表 10.5.14 连梁箍筋的构造要求

抗震等级	箍筋加密区			箍筋非加密区	
	长度	箍筋最大间距	直径	间距(mm)	直径
一级	$2h$	100mm, $6d$, $1/4h$ 中的小值	φ10	200	φ10
二级	$1.5h$	100mm, $8d$, $1/4h$ 中的小值	φ8	200	φ8
三级	$1.5h$	150mm, $8d$, $1/4h$ 中的小值	φ8	200	φ8
四级	$1.5h$	150mm, $8d$, $1/4h$ 中的小值	φ8	200	φ8

注：h 为连梁截面高度；加密区长度不小于 600mm。

 3 在顶层连梁伸入墙体的钢筋长度范围内，应设置间距不大于 200mm 的构造箍筋，箍筋直径应与连梁的箍筋直径相同；

 4 连梁不宜开洞。当需要开洞时，应在跨中梁高 1/3 处预埋外径不大于 200mm 的钢套管，洞口上下的有效高度不应小于 1/3 梁高，且不应小于 200mm，洞口处应配补强钢筋并在洞周边浇筑灌孔混凝土，被洞口削弱的截面应进行受剪承载力验算。

10.5.15 配筋砌块砌体抗震墙房屋的基础与抗震墙结合处的受力钢筋，当房屋高度超过 50m 或一级抗震等级时宜采用机械连接或焊接。

附录 A 石材的规格尺寸及其强度等级的确定方法

A.0.1 石材按其加工后的外形规则程度，可分为料石和毛石，并应符合下列规定：

 1 料石：

  1） 细料石：通过细加工，外表规则，叠砌面凹入深度不应大于 10mm，截面的宽度、高度不宜小于 200mm，且不宜小于长度的 1/4。

  2） 粗料石：规格尺寸同上，但叠砌面凹入深度不应大于 20mm。

  3） 毛料石：外形大致方正，一般不加工或仅稍加修整，高度不应小于 200mm，叠砌面凹入深度不应大于 25mm。

 2 毛石：形状不规则，中部厚度不应小于 200mm。

A.0.2 石材的强度等级，可用边长为 70mm 的立方体试块的抗压强度表示。抗压强度取三个试件破坏强度的平均值。试件也可采用表 A.0.2 所列边长尺寸的立方体，但应对其试验结果乘以相应的换算系数后方可作为石材的强度等级。

表 A.0.2 石材强度等级的换算系数

立方体边长(mm)	200	150	100	70	50
换算系数	1.43	1.28	1.14	1	0.86

A.0.3 石砌体中的石材应选用无明显风化的天然石材。

附录 B 各类砌体强度平均值的计算公式和强度标准值

B.0.1 各类砌体的强度平均值应符合下列规定：

 1 各类砌体的轴心抗压强度平均值应按表 B.0.1-1 中计算公式确定：

表 B.0.1-1 轴心抗压强度平均值 f_m（MPa）

砌体种类	$f_m = k_1 f_1^\alpha (1 + 0.07 f_2) k_2$		
	k_1	α	k_2
烧结普通砖、烧结多孔砖、蒸压灰砂普通砖、蒸压粉煤灰普通砖、混凝土普通砖、混凝土多孔砖	0.78	0.5	当 $f_2 < 1$ 时，$k_2 = 0.6 + 0.4 f_2$

续表 B.0.1-1

砌体种类	$f_m = k_1 f_1^\alpha (1+0.07f_2) k_2$		
	k_1	α	k_2
混凝土砌块、轻集料混凝土砌块	0.46	0.9	当 $f_2=0$ 时，$k_2=0.8$
毛料石	0.79	0.5	当 $f_2<1$ 时，$k_2=0.6+0.4f_2$
毛 石	0.22	0.5	当 $f_2<2.5$ 时，$k_2=0.4+0.24f_2$

注：1 k_2 在表列条件以外时均等于1；

　2 式中 f_1 为块体（砖、石、砌块）的强度等级值；f_2 为砂浆抗压强度平均值。单位均以 MPa 计；

　3 混凝土砌块砌体的轴心抗压强度平均值，当 $f_2>$ 10MPa 时，应乘系数 $1.1-0.01f_2$，MU20 的砌体应乘系数 0.95，且满足 $f_1 \geq f_2$，$f_1 \leq 20$MPa。

2 各类砌体的轴心抗拉强度平均值、弯曲抗拉强度平均值和抗剪强度平均值应按表 B.0.1-2 中计算公式确定：

表 B.0.1-2　轴心抗拉强度平均值 $f_{t,m}$、弯曲抗拉强度平均值 $f_{tm,m}$ 和抗剪强度平均值 $f_{v,m}$（MPa）

砌 体 种 类	$f_{t,m}=k_3\sqrt{f_2}$	$f_{tm,m}=k_4\sqrt{f_2}$		$f_{v,m}=k_5\sqrt{f_2}$
	k_3	k_4		k_5
		沿齿缝	沿通缝	
烧结普通砖、烧结多孔砖、混凝土普通砖、混凝土多孔砖	0.141	0.250	0.125	0.125
蒸压灰砂普通砖、蒸压粉煤灰普通砖	0.09	0.18	0.09	0.09
混凝土砌块	0.069	0.081	0.056	0.069
毛 料 石	0.075	0.113	—	0.188

B.0.2　各类砌体的强度标准值按表 B.0.2-1～表 B.0.2-5 采用：

表 B.0.2-1　烧结普通砖和烧结多孔砖砌体的抗压强度标准值 f_k（MPa）

砖强度等级	砂浆强度等级					砂浆强度
	M15	M10	M7.5	M5	M2.5	0
MU30	6.30	5.23	4.69	4.15	3.61	1.84
MU25	5.75	4.77	4.28	3.79	3.30	1.68
MU20	5.15	4.27	3.83	3.39	2.95	1.50
MU15	4.46	3.70	3.32	2.94	2.56	1.30
MU10	—	3.02	2.71	2.40	2.09	1.07

表 B.0.2-2　混凝土砌块砌体的抗压强度标准值 f_k（MPa）

砌块强度等级	砂浆强度等级					砂浆强度
	Mb20	Mb15	Mb10	Mb7.5	Mb5	0
MU20	10.08	9.08	7.93	7.11	6.30	3.73
MU15	—	7.38	6.44	5.78	5.12	3.03
MU10	—	—	4.47	4.01	3.55	2.10
MU7.5	—	—	—	3.10	2.74	1.62
MU5	—	—	—	—	1.90	1.13

表 B.0.2-3　毛料石砌体的抗压强度标准值 f_k（MPa）

料石强度等级	砂浆强度等级			砂浆强度
	M7.5	M5	M2.5	0
MU100	8.67	7.68	6.68	3.41
MU80	7.76	6.87	5.98	3.05
MU60	6.72	5.95	5.18	2.64
MU50	6.13	5.43	4.72	2.41
MU40	5.49	4.86	4.23	2.16
MU30	4.75	4.20	3.66	1.87
MU20	3.88	3.43	2.99	1.53

表 B.0.2-4　毛石砌体的抗压强度标准值 f_k（MPa）

毛石强度等级	砂浆强度等级			砂浆强度
	M7.5	M5	M2.5	0
MU100	2.03	1.80	1.56	0.53
MU80	1.82	1.61	1.40	0.48
MU60	1.57	1.39	1.21	0.41
MU50	1.44	1.27	1.11	0.38
MU40	1.28	1.14	0.99	0.34
MU30	1.11	0.98	0.86	0.29
MU20	0.91	0.80	0.70	0.24

表 B.0.2-5　沿砌体灰缝截面破坏时的轴心抗拉强度标准值 $f_{t,k}$、弯曲抗拉强度标准值 $f_{tm,k}$ 和抗剪强度标准值 $f_{v,k}$（MPa）

强度类别	破坏特征	砌体种类	砂浆强度等级			
			$\geq$M10	M7.5	M5	M2.5
轴心抗拉	沿齿缝	烧结普通砖、烧结多孔砖、混凝土普通砖、混凝土多孔砖	0.30	0.26	0.21	0.15
		蒸压灰砂普通砖、蒸压粉煤灰普通砖	0.19	0.16	0.13	—
			0.15	0.13	0.10	—
		混凝土砌块	—	0.12	0.10	0.07
		毛石				

续表 B.0.2-5

强度类别	破坏特征	砌体种类	≥M10	M7.5	M5	M2.5
弯曲抗拉	沿齿缝	烧结普通砖、烧结多孔砖、混凝土普通砖、混凝土多孔砖	0.53	0.46	0.38	0.27
		蒸压灰砂普通砖、蒸压粉煤灰普通砖	0.38	0.32	0.26	—
			0.17	0.15	0.12	—
			—	0.18	0.14	0.10
		混凝土砌块				
		毛石				
	沿通缝	烧结普通砖、烧结多孔砖、混凝土普通砖、混凝土多孔砖	0.27	0.23	0.19	0.13
		蒸压灰砂普通砖、蒸压粉煤灰普通砖	0.19	0.16	0.13	—
			—	0.10	0.08	
		混凝土砌块				
抗剪		烧结普通砖、烧结多孔砖、混凝土普通砖、混凝土多孔砖	0.27	0.23	0.19	0.13
		蒸压灰砂普通砖、蒸压粉煤灰普通砖	0.19	0.16	0.13	—
			0.15	0.13	0.10	—
			—	0.29	0.24	0.17
		混凝土砌块				
		毛石				

附录 C 刚弹性方案房屋的静力计算方法

C.0.1 水平荷载（风荷载）作用下，刚弹性方案房屋墙、柱内力分析可按以下方法计算，并将两步结果叠加，得出最后内力：

1 在平面计算简图中，各层横梁与柱连接处加水平铰支杆，计算其在水平荷载（风荷载）作用下无侧移时的内力与各支杆反力 R_i（图 C.0.1a）。

2 考虑房屋的空间作用，将各支杆反力 R_i 乘以由表 4.2.4 查得的相应空间性能影响系数 η_i，并反向施加于节点上，计算其内力（图 C.0.1b）。

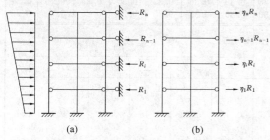

图 C.0.1 刚弹性方案房屋的静力计算简图

附录 D 影响系数 φ 和 φ_n

D.0.1 无筋砌体矩形截面单向偏心受压构件（图 D.0.1）承载力的影响系数 φ，可按表 D.0.1-1～表 D.0.1-3 采用或按下列公式计算，计算 T 形截面受压构件的 φ 时，应以折算厚度 h_T 代替公式（D.0.1-2）中的 h。$h_T = 3.5i$，i 为 T 形截面的回转半径。

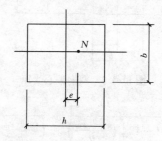

图 D.0.1 单向偏心受压

当 $\beta \leqslant 3$ 时：

$$\varphi = \frac{1}{1 + 12\left(\dfrac{e}{h}\right)^2} \qquad (D.0.1\text{-}1)$$

当 $\beta > 3$ 时：

$$\varphi = \frac{1}{1 + 12\left[\dfrac{e}{h} + \sqrt{\dfrac{1}{12}\left(\dfrac{1}{\varphi_0} - 1\right)}\right]^2} \qquad (D.0.1\text{-}2)$$

$$\varphi_0 = \frac{1}{1 + \alpha\beta^2} \qquad (D.0.1\text{-}3)$$

式中：e——轴向力的偏心距；

h——矩形截面的轴向力偏心方向的边长；

φ_0——轴心受压构件的稳定系数；

α——与砂浆强度等级有关的系数，当砂浆强度等级大于或等于 M5 时，α 等于 0.0015；当砂浆强度等级等于 M2.5 时，α 等于 0.002；当砂浆强度等级 f_2 等于 0 时，α 等于 0.009；

β——构件的高厚比。

D.0.2 网状配筋砖砌体矩形截面单向偏心受压构件承载力的影响系数 φ_n，可按表 D.0.2 采用或按下列公式计算：

$$\varphi_n = \frac{1}{1 + 12\left[\dfrac{e}{h} + \sqrt{\dfrac{1}{12}\left(\dfrac{1}{\varphi_{0n}} - 1\right)}\right]^2} \qquad (D.0.2\text{-}1)$$

$$\varphi_{0n} = \frac{1}{1 + (0.0015 + 0.45\rho)\beta^2} \qquad (D.0.2\text{-}2)$$

式中：φ_{0n}——网状配筋砖砌体受压构件的稳定系数；

ρ——配筋率（体积比）。

D.0.3 无筋砌体矩形截面双向偏心受压构件（图 D.0.3）承载力的影响系数，可按下列公式计算，当一个方向的偏心率（e_b/b 或 e_h/h）不大于另一个方向的偏心率的5%时，可简化按另一个方向的单向偏心受压，按本规范第 D.0.1 条的规定确定承载力的影响系数。

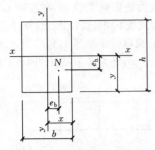

图 D.0.3 双向偏心受压

$$\varphi = \frac{1}{1 + 12\left[\left(\dfrac{e_b + e_{ib}}{b}\right)^2 + \left(\dfrac{e_h + e_{ih}}{h}\right)^2\right]}$$

(D. 0.3-1)

$$e_{ib} = \frac{b}{\sqrt{12}}\sqrt{\frac{1}{\varphi_0} - 1}\left(\frac{\dfrac{e_b}{b}}{\dfrac{e_b}{b} + \dfrac{e_h}{h}}\right)$$

(D. 0.3-2)

$$e_{ih} = \frac{h}{\sqrt{12}}\sqrt{\frac{1}{\varphi_0} - 1}\left(\frac{\dfrac{e_h}{h}}{\dfrac{e_b}{b} + \dfrac{e_h}{h}}\right)$$

(D. 0.3-3)

式中：e_b、e_h——轴向力在截面重心 x 轴、y 轴方向的偏心距，e_b、e_h 宜分别不大于 $0.5x$ 和 $0.5y$；

x、y——自截面重心沿 x 轴、y 轴至轴向力所在偏心方向截面边缘的距离；

e_{ib}、e_{ih}——轴向力在截面重心 x 轴、y 轴方向的附加偏心距。

表 D. 0.1-1 影响系数 φ（砂浆强度等级≥M5）

β	\multicolumn{7}{c}{$\dfrac{e}{h}$ 或 $\dfrac{e}{h_T}$}
	0	0.025	0.05	0.075	0.1	0.125	0.15
≤3	1	0.99	0.97	0.94	0.89	0.84	0.79
4	0.98	0.95	0.90	0.85	0.80	0.74	0.69
6	0.95	0.91	0.86	0.81	0.75	0.69	0.64
8	0.91	0.86	0.81	0.76	0.70	0.64	0.59
10	0.87	0.82	0.76	0.71	0.65	0.60	0.55
12	0.82	0.77	0.71	0.66	0.60	0.55	0.51
14	0.77	0.72	0.66	0.61	0.56	0.51	0.47
16	0.72	0.67	0.61	0.56	0.52	0.47	0.44
18	0.67	0.62	0.57	0.52	0.48	0.44	0.40
20	0.62	0.57	0.53	0.48	0.44	0.40	0.37

续表 D.0.1-1

β	\multicolumn{7}{c}{$\dfrac{e}{h}$ 或 $\dfrac{e}{h_T}$}
	0	0.025	0.05	0.075	0.1	0.125	0.15
22	0.58	0.53	0.49	0.45	0.41	0.38	0.35
24	0.54	0.49	0.45	0.41	0.38	0.35	0.32
26	0.50	0.46	0.42	0.38	0.35	0.33	0.30
28	0.46	0.42	0.39	0.36	0.33	0.30	0.28
30	0.42	0.39	0.36	0.33	0.31	0.28	0.26

β	\multicolumn{6}{c}{$\dfrac{e}{h}$ 或 $\dfrac{e}{h_T}$}
	0.175	0.2	0.225	0.25	0.275	0.3
≤3	0.73	0.68	0.62	0.57	0.52	0.48
4	0.64	0.58	0.53	0.49	0.45	0.41
6	0.59	0.54	0.49	0.45	0.42	0.38
8	0.54	0.50	0.46	0.42	0.39	0.36
10	0.50	0.46	0.42	0.39	0.36	0.33
12	0.47	0.43	0.39	0.36	0.33	0.31
14	0.43	0.40	0.36	0.34	0.31	0.29
16	0.40	0.37	0.34	0.31	0.29	0.27
18	0.37	0.34	0.31	0.29	0.27	0.25
20	0.34	0.32	0.29	0.27	0.25	0.23
22	0.32	0.30	0.27	0.25	0.24	0.22
24	0.30	0.28	0.26	0.24	0.22	0.21
26	0.28	0.26	0.24	0.22	0.21	0.19
28	0.26	0.24	0.22	0.21	0.19	0.18
30	0.24	0.22	0.21	0.20	0.18	0.17

表 D. 0.1-2 影响系数 φ（砂浆强度等级 M2.5）

β	\multicolumn{7}{c}{$\dfrac{e}{h}$ 或 $\dfrac{e}{h_T}$}
	0	0.025	0.05	0.075	0.1	0.125	0.15
≤3	1	0.99	0.97	0.94	0.89	0.84	0.79
4	0.97	0.94	0.89	0.84	0.78	0.73	0.67
6	0.93	0.89	0.84	0.78	0.73	0.67	0.62
8	0.89	0.84	0.78	0.72	0.67	0.62	0.57
10	0.83	0.78	0.72	0.67	0.61	0.56	0.52
12	0.78	0.72	0.67	0.61	0.56	0.52	0.47
14	0.72	0.66	0.61	0.56	0.51	0.47	0.43
16	0.66	0.61	0.56	0.51	0.47	0.43	0.40
18	0.61	0.56	0.51	0.47	0.43	0.40	0.36
20	0.56	0.51	0.47	0.43	0.39	0.36	0.33
22	0.51	0.47	0.43	0.39	0.36	0.33	0.31
24	0.46	0.43	0.39	0.36	0.33	0.31	0.28
26	0.42	0.39	0.36	0.33	0.31	0.28	0.26
28	0.39	0.36	0.33	0.30	0.28	0.26	0.24
30	0.36	0.33	0.30	0.28	0.26	0.24	0.22

β	\multicolumn{6}{c}{$\dfrac{e}{h}$ 或 $\dfrac{e}{h_T}$}
	0.175	0.2	0.225	0.25	0.275	0.3
≤3	0.73	0.68	0.62	0.57	0.52	0.48
4	0.62	0.57	0.52	0.48	0.44	0.40
6	0.57	0.52	0.48	0.44	0.40	0.37
8	0.52	0.48	0.44	0.40	0.37	0.34
10	0.47	0.43	0.40	0.37	0.34	0.31

续表 D.0.1-2

β	$\frac{e}{h}$ 或 $\frac{e}{h_T}$					
	0.175	0.2	0.225	0.25	0.275	0.3
12	0.43	0.40	0.37	0.34	0.31	0.29
14	0.40	0.36	0.34	0.31	0.29	0.27
16	0.36	0.34	0.31	0.29	0.26	0.25
18	0.33	0.31	0.29	0.26	0.24	0.23
20	0.31	0.28	0.26	0.24	0.23	0.21
22	0.28	0.26	0.24	0.23	0.21	0.20
24	0.26	0.24	0.23	0.21	0.20	0.18
26	0.24	0.22	0.21	0.20	0.18	0.17
28	0.22	0.21	0.20	0.18	0.17	0.16
30	0.21	0.20	0.18	0.17	0.16	0.15

表 D.0.1-3　影响系数 φ（砂浆强度 0）

β	$\frac{e}{h}$ 或 $\frac{e}{h_T}$						
	0	0.025	0.05	0.075	0.1	0.125	0.15
≤3	1	0.99	0.97	0.94	0.89	0.84	0.79
4	0.87	0.82	0.77	0.71	0.66	0.60	0.55
6	0.76	0.70	0.65	0.59	0.54	0.50	0.46
8	0.63	0.58	0.54	0.49	0.45	0.41	0.38
10	0.53	0.48	0.44	0.41	0.37	0.34	0.32
12	0.44	0.40	0.37	0.34	0.31	0.29	0.27
14	0.36	0.33	0.31	0.28	0.26	0.24	0.23
16	0.30	0.28	0.26	0.24	0.22	0.21	0.19
18	0.26	0.24	0.22	0.21	0.20	0.18	0.17
20	0.22	0.20	0.19	0.18	0.17	0.16	0.15
22	0.19	0.18	0.16	0.15	0.14	0.14	0.13
24	0.16	0.15	0.14	0.13	0.13	0.12	0.11
26	0.14	0.13	0.13	0.12	0.11	0.11	0.10
28	0.12	0.12	0.11	0.11	0.10	0.10	0.09
30	0.11	0.10	0.10	0.09	0.09	0.09	0.08

β	$\frac{e}{h}$ 或 $\frac{e}{h_T}$					
	0.175	0.2	0.225	0.25	0.275	0.3
≤3	0.73	0.68	0.62	0.57	0.52	0.48
4	0.51	0.46	0.43	0.39	0.36	0.33
6	0.42	0.39	0.36	0.33	0.30	0.28
8	0.35	0.32	0.30	0.28	0.25	0.24
10	0.29	0.27	0.25	0.23	0.22	0.20
12	0.25	0.23	0.21	0.20	0.19	0.17
14	0.21	0.20	0.18	0.17	0.16	0.15
16	0.18	0.17	0.16	0.15	0.14	0.13
18	0.16	0.15	0.14	0.13	0.12	0.12
20	0.14	0.13	0.12	0.12	0.11	0.10
22	0.12	0.12	0.11	0.10	0.10	0.09
24	0.11	0.10	0.10	0.09	0.09	0.08
26	0.10	0.09	0.09	0.08	0.08	0.07
28	0.09	0.08	0.08	0.08	0.07	0.07
30	0.08	0.07	0.07	0.07	0.07	0.06

表 D.0.2　影响系数 φn

ρ (%)	β	e/h				
		0	0.05	0.10	0.15	0.17
0.1	4	0.97	0.89	0.78	0.67	0.63
	6	0.93	0.84	0.73	0.62	0.58
	8	0.89	0.78	0.67	0.57	0.53
	10	0.84	0.72	0.62	0.52	0.48
	12	0.78	0.67	0.56	0.48	0.44
	14	0.72	0.61	0.52	0.44	0.41
	16	0.67	0.56	0.47	0.40	0.37
0.3	4	0.96	0.87	0.76	0.65	0.61
	6	0.91	0.80	0.69	0.59	0.55
	8	0.84	0.74	0.62	0.53	0.49
	10	0.78	0.67	0.56	0.47	0.44
	12	0.71	0.60	0.51	0.43	0.40
	14	0.64	0.54	0.46	0.38	0.36
	16	0.58	0.49	0.41	0.35	0.32
0.5	4	0.94	0.85	0.74	0.63	0.59
	6	0.88	0.77	0.66	0.56	0.52
	8	0.81	0.69	0.59	0.50	0.46
	10	0.73	0.62	0.52	0.44	0.41
	12	0.65	0.55	0.46	0.39	0.36
	14	0.58	0.49	0.41	0.35	0.32
	16	0.51	0.43	0.36	0.31	0.29
0.7	4	0.93	0.83	0.72	0.61	0.57
	6	0.86	0.75	0.63	0.53	0.50
	8	0.77	0.66	0.56	0.47	0.43
	10	0.68	0.58	0.49	0.41	0.38
	12	0.60	0.50	0.42	0.36	0.33
	14	0.52	0.44	0.37	0.31	0.30
	16	0.46	0.38	0.33	0.28	0.26
0.9	4	0.92	0.82	0.71	0.60	0.56
	6	0.83	0.72	0.61	0.52	0.48
	8	0.73	0.63	0.53	0.45	0.42
	10	0.64	0.54	0.45	0.38	0.36
	12	0.55	0.47	0.39	0.33	0.31
	14	0.48	0.40	0.34	0.29	0.27
	16	0.41	0.35	0.30	0.25	0.24
1.0	4	0.91	0.81	0.70	0.59	0.55
	6	0.82	0.71	0.60	0.51	0.47
	8	0.72	0.61	0.52	0.43	0.41
	10	0.62	0.53	0.44	0.37	0.35
	12	0.54	0.45	0.38	0.32	0.30
	14	0.46	0.39	0.33	0.28	0.26
	16	0.39	0.34	0.28	0.24	0.23

本规范用词说明

1　为便于在执行本规范条文时区别对待，对要求严格程度不同的用词说明如下：

　　1）表示很严格，非这样做不可的：

　　　　正面词采用"必须"，反面词采用"严禁"；

　　2）表示严格，在正常情况下均应这样做的：

　　　　正面词采用"应"，反面词采用"不应"或"不得"；

3）表示允许稍有选择，在条件许可时首先应
   这样做的：
   正面词采用"宜"，反面词采用"不宜"；

4）表示有选择，在一定条件下可以这样做的，
   采用"可"。

2　本规范中指明应按其他有关标准执行的写法
为"应符合……的规定"或"应按……执行"。

引用标准名录

1 《建筑地基基础设计规范》GB 50007

2 《建筑结构荷载规范》GB 50009

3 《混凝土结构设计规范》GB 50010

4 《建筑抗震设计规范》GB 50011

5 《建筑结构可靠度设计统一标准》GB 50068

6 《建筑结构设计术语和符号标准》GB/T 50083

7 《砌体结构工程施工质量验收规范》GB 50203

8 《混凝土结构工程施工质量验收规范》
GB 50204

9 《建筑抗震设防分类标准》GB 50223

10 《墙体材料应用统一技术规范》GB 50574

11 《冷轧带肋钢筋混凝土结构技术规程》JGJ 95

中华人民共和国国家标准

砌体结构设计规范

GB 50003—2011

条 文 说 明

修 订 说 明

本修订是根据原建设部《关于印发〈2007年工程建设标准规范制定、修订计划（第一批）〉的通知》（建标［2007］125号）的要求，由中国建筑东北设计研究院有限公司会同有关设计、研究、施工、研究、教学和相关企业等单位，于2007年9月开始对《砌体结构设计规范》GB 50003 - 2001（以下简称2001规范）进行全面修订。

为了做好对2001规范的修订工作，更好的保证规范修订的先进性，与时俱进地将砌体结构领域的创新成果、成熟材料与技术充分体现的标准当中，砌体结构设计规范国家标准管理组在向原建设部提出修订申请的同时，还向2001规范参编单位及参编人征集了修订意见和建议，如2007年1月23日在南京召开了有2001规范修订主要参编人参加的修订方案及内容研讨会；2007年10月25日在江苏宿迁召开了有2001规范各章节主要编制人参加的规范修订预备会议。两次会议结合2001规范使用过程中存在的问题、近年来我国砌体结构的相关研究成果及国外研究动态，认真讨论了该规范的修订内容，确定了本次规范的修订原则为"增补、简化、完善"。这些准备工作为修订工作的正式启动奠定了基础。

2007年12月7日《砌体结构设计规范》GB 50003 - 2001编制组成立暨第一次修订工作会议在湖南长沙召开。修订组负责人对修订组人员的构成、前期准备工作、修订大纲草案、人员分组情况进行了详细报告。与会代表经过认真讨论，拟定了《砌体结构设计规范》修订大纲，并确定本次修订的重点是：

1) 在本规范执行过程中，有关部门和技术人员反映的问题较多、较突出且急需修改的内容；

2) 增补近年来砌体结构领域成熟的新材料、新成果、新技术；

3) 简化砌体结构设计计算方法；

4) 补充砌体结构的裂缝控制措施和耐久性要求。

修订期间，各章、节负责人进行了大量、系统的调研、试验、研究工作。在认真总结了2001规范在应用过程中的经验的同时，针对近十年来我国的经济建设高速发展而带来建筑结构体系的新变化；针对我国科学发展、节能减排、墙材革新、低碳绿色等基本战略的推进而涌现出来的砌体结构基本理论及工程应用领域的累累硕果及应用经验进行了必要的修订。修订期间我国经受了汶川、玉树大地震，编制组成员第一时间奔赴震区进行了砌体结构震害调查，在此基础上进行了多次专门针对砌体结构抗震设计部分修订的研讨会。如2008年10月8日～9日在上海同济大学召开了砌体结构构件抗震设计（第10章）修订研讨会；2009年8月1日～2日在北京召开修订阶段工作通报会，重点研究了砌体结构构件抗震设计的修订内容。2009年9月还在重庆召开了构造部分（第6章）修订初稿研讨会。

《砌体结构设计规范》（修订）征求意见稿自2010年4月20日在国家工程建设标准化信息网上公示后，编制组将征集到的意见和建议进行了汇总和梳理，于2010年7月23日在哈尔滨召开专门会议进行研究。会后编制组将征求意见稿又进行了必要的修改与完善。

2010年12月4日～5日，由住房和城乡建设部标准定额司主持，召开了《砌体结构设计规范》修订送审稿审查会。会议认为，修订送审稿继续保持2001版规范的基本规定是合适的，所增加、完善的新内容反映了我国砌体结构领域研究的创新成果和工程应用的实践经验，比2001版规范更加全面、更加细致、更加科学。新版规范的颁布与实施将使我给砌体结构设计提高到新的水平。

2001规范的主编单位：中国建筑东北设计研究院

2001规范的参编单位：湖南大学、哈尔滨建筑大学、浙江大学、同济大学、机械工业部设计研究院、西安建筑科技大学、重庆建筑科学研究院、郑州工业大学、重庆建筑大学、北京市建筑设计研究院、四川省建筑科学研究院、云南省建筑技术发展中心、长沙交通学院、广州市民用建筑科研设计院、沈阳建筑工程学院、中国建筑西南设计研究院、陕西省建筑科学研究院、合肥工业大学、深圳艺蓁工程设计有限公司、长沙中盛建筑勘察设计有限公司等

2001规范主要起草人：苑振芳　施楚贤　唐岱新　严家熹　龚绍熙　徐　建　胡秋谷　王庆霖　周炳章　林文修　刘立新　骆万康　梁兴文　侯汝欣　刘　斌　何建罡　吴明舜　张　英　谢丽丽　梁建国　金伟良　杨伟军　李　翔　王凤来

刘　明　姜洪斌　何振文
雷　波　吴存修　肖亚明
张宝印　李　岗　李建辉

为便于广大设计、施工、科研、学校等单位有关人员在使用本规范时能正确理解和执行条文规定，《砌体结构设计规范》编制组按章、节、条顺序编制了本规范的条文说明，对条文规定的目的、依据以及执行中需注意的有关事项进行了说明。但是，本条文说明不具备与规范正文同等的法律效力，仅供使用者作为理解和把握规范规定的参考。

目　　次

1 总 则

1.0.1、1.0.2 本规范的修订是依据国家有关政策，特别是近年来墙材革新、节能减排产业政策的落实及低碳、绿色建筑的发展，将近年来砌体结构领域的创新成果及成熟经验纳入本规范。砌体结构类别和应用范围也较 2001 规范有所扩大，增加的主要内容有：

　　1　混凝土普通砖、混凝土多孔砖等新型材料砌体；

　　2　组合砖墙，配筋砌块砌体剪力墙结构；

　　3　抗震设防区的无筋和配筋砌体结构构件设计。

　　为了使新增加的内容做到技术先进、性能可靠、适用可行，以中国建筑东北设计研究有限公司为主编单位的编制组近年来进行了大量的调查及试验研究，针对我国实施墙材革新、建筑节能，发展循环经济、低碳绿色建材的特点及 21 世纪涌现出来的新技术、新装备进行了实践与创新。如对利用新工艺、新设备生产的蒸压粉煤灰砖（蒸压灰砂砖）等硅酸盐砖、混凝土砖等非烧结块材砌体进行了全面、系统的试验与研究，编制出中国工程建设协会标准《蒸压粉煤灰砖建筑技术规程》CECS256 和《混凝土砖建筑技术规程》CECS257，也为一些省、市编制了相应的地方标准，使得高品质墙材产品与建筑应用得到有效整合。

　　近年来，组合砖墙、配筋砌块砌体剪力墙结构及抗震设防区的无筋和配筋砌体结构构件设计研究取得了一定进展，湖南大学、哈尔滨工业大学、同济大学、北京市建筑设计研究院、中国建筑东北设计研究院有限公司等单位的研究取得了不菲的成绩，此次修订，充分引用了这些成果。

　　应当指出，为确保砌块结构、混凝土砖结构、蒸压粉煤灰（灰砂）砖砌体结构，特别是配筋砌块砌体剪力墙结构的工程质量及整体受力性能，应采用工作性能好、粘结强度较高的专用砌筑砂浆及高流态、低收缩、高强度的专用灌孔混凝土。即随着新型砌体材料的涌现，必须有与其相配套的专用材料。随着我国预拌砂浆的行业的兴起及各类专用砂浆的推广，各类砌体结构性能明显得到改善和提高。近年来，与新型墙材砌体相配套的专用砂浆标准相继问世，如《混凝土小型空心砌块砌筑砂浆》JC860、《混凝土小型空心砌块灌孔混凝土》JC861 和《砌体结构专用砂浆应用技术规程》CECS 等。

1.0.3～1.0.5 由于本规范较大地扩充了砌体材料类别和其相应的结构体系，因而列出了尚需同时参照执行的有关标准规范，包括施工及验收规范。

2 术语和符号

2.1 术　语

2.1.5 研究表明，孔洞率大于 35% 的多孔砖，其折压比较低，且砌体开裂提前呈脆性破坏，故应对空洞率加以限制。

2.1.6、2.1.7 根据近年来蒸压灰砂普通砖、蒸压粉煤灰普通砖制砖工艺及设备的发展现状和建筑应用需求，蒸压砖定义中增加了压制排气成型、高压蒸汽养护的内容，以区分新旧制砖工艺，推广、采用新工艺、新设备，体现了标准的先进性。

2.1.12 蒸压灰砂普通砖、蒸压粉煤灰普通砖等蒸压硅酸盐砖是半干压法生产的，制砖钢模十分光亮，在高压成型时会使砖质地密实、表面光滑，吸水率也较小，这种光滑的表面影响了砖与砖的砌筑与粘结，使墙体的抗剪强度较烧结普通砖低 1/3，从而影响了这类砖的推广和应用。故采用工作性好、粘结力高、耐候性强且方便施工的专用砌筑砂浆（强度等级宜为 Ms15、Ms10、Ms7.5、Ms5 四种，s 为英文单词蒸汽压力 Steam pressure 及硅酸盐 Silicate 的第一个字母）已成为推广、应用蒸压硅酸盐砖的关键。

　　根据现行国家标准《建筑抗震设计规范》GB 50011-2010 第 10.1.24 条："采用蒸压灰砂普通砖和蒸压粉煤灰普通砖的砌体房屋，当砌体的抗剪强度仅达到普通黏土砖砌体的 70% 时，房屋的层数应比普通砖房屋减少一层，总高度应减少 3m；当砌体的抗剪强度达到普通黏土砖砌体的取值时，房屋层数和总高度的要求同普通砖房屋。"本规范规定：该类砌体的专用砌筑砂浆必须保证其砌体抗剪强度不低于烧结普通砖砌体的取值。

　　需指出，以提高砌体抗剪强度为主要目标的专用砌筑砂浆的性能指标，应按现行国家标准《墙体材料应用统一技术规范》GB 50574 规定，经研究性试验确定。当经研究性试验结果的砌体抗剪强度高于普通砂浆砌筑的烧结普通砖砌体的取值时，仍按烧结普通砖砌体的取值。

3 材　料

3.1 材料强度等级

3.1.1 材料强度等级的合理限定，关系到砌体结构房屋安全、耐久，一些建筑由于采用了规范禁用的劣质墙材，使墙体出现的裂缝、变形，甚至出现了楼歪歪、楼垮垮案例，对此必须严加限制。鉴于一些地区近年来推广、应用混凝土普通砖及混凝土多孔砖，为确保结构安全，在大量试验研究的基础上，增补了混凝土普通砖及混凝土多孔砖的强度等级要求。

砌块包括普通混凝土砌块和轻集料混凝土砌块。轻集料混凝土砌块包括煤矸石混凝土砌块和孔洞率不大于35%的火山渣、浮石和陶粒混凝土砌块。

非烧结砖的原材料及其配比、生产工艺及多孔砖的孔型、肋及壁的尺寸等因素都会影响砖的品质，进而会影响到砌体质量，调查发现不同地区或不同企业的非烧结砖的上述因素不尽一致，块型及肋、壁尺寸大相径庭，考虑到砌体耐久性要求，删除了强度等级为MU10的非烧结砖作为承重结构的块体。

对蒸压灰砂砖和蒸压粉煤灰砖等蒸压硅酸盐砖列出了强度等级。根据建材标准指标，蒸压灰砂砖、蒸压粉煤灰砖等蒸压硅酸盐砖不得用于长期受热200℃以上、受急冷急热和有酸性介质侵蚀的建筑部位。

对于蒸压粉煤灰砖和掺有粉煤灰15%以上的混凝土砌块，我国标准《砌墙砖试验方法》GB/T 2542和《混凝土小型空心砌块试验方法》GB/T 4111确定碳化系数均采用人工碳化系数的试验方法。现行国家标准《墙体材料应用统一技术规范》GB 50574规定的碳化系数不应小于0.85，按原规范块体强度应乘系数 $1.15 \times 0.85 = 0.98$，接近1.0，故取消了该系数。

为了保证承重类多孔砖（砌块）的结构性能，其孔洞率及肋、壁的尺寸也必须符合《墙体材料应用统一技术规范》GB 50574的规定。

鉴于蒸压多孔灰砂砖及蒸压粉煤灰多孔砖的脆性大、墙体延性也相应较差以及缺少系统的试验数据，故本规范仅对蒸压普通硅酸盐砖砌体作出规定。

实践表明，蒸压灰砂砖和蒸压粉煤灰砖等硅酸盐墙材制品的原材料配比及生产工艺状况（如掺灰量的不同、养护制度的差异等）将直接影响着砖的脆性（折压比），砖越脆墙体开裂越早。根据中国建筑东北设计研究院有限公司及沈阳建筑大学试验结果，制品中不同的粉煤灰掺量，其抗折强度相差甚多，即脆性特征相差较大，因此规定合理的折压比将有利于提高砖的品质，改善砖的脆性，也提高墙体的受力性能。

同样，含孔洞块材的砌体试验也表明：仅用含孔洞块材的抗压强度作为衡量其强度指标是不全面的，多孔砖或空心砖（砌块）孔型、孔的布置不合理将导致块体的抗折强度降低很大，降低了墙体的延性，墙体容易开裂。当前，制砖企业或模具制造企业随意确定砖型、孔型及砖的细部尺寸现象较为普遍，已发生影响墙体质量的案例，对此必须引起重视。国家标准《墙体材料应用统一技术规范》GB 50574，明确规定需控制用于承重的蒸压硅酸盐砖和承重多孔砖的折压比。

3.1.2 原规范未对用于自承重墙的空心砖、轻质块体强度等级进行规定，由于这类砌体用于填充墙的范围越来越广，一些强度低、性能差的低劣块材被用于

工程，出现了墙体开裂及地震时填充墙脆性垮塌严重的现象。为确保自承重墙体的安全，本次修订，按国家标准《墙体材料应用统一技术规范》GB 50574，增补了该条。

3.1.3 采用混凝土砖（砌块）砌体以及蒸压硅酸盐砖砌体时，应采用与块体材料相适应且能提高砌筑工作性能的专用砌筑砂浆；尤其对于块体高度较高的普通混凝土砖空心砌块，普通砂浆很难保证竖向灰缝的砌筑质量。调查发现，一些砌块建筑墙体的灰缝不饱满，有的出现了"瞎缝"，影响了墙体的整体性。本条文规定采用混凝土砖（砌块）砌体时，应采用强度等级不小于Mb5.0的专用砌筑砂浆（b为英文单词"砌块"或"砖"brick的第一个字母）。蒸压硅酸盐砖则由于其表面光滑，与砂浆粘结力较差，砌体沿灰缝抗剪强度较低，影响了蒸压硅酸盐砖在地震设防区的推广与应用。因此，为了保证砂浆砌筑时的工作性能和砌体抗剪强度不低于用普通砂浆砌筑的烧结普通砖砌体，应采用粘结性强度高、工作性能好的专用砂浆砌筑。

强度等级M2.5的普通砂浆，可用于砌体检测与鉴定。

3.2 砌体的计算指标

3.2.1 砌体的计算指标是结构设计的重要依据，通过大量、系统的试验研究，本条作为强制性条文，给出了科学、安全的砌体计算指标。与3.1.1相对应，本条文增加了混凝土多孔砖、蒸压灰砂砖、蒸压粉煤灰砖和轻骨料混凝土砌块砌体的抗压强度指标，并对单排孔且孔对孔砌筑的混凝土砌块砌体灌孔后的强度作了修订。根据长沙理工大学等单位的大量试验研究结果，混凝土多孔砖砌体的抗压强度试验值与按烧结黏土砖砌体计算公式的计算值比值平均为1.127，偏安全地取烧结黏土砖的抗压强度值。

根据目前应用情况，表3.2.1-4增补砂浆强度等级Mb20，其砌体取值采用原规范公式外推得到。因水泥煤渣混凝土砌块问题多，属淘汰品，取消了水泥煤渣混凝土砌块。

1 本条文说明可参照2001规范的条文说明。

2 近年来混凝土普通砖及混凝土多孔砖在各地大量涌现，尤其在浙江、上海、湖南、辽宁、河南、江苏、湖北、福建、安徽、广西、河北、内蒙古、陕西等省市区得到迅速发展，一些地区颁布了当地的地方标准。为了统一设计技术，保障结构质量与安全，中国建筑东北设计研究院有限公司会同长沙理工大学、沈阳建筑大学、同济大学等单位进行了大量、系统的试验和研究，如：混凝土砖砌体基本力学性能试验研究；借助试验及有限元方法分析了肋厚对砌体性能的影响研究和砖的抗折性能；混凝土多孔砖砌体受压承载力试验；混凝土多孔砖墙低周反复荷载的拟静

力试验；混凝土多孔砖砌体结构模型房屋的子结构拟动力和拟静力试验；混凝土多孔砖砌体底框房屋模型房屋拟静力试验；混凝土多孔砖砌体结构模型房屋振动台试验等。并编制了《混凝土多孔砖建筑技术规范》CECS257，其中主要成果为本次修订的依据。

3 蒸压灰砂砖砌体强度指标系根据湖南大学、重庆市建筑科学研究院和长沙市城建科研所的蒸压灰砂砖砌体抗压强度试验资料，以及《蒸压灰砂砖砌体结构设计与施工规程》CECS 20：90 的抗压强度指标确定的。根据试验统计，蒸压灰砂砖砌体抗压强度试验值 f' 和烧结普通砖砌体强度平均值公式 f_m 的比值（f''/f_m）为 0.99，变异系数为 0.205。将蒸压灰砂砖砌体的抗压强度指标取用烧结普通砖砌体的抗压强度指标。

蒸压粉煤灰砖砌体强度指标依据四川省建筑科学研究院、长沙理工大学、沈阳建筑大学和中国建筑东北设计研究院有限公司的蒸压粉煤灰砖砌体抗压强度试验资料，并参考其他有关单位的试验资料，粉煤灰砖砌体的抗压强度相当或略高于烧结普通砖砌体的抗压强度。本次修订将蒸压粉煤灰砖的抗压强度指标取用烧结普通砖砌体的抗压强度指标。遵照国家标准《墙体材料应用统一技术规范》GB 50574 "墙体不应采用非蒸压硅酸盐砖" 的规定，本次修订仍未列入蒸养粉煤灰砖砌体。

应该指出，蒸压灰砂砖砌体和蒸压粉煤灰砖砌体的抗压强度指标系采用同类砖为砂浆强度试块底模时的抗压强度指标。当采用黏土砖底模时砂浆强度会提高，相应的砌体强度达不到规范要求的强度指标，砌体抗压强度降低 10% 左右。

4 随着砌块建筑的发展，补充收集了近年来混凝土砌块砌体抗压强度试验数据，比 2001 规范有较大的增加，共 116 组 818 个试件，遍及四川、贵州、广西、广东、河南、安徽、浙江、福建八省。本次修订，按以上试验数据采用原规范强度平均值公式拟合，当材料强度 $f_1 \geqslant 20$MPa、$f_2 > 15$MPa 时，以及当砂浆强度高于砌块强度时，88 规范强度平均值公式的计算值偏高，应用 88 规范强度平均值公式在该范围不安全，表明在该范围的强度平均值公式不能应用。当删除了这些试验数据后按 94 组统计，抗压强度试验值 f' 和抗压强度平均值公式的计算值 f_m 的比值为 1.121，变异系数为 0.225。

为适应砌块建筑的发展，本次修订增加了 MU20 强度等级。根据现有高强砌块砌体的试验资料，在该范围其砌体抗压强度试验值仍较强度平均值公式的计算值偏低。本次修订采用降低砂浆强度对 2001 规范抗压强度平均值公式进行修正，修正后的砌体抗压强度平均值公式为：

$$f_m = 0.46f_1^{1.9}(1+0.07f_2)(1.1-0.01f_2)$$
$$(f_2 > 10\text{MPa})$$

对 MU20 的砌体适当降低了强度值。

5 对单排孔且对孔砌筑的混凝土砌块灌孔砌体，建立了较为合理的抗压强度计算方法。GBJ 3-88 灌孔砌体抗压强度提高系数 φ_1 按下式计算：

$$\varphi_1 = \frac{0.8}{1-\delta} \leqslant 1.5 \qquad (1)$$

该式规定了最低灌孔混凝土强度等级为 C15，且计算方便。收集了广西、贵州、河南、四川、广东共 20 组 82 个试件的试验数据和近期湖南大学 4 组 18 个试件以及哈尔滨建筑大学 4 组 24 个试件的试验数据，试验数据反映 GBJ 3-88 的 φ_1 值偏低，且未考虑不同灌孔混凝土强度对 φ_1 的影响，根据湖南大学等单位的研究成果，经研究采用下式计算：

$$f_{gm} = f_m + 0.63\alpha f_{cu,m} \qquad (\rho \geqslant 33\%) \qquad (2)$$
$$f_g = f + 0.6\alpha f_c \qquad (3)$$

同时为了保证灌孔混凝土在砌块孔洞内的密实，灌孔混凝土应采用高流动性、高粘结性、低收缩性的细石混凝土。由于试验采用的块体强度、灌孔混凝土强度，一般在 MU10～MU20、C10～C30 范围，同时少量试验表明高强度灌孔混凝土砌体达不到公式（2）的 f_{gm}，经对试验数据综合分析，本次修订对灌实砌体强度提高系数作了限制 $f_g/f \leqslant 2$。同时根据试验试件的灌孔率（ρ）均大于 33%，因此对公式灌孔率适用范围作了规定。灌孔混凝土强度等级规定不应低于 Cb20。灌孔混凝土性能应符合《混凝土小型空心砌块灌孔混凝土》JC 861 的规定。

6 多排孔轻集料混凝土砌块在我国寒冷地区应用较多，特别是我国吉林和黑龙江地区已开始推广应用，这类砌块材料目前有火山渣混凝土、浮石混凝土和陶粒混凝土，多排孔砌块主要考虑节能要求，排数有二排、三排和四排，孔洞率较小，砌块规格各地不一致，块体强度等级较低，一般不超过 MU10，为了多排孔轻集料混凝土砌块建筑的推广应用，《混凝土砌块建筑技术规程》JGJ/T 145 列入了轻集料混凝土砌块建筑的设计和施工规定。规范应用了 JGJ/T 14 收集的砌体强度试验数据。

规范应用的试验资料为吉林、黑龙江两省火山渣、浮石、陶粒混凝土砌块砌体强度试验数据 48 组 243 个试件，其中多排孔单砌砌体试件共 17 组 109 个试件，多排孔组砌砌体 21 组 70 个试件，单排孔砌体 10 组 64 个试件。多排孔单砌砌体强度试验值 f' 和公式平均值 f_m 比值为 1.615，变异系数为 0.104。多排孔组砌砌体强度试验值 f' 和公式平均值 f_m 比值为 1.003，变异系数为 0.202。从统计参数分析，多排孔单砌强度较高，组砌后明显降低，考虑多排孔砌块砌体强度和单排孔砌块砌体强度有差别；同时偏于安全考虑，本次修订对孔洞率不大于 35% 的双排孔或多排孔轻骨料混凝土砌块砌体的抗压强度设计值，按单排孔混凝土砌块砌体强度设计值乘以 1.1 采用。对组砌的砌体的抗压强度设计值乘以 0.8 采用。

值得指出的是，轻集料砌块的建筑应用，应采用以强度等级和密度等级双控的原则，避免只重视块体强度而忽视其耐久性。调查发现，当前许多企业，以生产陶粒砌块为名，代之以大量的炉渣等工业废弃物，严重降低了块材质量，为建筑工程质量埋下隐患。应遵照国家标准《墙体材料应用统一技术规范》GB 50574，对轻集料砌块强度等级和密度等级双控的原则进行质量控制。

7、8 除毛料石砌体和毛石砌体的抗压强度设计值作了适当降低外，条文未作修改。

本条中砌筑砂浆等级为 0 的砌体强度，为供施工验算时采用。

3.2.2 沿砌体灰缝截面破坏时砌体的轴心抗拉强度设计值、弯曲抗拉强度设计值和抗剪强度设计值是涉及砌体结构设计安全的重要指标。本条文也增加了混凝土砖、混凝土多孔砖沿砌体灰缝截面破坏时砌体的轴心抗拉强度设计值、弯曲抗拉强度设计值和抗剪强度设计值。

近年来长沙理工大学、沈阳建筑大学、中国建筑东北设计研究院有限公司等单位对混凝土砖、混凝土多孔砖沿砌体灰缝截面破坏时砌体的轴心抗拉强度、弯曲抗拉强度和抗剪强度进行了系统的试验研究，研究成果表明，混凝土砖、混凝土多孔砖的上述强度均高于烧结普通砖砌体，为可靠，本次修订不作提高。

蒸压灰砂砖砌体抗剪强度系根据湖南大学、重庆市建筑科学研究院和长沙市城建科研所的通缝抗剪强度试验资料，以及《蒸压灰砂砖砌体结构设计与施工规程》CECS 20：90 的抗剪强度指标确定的。灰砂砖砌体的抗剪强度各地区的试验数据有差异，主要原因是各地区生产的灰砂砖所用砂的细度和生产工艺（半干压法压制成型）不同，以及采用的试验方法和砂浆试块采用的底模砖不同引起。本次修订以双剪试验方法和以灰砂砖作砂浆试块底模的试验数据为依据，并考虑了灰砂砖砌体通缝抗剪强度的变异。根据试验资料，蒸压灰砂砖砌体的抗剪强度设计值较烧结普通砖砌体的抗剪强度有较大的降低。用普通砂浆砌筑的蒸压灰砂砖砌体的抗剪强度取砖砌体抗剪强度的 0.70 倍。

蒸压粉煤灰砖砌体抗剪强度取值依据四川省建筑科学研究院、沈阳建筑大学和长沙理工大学的研究报告，其抗剪强度较烧结普通砖砌体的抗剪强度有较大降低，用普通砂浆砌筑的蒸压粉煤灰砖砌体抗剪强度设计值取烧结普通砖砌体抗剪强度的 0.70 倍。

为有效提高蒸压硅酸盐砖砌体的抗剪强度，确保结构的工程质量，应积极推广、应用专用砌筑砂浆。表中的砌筑砂浆为普通砂浆，当该类砖采用专用砂浆砌筑时，其砌体沿砌体灰缝截面破坏时砌体的轴心抗拉强度设计值、弯曲抗拉强度设计值和抗剪强度设计值按普通烧结砖砌体的采用。当专用砂浆的砌体抗剪强度高于烧结普通砖砌体时，其砌体抗剪强度仍取烧结普通砖砌体的强度设计值。

轻集料混凝土砌块砌体的抗剪强度指标系根据黑龙江、吉林等地区抗剪强度试验资料。共收集 16 组 89 个试验数据，试验值 f' 和混凝土砌块抗剪强度平均值 $f_{v,m}$ 的比值为 1.41。对于孔洞率小于或等于35％的双排孔或多排孔砌块砌体的抗剪强度按混凝土砌块砌体抗剪强度乘以 1.1 采用。

单排孔且孔对孔砌筑混凝土砌块灌孔砌体的通缝抗剪强度是本次修订中增加的内容，主要依据湖南大学 36 个试件和辽宁建筑科学研究院 66 个试件的试验资料，试件采用了不同的灌孔率。砂浆强度和砌块强度，通过分析灌孔后通缝抗剪强度和灌孔率。灌孔砌体的抗压强度有关，回归分析的抗剪强度平均值公式为：

$$f_{vg,m} = 0.32 f_{g,m}^{0.55}$$

试验值 $f'_{v,m}$ 和公式值 $f_{vg,m}$ 的比值为 1.061，变异系数为 0.235。

灌孔后的抗剪强度设计值公式为：$f_{vg} = 0.208 f_g^{0.55}$，取 $f_{vg} = 0.20 f_g^{0.55}$。

需指出，承重单排孔混凝土空心砌块砌体对穿孔（上下皮砌块孔与孔相对）是保证混凝土砌块与砌筑砂浆有效粘结、成型混凝土芯柱所必需的条件。目前我国多数企业生产的砌块对此均欠考虑，生产的块材往往不能满足砌筑时的孔对孔，其砌体通缝抗剪能力必然比按规范计算结构有所降低。工程实践表明，由于非对穿孔墙体砂浆的有效粘结面少、墙体的整体性差，已成为空心砌块建筑墙体渗、漏、裂的主要原因，也成为震害严重的原因之一（玉树震害调查表明，用非对穿孔空心砌块砌墙及专用砂浆的缺失，成为当地空心砌块建筑毁坏的原因之一）。故必须对此予以强调，要求设备制作企业在空心砌块模具的加工时，就应对块材的应用情况有所了解。

3.2.3 因砌体强度设计值调整系数关系到结构的安全，故将本条定为强制性条文。水泥砂浆调整系数在73 及 88 规范中基本参照苏联规范，由专家讨论确定的调整系数。四川省建筑科学研究院对大孔洞率条型孔多孔砖砌体力学性能试验表明，中、高强度水泥砂浆对砌体抗压强度和砌体抗剪强度无不利影响。试验表明，当 $f_2 \geq 5$MPa 时，可不调整。本规范仍保持2001 规范的取值，偏于安全。

3.2.5 全国 65 组 281 个灌孔混凝土砌块砌体试件试验结果分析表明，2001 规范中单排孔对孔砌筑的灌孔混凝土砌块砌体弹性模量取值偏低，低估了灌孔混凝土砌块砌体墙的水平刚度，对框支灌孔混凝土砌块砌体剪力墙和灌孔混凝土砌块砌体房屋的抗震设计偏于不安全。由理论和试验结果分析、统计，并参照国外有关标准的取值，取 $E = 2000 f_g$。

因为弹性模量是材料的基本力学性能，与构件尺寸等无关，而强度调整系数主要是针对构件强度与材料强度的差别进行的调整，故弹性模量中的砌体抗压强度值不需用3.2.3条进行调整。

本条增加了砌体的收缩率，因国内砌体收缩试验数据少。本次修订主要参考了块体的收缩、长沙理工大学的试验数据，并参考了ISO/TC 179/SCI的规定，经分析确定的。砌体的收缩和块体的上墙含水率、砌体的施工方法等有密切关系。如当地有可靠的砌体收缩率的试验数据，亦可采用当地试验数据。

长沙理工大学、郑州大学等单位的试验结果表明，混凝土多孔砖的力学指标抗压强度和弹性模量与烧结砖相同，混凝土多孔砖的其他物理指标与混凝土砌块相同，如摩擦系数和线膨胀系数是参考本规范中混凝土小砌块砌体取值的。

4 基本设计规定

4.1 设 计 原 则

4.1.1～4.1.5 根据《建筑结构可靠度设计统一标准》GB 50068，结构设计仍采用概率极限状态设计原则和分项系数表达的计算方法。本次修订，根据我国国情适当提高了建筑结构的可靠度水准；明确了结构和结构构件的设计使用年限的含意、确定和选择；并根据建设部关于适当提高结构安全度的指示，在第4.1.5条作了几个重要改变：

1 针对以自重为主的结构构件，永久荷载的分项系数增加了1.35的组合，以改进自重为主构件可靠度偏低的情况；

2 引入了《施工质量控制等级》的概念。

长期以来，我国设计规范的安全度未和施工技术、施工管理水平等挂钩，而实际上它们对结构的安全度影响很大。因此为保证规范规定的安全度，有必要考虑这种影响。发达国家在设计规范中明确地提出了这方面的规定，如欧共体规范、国际标准。我国在学习国外先进管理经验的基础上，并结合我国的实际情况，首先在《砌体工程施工及验收规范》GB 50203-98中规定了砌体施工质量控制等级。它根据施工现场的质保体系、砂浆和混凝土的强度、砌筑工人技术等级方面的综合水平划为A、B、C三个等级。但因当时砌体规范尚未修订，它无从与现行规范相对应，故其规定的A、B、C三个等级，只能与建筑物的重要性程度相对应。这容易引起误解。而实际的内涵是在不同的施工控制水平下，砌体结构的安全度不应该降低，它反映了施工技术、管理水平和材料消耗水平的关系。因此本规范引入了施工质量控制等级的概念，考虑到一些具体情况，砌体规范只规定了B级和C级施工质量控制等级。当采用C级时，砌体强度设计值应乘第3.2.3条的 γ_a，$\gamma_a = 0.89$；当采用A级施工质量控制等级时，可将表中砌体强度设计值提高5％。施工质量控制等级的选择主要根据设计和建设单位商定，并在工程设计图中明确设计采用的施工质量控制等级。

因此本规范中的A、B、C三个施工质量控制等级应按《砌体结构工程施工质量验收规范》GB 50203中对应的等级要求进行施工质量控制。

但是考虑到我国目前的施工质量水平，对一般多层房屋宜按B级控制。对配筋砌体剪力墙高层建筑，设计时宜选用B级的砌体强度指标，而在施工时宜采用A级的施工质量控制等级。这样做是有意提高这种结构体系的安全储备。

4.1.6 在验算整体稳定性时，永久荷载效应与可变荷载效应符号相反，而前者对结构起有利作用。因此，若永久荷载分项系数仍取同号效应时相同的值，则将影响构件的可靠度。为了保证砌体结构和结构构件具有必要的可靠度，故当永久荷载对整体稳定有利时，取 $\gamma_G = 0.8$。本次修订增加了永久荷载控制的组合项。

4.2 房屋的静力计算规定

取消上刚下柔多层房屋的静力计算方案及原附录的计算方法。这是考虑到这种结构存在着显著的刚度突变，在构造处理不当或偶发事件中存在着整体失效的可能性。况且通过适当的结构布置，如增加横墙，可成为符合刚性方案的结构，既经济又安全的砌体结构静力方案。

4.2.5 第3款，计算表明，因屋盖梁下砌体承受的荷载一般较楼盖梁小，承载力裕度较大，当采用楼盖梁的支承长度后，对其承载力影响很小。这样做以简化设计计算。板下砌体的受压和梁下砌体受压是不同的。板下是大面积接触，且板的刚度要比梁的小得多，而所受荷载也要小得多，故板下砌体应力分布要平缓得多。根据《国际标准》ISO 9652-1规定：楼面活荷载不大于 $5kN/m^2$ 时，偏心距 $e = 0.05(l_1 - l_2) \leqslant h/3$。式中 l_1、l_2 分别为墙两侧板的跨度，h 墙厚。当墙厚小于200mm时，该偏心距应乘以折减系数 $h/200$；当双向板跨比达到1：2时，板的跨度可取短边长的2/3。考虑到我国砌体房屋多年的工程经验和梁传荷载下支承压力方法的一致性原则，则取 $0.4a$ 是安全的也是对规范的补充。

第4款，即对于梁跨度大于9m的墙承重的多层房屋，应考虑梁端约束弯矩影响的计算。

试验表明上部荷载对梁端的约束随局压应力的增大呈下降趋势，在砌体局压临破坏时约束基本消失。但在使用阶段对于跨度比较大的梁，其约束弯矩对墙体受力影响应予考虑。根据三维有限元分析，$a/h = 0.75$，$l = 5.4m$，上部荷载 $\sigma_0/f_m = 0.1、0.2、0.3、$

0.4 时，梁端约束弯矩与按框架分析的梁端弯矩的比值分别为 0.28、0.377、0.449、0.511。为了设计方便，将其替换为梁端约束弯矩与梁固端弯矩的比值 K，分别为 8.3%、12.2%、16.6%、21.4%。为此拟合成公式 4.2.5 予以反映。

本方法也适用于上下墙厚不同的情况。

4.2.6 根据表 4.2.6 所列条件（墙厚 240mm）验算表明，由风荷载引起的应力仅占竖向荷载的 5% 以下，可不考虑风荷载影响。

4.3 耐久性规定

砌体结构的耐久性包括两个方面，一是对配筋砌体结构构件的钢筋的保护，二是对砌体材料保护。原规范中虽均有反映，但比较分散，而且对砌体耐久性的要求或保护措施相对比较薄弱一些。因此随着人们对工程结构耐久性要求的关注，有必要对砌体结构的耐久性进行增补和完善并单独作为一节。砌体结构的耐久性与钢筋混凝土结构既有相同处但又有一些优势。相同处是指砌体结构中的钢筋保护增加了砌体部分，而比混凝土结构的耐久性好，无筋砌体尤其是烧结类砖砌体的耐久性更好。本节耐久性规定主要根据工程经验并参照国内外有关规范增补的：

1 关于环境类别

环境类别主要根据国际标准《配筋砌体结构设计规范》ISO 9652-3 和英国标准 BS5628。其分类方法和我国《混凝土结构设计规范》GB 50010 很接近。

2 配筋砌体中钢筋的保护层厚度要求，英国规范比美国规范更严，而国际标准有一定灵活性表现在：

1) 英国规范认为砖砌体或其他材料具有吸水性，内部允许存在渗流，因此就钢筋的防腐要求而论，砌体保护层几乎起不到防腐作用，可忽略不计。另外砂浆的防腐性能通常较相同厚度的密实混凝土防腐性能差，因此在相同暴露情况下，要求的保护层厚度通常比混凝土截面保护层大。

2) 国际标准与英国标准要求相同，但在砌体块体和砂浆满足抗渗性能要求条件下钢筋的保护层可考虑部分砌体厚度。

3) 据 UBC 砌体规范 2002 版本，其对环境仅有室内正常环境和室外或暴露于地基土中两类，而后者的钢筋保护层，当钢筋直径大于 No.5（$\phi = 16$）不小于 2 英寸（50.8mm），当不大于 No.5 时不小于 1.5 英寸（38.1mm）。在条文解释中，传统的钢筋是不镀锌的，砌体保护层可以延缓钢筋的锈蚀速度，保护层厚度是指从砌体外表面到钢筋最外层的距离。如果横向钢筋围着主筋，则应从箍筋的最外边缘测量。

砌体保护层包括砌块、抹灰层、面层的厚度。在水平灰缝中，钢筋保护层厚度是指从钢筋的最外缘到抹灰层外表面的砂浆和面层总厚度。

4) 本条的 5 类环境类别对应情况下钢筋混凝土保护层厚度采用了国际标准的规定，并在环境类别 1~3 时给出了采用防渗块材和砂浆时混凝土保护的低限值，并参照国外规范规定了某些钢筋的防腐镀（涂）层的厚度或等效的保护。随着新防腐材料或技术的发展也可采用性价比更好、更节能环保的钢筋防护材料。

5) 砌体中钢筋的混凝土保护层厚度要求基本上同混凝土规范，但适用的环境条件也根据砌体结构复合保护层的特点有所扩大。

3 无筋砌体

无筋高强度等级砖石结构经历数百年和上千年考验其耐久性是不容置疑的。对非烧结块材、多孔块材的砌体处于冻胀或某些侵蚀环境条件下其耐久性易于受损，故提高其砌体材料的强度等级是最有效和普遍采用的方法。

地面以下或防潮层以下的砌体采用多孔砖或混凝土空心砌块时，应将其孔洞预先用不低于 M10 的水泥砂浆或不低于 Cb20 的混凝土灌实，不应随砌随灌，以保证灌孔混凝土的密实度及质量。

鉴于全国范围内的蒸压灰砂砖、蒸压粉煤灰砖等蒸压硅酸盐砖的制砖工艺、制造设备等有着较大的差异，砖的品质不尽一致；又根据国家现行的材料标准，本次修订规定，环境类别为 3~5 等有侵蚀性介质的情况下，不应采用蒸压灰砂砖和蒸压粉煤灰砖。

5 无筋砌体构件

5.1 受压构件

5.1.1、5.1.5 无筋砌体受压构件承载力的计算，具有概念清楚、方便技术的特点，即：

1 轴向力的偏心距按荷载设计值计算。在常遇荷载情况下，直接采用其设计值代替标准值计算偏心距，由此引起承载力的降低不超过 6%。

2 承载力影响系数 φ 的公式，不仅符合试验结果，且计算简化。

综合上述 1 和 2 的影响，新规范受压构件承载力与原规范的承载力基本接近，略有下调。

3 计算公式按附加偏心距分析方法建立，与单向偏心受压构件承载力的计算公式相衔接，并与试验结果吻合较好。湖南大学 48 根短柱和 30 根长柱的双向偏心受压试验表明，试验值与本方法计算值的平均比值，对于短柱为 1.236，长柱为 1.329，其变异系数分别为 0.103 和 0.163。而试验值与苏联规范计算值的平均比值，对于短柱为 1.439，对于长柱为 1.478，其变异系数分别为 0.163 和 0.225。此外，试验表明，当 $e_b > 0.3b$ 和 $e_h > 0.3h$ 时，随着荷载的增加，砌体内水平裂缝和竖向裂缝几乎同时产生，甚至水平裂缝较竖向裂缝出现早，因而设计双向偏心受压构件时，对偏心距的限值较单向偏心受压时偏心距的限值规定得小些是必要的。分析还表明，当一个方向的偏心率（如 e_b/b）不大于另一个方向的偏心率（如 e_h/h）的 5% 时，可简化按另一方向的单向偏心受压（如 e_h/h）计算，其承载力的误差小于 5%。

5.2 局部受压

5.2.4 关于梁端有效支承长度 a_0 的计算公式，规范提供了 $a_0 = 38\sqrt{\dfrac{N_l}{bf\tan\theta}}$，和简化公式 $a_0 = 10\sqrt{\dfrac{h_c}{f}}$，如果前式中 $\tan\theta$ 取 1/78，则也成了近似公式，而且 $\tan\theta$ 取为定值后反而与试验结果有较大误差。考虑到两个公式计算结果不一样，容易在工程应用上引起争端，为此规范明确只列后一个公式。这在常用跨度梁情况下和精确公式误差约为 15%，不致影响局部受压安全度。

5.2.5 试验和有限元分析表明，垫块上表面 a_0 较小，这对于垫块下局压承载力计算影响不是很大（有垫块时局压应力大为减小），但可能对其下的墙体受力不利，增大了荷载偏心距，因此有必要给出垫块上表面梁端有效支承长度 a_0 计算方法。根据试验结果，考虑与现浇垫块局部承载力相协调，并经分析简化也采用公式（5.2.4-5）的形式，只是系数另外作了具体规定。

对于采用与梁端现浇成整体的刚性垫块与预制刚性垫块下局压有些区别，但为简化计算，也可按后者计算。

5.2.6 梁搁置在圈梁上则存在出平面不均匀的局部受压情况，而且这是大多数的受力状态。经过计算分析考虑了柔性垫梁不均匀局压情况，给出 $\delta_2 = 0.8$ 的修正系数。

此时 a_0 可近似按刚性垫块情况计算。

5.5 受剪构件

5.5.1 根据试验和分析，砌体沿通缝受剪构件承载力可采用复合受力影响系数的剪摩理论公式进行计算。

1 公式（5.5.1-1）～公式（5.5.1-3）适用于烧结的普通砖、多孔砖、蒸压的灰砂砖和粉煤灰砖以及混凝土砌块等多种砌体构件水平抗剪计算。该式系由重庆建筑大学在试验研究基础上对包括各类砌体的国内 19 项试验数据进行统计分析的结果。此外，因砌体竖缝抗剪强度很低，可将阶梯形截面近似按其水

平投影的水平截面来计算。

2 公式（5.5.1）的模式系基于剪压复合受力相关性的两次静力试验，包括 M2.5、M5.0、M7.5 和 M10 等四种砂浆与 MU10 页岩砖共 231 个数据统计回归而得。此相关性亦为动力试验所证实。研究结果表明：砌体抗剪强度并非如摩尔和库仑两种理论随 σ_0/f_m 的增大而持续增大，而是在 $\sigma_0/f_m = 0 \sim 0.6$ 区间增长逐步减慢；而当 $\sigma_0/f_m > 0.6$ 后，抗剪强度迅速下降，以致 $\sigma_0/f_m = 1.0$ 时为零。整个过程包括了剪摩、剪压和斜压等三个破坏阶段与破坏形态。当按剪摩公式形式表达时，其剪压复合受力影响系数 μ 非定值而为斜直线方程，并适用于 $\sigma_0/f_m = 0 \sim 0.8$ 的近似范围。

3 根据国内 19 份不同试验共 120 个数据的统计分析，实测抗剪承载力与按有关公式计算值之比值的平均值为 0.960，标准差为 0.220，具有 95% 保证率的统计值为 0.598（≈0.6）。又取 $\gamma_1 = 1.6$ 而得出（5.5.1）公式系列。

4 式中修正系数 α 系通过对常用的砖砌体和混凝土空心砌块砌体，当用于四种不同开间及楼（屋）盖结构方案时可能导致的最不利承重墙，采用（5.5.1）公式与抗震设计规范公式抗剪强度之比较分析而得出的，并根据 $\gamma_G = 1.2$ 和 1.35 两种荷载组合以及不同砌体类别而取用不同的 α 值。引入 α 系数意在考虑试验与工程实验的差异，统计数据有限以及与现行两本规范衔接过渡，从而保持大致相当的可靠度水准。

5 简化公式中 σ_0 定义为永久荷载设计值引起的水平截面压应力。根据不同的荷载组合而有与 $\gamma_G = 1.2$ 和 1.35 相应的（5.5.1-2）及（5.5.1-3）等不同 μ 值计算公式。

6 构造要求

6.1 墙、柱的高厚比验算

6.1.1 由于配筋砌体的使用越来越普遍，本次修订增加了配筋砌体的内容，因此本节也相应增加了配筋砌体高厚比的限值。由于配筋砌体的整体性比无筋砌体好，刚度较无筋砌体大，因此在无筋砌体高厚比最高限值为 28 的基础上作了提高，配筋砌体高厚比最高限值为 30。

6.1.2 墙中设混凝土构造柱时可提高墙体使用阶段的稳定性和刚度，设混凝土构造柱墙在使用阶段的允许高厚比提高系数 μ_c，是在对设混凝土构造柱的各种砖墙、砌块墙和石砌墙的整体稳定性和刚度进行分析后提出的偏下限公式。为与组合墙承载力计算相协调，规定 $b_c/l > 0.25$（即 $l/b_c < 4$ 时取 $l/b_c = 4$）；当 $b_c/l < 0.05$（即 $l/b_c > 20$）时，表明构造柱间距过

大，对提高墙体稳定性和刚度作用已很小。

由于在施工过程中大多是先砌筑墙体后浇筑构造柱，应注意采取措施保证设构造柱墙在施工阶段的稳定性。

对壁柱间墙或带构造柱墙的高厚比验算，是为了保证壁柱间墙和带构造柱墙的局部稳定。如高厚比验算不能满足公式（6.1.1）要求时，可在墙中设置钢筋混凝土圈梁。当圈梁宽度 b 与相邻壁柱间或相邻构造柱间的距离 s 的比值 $b/s \geqslant 1/30$ 时，圈梁可视作不动铰支点。当相邻壁柱间的距离 s 较大，为满足上述要求，圈梁宽度 $b < s/30$ 时，可按等刚度原则增加圈梁高度。

6.1.3 用厚度小于 90mm 的砖或块材砌筑的隔墙，当双面用较高强度等级的砂浆抹灰时，经部分地区工程实践证明，其稳定性满足使用要求。本次修订时增加了对于厚度小于 90mm 的墙，当抹灰层砂浆强度等级等于或大于 M5 时，包括抹灰层的墙厚达到或超过90mm 时，可按 $h = 90$mm 验算高厚比的规定。

6.1.4 对有门窗洞口的墙 $[\beta]$ 的修正系数 μ_2，系根据弹性稳定理论并参照实践经验拟定的。根据推导，μ_2 尚与门窗高度有关，按公式（6.1.4）算得的 μ_2，约相当于门窗洞高为墙高 2/3 时的数值。当洞口高度等于或小于墙高 1/5 时，可近似采用 μ_2 等于 1.0。当洞口高度大于或等于墙高的 4/5 时，门窗洞口墙的作用已较小。因此，在本次修编中，对当洞口高度大于或等于墙高的 4/5 时，作了较严格的要求，按独立墙段验算高厚比。这在某些仓库建筑中会遇到这种情况。

6.2 一般构造要求

6.2.1 本条是强制性条文，汶川地震灾害的经验表明，预制钢筋混凝土板之间有可靠连接，才能保证楼面板的整体作用，增加墙体约束，减小墙体竖向变形，避免楼板在较大位移时坍塌。

该条是保整结构安全与房屋整体性的主要措施之一，应严格执行。

6.2.2 工程实践表明，墙体转角处和纵横墙交接处设拉结钢筋是提高墙体稳定性和房屋整体性的重要措施之一。该项措施对防止墙体温度或干缩变形引起的开裂也有一定作用。调查发现，一些开有大（多）孔洞的块材墙体，其设于墙体灰缝内的拉结钢筋大多放到了孔洞处，严重影响了钢筋的拉结。研究表明，由于多孔砖孔洞的存在，钢筋在多孔砖砌体灰缝内的锚固承载力小于同等条件下在实心砖砌体灰缝内的锚固承载力。根据试验数据和可靠性分析，对于孔洞率不大于 30% 的多孔砖，墙体水平灰缝拉结筋的锚固长度应为实心砖墙体的 1.4 倍。为保障墙体的整体性能与安全，特制定此条文，并将其定为强制性条文。

6.2.4 在砌体中留槽及埋设管道对砌体的承载力影响较大，故本条规定了有关要求。

6.2.6 同 2001 规范相应条文关于梁下不同材料支承墙体时的规定。

6.2.8 对厚度小于或等于 240mm 的墙，当梁跨度大于或等于本条规定时，其支承处宜加设壁柱。如设壁柱后影响房间的使用功能。也可采用配筋砌体或在墙中设钢筋混凝土柱等措施对墙体予以加强。

6.2.11 本条根据工程实践将砌块墙与后砌隔墙交接处的拉结钢筋网片的构造具体化，并加密了该网片沿墙高设置的间距（400mm）。

6.2.12 为增强混凝土砌块房屋的整体性和抗裂能力和工程实践经验提出了本规定。为保证灌实质量，要求其坍落度为 160mm～200mm 的专用灌孔混凝土（Cb）。

6.2.13 混凝土小型砌块房屋在顶层和底层门窗洞口两边易出现裂缝，规定在顶层和底层门窗洞口两边200mm 范围内的孔洞用混凝土灌实，为保证灌实质量，要求混凝土坍落度为160mm～200mm。

6.3 框架填充墙

6.3.1 本条系新增加内容。主要基于以往历次大地震，尤其是汶川地震的震害情况表明，框架（含框剪）结构填充墙等非结构构件均遭到不同程度破坏，有的损害甚至超出了主体结构，导致不必要的经济损失，尤其高级装饰条件下的高层建筑的损失更为严重。同样也曾发生过受较大水平风荷载作用而导则墙体毁坏并殃及地面建筑、行人的案例。这种现象应引起人们的广泛关注，防止或减轻该类墙体震害及强风作用的有效设计方法和构造措施已成为工程界的急需和共识。

现行国家标准《建筑抗震设计规范》GB 50011已对属非结构构件的框架填充墙的地震作用的计算有详细规定，本规范不再列出。

6.3.3

1 填充墙选用轻质砌体材料可减轻结构重量、降低造价、有利于结构抗震；

2 填充墙体材料强度等级不应过低，否则，当框架稍有变形时，填充墙体就可能开裂，在意外荷载或烈度不高的地震作用时，容易遭到损坏，甚至造成人员伤亡和财产损失；

4 目前有些企业自行研制、开发了夹心复合砌块，即两叶薄型混凝土砌块中间夹有保温层（如EPS、XPS 等），并将其用于框架结构的填充墙。虽然墙的整体宽度一般均大于 90mm，但每片混凝土薄块仅为 30mm～40mm。由于保温夹层较软，不能对混凝土块构成有效的侧限，因此当混凝土梁（板）变形并压紧墙时，单叶墙会因高厚比过大而出现失稳崩坏，故内外叶间必须有可靠的拉结。

6.3.4 震害经验表明：嵌砌在框架和梁中间的填充

墙砌体，当强度和刚度较大，在地震发生时，产生的水平地震作用力，将会顶推框架梁柱，易造成柱节点处的破坏，所以强度过高的填充墙并不完全有利于框架结构的抗震。本条规定填充墙与框架柱、梁连接处构造，可根据设计要求采用脱开或不脱开的方法。

1 填充墙与框架柱、梁脱开是为了减小地震时填充墙对框架梁、柱的顶推作用，避免混凝土框架的损坏。本条除规定了填充墙与框架柱、梁脱开间隙的构造要求，同时为保证填充墙平面外的稳定性，规定了在填充墙两端的梁、板底及柱（墙）侧增设卡口铁件的要求。

需指出的是，设于填充墙内的构造柱施工时，不需预留马牙槎。柱顶预留的不小于15mm的缝隙，则为了防止楼板（梁）受弯变形后对柱的挤压。

2 本款为填充墙与框架采用不脱开的方法时的相应的作法。

调查表明，由于混凝土柱（墙）深入填充墙的拉结钢筋断于同一截面位置，当墙体发生竖向变形时，该部位常常产生裂缝。故本次修订规定埋入填充墙内的拉结筋应错开截断。

6.4 夹 心 墙

为适应我国建筑节能要求，作为高效节能墙体的多叶墙，即夹心墙的设计，在这次修编中，根据我国的试验并参照国外规范的有关规定新增加的一节。2001规范将"夹心墙"定名为"夹芯墙，为了与国家标准《墙体材料应用统一技术规范》GB 50574及相关标准相一致，本次修订改为夹心墙。

6.4.1 通过必要的验证性试验，本次修订将2001规范规定的夹心墙的夹层厚度不宜大于100mm改为120mm，扩大了适用范围，也为夹心墙内设置空气间层提供了方便。

6.4.2 夹心墙的外叶墙处于环境恶劣的室外，当采用低强度的外叶墙时，易因劣化、脱落而毁物伤人。故对其块体材料的强度提出了较高的要求。本条为强制性条文，应严格执行。

6.4.5 我国的一些科研单位，如中国建筑科学研究院、哈尔滨建筑大学、湖南大学、南京工业大学等先后作了一定数量的夹心墙的静、动力试验（包括钢筋拉结和丁砖拉结等构造方案），并提出了相应的构造措施和计算方法。试验表明，在竖向荷载作用下，拉结件能协调内、外叶墙的变形，夹心墙通过拉结件为内叶墙提供了一定的支持作用，提高了内叶墙的承载力和增加了叶墙的稳定性，在往复荷载作用下，钢筋拉结件能在大变形情况下防止外叶墙失稳破坏，内外叶墙变形协调，共同工作。因此钢筋拉结件对防止已开裂墙体在地震作用下不致脱落、倒塌有重要作用。另外不同拉接方案对比试验表明，采用钢筋拉结件的夹心墙片，不仅破坏较轻，并且其变形能力和承载能

力的发挥也较好。本次修订引入了国外应用较为普遍的可调拉结件，这种拉结件预埋在夹心墙内、外叶墙的灰缝内，利用可调节特性，消除内外叶墙因竖向变形不一致而产生的不利影响，宜采用。

6.4.6 叶墙的拉结件或钢筋网片采用热镀锌进行防腐处理时，其镀层厚度不应小于290g/m²。采用其他材料涂层应具有等效防腐性能。

6.5 防止或减轻墙体开裂的主要措施

6.5.1 为防止墙体房屋因长度过大由于温差和砌体干缩引起墙体产生竖向整体裂缝，规定了伸缩缝的最大间距。考虑到石砌体、灰砂砖和混凝土砌块与砌体材料性能的差异，根据国内外有关资料和工程实践经验对上述砌体伸缩缝的最大间距予以折减。

按表6.5.1设置的墙体伸缩缝，一般不能同时防止由于钢筋混凝土屋盖的温度变形和砌体干缩变形引起的墙体局部裂缝。

6.5.2

1 屋面设置保温、隔热层的规定不仅适用与设计，也适用于施工阶段，调查发现，一些砌体结构工程的混凝土屋面由于未对板材采取应有的防晒（冻）措施，混凝土构件在裸露环境下所产生的温度应力将顶层墙体拉裂现象，故也应对施工期的混凝土屋盖应采取临时的保温、隔热措施。

2～8 为了防止和减轻由于钢筋混凝土屋盖的温度变化和砌体干缩变形以及其他原因引起的墙体裂缝，本次修编将国内外比较成熟的一些措施列出，使用者可根据自己的具体情况选用。

对顶层墙体施加预应力的具体方法和构造措施如下：

①在顶层端开间纵墙墙体布置后张无粘结预应力钢筋，预应力钢筋可采用热轧HRB400钢筋，间距宜为400mm～600mm，直径宜为16mm～18mm，预应力钢筋的张拉控制应力宜为$0.50～0.65f_{yk}$，在墙体内产生0.35MPa～0.55MPa的有效压应力，预应力总损失可取25%；

②采用后张法施加预应力，预应力钢筋可采用扭矩扳手或液压千斤顶张拉，扭矩扳手使用前需进行标定，施加预应力时，砌体抗压强度及混凝土立方体抗压强度不宜低于设计值的80%；

③预应力钢筋下端（固定端）可以锚固于下层楼面圈梁内，锚固长度不宜小于30d，预应力钢筋上端（张拉端）可采用螺丝端杆锚具锚固于屋面圈梁上，屋面圈梁应进行局部承压验算；

④预应力钢筋应采取可靠的防锈措施，可直接在钢筋表面涂刷防腐涂料、包缠防腐材料等措施。

防止墙体裂缝的措施尚在不断总结和深化，故不限于所列方法。当有实践经验时，也可采用其他措施。

6.5.4 本条原是考虑到蒸压灰砂砖、混凝土砌块和其他非烧结砖砌体的干缩变形较大，当实体墙长超过5m时，往往在墙体中部出现两端小、中间大的竖向收缩裂缝，为防止或减轻这类裂缝的出现，而提出的一条措施。该项措施也适合于其他墙体材料设计时参考使用，因此此次修编，去掉了墙体材料的限制。

6.5.5 本条原是根据混凝土砌块房屋在这些部位易出现裂缝，并参照一些工程设计经验和标通图，提出的有关措施。该项措施也可供其他墙体材料设计时参考使用，因此此次修编，去掉了混凝土砌块房屋的限制。

6.5.6 由于填充墙与框架柱、梁的缝隙采用了聚苯乙烯泡沫塑料板条或聚氨酯发泡材料充填，且用硅酮胶或其他弹性密封材料封缝，为防止该部位裂缝的显现，亦采用耐久、耐看的缝隙装饰条进行建筑构造处理。

6.5.7 关于控制缝的概念主要引自欧、美规范和工程实践。它主要针对高收缩率砌体材料，如非烧结砖和混凝土砌块，其干缩率为0.2mm/m～0.4mm/m，是烧结砖的2～3倍。因此按对待烧结砖砌体结构的温度区段和抗裂措施是远远不够的。在本规范6.2节的不少条的措施是针对这个问题的，亦显然是不完备的。按照欧美规范，如英国规范规定，对黏土砖砌体的控制间距为10m～15m，对混凝土砌块和硅酸盐砖（本规范指的是蒸压灰砂砖、粉煤灰砖等）砌体一般不应大于6m；美国混凝土协会（ACI）规定，无筋砌体的最大控制缝间距为12m～18m，配筋砌体的控制缝不超过30m。这远远超过我国砌体规范温度区段的间距。这也是按本规范的温度区段和有关抗裂构造措施不能消除在砌体房屋中裂缝的一个重要原因。控制缝是根据砌体材料的干缩特性，把较长的砌体房屋的墙体划分成若干个较小的区段，使砌体因温度、干缩变形引起的应力或裂缝很小，而达到可以控制的地步，故称控制缝（control joint）。控制缝为单墙设缝，不同我国普遍采用的双墙温度缝。该缝沿墙长方向能自己伸缩，而在墙体出平面则能承受一定的水平力。因此该缝材料还对防水密封有一定要求。关于在房屋纵墙上，按本条规定设缝的理论分析是这样的：房屋墙体刚度变化、高度变化均会引起变形突变，正是裂缝的多发处，而在这些位置设置控制缝就解决了这个问题，但随之提出的问题是，留控制缝后对砌体房屋的整体刚度有何影响，特别是对房屋的抗震影响如何，是个值得关注的问题。哈尔滨工业大学对一般七层砌体住宅，在顶层按10m左右在纵墙的门或窗洞部位设置控制缝进行了抗震分析，其结论是：控制缝引起的墙体刚度降低很小，至少在低烈度区，如不大于7度情况下，是安全可靠的。控制缝在我国因系新作法，在实施上需结合工程情况设置控制缝和适合的嵌缝材料。这方面的材料可参见《现代砌体结构——全

国砌体结构学术会议论文集》（中国建筑工业出版社2000）。本条控制缝宽度取值是参照美国规范 ACI 530.1-05/ASCE 6-05/TMS 602-05 的规定。

6.5.8 根据夹心墙热效应及叶墙间的变形性差异（内叶墙受到外叶墙保护、内、外叶墙间变形不同）使外叶墙更易产生裂缝的特点，规定了这种墙体设置控制缝的间距。

7 圈梁、过梁、墙梁及挑梁

7.1 圈 梁

7.1.2、7.1.3 该两条所表述的圈梁设置涉及砌体结构的安全，故将其定为强制性条文。根据近年来工程反馈信息和住房商品化对房屋质量要求的不断提高，加强了多层砌体房屋圈梁的设置和构造。这有助于提高砌体房屋的整体性、抗震和抗倒塌能力。

7.1.6 由于预制混凝土楼、屋盖普遍存在裂缝，许多地区采用了现浇混凝土楼板，为此提出了本条的规定。

7.2 过 梁

7.2.1 本条强调过梁宜采用钢筋混凝土过梁。

7.2.3 砌有一定高度墙体的钢筋混凝土过梁按受弯构件计算严格说是不合理的。试验表明过梁也是偏拉构件。过梁与墙梁并无明确分界定义，主要差别在于过梁支承于平行的墙体上，且支承长度较长；一般跨度较小，承受的梁板荷载较小。当过梁跨度较大或承受较大梁板荷载时，应按墙梁设计。

7.3 墙 梁

7.3.1 本条较原规范的规定更为明确。

7.3.2 墙梁构造限值尺寸，是墙梁构件结构安全的重要保证，本条规定墙梁设计应满足的条件。关于墙体总高度、墙梁跨度的规定，主要根据工程经验。$\frac{h_w}{l_{0i}} \geq 0.4\left(\frac{1}{3}\right)$ 的规定是为了避免墙体发生斜拉破坏。

托梁是墙梁的关键构件，限制 $\frac{h_b}{l_{0i}}$ 不致过小不仅从承载力方面考虑，而且较大的托梁刚度对改善墙体抗剪性能和托梁支座上部砌体局部受压性能也是有利的，对承重墙梁改为 $\frac{h_b}{l_{0i}} \geq \frac{1}{10}$。但随着 $\frac{h_b}{l_{0i}}$ 的增大，竖向荷载向跨中分布，而不是向支座集聚，不利于组合作用充分发挥，因此，不应采用过大的 $\frac{h_b}{l_{0i}}$。洞宽和洞高限制是为了保证墙体整体性并根据试验情况作出的。偏开洞口对墙梁组合作用发挥是极不利的，洞口外墙肢过小，极易剪坏或被推出破坏，限制洞距 a_i

及采取相应构造措施非常重要。对边支座为 $a_i \geq 0.15l_{0i}$；增加中支座 $a_i \geq 0.07l_{0i}$ 的规定。此外，国内、外均进行过混凝土砌块砌体和轻质混凝土砌块砌体墙梁试验，表明其受力性能与砖砌体墙梁相似。故采用混凝土砌块砌体墙梁可参照使用。而大开间墙梁模型拟动力试验和深梁试验表明，对称开两个洞的墙梁和偏开一个洞的墙梁受力性能类似。对多层房屋的纵向连续墙梁每跨对称开两个窗洞时也可参照使用。

本次修订主要作了以下修改：

    1）近几年来，混凝土普通砖砌体、混凝土多孔砖砌体和混凝土砌块砌体在工程中有较多应用，故增加了由这三种砌体组成的墙梁。

    2）对于多层房屋的墙梁，要求洞口设置在相同位置并上、下对齐，工程中很难做到，故取消了此规定。

7.3.3 本条给出与第 7.3.1 条相应的计算简图。计算跨度取值系根据墙梁为组合深梁，其支座应力分布比较均匀而确定的。墙体计算高度仅取一层层高是偏于安全的，分析表明，当 $h_w > l_0$ 时，主要是 $h_w = l_0$ 范围内的墙体参与组合作用。H_0 取值基于轴拉力作用于托梁中心，h_f 限值系根据试验和弹性分析并偏于安全确定的。

7.3.4 本条分别给出使用阶段和施工阶段的计算荷载取值。承重墙在托梁顶面荷载作用下不考虑组合作用，仅在墙梁顶面荷载作用下考虑组合作用。有限元分析及 2 个两层带翼墙的墙梁试验表明，当 $\dfrac{b_f}{l_0} = 0.13 \sim 0.3$ 时，在墙梁顶面已有 30%～50% 上部楼面荷载传至翼墙。墙梁支座处的落地混凝土构造柱同样可以分担 35%～65% 的楼面荷载。但本条不再考虑上部楼面荷载的折减，仅在墙体受剪和局压计算中考虑翼墙的有利作用，以提高墙梁的可靠度，并简化计算。1～3 跨 7 层框支墙梁的有限元分析表明，墙梁顶面以上各层集中力可按作用的跨度近似化为均布荷载（一般不超过该层该跨荷载的 30%），再按本节方法计算墙梁承载力是安全可靠的。

7.3.5 试验表明，墙梁在顶面荷载作用下主要发生三种破坏形态，即：由于跨中或洞口边缘处纵向钢筋屈服，以及由于支座上部纵向钢筋屈服而产生的正截面破坏；墙体或托梁斜截面剪切破坏以及托梁支座上部砌体局部受压破坏。为保证墙梁安全可靠地工作，必须进行本条规定的各项承载力计算。计算分析表明，自承重墙可满足墙体受剪承载力和砌体局部受压承载力的要求，无需验算。

7.3.6 试验和有限元分析表明，在墙梁顶面荷载作用下，无洞口简支墙梁正截面破坏发生在跨中截面，托梁处于小偏心受拉状态；有洞口简支墙梁正截面破坏发生在洞口内边缘截面，托梁处于大偏心受拉状

态。原规范基于试验结果给出考虑墙梁组合作用，托梁按混凝土偏心受拉构件计算的设计方法及相应公式。其中，内力臂系数 γ 基于 56 个无洞口墙梁试验，采用与混凝土深梁类似的形式，$\gamma = 0.1(4.5 + l_0 / H_0)$，计算值与试验值比值的平均值 $\mu = 0.885$，变异系数 $\delta = 0.176$，具有一定的安全储备，但方法过于繁琐。本规范在无洞口和有洞口简支墙梁有限元分析的基础上，直接给出托梁弯矩和轴力计算公式。既保持考虑墙梁组合作用，托梁按混凝土偏心受拉构件设计的合理模式，又简化了计算，并提高了可靠度。托梁弯矩系数 α_M 计算值与有限元值之比：对无洞口墙梁 $\mu = 1.644, \delta = 0.101$；对有洞口墙梁 $\mu = 2.705, \delta = 0.381$ 托梁轴力系数 η_N 计算值与有限元值之比，$\mu = 1.146, \delta = 0.023$；对有洞口墙梁，$\mu = 1.153, \delta = 0.262$。对于直接作用在托梁顶面的荷载 Q_1、F_1 将由托梁单独承受而不考虑墙梁组合作用，这是偏于安全的。

连续墙梁是在 21 个连续墙梁试验基础上，根据 2 跨、3 跨、4 跨和 5 跨等无洞口和有洞口连续墙梁有限元分析提出的。对于跨中截面，直接给出托梁弯矩和轴拉力计算公式，按混凝土偏心受拉构件设计，与简支墙梁托梁的计算模式一致。对于支座截面，有限元分析表明其为大偏心受压构件，忽略轴压力按受弯构件计算是偏于安全的。弯矩系数 α_M 是考虑各种因素在通常工程应用的范围变化并取最大值，其安全储备是较大的。在托梁顶面荷载 Q_1、F_1 作用下，以及在墙梁顶面荷载 Q_2 作用下均采用一般结构力学方法分析连续托梁内力，计算较简便。

单跨框支墙梁是在 9 个单跨框支墙梁试验基础上，根据单跨无洞口和有洞口框支墙梁有限元分析，对托梁跨中截面直接给出弯矩和轴拉力公式，并按混凝土偏心受拉构件计算，也与简支墙梁托梁计算模式一致。框支墙梁在托梁顶面荷载 q_1、F_1 和墙梁顶面荷载 q_2 作用下分别采用一般结构力学方法分析框架内力，计算较简便。本规范在 19 个双跨框支墙梁试验基础上，根据 2 跨、3 跨和 4 跨无洞口和有洞口框支墙梁有限元分析，对托梁跨中截面也直接给出弯矩和轴力按混凝土偏心受拉构件计算，与单跨框支墙梁协调一致。托梁支座截面也按受弯构件计算。

为简化计算，连续墙梁和框支墙梁采用统一的 α_M 和 η_N 表达式。边跨跨中 α_M 计算值与有限元值之比，对连续墙梁，无洞口时，$\mu = 1.251, \delta = 0.095$，有洞口时，$\mu = 1.302, \delta = 0.198$；对框支墙梁，无洞口时，$\mu = 2.1, \delta = 0.182$，有洞口时，$\mu = 1.615, \delta = 0.252$。$\eta_N$ 计算值与有限元值之比，对连续墙梁，无洞口时，$\mu = 1.129, \delta = 0.039$，有洞口时，$\mu = 1.269, \delta = 0.181$；对框支墙梁，无洞口时，$\mu = 1.047, \delta = 0.181$，有洞口时，$\mu = 0.997, \delta = 0.135$。中支座 α_M 计算值与有限元值之比，对连续墙梁，无

洞口时，$\mu=1.715$，$\delta=0.245$，有洞口时，$\mu=1.826$，$\delta=0.332$；对框支墙梁，无洞口时，$\mu=2.017$，$\delta=0.251$，有洞口时，$\mu=1.844$，$\delta=0.295$。

7.3.7 有限元分析表明，多跨框支墙梁存在边柱之间的大拱效应，使边柱轴压力增大，中柱轴压力减少，故在墙梁顶面荷载 Q_2 作用下当边柱轴压力增大不利时应乘以 1.2 的修正系数。框架柱的弯矩计算不考虑墙梁组合作用。

7.3.8 试验表明，墙梁发生剪切破坏时，一般情况下墙体先于托梁进入极限状态而剪坏。当托梁混凝土强度较低，箍筋较少时，或墙体采用构造框架约束砌体的情况下托梁可能稍后剪坏。故托梁与墙体应分别计算受剪承载力。本规范规定托梁受剪承载力统一按受弯构件计算。剪力系数 β_v 按不同情况取值且有较大提高。因而提高了可靠度，且简化了计算。简支墙梁 β_v 计算值与有限元值之比，对无洞口墙梁 $\mu=1.102$，$\delta=0.078$；对有洞口墙梁 $\mu=1.397$，$\delta=0.123$。β_v 计算值与有限元值之比，对连续墙梁边支座，无洞口时 $\mu=1.254$、$\delta=0.135$，有洞口时 $\mu=1.404$、$\delta=0.159$；中支座，无洞口时 $\mu=1.094$、$\delta=0.062$，有洞口时 $\mu=1.098$、$\delta=0.162$。对框支墙梁边支座，无洞口时 $\mu=1.693$，$\delta=0.131$，有洞口时 $\mu=2.011$，$\delta=0.31$；中支座，无洞口时 $\mu=1.588$、$\delta=0.093$，有洞口时 $\mu=1.659$、$\delta=0.187$。

7.3.9 试验表明：墙梁的墙体剪切破坏发生于 $h_w/l_0 < 0.75 \sim 0.80$，托梁较强，砌体相对较弱的情况下。当 $h_w/l_0 < 0.35 \sim 0.40$ 时发生承载力较低的斜拉破坏，否则，将发生斜压破坏。原规范根据砌体在复合应力状态下的剪切强度，经理论分析得出墙体受剪承载力公式并进行试验验证。并按正交设计方法找出影响显著的因素 h_b/l_0 和 a/l_0；根据试验资料回归分析，给出 $V_2 \leqslant \xi_2 (0.2 + h_b/l_0) hh_w f$。计算值与 47 个简支无洞口墙梁试验结果比较，$\mu=1.062$，$\delta=0.141$；与 33 个简支有洞口墙梁试验结果比较，$\mu=0.966$，$\delta=0.155$。工程实践表明，由于此式给出的承载力较低，往往成为墙梁设计中的控制指标。试验表明，墙梁顶面圈梁（称为顶梁）如同放在砌体上的弹性地基梁，能将楼层荷载部分传至支座，并和托梁一起约束墙体横向变形，延缓和阻滞斜裂缝开展，提高墙体受剪承载力。本规范根据 7 个设置顶梁的连续墙梁剪切破坏试验，给出考虑顶梁作用的墙体受剪承载力公式（7.3.9），计算值与试验值之比，$\mu=0.844$，$\delta=0.084$。工程实践表明，墙梁顶面以上集中荷载占各层荷载比值不大，且经各层传递至墙梁顶面已趋均匀，故将墙梁顶面以上各层集中荷载均除以跨度近似化为均布荷载计算。由于翼墙或构造柱的存在，使多层墙梁楼盖荷载向翼墙或构造柱卸荷而减少墙体剪力，改善墙体受剪性能，故采用翼墙影响系数 ξ_1。为了简化计算，单层墙梁洞口影响系数 ξ_2 不再

采用公式表达，与多层墙梁一样给出定值。

7.3.10 试验表明，当 $h_w/l_0 > 0.75 \sim 0.80$，且无翼墙，砌体强度较低时，易发生托梁支座上方因竖向正应力集中而引起的砌体局部受压破坏。为保证砌体局部受压承载力，应满足 $\sigma_{ymax} h \leqslant \gamma f h$（$\sigma_{ymax}$ 为最大竖向压应力，γ 为局压强度提高系数）。令 $C = \sigma_{ymax} h / Q_2$ 称为应力集中系数，则上式变为 $Q_2 \leqslant \gamma f h/C$。令 $\zeta = \gamma/C$，称为局压系数，即得到（7.3.10-1）式。根据 16 个发生局压破坏的无翼墙墙梁试验结果，$\zeta = 0.31 \sim 0.414$；若取 $\gamma=1.5$，$C=4$，则 $\zeta = 0.37$。翼墙的存在，使应力集中减少，局部受压有较大改善；当 $b_f/h = 2 \sim 5$ 时，$C=1.33 \sim 2.38$，$\zeta = 0.475 \sim 0.747$。则根据试验结果确定（7.3.10-2）式。近年来采用构造框架约束砌体的墙梁试验和有限元分析表明，构造柱对减少应力集中，改善局部受压的作用更明显，应力集中系数可降至 1.6 左右。计算分析表明，当 $b_f/h \geqslant 5$ 或设构造柱时，可不验算砌体局部受压承载力。

7.3.11 墙梁是在托梁上砌筑砌体墙形成的。除应限制计算高度范围内墙体每天的可砌高度，严格进行施工质量控制外；尚应进行托梁在施工荷载作用下的承载力验算，以确保施工安全。

7.3.12 为保证托梁与上部墙体共同工作，保证墙梁组合作用的正常发挥，本条对墙梁基本构造要求作了相应的规定。

本次修订，增加了托梁上部通长布置的纵向钢筋面积与跨中下部纵向钢筋面积之比值不应小于 0.4 的规定。

7.4 挑　梁

7.4.2 对 88 规范中规定的计算倾覆点，针对 $l_1 \geqslant 2.2 h_b$ 时的两个公式，经分析采用近似公式（$x_0 = 0.3 h_b$），和弹性地基梁公式（$x_0 = 0.25 \sqrt[4]{h_b^3}$）相比，当 $h_b = 250 \mathrm{mm} \sim 500 \mathrm{mm}$ 时，$\mu=1.051$，$\delta=0.064$；并对挑梁下设有构造柱时的计算倾覆点位置作了规定（取 $0.5 x_0$）。

8　配筋砖砌体构件

本章规定了二类配筋砖砌体构件的设计方法。第一类为网状配筋砖砌体构件。第二类为组合砖砌体构件，又分为砖砌体和钢筋混凝土面层或钢筋砂浆面层组成的组合砖砌体构件；砖砌体和钢筋混凝土构造柱组成的组合砖墙。

8.1　网状配筋砖砌体构件

8.1.2 原规范中网状配筋砖砌体构件的体积配筋率 ρ 有配筋百分率 $\left(\rho = \dfrac{V_s}{V} 100\right)$ 和配筋率 $\left(\rho = \dfrac{V_s}{V}\right)$ 两

种表述，为避免混淆，方便使用，现统一采用后者，即体积配筋率 $\rho = \dfrac{V_s}{V}$。由此，网状配筋砖砌体矩形截面单向偏心受压构件承载力的影响系数，改按下式计算：

$$\varphi_{on} = \frac{1}{1 + (0.0015 + 0.45\rho)\beta^2}$$

此外，工程上很少采用连弯钢筋网，因而删去了对连弯钢筋网的规定。

8.2 组合砖砌体构件

Ⅰ 砖砌体和钢筋混凝土面层或钢筋砂浆面层的组合砌体构件

8.2.2 对于砖墙与组合砌体一同砌筑的 T 形截面构件，通过分析和比较表明，高厚比验算和截面受压承载力均按矩形截面组合砌体构件进行计算是偏于安全的，亦避免了原规范在这两项计算上的不一致。

8.2.3～8.2.5 砖砌体和钢筋混凝土面层或钢筋砂浆面层组合的砌体构件，其受压承载力计算公式的建立，详见 88 规范的条文说明。本次修订依据《混凝土结构设计规范》GB 50010 中混凝土轴心受压强度设计值，对面层水泥砂浆的轴心抗压强度设计值作了调整；按钢筋强度的取值，对受压区相对高度的界限值，作了相应的补充和调整。

Ⅱ 砖砌体和钢筋混凝土构造柱组合墙

8.2.7 在荷载作用下，由于构造柱和砖墙的刚度不同，以及内力重分布的结果，构造柱分担墙体上的荷载。此外，构造柱与圈梁形成"弱框架"，砌体受到约束，也提高了墙体的承载力。设置构造柱砖墙与组合砖砌体构件有类似之处，湖南大学的试验研究表明，可采用组合砖砌体轴心受压构件承载力的计算公式，但引入强度系数以反映前者与后者的差别。

8.2.8 对于砖砌体和钢筋混凝土构造柱组合墙平面外的偏心受压承载力，本条的规定是一种简化、近似的计算方法且偏于安全。

8.2.9 有限元分析和试验结果表明，设有构造柱的砖墙中，边柱处于偏心受压状态，设计时宜适当增大边柱截面及增大配筋。如可采用 240mm×370mm，配 4ϕ14 钢筋。

在影响设置构造柱砖墙承载力的诸多因素中，柱间距的影响最为显著。理论分析和试验结果表明，对于中间柱，它对柱每侧砌体的影响长度约为 1.2m；对于边柱，其影响长度约为 1m。构造柱间距为 2m 左右时，柱的作用得到充分发挥。构造柱间距大于 4m 时，它对墙体受压承载力的影响很小。

为了保证构造柱与圈梁形成一种"弱框架"，对砖墙产生较大的约束，因而本条对钢筋混凝土圈梁的设置作了较为严格的规定。

9 配筋砌块砌体构件

9.1 一般规定

9.1.1 本条规定了配筋砌块剪力墙结构内力及位移分析的基本原则。

9.2 正截面受压承载力计算

9.2.1、9.2.4 国外的研究和工程实践表明，配筋砌块砌体的力学性能与钢筋混凝土的性能非常相近，特别在正截面承载力的设计中，配筋砌体采用了与钢筋混凝土完全相同的基本假定和计算模式。如国际标准《配筋砌体设计规范》，《欧共体配筋砌体结构统一规则》EC6 和美国建筑统一法规（UBC）——《砌体规范》均对此作了明确的规定。我国哈尔滨工业大学、湖南大学、同济大学等的试验结果也验证了这种理论的适用性。但是在确定灌孔砌体的极限压应变时，采用了我国自己的试验数据。

9.2.2 由于配筋灌孔砌体的稳定性不同于一般砌体的稳定性，根据欧拉公式和灌心砌体受压应力-应变关系，考虑简化并与一般砌体的稳定系数相一致，给出公式（9.2.2-2）。该公式也与试验结果拟合较好。

9.2.3 按我国目前混凝土砌块标准，砌块的厚度为 190mm，标准块最大孔洞率为 46%，孔洞尺寸 120mm×120mm 的情况下，孔洞中只能设置一根钢筋。因此配筋砌块砌体墙在平面外的受压承载力，按无筋砌体构件受压承载力的计算模式是一种简化处理。

9.2.5 表 9.2.5 中翼缘计算宽度取值引自国际标准《配筋砌体设计规范》，它和钢筋混凝土 T 形及倒 L 形受弯构件位于受压区的翼缘计算宽度的规定和钢筋混凝土剪力墙有效翼缘宽度的规定非常接近。但保证翼缘和腹板共同工作的构造是不同的。对钢筋混凝土结构，翼墙和腹板是由整浇的钢筋混凝土进行连接的；对配筋砌块砌体，翼墙和腹板是通过在交接处块体的相互咬砌、连接钢筋（或连接铁件），或配筋带进行连接的，通过这些连接构造，以保证承受腹板和翼墙共同工作时产生的剪力。

9.3 斜截面受剪承载力计算

9.3.1 试验表明，配筋灌孔砌块砌体剪力墙的抗剪受力性能，与非灌实砌块砌体墙有较大的区别：由于灌孔混凝土的强度较高，砂浆的强度对墙体抗剪承载力的影响较少，这种墙体的抗剪性能更接近于钢筋混凝土剪力墙。

配筋砌块砌体剪力墙的抗剪承载力除材料强度

外，主要与垂直正应力、墙体的高宽比或剪跨比，水平和垂直配筋率等因素有关：

1 正应力 σ_0，也即轴压比对抗剪承载力的影响，在轴压比不大的情况下，墙体的抗剪能力、变形能力随 σ_0 的增加而增加。湖南大学的试验表明，当 σ_0 从 1.1MPa 提高到 3.95MPa 时，极限抗剪承载力提高了 65%，但当 $\sigma_0 > 0.75 f_m$ 时，墙体的破坏形态转为斜压破坏，σ_0 的增加反而使墙体的承载力有所降低。因此应对墙体的轴压比加以限制。国际标准《配筋砌体设计规范》，规定 $\sigma_0 = N/bh_0 \leqslant 0.4f$，或 $N \leqslant 0.4bhf$。本条根据我国试验，控制正应力对抗剪承载力的贡献不大于 0.12N，这是偏于安全的，而美国规范为 0.25N。

2 剪力墙的高宽比或剪跨比（λ）对其抗剪承载力有很大的影响。这种影响主要反映在不同的应力状态和破坏形态，小剪跨比试件，如 $\lambda \leqslant 1$，则趋于剪切破坏，而 $\lambda > 1$，则趋于弯曲破坏，剪切破坏的墙体的抗侧承载力远大于弯曲破坏墙体的抗侧承载力。

关于两种破坏形式的界限剪跨比（λ），尚与正应力 σ_0 有关。目前收集到的国内外试验资料中，大剪跨比试验数据较少。根据哈尔滨建筑大学所作的 7 个墙片数据认为 $\lambda = 1.6$ 可作为两种破坏形式的界限值。根据我国沈阳建工学院、湖南大学、哈尔滨建筑大学、同济大学等试验数据，统计分析提出的反映剪跨比影响的关系式，其中的砌体抗剪强度，是在综合考虑混凝土砌块、砂浆和混凝土注芯率基础上，用砌体的抗压强度的函数（$\sqrt{f_g}$）表征的。这和无筋砌体的抗剪模式相似。国际标准和美国规范也均采用这种模式。

3 配筋砌块砌体剪力墙中的钢筋提高了墙体的变形能力和抗剪能力。其中水平钢筋（网）在通过斜截面上直接受拉抗剪，但它在墙体开裂前几乎不受力，墙体开裂直至达到极限荷载时所有水平钢筋均参与受力并达到屈服。而竖向钢筋主要通过销栓作用抗剪，极限荷载时该钢筋达不到屈服，墙体破坏时部分竖向钢筋可屈服。据试验和国外有关文献，竖向钢筋的抗剪贡献是 $0.24 f_{yv}A_{sv}$，本公式未直接反映竖向钢筋的贡献，而是通过综合考虑正应力的影响，以无筋砌体部分承载力的调整给出的。根据 41 片墙体的试验结果：

$$V_{g,m} = \frac{1.5}{\lambda + 0.5}(0.143\sqrt{f_{g,m}} + 0.246N_k) + f_{yh,m}\frac{A_{sh}}{s}h_0 \qquad (4)$$

$$V_g = \frac{1.5}{\lambda + 0.5}\left(0.13\sqrt{f_g}bh_0 + 0.12N\frac{A_w}{A}\right) + 0.9f_{yh}\frac{A_{sh}}{s}h_0 \qquad (5)$$

试验值与按上式计算值的平均比值为 1.188，其变异系数为 0.220。现取偏下限值，即将上式乘 0.9，并

根据设定的配筋砌体剪力墙的可靠度要求，得到上列的计算公式。

上列公式较好地反映了配筋砌块砌体剪力墙抗剪承载力主要因素。从砌体规范本身来讲是较理想的系统表达式。但考虑到我国规范体系的理论模式的一致性要求，经与《混凝土结构设计规范》GB 50010 和《建筑抗震设计规范》GB 50011 协调，最终将上列公式改写成具有钢筋混凝土剪力墙的模式，但又反映砌体特点的计算表达式。这些特点包括：

①砌块灌孔砌体只能采用抗剪强度 f_{vg}，而不能像混凝土那样采用抗拉强度 f_t。

②试验表明水平钢筋的贡献是有限的，特别是在较大剪跨比的情况下更是如此。因此根据试验并参照国际标准，对该项的承载力进行了降低。

③轴向力或正应力对抗剪承载力的影响项，砌体规范根据试验和计算分析，对偏压和偏拉采用了不同的系数：偏压为 +0.12，偏拉为 -0.22。我们认为钢筋混凝土规范对两者不加区别是欠妥的。

现将上式中由抗压强度模式表达的方式改为抗剪强度模式的转换过程进行说明，以帮助了解该公式的形成过程：

①由 $f_{vg} = 0.208 f_g^{0.55}$ 则有 $f_g^{0.55} = \frac{1}{0.208}f_{vg}$；

②根据公式模式的一致性要求及公式中砌体项采用 $\sqrt{f_g}$ 时，对高强砌体材料偏低的情况，也将 $\sqrt{f_g}$ 调为 $f_g^{0.55}$；

③将 $f_g^{0.55} = \frac{1}{0.208}f_{vg}$ 代入公式（2）中，则得到砌体项的数值 $\frac{0.13}{0.208}f_{vg} = 0.625f_{vg}$，取 $0.6f_{vg}$；

④根据计算，将式（2）中的剪跨比影响系数，由 $\frac{1.5}{\lambda + 0.5}$ 改为 $\frac{1}{\lambda - 0.5}$，则完成了如公式（9.3.1-2）的全部转换。

9.3.2 本条主要参照国际标准《配筋砌体设计规范》、《钢筋混凝土高层建筑结构设计与施工规程》和配筋混凝土砌块砌体剪力墙的试验数据制定的。

配筋砌块砌体连梁，当跨高比较小时，如小于2.5，即所谓"深梁"的范围，而此时的受力更像小剪跨比的剪力墙，只不过 σ_0 的影响很小；当跨高比大于 2.5 时，即所谓的"浅梁"范围，而此时受力更像大剪跨比的剪力墙。因此剪力墙的连梁除满足正截面承载力要求外，还必须满足受剪承载力要求，以避免连梁产生受剪破坏后导致剪力墙的延性降低。

对连梁截面的控制要求，是基于这种构件的受剪承载力应该具有一个上限值，根据我国的试验，并参照混凝土结构的设计原则，取为 $0.25f_gbh_0$。在这种情况下能保证连梁的承载能力发挥和变形处在可控的工作状态之内。

另外，考虑到连梁受力较大、配筋较多时，配筋

砌块砌体连梁的布筋和施工要求较高，此时只要按材料的等强原则，也可将连梁部分设计成混凝土的，国内的一些试点工程也是这样做的，虽然在施工程序上增加一定的模板工作量，但工程质量是可保证的。故本条增加了这种选择。

9.4　配筋砌块砌体剪力墙构造规定

Ⅰ　钢　筋

9.4.1～9.4.5　从配筋砌块砌体对钢筋的要求看，和钢筋混凝土结构对钢筋的要求有很多相同之处，但又有其特点，如钢筋的规格要受到孔洞和灰缝的限制；钢筋的接头宜采用搭接或非接触搭接接头，以便于先砌墙后插筋、就位绑扎和浇灌混凝土的施工工艺。

对于钢筋在砌体灌孔混凝土中锚固的可靠性，人们比较关注，为此我国沈阳建筑大学和北京建筑工程学院作了专门锚固试验，表明，位于灌孔混凝土中的钢筋，不论位置是否对中，均能在远小于规定的锚固长度内达到屈服。这是因为灌孔混凝土中的钢筋处在周边有砌块壁形成约束条件下的混凝土所至，这比钢筋在一般混凝土中的锚固条件要好。国际标准《配筋砌体设计规范》ISO9652中有砌块约束的混凝土内的钢筋锚固粘结强度比无砌块约束（不在块体孔内）的数值（混凝土强度等级为C10～C25情况下），对光圆钢筋高出 85％～20％；对带肋钢筋高出 140％～64％。

试验发现对于配置在水平灰缝中的受力钢筋，其握裹条件较灌孔混凝土中的钢筋要差一些，因此在保证足够的砂浆保护层的条件下，其搭接长度较其他条件下要长。

Ⅱ　配筋砌块砌体剪力墙、连梁

9.4.6　根据配筋砌块剪力墙用于中高层结构需要较多层更高的材料等级作的规定。

9.4.7　这是根据承重混凝土砌块的最小厚度规格尺寸和承重墙支承长度确定的。最通常采用的配筋砌块砌体墙的厚度为190mm。

9.4.8　这是确保配筋砌块砌体剪力墙结构安全的最低构造钢筋要求。它加强了孔洞的削弱部位和墙体的周边，规定了水平及竖向钢筋的间距和构造配筋率。

剪力墙的配筋比较均匀，其隐函的构造含钢率约为0.05％～0.06％。据国外规范的背景材料，该构造配筋率有两个作用：一是限制砌体干缩裂缝，二是能保证剪力墙具有一定的延性，一般在非地震设防地区的剪力墙结构应满足这种要求。对局部灌孔砌体，为保证水平配筋带（国外叫系梁）混凝土的浇筑密实，提出竖筋间距不大于 600mm，这是来自我国的工程实践。

9.4.9　本条参照美国建筑统一法规——《砌体规范》

的内容。和钢筋混凝土剪力墙一样，配筋砌块砌体剪力墙随着墙中洞口的增大，变成一种由抗侧力构件（柱）与水平构件（梁）组成的体系。随窗间墙与连接构件的变化，该体系近似于壁式框架结构体系。试验证明，砌体壁式框架是抵抗剪力与弯矩的理想结构。如比例合适、构造合理，此种结构具有良好的延性。这种体系必须按强柱弱梁的概念进行设计。

对于按壁式框架设计和构造，混凝土砌块剪力墙（肢），必须采用 H 型或凹槽砌块组砌，孔洞全部灌注混凝土，施工时需进行严格的监理。

9.4.10　配筋砌块砌体剪力墙的边缘构件，即剪力墙的暗柱，要求在该区设置一定数量的竖向构造钢筋和横向箍筋或等效的约束件，以提高剪力墙的整体抗弯能力和延性。美国规范规定，只有在墙端的应力大于 $0.4f'_m$，同时其破坏模式为弯曲形的条件下才应设置。该规范未给出弯曲破坏的标准。但规定了一个"塑性铰区"，即从剪力墙底部到等于墙长的高度范围，即我国混凝土剪力墙结构底部加强区的范围。

根据我国哈尔滨建筑大学、湖南大学作的剪跨比大于 1 的试验表明：当 $\lambda=2.67$ 时呈现明显的弯曲破坏特征；$\lambda=2.18$ 时，其破坏形态有一定程度的剪切破坏成分；$\lambda=1.6$ 时，出现明显的 X 形裂缝，仍为压区破坏，剪切破坏成分呈现得十分明显，属弯剪型破坏。可将 $\lambda=1.6$ 作为弯剪破坏的界限剪跨比。据此本条将 $\lambda=2$ 作为弯曲破坏对应的剪跨比。其中的 $0.4f'_{gm}$，换算为我国的设计值约为 $0.8f_g$。

关于边缘构件构造配筋，美国规范未规定具体数字，但其条文说明借用混凝土剪力墙边缘构件的概念，只是对边缘构件的设置原则仍有不同观点。本条是根据工程实践和参照我国有关规范的有关要求，及砌块剪力墙的特点给出的。

另外，在保证等强设计的原则，并在砌块砌筑、混凝土浇筑质量保证的情况下，给出了砌块砌体剪力墙端采用混凝土柱为边缘构件的方案。这种方案虽然在施工程序上增加模板工序，但能集中设置竖向钢筋，水平钢筋的锚固也易解决。

9.4.11　本条和第 9.3.2 条相对应，规定了当采用混凝土连梁时的有关技术要求。

9.4.12　本条是参照美国规范和混凝土砌块的特点以及我国的工程实践制定的。

混凝土砌块砌体剪力墙连梁由 H 型砌块或凹槽砌块组砌，并应全部浇注混凝土，是确保其整体性和受力性能的关键。

Ⅲ　配筋砌块砌体柱

9.4.13　本条主要根据国际标准《配筋砌块设计规范》制定的。

采用配筋混凝土砌块砌体柱或壁柱，当轴向荷载较小时，可仅在孔洞配置竖向钢筋，而不需配置箍筋，具有施工方便、节省模板，在国外应用很普遍；而当荷载较大时，则按照钢筋混凝土柱类似的方式设置构造箍筋。从其构造规定看，这种柱是预制装配整体式钢筋混凝土柱，适用于荷载不太大砌块墙（柱）的建筑，尤其是清水墙砌块建筑。

10 砌体结构构件抗震设计

10.1 一 般 规 定

10.1.1 鉴于对于常规的砖、砌块砌体，抗震设计时本章规定不能满足甲类设防建筑的特殊要求，因此明确说明甲类设防建筑不宜采用砌体结构，如需采用，应采用质量很好的砖砌体，并应进行专门研究和采取高于本章规定的抗震措施。

10.1.2 多层砌体结构房屋的总层数和总高度的限定，是此类房屋抗震设计的重要依据，故将此条定为强制性条文。

坡屋面阁楼层一般仍需计入房屋总高度和层数；坡屋面下的阁楼层，当其实际有效使用面积或重力荷载代表值小于顶层 30% 时，可不计入房屋总高度和层数，但按局部突出计算地震作用效应。对不带阁楼的坡屋面，当坡屋面坡度大于 45°时，房屋总高度宜算到山尖墙的 1/2 高度处。

嵌固条件好的半地下室应同时满足下列条件，此时房屋的总高度应允许从室外地面算起，其顶板可视为上部多层砌体结构的嵌固端：

　1) 半地下室顶板和外挡土墙采用现浇钢筋混凝土；

　2) 当半地下室开有窗洞处并设置窗井，内横墙延伸至窗井外挡土墙并与其相交；

　3) 上部外墙均与半地下室墙体对齐，与上部墙体不对齐的半地下室内纵、横墙总量分别不大于 30%；

　4) 半地下室室内地面至室外地面的高度应大于地下室净高的二分之一，地下室周边回填土压实系数不小于 0.93。

采用蒸压灰砂普通砖和蒸压粉煤灰普通砖砌体的房屋，当砌体的抗剪强度达到普通黏土砖砌体的取值时，按普通砖砌体房屋的规定确定层数和总高度限值；当砌体的抗剪强度介于普通黏土砖砌体抗剪强度的 70%～100% 之间时，房屋的层数和总高度限值宜比普通砖砌体房屋酌情适当减少。

10.1.3 国内外有关试验研究结果表明，配筋砌块砌体抗震墙结构的承载能力明显高于普通砌体，其竖向和水平灰缝使其具有较大的耗能能力，受力性能和计算方法都与钢筋混凝土抗震墙结构相似。在上海、哈尔滨、大庆等地成功建造过 18 层的配筋砌块砌体抗震墙住宅房屋。通过这些试点工程的试验研究和计

算分析，表明配筋砌块砌体抗震墙结构在 8 层～18 层范围时具有很强的竞争力，相对现浇钢筋混凝土抗震墙结构房屋，土建造价要低 5%～7%。本次规范修订从安全、经济诸方面综合考虑，并对近年来的试验研究和工程实践经验的分析、总结，将适用高度在原规范基础上适当增加，同时补充了 7 度（0.15g）、8 度（0.30g）和 9 度的有关规定。当横墙较少时，类似多层砌体房屋，也要求其适用高度有所降低。当经过专门研究，有可靠试验依据，采取必要的加强措施，房屋高度可以适当增加。

根据试验研究和理论分析结果，在满足一定设计要求并采取适当抗震构造措施后，底部为部分框支抗震墙的配筋混凝土砌块抗震墙房屋仍具有较好的抗震性能，能够满足 6 度～8 度抗震设防的要求，但考虑到此类结构形式的抗震性能相对不利，因此在最大适用高度限制上给予了较为严格的规定。

10.1.4 已有的试验研究表明，抗震墙的高度对抗震墙出平面偏心受压强度和变形有直接关系，因此本条规定配筋砌块砌体抗震墙房屋的层高主要是为了保证抗震墙出平面的承载力、刚度和稳定性。由于砌块的厚度一般为 190mm，因此当房屋的层高为 3.2m～4.8m 时，与普通钢筋混凝土抗震墙的要求基本相当。

10.1.5 承载力抗震调整系数是结构抗震的重要依据，故将此条定为强制性条文。2001 规范 10.2.4 条中提到普通砖、多孔砖墙体的截面抗震受压承载力计算方法，其承载力抗震调整系数详本表，但原来本表并没有给出，此次修订补充了各种构件受压状态时的承载力抗震调整系数。砌体受压状态时承载力抗震调整系数宜取 1.0。

表中配筋砌块砌体抗震墙的偏压、大偏拉和受剪承载力抗震调整系数与抗震规范中钢筋混凝土墙相同，为 0.85。对于灌孔率达不到 100% 的配筋砌块砌体，如果承载力抗震调整系数采用 0.85，抗力偏大，因此建议取 1.0。对两端均设有构造柱、芯柱的砌块砌体抗震墙，受剪承载力抗震调整系数取 0.9。

2001 规范中，砖砌体和钢筋混凝土面层或钢筋砂浆面层的组合砖墙、砖砌体和钢筋混凝土构造柱的组合墙，偏压、大偏拉和受剪状态时承载力抗震调整系数如按抗震规范中钢筋混凝土墙取为 0.85，数值偏小，故此次修订时将两种组合砖墙在偏压、大偏拉和受剪状态下承载力抗震调整系数调整为 0.9。

10.1.6 配筋砌块砌体结构的抗震等级是考虑了结构构件的受力性能和变形性能，同时参照了钢筋混凝土房屋的抗震设计要求而确定的，主要是根据抗震设防分类、烈度和房屋高度等因素划分配筋砌块砌体结构的不同抗震等级。考虑到底部为部分框支抗震墙的配筋混凝土砌块抗震墙房屋的抗震性能相对不利并影响安全，规定对于 8 度时房屋总高度大于 24m 及 9 度时不应采用此类结构形式。

10.1.7 根据现行《建筑抗震设计规范》GB 50011，补充了结构的构件截面抗震验算的相关规定，进一步明确 6 度时对规则建筑局部托墙梁及支承其的柱子等重要构件尚应进行截面抗震验算。

多层砌体房屋不符合下列要求之一时可视为平面不规则，6 度时仍要求进行多遇地震作用下的构件截面抗震验算。

1）平面轮廓凹凸尺寸，不超过典型尺寸的 50%；

2）纵横向砌体抗震墙的布置均匀对称，沿平面内基本对齐；且同一轴线上的门、窗间墙宽度比较均匀；墙面洞口的面积，6、7 度时不宜大于墙面总面积的 55%，8、9 度时不宜大于 50%；

3）房屋纵横向抗震墙体的数量相差不大；横墙的间距和内纵墙累计长度满足现行《建筑抗震设计规范》GB 50011 的要求；

4）有效楼板宽度不小于该层楼板典型宽度的 50%，或开洞面积不大于该层楼面面积的 30%；

5）房屋错层的楼板高差不超过 500mm。

6 度且总层数不超过三层的底层框架-抗震墙砌体房屋，由于地震作用小，根据以往设计经验，底层的抗震验算均满足要求，因此可以不进行包括底层在内的截面抗震验算。如果外廊式和单面走廊式的多层房屋采用底层框架-抗震墙，其高宽比较大且进深大多为一跨，单跨底层框架-抗震墙的安全冗余度小于多跨，此时应对其进行抗震验算。

10.1.8 作为中高层、高层配筋砌块砌体抗震墙结构应和钢筋混凝土抗震墙结构一样对地震作用下的变形进行验算，参照钢筋混凝土抗震墙结构和配筋砌体材料结构的特点，规定了层间弹性位移角的限值。

配筋砌块砌体抗震墙存在水平灰缝和垂直灰缝，在地震作用下具有较好的耗能能力，而且灌孔砌体的强度和弹性模量也要低于相对应的混凝土，其变形比普通钢筋混凝土抗震墙大。根据同济大学、哈尔滨工业大学、湖南大学等有关单位的试验研究结果，综合参考了钢筋混凝土抗震墙弹性层间位移角限值，规定了配筋砌块砌体抗震墙结构在多遇地震作用下的弹性层间位移角限值为 1/1000。

10.1.9 补充了多层砌体房屋局部有上部砌体墙不能连续贯通落地时，托墙梁、柱的抗震等级，考虑其对整体建筑抗震性能的影响相对小，因此比底部框架-抗震墙砌体房屋中托墙梁、柱的抗震等级适当降低。

10.1.10 根据房屋抗震设计的规则性要求，提出配筋混凝土砌块房屋平面和竖向布置简单、规则、抗震墙拉通对直的要求，从结构体型的设计上保证房屋具有较好的抗震性能。对墙肢长度的要求，是考虑到抗震墙结构应具有延性，高宽比大于 2 的延性抗震墙，

可避免脆性的剪切破坏，要求墙段的长度（即墙段截面高度）不宜大于 8m。当墙很长时，可通过开设洞口将长墙分成长度较小、较均匀的超静定次数较高的联肢墙，洞口连梁宜采用约束弯矩较小的弱连梁（其跨高比宜大于 6）。

由于配筋砌块砌体抗震墙的竖向钢筋设置在砌块孔洞内（距墙端约 100mm），墙肢长度很短时很难充分发挥作用，尽管短肢抗震墙结构有利于建筑布置，能扩大使用空间，减轻结构自重，但是其抗震性能较差，因此一般抗震墙不能少、墙肢不宜过短，不应设计多数为短肢抗震墙的建筑，而要求设置足够数量的一般抗震墙，形成以一般抗震墙为主、短肢抗震墙与一般抗震墙相结合的共同抵抗水平力的结构，保证房屋的抗震能力。本条文参照有关规定，对短肢抗震墙截面面积与同一层内所有抗震墙截面面积比例作了规定。

一字形短肢抗震墙延性及平面外稳定均十分不利，因此规定不宜布置单侧楼面梁与之平面外垂直或斜交，同时要求短肢抗震墙应尽可能设置翼缘，保证短肢抗震墙具有适当的抗震能力。

10.1.11 对于部分框支配筋砌块砌体抗震墙房屋，保持纵向受力构件的连续性是防止结构纵向刚度突变而产生薄弱层的主要措施，对结构抗震有利。在结构平面布置时，由于配筋砌块砌体抗震墙和钢筋混凝土抗震墙在承载力、刚度和变形能力方面都有一定差异，因此应避免在同一层面上混合使用。与框支层相邻的上部楼层担负结构转换，在地震时容易遭受破坏，因此除在计算时应满足有关规定之外，在构造上也应予以加强。框支层抗震墙往往要承受较大的弯矩、轴力和剪力，应选用整体性能好的基础，否则抗震墙不能充分发挥作用。

10.1.12 此次修订将本规范抗震设计所用的各种结构材料的性能指标最低要求进行了汇总和补充。

由于本次修订规范普遍对砌体材料的强度等级作了上调，以利砌体建筑向轻质高强发展。砌体结构构件抗震设计对材料的最低强度等级要求，也应随之提高。

配筋砌块砌体抗震墙的灌孔混凝土强度与混凝土砌块块材的强度应该匹配，才能充分发挥灌孔砌体的结构性能，因此砌块的强度和灌孔混凝土的强度不应过低，而且低强度的灌孔混凝土其和易性也较差，施工质量无法保证。试验结果表明，砂浆强度对配筋砌块砌体抗震墙的承载能力影响不大，但考虑到浇灌混凝土时砌块砌体应具有一定的强度，因此砌筑砂浆的强度等级宜适当高一些。

10.1.13 参照钢筋混凝土结构并结合配筋砌体的特点，提出的受力钢筋的锚固和接头要求。

根据我国的试验研究，在配筋砌体灌孔混凝土中的钢筋锚固和搭接，远远小于本条规定的长度就能达

到屈服或流限，不比在混凝土中锚固差，一种解释是位于砌块灌孔混凝土中的钢筋的锚固受到的周围材料的约束更大些。

配筋砌块砌体抗震墙水平钢筋端头锚固的要求是根据国内外试验研究成果和经验提出的。配筋砌块砌体抗震墙的水平钢筋，当采用围绕墙端竖向钢筋180°加12d延长段锚固时，对施工造成较大的难度，而一般作法是将该水平钢筋在末端弯钩锚于灌孔混凝土中，弯入长度为200mm，在试验中发现这样的弯折锚固长度已能保证该水平钢筋能达到屈服。因此，考虑不同的抗震等级和施工因素，给出该锚固长度规定。对焊接网片，一般钢筋直径较细均在φ5以下，加上较密的横向钢筋锚固较好，未端弯折并锚入混凝土的做法更增加网片的锚固作用。

底部框架-抗震墙砌体房屋中，底部配筋砌体墙边框梁、柱混凝土强度不低于C30，因此建议抗震墙中水平或竖向钢筋在边框梁、柱中的锚固长度，按现行国家标准《混凝土结构设计规范》GB 50010 的规定确定。

10.2 砖砌体构件

Ⅰ 承载力计算

10.2.1 本次修订，对表内数据作了调整，使 f_{vE} 与 σ 的函数关系基本不变。

10.2.2 砌体结构体系按照构件配筋率大小分为无筋砌体结构体系和配筋砌体结构体系。无筋砌体结构体系中，因为构造原因，有的墙片四周设置了钢筋混凝土约束构件。对于普通砖、多孔砖砌体构件，当构造柱间距大于3.0m时，只考虑周边约束构件对无筋墙体的变形性能提高作用，不考虑其对强度的提高。

当在墙段中部基本均匀设置截面不小于240mm×240mm（墙厚190mm时为240mm×190mm）且间距不大于4m的构造柱时，可考虑构造柱对墙体受剪承载力的提高作用。墙段中部均匀设置构造柱时本条所采用的公式，考虑了砌体受混凝土柱的约束、作用于墙体上的垂直压应力、构造柱混凝土和纵向钢筋参与受力等影响因素，较为全面，公式形式合理，概念清楚。

10.2.3 作用于墙顶的轴向集中压力，其影响范围在下部墙体逐渐向两边扩散，考虑影响范围内构造柱的作用，进行砖砌体和钢筋混凝土构造柱的组合墙的截面抗震受压承载力验算时，可计入墙顶轴向集中压力影响范围内构造柱的提高作用。

Ⅱ 构造措施

10.2.4 对于抗震规范没有涵盖的层数较少的部分房屋，建议在外墙四角等关键部位适当设置构造柱。对6度时三层及以下房屋，建议楼梯间墙体也应设置构

造柱以加强其抗倒塌能力。

当砌体房屋有错层部位时，宜对错层部位墙体采取增加构造柱等加强措施。本条适用于错层部位所在平面位置可能在地震作用下对错层部位及其附近结构构件产生较大不利影响，甚至影响结构整体抗震性能的砌体房屋，必要时尚应对结构其他相关部位采取有效措施进行加强。对于局部楼板板块略降标高处，不必按本条采取加强措施。错层部位两侧楼板板顶高差大于1/4层高时，应按规定设置防震缝。

10.2.6 根据抗震规范相关规定，提出约束普通砖墙构造要求。

10.2.7 当采用硬架支模连接时，预制楼板的搁置长度可以小于条文中的规定。硬架支模的施工方法是，先架设梁或圈梁的模板，再将预制楼板支承在具有一定刚度的硬支架上，然后浇筑梁或圈梁、现浇叠合层等的混凝土。

采用预制楼板时，预制板端支座位置的圈梁顶应尽可能设在板顶的同一标高或采用L形圈梁，便于预制楼板端头钢筋伸入圈梁内。

当板的跨度大于4.8m并与外墙平行时，靠外墙的预制板侧边应与墙或圈梁拉结，可在预制板顶面上放置间距不少于300mm，直径不少于6mm的短钢筋，短钢筋一端钩在靠外墙预制板的内侧纵向板间缝隙内，另一端锚固在墙或圈梁内。

10.3 混凝土砌块砌体构件

Ⅰ 承载力计算

10.3.1 本次修订，对表内数据作了调整，但 f_{vE} 与 σ_0 的函数关系基本不变。根据有关试验资料，当 $\sigma_0/f_v \geqslant 16$ 时，砌块砌体的正应力影响系数如仍按剪摩公式线性增加，则其值偏高，偏于不安全。因此当 σ_0/f_v 大于16时，砌块砌体的正应力影响系数都按 $\sigma_0/f_v = 16$ 时取3.92。

10.3.2 对无筋砌块砌体房屋中的砌体构件，灌芯对砌体抗剪强度提高幅度很大，当灌芯率 $\rho \geqslant 0.15$ 时，适当考虑灌芯和插筋对抗剪承载力的提高作用。

Ⅱ 构造措施

10.3.4、10.3.5 为加强砌块砌体抗震性能，应按《建筑抗震设计规范》GB 50011－2010 第7.4.1条及其他条文和本规范其他条文要求的部位设置芯柱。除此之外，对其他部位砌块砌体墙，考虑芯柱间距过大时芯柱对砌块砌体墙抗震性能的提高作用很小，因此明确提出其他部位砌块砌体墙的最低芯柱密度设置要求。

当房屋层数或高度等于或接近表10.1.2中限值时，对底部芯柱密度需要适当加大的楼层范围，按6、7度和8、9度不同烈度分别加以规定。

10.3.7 由于各层砌块砌体均配置水平拉结筋，因此对圈梁高度和纵筋适当比砖砌体房屋作了调整。对圈梁的纵筋根据不同烈度进行了进一步规定。

10.3.8 楼梯间为逃生时重要通道，但该处又是结构薄弱部位，因此其抗倒塌能力应特别注意加强。本次修订通过设置楼梯间周围墙体的配筋，增强其抗震能力。

10.4 底部框架-抗震墙砌体房屋抗震构件

I 承载力计算

10.4.2 汶川地震震害调查中发现，底部框架-抗震墙砌体房屋底层柱是在柱顶和柱底同时发生破坏，进一步验证了底层柱反弯点在层高一半附近，底层柱的反弯点高度比取 0.55 还是合理的。

10.4.3 参照抗震规范关于钢筋混凝土部分框支抗震墙结构的规定，应对底部框架柱上下端的弯矩设计值进行适当放大，避免地震作用下底部框架柱上下端很快形成塑性铰造成倒塌。

考虑底部抗震墙已承担全部地震剪力，不必再按抗震规范对底部加强部位抗震墙的组合弯矩计算值进行放大，因此只建议按一般部位抗震墙进行强剪弱弯的调整。

II 构造措施

10.4.8 补充了墙体半高附近尚应设置与框架柱相连的钢筋混凝土水平系梁的最小截面尺寸和最小配筋量限值。

底层墙体构造柱的纵向钢筋直径不宜小于过渡层的构造柱，因此补充规定底层墙体构造柱的纵向钢筋不应少于 4φ14。

当底层层高较高时，门窗等大洞口顶距地高度不超过层高的 1/2.5 时，可将钢筋混凝土水平系梁设置在洞顶标高，洞口顶处可与洞口过梁合并。

10.4.9 考虑托墙梁在上部墙体未破坏前可能受拉，适当加大了梁上、下部纵向贯通钢筋最小配筋率。

10.4.11 过渡层即与底部框架-抗震墙相邻的上一砌体楼层。本次修订，加强了过渡层砌体墙的相关要求。过渡层构造柱纵向钢筋配置的最小要求，增加了 6 度时的加强要求。

上部墙体与底部框架梁、抗震墙不对齐时，需设置支承在框架梁或抗震墙上的托墙转换次梁，其对底部框架梁或抗震墙以及过渡层相关墙体都会产生影响，应予以考虑。

对于上部墙体为砌块砌体墙时，对应下部钢筋混凝土框架柱或抗震墙边框柱及构造柱的位置，过渡层砌块墙体宜设置构造柱。当底部采用配筋砌块砌体抗震墙时，过渡层砌块墙体中部的芯柱宜与底部墙体芯柱对齐，上下贯通。

10.4.12 为加强过渡层底板抗剪能力，参考抗震规范关于转换层楼板的要求，补充了该楼板配筋要求。

10.5 配筋砌块砌体抗震墙

I 承载力计算

10.5.2 在配筋砌块砌体抗震墙房屋抗震设计计算中，抗震墙底部的荷载作用效应最大，因此应根据计算分析结果，对底部截面的组合剪力设计值采用按不同抗震等级确定剪力放大系数的形式进行调整，以使房屋的最不利截面得到加强。

10.5.3～10.5.5 规定配筋砌块砌体抗震墙的截面抗剪能力限制条件，是为了规定抗震墙截面尺寸的最小值，或者说是限制了抗震墙截面的最大名义剪应力值。试验研究结果表明，抗震墙的名义剪应力过高，灌孔砌体会在早期出现斜裂缝，水平抗剪钢筋不能充分发挥作用，即使配置很多水平抗剪钢筋，也不能有效地提高抗震墙的抗剪能力。

配筋砌块砌体抗震墙截面应力控制值，类似于混凝土抗压强度设计值，采用"灌孔砌块砌体"的抗压强度，它不同于砌体抗压强度，也不同于混凝土抗压强度。配筋砌块砌体抗震墙反复加载的受剪承载力比单调加载有所降低，其降低幅度和钢筋混凝土抗震墙很接近。因此，将静力承载力乘以降低系数 0.8，作为抗震设计中偏心受压时抗震墙的斜截面受剪承载力计算公式。根据湖南大学等单位不同轴压比（或不同的正应力）的墙片试验表明，限制正应力对砌体的抗侧能力的贡献在适当的范围是合适的。如国际标准《配筋砌体设计规范》，限制 $N \leqslant 0.4fbh$，美国规范为 $0.25N$，我国混凝土规范为 $0.2f_cbh$。本规范从偏于安全亦取 $0.2f_gbh$。

钢筋混凝土抗震墙在偏心受压和偏心受拉时斜截面承载力计算公式中 N 项采用了相同系数，我们认为欠妥。此时 N 虽为作用效应，但属抗力项，当 N 为拉力时应偏于安全取小。根据可靠度要求，配筋砌块抗震墙偏心受拉时斜截面受剪承载力取用了与偏心受压不同的形式。

10.5.6 配筋砌块砌体由于受其块型、砌筑方法和配筋方式的影响，不适宜做跨高比较大的梁构件。而在配筋砌块砌体抗震墙结构中，连梁是保证房屋整体性的重要构件，为了保证连梁与抗震墙节点处在弯曲屈服前不会出现剪切破坏和具有适当的刚度和承载能力，对于跨高比大于 2.5 的连梁宜采用受力性能更好的钢筋混凝土连梁，以确保连梁构件的"强剪弱弯"。对于跨高比小于 2.5 的连梁（主要指窗下墙部分），则还是允许采用配筋砌块砌体连梁。

配筋砌体抗震墙的连梁的设计原则是作为抗震墙结构的第一道防线，即连梁破坏应先于抗震墙，而对连梁本身则要求其斜截面的抗剪能力高于正截面的抗弯能力，以体现"强剪弱弯"的要求。对配筋砌块连梁，试算和试设计表明，对高烈度区和对较高的抗震等级（一、二级）情况下，连梁超筋的情况比较多，而对砌块连梁在孔中配置钢筋的数量又受到限制。在这种情况下，一是减小连梁的截面高度（应在满足弹塑性变形要求的情况下），二是连梁设计成混凝土的。本条是参照建筑抗震设计规范和砌块抗震墙房屋的特点规定的剪力调整幅度。

10.5.7 抗震墙的连梁的受力状况，类似于两端固定但同时存在支座有竖向和水平位移的梁的受力，也类似层间抗震墙的受力，其截面控制条件类同抗震墙。

10.5.8 多肢配筋砌块砌体抗震墙的承载力和延性与连梁的承载力和延性有很大关系。为了避免连梁产生受剪破坏后导致抗震墙延性降低，本条规定跨高比大于2.5的连梁，必须满足受剪承载力要求。对跨高比小于2.5的连梁，已属混凝土深梁。在较高烈度和一级抗震等级出现超筋的情况下，宜采取措施，使连梁的截面高度减小，来满足连梁的破坏先于与其连接的抗震墙，否则应对其承载力进行折减。考虑到当连梁跨高比大于2.5时，相对截面高度较小，局部采用混凝土连梁对砌块建筑的施工工作量增加不多，只要按等强设计原则，其受力仍能得到保证，也易于设计人员的接受。此次修订将原规范10.4.8、10.4.9合并，并取跨高比≤2.5之表达式。

Ⅱ 构 造 措 施

10.5.9 本条是在参照国内外配筋砌块砌体抗震墙试验研究和经验的基础上规定的。美国UBC砌体部分和美国抗震规范规定，对不同的地震设防烈度，有不同的最小含钢率要求。如在7度以内，要求在墙的端部、顶部和底部，以及洞口的四周配置竖向和水平构造钢筋，钢筋的间距不应大于3m。该构造钢筋的面积为130mm^2，约一根 ϕ12～ϕ14钢筋，经折算其隐含的构造含钢率约为0.06%；而对≥8度时，抗震墙应在竖向和水平方向均匀设置钢筋，每个方向钢筋的间距不应大于该方向长度的1/3和1.20m，最小钢筋面积不应小于0.07%，两个方向最小含钢率之和也不应小于0.2%。根据美国规范条文解释，这种最小含钢率是抗震墙最小的延性和抗裂要求。

抗震设计时，为保证出现塑性铰后抗震墙具有足够的延性，该范围内应当加强构造措施，提高其抗剪力破坏的能力。由于抗震墙底部塑性铰出现都有一定范围，因此对其作了规定。一般情况下单个塑性铰发展高度为墙底截面以上墙肢截面高度 h_w 的范围。

为什么配筋混凝土砌块砌体抗震墙的最小构造含钢率比混凝土抗震墙的小呢，根据背景解释：钢筋混凝土要求相当大的最小含钢率，因为它在塑性状态浇筑，在水化过程中产生显著的收缩。而在砌体施工时，作为主要部分的块体，尺寸稳定，仅在砌体中加

入了塑性的砂浆和灌孔混凝土。因此在砌体墙中可收缩的材料要比混凝土中少得多。这个最小含钢率要求，已被规定为混凝土的一半。但在美国加利福尼亚建筑师办公室要求则高于这个数字，它规定，总的最小含钢率不小于0.3%，任一方向不小于0.1%（加利福尼亚是美国高烈度区和地震活跃区）。根据我国进行的较大数量的不同含钢率（竖向和水平）的伪静力墙片试验表明，配筋能明显提高墙体在水平反复荷载作用下的变形能力。也就是说在本条规定的这种最小含钢率情况下，墙体具有一定的延性，裂缝出现后不会立即发生剪坏倒塌。本规范仅在抗震等级为四级时将 μ_{min} 定为0.07%，其余均≥0.1%，比美国规范要高一些，也约为我国混凝土规范最小含钢率的一半以上。由于配筋砌块砌体建筑的总高度在本规程已有限制，所以其最小构造配筋率比现浇混凝土抗震墙有一定程度的减小。此次修订对最小配筋率作了适当微调。

10.5.10 在配筋砌块砌体抗震墙结构中，边缘构件无论是在提高墙体强度和变形能力方面的作用都非常明显，因此参照混凝土抗震墙结构边缘构件设置的要求，结合配筋砌块砌体抗震墙的特点，规定了边缘构件的配筋要求。

在配筋砌块砌体抗震墙端部设置水平箍筋是为了提高对砌体的约束作用及墙端部混凝土的极限压应变，提高墙体的延性。根据工程经验，水平箍筋放置于砌体灰缝中，受灰缝高度限制（一般灰缝高度为10mm），水平箍筋直径不小于6mm，且不应大于8mm比较合适；当箍筋直径较大时，将难以保证砌体结构灰缝的砌筑质量，会影响配筋砌块砌体强度；灰缝过厚则会给现场施工和施工验收带来困难，也会影响砌体的强度。抗震等级为一级水平箍筋最小直径为 ϕ8，二～四级为 ϕ6，为了适当弥补钢筋直径减小造成的损失，本条文注明抗震等级为一、二、三级时，应采用HRB335或RRB335级钢筋。亦可采用其他等效的约束件如等截面面积，厚度不大于5mm的一次冲压钢圈，对边缘构件，将具有更强约束作用。

通过试点工程，这种约束区的最小配筋率有相当的覆盖面。这种含钢率也考虑能在约 120mm × 120mm 孔洞中放得下：对含钢率为0.4%、0.6%、0.8%，相应的钢筋直径为3ϕ14、3ϕ18、3ϕ20，而约束箍筋的间距只能在砌体灰缝或带凹槽的系梁块中设置，其间距只能最小为200mm。对更大的钢筋直径并考虑到钢筋在孔洞中的接头和墙体中水平钢筋，很容易造成浇灌混凝土的困难。当采用290mm厚的混凝土空心砌块时，这个问题就可解决了，但这种砌块的重量过大，施工砌筑有一定难度，故我国目前的砌块系列也在190mm范围以内。另外，考虑到更大的适应性，增加了混凝土柱作边缘构件的方案。

10.5.11 转角窗的设置将削弱结构的抗扭能力，配

筋砌块砌体抗震墙较难采取措施（如：墙加厚，梁加高），故建议避免转角窗的设置。但配筋砌块砌体抗震墙结构受力特性类似于钢筋混凝土抗震墙结构，若需设置转角窗，则应适当增加边缘构件配筋，并且将楼、屋面板做成现浇板以增强整体性。

10.5.12 配筋砌块砌体抗震墙在重力荷载代表值作用下的轴压比控制是为了保证配筋砌块砌体在水平荷载作用下的延性和强度的发挥，同时也是为了防止墙片截面过小、配筋率过高，保证抗震墙结构延性。本条文对一般墙、短肢墙、一字形短肢墙的轴压比限值作了区别对待，由于短肢墙和无翼缘的一字形短肢墙的抗震性能较差，因此对其轴压比限值应该作更为严格的规定。

10.5.13 在配筋砌块砌体抗震墙和楼盖的结合处设置钢筋混凝土圈梁，可进一步增加结构的整体性，同时该圈梁也可作为建筑竖向尺寸调整的手段。钢筋混凝土圈梁作为配筋砌块砌体抗震墙的一部分，其强度应和灌孔砌块砌体强度基本一致，相互匹配，其纵筋配筋量不应小于配筋砌块砌体抗震墙水平筋数量，其间距不应大于配筋砌块砌体抗震墙水平筋间距，并宜适当加密。

10.5.14 本条是根据国内外试验研究成果和经验，并参照钢筋混凝土抗震墙连梁的构造要求和砌块的特点给出的。配筋混凝土砌块砌体抗震墙的连梁，从施工程序考虑，一般采用凹槽或 H 型砌块砌筑，砌筑时按要求设置水平构造钢筋，而横向钢筋或箍筋则需砌到楼层高度和达到一定强度后方能在孔中设置。这是和钢筋混凝土抗震墙连梁不同之点。

中华人民共和国国家标准

砌体结构工程施工质量验收规范

Code for acceptance of constructional
quality of masonry structures

GB 50203—2011

主编部门：陕 西 省 住 房 和 城 乡 建 设 厅
批准部门：中华人民共和国住房和城乡建设部
施行日期：２０１２ 年 ５ 月 １ 日

中华人民共和国住房和城乡建设部
公　告

第 936 号

关于发布国家标准《砌体结构
工程施工质量验收规范》的公告

现批准《砌体结构工程施工质量验收规范》为国家标准，编号为 GB 50203－2011，自 2012 年 5 月 1 日起实施。其中，第 4.0.1（1、2）、5.2.1、5.2.3、6.1.8、6.1.10、6.2.1、6.2.3、7.1.10、7.2.1、8.2.1、8.2.2、10.0.4 条（款）为强制性条文，必须严格执行。原《砌体工程施工质量验收规范》GB 50203 －2002 同时废止。

本规范由我部标准定额研究所组织中国建筑工业出版社出版发行。

中华人民共和国住房和城乡建设部

2011 年 2 月 18 日

前　　言

根据住房和城乡建设部《关于印发〈2008 年工程建设标准规范制订、修订计划（第一批）〉的通知》（建标〔2008〕102 号）的要求，由陕西省建筑科学研究院和陕西建工集团总公司会同有关单位在原《砌体工程施工质量验收规范》GB 50203－2002 的基础上修订完成的。

本规范在编制过程中，编制组经广泛调查研究，认真总结实践经验，参考有关国际标准和国外先进标准，并在广泛征求意见的基础上，最后经审查定稿。

本规范共分 11 章和 3 个附录，主要技术内容包括：总则、术语、基本规定、砌筑砂浆、砖砌体工程、混凝土小型空心砌块砌体工程、石砌体工程、配筋砌体工程、填充墙砌体工程、冬期施工、子分部工程验收。

本规范修订的主要内容是：

1　增加砌体结构工程检验批的划分规定；

2　增加"一般项目"检测值的最大超差值为允许偏差值的 1.5 倍的规定；

3　修改砌筑砂浆的合格验收条件；

4　修改砌体轴线位移、墙面垂直度及构造柱尺寸验收的规定；

5　增加填充墙与框架柱、梁之间的连接构造按照设计规定进行脱开连接或不脱开连接施工；

6　增加填充墙与主体结构间连接钢筋采用植筋方法时的锚固拉拔力检测及验收规定；

7　修改轻骨料混凝土小型空心砌块、蒸压加气混凝土砌块墙体墙底部砌筑其他块体或现浇混凝土坎台的规定；

8　修改冬期施工中同条件养护砂浆试块的留置

数量及试压龄期的规定；将氯盐砂浆法划入掺外加剂法；删除冻结法施工；

9　附录中增加填充墙砌体植筋锚固力检验抽样判定；填充墙砌体植筋锚固力检测记录。

本规范中以黑体字标志的条文为强制性条文，必须严格执行。

本规范由住房和城乡建设部负责管理和对强制性条文的解释，由陕西省住房和城乡建设厅负责日常管理，陕西省建筑科学研究院负责具体技术内容的解释。执行过程中如有意见或建议，请寄送陕西省建筑科学研究院（地址：西安市环城西路北段 272 号，邮编：710082）。

本 规 范 主 编 单 位：陕西省建筑科学研究院
　　　　　　　　　　　陕西建工集团总公司

本 规 范 参 编 单 位：四川省建筑科学研究院
　　　　　　　　　　　辽宁省建设科学研究院
　　　　　　　　　　　天津市建工工程总承包公司
　　　　　　　　　　　中天建设集团有限公司
　　　　　　　　　　　中国建筑东北设计研究院
　　　　　　　　　　　爱舍（天津）新型建材有限公司

本规范主要起草人员：张昌叙　高宗祺　吴　体
　　　　　　　　　　　张书禹　郝宝林　张鸿勋
　　　　　　　　　　　刘　斌　申京涛　吴建军
　　　　　　　　　　　侯汝欣　和　平　王小院

本规范主要审查人员：王庆霖　周九仪　吴松勤
　　　　　　　　　　　薛永武　高连玉　金　睿
　　　　　　　　　　　何益民　赵　瑞　王华生

目　次

Contents

1 总　则

1.0.1 为加强建筑工程的质量管理，统一砌体结构工程施工质量的验收，保证工程质量，制定本规范。

1.0.2 本规范适用于建筑工程的砖、石、小砌块等砌体结构工程的施工质量验收。本规范不适用于铁路、公路和水工建筑等砌石工程。

1.0.3 砌体结构工程施工中的技术文件和承包合同对施工质量验收的要求不得低于本规范的规定。

1.0.4 本规范应与现行国家标准《建筑工程施工质量验收统一标准》GB 50300 配套使用。

1.0.5 砌体结构工程施工质量的验收除应执行本规范外，尚应符合国家现行有关标准的规定。

2 术　语

2.0.1 砌体结构　masonry structure

由块体和砂浆砌筑而成的墙、柱作为建筑物主要受力构件的结构。是砖砌体、砌块砌体和石砌体结构的统称。

2.0.2 配筋砌体　reinforced masonry

由配置钢筋的砌体作为建筑物主要受力构件的结构。是网状配筋砌体柱、水平配筋砌体墙、砖砌体和钢筋混凝土面层或钢筋砂浆面层组合砌体柱（墙）、砖砌体和钢筋混凝土构造柱组合墙和配筋小砌块砌体剪力墙结构的统称。

2.0.3 块体　masonry units

砌体所用各种砖、石、小砌块的总称。

2.0.4 小型砌块　small block

块体主规格的高度大于 115mm 而又小于 380mm 的砌块，包括普通混凝土小型空心砌块、轻骨料混凝土小型空心砌块、蒸压加气混凝土砌块等。简称小砌块。

2.0.5 产品龄期　products age

烧结砖出窑；蒸压砖、蒸压加气混凝土砌块出釜；混凝土砖、混凝土小型空心砌块成型后至某一日期的天数。

2.0.6 蒸压加气混凝土砌块专用砂浆　special mortar for autoclaved aerated concrete block

与蒸压加气混凝土性能相匹配的，能满足蒸压加气混凝土砌块砌体施工要求和砌体性能的砂浆，分为适用于薄灰砌筑法的蒸压加气混凝土砌块粘结砂浆；适用于非薄灰砌筑法的蒸压加气混凝土砌块砌筑砂浆。

2.0.7 预拌砂浆　ready-mixed mortar

由专业生产厂生产的湿拌砂浆或干混砂浆。

2.0.8 施工质量控制等级　category of constuction quality control

按质量控制和质量保证若干要素对施工技术水平所作的分级。

2.0.9 瞎缝　blind seam

砌体中相邻块体间无砌筑砂浆，又彼此接触的水平缝或竖向缝。

2.0.10 假缝　suppositious seam

为掩盖砌体灰缝内在质量缺陷，砌筑砌体时仅在靠近砌体表面处抹有砂浆，而内部无砂浆的竖向灰缝。

2.0.11 通缝　continuous seam

砌体中上下皮块体搭接长度小于规定数值的竖向灰缝。

2.0.12 相对含水率　comparatively percentage of moisture

含水率与吸水率的比值。

2.0.13 薄层砂浆砌筑法　the method of thin-layer mortar masonry

采用蒸压加气混凝土砌块粘结砂浆砌筑蒸压加气混凝土砌块墙体的施工方法，水平灰缝厚度和竖向灰缝宽度为 2mm～4mm。简称薄灰砌筑法。

2.0.14 芯柱　core column

在小砌块墙体的孔洞内浇灌混凝土形成的柱，有素混凝土芯柱和钢筋混凝土芯柱。

2.0.15 实体检测　in-situ inspection

由有检测资质的检测单位采用标准的检验方法，在工程实体上进行原位检测或抽取试样在试验室进行检验的活动。

3 基 本 规 定

3.0.1 砌体结构工程所用的材料应有产品合格证书、产品性能型式检验报告，质量应符合国家现行有关标准的要求。块体、水泥、钢筋、外加剂尚应有材料主要性能的进场复验报告，并应符合设计要求。严禁使用国家明令淘汰的材料。

3.0.2 砌体结构工程施工前，应编制砌体结构工程施工方案。

3.0.3 砌体结构的标高、轴线，应引自基准控制点。

3.0.4 砌筑基础前，应校核放线尺寸，允许偏差应符合表 3.0.4 的规定。

表 3.0.4　放线尺寸的允许偏差

长度 L、宽度 B （m）	允许偏差 （mm）
L（或 B）≤30	±5
30＜L（或 B）≤60	±10
60＜L（或 B）≤90	±15
L（或 B）＞90	±20

3.0.5 伸缩缝、沉降缝、防震缝中的模板应拆除干净，不得夹有砂浆、块体及碎渣等杂物。

3.0.6 砌筑顺序应符合下列规定：

1 基底标高不同时，应从低处砌起，并应由高处向低处搭砌。当设计无要求时，搭接长度 L 不应小于基础底的高差 H，搭接长度范围内下层基础应扩大砌筑（图 3.0.6）；

2 砌体的转角处和交接处应同时砌筑，当不能同时砌筑时，应按规定留槎、接槎。

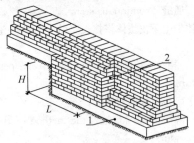

图 3.0.6 基底标高不同时的搭砌示意图（条形基础）
1—混凝土垫层；2—基础扩大部分

3.0.7 砌筑墙体应设置皮数杆。

3.0.8 在墙上留置临时施工洞口，其侧边离交接处墙面不应小于 500mm，洞口净宽度不应超过 1m。抗震设防烈度为 9 度地区建筑物的临时施工洞口位置，应会同设计单位确定。临时施工洞口应做好补砌。

3.0.9 不得在下列墙体或部位设置脚手眼：

1 120mm 厚墙、清水墙、料石墙、独立柱和附墙柱；

2 过梁上与过梁成 60°角的三角形范围及过梁净跨度 1/2 的高度范围内；

3 宽度小于 1m 的窗间墙；

4 门窗洞口两侧石砌体 300mm，其他砌体 200mm 范围内；转角处石砌体 600mm，其他砌体 450mm 范围内；

5 梁或梁垫下及其左右 500mm 范围内；

6 设计不允许设置脚手眼的部位；

7 轻质墙体；

8 夹心复合墙外叶墙。

3.0.10 脚手眼补砌时，应清除脚手眼内掉落的砂浆、灰尘；脚手眼处砖及填塞用砖应湿润，并应填实砂浆。

3.0.11 设计要求的洞口、沟槽、管道应于砌筑时正确留出或预埋，未经设计同意，不得打凿墙体和在墙体上开凿水平沟槽。宽度超过 300mm 的洞口上部，应设置钢筋混凝土过梁。不应在截面长边小于 500mm 的承重墙体、独立柱内埋设管线。

3.0.12 尚未施工楼面或屋面的墙或柱，其抗风允许自由高度不得超过表 3.0.12 的规定。如超过表中限值时，必须采用临时支撑等有效措施。

表 3.0.12 墙和柱的允许自由高度（m）

墙（柱）厚（mm）	砌体密度>1600（kg/m³）			砌体密度 1300～1600（kg/m³）		
	风载（kN/m²）			风载（kN/m²）		
	0.3（约 7 级风）	0.4（约 8 级风）	0.5（约 9 级风）	0.3（约 7 级风）	0.4（约 8 级风）	0.5（约 9 级风）
190	—	—	—	1.4	1.1	0.7
240	2.8	2.1	1.4	2.2	1.7	1.1
370	5.2	3.9	2.6	4.2	3.2	2.1
490	8.6	6.5	4.3	7.0	5.2	3.5
620	14.0	10.5	7.0	11.4	8.6	5.7

注：1 本表适用于施工处相对标高 H 在 10m 范围的情况。如 10m<H≤15m，15m<H≤20m 时，表中的允许自由高度应分别乘以 0.9、0.8 的系数；如 H>20m 时，应通过抗倾覆验算确定其允许自由高度。

2 当所砌筑的墙有横墙或其他结构与其连接，而且间距小于表中相应墙、柱的允许自由高度的 2 倍时，砌筑高度可不受本表的限制；

3 当砌体密度小于 1300kg/m³ 时，墙和柱的允许自由高度应另行验算确定。

3.0.13 砌筑完基础或每一楼层后，应校核砌体的轴线和标高。在允许偏差范围内，轴线偏差可在基础顶面或楼面上校正，标高偏差宜通过调整上部砌体灰缝厚度校正。

3.0.14 搁置预制梁、板的砌体顶面应平整，标高一致。

3.0.15 砌体施工质量控制等级分为三级，并应按表 3.0.15 划分。

表 3.0.15 施工质量控制等级

项 目	施工质量控制等级		
	A	B	C
现场质量管理	监督检查制度健全，并严格执行；施工方有在岗专业技术管理人员，人员齐全，并持证上岗	监督检查制度基本健全，并能执行；施工方有在岗专业技术管理人员，人员齐全，并持证上岗	有监督检查制度；施工方有在岗专业技术管理人员
砂浆、混凝土强度	试块按规定制作，强度满足验收规定，离散性小	试块按规定制作，强度满足验收规定，离散性较小	试块按规定制作，强度满足验收规定，离散性大

续表 3.0.15

项 目	施工质量控制等级		
	A	B	C
砂浆拌合	机械拌合；配合比计量控制严格	机械拌合；配合比计量控制一般	机械或人工拌合；配合比计量控制较差
砌筑工人	中级工以上，其中，高级工不少于30%	高、中级工不少于70%	初级工以上

注：1 砂浆、混凝土强度离散性大小根据强度标准差确定；
　　2 配筋砌体不得为 C 级施工。

3.0.16 砌体结构中钢筋（包括夹心复合墙内外叶墙间的拉结件或钢筋）的防腐，应符合设计规定。

3.0.17 雨天不宜在露天砌筑墙体，对下雨当日砌筑的墙体应进行遮盖。继续施工时，应复核墙体的垂直度，如果垂直度超过允许偏差，应拆除重新砌筑。

3.0.18 砌体施工时，楼面和屋面堆载不得超过楼板的允许荷载值。当施工层进料口处施工荷载较大时，楼板下宜采取临时支撑措施。

3.0.19 正常施工条件下，砖砌体、小砌块砌体每日砌筑高度宜控制在 1.5m 或一步脚手架高度内；石砌体不宜超过 1.2m。

3.0.20 砌体结构工程检验批的划分应同时符合下列规定：

　1 所用材料类型及同类型材料的强度等级相同；

　2 不超过 250m³ 砌体；

　3 主体结构砌体一个楼层（基础砌体可按一个楼层计）；填充墙砌体量少时可多个楼层合并。

3.0.21 砌体结构工程检验批验收时，其主控项目应全部符合本规范的规定；一般项目应有 80% 及以上的抽检处符合本规范的规定。有允许偏差的项目，最大超差值为允许偏差值的 1.5 倍。

3.0.22 砌体结构分项工程中检验批抽检时，各抽检项目的样本最小容量除有特殊要求外，按不应小于 5 确定。

3.0.23 在墙体砌筑过程中，当砌筑砂浆初凝后，块体被撞动或需移动时，应将砂浆清除后再铺浆砌筑。

3.0.24 分项工程检验批质量验收可按本规范附录 A 各相应记录表填写。

4 砌筑砂浆

4.0.1 水泥使用应符合下列规定：

　1 水泥进场时应对其品种、等级、包装或散装仓号、出厂日期等进行检查，并应对其强度、安定性

进行复验，其质量必须符合现行国家标准《通用硅酸盐水泥》GB 175 的有关规定。

　2 当在使用中对水泥质量有怀疑或水泥出厂超过三个月（快硬硅酸盐水泥超过一个月）时，应复查试验，并按复验结果使用。

　3 不同品种的水泥，不得混合使用。

　抽检数量：按同一生产厂家、同品种、同等级、同批号连续进场的水泥，袋装水泥不超过 200t 为一批，散装水泥不超过 500t 为一批，每批抽样不少于一次。

　检验方法：检查产品合格证、出厂检验报告和进场复验报告。

4.0.2 砂浆用砂宜采用过筛中砂，并应满足下列要求：

　1 不应混有草根、树叶、树枝、塑料、煤块、炉渣等杂物；

　2 砂含泥量、泥块含量、石粉含量、云母、轻物质、有机物、硫化物、硫酸盐及氯盐含量（配筋砌体砌筑用砂）等应符合现行行业标准《普通混凝土用砂、石质量及检验方法标准》JGJ 52 的有关规定；

　3 人工砂、山砂及特细砂，应经试配能满足砌筑砂浆技术条件要求。

4.0.3 拌制水泥混合砂浆的粉煤灰、建筑生石灰、建筑生石灰粉及石灰膏应符合下列规定：

　1 粉煤灰、建筑生石灰、建筑生石灰粉的品质指标应符合现行行业标准《粉煤灰在混凝土及砂浆中应用技术规程》JGJ 28、《建筑生石灰》JC/T 479、《建筑生石灰粉》JC/T 480 的有关规定；

　2 建筑生石灰、建筑生石灰粉熟化为石灰膏，其熟化时间分别不得少于 7d 和 2d；沉淀池中储存的石灰膏，应防止干燥、冻结和污染，严禁采用脱水硬化的石灰膏；建筑生石灰粉、消石灰粉不得替代石灰膏配制水泥石灰砂浆；

　3 石灰膏的用量，应按稠度 120mm±5mm 计量，现场施工中石灰膏不同稠度的换算系数，可按表 4.0.3 确定。

表 4.0.3 石灰膏不同稠度的换算系数

稠度(mm)	120	110	100	90	80	70	60	50	40	30
换算系数	1.00	0.99	0.97	0.95	0.93	0.92	0.90	0.88	0.87	0.86

4.0.4 拌制砂浆用水的水质，应符合现行行业标准《混凝土用水标准》JGJ 63 的有关规定。

4.0.5 砌筑砂浆应进行配合比设计。当砌筑砂浆的组成材料有变更时，其配合比应重新确定。砌筑砂浆的稠度宜按表 4.0.5 的规定采用。

表4.0.5 砌筑砂浆的稠度

砌 体 种 类	砂浆稠度（mm）
烧结普通砖砌体 蒸压粉煤灰砖砌体	70～90
混凝土实心砖、混凝土多孔砖砌体 普通混凝土小型空心砌块砌体 蒸压灰砂砖砌体	50～70
烧结多孔砖、空心砖砌体 轻骨料小型空心砌块砌体 蒸压加气混凝土砌块砌体	60～80
石砌体	30～50

注：1 采用薄灰砌筑法砌筑蒸压加气混凝土砌块砌体时，加气混凝土粘结砂浆的加水量按照其产品说明书控制；

2 当砌筑其他块体时，其砌筑砂浆的稠度可根据块体吸水特性及气候条件确定。

4.0.6 施工中不应采用强度等级小于 M5 水泥砂浆替代同强度等级水泥混合砂浆，如需替代，应将水泥砂浆提高一个强度等级。

4.0.7 在砂浆中掺入的砌筑砂浆增塑剂、早强剂、缓凝剂、防冻剂、防水剂等砂浆外加剂，其品种和用量应经有资质的检测单位检验和试配确定。所用外加剂的技术性能应符合国家现行有关标准《砌筑砂浆增塑剂》JG/T 164、《混凝土外加剂》GB 8076、《砂浆、混凝土防水剂》JC 474 的质量要求。

4.0.8 配制砌筑砂浆时，各组分材料应采用质量计量，水泥及各种外加剂配料的允许偏差为±2%；砂、粉煤灰、石灰膏等配料的允许偏差为±5%。

4.0.9 砌筑砂浆应采用机械搅拌，搅拌时间自投料完起算应符合下列规定：

1 水泥砂浆和水泥混合砂浆不得少于 120s；

2 水泥粉煤灰砂浆和掺用外加剂的砂浆不得少于 180s；

3 掺增塑剂的砂浆，其搅拌方式、搅拌时间应符合现行行业标准《砌筑砂浆增塑剂》JG/T 164 的有关规定；

4 干混砂浆及加气混凝土砌块专用砂浆宜按掺用外加剂的砂浆确定搅拌时间或按产品说明书采用。

4.0.10 现场拌制的砂浆应随拌随用，拌制的砂浆应在 3h 内使用完毕；当施工期间最高气温超过 30℃时，应在 2h 内使用完毕。预拌砂浆及蒸压加气混凝土砌块专用砂浆的使用时间应按照厂方提供的说明书确定。

4.0.11 砌体结构工程使用的湿拌砂浆，除直接使用外必须储存在不吸水的专用容器内，并根据气候条件采取遮阳、保温、防雨雪等措施，砂浆在储存过程中严禁随意加水。

4.0.12 砌筑砂浆试块强度验收时其强度合格标准应符合下列规定：

1 同一验收批砂浆试块强度平均值应大于或等于设计强度等级值的 1.10 倍；

2 同一验收批砂浆试块抗压强度的最小一组平均值应大于或等于设计强度等级值的 85%。

注：1 砌筑砂浆的验收批，同一类型、强度等级的砂浆试块不应少于 3 组；同一验收批砂浆只有 1 组或 2 组试块时，每组试块抗压强度平均值应大于或等于设计强度等级值的 1.10 倍；对于建筑结构的安全等级为一级或设计使用年限为 50 年及以上的房屋，同一验收批砂浆试块的数量不得少于 3 组；

2 砂浆强度应以标准养护，28d 龄期的试块抗压强度为准；

3 制作砂浆试块的砂浆稠度应与配合比设计一致。

抽检数量：每一检验批且不超过 250m³ 砌体的各类、各强度等级的普通砌筑砂浆，每台搅拌机应至少抽检一次。验收批的预拌砂浆、蒸压加气混凝土砌块专用砂浆，抽检可为 3 组。

检验方法：在砂浆搅拌机出料口或在湿拌砂浆的储存容器出料口随机取样制作砂浆试块（现场拌制的砂浆，同盘砂浆只应作 1 组试块），试块标养 28d 后作强度试验。预拌砂浆中的湿拌砂浆稠度应在进场时取样检验。

4.0.13 当施工中或验收时出现下列情况，可采用现场检验方法对砂浆或砌体强度进行实体检测，并判定其强度：

1 砂浆试块缺乏代表性或试块数量不足；

2 对砂浆试块的试验结果有怀疑或有争议；

3 砂浆试块的试验结果，不能满足设计要求；

4 发生工程事故，需要进一步分析事故原因。

5 砖砌体工程

5.1 一 般 规 定

5.1.1 本章适用于烧结普通砖、烧结多孔砖、混凝土多孔砖、混凝土实心砖、蒸压灰砂砖、蒸压粉煤灰砖等砌体工程。

5.1.2 用于清水墙、柱表面的砖，应边角整齐，色泽均匀。

5.1.3 砌体砌筑时，混凝土多孔砖、混凝土实心砖、蒸压灰砂砖、蒸压粉煤灰砖等块体的产品龄期不应小于 28d。

5.1.4 有冻胀环境和条件的地区，地面以下或防潮层以下的砌体，不应采用多孔砖。

5.1.5 不同品种的砖不得在同一楼层混砌。

5.1.6 砌筑烧结普通砖、烧结多孔砖、蒸压灰砂砖、蒸压粉煤灰砖砌体时，砖应提前1d～2d适度湿润，严禁采用干砖或处于吸水饱和状态的砖砌筑，块体湿润程度宜符合下列规定：

1 烧结类块体的相对含水率60%～70%；

2 混凝土多孔砖及混凝土实心砖不需浇水湿润，但在气候干燥炎热的情况下，宜在砌筑前对其喷水湿润。其他非烧结类块体的相对含水率40%～50%。

5.1.7 采用铺浆法砌筑砌体，铺浆长度不得超过750mm；当施工期间气温超过30℃时，铺浆长度不得超过500mm。

5.1.8 240mm厚承重墙的每层墙的最上一皮砖，砖砌体的阶台水平面上及挑出层的外皮砖，应整砖丁砌。

5.1.9 弧拱式及平拱式过梁的灰缝应砌成楔形缝，拱底灰缝宽度不宜小于5mm，拱顶灰缝宽度不应大于15mm；拱体的纵向及横向灰缝应填实砂浆；平拱式过梁拱脚下面应伸入墙内不小于20mm；砖砌平拱过梁底应有1%的起拱。

5.1.10 砖过梁底部的模板及其支架拆除时，灰缝砂浆强度不应低于设计强度的75%。

5.1.11 多孔砖的孔洞应垂直于受压面砌筑。半盲孔多孔砖的封底面应朝上砌筑。

5.1.12 竖向灰缝不应出现瞎缝、透明缝和假缝。

5.1.13 砖砌体施工临时间断处补砌时，必须将接槎处表面清理干净，洒水湿润，并填实砂浆，保持灰缝平直。

5.1.14 夹心复合墙的砌筑应符合下列规定：

1 墙体砌筑时，应采取措施防止空腔内掉落砂浆和杂物；

2 拉结件设置应符合设计要求，拉结件在叶墙上的搁置长度不应小于叶墙厚度的2/3，并不应小于60mm；

3 保温材料品种及性能应符合设计要求。保温材料的浇注压力不应对砌体强度、变形及外观质量产生不良影响。

5.2 主 控 项 目

5.2.1 砖和砂浆的强度等级必须符合设计要求。

抽检数量：每一生产厂家，烧结普通砖、混凝土实心砖每15万块，烧结多孔砖、混凝土多孔砖、蒸压灰砂砖及蒸压粉煤灰砖每10万块各为一验收批，不足上述数量时按1批计，抽检数量为1组。砂浆试块的抽检数量执行本规范第4.0.12条的有关规定。

检验方法：查砖和砂浆试块试验报告。

5.2.2 砌体灰缝砂浆应密实饱满，砖墙水平灰缝的砂浆饱满度不得低于80%；砖柱水平灰缝和竖向灰缝饱满度不得低于90%。

抽检数量：每检验批抽查不应少于5处。

检验方法：用百格网检查砖底面与砂浆的粘结痕迹面积，每处检测3块砖，取其平均值。

5.2.3 砖砌体的转角处和交接处应同时砌筑，严禁无可靠措施的内外墙分砌施工。在抗震设防烈度为8度及8度以上地区，对不能同时砌筑而又必须留置的临时间断处应砌成斜槎，普通砖砌体斜槎水平投影长度不应小于高度的2/3，多孔砖砌体的斜槎长高比不应小于1/2。斜槎高度不得超过一步脚手架的高度。

抽检数量：每检验批抽查不应少于5处。

检验方法：观察检查。

5.2.4 非抗震设防及抗震设防烈度为6度、7度地区的临时间断处，当不能留斜槎时，除转角处外，可留直槎，但直槎必须做成凸槎，且应加设拉结钢筋，拉结钢筋应符合下列规定：

1 每120mm墙厚放置1Φ6拉结钢筋（120mm厚墙应放置2Φ6拉结钢筋）；

2 间距沿墙高不应超过500mm，且竖向间距偏差不应超过100mm；

3 埋入长度从留槎处算起每边均不应小于500mm，对抗震设防烈度6度、7度的地区，不应小于1000mm；

4 末端应有90°弯钩（图5.2.4）。

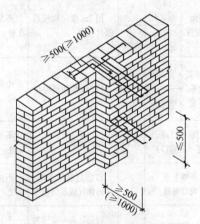

图5.2.4 直槎处拉结钢筋示意图

抽检数量：每检验批抽查不应少于5处。

检验方法：观察和尺量检查。

5.3 一 般 项 目

5.3.1 砖砌体组砌方法应正确，内外搭砌，上、下错缝。清水墙、窗间墙无通缝；混水墙中不得有长度大于300mm的通缝，长度200mm～300mm的通缝每间不超过3处，且不得位于同一面墙体上。砖柱不得采用包心砌法。

抽检数量：每检验批抽查不应少于5处。

检验方法：观察检查。砌体组砌方法抽检每处应为3m～5m。

5.3.2 砖砌体的灰缝应横平竖直，厚薄均匀，水平灰缝厚度及竖向灰缝宽度宜为 10mm，但不应小于 8mm，也不应大于 12mm。

　　抽检数量：每检验批抽查不少于 5 处。

　　检验方法：水平灰缝厚度用尺量 10 皮砖砌体高度折算；竖向灰缝宽度用尺量 2m 砌体长度折算。

5.3.3　砖砌体尺寸、位置的允许偏差及检验应符合表 5.3.3 的规定。

表 5.3.3　砖砌体尺寸、位置的允许偏差及检验

项次	项目		允许偏差 (mm)	检验方法	抽检数量
1	轴线位移		10	用经纬仪和尺或用其他测量仪器检查	承重墙、柱全数检查
2	基础、墙、柱顶面标高		±15	用水准仪和尺检查	不应少于 5 处
3	墙面垂直度	每层	5	用 2m 托线板检查	不应少于 5 处
		全高 ≤10m	10	用经纬仪、吊线和尺或用其他测量仪器检查	外墙全部阳角
		全高 >10m	20		
4	表面平整度	清水墙、柱	5	用 2m 靠尺和楔形塞尺检查	不应少于 5 处
		混水墙、柱	8		
5	水平灰缝平直度	清水墙	7	拉 5m 线和尺检查	不应少于 5 处
		混水墙	10		
6	门窗洞口高、宽 (后塞口)		±10	用尺检查	不应少于 5 处
7	外墙上下窗口偏移		20	以底层窗口为准，用经纬仪和吊线检查	不应少于 5 处
8	清水墙游丁走缝		20	以每层第一皮砖为准，用吊线和尺检查	不应少于 5 处

6　混凝土小型空心砌块砌体工程

6.1　一般规定

6.1.1　本章适用于普通混凝土小型空心砌块和轻骨料混凝土小型空心砌块（以下简称小砌块）等砌体工程。

6.1.2　施工前，应按房屋设计图编绘小砌块平、立面排块图，施工中应按排块图施工。

6.1.3　施工采用的小砌块的产品龄期不应小于 28d。

6.1.4　砌筑小砌块时，应清除表面污物，剔除外观质量不合格的小砌块。

6.1.5　砌筑小砌块砌体，宜选用专用小砌块砌筑砂浆。

6.1.6　底层室内地面以下或防潮层以下的砌体，应采用强度等级不低于 C20（或 Cb20）的混凝土灌实小砌块的孔洞。

6.1.7　砌筑普通混凝土小型空心砌块砌体，不需对小砌块浇水湿润，如遇天气干燥炎热，宜在砌筑前对其喷水湿润；对轻骨料混凝土小砌块，应提前浇水湿润，块体的相对含水率宜为 40%～50%。雨天及小砌块表面有浮水时，不得施工。

6.1.8　承重墙体使用的小砌块应完整、无破损、无裂缝。

6.1.9　小砌块墙体应孔对孔、肋对肋错缝搭砌。单排孔小砌块的搭接长度应为块体长度的 1/2；多排孔小砌块的搭接长度可适当调整，但不宜小于小砌块长度的 1/3，且不应小于 90mm。墙体的个别部位不能满足上述要求时，应在灰缝中设置拉结钢筋或钢筋网片，但竖向通缝仍不得超过两皮小砌块。

6.1.10　小砌块应将生产时的底面朝上反砌于墙上。

6.1.11　小砌块墙体宜逐块坐（铺）浆砌筑。

6.1.12　在散热器、厨房和卫生间等设备的卡具安装处砌筑的小砌块，宜在施工前用强度等级不低于 C20（或 Cb20）的混凝土将其孔洞灌实。

6.1.13　每步架墙（柱）砌筑完后，应随即刮平墙体灰缝。

6.1.14　芯柱处小砌块墙体砌筑应符合下列规定：

　　1　每一楼层芯柱处第一皮砌块应采用开口小砌块；

　　2　砌筑时应随砌随清除小砌块孔内的毛边，并将灰缝中挤出的砂浆刮净。

6.1.15　芯柱混凝土宜选用专用小砌块灌孔混凝土。浇筑芯柱混凝土应符合下列规定：

　　1　每次连续浇筑的高度宜为半个楼层，但不应大于 1.8m；

　　2　浇筑芯柱混凝土时，砌筑砂浆强度应大于 1MPa；

　　3　清除孔内掉落的砂浆等杂物，并用水冲淋孔壁；

　　4　浇筑芯柱混凝土前，应先注入适量与芯柱混凝土成分相同的去石砂浆；

　　5　每浇筑 400mm～500mm 高度捣实一次，或边浇筑边捣实。

6.1.16　小砌块复合夹心墙的砌筑应符合本规范第 5.1.14 条的规定。

6.2　主控项目

6.2.1　小砌块和芯柱混凝土、砌筑砂浆的强度等级必须符合设计要求。

抽检数量：每一生产厂家，每1万块小砌块为一验收批，不足1万块按一批计，抽检数量为1组；用于多层以上建筑的基础和底层的小砌块抽检数量不应少于2组。砂浆试块的抽检数量应执行本规范第4.0.12条的有关规定。

检验方法：检查小砌块和芯柱混凝土、砌筑砂浆试块试验报告。

6.2.2 砌体水平灰缝和竖向灰缝的砂浆饱满度，按净面积计算不得低于90%。

抽检数量：每检验批抽查不应少于5处。

检验方法：用专用百格网检测小砌块与砂浆粘结痕迹，每处检测3块小砌块，取其平均值。

6.2.3 墙体转角处和纵横交接处应同时砌筑。临时间断处应砌成斜槎，斜槎水平投影长度不应小于斜槎高度。施工洞口可预留直槎，但在洞口砌筑和补砌时，应在直槎上下搭砌的小砌块孔洞内用强度等级不低于C20（或Cb20）的混凝土灌实。

抽检数量：每检验批抽查不应少于5处。

检验方法：观察检查。

6.2.4 小砌块砌体的芯柱在楼盖处应贯通，不得削弱芯柱截面尺寸；芯柱混凝土不得漏灌。

抽检数量：每检验批抽查不应少于5处。

检验方法：观察检查。

6.3 一 般 项 目

6.3.1 砌体的水平灰缝厚度和竖向灰缝宽度宜为10mm，但不应小于8mm，也不应大于12mm。

抽检数量：每检验批抽查不应少于5处。

检验方法：水平灰缝厚度用尺量5皮小砌块的高度折算；竖向灰缝宽度用尺量2m砌体长度折算。

6.3.2 小砌块砌体尺寸、位置的允许偏差应按本规范第5.3.3条的规定执行。

7 石砌体工程

7.1 一 般 规 定

7.1.1 本章适用于毛石、毛料石、粗料石、细料石等砌体工程。

7.1.2 石砌体采用的石材应质地坚实，无裂纹和无明显风化剥落；用于清水墙、柱表面的石材，尚应色泽均匀；石材的放射性应经检验，其安全性符合现行国家标准《建筑材料放射性核素限量》GB 6566的有关规定。

7.1.3 石材表面的泥垢、水锈等杂质，砌筑前应清除干净。

7.1.4 砌筑毛石基础的第一皮石块应坐浆，并将大面向下；砌筑料石基础的第一皮石块应用丁砌层坐浆砌筑。

7.1.5 毛石砌体的第一皮及转角处、交接处和洞口处，应用较大的平毛石砌筑。每个楼层（包括基础）砌体的最上一皮，宜选用较大的毛石砌筑。

7.1.6 毛石砌筑时，对石块间存在较大的缝隙，应先向缝内填灌砂浆并捣实，然后再用小石块嵌填，不得先填小石块后填灌砂浆，石块间不得出现无砂浆相互接触现象。

7.1.7 砌筑毛石挡土墙应按分层高度砌筑，并应符合下列规定：

1 每砌3皮~4皮为一个分层高度，每个分层高度应将顶层石块砌平；

2 两个分层高度间分层处的错缝不得小于80mm。

7.1.8 料石挡土墙，当中间部分用毛石砌筑时，丁砌料石伸入毛石部分的长度不应小于200mm。

7.1.9 毛石、毛料石、粗料石、细料石砌体灰缝厚度应均匀，灰缝厚度应符合下列规定：

1 毛石砌体外露面的灰缝厚度不宜大于40mm；

2 毛料石和粗料石的灰缝厚度不宜大于20mm；

3 细料石的灰缝厚度不宜大于5mm。

7.1.10 挡土墙的泄水孔当设计无规定时，施工应符合下列规定：

1 泄水孔应均匀设置，在每米高度上间隔2m左右设置一个泄水孔；

2 泄水孔与土体间铺设长宽各为300mm、厚200mm的卵石或碎石作疏水层。

7.1.11 挡土墙内侧回填土必须分层夯填，分层松土厚度宜为300mm。墙顶土面应有适当坡度使流水流向挡土墙外侧面。

7.1.12 在毛石和实心砖的组合墙中，毛石砌体与砖砌体应同时砌筑，并每隔4皮~6皮砖用2皮~3皮丁砖与毛石砌体拉结砌合；两种砌体间的空隙应填实砂浆。

7.1.13 毛石墙和砖墙相接的转角处和交接处应同时砌筑。转角处、交接处应自纵墙（或横墙）每隔4皮~6皮砖高度引出不小于120mm与横墙（或纵墙）相接。

7.2 主 控 项 目

7.2.1 石材及砂浆强度等级必须符合设计要求。

抽检数量：同一产地的同类石材抽检不应少于1组。砂浆试块的抽检数量执行本规范第4.0.12条的有关规定。

检验方法：料石检查产品质量证明书，石材、砂浆检查试块试验报告。

7.2.2 砌体灰缝的砂浆饱满度不应小于80%。

抽检数量：每检验批抽查不应少于5处。

检验方法：观察检查。

7.3 一般项目

7.3.1 石砌体尺寸、位置的允许偏差及检验方法应符合表 7.3.1 的规定。

表 7.3.1 石砌体尺寸、位置的允许偏差及检验方法

项次	项目		允许偏差（mm）							检验方法
			毛石砌体		料石砌体					
			基础	墙	毛料石		粗料石		细料石	
					基础	墙	基础	墙	墙、柱	
1	轴线位置		20	15	20	15	15	10	10	用经纬仪和尺检查，或用其他测量仪器检查
2	基础和墙砌体顶面标高		±25	±15	±25	±15	±15	±15	±10	用水准仪和尺检查
3	砌体厚度		+30	+20 −10	+30	+20 −10	+15	+10 −5	+10 −5	用尺检查
4	墙面垂直度	每层	—	20	—	20	—	10	7	用经纬仪、吊线和尺检查或用其他测量仪器检查
		全高	—	30	—	30	—	25	10	
5	表面平整度	清水墙、柱			—	20	—	10	5	细料石用 2m 靠尺和楔形塞尺检查，其他用两直尺垂直于灰缝拉 2m 线和尺检查
		混水墙、柱			—	20	—	15		
6	清水墙水平灰缝平直度						—	10	5	拉 10m 线和尺检查

抽检数量：每检验批抽查不应少于 5 处。

7.3.2 石砌体的组砌形式应符合下列规定：

1 内外搭砌，上下错缝，拉结石、丁砌石交错设置；

2 毛石墙拉结石每 0.7m² 墙面不应少于 1 块。

抽检数量：每检验批抽查不应少于 5 处。

检验方法：观察检查。

8 配筋砌体工程

8.1 一般规定

8.1.1 配筋砌体工程除应满足本章要求和规定外，尚应符合本规范第 5 章及第 6 章的要求和规定。

8.1.2 施工配筋小砌块砌体剪力墙，应采用专用的小砌块砌筑砂浆砌筑，专用小砌块灌孔混凝土浇筑芯柱。

8.1.3 设置在灰缝内的钢筋，应居中置于灰缝内，

8.2 主控项目

8.2.1 钢筋的品种、规格、数量和设置部位应符合设计要求。

检验方法：检查钢筋的合格证书、钢筋性能复试试验报告、隐蔽工程记录。

8.2.2 构造柱、芯柱、组合砌体构件、配筋砌体剪力墙构件的混凝土及砂浆的强度等级应符合设计要求。

抽检数量：每检验批砌体，试块不应少于 1 组，验收批砌体试块不得少于 3 组。

检验方法：检查混凝土和砂浆试块试验报告。

8.2.3 构造柱与墙体的连接应符合下列规定：

1 墙体应砌成马牙槎，马牙槎凹凸尺寸不宜小于 60mm，高度不应超过 300mm，马牙槎应先退后进，对称砌筑；马牙槎尺寸偏差每一构造柱不应超过 2 处；

2 预留拉结钢筋的规格、尺寸、数量及位置应正确，拉结钢筋应沿墙高每隔 500mm 设 2Φ6，伸入墙内不宜小于 600mm，钢筋的竖向移位不应超过 100mm，且竖向移位每一构造柱不得超过 2 处；

3 施工中不得任意弯折拉结钢筋。

抽检数量：每检验批抽查不应少于 5 处。

检验方法：观察检查和尺量检查。

8.2.4 配筋砌体中受力钢筋的连接方式及锚固长度、搭接长度应符合设计要求。

抽检数量：每检验批抽查不应少于 5 处。

检验方法：观察检查。

8.3 一般项目

8.3.1 构造柱一般尺寸允许偏差及检验方法应符合表 8.3.1 的规定。

表 8.3.1 构造柱一般尺寸允许偏差及检验方法

项次	项目		允许偏差（mm）	检验方法
1	中心线位置		10	用经纬仪和尺检查或用其他测量仪器检查
2	层间错位		8	用经纬仪和尺检查或用其他测量仪器检查
3	垂直度	每层	10	用 2m 托线板检查
		≤10m	15	用经纬仪、吊线和尺检查或用其他测量仪器检查
		>10m	20	

抽检数量：每检验批抽查不应少于 5 处。

8.3.2 设置在砌体灰缝中钢筋的防腐保护应符合本规范第 3.0.16 条的规定，且钢筋防护层完好，不应

有肉眼可见裂纹、剥落和擦痕等缺陷。

抽检数量：每检验批抽查不应少于5处。

检验方法：观察检查。

8.3.3 网状配筋砖砌体中，钢筋网规格及放置间距应符合设计规定。每一构件钢筋网沿砌体高度位置超过设计规定一皮砖厚不得多于一处。

抽检数量：每检验批抽查不应少于5处。

检验方法：通过钢筋网成品检查钢筋规格，钢筋网放置间距采用局部剔缝观察，或用探针刺入灰缝内检查，或用钢筋位置测定仪测定。

8.3.4 钢筋安装位置的允许偏差及检验方法应符合表8.3.4的规定。

表8.3.4 **钢筋安装位置的允许偏差和检验方法**

项　目		允许偏差 （mm）	检　验　方　法
受力钢筋保护层厚度	网状配筋砌体	±10	检查钢筋网成品，钢筋网放置位置局部剔缝观察，或用探针刺入灰缝内检查，或用钢筋位置测定仪测定
	组合砖砌体	±5	支模前观察与尺量检查
	配筋小砌块砌体	±10	浇筑灌孔混凝土前观察与尺量检查
配筋小砌块砌体墙凹槽中水平钢筋间距		±10	钢尺量连续三档，取最大值

抽检数量：每检验批抽查不应少于5处。

9 填充墙砌体工程

9.1 一般规定

9.1.1 本章适用于烧结空心砖、蒸压加气混凝土砌块、轻骨料混凝土小型空心砌块等填充墙砌体工程。

9.1.2 砌筑填充墙时，轻骨料混凝土小型空心砌块和蒸压加气混凝土砌块的产品龄期不应小于28d，蒸压加气混凝土砌块的含水率宜小于30％。

9.1.3 烧结空心砖、蒸压加气混凝土砌块、轻骨料混凝土小型空心砌块等的运输、装卸过程中，严禁抛掷和倾倒；进场后应按品种、规格堆放整齐，堆置高度不宜超过2m。蒸压加气混凝土砌块在运输及堆放中应防止雨淋。

9.1.4 吸水率较小的轻骨料混凝土小型空心砌块及采用薄灰砌筑法施工的蒸压加气混凝土砌块，砌筑前不应对其浇（喷）水湿润；在气候干燥炎热的情况下，对吸水率较小的轻骨料混凝土小型空心砌块宜在砌筑前喷水湿润。

9.1.5 采用普通砌筑砂浆砌筑填充墙时，烧结空心砖、吸水率较大的轻骨料混凝土小型空心砌块应提前

1d～2d浇（喷）水湿润。蒸压加气混凝土砌块采用蒸压加气混凝土砌块砌筑砂浆或普通砌筑砂浆砌筑时，应在砌筑当天对砌块砌筑面喷水湿润。块体湿润程度宜符合下列规定：

1 烧结空心砖的相对含水率60％～70％；

2 吸水率较大的轻骨料混凝土小型空心砌块、蒸压加气混凝土砌块的相对含水率40％～50％。

9.1.6 在厨房、卫生间、浴室等处采用轻骨料混凝土小型空心砌块、蒸压加气混凝土砌块砌筑墙体时，墙底部宜现浇混凝土坎台，其高度宜为150mm。

9.1.7 填充墙拉结筋处的下皮小砌块宜采用半盲孔小砌块或用混凝土灌实孔洞的小砌块；薄灰砌筑法施工的蒸压加气混凝土砌块砌体，拉结筋应放置在砌块上表面设置的沟槽内。

9.1.8 蒸压加气混凝土砌块、轻骨料混凝土小型空心砌块不应与其他块体混砌，不同强度等级的同类块体也不得混砌。

注：窗台处和因安装门窗需要，在门窗洞口处两侧填充墙上、中、下部可采用其他块体局部嵌砌；对与框架柱、梁不脱开方法的填充墙，填塞填充墙顶部与梁之间缝隙可采用其他块体。

9.1.9 填充墙砌体砌筑，应待承重主体结构检验批验收合格后进行。填充墙与承重主体结构间的空（缝）隙部位施工，应在填充墙砌筑14d后进行。

9.2 主控项目

9.2.1 烧结空心砖、小砌块和砌筑砂浆的强度等级应符合设计要求。

抽检数量：烧结空心砖每10万块为一验收批，小砌块每1万块为一验收批，不足上述数量时按一批计，抽检数量为1组。砂浆试块的抽检数量执行本规范第4.0.12条的有关规定。

检验方法：查砖、小砌块进场复验报告和砂浆试块试验报告。

9.2.2 填充墙砌体应与主体结构可靠连接，其连接构造应符合设计要求，未经设计同意，不得随意改变连接构造方法。每一填充墙与柱的拉结筋的位置超过一皮块体高度的数量不得多于一处。

抽检数量：每检验批抽查不应少于5处。

检验方法：观察检查。

9.2.3 填充墙与承重墙、柱、梁的连接钢筋，当采用化学植筋的连接方式时，应进行实体检测。锚固钢筋拉拔试验的轴向受拉非破坏承载力检验值应为6.0kN。抽检钢筋在检验值作用下应基材无裂缝、钢筋无滑移宏观裂损现象；持荷2min期间荷载值降低不大于5％。检验批验收可按本规范表B.0.1通过正常检验一次、二次抽样判定。填充墙砌体植筋锚固力检测记录可按本规范表C.0.1填写。

抽检数量：按表9.2.3确定。

检验方法：原位试验检查。

表 9.2.3　检验批抽检锚固钢筋样本最小容量

检验批的容量	样本最小容量	检验批的容量	样本最小容量
≤90	5	281～500	20
91～150	8	501～1200	32
151～280	13	1201～3200	50

9.3　一般项目

9.3.1 填充墙砌体尺寸、位置的允许偏差及检验方法应符合表9.3.1的规定。

表 9.3.1　填充墙砌体尺寸、位置的允许偏差及检验方法

项次	项　目		允许偏差(mm)	检验方法
1	轴线位移		10	用尺检查
2	垂直度(每层)	≤3m	5	用2m托线板或吊线、尺检查
		>3m	10	
3	表面平整度		8	用2m靠尺和楔形尺检查
4	门窗洞口高、宽(后塞口)		±10	用尺检查
5	外墙上、下窗口偏移		20	用经纬仪或吊线检查

抽检数量：每检验批抽查不应少于5处。

9.3.2 填充墙砌体的砂浆饱满度及检验方法应符合表9.3.2的规定。

表 9.3.2　填充墙砌体的砂浆饱满度及检验方法

砌体分类	灰缝	饱满度及要求	检验方法
空心砖砌体	水平	≥80%	采用百格网检查块体底面或侧面砂浆的粘结痕迹面积
	垂直	填满砂浆，不得有透明缝、瞎缝、假缝	
蒸压加气混凝土砌块、轻骨料混凝土小型空心砌块砌体	水平	≥80%	
	垂直	≥80%	

抽检数量：每检验批抽查不应少于5处。

9.3.3 填充墙留置的拉结钢筋或网片的位置应与块体皮数相符合。拉结钢筋或网片置于灰缝中，埋置长度应符合设计要求，竖向位置偏差不应超过一皮高度。

抽检数量：每检验批抽查不应少于5处。

检验方法：观察和用尺量检查。

9.3.4 砌筑填充墙时应错缝搭砌，蒸压加气混凝土砌块搭砌长度不应小于砌块长度的1/3；轻骨料混凝土小型空心砌块搭砌长度不应小于90mm；竖向通缝

不应大于2皮。

抽检数量：每检验批抽查不应少于5处。

检验方法：观察检查。

9.3.5 填充墙的水平灰缝厚度和竖向灰缝宽度应正确，烧结空心砖、轻骨料混凝土小型空心砌块砌体的灰缝应为8mm～12mm；蒸压加气混凝土砌块砌体当采用水泥砂浆、水泥混合砂浆或蒸压加气混凝土砌块砌筑砂浆时，水平灰缝厚度和竖向灰缝宽度不应超过15mm；当蒸压加气混凝土砌块砌体采用蒸压加气混凝土砌块粘结砂浆时，水平灰缝厚度和竖向灰缝宽度宜为3mm～4mm。

抽检数量：每检验批抽查不应少于5处。

检验方法：水平灰缝厚度用尺量5皮小砌块的高度折算；竖向灰缝宽度用尺量2m砌体长度折算。

10　冬期施工

10.0.1 当室外日平均气温连续5d稳定低于5℃时，砌体工程应采取冬期施工措施。

注：1　气温根据当地气象资料确定；
2　冬期施工期限以外，当日最低气温低于0℃时，也应按本章的规定执行。

10.0.2 冬期施工的砌体工程质量验收除应符合本章要求外，尚应符合现行行业标准《建筑工程冬期施工规程》JGJ/T 104 的有关规定。

10.0.3 砌体工程冬期施工应有完整的冬期施工方案。

10.0.4 冬期施工所用材料应符合下列规定：

1　石灰膏、电石膏等应防止受冻，如遭冻结，应经融化后使用；

2　拌制砂浆用砂，不得含有冰块和大于10mm的冻结块；

3　砌体用块体不得遭水浸冻。

10.0.5 冬期施工砂浆试块的留置，除应按常温规定要求外，尚应增加1组与砌体同条件养护的试块，用于检验转入常温28d的强度。如有特殊需要，可另外增加相应龄期的同条件养护的试块。

10.0.6 地基土有冻胀性时，应在未冻的地基上砌筑，并应防止在施工期间和回填土前地基受冻。

10.0.7 冬期施工中砖、小砌块浇(喷)水湿润应符合下列规定：

1　烧结普通砖、烧结多孔砖、蒸压灰砂砖、蒸压粉煤灰砖、烧结空心砖、吸水率较大的轻骨料混凝土小型空心砌块在气温高于0℃条件下砌筑时，应浇水湿润；在气温低于、等于0℃条件下砌筑时，可不浇水，但必须增大砂浆稠度；

2　普通混凝土小型空心砌块、混凝土多孔砖、混凝土实心砖及采用薄灰砌筑法的蒸压加气混凝土砌块施工时，不应对其浇(喷)水湿润；

3 抗震设防烈度为 9 度的建筑物，当烧结普通砖、烧结多孔砖、蒸压粉煤灰砖、烧结空心砖无法浇水湿润时，如无特殊措施，不得砌筑。

10.0.8 拌合砂浆时水的温度不得超过 80℃，砂的温度不得超过 40℃。

10.0.9 采用砂浆掺外加剂法、暖棚法施工时，砂浆使用温度不应低于 5℃。

10.0.10 采用暖棚法施工，块体在砌筑时的温度不应低于 5℃，距离所砌的结构底面 0.5m 处的棚内温度也不应低于 5℃。

10.0.11 在暖棚内的砌体养护时间，应根据暖棚内温度，按表 10.0.11 确定。

表 10.0.11　暖棚法砌体的养护时间

暖棚的温度（℃）	5	10	15	20
养护时间（d）	≥6	≥5	≥4	≥3

10.0.12 采用外加剂法配制的砌筑砂浆，当设计无要求，且最低气温等于或低于－15℃时，砂浆强度等级应较常温施工提高一级。

10.0.13 配筋砌体不得采用掺氯盐的砂浆施工。

11　子分部工程验收

11.0.1 砌体工程验收前，应提供下列文件和记录：

1 设计变更文件；

2 施工执行的技术标准；

3 原材料出厂合格证书、产品性能检测报告和进场复验报告；

4 混凝土及砂浆配合比通知单；

5 混凝土及砂浆试件抗压强度试验报告单；

6 砌体工程施工记录；

7 隐蔽工程验收记录；

8 分项工程检验批的主控项目、一般项目验收记录；

9 填充墙砌体植筋锚固力检测记录；

10 重大技术问题的处理方案和验收记录；

11 其他必要的文件和记录。

11.0.2 砌体子分部工程验收时，应对砌体工程的观感质量作出总体评价。

11.0.3 当砌体工程质量不符合要求时，应按现行国家标准《建筑工程施工质量验收统一标准》GB 50300有关规定执行。

11.0.4 有裂缝的砌体应按下列情况进行验收：

1 对不影响结构安全性的砌体裂缝，应予以验收，对明显影响使用功能和观感质量的裂缝，应进行处理；

2 对有可能影响结构安全性的砌体裂缝，应由有资质的检测单位检测鉴定，需返修或加固处理的，待返修或加固处理满足使用要求后进行二次验收。

附录 A　砌体工程检验批质量验收记录

A.0.1 为统一砌体结构工程检验批质量验收记录用表，特列出表 A.0.1-1～表 A.0.1-5，以供质量验收采用。

A.0.2 对配筋砌体工程检验批质量验收记录，除应采用表 A.0.1-4 外，尚应配合采用表 A.0.1-1 或表A.0.1-2。

A.0.3 对表 A.0.1-1～表 A.0.1-5 中有数值要求的项目，应填写检测数据。

表 A.0.1-1　砖砌体工程检验批质量验收记录

	工程名称		分项工程名称			验收部位	
	施工单位					项目经理	
	施工执行标准名称及编号					专业工长	
	分包单位					施工班组组长	
	质量验收规范的规定			施工单位检查评定记录		监理（建设）单位验收记录	
主控项目	1. 砖强度等级	设计要求 MU					
	2. 砂浆强度等级	设计要求 M					
	3. 斜槎留置	5.2.3 条					
	4. 转角、交接处	5.2.3 条					
	5. 直槎拉结钢筋及接槎处理	5.2.4 条					
	6. 砂浆饱满度	≥80%（墙）					
		≥90%（柱）					

质量验收规范的规定		施工单位检查评定记录										监理(建设)单位验收记录
一般项目	1. 轴线位移	≤10mm										
	2. 垂直度(每层)	≤5mm										
	3. 组砌方法	5.3.1条										
	4. 水平灰缝厚度	5.3.2条										
	5. 竖向灰缝宽度	5.3.2条										
	6. 基础、墙、柱顶面标高	±15mm 以内										
	7. 表面平整度	≤5mm(清水)										
		≤8mm(混水)										
	8. 门窗洞口高、宽(后塞口)	±10mm 以内										
	9. 窗口偏移	≤20mm										
	10. 水平灰缝平直度	≤7mm(清水)										
		≤10mm(混水)										
	11. 清水墙游丁走缝	≤20mm										
施工单位检查评定结果	项目专业质量检查员:　　项目专业质量(技术)负责人: 　　　　　　　　　　　　　　　　　　　　年　月　日											
监理(建设)单位验收结论	监理工程师(建设单位项目工程师): 　　　　　　　　　　　　　　　　　　　　年　月　日											

注:本表由施工项目专业质量检查员填写,监理工程师(建设单位项目技术负责人)组织项目专业质量(技术)负责人等进行验收。

表 A.0.1-2 混凝土小型空心砌块砌体
工程检验批质量验收记录

工程名称			分项工程名称		验收部位	
施工单位					项目经理	
施工执行标准 名称及编号					专业工长	
分包单位					施工班组 组长	

	质量验收规范的规定		施工单位 检查评定记录	监理（建设） 单位验收记录
主控项目	1. 小砌块强度等级	设计要求 MU		
	2. 砂浆强度等级	设计要求 M		
	3. 混凝土强度等级	设计要求 C		
	4. 转角、交接处	6.2.3条		
	5. 斜槎留置	6.2.3条		
	6. 施工洞口砌法	6.2.3条		
	7. 芯柱贯通楼盖	6.2.4条		
	8. 芯柱混凝土灌实	6.2.4条		
	9. 水平缝饱满度	≥90%		
	10. 竖向缝饱满度	≥90%		
一般项目	1. 轴线位移	≤10mm		
	2. 垂直度（每层）	≤5mm		
	3. 水平灰缝厚度	8mm～12mm		
	4. 竖向灰缝宽度	8mm～12mm		
	5. 顶面标高	±15mm 以内		
	6. 表面平整度	≤5mm(清水)		
		≤8mm(混水)		
	7. 门窗洞口	±10mm 以内		
	8. 窗口偏移	≤20mm		
	9. 水平灰缝平直度	≤7mm(清水)		
		≤10mm(混水)		

施工单位检查 评定结果	项目专业质量检查员：　　项目专业质量（技术）负责人： 年　月　日
监理（建设）单位 验收结论	监理工程师（建设单位项目工程师）： 年　月　日

注：本表由施工项目专业质量检查员填写，监理工程师（建设单位项目技术负责人）组织项目专业质量（技术）负责人等进行验收。

表 A.0.1-3　石砌体工程检验批质量验收记录

工程名称			分项工程名称		验收部位	
施工单位					项目经理	
施工执行标准 名称及编号					专业工长	
分包单位					施工班组 组长	

	质量验收规范的规定		施工单位 检查评定记录							监理(建设) 单位验收记录
主控项目	1. 石材强度等级	设计要求 MU								
	2. 砂浆强度等级	设计要求 M								
	3. 砂浆饱满度	≥80％								
一般项目	1. 轴线位移	7.3.1条								
	2. 砌体顶面标高	7.3.1条								
	3. 砌体厚度	7.3.1条								
	4. 垂直度(每层)	7.3.1条								
	5. 表面平整度	7.3.1条								
	6. 水平灰缝平直度	7.3.1条								
	7. 组砌形式	7.3.2条								

施工单位检查 评定结果	项目专业质量检查员：　　项目专业质量(技术)负责人： 　　　　　　　　　　　　　　　　　　　　　　　　年　月　日
监理(建设)单位 验收结论	监理工程师(建设单位项目工程师)： 　　　　　　　　　　　　　　　　　　　　　　　　年　月　日

注：本表由施工项目专业质量检查员填写，监理工程师(建设单位项目技术负责人)组织项目专业质量(技术)负责人等进
　　行验收。

表 A.0.1-4　配筋砌体工程检验批质量验收记录

工程名称		分项工程名称			验收部位	
施工单位					项目经理	
施工执行标准名称及编号					专业工长	
分包单位					施工班组组长	

	质量验收规范的规定		施工单位检查评定记录	监理（建设）单位验收记录
主控项目	1. 钢筋品种、规格、数量和设置部位	8.2.1条		
	2. 混凝土强度等级	设计要求 C		
	3. 马牙槎尺寸	8.2.3条		
	4. 马牙槎拉结筋	8.2.3条		
	5. 钢筋连接	8.2.4条		
	6. 钢筋锚固长度	8.2.4条		
	7. 钢筋搭接长度	8.2.4条		
一般项目	1. 构造柱中心线位置	≤10mm		
	2. 构造柱层间错位	≤8mm		
	3. 构造柱垂直度（每层）	≤10mm		
	4. 灰缝钢筋防腐	8.3.2条		
	5. 网状配筋规格	8.3.3条		
	6. 网状配筋位置	8.3.3条		
	7. 钢筋保护层厚度	8.3.4条		
	8. 凹槽中水平钢筋间距	8.3.4条		

施工单位检查评定结果	项目专业质量检查员：　项目专业质量（技术）负责人： 年　月　日
监理（建设）单位验收结论	监理工程师（建设单位项目工程师）： 年　月　日

注：本表由施工项目专业质量检查员填写，监理工程师（建设单位项目技术负责人）组织项目专业质量（技术）负责人等进行验收。

表 A.0.1-5 填充墙砌体工程检验批质量验收记录

	工程名称			分项工程名称		验收部位	
	施工单位					项目经理	
	施工执行标准 名称及编号					专业工长	
	分包单位					施工班组 组长	

<table>
<tr><td rowspan="5">主控项目</td><td colspan="2">质量验收规范的规定</td><td colspan="5">施工单位
检查评定记录</td><td>监理(建设)
单位验收记录</td></tr>
<tr><td>1. 块体强度等级</td><td>设计要求 MU</td><td></td><td></td><td></td><td></td><td></td><td></td></tr>
<tr><td>2. 砂浆强度等级</td><td>设计要求 M</td><td></td><td></td><td></td><td></td><td></td><td></td></tr>
<tr><td>3. 与主体结构连接</td><td>9.2.2条</td><td></td><td></td><td></td><td></td><td></td><td></td></tr>
<tr><td>4. 植筋实体检测</td><td>9.2.3条</td><td colspan="5">见填充墙砌体植筋锚
固力检测记录</td><td></td></tr>
<tr><td rowspan="15">一般项目</td><td>1. 轴线位移</td><td>≤10mm</td><td></td><td></td><td></td><td></td><td></td><td></td></tr>
<tr><td>2. 墙面垂
直度(每层)</td><td>≤3m</td><td colspan="6">≤5mm</td></tr>
<tr><td></td><td>>3m</td><td colspan="6">≤10mm</td></tr>
<tr><td>3. 表面平整度</td><td>≤8mm</td><td></td><td></td><td></td><td></td><td></td><td></td></tr>
<tr><td>4. 门窗洞口</td><td>±10mm</td><td></td><td></td><td></td><td></td><td></td><td></td></tr>
<tr><td>5. 窗口偏移</td><td>≤20mm</td><td></td><td></td><td></td><td></td><td></td><td></td></tr>
<tr><td>6. 水平缝砂浆饱满度</td><td>9.3.2条</td><td></td><td></td><td></td><td></td><td></td><td></td></tr>
<tr><td>7. 竖缝砂浆饱满度</td><td>9.3.2条</td><td></td><td></td><td></td><td></td><td></td><td></td></tr>
<tr><td>8. 拉结筋、网片位置</td><td>9.3.3条</td><td></td><td></td><td></td><td></td><td></td><td></td></tr>
<tr><td>9. 拉结筋、网片埋置长度</td><td>9.3.3条</td><td></td><td></td><td></td><td></td><td></td><td></td></tr>
<tr><td>10. 搭砌长度</td><td>9.3.4条</td><td></td><td></td><td></td><td></td><td></td><td></td></tr>
<tr><td>11. 灰缝厚度</td><td>9.3.5条</td><td></td><td></td><td></td><td></td><td></td><td></td></tr>
<tr><td>12. 灰缝宽度</td><td>9.3.5条</td><td></td><td></td><td></td><td></td><td></td><td></td></tr>
<tr><td colspan="2">施工单位检查
评定结果</td><td colspan="6">项目专业质量检查员: 项目专业质量(技术)负责人:

年 月 日</td></tr>
<tr><td colspan="2">监理(建设)单位
验收结论</td><td colspan="6">监理工程师(建设单位项目工程师):

年 月 日</td></tr>
</table>

注：本表由施工项目专业质量检查员填写，监理工程师(建设单位项目技术负责人)组织项目专业质量(技术)负责人等进行验收。

附录B 填充墙砌体植筋锚固力检验抽样判定

B.0.1 填充墙砌体植筋锚固力检验抽样判定应按表B.0.1、表B.0.2判定。

表B.0.1 正常一次性抽样的判定

样本容量	合格判定数	不合格判定数
5	0	1
8	1	2
13	1	2
20	2	3
32	3	4
50	5	6

表B.0.2 正常二次性抽样的判定

抽样次数与样本容量	合格判定数	不合格判定数
(1)—5	0	2
(2)—10	1	2
(1)—8	0	2
(2)—16	1	2
(1)—13	0	3
(2)—26	3	4
(1)—20	1	3
(2)—40	3	4
(1)—32	2	5
(2)—64	6	7
(1)—50	3	6
(2)—100	9	10

注：本表应用参照现行国家标准《建筑结构检测技术标准》GB/T 50344-2004第3.3.14条条文说明。

附录C 填充墙砌体植筋锚固力检测记录

C.0.1 填充墙砌体植筋锚固力检测记录应按表C.0.1填写。

表C.0.1 填充墙砌体植筋锚固力检测记录

工程名称		分项工程名称			植筋日期	
施工单位		项目经理				
分包单位		施工班组组长			检测日期	
检测执行标准及编号						

试件编号	实测荷载(kN)	检测部位		检测结果	
		轴 线	层	完好	不符合要求情况
监理（建设）单位验收结论					
备注	1. 植筋埋置深度（设计）: mm; 2. 设备型号: ; 3. 基材混凝土设计强度等级为（C ）; 4. 锚固钢筋拉拔承载力检验值: 6.0kN。				

复核: 检测: 记录:

本规范用词说明

1 为便于在执行本规范条文时区别对待，对要求严格程度不同的用词说明如下:

　　1）表示很严格，非这样做不可的用词:

　　　　正面词采用"必须"，反面词采用"严禁";

　　2）表示严格，在正常情况下均应这样做的用词:

　　　　正面词采用"应"，反面词采用"不应"或"不得";

　　3）表示允许稍有选择，在条件许可时首先应这样做的用词:

　　　　正面采用"宜"，反面词采用"不宜";

　　4）表示有选择，在一定条件下可以这样做的用词，采用"可"。

2 条文中指明应按其他有关标准、规范执行的写法为"应符合……规定（或要求）"或"应按……执行"。

引用标准名录

1 《建筑工程施工质量验收统一标准》GB 50300
2 《通用硅酸盐水泥》GB 175
3 《建筑材料放射性核素限量》GB 6566
4 《混凝土外加剂》GB 8076
5 《粉煤灰在混凝土及砂浆中应用技术规程》JGJ 28

6 《普通混凝土用砂、石质量及检验方法标准》JGJ 52
7 《混凝土用水标准》JGJ 63
8 《建筑工程冬期施工规程》JGJ/T 104
9 《砌筑砂浆增塑剂》JG/T 164
10 《砂浆、混凝土防水剂》JC 474
11 《建筑生石灰》JC/T 479
12 《建筑生石灰粉》JC/T 480

中华人民共和国国家标准

砌体结构工程施工质量验收规范

GB 50203—2011

条 文 说 明

修 订 说 明

本规范是在《砌体工程施工质量验收规范》GB 50203－2002 的基础上修订而成，上一版的主编单位是陕西省建筑科学研究设计院，参编单位是陕西省建筑工程总公司、四川省建筑科学研究院、天津建工集团总公司、辽宁省建设科学研究院、山东省潍坊市建筑工程质量监督站，主要起草人员是张昌叙、张鸿勋、侯汝欣、佟贵森、张书禹、赵瑞。

本规范修订继续遵循"验评分离、强化验收、完善手段、过程控制"的指导原则。

本规范修订过程中，编制组进行了大量调查研究，结合砌体结构"四新"的推广运用，丰富和完善了规范内容；通过5·12汶川大地震的震害调查，针对砌体结构施工质量的薄弱环节，充实了规范条文内容；与正修订的《砌体结构设计规范》GB 50003、《建筑工程施工质量验收统一标准》GB 50300、《建筑工程冬期施工规程》JGJ 104 等标准进行了协调沟通。此外，还参考国外先进技术标准，对我国目前砌体结构工程施工质量现状进行分析，为科学、合理确定我国规范的质量控制参数提供了依据。

为便于广大设计、施工、科研、学校等单位有关人员在使用本规范时能正确理解和执行条文规定，《砌体结构工程施工质量验收规范》编制组按章、节、条顺序编制了本规范的条文说明，对条文规定的目的、依据以及在执行中需注意的有关事项进行了说明。但是，本条文说明不具备与规范正文同等的法律效力，仅供使用者作为理解和把握规范规定的参考。

目　次

1 总　则

1.0.1 制定本规范的目的，是为了统一砌体结构工程施工质量的验收，保证安全使用。

1.0.2 本规范对砌体结构工程施工质量验收的适用范围作了规定。

1.0.3 本规范是对砌体结构工程施工质量的最低要求，应严格遵守。因此，工程承包合同和施工技术文件（如设计文件、企业标准、施工措施等）对工程质量的要求均不得低于本规范的规定。

当设计文件和工程承包合同对施工质量的要求高于本规范的规定时，验收时应以设计文件和工程承包合同为准。

1.0.4 国家标准《建筑工程施工质量验收统一标准》GB 50300 规定了房屋建筑各专业工程施工质量验收规范编制的统一原则和要求，故执行本规范时，尚应遵守该标准的相关规定。

1.0.5 砌体结构工程施工质量的验收综合性较强，涉及面较广，为了保证砌体结构工程的施工质量，必须全面执行国家现行有关标准。

3　基本规定

3.0.1 在砌体结构工程中，采用不合格的材料不可能建造出符合质量要求的工程。材料的产品合格证书和产品性能检测报告是工程质量评定中必备的资料，因此特提出了要求。

本次规范修订增加了"质量应符合国家现行标准的要求"，以强调对合格材料质量的要求。

块体、水泥、钢筋、外加剂等产品质量应符合下列国家现行标准的要求：

1　块体：《烧结普通砖》GB 5101、《烧结多孔砖》GB 13544、《烧结空心砖和空心砌块》GB 13545、《混凝土实心砖》GB/T 21144、《混凝土多孔砖》JC 943、《蒸压灰砂砖》GB 11945、《蒸压灰砂空心砖》JC/T 637、《粉煤灰砖》JC 239、《普通混凝土小型空心砌块》GB 8239、《轻集料混凝土小型空心砌块》GB/T 15229、《蒸压加气混凝土砌块》GB 11968 等。

2　水泥：《通用硅酸盐水泥》GB 175、《砌筑水泥》GB/T 3183、《快硬硅酸盐水泥》JC 314 等。

3　钢筋：《钢筋混凝土用钢　第 1 部分：热轧光圆钢筋》GB 1499.1、《钢筋混凝土用钢　第 2 部分：热轧带肋钢筋》GB 1499.2 等。

4　外加剂：《混凝土外加剂》GB 8076、《砂浆、混凝土防水剂》JC 474、《砌筑砂浆增塑剂》JC 164 等。

3.0.2 砌体结构工程施工是一项系统工程，为有条不紊地进行，确保施工安全，达到工程质量优、进度

快、成本低，应在施工前编制施工方案。

3.0.4 在砌体结构工程施工中，砌筑基础前放线是确定建筑平面尺寸和位置的基础工作，通过校核放线尺寸，达到控制放线精度的目的。

3.0.5 本条系新增加条文。针对砌体结构房屋施工中较普遍存在的问题，强调了伸缩缝、沉降缝、防震缝的施工要求。

3.0.6 基础高低台的合理搭接，对保证基础的整体性和受力至关重要。本次规范修订中补充了基底标高不同时的搭砌示意图，以便对条文的理解。

砌体的转角处和交接处同时砌筑可以保证墙体的整体性，从而提高砌体结构的抗震性能。从震害调查看到，不少砌体结构建筑，由于砌体的转角处和交接处未同时砌筑，接槎不良导致外墙甩出和砌体倒塌，因此必须重视砌体的转角处和交接处的砌筑。

3.0.7 本条系新增加条文。使用皮数杆对保证砌体灰缝的厚度均匀、平直和控制砌体高度及高度变化部位的位置十分重要。

3.0.8 在墙上留置临时洞口系施工需要，但洞口位置不当或洞口过大，虽经补砌，但也会程度不同地削弱墙体的整体性。

3.0.9 砌体留置的脚手眼虽经补砌，但它对砌体的整体性能和使用功能或多或少会产生不良影响。因此，在一些受力不太有利和使用功能有特殊要求的部位对脚手眼设置作了规定。本次修订增加了不得在轻质墙体、夹心复合墙外叶墙设置脚手眼的规定，主要是考虑在这类墙体上安放脚手架不安全，也会造成墙体的损坏。

3.0.10 在实际工程中往往对脚手眼的补砌比较随意，忽视脚手眼的补砌质量，故提出脚手眼补砌的要求。

3.0.11 建筑工程施工中，常存在各工种之间配合不好的问题，例如水电安装中的一些洞口、埋设管道等常在砌好的砌体上打凿，往往对砌体造成较大损坏，特别是在墙体上开凿水平沟槽对墙体受力极为不利。

本次规范修订时将梁明确为钢筋混凝土过梁，补充规定不应在截面长边小于 500mm 的承重墙体、独立柱内埋设管线，以不影响结构受力。

3.0.12 表 3.0.12 的数值系根据 1956 年《建筑安装工程施工及验收暂行技术规范》第二篇中表一规定推算而得。验算时，为偏安全计，略去了墙或柱底部砂浆与楼板（或下部墙体）间的粘结作用，只考虑墙体的自重和风荷载进行倾覆验算。经验算，安全系数在 1.1～1.5 之间。为了比较切合实际和方便对音，将原表中的风压值改为 0.3、0.4、0.5 kN/m² 三种，并列出风的相应级数。

施工处标高可按下式计算：

$$H = H_0 + h/2 \qquad (1)$$

式中：H——施工处的标高；

H_0——起始计算自由高度处的标高；

h——表 3.0.12 内相应的允许自由高度。

对于设置钢筋混凝土圈梁的墙或柱，其砌筑高度未达圈梁位置时，h 应从地面（或楼面）算起；超过圈梁时，h 可从最近的一道圈梁算起，但此时圈梁混凝土的抗压强度应达到 5N/mm² 以上。

3.0.14 为保证混凝土结构工程施工中预制梁、板的安装施工质量而提出的相应规定。对原条文内容中的安装时应坐浆及砂浆的规定予以删除，原因是考虑该部分内容不属砌体结构工程施工的内容。

3.0.15 在采用以概率理论为基础的极限状态设计方法中，材料的强度设计值由材料标准值除以材料性能分项系数确定，而材料性能分项系数与材料质量和施工水平相关。对于施工水平，由于在砌体的施工中存在大量的手工操作，所以，砌体结构的施工质量在很大程度上取决于人的因素。

在国际标准中，施工水平按质量监督人员、砂浆强度试验及搅拌、砌筑工人技术熟练程度等情况分为三级，材料性能分项系数也相应取为不同的数值。

为与国际标准接轨，在 1998 年颁布实施的国家标准《砌体工程施工及验收规范》GB 50203-98 中就参照国际标准，已将施工质量控制等级纳入规范中。随后，国家标准《砌体结构设计规范》GB 50003-2001 在砌体强度设计值的规定中，也考虑了砌体施工质量控制等级对砌体强度设计值的影响。

砂浆和混凝土的施工（生产）质量，可按强度离散性大小分为"优良"、"一般"和"差"三个等级。强度离散性分为"离散性小"、"离散性较小"和"离散性大"三个等次，其划分系按照砂浆、混凝土强度标准差确定。根据现行行业标准《砌筑砂浆配合比设计规程》JGJ/T 98 及原国家标准《混凝土检验评定标准》GBJ 107-87，砂浆、混凝土强度标准差可参见表 1 及表 2。

表 1　砌筑砂浆质量水平

强度标准差 (MPa)／质量水平／强度等级	M5	M7.5	M10	M15	M20	M30
优　良	1.00	1.50	2.00	3.00	4.00	6.00
一　般	1.25	1.88	2.50	3.75	5.00	7.50
差	1.50	2.25	3.00	4.50	6.00	9.00

表 2　混凝土质量水平

评定标准 ／ 生产单位 ／ 强度等级	质量水平	优 良		一 般		差	
		<C20	≥C20	<C20	≥C20	<C20	≥C20
强度标准差 (MPa)	预拌混凝土厂	≤3.0	≤3.5	≤4.0	≤5.0	>4.0	>5.0
	集中搅拌混凝土的施工现场	≥3.5	≤4.0	≤4.5	≤5.5	>4.5	>5.5
强度等于或大于混凝土强度等级值的百分率（%）	预拌混凝土厂、集中搅拌混凝土的施工现场	≥95		>85		≤85	

对 A 级施工质量控制等级，砌筑工人中高级工的比例由原规范"不少于 20%"提高到"不少于 30%"，是考虑为适应近年来砌体结构工程施工中的新结构、新材料、新工艺、新设备不断增加，保证施工质量的需要。

3.0.16 从建筑物的耐久性考虑，现行国家标准《砌体结构设计规范》GB 50003 根据砌体结构的环境类别，对设置在砂浆中和混凝土中的钢筋规定了相应的防护措施。

3.0.18 在楼面上进行砌筑施工时，常常出现以下几种超载现象：一是集中堆载；二是抢进度或遇停电时，提前多备料；三是采用井架或门架上料时，接料平台高出楼面有坎，造成运料车对楼板产生较大的振动荷载。这些超载现象常使楼板底产生裂缝，严重时会导致安全事故。

3.0.19 本条系新增加条文。对墙体砌筑每日砌筑高度的控制，其目的是保证砌体的砌筑质量和生产安全。

3.0.20 本条系新增加条文。针对砌体结构工程的施工特点，将现行国家标准《建筑工程施工质量验收统一标准》GB 50300 对检验批的规定具体化。

3.0.21 现行国家标准《建筑工程施工质量验收统一标准》GB 50300 在制定检验批抽样方案时，对生产方和使用方风险概率提出了明确的规定。该标准经修订后，对于计数抽样的主控项目、一般项目规定了正常检查一次、二次抽样判定规定。本规范根据上述标准并结合砌体工程的实际情况，采用一次抽样判定。其中，对主控项目应全部符合合格标准；对一般项目应有 80% 及以上的抽检处符合合格标准，均比国家标准《建筑工程施工质量验收统一标准》的要求略严，且便于操作。

本条文补充了对一般项目中的最大超差值作了规定，其值为允许偏差值 1.5 倍。这是从工程实际的现状考虑的，在这种施工偏差下，不会造成结构安全问题和影响使用功能及观感效果。

3.0.22 本条为增加条文。为使砌体结构工程施工质量抽检更具有科学性，在本次规范修订中，遵照现行国家标准《建筑工程施工质量验收统一标准》GB 50300的要求，对原规范条文抽检项目的抽样方案作了修改，即将抽检数量按检验批的百分数（一般规定为10％）抽取的方法修改为按现行国家标准《逐批检查计数抽样程序及抽样表》GB 2828对抽样批的最小容量确定。抽样批的最小容量的规定引用现行国家标准《建筑结构检测技术标准》GB/T 50344第3.3.13条表3.3.13，但在本规范引用时作了以下考虑：检验批的样本最小容量在检验批容量90及以下不再细分。针对砌体结构工程实际，检验项目的检验批容量一般不大于90，故各抽检项目的样本最小容量除有特殊要求（如砖砌体和混凝土小型空心砌块砌体的承重墙、柱的轴线位移应全数检查；外墙阳角数量小于5时，垂直度检查应为全部阳角；填充墙后植锚固钢筋的抽检最小容量规定等）外，按不应小于5确定，以便于检验批的统计和质量判定。

4 砌筑砂浆

4.0.1 水泥的强度及安定性是判定水泥质量是否合格的两项主要技术指标，因此在水泥使用前应进行复验。

由于各种水泥成分不一，当不同水泥混合使用后有可能发生材性变化或强度降低现象，引起工程质量问题。

本条文参照现行国家标准《混凝土结构工程施工质量验收规范》GB 50204的相关规定对原规范条文进行了个别文字修改。

4.0.2 砂中草根等杂物，含泥量、泥块含量、石粉含量过大，不但会降低砌筑砂浆的强度和均匀性，还导致砂浆的收缩值增大，耐久性降低，影响砌体质量。砂中氯离子超标，配制的砌筑砂浆、混凝土会对其中钢筋的耐久性产生不良影响。砂含泥量、泥块含量、石粉含量及云母、轻物质、有机物、硫化物、硫酸盐、氯盐含量应符合表3的规定。

表3 砂杂质含量（％）

项 目	指 标
泥	≤5.0
泥块	≤2.0
云母	≤2.0
轻物质	≤1.0
有机物（用比色法试验）	合格
硫化物及硫酸盐（折算成 SO₃ 按重量计）	≤1.0
氯化物（以氯离子计）	≤0.06

注：含量按质量计

4.0.3 脱水硬化的石灰膏、消石灰粉不能起塑化作用又影响砂浆强度，故不应使用。建筑生石灰粉由于其细度有限，在砂浆搅拌时直接干掺起不到改善砂浆和易性及保水的作用。建筑生石灰粉的细度依照现行行业标准《建筑生石灰粉》JC/T 480列于表4中，由表看出，建筑生石灰粉的细度远不及水泥的细度（0.08mm筛的筛余不大于10％）。

表4 建筑生石灰粉的细度

项 目		钙质生石灰粉			镁质生石灰粉		
		优等品	一等品	合格品	优等品	一等品	合格品
细度	0.90mm筛的筛余（％）不大于	0.2	0.5	1.5	0.2	0.5	1.5
	0.125mm筛的筛余（％）不大于	7.0	12.0	18.0	7.0	12.0	18.0

为使石灰膏计量准确，根据原标准《砌体工程施工及验收规范》GB 50203-98引入表4.0.3。

4.0.4 当水中含有有害物质时，将会影响水泥的正常凝结，并可能对钢筋产生锈蚀作用。

4.0.5 砌筑砂浆通过配合比设计确定的配合比，是使施工中砌筑砂浆达到设计强度等级，符合砂浆试块合格验收条件，减小砂浆强度离散性的重要保证。

砌筑砂浆的稠度选择是否合适，将直接影响砌筑的难易和质量，表4.0.5砌筑砂浆稠度范围的规定主要是考虑了块体吸水特性、铺砌面有无孔洞及气候条件的差异。

4.0.6 该条内容系根据新修订的国家标准《砌体结构设计规范》GB 50003的下述规定编写：当砌体用强度等级小于M5的水泥砂浆砌筑时，砌体强度设计值应予降低，其中抗压强度值乘以0.9的调整系数；轴心抗拉、弯曲抗拉、抗剪强度值乘以0.8的调整系数；当砌筑砂浆强度等级大于和等于M5时，砌体强度设计值不予降低。

4.0.7 由于在砌筑砂浆中掺用的砂浆增塑剂、早强剂、缓凝剂、防冻剂等产品种类繁多，性能及质量也存在差异，为保证砌筑砂浆的性能和砌体的砌筑质量，应对外加剂的品种和用量进行检验和试配，符合要求后方可使用。对砌筑砂浆增塑剂，2004年国家已发布、实施了行业标准《砌筑砂浆增塑剂》JG/T 164，在技术性能的型式检验中，包括掺用该外加剂砂浆砌筑的砌体强度指标检验，使用时应遵照执行。

本条文由原规范的强制性条文修改为非强制性条文，是为了更方便地执行该条文的要求。

4.0.8 砌筑砂浆各组成材料计量不精确，将直接影响砂浆实际的配合比，导致砂浆强度误差和离散性加大，不利于砌体砌筑质量的控制和砂浆强度的验收。为确保砂浆各组分材料的计量精确，本条文增加了质量计量的允许偏差。

4.0.9 为了降低劳动强度和克服人工拌制砂浆不易搅拌均匀的缺点，规定砌筑砂浆应采用机械搅拌。同时，为使物料充分拌合，保证砂浆拌合质量，对不同品种砂浆分别规定了搅拌时间的要求。

4.0.10 根据以前规范编制组所进行的试验和收集的国内资料分析，在一般气候情况下，水泥砂浆和水泥混合砂浆在3h和4h使用完，砂浆强度降低一般不超过20%，虽然对砌体强度有所影响，但降低幅度在10%以内，又因为大部分砂浆已在之前使用完毕，故对整个砌体的影响只局限于很小的范围。当气温较高时，水泥凝结加速，砂浆拌制后的使用时间应予缩短。

近年来，设计中对砌筑砂浆强度普遍提高，水泥用量增加，因此将砌筑砂浆拌合后的使用时间作了一些调整，统一按照水泥砂浆的使用时间进行控制，这对施工质量有利，又便于记忆和控制。

4.0.12 我国近年颁布实施的现行国家标准《建筑结构可靠度设计标准》GB 50068 要求："质量验收标准宜在统计理论的基础上制定"。现行国家标准《建筑工程施工质量验收统一标准》GB 50300-2001 第3.0.5条规定，主控项目合格质量水平的生产方风险（或错判概率 α）和使用方风险（或漏判概率 β）均不宜超过5%。这些要求和规定都是编制建筑工程施工质量验收规范应遵循的原则。

国家标准《砌体工程施工质量验收规范》GB 50203 关于砌筑砂浆试块强度验收条件引自原《建筑安装工程质量检验评定标准 TJ 301-74 建筑工程》，并已执行多年。经分析发现，上述砌筑砂浆试块强度验收条件的确定较缺乏科学性，具体表现在以下几方面：

1) 20世纪70年代我国尚未采用极限状态设计方法，因此，对砌筑砂浆质量的评定也未考虑结构的可靠原则。

2) 当同一验收批砌筑砂浆试块抗压强度平均值等于设计强度等级所对应的立方体抗压强度时，其满足设计强度的概率太低，仅为50%。

3) 当砌筑砂浆试块强度等于设计强度等级所对应的立方体抗压强度的75%时，砌体强度较设计值小9%～13%，这将对结构的安全使用产生不良影响。

根据结构可靠度分析，当砌筑砂浆质量水平一般，即砂浆试块强度统计的变异系数为0.25，验收批砌筑砂浆试块抗压强度平均值为设计强度的1.10倍时，砌筑砂浆强度达到和超过设计强度的统计概率为65.5%，砌体强度达到95%规范值的统计概率

为78.8%；砌筑砂浆试块强度最小值为85%设计强度时，砌体强度值只较规范设计值降低2%～8%，砌筑砂浆抗压强度等于和大于85%设计强度的统计概率为84.1%。还应指出，当砌筑砂浆试块改为带底试模制作后，砂浆试块强度统计的变异系数将较砖底试模减小，这对砌筑砂浆质量的提高和砌体质量的提高是有利的。此外，砌体强度除与块体、砌筑砂浆强度直接相关外，尚与施工过程的质量控制有关，如砌筑砂浆的拌制质量及强度的离散性、块体砌筑前浇水湿润程度、砌筑手法、灰缝厚度及砂浆饱满度等。因此欲保证砌体的强度，除应使块体和砌筑砂浆合格外，尚应加强施工过程控制，这是保证砌体施工质量的综合措施。

鉴于上述分析，同时考虑砂浆拌制后到使用时存在的时间间隔对其强度的不利影响，本次规范修订中对砌筑砂浆试块抗压强度合格验收条件较原规范作了一定提高。砌筑砂浆拌制后随时间延续的强度变化规律是：在一般气温（低于30℃）情况下，砂浆拌制2h～6h后，强度降低20%～30%，10h降低50%以上，24h降低70%以上。以上试验大多采用水泥混合砂浆。对水泥砂浆而言，由于水泥用量较多，砂浆的保水性又较水泥混合砂浆差，其影响程度会更大。当气温较高（高于30℃）情况下，砂浆强度下降幅度也将更大一些。

当砂浆试块数量不足3组时，其强度的代表性较差，验收也存在较大风险，如只有1组试块时，其错判概率至少为30%。因此，为确保砌体结构施工验收的可靠性，对重要房屋一个验收批砂浆试块的数量规定为不得少于3组。

试验表明，砌筑砂浆的稠度对试块立方体抗压强度有一定影响，特别是当采用带底试模时，这种影响将十分明显。为如实反映施工中砌筑砂浆的强度，制作砂浆试块的砂浆稠度应与配合比设计一致，在实际操作中应注意砌筑砂浆的用水量控制。此外，根据现行行业标准《预拌砂浆》JC/T 230 规定，预拌砂浆中的湿拌砂浆在交货时应进行稠度检验。

对工厂生产的预拌砂浆、加气混凝土专用砂浆，由于其材料稳定，计量准确，砂浆质量较好，强度值离散性较小，故可适当减少现场砂浆试块的制作数量，但每验收批各类、各强度等级砂浆试块不应少于3组。

根据统计学原理，抽检子样容量越大则结果判定越准确。对砌体结构工程施工，通常在一个检验批留置的同类型、同强度等级的砂浆试块数量不多，故在砌筑砂浆试块抗压强度验收时，为使砂浆试块强度具有更好的代表性，减小强度评定风险，宜将多个检验批的同类型、同强度等级的砌筑砂浆作为一个验收批进行评定验收；当检验批的同类型、同强度等级砌筑砂浆试块组数较多时，砂浆强度验收也可按检验批进

行，此时的砌筑砂浆验收批即等同于检验批。

4.0.13 施工中，砌筑砂浆强度直接关系砌体质量。因此，规定了在一些非正常情况下应测定工程实体中的砂浆或砌体的实际强度。其中，当砂浆试块的试验结果已不能满足设计要求时，通过实体检测以便于进行强度核算和结构加固处理。

5 砖砌体工程

5.1 一般规定

5.1.1 本条所列砖是指以传统标准砖基本尺寸240mm×115mm×53mm为基础，适当调整尺寸，采用烧结、蒸压养护或自然养护等工艺生产的长度不超过240mm，宽度不超过190mm，厚度不超过115mm的实心或多孔（通孔、半盲孔）的主规格砖及其配砖。

5.1.3 混凝土多孔砖、混凝土普通砖、蒸压灰砂砖、蒸压粉煤灰砖早期收缩值大，如果这时用于墙体上，很容易出现收缩裂缝。为有效控制墙体的这类裂缝产生，在砌筑时砖的产品龄期不应小于28d，使其早期收缩值在此期间内完成大部分。实践证明，这是预防墙体早期开裂的一个重要技术措施。此外，混凝土多孔砖、混凝土普通砖的强度等级进场复验也需产品龄期为28d。

5.1.4 有冻胀环境和条件的地区，地面以下或防潮层以下的砌体，常处于潮湿的环境中，对多孔砖砌体的耐久性能有不利影响。因此，现行国家标准《砌体结构设计规范》GB 50003对多孔砖的使用作出了以下规定，"在冻胀地区，地面以下或防潮层以下的砌体，不宜采用多孔砖，如采用时，其孔洞应用水泥砂浆灌实。"鉴于多孔砖孔洞小且量大，施工中用水泥砂浆灌实费工、耗材、不易保证质量，故作本条规定。

5.1.5 不同品种砖的收缩特性的差异容易造成墙体收缩裂缝的产生。

5.1.6 试验研究和工程实践证明，砖的湿润程度对砌体的施工质量影响较大：干砖砌筑不仅不利于砂浆强度的正常增长，大大降低砌体强度，影响砌体的整体性，而且砌筑困难；吸水饱和的砖砌筑时，会使刚砌的砌体尺寸稳定性差，易出现墙体平面外弯曲，砂浆易流淌，灰缝厚度不均，砌体强度降低。

砖含水率对砌体抗压强度的影响，湖南大学曾通过试验研究得出两者之间的相关性，即砌体的抗压强度随砖含水率的增加而提高，反之亦然。根据砌体抗压强度影响系数公式得到，含水率为零的烧结黏土砖的砌体抗压强度仅为含水率为15%砖的砌体抗压强度的77%。

砖含水率对砌体抗剪强度的影响，国内外许多学者都进行过这方面的研究，试验资料较多，但结论并不完全相同。可以认为，各国（地）砖的性质不同，是试验结论不一致的主要原因。一般来说，砖砌体抗剪强度随着砖的湿润程度增加而提高，但是如果砖浇得过湿，砖表面的水膜将影响砖和砂浆间的粘结，对抗剪强度不利。美国Robert等在专著中指出：砖的初始吸水速率是影响砌体抗剪强度的重要因素，并指出，初始吸水速率大的砖，必须在使用前预湿水，使其达到较佳范围时方能砌筑。前苏联学者认为，黏土砖的含水率对砌体粘结强度的影响还与砂浆的种类及砂浆稠度有关，砖含水率在一定范围时，砌体的抗剪强度得以提高。近年来，长沙理工大学等单位通过试验获取的数据和收集的国内诸多学者研究成果撰写的研究论文指出，非烧结砖的上墙含水率对砌体抗剪强度影响，存在着最佳相对含水率，其范围是43%～55%，并从试验结果看出，蒸压粉煤灰砖在绝干状态和吸水饱和状态时，抗剪强度均大大降低，约为最佳相对含水率的30%～40%。

鉴于上述分析，考虑各类砌筑用砖的吸水特性，如吸水率大小、吸水和失水速度快慢等的差异（有时存在十分明显的差异，例如从资料收集中得到，我国各地生产的烧结普通黏土砖的吸水率变化范围为13.2%～21.4%），砖砌筑时适宜的含水率也应有所不同。因此，需要在砌筑前对砖预湿的程度采用含水率控制是不适宜的，为了便于在施工中对适宜含水率有更清晰的了解和控制，块体砌筑时的适宜含水率宜采用相对含水率表示。根据国内外学者的试验研究成果和施工实践经验，以及国家标准《砌体工程施工质量验收规范》GB 50203 - 2002的相关规定，本次规范修订按照块体吸水、失水速度快慢对烧结类、非烧结类块体的预湿程度采用相对含水率控制，并对适宜相对含水率范围分别作出了规定。

5.1.7 砖砌体砌筑宜随铺砂浆随砌筑。采用铺浆法砌筑时，铺浆长度对砌体的抗剪强度影响明显，陕西省建筑科学研究院的试验表明，在气温15℃时，铺浆后立即砌砖和铺浆后3min再砌砖，砌体的抗剪强度相差30%。气温较高时砖和砂浆中的水分蒸发较快，影响工人操作和砌筑质量，因而应缩短铺浆长度。

5.1.8 从有利于保证砌体的完整性、整体性和受力的合理性出发，强调本条所述部位应采用整砖丁砌。

5.1.9 平拱式过梁是弧拱式过梁的一个特例，是矢高极小的一种拱形结构，拱底应有一定起拱量，从砖拱受力特点及施工工艺考虑，必须保证拱脚下面伸入墙内的长度，并保持楔形灰缝形态。

5.1.10 过梁底部模板是砌筑过程中的承重结构，只有砂浆达到一定强度后，过梁部位砌体方能承受荷载作用，才能拆除底模。本次经修订的规范将砖过梁底部的模板及其支架拆除时对灰缝砂浆强度进行了提高，是为了更好地保证安全。

5.1.11 多孔砖的孔洞垂直于受压面，能使砌体有较大的有效受压面积，有利于砂浆结合层进入上下砖块的孔洞中产生"销键"作用，提高砌体的抗剪强度和砌体的整体性。此外，孔洞垂直于受压面砌筑也符合砌体强度试验时试件的砌筑方法。

5.1.12 竖向灰缝砂浆的饱满度一般对砌体的抗压强度影响不大，但是对砌体的抗剪强度影响明显。根据四川省建筑科学研究院、南京新宁砖瓦厂等单位的试验结果得到：当竖缝砂浆很不饱满甚至完全无砂浆时，其对角加载砌体的抗剪强度约降低30%。此外，透明缝、瞎缝和假缝对房屋的使用功能也会产生不良影响。

5.1.13 砖砌体的施工临时间断处的接槎部位是受力的薄弱点，为保证砌体的整体性，必须强调补砌时的要求。

5.2 主控项目

5.2.1 在正常施工条件下，砖砌体的强度取决于砖和砂浆的强度等级，为保证结构的受力性能和使用安全，砖和砂浆的强度等级必须符合设计要求。

烧结普通砖、混凝土实心砖检验批的数量，系参考砌体检验批划分的基本数量（250m³ 砌体）确定；烧结多孔砖、混凝土多孔砖、蒸压灰砂砖及蒸压粉煤灰砖检验批数量根据产品的特点并参考产品标准作了适当调整。

5.2.2 水平灰缝砂浆饱满度不小于80%的规定沿用已久，根据四川省建筑科学研究院试验结果，当砂浆水平灰缝饱满度达到73%时，则可达到设计规范所规定的砌体抗压强度值。砖柱为独立受力的重要构件，为保证其安全性，在本次规范修订中对水平灰缝砂浆饱满度的要求有所提高，并增加了对竖向灰缝饱满度的规定。

5.2.3、5.2.4 砖砌体转角处和交接处的砌筑和接槎质量，是保证砖砌体结构整体性能和抗震性能的关键之一，地震震害充分证明了这一点。根据陕西省建筑科学研究院对交接处同时砌筑和不同留槎形式接槎部位连接性能的试验分析，同时砌筑的连接性能最佳；留踏步槎（斜槎）的次之；留直槎并按规定加拉结钢筋的再次之；仅留直槎不加设拉结钢筋的最差。上述不同砌筑和留槎形式试件的水平抗拉力之比为1.00、0.93、0.85、0.72。因此，对抗震设防烈度8度及8度以上地区，不能同时砌筑时应留斜槎。对抗震设计烈度为6度、7度地区的临时间断处，允许留直槎并按规定加设拉结钢筋，这主要是从实际出发，在保证施工质量的前提下，留直槎加设拉结钢筋时，其连接性能较留斜槎时降低有限，对抗震设计烈度不高的地区允许采用留直槎加设拉结钢筋是可行的。

多孔砖砌体斜槎长高比明确为不小于1/2，是从多孔砖规格尺寸、组砌方法及施工实际出发考虑的。

多孔砖砌体根据砖规格尺寸，留置斜槎的长高比一般为 1:2。

斜槎高度不得超过一步脚手架高度的规定，主要是为了尽量减少砌体的临时间断处对结构整体性的不利影响。

5.3 一般项目

5.3.1 本条是从确保砌体结构整体性和有利于结构承载出发，对组砌方法提出的基本要求，施工中应予满足。砖砌体的"通缝"系指相邻上下两皮砖搭接长度小于25mm的部位。本次规范修订对混水墙的最大通缝长度作了限制。此外，参考原国家标准《建筑工程质量检验评定标准》GBJ 301-88 第6.1.6条对砖砌体上下错缝的规定，将原规范"混水墙中长度大于或等于300mm的通缝每间不超过3处，且不得位于同一面墙体上"修改为"混水墙中不得有长度大于300mm的通缝，长度200mm～300mm的通缝每间不得超过3处，且不得位于同一面墙体上"。

采用包心砌法的砖柱，质量难以控制和检查，往往会形成空心柱，降低了结构安全性。

5.3.2 灰缝横平竖直，厚薄均匀，不仅使砌体表面美观，又使砌体的变形及传力均匀。此外，灰缝增厚砌体抗压强度降低，反之则砌体抗压强度提高；灰缝过薄将使块体间的粘结不良，产生局部挤压现象，也会降低砌体强度。湖南大学曾研究砌体灰缝厚度对砌体抗压强度的影响，经对国内外的一些试验数据进行回归分析后得出影响系数公式。根据该公式分析，对普通砖砌体而言，与标准水平灰缝厚度10mm相比较，12mm水平灰缝厚度砌体的抗压强度降低5.4%；8mm水平灰缝厚度砌体的抗压强度提高6.1%。对多孔砖砌体，其变化幅度还要大些，与标准水平灰缝厚度10mm相比较，12mm水平灰缝厚度砌体的抗压强度降低9.1%；8mm水平灰缝厚度砌体的抗压强度提高11.1%。

砌体竖向灰缝宽度过宽或过窄不仅影响观感质量，而且易造成灰缝砂浆饱满度较差，影响砌体的使用功能、整体性及降低砌体的抗剪强度。因此，在本次规范修订中增加了砖砌体竖向灰缝宽度的规定。

5.3.3 本条所列砖砌体一般尺寸偏差，对整个建筑物的施工质量、建筑美观和确保有效使用面积均会产生影响，故施工中对其偏差应予以控制。

对于钢筋混凝土楼、屋盖整体现浇的房屋，其结构整体性良好；对于装配整体式楼、屋盖结构，国家标准《砌体结构设计规范》GB 50003-2001 经修订后，加强了楼、屋盖结构的整体性规定：在抗震设防地区，预制钢筋混凝土板板端应有伸出钢筋相互有效连接，并用混凝土浇筑成板带，其板端支承长度不应小于60mm，板带宽不小于80mm，混凝土强度等级不应低于 C20。另外，根据工程实践及调研结果看到，实际工程中砌体的轴线位置和墙面垂直度的偏差值均不大，但有时也会出现略大于《砌体工程施工质量验收规范》GB 50203－2002允许偏差值的规定，这不符合主控项目的验收要求，如要返工将十分困难。鉴于上述分析，墙体轴线位置和墙面垂直度尺寸的最大偏差值按表中允许偏差控制施工质量（允许有20％及以下的超差点的最大超差值为允许偏差值的1.5倍），墙体的受力性能和楼、屋盖的安全性是能保证的。

本次规范修订中，通过工程调查将门窗洞口高、宽（后塞口）的允许偏差由原规范的±5mm增加为±10mm。

6 混凝土小型空心砌块砌体工程

6.1 一般规定

6.1.2 编制小砌块平、立面排块图是施工准备的一项重要工作，也是保证小砌块墙体施工质量的重要技术措施。在编制时，宜由水电管线安装人员与土建施工人员共同商定。

6.1.3 小砌块龄期达到28d之前，自身收缩速度较快，其后收缩速度减慢，且强度趋于稳定。为有效控制砌体收缩裂缝，检验小砌块的强度，规定砌体施工时所用的小砌块，产品龄期不应小于28d。本次规范修订时，考虑到在施工中有时难于确定小砌块的生产日期，因此将本条文修改为非强制性条文。

6.1.5 专用的小砌块砌筑砂浆是指符合现行行业标准《混凝土小型空心砌块和混凝土砖砌筑砂浆》JC 860的砌筑砂浆，该砂浆可提高小砌块与砂浆间的粘结力，且施工性能好。

6.1.6 用混凝土填小砌块砌体一些部位的孔洞，属于构造措施，主要目的是提高砌体的耐久性及结构整体性。现行国家标准《砌体结构设计规范》GB 50003有如下规定："在冻胀地区，地面以下或防潮层以下的砌体……当采用混凝土砌块砌体时，其孔洞应采用强度等级不低于Cb20的混凝土灌实"。

6.1.7 普通混凝土小砌块具有吸水率小和吸水、失水速度迟缓的特点，一般情况下砌墙时可不浇水。轻骨料混凝土小砌块的吸水率较大，吸水、失水速度较普通混凝土小砌块快，应提前对其浇水湿润。

6.1.8 小砌块是薄壁、大孔且块体较大的建筑材料，单个块体如果存在破损、裂缝等质量缺陷，对砌体强度将产生不利影响；小砌块的原有裂缝也容易发展并形成墙体新的裂缝。条文经改动后较原规范条文"承重墙体严禁使用断裂小砌块"更全面。

6.1.9、6.1.10 确保小砌块砌体的砌筑质量，可简单归纳为六个字：对孔、错缝、反砌。所谓对孔，即在保证上下皮小砌块搭砌要求的前提下，使上皮小砌块的孔洞尽量对准下皮小砌块的孔洞，使上、下皮小砌

块的壁、肋可较好传递竖向荷载，保证砌体的整体性及强度；所谓错缝，即上、下皮小砌块错开砌筑（搭砌），以增强砌体的整体性，这属于砌筑工艺的基本要求；所谓反砌，即小砌块生产时的底面朝上砌筑于墙体上，易于铺放砂浆和保证水平灰缝砂浆的饱满度，这也是确定砌体强度指标的试件的基本砌法。

6.1.11 小砌块砌体相对于砖砌体，小砌块块体大，水平灰缝坐（铺）浆面窄小，竖缝面积大，砌筑一块费时多，为缩短坐（铺）浆后的间隔时间，减少对砌筑质量的不良影响，特作此规定。

6.1.13 灰缝经过刮平，将对表层砂浆起到压实作用，减少砂浆中水分的蒸发，有利于保证砂浆强度的增长。

6.1.14 凡有芯柱之处均应设清扫口，一是用于清扫孔洞底撒落的杂物，二是便于上下芯柱钢筋连接。

芯柱孔洞内壁的毛边、砂浆不仅使芯柱断面缩小，而且混入混凝土中还会影响其质量。

6.1.15 小砌块灌孔混凝土系指符合现行行业标准《混凝土砌块（砖）砌体用灌孔混凝土》JC 861的专用混凝土，该混凝土性能好，对保证砌体施工质量和结构受力十分有利。

5·12汶川地震的震害表明，在遭遇地震时芯柱将发挥重要作用，在地震烈度较高的地区，芯柱破坏较为严重，而破坏的芯柱多数都存在浇筑不密实的情况。由于芯柱混凝土较难以浇筑密实，因此，本次规范修订特别补充了芯柱的施工质量控制要求。

6.2 主控项目

6.2.1 在正常施工条件下，小砌块砌体的强度取决于小砌块和砌筑砂浆的强度等级；芯柱混凝土强度等级也是砌体力学性能能否满足要求最基本的条件。因此，为保证结构的受力性能和使用安全，小砌块和芯柱混凝土、砌筑砂浆的强度等级必须符合设计要求。

6.2.2 小砌块砌体施工时对砂浆饱满度的要求，严于砖砌体的规定。究其原因：一是由于小砌块壁较薄，肋较窄，小砌块与砂浆的粘结面不大；二是砂浆饱满度对砌体强度及墙体整体性影响远较砖砌体大，其中，抗剪强度较低又是小砌块的一个弱点；三是考虑了建筑物使用功能（如防渗漏）的需要。竖向灰缝饱满度对防止墙体裂缝和渗水至关重要，故在本次修订中，将垂直灰缝的饱满度要求由原来的80％提高至90％。

6.2.3 墙体转角处和纵横墙交接处同时砌筑可保证墙体结构整体性，其作用效果参见本规范5.2.3条文说明。由于受小砌块块体尺寸的影响，临时间断处斜槎长度与高度比例不同于砖砌体，故在修订时对斜槎的水平投影长度进行了调整。

本次经修订的规范允许在施工洞口处预留直槎，但应在直槎处的两侧小砌块孔洞中灌实混凝土，以保证接槎处墙体的整体性。该处理方法较设置构造柱

简便。

6.2.4 芯柱在楼盖处不贯通将会大大削弱芯柱的抗震作用。芯柱混凝土浇筑质量对小砌块建筑的安全至关重要，根据5·12汶川地震震害调查分析，在小砌块建筑墙体中芯柱较普遍存在混凝土不密实的情况，甚至有的芯柱存在一段中缺失混凝土（断柱），从而导致墙体开裂、错位破坏较为严重。故在本次规范修订时增加了对芯柱混凝土浇筑质量的要求。

6.3 一 般 项 目

6.3.1 小砌块水平灰缝厚度和竖向灰缝宽度的规定，可参阅本规范第5.3.2条说明，经多年施工经验表明，此规定是合适的。

7 石砌体工程

7.1 一 般 规 定

7.1.2 对砌体所用石材的质量作出规定，以满足砌体的强度，耐久性及美观的要求。为了避免石材放射性物质对环境造成污染和人体造成的伤害，增加了对石材放射性进行检验的要求。

7.1.4 为使毛石基础和料石基础与地基或基础垫层结合紧密，保证传力均匀和石块平稳，故要求砌筑毛石基础时的第一皮石块应坐浆并将大面向下，砌筑料石基础时的第一皮石块应用丁砌层坐浆砌筑。

7.1.5 毛石砌体中一些重要受力部位用较大的平毛石砌筑，是为了加强该部位砌体的整体性。同时，为使砌体传力均匀及搁置的梁、楼板（或屋面板）平稳牢固，要求在每个楼层（包括基础）砌体的顶面，选用较大的毛石砌筑。

7.1.6 石砌体砌筑时砂浆是否饱满，是影响砌体整体性和砌体强度的一个重要因素。由于毛石形状不规则，棱角多，砌筑时容易形成空隙，为了保证砌筑质量，施工中应特别注意防止石块间无浆直接接触或有空隙的现象。

7.1.7 规定砌筑毛石挡土墙时，由于毛石大小和形状各异，因此应每砌3皮～4皮石块作为一个分层高度，并通过对顶层石块的砌平，即大致平整（为避免理解不准确，用"砌平"替代原规范的"找平"要求），及时发现并纠正砌筑中的偏差，以保证工程质量。

7.1.8 从挡土墙的整体性和稳定性考虑，对料石挡土墙，当设计未作具体要求时，从经济出发，中间部分可填砌毛石，但应使丁砌料石伸入毛石部分的长度不小于200mm，以保证其整体性。

7.1.9 石砌体的灰缝厚度按本条规定进行控制，经多年实践是可行的，又便于施工操作，又能满足砌体强度和稳定性要求。本次规范修订中，增加的毛石砌体外露面的灰缝厚度规定，系根据原规范对毛石挡土墙的相应规定确定的。

7.1.10 为了防止地面水渗入而造成挡土墙基础沉陷，或墙体受附加水压作用产生破坏或倒塌，因此要求挡土墙设置泄水孔，同时给出了泄水孔的疏水层的要求。

7.1.11 挡土墙内侧回填土的质量是保证挡土墙可靠性的重要因素之一；挡土墙顶部坡面便于排水，不会导致挡土墙内侧土含水量和墙的侧向土压力明显变化，以确保挡土墙的安全。

7.1.12 据本条规定毛石和实心砖的组合墙中，毛石砌体与砖砌体应同时砌筑，是为了确保砌体的整体性。每隔4皮～6皮砖用2皮～3皮丁砖与毛石砌体拉结砌合。这样既可保证拉结良好，又便于砌筑。

7.1.13 据调查，一些地区有时为了就地取材和适应建筑要求，而采用砖和毛石两种材料分别砌筑纵墙和横墙。为了加强墙体的整体性和便于施工，故参照砖墙的留槎规定和本规范7.1.12条对毛石和实心砖的组合墙的连接要求，作出本条规定。

7.2 主 控 项 目

7.2.1 在正常施工条件下，石砌体的强度取决于石材和砌筑砂浆强度等级，为保证结构的受力性能和使用安全，石材和砌筑砂浆的强度等级必须符合设计要求。

7.2.2 砌体灰缝砂浆的饱满度，将直接影响石砌体的力学性能、整体性能和耐久性能。

7.3 一 般 项 目

7.3.1 根据工程实践及调研结果，将原规范主控项目中的轴线位置和墙面垂直度尺寸允许偏差检验纳入本条文，条文说明参阅本规范第5.3.3条。砌体厚度项目中的毛石基础、毛料石基础和粗料石基础的一般尺寸允许偏差下限为"0"控制，即不允许出现负偏差，这一规定将有利于基础工程的安全可靠性。本次规范修订中考虑毛石墙砌体表面平整度难于检验，故删去了允许偏差的规定。毛石墙砌体表面平整情况可通过规感检查作出评价。

7.3.2 本条规定是为了加强砌体内部的拉结作用，保证砌体的整体性。

8 配筋砌体工程

8.1 一 般 规 定

8.1.1 为避免重复，本章在"一般规定"，"主控项目"，"一般项目"的条文内容上，尚应符合本规范第5章及第6章的规定。

8.1.2 参见本规范第6.1.5条及6.1.15条文说明。

8.1.3 砌体水平灰缝中钢筋居中放置有两个目的：一是对钢筋有较好的保护；二是有利于钢筋的锚固。

8.2 主 控 项 目

8.2.1、8.2.2 配筋砌体中的钢筋品种、规格、数量和混凝土、砂浆的强度直接影响砌体的结构性能，因此应符合设计要求。

8.2.3 构造柱是房屋抗震设防的重要措施，为保证构造柱与墙体的可靠连接，使构造柱能充分发挥其作用而提出了施工要求。外露的拉结钢筋有时会妨碍施工，必要时进行弯折是可以的，但不应随意弯折，以免钢筋在灰缝中产生松动和不平直，影响其锚固性能。

8.2.4 本条文为原规范第8.1.3、8.3.5条条文的合并及修改，因受力钢筋的连接方式及锚固、搭接长度对其受力至关重要，为保证配筋砌体的结构性能将该修改条文纳入主控项目。

8.3 一 般 项 目

8.3.1 构造柱位置及垂直度的允许偏差系根据《设置钢筋混凝土构造柱多层砖房抗震技术规范》JGJ/T 13的规定而确定的，经多年工程实践，证明其尺寸允许偏差是适宜的。因构造柱位置及垂直度在允许偏差情况下不会明显影响结构安全，故将其由原规范"主控项目"修改为"一般项目"进行质量验收。

8.3.4 本条项目内容系引用现行国家标准《砌体结构设计规范》GB 50003的相关规定。

9 填充墙砌体工程

9.1 一 般 规 定

9.1.2 轻骨料混凝土小型空心砌块，为水泥胶凝增强的块体，以28d强度为标准设计强度，且龄期达到28d之前，自身收缩较快；蒸压加气混凝土砌块出釜后虽然强度已达到要求，但出釜时含水率大多在35%~40%，根据有关实验和资料介绍，在短期（10d~30d）制品的含水率下降一般不会超过10%，特别是在大气湿度较高地区。为有效控制蒸压加气混凝土砌块上墙时的含水率和墙体收缩裂缝，对砌筑时的产品龄期进行了规定。

另外，现行行业标准《蒸压加气混凝土建筑应用技术规程》JGJ/T 17-2008第3.0.4条规定"加气混凝土制品砌筑或安装时的含水率宜小于30%"，本规范对此条规定予以引用。

9.1.3 用于填充墙的空心砖、蒸压加气混凝土砌块、轻骨料混凝土小型空心砌块强度不高，碰撞易碎，应在运输、装卸中做到文明装卸，以减少损耗和提高砌体外观质量。蒸压加气混凝土砌块吸水率可达70%，

为降低蒸压加气混凝土砌块砌筑时的含水率，减少墙体的收缩，有效控制收缩裂缝产生，蒸压加气混凝土砌块出釜后堆放及运输中应采取防雨措施。

9.1.4、9.1.5 块体砌筑前浇水湿润，是为了增强与砌筑砂浆的粘结和砌筑砂浆强度增长的需要。

本条系修改条文，主要修改内容为：一是对原规范条文中"蒸压加气混凝土砌块砌筑时，应向砌筑面适量浇水"的规定分为薄灰砌筑法砌筑和普通砌筑砂浆砌筑或蒸压加气混凝土砌块砌筑砂浆两种情况。其中，当采用薄灰砌筑法施工时，由于使用与其配套的专用砂浆，故不需对砌块浇（喷）水湿润；当采用普通砌筑砂浆或蒸压加气混凝土砌块砌筑砂浆砌筑时，应在砌筑当天对砌块砌筑面喷水湿润。二是考虑轻骨料小型空心砌块种类多，吸水率有大有小，因此对吸水率大的小砌块应提前浇（喷）水湿润。三是砌筑前对块体浇喷水湿润程度作出规定，并用块体的相对含水率表示，这更为明确和便于控制。

9.1.6 经多年的工程实践，当采用轻骨料混凝土小型空心砌块或蒸压加气混凝土填充墙施工时，除多水房间外可不需要在墙底部另砌烧结普通砖或多孔砖、普通混凝土小型空心砌块、现浇混凝土坎台等，因此本次规范修订将原规范条文进行了修改。

浇筑一定高度混凝土坎台的目的，主要是考虑有利于提高多水房间填充墙墙底的防水效果。混凝土坎台高度由原规范"不宜小于200mm"的规定修改为"宜为150mm"，是考虑踢脚线（板）便于遮盖填充墙底有可能产生的收缩裂缝。

9.1.8 在填充墙中，由于蒸压加气混凝土砌块砌体、轻骨料混凝土小型空心砌块砌体的收缩较大，强度不高，为防止或控制砌体干缩裂缝的产生，作出不应混砌的规定，以免不同性质的块体组砌在一起易引起收缩裂缝产生。对于窗台处和因构造需要，在填充墙底、顶部及填充墙门窗洞口两侧上、中、下局部处，采用其他块体嵌砌和填塞时，由于这些部位的特殊性，不会对墙体裂缝产生附加的不利影响。

9.1.9 本条文中"填充墙砌体的施工应待承重主体结构检验批验收合格后进行"系增加要求，这既是从施工实际出发，又对施工质量有保证；填充墙砌筑完成到与承重主体结构间的空（缝）隙进行处理的间隔时间由至少7d修改为14d。这些要求有利于承重主体结构施工质量不合格的处理，减少混凝土收缩对填充墙砌体的不利影响。

9.2 主 控 项 目

9.2.1 为加强质量控制和验收，将原规范条文对砖、砌块的强度等级只检查产品合格证书、产品性能检测报告修改为查砖、小砌块强度等级的进场复验报告，并规定了抽检数量。

9.2.2 汶川5·12大地震震害表明：当填充墙与主

体结构间无连接或连接不牢,墙体在水平地震荷载作用下极易破坏和倒塌;填充墙与主体结构间的连接不合理,例如当设计中不考虑填充墙参与水平地震力作用,但由于施工原因导致填充墙与主体结构共同工作,使框架柱常产生柱上部的短柱剪切破坏,进而危及房屋结构的安全。

经修订的现行国家标准《砌体结构设计规范》GB 50003规定,填充墙与框架柱、梁的连接构造分为脱开方法和不脱开方法两类。鉴于此,本次规范修订时对条文进行了相应修改。

9.2.3 近年来,填充墙与承重墙、柱、梁、板之间的拉结钢筋,施工中常采用后植筋,这种施工方法虽然方便,但常常因锚固胶或灌浆料质量问题,钻孔、清孔、注胶或灌浆操作不规范,使钢筋锚固不牢,起不到应有的拉结作用。同时,对填充墙植筋的锚固力检测的抽检数量及施工验收无相关规定,从而使填充墙后植拉结筋的施工质量验收流于形式。因此,在本次规范修订中修编组从确保工程质量考虑,增加应对填充墙的后植拉结钢筋进行现场非破坏性检验。检验荷载值系根据现行行业标准《混凝土结构后锚固技术规程》JGJ 145确定,并按下式计算:

$$N_t = 0.90 A_s f_{yk} \qquad (2)$$

式中:N_t——后植筋锚固承载力荷载检验值;

     A_s——锚筋截面面积(以钢筋直径6mm计);

     f_{yk}——锚筋屈服强度标准值。

填充墙与承重墙、柱、梁、板之间的拉结钢筋锚固质量的判定,系参照现行国家标准《建筑结构检测技术标准》GB/T 50344计数抽样检测时对主控项目的检测判定规定。

9.3 一般项目

9.3.1 本次规范修订中,通过工程调查将门窗洞口高、宽(后塞口)的允许偏差由原规范的±5mm增加为±10mm。

9.3.2 填充墙体的砂浆饱满度虽不会涉及结构的重大安全,但会对墙体的使用功能产生影响,应予规定。砂浆饱满度的具体规定是参照本规范第5章、第6章的规定确定的。

9.3.4 错缝搭砌及竖向通缝长度的限制是增强砌体整体性的需要。

9.3.5 蒸压加气混凝土砌块尺寸比空心砖、轻骨料混凝土小型空心砌块大,故当其采用普通砌筑砂浆时,砌体水平灰缝厚度和竖向灰缝宽度的规定要稍大一些。灰缝过厚和过宽,不仅浪费砌筑砂浆,而且砌体灰缝的收缩也将加大,不利于砌体裂缝的控制。当蒸压加气混凝土砌块砌体采用加气混凝土粘结砂浆进行薄灰砌筑法施工时,水平灰缝厚度和竖向灰缝宽度可以大大减薄。

10 冬期施工

10.0.1 室外日平均气温连续5d稳定低于5℃时,作为划定冬期施工的界限,其技术效果和经济效果均比较好。若冬期施工期规定得太短,或者应采取冬期施工措施时没有采取,都会导致技术上的失误,造成工程质量事故;若冬期施工期规定得太长,将增加冬期施工费用和工程造价,并给施工带来不必要的麻烦。

10.0.2 砌体工程冬期施工,由于气温低,必须采取一些必要的冬期施工措施来确保工程质量,同时又要保证常温施工情况下的一些工程质量要求。因此,质量验收除应符合本章规定外,尚应符合本规范前面各章的要求及现行行业标准《建筑工程冬期施工规程》JGJ/T 104的规定。

10.0.3 砌体工程在冬期施工过程中,只有加强管理,制定完整的冬期施工方案,才能保证冬期施工技术措施的落实和工程质量。

10.0.4 石灰膏、电石膏等若受冻使用,将直接影响砂浆强度。

砂中含有冰块和大于10mm的冻结块,将影响砂浆的均匀性、强度增长和砌体灰缝厚度的控制。

遭水浸冻的砖或其他块体,使用时将降低它们与砂浆的粘结强度,并因它们的温度较低而影响砂浆强度的增长,因此规定砌体用块体不得遭水浸冻。

10.0.5 为了解冬期施工措施(如掺用防冻剂或其他措施)的效果及砌筑砂浆的质量,应增留与砌体同条件养护的砂浆试块,测试检验所需龄期和转入常温28d的强度。

10.0.6 实践证明,在冻胀基土上砌筑基础,待基土解冻时会因不均匀沉降造成基础和上部结构破坏;施工期间和回填土前如地基受冻,会因地基冻胀造成砌体胀裂或因地基解冻造成砌体损坏。

10.0.7 烧结普通砖、烧结多孔砖、蒸压灰砂砖、蒸压粉煤灰砖、烧结空心砖、蒸压加气混凝土砌块、吸水率较大的轻骨料混凝土小型空心砌块的湿润程度对砌体强度的影响较大,特别对抗剪强度的影响更为明显,故规定在气温高于0℃条件下砌筑时,应浇水湿润。在气温低于、等于0℃条件下砌筑时如再浇水,水将在块体表面结成冰薄膜,会降低与砂浆的粘结,同时也给施工操作带来诸多不便。此时,应适当增加砂浆稠度,以便施工操作、保证砂浆强度和增强砂浆与块体间的粘结效果。普通混凝土小型空心砌块、混凝土砖因吸水率小和初始吸水速度慢在砌筑施工中不需浇(喷)水湿润。

抗震设防烈度为9度的地区,因地震时产生的地震反应十分强烈,故对施工提出严格要求。

10.0.8 这是为了避免砂浆拌合时因水和砂过热造成水泥假凝而影响施工。

10.0.9 根据国家现有经济和技术水平，北方地区已极少采用冻结法施工，因此，正在修订的行业标准《建筑工程冬期施工规程》JGJ/T 104 取消了砌体冻结施工。所以，本规范也相应删去砌体冻结法施工的内容。

修订的行业标准《建筑工程冬期施工规程》JGJ/T 104 将氯盐砂浆法纳入外加剂法，为了统一，不再单提氯盐砂浆法。

砂浆使用温度的规定主要是考虑在砌筑过程中砂浆能保持良好的流动性，从而保证灰缝砂浆的饱满度和粘结强度。

10.0.10 主要目的是保证砌体中砂浆具有一定温度以利其强度增长。

10.0.11 为有利于砌体强度的增长，暖棚内应保持一定的温度。表中最少养护期是根据砂浆强度和养护温度之间的关系确定的。砂浆强度达到设计强度的30%，即达到砂浆允许受冻临界强度值后，拆除暖棚后遇到负温度也不会引起强度损失。

10.0.12 本条文根据修订的行业标准《建筑工程冬期施工规程》JGJ/T 104 相应规定进行了修改，以保证工程质量。有关研究表明，当气温等于或低于－15℃时，砂浆受冻后强度损失约为 10%～30%。

10.0.13 掺氯盐的砂浆氯离子含量较大，为避免氯离子对钢筋的腐蚀，确保结构的耐久性，作此规定。

11 子分部工程验收

11.0.4 砌体中的裂缝常有发生，且又涉及工程质量的验收。因此，本条分两种情况，对裂缝是否影响结构安全性作了不同的验收规定。

中华人民共和国国家标准

木 结 构 设 计 规 范

Code for design of timber structures

GB 50005—2003

（2005 年版）

主编部门：中华人民共和国建设部
批准部门：中华人民共和国建设部
施行日期：２００４ 年 １ 月 １ 日

中华人民共和国建设部
公　告

第 375 号

建设部关于发布国家标准
《木结构设计规范》局部修订的公告

现批准《木结构设计规范》GB 50005—2003 局部修订的条文，自 2006 年 3 月 1 日起实施。其中，第 3.1.11 条为强制性条文，必须严格执行。经此次修改的原条文同时废止。

中华人民共和国建设部

2005 年 11 月 11 日

中华人民共和国建设部
公　告

第 189 号

建设部关于发布国家标准
《木结构设计规范》的公告

现批准《木结构设计规范》为国家标准，编号为 GB 50005—2003，自 2004 年 1 月 1 日起实施。其中，第 3.1.2、3.1.8、3.1.11、3.1.13、3.3.1、4.2.1、4.2.9、7.1.5、7.2.4、7.5.1、7.5.10、7.6.3、8.1.2、8.2.2、10.2.1、10.3.1、10.4.1、10.4.2、10.4.3、11.0.1、11.0.3 条为强制性条文，必须严格执行。原《木结构设计规范》GBJ 5—88 同时废止。

本规范由建设部标准定额研究所组织中国建筑工业出版社出版发行。

中华人民共和国建设部

2003 年 10 月 26 日

前　言

本规范是根据建设部建标〔1999〕37号文的要求，由中国建筑西南设计研究院、四川省建筑科学研究院会同有关单位对《木结构设计规范》GBJ 5—88进行修订而成。

修订过程中，编制组经过广泛地调查研究，进行了多次专题讨论，总结、吸收了国内外木结构设计、应用的实践经验和先进技术，参考了有关的国际标准和国外标准，并以多种方式广泛征求全国有关单位的意见后，经过反复讨论、修改，最后经审查通过定稿。

本次修订后共有11章16个附录。主要修订内容是：

1. 按修订后的《建筑结构可靠度设计统一标准》和《建筑结构荷载规范》对木结构可靠指标进行了校准；

2. 增加了对工程中使用进口木材的若干规定、进口规格材强度取值规定和进口木材现场识别要点及主要材性；

3. 对木结构构件计算部分作了局部修订和补充；

4. 木结构连接中增加了齿板连接；

5. 对胶合木结构作了局部修订和补充，并单设一章；

6. 增加轻型木结构，将普通木结构和轻型木结构各设一章；

7. 针对木结构建筑特点，将木结构防火单设一章；

8. 木结构的防护（防腐、防虫）列为一章。

本规范将来可能需要进行局部修订，有关局部修订的信息和条文内容将刊登在《工程建设标准化》杂志上。

本规范以黑体字标志的条文为强制性条文，必须严格执行。

本规范由建设部负责管理和对强制性条文的解释，中国建筑西南设计研究院负责具体技术内容的解释。在执行本规范过程中，请各单位结合工程实践，认真总结经验，并将意见和建议寄交四川省成都市星辉西路8号中国建筑西南设计研究院国家标准《木结构设计规范》管理组（邮编：610081，E-mail：xnymj@mail. sc. cninfo. net）。

本规范主编单位：中国建筑西南设计研究院
　　　　　　　　四川省建筑科学研究院

参　加　单　位：哈尔滨工业大学
　　　　　　　　重庆大学
　　　　　　　　公安部四川消防科学研究所
　　　　　　　　四川大学
　　　　　　　　苏州科技学院

本规范主要起草人：林　颖　王永维　蒋寿时
　　　　　　　　　陈正祥　古天纯　黄绍胤
　　　　　　　　　樊承谋　王渭云　梁　坦
　　　　　　　　　张新培　杨学兵　许　方
　　　　　　　　　倪　春　余培明　周淑容
　　　　　　　　　龙卫国

目　次

1 总 则

1.0.1 为在木结构设计中贯彻执行国家的技术经济政策，保证安全和人体健康，保护环境及维护公共利益制订本规范。

1.0.2 本规范适用于建筑工程中承重木结构的设计。

1.0.3 本规范的设计原则系根据国家标准《建筑结构可靠度设计统一标准》GB 50068 制定。

1.0.4 承重木结构宜在正常温度和湿度环境下的房屋结构中使用。未经防火处理的木结构不应用于极易引起火灾的建筑中；未经防潮、防腐处理的木结构不应用于经常受潮且不易通风的场所。

1.0.5 在确保工程质量前提下，可逐步扩大树种（例如速生树种）的利用。

1.0.6 木结构的设计，除应遵守本规范外，尚应符合国家现行有关强制性标准的规定。

2 术语与符号

2.1 术 语

2.1.1 木结构 timber structure
以木材为主制作的结构。

2.1.2 原木 log
伐倒并除去树皮、树枝和树梢的树干。

2.1.3 锯材 sawn lumber
由原木锯制而成的任何尺寸的成品材或半成品材。

2.1.4 方木 square timber
直角锯切且宽厚比小于 3 的、截面为矩形（包括方形）的锯材。

2.1.5 板材 plank
宽度为厚度三倍或三倍以上矩形锯材。

2.1.6 规格材 dimension lumber
按轻型木结构设计的需要，木材截面的宽度和高度按规定尺寸加工的规格化木材。

2.1.7 胶合材 glued lumber
以木材为原料通过胶合压制成的柱形材和各种板材的总称。

2.1.8 木材含水率 moisture content of wood
通常指木材内所含水分的质量占其烘干质量的百分比。

2.1.9 顺纹 parallel to grain
木构件木纹方向与构件长度方向一致。

2.1.10 横纹 perpendicular to grain
木构件木纹方向与构件长度方向相垂直。

2.1.11 斜纹 at an agnle to grain
木构件木纹方向与构件长度方向形成某一角度。

2.1.12 层板胶合木 glued laminated timber（Glulam）
以厚度不大于 45mm 的木板叠层胶合而成的木制品。

2.1.13 普通木结构 sawn and round timber structures
承重构件采用方木或圆木制作的单层或多层木结构。

2.1.14 轻型木结构 light wood frame construction
用规格材及木基结构板材或石膏板制作的木构架墙体、楼板和屋盖系统构成的单层或多层建筑结构。

2.1.15 墙骨柱 stud
轻型木结构房屋墙体中按一定间隔布置的竖向承重骨架构件。

2.1.16 木材目测分级 visually stress-graded lumber
用肉眼观测方式对木材材质划分等级。

2.1.17 木材机械分级 machine stress-rated lumber
采用机械应力测定设备对木材进行非破坏性试验，按测定的木材弯曲强度和弹性模量确定木材的材质等级。

2.1.18 齿板 turss plate
经表面处理的钢板冲压成带齿板，用于轻型桁架节点连接或受拉杆件的接长。

2.1.19 木基结构板材 wood-based structural-use panels
以木材为原料（旋切材，木片，木屑等）通过胶合压制成的承重板材，包括结构胶合板和定向木片板。

2.1.20 轻型木结构的剪力墙 shear wall of light wood frame construction
面层用木基结构板材或石膏板、墙骨柱用规格材构成的用以承受竖向和水平作用的墙体。

2.2 符 号

2.2.1 作用和作用效应
N——轴向力设计值；
N_b——保险螺栓所承受的拉力设计值；
M——弯矩设计值；
M_x、M_y——构件截面 x 轴和 y 轴的弯矩设计值；
M_0——横向荷载作用下跨中最大初始弯矩设计值；
V——剪力设计值；
σ_{mx}、σ_{my}——对构件截面 x 轴和 y 轴的弯曲应力设计值；
w——构件按荷载效应的标准组合计算的挠度；
w_x、w_y——荷载效应的标准组合计算的沿构件截面 x 轴和 y 轴方向的挠度。

2.2.2 材料性能或结构的设计指标
E——木材顺纹弹性模量；
f_c——木材顺纹抗压及承压强度设计值；
$f_{c\alpha}$——木材斜纹承压强度设计值；

f_m——木材抗弯强度设计值；

f_t——木材顺纹抗拉强度设计值；

f_v——木材顺纹抗剪强度设计值；

$[w]$——受弯构件的挠度限值；

$[N_v]$——螺栓或钉连接每一剪面的承载力设计值。

2.2.3 几何参数

A——构件全截面面积；

A_n——构件净截面面积；

A_0——受压构件截面的计算面积；

A_c——承压面面积；

b——构件的截面宽度；

b_v——剪面宽度；

d——螺栓或钉的直径；

e_0——构件的初始偏心距；

h——构件的截面高度；

h_n——受弯构件在切口处净截面高度；

I——构件的全截面惯性矩；

i——构件截面的回转半径；

l_0——受压构件的计算长度；

S——剪切面以上的截面面积对中性轴的面积矩；

W——构件的全截面抵抗矩；

W_n——构件的净截面抵抗矩；

W_{nx}、W_{ny}——构件截面沿 x 轴和 y 轴的净截面抵抗矩；

α——上弦与下弦的夹角，或作用力方向与构件木纹方向的夹角；

λ——构件的长细比。

2.2.4 计算系数及其他

φ——轴心受压构件的稳定系数；

φ_l——受弯构件的侧向稳定系数；

φ_m——考虑轴向力和初始弯矩共同作用的折减系数；

φ_y——轴心压杆在垂直于弯矩作用平面 y-y 方向按长细比 λ_y 确定的稳定系数；

ψ_v——考虑沿剪面长度剪应力分布不均匀的强度折减系数；

k_v——螺栓或钉连接设计承载力的计算系数。

3 材 料

3.1 木 材

3.1.1 承重结构用材，分为原木、锯材（方木、板材、规格材）和胶合材。用于普通木结构的原木、方木和板材的材质等级分为三级；胶合木构件的材质等级分为三级；轻型木结构用规格材分为目测分级规格材和机械分级规格材，目测分级规格材的材质等级分为七级；机械分级规格材按强度等级分为八级。

3.1.2 普通木结构构件设计时，应根据构件的主要用途按表3.1.2的要求选用相应的材质等级。

表 3.1.2　普通木结构构件的材质等级

项　次	主　要　用　途	材质等级
1	受拉或拉弯构件	I_a
2	受弯或压弯构件	II_a
3	受压构件及次要受弯构件（如吊顶小龙骨等）	III_a

3.1.3 用于普通木结构的原木、方木和板材可采用目测法分级。分级时选材应符合本规范附录A的规定，不得采用商品材的等级标准替代。

3.1.4 用于普通木结构的木材，应从本规范表4.2.1-1和表4.2.1-2所列的树种中选用。主要的承重构件应采用针叶材；重要的木制连接件应采用细密、直纹、无节和无其他缺陷的耐腐的硬质阔叶材。

3.1.5 当采用新利用树种木材作承重结构时，可按本规范附录B的要求进行设计。对速生林材，应进行防腐、防虫处理。

3.1.6 在木结构工程中使用进口木材时，应遵守下列规定：

1 选择天然缺陷和干燥缺陷少、耐腐性较好的树种木材；

2 每根木材上应有经过认可的认证标识，认证等级应附有说明，并应符合我国商检规定，进口的热带木材，还应附有无活虫虫孔的证书；

3 进口木材应有中文标识，并按国别、等级、规格分批堆放，不得混淆，贮存期间应防止木材霉变、腐朽和虫蛀；

4 对首次采用的树种，应严格遵守先试验后使用的原则，严禁未经试验就盲目使用。

3.1.7 当需要对承重结构木材的强度进行测试验证时，应按本规范附录C的检验标准进行。

3.1.8 胶合木结构构件设计时，应根据构件的主要用途和部位，按表3.1.8的要求选用相应的材质等级。

表 3.1.8　胶合木结构构件的木材材质等级

项次	主　要　用　途	材质等级	木材等级配置图
1	受拉或拉弯构件	I_b	
2	受压构件（不包括桁架上弦和拱）	III_b	

项次	主　要　用　途	材质等级	木材等级配置图
3	桁架上弦或拱，高度不大于500mm的胶合梁 （1）构件上、下边缘各0.1h区域，且不少于两层板 （2）其余部分	Ⅱb Ⅲb	Ⅲb Ⅱb 0.1h 0.1h Ⅱb 0.1h
4	高度大于500mm的胶合梁 （1）梁的受拉边缘0.1h区域，且不少于两层板 （2）距受拉边缘0.1h~0.2h区域 （3）受压边缘0.1h区域，且不少于两层板 （4）其余部分	Ⅰb Ⅱb Ⅲb	Ⅲb Ⅱb 0.1h 0.1h Ⅱb Ⅱb Ⅰb 0.1h 0.1h 0.1h 0.1h
5	侧立腹板工字梁 （1）受拉翼缘板 （2）受压翼缘板 （3）腹　　板	Ⅰb Ⅱb Ⅲb	Ⅲb Ⅱb Ⅰb

3.1.9 胶合木构件的木材采用目测法分级时，其选材标准应符合本规范附录A的规定。

3.1.10 在轻型木结构中，使用木基结构板、工字形木搁栅和结构复合材时，应遵守下列规定：

1 用作屋面板、楼面板和墙面板的木基结构板材（包括结构胶合板和定向木片板）应满足《木结构工程施工质量验收规范》GB 50206以及相关产品标准的规定。进口木基结构板材上应有经过认可的认证标识、板材厚度以及板材的使用条件等说明。

2 用作楼盖和屋盖的工字形木搁栅的强度和制造要求应满足相关产品标准规定。如国内尚无产品标准，也可采用经过认可的国际标准或其他相关标准；进口工字形木搁栅上应有经过认可的认证标识以及其他相关的说明；

3 用作梁或柱的结构复合材（包括旋切板胶合木和旋切片胶合木）的强度应满足相关产品标准的规定。如国内尚无产品标准，也可采用经过认可的国际标准或其他相关标准；进口结构复合材上应有经过认可的认证标识以及其他相关的说明。

3.1.11 当采用目测分级规格材设计轻型木结构构件时，应根据构件的用途按表3.1.11要求选用相应的材质等级。

表3.1.11　目测分级规格材的材质等级

项次	主　要　用　途	材质等级
1	用于对强度、刚度和外观有较高要求的构件	Ⅰc
2		Ⅱc
3	用于对强度、刚度有较高要求而对外观只有一般要求的构件	Ⅲc
4	用于对强度、刚度有较高要求而对外观无要求的普通构件	Ⅳc
5	用于墙骨柱	Ⅴc
6	除上述用途外的构件	Ⅵc
7		Ⅶc

3.1.12 轻型木结构用规格材当采用目测法进行分级时，分级的选材标准应符合本规范附录A的规定。

3.1.13 制作构件时，木材含水率应符合下列要求：

1 现场制作的原木或方木结构不应大于25%；

2 板材和规格材不应大于20%；

3 受拉构件的连接板不应大于18%；

4 作为连接件不应大于15%；

5 层板胶合木结构不应大于15%，且同一构件各层木板间的含水率差别不应大于5%。

3.1.14 当受条件限制需直接使用超过本规范第3.1.13条含水率要求的木材制作原木或方木结构时，应符合下列规定：

1 计算和构造应符合本规范有关湿材的规定；

2 桁架受拉腹杆宜采用圆钢，以便于调整；

3 桁架下弦宜选用型钢或圆钢；当采用木下弦时，宜采用原木或"破心下料"（图3.1.14）的方木；

4 不应使用湿材制作板材结构及受拉构件的连接板；

5 在房屋或构筑物建成后，应加强结构的检查和维护，结构的检查和维护可按本规范附录D的规定进行。

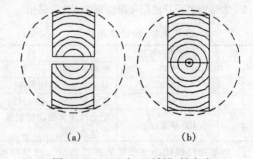

（a）　　　　　　（b）

图3.1.14　"破心下料"的方木

3.2　钢　　材

3.2.1 承重木结构中采用的钢材，宜采用符合现行国家标准《碳素结构钢》GB 700规定的Q235钢材。对于承受振动载荷或计算温度低于−30℃的结构宜采用Q235等级D的碳素结构钢。

3.2.2 螺栓材料应采用符合现行国家标准《六角头螺栓—A和B级》GB 5782和《六角头螺栓—C级》

GB 5780的规定；钉的材料性能应符合现行国家标准有关规定。

3.2.3 钢构件焊接用的焊条，应符合现行国家标准《碳钢焊条》GB 5117 及《低合金钢焊条》GB 5118 的规定。焊条的型号应与主体金属强度相适应。

3.2.4 用于承重木结构中的钢材，应具有抗拉强度、伸长率、屈服点和硫、磷含量的合格保证。对焊接的构件尚应具有碳含量的合格保证。钢木桁架的圆钢下弦直径 d 大于 20mm 的拉杆，尚应具有冷弯试验的合格保证。

3.3 结 构 用 胶

3.3.1 承重结构用胶，应保证其胶合强度不低于木材顺纹抗剪和横纹抗拉的强度。胶连接的耐水性和耐久性，应与结构的用途和使用年限相适应，并应符合环境保护的要求。

3.3.2 使用中有可能受潮的结构及重要的建筑物，应采用耐水胶；承重结构用胶，除应具有出厂质量证明文件外，产品使用前尚应按本规范附录 E 的规定检验其胶粘能力。

3.3.3 胶合木构件的胶合工艺要求可按本规范附录 F 的规定执行。

4 基本设计规定

4.1 设 计 原 则

4.1.1 本规范采用以概率理论为基础的极限状态设计法。

4.1.2 木结构在规定的设计使用年限内应具有足够的可靠度。本规范所采用的设计基准期为 50 年。

4.1.3 木结构的设计使用年限应按表 4.1.3 采用。

表 4.1.3 设计使用年限

类 别	设计使用年限	示 例
1	5 年	临时性结构
2	25 年	易于替换的结构构件
3	50 年	普通房屋和一般构筑物
4	100 年及以上	纪念性建筑物和特别重要建筑结构

4.1.4 根据建筑结构破坏后果的严重程度，建筑结构划分为三个安全等级。设计时应根据具体情况，按表 4.1.4规定选用相应的安全等级。

表 4.1.4 建筑结构的安全等级

安全等级	破坏后果	建筑物类型
一级	很严重	重要的建筑物
二级	严重	一般的建筑物
三级	不严重	次要的建筑物

注：对有特殊要求的建筑物，其安全等级应根据具体情况另行确定。

4.1.5 建筑物中各类结构构件的安全等级，宜与整个结构的安全等级相同，对其中部分结构构件的安全等级，可根据其重要程度适当调整，但不得低于三级。

4.1.6 对于承载能力极限状态，结构构件应按荷载效应的基本组合，采用下列极限状态设计表达式：

$$\gamma_0 S \leq R \qquad (4.1.6)$$

式中 γ_0——结构重要性系数；

　　　S——承载能力极限状态的荷载效应的设计值。按国家标准《建筑结构荷载规范》GB 50009进行计算；

　　　R——结构构件的承载力设计值。

4.1.7 结构重要性系数 γ_0 可按下列规定采用：

1 安全等级为一级或设计使用年限为 100 年及以上的结构构件，不应小于 1.1；对安全等级为一级且设计使用年限又超过 100 年的结构构件，不应小于 1.2；

2 安全等级为二级或设计使用年限为 50 年的结构构件，不应小于 1.0；

3 安全等级为三级或设计使用年限为 5 年的结构构件，不应小于 0.9，对设计使用年限为 25 年的结构构件，不应小于 0.95。

4.1.8 对正常使用极限状态，结构构件应按荷载效应的标准组合，采用下列极限状态设计表达式：

$$S \leq C \qquad (4.1.8)$$

式中 S——正常使用极限状态的荷载效应的设计值；

　　　C——根据结构构件正常使用要求规定的变形限值。

4.1.9 木结构中的钢构件设计，应遵守国家标准《钢结构设计规范》GB 50017 的规定。

4.2 设计指标和允许值

4.2.1 普通木结构用木材的设计指标应按下列规定采用：

1 普通木结构用木材，其树种的强度等级应按表4.2.1-1和表 4.2.1-2采用；

2 在正常情况下，木材的强度设计值及弹性模量，应按表 4.2.1-3采用；在不同的使用条件下，木材的强度设计值和弹性模量尚应乘以表 4.2.1-4 规定的调整系数；对于不同的设计使用年限，木材的强度设计值和弹性模量尚应乘以表 4.2.1-5 规定的调整系数。

表 4.2.1-1 针叶树种木材适用的强度等级

强度等级	组别	适 用 树 种
TC17	A	柏木 长叶松 湿地松 粗皮落叶松
	B	东北落叶松 欧洲赤松 欧洲落叶松

表 4.2.1-2　阔叶树种木材适用的强度等级

强度等级	适 用 树 种
TB20	青冈　稠木　门格里斯木　卡普木　沉水稍克隆　绿心木　紫心木　李叶豆　塔特布木
TB17	栎木　达荷玛木　萨佩莱木　苦油树　毛罗藤黄
TB15	锥栗（栲木）　桦木　黄梅兰蒂　梅萨瓦木水曲柳　红劳罗木
TB13	深红梅兰蒂　浅红梅兰蒂　白梅兰蒂　巴西红厚壳木
TB11	大叶椴　小叶椴

强度等级	组别	适 用 树 种
TC15	A	铁杉　油杉　太平洋海岸黄柏　花旗松—落叶松　西部铁杉　南方松
	B	鱼鳞云杉　西南云杉　南亚松
TC13	A	油松　新疆落叶松　云南松　马尾松扭叶松　北美落叶松　海岸松
	B	红皮云杉　丽江云杉　樟子松　红松西加云杉　俄罗斯红松　欧洲云杉　北美山地云杉　北美短叶松
TC11	A	西北云杉　新疆云杉　北美黄松　云杉—松—冷杉　铁—冷杉　东部铁杉　杉木
	B	冷杉　速生杉木　速生马尾松　新西兰辐射松

表 4.2.1-3　木材的强度设计值和弹性模量（N/mm²）

强度等级	组别	抗弯 f_m	顺纹抗压及承压 f_c	顺纹抗拉 f_t	顺纹抗剪 f_v	横纹承压 $f_{c,90}$			弹性模量 E
						全表面	局部表面和齿面	拉力螺栓垫板下	
TC17	A	17	16	10	1.7	2.3	3.5	4.6	10000
	B		15	9.5	1.6				
TC15	A	15	13	9.0	1.6	2.1	3.1	4.2	10000
	B		12	9.0	1.5				
TC13	A	13	12	8.5	1.5	1.9	2.9	3.8	10000
	B		10	8.0	1.4				9000
TC11	A	11	10	7.5	1.4	1.8	2.7	3.6	9000
	B		10	7.0	1.2				
TB20	—	20	18	12	2.8	4.2	6.3	8.4	12000
TB17	—	17	16	11	2.4	3.8	5.7	7.6	11000
TB15	—	15	14	10	2.0	3.1	4.7	6.2	10000
TB13	—	13	12	9.0	1.4	2.4	3.6	4.8	8000
TB11	—	11	10	8.0	1.3	2.1	3.2	4.1	7000

注：计算木构件端部（如接头处）的拉力螺栓垫板时，木材横纹承压强度设计值应按"局部表面和齿面"一栏的数值采用。

表 4.2.1-4　不同使用条件下木材强度设计值和弹性模量的调整系数

使 用 条 件	调 整 系 数	
	强度设计值	弹性模量
露天环境	0.9	0.85
长期生产性高温环境，木材表面温度达 40～50℃	0.8	0.8
按恒荷载验算时	0.8	0.8
用于木构筑物时	0.9	1.0
施工和维修时的短暂情况	1.2	1.0

注：1　当仅有恒荷载或恒荷载产生的内力超过全部荷载所产生的内力的80％时，应单独以恒荷载进行验算；
　　2　当若干条件同时出现时，表列各系数应连乘。

表 4.2.1-5　不同设计使用年限时木材强度设计值和弹性模量的调整系数

设 计 使 用 年 限	调 整 系 数	
	强度设计值	弹性模量
5 年	1.1	1.1
25 年	1.05	1.05
50 年	1.0	1.0
100 年及以上	0.9	0.9

4.2.2　对尚未列入本规范表 4.2.1-1、表 4.2.1-2 的进口木材，由出口国提供该木材的物理力学指标及

主要材性，由本规范管理机构按规定的程序确定其等级。

4.2.3 下列情况，本规范表 4.2.1-3 中的设计指标，尚应按下列规定进行调整：

　　1 当采用原木时，若验算部位未经切削，其顺纹抗压、抗弯强度设计值和弹性模量可提高 15%；

　　2 当构件矩形截面的短边尺寸不小于 150mm 时，其强度设计值可提高 10%；

　　3 当采用湿材时，各种木材的横纹承压强度设计值和弹性模量以及落叶松木材的抗弯强度设计值宜降低 10%。

4.2.4 进口规格材应由本规范管理机构按规定的专门程序确定强度设计值和弹性模量。

4.2.5 本规范采用的木材名称及常用树种木材主要特性见本规范附录 G；主要进口木材现场识别要点及主要材性见本规范附录 H；机械分级规格材的设计值及已经确定的目测分级规格材的树种和设计值见本规范附录 J。

4.2.6 木材斜纹承压的强度设计值，可按下列公式确定：

　　当 $\alpha < 10°$ 时

$$f_{c\alpha} = f_c \qquad (4.2.6\text{-}1)$$

　　当 $10° < \alpha < 90°$ 时

$$f_{c\alpha} = \left[\cfrac{f_c}{1 + \left(\cfrac{f_c}{f_{c,90}} - 1 \right) \cfrac{\alpha - 10°}{80°} \sin\alpha} \right] \qquad (4.2.6\text{-}2)$$

式中　$f_{c\alpha}$——木材斜纹承压的强度设计值（N/mm²）；

　　　α——作用力方向与木纹方向的夹角（°）。

　　木材斜纹承压强度设计值亦可根据 f_c、$f_{c,90}$ 和

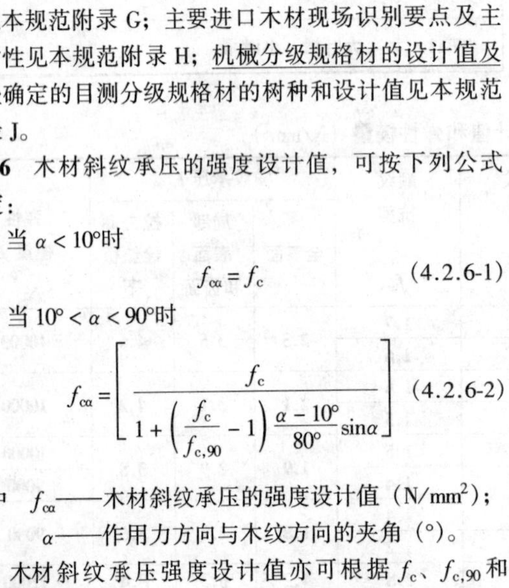

图 4.2.6　木材斜纹承压强度设计值

α 数值从图 4.2.6 查得。

4.2.7 受弯构件的计算挠度，应满足表 4.2.7 的挠度限值。

表 4.2.7　受弯构件挠度限值

项　次	构件类别		挠度限值〔ω〕
1	檩　条	$l \leqslant 3.3\text{m}$	1/200
		$l > 3.3\text{m}$	1/250
2	椽　条		1/150
3	吊顶中的受弯构件		1/250
4	楼板梁和搁栅		1/250

　　注：表中，l——受弯构件的计算跨度。

4.2.8 验算桁架受压构件的稳定时，其计算长度 l_0 应按下列规定采用：

　　1 平面内：取节点中心间距；

　　2 平面外：屋架上弦取锚固檩条间的距离，腹杆取节点中心的距离；在杆系拱、框架及类似结构中的受压下弦，取侧向支撑点间的距离。

4.2.9 受压构件的长细比，不应超过表 4.2.9 规定的长细比限值。

表 4.2.9　受压构件长细比限值

项　次	构件类别	长细比限值〔λ〕
1	结构的主要构件（包括桁架的弦杆、支座处的竖杆或斜杆以及承重柱等）	120
2	一般构件	150
3	支撑	200

4.2.10 原木构件沿其长度的直径变化率，可按每米 9mm（或当地经验数值）采用。验算挠度和稳定时，可取构件的中央截面，验算抗弯强度时，可取最大弯矩处的截面。

　　注：标注原木直径时，应以小头为准。

4.2.11 承重木结构中的钢构件部分，应按国家标准《钢结构设计规范》GB 50017 采用。

4.2.12 当采用两根圆钢共同受拉时，宜将钢材的强度设计值乘以 0.85 的调整系数。

　　对圆钢拉杆验算螺纹部分的净截面受拉，其强度设计值应按国家标准《钢结构设计规范》GB 50017 采用。

5　木结构构件计算

5.1　轴心受拉和轴心受压构件

5.1.1 轴心受拉构件的承载能力，应按下式验算：

$$\frac{N}{A_n} \leqslant f_t \qquad (5.1.1)$$

式中 f_t——木材顺纹抗拉强度设计值（N/mm²）；

N——轴心受拉构件拉力设计值（N）；

A_n——受拉构件的净截面面积（mm²）。计算 A_n 时应扣除分布在 150mm 长度上的缺孔投影面积。

5.1.2 轴心受压构件的承载能力，应按下列公式验算：

1 按强度验算

$$\frac{N}{A_n} \leqslant f_c \qquad (5.1.2-1)$$

2 按稳定验算

$$\frac{N}{\varphi A_0} \leqslant f_c \qquad (5.1.2-2)$$

式中 f_c——木材顺纹抗压强度设计值（N/mm²）；

N——轴心受压构件压力设计值（N）；

A_n——受压构件的净截面面积（mm²）；

A_0——受压构件截面的计算面积（mm²），按本规范第 5.1.3 条确定；

φ——轴心受压构件稳定系数，按本规范第 5.1.4 条确定。

5.1.3 按稳定验算时受压构件截面的计算面积，应按下列规定采用：

1 无缺口时，取

$$A_0 = A$$

式中 A——受压构件的全截面面积（mm²）；

2 缺口不在边缘时（图 5.1.3a），取 $A_0 = 0.9A$；

3 缺口在边缘且为对称时（图 5.1.3b），取 $A_0 = A_n$；

4 缺口在边缘但不对称时（图 5.1.3c），应按偏心受压构件计算；

5 验算稳定时，螺栓孔可不作为缺口考虑。

5.1.4 轴心受压构件的稳定系数，应根据不同树种的强度等级按下列公式计算：

1 树种强度等级为 TC17、TC15 及 TB20：

当 $\lambda \leqslant 75$ 时

$$\varphi = \frac{1}{1 + \left(\frac{\lambda}{80}\right)^2} \qquad (5.1.4-1)$$

当 $\lambda > 75$ 时

$$\varphi = \frac{3000}{\lambda^2} \qquad (5.1.4-2)$$

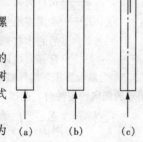

(a)　(b)　(c)

图 5.1.3　受压构件缺口

2 树种强度等级为 TC13、TC11、TB17、TB15、TB13 及 TB11：

当 $\lambda \leqslant 91$ 时

$$\varphi = \frac{1}{1 + \left(\frac{\lambda}{65}\right)^2} \qquad (5.1.4-3)$$

当 $\lambda > 91$ 时

$$\varphi = \frac{2800}{\lambda^2} \qquad (5.1.4-4)$$

式中 φ——轴心受压构件的稳定系数；

λ——构件的长细比，按本规范第 5.1.5 条确定。

轴心受压构件稳定系数亦可根据不同的树种强度等级与木构件的长细比从本规范附录 K 的附表中查得。

5.1.5 构件的长细比，不论构件截面上有无缺口，均应按下列公式计算：

$$\lambda = \frac{l_0}{i} \qquad (5.1.5-1)$$

$$i = \sqrt{\frac{I}{A}} \qquad (5.1.5-2)$$

式中 l_0——受压构件的计算长度（mm）；

i——构件截面的回转半径（mm）；

I——构件的全截面惯性矩（mm⁴）；

A——构件的全截面面积（mm²）。

受压构件的计算长度，应按实际长度乘以下列系数：

两端铰接　　　　　　　1.0

一端固定，一端自由　　2.0

一端固定，一端铰接　　0.8

5.2 受 弯 构 件

5.2.1 受弯构件的抗弯承载能力，应按下式验算：

$$\frac{M}{W_n} \leqslant f_m \qquad (5.2.1)$$

式中 f_m——木材抗弯强度设计值（N/mm²）；

M——受弯构件弯矩设计值（N·mm）；

W_n——受弯构件的净截面抵抗矩（mm³）。

当需验算受弯构件的侧向稳定时，应按本规范附录 L 的规定计算。

5.2.2 受弯构件的抗剪承载能力，应按下式验算：

$$\frac{VS}{Ib} \leqslant f_v \qquad (5.2.2)$$

式中 f_v——木材顺纹抗剪强度设计值（N/mm²）；

V——受弯构件剪力设计值（N），按本规范第 5.2.3 条确定；

I——构件的全截面惯性矩（mm⁴）；

b——构件的截面宽度（mm）；

S——剪切面以上的截面面积对中性轴的面积矩（mm³）。

5.2.3 荷载作用在梁的顶面，计算受弯构件的剪力 V

值时，可不考虑在距离支座等于梁截面高度的范围内的所有荷载的作用。

5.2.4 受弯构件应注意减小切口引起的应力集中。宜采用逐渐变化的锥形切口，而不宜采用直角形切口。

简支梁支座处受拉边的切口深度，锯材不应超过梁截面高度的 1/4；层板胶合材不应超过梁截面高度的 1/10。

有可能出现负弯矩的支座处及其附近区域不应设置切口。

5.2.5 矩形截面受弯构件支座处受拉有切口时，实际的抗剪承载能力，应按下式验算：

$$\frac{3V}{2bh_n}\left(\frac{h}{h_n}\right) \leqslant f_v \qquad (5.2.5)$$

式中　f_v——木材顺纹抗剪强度设计值（N/mm²）；
　　　b——构件的截面宽度（mm）；
　　　h——构件的截面高度（mm）；
　　　h_n——受弯构件在切口处净截面高度（mm）；
　　　V——按建筑力学方法确定的剪力设计值（N），不考虑本规范第 5.2.3 条规定。

5.2.6 受弯构件的挠度，应按下式验算：

$$w \leqslant [w] \qquad (5.2.6)$$

式中　$[w]$——受弯构件的挠度限值（mm），按本规范表 4.2.7 采用；
　　　w——构件按荷载效应的标准组合计算的挠度（mm）。

5.2.7 双向受弯构件，应按下列公式验算：

1 按承载能力验算

$$\sigma_{mx} + \sigma_{my} \leqslant f_m \qquad (5.2.7-1)$$

2 按挠度验算

$$w = \sqrt{w_x^2 + w_y^2} \leqslant [w] \qquad (5.2.7-2)$$

式中　σ_{mx}、σ_{my}——对构件截面 x 轴、y 轴的弯曲应力设计值（N/mm²）；
　　　w_x、w_y——荷载效应的标准组合计算的对构件截面 x 轴、y 轴方向的挠度（mm）。

对构件截面 x 轴、y 轴的弯曲应力设计值，按下列公式计算：

$$\sigma_{mx} = \frac{M_x}{W_{nx}} \qquad (5.2.7-3)$$

$$\sigma_{my} = \frac{M_y}{W_{ny}} \qquad (5.2.7-4)$$

式中　M_x、M_y——对构件截面 x 轴、y 轴产生的弯矩设计值（N·mm）；
　　　W_{nx}、W_{ny}——构件截面沿 x 轴、y 轴的净截面抵抗矩（mm³）。

5.3 拉弯和压弯构件

5.3.1 拉弯构件的承载能力，应按下式验算：

$$\frac{N}{A_n f_t} + \frac{M}{W_n f_m} \leqslant 1 \qquad (5.3.1)$$

式中　N、M——轴向拉力设计值（N）、弯矩设计值（N·mm）；
　　　A_n、W_n——按本规范第 5.1.1 条计算的构件净截面面积（mm²）、净截面抵抗矩（mm³）；
　　　f_t、f_m——木材顺纹抗拉强度设计值、抗弯强度设计值（N/mm²）。

5.3.2 压弯构件及偏心受压构件的承载能力，应按下列公式验算：

1 按强度验算

$$\frac{N}{A_n f_c} + \frac{M}{W_n f_m} \leqslant 1 \qquad (5.3.2-1)$$

$$M = Ne_0 + M_0 \qquad (5.3.2-2)$$

2 按稳定验算

$$\frac{N}{\varphi \varphi_m A_0} \leqslant f_c \qquad (5.3.2-3)$$

$$\varphi_m = (1 - K)^2(1 - kK) \qquad (5.3.2-4)$$

$$K = \frac{Ne_0 + M_0}{Wf_m\left(1 + \sqrt{\frac{N}{Af_c}}\right)} \qquad (5.3.2-5)$$

$$k = \frac{Ne_0}{Ne_0 + M_0} \qquad (5.3.2-6)$$

式中　φ、A_0——轴心受压构件的稳定系数、计算面积，按本规范第 5.1.4 条和第 5.1.3 条确定；
　　　φ_m——考虑轴向力和初始弯矩共同作用的折减系数；
　　　N——轴向压力设计值（N）；
　　　M_0——横向荷载作用下跨中最大初始弯矩设计值（N·mm）；
　　　e_0——构件的初始偏心距（mm）；
　　　f_c、f_m——考虑本规范表 4.2.1-4 所列调整系数后的木材顺纹抗压强度设计值、抗弯强度设计值（N/mm²）。

5.3.3 当需验算压弯构件或偏心受压构件弯矩作用平面外的侧向稳定性时，应按下式验算：

$$\frac{N}{\varphi_y A_0 f_c} + \left(\frac{M}{\varphi l W f_m}\right)^2 \leqslant 1 \qquad (5.3.3)$$

式中　φ_y——轴心压杆在垂直于弯矩作用平面 y-y 方向按长细比 λ_y 确定的轴心压杆稳定系数，按本规范第 5.1.4 条确定；
　　　φl——受弯构件的侧向稳定系数，按本规范附录 L 确定；
　　　N、M——轴向压力设计值（N）、弯曲平面内的弯矩设计值（N·mm）；
　　　W——构件全截面抵抗矩（mm³）。

6 木结构连接计算

6.1 齿 连 接

6.1.1 齿连接可采用单齿（图 6.1.1-1）或双齿（图 6.1.1-2）的形式，并应符合下列规定：

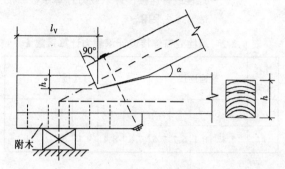

图 6.1.1-1 单齿连接

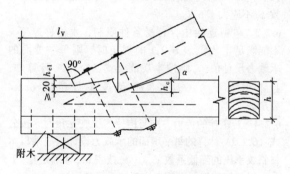

图 6.1.1-2 双齿连接

1 齿连接的承压面，应与所连接的压杆轴线垂直；

2 单齿连接应使压杆轴线通过承压面中心；

3 木桁架支座节点的上弦轴线和支座反力的作用线，当采用方木或板材时，宜与下弦净截面的中心线交汇于一点；当采用原木时，可与下弦毛截面的中心线交汇于一点，此时，刻齿处的截面可按轴心受拉验算；

4 齿连接的齿深，对于方木不应小于 20mm；对于原木不应小于 30mm；

桁架支座节点齿深不应大于 $h/3$，中间节点的齿深不应大于 $h/4$（h 为沿齿深方向的构件截面高度）；

双齿连接中，第二齿的齿深 h_c 应比第一齿的齿深 h_{c1} 至少大 20mm。单齿和双齿第一齿的剪面长度不应小于 4.5 倍齿深；

当采用湿材制作时，木桁架支座节点齿连接的剪面长度应比计算值加长 50mm。

6.1.2 单齿连接应按下列公式验算：

1 按木材承压

$$\frac{N}{A_c} \leq f_{c\alpha} \qquad (6.1.2\text{-}1)$$

式中 $f_{c\alpha}$——木材斜纹承压强度设计值（N/mm²），按本规范第 4.2.6 条确定；

N——作用于齿面上的轴向压力设计值（N）；

A_c——齿的承压面面积（mm²）。

2 按木材受剪

$$\frac{V}{l_v b_v} \leq \psi_v f_v \qquad (6.1.2\text{-}2)$$

式中 f_v——木材顺纹抗剪强度设计值（N/mm²）；

V——作用于剪面上的剪力设计值（N）；

l_v——剪面计算长度（mm），其取值不得大于齿深 h_c 的 8 倍；

b_v——剪面宽度（mm）；

ψ_v——沿剪面长度剪应力分布不匀的强度降低系数，按表 6.1.2 采用。

表 6.1.2 单齿连接抗剪强度降低系数

l_v/h_c	4.5	5	6	7	8
ψ_v	0.95	0.89	0.77	0.70	0.64

6.1.3 双齿连接的承压，按本规范公式（6.1.2-1）验算，但其承压面面积应取两个齿承压面面积之和。

双齿连接的受剪，仅考虑第二齿剪面的工作，按本规范公式（6.1.2-2）计算，并符合下列规定：

1 计算受剪应力时，全部剪力 V 应由第二齿的剪面承受；

2 第二齿剪面的计算长度 l_v 的取值，不得大于齿深 h_c 的 10 倍；

3 双齿连接沿剪面长度剪应力分布不匀的强度降低系数 ψ_v 值应按表 6.1.3 采用。

表 6.1.3 双齿连接抗剪强度降低系数

l_v/h_c	6	7	8	10
ψ_v	1.00	0.93	0.85	0.71

6.1.4 桁架支座节点采用齿连接时，必须设置保险螺栓，但不考虑保险螺栓与齿的共同工作。保险螺栓应与上弦轴线垂直。保险螺栓应按本规范第 4.1.9 条进行净截面抗拉验算，所承受的轴向拉力应由下式确定：

$$N_b = N \text{tg}(60° - \alpha) \qquad (6.1.4)$$

式中 N_b——保险螺栓所承受的轴向拉力（N）；

N——上弦轴向压力的设计值（N）；

α——上弦与下弦的夹角（°）。

保险螺栓的强度设计值应乘以 1.25 的调整系数。

双齿连接宜选用两个直径相同的保险螺栓（图 6.1.1-2），但不考虑本规范第 4.2.12 条的调整系数。

木桁架下弦支座应设置附木，并与下弦用钉钉牢。钉子数量可按构造布置确定。附木截面宽度与下弦相同，其截面高度不小于 $h/3$（h 为下弦截面高度）。

6.2 螺栓连接和钉连接

6.2.1 螺栓连接和钉连接中可采用双剪连接（图 6.2.1-1）或单剪连接（图 6.2.1-2）。连接木构件的最小厚度，应符合表 6.2.1 的规定。

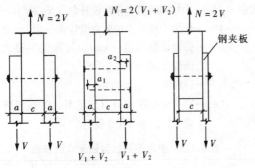

图 6.2.1-1 双剪连接

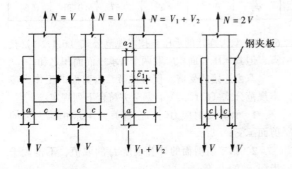

图 6.2.1-2 单剪连接

表 6.2.1 螺栓连接和钉连接中木构件的最小厚度

连接形式	螺栓连接		钉连接
	$d<18mm$	$d\geqslant18mm$	
双剪连接（图 6.2.1-1）	$c\geqslant5d$ $a\geqslant2.5d$	$c\geqslant5d$ $a\geqslant4d$	$c\geqslant8d$ $a\geqslant4d$
单剪连接（图 6.2.1-2）	$c\geqslant7d$ $a\geqslant2.5d$	$c\geqslant7d$ $a\geqslant4d$	$c\geqslant10d$ $a\geqslant4d$

注：表中 c——中部构件的厚度或单剪连接中较厚构件的厚度；
a——边部构件的厚度或单剪连接中较薄构件的厚度；
d——螺栓或钉的直径。

对于钉连接，表 6.2.1 中木构件厚度 a 或 c 值，应取钉在该构件中的实际有效长度。在未被钉穿的构件中，计算钉的实际有效长度时，应扣去钉尖长度（按 $1.5d$ 计）。若钉尖穿出最后构件的表面，则该构件计算厚度也减少 $1.5d$。

6.2.2 木构件最小厚度符合本规范表 6.2.1 的规定时，螺栓连接或钉连接顺纹受力的每一剪面的设计承

载力应按下式确定：

$$N_v = k_v d^2 \sqrt{f_c} \qquad (6.2.2)$$

式中 N_v——螺栓或钉连接每一剪面的承载力设计值（N）；
f_c——木材顺纹承压强度设计值（N/mm²）；
d——螺栓或钉的直径（mm）；
k_v——螺栓或钉连接设计承载力计算系数，按表 6.2.2 采用。

表 6.2.2 螺栓或钉连接设计承载力计算系数 k_v

连接形式	螺栓连接				钉连接				
a/d	2.5~3	4	5	$\geqslant6$	4	6	8	10	$\geqslant11$
k_v	5.5	6.1	6.7	7.5	7.6	8.4	9.1	10.2	11.1

采用钢夹板时，计算系数 k_v 取表中螺栓或钉的最大值。当木构件采用湿材制作时，螺栓连接的计算系数 k_v 不应大于 6.7。

6.2.3 单剪连接中，若受条件限制，木构件厚度 c 不能满足本规范表 6.2.1 的规定时，则每一剪面的承载力设计值 N_v 除按本规范公式（6.2.2）计算外，且不得大于 $0.3cd\psi_a^2 f_c$。ψ_a 值按本规范表 6.2.4 确定。

6.2.4 若螺栓的传力方向与构件木纹成 α 角时，按公式（6.2.2）计算的每一剪面的承载力设计值应乘以木材斜纹承压的降低系数 ψ_a，（ψ_a 按表 6.2.4 确定）。

对于钉连接，可不考虑斜纹承压的影响。

表 6.2.4 斜纹承压的降低系数 ψ_a

角度 α（°）	螺栓直径（mm）					
	12	14	16	18	20	22
$\leqslant10$	1	1	1	1	1	1
$10<\alpha<80$	1~0.84	1~0.81	1~0.78	1~0.75	1~0.73	1~0.71
$\geqslant80$	0.84	0.81	0.78	0.75	0.73	0.71

注：α 在 10° 和 80° 之间时，按线性插入法确定。

6.2.5 螺栓的排列，可按两纵行齐列（图 6.2.5-1）或两纵行错列（图 6.2.5-2）布置，并应符合下列规定：

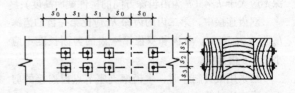

图 6.2.5-1 两纵行齐列

1 螺栓排列的最小间距，应符合表 6.2.5 规定；

2 当采用湿材制作时，木构件顺纹端距 s_0 应加

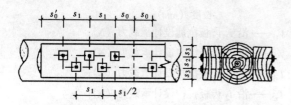

图 6.2.5-2　两纵行错列

长 70mm；

3 当构件成直角相交且力的方向不变时，螺栓排列的横纹最小边距：受力边不小于 $4.5d$；非受力边不小于 $2.5d$（图 6.2.5-3）；

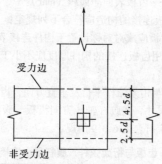

图 6.2.5-3　横纹受力时螺栓排列

4 当采用钢夹板时，钢板上的端距 s_0 取螺栓直径的 2 倍；边距 s_3 取螺栓直径的 1.5 倍。

表 6.2.5　螺栓排列的最小间距

构造特点	顺　纹			横　纹	
	端　距		中　距	边　距	中　距
	s_0	s'_0	s_1	s_3	s_2
两纵行齐列	7d		7d	3d	3.5d
两纵行错列			10d		2.5d

注：d——螺栓直径。

6.2.6 钉的排列，可采用齐列、错列或斜列（图 6.2.6）布置，其最小间距应符合表 6.2.6 的规定。对于软质阔叶材，其顺纹中距和端距应按表中规定增加 25%；对于硬质阔叶材和落叶松，采用钉连接应预先钻孔，若无法预先钻孔，则不应采用钉连接。

在一个节点中，不得少于两颗钉。

表 6.2.6　钉排列的最小间距

a	顺　纹		横　纹		
	中距 s_1	端距 s_0	中　距 s_2		边距 s_3
			齐列	错列或斜列	
$a \geqslant 10d$	15d	15d	4d	3d	4d
$10d > a > 4d$	取插入值				
$a = 4d$	25d				

注：d——钉的直径；
　　a——构件被钉穿的厚度（见本规范图 6.2.1-1 和图 6.2.1-2）。

6.3　齿 板 连 接

6.3.1 齿板连接适用于轻型木结构建筑中规格材桁架的节点及受拉杆件的接长。处于腐蚀环境、潮湿或有冷凝水环境的木桁架不应采用齿板连接。齿板不得用于传递压力。

6.3.2 齿板应由镀锌薄钢板制作。镀锌应在齿板制造前进行，镀锌层重量不低于 $275g/m^2$。钢板可采用 Q235 碳素结构钢和 Q345 低合金高强度结构钢，其质量应符合国家标准《碳素结构钢》GB 700 和《低合金高强度结构钢》GB/T 1591 的规定。当有可靠依据时，也可采用其他型号的钢材。

6.3.3 齿板连接应按下列规定进行验算：

1 按承载能力极限状态荷载效应的基本组合验算齿板连接的板齿承载力、齿板受拉承载力、齿板受剪承载力和剪—拉复合承载力；

2 按正常使用极限状态标准组合验算板齿的抗滑移承载力。

6.3.4 板齿设计承载力应按下式计算：

$$N_r = n_r k_h A \qquad (6.3.4-1)$$

式中　n_r——齿承载力设计值（N/mm^2）。按本规范附录 M 确定；

　　　A——齿板表面净面积（mm^2）。是指用齿板覆盖的构件面积减去相应端距 a 及边距 e 内的面积（图 6.3.4）。端距 a 应平行于木纹量测，并取 12mm 或 1/2 齿长的较大者。边距 e 应垂直于木纹量测，并取 6mm 或 1/4 齿长的较大者。

　　　k_h——桁架支座节点弯矩系数。

桁架支座节点弯矩影响系数 k_h，可按下列公式计算：

$$k_h = 0.85 - 0.05 (12tg\alpha - 2.0) \qquad (6.3.4-2)$$

$$0.65 \leqslant k_h \leqslant 0.85$$

式中　α——桁架支座处上下弦间夹角。

6.3.5 齿板受拉设计承载力应按下式计算。

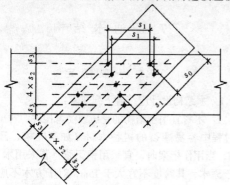

图 6.2.6　钉连接的斜列布置

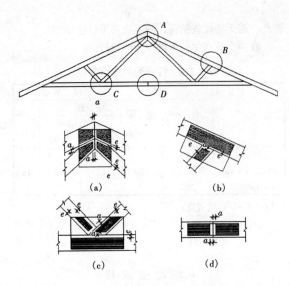

图 6.3.4 齿板的端距和边距

$$T_t = t_r b_t \qquad (6.3.5)$$

式中 b_t——垂直于拉力方向的齿板截面宽度（mm）；

t_r——齿板受拉承载力设计值（N/mm），按本规范附录 M 确定。

6.3.6 齿板受剪设计承载力应按下式计算：

$$V_r = \gamma_r b_v \qquad (6.3.6)$$

式中 b_v——平行于剪力方向的齿板受剪截面宽度（mm）；

γ_r——齿板受剪承载力设计值（N/mm），按本规范附录 M 确定。

6.3.7 齿板剪—拉复合设计承载力应按下列公式计算：

$$C_r = C_{r1} l_1 + C_{t2} l_2 \qquad (6.3.7\text{-}1)$$

$$C_{r1} = V_{r1} + \frac{\theta}{90} (T_{r1} - V_{r1}) \qquad (6.3.7\text{-}2)$$

$$C_{t2} = V_{t2} + \frac{\theta}{90} (T_{t2} - V_{t2}) \qquad (6.3.7\text{-}3)$$

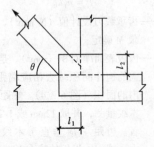

图 6.3.7 齿板剪—拉复合受力

式中 C_{r1}——沿 l_1（图 6.3.7）齿板剪—拉复合设计承载力（N）；

C_{t2}——沿 l_2（图 6.3.7）齿板剪—拉复合设计承载力（N）；

l_1——所考虑的杆件水平方向的被齿板覆盖的长度（mm）；

l_2——所考虑的杆件垂直方向的被齿板覆盖的

长度（mm）；

V_{r1}——沿 l_1 齿板抗剪设计承载力（N）；

V_{t2}——沿 l_2 齿板抗剪设计承载力（N）；

T_{r1}——沿 l_1 齿板抗拉设计承载力（N）；

T_{t2}——沿 l_2 齿板抗拉设计承载力（N）；

θ——杆件轴线夹角（°）。

6.3.8 板齿抗滑移承载力应按下式计算：

$$N_s = n_s A \qquad (6.3.8)$$

式中 n_s——齿抗滑移承载力（N/mm²），按本规范附录 M 确定；

A——齿板表面净面积（mm²）。

6.3.9 齿板连接的构造应符合下列规定：

1 齿板应成对对称设置于构件连接节点的两侧；

2 采用齿板连接的构件厚度应不小于齿嵌入构件深度的两倍；

3 在与桁架弦杆平行及垂直方向，齿板与弦杆的最小连接尺寸，在腹杆轴线方向齿板与腹杆的最小连接尺寸均应符合表 6.3.9 的规定。

表 6.3.9 齿板与桁架弦杆、腹杆最小连接尺寸（mm）

规格材截面尺寸 (mm × mm)	桁架跨度 L（m）		
	$L \leq 12$	$12 < L \leq 18$	$18 < L \leq 24$
40×65	40	45	—
40×90	40	45	50
40×115	40	45	50
40×140	40	50	60
40×185	50	60	65
40×235	65	70	75
40×285	75	75	85

6.3.10 齿板连接的构件制作应在工厂进行，并应符合下列要求：

1 板齿应与构件表面垂直；

2 板齿嵌入构件的深度应不小于板齿承载力试验时板齿嵌入试件的深度；

3 齿板连接处构件无缺棱、木节、木节孔等缺陷；

4 拼装完成后齿板无变形。

7 普通木结构

7.1 一般规定

7.1.1 木结构设计应符合下列要求：

1 木材宜用于结构的受压或受弯构件，对于在干燥过程中容易翘裂的树种木材（如落叶松、云南松等），当用作桁架时，宜采用钢下弦；若采用木下弦，对于原木，其跨度不宜大于 15m，对于方木不应大于 12m，且应采取有效防止裂缝危害的措施；

2 应积极创造条件采用胶合木构件或胶合木

结构；

3 木屋盖宜采用外排水，若必须采用内排水时，不应采用木制天沟；

4 必须采取通风和防潮措施，以防木材腐朽和虫蛀；

5 合理地减少构件截面的规格，以符合工业化生产的要求；

6 应保证木结构特别是钢木桁架在运输和安装过程中的强度、刚度和稳定性，必要时应在施工图中提出注意事项；

7 地震区设计木结构，在构造上应加强构件之间、结构与支承物之间的连接，特别是刚度差别较大的两部分或两个构件（如屋架与柱、檩条与屋架、木柱与基础等）之间的连接必须安全可靠。

7.1.2 在可能造成风灾的台风地区和山区风口地段，木结构的设计，应采取有效措施，以加强建筑物的抗风能力。尽量减小天窗的高度和跨度；采用短出檐或封闭出檐；瓦面（特别在檐口处）宜加压砖或座灰；山墙采用硬山；檩条与桁架（或山墙）、桁架与墙（或柱）、门窗框与墙体等的连接均应采取可靠锚固措施。

7.1.3 抗震设防烈度为8度和9度地区设计木结构建筑，根据需要，可采用隔震、消能设计。

7.1.4 在结构的同一节点或接头中有两种或多种不同的连接方式时，计算时应只考虑一种连接传递内力，不得考虑几种连接的共同工作。

7.1.5 杆系结构中的木构件，当有对称削弱时，其净截面面积不应小于构件毛截面面积的**50%**；当有不对称削弱时，其净截面面积不应小于构件毛截面面积的**60%**。

在受弯构件的受拉边，不得打孔或开设缺口。

7.1.6 圆钢拉杆和拉力螺栓的直径，应按计算确定，但不宜小于12mm。

圆钢拉杆和拉力螺栓的方形钢垫板尺寸，可按下列公式计算：

1 垫板面积（mm²）

$$A = \frac{N}{f_{c\alpha}} \quad (7.1.6\text{-}1)$$

2 垫板厚度（mm）

$$t = \sqrt{\frac{N}{2f}} \quad (7.1.6\text{-}2)$$

式中 N——轴心拉力设计值（N）；
$f_{c\alpha}$——木材斜纹承压强度设计值（N/mm²），根据轴心拉力 N 与垫板下木构件木纹方向的夹角，按本规范第4.2.6条的规定确定；
f——钢材抗弯强度设计值（N/mm²）。

系紧螺栓的钢垫板尺寸可按构造要求确定，其厚度不宜小于0.3倍螺栓直径，其边长不应小于3.5倍螺栓直径。当为圆形垫板时，其直径不应小于4倍螺栓直径。

7.1.7 桁架的圆钢下弦、三角形桁架跨中竖向钢拉杆、受振动荷载影响的钢拉杆以及直径等于或大于20mm的钢拉杆和拉力螺栓，都必须采用双螺帽。

木结构的钢材部分，应有防锈措施。

7.1.8 在房屋或构筑物建成后，应按本规范附录D对木结构进行检查和维护。对于用湿材或新利用树种木材制作的木结构，必须加强使用前和使用后的第1~2年内的检查和维护工作。

7.2 屋面木基层和木梁

7.2.1 屋面木基层中的主要受弯构件，其承载力应按下列两种荷载组合进行验算，而挠度应按第1种荷载组合验算。

1 恒荷载和活荷载（或恒荷载和雪荷载）；

2 恒荷载和一个1.0kN施工集中荷载。

在第2种荷载作用下，进行施工或维修阶段承载能力验算时，木材强度设计值应乘以本规范表4.2.1-4的调整系数。

注：密铺屋面板，其计算宽度可按300mm考虑。

7.2.2 对设有锻锤或其他较大振动设备的房屋，屋面宜设置屋面板。

7.2.3 方木檩条宜正放，其截面高宽比不宜大于2.5。当方木檩条斜放时，其截面高宽比不宜大于2，并应按双向受弯构件进行计算。若有可靠措施以消除或减少沿屋面方向的弯矩和挠度时，可根据采取措施后的情况进行计算。

当采用钢木檩条时，应采取措施保证受拉钢筋下弦折点处的侧向稳定。

椽条在屋脊处应相互连接牢固。

7.2.4 抗震设防烈度为8度和9度地区屋面木基层抗震设计，应符合下列规定：

1 采用斜放檩条并设置密铺屋面板，檐口瓦应与挂瓦条扎牢；

2 檩条必须与屋架连牢，双脊檩应相互拉结，上弦节点处的檩条应与屋架上弦用螺栓连接；

3 支承在山墙上的檩条，其搁置长度不应小于**120mm**，节点处檩条应与山墙卧梁用螺栓锚固。

7.2.5 木梁宜采用原木、方木或胶合木制作。若有设计经验，也可采用其他木基材制作。

木梁在支座处应设置防止其侧倾的侧向支承和防止其侧向位移的可靠锚固。

当采用方木梁时，其截面高宽比一般不宜大于4，高宽比大于4的木梁应采取保证侧向稳定的必要措施。

当采用胶合木梁时，应符合胶合木梁的有关要求。

7.3 桁 架

7.3.1 桁架选型可根据具体条件确定，并宜采用静定的结构体系。当桁架跨度较大或使用湿材时，应采用钢木桁架；对跨度较大的三角形原木桁架，宜采用不等节间的桁架形式。

采用木檩条时，桁架间距不宜大于4m；采用钢木檩条或胶合木檩条时，桁架间距不宜大于6m。

7.3.2 桁架中央高度与跨度之比，不应小于表7.3.2规定的数值。

表7.3.2 桁架最小高跨比

序　号	桁　架　类　型	h/l
1	三角形木桁架	1/5
2	三角形钢木桁架；平行弦木桁架；弧形、多边形和梯形木桁架	1/6
3	弧形、多边形和梯形钢木桁架	1/7

注：h——桁架中央高度；
　　l——桁架跨度。

7.3.3 桁架制作应按其跨度的1/200起拱。

7.3.4 设计木桁架时，其构造应符合下列要求：

1 受拉下弦接头应保证轴心传递拉力；下弦接头不宜多于两个；接头应锯平对正，宜采用螺栓和木夹板连接；

采用螺栓夹板（木夹板或钢夹板）连接时，接头每端的螺栓数由计算确定，但不宜少于6个，且不应排成单行；当采用木夹板时，应选用优质的气干木材制作，其厚度不应小于下弦宽度的1/2；若桁架跨度较大，木夹板的厚度不宜小于100mm；当采用钢夹板时，其厚度不应小于6mm；

2 桁架上弦的受压接头应设在节点附近，并不宜设在支座间和脊节间内；受压接头应锯平，可用木夹板连接，但接缝每侧至少应有两个螺栓系紧；木夹板的厚度宜取上弦宽度的1/2，长度宜取上弦宽度的5倍；

3 支座节点采用齿连接时，应使下弦的受剪面避开髓心（图7.3.4），并应在施工图中注明此要求。

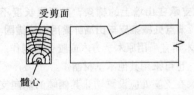

图7.3.4 受剪面避开髓心示意图

7.3.5 钢木桁架的下弦，可采用圆钢或型钢。当跨度较大或有振动影响时，宜采用型钢。圆钢下弦应设有调整松紧的装置。

当下弦节点间距大于$250d$（d为圆钢直径）时，应对圆钢下弦拉杆设置吊杆。

杆端有螺纹的圆钢拉杆，当直径大于22mm时，

宜将杆端加粗（如焊接一段较粗的短圆钢），其螺纹应由车床加工。

圆钢应经调直，需接长时宜采用对接焊或双帮条焊，不得采用搭接焊。焊接接头的质量应符合国家现行有关标准的规定。

7.3.6 当桁架上设有悬挂吊车时，吊点应设在桁架节点处；腹杆与弦杆应采用螺栓或其他连接件扣紧；支撑杆件与桁架弦杆应采用螺栓连接；当为钢木桁架时，应采用型钢下弦。

7.3.7 当有吊顶时，桁架下弦与吊顶构件间应保持不小于100mm的净距。

7.3.8 抗震设防烈度为8度和9度地区的屋架抗震设计，应符合下列规定：

1 钢木屋架宜采用型钢下弦，屋架的弦杆与腹杆宜用螺栓系紧，屋架中所有的圆钢拉杆和拉力螺栓，均应采用双螺帽；

2 屋架端部必须用不小于Φ20的锚栓与墙、柱锚固。

7.4 天　窗

7.4.1 天窗包括单面天窗和双面天窗。当设置双面天窗时，天窗架的跨度不应大于屋架跨度的1/3。

单面天窗的立柱应设置在屋架的节点部位；双面天窗的荷载宜由屋脊节点及其相邻的上弦节点共同承担，并应设置斜杆与屋架上弦连接，以保证其平面内的稳定。

在房屋两端开间内不宜设置天窗。

天窗的立柱，应与桁架上弦牢固连接。当采用通长木夹板时，夹板不宜与桁架下弦直接连接（图7.4.1）。

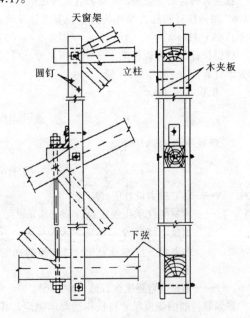

图7.4.1 立柱的木夹板示意图

7.4.2 为防止天窗边柱受潮腐朽，边柱处屋架的檩条宜放在边柱内侧（图7.4.2）。其窗樘和窗扇宜放在边柱外侧，并加设有效的挡雨设施。开敞式天窗应加设有效的挡雨板，并应作好泛水处理。

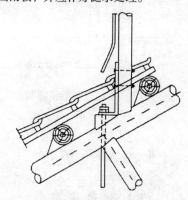

图7.4.2 边柱柱脚构造示意图

7.4.3 抗震设防烈度为8度和9度地区，不宜设置天窗。

7.5 支 撑

7.5.1 应采取有效措施保证结构在施工和使用期间的空间稳定，防止桁架侧倾，保证受压弦杆的侧向稳定，承担和传递纵向水平力。

7.5.2 屋盖应根据结构的型式和跨度、屋面构造及荷载等情况选用上弦横向支撑或垂直支撑。但当房屋跨度较大或有锻锤、吊车等振动影响时，除应设置上弦横向支撑外，尚应设置垂直支撑。

支撑构件的截面尺寸，可按构造要求确定。

注：垂直支撑系指在两榀屋架的上、下弦间设置交叉腹杆（或人字腹杆），并在下弦平面设置纵向水平系杆，用螺栓连接，与上部锚固的檩条构成一个稳定的桁架体系。

7.5.3 当采用上弦横向支撑时，房屋端部为山墙时，应在端部第二开间内设置上弦横向支撑（图7.5.3）；房屋端部为轻型挡风板时，应在端开间内设置上弦横向支撑。当房屋纵向很长时，对于冷摊瓦屋面或跨度大的

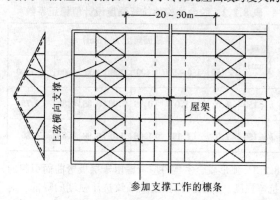

图7.5.3 上弦横向支撑

房屋，上弦横向支撑应沿纵向每20～30m设置一道。

上弦横向支撑的斜杆如采用圆钢，应设有调整松紧的装置。

7.5.4 当采用垂直支撑时，垂直支撑的设置可根据屋架跨度大小沿跨度方向设置一道或两道，沿房屋纵向应间隔设置，并在垂直支撑的下端设置通长的屋架下弦纵向水平系杆。

对上弦设置横向支撑的屋盖，当加设垂直支撑时，可仅在有上弦横向支撑的开间中设置，但应在其他开间设置通长的下弦纵向水平系杆。

7.5.5 下列部位，均应设置垂直支撑；

1 梯形屋架的支座竖杆处；

2 下弦低于支座的下沉式屋架的折点处；

3 设有悬挂吊车的吊轨处；

4 杆系拱、框架结构的受压部位处；

5 胶合木大梁的支座处。

垂直支撑的设置要求，除第3项应按本规范第7.5.4条的规定设置外，其余可仅在房屋两端第一开间（无山墙时）或第二开间（有山墙时）设置，但应在其他开间设置通长的水平系杆。

7.5.6 木柱承重房屋中，若柱间无刚性墙或木质剪力墙，除应在柱顶设置通长的水平系杆外，尚应在房屋两端及沿房屋纵向每隔20～30m设置柱间支撑。

木柱和桁架之间应设抗风斜撑，斜撑上端应连在桁架上弦节点处，斜撑与木柱的夹角不应小于30°。

7.5.7 符合下列情况的非开敞式房屋，可不设置支撑；

1 有密铺屋面板和山墙，且跨度不大于9m时；

2 房屋为四坡项，且半屋架与主屋架有可靠连接时；

3 屋盖两端与其他刚度较大的建筑物相连时。

当房屋纵向很长，则应沿纵向每隔20～30m设置一道支撑。

7.5.8 当屋架设有双面天窗时，应按本规范第7.5.3条和第7.5.4条的规定设置天窗支撑。天窗架两边立柱处，应按本规范第7.5.6条的规定设置柱间支撑，且在天窗范围内沿主屋架的脊节点和支撑节点，应设置通长的纵向水平系杆。

7.5.9 抗震设防烈度为6度和7度地区的木结构支撑布置可与非抗震设计相同，按本节规定设计。抗震设防烈度为8度、屋面采用楞摊瓦或稀铺屋面板房屋，不论是否设置垂直支撑，都应在房屋单元两端第二开间及每隔20m设置一道上弦横向支撑；在设防烈度为9度时，对密铺屋面板的房屋，不论是否设置垂直支撑，都应在房屋单元两端第二开间设置一道上弦横向支撑；对冷摊瓦或稀铺屋面板房屋，除应在房屋单元两端第二开间及每隔20m同时设置一道上弦横向支撑和下弦横向支撑外，尚应隔间设置垂直支撑并加设下弦通长水平系杆。

7.5.10 地震区的木结构房屋的屋架与柱连接处应设置斜撑,当斜撑采用木夹板时,与木柱及屋架上、下弦应采用螺栓连接;木柱柱顶应设暗榫插入屋架下弦并用U形扁钢连接(图7.5.10)。

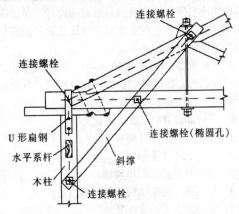

图 7.5.10 木构架端部斜撑连接

7.6 锚 固

7.6.1 为加强木结构整体性,保证支撑系统的正常工作,设计时应采取必要的锚固措施。

7.6.2 下列部位的檩条应与桁架上弦锚固:

1 支撑的节点处(包括参加工作的檩条,见本规范图7.5.3);

2 为保证桁架上弦侧向稳定所需的支承点;

3 屋架的脊节点处。

有山墙时,上述檩条尚应与山墙锚固。

檩条的锚固可根据房屋跨度、支撑方式及使用条件选用螺栓、卡板(图7.6.2)、暗销或其他可靠方法。

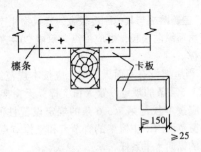

图 7.6.2 卡板锚固示意图

上弦横向支撑的斜杆应用螺栓与桁架上弦锚固。

7.6.3 当桁架跨度不小于9m时,桁架支座应采用螺栓与墙、柱锚固。当采用木柱时,木柱柱脚与基础应采用螺栓锚固。

7.6.4 设计轻屋面(如油毡、合成纤维板材、压型钢板屋面等)或开敞式建筑的木屋盖时,不论桁架跨度大小,均应将上弦节点处的檩条与桁架、桁架与柱、木柱与基础等予以锚固。

7.6.5 地震区的木柱承重房屋中,木柱柱脚应采用螺栓及预埋扁钢锚固在基础上,如图7.6.5所示。

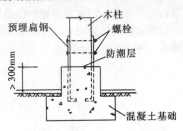

图 7.6.5 木柱与基础锚固和
柱脚防潮

8 胶 合 木 结 构

8.1 一 般 规 定

8.1.1 本章规定适用于30~45mm厚的锯材胶合而成的层板胶合木构件制作的房屋结构的设计。

8.1.2 层板胶合木构件应采用经应力分级标定的木板制作。各层木板的木纹应与构件长度方向一致。

8.1.3 充分利用胶合木功能特点,做成外形美观、受力合理、经济适用的大、中、小跨度结构和构件。

8.1.4 直线形胶合木构件的截面可做成矩形和工字形;弧形构件和变截面构件宜采用矩形截面,胶合木檩条或搁栅可采用工字形截面。

8.1.5 胶合木构件设计应根据使用环境注明对结构用胶的要求,生产厂家严格遵循要求生产制作。

8.2 构 件 设 计

8.2.1 胶合木构件计算时可视为整体截面构件,不考虑胶缝的松弛性。

8.2.2 设计受弯、拉弯或压弯胶合木构件时,本规范表4.2.1-3的抗弯强度设计值应乘以表8.2.2的修正系数,工字形和T形截面的胶合木构件,其抗弯强度设计值除按表8.2.2乘以修正系数外,尚应乘以截面形状修正系数0.9。

表 8.2.2 胶合木构件抗弯强度设计值修正系数

宽度 (mm)	截面高度 *h* (mm)						
	< 150	150 ~ 500	600	700	800	1000	≥1200
b < 150	1.0	1.0	0.95	0.90	0.85	0.80	0.75
b ≥ 150	1.0	1.15	1.05	1.0	0.90	0.85	0.80

8.2.3 弧形胶合木构件应考虑由于层板弯曲而引起的抗弯强度、顺纹抗拉强度及顺纹抗压强度的降低。对于 $R/t < 240$ 的弧形构件,除应遵守本规范第8.2.2条规定外,还应乘以由下式计算的修正系数:

$$\psi_{\mathrm{m}} = 0.76 + 0.001\left(\frac{R}{t}\right) \qquad (8.2.3)$$

式中 ψ_{m}——胶合木弧形构件强度修正系数；

  R——胶合木弧形构件内边的曲率半径（mm）；

  t——胶合木弧形构件每层木板的厚度（mm）。

8.3 设计构造要求

8.3.1 制作胶合木构件所用的木板，当采用一般针叶材和软质阔叶材时，刨光后的厚度不宜大于45mm；当采用硬木松或硬质阔叶材时，不宜大于35mm。木板的宽度不应大于180mm。

8.3.2 弧形构件曲率半径应大于300t（t为木板厚度），木板厚度不大于30mm，对弯曲特别严重的构件，木板厚度不应大于25mm。

8.3.3 屋架不应产生可见的挠度，胶合木桁架在制作时应按其跨度的1/200起拱。

8.3.4 制作胶合木构件的木板接长应采用指接。用于

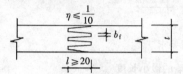

图 8.3.4 木板指接

承重构件，其指接边坡度 η 不宜大于1/10，指长不应小于20mm，指端宽度 b_{f} 宜取 $0.2\sim0.5$mm（图8.3.4）。

8.3.5 胶合木构件所用木板的横向拼宽可采用平接；上下相邻两层木板平接线水平距离不应小于40mm（图8.3.5）

8.3.6 同一层木板指接接头间距不应小于1.5m，相邻上下两层木板层的指接接头距离不应小于10t（t为板厚）。

8.3.7 胶合木构件同一截面上板材指接接头数目不应多于木板层数的1/4。应避免将各层木板指接接头沿构件高度布置成阶梯形。

≥40

图 8.3.5 木板拼接

8.3.8 胶合木构件符合下列规定时，可不设置加劲肋：

  1 工字形截面构件的腹板厚度不小于80mm，且不小于翼板宽度的一半；

  2 矩形、工字形截面构件的高度 h 与其宽度 b 的比值，梁一般不宜大于6，直线形受压或压弯构件一般不宜大于5，弧形构件一般不宜大于4；超过上述高宽比的构件，应设置必要的侧向支撑，满足侧向稳定要求。

8.3.9 线性变截面构件设计时应注明坡度开始处和坡度终止处的截面高度。

8.3.10 弧形构件设计时应注明弯曲部分的曲率半径或曲线方程。

9 轻 型 木 结 构

9.1 一 般 规 定

9.1.1 轻型木结构系指主要由木构架墙、木楼盖和木屋盖系统构成的结构体系，适用于三层及三层以下的民用建筑。

9.1.2 轻型木结构采用的材料应符合本规范第3章、第4章和附录J的有关规定。结构规格材截面尺寸见本规范附录N.1。

  注：考虑板材规格因素，构件间距为305mm、406mm、490mm及610mm的尺寸可分别与本规范条文中相应的间距300mm、400mm、500mm及600mm等尺寸等同使用。

9.1.3 采用轻型木结构时，应满足当地自然环境和使用环境对建筑物的要求，并应采取可靠措施，防止木构件腐朽或被虫蛀。确保结构达到预期的设计使用年限。

9.1.4 轻型木结构的平面布置宜规则，质量和刚度变化宜均匀。所有构件之间应有可靠的连接和必要的锚固、支撑，保证结构的承载力、刚度和良好的整体性。

9.2 设 计 要 求

9.2.1 轻型木结构建筑的构件及连接应根据树种、材质等级、荷载、连接型式及相关尺寸，按本规范第5章、第6章的计算方法进行设计。

9.2.2 轻型木结构建筑抗震设计应符合国家标准《建筑抗震设计规范》GB 50011的有关规定。水平地震作用计算可采用底部剪力法，结构基本自振周期可按经验公式 $T = 0.05H^{0.75}$ 估算。H 为基础顶面到建筑物最高点的高度（m）。

9.2.3 在轻型木结构建筑中，由地震作用或风荷载引起的剪力，由剪力墙和楼、屋盖承受。当进行抗震验算时，取承载力抗震调整系数 $\gamma_{\mathrm{RE}} = 0.80$，阻尼比取0.05。

9.2.4 楼、屋盖抗侧力设计可按本规范附录P进行设计。

9.2.5 由地震作用或风荷载产生的水平力，均应由木基结构板材和规格材组成的剪力墙承担。采用钉连接的剪力墙可按本规范附录Q进行设计。

9.2.6 当满足下列规定时，轻型木结构抗侧力设计可按构造要求进行：

  1 建筑物每层面积不超过600m²，层高不大于3.6m；

  2 抗震设防烈度为6度和7度（0.10g）时，建筑物的高宽比不大于1.2；抗震设防烈度为7度（0.15g）和8度（0.2g）时，建筑物的高宽比不大于1.0；建筑物高度指室外地面到建筑物坡屋顶二分之一高度处；

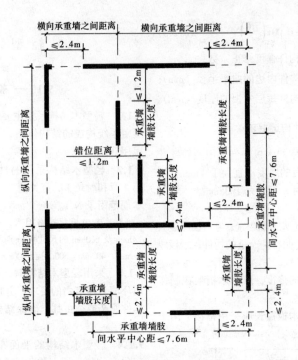

图9.2.6 剪力墙平面布置要求

表9.2.6 按构造要求设计时剪力墙的最小长度

抗震设防烈度	基本风压（kN/m²）				剪力墙最大间距(m)	最大允许层数	每道剪力墙的最小长度					
	地面粗糙度						单层 二层或三层的顶层		二层的底层 三层的二层		三层的底层	
	A	B	C	D			面板用木基结构板材	面板用石膏板	面板用木基结构板材	面板用石膏板	面板用木基结构板材	面板用石膏板
6度	—	0.3	0.4	0.5	7.6	3	0.25L	0.50L	0.40L	0.75L	0.55L	—
7度 0.10g	—	0.35	0.5	0.6	7.6	3	0.30L	0.60L*	0.45L	0.90L*	0.70L	—
7度 0.15g	0.35	0.45	0.6	0.7	5.3	3	0.30L	0.60L*	0.45L	0.90L*	0.70L	—
8度 0.20g	0.40	0.55	0.75	0.8	5.3	2	0.45L	0.90L	0.70L	—	—	—

注：1 表中建筑物长度 L 指平行于该剪力墙方向的建筑物长度；

2 当墙体用石膏板作面板时，墙体两侧均应采用；当用木基结构板材作面板时，至少墙体一侧采用；

3 位于基础顶面和底层之间的架空层剪力墙的最小长度应与底层要求相同；

4 ＊号表示当楼面有混凝土面层时，面板不允许采用石膏板；

5 采用木基结构板材的剪力墙之间最大间距；抗震设防烈度为6度和7度（0.10g）时，不得大于10.6m；抗震设防烈度为7度（0.15g）和8度（0.20g）时，不得大于7.6m；

6 所有外墙均应采用木基结构板作面板，当建筑物为三层、平面长宽比大于2.5:1时，所有横墙的面板应采用两面木基结构板；当建筑物为二层、平面长宽比大于2.5:1时，至少横向外墙的面板应采用两面木基结构板。

3 楼面活荷载标准值不大于 2.5kN/m²；屋面活荷载标准值不大于 0.5kN/m²；雪荷载按国家标准《建筑结构荷载规范》GB 50009 有关规定取值；

4 不同抗震设防烈度和风荷载时，剪力墙的最小长度符合表 9.2.6 的规定；

5 剪力墙的设置符合下列规定（见图9.2.6）：

1) 单个墙段的高宽比不大于2:1；

2) 同一轴线上墙段的水平中心距不大于7.6m；

3) 相邻墙之间横向间距与纵向间距的比值不

4）墙端与离墙端最近的垂直方向的墙段边的垂直距离不大于 2.4m；

5）一道墙中各墙段轴线错开距离不大于 1.2m；

6 构件的净跨距不大于 12.0m；

7 除专门设置的梁和柱外，轻型木结构承重构件的水平中心距不大于 600mm；

8 建筑物屋面坡度不小于 1:12，也不大于 1:1，纵墙上檐口悬挑长度不大于 1.2m；山墙上檐口悬挑长度不大于 0.4m。

9.3 构造要求

9.3.1 承重墙的墙骨柱应采用材质等级为 V_C 及其以上的规格材；非承重墙的墙骨柱可采用任何等级的规格材。墙骨柱在层高内应连续，允许采用指接连接，但不得采用连接板连接。

墙骨柱间距不得大于 600mm。承重墙的墙骨柱截面尺寸应由计算确定。

墙骨柱在墙体转角和交接处应加强，转角处的墙骨柱数量不得少于二根。

开孔宽度大于墙骨柱间距的墙体，开孔两侧的墙骨柱应采用双柱；开孔宽度小于或等于墙骨柱间净距并位于墙骨柱之间的墙体，开孔两侧可用单根墙骨柱。

9.3.2 墙体底部应有底梁板或地梁板，底梁板或地梁板在支座上突出的尺寸不得大于墙体宽度的 1/3，宽度不得小于墙骨柱的截面高度。

墙体顶部应有顶梁板，其宽度不得小于墙骨柱截面的高度，承重墙的顶梁板宜不少于二层，但当来自楼盖、屋盖或顶棚的集中荷载与墙骨柱的中心距不大于 50mm 时，可采用单层顶梁板。非承重墙的顶梁板可为单层。

多层顶梁板上、下层的接缝应至少错开一个墙骨柱间距，接缝位置应在墙骨柱上。在墙体转角和交接处，上、下层顶梁板应交错互相搭接。单层顶梁板的接缝应位于墙骨柱上，并在接缝处的顶面采用镀锌薄钢带以钉连接。

9.3.3 当承重墙的开孔宽度大于墙骨柱间距时，应在孔顶加设过梁，过梁设计由计算确定。

非承重墙的开孔周围，可用截面高度与墙骨柱截面高度相等的规格材与相邻墙骨柱连接。非承重墙体的门洞，当墙体有耐火极限要求时，应至少用二根截面高度与底板梁宽度相同的规格材加强门洞。

9.3.4 当墙面板采用木基结构板材作面板、且最大墙骨柱间距为 400mm 时，板材的最小厚度为 9mm；当最大墙骨柱间距为 600mm 时，板材的最小厚度为 11mm。

墙面板采用石膏板作面板时，当最大墙骨柱间距为 400mm 时，板材的最小厚度为 9mm；当最大墙骨柱间距为 600mm 时，板材的最小厚度为 12mm。

9.3.5 轻型木结构的楼盖采用间距不大于 600mm 的楼盖搁栅、木基结构板材的楼面板和木基结构板材或石膏板铺设的顶棚组成。搁栅的截面尺寸由计算确定。

楼盖搁栅可采用矩形、工字形（木基材制品）截面。

9.3.6 楼盖搁栅在支座上的搁置长度不得小于 40mm。

搁栅端部应与支座连接，或在靠近支座部位的搁栅底部采用连续木底撑、搁栅横撑或剪刀撑（见图 9.3.6）

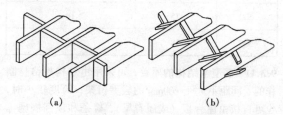

图 9.3.6 搁栅间支撑示意图
(a) 搁栅横撑；(b) 剪刀撑

9.3.7 楼盖开孔的构造应符合下列要求：

1 开孔周围与搁栅垂直的封头搁栅，当长度大于 1.2m 时，应用两根搁栅；当长度超过 3.2m 时，封头搁栅的尺寸应由计算确定；

2 开孔周围与搁栅平行的封边搁栅，当封头搁栅长度超过 800mm 时，封边搁栅应为两根；当封头搁栅长度超过 2.0m 时，封边搁栅的截面尺寸应由计算确定；

3 开孔周围的封头搁栅以及被开孔切断的搁栅，当依靠楼盖搁栅支承时，应选用合适的金属搁栅托架或采用正确的钉连接方式。

9.3.8 支承墙体的楼盖搁栅应符合下列规定：

1 平行于搁栅的非承重墙，应位于搁栅或搁栅间的横撑上。横撑可用截面不小于 40mm×90mm 的规格材，横撑间距不得大于 1.2m。

2 平行于搁栅的承重内墙，不得支承于搁栅上，应支承于梁或墙上。

3 垂直于搁栅的内墙，当为非承重墙时，距搁栅支座的距离不得大于 900mm；当为承重墙时，距搁栅支座不得大于 600mm。超过上述规定时，搁栅尺寸应由计算确定。

9.3.9 带悬挑的楼盖搁栅，当其截面尺寸为 40mm×185mm 时，悬挑长度不得大于 400mm；当其截面尺寸等于或大于 40mm×235mm 时，悬挑长度不得大于 600mm。未作计算的搁栅悬挑部分不得承受其他荷载。

当悬挑搁栅与主搁栅垂直时，未悬挑部分长度不应小于其悬挑部分长度的 6 倍，并应根据连接构造要求与双根边框梁用钉连接。

9.3.10 楼面板的厚度及允许楼面活荷载的标准值应符合表 9.3.10 的规定。

铺设木基结构板材时，板材长度方向与搁栅垂直，宽度方向拼缝与搁栅平行并相互错开。楼板拼缝应连接在同一搁栅上，板与板之间应留有不小于3mm的空隙。

表9.3.10 楼面板厚度及允许楼面活荷载标准值

最大搁栅间距（mm）	木基结构板的最小厚度（mm）	
	$Q_k \leqslant 2.5kN/m^2$	$2.5kN/m^2 < Q_k < 5.0kN/m^2$
400	15	15
500	15	18
600	18	22

9.3.11 轻型木结构的屋盖，可采用由结构规格材制作的、间距不大于600mm的轻型桁架；跨度较小时，也可直接由屋脊板（或屋脊梁）、椽条和顶棚搁栅等构成。桁架、椽条和顶棚搁栅的截面应由计算确定，并应有可靠的锚固和支撑。

椽条和搁栅沿长度方向应连续，但可用连接板在竖向支座上连接。椽条和搁栅在支座上的搁置长度不得小于40mm，椽条的顶端在屋脊两侧应用连接板或按钉连接构造要求相互连接。

屋谷和屋脊椽条截面高度应比其他处椽条大50mm。

9.3.12 椽条或搁栅在屋脊处可由承重墙或支承长度不小于90mm的屋脊梁支承。

当椽条连杆跨度大于2.4mm时，应在连杆中心附近加设通长纵向水平系杆，系杆截面尺寸不小于20mm×90mm（图9.3.12）。

当椽条连杆的截面尺寸不小于40mm×90mm时，对于屋面坡度大于1:3的屋盖，可作为椽条的中间支座。

屋面坡度不小于1:3时，且椽条底部有可靠的防止椽条滑移的连接时，则屋脊梁可不设支座。此时，屋脊两侧的椽条应用钉与顶棚搁栅相连，按钉连接的要求设计。

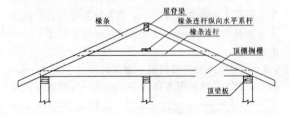

图9.3.12 椽条连杆加设通长纵向水平
系杆作法示意图

9.3.13 当屋面或顶棚开孔大于椽条或搁栅间距离时，开孔周围的构件应进行加强。

9.3.14 上人屋顶的屋面板厚度应按本规范表9.3.10对楼面的要求选用，对不上人屋顶的屋面板厚度应符合表9.3.14的规定。

表9.3.14 屋面板厚度

支承板的间距（mm）	木基结构板的最小厚度（mm）	
	$G_k \leqslant 0.3kN/m^2$ $s_k \leqslant 2.0kN/m^2$	$0.3kN/m^2 < G_k \leqslant 1.3kN/m^2$ $s_k \leqslant 2.0kN/m^2$
400	9	11
500	9	11
600	12	12

注：当恒荷载标准值 $G_k > 1.3kN/m^2$ 或 $s_k \geqslant 2.0kN/m^2$ 时，轻型木结构的构件及连接不能按构造设计，而应通过计算进行设计。

9.3.15 轻型木结构构件之间应有可靠的连接。各种连接件均应符合国家现行的有关标准，进口产品应符合《木结构设计规范》管理机构审查认可的按相关标准生产的合格产品。必要时应进行抽样检验。

轻型木结构构件之间的连接主要是钉连接。按构造设计的钉连接要求和楼面板、屋面板及墙面板与轻型木结构构架的钉连接要求见本规范附录N.2及N.3。

有抗震设防要求的轻型木结构，连接中关键部位应采用螺栓连接。

9.3.16 剪力墙和楼、屋盖应符合下列构造要求：

1 剪力墙骨架构件和楼、屋盖构件的宽度不得小于40mm，最大间距为600mm；

2 剪力墙相邻面板的接缝应位于骨架构件上，面板可水平或竖向铺设，面板之间应留有不小于3mm的缝隙；

3 木基结构板材的尺寸不得小于1.2m×2.4m，在剪力墙边界或开孔处，允许使用宽度不小于300mm的窄板，但不得多于两块；当结构板的宽度小于300mm时，应加设填块固定；

4 经常处于潮湿环境条件下的钉应有防护涂层；

5 钉距每块面板边缘不得小于10mm，中间支座上钉的间距不得大于300mm，钉应牢固的打入骨架构件中，钉面应与板面齐平；

6 当墙体两侧均有面板，且每侧面板边缘钉间距小于150mm时，墙体两侧面板的接缝应互相错开，避免在同一根骨架构件上。当骨架构件的宽度大于65mm时，墙体两侧面板拼缝可在同一根构件上，但钉应交错布置。

9.3.17 当木屋盖和楼盖用作混凝土或砌体墙体的侧向支承时，楼、屋盖应有足够的承载力和刚度，以保证水平力的可靠传递。木屋盖和楼盖与墙体之间应有可靠的锚固；锚固连接沿墙体方向的抵抗力应不小于3.0kN/m。

9.3.18 轻型木结构构件的开孔或缺口应符合下列规定：

1 屋盖、楼盖和顶棚等的搁栅的开孔尺寸不得大于搁栅截面高度的 1/4，且距搁栅边缘不得小于 50mm；

2 允许在屋盖、楼盖和顶棚等的搁栅上开缺口，但缺口必须位于搁栅顶面，缺口距支座边缘不得大于搁栅截面高度的1/2，缺口高度不得大于搁栅截面高度的 1/3；

3 承重墙墙骨柱截面开孔或开凿缺口后的剩余高度不应小于截面高度的 2/3，非承重墙不应小于 40mm；

4 墙体顶梁板的开孔或开凿缺口后的剩余高度不应小于 50mm；

5 除在设计中已作考虑，否则不得随意在屋架构件上开孔或留缺口。

9.4 梁、柱和基础的设计

9.4.1 柱底与基础应保证紧密接触，并应有可靠锚固。

9.4.2 梁在支座上的搁置长度不得小于 90mm，梁与支座应紧密接触。

9.4.3 当梁是由多根规格材用钉连接做成组合截面梁时，应符合下列要求：

1 组合梁中单根规格材的对接应位于梁的支座上；

2 组合截面梁为连续梁时，梁中单根规格材的对接位置应位于距支座 1/4 梁净跨附近的范围内；相邻的单根规格材不得在同一位置上对接，在同一截面上对接的规格材数量不得超过梁规格材总数的一半；任一根规格材在同一跨内不得有二个或二个以上的接头；边跨内不得对接；

3 当组合截面梁采用 40mm 宽的规格材组成时，规格材之间应沿梁高采用等分布置的二排钉连接，钉长不得小于 90mm，钉的中距不得大于 450mm，钉的端距为 100～150mm；

4 当组合截面梁采用 40mm 宽的规格材以螺栓连接时，螺栓直径不得小于 12mm，螺栓中距不得大于 1.2m，螺栓端距不得大于 600mm。

9.4.4 梁和柱的连接应根据计算确定。

9.4.5 组合柱和不符合本规范第 9.4.3 条规定的组合梁，应根据相应的设计方法和规定进行设计。

9.4.6 建筑物室内外地坪高差不得小于 300mm，无地下室的底层木楼板必须架空，并应有通风防潮措施。

9.4.7 在易遭虫害的地方，应采用经防虫处理的木材作结构构件。木构件底部与室外地坪间的高差不得小于 450mm。

9.4.8 直接安装在基础顶面的地梁板应经过防护剂加压处理，用直径不小于 12mm、间距不大于 2.0m 的锚栓与基础锚固，锚栓埋入基础深度不得小于 300mm，每根地梁板两端应各有一根锚栓，端距为 100～

300mm。

9.4.9 底层楼板搁栅直接置于混凝土基础上时，构件端部应作防腐防虫处理；当搁栅搁置在混凝土或砌体基础的预留槽内时，除构件端部应作防腐防虫处理外，尚应在构件端部两侧留出不小于 20mm 的空隙，且空隙中不得填充保温或防潮材料。

9.4.10 轻型木结构构件底部距架空层下地坪的净距小于 150mm 时，构件应采用经过防腐防虫处理的木材，或在地坪上铺设防潮层。

9.4.11 承受楼面荷载的地梁板截面不得小于 40mm × 90mm。当地梁板直接放置在条形基础的顶面时，地梁板和基础顶面的缝隙间应填充密封材料。

10 木结构防火

10.1 一般规定

10.1.1 木结构建筑的防火设计，应按本章规定执行。本章未规定的应遵照《建筑设计防火规范》GB 50016 的规定执行。

10.2 建筑构件的燃烧性能和耐火极限

10.2.1 木结构建筑构件的燃烧性能和耐火极限不应低于表 10.2.1 的规定。

表 10.2.1　木结构建筑中构件的燃烧性能和耐火极限

构件名称	耐火极限（h）
防火墙	不燃烧体 3.00
承重墙、分户墙、楼梯和电梯井墙体	难燃烧体 1.00
非承重外墙、疏散走道两侧的隔墙	难燃烧体 1.00
分室隔墙	难燃烧体 0.50
多层承重柱	难燃烧体 1.00
单层承重柱	难燃烧体 1.00
梁	难燃烧体 1.00
楼盖	难燃烧体 1.00
屋顶承重构件	难燃烧体 1.00
疏散楼梯	难燃烧体 0.50
室内吊顶	难燃烧体 0.25

注：**1** 屋顶表层应采用不可燃材料；

　　2 当同一座木结构建筑由不同高度组成，较低部分的屋顶承重构件必须是难燃烧体，耐火极限不应小于 1.00h。

10.2.2 各类建筑构件的燃烧性能和耐火极限可按本规范附录 R 确定。

10.3 建筑的层数、长度和面积

10.3.1 木结构建筑不应超过三层。不同层数建筑最大允许长度和防火分区面积不应超过表10.3.1的规定。

表10.3.1 木结构建筑的层数、长度和面积

层数	最大允许长度（m）	每层最大允许面积（m²）
单层	100	1200
两层	80	900
三层	60	600

注：安装有自动喷水灭火系统的木结构建筑，每层楼最大允许长度、面积应允许在表10.3.1的基础上扩大一倍，局部设置时，应按局部面积计算。

10.4 防火间距

10.4.1 木结构建筑之间、木结构建筑与其他耐火等级的建筑之间的防火间距不应小于表10.4.1的规定。

表10.4.1 木结构建筑的防火间距（m）

建筑种类	一、二级建筑	三级建筑	木结构建筑	四级建筑
木结构建筑	8.00	9.00	10.00	11.00

注：防火间距应按相邻建筑外墙的最近距离计算，当外墙有突出的可燃构件时，应从突出部分的外缘算起。

10.4.2 两座木结构建筑之间、木结构建筑与其他结构建筑之间的外墙均无任何门窗洞口时，其防火间距不应小于4.00m。

10.4.3 两座木结构之间、木结构建筑与其他耐火等级的建筑之间，外墙的门窗洞口面积之和不超过该外墙面积的10%时，其防火间距不应小于表10.4.3的规定。

表10.4.3 外墙开口率小于10%时的防火间距（m）

建筑种类	一、二、三级建筑	木结构建筑	四级建筑
木结构建筑	5.00	6.00	7.00

10.5 材料的燃烧性能

10.5.1 木结构采用的建筑材料，其燃烧性能的技术指标应符合《建筑材料难燃性试验方法》GB 8625 的规定。

10.5.2 室内装修材料：

房间内的墙面、吊顶、采光窗、地板等所采用的材料，其防火性能均应不低于难燃性 B₁ 级。

10.5.3 管道及包覆材料或内衬：

1 管道内的流体能够造成管道外壁温度达到

120℃及其以上时，管道及其包覆材料或内衬以及施工时使用的胶粘剂必须是不燃材料；

2 外壁温度低于120℃的管道及其包覆材料或内衬，其防火性能应不低于难燃性 B₁ 级。

10.5.4 填充材料：

建筑中的各种构件或空间需填充吸音、隔热、保温材料时，这些材料的防火性能应不低于难燃性 B₁ 级。

10.6 车 库

10.6.1 附设于木结构居住建筑并仅供该居住单元使用的机动车库，可视作该居住单元的一部分，应符合下列规定：

1 居住单元之间的隔墙不宜直接开设门窗洞口，确有困难时，可开启一橙单门，但应符合下列规定：

1）与机动车库直接相通的房间，不应设计为卧室；

2）隔墙的耐火极限不应低于 1.0h；

3）门的耐火极限不应低于 0.6h；

4）门上应装有无定位自动闭门器；

2 总面积不宜超过 60m²。

10.7 采暖通风

10.7.1 木结构建筑内严禁设计使用明火采暖、明火生产作业等方面的设施。

10.7.2 用于采暖或炊事的烟道、烟囱、火炕等应采用非金属不燃材料制作，并应符合下列规定：

1 与木构件相临部位的壁厚不小于 240mm；

2 与木结构之间的净距不小于 120mm，且其周围具备良好的通风环境。

10.8 烹饪炉

10.8.1 烹饪炉的安装设计应符合下列规定：

1 放置烹饪炉的平台应为不燃烧体；

2 烹饪炉上方 0.75m、周围 0.45m 的范围内不应有可燃装饰或可燃装置。

10.8.2 除本规范第 10.8.1 条要求外，燃气烹饪炉应符合《家用燃气燃烧器具安装及验收规程》CJJ 12—99的规定。

10.9 天 窗

10.9.1 由不同高度部分组成的一座木结构建筑，较低部分屋面上开设的天窗与相接的较高部分外墙上的门、窗、洞口之间最小距离不应小于 5.00m，当符合下列情况之一时，其距离可不受限制；

1 天窗安装了自动喷水灭火系统或为固定式乙级防火窗；

2 外墙面上的门为遇火自动关闭的乙级防火门，窗口、洞口为固定式乙级防火窗。

10.10 密闭空间

10.10.1 木结构建筑中，下列存在密闭空间的部位应采取隔火措施：

1 轻型木结构层高小于或等于 3m 时，位于墙骨柱之间楼、屋盖的梁底部处；当层高大于 3m 时，位于墙骨柱之间沿墙高每隔 3m 处及楼、屋盖的梁底部处；

2 水平构件（包括屋盖，楼盖）和竖向构件（墙体）的连接处；

3 楼梯上下第一步踏板与楼盖交接处。

11 木结构防护

11.0.1 木结构中的下列部位应采取防潮和通风措施：

1 在桁架和大梁的支座下应设置防潮层；

2 在木柱下应设置柱墩，严禁将木柱直接埋入土中；

3 桁架、大梁的支座节点或其他承重木构件不得封闭在墙、保温层或通风不良的环境中（图 11.0.1-1 和图 11.0.1-2）；

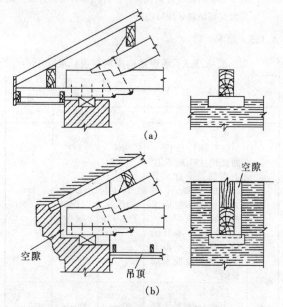

图 11.0.1-1 外排水屋盖支座节点通风构造示意图

4 处于房屋隐蔽部分的木结构，应设通风孔洞；

5 露天结构在构造上应避免任何部分有积水的可能，并应在构件之间留有空隙（连接部位除外）；

6 当室内外温差很大时，房屋的围护结构（包括保温吊顶），应采取有效的保温和隔气措施。

11.0.2 木结构构造上的防腐、防虫措施，除应在设计图纸中加以说明外，尚应要求在施工的有关工序交接时，检查其施工质量，如发现有问题应立即纠正。

11.0.3 下列情况，除从结构上采取通风防潮措施外，尚应进行药剂处理。

1 露天结构；

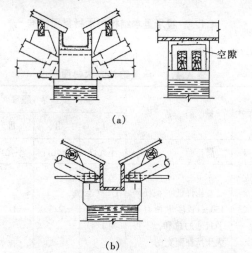

图 11.0.1-2 内排水屋盖支座节点通风构造示意图

2 内排水桁架的支座节点处；

3 檩条、搁栅、柱等木构件直接与砌体、混凝土接触部位；

4 白蚁容易繁殖的潮湿环境中使用的木构件；

5 承重结构中使用马尾松、云南松、湿地松、桦木以及新利用树种中易腐朽或易遭虫害的木材。

11.0.4 常用的药剂配方及处理方法，可按现行国家标准《木结构工程施工质量验收规范》GB 50206 的规定采用。

> 注：1 虫害主要指白蚁、长蠹虫、粉蠹虫及天牛等的蛀蚀。
>
> 2 实践证明，沥青只能防潮，防腐效果很差，不宜单独使用。

11.0.5 以防腐、防虫药剂处理木构件时，应按设计指定的药剂成分、配方及处理方法采用。受条件限制而需改变药剂或处理方法时，应征得设计单位同意。

在任何情况下，均不得使用未经鉴定合格的药剂。

11.0.6 木构件（包括胶合木构件）的机械加工应在药剂处理前进行。木构件经防腐防虫处理后，应避免重新切割或钻孔。由于技术上的原因，确有必要作局部修整时，必须对木材暴露的表面，涂刷足够的同品牌药剂。

11.0.7 木结构的防腐、防虫采用药剂加压处理时，该药剂在木材中的保持量和透入度应达到设计文件规定的要求。设计未作规定时，则应符合现行国家标准《木结构工程施工质量验收规范》GB 50206 规定的最低要求。

附录 A 承重结构木材材质标准

A.1 一般承重木结构用木材材质标准

A.1.1 方木

表 A.1.1 承重结构方木材质标准

项次	缺 陷 名 称	材 质 等 级		
		I$_a$	II$_a$	III$_a$
1	腐朽	不允许	不允许	不允许
2	木节 在构件任一面任何150mm长度上所有木节尺寸的总和，不得大于所在面宽的	1/3（连接部位为1/4）	2/5	1/2
3	斜纹 任何1m材长上平均倾斜高度，不得大于	50mm	80mm	120mm
4	髓心	应避开受剪面	不限	不限
5	裂缝 （1）在连接部位的受剪面上 （2）在连接部位的受剪面附近，其裂缝深度（有对面裂缝时用两者之和）不得大于材宽的	不允许 1/4	不允许 1/3	不允许 不限
6	虫蛀	允许有表面虫沟，不得有虫眼		

注：1 对于死节（包括松软节和腐朽节），除按一般木节测量外，必要时尚应按缺孔验算；若死节有腐朽迹象，则应经局部防腐处理后使用；

2 木节尺寸按垂直于构件长度方向测量。木节表现为条状时，在条状的一面不量（附图 A.1），直径小于 10mm 的活节不量。

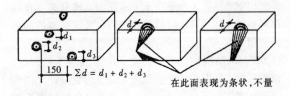

附图 A.1 木节量法

A.1.2 板材

表 A.1.2 承重结构板材材质标准

项次	缺 陷 名 称	材 质 等 级		
		I$_a$	II$_a$	III$_a$
1	腐朽	不允许	不允许	不允许
2	木节 在构件任一面任何150mm长度上所有木节尺寸的总和，不得大于所在面宽的	1/4（连接部位为1/5）	1/3	2/5
3	斜纹 任何1m材长上平均倾斜高度，不得大于	50mm	80mm	120mm
4	髓心	不允许	不允许	不允许
5	裂缝 在连接部位的受剪面及其附近	不允许	不允许	不允许
6	虫蛀	允许有表面虫沟，不得有虫眼		

注：对于死节（包括松软节和腐朽节），除按一般木节测量外，必要时尚应按缺孔验算。若死节有腐朽迹象，则应经局部防腐处理后使用。

A.1.3 原木

表 A.1.3 承重结构原木材质标准

项次	缺 陷 名 称	材 质 等 级		
		I$_a$	II$_a$	III$_a$
1	腐朽	不允许	不允许	不允许
2	木节 （1）在构件任一面任何150mm长度上沿周长所有木节尺寸的总和，不得大于所测部位原木周长的 （2）每个木节的最大尺寸，不得大于所测部位原木周长的	1/4 1/10（连接部位为1/12）	1/3 1/6	不限 1/6
3	扭纹 小头1m材长上倾斜高度不得大于	80mm	120mm	150mm
4	髓心	应避开受剪面	不限	不限
5	虫蛀	容许有表面虫沟，不得有虫眼		

注：1 对于死节（包括松软节和腐朽节），除按一般木节测量外，必要时尚应按缺孔验算；若死节有腐朽迹象，则应经局部防腐处理后使用；

2 木节尺寸按垂直于构件长度方向测量，直径小于 10mm 的活节不量；

3 对于原木的裂缝，可通过调整其方位（使裂缝尽量垂直于构件的受剪面）予以使用。

A.2 胶合木结构板材材质标准

表 A.2.1 胶合木结构板材材质标准

项次	缺 陷 名 称	材 质 等 级		
		Ⅰ$_b$	Ⅱ$_b$	Ⅲ$_b$
1	腐朽	不允许	不允许	不允许
2	木节 （1）在构件任一面任何 200mm 长度上所有木节尺寸的总和，不得大于所在面宽的 （2）在木板指接及其两端各 100mm 范围内	1/3 不允许	2/5 不允许	1/2 不允许
3	斜纹 任何 1m 材长上平均倾斜高度，不得大于	50mm	80mm	150mm
4	髓心	不允许	不允许	不允许

续表

项次	缺 陷 名 称	材 质 等 级		
		Ⅰ$_b$	Ⅱ$_b$	Ⅲ$_b$
5	裂缝 （1）在木板窄面上的裂缝，其深度（有对面裂缝两者之和）不得大于板宽的 （2）在木板宽面上的裂缝，其深度（有对面裂缝两者之和）不得大于板厚的	1/4 不限	1/3 不限	1/2 对侧立腹板工字梁的腹板：1/3，对其他板材不限
6	虫蛀	允许有表面虫沟，不得有虫眼		
7	涡纹 在木板指接及其两端各 100mm 范围内	不允许	不允许	不允许

注：1　同表 A.1.1 注；

2　按本标准选材配料时，尚应注意避免在制成的胶合构件的连接受剪面上有裂缝；

3　对于有过大缺陷的木材，可截去缺陷部份，经重新接长后按所定级别使用。

A.3 轻型木结构用规格材材质标准

表 A.3 轻型木结构用规格材材质标准

项次	缺 陷 名 称	材 质 等 级			
		Ⅰ$_c$	Ⅱ$_c$	Ⅲ$_c$	Ⅳ$_c$
1	振裂和干裂	允许个别长度不超过 600mm，不贯通		贯通：长度不超过 600mm；不贯通：长度不超过 900mm 或 L/4	贯通—L/3 不贯通—全长 三面环裂—L/6
2	漏刨	构件的 10% 轻度漏刨[3]		5% 构件含有轻度漏刨[5]，或重度漏刨[4]，600mm	10% 轻度漏刨伴有重度漏刨[4]
3	劈裂	b		1.5b	b/6
4	斜纹：斜率不大于	1:12	1:10	1:8	1:4
5	钝棱[6]	不超过 h/4 和 b/4，全长或等效材面 如果每边钝棱不超过 h/2 或 b/3，L/4		不超过 h/3 和 b/3，全长或等效材面 如果每边钝棱不超过 2h/3 或 b/2，L/4	不超过 h/2 和 b/2，全长或等效材面 如果每边钝棱不超过 7h/8 或 3b/4，L/4
6	针孔虫眼	每 25mm 的节孔允许 48 个针孔虫眼，以最差材面为准			
7	大虫眼	每 25mm 的节孔允许 12 个 6mm 的大虫眼，以最差材面为准			
8	腐朽—材心[16]a	不允许		当 h>40mm 时，不允许，否则 h/3 或 b/3	1/3 截面[12]
9	腐朽—白腐[16]b	不允许		1/3 体积	
10	腐朽—蜂窝腐[16]c	不允许		1/6 材宽[12]—坚实[12]	100% 坚实
11	腐朽—局部片状腐[16]d	不允许		1/6 材宽[12]、[13]	1/3 截面

项次	缺陷名称	材质等级													
		I$_c$			II$_c$			III$_c$			IV$_c$					
12	腐朽—不健全材	不允许						最大尺寸 $b/12$ 和 50mm 长,或等效的多个小尺寸[12]			1/3 截面,深入部分 1/6 长度[14]					
13	扭曲,横弯和顺弯[7]	1/2 中度						轻度			中度					
14	节子和节孔[15] 高度(mm)	健全,均匀分布的死节 (mm)		死节和节孔[8] (mm)	健全,均匀分布的死节 (mm)		死节和节孔[9] (mm)	任何节子 (mm)		节孔[10] (mm)	任何节子 (mm)		节孔[11] (mm)			
		材边	材心		材边	材心		材边	材心		材边	材心				
	40	10	10	10	13	13	13	16	16	16	19	19	19			
	65	13	13	13	19	19	19	22	22	22	32	32	32			
	90	19	22	19	25	38	25	32	51	32	44	64	44			
	115	25	38	22	32	48	29	41	60	35	57	76	48			
	140	29	48	25	38	57	32	48	73	48	70	95	51			
	185	38	57	32	51	70	38	64	89	51	89	114	64			
	235	48	67	32	64	93	38	83	108	64	114	140	76			
	285	57	76	32	76	95	38	95	121	76	140	165	89			

项次	缺陷名称	材质等级		
		V$_c$	VI$_c$	VII$_c$
1	振裂和干裂	不贯通—全长 贯通和三面环裂 $L/3$	材面—长度不超过600mm	贯通—长度不超过600mm 不贯通—长度不超过900mm或不大于$L/4$
2	漏刨	任何面中的轻度漏刨中,宽面含10%的重度漏刨[4]	轻度漏刨—10%构件	轻度漏刨[5]占构件的5%,或重度漏刨[4],600mm
3	劈裂	$2b$	b	$\dfrac{3b}{2}$
4	斜纹:斜率不大于	1:4	1:6	1:4
5	钝棱[6]	不超过 $h/3$ 和 $b/4$,全长或等效材面,如果每边钝棱不超过 $h/3$ 或 $3b/4$,$L/4$	不超过 $h/4$ 和 $b/4$,全长或等效材面,如果每边钝棱不超过 $h/2$ 或 $b/3$,$L/4$	不超过 $h/3$ 和 $b/3$,全长或等效材面,如果每边钝棱不超过 $2h/3$ 或 $b/2$,$L/4$
6	针孔虫眼	每25mm的节孔允许48个针孔虫眼,以最差材面为准		
7	大虫眼	每25mm的节孔允许12个或6mm大虫眼,以最差材面为准		
8	腐朽—材心[16]a	1/3 截面[14]	不允许	$h/3$ 或 $b/3$
9	腐朽—白腐[16]b	无限制	不允许	1/3 体积
10	腐朽—蜂窝腐[16]c	100%坚实	不允许	$b/6$
11	腐朽—局部片状腐[16]d	1/3 截面	不允许	$L/6$[13]

项次	缺陷名称	材质等级						
		V_c			$Ⅵ_c$		$Ⅶ_c$	
12	腐朽—不健全材	1/3 截面,深入部分 $L/6$ [14]			不允许		最大尺寸 $b/12$ 和 50mm 长,或等效的小尺寸 [12]	
13	扭曲,横弯和顺弯 [7]	1/2 中度			1/2 中度		轻度	
14	节子和节孔 [15] 宽度（mm）	任何节子(mm)		节孔 [11] (mm)	健全,均匀分布的死节 (mm)	死节和节孔 [9] (mm)	任何节子 (mm)	节孔 [10] (mm)
		材边	材心					
	40	19	19	19	—	—	—	—
	65	32	32	32	19	16	25	19
	90	44	64	38	32	19	38	25
	115	57	76	44	38	25	51	32
	140	70	95	51	—	—	—	—
	185	89	114	64	—	—	—	—
	235	114	140	76	—	—	—	—
	285	140	165	89	—	—	—	—

注:

1 目测分等应考虑构件所有材面以及两端。表中，b = 构件宽度，h = 构件厚度，L = 构件长度。

2 除本注解已说明，缺陷定义详见国家标准《锯材缺陷》GB/T 4832。

3 深度不超过 1.6mm 的一组漏刨、漏刨之间的表面刨光。

4 重度漏刨为宽面上深度为 3.2mm、长度为全长的漏刨。

5 部分或全部漏刨，或全部糙面。

6 离材端全部或部分占据材面的钝棱，当表面要求满足允许漏刨规定，窄面上破坏要求满足允许节孔的规定（长度不超过同一等级最大节孔直径的二倍），钝棱的长度可为 300mm，每根构件允许出现一次。含有该缺陷的构件不得超过总数的 5%。

7 顺弯允许值是横弯的 2 倍。

8 每 1.2m 有一个或数个小节孔，小节孔直径之和与单个节孔直径相等。

9 每 0.9m 有一个或数个小节孔，小节孔直径之和与单个节孔直径相等。

10 每 0.6m 有一个或数个小节孔，小节孔直径之和与单个节孔直径相等。

11 每 0.3m 有一个或数个小节孔，小节孔直径之和与单个节孔直径相等。

12 仅允许厚度为 40mm。

13 假如构件窄面均有局部片状腐，长度限制为节孔尺寸的二倍。

14 不得破坏钉入边。

15 节孔可以全部或部分贯通构件。除非特别说明，节孔的测量方法同节子。

16a 材心腐朽是指某些树种沿髓心发展的局部腐朽，用目测鉴定。心材腐朽存在于活树中，在被砍伐的木材中不会发展。

16b 白腐是指木材中白色或棕色的小壁孔或斑点，由白腐菌引起。白腐存在于活树中，在使用时不会发展。

16c 蜂窝腐与白腐相似但囊孔更大。含有蜂窝腐的构件较未含蜂窝腐的构件不易腐朽。

16d 局部片状腐是柏树中槽状或壁孔状的区域。所有引起局部片状腐的木腐菌在树砍伐后不再生长。

附录 B 承重结构中使用新利用树种木材设计要求

B.1 木材的主要特性

B.1.1 槐木 干燥困难，耐腐性强，易受虫蛀。

B.1.2 乌墨（密脉蒲桃） 干燥较慢，耐腐性强。

B.1.3 木麻黄 木材硬而重，干燥易，易受虫蛀，不耐腐。

B.1.4 隆缘桉、柠檬桉和云南蓝桉 干燥困难，易翘裂，云南蓝桉能耐腐，隆缘桉和柠蒙桉不耐腐。

B.1.5 檫木 干燥较易，干燥后不易变色，耐腐性较强。

B.1.6 榆木 干燥困难，易翘裂，收缩颇大，耐腐性中等，易受虫蛀。

B.1.7 臭椿 干燥易，不耐腐，易呈蓝变色，木材轻软。

B.1.8 桤木 干燥颇易，不耐腐。

B.1.9 杨木 干燥易，不耐腐，易受虫蛀。

B.1.10 拟赤杨 木材轻、质软、收缩小、强度低、易干燥，不耐腐。

注：木材的干燥难易系指板材而言，耐腐性系指心材部分在室外条件下而言，边材一般均不耐腐。在正常的温湿度条件下，用作室内不接触地面的构件，耐腐性并非是最重要的考虑条件。

B.2 应用范围

B.2.1 宜先在木柱、搁栅、檩条和较小跨度的钢木桁架中使用，在取得成熟经验后，再逐步扩大其应用范围。

B.2.2 不耐腐朽和易受虫蛀的树种木材，若无可靠的防腐防虫处理措施，不得用作露天结构。

B.3 设计指标

B.3.1 当材质和含水率符合本规范第 3.1.2 条和第 3.1.13 条的要求时，木材的强度设计值及弹性模量可按表 B.3.1 采用。

表 B.3.1 新利用树种木材的强度设计值和弹性模量（N/mm²）

强度等级	树种名称	抗弯 f_m	顺纹抗压及承压 f_c	顺纹抗剪 f_v	横纹承压 $f_{c,90}$ 全表面	横纹承压 $f_{c,90}$ 局部表面和齿面	横纹承压 $f_{c,90}$ 拉力螺栓垫板下	弹性模量 E
TB15	槐木 乌墨	15	13	1.8	2.8	4.2	5.6	9000
	木麻黄			1.6				
TB13	柠檬桉 隆缘桉 蓝桉	13	12	1.5	2.4	3.6	4.8	8000
	檫木			1.2				
TB11	榆木 臭椿 桤木	11	10	1.3	2.1	3.2	4.1	7000

注：杨木和拟赤杨顺纹强度设计值和弹性模量可按 TB11 级数值乘以 0.9 采用；横纹强度设计值可按 TB11 级数值乘以 0.6 采用。若当地有使用经验，也可在此基础上作适当调整。

B.3.2 当计算轴心受压和压弯木构件时，其稳定系数值应按本规范第 5.1.4 条和 5.3.2 条确定。

B.4 构造要求

设计新利用树种木材的承重结构时，除应遵守本规范有关章节的设计和构造的规定外，尚应符合下列要求：

B.4.1 当以新用树种木材作屋盖的承重结构时，宜采用外部排水和无天窗的构造方式。若用于桁架，宜采用钢木桁架。

B.4.2 应按本规范第 11 章的规定，注意做好防虫防腐处理。对于木麻黄等易虫蛀不耐腐的木材宜用于外露部位。若需置入墙内时，除做好构件本身的防虫防腐处理外，尚应对入墙部位加涂防腐油二次。

B.4.3 桁架上弦采用方木时，其截面宽度不宜小于 120mm；采用原木时，其小头直径不宜小于 110mm。木构件的净截面面积不宜小于 5000mm²。若有条件，宜直接使用原木。

B.4.4 不宜采用新利用阔叶材制作钉和齿板连接的轻型木结构。

附录 C 木材强度检验标准

C.1 方法概要

C.1.1 当取样检验一批木材的强度等级时，可根据其弦向静曲强度的检验结果进行判定。对于承重结构用材，应要求其检验结果的最低强度不得低于表 C.1.1 规定的数值。

表 C.1.1 木材强度检验标准

木材种类	针 叶 材				阔 叶 材				
强度等级	TC11	TC13	TC15	TC17	TB11	TB13	TB15	TB17	TB20
检验结果的最低强度值（N/mm²）	44	51	58	72	58	68	78	88	98

C.1.2 本规范未列出树种名称的进口木材，若无国内试验资料可供借鉴，应在使用前进行下列试验：

1 物理性能方面：木材的密度和干缩率；

2 力学性能方面：木材的抗弯、顺纹抗压和顺纹抗剪强度，以及木材的抗弯弹性模量。

C.2 试验方法

C.2.1 按国家标准《木材物理力学性能试验方法总则》GB 1929 有关规定进行，并应将试验结果换算到含水率为 12% 的数值。

C.3 取样方法及判定规则

C.3.1 为完成本规范第 C.1.1 条的检验，应从每批木材的总根数中随机抽取三根为试材，在每根试材髓心以外部分切取三个试件作为一组。根据各组平均值中最低的一个值确定该批木材的强度等级。

按检验结果确定的木材等级，不得高于本规范表 4.2.1-1 中同种木材的强度等级。对于树名不详的木材，应按检验结果确定的等级，采用该等级 B 组的设计指标。

为完成本规范第 C.1.2 条的检验，抽取的试材数量，可根据实际情况确定。一般情况下，宜随机抽取 5 根，每根试材在其髓心以外部分、切取每个试验项目的试件 6 个。

根据试验结果，比照性能相近树种的国产木材确定其强度等级和应用范围。

附录 D　木结构检查与维护要求

D.0.1　木结构工程在交付使用前应进行一次全面的检查，凡属要害部位（如支座节点和受拉接头等）均应逐个检查。凡是松动的钢拉杆和螺栓均应拧紧。

D.0.2　在工程交付使用后的两年内，使用单位（或房管部门），应根据当地气候特点（如雪季、雨季和风季前后）每年安排一次检查。两年以后的检查，可视具体情况予以安排。

检查内容：屋架支座节点有无受潮、腐蚀或虫蛀；天沟和天窗有无漏水或排水不畅；下弦接头处有无拉开，夹板的螺孔附近有无裂缝；屋架有无明显的下垂或倾斜；拉杆有无锈蚀，螺帽有无松动，垫板有无变形等等。

建设单位应对木结构（特别是公共建筑和厂房建筑）建立检查和维护的技术档案。

D.0.3　当发现有可能危及木结构安全的情况时，应及时进行加固。

注：采用钢丝捆绑的方法对防止裂缝的发展无明显效果。

附录 E　胶粘能力检验标准

E.1　方　法　概　要

E.1.1　胶的胶粘能力，可根据木材胶缝顺纹抗剪强度试验结果进行判定。对于承重结构用胶，其胶缝抗剪强度不应低于表 E.1.1 规定的数值。

表 E.1.1　对承重结构用胶胶粘能力的最低要求

试件状态	胶缝顺纹抗剪强度值（N/mm²）	
	红松等软木松	栎木或水曲柳
干　态	5.9	7.8
湿　态	3.9	5.4

E.2　材　料　要　求

E.2.1　胶合用的木材，应符合本规范第 3 章的要求。

E.2.2　胶液的工作活性，在 20±2℃室温下测定时，不应少于 2h。

E.2.3　胶合时木材的含水率，不应大于 15%。

E.3　试　件　制　备

E.3.1　试条由两块 25mm × 60mm × 320mm 的木板组成（图 E.3.1a）。木纹应与木板长度方向平行，年轮与胶合面成 40°～90°角。不得采用有树脂溢出的木材。

试条胶合前应经刨光，胶合面应密合，边角应完整。胶合面应在刨光后 2h 内涂胶。涂胶前，应清除胶合面的木屑和污垢。涂胶后应放置 15min 再叠合加压，压力可取 0.4～0.6N/mm²。在胶合过程中，室温宜为 20～25℃。

试条在加压状态下放置 24h，卸压后再养护 24h，方可加工试件。

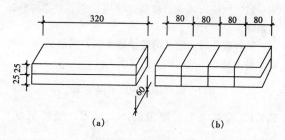

图 E.3.1　试条的尺寸

E.3.2　试件加工

将试条各截成四块（图 E.3.1b），按图 E.3.2 所示的形式和尺寸制成四个剪切试件。

试件刨光后应采用钢角尺检查，两端必须与侧面垂直，端面必须平整。试件受剪面尺寸的允许偏差为 ±0.5mm。

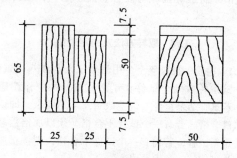

图 E.3.2　胶缝顺纹剪切试件

E.4　试验装置与设备

试件应置于专门的剪切装置（图 E.4）中，在小吨位（一般为 40kN）的木材试验机上进行试验。试验机测力盘的读数精度，应达到估计破坏荷载的 1% 或以下。

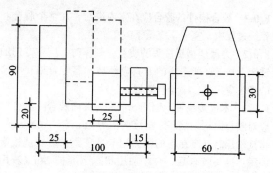

图 E.4　胶缝剪切试验装置

E.5 试验条件

E.5.1 干态试验应在胶合后的 3～5d 内进行。

E.5.2 湿态试验应在浸水 24h 后立即进行。

E.6 试验要求

E.6.1 试验时，应先用游标卡尺测量剪切面尺寸，准确至 0.1mm。试件放在夹具上应保证胶合面与加荷方向一致，加荷应均匀，加荷速度应控制试件 3～5min 内破坏。

试件破坏后，记录荷载量最大值；测量试件受剪面上沿木材剪坏的面积，精确至 3%。

E.7 试验结果的整理与计算

E.7.1 剪切强度极限值按下式计算，精确至 0.1 N/mm^2：

$$f_{vu} = \frac{Q_u}{A_v}$$

式中 f_{vu}——剪切强度极限值（N/mm^2）；

Q_u——荷载最大值（N）；

A_v——剪切面积（mm^2）。

E.7.2 试验记录应包括：强度极限及破坏特征，并应算出沿木材破坏面积与胶合总面积之比，以百分率计。

E.8 取样方法及判定规则

E.8.1 检验一批胶应至少用两个试条制成八个试件，每一试条各取两个试件作干态试验，两个作湿态试验。若试验结果符合本规范表 E.1.1 的要求，即认为该试件合格。若有一个试件不合格，须以加倍数量的试件重新试验，若仍有一个试件不合格，则该批胶应被判为不能用于承重结构。

E.8.2 若试件强度低于本规范表 E.1.1 所列数值，但其沿木材部分剪坏的面积不少于试件剪面的 75%，则仍可认为该试件合格。

E.8.3 对常用的耐水胶，可仅作干态试验。

附录 F 胶合工艺要求

F.0.1 胶合构件的胶合应在室内进行，在整个胶合和养护过程中，室温不应低于 16℃。

F.0.2 为保证指接接头的质量，制作时，应在专门的铣床上加工；所采用的刀具应经技术鉴定合格；所铣的指头应完整，不得有缺损。

F.0.3 木板接头铣、刨后，应在 12h 内胶合。胶合时应对胶合面均匀加压，指接的压力为 0.6～1.0N/mm²。指接加压时，应在指的两侧用卡具卡紧，然后从板端施压。接头胶合后，应在加压状态下养护 24h（若用高频电热加速胶的固化，则可免养护，但电热温度

及时间应经试验确定）。

F.0.4 木板应在完成其指接胶合工序后，方可刨光胶合面，刨光的质量应符合下列规定：

　　1 上、下胶合面应密合，无局部透光；个别部位因刀口缺损造成的凸痕，不应高出板面 0.2mm；

　　2 在刨光的木板中，靠近木节处的粗糙面长度不应大于 100mm；

　　3 采用对接接头的两木板，其厚度偏差不应超过 ±0.1mm。

F.0.5 木板刨光后，宜在 12h 内胶合，至多不超过 24h，木材上胶前，还应清除胶合面上的污垢。

F.0.6 木板上胶叠合后应对整个胶合面均匀加压。对于直线形构件压力应为 0.3～0.5N/mm²。对于曲线形构件，压力应为 0.5～0.6N/mm²。

F.0.7 为保证胶合构件在进入下一工序前胶缝有足够的强度，构件胶合的加压和养护时间应符合表 F.0.7 的要求。当采用高频电热或微波加热时，胶合加压及养护时间应按试验确定。

表 F.0.7　胶合构件加压及养护的最短时间

构件类别	室　内　温　度（℃）		
	16～20	21～25	26～30
	加压持续时间（h）		
不起拱的构件	8	6	4
起拱的构件	18	8	6
曲线形构件	24	18	12
所有构件	加压及卸压后养护的总时间（h）		
	32	30	24

F.0.8 胶合构件的制造质量应符合下列规定：

　　1 胶缝局部未粘结段的长度，在构件剪力最大的部位，不应大于 75mm，在其他部位，不应大于 150mm；所有的未粘结处，均不得有贯穿构件宽度的通缝；相邻两个未粘结段的净距，应不小于 600mm；指接胶缝中，不得有未胶合处；

　　2 胶缝的厚度应控制在 0.1～0.3mm 之间，如局部有厚度超过 0.3mm 的胶缝，其长度应小于 300mm，且最大的厚度不应超过 1mm；

　　3 以底层木板为准，各层板在宽度方向凸出或凹进不应超过 2mm；

　　4 制成的胶合构件，其实际尺寸对设计尺寸的偏差不应超过 ±5mm，且不应超过设计尺寸的 ±3%。

附录 G 本规范采用的木材名称及常用树种木材主要特性

G.1 本规范采用的木材名称

本规范除部分不便归类的木材仍采用原树种名称外，对同属而材性又相近的树种作了归类，并给予相应的木材名称，以利本规范的施行。

G.1.1 经归类的木材名称：

中国木材：

东北落叶松包括兴安落叶松和黄花落叶松（长白落叶松）二种。

铁杉包括铁杉、云南铁杉及丽江铁杉。

西南云杉包括麦吊云杉、油麦吊云杉、巴秦云杉及产于四川西部的紫果云杉和云杉。

红松包括红松、华山松、广东松、台湾及海南五针松。

西北云杉包括产于甘肃、青海的紫果云杉和云杉。

冷杉包括各地区产的冷杉属木材，有苍山冷杉、冷杉、岷江冷杉、杉松冷杉、臭冷杉、长苞冷杉等。

栎木包括麻栎、槲栎、柞木、小叶栎、辽东栎、抱栎、栓皮栎等。

青冈包括青冈、小叶青冈、竹叶青冈、细叶青冈、盘克青冈、滇真冈、福建青冈、黄青冈等。

椆木包括柄果椆、包椆、石栎、茸毛椆（猪栎）等。

锥栗包括红锥、米槠、苦槠、罗浮锥、大叶锥（钩粟）、栲树、南岭锥、高山锥、吊成锥、甜槠等。

桦木包括白桦、硕桦、西南桦、红桦、棘皮桦等。

进口木材：

花旗松——落叶松类包括北美黄杉、粗皮落叶松。

铁—冷杉类包括加州红冷杉、巨冷杉、大冷杉、太平洋银冷杉、西部铁杉、白冷杉等。

铁—冷杉类（北部）包括太平洋冷杉、西部铁杉。

南方松类包括火炬松、长叶松、短叶松、湿地松。

云杉—松—冷杉类包括落基山冷杉、香脂冷杉、黑云杉，北美山地云杉、北美短叶松、扭叶松、红果云杉、白云杉。

俄罗斯落叶松包括西伯利亚落叶松和兴安落叶松。

G.1.2 东北一般称为白松的木材，实际上包括鱼鳞云杉、红皮云杉、沙松冷杉及臭冷杉四种，由于各树种的材性差异颇大，因此本规范不采用白松的统称而分别列出。

G.1.3 为了简化叙述，在部分条文和表格中还采用了"软木松"和"硬木松"两个名称，以概括某些树种。软木松系指五针松类，如红松、华山松、广东松、台湾或海南五针松等。硬木松系指二针或三针松类，如马尾松、云南松、赤松、樟子松、油松等。

G.2 常用木材的主要特性

G.2.1 落叶松　干燥较慢、易开裂，早晚材硬度及干缩差异均大，在干燥过程中容易轮裂，耐腐性强。

G.2.2 铁杉　干燥较易，干缩小至中，耐腐性中等。

G.2.3 云杉　干燥易，干后不易变形，干缩较大，不耐腐。

G.2.4 马尾松、云南松、赤松、樟子松、油松等干燥时可能翘裂，不耐腐，最易受白蚁危害，边材蓝变最常见。

G.2.5 红松、华山松、广东松、海南五针松、新疆红松等　干燥易，不易开裂或变形，干缩小，耐腐性中等，边材蓝变最常见。

G.2.6 栎木及椆木　干燥困难，易开裂，干缩甚大，强度高、甚重、甚硬，耐腐性强。

G.2.7 青冈　干燥难，较易开裂，可能劈裂，干缩甚大，耐腐性强。

G.2.8 水曲柳　干燥难，易翘裂，耐腐性较强。

G.2.9 桦木　干燥较易，不翘裂，但不耐腐。

注：干燥难易，耐腐性的解释同本规范附录B注。

附录 H　主要进口木材现场
识别要点及主要材性

H.1　针叶树林

H.1.1 南方松（southerm pine）。

学名：pinus spp

包括海湾油松（pinus elliottii）、长叶松（pinus palustris）、短叶松（pinus echinata）、火炬松（pinus taeda）、湿地松（pinus elliottii）。

木材特征：边材近白至淡黄、橙白色，心材明显，呈淡红褐或浅褐色。含树脂多，生长轮清晰。海湾油松早材带较宽，短叶松较窄，早晚材过渡急变。薄壁组织及木射线不可见，有纵横向树脂道及明显的树脂气味。木材纹理直但不均匀。

主要材性：海湾油松及长叶松强度较高，其他两种稍低。耐腐性中等，但防腐处理不易。干燥慢，干缩略大，加工较难，握钉力及胶粘性能好。

H.1.2 西部落叶松（western larch）。

学名：larix accidentalis

木材特征：边材带白或淡红褐色，带宽很少超过25mm，心材赤褐或淡红褐色。生长轮清晰而均匀，早材带占轮宽2/3以上，晚材带狭窄，早晚材过渡急变。薄壁组织不可见，木射线细，仅在径切面上可见不明显的斑纹。有纵横向树脂道，木材无异味，具有油性表面，手感油滑。木材纹理直。

主要材性：强度高，耐腐性中，但干缩较大，易劈裂和轮裂。

H.1.3 欧洲赤松（scotch pine，cocHa обыкновенная）。

学名：pinus sylvestris

木材特征：边材淡黄色，心材浅红褐色，在生材状态下心材边材区别不大，随着木材的干燥，心材颜色逐渐变深，与边材显著不同。生长轮清晰，早晚材界限分明，过渡急变。木射线不可见，有纵横向树脂道，且主要集中在生长轮的晚材部分。木材纹理直。

主要材性：强度中，耐腐性小，易受小蠹虫和天牛的危害。易干燥、干燥性能良好，胶粘性能良好。

H.1.4 俄罗斯落叶松（Лиственния）。

学名：larix

包括西伯利亚落叶松（larix sibirica）和兴安落叶松（larix dahurica）。

木材特征：边材白色，稍带黄褐色，心材红褐色，边材带窄，心边材界限分明。生长轮清晰，早材淡褐色，晚材深褐色，早晚材过渡急变。薄壁组织及木射线不可见。有纵横向树脂道，但细小且数目不多。

主要材性：强度高，耐腐性强，但防腐处理难。干缩较大，干燥较慢，在干燥过程中易轮裂。加工难，钉钉易劈。

H.1.5 花旗松（douglas fir）。

学名：pseudotsuga menziesii

北美花旗松分为北部（含海岸型）与南部两类，北部产的木材强度较高，南部产的木材强度较低，使用时应加注意。

木材特征：边材灰白至淡黄褐色，心材桔黄至浅桔红色，心边材界限分明。在原木截面上可见边材有一白色树脂圈，生长轮清晰，但不均匀，早晚材过渡急变。薄壁组织及木射线不可见。木材纹理直，有松脂香味。

主要材性：强度较高，但变化幅度较大，使用时除应注意区分其产地外，尚应限制其生长轮的平均宽度不应过大。耐腐性中，干燥性较好，干后不易开裂翘曲。易加工，握钉力良好，胶粘性能好。

H.1.6 南亚松（merkus pine）。

学名：pinus tonkinensis

木材特征：边材黄褐至浅红褐色，心材红褐带紫色。生长轮清晰但不均匀，早晚材区别明显，过渡急变。木射线略可见，有纵横向树脂道。木材光泽好，松脂气味浓，手感油滑。木材纹理直或斜。

主要材性：强度中，干缩中，干燥较难，且易裂，边材易蓝变。加工较难，胶粘性能差。

H.1.7 北美落叶松（tamarack）。

学名：larix laricina

木材特征：边材带白色，狭窄，心材黄褐色（速生材淡红褐色）。生长轮宽而清晰，早材带占轮宽 3/4 以上，早晚材过渡急变。薄壁组织不可见，木射线仅在径面可见细而密不明显的斑纹。有纵横向树脂道。木材略含油质，手感稍润滑，但无气味。木材纹理呈螺旋纹。

主要材性：强度中，耐腐中，易加工。

H.1.8 西部铁杉（western hemlock）。

学名：tsuga heteophylla

木材特征：边材灰白至浅黄褐色，心材色略深，心材边材界限不分明。生长轮清晰，且呈波浪状，早材带占轮宽 2/3 以上，晚材呈玫瑰、淡紫或淡红色，且带黑色条纹（也称鸟喙纹）偶有白色斑点。

原木近树皮的几个生长轮为白色，早晚材过渡渐变。薄壁组织不可见，木射线仅在径切面见不显著的细密斑纹，无树脂道。新伐材有酸性气味，木材纹理直而匀。

主要材性：强度中，不耐腐，且防腐处理难，干缩略大，干燥较慢。易加工、钉钉，胶粘性能良好。

H.1.9 太平洋银冷杉（pacific silver fir）。

学名：abies amabilis

木材特征：较一般冷杉色深，心边材区别不明显。生长轮清晰，早晚材过渡渐变。薄壁组织不可见，木射线在径切面有细而密的不显著斑纹，无树脂道，木材纹理直而匀。

主要材性：强度中，不耐腐，干缩略大，易干燥、加工、钉钉，胶粘性能良好。

H.1.10 欧洲云杉（european spruce，Елв обыкновенная）。

学名：picea abies

木材特征：木材呈均匀白色，有时呈淡黄或淡红色，稍有光泽，心边材区别不明显。生长轮清晰，晚材较早材色深。有纵横向树脂道。木材纹理直，有松脂气味。

主要材性：强度中，不耐腐，防腐处理难。易干燥、加工、钉钉，胶粘性能好。

H.1.11 海岸松（maritime pine）。

学名：pinus pinastor

木材特征：类似欧洲赤松，但树脂较多。

主要材性：与欧洲赤松略同。

H.1.12 俄罗斯红松（korean pine кедр корейскин）。

学名：pinus koraiensis

木材特征：边材浅红白色，心材淡褐微带红色，心边材区别明显，但无清晰的界限。生长轮清晰，早晚材过渡渐变。木射线不可见，有纵横向树脂道，多均匀分布在晚材带。木材纹理直而匀。

主要材性：强度较欧洲赤松低，不耐腐。干缩小，干燥快，且干后性质好。易加工，切面光滑，易钉钉，胶粘性能好。

H.1.13 新西兰辐射松（new zealand radiata pine）。

学名：pinus radiata D. Don

木材特征：心材介于均匀的淡褐色到粟色之间，边材为奶黄色，生长轮清晰，心材较少。

主要材性：速生树种，强度随生长轮从木髓到边材的位置而不同。作为结构用材生长轮的平均宽度应限制在 15mm 以内或经机械分级。密度中等，适合窑干，新伐材蓝变极易发生，但可用有效措施控制，易于防腐处理，易于加工、紧固、指接和胶合。

H.1.14 东部云杉（eastern spruce）。

学名：picea spp

包括白云杉（picea glauca）、红云杉（picea rubens）、黑云杉（picea mariana）。

木材特征：心边材无明显区别，色呈白至淡黄褐色，有光泽。生长轮清晰，早材较晚材宽数倍。薄壁组织不可见，有纵横向树脂道。木材纹理直而匀。

主要材性：强度低，不耐腐，且防腐处理难。干缩较小，干燥快且少裂，易加工、钉钉，胶粘性能良好。

H.1.15 东部铁杉（eastern hemlock）。

学名：tsuga canadensis

木材特征：心材淡褐略带淡红色，边材色较浅，心边材无明显区别。生长轮清晰，早材占轮宽的 2/3 以上，早晚材过渡渐变至急变。薄壁组织不可见，木射线仅在径切面呈细而密不显著的斑纹，无树脂道。木材纹理不匀且常具螺旋纹。

主要材性：强度低于西部铁杉，不耐腐。干燥稍难，加工性能同西部铁杉。

H.1.16 白冷杉（white fir）。

学名：abies concolor

木材特征：木材白至黄褐色，其余特征与太平洋银冷杉略同。

主要材性：强度低于太平洋银冷杉，不耐腐，干缩小，易加工。

H.1.17 西加云杉（sitka spruce）。

学名：picea sitchensis

木材特征：边材乳白至淡黄色，心材淡红黄至淡紫褐色，心边材区别不明显。生长轮清晰，早材占生长轮的 1/2 至 2/3，早晚材过渡渐变。薄壁组织及木射线不可见，有纵横向树脂道，木材稍有光泽，纹理直而匀，在弦面上常呈凹纹。

主要材性：强度低，不耐腐，干缩较小；易干燥、加工、钉钉，胶粘性能良好。

H.1.18 北美黄松（ponderosa pine）。

学名：pinus ponderosa

木材特征：边材近白至淡黄色，带宽（常含 80 个以上的生长轮），心材微黄至淡红或橙褐色。生长轮不清晰至清晰，早晚材过渡急变。薄壁组织及木射线不可见，有纵横向树脂道，木材纹理直，匀至不匀。

主要材性：强度较低，不耐腐，防腐处理略难，干缩小，易干燥、加工、钉钉，胶粘性能良好。

H.1.19 巨冷杉（grand fir）。

学名：abies grandis

木材特征：与白冷杉近似。

主要材性：强度较白冷杉略低，其余性质略同。

H.1.20 西伯利亚松（кедр сибирский）。

学名：pinus sibirica

木材特征：与俄罗斯红松同。

主要材性：与俄罗斯红松同。

H.1.21 小干松（lodgepole pine）。

学名：pinus contorta

木材特征：边材近白至淡黄色，心材淡黄褐色，心边材颜色相近，难清晰区别。生长轮尚清晰，早晚材过渡渐变。薄壁组织不可见，木射线细，有纵横向树脂道。生材有明显的树脂气味，木材纹理直而不匀。

主要材性：强度低，不耐腐，防腐处理难，常受小蠹虫和天牛的危害。干缩略大，干燥快且性质良好，易加工、钉钉，胶粘性能良好。

H.2 阔叶树林

H.2.1 门格里斯木（mengris）。

学名：koonpassia spp

木材特征：边材白或浅黄色，心材新切面呈浅红至砖红色，久变深桔红色。生长轮不清晰，管孔散生，分布较匀，有侵填体。轴向薄壁组织呈环管束状、似翼状或连续成段的窄带状，木射线可见，在径面呈斑纹，弦面呈波浪。无胞间道，木材有光泽，且有黄褐色条纹，纹理交错间有波状纹。

主要材性：强度高，耐腐，干缩小，干燥性质良好，加工难，钉钉易劈裂。

H.2.2 卡普木（山樟，kapur）。

学名：dryobalanops spp

木材特征：边材浅黄褐或略带粉红色，新切面心材为粉红至深红色，久变为红褐、深褐或紫红褐色，心边材区别明显。生长轮不清晰，管孔呈单独体，分布匀，有侵填体。轴向薄壁组织呈傍管状或翼状。木射线少，有径面上的斑纹，弦面上的波痕。有轴向胞间道，呈白色点状、单独或断续的长弦列。木材有光泽，新切面有类似樟木气味，纹理略交错至明显交错。

主要材性：强度高，耐腐，但防腐处理难，干缩大，干燥缓慢，易劈裂。加工难，但钉钉不难，胶粘性能好。

H.2.3 沉水稍（重娑罗双、塞兰甘巴都，selangau batu）。

学名：shorea spp 或 hopeas spp

木材特征：材色浅褐至黄褐色，久变深褐色，边材色浅，心边材易区别。生长轮不清晰，管孔散生，分布均匀。轴向薄壁组织呈环管束状、翼状或聚翼状，木射线可见，有轴向胞间道，在横截面呈点状或长弦列。木材纹理交错。

主要材性：强度高，耐腐，但防腐处理难，干缩较大，干燥较慢，易裂，加工较难，但加工后可得光滑的表面。

H.2.4 克隆（克鲁因，keruing）。

学名：dipterocarpus spp

木材特征：边材灰褐至黄褐或紫灰色，心材新切面为紫红色，久变深紫红褐或浅红褐色，心边材区别明显。生长轮不清晰，管孔散生，分布不均，无侵填体，含褐色树胶。轴向薄壁组织呈傍管型、离管型、周边薄壁组织存在于胞间道周围呈翼状，木射线可见，有轴向胞间道，在横截面呈白点状、单独或短弦列（2~3个），偶见长弦列。木材有光泽，在横截面有树胶渗出，纹理直或略交错。

主要材性：强度高但次于沉水稍，心材略耐腐，而边材不耐腐，防腐处理较易。干缩大且不匀，干燥较慢，易翘裂。加工难，易钉钉，胶粘性能良好。

H.2.5 绿心木（greenheart）。

学名：ocotea rodiaei

木材特征：边材浅黄白色，心材浅黄绿色，有光泽，心边材区别不明显。生长轮不清晰，管孔分布匀，呈单独或2~3个径列，含树胶。轴向薄壁组织呈环管束状、环管状或星散状。木射线细色浅，放大镜下见径面斑纹，弦面无波痕，无胞间道。木材纹理直或交错。

主要材性：强度高，耐腐。干燥难，端面易劈裂，但翘曲小，加工难，钉钉易劈，胶粘性能好。

H.2.6 紫心木（purpleheart）。

学名：peltogyne spp

木材特征：边材白色且有紫色条纹，心材为紫色，心边材区别明显，生长轮略清晰，管孔分布均匀，呈单独间或2~3个径列，偶见树胶。轴向薄壁组织呈翼状、聚翼状，间有断续带状。木射线色浅可见，径面有斑纹，弦面无波痕，无胞间道。木材有光泽，纹理直，间有波纹及交错纹。

主要材性：强度高，耐腐，心材极难浸注。干燥快，加工难，钉钉易劈裂。

H.2.7 李叶豆（贾托巴木，jatoba）。

学名：hymeneae courbaril

木材特征：边材白或浅灰色，略带浅红褐色，心材黄褐至红褐色，有条纹，心边材区别明显。生长轮清晰，管孔分布不匀，呈单独状，含树胶。轴向薄壁组织呈轮界状、翼状或聚翼状，木射线多，径面有显著银光斑纹，弦面无波痕，有胞间道。木材有光泽，纹理直或交错。

主要材性：强度高，耐腐。干燥快，易加工。

H.2.8 塔特布木（tatabu）。

学名：diplotropis purpurea

木材特征：边材灰白略带黄色，心材浅褐至深褐色，心边材区别明显。生长轮略清晰，管孔分布均匀，呈单独状，轴向薄壁组织呈环管束状、聚翼状连接成断续窄带。木射线略细，径面有斑纹，弦面无波痕，无胞间道。木材光泽弱，手触有腊质感，纹理直或不规则。

主要材性：强度高，耐腐，加工难。

H.2.9 达荷玛木（dahoma）。

学名：piptadeniastrum africanum

木材特征：边材灰白色，心材浅黄灰褐至黄褐色，心边材区别明显。生长轮清晰。管孔呈单独或2~4个径列，有树胶。轴向薄壁组织呈不连续的轮界状、管束状、翼状和聚翼状；木射线细但可见。木材新切面有难闻的气味，纹理较直或交错。

主要材性：强度中，耐腐。干燥缓慢，变形大，易加工、钉钉，胶粘性能良好。

H.2.10 萨佩莱木（sapele）。

学名：entandrophragma cylindricum

木材特征：边材浅黄或灰白色，心材为深红或深紫色，心边材区别明显。生长轮清晰，管孔呈单独、短径列、径列或斜径列。薄壁组织呈轮界状、环管状或宽带状；木射线细不明显，径面有规则的条状花纹或断续短条纹。木材具有香椿似的气味，纹理交错。

主要材性：强度中，耐腐中，易干燥、加工、钉钉，胶粘性能良好。

H.2.11 苦油树（安迪罗巴，andiroba）。

学名：carapa guianensis

木材特征：木材深褐至黑褐色，心材较边材略深，心边材区别不明显。生长轮清晰，管孔分布较匀，呈单独或2~3个径列，含深色侵填体。轴向薄壁组织呈环管状或轮界状，木射线略多，径面有斑纹，弦面无波痕，无胞间道。木材径面有光泽，纹理直或略交错。

主要材性：强度中，耐腐中，干缩中。易加工，钉钉易裂，胶粘性能良好。

H.2.12 毛罗藤黄（曼尼巴利，manniballi）。

学名：moronbea coccinea

木材特征：边材浅黄色，心材深黄或黄褐色，心边材区别略明显。生长轮略清晰，管孔分布不甚均匀，呈单独、间或二至数个径列，含树胶。轴向薄壁组织呈同心带状或环管状，木射线略细，径面有斑纹，弦面无波痕，无胞间道，木材有光泽，加工时有微弱香气，纹理直。

主要材性：强度中，耐腐，易气干、加工。

H.2.13 黄梅兰蒂（黄柳桉，yellow meranti）。

学名：shorea spp

木材特征：心材浅黄褐或浅褐色带黄，边材新伐时亮黄至浅黄褐色，心边材区别明显。生长轮不清晰，管孔散生，分布颇匀，有侵填体。轴向薄壁组织多，木射线细，有胞间道，在横截面呈白点状长弦列。木材纹理交错。

主要材性：强度中，耐腐中。易干燥、加工、钉钉，胶粘性能良好。

H.2.14 梅萨瓦木（marsawa）。

学名：anisopteia spp

木材特征：边材浅黄色，心材浅黄褐或淡红色，生材心边材区别不明显，久之心材色变深。生长轮不清晰。管孔呈单独、间或成对状，有侵填体。轴向薄壁组织呈环管状、环管束状或呈散状，木射线色浅可见，径面有斑纹，有胞间道。木材有光泽，纹理直或略交错，有时略有螺旋纹。

主要材性：强度中，心材略耐腐，防腐处理难。干燥慢，加工难，胶粘性能良好。

H.2.15　红劳罗木（red louro）。

学名：ocotea rubra

木材特征：边材黄灰至略带浅红灰色，心材略带浅红褐色至红褐色，心边材区别不明晰。生长轮不清晰、管孔分布颇匀，呈单独或 2～3 个径列，有侵填体。轴向薄壁组织呈环管状、环管束状或翼状，木射线略少，无胞间道。木材略有光泽，纹理直，间有螺旋状。

主要材性：强度中，耐腐，但防腐处理难。易干燥、加工，胶粘性能良好。

H.2.16　深红梅兰蒂（深红柳桉，dark red meranti）。

学名：shorea spp

木材特征：边材桃红色，心材红至深红色，有时微紫，心边材区别略明显。生长轮不清晰，管孔散生、斜列，分布匀，偶见侵填体。木射线狭窄但可见，有胞间道，在横截面呈白点状长弦列。木材纹理交错。

主要材性：强度中，耐腐，但心材防腐处理难。干燥快，易加工、钉钉，胶粘性能良好。

H.2.17　浅红梅兰蒂（浅红柳桉，light red meranti）。

学名：shorea spp

木材特征：心材浅红至浅红褐色，边材色较浅，心边材区别明显。生长轮不清晰，管孔散生、斜列，分布匀，有侵填体。轴向薄壁组织呈傍管型、环管束状及翼状，少数聚翼状。木射线及跑间道同黄梅兰蒂。木材纹理交错。

主要材性：强度略低于深红梅兰蒂，其余性质同黄梅兰蒂。

H.2.18　白梅兰蒂（白柳桉，white meranti）。

学名：shorea spp

木材特征：心材新伐时白色，久变浅黄褐色，边材色浅，心边材区别明显。生长轮不清晰，管孔散生，少数斜列，分布较匀。轴向薄壁组织多，木射线窄，仅见波痕，有胞间道，在横截面呈白点状、同心圆或长弦列。木材纹理交错。

主要材性：强度中至高、不耐腐，防腐处理难。干缩中至略大，干燥快，加工易至难。

H.2.19　巴西红厚壳木（杰卡雷巴，jacareuba）。

学名：calophyllum brasiliensis

木材特征：心材红或深红色，有时夹杂暗红色条纹，边材较浅，心边材区别明显。生长轮不清晰，管孔少。轴向薄壁组织呈带状，木射线细，径面上有斑纹，弦面无波痕，无胞间道。木材有光泽，纹理交错。

主要材性：强度低，耐腐。干缩较大，干燥慢，易翘曲，易加工，但加工时易起毛或撕裂，钉钉难，胶粘性能好。

H.2.20　小叶椴（дипа мелколистная）。

学名：tilia cordata

木材特征：木材白色略带浅红色，心边材区别不明显。生长轮略清晰，管孔略小。木射线在径面有斑纹。木材纹理直。

主要材性：强度低，不耐腐，但易防腐处理。易干燥，且干后性质好，易加工，加工后切面光滑。

H.2.21　大叶椴（T.plalyphyllos）。

材质与小叶椴类似。

注：本规范介绍的识别要点，仅供工程建设单位对物资供应部门声明的树种进行核对使用，所提供的木材树种不明时，则应提请当地林业科研单位进行鉴别。

附录 J　进口规格材强度设计指标

J.1　已经换算的目测分级进口规格材的强度设计指标

J.1.1　已经换算的部分目测分级进口规格材的强度设计值和弹性模量见表 J.1.1-1、J.1.1-2，但尚应乘以表 J.1.1-3 的尺寸调整系数。

表 J.1.1-1　北美地区目测分级进口规格材强度设计值和弹性模量

名称	等级	截面最大尺寸(mm)	设计值（N/mm²）					弹性模量 E
			抗弯 f_m	顺纹抗压 f_c	顺纹抗拉 f_t	顺纹抗剪 f_v	横纹承压 $f_{c,90}$	
花旗松—落叶松类（南部）	I$_c$	285	16	18	11	1.9	7.3	13000
	II$_c$		11	16	7.2	1.9	7.3	12000
	III$_c$		9.7	15	6.2	1.9	7.3	11000
	IV$_c$、V$_c$		5.6	8.3	3.5	1.9	7.3	10000
	VI$_c$	90	11	18	7.0	1.9	7.3	10000
	VII$_c$		6.2	15	4.0	1.9	7.3	10000
花旗松—落叶松类（北部）	I$_c$	285	15	20	8.8	1.9	7.3	13000
	II$_c$		9.1	15	5.4	1.9	7.3	11000
	III$_c$		9.1	15	5.4	1.9	7.3	11000
	IV$_c$、V$_c$		5.1	8.8	3.2	1.9	7.3	10000
	VI$_c$	90	10	19	6.2	1.9	7.3	10000
	VII$_c$		5.6	15	3.5	1.9	7.3	10000
铁—冷杉（南部）	I$_c$	285	15	16	9.9	1.6	4.7	11000
	II$_c$		11	15	6.7	1.6	4.7	10000
	III$_c$		9.1	14	5.6	1.6	4.7	9000
	IV$_c$、V$_c$		5.4	7.8	3.2	1.6	4.7	8000
	VI$_c$	90	11	17	6.4	1.6	4.7	9000
	VII$_c$		5.9	14	3.5	1.6	4.7	8000

名称	等级	截面最大尺寸(mm)	设计值（N/mm²） 抗弯 f_m	顺纹抗压 f_c	顺纹抗拉 f_t	顺纹抗剪 f_v	横纹承压 $f_{c,90}$	弹性模量 E
铁—冷杉(北部)	I_c	285	14	18	8.3	1.6	4.7	12000
	II_c		11	16	6.2	1.6	4.7	11000
	III_c		11	16	6.2	1.6	4.7	11000
	IV_c、V_c		6.2	9.1	3.5	1.6	4.7	10000
	VI_c	90	12	19	7.0	1.6	4.7	10000
	VII_c		7.0	16	3.8	1.6	4.7	10000
南方松	I_c	285	20	19	11	1.9	6.6	12000
	II_c		13	17	7.2	1.9	6.6	12000
	III_c		11	16	5.9	1.9	6.6	11000
	IV_c、V_c		6.2	8.8	3.5	1.9	6.6	10000
	VI_c	90	12	19	6.7	1.9	6.6	10000
	VII_c		6.7	16	3.8	1.9	6.6	9000
云杉—松—冷杉类	I_c	285	13	15	7.5	1.4	4.9	10300
	II_c		9.4	12	4.8	1.4	4.9	9700
	III_c		9.4	12	4.8	1.4	4.9	9700
	IV_c、V_c		5.4	7.0	2.7	1.4	4.9	8300
	VI_c	90	11	15	5.4	1.4	4.9	9000
	VII_c		5.9	12	2.9	1.4	4.9	8300
其他北美树种	I_c	285	9.7	11	4.3	1.2	3.9	7600
	II_c		6.4	9.1	2.9	1.2	3.9	6900
	III_c		6.4	9.1	2.9	1.2	3.9	6900
	IV_c、V_c		3.8	5.4	1.6	1.2	3.9	6200
	VI_c	90	7.5	11	3.2	1.2	3.9	6900
	VII_c		4.3	9.4	1.9	1.2	3.9	6200

表 J.1.1-2　欧洲地区目测分级进口规格材强度设计值和弹性模量

名称	等级	截面最大尺寸(mm)	设计值（N/mm²） 抗弯 f_m	顺纹抗压 f_c	顺纹抗拉 f_t	顺纹抗剪 f_v	横纹承压 $f_{c,90}$	弹性模量 E
欧洲赤松 欧洲落叶松 欧洲云杉	I_c	285	17	18	8.2	2.2	6.4	12000
	II_c		14	17	6.4	1.8	6.0	11000
	III_c		9.3	14	4.6	1.3	5.3	8000
	IV_c、V_c		8.1	13	3.7	1.2	4.8	7000
	VI_c	90	14	16	6.9	1.3	5.3	8000
	VII_c		12	15	5.5	1.2	4.8	7000

名称	等级	截面最大尺寸(mm)	设计值（N/mm²） 抗弯 f_m	顺纹抗压 f_c	顺纹抗拉 f_t	顺纹抗剪 f_v	横纹承压 $f_{c,90}$	弹性模量 E
欧洲道格拉斯松	I_c、II_c	285	12	16	5.1	1.6	5.5	11000
	III_c		7.9	13	3.6	1.2	4.8	8000
	IV_c、V_c		6.9	12	2.9	1.1	4.4	7000

表 J.1.1-3　尺寸调整系数

等级	截面高度(mm)	抗弯 截面宽度（mm）40和65	90	顺纹抗压	顺纹抗拉	其他
I_c、II_c、III_c、IV_c、V_c	≤90	1.5	1.5	1.15	1.5	1.0
	115	1.4	1.4	1.1	1.4	1.0
	140	1.3	1.3	1.1	1.3	1.0
	185	1.2	1.2	1.05	1.2	1.0
	235	1.1	1.2	1.0	1.1	1.0
	285	1.0	1.1	1.0	1.0	1.0
VI_c、VII_c	≤90	1.0	1.0	1.0	1.0	1.0

J.1.2 北美地区目测分级规格材代码和本规范目测分级规格材代码对应关系见表J.1.2。

表 J.1.2　北美地区规格材与本规范规格材对应关系

本规范规格材等级	北美规格材等级
I_c	Select structural
II_c	No.1
III_c	No.2
IV_c	No.3
V_c	Stud
VI_c	Construction
VII_c	Standard

J.2　机械分级规格材的强度设计指标

J.2.1　机械分级规格材的强度设计值和弹性模量见表J.2.1。

表 J.2.1 机械分级规格材强度设计值和弹性模量（N/mm²）

强度	强度等级							
	M10	M14	M18	M22	M26	M30	M35	M40
抗弯 f_m	8.20	12	15	18	21	25	29	33
顺纹抗拉 f_t	5.0	7.0	9.0	11	13	15	17	20
顺纹抗压 f_c	14	15	16	18	19	21	22	24
顺纹抗剪 f_v	1.1	1.3	1.6	1.9	2.2	2.4	2.8	3.1
横纹承压 $f_{c,90}$	4.8	5.0	5.1	5.3	5.4	5.6	5.8	6.0
弹性模量 E	8000	8800	9600	10000	11000	12000	13000	14000

表 J.2.2 机械分级强度等级对应关系表

本规范采用等级	M10	M14	M18	M22	M26	M30	M35	M40
北美采用等级		1200f-1.2E	1450f-1.3E	1650f-1.5E	1800f-1.6E	2100f-1.8E	2400f-2.0E	2850f-2.3E
新西兰采用等级	MSG6	MSG8	MSG10		MSG12		MSG15	
欧洲采用等级		C14	C18	C22	C27	C30	C35	C40

注：1 对于北美机械分级规格材，横纹承压和顺纹抗剪的强度设计值为《木结构设计规范》GB 50005-2003 表 J.1.1-1 中相应目测分级规格材的强度设计值。

2 对于那些经过认证审核并且在生产过程中有常规足尺测试的特征强度值，其强度设计值可按有关程序由测试特征强度值（而不是强度相关关系）确定。

J.3 规格材的共同作用系数

J.3.1 当规格材搁栅数量大于 3 根，且与楼面板、屋面板或其他构件有可靠连接时，设计搁栅的抗弯承载力时，可将抗弯强度设计值 f_m 乘以 1.15 的共同作用系数。

J.2.2 部分国家机械分级规格材等级与本规范机械分级规格材等级对应关系见表 J.2.2。

附录 K 轴心受压构件稳定系数

表 K.0.1 TC17、TC15 及 TB20 级木材的 φ 值表

λ	0	1	2	3	4	5	6	7	8	9
0	1.000	1.000	0.999	0.998	0.998	0.996	0.994	0.992	0.990	0.988
10	0.985	0.981	0.978	0.974	0.970	0.966	0.962	0.957	0.952	0.947
20	0.941	0.936	0.930	0.924	0.917	0.911	0.904	0.898	0.891	0.884
30	0.877	0.869	0.862	0.854	0.847	0.839	0.832	0.824	0.816	0.808
40	0.800	0.792	0.784	0.776	0.768	0.760	0.752	0.743	0.735	0.727
50	0.719	0.711	0.703	0.695	0.687	0.679	0.671	0.663	0.655	0.648
60	0.640	0.632	0.625	0.617	0.610	0.602	0.595	0.588	0.580	0.573
70	0.566	0.559	0.552	0.546	0.539	0.532	0.519	0.506	0.493	0.481
80	0.469	0.457	0.446	0.435	0.425	0.415	0.406	0.396	0.387	0.379
90	0.370	0.362	0.354	0.347	0.340	0.332	0.326	0.319	0.312	0.306
100	0.300	0.294	0.288	0.283	0.277	0.272	0.267	0.262	0.257	0.252
110	0.248	0.243	0.239	0.235	0.231	0.227	0.223	0.219	0.215	0.212
120	0.208	0.205	0.202	0.198	0.195	0.192	0.189	0.186	0.183	0.180
130	0.178	0.175	0.172	0.170	0.167	0.165	0.162	0.160	0.158	0.155
140	0.153	0.151	0.149	0.147	0.145	0.143	0.141	0.139	0.137	0.135
150	0.133	0.132	0.130	0.128	0.126	0.125	0.123	0.122	0.120	0.119
160	0.117	0.116	0.114	0.113	0.112	0.110	0.109	0.108	0.106	0.105
170	0.104	0.102	0.101	0.100	0.0991	0.0980	0.0968	0.0958	0.0947	0.0936
180	0.0926	0.0916	0.0906	0.0896	0.0886	0.0876	0.0867	0.0858	0.0849	0.0840
190	0.0831	0.0822	0.0814	0.0805	0.0797	0.0789	0.0781	0.0773	0.0765	0.0758
200	0.0750									

表中的 φ 值系按下列公式算得：

当 $\lambda \leqslant 75$ 时　$\varphi = \dfrac{1}{1 + \left(\dfrac{\lambda}{80}\right)^2}$

当 $\lambda > 75$ 时　$\varphi = \dfrac{3000}{\lambda^2}$

表 K.0.2　TC13、TC11、TB17、TB15、TB13 及 TB11 级木材的 φ 值表

λ	0	1	2	3	4	5	6	7	8	9
0	1.000	1.000	0.999	0.998	0.996	0.994	0.992	0.988	0.985	0.981
10	0.977	0.972	0.967	0.962	0.956	0.949	0.943	0.936	0.929	0.921
20	0.914	0.905	0.897	0.889	0.880	0.871	0.862	0.853	0.843	0.834
30	0.824	0.815	0.805	0.795	0.785	0.775	0.765	0.755	0.745	0.735
40	0.725	0.715	0.705	0.696	0.686	0.676	0.666	0.657	0.647	0.638
50	0.628	0.619	0.610	0.601	0.592	0.583	0.574	0.565	0.557	0.548
60	0.540	0.532	0.524	0.516	0.508	0.500	0.492	0.485	0.477	0.470
70	0.463	0.456	0.449	0.442	0.436	0.429	0.422	0.416	0.410	0.404
80	0.398	0.392	0.386	0.380	0.374	0.369	0.364	0.358	0.353	0.348
90	0.343	0.338	0.331	0.324	0.317	0.310	0.304	0.298	0.292	0.286
100	0.280	0.274	0.269	0.264	0.259	0.254	0.249	0.244	0.240	0.236
110	0.231	0.227	0.223	0.219	0.215	0.212	0.208	0.204	0.201	0.198
120	0.194	0.191	0.188	0.185	0.182	0.179	0.176	0.174	0.171	0.168
130	0.166	0.163	0.161	0.158	0.156	0.154	0.151	0.149	0.147	0.145
140	0.143	0.141	0.139	0.137	0.135	0.133	0.131	0.130	0.128	0.126
150	0.124	0.123	0.121	0.120	0.118	0.116	0.115	0.114	0.112	0.111
160	0.109	0.108	0.107	0.105	0.104	0.103	0.102	0.100	0.0992	0.0980
170	0.0969	0.0958	0.0946	0.0936	0.0925	0.0914	0.0904	0.0894	0.0884	0.0874
180	0.0864	0.0855	0.0845	0.0836	0.0827	0.0818	0.0809	0.0801	0.0792	0.0784
190	0.0776	0.0768	0.0760	0.0752	0.0744	0.0736	0.0729	0.0721	0.0714	0.0707
200	0.0700									

表中的 φ 值系按下列公式算得：

当 $\lambda \leqslant 91$ 时　$\varphi = \dfrac{1}{1 + \left(\dfrac{\lambda}{65}\right)^2}$

当 $\lambda > 91$ 时　$\varphi = \dfrac{2800}{\lambda^2}$

附录 L　受弯构件侧向稳定计算

L.0.1　受弯构件侧向稳定按下式验算：

$$\frac{M}{\varphi_l W} \leqslant f_{\mathrm{m}} \tag{L.0.1}$$

式中　f_{m}——木材抗弯强度设计值（N/mm²）；

M——构件在荷载设计值作用下的弯矩（N·mm）；

W——受弯构件的全截面抵抗矩（mm³）；

φ_l——受弯构件的侧向稳定系数，按本规范第 L.0.2 条和第 L.0.3 条分别确定。

L.0.2　当受弯构件的两个支点处设有防止其侧向位移和侧倾的侧向支承，并且截面的最大高度对其截面宽度之比不超过下列数值时，侧向稳定系数 φ_l 取等于 1；

$h/b = 4$，未设有中间的侧向支承；

$h/b = 5$，在受压弯构件长度上由类似檩条等构件作为侧向支承；

$h/b = 6.5$，受压边缘直接固定在密铺板上或间距不大于 600mm 的搁栅上；

$h/b = 7.5$，受压边缘直接固定在密铺板上或间距不大于 600mm 的搁栅上，并且受弯构件之间安装有横隔板，其间隔不超过受弯构件截面高度的 8 倍；

$h/b = 9$，受弯构件的上下边缘在长度方向上都被固定。

L.0.3　当受弯构件的两个支点处设有防止其侧向位移和侧倾的侧向支承，且有可靠锚固，但不满足本规范第 L.0.2 条的条件时，侧向稳定系数 φ_l 应按下式计算：

$$\varphi_l = \frac{(1 + 1/\lambda_{\mathrm{m}}^2)}{2c_{\mathrm{m}}} - \sqrt{\left[\frac{1 + 1/\lambda_{\mathrm{m}}^2}{2c_{\mathrm{m}}}\right]^2 - \frac{1}{c_{\mathrm{m}}\lambda_{\mathrm{m}}^2}} \tag{L.0.3-1}$$

式中　φ_l——受弯构件的侧向稳定系数；

c_{m}——考虑受弯构件木材有关的系数；

$c_{\mathrm{m}} = 0.95$ 用于锯材的系数；

λ_{m}——考虑受弯构件的侧向刚度因数，按下式计算：

$$\lambda_{\mathrm{m}} = \sqrt{\frac{4 l_{\mathrm{ef}} h}{\pi b^2 k_{\mathrm{m}}}} \qquad (\text{L.0.3-2})$$

k_{m}——梁的侧向稳定验算时，与构件木材强度
　　　　等级有关的系数，按表 L.0.3 采用；

h、b——受弯构件的截面高度、宽度；

l_{ef}——验算侧向稳定时受弯构件的有效长度，按
　　　　本规范第 L.0.4 条确定。

表 L.0.3　柱和梁的稳定性验算时考虑构件
木材强度等级有关系数

木材强度等级	TC17，TC15，TB20	TC13，TC11、TB17，TB15、TB13 及 TB11
用于柱 k_{m}	330	300
用于梁 k_{m}	220	220

L.0.4　验算受弯构件的侧向稳定时，其计算长度 l_{ef}
等于实际长度乘以表 L.0.4 中所示的计算长度系数。

表 L.0.4　计算长度系数

梁的类型和荷载情况	荷载作用在梁的部位		
	顶部	中部	底部
简支梁，两端相等弯矩		1.0	
简支梁，均匀分布荷载	0.95	0.90	0.85
简支梁，跨中一个集中荷载	0.80	0.75	0.70
悬臂梁，均匀分布荷载		1.2	
悬臂梁，在悬端一个集中荷载		1.7	
悬臂梁，在悬端作用弯矩		2.0	

在梁的支座处应设置用来防止侧向位移和侧倾的
侧向支承。在梁的跨度内，若设置有类似檩条能阻止
侧向位移和侧倾的侧向支承时，实际长度应取侧向支
承点之间的距离；若未设置有侧向支承时，实际长度
应取两支座之间的距离或悬臂梁的长度。

附录 M　齿板试验要点及承
载力设计值的确定

M.1　材　料　要　求

M.1.1　试验所用齿板应与工程中实际使用的齿板相
一致。齿板厚度误差应控制在 ±5% 之内。齿板在试验
前应用清洗剂清洗以去除油污。

M.1.2　试验所用规格材厚度应与工程中实际使用的
规格材厚度相一致，宽度应与试验所用齿板宽度相协

调。确定齿极限承载力时，所用规格材含水率应为
$14\% \pm 0.2\%$，相对质量密度应为 $0.82\rho \pm 0.03$。其中 ρ
为试验规格材的平均相对质量密度。木材的年轮应与
规格材的宽面相正切，齿板区域不应有木节等缺陷。

M.2　试　验　要　求

M.2.1　试验所用加载速度应为 $1.0\mathrm{mm/min} \pm 50\%$ 以
保证在 $5 \sim 20\mathrm{min}$ 内试件达极限承载力。

M.2.2　齿极限承载力为板齿承受的极限荷载除以齿
板表面净面积。应各取 10 个试件以确定下列情况齿的
极限承载力：

　　1　荷载平行于木纹及齿板主轴（图 M.2.2a）；

　　2　荷载平行于木纹但垂直于齿板主轴（图
M.2.2b）；

　　3　荷载垂直于木纹但平行于齿板主轴（图
M.2.2c）；

　　4　荷载垂直于木纹及齿板主轴（图 M.2.2d）。

制作试件时，应将齿板上位于规格材端距 a 及边
距 e 内的齿去除。

安装齿板时，应将板齿全部压入木材，齿板与木
材间无空隙。压入木材的齿板厚度不应超过其厚度的
二分之一。

在保证齿破坏的情况下，试验所用齿板应尽可能
长。对于测试项目 2 和 4，在保证齿破坏的情况下，
试验所用齿板应尽可能宽。

M.2.3　齿板极限受拉承载力为齿板承受的极限拉力
除以垂直于拉力方向的齿板截面宽度。应各取 3 个试
件以确定下列情况齿板极限受拉承载力：

　　1　荷载平行于齿板主轴（图 M.2.2a）

　　2　荷载垂直于齿板主轴（图 M.2.2b）

试验所用齿板应足够大以避免发生齿破坏。

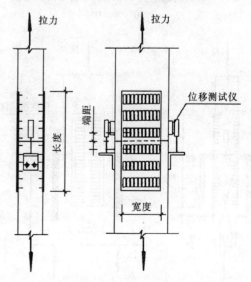

图 M.2.2a　荷载平行于木纹及齿板主轴
$\alpha = 0°$　$\theta = 0°$

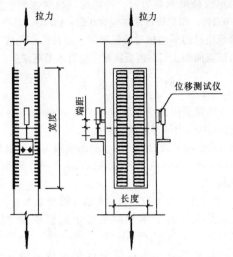

图 M.2.2b　荷载平行于木纹但垂直于齿板主轴

$\alpha = 0°$　$\theta = 90°$

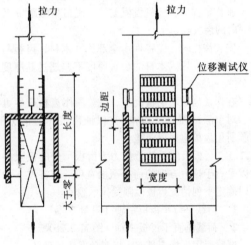

图 M.2.2c　荷载垂直于木纹但平行于齿板主轴

$\alpha = 90°$　$\theta = 0°$

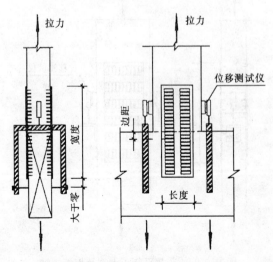

图 M.2.2d　荷载垂直于木纹及齿板主轴

$\alpha = 90°$　$\theta = 90°$

M.2.4　齿板受剪极限承载力为齿板承受的极限剪力除以平行于剪力方向的齿板剪切面长度。应各取 3 个试件以确定图 M.2.4 所列情况齿板极限受剪承载力。其中 30°T、60°T、120°T 和 150°T 为剪-拉复合受力情况；30°C、60°C、120°C 和 150°C 为剪-压复合受力情况；0°与 90°为纯剪情况。

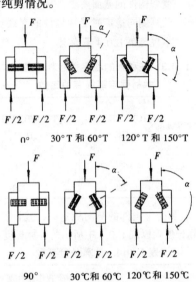

图 M.2.4　受剪试验中齿板主轴的方向

M.2.5　应测试 3 块用于制造齿板的钢板以确定其极限受拉承载力和相应的修正系数。修正系数为该钢板型号的规定最小极限受拉承载力除以试验所得 3 块试件的平均极限受拉承载力。

M.3　极限承载力的校正

M.3.1　齿板受拉承载力的校正试验值应为试验所得齿板极限受拉承载力乘以本规范第 M.2.5 条中的修正系数。

M.3.2　齿板受剪承载力的校正试验值应为试验所得齿板极限受剪承载力乘以本规范第 M.2.5 条中的修正系数。

M.4　齿板承载力设计值的确定

M.4.1　齿板承载力设计值

1　若荷载平行于齿板主轴（$\theta = 0°$）

$$n_r = \frac{P_1 P_2}{P_1 \sin^2\alpha + P_2 \cos^2\alpha} \quad (M.4.1\text{-}1)$$

2　若荷载垂直于齿板主轴（$\theta = 90°$）

$$n'_r = \frac{P'_1 P'_2}{P'_1 \sin^2\alpha + P'_2 \cos^2\alpha} \quad (M.4.1\text{-}2)$$

式中，P_1、P_2、P'_1 和 P'_2 取值为按本规范第 M.2.2 条确定的 10 个与 α、θ 相关的齿极限承载力试验值中的 3 个最小值的平均值除以系数 k。确定 P_1、P_2、P'_1 和 P'_2 时所用的 θ 与 α（图 M.2.2a-d）取值如下：

P_1：$\alpha = 0°$　$\theta = 0°$；P_2：$\alpha = 90°$　$\theta = 0°$；

P'_1: $\alpha = 0°$ $\theta = 90°$； P'_2: $\alpha = 90°$ $\theta = 90°$

3 系数 k 应按下式计算：

对阻燃处理后含水率小于或等于15%的规格材：

$$k = 1.88 + 0.27r \qquad (\text{M.4.1-3})$$

对阻燃处理后含水率大于15%且小于20%的规格材：

$$k = 2.64 + 0.38r \qquad (\text{M.4.1-4})$$

对未经阻燃处理含水率小于或等于15%的规格材：

$$k = 1.69 + 0.24r \qquad (\text{M.4.1-5})$$

对未经阻燃处理含水率大于15%且小于20%的规格材：

$$k = 2.11 + 0.3r \qquad (\text{M.4.1-6})$$

式中 r——恒载标准值与活载标准值之比，$r = 1.0 \sim 5.0$；若 $r < 1.0$ 或 > 5.0，则取 $r = 1.0$ 或 5.0。

4 当齿板主轴与荷载方向夹角 θ 不等于"0°"或"90°"时，齿承载力设计值应在 n_r 与 n'_r 间用线性插值法确定。

M.4.2 齿板受拉承载力设计值

取按本规范第 M.2.3 条确定的 3 个受拉极限承载力校正试验值中 2 个最小值的平均值除以 1.75。

M.4.3 齿板受剪承载力设计值

取按本规范第 M.2.4 条确定的 3 个受剪极限承载力校正试验值中 2 个最小值的平均值除以 1.75。若齿板主轴与荷载方向夹角与本规范第 M.2.4 条规定不同时，齿板受剪承载力设计值应按线性插值法确定。

M.4.4 齿抗滑移承载力

1 若荷载平行于齿板主轴（$\theta = 0°$）

$$n_s = \frac{P_{s1} P_{s2}}{P_{s1}\sin^2\alpha + P_{s2}\cos^2\alpha} \qquad (\text{M.4.4-1})$$

2 若荷载垂直于齿板主轴（$\theta = 90°$）

$$n'_s = \frac{P'_{s1} P'_{s2}}{P'_{s1}\sin^2\alpha + P'_{s2}\cos^2\alpha} \qquad (\text{M.4.4-2})$$

式中，P_{s1}、P_{s2}、P'_{s1} 和 P'_{s2} 取值为按本规范第 M.2.2 条确定的在木材连接处产生 0.8mm 相对滑移时的 10 个齿极限承载力试验值中的平均值除以系数 k_s。确定 P_{s1}、P_{s2}、P'_{s1} 和 P_{s2} 时采用的 θ 与 α 取值如下：

P_{s1}: $\alpha = 0°$ $\theta = 0°$； P_{s2}: $\alpha = 90°$ $\theta = 0°$；

P'_{s1}: $\alpha = 0°$ $\theta = 90°$； P'_{s2}: $\alpha = 90°$ $\theta = 90°$；

3 对含水率小于或等于15%的规格材，$k_s = 1.40$；对含水率大于15%且小于20%的规格材，$k_s = 1.75$。

4 当齿板主轴与荷载方向夹角 θ 不等于"0°"或"90°"时，齿抗滑移承载力应在 n_s 与 n'_s 间用线性插值法确定。

附录 N 轻型木结构的有关要求

N.1 规格材的截面尺寸

N.1.1 轻型木结构用规格材截面尺寸见表 N.1.1。

表 N.1.1 结构规格材截面尺寸表

截面尺寸宽(mm)×高(mm)	40×40	40×65	40×90	40×115	40×140	40×185	40×235	40×285
截面尺寸宽(mm)×高(mm)	—	65×65	65×90	65×115	65×140	65×185	65×235	65×285
截面尺寸宽(mm)×高(mm)	—	—	90×90	90×115	90×140	90×185	90×235	90×285

注：1 表中截面尺寸均为含水率不大于20%、由工厂加工的干燥木材尺寸；

2 进口规格材截面尺寸与表列规格材尺寸相差不超过2mm时，可与其相应规格材等同使用，但在计算时，应按进口规格材实际截面进行计算；

3 不得将不同规格系列的规格材在同一建筑中混合使用。

N.1.2 机械分级的速生树种规格材截面尺寸见表 N.1.2。

表 N.1.2 速生树种结构规格材截面尺寸表

截面尺寸宽（mm）×高（mm）	45×75	45×90	45×140	45×190	45×240	45×290

注：同表 N.1.1 注 1 及注 3。

N.2 按构造设计的轻型木结构的钉连接要求

N.2.1 按构造设计的轻型木结构构件之间的钉连接要求见表 N.2.1。

表 N.2.1 按构造设计的轻型木结构的钉连接要求

序号	连接构件名称	最小钉长（mm）	钉的最少数量或最大间距
1	楼盖搁栅与墙体顶梁板或底梁板——斜向钉连接	80	2 颗
2	边框梁或封边板与墙体顶梁板或底梁板——斜向钉连接	60	150mm

序号	连接构件名称	最小钉长（mm）	钉的最少数量或最大间距
3	楼盖搁栅木底撑或扁钢底撑与楼盖搁栅	60	2颗
4	搁栅间剪刀撑	60	每端2颗
5	开孔周边双层封边梁或双层加强搁栅	80	300mm
6	木梁两侧附加托木与木梁	80	每根搁栅处2颗
7	搁栅与搁栅连接板	80	每端2颗
8	被切搁栅与开孔封头搁栅（沿开孔周边垂直钉连接）	80	5颗
		100	3颗
9	开孔处每根封头搁栅与封边搁栅的连接（沿开孔周边垂直钉连接）	80	5颗
		100	3颗
10	墙骨柱与墙体顶梁板或底梁板，采用斜向钉连接或垂直钉连接	60	4颗
		80	2颗
11	开孔两侧双根墙骨柱，或在墙体交接或转角处的墙骨柱	80	750mm
12	双层顶梁板	80	600mm
13	墙体底梁板或地梁板与搁栅或封头块（用于外墙）	80	400mm
14	内隔墙与框架或楼面板	80	600mm
15	非承重墙开孔顶部水平构件每端	80	2颗
16	过梁与墙骨柱	80	每端2颗
17	顶棚搁栅与墙体顶梁板——每侧采用斜向钉连接	80	2颗
18	屋面椽条、桁架或屋面搁栅与墙体顶梁板——斜向钉连接	80	3颗
19	椽条板与顶棚搁栅	100	2颗
20	椽条与搁栅（屋脊有支座时）	80	3颗
21	两侧椽条在屋脊通过连接板连接，连接板与每根椽条的连接	60	4颗

序号	连接构件名称	最小钉长（mm）	钉的最少数量或最大间距
22	椽条与屋脊板——斜向钉连接或垂直钉连接	80	3颗
23	椽条拉杆每端与椽条	80	3颗
24	椽条拉杆侧向支撑与拉杆	60	2颗
25	屋脊椽条与屋脊或屋谷椽条	80	2颗
26	椽条撑杆与椽条	80	3颗
27	椽条撑杆与承重墙——斜向钉连接	80	2颗

N.3 墙面板、楼（屋）面板与支承构件的钉连接要求

N.3.1 墙面板、楼（屋）面板与支承构件的钉连接要求见表N.3.1。

表 N.3.1 墙面板、楼（屋）面板与支承构件的钉连接要求

连接面板名称	连接件的最小长度（mm）				钉的最大间距
	普通圆钢钉或麻花钉	螺纹圆钉或麻花钉	屋面钉	U型钉	
厚度小于13mm的石膏墙板	不允许	不允许	45	不允许	沿板边缘支座150mm；沿板跨中支座300mm
厚度小于10mm的木基结构板材	50	45	不允许	40	
厚度10~20mm的木基结构板材	50	45	不允许	50	
厚度大于20mm的木基结构板材	60	50	不允许	不允许	

附录 P 轻型木结构楼、屋盖抗侧力设计

P.0.1 轻型木结构的楼、屋盖抗侧力应按下列要求进行设计：

　　1 楼、屋盖每个单元的长宽比不得大于 4:1；

　　2 楼、屋盖在侧向荷载作用下，可假定沿楼、屋盖宽度方向均匀分布，其抗剪承载力设计值可按下式计算：

$$V = f_d \cdot B \qquad (P.0.1\text{-}1)$$

$$f_d = f_{vd} k_1 k_2 \qquad (P.0.1\text{-}2)$$

式中　f_{vd}——采用木基结构板材的楼、屋盖抗剪强度设计值（kN/m），见表 P.0.1 及图 P.0.1；

　　　k_1——木基结构板材含水率调整系数；当木基结构板材的含水率小于 16% 时，取 $k_1 = 1.0$；当含水率大于 16%，但不大于 20% 时，取 $k_1 = 0.75$；

　　　k_2——骨架构件材料树种的调整系数；花旗松——落叶松类及南方松 $k_2 = 1.0$；铁——冷杉类 $k_2 = 0.9$；云杉—松—冷杉类 $k_2 = 0.8$；其他北美树种 $k_2 = 0.7$；

　　　B——楼、屋盖平行于荷载方向的有效宽度（m）。

　　3 楼、屋盖边界杆件的计算：

表 P.0.1　采用木基结构板材的楼、屋盖抗剪强度设计值 f_{vd}（kN/m）

普通圆钉直径（mm）	钉在骨架构件中最小打入深度（mm）	面板最小名义厚度（mm）	骨架构件最小宽度（mm）	有填块 — 平行于荷载的面板边连续的情况下（3型和4型），面板边缘钉的间距（mm）／在其他情况下（1型和2型），面板边钉的间距（mm）				无填块 — 面板边缘钉的最大间距为150mm	
				150 / 150	100 / 150	65 / 100	50 / 75	荷载与面板连续边垂直的情况下（1型）	所有其他情况下（2型、3型、4型）
2.8	31	7	40	3.0	4.0	6.0	6.8	2.7	2.0
		7	65	3.4	4.5	6.8	7.7	3.0	2.2
		9	40	3.3	4.5	6.7	7.5	3.0	2.2
		9	65	3.7	5.0	7.5	8.5	3.3	2.5
3.1	35	9	40	4.3	5.7	8.6	9.7	3.9	2.9
		9	65	4.8	6.4	9.7	10.9	4.3	3.2
		11	40	4.5	6.0	9.0	10.3	4.1	3.0
		11	65	5.1	6.8	10.2	11.5	4.5	3.4
		12	40	4.8	6.4	9.5	10.7	4.3	3.2
		12	65	5.4	7.2	10.7	12.1	4.7	3.5
3.7	38	12	40	5.2	6.9	10.3	11.7	4.5	3.4
		12	65	5.8	7.7	11.6	13.1	5.2	3.9
		15	40	5.7	7.6	11.4	13.0	5.1	3.9
		15	65	6.4	8.5	12.9	14.7	5.7	4.3
		18	65	不允许	11.5	16.7	不允许	不允许	不允许
		18	90	不允许	13.4	19.2	不允许	不允许	不允许

注：1　表中数值用于钉连接的木基结构板材的楼、屋盖面板，在干燥使用条件下，标准荷载持续时间；

　　2　当钉的间距小于 50mm 时，位于面板拼缝处的骨架构件的宽度不得小于 65mm（可用两根 40mm 宽的构件组合在一起传递剪力），钉应错开布置；

　　3　当直径为 3.7mm 的钉的间距小于 75mm 时，位于面板拼缝处的骨架构件的宽度不得小于 65mm（可用两根 40mm 宽的构件组合在一起传递剪力），钉应错开布置；

　　4　当钉的直径为 3.7mm，面板最小名义厚度为 18mm 时，需布置两排钉；

　　5　当楼、屋盖所用的钉的直径不是表中规定数值时（采用射钉），抗剪承载力应按以下方法计算：将表中承载力乘以折算系数 $(d_1/d_2)^2$，式中 d_1 为非标准钉的直径，d_2 为表中标准钉的直径。

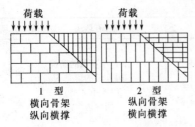

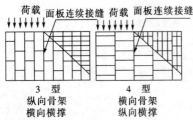

图 P.0.1　楼、屋盖侧向荷载作用

1) 与荷载方向垂直的边界杆件用来抵抗楼、屋盖平面内的最大弯矩。

2) 楼、屋盖边界杆件的轴向力可按下式计算：

$$N_r = \frac{M_1}{B_0} \pm \frac{M_2}{b} \qquad (P.0.1\text{-}3)$$

式中　N_r——边界杆件的轴向压力或轴向拉力设计值（kN）；

M_1——楼、屋盖全长平面内的弯矩设计值（kN·m）；

B_0——平行于荷载方向的边界杆件中心距（m）；

M_2——楼、屋盖上开孔长度内的弯矩设计值（kN·m）；

b——沿平行于荷载方向的开孔尺寸（m），不得小于0.6m。

3) 对于简支楼、屋盖在均布荷载作用下的弯矩设计值 M_1 和 M_2 可分别按下式计算：

$$M_1 = \frac{WL^2}{8} \qquad (P.0.1\text{-}4)$$

$$M_2 = \frac{Wa^2}{8} \qquad (P.0.1\text{-}5)$$

式中　W——作用于楼、屋盖的侧向均布荷载设计值（kN/m）；

L——垂直于侧向荷载方向的楼、屋盖长度（m）；

a——垂直于侧向荷载方向的开孔长度（m）。

4　楼、屋盖边界杆件在楼、屋盖长度范围内应连续。如中间断开，则应采取可靠的连接，保证其能抵抗所承担的轴向力。楼、屋盖的面板，不得用作为杆件的连接板。

附录 Q　轻型木结构剪力墙抗侧力设计

Q.0.1　轻型木结构的剪力墙应按下列要求进行设计：

1　剪力墙墙肢的高宽比不得大于3.5:1。剪力墙的高度是指楼层内从剪力墙底梁板的底面到顶梁板的顶面间的垂直距离。

2　单面铺设面板有墙骨柱横撑的剪力墙，其抗剪承载力设计值可按下式计算：

$$V = \Sigma f_d l \qquad (Q.0.1\text{-}1)$$

$$f_d = f_{vd} k_1 \cdot k_2 \cdot k_3 \qquad (Q.0.1\text{-}2)$$

式中　f_{vd}——采用木基结构板材作面板的剪力墙的抗剪强度设计值（kN/m），见表 Q.0.1-1 和图 Q.0.1；

l——平行于荷载方向的剪力墙墙肢长度（m）；

k_1——木基结构板材含水率调整系数；按本规范附录 P 规定取值；

k_2——骨架构件材料树种的调整系数；按本规范附录 P 的规定取值；

k_3——强度调整系数，仅用于无横撑水平铺板的剪力墙，见表 Q.0.1-2。

表 Q.0.1-1　采用木基结构板材的剪力墙抗剪强度设计值 f_{vd}（kN/m）

面板最小名义厚度（mm）	钉在骨架构件中最小打入深度（mm）	普通钢钉直径（mm）	面板直接铺在骨架构件 面板边缘钉的间距（mm）			
			150	100	75	50
7	31	2.8	3.2	4.8	6.2	8.0
9	31	2.8	3.5	5.4	7.0	9.1
9	35	3.1	3.9	5.7	7.3	9.5
11	35	3.1	4.3	6.2	8.0	10.5
12	35	3.1	4.7	6.8	8.7	11.4
12	38	3.7	5.5	8.2	10.7	13.7
15	38	3.7	6.0	9.1	11.9	15.6

注：1　表中数值用于钉连接的木基结构板材的面板，干燥使用条件下，标准荷载持续时间；

2　当墙骨柱的间距不大于400mm时，对于厚度为9mm和11mm的面板，如果直接铺设在骨架构件上时，表中数值可分别采用板厚为11mm和12mm的数值；

3　当墙面板设在12mm或15mm厚的石膏墙板上时，只要满足钉在骨架构件上的最小打入深度，抗剪强度与面板直接铺设在骨架构件上的情况下的抗剪强度相同；

4　当钉的间距小于50mm时，位于面板拼缝处的骨架构件的宽度不得小于65mm（可用两根40mm宽的构件组合在一起传递剪力），钉应错开布置；

5　当直径为3.7mm的钉的间距小于75mm时，位于面板拼缝处的骨架构件的宽度不得小于65mm（可用两根40mm宽的构件组合在一起传递剪力），钉应错开布置；

6　当剪力墙中所用的钉直径不是表中规定数值时（采用射钉），抗剪承载力按以下方法计算：将表中承载力乘以折算系数 $(d_1/d_2)^2$，式中，d_1 为非标准钉的直径，d_2 为表中标准钉的直径。

对于双面铺板的剪力墙，无论两侧是否采用相同材料的木基结构板材，剪力墙的抗剪承载力设计值等于墙体两面抗剪承载力设计值之和。

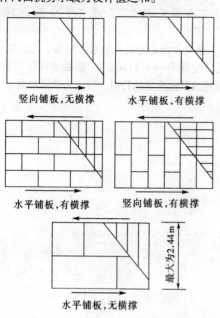

竖向铺板，无横撑 　　水平铺板，有横撑

水平铺板，有横撑 　　竖向铺板，有横撑

水平铺板，无横撑

（最大为2.44m）

图 Q.0.1

表 Q.0.1-2　无横撑水平铺设面板的剪力墙强度调整系数 k_3

边支座上钉的间距（mm）	中间支座上钉的间距（mm）	墙骨柱间距（mm）			
		300	400	500	600
150	150	1.0	0.8	0.6	0.5
150	300	0.8	0.6	0.5	0.4

注：墙骨柱柱间无横撑剪力墙的抗剪强度可将有横撑剪力墙的抗剪强度乘以抗剪调整系数。有横撑剪力墙的面板边支座上钉的间距为150mm，中间支座上钉的间距为300mm。

3　剪力墙边界杆件的计算：

剪力墙两侧边界杆件所受的轴向力按下式计算：

$$N_r = \frac{M}{B_0} \qquad (Q.0.1-3)$$

式中　N_r——剪力墙边界杆件的拉力或压力设计值（kN）；

　　　M——侧向荷载在剪力墙平面内产生的弯矩（kN·m）；

　　　B_0——剪力墙两侧边界构件的中心距（m）。

4　剪力墙边界杆件在长度上应连续。如果中间断开，则应采取可靠的连接保证其能抵抗轴向力。剪力墙面板不得用来作为杆件的连接板。

5　当恒载不能抵抗剪力墙的倾覆时，墙体与基础应采用抗倾覆锚固。

6　剪力墙上有开孔时，开孔周围的骨架构件和连接应加强，以保证传递开孔周围的剪力。开孔剪力墙的抗剪承载力设计值等于开孔两侧墙肢的抗剪承载力设计值之和，而不计入开孔上下方墙体的抗剪承载力设计值。开孔两侧的每段墙肢都应保证其抗倾覆的能力。

附录 R　各类建筑构件燃烧性能和耐火极限

表 R.0.1　各类建筑构件的燃烧性能和耐火极限

构件名称	构件组合描述（mm）	耐火极限（h）	燃烧性能
墙体	1　墙骨柱间距：400~600；截面为40×90； 2　墙体构造： （1）普通石膏板＋空心隔层＋普通石膏板＝15＋90＋15	0.50	难燃
	（2）防火石膏板＋空心隔层＋防火石膏板＝12＋90＋12	0.75	难燃
	（3）防火石膏板＋绝热材料＋防火石膏板＝12＋90＋12	0.75	难燃
	（4）防火石膏板＋空心隔层＋防火石膏板＝15＋90＋15	1.00	难燃
	（5）防火石膏板＋绝热材料＋防火石膏板＝15＋90＋15	1.00	难燃
	（6）普通石膏板＋空心隔层＋普通石膏板＝25＋90＋25	1.00	难燃
	（7）普通石膏板＋绝热材料＋普通石膏板＝25＋90＋25	1.00	难燃
楼盖顶棚	楼盖顶棚采用规格材搁栅或工字形搁栅，搁栅中心间距为400~600，楼面板厚度为15的结构胶合板或定向木片板（OSB）： 1　搁栅底部有12厚的防火石膏板，搁栅间空腔内填充绝热材料	0.75	难燃
	2　搁栅底部有两层12厚的防火石膏板，搁栅间空腔内无绝热材料	1.00	难燃
柱	1　仅支撑屋顶的柱： （1）由截面不小于140×190实心锯木制成	0.75	可燃
	（2）由截面不小于130×190胶合木制成	0.75	可燃
	2　支撑屋顶及地板的柱： （1）由截面不小于190×190实心锯木制成	0.75	可燃
	（2）由截面不小于180×190胶合木制成	0.75	可燃
梁	1　仅支撑屋顶的横梁： （1）由截面不小于90×140实心锯木制成	0.75	可燃
	（2）由截面不小于80×160胶合木制成	0.75	可燃
	2　支撑屋顶及地板的横梁： （1）由截面不小于140×240实心锯木制成	0.75	可燃
	（2）由截面不小于190×190实心锯木制成	0.75	可燃
	（3）由截面不小于130×230胶合木制成	0.75	可燃
	（4）由截面不小于180×190胶合木制成	0.75	可燃

本规范用词用语说明

1 为便于在执行本标准条文时区别对待，对要求严格程度不同的用词说明如下：

1) 表示很严格，非这样做不可的用词：

正面词采用"必须"，反面词采用"严禁"。

2) 表示严格，在正常情况下均应这样做的用词：

正面词采用"应"，反面词采用"不应"或"不得"。

3) 表示允许稍有选择，在条件许可时首先应这样做的用词：

正面词采用"宜"或"可"，反面词采用"不宜"。

2 条文中指定应按其他有关标准、规范执行时，写法为"应符合……的规定"。非必须按所指定的标准、规范或其他规定执行时，写法为"可参照……"。

中华人民共和国国家标准

木 结 构 设 计 规 范

GB 50005—2003

条 文 说 明

目　次

1 总　则

1.0.1 本条主要阐明制订本规范的目的。

就木结构而言，除应做到保证安全和人体健康、保护环境及维护公共利益外，还应大力发展人工林，合理使用木结构，充分发挥木结构在建筑工程中的作用，改变过去由于对生态保护重视不够，我国森林资源破坏严重，导致被动地限制木结构在建筑工程中的正常使用的状态，做到合理地使用木材（天然林材、速生林材），以促进我国木结构发展。

1.0.2 关于本规范的适用范围：

1 根据建设部就《木结构设计规范》修编任务提出的"积极总结和吸收国内外设计和应用木结构的成熟经验，特别是现代木结构的先进技术，使修订后的规范满足和适应当前经济和社会发展的需要"的要求，本规范在建筑中的适用范围为住宅、单层工业建筑和多种使用功能的大中型公共建筑；

2 由于本规范未考虑木材在临时性工程和工具结构中的应用问题，因此，本规范不适用于临时性建筑设施以及施工用支架、模板和桅杆等工具结构的设计。

1.0.3 由于《建筑结构可靠度设计统一标准》GB 50068（以下简称《统一标准》）对建筑结构设计的基本原则（结构可靠度和极限状态设计原则）作出了统一规定，并明确要求各类材料结构的设计规范必须予以遵守（见该标准第 1 章）。因此，本规范以《统一标准》为依据，对木结构的设计原则作出相应的具体规定。

1.0.4 本条如下说明：

1 使用条件中所规定的"宜在正常温度和湿度环境下"，一般可理解为温度和湿度仅随天气变化的室内环境中。强调以"通风良好"为前提；对长期处于某一定温度工作环境中的承重木结构，若温度、湿度较高，将会对木材强度造成累积性损伤，降低其承载能力，故应根据使用对有关强度设计值及弹性模量采用温度、湿度影响系数进行修正；

2 在经常、反复受潮且不易通风的环境中，木构件最容易腐朽，因而，不应采用木结构。至于露天木结构，要求必须经过防潮和防腐处理。

1.0.5 由于我国常用树种的木材资源不能满足需要，须扩大树种利用。一些速生树种如速生杉木、速生冷杉，进口的速生材如辐射松等将会进入建筑市场，这是符合可持续发展方向的，木结构技术应努力适应这种发展形势。

1.0.6 主要明确规范应配套使用。

2 术语与符号

2.1 术　语

本规范这次修订增加了术语一节，在我国惯用的木结构术语基础上，列出了新术语，主要是根据《木材科技词典》及参照国际上木结构技术常用术语进行编写。例如，规格材、轻型木结构等。

2.2 符　号

在原《木结构设计规范》GBJ 5—88 的符号基础上，根据本次修订内容的需要，增加了若干新的符号。例如，受弯构件的侧向稳定系数等有关符号。

3 材　料

3.1 木　材

3.1.1 承重结构用木材，首次增加了"规格材"。

3.1.2 我国对普通承重结构所用木材的分级，历来按其材质分为三级。这次修订规范未对该材质标准进行修改。

3.1.3 为了便于使用，现就板、方材的材质标准中，如何考虑木材缺陷的限值问题作如下简介：

1 木节

由图 1 可见，外观相同的木节对板材和方材的削弱是不同的。同一大小的木节，在板材中为贯通节，在方木中则为锥形节。显然，木节对方木的削弱要比板材小，方木所保留的未割断的木纹也比板材多，因此，若将板、方材的材质标准分开，则方木木节的限值，便可在不降低构件设计承载力的前提下予以适当放宽。为了确定具体放宽尺度，规范组曾以云南松、杉木、冷杉和马尾松为试件，进行了 158 根构件试验，并根据其结构制订了材质标准中方木木节限值的规定。

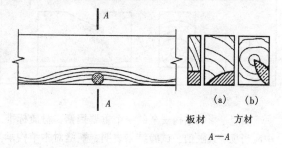

图 1　板材、方材中的木节

2 斜纹

我国材质标准中斜纹的限值，早期一直沿用前苏联的规定。过去修订规范时曾对其使用效果进行了调查。结果表明：

1）有不少树种木材，其内外纹理的斜度不一致，往往当表层纹理接近限值时，其内层纹理的斜度已略嫌大；

2）如木材纹理较斜、木构件含水率偏高，在干燥过程中就会产生扭翘变形和斜裂缝，而对构件受力不利。

因此，有必要适当加严木材表面斜纹的限值。

为了估计标准中斜纹限值加严后对成批木材合格率的影响，规范修订组曾对斜纹材较多的落叶松和云南松进行抽样调查。其结果表明，按现行标准的斜纹限值选材并不显著影响合格率（见表1）。

表1 仅按斜纹要求选材在成批来料中的合格率

树种名称	材质等级		
	Ⅰₐ	Ⅱₐ	Ⅲₐ
落叶松	78.4%	92.2%	97.2%
云南松	71.8% ~ 82.2%	77.8% ~ 91.2%	91.0 ~ 94.1%

3 髓心

现行材质标准对方木有髓心应避开受剪面的规定。这是根据以前北京市建筑设计院和原西南建筑科学研究所对木材裂缝所作的调查，以及该所对近百根木材所作的观测的结果制定的。因为在有髓心的方木上最大裂缝（以下简称主裂缝）一般生在较宽的面上，并位于离髓心最近的位置，逐渐向着髓心发展（见表2）。一般从髓心所在位置，即可判定最大裂缝将发生在哪个面的哪个部位。若避开髓心即意味着在剪面上避开了危险的主裂缝。因此，这也是防止裂缝危害的一项很有效的措施。

另外，在板材截面上，若有髓心，不仅将显著降低木板的承载能力，而且可能产生危险的裂缝和过大的截面变形，对构件及其连接的受力均甚不利。因此，在板材的材质标准中，作了不允许有髓心规定。多年来的实践证明，这对板材的选料不会造成很大的损耗。

表2 木材干缩裂缝位置与髓心的关系

项次	裂缝规律	说 明
1		原木的干裂（除轮裂外），一般沿径向，朝着髓心发展，对于原木的构件只要不采用单排螺栓连接，一般不易在受剪面上遇到危险性裂缝
2		这是有髓心方木常见的主裂缝。它发生在方木较宽的面上。并位于最近髓心的位置（一般与髓心处于同一水平面上），故应使连接的受剪面避开髓心
3		这三种干缩裂缝多发生在原木未解锯前。锯成方木后，有时还会稍稍发展，但对螺栓连接无甚影响，值得注意的是这种裂缝，若在近裂缝一侧刻齿槽，可能对齿连接的承载能力稍有影响
4		若将近裂缝的一面朝下，齿槽刻在远离裂缝一侧，就避免了裂缝对齿连接的危害

4 裂缝

裂缝是影响结构安全的一个重要因素，材质标准中应当规定其限值。试验结果表明，裂缝对木结构承载能力的影响程度，随着裂缝所在部位的不同以及木材纹理方向的变化，相差十分悬殊。一般说来，在连接的受剪面上，裂缝将直接降低其承载能力，而位于受剪面附近的裂缝，是否对连接的受力有影响，以及影响的大小，则在很大程度上取决于木材纹理是否正常。至于裂缝对受拉、受弯以及受压构件的影响，在

木纹顺直的情况下，是不明显的。但若木纹的斜度很大，则其影响将显得十分突出，几乎随着斜纹的斜度增大，而使构件的承载力呈直线下降；这以受拉构件最为严重，受弯构件次之，受压构件较轻。

综上所述，规范以加严对木材斜纹的限制为前提，作出了对裂缝的规定：一是不容许连接的受剪面上有裂缝；二是对连接受剪面附近的裂缝深度加以限制。至于"受剪面附近"的含义，一般可理解为：在受剪面上下各30mm的范围内。

3.1.4 近几年来，我国每年从国外进口相当数量的木材，其中部分用于工程建设。考虑到今后一段时期，木材进口量还可能增加，故在本条中增加了进口木材树种。考虑到这方面的用途，对材料的质量与耐久性的要求较高，而目前木材的进口渠道多，质量相差悬殊，若不加强技术管理，容易使工程遭受不应有的经济损失，甚至发生质量、安全事故。因此，有必要对进口木材的选材及设计指标的确定，作出统一的规定，以确保工程的安全、质量与经济效益。

3.1.5 由于我国常用树种的木材资源已不能满足需要，过去一些不常用的树种木材，特别是阔叶材中的速生树种，在今后木材供应中将占一定的比例。

过去修订规范时，曾组织了对这方面问题的调查研究和专题科研工作，其主要情况如下：

1 从 16 个省（市、自治区）的调查结果来看，以往阔叶材主要用于传统的民居建筑，并且主要是用作柱子、搁栅、檩条和中国式梁架结构的构件。后来才逐渐在地方工业小厂房和民用建筑中用作构件，但跨度一般都比较小。

2 由于木材主要用于受压和受弯，一般所选用的截面尺寸也较大，所以受木材干缩裂缝等缺陷的影响不甚显著。但有些软质阔叶材，例如杨木之类在长期荷载作用下，其挠度远比针叶材大，故使用单位多建议规范应适当降低这类木材的弹性模量。

3 各地对使用阔叶材都有一条共同的经验，即保证工程质量的关键在于能否做好防腐和防虫处理。过去在维修民居建筑中遇到的也几乎都是因腐朽和虫蛀而发生的问题。因此，多年来中国林业科学研究院木材工业研究所、热带林业研究所、铁道部铁道科学研究院、广东省建筑科学研究所、福建省建筑科学研究所和广东、福建等省的有关单位在这方面都做了大量研究工作，对防腐防虫药剂有一定的创新。

根据调查和有关试验研究的成果，经讨论认为：

1 对于扩大树种利用的问题，应持积极、慎重的态度，坚持一切经过试验的原则。使用前，必须经过荷载试验和试点工程的考验。只有在取得成熟经验后，才能逐步扩大其应用范围。

2 由于过去主要是民间使用，因而在当前工程建设中应作为新利用树种木材对待。在规范中应与常用木材分开，另作专门规定，列入附录中。

3 迄今为止只有在受压和受弯构件中应用的经验较多，作为受拉构件尚嫌依据不足，为确保工程质量，现阶段仅推荐在木柱、搁栅、檩条和较小跨度的钢木桁架中使用。

4 考虑到设计经验不足和过去民间建筑用料较大等情况，在确定新利用树种木材的设计指标时，不宜单纯依据试验值，而应按工程实践经验作适当的调整。

5 规范应强调防腐和防虫的重要性，并从通风

防潮和药剂处理两方面采取措施，以保证使用的安全。

根据以上讨论，制订了列入本规范附录 B 的内容。

3.1.6 前一时期，工程建设所需的进口木材，在其订货、商检、保存和使用等方面，均因缺乏专门的技术标准，无法正常管理，而存在不少问题。例如：有的进口木材，由于订货时随意选择木材的树种与等级，致使应用时增加了处理工作量与损耗；有的进口木材，不附质量证书或商检报告，使接收工作增加很多麻烦；有的进口木材，由于管理混乱，木材的名称与产地不详，给使用造成困难。此外，有些单位对不熟悉的树种木材，不经试验便盲目使用，以至造成了一些不应有的工程事故，鉴于以上情况，提出了这些基本规定，要求工程结构的设计、施工与管理人员执行。

3.1.8、3.1.9 关于胶合用材等级及其材质标准

胶合用材材质标准的可靠性，曾经委托原哈尔滨建筑工程学院按随机取样的原则，做了 30 根受弯构件破坏试验，其结果表明，按现行材质标准选材所制成的胶合构件，能够满足承重结构可靠度的要求。同时较为符合我国木材的材质状况，可以提高低等级木材在承重结构中的利用率。

3.1.10 本条对轻型木结构中使用的木基结构板材、工字形木搁栅和结构复合材的材料作了规定。

1 木基结构板材应满足集中荷载、冲击荷载以及均布荷载试验要求。同时，考虑到在施工过程中，会因天气、工期耽误等因素，板材可能受潮，这就要求木基结构板材应有相应的耐潮湿能力、搁栅的中心间距以及板厚等要求，均应清楚地表明在板材上。

2、3 当国内尚无国家标准，经研究，可采用有关的国际标准。例如，对于工字形木搁栅，可采用 ASTMD5055；对于结构复合材，可采用 ASTMD5456。

3.1.11、3.1.12 轻型木结构用规格材主要根据用途分类。分类越细越经济，但过细又给生产和施工带来不便。我国规格材定为七等，规定了每等的材质标准与我国传统方法一样采用目测法分等，与之相关的设计值，应通过对不同树种，不同等级规格材的足尺试验确定。

3.1.13 规定木材含水率的理由和依据如下：

1 木结构若采用较干的木材制作，在相当程度上减小了因木材干缩造成的松弛变形和裂缝的危害，对保证工程质量作用很大。因此，原则上应要求木材经过干燥。考虑到结构用材的截面尺寸较大，只有气干法较为切实可行，故只能要求尽量提前备料，使木材在合理堆放和不受曝晒的条件下逐渐风干。根据调查，这一工序即使时间很短，也能收到一定的效果。

2 原木和方木的含水率沿截面内外分布很不均匀。原西南建筑科学研究所对 30 余根云南松木材的实

测表明，在料棚气干的条件下，当木材表层 20mm 深处的含水率降到 16.2% ~ 19.6% 时，其截面平均含水率均为 24.7% ~ 27.3%。基于现场对含水率的检验只需一个大致的估计，引用了这一关系作为检验的依据。但应说明的是，上述试验是以 120mm × 160mm 中等规格的方木进行测定的。若木材截面很大，按上述关系估计其平均含水率就会偏低很多；这是因为大截面的木材内部水分很难蒸发之故。例如，中国林业科学研究院曾经测得：当大截面原木的表层含水率已降低到 12% 以下，其内部含水率仍高达 40% 以上。但这个问题并不影响使用这条补充规定，因为对大截面木材来说，内部干燥总归很慢，关键是只要表层干到一定程度，便能收到控制含水率的效果。

3.1.14 本规范根据各地历年来使用湿材总结的经验教训，以及有关科研成果，作了湿材只能用于原木和方木构件的规定（其接头的连接板不允许用湿材）。因为这两类构件受木材干裂的危害不如板材构件严重。

湿材对结构的危害主要是：在结构的关键部位，可能引起危险性的裂缝，促使木材腐朽易遭虫蛀，使节点松动，结构变形增大等。针对这几方面问题，规范采取了下列措施：

1 防止裂缝的危害方面：除首先推荐采用钢木结构外，在选材上加严了斜纹的限值，以减少斜裂缝的危害；要求受剪面避开髓心，以免裂缝与受剪面重合；在制材上，要求尽可能采用"破心下料"的方法，以保证方木的重要受力部位不受干缩裂缝的危害；在构造上，对齿连接的受剪面长度和螺栓连接的端距均予以适当加大，以减小木材开裂的影响等。

2 减小构件变形和节点松动方面，将木材的弹性模量和横纹承压的计算指标予以适当降低，以减小湿材干缩变形的影响，并要求桁架受拉腹杆采用圆钢，以便于调整。此外，还根据湿材在使用过程中容易出现的问题，在检查和维护方面作了具体的规定。

3 防腐防虫方面，给出防潮、通风构造示意图。

"破心下料"的制作方法作如下说明：

因为含髓心的方木，其截面上的年层大部分完整，内外含水率梯度又很大，以致干缩时，弦向变形受到径向约束，边材的变形受到心材约束，从而使内应力过大，造成木材严重开裂。为了解除这种约束，可沿髓心剖开原木，然后再锯成方材，就能使木材干缩时变形较为自由，显然减小了开裂程度。原西南建筑科学研究院进行的近百根木材的试验和三个试点工程，完全证明了其防裂效果。但"破心下料"也有其局限性，既要求原木的径级至少在 320mm 以上，才能锯出屋架料规格的方木，同时制材要在髓心位置下锯，对制材速度稍有影响。因此规范建议仅用于受裂缝危害最大的桁架受拉下弦，尽量减小采用"破心下料"构件的数量，以便于推广。

3.2 钢　　材

3.2.1、3.2.2 本规范在钢结构设计规范有关规定的基础上，进一步明确承重木结构用钢宜以 Q235 钢材为主。这种钢材有长期生产和使用经验，具有材质稳定、性能可靠、经济指标较好、供应也较有保证等优点。

3.2.3 有的工地乱用焊条的情况时有发生，容易导致工程安全事故的发生，因而有必要加以明确。

3.2.4 主要明确在钢材质量合格保证的问题上，不能因用于木结构而放松了要求。

另外，考虑到钢木桁架的圆钢下弦、直径 $d \geqslant 20mm$ 的钢拉杆（包括连接件）为结构中的重要构件，若其材质有问题，易造成重大工程安全事故，因此，有必要对这些钢构件作出"尚应具有冷弯试验合格保证"的补充规定。

3.3 结构用胶

3.3.1 ~ 3.3.2 胶合结构的承载能力首先取决于胶的强度及其耐久性。因此，对胶的质量要有严格的要求：

1 应保证胶缝的强度不低于木材顺纹抗剪和横纹抗拉的强度

因为不论在荷载作用下或由于木材胀缩引起的内力，胶缝主要是受剪应力和垂直于胶缝方向的正应力作用。一般说来，胶缝对压应力的作用总是能够胜任的。因此，关键在于保证胶缝的抗剪和抗拉强度。当胶缝的强度不低于木材顺纹抗剪和横纹抗拉强度时，就意味着胶连接的破坏基本上沿着木材部分发生，这也就保证了胶连接的可靠性；

2 应保证胶缝工作的耐久性

胶缝的耐久性取决于它的抗老化能力和抗生物侵蚀能力。因此，主要要求胶的抗老化能力应与结构的用途和使用年限相适应。但为了防止使用变质的胶，故提出对每批胶均应经过胶结能力的检验，合格后方可使用。

所有胶种必须符合有关环境保护的规定。

对于新的胶种，在使用前必须提出经过主管机关鉴定合格的试验研究报告为依据，通过试点工程验证后，方可逐步推广应用。

4 基 本 设 计 规 定

4.1 设 计 原 则

4.1.1 根据《统一标准》GB 50068 规定，本规范仍采用以概率理论为基础的极限状态设计方法。

在本次修订过程中，重新对目标可靠指标 β_0 进行了核准。校准所需要的荷载统计参数（表 3）及影响木结构抗力的主要因素的统计参数（表 4），分别由建筑结构荷载规范管理组和木结构设计规范管理组提供。这些参数的数据是通过调查，实测和试验取得的（木结构部分参见《木结构抗力统计参数的研究》一文）。在统计分析中，还参考了国内外有关文献所推荐的、经过实践检验的方法。因而，不论从数据来源或处理上均较可靠，可以用于木结构可靠度的计算。

表3 荷载（或荷载效应）的统计参数

荷载种类	平均值/标准值	变异系数
恒荷载	1.06	0.07
办公楼楼面活荷载	0.524	0.288
住宅楼面活荷载	0.644	0.233
雪荷载	1.14	0.22

表4 木构件抗力的统计参数

构件受力类		受弯	顺纹受压	顺纹受拉	顺纹受剪
天然缺陷	K_{Q1}	0.75	0.80	0.66	—
	δ_{Q1}	0.16	0.14	0.19	—
干燥缺陷	K_{Q2}	0.85	—	0.90	0.82
	δ_{Q2}	0.04	—	0.04	0.10
长期荷载	K_{Q3}	0.72	0.72	0.72	0.72
	δ_{Q3}	0.12	0.12	0.12	0.12
尺寸影响	K_{Q4}	0.89	—	0.75	0.90
	δ_{Q4}	0.06	—	0.07	0.06
几何特性偏差	K_A	0.94	0.96	0.96	0.96
	δ_A	0.08	0.06	0.06	0.06
方程精确性	P	1.00	1.00	1.00	0.97
	δ_P	0.05	0.05	0.05	0.08

假定主要的随机变量服从下列分布：

恒荷载：正态分布；

楼面活荷载、风荷载、雪荷载：极值Ⅰ型分布；

抗力：对数正态分布。

根据上述计算条件，反演得到按原规范设计的各类构件，其可靠指标 β 如下：

受弯	3.8
顺纹受压	3.8
顺纹受拉	4.3
顺纹受剪	3.9

按照《统一标准》的规定，一般工业与民用建筑的木结构，其安全等级应取二级，其可靠指标 β 不应小于下列规定值。

对于延性破坏的构件　3.2

对于脆性破坏的构件　3.7

由此可见，β 均符合《统一标准》要求。

4.1.2~4.1.5 根据《统一标准》作出的规定。

4.1.6、4.1.8 承载能力极限状态可理解为结构或结构构件发挥允许的最大承载功能的状态。结构构件由于塑性变形而使其几何形状发生显著改变，虽未达到最大承载能力，但已彻底不能使用，也属于达到或超过这种极限状态。因此，当结构或结构构件出现下列状态之一时，即认为达到或超过承载能力极限状态：

1 整个结构或结构的一部分作为刚体失去平衡（如倾覆等）；

2 结构构件或连接因材料强度被超过而破坏（包括疲劳破坏），或因过度的塑性变形而不适于继续承载；

3 结构转变为机动体系；

4 结构或结构构件丧失稳定（如压屈等）。

正常使用极限状态可理解为结构或结构构件达到或超过使用功能上允许的某个限值的状态。例如：某些构件必须控制变形、裂缝才能满足使用要求，因过大的变形会造成房屋内粉刷层剥落，填充墙和隔墙开裂及屋面漏水等后果。过大的裂缝会影响结构的耐久性，过大的变形、裂缝也会造成用户心理上的不安全感。因此，当结构或结构构件出现下列状态之一时，即认为达到或超过了正常使用极限状态：

1 影响正常使用或外观的变形；

2 影响正常使用或耐久性能的局部损坏（包括裂缝）；

3 影响正常使用的振动；

4 影响正常使用的其他特定状态。

根据协调，有关结构荷载的规定，一律由《建筑结构荷载规范》GB 50009（以下简称荷载规范）制订。本条文仅为规范间衔接的需要作些原则规定，其中需要说明的是：

1 荷载按国家现行荷载规范施行，应理解为：除荷载标准值外，还包括荷载分项系数和荷载组合系数在内，均应按该规范所确定的数值采用，不得擅自改变。

2 对于正常使用极限状态的计算，由于资料不足，研究不够充分，仍沿用多年以来使用的方法，按荷载的标准值进行计算，并只考虑荷载的短期效应组合，而不考虑长期效应的组合。

4.1.7 建筑结构的安全等级主要按建筑结构破坏后果的严重性划分。根据《统一标准》的规定分类三级。大量的一般工业与民用建筑定为二级。从过去修订规范所作的调查分析可知，这一规定是符合木结构实际情况的，因此，本规范作了相应的规定。但应注意的是，对于人员密集的影剧院和体育馆等建筑应按重要建筑物考虑。对于临时性的建筑则可按次要建筑物考虑。至于纪念性建筑和其他有特殊要求的建筑物，其安全等级可按具体情况另行确定，不受《统一标准》约束。结构重要性系数综合《统一标准》第1.0.5条和第1.0.8条因素来确定。

4.2 设计指标和允许值

4.2.1~4.2.3 本规范和原规范一样只保留荷载分项

系数，而将抗力分项系数隐含在强度设计值内。因此，本章所给出的木材强度设计值，应等于木材的强度标准值除以抗力分项系数。但因对不同树种的木材，尚需按规范所划分的强度等级，并参照长期工程实践经验，进行合理的归类，故实际给出的木材强度设计值是经过调整后的，与直接按上述方法算得的数值略有不同。现将新规范在木材分级及其设计指标的确定上所作的考虑扼要介绍如下：

1 木材的强度设计值

主要考虑以下几点：

1）原规范的考虑是：应使归入每一强度等级的树种木材，其各项受力性质的可靠指标 β 等于或接近于本规范采用的目标可靠性指标 β_0。所谓"接近"含义，是指该树种木材的可靠性指标 β 应满足下列界限值的要求：

$$\beta_0 - 0.25 \leqslant \beta \leqslant \beta_0 + 0.25$$

《统一标准》取消了不超过 ± 0.25 的规定，取 $\beta \geqslant \beta_0$。

2）对自然缺陷较多的树种木材，如落叶松、云南松和马尾松等，不能单纯按其可靠性指标进行分级，需根据主要使用地区的意见进行调整，以使其设计指标的取值，与工程实践经验相符。

3）对同一树种有多个产地试验数据的情况，其设计指标的确定，系采用加权平均值作为该树种的代表值。其"权"数按每个产地的木材蓄积量确定。

根据上述原则确定的强度设计值，可在材料总用量基本不变的前提下，使木构件可靠指标的一致性得到显著的改善。

另外，有关本条的规定还需说明以下几点：

1）由于本规范已考虑了干燥缺陷对木材强度的影响，因而表 4.2.1-3 所给出的设计指标，除横纹承压强度设计值和弹性模量须按木构件制作时的含水率予以区别对待外，其他各项指标对气干材和湿材同样适用，而不必另乘其他折减系数。但应指出的是，本规范做出这一规定还有一个基本假设，即湿材做的构件能在结构未受到全部设计荷载作用之前就已达到气干状态。对于这一假设，只要设计能满足结构的通风要求，是不难实现的。

2）对于截面短边尺寸 $b \geqslant 150\text{mm}$ 方木的受弯，以及直接使用原木的受弯和顺纹受压，曾根据有关地区的实践经验和当时设计指标取值的基准，作出了其容许应力可提高 15% 的规定。前次修订规范，对强度设计值的取值，改以目标可靠指标为依据，其基准也作了相应的变动。根据重新核算结果，$b \geqslant 150\text{mm}$ 的方木以提高 10% 较恰当。

2 木材的弹性模量

原规范通过调查研究，曾总结了下列情况：

1）178 种国产木材的试验数据表明，木材的 E 值不仅与树种有关，而且差异之大不容忽视，以东

北落叶松与杨木为例，前者高达 12800N/mm^2，而后者仅为 7500N/mm^2。

2）英、美、澳、北欧等国的设计规范，对于木材的 E 值一向按不同树种分别给出。

3）我国南方地区从长期使用原木檩条的观察中发现，其实际挠度比方木和半圆木为小。原建筑工程部建筑科学研究院的试验数据和湖南省建筑设计院的实测结果证实了这一观察结果。初步分析认为是由于原木的纤维基本完整，在相同的受力条件下，其变形较小的缘故。

4）原建筑工程部建筑科学研究院对 10 根木梁在荷载作用下，其木材含水率由饱和变至气干状态所作的挠度实测表明，湿材构件因其初始含水率高、弹性模量低而增大的变形部分，在木材干燥后不能得到恢复。因此，在确定使用湿材作构件的弹性模量时，应考虑含水率的影响，才能保证木构件在使用中的正常工作，这一结论已为四川、云南、新疆等地的调查数据所证实。

根据以上情况，对弹性模量的取值仍按原规范作了如下规定：

1）区别树种确定其设计值；

2）原木的弹性模量允许比方木提高 15%；

3）考虑到湿材的变形较大，其弹性模量宜比正常取值降低 10%。

这次修订规范，结合木结构可靠度课题的调研工作，重新考核了上述规定，认为是符合实际的，因此，予以保留。但对木材弹性模量的基本取值，则根据受弯木构件在正常使用极限状态设计条件下可靠度的校准结果作了一些调整。表 4.2.1-1 中的弹性模量设计值就是根据调整结果给出的。

3 木材横纹承压设计指标 $f_{c,90}$

根据各地反映，按我国早期规范设计的垫木和垫板的尺寸偏小，往往在使用中出现变形过大的迹象。为此，原规范修订组曾在四川、福建、湖南、广东、新疆、云南等地进行过调查实测。其结果基本上可以归纳为两种情况。一是因设计不合理所造成的；另一是因使用湿材变形增大所导致的。为了验证后一种情况，原西南建筑科学研究院曾以云南松和冷杉做了 6 组试验。其结果表明，湿材的横纹承压变形不仅较大，而且不能随着木材的干燥和强度的提高而得到恢复。

基于以上结论，对前一种情况，采取了给出合理的计算公式予以解决；对后一种情况，根据试验结果和四川、内蒙、云南等地的设计经验，取用一个降低系数（0.9）以考虑湿材对构件变形的影响。

4 增加了进口的树种和设计指标：主要来源于"进口木材在工程上应用的规定"，并由规范组根据新的资料，按我国分级原则，进行了局部调整。

4.2.4～4.2.5 进口规格材的指标，本规范仅对确定方法作了原则规定。仅对北美规格材设计指标进行了

换算，其他国家进口规格材的指标将根据需要按下列要求逐步换算规定。

对标有目测分级和机械分级的进口木材规格材，其设计值的取值不应直接采用规格材上的标注值，而应遵循下列规定确定取值：

1 应由本规范管理机构对规格材所在国的负责分级的机构进行调查认可，经过认可的机构所做的分级才能进入本规范使用；

2 应对该进口木材的分级规格、设计值确定方法及相关标准的关系进行审查，确定该进口材设计值与本规范木材设计值之间的换算关系，并加以换算。

4.2.7 在木屋盖结构中，木檩条挠度偏大一直是使用单位经常反映的问题之一。早期的研究多认为是我国规范对木材弹性模量设计取值不合理所致，为此，在实测和试验基础上，对木材弹性模量设计值作了较全面的修订。同时借助于概率法，对 GBJ 5-88 按正常使用极限状态设计的可靠指标进行校准，校准是在下列工作基础上进行的：

1 用广义的结构构件抗力 R 和综合荷载效应 S 这两个相互独立的综合随机变量，对影响正常使用极限状态的各变量进行归纳。

2 假定 R、S 均服从对数正态分布。

校准采用了下列简化公式

$$\beta = \frac{\ln\left(K \times \dfrac{R_R}{R_S}\right)}{\sqrt{\delta_R^2 + \delta_S^2}}$$

其中：

1) K 为正常使用极限状态下构件的安全系数。原规范规定的允许挠度值（如檩条为 $L/200$），实际上是设计时的容许值，并非正常使用极限状态的极限值，调查表明，当 $L > 3.3m$ 的檩条、搁栅和吊顶梁其挠度达 $L/150$ 时（对 $L < 3.3m$ 的檩条为 $L/120$ 时），便不能正常使用，故可将 $L/150$ 视为挠度极限值，而 $L/150$ 和 $L/200$ 之差即为正常使用极限状态的安全裕度。或可认为，挠度极限值与允许挠度值之比，为正常使用极限状态下的安全系数。各种受弯构件的值见表5。

表5 β 值的校准结果

构件分类	檩 条 $L > 3.3m$			檩 条 $L \leqslant 3.3m$			搁 栅		吊顶梁
荷载组合	$G + S$	$G + S$	$G + S$	$G + S$	$G + S$	$G + S$	$G + L_1$	$G + L_2$	G
Q_N/G_K	0.2	0.3	0.5	0.2	0.3	0.5	1.5	1.5	0
K	1.33	1.33	1.33	1.67	1.67	1.67	1.67	1.67	1.67
R_R	0.83	0.83	0.83	0.83	0.83	0.83	0.83	0.83	1.04
δ_R	0.14	0.14	0.14	0.14	0.14	0.14	0.14	0.14	0.14
R_S	1.074	1.079	1.088	1.074	1.079	1.088	0.844	0.94	1.06
δ_S	0.07	0.076	0.091	0.07	0.076	0.091	0.15	0.13	0.07
β	0.18	0.14	0.087	1.63	1.57	1.45	2.42	2.03	3.15
m_β	0.14			1.55			2.22		3.15

2) R_R 为广义构件抗力 R 的平均值 μ_R 与其标准值 R_K 之比，即 $R_R = \mu_R/R_K$，δ_R 为 R 的变异系数。

弹性模量的标准值虽是用小试件弹性模量值为代表，但实际上构件弹性模量与小试件弹性模量有下列不同：小试件弹性模量以短期荷载作用下、高跨比较大的、无疵清材小试件进行试验得来的。而构件则承受长期荷载、高跨比较小且含有木材天然缺陷，以及由于施工制作的误差，其截面惯矩也有较大的变异。这些因素均使构件广义抗力不同于用小试件弹性模量确定的标准抗力。通过试验研究和大量调查计算所确定的各种受弯构件的 R_R 和 δ_R 列于表5。

3) R_S 为综合荷载效应 S 的平均值 μ_s 与其标准值 S_K 之比，即 $R_S = \mu_s/S_K$，δ_S 为 S 的变异系数。根据表4.2.7的数据和不同的恒、活荷载比值，算得的 R_S、δ_S 见表4.2.7。

从表4.2.7的校准结果可知：

1 跨度 $L \leqslant 3.3m$ 的檩条和搁栅的可靠指标符合《统一标准》的要求。

2 吊顶梁的可靠指标较高，这也是合适的，因为吊顶梁是以恒荷载为主的构件，应有较高的可靠指标。

3 跨度 $L > 3.3m$ 的檩条的可靠指标显著偏低，究其原因，主要是相应的挠度容许值定得偏大。

显而易见，对于檩条挠度偏大的问题，以采取局部修订受弯构件控制值的办法解决最为合理、有效。因此，将檩条挠度限值的规定分为两档：一档（$L \leqslant 3.3m$）为 $L/200$；另一档（$L > 3.3m$）为 $L/250$。

根据挠度限值计算得到跨度 $L > 3.3m$ 的檩条的可靠指标 $\beta = 1.55$，较好地满足了《统一标准》的要求。

4.2.8 当确定屋架上弦平面外的计算长度时，虽可根据稳定验算的需要自行确定应锚固的檩条根数和位置，但下列檩条，在任何情况下均须与上弦锚固：

1 桁架上弦节点处的檩条；

2 用作支撑系统杆件的檩条。

另外，应注意的是锚固方法，必须符合本规范7.6.2条的要求，否则不能算作锚固。

4.2.9 受压构件长细比限值的规定，主要是为了从构造上采取措施，以避免单纯依靠计算，取值过大而造成刚度不足。对于这个限值，在这几年发布的国外标准中，除前苏联外，一般规定都比较宽。例如，美国标准为 173（$L_0/h \leqslant 50$）；北欧五国和 ISO 的标准均为 170（次要构件为 200）。由于我国尚缺乏这方面的实践经验，因此，有待今后做工作后再考虑。

4.2.10 我国 20 世纪 50 年代的规范曾参照前苏联的规定，将原木直径变化率取为每米 10mm，但由于没有明确标注原木直径时以大头还是小头为准，以致在执行中出现过一些争议。以前修订规范，通过调查实测了解到：我国常用树种的原木，其直径变化率大致在每米 9～10mm 之间，且习惯上多以小头为准来标注原木的直径。因此，在明确以小头为准的同时，规定了原木直径变化率可按每米 9mm 采用。这样确定的设计截面的直径，一般偏于安全。

4.2.11～4.2.12 有关木结构中的钢材部分，应按国家标准《钢结构设计规范》的规定采用。只有遇到特殊问题时，才由本规范作出补充规定。

两根圆钢共同受拉是钢木桁架常见的构造。为了考虑其受力不均的影响，本规范根据有关单位的实测数据和长期的设计经验，作出了钢材的强度设计值应乘以 0.85 的调整系数的补充规定。

5 木结构构件计算

5.1 轴心受拉和轴心受压构件

5.1.1 考虑到受拉构件在设计时总是验算有螺孔或齿槽的部位，故将考虑孔槽应力集中影响的应力集中系数，直接包含在木材抗拉强度设计值的数值内，这样不但方便，也不至于漏乘。

计算受拉构件的净截面面积 A_n 时，考虑有缺孔木材受拉时有"迂回"破坏的特征（图2），故规定应将分布在 150mm 长度上的缺孔投影在同一截面上扣除，其所以定为 150mm，是考虑到与附录表 A.1.1 中

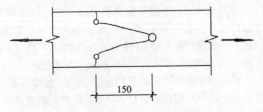

图 2 受拉构件的"迂回"破坏示意图

有关木节的规定相一致。

计算受拉下弦支座节点处的净截面面积 A_n 时，应将槽齿和保险螺栓的削弱一并扣除（图3）。

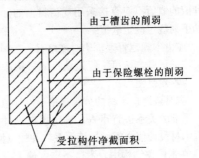

图 3

5.1.2～5.1.3 对轴心受压构件的稳定验算，当缺口不在边缘时，构件截面的计算面积 A_n 的取值规定说明如下：

根据建筑力学的分析，局部缺孔对构件的临界荷载的影响甚小。按照建筑力学的一般方法，有缺孔构件的临界力为 N_{cr}^h，可按下式计算：

$$N_{cr}^h = \frac{\pi^2 EI}{l^2}\left[1 - \frac{2}{l}\int_0^l \frac{I_h}{I}\sin^2 \frac{\pi z}{l}dz\right]$$

式中 I——无缺孔截面惯性矩；

I_h——缺孔截面惯性矩；

l——构件长度。

当缺孔宽度等于截面宽度的一半（按本规范第 7.1.5 条所规定的最大缺孔情形），长度等于构件长度的 1/10（图4）时，根据上式并化简可求得临界力为：

对 x-x 轴

$$N_{crx}^h = 0.975 N_{crx}$$

对 y-y 轴

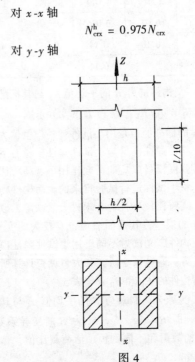

图 4

$$N_{cry}^{h} = 0.9 N_{cry}$$

式中 N_{crx}、N_{cry}——对 x 轴或对 y 轴失稳时无缺孔构件的临界力。

因此，为了计算简便，同时也不影响结构安全，对于缺孔不在边缘时一律采用 $A_0 = 0.9A$。

5.1.4 1973 年修订规范，因考虑到新的材质标准及设计参数，基本上均按我国自己的试验实测数据确定，在这种情况下，轴心受压构件的稳定系数 φ 值仍然沿用前苏联的公式计算是否妥当，有必要加以验证。为此，曾先后进行了三个树种共 84 根有木节与无木节的构件试验。其结果表明，前苏联规范中的 φ 值，由于是按无木节的材料确定的，因而在 $\lambda < 100$ 时，要比实测值显著偏高，应予调低。但在讨论中有两种不同意见：一种意见认为，在过去实际工程中，未见受压构件发生过这类质量事故，若要调低应作慎重考虑；另一种意见认为，过去设计的受压构件一般多属构造要求控制其截面尺寸的情况，以致反映不出 φ 值偏高的影响。但这与过去所采用的结构型式较为单一，今后若采用其他型式的结构，则受压构件的设计就有可能遇到不是由构造控制的情况，因此，还是应当酌情调低为好。经反复磋商，最后一致同意，一方面继续做工作，另一方面可结合偏心受压构件计算公式简化工作对 φ 值调低的要求，在小范围内作些调整。因此，实际上没有解决这个问题（只调低了 3%～6%）。

1988 年修订规范前，由于开展木结构可靠度课题的研究，需对原规范轴心受压构件的可靠度进行反演分析，因而又从另一角度发现了中等长细比构件的可靠指标 β 值的偏低问题。为了解决这个问题，规范管理组除委托原重庆建筑工程学院和四川省建筑科学研究院再进行一批冷杉木材的构件试验外，还同时组织广东、新疆两省区的建筑科学研究所和华南工学院等单位作了阔叶材树种木材的构件试验。这次试验的试件数共计 249 根，连同 1973 年修订规范所做的试验，试件总数达 333 根。根据这些试验结果整理分析得到的稳定系数 φ 值，除证实存在着上述的偏低问题外，还发现 φ 值与树种有一定关系。这与国外若干结论在本质上是一致的。例如，丹麦 Anker Engelund 在 1947 年就提出临界应力与 l/i 的关系曲线，应按不同树种和含水率分别给出。又如国际标准化组织 ISO 制订的木结构规范，在稳定验算中，也按不同强度等级的木材给出不同的弹性模量 E_0 与抗压强度设计值 f_c 的比值。因此，1988 年修订规范决定按不同强度等级的树种木材给出不同的 φ 的值曲线。最初拟给出 A、B、C 三条曲线，后经反复核算结果，认为以给出两条曲线较为合理。一条是保留原规范（GBJ 5‑73）的曲线（图 5‑A），它适用于 TC17、TC15 及 TB20 三个强度等级；另一条是 1988 年修订规范安全度课题建议调低的曲线（图 5‑B），它适用于 TC13、TC11、TB17、TB15、

TB13 及 TB11 强度等级。经可靠度验算，1988 年规范及 1973 年规范受压构件按稳定设计的可靠指标及其标准差的数值列于表 6。

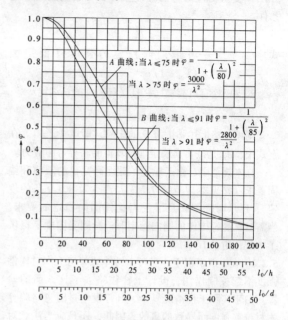

图 5　规范采用的 φ 值曲线

A 曲线：当 $\lambda \leqslant 75$ 时 $\varphi = \dfrac{1}{1 + \left(\dfrac{\lambda}{80}\right)^2}$

当 $\lambda > 75$ 时 $\varphi = \dfrac{3000}{\lambda^2}$

B 曲线：当 $\lambda \leqslant 91$ 时 $\varphi = \dfrac{1}{1 + \left(\dfrac{\lambda}{85}\right)^2}$

当 $\lambda > 91$ 时 $\varphi = \dfrac{2800}{\lambda^2}$

表 6　受压木构件按稳定验算的可靠指标比较

项目名称	GBJ 5‑88			GBJ 5‑73
	采用公式(4.1.4-1)及公式(4.1.4-2)的树种木材（曲线 A）	采用公式(4.1.4-3)及公式(4.1.4-4)的树种木材（曲线 B）	总体情况	
平均可靠指标 m_β	3.16	3.43	3.34	2.75
标准差 S_β	0.075	0.198	0.210	0.376

注：S_β 值越小，表示 β 的一致性越好。

从表列数值可知，1988 年规范不仅解决了原规范按稳定设计的可靠指标偏低问题，而且显著地改善了可靠指标的一致性程度。这里值得指出的是，在 1988 年规范中采用 B 曲线树种木材的平均可靠指标之所以比采用 A 曲线的高，是因为其中有些树种的缺陷比较多，其设计指标曾根据使用地区的要求作了较大的降低调整，因此，使平均可靠指标有所提高。

另外，需要说明的是 A 曲线的 φ 值公式，虽然仍沿用原规范的公式，但为了统一起见，改写为 B 曲线公式的形式。

5.1.5 本条具体明确"不论构件截面上有无缺口"，其长细比 λ 均按同一公式计算。因此，当有缺口时，构件的回转半径 i 也应按全面积和全惯性矩计算。

5.2 受弯构件

5.2.1 受弯构件的弯曲强度验算，一般应满足下述条件：

$$\sigma_s \leq k_{ins} f_m$$

式中　k_{ins}——考虑侧向稳定的强度降低系数（$k_{ins} \leq 1$）。

若支座处有可靠锚固，且受弯构件的长细比

$$\lambda_m = \sqrt{f_m / \sigma_{mc}} \leq 0.75$$

则可忽略上述强度降低的影响，即取 $k_{ins} = 1$。在上式中，σ_{mc} 是按古典稳定理论算得的临界弯曲应力。

在本规范中，由于规定了截面高宽比的限值和锚固要求（参见本规范第 7.2.3、7.2.5 及 8.3.9 条的规定），已从构造上满足了受弯构件侧向稳定的要求。当需验算受弯构件的侧向稳定时，参照美国规范提供了本规范附录 L。

5.2.2 在一般情况下，受弯木构件的剪切工作对构件强度不起控制作用，设计上往往略去了这方面的验算。由于实际工程情况复杂，且曾发生过因忽略验算木材抗剪强度而导致的事故，因此，还是应当注意对某些受弯构件的抗剪验算，例如：

1 当构件的跨度与截面高度之比很小时；

2 在构件支座附近有大的集中荷载时；

3 当采用胶合工字梁或 T 形梁时。

5.2.3、5.2.4、5.2.5 鉴于此次规范增加了有关胶合木结构和轻型木结构等内容，参考美国、加拿大规范增加了这三条。

5.2.6 受弯构件的挠度验算，属于按正常使用极限状态的设计。在这种情况下，采用弹性分析方法确定构件的挠度通常是合适的。因此，条文中没有特别指出挠度的计算方法。

5.2.7 早期规范对双向受弯构件的挠度验算未作明确的规定，因而在实际设计中，往往只验算沿截面高度方向的挠度，这是不正确的，应按构件的总挠度进行验算，以保证斜放檩条的正常工作。

5.3 拉弯和压弯构件

5.3.1 本条虽给出了拉弯构件的承载力验算公式，但应指出的是木构件同时承受拉力和弯矩的作用，对木材的工作十分不利，在设计上应尽量采取措施予以避免。例如，在三角形桁架的木下弦中，就可以采取净截面对中的办法，以防止受拉构件的最薄弱部位——有缺口的截面上产生弯矩。

5.3.2 1973 年版规范采用的雅辛斯基公式，虽然避免了边缘应力公式在相对偏心率 m 较小的情况下出现的矛盾，但它本身也存在着一些难以克服的缺陷。例如：

1 未考虑轴向力与弯矩共同作用所产生的附加挠度的影响，不能全面反映压弯构件的工作特性。

2 该公式的准确性，在很大程度上取决于稳定系数 φ 的取值。然而 φ 值却是根据轴心受压构件的试验结果确定的。因此，很难同时满足轴心受压与偏心受压两方面的要求。

3 属于单一参数的经验公式结构，对数据拟合的适应性差。

1988 年修订规范，由于对 φ 值公式和木材抗弯、抗压强度设计值的取值方法都作了较大的变动，致使本已很难调整的雅辛斯基公式变得更难以适应新的情况。试算结果表明，与过去设计值相比，其最大偏差可达 +12% 和 −26%。为此，决定改用根据设计经验与试验结果确定的双 φ 公式验算压弯构件的承载能力，即：

$$\frac{N}{\varphi \varphi_m A_n} \leq f_c$$

式中　φ_m——为考虑轴心力和横向弯矩共同作用的折减系数（参见本规范第 5.3.2 条）；

　　　φ——为稳定系数。

由于公式有两个参数进行调整与控制，容易适应各种条件的变化。为了具体考察公式的适用性，曾以不同的相对偏心率 m 和长细比 λ，对不同强度等级的木构件进行了试算，并与相同条件下的边缘应力公式计算值、雅辛斯基公式计算值、国内外试验值以及经验设计值等进行了对比，其结果表明：

1 在常用的相对偏心率 m 和长细比 λ 的区段内，所有计算、试验和设计的结果均甚接近。

2 在较小的相对偏心率的区段内，例如当 $m \leq 0.1$ 时，公式的部分计算结果虽比边缘应力公式的计算值低很多，但与试验值相比，却较为接近。这也进一步说明了公式的合理性。因为正是在这一区段内，边缘应力公式存在着固有的缺陷，致使所算得的压弯构件的承载能力反而比轴心受压还要高。

3 在相对偏心率和长细比都很大的区段内，例如当 $m = 10$，$\lambda = 120 \sim 150$ 时，公式的计算结果要比边缘应力公式计算值低约 14%（个别值可低达 17%）；比试验值低约 8%（个别值可低达 12%）。但这样大偏心距与长细比的构件，在工程中实属罕遇。即使遇到，也应在设计上作偏于安全的处理。

综上所述，公式从总体情况来看是合理的、适用的。尽管在局部情况中，可能使木材的用量略有增加，但从木结构可靠度的校准结果来看，是有必要的。

在 2002 年修订规范时，考虑到压弯构件和偏压构件具有不同的受力性质，偏压构件的承载能力要低一些，前苏联新规范的压弯构件计算中对偏压构件的情况补充了附加验算公式，此附加验算公式完全是根据压弯和偏压的对比试验求得的。而此试验值又与我国的理论公式相一致，为全面地反映压弯和偏压以及介于其间的构件受力性质，将 GBJ 5−88 中的 φ_m 公式修订为本规范公式（5.3.2-4～5.3.2-6）。

5.3.3 GBJ 5-88 关于压弯构件或偏心受压构件在弯矩作用平面外的稳定性验算，是不考虑弯矩的影响，仅在弯矩作用平面外按轴心压杆稳定验算。在 2002 年修订规范时，经验算发现在弯矩较大的情况下偏于不安全，故按一般力学原理提出验算公式（5.3.3）。

6 木结构连接计算

6.1 齿 连 接

6.1.1 齿连接的可靠性在很大程度上取决于其构造是否合理。因此，尽管齿连接的形式很多，本规范仅推荐采用正齿构造的单齿连接和双齿连接。所谓正齿，是指齿槽的承压面正对着所抵承的承压构件，使该构件传来的压力明确地作用在承压面上，以保证其垂直分力对齿连接受剪面的横向压紧作用，以改善木材的受剪工作条件。因此，在本条文中规定：

1 齿槽的承压面应与所连接的压杆轴线垂直；

2 单齿连接压杆轴线应通过承压面中心。

与此同时，考虑到正确的齿连接设计还与所采用的齿深和齿长有关，因此，也相应地作了必要的规定，以防止因这方面构造不当，而导致齿连接承载能力的急剧下降。

另外，应指出的是，当采用湿材制作时，齿连接的受剪工作可能受到木材端裂的危害。为此，若干屋架的下弦未采用"破心下料"的方木制作，或直接使用原木时，其受剪面的长度应比计算值加大 50mm，以保证实际的受剪面有足够的长度。

6.1.2 1988 年规范根据下列关系确定 ψ_v 值：

1 单齿连接

由于木材抗剪强度设计值所引用的尺寸影响系数是以 $l_v/h_c = 4$ 的试件试验结果确定的。因此，在考虑沿剪面长度剪应力分布不均匀的影响时，应将 $l_v/h_c = 4$ 的 ψ_v 值定为 1.0。据此，将试验曲线进行了平移，并得到当 $l_v/h_c \geq 6$ 的 ψ_v 值关系式为：

$$\psi_v = 1.155 - 0.064 l_v/h_c$$

1988 规范即按此式确定 $l_v/h_c \geq 6$ 时的 ψ_v 值。至于 $l_v/h_c = 4.5$ 及 $l_v/h_c = 5$ 的 ψ_v 取值，则按 $l_v/h_c = 4$ 和 $l_v/h_c = 6$ 的 ψ_v 值的连线确定。

2 双齿连接

对试验曲线作同上的平移后得到当 $l_v/h_c \geq 6$ 时的 ψ_v 值的关系式为：

$$\psi_v = 1.435 - 0.0725 l_v/h_c$$

根据 ψ_v 值和有关的抗力统计参数，计算了齿连接的可靠指标，其结果可以满足目标可靠指标的要求（参见表7）。

表 7 齿连接可靠指标 β 及其一致性比较

连接形式	GBJ 5-88	
	m_β	S_β
单 齿	3.86	0.39
双 齿	3.86	0.39

注：S_β 越小表示 β 的一致性越好。

6.1.4 在齿连接中，木材抗剪属于脆性工作，其破坏一般无预兆。为防止意外，应采取保险的措施。长期的工程实践表明，在被连接的构件间用螺栓予以拉结，可以起到保险的作用。因为它可使齿连接在其受剪面万一遭到破坏时，不致引起整个结构的坍塌，从而也就为抢修提供了必要的时间。因此，本规范规定桁架的支座节点采用齿连接时，必须设置保险螺栓。

为了正确设计保险螺栓，本规范对下列问题作了统一规定：

1 构造符合要求的保险螺栓，其承受的拉力设计值可按本规范推荐的简便公式确定。因为保险螺栓的受力情况尽管复杂，但在这种情况下，其计算结果与试验值较为接近，可以满足实用的要求。

2 考虑到木材的剪切破坏是突然发生的，对螺栓有一定的冲击作用，故规定宜选用延性较好的钢材（例如：Q235 钢材）制作。但它的强度设计值仍可乘以 1.25 的调整系数，以考虑其受力的短暂性。

3 关于螺栓与齿能否共同工作的问题，原建筑工程部建筑科学研究院和原四川省建筑科学研究所的试验结果均证明：在齿未破坏前，保险螺栓几乎是不受力的。故明确规定在设计中不应考虑二者的共同工作。

4 在双齿连接中，保险螺栓一般设置两个。考虑到木材剪切破坏后，节点变形较大，两个螺栓受力较为均匀，故规定不考虑本规范第 4.2.12 条的调整系数。

6.2 螺栓连接和钉连接

6.2.1 螺栓连接和钉连接的承载能力受木材剪切、劈裂、承压以及螺栓和钉的弯曲等条件的控制，其中以充分利用螺栓和钉的抗弯能力最能保证连接的受力安全。另外，许多试验表明，在很薄构件的连接（特别是受拉接头）中，其破坏多从销槽处木材劈裂开始。而施工也发现，拼合很薄构件连接时，木材容易被敲劈。因此，规范规定了螺栓连接和钉连接中木构件的最小厚度，以便从构造上保证连接受力的合理性与可靠性。

1988 年修订规范，仅对螺栓直径 $d \geq 18mm$ 的情况，作了补充规定，要求其边部构件或单剪连接中较薄构件的厚度 a 不应小于 $4d$，以避免因木构件劈裂而降低螺栓连接的承载能力。

6.2.2 按照本规范公式（6.2.2）确定螺栓连接或钉

连接的设计承载力时，其连接的构造必须符合本规范第6.2.1条和第6.2.5条的要求。

6.2.3 由于在单剪连接中，有可能遇到木构件厚度 c 不满足本规范表6.2.1最小厚度要求的情况，因而需要作这一补充验算。

6.2.4 本规范表6.2.4中的 ψ_a 值，虽然称为"考虑木材斜纹承压的降低系数"，但实质上给出的是该系数的平方根值，因此，应用时应直接与本规范公式(6.2.2)中的设计承载力 V 相乘，而不与木材顺纹承压强度设计值相乘。

6.2.5~6.2.6 本规范表6.2.5和表6.2.6的最小间距的规定，主要是为了从构造上采取措施，以保证螺栓连接和钉连接的承载力不受木材剪切工作的控制，以保证连接受力的安全。

在2002年修订规范时，补充了横纹受力时螺栓排列的规定。

6.3 齿 板 连 接

6.3.1~6.3.2 齿板为薄钢板制成，受压承载力极低，故不能将齿板用于传递压力。为保证齿板质量，所用钢材应满足条文规定的国家标准要求。由于齿板较薄，生锈会降低其承载力以及耐久性。为防止生锈，齿板应由镀锌钢板制成且对镀锌层质量应有所规定。考虑到条文规定的镀锌要求在腐蚀与潮湿环境仍然是不够的，故不能将齿板用于腐蚀以及潮湿环境。

6.3.3 齿板存在三种基本破坏模式。其一为板齿屈服并从木材中拔出；其二为齿板净截面受拉破坏；其三为齿板剪切破坏。故设计齿板时，应对板齿承载力、齿板受拉承载力与受剪承载力进行验算。另外，在木桁架节点中，齿板常处于剪-拉复合受力状态。故尚应对剪-拉复合承载力进行验算。

板齿滑移过大将导致木桁架产生影响其正常使用的变形，故应对板齿抗滑移承载力进行验算。

6.3.4~6.3.8 鉴于我国缺乏齿板连接的研究与工程积累，故齿板承载力计算公式主要参考加拿大木结构设计规范提出。考虑到中、加两国结构设计规范的不同，作了适当调整。

6.3.9 齿板为成对对称设置，故被连接构件厚度不能小于齿嵌入深度的两倍。齿板与弦杆、腹杆连接尺寸过小易导致木桁架在搬运、安装过程中损坏。

6.3.10 齿板安装不正确则不能保证齿板连接承载力达到设计要求。考虑到《木结构工程施工质量验收规范》GB 50206未给出齿板的有关施工质量要求，故特列本条。

7 普通木结构

7.1 一 般 规 定

7.1.1 选用合理的结构型式和构造方法，可以保证

木结构的正常工作和延长结构的使用年限，能够收到良好的技术经济效果。因此，对木结构选型和构造作了如下考虑：

1 推荐采用以木材为受压或受弯构件的结构型式。虽然工程实践表明，只要选材符合标准，构造处理得当，即使在跨度很大的桁架中，采用木材制作的受拉构件，也能安全可靠地工作，但问题在于木材的天然缺陷对构件受拉性能影响很大，必须选用优质并经过干燥的材料才能胜任。从材料供应情况来看，几乎很难办到。因此，宜推荐采用钢木桁架或撑托式结构。在这类结构中，木材仅作为受压或压弯构件，它们对木材材质和含水率的要求均较受拉构件为低，可收到既充分利用材料，又确保工程质量的效果。

2 为合理利用缺陷较多、干燥中容易翘裂的树种木材（如落叶松、云南松等），由于这类木材的翘裂变形，过去在跨度较大的房屋中使用，问题比较多。其原因虽是多方面的，但关键在于使用湿材，而又未采取防止裂缝的措施。针对这一情况，并根据有关科研成果和工程使用经验，规定了屋架跨度的限值，并强调应采取有效的防止裂缝危害的措施。

3 胶合木结构能更好的满足造型要求，有利于小规格木材和低等级木材的使用，从而促进人工速生林木材的发展，所以建议尽量创造条件使用胶合木结构，以利于推广这种先进技术。

4 多跨木屋盖房屋的内排水，常由于天沟构造处理不当或检修不及时产生堵水渗透，致使木屋架支座节点易于受潮腐朽，影响屋盖承重木结构的安全，因此推荐采取外排水的结构型式。

木制天沟经常由于天沟刚度不够，变形过大，或因油毡防水层局部损坏，致使天沟腐朽、漏水，直接危害屋架支座节点。有些工程曾出过这样的质量事故，因此在规范中规定"不应采用木制天沟"。

5 木结构的防腐和防虫是保证结构安全使用的重要问题。必须从设计构造上采用通风防潮措施，使木结构各部分通风干燥，防止腐朽虫蛀，因此，在本条文中强调这一问题的重要性。

6 木结构具有较好的延性、对抗震是有利的，但是在设计中应注意加强构件之间和结构与支承物之间的连接。

7.1.2 为了减少风灾对木结构的破坏影响，在总结沿海地区经验的基础上，本规范提出一些构造要求，以加强木结构房屋的抗风能力。

造成风灾危害除因设计计算考虑不周外，一般均由于构造处理不当所引起，根据浙江、福建、广东等地调查，砖木结构建筑物因台风造成的破坏过程一般是：迎风面的大部分门窗框先被破坏或屋盖的山墙出檐部分先被掀开缺口，接着大风直贯室内，瓦、屋面板、檩条等相继被刮掉，最后造成山墙和屋架呈悬臂孤立状态而倒塌。

构造措施方面应注意以下几点：

1 为防止瞬间风吸力超过屋盖各个部件的自重，避免屋瓦等被掀揭，宜采用增加屋面自重和加强瓦材与屋盖木基层整体性的办法（如压砖、坐灰、瓦材加以固定等）。

2 应防止门窗扇和门窗框被刮掉。因为这将使原来封闭的建筑变为局部开敞式，改变了整个建筑的风载体型系数，这是造成房屋倒塌的重要因素。因此，除使用应注意经常维修外，规范有必要强调门窗应予锚固。

3 应注意局部构造处理以减少风力的作用。例如，檐口处出檐与不出檐，檐口封闭与不封闭，其局部表面的风力体型系数相差甚大。因此，出檐要短或作成封闭出檐；山墙宜做成硬山以及在满足采光和通风要求下尽量减少天窗的高度和跨度等，都是减少风害的有效措施。

4 应加强房屋的整体性和锚固措施，锚固可采用不同的构造方式，但其做法应足以抵抗风力。

7.1.3 隔震和消能是建筑结构减轻地震灾害的一项新技术，是抵御地震对建筑破坏的有效方法，尤其是在高烈度地区使用效果十分明显。现代木结构型式、节点刚性程度和整体刚度多样，相差较大，可根据实际情况选择和采用隔震、消能方法减轻结构的震害。

7.1.4 这是根据工程教训与试验结论而作出的规定。在我国木结构工程中，曾发生过数起因采用齿连接与螺栓连接共同受力而导致齿连接超载破坏的事故，值得引起注意。

7.1.6 调查发现，一些工程中有拉力螺栓钢垫板陷入木材的情况。其主要原因之一是钢垫板未经计算，选用的尺寸偏小所致。因此在规范中提出了钢垫板应经计算的要求。为了设计方便，规范中列入了方形钢垫板的计算公式。

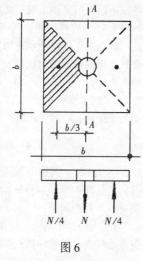

图6

假定 $N/4$ 产生的弯矩，由 $A-A$ 截面承受（参见图6），并忽略螺栓孔的影响，则钢垫板面积 A 为：

$$A = \frac{拉杆轴向拉力设计值}{垫板下木材横纹承压强度设计值} = \frac{N}{f_{c,90}}$$

而由 $\frac{b}{3} \times \frac{N}{4} = \frac{1}{6}bt^2 f$，可得垫板厚度 t 为：

$$t = \sqrt{\frac{N}{2f}}$$

式中 f——钢垫板的抗弯强度设计值。

计算垫板尺寸时注意以下两点：

1 若钢垫板不是方形，则不能套用此公式，应根据具体情况另行计算。

2 当计算支座节点或脊节点的钢垫板时，考虑到这些部位的木纹不连续，垫板下木材横纹承压强度设计值应按本规范表 4.2.1-3 中局部表面及齿面一栏的数值确定。

7.1.7 根据工程实践经验，对较重要的圆钢构件采用双螺帽，拧紧后能防止意外的螺帽松脱事故，在有振动的场所，其作用尤为显著。

7.1.8 由于木材固有的缺陷，即使设计和施工都很良好的木结构，也会因使用不当、维护不善而导致木材受潮腐朽、连接松弛、结构变形过大等问题发生，直接影响到结构的安全和寿命。因此，为了保证木结构的安全工作并延长使用寿命，必须加强对木结构在使用过程中的检查与维护工作。

本规范附录 D 的检查和维护要点，是根据各地木结构使用经验以及工程结构检查和调查中发生的问题总结出来的。

7.2 屋面木基层和木梁

7.2.1 设计屋面板或挂瓦条时，是否需要计算，可根据屋面具体情况和当地长期使用的实践经验决定。

7.2.2 对有锻锤或其他较大振动设备的房屋需设置屋面板的规定。主要是针对过去某些工程，由于厂房振动较大，造成屋面瓦材滑移或掉落的事故而采取的措施。

7.2.3 对本条的规定，需作如下四点说明：

1 方木檩条截面高宽比的规定，是根据调查实测结果提出的。其目的是为了从构造上防止檩条沿屋面方向的变形过大，以保证其正常工作。这对楞摊瓦的屋面尤为重要，应在设计中予以重视。

2 正放檩条可节约木材，其构造也比较简单，故推荐采用。

3 钢木檩条受拉钢筋下折处的节点容易摆动，应采取措施保证其侧向稳定。有些工程用一根钢筋（或木条）将同开间的钢木檩条下折处连牢，以增加侧向稳定，使用效果较好，也不费事，故在条文中提出这一要求。

7.2.4 对 8 度和 9 度地震区的屋面木基层设计，提出了必要的加强措施，以利于抗震。

7.2.5 考虑到木梁设计虽较简单，但应注意保证其侧向稳定，因此，在本条中增加了这方面的构造要求。

7.3 桁 架

7.3.1 桁架的选型主要决定于屋面材料、木材的材质与规格。本规范作了如下考虑：

1 钢木桁架具有构造合理，能避免斜纹、木节、裂缝等缺陷的不利影响，解决下弦选材困难和易于保证工程质量等优点，故推荐在桁架跨度较大或采用湿材或采用新利用树种时应用。

2 三角形原木桁架采用不等节间的结构形式比较经济。根据设计经验，当跨度在 15~18m 之间，开间在 3~4m 的相同条件下，可比等节间桁架节约木材 10%~18%。故推荐在跨度较大的原木桁架中应用。

7.3.2 桁架的高跨比过小，将使桁架的变形过大。过去在工程中曾发生过这方面引起的质量事故。因此，根据国内外长期使用经验，对各类型木桁架的最小高跨比作出具体规定。经进行系统的验算表明，如将高跨比放宽一档，将使桁架的相对挠度增加 13.2%~27.7%，桁架上弦应力增大 12.8%~32.2%。这不仅使得桁架的刚度大为削弱，而且使得木材的用量增加 7.7%~12.5%。

7.3.3 为了保证屋架不产生影响人的安全感的挠度，不论木屋架和钢木屋架，在制作时均应加以起拱。对于起拱的数值，是根据长期使用经验决定的，并应在起拱的同时调整上下弦，以保证屋架的高跨比不变。

7.3.4 木桁架的下弦受拉接头、上弦受压接头和支座节点均是桁架结构中的关键部位。为了保证其工作的可靠性，设计时应注意三个要点：一是传力明确；二是能防止木材裂缝的危害；三是接头应有足够的侧向刚度。本条规定的构造措施，就是根据这三点要求，在总结各地实践经验的基础上提出的。其中需要加以说明的有以下几点：

1 在受拉接头中，最忌的是受剪面与木材的主裂缝重合（裂缝尚未出现时，最忌与木材的髓心所在面重合）。为了防止出现这一情况，最佳的办法是采用"破心下料"锯成的方木；或是在配料时，能通过方位的调整，而使螺栓的受剪面避开裂缝或髓心。然而这两项措施并非在所有情况下都能做到的。因此，规范必须在推荐上述措施的同时，进一步采取必要的保险措施，以使接头不至于发生脆性破坏。这些措施包括：

1) 规定接头每端的螺栓数目不宜少于 6 个，以使连接中的螺栓直径不致过粗，这就从构造上保证了接头受力具有较好的韧性。

2) 规定螺栓不得排成单行，从而保证了半数以上螺栓的剪面不会与主裂缝重合，其余的螺栓，虽仍有可能遇到裂缝，但此时的主裂缝已不位于截面高度的中央，很难有贯通之可能，提高了接头工作的可靠性。

3) 规定在跨度较大的桁架中，采用较厚的木夹板，其目的在于保证螺栓处于良好的受力状态，并使接头具有较大的侧向刚度。

2 在上弦接头中，最忌的是接头位置不当和侧向刚度差。为此，本条文对这两个关键问题都作了必要的规定。强调上弦受压接头"应锯平对接"，其目的在于防止采用"斜搭接"。因为斜搭接不仅不易紧密抵承，而且更主要的是它的侧向刚度差，容易使上弦鼓出平面外。

3 在桁架的支座节点中采用齿连接，只要其受剪面能避开髓心（或木材的主裂缝），一般就不会出安全事故。因此，本条文规定：对于这一构造措施应在施工图中注明。

4 对木桁架的最大跨度问题，由于各地使用的树种不同，经验也不同，要规定一个统一的限值较为困难。况且，大跨度木桁架的主要问题是下弦接头多，致使桁架的挠度大。为了减小桁架的变形，本条文作出了"下弦接头不宜多于两个"的规定。由于商品材的长度有限，因而这一规定本身已间接地起到了限制木桁架跨度的作用。

7.3.5 钢木桁架具有良好的工作性能，可以解决大跨度木结构以及在木结构工程中使用湿材的许多涉及安全的技术问题。因此，得到了广泛的应用，但由于设计、施工水平不同，在应用中也发生了一些不应发生的工程质量事故。调查表明，这些事故几乎都是由于构造不当所造成的，而不是钢木桁架本身的性能问题。为了从构造上采取统一的技术措施，以确保钢木桁架的质量，曾组织了"钢木桁架合理构造的试验规定"这一重点课题的研究，本规范根据其研究成果，将其与安全有关的结论作出必要的规定。

7.3.6 调查的结果表明，尽管各地允许采用的吊车吨位不同，但只要采取了必要的技术措施，其运行结果均未对结构产生危及安全和正常使用的影响。因此，本条文仅从保证承重结构的工作安全出发，对桁架其支撑的构造提出设计要求，而未具体限制吊车的最大吨位。

7.3.8 对 8 度和 9 度地震区的屋架设计，提出了必要的加强措施，以利于抗震。

7.4 天 窗

7.4.1~7.4.3 天窗是屋盖结构中的一个薄弱部位。若构造处理不当，容易发生质量事故。根据调查，主要有以下几个问题：

1 天窗过于高大，使屋面刚度削弱很多，兼之天窗重心较高，更易导致天窗侧向失稳。

2 如果采用大跨度的天窗，而又未设中柱，仅靠两边柱将荷载集中地传给屋架的两个节点，致使屋架的变形过大。

3 仅由两根天窗柱传力的天窗本身不是稳定的结构，不能正常工作。

4 天窗边柱的夹板通至下弦，并用螺栓直接与下弦系紧，致使天窗荷载在边柱上与上弦抵承不良的情况下传给下弦，从而导致下弦的木材被撕裂。因此，规定夹板不宜与桁架下弦直接连接。

5 有些工程由于天窗防雨设施不良，引起其边柱和屋架的木材受潮腐朽，从而危及承重结构的安全。

针对以上存在的问题，制定了本节的条文，以便从构造上消除隐患，保证整个屋盖结构的正常工作。

7.5 支 撑

7.5.1～7.5.2 规范对保证木屋盖空间稳定所作的规定，是在总结工程实践、试验实测结果以及综合分析各方面意见的基础上制订的。从试验研究和理论分析结果来看，这些规定比较符合实际情况。

1 关于屋面刚度的作用

实践和试验证明，不同构造方式的屋面有不同的刚度。普通单层密铺屋面板有相当大的刚度，即使是楞摊瓦屋面也有一定的刚度。例如，原规范编制组曾对一楞摊瓦屋面房屋进行了刚度试验。该房屋采用跨度为15m的原木屋架，下弦标高4m，屋架间距3.9m，240mm山墙（三根490mm×490mm壁柱），稀铺屋面板（空隙约60%）。当取掉垂直支撑后（无其他支撑），在房屋端部屋架节点的檩条上加纵向水平荷载。当每个节点水平荷载达2.8kN时，屋架脊节点的瞬时水平变位为：端起第1榀屋架为6.5mm；第6榀为4.9mm；第12榀为4.4mm。这说明楞摊瓦屋面也有一定的刚度，并且能将屋面的纵向水平力传递相当远的距离。

由于屋面刚度对保证上弦出平面稳定、传递屋面的纵向水平力都起相当大的作用，因此，在考虑木屋盖的空间稳定时，屋面刚度是一个不可忽视的因素。

2 关于支撑的作用

支撑是保证平面结构空间稳定的一项措施，各种支撑的作用和效果因支撑的形式、构造和外力特点而异。根据试验实测和工程实践经验表明：

1）垂直支撑能有效地防止屋架的侧倾，并有助于保持屋盖的整体性，因而也有助于保证屋盖刚度可靠地发挥作用，而不致遭到不应有的削弱。

2）上弦横向支撑在参与支撑工作的檩条与屋架有可靠锚固的条件下，能起着空间桁架的作用。

3）下弦横向支撑对承受下弦平面的纵向水平力比较直接有效。

综上所述，说明任何一种支撑系统都不是保证屋盖空间稳定的惟一措施，但在"各得其所"的条件下，又都是重要而有效的措施。因此，在工程实践中，应从房屋的具体构造情况出发，考虑各种支撑的受力特点，合理地加以选用。而在复杂的情况下，还应把不同支撑系统配合起来使用，使之共同发挥各自应有的作用。

例如，在一般房屋中，屋盖的纵向水平力主要是房屋两端的风力和屋架上弦出平面而产生的水平力。根据试验实测，后一种水平力，其数值不大，而且力的方向又不是一致的。因此在风力不大的情况下，需要支撑承担的纵向水平力亦不大，采用上弦横向支撑或垂直支撑均能达到保证屋盖空间稳定的要求，但若为圆钢下弦的钢木屋架，则以选用上弦横向支撑，较容易解决构造问题。

若房屋跨度较大，或有较大的风力和吊车振动影响时，则以选用上弦横向支撑和垂直支撑共同工作为好。对"跨度较大"的理解，有的认为指跨度大于或等于15m的房屋，有的认为若屋面荷载很大，跨度为12m的房屋就应算"跨度较大"。在执行中各地可根据本地区经验确定。

7.5.3 关于上弦横向支撑的设置方法，规范侧重于房屋的两端，因为风力的作用主要在两端。当房屋跨度较大，或为楞摊瓦屋面时，为保证房屋中间部分的屋盖刚度，应在中间每隔20～30m设置一道。在上弦横向支撑开间内设置垂直支撑，主要是为了施工和维修方便，以及加强屋盖的整体作用。

7.5.4 工程实测与试验结果表明，只有当垂直支撑能起到竖向桁架体系的作用时，才能收到应有的传力效果。因此，本规范规定，凡是垂直支撑均应加设通长的纵向水平系杆，使之与锚固的檩条、交叉的腹杆（或人字形腹杆）共同构成一个不变的桁架体系。仅有交叉腹杆的"剪刀撑"不算垂直支撑。

7.5.5 本条所述部位均需设置垂直支撑。其目的是为了保证这些部位的稳定或是为了传递纵向水平力。这些垂直支撑沿房屋纵向的布置间距可根据具体情况决定，但应有通长的系杆互相联系。

7.5.6 在执行本条文时，应注意以下两点：

1 若房屋中同时有横向支撑与柱间支撑时，两种支撑应布置在同一开间内，使之更好地共同工作。

2 在木柱与桁架之间设有抗风斜撑时，木柱与斜撑连接处的截面强度应按压弯构件验算。

7.5.7 明确规定屋盖中可不设置支撑的范围，其目的虽然是为了考虑屋面刚度和两端房屋刚度对屋盖空间稳定的作用，但也为了防止擅自扩大不设置支撑的范围。条文中有关界限值的规定，主要是根据实践经验和调查资料确定的。

7.5.8 有天窗时屋盖的空间稳定问题，主要是天窗架的稳定和天窗范围内主屋架上弦的侧向稳定问题。

在实际调查中发现，有的工程在天窗范围内无保证屋架上弦侧向稳定的措施，致使屋架上弦向平面外鼓出。各地经验认为一般只要在主屋架的脊节点处设置通长的水平系杆，即可保证上弦的侧向稳定。但若天窗跨度较大，房屋两端刚度又较差时，则宜设置天窗范围内的主屋架上弦横向支撑（不论房屋有无上弦横向支撑，在天窗范围内均应设置）。

7.5.9 根据抗震设防烈度不同对木结构支撑的设置要求也不同，对8度和9度区的木结构房屋支撑系统作了相应的加强。

7.5.10 由于木柱房屋在柱顶与屋架的连接处比较薄弱，因此，规定在地震区的木柱房屋中，应在屋架与木柱连接处加设斜撑并作好连接。

7.6 锚 固

7.6.1 本节所述的锚固，是指檩条与桁架（或墙、桁架与墙（或柱）、柱与基础的连接。桁架及柱的锚固主要是防止风吸力影响以及起固定桁架和柱的作用。檩条的锚固主要是使屋面与桁架连成整体，以保证桁架上弦的侧向稳定及抵抗风吸力的作用。当采用上弦横向支撑时，檩条的锚固尤为重要，因为在无支撑的区间内，防止桁架的侧倾和保证上弦的侧向稳定，均需依靠参加支撑工作的通长檩条。

7.6.2 檩条与屋架上弦的连接各地做法不同，多数地区采用钉连接。有的地区当屋架跨度较大时，则将节点檩条用螺栓锚固。

檩条锚固方法，除应考虑是否需要承受风吸力外，还应考虑屋盖所采用的支撑形式。当采用垂直支撑时，由于每榀屋架均与支撑有联系，檩条的锚固一般采用钉连接即能满足要求。当有振动影响或在较大跨度房屋中采用上弦横向支撑时，支撑节点处的檩条应用螺栓、暗销或卡板等锚固，以加强屋面的整体性。

7.6.3 就一般情况而言，桁架支座均应用螺栓与墙、柱锚固。但在调查中发现有若干地区，仅在桁架跨度较大的情况下，才加以锚固。故本规范规定为9m及其以上的桁架必须锚固。至于9m以下的桁架是否需要锚固，则由各地自行处理。

7.6.4 这是根据工程实践经验与教训作出的规定，在执行时只能补充当地原有的有效措施，而不能削减本条文所规定的锚固。

8 胶合木结构

8.1 一般规定

8.1.1 本规范关于胶合木结构的条文，只适用于由木板胶合而成的承重构件以及由木板胶合构件组成的承重结构，而不适用于由胶合板和木板组合而成的胶合板结构。这是考虑到这种结构使用经验还不多，其性能还有待于进一步研究。

制作胶合木构件的木板厚度要求是根据木材类别、构件形状（直接或曲线）的不同而规定的，以适应不同的成型要求，保证胶合质量。

8.1.2 本条对胶合木构件制作要求做了规定。制作胶合木构件所用的木板应有材质等级的正规标注，并应按本规范表3.1.8根据构件不同受力要求和用途选材。为了使各层木板在整体工作时协调，要求各层木板的木纹与构件长度方向一致。

8.1.3 胶合木在建筑工程中的采用，是合理和优化使用木材、发展现代木结构的重要方向。胶合木构件具有构造简单、制作方便、强度较高及耐火极限高且能以短小材料制作成几十米、上百米跨度的形式多样、造型美观大方的各种构件的优点，因而国际上大量用于大体量、大跨度和对防火要求高的各种大型公共建筑、体育建筑、会堂、游泳场馆、工厂车间及桥梁等

民用与工业建筑、构筑物。技术和经验成熟，在我国有广泛的应用前景和市场。在中、小跨度建筑中，胶合木构件可取代实木构件，节省大径级木材。

8.1.4 胶合木构件截面形状的选取，在满足设计要求的情况下，同时也要考虑制作是否方便。对于直线形胶合木构件，通常采用矩形和工字形截面；而对于曲线形胶合木构件，工字形截面在制作上相对就较为困难，一般均采用矩形截面，方便制作，也有利于胶合。对于大跨度情况，一般都采用直线形或曲线形桁架。

8.1.5 这是为了保证制作胶合木构件按照设计要求生产合格产品。

8.2 构件设计

8.2.1 本条仍沿用 GBJ 5-88 的规定。一般来说，胶合木的强度高于实木，国外的标准对胶合木的设计强度规定都有别于实木，我国在这方面系统的实验工作和大量数据还缺乏，如果引用国际上的强度设计值，也还需要做大量的转换工作，需要一定的时间。目前，在暂时沿用原规范的同时，将进一步在这方面继续做研究工作。

8.2.2 本规范表 8.2.2 的修正系数是参照前苏联建筑法规 СНиПⅡ-В.4 的取值确定的。在纳入我国木结构规范前，曾由原建筑工程部建筑科学研究院组织有关单位进行了验证性试验。

对工字形和 T 形截面胶合木构件，抗弯强度设计值除乘以本规范表 8.2.2 的修正系数外，尚应乘以截面形状修正系数 0.9 的规定，是根据本规范第 8.3.8 条构造要求确定的，即腹板厚度不应小于 80mm，且不应小于翼缘板宽度的一半。若不符合这一规定，将会由于腹板过薄而造成胶合木构件受力不安全。

8.3 设计构造要求

8.3.1 制作胶合木构件所用木板的厚度根据材质不同而有所不同，这是为了确保加压时各层木板压平，胶缝密合，从而保证胶合质量。

8.3.2 弧形胶合木构件制作时需要弯曲成型，板的厚度对弯曲难易有直接影响，因此规定不论硬质木材或软质木材，木板的厚度均不应超过 30mm，且不大于构件曲率半径 1/300。

8.3.3 荷载作用下，桁架会产生变形。为了保证屋架不产生可见的垂度和影响桁架的正常工作，在制作时，采用预先起拱办法。

8.3.4 制作胶合木构件的木板的接长方式，本规范这次修订时不再保留"当不具备指接条件时，可采用斜搭接。……还可采用对接代替部分斜搭接，……"的规定。这是考虑到，当时，GBJ 5-88 做出这一规定，是基于过去由于受技术、制作条件的限制，在指接技术的掌握和加工设备普遍具备方面还存在一定困难这种实际情况。随着我国经济的发展、技术水平的提高

和制作手段的进步，采用指接已不再是困难的事了。

8.3.5～8.3.7 该三条对胶合木构件中接头布置的规定，其原则是既保证构件工作的可靠性，又尽可能充分利用短料。

由于接指具有很好的传力性能，当各层木板全部采用指接接头时，国际标准只规定上、下两侧最外层木板上的接头间距不得小于 1.5m，其余中间层木板的接头只要求适当错开，而并不规定相邻木板接头间的距离限制。考虑到我国使用指接接头于工程的经验较少，仍规定间距不得小于 $10t$（t 为板厚），以保证安全。今后，随着使用经验的积累将逐步向国际标准靠拢。

8.3.8 关于是否设置加劲肋的规定，主要是为了保证构件受力时的平面外稳定。本条沿用原规范规定，因为这些限制有理论分析的依据，同时也为使用经验所证实。

8.3.9 为了确保线性变截面构件制作时截面尺寸的准确，作为控制尺寸，有必要规定变截面构件坡度开始和终止处的截面高度。

8.3.10 为了确保曲线形构件制作时形状的准确，规定设计时应注明曲线形构件相应的曲率半径或曲线方程，制作时有据可依。

9 轻型木结构

9.1 一般规定

9.1.1 轻型木结构是一种将小尺寸木构件按不大于 600mm 的中心间距密置而成的结构形式。结构的承载力、刚度和整体性是通过主要结构构件（骨架构件）和次要结构构件（墙面板，楼面板和屋面板）共同作

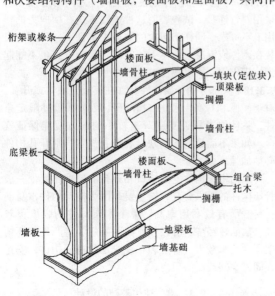

图 7 轻型木结构基本构造示意图

用得到的。轻型木结构亦称"平台式骨架结构"，这是因为施工时，每层楼面为一个平台，上一层结构的施工作业可在该平台上完成，其基本构造如图 7。

本章的规定参考了加拿大建筑规范中住宅和小型建筑一章以及《美国建筑规范》2000 年版（Internation Building Code）中轻型木结构设计的有关内容。此外，还参考了《加拿大轻型木结构工程手册》1995 年版（Canadian Engineering Guide for Wood Frame Construction）、《美国地震灾害预防委员会规范》1996 年版（NEHRP）和美国林纸协会《木结构设计规范》1997 年版（National Design Specification for Wood Construction）的有关规定。

9.1.2 轻型木结构的结构性能不仅与设计方法正确与否有关，还与材料和连接件是否符合有关的产品标准有直接的关系。所有的结构材料，包括用于规格材和结构面板的材料，都必须附有相应的等级标识或证明。

附录 N 给出的规格材截面尺寸是为了使轻型木结构的设计和施工标准化。但是，目前大部分进口规格材的尺寸是按英制生产的，所以本规范允许在采用进口规格材时，其截面尺寸只要与表列规格材尺寸相差不大于 2mm，在工程中视作等同。为避免对构件的安装和工程维修造成影响，在一幢建筑中不应将不同规格系列的规格材混用。

9.1.4 与其他建筑材料的结构相比，轻型木结构相对质量较轻，因此在地震和风荷载作用下具有很好的延性。尽管如此，对于不规则建筑和有大开口的建筑，仍应注意结构设计的有关要求。所谓不规则建筑，除了指建筑物的形状不规则外，还包括结构本身的刚度和质量的分布的不均匀。轻型木结构是一种具有高次超静定的结构体系，这个优点使得一些非结构构件也能起到抗侧向力的功能。但是这种高次超静定的结构使得结构分析非常复杂。所以，许多情况下，设计上往往采用经过长期工程实践证明的可靠构造。

9.2 设计要求

9.2.1 在抗侧力设计可按构造要求的轻型木结构中，承受竖向荷载的构件（板、梁、柱及桁架等），仍应按本规范有关要求进行计算。

9.2.2 结构基本自振周期估算经验公式取用于《美国地震灾害预防委员会规范》（NEHRP）1996 年版。

9.2.6 本条规定了建筑物本身和使用的限制条件，包括楼面面积、每层墙体高度、跨度、使用荷载、抗震设防烈度和最大基本风压等。这些限制条件并不是对轻型木结构使用的限制，它是指满足这些限制条件的建筑物可以采用本章的构造设计法进行设计和施工。

9.3 构造要求

9.3.1 轻型木结构墙骨柱的竖向荷载承载力与墙骨

柱本身截面的高度、墙骨柱之间的间距以及层高有关。竖向荷载作用下的墙骨柱的侧向弯曲和截面宽度与墙骨柱的高度比值有关。如果截面高度方向与墙面垂直，则墙体面板约束了墙骨柱侧向弯曲，同截面高度方向与墙面平行布置的方式相比，承载力大了许多。所以，除了在荷载很小的情况下，例如在阁楼的山墙面，墙骨柱可按截面高度方向与墙面平行的方向放置，否则墙骨柱的截面高度方向必须与墙面垂直。在地下室中，如用墙体代替柱和梁而墙体表面无面板时，应在墙骨柱之间加横撑防止墙骨柱的侧向弯曲。

开孔两侧的双墙骨柱是为了加强开孔边构件传递荷载的能力。

9.3.4 如果外墙维护材料直接固定在墙体骨架材料上（或固定在与面板上连接的木筋上），面板采用何种材料对钉的抗拔力影响不大。但是，如果当维护材料直接固定在面板上时，只有结构胶合板和定向木片板才能提供所需的钉的抗拔力。这时，面板的厚度根据所需维护材料的要求而定。

本条给出的墙面板材是针对根据板材的生产标准生产并适合室外用的结构板材，包括结构胶合板和定向木片板。最小厚度是指板材的名义厚度。

9.3.5 设计搁栅时，搁栅在均布荷载作用下，受荷面积等于跨度乘以搁栅间距。因为大部分的楼盖体系中，互相平行的搁栅数量大于3根。3根以上互相平行、等间距的构件在荷载作用下，其抗弯强度可以提高。所以在设计楼盖搁栅的抗弯承载力时，可将抗弯强度设计值乘以1.15的调整系数（见本规范附录J有关规定）。当按使用极限状态设计楼盖时，则不需考虑构件的共同作用。设计根据结构的变形要求进行。

9.3.6 如果搁置长度不够，会导致搁栅或支座的破坏。最小搁置长度的要求也是搁栅与支座钉连接的要求。搁栅底撑、间撑和剪刀撑用来提高楼盖体系抗变形和抗振动能力。如采用其他工程木产品代替规格材搁栅，则构件之间可采用不同的支撑方式。

9.3.7 在楼梯开孔周围，被截断的搁栅的端部应支承在封头搁栅上，封头搁栅应支承在楼盖搁栅或封边搁栅上。封头搁栅所承受的荷载值根据所支承的被截断的搁栅数量计算，被截断搁栅的跨度越大，承受的荷载越大。封头搁栅或封边搁栅是否需要采用双层加强或通过计算单独设计，都取决于封头搁栅的跨度。一般来说，开孔时，为降低封头搁栅的跨度，一般将开孔长边布置在平行于搁栅的方向。

9.3.8 一般来讲，位于搁栅上的非承重隔墙引起的附加荷载较小，不需要另外增加加强搁栅。但是，如果平行于搁栅的隔墙不位于搁栅上时，隔墙的附加荷载可能会引起楼面板变形。在这种情况下，应在隔墙下搁栅间，按1.2m中心间距布置截面40mm×90mm，长度为搁栅净距的填块，填块两端支承在搁栅上，并将

隔墙荷载传至搁栅。

对于承重墙，墙下搁栅可能会超出设计承载力。当承重隔墙与搁栅平行时，承重隔墙应由下层承重墙体或梁承载。当承重隔墙与搁栅垂直时，如隔墙仅承担上部阁楼荷载，承重墙与支座的距离不应大于900mm。如隔墙承载上部一层楼盖时，承重墙与支座的距离不应大于600mm。

9.3.10 本条给出的楼面板材是针对根据板材的生产标准生产的结构板材，包括结构胶合板和定向木片板。最小厚度是指板材的名义厚度。

铺设板材时，应将板的长向与搁栅长度方向垂直。

9.3.16 施工时应采用正确的施工方法保证剪力墙和楼、屋盖能满足设计承载力要求。

当用木基结构板材时，为了适应板材变形，板材之间应留有3mm空隙。板材随着含水率的变化，空隙的宽度会有所变化。

面板上的钉不得过度打入。这是因为钉的过度打入会对剪力墙的承载力和延性有极大的破坏。所以建议钉距板和框架材料边缘至少10mm，以减少框架材料的可能劈裂以及防止钉从板边被拉出。

剪力墙和楼、屋盖的单位抗剪承载力通过板材的足尺试验得到。试验发现，过度使用窄长板材会导致剪力墙和楼、屋盖的抗剪承载力降低。所以为了保证最小抗剪承载力，窄板的数量应有所限制。

足尺试验还表明，如果剪力墙两侧安装同类型的木基结构板材，墙体的抗剪承载力约是墙体只有单面墙板的2倍。为了达到这一承载力，板材接缝应互相错开；当墙体两侧的面板拼缝不能互相错开时，墙骨柱的宽度必须至少为65mm（或用两根截面为40mm宽的构件组合在一起）。

9.3.17 木构件和砌体或混凝土构件之间的连接不得采用斜钉连接。试验表明这种连接方式在横向力的作用下不可靠。同样，历次的地震灾害证明，采用与安装在砌体或混凝土墙体上的托木连接的方式也不能起到抗震作用，所以现在也禁止使用。

9.3.18 大部分的骨架构件允许在其上开缺口或开孔。对于搁栅和椽条只要缺口和开孔尺寸不超过限定条件，并且位置靠近支座弯矩较小的地方就能保证安全。如果不满足本条的缺口和开孔规定，则开孔构件必须加强。

屋面桁架构件上的缺口和开孔的要求比其他一般骨架构件的要求要高，这主要是因为桁架构件本身的材料截面有效利用率高。单个桁架构件的强度值较高，截面较经济，所以任何截面的削弱将严重破坏桁架构件的承载力。管道和布线应尽量避开构件，安排在阁楼空间或在吊顶内。

9.4 梁、柱和基础的设计

9.4.3 承受均布荷载的等跨连续梁，最大弯矩一般出

现在支座和跨中，在每跨距支座 1/4 点附近的弯矩几乎为零，所以接缝位置最好设在每跨的 1/4 点附近。

同一截面上的接缝数量应有限制以保证梁的连续性。除此之外，单根构件的接缝数量在任何一跨内不能超过一个，这也是为了保证梁的连续性。横向相邻构件的接缝不能出现在同一点。

9.4.9 当木构件置于砌体或混凝土构件上而这些砌体或混凝土构件与地面直接接触时，如果木构件不作防腐处理或其他的防腐办法阻止有害生物的侵袭，木构件就会腐烂。未经防腐处理的木材置于混凝土板或基础上时（如地下室木隔墙或木柱），必须采用防潮层（例如聚乙烯薄膜等）将木构件与混凝土分开。当底层木梁或搁栅置于混凝土基础墙的预留槽内时，尤其当梁底比室外地坪低的时候，应在木构件和支座之间加上防潮层，同时在构件端部预留槽内留出空隙，防止木构件和混凝土接触并保持空气的流动。空隙之间不得填充保温材料。

10 木结构防火

10.1 一般规定

10.1.1 本条规定木结构防火设计的适用范围以及与《建筑设计防火规范》之间的关系。对于本章未规定的部分，按《建筑设计防火规范》中四级耐火等级建筑的规定执行。

10.2 建筑构件的燃烧性能和耐火极限

10.2.1 本条参考 1999 年美国国家防火协会（NFPA）标准 220、2000 年美国的《国际建筑规范》（IBC）以及 1995 年《加拿大国家建筑规范》中对于木结构建筑的燃烧性能和耐火极限的有关规定，结合《建筑设计防火规范》以及我国其他有关防火试验标准对于材料燃烧性能和耐火极限的要求而制定的。本规范中所采用的数据多为加拿大国家研究院建筑科学研究所提供的实验数据。

木结构建筑火灾发生之后的明显特点之一是容易产生飞火，古今实例颇多，仅以我国 2002 年海南木结构别墅群火灾为例，燃烧过程中不断有燃烧着的木块飞向四周，引起草地起火，连续烧毁 40 多栋。为此，专门提出屋顶表层需采用不燃材料。美、加建筑亦作如此规定。

当一座木结构建筑有不同的高度时，考虑到较低的部分发生火灾时，火焰会向较高部分的外墙蔓延，所以要求此时较低部分的屋盖的耐火极限不得低于一小时。

10.3 建筑的层数、长度和面积

10.3.1 本条的规定是根据下列情况制定的：

1 尽管木结构建筑没有划分耐火等级，但从其构件的耐火性能比较，它的耐火等级介于《建筑设计防火规范》中所规定的三级和四级之间。《建筑设计防火规范》规定，四级耐火等级的建筑只允许建两层，其针对的主要对象是我国以前的传统木结构，而现在，在重新修订编制的《木结构设计规范》有关防火条文的严格约束下，构件耐火性能优于四级的木结构建筑建三层是安全的。

2 本规范表 10.3.1，是在吸收国外有关规范数据的基础上，并对我国《建筑设计防火规范》中的有关条文进行分析比较作出的相应规定。

10.4 防火间距

10.4.1 本条中木结构与木结构之间、木结构与其他耐火等级的建筑之间的防火间距，是在充分分析了国内外相关建筑法规基础之上，根据木结构和其他建筑结构的耐火等级的情况制定。

10.4.2～10.4.3 参考了 2000 年美国《国际建筑规范》（IBC）以及 1995 年《加拿大国家建筑规范》中的有关要求，结合我国具体情况制订。

火灾试验证明，发生火灾的建筑对相邻建筑的影响与该建筑物外墙的耐火极限和外墙上的门窗开孔率有直接关系。

2000 年美国的《国际建筑规范》（IBC）中规定了有防火保护的木结构建筑外墙的耐火极限。建筑物类型以及和防火间距之间的关系如表 8：

表 8 建筑物类型以及和防火间距之间的关系

防火间距（m）	耐火极限（h）		
	火灾危险性高的建筑（H 类）	火灾危险性中等的厂房（F-1 类），商业类建筑（M 类主要包括商店，超市等）和火灾危险性中等的仓库（S-1）	其他类型建筑，包括火灾危险性低的厂房，仓库，居住和其他商业建筑
0～3	3	2	1
3～6	2	1	1
6～12	1	1	1
12 以上	0	0	0

另外，根据外墙上门窗开孔率的大小 IBC 给出了开孔率大小和防火间距之间的关系。如表9：

表 9 开孔率大小和防火间距之间的关系

开孔分类	防火间距 a（m）						
	$0 < a$ ≤ 2	$2 < a$ ≤ 3	$3 < a$ ≤ 6	$6 < a$ ≤ 9	$9 < a$ ≤ 12	$12 < a$ ≤ 15	$15 < a$ ≤ 18	a > 18
无防火保护	不允许开孔	不允许开孔	10%	15%	25%	45%	70%	不限制

开孔分类	防火间距 a（m）							
	$0 < a$ ≤ 2	$2 < a$ ≤ 3	$3 < a$ ≤ 6	$6 < a$ ≤ 9	$9 < a$ ≤ 12	$12 < a$ ≤ 15	$15 < a$ ≤ 18	a > 18
有防火保护	不允许开孔	15%	25%	45%	75%	不限制	不限制	不限制

如果相邻建筑的外墙无洞口，并且外墙能满足 1h 的耐火极限，防火间距可减少至 4m。

考虑到有些建筑防火间距不足，完全不开门窗比较困难，允许每一面外墙开孔率不超过 10% 时，其防火间距可减少至 6.0m，但要求外墙的耐火极限不小于 1h，同时每面外墙的围护材料必须是难燃材料。

10.5 材料的燃烧性能

10.5.1 我国对建筑材料的燃烧性能有比较严格的要求，各项技术指标都必须符合《建筑材料难燃性试验方法》GB 8625 的要求，木结构用材亦不例外。

10.5.2～10.5.4 由于木结构建筑构件为可燃或难燃材料，所以对建筑内部装修材料的防火性能必须有较为严格的要求，尽量延缓火势过快地突破装饰层这道防线。《建筑内部装修设计防火规范》GB 50222 "总则" 中明确规定："本规范不适用于古建筑和木结构建筑的内部装修设计。"故而，本章参照 1998《加拿大全国房屋法规》做出了具体规定。

10.6 车 库

10.6.1 参照 1998《加拿大全国房屋法规》第 6.3.3.6 条规定，经过分析，认为科学合理，故予采纳。对车库大小，加拿大是以停放机动车辆数为标准，我们认为定位不够准确。结合我国居住水平，作出以面积为限定标准。

10.7 采暖通风

10.7.1 为控制木结构建筑火灾发生率，作本条规定。

10.7.2 保留原规范内容，并根据具体情况作了合理修订。

10.8 烹饪炉

10.8.1 参照 1998 年《加拿大全国房屋法规》第 6.1.6.1 条，经分析，认为科学合理，予以采用。

10.9 天 窗

10.9.1 本条主要是为了防止火灾时，火焰不致迅速烧穿天窗而蔓延到较高外墙面上。采取自动喷水灭火设施或防火门窗，可以有效地防止火焰的蔓延。

10.10 密闭空间

10.10.1 本条主要是针对轻型木结构中的密闭空间，一旦密闭空间内发生火灾，通过隔火措施，将火限制在一定的密闭空间，阻止火烟、火热蔓延。

11 木结构防护

11.0.1 木材的腐朽，系受木腐菌侵害所致。在木结构建筑中，木腐菌主要依赖潮湿的环境而得以生存与发展，各地的调查表明，凡是在结构构造上封闭的部位以及易经常受潮的场所，其木构件无不受木腐菌的侵害，严重者甚至会发生木结构坍塌事故。与此相反，若木结构所处的环境通风干燥良好，其木构件的使用年限，即使已逾百年，仍然可保持完好无损的状态。因此，为防止木结构腐朽，首先应采取既经济、又有效的构造措施。只有在采取构造措施后仍有可能遭受菌害的结构或部位，才需用防腐剂进行处理。

建筑木结构构造上的防腐措施，主要是通风与防潮。本条的内容便是根据各地工程实践经验总结而成。

这里应指出的是，通过构造上的通风、防潮，使木结构经常保持干燥，在很多情况下能对虫害起到一定的抑制作用，因此，应与药剂配合使用，以取得更好的防虫效果。

11.0.2 这是根据工程实践的教训而作出的规定。对于隐蔽工程和装配后无法检验的部位，一定要注意做好每道工序的质量检查与评定工作，以免因局部漏检而造成工程返工。

11.0.3 本条所指出的五种情况，均是在构造上采取了通风防潮的措施后，仍需采取药剂处理的木构件和若干结构部位。但在这些情况下，应选用哪种药剂以及如何处理才能达到防护的要求，则由国家标准《木结构工程施工质量验收规范》GB 50206 做出规定。

11.0.5～11.0.7 此三条均是根据木结构防腐防虫工程的实践经验编写的。为了保证工程的安全和质量，应严格执行这些条文中规定的程序与技术要求。

附录 P 轻型木结构楼、屋盖抗侧力设计

楼、屋盖长宽比限制小于或等于 4:1 是为了保证水平力作用下所有剪力墙同时达到设计承载力。

附录 Q 轻型木结构剪力墙抗侧力设计

剪力墙肢高宽比限制为 3.5:1 是为了保证所有的墙肢当达到极限承载力时以剪切变形为主。当墙肢的高宽比增加时，墙肢的结构表现接近于悬臂梁。

中华人民共和国国家标准

木结构工程施工质量验收规范

Code for acceptance of construction quality
of timber structures

GB 50206—2012

主编部门：中华人民共和国住房和城乡建设部
批准部门：中华人民共和国住房和城乡建设部
施行日期：2012年8月1日

中华人民共和国住房和城乡建设部
公　告

第 1355 号

关于发布国家标准《木结构
工程施工质量验收规范》的公告

现批准《木结构工程施工质量验收规范》为国家标准，编号为 GB 50206‐2012，自 2012 年 8 月 1 日起实施。其中，第 4.2.1、4.2.2、4.2.12、5.2.1、5.2.2、5.2.7、6.2.1、6.2.2、6.2.11、7.1.4 条为强制性条文，必须严格执行。原国家标准《木结构工程施工质量验收规范》GB 50206‐2002 同时废止。

本规范由我部标准定额研究所组织中国建筑工业出版社出版发行。

中华人民共和国住房和城乡建设部
2012 年 3 月 30 日

前　言

本规范是根据原建设部《关于印发〈2006 年工程建设标准规范制订、修订计划（第一批）〉的通知》（建标〔2006〕77 号）的要求，由哈尔滨工业大学和中建新疆建工（集团）有限公司会同有关单位对原国家标准《木结构工程施工质量验收规范》GB 50206‐2002 进行修订而成。

本规范在修订过程中，规范修订组经过广泛的调查研究，总结吸收了国内外木结构工程的施工经验，并在广泛征求意见的基础上，结合我国的具体情况进行了修订，最后经审查定稿。

本规范共分 8 章和 10 个附录，主要内容包括：总则、术语、基本规定、方木与原木结构、胶合木结构、轻型木结构、木结构的防护、木结构子分部工程验收等。

本规范中以黑体字标志的条文为强制性条文，必须严格执行。

本规范由住房和城乡建设部负责管理和对强制性条文的解释，由哈尔滨工业大学负责具体技术内容的解释。在执行本规范过程中，请各单位结合工程实践，提出意见和建议，并寄送到哈尔滨工业大学《木结构工程施工质量验收规范》编制组（地址：哈尔滨市南岗区黄河路 73 号哈尔滨工业大学（二校区）2453 信箱，邮编：150090，电子邮件：e. c. zhu@hit. edu. cn），以供今后修订时参考。

本规范主编单位、参编单位、参加单位、主要起草人员和主要审查人员：

主　编　单　位：哈尔滨工业大学

参　编　单　位：中建新疆建工（集团）有限公司
四川省建筑科学研究院
中国建筑西南设计研究院有限公司
同济大学
重庆大学
东北林业大学
中国林业科学研究院
公安部天津消防研究所

参　加　单　位：加拿大木业协会
德胜洋楼（苏州）有限公司
苏州皇家整体住宅系统股份有限公司
明迪木构建设工程有限公司
上海现代建筑设计有限公司
山东龙腾实业有限公司
长春市新阳光防腐木业有限公司

主要起草人员：祝恩淳　潘景龙　樊承谋
倪　春　李桂江　王永维
杨学兵　何敏娟　程少安
倪　竣　聂圣哲　张学利
周淑容　张盛东　陈松来
许　方　蒋明亮　方桂珍
倪照鹏　张家华　姜铁华
张华君　张成龙

主要审查人员：刘伟庆　龙卫国　张新培
申世杰　刘　雁　任海清
杨　军　王　力　王公山
丁延生　姚华军

目　次

Contents

1 总　则

1.0.1 为加强建筑工程质量管理，统一木结构工程施工质量的验收，保证工程质量，制定本规范。

1.0.2 本规范适用于方木、原木结构、胶合木结构及轻型木结构等木结构工程施工质量的验收。

1.0.3 木结构工程施工质量验收应以工程设计文件为基础。设计文件和工程承包合同中对施工质量验收的要求，不得低于本规范的规定。

1.0.4 本规范应与现行国家标准《建筑工程施工质量验收统一标准》GB 50300 配套使用。

1.0.5 木结构工程施工质量验收，除应符合本规范外，尚应符合国家现行有关标准的规定。

2 术　语

2.0.1 方木、原木结构　rough sawn and round timber structure

承重构件由方木（含板材）或原木制作的结构。

2.0.2 胶合木结构　glued-laminated timber structure

承重构件由层板胶合木制作的结构。

2.0.3 轻型木结构　light wood frame construction

主要由规格材和木基结构板，并通过钉连接制作的剪力墙与横隔（楼盖、屋盖）所构成的木结构，多用于1层~3层房屋。

2.0.4 规格材　dimension lumber

由原木锯解成截面宽度和高度在一定范围内，尺寸系列化的锯材，并经干燥、刨光、定级和标识后的一种木产品。

2.0.5 目测应力分等规格材　visually stress-graded dimension lumber

根据肉眼可见的各种缺陷的严重程度，按规定的标准划分材质和强度等级的规格材，简称目测分等规格材。

2.0.6 机械应力分等规格材　machine stress-rated dimension lumber

采用机械应力测定设备对规格材进行非破坏性试验，按测得的弹性模量或其他物理力学指标并按规定的标准划分材质等级和强度等级的规格材，简称机械分等规格材。

2.0.7 原木　log

伐倒并除去树皮、树枝和树梢的树干。

2.0.8 方木　rough sawn timber

直角锯切、截面为矩形或方形的木材。

2.0.9 层板胶合木　glued-laminated timber

以木板层叠胶合而成的木材产品，简称胶合木，也称结构用集成材。按层板种类，分为普通层板胶合木、目测分等和机械分等层板胶合木。

2.0.10 层板　lamination

用于制作层板胶合木的木板。按其层板评级分等方法不同，分为普通层板、目测分等和机械（弹性模量）分等层板。

2.0.11 组坯　combination of laminations

制作层板胶合木时，沿构件截面高度各层层板质量等级的配置方式，分为同等组坯、异等组坯、对称异等组坯和非对称异等组坯。

2.0.12 木基结构板材　wood-based structural panel

将原木旋切成单板或将木材切削成木片经胶合热压制成的承重板材，包括结构胶合板和定向木片板，可用于轻型木结构的墙面、楼面和屋面的覆面板。

2.0.13 结构复合木材　structural composite lumber（SCL）

将原木旋切成单板或切削成木片，施胶加压而成的一类木基结构用材，包括旋切板胶合木、平行木片胶合木、层叠木片胶合木及定向木片胶合木等。

2.0.14 工字形木搁栅　wood I-joist

用锯材或结构复合木材作翼缘、定向木片板或结构胶合板作腹板制作的工字形截面受弯构件。

2.0.15 齿板　truss plate

用镀锌钢板冲压成多齿的连接件，能传递构件间的拉力和剪力，主要用于由规格材制作的木桁架节点的连接。

2.0.16 齿板桁架　truss connected with truss plates

由规格材并用齿板连接而制成的桁架，主要用作轻型木结构的楼盖、屋盖承重构件。

2.0.17 钉连接　nailed connection

利用圆钉抗弯、抗剪和钉孔孔壁承压传递构件间作用力的一种销连接形式。

2.0.18 螺栓连接　bolted connection

利用螺栓的抗弯、抗剪能力和螺栓孔孔壁承压传递构件间作用力的一种销连接形式。

2.0.19 齿连接　step joint

在木构件上开凿齿槽并与另一木构件抵承，利用其承压和抗剪能力传递构件间作用力的一种连接形式。

2.0.20 墙骨　stud

轻型木结构墙体中的竖向构件，是主要的受压构件，并保证覆面板平面外的稳定和整体性。

2.0.21 覆面板　structural sheathing

轻型木结构中钉合在墙体木构架单侧或双侧及楼盖搁栅或椽条顶面的木基结构板材，又分别称为墙面板、楼面板和屋面板。

2.0.22 搁栅　joist

一种较小截面尺寸的受弯木构件（包括工字形木搁栅），用于楼盖或顶棚，分别称为楼盖搁栅或顶棚搁栅。

2.0.23 拼合梁　built-up beam

将数根规格材（3根～5根）彼此用钉或螺栓拼合在一起的受弯构件。

2.0.24 檩条 purlin

垂直于桁架上弦支承椽条的受弯构件。

2.0.25 椽条 rafter

屋盖体系中支承屋面板的受弯构件。

2.0.26 指接 finger joint

木材接长的一种连接形式，将两块木板端头用铣刀切削成相互啮合的指形序列，涂胶加压成为长板。

2.0.27 木结构防护 protection of wood structures

为保证木结构在规定的设计使用年限内安全、可靠地满足使用功能要求，采取防腐、防虫蛀、防火和防潮通风等措施予以保护。

2.0.28 防腐剂 wood preservative

能毒杀木腐菌、昆虫、凿船虫以及其他侵害木材生物的化学药剂。

2.0.29 载药量 retention

木构件经防腐剂加压处理后，能长期保持在木材内部的防腐剂量，按每立方米的千克数计算。

2.0.30 透入度 penetration

木构件经防护剂加压处理后，防腐剂透入木构件按毫米计的深度或占边材的百分率。

2.0.31 标识 stamp

表明材料构配件等的产地、生产企业、质量等级、规格、执行标准和认证机构等内容的标记图案。

2.0.32 检验批 inspection lot

按同一的生产条件或按规定的方式汇总起来供检验用的，由一定数量样本组成的检验体。

2.0.33 批次 product lot

在规定的检验批范围内，因原材料、制作、进场时间不同，或制作生产的批次不同而划分的检验范围。

2.0.34 进场验收 on-site acceptance

对进入施工现场的材料、构配件和设备等按相关的标准要求进行检验，以对产品质量合格与否做出认定。

2.0.35 交接检验 handover inspection

施工下一工序的承担方与上一工序完成方经双方检查其已完成工序的施工质量的认定活动。

2.0.36 见证检验 evidential testing

在监理单位或者建设单位监督下，由施工单位有关人员现场取样，送至具备相应资质的检测机构所进行的检验。

3 基 本 规 定

3.0.1 木结构工程施工单位应具备相应的资质、健全的质量管理体系、质量检验制度和综合质量水平的考评制度。

施工现场质量管理可按现行国家标准《建筑工程施工质量验收统一标准》GB 50300 的有关规定检查记录。

3.0.2 木结构子分部工程应由木结构制作安装与木结构防护两分项工程组成，并应在分项工程皆验收合格后，再进行子分部工程的验收。

3.0.3 检验批应按材料、木产品和构、配件的物理力学性能质量控制和结构构件制作安装质量控制分别划分。

3.0.4 木结构防护工程应按表 3.0.4 规定的不同使用环境验收木材防腐施工质量。

表 3.0.4 木结构的使用环境

使用分类	使用条件	应用环境	常用构件
C1	户内，且不接触土壤	在室内干燥环境中使用，能避免气候和水分的影响	木梁、木柱等
C2	户内，且不接触土壤	在室内环境中使用，有时受潮湿和水分的影响，但能避免气候的影响	木梁、木柱等
C3	户外，但不接触土壤	在室外环境中使用，暴露在各种气候中，包括淋湿，但不长期浸泡在水中	木梁等
C4A	户外，且接触土壤或浸在淡水中	在室外环境中使用，暴露在各种气候中，且与地面接触或长期浸泡在淡水中	木柱等

3.0.5 除设计文件另有规定外，木结构工程应按下列规定验收其外观质量：

1 A级，结构构件外露，外观要求很高而需油漆，构件表面洞孔需用木材修补，木材表面应用砂纸打磨。

2 B级，结构构件外露，外表要求用机具刨光油漆，表面允许有偶尔的漏刨、细小的缺陷和空隙，但不允许有松软节的孔洞。

3 C级，结构构件不外露，构件表面无需加工刨光。

3.0.6 木结构工程应按下列规定控制施工质量：

1 应有本工程的设计文件。

2 木结构工程所用的木材、木产品、钢材以及连接件等，应进行进场验收。凡涉及结构安全和使用功能的材料或半成品，应按本规范或相应专业工程质量验收标准的规定进行见证检验，并应在监理工程师或建设单位技术负责人监督下取样、送检。

3 各工序应按本规范的有关规定控制质量，每道工序完成后，应进行检查。

4 相关各专业工种之间，应进行交接检验并形成记录。未经监理工程师和建设单位技术负责人检查认可，不得进行下道工序施工。

5 应有木结构工程竣工图及文字资料等竣工文件。

3.0.7 当木结构施工需要采用国家现行有关标准尚未列入的新技术（新材料、新结构、新工艺）时，建设单位应征得当地建筑工程质量行政主管部门同意，并应组织专家组，会同设计、监理、施工单位进行论证，同时应确定施工质量验收方法和检验标准，并应依此作为相关木结构工程施工的主控项目。

3.0.8 木结构工程施工所用材料、构配件的材质等级应符合设计文件的规定。可使用力学性能、防火、防护性能超过设计文件规定的材质等级的相应材料、构配件替代。当通过等强（等效）换算处理进行材料、构配件替代时，应经设计单位复核，并应签发相应的技术文件认可。

3.0.9 进口木材、木产品、构配件，以及金属连接件等，应有产地国的产品质量合格证书和产品标识，并应符合合同技术条款的规定。

4 方木与原木结构

4.1 一般规定

4.1.1 本章适用于由方木、原木及板材制作和安装的木结构工程施工质量验收。

4.1.2 材料、构配件的质量控制应以一幢方木、原木结构房屋为一个检验批；构件制作安装质量控制应以整幢房屋的一楼层或变形缝间的一楼层为一个检验批。

4.2 主控项目

4.2.1 方木、原木结构的形式、结构布置和构件尺寸，应符合设计文件的规定。

　　检查数量：检验批全数。

　　检验方法：实物与施工设计图对照、丈量。

4.2.2 结构用木材应符合设计文件的规定，并应具有产品质量合格证书。

　　检查数量：检验批全数。

　　检验方法：实物与设计文件对照，检查质量合格证书、标识。

4.2.3 进场木材均应作弦向静曲强度见证检验，其强度最低值应符合表4.2.3的要求。

表 4.2.3　木材静曲强度检验标准

木材种类	针叶材				阔叶材				
强度等级	TC11	TC13	TC15	TC17	TB11	TB13	TB15	TB17	TB20
最低强度(N/mm²)	44	51	58	72	58	68	78	88	98

　　检查数量：每一检验批每一树种的木材随机抽取3株（根）。

　　检验方法：本规范附录A。

4.2.4 方木、原木及板材的目测材质等级不应低于表4.2.4的规定，不得采用普通商品材的等级标准替代。方木、原木及板材的目测材质等级应按本规范附录B评定。

　　检查数量：检验批全数。

　　检验方法：本规范附录B。

表 4.2.4　方木、原木结构构件木材的材质等级

项次	构 件 名 称	材质等级
1	受拉或拉弯构件	Ⅰa
2	受弯或压弯构件	Ⅱa
3	受压构件及次要受弯构件（如吊顶小龙骨）	Ⅲa

4.2.5 各类构件制作时及构件进场时木材的平均含水率，应符合下列规定：

1 原木或方木不应大于25%。

2 板材及规格材不应大于20%。

3 受拉构件的连接板不应大于18%。

4 处于通风条件不畅环境下的木构件的木材，不应大于20%。

　　检查数量：每一检验批每一树种每一规格木材随机抽取5根。

　　检验方法：本规范附录C。

4.2.6 承重钢构件和连接所用钢材应有产品质量合格证书和化学成分的合格证书。进场钢材应见证检验其抗拉屈服强度、极限强度和延伸率，其值应满足设计文件规定的相应等级钢材的材质标准指标，且不应低于现行国家标准《碳素结构钢》GB 700有关Q235及以上等级钢材的规定。一30℃以下使用的钢材不宜低于Q235D或相应屈服强度钢材D等级的冲击韧性规定。钢木屋架下弦所用圆钢，除应作抗拉屈服强度、极限强度和延伸率性能检验外，尚应作冷弯检验，并应满足设计文件规定的圆钢材质标准。

　　检查数量：每检验批每一钢种随机抽取两件。

　　检验方法：取样方法、试样制备及拉伸试验方法应分别符合现行国家标准《钢材力学及工艺性能试验取样规定》GB 2975、《金属拉伸试验试样》GB 6397和《金属材料室温拉伸试验方法》GB/T 228的有关规定。

4.2.7 焊条应符合现行国家标准《碳钢焊条》GB 5117和《低合金钢焊条》GB 5118的有关规定，型号应与所用钢材匹配，并应有产品质量合格证书。

　　检查数量：检验批全数。

　　检验方法：实物与产品质量合格证书对照检查。

4.2.8 螺栓、螺帽应有产品质量合格证书，其性能应符合现行国家标准《六角头螺栓》GB 5782和《六角头螺栓-C级》GB 5780 的有关规定。

检查数量：检验批全数。

检验方法：实物与产品质量合格证书对照检查。

4.2.9 圆钉应有产品质量合格证书，其性能应符合现行行业标准《一般用途圆钢钉》YB/T 5002 的有关规定。设计文件规定钉子的抗弯屈服强度时，应作钉子抗弯强度见证检验。

检查数量：每检验批每一规格圆钉随机抽取 10 枚。

检验方法：检查产品质量合格证书、检测报告。强度见证检验方法应符合本规范附录 D 的规定。

4.2.10 圆钢拉杆应符合下列要求：

1 圆钢拉杆应平直，接头应采用双面绑条焊。绑条直径不应小于拉杆直径的 75%，在接头一侧的长度不应小于拉杆直径的 4 倍。焊脚高度和焊缝长度应符合设计文件的规定。

2 螺帽下垫板应符合设计文件的规定，且不应低于本规范第 4.3.3 条第 2 款的要求。

3 钢木屋架下弦圆钢拉杆、桁架主要受拉腹杆、蹬式节点拉杆及螺栓直径大于 20mm 时，均应采用双螺帽自锁。受拉螺杆伸出螺帽的长度，不应小于螺杆直径的 80%。

检查数量：检验批全数。

检验方法：丈量、检查交接检验报告。

4.2.11 承重钢构件中，节点焊缝焊脚高度不得小于设计文件的规定，除设计文件另有规定外，焊缝质量不得低于三级，－30℃以下工作的受拉构件焊缝质量不得低于二级。

检查数量：检验批全部受力焊缝。

检验方法：按现行行业标准《建筑钢结构焊接技术规范》JGJ 81 的有关规定检查，并检查交接检验报告。

4.2.12 钉连接、螺栓连接节点的连接件（钉、螺栓）的规格、数量，应符合设计文件的规定。

检查数量：检验批全数。

检验方法：目测、丈量。

4.2.13 木桁架支座节点的齿连接，端部木材不应有腐朽、开裂和斜纹等缺陷，剪切面不应位于木材髓心侧；螺栓连接的受拉接头，连接区段木材及连接板均应采用 I_a 等材，并应符合本规范附录 B 的有关规定；其他螺栓连接接头也应避开木材腐朽、裂缝、斜纹和松节等缺陷部位。

检查数量：检验批全数。

检验方法：目测。

4.2.14 在抗震设防区的抗震措施应符合设计文件的规定。当抗震设防烈度为 8 度及以上时，应符合下列要求：

1 屋架支座处应有直径不小于 20mm 的螺栓锚固在墙或混凝土圈梁上。当支承在木柱上时，柱与屋架间应有木夹板式的斜撑，斜撑上段应伸至屋架上弦节点处，并应用螺栓连接（图 4.2.14）。柱与屋架下弦应有暗榫，并应用 U 形铁连接。桁架木腹杆与上弦杆连接处的扒钉应改用螺栓压紧承压面，与下弦连接处则应采用双面扒钉。

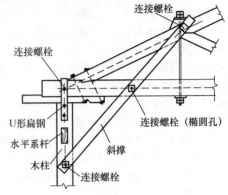

图 4.2.14　屋架与木柱的连接

2 屋面两侧应对称斜向放檩条，檐口瓦应与挂瓦条扎牢。

3 檩条与屋架上弦应用螺栓连接，双脊檩应互相拉结。

4 柱与基础间应有预埋的角钢连接，并应用螺栓固定。

5 木屋盖房屋，节点处檩条应固定在山墙及内横墙的卧梁埋件上，支承长度不应小于 120mm，并应有螺栓可靠锚固。

检查数量：检验批全数。

检验方法：目测、丈量。

4.3　一般项目

4.3.1 各种原木、方木构件制作的允许偏差不应超出本规范表 E.0.1 的规定。

检查数量：检验批全数。

检验方法：本规范表 E.0.1。

4.3.2 齿连接应符合下列要求：

1 除应符合设计文件的规定外，承压面应与压杆的轴线垂直。单齿连接压杆轴线应通过承压面中心；双齿连接，第一齿顶点应位于上、下弦杆上边缘的交点处，第二齿顶点应位于上弦杆轴线与下弦杆上边缘的交点处，第二齿承压面应比第一齿承压面至少深 20mm。

2 承压面应平整，局部隙缝不应超过 1mm，非承压面应留出口约 5mm 的楔形缝隙。

3 桁架支座处齿连接的保险螺栓应垂直于上弦杆轴线，木腹杆与上、下弦杆间应有扒钉扣紧。

4 桁架端支座垫木的中心线，方木桁架应通过上、下弦杆净截面中心线的交点；原木桁架则应通过上、下弦杆毛截面中心线的交点。

检查数量：检验批全数。

检验方法：目测、丈量，检查交接检验报告。

4.3.3 螺栓连接（含受拉接头）的螺栓数目、排列方式、间距、边距和端距，除应符合设计文件的规定外，尚应符合下列要求：

1 螺栓孔径不应大于螺栓杆直径 1mm，也不应小于或等于螺栓杆直径。

2 螺帽下应设钢垫板，其规格除应符合设计文件的规定外，厚度不应小于螺杆直径的 30%，方形垫板的边长不应小于螺杆直径的 3.5 倍，圆形垫板的直径不应小于螺杆直径的 4 倍，螺帽拧紧后螺栓外露长度不应小于螺杆直径的 80%。螺纹段剩留在木构件内的长度不应大于螺杆直径的 1.0 倍。

3 连接件与被连接件间的接触面应平整，拧紧螺帽后局部可允许有缝隙，但缝宽不应超过 1mm。

检查数量：检验批全数。

检验方法：目测、丈量。

4.3.4 钉连接应符合下列规定：

1 圆钉的排列位置应符合设计文件的规定。

2 被连接件间的接触面应平整，钉紧后局部缝隙宽度不应超过 1mm，钉帽应与被连接件外表面齐平。

3 钉孔周围不应有木材被胀裂等现象。

检查数量：检验批全数。

检验方法：目测、丈量。

4.3.5 木构件受压接头的位置应符合设计文件的规定，应采用承压面垂直于构件轴线的双盖板连接（平接头），两侧盖板厚度均不应小于对接构件宽度的 50%，高度应与对接构件高度一致。承压面应锯平并彼此顶紧，局部缝隙不应超过 1mm。螺栓直径、数量、排列应符合设计文件的规定。

检查数量：检验批全数。

检验方法：目测、丈量，检查交接检验报告。

4.3.6 木桁架、梁及柱的安装允许偏差不应超出本规范表 E.0.2 的规定。

检查数量：检验批全数。

检验方法：本规范表 E.0.2。

4.3.7 屋面木构架的安装允许偏差不应超出本规范表 E.0.3 的规定。

检查数量：检验批全数。

检验方法：目测、丈量。

4.3.8 屋盖结构支撑系统的完整性应符合设计文件规定。

检查数量：检验批全数。

检验方法：对照设计文件、丈量实物，检查交接检验报告。

5 胶合木结构

5.1 一 般 规 定

5.1.1 本章适用于主要承重构件由层板胶合木制作

和安装的木结构工程施工质量验收。

5.1.2 层板胶合木可采用分别由普通胶合木层板、目测分等或机械分等层板按规定的构件截面组坯胶合而成的普通层板胶合木、目测分等与机械分等同等组合胶合木，以及异等组合的对称与非对称组合胶合木。

5.1.3 层板胶合木构件应由经资质认证的专业加工企业加工生产。

5.1.4 材料、构配件的质量控制应以一幢胶合木结构房屋为一个检验批；构件制作安装质量控制应以整幢房屋的一楼层或变形缝间的一楼层为一个检验批。

5.2 主 控 项 目

5.2.1 胶合木结构的结构形式、结构布置和构件截面尺寸，应符合设计文件的规定。

检查数量：检验批全数。

检验方法：实物与设计文件对照、丈量。

5.2.2 结构用层板胶合木的类别、强度等级和组坯方式，应符合设计文件的规定，并应有产品质量合格证书和产品标识，同时应有满足产品标准规定的胶缝完整性检验和层板指接强度检验合格证书。

检查数量：检验批全数。

检验方法：实物与证明文件对照。

5.2.3 胶合木受弯构件应作荷载效应标准组合作用下的抗弯性能见证检验。在检验荷载作用下胶缝不应开裂，原有漏胶胶缝不应发展，跨中挠度的平均值不应大于理论计算值的 1.13 倍，最大挠度不应大于表 5.2.3 的规定。

检查数量：每一检验批同一胶合工艺、同一层板类别、树种组合、构件截面组坯的同类型构件随机抽取 3 根。

检验方法：本规范附录 F。

表 5.2.3 荷载效应标准组合作用下受弯木构件的挠度限值

项次	构 件 类 别		挠度限值（m）
1	檩条	$L \leqslant 3.3m$	$L/200$
		$L > 3.3m$	$L/250$
2	主梁		$L/250$

注：L 为受弯构件的跨度。

5.2.4 弧形构件的曲率半径及其偏差应符合设计文件的规定，层板厚度不应大于 $R/125$（R 为曲率半径）。

检查数量：检验批全数。

检验方法：钢尺丈量。

5.2.5 层板胶合木构件平均含水率不应大于 15%，同一构件各层板间含水率差别不应大于 5%。

检查数量：每一检验批每一规格胶合木构件随

机抽取5根。

检验方法：本规范附录C。

5.2.6 钢材、焊条、螺栓、螺帽的质量应分别符合本规范第4.2.6～4.2.8条的规定。

5.2.7 各连接节点的连接件类别、规格和数量应符合设计文件的规定。桁架端节点齿连接胶合木端部的受剪面及螺栓连接中的螺栓位置，不应与漏胶胶缝重合。

检查数量：检验批全数。

检验方法：目测、丈量。

5.3 一 般 项 目

5.3.1 层板胶合木构造及外观应符合下列要求：

1 层板胶合木的各层木板木纹应平行于构件长度方向。各层木板在长度方向应为指接。受拉构件和受弯构件受拉区截面高度的1/10范围内同一层板上的指接间距，不应小于1.5m，上、下层板间指接头位置应错开不小于木板厚的10倍。层板宽度方向可用平接头，但上、下层板间接头错开的距离不应小于40mm。

2 层板胶合木胶缝应均匀，厚度应为0.1mm～0.3mm。厚度超过0.3mm的胶缝的连续长度不应大于300mm，且厚度不得超过1mm。在构件承受平行于胶缝平面剪力的部位，漏胶长度不应大于75mm，其他部位不应大于150mm。在第3类使用环境条件下，层板宽度方向的平接头和板底开槽的槽内均应用胶填满。

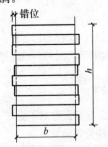

图5.3.1 外观C级层板错位示意

b—截面宽度；h—截面高度

3 胶合木结构的外观质量应符合本规范第3.0.5条的规定，对于外观要求为C级的构件截面，可允许层板有错位（图5.3.1），截面尺寸允许偏差和层板错位应符合表5.3.1的要求。

检查数量：检验批全数。

检验方法：厚薄规（塞尺）、量器、目测。

表5.3.1 外观C级时的胶合木构件截面的允许偏差（mm）

截面的高度或宽度	截面高度或宽度的允许偏差	错位的最大值
（h或b）＜100	±2	4
100≤（h或b）＜300	±3	5
300≤（h或b）	±6	6

5.3.2 胶合木构件的制作偏差不应超出本规范表E.0.1的规定。

检查数量：检验批全数。

检验方法：角尺、钢尺丈量，检查交接检验报告。

5.3.3 齿连接、螺栓连接、圆钢拉杆及焊缝质量，应符合本规范第4.3.2、4.3.3、4.2.10和4.2.11条的规定。

5.3.4 金属节点构造、用料规格及焊缝质量应符合设计文件的规定。除设计文件另有规定外，与其相连的各构件轴线应相交于金属节点的合力作用点，与各构件相连的连接类型应符合设计文件的规定，并应符合本规范第4.3.3～4.3.5条的规定。

检查数量：检验批全数。

检验方法：目测、丈量。

5.3.5 胶合木结构安装偏差不应超出本规范表E.0.2的规定。

检查数量：过程控制检验批全数，分项验收抽取总数10％复检。

检验方法：本规范表E.0.2。

6 轻型木结构

6.1 一 般 规 定

6.1.1 本章适用于由规格材及木基结构板材为主要材料制作与安装的木结构工程施工质量验收。

6.1.2 轻型木结构材料、构配件的质量控制应以同一建设项目同期施工的每幢建筑面积不超过300m²、总建筑面积不超过3000m²的轻型木结构建筑为一检验批，不足3000m²者应视为一检验批，单体建筑面积超过300m²时，应单独视为一检验批；轻型木结构制作安装质量控制应以一幢房屋的一层为一检验批。

6.2 主 控 项 目

6.2.1 轻型木结构的承重墙（包括剪力墙）、柱、楼盖、屋盖布置、抗倾覆措施及屋盖抗掀起措施等，应符合设计文件的规定。

检查数量：检验批全数。

检验方法：实物与设计文件对照。

6.2.2 进场规格材应有产品质量合格证书和产品标识。

检查数量：检验批全数。

检验方法：实物与证书对照。

6.2.3 每批次进场目测分等规格材应由有资质的专业分等人员做目测等级见证检验或做抗弯强度见证检验；每批次进场机械分等规格材应作抗弯强度见证检验，并应符合本规范附录G的规定。

检查数量：检验批中随机取样，数量应符合本规范附录 G 的规定。

检验方法：本规范附录 G。

6.2.4 轻型木结构各类构件所用规格材的树种、材质等级和规格，以及覆面板的种类和规格，应符合设计文件的规定。

检查数量：全数检查。

检验方法：实物与设计文件对照，检查交接报告。

6.2.5 规格材的平均含水率不应大于 20%。

检查数量：每一检验批每一树种每一规格等级规格材随机抽取 5 根。

检验方法：本规范附录 C。

6.2.6 木基结构板材应有产品质量合格证书和产品标识，用作楼面板、屋面板的木基结构板材应有该批次干、湿态集中荷载、均布荷载及冲击荷载检验的报告，其性能不应低于本规范附录 H 的规定。

进场木基结构板材应作静曲强度和静态弹性模量见证检验，所测得的平均值应不低于产品说明书的规定。

检验数量：每一检验批每一树种每一规格等级随机抽取 3 张板材。

检验方法：按现行国家标准《木结构覆板用胶合板》GB/T 22349 的有关规定进行见证试验，检查产品质量合格证书，该批次木基结构板干、湿态集中力、均布荷载及冲击荷载下的检验合格证书。检查静曲强度和弹性模量检验报告。

6.2.7 进场结构复合木材和工字形木搁栅应有产品质量合格证书，并应有符合设计文件规定的平弯或侧立抗弯性能检验报告。

进场工字形木搁栅和结构复合木材受弯构件，应作荷载效应标准组合作用下的结构性能检验，在检验荷载作用下，构件不应发生开裂等损伤现象，最大挠度不应大于表 5.2.3 的规定，跨中挠度的平均值不应大于理论计算值的 1.13 倍。

检验数量：每一检验批每一规格随机抽取 3 根。

检验方法：按本规范附录 F 的规定进行，检查产品质量合格证书、结构复合木材材料强度和弹性模量检验报告及构件性能检验报告。

6.2.8 齿板桁架应由专业加工厂加工制作，并应有产品质量合格证书。

检查数量：检验批全数。

检验方法：实物与产品质量合格证书对照检查。

6.2.9 钢材、焊条、螺栓和圆钉应符合本规范第 4.2.6～4.2.9 条的规定。

6.2.10 金属连接件应冲压成型，并应具有产品质量合格证书和材质合格保证。镀锌防锈层厚度不应小于 275g/m²。

检查数量：检验批全数。

检验方法：实物与产品质量合格证书对照检查。

6.2.11 轻型木结构各类构件间连接的金属连接件的规格、钉连接的用钉规格与数量，应符合设计文件的规定。

检查数量：检验批全数。

检验方法：目测、丈量。

6.2.12 当采用构造设计时，各类构件间的钉连接不应低于本规范附录 J 的规定。

检查数量：检验批全数。

检验方法：目测、丈量。

6.3 一般项目

6.3.1 承重墙（含剪力墙）的下列各项应符合设计文件的规定，且不应低于现行国家标准《木结构设计规范》GB 50005 有关构造的规定：

1 墙骨间距。

2 墙体端部、洞口两侧及墙体转角和交接处，墙骨的布置和数量。

3 墙骨开槽或开孔的尺寸和位置。

4 地梁板的防腐、防潮及与基础的锚固措施。

5 墙体顶梁板规格材的层数、接头处理及在墙体转角和交接处的两层顶梁板的布置。

6 墙体覆面板的等级、厚度及铺钉布置方式。

7 墙体覆面板与墙骨钉连接用钉的间距。

8 墙体与楼盖或基础间连接件的规格尺寸和布置。

检查数量：检验批全数。

检验方法：对照实物目测检查。

6.3.2 楼盖下列各项应符合设计文件的规定，且不应低于现行国家标准《木结构设计规范》GB 50005 有关构造的规定：

1 拼合梁钉或螺栓的排列、连续拼合梁规格材接头的形式和位置。

2 搁栅或拼合梁的定位、间距和支承长度。

3 搁栅开槽或开孔的尺寸和位置。

4 楼盖洞口周围搁栅的布置和数量；洞口周围搁栅间的连接、连接件的规格尺寸及布置。

5 楼盖横撑、剪刀撑或木底撑的材质等级、规格尺寸和布置。

检查数量：检验批全数。

检验方法：目测、丈量。

6.3.3 齿板桁架的进场验收，应符合下列规定：

1 规格材的树种、等级和规格应符合设计文件的规定。

2 齿板的规格、类型应符合设计文件的规定。

3 桁架的几何尺寸偏差不应超过表 6.3.3 的规定。

4 齿板的安装位置偏差不应超过图 6.3.3-1 所示的规定

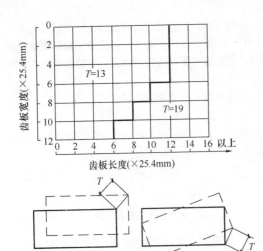

图 6.3.3-1 齿板位置偏差允许值

表 6.3.3 桁架制作允许误差（mm）

	相同桁架间尺寸差	与设计尺寸间的误差
桁架长度	12.5	18.5
桁架高度	6.5	12.5

注：1 桁架长度指不包括悬挑或外伸部分的桁架总长，用于限定制作误差；

2 桁架高度指不包括悬挑或外伸等上、下弦杆突出部分的全榀桁架最高部位处的高度，为上弦顶面到下弦底面的总高度，用于限定制作误差。

5 齿板连接的缺陷面积，当连接处的构件宽度大于 50mm 时，不应超过齿板与该构件接触面积的 20%；当构件宽度小于 50mm 时，不应超过齿板与该构件接触面积的 10%。缺陷面积应为齿板与构件接触面范围内的木材表面缺陷面积与板齿倒伏面积之和。

6 齿板连接处木构件的缝隙不应超过图 6.3.3-2 所示的规定。除设计文件有特殊规定外，宽度超过允许值的缝隙，均应有宽度不小于 19mm、厚度与缝隙

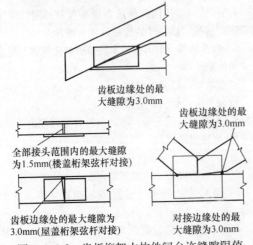

图 6.3.3-2 齿板桁架木构件间允许缝隙限值

宽度相当的金属片填实，并应有螺纹钉固定在被填塞的构件上。

检查数量：检验批全数的 20%。

检验方法：目测、量器测量。

6.3.4 屋盖下列各项应符合设计文件的规定，且不应低于现行国家标准《木结构设计规范》GB 50005 有关构造的规定：

1 椽条、天棚搁栅或齿板屋架的定位、间距和支承长度；

2 屋盖洞口周围椽条与顶棚搁栅的布置和数量；洞口周围椽条与顶棚搁栅间的连接、连接件的规格尺寸及布置；

3 屋面板铺钉方式及与搁栅连接用钉的间距。

检查数量：检验批全数。

检验方法：钢尺或卡尺量、目测。

6.3.5 轻型木结构各种构件的制作与安装偏差，不应大于本规范表 E.0.4 的规定。

检查数量：检验批全数。

检验方法：本规范表 E.0.4。

6.3.6 轻型木结构的保温措施和隔气层的设置等，应符合设计文件的规定。

检查数量：检验批全数。

检验方法：对照设计文件检查。

7 木结构的防护

7.1 一般规定

7.1.1 本章适用于木结构防腐、防虫和防火的施工质量验收。

7.1.2 设计文件规定需要作阻燃处理的木构件应按现行国家标准《建筑设计防火规范》GB 50016 的有关规定和不同构件类别的耐火极限、截面尺寸选择阻燃剂和防护工艺，并应由具有专业资质的企业施工。对于长期暴露在潮湿环境下的木构件，尚应采取防止阻燃剂流失的措施。

7.1.3 木材防腐处理应根据设计文件规定的各木构件用途和防腐要求，按本规范第 3.0.4 条的规定确定其使用环境类别并选择合适的防腐剂。防腐处理宜采用加压法施工，并应由具有专业资质的企业施工。经防腐药剂处理后的木构件不宜再进行锯解、刨削等加工处理。确需作局部加工处理导致局部未被浸渍药剂的木材外露时，该部位的木材应进行防腐修补。

7.1.4 阻燃剂、防火涂料以及防腐、防虫等药剂，不得危及人畜安全，不得污染环境。

7.1.5 木结构防护工程的检验批可分别按本规范第 4～6 章对应的方木与原木结构、胶合木结构或轻型木结构的检验批划分。

7.2 主 控 项 目

7.2.1 所使用的防腐、防虫及防火和阻燃药剂应符合设计文件表明的木构件（包括胶合木构件等）使用环境类别和耐火等级，且应有质量合格证书的证明文件。经化学药剂防腐处理后的每批次木构件（包括成品防腐木材），应有符合本规范附录 K 规定的药物有效性成分的载药量和透入度检验合格报告。

检查数量：检验批全数。

检验方法：实物对照、检查检验报告。

7.2.2 经化学药剂防腐处理后进场的每批次木构件应进行透入度见证检验，透入度应符合本规范附录 K 的规定。

检查数量：每检验批随机抽取 5 根～10 根构件，均匀地钻取 20 个（油性药剂）或 48 个（水性药剂）芯样。

检验方法：现行国家标准《木结构试验方法标准》GB/T 50329。

7.2.3 木结构构件的各项防腐构造措施应符合设计文件的规定，并应符合下列要求：

1 首层木楼盖应设置架空层，方木、原木结构楼盖底面距室内地面不应小于 400mm，轻型木结构不应小于 150mm。支承楼盖的基础或墙上应设通风口，通风口总面积不应小于楼盖面积的 1/150，架空空间应保持良好通风。

2 非经防腐处理的梁、檩条和桁架等支承在混凝土构件或砌体上时，宜设防腐垫木，支承面间应有卷材防潮层。梁、檩条和桁架等支座不应封闭在混凝土或墙体中，除支承面外，该部位构件的两侧面、顶面及端面均应与支承构件间留 30mm 以上能与大气相通的缝隙。

3 非经防腐处理的柱应支承在柱墩上，支承面间应有卷材防潮层。柱与土壤严禁接触，柱墩顶面距土地面的高度不应小于 300mm。当采用金属连接件固定并受雨淋时，连接件不应存水。

4 木屋盖设吊顶时，屋盖系统应有老虎窗、山墙百叶窗等通风装置。寒冷地区保温层设在吊顶内时，保温层顶距桁架下弦的距离不应小于 100mm。

5 屋面系统的内排水天沟不应直接支承在桁架、屋面梁等承重构件上。

检查数量：检验批全数。

检验方法：对照实物、逐项检查。

7.2.4 木构件需作防火阻燃处理时，应由专业工厂完成，所使用的阻燃药剂应具有有效性检验报告和合格证书，阻燃剂应采用加压浸渍法施工。经浸渍阻燃处理的木构件，应有符合设计文件规定的药物吸收干量的检验报告。采用喷涂法施工的防火涂层厚度应均匀，见证检验的平均厚度不应小于该药物说明书的规定值。

检查数量：每检验批随机抽取 20 处测量涂层厚度。

检验方法：卡尺测量、检查合格证书。

7.2.5 凡木构件外部需用防火石膏板等包覆时，包覆材料的防火性能应有合格证书，厚度应符合设计文件的规定。

检查数量：检验批全数。

检验方法：卡尺测量、检查产品合格证书。

7.2.6 炊事、采暖等所用烟道、烟囱应用不燃材料制作且密封，砖砌烟囱的壁厚不应小于 240mm，并应有砂浆抹面，金属烟囱应外包厚度不小于 70mm 的矿棉保护层和耐火极限不低于 1.00h 的防火板，其外边缘距木构件的距离不应小于 120mm，并应有良好通风。烟囱出屋面处的空隙应用不燃材料封堵。

检查数量：检验批全数。

检验方法：对照实物。

7.2.7 墙体、楼盖、屋盖空腔内现场填充的保温、隔热、吸声等材料，应符合设计文件的规定，且防火性能不应低于难燃性 B_1 级。

检查数量：检验批全数。

检验方法：实物与设计文件对照、检查产品合格证书。

7.2.8 电源线敷设应符合下列要求：

1 敷设在墙体或楼盖中的电源线应穿金属管线或检验合格的阻燃型塑料管。

2 电源线明敷时，可用金属线槽或穿金属管线。

3 矿物绝缘电缆可采用支架或沿墙明敷。

检查数量：检验批全数。

检验方法：对照实物、查验交接检验报告。

7.2.9 埋设或穿越木结构的各类管道敷设应符合下列要求：

1 管道外壁温度达到 120℃ 及以上时，管道和管道的包覆材料及施工时的胶粘剂等，均应采用检验合格的不燃材料。

2 管道外壁温度在 120℃ 以下时，管道和管道的包覆材料等应采用检验合格的难燃性不低于 B_1 的材料。

检查数量：检验批全数。

检验方法：对照实物，查验交接检验报告。

7.2.10 木结构中外露钢构件及未作镀锌处理的金属连接件，应按设计文件的规定采取防锈蚀措施。

检查数量：检验批全数。

检验方法：实物与设计文件对照。

7.3 一 般 项 目

7.3.1 经防护处理的木构件，其防护层有损伤或因局部加工而造成防护层缺损时，应进行修补。

检查数量：检验批全数。

检验方法：根据设计文件与实物对照检查，检查交接报告。

7.3.2 墙体和顶棚采用石膏板（防火或普通石膏板）作覆面板并兼作防火材料时，紧固件（钉子或木螺钉）贯入构件的深度不应小于表7.3.2的规定。

检查数量：检验批全数。

检验方法：实物与设计文件对照，检查交接报告。

表 7.3.2 石膏板紧固件贯入木构件的深度（mm）

耐火极限	墙 体		顶 棚	
	钉	木螺钉	钉	木螺钉
0.75h	20	20	30	30
1.00h	20	20	45	45
1.50h	20	20	60	60

7.3.3 木结构外墙的防护构造措施应符合设计文件的规定。

检查数量：检验批全数。

检验方法：根据设计文件与实物对照检查，检查交接报告。

7.3.4 楼盖、楼梯、顶棚以及墙体内最小边长超过25mm的空腔，其贯通的竖向高度超过3m，水平长度超过20m时，均应设置防火隔断。天花板、屋顶空间，以及未占用的阁楼空间所形成的隐蔽空间面积超过300m²，或长边长度超过20m时，均应设防火隔断，并应分隔成隐蔽空间。防火隔断应采用下列材料：

1 厚度不小于40mm的规格材。

2 厚度不小于20mm且由钉交错钉合的双层木板。

3 厚度不小于12mm的石膏板、结构胶合板或定向木片板。

4 厚度不小于0.4mm的薄钢板。

5 厚度不小于6mm的钢筋混凝土板。

检查数量：检验批全数。

检验方法：根据设计文件与实物对照检查，检查交接报告。

8 木结构子分部工程验收

8.0.1 木结构子分部工程质量验收的程序和组合，应符合现行国家标准《建筑工程施工质量验收统一标准》GB 50300的有关规定。

8.0.2 检验批及木结构分项工程质量合格，应符合下列规定：

1 检验批主控项目检验结果应全部合格。

2 检验批一般项目检验结果应有80%以上的检查点合格，且最大偏差不应超过允许偏差的1.2倍。

3 木结构分项工程所含检验批检验结果均应合格，且应有各检验批质量验收的完整记录。

8.0.3 木结构子分部工程质量验收应符合下列规定：

1 子分部工程所含分项工程的质量验收均应合格。

2 子分部工程所含分项工程的质量资料和验收记录应完整。

3 安全功能检测项目的资料应完整，抽检的项目均应合格。

4 外观质量验收应符合本规范第3.0.5条的规定。

8.0.4 木结构工程施工质量不合格时，应按现行国家标准《建筑工程施工质量验收统一标准》GB 50300的有关规定进行处理。

附录 A 木材强度等级检验方法

A.1 一 般 规 定

A.1.1 本检验方法适用于已列入现行国家标准《木结构设计规范》GB 50005树种的原木、方木和板材的木材强度等级检验。

A.1.2 当检验某一树种的木材强度等级时，应根据其弦向静曲强度的检测结果进行判定。

A.2 取样及检测方法

A.2.1 试材应在每检验批每一树种木材中随机抽取3株（根）木料，应在每株（根）试材的髓心外切取3个无疵弦向静曲强度试件为一组，试件尺寸和含水率应符合现行国家标准《木材抗弯强度试验方法》GB/T 1936.1的有关规定。

A.2.2 弦向静曲强度试验和强度实测计算方法，应按现行国家标准《木材抗弯强度试验方法》GB/T 1936.1有关规定进行，并应将试验结果换算至木材含水率为12%时的数值。

A.2.3 各组试件静曲强度试验结果的平均值中的最低值不低于本规范表4.2.3的规定值时，应为合格。

附录 B 方木、原木及板材材质标准

B.0.1 方木的材质标准应符合表B.0.1的规定。

B.0.2 木节尺寸应按垂直于构件长度方向测量，并应取沿构件长度方向150mm范围内所有木节尺寸的总和（图B.0.2a）。直径小于10mm的木节应不计，所测面上呈条状的木节应不量（图B.0.2b）。

表 B.0.1 方木材质标准

项次	缺陷名称		木材等级		
			Ⅰa	Ⅱa	Ⅲa
1	腐朽		不允许	不允许	不允许
2	木节	在构件任何一面任何150mm长度上所有木节尺寸的总和与所在面宽的比值	≤1/3（连接部位≤1/4）	≤2/5	≤1/2
		死节	不允许	允许，但不包括腐朽节，直径不应大于20mm，且每延米中不得多于1个	允许，但不包括腐朽节，直径不应大于50mm，且每延米中多于2个
3	斜纹	斜率	≤5%	≤8%	≤12%
4	裂缝	在连接的受剪面上	不允许	不允许	不允许
		在连接部位的受剪面附近，其裂缝深度（有对面裂缝时，用两者之和）不得大于材宽的	≤1/4	≤1/3	不限
5	髓心		不在受剪面上	不限	不限
6	虫眼		不允许	允许表层虫眼	允许表层虫眼

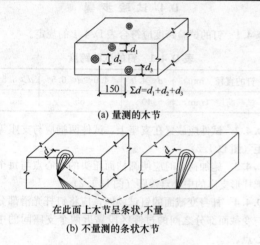

(a) 量测的木节

在此面上木节呈条状，不量

(b) 不量测的条状木节

图 B.0.2 木节量测法

B.0.3 原木的材质标准应符合表 B.0.3 的规定。

表 B.0.3 原木材质标准

项次	缺陷名称		木材等级		
			Ⅰa	Ⅱa	Ⅲa
1	腐朽		不允许	不允许	不允许
2	木节	在构件任何150mm长度上沿周长所有木节尺寸的总和，与所测部位原木周长的比值	≤1/4	≤1/3	≤2/5
		每个木节的最大尺寸与所测部位原木周长的比值	≤1/10（普通部位）；≤1/12（连接部位）	≤1/6	≤1/6
		死节	不允许	不允许	允许，但直径不大于原木直径的1/5，每2m长度内不多于1个

续表 B.0.3

项次	缺陷名称		木材等级		
			Ⅰa	Ⅱa	Ⅲa
3	扭纹	斜率	≤8%	≤12%	≤15%
4	裂缝	在连接部位的受剪面上	不允许	不允许	不允许
		在连接部位的受剪面附近，其裂缝深度（有对面裂缝时，两者之和）与原木直径的比值	≤1/4	≤1/3	不限
5	髓心	位置	不在受剪面上	不限	不限
6	虫眼		不允许	允许表层虫眼	允许表层虫眼

注：木节尺寸按垂直于构件长度方向测量。直径小于 10mm 的木节不计。

B.0.4 板材的材质标准应符合表 B.0.4 的规定。

表 B.0.4 板材材质标准

项次	缺陷名称		木材等级		
			Ⅰa	Ⅱa	Ⅲa
1	腐朽		不允许	不允许	不允许
2	木节	在构件任何一面任何 150mm 长度上所有木节尺寸的总和与所在面宽的比值	≤1/4（连接部位≤1/5）	≤1/3	≤2/5
		死节	不允许	允许，但不包括腐朽节，直径不应大于20mm，且每延米中不得多于1个	允许，但不包括腐朽节，直径不应大于50mm，且每延米中不得多于2个
3	斜纹	斜率	≤5%	≤8%	≤12%
4	裂缝	连接部位的受剪面及其附近	不允许	不允许	不允许
5	髓心		不允许	不允许	不允许

附录C 木材含水率检验方法

C.1 一般规定

C.1.1 本检验方法适用于木材进场后构件加工前的木材和已制作完成的木构件的含水率测定。

C.1.2 原木、方木（含板材）和层板宜采用烘干法（重量法）测定，规格材以及层板胶合木等木构件亦可采用电测法测定。

C.2 取样及测定方法

C.2.1 烘干法测定含水率时，应从每检验批同一树种同一规格材的树种中随机抽取 5 根木料作试材，每根试材应在距端头 200mm 处沿截面均匀地截取 5 个尺寸为 20mm×20mm×20mm 的试样，应按现行国家标准《木材含水率测定方法》GB/T 1931 的有关规定测定每个试件中的含水率。

C.2.2 电测法测定含水率时，应从检验批的同一树种，同一规格的规格材，层板胶合木构件或其他木构件随机抽取 5 根为试材，应从每根试材距两端200mm 起，沿长度均匀分布地取三个截面，对于规格材或其他木构件，每一个截面的四面中部应各测定含水率，对于层板胶合木构件，则应在两侧测定每层层板的含水率。

C.2.3 电测仪器应由当地计量行政部门标定认证。测定时应严格按仪表使用要求操作，并应正确选择木材的密度和温度等参数，测定深度不应小于 20mm，且应有将其测量值调整至截面平均含水率的可靠方法。

C.3 判 定 规 则

C.3.1 烘干法应以每根试材的 5 个试样平均值为该试材含水率，应以 5 根试材中的含水率最大值为该批木料的含水率，并不应大于本规范有关木材含水率的规定。

C.3.2 规格材应以每根试材的 12 个测点的平均值为每根试材的含水率，5 根试材的最大值应为检验批该树种该规格的含水率代表值。

C.3.3 层板胶合木构件的三个截面上各层层板含水率的平均值应为该构件含水率，同一层板的 6 个含水率平均值应作该层层板的含水率代表值。

附录 D 钉弯曲试验方法

D.1 一 般 规 定

D.1.1 本试验方法适用于测定木结构连接中钉在静荷载作用下的弯曲屈服强度。

D.1.2 钉在跨度中央受集中荷载弯曲（图 D.1.2），

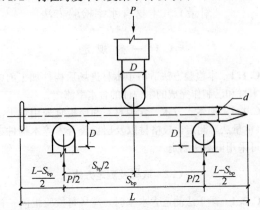

图 D.1.2 跨度中点加载的钉弯曲试验
D—滚轴直径；d—钉杆直径；L—钉子长度
S_{bp}—跨度；P—施加的荷载

根据荷载-挠度曲线确定其弯曲屈服强度。

D.2 仪 器 设 备

D.2.1 一台压头按等速运行经过标定的试验机，准确度应达到±1%。

D.2.2 钢制的圆柱形滚轴支座，直径应为 9.5mm（图 D.1.2），当试件变形时滚轴应能转动。钢制的圆柱面压头，直径应为 9.5mm（图 D.1.2）。

D.2.3 挠度测量仪表的最小分度值应不大于 0.025mm。

D.3 试件的准备

D.3.1 对于杆身光滑的钉除采用成品钉外，也可采用已经冷拔用以制钉的钢丝作试件；木螺钉、麻花钉等杆身变截面的钉应采用成品钉作试件。

D.3.2 钉的直径应在每个钉的长度中点测量。准确度应达到 0.025mm。对于钉杆部分变截面的钉，应以无螺纹部分的钉杆直径为准。

D.3.3 试件长度不应小于 40mm。

D.4 试 验 步 骤

D.4.1 钉的试验跨度应符合表 D.4.1 的规定。

表 D.4.1 钉的试验跨度

钉的直径（mm）	$d \leqslant 4.0$	$4.0 < d \leqslant 6.5$	$d > 6.5$
试验跨度（mm）	40	65	95

D.4.2 试件应放置在支座上，试件两端应与支座等距（图 D.1.2）。

D.4.3 施加荷载时应使圆柱面压头的中心点与每个圆柱形支座的中心点等距（图 D.1.2）。

D.4.4 杆身变截面的钉试验时，应将钉杆光滑部分与变截面部分之间的过渡区段靠近两个支座间的中心点。

D.4.5 加荷速度应不大于 6.5mm/min。

D.4.6 挠度应从开始加荷逐级记录，直至达到最大荷载，并应绘制荷载-挠度曲线。

D.5 试 验 结 果

D.5.1 对照荷载-挠度曲线的直线段，沿横坐标向右平移 5% 钉的直径，绘制与其平行的直线（图 D.5.1），应取该直线与荷载-挠度曲线交点的荷载值作为钉的屈服荷载。如果该直线未与荷载-挠度曲线相交，则应取最大荷载作为钉的屈服荷载。

D.5.2 钉的抗弯屈服强度 f_y 应按下式计算：

$$f_y = \frac{3P_y S_{bp}}{2d^3} \qquad (D.5.2)$$

式中：f_y——钉的抗弯屈服强度；

d——钉的直径；

P_y——屈服荷载；

S_{bp}——钉的试验跨度。

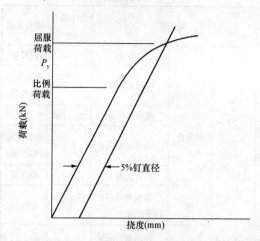

图 D.5.1 钉弯曲试验的荷载-挠度典型曲线

D.5.3 钉的抗弯屈服强度应取全部试件屈服强度的平均值，并不应低于设计文件的规定。

附录 E 木结构制作安装允许误差

E.0.1 方木、原木结构和胶合木结构桁架、梁和柱的制作误差，应符合表 E.0.1 的规定。

表 E.0.1 方木、原木结构和胶合木结构桁架、梁和柱制作允许偏差

项次	项 目		允许偏差(mm)	检验方法
1	构件截面尺寸	方木和胶合木构件截面的高度、宽度	−3	钢尺量
		板材厚度、宽度	−2	
		原木构件梢径	−5	
2	构件长度	长度不大于15m	±10	钢尺量桁架支座节点中心间距，梁、柱全长
		长度大于15m	±15	
3	桁架高度	长度不大于15m	±10	钢尺量脊节点中心与下弦中心距离
		长度大于15m	±15	
4	受压或压弯构件纵向弯曲	方木、胶合木构件	L/500	拉线钢尺量
		原木构件	L/200	
5	弦杆节点间距		±5	钢尺量
6	齿连接刻槽深度		±2	
7	支座节点受剪面	长度	−10	
		宽度 方木、胶合木	−3	
		宽度 原木	−4	
8	螺栓中心间距	进孔处	±0.2d	钢尺量
		出孔处 垂直木纹方向	±0.5d且不大于4B/100	
		出孔处 顺木纹方向	±1d	
9	钉进孔处的中心间距		±1d	—

续表 E.0.1

项次	项 目	允许偏差(mm)	检验方法
10	桁架起拱	±20	以两支座节点下弦中心线为准，拉一水平线，用钢尺量
		−10	两跨中下弦中心线与拉线之间距离

注：d 为螺栓或钉的直径；L 为构件长度；B 为板的总厚度。

E.0.2 方木、原木结构和胶合木结构桁架、梁和柱的安装误差，应符合表 E.0.2 的规定。

表 E.0.2 方木、原木结构和胶合木结构桁架、梁和柱安装允许偏差

项次	项 目	允许偏差(mm)	检验方法
1	结构中心线的间距	±20	钢尺量
2	垂直度	H/200且不大于15	吊线钢尺量
3	受压或压弯构件纵向弯曲	L/300	吊（拉）线钢尺量
4	支座轴线对支承面中心位移	10	钢尺量
5	支座标高	±5	用水准仪

注：H 为桁架或柱的高度；L 为构件长度。

E.0.3 方木、原木结构和胶合木结构屋面木构架的安装误差，应符合表 E.0.3 的规定。

表 E.0.3 方木、原木结构和胶合木结构屋面木构架的安装允许偏差

项次	项 目		允许偏差(mm)	检验方法
1	檩条、椽条	方木、胶合木截面	−2	钢尺量
		原木梢径	−5	钢尺量，椭圆时取大小径的平均值
		间距	−10	钢尺量
		方木、胶合木上表面平直	4	沿坡拉线钢尺量
		原木上表面平直	7	
2	油毡搭接宽度		−10	钢尺量
3	挂瓦条间距		±5	
4	封山、封檐板平直	下边缘	5	拉10m线，不足10m拉通线，钢尺量
		表面	8	

E.0.4 轻型木结构的制作安装误差应符合表 E.0.4

的规定。

表 E.0.4 轻型木结构的制作安装允许偏差

项次	项目		允许偏差 (mm)	检验方法
1	楼盖主梁、柱子及连接件	楼盖主梁	截面宽度/高度 ±6	钢板尺量
			水平度 ±1/200	水平尺量
			垂直度 ±3	直角尺和钢板尺量
			间距 ±6	钢尺量
			拼合梁的钉间距 +30	钢尺量
			拼合梁的各构件的截面高度 ±3	钢尺量
			支承长度 −6	钢尺量
2		柱子	截面尺寸 ±3	钢尺量
			拼合柱的钉间距 +30	钢尺量
			柱子长度 ±3	钢尺量
			垂直度 ±1/200	靠尺量
3	楼盖主梁、柱子及连接件	连接件	连接件的间距 ±6	钢尺量
			同一排列连接件之间的错位 ±6	钢尺量
			构件上安装连接件开槽尺寸 连接件尺寸±3	卡尺量
			端距/边距 ±6	钢尺量
			连接钢板的构件开槽尺寸 ±6	卡尺量
4		楼(屋)盖	搁栅间距 ±40	钢尺量
			楼盖整体水平度 ±1/250	水平尺量
			楼盖局部水平度 ±1/150	水平尺量
			搁栅截面高度 ±3	钢尺量
			搁栅支承长度 −6	钢尺量
5	楼(屋)盖施工	楼(屋)盖	规定的钉间距 +30	钢尺量
			钉头嵌入楼、屋面板表面的最大深度 +3	卡尺量
6		楼(屋)盖齿板连接桁架	桁架间距 ±40	钢尺量
			桁架垂直度 ±1/200	直角尺和钢板尺量
			齿板安装位置 ±6	钢尺量
			弦杆、腹杆、支撑 19	钢尺量
			桁架高度 13	钢尺量

续表 E.0.4

项次	项目		允许偏差 (mm)	检验方法
7	墙体施工	墙骨柱	墙骨间距 ±40	钢尺量
			墙体垂直度 ±1/200	直角尺和钢尺量
			墙体水平度 ±1/150	水平尺量
			墙体角度偏差 ±1/270	直角尺和钢尺量
			墙骨长度 ±3	钢尺量
			单根墙骨柱的出平面偏差 ±3	钢尺量
8		顶梁板、底梁板	顶梁板、底梁板的平直度 +1/150	水平尺量
			顶梁板作为弦杆传递荷载时的搭接长度 ±12	钢尺量
9		墙面板	规定的钉间距 +30	钢尺量
			钉头嵌入墙面板表面的最大深度 +3	卡尺量
			木框架上墙面板之间的最大缝隙 +3	卡尺量

附录 F 受弯木构件力学性能检验方法

F.1 一般规定

F.1.1 本检验方法适用于层板胶合木和结构复合木材制作的受弯构件(梁、工字形木搁栅等)的力学性能检验,可根据受弯构件在设计规定的荷载效应标准组合作用下构件未受损伤和跨中挠度实测值判定。

F.1.2 经检验合格的试件仍可用作工程用材。

F.2 取样方法、数量及几何参数

F.2.1 在进场的同一批次、同一工艺制作的同类型受弯构件中应随机抽取 3 根作试件。当同类型的构件尺寸规格不同时,试件应在受荷条件不利或跨度较大的构件中抽取。

F.2.2 试件的木材含水率不应大于 15%。

F.2.3 量取每根受弯构件跨中和距两支座各 500mm 处的构件截面高度和宽度,应精确至 ±1.0mm,并应以平均截面高度和宽度计算构件截面的惯性矩;工字形木搁栅应以产品公称惯性矩为计算依据。

F.3 试验装置与试验方法

F.3.1 试件应按设计计算跨度（l_0）简支地安装在支墩上（图 F.3.1）。滚动铰支座滚直径不应小于 60mm，垫板宽度应与构件截面宽度一致，垫板长度应由木材局部横纹承压强度决定，垫板厚度应由钢板的受弯承载力决定，但不应小于 8mm。

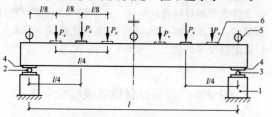

图 F.3.1 受弯构件试验

1—支墩；2—滚动铰支座；3—固定铰支座；4—垫板；
5—位移计（百分表）；6—加载垫板；P_s—加载点的荷载；l—试件跨度

F.3.2 当构件截面高宽比大于 3 时，应设置防止构件发生侧向失稳的装置，支撑点应设在两支座和各加载点处，装置不应约束构件在荷载作用下的竖向变形。

F.3.3 当构件计算跨度 $l_0 \leqslant 4m$ 时，应采用两集中力四分点加载；当 $l_0 > 4m$ 时，应采用四集中力八分点加载。两种加载方案的最大试验荷载（检验荷载）P_{smax}（含构件及设备重力）应按下列公式计算：

$$P_{smax} = \frac{4M_s}{l_0} \qquad (F.3.3-1)$$

$$P_{smax} = \frac{2M}{l_0} \qquad (F.3.3-2)$$

式中：M_s——设计规定的荷载效应标准组合（N·mm）。

F.3.4 荷载应分五相同等级，应以相同时间间隔加载至试验荷载 P_{smax}，并应在 10min 之内完成。实际加载量应扣除构件自重和加载设备的重力作用。加载误差不应超过 ±1%。

F.3.5 构件在各级荷载下的跨中挠度，应通过在构件的两支座和跨中位置安装的 3 个位移计测定。当位移计为百分表时，其准确度等级应为 1 级；当采用位移传感器时，准确度不应低于 1 级，最小分度值不宜大于试件最大挠度的 1%；应快速记录位移计在各级试验荷载下的读数，或采用数据采集系统记录荷载和各位移传感器的读数，同时应填写表 F.3.5；应仔细检查各级荷载作用下，构件的损伤情况。

表 F.3.5 位移计读数记录

委托单位		委托日期		构件名称			试验日期	
试件含水率		截面尺寸		荷载效应标准组合（N·mm）			见证号	
No	荷载级别	加载时间	百分表 1			百分表 2			百分表 3			损伤记录
	每级荷载（kN）	测读时间	A_{1i}	ΔA_{1i}	$\Sigma\Delta A_{1i}$	A_{2i}	ΔA_{2i}	$\Sigma\Delta A_{2i}$	A_{3i}	ΔA_{3i}	$\Sigma\Delta A_{3i}$	
1												
2												
3												
...												
N												

记录：　　　　　　　　　　　　　　审核：

F.4 跨中实测挠度计算

F.4.1 各级荷载作用下的跨中挠度实测值，应按下式计算：

$$w_i = \Sigma \Delta A_{2i} - \frac{1}{2}(\Sigma \Delta A_{1i} + \Sigma \Delta A_{3i}) \quad (F.4.1)$$

F.4.2 荷载效应标准组合作用下的跨中挠度 w_s，应按下式计算：

$$w_s = \left(w_5 + w_3 \frac{P_0}{P_3}\right)\eta \quad (F.4.2)$$

式中：w_5——第五级荷载作用下的跨中挠度；

w_3——第三级荷载作用下的跨中挠度；

P_3——第三级时外加荷载的总量（每个加载点处的三级外加荷载量）；

P_0——构件自重和加载设备自重按弯矩等效原则折算至加载点处的荷载；

η——荷载形式修正系数，当设计荷载简图为均布荷载时，对两集中力加载方案 η = 0.91，四集中力加载方案为 1.0，其他设计荷载简图可按材料力学以跨中弯矩等效时挠度计算公式换算。

F.5 判定规则

F.5.1 试件在加载过程中不应有新的损伤出现，并应用 3 个试件跨中实测挠度的平均值与理论计算挠度比较，同时应用 3 个试件中跨中挠度实测值中的最大值与本规范规定的允许挠度比较，满足要求者应为合格。试验跨度 l_0 未取实际构件跨度时，应以实测挠度平均值与理论计算值的比较结果为评定依据。

F.5.2 受弯构件挠度理论计算值应以本规范第 F.2.3 条获得的构件截面尺寸、所采用的试验荷载简图、外加荷载量（P_{smax} 中扣除试件及设备自重）和设计文件表明的材料弹性模量，按工程力学计算原则计算确定，实测挠度平均值应取按本规范式（F.4.1）计算的挠度平均值。

附录 G 规格材材质等级检验方法

G.1 一般规定

G.1.1 本检验方法适用于已列入现行国家标准《木结构设计规范》GB 50005 的各目测等级规格材和机械分等规格材材质等级检验。

G.1.2 目测分等规格材可任选抗弯强度见证检验或目测等级见证检验，机械分等规格材应选用抗弯强度见证检验。

G.2 规格材目测等级见证检验

G.2.1 目测分等规格材的材质等级应符合表 G.2.1 的规定。

表 G.2.1 目测分等[1]规格材材质标准

项次	缺陷名称[2]	材质等级		
		I_c	II_c	III_c
1	振裂和干裂	允许个别长度不超过 600mm，但不贯通；贯通时，应按劈裂要求检验		贯通：长度不超过 600mm 不贯通：900mm 长或不超过 1/4 构件长 干裂无限制；贯通干裂应按劈裂要求检验
2	漏刨	构件的 10% 轻度漏刨[3]		轻度漏刨不超过构件的 5%，包含长达 600mm 的散布漏刨[5]，或重度漏刨[4]
3	劈裂	$b/6$		$1.5b$
4	斜纹：斜率不大于（%）	8	10	12
5	钝棱[6]	$h/4$ 和 $b/4$，全长或与其相当，如果在 1/4 长度内钝棱不超过 $h/2$ 或 $b/3$		$h/3$ 和 $b/3$，全长或与其相当，如果在 1/4 长度内钝棱不超过 $2h/3$ 或 $b/2$
6	针孔虫眼	每 25mm 的节孔允许 48 个针孔虫眼，以最差材面为准		

项次	缺陷名称[2]	材质等级		
		Ⅰc	Ⅱc	Ⅲc
7	大虫眼	每 25mm 的节孔允许 12 个 6mm 的大虫眼，以最差材面为准		
8	腐朽—材心[17]	不允许		当 $h>40mm$ 时不允许，否则 $h/3$ 或 $b/3$
9	腐朽—白腐[17]	不允许		1/3 体积
10	腐朽—蜂窝腐[17]	不允许		$b/6$ 坚实[13]
11	腐朽—局部片状腐[17]	不允许		$b/6$ 宽[13],[14]
12	腐朽—不健全材	不允许		最大尺寸 $b/12$ 和 50mm 长，或等效的多个小尺寸[13]
13	扭曲、横弯和顺弯[7]	1/2 中度		轻度

项次	木节和节孔[16]高度(mm)	健全节、卷入节和均布节[8]		非健全节，松节和节孔[9]	健全节、卷入节和均布节		非健全节，松节和节孔[10]	任何木节		节孔[11]
		材边	材心		材边	材心		材边	材心	
14	40	10	10	10	13	13	13	16	16	16
	65	13	13	13	19	19	19	22	22	22
	90	19	22	19	25	38	25	32	51	32
	115	25	38	22	32	48	29	41	60	35
	140	29	48	25	38	57	32	48	73	38
	185	38	57	32	51	70	38	64	89	51
	235	48	67	32	64	93	38	83	108	64
	285	57	76	32	76	95	38	95	121	76

项次	缺陷名称[2]	材质等级	
		Ⅳc	Ⅴc
1	振裂和干裂	贯通—1/3 构件长 不贯通—全长 3 面振裂—1/6 构件长 干裂无限制 贯通干裂参见劈裂要求	不贯通—全长 贯通和三面振裂 1/3 构件长
2	漏刨	散布漏刨伴有不超过构件 10% 的重度漏刨[4]	任何面的散布漏刨中，宽面含不超过 10% 的重度漏刨[4]

项次	缺陷名称[2]	材质等级					
		IVc			Vc		
3	劈裂	L/6			2b		
4	斜纹：斜率不大于（%）	25			25		
5	钝棱[6]	$h/2$ 或 $b/2$，全长或与其相当，如果在 1/4 长度内钝棱不超过 $7h/8$ 或 $3b/4$			$h/3$ 或 $b/3$，全长或与其相当，如果在 1/4 长度内钝棱不超过 $h/2$ 或 $3b/4$		
6	针孔虫眼	每 25mm 的节孔允许 48 个针虫眼，以最差材面为准					
7	大虫眼	每 25mm 的节孔允许 12 个 6mm 的大虫眼，以最差材面为准					
8	腐朽—材心[17]	1/3 截面[13]			1/3 截面[15]		
9	腐朽—白腐[17]	无限制			无限制		
10	腐朽—蜂窝腐[17]	100% 坚实			100% 坚实		
11	腐朽—局部片状腐[17]	1/3 截面			1/3 截面		
12	腐朽—不健全材	1/3 截面，深入部分 1/6 长度[15]			1/3 截面，深入部分 1/6 长度[15]		
13	扭曲，横弯和顺弯[7]	中度			1/2 中度		
14	木节和节孔[16] 高度（mm）	任何木节		节孔[12]	任何木节		节孔
		材边	材心		材边	材心	
	40	19	19	19	19	19	19
	65	32	32	32	32	32	32
	90	44	64	44	44	64	38
	115	57	76	48	57	76	44
	140	70	95	51	70	95	51
	185	89	114	64	89	114	64
	235	114	140	76	114	140	76
	285	140	165	89	140	165	89

项次	缺陷名称[2]	材质等级	
		VIc	VIIc
1	振裂和干裂	表层—不长于 600mm 贯通干裂同劈裂	贯通：600mm 长 不贯通：900mm 长或不超过 1/4 构件长

项次	缺陷名称[2]	材质等级			
		VI$_c$		VII$_c$	
2	漏刨	构件的 10%轻度漏刨[3]		轻度漏刨不超过构件的 5%，包含长达 600mm 的散布漏刨[5]或重度漏刨[4]	
3	劈裂	b		$1.5b$	
4	斜纹：斜率不大于（%）	17		25	
5	钝棱[6]	$h/4$ 或 $b/4$，全长或与其相当，如果在 1/4 长度内钝棱不超过 $h/2$ 或 $b/3$		$h/3$ 或 $b/3$，全长或与其相当，如果在 1/4 长度内钝棱不超过 $2h/3$ 或 $b/2$，≤$L/4$	
6	针孔虫眼	每 25mm 的节孔允许 48 个针孔虫眼，以最差材面为准			
7	大虫眼	每 25mm 的节孔允许 12 个 6mm 的大虫眼，以最差材面为准			
8	腐朽—材心[17]	不允许		$h/3$ 或 $b/3$	
9	腐朽—白腐[18]	不允许		1/3 体积	
10	腐朽—蜂窝腐[19]	不允许		$b/6$	
11	腐朽—局部片状腐[20]	不允许		$b/6$[14]	
12	腐朽—不健全材	不允许		最大尺寸 $b/12$ 和 50mm 长，或等效的小尺寸[13]	
13	扭曲，横弯和顺弯[7]	1/2 中度		轻度	
14	木节和节孔[16] 高度（mm）	健全节、卷入节和均布节[8]	非健全节松节和节孔[10]	任何木节	节孔[11]
	40	—	—	—	—
	65	19	16	25	19
	90	32	19	38	25
	115	38	25	51	32
	140	—	—	—	—
	185	—	—	—	—

续表 G.2.1

项次	缺陷名称[2]	材质等级				
		VIc			VIIc	
14	木节和节孔[16] 高度（mm）	健全节、卷入节和均布节[8]	非健全节松节和节孔[10]		任何木节	节孔[11]
	235	—	—		—	—
	285	—	—		—	—

注：1 目测分等应包括构件所有材面以及两端。b 为构件宽度，h 为构件厚度，L 为构件长度。

　　2 除本注解中已说明，缺陷定义详见国家标准《锯材缺陷》GB/T 4823—1995。

　　3 指深度不超过 1.6mm 的一组漏刨，漏刨之间的表面刨光。

　　4 重度漏刨为宽面上深度为 3.2mm，长度为全长的漏刨。

　　5 部分或全部漏刨，或全面糙面。

　　6 离材端全部或部分占据材面的钝棱，当表面要求满足允许漏刨规定，窄面上破坏要求满足允许节孔的规定（长度不超过同一等级最大节孔直径的 2 倍），钝棱的长度可为 300mm，每根构件允许出现一次。含有该缺陷的构件不得超过总数的 5%。

　　7 顺弯允许值是横弯的 2 倍。

　　8 卷入节是指被树脂或树皮包围不与周围木材连生的木节，均布节是指在构件任何 150mm 长度上所有木节尺寸的总和必须小于容许最大木节尺寸的 2 倍。

　　9 每 1.2m 有一个或数个小节孔，小节孔直径之和与单个节孔直径相等。

　　10 每 0.9m 有一个或数个小节孔，小节孔直径之和与单个节孔直径相等。

　　11 每 0.6m 有一个或数个小节孔，小节孔直径之和与单个节孔直径相等。

　　12 每 0.3m 有一个或数个小节孔，小节孔直径之和与单个节孔直径相等。

　　13 仅允许厚度为 40mm。

　　14 假如构件窄面均有局部片状腐，长度限制为节孔尺寸的 2 倍。

　　15 钉入边不得破坏。

　　16 节孔可全部或部分贯通构件。除非特别说明，节孔的测量方法与节子相同。

　　17 材心腐朽指某些树种沿髓心发展的局部腐朽，用目测鉴定。心材腐朽存在于活树中，在被砍伐的木材中不会发展。

　　18 白腐指木材中白色或棕色的小壁孔或斑点，由白腐菌引起。白腐存于活树中，在使用时不会发展。

　　19 蜂窝腐与白腐相似但囊孔更大。含蜂窝腐的构件较含未蜂窝腐的构件不易腐朽。

　　20 局部片状腐指柏树中槽状或壁孔状的区域。所有引起局部片状腐的木腐菌在树砍伐后不再生长。

G.2.2 取样方法和检验方法应符合下列规定：

　　1 进场的每批次同一树种或树种组合、同一目测等级的规格材应作为一个检验批，每检验批应按表 G.2.2 规定的数目随机抽取检验样本。

　　2 应采用目测、丈量方法，并应符合表 G.2.1 的规定。

G.2.3 样本中不符合该目测等级的规格材的根数不应大于表 G.2.3 规定的合格判定数。

表 G.2.2　每检验批规格材抽样数量（根）

检验批容量	2～8	9～15	16～25	26～50	51～90
抽样数量	3	5	8	13	20
检验批容量	91～150	151～280	281～500	501～1200	1201～3200
抽样数量	32	50	80	125	200
检验批容量	3201～10000	10001～35000	35001～150000	150001～500000	>500000
抽样数量	315	500	800	1250	2000

表 G.2.3　规格材目测检验合格判定数（根）

抽样数量	2～5	8～13	20	32	50	80	125	200	>315
合格判定数	0	1	2	3	5	7	10	14	21

G.3　规格材抗弯强度见证检验

G.3.1 规格材抗弯强度见证检验应采用复式抽样法，试样应从每一进场批次、每一强度等级和每一规格尺寸的规格材中随机抽取，第 1 次抽取 28 根。试样长度不应小于 17h+200mm（h 为规格材截面高度）。

G.3.2 规格材试样应在试验地通风良好的室内静待数天，使同批次规格材试样间含水率最大偏差不大于

2%。规格材试样应测定平均含水率 w，平均含水率应大于等于 10%，且应小于等于 23%。

G.3.3 规格材试样在检验荷载 P_k 作用下的三分点侧立抗弯试验，应按现行国家标准《木结构试验方法标准》GB/T 50329 进行（图 G.3.3）。试样跨度不应小于 17h，安装时试样的拉、压边应随机放置，并应经 1min 等速加载至检验荷载 P_k。

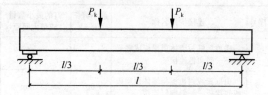

图 G.3.3 试样三分点侧立抗弯试验
P_k—加载点的荷载；l—规格材跨度

G.3.4 规格材侧立抗弯试验的检验荷载应按下列公式计算：

$$P_k = f_b \frac{bh^2}{2l} \qquad (G.3.4\text{-}1)$$

$$f_b = f_{bk} K_z K_l K_w \qquad (G.3.4\text{-}2)$$

$$K_l = \left(\frac{l}{l_0}\right)^{0.14} \qquad (G.3.4\text{-}3)$$

$$\left.\begin{array}{l} f_{bk} \geqslant 16.66\text{N/mm}^2 \quad K_w = 1 + \dfrac{(15-w)(1-16.66/f_{bk})}{25} \\[2mm] f_{bk} < 16.66\text{N/mm}^2 \quad K_w = 1.0 \end{array}\right\}$$

$$\qquad (G.3.4\text{-}4)$$

式中：b——规格材的截面宽度；
  h——规格材的截面高度；
  l——试样的跨度；
  l_0——试样标准跨度，取 3.658m；
  f_{bk}——规格材抗弯强度检验值，可按表 G.3.4-1 取值；
  K_z——规格材抗弯强度的截面尺寸调整系数，可按表 G.3.4-2 取值；
  K_l——规格材抗弯强度的跨度调整系数；
  K_w——规格材抗弯强度的含水率调整系数；
  w——试验时规格材的平均含水率。

表 G.3.4-1 进口北美目测分等规格材抗弯强度检验值（N/mm²）

等级	花旗松-落叶松（南）	花旗松-落叶松（北）	铁杉-冷杉（南）	铁杉-冷杉（北）	南方松	云杉-松-冷杉	其他北美树种
I_c	21.60	20.25	20.25	18.90	27.00	17.55	13.10
II_c	14.85	12.29	14.85	14.85	17.55	12.69	8.64

续表 G.3.4-1

等级	花旗松-落叶松（南）	花旗松-落叶松（北）	铁杉-冷杉（南）	铁杉-冷杉（北）	南方松	云杉-松-冷杉	其他北美树种
III_c	13.10	12.29	12.29	14.85	14.85	12.69	8.64
IV_c、V_c	7.56	6.89	7.29	8.37	8.37	7.29	5.13
VI_c	14.85	13.50	14.85	16.20	16.20	14.85	10.13
VII_c	8.37	7.56	7.97	9.45	9.05	7.97	5.81

注：1 表中所列强度检验值为规格材的抗弯强度特征值。
  2 机械分等规格材的抗弯强度检验值应取所在等级规格材的抗弯强度特征值。

表 G.3.4-2 规格材强度截面尺寸调整系数

等级	截面高度（mm）	截面宽度（mm）	
		40、65	90
I_c、II_c、III_c、IV_c、V_c	≤90	1.5	1.5
	115	1.4	1.4
	140	1.3	1.3
	185	1.2	1.2
	235	1.1	1.2
	285	1.0	1.1
VI_c、VII_c	≤90	1.0	1.0

注：VI_c、VII_c 规格材截面高度均小于等于 90mm。

G.3.5 规格材合格与否应按检验荷载 P_k 作用下试件破坏的根数判定。28 根试件中小于等于 1 根发生破坏时，应为合格。试件破坏数大于 3 根时，应为不合格。试件破坏数为 2 根时，应另随机抽取 53 根试件进行规格材侧立抗弯试验。试件破坏数小于等于 2 根时，应为合格，大于 2 根时应为不合格。试验中未发生破坏的试件，可作为相应等级的规格材继续在工程中使用。

附录 H 木基结构板材的力学性能指标

H.0.1 木基结构板材在集中静载和冲击荷载作用下的力学性能，不应低于表 H.0.1 的规定。

表 H.0.1 木基结构板材在集中静载和冲击荷载作用下的力学指标[1]

用途	标准跨度（最大允许跨度）（mm）	试验条件	冲击荷载（N·m）	最小极限荷载[2]（kN）		0.89kN集中静载作用下的最大挠度[3]（mm）
				集中静载	冲击后集中静载	
楼面板	400(410)	干态及湿态重新干燥	102	1.78	1.78	4.8

续表 H.0.1

用途	标准跨度（最大允许跨度）(mm)	试验条件	冲击荷载[2] (N·m)	最小极限荷载[2] (kN)		0.89kN集中静载作用下的最大挠度[3] (mm)
				集中静载	冲击后集中静载	
楼面板	500(500)	干态及湿态重新干燥	102	1.78	1.78	5.6
	600(610)	干态及湿态重新干燥	102	1.78	1.78	6.4
	800(820)	干态及湿态重新干燥	122	2.45	1.78	5.3
	1200(1220)	干态及湿态重新干燥	203	2.45	1.78	8.0
屋面板	400(410)	干态及湿态	102	1.78	1.33	11.1
	500(500)	干态及湿态	102	1.78	1.33	11.9
	600(610)	干态及湿态	102	1.78	1.33	12.7
	800(820)	干态及湿态	122	1.78	1.33	12.7
	1200(1220)	干态及湿态	203	1.78	1.33	12.7

注：1 本表为单个试验的指标。

2 100%的试件应能承受表中规定的最小极限荷载值。

3 至少90%的试件挠度不大于表中的规定值。在干态及湿态重新干燥试验条件下，木基结构板材在静载和冲击荷载后静载的挠度，对于屋面板只检查静载的挠度，对于湿态试验条件下的屋面板，不检查挠度指标。

H.0.2 木基结构板材在均布荷载作用下的力学性能，不应低于表 H.0.2 的规定。

表 H.0.2 木基结构板材在均布荷载作用下的力学指标

用途	标准跨度（最大允许跨度）(mm)	试验条件	性能指标[1]	
			最小极限荷载[2] (kPa)	最大挠度[3] (mm)
楼面板	400（410）	干态及湿态重新干燥	15.8	1.1
	500（500）	干态及湿态重新干燥	15.8	1.3
	600（610）	干态及湿态重新干燥	15.8	1.7
	800（820）	干态及湿态重新干燥	15.8	2.3
	1200（1220）	干态及湿态重新干燥	10.8	3.4
屋面板	400（410）	干态	7.2	1.7
	500（500）	干态	7.2	2.0
	600（610）	干态	7.2	2.5
	800（820）	干态	7.2	3.4
	1000（1020）	干态	7.2	4.4
	1200（1220）	干态	7.2	5.1

注：1 本表为单个试验的指标。

2 100%的试件应能承受表中规定的最小极限荷载值。

3 每批试件的平均挠度不应大于表中的规定值。为 4.79kPa 均布荷载作用下的楼面最大挠度；或 1.68kPa 均布荷载作用下的屋面最大挠度。

附录 J 按构造设计的轻型木结构钉连接要求

J.0.1 按构造设计的轻型木结构的钉连接应符合表 J.0.1 的规定。

表 J.0.1 按构造设计的轻型木结构的钉连接要求

序号	连接构件名称	最小钉长 (mm)	钉的最小数量或最大间距
1	楼盖搁栅与墙体顶梁板或底梁板——斜向钉连接	80	2 颗
2	边框梁或封边板与墙体顶梁板或底梁板——斜向钉连接	60	150mm
3	楼盖搁栅木底撑或扁钢底撑与楼盖搁栅	60	2 颗
4	搁栅间剪刀撑	60	每端 2 颗
5	开孔周边双层封边梁或双层加强搁栅	80	300mm
6	木梁两侧附加托木与木梁	80	每根搁栅处 2 颗
7	搁栅与搁栅连接板	80	每端 2 颗
8	被切搁栅与开孔封头搁栅（沿开孔周边垂直钉连接）	80	5 颗
		100	3 颗
9	开孔处每根封头搁栅与封边搁栅的连接（沿开孔周边垂直钉连接）	80	5 颗
		100	3 颗
10	墙骨与墙体顶梁板或底梁板，采用斜向钉连接或垂直钉连接	60	4 颗
		100	2 颗
11	开孔两侧双根墙骨柱，或在墙体交接或转角处的墙骨处	80	750mm
12	双层顶梁板	80	600mm
13	墙体底梁板或地梁板与搁栅或封头块（用于外墙）	80	400mm
14	内隔墙与框架或楼面板	80	600mm
15	非承重墙开孔顶部水平构件每端	80	2 颗
16	过梁与墙骨	80	每端 2 颗
17	顶棚搁栅与墙体顶梁板——每侧采用斜向钉连接	80	2 颗
18	屋面椽条、桁架或屋面搁栅与墙体顶梁板——斜向钉连接	80	3 颗
19	椽条板与顶棚搁栅	100	2 颗
20	椽条与搁栅（屋脊板有支座时）	80	3 颗
21	两侧椽条在屋脊通过连接板连接，连接板与每根椽条的连接	60	4 颗
22	椽条与屋脊板——斜向钉连接或垂直钉连接	80	3 颗
23	椽条拉杆每端与椽条	80	3 颗
24	椽条拉杆侧向支撑与拉杆	60	2 颗
25	屋脊椽条与屋脊或屋谷椽条	80	3 颗
26	椽条撑杆与椽条	80	3 颗
27	椽条撑杆与承重墙——斜向钉连接	80	2 颗

J.0.2 按构造设计的轻型木结构中椽条与顶棚搁栅的钉连接，应符合表 J.0.2 的规定。

表 J.0.2 椽条与顶棚搁栅钉连接（屋脊无支承）

屋面坡度	椽条间距（mm）	钉长不小于80mm的最少钉数											
		椽条与每根顶棚搁栅连接						椽条每隔1.2m与顶棚搁栅连接					
		房屋宽度达到8m			房屋宽度达到9.8m			房屋宽度达到8m			房屋宽度达到9.8m		
		屋面雪荷（kPa）			屋面雪荷（kPa）			屋面雪荷（kPa）			屋面雪荷（kPa）		
		≤1.0	1.5	≥2.0	≤1.0	1.5	≥2.0	≤1.0	1.5	≥2.0	≤1.0	1.5	≥2.0
1:3	400	4	5	6	5	7	8	11	—	—	—	—	—
	600	6	8	9	8	—	—	11	—	—	—	—	—
1:2.4	400	4	4	5	5	6	7	7	10	—	9	—	—
	600	5	7	8	7	9	11	7	10	—	—	—	—
1:2	400	4	4	4	4	4	5	6	8	9	8	—	—
	600	4	5	6	5	7	8	6	8	9	8	—	—
1:1.71	400	4	4	4	4	4	4	5	7	8	7	9	11
	600	4	4	5	4	4	4	5	7	8	—	—	11
1:1.33	400	4	4	4	4	4	4	4	5	6	5	6	7
	600	4	4	4	4	4	5	4	5	6	5	6	7
1:1	400	4	4	4	4	4	4	4	4	4	4	4	5
	600												5

附录 K 各类木结构构件防护处理载药量及透入度要求

K.1 方木与原木结构、轻型木结构构件

K.1.1 方木、原木结构、轻型木结构构件采用的防腐、防虫药剂及其以活性成分计的最低载药量检验结果，应符合表 K.1.1 的规定。需油漆的木构件宜采用水溶性或以易挥发的碳氢化合物为溶剂的油溶性防护剂。

K.1.2 防护施工应在木构件制作完成后进行，并应选择正确的处理工艺。常压浸渍法可用于木构件处于 C1 类环境条件的防护处理；其他环境条件均应用加压浸渍法，特殊情况下可采用冷热槽浸渍法；对于不易吸收药剂的树种，浸渍前可在木材上顺纹刻痕，但刻痕深度不宜大于 16mm。浸渍完成后的药剂透入度检验结果不应低于表 K.1.2 的规定。喷洒法和涂刷法应仅用于已经防护处理的木构件，因钻孔、开槽等操作造成未吸收药剂的木材外露而进行的防护修补。

表 K.1.1 不同使用条件下使用的防腐木材及其制品应达到的最低载药量

类别	防腐剂		活性成分	组成比例（%）	最低载药量（kg/m³）			
	名称				使用环境			
					C1	C2	C3	C4A
水溶性	硼化合物[1]		三氧化二硼	100	2.8	2.8[2]	NR[3]	NR
	季铵铜（ACQ）	ACQ-2	氧化铜	66.7	4.0	4.0	4.0	6.4
			二癸基二甲基氯化铵（DDAC）	33.3				

防腐剂			活性成分	组成比例（%）	最低载药量（kg/m³）使用环境			
类别	名称				C1	C2	C3	C4A
水溶性	季铵铜（ACQ）	ACQ-3	氧化铜	66.7	4.0	4.0	4.0	6.4
			十二烷基苄基二甲基氯化铵（BAC）	33.3				
		ACQ-4	氧化铜	66.7	4.0	4.0	4.0	6.4
			DDAC	33.3				
	铜唑（CuAz）	CuAz-1	铜	49	3.3	3.3	3.3	6.5
			硼酸	49				
			戊唑醇	2				
		CuAz-2	铜	96.1	1.7	1.7	1.7	3.3
			戊唑醇	3.9				
		CuAz-3	铜	96.1	1.7	1.7	1.7	3.3
			丙环唑	3.9				
		CuAz-4	铜	96.1	1.0	1.0	1.0	2.4
			戊唑醇	1.95				
			丙环唑	1.95				
	唑醇啉（PTI）		戊唑醇	47.6	0.21	0.21	0.21	NR
			丙环唑	47.6				
			吡虫啉	4.8				
	酸性铬酸铜（ACC）		氧化铜	31.8	NR	4.0	4.0	8.0
			三氧化铬	68.2				
	柠檬酸铜（CC）		氧化铜	62.3	4.0	4.0	4.0	NR
			柠檬酸	37.7				
油溶性	8-羟基喹啉铜（Cu8）		铜	100	0.32	0.32	0.32	NR
	环烷酸铜（CuN）		铜	100	NR	NR	0.64	NR

注：1 硼化合物包括硼酸、四硼酸钠、八硼酸钠、五硼酸钠等及其混合物；
　　2 有白蚁危害时 C2 环境下硼化合物应为 4.5kg/m³；
　　3 NR 为不建议使用。

表 K.1.2　防护剂透入度检测规定

木材特征	透入深度或边材透入率		钻孔采样数量（个）	试样合格率（%）
	$t<125mm$	$t\geqslant125mm$		
易吸收不需要刻痕	63mm 或 85%（C1、C2）、90%（C3、C4A）	63mm 或 85%（C1、C2）、90%（C3、C4A）	20	80
需要刻痕	10mm 或 85%（C1、C2）、90%（C3、C4A）	13mm 或 85%（C1、C2）、90%（C3、C4A）	20	80

注：t 为需处理木材的厚度；是否刻痕根据木材的可处理性、天然耐久性及设计要求确定。

K.2 胶合木结构构件、结构胶合板及结构复合材构件

K.2.1 胶合木结构可采用的防腐、防火药剂类别和规定的检测深度内以有效活性成分计的载药量不应低于表 K.2.1 的规定。胶合木结构宜在层板胶合、构件加工工序完成（包括钻孔、开槽等局部处理）后进行防护处理，并宜采用油溶性药剂；必要时可先作层板的防护处理，再进行胶合和构件加工。不论何种顺序，其药剂透入度不得小于表 K.2.2 的规定。

表 K.2.1　胶合木防护药剂最低载药量与检测深度

类别	名称	胶合前处理 最低载药量 (kg/m³) 使用环境				胶合前处理 检测深度 (mm)	胶合后处理 最低载药量 (kg/m³) 使用环境				胶合后处理 检测深度 (mm)
		C1	C2	C3	C4A		C1	C2	C3	C4A	
水溶性	硼化合物	2.8	2.8*	NR	NR	13~25	NR	NR	NR	NR	—
	季铵铜 ACQ　ACQ-2	4.0	4.0	4.0	6.4	13~25	NR	NR	NR	NR	—
	ACQ-3	4.0	4.0	4.0	6.4	13~25	NR	NR	NR	NR	—
	ACQ-4	4.0	4.0	4.0	6.4	13~25	NR	NR	NR	NR	—
	铜唑 (CuAz)　CuAz-1	3.3	3.3	3.3	6.5	13~25	NR	NR	NR	NR	—
	CuAz-2	1.7	1.7	1.7	3.3	13~25	NR	NR	NR	NR	—
	CuAz-3	1.7	1.7	1.7	3.3	13~25	NR	NR	NR	NR	—
	CuAz-4	1.0	1.0	1.0	2.4	13~25	NR	NR	NR	NR	—
	唑醇啉 (PTI)	0.21	0.21	0.21	NR	13~25	NR	NR	NR	NR	—
	酸性铬酸铜 (ACC)	NR	4.0	4.0	8.0	13~25	NR	NR	NR	NR	—
	柠檬酸铜 (CC)	4.0	4.0	4.0	NR	13~25	NR	NR	NR	NR	—
油溶性	8-羟基喹啉铜 (Cu8)	0.32	0.32	0.32	NR	13~25	0.32	0.32	0.32	NR	0~15
	环烷酸铜 (CuN)	NR	NR	0.64	NR	13~25	0.64	0.64	0.64	NR	0~15

注：* 有白蚁危害时应为 4.5kg/m³。

K.2.2 对于胶合后处理的木构件，应从每一批量中的 20 个构件中随机钻孔取样；对于胶合前处理的木构件，应从每一批量中 20 块内层被接长的木板侧边各钻取一个试样。试样的透入深度或边材透入率应符合表 K.2.2 的要求。

表 K.2.2　胶合木构件防护药剂透入深度或边材透入率

木材特征	使用环境		钻孔采样的数量 (个)
	C1、C2 或 C3	C4A	
易吸收不需要刻痕	75mm 或 90%	75mm 或 90%	20
需要刻痕	25mm	32mm	20

K.2.3 结构胶合板和结构复合材（旋切板胶合木、旋切片胶合木）防护剂的最低保持量及其检测深度，应符合表 K.2.3 的要求。

表 K.2.3　结构胶合板、结构复合材防护剂的最低载药量与检测深度

类别	名称	结构胶合板 最低载药量 (kg/m³) 使用环境				结构胶合板 检测深度 (mm)	结构复合材 最低载药量 (kg/m³) 使用环境				结构复合材 检测深度 (mm)
		C1	C2	C3	C4A		C1	C2	C3	C4A	
水溶性	硼化合物	2.8	2.8*	NR	NR	0~10	NR	NR	NR	NR	—
	季铵铜 ACQ　ACQ-2	4.0	4.0	4.0	6.4	0~10	NR	NR	NR	NR	—
	ACQ-3	4.0	4.0	4.0	6.4	0~10	NR	NR	NR	NR	—
	ACQ-4	4.0	4.0	4.0	6.4	0~10	NR	NR	NR	NR	—
	铜唑 (CuAz)　CuAz-1	3.3	3.3	3.3	6.5	0~10	NR	NR	NR	NR	—
	CuAz-2	1.7	1.7	1.7	3.3	0~10	NR	NR	NR	NR	—
	CuAz-3	1.7	1.7	1.7	3.3	0~10	NR	NR	NR	NR	—
	CuAz-4	1.0	1.0	1.0	2.4	0~10	NR	NR	NR	NR	—
	唑醇啉 (PTI)	0.21	0.21	0.21	NR	0~10	NR	NR	NR	NR	—
	酸性铬酸铜 (ACC)	NR	4.0	4.0	8.0	0~10	NR	NR	NR	NR	—
	柠檬酸铜 (CC)	4.0	4.0	4.0	NR	0~10	NR	NR	NR	NR	—
油溶性	8-羟基喹啉铜 (Cu8)	0.32	0.32	0.32	NR	0~10	0.32	0.32	0.32	NR	0~10
	环烷酸铜 (CuN)	0.64	0.64	0.64	NR	0~10	0.64	0.64	0.64	0.96	0~10

注：* 有白蚁危害时应为 4.5kg/m³。

本规范用词说明

1 为了便于在执行本标准条文时区别对待，对要求严格程度不同的用词说明如下：

　1）表示很严格，非这样做不可的用词：
　　正面词采用"必须"，反面词采用"严禁"。

　2）表示严格，在正常情况下均应这样做的用词：
　　正面词采用"应"，反面词采用"不应"或"不得"。

　3）表示允许稍有选择，在条件许可时首先应这样做的用词：
　　正面词采用"宜"，反面词采用"不宜"。

　4）表示有选择，在一定条件下可以这样做的用词，采用"可"。

2 条文中指明应按其他有关标准执行的写法为："应符合……的规定"或"应按……执行"。

引用标准名录

1　《木结构设计规范》GB 50005

2　《建筑设计防火规范》GB 50016

3　《建筑工程施工质量验收统一标准》GB 50300

4　《木结构试验方法标准》GB/T 50329

5　《金属材料室温拉伸试验方法》GB/T 228

6 《碳素结构钢》GB 700

7 《木材含水率测定方法》GB/T 1931

8 《木材抗弯强度试验方法》GB/T 1936.1

9 《钢材力学及工艺性能试验取样规定》GB 2975

10 《碳钢焊条》GB 5117

11 《低合金钢焊条》GB 5118

12 《六角头螺栓-C级》GB 5780

13 《六角头螺栓》GB 5782

14 《金属拉伸试验试样》GB 6397

15 《木结构覆板用胶合板》GB/T 22349

16 《建筑钢结构焊接技术规范》JGJ 81

17 《一般用途圆钢钉》YB/T 5002

中华人民共和国国家标准

木结构工程施工质量验收规范

GB 50206—2012

条 文 说 明

修 订 说 明

本规范是在《木结构工程施工质量验收规范》GB 50206 - 2002 的基础上修订而成。本规范修订继续遵循了《建筑工程施工质量验收统一标准》GB 50300 - 2001 关于"验评分离、强化验收、完善手段、过程控制"的指导原则，并借鉴和吸收了国际先进技术和经验，与中国的具体情况相结合，制定技术水平先进和切实可行的木结构工程施工质量验收标准。同时，保持了规范的连续性和与相关的国家现行规范、标准的一致性。

本规范修订过程中，编制组进行了大量调查研究，重点修订了原规范在执行过程中遇到的以下几方面的问题：（1）原规范侧重规定了木结构工程所用材料和产品的质量控制标准，缺乏关于木结构工程施工过程中的质量控制标准，较为突出的是胶合木结构和轻型木结构两类结构构件的制作、安装质量标准。（2）厘清木结构产品，尤其是层板胶合木、结构复合木材、木基结构板材等生产过程中的质量控制标准与产品进场验收的关系，符合木结构工程施工质量验收的需要。（3）制定恰当的材料进场质量检验（见证检验）方法和判定标准，做到既保证质量又切实可行。规格材进场验收的问题尤为突出。（4）随着材料科学和木结构防护技术的发展，原规范规定的某些木材防护材料需要更新。编制组针对这些问题对原规范进行了认真修订，并与《建筑工程施工质量验收统一标准》GB 50300、《木结构设计规范》GB 50005 等相关国家标准进行了协调，形成了本规范修订版。

本规范上一版的主编单位是哈尔滨工业大学，参编单位是铁道部科学研究院、东北林业大学、公安部天津消防科学研究所、温州市规划设计院，主要起草人是樊承谋、王用信、郭惠平、方桂珍、倪照鹏、陈松来、许方。

为便于工程技术人员在使用本规范时能正确把握和执行条文规定，编制组按章、条顺序编制了本规范的条文说明，对条文规定的目的、依据以及在执行中应注意的有关事项进行了说明。但本条文说明不具备与规范正文同等的法律效力，仅供使用者作为理解和把握规范规定的参考。

目　次

1 总　则

1.0.1 制定本规范的目的是贯彻《建筑工程施工质量验收统一标准》GB 50300 的相关规定，加强木结构工程施工质量管理，保证木结构工程质量。

1.0.2 本规范的适用范围为新建木结构工程的两个分项工程的施工质量验收，即木结构工程的制作安装与木结构工程的防火防护。木结构包括分别由原木、方木和胶合木制作的木结构和主要由规格材和木基结构板材制作的轻型木结构。

1.0.3 本规范的规定系木结构工程施工质量验收最低和最基本的要求。

1.0.4 本规范是遵照《建筑工程施工质量验收统一标准》GB 50300对工程质量验收的划分、验收的方法、验收的程序和组织的原则性规定而编制的，因此在执行本规范时应与其配套使用。

1.0.5 为保证工程质量，木结构工程施工质量验收尚应符合下列国家现行标准和规范的规定：

1 《木结构设计规范》GB 50005

2 《木结构试验方法标准》GB/T 50329

3 《木材物理力学试验方法》GB 1927～1943

4 《钢结构工程施工质量验收规范》GB 50205

2 术　语

本规范共给出了 36 个木结构工程施工质量验收的主要术语。其中一部分是从建筑结构施工、检验的角度赋予其涵义，而相当部分按国际上木结构常用的术语而编写。英文术语所指为内容一致，并不一定是两者单词的直译，但尽可能与国际木结构术语保持一致。

3 基 本 规 定

3.0.1 规定木结构工程施工单位应具备的基本条件。针对目前建筑安装工程施工企业的实际情况，强调应有木结构工程施工技术队伍，才能承担木结构工程施工任务。

3.0.2 《建筑工程施工质量验收统一标准》GB 50300将建筑工程划分为主体结构、地基与基础、建筑装饰装修等分部工程，主体结构分部工程包括木结构、钢结构、混凝土结构等子分部工程，木结构子分部工程又包括方木和原木结构、胶合木结构、轻型木结构、木结构防护等分项工程。因此，方木和原木结构、胶合木结构、轻型木结构其中之一作为木结构分项工程与木结构防护分项工程构成木结构子分部工程。木结构工程的防护分项工程（防火、防腐）可以分包，但其管理、施工质量仍应由木结构工程制作、安装施工单位负责。

3.0.3 本条规定木结构子分部工程划分检验批的原则。

3.0.4 木结构使用环境的分类，依据是林业行业标准《防腐木材的使用分类和要求》LY/T 1636 - 2005，主要为选择正确的木结构防护方法服务。

3.0.5 木材所显露出的纹理，具有自然美，形成雅致的装饰面。本条将木结构外表参照原规范对胶合木结构的要求，分为 A、B、C 级。A级相当于室内装饰要求，B级相当于室外装饰要求，而 C级相当于木结构不外露的要求。

3.0.6 本条具体规定木结构工程控制施工质量的内容：

1 在原规范的基础上增加了工程设计文件的要求，旨在强调按设计图纸施工。

2 木结构工程的主要材料是木材及木产品，包括方木、原木、层板胶合木、结构复合材、木基结构板材、金属连接件和结构用胶等。这些材料都涉及结构的安全和使用功能，因此要求做进场验收和见证检验。进场验收、见证检验主要是控制木结构工程所用材料、构配件的质量；交接检验主要是控制制作加工质量。这是木结构工程施工质量控制的基本环节，是木结构分部工程验收的主要依据。

3 控制每道工序的质量，关键在于按《木结构工程施工规范》的规定进行施工，并按本规范规定的控制指标进行自检。

4 各工序之间和专业工种之间的交接检验，关键在于建立工程管理人员和技术人员的全局观念，将检验批、分项工程和木结构子分部工程形成有机整体。

5 在原规范的基础上增加了木结构工程竣工图及文字资料等竣工文件的要求。这是考虑到施工过程中可能对原设计方案进行了变更或材料替代，这些文件要求是保证工程质量的必要手段，也是将来结构维修、维护的重要依据。

3.0.7 木结构在我国发展较快，不断引进、研发新材料、新技术，各类木结构技术规范不可能将这些材料和技术全部包含在内，但又应鼓励创新和研发。本条规定了采用新技术的木结构工程施工质量的验收程序。

3.0.8 规定材料的替换原则。用等强换算方法使用高等级材料替代低等级材料，由于截面减小，可能影响抗火性能，故有时结构并不安全，截面减小还可能影响结构的使用功能和耐久性；反之，用等强换算方法使用低等级材料替代高等级材料，尚应符合国家现行标准《木结构设计规范》GB 50005关于各类构件对木材材质等级的规定，故通过等强换算进行材料替换，需经设计单位复核同意。

3.0.9 从国际市场进口木材和木产品，是发展我国木结构的重要途径。本条所指木材和木产品包括方木、原木、规格材、胶合木、木基结构板材、结构复合木材、工字形木搁栅、齿板桁架以及各类金属连接件等产品。国外大部分木产品和金属连接件是工业化生产的产品，都有产品标识。产品标识标志产品的生产厂家、树种、强度等级和认证机构名称等。对于产地国具有产品标识的木产品，既要求具有产品质量合格证书，也要求有相应的产品标识。对于产地国本来就没有产品标识的木产品，可只要求产品质量合格证书。

另外，在美欧等国家和地区，木产品的标识是经过严格质量认证的，等同于产品质量合格证书。这些产品标识一旦经由我国相关认证机构确认，在我国也等同于产品质量合格证书。但我国目前尚没有具有资质的认证机构。

4 方木与原木结构

4.1 一般规定

4.1.1 规定了本章的适用范围。

4.1.2 原规范对划分检验批的规定不甚清楚，本次修订根据《建筑工程施工质量验收统一标准》GB 50300 关于划分检验批的规定以及质检部门的建议，对材料、构配件质量控制和木结构制作安装质量控制分别划分了检验批。施工和质量验收时屋盖可作为一个楼层对待，单独划分为一个检验批。

4.2 主控项目

4.2.1 结构形式、结构布置和构件尺寸是否符合设计文件规定，是影响结构安全的第一要素，因此本条作为强制性条文执行。本规范将对结构安全会产生最重要影响的主控项目归结为三个方面，一是结构形式、结构布置和构件的截面尺寸，二是构件材料的材质标准和强度等级，三是木结构节点连接。关于该三方面的条文，皆列于强制性条文。设计文件包括本工程的施工图、设计变更和设计单位签发的技术联系单等资料。

4.2.2 构件所用材料的质量是否符合设计文件的规定，是影响结构安全的第二要素，是保证工程质量的关键之一，因此本条作为强制性条文执行。执行本条时尚应注意：

1 结构用木材应符合设计文件的规定，是指木材的树种（包括树种组合）或强度等级合乎规定。在我国现阶段，方木、原木结构所用木材的强度等级是由树种确定的，而同一树种或树种组合的木材，强度不再分级，所以明确了树种或树种组合，就明确了强度等级。我国虽然对方木、原木及板材划分为三个质量等级，但该三个质量等级木材的设计指标是相同

的，不加区分。

2 不管是国产还是进口的结构用材，其树种都应是已纳入现行国家标准《木结构设计规范》GB 50005 适用范围的，否则不能作为结构用材使用。

4.2.3 现行《木结构设计规范》GB 50005 按树种划分方木、原木的强度等级，而按目测外观质量划分的方木、原木的三个质量等级，仅是决定木材用途的依据（用于受拉还是受压构件），与木材的强度等级无关。因此，明确木材的树种是施工用材是否符合设计要求的关键。但目前木结构施工人员对树种的识别往往存在一定困难，为确保其木材的材质等级，进场木材均应作弦向静曲强度见证检验。本规范检验标准表4.2.3 与《木结构设计规范》GB 50005 的规定是一致的。

4.2.4 我国现行《木结构设计规范》GB 50005 对不同目测等级的方木或原木在强度上未加区分，实际上三个等级木材的缺陷不同，对木材强度的影响程度也就不同；即使相同的缺陷，对木材抗拉、抗压强度的影响程度也不同。故规定了不同目测等级的木材不同的用途，等级高的用于受拉构件，低的可用于受压构件，施工及验收时应予注意。

结构用木材的目测等级评定标准，不同于一般用途木材的商品等级，两者不能混淆。

4.2.5 控制木材的含水率，主要是为防止木材干裂和腐朽。原木、方木在干燥过程中，切向收缩最大，径向次之，纵向最小。外层木材会先于内层木材干燥，其干缩变形会受到内层木材的约束而受拉。当横纹拉应力超过木材的抗拉强度时，木材就发生开裂。

制作构件时，如果干裂裂缝与齿连接或螺栓连接的受剪面接近或重合，会影响连接的承载力，甚至发生工程事故。木材含水率过大，干缩变形很大，会影响木结构节点连接的紧密性；含水率过大，木材的弹性模量降低，结构的变形加大；含水率超过20%而又通风不畅，木材则易发生腐朽。因此，无论是构件制作还是进场，都应控制含水率。

原木和截面较大的方木通常不能采用窑干法，难以达到干燥状态，其含水率控制在25%，是指全截面的平均含水率。此时木材表层的含水率往往已降至18%以下，干燥裂缝已经呈现，制作构件选材时已经可以避开裂缝。干缩裂缝对板材的不利影响比方木、原木严重得多，但板材可以窑干，故含水率可控制在20%以下。干缩裂缝对板材受拉工作影响最为不利，用作受拉构件连接板的板材含水率控制在18%以下。

4.2.6 《木结构设计规范》GB 50005 明确规定承重木结构用钢材宜选择 Q235 等级，不能因为用于木结构就放松对钢材质量的要求。实际上，建筑结构钢材均可用于木结构，故本规范规定钢材的屈服强度和极限强度不低于 Q235 及以上等级钢材的指标要求。对于承受动荷载或在−30℃以下工作的木结构，不应采

用沸腾钢，冲击韧性应满足相应屈服强度的 D 级要求，与《钢结构设计规范》GB 50017 保持一致。

4.2.7 焊条的种类、型号与焊件的钢材类别有关，故应按设计文件规定选用。对于 Q235 钢材，通常采用 E43 型焊条。E43 为碳钢焊条，药皮化学成分不同，适用于不同的焊缝类型、焊机和使用环境，如结构在 −30℃ 以下工作，宜选用 E43 中的低氧型焊条。

4.2.8 成品螺栓是标准件，强度等级通常用屈服比表示，如 4.8 级表示抗拉强度标准值为 400MPa，屈服强度标准值为 320MPa，这类螺栓进场时仅需检验合格证书。由于标准件的螺栓长度有时不满足木结构连接的要求，需要专门加工，则按 4.2.6 条的规定，螺栓杆使用的钢材应有力学性能检验合格报告。

4.2.9 圆钉的抗弯屈服强度以塑性截面模量计算，当设计文件规定圆钉的抗弯屈服强度时，需作强度见证检验。设计文件未作规定时，将视为由冷拔钢丝制作的普通圆钉，只需检验其产品合格证书。

4.2.10 拉杆的搭接接头偏心传力，对焊缝不利，拉杆本身也会产生弯曲应力，因此规定不应采用搭接接头而应采用双面绑条焊接头，并规定了接头的构造要求。

4.2.11 按钢结构设计规范规定，寒冷地区的焊缝为保证其延性，焊缝质量等级不得低于二级。

4.2.12 结构方案和布置、所用材料的材质等级和节点连接施工质量是控制工程质量、保证结构安全的三大关键要素，任何一个方面出现问题，都会直接影响结构安全，因此都是不允许出现施工偏差的项目。节点连接的施工质量，是影响木结构安全的第三要素，故本条按强制性条文执行。

4.2.13 木结构各类节点连接部位木材的质量符合要求，是节点连接承载力的重要保证，因此本条对连接部位木材的材质作出了专门规定。

木结构中的螺栓按其受力可分为受剪、受拉和系紧三类。木构件受拉接头中的螺栓，实际上主要是受弯工作，但因形式上传递的是被连接构件间界面上的剪力，仍习惯称为受剪螺栓；受拉螺栓（亦称圆钢拉杆）包括钢木屋架下弦、豪式屋架的竖拉杆以及支座节点的保险螺栓等，这类螺栓受拉工作；系紧螺栓，如受压接头系紧木夹板的螺栓，既不受拉也不受弯。螺栓孔附近木材中的干裂、斜纹、松节等缺陷都会影响销槽的承压强度，螺栓连接处应避开这些缺陷。

4.2.14 本条规定了保证木结构抗震安全的构造措施，系依据《木结构设计规范》GB 50005 和《建筑抗震设计规范》GB 50011 的有关规定制定。

4.3 一般项目

4.3.1 木桁架、梁、柱的制作偏差应在吊装前检查验收，以便及时更换达不到质量要求的构件或局部修正。

4.3.2 除 4.2.13 条规定外，齿连接的其他构造也影响其工作性能（见图 1）。

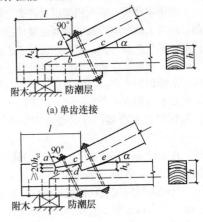

(a) 单齿连接

(b) 双齿连接

图 1　齿连接基本构造

1 压杆轴线与承压面垂直且通过承压面中心，则能保证压力完全通过承压面传递且使承压面均匀受压，从而使齿连接工作状态与设计计算假设一致。如果图 1a 所示的交角小于 90°，则齿连接的两个接触面都将承受压力，与计算假设不符。双齿连接第二齿比第一齿齿深至少大 20mm，是为避免图 1b 中 bd 间因存在斜纹剪切破坏。

2 保持承压面平整，亦为使其均匀承压，否则压应力会不均匀且连接变形过大。

3 保险螺栓在正常情况下不参与工作，但一旦受剪面破坏，螺栓则承担拉力，防止屋架突然倒塌。屋架端节点处的保险螺栓直径由设计图规定。腹杆采用过粗的扒钉，会导致木材劈裂，扒钉直径不宜大于 6mm～10mm。直径超过 6mm，应预先钻孔。

4 保证支座中心线通过上、下弦杆净截面中心线的交点（方木），或通过上、下弦杆毛截面中心线的交点（原木），都是为尽量使下弦杆均匀受拉，并与设计计算假设相符。例如，假使支座中心线内移，则支座轴线与上弦压杆轴线的交点上移，会使下弦不均匀受拉。原木屋架下弦杆采用毛截面对中是因为支座处原木底面需砍平，才能稳妥地坐落到支座上，砍平的高度大致与槽齿的深度相当。

另外，按我国习惯做法，支座节点齿连接上、下弦间不受力的交接缝的上口（图 1a 单齿连接的 c 点、图 1b 双齿连接的 e 点）通常留 5mm 的间隙。一方面是为从构造上保证压力完全通过抵承面传递，另一方面是为避免一旦上弦杆转动时（可能受节间荷载作用而弯曲），在上口形成支点产生力矩，从而使受剪面端部横纹受拉甚至撕裂，对抗剪不利。

4.3.3 除 4.2.12 条关于螺栓连接的规定外，本条对螺栓连接的其他方面作出规定。

1 接头处下弦与木夹板之间的相对滑移过大是

屋架变形过大的主要原因，控制螺栓孔直径就是为了减小节点连接的变形。施工时连接板与被连接构件应一次成孔，使孔位一致，便于安装螺栓。否则难以保证孔位一致，往往需要扩孔，造成椭圆孔，加大节点连接的滑移。

2 受剪螺栓或系紧螺栓中的拉力不大，施工中可按构造要求设置垫圈（板）。

3 保证螺栓连接的紧密性。

4.3.4 钉连接中钉子的直径与长度应符合设计文件的规定，施工中不允许使用与设计文件规定的同直径不同长度或同长度不同直径的钉子替代，这是因为钉连接的承载力与钉的直径和长度有关。

硬质阔叶材和落叶松等树种木材，钉钉子时易发生木材劈裂或钉子弯曲，故需设引孔，即预钻孔径为 0.8 倍～0.9 倍钉子直径的孔，施工时亦需将连接件与被连接件临时固定在一起，一并预留孔。

4.3.5 受压接头通过被连接构件端头抵承受压传力，因此要求承压面平整且垂直于轴线。承压面不平，则会受压不均匀，增加接头变形。斜搭接头只宜用于受弯构件在反弯点处的连接。

4.3.6、4.3.7 木桁架、梁、柱的安装偏差应在安装屋面木骨架之前检查验收，以便及时纠正。

4.3.8 首先检查支撑设置是否完整，檩条与上弦的连接是否到位。当采用木斜杆时应重点检查斜杆与上弦杆的螺栓连接；当采用圆钢斜杆时，应重点检查斜杆是否已用套筒张紧。抗震设防地区，檩条与上弦必须用螺栓连接，以免钉连接时钉子被拔出破坏。

5 胶合木结构

5.1 一般规定

5.1.1 规定了本章的适用范围。本章内容对原《木结构工程施工质量验收规范》GB 50206－2002 的相关内容作了较大调整。原规范对层板胶合木的制作方法作了很多规定，考虑到我国已单独制定了产品标准《结构用集成材》GB/T 26899，对层板胶合木的制作要求已作规定，这里不宜重复，故将相关内容删除，而将胶合木作为一种木产品对待。

5.1.2 《胶合木结构技术规范》GB/T 50708 将制作胶合木的层板划分为普通层板、目测分等层板和机械弹性模量分等层板，因而有普通层板胶合木、目测分等层板胶合木和机械弹性模量分等层板胶合木等类别。按组坯方式不同，后两者又分为同等组合胶合木、对称异等组合和非对称异等组合胶合木。普通层板胶合木即为现行《木结构设计规范》GB 50005 中的层板胶合木。

5.1.3 在我国，胶合木一度可在施工现场制作，这种做法显然不能保证产品质量。现代胶合木对层板及

制作工艺都有严格要求，只适宜在工厂制作。进场的是胶合木产品或已加工完成的构件。本条强调胶合木构件应由有资质的专业生产厂家制作，旨在保证产品质量。

5.2 主控项目

5.2.1 胶合木结构的常见结构形式包括屋盖、梁柱体系、框架、刚架、拱以及空间结构等形式。同方木、原木结构一样，胶合木结构的结构形式、结构布置和构件尺寸是否符合设计文件规定，是影响结构安全的第一要素，因此本条作为强制性条文执行。

5.2.2 层板胶合木的类别是指第 5.1.2 条中规定的三类层板胶合木。胶合木的类别、强度等级和组坯方式是影响结构安全的第二要素，是不允许出现偏差的项目，需重点控制，因此本条作为强制性条文执行。胶合质量直接影响胶合木受弯或压弯构件的工作性能，除检查质量合格证明文件，尚应检查胶缝完整性和层板指接强度检验合格报告，这些文件是证明胶合木质量可靠性的重要依据。如缺少此类报告，胶合木进场时应委托有资质的检验机构作见证检验，检验合格的标准见国家标准《结构用集成材》GB/T 26899。

5.2.3 本条规定对进场胶合木进行荷载效应标准组合作用下的抗弯性能检验，以验证构件的胶合质量和胶合木的弹性模量。所谓挠度的理论计算值，是按该构件层板胶合木强度等级规定的弹性模量和加载方式算得的挠度。本条基于弹性模量正态分布假设，且其变异系数取为 0.1。取三根试件进行试验，按数理统计理论，在 95% 保证率的前提下，弹性模量的平均值推定上限为实测平均值的 1.13 倍，故要求挠度的平均值不大于理论计算值的 1.13 倍。单根梁的最大挠度限值要求则是为了满足《木结构设计规范》GB 50005 规定的正常使用极限状态的要求。由于试验仅加载至荷载效应的标准组合，对于合格的产品不会产生任何损伤，试验完成后的构件仍可在工程中应用。对于那些跨度很大或外形特殊而数量又少的以受弯为主的层板胶合木构件，确无法进行试验检验的，应制定更严格的生产制作工艺，加强层板和胶缝的质量控制，并经专家组论证。质量有保证者，可不做荷载效应标准组合作用下的抗弯性能检验。

5.2.4 层板胶合木受弯构件往往设计成弧形。弧形构件在制作时需将层板在弧形模子上加压预弯，待胶固结后，撤去压力，达到所需弧度。在这一制作过程中，层板中会产生残余应力，影响构件的强度。层板越厚和曲率越大，残余应力越大。另外，弧形构件受到使曲率变小的弯矩作用时，会产生横纹拉应力，曲率越大，横纹拉应力越大，严重时会使构件横纹开裂导致破坏。故应严格检查和控制曲率半径。

5.2.5 制作胶合木构件时，要求层板的含水率不应大于 15%，否则将影响胶合质量，且同一构件中各

层板间的含水率差别不应超过 5％，以避免层板间过大的收缩变形差而产生过大的内应力（湿度应力），甚至出现裂缝等损伤。胶合木制作完成后，生产厂家应采取措施，避免产品受潮。本条规定一是为保证胶合木构件制作时层板的含水率，二是为保证构件不受潮，从而保证工程质量。同一构件中各层板间的含水率差别，应由胶合木生产时控制，胶合木进场验收时可不必检验，只检验平均含水率。

5.2.6 胶合木结构节点连接本质上与方木、原木结构并无不同，故所用钢材、焊条、螺栓、螺帽的质量要求与方木、原木结构相同。

5.2.7 类似于方木、原木结构，胶合木结构中连接节点的施工质量是影响结构安全的要素之一，因而是控制施工质量的关键之一，不允许出现偏差。连接中避开漏胶胶缝，是为避免有缺陷的胶缝。本条是强制性条文。

5.3 一 般 项 目

5.3.1 本条规定胶合木生产制作的构造和外观要求。

　1 胶合木的构造要求是胶合木产品质量的重要保证，胶合木制作必须符合这些规定，产品进场时依照这些规定进行验收。

　2 胶合木的 3 类使用环境是指：1 类——空气温度达到 20℃，相对湿度每年有 2 周～3 周超过 65％，大部分软质树种木材的平均平衡含水率不超过 12％；2 类——空气温度达到 20℃，相对湿度每年有 2 周～3 周超过 85％，大部分软质树种木材的平均平衡含水率不超过 20％；3 类——导致木材的平均平衡含水率超过 20％的气候环境，或木材处于室外无遮盖的环境中。

　3 本规范将木结构的外观质量要求划分为 A、B、C 三级（第 3.0.5 条），胶合木外观质量为 C 级时，胶合木制作完成后不必作刨光处理。

5.3.2 胶合木构件制作的几何尺寸偏差与方木、原木构件相同。胶合木桁架、梁、柱的制作偏差应在吊装前检查验收，以便及时更换达不到质量要求的构件或局部修正。

5.3.3 胶合木结构中的齿连接、螺栓连接、圆钢拉杆及焊缝质量要求，与方木、原木结构相同，因此要求符合第 4.3.2、4.3.3、4.2.10 和 4.2.11 条的规定。

6 轻型木结构

6.1 一 般 规 定

6.1.1 规定本章的适用范围。

6.1.2 规定检验批。轻型木结构应用最多的是住宅，每幢住宅的面积一般为 200m² ～300m² 左右，本条规定总建筑面积不超过 3000m² 为一个检验批，约含 10 幢～15 幢轻型木结构建筑。面积超过 300m²，对轻型木结构而言是规模较大的重要建筑，例如公寓或学校，则应单独作为一个检验批。施工质量验收检验批的划分同方木、原木结构和胶合木结构。

6.2 主 控 项 目

6.2.1 本条规定旨在要求轻型木结构的建造施工符合设计文件中的一些基本要求，保证结构达到预期的可靠水准。轻型木结构中剪力墙、楼盖、屋盖布置，以及由于质量轻所采取的抗倾覆及抗屋盖掀起措施，是否符合设计文件规定，是影响结构安全的第一要素，不允许出现偏差，因此本条作为强制性条文执行。

6.2.2 规格材是轻型木结构中最基本和最重要的受力杆件，作为一种标准化工业化生产且具有不同强度等级的木产品，必须由专业厂家生产才能保证产品质量，因此本条要求进场规格材应具有产品质量合格证书和产品标识，并作为强制性条文执行。

6.2.3 《建筑工程施工质量验收统一标准》GB 50300 规定，涉及结构安全的材料应按规定进行见证检验。为此，原规范 GB 50206 - 2002 规定每树种、应力等级、规格尺寸至少应随机抽取 15 根试件，进行抗弯强度破坏性试验。在实施过程中，各方面对该条争议颇大。在北美，目测分等规格材的材质等级是由国家专业机构认定的有资质的分级员分级的。本条沿用这种方式，规定对进场规格材可按目测等级标准作见证检验，但应由有资质的专业人员完成。考虑到目前此类专业人员在我国尚无专业机构认定，这种检验方法并不能普遍适用。另据部分木结构施工企业反映，目前进场规格材的材质尚难以保证符合要求，故本条规定也可采用规格材抗弯强度见证检验的方法。对目测分等规格材，可视具体情况从两种方法中任选一种进行见证检验。其中的强度检验值是按美国木结构设计规范 NDS - 2005 所列，与我国《木结构设计规范》GB 50005 相同树种（树种组合）相同目测等级的规格材的设计指标推算的抗弯强度特征值。

　按加拿大木业协会提供的规格材抗弯强度试验数据，采用蒙特卡洛法取样验算，证明采用本条规定的复式抽样检验法的错判率约为 4％～8％，符合《建筑工程施工质量验收统一标准》GB 50300关于错判、漏判率的相关规定。规格材足尺强度检验是一个较复杂的问题，目前尚没有完全理想的方法。鉴于我国具体情况，本规范在规定进场目测见证检验的同时，还是规定了规格材抗弯强度见证检验的方法。

　对机械分等规格材，目前只能采用抗弯强度见证检验方法。这主要是因为检测单位不可能具备各种不同类型的规格材分等仪器与设备。至于其抗弯强度检验值，也应取其相应等级的特征值。由于其等级标识就是抗弯强度特征值，故在检验方法中不必再列出该强度检验值。《木结构设计规范》GB 50005将机械分等规格材划分为 M10、M14、M18、M22、M26、M30、M35 和 M40 等8个等级，按《木结构设计手册》的解释，其抗弯强度特征值应分别为 10、14、18…40N/mm²。对于北美进口机械应力分等（MSR）规格材，例如美国木结构设计规范 NDS-2005 中的 1200f-1.2E 和 1450f-1.3E 等级规格材，按其表列设计指标推算，其抗弯强度特征值则分别为 $1200×2.1/145 = 13.78N/mm²$ 和 $1450×2.1/145 = 21.00N/mm²$。

关于规格材的名称术语，我国的原木、方木也采用目测分等，但不区分强度指标。作为木产品，木材目测或机械分等后，是区分强度指标的。因此作为合格产品，规格材应分别称为目测应力分等规格材（visually stress-graded lumber）或机械应力分等规格材（machine stress-rated lumber）。称为目测分等规格材或机械分等规格材，只是能区别其分等方式的一种称呼。

《木结构设计规范》GB 50005 已明确规定了我国与北美地区规格材目测分等的等级对应关系，验收时可参照表1执行。我国与国外规格材机械分等的等级对应关系，以及我国与其他国家和地区规格材目测分等的等级对应关系，目前尚未明确。

表1　我国规格材与北美地区规格材目测分等等级的对应关系

中国规范规格材等级	北美规格材等级
I$_c$	Select structural
II$_c$	No. 1
III$_c$	No. 2
IV$_c$	No. 3
V$_c$	Stud
VI$_c$	Construction
VII$_c$	Standard

6.2.4　由规格材制作的构件的抗力与其树种、材质等级和规格尺寸有关，故要求符合设计文件的规定。

6.2.5　《木结构设计规范》GB 50005 要求规格材的含水率不应大于 20%，主要为防止腐朽和减少干燥裂缝。

6.2.6　对于进场时已具有本条规定的木基结构板材产品合格证书以及干、湿态强度检验合格证书的，仅需作板的静曲强度和静曲弹性模量见证检验，否则应按本条规定的项目补作相应的检验。

6.2.7　结构复合木材是一类重组木材。用数层厚度为 2.5mm～6.4mm 的单板施胶连续辊轴热压而成的称为旋切板胶合木（LVL）；将木材旋切成厚度为 2.5mm～6.4mm，长度不小于 150 倍厚度的木片施胶加压而成的称为平行木片胶合木（PSL）和层叠木片胶合木（LSL），均呈厚板状。使用时可沿木材纤维方向锯割成所需截面宽度的木构件，但在板厚方向不再加工。结构复合木材的一重要用途是将其制作成预制构件。例如用 LVL 制作工字形木搁栅的翼缘、拼合柱和侧立受弯构件等。

目前国内尚无结构复合木材及其预制构件的产品和相关的技术标准，主要依赖进口。因此，验收时应认真检查产地国的产品质量合格证书、产品标识和合同技术条款的规定。结构复合木材用作平置或侧立受弯构件时，需作荷载效应标准组合下的抗弯性能见证检验。由于受弯构件检验时，仅加载至正常使用荷载，不会对合格构件造成损伤，因此检验合格后，试样仍可作工程用材。

关于进场工字形木搁栅和结构复合木材受弯构件应作荷载效应标准组合作用下的结构性能检验，见 5.2.3 条文说明。

6.2.8　齿板桁架采用规格材和齿板制作。由于制作时需专门的齿板压入桁架节点设备，施工现场制作无法保证质量，故齿板桁架应由专业加工厂生产。本条内容视为预制构件准许使用的基本要求。

6.2.10　轻型木结构中常用的金属连接件钢板往往较薄，采用焊接不易保证质量，且有些构件尚有加劲肋，并非平板，现场制作存在实际困难，又需作防腐处理，因此规定由专业加工厂冲压成形加工。

6.2.11　木结构的安全性，取决于构件的质量和构件间的连接质量，因此，本条列为强制性条文，严格要求金属连接件和钉连接用钉的规格、数量符合设计文件的规定，不允许出现偏差。轻型木结构中抗风抗震锚固措施（hold-down）所用的螺栓连接件，也是本条的执行范围。

6.2.12　轻型木结构构件间主要采用钉连接，按构造设计时，本条是钉连接的最低要求。需注意的是，当屋面坡度大于1：3时，椽条不再是单纯的斜梁式构件，而是与顶棚搁栅形成类似拱结构，顶棚搁栅需抵抗水平推力，椽条与顶棚搁栅间的钉连接比斜梁式椽条要求更严格一些。附录 J 表 J.0.2 系参考《加拿大建筑规范》2005（National Building Code of Canada 2005）有关条文制定。

6.3　一般项目

6.3.1、6.3.2、6.3.4　轻型木结构实际上是由剪力墙与横隔（楼盖、屋盖）两类基本的板式组合构件组成的板壁式房屋。各款内容都与结构的承载力和耐久性直接相关，但各款的具体要求，不论设计文件是否标明，均应满足《木结构设计规范》GB 50005 规定的构造要求，验收时应逐款检查。为避免重复，这里仅列出检查项目，未列出标准。

6.3.3　影响齿板桁架结构性能的主要因素是齿板连接，故应对齿板安装位置偏差、板齿倒伏和齿板处规格材的表面缺陷进行检查。

1 因规格材的强度与树种、材质等级和规格尺寸有关，故要求制作齿板桁架的规格材符合设计文件的规定。

2 在国外齿板为专利产品，齿板连接的承载力与齿板的类型、规格尺寸和所连接的规格材树种有关。齿板制作时允许采用性能不低于原设计的规格材和齿板替代，但须经设计人员作设计变更。

3 齿板桁架制作误差的规定与《轻型木桁架技术规范》JGJ/T 265一致。

4 按长度和宽度将齿板安装的位置偏差规定为13mm（0.5英寸）和19mm（0.75英寸）两级。安装偏差由齿板的平动错位和转动错位两部分组成，两者之和即为齿板各角点设计位置与实际安装位置间的距离。验收时应量测各角点的最大距离。

5 齿板安装过程中齿的倒伏以及连接处木材的缺陷都会导致板齿失效，本款旨在控制齿板连接中齿的失效程度。按《轻型木桁架技术规范》JGJ/T 265的规定，倒伏是指齿长的1/4以上没有垂直压入木材的齿；木材表面的缺陷面积包括木节、钝棱和树脂囊等。验收时应在齿板连接范围内用量具仔细测算齿倒伏和木材缺陷的面积之和。需指出的是，齿板连接缺陷面积的百分比，应逐杆计算。

6 齿板连接处缝隙的规定与《轻型木桁架技术规范》JGJ/T 265一致。

6.3.5 本条统一规定轻型木结构的制作和安装偏差，各构件的制作偏差应在安装前检查，以便替换不合格构件。安装偏差的检查，应合理考虑各工序之间的衔接，便于纠正偏差。例如搁栅间距，应在铺钉楼、屋面板前检查。

6.3.6 保温措施和隔气层的设置不仅为满足建筑功能的要求，也是保证轻型木结构耐久性的重要措施。

7 木结构的防护

7.1 一般规定

7.1.1 规定本章的适用范围。

7.1.2 木构件防火处理有阻燃药物浸渍处理和防火涂层处理两类。为保证阻燃处理或防火涂层处理的施工质量，应由专业队伍施工。

7.1.3 木结构工程的防护包括防腐和防虫害两个方面，这两个方面的工作由工程所在地的环境条件和虫害情况决定，需单独处理或同时处理。对防护用药剂的基本要求是能起到防护作用又不能危及人、畜安全和污染环境。

7.2 主控项目

7.2.1 木材的防腐、防虫及防火和阻燃处理所使用的药剂，以及防腐处理的效果，即载药量和透入度要求，与木结构的使用环境和耐火等级密切相关，如有差错，轻则影响结构的耐久性和使用功能，重则影响结构的安全。防腐药剂使用不当，还会危及健康。因此严格要求所使用的药剂符合设计文件的规定，并应有产品质量合格证书和防腐处理木材载药量和透入度合格检验报告。如果不能提供合格检验报告，则应按《木结构试验方法标准》GB/T 50329的有关规定进行检测，载药量和透入度合格的防腐处理木材，方可工程应用。检验木材载药量时，应对每批处理的木材随机抽取20块并各取一个直径为5mm～10mm的芯样。当木材厚度小于等于50mm时，取样深度为15mm（即芯样长度为15mm）；厚度大于50mm时，取样深度为25mm。对透入度的检验，同样在每批防护处理的木材中随机抽取20块并各取一个芯样，但取样深度应超过附录K对应各表规定的透入度。载药量和透入度的检验方法应按《木结构试验方法标准》GB/T 50329的有关规定进行。

7.2.2 在具备防腐处理木材载药量和透入度合格检验报告的前提下，本条通过规定对透入度进行见证检验，验证产品质量。

7.2.3 保持木构件良好的通风条件，不直接接触土壤、混凝土、砖墙等，以免水或湿气侵入，是保证木构件耐久性的必要环境条件，本条各款是木结构防护构造措施的基本施工质量要求。

7.2.4 使用不同的防火涂料达到相同的耐火极限，要求有不同的涂层厚度，故涂层厚度不应小于防火涂料说明书（经当地消防行政主管部门核准）的规定。

7.2.5 木构件表面覆盖石膏板可提高耐火性能，但石膏板有防火石膏板和普通石膏板之分，为改善木构件的耐火性能必须用防火石膏板，并应有合格证书。

7.2.6 为防止烟道火星窜出或烟道外壁温度过高而引燃木构件材料所作的相关规定。

7.2.7 尽量少使用易燃材料有利于防火，故对这些材料的防火性能作出了规定，与《木结构设计规范》GB 50005一致。难燃性 B_1 标准见《建筑材料难燃性试验方法》GB 8625。

7.2.8 本条系对木结构房屋内电源线敷设作出的规定，参照上海市政工程建设标准《民用建筑电线电缆防火设计规程》DGJ 08-93有关规定制定。

7.2.9 对高温管道穿越木结构构件或敷设的规定，与《木结构设计规范》GB 50005一致。

7.3 一般项目

7.3.1 所谓妥善修补，即应将局部加工造成的创面用与原构件相同的防护药剂涂刷。

7.3.2 铺钉防火石膏板可提高木构件的抗火性能，但若钉连接的钉入深度不足，火灾发生时石膏板过早脱落将丧失抗火能力，故规定钉入深度。本条参考

《加拿大建筑规范》2005（National Building Code of Canada 2005）有关条款制定。

7.3.3 木结构外墙必须采取适当的防护构造措施，避免木构件受潮腐朽和受虫蛀。这类构造措施通常包括设置防雨幕墙、泛水板、防虫网以及门窗洞口周边的密封等。应按设计文件的要求进行工程施工，实物与设计文件对照验收。

7.3.4 木结构构件间的空腔会形成通风道，助长火灾扩大，同时烟气将在这些空腔内流通，加重灾情。因此对过长的空腔应采取阻断措施。本条参考《加拿大建筑规范》2005（National Building Code of Canada 2005）有关条款制定。

8 木结构子分部工程验收

8.0.1 国家标准《建筑工程施工质量验收统一标准》

GB 50300 第 6 章规定了建筑工程质量验收的程序和验收人员。为了贯彻与其配套使用的原则，本条强调木结构子分部工程质量验收应符合该统一标准的规定。

8.0.3 木结构分项工程现阶段划分为四个：方木与原木结构、胶合木结构、轻型木结构和木结构防护。前三个分项工程之一与木结构防护分项工程即组成木结构子分部工程。本条规定了木结构子分部工程最终验收合格的条件。

中华人民共和国国家标准

烟 囱 设 计 规 范

Code for design of chimneys

GB 50051—2013

主编部门：中 国 冶 金 建 设 协 会
批准部门：中华人民共和国住房和城乡建设部
施行日期：2 0 1 3 年 5 月 1 日

中华人民共和国住房和城乡建设部
公　告

第 1596 号

住房城乡建设部关于发布国家标准
《烟囱设计规范》的公告

现批准《烟囱设计规范》为国家标准，编号为 GB 50051—2013，自 2013 年 5 月 1 日起实施。其中，第 3.1.5、3.2.6、3.2.12、9.5.3（4）、14.1.1 条（款）为强制性条文，必须严格执行。原国家标准《烟囱设计规范》GB 50051—2002 同时废止。

本规范由我部标准定额研究所组织中国计划出版社出版发行。

中华人民共和国住房和城乡建设部

2012 年 12 月 25 日

前　言

本规范是根据住房和城乡建设部《关于〈印发 2010 年工程建设标准规范制订、修订计划〉的通知》（建标〔2010〕43 号）的要求，由中冶东方工程技术有限公司会同有关单位共同对原国家标准《烟囱设计规范》GB 50051—2002（以下简称"原规范"）进行全面修订而成。

本规范在修订过程中，规范修订组开展了多项专题调研、试验与理论研究，进行了广泛的调查分析，总结了近年来我国烟囱设计的实践经验，与相关的标准规范进行了协调，与国际先进的标准规范进行了比较和借鉴，最后经审查定稿。

本规范共分 14 章和 3 个附录，主要内容包括：总则，术语，基本规定，材料，荷载与作用，砖烟囱，单筒式钢筋混凝土烟囱，套筒式和多管式烟囱，玻璃钢烟囱，钢烟囱，烟囱的防腐蚀，烟囱基础，烟道，航空障碍灯和标志等。

本次修订的主要内容如下：

1. 为满足湿烟气防腐蚀需要，增加了玻璃钢烟囱，本规范由原规范的 13 章增加到 14 章。

2. 对钢筋混凝土烟囱修改了有孔洞时的计算公式。原规范计算公式仅限于同一截面的两个孔洞中心线夹角为 180°，本次修订对两个孔洞中心线夹角不作限制，方便了工程应用。

3. 为满足烟囱防腐蚀需要，对烟气类别进行了划分，重新定义了烟气腐蚀等级。在大量实践和调研的基础上，针对各种不同类别烟气，对烟囱的选型和防腐蚀处理作出了更加科学的规定。

4. 对钢烟囱的局部稳定计算进行了修订。原规范计算公式不全面，仅考虑了筒壁弹性屈曲影响，本规范综合考虑了弹性屈曲和弹塑性屈曲影响，参照欧洲标准进行了修订。

5. 对于风荷载局部风压和横风向共振相应进行了修订。增加了局部风压对环形截面产生的风弯矩计算公式；调整了横风向共振计算规定。

6. 将原规范中具有共性内容统一合并到基本规定一章里。

7. 增加了烟囱水平位移限值和烟气排放监测系统设置的规定。

8. 增加了桩基础设计规定。

9. 为适应工程应用需要，并结合工程实践经验，将原规范规定的钢筋混凝土烟囱适用高度由原来 210m 调整到 240m。

10. 为满足实际设计需要，在原规范基础上，对钢内筒烟囱和砖内筒烟囱的计算和构造进行更加详细的规定。

本规范中以黑体字标志的条文为强制性条文，必须严格执行。

本规范由住房和城乡建设部负责管理和对强制性条文的解释，由中冶东方工程技术有限公司负责具体技术内容的解释。本规范在执行过程中如有意见或建议，请寄送中冶东方工程技术有限公司国家标准《烟囱设计规范》管理组（地址：上海市浦东新区龙东大道 3000 号张江集电港 5 号楼 301 室，邮政编码：201203），以便今后修订时参考。

本规范主编单位、参编单位、参加单位、主要起草人和主要审查人：

主编单位：中冶东方工程技术有限公司
参编单位：大连理工大学

华东电力设计院　　　　　　　　　　上海德昊化工有限公司
西北电力设计院　　　　　　　　　　杭州中昊科技有限公司
上海富晨化工有限公司　　　　　　　亚什兰（中国）投资有限公司
冀州市中意复合材料有限公司　　　　欧文斯科宁（中国）投资有限公司
中冶建筑研究总院有限公司　　主要起草人：牛春良　宋玉普　蔡洪良　解宝安
中冶长天国际工程有限责任公司　　　陆士平　王立成　车　轶　李国树
中冶焦耐工程技术有限公司　　　　　孙献民　王永焕　李吉娃　龚　佳
西安建筑科技大学　　　　　　　　　李　宁　郭　亮　李晓文　郭全国
河北衡兴环保设备工程有限公司　　　邢克勇　姚应军　付国勤
河北省电力勘测设计研究院　　主要审查人：陆卯生　马人乐　张文革　陈　博
苏州云白环境设备制造有限公司　　　张长信　于淑琴　鞠洪国　陈　飞
北京方圆计量工程技术公司　　　　　刘坐镇
参 加 单 位：重庆大众防腐有限公司

目 次

Contents

1 总　则

1.0.1　为了在烟囱设计中贯彻执行国家的技术经济政策,做到安全、适用、经济、保证质量,制定本规范。

1.0.2　本规范适用于圆形截面的砖烟囱、钢筋混凝土烟囱、钢烟囱、玻璃钢烟囱等单筒烟囱,以及由砖、钢、玻璃钢为内筒的套筒式烟囱和多管式烟囱的设计。

1.0.3　烟囱的设计除应符合本规范外,尚应符合国家现行有关标准的规定。

2 术　语

2.1 术　语

2.1.1　烟囱　chimney

用于排放烟气或废气的高耸构筑物。

2.1.2　筒身　shaft

烟囱基础以上部分,包括筒壁、隔热层和内衬等部分。

2.1.3　筒壁　shell

烟囱筒身的最外层结构,整个筒身承重部分。

2.1.4　隔热层　insulation

置于筒壁与内衬之间,使筒壁受热温度不超过规定的最高温度。

2.1.5　内衬　lining

分段支承在筒壁牛腿之上的自承重结构或依靠分布于筒壁上的锚筋直接附于筒壁上的浇筑体,对隔热层或筒壁起到保护作用。

2.1.6　钢烟囱　steel chimney

筒壁材质为钢材的烟囱。

2.1.7　钢筋混凝土烟囱　reinforced concrete chimney

筒壁材质为钢筋混凝土的烟囱。

2.1.8　砖烟囱　brick chimney

筒壁材质为砖砌体的烟囱。

2.1.9　自立式烟囱　self-supporting chimney

筒身在不加任何附加支撑的条件下,自身构成一个稳定结构的烟囱。

2.1.10　拉索式烟囱　guyed chimney

筒身与拉索共同组成稳定体系的烟囱。

2.1.11　塔架式钢烟囱　framed steel chimney

排烟筒主要承担自身竖向荷载,水平荷载主要由钢塔架承担的钢烟囱。

2.1.12　单筒式烟囱　single tube chimney

内衬和隔热层直接分段支承在筒壁牛腿上的普通烟囱。

2.1.13　套筒式烟囱　tube-in-tube chimney

筒壁内设置一个排烟筒的烟囱。

2.1.14　多管式烟囱　multi-flue chimney

两个或多个排烟筒共用一个筒壁或塔架组成的烟囱。

2.1.15　烟道　flue

排烟系统的一部分,用以将烟气导入烟囱。

2.1.16　横风向风振　across-wind sympathetic vibration

在烟囱背风侧产生的旋涡脱落频率较稳定且与结构自振频率相等时,产生的横风向的共振现象。

2.1.17　临界风速　critical wind speed

结构产生横风向共振时的风速。

2.1.18　锁住区　lock in range

风的旋涡脱落频率与结构自振频率相等的范围。

2.1.19　破风圈　strake

通过破坏风的有规律的旋涡脱落来减少横风向共振响应的减振装置。

2.1.20　温度作用　temperature action

结构或构件受到外部或内部条件约束,当外界温度变化时或在有温差的条件下,不能自由胀缩而产生的作用。

2.1.21　传热系数　heat transfer coefficient

结构两侧空气温差为1K,在单位时间内通过结构单位面积的传热量,单位为 $W/(m^2 \cdot K)$。

2.1.22　导热系数　thermal conductivity

材料导热特性的一个物理指标。数值上等于热流密度除以负温度梯度,单位为 $W/(m \cdot K)$。

2.1.23　附加弯矩　additional bending moment

因结构侧向变形,结构自重作用或竖向地震作用在结构水平截面产生的弯矩。

2.1.24　航空障碍灯　warning lamp

在机场一定范围内,用于标识高耸构筑物或高层建筑外形轮廓与高度、对航空飞行器起到警示作用的灯具。

2.1.25　玻璃钢烟囱　glass fiber reinforced plastic chimney

以玻璃纤维及其制品为增强材料、以合成树脂为基体材料,用机械缠绕成型工艺制造的一种烟囱,简称 GFRP。

2.1.26　反应型阻燃树脂　reactive flame-retardant resin

树脂的分子主链中含有氯、溴、磷等阻燃元素,在不添加或少量添加辅助阻燃材料后,可使固化后的玻璃钢材料具有点燃困难、离火自熄的性能。

2.1.27　基体材料　matrix

玻璃钢材料中的树脂部分。

2.1.28　环氧乙烯基酯树脂　epoxy vinyl ester resin

由环氧树脂与不饱和一元羧酸加成聚合反应,在分子主链的端部形成不饱和活性基团,可与苯乙烯等稀释和交联剂进行固化反应而生成的热固性树脂。

2.1.29　极限氧指数　limited oxygen index(LOI)

在规定条件下,试样在氮、氧混合气体中,维持平衡燃烧所需的最低氧浓度(体积百分含量)。

2.1.30　火焰传播速率　flame-spread rating

采用标准方法对一厚度为 3mm～4mm,且以玻璃纤维短切原丝毡增强、树脂含量为 70%～75% 的玻璃钢层合板所测定的一个指数值。

2.1.31　缠绕　winding

在控制张力和预定线型的条件下,以浸有树脂的连续纤维或织物缠到芯模或模具上成型制品的一种方法。

2.1.32　缠绕角　winding angle

缠绕在芯模上的纤维束或带的长度方向与芯模子午线或母线间的夹角。

2.1.33　螺旋缠绕　helical winding

浸渍过树脂的纤维或带以与芯模轴线成非 0° 或 90° 角的方向连续缠绕到芯模上的方法。

2.1.34　环向缠绕　hoop winding

浸渍过树脂的纤维或带以与芯模轴线成 90° 或接近 90° 角的方向连续缠绕到芯模上的方法。

2.1.35　缠绕循环　winding cycle

缠绕纤维均匀布满在芯模表面上的过程。

2.1.36 增强材料 reinforcement

加入树脂基体中能使复合材料制品的力学性能显著提高的纤维材料。

2.1.37 表面毡 surfacing mat

由定长或连续的纤维单丝粘结而成的紧密薄片,用于复合材料的表面层。

2.1.38 短切原丝毡 chopped-strand mat

由粘结剂将随机分布的短切原丝粘结而成的一种毡,简称短切毡。

2.1.39 热变形温度 heat-deflection temperature(HDT)

当树脂浇铸体试件在等速升温的规定液体传热介质中,按简支梁模型,在规定的静荷载作用下,产生规定变形量时的温度。

2.1.40 玻璃化温度 glass transition temperature(Tg)

当树脂浇铸体试件在一定升温速率下达到一定温度值时,从一种硬的玻璃状脆性状态转变为柔性的弹性状态,物理参数出现不连续的变化的现象时,所对应的温度。

2.1.41 玻璃钢的临界温度 GFRP critical temperature

高温下玻璃钢性能下降速度开始急剧增加时的温度,是判断玻璃钢结构层材料能否在长期高温下工作的重要依据。

3 基 本 规 定

3.1 设 计 原 则

3.1.1 烟囱结构及其附属构件的极限状态设计,应包括下列内容:

1 烟囱结构或附属构件达到最大承载力,如发生强度破坏、局部或整体失稳以及因过度变形而不适于继续承载的承载能力极限状态。

2 烟囱结构或附属构件达到正常使用规定的限值,如达到变形、裂缝和最高受热温度等规定限值的正常使用极限状态。

3.1.2 对于承载能力极限状态,应根据不同的设计状况分别进行基本组合和地震组合设计。对于正常使用极限状态,应分别按作用效应的标准组合、频遇组合和准永久组合进行设计。

3.1.3 烟囱应根据其高度按表3.1.3划分安全等级。

表3.1.3 烟囱的安全等级

安 全 等 级	烟囱高度(m)
一级	≥200
二级	<200

注:对于高度小于200m的电厂烟囱,当单机容量大于或等于300MW时,其安全等级按一级确定。

3.1.4 对于持久设计状况和短暂设计状况,烟囱承载能力极限状态设计应按下列公式的最不利值确定:

$$\gamma_o \left(\sum_{i=1}^{m} \gamma_{Gi} S_{Gik} + \gamma_{Q1} \gamma_{L1} S_{Q1k} + \sum_{j=2}^{n} \gamma_{Qj} \psi_{cj} \gamma_{Lj} S_{Qjk} \right) \leqslant R_d$$

(3.1.4-1)

$$\gamma_o \left(\sum_{i=1}^{m} \gamma_{Gi} S_{Gik} + \sum_{j=1}^{n} \gamma_{Qj} \psi_{cj} \gamma_{Lj} S_{Qjk} \right) \leqslant R_d \quad (3.1.4-2)$$

式中:γ_o——烟囱重要性系数,按本规范第3.1.5条的规定采用;

γ_{Gi}——第 i 个永久作用分项系数,按本规范第3.1.6条的规定采用;

γ_{Q1}——第1个可变作用(主导可变作用)的分项系数,按本规范第3.1.6条的规定采用;

γ_{Qj}——第 j 个可变作用分项系数,按本规

范第3.1.6条的规定采用;

S_{Gik}——第 i 个永久作用标准值的效应;

S_{Q1k}——第1个可变作用(主导可变作用)标准值的效应;

S_{Qjk}——第 j 个可变作用标准值的效应;

ψ_{cj}——第 j 个可变作用的组合值系数,按本规范第3.1.7条的规定采用;

$\gamma_{L1}、\gamma_{Lj}$——第1个和第 j 个考虑烟囱设计使用年限的可变作用调整系数,按现行国家标准《建筑结构荷载规范》GB 50009采用;

R_d——烟囱或烟囱构件的抗力设计值。

3.1.5 对安全等级为一级的烟囱,烟囱的重要性系数 γ_o 不应小于1.1。

3.1.6 承载能力极限状态计算时,作用效应基本组合的分项系数应按表3.1.6的规定采用。

表3.1.6 基本组合分项系数

作用名称	分项系数 符号	分项系数 数值	备 注	
永久作用	γ_G	1.20	用于式(3.1.4-1)	其效应对承载能力不利时
		1.35	用于式(3.1.4-2)	
		1.00	一般构件	其效应对承载能力有利时
		0.90	抗倾覆和滑移验算	
风荷载	γ_W	1.40	—	
平台上活荷载	γ_L	1.40	—	
安装检修荷载	γ_A	1.30	当对结构承载力有利时取0	
环向烟气负压	γ_{CP}	1.10	用于玻璃钢烟囱	
裹冰荷载	γ_I	1.40	—	
温度作用	γ_T	1.10	用于玻璃钢烟囱	
		1.00	其他类型烟囱	

注:用于套筒式或多管式烟囱支承平台水平构件承载力计算时,永久作用分项系数 γ_G 取1.35。

3.1.7 承载能力极限状态计算时,应按表3.1.7的规定确定相应的组合值系数。

表3.1.7 作用效应的组合情况及组合值系数

	作用效应的组合情况	第1个可变作用	其他可变作用	组合值系数 ψ_{cW}	ψ_{cMa}	ψ_{cL}	ψ_{cT}	ψ_{cCP}
I	$G+W+L$	W	M_a+L	1.00	1.00	0.70	—	—
II	$G+A+W+L$	A	$W+M_a+L$	0.60	1.00	0.70	—	—
III	$G+I+W+L$	I	$W+M_a+L$	0.60	1.00	0.70	—	—
IV	$G+T+W+CP$	T	$W+CP$	1.00	1.00	—	1.00	1.00
V	$G+T+CP$	T	CP	—	—	—	1.00	1.00
VI	$G+AT+CP$	AT	CP	0.20	—	—	1.00	1.00

注:1 G 表示烟囱或结构构件自重,W 为风荷载,M_a 为附加弯矩,A 为安装荷载(包括施工吊装设备重量,起吊重量和平台上的施工荷载),I 为裹冰荷载,L 为平台活荷载(包括检修维护和生产操作荷载);T 表示烟气温度作用;AT 表示非正常运行烟气温度作用;CP 表示环向烟气负压。组合IV、V、VI用于自立式或悬挂式排烟内筒计算。

2 砖烟囱和塔架式钢烟囱可不计算附加弯矩 M_a。

3.1.8 抗震设防的烟囱除应按本规范第3.1.4条~第3.1.7条极限承载能力计算外,尚应按下列公式进行截面抗震验算:

$$\gamma_{GE} S_{GE} + \gamma_{Eh} S_{Ehk} + \gamma_{Ev} S_{Evk} + \psi_{WE} \gamma_W S_{Wk} + \psi_{MaE} S_{MaE} \leqslant R_d / \gamma_{RE}$$

(3.1.8-1)

$$\gamma_{GE} S_{GE} + \gamma_{Eh} S_{Ehk} + \gamma_{Ev} S_{Evk} + \psi_{WE} \gamma_W S_{Wk} + \psi_{MaE} S_{MaE} + \psi_{cT} S_T \leqslant R_d / \gamma_{RE}$$

(3.1.8-2)

式中:γ_{RE}——承载力抗震调整系数,砖烟囱和玻璃钢烟囱取1.0;

钢筋混凝土烟囱取 0.9；钢烟囱取 0.8；钢塔架按本规范第 10 章规定采用；当仅计算竖向地震作用时，各类烟囱和构件均应采用 1.0。

γ_{Eh}——水平地震作用分项系数，按表 3.1.8-1 的规定采用；

γ_{Ev}——竖向地震作用分项系数，按表 3.1.8-1 的规定采用；

S_{Ehk}——水平地震作用标准值的效应，按本规范第 5.5 节的规定进行计算；

S_{Evk}——竖向地震作用标准值的效应，按本规范第 5.5 节的规定进行计算；

S_{Wk}——风荷载标准值作用效应；

S_{MaE}——由地震作用、风荷载、日照和基础倾斜引起的附加弯矩效应，按本规范第 7.2 节的规定计算；

S_{GE}——重力荷载代表值的效应，重力荷载代表值取烟囱及其构配件自重标准值和各层平台活荷载组合值之和。活荷载的组合值系数，应按表 3.1.8-2 的规定采用；

S_T——烟气温度作用效应；

γ_w——风荷载分项系数，按本规范表 3.1.6 的规定采用；

ψ_{WE}——风荷载的组合值系数，取 0.20；

ψ_{MaE}——由地震作用、风荷载、日照和基础倾斜引起的附加弯矩组合值系数，取 1.0；

ψ_{cT}——温度作用组合系数，取 1.0；

γ_{GE}——重力荷载分项系数，一般情况应取 1.2，当重力荷载对烟囱承载能力有利时，不应大于 1.0。

表 3.1.8-1 地震作用分项系数

地震作用		γ_{Eh}	γ_{Ev}
仅计算水平地震作用		1.3	0
仅计算竖向地震作用		0	1.3
同时计算水平和竖向地震作用	水平地震作用为主时	1.3	0.5
	竖向地震作用为主时	0.5	1.3

表 3.1.8-2 计算重力荷载代表值时活荷载组合值系数

活荷载种类		组合值系数
积灰荷载		0.9
筒壁顶部平台活荷载		不计入
其余各层平台	按实际情况计算的平台活荷载	1.0
	按等效均布荷载计算的平台活荷载	0.2

3.1.9 对于正常使用极限状态，应根据不同设计要求，采用作用效应的标准组合或准永久组合进行设计，并应符合下列规定：

1 标准组合应用于验算钢筋混凝土烟囱筒壁的混凝土压应力、钢筋拉应力、裂缝宽度，以及地基承载力或结构变形验算等，并应按下式计算：

$$\sum_{i=1}^{m} S_{Gik} + S_{Q1k} + \sum_{j=2}^{n} \psi_{cj} S_{Qjk} \leqslant C \quad (3.1.9-1)$$

式中：C——烟囱或结构构件达到正常使用要求的规定限值。

2 准永久组合用于地基变形的计算，应按下式确定：

$$\sum_{i=1}^{m} S_{Gik} + \sum_{j=1}^{n} \psi_{qj} S_{Qjk} \leqslant C \quad (3.1.9-2)$$

式中：ψ_{qj}——第 j 个可变作用效应的准永久值系数，平台活荷载取 0.6；积灰荷载取 0.8；一般情况下不计及风荷载，但对于风玫瑰图呈严重偏心的地区，可采用风荷载频遇值系数 0.4 进行计算。

3.1.10 荷载效应及温度作用效应的标准组合应符合表 3.1.10 的情况，并应采用相应的组合值系数。

表 3.1.10 荷载效应和温度作用效应的标准组合值系数

荷载和温度作用的效应组合				组合值系数		备 注
情况	永久荷载	第一个可变荷载	其他可变荷载	ψ_{cW}	ψ_{cMa}	
I	G	T	$W + M_a$	1	1	用于计算水平截面
II	—	T				用于计算垂直截面

3.2 设计规定

3.2.1 设计烟囱时，应根据使用条件、烟囱高度、材料供应及施工条件等因素，确定采用砖烟囱、钢筋混凝土烟囱或钢烟囱。下列情况不应采用砖烟囱：

1 高度大于 60m 的烟囱。

2 抗震设防烈度为 9 度地区的烟囱。

3 抗震设防烈度为 8 度时，Ⅲ、Ⅳ类场地的烟囱。

3.2.2 烟囱内衬的设置应符合下列规定：

1 砖烟囱应符合下列规定：

1）当烟气温度大于 400℃时，内衬应沿筒壁全高设置；

2）当烟气温度小于或等于 400℃时，内衬可在筒壁下部局部设置，其最低设置高度应超过烟道孔顶，超过高度不宜小于孔高的 1/2。

2 钢筋混凝土单筒烟囱的内衬宜沿筒壁全高设置。

3 当筒壁温度符合本规范第 3.3.1 条温度限值且满足防腐蚀要求时，钢烟囱可不设置内衬。但当筒壁温度较高时，应采取防烫伤措施。

4 当烟气腐蚀等级为弱腐蚀及以上时，烟囱内衬设置尚应符合本规范第 11 章的有关规定。

5 内衬厚度应由温度计算确定，但烟道进口处一节或地下烟道基础内部分的厚度不应小于 200mm 或一砖。其他各节不应小于 100mm 或半砖。内衬各节的搭接长度不应小于 300mm 或六皮砖（图 3.2.2）。

3.2.3 隔热层的构造应符合下列规定：

1 采用砖砌内衬、空气隔热层时，厚度宜为 50mm，同时应在内衬靠筒壁一侧按竖向距离 1m，环向间距为 500mm 挑出顶砖，顶砖与筒壁间应留 10mm 缝隙。

2 填料隔热层的厚度宜采用 80mm～200mm，同时应在内衬上设置间距为 1.5m～2.5m 整圈防沉带，防沉带与筒壁之间应留出 10mm 的温度缝（图 3.2.3）。

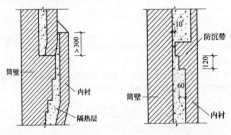

图 3.2.2 内衬搭接(mm)　　图 3.2.3 防沉带构造(mm)

3.2.4 烟囱在同一平面内，有两个烟道口时，宜设置隔烟墙，其高度宜采用烟道孔高度的（0.5～1.5）倍。隔烟墙厚度应根据烟气压力进行计算确定，抗震设防地区应计算地震作用。

3.2.5 烟囱外表面的爬梯应按下列规定设置：

1 爬梯应离地面 2.5m 处开始设置，并应直至烟囱顶端。

2 爬梯应设在常年主导风向的上风向。

3 烟囱高度大于 40m 时，应在爬梯上设置活动休息板，其间隔不应超过30m。

3.2.6 烟囱爬梯应设置安全防护围栏。

3.2.7 烟囱外部检修平台，应按下列规定设置：

1 烟囱高度小于60m时，无特殊要求可不设置。

2 烟囱高度为60m～100m时，可仅在顶部设置。

3 烟囱高度大于100m时，可在中部适当增设平台。

4 当设置航空障碍灯时，检修平台可与障碍灯维护平台共用，可不再单独设置检修平台。

5 当设置烟气排放监测系统时，应根据本规范第3.5.1条规定设置采样平台后，采样平台可与检修平台共用。

6 烟囱平台应设置高度不低于1.1m的安全护栏和不低于100mm的脚部挡板。

3.2.8 无特殊要求时，砖烟囱可不设置检修平台和信号灯平台。

3.2.9 爬梯和烟囱外部平台各杆件长度不宜超过2.5m，杆件之间可采用螺栓连接。

3.2.10 爬梯和平台等金属构件，宜采用热浸镀锌防腐，镀层厚度应满足表3.2.10的要求，并应符合现行国家标准《金属覆盖层 钢铁制件热浸镀锌层 技术要求及试验方法》GB/T 13912的有关规定。

表3.2.10 金属热浸镀锌最小厚度

镀层厚度（μm）	钢构件厚度 t (mm)			
	$t<1.6$	$1.6 \leqslant t \leqslant 3.0$	$3.0 \leqslant t \leqslant 6.0$	$t>6$
平均厚度	45	55	70	85
局部厚度	35	45	55	70

3.2.11 爬梯、平台与筒壁的连接应满足强度和耐久性要求。

3.2.12 烟囱筒身应设置防雷设施。

3.2.13 烟囱筒身应设沉降观测点和倾斜观测点。清灰装置应根据实际烟气情况确定是否设置。

3.2.14 烟囱基础宜采用环形或圆形板式基础。在条件允许时，可采用壳体基础。对于高度较小且为地上烟道入口的砖烟囱，亦可采用毛石砌体或毛石混凝土刚性基础，基础材质要求应符合本规范第4章的有关规定。

3.2.15 筒壁的计算截面位置应按下列规定采用：

1 水平截面应取筒身各节的底截面。

2 垂直截面可取各节底部单位高度的截面。

3.2.16 在荷载的标准组合效应作用下，钢筋混凝土烟囱、钢结构烟囱和玻璃钢烟囱任意高度的水平位移不应大于该点离地高度的1/100，砖烟囱不应大于1/300。

3.3 受热温度允许值

3.3.1 烟囱筒壁和基础的受热温度应符合下列规定：

1 烧结普通黏土砖筒壁的最高受热温度不应超过400℃。

2 钢筋混凝土筒壁和基础以及素混凝土基础的最高受热温度不应超过150℃。

3 非耐热钢烟囱筒壁的最高受热温度应符合表3.3.1的规定。

表3.3.1 钢烟囱筒壁的最高受热温度

钢 材	最高受热温度(℃)	备注
碳素结构钢	250	用于沸腾钢
	350	用于镇静钢
低合金结构钢和可焊接低合金耐候钢	400	

4 玻璃钢烟囱最高受热温度应符合本规范第9章的有关规定。

3.4 钢筋混凝土烟囱筒壁设计规定

3.4.1 对正常使用极限状态，按作用效应标准组合计算的混凝土压应力和钢筋拉应力，应符合本规范第7.4.1条的规定。

3.4.2 对正常使用极限状态，按作用效应标准组合计算的最大水平裂缝宽度和最大垂直裂缝宽度不应大于表3.4.2规定的限值。

表3.4.2 裂缝宽度限值（mm）

部 位	最大裂缝宽度限值
筒壁顶部20m范围内	0.15
其余部位	0.20

3.4.3 安全等级为一级的单筒式钢筋混凝土烟囱，以及套筒式或多管式钢筋混凝土烟囱的筒壁，应采用双侧配筋。其他单筒式钢筋混凝土烟囱筒壁内侧的下列部位应配置钢筋：

1 筒壁厚度大于350mm时。

2 夏季筒壁外表面温度长时间大于内侧温度时。

3.4.4 筒壁最小配筋率应符合表3.4.4的规定。

表3.4.4 筒壁最小配筋率（%）

配筋方式		双侧配筋	单侧配筋
竖向钢筋	外侧	0.25	0.40
	内侧	0.20	—
环向钢筋	外侧	0.25(0.20)	0.25
	内侧	0.10(0.15)	—

注：括号中数字为套筒式或多管式钢筋混凝土烟囱最小配筋率。

3.4.5 筒壁环向钢筋应配在竖向钢筋靠筒壁表面（双侧配筋时指内、外表面）一侧，环向钢筋的保护层厚度不应小于30mm。

3.4.6 筒壁钢筋最小直径和最大间距应符合表3.4.6的规定。当为双侧配筋时，内外侧钢筋应用拉筋拉结，拉筋直径不应小于6mm，纵横间距宜为500mm。

表3.4.6 筒壁钢筋最小直径和最大间距（mm）

配筋种类	最小直径	最大间距
竖向钢筋	10	外侧250，内侧300
环向钢筋	8	200，且不大于壁厚

3.4.7 竖向钢筋的分段长度，宜取移动模板的倍数，并加搭接长度。

钢筋搭接长度应按现行国家标准《混凝土结构设计规范》GB 50010的规定执行，接头位置应相互错开，并在任一搭接范围内，不应超过截面内钢筋总面积的1/4。

当钢筋采用焊接接头时，其焊接类型及质量应符合现行行业标准《钢筋焊接及验收规程》JGJ 18的有关规定。

3.5 烟气排放监测系统

3.5.1 当连续监测烟气排放系统装置离地高度超过2.5m时，应在监测装置下部1.2m～1.3m标高处设置采样平台。平台应设置爬梯或Z形楼梯。当监测装置离地高度超过5m时，平台应设置Z形楼梯、旋转楼梯或升降梯。

3.5.2 安装连续监测烟气排放系统装置的工作区域应提供永久性的电源，并应设防雷接地装置。

3.6 烟囱检修与维护

3.6.1 烟囱设计应设置用于维护和检修的设施。

3.6.2 烟囱设计文件对外露钢结构构件和钢烟囱宜规定检查和维护要求。

4 材 料

4.1 砖 石

4.1.1 砖烟囱筒壁宜采用烧结普通黏土砖，且强度等级不应低于MU10，砂浆强度等级不应低于M5。

4.1.2 烟囱及烟道的内衬材料可按下列规定采用：

1 当烟气温度低于400℃时，可采用强度等级为 MU10 的烧结普通黏土砖和强度等级为 M5 的混合砂浆。

2 当烟气温度为 400℃～500℃时，可采用强度等级为 MU10 的烧结普通黏土砖和耐热砂浆。

3 当烟气温度高于500℃时，可采用黏土质耐火砖和黏土质火泥泥浆，也可采用耐热混凝土。

4 当烟气腐蚀等级为弱腐蚀及以上时，内衬材料尚应符合本规范第11章的有关规定。

4.1.3 石砌基础的材料应采用未风化的天然石材，并应根据地基土的潮湿程度按下列规定采用：

1 当地基土稍湿时，应采用强度等级不低于 MU30 的石材和强度等级不低于 M5 的水泥砂浆砌筑。

2 当地基土很湿时，应采用强度等级不低于 MU30 的石材和强度等级不低于 M7.5 的水泥砂浆砌筑。

3 当地基土含水饱和时，应采用强度等级不低于 MU40 的石材和强度等级不低于 M10 的水泥砂浆砌筑。

4.1.4 砖砌体在温度作用下的抗压强度设计值和弹性模量，可不计入温度的影响，应按现行国家标准《砌体结构设计规范》GB 50003 的有关规定执行。

4.1.5 砖砌体的线膨胀系数 α_m 可按下列规定采用：

1 当砌体受热温度 T 为 20℃～200℃时，α_m 可采用 $5\times10^{-6}/℃$。

2 当砌体受热温度 $T>200℃$，且 $T\leqslant400℃$时，α_m 可按下式确定：

$$\alpha_m=5\times10^{-6}+\frac{T-200}{200}\times10^{-6} \qquad (4.1.5)$$

4.2 混 凝 土

4.2.1 钢筋混凝土烟囱筒壁的混凝土宜按下列规定采用：

1 混凝土宜采用普通硅酸盐水泥或矿渣硅酸盐水泥配制，强度等级不应低于 C25。

2 混凝土的水胶比不宜大于 0.45，每立方米混凝土水泥用量不应超过 450kg。

3 对于腐蚀环境下的烟囱，筒壁和基础混凝土的基本要求尚应符合现行国家标准《工业建筑防腐蚀设计规范》GB 50046 的有关规定。

4 混凝土的骨料应坚硬致密，粗骨料宜采用玄武岩、闪长岩、花岗岩等破碎的碎石或河卵石。细骨料宜采用天然砂，也可采用玄武岩、闪长岩、花岗岩等岩石经破碎筛分后的产品，但不得含有金属矿物、云母、硫酸化合物和硫化物。

5 粗骨料粒径不应超过筒壁厚度的 1/5 和钢筋净距的 3/4，同时最大粒径不应超过 60mm；泵送混凝土时最大粒径不应超过 40mm。

4.2.2 基础与烟道混凝土最低强度等级应满足现行国家标准《混凝土结构设计规范》GB 50010 和《工业建筑防腐蚀设计规范》GB 50046 的有关规定，壳体基础混凝土强度等级不应低于 C30，非壳体钢筋混凝土基础混凝土强度等级不应低于 C25。

4.2.3 混凝土在温度作用下的强度标准值应按表 4.2.3 的规定采用。

表 4.2.3 混凝土在温度作用下的强度标准值（N/mm²）

受力状态	符号	温度（℃）	混凝土强度等级				
			C20	C25	C30	C35	C40
轴心抗压	f_{ctk}	20	13.40	16.70	20.10	23.40	26.80
		60	11.30	14.20	16.60	19.40	22.20
		100	10.70	13.40	15.60	18.30	20.90
		150	10.10	12.70	14.80	17.30	19.80

续表 4.2.3

受力状态	符号	温度（℃）	混凝土强度等级				
			C20	C25	C30	C35	C40
轴心抗拉	f_{ttk}	20	1.54	1.78	2.01	2.20	2.39
		60	1.24	1.41	1.57	1.74	1.86
		100	1.08	1.23	1.37	1.52	1.63
		150	0.93	1.06	1.18	1.31	1.40

注：温度为中间值时，可采用线性插入法计算。

4.2.4 受热温度值应按下列规定采用：

1 轴心受压及轴心受拉时应取计算截面的平均温度。

2 弯曲受压时应取表面最高受热温度。

4.2.5 混凝土在温度作用下的强度设计值应按下列公式计算：

$$f_{ct}=\frac{f_{ctk}}{\gamma_{ct}} \qquad (4.2.5\text{-}1)$$

$$f_{tt}=\frac{f_{ttk}}{\gamma_{tt}} \qquad (4.2.5\text{-}2)$$

式中：f_{ct}、f_{tt}——混凝土在温度作用下的轴心抗压、轴心抗拉强度设计值（N/mm²）；

f_{ctk}、f_{ttk}——混凝土在温度作用下的轴心抗压、轴心抗拉强度标准值，按本规范表 4.2.3 的规定采用（N/mm²）；

γ_{ct}、γ_{tt}——混凝土在温度作用下的轴心抗压强度、轴心抗拉强度分项系数，按表 4.2.5 的规定采用。

表 4.2.5 混凝土在温度作用下的材料分项系数

构 件 名 称	γ_{ct}	γ_{tt}
筒壁	1.85	1.50
壳体基础	1.60	1.40
其他构件	1.40	1.40

4.2.6 混凝土在温度作用下的弹性模量可按下式计算：

$$E_{ct}=\beta_c E_c \qquad (4.2.6)$$

式中：E_{ct}——混凝土在温度作用下的弹性模量（N/mm²）；

β_c——混凝土在温度作用下的弹性模量折减系数，按表 4.2.6 的规定采用；

E_c——混凝土弹性模量（N/mm²），按现行国家标准《混凝土结构设计规范》GB 50010 的规定采用。

表 4.2.6 混凝土弹性模量折减系数 β_c

系数	受热温度（℃）				受热温度的取值
	20	60	100	150	
β_c	1.00	0.85	0.75	0.65	承载能力极限状态计算时，取筒壁、壳体基础等的平均温度。正常使用极限状态计算时，取筒壁内表面温度

注：温度为中间值时，应采用线性插入法计算。

4.2.7 混凝土的线膨胀系数 α_c 可采用 $1.0\times10^{-5}/℃$。

4.3 钢筋和钢材

4.3.1 钢筋混凝土筒壁的配筋宜采用 HRB335 级钢筋，也可采用 HRB400 级钢筋。抗震设防烈度 8 度及以上地区，宜选用 HRB335E、HRB400E 级钢筋。砖筒壁的环向钢筋可采用 HPB300 级钢筋。钢筋性能应符合现行国家标准《钢筋混凝土用钢 第 1 部分：热轧光圆钢筋》GB 1499.1 和《钢筋混凝土用钢 第 2 部分：热轧带肋钢筋》GB 1499.2 的有关规定。

4.3.2 在温度作用下，钢筋的强度标准值应按下式计算：

$$f_{ytk}=\beta_{yt}f_{yk} \qquad (4.3.2)$$

式中：f_{ytk}——钢筋在温度作用下强度标准值（N/mm²）；

f_{yk}——钢筋在常温下强度标准值（N/mm²），按现行国家标准《混凝土结构设计规范》GB 50010 采用；

β_{yt}——钢筋在温度作用下强度折减系数，温度不大于 100℃时取 1.00，150℃时取 0.90，中间值采用线性插入。

4.3.3 钢筋的强度设计值应按下式计算：

$$f_{yt}=\frac{f_{ytk}}{\gamma_{yt}} \qquad (4.3.3)$$

式中：f_{yt}——钢筋在温度作用下的抗拉强度设计值（N/mm²）；

γ_{yt}——钢筋在温度作用下的抗拉强度分项系数，按表 4.3.3 的规定采用。

表 4.3.3 钢筋在温度作用下的材料分项系数

序号	构件名称	γ_{yt}
1	钢筋混凝土筒壁	1.6
2	壳体基础	1.2
3	砖筒壁竖筋	1.9
4	砖筒壁环筋	1.6
5	其他构件	1.1

注：当钢筋在温度作用下的抗拉强度设计值的计算值大于现行国家标准《混凝土结构设计规范》GB 50010 规定的常温下相应数值时，应按常温下强度设计值。

4.3.4 钢烟囱的钢材、钢筋混凝土烟囱及砖烟囱附件的钢材，应符合现行国家标准《钢结构设计规范》GB 50017 的有关规定，并应符合下列规定：

1 钢烟囱塔架和筒壁可采用 Q235、Q345、Q390、Q420 钢。其质量应分别符合现行国家标准《碳素结构钢》GB/T 700 和《低合金高强度结构钢》GB/T 1591 的规定。

2 处在大气潮湿地区的钢烟囱塔架和筒壁或排放烟气属于中等腐蚀性的筒壁，宜采用 Q235NH、Q295NH 或 Q355NH 可焊接低合金耐候钢。其质量应符合现行国家标准《耐候结构钢》GB/T 4171 的有关规定。腐蚀性烟气分级应按本规范第 11 章的规定执行。

3 烟囱的平台、爬梯和砖烟囱的环向钢箍宜采用 Q235B 级钢材。

4.3.5 当作用温度不大于 100℃时，钢材和焊缝的强度设计值应按现行国家标准《钢结构设计规范》GB 50017 的规定采用。对未作规定的耐候钢应按表 4.3.5-1 和表 4.3.5-2 的规定采用。

表 4.3.5-1 耐候钢的强度设计值（N/mm²）

钢材		抗拉、抗压和抗弯强度 f	抗剪强度 f_v	端面承压（刨平顶紧）f_{ce}
牌号	厚度 t（mm）			
Q235NH	$t\leqslant16$	210	120	275
	$16<t\leqslant40$	200	115	275
	$40<t\leqslant60$	190	110	275
Q295NH	$t\leqslant16$	265	150	320
	$16<t\leqslant40$	255	145	320
	$40<t\leqslant60$	245	140	320
Q355NH	$t\leqslant16$	315	185	370
	$16<t\leqslant40$	310	180	370
	$40<t\leqslant60$	300	170	370

表 4.3.5-2 耐候钢的焊缝强度设计值（N/mm²）

焊接方法和焊条型号	构件钢材		对接焊缝				角焊缝
	牌号	厚度 t（mm）	抗压强度 f_c^w	焊接质量为下列等级时，抗拉强度 f_t^w		抗剪强度 f_v^w	抗拉、抗压和抗剪 f_f^w
				一级、二级	三级		
自动焊、半自动焊和 E43 型焊条的手工焊	Q235NH	$t\leqslant16$	210	210	175	120	140
		$16<t\leqslant40$	200	200	170	115	140
		$40<t\leqslant60$	190	190	160	110	140
	Q295NH	$t\leqslant16$	265	265	225	150	140
		$16<t\leqslant40$	255	255	215	145	140
		$40<t\leqslant60$	245	245	210	140	140
自动焊、半自动焊和 E50 型焊条的手工焊	Q355NH	$t\leqslant16$	315	315	270	185	165
		$16<t\leqslant40$	310	310	260	180	165
		$40<t\leqslant60$	300	300	255	170	165

注：1 自动焊和半自动焊所采用的焊丝和焊剂，应保证其熔敷金属抗拉强度不低于相应手工焊焊条的数值。

2 焊缝质量等级应符合现行国家标准《钢结构工程施工质量验收规范》GB 50205 的有关规定。

3 对接焊缝抗弯受压区强度取 f_c^w，抗弯受拉区强度设计值取 f_t^w。

4.3.6 Q235、Q345、Q390 和 Q420 钢材及其焊缝在温度作用下的强度设计值，应按下列公式计算：

$$f_t=\gamma_s f \qquad (4.3.6-1)$$

$$f_{vt}=\gamma_s f_v \qquad (4.3.6-2)$$

$$f_{xt}^w=\gamma_s f_x^w \qquad (4.3.6-3)$$

$$\gamma_s=1.0+\frac{T}{767\times\ln\dfrac{T}{1750}} \qquad (4.3.6-4)$$

式中：f_t——钢材在温度作用下的抗拉、抗压和抗弯强度设计值（N/mm²）；

f_{vt}——钢材在温度作用下的抗剪强度设计值（N/mm²）；

f_{xt}^w——焊缝在温度作用下各种受力状态的强度设计值（N/mm²），下标字母 x 为字母 c（抗压）、t（抗拉）、v（抗剪）和 f（角焊缝强度）的代表；

γ_s——钢材及焊缝在温度作用下强度设计值的折减系数；

f——钢材在温度不大于 100℃时的抗拉、抗压和抗弯强度设计值（N/mm²）；

f_v——钢材在温度不大于 100℃时的抗剪强度设计值（N/mm²）；

f_x^w——焊缝在温度大于 100℃时各种受力状态的强度设计值（N/mm²），下标字母 x 为字母 c（抗压）、t（抗拉）、v（抗剪）和 f（角焊缝强度）的代表；

T——钢材或焊缝计算处温度（℃）。

4.3.7 钢筋在温度作用下的弹性模量可不计及温度折减，应按现行国家标准《混凝土结构设计规范》GB 50010 采用。钢材在温度作用下的弹性模量应折减，并应按下式计算：

$$E_t=\beta_d E \qquad (4.3.7)$$

式中：E_t——钢材在温度作用下的弹性模量（N/mm²）；

β_d——钢材在温度作用下弹性模量的折减系数，按表 4.3.7 的规定采用；

E——钢材在作用温度小于或等于 100℃时的弹性模量（N/mm²），按现行国家标准《钢结构设计规范》GB 50017 的规定采用。

表 4.3.7 钢材弹性模量的温度折减系数

折减系数	作用温度（℃）						
	≤100	150	200	250	300	350	400
β_d	1.00	0.98	0.96	0.94	0.92	0.88	0.83

注：温度为中间值时，应采用线性插入法计算。

4.3.8 钢筋和钢材的线膨胀系数 α_s 可采用 $1.2 \times 10^{-5}/℃$。

4.4 材料热工计算指标

4.4.1 隔热材料应采用无机材料，其干燥状态下的重力密度不宜大于 $8kN/m^3$。

4.4.2 材料的热工计算指标，应按实际试验资料确定。当无试验资料时，对几种常用的材料，干燥状态下可按表4.4.2的规定采用。在确定材料的热工计算指标时，应计入下列因素对隔热材料导热性能的影响：

    1 对于松散型隔热材料，应计入由于运输、捆扎、堆放等原因所造成的导热系数增大的影响。

    2 对于烟气温度低于150℃时，宜采用憎水性隔热材料。当采用非憎水性隔热材料时应计入湿度对导热性能的影响。

表 4.4.2　材料在干燥状态下的热工计算指标

材料种类		最高使用温度(℃)	重力密度(kN/m³)	导热系数[W/(m·K)]
普通黏土砖砌体		500	18	$0.81 + 0.0006T$
黏土耐火砖砌体		1400	19	$0.93 + 0.0006T$
陶土砖砌体		1150	18~22	$(0.35 \sim 1.10) + 0.0005T$
漂珠轻质耐火砖		900	6~11	$0.20 \sim 0.40$
硅藻土砖砌体		900	5	$0.12 + 0.00023T$
			6	$0.14 + 0.00023T$
			7	$0.17 + 0.00023T$
普通钢筋混凝土		200	24	$1.74 + 0.0005T$
普通混凝土		200	23	$1.51 + 0.0005T$
耐火混凝土		1200	19	$0.82 + 0.0006T$
轻骨料混凝土(骨料为页岩陶粒或浮石)		400	15	$0.67 + 0.00012T$
			13	$0.53 + 0.00012T$
			11	$0.42 + 0.00012T$
膨胀珍珠岩(松散体)		750	0.8~2.5	$(0.052 \sim 0.076) + 0.0001T$
水泥珍珠岩制品		600	4.5	$(0.058 \sim 0.16) + 0.0001T$
高炉水渣		800	5.0	$(0.1 \sim 0.16) + 0.0003T$
岩棉		500	0.5~2.5	$(0.036 \sim 0.05) + 0.0002T$
矿渣棉		600	1.2~1.5	$(0.031 \sim 0.044) + 0.0002T$
矿渣棉制品		600	3.5~4.0	$(0.047 \sim 0.07) + 0.0002T$
垂直封闭空气层(厚度为50mm)		—	—	$0.333 + 0.0052T$
建筑钢		—	78.5	58.15
自然干燥下	砂土	—	16	$0.35 \sim 1.28$
	黏土	—	18~20	$0.58 \sim 1.45$
	黏土夹砂	—	18	$0.69 \sim 1.26$

注：1　有条件时应采用实测数据。
    2　表中 T 为烟气温度(℃)。

5　荷载与作用

5.1　荷载与作用的分类

5.1.1 烟囱的荷载与作用可按下列规定分类：

    1 结构自重、土压力、拉线的拉力应为永久作用。

    2 风荷载、烟气温度作用、大气温度作用、安装检修荷载、平台活荷载、裹冰荷载、地震作用、烟气压力及地基沉陷等应为可变作用。

    3 拉线断线应为偶然作用。

5.1.2 烟气产生的烟气温度作用和烟气压力作用应按正常运行工况和非正常运行工况确定。因脱硫装置或余热锅炉设备故障等原因所引起的事故状态，应按非正常运行工况确定，并应按短暂设计状况进行设计。

5.1.3 本规范未规定的荷载与作用，均应按现行国家标准《建筑结构荷载规范》GB 50009 和《建筑抗震设计规范》GB 50011 的规定采用。

5.2　风　荷　载

5.2.1 基本风压应按现行国家标准《建筑结构荷载规范》GB 50009规定的50年一遇的风压采用，但基本风压不得小于 $0.35kN/m^2$。烟囱安全等级为一级时，其计算风压应按基本风压的1.1倍确定。

5.2.2 计算塔架式钢烟囱风荷载时，可不计入塔架与排烟筒的相互影响，可分别计算塔架和排烟筒的基本风荷载。

5.2.3 塔架式钢烟囱的排烟筒为两个及以上时，排烟筒的风荷载体型系数，应由风洞试验确定。

5.2.4 对于圆形钢筋混凝土烟囱和自立式钢结构烟囱，当其坡度小于或等于2%时，应根据雷诺数的不同情况进行横风向风振验算；并应符合下列规定：

    1 用于横风向风振验算的雷诺数 Re、临界风速和烟囱顶部风速，应分别按下列公式计算：

$$Re = 69000vd \tag{5.2.4-1}$$

$$v_{cr,j} = \frac{d}{S_t \times T_j} \tag{5.2.4-2}$$

$$v_H = 40\sqrt{\mu_H w_0} \tag{5.2.4-3}$$

式中：$v_{cr,j}$——第 j 振型临界风速(m/s)；

    v_H——烟囱顶部 H 处风速(m/s)；

    v——计算高度处风速(m/s)，计算烟囱筒身风振时，可取 $v = v_{cr,j}$；

    d——圆形杆件外径(m)，计算烟囱筒身时，可取烟囱2/3高度处外径；

    S_t——斯脱罗哈数，圆形截面结构或杆件的取值范围为 $0.2 \sim 0.3$，对于非圆形截面杆件可取 0.15；

    T_j——结构或杆件的第 j 振型自振周期(s)；

    μ_H——烟囱顶部 H 处风压高度变化系数；

    w_0——基本风压(kN/m²)。

    2 当 $Re < 3 \times 10^5$，且 $v_H > v_{cr,j}$ 时，自立式钢烟囱和钢筋混凝土烟囱可不计算亚临界横风向共振荷载，但对于塔架式钢烟囱的塔架杆件，在构造上应采取防振措施或控制杆件的临界风速不小于15m/s。

    3 当 $Re \geq 3.5 \times 10^6$，且 $1.2v_H > v_{cr,j}$ 时，应验算其共振响应。横风向共振响应可采用下列公式进行简化计算：

$$w_{czj} = |\lambda_j| \frac{v_{cr,j}^2 \varphi_{zj}}{12800 \zeta_j} \tag{5.2.4-4}$$

$$\lambda_j = \lambda_i(H_1/H) - \lambda_i(H_2/H) \tag{5.2.4-5}$$

$$H_1 = H\left(\frac{v_{\text{cr},j}}{1.2v_H}\right)^{\frac{1}{\alpha}} \quad (5.2.4\text{-}6)$$

$$H_2 = H\left(\frac{1.3v_{\text{cr},j}}{v_H}\right)^{\frac{1}{\alpha}} \quad (5.2.4\text{-}7)$$

式中：ζ_j——第 j 振型结构阻尼比，对于第一振型，混凝土烟囱取 0.05；无内衬钢烟囱取 0.01；有内衬钢烟囱取 0.02；玻璃钢烟囱取 0.035；对于高振型的阻尼比，无实测资料时，可按第一振型选用；

$w_{\text{cr}j}$——横风向共振响应等效风荷载（kN/m²）；

H——烟囱高度（m）；

H_1——横风向共振荷载范围起点高度（m）；

H_2——横风向共振荷载范围终点高度（m）；

α——地面粗糙度系数，按现行国家标准《建筑结构荷载规范》GB 50009 的规定取值，对于钢烟囱可根据实际情况取不利值；

φ_{zj}——在 z 高度处结构的 j 振型系数；

$\lambda_j(H_i/H)$——j 振型计算系数，根据"锁住区"起点高度 H_1 或终点高度 H_2 与烟囱整个高度 H 的比值按表 5.2.4 选用。

表 5.2.4　$\lambda_j(H_i/H)$ 计算系数

振型序号	H_i/H										
	0	0.1	0.2	0.3	0.4	0.5	0.6	0.7	0.8	0.9	1.0
1	1.56	1.55	1.54	1.49	1.42	1.31	1.15	0.94	0.68	0.37	0
2	0.83	0.82	0.76	0.60	0.37	0.09	-0.16	-0.33	-0.38	-0.27	0
3	0.52	0.48	0.32	0.06	-0.19	-0.30	-0.21	0	0.20	0.20	0

注：中间值可采用线性插值计算。

4 当雷诺数为 $3\times10^5 \leqslant Re \leqslant 3.5\times10^6$ 时，可不计算横风向共振荷载。

5.2.5 在验算横风向共振时，应计算风速小于基本设计风压工况下可能发生的最不利共振响应。

5.2.6 当烟囱发生横风向共振时，可将横风向共振荷载效应 S_C 与对应风速下顺风向荷载效应 S_A 按下式进行组合：

$$S = \sqrt{S_C^2 + S_A^2} \quad (5.2.6)$$

5.2.7 在径向局部风压作用下，烟囱竖向截面最大环向风弯矩可按下列公式计算：

$$M_{\theta\text{in}} = 0.314\mu_z w_0 r^2 \quad (5.2.7\text{-}1)$$

$$M_{\theta\text{out}} = 0.272\mu_z w_0 r^2 \quad (5.2.7\text{-}2)$$

式中：$M_{\theta\text{in}}$——筒壁内侧受拉环向风弯矩（kN·m/m）；

$M_{\theta\text{out}}$——筒壁外侧受拉环向风弯矩（kN·m/m）；

μ_z——风压高度变化系数；

r——计算高度处烟囱外半径（m）。

5.3　平台活荷载与积灰荷载

5.3.1 烟囱平台活荷载取值应符合下列规定：

1 分段支承排烟筒和悬挂式排烟筒的承重平台除应包括承受排烟筒自重荷载外，还应计入 7kN/m²～11kN/m² 的施工检修荷载。当构件从属受荷面积大于或等于 50m² 时应取小值，小于或等于 20m² 应取大值，中间可线性插值。

2 用于自立式或悬挂式钢内筒的吊装平台，应根据施工吊装方案，确定荷载设计值。但平台各构件的活荷载应取 7kN/m²～11kN/m²。当构件从属受荷面积大于或等于 50m² 时可取小值，小于或等于 20m² 时应取大值，中间可线性插值。

3 非承重检修平台、采样平台和障碍灯平台，活荷载可取 3kN/m²。

4 套筒式或多管式钢筋混凝土烟囱顶部平台，活荷载可取 7kN/m²。

5.3.2 排烟筒内壁应根据内衬材料特性及烟气条件，计入 0～

50mm 厚积灰荷载。干积灰重力密度可取 10.4kN/m³；潮湿积灰重力密度可取 11.7kN/m³；湿灰积灰重力密度可取 12.8kN/m³。

5.3.3 烟囱积灰平台的积灰荷载应按实际情况确定，并不宜小于 7kN/m²。

5.4　裹冰荷载

5.4.1 拉索式钢烟囱的拉索和塔架式钢烟囱的塔架，符合裹冰气象条件时，应计算裹冰荷载。裹冰荷载可按现行国家标准《高耸结构设计规范》GB 50135 的有关规定进行计算。

5.5　地震作用

5.5.1 烟囱抗震验算应符合下列规定：

1 本规范未作规定的均应按现行国家标准《建筑抗震设计规范》GB 50011 的有关规定执行。

2 在地震作用计算时，钢筋混凝土烟囱和砖烟囱的结构阻尼比可取 0.05；无内衬钢烟囱可取 0.01；有内衬钢烟囱可取 0.02；玻璃钢烟囱可取 0.035。

3 抗震设防烈度为 6 度和 7 度时，可不计算竖向地震作用；8度和 9 度时，应计算竖向地震作用。

5.5.2 抗震设防烈度为 6 度时，Ⅰ、Ⅱ类场地的砖烟囱，可仅配置环向钢箍或环向钢筋，其他抗震设防地区的砖烟囱应按本规范第 6.5 节的规定配置竖向钢筋。

5.5.3 下列烟囱可不进行截面抗震验算，但应满足抗震构造要求：

1 抗震设防烈度为 7 度时 Ⅰ、Ⅱ类场地，且基本风压 $w_0 \geqslant 0.5\text{kN/m}^2$ 的钢筋混凝土烟囱。

2 抗震设防烈度为 7 度时 Ⅲ、Ⅳ类场地和 8 度时 Ⅰ、Ⅱ类场地，且高度不超过 45m 的砖烟囱。

5.5.4 水平地震作用可按现行国家标准《建筑抗震设计规范》GB 50011 规定的振型分解反应谱法进行计算。高度不超过 150m 时，可计算前 3 个振型组合；高度超过 150m 时，可计算前 3 个～5 个振型组合；高度大于 200m 时，计算的振型数量不应少于 5 个。

5.5.5 烟囱竖向地震作用标准值可按下列公式计算：

1 烟囱根部的竖向地震作用可按下式计算：

$$F_{Ev0} = \pm 0.75\alpha_{v\max}G_E \quad (5.5.5\text{-}1)$$

2 其余各截面可按下列公式计算：

$$F_{Evik} = \pm\eta\left(G_{iE} - \frac{G_{iE}^2}{G_E}\right) \quad (5.5.5\text{-}2)$$

$$\eta = 4(1+C)\kappa_v \quad (5.5.5\text{-}3)$$

式中：F_{Evik}——计算截面 i 的竖向地震作用标准值（kN），对于烟囱根部截面，当 $F_{Evik} < F_{Ev0}$ 时，取 $F_{Evik} = F_{Ev0}$；

G_{iE}——计算截面 i 以上的烟囱重力荷载代表值（kN），取截面 i 以上的重力荷载标准值与平台活荷载组合值之和，活荷载组合值系数按本规范表 3.1.8-2 的规定采用；套筒或多筒式烟囱，当采用自承重式排烟筒时，G_{iE} 不包括排烟筒重量；当采用平台支承排烟筒时，平台及排烟筒重量通过平台传给外承重筒，在 G_{iE} 计入平台及排烟筒重量；

G_E——基础顶面以上的烟囱总重力荷载代表值（kN），取烟囱总重力荷载标准值与各层平台活荷载组合值之和，活荷载组合值系数按本规范表 3.1.8-2 的规定采用；套筒或多管式烟囱，当采用自承重式排烟筒时，G_E 不包括排烟筒重量；当采用平台支承排烟筒时，平台及排烟筒重量通过平台传给外承重筒，在 G_E 计入平台及排烟筒重量；

C——结构材料的弹性恢复系数，砖烟囱取 $C=0.6$；钢筋混凝土烟囱与玻璃钢烟囱取 $C=0.7$；钢烟囱取 $C=0.8$；

κ_v——竖向地震系数,按现行国家标准《建筑抗震设计规范》GB 50011规定的设计基本地震加速度与重力加速度比值的65%采用,7度取 $\kappa_v=0.065(0.1)$;8度取 $\kappa_v=0.13(0.2)$;9度取 $\kappa_v=0.26$; $\kappa_v=0.1$ 和 $\kappa_v=0.2$ 分别用于设计基本地震加速度为 $0.15g$ 和 $0.30g$ 的地区;

α_{vmax}——竖向地震影响系数最大值,按现行国家标准《建筑抗震设计规范》GB 50011 的规定,取水平地震影响系数最大值的65%。

5.5.6 悬挂式和分段支承式排烟筒竖向地震力计算时,可将悬挂或支承平台作为排烟筒根部、排烟筒自由端作为顶部按本规范第5.5.5条进行计算,并应根据悬挂或支承平台的高度位置,对计算结果乘以竖向地震效应增大系数,增大系数可按下列公式进行计算:

$$\beta=\zeta\beta_{vi} \qquad (5.5.6-1)$$

$$\beta_{vi}=4(1+C)\left(1-\frac{G_{iE}}{G_E}\right) \qquad (5.5.6-2)$$

$$\zeta=\frac{1}{1+\dfrac{G_{vE}L^3}{47EIT_{vg}^2}} \qquad (5.5.6-3)$$

式中:β——竖向地震效应增大系数;

β_{vi}——修正前第 i 层悬挂或支承平台竖向地震效应增大系数;

ζ——平台刚度对竖向地震效应的折减系数;

G_{vE}——悬挂(或支承)平台一根主梁所承受的总重力荷载(包括主梁自重荷载)代表值(kN);

L——主梁跨度(m);

E——主梁材料的弹性模量(kN/m²);

I——主梁截面惯性矩(m⁴);

T_{vg}——竖向地震场地特征周期(s),可取设计第一组水平地震特征周期的65%。

5.6 温度作用

5.6.1 烟囱内部的烟气温度,应符合下列规定:

1 计算烟囱最高受热温度和确定材料在温度作用下的折减系数时,应采用烟囱使用时的最高温度。

2 确定烟气露点温度和防腐蚀措施时,应采用烟气温度变化范围下限值。

5.6.2 烟囱外部的环境温度,应按下列规定采用:

1 计算烟囱最高受热温度和确定材料在温度作用下的折减系数时,应采用极端最高温度。

2 计算筒壁温度差时,应采用极端最低温度。

5.6.3 筒壁计算出的各点受热温度,均不应大于本规范第3.3.1条和表4.4.2规定的相应材料最高使用温度允许值。

5.6.4 烟囱内衬、隔热层和筒壁以及基础和烟道各点的受热温度(图5.6.4-1和图5.6.4-2),可按下式计算:

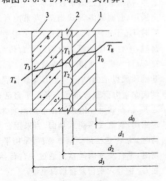

图 5.6.4-1 单筒烟囱传热计算
1—内衬;2—隔热层;3—筒壁

$$T_{cj}=T_g-\frac{T_g-T_a}{R_{tot}}\left(R_{in}+\sum_{i=1}^{j}R_i\right) \qquad (5.6.4)$$

式中:T_{cj}——计算点 j 的受热温度(℃);

T_g——烟气温度(℃);

T_a——空气温度(℃);

R_{tot}——内衬、隔热层、筒壁或基础环壁及环壁外侧计算土层等总热阻(m²·K/W);

R_i——第 i 层热阻(m²·K/W);

R_{in}——内衬内表面的热阻(m²·K/W)。

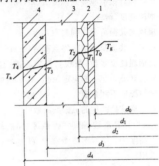

图 5.6.4-2 套筒烟囱传热计算
1—内筒;2—隔热层;3—空气层;4—筒壁

5.6.5 单筒烟囱内衬、隔热层、筒壁热阻以及总热阻,可分别按下列公式计算:

$$R_{tot}=R_{in}+\sum_{i=1}^{3}R_i+R_{ex} \qquad (5.6.5-1)$$

$$R_{in}=\frac{1}{\alpha_{in}d_0} \qquad (5.6.5-2)$$

$$R_i=\frac{1}{2\lambda_i}\ln\frac{d_i}{d_{i-1}} \qquad (5.6.5-3)$$

$$R_{ex}=\frac{1}{a_{ex}d_3} \qquad (5.6.5-4)$$

式中:R_i——筒身第 i 层结构热阻($i=1$代表内衬;$i=2$代表隔热层;$i=3$代表筒壁)(m²·K/W);

λ_i——筒身第 i 层结构导热系数[W/(m·K)];

α_{in}——内衬内表面传热系数[W/(m²·K)];

α_{ex}——筒壁外表面传热系数[W/(m²·K)];

R_{ex}——筒壁外表面的热阻(m²·K/W);

d_0、d_1、d_2、d_3——分别为内衬、隔热层、筒壁内直径及筒壁外直径(m)。

5.6.6 套筒烟囱内筒、隔热层、筒壁热阻以及总热阻,可分别按下列公式进行计算:

$$R_{tot}=R_{in}+\sum_{i=1}^{4}R_i+R_{ex} \qquad (5.6.6-1)$$

$$R_{in}=\frac{1}{\beta\alpha_{in}d_0} \qquad (5.6.6-2)$$

$$R_1=\frac{1}{2\beta\lambda_1}\ln\frac{d_1}{d_0} \qquad (5.6.6-3)$$

$$R_2=\frac{1}{2\beta\lambda_2}\ln\frac{d_2}{d_1} \qquad (5.6.6-4)$$

$$R_3=\frac{1}{a_s d_2} \qquad (5.6.6-5)$$

$$R_4=\frac{1}{2\lambda_4}\ln\frac{d_4}{d_3} \qquad (5.6.6-6)$$

$$R_{ex}=\frac{1}{\alpha_{ex}d_4} \qquad (5.6.6-7)$$

$$\alpha_s=1.211+0.0681T_g \qquad (5.6.6-8)$$

式中:β——有通风条件时的外筒与内筒传热比,外筒与内筒间距不应小于100mm,并取 $\beta=0.5$;

α_s——有通风条件时,外筒内表面与内筒外表面的传热系数。

5.6.7 矩形烟道侧壁或地下烟道的烟囱基础底板的总热阻可按

本规范公式(5.6.5-1)计算,各层热阻可按下列公式进行计算:

$$R_{in} = \frac{1}{\alpha_{in}} \tag{5.6.7-1}$$

$$R_i = \frac{t_i}{\lambda_i} \tag{5.6.7-2}$$

$$R_{ex} = \frac{1}{\alpha_{ex}} \tag{5.6.7-3}$$

式中:t_i——分别为内衬、隔热层、筒壁或计算土层厚度(m)。

5.6.8 内衬内表面的传热系数和筒壁或计算土层外表面的传热系数,可分别按表5.6.8-1及表5.6.8-2采用。

表5.6.8-1 内衬内表面的传热系数 α_{in}

烟气温度(℃)	传热系数[W/(m²·K)]
50～100	33
101～300	38
>300	58

表5.6.8-2 筒壁或计算土层外表面的传热系数 α_{ex}

季节	传热系数[W/(m²·K)]
夏季	12
冬季	23

5.6.9 在烟道口高度范围内烟气温差可按下式计算:

$$\Delta T_0 = \beta T_g \tag{5.6.9}$$

式中:ΔT_0——烟道入口高度范围内烟气温差(℃);
　　　β——烟道口范围烟气不均匀温度变化系数,宜根据实际工程情况选取,当无可靠经验时,可按表5.6.9选取。

表5.6.9 烟道口范围烟气不均匀温度变化系数 β

烟道情况	一个烟道		两个或多个烟道	
	干式除尘	湿式除尘或湿法脱硫	直接与烟囱连接	在烟囱外部通过汇流烟道连接
β	0.15	0.30	0.80	0.45

注:多烟道时,烟气温度 T_g 按各烟道烟气流量加权平均值确定。

5.6.10 烟道口上部烟气温差可按下式进行计算:

$$\Delta T_g = \Delta T_0 \cdot e^{-\zeta_t \cdot z/d_0} \tag{5.6.10}$$

式中:ΔT_g——距离烟道口顶部 z 高度处的烟气温差(℃);
　　　ζ_t——衰减系数;多烟道且设有隔烟墙时,取 $\zeta_t = 0.15$;其余情况取 $\zeta_t = 0.40$;
　　　z——距离烟道口顶部计算点的距离(m);
　　　d_0——烟道口上部烟囱内直径(m)。

5.6.11 沿烟囱直径两端,筒壁厚度中点处温度差可按下式进行计算:

$$\Delta T_m = \Delta T_g \left(1 - \frac{R_{tot}^c}{R_{tot}}\right) \tag{5.6.11}$$

式中:R_{tot}^c——从烟囱内衬内表面到烟囱筒壁中点的总热阻(m²·K/W)。

5.6.12 自立式钢烟囱或玻璃钢烟囱由筒壁温差产生的水平位移,可按下列公式计算:

$$u_x = \theta_0 H_B \left(z + \frac{1}{2} H_B\right) + \frac{\theta_0}{V}\left[z - \frac{1}{V}(1 - e^{-V \cdot z})\right] \tag{5.6.12-1}$$

$$\theta_0 = 0.811 \times \frac{\alpha_z \Delta T_{m0}}{d} \tag{5.6.12-2}$$

$$V = \zeta_t/d \tag{5.6.12-3}$$

式中:u_x——距离烟道口顶部 z 处筒壁截面的水平位移(m);
　　　θ_0——在烟道口范围内的截面转角变位(rad);
　　　H_B——筒壁烟道口高度(m);

　　　α_z——筒壁材料的纵向膨胀系数;
　　　d——筒壁厚度中点所在圆直径(m);
　　　ΔT_{m0}——$z = 0$ 时 ΔT_m 计算值。

5.6.13 在不计算支承平台水平约束和重力影响的情况下,悬挂式排烟筒由筒壁温差产生的水平位移可按下式计算:

$$u_x = \frac{\theta_0}{V}\left[z - \frac{1}{V}(1 - e^{-V \cdot z})\right] \tag{5.6.13}$$

5.6.14 钢或玻璃钢内筒轴向温度应力应根据各层支承平台约束情况确定。内筒可按梁柱计算模型处理,并应根据各层支承平台位置的位移与按本规范第5.6.12条或第5.6.13条计算的相应位置处的位移相等计算梁柱内力,该内力可近似为内筒计算温度应力。内筒计算温度应力也可按下列公式计算:

$$\sigma_m^T = 0.4 E_{zc} \alpha_z \Delta T_m \tag{5.6.14-1}$$

$$\sigma_{sec}^T = 0.1 E_{zc} \alpha_z \Delta T_g \tag{5.6.14-2}$$

$$\sigma_b^T = 0.5 E_{zb} \alpha_z \Delta T_w \tag{5.6.14-3}$$

式中:σ_m^T——筒身弯曲温度应力(MPa);
　　　σ_{sec}^T——温度次应力(MPa);
　　　σ_b^T——筒壁内外温差引起的温度应力(MPa);
　　　E_{zc}——筒壁纵向受压或受拉弹性模量(MPa);
　　　E_{zb}——筒壁纵向弯曲弹性模量(MPa);
　　　ΔT_w——筒壁内外温差(℃)。

5.6.15 钢或玻璃钢内筒环向温度应力可按下式计算:

$$\sigma_\theta^T = 0.5 E_{\theta b} \alpha_\theta \Delta T_w \tag{5.6.15}$$

式中:α_θ——筒壁材料环向膨胀系数;
　　　$E_{\theta b}$——筒壁环向弯曲弹性模量(MPa)。

5.7 烟气压力计算

5.7.1 烟气压力可按下列公式计算:

$$p_g = 0.01(\rho_a - \rho_g)h \tag{5.7.1-1}$$

$$\rho_a = \rho_{ao} \frac{273}{273 + T_a} \tag{5.7.1-2}$$

$$\rho_g = \rho_{go} \frac{273}{273 + T_g} \tag{5.7.1-3}$$

式中:p_g——烟气压力(kN/m²);
　　　ρ_a——烟囱外部空气密度(kg/m³);
　　　ρ_g——烟气密度(kg/m³);
　　　h——烟道口中心标高到烟囱顶部的距离(m);
　　　ρ_{ao}——标准状态下的大气密度(kg/m³),按1.285kg/m³采用;
　　　ρ_{go}——标准状态下的烟气密度(kg/m³),按燃烧计算结果采用;无计算数据时,干式除尘(干烟气)取1.32kg/m³,湿式除尘(湿烟气)取1.28kg/m³;
　　　T_a——烟囱外部环境温度(℃);
　　　T_g——烟气温度(℃)。

5.7.2 钢内筒非正常操作压力或爆炸压力应根据各工程实际情况确定,且其负压值不应小于2.5kN/m²。压力值可沿钢内筒高度取恒定值。

5.7.3 烟气压力对排烟筒产生的环向拉应力或压应力可按下式计算:

$$\sigma_\theta = \frac{p_g r}{t} \tag{5.7.3}$$

式中:σ_θ——烟气压力产生的环向拉应力(烟气正压运行)或压应力(烟气负压运行)(kN/m²);
　　　r——排烟筒半径(m);
　　　t——排烟筒壁厚(m)。

6 砖 烟 囱

6.1 一 般 规 定

6.1.1 砖烟囱筒壁设计,应进行下列计算和验算:

1 水平截面应进行承载力极限状态计算和荷载偏心距验算,并应符合下列规定:

1)在永久作用和风荷载设计值作用下,按本规范第6.2.1条的规定进行承载能力极限状态计算。

2)抗震设防烈度为6度(Ⅲ、Ⅳ类场地)以上地区的砖烟囱,应按本规范第6.5节有关规定进行竖向钢筋计算。

3)在永久作用和风荷载设计值作用下,按本规范第6.2.2条验算水平截面抗裂度。

2 在温度作用下,应按正常使用极限状态,进行环向钢箍或环向钢筋计算。计算出的环向钢箍或环向钢筋截面面积,小于构造值时,应按构造值配置。

6.2 水平截面计算

6.2.1 筒壁在永久作用和风荷载共同作用下,水平截面极限承载能力应按下列公式计算:

$$N \leqslant \varphi f A \qquad (6.2.1-1)$$

$$\varphi = \frac{1}{1 + \left(\frac{e_0}{i} + \beta\sqrt{\alpha}\right)^2} \qquad (6.2.1-2)$$

$$\beta = h_d/d \qquad (6.2.1-3)$$

式中:N——永久作用产生的轴向压力设计值(N);

f——砖砌体抗压强度设计值,按现行国家标准《砌体结构设计规范》GB 50003 的规定采用;

A——计算截面面积(mm^2);

φ——高径比 β 及轴向力偏心距 e_0 对承载力的影响系数;

β——计算截面以上筒壁高径比;

h_d——计算截面至筒壁顶端的高度(m);

d——烟囱计算截面直径(m);

i——计算截面的回转半径(m);

e_0——在风荷载设计值作用下,轴向力至截面重心的偏心距(m);

α——与砂浆强度等级有关的系数,当砂浆等级≥M5时,$\alpha=0.0015$;当砂浆强度等级为M2.5时,$\alpha=0.0020$。

6.2.2 筒壁的水平截面抗裂度,应符合下列公式的要求:

$$e_k \leqslant r_{com} \qquad (6.2.2-1)$$

$$r_{com} = W/A \qquad (6.2.2-2)$$

式中:e_k——在风荷载标准值作用下,轴力至截面重心的偏心距(m);

r_{com}——计算截面核心距(m);

W——计算截面最小弹性抵抗矩(m^3)。

6.2.3 在风荷载设计值作用下,轴向力至截面重心的偏心距,应符合下式的要求:

$$e_0 \leqslant 0.6a \qquad (6.2.3)$$

式中:a——计算截面重心至筒壁外边缘的最小距离(m)。

6.2.4 配置竖向钢筋的筒壁截面可不受本规范第6.2.2条和第6.2.3条限制。

6.3 环向钢箍计算

6.3.1 在筒壁温度差作用下,筒壁每米高度所需的环向钢箍截面面积,可按下列公式计算:

$$A_h = 500 \frac{r_2}{f_{st}} \varepsilon_m E'_{mt} \ln\left(1 + \frac{t\varepsilon_m}{r_1\varepsilon_t}\right) \qquad (6.3.1-1)$$

$$\varepsilon_t = \frac{\gamma_t t \alpha_m \Delta T}{r_2 \ln(r_2/r_1)} \qquad (6.3.1-2)$$

$$\varepsilon_m = \varepsilon_t - \frac{f_{st}}{E_{sh}} \geqslant 0 \qquad (6.3.1-3)$$

$$E_{sh} = \frac{E}{1 + \frac{n}{6r_2}} \qquad (6.3.1-4)$$

式中:A_h——每米高筒壁所需的环向钢箍截面面积(mm^2);

r_1——筒壁内半径(mm);

r_2——筒壁外半径(mm),用于式(6.3.1-4)时单位为(m);

ε_m——筒壁内表面相对压缩变形值;

ε_t——筒壁外表面在温度差作用下的自由相对伸长值;

α_m——砖砌体线膨胀系数,取 5×10^{-6}/℃;

γ_t——温度作用分项系数,取 $\gamma_t = 1.6$;

ΔT——筒壁内外表面温度差(℃);

t——筒壁厚度(mm);

f_{st}——环向钢箍抗拉强度设计值,可取 $f_{st}=145N/mm^2$;

E'_{mt}——砖砌体在温度作用下的弹塑性模量,当筒壁内表面温度 $T \leqslant 200$℃时,取 $E'_{mt} = E_m/3$;当 $T \geqslant 350$℃时,取 $E'_{mt} = E_m/5$;中间值线性插入求得;

E_{sh}——环向钢箍折算弹性模量(N/mm^2);

E——环向钢箍钢材弹性模量(N/mm^2);

n——一圈环向钢箍的接头数量。

6.3.2 筒壁内表面相对压缩变形值 ε_m 小于 0 时,应按构造配环向钢箍。

6.4 环向钢筋计算

6.4.1 当砖烟囱采用配置环向钢筋的方案时,在筒壁温度差作用下,每米高筒壁所需的环向钢筋截面面积,可按下列公式计算:

$$A_{sm} = 500 \frac{r_s\eta}{f_{yt}} \varepsilon_m E'_{mt} \ln\left(1 + \frac{t_0\varepsilon_m}{r_1\varepsilon_t}\right) \qquad (6.4.1-1)$$

$$\varepsilon_t = \frac{\gamma_t t_0 \alpha_m \Delta T_s}{r_s \ln(r_s/r_1)} \qquad (6.4.1-2)$$

$$\varepsilon_m = \varepsilon_t - \frac{\psi_{st} f_{yt}}{E_{st}} \geqslant 0 \qquad (6.4.1-3)$$

$$t_0 = t - a \qquad (6.4.1-4)$$

式中:A_{sm}——每米高筒壁所需的环向钢筋截面面积(mm^2);

t_0——计算截面筒壁有效厚度(mm);

a——筒壁外边缘至环向钢筋的距离,单根环向钢筋取 $a=30mm$,双根筋取 $a=45mm$;

r_s——环向钢筋所在圆(双根筋为环向钢筋重心处)半径(mm);

ΔT_s——筒壁内表面与环向钢筋处温度差值;

η——与环向钢筋根数有关的系数,单根筋(指每个断面)$\eta=1.0$,双根筋时 $\eta=1.05$;

f_{yt}——温度作用下,钢筋抗拉强度设计值(N/mm^2);

E_{st}——环向钢筋在温度作用下弹性模量(N/mm^2);

γ_t——温度作用分项系数,取 $\gamma_t = 1.4$;

ψ_{st}——裂缝间环向钢筋应变不均匀系数,当筒壁内表面温度 $T \leqslant 200$℃时,$\psi_{st}=0.6$;$T \geqslant 350$℃时,$\psi_{st}=1.0$,中间值线性插入求得。

6.4.2 筒壁内表面相对压缩变形值 ε_m 小于 0 时,应按构造配环向钢筋。

6.5 竖向钢筋计算

6.5.1 抗震设防地区的砖烟囱竖向配筋,可按下列规定确定:

1 各水平截面所需的竖向钢筋截面面积,可按下列公式计算:

$$A_s = \frac{\beta M - (\gamma_G G_k - \gamma_{Ev} F_{Evk}) r_p}{r_p f_{yt}} \qquad (6.5.1-1)$$

$$M = \gamma_{Eh} M_{Ek} + \psi_{cWE} \gamma_w M_{Wk} \qquad (6.5.1-2)$$

$$\beta = \frac{\theta}{\sin\theta} \qquad (6.5.1\text{-}3)$$

$$\theta = \pi - \frac{\sin\theta}{a_c} \qquad (6.5.1\text{-}4)$$

式中：A_s——计算截面所需的竖向钢筋总截面面积（mm^2）；

β——弯矩影响系数（图 6.5.1）；

M_{Ek}——水平地震作用在计算截面产生的弯矩标准值（N·m）；

M_{wk}——风荷载在计算截面产生的弯矩标准值（N·m）；

G_k——计算截面重力标准值（N）；

F_{Evk}——计算截面竖向地震作用产生轴向力标准值（N）；

r_p——计算截面筒壁平均半径（m）；

f_{yt}——考虑温度作用钢筋抗拉强度设计值（N/mm^2）；

γ_{Eh}——水平地震作用分项系数 $\gamma_{Eh}=1.3$；

γ_w——风荷载分项系数 $\gamma_w=1.4$；

θ——受压区半角；

γ_G——重力荷载分项系数，$\gamma_G=1.0$；

γ_{Ev}——竖向地震作用分项系数，按本规范表 3.1.8-1 规定采用；

ψ_{cWE}——地震作用时风荷载组合系数，取 $\psi_{cWE}=0.2$。

2 弯矩影响系数 β，可根据参数 a_c 由图 6.5.1 查得。a_c 可按下式计算：

$$a_c = \frac{M}{\varphi_0 r_p A f - (\gamma_G G_k - \gamma_{Ev} F_{Evk}) r_p} \qquad (6.5.1\text{-}5)$$

式中：φ_0——轴心受压纵向挠曲系数，按本规范公式（6.2.1-2）计算时取 $e_0=0$；

A——计算截面筒壁截面面积（mm^2）；

f——砖砌体抗压强度设计值（N/mm^2）。

6.5.2 当计算出的配筋值小于构造配筋时，应按构造配筋。

6.5.3 配置竖向钢筋的砖烟囱应同时配置环向钢筋。

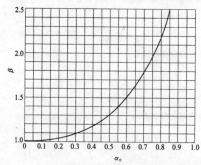

图 6.5.1 弯矩影响系数 β

6.6 构造规定

6.6.1 砖烟囱筒壁宜设计成截顶圆锥形，筒壁坡度、分节高度和壁厚应符合下列规定：

1 筒壁坡度宜采用 2%～3%。

2 分节高度不宜超过 15m。

3 筒壁厚度应按下列原则确定：

1）当筒壁内径小于或等于 3.5m 时，筒壁最小厚度应为 240mm。当内径大于 3.5m 时，最小厚度应为 370mm。

2）当设有平台时，平台所在节的筒壁厚度宜大于或等于 370mm。

3）筒壁厚度可按分节高度自下而上减薄，但同一节厚度应相同。

4）筒壁顶部可向外局部加厚，总加厚厚度宜为 180mm，并应以阶梯形向外挑出，每阶挑出不宜超过 60mm。加厚部分的上部以 1:3 水泥砂浆抹成排水坡（图 6.6.1）。

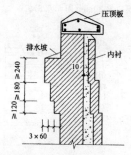

图 6.6.1 筒首构造（mm）

6.6.2 内衬到顶的烟囱宜设钢筋混凝土压顶板（图 6.6.1）。

6.6.3 支承内衬的环形悬臂应在筒身分节处以阶梯形向内挑出，每阶挑出不宜超过 60mm，挑出总高度应由剪切计算确定，但最上阶的高度不应小于 240mm。

6.6.4 筒壁上孔洞设置应符合下列规定：

1 在同一平面设置两个孔洞时，宜对称设置。

2 孔洞对应圆心角不应超过 50°。孔洞宽度不大于 1.2m 时，孔顶宜采用半圆拱；孔洞宽度大于 1.2m 时，宜在孔顶设置钢筋混凝土圈梁。

3 配置环向钢箍或环向钢筋的砖筒壁，在孔洞上下砌体中应配置直径为 6mm 环向钢筋，其截面面积不应小于被切断的环向钢箍或环向钢筋截面积。

4 当孔洞较大时，宜设砖垛加强。

6.6.5 筒壁与钢筋混凝土基础接触处，当基础环壁内表面温度大于 100℃ 时，在筒壁根部 1.0m 范围内，宜将环向配筋或环向钢箍增加 1 倍。

6.6.6 环向钢箍按计算配置时，间距宜为 0.5m～1.5m；按构造配置时，间距不宜大于 1.5m。

环向钢箍的宽度不宜小于 60mm，厚度不宜小于 6mm。每圈环向钢箍接头不应少于 2 个，每段长度不宜超过 5m。环向钢箍接头的螺栓宜采用 Q235 级钢材，其净截面面积不应小于环向钢箍截面面积。环向钢箍接头位置应沿筒壁高度互相错开。环向钢箍接头做法见图 6.6.6。

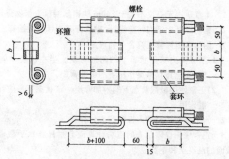

图 6.6.6 环向钢箍接头（mm）

1—环向钢箍；2—螺栓；3—套环

6.6.7 环向钢箍安装时应施加预应力，预应力可按表 6.6.7 采用。

表 6.6.7 环向钢箍预应力值（N/mm^2）

安装时温度（℃）	$T>10$	$10 \geqslant T \geqslant 0$	$T<0$
预应力值	30	50	60

6.6.8 环向钢筋按计算配置时，直径宜为 6mm～8mm，间距不应少于 3 皮砖，且不应大于 8 皮砖；按构造配置时，直径宜为 6mm，间距不应大于 8 皮砖。

同一平面内环向钢筋不宜多于 2 根，2 根钢筋的间距应为 30mm。

钢筋搭接长度应为钢筋直径的 40 倍，接头位置应互相错开。

钢筋的保护层应为30mm(图6.6.8)。

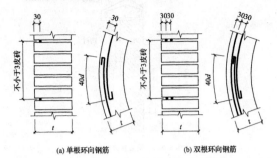

(a) 单根环向钢筋　　　　(b) 双根环向钢筋

图6.6.8　环向钢筋配置(mm)

6.6.9 在环形悬臂和筒壁顶部加厚范围内,环向钢筋应适当增加。

6.6.10 抗震设防地区的砖烟囱,其配筋不应小于表6.6.10的规定。

表6.6.10　抗震设防地区砖烟囱上部的最小配筋

配筋方式	烈度和场地类别		
	6度Ⅲ、Ⅳ类场地	7度Ⅰ、Ⅱ类场地	7度Ⅲ、Ⅳ类场地,8度Ⅰ、Ⅱ类场地
配筋范围	0.5H 到顶端	0.5H 到顶端	$H \leqslant 30m$ 时全高;$H>30m$ 时由 $0.4H$ 到顶端
竖向配筋	$\phi 8$、间距 500mm~700mm,且不少于6根	$\phi 10$ 间距 500mm~700mm,且不少于6根	$\phi 10$ 间距 500mm,且不少于6根

注:1 竖向筋接头应搭接钢筋直径的40倍,钢筋在搭接范围内应用铁丝绑牢,钢筋宜设直角弯钩。

2 烟囱顶部宜设置钢筋混凝土压顶圈梁以锚固竖向钢筋。

3 竖向钢筋应配置在距筒壁外表面120mm处。

7　单筒式钢筋混凝土烟囱

7.1　一般规定

7.1.1 本章适用于高度不大于240m的钢筋混凝土烟囱设计。

7.1.2 钢筋混凝土烟囱筒壁设计,应进行下列计算或验算:

1 附加弯矩计算应符合下列规定:

1)承载能力极限状态下的附加弯矩。当在抗震设防地区时,尚应计算地震作用下的附加弯矩。

2)正常使用极限状态下的附加弯矩。该状态下不应计算地震作用。

2 水平截面承载能力极限状态计算。

3 正常使用极限状态的应力计算应分别计算水平截面和垂直截面的混凝土和钢筋应力。

4 正常使用极限状态的裂缝宽度验算。

7.2　附加弯矩计算

7.2.1 承载能力极限状态和正常使用极限状态计算时,筒身重力荷载对筒壁水平截面 i(图7.2.1)产生的附加弯矩 M_{ai},可按下式计算:

$$M_{ai} = \frac{q_i (h-h_i)^2}{2}\left[\frac{h+2h_i}{3}\left(\frac{1}{\rho_c}+\frac{\alpha_c \Delta T}{d}\right)+\tan\theta\right] \quad (7.2.1)$$

式中:q_i——距筒壁顶$(h-h_i)/3$处的折算线分布重力荷载,可按本规范公式(7.2.3-1)计算;

h——筒身高度(m);

h_i——计算截面 i 的高度(m);

$1/\rho_c$——筒身代表截面处的弯曲变形曲率,可按本规范公式

(7.2.5-1)、公式(7.2.5-2)、公式(7.2.5-4)和公式(7.2.5-5)计算;

α_c——混凝土的线膨胀系数;

ΔT——由日照产生的筒身阳面与阴面的温度差,应按当地实测数据采用。当无实测数据时,可按20℃采用;

d——高度为 $0.4h$ 处的筒身外直径(m);

θ——基础倾斜角(rad),应按现行国家标准《建筑地基基础设计规范》GB 50007规定的地基允许倾斜值采用。

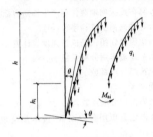

图7.2.1　附加弯矩

7.2.2 抗震设防地区的钢筋混凝土烟囱,筒身重力荷载及竖向地震作用对筒壁水平截面 i 产生的附加弯矩 M_{Eai},可按下式计算:

$$M_{Eai} = \frac{q_i (h-h_i)^2 \pm \gamma_{Ev} F_{Evik}(h-h_i)}{2}$$
$$\left[\frac{h+2h_i}{3}\left(\frac{1}{\rho_{Ec}}+\frac{\alpha_c \Delta T}{d}\right)+\tan\theta\right] \quad (7.2.2)$$

式中:$1/\rho_{Ec}$——考虑地震作用时,筒身代表截面处的变形曲率,按本规范公式(7.2.5-3)计算;

γ_{Ev}——竖向地震作用系数,取 0.50;

F_{Evik}——水平截面 i 的竖向地震作用标准值。

7.2.3 计算截面 i 附加弯矩时,其折算线分布重力荷载 q_i 值,可按下列公式进行计算:

$$q_i = \frac{2(h-h_i)}{3h}(q_0 - q_1) + q_1 \quad (7.2.3-1)$$

承载能力极限状态时:

$$q_0 = \frac{G}{h} \quad (7.2.3-2)$$

$$q_1 = \frac{G_1}{h_1} \quad (7.2.3-3)$$

正常使用极限状态时:

$$q_0 = \frac{G_k}{h} \quad (7.2.3-4)$$

$$q_1 = \frac{G_{1k}}{h_1} \quad (7.2.3-5)$$

式中:q_0——整个筒身的平均线分布重力荷载(kN/m);

q_1——筒身顶部第一节的平均线分布重力荷载(kN/m);

G、G_k——分别为筒身(内衬、隔热层、筒壁)全部自重荷载设计值和标准值(kN);

G_1、G_{1k}——分别为筒身顶部第一节全部自重荷载设计值和标准值(kN);

h_1——筒身顶部第一节高度(m)。

7.2.4 筒身代表截面处,轴向力对筒壁水平截面中心的相对偏心距,应按下列公式计算:

1 承载能力极限状态应按下列公式计算:

1)不考虑地震作用时:

$$\frac{e}{r} = \frac{M_w + M_a}{N \cdot r} \quad (7.2.4-1)$$

2)当考虑地震作用时:

$$\frac{e_E}{r} = \frac{M_E + \psi_{cwE} M_w + M_{Ea}}{N \cdot r} \quad (7.2.4-2)$$

2 正常使用极限状态应按下式计算:

$$\frac{e_k}{r} = \frac{M_{wk} + M_{ak}}{N_k \cdot r} \qquad (7.2.4-3)$$

式中：N——筒身代表截面处的轴向力设计值（kN）；

$\quad N_k$——筒身代表截面处的轴向力标准值（kN）；

$\quad M_w$——筒身代表截面处的风弯矩设计值（kN·m）；

$\quad M_{wk}$——筒身代表截面处的风弯矩标准值（kN·m）；

$\quad M_a$——筒身代表截面处承载能力极限状态附加弯矩设计值（kN·m）；

$\quad M_{ak}$——筒身代表截面处正常使用极限状态附加弯矩标准值（kN·m）；

$\quad M_E$——筒身代表截面处的地震作用弯矩设计值（kN·m）；

$\quad M_{Ea}$——筒身代表截面处的地震作用时附加弯矩设计值（kN·m）；

$\quad e$——按作用效应基本组合计算的轴向力设计值对混凝土筒壁圆心轴线的偏心距（m）；

$\quad e_E$——按含地震作用的荷载效应基本组合计算的轴向力设计值对混凝土筒壁圆心轴线的偏心距（m）；

$\quad e_k$——按荷载效应标准组合计算的轴向力标准值对混凝土筒壁圆心轴线的偏心距（m）；

$\quad \psi_{cWE}$——含地震作用效应的基本组合中风荷载组合系数，取0.2；

$\quad r$——筒身代表截面处的筒壁平均半径（m）。

7.2.5 筒身代表截面处的变形曲率 $1/\rho_c$ 和 $1/\rho_{Ec}$ 可按下列公式计算：

1 承载能力极限状态可按下列公式计算：

1）当 $\frac{e}{r} \leqslant 0.5$ 时：

$$\frac{1}{\rho_c} = \frac{1.6(M_w + M_a)}{0.33 E_{ct} I} \qquad (7.2.5-1)$$

2）当 $\frac{e}{r} > 0.5$ 时：

$$\frac{1}{\rho_c} = \frac{1.6(M_w + M_a)}{0.25 E_{ct} I} \qquad (7.2.5-2)$$

3）当计算地震作用时：

$$\frac{1}{\rho_{Ec}} = \frac{M_E + \psi_{cWE} M_w + M_{Ea}}{0.25 E_{ct} I} \qquad (7.2.5-3)$$

2 正常使用极限状态可按下列公式计算：

1）当 $\frac{e_k}{r} \leqslant 0.5$ 时：

$$\frac{1}{\rho_c} = \frac{M_{wk} + M_{ak}}{0.65 E_{ct} I} \qquad (7.2.5-4)$$

2）当 $\frac{e_k}{r} > 0.5$ 时：

$$\frac{1}{\rho_c} = \frac{M_{wk} + M_{ak}}{0.4 E_{ct} I} \qquad (7.2.5-5)$$

式中：E_{ct}——筒身代表截面处的筒壁混凝土在温度作用下的弹性模量（kN/m²）；

$\quad I$——筒身代表截面惯性矩（m⁴）。

7.2.6 计算筒身代表截面处的变形曲率 $1/\rho_c$ 和 $1/\rho_{Ec}$ 时，可先假定附加弯矩初始值，承载能力极限状态计算时可假定 $M_a = 0.35 M_w$，计及地震作用时可取 $M_{Ea} = 0.35 M_E$，正常使用极限状态可取 $M_{ak} = 0.2 M_w$，代入有关公式求得附加弯矩值与假定值相差不超过5%时，可不再计算，不满足该条件时应进行循环迭代，并应直到前后两次的附加弯矩不超过5%为止。其最后值应为所求的附加弯矩值，与之相应的曲率值应为筒身变形终曲率。

7.2.7 筒身代表截面处的附加弯矩可不迭代，可按下列公式直接计算：

1 承载能力极限状态时：

$$M_a = \frac{\frac{1}{2} q_i (h - h_i)^2 \left[\frac{h + 2h_i}{3} \left(\frac{1.6 M_w}{\alpha_e E_{ct} I} + \frac{\alpha_c \Delta T}{d} \right) + \tan\theta \right]}{1 - \frac{q_i (h - h_i)^2}{2} \cdot \frac{h + 2h_i}{3} \cdot \frac{1.6}{\alpha_e E_{ct} I}}$$

$$(7.2.7-1)$$

2 承载能力极限状态下，计算地震作用时：

$$M_{Ea} =$$
$$\frac{\frac{q_i (h - h_i)^2 \pm \gamma_{Ev} F_{Evik} (h - h_i)}{2} \left[\frac{h + 2h_i}{3} \left(\frac{M_E + \psi_{cWE} M_w}{\alpha_e E_{ct} I} + \frac{\alpha_c \Delta T}{d} \right) + \tan\theta \right]}{1 - \frac{q_i (h - h_i)^2 \pm \gamma_{Ev} F_{Evik} (h - h_i)}{2} \cdot \frac{h + 2h_i}{3} \cdot \frac{1}{\alpha_e E_{ct} I}}$$

$$(7.2.7-2)$$

3 正常使用极限状态时：

$$M_{ak} = \frac{\frac{1}{2} q_i (h - h_i)^2 \left[\frac{h + 2h_i}{3} \left(\frac{M_{wk}}{\alpha_e E_{ct} I} + \frac{\alpha_c \Delta T}{d} \right) + \tan\theta \right]}{1 - \frac{q_i (h - h_i)^2}{2} \cdot \frac{h + 2h_i}{3} \cdot \frac{1}{\alpha_e E_{ct} I}}$$

$$(7.2.7-3)$$

式中：α_e——刚度折减系数，承载能力极限状态时，当 $\frac{e}{r} \leqslant 0.5$ 时，取 $\alpha_e = 0.33$；当 $\frac{e}{r} > 0.5$ 以及地震作用时，取 $\alpha_e = 0.25$；正常使用极限状态时，当 $\frac{e_k}{r} \leqslant 0.5$ 时，取 $\alpha_e = 0.65$；当 $\frac{e_k}{r} > 0.5$ 时，取 $\alpha_e = 0.4$。

注：在确定 $\frac{e}{r}$ 或 $\frac{e_k}{r}$ 时，按第7.2.6条假定附加弯矩，然后确定公式（7.2.7-1）、（7.2.7-2）或（7.2.7-3）中的 α_e 值。再用计算出的附加弯矩复核 $\frac{e}{r}$ 或 $\frac{e_k}{r}$ 值是否符合所采用的 α_e 值条件。否则应另采用 α_e 值。

7.2.8 筒身代表截面可按下列规定确定：

1 当筒身各段坡度均小于或等于3%时，可按下列规定确定：

1）筒身无烟道孔时，取筒身最下节的筒壁底截面。

2）筒身有烟道孔时，取洞口上一节的筒壁底截面。

2 当筒身下部 $h/4$ 范围内有大于3%的坡度时，可按下列规定确定：

1）在坡度小于3%的区段内无烟道孔时，取该区段的筒壁底截面。

2）在坡度小于3%的区段内有烟道孔时，取洞口上一节筒壁底截面。

7.2.9 当筒身坡度不符合本规范第7.2.8条的规定时，筒身附加弯矩可按下式进行计算（图7.2.9）：

$$M_{ai} = \sum_{j=i+1}^{n} G_j (u_j - u_i) \qquad (7.2.9)$$

式中：G_j——筒身 j 质点的重力（计算地震作用时应包括竖向地震作用）；

$\quad u_i$、u_j——筒身 i、j 质点的最终水平位移，计算时包括日照温差和基础倾斜的影响。

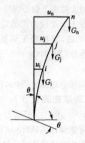

图 7.2.9 附加弯矩计算

7.3 烟囱筒壁承载能力极限状态计算

7.3.1 钢筋混凝土烟囱筒壁水平截面极限状态承载能力，应按下列公式计算：

1 当烟囱筒壁计算截面无孔洞时[图7.3.1（a）]：

$$M + M_a \leqslant \alpha_1 f_{ct} A r \frac{\sin\alpha\pi}{\pi} + f_{yt} A_s r \frac{\sin\alpha\pi + \sin\alpha_t\pi}{\pi} \qquad (7.3.1-1)$$

$$\alpha = \frac{N + f_{yt}A_s}{\alpha_1 f_{ct}A + 2.5 f_{yt}A_s} \qquad (7.3.1-2)$$

当 $\alpha \geqslant \dfrac{2}{3}$ 时：

$$\alpha = \frac{N}{\alpha_1 f_{ct}A + f_{yt}A_s} \qquad (7.3.1-3)$$

2 当筒壁计算截面有孔洞时：

1）有一个孔洞[图 7.3.1(b)]：

$$M + M_a \leqslant \frac{r}{\pi - \theta} \{ (\alpha_1 f_{ct}A + f_{yt}A_s)[\sin(\alpha\pi - \alpha\theta + \theta) - \sin\theta]$$
$$+ f_{yt}A_s \sin[\alpha_t(\pi - \theta)] \} \qquad (7.3.1-4)$$

$$A = 2(\pi - \theta)rt \qquad (7.3.1-5)$$

2）有两个孔洞，且 $\alpha_0 = \pi$ 时[图 7.3.1(c)]：

$$M + M_a \leqslant \frac{r}{\pi - \theta_1 - \theta_2} \{ (\alpha_1 f_{ct}A + f_{yt}A_s)[\sin(\pi\alpha - \alpha\theta_1 - \alpha\theta_2 + \theta_1)$$
$$- \sin\theta_1] + f_{yt}A_s[\sin(\alpha_t\pi - \alpha_t\theta_1 - \alpha_t\theta_2 + \theta_2) - \sin\theta_2] \}$$
$$\qquad (7.3.1-6)$$

$$A = 2(\pi - \theta_1 - \theta_2)rt \qquad (7.3.1-7)$$

3）有两个孔洞，且当 $\alpha_0 \leqslant \alpha(\pi - \theta_1 - \theta_2) + \theta_1 + \theta_2$ 时，可按 $\theta = \theta_1 + \theta_2$ 的单孔洞截面计算；

4）当 $\alpha(\pi - \theta_1 - \theta_2) + \theta_1 + \theta_2 < \alpha_0 \leqslant \pi - \theta_2 - \alpha_t(\pi - \theta_1 - \theta_2)$ 时[图 7.3.1(d)]：

$$M + M_a \leqslant \frac{r}{\pi - \theta_1 - \theta_2} \{ (\alpha_1 f_{ct}A + f_{yt}A_s)[\sin(\alpha\pi - \alpha\theta_1 - \alpha\theta_2 + \theta_1)$$
$$- \sin\theta_1] + f_{yt}A_s\sin(\alpha_t\pi - \alpha_t\theta_1 - \alpha_t\theta_2) \} \qquad (7.3.1-8)$$

5）当 $\alpha_0 > \pi - \theta_2 - \alpha_t(\pi - \theta_1 - \theta_2)$ 时[图 7.3.1(e)]：

$$M + M_a \leqslant \frac{r}{\pi - \theta_1 - \theta_2} \{ (\alpha_1 f_{ct}A + f_{yt}A_s)[\sin(\alpha\pi - \alpha\theta_1 - \alpha\theta_2 + \theta_1)$$
$$- \sin\theta_1] + \frac{f_{yt}A_s}{2}[\sin(\beta'_2) + \sin\beta_2 - \sin(\pi - \alpha_0 + \theta_2) +$$
$$\sin(\pi - \alpha_0 - \theta_2)] \} \qquad (7.3.1-9)$$

$$\beta_2 = k - \arcsin\left(-\frac{m}{2\sin k}\right) \qquad (7.3.1-10)$$

$$\beta'_2 = k + \arcsin\left(-\frac{m}{2\sin k}\right) \qquad (7.3.1-11)$$

$$m = \cos(\pi - \alpha_0 - \theta_2) - \cos(\pi - \alpha_0 + \theta_2) \qquad (7.3.1-12)$$

$$k = \alpha_t(\pi - \theta_1 - \theta_2) + \theta_2 \qquad (7.3.1-13)$$

$$A = 2(\pi - \theta_1 - \theta_2)rt \qquad (7.3.1-14)$$

式中：N——计算截面轴向力设计值(kN)；

α——受压区混凝土截面面积与全截面面积的比值；

α_t——受拉竖向钢筋截面面积与全部竖向钢筋截面面积的比值，$\alpha_t = 1 - 1.5\alpha$，当 $\alpha \geqslant \dfrac{2}{3}$ 时，$\alpha_t = 0$；

A——计算截面的筒壁截面面积(m^2)；

f_{ct}——混凝土在温度作用下轴心抗压强度设计值(kN/m^2)；

α_1——受压区混凝土矩形应力图的应力与混凝土抗压强度设计值的比值，当混凝土强度等级不超过 C50 时，$\alpha_1 = 1.0$，当为 C80 时，$\alpha_1 = 0.94$，其间按线性内插法取用；

A_s——计算截面钢筋总截面面积(m^2)；

f_{yt}——计算截面钢筋在温度作用下的抗拉强度设计值(kN/m^2)；

M——计算截面弯矩设计值(kN·m)；

M_a——计算截面附加弯矩设计值(kN·m)；

r——计算截面筒壁平均半径(m)；

t——筒壁厚度(m)；

θ——计算截面有一个孔洞时的孔洞半角(rad)；

θ_1——计算截面有两个孔洞时，大孔的半角(rad)；

θ_2——计算截面有两个孔洞时，小孔的半角(rad)；

α_0——计算截面有两个孔洞时，两孔洞角平分线的夹角(rad)。

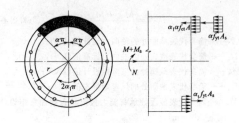

(a) 筒壁没有孔洞

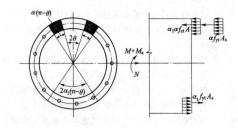

(b) 筒壁有一个孔洞

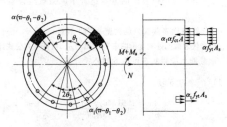

(c) 筒壁两个孔洞（$\alpha_0 = \pi$，大孔位于受压区）

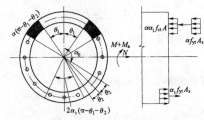

(d) 筒壁两个孔洞（$\alpha_0 \neq \pi$，其中小孔位于拉压区之间）

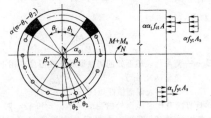

(e) 筒壁两个孔洞（$\alpha_0 \neq \pi$，其中小孔位于受拉区内）

图 7.3.1 截面极限承载能力计算

7.3.2 筒壁竖向截面极限承载能力，可按现行国家标准《混凝土结构设计规范》GB 50010 正截面受弯承载力进行计算。

7.4 烟囱筒壁正常使用极限状态计算

7.4.1 正常使用极限状态计算应包括下列内容：

1 计算在荷载标准值和温度共同作用下混凝土与钢筋应力，以及温度单独作用下钢筋应力，并应满足下列公式的要求：

$$\sigma_{cwt} \leqslant 0.4 f_{ctk} \qquad (7.4.1-1)$$

$$\sigma_{swt} \leqslant 0.5 f_{ytk} \qquad (7.4.1-2)$$

$$\sigma_{st} \leqslant 0.5 f_{ytk} \qquad (7.4.1-3)$$

式中:σ_{cwt}——在荷载标准值和温度共同作用下混凝土的应力值(N/mm²);

$\quad\sigma_{swt}$——在荷载标准值和温度共同作用下竖向钢筋的应力值(N/mm²);

$\quad\sigma_{st}$——在温度作用下环向和竖向钢筋的应力值(N/mm²);

$\quad f_{ctk}$——混凝土在温度作用下的强度标准值,按本规范表4.2.3的规定取值(N/mm²);

$\quad f_{ytk}$——钢筋在温度作用下的强度标准值,按本规范第4.3.2条的规定取值(N/mm²)。

2 验算筒壁裂缝宽度,并应符合本规范表3.4.2的规定。

Ⅰ 荷载标准值作用下的水平截面应力计算

7.4.2 钢筋混凝土筒壁水平截面在自重荷载、风荷载和附加弯矩(均为标准值)作用下的应力计算,应根据轴向力标准值对筒壁圆心的偏心距e_k与截面核心距r_{co}的相应关系($e_k>r_{co}$或$e_k\leq r_{co}$),分别采用图7.4.2所示的应力计算简图,并应符合下列规定:

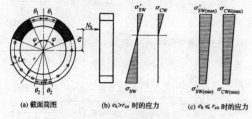

图7.4.2 在荷载标准值作用下截面应力计算

1 轴向力标准值对筒壁圆心的偏心距应按下式计算:

$$e_k = \frac{M_{wk} + M_{ak}}{N_k} \qquad (7.4.2\text{-}1)$$

式中:M_{wk}——计算截面由风荷载标准值产生的弯矩(kN·m);

$\quad M_{ak}$——计算截面正常使用极限状态的附加弯矩标准值(kN·m);

$\quad N_k$——计算截面的轴向力标准值(kN)。

2 截面核心距r_{co}可按下列公式计算:

1)当筒壁计算截面无孔洞时:
$$r_{co} = 0.5r \qquad (7.4.2\text{-}2)$$

2)当筒壁计算截面有一个孔洞(将孔洞置于受压区)时:
$$r_{co} = \frac{\pi - \theta - 0.5\sin2\theta - 2\sin\theta}{2(\pi - \theta - \sin\theta)}r \qquad (7.4.2\text{-}3)$$

3)当筒壁计算截面有两个孔洞($\alpha_0=\pi$,并将大孔洞置于受压区)时:
$$r_{co} = \frac{\pi - \theta_1 - \theta_2 - 0.5(\sin2\theta_1 + \sin2\theta_2) + 2\cos\theta_2(\sin\theta_2 - \sin\theta_1)}{2[\sin\theta_2 - \sin\theta_1 + (\pi - \theta_1 - \theta_2)\cos\theta_2]}r$$
$$(7.4.2\text{-}4)$$

4)当筒壁计算截面有两个孔洞($\alpha_0\neq\pi$,并将大孔洞置于受压区)且$\alpha_0\leq\pi-\theta_2$时:
$$r_{co} = \{[(\pi-\theta_1-\theta_2) - 0.5[\sin2\theta_1 - 0.5\sin2(\alpha_0-\theta_2) + 0.5\sin2(\alpha_0+\theta_2)] + \sin(\alpha_0-\theta_2) - \sin(\alpha_0+\theta_2) - 2\sin\theta_1]/[2(\pi-\theta_1-\theta_2) + \sin(\alpha_0-\theta_2) - \sin(\alpha_0+\theta_2) - 2\sin\theta_1]\}r$$
$$(7.4.2\text{-}5)$$

5)当筒壁计算截面有两个孔洞($\alpha_0\neq\pi$,并将大孔洞置于受压区)且$\alpha_0>\pi-\theta_2$时:
$$r_{co} = \{[(\pi-\theta_1-\theta_2) - 0.5[\sin2\theta_1 - 0.5\sin2(\alpha_0-\theta_2) + 0.5\sin2(\alpha_0+\theta_2)] - \cos(\alpha_0+\theta_2)[\sin(\alpha_0-\theta_2) - \sin(\alpha_0+\theta_2) - 2\sin\theta_1]/-2(\pi-\theta_1-\theta_2)\cos(\alpha_0+\theta_2) + \sin(\alpha_0-\theta_2) - \sin(\alpha_0+\theta_2) - 2\sin\theta_1]\}r$$
$$(7.4.2\text{-}6)$$

7.4.3 当$e_k>r_{co}$时,筒壁水平截面混凝土及钢筋应力应按下列公式计算:

1 背风侧混凝土压应力σ_{cw}应按下列公式计算:

1)当筒壁计算截面无孔洞时:
$$\sigma_{cw} = \frac{N_k}{A_0}C_{c1} \qquad (7.4.3\text{-}1)$$

$$C_{c1} = \frac{\pi(1 + \alpha_{Et}\rho_t)(1 - \cos\varphi)}{\sin\varphi - (\varphi + \pi\alpha_{Et}\rho_t)\cos\varphi} \qquad (7.4.3\text{-}2)$$

2)当筒壁计算截面有一个孔洞时:
$$\sigma_{cw} = \frac{N_k}{A_0}C_{c2} \qquad (7.4.3\text{-}3)$$

$$C_{c2} = \frac{(1 + \alpha_{Et}\rho_t)(\pi - \theta)(\cos\theta - \cos\varphi)}{\sin\varphi - (1 + \alpha_{Et}\rho_t)\sin\theta - [\varphi - \theta + (\pi - \theta)\alpha_{Et}\rho_t]\cos\varphi}$$
$$(7.4.3\text{-}4)$$

3)当筒壁计算截面有两个孔洞($\alpha_0=\pi$)时:
$$\sigma_{cw} = \frac{N_k}{A_0}C_{c3} \qquad (7.4.3\text{-}5)$$

$$C_{c3} = \frac{B_{c3}}{D_{c3}} \qquad (7.4.3\text{-}6)$$

$$B_{c3} = (\pi - \theta_1 - \theta_2)(1 + \alpha_{Et}\rho_t)(\cos\theta_1 - \cos\varphi)$$
$$(7.4.3\text{-}7)$$

$$D_{c3} = \sin\varphi - (1 + \alpha_{Et}\rho_t)\sin\theta_1 - [\varphi - \theta_1 + \alpha_{Et}\rho_t(\pi - \theta_1 - \theta_2)]\cos\varphi + \alpha_{Et}\rho_t\sin\theta_2 \qquad (7.4.3\text{-}8)$$

4)当筒壁计算截面有两个孔洞($\alpha_0<\pi$)时:
$$\sigma_{cw} = \frac{N_k}{A_0}C_{c4} \qquad (7.4.3\text{-}9)$$

$$C_{c4} = \frac{B_{c4}}{D_{c4}} \qquad (7.4.3\text{-}10)$$

$$B_{c4} = (\pi - \theta_1 - \theta_2)(1 + \alpha_{Et}\rho_t)(\cos\theta_1 - \cos\varphi)$$
$$(7.4.3\text{-}11)$$

$$D_{c4} = \sin\varphi - (1 + \alpha_{Et}\rho_t)\sin\theta_1 - [\varphi - \theta_1 + \alpha_{Et}\rho_t(\pi - \theta_1 - \theta_2)]\cos\varphi + \frac{1}{2}\alpha_{Et}\rho_t[\sin(\alpha_0 - \theta_2) - \sin(\alpha_0 + \theta_2)] \qquad (7.4.3\text{-}12)$$

式中:A_0——筒壁计算截面的换算面积,按本规范公式(7.4.5-1)计算;

$\quad\alpha_{Et}$——在温度和荷载长期作用下,钢筋的弹性模量与混凝土的弹塑性模量的比值,按本规范公式(7.4.5-2)计算;

$\quad\varphi$——筒壁计算截面的受压区半角;

$\quad\rho_t$——竖向钢筋总配筋率(包括筒壁外侧和内侧配筋)。

2 迎风侧竖向钢筋拉应力σ_{sw}应按下列公式计算:

1)当筒壁计算截面无孔洞时:
$$\sigma_{sw} = \alpha_{Et}\frac{N_k}{A_0}C_{s1} \qquad (7.4.3\text{-}13)$$

$$C_{s1} = \frac{1 + \cos\varphi}{1 - \cos\varphi}C_{c1} \qquad (7.4.3\text{-}14)$$

2)当筒壁计算截面有一个孔洞时:
$$\sigma_{sw} = \alpha_{Et}\frac{N_k}{A_0}C_{s2} \qquad (7.4.3\text{-}15)$$

$$C_{s2} = \frac{1 + \cos\varphi}{\cos\theta - \cos\varphi}C_{c2} \qquad (7.4.3\text{-}16)$$

3)当筒壁计算截面有两个孔洞($\alpha_0=\pi$)时:
$$\sigma_{sw} = \alpha_{Et}\frac{N_k}{A_0}C_{s3} \qquad (7.4.3\text{-}17)$$

$$C_{s3} = \frac{\cos\theta_2 + \cos\varphi}{\cos\theta_1 - \cos\varphi}C_{c3} \qquad (7.4.3\text{-}18)$$

4)当筒壁有两个孔洞($\alpha_0\neq\pi$,将大孔洞置于受压区)且$\alpha_0\leq\pi-\theta_2$时:
$$\sigma_{sw} = \alpha_{Et}\frac{N_k}{A_0}C_{s4} \qquad (7.4.3\text{-}19)$$

$$C_{s4} = \frac{1 + \cos\varphi}{\cos\theta_1 - \cos\varphi}C_{c4} \qquad (7.4.3\text{-}20)$$

5)当筒壁有两个孔洞($\alpha_0\neq\pi$,将大孔洞置于受压区)且$\alpha_0>\pi-\theta_2$时:
$$\sigma_{sw} = \alpha_{Et}\frac{N_k}{A_0}C_{s5} \qquad (7.4.3\text{-}21)$$

$$C_{s5} = \frac{\cos(\alpha_0 + \theta_2) + \cos\varphi}{\cos\theta_1 - \cos\varphi}C_{c4} \qquad (7.4.3\text{-}22)$$

3 受压区半角φ,应按下列公式确定:

1）当筒壁计算截面无孔洞时：

$$\frac{e_k}{r} = \frac{\varphi - 0.5\sin2\varphi + \pi\alpha_{Et}\rho_t}{2[\sin\varphi - (\varphi + \pi\alpha_{Et}\rho_t)\cos\varphi]} \quad (7.4.3-23)$$

2）当筒壁计算截面有一个孔洞时：

$$\frac{e_k}{r} =$$
$$\frac{(1+\alpha_{Et}\rho_t)(\varphi - \theta - 0.5\sin2\theta + 2\sin\theta\cos\varphi) - 0.5\sin2\varphi + \alpha_{Et}\rho_t(\pi-\varphi)}{2\{\sin\varphi - (1+\alpha_{Et}\rho_t)\sin\theta - [\varphi - \theta + (\pi-\theta)\alpha_{Et}\rho_t]\cos\varphi\}}$$
$$(7.4.3-24)$$

3）当筒壁计算截面有两个孔洞（$\alpha_0 = \pi$）时：

$$\frac{e_k}{r} = \frac{B_{ec1}}{D_{ec1}} \quad (7.4.3-25)$$

$$B_{ec1} = (1+\alpha_{Et}\rho_t)(\varphi - \theta_1 - 0.5\sin2\theta_1 + 2\cos\varphi\sin\theta_1) - 0.5\sin2\varphi$$
$$+ \alpha_{Et}\rho_t(\pi - \varphi - \theta_2 - 0.5\sin2\theta_2 - 2\cos\varphi\sin\theta_2) \quad (7.4.3-26)$$

$$D_{ec1} = 2\{\sin\varphi - (1+\alpha_{Et}\rho_t)\sin\theta_1 - [\varphi - \theta_1 + \alpha_{Et}\rho_t(\pi-\theta_1-\theta_2)]\cos\varphi$$
$$+ \alpha_{Et}\rho_t\sin\theta_2\} \quad (7.4.3-27)$$

4）当开两个孔洞（$\alpha_0 \neq \pi$，将大孔洞置于受压区）时：

$$\frac{e_k}{r} = \frac{B_{ec2}}{D_{ec2}} \quad (7.4.3-28)$$

$$B_{ec2} = (1+\alpha_{Et}\rho_t)(\varphi - \theta_1 - 0.5\sin2\theta_1 + 2\cos\varphi\sin\theta_1) - 0.5\sin2\varphi$$
$$+ \alpha_{Et}\rho_t[\pi - \varphi - \theta_2 - 0.25\sin(2\alpha_0 + 2\theta_2)$$
$$+ 0.25\sin(2\alpha_0 - 2\theta_2) + \cos\varphi\sin(\alpha_0 + \theta_2) - \cos\varphi\sin(\alpha_0 - \theta_2)] \quad (7.4.3-29)$$

$$D_{ec2} = 2\{\sin\varphi - (1+\alpha_{Et}\rho_t)\sin\theta_1 - [\varphi - \theta_1 + \alpha_{Et}\rho_t(\pi - \theta_1 - \theta_2)]$$
$$\cos\varphi + \frac{1}{2}\alpha_{Et}\rho_t[\sin(\alpha_0 - \theta_2) - \sin(\alpha_0 + \theta_2)]\} \quad (7.4.3-30)$$

7.4.4 当 $e_k \leqslant r_{co}$ 时，筒壁水平截面混凝土压应力应按下列公式计算：

1 背风侧的混凝土压应力 σ_{cw} 应按下列公式计算：

1）当筒壁计算截面无孔洞时：

$$\sigma_{cw} = \frac{N_k}{A_0}C_{c5} \quad (7.4.4-1)$$

$$C_{c5} = 1 + 2\frac{e_k}{r} \quad (7.4.4-2)$$

2）当筒壁计算截面有一个孔洞时：

$$\sigma_{cw} = \frac{N_k}{A_0}C_{c6} \quad (7.4.4-3)$$

$$C_{c6} = 1 + \frac{2\left(\frac{e_k}{r} + \frac{\sin\theta}{\pi-\theta}\right)[(\pi-\theta)\cos\theta + \sin\theta]}{\pi - \theta - 0.5\sin2\theta - 2\frac{\sin^2\theta}{\pi-\theta}}$$
$$(7.4.4-4)$$

3）当筒壁计算截面有两个孔洞（$\alpha_0 = \pi$）时：

$$\sigma_{cw} = \frac{N_k}{A_0}C_{c7} \quad (7.4.4-5)$$

$$C_{c7} = 1 + \frac{2\left(\frac{e_k}{r} + \frac{\sin\theta_1 - \sin\theta_2}{\pi - \theta_1 - \theta_2}\right)[(\pi-\theta_1-\theta_2)\cos\theta_1 - \sin\theta_2 + \sin\theta_1]}{(\pi - \theta_1 - \theta_2) - 0.5(\sin2\theta_1 + \sin2\theta_2) - 2\frac{(\sin\theta_2 - \sin\theta_1)^2}{\pi - \theta_1 - \theta_2}}$$
$$(7.4.4-6)$$

4）当筒壁计算截面有两个孔洞（$\alpha_0 \neq \pi$，将大孔洞置于受压区）时：

$$\sigma_{cw} = \frac{N_k}{A_0}C_{c8} \quad (7.4.4-7)$$

$$C_{c8} = 1 + \frac{2\left(\frac{e_k}{r} + \frac{\sin\theta_1 + P_1}{\pi - \theta_1 - \theta_2}\right)[(\pi-\theta_1-\theta_2)\cos\theta_1 + \sin\theta_1 + P_1]}{(\pi - \theta_1 - \theta_2) - 0.5(\sin2\theta_1 + P_2) - 2\frac{(\sin\theta_1 + P_1)^2}{\pi - \theta_1 - \theta_2}}$$
$$(7.4.4-8)$$

$$P_1 = \frac{1}{2}[\sin(\alpha_0 + \theta_2) - \sin(\alpha_0 - \theta_2)] \quad (7.4.4-9)$$

$$P_2 = \frac{1}{2}[\sin2(\alpha_0 + \theta_2) - \sin2(\alpha_0 - \theta_2)] \quad (7.4.4-10)$$

2 迎风侧混凝土压应力 σ'_{cw} 应按下列公式计算：

1）当筒壁计算截面无孔洞时：

$$\sigma'_{cw} = \frac{N_k}{A_0}C_{c9} \quad (7.4.4-11)$$

$$C_{c9} = 1 - 2\frac{e_k}{r} \quad (7.4.4-12)$$

2）当筒壁计算截面有一个孔洞时：

$$\sigma'_{cw} = \frac{N_k}{A_0}C_{c10} \quad (7.4.4-13)$$

$$C_{c10} = 1 - \frac{2\left(\frac{e_k}{r} + \frac{\sin\theta}{\pi-\theta}\right)(\pi - \theta - \sin\theta)}{\pi - \theta - 0.5\sin2\theta - 2\frac{\sin^2\theta}{\pi-\theta}} \quad (7.4.4-14)$$

3）当洞壁计算截面有两个孔洞（$\alpha_0 = \pi$）时：

$$\sigma'_{cw} = \frac{N_k}{A_0}C_{c11} \quad (7.4.4-15)$$

$$C_{c11} = 1 - \frac{2\left(\frac{e_k}{r} + \frac{\sin\theta_1 - \sin\theta_2}{\pi - \theta_1 - \theta_2}\right)[(\pi-\theta_1-\theta_2)\cos\theta_2 + \sin\theta_2 - \sin\theta_1]}{(\pi - \theta_1 - \theta_2) - 0.5(\sin2\theta_1 + \sin2\theta_2) - 2\frac{(\sin\theta_2 - \sin\theta_1)^2}{\pi - \theta_1 - \theta_2}}$$
$$(7.4.4-16)$$

4）当筒壁有两个孔洞（$\alpha_0 \neq \pi$）时且 $\alpha_0 \leqslant \pi - \theta_2$ 时：

$$\sigma'_{cw} = \frac{N_k}{A_0}C_{c12} \quad (7.4.4-17)$$

$$C_{c12} = 1 - \frac{2\left(\frac{e_k}{r} + \frac{\sin\theta_1 + P_1}{\pi - \theta_1 - \theta_2}\right)[(\pi-\theta_1-\theta_2) - \sin\theta_1 - P_1]}{(\pi - \theta_1 - \theta_2) - 0.5(\sin2\theta_1 + P_2) - 2\frac{(\sin\theta_1 + P_1)^2}{\pi - \theta_1 - \theta_2}}$$
$$(7.4.4-18)$$

5）当筒壁有两个孔洞（$\alpha_0 \neq \pi$）时且 $\alpha_0 > \pi - \theta_2$ 时：

$$\sigma'_{cw} = \frac{N_k}{A_0}C_{c13} \quad (7.4.4-19)$$

$$C_{c13} =$$
$$1 - \frac{2\left(\frac{e_k}{r} + \frac{\sin\theta_1 + P_1}{\pi - \theta_1 - \theta_2}\right)[-(\pi-\theta_1-\theta_2)\cos(\alpha_0 + \theta_2) - \sin\theta_1 - P_1]}{(\pi - \theta_1 - \theta_2) - 0.5(\sin2\theta_1 + P_2) - 2\frac{(\sin\theta_1 + P_1)^2}{\pi - \theta_1 - \theta_2}}$$
$$(7.4.4-20)$$

7.4.5 筒壁水平截面的换算截面面积 A_0 和 α_{Et} 应按下列公式计算：

$$A_0 = 2rt(\pi - \theta_1 - \theta_2)(1 + \alpha_{Et}\rho_t) \quad (7.4.5-1)$$

$$\alpha_{Et} = 2.5\frac{E_s}{E_{ct}} \quad (7.4.5-2)$$

式中：E_s——钢筋弹性模量（N/mm²）；

E_{ct}——混凝土在温度作用下的弹性模量（N/mm²），按本规范第4.2.6条规定采用。

Ⅱ 荷载标准值和温度共同作用下的水平截面应力计算

7.4.6 在计算荷载标准值和温度共同作用下的筒壁水平截面应力前，首先应按下列公式计算应变参数：

1 压应变参数 P_c 值应按下列公式计算：

当 $e_k > r_{co}$ 时：

$$P_c = \frac{1.8\sigma_{cw}}{\varepsilon_t E_{ct}} \quad (7.4.6-1)$$

$$\varepsilon_t = 1.25(\alpha_c T_c - \alpha_s T_s) \quad (7.4.6-2)$$

当 $e_k \leqslant r_{co}$ 时：

$$P_c = \frac{2.5\sigma_{cw}}{\varepsilon_t E_{ct}} \quad (7.4.6-3)$$

2 拉应变参数 P_s 值（仅适用于 $e_k > r_{co}$）应按下列公式计算：

$$P_s = \frac{0.7\sigma_{sw}}{\varepsilon_t E_s} \quad (7.4.6-4)$$

式中：ε_t——筒壁内表面与外侧钢筋的相对自由变形值；

α_c、α_s——分别为混凝土、钢筋的线膨胀系数，按本规范第4.2.7条和第4.3.8条的规定采用；

T_c、T_s——分别为筒壁内表面、外侧竖向钢筋的受热温度（℃）；

按本规范第5.6节规定计算；

σ_{cw}、σ_{sw}——分别为在荷载标准值作用下背风侧混凝土压应力、迎风侧竖向钢筋拉应力（N/mm²），按本规范第7.4.3条～第7.4.5条规定计算。

7.4.7 背风侧混凝土压应力 σ_{cwt}（图7.4.7），应按下列公式计算：

1 当 $P_c \geqslant 1$ 时：

$$\sigma_{cwt} = \sigma_{cw} \tag{7.4.7-1}$$

2 当 $P_c < 1$ 时：

$$\sigma_{cwt} = \sigma_{cw} + E'_{ct}\varepsilon_t(\xi_{wt} - P_c)\eta_{ct1} \tag{7.4.7-2}$$

当 $e_k > r_{co}$ 时：

$$E'_{ct} = 0.55E_{ct} \tag{7.4.7-3}$$

当 $e_k \leqslant r_{co}$ 时：

$$E'_{ct} = 0.4E_{ct} \tag{7.4.7-4}$$

当 $1 > P_c > \dfrac{1+2\alpha_{E\eta}\rho'\left(1-\frac{c'}{t_0}\right)}{2[1+\alpha_{E\eta}(\rho+\rho')]}$ 时：

$$\xi_{wt} = P_c + \frac{1+2\alpha_{E\eta}\left(\rho+\rho'\frac{c'}{t_0}\right)}{2[1+\alpha_{E\eta}(\rho+\rho')]} \tag{7.4.7-5}$$

当 $P_c \leqslant \dfrac{1+2\alpha_{E\eta}\rho'\left(1-\frac{c'}{t_0}\right)}{2[1+\alpha_{E\eta}(\rho+\rho')]}$ 时：

$$\xi_{wt} = -\alpha_{E\eta}(\rho+\rho') +$$
$$\sqrt{[\alpha_{E\eta}(\rho+\rho')]^2 + 2\alpha_{E\eta}\left(\rho+\rho'\frac{c'}{t_0}\right) + 2P_c[1+\alpha_{E\eta}(\rho+\rho')]} \tag{7.4.7-6}$$

$$\alpha_{E\eta} = \frac{E_s}{E'_{ct}} \tag{7.4.7-7}$$

当 $P_c \leqslant 0.2$ 时：

$$\eta_{ct1} = 1 - 2.6P_c \tag{7.4.7-8}$$

当 $P_c > 0.2$ 时：

$$\eta_{ct1} = 0.6(1 - P_c) \tag{7.4.7-9}$$

式中：E'_{ct}——在温度和荷载长期作用下混凝土的弹塑性模量（N/mm²）；

ξ_{wt}——在荷载标准值和温度共同作用下筒壁厚度内受压区的相对高度系数；

ρ、ρ'——分别为筒壁外侧和内侧竖向钢筋配筋率；

t_0——筒壁有效厚度（mm）；

c'——筒壁内侧竖向钢筋保护层厚度（mm）；

η_{ct1}——温度应力衰减系数。

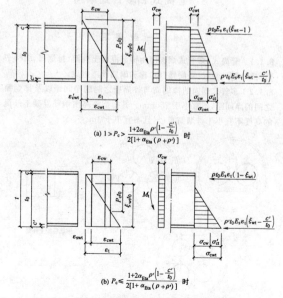

(a) $1 > P_c > \dfrac{1+2\alpha_{E\eta}\rho'\left(1-\frac{c'}{t_0}\right)}{2[1+\alpha_{E\eta}(\rho+\rho')]}$ 时

(b) $P_c \leqslant \dfrac{1+2\alpha_{E\eta}\rho'\left(1-\frac{c'}{t_0}\right)}{2[1+\alpha_{E\eta}(\rho+\rho')]}$ 时

图7.4.7 水平截面背风侧混凝土的应变和应力（宽度为1）

7.4.8 迎风侧竖向钢筋应力 σ_{swt}（图7.4.8），应按下列公式计算：

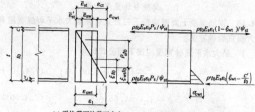

(a) 平均截面的截面应变　　(b) 裂缝截面的内力平衡

图7.4.8 水平截面迎风侧钢筋的应变和应力计算（宽度为1）

1 当 $e_k > r_{co}$，$P_s \geqslant \dfrac{\rho + \psi_{st}\rho'\frac{c'}{t_0}}{\rho + \rho'}$ 时：

$$\sigma_{swt} = \sigma_{sw} \tag{7.4.8-1}$$

2 当 $e_k > r_{co}$，$P_s < \dfrac{\rho + \psi_{st}\rho'\frac{c'}{t_0}}{\rho + \rho'}$ 时：

$$\sigma_{swt} = \frac{E_s}{\psi_{st}}\varepsilon_t(1 - \xi_{wt}) \tag{7.4.8-2}$$

$$\xi_{wt} = -\alpha_{E\eta}\left(\frac{\rho}{\psi_{st}} + \rho'\right) +$$
$$\left\{\left[\alpha_{E\eta}\left(\frac{\rho}{\psi_{st}} + \rho'\right)\right]^2 + 2\alpha_{E\eta}\left(\frac{\rho}{\psi_{st}} + \rho'\frac{c'}{t_0}\right) - 2\alpha_{E\eta}(\rho+\rho')\frac{P_s}{\psi_{st}}\right\}^{\frac{1}{2}} \tag{7.4.8-3}$$

式中：ψ_{st}——受拉钢筋在温度作用下的应变不均匀系数，按本规范公式（7.4.9-4）计算。

3 当 $e_k \leqslant r_{co}$，$P_c \leqslant \dfrac{1+2\alpha_{E\eta}\rho'\left(1-\frac{c'}{t_0}\right)}{2[1+\alpha_{E\eta}(\rho+\rho')]}$ 时：

$$\sigma_{swt} = \sigma_{st} \tag{7.4.8-4}$$

4 $e_k \leqslant r_{co}$，$P_c > \dfrac{1+2\alpha_{E\eta}\rho'\left(1-\frac{c'}{t_0}\right)}{2[1+\alpha_{E\eta}(\rho+\rho')]}$ 时，截面全部受压，不应进行计算。钢筋应按极限承载能力计算结果配置。

Ⅲ　温度作用下水平截面和垂直面应力计算

7.4.9 裂缝处水平截面和垂直面在温度单独作用下混凝土压应力 σ_{ct} 和钢筋拉应力 σ_{st}（图7.4.9），应按下列公式计算：

$$\sigma_{ct} = E'_{ct}\varepsilon_t\xi_1 \tag{7.4.9-1}$$

$$\sigma_{st} = \frac{E_s}{\psi_{st}}\varepsilon_t(1 - \xi_1) \tag{7.4.9-2}$$

$$\xi_1 = -\alpha_{E\eta}\left(\frac{\rho}{\psi_{st}} + \rho'\right) + \sqrt{\left[\alpha_{E\eta}\left(\frac{\rho}{\psi_{st}} + \rho'\right)\right]^2 + 2\alpha_{E\eta}\left(\frac{\rho}{\psi_{st}} + \rho'\frac{c'}{t_0}\right)} \tag{7.4.9-3}$$

$$\psi_{st} = \frac{1.1E_s\varepsilon_t(1-\xi_1)\rho_{te}}{E_s\varepsilon_t(1-\xi_1)\rho_{te} + 0.65f_{ttk}} \tag{7.4.9-4}$$

式中：E'_{ct}——在温度和荷载长期作用下混凝土的弹塑性模量（N/mm²），按本规范公式（7.4.7-3）计算；

f_{ttk}——混凝土在温度作用下的轴心抗拉强度标准值（N/mm²），按本规范表4.2.3采用；

ρ_{te}——以有效受拉混凝土截面积计算的受拉钢筋配筋率，取 $\rho_{te} = 2\rho$。

当计算的 $\psi_{st} < 0.2$ 时取 $\psi_{st} = 0.2$；$\psi_{st} > 1$ 时取 $\psi_{st} = 1$。

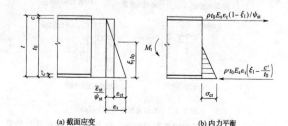

(a) 截面应变　　　　　　(b) 内力平衡

图7.4.9 裂缝处水平截面和垂直面应变和应力计算（宽度为1）

Ⅳ 筒壁裂缝宽度计算

7.4.10 钢筋混凝土筒壁应按下列公式计算最大水平裂缝宽度和最大垂直裂缝宽度：

1 最大水平缝宽度应按下列公式计算：

$$w_{max} = k\alpha_{cr}\psi\frac{\sigma_{swt}}{E_s}\left(1.9c + 0.08\frac{d_{eq}}{\rho_{te}}\right) \qquad (7.4.10-1)$$

$$\psi = 1.1 - 0.65\frac{f_{ttk}}{\rho_{te}\sigma_{st}} \qquad (7.4.10-2)$$

$$d_{eq} = \frac{\sum n_i d_i^2}{\sum n_i \nu_i d_i} \qquad (7.4.10-3)$$

式中：σ_{swt}——荷载标准值和温度共同作用下竖向钢筋在裂缝处的拉应力（N/mm^2）；

α_{cr}——构件受力特征系数，当 $\sigma_{swt}=\sigma_{sw}$ 时，取 $\alpha_{cr}=2.4$，在其他情况时，取 $\alpha_{cr}=2.1$；

k——烟囱工作条件系数，取 $k=1.2$；

n_i——第 i 种钢筋根数；

ρ_{te}——以有效受拉混凝土截面积计算的受拉钢筋配筋率，当 $\sigma_{swt}=\sigma_{sw}$ 时，$\rho_{te}=\rho+\rho'$，当为其他情况时，$\rho_{te}=2\rho$，当 $\rho_{te}<0.01$ 时，取 $\rho_{te}=0.01$；

d_i、d_{eq}——第 i 种受拉钢筋及等效钢筋的直径（mm）；

c——混凝土保护层厚度（mm）；

ν_i——纵向受拉钢筋的相对黏结特性系数，光圆钢筋取 0.7，带肋钢筋取 1.0。

2 最大垂直裂缝宽度应按公式（7.4.10-1）～公式（7.4.10-3）进行计算，σ_{swt} 应以 σ_{st} 代替，并应 $\alpha_{cr}=2.1$。

7.5 构造规定

7.5.1 钢筋混凝土烟囱筒壁的坡度，分节高度和厚度应符合下列规定：

1 筒壁坡度宜采用 2%，对高烟囱也可采用几种不同的坡度。

2 筒壁分节高度，应为移动模板的倍数，且不宜超过 15m。

3 筒壁最小厚度应符合本规范表 7.5.1 的规定。

表 7.5.1 筒壁最小厚度

筒壁顶口内径 D(m)	最小厚度(mm)
$D \leqslant 4$	140
$4 < D \leqslant 6$	160
$6 < D \leqslant 8$	180
$D > 8$	$180+(D-8)\times10$

注：采用滑动模板施工时，最小厚度不宜小于 160mm。

4 筒壁厚度可根据分节高度自下而上阶梯形减薄，但同一节厚度宜相同。

7.5.2 筒壁环形悬臂和筒壁顶部加厚区段的构造，应符合下列规定（图 7.5.2）：

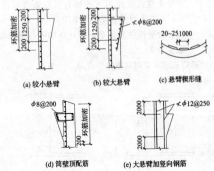

图 7.5.2 悬臂及筒顶配筋(mm)

1 环形悬臂可按构造配置钢筋。受力较大或挑出较长的悬臂应按牛腿计算配置钢筋。

2 在环形悬臂中，应沿悬臂设置垂直楔形缝，缝的宽度应为 20mm～25mm，缝的间距宜为 1m。

3 在环形悬臂处和筒壁顶部加厚区段内，筒壁外侧环向钢筋应适当加密，宜比非加厚区段增加 1 倍配筋。

4 当环形悬臂挑出较长或荷载较大时，宜在悬臂上下各 2m 范围内，对筒壁内外侧竖向钢筋及环向钢筋应适当加密，宜比非加厚区段增加 1 倍配筋。

7.5.3 筒壁上设有孔洞时，应符合下列规定：

1 在同一水平截面内有两个孔洞时，宜对称设置。

2 孔洞对应的圆心角不应超过 70°。在同一水平截面内总的开孔圆心角不得超过 140°。

3 孔洞宜设计成圆形。矩形孔洞的转角宜设计成弧形（图 7.5.3）。

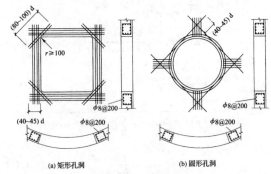

(a) 矩形孔洞　　　　　(b) 圆形孔洞

图 7.5.3 洞口加固筋(mm)

4 孔洞周围应配补强钢筋，并应布置在孔洞边缘 3 倍筒壁厚度范围内，其截面面积宜为同方向被切断钢筋截面面积的 1.3 倍。其中环向补强钢筋的一半应贯通整个环形截面。矩形孔洞转角处应配置与水平方向成 45° 角的斜向钢筋，每个转角处的钢筋，按筒壁厚度每 100mm 不应小于 $250mm^2$，且不应少于 2 根。

补强钢筋伸过洞口边缘的长度，抗震设防地区应为钢筋直径的 45 倍，非抗震设防地区应为钢筋直径的 40 倍。

8 套筒式和多管式烟囱

8.1 一般规定

8.1.1 套筒式、多管式烟囱应由钢筋混凝土外筒、排烟筒、结构平台、横向制晃装置、竖向楼(电)梯和附属设施组成。

8.1.2 多管式烟囱的排烟筒与外筒壁之间的净间距以及排烟筒之间的净间距，不宜小于 750mm。其排烟筒高出钢筋混凝土外筒的高度不宜小于排烟筒直径，且不宜小于 3m。

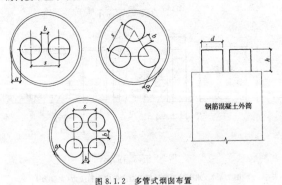

图 8.1.2 多管式烟囱布置

a—排烟筒与外筒壁之间的净间距；b—排烟筒之间的净间距

8.1.3 套筒式烟囱的排烟筒与外筒壁之间的净间距 a 不宜小于 1000mm。其排烟筒高出钢筋混凝土外筒的高度 h 宜在 2 倍的内外筒净间距 a 至 1 倍钢内筒直径范围内。

8.1.4 排烟筒可依据实际情况，选择砖砌体结构、钢结构或玻璃钢结构。

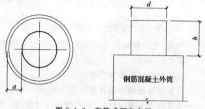

图 8.1.3 套筒式烟囱布置

8.1.5 结构平台应根据排烟内筒的结构特性，并宜结合横向制晃装置、施工方案及运行条件设置。

8.1.6 钢梯宜设在钢筋混凝土外筒内部。当运行维护需要时，可设置电梯。

8.1.7 套筒式和多管式烟囱应进行下列计算或验算：

1 承重外筒应进行水平截面承载能力极限状态计算和水平裂缝宽度验算。

2 排烟筒的计算应符合下列规定：

1）分段支撑的砖内筒，应进行受热温度和环箍或环筋计算。

2）自立式砖砌内筒，除进行受热温度和环箍或环筋计算外，在抗震设防地区还应进行地震作用下的抗震承载力验算和顶部最大水平位移计算。

3）自立式钢内筒应进行强度、整体稳定、局部稳定和洞口补强计算。

4）悬挂式钢内筒应进行整体强度、局部强度和悬挂结点强度计算。

8.2 计 算 规 定

8.2.1 在风荷载或地震作用下，外筒计算时，可不计入内筒抗弯刚度的影响。

8.2.2 自立式钢内筒的极限承载能力计算，除应包括自重荷载、烟气温度作用外，还应计入外筒在承受风荷载、地震作用、附加弯矩、烟道水平推力及施工安装和检修荷载的影响。腐蚀厚度裕度不应计入计算截面的有效截面面积。

8.2.3 内筒外层表面温度不应大于 50℃。

8.2.4 排烟筒计算时，对非正常烟气运行温度工况，对应外筒风荷载组合值系数应取 0.2。

8.2.5 顶部平台以上部分钢内筒的风压脉动系数、风振系数，可按外筒顶部标高处的数值采用。

8.2.6 钢内筒在支承位置以上自由段的相对变形应小于其自由段高度的 1/100。变形和强度计算时，不应计入腐蚀裕度的刚度和强度影响。

8.3 自立式钢内筒

8.3.1 钢内筒和钢筋混凝土外筒的基本自振周期宜符合下式的要求：

$$\left| \frac{(T_c - T_s)}{T_c} \right| \geqslant 0.2 \qquad (8.3.1)$$

式中：T_c——钢筋混凝土外筒的基本自振周期(s)；

　　　T_s——钢内筒的基本自振周期(s)。

8.3.2 钢内筒长细比应满足下式要求：

$$\frac{l_0}{i} \leqslant 80 \qquad (8.3.2)$$

式中：l_0——钢内筒相邻横向支承点间距(m)；

　　　i——钢内筒截面回转半径，对圆环形截面，取环形截面的平均半径的 0.707 倍(m)。

8.3.3 钢内筒基本自振周期可按下式计算：

$$T_s = \alpha_t \sqrt{\frac{G_0 l_{max}^4}{9.81EI}} \qquad (8.3.3)$$

式中：T_s——钢内筒基本自振周期(s)；

　　　α_t——特征系数，当两端铰接支承，$\alpha_t=0.637$；当一端固定、一端铰，$\alpha_t=0.408$；当两端固定支承，$\alpha_t=0.281$；当一端固定、一端自由，$\alpha_t=1.786$；

　　　I——截面惯性矩(m^4)，计算时，不计入截面开孔影响；

　　　G_0——钢内筒单位长度重量，包括保温、防护层等所有结构的自重(N/m)；

　　　l_{max}——钢内筒相邻横向支承点最大间距(m)；

　　　E——钢材的弹性模量(N/m^2)。

8.3.4 钢内筒可根据制晃装置处位移，按连续杆件计算钢内筒内力。

8.3.5 钢内筒截面设计强度应按下列规定取值：

1 钢内筒水平截面抗压强度设计允许值应按下列公式计算：

$$f_{ch} = \eta_h \zeta_h f_t \qquad (8.3.5-1)$$

$$\eta_h = \frac{21600}{18000 + (l_{0i}/i)^2} \qquad (8.3.5-2)$$

式中：f_{ch}——钢内筒水平截面抗压强度设计值(N/mm^2)；

　　　η_h——钢内筒水平截面处的曲折系数，当 $\eta_h>1.0$ 时，取 1.0；

　　　f_t——钢材在温度作用下的抗压强度设计值(N/mm^2)；

　　　l_{0i}——钢内筒计算截面处两相邻横向支承点间距(m)。

2 钢内筒强度折减系数 ζ_h 应按下列公式计算：

当 $C \leqslant 5.60$ 时：

$$\zeta_h = 0.125C \qquad (8.3.5-3)$$

当 $C > 5.60$ 时：

$$\zeta_h = 0.583 + 0.021C \qquad (8.3.5-4)$$

$$C = \frac{t}{r} \cdot \frac{E}{f_t} \qquad (8.3.5-5)$$

式中：C——计算系数；

　　　t——内筒壁厚度(mm)；

　　　r——内筒壁半径(mm)。

3 钢内筒水平截面处的抗剪强度设计允许值，应按下式计算：

$$f_{vh} = 0.5 f_{ch} \qquad (8.3.5-6)$$

8.3.6 制晃装置计算应符合下列规定：

1 自立式和悬挂式钢内筒，筒与外筒之间的制晃装置承受的力，应根据内外筒变形协调计算。

2 当钢内筒采用刚性制晃装置，沿圆周方向 4 点均匀设置时，钢内筒支承环的弯矩、环向轴力及沿内筒半径方向的剪力（图 8.3.6），可按下列公式计算：

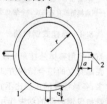

图 8.3.6 支承环受力
1—支承环；2—支撑点

$$M_{max} = F_k(0.015r + 0.25a) \qquad (8.3.6-1)$$

$$V_{max} = F_k\left(0.12 + 0.32\frac{a}{r}\right) \qquad (8.3.6-2)$$

当 $a/r \leqslant 0.656$ 时：

$$N_{max} = \frac{F_k}{4} \qquad (8.3.6-3)$$

当 $a/r > 0.656$ 时：

$$N_{max} = F_k \left(0.04 + 0.32 \frac{a}{r} \right) \quad (8.3.6-4)$$

式中：M_{max}——支承环的最大弯矩(kN·m)；

    V_{max}——支承环沿半径方向的最大剪力(kN)；

    N_{max}——支承环沿圆周方向的最大拉力(kN)；

    F_k——外筒在 k 层制晃装置处，传给每一个内筒的最大水平力(kN)，可根据变形协调求得；

    r——钢内筒半径(m)；

    a——支承点的偏心距离(m)。

8.3.7 钢内筒环向加强环的截面积和截面惯性矩应按下列公式计算：

1 正常运行情况下：

$$A \geqslant \frac{2\beta_1 lr}{f_t} p_g \quad (8.3.7-1)$$

$$I \geqslant \frac{2\beta_1 lr^3}{3E} p_g \quad (8.3.7-2)$$

2 非正常运行情况下：

$$A \geqslant \frac{1.5\beta_1 lr}{f_t} p_g^{AT} \quad (8.3.7-3)$$

$$I \geqslant \frac{1.5\beta_1 lr^3}{3E} p_g^{AT} \quad (8.3.7-4)$$

式中：A——环向加强环截面积(m²)；

    I——环向加强环截面惯性矩(m⁴)；

    l——钢内筒加劲肋间距(m)；

    β_1——动力系数，取 2.0；

    p_g——正常运行情况下的烟气压力，按本规范第 5 章规定计算(kN/m²)；

    p_g^{AT}——非正常运行情况下的烟气压力，根据非正常烟气温度按本规范第 5 章规定计算(kN/m²)。

8.3.8 钢内筒环向加强环(图 8.3.8)截面特性计算中，应计入钢内筒钢板有效高度 h_e，计入面积不应大于加强环截面面积，h_e 可按下式计算：

$$h_e = 1.56\sqrt{rt} \quad (8.3.8)$$

式中：h_e——钢内筒钢板有效高度(m)；

    t——钢内筒钢板厚度(m)。

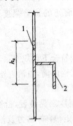

图 8.3.8 加强环截面
1—钢内筒钢板有效高度；2—加劲肋

8.4 悬挂式钢内筒

8.4.1 悬挂式钢内筒可采用整体悬挂和分段悬挂结构方式；也可采用中上部分悬挂、底部自立的组合结构方式。当采用分段悬挂式时，分段数不宜过多；各悬挂段的长细比不宜超过 120。

8.4.2 悬挂平台对悬挂段钢内筒的约束作用应根据悬挂平台和悬挂段钢内筒间的相对刚度关系确定：当平台梁的转动刚度与钢内筒线刚度的比值小于 0.1 时，可将悬挂端简化为不动铰支座；当比值大于 10 时，可将悬挂端简化为固定端；当比值介于 0.1~10 时，应将悬吊端简化为弹性转动支座。

8.4.3 悬挂段钢内筒的水平地震作用，可只计算在水平地震作用下钢筋混凝土外筒壁传给悬挂段钢内筒的作用效应。悬挂平台和悬挂段钢内筒的竖向地震作用可按本规范第 5 章的规定

计算。

8.4.4 悬挂段钢内筒设计强度应满足下列公式要求：

$$\frac{N_i}{A_{ni}} + \frac{M_i}{W_{ni}} \leqslant \sigma_t \quad (8.4.4-1)$$

$$\sigma_t = \gamma_t \cdot \beta \cdot f_t \quad (8.4.4-2)$$

式中：M_i——钢内筒水平计算截面 i 的最大弯矩设计值(N·mm)；

    N_i——与 M_i 相应轴向拉力设计值，包括内筒自重和竖向地震作用(N)；

    A_{ni}——计算截面处的净截面面积(mm²)；

    W_{ni}——计算截面处的净截面抵抗矩(mm³)；

    f_t——温度作用下钢材抗拉、抗压强度设计值(N/mm²)，按本规范第 4.3.6 条进行计算；

    β——焊接效率系数。一级焊缝时，取 $\beta=0.85$；二级焊缝时，取 $\beta=0.7$；

    γ_t——悬挂段钢内筒抗拉强度设计值调整系数；对于风、地震及正常运行荷载组合，γ_t 可取 1.0；对于非正常运行工况下的温差荷载组合，γ_t 可取 1.1。

8.5 砖 内 筒

8.5.1 砖内筒宜在满足强度、稳定和变形的条件下，采用整体自承重结构形式。当烟囱高度超过 60m 或采用整体自承重形式不经济时，可采用分段支承形式。

8.5.2 砖内筒的材质选择及防腐蚀设计应符合本规范第 11 章的有关规定。

8.5.3 砖内筒应符合下列规定：

1 砖内筒采用分段支承时，支承平台间距根据砖内筒的强度和稳定性等综合因素确定。套筒式砖内筒可采用由承重环梁、钢支柱、平台钢梁、平台剪力撑和平台钢格栅组成的斜撑式支承平台支承。

2 分段支承的砖内筒，其下部的积灰平台可采用钢筋混凝土结构。当平台梁跨度较大时，可在跨中增设承重柱。

3 套筒式砖内筒烟囱的钢筋混凝土外筒和砖内筒在烟囱顶部可采用盖板进行封闭，盖板与外筒壁的连接应安全可靠，并应保证内筒温度变化时自由变形。多管式砖内筒烟囱应设置顶部封闭平台。

8.5.4 采用分段支承的砖内筒，在支承平台处的搭接接头，应满足砖内筒纵向和环向温度变形要求。

8.5.5 烟囱的钢筋混凝土外筒壁与排烟筒之间，应按检修维护的要求设置检修维护平台及竖向楼梯。套筒式砖内筒烟囱可在钢筋混凝土外筒的上部外侧设置直爬梯通至烟囱筒顶，多管式砖内筒烟囱应在内部设置直爬梯通至烟囱筒顶。

8.6 构 造 规 定

8.6.1 钢筋混凝土外筒除应符合本规范第 7.5 节的有关规定外，尚应符合下列规定：

1 钢筋混凝土外筒上部宜设计成等直径圆筒结构。筒的下部可根据需要放坡。

2 外筒的最小厚度不宜小于 250mm。筒壁应采用双侧配筋。

3 外筒筒壁顶部内外环向钢筋，在自上而下 5m 高度范围内，钢筋面积应比计算值增加一倍。

4 承重平台的大梁和吊装平台的大梁，应支承在筒壁内侧。筒壁预留孔洞的尺寸，应满足大梁安装就位要求，且筒壁厚度应适

当增大。大梁对筒壁产生的偏心距宜减小，大梁支承点处应有支承垫板并配置局部承压钢筋网片。施工完毕后，应将筒壁孔洞用混凝土封闭。

5 外筒壁仅有1个～2个烟道口时，筒壁洞口的设置和配筋应符合本规范第7.5.3条规定。

当烟道口为3个～4个时，除应符合本规范第7.5.3条的有关规定外，在洞口上下的环向加固筋应有50%钢筋沿整个周圈布置。另外50%加固筋应伸过洞口边缘一倍钢筋锚固长度。

6 当采用钢内筒时，外筒底部应预留吊装钢内筒的安装孔。选择在外筒外部焊接成筒的施工方案时，安装孔宽度应大于钢内筒外径0.5m～1.0m，孔的高度应根据施工方法确定。吊装完成后，应用砖砌体将安装孔封闭，并应在其中开设一个检修大门。

7 外筒应在下部第一层平台上部1.5m处，开设4个～8个进风口。进风口的总面积为外筒内表面与内筒外表面所包围的水平面积的5%。在顶层平台下应设4个～8个出风口，其面积宜小于进风口面积。

8 外筒的附属设施宜热浸镀锌防腐，镀层厚度应满足本规范第3.2.10条要求，并应采用镀锌自锚螺栓固定。

8.6.2 内筒构造应符合下列规定：

1 烟道与内筒相交处，应在内筒上设置烟气导流平台。

2 烟道入口以上区段应设隔热层。隔热层宜选择无碱超细玻璃棉或泡沫玻璃棉，厚度宜由计算确定，应外包金丝铝箔。

3 钢内筒与水平烟道接口处，内筒应增加竖向和环向加劲肋（角钢或槽钢），环向加劲肋间距宜为1.5m。洞口边缘应设加强立柱；必要时可与外筒之间增设支撑（图8.6.2-1）。

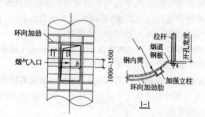

图8.6.2-1 洞口加劲布置和节点(mm)
b—洞口宽度

4 钢内筒宜全高设置环向加劲肋。其间距可采用一倍钢内筒直径，最大间距应为钢内筒直径的1.5倍，且不应大于7.5m。每个环所要求的最小截面应按本规范第8.3.7条计算确定，并不应小于表8.6.2规定数值。

表 8.6.2 钢烟囱加劲肋最小截面尺寸

钢烟囱直径 d(m)	最小加劲角钢(mm)
$d \leqslant 4.50$	L 75×75×6
$4.50 < d \leqslant 6.00$	L 100×80×6
$6.00 < d \leqslant 7.50$	L 125×80×8
$7.50 < d \leqslant 9.00$	L 140×90×10
$9.00 < d \leqslant 10.50$	L 160×100×10

5 环向加劲肋宜采用等肢或不等肢角钢、T型钢制作，翼板应向外，与钢内筒可用连续焊缝或间断焊缝焊接。

6 自立式内筒应在根部设置一个检查人孔。

7 钢内筒的筒壁顶部构造，可按图8.6.2-2处理。

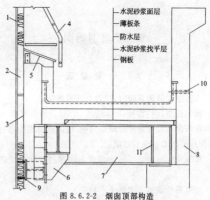

图8.6.2-2 烟囱顶部构造
1—钢内筒；2—隔热层；3—外包不锈钢；4—直梯；5—防雨通风帽；6—支撑点；7—信号平台梁；8—外筒；9—加强支承环；10—溢水管；11—加劲肋

8.6.3 钢平台构造应符合下列要求：

1 钢平台的计算与构造均应按现行国家标准《钢结构设计规范》GB 50017的规定执行。受到烟气温度影响时，还应计算由于温度作用造成钢材强度的降低。

2 钢平台易受到烟气冷凝酸腐蚀的部位，应局部做隔离防腐措施。

3 各层平台应设置吊物孔。吊物孔尺寸及吊物时承受的重力，应根据安装、检修方案确定，平台下是否安装永久性单轨吊，应根据是否需要确定。

4 各层平台应设置照明和通信设施。上层照明开关应设在下层平台上。

5 各层平台的通道宽度不应小于750mm，洞口周圈应设栏杆和踢脚板。与排烟筒相接触的孔洞，应留有一定空隙。

8.6.4 制晃装置应符合下列要求：

1 采用钢内筒时，应设置制晃装置。

2 可采用刚性制晃装置，也可采用柔性的制晃装置。当采用刚性制晃装置时，宜利用平台为约束构件。每隔一层平台宜设置一道。制晃装置对内筒应仅起水平弹性约束作用，不应约束钢内筒由于烟气温度作用而产生的竖向和水平方向的温度变形。

3 制晃装置处内筒的加强环，可按图8.6.4进行加强。

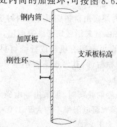

图8.6.4 内筒加强环

8.6.5 悬挂钢内筒的悬挂平台与下部相邻的横向约束平台间距不宜小于15m。最下层横向约束平台与膨胀伸缩节间的钢内筒悬壁长度不宜大于25m。

8.6.6 砖内筒结构砖砌体的厚度不宜小于200mm，砖内筒外表面设置的封闭层厚度不宜小于30mm，封闭层外表面按照计算设置的隔热层厚度不宜小于60mm。

8.6.7 砖内筒的砖砌体内可不配置竖向钢筋，但应按计算和构造要求配制环向钢筋或在外表面设置环向钢箍，环向钢箍的最小尺寸不应小于60mm×6mm(宽×厚)，沿高度方向间距不宜超过1000mm。

8.6.8 钢筋混凝土承重梁宜采用现场浇筑。斜撑式支承平台的钢筋混凝土承重环梁可采用分段预制，环梁分段长度宜为3m，钢梁最小环向间距宜采用750mm～1400mm，钢支柱最小环向间距宜与环梁分段长度相匹配，宜采用1500mm～2800mm。

8.6.9 多管式砖内筒烟囱分段支承平台的混凝土板厚不宜小于150mm。

9 玻璃钢烟囱

9.1 一般规定

9.1.1 当选用玻璃钢烟囱时,应符合下列规定:

1 烟气长期运行温度不得超过100℃。当烟气超出运行条件时,可在烟囱前端采取冷却降温措施,也可将选用的原材料和制成品的性能经试验验证后确定。

2 事故发生时的30min内温度不得超过树脂的玻璃化温度(T_g)。

3 环境最低温度不宜低于-40℃。

9.1.2 玻璃钢烟囱直径和高度应符合下列规定:

1 自立式玻璃钢烟囱的高度不宜超过30m,且其高径比(H/D)不宜大于10;

2 拉索式玻璃钢烟囱的高度不宜超过45m,且其高径比(H/D)不宜大于20;

3 塔架式、套筒式或多管式玻璃钢烟囱,其跨径比(L/D)不宜大于10。

注:H 为烟囱高度(m);L 为玻璃钢烟囱横向支承间距(m);D 为玻璃钢烟囱直径(m)。

9.1.3 玻璃钢烟囱的设计,应计入烟气运行的流速、温度、磨损及化学介质腐蚀等因素的影响。当烟气流速超过31m/s时,应在拐角以及突变部位的树脂中添加耐磨填料或采取其他技术措施。

9.1.4 平台活荷载与筒壁积灰荷载的取值应符合本规范第5章的有关规定。

9.1.5 结构强度和承载力计算时,不应计入筒壁防腐蚀内衬层的厚度和外表面层厚度,但应计算其重量影响。

9.1.6 玻璃钢烟囱设计使用年限不宜少于30年。

9.1.7 塔架式和拉索式玻璃钢烟囱层间挠度不应超过相应支撑段间距的1/120。

9.2 材　料

9.2.1 玻璃钢烟囱的筒壁应由防腐蚀内衬层、结构层和外表面层组成,并应符合下列规定:

1 防腐蚀内衬层应由富树脂层和次内衬层组成:富树脂层厚度不应小于0.25mm,宜采用玻璃纤维表面毡,其树脂含量不应小于85%(重量比),也可选用有机合成纤维材料;次内衬层应采用玻璃纤维短切毡或喷射纱,其厚度不应小于2mm,树脂含量不应小于70%(重量比)。

当内衬层需防静电处理时,可采用导电碳纤维毡或导电碳填料,其内表面的连续表面电阻率不应大于$1.0 \times 10^6 \Omega$,静电释放装置的对地电阻不应大于25Ω。

2 结构层应由玻璃纤维连续纱或玻璃纤维织物浸渍树脂缠绕成型,其树脂含量应为35%±5%(重量比),厚度应由计算确定。

3 外表面层中的最后一层树脂应采取无空气阻聚的措施。当玻璃钢烟囱暴露于室外时,外表面层应添加紫外线吸收剂,外表面层厚度不应小于0.5mm。

9.2.2 玻璃钢烟囱的基体材料应选用反应型阻燃环氧乙烯基酯树脂,除其液体树脂技术指标应符合现行国家标准《纤维增强塑料用液体不饱和聚酯树脂》GB/T 8237的规定外,其他性能和技术要求尚应符合下列规定:

1 树脂浇铸体的主要性能应符合表9.2.2的要求;

表 9.2.2　树脂浇铸体的主要性能

力学性能	耐蚀层树脂	结构层树脂
拉伸强度(MPa)	≥60.0	≥60.0
拉伸模量(GPa)	≥3.0	≥3.0

续表 9.2.2

力学性能	耐蚀层树脂	结构层树脂
断裂延伸率(%)	≥3.0	≥2.5
热变形温度 HDT (℃,1.82MPa)	≥100	
耐碱性(10%NaOH, 100℃)	≥100h 无异状	

2 烟气最高设计使用温度(T)应小于或等于$HDT-20℃$。

3 防腐蚀内层和结构层宜选用同类型的树脂。当选用不同类型的树脂时,层间不得脱层。

4 阻燃性能应符合下列要求:

1)反应型阻燃环氧乙烯基酯树脂浇铸体的极限氧指数(LOI)不应小于23;

2)当反应型阻燃环氧乙烯基酯树脂含量为35%±5%(重量比),添加0～3%阻燃协同剂(Sb_2O_3)时,玻璃钢极限氧指数(LOI)不应小于32;

3)玻璃钢的火焰传播速率不应大于45。

5 当有可靠经验和安全措施保证时,玻璃钢烟囱的基体材料可选用其他类型的树脂。

9.2.3 玻璃钢烟囱增强材料应符合下列规定:

1 富树脂层宜选用耐化学型 C-glass 表面毡或有机合成材料,也可选用 C 型中碱玻璃纤维表面毡;次内层应选用 E-CR 类型的玻璃纤维短切原丝毡或喷射纱。当有防静电要求时,可选用导电碳纤维毡或布。玻璃纤维短切原丝毡质量应符合现行国家标准《玻璃纤维短切原丝毡和连续原丝毡》GB/T 17470的规定。

2 结构层应选用 E-CR 类型的玻璃纤维的缠绕纱、单向布;在排放潮湿烟气条件下,可选用 E 型玻璃纤维的缠绕纱、单向布。其质量应符合现行国家标准《玻璃纤维无捻粗纱》GB/T 18369、《玻璃纤维无捻粗纱布》GB/T 18370的规定。

3 玻璃钢烟囱筒体之间连接所用的玻璃纤维无捻粗纱布、短切原丝毡或单向布的类型,应与筒体增强材料一致。

4 玻璃纤维表面处理采用的偶联剂应与选用的树脂匹配。

9.2.4 玻璃钢材料性能宜通过试验确定。当无条件进行试验时,应符合下列规定:

1 当采用环向缠绕纱和轴向单向布的铺层结构时,常温下纤维缠绕玻璃钢材料的性能宜符合表9.2.4-1的规定。

表 9.2.4-1　常温下纤维缠绕玻璃钢主要力学性能指标

项　目	数值(MPa)
环向抗拉强度标准值 $f_{\theta tk}$	≥220
环向抗弯强度标准值 $f_{\theta bk}$	≥330
轴向抗压强度标准值 f_{zck}	≥140
轴向拉伸弹性模量 E_{zt}	≥16000
轴向抗弯曲弹性模量 E_{zb}	≥8000
轴向压缩弹性模量 E_{zc}	≥16000
轴向抗拉强度标准值 f_{ztk}	≥190
轴向抗弯强度标准值 f_{zbk}	≥140
剪切弹性模量 G_k	≥7000
环向拉伸弹性模量 $E_{\theta t}$	≥28000
环向抗弯曲弹性模量 $E_{\theta b}$	≥18000
环向压缩弹性模量 $E_{\theta c}$	≥20000

2 当采用短切毡和方格布交替铺层的手糊玻璃钢板时,常温下玻璃钢材料的性能宜符合表9.2.4-2的规定。

3 玻璃钢的重力密度、膨胀系数、泊松比和导热系数等计算指标,可按表9.2.4-3的规定取值。

表 9.2.4-2　常温下手糊玻璃钢板的主要力学性能指标(MPa)

拉伸强度	弯曲强度	层间剪切强度	弯曲弹性模量
≥160	≥200	≥20	≥7000

表 9.2.4-3　玻璃钢主要计算参数

项　目	数　值
环向纵向泊松比 $\nu_{z\theta}$	0.23
纵向热膨胀系数 a_z	$2.0\times10^{-5}/℃$
重力密度	$(17\sim20)\mathrm{kN/m^3}$
纵环向泊松比 $\nu_{\theta z}$	0.12
环向热膨胀系数 a_θ	$1.2\times10^{-5}/℃$
导热系数	$(0.23\sim0.29)[\mathrm{W/(m\cdot K)}]$

9.2.5 玻璃钢材料强度设计值应根据下列公式进行计算:

$$f_{zc} = \gamma_{zct} \cdot \frac{f_{zck}}{\gamma_{zc}} \qquad (9.2.5-1)$$

$$f_{zt} = \gamma_{ztt} \cdot \frac{f_{ztk}}{\gamma_{zt}} \qquad (9.2.5-2)$$

$$f_{zb} = \gamma_{zbt} \cdot \frac{f_{zbk}}{\gamma_{zb}} \qquad (9.2.5-3)$$

$$f_{\theta t} = \gamma_{\theta tt} \cdot \frac{f_{\theta tk}}{\gamma_{\theta t}} \qquad (9.2.5-4)$$

$$f_{\theta b} = \gamma_{\theta bt} \cdot \frac{f_{\theta bk}}{\gamma_{\theta b}} \qquad (9.2.5-5)$$

$$f_{\theta c} = \gamma_{\theta ct} \cdot \frac{f_{\theta ck}}{\gamma_{\theta c}} \qquad (9.2.5-6)$$

式中:　f_{zc}、f_{zck}——玻璃钢纵向抗压强度设计值、标准值 $(\mathrm{N/mm^2})$;

　　　f_{zt}、f_{ztk}——玻璃钢纵向抗拉强度设计值、标准值 $(\mathrm{N/mm^2})$;

　　　f_{zb}、f_{zbk}——玻璃钢纵向弯曲抗拉(或抗压)强度设计值、标准值 $(\mathrm{N/mm^2})$;

　　　$f_{\theta t}$、$f_{\theta tk}$——玻璃钢环向抗拉强度设计值、标准值 $(\mathrm{N/mm^2})$;

　　　$f_{\theta b}$、$f_{\theta bk}$——玻璃钢环向弯曲抗拉(或抗压)强度设计值、标准值 $(\mathrm{N/mm^2})$;

　　　$f_{\theta c}$、$f_{\theta ck}$——玻璃钢环向抗压强度设计值、标准值 $(\mathrm{N/mm^2})$;

　　　γ_{zc}、γ_{zt}、γ_{zb}、$\gamma_{\theta t}$、$\gamma_{\theta b}$、$\gamma_{\theta c}$——玻璃钢材料分项系数,取值不应小于表9.2.5-1规定的数值;

　　　γ_{zct}、γ_{ztt}、γ_{zbt}、$\gamma_{\theta tt}$、$\gamma_{\theta bt}$、$\gamma_{\theta ct}$——玻璃钢材料温度折减系数,取值不应大于表9.2.5-2规定的数值。

表 9.2.5-1　玻璃钢烟囱的材料分项系数

受力状态	符　号	作用效应的组合情况	
		用于组合Ⅳ、Ⅵ及本规范公式(3.1.8-2)	用于组合Ⅴ
轴心受压	γ_{zc} 或 $\gamma_{\theta c}$	3.2	3.6
轴心受拉	γ_{zt} 或 $\gamma_{\theta t}$	2.6	8.0
弯曲受拉 或 弯曲受压	γ_{zb} 或 $\gamma_{\theta b}$	2.0	2.5

注:组合Ⅳ、Ⅴ、Ⅵ应符合本规范第3.1.7条的规定。

表 9.2.5-2　玻璃钢烟囱的材料温度折减系数

温度(℃)	材料温度折减系数	
	γ_{zct}、$\gamma_{\theta bt}$、$\gamma_{\theta ct}$	γ_{ztt}、γ_{zbt}、$\gamma_{\theta tt}$
20	1.00	1.00
60	0.70	0.95
90	0.60	0.85

注:表中温度为中间值时,可采用线性插值确定。

9.2.6 玻璃钢弹性模量应计算温度折减,当烟气温度不大于100℃时,折减系数可按0.8取值。

9.3　筒壁承载能力计算

9.3.1 在弯矩、轴力和温度作用下,自立式玻璃钢内筒纵向抗压强度应符合下列公式的要求:

$$\sigma_{zc} = \frac{N_i}{A_{ni}} + \frac{M_i}{W_{ni}} + \gamma_T(\sigma_m^T + \sigma_{sec}^T) \leqslant f_{zc}(或\ \sigma_{crt}^z) \qquad (9.3.1-1)$$

$$\sigma_{zb} = \gamma_T \sigma_b^T \leqslant f_{zb} \qquad (9.3.1-2)$$

$$\sigma_{crt}^z = k\sqrt{\frac{E_{zb}E_{\theta c}}{3(1-\nu_{z\theta}\nu_{\theta z})}} \times \frac{t_0}{\gamma_{zc}r} \qquad (9.3.1-3)$$

$$k = 1.0 - 0.9(1.0 - e^{-x}) \qquad (9.3.1-4)$$

$$x = \frac{1}{16}\sqrt{\frac{r}{t_0}} \qquad (9.3.1-5)$$

式中:　A_{ni}——计算截面处的结构层净截面面积 $(\mathrm{mm^2})$;

　　　W_{ni}——计算截面处的结构层净截面抵抗矩 $(\mathrm{mm^3})$;

　　　M_i——玻璃钢烟囱水平计算截面 i 的最大弯矩设计值 $(\mathrm{N\cdot mm})$;

　　　N_i——与 M_i 相应轴向压力或轴向拉力设计值(N);

　　　f_{zc}——玻璃钢轴心抗压强度设计值 $(\mathrm{N/mm^2})$;

　　　f_{zb}——玻璃钢纵向弯曲抗拉强度设计值 $(\mathrm{N/mm^2})$;

　　　E_{zb}——玻璃钢轴向弯曲弹性模量 $(\mathrm{N/mm^2})$;

　　　$E_{\theta c}$——玻璃钢环向压缩弹性模量 $(\mathrm{N/mm^2})$;

　　　σ_{crt}^z——筒壁轴向临界应力 $(\mathrm{N/mm^2})$;

　　　t_0——烟囱筒壁玻璃钢结构层厚度(mm);

　　　r——筒壁计算截面结构层中心半径(mm);

　　　σ_m^T、σ_{sec}^T、σ_b^T——筒身弯曲温度应力、温度次应力和筒壁内外温差引起的温度应力(MPa),按本规范第五章规定进行计算;

　　　γ_T——温度作用分项系数,取 $\gamma_T=1.1$。

9.3.2 在弯矩、轴力和温度作用下,悬挂式玻璃钢内筒纵向抗拉强度应按下列公式计算:

$$\sigma_{zt} = \frac{N_i}{A_{ni}} + \frac{M_i}{W_{ni}} + \gamma_T(\sigma_m^T + \sigma_{sec}^T) \leqslant f_{zt}^s \qquad (9.3.2-1)$$

$$\sigma_{zt} = \frac{N_i}{A_{ni}} + \gamma_T(\sigma_m^T + \sigma_{sec}^T) \leqslant f_{zt}^l \qquad (9.3.2-2)$$

$$\sigma_{zb} = \gamma_T \sigma_b^T \leqslant f_{zb} \qquad (9.3.2-3)$$

$$\frac{\sigma_{zt}}{f_{zt}} + \frac{\sigma_{zb}}{f_{zb}} \leqslant 1 \qquad (9.3.2-4)$$

式中:f_{zt}^s——玻璃钢轴心受拉强度设计值 $(\mathrm{N/mm^2})$,抗力分项系数取 2.6;

　　　f_{zt}^l——玻璃钢轴心受拉强度设计值 $(\mathrm{N/mm^2})$,抗力分项系数取 8.0。

9.3.3 玻璃钢筒壁在烟气负压和风荷载环向弯矩作用下,其强度可按下列公式计算:

$$\sigma_\theta = \frac{pr}{t_0} \leqslant \sigma_{crt}^\theta \qquad (9.3.3-1)$$

$$\sigma_{\theta b} = \frac{M_{\theta in}}{W_\theta} + \sigma_\theta^T \leqslant f_{\theta b} \qquad (9.3.3-2)$$

$$\frac{\sigma_\theta}{\sigma_{crt}^\theta} + \frac{\sigma_{\theta b}}{f_{\theta b}} \leqslant 1 \qquad (9.3.3-3)$$

$$\sigma_{crt}^\theta = 0.765\,(E_{\theta b})^{3/4} \cdot (E_{zc})^{1/4} \cdot \frac{r}{L_s} \cdot \left(\frac{t_0}{r}\right)^{1.5} \cdot \frac{1}{\gamma_{\theta c}} \qquad (9.3.3-4)$$

式中:$M_{\theta in}$——局部风压产生的环向单位高度风弯矩 $(\mathrm{N\cdot mm/mm})$,按本规范第5.2.7条计算;

　　　p——烟气压力 $(\mathrm{N/mm^2})$;

　　　W_θ——筒壁厚度沿环向单位高度截面抵抗矩 $(\mathrm{mm^3/mm})$;

　　　$E_{\theta b}$——玻璃钢环向弯曲弹性模量 $(\mathrm{N/mm^2})$;

　　　E_{zc}——玻璃钢轴向受压弹性模量 $(\mathrm{N/mm^2})$;

L_s——筒壁加筋肋间距(mm);

σ_θ^T——筒壁环向温度应力(N/mm²),按本规范第5章的规定进行计算;

σ_{crt}^θ——筒壁环向临界应力(N/mm²)。

9.3.4 负压运行的自立式玻璃钢内筒,筒壁强度应按下式计算:

$$\frac{\sigma_{zc}}{\sigma_{crt}^z} + \left(\frac{\sigma_\theta}{\sigma_{crt}^\theta}\right)^2 \leqslant 1 \qquad (9.3.4)$$

9.3.5 玻璃钢烟囱可采用加劲肋的方法提高玻璃钢烟囱筒壁刚度,加劲肋影响截面抗弯刚度应满足下式要求:

$$E_s I_s \geqslant \frac{2pL_s r^3}{1.15} \qquad (9.3.5)$$

式中:E_s——加劲肋沿环向弯曲模量(N/mm²);

I_s——加劲肋及筒壁影响截面有效宽度惯性矩(mm⁴)。筒壁影响截面有效宽度可采用 $L = 1.56\sqrt{rt_0}$,且计算影响面积不大于加强肋截面面积。

9.3.6 玻璃钢筒壁分段采用平端对接时,宜内外双面粘贴连接,并应对粘贴连接宽度、厚度及铺层分别按下列要求进行计算:

1 粘贴连接接口宽度应满足下式要求:

$$W \geqslant \left(\frac{N_i}{2\pi r} + \frac{M_i}{\pi r^2}\right) \cdot \frac{\gamma_\tau}{f_\tau} \qquad (9.3.6\text{-}1)$$

式中:N_i、M_i——连接截面上部筒身总重力荷载设计值(N)与连接截面处弯矩设计值(N·mm);

f_τ——手糊板层间允许剪切强度(MPa),可按试验数据采用,当无试验数据时可取20MPa;

γ_τ——手糊板层间剪切强度分项系数,取 $\gamma_\tau = 10$。

2 粘贴连接接口厚度(计算时不计防腐蚀层厚度)应满足下式要求:

$$t \geqslant \left(\frac{N_i}{2\pi r} + \frac{M_i}{\pi r^2}\right) \cdot \frac{\gamma_{zc}}{f_{zc}} \qquad (9.3.6\text{-}2)$$

式中:f_{zc}——手糊板轴向抗压强度(MPa),当无试验数据时可采用140MPa;

γ_{zc}——手糊板轴向抗压强度分项系数,取 $\gamma_{zc} = 10$。

9.3.7 玻璃钢烟囱开孔宜采用圆形,洞孔应力应满足本规范公式(10.3.2-16)的要求。

9.4 构 造 规 定

9.4.1 玻璃钢烟囱下部烟道接口宜设计成圆形。

9.4.2 拉索式玻璃钢烟囱拉索设置应满足以下规定:

1 当烟囱高度与直径之比小于15时,可设1层拉索,拉索位置应距烟囱顶部小于 $h/3$ 处。

2 烟囱高度与直径之比大于15时,可设2层拉索;上层拉索系结位置,宜距烟囱顶部小于 $h/3$ 处;下层拉索宜设在上层拉索位置至烟囱底部的1/2高度处。

3 拉索宜为3根,平面夹角宜为120°,拉索与烟囱轴向夹角不宜小于25°。

9.4.3 玻璃钢加强肋间距不应超过烟囱直径的1.5倍,并不应大于8m。

9.4.4 每段玻璃钢烟囱之间连接应符合下列规定:

1 宜采用平端对接,对接处筒体的内外面的粘贴连接面的宽度、厚度应按本规范第9.3.6条计算确定,但全厚度时的宽度不应小于400mm。

2 当筒体直径小于4m时,也可采用承插连接,承插深度不应小于100mm,内外部接缝处糊制宽度不应小于400mm。

3 接缝处采用玻璃纤维短切原丝毡和无捻粗纱布交替糊制第一层和最后一层应是玻璃纤维短切原丝毡。

9.4.5 烟囱膨胀节宜采用玻璃钢法兰形式连接,连接节点应严密,连接材料的防腐蚀和耐温性能应符合烟气工艺要求。

9.4.6 玻璃钢烟囱的筒壁结构层最小厚度应满足表9.4.6的规定。

表9.4.6 玻璃钢烟囱的筒壁结构层最小厚度(mm)

烟囱直径(m)	结构层最小厚度	备 注
≤2.5	6	中间值线性插入
>4	10	

9.5 烟囱制作要求

9.5.1 玻璃钢烟囱的制造环境应符合下列规定:

1 应在工厂室内或在有临时围护结构的现场制作。

2 制作场所应通风。

3 环境温度宜为15℃~30℃,所有材料和设备温度应高于露点温度3℃;当环境温度低于10℃时,应采取加热保温措施,并严禁采用明火或蒸汽直接加热。

4 原材料使用时的温度,不应低于环境温度。

9.5.2 玻璃钢烟囱的制造设备应符合下列要求:

1 缠绕机在整个玻璃钢内衬分段长度上的缠绕角应在 ±1.5° 以内。

2 制造玻璃钢内衬所用的筒芯(模具)的外表面应均匀,其直径的偏差(沿长度方向)应控制在设计直径的 ±0.25% 以内。

3 树脂混合设备应计量准确,应先在树脂中按比例加入促进剂,并应混合均匀;在输送到玻璃纤维浸胶槽前,应按比例加入固化剂,并应搅拌均匀。

4 玻璃纤维增强材料使用时,应符合均匀、连续、可重复的输送要求,在缠绕中,不应产生间隙、空隙或者结构损伤。

9.5.3 树脂的使用应符合下列要求:

1 在制造前,应进行树脂胶凝时间的试验。

2 树脂黏度可通过加入气相二氧化硅或苯乙烯调节,其加入量不得超过树脂重量的3%。

3 已加入促进剂和引发剂的树脂,应在树脂凝胶前用完。已发生凝胶的树脂不得使用。

4 促进剂与固化剂严禁同时加入树脂中。

9.5.4 玻璃纤维增强材料使用前不得有损坏、污染和水分。

9.5.5 玻璃钢烟囱应分段制造,每段长度应同制造能力相匹配,同时应符合安装和接缝总数最少的原则。

9.5.6 制造玻璃钢内衬所用的筒芯(模具)使用前应符合下列规定:

1 表面应洁净、光滑、无缺陷。

2 表面应使用聚酯薄膜或脱模剂。

9.5.7 防腐蚀内衬层的制造应符合下列规定:

1 富树脂层应先将配好的树脂均匀涂覆到旋转的筒芯(模具)上,再将玻璃纤维表面毡缠绕到筒芯(模具)上,并应完全浸润。

2 次内衬层应在富树脂层上采用玻璃纤维短切原丝毡和树脂衬贴,并应充分碾压、去除气泡、浸润完全,应直至到达设计规定的厚度。

当施工条件可靠时,也可采用喷射工艺,厚度应均匀。

3 同层玻璃纤维原丝毡的叠加宽度不应少于10mm。

4 在防腐蚀内衬层放热固化完成后,应检查是否存在气泡、斑点和凹凸不平,并应进行修补。

9.5.8 结构层与防腐蚀内衬层的制造间隔时间应符合下列规定:

1 防腐蚀内衬层固化完成后,表面应采用丙酮擦拭发黏后再进行结构层制作。

2 防腐蚀内衬层固化完成后超过24h时,应检查表面是否污染和水分,并应用丙酮擦拭,应根据擦拭后表面状态按下列要求进一步处理:

1)当擦拭后表面发黏时,可进行结构层制造。

2)当擦拭后表面不发黏,或表面有污染时,应打磨去表面光泽,清理干净后进行结构层制造。

3 结构层与防腐蚀内衬层的制造间隔时间不宜超过72h。

9.5.9 结构层的制造应符合下列规定:

1 应在防腐蚀内衬层固化后再缠绕结构层。当在缠绕开始前,应先在内衬层表面均匀涂布一道树脂。

2 采用玻璃纤维连续纱浸渍树脂后,应以规定的缠绕角度连续成型;也可根据设计要求,采用环向连续缠绕、轴向加衬单向布的交替成型方法。

3 缠绕角度应允许在±1.5°内变化。

4 缠绕作业不能持续到最终厚度,或因设备故障而延迟完成时,重新开始缠绕作业的间隔时间和表面处理方法应按本规范第9.5.8条执行。

9.5.10 外表层的制造应符合下列规定:

1 玻璃钢烟囱内衬的外表面应采用无空气阻聚的树脂封面。

2 玻璃钢烟囱在室外使用时,外表面层应添加紫外线吸收剂。

9.5.11 玻璃钢烟囱筒体的制造误差应符合下列规定:

1 各分段筒体的直径误差应小于直径的1%。

2 各分段筒体的高度误差不应超过本段高度的±0.5%,且不应超过13mm。

3 各分段筒体的厚度误差不应超过内衬厚度的−10%~+20%,或重量误差应控制为−5%~+10%。

9.6 安装要求

9.6.1 在装卸、存放和安装期间,应计入吊装荷载及变形对玻璃钢筒体产生的不利影响。

9.6.2 玻璃钢烟囱分段装卸时,应采用柔性吊索。

9.6.3 直径超过3m的分段玻璃钢烟囱宜垂直存放和移动。

9.6.4 当分段的玻璃钢烟囱进行水平和垂直位置的相互变换时,应符合底部边缘点的荷载设计要求,且防腐蚀层表面不得产生裂纹。

9.6.5 每段玻璃钢烟囱上的对称吊环,应满足安装期间所施加的各种载荷。

10 钢 烟 囱

10.1 一 般 规 定

10.1.1 钢烟囱可分为塔架式、自立式和拉索式。外筒为钢筒壁的套筒式和多管式钢烟囱,外筒可按本章第10.3节有关自立式钢烟囱的规定进行设计,内筒布置与计算应按本规范第8章有关规定进行设计。

10.1.2 钢塔架及拉索计算可按现行国家标准《高耸结构设计规范》GB 50135的有关规定进行。

10.1.3 当烟气温度较高时,对于无隔热层的钢烟囱应在其底部2m高度范围内,采取隔热措施或设置安全防护栏。

10.1.4 钢烟囱选用的材料应符合现行国家标准《钢结构设计规范》GB 50017的规定。

10.2 塔架式钢烟囱

10.2.1 钢塔架可根据排烟筒的数量确定,水平截面可设计成三角形和方形。

10.2.2 钢塔架沿高度可采用单坡度或多坡度形式。塔架底部宽度与高度之比,不宜小于1/8。

10.2.3 对于高度较高,底部较宽的钢塔架,宜在底部各边增设拉杆。

10.2.4 钢塔架的计算应符合下列规定:

1 在风荷载和地震作用下,应根据排烟筒与钢塔架的连接方式,计算排烟筒对塔架的作用力。

2 当钢塔架截面为三角形时,在风荷载与地震作用下,应计算三种作用方向[图10.2.4(a)]。

3 当钢塔架截面为四边形时,在风荷载与地震作用下,应计算两种作用方向[图10.2.4(b)]。

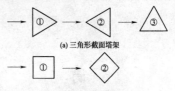

(a) 三角形截面塔架

(b) 四边形截面塔架

图 10.2.4 塔架外力作用方向

4 当钢塔架与排烟筒采用整体吊装时应对钢塔架进行吊装验算。

5 钢塔架应计算由脉动风引起的风振影响,当钢塔架的基本自振周期小于0.25s时,可不计算风振影响。

6 钢塔架杆件的自振频率应与塔架的自振频率相互错开。

7 对承受上拔力和横向力的钢塔架基础,除地应进行强度计算和变形验算外,尚应进行抗拔和抗滑稳定性验算。

10.2.5 钢塔架腹杆宜按下列规定确定:

1 塔架顶层和底层宜采用刚性K型腹杆。

2 塔架中间层宜采用预加拉紧的柔性交叉腹杆。

3 塔柱及刚性腹杆宜采用钢管,当为组合截面时宜采用封闭式组合截面。

4 交叉柔性腹杆宜采用圆钢。

10.2.6 钢塔架平台与排烟筒连接时,可采用滑道式连接(图10.2.6)。

10.2.7 钢塔架应沿塔面变坡处或受力情况复杂且构造薄弱处设置横隔,其余可沿塔架高度每隔2个~3个节间设置一道横隔。塔架应沿高度每隔20m~30m设一道休息平台或检修平台。

10.2.8 钢塔架抗震验算时,其构件及连接节点的承载力抗震调整系数可采用表10.2.8数值。

图 10.2.6 滑道式连接

表 10.2.8 塔架构件及连接节点承载力抗震调整系数

塔架构件 调整系数	塔柱	腹杆	支座斜杆	节点
γ_{RE}	0.85	0.80	0.90	1.00

10.2.9 塔架式钢烟囱的水平弯矩,应按排烟筒与塔架变形协调进行计算。

10.2.10 排烟筒的构造要求应与自立式钢烟囱相同。

10.3 自立式钢烟囱

10.3.1 自立式钢烟囱的直径d和对应位置高度h之间的关系应根据强度和变形要求,经过计算后确定,并宜满足下式的要求;当不满足下式要求时,烟囱下部直径宜扩大或采用其他减震等措施:

$$h \leqslant 30d \qquad (10.3.1)$$

10.3.2 自立式钢烟囱应进行下列计算:

1 弯矩和轴向力作用下,钢烟囱强度应按下式进行计算:

$$\frac{N_i}{A_{ni}} + \frac{M_i}{W_{ni}} \leqslant f_t \qquad (10.3.2-1)$$

式中:M_i——钢烟囱水平计算截面i的最大弯矩设计值(包括风弯矩和水平地震作用弯矩)(N·mm);

N_i——与M_i相应轴向压力或轴向拉力设计值(包括结构自重和竖向地震作用)(N);

A_{ni}——计算截面处的净截面面积(mm²);

W_{ni}——计算截面处的净截面抵抗矩(mm³);

f_t——温度作用下钢材抗拉、抗压强度设计值(N/mm²),按本规范第4.3.6条进行计算。

2 弯矩和轴向力作用下,钢烟囱局部稳定性应按下列公式进行验算:

$$\sigma_N + \sigma_B \leqslant \sigma_{crt} \tag{10.3.2-2}$$

$$\sigma_N = \frac{N_i}{A_{ni}} \tag{10.3.2-3}$$

$$\sigma_B = \frac{M_i}{W_{ni}} \tag{10.3.2-4}$$

$$\sigma_{crt} = \begin{cases} (0.909 - 0.375\beta^{1.2})f_{yt} & \beta \leqslant \sqrt{2} \\ \dfrac{0.68}{\beta^2}f_{yt} & \beta > \sqrt{2} \end{cases} \tag{10.3.2-5}$$

$$\beta = \sqrt{\frac{f_{yt}}{\alpha\,\sigma_{et}}} \tag{10.3.2-6}$$

$$\sigma_{et} = 1.21E_t \cdot \frac{t}{D_i} \tag{10.3.2-7}$$

$$\alpha = \delta \cdot \frac{\alpha_N\sigma_N + \alpha_B\sigma_B}{\sigma_N + \sigma_B} \tag{10.3.2-8}$$

$$\alpha_N = \begin{cases} \dfrac{0.83}{\sqrt{1 + D_i/(200t)}} & \dfrac{D_i}{t} \leqslant 424 \\ \dfrac{0.7}{\sqrt{0.1 + D_i/(200t)}} & \dfrac{D_i}{t} > 424 \end{cases} \tag{10.3.2-9}$$

$$\alpha_B = 0.189 + 0.811\alpha_N \tag{10.3.2-10}$$

$$f_{yt} = \gamma_s f_y \tag{10.3.2-11}$$

式中:σ_{crt}——烟囱筒壁局部稳定临界应力(N/mm²);

f_y——钢材屈服强度(N/mm²);

γ_s——钢材在温度作用下强度设计值折减系数,按本规范第4.3.6条确定;

t——筒壁厚度(mm);

E_t——温度作用下钢材的弹性模量(N/mm²);

D_i——i截面钢烟囱外直径(mm);

δ——烟囱筒体几何缺陷折减系数,当$w \leqslant 0.01l$时(图10.3.2),取$\delta = 1.0$;当$w = 0.02l$时,取$\delta = 0.5$;当$0.01l < w < 0.02l$时,采用线性插值;不允许出现$w > 0.02l$的情况。

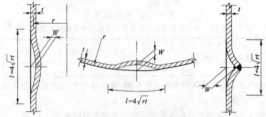

图10.3.2 钢烟囱筒体几何缺陷示意

3 在弯矩和轴向力作用下,钢烟囱的整体稳定性应按下列公式进行验算:

$$\frac{N_i}{\varphi A_{bi}} + \frac{M_i}{W_{bi}(1 - 0.8N_i/N_{Ex})} \leqslant f_t \tag{10.3.2-12}$$

$$N_{Ex} = \frac{\pi^2 E_t A_{bi}}{\lambda^2} \tag{10.3.2-13}$$

式中:A_{bi}——计算截面处的毛截面面积(mm²);

W_{bi}——计算截面处的毛截面抵抗矩(mm³);

N_{Ex}——欧拉临界力(N);

λ——烟囱长细比,按悬臂构件计算;

φ——焊接圆筒截面轴心受压构件稳定系数,按本规范附录B采用。

4 地脚螺栓最大拉力可按下式计算:

$$P_{max} = \frac{4M}{nd} - \frac{N}{n} \tag{10.3.2-14}$$

式中:P_{max}——地脚螺栓的最大拉力(kN);

M——烟囱底部最大弯矩设计值(kN·m);

N——与弯矩相应的轴向压力设计值(kN);

d——地脚螺栓所在圆直径(m);

n——地脚螺栓数量。

5 钢烟囱底座基础局部受压应力,可按下式计算:

$$\sigma_{cbt} = \frac{G}{A_t} + \frac{M}{W} \leqslant \omega\beta_1 f_{ct} \tag{10.3.2-15}$$

式中:σ_{cbt}——钢烟囱(包括钢内筒)荷载设计值作用下,在混凝土底座处产生的局部受压应力(N/mm²);

G——烟囱底部重力荷载设计值(kN);

A_t——钢烟囱与混凝土基础的接触面面积(mm²);

W——钢烟囱与混凝土基础的接触面截面抵抗矩(mm³);

ω——荷载分布影响系数,可取$\omega = 0.675$;

β_1——混凝土局部受压时强度提高系数,按现行国家标准《混凝土结构设计规范》GB 50010的有关规定计算;

f_{ct}——混凝土在温度作用下的轴心抗压强度设计值。

6 烟道入口宜设计成圆形。矩形孔洞的转角宜设计成圆弧形。孔洞应力应满足下式要求:

$$\sigma = \left(\frac{N}{A_0} + \frac{M}{W_0}\right)\alpha_k \leqslant f_t \tag{10.3.2-16}$$

式中:A_0——洞口补强后水平截面面积,应不小于无孔洞的相应圆筒壁水平截面面积(mm²);

W_0——洞口补强后水平截面最小抵抗矩(mm³);

f_t——温度作用下的钢材抗压强度设计值(N/mm²);

N——洞口截面处轴向力设计值(N);

M——洞口截面处弯矩设计值(N·mm);

α_k——洞口应力集中系数,孔洞圆角半径r与孔洞宽度b之比,$r/b = 0.1$时,可取$\alpha_k = 4$,$r/b \geqslant 0.2$时,取$\alpha_k = 3$,中间值线性插入。

10.3.3 钢烟囱的筒壁最小厚度应满足下列公式要求:

烟囱高度不大于20m时:

$$t_{min} = 4.5 + C \tag{10.3.3-1}$$

烟囱高度大于20m时:

$$t_{min} = 6 + C \tag{10.3.3-2}$$

式中:t_{min}——筒壁最小厚度(mm);

C——腐蚀厚度裕度,有隔热层时取$C = 2$mm,无隔热时取$C = 3$mm。

10.3.4 隔热层的设置应符合下列规定:

1 当烟气温度高于本规范表3.3.1规定的最高受热温度时,应设置隔热层。

2 隔热层厚度应由温度计算确定,但最小厚度不宜小于50mm。对于全辐射炉型的烟囱,隔热层厚度不宜小于75mm。

3 隔热层应与烟囱筒壁牢固连接,当采用不定型现场浇注材料时,可采用锚固钉或金属网固定。烟囱顶部可设置钢板圈保护隔离层边缘。钢板圈厚度不应小于6mm。

4 应沿烟囱高度方向,每隔1m~1.5m设置一个角钢支承环。

5 当烟气温度高于560℃时,隔热层的锚固件可采用不锈钢(1Cr18Ni9Ti)制造。烟气温度低于560℃时,可采用一般碳素钢制造。

10.3.5 破风圈的设置应符合下列规定:

1 当烟囱的临界风速小于6m/s~7m/s时,应设置破风圈。当烟囱的临界风速为7m/s~13.4m/s、小于设计风速,且采用改变烟囱高度、直径和增加厚度等措施不经济时,也可设置破风圈。

2 设置破风圈范围的烟囱体型系数应按1.2采用。

3 需设置破风圈时,应在距烟囱上端不小于烟囱高度1/3的范围内设置。

4 破风圈型式可采用螺旋板型或交错排列直立板型,并应符合下列规定:

1)当采用螺旋板型时,其螺旋板厚度不小于6mm,宽度为烟囱外径的1/10。螺旋板为三道,沿圆周均布,螺旋节距可为烟囱外直径的5倍。

2)当交错排列直立板型时,其直立板厚度不小于6mm,长度不大于1.5m,宽度为烟囱外径的1/10,每圈立板数量为4块,沿烟囱圆周均布,相邻圈立板相互错开45°。

10.3.6 烟囱顶部可设置用于涂刷油漆的导轨滑车及滑车钢丝绳。

10.4 拉索式钢烟囱

10.4.1 当烟囱高度与直径之比大于30($h/d>30$)时,可采用拉索式钢烟囱。

10.4.2 当烟囱高度与直径之比小于35时,可设一层拉索。拉索宜为3根,平面夹角宜为120°,拉索与烟囱轴向夹角不应小于25°。拉索系结位置距烟囱顶部应小于$h/3$处。

10.4.3 烟囱高度与直径之比大于35时,可设两层拉索:上层拉索系结位置,宜距烟囱顶部小于$h/3$处;下层拉索系结位置,宜设在上层拉索至烟囱底的1/2高度处。

10.4.4 拉索式烟囱在风荷载和地震作用下的内力计算,可按现行国家标准《高耸结构设计规范》GB 50135的规定计算,并应计及横风向风振的影响。

10.4.5 拉索式钢烟囱筒身的构造措施,应与自立式钢烟囱相同。

11 烟囱的防腐蚀

11.1 一般规定

11.1.1 燃煤烟气可按下列规定分类:

1 相对湿度小于60%、温度大于或等于90℃的烟气,应为干烟气。

2 相对湿度大于或等于60%、温度大于60℃但小于90℃的烟气,应为潮湿烟气。

3 相对湿度为饱和状态、温度小于或等于60℃的烟气,应为湿烟气。

11.1.2 当排放非燃煤烟气时,烟气分类可根据经验并按本规范第11.1.1条的规定确定。烟囱设计应按烟气分类及相应腐蚀等级,采取对应的防腐蚀措施。

11.1.3 对于烟气主要腐蚀介质为二氧化硫的干烟气,当烟气温度低于150℃,且烟气二氧化硫含量大于500ppm时,应计入烟气的腐蚀性影响,并应按下列规定确定其腐蚀等级:

1 当二氧化硫含量为500ppm~1000ppm时,应为弱腐蚀干烟气。

2 当二氧化硫含量大于1000ppm且小于或等于1800ppm时,应为中等腐蚀干烟气。

3 当二氧化硫含量大于1800ppm时,应为强腐蚀干烟气。

11.1.4 湿法脱硫后的烟气应为强腐蚀性湿烟气;湿法脱硫烟气经过再加热后应为强腐蚀性潮湿烟气。

11.1.5 烟囱设计应计入周围环境对烟囱外部的腐蚀影响,可根据现行国家标准《工业建筑防腐蚀设计规范》GB 50046的有关规定采取防腐蚀措施。

11.1.6 当烟囱所排放烟气的特性发生变化时,应对原烟囱的防腐蚀措施进行重新评估。

11.1.7 湿烟气烟囱设计应符合下列规定:

1 排烟筒内部应设置冷凝液收集装置。

2 烟囱顶部钢筋混凝土外筒筒首、避雷针和爬梯等,应计入烟羽造成的腐蚀影响,并应采取防腐蚀措施。

3 排烟筒应按大型管道设备的要求设置定期检修维护设施。

11.2 烟囱结构型式选择

11.2.1 烟囱的结构型式应根据烟气的分类和腐蚀等级确定,可按表11.2.1的要求并结合实际情况进行选取。

表11.2.1 烟囱结构型式

烟囱类型			干烟气			潮湿烟气	湿烟气
			弱腐蚀性	中等腐蚀	强腐蚀		
砖烟囱			○	△	×	×	×
单筒式钢筋混凝土烟囱			○	△	×	△	×
套筒或多管式烟囱	砖内筒		□	○	△	□	×
	钢内筒	防腐金属内衬	△	△	△	△	○
		轻质防腐砖内衬	□	□	□	□	□
		防腐涂层内衬	□	□	□	□	□
		耐酸混凝土内衬	□	□	□	△	×
	玻璃钢内筒		□	□	□	○	○

注:1 "○"建议采用的方案;"□"可采用的方案;"△"不宜采用的方案;"×"不应采用的方案。

2 选择表中所列方案时,其材料性能应与实际烟囱运行工况相适应。当烟气温度较高时,内衬材料应满足长期耐高温要求。

11.2.2 排放干烟气的烟囱结构型式的选择应符合下列规定:

1 烟囱高度小于或等于100m时,可采用单筒式烟囱。当烟气属强腐蚀性时,宜采用砖套筒式烟囱。

2 烟囱高度大于100m,且排放强腐蚀性烟气时,宜采用套筒式或多管式烟囱;当排放中等腐蚀性烟气时,可采用套筒式或多管式烟囱,也可采用单筒式烟囱;当排放弱腐蚀性烟气时,宜采用单筒式烟囱。

11.2.3 排放潮湿烟气的烟囱结构型式的选择应符合下列规定:

1 宜采用套筒式或多管式烟囱。

2 每个排烟筒接入锅炉台数应结合排烟筒的防腐措施确定。300MW以下机组每个排烟筒接入锅炉台数不宜超过2台,且不应超过4台;300MW及其以上机组每个排烟筒接入锅炉台数不应超过2台;1000MW及其以上机组为每个排烟筒接入锅炉台数不应超过1台。

11.2.4 排放湿烟气的烟囱结构型式的选择应符合下列规定:

1 应采用套筒式或多管式烟囱。

2 每个排烟筒接入锅炉台数应结合排烟筒的防腐措施确定。200MW以下机组每个排烟筒接入锅炉台数不宜超过2台,且不应超过4台;200MW及其以上机组每个排烟筒接入锅炉台数不应超过2台;600MW及其以上机组每个排烟筒接入锅炉台数宜为1台;1000MW及其以上机组为每个排烟筒接入锅炉台数不应超过1台。

11.3 砖烟囱的防腐蚀

11.3.1 当排放弱腐蚀性等级干烟气时,烟囱内衬宜按烟囱全高设置;当排放中等腐蚀性等级干烟气时,烟囱内衬应按烟囱全高设置。

11.3.2 当排放中等腐蚀性等级干烟气时,烟囱内衬宜采用耐火砖和耐酸胶泥(或耐酸砂浆)砌筑。

11.4 单筒式钢筋混凝土烟囱的防腐蚀

11.4.1 单筒式钢筋混凝土烟囱筒壁混凝土强度等级应符合下列规定:

1 当排放弱腐蚀性干烟气时,混凝土强度等级不应低于C30。

2 当排放中等腐蚀性干烟气时,混凝土强度等级不应低于C35。

3 当排放强腐蚀性干烟气或潮湿烟气时,混凝土强度等级不应低于C40。

11.4.2 单筒式钢筋混凝土烟囱筒壁内侧混凝土保护层最小厚度和腐蚀裕度厚度,应符合下列规定:

1 当排放弱腐蚀性干烟气时,混凝土最小保护层厚度应为35mm。

2 当排放中等腐蚀性干烟气时,筒壁厚度宜增加30mm的腐蚀裕度,混凝土最小保护层厚度宜为40mm。

3 当排放强等腐蚀性干烟气或潮湿烟气时,筒壁厚度宜增加50mm的腐蚀裕度,混凝土最小保护层厚度宜为50mm。

11.4.3 单筒式钢筋混凝土烟囱内衬和隔热层,应符合下列规定:

1 当排放弱腐蚀性干烟气时,内衬宜采用耐酸砖(砌块)和耐酸胶泥砌筑或轻质、耐酸、隔热整体浇注防腐内衬。

2 当排放中等以及强腐蚀性干烟气或潮湿烟气时,内衬应采用耐酸胶泥和耐酸砖(砌块)砌筑或轻质、耐酸、隔热整体浇注防腐内衬。

3 当排放强腐蚀性烟气时,砌体类内衬最小厚度不宜小于200mm;当采用轻质、耐酸、隔热整体浇注防腐内衬时,其最小厚度不宜小于150mm。

4 烟囱保温隔热层应采用耐酸憎水性的材料制品。

5 钢筋混凝土筒壁内表面应设置防腐隔离层。

11.4.4 烟囱内的烟气压力宜符合下列规定:

1 烟囱高度不超过100m时,烟囱内部烟气压力可不受限制。

2 烟囱高度大于100m时,当排放弱腐蚀性等级烟气时,烟气压力不宜超过100Pa;当排放中等腐蚀性等级烟气时,烟气压力不宜超过50Pa。

3 排放强腐蚀性烟气时,烟气宜负压运行。

4 当烟气正压压力超过本条第1款~第3款的规定时,可采取下列措施:

　1)增大烟囱顶部出口内直径,降低顶部烟气排放的出口流速。

　2)调整烟囱外形尺寸,减小烟囱外表面的坡度或内衬内表面的粗糙度。

　3)在烟囱顶部做烟气扩散装置。

11.4.5 烟囱内衬耐酸砖(砌块)和耐酸砂浆(或耐酸胶泥)砌筑,应采用挤压法施工,砌体中的水平灰缝和垂直灰缝应饱满、密实。当采用轻质、耐酸、隔热整体浇注防腐蚀内衬时,不宜设缝。

11.5 套筒式和多管式烟囱的砖内筒防腐蚀

11.5.1 砖内筒的材料选择应符合下列规定:

1 当排放中等腐蚀性干烟气时,砖内筒宜采用耐酸砖(砌块)和耐酸胶泥(耐酸砂浆)砌筑;砖内筒的保温隔热层宜采用轻质隔热防腐的玻璃棉制品。

2 当排放强腐蚀性干烟气或潮湿烟气时,排烟内筒应采用耐酸砖(砌块)和耐酸胶泥(耐酸砂浆)砌筑;砖内筒的保温隔热层应采用轻质隔热防腐的玻璃棉制品。

3 在满足砖内筒砌体强度和稳定的条件下,应采用轻质耐酸材料砌筑。

4 排烟内筒耐酸砖(砌块)宜采用异形形状,砌体施工应符合本规范第11.4.5条的规定。

11.5.2 砖内筒防腐蚀应符合下列规定:

1 内筒中排放的烟气宜处于负压运行状态。当出现正压运行状态时,耐酸砖(砌块)砌体结构的外表面应设置密实型耐酸砂浆封闭层;也可在内外筒间的夹层中设置风机加压,并应使内外筒间夹层中的空气压力超过相应处排烟内筒中的烟气压力值50Pa。

2 内筒外表面应按计算和构造要求确定设置保温隔热层,并

应使烟气不在内筒内表面出现结露现象。

3 内筒各分段接头处,应采用耐酸防腐蚀材料连接,烟气不应渗漏,并应满足温度伸缩要求(图11.5.2)。

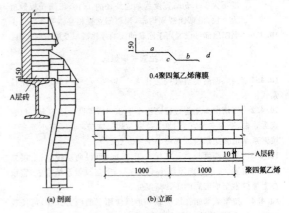

图 11.5.2　内筒接头构造(mm)

4 砖内筒支承结构应进行防腐蚀保护。

11.6 套筒式和多管式烟囱的钢内筒防腐蚀

11.6.1 钢内筒内衬应按本规范表11.2.1选用。

11.6.2 钢内筒材料及结构构造应符合下列规定:

1 钢内筒的外表面和导流板以下的内表面应采用耐高温防腐蚀涂料防护。

2 钢内筒的外保温层应分两层铺设,接缝应错开。钢内筒采用轻质防腐砖内衬时,可不设外保温层。

3 钢内筒筒首保温层应采用不锈钢包裹,其余部位可采用铝板包裹。

11.7 钢烟囱的防腐蚀

11.7.1 钢烟囱内衬防腐蚀设计可按本规范第11.6节设计进行。

11.7.2 钢烟囱外表面应计入大气环境的腐蚀影响因素,宜采取长效防腐蚀措施。

12 烟囱基础

12.1 一般规定

12.1.1 烟囱地基基础的计算,除应符合本规范的规定外,尚应符合国家现行标准《建筑地基基础设计规范》GB 50007和《建筑桩基技术规范》JGJ 94的有关规定。在抗震设防地区还应符合现行国家标准《建筑抗震设计规范》GB 50011的规定。

12.1.2 基础截面极限承载能力计算和正常使用极限状态验算,应按现行国家标准《混凝土结构设计规范》GB 50010的有关规定进行。

12.1.3 对于有烟气通过的基础,材料强度应计算温度作用的影响。

12.2 地基计算

12.2.1 烟囱基础地基压力计算,应符合下列规定:

1 轴心荷载作用时:

$$p_k = \frac{N_k + G_k}{A} \leqslant f_a \qquad (12.2.1-1)$$

2 偏心荷载作用时除应满足公式(12.2.1-1)的要求外,尚应符合下列要求:

1)地基最大压力:

$$p_{kmax} = \frac{N_k + G_k}{A} + \frac{M_k}{W} \leq 1.2 f_a \qquad (12.2.1\text{-}2)$$

2)地基最小压力:

板式基础:

$$p_{kmin} = \frac{N_k + G_k}{A} - \frac{M_k}{W} \geq 0 \qquad (12.2.1\text{-}3)$$

壳体基础:

$$p_{kmin} = \frac{N_k}{A} - \frac{M_k}{W} \geq 0 \qquad (12.2.1\text{-}4)$$

式中:N_k——相应荷载效应标准组合时,上部结构传至基础顶面竖向力值(kN);

G_k——基础自重标准值和基础上土重标准值之和(kN);

f_a——修正后的地基承载力特征值(kPa);

M_k——相应于荷载效应标准组合时,传至基础底面的弯矩值(kN·m);

W——基础底面的抵抗矩(m³);

A——基础底面面积(m²)。

3 自立式钢烟囱和塔架基础可按现行国家标准《高耸结构设计规范》GB 50135 的有关规定进行设计。

12.2.2 地基的沉降和基础倾斜,应按现行国家标准《建筑地基基础设计规范》GB 50007 和本规范第 3.1.9 条的规定进行计算。

12.2.3 环形或圆形基础下的地基平均附加压应力系数,可按本规范附录 C 采用。

12.3 刚性基础计算

12.3.1 刚性基础的外形尺寸(图 12.3.1),应按下列公式确定:

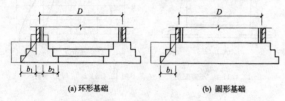

(a) 环形基础　　　　　　　(b) 圆形基础

图 12.3.1　刚性基础(mm)

1 当为环形基础时:

$$b_1 \leq 0.8 h \tan\alpha \qquad (12.3.1\text{-}1)$$

$$b_2 \leq h \tan\alpha \qquad (12.3.1\text{-}2)$$

2 当为圆形基础时:

$$b_1 \leq 0.8 h \tan\alpha \qquad (12.3.1\text{-}3)$$

$$h \geq \frac{D}{3\tan\alpha} \qquad (12.3.1\text{-}4)$$

式中:b_1、b_2——基础台阶悬挑尺寸(m);

h——基础高度(m);

$\tan\alpha$——基础台阶宽高比,按现行国家标准《建筑地基基础设计规范》GB 50007 的规定采用;

D——基础顶面筒壁内直径(m)。

12.4 板式基础计算

12.4.1 板式基础外形尺寸(图 12.4.1)的确定,宜符合下列规定:

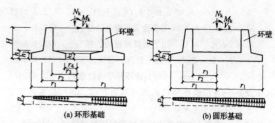

(a) 环形基础　　　　　　(b) 圆形基础

图 12.4.1　基础尺寸与底面压力计算

1 当为环形基础时,宜按下列公式计算:

$$r_4 \approx \beta r_z \qquad (12.4.1\text{-}1)$$

$$h \geq \frac{r_1 - r_2}{2.2} \qquad (12.4.1\text{-}2)$$

$$h \geq \frac{r_3 - r_4}{3.0} \qquad (12.4.1\text{-}3)$$

$$h_1 \geq \frac{h}{2} \qquad (12.4.1\text{-}4)$$

$$h_2 \geq \frac{h}{2} \qquad (12.4.1\text{-}5)$$

$$r_z = \frac{r_2 + r_3}{2} \qquad (12.4.1\text{-}6)$$

2 当为圆形基础时,宜按下列公式计算:

$$\frac{r_1}{r_z} \approx 1.5 \qquad (12.4.1\text{-}7)$$

$$h \geq \frac{r_1 - r_2}{2.2} \qquad (12.4.1\text{-}8)$$

$$h \geq \frac{r_3}{4.0} \qquad (12.4.1\text{-}9)$$

$$h_1 \geq \frac{h}{2} \qquad (12.4.1\text{-}10)$$

式中:β——基础底板平面外形系数,根据 r_1 与 r_2 的比值,由图 12.4.11-2 查得,或按 $\beta = -3.9 \times \left(\frac{r_1}{r_z}\right)^3 + 12.9 \times \left(\frac{r_1}{r_z}\right)^2 - 15.3 \times \frac{r_1}{r_z} + 7.3$ 进行计算;

r_z——环壁底面中心处半径。其余符号见图 12.4.1。

12.4.2 计算基础底板的内力时,基础底板的压力可按均布荷载采用,并应取外悬挑中点处的最大压力(图 12.4.1),其值应按下式计算:

$$p = \frac{N}{A} + \frac{M_z}{I} \cdot \frac{r_1 + r_2}{2} \qquad (12.4.2)$$

式中:M_z——作用于基础底面的总弯矩设计值(kN·m);

N——作用于基础顶面的垂直荷载设计值(kN)(不含基础自重及土重);

A——基础底面面积(m²);

I——基础底面惯性矩(m⁴)。

12.4.3 在环壁与底板交接处的冲切强度可按下列公式计算(图 12.4.3):

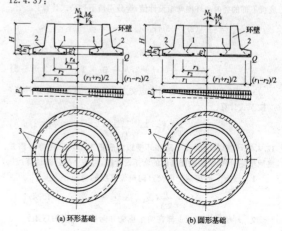

(a) 环形基础　　　　　　(b) 圆形基础

图 12.4.3　底板冲切强度计算

1—验算环壁内边缘冲切强度时破坏锥体的斜截面;
2—验算环壁外边缘冲切强度时破坏锥体的斜截面;
3—冲切破坏锥体的底截面

$$F_1 \leqslant 0.35\beta_h f_{tt}(b_t + b_b)h_0 \qquad (12.4.3\text{-}1)$$

$$b_b = 2\pi(r_2 + h_0) \quad (\text{用于验算环壁外边缘}) \qquad (12.4.3\text{-}2)$$

$$b_b = 2\pi(r_3 - h_0) \quad (\text{用于验算环壁内边缘}) \qquad (12.4.3\text{-}3)$$

$$b_t = 2\pi r_2 \quad (\text{用于验算环壁外边缘}) \qquad (12.4.3\text{-}4)$$

$$b_t = 2\pi r_3 \quad (\text{用于验算环壁内边缘}) \qquad (12.4.3\text{-}5)$$

式中：F_1——冲切破坏体以外的荷载设计值（kN），按本规范第 12.4.4 条计算；

f_{tt}——混凝土在温度作用下的抗拉强度设计值（kN/m²）；

b_b——冲切破坏锥体斜截面的下边圆周长（m）；

b_t——冲切破坏锥体斜截面的上边圆周长（m）；

h_0——基础底板计算截面处的有效厚度（m）；

β_h——受冲切承载力截面高度影响系数，当 h 不大于 800mm 时，β_h 取 1.0；当 h 大于或等于 2000mm 时，β_h 取 0.9，其间按线性内插法采用。

12.4.4 冲切破坏锥体以外的荷载 F_1，可按下列公式计算：

1 计算环壁外边缘时：

$$F_1 = p\pi[r_1^2 - (r_2 + h_0)^2] \qquad (12.4.4\text{-}1)$$

2 计算环壁内边缘时：

1）环形基础：

$$F_1 = p\pi[(r_3 - h_0)^2 - r_4^2] \qquad (12.4.4\text{-}2)$$

2）圆形基础：

$$F_1 = p\pi(r_3 - h_0)^2 \qquad (12.4.4\text{-}3)$$

12.4.5 环形基础底板下部和底板内悬挑上部均采用径、环向配筋时，确定底板配筋用的弯矩设计值可按下列公式计算：

1 底板下部半径 r_2 处单位弧长的径向弯矩设计值：

$$M_R = \frac{p}{3(r_1 + r_2)}(2r_1^3 - 3r_1^2 r_2 + r_2^3) \qquad (12.4.5\text{-}1)$$

2 底板下部单位宽度的环向弯矩设计值：

$$M_\theta = \frac{M_R}{2} \qquad (12.4.5\text{-}2)$$

3 底板内悬挑上部单位宽度的环向弯矩设计值：

$$M_{\theta T} = \frac{p r_z}{6(r_z - r_4)}\left(\frac{2r_4^3 - 3r_4^2 r_z + r_z^3}{r_z} - \frac{4r_1^3 - 6r_1^2 r_z + 2r_z^3}{r_1 + r_z}\right) \qquad (12.4.5\text{-}3)$$

12.4.6 圆形基础底板下部采用径、环向配筋，环壁以内底板上部为等面积方格网配筋时，确定底板配筋用的弯矩设计值，可按下列规定计算：

1 当 $r_1/r_z \leqslant 1.8$ 时，底板下部径向弯矩和环向弯矩设计值，分别应按本规范公式（12.4.5-1）和公式（12.4.5-2）进行计算。

2 当 $r_1/r_z > 1.8$ 时，基础外形不合理，不宜采用。采用时，其底板下部的径向和环向弯矩设计值，应分别按下列公式计算：

$$M_R = \frac{p}{12r_z}(2r_z^3 + 3r_1^2 r_3 + r_1^2 r_z - 3r_1 r_z^2 - 3r_1 r_z r_3) \qquad (12.4.6\text{-}1)$$

$$M_\theta = \frac{p}{12}(4r_1^2 - 3r_1 r_z - 3r_1 r_3) \qquad (12.4.6\text{-}2)$$

3 环壁以内底板上部两个正交方向单位宽度的弯矩设计值，应按下式计算：

$$M_T = \frac{p}{6}\left(r_z^2 - \frac{4r_1^3 - 6r_1^2 r_z + 2r_z^3}{r_1 + r_z}\right) \qquad (12.4.6\text{-}3)$$

12.4.7 圆形基础底板下部和环壁以内底板上部均采用等面积方格网配筋时，确定底板配筋用的弯矩设计值可按下列公式计算：

1 底板下部在两个正交方向单位宽度的弯矩：

$$M_B = \frac{p}{6r_1}(2r_1^3 - 3r_1^2 r_2 + r_2^3) \qquad (12.4.7\text{-}1)$$

2 环壁以内底板上部在两个正交方向单位宽度的弯矩：

$$M_T = \frac{p}{6}\left(r_z^2 - 2r_1^2 + 3r_1 r_z - \frac{r_z^3}{r_1}\right) \qquad (12.4.7\text{-}2)$$

12.4.8 当按本规范公式（12.4.5-3）、公式（12.4.6-3）或公式

（12.4.7-2）计算所得的弯矩 $M_{\theta T}$ 或 M_T 不大于 0 时，环壁以内底板上部不宜配置钢筋。但当 $p_{kmin} - \frac{G_k}{A} \leqslant 0$，或基础有烟气通过且烟气温度较高时，应按构造配筋。

12.4.9 环形和圆形基础底板外悬挑上部可不配置钢筋，但当地基反力最小边扣除基础自重和土重、基础底面出现负值（$p_{kmin} - \frac{G_k}{A} < 0$）时，底板外悬挑上部应配置钢筋。其用于配筋的弯矩值可近似按承受均布荷载 q 的悬臂构件进行计算，且均布荷载 q 可按下式计算：

$$q = \frac{M_x r_1}{I} - \frac{N}{A} \qquad (12.4.9)$$

12.4.10 底板下部配筋，应取半径 r_2 处的底板有效高度 h_0，并应按等厚度进行计算。

当采用径、环向配筋时，其径向钢筋可按 r_2 处满足计算要求呈辐射状配置；环向钢筋可按等直径等间距配置。

12.4.11 圆形基础底板下部不需配筋范围半径 r_d（图 12.4.11-1），应按下列公式计算：

1 径、环向配筋时：

$$r_d \leqslant \beta_0 r_z - 35d \qquad (12.4.11\text{-}1)$$

2 等面积方格网配置时：

$$r_d \leqslant r_3 + r_z - r_1 - 35d \qquad (12.4.11\text{-}2)$$

式中：β_0——底板下部钢筋理论切断系数，按 r_1/r_z 由图 12.4.11-2 查得；

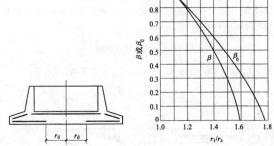

图 12.4.11-1 不需配筋 　　图 12.4.11-2 β 与 β_0 系数
范围 r_d

d——受力钢筋直径（mm）。

12.4.12 当有烟气通过基础时，基础底板与环壁，可按下列规定计算受热温度：

1 基础环壁的受热温度，应按本规范公式（5.6.4）进行计算。计算时环壁外侧的计算土层厚度（图 12.4.12）可按下式计算：

$$H_1 = 0.505H - 0.325 + 0.05DH \qquad (12.4.12)$$

式中：H_1——计算土层厚度（m）；

H、D——分别为由内衬内表面计算的基础环壁埋深（m）和直径（m），见图 12.4.12 所示。

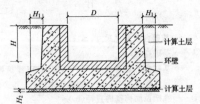

图 12.4.12 计算土层厚度示意

2 基础底板的受热温度，可采用地温代替本规范公式（5.6.4）中的空气温度 T_a，应按第一类温度边界问题进行计算。

计算时基础底板下的计算土层厚度(图12.4.12)和地温可按下列规定采用:

1)计算底板最高受热温度时 $H_2=0.3m$,地温取 15℃。

2)计算底板温度差时 $H_2=0.2m$,地温取 10℃。

3 计算出的基础环壁及底板的最高受热温度,应小于或等于混凝土的最高受热温度允许值。

12.4.13 计算基础底板配筋时,应根据最高受热温度,采用本规范第 4.2 节和第 4.3 节规定的混凝土和钢筋在温度作用下的强度设计值。

12.4.14 在计算基础环壁和底板配筋,且未计算温度作用产生的应力时,配筋宜增加 15%。

12.5 壳体基础计算

12.5.1 壳体基础的外形尺寸(图12.5.1)应按下列规定确定:

1 倒锥壳(下壳)的控制尺寸 r_2 应按下列公式确定:

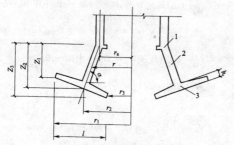

图 12.5.1 正倒锥组合壳基础
1—上环梁;2—正锥壳;3—倒锥壳

$$p_{kmax} = \frac{N_k+G_k}{2\pi r_2} + \frac{M_k}{\pi r_2^2} \quad (12.5.1-1)$$

$$p_{kmin} = \frac{N_k+G_k}{2\pi r_2} - \frac{M_k}{\pi r_2^2} \quad (12.5.1-2)$$

$$\frac{p_{kmax}}{p_{kmin}} \leqslant 3 \quad (12.5.1-3)$$

式中:G_k——基础自重标准值和至埋深 z_2 处的土重标准值之和(kN);

p_{kmax}、p_{kmin}——分别为下壳经向长度内,沿环向(r_2 处)单位长度范围内,在水平投影面上的最大和最小地基反力标准值(kN/m)。

2 下壳经向水平投影宽度 l 可按下列公式确定:

$$l = \frac{p_k}{f_a} \quad (12.5.1-4)$$

$$p_k = \frac{(N_k+G_k)(1+\cos\theta_0)}{2r_2(\pi+\theta_0\cos\theta_0-\sin\theta_0)} \quad (12.5.1-5)$$

式中:p_k——在荷载标准值作用下,下壳经向水平投影宽度 l 和沿半径为 r_2 的环向单位弧长范围内产生的总地基反力标准值(kN/m);

θ_0——地基塑性区对应的方位角,可根据 e/r_2 查表 12.5.1,$e=M_k/(N_k+G_k)$。

表 12.5.1 θ_0 与 e/r_2 的对应值

e/r_2	θ_0	e/r_2	θ_0	e/r_2	θ_0
0	3.1416	0.17	2.4195	0.34	1.7010
0.01	3.0934	0.18	2.3792	0.35	1.6534
0.02	3.0488	0.19	2.3389	0.36	1.6045
0.03	3.0039	0.20	2.2985	0.37	1.5542
0.04	2.9596	0.21	2.2581	0.38	1.5024
0.05	2.9159	0.22	2.2175	0.39	1.4486
0.06	2.8727	0.23	2.1767	0.40	1.3927

续表12.5.1

e/r_2	θ_0	e/r_2	θ_0	e/r_2	θ_0
0.07	2.8299	0.24	2.1357	0.41	1.3341
0.08	2.7877	0.25	2.0944	0.42	1.2723
0.09	2.7458	0.26	2.0528	0.43	1.2067
0.10	2.7043	0.27	2.0109	0.44	1.1361
0.11	2.6630	0.28	1.9685	0.45	1.0591
0.12	2.6620	0.29	1.9256	0.46	0.9733
0.13	2.5813	0.30	1.8821	0.47	0.8746
0.14	2.5407	0.31	1.8380	0.48	0.7545
0.15	2.5002	0.32	1.7932	0.49	0.5898
0.16	2.4598	0.33	1.7476	0.50	0

3 下壳内、外半径 r_3、r_1 可按下列公式确定:

$$r_3 = \frac{1}{2}\left(\frac{2}{3}r_2-l\right)+\sqrt{\frac{1}{4}\left(l-\frac{2}{3}r_2\right)^2+\frac{1}{3}(r_2^2+r_2l-l^2)}$$

$$\quad (12.5.1-6)$$

$$r_1 = r_3 + l \quad (12.5.1-7)$$

4 下壳与上壳(正锥壳)相交边缘处的下壳有效厚度 h 可按下列公式确定:

$$h \geqslant \frac{2.2Q_c}{0.75f_t} \quad (12.5.1-8)$$

$$Q_c = \frac{1}{2}p_1\frac{1}{\sin\alpha} \quad (12.5.1-9)$$

式中:Q_c——下壳最大剪力(N),计算时不计下壳自重;

f_t——混凝土的抗拉强度设计值(N/mm²);

p_1——在荷载设计值作用下,下壳经水平投影宽度 l 和沿半径为 r_2 的环向单位弧长范围内产生的总地基反力设计值(kN/m),按本规范公式(12.5.1-5)计算,其中 G_k、N_k 采用设计值。

12.5.2 正倒锥组合壳体基础的计算可按下列原则进行:

1 正锥壳(上壳)可按无矩理论计算。

2 倒锥壳(下壳)可按极限平衡理论计算。

12.5.3 正锥壳的经、环向薄膜内力,可按下列公式计算:

$$N_a = -\frac{N_1}{2\pi r\sin\alpha}-\frac{M_1+H_1(r-r_a)\tan\alpha}{\pi r^2\sin\alpha} \quad (12.5.3-1)$$

$$N_\theta = 0 \quad (12.5.3-2)$$

式中:N_1、M_1——分别为壳上边缘处总的垂直力(kN)和弯矩设计值(kN·m);

N_a、N_θ——分别为壳体计算截面处单位长度的经向、环向薄膜力(kN);

H_1——作用于壳上边缘的水平剪力设计值(kN);

r_a、r——分别为壳体上边缘及计算截面的水平半径(m)(图 12.5.1);

α——壳面与水平面的夹角(°)(图 12.5.1)。

12.5.4 倒锥壳的计算,可按下列步骤进行:

1 倒锥壳水平投影面上的最大土反力 q_{ymax} 可按下列公式计算(图 12.5.4-1):

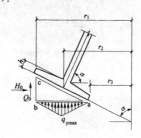

图 12.5.4-1 倒锥壳土反力

$$q_{ymax} = \frac{2\left(p_k - Q_0 \dfrac{r_1}{r_2}\right)}{r_1 - r_3} \quad (12.5.4\text{-}1)$$

$$Q_0 = H_0 \tan\varphi_0 + c_0(z_3 - z_1) \quad (12.5.4\text{-}2)$$

$$H_0 = 0.25\gamma_0(z_3^2 - z_1^2)\tan^2\left(\frac{1}{2}\varphi_0 + 45°\right) \quad (12.5.4\text{-}3)$$

$$\varphi_0 = \frac{1}{2}\varphi \quad (12.5.4\text{-}4)$$

$$c_0 = \frac{1}{2}c \quad (12.5.4\text{-}5)$$

式中：q_{ymax}——倒锥壳水平投影面上的最大土反力（kN/mm²）；

φ_0——土的计算内摩擦角（°）；

φ——土的实际内摩擦角（°）；

c_0——土的计算黏聚力；

c——土的实际黏聚力；

γ_0——土的重力密度（kN/mm³）；

H_0——作用在 bc 面上总的被动土压力（kN）；

Q_0——作用在 bc 面上总的剪切力（kN）。

2 壳体特征系数 C_s，当 $C_s < 2$ 时应为短壳，$C_s \geqslant 2$ 时应为长壳。C_s 可按下式计算：

$$C_s = \frac{r_1 - r_3}{2h\sin\alpha} \quad (12.5.4\text{-}6)$$

式中：h——为倒锥壳与正锥壳相交处倒锥壳的厚度（m）。

3 倒锥壳内力（图 12.5.4-2）可按下列公式计算：

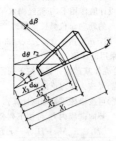

图 12.5.4-2 几何尺寸

1）当为短壳时：

环向拉力 N_θ：

$$N_\theta = \frac{1}{6}(B_2 q_{ymax} + B_3 H + B_5)(x_1 - x_3)(x_1 + x_2 + x_3) \quad (12.5.4\text{-}7)$$

$$H = 0.5\gamma_0 z_2 \tan^2\left(\frac{1}{2}\varphi_0 + 45°\right) \quad (12.5.4\text{-}8)$$

$$M_{a1} = \frac{1}{x_2' W_1}(B_0 q_{ymax} + B_1 H + B_4) \quad (12.5.4\text{-}9)$$

$$M_{a2} = \frac{1}{x_2'' W_2}(B_0 q_{ymax} + B_1 H + B_4) \quad (12.5.4\text{-}10)$$

$$W_1 = \frac{12(x_1 - x_2)}{(x_1^2 - x_2'^2)(x_1 - x_2')^2} \quad (12.5.4\text{-}11)$$

$$W_2 = \frac{12(x_2 - x_3)}{(x_2''^2 - x_3^2)(x_2'' - x_3)^2} \quad (12.5.4\text{-}12)$$

$$B_0 = \sin^2\alpha + \tan\varphi_0 \sin\alpha\cos\alpha \quad (12.5.4\text{-}13)$$

$$B_1 = \cos^2\alpha + \tan\varphi_0 \sin\alpha\cos\alpha \quad (12.5.4\text{-}14)$$

$$B_2 = \sin\alpha\cos\alpha - \tan\varphi_0 \sin^2\alpha \quad (12.5.4\text{-}15)$$

$$B_3 = \tan\varphi_0 \cos^2\alpha - \sin\alpha\cos\alpha \quad (12.5.4\text{-}16)$$

$$B_4 = c_0 \sin 2\alpha \quad (12.5.4\text{-}17)$$

$$B_5 = c_0 \cos 2\alpha \quad (12.5.4\text{-}18)$$

2）当为长壳时（图 12.5.4-3）：

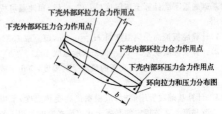

图 12.5.4-3 长壳环向压、拉力分布

a、b—分别为下壳外部和内部环向拉、压合力作用点间的距离

环向拉力 $N_{\theta1}$：

$$N_{\theta1} = N_\theta(C_s - 1) \quad (12.5.4\text{-}19)$$

$$N_\theta = \frac{1}{6}(B_2 q_{ymax} + B_3 H + B_5)(x_1 - x_3)(x_1 + x_2 + x_3) \quad (12.5.4\text{-}20)$$

$$M_{a1} = \frac{1}{x_2'}\left\{\frac{1}{W_1}[q_{ymax}(B_0 + W_1 W_3 B_2) + HB_1 + B_4 + W_1 W_3(HB_3 + B_5)] - \frac{1}{2}N_\theta(C_s - 1)k_1(x_1 - x_2')\cot\alpha\right\} \quad (12.5.4\text{-}21)$$

$$M_{a2} = \frac{1}{x_2''}\left\{\frac{1}{W_2}[q_{ymax}(B_0 + W_2 W_4 B_2) + HB_1 + B_4 + W_2 W_4(HB_3 + B_5)] - \frac{1}{2}N_\theta(C_s - 1)k_0(x_2'' - x_3)\cot\alpha\right\} \quad (12.5.4\text{-}22)$$

$$W_3 = \frac{1}{6}(x_1^2 + x_1 x_2 - 2x_2^2)k_0(x_1 - x_2')\cot\alpha \quad (12.5.4\text{-}23)$$

$$W_4 = \frac{1}{6}(x_2^2 - x_2 x_3 - x_3^2)k_1(x_2'' - x_3)\cot\alpha \quad (12.5.4\text{-}24)$$

$$k_0 = \frac{a}{x_1 - x_2'} \quad (12.5.4\text{-}25)$$

$$k_1 = \frac{b}{x_2'' - x_3} \quad (12.5.4\text{-}26)$$

12.5.5 组合壳上环梁的内力可按下列公式计算（图 12.5.5）：

$$N_{\theta M} = r_e N_{aa3}\cos\alpha \quad (12.5.5\text{-}1)$$

$$M_a = -N_{ab1}e_1 - N_{aa3}e_3 \quad (12.5.5\text{-}2)$$

$$M_\theta = M_a r_e \quad (12.5.5\text{-}3)$$

式中：$N_{\theta M}$——环梁的环向力（kN）（以受拉为正）；

M_a——环梁单位长度上的扭矩（kN·m）（围绕环梁截面重心以顺时针方向转动为正）；

M_θ——环梁的环向弯矩（kN·m）（以下表面受拉为正）；

N_{aai}，N_{abi}——分别为第 i 个（$i=1$ 代表烟囱筒壁；$i=3$ 代表基础的正锥壳）壳体小径边缘和大径边缘处单位长度上的薄膜经向力（kN）（以受拉为正）；

r_e——环梁截面重心处的半径（m）；

e_i——分别为壳体（$i=1,3$）的薄膜经向力至环梁截面重心的距离（m）（图 12.5.5）。

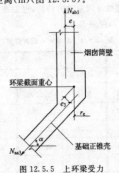

图 12.5.5 上环梁受力

12.5.6 组合壳体基础底部构件的冲切强度，可按本规范第

第12.4.2条～第12.4.4条的有关规定计算。冲切破坏锥体斜截面的下边圆周长 S_x 和冲切破坏锥体以外的荷载 Q_c（图12.5.6），应按下列公式计算：

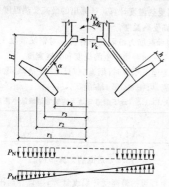

图 12.5.6 正倒锥组合壳

1 验算外边缘时：

$$S_x = 2\pi[r_2 + h_0(\sin\alpha + \cos\alpha)] \quad (12.5.6-1)$$

$$Q_c = p\pi\{r_1^2 - [r_2 + h_0(\sin\alpha + \cos\alpha)]^2\} \quad (12.5.6-2)$$

2 验算内边缘时：

$$S_x = 2\pi[r_3 - h_0(\sin\alpha - \cos\alpha)] \quad (12.5.6-3)$$

$$Q_c = p\pi\{[r_3 - h_0(\sin\alpha - \cos\alpha)]^2 - r_4^2\} \quad (12.5.6-4)$$

式中：h_0——计算截面的有效高度（m）。

12.6 桩 基 础

12.6.1 当地基存在下列情况之一时，宜采用桩基础：

1 震陷性、湿陷性、膨胀性、冻胀性或侵蚀性等不良土层时。

2 上覆土层为强度低、压缩性高的软弱土层，不能满足强度和变形要求时。

3 在抗震设防地区地基持力层范围内有可液化土层时。

12.6.2 烟囱桩基础可采用预制钢筋混凝土桩、混凝土灌注桩和钢桩。桩型、桩横断面尺寸及桩端持力层的选择应综合计入地质情况、施工条件、施工工艺、建筑场地环境等因素，并应充分利用各桩型特点以满足安全、经济及工期等方面的要求，可按现行行业标准《建筑桩基技术规范》JGJ 94 的规定进行设计。

12.6.3 烟囱桩基础的承台平面可为圆形或环形，桩的平面布置应以承台平面中心点，呈放射状布置。桩的分布半径，应根据烟囱筒身荷载的作用点的位置，在荷载作用点（基础环壁中心）两侧布置，并应内疏外密，以应加大群桩的平面抵抗矩，不宜采用单圈外布置。桩间距应符合现行行业标准《建筑桩基技术规范》JGJ 94 的要求。

12.6.4 烟囱桩基竖向承载力计算应按现行行业标准《建筑桩基技术规范》JGJ 94 的规定进行。偏心荷载作用时，以承台中心对称布置的桩可按下列公式计算：

$$N_{ik} = \frac{F_k + G_k}{n} \pm \frac{M_k r_i}{\frac{1}{2}\sum_{j=1}^{} r_j^2} \quad (12.6.4-1)$$

$$N_{ik} \leqslant 1.2R_a \quad (12.6.4-2)$$

$$\frac{F_k + G_k}{n} \leqslant R_a \quad (12.6.4-3)$$

式中：N_{ik}——相应于荷载效应标准组合时，第 i 根桩的竖向力（kN）；

F_k——相应于荷载效应标准组合时作用于桩基承台顶面的竖向力（kN）；

G_k——桩基承台自重及承台上土自重标准值（kN）；

M_k——相应于荷载效应标准组合时作用承台底面的弯矩值（kN·m）；

R_a——单桩竖向承载力特征值（kN）；

r_i——第 i 根桩所在圆的半径（m）；

n——桩基中的桩数。

12.6.5 烟囱桩基的桩顶作用效应计算、桩基沉降计算及桩基的变形允许值、桩基水平承载力与位移计算、桩身承载力与抗裂计算、桩承台计算等，均应符合现行行业标准《建筑桩基技术规范》JGJ 94 的规定。

12.6.6 烟囱桩基承台的内力分析，应按基本组合考虑荷载效应，对于低桩承台（在承台不脱空条件下）可不计入承台及上覆填土的自重，可采用净荷载计算桩顶反力；对于高桩承台应考全部荷载。对于桩出现拉力的承台，其上表面应配置受拉钢筋。

12.6.7 桩基础防腐蚀应符合现行国家标准《工业建筑防腐蚀设计规范》GB 50046 的有关规定。

12.7 基 础 构 造

12.7.1 烟囱与烟道沉降缝设置，应符合下列规定：

1 当为地面烟道或地下烟道时，沉降缝应设在基础的边缘处。

2 当为架空烟道时，沉降缝可设在筒壁边缘处。

3 当为壳基础时，宜采用地面烟道或架空烟道。

12.7.2 基础的底面应设混凝土垫层，厚度宜采用100mm。

12.7.3 设置地下烟道时，基础宜设贮灰槽，槽底面应低于烟道底面250mm～500mm。

12.7.4 设置地下烟道的基础，当烟气温度较高，采用普通混凝土不能满足本规范第3.3.1条规定时，宜将烟气入口提高至基础顶面以上。

12.7.5 烟囱周围的地面应设护坡，坡度不应小于2%。护坡的最低处，应高出周围地面100mm。护坡宽度不应小于1.5m。

12.7.6 板式基础的环壁宜设计成内表面垂直、外表面倾斜的形式，上部厚度应比筒壁、隔热层和内衬的总厚度增加50mm～100mm。环壁高出地面不宜小于400mm。

12.7.7 板式基础底板下部径向和环向（或纵向和横向）钢筋的最小配筋率不宜小于0.15%，配筋最小直径和最大间距应符合表12.7.7的规定。当底板厚度大于2000mm时，宜在板厚中间部位设置温度应力钢筋。

表 12.7.7 板式基础配筋最小直径及最大间距（mm）

部位	配筋种类		最小直径	最大间距
环壁	竖向钢筋		12	250
	环向钢筋		12	200
底板下部	径、环向配筋	径向	12	r_2处250，外边缘400
		环向	12	250
	方格网配筋		12	250

12.7.8 板式基础底板上部按构造配筋时，其钢筋最小直径与最大间距，应符合表12.7.8的规定。

表 12.7.8 板式基础底板上部的构造配筋（mm）

基础形式	配筋种类	最小直径	最大间距
环形基础	径、环向配筋	12	径向250，环向250
圆形基础	方格网配筋	12	250

12.7.9 基础环壁设有孔洞时，应符合本规范第7.5.3条的有关规定。洞口下部距基础底部距离较小时，该处的环壁应增加补强钢筋。必要时可按两端固接的曲梁进行计算。

12.7.10 壳体基础可按图12.7.10及表12.7.10所示外形尺寸进行设计。壳体厚度不应小于300mm。壳体基础与筒壁相接处，应设置环梁。

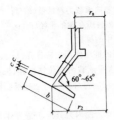

图 12.7.10　壳体基础外形

表 12.7.10　壳体基础外形尺寸

基础形式	t	b	c
正、倒锥组合壳	$(0.035\sim0.06)r_2$	$(0.35\sim0.55)r_2$	$(0.05\sim0.065)r_2$

12.7.11　壳体上不宜设孔洞，如需设置孔洞时，孔洞边缘距壳体上下边缘距离不宜小于 1m，孔洞周围应按本规范第 7.5.3 条规定配置补强钢筋。

12.7.12　壳体基础应配双层钢筋，其直径不应小于 12mm，间距不应大于 200mm。受力钢筋接头应采用焊接。当钢筋直径小于 14mm 时，亦可采用搭接，搭接长度不应小于 40d，接头位置应相互错开，壳体最小配筋率（径向和环向）均不应小于 0.4%。上壳上下边缘附近构造环向钢筋应适当加强。

12.7.13　壳体基础钢筋保护层不应小于 40mm。

12.7.14　壳体基础不宜留施工缝，如必须设置时，应对施工缝采取处理措施。

12.7.15　桩基承台构造应符合以下规定：

1　承台外形尺寸宜满足板式基础合理外形尺寸 (12.4.1) 的要求；底板厚度不应小于 300mm；承台周边距桩中心距离不应小于桩直径或桩断面边长，且边桩外缘至承台外缘的距离不应小于 150mm。

2　承台钢筋保护层厚度不应小于 40mm，当无混凝土垫层时，不应小于 70mm。承台混凝土强度等级不应低于 C25。

3　承台配筋应按计算确定，底板下部钢筋最小配筋率不宜小于 0.15%（径向和环向），且环壁及底板上、下部配筋最小直径和最大间距应符合表 12.7.7 和表 12.7.8 的规定；当底板厚度大于 2000mm 时，宜在板厚中间部位设置温度应力钢筋。

4　承台其他构造要求应与本节的要求相同，并应符合现行行业标准《建筑桩基技术规范》JGJ 94 的规定。

13　烟　道

13.1　一　般　规　定

13.1.1　烟道可按下列类型分类：

1　地下烟道。

2　地面烟道。

3　架空烟道。

13.1.2　烟道的材料选择，宜符合下列规定：

1　下列情况地下烟道宜采用钢筋混凝土烟道：

1）净空尺寸较大。

2）地面荷载较大或有汽车、火车通过。

3）有防水要求。

2　除本条第 1 款的情况外，地下烟道及地面烟道可采用砖砌烟道。

3　架空烟道宜采用钢筋混凝土结构，也可采用钢烟道。

13.1.3　烟道的结构型式宜按下列规定采用：

1　砖砌烟道的顶部应做成半圆拱。

2　钢筋混凝土烟道宜做成箱形封闭框架，也可做成槽型，顶盖宜为预制板。

3　钢烟道宜设计成圆筒形或矩形。

13.1.4　烟道应进行下列计算：

1　最高受热温度计算。计算出的最高受热温度，应小于或等于材料的允许受热温度。

2　结构承载能力极限状态计算。对钢筋混凝土架空烟道还应验算烟道沿纵向弯曲产生的挠度和裂缝宽度。

13.1.5　当为地下烟道时，烟道应与厂房柱基础、设备基础、电缆沟等保持距离，可按表 13.1.5 确定。

表 13.1.5　地下烟道与地下构筑物边缘最小距离

烟气温度（℃）	<200	200~400	401~600	601~800
距离（m）	≥0.1	≥0.2	≥0.4	≥0.5

13.2　烟道的计算和构造

13.2.1　地下烟道的最高受热温度计算，应计算周围土壤的热阻作用，计算土层厚度（图 13.2.1）可按下列公式计算：

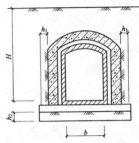

图 13.2.1　计算土层厚度示意

1　计算烟道侧墙时：

$$h_1 = 0.505H - 0.325 + 0.05bH \qquad (13.2.1\text{-}1)$$

2　计算烟道底板时：

$$h_2 = 0.3（地温取 15℃） \qquad (13.2.1\text{-}2)$$

3　计算烟道顶板时，取实际土层厚度。

式中：H、b——分别为从内衬内表面算起的烟道埋深和宽度（m）（图 13.2.1）；

h_1——烟道侧面计算土层厚度（m）；

h_2——烟道底面计算土层厚度（m）。

13.2.2　确定计算土层厚度后，可按本规范公式(5.6.4)计算烟道受热温度，其计算原则应与本规范第 12.4.12 条相同。计算受热温度应满足材料受热温度允许值。对材料强度应计算温度作用的影响。

13.2.3　地面荷载应根据实际情况确定，但不得小于 10kN/m²。对于钢铁厂的炼钢车间、轧钢车间外部的地下烟道，在无足够依据时，可采用 30kN/m² 荷载进行计算。

13.2.4　地下烟道在计算时应分别按侧墙两侧无土、一侧无土和两侧有土等荷载工况计算。

13.2.5　地下砖砌烟道（图 13.2.5）的承载能力计算应符合下列规定：

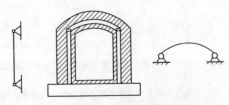

图 13.2.5　砖烟道型式

1　烟道侧墙的计算模型可按下列原则采用：

1）当侧墙两侧有土时，侧墙可按上（拱脚处）下端铰接，并仅计算拱顶范围以外的地面荷载,按偏心受压计算。

2)当侧墙两侧无土时,侧墙可按上端(拱脚处)悬臂,下端固结,验算拱顶推力作用下的承载能力,不计入内衬对侧墙的推力。

3)砖砌地下烟道不允许出现一侧有土、另一侧无土的情况。

2 砖砌烟道的顶拱应按双铰拱计算。其荷载组合应计算拱上无土、拱上有土、拱上有地面荷载(并计算最不利分布)等情况。

当顶拱截面内有弯矩产生时,截面内的合力作用点不应超过截面核心距。

3 砖砌烟道的底板计算可按下列原则确定:

1)当为钢筋混凝土底板时,地基反力可按平均分布采用。

2)当底板为素混凝土时,地基反力按侧壁压力呈45°角扩散。

13.2.6 钢筋混凝土地下烟道应按下列规定进行计算:

1 槽型地下烟道的顶盖、侧墙可按下列规定计算[图13.2.6(a)]:

1)预制顶板按两端简支板计算。

2)侧墙按上部有盖板和无盖板两种情况计算:

当上部有盖板时,上支点可按铰接计算。

当上部无盖板时,侧墙可按悬壁计算。

2 封闭箱型地下烟道[图13.2.6(b)]可按封闭框架计算。

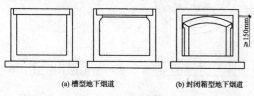

(a)槽型地下烟道　　(b)封闭箱型地下烟道

图13.2.6 钢筋混凝土烟道

13.2.7 地面砖烟道(图13.2.7)的承载能力可按下端固接的拱形框架进行计算。

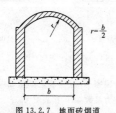

图13.2.7 地面砖烟道

13.2.8 架空烟道计算应符合下列规定:

1 架空烟道应计算自重荷载、风荷载、底板积灰荷载和烟气压力。在抗震设防地区尚应计算地震作用。

2 烟道内的烟气压力,可取±2.5kN/m²。

3 架空烟道在进行温度计算时,除应计算出的最高受热温度要满足材料受热温度允许值外,还应使温度差值符合下列要求:

1)砖砌烟道的侧墙,不大于20℃。

2)钢筋混凝土烟道及砖砌烟道的钢筋混凝土的底板和顶板,不大于40℃。

13.2.9 烟道的构造应符合下列规定:

1 地下砖烟道的顶拱中心夹角宜为60°~90°,顶拱厚度不应小于一砖,侧墙厚度不应小于一砖半。

2 砖烟道(包括地下及地面砖烟道)所采用砖的强度等级不应低于MU10,砂浆强度等级不应低于M2.5。当温度较高时应采用耐热砂浆。

3 地下及地面烟道均宜设内衬和隔热层。砖内衬的顶应做成拱形,其拱脚应向烟道侧壁伸出,并应与烟道侧壁留10mm空隙。浇注料内衬宜在烟道内壁敷设一层钢筋网后再施工。

4 不设内衬的烟道,应在烟道内表面抹黏土保护层。

5 当为封闭式箱形钢筋混凝土烟道时,拱形砖内衬的拱顶至

烟道顶板底表面应留有不小于150mm的空隙。

6 烟道与炉子基础及烟囱基础连接处,应设置沉降缝。对于地下烟道,在地面荷载变化较大处,也应设置沉降缝。

7 较长的烟道应设置伸缩缝。地面及地下烟道的伸缩缝最大间距应为20m,架空烟道不宜超过25m,缝宽宜为20mm~30mm。缝中应填塞石棉绳等可压缩的耐高温材料。当有防水要求时,伸缩缝的处理应满足防水要求。

抗震设防地区的架空烟道与烟囱之间防震缝的宽度,应按现行国家标准《建筑抗震设计规范》GB 50011执行。

8 连接引风机和烟囱之间的钢烟道,应设置补偿器。

13.2.10 烟道防腐蚀应符合本规范第11章有关规定。

14 航空障碍灯和标志

14.1 一般规定

14.1.1 对于下列影响航空器飞行安全的烟囱应设置航空障碍灯和标志:

1 在民用机场净空保护区域内修建的烟囱。

2 在民用机场净空保护区域外、但在民用机场进近管制区域内修建高出地表150m的烟囱。

3 在建有高架直升机停机坪的城市中,修建影响飞行安全的烟囱。

14.1.2 中光强B型障碍灯应为红色闪光灯,并应晚间运行。闪光频率应为20次/min~60次/min,闪光的有效光强不应小于2000cd±25%。

14.1.3 高光强A型障碍灯应为白色闪光灯,并应全天候运行。闪光频率应为40次/min~60次/min,闪光的有效光强应随背景亮度变光强闪光,白天应为200000cd,黄昏或黎明应为20000cd,夜间应为2000cd。

14.1.4 烟囱标志应采用橙色与白色相间或红色与白色相间的水平油漆带。

14.2 障碍灯的分布

14.2.1 障碍灯的设置应显示出烟囱的最顶点和最大边缘。

14.2.2 高度小于或等于45m的烟囱,可只在烟囱顶部设置一层障碍灯。高度超过45m的烟囱应设置多层障碍灯,各层的间距不应大于45m,并宜相等。

14.2.3 烟囱顶部的障碍灯应设置在烟囱顶端以下1.5m~3m范围内,高度超过150m的烟囱可设置在烟囱顶部7.5m范围内。

14.2.4 每层障碍灯的数量应根据其所在标高烟囱的外径确定,并应符合下列规定:

1 外径小于或等于6m,每层应设3个障碍灯。

2 外径超过6m,但不大于30m时,每层应设4个障碍灯。

3 外径超过30m,每层应设6个障碍灯。

14.2.5 高度超过150m的烟囱顶应采用高光强A型障碍灯,其间距应控制在75m~105m范围内,在高光强A型障碍灯分层之间应设置低、中光强障碍灯。

14.2.6 高度低于150m的烟囱,也可采用高光强A型障碍灯,采用高光强A型障碍灯后,可不必再用色标漆标志烟囱。

14.2.7 每层障碍灯应设置维护平台。

14.3 航空障碍灯设计要求

14.3.1 所有障碍灯应同时闪光,高光强A型障碍灯应自动变光强,中光强B型障碍灯应自动启闭,所有障碍灯应能自动监控,并应使其保证正常状态。

14.3.2 设置障碍灯时,应避免使周围居民感到不适,从地面应只能看到散逸的光线。

表 A 环形截面几何特性计算公式

计算内容	简图及计算式		
重心至圆心的距离 y_0	0	$r\dfrac{\sin\theta}{\pi-\theta}$	$r\dfrac{\sin\theta_1-\sin\theta_2}{\pi-\theta_1-\theta_2}$
重心至截面边缘的距离 y_1	r_2	$r_2\cos\theta_2 - r\dfrac{\sin\theta_1-\sin\theta_2}{\pi-\theta_1-\theta_2}$	$r_2\cos\theta_2 - r\dfrac{\sin\theta_1-\sin\theta_2}{\pi-\theta_1-\theta_2}$
重心至截面边缘的距离 y_2	r_2	$r_2\cos\theta_1 + r\dfrac{\sin\theta_1-\sin\theta_2}{\pi-\theta_1-\theta_2}$	$r_2\cos\theta_1 + r\dfrac{\sin\theta_1-\sin\theta_2}{\pi-\theta_1-\theta_2}$
截面面积 A	$2\pi rt$	$2rt(\pi-\theta)$	$2rt(\pi-\theta_1-\theta_2)$
重心轴的截面惯性矩 I	πtr^3	$r^3t\left(\pi-\theta-\cos\theta\sin\theta -2\dfrac{\sin^2\theta}{\pi-\theta}\right)$	$r^3t\left[\begin{array}{l}\pi-\theta_1-\theta_2\\ -\cos\theta_1\sin\theta_1\\ -\cos\theta_2\sin\theta_2\\ -2\dfrac{(\sin\theta_1-\sin\theta_2)^2}{\pi-\theta_1-\theta_2}\end{array}\right]$

注：r_2 为外半径；r 为平均半径($r=r_2-t/2$)；t 为壁厚。

附录 B 焊接圆筒截面轴心受压稳定系数

表 B 焊接圆筒截面轴心受压稳定系数 φ

$\lambda\sqrt{\frac{f_y}{235}}$	0	10	20	30	40	50	60	70	80	90	100	110	120
0	1.000	0.992	0.970	0.936	0.899	0.856	0.807	0.751	0.688	0.621	0.555	0.493	0.437
1	1.000	0.991	0.967	0.932	0.895	0.852	0.802	0.745	0.681	0.614	0.549	0.487	0.432
2	1.000	0.989	0.963	0.929	0.891	0.847	0.797	0.739	0.675	0.608	0.542	0.481	0.426
3	0.999	0.987	0.960	0.925	0.887	0.842	0.791	0.732	0.668	0.601	0.536	0.475	0.421
4	0.999	0.985	0.957	0.922	0.882	0.838	0.786	0.726	0.661	0.594	0.529	0.470	0.416
5	0.998	0.983	0.955	0.919	0.878	0.833	0.780	0.720	0.655	0.588	0.523	0.464	0.411
6	0.997	0.981	0.950	0.914	0.874	0.828	0.774	0.714	0.648	0.581	0.517	0.458	0.406
7	0.996	0.978	0.946	0.910	0.870	0.823	0.769	0.707	0.641	0.575	0.511	0.453	0.402
8	0.995	0.976	0.943	0.906	0.865	0.818	0.763	0.701	0.635	0.568	0.505	0.447	0.397
9	0.994	0.973	0.939	0.903	0.861	0.813	0.757	0.694	0.628	0.561	0.499	0.442	0.392

$\lambda\sqrt{\frac{f_y}{235}}$	130	140	150	160	170	180	190	200	210	220	230	240	250
0	0.387	0.345	0.308	0.276	0.249	0.225	0.204	0.186	0.170	0.156	0.144	0.133	0.123
1	0.383	0.341	0.304	0.273	0.246	0.223	0.202	0.184	0.169	0.155	0.143	0.132	
2	0.378	0.337	0.301	0.270	0.244	0.220	0.200	0.183	0.167	0.154	0.142	0.131	
3	0.374	0.333	0.298	0.267	0.241	0.218	0.198	0.181	0.166	0.153	0.141	0.130	
4	0.370	0.329	0.295	0.265	0.239	0.216	0.197	0.180	0.165	0.151	0.140	0.129	
5	0.355	0.326	0.291	0.262	0.236	0.214	0.195	0.178	0.163	0.150	0.138	0.128	
6	0.361	0.322	0.288	0.259	0.234	0.212	0.193	0.176	0.162	0.149	0.137	0.127	
7	0.357	0.318	0.285	0.256	0.232	0.210	0.191	0.175	0.160	0.148	0.136	0.126	
8	0.353	0.315	0.282	0.254	0.229	0.208	0.190	0.173	0.159	0.146	0.135	0.125	
9	0.349	0.311	0.279	0.251	0.227	0.206	0.188	0.172	0.158	0.145	0.134	0.124	

注：表中 φ 值按下列公式计算：

当 $\lambda_n = \dfrac{\lambda}{\pi}\sqrt{\dfrac{f_y}{E}} \leqslant 0.215$ 时，$\varphi = 1-\alpha_1\lambda_n^2$；当 $\lambda_n > 0.215$ 时，$\varphi = \dfrac{1}{2\lambda_n^2}$

$\left[(\alpha_2+\alpha_3\lambda_n+\lambda_n^2)-\sqrt{(\alpha_2+\alpha_3\lambda_n+\lambda_n^2)^2-4\lambda_n^2}\right]$；

其中，$\alpha_1=0.65$，$\alpha_2=0.965$，$\alpha_3=0.300$。

附录 C 环形和圆形基础的最终沉降量和倾斜的计算

C.0.1 基础最终沉降量可按下列规定进行计算：

1 环形基础可计算环宽中点 C、D[图 C.0.1(a)]的沉降；圆形基础应计算圆心 O 点[图 C.0.1(b)]的沉降。

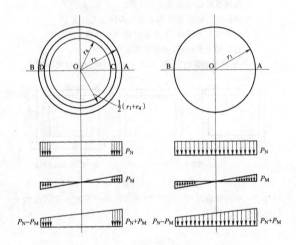

(a) 环形基础　　(b) 圆形基础

图 C.0.1 板式基础底板下压力

计算应按现行国家标准《建筑地基基础设计规范》GB 50007 进行。平均附加应力系数 α，可按表 C.0.1-1～表 C.0.1-3 采用。

2 计算环形基础沉降量时，其环宽中点的平均附加应力系数 $\bar{\alpha}$ 值，应分别按大圆与小圆在表 C.0.1-1～表 C.0.1-3 中相应的 Z/R 和 b/R 栏查得的数值相减后采用。

C.0.2 基础倾斜可按下列规定进行计算：

1 分别计算与基础最大压力 p_{max} 及最小压力 p_{min} 相对应的基础外边缘 A、B 两点的沉降量 S_A 和 S_B，基础的倾斜值 m_θ，可按下式计算：

$$m_\theta = \frac{S_A - S_B}{2r_1} \qquad (C.0.2-1)$$

式中：r_1——圆形基础的半径或环形基础的外圆半径。

2 计算在梯形荷载作用下的基础沉降量 S_A 和 S_B 时，可将荷载分为均布荷载和三角形荷载，分别计算其相应的沉降量再进行叠加。

3 计算环形基础在三角形荷载作用下的倾斜值时，可按半径 r_1 的圆板在三角形荷载作用下，算得的 A、B 两点沉降值，减去半径为 r_4 的圆板在相应的梯形荷载作用下，算得的 A、B 两点沉降值。

C.0.3 正倒锥组合壳体基础，其最终沉降量和倾斜值，可按下壳水平投影的环板基础进行计算。

表 C.0.1-1　圆形面积上均布荷载作用下土中任意点竖向平均附加应力系数 $\bar{\alpha}$

简图：圆形面积示意图，标注 b、Z、O、R、d。

Z/R	b/R=0	0.200	0.400	0.600	0.800	1.000	1.200	1.400	1.600	1.800	2.000	2.200	2.400	2.600	2.800	3.000	3.200	3.400	3.600	3.800	4.000
0	1.000	1.000	1.000	1.000	1.000	0.500	0	0	0	0	0	0	0	0	0	0	0	0	0	0	0
0.20	0.998	0.997	0.996	0.992	0.964	0.482	0.025	0.004	0.001	0.001	0	0	0	0	0	0	0	0	0	0	0
0.40	0.986	0.984	0.977	0.955	0.880	0.465	0.079	0.022	0.008	0.003	0.002	0.001	0	0	0	0	0	0	0	0	0
0.60	0.960	0.956	0.941	0.902	0.803	0.447	0.121	0.045	0.019	0.009	0.005	0.003	0.002	0.001	0	0	0	0	0	0	0
0.80	0.923	0.917	0.895	0.845	0.739	0.430	0.149	0.066	0.032	0.016	0.009	0.005	0.003	0.002	0.001	0	0	0	0	0	0
1.00	0.878	0.870	0.835	0.790	0.685	0.413	0.167	0.083	0.044	0.024	0.015	0.009	0.006	0.004	0.003	0.002	0.001	0.001	0.001	0	0
1.20	0.831	0.823	0.795	0.740	0.638	0.396	0.177	0.096	0.054	0.032	0.020	0.013	0.008	0.006	0.004	0.003	0.002	0.001	0.001	0.001	0
1.40	0.784	0.776	0.747	0.693	0.597	0.380	0.183	0.105	0.063	0.039	0.025	0.017	0.011	0.008	0.006	0.004	0.003	0.002	0.002	0.001	0.001
1.60	0.739	0.731	0.704	0.649	0.561	0.364	0.186	0.112	0.070	0.045	0.030	0.021	0.014	0.010	0.007	0.005	0.004	0.003	0.002	0.002	0.001
1.80	0.697	0.689	0.662	0.613	0.529	0.350	0.186	0.116	0.076	0.050	0.035	0.024	0.017	0.012	0.009	0.007	0.005	0.004	0.003	0.002	0.001
2.00	0.658	0.650	0.625	0.578	0.500	0.336	0.185	0.119	0.080	0.055	0.038	0.027	0.020	0.015	0.011	0.008	0.006	0.005	0.003	0.003	0.002
2.20	0.623	0.615	0.591	0.546	0.473	0.322	0.183	0.120	0.083	0.058	0.042	0.030	0.022	0.017	0.012	0.010	0.007	0.006	0.004	0.003	0.002
2.40	0.590	0.582	0.560	0.518	0.450	0.309	0.180	0.121	0.085	0.061	0.044	0.033	0.024	0.019	0.014	0.011	0.009	0.007	0.005	0.004	0.003
2.60	0.560	0.553	0.531	0.492	0.428	0.297	0.176	0.121	0.086	0.063	0.046	0.035	0.026	0.020	0.016	0.012	0.010	0.008	0.006	0.005	0.003
2.80	0.532	0.526	0.505	0.468	0.408	0.285	0.173	0.120	0.087	0.064	0.048	0.037	0.028	0.022	0.017	0.013	0.011	0.009	0.007	0.006	0.004
3.00	0.507	0.501	0.483	0.447	0.390	0.274	0.169	0.119	0.087	0.065	0.049	0.038	0.030	0.023	0.018	0.015	0.012	0.009	0.008	0.007	0.004
3.20	0.484	0.478	0.460	0.427	0.373	0.265	0.165	0.117	0.087	0.066	0.050	0.039	0.032	0.024	0.019	0.016	0.013	0.010	0.008	0.008	0.005
3.40	0.463	0.457	0.440	0.408	0.357	0.255	0.160	0.115	0.087	0.066	0.051	0.040	0.033	0.025	0.020	0.016	0.014	0.011	0.009	0.008	0.005
3.60	0.443	0.438	0.421	0.392	0.343	0.246	0.156	0.113	0.086	0.066	0.052	0.041	0.034	0.026	0.021	0.017	0.014	0.012	0.010	0.009	0.006
3.80	0.425	0.420	0.404	0.376	0.330	0.238	0.152	0.112	0.085	0.065	0.052	0.041	0.034	0.027	0.022	0.018	0.015	0.012	0.010	0.009	0.006
4.00	0.409	0.404	0.389	0.361	0.318	0.230	0.149	0.109	0.085	0.064	0.052	0.042	0.035	0.028	0.023	0.019	0.016	0.013	0.011	0.010	0.007
4.20	0.393	0.388	0.374	0.348	0.306	0.223	0.145	0.107	0.084	0.064	0.052	0.042	0.035	0.028	0.023	0.019	0.016	0.014	0.011	0.010	0.007
4.40	0.379	0.374	0.360	0.336	0.295	0.216	0.141	0.105	0.082	0.064	0.052	0.042	0.035	0.029	0.024	0.020	0.017	0.014	0.012	0.011	0.008
4.60	0.365	0.361	0.348	0.324	0.285	0.209	0.137	0.103	0.081	0.063	0.052	0.042	0.035	0.029	0.024	0.020	0.017	0.015	0.012	0.011	0.009
4.80	0.353	0.349	0.336	0.313	0.276	0.203	0.134	0.101	0.080	0.062	0.051	0.042	0.035	0.029	0.024	0.021	0.018	0.015	0.013	0.011	0.009
5.00	0.341	0.337	0.325	0.303	0.267	0.197	0.131	0.099	0.078	0.062	0.051	0.042	0.035	0.029	0.025	0.021	0.018	0.015	0.013	0.011	0.010

表 C.0.1-2 圆形面积上三角形分布荷载作用下对称轴下土中任意点竖向平均附加应力系数 $\bar{\alpha}$

Z/R \ b/R	0	0.200	0.400	0.600	0.800	1.000	1.200	1.400	1.600	1.800	2.000	2.200	2.400	2.600	2.800	3.000	3.200	3.400	3.600	3.800	4.000
0	0.500	0.400	0.300	0.200	0.100	0	0	0	0	0	0	0	0	0	0	0	0	0	0	0	0
0.20	0.499	0.399	0.300	0.200	0.102	0.016	0.002	0	0	0	0	0	0	0	0	0	0	0	0	0	0
0.40	0.493	0.396	0.298	0.200	0.107	0.030	0.008	0.003	0	0	0	0	0	0	0	0	0	0	0	0	0
0.60	0.480	0.387	0.293	0.200	0.112	0.041	0.016	0.003	0.001	0	0	0	0	0	0	0	0	0	0	0	0
0.80	0.462	0.377	0.287	0.199	0.117	0.050	0.023	0.007	0.003	0.001	0	0	0	0	0	0	0	0	0	0	0
1.00	0.439	0.360	0.278	0.196	0.120	0.057	0.030	0.012	0.006	0.002	0.001	0	0	0	0	0	0	0	0	0	0
1.20	0.416	0.343	0.267	0.192	0.121	0.063	0.036	0.017	0.009	0.004	0.002	0.001	0	0	0	0	0	0	0	0	0
1.40	0.392	0.326	0.257	0.187	0.121	0.067	0.040	0.021	0.013	0.006	0.004	0.002	0.001	0	0	0	0	0	0	0	0
1.60	0.370	0.310	0.245	0.181	0.120	0.070	0.044	0.025	0.016	0.008	0.005	0.004	0.002	0.001	0	0	0	0	0	0	0
1.80	0.349	0.294	0.234	0.175	0.119	0.072	0.046	0.028	0.019	0.010	0.007	0.005	0.002	0.001	0.001	0	0	0	0	0	0
2.00	0.329	0.279	0.224	0.169	0.116	0.073	0.048	0.031	0.021	0.012	0.010	0.007	0.003	0.002	0.001	0.001	0	0	0	0	0
2.20	0.312	0.265	0.214	0.163	0.114	0.073	0.049	0.033	0.023	0.014	0.012	0.009	0.004	0.003	0.002	0.001	0.001	0	0	0	0
2.40	0.295	0.252	0.205	0.157	0.111	0.072	0.050	0.035	0.025	0.016	0.013	0.010	0.005	0.004	0.002	0.002	0.001	0.001	0	0	0
2.60	0.280	0.240	0.196	0.151	0.108	0.072	0.051	0.036	0.026	0.018	0.014	0.011	0.006	0.005	0.003	0.002	0.002	0.001	0.001	0	0
2.80	0.266	0.229	0.187	0.145	0.105	0.071	0.051	0.037	0.027	0.019	0.015	0.012	0.007	0.006	0.004	0.003	0.003	0.002	0.001	0.001	0
3.00	0.254	0.218	0.180	0.140	0.102	0.070	0.051	0.037	0.028	0.020	0.016	0.013	0.008	0.006	0.005	0.004	0.003	0.002	0.002	0.001	0.001
3.20	0.242	0.209	0.172	0.135	0.099	0.069	0.050	0.038	0.029	0.021	0.017	0.014	0.009	0.007	0.005	0.004	0.004	0.003	0.002	0.001	0.001
3.40	0.232	0.200	0.166	0.130	0.096	0.067	0.050	0.038	0.029	0.022	0.018	0.015	0.010	0.008	0.006	0.005	0.004	0.003	0.003	0.002	0.001
3.60	0.222	0.192	0.159	0.125	0.094	0.066	0.049	0.038	0.029	0.023	0.018	0.015	0.010	0.009	0.007	0.006	0.005	0.004	0.003	0.002	0.002
3.80	0.213	0.184	0.152	0.121	0.091	0.065	0.048	0.037	0.029	0.023	0.019	0.016	0.011	0.009	0.007	0.006	0.005	0.004	0.004	0.003	0.002
4.00	0.205	0.177	0.148	0.117	0.088	0.063	0.047	0.037	0.029	0.023	0.019	0.016	0.012	0.010	0.008	0.007	0.006	0.005	0.004	0.003	0.003
4.20	0.197	0.171	0.142	0.113	0.086	0.062	0.046	0.036	0.029	0.024	0.019	0.016	0.012	0.010	0.008	0.007	0.006	0.005	0.004	0.004	0.003
4.40	0.190	0.165	0.138	0.110	0.083	0.061	0.045	0.036	0.029	0.024	0.019	0.016	0.013	0.011	0.008	0.008	0.006	0.006	0.005	0.004	0.003
4.60	0.183	0.159	0.133	0.107	0.081	0.059	0.044	0.036	0.029	0.024	0.019	0.016	0.013	0.011	0.009	0.008	0.007	0.006	0.005	0.004	0.003
4.80	0.177	0.154	0.129	0.104	0.079	0.058	0.043	0.036	0.028	0.024	0.019	0.016	0.014	0.011	0.009	0.008	0.007	0.006	0.005	0.004	0.004
5.00	0.171	0.151	0.125	0.101	0.077	0.057	0.042	0.035	0.028	0.023	0.019	0.016	0.014	0.012	0.010	0.008	0.007	0.006	0.005	0.005	0.004

简图（圆形面积，半径 R，荷载宽度 d，坐标 Z、b）

表 C.0.1-3 圆形面积上三角形分布荷载作用下对称轴下土中任意点竖向平均附加应力系数 $\bar{\alpha}$

Z/R	b/R																			
	-0.200	-0.400	-0.600	-0.800	-1.000	-1.200	-1.400	-1.600	-1.800	-2.000	-2.200	-2.400	-2.600	-2.800	-3.000	-3.200	-3.400	-3.600	-3.800	-4.000
0	0.600	0.700	0.800	0.900	0.500	0	0	0	0	0	0	0	0	0	0	0	0	0	0	0
0.20	0.598	0.697	0.791	0.862	0.466	0.024	0.004	0.001	0	0	0	0	0	0	0	0	0	0	0	0
0.40	0.589	0.679	0.755	0.774	0.435	0.071	0.019	0.007	0.003	0.001	0.001	0	0	0	0	0	0	0	0	0
0.60	0.569	0.647	0.702	0.691	0.406	0.106	0.038	0.015	0.007	0.004	0.002	0.001	0	0	0	0	0	0	0	0
0.80	0.541	0.608	0.646	0.622	0.380	0.126	0.054	0.025	0.013	0.007	0.004	0.003	0.001	0.001	0.001	0	0	0	0	0
1.00	0.511	0.567	0.594	0.565	0.356	0.137	0.066	0.034	0.019	0.011	0.006	0.004	0.002	0.001	0.001	0.001	0.001	0	0	0
1.20	0.479	0.527	0.548	0.517	0.333	0.142	0.075	0.042	0.024	0.015	0.009	0.006	0.003	0.002	0.001	0.001	0.001	0.001	0.001	0
1.40	0.449	0.491	0.506	0.476	0.313	0.143	0.080	0.048	0.029	0.018	0.012	0.008	0.004	0.003	0.002	0.001	0.001	0.001	0.001	0.001
1.60	0.421	0.457	0.470	0.441	0.294	0.142	0.084	0.052	0.033	0.022	0.014	0.010	0.005	0.004	0.003	0.002	0.001	0.001	0.001	0.001
1.80	0.395	0.428	0.438	0.410	0.278	0.140	0.085	0.055	0.036	0.024	0.017	0.012	0.007	0.005	0.004	0.002	0.002	0.001	0.001	0.001
2.00	0.372	0.401	0.409	0.383	0.263	0.137	0.087	0.057	0.039	0.026	0.019	0.014	0.008	0.006	0.004	0.003	0.002	0.002	0.001	0.001
2.20	0.350	0.376	0.384	0.360	0.248	0.134	0.087	0.058	0.040	0.028	0.021	0.015	0.010	0.007	0.005	0.004	0.002	0.002	0.002	0.001
2.40	0.331	0.355	0.362	0.339	0.236	0.130	0.085	0.059	0.042	0.030	0.022	0.016	0.011	0.008	0.006	0.004	0.003	0.003	0.002	0.002
2.60	0.313	0.336	0.341	0.320	0.225	0.126	0.084	0.059	0.042	0.031	0.023	0.017	0.012	0.009	0.007	0.005	0.004	0.003	0.002	0.002
2.80	0.297	0.318	0.323	0.303	0.214	0.122	0.082	0.059	0.043	0.032	0.024	0.018	0.013	0.010	0.008	0.006	0.004	0.003	0.003	0.002
3.00	0.283	0.302	0.307	0.288	0.204	0.118	0.081	0.058	0.043	0.032	0.025	0.019	0.014	0.011	0.009	0.006	0.005	0.004	0.003	0.003
3.20	0.269	0.287	0.292	0.274	0.196	0.114	0.079	0.058	0.043	0.033	0.025	0.020	0.015	0.012	0.009	0.007	0.005	0.004	0.003	0.003
3.40	0.257	0.274	0.278	0.261	0.188	0.110	0.077	0.057	0.043	0.033	0.026	0.020	0.016	0.012	0.010	0.008	0.006	0.005	0.004	0.003
3.60	0.246	0.262	0.266	0.250	0.180	0.107	0.076	0.056	0.043	0.033	0.026	0.021	0.016	0.013	0.010	0.008	0.006	0.005	0.005	0.004
3.80	0.236	0.251	0.255	0.239	0.173	0.104	0.074	0.055	0.042	0.033	0.026	0.021	0.017	0.013	0.011	0.009	0.007	0.006	0.005	0.004
4.00	0.224	0.241	0.244	0.229	0.167	0.101	0.072	0.054	0.042	0.033	0.026	0.021	0.017	0.014	0.012	0.009	0.008	0.006	0.006	0.005
4.20	0.217	0.231	0.234	0.220	0.161	0.098	0.070	0.053	0.041	0.033	0.026	0.021	0.017	0.014	0.012	0.010	0.008	0.007	0.006	0.005
4.40	0.209	0.222	0.225	0.212	0.155	0.095	0.069	0.052	0.040	0.032	0.026	0.021	0.017	0.014	0.012	0.010	0.008	0.007	0.006	0.005
4.60	0.202	0.214	0.217	0.204	0.150	0.092	0.067	0.051	0.040	0.032	0.026	0.021	0.018	0.015	0.012	0.010	0.009	0.007	0.006	0.005
4.80	0.195	0.207	0.209	0.197	0.145	0.090	0.065	0.050	0.039	0.031	0.026	0.021	0.018	0.015	0.012	0.011	0.009	0.007	0.006	0.005
5.00	0.188	0.201	0.202	0.190	0.140	0.087	0.064	0.049	0.039	0.031	0.026	0.021	0.018	0.015	0.013	0.011	0.009	0.008	0.007	0.006

简图 图

本规范用词说明

1 为便于在执行本规范条文时区别对待,对要求严格程度不同的用词说明如下:

   1)表示很严格,非这样做不可的:

   正面词采用"必须",反面词采用"严禁";

   2)表示严格,在正常情况下均应这样做的:

   正面词采用"应",反面词采用"不应"或"不得";

   3)表示允许稍有选择,在条件许可时首先应这样做的:

   正面词采用"宜",反面词采用"不宜";

   4)表示有选择,在一定条件下可以这样做的,采用"可"。

2 条文中指明应按其他有关标准执行的写法为:"应符合……的规定"或"应按……执行"。

引用标准名录

《砌体结构设计规范》GB 50003

《建筑地基基础设计规范》GB 50007

《建筑结构荷载规范》GB 50009

《混凝土结构设计规范》GB 50010

《建筑抗震设计规范》GB 50011

《钢结构设计规范》GB 50017

《工业建筑防腐蚀设计规范》GB 50046

《高耸结构设计规范》GB 50135

《钢结构工程施工质量验收规范》GB 50205

《碳素结构钢》GB/T 700

《钢筋混凝土用钢 第1部分:热轧光圆钢筋》GB 1499.1

《钢筋混凝土用钢 第2部分:热轧带肋钢筋》GB 1499.2

《低合金高强度结构钢》GB/T 1591

《耐候结构钢》GB/T 4171

《纤维增强塑料用液体不饱和聚酯树脂》GB/T 8237

《金属覆盖层 钢铁制件热浸镀锌层 技术要求及试验方法》GB/T 13912

《玻璃纤维短切原丝毡和连续原丝毡》GB/T 17470

《玻璃纤维无捻粗纱》GB/T 18369

《玻璃纤维无捻粗纱布》GB/T 18370

《钢筋焊接及验收规程》JGJ 18

《建筑桩基技术规范》JGJ 94

中华人民共和国国家标准

烟 囱 设 计 规 范

GB 50051—2013

条 文 说 明

修 订 说 明

本规范是在《烟囱设计规范》GB 50051—2002的基础上修订而成。上一版规范的主编单位是包头钢铁设计研究总院（现为中冶东方工程技术有限公司），参编单位是西安建筑科技大学、大连理工大学、西北电力设计院、华东电力设计院、山东电力工程咨询院、中国成都化工工程公司、长沙冶金设计研究总院、鞍山焦化耐火材料设计研究院、北京市计量科学研究所。主要起草人是牛春良、杨春田、于淑琴、宋玉普、卫云亭、陆卯生、赵德厚、鞠洪国、王赞泓、黄惠嘉、黄承逑、赵国藩、岳鹤龄、狄原沆、傅国勤、魏业培、张长信、蔡洪良、解宝安、乔永胜、郭亮、朱向前、张小平。

本次规范修订过程中，修订组进行了广泛的调查研究，特别是对近年来烟气脱硫后烟囱的破坏情况进行了大量调研，总结了烟囱腐蚀与防护经验，对烟囱防腐蚀作出了更为详细的规定，并新增了玻璃钢烟囱设计内容，扩大了烟囱防腐蚀的选择范围。在修订过程中，同时也参考了国外先进技术标准，进一步完善了规范内容。

近年来，非圆形截面的异形烟囱应用较多，其截面应力分析以及风荷载计算等均需要深入研究；虽然本次规范修订对烟囱防腐蚀做了较多工作，但限于现有工业材料水平，还不能做到既安全可靠又经济适用这一水准，需要在今后修订中逐步予以完善。

为了准确理解本规范的技术规定，按照《工程建设标准编写规定》的要求，编制组编写了《烟囱设计规范》条文说明。本条文说明不具备与规范正文同等的法律效力，仅供使用者作为理解和把握规范规定的参考。

目　次

1 总　则

1.0.2 本次规范修订增加了玻璃钢烟囱设计内容,同时明确规范适用于圆形截面烟囱设计。与非圆形截面的异形烟囱相比,圆形截面烟囱对减少风荷载面阻力、降低温度应力集中等具有明显优势。但随着城市多样化建设发展需要,近几年异形烟囱发展较快,对于异形烟囱需要对风荷载体形系数、振动特性等进行专门研究,本规范给出的截面承载能力极限状态和正常使用极限状态等计算公式都不再适用。

1.0.3 本规范修订过程与有关的现行规范进行了协调,对于有些规范并不完全适用于烟囱设计的内容,本规范根据烟囱的特点进行了一些特殊规定。

3 基本规定

3.1 设计原则

3.1.1 本规范采用以概率理论为基础的极限状态设计方法,以可靠指标度量结构构件的可靠度,采用分项系数的设计表达式进行结构计算。烟囱设计根据现行国家标准《建筑结构可靠度设计统一标准》GB 50068 和《工程结构可靠性设计统一标准》GB 50153 的规定划分为两类极限状态——承载能力极限状态和正常使用极限状态。

3.1.2 根据现行国家标准《工程结构可靠性设计统一标准》GB 50153,工程结构设计分为四种设计状况,即持久设计状况、短暂设计状况、偶然设计状况和地震设计状况。偶然设计状况适用于结构出现异常情况,包括火灾、爆炸、撞击时的情况,烟囱设计未涉及此类设计状况。承载能力极限状态设计,应根据不同的设计状况分别进行基本组合和地震组合设计。对于正常使用极限状态,应分别按作用效应的标准组合、频遇组合和准永久组合进行设计。

3.1.3 烟囱安全等级主要根据烟囱高度确定,对于电力系统烟囱考虑了单机容量。原规范规定当单机容量大于或等于 200 兆瓦(MW)时为一级,过于严格,本次规范修订规定大于或等于 300 兆瓦(MW)时为一级。

3.1.4 根据现行国家标准《工程结构可靠性设计统一标准》GB 50153,对极限承载能力表达式进行了修改,增加了活荷载调整系数。安全等级为一级的烟囱,其风荷载调整系数为 1.1。

3.1.5 取消了原规范设计使用年限为 100 年烟囱安全等级为一级的规定。在极限承载能力表达式中包含了活荷载设计使用年限调整系数,为避免重复计算,取消了该项规定。现行国家标准《工程结构可靠性设计统一标准》GB 50153 规定,安全等级为一级的房屋建筑的结构重要性系数不应小于 1.1。烟囱为高耸结构,其结构重要性系数不应低于该项要求。

3.1.6 本次规范修订增加了玻璃钢烟囱。由于玻璃钢烟囱在温度作用下,材料强度离散性较大,同时为与国际标准接轨,本次规范修订增加了玻璃钢烟囱温度作用分项系数为 1.10。规定对结构受力有利时,平台活荷载和检修、安装荷载分项系数取值为 0。

3.1.7 根据烟囱的工作特性,本条列出了烟囱可能发生的各种荷载效应和作用效应的基本组合情况。其中组合情况Ⅰ是普遍发生的;组合情况Ⅱ多发生于套筒式或多管式烟囱;组合情况Ⅲ用于塔架或拉索验算。组合Ⅳ、Ⅴ、Ⅵ用于自立式或悬挂式钢内筒或玻璃钢内筒计算。由于平台约束对内筒将产生较大温度应力,需要进行该类组合计算。

为了与现行国家标准《高耸结构设计规范》GB 50135 的规定一致,在安装检修为第 1 可变荷载时,风荷载的组合系数由 0.45 调整到 0.60,同时考虑其他平台荷载。

附加弯矩属可变荷载,组合中应予折减。但由于缺乏统计数据且考虑到自重为其产生的主要因素,故取组合系数为 1.00。

增加了温度组合工况,原规范将该种工况列于正常使用状态下,温度和荷载共同作用情况,主要用于钢筋混凝土烟囱筒壁验算。由于温度作用长期存在,在自立式或悬挂式钢内筒或玻璃钢内筒极限承载能力验算时,也应考虑其组合,并且其组合系数应取 1.00。

由于砖烟囱和塔架式钢烟囱的结构特点,其变形较小,可不考虑其附加弯矩影响。

3.1.8 根据需要,本次修订增加了玻璃钢烟囱、塔架抗震调整系数。同时规定仅计算竖向地震作用时,抗震调整系数取 1.0,以与现行国家标准《建筑抗震设计规范》GB 50011 强制性条文一致。重力荷载代表值计算时,积灰荷载组合系数由 0.5 调整为 0.9,与烟囱实际运行情况以及《建筑结构荷载规范》GB 50009 一致。

公式(3.1.8-1)用于普通烟囱及套筒(或多管)烟囱外筒的抗震验算;公式(3.1.8-2)用于自立式或悬挂式排烟内筒抗震验算,主要是考虑平台约束对内筒产生的温度应力影响。

3.1.9 钢筋混凝土烟囱在承载能力极限状态计算时未考虑温度应力,原因是考虑混凝土开裂后温度应力消失。但在正常使用极限状态应考虑温度应力,故需在该阶段进行应力验算。

烟囱地基变形计算,主要包括基础最终沉降量计算及基础倾斜计算。在长期荷载作用下,地基所产生的变形主要是由于土中孔隙水的消散、孔隙水的减少而发生的。风荷载是瞬时作用的活荷载,在其作用下土中孔隙水一般来不及消散,土体积的变化也迟缓于风荷载,故风荷载产生的地基变形可按瞬时变形考虑。影响烟囱基础沉降和倾斜的主要因素,是作用于筒身的长期荷载、邻近建筑的相互影响以及地基本身的不均匀性,而瞬时作用的影响是很小的,故一般情况下,计算烟囱基础的地基变形时,不考虑风荷载。但对于烟囱来讲,风荷载是主要活荷载,特殊情况下,即对于风玫瑰图严重偏心的地区,为确保结构的稳定性,应考虑风荷载。

增加了积灰荷载准永久系数取值。

3.2 设计规定

3.2.1 烟囱筒壁的材料选择,在一般情况下主要依据烟囱的高度和地震烈度。从目前国内情况看,烟囱高度大于 80m 时,一般采用钢筋混凝土筒壁。烟囱高度小于或等于 60m 时,多数采用砖烟囱。烟囱高度介于 60m 至 80m 之间时,除要考虑烟囱高度和地震烈度外,还宜根据烟囱直径、烟气温度、材料供应及施工条件等情况进行综合比较后确定。

砖烟囱的抗震性能较差。即使是配置竖向钢筋的砖烟囱,遇到较高烈度的地震难免发生一定程度的破坏。而且高烈度区砖烟囱的竖向配筋量很大,导致施工质量难以保证,而造价与钢筋混凝土烟囱相差不大。

3.2.2 烟囱内衬设置的主要作用是降低筒壁温度,保证筒壁的受热温度在限值之内,减少材料力学性能的降低和降低筒壁温度应力以减少裂缝开展。设置内衬还可以减少烟气对筒壁的腐蚀和磨损。考虑上述因素,本条对内衬的设置区域、温度界限分别作了规定。钢筋混凝土单筒烟囱的内衬宜沿筒壁全高设置,当有积灰平台时,可仅在烟道口以上部分设置。

钢烟囱可以不设置内衬,主要是指烟气无腐蚀,或虽有腐蚀但采用防腐蚀涂料的钢烟囱。当烟气温度过高或仅通过防腐涂料不能够满足要求时,仍需设置内衬。

3.2.4 隔烟墙高度问题一直存在争议,原规范规定应超过烟道孔顶,超出高度不小于1/2孔高。但实际应用中,许多烟道孔高度很大,难以实现。调研表明底部1/3烟气容易灌入对面烟道,上部2/3烟气会直接被抽入烟囱。为此,本次规范修订规定隔烟墙高度宜采用烟道孔高度的0.5倍~1.5倍,烟囱高度较低和烟道孔较矮的烟囱宜取较大值,反之取较小值。

3.2.6 我国以往烟囱爬梯一般在一定高度(约10m)处开始设置安全防护围栏,与国际标准相比,安全等级偏低,本次修改要求全高设置,且为强制性条文。烟囱为高耸结构,爬梯是后续烟囱高空维护、检查的唯一通道,围栏是保护使用人员安全的重要设施,其重要性同平台栏杆一样,必须设置。

3.2.10 爬梯和平台等金属构件是宜腐蚀构件,特别是这些构件长期处于露天和烟气等化学腐蚀介质可能腐蚀的环境里,因此,宜采用热浸镀锌防腐措施。

3.2.11 爬梯、平台与筒壁连接的可靠性,直接关系到烟囱使用期间高空作业人员的生命安全,因此必须满足强度和耐久性要求。

3.2.12 防雷装置是烟囱附属系统中的重要组成部分,烟囱一般均高出周围建筑物,其防雷设施设置尤为重要,必须按有关防雷标准进行防雷设计。

3.2.13 烟囱沉降和倾斜对其结构安全影响敏感,需要设置专门的观测装置。烟囱底部是否设置清灰系统(包括积灰平台、漏斗和清灰孔等),应根据实际需要确定,在烟囱使用寿命期间无积灰产生的,可以不设。

3.2.15 筒壁计算截面的选取,是以具有代表性、计算方便又偏于安全为原则而确定的。因烟囱的坡度、筒身各层厚度及截面配筋的变化都在分节处,同时筒身的自重、风荷载及温度也按分节进行计算。这样,在每节底部的水平截面总是该节的最不利截面。因而本规范规定在计算水平截面时,取筒壁各节的底截面。

垂直截面本可以选择任意单位高度为计算截面。因为各节底部截面的一些数据是现成的(如筒壁内外半径、内衬及隔热层厚度)。所以计算垂直截面时,也规定取筒壁各节底部单位高度为计算截面。

3.2.16 原规范的水平位移值未明确规定,有关要求应符合原国家标准《高耸结构设计规范》GBJ 135—90 的规定,即控制变形为离地高度的1/100。新修订的《高耸结构设计规范》GB 50135—2006 所规定的高耸结构变形控制不适合烟囱设计要求,故本次规范修订给出水平位移限值。

美国《Code Requirements for Reinforced Concrete Chimneys and Commentary》ACI 307—08 规定烟囱顶部位移值为烟囱高度的1/300。根据我国实际应用情况,规定钢筋混凝土烟囱和钢烟囱位移限值为离地高度的1/100,而砖烟囱,需要控制水平截面偏心距不得大于其核心距,其位移限值应严格控制,确定为1/300。

3.3 受热温度允许值

3.3.1 烟囱筒壁温度和基础的最高受热温度允许值仍与原规范的规定相同。

1 对于普通黏土砖砌体的筒壁,限制最高使用温度,是依据在温度作用下材料性能的变化、温度应力的大小、筒壁使用效果等因素综合考虑的。砖砌体在400℃温度作用下,强度有所降低(主要是砂浆强度降低)。由于筒壁的高温区仅在筒壁内侧,筒壁内的温度是由内向外递减的,平均温度要小于400℃。

2 钢筋混凝土及混凝土的受热温度允许值规定为150℃,这是因为从烟囱的大量调查中发现,由于温度的作用,筒壁裂缝比较普遍,有些还相当严重。这是由于一方面温度应力、混凝土的收缩及徐变、施工质量等因素综合造成的,另一方面,烟气的温度不仅长期作用,且由于在使用过程中受热温度还可能出现超温现象。超温现象除了因为烟气温度升高(事故或燃料改变)外,还与内衬及隔热层性能达不到设计要求有关。这些都将导致筒壁温度升

高。综合以上因素,限制钢筋混凝土筒壁的设计最高受热温度为150℃。

3 关于钢筋混凝土基础的设计最高受热温度,实际调查中发现,凡烟气穿过基础的高温烟囱,基础有的出现严重酥碎,有的已经全部烧坏。这是因为热量在土中不易散发,蓄积的热量使基础受热温度愈来愈高,导致混凝土解体。在原规范编制过程中,进行了大试件模拟试验。在试验的基础上,给出了温度计算公式。在设计过程中发现,用上述公式计算,对烟气温度大于350℃的基础,很难仅用隔热的措施使基础受热温度降至150℃以下。如果采取通风散热或改用耐热混凝土为基础材料等措施,则尚缺乏工程实践经验。因此,高温烟囱应避免采用有烟气穿过的基础而将烟道入口升至地面。

非耐热钢烟囱筒壁受热温度的适用范围摘自国家标准《钢制压力容器》GB 150—1998。

3.4 钢筋混凝土烟囱筒壁设计规定

3.4.1 本条给出了在正常使用极限状态计算时控制混凝土及钢筋的应力限值,以防止混凝土和钢筋应力过大。

3.4.2 原规范与现行国家标准《混凝土结构设计规范》GB 50010统一,裂缝宽度限值区分了使用环境类别,并对裂缝宽度限值作了规定。由于烟囱工作环境恶劣,裂缝普遍,因此,本次修订规定所有钢筋混凝土烟囱上部20m范围最大裂缝宽度为0.15mm,其余部位全部为0.20mm。

3.5 烟气排放监测系统

3.5.1 烟气排放连续监测系统(Continuous Emissions Monitoring Systems,简称 CEMS)的设置,由环保或工艺有关专业设置,土建专业应预留位置并设置用于采样的平台。

3.5.2 安装烟气 CEMS 的工作区域应提供永久性的电源,以保障烟气 CEMS 的正常运行。安装在高空位置的烟气 CEMS 要采取措施防止发生雷击事故,做好接地,以保证人身安全和仪器的运行安全。

4 材 料

4.1 砖 石

4.1.1 砖烟囱筒壁材料的选用考虑了以下情况。

(1)从对砖烟囱的调查研究发现,砖的强度等级低于或等于MU7.5时,砌体的耐久性差,容易风化腐蚀。特别是处于潮湿环境或具有腐蚀性介质作用时更为突出。故将砖的强度等级提高一级,规定其强度等级不应低于 MU10。

(2)烟气中一般都含有不同程度的腐蚀介质,烟囱筒壁一般会受到烟气腐蚀的作用。在调查的砖烟囱中,发现砂浆被腐蚀后丧失强度,用手容易将砂浆剥离。但砖仍具有一定的强度,说明砂浆的耐腐蚀性不如砖。从调研中还可以看到烟囱筒首部分腐蚀更为严重,砂浆疏松剥落。因此,从耐腐蚀上要求砂浆强度等级不应低于 M5。

通过对配筋砖烟囱调查发现:用 M2.5 混合砂浆砌筑配有环向钢筋的砖筒壁,由于砂浆强度低,密实性差,钢筋锈蚀严重,钢筋周围有黄色锈斑,钢筋与砂浆黏结不好,难以保证共同工作。而用 M5 混合砂浆砌筑的烟囱投产使用多年,烟囱外表无明显裂缝,凿开后钢筋锈蚀较轻,砂浆密实饱满。所以,从防止钢筋锈蚀和保证钢筋

与砂浆共同工作出发,砖筒壁的砂浆强度等级也不应低于 M5。

烧结黏土砖可有效满足温度收缩及遇水膨胀,故砖烟囱宜选用烧结黏土砖。当其他类型砌块性能达到上述性能时,也可采用。

4.1.2 本条规定了烟囱及烟道的内衬材料。

在已投产使用的烟囱中,内衬开裂是比较普遍存在的问题。有的烟囱内衬在温度反复作用下,开裂长达几米或十几米,且沿整个壁厚贯通。内衬的开裂导致筒壁受热温度升高并产生裂缝,内衬也成为烟囱正常使用下的薄弱环节。开裂严重直接影响烟囱的正常使用。因此,在内衬材料的选择上应予以重视。

内衬直接受烟气温度及烟气中腐蚀性介质的作用,因此内衬材料应根据烟气温度及腐蚀程度选择,依据烟气温度,可选用普通黏土砖或黏土质耐火砖做内衬;当烟气中含有较强的腐蚀性介质时,按本规范第 11 章有关规定执行。

4.2 混 凝 土

4.2.1 钢筋混凝土烟囱筒壁混凝土的采用有以下考虑:

1 普通硅酸盐水泥和矿渣硅酸盐水泥除具有一般水泥特性外尚有抗硫酸盐侵蚀性好的优点。适合用于烟囱筒壁。但矿渣硅酸盐水泥抗冻性差,平均气温在 10℃ 以下时不宜使用。

2 对混凝土水灰比和水泥用量的限制是为了减少混凝土中水泥石和粗骨料之间在较高温度作用时的变形差。水泥石在第一次受热时产生较大收缩,含水量愈大,收缩变形愈大。骨料受热后则膨胀。而水泥石与骨料间的变形差增大的结果导致混凝土产生更大内应力和更多内部微细裂缝,从而降低混凝土强度。限制水泥用量的目的也是为了不使水泥石过多,避免产生过大的收缩变形。

5 对粗骨料粒径的限制也可减少它与水泥石之间的变形差。

4.2.2 在规范编制调研中发现,当设有地下烟道的烟囱基础受到烟气温度作用后,混凝土开裂、疏松现象普遍,严重的已烧坏。并且作为高耸构筑物的基础,混凝土强度等级应高于一般基础。为此,本条对基础与烟道混凝土最低强度等级的要求作了适当提高。

4.2.3 表 4.2.3 列入混凝土在温度作用下的强度标准值。现行国家标准《建筑结构可靠度设计统一标准》GB 50068 要求:"在各类材料的结构设计与施工规范中,应对材料和构件的力学性能、几何参数等质量特征提出明确的要求。"

温度作用下混凝土试件各类强度可以用以下随机方程表达:

$$f_{xt} = \gamma_x f_x \tag{1}$$

式中:f_{xt}——温度作用下混凝土各类强度(轴心抗压 f_{ct} 和轴心抗拉 f_{tt})试验值(N/mm^2);

γ_x——温度作用下混凝土试件各类强度的折减系数;

f_x——常温下混凝土各类强度的试验值(N/mm^2)。

本规范根据国内外 375 个 γ_x 的试验子样按不同强度类别及不同温度进行参数估计和分布假设检验得到各项统计参数及判断(不拒绝韦伯分布)。对随机变量 f_x 则全部采用了现行国家标准《混凝土结构设计规范》GB 50010 中的统计参数求得各种强度等级及不同强度类别的 f_x 的密度函数。根据 γ_x 及 f_x 的密度函数,采用统计模拟方法(蒙脱卡洛法)即可采集到 f_{xt} 的子样数据。再经统计检验得其 f_{xt} 的各项统计参数及概率密度函数为正态分布。最后,混凝土在温度作用下的各类强度标准值按下式计算:

$$f_{xtk} = \mu_{fxt}(1 - 1.645\delta_{fxt}) \tag{2}$$

式中:f_{xtk}——温度作用下混凝土各类强度(轴心抗压 f_{ctk} 和轴心抗拉 f_{ttk})的标准值(N/mm^2);

μ_{fxt}——随机变量 f_{xt} 的平均值(见表 1);

δ_{fxt}——随机变量 f_{xt} 的标准差(见表 1)。

表 4.2.3 中的数值根据计算结果作了少量调整。

表 1 温度作用下混凝土强度平均值及变异系数

强度类别	符号	温度(℃)	混凝土强度等级					
			C15	C20	C25	C30	C35	C40
轴心抗压	$\dfrac{\mu_{fct}}{\delta_{fct}}$	60	13.83 0.24	17.38 0.21	20.90 0.18	23.53 0.17	27.08 0.17	30.47 0.16
		100	13.98 0.26	17.57 0.24	21.12 0.22	23.78 0.21	27.37 0.20	30.80 0.19
		150	12.83 0.25	16.12 0.23	19.38 0.21	21.83 0.19	25.11 0.19	28.26 0.18
轴心抗拉	$\dfrac{\mu_{ftt}}{\delta_{ftt}}$	60	1.65 0.23	1.87 0.21	2.04 0.19	2.20 0.17	2.39 0.16	2.52 0.16
		100	1.53 0.25	1.73 0.23	1.89 0.21	2.03 0.20	2.21 0.18	2.33 0.18
		150	1.40 0.24	1.59 0.22	1.73 0.20	1.86 0.19	2.02 0.18	2.13 0.17

4.2.5 本条对混凝土强度设计值的规定都是按工程经验校准法计算确定的。考虑烟囱竖向浇灌施工和养护条件与一般水平构件的差异,混凝土在温度作用下的轴心抗压设计强度折减系数采用 0.8,据此进行工程经验校准,得到混凝土在温度作用下的轴心抗压强度材料分项系数为 1.85。

4.2.6 本规范利用采集到的 320 个混凝土在温度作用下的弹性模量试验数据,用参数估计和概率分布的假设检验方法,取保证率为 50% 来计算弹性模量标准值。

4.3 钢筋和钢材

4.3.1 对钢筋混凝土筒壁未推荐采用光圆钢筋,因为在温度作用下光圆钢筋与混凝土的黏结力显著下降。如温度为 100℃ 时,约为常温的 3/4。温度为 200℃ 时,约为常温的 1/2。温度为 450℃ 时,黏结力全部破坏。由于国家标准《混凝土结构设计规范》GB 50010 修订,高强度钢筋 HRB400 和 RRBF400 为推广品种之一,本次规范修订也增加了该类钢筋的使用,但未推荐更高等级的钢筋,因为当钢筋应力过高时,会引起裂缝宽度过大。为了减小裂缝宽度,采取了控制钢筋拉应力的措施。

4.3.2 现行国家标准《混凝土结构设计规范》GB 50010 对热轧钢筋在常温下的标准值都已作出规定。本条所列的强度标准值的取值方法是常温下热轧钢筋的强度标准值乘以温度折减系数。

4.3.3 钢筋的强度设计值的分项系数是按工程经验校正法确定。

4.3.5 耐候钢的抗拉、抗压和抗剪强度设计值是以现行国家标准《焊接结构用耐候钢》GB 4172 规定的钢材屈服强度除以抗力分项系数而得。其他则按现行国家标准《钢结构设计规范》GB 50017 换算公式计算。本条对耐候钢的角焊缝强度设计值适当降低,相当于增加了一定的腐蚀裕度。

4.3.6 对 Q235、Q345、Q390 和 Q420 钢材强度设计值的温度折减系数是采用欧洲钢结构协会(ECCS)的规定值。耐候钢在温度作用下钢材和焊缝的强度设计值的温度折减系数宜要求供货厂商提供或通过试验确定。

4.3.7 由于限制了钢筋混凝土筒壁和基础的最高受热温度不超过 150℃,钢筋弹性模量降低很少。为使计算简化,本条规定了筒壁和基础的钢筋弹性模量不予折减。

钢烟囱的最高受热温度规定为 400℃。因此钢材在温度作用下的弹性模量应予折减。为与屈服强度折减系数配套,本条也采用了欧洲钢结构协会(ECCS)的规定。

4.4 材料热工计算指标

4.4.1 隔热材料应采用重力密度小,隔热性能好的无机材料。隔热材料宜为整体性好、不易破碎和变形、吸水率低、具有一定强度并便于施工的轻质材料。根据烟气温度及材料最高使用温度确定材料的种类。常用的隔热材料有:硅藻土砖、膨胀珍珠岩、水泥膨胀珍珠岩制品、岩棉、矿渣棉等。

4.4.2 材料的热工计算指标离散性较大,应按所选用的材料实际试验资料确定。但有的生产厂家无产品性能指标试验资料提供时，可按正文表 4.4.2 采用。

导热系数是建筑材料的热物理特性指标之一，单位为瓦(特)每米开(尔文)[W/(m·K)]。说明材料传递热时的能力。导热系数除与材料的重度、湿度有关外，还与温度有关。材料重度小，其导热系数低；材料湿度大，其导热系数就愈大。烟囱隔热层处于工作状态时，一般材料应为干燥状态。由于施工方法(如双滑或内砌外滑)或使用不当，致使隔热材料有一定湿度，应采取措施尽量控制材料的湿度，或根据实践经验考虑湿度对导热系数的影响。材料随受热温度的提高，导热系数增大。对烟囱来说，一般烟气温度较高，温度对导热系数的影响不能忽略。在计算筒身各层受热温度时，应采用相应温度下的导热系数。在烟囱计算中，按下式来表达：

$$\lambda = a + bT \qquad (3)$$

式中：a——温度为 0℃时导热系数；

b——系数，相当于温度增高 1℃时导热系数增加值；

T——平均受热温度(℃)。

要准确地给出材料的导热系数是比较困难的，本规范给出的导热系数数值，参考了有关资料和规范，以及国内各生产厂和科研单位的试验数据加以分析整理，当无材料试验数据时可以采用。

5 荷载与作用

5.1 荷载与作用的分类

5.1.1 对烟囱来讲，温度作用具有准永久性质。但从温度变化的幅度角度看，又具有较大的可变性。因此在荷载与作用的分类时，将温度作用划为可变荷载。由于机械故障等原因造成降温设备事故时，会使烟气温度迅速增高，但持续时间较短，这种情况的温度作用为偶然荷载。

5.2 风荷载

5.2.2、5.2.3 塔架内有三个或四个排烟筒时，排烟筒的风荷载体型系数，目前有关资料很少，且缺乏通用性。因此，在条文中规定：应进行模拟试验来确定。

当然，这样规定将给设计工作带来一定困难，因此，在此介绍一些情况，可供设计时参考。

(1)上海东方明珠电视塔塔身为三柱式，设计前进行了模拟风洞试验。试件直径 30mm，高 200mm，柱间净距 0.75d，相当于 φ = 0.727，风速 17m/s。测定结果如图 1。

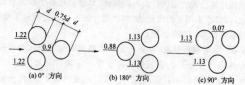

图 1 三筒风洞试验

最大体型系数出现在图 1(a)所示风向，以整体系数来表示，$\mu_s = 3.34/2.75 = 1.21$。

根据各国的试验结果，当迎风面挡风系数 $\varphi \geqslant 0.5$ 时，μ_s 值随着 φ 的增大而增大，特别是在 $d \cdot V \geqslant 6m^2/s$ 时，遵守这一规律，对于三个排烟筒一般均属于 $\varphi > 0.5$，$d \cdot V \geqslant 6m^2/s$ 的情况(d 为管径，V 为风速)。

因此，在无法进行试验的情况下，对三个排烟筒的整体风荷载体型系数，可取：

$$\mu_s = 1 + 0.4\varphi \qquad (4)$$

(2)四个排烟筒的情况，日本做过风洞试验。该试验是为某电厂 200m 塔架式钢烟囱而做的，排烟筒布置情况如图 2。

图 2 四筒式布置

经试验后确定排烟筒的体型系数 $\mu_s = 1.10$。这个数值比圆管塔架的 μ_s 要小一些，但有一定参考价值。在无条件试验时，四筒式排烟筒的 μ_s 值，可参考下式：

0°风攻角时： $\mu_s = 1 + 0.2\varphi \qquad (5)$

45°风攻角时： $\mu_s = 1.2(1 + 0.1\varphi) \qquad (6)$

(3)关于排烟筒与塔架对 μ_s 的互相影响问题，各国规范均未考虑。原冶金部建筑研究总院为宝钢 200m 塔架式钢烟囱所做的风洞试验，塔架为两个排烟筒的情况下，在某些风向下，塔架反而使烟囱体型系数有所增大。但一般情况，排烟筒体型系数大致降低 0.09～0.13，平均降低 0.11。因此，一般可不考虑塔架与排烟筒的相互作用。

5.2.4 本条对烟囱的横风向风振计算作了具体规定。近年来虽未发现由于横风向风振导致烟囱破坏，但在烟囱使用情况调查中，发现钢筋混凝土烟囱上部，普遍出现水平裂缝。这除了与温度作用有关外，也不能排除与横风向风振有关。对于钢烟囱，由于阻尼系数较小，往往横风向风振起控制作用，因此考虑横风向风振是必要的。

5.2.5 基本设计风压是在设计基准期内可能发生的最大风压值，实践证明，横风向最不利共振往往发生在低于基本设计风压工况下，因此要求进行验算。

5.2.7 上口直径较大的钢筋混凝土烟囱和钢烟囱，其上部环向风弯矩较大，需要经过计算确定配筋数量或截面尺寸，本次规范修订增加了相关计算内容。

5.3 平台活荷载与积灰荷载

5.3.1 将原规范其他章节荷载内容修订完善后，统一放到本章。

5.3.2 根据排烟筒内壁部分工程实际调研情况，发现许多烟囱内壁存在较厚积灰，本次修订增加该部分内容。积灰厚度与表面粗糙情况、干湿交替运行等因素有关，应结合烟囱实际运行情况确定积灰厚度，如燃烧天然气的烟囱可不考虑积灰。烟灰重力密度参考国外标准给出。

5.5 地震作用

5.5.4 原规范规定烟囱高度不超过 100m 时，可采用简化方法计算水平地震力。简化计算与实际结果误差较大，特别是自振周期相差会达到 50%，随着计算机普及和发展，应该全部采用振型分解反应谱法进行计算。本次规范修改取消了简化计算方法。

5.5.5 本规范给出的烟囱在竖向地震作用下的计算方法，是根据冲量原理推导的。对于烟囱等高耸构筑物，根据上述理论，推导出的竖向地震作用计算公式(5.5.5-2)和公式(5.5.5-3)。

用这两个公式计算的竖向地震力的绝对值，沿高度的分布规律为：在烟囱上部和下部相对较小，而在烟囱中下部 $h/3$ 附近(在烟囱质量重心处)竖向地震力最大。

对公式(5.5.5-2)进行整理得：

$$\frac{F_{Evik}}{G_{iE}} = \pm\,\eta\left(1 - \frac{G_{iE}}{G_E}\right) \qquad (7)$$

由公式(5.5.5-3)可以看出，竖向地震力与结构自重荷载的比值，自下而上呈线性增大规律。这与地震震害及地震时在高层建筑上的实测结果是相符合的。

针对上述计算公式，规范组进行了验证性试验。做了180m钢筋混凝土烟囱和45m砖烟囱模拟试验，模型比例分别为1/40和1/15。竖向地震力沿高度的分布规律，试验结果与理论计算结果吻合较好(见图3)。其最大竖向地震力的绝对值，发生在烟囱质量重心处，在烟囱的上部和下部相对较小。

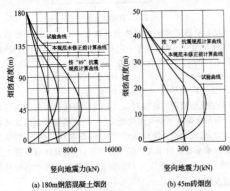

(a) 180m钢筋混凝土烟囱　　(b) 45m砖烟囱

图3　试验与理论计算竖向地震力比较

注："89"抗震规范指原国家标准《建筑抗震设计规范》GBJ 11—89。

为了偏于安全，本规范规定：烟囱根部取 $F_{Ev0} = \pm 0.75\alpha_{vmax}G_E$，而其余截面按公式(5.5.5-2)计算，但在烟囱下部，当计算的竖向地震力小于 F_{Ev0} 时，取等于 F_{Ev0}(见图4)。

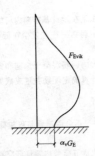

图4　本规范竖向地震力分布

用本规范提出的竖向地震力计算方法得到的竖向地震作用，与原国家标准《建筑抗震设计规范》GBJ 11—89计算的竖向地震作用对比如下：

1 《建筑抗震设计规范》GBJ 11—89给出的竖向地震力最大值在烟囱根部，数值为：

$$F_{Evk} = \alpha_{max}G_{eq} \qquad (8)$$

符号意义见该规范。同时该规范第11.1.5条规定，烟囱竖向地震作用效应的增大系数，采用2.5。因此烟囱根部最大竖向地震力标准值为：

$$F_{Evkmax} = 2.5\alpha_{vmax}G_{eq} = 2.5 \times 0.65\alpha_{max} \times 0.75G_E$$

$$= 1.028\,\frac{a}{g}G_E \qquad (9)$$

式中：a——设计基本地震加速度，见现行国家标准《建筑抗震设计规范》GB 50011；

g——重力加速度。

2 本规范最大竖向地震力标准值发生在烟囱中下部，数值为：

$$F_{Evkmax} = (1+C)\kappa_v G_E = 0.65(1+C)\,\frac{a}{g}G_E \qquad (10)$$

3 将结构弹性恢复系数代入公式(10)，得到两种计算方法计算的竖向地震力最大值比较，见表2。

表2　两种计算方法得到的竖向地震力最大值比较

烟囱类别	砖烟囱	混凝土烟囱	钢烟囱
竖向地震力比值 公式10／公式9	1.01	1.07	1.14

可见，对于砖烟囱和钢筋混凝土烟囱而言，两种计算方法所得竖向地震力最大值基本相等。两种计算方法的最大区别，在于竖向地震作用的最大值位置不在同一点，用本规范给出的计算方法计算的最大竖向地震力，发生在大约距烟囱根部 $h/3$ 处。因此，在上约 $2h/3$ 范围内，按本规范计算的竖向地震力较《建筑抗震设计规范》GBJ 11—89计算结果偏大，这是符合震害规律的。

5.5.6 对于悬挂钢内筒或分段支承的砖内筒，其竖向地震作用主要是由外筒通过悬挂(或支承)平台传递给内筒。因此，在竖向地震作用计算时，可以把悬挂(或支承)平台作为排烟筒根部，自由端作为顶部按规范公式进行计算。

无论是水平地震，还是竖向地震，它们对地面上除刚体外的结构物都具有一定的动力放大作用。这种动力放大效应沿结构高度不是固定的，而是变化的，变化规律是自下而上逐渐增大。

美国圣费尔南多地震，在近十座多层及高层建筑上，测得竖向加速度沿建筑高度呈线性增大，最大值为地面加速度的4倍。1995年日本阪神地震时，在高层建筑上，也测到同样规律。但在高耸构筑物上，还没有地震实测值。《烟囱设计规范》编写组进行的烟囱模型竖向地震响应试验，测试了竖向地震作用沿高度的变化规律，烟囱模型顶部地震加速度放大倍数约为6倍~8倍。

烟囱各点竖向地震加速度为：

$$a_{vi} = \frac{F_{Evik}}{m_{iE}} = \frac{F_{Evik}g}{G_{iE}} = 4(1+C)k_v g\left(1 - \frac{G_{iE}}{G_E}\right)$$

$$= 4(1+C)\,\frac{a_{v0}}{g}g\left(1 - \frac{G_{iE}}{G_E}\right)$$

$$= 4a_{v0}(1+C)\left(1 - \frac{G_{iE}}{G_E}\right) \qquad (11)$$

式中：a_{vi}、a_{v0}——分别表示烟囱各截面和地面竖向加速度值。

由上式可得各截面竖向地震加速度放大系数为：

$$\beta_{vi} = \frac{a_{vi}}{a_{v0}} = 4(1+C)\left(1 - \frac{G_{iE}}{G_E}\right) \qquad (12)$$

5.6 温度作用

5.6.5 内衬、隔热层和筒壁及总热阻按环壁法公式给出，取消了平壁法计算公式。烟囱是截头圆锥体，其直径在各个截面上均不一致，与习惯采用平面墙壁法，即四周无限长的平面假定不相符，致使温度计算结果有误差。

5.6.6 参照国外规范，本条给出了套筒烟囱温度场计算所需的各层热阻计算公式。套筒烟囱由于设有进风口和出风口，属于通风状态，与全封闭状态有较大区别。在通风状态下，内外筒间距应不小于100mm，并在烟囱高度范围内应设置进气孔和排气孔，进气孔和排气孔的面积在数值上应等于外筒上口内直径的2/3。

5.6.9、5.6.10 在烟道口及上部的一定范围内，烟气温度沿高度和环向分布是非均匀的，从而沿烟囱直径方向产生温差，该温差在烟道口高度范围可固定数值采用，而在烟道口顶部则沿高度逐渐衰减。

5.6.11 筒壁厚度中点温度用于计算筒壁温度变形和弯矩。

5.6.13、5.6.14 温度效应是由烟气在纵向及环向产生的不均匀温度场所引起的，要计算出由温度效应在截面上产生的内力就需要先计算出温差下钢内筒烟囱产生的变形。由于钢内筒在制晃平台处变形受到约束，因此钢内筒的截面上产生了内力。

(1)横截面上的温度分布假定。

横截面上的温度分布假定如图5，其中：

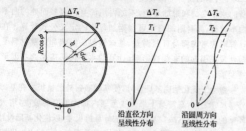

图5 横截面上的温度分布假定

$$T_1 = \Delta T_x (1 + \cos\phi)/2 \tag{13}$$

$$T_2 = \Delta T_x (1 - \phi/\pi) \tag{14}$$

式中：ΔT_x——从钢内筒烟囱烟道入口顶部算起距离 x 处的截面温差（℃）；

(2)转角变形计算。

从假定的温差分布可以看到，沿直径方向的线性温差分布引起恒定的转角变形为：

$$\theta = \alpha \Delta T_x/d \tag{15}$$

式中：α——钢材的线性膨胀系数；

d——钢内筒直径。

同时，由于温度沿钢内筒圆周方向的不均匀分布产生次应力，使截面产生转角位移 θ_s，在圆周上取微元 dA，微元面积 $dA = Rd\phi t$。

从温差分布应力图上可以得到微元上的应力 $f_\phi = \alpha(T_2 - T_1)E$，因此微元上的荷载为 $f_\phi dA = \alpha(T_2 - T_1)ERd\phi t$，

荷载对截面中性轴取矩得：

$$M = 2\int_0^\pi f_\phi R\cos\phi dA = 2\int_0^\pi \alpha(T_2 - T_1)ER\cos\phi dA$$
$$= -0.2976\alpha ER^2 t\Delta T_x$$

M 引起的转角 θ_s 为：

$$\theta_s = \frac{M}{EI} = \frac{-0.2976\alpha ER^2 t\Delta T_x}{E\pi R^3 t} = -0.1895\frac{\alpha \Delta T_x}{d} \tag{16}$$

一阶效应与二阶效应两者产生的转角位移之和即为钢内筒的总转角：

$$\theta_x = \theta + \theta_s = 0.811\alpha \Delta T_x/d \tag{17}$$

式中：R——钢内筒半径；

E——钢材弹性模量；

t——为筒壁厚度。

(3)钢内筒温差作用下的水平变形组成。

钢内筒的温度分布由两部分组成，烟道入口高度范围内截面温差取恒值 ΔT_{x0} 和从烟道入口顶部以上距离 x 处的截面温差值 ΔT_x。在不同的温差作用下，钢内筒烟囱的水平变形由两部分组成。

1)第一部分是烟道口区域温差产生的变形，沿高度线性变化。

由于钢内筒为悬吊，膨胀节可看作为自由端，因此烟道口区域产生的变形只对底部的自立段有影响，对上部悬吊段没有影响。

2)第二部分是由烟道口以上截面温差引起的变形，沿高度呈曲线变化。

烟道口的顶部标高一般在25m左右，所以烟道口以上截面温差产生的变形对底部自立段和悬吊段均有影响。

(4)烟道口范围钢内筒烟囱水平变形计算。

1)在烟道口范围内，截面转角位移是常数，如图6，即：

$$\theta_0 = \theta_{x=0} = 0.811\alpha\eta_t \Delta T_x/d$$

转角曲线图的面积为：

$$A_B = \theta_0 H_B$$

距离烟道口顶部上 x 处钢内筒烟囱截面在等值温度作用下的水平线位移为：

$$u_{xT} = \theta_0 H_B(H_B/2 + x)$$

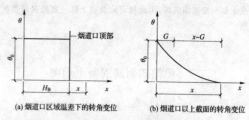

(a)烟道口区域温差下的转角变位　　(b)烟道口以上截面的转角变位

图6 钢内筒横截面转角曲线

2)距离烟道口顶部上 x 处钢内筒烟囱截面的转角如图6(b)，计算公式为：

$$\theta = 0.811\alpha\eta_t \Delta T_0 e^{-\zeta_t x/d}/d$$

令 $\theta_0 = 0.811\alpha\eta_t \Delta T_0/2R$，$V = \zeta_t/d$，

则 $\theta = \theta_0 e^{-V \cdot x}$

转角曲线图的面积为：

$$A = \int_0^x \theta dx = \theta_0 \int_0^x e^{-V \cdot x} dx = -\frac{\theta_0}{V} e^{-V \cdot x}\Big|_0^x = \frac{\theta_0}{V}(1 - e^{-V \cdot x})$$

将转角曲线图对 0 点取矩得：

$$M_0 = \int_0^x \theta x dx = \theta_0 \int_0^x e^{-V \cdot x} x dx = -\frac{\theta_0}{V^2} e^{-V \cdot x}(-Vx - 1)\Big|_0^x$$
$$= \frac{\theta_0}{V^2}[1 - e^{-V \cdot x}(Vx + 1)]$$

转角曲线的重心为：$G = M_0/A$，距离烟道口顶部上 x 处钢内筒烟囱截面在温差作用下的水平线变位为：

$$u'_{xT} = A(x - G) = Ax - M_0 = \frac{\theta_0 x}{V}(1 - e^{-V \cdot x}) - \frac{\theta_0}{V^2}[1 - e^{-V \cdot x}(Vx + 1)] = \frac{\theta_0}{V}\left[x - \frac{1}{V}(1 - e^{-V \cdot x})\right]$$

3)根据上面的分析和推导可以得到钢内筒底部自立段和上部悬吊段的水平变位计算公式：

自立段：

$$u_x = u_{xT} + u'_{xT} = \theta_0 H_B\left(\frac{H_B}{2} + x\right) + \frac{\theta_0}{V}\left[x - \frac{1}{V}(1 - e^{-V \cdot x})\right] \tag{18}$$

悬吊段：

$$u_x = u'_{xT} = \frac{\theta_0}{V}\left[x - \frac{1}{V}(1 - e^{-V \cdot x})\right] \tag{19}$$

$$\theta_0 = 0.811\alpha\eta_t \Delta T_0/d \tag{20}$$

5.6.15 烟囱在温度作用下将产生变形，当变形受到约束时将产生温度应力。内筒由于横向支承和底部约束等影响，将产生筒身弯曲应力、次应力和筒壁厚度方向温差引起的温度应力。

6 砖 烟 囱

6.1 一 般 规 定

6.1.1 本条规定与原规范相同。

6.2 水 平 截 面 计 算

6.2.1 原规范 $\varphi = \dfrac{1}{1 + \left(\dfrac{e_0}{i} + \lambda\sqrt{\dfrac{\alpha}{12}}\right)^2}$，$\lambda$ 为长细比。本次修改采用高径比。二者计算结果相当。

6.2.2 原规范截面抗裂度验算采用荷载标准值，本次修订为设计值。

6.6 构 造 规 定

6.6.10 本条规定了砖烟囱最小配筋值和范围。砖烟囱地震破坏

特点明显,历次地震几乎都有砖烟囱破坏案例,其共同特点就是掉头或上部一定范围破坏,因此规定砖烟囱上部一定范围需要配置钢筋。

7 单筒式钢筋混凝土烟囱

7.1 一般规定

7.1.1 目前,我国电厂钢筋混凝土烟囱的建设高度大多都在240m左右,并已经应用多年。实践证明,应用本规范完全可以满足240m烟囱设计需要,故将原规范规定的210m限制高度提高到240m。

7.1.2 本条规定了钢筋混凝土烟囱必须要进行的计算内容。

7.2 附加弯矩计算

7.2.2 在抗震设防地区的钢筋混凝土烟囱,应在极限状态承载能力计算中,考虑地震作用(水平和竖向)及风荷载、日照和基础倾斜产生的附加弯矩,称之为 $P-\Delta$ 效应,规范中定义为地震附加弯矩 M_{Eai}。

在水平地震作用下,烟囱的振型可能出现高振型(特别是高烟囱)。通过计算分析,烟囱多振型的组合振型位移 $\left(\sum_{j=1}^{n}\delta_{ij}^{2}\right)^{1/2}$ 曲线,与第一振型的位移 δ_{i1} 曲线基本相吻合(图7),其位移差对计算筒身的 $P-\Delta$ 效应影响甚小,可用曲率系数加以调正。因此,仍可按第一振型等曲率(地震作用终曲率)计算地震作用下的附加弯矩。

由于考虑竖向地震与水平地震共同作用,对竖向地震考虑了分项系数 γ_{Ev}。

7.2.3 本条给出了烟囱筒身折算线分布重力 q_i 值的计算公式。筒身(含筒壁、隔热层、内衬)重力荷载沿高度线分布 q_i 值是不规律的,虽呈上小下大的分布形式,但非呈直线变化。为了简化计算,采用了呈直线分布代替其实际分布,使其计算结果基本等效(图8)。

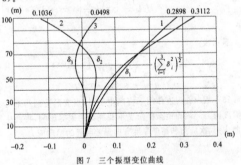

图7 三个振型变位曲线

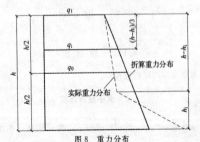

图8 重力分布

7.2.8 本条规定了筒身代表截面的选择位置。筒身的曲率沿高度是变化的。为了简化计算,采用某一截面的曲率,代表筒身的实际曲率,然后按等曲率计算附加弯矩。这个截面定义为代表截面。代表截面的确定,是以等曲率和实际曲率计算出的筒身顶部变位近似相等而确定的。代表截面的确定,是通过对工程实例和预计烟囱的发展趋势,进行分析和计算后确定的。

用代表截面曲率计算出的烟囱顶部变位,一般比实际曲率算得的筒顶变位大 $1.6\%\sim15.2\%$。

7.2.9 当烟囱筒身下部坡度不满足本规范第7.2.8条的规定时,筒身的水平变位和附加弯矩,不能再用筒身代表截面处的曲率按等曲率计算,筒身附加弯矩可按附加弯矩的定义公式计算。在变位计算时应考虑筒身日照温差、基础倾斜的影响和筒壁材料受压后塑性发展引起的非线性影响,计算的水平位移应是筒身变形的最终变形。

一般为了优化烟囱基础设计,使基础底板外悬挑尺寸在基础合理外形尺寸之内,在筒身下部 $h/4$ 范围内加大筒身的坡度,增大基础环壁的上口直径,减少基础底板的外悬挑尺寸,以优化基础设计。

如果烟囱筒身下部大于3%的坡度范围超过 $h/4$ 时,仍按代表截面的变形曲率计算附加弯矩,会使筒身附加弯矩计算值增大,与实际附加弯矩误差较大。

7.3 烟囱筒壁承载能力极限状态计算

7.3.1 钢筋混凝土烟囱筒壁水平截面承载能力极限状态计算公式在原规范基础上进行了较大调整。原规范给出了在烟囱筒壁上开设一个或两个孔洞计算公式,但对开孔有严格限制,即同一截面开两个孔时,要求两个孔的角平分线夹角为180°,这大大限制了实际应用。本次规范修改,两个孔的角平分线夹角不再限制,给出通用计算公式,会使规范应用面更加广泛。

7.4 烟囱筒壁正常使用极限状态计算

7.4.1 正常使用极限状态的计算内容包括:在荷载标准值和温度共同作用下的水平截面背风侧混凝土与迎风侧钢筋的应力计算以及温度单独作用下钢筋应力计算;垂直截面环向钢筋在温度作用下的应力与混凝土裂缝开展宽度计算。

7.4.2~7.4.5 在荷载标准值作用下,筒壁水平截面混凝土压力及竖向钢筋拉应力的计算公式采用了以下假定:

(1)全截面受压时,截面应力呈梯形或三角形分布。局部受压时,压区和拉区应力都呈三角形分布。

(2)平均应变和开裂截面应变都符合平截面假定。

(3)受拉区混凝土不参与工作。

(4)计入高温与荷载长期作用下对混凝土产生塑性的影响。

(5)竖向钢筋按截面等效的钢筒考虑,其分布半径等于环形截面的平均半径。

与极限承载能力状态相对应,本次规范修改调整了同一截面开两个孔洞时的计算公式。

7.4.6~7.4.9 在荷载标准值和温度共同作用下的筒壁水平截面应力值通常为正常使用极限状态起控制作用的值。计算公式采用了以下假定:

(1)截面应变符合平截面假定。

(2)温度单独作用下压区应力图形呈三角形。

(3)受拉区混凝土不参与工作。

(4)计算混凝土压应力时,不考虑截面开裂后钢筋的应变不均匀系数 φ_{st},即 $\varphi_{st}=1$ 及混凝土应变不均匀系数,即 $\varphi_{ct}=1$。在计算钢筋的拉应力时考虑 φ_{st},但不考虑 φ_{ct}。

(5)烟囱筒壁能自由伸缩变形但不能自由转动。因此温度应力只需计算由筒壁内外表面温差引起的弯曲约束下的应力值。

(6)计算方法为分别计算温度作用和荷载标准值作用下的应力值后进行叠加。在叠加时考虑荷载标准值作用对温度作用下的混凝土压应力及钢筋拉应力的降低。荷载标准值作用下的应力值按本规范第7.4.2条~第7.4.5条规定计算。

7.4.10 裂缝计算公式引用了现行国家标准《混凝土结构设计规范》GB 50010 中的公式。但公式中增加了一个大于1的工作条件系数 k,其理由是:

(1)烟囱处于室外环境及温度作用下,混凝土的收缩比室内结构大得多。在长期高温作用下,钢筋与混凝土间的黏结强度有所降低,滑移增大。这些均可导致裂缝宽度增加。

(2)烟囱筒壁模型试验结果表明,烟囱筒壁模型外表面由温度作用造成的竖向裂缝并不是沿圆周均匀分布,而是集中在局部区域,应是由于混凝土的非匀质性引起的,而《混凝土结构设计规范》GB 50010公式中,裂缝间距计算部分,与烟囱实际情况不甚符合,以致裂缝开展宽度的实测值大部分大于《混凝土结构设计规范》GB 50010中公式的计算值。重庆电厂240m烟囱的竖向裂缝亦远非均匀分布,实测值也大于计算值。

(3)模型试验表明,在荷载固定温度保持恒温时,水平裂缝仍继续增大。估计是裂缝间钢筋与混凝土的膨胀差所致。

(4)根据西北电力设计院和西安建筑科技大学对国内四个混凝土烟囱钢筋保护层的实测结果,都大于设计值。即使施工偏差在验收规范许可范围内,也不能保证沿周长均匀分布。这必将影响裂缝宽度。

8 套筒式和多管式烟囱

8.1 一般规定

8.1.1 套筒式和多管式烟囱,国外于20世纪70年代就开始采用。而我国的第一座多管(四筒)烟囱,是20世纪80年代初建于秦岭电厂的高210m烟囱,内筒为分段支承的四筒烟囱。从那时起,在国内建了多座套筒式和多管式烟囱。内筒包括分段支承、自立式砖砌内筒及钢内筒等形式。套筒式和多管式烟囱,至今已有二十几年实践经验。

8.1.2 多管烟囱各排烟筒之间距离的确定主要考虑以下两种因素:

1 从安装、维护及人员通行方面考虑,不宜小于750mm。

2 从烟囱出口烟气最大抬升高度方面考虑,宜取 $S = (1.35 \sim 1.40)d$,实际应用中,可灵活掌握。

排烟筒高出钢筋混凝土外筒的高度 h 的规定,主要为减少烟气下泄对外筒的腐蚀影响,同时又考虑了烟囱顶部的整体外观。

8.1.3 套筒式烟囱的内筒与外筒壁之间一般布置有转梯,考虑到人员通行及基本作业空间需要,本次修订将该部分内容纳入规范,建议其净间距不宜小于1000mm。

8.1.7 套筒式和多管式烟囱的计算,分为外部承重筒和内部排烟筒两部分。外筒应进行承载能力极限状态计算和水平截面正常使用应力及裂缝宽度计算,可不考虑温度作用。除增加了平台荷载外,与本规范第7章的单筒式钢筋混凝土烟囱的计算相同。

内筒的计算则需根据内筒的形式,进行受热温度及承载能力极限状态计算。

8.2 计算规定

8.2.1 钢筋混凝土外筒计算时,需特别注意的是:平台荷载和吊装荷载。如采用分段支承式砖筒,平台荷载较大,外筒壁要承受由平台梁传来的集中荷载。关于吊装荷载,是指钢内筒安装时,采用上部吊装方案而言。此项荷载应根据施工方案而定。有的施工单位采用下部顶升方案,此时便没有吊装荷载。

8.3 自立式钢内筒

8.3.4 外筒对钢内筒产生的内力由外筒位移引起钢内筒相应变形而产生。

8.3.7 制晃装置加强环的计算公式,均为在实际工程设计中采用的公式,具有一定实践经验。

8.3.8 为增强钢内筒承受内筒负压的能力,防止负压条件下钢内筒的失稳(圆柱壳在均匀压力下失稳形态为不稳定分岔失稳)和阻止产生椭圆形振动,钢内筒设置环向加劲肋。

8.4 悬挂式钢内筒

8.4.1 悬挂式钢内筒结构形式的选择,应按照工程设计条件、钢内筒中排放烟气的压力分布状况、烟气腐蚀性和耐久性要求综合考虑确定。

对于分段悬挂式钢内筒,它是将钢内筒分为一段或几段悬挂于不同高度的烟囱内部平台上,各分段之间通过可自由变形的膨胀伸缩节连接,以消除热胀冷缩和烟囱水平变位现象造成的纵(横)向伸缩变形影响。钢内筒膨胀伸缩节的防渗漏防腐处理比较困难,是烟囱整体结构防腐设计和施工的薄弱环节;钢内筒分段数偏多会引起膨胀伸缩节的数量增多,由此带来较大的烟气冷凝结露酸液渗漏腐蚀风险和隐患。

另外,针对悬挂式钢内筒的计算研究分析表明,分段数增加,钢内筒省的用钢量不很明显;而由此带来的膨胀伸缩节烟气渗漏腐蚀隐患弊端要大于用钢量节省的效益。因此,分段悬挂式钢内筒的悬挂段数不宜过多,以1段为宜,最多不超过2段;膨胀伸缩节的设置标高位置应尽量降低。

8.4.2 钢内筒的抗弯刚度比悬挂平台梁的抗弯刚度要大得多,悬挂平台梁不足以阻止钢内筒整体转动,应具体分析悬挂平台梁对钢内筒的转动约束作用。

平台梁对钢内筒的转动约束刚度可以通过内筒支座间的转角刚度来求得。钢内筒通过悬吊支座与平台梁连接,悬吊支座一般对称布置,因此,求平台梁对双钢内筒的转动约束大小,可以在两个对称的平台梁上各作用两个力,使其形成两个力偶。设其中一个平台梁与悬吊支座连接处作用集中力 F,求出一个平台梁的挠度大小 Δ,则两个平台梁之间的相对位移即为 2Δ,根据弯矩与转角之间的关系可以得到平台梁的转动刚度 k_1:

$$k_1 = \frac{M}{\theta} = \frac{nFd}{\theta} = \frac{nFd^2}{2\Delta} \tag{21}$$

式中:n——单个平台梁上悬吊支座的个数;

2Δ——位于同一直径上的一对悬吊点的位移差;

d——钢内筒的直径。

8.4.3 当悬挂平台下悬挂段钢内筒的长度较小时,钢内筒线刚度较大,由转动产生的钢内筒应力较大,因此该段钢内筒不宜太短。在水平地震作用下,多跨悬挂钢内筒由自身惯性力产生的地震内力只在最下层横向约束平台处较大,其他层很小,可忽略不计。因此,在进行横向约束平台布置时,可考虑将最下层的钢内筒悬臂段的长度设置得小些。分析表明,当该段长度不大于25m时,钢内筒由自身惯性力产生的地震内力可忽略不计。

悬挂段钢内筒的竖向地震作用可按支承在悬挂平台上倒立的钢内筒按本规范第5章的有关规定计算。

8.4.4 本规范给出的悬挂式钢内筒抗拉强度设计值公式是根据极限状态设计方法和容许应力法之间的换算得到的。

内筒允许应力是根据美国土木工程师学会标准《钢内筒设计与施工》ASCE 13—75规定的钢内筒抗拉强度容许应力值的计算公式转变而来。

8.5 砖 内 筒

8.5.1 受砖体材料强度和投资费用控制的约束,国内砖内筒烟囱基本上都是采用分段支承形式。

8.5.3 分段支承的套筒式砖内筒烟囱内部平台间距一般按25m左右考虑,分段支承的多管式砖内筒烟囱内部平台间距一般按30m左右考虑。

对于分段支承的套筒式砖内筒烟囱,考虑到内部空间紧凑和布置的便利性,本规范给出了较常采用的内部平台结构形式,即采用钢筋混凝土环梁、钢立柱、平台钢梁和平台支撑组成的内部平台体系。

对于分段支承的多管式砖内筒烟囱,由于内部空间较大,建议采用梁板体系的内部平台结构。从施工的角度考虑,平台梁建议采用钢结构。

采用分段支承形式的套筒式和多管式砖内筒烟囱，在各分段内部支承平台处的连接示意详见图9～图12。

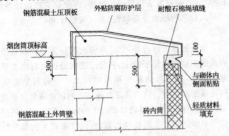

图9 套筒式砖内筒烟囱筒首连接示意

8.5.4 通常采用设置100mm的缝隙考虑各分段的砖内筒，在烟气温度作用下产生的竖向变形。水平方向的变形(径向)很小，忽略不计。

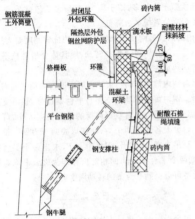

图10 套筒式砖内筒烟囱内部平台连接示意

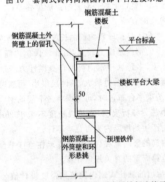

图11 多管式砖内筒烟囱平台梁端部连接示意

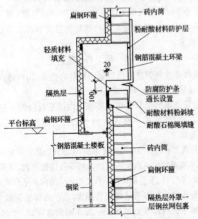

图12 多管式砖内筒烟囱平台处砖内筒连接示意

8.5.5 烟囱中排放烟气的砖内筒一般应按管道设备的检修维护要求设置通行梯子。

8.6 构 造 规 定

8.6.1 钢筋混凝土外筒由于半径较大，且承受平台传来的荷载，所以，对筒壁的最小厚度，牛腿附近配筋的加强等规定与单筒式钢筋混凝土烟囱有所不同。在本条内，除对有特殊要求的内容加以说明外，其余应按第7章单筒式钢筋混凝土烟囱的有关规定执行。

8.6.2 对套筒式和多管式烟囱，顶层平台有一些特殊要求，其功能主要起封闭作用。在此处积灰严重，烟囱在使用时应定期清灰。另外，在多雨地区，必须考虑排水。一般应设置排水管。根据使用经验，排水管的直径应大于或等于300mm，否则易堵塞。

8.6.3 采用钢筋混凝土平台，梁和板的断面尺寸很大，平台的重量过大，且施工也十分困难。而钢平台自重轻且施工方便。

8.6.4 制晃装置仅用于钢内筒情况。因为烟囱很高，相对而言钢内筒细长比较大，必须设置制晃装置，使外筒起到保持内筒稳定的作用。不管是采用刚性制晃装置，还是采用柔性制晃装置，均需要在水平方向起到约束作用。而在竖向，却要满足内筒在烟气温度作用下，能够自由伸缩。

8.6.5 相关数值取自西安建筑科技大学与西北电力设计院共同完成的《高烟囱悬吊钢内筒设计研究报告》(2010年5月)研究成果。

8.6.6～8.6.9 这些构造要求都是结合以往火力发电厂分段支承的套筒式或多管式砖内筒烟囱设计实践得出的，已在数十座烟囱工程中得到检验和验证。

9 玻璃钢烟囱

9.1 一 般 规 定

9.1.1 在美国材料与试验协会标准《燃煤电厂玻璃纤维增强塑料(FRP)烟囱内筒设计、制造和安装标准指南》ASTM D5364(以下简称"ASTM D5364")中规定了玻璃钢烟囱适合于无GGH的湿饱和烟气运行温度(60℃以下)，当FGD吸收塔有旁路时，在开启旁路烟道后的烟气温度，则在短时间内不超过121℃。国内燃煤电厂用于排放湿法脱硫烟气的温度，在无GGH时，在45℃～55℃范围，有GGH时，在80℃～95℃范围。从我们调查的国内化工、冶金和轻工等行业现有玻璃钢烟囱(大多数用于脱酸后的烟气)的使用情况来看，绝大多数长期运行温度不超过100℃。所以确定100℃为本规范所选玻璃钢材质适合长期使用的最高温度。

当烟气超出本规范规定的运行条件时(如大于100℃)，可在烟囱前段采取冷却降温措施(如喷淋冷却)，以确保烟气运行温度在规定的区间内。

随着科技进步和发展，将不断有高性能材料出现，因此对于超过本条规定的温度条件而要选用玻璃钢材质，则需要评估和试验确定，这也有利于玻璃钢烟囱未来发展和不断完善。

在事故发生时，短时间内烟气温度急剧升高，而玻璃钢短期内的使用温度极限应不能超过基体树脂的玻璃化温度(T_g)。

基体树脂类型不同，其固化后的玻璃化温度也不同。我们对两种类型四个品种的反应型阻燃环氧乙烯基酯树脂的 T_g 和HDT进行了检测验证，同样能满足本条的温度条件。

材料的耐寒性能常用脆化温度(T_b)来表示。工程上常把在某一低温下材料受力作用时只有极少变形就产生脆性破坏的这个温度称为脆化温度。同常温下性能相比，随着温度的降低，玻璃钢材料的分子无规则热运动减慢，结构趋于有序排列，树脂将会发生收缩，柔性越好收缩越大，同时树脂伸长率会下降，而拉伸强度和弹性模量将增大,弯曲强度也会增加,树脂呈现脆性倾向。鉴于目前已有正常使用在-40℃下玻璃钢材质的管道和储罐情况,确定了未含外保温层的玻璃钢烟囱筒体在本环境温度的使用下限指标。

9.1.2 烟囱的设计高度及高径比多是参照实际案例确定的。另外,参考 ASTM D5364 中规定:L/r 不超过 20,故取自立式 H/D 不大于 10;拉索式 H/D 不大于 20;塔架式、套筒式或多管式 L/D 不宜大于 10。

9.1.3 由于玻璃钢材质的耐磨性能不强,在高的烟气流速下,对拐角或突变部位的冲击和磨损加大,导致腐蚀加强。可通过在树脂中添加耐磨填料(如碳化硅等)来提高该部位玻璃钢的耐磨性。本条引用了 ASTM D5364 中的烟气流速值。

9.1.5 防腐蚀内层及外表层树脂含量较高,强度及模量较低,在计算结构强度和承载力时,均不考虑。

9.1.6 设计使用年限参考了以下标准(表3):

表3 设计使用年限参考标准

标准	ASTM D5364	CICIND
使用寿命	35 年	25 年

注:CICIND指国际工业烟囱协会《玻璃钢(GRP)内筒标准规范》。

9.1.7 玻璃钢的弹性模量较低,因此需对挠度作出相应规定。

9.2 材 料

9.2.1 富树脂层和次内层由于具有比较高的树脂含量,固化后的交联密度高,使得玻璃钢表面致密,抗化学介质的扩散渗透能力增强。

玻璃钢是一种绝缘性能比较好的材质,玻璃钢烟囱在使用中可能产生大量的静电,会导致安全运行隐患,所以需要考虑静电释放和接地措施。

树脂中通常含有苯乙烯交联剂,在固化过程中由于空气中的氧阻聚作用,使得固化后表面产生发黏等固化不完全现象。无空气阻聚的树脂一般是在树脂中添加少量的石蜡,在树脂固化过程中,石蜡会慢慢迁移到表面,形成隔绝空气的一层薄膜,使得表面固化完全,使用在最后一层。

紫外线将会破坏树脂分子链中苯环等结构的化学稳定性,因此对室外的玻璃钢烟囱,或者对有可能接受到紫外线照射的部位,其表面层树脂中,应加入抗紫外线的吸收剂。

9.2.2 环氧乙烯基酯树脂是目前国内外玻璃钢烟囱制造中的常用树脂,其固化后树脂及其玻璃钢制品在耐温、耐腐蚀、耐久性和物理力学等方面的综合性能优良。从国内调查反馈来看,采用环氧乙烯基酯树脂制造玻璃钢烟囱已过半,而在烟塔合一的工程应用中,已经全部采用环氧乙烯基酯树脂,但基本上以非阻燃型树脂为主。

关于本规范中采用阻燃树脂的背景介绍如下:

(1)ASTM D5364 中,对玻璃钢烟囱的树脂明确了应选用含卤素的化学阻燃树脂。从北美地区目前应用的玻璃钢烟囱情况来看,几乎都采用反应型阻燃环氧乙烯基酯树脂。

(2)国际工业烟囱协会(CICIND)《玻璃钢(GRP)内筒标准规范》对树脂的选用主要有三类:环氧乙烯基酯树脂、不饱和聚酯树脂(双酚 A 富马酸型和氯菌酸型)和酚醛树脂。对于阻燃性能,认为在需要和规定时,在玻璃钢内衬的内、外表层采用反应型阻燃树脂,或者全部采用反应型阻燃树脂。同时强调应当遵守本地或国家的消防条例,并认为采用内外表面阻燃的结构是无法限制规模很大的火焰。

(3)现行国家标准《火力发电厂与变电所设计防火规范》GB 50229—2006第 3.0.1 将烟囱的火灾危险性归为"丁类",耐火等级为 2 级,但没有涉及玻璃钢烟囱及其材质的要求。但第 8.1.5 条对"室内采暖系统的管道管件及保温材料"提出了强制性条文"应采用不燃材料";第 8.2.7 条规定了对"空气调节系统风道及其附件应采用不燃材料制作";第 8.2.8 条规定"空气调节系统

风道的保温材料,冷水管道的保温材料,消声材料及其黏结剂应采用不燃烧材料或者难燃烧材料"。

(4)现行国家标准《建筑设计防火规范》GB 50016—2006 第10.3.15 条规定:"通风、空气调节系统的风管应采用不燃材料",但"接触腐蚀性介质的风管和柔性接头可以采用难燃材料"。

从国内已发生的玻璃钢烟囱火灾事故及由于脱硫塔火灾引起的钢排烟筒过火案例来看,同样也需要引起我们高度重视玻璃钢烟囱的阻燃性问题。因此从安全消防角度考虑,采用阻燃树脂是防止玻璃钢材质在存放、安装和运行过程中避免着火、火焰扩散和传播事故发生的措施之一。

树脂的热变形温度应超过烟气设计温度20℃以上,这是国内外对在温度条件下使用玻璃钢材料的通常规则,主要是确保作为结构材料的玻璃钢不能在超出其临界温度的环境下长期运行。临界温度范围取决于玻璃钢的基体树脂—固化体系,而同纤维类型和玻璃钢所受应力状态的类型关系不大。对于树脂的三个温度有如下关系:临界温度<热变形温度<玻璃化温度。

现行国家标准《纤维增强用液体不饱和聚酯树脂》GB/T 8237没有规定树脂固化后的拉伸强度等指标,而这些指标对玻璃钢烟囱所用树脂的质量控制是必须的,故作规定值。

树脂结构中的酯基是最容易受到酸和碱化学侵蚀的基团,已有研究表明:酸对酯基的侵蚀是个可逆反应过程;而碱对酯基的侵蚀是个不可逆反应,其树脂浇铸体试样在碱溶液中会发生由表及里的溶胀、开裂以致破碎。在防腐蚀性能上通常以此来推断:即树脂的耐碱性好,其耐酸性能也好。现行国家标准《乙烯基酯树脂防腐蚀工程技术规范》GB/T 50590 中对反应型阻燃环氧乙烯基酯树脂的质量要求中,列入了耐碱性试验指标。本规范中对四种反应型阻燃环氧乙烯基酯树脂浇铸体的耐碱性进行了试验和验证,作为判断树脂耐腐蚀性能的重要依据。

玻璃钢材质的阻燃性表征之一是采用有限氧指数值(LOI):国内消防法规对难燃材料的要求之一是 LOI 不小于 32。我们用未添加或添加少量三氧化二锑,树脂含量在 35% 左右的四种反应型阻燃环氧乙烯基酯树脂玻璃钢样条验证,能够满足此指标要求。

玻璃钢材质的阻燃性表征之二是火焰传播速率:它是采用美国材料与试验协会标准《建筑材料表面燃烧性能试验方法》ASTM E84 隧道法测定的玻璃钢层合板的一个指数值。表示火焰前沿在材料表面的发展速度,关系到火灾波及邻近可燃物而使火势扩大的一个评估指标。国内无相对应的标准,但已有测定机构提供专门服务。

玻璃钢烟囱是长期使用且维修困难的高耸构筑物,由于烟气的强腐蚀性,因此防腐蚀层应设计成树脂含量高、纤维含量低的抗渗性铺层;结构层主要考虑其在运行温度条件下的力学性能为主,因此纤维含量高;从国外已有运行实例看,其防腐蚀层和结构层全部采用反应型阻燃环氧乙烯基酯树脂,综合性能优异,同时也有效防止了因防腐蚀层和结构层采用不同树脂可能造成的界面相容性问题,避免了脱层。

9.2.4 玻璃钢材料的性能数据高低,在树脂确定的情况下,与所采用纤维的类型、品质以及工艺铺层结构有关,可根据烟囱的受力特点,设计相应的工艺铺层,通过试验确定。本条表 9.2.4-1~表9.2.4-3所列是缠绕玻璃钢及手糊玻璃钢制品的性能数据,没有采用通常的实验室制样方法,而是用更加接近工程实际的工厂化条件进行的生产制样,按国家有关标准进行检测,并依据现行国家标准《建筑结构可靠度设计统一标准》GB 50068 和《工程结构可靠性设计统一标准》GB 50153 规定的原则确定的标准值,可供没有条件进行试验的设计选用和参考。

表 9.2.4-1 和表 9.2.4-3 是采用缠绕试验铺层方法,用 2 层环向缠绕纱与 4 层单向布交替制作,具体如表 4:

表 4 缠绕试验铺层做法

纤维名称	规格	树脂含量
单向布	430g/m²	43%
缠绕纱	2400Tex	35%

表 9.2.4-2 是采用手糊板试验铺层方法,用 3 层玻璃布与 3 层短切毡交替铺层,具体如表 5:

表 5 手糊板试验铺层做法

纤维名称	规格	树脂含量
玻璃布	610g/m²	50%
短切毡	450g/m²	70%

9.2.5 玻璃钢材料的材料分项系数参考了 ASTM D5364 中的规定,但考虑我国制作工艺及现场管理的实际水平,在实际取值时应大于或等于本规范所规定的分项系数。

为了确定玻璃钢烟囱材料在各种受力状态下的力学指标,中冶东方工程技术有限公司委托有关单位做了有关试验。通过试验可以看到,玻璃钢材料的力学指标离散性比较大。规范给出的材料分项系数虽然较一般建材大,但仍不足以保证结构设计已经可靠,原因是在温度作用下材料的力学指标又会有变化,规范给出 60℃和 90℃设计温度下强度指标折减系数。这样可尽量保证玻璃钢烟囱在不同温度下具有相近可靠度保证率。

9.2.6 通过试验可以得出结论,玻璃钢材料的力学性能随着温度升高会有较大幅度的降低,因此当烟气温度不大于 100℃,采用弹性模量进行计算时折减系数按 0.8 考虑。

9.3 筒壁承载能力计算

9.3.1、9.3.2 考虑了玻璃钢烟囱受拉、受压、受弯及组合最不利情况下的轴向强度计算。

9.3.3～9.3.5 计算公式部分内容参考了 ASTM D5364 中的有关规定。

9.3.6 玻璃钢烟囱的接口可采用平端对接、承插粘接等多种形式,在直径大于 4m 时宜采用平端对接,此处平端对接的粘接计算主要考虑自重及连接截面处弯矩的因素。

9.4 构造规定

9.4.1 玻璃钢材料为各向异性,容易产生应力集中,因此下部烟道接口建议设计成圆形,以尽量减小对玻璃钢筒体的破坏。

9.4.2 玻璃钢材料的弹性模量较低,故设置拉索时要保证 H/D 不大于 10,且要充分考虑拉索预紧力对烟囱的应力影响。

9.4.3 加强肋的设置间距参考了 ASTM D5364 中的规定。

9.4.4 玻璃钢烟囱的连接可采用承插粘接或平端对接等方式。

9.4.6 考虑到玻璃钢烟囱的结构刚度和耐久性,故对玻璃钢的结构层最小厚度作了规定,按照玻璃钢烟囱的直径差异,确定了两种不同直径系列的烟囱最小厚度。

9.5 烟囱制作要求

9.5.1 对于直径小的玻璃钢烟囱,可以在制造商的工厂内制作,对于直径大,运输有困难的,应在项目现场或其附近临时有围护结构的工场内制作,这样可保证满足制造时的环境温度和湿度要求。

树脂中的苯乙烯是有嗅味的易燃、易挥发化学品,除加强劳动保护外,还应加强工作场所的通风。

温度过低,树脂固化速度变慢,影响工作效率和固化后产品的强度;温度过高,树脂固化速度太快,来不及制作的材料会浪费;湿度大,空气中的水分对树脂固化速度和固化后玻璃钢性能会有影响。在环境温度为(15～30)℃下材料和设备温度高于露点温度 3℃,通常其相对湿度不会大于 80%。

低温存放,利于树脂有长的存储期。但是在使用时,材料温度应同环境温度相一致,否则固化剂的用量配方不能确定,树脂的黏度也会变大,影响同纤维的浸润。

9.5.3 树脂的黏度是使用工艺中的重要性能,而且与温度的关系密切:

当温度下降、树脂黏度上升时,不利于浸透纤维。加入苯乙烯稀释,使得树脂黏度下降,可提高纤维浸润性能,但是加入的苯乙烯量不宜超过 3%,如果用量大则会影响树脂的相关性能。

当温度上升、树脂黏度下降时,黏度太小,利于纤维浸透树脂,但会产生树脂流挂滴胶,同样也影响产品质量,而加入适量的触变剂(如:气相二氧化硅),则可有效防止流胶。

树脂常温固化时所采用的固化剂均系过氧化物(如过氧化甲乙酮,过氧化环己酮等),它同配套的促进剂(如环烷酸钴等)直接混合将会发生剧烈的化学反应引起燃烧和火灾,严重时甚至会发生爆炸事故,危及生命和财产安全,因此严禁两者同时加入。

9.5.4 玻璃纤维增强材料如有污物和水分将会影响与树脂的浸润,造成界面的无效结合,影响固化,从而使材料的性能下降。

9.5.5 分段制造的每节筒体长度,主要从缠绕的设备能力和安装能力等方面综合考虑,筒体连接越少,效率也越高。

9.5.6 筒芯表面使用聚酯薄膜或脱模剂(如聚乙烯醇),会提供光滑的内表面,以保证玻璃钢筒体脱模时不损坏筒芯表面。

9.5.7 防腐蚀内层是直接接触烟气介质的,要求具有高的树脂含量和很好的抗渗透性能。如果存在气泡等制造中的缺陷,会直接影响产品的防腐蚀性能,应及时修补。

9.5.8 筒体结构层与防腐蚀内层的制造间隔时间的控制目的是:防止运行中发生结构层与防腐蚀内层脱层。尤其在结构层与防腐蚀内层所用树脂不一致的情况下,需要特别注意控制。防腐蚀内层所用往往是含胶量大于 70% 的耐温性好、固化交联密度高的树脂,如果间隔时间长了,结构层与防腐蚀内层的界面融合就会存在隐患。从已发生的玻璃钢罐体结构层与防腐蚀内层的脱层事故分析,主要是这个原因。

9.5.9 在结构层缠绕开始前,先在防腐蚀层表面涂布树脂主要是提高层间结合。

9.6 安装要求

9.6.2 刚性类吊索材料(如钢丝绳)容易损坏筒体表面,以采用尼龙等柔性类吊索为好。

9.6.3 玻璃钢材质具有高强度低模量的特性,垂直存放和移动主要是要保持筒体不变形。

9.6.4、9.6.5 这两条对筒体吊装提出要求。

10 钢 烟 囱

10.2 塔架式钢烟囱

10.2.1 在过去的设计中,常用的塔架截面形式主要有三角形和四边形,并优先选用三角形。因为三角形截面塔架为几何不变形状,整体稳定性好、刚度大、抗扭能力强,对基础沉降不敏感。

10.2.2 塔架在风荷载作用下,其弯矩图形近似于折线形。一般将塔架立面形式做成与受力情况相符的折线形,为了方便塔架的制作安装,塔面的坡度不宜过多,一般变坡以 3 个～4 个为宜。

根据实践经验,塔架底部宽度一般按塔架高度的 1/4 至 1/8 范围内选用,多数按塔架高度的 1/5 至 1/6 决定其底部尺寸。在此范围内确定的塔架底部宽度,对控制塔架的水平变位、降低结构自振周期、减少基础的内力等都是有利的。

10.2.3 增设拉杆是为了减小塔架底部和节间的变形,并使底部节间有足够的刚度和稳定性。

10.2.4 排烟筒与塔架平台或横隔相连,在风荷载和地震作用下,排烟筒相当于一根连续梁,将风荷载和地震力通过连接点传给钢塔架。但应注意排烟筒在温度作用下可自由变形。

钢塔架与排烟筒采用整体吊装时,顶部吊点的上节间内力往往大于按承载能力极限状态设计时的内力,所以必须进行吊装验算。

10.2.5 由于排烟筒伸出塔顶,对塔顶将产生较大的水平集中力,在塔架底部接近地面两个节间又有较大的剪力,可能有扭矩产生。所以在塔架顶层和底层采用刚性 K 形腹杆,以保证塔架在这两部分具有可靠的刚度。组合截面做成封闭式,除提高杆件的强度和刚度外,更有利于防腐,提高杆件的防腐能力。

采用预加拉紧的柔性交叉腹杆,使交叉腹杆不受长细比的限制,能消除杆件的残余变形,可加强塔架的整体刚度,减小水平变位和横向变形。由于断面减小,降低了用钢量和投资。

钢管性能优越于其他截面,它各向同性,对受压受扭均有利,并具有良好的空气动力性能,风阻小、防腐涂料省、施工维修方便,对可能受压,也可能受扭的塔柱和 K 形腹杆选用钢管是合理的。

承受拉力的预加拉紧的柔性交叉腹杆,选用风阻小、抗腐蚀能力强、直径小面积大的圆钢,既经济又合理。

10.2.6 滑道式连接是排烟筒体用滑道与平台梁相连,在垂直方向可自由变位,能抗水平力和扭矩。当排烟筒为悬挂时,排烟筒底部或靠近底部处与平台梁连接可采用承托式,即将筒体支承在平台梁上。承托板需开椭圆型栓孔,使筒体在水平方向有很小的间隙变位,而在垂直方向能向上自由伸缩。以上部位与平台梁的连接可采用滑道式。

10.2.8 本次规范修订,增加了塔架抗震验算时构件及连接节点的承载力抗震调整系数。

10.3 自立式钢烟囱

10.3.1 原规范规定烟囱高径比宜满足 $h \leqslant 20d$,在一些情况下偏于严格,特别是风荷载较小地区。按此规定设计,往往烟囱应力水平较低。本次规范修订将此限定放宽为 $h \leqslant 30d$,可在满足强度和变形要求的前提下,在此范围内进行高径比选择。当钢烟囱的强度和变形是由风振控制时,可采用可靠的减震措施来满足要求。

10.3.2 强度和整体稳定性计算公式,基本参照现行国家标准《钢结构设计规范》GB 50017 中的公式。只因钢烟囱一直在较高温度下的不利环境中工作,没有考虑截面塑性发展,在强度和稳定性计算公式中取消了截面塑性发展系数 γ。等效弯矩系数 β_m 由于悬臂结构时为 1,所以稳定性公式中取消了 β_m。

钢烟囱局部稳定计算公式参照 CICIND 标准进行了修订。原规范局部稳定计算公式为圆柱壳弹性屈服应力形式,未考虑钢材塑性屈曲和制作加工几何缺陷影响,在某些情况下,计算结果不安全。

10.3.3 本条规定钢烟囱的最小厚度是为了保证结构刚度和耐久性。

10.3.4 温度超过 425℃时,碳素钢要产生蠕变,在荷载作用下易产生永久变形。为了控制钢材使用温度,当温度达到 400℃时,应设置隔热层,以降低钢筒壁的受热温度。

碳素钢的抗氧化温度上限为 560℃,金属锚固件温度不应超过此界限。因为金属锚固件一旦超过抗氧化限出现氧化现象,将造成连接松动,影响正常使用。

10.3.5 钢烟囱发生横风向风振(共振)现象在实际工程中有所发生,特别是在烟囱刚度较小,临界风速一般小于设计的最大风速,因此,临界风速出现的概率较大。一旦临界风速出现,涡流脱落的频率与烟囱的自振频率相同(或几乎相同),烟囱就要发生横风向共振。因此,在设计中,应尽量避免出现共振现象。如果调整烟囱的刚度难以达到目的时,在烟囱上部设置破风圈是一种较有效的解决方法。除了破风圈以外,也可以采用其他形式的减振装置对烟囱进行减振。

10.4 拉索式钢烟囱

10.4.1 当烟囱高度与直径之比大于 $30(h/d>30)$ 时,可采用拉索式钢烟囱。实际应用中,如果经过技术经济比较,虽然 $h/d \leqslant 30$,但采用拉索式钢烟囱更合理,也可采用这种烟囱。

11 烟囱的防腐蚀

11.1 一般规定

11.1.1~11.1.4 烟囱烟气根据其温度、湿度及结露状况分类;对于干烟气将原规范腐蚀等级按燃煤含硫量确定改为直接按烟气含硫量确定;烟气分为干烟气、潮湿烟气和湿烟气三类,对各类烟气又分别划分为强、中、弱三种腐蚀等级,各类烟气虽腐蚀等级相同,但腐蚀程度不同,采取的防腐蚀措施也不同。规范规定湿法脱硫后的烟气为强腐蚀性湿烟气、湿法脱硫烟气经过再加热之后为强腐蚀性潮湿烟气,其他方式产生的湿烟气或潮湿烟气的腐蚀等级应根据具体情况加以确定。

11.1.6 烟囱防腐蚀材料应满足烟囱实际存在的各运行工况条件,且应能适用于各工况可能存在交替变化的情况。

11.1.7 湿烟气烟囱冷凝液从实际工程掌握的情况,流量在每小时数吨至数十吨,故排烟筒底部必须设置冷凝液收集装置,有条件时可在钢内筒其他部位设置冷凝液收集装置,可有效减少烟囱雨现象。

11.2 烟囱结构型式选择

11.2.1 烟囱结构型式的选择是防腐蚀措施的重要环节。原规范提出了烟囱结构型式选择要求以来,针对不同的烟气腐蚀性等级选择的烟囱结构型式,对保证烟囱安全可靠地正常使用和耐久性都起到了非常重要的指导性意义。

结合近 10 年来火力发电厂烟囱及其他行业烟囱,在不同使用条件下,特别是烟气湿法脱硫运行条件下,采用不同烟囱结构型式和防腐蚀措施在运行后出现的渗漏腐蚀现象及处理经验,提出了对排放不同腐蚀性等级的干烟气、湿烟气和潮湿烟气的烟囱结构型式的选择要求。

根据对 20 座湿法脱硫现场调研,湿法脱硫机组实时运行温度统计数据为,无 GGH 运行工况(湿烟气)平均温度为 52℃,设 GGH 运行工况(潮湿烟气)平均温度为 83℃。

在湿法脱硫无 GGH 运行工况(湿烟气)下,烟囱内有冷凝液积累。在湿法脱硫设 GGH 运行工况(潮湿烟气)下,烟囱内无冷凝液积累,烟囱内的积灰处于干燥状态。

湿烟气烟囱内有冷凝液流淌,要解决防腐问题首先必须满足防渗,应采用整体气密的排烟筒或防腐内衬。钢内筒防腐内衬主要有:

(1)钢内筒衬防腐金属材料指钢内筒衬镍板或钛板等,国内工程仅挂贴钛板和复合钛板有应用,且多为复合钛板。

(2)钢内筒衬轻质防腐砖指进口玻璃砖防腐系统、国产玻璃砖防腐系统、国产泡沫玻化砖防腐系统。

(3)玻璃钢排烟筒在国外大型电厂有较多湿烟囱应用案例;国内在小型电厂有应用案例,在大型电厂烟塔合一烟道有应用案例。

(4)钢内筒衬防腐涂料主要指目前应用较多的玻璃鳞片。

到目前为止,国内湿烟气烟囱运行时间不长,大部分未超过 6 年,但还是暴露出了诸多问题,有待进一步改进。

(1)钢内筒衬钛板总体使用情况良好,但挂贴钛板出现了钛板局部腐蚀穿孔的现象,复合钛板钢内筒出现了焊缝连接部位渗漏现象。

(2)钢内筒衬进口玻璃砖防腐系统使用情况良好,表面耐烟气冲刷性能稍弱。

(3)钢内筒衬国产玻璃砖防腐系统的工程问题突出,除施工质量的过程控制没有落实外,砖、胶出现较多材料失效的现象。

(4)钢内筒衬国产泡沫玻化砖防腐系统出现问题的工程较多,从现场调研结果反映出,砖、胶性能与进口产品相比有较大差距;目前钢内筒产生的腐蚀的主要原因是施工工艺造成的胶饱满密实缺陷问题。

国内煤电厂新建机组有7座烟囱采用进口玻璃砖防腐系统,目前使用状况良好。

统计的国内约30座采用国产玻璃砖、国产泡沫玻化砖防腐系统的烟囱,有较多出现了不同程度的腐蚀情况;一般在投运后1年～2年内发生,最短在投运1个月后即出现了钢内筒腐蚀穿孔现象。

与进口玻璃砖防腐系统相比,国产玻璃砖、国产泡沫玻化砖防腐系统在原材料、施工质量过程控制和管理方面尚存一定差距,有较大的改进空间。

(5)钢内筒衬玻璃鳞片材料使用寿命较短,一般为5年～8年。使用期间维护工程量大,到目前为止,较多的工程已进行过维修。对用于实际使用时间少于10年的湿烟气烟囱,其经济性有一定优势。对于防腐涂层内衬,在选用时,应对其抗渗性能和断裂延伸率等性能加以限制。

本规范表11.2.1是总结近年来实践经验得出的,在选用时应结合实际烟囱运行工况的差异性进行调整。应根据烟囱的实际工况,对内衬防腐材料的耐酸、耐热老化、耐热冲击和耐磨性能以及断裂延伸率、抗渗透性能等主要性能指标进行综合评价后予以确定。

11.2.4 根据近几年火力发电厂工程排放湿烟气烟囱的渗漏腐蚀现象较为普遍和严重的调查情况,提出了应采用具备检修条件的套筒式或多管式烟囱。

每个排烟筒接入锅炉台数根据发电厂机组规模进行了规定,其他行业可对照其规模容量执行。

11.3 砖烟囱的防腐蚀

11.3.1 砖烟囱一般用于不超过60m高度的低烟囱。由于砌体结构的抗渗性能不宜保证,因此烟囱中排放的烟气类型限定于干烟气。

11.3.2 砖烟囱的主要防腐蚀措施是根据烟气的腐蚀性等级做好防腐蚀内衬材料的选择和有效控制施工质量。水泥砂浆和石灰水泥砂浆的耐腐蚀性最差,当受到腐蚀后,体积发生膨胀,内衬的整体性和严密性易受到破坏,一般不在砖烟囱的内衬中使用。普通黏土砖耐腐蚀性也较差,受腐蚀后易出现掉皮现象,一般不应在排放中等腐蚀等级的砖烟囱内衬中使用。

11.4 单筒式钢筋混凝土烟囱的防腐蚀

11.4.2 对于排放干烟气的单筒式烟囱,已形成了一套安全有效、适合国情的单筒式烟囱防腐蚀措施适用标准,实践证明使用效果良好。

近几年湿烟气烟囱(烟囱脱硫改造工程或新建脱硫烟囱工程),单筒式烟囱出现了较严重的渗漏腐蚀现象,有的已威胁到了烟囱钢筋混凝土筒壁的安全可靠性。基于此,单筒式烟囱中排放的烟气类型限定于干烟气和潮湿烟气。

11.4.3 结合近年来轻质耐酸隔热防腐整体浇注料在干烟气条件下单筒式烟囱中的使用情况,补充了该种材料。

11.4.4 单筒式烟囱是截锥圆形,上小下大形状,烟囱中上部区段运行的烟气正压压力值较大,对单筒式烟囱中烟气正压压力数值加以限制,减少烟气渗透腐蚀。

11.5 套筒式和多管式烟囱的砖内筒防腐蚀

11.5.1 烟囱中砖砌体排烟内筒的材料全部选用耐酸防腐蚀性能

的;在条件许可时选用轻质型的,以减小排烟内筒的荷重。

11.7 钢烟囱的防腐蚀

11.7.1 从防腐蚀的角度考虑,钢烟囱高度不起主要作用。所以,本节未区分钢烟囱高度而分别提出相关的设计要求。

11.7.2 根据钢烟囱外表面检修维护困难的特点,提出了采用长效防腐措施。

12 烟囱基础

12.1 一般规定

12.1.1～12.1.3 这一部分规定仍与原规范相同。

12.2 地基计算

12.2.1～12.2.3 这一节完全与原规范相同。

12.3 刚性基础计算

12.3.1 刚性基础在满足底面积的前提下,需确定合理的高度及台阶尺寸,公式(12.3.1-1)～公式(12.3.1-4)均与原规范相同,实践已证明这些公式是合理的。

12.4 板式基础计算

12.4.1～12.4.11 这11条给出板式基础外形尺寸的确定及环形和圆形板式基础的冲切强度和弯矩的计算公式。

12.4.12 设置地下烟道的基础,将直接受到温度作用。由于基础周围为土壤,温度不易扩散,所以基础的温度很高。当烟气温度超过350℃时,采用隔热层的措施,使基础混凝土的受热温度小于或等于150℃,隔热层已相当厚。当烟气温度更高时,采用隔热的办法就更难满足混凝土受热的要求,此时可把烟气入口改在基础顶面以上或采用通风隔热措施以避免基础承受高温。曾考虑过采用耐热混凝土作为基础材料。但由于对耐热混凝土作为在高温(大于150℃)作用下的受力结构,国内还没有完整的试验结果和成熟的使用经验。因此未列入本规范。

12.4.14 地下基础在温度作用下,基础内外表面将产生温度差,即有温度应力产生。温度应力与荷载应力进行组合。由于板式基础在荷载作用下所产生的内力,是按极限平衡理论计算的。其计算假定:在极限状态下,基础已充分开裂,开裂成几个极限平衡体。在这种充分开裂的情况下,已无法求解整体基础的温度应力。所以,对于温度应力与荷载应力,本规范未给出应力组合计算公式,仅在配筋数量上适当考虑温度作用的影响。

12.5 壳体基础计算

12.5.1～12.5.5 根据有关试验和实际工程设计经验,本规范正倒锥组合壳的"正截锥"(上下梁之间的截锥体),按"无矩"理论计算;"倒截锥"(底板壳)按极限平衡理论进行内力计算;环梁按内力平衡条件计算。由于"正截锥"壳是按无矩理论计算的,忽略了壳的边缘效应(弯矩M,水平力V)对环梁的影响。但是,由于按无矩理论计算的薄膜经向力,大于按有矩理论的计算值,使两种计算方法的结果,在壳的边缘处比较接近。为了安全起见,在壳基础构造的第12.7.12条,特别强调"上壳上下边缘附近构造环向钢筋应适当加强"。

12.6 桩基础

12.6.3 桩基承台优先考虑采用环形,桩宜对称布置在环壁中心位置两侧,可适当偏外侧布置,并通过反复试算,逐步调整,直到符合全部要求为止。

12.7 基础构造

12.7.7 考虑到整体弯曲对基础底板作用时的影响,底板下部钢筋构造加强,规定最小配筋率径向和环向(或纵向和横向)不宜小于 0.15%。当底板厚度大于 2000mm 时,增加双向钢筋网是为了减少大体积混凝土温度收缩的影响,并提高底板的抗剪承载力。

12.7.12 壳体基础主要处于薄膜受力状态,用材节省,需满足最低配筋要求。

13 烟 道

13.1 一般规定

13.1.1 本条是对实际工程经验的总结。由于烟道的材料、计算方法均与烟道的类型有关,烟道从工艺角度分为地下烟道、地面烟道和架空烟道。架空烟道一般用于电厂烟囱。

13.1.5 地下烟道与地下构筑物之间的最小距离,是按已有工程经验确定的。在设计工作中满足本条规定的前提下,可根据实践经验确定。

13.2 烟道的计算和构造

13.2.1 地下烟道应对其受热温度进行计算,本条给出了地下温度场土层影响厚度的计算公式。土层影响厚度计算公式是根据试验确定的。计算出的温度应小于材料受热温度允许值。

13.2.7 地面烟道的计算(一般为砖砌烟道),一般按封闭框架考虑。拱型顶应做成半圆型,因为半圆拱的水平推力较小。

13.2.8 架空烟道的计算中应考虑自重荷载、风荷载、积灰荷载和烟道内的烟气压力。在抗震设防地区还应考虑地震作用。其中积灰荷载和烟气压力是根据电厂烟囱给出的,根据现行行业标准《火力发电厂烟风煤粉管道设计技术规程》DL/T 5121 烟道内的烟气压力一般按 ±2.5kN/m² 考虑。其他工厂的烟气压力和积灰荷载应另行考虑。

在架空烟道的温度作用计算中,需要对烟道侧墙的温度差进行计算,避免温差过大引起烟道开裂。

13.2.9 钢烟道胀缩,对多管式的钢内筒水平推力较大,在连接引风机和烟囱之间的一段钢烟道内设置补偿器,可减小钢烟道对钢内筒的推力,设置补偿器后,仅在构造上考虑钢内筒与基础的连接。

14 航空障碍灯和标志

14.1 一般规定

14.1.1 烟囱对空中航空飞行器视为障碍物,是造成飞行安全的隐患,因此烟囱应设置障碍标志。我国颁布的《民用航空法》,

国务院、中央军委发布的《关于保护机场净空》的文件等一系列行政法规规定了航空障碍灯必须设置的场所和范围。民用机场净空保护区域是指在民用机场及其周围区域上空,依据现行行业标准《民用机场飞行区技术标准》MH 5001—2006 规定的障碍物限制面划定的空间范围。在该范围内的烟囱应设置航空障碍灯和标志。

14.1.2~14.1.4 国际民用航空公约《附件十四》,针对烟囱尤其是高烟囱有严格的技术要求和规定。中国民用航空局制定的《民用机场飞行区技术标准》MH 5001—2006 和国务院、中央军委国发〔2001〕29 号《军用机场净空规定》对障碍灯和标志都有明确规定。本节的制定参照了上述标准。在《民用机场飞行区技术标准》MH 5001—2006 中将高光强障碍灯划分为 A、B 型,将中光强障碍灯划分为 A、B、C 型。其中适合安装在高耸烟囱的障碍灯形式为高光强 A 型障碍灯及中光强 B 型障碍灯。本次规范修订对障碍灯选用型号作出了规定。

14.2 障碍灯的分布

14.2.1~14.2.7 航空障碍灯的分布及标志可参照图 13 进行设置。

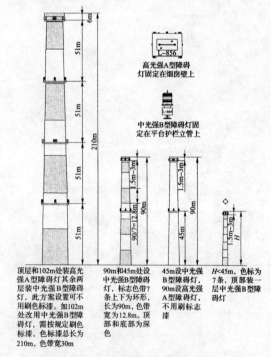

顶层和102m处装高光强A型障碍灯其余两层装中光强B型障碍灯,此方案设置可不用刷色标漆。如102m处改用中光强B型障碍灯,需按规定刷色标漆,色标漆总长为210m,色带宽30m

90m和45m设中光强B型障碍灯,标志色带7条上下为环形,长为90m,色带宽为12.8m。顶部和底部为深色

45m设中光强B型障碍灯,90m设高光强A型障碍灯,不用刷标志漆

H<45m,色标为7条,顶部装一层中光强B型障碍灯

图 13 烟囱设置航空障碍灯分布及标志

中华人民共和国行业标准

高层建筑混凝土结构技术规程

Technical specification for concrete structures of tall building

JGJ 3—2010

批准部门：中华人民共和国住房和城乡建设部
施行日期：２０１１年１０月１日

中华人民共和国住房和城乡建设部
公　告

第 788 号

关于发布行业标准
《高层建筑混凝土结构技术规程》的公告

现批准《高层建筑混凝土结构技术规程》为行业标准，编号为 JGJ 3 - 2010，自 2011 年 10 月 1 日起实施。其中，第 3.8.1、3.9.1、3.9.3、3.9.4、4.2.2、4.3.1、4.3.2、4.3.12、4.3.16、5.4.4、5.6.1、5.6.2、5.6.3、5.6.4、6.1.6、6.3.2、6.4.3、7.2.17、8.1.5、8.2.1、9.2.3、9.3.7、10.1.2、10.2.7、10.2.10、10.2.19、10.3.3、10.4.4、10.5.2、10.5.6、11.1.4 条为强制性条文，必须严格执行。原行业标准《高层建筑混凝土结构技术规程》JGJ 3 - 2002 同时废止。

本规程由我部标准定额研究所组织中国建筑工业出版社出版发行。

中华人民共和国住房和城乡建设部
2010 年 10 月 21 日

前　言

根据原建设部《关于印发〈2006 年工程建设标准规范制定、修订计划（第一批）〉的通知》（建标〔2006〕77 号）的要求，规程编制组经广泛调查研究，认真总结工程实践经验，参考有关国际标准和国外先进标准，在广泛征求意见的基础上，修订本规程。

本规程主要技术内容是：1. 总则；2. 术语和符号；3. 结构设计基本规定；4. 荷载和地震作用；5. 结构计算分析；6. 框架结构设计；7. 剪力墙结构设计；8. 框架-剪力墙结构设计；9. 筒体结构设计；10. 复杂高层建筑结构设计；11. 混合结构设计；12. 地下室和基础设计；13. 高层建筑结构施工。

本规程修订的主要内容是：1. 修改了适用范围；2. 修改、补充了结构平面和立面规则性有关规定；3. 调整了部分结构最大适用高度，增加了 8 度（0.3g）抗震设防区房屋最大适用高度规定；4. 增加了结构抗震性能设计基本方法及抗连续倒塌设计基本要求；5. 修改、补充了房屋舒适度设计规定；6. 修改、补充了风荷载及地震作用有关内容；7. 调整了"强柱弱梁、强剪弱弯"及部分构件内力调整系数；8. 修改、补充了框架、剪力墙（含短肢剪力墙）、框架-剪力墙、筒体结构的有关规定；9. 修改、补充了复杂高层建筑结构的有关规定；10. 混合结构增加了筒中筒结构、钢管混凝土、钢板剪力墙有关设计规定；11. 补充了地下室设计有关规定；12. 修改、补充了结构施工有关规定。

本规程中以黑体字标志的条文为强制性条文，必须严格执行。

本规程由住房和城乡建设部负责管理和对强制性条文的解释，由中国建筑科学研究院负责具体技术内容的解释。执行过程中如有意见和建议，请寄送中国建筑科学研究院（地址：北京北三环东路 30 号，邮

编：100013）。

本规程主编单位： 中国建筑科学研究院

本规程参编单位： 北京市建筑设计研究院
华东建筑设计研究院有限公司
广东省建筑设计研究院
中建国际（深圳）设计顾问有限公司
上海市建筑科学研究院（集团）有限公司
清华大学
广州容柏生建筑结构设计事务所
北京建工集团有限责任公司
中国建筑第八工程局有限公司

本规程主要起草人员： 徐培福　黄小坤　容柏生
程懋堃　汪大绥　胡绍隆
傅学怡　肖从真　方鄂华
钱稼茹　王翠坤　肖绪文
艾永祥　齐五辉　周建龙
陈　星　蒋利学　李盛勇
张显来　赵　俭

本规程主要审查人员： 吴学敏　徐永基　柯长华
王亚勇　樊小卿　窦南华
娄　宇　王立长　左　江
莫　庸　袁金西　施祖元
周　定　李亚明　冯　远
方泰生　吕西林　杨嗣信
李景芳

目 次

Contents

1 总 则

1.0.1 为在高层建筑工程中合理应用混凝土结构（包括钢和混凝土的混合结构），做到安全适用、技术先进、经济合理、方便施工，制定本规程。

1.0.2 本规程适用于 10 层及 10 层以上或房屋高度大于 28m 的住宅建筑以及房屋高度大于 24m 的其他高层民用建筑混凝土结构。非抗震设计和抗震设防烈度为 6 至 9 度抗震设计的高层民用建筑结构，其适用的房屋最大高度和结构类型应符合本规程的有关规定。

本规程不适用于建造在危险地段以及发震断裂最小避让距离内的高层建筑结构。

1.0.3 抗震设计的高层建筑混凝土结构，当其房屋高度、规则性、结构类型等超过本规程的规定或抗震设防标准等有特殊要求时，可采用结构抗震性能设计方法进行补充分析和论证。

1.0.4 高层建筑结构应注重概念设计，重视结构的选型和平面、立面布置的规则性，加强构造措施，择优选用抗震和抗风性能好且经济合理的结构体系。在抗震设计时，应保证结构的整体抗震性能，使整体结构具有必要的承载能力、刚度和延性。

1.0.5 高层建筑混凝土结构设计与施工，除应符合本规程外，尚应符合国家现行有关标准的规定。

2 术语和符号

2.1 术 语

2.1.1 高层建筑 tall building, high-rise building
10 层及 10 层以上或房屋高度大于 28m 的住宅建筑和房屋高度大于 24m 的其他高层民用建筑。

2.1.2 房屋高度 building height
自室外地面至房屋主要屋面的高度，不包括突出屋面的电梯机房、水箱、构架等高度。

2.1.3 框架结构 frame structure
由梁和柱为主要构件组成的承受竖向和水平作用的结构。

2.1.4 剪力墙结构 shearwall structure
由剪力墙组成的承受竖向和水平作用的结构。

2.1.5 框架-剪力墙结构 frame-shearwall structure
由框架和剪力墙共同承受竖向和水平作用的结构。

2.1.6 板柱-剪力墙结构 slab-column shearwall structure
由无梁楼板和柱组成的板柱框架与剪力墙共同承受竖向和水平作用的结构。

2.1.7 筒体结构 tube structure
由竖向筒体为主组成的承受竖向和水平作用的建筑结构。筒体结构的筒体分剪力墙围成的薄壁筒和由密柱框架或壁式框架围成的框筒等。

2.1.8 框架-核心筒结构 frame-corewall structure
由核心筒与外围的稀柱框架组成的筒体结构。

2.1.9 筒中筒结构 tube in tube structure
由核心筒与外围框筒组成的筒体结构。

2.1.10 混合结构 mixed structure, hybrid structure
由钢框架（框筒）、型钢混凝土框架（框筒）、钢管混凝土框架（框筒）与钢筋混凝土核心筒体所组成的共同承受水平和竖向作用的建筑结构。

2.1.11 转换结构构件 structural transfer member
完成上部楼层到下部楼层的结构形式转变或上部楼层到下部楼层结构布置改变而设置的结构构件，包括转换梁、转换桁架、转换板等。部分框支剪力墙结构的转换梁亦称为框支梁。

2.1.12 转换层 transfer story
设置转换结构构件的楼层，包括水平结构构件及其以下的竖向结构构件。

2.1.13 加强层 story with outriggers and/or belt members
设置连接内筒与外围结构的水平伸臂结构（梁或桁架）的楼层，必要时还可沿该楼层外围结构设置带状水平桁架或梁。

2.1.14 连体结构 towers linked with connective structure(s)
除裙楼以外，两个或两个以上塔楼之间带有连接体的结构。

2.1.15 多塔楼结构 multi-tower structure with a common podium
未通过结构缝分开的裙楼上部具有两个或两个以上塔楼的结构。

2.1.16 结构抗震性能设计 performance-based seismic design of structure
以结构抗震性能目标为基准的结构抗震设计。

2.1.17 结构抗震性能目标 seismic performance objectives of structure
针对不同的地震地面运动水准设定的结构抗震性能水准。

2.1.18 结构抗震性能水准 seismic performance levels of structure
对结构震后损坏状况及继续使用可能性等抗震性能的界定。

2.2 符 号

2.2.1 材料力学性能

C20——表示立方体强度标准值为 $20N/mm^2$ 的混凝土强度等级；

E_c ——混凝土弹性模量；

E_s ——钢筋弹性模量；

f_{ck}、f_c ——分别为混凝土轴心抗压强度标准值、设计值；

f_{tk}、f_t ——分别为混凝土轴心抗拉强度标准值、设计值；

f_{yk} ——普通钢筋强度标准值；

f_y、f'_y ——分别为普通钢筋的抗拉、抗压强度设计值；

f_{yv} ——横向钢筋的抗拉强度设计值；

f_{yh}、f_{yw} ——分别为剪力墙水平、竖向分布钢筋的抗拉强度设计值。

2.2.2　作用和作用效应

F_{Ek} ——结构总水平地震作用标准值；

F_{Evk} ——结构总竖向地震作用标准值；

G_E ——计算地震作用时，结构总重力荷载代表值；

G_{eq} ——结构等效总重力荷载代表值；

M ——弯矩设计值；

N ——轴向力设计值；

S_d ——荷载效应或荷载效应与地震作用效应组合的设计值；

V ——剪力设计值；

w_0 ——基本风压；

w_k ——风荷载标准值；

ΔF_n ——结构顶部附加水平地震作用标准值；

Δu ——楼层层间位移。

2.2.3　几何参数

a_s、a'_s ——分别为纵向受拉、受压钢筋合力点至截面近边的距离；

A_s、A'_s ——分别为受拉区、受压区纵向钢筋截面面积；

A_{sh} ——剪力墙水平分布钢筋的全部截面面积；

A_{sv} ——梁、柱同一截面各肢箍筋的全部截面面积；

A_{sw} ——剪力墙腹板竖向分布钢筋的全部截面面积；

A ——剪力墙截面面积；

A_w ——T形、I形截面剪力墙腹板的面积；

b ——矩形截面宽度；

b_b、b_c、b_w ——分别为梁、柱、剪力墙截面宽度；

B ——建筑平面宽度、结构迎风面宽度；

d ——钢筋直径；桩身直径；

e ——偏心距；

e_0 ——轴向力作用点至截面重心的距离；

e_i ——考虑偶然偏心计算地震作用时，第 i 层质心的偏移值；

h ——层高；截面高度；

h_0 ——截面有效高度；

H ——房屋高度；

H_i ——房屋第 i 层距室外地面的高度；

l_a ——非抗震设计时纵向受拉钢筋的最小锚固长度；

l_{ab} ——受拉钢筋的基本锚固长度；

l_{abE} ——抗震设计时纵向受拉钢筋的基本锚固长度；

l_{aE} ——抗震设计时纵向受拉钢筋的最小锚固长度；

s ——箍筋间距。

2.2.4　系数

α ——水平地震影响系数值；

α_{max}、α_{vmax} ——分别为水平、竖向地震影响系数最大值；

α_1 ——受压区混凝土矩形应力图的应力与混凝土轴心抗压强度设计值的比值；

β_c ——混凝土强度影响系数；

β_z —— z 高度处的风振系数；

γ_j —— j 振型的参与系数；

γ_{Eh} ——水平地震作用的分项系数；

γ_{Ev} ——竖向地震作用的分项系数；

γ_G ——永久荷载（重力荷载）的分项系数；

γ_w ——风荷载的分项系数；

γ_{RE} ——构件承载力抗震调整系数；

η_p ——弹塑性位移增大系数；

λ ——剪跨比；水平地震剪力系数；

λ_v ——配箍特征值；

μ_N ——柱轴压比；墙肢轴压比；

μ_s ——风荷载体型系数；

μ_z ——风压高度变化系数；

ξ_y ——楼层屈服强度系数；

ρ_{sv} ——箍筋面积配筋率；

ρ_w ——剪力墙竖向分布钢筋配筋率；

Ψ_w ——风荷载的组合值系数。

2.2.5　其他

T_1 ——结构第一平动或平动为主的自振周期（基本自振周期）；

T_t ——结构第一扭转振动或扭转振动为主的自振周期；

T_g ——场地的特征周期。

3　结构设计基本规定

3.1　一般规定

3.1.1 高层建筑的抗震设防烈度必须按照国家规定的权限审批、颁发的文件（图件）确定。一般情况下，抗震设防烈度应采用根据中国地震动参数区划图确定的地震基本烈度。

3.1.2 抗震设计的高层混凝土建筑应按现行国家标

准《建筑工程抗震设防分类标准》GB 50223 的规定确定其抗震设防类别。

注：本规程中甲类建筑、乙类建筑、丙类建筑分别为现行国家标准《建筑工程抗震设防分类标准》GB 50223 中特殊设防类、重点设防类、标准设防类的简称。

3.1.3 高层建筑混凝土结构可采用框架、剪力墙、框架-剪力墙、板柱-剪力墙和筒体结构等结构体系。

3.1.4 高层建筑不应采用严重不规则的结构体系，并应符合下列规定：

　1　应具有必要的承载能力、刚度和延性；

　2　应避免因部分结构或构件的破坏而导致整个结构丧失承受重力荷载、风荷载和地震作用的能力；

　3　对可能出现的薄弱部位，应采取有效的加强措施。

3.1.5 高层建筑的结构体系尚宜符合下列规定：

　1　结构的竖向和水平布置宜使结构具有合理的刚度和承载力分布，避免因刚度和承载力局部突变或结构扭转效应而形成薄弱部位；

　2　抗震设计时宜具有多道防线。

3.1.6 高层建筑混凝土结构宜采取措施减小混凝土收缩、徐变、温度变化、基础差异沉降等非荷载效应的不利影响。房屋高度不低于 150m 的高层建筑外墙宜采用各类建筑幕墙。

3.1.7 高层建筑的填充墙、隔墙等非结构构件宜采用各类轻质材料，构造上应与主体结构可靠连接，并应满足承载力、稳定和变形要求。

3.2 材　料

3.2.1 高层建筑混凝土结构宜采用高强高性能混凝土和高强钢筋；构件内力较大或抗震性能有较高要求时，宜采用型钢混凝土、钢管混凝土构件。

3.2.2 各类结构用混凝土的强度等级均不应低于C20，并应符合下列规定：

　1　抗震设计时，一级抗震等级框架梁、柱及其节点的混凝土强度等级不应低于C30；

　2　筒体结构的混凝土强度等级不宜低于C30；

　3　作为上部结构嵌固部位的地下室楼盖的混凝土强度等级不宜低于C30；

　4　转换层楼板、转换梁、转换柱、箱形转换结构以及转换厚板的混凝土强度等级均不应低于C30；

　5　预应力混凝土结构的混凝土强度等级不宜低于C40、不应低于C30；

　6　型钢混凝土梁、柱的混凝土强度等级不宜低于C30；

　7　现浇非预应力混凝土楼盖结构的混凝土强度等级不宜高于C40；

　8　抗震设计时，框架柱的混凝土强度等级，9度时不宜高于C60，8度时不宜高于C70；剪力墙的混凝土强度等级不宜高于C60。

3.2.3 高层建筑混凝土结构的受力钢筋及其性能应符合现行国家标准《混凝土结构设计规范》GB 50010的有关规定。按一、二、三级抗震等级设计的框架和斜撑构件，其纵向受力钢筋尚应符合下列规定：

　1　钢筋的抗拉强度实测值与屈服强度实测值的比值不应小于 1.25；

　2　钢筋的屈服强度实测值与屈服强度标准值的比值不应大于 1.30；

　3　钢筋最大拉力下的总伸长率实测值不应小于 9％。

3.2.4 抗震设计时混合结构中钢材应符合下列规定：

　1　钢材的屈服强度实测值与抗拉强度实测值的比值不应大于 0.85；

　2　钢材应有明显的屈服台阶，且伸长率不应小于 20％；

　3　钢材应有良好的焊接性和合格的冲击韧性。

3.2.5 混合结构中的型钢混凝土竖向构件的型钢及钢管混凝土的钢管宜采用 Q345 和 Q235 等级的钢材，也可采用 Q390、Q420 等级或符合结构性能要求的其他钢材；型钢梁宜采用 Q235 和 Q345 等级的钢材。

3.3 房屋适用高度和高宽比

3.3.1 钢筋混凝土高层建筑结构的最大适用高度应区分为 A 级和 B 级。A 级高度钢筋混凝土乙类和丙类高层建筑的最大适用高度应符合表 3.3.1-1 的规定，B 级高度钢筋混凝土乙类和丙类高层建筑的最大适用高度应符合表 3.3.1-2 的规定。

平面和竖向均不规则的高层建筑结构，其最大适用高度宜适当降低。

表 3.3.1-1　A 级高度钢筋混凝土高层建筑的最大适用高度（m）

结构体系		非抗震设计	抗震设防烈度				
			6 度	7 度	8 度		9 度
					0.20g	0.30g	
框架		70	60	50	40	35	—
框架-剪力墙		150	130	120	100	80	50
剪力墙	全部落地剪力墙	150	140	120	100	80	60
	部分框支剪力墙	130	120	100	80	50	不应采用
筒体	框架-核心筒	160	150	130	100	90	70
	筒中筒	200	180	150	120	100	80
板柱-剪力墙		110	80	70	55	40	不应采用

注：1　表中框架不含异形柱框架；

　　2　部分框支剪力墙结构指地面以上有部分框支剪力墙的剪力墙结构；

　　3　甲类建筑，6、7、8 度时宜按本地区抗震设防烈度提高一度后符合本表的要求，9 度时应专门研究；

　　4　框架结构、板柱-剪力墙结构以及 9 度抗震设防的表列其他结构，当房屋高度超过本表数值时，结构设计应有可靠依据，并采取有效的加强措施。

表 3.3.1-2 B级高度钢筋混凝土高层建筑的最大适用高度（m）

结构体系		非抗震设计	抗震设防烈度			
			6度	7度	8度	
					0.20g	0.30g
框架-剪力墙		170	160	140	120	100
剪力墙	全部落地剪力墙	180	170	150	130	110
	部分框支剪力墙	150	140	120	100	80
筒体	框架-核心筒	220	210	180	140	120
	筒中筒	300	280	230	170	150

注：1 部分框支剪力墙结构指地面以上有部分框支剪力墙的剪力墙结构；

2 甲类建筑，6、7度时宜按本地区设防烈度提高一度后符合本表的要求，8度时应专门研究；

3 当房屋高度超过表中数值时，结构设计应有可靠依据，并采取有效的加强措施。

3.3.2 钢筋混凝土高层建筑结构的高宽比不宜超过表 3.3.2 的规定。

表 3.3.2 钢筋混凝土高层建筑结构适用的最大高宽比

结构体系	非抗震设计	抗震设防烈度		
		6度、7度	8度	9度
框架	5	4	3	—
板柱-剪力墙	6	5	4	—
框架-剪力墙、剪力墙	7	6	5	4
框架-核心筒	8	7	6	4
筒中筒	8	8	7	5

3.4 结构平面布置

3.4.1 在高层建筑的一个独立结构单元内，结构平面形状宜简单、规则，质量、刚度和承载力分布宜均匀。不应采用严重不规则的平面布置。

3.4.2 高层建筑宜选用风作用效应较小的平面形状。

3.4.3 抗震设计的混凝土高层建筑，其平面布置宜符合下列规定：

1 平面宜简单、规则、对称，减少偏心；

2 平面长度不宜过长（图 3.4.3），L/B 宜符合表 3.4.3 的要求；

表 3.4.3 平面尺寸及突出部位尺寸的比值限值

设防烈度	L/B	l/B_max	l/b
6、7度	≤6.0	≤0.35	≤2.0
8、9度	≤5.0	≤0.30	≤1.5

3 平面突出部分的长度 l 不宜过大、宽度 b 不宜过小（图 3.4.3），l/B_max、l/b 宜符合表 3.4.3 的要求；

4 建筑平面不宜采用角部重叠或细腰形平面布置。

3.4.4 抗震设计时，B级高度钢筋混凝土高层建筑、混合结构高层建筑及本规程第 10 章所指的复杂高层建筑结构，其平面布置应简单、规则，减少偏心。

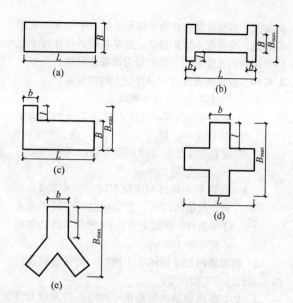

图 3.4.3 建筑平面示意

3.4.5 结构平面布置应减少扭转的影响。在考虑偶然偏心影响的规定水平地震力作用下，楼层竖向构件最大的水平位移和层间位移，A级高度高层建筑不宜大于该楼层平均值的 1.2 倍，不应大于该楼层平均值的 1.5 倍；B级高度高层建筑、超过A级高度的混合结构及本规程第 10 章所指的复杂高层建筑不宜大于该楼层平均值的 1.2 倍，不应大于该楼层平均值的 1.4 倍。结构扭转为主的第一自振周期 T_t 与平动为主的第一自振周期 T_1 之比，A级高度高层建筑不应大于 0.9，B级高度高层建筑、超过A级高度的混合结构及本规程第 10 章所指的复杂高层建筑不应大于 0.85。

注：当楼层的最大层间位移角不大于本规程第 3.7.3 条规定的限值的 40% 时，该楼层竖向构件的最大水平位移和层间位移与该楼层平均值的比值可适当放松，但不应大于 1.6。

3.4.6 当楼板平面比较狭长、有较大的凹入或开洞时，应在设计中考虑其对结构产生的不利影响。有效楼板宽度不宜小于该层楼面宽度的 50%；楼板开洞总面积不宜超过楼面面积的 30%；在扣除凹入或开洞后，楼板在任一方向的最小净宽度不宜小于 5m，且开洞后每一边的楼板净宽度不应小于 2m。

3.4.7 ⊥字形、井字形等外伸长度较大的建筑，当中央部分楼板有较大削弱时，应加强楼板以及连接部位墙体的构造措施，必要时可在外伸段凹槽处设置连接梁或连接板。

3.4.8 楼板开大洞削弱后，宜采取下列措施：

1 加厚洞口附近楼板，提高楼板的配筋率，采用双层双向配筋；

2 洞口边缘设置边梁、暗梁；

3 在楼板洞口角部集中配置斜向钢筋。

3.4.9 抗震设计时，高层建筑宜调整平面形状和结构布置，避免设置防震缝。体型复杂、平立面不规则的建筑，应根据不规则程度、地基基础条件和技术经济等因素的比较分析，确定是否设置防震缝。

3.4.10 设置防震缝时，应符合下列规定：

    1 防震缝宽度应符合下列规定：

        1）框架结构房屋，高度不超过 15m 时不应小于 100mm；超过 15m 时，6 度、7 度、8 度和 9 度分别每增加高度 5m、4m、3m 和 2m，宜加宽 20mm；

        2）框架-剪力墙结构房屋不应小于本款 1）项规定数值的 70%，剪力墙结构房屋不应小于本款 1）项规定数值的 50%，且二者均不宜小于 100mm。

    2 防震缝两侧结构体系不同时，防震缝宽度应按不利的结构类型确定；

    3 防震缝两侧的房屋高度不同时，防震缝宽度可按较低的房屋高度确定；

    4 8、9 度抗震设计的框架结构房屋，防震缝两侧结构层高相差较大时，防震缝两侧框架柱的箍筋应沿房屋全高加密，并可根据需要沿房屋全高在缝两侧各设置不少于两道垂直于防震缝的抗撞墙；

    5 当相邻结构的基础存在较大沉降差时，宜增大防震缝的宽度；

    6 防震缝宜沿房屋全高设置，地下室、基础可不设防震缝，但在与上部防震缝对应处应加强构造和连接；

    7 结构单元之间或主楼与裙房之间不宜采用牛腿托梁的做法设置防震缝，否则应采取可靠措施。

3.4.11 抗震设计时，伸缩缝、沉降缝的宽度均应符合本规程第 3.4.10 条关于防震缝宽度的要求。

3.4.12 高层建筑结构伸缩缝的最大间距宜符合表 3.4.12 的规定。

表 3.4.12 伸缩缝的最大间距

结构体系	施工方法	最大间距（m）
框架结构	现浇	55
剪力墙结构	现浇	45

注：1 框架-剪力墙的伸缩缝间距可根据结构的具体布置情况取表中框架结构与剪力墙结构之间的数值；

    2 当屋面无保温或隔热措施、混凝土的收缩较大或室内结构因施工外露时间较长时，伸缩缝间距应适当减小；

    3 位于气候干燥地区、夏季炎热且暴雨频繁地区的结构，伸缩缝的间距宜适当减小。

3.4.13 当采用有效的构造措施和施工措施减小温度和混凝土收缩对结构的影响时，可适当放宽伸缩缝的间距。这些措施可包括但不限于下列方面：

    1 顶层、底层、山墙和纵墙端开间等受温度变

化影响较大的部位提高配筋率；

    2 顶层加强保温隔热措施，外墙设置外保温层；

    3 每 30m～40m 间距留出施工后浇带，带宽 800mm～1000mm，钢筋采用搭接接头，后浇带混凝土宜在 45d 后浇筑；

    4 采用收缩小的水泥、减少水泥用量、在混凝土中加入适宜的外加剂；

    5 提高每层楼板的构造配筋率或采用部分预应力结构。

3.5 结构竖向布置

3.5.1 高层建筑的竖向体型宜规则、均匀，避免有过大的外挑和收进。结构的侧向刚度宜下大上小，逐渐均匀变化。

3.5.2 抗震设计时，高层建筑相邻楼层的侧向刚度变化应符合下列规定：

    1 对框架结构，楼层与其相邻上层的侧向刚度比 γ_1 可按式（3.5.2-1）计算，且本层与相邻上层的比值不宜小于 0.7，与相邻上部三层刚度平均值的比值不宜小于 0.8。

$$\gamma_1 = \frac{V_i \Delta_{i+1}}{V_{i+1} \Delta_i} \qquad (3.5.2\text{-}1)$$

式中：γ_1 ——楼层侧向刚度比；

    V_i、V_{i+1} ——第 i 层和第 $i+1$ 层的地震剪力标准值（kN）；

    Δ_i、Δ_{i+1} ——第 i 层和第 $i+1$ 层在地震作用标准值作用下的层间位移（m）。

    2 对框架-剪力墙、板柱-剪力墙结构、剪力墙结构、框架-核心筒结构、筒中筒结构，楼层与其相邻上层的侧向刚度比 γ_2 可按式（3.5.2-2）计算，且本层与相邻上层的比值不宜小于 0.9；当本层层高大于相邻上层层高的 1.5 倍时，该比值不宜小于 1.1；对结构底部嵌固层，该比值不宜小于 1.5。

$$\gamma_2 = \frac{V_i \Delta_{i+1}}{V_{i+1} \Delta_i} \frac{h_i}{h_{i+1}} \qquad (3.5.2\text{-}2)$$

式中：γ_2 ——考虑层高修正的楼层侧向刚度比。

3.5.3 A 级高度高层建筑的楼层抗侧力结构的层间受剪承载力不宜小于其相邻上一层受剪承载力的 80%，不应小于其相邻上一层受剪承载力的 65%；B 级高度高层建筑的楼层抗侧力结构的层间受剪承载力不应小于其相邻上一层受剪承载力的 75%。

    注：楼层抗侧力结构的层间受剪承载力是指在所考虑的水平地震作用方向上，该层全部柱、剪力墙、斜撑的受剪承载力之和。

3.5.4 抗震设计时，结构竖向抗侧力构件宜上、下连续贯通。

3.5.5 抗震设计时，当结构上部楼层收进部位到室外地面的高度 H_1 与房屋高度 H 之比大于 0.2 时，上部楼层收进后的水平尺寸 B_1 不宜小于下部楼层水平尺寸 B 的 75%（图 3.5.5a、b）；当上部结构楼层相

对于下部楼层外挑时，上部楼层水平尺寸 B_1 不宜大于下部楼层的水平尺寸 B 的 1.1 倍，且水平外挑尺寸 a 不宜大于 4m（图 3.5.5c、d）。

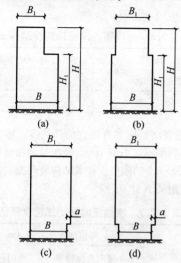

图 3.5.5　结构竖向收进和外挑示意

3.5.6　楼层质量沿高度宜均匀分布，楼层质量不宜大于相邻下部楼层质量的 1.5 倍。

3.5.7　不宜采用同一楼层刚度和承载力变化同时不满足本规程第 3.5.2 条和 3.5.3 条规定的高层建筑结构。

3.5.8　侧向刚度变化、承载力变化、竖向抗侧力构件连续性不符合本规程第 3.5.2、3.5.3、3.5.4 条要求的楼层，其对应于地震作用标准值的剪力应乘以 1.25 的增大系数。

3.5.9　结构顶层取消部分墙、柱形成空旷房间时，宜进行弹性或弹塑性时程分析补充计算并采取有效的构造措施。

3.6　楼盖结构

3.6.1　房屋高度超过 50m 时，框架-剪力墙结构、筒体结构及本规程第 10 章所指的复杂高层建筑结构应采用现浇楼盖结构，剪力墙结构和框架结构宜采用现浇楼盖结构。

3.6.2　房屋高度不超过 50m 时，8、9 度抗震设计时宜采用现浇楼盖结构；6、7 度抗震设计时可采用装配整体式楼盖，且应符合下列要求：

　　1　无现浇叠合层的预制板，板端搁置在梁上的长度不宜小于 50mm。

　　2　预制板板端宜预留胡子筋，其长度不宜小于 100mm。

　　3　预制空心板孔端应有堵头，堵头深度不宜小于 60mm，并应采用强度等级不低于 C20 的混凝土浇灌密实。

　　4　楼盖的预制板板缝上缘宽度不宜小于 40mm，板缝大于 40mm 时应在板缝内配置钢筋，并宜贯通整

个结构单元。现浇板缝、板缝梁的混凝土强度等级宜高于预制板的混凝土强度等级。

　　5　楼盖每层宜设置钢筋混凝土现浇层。现浇层厚度不应小于 50mm，并应双向配置直径不小于 6mm、间距不大于 200mm 的钢筋网，钢筋应锚固在梁或剪力墙内。

3.6.3　房屋的顶层、结构转换层、大底盘多塔楼结构的底盘顶层、平面复杂或开洞过大的楼层、作为上部结构嵌固部位的地下室楼层应采用现浇楼盖结构。一般楼层现浇楼板厚度不应小于 80mm，当板内预埋暗管时不宜小于 100mm；顶层楼板厚度不宜小于 120mm，宜双层双向配筋；转换层楼板应符合本规程第 10 章的有关规定；普通地下室顶板厚度不宜小于 160mm；作为上部结构嵌固部位的地下室楼层的顶楼盖应采用梁板结构，楼板厚度不宜小于 180mm，应采用双层双向配筋，且每层每个方向的配筋率不宜小于 0.25%。

3.6.4　现浇预应力混凝土楼板厚度可按跨度的 1/45～1/50 采用，且不宜小于 150mm。

3.6.5　现浇预应力混凝土板设计中应采取措施防止或减小主体结构对楼板施加预应力的阻碍作用。

3.7　水平位移限值和舒适度要求

3.7.1　在正常使用条件下，高层建筑结构应具有足够的刚度，避免产生过大的位移而影响结构的承载力、稳定性和使用要求。

3.7.2　正常使用条件下，结构的水平位移应按本规程第 4 章规定的风荷载、地震作用和第 5 章规定的弹性方法计算。

3.7.3　按弹性方法计算的风荷载或多遇地震标准值作用下的楼层层间最大水平位移与层高之比 $\Delta u/h$ 宜符合下列规定：

　　1　高度不大于 150m 的高层建筑，其楼层层间最大位移与层高之比 $\Delta u/h$ 不宜大于表 3.7.3 的限值。

表 3.7.3　楼层层间最大位移与层高之比的限值

结构体系	$\Delta u/h$ 限值
框架	1/550
框架-剪力墙、框架-核心筒、板柱-剪力墙	1/800
筒中筒、剪力墙	1/1000
除框架结构外的转换层	1/1000

　　2　高度不小于 250m 的高层建筑，其楼层层间最大位移与层高之比 $\Delta u/h$ 不宜大于 1/500。

　　3　高度在 150m～250m 之间的高层建筑，其楼层层间最大位移与层高之比 $\Delta u/h$ 的限值可按本条第 1 款和第 2 款的限值线性插入取用。

注：楼层层间最大位移 Δu 以楼层竖向构件最大的水平位移差计算，不扣除整体弯曲变形。抗震设计时，本条规定的楼层位移计算可不考虑偶然偏心的影响。

3.7.4 高层建筑结构在罕遇地震作用下的薄弱层弹塑性变形验算，应符合下列规定：

1 下列结构应进行弹塑性变形验算：

  1）7～9 度时楼层屈服强度系数小于 0.5 的框架结构；

  2）甲类建筑和 9 度抗震设防的乙类建筑结构；

  3）采用隔震和消能减震设计的建筑结构；

  4）房屋高度大于 150m 的结构。

2 下列结构宜进行弹塑性变形验算：

  1）本规程表 4.3.4 所列高度范围且不满足本规程第 3.5.2～3.5.6 条规定的竖向不规则高层建筑结构；

  2）7 度Ⅲ、Ⅳ类场地和 8 度抗震设防的乙类建筑结构；

  3）板柱-剪力墙结构。

注：楼层屈服强度系数为按构件实际配筋和材料强度标准值计算的楼层受剪承载力与按罕遇地震作用计算的楼层弹性地震剪力的比值。

3.7.5 结构薄弱层（部位）层间弹塑性位移应符合下式规定：

$$\Delta u_p \leqslant [\theta_p]h \qquad (3.7.5)$$

式中：Δu_p ——层间弹塑性位移；

  $[\theta_p]$ ——层间弹塑性位移角限值，可按表 3.7.5 采用；对框架结构，当轴压比小于 0.40 时，可提高 10%；当柱子全高的箍筋构造采用比本规程中框架柱箍筋最小配箍特征值大 30% 时，可提高 20%，但累计提高不宜超过 25%；

  h ——层高。

表 3.7.5 层间弹塑性位移角限值

结构体系	$[\theta_p]$
框架结构	1/50
框架-剪力墙结构、框架-核心筒结构、板柱-剪力墙结构	1/100
剪力墙结构和筒中筒结构	1/120
除框架结构外的转换层	1/120

3.7.6 房屋高度不小于 150m 的高层混凝土建筑结构应满足风振舒适度要求。在现行国家标准《建筑结构荷载规范》GB 50009 规定的 10 年一遇的风荷载标准值作用下，结构顶点的顺风向和横风向振动最大加速度计算值不应超过表 3.7.6 的限值。结构顶点的顺风向和横风向振动最大加速度可按现行行业标准《高层民用建筑钢结构技术规程》JGJ 99 的有关规定计算，也可通过风洞试验结果判断确定，计算时结构阻尼比宜取 0.01～0.02。

表 3.7.6 结构顶点风振加速度限值 a_{lim}

使用功能	a_{lim}（m/s²）
住宅、公寓	0.15
办公、旅馆	0.25

3.7.7 楼盖结构应具有适宜的舒适度。楼盖结构的竖向振动频率不宜小于 3Hz，竖向振动加速度峰值不应超过表 3.7.7 的限值。楼盖结构竖向振动加速度可按本规程附录 A 计算。

表 3.7.7 楼盖竖向振动加速度限值

人员活动环境	峰值加速度限值（m/s²）	
	竖向自振频率不大于 2Hz	竖向自振频率不小于 4Hz
住宅、办公	0.07	0.05
商场及室内连廊	0.22	0.15

注：楼盖结构竖向自振频率为 2Hz～4Hz 时，峰值加速度限值可按线性插值选取。

3.8 构件承载力设计

3.8.1 高层建筑结构构件的承载力应按下列公式验算：

持久设计状况、短暂设计状况

$$\gamma_0 S_d \leqslant R_d \qquad (3.8.1-1)$$

地震设计状况 $\quad S_d \leqslant R_d / \gamma_{RE} \qquad (3.8.1-2)$

式中：γ_0 ——结构重要性系数，对安全等级为一级的结构构件不应小于 1.1，对安全等级为二级的结构构件不应小于 1.0；

  S_d ——作用组合的效应设计值，应符合本规程第 5.6.1～5.6.4 条的规定；

  R_d ——构件承载力设计值；

  γ_{RE} ——构件承载力抗震调整系数。

3.8.2 抗震设计时，钢筋混凝土构件的承载力抗震调整系数应按表 3.8.2 采用；型钢混凝土构件和钢构件的承载力抗震调整系数应按本规程第 11.1.7 条的规定采用。当仅考虑竖向地震作用组合时，各类结构构件的承载力抗震调整系数均应取为 1.0。

表 3.8.2 承载力抗震调整系数

构件类别	梁	轴压比小于0.15的柱	轴压比不小于0.15的柱	剪力墙		各类构件	节点
受力状态	受弯	偏压	偏压	偏压	局部承压	受剪、偏拉	受剪
γ_{RE}	0.75	0.75	0.80	0.85	1.0	0.85	0.85

3.9 抗 震 等 级

3.9.1 各抗震设防类别的高层建筑结构，其抗震措施应符合下列要求：

　　1 甲类、乙类建筑：应按本地区抗震设防烈度提高一度的要求加强其抗震措施，但抗震设防烈度为9度时应按比9度更高的要求采取抗震措施；当建筑场地为Ⅰ类时，应允许仍按本地区抗震设防烈度的要求采取抗震构造措施。

　　2 丙类建筑：应按本地区抗震设防烈度确定其抗震措施；当建筑场地为Ⅰ类时，除6度外，应允许按本地区抗震设防烈度降低一度的要求采取抗震构造措施。

3.9.2 当建筑场地为Ⅲ、Ⅳ类时，对设计基本地震加速度为0.15g和0.30g的地区，宜分别按抗震设防烈度8度（0.20g）和9度（0.40g）时各类建筑的要求采取抗震构造措施。

3.9.3 抗震设计时，高层建筑钢筋混凝土结构构件应根据抗震设防分类、烈度、结构类型和房屋高度采用不同的抗震等级，并应符合相应的计算和构造措施要求。A级高度丙类建筑钢筋混凝土结构的抗震等级应按表3.9.3确定。当本地区的设防烈度为9度时，A级高度乙类建筑的抗震等级应按特一级采用，甲类建筑应采取更有效的抗震措施。

　　注：本规程"特一级和一、二、三、四级"即"抗震等级为特一级和一、二、三、四级"的简称。

表3.9.3 A级高度的高层建筑结构抗震等级

结构类型			烈　度					
			6度		7度		8度		9度

结构类型			6度	7度		8度		9度
框架结构			三	二		一		—
框架-剪力墙结构	高度（m）		≤60	>60	≤60	>60	≤60	>60	≤50
	框架		四	三	三	二	二	一	一
	剪力墙		三		二		一		一
剪力墙结构	高度（m）		≤80	>80	≤80	>80	≤80	>80	≤60
	剪力墙		四	三	三	二	二	一	一
部分框支剪力墙结构	非底部加强部位的剪力墙		四	三	三	二	二	一	—
	底部加强部位的剪力墙		三	二	二	一	一	特一	—
	框支框架		二	一	一	特一	特一		—
简体结构	框架-核心筒	框架	三		二		一		一
		核心筒	二		二		一		一
	简中筒	内筒	三		二		一		一
		外筒	三		二		一		一
板柱-剪力墙结构	高度		≤35	>35	≤35	>35	≤35	>35	
	框架、板柱及柱上板带		三	二	二	二	一	一	
	剪力墙		二	二	二	一	二	一	

　　注：**1** 接近或等于高度分界时，应结合房屋不规则程度及场地、地基条件适当确定抗震等级。

　　　　2 底部带转换层的简体结构，其转换框架的抗震等级应按表中部分框支剪力墙结构的规定采用。

　　　　3 当框架-核心筒结构的高度不超过60m时，其抗震等级应允许按框架-剪力墙结构采用。

3.9.4 抗震设计时，B级高度丙类建筑钢筋混凝土

结构的抗震等级应按表3.9.4确定。

表3.9.4 B级高度的高层建筑结构抗震等级

结构类型		烈　度		
		6度	7度	8度
框架-剪力墙	框架	二	一	一
	剪力墙	二	一	特一
剪力墙	剪力墙	二	一	—
部分框支剪力墙	非底部加强部位剪力墙	二	一	一
	底部加强部位剪力墙	一	一	特一
	框支框架	一	特一	特一
框架-核心筒	框架	二	一	一
	简体	二	一	特一
简中筒	外筒	二	一	特一
	内筒	二	一	特一

　　注：底部带转换层的简体结构，其转换框架和底部加强部位简体的抗震等级应按表中部分框支剪力墙结构的规定采用。

3.9.5 抗震设计的高层建筑，当地下室顶层作为上部结构的嵌固端时，地下一层相关范围的抗震等级应按上部结构采用，地下一层以下抗震构造措施的抗震等级可逐层降低一级，但不应低于四级；地下室中超出上部主楼相关范围且无上部结构的部分，其抗震等级可根据具体情况采用三级或四级。

3.9.6 抗震设计时，与主楼连为整体的裙房的抗震等级，除应按裙房本身确定外，相关范围不应低于主楼的抗震等级；主楼结构在裙房顶板上、下各一层应适当加强抗震构造措施。裙房与主楼分离时，应按裙房本身确定抗震等级。

3.9.7 甲、乙类建筑按本规程第3.9.1条提高一度确定抗震措施时，或Ⅲ、Ⅳ类场地且设计基本地震加速度为0.15g和0.30g的丙类建筑按本规程第3.9.2条提高一度确定抗震构造措施时，如果房屋高度超过提高一度后对应的房屋最大适用高度，则应采取比对应抗震等级更有效的抗震构造措施。

3.10 特一级构件设计规定

3.10.1 特一级抗震等级的钢筋混凝土构件除应符合一级钢筋混凝土构件的所有设计要求外，尚应符合本节的有关规定。

3.10.2 特一级框架柱应符合下列规定：

　　1 宜采用型钢混凝土柱、钢管混凝土柱；

　　2 柱端弯矩增大系数 η_c、柱端剪力增大系数 η_{vc} 应增大20%；

　　3 钢筋混凝土柱柱端加密区最小配箍特征值 λ_v 应按本规程表6.4.7规定的数值增加0.02采用；全部纵向钢筋构造配筋百分率，中、边柱不应小于1.4%，角柱不应小于1.6%。

3.10.3 特一级框架梁应符合下列规定：

　　1 梁端剪力增大系数 η_{vb} 应增大20%；

　　2 梁端加密区箍筋最小面积配筋率应增大10%。

3.10.4 特一级框支柱应符合下列规定：

1 宜采用型钢混凝土柱、钢管混凝土柱。

2 底层柱下端及与转换层相连的柱上端的弯矩增大系数取 1.8，其余层柱端弯矩增大系数 η_c 应增大 20%；柱端剪力增大系数 η_{vc} 应增大 20%；地震作用产生的柱轴力增大系数取 1.8，但计算柱轴压比时可不计该项增大。

3 钢筋混凝土柱柱端加密区最小配箍特征值 λ_v 应按本规程表 6.4.7 的数值增大 0.03 采用，且箍筋体积配箍率不应小于 1.6%；全部纵向钢筋最小构造配筋百分率取 1.6%。

3.10.5 特一级剪力墙、筒体墙应符合下列规定：

1 底部加强部位的弯矩设计值应乘以 1.1 的增大系数，其他部位的弯矩设计值应乘以 1.3 的增大系数；底部加强部位的剪力设计值，应按考虑地震作用组合的剪力计算值的 1.9 倍采用，其他部位的剪力设计值，应按考虑地震作用组合的剪力计算值的 1.4 倍采用。

2 一般部位的水平和竖向分布钢筋最小配筋率应取为 0.35%，底部加强部位的水平和竖向分布钢筋的最小配筋率应取为 0.40%。

3 约束边缘构件纵向钢筋最小构造配筋率应取为 1.4%，配箍特征值宜增大 20%；构造边缘构件纵向钢筋的配筋率不应小于 1.2%。

4 框支剪力墙结构的落地剪力墙底部加强部位边缘构件宜配置型钢，型钢宜向上、下各延伸一层。

5 连梁的要求同一级。

3.11 结构抗震性能设计

3.11.1 结构抗震性能设计应分析结构方案的特殊性、选用适宜的结构抗震性能目标，并采取满足预期的抗震性能目标的措施。

结构抗震性能目标应综合考虑抗震设防类别、设防烈度、场地条件、结构的特殊性、建造费用、震后损失和修复难易程度等各项因素选定。结构抗震性能目标分为 A、B、C、D 四个等级，结构抗震性能分为 1、2、3、4、5 五个水准（表 3.11.1），每个性能目标均与一组在指定地震地面运动下的结构抗震性能水准相对应。

表 3.11.1 结构抗震性能目标

性能水准 地震水准 \ 性能目标	A	B	C	D
多遇地震	1	1	1	1
设防烈度地震	1	2	3	4
预估的罕遇地震	2	3	4	5

3.11.2 结构抗震性能水准可按表 3.11.2 进行宏观判别。

表 3.11.2 各性能水准结构预期的震后性能状况

结构抗震性能水准	宏观损坏程度	损坏部位			继续使用的可能性
		关键构件	普通竖向构件	耗能构件	
1	完好、无损坏	无损坏	无损坏	无损坏	不需修理即可继续使用
2	基本完好、轻微损坏	无损坏	无损坏	轻微损坏	稍加修理即可继续使用
3	轻度损坏	轻微损坏	轻微损坏	轻度损坏、部分中度损坏	一般修理后可继续使用
4	中度损坏	轻度损坏	部分构件中度损坏	中度损坏、部分比较严重损坏	修复或加固后可继续使用
5	比较严重损坏	中度损坏	部分构件比较严重损坏	比较严重损坏	需排险大修

注："关键构件"是指该构件的失效可能引起结构的连续破坏或危及生命安全的严重破坏；"普通竖向构件"是指"关键构件"之外的竖向构件；"耗能构件"包括框架梁、剪力墙连梁及耗能支撑等。

3.11.3 不同抗震性能水准的结构可按下列规定进行设计：

1 第 1 性能水准的结构，应满足弹性设计要求。在多遇地震作用下，其承载力和变形应符合本规程的有关规定；在设防烈度地震作用下，结构构件的抗震承载力应符合下式规定：

$$\gamma_G S_{GE} + \gamma_{Eh} S^*_{Ehk} + \gamma_{Ev} S^*_{Evk} \leqslant R_d / \gamma_{RE}$$

$$(3.11.3\text{-}1)$$

式中：R_d、γ_{RE} ——分别为构件承载力设计值和承载力抗震调整系数，同本规程第 3.8.1 条；

S_{GE}、γ_G、γ_{Eh}、γ_{Ev} ——同本规程第 5.6.3 条；

S^*_{Ehk} ——水平地震作用标准值的构件内力，不需考虑与抗震等级有关的增大系数；

S^*_{Evk} ——竖向地震作用标准值的构件内力，不需考虑与抗震等级有关的增大系数。

2 第 2 性能水准的结构，在设防烈度地震或预估的罕遇地震作用下，关键构件及普通竖向构件的抗震承载力宜符合式(3.11.3-1)的规定；耗能构件的受剪承载力宜符合式(3.11.3-1)的规定，其正截面承载力应符合下式规定：

$$S_{GE} + S^*_{Ehk} + 0.4 S^*_{Evk} \leqslant R_k \qquad (3.11.3\text{-}2)$$

式中：R_k ——截面承载力标准值，按材料强度标准值计算。

3 第 3 性能水准的结构应进行弹塑性计算分析。在设防烈度地震或预估的罕遇地震作用下，关键构件及普通竖向构件的正截面承载力应符合式(3.11.3-2)的规定，水平长悬臂结构和大跨度结构中的关键构件正截面承载力尚应符合式（3.11.3-3）的规定，其受剪承载力宜符合式（3.11.3-1）的规定；部分耗能构件进入屈服阶段，但其受剪承载力应符合式（3.11.3-2）的规定。在预估的罕遇地震作用下，结构薄弱部位的层间位移角应满足本规程第3.7.5条的规定。

$$S_{GE} + 0.4S^*_{Ehk} + S^*_{Evk} \leqslant R_k \qquad (3.11.3-3)$$

4 第4性能水准的结构应进行弹塑性计算分析。在设防烈度或预估的罕遇地震作用下，关键构件的抗震承载力应符合式（3.11.3-2）的规定，水平长悬臂结构和大跨度结构中的关键构件正截面承载力尚应符合式（3.11.3-3）的规定；部分竖向构件以及大部分耗能构件进入屈服阶段，但钢筋混凝土竖向构件的受剪截面应符合式（3.11.3-4）的规定，钢-混凝土组合剪力墙的受剪截面应符合式（3.11.3-5）的规定。在预估的罕遇地震作用下，结构薄弱部位的层间位移角应符合本规程第3.7.5条的规定。

$$V_{GE} + V^*_{Ek} \leqslant 0.15 f_{ck} bh_0 \qquad (3.11.3-4)$$
$$(V_{GE} + V^*_{Ek}) - (0.25 f_{ak} A_a + 0.5 f_{spk} A_{sp})$$
$$\leqslant 0.15 f_{ck} bh_0 \qquad (3.11.3-5)$$

式中：V_{GE} ——重力荷载代表值作用下的构件剪力（N）；

V^*_{Ek} ——地震作用标准值的构件剪力（N），不需考虑与抗震等级有关的增大系数；

f_{ck} ——混凝土轴心拉压强度标准值（N/mm²）；

f_{ak} ——剪力墙端部暗柱中型钢的强度标准值（N/mm²）；

A_a ——剪力墙端部暗柱中型钢的截面面积（mm²）；

f_{spk} ——剪力墙墙内钢板的强度标准值（N/mm²）；

A_{sp} ——剪力墙墙内钢板的横截面面积（mm²）。

5 第5性能水准的结构应进行弹塑性计算分析。在预估的罕遇地震作用下，关键构件的抗震承载力宜符合式（3.11.3-2）的规定；较多的竖向构件进入屈服阶段，但同一楼层的竖向构件不宜全部屈服；竖向构件的受剪截面应符合式（3.11.3-4）或（3.11.3-5）的规定；允许部分耗能构件发生比较严重的破坏；结构薄弱部位的层间位移角应符合本规程第3.7.5条的规定。

3.11.4 结构弹塑性计算分析除应符合本规程第5.5.1条的规定外，尚应符合下列规定：

1 高度不超过150m的高层建筑可采用静力弹塑性分析方法；高度超过200m时，应采用弹塑性时程分析法；高度在150m～200m之间，可视结构自振特性和不规则程度选择静力弹塑性方法或弹塑性时程分析方法。高度超过300m的结构，应有两个独立的

计算，进行校核。

2 复杂结构应进行施工模拟分析，应以施工全过程完成后的内力为初始状态。

3 弹塑性时程分析宜采用双向或三向地震输入。

3.12 抗连续倒塌设计基本要求

3.12.1 安全等级为一级的高层建筑结构应满足抗连续倒塌概念设计要求；有特殊要求时，可采用拆除构件方法进行抗连续倒塌设计。

3.12.2 抗连续倒塌概念设计应符合下列规定：

1 应采取必要的结构连接措施，增强结构的整体性。

2 主体结构宜采用多跨规则的超静定结构。

3 结构构件应具有适宜的延性，避免剪切破坏、压溃破坏、锚固破坏、节点先于构件破坏。

4 结构构件应具有一定的反向承载能力。

5 周边及边跨框架的柱距不宜过大。

6 转换结构应具有整体多重传递重力荷载途径。

7 钢筋混凝土结构梁柱宜刚接，梁板顶、底钢筋在支座处宜按受拉要求连续贯通。

8 钢结构框架梁柱宜刚接。

9 独立基础之间宜采用拉梁连接。

3.12.3 抗连续倒塌的拆除构件方法应符合下列规定：

1 逐个分别拆除结构周边柱、底层内部柱以及转换桁架腹杆等重要构件。

2 可采用弹性静力方法分析剩余结构的内力与变形。

3 剩余结构构件承载力应符合下式要求：

$$R_d \geqslant \beta S_d \qquad (3.12.3)$$

式中：S_d ——剩余结构构件效应设计值，可按本规程第3.12.4条的规定计算；

R_d ——剩余结构构件承载力设计值，可按本规程第3.12.5条的规定计算；

β ——效应折减系数。对中部水平构件取0.67，对其他构件取1.0。

3.12.4 结构抗连续倒塌设计时，荷载组合的效应设计值可按下式确定：

$$S_d = \eta_d (S_{Gk} + \sum \psi_{qi} S_{Qi,k}) + \Psi_w S_{wk} \qquad (3.12.4)$$

式中：S_{Gk} ——永久荷载标准值产生的效应；

$S_{Qi,k}$ ——第i个竖向可变荷载标准值产生的效应；

S_{wk} ——风荷载标准值产生的效应；

ψ_{qi} ——可变荷载的准永久值系数；

Ψ_w ——风荷载组合值系数，取0.2；

η_d ——竖向荷载动力放大系数。当构件直接与被拆除竖向构件相连时取2.0，其他构件取1.0。

3.12.5 构件截面承载力计算时，混凝土强度可取标

准值；钢材强度，正截面承载力验算时，可取标准值的 1.25 倍，受剪承载力验算时可取标准值。

3.12.6 当拆除某构件不能满足结构抗连续倒塌设计要求时，在该构件表面附加 $80kN/m^2$ 侧向偶然作用设计值，此时其承载力应满足下列公式要求：

$$R_d \geqslant S_d \qquad (3.12.6-1)$$

$$S_d = S_{Gk} + 0.6S_{Qk} + S_{Ad} \qquad (3.12.6-2)$$

式中：R_d——构件承力力设计值，按本规程第 3.8.1 条采用；

S_d——作用组合的效应设计值；

S_{Gk}——永久荷载标准值的效应；

S_{Qk}——活荷载标准值的效应；

S_{Ad}——侧向偶然作用设计值的效应。

4 荷载和地震作用

4.1 竖 向 荷 载

4.1.1 高层建筑的自重荷载、楼（屋）面活荷载及屋面雪荷载等应按现行国家标准《建筑结构荷载规范》GB 50009 的有关规定采用。

4.1.2 施工中采用附墙塔、爬塔等对结构受力有影响的起重机械或其他施工设备时，应根据具体情况确定对结构产生的施工荷载。

4.1.3 旋转餐厅轨道和驱动设备的自重应按实际情况确定。

4.1.4 擦窗机等清洗设备应按其实际情况确定其自重的大小和作用位置。

4.1.5 直升机平台的活荷载应采用下列两款中能使平台产生最大内力的荷载：

1 直升机总重量引起的局部荷载，按由实际最大起飞重量决定的局部荷载标准值乘以动力系数确定。对具有液压轮胎起落架的直升机，动力系数可取 1.4；当没有机型技术资料时，局部荷载标准值及其作用面积可根据直升机类型按表 4.1.5 取用。

表 4.1.5 局部荷载标准值及其作用面积

直升机类型	局部荷载标准值 （kN）	作用面积 （m²）
轻型	20.0	0.20×0.20
中型	40.0	0.25×0.25
重型	60.0	0.30×0.30

2 等效均布活荷载 $5kN/m^2$。

4.2 风 荷 载

4.2.1 主体结构计算时，风荷载作用面积应取垂直于风向的最大投影面积，垂直于建筑物表面的单位面积风荷载标准值应按下式计算：

$$w_k = \beta_z \mu_s \mu_z w_0 \qquad (4.2.1)$$

式中：w_k——风荷载标准值（kN/m^2）；

w_0——基本风压（kN/m^2），应按本规程第 4.2.2 条的规定采用；

μ_z——风压高度变化系数，应按现行国家标准《建筑结构荷载规范》GB 50009 的有关规定采用；

μ_s——风荷载体型系数，应按本规程第 4.2.3 条的规定采用；

β_z——z 高度处的风振系数，应按现行国家标准《建筑结构荷载规范》GB 50009 的有关规定采用。

4.2.2 基本风压应按照现行国家标准《建筑结构荷载规范》GB 50009 的规定采用。对风荷载比较敏感的高层建筑，承载力设计时应按基本风压的 1.1 倍采用。

4.2.3 计算主体结构的风荷载效应时，风荷载体型系数 μ_s 可按下列规定采用：

1 圆形平面建筑取 0.8；

2 正多边形及截角三角形平面建筑，由下式计算：

$$\mu_s = 0.8 + 1.2/\sqrt{n} \qquad (4.2.3)$$

式中：n——多边形的边数。

3 高宽比 H/B 不大于 4 的矩形、方形、十字形平面建筑取 1.3；

4 下列建筑取 1.4：

1）V 形、Y 形、弧形、双十字形、井字形平面建筑；

2）L 形、槽形和高宽比 H/B 大于 4 的十字形平面建筑；

3）高宽比 H/B 大于 4，长宽比 L/B 不大于 1.5 的矩形、鼓形平面建筑。

5 在需要更细致进行风荷载计算的场合，风荷载体型系数可按本规程附录 B 采用，或由风洞试验确定。

4.2.4 当多栋或群集的高层建筑相互间距较近时，宜考虑风力相互干扰的群体效应。一般可将单栋建筑的体型系数 μ_s 乘以相互干扰增大系数，该系数可参考类似条件的试验资料确定；必要时宜通过风洞试验确定。

4.2.5 横风向振动效应或扭转风振效应明显的高层建筑，应考虑横风向风振或扭转风振的影响。横风向风振或扭转风振的计算范围、方法以及顺风向与横风向效应的组合方法应符合现行国家标准《建筑结构荷载规范》GB 50009 的有关规定。

4.2.6 考虑横风向风振或扭转风振影响时，结构顺风向及横风向的侧向位移应分别符合本规程第 3.7.3 条的规定。

4.2.7 房屋高度大于 200m 或有下列情况之一时，宜进行风洞试验判断确定建筑物的风荷载：

    1 平面形状或立面形状复杂；

    2 立面开洞或连体建筑；

    3 周围地形和环境较复杂。

4.2.8 檐口、雨篷、遮阳板、阳台等水平构件，计算局部上浮风荷载时，风荷载体型系数 μ_s 不宜小于 2.0。

4.2.9 设计高层建筑的幕墙结构时，风荷载应按国家现行标准《建筑结构荷载规范》GB 50009、《玻璃幕墙工程技术规范》JGJ 102、《金属与石材幕墙工程技术规范》JGJ 133 的有关规定采用。

4.3 地震作用

4.3.1 各抗震设防类别高层建筑的地震作用，应符合下列规定：

    1 甲类建筑：应按批准的地震安全性评价结果且高于本地区抗震设防烈度的要求确定；

    2 乙、丙类建筑：应按本地区抗震设防烈度计算。

4.3.2 高层建筑结构的地震作用计算应符合下列规定：

    1 一般情况下，应至少在结构两个主轴方向分别计算水平地震作用；有斜交抗侧力构件的结构，当相交角度大于 $15°$ 时，应分别计算各抗侧力构件方向的水平地震作用。

    2 质量与刚度分布明显不对称的结构，应计算双向水平地震作用下的扭转影响；其他情况，应计算单向水平地震作用下的扭转影响。

    3 高层建筑中的大跨度、长悬臂结构，7 度 $(0.15g)$、8 度抗震设计时应计入竖向地震作用。

    4 9 度抗震设计时应计算竖向地震作用。

4.3.3 计算单向地震作用时应考虑偶然偏心的影响。每层质心沿垂直于地震作用方向的偏移值可按下式采用：

$$e_i = \pm 0.05 L_i \quad (4.3.3)$$

式中：e_i——第 i 层质心偏移值（m），各楼层质心偏移方向相同；

    L_i——第 i 层垂直于地震作用方向的建筑物总长度（m）。

4.3.4 高层建筑结构应根据不同情况，分别采用下列地震作用计算方法：

    1 高层建筑结构宜采用振型分解反应谱法；对质量和刚度不对称、不均匀的结构以及高度超过 100m 的高层建筑结构应采用考虑扭转耦联振动影响的振型分解反应谱法。

    2 高度不超过 40m、以剪切变形为主且质量和刚度沿高度分布比较均匀的高层建筑结构，可采用底部剪力法。

    3 7～9 度抗震设防的高层建筑，下列情况应采用弹性时程分析法进行多遇地震下的补充计算：

      1）甲类高层建筑结构；

      2）表 4.3.4 所列的乙、丙类高层建筑结构；

      3）不满足本规程第 3.5.2～3.5.6 条规定的高层建筑结构；

      4）本规程第 10 章规定的复杂高层建筑结构。

表 4.3.4　采用时程分析法的高层建筑结构

设防烈度、场地类别	建筑高度范围
8 度Ⅰ、Ⅱ类场地和 7 度	＞100m
8 度Ⅲ、Ⅳ类场地	＞80m
9 度	＞60m

注：场地类别应按现行国家标准《建筑抗震设计规范》GB 50011 的规定采用。

4.3.5 进行结构时程分析时，应符合下列要求：

    1 应按建筑场地类别和设计地震分组选取实际地震记录和人工模拟的加速度时程曲线，其中实际地震记录的数量不应少于总数量的 2/3，多组时程曲线的平均地震影响系数曲线应与振型分解反应谱法所采用的地震影响系数曲线在统计意义上相符；弹性时程分析时，每条时程曲线计算所得结构底部剪力不应小于振型分解反应谱法计算结果的 65%，多条时程曲线计算所得结构底部剪力的平均值不应小于振型分解反应谱法计算结果的 80%。

    2 地震波的持续时间不宜小于建筑结构基本自振周期的 5 倍和 15s，地震波的时间间距可取 0.01s 或 0.02s。

    3 输入地震加速度的最大值可按表 4.3.5 采用。

表 4.3.5　时程分析时输入地震加速度的最大值（cm/s^2）

设防烈度	6 度	7 度	8 度	9 度
多遇地震	18	35（55）	70（110）	140
设防地震	50	100（150）	200（300）	400
罕遇地震	125	220（310）	400（510）	620

注：7、8 度时括号内数值分别用于设计基本地震加速度为 0.15g 和 0.30g 的地区，此处 g 为重力加速度。

    4 当取三组时程曲线进行计算时，结构地震作用效应宜取时程法计算结果的包络值与振型分解反应谱法计算结果的较大值；当取七组及七组以上时程曲线进行计算时，结构地震作用效应可取时程法计算结果的平均值与振型分解反应谱法计算结果的较大值。

4.3.6 计算地震作用时，建筑结构的重力荷载代表值应取永久荷载标准值和可变荷载组合值之和。可变荷载的组合值系数应按下列规定采用：

1 雪荷载取 0.5;

2 楼面活荷载按实际情况计算时取 1.0;按等效均布活荷载计算时,藏书库、档案库、库房取 0.8,一般民用建筑取 0.5。

4.3.7 建筑结构的地震影响系数应根据烈度、场地类别、设计地震分组和结构自振周期及阻尼比确定。其水平地震影响系数最大值 α_{max} 应按表 4.3.7-1 采用;特征周期应根据场地类别和设计地震分组按表 4.3.7-2 采用,计算罕遇地震作用时,特征周期应增加 0.05s。

> 注:周期大于 6.0s 的高层建筑结构所采用的地震影响系数应作专门研究。

表 4.3.7-1　水平地震影响系数最大值 α_{max}

地震影响	6度	7度	8度	9度
多遇地震	0.04	0.08 (0.12)	0.16 (0.24)	0.32
设防地震	0.12	0.23 (0.34)	0.45 (0.68)	0.90
罕遇地震	0.28	0.50 (0.72)	0.90 (1.20)	1.40

> 注:7、8 度时括号内数值分别用于设计基本地震加速度为 0.15g 和 0.30g 的地区。

表 4.3.7-2　特征周期值 T_g（s）

设计地震分组 ＼ 场地类别	I_0	I_1	II	III	IV
第一组	0.20	0.25	0.35	0.45	0.65
第二组	0.25	0.30	0.40	0.55	0.75
第三组	0.30	0.35	0.45	0.65	0.90

4.3.8 高层建筑结构地震影响系数曲线（图 4.3.8）的形状参数和阻尼调整应符合下列规定:

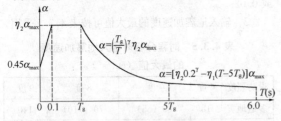

图 4.3.8　地震影响系数曲线

α—地震影响系数;α_{max}—地震影响系数最大值;T—结构自振周期;T_g—特征周期;γ—衰减指数;η_1—直线下降段下降斜率调整系数;η_2—阻尼调整系数

1 除有专门规定外,钢筋混凝土高层建筑结构的阻尼比应取 0.05,此时阻尼调整系数 η_2 应取 1.0,形状参数应符合下列规定:

1）直线上升段,周期小于 0.1s 的区段;

2）水平段,自 0.1s 至特征周期 T_g 的区段,地震影响系数应取最大值 α_{max};

3）曲线下降段,自特征周期至 5 倍特征周期的区段,衰减指数 γ 应取 0.9;

4）直线下降段,自 5 倍特征周期至 6.0s 的区段,下降斜率调整系数 η_1 应取 0.02。

2 当建筑结构的阻尼比不等于 0.05 时,地震影响系数曲线的分段情况与本条第 1 款相同,但其形状参数和阻尼调整系数 η_2 应符合下列规定:

1）曲线下降段的衰减指数应按下式确定:

$$\gamma = 0.9 + \frac{0.05 - \zeta}{0.3 + 6\zeta} \tag{4.3.8-1}$$

式中:γ——曲线下降段的衰减指数;
ζ——阻尼比。

2）直线下降段的下降斜率调整系数应按下式确定:

$$\eta_1 = 0.02 + \frac{0.05 - \zeta}{4 + 32\zeta} \tag{4.3.8-2}$$

式中:η_1——直线下降段的斜率调整系数,小于 0 时应取 0。

3）阻尼调整系数应按下式确定:

$$\eta_2 = 1 + \frac{0.05 - \zeta}{0.08 + 1.6\zeta} \tag{4.3.8-3}$$

式中:η_2——阻尼调整系数,当 η_2 小于 0.55 时,应取 0.55。

4.3.9 采用振型分解反应谱方法时,对于不考虑扭转耦联振动影响的结构,应按下列规定进行地震作用和作用效应的计算:

1 结构第 j 振型 i 层的水平地震作用的标准值应按下列公式确定:

$$F_{ji} = \alpha_j \gamma_j X_{ji} G_i \tag{4.3.9-1}$$

$$\gamma_j = \frac{\sum_{i=1}^{n} X_{ji} G_i}{\sum_{i=1}^{n} X_{ji}^2 G_i} \quad (i = 1, 2, \cdots, n; j = 1, 2, \cdots, m) \tag{4.3.9-2}$$

式中:G_i——i 层的重力荷载代表值,应按本规程第 4.3.6 条的规定确定;
F_{ji}——第 j 振型 i 层水平地震作用的标准值;
α_j——相应于 j 振型自振周期的地震影响系数,应按本规程第 4.3.7、4.3.8 条确定;
X_{ji}——j 振型 i 层的水平相对位移;
γ_j——j 振型的参与系数;
n——结构计算总层数,小塔楼宜每层作为一个质点参与计算;
m——结构计算振型数。规则结构可取 3,当建筑较高、结构沿竖向刚度不均匀时可取 5～6。

2 水平地震作用效应,当相邻振型的周期比小于 0.85 时,可按下式计算:

$$S = \sqrt{\sum_{j=1}^{m} S_j^2} \tag{4.3.9-3}$$

式中:S——水平地震作用标准值的效应;
S_j——j 振型的水平地震作用标准值的效应（弯矩、剪力、轴向力和位移等）。

4.3.10 考虑扭转影响的平面、竖向不规则结构，按扭转耦联振型分解法计算时，各楼层可取两个正交的水平位移和一个转角位移共三个自由度，并应按下列规定计算地震作用和作用效应。确有依据时，可采用简化计算方法确定地震作用。

1 j 振型 i 层的水平地震作用标准值，应按下列公式确定：

$$F_{xji} = \alpha_j \gamma_{tj} X_{ji} G_i$$
$$F_{yji} = \alpha_j \gamma_{tj} Y_{ji} G_i \, (i=1,2,\cdots,n; j=1,2,\cdots,m)$$

$$\text{(4.3.10-1)}$$

$$F_{tji} = \alpha_j \gamma_{tj} r_i^2 \varphi_{ji} G_i$$

式中：F_{xji}、F_{yji}、F_{tji} ——分别为 j 振型 i 层的 x 方向、y 方向和转角方向的地震作用标准值；

X_{ji}、Y_{ji} ——分别为 j 振型 i 层质心在 x、y 方向的水平相对位移；

φ_{ji} —— j 振型 i 层的相对扭转角；

r_i —— i 层转动半径，取 i 层绕质心的转动惯量除以该层质量的商的正二次方根；

α_j ——相应于第 j 振型自振周期 T_j 的地震影响系数，应按本规程第 4.3.7、4.3.8 条确定；

γ_{tj} ——考虑扭转的 j 振型参与系数，可按本规程公式（4.3.10-2）～（4.3.10-4）确定；

n ——结构计算总质点数，小塔楼宜每层作为一个质点参加计算；

m ——结构计算振型数，一般情况下可取 9～15，多塔楼建筑每个塔楼的振型数不宜小于 9。

当仅考虑 x 方向地震作用时：

$$\gamma_{tj} = \sum_{i=1}^{n} X_{ji} G_i \Big/ \sum_{i=1}^{n} (X_{ji}^2 + Y_{ji}^2 + \varphi_{ji}^2 r_i^2) G_i$$

$$\text{(4.3.10-2)}$$

当仅考虑 y 方向地震作用时：

$$\gamma_{tj} = \sum_{i=1}^{n} Y_{ji} G_i \Big/ \sum_{i=1}^{n} (X_{ji}^2 + Y_{ji}^2 + \varphi_{ji}^2 r_i^2) G_i$$

$$\text{(4.3.10-3)}$$

当考虑与 x 方向夹角为 θ 的地震作用时：

$$\gamma_{tj} = \gamma_{xj} \cos\theta + \gamma_{yj} \sin\theta \qquad \text{(4.3.10-4)}$$

式中：γ_{xj}、γ_{yj} ——分别为由式（4.3.10-2）、（4.3.10-3）求得的振型参与系数。

2 单向水平地震作用下，考虑扭转耦联的地震作用效应，应按下列公式确定：

$$S = \sqrt{\sum_{j=1}^{m} \sum_{k=1}^{m} \rho_{jk} S_j S_k} \qquad \text{(4.3.10-5)}$$

$$\rho_{jk} = \frac{8 \sqrt{\zeta_j \zeta_k} (\zeta_j + \lambda_T \zeta_k) \lambda_T^{1.5}}{(1 - \lambda_T^2)^2 + 4\zeta_j \zeta_k (1 + \lambda_T^2)\lambda_T + 4(\zeta_j^2 + \zeta_k^2)\lambda_T^2}$$

$$\text{(4.3.10-6)}$$

式中：S ——考虑扭转的地震作用标准值的效应；

S_j、S_k ——分别为 j、k 振型地震作用标准值的效应；

ρ_{jk} —— j 振型与 k 振型的耦联系数；

λ_T —— k 振型与 j 振型的自振周期比；

ζ_j、ζ_k ——分别为 j、k 振型的阻尼比。

3 考虑双向水平地震作用下的扭转地震作用效应，应按下列公式中的较大值确定：

$$S = \sqrt{S_x^2 + (0.85 S_y)^2} \qquad \text{(4.3.10-7)}$$

或

$$S = \sqrt{S_y^2 + (0.85 S_x)^2} \qquad \text{(4.3.10-8)}$$

式中：S_x ——仅考虑 x 向水平地震作用时的地震作用效应，按式（4.3.10-5）计算；

S_y ——仅考虑 y 向水平地震作用时的地震作用效应，按式（4.3.10-5）计算。

4.3.11 采用底部剪力法计算结构的水平地震作用时，可按本规程附录 C 执行。

4.3.12 多遇地震水平地震作用计算时，结构各楼层对应于地震作用标准值的剪力应符合下式要求：

$$V_{Eki} \geqslant \lambda \sum_{j=i}^{n} G_j \qquad \text{(4.3.12)}$$

式中：V_{Eki} ——第 i 层对应于水平地震作用标准值的剪力；

λ ——水平地震剪力系数，不应小于表 4.3.12 规定的值；对于竖向不规则结构的薄弱层，尚应乘以 1.15 的增大系数；

G_j ——第 j 层的重力荷载代表值；

n ——结构计算总层数。

表 4.3.12　楼层最小地震剪力系数值

类　别	6 度	7 度	8 度	9 度
扭转效应明显或基本周期小于 3.5s 的结构	0.008	0.016（0.024）	0.032（0.048）	0.064
基本周期大于 5.0s 的结构	0.006	0.012（0.018）	0.024（0.036）	0.048

注：1　基本周期介于 3.5s 和 5.0s 之间的结构，应允许线性插入取值；

2　7、8 度时括号内数值分别用于设计基本地震加速度为 0.15g 和 0.30g 的地区。

4.3.13 结构竖向地震作用标准值可采用时程分析方

法或振型分解反应谱方法计算，也可按下列规定计算（图4.3.13）：

1 结构总竖向地震作用标准值可按下列公式计算：

$$F_{Evk} = \alpha_{vmax} G_{eq} \qquad (4.3.13\text{-}1)$$
$$G_{eq} = 0.75 G_E \qquad (4.3.13\text{-}2)$$
$$\alpha_{vmax} = 0.65 \alpha_{max} \qquad (4.3.13\text{-}3)$$

式中：F_{Evk}——结构总竖向地震作用标准值；

α_{vmax}——结构竖向地震影响系数最大值；

G_{eq}——结构等效总重力荷载代表值；

G_E——计算竖向地震作用时，结构总重力荷载代表值，应取各质点重力荷载代表值之和。

2 结构质点 i 的竖向地震作用标准值可按下式计算：

$$F_{vi} = \frac{G_i H_i}{\sum_{j=1}^{n} G_j H_j} F_{Evk} \qquad (4.3.13\text{-}4)$$

式中：F_{vi}——质点 i 的竖向地震作用标准值；

G_i、G_j——分别为集中于质点 i、j 的重力荷载代表值，应按本规程第4.3.6条的规定计算；

H_i、H_j——分别为质点 i、j 的计算高度。

3 楼层各构件的竖向地震作用效应可按各构件承受的重力荷载代表值比例分配，并宜乘以增大系数1.5。

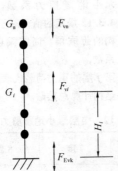

图4.3.13 结构竖向地震作用计算示意

4.3.14 跨度大于24m的楼盖结构、跨度大于12m的转换结构和连体结构、悬挑长度大于5m的悬挑结构，结构竖向地震作用效应标准值宜采用时程分析方法或振型分解反应谱方法进行计算。时程分析计算时输入的地震加速度最大值可按规定的水平输入最大值的65%采用，反应谱分析时结构竖向地震影响系数最大值可按水平地震影响系数最大值的65%采用，但设计地震分组可按第一组采用。

4.3.15 高层建筑中，大跨度结构、悬挑结构、转换结构、连体结构的连接体的竖向地震作用标准值，不宜小于结构或构件承受的重力荷载代表值与表4.3.15所规定的竖向地震作用系数的乘积。

表4.3.15 竖向地震作用系数

设防烈度	7度	8度		9度
设计基本地震加速度	0.15g	0.20g	0.30g	0.40g
竖向地震作用系数	0.08	0.10	0.15	0.20

注：g为重力加速度。

4.3.16 计算各振型地震影响系数所采用的结构自振周期应考虑非承重墙体的刚度影响予以折减。

4.3.17 当非承重墙体为砌体墙时，高层建筑结构的计算自振周期折减系数可按下列规定取值：

1 框架结构可取0.6～0.7；

2 框架-剪力墙结构可取0.7～0.8；

3 框架-核心筒结构可取0.8～0.9；

4 剪力墙结构可取0.8～1.0。

对于其他结构体系或采用其他非承重墙体时，可根据工程情况确定周期折减系数。

5 结构计算分析

5.1 一般规定

5.1.1 高层建筑结构的荷载和地震作用应按本规程第4章的有关规定进行计算。

5.1.2 复杂结构和混合结构高层建筑的计算分析，除应符合本章规定外，尚应符合本规程第10章和第11章的有关规定。

5.1.3 高层建筑结构的变形和内力可按弹性方法计算。框架梁及连梁等构件可考虑塑性变形引起的内力重分布。

5.1.4 高层建筑结构分析模型应根据结构实际情况确定。所选取的分析模型应能较准确地反映结构中各构件的实际受力状况。

高层建筑结构分析，可选择平面结构空间协同、空间杆系、空间杆-薄壁杆系、空间杆-墙板元及其他组合有限元等计算模型。

5.1.5 进行高层建筑内力与位移计算时，可假定楼板在其自身平面内为无限刚性，设计时应采取相应的措施保证楼板平面内的整体刚度。

当楼板可能产生较明显的面内变形时，计算时应考虑楼板的面内变形影响或对采用楼板面内无限刚性假定计算方法的计算结果进行适当调整。

5.1.6 高层建筑结构按空间整体工作计算分析时，应考虑下列变形：

1 梁的弯曲、剪切、扭转变形，必要时考虑轴向变形；

2 柱的弯曲、剪切、轴向、扭转变形；

3 墙的弯曲、剪切、轴向、扭转变形。

5.1.7 高层建筑结构应根据实际情况进行重力荷载、风荷载和（或）地震作用效应分析，并应按本规程第

5.6 节的规定进行荷载效应和作用效应计算。

5.1.8 高层建筑结构内力计算中，当楼面活荷载大于 $4kN/m^2$ 时，应考虑楼面活荷载不利布置引起的结构内力的增大；当整体计算中未考虑楼面活荷载不利布置时，应适当增大楼面梁的计算弯矩。

5.1.9 高层建筑结构在进行重力荷载作用效应分析时，柱、墙、斜撑等构件的轴向变形宜采用适当的计算模型考虑施工过程的影响；复杂高层建筑及房屋高度大于 150m 的其他高层建筑结构，应考虑施工过程的影响。

5.1.10 高层建筑结构进行风作用效应计算时，正反两个方向的风作用效应宜按两个方向计算的较大值采用；体型复杂的高层建筑，应考虑风向角的不利影响。

5.1.11 结构整体内力与位移计算中，型钢混凝土和钢管混凝土构件宜按实际情况直接参与计算，并应按本规程第 11 章的有关规定进行截面设计。

5.1.12 体型复杂、结构布置复杂以及 B 级高度高层建筑结构，应采用至少两个不同力学模型的结构分析软件进行整体计算。

5.1.13 抗震设计时，B 级高度的高层建筑结构、混合结构和本规程第 10 章规定的复杂高层建筑结构，尚应符合下列规定：

　　1 宜考虑平扭耦联计算结构的扭转效应，振型数不应小于 15，对多塔楼结构的振型数不应小于塔楼数的 9 倍，且计算振型数应使各振型参与质量之和不小于总质量的 90%；

　　2 应采用弹性时程分析法进行补充计算；

　　3 宜采用弹塑性静力或弹塑性动力分析方法补充计算。

5.1.14 对多塔楼结构，宜按整体模型和各塔楼分开的模型分别计算，并采用较不利的结果进行结构设计。当塔楼周边的裙楼超过两跨时，分塔楼模型宜至少附带两跨的裙楼结构。

5.1.15 对受力复杂的结构构件，宜按应力分析的结果校核配筋设计。

5.1.16 对结构分析软件的计算结果，应进行分析判断，确认其合理、有效后方可作为工程设计的依据。

5.2 计 算 参 数

5.2.1 高层建筑结构地震作用效应计算时，可对剪力墙连梁刚度予以折减，折减系数不宜小于 0.5。

5.2.2 在结构内力与位移计算中，现浇楼盖和装配整体式楼盖中，梁的刚度可考虑翼缘的作用予以增大。近似考虑时，楼面梁刚度增大系数可根据翼缘情况取 1.3~2.0。

　　对于无现浇面层的装配式楼盖，不宜考虑楼面梁刚度的增大。

5.2.3 在竖向荷载作用下，可考虑框架梁端塑性变

形内力重分布对梁端负弯矩乘以调幅系数进行调幅，并应符合下列规定：

　　1 装配整体式框架梁端负弯矩调幅系数可取为 0.7~0.8，现浇框架梁端负弯矩调幅系数可取为 0.8~0.9；

　　2 框架梁端负弯矩调幅后，梁跨中弯矩应按平衡条件相应增大；

　　3 应先对竖向荷载作用下框架梁的弯矩进行调幅，再与水平作用产生的框架梁弯矩进行组合；

　　4 截面设计时，框架梁跨中截面正弯矩设计值不应小于竖向荷载作用下按简支梁计算的跨中弯矩设计值的 50%。

5.2.4 高层建筑结构楼面梁受扭计算时应考虑现浇楼盖对梁的约束作用。当计算中未考虑现浇楼盖对梁扭转的约束作用时，可对梁的计算扭矩予以折减。梁扭矩折减系数应根据梁周围楼盖的约束情况确定。

5.3 计算简图处理

5.3.1 高层建筑结构分析计算时宜对结构进行力学上的简化处理，使其既能反映结构的受力性能，又适应于所选用的计算分析软件的力学模型。

5.3.2 楼面梁与竖向构件的偏心以及上、下层竖向构件之间的偏心宜按实际情况计入结构的整体计算。当结构整体计算中未考虑上述偏心时，应采用柱、墙端附加弯矩的方法予以近似考虑。

5.3.3 在结构整体计算中，密肋板楼盖宜按实际情况进行计算。当不能按实际情况计算时，可按等刚度原则对密肋梁进行适当简化后再行计算。

对平板无梁楼盖，在计算中应考虑板的面外刚度影响，其面外刚度可按有限元方法计算或近似将柱上板带等效为框架梁计算。

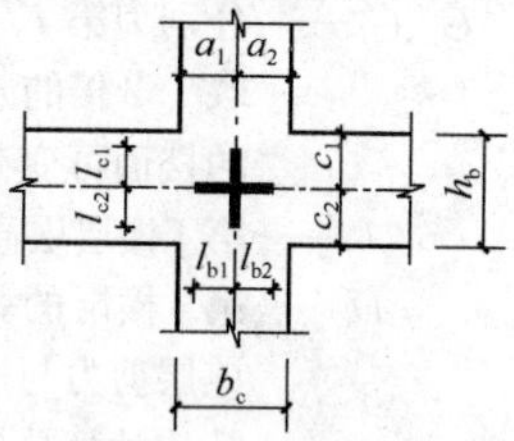

图 5.3.4　刚域

5.3.4 在结构整体计算中，宜考虑框架或壁式框架梁、柱节点区的刚域（图 5.3.4）影响，梁端截面弯矩可取刚域端截面的弯矩计算值。刚域的长度可按下列公式计算：

$$l_{b1} = a_1 - 0.25h_b \qquad (5.3.4-1)$$

$$l_{b2} = a_2 - 0.25h_b \qquad (5.3.4-2)$$

$$l_{c1} = c_1 - 0.25b_c \qquad (5.3.4-3)$$

$$l_{c2} = c_2 - 0.25b_c \qquad (5.3.4-4)$$

当计算的刚域长度为负值时，应取为零。

5.3.5 在结构整体计算中，转换层结构、加强层结构、连体结构、竖向收进结构（含多塔楼结构），应选用合适的计算模型进行分析。在整体计算中对转换层、加强层、连接体等做简化处理的，宜对其局部进

行更细致的补充计算分析。

5.3.6 复杂平面和立面的剪力墙结构，应采用合适的计算模型进行分析。当采用有限元模型时，应在截面变化处合理地选择和划分单元；当采用杆系模型计算时，对错洞墙、叠合错洞墙可采取适当的模型化处理，并应在整体计算的基础上对结构局部进行更细致的补充计算分析。

5.3.7 高层建筑结构整体计算中，当地下室顶板作为上部结构嵌固部位时，地下一层与首层侧向刚度比不宜小于2。

5.4 重力二阶效应及结构稳定

5.4.1 当高层建筑结构满足下列规定时，弹性计算分析时可不考虑重力二阶效应的不利影响。

1 剪力墙结构、框架-剪力墙结构、板柱剪力墙结构、筒体结构：

$$EJ_d \geqslant 2.7H^2 \sum_{i=1}^{n} G_i \qquad (5.4.1-1)$$

2 框架结构：

$$D_i \geqslant 20 \sum_{j=i}^{n} G_j / h_i \quad (i=1,2,\cdots,n)$$

$$(5.4.1-2)$$

式中：EJ_d——结构一个主轴方向的弹性等效侧向刚度，可按倒三角形分布荷载作用下结构顶点位移相等的原则，将结构的侧向刚度折算为竖向悬臂受弯构件的等效侧向刚度；

H——房屋高度；

G_i、G_j——分别为第 i、j 楼层重力荷载设计值，取 1.2 倍的永久荷载标准值与 1.4 倍的楼面可变荷载标准值的组合值；

h_i——第 i 楼层层高；

D_i——第 i 楼层的弹性等效侧向刚度，可取该层剪力与层间位移的比值；

n——结构计算总层数。

5.4.2 当高层建筑结构不满足本规程第 5.4.1 条的规定时，结构弹性计算时应考虑重力二阶效应对水平力作用下结构内力和位移的不利影响。

5.4.3 高层建筑结构的重力二阶效应可采用有限元方法进行计算；也可采用对未考虑重力二阶效应的计算结果乘以增大系数的方法近似考虑。近似考虑时，结构位移增大系数 F_1、F_{1i} 以及结构构件弯矩和剪力增大系数 F_2、F_{2i} 可分别按下列规定计算，位移计算结果仍应满足本规程第 3.7.3 条的规定。

对框架结构，可按下列公式计算：

$$F_{1i} = \cfrac{1}{1 - \sum_{j=i}^{n} G_j / (D_i h_i)} \quad (i=1,2,\cdots,n)$$

$$(5.4.3-1)$$

$$F_{2i} = \cfrac{1}{1 - 2\sum_{j=i}^{n} G_j / (D_i h_i)} \quad (i=1,2,\cdots,n)$$

$$(5.4.3-2)$$

对剪力墙结构、框架-剪力墙结构、筒体结构，可按下列公式计算：

$$F_1 = \cfrac{1}{1 - 0.14H^2 \sum_{i=1}^{n} G_i / (EJ_d)} \qquad (5.4.3-3)$$

$$F_2 = \cfrac{1}{1 - 0.28H^2 \sum_{i=1}^{n} G_i / (EJ_d)} \qquad (5.4.3-4)$$

5.4.4 高层建筑结构的整体稳定性应符合下列规定：

1 剪力墙结构、框架-剪力墙结构、筒体结构应符合下式要求：

$$EJ_d \geqslant 1.4H^2 \sum_{i=1}^{n} G_i \qquad \textbf{(5.4.4-1)}$$

2 框架结构应符合下式要求：

$$D_i \geqslant 10 \sum_{j=i}^{n} G_j / h_i \quad (i=1,2,\cdots,n)$$

$$\textbf{(5.4.4-2)}$$

5.5 结构弹塑性分析及薄弱层弹塑性变形验算

5.5.1 高层建筑混凝土结构进行弹塑性计算分析时，可根据实际工程情况采用静力或动力时程分析方法，并应符合下列规定：

1 当采用结构抗震性能设计时，应根据本规程第 3.11 节的有关规定预定结构的抗震性能目标；

2 梁、柱、斜撑、剪力墙、楼板等结构构件，应根据实际情况和分析精度要求采用合适的简化模型；

3 构件的几何尺寸、混凝土构件所配的钢筋和型钢、混合结构的钢构件应按实际情况参与计算；

4 应根据预定的结构抗震性能目标，合理取用钢筋、钢材、混凝土材料的力学性能指标以及本构关系。钢筋和混凝土材料的本构关系可按现行国家标准《混凝土结构设计规范》GB 50010 的有关规定采用；

5 应考虑几何非线性影响；

6 进行动力弹塑性计算时，地面运动加速度时程的选取、预估罕遇地震作用时的峰值加速度取值以及计算结果的选用应符合本规程第 4.3.5 条的规定；

7 应对计算结果的合理性进行分析和判断。

5.5.2 在预估的罕遇地震作用下，高层建筑结构薄弱层（部位）弹塑性变形计算可采用下列方法：

1 不超过 12 层且层侧向刚度无突变的框架结构可采用本规程第 5.5.3 条规定的简化计算法；

2 除第 1 款以外的建筑结构可采用弹塑性静力或动力分析方法。

5.5.3 结构薄弱层（部位）的弹塑性层间位移的简化计算，宜符合下列规定：

1 结构薄弱层（部位）的位置可按下列情况确定：

    1）楼层屈服强度系数沿高度分布均匀的结构，可取底层；

    2）楼层屈服强度系数沿高度分布不均匀的结构，可取该系数最小的楼层（部位）和相对较小的楼层，一般不超过2～3处。

2 弹塑性层间位移可按下列公式计算：

$$\Delta u_p = \eta_p \Delta u_e \qquad (5.5.3\text{-}1)$$

或

$$\Delta u_p = \mu \Delta u_y = \frac{\eta_p}{\xi_y} \Delta u_y \qquad (5.5.3\text{-}2)$$

式中：Δu_p——弹塑性层间位移（mm）；

    Δu_y——层间屈服位移（mm）；

    μ——楼层延性系数；

    Δu_e——罕遇地震作用下按弹性分析的层间位移（mm）。计算时，水平地震影响系数最大值应按本规程表 4.3.7-1 采用；

    η_p——弹塑性位移增大系数，当薄弱层（部位）的屈服强度系数不小于相邻层（部位）该系数平均值的 0.8 时，可按表 5.5.3 采用；当不大于该平均值的 0.5 时，可按表内相应数值的 1.5 倍采用；其他情况可采用内插法取值；

    ξ_y——楼层屈服强度系数。

表 5.5.3　结构的弹塑性位移增大系数 η_p

ξ_y	0.5	0.4	0.3
η_p	1.8	2.0	2.2

5.6　荷载组合和地震作用组合的效应

5.6.1 持久设计状况和短暂设计状况下，当荷载与荷载效应按线性关系考虑时，荷载基本组合的效应设计值应按下式确定：

$$S_d = \gamma_G S_{Gk} + \gamma_L \psi_Q \gamma_Q S_{Qk} + \psi_w \gamma_w S_{wk} \qquad (5.6.1)$$

式中：S_d——荷载组合的效应设计值；

    γ_G——永久荷载分项系数；

    γ_Q——楼面活荷载分项系数；

    γ_w——风荷载的分项系数；

    γ_L——考虑结构设计使用年限的荷载调整系数，设计使用年限为 50 年时取 1.0，设计使用年限为 100 年时取 1.1；

    S_{Gk}——永久荷载效应标准值；

    S_{Qk}——楼面活荷载效应标准值；

    S_{wk}——风荷载效应标准值；

    ψ_Q、ψ_w——分别为楼面活荷载组合值系数和风荷载组合值系数，当永久荷载效应起控制作用时应分别取 0.7 和 0.0；当可变荷载效应起控制作用时应分别取 1.0 和 0.6 或 0.7 和 1.0。

    注：对书库、档案库、储藏室、通风机房和电梯机房，本条楼面活荷载组合值系数取 0.7 的场合应取为 0.9。

5.6.2 持久设计状况和短暂设计状况下，荷载基本组合的分项系数应按下列规定采用：

1 永久荷载的分项系数 γ_G：当其效应对结构承载力不利时，对由可变荷载效应控制的组合应取 1.2，对由永久荷载效应控制的组合应取 1.35；当其效应对结构承载力有利时，应取 1.0。

2 楼面活荷载的分项系数 γ_Q：一般情况下应取 1.4。

3 风荷载的分项系数 γ_w 应取 1.4。

5.6.3 地震设计状况下，当作用与作用效应按线性关系考虑时，荷载和地震作用基本组合的效应设计值应按下式确定：

$$S_d = \gamma_G S_{GE} + \gamma_{Eh} S_{Ehk} + \gamma_{Ev} S_{Evk} + \psi_w \gamma_w S_{wk}$$

$$(5.6.3)$$

式中：S_d——荷载和地震作用组合的效应设计值；

    S_{GE}——重力荷载代表值的效应；

    S_{Ehk}——水平地震作用标准值的效应，尚应乘以相应的增大系数、调整系数；

    S_{Evk}——竖向地震作用标准值的效应，尚应乘以相应的增大系数、调整系数；

    γ_G——重力荷载分项系数；

    γ_w——风荷载分项系数；

    γ_{Eh}——水平地震作用分项系数；

    γ_{Ev}——竖向地震作用分项系数；

    ψ_w——风荷载的组合值系数，应取 0.2。

5.6.4 地震设计状况下，荷载和地震作用基本组合的分项系数应按表 5.6.4 采用。当重力荷载效应对结构的承载力有利时，表 5.6.4 中 γ_G 不应大于 1.0。

表 5.6.4　地震设计状况时荷载和作用的分项系数

参与组合的荷载和作用	γ_G	γ_{Eh}	γ_{Ev}	γ_w	说　明
重力荷载及水平地震作用	1.2	1.3	—	—	抗震设计的高层建筑结构均应考虑
重力荷载及竖向地震作用	1.2	—	1.3	—	9 度抗震设计时考虑；水平长悬臂和大跨度结构 7 度（0.15g）、8 度、9 度抗震设计时考虑
重力荷载、水平地震及竖向地震作用	1.2	1.3	0.5	—	9 度抗震设计时考虑；水平长悬臂和大跨度结构 7 度（0.15g）、8 度、9 度抗震设计时考虑

续表 5.6.4

参与组合的荷载和作用	γ_G	γ_{Eh}	γ_{Ev}	γ_w	说　明
重力荷载、水平地震作用及风荷载	1.2	1.3	—	1.4	60m 以上的高层建筑考虑
重力荷载、水平地震作用、竖向地震作用及风荷载	1.2	1.3	0.5	1.4	60m 以上的高层建筑，9 度抗震设计时考虑；水平长悬臂和大跨度结构 7 度 (0.15g)、8 度、9 度抗震设计时考虑
	1.2	0.5	1.3	1.4	水平长悬臂结构和大跨度结构，7 度 (0.15g)、8 度、9 度抗震设计时考虑

注：1 g 为重力加速度；
　　2 "—"表示组合中不考虑该项荷载或作用效应。

5.6.5 非抗震设计时，应按本规程第 5.6.1 条的规定进行荷载组合的效应计算。抗震设计时，应同时按本规程第 5.6.1 条和 5.6.3 条的规定进行荷载和地震作用组合的效应计算；按本规程第 5.6.3 条计算的组合内力设计值，尚应按本规程的有关规定进行调整。

6　框架结构设计

6.1　一般规定

6.1.1 框架结构应设计成双向梁柱抗侧力体系。主体结构除个别部位外，不应采用铰接。

6.1.2 抗震设计的框架结构不应采用单跨框架。

6.1.3 框架结构的填充墙及隔墙宜选用轻质墙体。抗震设计时，框架结构如采用砌体填充墙，其布置应符合下列规定：

1 避免形成上、下层刚度变化过大。

2 避免形成短柱。

3 减少因抗侧刚度偏心而造成的结构扭转。

6.1.4 抗震设计时，框架结构的楼梯间应符合下列规定：

1 楼梯间的布置应尽量减小其造成的结构平面不规则。

2 宜采用现浇钢筋混凝土楼梯，楼梯结构应有足够的抗倒塌能力。

3 宜采取措施减小楼梯对主体结构的影响。

4 当钢筋混凝土楼梯与主体结构整体连接时，应考虑楼梯对地震作用及其效应的影响，并应对楼梯构件进行抗震承载力验算。

6.1.5 抗震设计时，砌体填充墙及隔墙应具有自身

稳定性，并应符合下列规定：

1 砌体的砂浆强度等级不应低于 M5，当采用砖及混凝土砌块时，砌块的强度等级不应低于 MU5；采用轻质砌块时，砌块的强度等级不应低于 MU2.5。墙顶应与框架梁或楼板密切结合。

2 砌体填充墙应沿框架柱全高每隔 500mm 左右设置 2 根直径 6mm 的拉筋，6 度时拉筋宜沿墙全长贯通，7、8、9 度时拉筋应沿墙全长贯通。

3 墙长大于 5m 时，墙顶与梁（板）宜有钢筋拉结；墙长大于 8m 或层高的 2 倍时，宜设置间距不大于 4m 的钢筋混凝土构造柱；墙高超过 4m 时，墙体半高处（或门洞上皮）宜设置与柱连接且沿墙全长贯通的钢筋混凝土水平系梁。

4 楼梯间采用砌体填充墙时，应设置间距不大于层高且不大于 4m 的钢筋混凝土构造柱，并应采用钢丝网砂浆面层加强。

6.1.6 框架结构按抗震设计时，不应采用部分由砌体墙承重之混合形式。框架结构中的楼、电梯间及局部出屋顶的电梯机房、楼梯间、水箱间等，应采用框架承重，不应采用砌体墙承重。

6.1.7 框架梁、柱中心线宜重合。当梁柱中心线不能重合时，在计算中应考虑偏心对梁柱节点核心区受力和构造的不利影响，以及梁荷载对柱子的偏心影响。

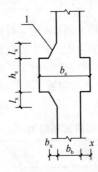

图 6.1.7　水平加腋梁
1—梁水平加腋

梁、柱中心线之间的偏心距，9 度抗震设计时不应大于柱截面在该方向宽度的 1/4；非抗震设计和 6～8 度抗震设计时不宜大于柱截面在该方向宽度的 1/4，如偏心距大于该方向柱宽的 1/4 时，可采用增设梁的水平加腋（图 6.1.7）等措施。设置水平加腋后，仍须考虑梁柱偏心的不利影响。

1 梁的水平加腋厚度可取梁截面高度，其水平尺寸宜满足下列要求：

$$b_x / l_x \leqslant 1/2 \qquad (6.1.7\text{-}1)$$

$$b_x / b_b \leqslant 2/3 \qquad (6.1.7\text{-}2)$$

$$b_b + b_x + x \geqslant b_c / 2 \qquad (6.1.7\text{-}3)$$

式中：b_x——梁水平加腋宽度（mm）；

　　　l_x——梁水平加腋长度（mm）；

　　　b_b——梁截面宽度（mm）；

　　　b_c——沿偏心方向柱截面宽度（mm）；

　　　x——非加腋侧梁边到柱边的距离（mm）。

2 梁采用水平加腋时，框架节点有效宽度 b_j 符合下式要求：

1）当 $x = 0$ 时，b_j 按下式计算：

$$b_j \leqslant b_b + b_x \qquad (6.1.7\text{-}4)$$

2) 当 $x \neq 0$ 时，b_j 取（6.1.7-5）和（6.1.7-6）二式计算的较大值，且应满足公式（6.1.7-7）的要求：

$$b_j \leqslant b_b + b_x + x \quad (6.1.7-5)$$

$$b_j \leqslant b_b + 2x \quad (6.1.7-6)$$

$$b_j \leqslant b_b + 0.5h_c \quad (6.1.7-7)$$

式中：h_c——柱截面高度（mm）。

6.1.8 不与框架柱相连的次梁，可按非抗震要求进行设计。

6.2 截面设计

6.2.1 抗震设计时，除顶层、柱轴压比小于0.15者及框支梁柱节点外，框架的梁、柱节点处考虑地震作用组合的柱端弯矩设计值应符合下列要求：

1 一级框架结构及9度时的框架：

$$\sum M_c = 1.2 \sum M_{bua} \quad (6.2.1-1)$$

2 其他情况：

$$\sum M_c = \eta_c \sum M_b \quad (6.2.1-2)$$

式中：$\sum M_c$——节点上、下柱端截面顺时针或逆时针方向组合弯矩设计值之和；上、下柱端的弯矩设计值，可按弹性分析的弯矩比例进行分配；

$\sum M_b$——节点左、右梁端截面逆时针或顺时针方向组合弯矩设计值之和；当抗震等级为一级且节点左、右梁端均为负弯矩时，绝对值较小的弯矩应取零；

$\sum M_{bua}$——节点左、右梁端逆时针或顺时针方向实配的正截面抗震受弯承载力所对应的弯矩值之和，可根据实际配筋面积（计入受压钢筋和梁有效翼缘宽度范围内的楼板钢筋）和材料强度标准值并考虑承载力抗震调整系数计算；

η_c——柱端弯矩增大系数；对框架结构，二、三级分别取1.5和1.3；对其他结构中的框架，一、二、三、四级分别取1.4、1.2、1.1和1.1。

6.2.2 抗震设计时，一、二、三级框架结构的底层柱底截面的弯矩设计值，应分别采用考虑地震作用组合的弯矩值与增大系数1.7、1.5、1.3的乘积。底层框架柱纵向钢筋应按上、下端的不利情况配置。

6.2.3 抗震设计的框架柱、框支柱端部截面的剪力设计值，一、二、三、四级时应按下列公式计算：

1 一级框架结构和9度时的框架：

$$V = 1.2(M_{cua}^t + M_{cua}^b)/H_n \quad (6.2.3-1)$$

2 其他情况：

$$V = \eta_{vc}(M_c^t + M_c^b)/H_n \quad (6.2.3-2)$$

式中：M_c^t、M_c^b——分别为柱上、下端顺时针或逆时针方向截面组合的弯矩设计值，应符合本规程第6.2.1条、6.2.2条的规定；

M_{cua}^t、M_{cua}^b——分别为柱上、下端顺时针或逆时针方向实配的正截面抗震受弯承载力所对应的弯矩值，可根据实配钢筋面积、材料强度标准值和重力荷载代表值产生的轴向压力设计值并考虑承载力抗震调整系数计算；

H_n——柱的净高；

η_{vc}——柱端剪力增大系数。对框架结构，二、三级分别取1.3、1.2；对其他结构类型的框架，一、二级分别取1.4和1.2，三、四级均取1.1。

6.2.4 抗震设计时，框架角柱应按双向偏心受力构件进行正截面承载力设计。一、二、三、四级框架角柱经按本规程第6.2.1~6.2.3条调整后的弯矩、剪力设计值应乘以不小于1.1的增大系数。

6.2.5 抗震设计时，框架梁端部截面组合的剪力设计值，一、二、三级应按下列公式计算；四级时可直接取考虑地震作用组合的剪力计算值：

1 一级框架结构及9度时的框架：

$$V = 1.1(M_{bua}^l + M_{bua}^r)/l_n + V_{Gb} \quad (6.2.5-1)$$

2 其他情况：

$$V = \eta_{vb}(M_b^l + M_b^r)/l_n + V_{Gb} \quad (6.2.5-2)$$

式中：M_b^l、M_b^r——分别为梁左、右端逆时针或顺时针方向截面组合的弯矩设计值。当抗震等级为一级且梁两端弯矩均为负弯矩时，绝对值较小一端的弯矩应取零；

M_{bua}^l、M_{bua}^r——分别为梁左、右端逆时针或顺时针方向实配的正截面抗震受弯承载力所对应的弯矩值，可根据实配钢筋面积（计入受压钢筋，包括有效翼缘宽度范围内的楼板钢筋）和材料强度标准值并考虑承载力抗震调整系数计算；

l_n——梁的净跨；

V_{Gb}——梁在重力荷载代表值（9度时还应包括竖向地震作用标准值）作用下，按简支梁分析的梁端截面剪力设计值；

η_{vb}——梁剪力增大系数，一、二、三级分别取1.3、1.2和1.1。

6.2.6 框架梁、柱，其受剪截面应符合下列要求：

1 持久、短暂设计状况

$$V \leq 0.25\beta_c f_c b h_0 \qquad (6.2.6\text{-}1)$$

2 地震设计状况

跨高比大于 2.5 的梁及剪跨比大于 2 的柱：

$$V \leq \frac{1}{\gamma_{RE}}(0.2\beta_c f_c b h_0) \qquad (6.2.6\text{-}2)$$

跨高比不大于 2.5 的梁及剪跨比不大于 2 的柱：

$$V \leq \frac{1}{\gamma_{RE}}(0.15\beta_c f_c b h_0) \qquad (6.2.6\text{-}3)$$

框架柱的剪跨比可按下式计算：

$$\lambda = M^c / (V^c h_0) \qquad (6.2.6\text{-}4)$$

式中：V——梁、柱计算截面的剪力设计值；

λ——框架柱的剪跨比；反弯点位于柱高中部的框架柱，可取柱净高与计算方向 2 倍柱截面有效高度之比值；

M^c——柱端截面未经本规程第 6.2.1、6.2.2、6.2.4 条调整的组合弯矩计算值，可取柱上、下端的较大值；

V^c——柱端截面与组合弯矩计算值对应的组合剪力计算值；

β_c——混凝土强度影响系数；当混凝土强度等级不大于 C50 时取 1.0；当混凝土强度等级为 C80 时取 0.8；当混凝土强度等级在 C50 和 C80 之间时可按线性内插取用；

b——矩形截面的宽度，T 形截面、工形截面的腹板宽度；

h_0——梁、柱截面计算方向有效高度。

6.2.7 抗震设计时，一、二、三级框架的节点核心区应进行抗震验算；四级框架节点可不进行抗震验算。各抗震等级的框架节点均应符合构造措施的要求。

6.2.8 矩形截面偏心受压框架柱，其斜截面受剪承载力应按下列公式计算：

1 持久、短暂设计状况

$$V \leq \frac{1.75}{\lambda+1} f_t b h_0 + f_{yv}\frac{A_{sv}}{s} h_0 + 0.07N \qquad (6.2.8\text{-}1)$$

2 地震设计状况

$$V \leq \frac{1}{\gamma_{RE}}\left(\frac{1.05}{\lambda+1} f_t b h_0 + f_{yv}\frac{A_{sv}}{s} h_0 + 0.056N\right) \qquad (6.2.8\text{-}2)$$

式中：λ——框架柱的剪跨比；当 $\lambda < 1$ 时，取 $\lambda = 1$；当 $\lambda > 3$ 时，取 $\lambda = 3$；

N——考虑风荷载或地震作用组合的框架柱轴向压力设计值，当 N 大于 $0.3f_c A_c$ 时，取 $0.3f_c A_c$。

6.2.9 当矩形截面框架柱出现拉力时，其斜截面受剪承载力应按下列公式计算：

1 持久、短暂设计状况

$$V \leq \frac{1.75}{\lambda+1} f_t b h_0 + f_{yv}\frac{A_{sv}}{s} h_0 - 0.2N \qquad (6.2.9\text{-}1)$$

2 地震设计状况

$$V \leq \frac{1}{\gamma_{RE}}\left(\frac{1.05}{\lambda+1} f_t b h_0 + f_{yv}\frac{A_{sv}}{s} h_0 - 0.2N\right) \qquad (6.2.9\text{-}2)$$

式中：N——与剪力设计值 V 对应的轴向拉力设计值，取绝对值；

λ——框架柱的剪跨比。

当公式（6.2.9-1）右端的计算值或公式（6.2.9-2）右端括号内的计算值小于 $f_{yv}\frac{A_{sv}}{s} h_0$ 时，应取等于 $f_{yv}\frac{A_{sv}}{s} h_0$，且 $f_{yv}\frac{A_{sv}}{s} h_0$ 值不应小于 $0.36f_t b h_0$。

6.2.10 本章未作规定的框架梁、柱和框支梁、柱截面的其他承载力验算，应按照现行国家标准《混凝土结构设计规范》GB 50010 的有关规定执行。

6.3 框架梁构造要求

6.3.1 框架结构的主梁截面高度可按计算跨度的 $1/10$ ～$1/18$ 确定；梁净跨与截面高度之比不宜小于 4。梁的截面宽度不宜小于梁截面高度的 $1/4$，也不宜小于 200mm。

当梁高较小或采用扁梁时，除应验算其承载力和受剪截面要求外，尚应满足刚度和裂缝的有关要求。在计算梁的挠度时，可扣除梁的合理起拱值；对现浇梁板结构，宜考虑梁受压翼缘的有利影响。

6.3.2 框架梁设计应符合下列要求：

1 抗震设计时，计入受压钢筋作用的梁端截面混凝土受压区高度与有效高度之比值，一级不应大于 0.25，二、三级不应大于 0.35。

2 纵向受拉钢筋的最小配筋百分率 ρ_{min}（%），非抗震设计时，不应小于 0.2 和 $45f_t/f_y$ 二者的较大值；抗震设计时，不应小于表 6.3.2-1 规定的数值。

表 6.3.2-1 梁纵向受拉钢筋最小配筋
百分率 ρ_{min}（%）

抗震等级	位 置	
	支座（取较大值）	跨中（取较大值）
一级	0.40 和 $80f_t/f_y$	0.30 和 $65f_t/f_y$
二级	0.30 和 $65f_t/f_y$	0.25 和 $55f_t/f_y$
三、四级	0.25 和 $55f_t/f_y$	0.20 和 $45f_t/f_y$

3 抗震设计时，梁端截面的底面和顶面纵向钢筋截面面积的比值，除按计算确定外，一级不应小于 0.5，二、三级不应小于 0.3。

4 抗震设计时，梁端箍筋的加密区长度、箍筋最大间距和最小直径应符合表 6.3.2-2 的要求；当梁端纵向钢筋配筋率大于 2% 时，表中箍筋最小直径应增大 2mm。

表 6.3.2-2 梁端箍筋加密区的长度、箍筋最大间距和最小直径

抗震等级	加密区长度（取较大值）（mm）	箍筋最大间距（取最小值）（mm）	箍筋最小直径（mm）
一	$2.0h_b$，500	$h_b/4$，$6d$，100	10
二	$1.5h_b$，500	$h_b/4$，$8d$，100	8
三	$1.5h_b$，500	$h_b/4$，$8d$，150	8
四	$1.5h_b$，500	$h_b/4$，$8d$，150	6

注：1 d 为纵向钢筋直径，h_b 为梁截面高度；
2 一、二级抗震等级框架梁，当箍筋直径大于 12mm、肢数不少于 4 肢且肢距不大于 150mm 时，箍筋加密区最大间距应允许适当放松，但不应大于 150mm。

6.3.3 梁的纵向钢筋配置，尚应符合下列规定：

1 抗震设计时，梁端纵向受拉钢筋的配筋率不宜大于 2.5%，不应大于 2.75%；当梁端受拉钢筋的配筋率大于 2.5% 时，受压钢筋的配筋率不应小于受拉钢筋的一半。

2 沿梁全长顶面和底面应至少各配置两根纵向配筋，一、二级抗震设计时钢筋直径不应小于 14mm，且分别不应小于梁两端顶面和底面纵向配筋中较大截面面积的 1/4；三、四级抗震设计时和非抗震设计时钢筋直径不应小于 12mm。

3 一、二、三级抗震等级的框架梁内贯通中柱的每根纵向钢筋的直径，对矩形截面柱，不宜大于柱在该方向截面尺寸的 1/20；对圆形截面柱，不宜大于纵向钢筋所在位置柱截面弦长的 1/20。

6.3.4 非抗震设计时，框架梁箍筋配筋构造应符合下列规定：

1 应沿梁全长设置箍筋，第一个箍筋应设置在距支座边缘 50mm 处。

2 截面高度大于 800mm 的梁，其箍筋直径不宜小于 8mm；其余截面高度的梁不应小于 6mm。在受力钢筋搭接长度范围内，箍筋直径不应小于搭接钢筋最大直径的 1/4。

3 箍筋间距不应大于表 6.3.4 的规定；在纵向受拉钢筋的搭接长度范围内，箍筋间距尚不应大于搭接钢筋较小直径的 5 倍，且不应大于 100mm；在纵向受压钢筋的搭接长度范围内，箍筋间距尚不应大于搭接钢筋较小直径的 10 倍，且不应大于 200mm。

4 承受弯矩和剪力的梁，当梁的剪力设计值大于 $0.7f_tbh_0$ 时，其箍筋的面积配筋率应符合下式规定：

$$\rho_{sv} \geq 0.24f_t/f_{yv} \qquad (6.3.4-1)$$

5 承受弯矩、剪力和扭矩的梁，其箍筋面积配筋率和受扭纵向钢筋的面积配筋率应分别符合公式（6.3.4-2）和（6.3.4-3）的规定：

$$\rho_{sv} \geq 0.28f_t/f_{yv} \qquad (6.3.4-2)$$

$$\rho_d \geq 0.6\sqrt{\frac{T}{Vb}}f_t/f_y \qquad (6.3.4-3)$$

当 $T/(Vb)$ 大于 2.0 时，取 2.0。

式中：T、V——分别为扭矩、剪力设计值；

ρ_d、b——分别为受扭纵向钢筋的面积配筋率、梁宽。

表 6.3.4 非抗震设计梁箍筋最大间距（mm）

h_b(mm) ＼ V	$V>0.7f_tbh_0$	$V\leq 0.7f_tbh_0$
$h_b\leq 300$	150	200
$300<h_b\leq 500$	200	300
$500<h_b\leq 800$	250	350
$h_b>800$	300	400

6 当梁中配有计算需要的纵向受压钢筋时，其箍筋配置尚应符合下列规定：

1) 箍筋直径不应小于纵向受压钢筋最大直径的 1/4；

2) 箍筋应做成封闭式；

3) 箍筋间距不应大于 15d 且不应大于 400mm；当一层内的受压钢筋多于 5 根且直径大于 18mm 时，箍筋间距不应大于 10d（d 为纵向受压钢筋的最小直径）；

4) 当梁截面宽度大于 400mm 且一层内的纵向受压钢筋多于 3 根时，或当梁截面宽度不大于 400mm 但一层内的纵向受压钢筋多于 4 根时，应设置复合箍筋。

6.3.5 抗震设计时，框架梁的箍筋尚应符合下列构造要求：

1 沿梁全长箍筋的面积配筋率应符合下列规定：

一级 $\rho_{sv} \geq 0.30f_t/f_{yv}$ (6.3.5-1)

二级 $\rho_{sv} \geq 0.28f_t/f_{yv}$ (6.3.5-2)

三、四级 $\rho_{sv} \geq 0.26f_t/f_{yv}$ (6.3.5-3)

式中：ρ_{sv}——框架梁沿梁全长箍筋的面积配筋率。

2 在箍筋加密区范围内的箍筋肢距：一级不宜大于 200mm 和 20 倍箍筋直径的较大值，二、三级不宜大于 250mm 和 20 倍箍筋直径的较大值，四级不宜大于 300mm。

3 箍筋应有 135° 弯钩，弯钩端头直段长度不应小于 10 倍的箍筋直径和 75mm 的较大值。

4 在纵向钢筋搭接长度范围内的箍筋间距，钢筋受拉时不应大于搭接钢筋较小直径的 5 倍，且不应大于 100mm；钢筋受压时不应大于搭接钢筋较小直径的 10 倍，且不应大于 200mm。

5 框架梁非加密区箍筋最大间距不宜大于加密区箍筋间距的 2 倍。

6.3.6 框架梁的纵向钢筋不应与箍筋、拉筋及预埋件等焊接。

6.3.7 框架梁上开洞时，洞口位置宜位于梁跨中 1/3 区段，洞口高度不应大于梁高的 40%；开洞较大时应进行承载力验算。梁上洞口周边应配置附加纵向钢筋和箍筋（图 6.3.7），并应符合计算及构造要求。

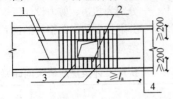

图 6.3.7　梁上洞口周边配筋构造示意

1—洞口上、下附加纵向钢筋；2—洞口上、下附加箍筋；
3—洞口两侧附加箍筋；4—梁纵向钢筋；l_a—受拉钢筋的
锚固长度

6.4　框架柱构造要求

6.4.1 柱截面尺寸宜符合下列规定：

1 矩形截面柱的边长，非抗震设计时不宜小于 250mm，抗震设计时，四级不宜小于 300mm，一、二、三级时不宜小于 400mm；圆柱直径，非抗震和四级抗震设计时不宜小于 350mm，一、二、三级时不宜小于 450mm。

2 柱剪跨比宜大于 2。

3 柱截面高宽比不宜大于 3。

6.4.2 抗震设计时，钢筋混凝土柱轴压比不宜超过表 6.4.2 的规定；对于Ⅳ类场地上较高的高层建筑，其轴压比限值应适当减小。

表 6.4.2　柱轴压比限值

结构类型	抗　震　等　级			
	一	二	三	四
框架结构	0.65	0.75	0.85	
板柱-剪力墙、框架-剪力墙、框架-核心筒、筒中筒结构	0.75	0.85	0.90	0.95
部分框支剪力墙结构	0.60	0.70	—	

注：1 轴压比指柱考虑地震作用组合的轴压力设计值与柱全截面面积和混凝土轴心抗压强度设计值乘积的比值；

2 表内数值适用于混凝土强度等级不高于 C60 的柱。当混凝土强度等级为 C65～C70 时，轴压比限值应比表中数值降低 0.05；当混凝土强度等级为 C75～C80 时，轴压比限值应比表中数值降低 0.10；

3 表内数值适用于剪跨比大于 2 的柱；剪跨比不大于 2 但不小于 1.5 的柱，其轴压比限值应比表中数值减小 0.05；剪跨比小于 1.5 的柱，其轴压比限值应专门研究并采取特殊构造措施；

4 当沿柱全高采用井字复合箍，箍筋间距不大于 100mm、肢距不大于 200mm、直径不小于 12mm，或当沿柱全高采用复合螺旋箍，箍筋螺距不大于 100mm、肢距不大于 200mm、直径不小于 12mm，或当沿柱全高采用连续复合螺旋箍，且螺距不大于 80mm、肢距不大于 200mm、直径不小于 10mm 时，柱轴压比限值可增加 0.10；

5 当柱截面中部设置有附加纵向钢筋形成的芯柱，且附加纵向钢筋的截面面积不小于柱截面面积的 0.8% 时，柱轴压比限值可增加 0.05。当本项措施与 4 的措施共同采用时，柱轴压比限值可比表中数值增加 0.15，但箍筋的配箍特征值仍可按轴压比增加 0.10 的要求确定；

6 调整后的柱轴压比限值不应大于 1.05。

6.4.3 柱纵向钢筋和箍筋配置应符合下列要求：

1 柱全部纵向钢筋的配筋率，不应小于表 6.4.3-1 的规定值，且柱截面每一侧纵向钢筋配筋率不应小于 0.2%；抗震设计时，对Ⅳ类场地上较高的高层建筑，表中数值应增加 0.1。

表 6.4.3-1　柱纵向受力钢筋最小配筋百分率（%）

柱类型	抗　震　等　级				非抗震
	一级	二级	三级	四级	
中柱、边柱	0.9 (1.0)	0.7 (0.8)	0.6 (0.7)	0.5 (0.6)	0.5
角柱	1.1	0.9	0.8	0.7	0.5
框支柱	1.1	0.9			0.7

注：1 表中括号内数值适用于框架结构；

2 采用 335MPa 级、400MPa 级纵向受力钢筋时，应分别按表中数值增加 0.1 和 0.05 采用；

3 当混凝土强度等级高于 C60 时，上述数值应增加 0.1 采用。

2 抗震设计时，柱箍筋在规定的范围内应加密，加密区的箍筋间距和直径，应符合下列要求：

1）箍筋的最大间距和最小直径，应按表 6.4.3-2 采用；

表 6.4.3-2　柱端箍筋加密区的构造要求

抗震等级	箍筋最大间距（mm）	箍筋最小直径（mm）
一级	6d 和 100 的较小值	10
二级	8d 和 100 的较小值	8
三级	8d 和 150（柱根 100）的较小值	8
四级	8d 和 150（柱根 100）的较小值	6（柱根 8）

注：1 d 为柱纵向钢筋直径（mm）；

2 柱根指框架柱底部嵌固部位。

2）一级框架柱的箍筋直径大于 12mm 且箍筋肢距不大于 150mm 及二级框架柱箍筋直径不小于 10mm 且肢距不大于 200mm 时，除柱根外最大间距应允许采用 150mm；三级框架柱的截面尺寸不大于 400mm 时，箍筋最小直径应允许采用 6mm；四级框架柱的剪跨比不大于 2 或柱中全部纵向钢筋的配筋率大于 3% 时，箍筋直径不应小于 8mm。

3）剪跨比不大于 2 的柱，箍筋间距不应大于 100mm。

6.4.4 柱的纵向钢筋配置，尚应满足下列规定：

1 抗震设计时，宜采用对称配筋。

2 截面尺寸大于 400mm 的柱，一、二、三级抗震设计时其纵向钢筋间距不宜大于 200mm；抗震等级为四级和非抗震设计时，柱纵向钢筋间距不宜大于 300mm；柱纵向钢筋净距均不应小于 50mm。

3 全部纵向钢筋的配筋率，非抗震设计时不宜大于 5%、不应大于 6%，抗震设计时不应大于 5%。

4 一级且剪跨比不大于 2 的柱，其单侧纵向受拉钢筋的配筋率不宜大于 1.2%。

5 边柱、角柱及剪力墙端柱考虑地震作用组合产生小偏心受拉时，柱内纵筋总截面面积应比计算值增加 25%。

6.4.5 柱的纵筋不应与箍筋、拉筋及预埋件等焊接。

6.4.6 抗震设计时，柱箍筋加密区的范围应符合下列规定：

1 底层柱的上端和其他各层柱的两端，应取矩形截面柱之长边尺寸（或圆形截面柱之直径）、柱净高之 1/6 和 500mm 三者之最大值范围；

2 底层柱刚性地面上、下各 500mm 的范围；

3 底层柱柱根以上 1/3 柱净高的范围；

4 剪跨比不大于 2 的柱和因填充墙等形成的柱净高与截面高度之比不大于 4 的柱全高范围；

5 一、二级框架角柱的全高范围；

6 需要提高变形能力的柱的全高范围。

6.4.7 柱加密区范围内箍筋的体积配箍率，应符合下列规定：

1 柱箍筋加密区箍筋的体积配箍率，应符合下式要求：

$$\rho_v \geqslant \lambda_v f_c / f_{yv} \qquad (6.4.7)$$

式中：ρ_v——柱箍筋的体积配箍率；

λ_v——柱最小配箍特征值，宜按表 6.4.7 采用；

f_c——混凝土轴心抗压强度设计值，当柱混凝土强度等级低于 C35 时，应按 C35 计算；

f_{yv}——柱箍筋或拉筋的抗拉强度设计值。

表 6.4.7 柱端箍筋加密区最小配箍特征值 λ_v

抗震等级	箍筋形式	柱 轴 压 比								
		≤0.30	0.40	0.50	0.60	0.70	0.80	0.90	1.00	1.05
一	普通箍、复合箍	0.10	0.11	0.13	0.15	0.17	0.20	0.23	—	—
	螺旋箍、复合或连续复合螺旋箍	0.08	0.09	0.11	0.13	0.15	0.18	0.21	—	—
二	普通箍、复合箍	0.08	0.09	0.11	0.13	0.15	0.17	0.19	0.22	0.24
	螺旋箍、复合或连续复合螺旋箍	0.06	0.07	0.09	0.11	0.13	0.15	0.17	0.20	0.22
三	普通箍、复合箍	0.06	0.07	0.09	0.11	0.13	0.15	0.17	0.20	0.22
	螺旋箍、复合或连续复合螺旋箍	0.05	0.06	0.07	0.09	0.11	0.13	0.15	0.18	0.20

注：普通箍指单个矩形箍或单个圆形箍；螺旋箍指单个连续螺旋箍筋；复合箍指由矩形、多边形、圆形或拉筋组成的箍筋；复合螺旋箍指由螺旋箍与矩形、多边形、圆形或拉筋组成的箍筋；连续复合螺旋箍指全部螺旋箍由同一根钢筋加工而成的箍筋。

2 对一、二、三、四级框架柱，其箍筋加密区范围内箍筋的体积配箍率尚且分别不应小于 0.8%、0.6%、0.4% 和 0.4%。

3 剪跨比不大于 2 的柱宜采用复合螺旋箍或井字复合箍，其体积配箍率不应小于 1.2%；设防烈度为 9 度时，不应小于 1.5%。

4 计算复合螺旋箍筋的体积配箍率时，其非螺旋箍筋的体积应乘以换算系数 0.8。

6.4.8 抗震设计时，柱箍筋设置尚应符合下列规定：

1 箍筋应为封闭式，其末端应做成 135° 弯钩且弯钩末端平直段长度不应小于 10 倍的箍筋直径，且不应小于 75mm。

2 箍筋加密区的箍筋肢距，一级不宜大于 200mm，二、三级不宜大于 250mm 和 20 倍箍筋直径的较大值，四级不宜大于 300mm。每隔一根纵向钢筋宜在两个方向有箍筋约束；采用拉筋组合箍时，拉筋宜紧靠纵向钢筋并勾住封闭箍筋。

3 柱非加密区的箍筋，其体积配箍率不宜小于加密区的一半；其箍筋间距，不应大于加密区箍筋间距的 2 倍，且一、二级不应大于 10 倍纵向钢筋直径，三、四级不应大于 15 倍纵向钢筋直径。

6.4.9 非抗震设计时，柱中箍筋应符合下列规定：

1 周边箍筋应为封闭式；

2 箍筋间距不应大于 400mm，且不应大于构件截面的短边尺寸和最小纵向受力钢筋直径的 15 倍；

3 箍筋直径不应小于最大纵向钢筋直径的 1/4，且不应小于 6mm；

4 当柱中全部纵向受力钢筋的配筋率超过 3% 时，箍筋直径不应小于 8mm，箍筋间距不应大于最小纵向钢筋直径的 10 倍，且不应大于 200mm，箍筋末端应做成 135° 弯钩且弯钩末端平直段长度不应小于 10 倍箍筋直径；

5 当柱每边纵筋多于 3 根时，应设置复合箍筋；

6 柱内纵向钢筋采用搭接做法时，搭接长度范围内箍筋直径不应小于搭接钢筋较大直径的 1/4；在纵向受拉钢筋的搭接长度范围内的箍筋间距不应大于搭接钢筋较小直径的 5 倍，且不应大于 100mm；在纵向受压钢筋的搭接长度范围内的箍筋间距不应大于搭接钢筋较小直径的 10 倍，且不应大于 200mm。当受压钢筋直径大于 25mm 时，尚应在搭接接头端面外 100mm 的范围内各设置两道箍筋。

6.4.10 框架节点核心区应设置水平箍筋，且应符合下列规定：

1 非抗震设计时，箍筋配置应符合本规程第 6.4.9 条的有关规定，但箍筋间距不宜大于 250mm；对四边有梁与之相连的节点，可仅沿节点周边设置矩形箍筋。

2 抗震设计时，箍筋的最大间距和最小直径宜符合本规程第 6.4.3 条有关柱箍筋的规定。一、二、三级框架节点核心区配箍特征值分别不宜小于 0.12、0.10 和 0.08，且箍筋体积配箍率分别不宜小于 0.6%、0.5% 和 0.4%。柱剪跨比不大于 2 的框架节点核心区的体积配箍率不宜小于核心区上、下柱端体积配箍率中的较大值。

6.4.11 柱箍筋的配筋形式，应考虑浇筑混凝土的工艺要求，在柱截面中心部位应留出浇筑混凝土所用导管的空间。

6.5 钢筋的连接和锚固

6.5.1 受力钢筋的连接接头应符合下列规定：

1 受力钢筋的连接接头宜设置在构件受力较小部位；抗震设计时，宜避开梁端、柱端箍筋加密区范围。钢筋连接可采用机械连接、绑扎搭接或焊接。

2 当纵向受力钢筋采用搭接做法时，在钢筋搭接长度范围内应配置箍筋，其直径不应小于搭接钢筋较大直径的1/4。当钢筋受拉时，箍筋间距不应大于搭接钢筋较小直径的5倍，且不应大于100mm；当钢筋受压时，箍筋间距不应大于搭接钢筋较小直径的10倍，且不应大于200mm。当受压钢筋直径大于25mm时，尚应在搭接接头两个端面外100mm范围内各设置两道箍筋。

6.5.2 非抗震设计时，受拉钢筋的最小锚固长度应取 l_a。受拉钢筋绑扎搭接的搭接长度，应根据位于同一连接区段内搭接钢筋截面面积的百分率按下式计算，且不应小于300mm。

$$l_l = \zeta l_a \qquad (6.5.2)$$

式中：l_l——受拉钢筋的搭接长度（mm）；

l_a——受拉钢筋的锚固长度（mm），应按现行国家标准《混凝土结构设计规范》GB 50010 的有关规定采用；

ζ——受拉钢筋搭接长度修正系数，应按表6.5.2采用。

表 6.5.2 纵向受拉钢筋搭接长度修正系数 ζ

同一连接区段内搭接钢筋面积百分率（%）	$\leqslant 25$	50	100
受拉搭接长度修正系数 ζ	1.2	1.4	1.6

注：同一连接区段内搭接钢筋面积百分率取在同一连接区段内有搭接接头的受力钢筋与全部受力钢筋面积之比。

6.5.3 抗震设计时，钢筋混凝土结构构件纵向受力钢筋的锚固和连接，应符合下列要求：

1 纵向受拉钢筋的最小锚固长度 l_{aE} 应按下列规定采用：

一、二级抗震等级 $l_{aE} = 1.15 l_a$ (6.5.3-1)

三级抗震等级 $l_{aE} = 1.05 l_a$ (6.5.3-2)

四级抗震等级 $l_{aE} = 1.00 l_a$ (6.5.3-3)

2 当采用绑扎搭接接头时，其搭接长度不应小于下式的计算值：

$$l_{lE} = \zeta l_{aE} \qquad (6.5.3-4)$$

式中：l_{lE}——抗震设计时受拉钢筋的搭接长度。

3 受拉钢筋直径大于25mm、受压钢筋直径大于28mm时，不宜采用绑扎搭接接头；

4 现浇钢筋混凝土框架梁、柱纵向受力钢筋的连接方法，应符合下列规定：

1）框架柱：一、二级抗震等级及三级抗震等

级的底层，宜采用机械连接接头，也可采用绑扎搭接或焊接接头；三级抗震等级的其他部位和四级抗震等级，可采用绑扎搭接或焊接接头；

2）框支梁、框支柱：宜采用机械连接接头；

3）框架梁：一级宜采用机械连接接头，二、三、四级可采用绑扎搭接或焊接接头。

5 位于同一连接区段内的受拉钢筋接头面积百分率不宜超过50%；

6 当接头位置无法避开梁端、柱端箍筋加密区时，应采用满足等强度要求的机械连接接头，且钢筋接头面积百分率不宜超过50%；

7 钢筋的机械连接、绑扎搭接及焊接，尚应符合国家现行有关标准的规定。

6.5.4 非抗震设计时，框架梁、柱的纵向钢筋在框架节点区的锚固和搭接（图6.5.4）应符合下列要求：

1 顶层中节点柱纵向钢筋和边节点柱内侧纵向钢筋应伸至柱顶；当从梁底边计算的直线锚固长度不小于 l_a 时，可不必水平弯折，否则应向柱内或梁、板内水平弯折，当充分利用柱纵向钢筋的抗拉强度时，其锚固段弯折前的竖直投影长度不应小于 $0.5 l_{ab}$，弯折后的水平投影长度不宜小于12倍的柱纵向钢筋直径。此处，l_{ab} 为钢筋基本锚固长度，应符合现行国家标准《混凝土结构设计规范》GB 50010 的有关规定。

2 顶层端节点处，在梁宽范围以内的柱外侧纵向钢筋可与梁上部纵向钢筋搭接，搭接长度不应小于 $1.5 l_a$；在梁宽范围以外的柱外侧纵向钢筋可伸入现浇板内，其伸入长度与伸入梁内的相同。当柱外侧纵向钢筋的配筋率大于1.2%时，伸入梁内的柱纵向钢筋宜分两批截断，其截断点之间的距离不宜小于20倍的柱纵向钢筋直径。

3 梁上部纵向钢筋伸入端节点的锚固长度，直线锚固时不应小于 l_a，且伸过柱中心线的长度不宜小于5倍的梁纵向钢筋直径；当柱截面尺寸不足时，梁上部纵向钢筋应伸至节点对边并向下弯折，弯折水平段的投影长度不应小于 $0.4 l_{ab}$，弯折后竖直投影长度不应小于15倍纵向钢筋直径。

4 当计算中不利用梁下部纵向钢筋的强度时，其伸入节点内的锚固长度应取不小于12倍的梁纵向钢筋直径。当计算中充分利用梁下部钢筋的抗拉强度时，梁下部纵向钢筋可采用直线方式或向上 $90°$ 弯折方式锚固于节点内，直线锚固时的锚固长度不应小于 l_a；弯折锚固时，弯折水平段的投影长度不应小于 $0.4 l_{ab}$，弯折后竖直投影长度不应小于15倍纵向钢筋直径。

5 当采用锚固板锚固措施时，钢筋锚固构造应符合现行国家标准《混凝土结构设计规范》GB 50010 的有关规定。

6.5.5 抗震设计时，框架梁、柱的纵向钢筋在框架节点区的锚固和搭接（图6.5.5）应符合下列要求：

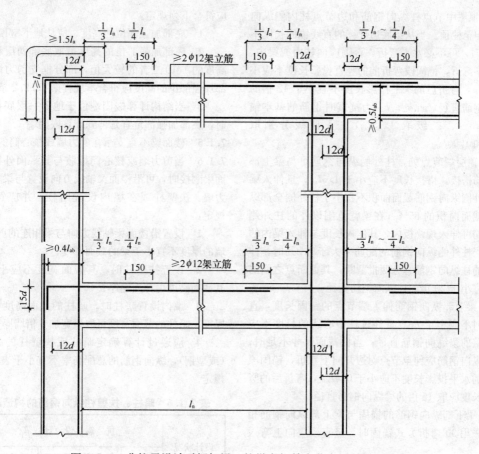

图 6.5.4　非抗震设计时框架梁、柱纵向钢筋在节点区的锚固示意

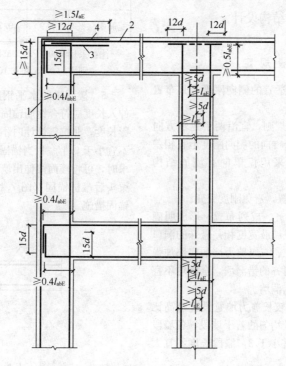

图 6.5.5　抗震设计时框架梁、柱纵向钢筋在节点区的锚固示意

1—柱外侧纵向钢筋；2—梁上部纵向钢筋；3—伸入梁内的柱外侧纵向钢筋；
4—不能伸入梁内的柱外侧纵向钢筋，可伸入板内

1 顶层中节点柱纵向钢筋和边节点柱内侧纵向钢筋应伸至柱顶。当从梁底边计算的直线锚固长度不小于 l_{aE} 时，可不必水平弯折，否则应向柱内或梁内、板内水平弯折，锚固段弯折前的竖直投影长度不应小于 $0.5l_{abE}$，弯折后的水平投影长度不宜小于 12 倍的柱纵向钢筋直径。此处，l_{abE} 为抗震时钢筋的基本锚固长度，一、二级取 $1.15l_{ab}$，三、四级分别取 $1.05l_{ab}$ 和 $1.00l_{ab}$。

2 顶层端节点处，柱外侧纵向钢筋可与梁上部纵向钢筋搭接，搭接长度不应小于 $1.5l_{aE}$，且伸入梁内的柱外侧纵向钢筋截面面积不宜小于柱外侧全部纵向钢筋截面面积的 65%；在梁宽范围以外的柱外侧纵向钢筋可伸入现浇板内，其伸入长度与伸入梁内的相同。当柱外侧纵向钢筋的配筋率大于 1.2% 时，伸入梁内的柱纵向钢筋宜分两批截断，其截断点之间的距离不宜小于 20 倍的柱纵向钢筋直径。

3 梁上部纵向钢筋伸入端节点的锚固长度，直线锚固时不应小于 l_{aE}，且伸过柱中心线的长度不应小于 5 倍的梁纵向钢筋直径；当柱截面尺寸不足时，梁上部纵向钢筋应伸至节点对边并向下弯折，锚固段弯折前的水平投影长度不应小于 $0.4l_{abE}$，弯折后的竖直投影长度应取 15 倍的梁纵向钢筋直径。

4 梁下部纵向钢筋的锚固与梁上部纵向钢筋相同，但采用 90°弯折方式锚固时，竖直段应向上弯入节点内。

7 剪力墙结构设计

7.1 一般规定

7.1.1 剪力墙结构应具有适宜的侧向刚度，其布置应符合下列规定：

1 平面布置宜简单、规则，宜沿两个主轴方向或其他方向双向布置，两个方向的侧向刚度不宜相差过大。抗震设计时，不应采用仅单向有墙的结构布置。

2 宜自下到上连续布置，避免刚度突变。

3 门窗洞口宜上下对齐、成列布置，形成明确的墙肢和连梁；宜避免造成墙肢宽度相差悬殊的洞口设置；抗震设计时，一、二、三级剪力墙的底部加强部位不宜采用上下洞口不对齐的错洞墙，全高均不宜采用洞口局部重叠的叠合错洞墙。

7.1.2 剪力墙不宜过长，较长剪力墙宜设置跨高比较大的连梁将其分成长度较均匀的若干墙段，各墙段的高度与墙段长度之比不宜小于 3，墙段长度不大于 8m。

7.1.3 跨高比小于 5 的连梁应按本章的有关规定设计，跨高比不小于 5 的连梁宜按框架梁设计。

7.1.4 抗震设计时，剪力墙底部加强部位的范围，应符合下列规定：

1 底部加强部位的高度，应从地下室顶板算起；

2 底部加强部位的高度可取底部两层和墙体总高度的 1/10 二者的较大值，部分框支剪力墙结构底部加强部位的高度应符合本规程第 10.2.2 条的规定；

3 当结构计算嵌固端位于地下一层底板或以下时，底部加强部位宜延伸到计算嵌固端。

7.1.5 楼面梁不宜支承在剪力墙或核心筒的连梁上。

7.1.6 当剪力墙或核心筒墙肢与其平面外相交的楼面梁刚接时，可沿楼面梁轴线方向设置与梁相连的剪力墙、扶壁柱或在墙内设置暗柱，并应符合下列规定：

1 设置沿楼面梁轴线方向与梁相连的剪力墙时，墙的厚度不宜小于梁的截面宽度；

2 设置扶壁柱时，其截面宽度不应小于梁宽，其截面高度可计入墙厚；

3 墙内设置暗柱时，暗柱的截面高度可取墙的厚度，暗柱的截面宽度可取梁宽加 2 倍墙厚；

4 应通过计算确定暗柱或扶壁柱的纵向钢筋（或型钢），纵向钢筋的总配筋率不宜小于表 7.1.6 的规定。

表 7.1.6 暗柱、扶壁柱纵向钢筋的构造配筋率

设计状况	抗 震 设 计				非抗震设计
	一级	二级	三级	四级	
配筋率（%）	0.9	0.7	0.6	0.5	0.5

注：采用 400MPa、335MPa 级钢筋时，表中数值宜分别增加 0.05 和 0.10。

5 楼面梁的水平钢筋应伸入剪力墙或扶壁柱，伸入长度应符合钢筋锚固要求。钢筋锚固段的水平投影长度，非抗震设计时不宜小于 $0.4l_{ab}$，抗震设计时不宜小于 $0.4l_{abE}$；当锚固段的水平投影长度不满足要求时，可将楼面梁伸出墙面形成梁头，梁的纵筋伸入梁头后弯折锚固（图 7.1.6），也可采取其他可靠的锚固措施。

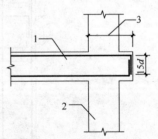

图 7.1.6 楼面梁伸出
墙面形成梁头
1—楼面梁；2—剪力墙；3—楼面
梁钢筋锚固水平投影长度

6 暗柱或扶壁柱应设置箍筋，箍筋直径，一、二、三级时不应小于 8mm，四级及非抗震时不应小于 6mm，且均不应小于纵向钢筋直径的 1/4；箍筋间距，一、二、三级时不应大于 150mm，四级及非抗震时不应大于 200mm。

7.1.7 当墙肢的截面高度与厚度之比不大于 4 时，宜按框架柱进行截面设计。

7.1.8 抗震设计时，高层建筑结构不应全部采用短肢剪力墙；B 级高度高层建筑以及抗震设防烈度为 9 度的 A 级高度高层建筑，不宜布置短肢剪力墙，不应采用具有较多短肢剪力墙的剪力墙结构。当采用具有较多短肢剪力墙的剪力墙结构时，应符合下列规定：

1 在规定的水平地震作用下，短肢剪力墙承担的底部倾覆力矩不宜大于结构底部总地震倾覆力矩的 50%；

2 房屋适用高度应比本规程表 3.3.1-1 规定的剪力墙结构的最大适用高度适当降低，7 度、8 度（0.2g）和 8 度（0.3g）时分别不应大于 100m、80m 和 60m。

注：1 短肢剪力墙是指截面厚度不大于 300mm、各肢截面高度与厚度之比的最大值大于 4 但不大于 8 的剪力墙；

2 具有较多短肢剪力墙的剪力墙结构是指，在规定的水平地震作用下，短肢剪力墙承担的底部倾覆力矩不小于结构底部总地震倾覆力矩的 30% 的剪力墙结构。

7.1.9 剪力墙应进行平面内的斜截面受剪、偏心受压或偏心受拉、平面外轴心受压承载力验算。在集中荷载作用下，墙内无暗柱时还应进行局部受压承载力验算。

7.2 截面设计及构造

7.2.1 剪力墙的截面厚度应符合下列规定：

1 应符合本规程附录 D 的墙体稳定验算要求。

2 一、二级剪力墙：底部加强部位不应小于 200mm，其他部位不应小于 160mm；一字形独立剪力墙底部加强部位不应小于 220mm，其他部位不应小于 180mm。

3 三、四级剪力墙：不应小于 160mm，一字形独立剪力墙的底部加强部位尚不应小于 180mm。

4 非抗震设计时不应小于 160mm。

5 剪力墙井筒中，分隔电梯或管道井的墙肢截面厚度可适当减小，但不宜小于 160mm。

7.2.2 抗震设计时，短肢剪力墙的设计应符合下列规定：

1 短肢剪力墙截面厚度除应符合本规程第 7.2.1 条的要求外，底部加强部位尚不应小于 200mm，其他部位尚不应小于 180mm。

2 一、二、三级短肢剪力墙的轴压比，分别不宜大于 0.45、0.50、0.55，一字形截面短肢剪力墙的轴压比限值应相应减少 0.1。

3 短肢剪力墙的底部加强部位应按本节 7.2.6 条调整剪力设计值，其他各层一、二、三级时剪力设计值应分别乘以增大系数 1.4、1.2 和 1.1。

4 短肢剪力墙边缘构件的设置应符合本规程第 7.2.14 条的规定。

5 短肢剪力墙的全部竖向钢筋的配筋率，底部加强部位一、二级不宜小于 1.2%，三、四级不宜小于 1.0%；其他部位一、二级不宜小于 1.0%，三、四级不宜小于 0.8%。

6 不宜采用一字形短肢剪力墙，不宜在一字形短肢剪力墙上布置平面外与之相交的单侧楼面梁。

7.2.3 高层剪力墙结构的竖向和水平分布钢筋不应单排配置。剪力墙截面厚度不大于 400mm 时，可采用双排配筋；大于 400mm、但不大于 700mm 时，宜采用三排配筋；大于 700mm 时，宜采用四排配筋。各排分布钢筋之间拉筋的间距不应大于 600mm，直径不应小于 6mm。

7.2.4 抗震设计的双肢剪力墙，其墙肢不宜出现小偏心受拉；当任一墙肢为偏心受拉时，另一墙肢的弯矩设计值及剪力设计值应乘以增大系数 1.25。

7.2.5 一级剪力墙的底部加强部位以上部位，墙肢的组合弯矩设计值和组合剪力设计值应乘以增大系数，弯矩增大系数可取为 1.2，剪力增大系数可取为 1.3。

7.2.6 底部加强部位剪力墙截面的剪力设计值，一、二、三级时应按式（7.2.6-1）调整，9 度一级剪力墙应按式（7.2.6-2）调整；二、三级的其他部位及四级时可不调整。

$$V = \eta_{vw} V_w \qquad (7.2.6-1)$$

$$V = 1.1 \frac{M_{wua}}{M_w} V_w \qquad (7.2.6-2)$$

式中：V——底部加强部位剪力墙截面剪力设计值；

V_w——底部加强部位剪力墙截面考虑地震作用组合的剪力计算值；

M_{wua}——剪力墙正截面抗震受弯承载力，应考虑承载力抗震调整系数 γ_{RE}，采用实配纵筋面积、材料强度标准值和组合的轴力设计值等计算，有翼墙时应计入墙两侧各一倍翼墙厚度范围内的纵向钢筋；

M_w——底部加强部位剪力墙底截面弯矩的组合计算值；

η_{vw}——剪力增大系数，一级取 1.6，二级取 1.4，三级取 1.2。

7.2.7 剪力墙墙肢截面剪力设计值应符合下列规定：

1 永久、短暂设计状况

$$V \leqslant 0.25\beta_c f_c b_w h_{w0} \qquad (7.2.7\text{-}1)$$

2 地震设计状况

剪跨比 λ 大于 2.5 时

$$V \leqslant \frac{1}{\gamma_{RE}}(0.20\beta_c f_c b_w h_{w0}) \qquad (7.2.7\text{-}2)$$

剪跨比 λ 不大于 2.5 时

$$V \leqslant \frac{1}{\gamma_{RE}}(0.15\beta_c f_c b_w h_{w0}) \qquad (7.2.7\text{-}3)$$

剪跨比可按下式计算：

$$\lambda = M^c/(V^c h_{w0}) \qquad (7.2.7\text{-}4)$$

式中：V——剪力墙墙肢截面的剪力设计值；

h_{w0}——剪力墙截面有效高度；

β_c——混凝土强度影响系数，应按本规程第 6.2.6 条采用；

λ——剪跨比，其中 M^c、V^c 应取同一组合的、未按本规程有关规定调整的墙肢截面弯矩、剪力计算值，并取墙肢上、下端截面计算的剪跨比的较大值。

7.2.8 矩形、T 形、I 形偏心受压剪力墙墙肢（图 7.2.8）的正截面受压承载力应符合现行国家标准《混凝土结构设计规范》GB 50010 的有关规定，也可按下列规定计算：

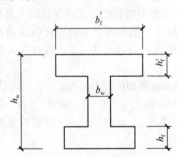

图 7.2.8 截面及尺寸

1 持久、短暂设计状况

$$N \leqslant A'_s f'_y - A_s \sigma_s - N_{sw} + N_c \qquad (7.2.8\text{-}1)$$

$$N\left(e_0 + h_{w0} - \frac{h_w}{2}\right) \leqslant A'_s f'_y(h_{w0} - a'_s) - M_{sw} + M_c \qquad (7.2.8\text{-}2)$$

当 $x > h'_f$ 时

$$N_c = \alpha_1 f_c b_w x + \alpha_1 f_c (b'_f - b_w) h'_f \qquad (7.2.8\text{-}3)$$

$$M_c = \alpha_1 f_c b_w x\left(h_{w0} - \frac{x}{2}\right) + \alpha_1 f_c (b'_f - b_w) h'_f$$
$$\left(h_{w0} - \frac{h'_f}{2}\right) \qquad (7.2.8\text{-}4)$$

当 $x \leqslant h'_f$ 时

$$N_c = \alpha_1 f_c b'_f x \qquad (7.2.8\text{-}5)$$

$$M_c = \alpha_1 f_c b'_f x\left(h_{w0} - \frac{x}{2}\right) \qquad (7.2.8\text{-}6)$$

当 $x \leqslant \xi_b h_{w0}$ 时

$$\sigma_s = f_y \qquad (7.2.8\text{-}7)$$

$$N_{sw} = (h_{w0} - 1.5x)b_w f_{yw}\rho_w \qquad (7.2.8\text{-}8)$$

$$M_{sw} = \frac{1}{2}(h_{w0} - 1.5x)^2 b_w f_{yw}\rho_w \qquad (7.2.8\text{-}9)$$

当 $x > \xi_b h_{w0}$ 时

$$\sigma_s = \frac{f_y}{\xi_b - 0.8}\left(\frac{x}{h_{w0}} - \beta_c\right) \qquad (7.2.8\text{-}10)$$

$$N_{sw} = 0 \qquad (7.2.8\text{-}11)$$

$$M_{sw} = 0 \qquad (7.2.8\text{-}12)$$

$$\xi_b = \frac{\beta_c}{1 + \dfrac{f_y}{E_s \varepsilon_{cu}}} \qquad (7.2.8\text{-}13)$$

式中：a'_s——剪力墙受压区端部钢筋合力点到受压区边缘的距离；

b'_f——T 形或 I 形截面受压区翼缘宽度；

e_0——偏心距，$e_0 = M/N$；

f_y、f'_y——分别为剪力墙端部受拉、受压钢筋强度设计值；

f_{yw}——剪力墙墙体竖向分布钢筋强度设计值；

f_c——混凝土轴心抗压强度设计值；

h'_f——T 形或 I 形截面受压区翼缘的高度；

h_{w0}——剪力墙截面有效高度，$h_{w0} = h_w - a'_s$；

ρ_w——剪力墙竖向分布钢筋配筋率；

ξ_b——界限相对受压区高度；

α_1——受压区混凝土矩形应力图的应力与混凝土轴心抗压强度设计值的比值，混凝土强度等级不超过 C50 时取 1.0，混凝土强度等级为 C80 时取 0.94，混凝土强度等级在 C50 和 C80 之间时可按线性内插取值；

β_c——混凝土强度影响系数，按本规程第 6.2.6 条的规定采用；

ε_{cu}——混凝土极限压应变，应按现行国家标准《混凝土结构设计规范》GB 50010 的有关规定采用。

2 地震设计状况，公式（7.2.8-1）、（7.2.8-2）右端均应除以承载力抗震调整系数 γ_{RE}，γ_{RE} 取 0.85。

7.2.9 矩形截面偏心受拉剪力墙的正截面受拉承载力应符合下列规定：

1 永久、短暂设计状况

$$N \leqslant \frac{1}{\dfrac{1}{N_{0u}} + \dfrac{e_0}{M_{wu}}} \qquad (7.2.9\text{-}1)$$

2 地震设计状况

$$N \leqslant \frac{1}{\gamma_{RE}} \left[\frac{1}{\frac{1}{N_{0u}} + \frac{e_0}{M_{wu}}} \right] \qquad (7.2.9\text{-}2)$$

N_{0u} 和 M_{wu} 可分别按下列公式计算：

$$N_{0u} = 2A_s f_y + A_{sw} f_{yw} \qquad (7.2.9\text{-}3)$$

$$M_{wu} = A_s f_y (h_{w0} - a'_s) + A_{sw} f_{yw} \frac{(h_{w0} - a'_s)}{2} \qquad (7.2.9\text{-}4)$$

式中：A_{sw}——剪力墙竖向分布钢筋的截面面积。

7.2.10 偏心受压剪力墙的斜截面受剪承载力应符合下列规定：

1 永久、短暂设计状况

$$V \leqslant \frac{1}{\lambda - 0.5} \left(0.5 f_t b_w h_{w0} + 0.13 N \frac{A_w}{A} \right) + f_{yh} \frac{A_{sh}}{s} h_{w0} \qquad (7.2.10\text{-}1)$$

2 地震设计状况

$$V \leqslant \frac{1}{\gamma_{RE}} \left[\frac{1}{\lambda - 0.5} \left(0.4 f_t b_w h_{w0} + 0.1 N \frac{A_w}{A} \right) + 0.8 f_{yh} \frac{A_{sh}}{s} h_{w0} \right] \qquad (7.2.10\text{-}2)$$

式中：N——剪力墙截面轴向压力设计值，N 大于 $0.2 f_c b_w h_w$ 时，应取 $0.2 f_c b_w h_w$；

A——剪力墙全截面面积；

A_w——T 形或 I 形截面剪力墙腹板的面积，矩形截面时应取 A；

λ——计算截面的剪跨比，λ 小于 1.5 时应取 1.5，λ 大于 2.2 时应取 2.2，计算截面与墙底之间的距离小于 $0.5 h_{w0}$ 时，λ 应按距墙底 $0.5 h_{w0}$ 处的弯矩值与剪力值计算；

s——剪力墙水平分布钢筋间距。

7.2.11 偏心受拉剪力墙的斜截面受剪承载力应符合下列规定：

1 永久、短暂设计状况

$$V \leqslant \frac{1}{\lambda - 0.5} \left(0.5 f_t b_w h_{w0} - 0.13 N \frac{A_w}{A} \right) + f_{yh} \frac{A_{sh}}{s} h_{w0} \qquad (7.2.11\text{-}1)$$

上式右端的计算值小于 $f_{yh} \frac{A_{sh}}{s} h_{w0}$ 时，应取等于 $f_{yh} \frac{A_{sh}}{s} h_{w0}$。

2 地震设计状况

$$V \leqslant \frac{1}{\gamma_{RE}} \left[\frac{1}{\lambda - 0.5} \left(0.4 f_t b_w h_{w0} - 0.1 N \frac{A_w}{A} \right) + 0.8 f_{yh} \frac{A_{sh}}{s} h_{w0} \right] \qquad (7.2.11\text{-}2)$$

上式右端方括号内的计算值小于 $0.8 f_{yh} \frac{A_{sh}}{s} h_{w0}$ 时，应取等于 $0.8 f_{yh} \frac{A_{sh}}{s} h_{w0}$。

7.2.12 抗震等级为一级的剪力墙，水平施工缝的抗滑移应符合下式要求：

$$V_{wj} \leqslant \frac{1}{\gamma_{RE}} (0.6 f_y A_s + 0.8 N) \qquad (7.2.12)$$

式中：V_{wj}——剪力墙水平施工缝处剪力设计值；

A_s——水平施工缝处剪力墙腹板内竖向分布钢筋和边缘构件中的竖向钢筋总面积（不包括两侧翼墙），以及在墙体中有足够锚固长度的附加竖向插筋面积；

f_y——竖向钢筋抗拉强度设计值；

N——水平施工缝处考虑地震作用组合的轴向力设计值，压力取正值，拉力取负值。

7.2.13 重力荷载代表值作用下，一、二、三级剪力墙墙肢的轴压比不宜超过表 7.2.13 的限值。

表 7.2.13　剪力墙墙肢轴压比限值

抗震等级	一级（9度）	一级（6、7、8度）	二、三级
轴压比限值	0.4	0.5	0.6

注：墙肢轴压比是指重力荷载代表值作用下墙肢承受的轴压力设计值与墙肢的全截面面积和混凝土轴心抗压强度设计值乘积之比值。

7.2.14 剪力墙两端和洞口两侧应设置边缘构件，并应符合下列规定：

1 一、二、三级剪力墙底层墙肢底截面的轴压比大于表 7.2.14 的规定值时，以及部分框支剪力墙结构的剪力墙，应在底部加强部位及相邻的上一层设置约束边缘构件，约束边缘构件应符合本规程第 7.2.15 条的规定；

2 除本条第 1 款所列部位外，剪力墙应按本规程第 7.2.16 条设置构造边缘构件；

3 B 级高度高层建筑的剪力墙，宜在约束边缘构件层与构造边缘构件层之间设置 1～2 层过渡层，过渡层边缘构件的箍筋配置要求可低于约束边缘构件的要求，但应高于构造边缘构件的要求。

表 7.2.14　剪力墙可不设约束边缘构件的最大轴压比

等级或烈度	一级（9度）	一级（6、7、8度）	二、三级
轴压比	0.1	0.2	0.3

7.2.15 剪力墙的约束边缘构件可为暗柱、端柱和翼墙（图 7.2.15），并应符合下列规定：

1 约束边缘构件沿墙肢的长度 l_c 和箍筋配箍特征值 λ_v 应符合表 7.2.15 的要求，其体积配箍率 ρ_v 应按下式计算：

$$\rho_v = \lambda_v \frac{f_c}{f_{yv}} \qquad (7.2.15)$$

式中：ρ_v——箍筋体积配箍率。可计入箍筋、拉筋以及符合构造要求的水平分布钢筋，计入的水平分布钢筋的体积配箍率不应大于总体积配箍率的30%；

λ_v——约束边缘构件配箍特征值；

f_c——混凝土轴心抗压强度设计值；混凝土强度等级低于C35时，应取C35的混凝土轴心抗压强度设计值；

f_{yv}——箍筋、拉筋或水平分布钢筋的抗拉强度设计值。

表 7.2.15　约束边缘构件沿墙肢的长度 l_c 及其配箍特征值 λ_v

项　目	一级(9度)		一级(6、7、8度)		二、三级	
	$\mu_N \leqslant 0.2$	$\mu_N > 0.2$	$\mu_N \leqslant 0.3$	$\mu_N > 0.3$	$\mu_N \leqslant 0.4$	$\mu_N > 0.4$
l_c(暗柱)	$0.20h_w$	$0.25h_w$	$0.15h_w$	$0.20h_w$	$0.15h_w$	$0.20h_w$
l_c(翼墙或端柱)	$0.15h_w$	$0.20h_w$	$0.10h_w$	$0.15h_w$	$0.10h_w$	$0.15h_w$
λ_v	0.12	0.20	0.12	0.20	0.12	0.20

注：1　μ_N 为墙肢在重力荷载代表值作用下的轴压比，h_w 为墙肢的长度；

　　2　剪力墙的翼墙长度小于翼墙厚度的 3 倍或端柱截面边长小于 2 倍墙厚时，按无翼墙、无端柱查表；

　　3　l_c 为约束边缘构件沿墙肢的长度（图 7.2.15）。对暗柱不应小于墙厚和 400mm 的较大值；有翼墙或端柱时，不应小于翼墙厚度或端柱沿墙肢方向截面高度加 300mm。

　　2　剪力墙约束边缘构件阴影部分（图 7.2.15）的竖向钢筋除应满足正截面受压（受拉）承载力计算要求外，其配筋率一、二、三级时分别不应小于 1.2%、1.0% 和 1.0%，并分别不应少于 $8\phi16$、$6\phi16$ 和 $6\phi14$ 的钢筋（ϕ 表示钢筋直径）；

　　3　约束边缘构件内箍筋或拉筋沿竖向的间距，一级不宜大于 100mm，二、三级不宜大于 150mm；箍筋、拉筋沿水平方向的肢距不宜大于 300mm，不应大于竖向钢筋间距的 2 倍。

7.2.16　剪力墙构造边缘构件的范围宜按图 7.2.16 中阴影部分采用，其最小配筋应满足表 7.2.16 的规定，并应符合下列规定：

　　1　竖向配筋应满足正截面受压（受拉）承载力的要求；

　　2　当端柱承受集中荷载时，其竖向钢筋、箍筋直径和间距应满足框架柱的相应要求；

　　3　箍筋、拉筋沿水平方向的肢距不宜大于 300mm，不应大于竖向钢筋间距的 2 倍；

　　4　抗震设计时，对平连体结构、错层结构以及 B 级高度高层建筑结构中的剪力墙（简体），其构造边缘构件的最小配筋应符合下列要求：

　　1）竖向钢筋最小量应比表 7.2.16 中的数值提高 $0.001A_c$ 采用；

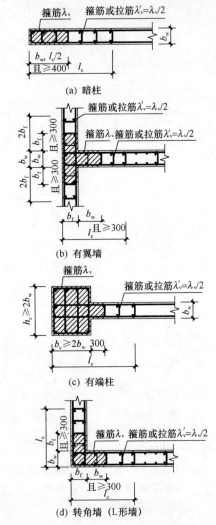

图 7.2.15　剪力墙的约束边缘构件

表 7.2.16　剪力墙构造边缘构件的最小配筋要求

抗震等级	底部加强部位		
	竖向钢筋最小量（取较大值）	箍　筋	
		最小直径(mm)	沿竖向最大间距(mm)
一	$0.010A_c$，$6\phi16$	8	100
二	$0.008A_c$，$6\phi14$	8	150
三	$0.006A_c$，$6\phi12$	6	150
四	$0.005A_c$，$4\phi12$	6	200

抗震等级	其他部位		
	竖向钢筋最小量（取较大值）	拉　筋	
		最小直径(mm)	沿竖向最大间距(mm)
一	$0.008A_c$，$6\phi14$	8	150
二	$0.006A_c$，$6\phi12$	8	200
三	$0.005A_c$，$4\phi12$	6	200
四	$0.004A_c$，$4\phi12$	6	250

注：1　A_c 为构造边缘构件的截面面积，即图 7.2.16 剪力墙截面的阴影部分；

　　2　符号 ϕ 表示钢筋直径；

　　3　其他部位的转角处宜采用箍筋。

2）箍筋的配筋范围宜取图 7.2.16 中阴影部分，其配箍特征值 λ_v 不宜小于 0.1。

5 非抗震设计的剪力墙，墙肢端部应配置不少于 $4\phi12$ 的纵向钢筋，箍筋直径不应小于 6mm、间距不宜大于 250mm。

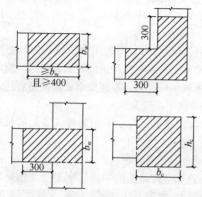

图 7.2.16 剪力墙的构造边缘构件范围

7.2.17 剪力墙竖向和水平分布钢筋的配筋率，一、二、三级时均不应小于 **0.25%**，四级和非抗震设计时均不应小于 **0.20%**。

7.2.18 剪力墙的竖向和水平分布钢筋的间距均不宜大于 300mm，直径不应小于 8mm。剪力墙的竖向和水平分布钢筋的直径不宜大于墙厚的 1/10。

7.2.19 房屋顶层剪力墙、长矩形平面房屋的楼梯间和电梯间剪力墙、端开间纵向剪力墙以及端山墙的水平和竖向分布钢筋的配筋率均不应小于 0.25%，间距均不应大于 200mm。

7.2.20 剪力墙的钢筋锚固和连接应符合下列规定：

1 非抗震设计时，剪力墙纵向钢筋最小锚固长度应取 l_a；抗震设计时，剪力墙纵向钢筋最小锚固长度应取 l_{aE}。l_a、l_{aE} 的取值应符合本规程第 6.5 节的有关规定。

2 剪力墙竖向及水平分布钢筋采用搭接连接时（图 7.2.20），一、二级剪力墙的底部加强部位，接头位置应错开，同一截面连接的钢筋数量不宜超过总数量的 50%，错开净距不宜小于 500mm；其他情况剪力墙的钢筋可在同一截面连接。分布钢筋的搭接长度，非抗震设计时不应小于 $1.2\,l_a$，抗震设计时不应小于 $1.2\,l_{aE}$。

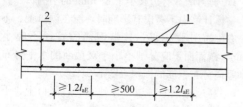

图 7.2.20 剪力墙分布钢筋的搭接连接
1—竖向分布钢筋；2—水平分布钢筋；
非抗震设计时图中 l_{aE} 取 l_a

3 暗柱及端柱内纵向钢筋连接和锚固要求宜与框架柱相同，宜符合本规程第 6.5 节的有关规定。

7.2.21 连梁两端截面的剪力设计值 V 应按下列规定确定：

1 非抗震设计以及四级剪力墙的连梁，应分别取考虑水平风荷载、水平地震作用组合的剪力设计值。

2 一、二、三级剪力墙的连梁，其梁端截面组合的剪力设计值应按式（7.2.21-1）确定，9 度时一级剪力墙的连梁应按式（7.2.21-2）确定。

$$V = \eta_{vb}\frac{M_b^l + M_b^r}{l_n} + V_{Gb} \qquad (7.2.21\text{-}1)$$

$$V = 1.1(M_{bua}^l + M_{bua}^r)/l_n + V_{Gb}$$
$$(7.2.21\text{-}2)$$

式中：M_b^l、M_b^r——分别为连梁左右端截面顺时针或逆时针方向的弯矩设计值；

M_{bua}^l、M_{bua}^r——分别为连梁左右端截面顺时针或逆时针方向实配的抗震受弯承载力所对应的弯矩值，应按实配钢筋面积（计入受压钢筋）和材料强度标准值并考虑承载力抗震调整系数计算；

l_n——连梁的净跨；

V_{Gb}——在重力荷载代表值作用下按简支梁计算的梁端截面剪力设计值；

η_{vb}——连梁剪力增大系数，一级取1.3，二级取1.2，三级取1.1。

7.2.22 连梁截面剪力设计值应符合下列规定：

1 永久、短暂设计状况
$$V \leqslant 0.25\beta_c f_c b_b h_{b0} \qquad (7.2.22\text{-}1)$$

2 地震设计状况
跨高比大于 2.5 的连梁
$$V \leqslant \frac{1}{\gamma_{RE}}(0.20\beta_c f_c b_b h_{b0}) \qquad (7.2.22\text{-}2)$$

跨高比不大于 2.5 的连梁
$$V \leqslant \frac{1}{\gamma_{RE}}(0.15\beta_c f_c b_b h_{b0}) \qquad (7.2.22\text{-}3)$$

式中：V——按本规程第 7.2.21 条调整后的连梁截面剪力设计值；

b_b——连梁截面宽度；

h_{b0}——连梁截面有效高度；

β_c——混凝土强度影响系数，见本规程第 6.2.6 条。

7.2.23 连梁的斜截面受剪承载力应符合下列规定：

1 永久、短暂设计状况
$$V \leqslant 0.7 f_t b_b h_{b0} + f_{yv}\frac{A_{sv}}{s}h_{b0} \qquad (7.2.23\text{-}1)$$

2 地震设计状况

跨高比大于 2.5 的连梁

$$V \leqslant \frac{1}{\gamma_{RE}}\left(0.42 f_t b_b h_{b0} + f_{yv}\frac{A_{sv}}{s}h_{b0}\right)$$

$$(7.2.23-2)$$

跨高比不大于 2.5 的连梁

$$V \leqslant \frac{1}{\gamma_{RE}}\left(0.38 f_t b_b h_{b0} + 0.9 f_{yv}\frac{A_{sv}}{s}h_{b0}\right)$$

$$(7.2.23-3)$$

式中：V——按 7.2.21 条调整后的连梁截面剪力设计值。

7.2.24 跨高比（l/h_b）不大于 1.5 的连梁，非抗震设计时，其纵向钢筋的最小配筋率可取为 0.2%；抗震设计时，其纵向钢筋的最小配筋率宜符合表 7.2.24 的要求；跨高比大于 1.5 的连梁，其纵向钢筋的最小配筋率可按框架梁的要求采用。

表 7.2.24 跨高比不大于 1.5 的连梁纵向钢筋的最小配筋率（%）

跨高比	最小配筋率（采用较大值）
$l/h_b \leqslant 0.5$	0.20，$45 f_t/f_y$
$0.5 < l/h_b \leqslant 1.5$	0.25，$55 f_t/f_y$

7.2.25 剪力墙结构连梁中，非抗震设计时，顶面及底面单侧纵向钢筋的最大配筋率不宜大于 2.5%；抗震设计时，顶面及底面单侧纵向钢筋的最大配筋率宜符合表 7.2.25 的要求。如不满足，则应按实配钢筋进行连梁强剪弱弯的验算。

表 7.2.25 连梁纵向钢筋的最大配筋率（%）

跨高比	最大配筋率
$l/h_b \leqslant 1.0$	0.6
$1.0 < l/h_b \leqslant 2.0$	1.2
$2.0 < l/h_b \leqslant 2.5$	1.5

7.2.26 剪力墙的连梁不满足本规程第 7.2.22 条的要求时，可采取下列措施：

1 减小连梁截面高度或采取其他减小连梁刚度的措施。

2 抗震设计剪力墙连梁的弯矩可塑性调幅；内力计算时已经按本规程第 5.2.1 条的规定降低了刚度的连梁，其弯矩值不宜再调幅，或限制再调幅范围。此时，应取弯矩调幅后相应的剪力设计值校核其是否满足本规程第 7.2.22 条的规定；剪力墙中其他连梁和墙肢的弯矩设计值宜视调幅连梁数量的多少而相应适当增大。

3 当连梁破坏对承受竖向荷载无明显影响时，可按独立墙肢的计算简图进行第二次多遇地震作用下

的内力分析，墙肢截面应按两次计算的较大值计算配筋。

7.2.27 连梁的配筋构造（图 7.2.27）应符合下列规定：

1 连梁顶面、底面纵向水平钢筋伸入墙肢的长度，抗震设计时不应小于 l_{aE}，非抗震设计时不应小于 l_a，且均不应小于 600mm。

2 抗震设计时，沿连梁全长箍筋的构造应符合本规程第 6.3.2 条框架梁梁端箍筋加密区的箍筋构造要求；非抗震设计时，沿连梁全长的箍筋直径不应小于 6mm，间距不应大于 150mm。

3 顶层连梁纵向水平钢筋伸入墙肢的长度范围内应配置箍筋，箍筋间距不宜大于 150mm，直径应与该连梁的箍筋直径相同。

4 连梁高度范围内的墙肢水平分布钢筋应在连梁内拉通作为连梁的腰筋。连梁截面高度大于 700mm 时，其两侧面腰筋的直径不应小于 8mm，间距不应大于 200mm；跨高比不大于 2.5 的连梁，其两侧腰筋的总面积配筋率不应小于 0.3%。

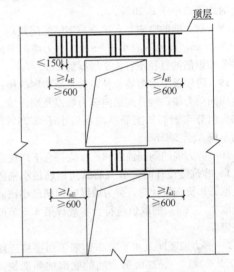

图 7.2.27 连梁配筋构造示意

注：非抗震设计时图中 l_{aE} 取 l_a

7.2.28 剪力墙开小洞口和连梁开洞应符合下列规定：

1 剪力墙开有边长小于 800mm 的小洞口、且在结构整体计算中不考虑其影响时，应在洞口上、下和左、右配置补强钢筋，补强钢筋的直径不应小于 12mm，截面面积应分别不小于被截断的水平分布钢筋和竖向分布钢筋的面积（图 7.2.28a）；

2 穿过连梁的管道宜预埋套管，洞口上、下的截面有效高度不宜小于梁高的 1/3，且不宜小于 200mm；被洞口削弱的截面应进行承载力验算，洞口处应配置补强纵向钢筋和箍筋（图 7.2.28b），补强纵向钢筋的直径不应小于 12mm。

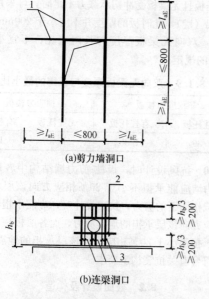

(a)剪力墙洞口

(b)连梁洞口

图 7.2.28 洞口补强配筋示意
1—墙洞口周边补强钢筋；2—连梁洞口上、
下补强纵向箍筋；3—连梁洞口补强箍筋；
非抗震设计时图中 l_{aE} 取 l_a

8 框架-剪力墙结构设计

8.1 一 般 规 定

8.1.1 框架-剪力墙结构、板柱-剪力墙结构的结构布置、计算分析、截面设计及构造要求除应符合本章的规定外，尚应分别符合本规程第3、5、6和7章的有关规定。

8.1.2 框架-剪力墙结构可采用下列形式：

　　1 框架与剪力墙（单片墙、联肢墙或较小井筒）分开布置；

　　2 在框架结构的若干跨内嵌入剪力墙（带边框剪力墙）；

　　3 在单片抗侧力结构内连续分别布置框架和剪力墙；

　　4 上述两种或三种形式的混合。

8.1.3 抗震设计的框架-剪力墙结构，应根据在规定的水平力作用下结构底层框架部分承受的地震倾覆力矩与结构总地震倾覆力矩的比值，确定相应的设计方法，并应符合下列规定：

　　1 框架部分承受的地震倾覆力矩不大于结构总地震倾覆力矩的10%时，按剪力墙结构进行设计，其中的框架部分应按框架-剪力墙结构的框架进行设计；

　　2 当框架部分承受的地震倾覆力矩大于结构总地震倾覆力矩的10%但不大于50%时，按框架-剪力墙结构进行设计；

　　3 当框架部分承受的地震倾覆力矩大于结构总地震倾覆力矩的50%但不大于80%时，按框架-剪力墙结构进行设计，其最大适用高度可比框架结构适当增加，框架部分的抗震等级和轴压比限值宜按框架结构的规定采用；

　　4 当框架部分承受的地震倾覆力矩大于结构总地震倾覆力矩的80%时，按框架-剪力墙结构进行设计，但其最大适用高度宜按框架结构采用，框架部分的抗震等级和轴压比限值应按框架结构的规定采用。当结构的层间位移角不满足框架-剪力墙结构的规定时，可按本规程第3.11节的有关规定进行结构抗震性能分析和论证。

8.1.4 抗震设计时，框架-剪力墙结构对应于地震作用标准值的各层框架总剪力应符合下列规定：

　　1 满足式（8.1.4）要求的楼层，其框架总剪力不必调整；不满足式（8.1.4）要求的楼层，其框架总剪力应按 $0.2V_0$ 和 $1.5V_{f,max}$ 二者的较小值采用；

$$V_f \geq 0.2V_0 \qquad (8.1.4)$$

式中：V_0 ——对框架柱数量从下至上基本不变的结构，应取对应于地震作用标准值的结构底层总剪力；对框架柱数量从下至上分段有规律变化的结构，应取每段底层结构对应于地震作用标准值的总剪力；

　　V_f ——对应于地震作用标准值且未经调整的各层（或某一段内各层）框架承担的地震总剪力；

　　$V_{f,max}$ ——对框架柱数量从下至上基本不变的结构，应取对应于地震作用标准值且未经调整的各层框架承担的地震总剪力中的最大值；对框架柱数量从下至上分段有规律变化的结构，应取每段中对应于地震作用标准值且未经调整的各层框架承担的地震总剪力中的最大值。

　　2 各层框架所承担的地震总剪力按本条第1款调整后，应按调整前、后总剪力的比值调整每根框架柱和与之相连框架梁的剪力及端部弯矩标准值，框架柱的轴力标准值可不予调整；

　　3 按振型分解反应谱法计算地震作用时，本条第1款所规定的调整可在振型组合之后、并满足本规程第4.3.12条关于楼层最小地震剪力系数的前提下进行。

8.1.5 框架-剪力墙结构应设计成双向抗侧力体系；抗震设计时，结构两主轴方向均应布置剪力墙。

8.1.6 框架-剪力墙结构中，主体结构构件之间除个别节点外不应采用铰接；梁与柱或柱与剪力墙的中线宜重合；框架梁、柱中心线之间有偏离时，应符合本规程第6.1.7条的有关规定。

8.1.7 框架-剪力墙结构中剪力墙的布置宜符合下列规定：

　　1 剪力墙宜均匀布置在建筑物的周边附近、楼梯间、电梯间、平面形状变化及恒载较大的部位，剪

力墙间距不宜过大;

2 平面形状凹凸较大时,宜在凸出部分的端部附近布置剪力墙;

3 纵、横剪力墙宜组成 L 形、T 形和 [形等形式;

4 单片剪力墙底部承担的水平剪力不应超过结构底部总水平剪力的 30%;

5 剪力墙宜贯通建筑物的全高,宜避免刚度突变;剪力墙开洞时,洞口宜上下对齐;

6 楼、电梯间等竖井宜尽量与靠近的抗侧力结构结合布置;

7 抗震设计时,剪力墙的布置宜使结构各主轴方向的侧向刚度接近。

8.1.8 长矩形平面或平面有一部分较长的建筑中,其剪力墙的布置尚宜符合下列规定:

1 横向剪力墙沿长方向的间距宜满足表 8.1.8 的要求,当这些剪力墙之间的楼盖有较大开洞时,剪力墙的间距应适当减小;

2 纵向剪力墙不宜集中布置在房屋的两尽端。

表 8.1.8 剪力墙间距(m)

楼盖形式	非抗震设计(取较小值)	抗震设防烈度		
		6 度、7 度(取较小值)	8 度(取较小值)	9 度(取较小值)
现　　浇	5.0B, 60	4.0B, 50	3.0B, 40	2.0B, 30
装配整体	3.5B, 50	3.0B, 40	2.5B, 30	—

注:1 表中 B 为剪力墙之间的楼盖宽度(m);
　　2 装配整体式楼盖的现浇层应符合本规程第 3.6.2 条的有关规定;
　　3 现浇层厚度大于 60mm 的叠合楼板可作为现浇板考虑;
　　4 当房屋端部未布置剪力墙时,第一片剪力墙与房屋端部的距离,不宜大于表中剪力墙间距的 1/2。

8.1.9 板柱-剪力墙结构的布置应符合下列规定:

1 应同时布置筒体或两主轴方向的剪力墙以形成双向抗侧力体系,并应避免结构刚度偏心,其中剪力墙或筒体应分别符合本规程第 7 章和第 9 章的有关规定,且宜在对应剪力墙或筒体的各楼层处设置暗梁。

2 抗震设计时,房屋的周边应设置边梁形成周边框架,房屋的顶层及地下室顶板宜采用梁板结构。

3 有楼、电梯间等较大开洞时,洞口周围宜设置框架梁或边梁。

4 无梁板可根据承载力和变形要求采用无柱帽(柱托)或有柱帽(柱托)板形式。柱托板的长度和厚度应按计算确定,且每方向长度不宜小于板跨度的 1/6,其厚度不宜小于板厚度的 1/4。7 度宜采用有柱托板,8 度时应有柱托板,此时托板每方向长度尚不宜小于同方向柱截面宽度和 4 倍板厚之和,托板总厚度尚不应小于柱纵向钢筋直径的 16 倍。当

无柱托板且无梁板受冲切承载力不足时,可采用型钢剪力架(键),此时板的厚度并不应小于 200mm。

5 双向无梁板厚度与长跨之比,不宜小于表 8.1.9 的规定。

表 8.1.9 双向无梁板厚度与长跨的最小比值

非预应力楼板		预应力楼板	
无柱托板	有柱托板	无柱托板	有柱托板
1/30	1/35	1/40	1/45

8.1.10 抗风设计时,板柱-剪力墙结构中各层筒体或剪力墙应能承担不小于 80% 相应方向该层承担的风荷载作用下的剪力;抗震设计时,应能承担各层全部相应方向该层承担的地震剪力,而各层板柱部分尚应能承担不小于 20% 相应方向该层承担的地震剪力,且应符合有关抗震构造要求。

8.2 截面设计及构造

8.2.1 框架-剪力墙结构、板柱-剪力墙结构中,剪力墙的竖向、水平分布钢筋的配筋率,抗震设计时均不应小于 0.25%,非抗震设计时均不应小于 0.20%,并应至少双排布置。各排分布筋之间应设置拉筋,拉筋的直径不应小于 6mm、间距不应大于 600mm。

8.2.2 带边框剪力墙的构造应符合下列规定:

1 带边框剪力墙的截面厚度应符合本规程附录 D 的墙体稳定计算要求,且应符合下列规定:

1)抗震设计时,一、二级剪力墙的底部加强部位不应小于 200mm;

2)除本款 1)项以外的其他情况下不应小于 160mm。

2 剪力墙的水平钢筋应全部锚入边框柱内,锚固长度不应小于 l_a(非抗震设计)或 l_{aE}(抗震设计);

3 与剪力墙重合的框架梁可保留,亦可做成宽度与墙厚相同的暗梁,暗梁截面高度可取墙厚的 2 倍或与该榀框架梁截面等高,暗梁的配筋可按构造配置且应符合一般框架梁相应抗震等级的最小配筋要求;

4 剪力墙截面宜按工字形设计,其端部的纵向受力钢筋应配置在边框柱截面内;

5 边框柱截面宜与该榀框架其他柱的截面相同,边框柱应符合本规程第 6 章有关框架柱构造配筋规定;剪力墙底部加强部位边框柱的箍筋宜沿全高加密;当带边框剪力墙上的洞口紧邻边框柱时,边框柱的箍筋宜沿全高加密。

8.2.3 板柱-剪力墙结构设计应符合下列规定:

1 结构分析中规则的板柱结构可用等代框架法,其等代梁的宽度宜采用垂直于等代框架方向两侧柱距各 1/4;宜采用连续体有限元空间模型进行更准确的计算分析。

2 楼板在柱周边临界截面的冲切应力,不宜超过 $0.7f_t$,超过时应配置抗冲切钢筋或抗剪栓钉,当

地震作用导致柱上板带支座弯矩反号时还应对反向作复核。板柱节点冲切承载力可按现行国家标准《混凝土结构设计规范》GB 50010 的相关规定进行验算，并应考虑节点不平衡弯矩作用下产生的剪力影响。

3 沿两个主轴方向均应布置通过柱截面的板底连续钢筋，且钢筋的总截面面积应符合下式要求：

$$A_s \geqslant N_G / f_y \tag{8.2.3}$$

式中：A_s ——通过柱截面的板底连续钢筋的总截面面积；

N_G ——该层楼面重力荷载代表值作用下的柱轴向压力设计值，8 度时尚宜计入竖向地震影响；

f_y ——通过柱截面的板底连续钢筋的抗拉强度设计值。

8.2.4 板柱-剪力墙结构中，板的构造设计应符合下列规定：

1 抗震设计时，应在柱上板带中设置构造暗梁，暗梁宽度取柱宽及两侧各 1.5 倍板厚之和，暗梁支座上部钢筋截面积不宜小于柱上板带钢筋截面积的 50%，并应全跨拉通，暗梁下部钢筋应不小于上部钢筋的 1/2。暗梁箍筋的布置，当计算不需要时，直径不应小于 8mm，间距不宜大于 $3h_0/4$，肢距不宜大于 $2h_0$；当计算需要时应按计算确定，且直径不应小于 10mm，间距不宜大于 $h_0/2$，肢距不宜大于 $1.5h_0$。

2 设置柱托板时，非抗震设计时托板底部宜布置构造钢筋；抗震设计时托板底部钢筋应按计算确定，并应满足抗震锚固要求。计算柱上板带的支座钢筋时，可考虑托板厚度的有利影响。

3 无梁楼板开局部洞口时，应验算承载力及刚度要求。当未作专门分析时，在板的不同部位开单个

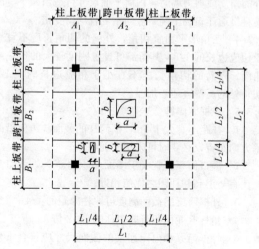

图 8.2.4 无梁楼板开洞要求

注：洞 1：$a \leqslant a_c/4$ 且 $a \leqslant t/2$，$b \leqslant b_c/4$ 且 $b \leqslant t/2$，其中，a 为洞口短边尺寸，b 为洞口长边尺寸，a_c 为相应于洞口短边方向的柱宽，b_c 为相应于洞口长边方向的柱宽，t 为板厚；洞 2：$a \leqslant A_2/4$ 且 $b \leqslant B_1/4$；洞 3：$a \leqslant A_2/4$ 且 $b \leqslant B_2/4$

洞的大小应符合图 8.2.4 的要求。若在同一部位开多个洞时，则在同一截面上各个洞宽之和不应大于该部位单个洞的允许宽度。所有洞边均应设置补强钢筋。

9 筒体结构设计

9.1 一般规定

9.1.1 本章适用于钢筋混凝土框架-核心筒结构和筒中筒结构，其他类型的筒体结构可参照使用。筒体结构各种构件的截面设计和构造措施除应遵守本章规定外，尚应符合本规程第 6~8 章的有关规定。

9.1.2 筒中筒结构的高度不宜低于 80m，高宽比不宜小于 3。对高度不超过 60m 的框架-核心筒结构，可按框架-剪力墙结构设计。

9.1.3 当相邻层的柱不贯通时，应设置转换梁等构件。转换构件的结构设计应符合本规程第 10 章的有关规定。

9.1.4 筒体结构的楼盖外角宜设置双层双向钢筋（图 9.1.4），单层单向配筋率不宜小于 0.3%，钢筋的直径不应小于 8mm，间距不应大于 150mm，配筋范围不宜小于外框架（或外筒）至内筒外墙中距的 1/3 和 3m。

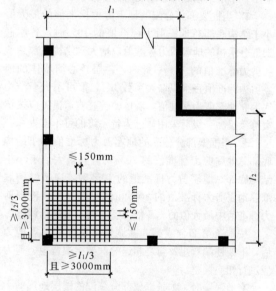

图 9.1.4 板角配筋示意

9.1.5 核心筒或内筒的外墙与外框柱间的中距，非抗震设计大于 15m、抗震设计大于 12m 时，宜采取增设内柱等措施。

9.1.6 核心筒或内筒中剪力墙截面形状宜简单；截面形状复杂的墙体可按应力进行截面设计校核。

9.1.7 筒体结构核心筒或内筒设计应符合下列规定：

1 墙肢宜均匀、对称布置；

2 筒体角部附近不宜开洞，当不可避免时，筒角内壁至洞口的距离不应小于 500mm 和开洞墙截面厚度的较大值；

3 筒体墙应按本规程附录 D 验算墙体稳定，且外墙厚度不应小于 200mm，内墙厚度不应小于 160mm，必要时可设置扶壁柱或扶壁墙；

4 筒体墙的水平、竖向配筋不应少于两排，其最小配筋率应符合本规程第 7.2.17 条的规定；

5 抗震设计时，核心筒、内筒的连梁宜配置对角斜向钢筋或交叉暗撑；

6 筒体墙的加强部位高度、轴压比限值、边缘构件设置以及截面设计，应符合本规程第 7 章的有关规定。

9.1.8 核心筒或内筒的外墙不宜在水平方向连续开洞，洞间墙肢的截面高度不宜小于 1.2m；当洞间墙肢的截面高度与厚度之比小于 4 时，宜按框架柱进行截面设计。

9.1.9 抗震设计时，框筒柱和框架柱的轴压比限值可按框架-剪力墙结构的规定采用。

9.1.10 楼盖主梁不宜搁置在核心筒或内筒的连梁上。

9.1.11 抗震设计时，筒体结构的框架部分按侧向刚度分配的楼层地震剪力标准值应符合下列规定：

1 框架部分分配的楼层地震剪力标准值的最大值不宜小于结构底部总地震剪力标准值的 10%。

2 当框架部分分配的地震剪力标准值的最大值小于结构底部总地震剪力标准值的 10% 时，各层框架部分承担的地震剪力标准值应增大到结构底部总地震剪力标准值的 15%；此时，各层核心筒墙体的地震剪力标准值宜乘以增大系数 1.1，但可不大于结构底部总地震剪力标准值，墙体的抗震构造措施应按抗震等级提高一级后采用，已为特一级的可不再提高。

3 当框架部分分配的地震剪力标准值小于结构底部总地震剪力标准值的 20%，但其最大值不小于结构底部总地震剪力标准值的 10% 时，应按结构底部总地震剪力标准值的 20% 和框架部分楼层地震剪力标准值中最大值的 1.5 倍二者的较小值进行调整。

按本条第 2 款或第 3 款调整框架柱的地震剪力后，框架柱端弯矩及与之相连的框架梁端弯矩、剪力应进行相应调整。

有加强层时，本条条款框架部分分配的楼层地震剪力标准值的最大值不应包括加强层及其上、下层的框架剪力。

9.2 框架-核心筒结构

9.2.1 核心筒宜贯通建筑物全高。核心筒的宽度不宜小于筒体总高的 1/12，当筒体结构设置角筒、剪力墙或增强结构整体刚度的构件时，核心筒的宽度可适当减小。

9.2.2 抗震设计时，核心筒墙体设计尚应符合下列规定：

1 底部加强部位主要墙体的水平和竖向分布钢筋的配筋率均不宜小于 0.30%；

2 底部加强部位角部墙体约束边缘构件沿墙肢的长度宜取墙肢截面高度的 1/4，约束边缘构件范围内应主要采用箍筋；

3 底部加强部位以上角部墙体宜按本规程 7.2.15 条的规定设置约束边缘构件。

9.2.3 框架-核心筒结构的周边柱间必须设置框架梁。

9.2.4 核心筒连梁的受剪截面应符合本规程第 9.3.6 条的要求，其构造设计应符合本规程第 9.3.7、9.3.8 条的有关规定。

9.2.5 对内筒偏置的框架-筒体结构，应控制结构在考虑偶然偏心影响的规定地震力作用下，最大楼层水平位移和层间位移不应大于该楼层平均值的 1.4 倍，结构扭转为主的第一自振周期 T_1 与平动为主的第一自振周期 T_1 之比不应大于 0.85，且 T_1 的扭转成分不宜大于 30%。

9.2.6 当内筒偏置、长宽比大于 2 时，宜采用框架-双筒结构。

9.2.7 当框架-双筒结构的双筒间楼板开洞时，其有效楼板宽度不宜小于楼板典型宽度的 50%，洞口附近楼板应加厚，并应采用双层双向配筋，每层单向配筋率不应小于 0.25%；双筒间楼板宜按弹性板进行细化分析。

9.3 筒中筒结构

9.3.1 筒中筒结构的平面外形宜选用圆形、正多边形、椭圆形或矩形等，内筒宜居中。

9.3.2 矩形平面的长宽比不宜大于 2。

9.3.3 内筒的宽度可为高度的 1/12～1/15，如有另外的角筒或剪力墙时，内筒平面尺寸可适当减小。内筒宜贯通建筑物全高，竖向刚度宜均匀变化。

9.3.4 三角形平面宜切角，外筒的切角长度不宜小于相应边长的 1/8，其角部可设置刚度较大的角柱或角筒；内筒的切角长度不宜小于相应边长的 1/10，切角处的筒壁宜适当加厚。

9.3.5 外框筒应符合下列规定：

1 柱距不宜大于 4m，框筒柱的截面长边应沿筒壁方向布置，必要时可采用 T 形截面；

2 洞口面积不宜大于墙面面积的 60%，洞口高宽比宜与层高和柱距之比值相近；

3 外框筒梁的截面高度可取柱净距的 1/4；

4 角柱截面面积可取中柱的 1～2 倍。

9.3.6 外框筒梁和内筒连梁的截面尺寸应符合下列规定：

1 持久、短暂设计状况

$$V_b \leqslant 0.25\beta_c f_c b_b h_{b0} \tag{9.3.6-1}$$

2 地震设计状况

1) 跨高比大于 2.5 时

$$V_b \leqslant \frac{1}{\gamma_{RE}}(0.20\beta_c f_c b_b h_{b0}) \quad (9.3.6\text{-}2)$$

2）跨高比不大于 2.5 时

$$V_b \leqslant \frac{1}{\gamma_{RE}}(0.15\beta_c f_c b_b h_{b0}) \quad (9.3.6\text{-}3)$$

式中：V_b ——外框筒梁或内筒连梁剪力设计值；

b_b ——外框筒梁或内筒连梁截面宽度；

h_{b0} ——外框筒梁或内筒连梁截面的有效高度；

β_c ——混凝土强度影响系数，应按本规程第 6.2.6 条规定采用。

9.3.7 外框筒梁和内筒连梁的构造配筋应符合下列要求：

1 非抗震设计时，箍筋直径不应小于 8mm；抗震设计时，箍筋直径不应小于 10mm。

2 非抗震设计时，箍筋间距不应大于 150mm；抗震设计时，箍筋间距沿梁长不变，且不应大于 100mm，当梁内设置交叉暗撑时，箍筋间距不应大于 200mm。

3 框筒梁上、下纵向钢筋的直径均不应小于 16mm，腰筋的直径不应小于 10mm，腰筋间距不应大于 200mm。

9.3.8 跨高比不大于 2 的框筒梁和内筒连梁宜增配对角斜向钢筋。跨高比不大于 1 的框筒梁和内筒连梁宜采用交叉暗撑（图 9.3.8），且应符合下列规定：

1 梁的截面宽度不宜小于 400mm；

2 全部剪力应由暗撑承担，每根暗撑应由不少于 4 根纵向钢筋组成，纵筋直径不应小于 14mm，其总面积 A_s 应按下列公式计算：

1）持久、短暂设计状况

$$A_s \geqslant \frac{V_b}{2f_y \sin\alpha} \quad (9.3.8\text{-}1)$$

2）地震设计状况

$$A_s \geqslant \frac{\gamma_{RE} V_b}{2f_y \sin\alpha} \quad (9.3.8\text{-}2)$$

式中：α ——暗撑与水平线的夹角；

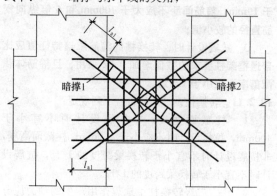

图 9.3.8　梁内交叉暗撑的配筋

3 两个方向暗撑的纵向钢筋应采用矩形箍筋或螺旋箍筋绑成一体，箍筋直径不应小于 8mm，箍筋间距不应大于 150mm；

4 纵筋伸入竖向构件的长度不应小于 l_{a1}，非抗震设计时 l_{a1} 可取 l_a，抗震设计时 l_{a1} 宜取 $1.15 l_a$；

5 梁内普通箍筋的配置应符合本规程第 9.3.7 条的构造要求。

10 复杂高层建筑结构设计

10.1 一 般 规 定

10.1.1 本章对复杂高层建筑结构的规定适用于带转换层的结构、带加强层的结构、错层结构、连体结构以及竖向体型收进、悬挑结构。

10.1.2 9 度抗震设计时不应采用带转换层的结构、带加强层的结构、错层结构和连体结构。

10.1.3 7 度和 8 度抗震设计时，剪力墙结构错层高层建筑的房屋高度分别不宜大于 80m 和 60m；框架-剪力墙结构错层高层建筑的房屋高度分别不应大于 80m 和 60m。抗震设计时，B 级高度高层建筑不宜采用连体结构；底部带转换层的 B 级高度筒中筒结构，当外筒框支层以上采用由剪力墙构成的壁式框架时，其最大适用高度应比本规程表 3.3.1-2 规定的数值适当降低。

10.1.4 7 度和 8 度抗震设计的高层建筑不宜同时采用超过两种本规程第 10.1.1 条所规定的复杂高层建筑结构。

10.1.5 复杂高层建筑结构的计算分析应符合本规程第 5 章的有关规定。复杂高层建筑结构中的受力复杂部位，尚宜进行应力分析，并按应力进行配筋设计校核。

10.2 带转换层高层建筑结构

10.2.1 在高层建筑结构的底部，当上部楼层部分竖向构件（剪力墙、框架柱）不能直接连续贯通落地时，应设置结构转换层，形成带转换层高层建筑结构。本节对带托墙转换层的剪力墙结构（部分框支剪力墙结构）及带托柱转换层的筒体结构的设计作出规定。

10.2.2 带转换层的高层建筑结构，其剪力墙底部加强部位的高度应从地下室顶板算起，宜取至转换层以上两层且不宜小于房屋高度的 1/10。

10.2.3 转换层上部结构与下部结构的侧向刚度变化应符合本规程附录 E 的规定。

10.2.4 转换结构构件可采用转换梁、桁架、空腹桁架、箱形结构、斜撑等，非抗震设计和 6 度抗震设计时可采用厚板，7、8 度抗震设计时地下室的转换结构构件可采用厚板。特一、一、二级转换结构构件的水平地震作用计算内力应分别乘以增大系数 1.9、1.6、1.3；转换结构构件应按本规程第 4.3.2 条的规定考虑竖向地震作用。

10.2.5 部分框支剪力墙结构在地面以上设置转换层的位置，8度时不宜超过3层，7度时不宜超过5层，6度时可适当提高。

10.2.6 带转换层的高层建筑结构，其抗震等级应符合本规程第3.9节的有关规定，带托柱转换层的简体结构，其转换柱和转换梁的抗震等级按部分框支剪力墙结构中的框支框架采纳。对部分框支剪力墙结构，当转换层的位置设置在3层及3层以上时，其框支柱、剪力墙底部加强部位的抗震等级宜按本规程表3.9.3和表3.9.4的规定提高一级采用，已为特一级时可不提高。

10.2.7 转换梁设计应符合下列要求：

1 转换梁上、下部纵向钢筋的最小配筋率，非抗震设计时均不应小于0.30%；抗震设计时，特一、一、和二级分别不应小于0.60%、0.50%和0.40%。

2 离柱边1.5倍梁截面高度范围内的梁箍筋应加密，加密区箍筋直径不应小于10mm、间距不应大于100mm。加密区箍筋的最小面积配筋率，非抗震设计时不应小于$0.9f_t/f_{yv}$；抗震设计时，特一、一和二级分别不应小于$1.3f_t/f_{yv}$、$1.2f_t/f_{yv}$和$1.1f_t/f_{yv}$。

3 偏心受拉的转换梁的支座上部纵向钢筋至少应有50%沿梁全长贯通，下部纵向钢筋应全部直通到柱内；沿梁腹板高度应配置间距不大于200mm、直径不小于16mm的腰筋。

10.2.8 转换梁设计尚应符合下列规定：

1 转换梁与转换柱截面中线宜重合。

2 转换梁截面高度不宜小于计算跨度的1/8。托柱转换梁截面宽度不应小于其上所托柱在梁宽方向的截面宽度。框支梁截面宽度不宜大于框支柱相应方向的截面宽度，且不宜小于其上墙体截面厚度的2倍和400mm的较大值。

3 转换梁截面组合的剪力设计值应符合下列规定：

持久、短暂设计状况　　　$V \leqslant 0.20\beta_c f_c b h_0$

(10.2.8-1)

地震设计状况　　$V \leqslant \dfrac{1}{\gamma_{RE}}(0.15\beta_c f_c b h_0)$

(10.2.8-2)

4 托柱转换梁应沿腹板高度配置腰筋，其直径不宜小于12mm、间距不宜大于200mm。

5 转换梁纵向钢筋接头宜采用机械连接，同一连接区段内接头钢筋截面面积不宜超过全部纵筋截面面积的50%，接头位置应避开上部墙体开洞部位、梁上托柱部位及受力较大部位。

6 转换梁不宜开洞。若必须开洞时，洞口边离开支座柱边的距离不宜小于梁截面高度；被洞口削弱的截面应进行承载力计算，因开洞形成的上、下弦杆应加强纵向钢筋和抗剪箍筋的配置。

7 对托柱转换梁的托柱部位和框支梁上部的墙体开洞部位，梁的箍筋应加密配置，加密区范围可取梁上托柱边或墙边两侧各1.5倍转换梁高度；箍筋直径、间距及面积配筋率应符合本规程第10.2.7条第2款的规定。

8 框支剪力墙结构中的框支梁上、下纵向钢筋和腰筋（图10.2.8）应在节点区可靠锚固，水平段应伸至柱边，且非抗震设计时不应小于$0.4 l_{ab}$，抗震设计时不应小于$0.4 l_{abE}$；梁上部第一排纵向钢筋应向柱内弯折锚固，且应延伸过梁底不小于l_a（非抗震设计）或l_{aE}（抗震设计）；当梁上部配置多排纵向钢筋时，其内排钢筋锚入柱内的长度可适当减小，但水平段长度和弯下段长度之和不应小于钢筋锚固长度l_a（非抗震设计）或l_{aE}（抗震设计）。

9 托柱转换梁在转换层宜在托柱位置设置正交方向的框架梁或楼面梁。

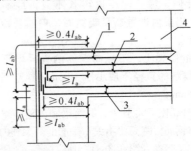

图10.2.8　框支梁主筋和腰筋的锚固

1—梁上部纵向钢筋；2—梁腰筋；3—梁下部纵向钢筋；4—上部剪力墙；抗震设计时图中l_a、l_{ab}分别取为l_{aE}、l_{abE}

10.2.9 转换层上部的竖向抗侧力构件（墙、柱）宜直接落在转换层的主要转换构件上。

10.2.10 转换柱设计应符合下列要求：

1 柱内全部纵向钢筋配筋率应符合本规程第6.4.3条中框支柱的规定；

2 抗震设计时，转换柱箍筋应采用复合螺旋箍或井字复合箍，并应沿柱全高加密，箍筋直径不应小于10mm，箍筋间距不应大于100mm和6倍纵向钢筋直径的较小值；

3 抗震设计时，转换柱的箍筋配箍特征值应比普通框架柱要求的数值增加0.02采用，且箍筋体积配箍率不应小于1.5%。

10.2.11 转换柱设计尚应符合下列规定：

1 柱截面宽度，非抗震设计时不宜小于400mm，抗震设计时不应小于450mm；柱截面高度，非抗震设计时不宜小于转换梁跨度的1/15，抗震设计时不宜小于转换梁跨度的1/12。

2 一、二级转换柱由地震作用产生的轴力应分别乘以增大系数1.5、1.2，但计算柱轴压比时可不考虑该增大系数。

3 与转换构件相连的一、二级转换柱的上端和底层柱下端截面的弯矩组合值应分别乘以增大系数

1.5、1.3，其他层转换柱柱端弯矩设计值应符合本规程第6.2.1条的规定。

4 一、二级柱端截面的剪力设计值应符合本规程第6.2.3条的有关规定。

5 转换角柱的弯矩设计值和剪力设计值应分别在本条第3、4款的基础上乘以增大系数1.1。

6 柱截面的组合剪力设计值应符合下列规定：

持久、短暂设计状况　　$V \leqslant 0.20\beta_c f_c bh_0$

$$(10.2.11-1)$$

地震设计状况　　$V \leqslant \dfrac{1}{\gamma_{RE}}(0.15\beta_c f_c bh_0)$

$$(10.2.11-2)$$

7 纵向钢筋间距均不应小于80mm，且抗震设计时不宜大于200mm，非抗震设计时不宜大于250mm；抗震设计时，柱内全部纵向钢筋配筋率不宜大于4.0%。

8 非抗震设计时，转换柱宜采用复合螺旋箍或井字复合箍，其箍筋体积配箍率不宜小于0.8%，箍筋直径不宜小于10mm，箍筋间距不宜大于150mm。

9 部分框支剪力墙结构中的框支柱在上部墙体范围内的纵向钢筋应伸入上部墙体内不少于一层，其余柱纵筋应锚入转换层梁内或板内；从柱边算起，锚入梁内、板内的钢筋长度，抗震设计时不应小于l_{aE}，非抗震设计时不应小于l_a。

10.2.12 抗震设计时，转换梁、柱的节点核心区应进行抗震验算，节点应符合构造措施的要求。转换梁、柱的节点核心区应按本规程第6.4.10条的规定设置水平箍筋。

10.2.13 箱形转换结构上、下楼板厚度均不宜小于180mm，应根据转换柱的布置和建筑功能要求设置双向横隔板；上、下板配筋设计应同时考虑板局部弯曲和箱形转换层整体弯曲的影响，横隔板宜按深梁设计。

10.2.14 厚板设计应符合下列规定：

1 转换厚板的厚度可由抗弯、抗剪、抗冲切截面验算确定。

2 转换厚板可局部做成薄板，薄板与厚板交界处可加腋；转换厚板亦可局部做成夹心板。

3 转换厚板宜按整体计算时所划分的主要交叉梁系的剪力和弯矩设计值进行截面设计并按有限元法分析结果进行配筋校核；受弯纵向钢筋可沿转换板上、下部双层双向配置，每一方向总配筋率不宜小于0.6%；转换板内暗梁的抗剪箍筋面积配筋率不宜小于0.45%。

4 厚板外周边宜配置钢筋骨架网。

5 转换厚板上、下部的剪力墙、柱的纵向钢筋均应在转换厚板内可靠锚固。

6 转换厚板上、下一层的楼板应适当加强，楼板厚度不宜小于150mm。

10.2.15 采用空腹桁架转换层时，空腹桁架宜满层设置，应有足够的刚度。空腹桁架的上、下弦杆宜考虑楼板作用，并应加强上、下弦杆与框架柱的锚固连接构造；竖腹杆应按强剪弱弯进行配筋设计，并加强箍筋配置以及与上、下弦杆的连接构造措施。

10.2.16 部分框支剪力墙结构的布置应符合下列规定：

1 落地剪力墙和筒体底部墙体应加厚；

2 框支柱周围楼板不应错层布置；

3 落地剪力墙和筒体的洞口宜布置在墙体的中部；

4 框支梁上一层墙体内不宜设置边门洞，也不宜在框支中柱上方设置门洞；

5 落地剪力墙的间距l应符合下列规定：

　　1）非抗震设计时，l不宜大于$3B$和36m；

　　2）抗震设计时，当底部框支层为1～2层时，l不宜大于$2B$和24m；当底部框支层为3层及3层以上时，l不宜大于$1.5B$和20m；

此处，B为落地墙之间楼盖的平均宽度。

6 框支柱与相邻落地剪力墙的距离，1～2层框支层时不宜大于12m，3层及3层以上框支层时不宜大于10m；

7 框支框架承担的地震倾覆力矩应小于结构总地震倾覆力矩的50%；

8 当框支梁承托剪力墙并承托转换次梁及其上剪力墙时，应进行应力分析，按应力校核配筋，并加强构造措施。B级高度部分框支剪力墙高层建筑的结构转换层，不宜采用框支主、次梁方案。

10.2.17 部分框支剪力墙结构框支柱承受的水平地震剪力标准值应按下列规定采用：

1 每层框支柱的数目不多于10根时，当底部框支层为1～2层时，每根柱所受的剪力应至少取结构基底剪力的2%；当底部框支层为3层及3层以上时，每根柱所受的剪力应至少取结构基底剪力的3%。

2 每层框支柱的数目多于10根时，当底部框支层为1～2层时，每层框支柱承受剪力之和应至少取结构基底剪力的20%；当框支层为3层及3层以上时，每层框支柱承受剪力之和应至少取结构基底剪力的30%。

框支柱剪力调整后，应相应调整框支柱的弯矩及柱端框架梁的剪力和弯矩，但框支梁的剪力、弯矩、框支柱的轴力可不调整。

10.2.18 部分框支剪力墙结构中，特一、一、二、三级落地剪力墙底部加强部位的弯矩设计值应按墙底截面有地震作用组合的弯矩值乘以增大系数1.8、1.5、1.3、1.1采用；其剪力设计值应按本规程第3.10.5条、第7.2.6条的规定进行调整。落地剪力墙墙肢不宜出现偏心受拉。

10.2.19 部分框支剪力墙结构中，剪力墙底部加强部位墙体的水平和竖向分布钢筋的最小配筋率，抗震设计时不应小于 0.3%，非抗震设计时不应小于 0.25%；抗震设计时钢筋间距不应大于 200mm，钢筋直径不应小于 8mm。

10.2.20 部分框支剪力墙结构的剪力墙底部加强部位，墙体两端宜设置翼墙或端柱，抗震设计时尚应按本规程第 7.2.15 条的规定设置约束边缘构件。

10.2.21 部分框支剪力墙结构的落地剪力墙基础应有良好的整体性和抗转动的能力。

10.2.22 部分框支剪力墙结构框支梁上部墙体的构造应符合下列规定：

1 当梁上部的墙体开有边门洞时（图 10.2.22），洞边墙体宜设置翼墙、端柱或加厚，并应按本规程第 7.2.15 条约束边缘构件的要求进行配筋设计；当洞口靠近梁端部且梁的受剪承载力不满足要求时，可采取框支梁加腋或增大框支墙洞口连梁刚度等措施。

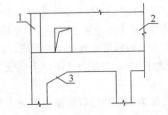

图 10.2.22　框支梁上墙体有边
门洞时洞边墙体的构造要求
1—翼墙或端柱；2—剪力墙；
3—框支梁加腋

2 框支梁上部墙体竖向钢筋在梁内的锚固长度，抗震设计时不应小于 l_{aE}，非抗震设计时不应小于 l_a。

3 框支梁上部一层墙体的配筋宜按下列规定进行校核：

1）柱上墙体的端部竖向钢筋面积 A_s：

$$A_s = h_c b_w (\sigma_{01} - f_c) / f_y \quad (10.2.22\text{-}1)$$

2）柱边 $0.2l_n$ 宽度范围内竖向分布钢筋面积 A_{sw}：

$$A_{sw} = 0.2 l_n b_w (\sigma_{02} - f_c) / f_{yw}$$
$$(10.2.22\text{-}2)$$

3）框支梁上部 $0.2l_n$ 高度范围内墙体水平分布筋面积 A_{sh}：

$$A_{sh} = 0.2 l_n b_w \sigma_{xmax} / f_{yh} \quad (10.2.22\text{-}3)$$

式中：l_n——框支梁净跨度（mm）；

h_c——框支柱截面高度（mm）；

b_w——墙肢截面厚度（mm）；

σ_{01}——柱上墙体 h_c 范围内考虑风荷载、地震作用组合的平均压应力设计值（N/mm²）；

σ_{02}——柱边墙体 $0.2 l_n$ 范围内考虑风荷载、地震作用组合的平均压应力设计值（N/mm²）；

σ_{xmax}——框支梁与墙体交接面上考虑风荷载、地震作用组合的水平拉应力设计值（N/mm²）。

有地震作用组合时，公式（10.2.22-1）～（10.2.22-3）中 σ_{01}、σ_{02}、σ_{xmax} 均应乘以 γ_{RE}，γ_{RE} 取 0.85。

4 框支梁与其上部墙体的水平施工缝处宜按本规程第 7.2.12 条的规定验算抗滑移能力。

10.2.23 部分框支剪力墙结构中，框支转换层楼板厚度不宜小于 180mm，应双层双向配筋，且每层每一方向的配筋率不宜小于 0.25%，楼板中钢筋应锚固在边梁或墙体内；落地剪力墙和筒体外围的楼板不宜开洞。楼板边缘和较大洞口周边应设置边梁，其宽度不宜小于板厚的 2 倍，全截面纵向钢筋配筋率不应小于 1.0%。与转换层相邻楼层的楼板也应适当加强。

10.2.24 部分框支剪力墙结构中，抗震设计的矩形平面建筑框支转换层楼板，其截面剪力设计值应符合下列要求：

$$V_f \leqslant \frac{1}{\gamma_{RE}}(0.1\beta_c f_c b_f t_f) \quad (10.2.24\text{-}1)$$

$$V_f \leqslant \frac{1}{\gamma_{RE}}(f_y A_s) \quad (10.2.24\text{-}2)$$

式中：b_f、t_f——分别为框支转换层楼板的验算截面宽度和厚度；

V_f——由不落地剪力墙传到落地剪力墙处按刚性楼板计算的框支层楼板组合的剪力设计值，8 度时应乘以增大系数 2.0，7 度时应乘以增大系数 1.5。验算落地剪力墙时可不考虑此增大系数；

A_s——穿过落地剪力墙的框支转换层楼盖（包括梁和板）的全部钢筋的截面面积；

γ_{RE}——承载力抗震调整系数，可取 0.85。

10.2.25 部分框支剪力墙结构中，抗震设计的矩形平面建筑框支转换层楼板，当平面较长或不规则以及各剪力墙内力相差较大时，可采用简化方法验算楼板平面内受弯承载力。

10.2.26 抗震设计时，带托柱转换层的筒体结构的外围转换柱与内筒、核心筒外墙的中距不宜大于 12m。

10.2.27 托柱转换层结构，转换构件采用桁架时，转换桁架斜腹杆的交点、空腹桁架的竖腹杆宜与上部密柱的位置重合；转换桁架的节点应加强配筋及构造措施。

10.3　带加强层高层建筑结构

10.3.1 当框架-核心筒、筒中筒结构的侧向刚度不能满足要求时，可利用建筑避难层、设备层空间，设置适宜刚度的水平伸臂构件，形成带加强层的高层建筑结构。必要时，加强层也可同时设置周边水平环带构件。水平伸臂构件、周边环带构件可采用斜腹杆桁架、实体梁、箱形梁、空腹桁架等形式。

10.3.2 带加强层高层建筑结构设计应符合下列规定：

1 应合理设计加强层的数量、刚度和设置位置。当布置 1 个加强层时，可设置在 0.6 倍房屋高度附近；当布置 2 个加强层时，可分别设置在顶层和 0.5 倍房屋高度附近；当布置多个加强层时，宜沿竖向从顶层向下均匀布置。

2 加强层水平伸臂构件宜贯通核心筒，其平面布置宜位于核心筒的转角、T 字节点处；水平伸臂构件与周边框架的连接宜采用铰接或半刚接；结构内力和位移计算中，设置水平伸臂桁架的楼层宜考虑楼板平面内的变形。

3 加强层及其相邻层的框架柱、核心筒应加强配筋构造。

4 加强层及其相邻层楼盖的刚度和配筋应加强。

5 在施工程序及连接构造上应采取减小结构竖向温度变形及轴向压缩差的措施，结构分析模型应能反映施工措施的影响。

10.3.3 抗震设计时，带加强层高层建筑结构应符合下列要求：

1 加强层及其相邻层的框架柱、核心筒剪力墙的抗震等级应提高一级采用，一级应提高至特一级，但抗震等级已经为特一级时应允许不再提高；

2 加强层及其相邻层的框架柱，箍筋应全柱段加密配置，轴压比限值应按其他楼层框架柱的数值减小 0.05 采用；

3 加强层及其相邻层核心筒剪力墙应设置约束边缘构件。

10.4 错层结构

10.4.1 抗震设计时，高层建筑沿竖向宜避免错层布置。当房屋不同部位因功能不同而使楼层错层时，宜采用防震缝划分为独立的结构单元。

10.4.2 错层两侧宜采用结构布置和侧向刚度相近的结构体系。

10.4.3 错层结构中，错开的楼层不应归并为一个刚性楼板，计算分析模型应能反映错层影响。

10.4.4 抗震设计时，错层处框架柱应符合下列要求：

1 截面高度不应小于 600mm，混凝土强度等级不应低于 C30，箍筋应全柱段加密配置；

2 抗震等级应提高一级采用，一级应提高至特一级，但抗震等级已经为特一级时应允许不再提高。

10.4.5 在设防烈度地震作用下，错层处框架柱的截面承载力宜符合本规程公式（3.11.3-2）的要求。

10.4.6 错层处平面外受力的剪力墙的截面厚度，非抗震设计时不应小于 200mm，抗震设计时不应小于 250mm，并均应设置与之垂直的墙肢或扶壁柱；抗震设计时，其抗震等级应提高一级采用。错层处剪力墙的混凝土强度等级不应低于 C30，水平和竖向分布钢筋的配筋率，非抗震设计时不应小于 0.3%，抗震设计时不应小于 0.5%。

10.5 连体结构

10.5.1 连体结构各独立部分宜有相同或相近的体型、平面布置和刚度；宜采用双轴对称的平面形式。7 度、8 度抗震设计时，层数和刚度相差悬殊的建筑不宜采用连体结构。

10.5.2 7 度（0.15g）和 8 度抗震设计时，连体结构的连接体应考虑竖向地震的影响。

10.5.3 6 度和 7 度（0.10g）抗震设计时，高位连体结构的连接体宜考虑竖向地震的影响。

10.5.4 连接体结构与主体结构宜采用刚性连接。刚性连接时，连接体结构的主要结构构件应至少伸入主体结构一跨并可靠连接；必要时可延伸至主体部分的内筒，并与内筒可靠连接。

当连接体结构与主体结构采用滑动连接时，支座滑移量应能满足两个方向在罕遇地震作用下的位移要求，并应采取防坠落、撞击措施。罕遇地震作用下的位移要求，应采用时程分析方法进行计算复核。

10.5.5 刚性连接的连接体结构可设置钢梁、钢桁架、型钢混凝土梁，型钢应伸入主体结构至少一跨并可靠锚固。连接体结构的边梁截面宜加大；楼板厚度不宜小于 150mm，宜采用双层双向钢筋网，每层每方向钢筋网的配筋率不宜小于 0.25%。

当连接体结构包含多个楼层时，应特别加强其最下面一个楼层及顶层的构造设计。

10.5.6 抗震设计时，连接体及与连接体相连的结构构件应符合下列要求：

1 连接体及与连接体相连的结构构件在连接体高度范围及其上、下层，抗震等级应提高一级采用，一级提高至特一级，但抗震等级已经为特一级时应允许不再提高；

2 与连接体相连的框架柱在连接体高度范围及其上、下层，箍筋应全柱段加密配置，轴压比限值应按其他楼层框架柱的数值减小 0.05 采用；

3 与连接体相连的剪力墙在连接体高度范围及其上、下层应设置约束边缘构件。

10.5.7 连体结构的计算应符合下列规定：

1 刚性连接的连接体楼板应按本规程第 10.2.24 条进行受剪截面和承载力验算；

2 刚性连接的连接体楼板较薄弱时，宜补充分塔楼模型计算分析。

10.6 竖向体型收进、悬挑结构

10.6.1 多塔楼结构以及体型收进、悬挑程度超过本规程第3.5.5条限值的竖向不规则高层建筑结构应遵守本节的规定。

10.6.2 多塔楼结构以及体型收进、悬挑结构，竖向体型突变部位的楼板宜加强，楼板厚度不宜小于150mm，宜双层双向配筋，每层每方向钢筋网的配筋率不宜小于0.25%。体型突变部位上、下层结构的楼板也应加强构造措施。

10.6.3 抗震设计时，多塔楼高层建筑结构应符合下列规定：

1 各塔楼的层数、平面和刚度宜接近；塔楼对底盘宜对称布置；上部塔楼结构的综合质心与底盘结构质心的距离不宜大于底盘相应边长的20%。

2 转换层不宜设置在底盘屋面的上层塔楼内。

3 塔楼中与裙房相连的外围柱、剪力墙，从固定端至裙房屋面上一层的高度范围内，柱纵向钢筋的最小配筋率宜适当提高，剪力墙宜按本规程第7.2.15条的规定设置约束边缘构件，柱箍筋宜在裙楼屋面上、下层的范围内全高加密；当塔楼结构相对于底盘结构偏心收进时，应加强底盘周边竖向构件的配筋构造措施。

4 大底盘多塔楼结构，可按本规程第5.1.14条规定的整体和分塔楼计算模型分别验算整体结构和各塔楼结构扭转为主的第一周期与平动为主的第一周期的比值，并应符合本规程第3.4.5条的有关要求。

10.6.4 悬挑结构设计应符合下列规定：

1 悬挑部位应采取降低结构自重的措施。

2 悬挑部位结构宜采用冗余度较高的结构形式。

3 结构内力和位移计算中，悬挑部位的楼层宜考虑楼板平面内的变形，结构分析模型应能反映水平地震对悬挑部位可能产生的竖向振动效应。

4 7度（0.15g）和8、9度抗震设计时，悬挑结构应考虑竖向地震的影响；6、7度抗震设计时，悬挑结构宜考虑竖向地震的影响。

5 抗震设计时，悬挑结构的关键构件以及与之相邻的主体结构关键构件的抗震等级宜提高一级采用，一级提高至特一级，抗震等级已经为特一级时，允许不再提高。

6 在预估罕遇地震作用下，悬挑结构关键构件的截面承载力宜符合本规程公式（3.11.3-3）的要求。

10.6.5 体型收进高层建筑结构、底盘高度超过房屋高度20%的多塔楼结构的设计应符合下列规定：

1 体型收进处宜采取措施减小结构刚度的变化，上部收进结构的底部楼层层间位移角不宜大于相邻下部区段最大层间位移角的1.15倍；

2 抗震设计时，体型收进部位上、下各2层塔楼周边竖向结构构件的抗震等级宜提高一级采用，一级提高至特一级，抗震等级已经为特一级时，允许不再提高；

3 结构偏心收进时，应加强收进部位以下2层结构周边竖向构件的配筋构造措施。

11 混合结构设计

11.1 一般规定

11.1.1 本章规定的混合结构，系指由外围钢框架或型钢混凝土、钢管混凝土框架与钢筋混凝土核心筒所组成的框架-核心筒结构，以及由外围钢框架或型钢混凝土、钢管混凝土框筒与钢筋混凝土核心筒所组成的筒中筒结构。

11.1.2 混合结构高层建筑适用的最大高度应符合表11.1.2的规定。

表11.1.2 混合结构高层建筑适用的最大高度（m）

结构体系		非抗震设计	抗震设防烈度				
			6度	7度	8度 0.2g	8度 0.3g	9度
框架-核心筒	钢框架-钢筋混凝土核心筒	210	200	160	120	100	70
	型钢（钢管）混凝土框架-钢筋混凝土核心筒	240	220	190	150	130	70
筒中筒	钢外筒-钢筋混凝土核心筒	280	260	210	160	140	80
	型钢（钢管）混凝土外筒-钢筋混凝土核心筒	300	280	230	170	150	90

注：平面和竖向均不规则的结构，最大适用高度应适当降低。

11.1.3 混合结构高层建筑的高宽比不宜大于表11.1.3的规定。

表11.1.3 混合结构高层建筑适用的最大高宽比

结构体系	非抗震设计	抗震设防烈度		
		6度、7度	8度	9度
框架-核心筒	8	7	6	4
筒中筒	8	8	7	5

11.1.4 抗震设计时，混合结构房屋应根据设防类别、烈度、结构类型和房屋高度采用不同的抗震等级，并应符合相应的计算和构造措施要求。丙类建筑混合结构的抗震等级应按表11.1.4确定。

表11.1.4 钢-混凝土混合结构抗震等级

结构类型		抗震设防烈度						
		6度		7度		8度		9度
房屋高度（m）		≤150	>150	≤130	>130	≤100	>100	≤70
钢框架-钢筋混凝土核心筒	钢筋混凝土核心筒	二	—	一	特一	一	特一	特一
型钢（钢管）混凝土框架-钢筋混凝土核心筒	钢筋混凝土核心筒	二	—	一	特一	一	特一	特一
	型钢（钢管）混凝土框架	三	—	二				

结构类型		抗震设防烈度					
		6 度		7 度		8 度	9 度
房屋高度（m）		≤180	>180	≤150	>150	≤120	>120	≤90
钢外筒-钢筋混凝土核心筒	钢筋混凝土核心筒	二	—	二	—	特一	—	特一	特一
型钢（钢管）混凝土外筒-钢筋混凝土核心筒	钢筋混凝土核心筒	二	—	二	—	特一	—	特一	特一
	型钢（钢管）混凝土外筒	二	—	二	—	一	—	一	一

注：钢结构构件抗震等级，抗震设防烈度为6、7、8、9度时应分别取四、三、二、一级。

11.1.5 混合结构在风荷载及多遇地震作用下，按弹性方法计算的最大层间位移与层高的比值应符合本规程第3.7.3条的有关规定；在罕遇地震作用下，结构的弹塑性层间位移应符合本规程第3.7.5条的有关规定。

11.1.6 混合结构框架所承担的地震剪力应符合本规程第9.1.11条的规定。

11.1.7 地震设计状况下，型钢（钢管）混凝土构件和钢构件的承载力抗震调整系数 γ_{RE} 可分别按表11.1.7-1和表11.1.7-2采用。

表 11.1.7-1 型钢（钢管）混凝土构件承载力抗震调整系数 γ_{RE}

正截面承载力计算				斜截面承载力计算
型钢混凝土梁	型钢混凝土柱及钢管混凝土柱	剪力墙	支撑	各类构件及节点
0.75	0.80	0.85	0.80	0.85

表 11.1.7-2 钢构件承载力抗震调整系数 γ_{RE}

强度破坏（梁、柱、支撑、节点板件、螺栓、焊缝）	屈曲稳定（柱、支撑）
0.75	0.80

11.1.8 当采用压型钢板混凝土组合楼板时，楼板混凝土可采用轻质混凝土，其强度等级不应低于LC25；高层建筑钢-混凝土混合结构的内部隔墙应采用轻质隔墙。

11.2 结 构 布 置

11.2.1 混合结构房屋的结构布置除应符合本节的规定外，尚应符合本规程第3.4、3.5节的有关规定。

11.2.2 混合结构的平面布置应符合下列规定：

1 平面宜简单、规则、对称、具有足够的整体抗扭刚度，平面宜采用方形、矩形、多边形、圆形、椭圆形等规则平面，建筑的开间、进深宜统一；

2 筒中筒结构体系中，当外围钢框架柱采用H形截面柱时，宜将柱截面强轴方向布置在外围筒体平面内；角柱宜采用十字形、方形或圆形截面；

3 楼盖主梁不宜搁置在核心筒或内筒的连梁上。

11.2.3 混合结构的竖向布置应符合下列规定：

1 结构的侧向刚度和承载力沿竖向宜均匀变化、无突变，构件截面宜由下至上逐渐减小。

2 混合结构的外围框架柱沿高度宜采用同类结构构件；当采用不同类型结构构件时，应设置过渡层，且单柱的抗弯刚度变化不宜超过30%。

3 对于刚度变化较大的楼层，应采取可靠的过渡加强措施。

4 钢框架部分采用支撑时，宜采用偏心支撑和耗能支撑，支撑宜双向连续布置；框架支撑宜延伸至基础。

11.2.4 8、9度抗震设计时，应在楼面钢梁或型钢混凝土梁与混凝土筒体交接处及混凝土筒体四角墙内设置型钢柱；7度抗震设计时，宜在楼面钢梁或型钢混凝土梁与混凝土筒体交接处及混凝土筒体四角墙内设置型钢柱。

11.2.5 混合结构中，外围框架平面内梁与柱应采用刚性连接；楼面梁与钢筋混凝土筒体及外围框架柱的连接可采用刚接或铰接。

11.2.6 楼盖体系应具有良好的水平刚度和整体性，其布置应符合下列规定：

1 楼面宜采用压型钢板现浇混凝土组合楼板、现浇混凝土楼板或预应力混凝土叠合楼板，楼板与钢梁应可靠连接；

2 机房设备层、避难层及外伸臂桁架上下弦杆所在楼层的楼板宜采用钢筋混凝土楼板，并应采取加强措施；

3 对于建筑物楼面有较大开洞或为转换楼层时，应采用现浇混凝土楼板；对楼板大开洞部位宜采取设置刚性水平支撑等加强措施。

11.2.7 当侧向刚度不足时，混合结构可设置刚度适宜的加强层。加强层宜采用伸臂桁架，必要时可配合布置周边带状桁架。加强层设计应符合下列规定：

1 伸臂桁架和周边带状桁架宜采用钢桁架。

2 伸臂桁架应与核心筒墙体刚接，上、下弦杆均应延伸至墙体内且贯通，墙体内宜设置斜腹杆或暗撑；外伸臂桁架与外围框架柱宜采用铰接或半刚接，周边带状桁架与外框架柱的连接宜采用刚性连接。

3 核心筒墙体与伸臂桁架连接处宜设置构造型钢柱，型钢柱宜至少延伸至伸臂桁架高度范围以外上、下各一层。

4 当布置有外伸桁架加强层时，应采取有效措施减少由于外框柱与混凝土筒体竖向变形差异引起的桁架杆件内力。

11.3 结 构 计 算

11.3.1 弹性分析时，宜考虑钢梁与现浇混凝土楼板的共同作用，梁的刚度可取钢梁刚度的1.5～2.0倍，但应保证钢梁与楼板有可靠连接。弹塑性分析时，可不考虑楼板与梁的共同作用。

11.3.2 结构弹性阶段的内力和位移计算时，构件刚度取值应符合下列规定：

1 型钢混凝土构件、钢管混凝土柱的刚度可按下列公式计算：

$$EI = E_c I_c + E_a I_a \qquad (11.3.2\text{-}1)$$
$$EA = E_c A_c + E_a A_a \qquad (11.3.2\text{-}2)$$
$$GA = G_c A_c + G_a A_a \qquad (11.3.2\text{-}3)$$

式中：$E_c I_c$，$E_c A_c$，$G_c A_c$ ——分别为钢筋混凝土部分的截面抗弯刚度、轴向刚度及抗剪刚度；

$E_a I_a$，$E_a A_a$，$G_a A_a$ ——分别为型钢、钢管部分的截面抗弯刚度、轴向刚度及抗剪刚度。

2 无端柱型钢混凝土剪力墙可近似按相同截面的混凝土剪力墙计算其轴向、抗弯和抗剪刚度，可不计端部型钢对截面刚度的提高作用；

3 有端柱型钢混凝土剪力墙可按 H 形混凝土截面计算其轴向和抗弯刚度，端柱内型钢可折算为等效混凝土面积计入 H 形截面的翼缘面积，墙的抗剪刚度可不计入型钢作用；

4 钢板混凝土剪力墙可将钢板折算为等效混凝土面积计算其轴向、抗弯和抗剪刚度。

11.3.3 竖向荷载作用计算时，宜考虑钢柱、型钢混凝土（钢管混凝土）柱与钢筋混凝土核心筒竖向变形差引起的结构附加内力，计算竖向变形差异时宜考虑混凝土收缩、徐变、沉降及施工调整等因素的影响。

11.3.4 当混凝土筒体先于外围框架结构施工时，应考虑施工阶段混凝土筒体在风力及其他荷载作用下的不利受力状态；应验算在浇筑混凝土之前外围型钢结构在施工荷载及可能的风载作用下的承载力、稳定及变形，并据此确定钢结构安装与浇筑楼层混凝土的间隔层数。

11.3.5 混合结构在多遇地震作用下的阻尼比可取为0.04。风荷载作用下楼层位移验算和构件设计时，阻尼比可取为0.02～0.04。

11.3.6 结构内力和位移计算时，设置伸臂桁架的楼层以及楼板开大洞的楼层应考虑楼板平面内变形的不利影响。

11.4 构 件 设 计

11.4.1 型钢混凝土构件中型钢板件（图 11.4.1）的宽厚比不宜超过表 11.4.1 的规定。

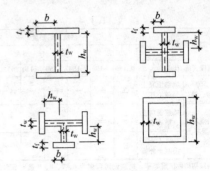

图 11.4.1 型钢板件示意

11.4.2 型钢混凝土梁应满足下列构造要求：

1 混凝土粗骨料最大直径不宜大于 25mm，型钢宜采用 Q235 及 Q345 级钢材，也可采用 Q390 或其他符合结构性能要求的钢材。

2 型钢混凝土梁的最小配筋率不宜小于 0.30%，梁的纵向钢筋宜避免穿过柱中型钢的翼缘。梁的纵向的受力钢筋不宜超过两排；配置两排钢筋时，第二排钢筋宜配置在型钢截面外侧。当梁的腹板高度大于 450mm 时，在梁的两侧面应沿梁高度配置纵向构造钢筋，纵向构造钢筋的间距不宜大于 200mm。

3 型钢混凝土梁中型钢的混凝土保护层厚度不宜小于 100mm，梁纵向钢筋净间距及梁纵向钢筋与型钢骨架的最小净距不应小于 30mm，且不小于粗骨料最大粒径的 1.5 倍及梁纵向钢筋直径的 1.5 倍。

4 型钢混凝土梁中的纵向受力钢筋宜采用机械连接。如纵向钢筋需贯穿型钢柱腹板并以 90°弯折固定在柱截面内时，抗震设计的弯折前直段长度不应小于钢筋抗震基本锚固长度 l_{abE} 的 40%，弯折直段长度不应小于 15 倍纵向钢筋直径；非抗震设计的弯折前直段长度不应小于钢筋基本锚固长度 l_{ab} 的 40%，弯折直段长度不应小于 12 倍纵向钢筋直径。

5 梁上开洞不宜大于梁截面总高的 40%，且不宜大于内含型钢截面高度的 70%，并应位于梁高及型钢高度的中间区域。

6 型钢混凝土悬臂梁自由端的纵向受力钢筋应设置专门的锚固件，型钢梁的上翼缘宜设置栓钉；型钢混凝土转换梁在型钢上翼缘宜设置栓钉。栓钉的最大间距不宜大于 200mm，栓钉的最小间距沿梁轴线方向不应小于 6 倍的栓钉杆直径，垂直梁方向的间距不应小于 4 倍的栓钉杆直径，且栓钉中心至型钢板件边缘的距离不应小于 50mm。栓钉顶面的混凝土保护层厚度不应小于 15mm。

11.4.3 型钢混凝土梁的箍筋应符合下列规定：

1 箍筋的最小面积配筋率应符合本规程第 6.3.4 条第 4 款和第 6.3.5 条第 1 款的规定，且不应小于 0.15%。

2 抗震设计时，梁端箍筋应加密配置。加密区范围，一级取梁截面高度的 2.0 倍，二、三、四级取

表 11.4.1 型钢板件宽厚比限值

钢号	梁		柱		
			H、十、T 形截面		箱形截面
	b/t_f	h_w/t_w	b/t_f	h_w/t_w	h_w/t_w
Q235	23	107	23	96	72
Q345	19	91	19	81	61
Q390	18	83	18	75	56

梁截面高度的 1.5 倍；当梁净跨小于梁截面高度的 4 倍时，梁箍筋应全跨加密配置。

3 型钢混凝土梁应采用具有 135° 弯钩的封闭式箍筋，弯钩的直段长度不应小于 8 倍箍筋直径。非抗震设计时，梁箍筋直径不应小于 8mm，箍筋间距不应大于 250mm；抗震设计时，梁箍筋的直径和间距应符合表 11.4.3 的要求。

表 11.4.3 梁箍筋直径和间距（mm）

抗震等级	箍筋直径	非加密区箍筋间距	加密区箍筋间距
一	≥12	≤180	≤120
二	≥10	≤200	≤150
三	≥10	≤250	≤180
四	≥8	250	200

11.4.4 抗震设计时，混合结构中型钢混凝土柱的轴压比不宜大于表 11.4.4 的限值，轴压比可按下式计算：

$$\mu_N = N/(f_c A_c + f_a A_a) \quad (11.4.4)$$

式中：μ_N——型钢混凝土柱的轴压比；

N——考虑地震组合的柱轴向力设计值；

A_c——扣除型钢后的混凝土截面面积；

f_c——混凝土的轴心抗压强度设计值；

f_a——型钢的抗压强度设计值；

A_a——型钢的截面面积。

表 11.4.4 型钢混凝土柱的轴压比限值

抗震等级	一	二	三
轴压比限值	0.70	0.80	0.90

注：1 转换柱的轴压比应比表中数值减少 0.10 采用；

2 剪跨比不大于 2 的柱，其轴压比应比表中数值减少 0.05 采用；

3 当采用 C60 以上混凝土时，轴压比宜减少 0.05。

11.4.5 型钢混凝土柱设计应符合下列构造要求：

1 型钢混凝土柱的长细比不宜大于 80。

2 房屋的底层、顶层以及型钢混凝土与钢筋混凝土交接层的型钢混凝土柱宜设置栓钉，型钢截面为箱形的柱子也宜设置栓钉，栓钉水平间距不宜大于 250mm。

3 混凝土粗骨料的最大直径不宜大于 25mm。型钢柱中型钢的保护厚度不宜小于 150mm；柱纵向钢筋净间距不宜小于 50mm，且不应小于柱纵向钢筋直径的 1.5 倍；柱纵向钢筋与型钢的最小净距不应小于 30mm，且不应小于粗骨料最大粒径的 1.5 倍。

4 型钢混凝土柱的纵向钢筋最小配筋率不宜小于 0.8%，且在四角应各配置一根直径不小于 16mm 的纵向钢筋。

5 柱中纵向受力钢筋的间距不宜大于 300mm。

当间距大于 300mm 时，宜附加配置直径不小于 14mm 的纵向构造钢筋。

6 型钢混凝土柱的型钢含钢率不宜小于 4%。

11.4.6 型钢混凝土柱箍筋的构造设计应符合下列规定：

1 非抗震设计时，箍筋直径不应小于 8mm，箍筋间距不应大于 200mm。

2 抗震设计时，箍筋应做成 135° 弯钩，箍筋弯钩直段长度不应小于 10 倍箍筋直径。

3 抗震设计时，柱端箍筋应加密，加密区范围应取矩形截面柱长边尺寸（或圆形截面柱直径）、柱净高的 1/6 和 500mm 三者的最大值；对剪跨比不大于 2 的柱，其箍筋均应全高加密，箍筋间距不应大于 100mm。

4 抗震设计时，柱箍筋的直径和间距应符合表 11.4.6 的规定，加密区箍筋最小体积配箍率尚应符合式（11.4.6）的要求，非加密区箍筋最小体积配箍率不应小于加密区箍筋最小体积配箍率的一半；对剪跨比不大于 2 的柱，其箍筋体积配箍率尚不应小于 1.0%，9 度抗震设计时尚不应小于 1.3%。

$$\rho_v \geq 0.85 \lambda_v f_c/f_y \quad (11.4.6)$$

式中：λ_v——柱最小配箍特征值，宜按本规程表 6.4.7 采用。

表 11.4.6 型钢混凝土柱箍筋直径和间距（mm）

抗震等级	箍筋直径	非加密区箍筋间距	加密区箍筋间距
一	≥12	≤150	≤100
二	≥10	≤200	≤100
三、四	≥8	≤200	≤150

注：箍筋直径除应符合表中要求外，尚不应小于纵向钢筋直径的 1/4。

11.4.7 型钢混凝土梁柱节点应符合下列构造要求：

1 型钢柱在梁水平翼缘处应设置加劲肋，其构造不应影响混凝土浇筑密实；

2 箍筋间距不宜大于柱端加密区间距的 1.5 倍，箍筋直径不宜小于柱端箍筋加密区的箍筋直径；

3 梁中钢筋穿过梁柱节点时，不宜穿过柱型钢翼缘；需穿过柱腹板时，柱腹板截面损失率不宜大于 25%，当超过 25% 时，则需进行补强；梁中主筋不得与柱型钢直接焊接。

11.4.8 圆形钢管混凝土构件及节点可按本规程附录 F 进行设计。

11.4.9 圆形钢管混凝土柱尚应符合下列构造要求：

1 钢管直径不宜小于 400mm。

2 钢管壁厚不宜小于 8mm。

3 钢管外径与壁厚的比值 D/t 宜在（20～100）$\sqrt{235/f_y}$ 之间，f_y 为钢材的屈服强度。

4 圆钢管混凝土柱的套箍指标 $\dfrac{f_a A_a}{f_c A_c}$，不应小于

0.5，也不宜大于 2.5。

5 柱的长细比不宜大于 80。

6 轴向压力偏心率 e_0/r_c 不宜大于 1.0，e_0 为偏心距，r_c 为核心混凝土横截面半径。

7 钢管混凝土柱与框架梁刚性连接时，柱内或柱外应设置与梁上、下翼缘位置对应的加劲肋；加劲肋设置于柱内时，应留孔以利混凝土浇筑；加劲肋设置于柱外时，应形成加劲环板。

8 直径大于 2m 的圆形钢管混凝土构件应采取有效措施减小钢管内混凝土收缩对构件受力性能的影响。

11.4.10 矩形钢管混凝土柱应符合下列构造要求：

1 钢管截面短边尺寸不宜小于 400mm；

2 钢管壁厚不宜小于 8mm；

3 钢管截面的高宽比不宜大于 2，当矩形钢管混凝土柱截面最大边尺寸不小于 800mm 时，宜采取在柱子内壁上焊接栓钉、纵向加劲肋等构造措施；

4 钢管管壁板件的边长与其厚度的比值不应大于 $60\sqrt{235/f_y}$；

5 柱的长细比不宜大于 80；

6 矩形钢管混凝土柱的轴压比应按本规程公式（11.4.4）计算，并不宜大于表 11.4.10 的限值。

表 11.4.10　矩形钢管混凝土柱轴压比限值

一级	二级	三级
0.70	0.80	0.90

11.4.11 当核心筒墙体承受的弯矩、剪力和轴力均较大时，核心筒墙体可采用型钢混凝土剪力墙或钢板混凝土剪力墙。钢板混凝土剪力墙的受剪截面及受剪承载力应符合本规程第 11.4.12、11.4.13 条的规定，其构造设计应符合本规程第 11.4.14、11.4.15 条的规定。

11.4.12 钢板混凝土剪力墙的受剪截面应符合下列规定：

1 持久、短暂设计状况

$$V_{cw} \leqslant 0.25 f_c b_w h_{w0} \qquad (11.4.12\text{-}1)$$

$$V_{cw} = V - \left(\frac{0.3}{\lambda} f_a A_{a1} + \frac{0.6}{\lambda - 0.5} f_{sp} A_{sp} \right)$$
$$(11.4.12\text{-}2)$$

2 地震设计状况

剪跨比 λ 大于 2.5 时

$$V_{cw} \leqslant \frac{1}{\gamma_{RE}} (0.20 f_c b_w h_{w0}) \qquad (11.4.12\text{-}3)$$

剪跨比 λ 不大于 2.5 时

$$V_{cw} \leqslant \frac{1}{\gamma_{RE}} (0.15 f_c b_w h_{w0}) \qquad (11.4.12\text{-}4)$$

$$V_{cw} = V - \frac{1}{\gamma_{RE}} \left(\frac{0.25}{\lambda} f_a A_{a1} + \frac{0.5}{\lambda - 0.5} f_{sp} A_{sp} \right)$$
$$(11.4.12\text{-}5)$$

式中：V——钢板混凝土剪力墙截面承受的剪力设

计值；

V_{cw}——仅考虑钢筋混凝土截面承担的剪力设计值；

λ——计算截面的剪跨比。当 $\lambda < 1.5$ 时，取 $\lambda = 1.5$，当 $\lambda > 2.2$ 时，取 $\lambda = 2.2$；当计算截面与墙底之间的距离小于 $0.5h_{w0}$ 时，λ 应按距离墙底 $0.5h_{w0}$ 处的弯矩值与剪力值计算；

f_a——剪力墙端部暗柱中所配型钢的抗压强度设计值；

A_{a1}——剪力墙一端所配型钢的截面面积，当两端所配型钢截面面积不同时，取较小一端的面积；

f_{sp}——剪力墙墙身所配钢板的抗压强度设计值；

A_{sp}——剪力墙墙身所配钢板的横截面面积。

11.4.13 钢板混凝土剪力墙偏心受压时的斜截面受剪承载力，应按下列公式进行验算：

1 持久、短暂设计状况

$$V \leqslant \frac{1}{\lambda - 0.5} \left(0.5 f_t b_w h_{w0} + 0.13 N \frac{A_w}{A} \right) + f_{yv} \frac{A_{sh}}{s} h_{w0}$$

$$+ \frac{0.3}{\lambda} f_a A_{a1} + \frac{0.6}{\lambda - 0.5} f_{sp} A_{sp} \qquad (11.4.13\text{-}1)$$

2 地震设计状况

$$V \leqslant \frac{1}{\gamma_{RE}} \left[\frac{1}{\lambda - 0.5} \left(0.4 f_t b_w h_{w0} + 0.1 N \frac{A_w}{A} \right) \right.$$

$$\left. + 0.8 f_{yv} \frac{A_{sh}}{s} h_{w0} + \frac{0.25}{\lambda} f_a A_{a1} + \frac{0.5}{\lambda - 0.5} f_{sp} A_{sp} \right]$$

$$(11.4.13\text{-}2)$$

式中：N——剪力墙承受的轴向压力设计值，当大于 $0.2 f_c b_w h_w$ 时，取为 $0.2 f_c b_w h_w$。

11.4.14 型钢混凝土剪力墙、钢板混凝土剪力墙应符合下列构造要求：

1 抗震设计时，一、二级抗震等级的型钢混凝土剪力墙、钢板混凝土剪力墙底部加强部位，其重力荷载代表值作用下墙肢的轴压比不宜超过本规程表 7.2.13 的限值，其轴压比可按下式计算：

$$\mu_N = N/(f_c A_c + f_a A_a + f_{sp} A_{sp})$$

$$(11.4.14)$$

式中：N——重力荷载代表值作用下墙肢的轴向压力设计值；

A_c——剪力墙墙肢混凝土截面面积；

A_a——剪力墙所配型钢的全部截面面积。

2 型钢混凝土剪力墙、钢板混凝土剪力墙在楼层标高处宜设置暗梁。

3 端部配置型钢的混凝土剪力墙，型钢的保护层厚度宜大于 100mm；水平分布钢筋应绕过或穿过墙端型钢，且应满足钢筋锚固长度要求。

4 周边有型钢混凝土柱和梁的现浇钢筋混凝土剪力墙，剪力墙的水平分布钢筋应绕过或穿过周边柱型钢，且应满足钢筋锚固长度要求；当采用间隔穿过时，宜另加补强钢筋。周边柱的型钢、纵向钢筋、箍筋配置应符合型钢混凝土柱的设计要求。

11.4.15 钢板混凝土剪力墙尚应符合下列构造要求：

1 钢板混凝土剪力墙体中的钢板厚度不宜小于10mm，也不宜大于墙厚的1/15；

2 钢板混凝土剪力墙的墙身分布钢筋配筋率不宜小于0.4%，分布钢筋间距不宜大于200mm，且应与钢板可靠连接；

3 钢板与周围型钢构件宜采用焊接；

4 钢板与混凝土墙体之间连接件的构造要求可按照现行国家标准《钢结构设计规范》GB 50017中关于组合梁抗剪连接件构造要求执行，栓钉间距不宜大于300mm；

5 在钢板墙角部1/5板跨且不小于1000mm范围内，钢筋混凝土墙体分布钢筋、抗剪栓钉间距宜适当加密。

11.4.16 钢梁或型钢混凝土梁与混凝土筒体应有可靠连接，应能传递竖向剪力及水平力。当钢梁或型钢混凝土梁通过埋件与混凝土筒体连接时，预埋件应有足够的锚固长度，连接做法可按图11.4.16采用。

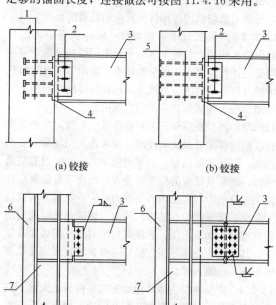

(a)铰接　　　　(b)铰接

(c)铰接　　　　(d)刚接

图 11.4.16　钢梁、型钢混凝土梁与混凝土
核心筒的连接构造示意

1—栓钉；2—高强度螺栓及长圆孔；3—钢梁；4—预埋件端板；5—穿筋；6—混凝土墙；7—墙内预埋钢骨柱

11.4.17 抗震设计时，混合结构中的钢柱及型钢混凝土柱、钢管混凝土柱宜采用埋入式柱脚。采用埋入式柱脚时，应符合下列规定：

1 埋入深度应通过计算确定，且不宜小于型钢柱截面长边尺寸的2.5倍；

2 在柱脚部位和柱脚向上延伸一层的范围内宜设置栓钉，其直径不宜小于19mm，其竖向及水平间距不宜大于200mm。

注：当有可靠依据时，可通过计算确定栓钉数量。

11.4.18 钢筋混凝土核心筒、内筒的设计，除应符合本规程第9.1.7条的规定外，尚应符合下列规定：

1 抗震设计时，钢框架-钢筋混凝土核心筒结构的筒体底部加强部位分布钢筋的最小配筋率不宜小于0.35%，筒体其他部位的分布筋不宜小于0.30%；

2 抗震设计时，框架-钢筋混凝土核心筒混合结构的筒体底部加强部位约束边缘构件沿墙肢的长度宜取墙肢截面高度的1/4，筒体底部加强部位以上墙体宜按本规程第7.2.15条的规定设置约束边缘构件；

3 当连梁抗剪截面不足时，可采取在连梁中设置型钢或钢板等措施。

11.4.19 混合结构中结构构件的设计，尚应符合国家现行标准《钢结构设计规范》GB 50017、《混凝土结构设计规范》GB 50010、《高层民用建筑钢结构技术规程》JGJ 99、《型钢混凝土组合结构技术规程》JGJ 138 的有关规定。

12　地下室和基础设计

12.1　一般规定

12.1.1 高层建筑宜设地下室。

12.1.2 高层建筑的基础设计，应综合考虑建筑场地的工程地质和水文地质状况、上部结构的类型和房屋高度、施工技术和经济条件等因素，使建筑物不致发生过量沉降或倾斜，满足建筑物正常使用要求；还应了解邻近地下构筑物及各项地下设施的位置和标高等，减少与相邻建筑的相互影响。

12.1.3 在地震区，高层建筑宜避开对抗震不利的地段；当条件不允许避开不利地段时，应采取可靠措施，使建筑物在地震时不致由于地基失效而破坏，或者产生过量下沉或倾斜。

12.1.4 基础设计宜采用当地成熟可靠的技术；宜考虑基础与上部结构相互作用的影响。施工期间需要降低地下水位的，应采取避免影响邻近建筑物、构筑物、地下设施等安全和正常使用的有效措施；同时还应注意施工降水的时间要求，避免停止降水后水位过早上升而引起建筑物上浮等问题。

12.1.5 高层建筑应采用整体性好、能满足地基承载力和建筑物容许变形要求并能调节不均匀沉降的基础形式；宜采用筏形基础或带桩基的筏形基础，必要时可采用箱形基础。当地质条件好且能满足地基承载力和变形要求时，也可采用交叉梁式基础或其他形式基础；当地基承载力或变形不满足设计要求时，可采用桩基或复合地基。

12.1.6 高层建筑主体结构基础底面形心宜与永久作用重力荷载重心重合；当采用桩基础时，桩基的竖向刚度中心宜与高层建筑主体结构永久重力荷载重心重合。

12.1.7 在重力荷载与水平荷载标准值或重力荷载代表值与多遇水平地震标准值共同作用下，高宽比大于4的高层建筑，基础底面不宜出现零应力区；高宽比不大于4的高层建筑，基础底面与地基之间零应力区面积不应超过基础底面面积的15%。质量偏心较大的裙楼与主楼可分别计算基底应力。

12.1.8 基础应有一定的埋置深度。在确定埋置深度时，应综合考虑建筑物的高度、体型、地基土质、抗震设防烈度等因素。基础埋置深度可从室外地坪算至基础底面，并宜符合下列规定：

1 天然地基或复合地基，可取房屋高度的1/15；

2 桩基础，不计桩长，可取房屋高度的1/18。

当建筑物采用岩石地基或采取有效措施时，在满足地基承载力、稳定性要求及本规程第12.1.7条规定的前提下，基础埋深可比本条第1、2两款的规定适当放松。

当地基可能产生滑移时，应采取有效的抗滑移措施。

12.1.9 高层建筑的基础和与其相连的裙房的基础，设置沉降缝时，应考虑高层主楼基础有可靠的侧向约束及有效埋深；不设沉降缝时，应采取有效措施减少差异沉降及其影响。

12.1.10 高层建筑基础的混凝土强度等级不宜低于C25。当有防水要求时，混凝土抗渗等级应根据基础埋置深度按表12.1.10采用，必要时可设置架空排水层。

表12.1.10 基础防水混凝土的抗渗等级

基础埋置深度 H（m）	抗渗等级
$H < 10$	P6
$10 \leqslant H < 20$	P8
$20 \leqslant H < 30$	P10
$H \geqslant 30$	P12

12.1.11 基础及地下室的外墙、底板，当采用粉煤灰混凝土时，可采用60d或90d龄期的强度指标作为其混凝土设计强度。

12.1.12 抗震设计时，独立基础宜沿两个主轴方向设置基础系梁；剪力墙基础应具有良好的抗转动能力。

12.2 地下室设计

12.2.1 高层建筑地下室顶板作为上部结构的嵌固部位时，应符合下列规定：

1 地下室顶板应避免开设大洞口，其混凝土强度等级应符合本规程第3.2.2条的有关规定，楼盖设计应符合本规程第3.6.3条的有关规定；

2 地下一层与相邻上层的侧向刚度比应符合本规程第5.3.7条的规定；

3 地下室顶板对应于地上框架柱的梁柱节点设计应符合下列要求之一：

1）地下一层柱截面每侧的纵向钢筋面积除应符合计算要求外，不应少于地上一层对应柱每侧纵向钢筋面积的1.1倍；地下一层梁端顶面和底面的纵向钢筋应比计算值增大10%采用。

2）地下一层柱每侧的纵向钢筋面积不小于地上一层对应柱每侧纵向钢筋面积的1.1倍且地下室顶板梁柱节点左右梁端截面与下柱上端同一方向实配的受弯承载力之和不小于地上一层对应柱下端实配的受弯承载力的1.3倍。

4 地下室至少一层与上部对应的剪力墙墙肢端部边缘构件的纵向钢筋截面面积不应小于地上一层对应的剪力墙墙肢边缘构件的纵向钢筋截面面积。

12.2.2 高层建筑地下室设计，应综合考虑上部荷载、岩土侧压力及地下水的不利作用影响。地下室应满足整体抗浮要求，可采取排水、加配重或设置抗拔锚桩（杆）等措施。当地下水具有腐蚀性时，地下室外墙及底板应采取相应的防腐蚀措施。

12.2.3 高层建筑地下室不宜设置变形缝。当地下室长度超过伸缩缝最大间距时，可考虑利用混凝土后期强度，降低水泥用量；也可每隔30m～40m设置贯通顶板、底部及墙板的施工后浇带。后浇带可设置在柱距三等分的中间范围内以及剪力墙附近，其方向宜与梁正交，沿竖向应在结构同跨内；底板及外墙的后浇带宜增设附加防水层；后浇带封闭时间宜滞后45d以上，其混凝土强度等级宜提高一级，并宜采用无收缩混凝土，低温入模。

12.2.4 高层建筑主体结构地下室底板与扩大地下室底板交界处，其截面厚度和配筋应适当加强。

12.2.5 高层建筑地下室外墙设计应满足水土压力及地面荷载侧压作用下承载力要求，其竖向和水平分布钢筋应双层双向布置，间距不宜大于150mm，配筋率不宜小于0.3%。

12.2.6 高层建筑地下室外周回填土应采用级配砂石、砂土或灰土，并应分层夯实。

12.2.7 有窗井的地下室，应设外挡土墙，挡土墙与地下室外墙之间应有可靠连接。

12.3 基础设计

12.3.1 高层建筑基础设计应以减小长期重力荷载作用下地基变形、差异变形为主。计算地基变形时，传至基础底面的荷载效应采用正常使用极限状态下荷载效应的准永久组合，不计入风荷载和地震作用；按地基承载力确定基础底面积及埋深或按桩基承载力确定桩数时，传至基础或承台底面的荷载效应采用正常使用状态下荷载效应的标准组合，相应的抗力采用地基承载力特征值或桩基承载力特征值；风荷载组合效应下，最大基底反力不应大于承载力特征值的1.2倍，平均基底反力不应大于承载力特征值；地震作用组合效应下，地基承载力验算应按现行国家标准《建筑抗震设计规范》GB 50011的规定执行。

12.3.2 高层建筑结构基础嵌入硬质岩石时，可在基础周边及底面设置砂质或其他材质褥垫层，垫层厚度可取 50mm～100mm；不宜采用肥槽填充混凝土做法。

12.3.3 筏形基础的平面尺寸应根据地基土的承载力、上部结构的布置及其荷载的分布等因素确定。

12.3.4 平板式筏基的板厚可根据受冲切承载力计算确定，板厚不宜小于400mm。冲切计算时，应考虑作用在冲切临界截面重心上的不平衡弯矩所产生的附加剪力。当筏板在个别柱位不满足受冲切承载力要求时，可将该柱下的筏形局部加厚或配置抗冲切钢筋。

12.3.5 当地基比较均匀、上部结构刚度较好、上部结构柱间距及柱荷载的变化不超过20％时，高层建筑的筏形基础可仅考虑局部弯曲作用，按倒楼盖法计算。当不符合上述条件时，宜按弹性地基板计算。

12.3.6 筏形基础应采用双向钢筋网片分别配置在板的顶面和底面，受力钢筋直径不宜小于12mm，钢筋间距不宜小于150mm，也不宜大于300mm。

12.3.7 当梁板式筏基的肋梁宽度小于柱宽时，肋梁可在柱边加腋，并应满足相应的构造要求。墙、柱的纵向钢筋应穿过肋梁，并应满足钢筋锚固长度要求。

12.3.8 梁板式筏基的梁高取值应包括底板厚度在内，梁高不宜小于平均柱距的1/6。确定梁高时，应综合考虑荷载大小、柱距、地质条件等因素，并应满足承载力要求。

12.3.9 当满足地基承载力要求时，筏形基础的周边不宜向外有较大的伸挑、扩大。当需要外挑时，有肋梁的筏基宜将梁一同挑出。

12.3.10 桩基可采用钢筋混凝土预制桩、灌注桩或钢桩。桩基承台可采用柱下单独承台、双向交叉梁、筏形承台、箱形承台。桩基选择和承台设计应根据上部结构类型、荷载大小、桩穿越的土层、桩端持力层土质、地下水位、施工条件和经验、制桩材料供应条件等因素综合考虑。

12.3.11 桩基的竖向承载力、水平承载力和抗拔承载力设计，应符合现行行业标准《建筑桩基技术规范》JGJ 94 的有关规定。

12.3.12 桩的布置应符合下列要求：

1 等直径桩的中心距不应小于3倍桩横截面的边长或直径；扩底桩中心距不应小于扩底直径的1.5倍，且两个扩大头间的净距不宜小于1m。

2 布桩时，宜使各桩承台承载力合力点与相应竖向永久荷载合力作用点重合，并使桩基在水平力产生的力矩较大方向有较大的抵抗矩。

3 平板式桩筏基础，桩宜布置在柱下或墙下，必要时可满堂布置，核心筒下可适当加密布桩；梁板式桩筏基础，桩宜布置在基础梁下或柱下；桩箱基础，宜将桩布置在墙下。直径不小于800mm 的大直径桩可采用一柱一桩。

4 应选择较硬土层作为桩端持力层。桩径为 d 的桩端全截面进入持力层的深度，对于黏性土、粉土不宜小于 $2d$；砂土不宜小于 $1.5d$；碎石类土不宜小于 $1d$。当存在软弱下卧层时，桩端下部硬持力层厚度不宜小于 $4d$。

抗震设计时，桩进入碎石土、砾砂、粗砂、中砂、密实粉土、坚硬黏性土的深度尚不应小于0.5m，对其他非岩石类土尚不应小于1.5m。

12.3.13 对沉降有严格要求的建筑的桩基础以及采用摩擦型桩的桩基础，应进行沉降计算。受较大永久水平作用或对水平变位要求严格的建筑桩基，应验算其水平变位。

按正常使用极限状态验算桩基沉降时，荷载效应应采用准永久组合；验算桩基的横向变位、抗裂、裂缝宽度时，根据使用要求和裂缝控制等级分别采用荷载的标准组合、准永久组合，并考虑长期作用影响。

12.3.14 钢桩应符合下列规定：

1 钢桩可采用管形或 H 形，其材质应符合国家现行有关标准的规定；

2 钢桩的分段长度不宜超过15m，焊接结构应采用等强连接；

3 钢桩防腐处理可采用增加腐蚀余量措施；当钢管桩内壁同外界隔绝时，可不采用内壁防腐。钢桩的防腐速率无实测资料时，如桩顶在地下水位以下且地下水无腐蚀性时，可取每年0.03mm，且腐蚀预留量不应小于2mm。

12.3.15 桩与承台的连接应符合下列规定：

1 桩顶嵌入承台的长度，对大直径桩不宜小于100mm，对中、小直径的桩不宜小于50mm；

2 混凝土桩的桩顶纵筋应伸入承台内，其锚固长度应符合现行国家标准《混凝土结构设计规范》GB 50010 的有关规定。

12.3.16 箱形基础的平面尺寸应根据地基土承载力和上部结构布置以及荷载大小等因素确定。外墙宜沿建筑物周边布置，内墙应沿上部结构的柱网或剪力墙位置纵横均匀布置，墙体水平截面总面积不宜小于箱形基础外墙外包尺寸的水平投影面积的1/10。对基础平面长宽比大于4的箱形基础，其纵墙水平截面面积不应小于箱基外墙外包尺寸水平投影面积的1/18。

12.3.17 箱形基础的高度应满足结构的承载力、刚度及建筑使用功能要求，一般不宜小于箱基长度的1/20，且不宜小于3m。此处，箱基长度不计墙外悬挑板部分。

12.3.18 箱形基础的顶板、底板及墙体的厚度，应根据受力情况、整体刚度和防水要求确定。无人防设计要求的箱基，基础底板不应小于300mm，外墙厚度不应小于250mm，内墙的厚度不应小于200mm，顶板厚度不应小于200mm。

12.3.19 与高层主楼相连的裙房基础若采用外挑箱基墙或箱基梁的方法，则外挑部分的基底应采取有效措施，使其具有适应差异沉降变形的能力。

12.3.20 箱形基础墙体的门洞宜设在柱间居中的部位，洞口上、下过梁应进行承载力计算。

12.3.21 当地基压缩层深度范围内的土层在竖向和水平力方向皆较均匀，且上部结构为平立面布置较规则的框架、剪力墙、框架-剪力墙结构时，箱形基础的顶、底板可仅考虑局部弯曲进行计算；计算时，底板反力应扣除板的自重及其上面层和填土的自重，顶板荷载应按实际情况考虑。整体弯曲的影响可在构造上加以考虑。

箱形基础的顶板和底板钢筋配置除符合计算要求外，纵横方向支座钢筋尚应有1/3～1/2贯通配置，跨中钢筋应按实际计算的配筋全部贯通。钢筋宜采用机械连接；采用搭接时，搭接长度应按受拉钢筋考虑。

12.3.22 箱形基础的顶板、底板及墙体均应采用双层双向配筋。墙体的竖向和水平钢筋直径均不应小于10mm，间距均不应大于200mm。除上部为剪力墙外，内、外墙的墙顶处宜配置两根直径不小于20mm的通长构造钢筋。

12.3.23 上部结构底层柱纵向钢筋伸入箱形基础墙体的长度应符合下列规定：

1 柱下三面或四面有箱形基础墙的内柱，除柱四角纵向钢筋直通到基底外，其余钢筋可伸入顶板底面以下40倍纵向钢筋直径处；

2 外柱、与剪力墙相连的柱及其他内柱的纵向钢筋应直通到基底。

13 高层建筑结构施工

13.1 一般规定

13.1.1 承担高层、超高层建筑结构施工的单位应具备相应的资质。

13.1.2 施工单位应认真熟悉图纸，参加设计交底和图纸会审。

13.1.3 施工前，施工单位应根据工程特点和施工条件，按有关规定编制施工组织设计和施工方案，并进行技术交底。

13.1.4 编制施工方案时，应根据施工方法、附墙爬升设备、垂直运输设备及当地的温度、风力等自然条件对结构及构件受力的影响，进行相应的施工工况模拟和受力分析。

13.1.5 冬期施工应符合《建筑工程冬期施工规程》JGJ 104 的规定。雨期、高温及干热气候条件下，应编制专门的施工方案。

13.2 施工测量

13.2.1 施工测量应符合现行国家标准《工程测量规范》GB 50026 的有关规定，并应根据建筑物的平面、体形、层数、高度、场地状况和施工要求，编制施工测量方案。

13.2.2 高层建筑施工采用的测量器具，应按国家计量部门的有关规定进行检定、校准，合格后方可使用。测量仪器的精度应满足下列规定：

1 在场地平面控制测量中，宜使用测距精度不低于±（3mm+2×10^{-6}×D）、测角精度不低于±5″级的全站仪或测距仪（D 为测距，以毫米为单位）；

2 在场地标高测量中，宜使用精度不低于DSZ3 的自动安平水准仪；

3 在轴线竖向投测中，宜使用±2″级激光经纬仪或激光自动铅直仪。

13.2.3 大中型高层建筑施工项目，应先建立场区平面控制网，再分别建立建筑物平面控制网；小规模或精度高的独立施工项目，可直接布设建筑物平面控制网。控制网应根据复核后的建筑红线桩或城市测量控制点准确定位测量，并应作好桩位保护。

1 场区平面控制网，可根据场区的地形条件和建筑物的布置情况，布设成建筑方格网、导线网、三角网、边角网或 GPS 网。建筑方格网的主要技术要求应符合表 13.2.3-1 的规定。

表 13.2.3-1　建筑方格网的主要技术要求

等 级	边 长 （m）	测角中误差 （″）	边长相对 中误差
一级	100～300	5	1/30000
二级	100～300	8	1/20000

2 建筑物平面控制网宜布设成矩形，特殊时也可布设成十字形主轴线或平行于建筑外廓的多边形。其主要技术要求应符合表 13.2.3-2 的规定。

表 13.2.3-2　建筑物平面控制网的主要技术要求

等　　级	测角中误差（″）	边长相对中误差
一级	$7''/\sqrt{n}$	1/30000
二级	$15''/\sqrt{n}$	1/20000

注：n 为建筑物结构的跨数。

13.2.4　应根据建筑平面控制网向混凝土底板垫层上投测建筑物外廓轴线，经闭合校测合格后，再放出细部轴线及有关边界线。基础外廓轴线允许偏差应符合表 13.2.4 的规定。

表 13.2.4　基础外廓轴线尺寸允许偏差

长度 L、宽度 B（m）	允许偏差（mm）
$L(B) \leqslant 30$	±5
$30 < L(B) \leqslant 60$	±10
$60 < L(B) \leqslant 90$	±15
$90 < L(B) \leqslant 120$	±20
$120 < L(B) \leqslant 150$	±25
$L(B) > 150$	±30

13.2.5　高层建筑结构施工可采用内控法或外控法进行轴线竖向投测。首层放线验收后，应根据测量方案设置内控点或将控制轴线引测至结构外立面上，并作为各施工层主轴线竖向投测的基准。轴线的竖向投测，应以建筑物轴线控制桩为测站。竖向投测的允许偏差应符合表 13.2.5 的规定。

表 13.2.5　轴线竖向投测允许偏差

项　　目		允许偏差（mm）
每　　层		3
总高 H（m）	$H \leqslant 30$	5
	$30 < H \leqslant 60$	10
	$60 < H \leqslant 90$	15
	$90 < H \leqslant 120$	20
	$120 < H \leqslant 150$	25
	$H > 150$	30

13.2.6　控制轴线投测至施工层后，应进行闭合校验。控制轴线应包括：

1　建筑物外轮廓轴线；

2　伸缩缝、沉降缝两侧轴线；

3　电梯间、楼梯间两侧轴线；

4　单元、施工流水段分界轴线。

施工层放线时，应先在结构平面上校核投测轴线，再测设细部轴线和墙、柱、梁、门窗洞口等边线，放线的允许偏差应符合表 13.2.6 的规定。

表 13.2.6　施工层放线允许偏差

项　　目		允许偏差（mm）
外廓主轴线长度 L（m）	$L \leqslant 30$	±5
	$30 < L \leqslant 60$	±10
	$60 < L \leqslant 90$	±15
	$L > 90$	±20
细部轴线		±2
承重墙、梁、柱边线		±3
非承重墙边线		±3
门窗洞口线		±3

13.2.7　场地标高控制网应根据复核后的水准点或已知标高点引测，引测标高宜采用附合测法，其闭合差不应超过 $\pm 6\sqrt{n}$ mm（n 为测站数）或 $\pm 20\sqrt{L}$ mm（L 为测线长度，以千米为单位）。

13.2.8　标高的竖向传递，应从首层起始标高线竖直量取，且每栋建筑应由三处分别向上传递。当三个点的标高差值小于 3mm 时，应取其平均值；否则应重新引测。标高的允许偏差应符合表 13.2.8 的规定。

表 13.2.8　标高竖向传递允许偏差

项　　目		允许偏差（mm）
每　　层		±3
总高 H（m）	$H \leqslant 30$	±5
	$30 < H \leqslant 60$	±10
	$60 < H \leqslant 90$	±15
	$90 < H \leqslant 120$	±20
	$120 < H \leqslant 150$	±25
	$H > 150$	±30

13.2.9　建筑物围护结构封闭前，应将外控轴线引测至结构内部，作为室内装饰与设备安装放线的依据。

13.2.10　高层建筑应按设计要求进行沉降、变形观测，并应符合国家现行标准《建筑地基基础设计规范》GB 50007 及《建筑变形测量规程》JGJ 8 的有关规定。

13.3　基　础　施　工

13.3.1　基础施工前，应根据施工图、地质勘察资料和现场施工条件，制定地下水控制、基坑支护、支护结构拆除和基础结构的施工方案；深基坑支护方案宜进行专门论证。

13.3.2　深基础施工，应符合国家现行标准《高层建筑箱形与筏形基础技术规范》JGJ 6、《建筑桩基技术规范》JGJ 94、《建筑基坑支护技术规程》JGJ 120、《建筑施工土石方工程安全技术规范》JGJ 180、《锚杆喷射混凝土支护技术规范》GB 50086、《建筑地基基础工程施工质量验收规范》GB 50202、《建筑基坑工程监测技术规范》GB 50497等的有关规定。

13.3.3 基坑和基础施工时，应采取降水、回灌、止水帷幕等措施防止地下水对施工和环境的影响。可根据土质和地下水状态、不同的降水深度，采用集水明排、单级井点、多级井点、喷射井点或管井等降水方案；停止降水时间应符合设计要求。

13.3.4 基础工程可采用放坡开挖顺作法、有支护顺作法、逆作法或半逆作法施工。

13.3.5 支护结构可选用土钉墙、排桩、钢板桩、地下连续墙、逆作拱墙等方法，并考虑支护结构的空间作用及与永久结构的结合。当不能采用悬臂式结构时，可选用土层锚杆、水平内支撑、斜支撑、环梁支护等锚拉或内支撑体系。

13.3.6 地基处理可采用挤密桩、压力注浆、深层搅拌等方法。

13.3.7 基坑施工时应加强周边建（构）筑物和地下管线的全过程安全监测和信息反馈，并制定保护措施和应急预案。

13.3.8 支护拆除应按照支护施工的相反顺序进行，并监测拆除过程中护坡的变化情况，制定应急预案。

13.3.9 工程桩质量检验可采用高应变、低应变、静载试验或钻芯取样等方法检测桩身缺陷、承载力及桩身完整性。

13.4 垂 直 运 输

13.4.1 垂直运输设备应有合格证书，其质量、安全性能应符合国家相关标准的要求，并应按有关规定进行验收。

13.4.2 高层建筑施工所选用的起重设备、混凝土泵送设备和施工升降机等，其验收、安装、使用和拆除应分别符合国家现行标准《起重机械安全规程》GB 6067、《塔式起重机》GB/T 5031、《塔式起重机安全规程》GB 5144、《混凝土泵》GB/T 13333、《施工升降机标准》GB/T 10054、《施工升降机安全规程》GB 10055、《混凝土泵送施工技术规程》JGJ/T 10、《建筑机械使用安全技术规程》JGJ 33、《施工现场机械设备检查技术规程》JGJ 160等的有关规定。

13.4.3 垂直运输设备的配置应根据结构平面布局、运输量、单件吊重及尺寸、设备参数和工期要求等因素确定。垂直运输设备的安装、使用、拆除应编制专项施工方案。

13.4.4 塔式起重机的配备、安装和使用应符合下列规定：

　　1 应根据起重机的技术要求，对地基基础和工程结构进行承载力、稳定性和变形验算；当塔式起重机布置在基坑槽边时，应满足基坑支护安全的要求。

　　2 采用多台塔式起重机时，应有防碰撞措施。

　　3 作业前，应对索具、机具进行检查，每次使用后应按规定对各设施进行维修和保养。

　　4 当风速大于五级时，塔式起重机不得进行顶升、接高或拆除作业。

　　5 附着式塔式起重机与建筑物结构进行附着时，应满足其技术要求，附着点最大间距不宜大于25m，附着点的埋件设置应经过设计单位同意。

13.4.5 混凝土输送泵配备、安装和使用应符合下列规定：

　　1 混凝土泵的选型和配备台数，应根据混凝土最大输送高度、水平距离、输出量及浇筑量确定。

　　2 编制泵送混凝土专项方案时应进行配管设计；季节性施工时，应根据需要对输送管道采取隔热或保温措施。

　　3 采用接力泵进行混凝土泵送时，上、下泵的输送能力应匹配；设置接力泵的楼面应验算其结构承载能力。

13.4.6 施工升降机配备和安装应符合下列规定：

　　1 建筑高度超高15层或40m时，应设置施工电梯，并应选择具有可靠防坠落升降系统的产品；

　　2 施工升降机的选择，应根据建筑物体型、建筑面积、运输总量、工期要求以及供货条件等确定；

　　3 施工升降机位置的确定，应方便安装以及人员和物料的集散；

　　4 施工升降机安装前应对其基础和附墙锚固装置进行设计，并在基础周围设置排水设施。

13.5 脚手架及模板支架

13.5.1 脚手架与模板支架应编制施工方案，经审批后实施。高、大脚手架及模板支架施工方案宜进行专门论证。

13.5.2 脚手架及模板支架的荷载取值及组合、计算方法及架体构造和施工要求应满足国家现行行业标准《建筑施工安全检查标准》JGJ 59、《建筑施工扣件式钢管脚手架安全技术规范》JGJ 130、《建筑施工门式钢管脚手架安全技术规范》JGJ 128、《建筑施工碗扣式钢管脚手架安全技术规范》JGJ 166、《建筑施工模板安全技术规范》JGJ 162等有关规定。

13.5.3 外脚手架应根据建筑物的高度选择合理的形式：

　　1 低于50m的建筑，宜采用落地脚手架或悬挑脚手架；

　　2 高于50m的建筑，宜采用附着式升降脚手架、悬挑脚手架。

13.5.4 落地脚手架宜采用双排扣件式钢管脚手架、门式钢管脚手架、承插式钢管脚手架。

13.5.5 悬挑脚手架应符合下列规定：

　　1 悬挑构件宜采用工字钢，架体宜采用双排扣件式钢管脚手架或碗扣式、承插式钢管脚手架；

　　2 分段搭设的脚手架，每段高度不得超过20m；

　　3 悬挑构件可采用预埋件固定，预埋件应采用未经冷处理的钢材加工；

　　4 当悬挑支架放置在阳台、悬挑梁或大跨度梁等部位时，应对其安全性进行验算。

13.5.6 卸料平台应符合下列规定：

　　1 应对卸料平台结构进行设计和验算，并编制专项施工方案；

　　2 卸料平台应与外脚手架脱开；

　　3 卸料平台严禁超载使用。

13.5.7 模板支架宜采用工具式支架，并应符合相关标准的规定。

13.6 模 板 工 程

13.6.1 模板工程应进行专项设计，并编制施工方案。模板方案应根据平面形状、结构形式和施工条件确定。对模板及其支架应进行承载力、刚度和稳定性计算。

13.6.2 模板的设计、制作和安装应符合国家现行标准《混凝土结构工程施工质量验收规范》GB 50204、《组合钢模板技术规范》GB 50214、《滑动模板工程技术规范》GB 50113、《钢框胶合板模板技术规程》JGJ 96、《清水混凝土应用技术规程》JGJ 169 等的有关规定。

13.6.3 模板选型应符合下列规定：

　　1 墙体宜选用大模板、倒模、滑动模板和爬升模板等工具式模板施工；

　　2 柱模宜采用定型模板。圆柱模板可采用玻璃钢或钢板成型；

　　3 梁、板模板宜选用钢框胶合板、组合钢模板或不带框胶合板等，采用整体或分片预制安装；

　　4 楼板模板可选用飞模（台模、桌模）、密肋楼板模壳、永久性模板等；

　　5 电梯井筒内模宜选用铰接式筒形大模板，核心筒宜采用爬升模板；

　　6 清水混凝土、装饰混凝土模板应满足设计对混凝土造型及观感的要求。

13.6.4 现浇楼板模板宜采用早拆模板体系。后浇带应与其两侧梁、板结构的模板及支架分开设置。

13.6.5 大模板板面可采用整块薄钢板，也可选用钢框胶合板或加边框的钢板、胶合板拼装。挂装三角架支承上层外模荷载时，现浇外墙混凝土强度应达到7.5MPa。大模板拆除和吊运时，严禁挤撞墙体。

　　大模板的安装允许偏差应符合表 13.6.5 的规定。

表 13.6.5　大模板安装允许偏差

项　目	允许偏差（mm）	检测方法
位　置	3	钢尺检测
标　高	±5	水准仪或拉线、尺量
上口宽度	±2	钢尺检测
垂直度	3	2m托线板检测

13.6.6 滑动模板及其操作平台应进行整体的承载

力、刚度和稳定性设计，并应满足建筑造型要求。滑升模板施工前应按连续施工要求，统筹安排提升机具和配件等。劳动力配备、工序协调、垂直运输和水平运输能力均应与滑升速度相适应。模板应有上口小、下口大的倾斜度，其单面倾斜度宜取为模板高度的1/1000～2/1000。混凝土出模强度应应达到出模后混凝土不塌、不裂。支承杆的选用应与千斤顶的构造相适应，长度宜为 4m～6m，相邻支撑杆的接头位置应至少错开 500mm，同一截面高度内接头不宜超过总数的 25%。宜选用额定起重量为 60kN 以上的大吨位千斤顶及与之配套的钢管支撑杆。

　　滑模装置组装的允许偏差应符合表 13.6.6 的规定。

表 13.6.6　滑模装置组装的允许偏差

项　　目		允许偏差（mm）	检测方法
模板结构轴线与相应结构轴线位置		3	钢尺检测
围圈位置偏差	水平方向	3	钢尺检测
	垂直方向	3	
提升架的垂直偏差	平面内	3	2m托线板检测
	平面外	2	
安放千斤顶的提升架横梁相对标高偏差		5	水准仪或拉线、尺量
考虑倾斜度后模板尺寸的偏差	上口	−1	钢尺检测
	下口	+2	
千斤顶安装位置偏差	平面内	5	钢尺检测
	平面外	5	
圆模直径、方模边长的偏差		5	钢尺检测
相邻两块模板平面平整偏差		2	钢尺检测

13.6.7 爬升模板宜采用由钢框胶合板等组合而成的大模板。其高度应为标准层层高加 100mm～300mm。模板及爬架背面应附有爬升装置。爬架可由型钢组成，高度应为 3.0～3.5 个标准层高度，其立柱宜采取标准节分段组合，并用法兰盘连接；其底座固定于下层墙体时，穿墙螺栓不应少于 4 个，底部应设有操作平台和防护设施。爬升装置可选用液压穿心千斤顶、电动设备、捯链等。爬升工艺可选用模板与爬架互爬、模板与模板互爬、爬架与爬架互爬及整体爬升等。各部件安装后，应对所有连接螺栓和穿墙螺栓进行紧固检查，并应试爬升和验收。爬升时，穿墙螺栓受力处的混凝土强度不应小于 10MPa；应稳起、稳落和平稳就位，不应被其他构件卡住；每个单元的爬

升，应在一个工作台班内完成，爬升完毕应及时固定。

爬升模板组装允许偏差应符合表13.6.7的规定。穿墙螺栓的紧固扭矩为40N·m～50N·m时，可采用扭力扳手检测。

表13.6.7　爬升模板组装允许偏差

项　目	允许偏差	检测方法
墙面留穿墙螺栓孔位置 穿墙螺栓孔直径	±5mm ±2mm	钢尺检测
大模板	同本规程表13.6.5	
爬升支架： 标高 垂直度	±5mm 5mm或爬升支架高度的0.1%	与水平线钢尺检测挂线坠

13.6.8 现浇空心楼板模板施工时，应采取防止混凝土浇筑时预制芯管及钢筋上浮的措施。

13.6.9 模板拆除应符合下列规定：

1 常温施工时，柱混凝土拆模强度不应低于1.5MPa，墙体拆模强度不应低于1.2MPa；

2 冬期拆模与保温应满足混凝土抗冻临界强度的要求；

3 梁、板底模拆模时，跨度不大于8m时混凝土强度应达到设计强度的75%，跨度大于8m时混凝土强度应达到设计强度的100%；

4 悬挑构件拆模时，混凝土强度应达到设计强度的100%；

5 后浇带拆模时，混凝土强度应达到设计强度的100%。

13.7 钢筋工程

13.7.1 钢筋工程的原材料、加工、连接、安装和验收，应符合现行国家标准《混凝土结构工程施工质量验收规范》GB 50204的有关规定。

13.7.2 高层混凝土结构宜采用高强钢筋。钢筋数量、规格、型号和物理力学性能应符合设计要求。

13.7.3 粗直径钢筋宜采用机械连接。机械连接可采用直螺纹套筒连接、套筒挤压连接等方法。焊接时可采用电渣压力焊等方法。钢筋连接应符合现行行业标准《钢筋机械连接技术规程》JGJ 107、《钢筋焊接及验收规程》JGJ 18和《钢筋焊接接头试验方法》JGJ 27等的有关规定。

13.7.4 采用点焊钢筋网片时，应符合现行行业标准《钢筋焊接网混凝土结构技术规程》JGJ 114的有关规定。

13.7.5 采用冷轧带肋钢筋和预应力用钢丝、钢绞线时，应符合现行行业标准《冷轧带肋钢筋混凝土结构技术规程》JGJ 95和《钢绞线、钢丝束无粘结预应力筋》JG 3006等的有关规定。

13.7.6 框架梁、柱交叉处，梁纵向受力钢筋置于柱纵向钢筋内侧；次梁钢筋宜放在主梁钢筋内侧。当双向均为主梁时，钢筋位置应按设计要求摆放。

13.7.7 箍筋的弯曲半径、内径尺寸、弯钩平直长度、绑扎间距与位置等构造做法应符合设计规定。采用开口箍筋时，开口方向应置于受压区，并错开布置。采用螺旋箍等新型箍筋时，应符合设计及工艺要求。

13.7.8 压型钢板-混凝土组合楼板施工时，应保证钢筋位置及保护层厚度准确。可采用在工厂加工钢筋桁架，并与压型钢板焊接成一体的钢筋桁架模板系统。

13.7.9 梁、板、墙、柱的钢筋宜采用预制安装方法。钢筋骨架、钢筋网在运输和安装过程中，应采取加固等保护措施。

13.8 混凝土工程

13.8.1 高层建筑宜采用预拌混凝土或有自动计量装置、可靠质量控制的搅拌站供应的混凝土，预拌混凝土应符合现行国家标准《预拌混凝土》GB/T 14902的规定。混凝土浇灌宜采用泵送入模、连续施工，并应符合现行行业标准《混凝土泵送施工技术规程》JGJ/T 10的规定。

13.8.2 混凝土工程的原材料、配合比设计、施工和验收，应符合现行国家标准《混凝土质量控制标准》GB 50164、《混凝土外加剂应用技术规范》GB 50119、《粉煤灰混凝土应用技术规范》GB 50146和《混凝土强度检验评定标准》GB/T 50107、《清水混凝土应用技术规程》JGJ 169等的有关规定。

13.8.3 高层建筑宜根据不同工程需要，选用特定的高性能混凝土。采用高强混凝土时，应优选水泥、粗细骨料、外掺合料和外加剂，并应作好配制、浇筑与养护。

13.8.4 预拌混凝土运至浇筑地点，应进行坍落度检查，其允许偏差应符合表13.8.4的规定。

表13.8.4　现场实测混凝土坍落度允许偏差

要求坍落度	允许偏差(mm)
<50	±10
50～90	±20
>90	±30

13.8.5 混凝土浇筑高度应保证混凝土不发生离析。混凝土自高处倾落的自由高度不应大于2m；柱、墙模板内的混凝土倾落高度应满足表13.8.5的规定；当不能满足表13.8.5的规定时，宜加设串通、溜槽、溜管等装置。

表 13.8.5 柱、墙模板内混凝土倾落高度限值（mm）

条　件	混凝土倾落高度
骨料粒径大于 25mm	≤3
骨料粒径不大于 25mm	≤6

13.8.6 混凝土浇筑过程中，应设专人对模板支架、钢筋、预埋件和预留孔洞的变形、移位进行观测，发现问题及时采取措施。

13.8.7 混凝土浇筑后应及时进行养护。根据不同的地区、季节和工程特点，可选用浇水、综合蓄热、电热、远红外线、蒸汽等养护方法，以塑料布、保温材料或涂刷薄膜等覆盖。

13.8.8 预应力混凝土结构施工，应符合国家现行标准《预应力筋用锚具、夹具和连接器》GB/T 14370 和《无粘结预应力混凝土结构技术规程》JGJ 92 等的有关规定。

13.8.9 结构柱、墙混凝土设计强度等级高于梁、板混凝土设计强度等级时，应在交界区域采取分隔措施。分隔位置应在低强度等级的构件中，且与高强度等级构件边缘的距离不宜小于 500mm。应先浇筑高强度等级混凝土，后浇筑低强度等级混凝土。

13.8.10 混凝土施工缝宜留置在结构受力较小且便于施工的位置。

13.8.11 后浇带应按设计要求预留，并按规定时间浇筑混凝土，进行覆盖养护。当设计对混凝土无特殊要求时，后浇带混凝土应高于其相邻结构一个强度等级。

13.8.12 现浇混凝土结构的允许偏差应符合表 13.8.12 的规定。

表 13.8.12 现浇混凝土结构的允许偏差

项　目			允许偏差（mm）
轴线位置			5
垂直度	每层	≤5m	8
		>5m	10
	全高		$H/1000$ 且≤30
标高	每层		±10
	全高		±30
截面尺寸			+8，−5（抹灰）
			+5，−2（不抹灰）
表面平整（2m 长度）			8（抹灰），4（不抹灰）
预埋设施中心线位置	预埋件		10
	预埋螺栓		5
	预埋管		5
预留洞中心线位置			15
电梯井	井筒长、宽对定位中心线		+25，0
	井筒全高（H）垂直度		$H/1000$ 且≤30

13.9 大体积混凝土施工

13.9.1 大体积与超长结构混凝土施工前应编制专项施工方案，并进行大体积混凝土温控计算，必要时可设置抗裂钢筋（丝）网。

13.9.2 大体积混凝土施工应符合现行国家标准《大体积混凝土施工规范》GB 50496 的规定。

13.9.3 大体积基础底板及地下室外墙混凝土，当采用粉煤灰混凝土时，可利用 60d 或 90d 强度进行配合比设计和施工。

13.9.4 大体积与超长结构混凝土配合比应经过试配确定。原材料应符合相关标准的要求，宜选用中低水化热低碱水泥，掺入适量的粉煤灰和缓凝型外加剂，并控制水泥用量。

13.9.5 大体积混凝土浇筑、振捣应满足下列规定：

　1　宜避免高温施工；当必须暑期高温施工时，应采取措施降低混凝土拌合物和混凝土内部温度。

　2　根据面积、厚度等因素，宜采取整体分层连续浇筑或推移式连续浇筑法；混凝土供应速度应大于混凝土初凝速度，下层混凝土初凝前应进行第二层混凝土浇筑。

　3　分层设置水平施工缝时，除应符合设计要求外，尚应根据混凝土浇筑过程中温度裂缝控制的要求、混凝土的供应能力、钢筋工程的施工、预埋管件安装等因素确定其位置及间隔时间。

　4　宜采用二次振捣工艺，浇筑面应及时进行二次抹压处理。

13.9.6 大体积混凝土养护、测温应符合下列规定：

　1　大体积混凝土浇筑后，应在 12h 内采取保湿、控温措施。混凝土浇筑体的里表温差不宜大于 25℃，混凝土浇筑体表面与大气温差不宜大于 20℃；

　2　宜采用自动测温系统测量温度，并设专人负责；测温点布置应具有代表性，测温频次应符合相关标准的规定。

13.9.7 超长大体积混凝土施工可采取留置变形缝、后浇带施工或跳仓法施工。

13.10 混合结构施工

13.10.1 混合结构施工应满足国家现行标准《混凝土结构工程施工质量验收规范》GB 50204、《钢结构工程施工质量验收规范》GB 50205、《型钢混凝土组合结构技术规程》JGJ 138 等的有关要求。

13.10.2 施工中应加强钢筋混凝土结构与钢结构施工的协调与配合，根据结构特点编制施工组织设计，确定施工顺序、流水段划分、工艺流程及资源配置。

13.10.3 钢结构制作前应进行深化设计。

13.10.4 混合结构应遵照先钢结构安装，后钢筋混凝土施工的原则组织施工。

13.10.5 核心筒应先于钢框架或型钢混凝土框架施工，高差宜控制在 4～8 层，并应满足施工工序的穿插要求。

13.10.6 型钢混凝土竖向构件应按照钢结构、钢筋、模板、混凝土的顺序组织施工，型钢安装应先于混凝土施工至少一个安装节。

13.10.7 钢框架-钢筋混凝土筒体结构施工时，应考虑内外结构的竖向变形差异控制。

13.10.8 钢管混凝土结构浇筑应符合下列规定：

　　1 宜采用自密实混凝土，管内混凝土浇筑可选用管顶向下普通浇筑法、泵送顶升浇筑法和高位抛落法等。

　　2 采用从管顶向下浇筑时，应加强底部管壁排气孔观察，确认浆体流出和浇筑密实后封堵排气孔。

　　3 采用泵送顶升浇筑法时，应合理选择顶升浇筑设备，控制混凝土顶升速度，钢管直径宜不小于泵管直径的两倍。

　　4 采用高位抛落免振法浇筑混凝土时，混凝土技术参数宜通过试验确定；对于抛落高度不足 4m 的区段，应配合人工振捣；混凝土一次抛落量应控制在 0.7m³ 左右。

　　5 混凝土浇筑面与尚待焊接部位焊缝的距离不应小于 600mm。

　　6 钢管内混凝土浇灌接近顶面时，应测定混凝土浮浆厚度，计算与原混凝土相同级配的石子量并投入和振捣密实。

　　7 管内混凝土的浇灌质量，可采用管外敲击法、超声波检测法或钻芯取样法检测，对不密实的部位，应采用钻孔压浆法进行补强。

13.10.9 型钢混凝土柱的箍筋宜采用封闭箍，不宜将箍筋直接焊在钢柱上。梁柱节点部位柱的箍筋可分段焊接。

13.10.10 当利用型钢梁钢骨架吊挂梁模板时，应对其承载力和变形进行核算。

13.10.11 压型钢板楼面混凝土施工时，应根据压型钢板的刚度适当设置支撑系统。

13.10.12 型钢剪力墙、钢板剪力墙、暗支撑剪力墙混凝土施工时，应在型钢翼缘处留置排气孔，必要时可在墙体模板侧面留设浇筑孔。

13.10.13 型钢混凝土梁柱接头处和型钢翼缘下部，宜预留排气孔和混凝土浇筑孔。钢筋密集时，可采用自密实混凝土浇筑。

13.11　复杂混凝土结构施工

13.11.1 混凝土转换层、加强层、连体结构、大底盘多塔楼结构等复杂结构应编制专项施工方案。

13.11.2 混凝土结构转换层、加强层施工应符合下列规定：

　　1 当转换层梁或板混凝土支撑体系利用下层楼板或其他结构传递荷载时，应通过计算确定，必要时应采取加固措施；

　　2 混凝土桁架、空腹钢架等斜向构件的模板和

支架应进行荷载分析及水平推力计算。

13.11.3 悬挑结构施工应符合下列规定：

　　1 悬挑构件的模板支架可采用钢管支撑、型钢支撑和悬挑桁架等，模板起拱值宜为悬挑长度的 0.2%～0.3%；

　　2 当采用悬挂支模时，应对钢架或骨架的承载力和变形进行计算；

　　3 应有控制上部受力钢筋保护层厚度的措施。

13.11.4 大底盘多塔楼结构，塔楼间施工顺序和施工高差、后浇带设置及混凝土浇筑时间应满足设计要求。

13.11.5 塔楼连接体施工应符合下列规定：

　　1 应在塔楼主体施工前确定连接体施工或吊装方案；

　　2 应根据施工方案，对主体结构局部和整体受力进行验算，必要时应采取加强措施；

　　3 塔楼主体施工时应按连接体施工安装方案的要求设置预埋件或预留洞。

13.12　施　工　安　全

13.12.1 高层建筑结构施工应符合现行行业标准《建筑施工高处作业安全技术规范》JGJ 80、《建筑机械使用安全技术规程》JGJ 33、《施工现场临时用电安全技术规范》JGJ 46、《建筑施工门式钢管脚手架安全技术规程》JGJ 128、《建筑施工扣件式钢管脚手架安全技术规范》JGJ 130 和《液压滑动模板施工安全技术规程》JGJ 65 等的有关规定。

13.12.2 附着式整体爬升脚手架应经鉴定，并有产品合格证、使用证和准用证。

13.12.3 施工现场应设立可靠的避雷装置。

13.12.4 建筑物的出入口、楼梯口、洞口、基坑和每层建筑的周边均应设置防护设施。

13.12.5 钢模板施工时，应有防漏电措施。

13.12.6 采用自动提升、顶升脚手架或工作平台施工时，应严格执行操作规程，并经验收后实施。

13.12.7 高层建筑施工，应采取上、下通信联系措施。

13.12.8 高层建筑施工应有消防系统，消防供水系统应满足楼层防火要求。

13.12.9 施工用油漆和涂料应妥善保管，并远离火源。

13.13　绿　色　施　工

13.13.1 高层建筑施工组织设计和施工方案应符合绿色施工的要求，并应进行绿色施工教育和培训。

13.13.2 应控制混凝土中碱、氯、氨等有害物质含量。

13.13.3 施工中应采用下列节能与能源利用措施：

　　1 制定措施提高各种机械的使用率和满载率；

2 采用节能设备和施工节能照明工具，使用节能型的用电器具；

3 对设备进行定期维护保养。

13.13.4 施工中应采用下列节水及水资源利用措施：

1 施工过程中对水资源进行管理；

2 采用施工节水工艺、节水设施并安装计量装置；

3 深基坑施工时，应采取地下水的控制措施；

4 有条件的工地宜建立水网，实施水资源的循环使用。

13.13.5 施工中应采用下列节材及材料利用措施：

1 采用节材与材料资源合理利用的新技术、新工艺、新材料和新设备；

2 宜采用可循环利用材料；

3 废弃物应分类回收，并进行再生利用。

13.13.6 施工中应采取下列节地措施：

1 合理布置施工总平面；

2 节约施工用地及临时设施用地，避免或减少二次搬运；

3 组织分段流水施工，进行劳动力平衡，减少临时设施和周转材料数量。

13.13.7 施工中的环境保护应符合下列规定：

1 对施工过程中的环境因素进行分析，制定环境保护措施；

2 现场采取降尘措施；

3 现场采取降噪措施；

4 采用环保建筑材料；

5 采取防光污染措施；

6 现场污水排放应符合相关规定，进出现场车辆应进行清洗；

7 施工现场垃圾应按规定进行分类和排放；

8 油漆、机油等应妥善保存，不得遗洒。

附录 A 楼盖结构竖向振动加速度计算

A.0.1 楼盖结构的竖向振动加速度宜采用时程分析方法计算。

A.0.2 人行走引起的楼盖振动峰值加速度可按下列公式近似计算：

$$a_p = \frac{F_p}{\beta w} g \qquad (A.0.2-1)$$

$$F_p = p_0 e^{-0.35 f_n} \qquad (A.0.2-2)$$

式中：a_p——楼盖振动峰值加速度（m/s²）；

F_p——接近楼盖结构自振频率时人行走产生的作用力（kN）；

p_0——人们行走产生的作用力（kN），按表 A.0.2 采用；

f_n——楼盖结构竖向自振频率（Hz）；

β——楼盖结构阻尼比，按表 A.0.2 采用；

w——楼盖结构阻抗有效重量（kN），可按本附录 A.0.3 条计算；

g——重力加速度，取 9.8m/s²。

表 A.0.2 人行走作用力及楼盖结构阻尼比

人员活动环境	人员行走作用力 p_0（kN）	结构阻尼比 β
住宅，办公，教堂	0.3	0.02～0.05
商场	0.3	0.02
室内人行天桥	0.42	0.01～0.02
室外人行天桥	0.42	0.01

注：**1** 表中阻尼比用于钢筋混凝土楼盖结构和钢-混凝土组合楼盖结构；

2 对住宅、办公、教堂建筑，阻尼比 0.02 可用于无家具和非结构构件情况，如无纸化电子办公区、开敞办公区和教堂；阻尼比 0.03 可用于有家具、非结构构件，带少量可拆卸隔断的情况；阻尼比 0.05 可用于含全高填充墙的情况；

3 对室内人行天桥，阻尼比 0.02 可用于天桥带干挂吊顶的情况。

A.0.3 楼盖结构的阻抗有效重量 w 可按下列公式计算：

$$w = \overline{w}BL \qquad (A.0.3-1)$$

$$B = CL \qquad (A.0.3-2)$$

式中：$\overline{w}$——楼盖单位面积有效重量（kN/m²），取恒载和有效分布活载之和。楼层有效分布活荷载：对办公建筑可取 0.55kN/m²，对住宅可取 0.3kN/m²；

L——梁跨度（m）；

B——楼盖阻抗有效质量的分布宽度（m）；

C——垂直于梁跨度方向的楼盖受弯连续性影响系数，对边梁取 1，对中间梁取 2。

附录 B 风荷载体型系数

B.0.1 风荷载体型系数应根据建筑物平面形状按下列规定采用：

1 矩形平面

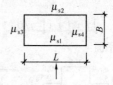

μ_{s1}	μ_{s2}	μ_{s3}	μ_{s4}
0.80	$-\left(0.48 + 0.03\dfrac{H}{L}\right)$	-0.60	-0.60

注：H 为房屋高度。

2　L形平面

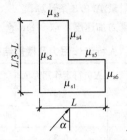

μ_s ／ α	μ_{s1}	μ_{s2}	μ_{s3}	μ_{s4}	μ_{s5}	μ_{s6}
0°	0.80	−0.70	−0.60	−0.50	−0.50	−0.60
45°	0.50	0.50	−0.80	−0.70	−0.70	−0.80
225°	−0.60	−0.60	0.30	0.90	0.90	0.30

3　槽形平面

4　正多边形平面、圆形平面

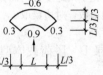

1）$\mu_s = 0.8 + \dfrac{1.2}{\sqrt{n}}$（$n$ 为边数）；

2）当圆形高层建筑表面较粗糙时，$\mu_s = 0.8$。

5　扇形平面

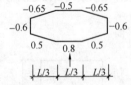

6　梭形平面

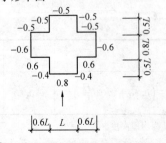

7　十字形平面

8　井字形平面

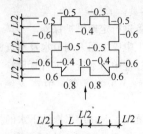

9　X形平面

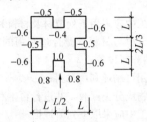

10　廿形平面

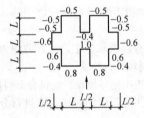

11　六角形平面

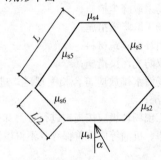

μ_s ／ α	μ_{s1}	μ_{s2}	μ_{s3}	μ_{s4}	μ_{s5}	μ_{s6}
0°	0.80	−0.45	−0.50	−0.60	−0.50	−0.45
30°	0.70	0.40	−0.55	−0.50	−0.55	−0.55

12　Y形平面

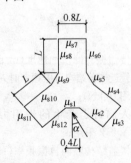

μ_s \ α	0°	10°	20°	30°	40°	50°	60°
μ_{s1}	1.05	1.05	1.00	0.95	0.90	0.50	−0.15
μ_{s2}	1.00	0.95	0.90	0.85	0.80	0.40	−0.10
μ_{s3}	−0.70	−0.10	0.30	0.50	0.70	0.85	0.95
μ_{s4}	−0.50	−0.50	−0.55	−0.60	−0.75	−0.40	−0.10
μ_{s5}	−0.50	−0.55	−0.60	−0.65	−0.75	−0.45	−0.15
μ_{s6}	−0.55	−0.55	−0.60	−0.70	−0.65	−0.15	−0.35
μ_{s7}	−0.50	−0.50	−0.50	−0.55	−0.55	−0.55	−0.55
μ_{s8}	−0.55	−0.55	−0.50	−0.50	−0.50	−0.50	−0.50
μ_{s9}	−0.50	−0.50	−0.50	−0.50	−0.50	−0.50	−0.50
μ_{s10}	−0.50	−0.50	−0.50	−0.50	−0.50	−0.50	−0.50
μ_{s11}	−0.70	−0.60	−0.55	−0.55	−0.55	−0.55	−0.55
μ_{s12}	1.00	0.95	0.90	0.80	0.75	0.65	0.35

附录 C 结构水平地震作用计算的底部剪力法

C. 0. 1 采用底部剪力法计算高层建筑结构的水平地震作用时，各楼层在计算方向可仅考虑一个自由度(图 C)，并应符合下列规定：

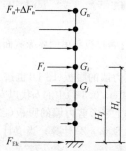

图 C 底部剪力法计算示意

1 结构总水平地震作用标准值应按下列公式计算：

$$F_{Ek} = \alpha_1 G_{eq} \qquad (C.0.1-1)$$
$$G_{eq} = 0.85 G_E \qquad (C.0.1-2)$$

式中：F_{Ek} ——结构总水平地震作用标准值；

α_1 ——相应于结构基本自振周期 T_1 的水平地震影响系数，应按本规程第 4.3.8 条确定；结构基本自振周期 T_1 可按本附录 C.0.2 条近似计算，并应考虑非承重墙体的影响予以折减；

G_{eq} ——计算地震作用时，结构等效总重力荷载代表值；

G_E ——计算地震作用时，结构总重力荷载代

表值，应取各质点重力荷载代表值之和。

2 质点 i 的水平地震作用标准值可按下式计算：

$$F_i = \frac{G_i H_i}{\sum_{j=1}^{n} G_j H_j} F_{Ek}(1 - \delta_n) \qquad (C.0.1-3)$$
$$(i = 1, 2, \cdots, n)$$

式中：F_i ——质点 i 的水平地震作用标准值；

G_i、G_j ——分别为集中于质点 i、j 的重力荷载代表值，应按本规程第 4.3.6 条的规定确定；

H_i、H_j ——分别为质点 i、j 的计算高度；

δ_n ——顶部附加地震作用系数，可按表 C.0.1 采用。

表 C. 0. 1 顶部附加地震作用系数 δ_n

T_g (s)	$T_1 > 1.4 T_g$	$T_1 \leqslant 1.4 T_g$
不大于 0.35	$0.08 T_1 + 0.07$	不考虑
大于 0.35 但不大于 0.55	$0.08 T_1 + 0.01$	
大于 0.55	$0.08 T_1 - 0.02$	

注：1 T_g 为场地特征周期；

2 T_1 为结构基本自振周期，可按本附录第 C.0.2 条计算，也可采用根据实测数据并考虑地震作用影响的其他方法计算。

3 主体结构顶层附加水平地震作用标准值可按下式计算：

$$\Delta F_n = \delta_n F_{Ek} \qquad (C.0.1-4)$$

式中：ΔF_n ——主体结构顶层附加水平地震作用标准值。

C. 0. 2 对于质量和刚度沿高度分布比较均匀的框架结构、框架-剪力墙结构和剪力墙结构，其基本自振周期可按下式计算：

$$T_1 = 1.7 \Psi_T \sqrt{u_T} \qquad (C.0.2)$$

式中：T_1 ——结构基本自振周期(s)；

u_T ——假想的结构顶点水平位移(m)，即假想把集中在各楼层处的重力荷载代表值 G_i 作为该楼层水平荷载，并按本规程第 5.1 节的有关规定计算的结构顶点弹性水平位移；

Ψ_T ——考虑非承重墙刚度对结构自振周期影响的折减系数，可按本规程第 4.3.17 条确定。

C. 0. 3 高层建筑采用底部剪力法计算水平地震作用时，突出屋面房屋(楼梯间、电梯间、水箱间等)宜作为一个质点参加计算，计算求得的水平地震作用标准值应增大，增大系数 β_n 可按表 C.0.3 采用。增大后的地震作用仅用于突出屋面房屋自身以及与其直接连

接的主体结构构件的设计。

表 C.0.3　突出屋面房屋地震作用增大系数 β_n

结构基本自振周期 T_1（s）	K_n/K G_n/G	0.001	0.010	0.050	0.100
0.25	0.01	2.0	1.6	1.5	1.5
	0.05	1.9	1.6	1.6	1.6
	0.10	1.9	1.8	1.6	1.5
0.50	0.01	2.6	1.9	1.7	1.7
	0.05	2.1	2.4	1.8	1.8
	0.10	2.2	2.4	2.0	1.8
0.75	0.01	3.6	2.3	2.2	2.2
	0.05	2.7	3.4	2.5	2.3
	0.10	2.2	3.3	2.5	2.3
1.00	0.01	4.8	2.9	2.7	2.7
	0.05	2.7	4.3	2.9	2.7
	0.10	2.4	4.1	3.2	3.0
1.50	0.01	6.6	3.9	3.5	3.5
	0.05	3.7	5.8	3.8	3.6
	0.10	2.4	5.6	4.2	3.7

注：1　K_n、G_n 分别为突出屋面房屋的侧向刚度和重力荷载代表值；K、G 分别为主体结构层侧向刚度和重力荷载代表值，可取各层的平均值；
　　2　楼层侧向刚度可由楼层剪力除以楼层层间位移计算。

附录 D　墙体稳定验算

D.0.1　剪力墙墙肢应满足下式的稳定要求：

$$q \leqslant \frac{E_c t^3}{10 l_0^2} \qquad (D.0.1)$$

式中：q——作用于墙顶组合的等效竖向均布荷载设计值；
　　　E_c——剪力墙混凝土的弹性模量；
　　　t——剪力墙墙肢截面厚度；
　　　l_0——剪力墙墙肢计算长度，应按本附录第 D.0.2 条确定。

D.0.2　剪力墙墙肢计算长度应按下式计算：

$$l_0 = \beta h \qquad (D.0.2)$$

式中：β——墙肢计算长度系数，应按本附录第 D.0.3 条确定；

　　　h——墙肢所在楼层的层高。

D.0.3　墙肢计算长度系数 β 应根据墙肢的支承条件按下列规定采用：

　　1　单片独立墙肢按两边支承板计算，取 β 等于 1.0。

　　2　T 形、L 形、槽形和工字形剪力墙的翼缘（图 D），采用三边支承板按式（D.0.3-1）计算；当 β 计算值小于 0.25 时，取 0.25。

$$\beta = \frac{1}{\sqrt{1 + \left(\frac{h}{2 b_f}\right)^2}} \qquad (D.0.3-1)$$

式中：b_f——T 形、L 形、槽形、工字形剪力墙的单侧翼缘截面高度，取图 D 中各 b_{fi} 的较大值或最大值。

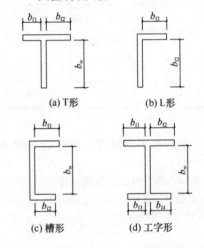

(a) T形　　(b) L形

(c) 槽形　　(d) 工字形

图 D　剪力墙腹板与单侧翼缘截面高度示意

　　3　T 形剪力墙的腹板（图 D）也按三边支承板计算，但应将公式（D.0.3-1）中的 b_f 代以 b_w。

　　4　槽形和工字形剪力墙的腹板（图 D），采用四边支承板按式（D.0.3-2）计算；当 β 计算值小于 0.2 时，取 0.2。

$$\beta = \frac{1}{\sqrt{1 + \left(\frac{3h}{2 b_w}\right)^2}} \qquad (D.0.3-2)$$

式中：b_w——槽形、工字形剪力墙的腹板截面高度。

D.0.4　当 T 形、L 形、槽形、工字形剪力墙的翼缘截面高度或 T 形、L 形剪力墙的腹板截面高度与翼缘截面厚度之和小于截面厚度的 2 倍和 800mm 时，尚宜按下式验算剪力墙的整体稳定：

$$N \leqslant \frac{1.2 E_c I}{h^2} \qquad (D.0.4)$$

式中：N——作用于墙顶组合的竖向荷载设计值；
　　　I——剪力墙整体截面的惯性矩，取两个方向的较小值。

附录 E 转换层上、下结构侧向刚度规定

E.0.1 当转换层设置在 1、2 层时，可近似采用转换层与其相邻上层结构的等效剪切刚度比 γ_{e1} 表示转换层上、下层结构刚度的变化，γ_{e1} 宜接近 1，非抗震设计时 γ_{e1} 不应小于 0.4，抗震设计时 γ_{e1} 不应小于 0.5。γ_{e1} 可按下列公式计算：

$$\gamma_{e1} = \frac{G_1 A_1}{G_2 A_2} \times \frac{h_2}{h_1} \qquad \text{(E.0.1-1)}$$

$$A_i = A_{w,i} + \sum_j C_{i,j} A_{ci,j} \quad (i=1,2) \qquad \text{(E.0.1-2)}$$

$$C_{i,j} = 2.5 \left(\frac{h_{ci,j}}{h_i} \right)^2 \quad (i=1,2) \text{ (E.0.1-3)}$$

式中：G_1、G_2——分别为转换层和转换层上层的混凝土剪变模量；

A_1、A_2——分别为转换层和转换层上层的折算抗剪截面面积，可按式（E.0.1-2）计算；

$A_{w,i}$——第 i 层全部剪力墙在计算方向的有效截面面积（不包括翼缘面积）；

$A_{ci,j}$——第 i 层第 j 根柱的截面面积；

h_i——第 i 层的层高；

$h_{ci,j}$——第 i 层第 j 根柱沿计算方向的截面高度；

$C_{i,j}$——第 i 层第 j 根柱截面面积折算系数，当计算值大于 1 时取 1。

E.0.2 当转换层设置在第 2 层以上时，按本规程式（3.5.2-1）计算的转换层与其相邻上层的侧向刚度比不应小于 0.6。

E.0.3 当转换层设置在第 2 层以上时，尚宜采用图 E 所示的计算模型按公式（E.0.3）计算转换层下部结构与上部结构的等效侧向刚度比 γ_{e2}。γ_{e2} 宜接近 1，非抗震设计时 γ_{e2} 不应小于 0.5，抗震设计时 γ_{e2} 不应小于 0.8。

$$\gamma_{e2} = \frac{\Delta_2 H_1}{\Delta_1 H_2} \qquad \text{(E.0.3)}$$

式中：γ_{e2}——转换层下部结构与上部结构的等效侧向刚度比；

H_1——转换层及其下部结构（计算模型 1）的高度；

Δ_1——转换层及其下部结构（计算模型 1）的顶部在单位水平力作用下的侧向位移；

H_2——转换层上部若干层结构（计算模型 2）的高度，其值应等于或接近计算模型 1 的高度 H_1，且不大于 H_1；

Δ_2——转换层上部若干层结构（计算模型 2）的顶部在单位水平力作用下的侧向位移。

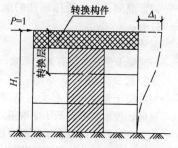

(a)计算模型1——转换层及下部结构

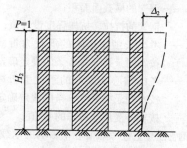

(b)计算模型2——转换层上部结构

图 E 转换层上、下等效侧向刚度计算模型

附录 F 圆形钢管混凝土构件设计

F.1 构 件 设 计

F.1.1 钢管混凝土单肢柱的轴向受压承载力应满足下列公式规定：

持久、短暂设计状况　$N \leqslant N_u$ 　（F.1.1-1）

地震设计状况　$N \leqslant N_u / \gamma_{RE}$ 　（F.1.1-2）

式中：N——轴向压力设计值；

N_u——钢管混凝土单肢柱的轴向受压承载力设计值。

F.1.2 钢管混凝土单肢柱的轴向受压承载力设计值应按下列公式计算：

$$N_u = \varphi_l \varphi_e N_0 \qquad \text{(F.1.2-1)}$$

$$N_0 = 0.9 A_c f_c (1 + \alpha \theta) \quad \text{（当 } \theta \leqslant [\theta] \text{ 时）} \qquad \text{(F.1.2-2)}$$

$$N_0 = 0.9 A_c f_c (1 + \sqrt{\theta} + \theta) \quad \text{（当 } \theta > [\theta] \text{ 时）} \qquad \text{(F.1.2-3)}$$

$$\theta = \frac{A_a f_a}{A_c f_c} \qquad \text{(F.1.2-4)}$$

且在任何情况下均应满足下列条件：

$$\varphi_l \varphi_e \leqslant \varphi_0 \qquad \text{(F.1.2-5)}$$

表 F.1.2 系数 α、$[\theta]$ 取值

混凝土等级	≤C50	C55~C80
α	2.00	1.80
$[\theta]$	1.00	1.56

式中：N_0——钢管混凝土轴心受压短柱的承载力设计值；

θ——钢管混凝土的套箍指标；

α——与混凝土强度等级有关的系数，按本附录表 F.1.2 取值；

$[\theta]$——与混凝土强度等级有关的套箍指标界限值，按本附录表 F.1.2 取值；

A_c——钢管内的核心混凝土横截面面积；

f_c——核心混凝土的抗压强度设计值；

A_a——钢管的横截面面积；

f_a——钢管的抗拉、抗压强度设计值；

φ_l——考虑长细比影响的承载力折减系数，按本附录第 F.1.4 条的规定确定；

φ_e——考虑偏心率影响的承载力折减系数，按本附录第 F.1.3 条的规定确定；

φ_0——按轴心受压柱考虑的 φ_l 值。

F.1.3 钢管混凝土柱考虑偏心率影响的承载力折减系数 φ_e，应按下列公式计算：

当 $e_0/r_c \leqslant 1.55$ 时，

$$\varphi_e = \frac{1}{1+1.85\dfrac{e_0}{r_c}} \qquad (F.1.3-1)$$

$$e_0 = \frac{M_2}{N} \qquad (F.1.3-2)$$

当 $e_0/r_c > 1.55$ 时，

$$\varphi_e = \frac{0.3}{\dfrac{e_0}{r_c}-0.4} \qquad (F.1.3-3)$$

式中：e_0——柱端轴向压力偏心距之较大者；

r_c——核心混凝土横截面的半径；

M_2——柱端弯矩设计值的较大者；

N——轴向压力设计值。

F.1.4 钢管混凝土柱考虑长细比影响的承载力折减系数 φ_l，应按下列公式计算：

当 $L_e/D > 4$ 时：

$$\varphi_l = 1-0.115\sqrt{L_e/D-4} \qquad (F.1.4-1)$$

当 $L_e/D \leqslant 4$ 时：

$$\varphi_l = 1 \qquad (F.1.4-2)$$

式中：D——钢管的外直径；

L_e——柱的等效计算长度，按本附录 F.1.5 条和第 F.1.6 条确定。

F.1.5 柱的等效计算长度应按下列公式计算：

$$L_e = \mu k L \qquad (F.1.5)$$

式中：L——柱的实际长度；

μ——考虑柱端约束条件的计算长度系数，根据梁柱刚度的比值，按现行国家标准《钢结构设计规范》GB 50017 确定；

k——考虑柱身弯矩分布梯度影响的等效长度系数，按本附录第 F.1.6 条确定。

F.1.6 钢管混凝土柱考虑柱身弯矩分布梯度影响的等效长度系数 k，应按下列公式计算：

1 轴心受压柱和杆件（图 F.1.6a）：

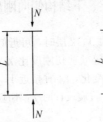
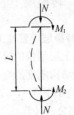

$$k = 1 \qquad (F.1.6-1)$$

(a) 轴心受压　　　(b) 无侧移单曲压弯

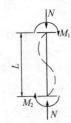
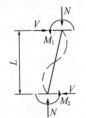

(c) 无侧移双曲压弯　　　(d) 有侧移双曲压弯

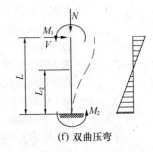

(e) 单曲压弯　　　　　　(f) 双曲压弯

图 F.1.6　框架柱及悬臂柱计算简图

2 无侧移框架柱（图 F.1.6b、c）：

$$k = 0.5+0.3\beta+0.2\beta^2 \qquad (F.1.6-2)$$

3 有侧移框架柱（图 F.1.6d）和悬臂柱（图 F.1.6e、f）：

当 $e_0/r_c \leqslant 0.8$ 时

$$k = 1-0.625 e_0/r_c \qquad (F.1.6-3)$$

当 $e_0/r_c > 0.8$ 时，取 $k = 0.5$。

当自由端有力矩 M_1 作用时，

$$k = (1+\beta_1)/2 \qquad (F.1.6-4)$$

并将式（F.1.6-3）与式（F.1.6-4）所得 k 值进行比较，取其中之较大值。

式中：β——柱两端弯矩设计值之绝对值较小者 M_1 与绝对值较大者 M_2 的比值，单曲压弯时 β 取正值，双曲压弯时 β 取负值；

β_1——悬臂柱自由端弯矩设计值 M_1 与嵌固端弯矩设计值 M_2 的比值，当 β_1 为负值即双曲压弯时，则按反弯点所分割成的高度为 L_2 的子悬臂柱计算（图 F.1.6f）。

注：1　无侧移框架系指框架中设有支撑架、剪力墙、电梯井等支撑结构，且其抗侧移刚度不小于框架抗侧移刚度的 5 倍者；有侧移框架系指框架中未设上述支撑结

构或支撑结构的抗侧移刚度小于框架抗侧移刚度的 5 倍者；

    2 嵌固端系指相交于柱的横梁的线刚度与柱的线刚度的比值不小于 4 者，或柱基础的长和宽均不小于柱直径的 4 倍者。

F. 1. 7 钢管混凝土单肢柱的拉弯承载力应满足下列规定：

$$\frac{N}{N_{ut}} + \frac{M}{M_u} \leqslant 1 \qquad \text{(F. 1. 7-1)}$$

$$N_{ut} = A_a F_a \qquad \text{(F. 1. 7-2)}$$

$$M_u = 0.3 r_c N_0 \qquad \text{(F. 1. 7-3)}$$

式中：N——轴向拉力设计值；

    M——柱端弯矩设计值的较大者。

F. 1. 8 当钢管混凝土单肢柱的剪跨 a（横向集中荷载作用点至支座或节点边缘的距离）小于柱子直径 D 的 2 倍时，柱的横向受剪承载力应符合下式规定：

$$V \leqslant V_u \qquad \text{(F. 1. 8)}$$

式中：V——横向剪力设计值；

    V_u——钢管混凝土单肢柱的横向受剪承载力设计值。

F. 1. 9 钢管混凝土单肢柱的横向受剪承载力设计值应按下列公式计算：

$$V_u = (V_0 + 0.1 N')\left(1 - 0.45 \sqrt{\frac{a}{D}}\right)$$
$$\text{(F. 1. 9-1)}$$

$$V_0 = 0.2 A_c f_c (1 + 3\theta) \qquad \text{(F. 1. 9-2)}$$

式中：V_0——钢管混凝土单肢柱受纯剪时的承载力设计值；

    N'——与横向剪力设计值 V 对应的轴向力设计值；

    a——剪跨，即横向集中荷载作用点至支座或节点边缘的距离。

F. 1. 10 钢管混凝土的局部受压应符合下式规定：

$$N_l \leqslant N_{ul} \qquad \text{(F. 1. 10)}$$

式中：N_l——局部作用的轴向压力设计值；

    N_{ul}——钢管混凝土柱的局部受压承载力设计值。

F. 1. 11 钢管混凝土柱在中央部位受压时（图 F. 1. 11），局部受压承载力设计值应按下式计算：

$$N_{ul} = N_0 \sqrt{\frac{A_l}{A_c}} \qquad \text{(F. 1. 11)}$$

式中：N_0——局部受压段的钢管混凝土短柱轴心受压承载力设计值，按本附录第 F. 1. 2 条公式（F. 1. 2-2）、（F. 1. 2-3）计算；

    A_l——局部受压面积；

    A_c——钢管内核心混凝土的横截面面积。

F. 1. 12 钢管混凝土柱在其组合界面附近受压时（图

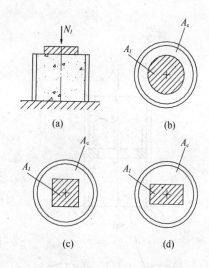

图 F. 1. 11   中央部位局部受压

F. 1. 12），局部受压承载力设计值应按下列公式计算：

当 $A_l / A_c \geqslant 1/3$ 时：

$$N_{ul} = (N_0 - N')\omega \sqrt{\frac{A_l}{A_c}} \qquad \text{(F. 1. 12-1)}$$

当 $A_l / A_c < 1/3$ 时：

$$N_{ul} = (N_0 - N')\omega \sqrt{3} \cdot \frac{A_l}{A_c} \qquad \text{(F. 1. 12-2)}$$

式中：N_0——局部受压段的钢管混凝土短柱轴心受压承载力设计值，按本附录第 F. 1. 2 条公式（F. 1. 2-2）、公式（F. 1. 2-3）计算；

    N'——非局部作用的轴向压力设计值；

    ω——考虑局压应力分布状况的系数，当局压应力为均匀分布时取 1.00；当局压应力为非均匀分布（如与钢管内壁焊接的柔性抗剪连接件等）时取 0.75。

    当局部受压承载力不足时，可将局压区段的管壁进行加厚。

F. 2   连 接 设 计

F. 2. 1 钢管混凝土柱的直径较小时，钢梁与钢管混凝土柱之间可采用外加强环连接（图 F. 2. 1-1），外加强环应是环绕钢管混凝土柱的封闭的满环（图 F. 2. 1-2）。外加强环与钢管外壁应采用全熔透焊缝连接，外加强环与钢梁应采用栓焊连接。外加强环的厚度不应小于钢梁翼缘的厚度，最小宽度 c 不应小于钢梁翼缘宽度的 70%。

F. 2. 2 钢管混凝土柱的直径较大时，钢梁与钢管混凝土柱之间可采用内加强环连接。内加强环与钢管内壁应采用全熔透坡口焊缝连接。梁与柱可采用现场直接连接，也可与带有悬臂梁段的柱在现场进行梁的拼接。悬臂梁段可采用等截面（图 F. 2. 2-1）或变截面（图 F. 2. 2-2、图 F. 2. 2-3）；采用变截面梁段时，其坡度不宜大于 1/6。

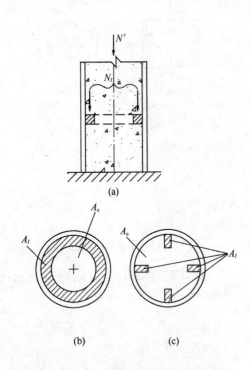

图 F.1.12 组合界面附近局部受压

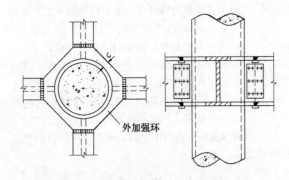

图 F.2.1-1 钢梁与钢管混凝土柱采用外
加强环连接构造示意

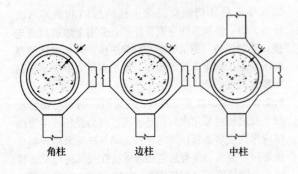

图 F.2.1-2 外加强环构造示意

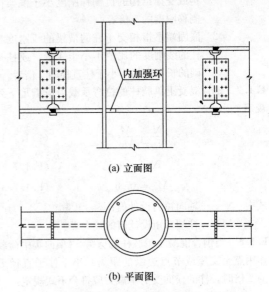

(a) 立面图

(b) 平面图

.图 F.2.2-1 等截面悬臂钢梁与钢管混凝土
柱采用内加强环连接构造示意

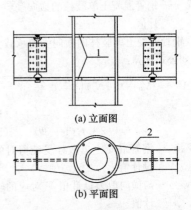

(a) 立面图

(b) 平面图

图 F.2.2-2 翼缘加宽的
悬臂钢梁与钢管混凝土
柱连接构造示意

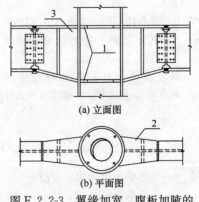

(a) 立面图

(b) 平面图

图 F.2.2-3 翼缘加宽、腹板加腋的
悬臂钢梁与钢管混凝土
柱连接构造示意

1—内加强环；2—翼缘加宽；3—变高度（腹板加腋）悬臂梁段

F.2.3 钢筋混凝土梁与钢管混凝土柱的连接构造应同时满足管外剪力传递及弯矩传递的要求。

F.2.4 钢筋混凝土梁与钢管混凝土柱连接时，钢管外剪力传递可采用环形牛腿或承重销；钢筋混凝土无梁楼板或井式密肋楼板与钢管混凝土柱连接时，钢管外剪力传递可采用台锥式环形深牛腿。也可采用其他符合计算受力要求的连接方式传递管外剪力。

F.2.5 环形牛腿、台锥式环形深牛腿可由呈放射状均匀分布的肋板和上、下加强环组成（图F.2.5）。肋板应与钢管壁外表面及上、下加强环采用角焊缝焊接，上、下加强环可分别与钢管壁外表面采用角焊缝焊接。环形牛腿的上、下加强环以及台锥式深牛腿的下加强环应预留直径不小于50mm的排气孔。台锥式环形深牛腿下加强环的直径可由楼板的冲切承载力计算确定。

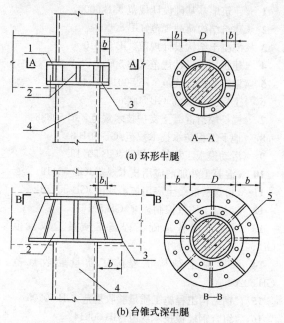

(a) 环形牛腿

(b) 台锥式深牛腿

图 F.2.5　环形牛腿构造示意

1—上加强环；2—腹板或肋板；3—下加强环；
4—钢管混凝土柱；5—排气孔

F.2.6 钢管混凝土柱的外径不小于600mm时，可采用承重销传递剪力。由穿心腹板和上、下翼缘板组成的承重销（图F.2.6），其截面高度宜取框架梁截面高度的50%，其平面位置应根据框架梁的位置确定。翼缘板在穿过钢管壁不少于50mm后可逐渐收窄。钢管与翼缘板之间、钢管与穿心腹板之间应采用全熔透坡口焊缝焊接，穿心腹板与对面的钢管壁之间（图F.2.6a）或与另一方向的穿心腹板之间（图F.2.6b）应采用角焊缝焊接。

F.2.7 钢筋混凝土梁与钢管混凝土柱的管外弯矩传递可采用井式双梁、环梁、穿筋单梁和变宽度梁，也可采用其他符合受力分析要求的连接方式。

F.2.8 井式双梁的纵向钢筋钢筋可从钢管侧面平行

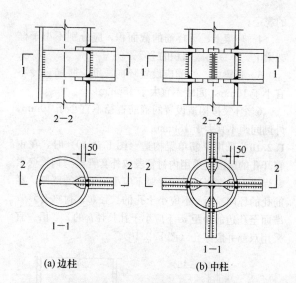

(a) 边柱

(b) 中柱

图 F.2.6　承重销构造示意

通过，并宜增设斜向构造钢筋（图F.2.8）；井式双梁与钢管之间应浇筑混凝土。

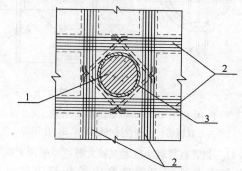

图 F.2.8　井式双梁构造示意

1—钢管混凝土柱；2—双梁的纵向钢筋；
3—附加斜向钢筋

F.2.9 钢筋混凝土环梁（图F.2.9）的配筋应由计算确定。环梁的构造应符合下列规定：

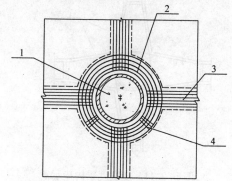

图 F.2.9　钢筋混凝土环梁构造示意

1—钢管混凝土柱；2—环梁的环向钢筋；
3—框架梁纵向钢筋；4—环梁箍筋

1　环梁截面高度宜比框架梁高50mm；

2　环梁的截面宽度宜不小于框架梁宽度；

3　框架梁的纵向钢筋在环梁内的锚固长度应满足现行国家标准《混凝土结构设计规范》GB 50010

的规定；

　　4　环梁上、下环筋的截面积，应分别不小于框架梁上、下纵筋截面积的70%；

　　5　环梁内、外侧应设置环向腰筋，腰筋直径不宜小于16mm，间距不宜大于150mm；

　　6　环梁按构造设置的箍筋直径不宜小于10mm，外侧间距不宜大于150mm。

F.2.10　采用穿筋单梁构造（图F.2.10）时，在钢管开孔的区段应采用内衬管段或外套管段与钢管壁紧贴焊接，衬（套）管的壁厚不应小于钢管的壁厚，穿筋孔的环向净矩 s 不应小于孔的长径 b，衬（套）管端面至孔边的净距 w 不应小于孔长径 b 的2.5倍。宜采用双筋并股穿孔（图F.2.10）。

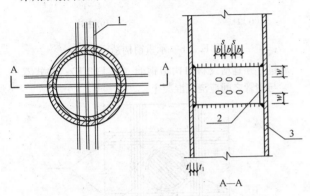

图 F.2.10　穿筋单梁构造示意
1—并股双钢筋；2—内衬加强管段；3—柱钢管

F.2.11　钢管直径较小或梁宽较大时，可采用梁端加宽的变宽度梁传递管外弯矩的构造方式（图F.2.11）。变宽度梁一个方向的2根纵向钢筋可穿过钢管，其余纵向钢筋可连续绕过钢管，绕筋的斜度不应大于1/6，并应在梁变宽度处设置附加箍筋。

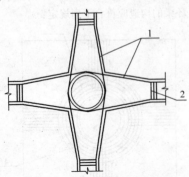

图 F.2.11　变宽度梁构造示意
1—框架梁纵向钢筋；2—框架梁附加箍筋

本规程用词说明

　　1　为便于在执行本规程条文时区别对待，对于要求严格程度不同的用词说明如下：

　　1）表示很严格，非这样做不可的：
　　　　正面词采用"必须"，反面词采用"严禁"；

　　2）表示严格，在正常情况下均应这样做的：
　　　　正面词采用"应"，反面词采用"不应"或"不得"；

　　3）表示允许稍有选择，在条件许可时首先应这样做的：
　　　　正面词采用"宜"，反面词采用"不宜"；

　　4）表示有选择，在一定条件下可以这样做的，采用"可"。

　　2　条文中指明应按其他标准执行的写法为："应符合……的规定"或"应按……执行"。

引用标准名录

　　1　《建筑地基基础设计规范》GB 50007

　　2　《建筑结构荷载规范》GB 50009

　　3　《混凝土结构设计规范》GB 50010

　　4　《建筑抗震设计规范》GB 50011

　　5　《钢结构设计规范》GB 50017

　　6　《工程测量规范》GB 50026

　　7　《锚杆喷射混凝土支护技术规范》GB 50086

　　8　《地下工程防水技术规范》GB 50108

　　9　《滑动模板工程技术规范》GB 50113

　　10　《混凝土外加剂应用技术规范》GB 50119

　　11　《粉煤灰混凝土应用技术现范》GB 50146

　　12　《混凝土质量控制标准》GB 50164

　　13　《建筑地基基础工程施工质量验收规范》GB 50202

　　14　《混凝土结构工程施工质量验收规范》GB 50204

　　15　《钢结构工程施工质量验收规范》GB 50205

　　16　《组合钢模板技术规范》GB 50214

　　17　《建筑工程抗震设防分类标准》GB 50223

　　18　《大体积混凝土施工规范》GB 50496

　　19　《建筑基坑工程监测技术规范》GB 50497

　　20　《塔式起重机安全规程》GB 5144

　　21　《起重机械安全规程》GB 6067

　　22　《施工升降机安全规程》GB 10055

　　23　《塔式起重机》GB/T 5031

　　24　《施工升降机标准》GB/T 10054

　　25　《混凝土泵》GB/T 13333

　　26　《预应力筋用锚具、夹具和连接器》GB/T 14370

　　27　《预拌混凝土》GB/T 14902

　　28　《混凝土强度检验评定标准》GB/T 50107

　　29　《高层建筑箱形与筏形基础技术规范》JGJ 6

　　30　《建筑变形测量规程》JGJ 8

　　31　《钢筋焊接及验收规程》JGJ 18

32 《钢筋焊接接头试验方法》JGJ 27

33 《建筑机械使用安全技术规程》JGJ 33

34 《施工现场临时用电安全技术规范》JGJ 46

35 《建筑施工安全检查标准》JGJ 59

36 《液压滑动模板施工安全技术规程》JGJ 65

37 《建筑施工高处作业安全技术规范》JGJ 80

38 《无粘结预应力混凝土结构技术规程》JGJ 92

39 《建筑桩基技术规范》JGJ 94

40 《冷轧带肋钢筋混凝土结构技术规程》JGJ 95

41 《钢框胶合板模板技术规程》JGJ 96

42 《高层民用建筑钢结构技术规程》JGJ 99

43 《玻璃幕墙工程技术规范》JGJ 102

44 《建筑工程冬期施工规程》JGJ 104

45 《钢筋机械连接技术规程》JGJ 107

46 《钢筋焊接网混凝土结构技术规程》JGJ 114

47 《建筑基坑支护技术规程》JGJ 120

48 《建筑施工门式钢管脚手架安全技术规范》JGJ 128

49 《建筑施工扣件式钢管脚手架安全技术规范》JGJ 130

50 《金属与石材幕墙工程技术规范》JGJ 133

51 《型钢混凝土组合结构技术规程》JGJ 138

52 《施工现场机械设备检查技术规程》JGJ 160

53 《建筑施工模板安全技术规范》JGJ 162

54 《建筑施工碗扣式钢管脚手架安全技术规范》JGJ 166

55 《清水混凝土应用技术规程》JGJ 169

56 《建筑施工土石方工程安全技术规范》JGJ 180

57 《混凝土泵送施工技术规程》JGJ/T 10

58 《钢绞线、钢丝束无粘结预应力筋》JG 3006

中华人民共和国行业标准

高层建筑混凝土结构技术规程

JGJ 3—2010

条 文 说 明

修 订 说 明

《高层建筑混凝土结构技术规程》JGJ 3 - 2010，经住房和城乡建设部 2010 年 10 月 21 日以第 788 号公告批准、发布。

本规程是在《高层建筑混凝土结构技术规程》JGJ 3 - 2002 的基础上修订而成。上一版的主编单位是中国建筑科学研究院，参编单位是北京市建筑设计研究院、华东建筑设计研究院有限公司、广东省建筑设计研究院、深圳大学建筑设计研究院、上海市建筑科学研究院、清华大学、北京建工集团有限责任公司，主要起草人员是徐培福、黄小坤、容柏生、程懋堃、汪大绥、胡绍隆、傅学怡、赵西安、方鄂华、郝锐坤、胡世德、李国胜、周建龙、王明贵。

本次修订的主要技术内容是：1. 扩大了适用范围；2. 修改、补充了混凝土、钢筋、钢材材料要求；3. 调整补充了房屋适用的最大高度；4. 调整了房屋适用的最大高宽比；5. 修改了楼层刚度变化的计算方法和限制条件；6. 增加了质量沿竖向分布不均匀结构和不宜采用同一楼层同时为薄弱层、软弱层的竖向不规则结构规定，竖向不规则结构的薄弱层、软弱层的地震剪力增大系数由 1.15 调整为 1.25；7. 明确结构侧向位移限制条件是针对风荷载或地震作用标准值下的计算结果；8. 增加了风振舒适度计算时结构阻尼比取值及楼盖竖向振动舒适度要求；9. 增加了结构抗震性能设计基本方法及结构抗连续倒塌设计基本要求；10. 风荷载比较敏感的高层建筑承载力设计时风荷载按基本风压的 1.1 倍采用，扩大了考虑竖向地震作用的计算范围和设计要求；11. 增加了房屋高度大于 150m 结构的弹塑性变形验算要求以及结构弹塑性计算分析、多塔楼结构分塔楼模型计算要求；12. 正常使用极限状态的效应组合不作为强制性要求，增加了考虑结构设计使用年限的荷载调整系数，补充了竖向地震作为主导可变作用的组合工况；13. 修改了框架"强柱弱梁"及柱"强剪弱弯"的规定，增加三级框架节点的抗震受剪承载力验算要求并取消了节点抗震受剪承载力验算的附录，加大了柱截面基本

构造尺寸要求，对框架结构及四级抗震等级柱轴压比提出更高要求，适当提高了柱最小配筋率要求，增加梁端、柱端加密区箍筋间距可以适当放松的规定；14. 修改了剪力墙截面厚度、短肢剪力墙、剪力墙边缘构件的设计要求，增加了剪力墙洞口连梁正截面最小配筋率和最大配筋率要求，剪力墙分布钢筋直径、间距以及连梁的配筋设计不作为强制性条文；15. 修改了框架-剪力墙结构中框架承担倾覆力矩较多和较少时的设计规定；16. 提高了框架-核心筒结构核心筒底部加强部位分布钢筋最小配筋率，增加了内筒偏置及框架-双筒结构的设计要求，补充了框架承担地震剪力不宜过低的要求以及对框架和核心筒的内力调整、构造设计要求；17. 修改、补充了带转换层结构、错层结构、连体结构的设计规定，增加了竖向收进结构、悬挑结构的设计要求；18. 混合结构增加了筒中筒结构，调整了最大适用高度及抗震等级规定，钢框架-核心筒结构核心筒的最小配筋率比普通剪力墙适当提高，补充了钢管混凝土柱及钢板混凝土剪力墙的设计规定；19. 补充了地下室设计的有关规定；20. 增加了高层建筑施工中垂直运输、脚手架及模板支架、大体积混凝土、混合结构及复杂混凝土结构施工的有关规定。

本规程修订过程中，编制组调查总结了国内外高层建筑混凝土结构有关研究成果和工程实践经验，开展了框架结构刚度比、钢板剪力墙、混合结构、连体结构、带转换层结构等专题研究，参考了国外有关先进技术标准，在全国范围内广泛地征求了意见，并对反馈意见进行了汇总和处理。

为便于设计、科研、教学、施工等单位的有关人员在使用本规程时能正确理解和执行条文规定，《高层建筑混凝土结构技术规程》编制组按照章、节、条顺序编写了本规程的条文说明，对条文规定的目的、依据以及执行中需要注意的有关事项进行了解释和说明。但是，本条文说明不具备与规程正文同等的法律效力，仅供使用者作为理解和把握条文规定的参考。

目　　次

1 总 则

1.0.1 20世纪90年代以来，我国混凝土结构高层建筑迅速发展，钢筋混凝土结构体系积累了很多工程经验和科研成果，钢和混凝土的混合结构体系也积累了不少工程经验和研究成果。从2002版规程开始，除对钢筋混凝土高层建筑结构的条款进行补充修订外，又增加了钢和混凝土混合结构设计规定，并将规程名称《钢筋混凝土高层建筑结构设计与施工规程》JGJ 3-91更改为《高层建筑混凝土结构技术规程》JGJ 3-2002(以下简称02规程)。

1.0.2 02规程适用于10层及10层以上或房屋高度超过28m的高层民用建筑结构。本次修订将适用范围修改为10层及10层以上或房屋高度超过28m的住宅建筑，以及房屋高度大于24m的其他高层民用建筑结构，主要是为了与我国现行有关标准协调。现行国家标准《民用建筑设计通则》GB 50352规定：10层及10层以上的住宅建筑和建筑高度大于24m的其他民用建筑(不含单层公共建筑)为高层建筑；《高层民用建筑设计防火规范》GB 50045(2005年版)规定10层及10层以上的居住建筑和建筑高度超过24m的公共建筑为高层建筑。本规程修订后的适用范围与上述标准基本协调。针对建筑结构专业的特点，对本条的适用范围补充说明如下：

1 有的住宅建筑的层高较大或底部布置层高较大的商场等公共服务设施，其层数虽然不到10层，但房屋高度已超过28m，这些住宅建筑仍应按本规程进行结构设计。

2 高度大于24m的其他高层民用建筑结构是指办公楼、酒店、综合楼、商场、会议中心、博物馆等高层民用建筑，这些建筑中有的层数虽然不到10层，但层高比较高，建筑内部的空间比较大，变化也多，为适应结构设计的需要，有必要将这类高度大于24m的结构纳入到本规程的适用范围。至于高度大于24m的体育场馆、航站楼、大型火车站等大跨度空间结构，其结构设计应符合国家现行有关标准的规定，本规程的有关规定仅供参考。

本条还规定，本规程不适用于建造在危险地段及发震断裂最小避让距离之内的高层建筑。大量地震震害及其他自然灾害表明，在危险地段及发震断裂最小避让距离之内建造房屋和构筑物较难幸免灾祸；我国也没有在危险地段和发震断裂的最小避让距离内建造高层建筑的工程实践经验和相应的研究成果，本规程也没有专门条款。发震断裂的最小避让距离应符合现行国家标准《建筑抗震设计规范》GB 50011的有关规定。

1.0.3 02规程第1.0.3条关于抗震设防烈度的规定，本次修订移至第3.1节。

本条是新增内容，提出了对有特殊要求的高层建筑混凝土结构可采用抗震性能设计方法进行分析和论证，具体的抗震性能设计方法见本规程第3.11节。

近几年，结构抗震性能设计已在我国"超限高层建筑工程"抗震设计中比较广泛地采用，积累了不少经验。国际上，日本从1981年起已将基于性能的抗震设计原理用于高度超过60m的高层建筑。美国从20世纪90年代陆续提出了一些有关抗震性能设计的文件(如ATC40、FEMA356、ASCE41等)，近几年由洛杉矶市和旧金山市的重要机构发布了新建高层建筑(高度超过160英尺、约49m)采用抗震性能设计的指导性文件："洛杉矶地区高层建筑抗震分析和设计的另一种方法"洛杉矶高层建筑结构设计委员会(LATBSDC)2008年；"使用非规范传统方法的新建高层建筑抗震设计和审查的指导准则"北加利福尼亚结构工程师协会(SEAONC)2007年4月为旧金山市建议的行政管理公报。2008年美国"国际高层建筑及都市环境委员会(CTBUH)"发表了有关高层建筑(高度超过50m)抗震性能设计的建议。

高层建筑采用抗震性能设计已是一种趋势。正确应用性能设计方法将有利于判断高层建筑结构的抗震性能，有针对性地加强结构的关键部位和薄弱部位，为发展安全、适用、经济的结构方案提供创造性的空间。本条规定仅针对有特殊要求且难以按本规程规定的常规设计方法进行抗震设计的高层建筑结构，提出可采用抗震性能设计方法进行分析和论证。条文中提出的房屋高度、规则性、结构类型或抗震设防标准等有特殊要求的高层建筑混凝土结构包括："超限高层建筑结构"，其划分标准参见原建设部发布的《超限高层建筑工程抗震设防专项审查技术要点》；有些工程虽不属于"超限高层建筑结构"，但由于其结构类型或有些部位结构布置的复杂性，难以直接按本规程的常规方法进行设计；还有一些位于高烈度区(8度、9度)的甲、乙类设防标准的工程或处于抗震不利地段的工程，出现难以确定抗震等级或难以直接按本规程常规方法进行设计的情况。为适应上述工程抗震设计的需要，本规程提出了抗震性能设计的基本方法。

1.0.4 02规程第1.0.4条本次修订移至第3.1节，本条为02规程第1.0.5条，作了部分文字修改。

注重高层建筑的概念设计，保证结构的整体性，是国内外历次大地震及风灾的重要经验总结。概念设计及结构整体性能是决定高层建筑结构抗震、抗风性能的重要因素，若结构严重不规则、整体性差，则按目前的结构设计及计算技术水平，较难保证结构的抗震、抗风性能，尤其是抗震性能。

1.0.5 本条是02规程第1.0.6条。

2 术语和符号

本章是根据标准编制要求增加的内容。

"高层建筑"大多根据不同的需要和目的而定义，国际、国内的定义不尽相同。国际上诸多国家和地区对高层建筑的界定多在 10 层以上；我国不同标准中有不同的定义。本规程主要是从结构设计的角度考虑，并与国家有关标准基本协调。

本规程中的"剪力墙（shear wall）"，在现行国家标准《建筑抗震设计规范》GB 50011 中称抗震墙，在现行国家标准《建筑结构设计术语和符号标准》GB/T 50083 中称结构墙（structural wall）。"剪力墙"既用于抗震结构也用于非抗震结构，这一术语在国外应用已久，在现行国家标准《混凝土结构设计规范》GB 50010 中和国内建筑工程界也一直应用。

"筒体结构"尚包括框筒结构、束筒结构等，本规程第 9 章和第 11 章主要涉及框架-核心筒结构和筒中筒结构。

"转换层"是指设置转换结构构件的楼层，包括水平结构构件及竖向结构构件，"带转换层高层建筑结构"属于复杂结构，部分框支剪力墙结构是其一种常见形式。在部分框支剪力墙结构中，转换梁通常称为"框支梁"，支撑转换梁的柱通常称为"框支柱"。

"连体结构"的连接体一般在房屋的中部或顶部，连接体结构与塔楼结构可采用刚性连接或滑动连接方式。

"多塔楼结构"是在裙楼或大底盘上有两个或两个以上塔楼的结构，是体型收进结构的一种常见例子。一般情况下，在地下室连为整体的多塔楼结构可不作为本规程第 10.6 节规定的复杂结构，但地下室顶板设计宜符合本规程 10.6 节多塔楼结构设计的有关规定。

"混合结构"包括内容较多，本规程主要涉及高层建筑中常用的钢和混凝土混合结构，包括钢框架（框筒）、型钢混凝土框架（框筒）、钢管混凝土框架（框筒）与钢筋混凝土筒体所组成的共同承受竖向和水平作用的框架-核心筒结构和筒中筒结构，后者是本次修订增加的内容。

3 结构设计基本规定

3.1 一般规定

3.1.1 本条是 02 规程的第 1.0.3 条。抗震设防烈度是按国家规定权限批准作为一个地区抗震设防依据的地震烈度，一般情况下取 50 年内超越概率为 10% 的地震烈度，我国目前分为 6、7、8、9 度，与设计基本地震加速度——对应，见表 1。

表 1 抗震设防烈度和设计基本地震加速度值的对应关系

抗震设防烈度	6	7	8	9
设计基本地震加速度值	0.05g	0.10 (0.15)g	0.20 (0.30)g	0.40g

注：g 为重力加速度。

3.1.2 本条是 02 规程第 1.0.4 条的修改。建筑工程的抗震设防分类，是根据建筑遭遇地震破坏后，可能造成人员伤亡、直接和间接经济损失、社会影响程度以及建筑在抗震救灾中的作用等因素，对各类建筑所作的抗震设防类别划分，具体分为特殊设防类、重点设防类、标准设防类、适度设防类，分别简称甲类、乙类、丙类和丁类。建筑抗震设防分类的划分应符合现行国家标准《建筑工程抗震设防分类标准》GB 50223 的规定。

3.1.3 高层建筑结构应根据房屋高度和高宽比、抗震设防类别、抗震设防烈度、场地类别、结构材料和施工技术条件等因素考虑其适宜的结构体系。

目前，国内大量的高层建筑结构采用四种常见的结构体系：框架、剪力墙、框架-剪力墙和筒体，因此本规程分章对这四种结构体系的设计作了比较详细的规定，以适应量大面广的工程设计需要。

框架结构中不包括板柱结构（无剪力墙或筒体），因为这类结构侧向刚度和抗震性能较差，目前研究工作不充分、工程实践经验不多，暂未列入规程；此外，由 L 形、T 形、Z 形或十字形截面（截面厚度一般为 180mm～300mm）构成的异形柱框架结构，目前已有行业标准《混凝土异形柱结构技术规程》JGJ 149，本规程也不需列入。

剪力墙结构包括部分框支剪力墙结构（有部分框支柱及转换结构构件）、具有较多短肢剪力墙且带有筒体或一般剪力墙的剪力墙结构。

板柱-剪力墙结构的板柱指无内部纵梁和横梁的无梁楼盖结构。由于在板柱框架体系中加入了剪力墙或筒体，主要由剪力墙构件承受侧向力，侧向刚度也有很大的提高。这种结构目前在国内外高层建筑中有较多的应用，但其适用高度宜低于框架-剪力墙结构。有震害表明，板柱结构的板柱节点破坏较严重，包括板的冲切破坏或柱端破坏。

筒体结构在 20 世纪 80 年代后在我国已广泛应用于高层办公建筑和高层旅馆建筑。由于其刚度较大、有较高承载能力，因而在层数较多时有较大优势。多年来，我国已经积累了许多工程经验和科研成果，在本规程中作了较详细的规定。

一些较新颖的结构体系（如巨型框架结构、巨型桁架结构、悬挂结构等），目前工程较少、经验还不多，宜针对具体工程研究其设计方法，待积累较多经验后再上升为规程的内容。

3.1.4、3.1.5 这两条强调了高层建筑结构概念设计原则，宜采用规则的结构，不应采用严重不规则的结构。

规则结构一般指：体型（平面和立面）规则，结构平面布置均匀、对称并具有较好的抗扭刚度；结构竖向布置均匀，结构的刚度、承载力和质量分布均匀、无突变。

实际工程设计中，要使结构方案规则往往比较困难，有时会出现平面或竖向布置不规则的情况。本规程第3.4.3~3.4.7条和第3.5.2~3.5.6条分别对结构平面布置及竖向布置的不规则性提出了限制条件。若结构方案中仅有个别项目超过了条款中规定的"不宜"的限制条件，此结构属不规则结构，但仍可按本规程有关规定进行计算和采取相应的构造措施；若结构方案中有多项超过了条款中规定的"不宜"的限制条件或某一项超过"不宜"的限制条件较多，此结构属特别不规则结构，应尽量避免；若结构方案中有多项超过了条款中规定的"不宜"的限制条件，而且超过较多，或者有一项超过了条款中规定的"不应"的限制条件，则此结构属严重不规则结构，这种结构方案不应采用，必须对结构方案进行调整。

无论采用何种结构体系，结构的平面和竖向布置都应使结构具有合理的刚度、质量和承载力分布，避免因局部突变和扭转效应而形成薄弱部位；对可能出现的薄弱部位，在设计中应采取有效措施，增强其抗震能力；结构宜具有多道防线，避免因部分结构或构件的破坏而导致整个结构丧失承受水平风荷载、地震作用和重力荷载的能力。

3.1.6 本条由02规程第4.9.3、4.9.5条合并修改而成。非荷载效应一般指温度变化、混凝土收缩和徐变、支座沉降等对结构或结构构件产生的影响。在较高的钢筋混凝土高层建筑结构设计中应考虑非荷载效应的不利影响。

高度较高的高层建筑的温度应力比较明显。幕墙包覆主体结构而使主体结构免受外界温度变化的影响，有效地减少了主体结构温度应力的不利影响。幕墙是外墙的一种结构形式，由于面板材料的不同，建筑幕墙可以分为玻璃幕墙、铝板或钢板幕墙、石材幕墙和混凝土幕墙。实际工程中可采用多种材料构成的混合幕墙。

3.1.7 本条由02规程第4.9.4、4.9.5、6.1.4条相关内容合并、修改而成。高层建筑层数较多，减轻填充墙的自重是减轻结构总重量的有效措施；而且轻质隔墙容易实现与主体结构的连接构造，减轻或防止随主体结构发生破坏。除传统的加气混凝土制品、空心砌块外，室内隔墙还可以采用玻璃、铝板、不锈钢板等轻质复合墙板材料。非承重墙体无论与主体结构采用刚性连接还是柔性连接，都应按非结构构件进行抗震设计，自身应具有相应的承载力、稳定及变形要求。

为避免主体结构变形时室内填充墙、门窗等非结构构件损坏，较高建筑或侧向变形较大的建筑中的非结构构件应采取有效的连接措施来适应主体结构的变形。例如，外墙门窗采用柔性密封胶条或耐候密封胶嵌缝；室内隔墙选用金属板或玻璃隔墙、柔性密封胶填缝等，可以很好地适应主体结构的变形。

3.2 材　料

3.2.1 本条是在02规程第3.9.1条基础上修改完成的。当房屋高度大、层数多、柱距大时，由于单柱轴向力很大，受轴压比限制而使柱截面过大，不仅加大自重和材料消耗，而且妨碍建筑功能、浪费有效面积。减小柱截面尺寸通常有采用型钢混凝土柱、钢管混凝土柱、高强度混凝土这三条途径。

采用高强度混凝土可减小柱截面面积。C60混凝土已广泛采用，取得了良好的效益。

采用高强钢筋可有效减少配筋量，提高结构的安全度。目前我国已经可以大量生产满足结构抗震性能要求的400MPa、500MPa级热轧带肋钢筋和300MPa级热轧光圆钢筋。400MPa、500MPa级热轧带肋钢筋的强度设计值比335MPa级钢筋分别提高20%和45%；300MPa级热轧光圆钢筋的强度设计值比235MPa级钢筋提高28.5%，节材效果十分明显。

型钢混凝土柱截面含型钢一般为5%~8%，可使柱截面面积减小30%左右。由于型钢骨架要求钢结构的制作、安装能力，因此目前较多用在高层建筑的下层部位柱、转换层以下的框支柱等；在较高的高层建筑中也有全部采用型钢混凝土梁、柱的实例。

钢管混凝土可使柱混凝土处于有效侧向约束下，形成三向应力状态，因而延性和承载力提高较多。钢管混凝土柱如用高强混凝土浇筑，可以使柱截面减小至原截面面积的50%左右。钢管混凝土柱与钢筋混凝土梁的节点构造十分重要，也比较复杂。钢管混凝土柱设计及构造可按本规程第11章的有关规定执行。

3.2.2 本条针对高层混凝土结构的特点，提出了不同结构部位、不同结构构件的混凝土强度等级最低要求及抗震上限值。某些结构局部特殊部位混凝土强度等级的要求，在本规程相关条文中作了补充规定。

3.2.3 本条对高层混凝土结构的受力钢筋性能提出了具体要求。

3.2.4、3.2.5 提出了钢-混凝土混合结构中钢材的选用及性能要求。

3.3 房屋适用高度和高宽比

3.3.1 A级高度钢筋混凝土高层建筑指符合表3.3.1-1最大适用高度的建筑，也是目前数量最多，应用最广泛的建筑。当框架-剪力墙、剪力墙及筒体结构的高度超出表3.3.1-1的最大适用高度时，列入B级高度高层建筑，但其房屋高度不应超过表3.3.1-2规定的最大适用高度，并应遵守本规程规定的更严格的计算和构造措施。为保证B级高度高层建筑的设计质量，抗震设计的B级高度的高层建筑，按有关规定应进行超限高层建筑的抗震设防专项审查复核。

对于房屋高度超过A级高度高层建筑最大适用高度的框架结构、板柱-剪力墙结构以及9度抗震设计的各类结构，因研究成果和工程经验尚显不足，在B级高度高层建筑中未予列入。

具有较多短肢剪力墙的剪力墙结构的抗震性能有待进一步研究和工程实践检验，本规程第7.1.8条规定其最大适用高度比普通剪力墙结构适当降低，7度时不应超过100m，8度（0.2g）时不应超过80m，8度（0.3g）时不应超过60m；B级高度高层建筑及9度时A级高度高层建筑不应采用这种结构。

房屋高度超过表3.3.1-2规定的特殊工程，则应通过专门的审查、论证，补充更严格的计算分析，必要时进行相应的结构试验研究，采取专门的加强构造措施。抗震设计的超限高层建筑，可以按本规程第3.11节的规定进行结构抗震性能设计。

框架-核心筒结构中，除周边框架外，内部带有部分仅承受竖向荷载的柱与无梁楼板时，不属于本条所列的板柱-剪力墙结构。本规程最大适用高度表中，框架-剪力墙结构的高度均低于框架-核心筒结构的高度，其主要原因是，框架-核心筒结构的核心筒相对于框架-剪力墙结构的剪力墙较强，核心筒成为主要抗侧力构件，结构设计上也有更严格的要求。

本次修订，增加了8度（0.3g）抗震设防结构最大适用高度的要求；A级高度高层建筑中，除6度外的框架结构最大适用高度适当降低，板柱-剪力墙结构最大适用高度适当增加；取消了在Ⅳ类场地上房屋适用的最大高度应适当降低的规定；平面和竖向均不规则的结构，其适用的最大高度适当降低的用词，由"应"改为"宜"。

对于部分框支剪力墙结构，本条表中规定的最大适用高度已经考虑框支层的不规则性而比全落地剪力墙结构降低，故对于"竖向和平面均不规则"，可指框支层以上的结构同时存在竖向和平面不规则的情况；仅有个别墙体不落地，只要框支部分的设计安全合理，其适用的最大高度可按一般剪力墙结构确定。

3.3.2 高层建筑的高宽比，是对结构刚度、整体稳定、承载能力和经济合理性的宏观控制；在结构设计满足本规程规定的承载力、稳定、抗倾覆、变形和舒适度等基本要求后，仅从结构安全角度讲高宽比限值不是必须满足的，主要影响结构设计的经济性。因此，本次修订不再区分A级高度和B级高度高层建筑的最大高宽比限值，而统一为表3.3.2，大体上保持了02规程的规定。从目前大多数高层建筑看，这一限值是各方面都可以接受的，也是比较经济合理的。高宽比超过这一限制的是极个别的，例如上海金茂大厦（88层，420m）为7.6，深圳地王大厦（81层，320m）为8.8。

在复杂体型的高层建筑中，如何计算高宽比是比较难以确定的问题。一般情况下，可按所考虑方向的最小宽度计算高宽比，但对突出建筑物平面很小的局部结构（如楼梯间、电梯间等），一般不应包含在计算宽度内；对于不宜采用最小宽度计算高宽比的情况，应由设计人员根据实际情况确定合理的计算方法；对带有裙房的高层建筑，当裙房的面积和刚度相对于其上部塔楼的面积和刚度较大时，计算高宽比的房屋高度和宽度可按裙房以上塔楼结构考虑。

3.4 结构平面布置

3.4.1 结构平面布置应力求简单、规则，避免刚度、质量和承载力分布不均匀，是抗震概念设计的基本要求。结构规则性解释参见本规程第3.1.4、3.1.5条。

3.4.2 高层建筑承受较大的风力。在沿海地区，风力成为高层建筑的控制性荷载，采用风压较小的平面形状有利于抗风设计。

对抗风有利的平面形状是简单规则的凸平面，如圆形、正多边形、椭圆形、鼓形等平面。对抗风不利的平面是有较多凹凸的复杂形状平面，如Ｖ形、Ｙ形、Ｈ形、弧形等平面。

3.4.3 平面过于狭长的建筑物在地震时由于两端地震波输入有位相差而容易产生不规则振动，产生较大的震害，表3.4.3给出了L/B的最大限值。在实际工程中，L/B在6、7度抗震设计时最好不超过4；在8、9度抗震设计时最好不超过3。

平面有较长的外伸时，外伸段容易产生局部振动而引发凹角处应力集中和破坏，外伸部分l/b的限值在表3.4.3中已列出，但在实际工程设计中最好控制l/b不大于1。

角部重叠和细腰形的平面图形（图1），在中央部位形成狭窄部分，在地震中容易产生震害，尤其在凹角部位，因为应力集中容易使楼板开裂、破坏，不宜采用。如采用，这些部位应采取加大楼板厚度、增加板内配筋、设置集中配筋的边梁、配置45°斜向钢筋等方法予以加强。

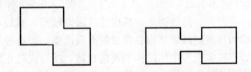

图1 角部重叠和细腰形平面示意

需要说明的是，表3.4.3中，三项尺寸的比例关系是独立的规定，一般不具有关联性。

3.4.4 本规程对B级高度钢筋混凝土结构及混合结构的最大适用高度已有所放松，与此相应，对其结构的规则性要求应该更加严格；本规程第10章所指的复杂高层建筑结构，其竖向布置已不规则，对这些结构的平面布置的规则性应提出更高要求。

3.4.5 本条规定主要是限制结构的扭转效应。国内、外历次大地震震害表明，平面不规则、质量与刚度偏心和抗扭刚度太弱的结构，在地震中遭受到严重的破坏。国内一些振动台模型试验结果也表明，过大的扭转效应会导致结构的严重破坏。

对结构的扭转效应主要从两个方面加以限制：

1 限制结构平面布置的不规则性，避免产生过大的偏心而导致结构产生较大的扭转效应。本条对 A 级高度高层建筑、B 级高度高层建筑、混合结构及本规程第 10 章所指的复杂高层建筑，分别规定了扭转变形的下限和上限，并规定扭转变形的计算应考虑偶然偏心的影响（见本规程第 4.3.3 条）。B 级高度高层建筑、混合结构及本规程第 10 章所指的复杂高层建筑的上限值 1.4 比现行国家标准《建筑抗震设计规范》GB 50011 的规定更加严格，但与国外有关标准（如美国规范 IBC、UBC，欧洲规范 Eurocode-8）的规定相同。

扭转位移比计算时，楼层的位移可取"规定水平地震力"计算，由此得到的位移比与楼层扭转效应之间存在明确的相关性。"规定水平地震力"一般可采用振型组合后的楼层地震剪力换算的水平作用力，并考虑偶然偏心。水平作用力的换算原则：每一楼面处的水平作用力取该楼面上、下两个楼层的地震剪力差的绝对值；连体下一层各塔楼的水平作用力，可由总水平作用力按该层各塔楼的地震剪力大小进行分配计算。结构楼层位移和层间位移控制值验算时，仍采用 CQC 的效应组合。

当计算的楼层最大层间位移角不大于本楼层层间位移角限值的 40% 时，该楼层的扭转位移比的上限可适当放松，但不应大于 1.6。扭转位移比为 1.6 时，该楼层的扭转变形已很大，相当于一端位移为 1，另一端位移为 4。

2 限制结构的抗扭刚度不能太弱。关键是限制结构扭转为主的第一自振周期 T_t 与平动为主的第一自振周期 T_1 之比。当两者接近时，由于振动耦联的影响，结构的扭转效应明显增大。若周期比 T_t/T_1 小于 0.5，则相对扭转振动效应 $\theta r/u$ 一般较小（θ、r 分别为扭转角和结构的回转半径，θr 表示由于扭转产生的离质心距离为回转半径处的位移，u 为质心位移），即使结构的刚度偏心很大，偏心距 e 达到 $0.7r$，其相对扭转变形 $\theta r/u$ 值亦仅为 0.2。而当周期比 T_t/T_1 大于 0.85 以后，相对扭振效应 $\theta r/u$ 值急剧增加。即使刚度偏心很小，偏心距 e 仅为 $0.1r$，当周期比 T_t/T_1 等于 0.85 时，相对扭转变形 $\theta r/u$ 值可达 0.25；当周期比 T_t/T_1 接近 1 时，相对扭转变形 $\theta r/u$ 值可达 0.5。由此可见，抗震设计中应采取措施减小周期比 T_t/T_1 值，使结构具有必要的抗扭刚度。如周期比 T_t/T_1 不满足本条规定的上限值时，应调整抗侧力结构的布置，增大结构的抗扭刚度。

扭转耦联振动的主振型，可通过计算振型方向因子来判断。在两个平动和一个扭转方向因子中，当扭转方向因子大于 0.5 时，则该振型可认为是扭转为主

的振型。高层结构沿两个正交方向各有一个平动为主的第一振型周期，本条规定的 T_1 是指刚度较弱方向的平动为主的第一振型周期，对刚度较强方向的平动为主的第一振型周期与扭转为主的第一振型周期 T_t 的比值，本条未规定限值，主要考虑对抗扭刚度的控制不致过于严格。有的工程如两个方向的第一振型周期与 T_t 的比值均能满足限值要求，其抗扭刚度更为理想。周期比计算时，可直接计算结构的固有自振特征，不必附加偶然偏心。

高层建筑结构当偏心率较小时，结构扭转位移比一般能满足本条规定的限值，但其周期比有的会超过限值，必须使位移比和周期比都满足限值，使结构具有必要的抗扭刚度，保证结构的扭转效应较小。当结构的偏心率较大时，如结构扭转位移比能满足本条规定的上限值，则周期比一般都能满足限值。

3.4.6 目前在工程设计中应用的多数计算分析方法和计算机软件，大多假定楼板在平面内不变形，平面内刚度为无限大，这对于大多数工程来说是可以接受的。但当楼板平面比较狭长、有较大的凹入和开洞而使楼板有较大削弱时，楼板可能产生显著的面内变形，这时宜采用考虑楼板变形影响的计算方法，并应采取相应的加强措施。

楼板有较大凹入或开有大面积洞口后，被凹口或洞口划分开的各部分之间的连接较为薄弱，在地震中容易相对振动而使削弱部位产生震害，因此对凹入或洞口的大小加以限制。设计中应同时满足本条规定的各项要求。以图 2 所示平面为例，L_2 不宜小于 $0.5L_1$，a_1 与 a_2 之和不宜小于 $0.5L_2$ 且不宜小于 5m，a_1 和 a_2 均不应小于 2m，开洞面积不宜大于楼面面积的 30%。

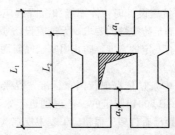

图 2 楼板净宽度要求示意

3.4.7 高层住宅建筑常采用艹字形、井字形平面以利于通风采光，而将楼电梯间集中配置于中央部位。楼电梯间无楼板而使楼面产生较大削弱，此时应将楼电梯间周边的剩余楼板加厚，并加强配筋。外伸部分形成的凹槽可加拉梁或拉板，拉梁宜宽扁放置并加强配筋，拉梁和拉板宜每层均匀设置。

3.4.8 在地震作用时，由于结构开裂、局部损坏和进入弹塑性变形，其水平位移比弹性状态下增大很多。因此，伸缩缝和沉降缝的两侧很容易发生碰撞。1976 年唐山地震中，调查了 35 幢高层建筑的震害，

除新北京饭店（缝净宽 600mm）外，许多高层建筑都是有缝必碰，轻的装修、女儿墙碰碎，面砖剥落，重的顶层结构损坏，天津友谊宾馆（8 层框架）缝净宽达 150mm 也发生严重碰撞而致顶层结构破坏；2008 年汶川地震中也有数条类似震害实例。另外，设缝后，常带来建筑、结构及设备设计上的许多困难，基础防水也不容易处理。近年来，国内较多的高层建筑结构，从设计和施工等方面采取了有效措施后，不设或少设缝，从实践上看来是成功的、可行的。抗震设计时，如果结构平面或竖向布置不规则且不能调整时，则宜设置防震缝将其划分为较简单的几个结构单元。

3.4.10 抗震设计时，建筑物各部分之间的关系应明确：如分开，则彻底分开；如相连，则连接牢固。不宜采用似分不分、似连不连的结构方案。为防止建筑物在地震中相碰，防震缝必须留有足够宽度。防震缝净宽度原则上应大于两侧结构允许的地震水平位移之和。2008 年汶川地震进一步表明，02 规程规定的防震缝宽度偏小，容易造成相邻建筑的相互碰撞，因此将防震缝的最小宽度由 70mm 改为 100mm。本条规定是最小值，在强烈地震作用下，防震缝两侧的相邻结构仍可能局部碰撞而损坏。本条规定的防震缝宽度要求与现行国家标准《建筑抗震设计规范》GB 50011 是一致的。

天津友谊宾馆主楼（8 层框架）与单层餐厅采用了餐厅层屋面梁支承在主框架牛腿上加以钢筋焊接，在唐山地震中由于振动不同步，牛腿拉断、压碎，产生严重震害，证明这种连接方式对抗震是不利的；必须采用时，应针对具体情况，采取有效措施避免地震时破坏。

3.4.11 抗震设计时，伸缩缝和沉降缝应留有足够的宽度，满足防震缝的要求。无抗震设防要求时，沉降缝也应有一定的宽度，防止因基础倾斜而顶部相碰的可能性。

3.4.12 本条是依据现行国家标准《混凝土结构设计规范》GB 50010 制定的。考虑到近年来高层建筑伸缩缝间距已有许多工程超出了表中规定（如北京昆仑饭店为剪力墙结构，总长 114m；北京京伦饭店为剪力墙结构，总长 138m），所以规定在有充分依据或有可靠措施时，可以适当加大伸缩缝间距。当然，一般情况下，无专门措施时则不宜超过表中规定的数值。

如屋面无保温、隔热措施，或室内结构在露天中长期放置，在温度变化和混凝土收缩的共同影响下，结构容易开裂；工程中采用收缩性较大的混凝土（如矿渣水泥混凝土等），则收缩应力较大，结构也容易产生开裂。因此这些情况下伸缩缝的间距均应比表中数值适当减小。

3.4.13 提高配筋率可以减小温度和收缩裂缝的宽

度，并使其分布较均匀，避免出现明显的集中裂缝；在普通外墙设置外保温层是减少主体结构受温度变化影响的有效措施。

施工后浇带的作用在于减少混凝土的收缩应力，并不直接减少使用阶段的温度应力。所以通过后浇带的板、墙钢筋宜断开搭接，以便两部分的混凝土各自自由收缩；梁主筋断开问题较多，可不断开。后浇带应从受力影响小的部位通过（如梁、板 1/3 跨度处，连梁跨中等部位），不必在同一截面上，可曲折而行，只要将建筑物分开为两段即可。混凝土收缩需要相当长时间才能完成，一般在 45d 后收缩大约可以完成 60%，能更有效地限制收缩裂缝。

3.5 结构竖向布置

3.5.1 历次地震震害表明：结构刚度沿竖向突变、外形外挑或内收等，都会产生某些楼层的变形过分集中，出现严重震害甚至倒塌。所以设计中应力求使结构刚度自下而上逐渐均匀减小，体形均匀、不突变。1995 年阪神地震中，大阪和神户市不少建筑产生中部楼层严重破坏的现象，其中一个原因就是结构侧向刚度在中部楼层产生突变。有些是柱截面尺寸和混凝土强度在中部楼层突然减小，有些是由于使用要求使剪力墙在中部楼层突然取消，这些都引发了楼层刚度的突变而产生严重震害。柔弱底层建筑物的严重破坏在国内外的大地震中更是普遍存在。

结构竖向布置规则性说明可参阅本规程第 3.1.4、3.1.5 条。

3.5.2 正常设计的高层建筑下部楼层侧向刚度宜大于上部楼层的侧向刚度，否则变形会集中于刚度小的下部楼层而形成结构软弱层，所以应对下层与相邻上层的侧向刚度比值进行限制。

本次修订，对楼层侧向刚度变化的控制方法进行了修改。中国建筑科学研究院的振动台试验研究表明，规定框架结构楼层与上部相邻楼层的侧向刚度比 γ_1 不宜小于 0.7，与上部相邻三层侧向刚度平均值的比值不宜小于 0.8 是合理的。

对框架-剪力墙结构、板柱-剪力墙结构、剪力墙结构、框架-核心筒结构、筒中筒结构，楼面体系对侧向刚度贡献较小，当层高变化时刚度变化不明显，可按本条式（3.5.2-2）定义的楼层侧向刚度比作为判定侧向刚度变化的依据，但控制指标也应做相应的改变，一般情况按不小于 0.9 控制；层高变化较大时，对刚度变化提出更高的要求，按 1.1 控制；底部嵌固楼层层间位移角结果较小，因此对底部嵌固楼层与上一层侧向刚度变化作了更严格的规定，按 1.5 控制。

3.5.3 楼层抗侧力结构的承载能力突变将导致薄弱层破坏，本规程针对高层建筑结构提出了限制条件，B 级高度高层建筑的限制条件比现行国家标准《建筑抗震设计规范》GB 50011 的要求更加严格。

柱的受剪承载力可根据柱两端实配的受弯承载力按两端同时屈服的假定失效模式反算；剪力墙可根据实配钢筋按抗剪设计公式反算；斜撑的受剪承载力可计及轴力的贡献，应考虑受压屈服的影响。

3.5.4 抗震设计时，若结构竖向抗侧力构件上、下不连续，则对结构抗震不利，属于竖向不规则结构。在南斯拉夫斯可比耶地震（1964 年）、罗马尼亚布加勒斯特地震（1977 年）中，底层全部为柱子、上层为剪力墙的结构大都严重破坏，因此在地震区不应采用这种结构。部分竖向抗侧力构件不连续，也易使结构形成薄弱部位，也有不少震害实例，抗震设计时应采取有效措施。本规程所述底部带转换层的大空间结构就属于竖向不规则结构，应按本规程第 10 章的有关规定进行设计。

3.5.5 1995 年日本阪神地震、2010 年智利地震震害以及中国建筑科学研究院的试验研究表明，当结构上部楼层相对于下部楼层收进时，收进的部位越高、收进后的平面尺寸越小，结构的高振型反应越明显，因此对收进后的平面尺寸加以限制。当上部结构楼层相对于下部楼层外挑时，结构的扭转效应和竖向地震作用效应明显，对抗震不利，因此对其外挑尺寸加以限制，设计上应考虑竖向地震作用影响。

本条所说的悬挑结构，一般指悬挑结构中有竖向结构构件的情况。

3.5.6 本条为新增条文，规定了高层建筑中质量沿竖向分布不规则的限制条件，与美国有关规范的规定一致。

3.5.7 本条为新增条文。如果高层建筑结构同一楼层的刚度和承载力变化均不规则，该层极有可能同时是软弱层和薄弱层，对抗震十分不利，因此应尽量避免，不宜采用。

3.5.8 本条是 02 规程第 5.1.14 条修改而成。刚度变化不符合本规程第 3.5.2 条要求的楼层，一般称作软弱层；承载力变化不符合本规程第 3.5.3 条要求的楼层，一般可称作薄弱层。为了方便，本规程把软弱层、薄弱层以及竖向抗侧力构件不连续的楼层统称为结构薄弱层。结构薄弱层在地震作用标准值作用下的剪力应适当增大，增大系数由 02 规程的 1.15 调整为 1.25，适当提高安全度要求。

3.5.9 顶层取消部分墙、柱而形成空旷房间时，其楼层侧向刚度和承载力可能比其下部楼层相差较多，是不利于抗震的结构，应进行更详细的计算分析，并采取有效的构造措施。如采用弹性或弹塑性时程分析方法进行补充计算、柱子箍筋全长加密配置、大跨度屋面构件要考虑竖向地震产生的不利影响等。

3.6 楼 盖 结 构

3.6.1 在目前高层建筑结构计算中，一般都假定

楼板在自身平面内的刚度无限大，在水平荷载作用下楼盖只有刚性位移而不变形。所以在构造设计上，要使楼盖具有较大的平面内刚度。再者，楼板的刚性可保证建筑物的空间整体性能和水平力的有效传递。房屋高度超过 50m 的高层建筑采用现浇楼盖比较可靠。

框架-剪力墙结构由于框架和剪力墙侧向刚度相差较大，因而楼板变形更为显著；主要抗侧力结构剪力墙的间距较大，水平荷载要通过楼面传递，因此框架-剪力墙结构中的楼板应有更良好的整体性。

3.6.2 本条是由 02 规程是第 4.5.3、4.5.4 条合并修改而成，进一步强调高层建筑楼盖系统的整体性要求。当抗震设防烈度为 8、9 度时，宜采用现浇楼板，以保证地震力的可靠传递。房屋高度小于 50m 且为非抗震设计和 6、7 度抗震设计时，可以采用加现浇钢筋混凝土面层的装配整体式楼板，并应满足相应的构造要求，以保证其整体工作。

唐山地震（1976 年）和汶川地震（2008 年）震害调查表明：提高装配式楼面的整体性，可以减少在地震中预制楼板坠落伤人的震害。加强填缝构造和现浇叠合层混凝土是增强装配式楼板整体性的有效措施。为保证板缝混凝土的浇筑质量，板缝宽度不应过小。在较宽的板缝中放入钢筋，形成板缝梁，能有效地形成现浇与装配结合的整体楼面，效果显著。

针对目前钢筋混凝土剪力墙结构中采用预制楼板的情况很少，本次修订取消了有关预制板与现浇剪力墙连接的构造要求；预制板在梁上的搁置长度由 02 规程的 35mm 增加到 50mm，以进一步保证安全。

3.6.3 重要的、受力复杂的楼板，应比一般层楼板有更高的要求。屋面板、转换层楼板、大底盘多塔楼结构的底盘屋面板、开口过大的楼板以及作为房屋嵌固部位的地下室楼板应采用现浇板，以增强其整体性。顶层楼板应加厚并采用现浇，以抵抗温度应力的不利影响，并可使建筑物顶部约束加强，提高抗风、抗震能力。转换层楼盖上面是剪力墙或较密的框架柱，下部转换为部分框架、部分落地剪力墙，转换层上部抗侧力构件的剪力要通过转换层楼板进行重分配，传递到落地墙和框支柱上去，因而楼板承受较大的内力，因此要用现浇楼板并采取加强措施。一般楼层的现浇楼板厚度在 100mm～140mm 范围内，不应小于 80mm，楼板太薄不仅容易因上部钢筋位置变动而开裂，同时也不便于敷设各类管线。

3.6.4 采用预应力平板可以有效减小楼面结构高度，压缩层高并减轻结构自重；大跨度平板可以增加使用面积，容易适应楼面用途改变。预应力平板近年来在高层建筑楼面结构中应用比较广泛。

为了确定板的厚度，必须考虑挠度、受冲切承载力、防火及钢筋防腐蚀要求等。在初步设计阶段，为控制挠度通常可按跨高比得出板的最小厚度。但仅满

足挠度限值的后张预应力板可能相当薄,对柱支承的双向板若不设柱帽或托板,板在柱端可能受冲切承载力不够。因此,在设计中应验算所选板厚是否有足够的抗冲切能力。

3.6.5 楼板是与梁、柱和剪力墙等主要抗侧力结构连接在一起的,如果不采取措施,则施加楼板预应力时,不仅压缩了楼板,而且大部分预应力将加到主体结构上去,楼板得不到充分的压缩应力,而又对梁柱和剪力墙附加了侧向力,产生位移且不安全。为了防止或减小主体结构刚度对施加楼盖预应力的不利影响,应考虑合理的预应力施工方案。

3.7 水平位移限值和舒适度要求

3.7.1 高层建筑层数多、高度大,为保证高层建筑结构具有必要的刚度,应对其楼层位移加以控制。侧向位移控制实际上是对构件截面大小、刚度大小的一个宏观指标。

在正常使用条件下,限制高层建筑结构层间位移的主要目的有两点:

1 保证主结构基本处于弹性受力状态,对钢筋混凝土结构来讲,要避免混凝土墙或柱出现裂缝;同时,将混凝土梁等楼面构件的裂缝数量、宽度和高度限制在规范允许范围之内。

2 保证填充墙、隔墙和幕墙等非结构构件的完好,避免产生明显损伤。

迄今,控制层间变形的参数有三种:即层间位移与层高之比(层间位移角);有害层间位移角;区格广义剪切变形。其中层间位移角是过去应用最广泛,最为工程技术人员所熟知的,原规程 JGJ 3-91 也采用了这个指标。

1)层间位移与层高之比(即层间位移角)

$$\theta_i = \frac{\Delta u_i}{h_i} = \frac{u_i - u_{i-1}}{h_i} \quad (1)$$

2)有害层间位移角

$$\theta_{id} = \frac{\Delta u_{id}}{h_i} = \theta_i - \theta_{i-1} = \frac{u_i - u_{i-1}}{h_i} - \frac{u_{i-1} - u_{i-2}}{h_{i-1}} \quad (2)$$

式中,θ_i,θ_{i-1} 为 i 层上、下楼盖的转角,即 i 层、$i-1$ 层的层间位移角。

3)区格的广义剪切变形(简称剪切变形)

$$\gamma_{ij} = \theta_i - \theta_{i-1,j} = \frac{u_i - u_{i-1}}{h_{i-1}} + \frac{v_{i-1,j} - v_{i-1,j-1}}{l_j} \quad (3)$$

式中,γ_{ij} 为区格 ij 剪切变形,其中脚标 i 表示区格所在层次,j 表示区格序号;$\theta_{i-1,j}$ 为区格 ij 下楼盖的转角,以顺时针方向为正;l_j 为区格 ij 的宽度;$v_{i-1,j-1}$、$v_{i-1,j}$ 为相应节点的竖向位移。

如上所述,从结构受力与变形的相关性来看,参数 γ_{ij} 即剪切变形较符合实际情况;但就结构的宏观控制而言,参数 θ_i 即层间位移角又较简便。

考虑到层间位移控制是一个宏观的侧向刚度指标,为便于设计人员在工程设计中应用,本规程采用了层间最大位移与层高之比 $\Delta u/h$,即层间位移角 θ 作为控制指标。

3.7.2 目前,高层建筑结构是按弹性阶段进行设计的。地震按小震考虑;结构构件的刚度采用弹性阶段的刚度;内力与位移分析不考虑弹塑性变形。因此所得出的位移相应也是弹性阶段的位移,比在大震作用下弹塑性阶段的位移小得多,因而位移的控制指标也比较严。

3.7.3 本规程采用层间位移角 $\Delta u/h$ 作为刚度控制指标,不扣除整体弯曲转角产生的侧移,即直接采用内力位移计算的位移输出值。

高度不大于 150m 的常规高度高层建筑的整体弯曲变形相对影响较小,层间位移角 $\Delta u/h$ 的限值按不同的结构体系在 1/550~1/1000 之间分别取值。但当高度超过 150m 时,弯曲变形产生的侧移有较快增长,所以超过 250m 高度的建筑,层间位移角限值按 1/500 作为限值。150m~250m 之间的高层建筑按线性插入考虑。

本条层间位移角 $\Delta u/h$ 的限值指最大层间位移与层高之比,第 i 层的 $\Delta u/h$ 指第 i 层和第 $i-1$ 层在楼层平面各处位移差 $\Delta u_i = u_i - u_{i-1}$ 中的最大值。由于高层建筑结构在水平力作用下几乎都会产生扭转,所以 Δu 的最大值一般在结构单元的尽端处。

本次修订,表 3.7.3 中将"框支层"改为"除框架外的转换层",包括了框架-剪力墙结构和筒体结构的托柱或托墙转换以及部分框支剪力墙结构的框支层;明确了水平位移限值针对的是风荷载或多遇地震作用标准值作用下结构分析所得到的位移计算值。

3.7.4 震害表明,结构如果存在薄弱层,在强烈地震作用下,结构薄弱部位将产生较大的弹塑性变形,会引起结构严重破坏甚至倒塌。本条对不同高层建筑结构的薄弱层弹塑性变形验算提出了不同要求,第 1 款所列的结构应进行弹塑性变形验算,第 2 款所列的结构必要时宜进行弹塑性变形验算,这主要考虑到高层建筑结构弹塑性变形计算的复杂性。

本次修订,本条第 1 款增加高度大于 150m 的结构应验算罕遇地震下结构的弹塑性变形的要求。主要考虑到,150m 以上的高层建筑一般都比较重要,数量相对不是很多,且目前结构弹塑性分析技术和软件已有较大发展和进步,适当扩大结构弹塑性分析范围已具备一定条件。

3.7.5 结构弹塑性位移限值与现行国家标准《建筑抗震设计规范》GB 50011 一致。

3.7.6 高层建筑物在风荷载作用下将产生振动,过大的振动加速度将使在高楼内居住的人们感觉不舒适,甚至不能忍受,两者的关系见表 2。

表2　舒适度与风振加速度关系

不舒适的程度	建筑物的加速度
无感觉	$<0.005g$
有感	$0.005g\sim0.015g$
扰人	$0.015g\sim0.05g$
十分扰人	$0.05g\sim0.15g$
不能忍受	$>0.15g$

对照国外的研究成果和有关标准，要求高层建筑混凝土结构应具有良好的使用条件，满足舒适度的要求，按现行国家标准《建筑结构荷载规范》GB 50009规定的10年一遇的风荷载取值计算或专门风洞试验确定的结构顶点最大加速度 a_{max} 不应超过本规程表3.7.6的限值，对住宅、公寓 a_{max} 不大于 $0.15m/s^2$，对办公楼、旅馆 a_{max} 不大于 $0.25m/s^2$。

高层建筑的风振反应加速度包括顺风向最大加速度、横风向最大加速度和扭转角速度。关于顺风向最大加速度和横风向最大加速度的研究工作虽然较多，但各国的计算方法并不统一，互相之间也存在明显的差异。建议可按现行行业标准《高层民用建筑钢结构技术规程》JGJ 99 的相关规定进行计算。

本次修订，明确了计算舒适度时结构阻尼比的取值要求。一般情况，对混凝土结构取 0.02，对混合结构可根据房屋高度和结构类型取 0.01~0.02。

3.7.7 本条为新增内容。楼盖结构舒适度控制近20年来已引起世界各国广泛关注，英美等国进行了大量实测研究，颁布了多种版本规程、指南。我国大跨楼盖结构正大量兴起，楼盖结构舒适度控制已成为我国建筑结构设计中又一重要工作内容。

对于钢筋混凝土楼盖结构、钢-混凝土组合楼盖结构（不包括轻钢楼盖结构），一般情况下，楼盖结构竖向频率不宜小于3Hz，以保证结构具有适宜的舒适度，避免跳跃时周围人群的不舒适。楼盖结构竖向振动加速度不仅与楼盖结构的竖向频率有关，还与建筑使用功能及人员起立、行走、跳跃的振动激励有关。一般住宅、办公、商业建筑楼盖结构的竖向频率小于3Hz时，需验算竖向振动加速度。楼盖结构的振动加速度可按本规程附录A计算，宜采用时程分析方法，也可采用简化近似方法，该方法参考美国应用技术委员会（Applied Technology Council）1999年颁布的设计指南1（ATC Design Guide 1）"减小楼盖振动"（Minimizing Floor Vibration）。舞厅、健身房、音乐厅等振动激励较为特殊的楼盖结构舒适度控制应符合国家现行有关标准的规定。

表3.7.7 参考了国际标准化组织发布的 ISO 2631-2（1989）标准的有关规定。

3.8　构件承载力设计

3.8.1 本条是高层建筑混凝土结构构件承载力设计的原则规定，采用了以概率理论为基础、以可靠指标度量结构可靠度、以分项系数表达的设计方法。本条仅针对持久设计状况、短暂设计状况和地震设计状况下构件的承载力极限状态设计，与现行国家标准《工程结构可靠性设计统一标准》GB 50153 和《建筑抗震设计规范》GB 50011 保持一致。偶然设计状况（如抗连续倒塌设计）以及结构抗震性能设计时的承载力设计应符合本规程的有关规定，不作为强制性内容。

结构构件作用组合的效应设计值应符合本规范第5.6.1~5.6.4条规定；结构构件承载力抗震调整系数的取值应符合本规范第3.8.2条及第11.1.7条的规定。由于高层建筑结构的安全等级一般不低于二级，因此结构重要性系数的取值不应小于1.0；按照现行国家标准《工程结构可靠性设计统一标准》GB 50153 的规定，结构重要性系数不再考虑结构设计使用年限的影响。

3.9　抗　震　等　级

3.9.1 本条规定了各设防类别高层建筑结构采取抗震措施（包括抗震构造措施）时的设防标准，与现行国家标准《建筑工程抗震设防分类标准》GB 50223 的规定一致；Ⅰ类建筑场地上高层建筑抗震构造措施的放松要求与现行国家标准《建筑抗震设计规范》GB 50011 的规定一致。

3.9.2 历次大地震的经验表明，同样或相近的建筑，建造于Ⅰ类场地时震害较轻，建造于Ⅲ、Ⅳ类场地震害较重。对Ⅲ、Ⅳ类场地，本条规定对7度设计基本地震加速度为0.15g以及8度设计基本地震加速度0.30g 的地区，宜分别按抗震设防烈度8度（0.20g）和9度（0.40g）时各类建筑的要求采取抗震构造措施，而不提高抗震措施中的其他要求，如按概念设计要求的内力调整措施等。

同样，本规程第3.9.1条对建造在Ⅰ类场地的甲、乙、丙类建筑，允许降低抗震构造措施，但不降低其他抗震措施要求，如按概念设计要求的内力调整措施等。

3.9.3、3.9.4 抗震设计的钢筋混凝土高层建筑结构，根据设防烈度、结构类型、房屋高度区分为不同的抗震等级，采用相应的计算和构造措施。抗震等级的高低，体现了对结构抗震性能要求的严格程度。比一级有更高要求时则提升至特一级，其计算和构造措施比一级更严格。基于上述考虑，A级高度的高层建筑结构，应按表3.9.3确定其抗震等级；甲类建筑9度设防时，应采取比9度设防更有效的措施；乙类建筑9度设防时，抗震等级提升至特一级。B级高度的高层建筑，其抗震等级有更严格的要求，应按表3.9.4采用；特一级构件除符合一级抗震要求外，尚应符合本规程第3.10节的规定以及第10章的有关规定。

抗震等级是根据国内外高层建筑震害、有关科研成果、工程设计经验而划分的。框架-剪力墙结构中，由于剪力墙部分的刚度远大于框架部分的刚度，因此对框架部分的抗震能力要求比纯框架结构可以适当降低。当剪力墙或框架相对较少时，其抗震等级的确定尚应符合本规程第8.1.3条的有关规定。

在结构受力性质与变形方面，框架-核心筒结构与框架-剪力墙结构基本上是一致的，尽管框架-核心筒结构由于剪力墙组成筒体而大大提高了其抗侧力能力，但其周边的稀柱框架相对较弱，设计上与框架-剪力墙结构基本相同。由于框架-核心筒结构的房屋高度一般较高（大于60m），其抗震等级不再划分高度，而统一取用了较高的规定。本次修订，第3.9.3条增加了表注3，对于房屋高度不超过60m的框架-核心筒结构，其作为筒体结构的空间作用已不明显，总体上更接近于框架-剪力墙结构，因此其抗震等级允许按框架-剪力墙结构采用。

3.9.5、3.9.6 这两条是关于地下室及裙楼抗震等级的规定，是对本规程第3.9.3、3.9.4条的补充。

带地下室的高层建筑，当地下室顶板可视作结构的嵌固部位时，地震作用下结构的屈服部位将发生在地上楼层，同时将影响到地下一层；地面以下结构的地震响应逐渐减小。因此，规定地下一层的抗震等级不能降低，而地下一层以下不要求计算地震作用，其抗震构造措施的抗震等级可逐层降低。第3.9.5条中"相关范围"一般指主楼周边外延1～2跨的地下室范围。

第3.9.6条明确了高层建筑的裙房抗震等级要求。当裙楼与主楼相连时，相关范围内裙楼的抗震等级不应低于主楼；主楼结构在裙房顶板对应的上、下各一层受刚度与承载力突变影响较大，抗震构造措施需要适当加强。本条中的"相关范围"，一般指主楼周边外延不少于三跨的裙房结构，相关范围以外的裙房可按裙房自身的结构类型确定抗震等级。裙房偏置时，其端部有较大扭转效应，也需要适当加强。

3.9.7 根据现行国家标准《建筑工程抗震设防分类标准》GB 50223的规定，甲、乙类建筑应按提高一度查本规程表3.9.3、表3.9.4确定抗震等级（内力调整和构造措施）；本规程第3.9.2条规定，当建筑场地为Ⅲ、Ⅳ类时，对设计基本地震加速度为0.15g和0.30g的地区，宜分别按抗震设防烈度8度（0.20g）和9度（0.40g）时各类建筑的要求采取抗震构造措施；本规程第3.3.1条规定，乙类建筑的钢筋混凝土房屋可按本地区抗震设防烈度确定其适用的最大高度。于是，

可能出现甲、乙类建筑或Ⅲ、Ⅳ类场地设计基本地震加速度为0.15g和0.30g的地区高层建筑提高一度后，其高度超过第3.3.1条中对应房屋的最大适用高度，因此按本规程表3.9.3、表3.9.4查抗震等级时可能与高度划分不能一一对应。此时，内力调整不提高，只要求抗震构造措施适当提高即可。

3.10 特一级构件设计规定

3.10.1 特一级构件应采取比一级抗震等级更严格的构造措施，应按本节及第10章的有关规定执行；没有特别规定的，应按一级的规定执行。

3.10.2～3.10.4 对特一级框架梁、框架柱、框支柱的"强柱弱梁"、"强剪弱弯"以及构造配筋提出比一级更高的要求。框架角柱的弯矩和剪力设计值仍应按本规程第6.2.4条的规定，乘以不小于1.1的增大系数。

3.10.5 本条第1款特一级剪力墙的弯矩设计值和剪力设计值均比一级的要求略有提高，适当增大剪力墙的受弯和受剪承载力；第2、3款对剪力墙边缘构件及分布钢筋的构造配筋要求适当提高；第5款明确特一级连梁的要求同一级，取消了02规程第3.9.2条第5款设置交叉暗撑的要求。

3.11 结构抗震性能设计

3.11.1 本条规定了结构抗震性能设计的三项主要工作：

1 分析结构方案在房屋高度、规则性、结构类型、场地条件或抗震设防标准等方面的特殊要求，确定结构设计是否需要采用抗震性能设计方法，并作为选用抗震性能目标的主要依据。结构方案特殊性的分析中要注重分析结构方案不符合抗震概念设计的情况和程度。国内外历次大地震的震害经验已经充分说明，抗震概念设计是决定结构抗震性能的重要因素。多数情况下，需要按本节要求采用抗震性能设计的工程，一般表现为不能完全符合抗震概念设计的要求。结构工程师应根据本规程有关抗震概念设计的规定，与建筑师协调，改进结构方案，尽量减少结构不符合概念设计的情况和程度，不应采用严重不规则的结构方案。对于特别不规则结构，可按本节规定进行抗震性能设计，但需慎重选用抗震性能目标，并通过深入的分析论证。

2 选用抗震性能目标。本条提出A、B、C、D四级结构抗震性能目标和五个结构抗震性能水准（1、2、3、4、5），四级抗震性能目标与《建筑抗震设计规范》GB 50011提出结构抗震性能1、2、3、4是一致的。地震地面运动一般分为三个水准，即多遇地震（小震）、设防烈度地震（中震）及预估的罕遇地震（大震）。在设定的地震地面运动下，与四级抗震性能目标对应的结构抗震性能水准的判别准则由本规程第

3.11.2条作出规定。A、B、C、D四级性能目标的结构，在小震作用下均应满足第1抗震性能水准，即满足弹性设计要求；在中震或大震作用下，四种性能目标所要求的结构抗震性能水准有较大的区别。A级性能目标是最高等级，中震作用下要求结构达到第1抗震性能水准，大震作用下要求结构达到第2抗震性能水准，即结构仍处于基本弹性状态；B级性能目标，要求结构在中震作用下满足第2抗震性能水准，大震作用下满足第3抗震性能水准，结构仅有轻度损坏；C级性能目标，要求结构在中震作用下满足第3抗震性能水准，大震作用下满足第4抗震性能水准，结构中度损坏；D级性能目标是最低等级，要求结构在中震作用下满足第4抗震性能水准，大震作用下满足第5性能水准，结构有比较严重的损坏，但不致倒塌或发生危及生命的严重破坏。选用性能目标时，需综合考虑抗震设防类别、设防烈度、场地条件、结构的特殊性、建造费用、震后损失和修复难易程度等因素。鉴于地震地面运动的不确定性以及对结构在强烈地震下非线性分析方法（计算模型及参数的选用等）存在不少经验因素，缺少从强震记录、设计施工资料到实际震害的验证，对结构抗震性能的判断难以十分准确，尤其是对于长周期的超高层建筑或特别不规则结构的判断难度更大，因此在性能目标选用中宜偏于安全一些。例如：特别不规则的、房屋高度超过B级高度很多的高层建筑或处于不利地段的特别不规则结构，可考虑选用A级性能目标；房屋高度超过B级高度较多或不规则性超过本规程适用范围很多时，可考虑选用B级或C级性能目标；房屋高度超过B级高度或不规则性超过适用范围较多时，可考虑选用C级性能目标；房屋高度超过A级高度或不规则性超过适用范围较少时，可考虑选用C级或D级性能目标。结构方案中仅有部分区域结构布置比较复杂或结构的设防标准、场地条件等特殊性，使设计人员难以直接按本规程规定的常规方法进行设计时，可考虑选用C级或D级性能目标。以上仅仅是举些例子，实际工程情况很复杂，需综合考虑各项因素。选择性能目标时，一般需征求业主和有关专家的意见。

3 结构抗震性能分析论证的重点是深入的计算分析和工程判断，找出结构有可能出现的薄弱部位，提出有针对性的抗震加强措施，必要的试验验证，分析论证结构可达到预期的抗震性能目标。一般需要进行如下工作：

1) 分析确定结构超过本规程适用范围及不规则性的情况和程度；

2) 认定场地条件、抗震设防类别和地震动参数；

3) 深入的弹性和弹塑性计算分析（静力分析及时程分析）并判断计算结果的合理性；

4) 找出结构有可能出现的薄弱部位以及需要加强的关键部位，提出有针对性的抗震加强措施；

5) 必要时还需进行构件、节点或整体模型的抗震试验，补充提供论证依据，例如对本规程未列入的新型结构方案又无震害和试验依据或对计算分析难以判断、抗震概念难以接受的复杂结构方案；

6) 论证结构能满足所选用的抗震性能目标的要求。

3.11.2 本条对五个性能水准结构地震后的预期性能状况，包括损坏情况及继续使用的可能性提出了要求，据此可对各性能水准结构的抗震性能进行宏观判断。本条所说的"关键构件"可由结构工程师根据工程实际情况分析确定。例如：底部加强部位的重要竖向构件、水平转换构件及与其相连竖向支承构件、大跨连体结构的连接体及与其相连的竖向支承构件、大悬挑结构的主要悬挑构件、加强层伸臂和周边环带结构的竖向支承构件、承托上部多个楼层框架柱的腰桁架、长短柱在同一楼层且数量相当时该层各个长短柱、扭转变形很大部位的竖向（斜向）构件、重要的斜撑构件等。

3.11.3 各个性能水准结构的设计基本要求是判别结构性能水准的主要准则。

第1性能水准结构，要求全部构件的抗震承载力满足弹性设计要求。在多遇地震（小震）作用下，结构的层间位移、结构构件的承载力及结构整体稳定等均应满足本规程有关规定；结构构件的抗震等级不宜低于本规程的有关规定，需要特别加强的构件可适当提高抗震等级，已为特一级的不再提高。在设防烈度（中震）作用下，构件承载力需满足弹性设计要求，如式（3.11.3-1），其中不计入风荷载作用效应的组合，地震作用标准值的构件内力（S^*_{Ehk}、S^*_{Evk}）计算中不需要乘以与抗震等级有关的增大系数。

第2性能水准结构的设计要求与第1性能水准结构的差别是，框架梁、剪力墙连梁等耗能构件的正截面承载力只需要满足式（3.11.3-2）的要求，即满足"屈服承载力设计"。"屈服承载力设计"是指构件按材料强度标准值计算的承载力 R_k 不小于按重力荷载及地震作用标准值计算的构件组合内力。对耗能构件只需验算水平地震作用为主要可变作用的组合工况，式（3.11.3-2）中重力荷载分项系数 γ_G、水平地震作用分项系数 γ_{Eh} 及抗震承载力调整系数 γ_{RE} 均取 1.0，竖向地震作用分项系数 γ_{Ev} 取 0.4。

第3性能水准结构，允许部分框架梁、剪力墙连梁等耗能构件正截面承载力进入屈服阶段，受剪承载力宜符合式（3.11.3-2）的要求。竖向构件及关键构件正截面承载力应满足式（3.11.3-2）"屈服承载力设计"的要求；水平长悬臂结构和大跨度结构中的关键构件正截面"屈服承载力设计"需要同时满足式

（3.11.3-2）及式（3.11.3-3）的要求。式（3.11.3-3）表示竖向地震为主要可变作用的组合工况，式中重力荷载分项系数 γ_G、竖向地震作用分项系数 γ_{Ev} 及抗震承载力调整系数 γ_{RE} 均取 1.0，水平地震作用分项系数 γ_{Eh} 取 0.4；这些构件的受剪承载力宜符合式（3.11.3-1）的要求。整体结构进入弹塑性状态，应进行弹塑性分析。为方便设计，允许采用等效弹性方法计算竖向构件及关键部位构件的组合内力（S_{GE}、S^*_{Ehk}、S^*_{Evk}），计算中可适当考虑结构阻尼比的增加（增加值一般不大于 0.02）以及剪力墙连梁刚度的折减（刚度折减系数一般不小于 0.3）。实际工程设计中，可以先对底部加强部位和薄弱部位的竖向构件承载力按上述方法计算，再通过弹塑性分析校核全部竖向构件均未屈服。

第 4 性能水准结构，关键构件抗震承载力应满足式（3.11.3-2）"屈服承载力设计"的要求，水平长悬臂结构和大跨度结构中的关键构件抗震承载力需要同时满足式（3.11.3-2）及式（3.11.3-3）的要求；允许部分竖向构件及大部分框架梁、剪力墙连梁等耗能构件进入屈服阶段，但构件的受剪截面应满足截面限制条件，这是防止构件发生脆性受剪破坏的最低要求。式（3.11.3-4）和式（3.11.3-5）中，V_{GE}、V^*_{Ek} 可按弹塑性计算结果取值，也可按等效弹性方法计算结果取值（一般情况下是偏于安全的）。结构的抗震性能必须通过弹塑性计算加以深入分析，例如：弹塑性层间位移角、构件屈服的次序及塑性铰分布、塑性铰部位钢材受拉塑性应变及混凝土受压损伤程度、结构的薄弱部位、整体结构的承载力不发生下降等。整体结构的承载力可通过静力弹塑性方法进行估计。

第 5 性能水准结构与第 4 性能水准结构的差别在于关键构件承载力宜满足"屈服承载力设计"的要求，允许比较多的竖向构件进入屈服阶段，并允许部分"梁"等耗能构件发生比较严重的破坏。结构的抗震性能必须通过弹塑性计算加以深入分析，尤其应注意同一楼层的竖向构件不宜全部进入屈服并宜控制整体结构承载力下降的幅度不超过 10%。

3.11.4 结构抗震性能设计时，弹塑性分析计算是很重要的手段之一。计算分析除应符合本规程第 5.5.1 条的规定外，尚应符合本条之规定。

1 静力弹塑性方法和弹塑性时程分析法各有其优缺点和适用范围。本条对静力弹塑性方法的适用范围放宽到 150m 或 200m 非特别不规则的结构，主要考虑静力弹塑性方法计算软件设计人员比较容易掌握，对计算结果的工程判断也容易一些，但计算分析中采用的侧向作用力分布形式宜适当考虑高振型的影响，可采用本规程 3.4.5 条提出的"规定水平地震力"分布形式。对于高度在 150m～200m 的基本自振周期大于 4s 或特别不规则结构以及高度超过 200m 的

房屋，应采用弹塑性时程分析法。对高度超过 300m 的结构，为使弹塑性时程分析计算结果有较大的把握，本条规定应有两个不同的、独立的计算结果进行校核。

2 对复杂结构进行施工模拟分析是十分必要的。弹塑性分析应以施工全过程完成后的静载内力为初始状态。当施工方案与施工模拟计算不同时，应重新调整相应的计算。

3 一般情况下，弹塑性时程分析宜采用双向地震输入；对竖向地震作用比较敏感的结构，如连体结构、大跨度转换结构、长悬臂结构、高度超过 300m 的结构等，宜采用三向地震输入。

3.12 抗连续倒塌设计基本要求

3.12.1 高层建筑结构应具有在偶然作用发生时适宜的抗连续倒塌能力。我国现行国家标准《工程结构可靠性设计统一标准》GB 50153 和《建筑结构可靠度设计统一标准》GB 50068 对偶然设计状态均有定性规定。在 GB 50153 中规定，"当发生爆炸、撞击、人为错误等偶然事件时，结构能保持必需的整体稳固性，不出现与起因不相称的破坏后果，防止出现结构的连续倒塌"。在 GB 50068 中规定，"对偶然状况，建筑结构可采用下列原则之一按承载能力极限状态进行设计：1）按作用效应的偶然组合进行设计或采取保护措施，使主要承重结构不致因出现设计规定的偶然事件而丧失承载能力；2）允许主要承重结构因出现设计规定的偶然事件而局部破坏，但其剩余部分具有在一段时间内不发生连续倒塌的可靠度"。

结构连续倒塌是指结构因突发事件或严重超载而造成局部结构破坏失效，继而引起与失效破坏构件相连的构件连续破坏，最终导致相对于初始局部破坏更大范围的倒塌破坏。结构产生局部构件失效后，破坏范围可能沿水平方向和竖直方向发展，其中破坏沿竖向发展影响更为突出。当偶然因素导致局部结构破坏失效时，如果整体结构不能形成有效的多重荷载传递路径，破坏范围就可能沿水平或者竖直方向蔓延，最终导致结构发生大范围的倒塌甚至是整体倒塌。

结构连续倒塌事故在国内外并不罕见，英国 Ronan Point 公寓煤气爆炸倒塌，美国 AlfredP. Murrah 联邦大楼、WTC 世贸大楼倒塌，我国湖南衡阳大厦特大火灾后倒塌，法国戴高乐机场候机厅倒塌等都是比较典型的结构连续倒塌事故。每一次事故都造成了重大人员伤亡和财产损失，给地区乃至整个国家都造成了严重的负面影响。进行必要的结构抗连续倒塌设计，当偶然事件发生时，将能有效控制结构破坏范围。

结构抗连续倒塌设计在欧美多个国家得到了广泛

关注，英国、美国、加拿大、瑞典等国颁布了相关的设计规范和标准。比较有代表性的有美国 General Services Administration（GSA）《新联邦大楼与现代主要工程抗连续倒塌分析与设计指南》（Progressive Collapse Analysis and Design Guidelines for New Federal Office Buildings and Major Modernization Project），美国国防部 UFC（Unified Facilities Criteria 2005）《建筑抗连续倒塌设计》（Design of Buildings to Resist Progressive Collapse），以及英国有关规范对结构抗连续倒塌设计的规定等。

本条规定安全等级为一级时，应满足抗连续倒塌概念设计的要求；安全等级一级且有特殊要求时，可采用拆除构件方法进行抗连续倒塌设计。这是结构抗连续倒塌的基本要求。

3.12.2 高层建筑结构应具有在偶然作用发生时适宜的抗连续倒塌能力，不允许采用摩擦连接传递重力荷载，应采用构件连接传递重力荷载；应具有适宜的多余约束性、整体连续性、稳固性和延性；水平构件应具有一定的反向承载能力，如连续梁边支座、非地震区简支梁支座顶面及连续梁、框架梁梁中支座底面应有一定数量的配筋及合适的锚固连接构造，防止偶然作用发生时，该构件产生过大破坏。

3.12.3 本条拆除构件设计方法主要引自美国、英国有关规范的规定。关于效应折减系数 β，主要是考虑偶然作用发生后，结构进入弹塑性内力重分布，对中部水平构件有一定的卸载效应。

3.12.4 本条假定拆除构件后，剩余主体结构基本处于线弹性工作状态，以简化计算，便于工程应用。

3.12.6 本条依据现行国家标准《工程结构可靠性设计统一标准》GB 50153 的相关规定，并参考了美国国防部制定的《建筑物最低反恐怖主义标准》（UFC4-010-01）。

当拆除某构件后结构不能满足抗连续倒塌设计要求，意味着该构件十分重要（可称之为关键结构构件），应具有更高的要求，希望其保持线弹性工作状态。此时，在该构件表面附加规定的侧向偶然作用，进行整体结构计算，复核该构件满足截面设计承载力要求。公式（3.12.6-2）中，活荷载采用频遇值，近似取频遇值系数为 0.6。

4 荷载和地震作用

4.1 竖 向 荷 载

4.1.1 高层建筑的竖向荷载应按现行国家标准《建筑结构荷载规范》GB 50009 有关规定采用。与原荷载规范 GBJ 9-87 相比，有较大的改动，使用时应予注意。

4.1.5 直升机平台的活荷载是根据现行国家标准《建筑结构荷载规范》GB 50009 的有关规定确定的。

部分直升机的有关参数见表3。

表3　部分轻型直升机的技术数据

机型	生产国	空重（kN）	最大起飞重（kN）	旋翼直径（m）	机长（m）	机宽（m）	机高（m）
Z-9（直9）	中国	19.75	40.00	11.68	13.29		3.31
SA360 海豚	法国	18.23	34.00	11.68	11.40		3.50
SA315 美洲驼	法国	10.14	19.50	11.02	12.92		3.09
SA350 松鼠	法国	12.88	24.00	10.69	12.99	1.08	3.02
SA341 小羚羊	法国	9.17	18.00	10.50	11.97		3.15
BK-117	德国	16.50	28.50	11.00	13.00	1.60	3.36
BO-105	德国	12.56	24.00	9.84	8.56		3.00
山猫	英、法	30.70	45.35	12.80	12.06		3.66
S-76	美国	25.40	46.70	13.41	13.22	2.13	4.41
贝尔-205	美国	22.55	43.09	14.63	17.40		4.42
贝尔-206	美国	6.60	14.51	10.16	9.50		2.91
贝尔-500	美国	6.64	13.61	8.05	7.49	2.71	2.59
贝尔-222	美国	22.04	35.60	12.12	12.50	3.18	3.51
A109A	意大利	14.66	24.50	11.00	13.05	1.42	3.30

注：直9机主轮距2.03m，前后轮距3.61m。

4.2 风 荷 载

4.2.1 风荷载计算主要依据现行国家标准《建筑结构荷载规范》GB 50009。对于主要承重结构，风荷载标准值的表达可有两种形式，其一为平均风压加上由脉动风引起结构风振的等效风压；另一种为平均风压乘以风振系数。由于结构的风振计算中，往往是受力方向基本振型起主要作用，因而我国与大多数国家相同，采用后一种表达形式，即采用风振系数 β_z。风振系数综合考虑了结构在风荷载作用下的动力响应，包括风速随时间、空间的变异性和结构的阻尼特性等因素。

基本风压 w_0 是根据全国各气象台站历年来的最大风速记录，按基本风压的标准要求，将不同测风仪高度和时次时距的年最大风速，统一换算为离地 10m 高，自记式风速仪 10min 平均年最大风速（m/s）。根据该风速数据统计分析确定重现期为 50 年的最大风速，作为当地的基本风速 v_0，再按贝努利公式确定基本风压。

4.2.2 按照现行国家标准《建筑结构荷载规范》GB 50009 的规定，对风荷载比较敏感的高层建筑，其基本风压应适当提高。因此，本条明确了承载力设计时应按基本风压的 1.1 倍采用。相对于 02 规程，本次修订：1）取消了对"特别重要"的高层建筑的风荷载增大要求，主要因为对重要的建筑结构，其重要性已经通过结构重要性系数 γ_0 体现在结构作用效应的设计值中，见本规程第 3.8.1 条；2）对于正常使用极限状态设计（如位移计算），其要求可比承载力设计适当降低，一般仍可采用基本风压值或由设计人员根据实际情况确定，不再作为强制性要求；3）对风荷载比较敏感的高层建筑结构，风荷载计算时不再强调按 100 年重现期的风压值采用，而是直接按基本风压值增大 10% 采用。

对风荷载是否敏感，主要与高层建筑的体型、结构体系和自振特性有关，目前尚无实用的划分标准。一般情况下，对于房屋高度大于 60m 的高层建筑，承载力设计时风荷载计算可按基本风压的 1.1 倍采用；对于房屋高度不超过 60m 的高层建筑，风荷载取值是否提高，可由设计人员根据实际情况确定。

本条的规定，对设计使用年限为 50 年和 100 年的高层建筑结构都是适用的。

4.2.3 风荷载体型系数是指风作用在建筑物表面上所引起的实际压力（或吸力）与来流风的速度压的比值，它描述的是建筑物表面在稳定风压作用下静态压力的分布规律，主要与建筑物的体型和尺度有关，也与周围环境和地面粗糙度有关。由于涉及固体与流体相互作用的流体动力学问题，对于不规则形状的固体，问题尤为复杂，无法给出理论上的结果，一般均应由试验确定。鉴于真型实测的方法对结构设计不现实，目前只能采用相似原理，在边界层风洞内对拟建的建筑物模型进行测试。

本条规定是对现行国家标准《建筑结构荷载规范》GB 50009 表 7.3.1 的适当简化和整理，以便于高层建筑结构设计时应用，如需较详细的数据，也可按本规程附录 B 采用。

4.2.4 对建筑群，尤其是高层建筑群，当房屋相互间距较近时，由于旋涡的相互干扰，房屋某些部位的局部风压会显著增大，设计时应予注意。对比较重要的高层建筑，建议在风洞试验中考虑周围建筑物的干扰因素。

本条和本规程第 4.2.7 条所说的风洞试验是指边界层风洞试验。

4.2.5 本条为新增条文，意在提醒设计人员注意考虑结构横风向风振或扭转风振对高层建筑尤其是超高层建筑的影响。当结构高宽比较大、结构顶点风速大于临界风速时，可能引起较明显的结构横风向振动，甚至出现横风向振动效应大于顺风向作用效应的情况。结构横风向振动问题比较复杂，与结构的平面形状、竖向体型、高宽比、刚度、自振周期和风速都有一定关系。当结构体型复杂时，宜通过空气弹性模型的风洞试验确定横风向振动的等效风荷载；也可参考有关资料确定。

4.2.6 本条为新增条文。横风向效应与顺风向效应是同时发生的，因此必须考虑两者的效应组合。对于结构侧向位移控制，仍可按同时考虑横风向与顺风向影响后的计算方向位移确定，不必按矢量和的方向控制结构的层间位移。

4.2.7 对结构平面及立面形状复杂、开洞或连体建筑及周围地形环境复杂的结构，建议进行风洞试验。本次修订，对体型复杂、环境复杂的高层建筑，取消了 02 规程中房屋高度 150m 以上才考虑风洞试验的

限制条件。对风洞试验的结果，当与按规范计算的风荷载存在较大差距时，设计人员应进行分析判断，合理确定建筑物的风荷载取值。因此本条规定"进行风洞试验判断确定建筑物的风荷载"。

4.2.8 高层建筑表面的风荷载压力分布很不均匀，在角隅、檐口、边棱处和在附属结构的部位（如阳台、雨篷等外挑构件），局部风压会超过按本规程 4.2.3 条体型系数计算的平均风压。根据风洞实验资料和一些实测结果，并参考国外的风荷载规范，对水平外挑构件，取用局部体型系数为 −2.0。

4.2.9 建筑幕墙设计时的风荷载计算，应按现行国家标准《建筑结构荷载规范》GB 50009 以及行业标准《玻璃幕墙工程技术规范》JGJ 102、《金属及石材幕墙工程技术规范》JGJ 133 等的有关规定执行。

4.3 地 震 作 用

4.3.1 本条是高层建筑混凝土结构考虑地震作用时的设防标准，与现行国家标准《建筑工程抗震设防分类标准》GB 50223 的规定一致。对甲类建筑的地震作用，改为"应按批准的地震安全性评价结果且高于本地区抗震设防烈度的要求确定"，明确规定如果地震安全性评价结果低于本地区的抗震设防烈度，计算地震作用时应按高于本地区设防烈度的要求进行。对于乙、丙类建筑，规定应按本地区抗震设防烈度计算，与 02 规程的规定一致。

原规程 JGJ 3-91 曾规定，6 度抗震设防时，除Ⅳ类场地上的较高建筑外，可不进行地震作用计算。鉴于高层建筑比较重要且结构计算分析软件应用已经为普遍，因此 02 版规程规定 6 度抗震设防时也应进行地震作用计算，本次修订未作调整。通过地震作用效应计算，可与无地震作用组合的效应进行比较，并可采用有地震作用组合的柱轴压力设计值控制柱的轴压比。

4.3.2 本条除第 3 款"7 度（0.15g）"外，与现行国家标准《建筑抗震设计规范》GB 50011 的规定一致。某一方向水平地震作用主要由该方向抗侧力构件承担，如该构件带有翼缘，尚应包括翼缘作用。有斜交抗侧力构件的结构，当交角大于 15°时，应考虑斜交构件方向的地震作用计算。对质量和刚度明显不均匀、不对称的结构应考虑双向地震作用下的扭转影响。

大跨度指跨度大于 24m 的楼盖结构、跨度大于 8m 的转换结构、悬挑长度大于 2m 的悬挑结构。大跨度、长悬臂结构应验算其自身及其支承部位结构的竖向地震效应。

除了 8、9 度外，本次修订增加了大跨度、长悬臂结构 7 度（0.15g）时也应计入竖向地震作用的影响。主要原因是：高层建筑由于高度较高，竖向地震作用效应放大比较明显。

4.3.3 本条规定主要是考虑结构地震动力反应过程中可能由于地面扭转运动、结构实际的刚度和质量分布相对于计算假定值的偏差，以及在弹塑性反应过程中各抗侧力结构刚度退化程度不同等原因引起的扭转反应增大；特别是目前对地面运动扭转分量的强震实测记录很少，地震作用计算中还不能考虑输入地面运动扭转分量。采用附加偶然偏心作用计算是一种实用方法。美国、新西兰和欧洲等抗震规范都规定计算地震作用时应考虑附加偶然偏心，偶然偏心距的取值多为 $0.05L$。对于平面规则（包括对称）的建筑结构需附加偶然偏心；对于平面布置不规则的结构，除其自身已存在的偏心外，还需附加偶然偏心。

本条规定直接取各层质量偶然偏心为 $0.05L_i$（L_i 为垂直于地震作用方向的建筑物总长度）来计算单向水平地震作用。实际计算时，可将每层质心沿主轴的同一方向（正向或负向）偏移。

采用底部剪力法计算地震作用时，也应考虑偶然偏心的不利影响。

当计算双向地震作用时，可不考虑偶然偏心的影响，但应与单向地震作用考虑偶然偏心的计算结果进行比较，取不利的情况进行设计。

关于各楼层垂直于地震作用方向的建筑物总长度 L_i 的取值，当楼层平面有局部突出时，可按回转半径相等的原则，简化为无局部突出的规则平面，以近似确定垂直于地震计算方向的建筑物边长 L_i。如图 3 所示平面，当计算 y 向地震作用时，若 b/B 及 h/H 均不大于 $1/4$，可认为是局部突出；此时用于确定偶然偏心的边长可近似按下式计算：

$$L_i = B + \frac{bh}{H}\left(1 + \frac{3b}{B}\right) \tag{4}$$

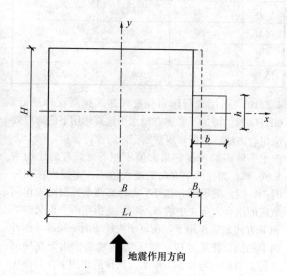

图 3 平面局部突出示例

4.3.4 不同的结构采用不同的分析方法在各国抗震规范中均有体现，振型分解反应谱法和底部剪力法仍是基本方法。对高层建筑结构主要采用振型分解反应谱法（包括不考虑扭转耦联和考虑扭转耦联两种方式），底部剪力法的应用范围较小。弹性时程分析法作为补充计算方法，在高层建筑结构分析中已得到比较普遍的应用。

本条第 3 款对于需要采用弹性时程分析法进行补充计算的高层建筑结构作了具体规定，这些结构高度较高或刚度、承载力和质量沿竖向分布不规则或属于特别重要的甲类建筑。所谓"补充"，主要指对计算的底部剪力、楼层剪力和层间位移进行比较，当时程法分析结果大于振型分解反应谱法分析结果时，相关部位的构件内力和配筋作相应的调整。

质量沿竖向分布不均匀的结构一般指楼层质量大于相邻下部楼层质量 1.5 倍的情况，见本规程第 3.5.6 条。

4.3.5 进行时程分析时，鉴于不同地震波输入进行时程分析的结果不同，本条规定一般可以根据小样本容量下的计算结果来估计地震效应值。通过大量地震加速度记录输入不同结构类型进行时程分析结果的统计分析，若选用不少于 2 组实际记录和 1 组人工模拟的加速度时程曲线作为输入，计算的平均地震效应值不小于大样本容量平均值的保证率在 85% 以上，而且一般也不会偏大很多。当选用数量较多的地震波，如 5 组实际记录和 2 组人工模拟时程曲线，则保证率更高。所谓"在统计意义上相符"是指，多组时程波的平均地震影响系数曲线与振型分解反应谱法所用的地震影响系数曲线相比，在对应于结构主要振型的周期点上相差不大于 20%。计算结果的平均底部剪力一般不会小于振型分解反应谱法计算结果的 80%，每条地震波输入的计算结果不会小于 65%；从工程应用角度考虑，可以保证时程分析结果满足最低安全要求。但时程法计算结果也不必过大，每条地震波输入的计算结果不大于 135%，多条地震波输入的计算结果平均值不大于 120%，以体现安全性和经济性的平衡。

正确选择输入的地震加速度时程曲线，要满足地震动三要素的要求，即频谱特性、有效峰值和持续时间均要符合规定。频谱特性可用地震影响系数曲线表征，依据所处的场地类别和设计地震分组确定；加速度的有效峰值按表 4.3.5 采用，即以地震影响系数最大值除以放大系数（约 2.25）得到；输入地震加速度时程曲线的有效持续时间，一般从首次达到该时程曲线最大峰值的 10% 那一点算起，到最后一点达到最大峰值的 10% 为止，约为结构基本周期的 5～10 倍。

因为本次修订增加了结构抗震性能设计规定，因此本条第 3 款补充了设防地震（中震）和 6 度时的数值。

4.3.7 本条规定了水平地震影响系数最大值和场地

特征周期取值。现阶段仍采用抗震设防烈度所对应的水平地震影响系数最大值 α_{max}，多遇地震烈度（小震）和预估罕遇地震烈度（大震）分别对应于 50 年设计基准期内超越概率为 63% 和 2%~3% 的地震烈度。为了与地震动参数区划图接口，表 3.3.7-1 中的 α_{max} 比 89 规范增加了 7 度 0.15g 和 8 度 0.30g 的地区数值。本次修订，与结构抗震性能设计要求相适应，增加了设防烈度地震（中震）和 6 度时的地震影响系数最大值规定。

根据土层等效剪切波速和场地覆盖层厚度将建筑的场地划分为 Ⅰ、Ⅱ、Ⅲ、Ⅳ 四类，其中 Ⅰ 类分为 Ⅰ₀ 和 Ⅰ₁ 两个亚类，本规程中提及 Ⅰ 类场地而未专门注明 Ⅰ₀ 或 Ⅰ₁ 的，均包含这两个亚类。具体场地划分标准见现行国家标准《建筑抗震设计规范》GB 50011 的有关规定。

4.3.8 弹性反应谱理论仍是现阶段抗震设计的最基本理论，本规程的设计反应谱与现行国家标准《建筑抗震设计规范》GB 50011 一致。

1 同样烈度、同样场地条件的反应谱形状，随着震源机制、震级大小、震中距远近等的变化，有较大的差别，影响因素很多。在继续保留烈度概念的基础上，用设计地震分组的特征周期 T_g 予以反映。其中，Ⅰ、Ⅱ、Ⅲ 类场地的特征周期值，《建筑抗震设计规范》GB 50011—2001（下称 01 规范）较 89 规范的取值增大了 0.05s；本次修订，计算罕遇地震作用时，特征周期 T_g 值也增大 0.05s。这些改进，适当提高结构的抗震安全性，也比较符合近年来得到的大量地震加速度资料的统计结果。

2 在 $T \leqslant 0.1s$ 的范围内，各类场地的地震影响系数一律采用同样的斜线，使之符合 $T=0$ 时（刚体）动力不放大的规律；在 $T \geqslant T_g$ 时，设计反应谱在理论上存在二个下降段，即速度控制段和位移控制段，在加速度反应谱中，前者衰减指数为 1，后者衰减指数为 2。设计反应谱是用来预估建筑结构在其设计基准期内可能经受的地震作用，通常根据大量实际地震记录的反应谱进行统计并结合工程经验判断加以规定。为保持延续性，地震影响系数在 $T \leqslant 5T_g$ 范围内保持不变，各曲线的递减指数为非整数；在 $T > 5T_g$ 的范围为倾斜下降段，不同场地类别的最小值不同，较符合实际反应谱的统计规律。对于周期大于 6s 的结构，地震影响系数仍需专门研究。

3 考虑到不同结构类型的设计需要，提供了不同阻尼比（通常为 0.02~0.30）地震影响系数曲线相对于标准的地震影响系数（阻尼比为 0.05）的修正方法。根据实际强震记录的统计分析结果，这种修正可分二段进行：在反应谱平台段修正幅度最大；在反应谱上升段和下降段，修正幅度变小；在曲线两端（0s 和 6s），不同阻尼比下的地震影响系数趋向接近。

本次修订，保持 01 规范地震影响系数曲线的计算表达式不变，只对其参数进行调整，达到以下效果：

1）阻尼比为 5% 的地震影响系数维持不变，对于钢筋混凝土结构的抗震设计，同 01 规范的水平。

2）基本解决了 01 规范在长周期段，不同阻尼比地震影响系数曲线交叉、大阻尼曲线值高于小阻尼曲线值的不合理现象。Ⅰ、Ⅱ、Ⅲ 类场地的地震影响系数曲线在周期接近 6s 时，基本交汇在一点上，符合理论和统计规律。

3）降低了小阻尼（0.02~0.035）的地震影响系数值，最大降低幅度达 18%。略微提高了阻尼比 0.06~0.10 范围的地震影响系数值，长周期部分最大增幅约 5%。

4）适当降低了大阻尼（0.20~0.30）的地震影响系数值，在 $5T_g$ 周期以内，基本不变；长周期部分最大降幅约 10%，扩大了消能减震技术的应用范围。

对应于不同阻尼比计算地震影响系数曲线的衰减指数和调整系数见表 4。

表 4　不同阻尼比时的衰减指数和调整系数

阻尼比 ζ	阻尼调整系数 η_2	曲线下降段衰减指数 γ	直线下降段斜率调整系数 η_1
0.02	1.268	0.971	0.026
0.03	1.156	0.942	0.024
0.04	1.069	0.919	0.022
0.05	1.000	0.900	0.020
0.10	0.792	0.844	0.013
0.15	0.688	0.817	0.009
0.2	0.625	0.800	0.006
0.3	0.554	0.781	0.002

4.3.10 引用现行国家标准《建筑抗震设计规范》GB 50011。增加了考虑双向水平地震作用下的地震效应组合方法。根据强震观测记录的统计分析，两个方向水平地震加速度的最大值不相等，二者之比约为 1:0.85；而且两个方向的最大值不一定发生在同一时刻，因此采用平方和开平方计算两个方向地震作用效应的组合。条文中的 S_x 和 S_y 是指在两个正交的 X 和 Y 方向地震作用下，在每个构件的同一局部坐标方向上的地震作用效应，如 X 方向地震作用下在局部坐标 x 方向的弯矩 M_{xx} 和 Y 方向地震作用下在局部坐标 x 方向的弯矩 M_{xy}。

作用效应包括楼层剪力、弯矩和位移，也包括构件内力（弯矩、剪力、轴力、扭矩等）和变形。

本规程建议的振型数是对质量和刚度分布比较均

匀的结构而言的。对于质量和刚度分布很不均匀的结构，振型分解反应谱法所需的振型数一般可取为振型参与质量达到总质量的 90%时所需的振型数。

4.3.11 底部剪力法在高层建筑水平地震作用计算中应用较少，但作为一种方法，本规程仍予以保留，因此列于附录中。对于规则结构，采用本条方法计算水平地震作用时，仍应考虑偶然偏心的不利影响。

4.3.12 由于地震影响系数在长周期段下降较快，对于基本周期大于 3s 的结构，由此计算所得的水平地震作用下的结构效应可能过小。而对于长周期结构，地震地面运动速度和位移可能对结构的破坏具有更大影响，但是规范所采用的振型分解反应谱法尚无法对此作出合理估计。出于结构安全的考虑，增加了对各楼层水平地震剪力最小值的要求，规定了不同设防烈度下的楼层最小地震剪力系数（即剪重比），当不满足时，结构水平地震总剪力和各楼层的水平地震剪力均需要进行相应的调整或改变结构刚度使之达到规定的要求。本次修订补充了 6 度时的最小地震剪力系数规定。

对于竖向不规则结构的薄弱层的水平地震剪力，本规程第 3.5.8 条规定应乘以 1.25 的增大系数，该层剪力放大 1.25 倍后仍需要满足本条的规定，即该层的地震剪力系数不应小于表 4.3.12 中数值的 1.15 倍。

表 4.3.12 中所说的扭转效应明显的结构，是指楼层最大水平位移（或层间位移）大于楼层平均水平位移（或层间位移）1.2 倍的结构。

4.3.13 结构的竖向地震作用的精确计算比较繁杂，本规程保留了原规程 JGJ 3-91 的简化计算方法。

4.3.14 本条为新增条文，主要考虑目前高层建筑中较多采用大跨度和长悬挑结构，需要采用时程分析方法或反应谱方法进行竖向地震的分析，给出了反应谱和时程分析计算时需要的数据。反应谱采用水平反应谱的 65%，包括最大值和形状参数，但认为竖向反应谱的特征周期与水平反应谱相比，尤其在远震中距时，明显小于水平反应谱，故本条规定，设计特征周期均按第一组采用。对处于发震断裂 10km 以内的场地，其最大值可能接近于水平谱，特征周期小于水平谱。

4.3.15 高层建筑中的大跨度、悬挑、转换、连体结构的竖向地震作用大小与其所处的位置以及支承结构的刚度都有一定关系，因此对于跨度较大、所处位置较高的情况，建议采用本规程第 4.3.13、4.3.14 条的规定进行竖向地震作用计算，并且计算结果不宜小于本条规定。

为了简化计算，跨度或悬挑长度不大于本规程第 4.3.14 条规定的大跨结构和悬挑结构，可直接按本条规定的地震作用系数乘以相应的重力荷载代表值作为竖向地震作用标准值。

4.3.16 高层建筑结构整体计算分析时，只考虑了主要结构构件（梁、柱、剪力墙和筒体等）的刚度，没有考虑非承重结构构件的刚度，因而计算的自振周期较实际的偏长，按这一周期计算的地震力偏小。为此，本条规定应考虑非承重墙体的刚度影响，对计算的自振周期予以折减。

4.3.17 大量工程实测周期表明：实际建筑物自振周期短于计算的周期。尤其是有实心砖填充墙的框架结构，由于实心砖填充墙的刚度大于框架柱的刚度，其影响更为显著，实测周期约为计算周期的 50%～60%；剪力墙结构中，由于砖墙数量少，其刚度又远小于钢筋混凝土墙的刚度，实测周期与计算周期比较接近。

本次修订，考虑到目前黏土砖被限制使用，而其他类型的砌体墙越来越多，把"填充砖墙"改为"砌体墙"，但不包括采用柔性连接的填充墙或刚度很小的轻质砌体填充墙；增加了框架-核心筒结构周期折减系数的规定；目前有些剪力墙结构布置的填充墙较多，其周期折减系数可能小于 0.9，故将剪力墙结构的周期折减系数调整为 0.8～1.0。

5 结构计算分析

5.1 一般规定

5.1.3 目前国内规范体系是采用弹性方法计算内力，在截面设计时考虑材料的弹塑性性质。因此，高层建筑结构的内力与位移仍按弹性方法计算，框架梁及连梁等构件可考虑局部塑性变形引起的内力重分布，即本规程第 5.2.1 条和 5.2.3 条的规定。

5.1.4 高层建筑结构是复杂的三维空间受力体系，计算分析时应根据结构实际情况，选取能较准确地反映结构中各构件的实际受力状况的力学模型。对于平面和立面布置简单规则的框架结构、框架-剪力墙结构宜采用空间分析模型，可采用平面框架空间协同模型；对剪力墙结构、筒体结构和复杂布置的框架结构、框架-剪力墙结构应采用空间分析模型。目前国内商品化的结构分析软件所采用的力学模型主要有：空间杆系模型、空间杆-薄壁杆系模型、空间杆-墙板元模型及其他组合有限元模型。

目前，国内计算机和结构分析软件应用十分普及，原规程 JGJ 3-91 第 4.1.4 条和 4.1.6 条规定的简化方法和手算方法未再列入本规程。如需要采用简化方法或手算方法，设计人员可参考有关设计手册或书籍。

5.1.5 高层建筑的楼屋面绝大多数为现浇钢筋混凝土楼板和有现浇面层的预制装配式楼板，进行高层建筑内力与位移计算时，可视其为水平放置的深梁，具有很大的面内刚度，可近似认为楼板在其自身平面内为无限刚性。采用这一假设后，结构分析的自由度数目大大减少，可能减小由于庞大自由度系统而带来的计算误差，使计算过程和计算结果的分析大为简化。计算分析和工程实践证明，刚性楼板假定对绝大多数高层建筑的分析具有足够的工程精度。采用刚性楼板假定进行结构计算时，设计上应采取必要措施保证楼面的整体刚度。比如，平面体型宜符合本规程 4.3.3 条的规定；宜采用现浇钢筋混凝土楼板和有现浇面层的装配整体式楼板；局部削弱的楼面，可采取楼板局部加厚、设置边梁、加大楼板配筋等措施。

楼板有效宽度较窄的环形楼面或其他有大开洞楼面、有狭长外伸段楼面、局部变窄产生薄弱连接的楼面、连体结构的狭长连接体楼面等场合，楼板面内刚度有较大削弱且不均匀，楼板的面内变形会使楼层内抗侧刚度较小的构件的位移和受力加大（相对刚性楼板假定而言），计算时应考虑楼板面内变形的影响。根据楼面结构的实际情况，楼板面内变形可全楼考虑、仅部分楼层考虑或仅部分楼层的部分区域考虑。考虑楼板的实际刚度可以采用将楼板等效为剪弯水平梁的简化方法，也可采用有限单元法进行计算。

当需要考虑楼板面内变形而计算中采用楼板面内无限刚性假定时，应对所得的计算结果进行适当调整。具体的调整方法和调整幅度与结构体系、构件平面布置、楼板削弱情况等密切相关，不便在条文中具体化。一般可对楼板削弱部位的抗侧刚度相对较小的结构构件，适当增大计算内力，加强配筋和构造措施。

5.1.6 高层建筑按空间整体工作计算时，不同计算模型的梁、柱自由度是相同的。梁的弯曲、剪切、扭转变形，当考虑楼板面内变形时还有轴向变形；柱的弯曲、剪切、轴向、扭转变形。当采用空间杆-薄壁杆系模型时，剪力墙自由度考虑弯曲、剪切、轴向、扭转变形和翘曲变形；当采用其他有限元模型分析剪力墙时，剪力墙自由度考虑弯曲、剪切、轴向、扭转变形。

高层建筑层数多、重量大，墙、柱的轴向变形影响显著，计算时应考虑。

构件内力是与位移向量对应的，与截面设计对应的分别为弯矩、剪力、轴力、扭矩等。

5.1.8 目前国内钢筋混凝土结构高层建筑由恒载和活载引起的单位面积重力，框架与框架-剪力墙结构约为 $12kN/m^2 \sim 14kN/m^2$，剪力墙和筒体结构约为 $13kN/m^2 \sim 16kN/m^2$，而其中活荷载部分约为 $2kN/m^2 \sim 3kN/m^2$，只占全部重力的 15%～20%，活载不利分布的影响较小。另一方面，高层建筑结构层数很多，每层的房间也很多，活载在各层间的分布情况极其繁多，难以一一计算。

如果活荷载较大，其不利分布对梁弯矩的影响会比较明显，计算时应予考虑。除进行活荷载不利分布的详细计算分析外，也可将未考虑活荷载不利分布计算的框架梁弯矩乘以放大系数予以近似考虑，该放大系数通常可取为 1.1～1.3，活载大时可选用较大数值。近似考虑活荷载不利分布影响时，梁正、负弯矩应同时予以放大。

5.1.9 高层建筑结构是逐层施工完成的，其竖向刚度和竖向荷载（如自重和施工荷载）也是逐层形成的。这种情况与结构刚度一次形成、竖向荷载一次施加的计算方法存在较大差异。因此对于层数较多的高层建筑，其重力荷载作用效应分析时，柱、墙轴向变形宜考虑施工过程的影响。施工过程的模拟可根据需要采用适当的方法考虑，如结构竖向刚度和竖向荷载逐层形成、逐层计算的方法等。

本次修订，增加了复杂结构及 150m 以上高层建筑应考虑施工过程的影响，因为这类结构是否考虑施工过程的模拟计算，对设计有较大影响。

5.1.10 高层建筑结构进行水平风荷载作用效应分析时，除对称结构外，结构构件在正反两个方向的风荷载作用下效应一般是不相同的，按两个方向风效应的较大值采用，是为了保证安全的前提下简化计算；体型复杂的高层建筑，应考虑多方向风荷载作用，进行风效应对比分析，增加结构抗风安全性。

5.1.11 在结构整体计算分析中，型钢混凝土和钢管混凝土构件宜按实际情况直接参与计算。随着结构分析软件技术的进步，已经可以较容易地实现在整体模型中直接考虑型钢混凝土和钢管混凝土构件，因此本次修订取消了将型钢混凝土和钢管混凝土构件等效为混凝土构件进行计算的规定。

型钢混凝土构件、钢管混凝土构件的截面设计应按本规程第 11 章的有关规定执行。

5.1.12 体型复杂、结构布置复杂的高层建筑结构的受力情况复杂，B 级高度高层建筑属于超限高层建筑，采用至少两个不同力学模型的结构分析软件进行整体计算分析，可以相互比较和分析，以保证力学分析结构的可靠性。

对 B 级高度高层建筑的要求是本次修订增加的内容。

5.1.13 带加强层的高层建筑结构、带转换层的高层建筑结构、错层结构、连体和立面开洞结构、多塔楼结构、立面较大收进结构等，属于体形复杂的高层建筑结构，其竖向刚度和承载力变化大、受力复杂，易形成薄弱部位；混合结构以及 B 级高度的高层建筑结构的房屋高度大、工程经验不多，因此整体计算分析时应从严要求。本条第 4 款的要求主要针对重要建筑以及相邻层侧向刚度或承载力相差悬殊的竖向不规则高层建筑结构。

本次修订补充了对混合结构的计算要求。

5.1.14 本条为新增条文，对多塔楼结构提出了分塔楼模型计算要求。多塔楼结构振动形态复杂，整体模型计算有时不容易判断结果的合理性；辅以分塔楼模型计算分析，取二者的不利结果进行设计较为妥当。

5.1.15 对受力复杂的结构构件，如竖向布置复杂的剪力墙、加强层构件、转换层构件、错层构件、连接体及其相关构件等，除结构整体分析外，尚应按有限元等方法进行更加仔细的局部应力分析，并可根据需要，按应力分析结果进行截面配筋设计校核。按应力进行截面配筋计算的方法，可按照现行国家标准《混凝土结构设计规范》GB 50010 的有关规定。

5.1.16 在计算机和计算机软件广泛应用的条件下，除了要选择使用可靠的计算软件外，还应对软件产生的计算结果从力学概念和工程经验等方面加以分析判断，确认其合理性和可靠性。

5.2 计 算 参 数

5.2.1 高层建筑结构构件均采用弹性刚度参与整体分析，但抗震设计的框架-剪力墙或剪力墙结构中的连梁刚度相对墙体较小，而承受的弯矩和剪力很大，配筋设计困难。因此，可考虑在不影响承受竖向荷载能力的前提下，允许其适当开裂（降低刚度）而把内力转移到墙体上。通常，设防烈度低时可少折减一些（6、7 度时可取 0.7），设防烈度高时可多折减一些（8、9 度时可取 0.5）。折减系数不宜小于 0.5，以保证连梁承受竖向荷载的能力。

对框架-剪力墙结构中一端与柱连接、一端与墙连接的梁以及剪力墙结构中的某些连梁，如果跨高比较大（比如大于 5）、重力作用效应比水平风或水平地震作用效应更为明显，此时应慎重考虑梁刚度的折减问题，必要时可不进行梁刚度折减，以控制正常使用阶段梁裂缝的发生和发展。

本次修订进一步明确了仅在计算地震作用效应时可以对连梁刚度进行折减，对如重力荷载、风荷载作用效应计算不宜考虑连梁刚度折减。有地震作用效应组合工况，均可按考虑连梁刚度折减后计算的地震作用效应参与组合。

5.2.2 现浇楼面和装配整体式楼面的楼板作为梁的有效翼缘形成 T 形截面，提高了楼面梁的刚度，结构计算时应予考虑。当近似考虑其影响时，应根据梁翼缘尺寸与梁截面尺寸的比例关系确定增大系数的取值。通常现浇楼面的边框架梁可取 1.5，中框架梁可取 2.0；有现浇面层的装配式楼面梁的刚度增大系数可适当减小。当框架梁截面较小而楼板较厚或者梁截面较大而楼板较薄时，梁刚度增大系数可能会超出 1.5～2.0 的范围，因此规定增大系数可取 1.3～2.0。

5.2.3 在竖向荷载作用下，框架梁端负弯矩往往较大，配筋困难，不便于施工和保证施工质量。因此允

许考虑塑性变形内力重分布对梁端负弯矩进行适当调幅。钢筋混凝土的塑性变形能力有限，调幅的幅度应该加以限制。框架梁端负弯矩减小后，梁跨中弯矩应按平衡条件相应增大。

截面设计时，为保证框架梁跨中截面底钢筋不至于过少，其正弯矩设计值不应小于竖向荷载作用下按简支梁计算的跨中弯矩之半。

5.2.4 高层建筑结构楼面梁受楼板（有时还有次梁）的约束作用，无约束的独立梁极少。当结构计算中未考虑楼盖对梁扭转的约束作用时，梁的扭转变形和扭矩计算值过大，与实际情况不符，抗扭设计也比较困难，因此可对梁的计算扭矩予以适当折减。计算分析表明，扭矩折减系数与楼盖（楼板和梁）的约束作用和梁的位置密切相关，折减系数的变化幅度较大，本规程不便给出具体的折减系数，应由设计人员根据具体情况进行确定。

5.3 计算简图处理

5.3.1 高层建筑是三维空间结构，构件多，受力复杂；结构计算分析软件都有其适用条件，使用不当，可能导致结构设计的不合理甚至不安全。因此，结构计算分析时，应结合结构的实际情况和所采用的计算软件的力学模型要求，对结构进行力学上的适当简化处理，使其既能比较正确地反映结构的受力性能，又适应于所选用的计算分析软件的力学模型，从根本上保证结构分析结果的可靠性。

5.3.3 密肋板楼盖简化计算时，可将密肋梁均匀等效为柱上框架梁，其截面宽度可取被等效的密肋梁截面宽度之和。

平板无梁楼盖的面外刚度由楼板提供，计算时必须考虑。当采用近似方法考虑时，其柱上板带可等效为框架梁计算，等效框架梁的截面宽度可取等代框架方向板跨的 3/4 及垂直于等代框架方向板跨的 1/2 两者的较小值。

5.3.4 当构件截面相对其跨度较大时，构件交点处会形成相对的刚性节点区域。刚域尺寸的合理确定，会在一定程度上影响结构的整体分析结果，本条给出的计算公式是近似公式，但在实际工程中已有多年应用，有一定的代表性。确定计算模型时，壁式框架梁、柱轴线可取为剪力墙连梁和墙肢的形心线。

本条规定，考虑刚域后梁端截面计算弯矩可以取刚域端截面的弯矩值，而不再取轴线截面的弯矩值，在保证安全的前提下，可以适当减小梁端截面的弯矩值，从而减少配筋量。

5.3.5、5.3.6 对复杂高层建筑结构、立面错洞剪力墙结构，在结构内力与位移整体计算中，可对其局部作适当的和必要的简化处理，但不应改变结构的整体变形和受力特点。整体计算作了简化处理的，应对作简化处理的局部结构或结构构件进行更精细的补充计

算分析（比如有限元分析），以保证局部构件计算分析结果的可靠性。

5.3.7 本条给出作为结构分析模型嵌固部位的刚度要求。计算地下室结构楼层侧向刚度时，可考虑地上结构以外的地下室相关部位的结构，"相关部位"一般指地上结构外扩不超过三跨的地下室范围。楼层侧向刚度比可按本规程附录 E.0.1 条公式计算。

5.4 重力二阶效应及结构稳定

5.4.1 在水平力作用下，带有剪力墙或筒体的高层建筑结构的变形形态为弯剪型，框架结构的变形形态为剪切型。计算分析表明，重力荷载在水平作用位移效应上引起的二阶效应（以下简称重力 $P-\Delta$ 效应）有时比较严重。对混凝土结构，随着结构刚度的降低，重力二阶效应的不利影响呈非线性增长。因此，对结构的弹性刚度和重力荷载作用的关系应加以限制。本条公式使结构按弹性分析的二阶效应对结构内力、位移的增量控制在 5% 左右；考虑实际刚度折减 50% 时，结构内力增量控制在 10% 以内。如果结构满足本条要求，重力二阶效应的影响相对较小，可忽略不计。

公式（5.4.1-1）与德国设计规范（DIN1045）及原规程JGJ 3-91第4.3.1条的规定基本一致。

结构的弹性等效侧向刚度 EJ_d，可近似按倒三角形分布荷载作用下结构顶点位移相等的原则，将结构的侧向刚度折算为竖向悬臂受弯构件的等效侧向刚度。假定倒三角形分布荷载的最大值为 q，在该荷载作用下结构顶点质心的弹性水平位移为 u，房屋高度为 H，则结构的弹性等效侧向刚度 EJ_d 可按下式计算：

$$EJ_d = \frac{11qH^4}{120u} \tag{5}$$

5.4.2 混凝土结构在水平力作用下，如果侧向刚度不满足本规程第 5.4.1 条的规定，应考虑重力二阶效应对结构构件的不利影响。但重力二阶效应产生的内力、位移增量宜控制在一定范围，不宜过大。考虑二阶效应后计算的位移仍应满足本规程第 3.7.3 条的规定。

5.4.3 一般可根据楼层重力和楼层在水平力作用下产生的层间位移，计算出等效的荷载向量，利用结构力学方法求解重力二阶效应。重力二阶效应可采用有限元分析计算，也可按简化的弹性方法近似考虑。增大系数法是一种简单近似的考虑重力 $P-\Delta$ 效应的方法。考虑重力 $P-\Delta$ 效应的结构位移可采用未考虑重力二阶效应的位移乘以位移增大系数，但位移限制条件不变。本规程第 3.7.3 条规定按弹性方法计算的位移宜满足规定的位移限值，因此结构位移增大系数计算时，不考虑结构刚度的折减。考虑重力 $P-\Delta$ 效应的结构构件（梁、柱、剪力墙）内力可采用未考虑重

力二阶效应的内力乘以内力增大系数，内力增大系数计算时，考虑结构刚度的折减，为简化计算，折减系数近似取 0.5，以适当提高结构构件承载力的安全储备。

5.4.4 结构整体稳定性是高层建筑结构设计的基本要求。研究表明，高层建筑混凝土结构仅在竖向重力荷载作用下产生整体失稳的可能性很小。高层建筑结构的稳定设计主要是控制在风荷载或水平地震作用下，重力荷载产生的二阶效应不致过大，以免引起结构的失稳、倒塌。结构的刚度和重力荷载之比（简称刚重比）是影响重力 $P-\Delta$ 效应的主要参数。如果结构的刚重比满足本条公式（5.4.4-1）或（5.4.4-2）的规定，则在考虑结构弹性刚度折减 50% 的情况下，重力 $P-\Delta$ 效应仍可控制在 20% 之内，结构的稳定具有适宜的安全储备。若结构的刚重比进一步减小，则重力 $P-\Delta$ 效应将会呈非线性关系急剧增长，直至引起结构的整体失稳。在水平力作用下，高层建筑结构的稳定应满足本条的规定，不应再放松要求。如不满足本条的规定，应调整并增大结构的侧向刚度。

当结构的设计水平力较小，如计算的楼层剪重比（楼层剪力与其上各层重力荷载代表值之和的比值）小于 0.02 时，结构刚度虽能满足水平位移限值要求，但有可能不满足本条规定的稳定要求。

5.5 结构弹塑性分析及薄弱层弹塑性变形验算

5.5.1 本条为新增条文。对重要的建筑结构、超高层建筑结构、复杂高层建筑结构进行弹塑性计算分析，可以分析结构的薄弱部位、验证结构的抗震性能，是目前应用越来越多的一种方法。

在进行结构弹塑性计算分析时，应根据工程的重要性、破坏后的危害性及修复的难易程度，设定结构的抗震性能目标，这部分内容可按本规程第 3.11 节的有关规定执行。

建立结构弹塑性计算模型时，可根据结构构件的性能和分析精度要求，采用恰当的分析模型。如梁、柱、斜撑可采用一维单元；墙、板可采用二维或三维单元。结构的几何尺寸、钢筋、型钢、钢构件等应按实际设计情况采用，不应简单采用弹性计算软件的分析结果。

结构材料（钢筋、型钢、混凝土等）的性能指标（如弹性模量、强度取值等）以及本构关系，与预定的结构或结构构件的抗震性能目标有密切关系，应根据实际情况合理选用。如材料强度可分别取用设计值、标准值、抗拉极限值或实测值、实测平均值等，与结构抗震性能目标有关。结构材料的本构关系直接影响弹塑性分析结果，选择时应特别注意；钢筋和混凝土的本构关系，在现行国家标准《混凝土结构设计规范》GB 50010 的附录中有相应规定，可参考

使用。

结构弹塑性变形往往比弹性变形大很多，考虑结构几何非线性进行计算是必要的，结果的可靠性也会因此有所提高。

与弹性静力分析计算相比，结构的弹塑性分析具有更大的不确定性，不仅与上述因素有关，还与分析软件的计算模型以及结构阻尼选取、构件破损程度的衡量、有限元的划分等有关，存在较多的人为因素和经验因素。因此，弹塑性计算分析首要了解分析软件的适用性，选用适合于所设计工程的软件，然后对计算结果的合理性进行分析判断。工程设计中有时会遇到计算结果出现不合理或怪异现象，需要结构工程师与软件编制人员共同研究解决。

5.5.2 本条规定了进行结构弹塑性分析的具体方法。本次修订取消了 02 规程中"7、8、9 度抗震设计"的限制条件，因为本条仅规定计算方法，哪些结构需要进行弹塑性计算分析，在本规程第 3.7.4、5.1.13 条等条有专门规定。

5.5.3 本条罕遇地震作用下结构薄弱层（部位）弹塑性变形验算的简化计算方法，与现行国家标准《建筑抗震设计规范》GB 50011 的规定一致。

5.6 荷载组合和地震作用组合的效应

5.6.1～5.6.4 本节是高层建筑承载能力极限状态设计时作用组合效应的基本要求，主要根据现行国家标准《工程结构可靠性设计统一标准》GB 50153 以及《建筑结构荷载规范》GB 50009、《建筑抗震设计规范》GB 50011 的有关规定制定。本次修订：1）增加了考虑设计使用年限的可变荷载（楼面活荷载）调整系数；2）仅规定了持久、短暂、地震设计状况下，作用基本组合时的作用效应设计值的计算公式，对偶然作用组合、标准组合不作强制性规定，有关结构侧向位移的设计规定见本规程第 3.7.3 条；3）明确了本节规定不适用于作用和作用效应呈非线性关系的情况；4）表 5.6.4 中增加了 7 度（0.15g）时，也要考虑水平地震、竖向地震作用同时参与组合的情况；5）对水平长悬臂结构和大跨度结构，表 5.6.4 中增加了竖向地震作为主要可变作用的组合工况。

第 5.6.1 条和第 5.6.3 条均适应于作用和作用效应呈线性关系的情况。如果结构上的作用和作用效应不能以线性关系表述，则作用组合的效应应符合现行国家标准《工程结构可靠性设计统一标准》GB 50153 的有关规定。

持久设计状况和短暂设计状况作用基本组合的效应，当永久荷载效应起控制作用时，永久荷载分项系数取 1.35，此时参与组合的可变作用（如楼面活荷载、风荷载等）应考虑相应的组合值系数；持久设计状况和短暂设计状况的作用基本组合的效应，当可变荷载效应起控制作用（永久荷载分项系数取 1.2）的

场合，如风荷载作为主要可变荷载、楼面活荷载作为次要可变荷载时，其组合值系数分别取 1.0、0.7，对书库、档案库、储藏室、通风机房和电梯机房等楼面活荷载较大且相对固定的情况，其楼面活荷载组合值系数应由 0.7 改为 0.9；持久设计状况和短暂设计状况的作用基本组合的效应，当楼面活荷载作为主要可变荷载、风荷载作为次要可变荷载时，其组合值系数分别取 1.0 和 0.6。

结构设计使用年限为 100 年时，本条公式（5.6.1）中参与组合的风荷载效应应按现行国家标准《建筑结构荷载规范》GB 50009 规定的 100 年重现期的风压值计算；当高层建筑对风荷载比较敏感时，风荷载效应计算尚应符合本规程第 4.2.2 条的规定。

地震设计状况作用基本组合的效应，当本规程有规定时，地震作用效应标准值应首先乘以相应的调整系数、增大系数，然后再进行效应组合。如薄弱层剪力增大、楼层最小地震剪力系数（剪重比）调整、框支柱地震轴力的调整、转换构件地震内力放大、框架-剪力墙结构和筒体结构有关地震剪力调整等。

7 度（0.15g）和 8、9 度抗震设计的大跨度结构、长悬臂结构应考虑竖向地震作用的影响，如高层建筑的大跨度转换构件、连体结构的连接体等。

关于不同设计状况的定义以及作用的标准组合、偶然组合的有关规定，可参考现行国家标准《工程结构可靠性设计统一标准》GB 50153。

5.6.5 对非抗震设计的高层建筑结构，应按式（5.6.1）计算荷载效应的组合；对抗震设计的高层建筑结构，应同时按式（5.6.1）和式（5.6.3）计算荷载效应和地震作用效应组合，并按本规程的有关规定（如强柱弱梁、强剪弱弯等），对组合内力进行必要的调整。同一构件的不同截面或不同设计要求，可能对应不同的组合工况，应分别进行验算。

6 框架结构设计

6.1 一 般 规 定

6.1.2 本次修订将 02 规程的"不宜"改为"不应"，进一步从严要求。震害调查表明，单跨框架结构，尤其是层数较多的高层建筑，震害比较严重。因此，抗震设计的框架结构不应采用冗余度低的单跨框架。

单跨框架结构是指整栋建筑全部或绝大部分采用单跨框架的结构，不包括仅局部为单跨框架的框架结构。本规程第 8.1.3 条第 1、2 款规定的框架-剪力墙结构可局部采用单跨框架结构；其他情况应根据具体情况进行分析、判断。

6.1.3 本条为 02 规程第 6.1.4 条的修改，02 规程第

6.1.3 条改为本规程第 6.1.7 条。

框架结构如采用砌体填充墙，当布置不当时，常能造成结构竖向刚度变化过大；或形成短柱；或形成较大的刚度偏心。由于填充墙是由建筑专业布置，结构图纸上不予表示，容易被忽略。国内、外皆有由此而造成的震害例子。本条目的是提醒结构工程师注意防止砌体（尤其是砖砌体）填充墙对结构设计的不利影响。

6.1.4 2008 年汶川地震震害进一步表明，框架结构中的楼梯及周边构件破坏严重。本次修订增加了楼梯的抗震设计要求。抗震设计时，楼梯间为主要疏散通道，其结构应有足够的抗倒塌能力，楼梯应作为结构构件进行设计。框架结构中楼梯构件的组合内力设计值应包括与地震作用效应的组合，楼梯梁、柱的抗震等级应与框架结构本身相同。

框架结构中，钢筋混凝土楼梯自身的刚度对结构地震作用和地震反应有着较大的影响，若楼梯布置不当会造成结构平面不规则，抗震设计时应尽量避免出现这种情况。

震害调查中发现框架结构中的楼梯板破坏严重，被拉断的情况非常普遍，因此应进行抗震设计，并加强构造措施，宜采用双排配筋。

6.1.5 2008 年汶川地震中，框架结构中的砌体填充墙破坏严重。本次修订明确了用于填充墙的砌块强度等级，提高了砌体填充墙与主体结构的拉结要求、构造柱设置要求以及楼梯间砌体墙构造要求。

6.1.6 框架结构与砌体结构是两种截然不同的结构体系，其抗侧刚度、变形能力等相差很大，这两种结构在同一建筑物中混合使用，对建筑物的抗震性能将产生很不利的影响，甚至造成严重破坏。

6.1.7 在实际工程中，框架梁、柱中心线不重合、产生偏心的实例较多，需要有解决问题的方法。本条是根据国内外试验研究的结果提出的。根据试验结果，采用水平加腋方法，能明显改善梁柱节点的承受反复荷载性能。9 度抗震设计时，不应采用梁柱偏心较大的结构。

6.1.8 不与框架柱（包括框架-剪力墙结构中的柱）相连的次梁，可按非抗震设计。

图 4 为框架楼层平面中的一个区格。图中梁 L_1 两端不与框架柱相连，因而不参与抗震，所以梁 L_1 的构造可按非抗震要求。例如，梁端箍筋不需要按抗震要求加密，仅需满足抗剪强度的要求，其间距也可按非抗震构件的要求；箍筋无需弯 135°钩，90°钩即可；纵筋的锚固、搭接等都可按非抗震要求。图中梁 L_2 与 L_1 不同，其一端与框架柱相连，另一端与梁相连；与框架柱相连端应按抗震设计，其要求应与框架梁相同，与梁相连端构造可同 L_1 梁。

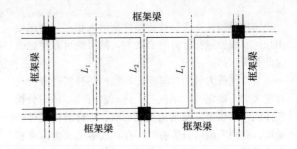

图 4　结构平面中次梁示意

6.2 截 面 设 计

6.2.1 由于框架柱的延性通常比梁的延性小，一旦框架柱形成了塑性铰，就会产生较大的层间侧移，并影响结构承受垂直荷载的能力。因此，在框架柱的设计中，有目的地增大柱端弯矩设计值，体现"强柱弱梁"的设计概念。

本次修订对"强柱弱梁"的要求进行了调整，提高了框架结构的要求，对二、三级框架结构柱端弯矩增大系数 η_c 由 02 规程的 1.2、1.1 分别提高到 1.5、1.3。因本规程框架结构不含四级，故取消了四级的有关要求。

一级框架结构和 9 度时的框架应按实配钢筋进行强柱弱梁验算。本规程的高层建筑，9 度时抗震等级只有一级，无二级。

当楼板与梁整体现浇时，板内配筋对梁的受弯承载力有相当影响，因此本次修订增加了在计算梁端实际配筋面积时，应计入梁有效翼缘宽度范围内楼板钢筋的要求。梁的有效翼缘宽度取值，各国规范也不尽相同，建议一般情况可取梁两侧各 6 倍板厚的范围。

本次修订对二、三级框架结构仅提高了柱端弯矩增大系数，未要求采用实配反算。但当框架梁是按最小配筋率的构造要求配筋时，为避免出现因梁的实际受弯承载力与弯矩设计值相差太多而无法实现"强柱弱梁"的情况，宜采用实配反算的方法进行柱子的受弯承载力设计。此时公式（6.2.3-1）中的实配系数 1.2 可适当降低，但不应低于 1.1。

6.2.2 研究表明，框架结构的底层柱下端，在强震下不能避免出现塑性铰。为了提高抗震安全度，将框架结构底层柱下端弯矩设计值乘以增大系数，以加强底层柱下端的实际受弯承载力，推迟塑性铰的出现。本次修订进一步提高了增大系数的取值，一、二、三级增大系数由 02 规程的 1.5、1.25、1.15 分别调整为 1.7、1.5、1.3。

增大系数只适用于框架结构，对其他类型结构中的框架，不作此要求。

6.2.3 框架柱、框支柱设计时应满足"强剪弱弯"的要求。在设计中，需要有目的地增大柱子的剪力设计值。本次修订对剪力放大系数作了调整，提高了框架结构的要求，二、三级对柱端剪力增大系数 η_{vc} 由 02 规程的 1.2、1.1 分别提高到 1.3、1.2；对其他结构的框架，扩大了进行"强剪弱弯"设计的范围，要求四级框架柱也要增大，要求同三级。

6.2.4 抗震设计的框架，考虑到角柱承受双向地震作用，扭转效应对内力影响较大，且受力复杂，在设计中应予以适当加强，因此对其弯矩设计值、剪力设计值增大 10%。02 规程中，此要求仅针对框架结构中的角柱；本次修订扩大了范围，并增加了四级要求。

6.2.5 框架结构设计中应力求做到，在地震作用下的框架呈现梁铰型延性机构，为减少梁端塑性铰区发生脆性剪切破坏的可能性，对框架梁提出了梁端的斜截面受剪承载力应高于正截面受弯承载力的要求，即"强剪弱弯"的设计概念。

梁端斜截面受剪承载力的提高，首先是在剪力设计值确定中，考虑了梁端弯矩的增大，以体现"强剪弱弯"的要求。对一级抗震等级的框架结构及 9 度时的其他结构中的框架，还考虑了工程设计中梁端纵向受拉钢筋有超配的情况，要求梁左、右端取用考虑承载力抗震调整系数的实际抗震受弯承载力进行受剪承载力验算。梁端实际抗震受弯承载力可按下式计算：

$$M_{bua} = f_{yk}A_s^a(h_0 - a_s')/\gamma_{RE} \qquad (6)$$

式中：f_{yk}——纵向钢筋的抗拉强度标准值；

A_s^a——梁纵向钢筋实际配筋面积。当楼板与梁整体现浇时，应计入有效翼缘宽度范围内的纵筋，有效翼缘宽度可取梁两侧各 6 倍板厚。

对其他情况的一级和所有二、三级抗震等级的框架梁的剪力设计值的确定，则根据不同抗震等级，直接取用梁端考虑地震作用组合的弯矩设计值的平衡剪力值，乘以不同的增大系数。

6.2.7 本次修订增加了三级框架节点的抗震受剪承载力验算要求，取消了 02 规程中"各抗震等级的顶层端节点核心区，可不进行抗震验算"的规定及 02 规程的附录 C。

节点核心区的验算可按现行国家标准《混凝土结构设计规范》GB 50010 的有关规定执行。

6.2.10 本条为 02 规程第 6.2.10～6.2.13 条的合并。本规程未作规定的承载力计算，包括截面受弯承载力、受扭承载力、剪扭承载力、受压（受拉）承载力、偏心受拉（受压）承载力、拉（压）弯剪扭承载力、局部受压承载力、双向受剪承载力等，均应按现行国家标准《混凝土结构设计规范》GB 50010 的有关规定执行。

6.3 框架梁构造要求

6.3.1 过去规定框架主梁的截面高度为计算跨度的

1/8～1/12，已不能满足近年来大量兴建的高层建筑对于层高的要求。近来我国一些设计单位，已大量设计了梁高较小的工程，对于 8m 左右的柱网，框架主梁截面高度为 450mm 左右，宽度为 350mm～400mm 的工程实例也较多。

国外规范规定的框架梁高跨比，较我国小。例如美国 ACI 318－08 规定梁的高度为：

支承情况	简支梁	一端连续梁	两端连续梁
高跨比	1/16	1/18.5	1/21

以上数值适用于钢筋屈服强度为 420MPa 者，其他钢筋，此数值应乘以 $(0.4 + f_{yk}/700)$。

新西兰 DZ3101－06 规定为：

	简支梁	一端连续梁	两端连续梁
钢筋 300MPa	1/20	1/23	1/26
钢筋 430MPa	1/17	1/19	1/22

从以上数据可以看出，我们规定的高跨比下限 1/18，比国外规范要严。因此，不论从国内已有的工程经验以及与国外规范相比较，规定梁截面高跨比为 1/10～1/18 是可行的。在选用时，上限 1/10 可适用于荷载较大的情况。当设计人确有可靠依据且工程上有需要时，梁的高跨比也可小于 1/18。

在工程中，如果梁承受的荷载较大，可以选择较大的高跨比。在计算挠度时，可考虑梁受压区有效翼缘的作用，并可将梁的合理起拱值从其计算所得挠度中扣除。

6.3.2 抗震设计中，要求框架梁端的纵向受压与受拉钢筋的比例 A_s'/A_s 不小于 0.5（一级）或 0.3（二、三级），因为梁端有箍筋加密区，箍筋间距较密，这对于发挥受压钢筋的作用，起了很好的保证作用。所以在验算本条的规定时，可以将受压区的实际配筋计入，则受压区高度 x 不大于 $0.25h_0$（一级）或 $0.35h_0$（二、三级）的条件较易满足。

本次修订，取消了 02 规程本条第 3 款框架梁端最大配筋率不应大于 2.5% 的强制性要求，相关内容改为非强制性要求反映在本规程的 6.3.3 条中。最大配筋率主要考虑因素包括保证梁端截面的延性、梁端配筋不致过密而影响混凝土的浇筑质量等，但是不宜给一个确定的数值作为强制性条文内容。

本次修订还增加了表 6.3.2-2 的注 2，给出了可适当放松梁端加密区箍筋的间距的条件。主要考虑当箍筋直径较大且肢数较多时，适当放宽箍筋间距要求，仍然可以满足梁端的抗震性能，同时箍筋直径大、间距过密时不利于混凝土的浇筑，难以保证混凝土的质量。

6.3.3 根据近年来工程应用情况和反馈意见，梁的纵向钢筋最大配筋率不再作为强制性条文，相关内容由 02 规程第 6.3.2 条移入本条。

根据国内、外试验资料，受弯构件的延性随其配筋率的提高而降低。但当配置不少于受拉钢筋 50%

的受压钢筋时，其延性可以与低配筋率的构件相当。新西兰规范规定，当受弯构件的压区钢筋大于拉区钢筋的50%时，受拉钢筋配筋率不大于2.5%的规定可以适当放松。当受压钢筋不少于受拉钢筋的75%时，其受拉钢筋配筋率可提高30%，也即配筋率可放宽至3.25%。因此本次修订规定，当受压钢筋不少于受拉钢筋的50%时，受拉钢筋的配筋率可提高至2.75%。

本条第3款的规定主要是防止梁在反复荷载作用时钢筋滑移；本次修订增加了对三级框架的要求。

6.3.4 本条第5款为新增内容，给出了抗扭箍筋和抗扭纵向钢筋的最小配筋要求。

6.3.6 梁的纵筋与箍筋、拉筋等作十字交叉形的焊接时，容易使纵筋变脆，对于抗震不利，因此作此规定。同理，梁、柱的箍筋在有抗震要求时应弯135°钩，当采用焊接封闭箍时应特别注意避免出现箍筋与纵筋焊接在一起的情况。

国外规范，如美国ACI 318-08规范，在抗震设计也有类似的条文。

钢筋与构件端部锚板可采用焊接。

6.3.7 本条为新增内容，给出了梁上开洞的具体要求。当梁承受均布荷载时，在梁跨度的中部1/3区段内，剪力较小。洞口高度如大于梁高的1/3，只要经过正确计算并合理配筋，应当允许。在梁两端接近支座处，如必须开洞，洞口不宜过大，且必须经过核算，加强配筋构造。

有些资料要求在洞口角部配置斜筋，容易导致钢筋之间的间距过小，使混凝土浇捣困难；当钢筋过密时，不建议采用。图6.3.7可供参考采用；当梁跨中部有集中荷载时，应根据具体情况另行考虑。

6.4 框架柱构造要求

6.4.1 考虑到抗震安全性，本次修订提高了抗震设计时柱截面最小尺寸的要求。一、二、三级抗震设计时，矩形截面柱最小截面尺寸由300mm改为400mm，圆柱最小直径由350mm改为450mm。

6.4.2 抗震设计时，限制框架柱的轴压比主要是为了保证柱的延性要求。本条中，对不同结构体系中的柱提出了不同的轴压比限值；本次修订对部分柱轴压比限值进行了调整，并增加了四级抗震轴压比限值的规定。框架结构比原限值降低0.05，框架-剪力墙等结构类型中的三级框架柱限值降低了0.05。

根据国内外的研究成果，当配箍量、箍筋形式满足一定要求，或在柱截面中部设置配筋芯柱且配筋量满足一定要求时，柱的延性性能有不同程度的提高，因此可对柱的轴压比限值适当放宽。

当采用设置配筋芯柱的方式放宽柱轴压比限值时，芯柱纵向钢筋配筋量应符合本条的规定，宜配置箍筋，其截面宜符合下列规定：

1 当柱截面为矩形时，配筋芯柱可采用矩形截面，其边长不宜小于柱截面相应边长的1/3；

2 当柱截面为正方形时，配筋芯柱可采用正方形或圆形，其边长或直径不宜小于柱截面边长的1/3；

3 当柱截面为圆形时，配筋芯柱宜采用圆形，其直径不宜小于柱截面直径的1/3。

条文所说的"较高的高层建筑"是指，高于40m的框架结构或高于60m的其他结构体系的混凝土房屋建筑。

6.4.3 本条是钢筋混凝土柱纵向钢筋和箍筋配置的最低构造要求。本次修订，第1款调整了抗震设计时框架柱、框支柱、框架结构边柱和中柱最小配筋率的规定；表6.4.3-1中数值是以500MPa级钢筋为基准的。与02规程相比，对335MPa及400MPa级钢筋的最小配筋率略有提高，对框架结构的边柱和中柱的最小配筋百分率也提高了0.1，适当增大了安全度。

第2款第2）项增加了一级框架柱端加密区箍筋间距可以适当放松的规定，主要考虑当箍筋直径较大、肢数较多、肢距较小时，箍筋的间距过小会造成钢筋过密，不利于保证混凝土的浇筑质量；适当放宽箍筋间距要求，仍然可以满足柱端的抗震性能。但应注意：箍筋的间距放宽后，柱的体积配箍率仍需满足本规程的相关规定。

6.4.4 本次修订调整了非抗震设计时柱纵向钢筋间距的要求，由350mm改为300mm；明确了四级抗震设计时柱纵向钢筋间距的要求同非抗震设计。

6.4.5 本条理由，同本规程第6.3.6条。

6.4.7 本规程给出了柱最小配箍特征值，可适应钢筋和混凝土强度的变化，有利于更合理地采用高强钢筋；同时，为了避免由此计算的体积配箍率过低，还规定了最小体积配箍率要求。

本条给出的箍筋最小配箍特征值，除与柱抗震等级和轴压比有关外，还与箍筋形式有关。井式复合箍、螺旋箍、复合螺旋箍、连续复合螺旋箍对混凝土具有更好的约束性能，因此其配箍特征值可比普通箍、复合箍低一些。本条所提到的柱箍筋形式举例如图5所示。

本次修订取消了"计算复合箍筋的体积配箍率时，应扣除重叠部分的箍筋体积"的要求；在计算箍筋体积配箍率时，取消了箍筋强度设计值不超过360MPa的限制。

6.4.8、6.4.9 原规程JGJ 3-91曾规定：当柱内全部纵向钢筋的配筋率超过3%时，应将箍筋焊成封闭箍。考虑到此种要求在实施时，常易将箍筋与纵筋焊在一起，使纵筋变脆，如本规程第6.3.6条的解释；同时每个箍皆要求焊接，费时费工，增加造价，于质量无益而有害。目前，国际上主要结构设计规范，皆

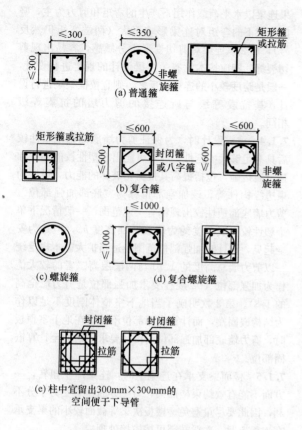

（a）普通箍

（b）复合箍

（c）螺旋箍　　　（d）复合螺旋箍

（e）柱中宜留出300mm×300mm的
空间便于下导管

图5　柱箍筋形式示例

无类似规定。

　　因此本规程对柱纵向钢筋配筋率超过3％时，未作必须焊接的规定。抗震设计以及纵向钢筋配筋率大于3％的非抗震设计的柱，其箍筋只需做成带135°弯钩之封闭箍，箍筋末端的直段长度不应小于10d。

　　在柱截面中心，可以采用拉条代替部分箍筋。

　　当采用菱形、八字形等与外围箍筋不平行的箍筋形式（图5b、d、e）时，箍筋肢距的计算，应考虑斜向箍筋的作用。

6.4.10　为使梁、柱纵向钢筋有可靠的锚固条件，框架梁柱节点核心区的混凝土应具有良好的约束。考虑到节点核心区内箍筋的作用与柱端有所不同，其构造要求与柱端有所区别。

6.4.11　本条为新增内容。现浇混凝土柱在施工时，一般情况下采用导管将混凝土直接引入柱底部，然后随着混凝土的浇筑将导管逐渐上提，直至浇筑完毕。因此，在布置柱箍筋时，需在柱中心位置留出不少于300mm×300mm的空间，以便于混凝土施工。对于截面很大或长矩形柱，尚需与施工单位协商留出不止插一个导管的位置。

6.5　钢筋的连接和锚固

6.5.1~6.5.3　关于钢筋的连接，需注意下列问题：

　　1　对于结构的关键部位，钢筋的连接宜采用机械连接，不宜采用焊接。这是因为焊接质量较难保证，而机械连接技术已比较成熟，质量和性能比较稳定。另外，1995年日本阪神地震震害中，观察到多处采用气压焊的柱纵向钢筋在焊接部位拉断的情况。本次修订对位于梁柱端部箍筋加密区内的钢筋接头，明确要求应采用满足等强度要求的机械连接接头。

　　2　采用搭接接头时，对非抗震设计，允许在构件同一截面100％搭接，但搭接长度应适当加长。这对于柱纵向钢筋的搭接接头较为有利。

　　第6.5.1条第2款是由02规程第6.4.9条第6款移植过来的，本款内容同时适用于抗震、非抗震设计，给出了柱纵向钢筋采用搭接做法时在钢筋搭接长度范围内箍筋的配置要求。

6.5.4、6.5.5　分别规定了非抗震设计和抗震设计时，框架梁柱纵向钢筋在节点区的锚固要求及钢筋搭接要求。图6.5.4中梁顶面2根直径12mm的钢筋是构造钢筋；当相邻梁的跨度相差较大时，梁端负弯矩钢筋的延伸长度（截断位置），应根据实际受力情况另行确定。

　　本次修订按现行国家标准《混凝土结构设计规范》GB 50010作了必要的修改和补充。

7　剪力墙结构设计

7.1　一般规定

7.1.1　高层建筑结构应有较好的空间工作性能，剪力墙应双向布置，形成空间结构。特别强调在抗震结构中，应避免单向布置剪力墙，并宜使两个方向刚度接近。

　　剪力墙的抗侧刚度较大，如果在某一层或几层切断剪力墙，易造成结构刚度突变，因此，剪力墙从上到下宜连续设置。

　　剪力墙洞口的布置，会明显影响剪力墙的力学性能。规则开洞，洞口成列、成排布置，能形成明确的墙肢和连梁，应力分布比较规则，又与当前普遍应用程序的计算简图较为符合，设计计算结果安全可靠。错洞剪力墙和叠合错洞剪力墙的应力分布复杂，计算、构造都比较复杂和困难。剪力墙底部加强部位，是塑性铰出现及保证剪力墙安全的重要部位，一、二和三级剪力墙的底部加强部位不宜采用错洞布置，如无法避免错洞墙，应控制错洞墙洞口间的水平距离不小于2m，并在设计时进行仔细计算分析，在洞口周边采取有效构造措施（图6a、b）。此外，一、二、三级抗震设计的剪力墙全高都不宜采用叠合错洞墙，当无法避免叠合错洞布置时，应按有限元方法仔细计算分析，并在洞口周边采取加强措施（图6c），或在洞口不规则部位采用其他轻质材料填充，将叠合洞口转化为规则洞口（图6d，其中阴影部分表示轻质填充墙体）。

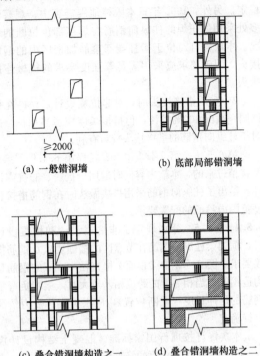

(a) 一般错洞墙   (b) 底部局部错洞墙

≥2000

(c) 叠合错洞墙构造之一   (d) 叠合错洞墙构造之二

图6 剪力墙洞口不对齐时的构造措施示意

错洞墙或叠合错洞墙的内力和位移计算均应符合本规程第5章的有关规定。若在结构整体计算中采用杆系、薄壁杆系模型或对洞口作了简化处理的其他有限元模型时，应对不规则开洞墙的计算结果进行分析、判断，并进行补充计算和校核。目前除了平面有限元方法外，尚没有更好的简化方法计算错洞墙。采用平面有限元方法得到应力后，可不考虑混凝土的抗拉作用，按应力进行配筋，并加强构造措施。

本规程所指的剪力墙结构是以剪力墙及因剪力墙开洞形成的连梁组成的结构，其变形特点为弯曲型变形，目前有些项目采用了大部分由跨高比较大的框架梁联系的剪力墙形成的结构体系，这样的结构虽然剪力墙较多，但受力和变形特性接近框架结构，当层数较多时对抗震是不利的，宜避免。

7.1.2 剪力墙结构应具有延性，细高的剪力墙（高宽比大于3）容易设计成具有延性的弯曲破坏剪力墙。当墙的长度很长时，可通过开设洞口将长墙分成长度较小的墙段，使每个墙段成为高宽比大于3的独立墙肢或联肢墙，分段宜较均匀。用以分割墙段的洞口上可设置约束弯矩较小的弱连梁（其跨高比一般宜大于6）。此外，当墙段长度（即墙段截面高度）很长时，受弯后产生的裂缝宽度会较大，墙体的配筋容易拉断，因此墙段的长度不宜过大，本规程定为8m。

7.1.3 两端与剪力墙在平面内相连的梁为连梁。如果连梁以水平荷载作用下产生的弯矩和剪力为主，竖向荷载下的弯矩对连梁影响不大（两端弯矩仍然反号），那么该连梁对剪切变形十分敏感，容易出现剪切裂缝，则应按本章有关连梁设计的规定进行设计，一般是跨度较小的连梁；反之，则宜按框架梁进行设计，其抗震等级与所连接的剪力墙的抗震等级相同。

7.1.4 抗震设计时，为保证剪力墙底部出现塑性铰后具有足够大的延性，应对可能出现塑性铰的部位加强抗震措施，包括提高其抗剪切破坏的能力，设置约束边缘构件等，该加强部位称为"底部加强部位"。剪力墙底部塑性铰出现都有一定范围，一般情况下单个塑性铰发展高度约为墙肢截面高度 h_w，但是为安全起见，设计时加强部位范围应适当扩大。本规定统一以剪力墙总高度的1/10与两层层高二者的较大值作为加强部位（02规程要求加强部位是剪力墙全高的1/8）。第3款明确了当地下室整体刚度不足以作为结构嵌固端，而计算嵌固部位不能设在地下室顶板时，剪力墙底部加强部位的设计要求宜延伸至计算嵌固部位。

7.1.5 楼面梁支承在连梁上时，连梁产生扭转，一方面不能有效约束楼面梁，另一方面连梁受力十分不利，因此要尽量避免。楼板次梁等截面较小的梁支承在连梁上时，次梁端部可按铰接处理。

7.1.6 剪力墙的特点是平面内刚度及承载力大，而平面外刚度及承载力都很小，因此，应注意剪力墙平面外受弯时的安全问题。当剪力墙与平面外方向的大梁连接时，会使墙肢平面外承受弯矩，当梁高大于约2倍墙厚时，刚性连接梁的梁端弯矩将使剪力墙平面外产生较大的弯矩，此时应当采取措施，以保证剪力墙平面外的安全。

本条所列措施，是02规程7.1.7条内容的修改和完善。是指在楼面梁与剪力墙刚性连接的情况下，应采取措施增大墙肢抵抗平面外弯矩的能力。在措施中强调了对墙内暗柱或墙扶壁柱进行承载力的验算，增加了暗柱、扶壁柱竖向钢筋总配筋率的最低要求和箍筋配置要求，并强调了楼面梁水平钢筋伸入墙内的锚固要求，钢筋锚固长度应符合现行国家标准《混凝土结构设计规范》GB 50010的有关规定。

当梁与墙在同一平面内时，多数为刚接，梁钢筋在墙内的锚固长度应与梁、柱连接时相同。当梁与墙不在同一平面内时，可能为刚接或半刚接，梁钢筋锚固都应符合锚固长度要求。

此外，对截面较小的楼面梁，也可通过支座弯矩调幅或变截面梁实现梁端铰接或半刚接设计，以减小墙肢平面外弯矩。此时应相应加大梁的跨中弯矩，这种情况下也必须保证梁纵向钢筋在墙内的锚固要求。

7.1.7 剪力墙与柱都是压弯构件，其压弯破坏状态以及计算原理基本相同，但是截面配筋构造有很大不同，因此柱截面和墙截面的配筋计算方法也各不相同。为此，要设定按柱或按墙进行截面设计的分界点。为方便设置边缘构件和分布钢筋，墙截面高厚比 h_w/b_w 宜大于 4。本次修订修改了以前的分界点，规定截面高厚比 h_w/b_w 不大于 4 时，按柱进行截面设计。

7.1.8 厚度不大的剪力墙开大洞口时，会形成短肢剪力墙，短肢剪力墙一般出现在多层和高层住宅建筑中。短肢剪力墙沿建筑高度可能有较多楼层的墙肢会出现反弯点，受力特点接近异形柱，又承担较大轴力与剪力，因此，本规程规定短肢剪力墙应加强，在某些情况下还要限制建筑高度。对于 L 形、T 形、十字形剪力墙，其各肢的肢长与截面厚度之比的最大值大于 4 且不大于 8 时，才划分为短肢剪力墙。对于采用刚度较大的连梁与墙肢形成的开洞剪力墙，不宜按单独墙肢判断其是否属于短肢剪力墙。

由于短肢剪力墙抗震性能较差，地震区应用经验不多，为安全起见，在高层住宅结构中短肢剪力墙布置不宜过多，不应采用全部为短肢剪力墙的结构。短肢剪力墙承担的倾覆力矩不小于结构底部总倾覆力矩的 30% 时，称为具有较多短肢剪力墙的剪力墙结构，此时房屋的最大适用高度应适当降低。B 级高度高层建筑及 9 度抗震设防的 A 级高度高层建筑，不宜布置短肢剪力墙，不应采用具有较多短肢剪力墙的剪力墙结构。

本条还规定短肢剪力墙承担的倾覆力矩不宜大于结构底部总倾覆力矩的 50%，是在短肢剪力墙较多的剪力墙结构中，对短肢剪力墙数量的间接限制。

7.1.9 一般情况下主要验算剪力墙平面内的偏压、偏拉、受剪等承载力，当平面外有较大弯矩时，也应验算平面外的轴心受压承载力。

7.2 截面设计及构造

7.2.1 本条强调了剪力墙的截面厚度应符合本规程附录 D 的墙体稳定验算要求，并应满足剪力墙截面最小厚度的规定，其目的是为了保证剪力墙平面外的刚度和稳定性能，也是高层建筑剪力墙截面厚度的最低要求。按本规程的规定，剪力墙截面厚度除应满足本条规定的稳定要求外，尚应满足剪力墙受剪截面限制条件、剪力墙正截面受压承载力要求以及剪力墙轴压比限值要求。

02 规程第 7.2.2 条规定了剪力墙厚度与层高或剪力墙无支长度比值的限制要求以及墙截面最小厚度的限值，同时规定当墙厚不能满足要求时，应按附录 D 计算墙体的稳定。当时主要考虑方便设计，减少计算工作量，一般情况下不必按附录 D 计算墙体的稳定。

本次修订对原规程第 7.2.2 条作了修改，不再规

定墙厚与层高或剪力墙无支长度比值的限制要求。主要原因是：1）本条第 2、3、4 款规定的剪力墙截面的最小厚度是高层建筑的基本要求；2）剪力墙平面外稳定与该层墙体顶部所受的轴向压力的大小密切相关，如不考虑墙体顶部轴向压力的影响，单一限制墙厚与层高或无支长度的比值，则会形成高度相差很大的房屋其底部楼层墙厚的限制条件相同，或一幢高层建筑中底部楼层墙厚与顶部楼层墙厚的限制条件相近等不够合理的情况；3）本规程附录 D 的墙体稳定验算公式能合理地反映楼层墙体顶部轴向压力以及层高或无支长度对墙体平面外稳定的影响，并具有适宜的安全储备。

设计人员可利用计算机软件进行墙体稳定验算，可按设计经验、轴压比限值及本条 2、3、4 款初步选定剪力墙的厚度，也可参考 02 规程的规定进行初选：一、二级剪力墙底部加强部位可选层高或无支长度（图 7）二者较小值的 1/16，其他部位为层高或剪力墙无支长度二者较小值的 1/20；三、四级剪力墙底部加强部位可选层高或无支长度二者较小值的 1/20，其他部位为层高或剪力墙无支长度二者较小值的 1/25。

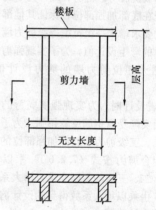

图 7　剪力墙的层高与
无支长度示意

一般剪力墙井筒内分隔空间的墙，不仅数量多，而且无支长度不大，为了减轻结构自重，第 5 款规定其墙厚可适当减小。

7.2.2 本条对短肢剪力墙的墙肢形状、厚度、轴压比、纵向钢筋配筋率、边缘构件等作了相应规定。本次修订对 02 规程的规定进行了修改，不论是否短肢剪力墙较多，所有短肢剪力墙都要求满足本条规定。短肢剪力墙的抗震等级不再提高，但在第 2 款中降低了轴压比限值。对短肢剪力墙的轴压比限制很严，是防止短肢剪力墙承受的楼面面积范围过大、或房屋高度太大，过早压坏引起楼板坍塌的危险。

一字形短肢剪力墙延性及平面外稳定均十分不利，因此规定不宜采用一字形短肢剪力墙，不宜布置单侧楼面梁与之平面外垂直连接或斜交，同时要求短

肢剪力墙尽可能设置翼缘。

7.2.3 为防止混凝土表面出现收缩裂缝，同时使剪力墙具有一定的出平面抗弯能力，高层建筑的剪力墙不允许单排配筋。高层建筑的剪力墙厚度大，当剪力墙厚度超过400mm时，如果仅采用双排配筋，形成中部大面积的素混凝土，会使剪力墙截面应力分布不均匀，因此本条提出了可采用三排或四排配筋方案，截面设计所需要的配筋可分布在各排中，靠墙面的配筋可略大。在各排配筋之间需要用拉筋互相联系。

7.2.4 如果双肢剪力墙中一个墙肢出现小偏心受拉，该墙肢可能会出现水平通缝而严重削弱其抗剪能力，抗侧刚度也严重退化，由荷载产生的剪力将全部转移到另一个墙肢而导致另一墙肢抗剪承载力不足。因此，应尽可能避免出现墙肢小偏心受拉情况。当墙肢出现大偏心受拉时，墙肢极易出现裂缝，使其刚度退化，剪力将在墙肢中重分配，此时，可将另一受压墙肢按弹性计算的剪力设计值乘以1.25增大系数后计算水平钢筋，以提高其受剪承载力。注意，在地震作用的反复荷载下，两个墙肢都要增大设计剪力。

7.2.5 剪力墙墙肢的塑性铰一般出现在底部加强部位。对于一级抗震等级的剪力墙，为了更有把握实现塑性铰出现在底部加强部位，保证其他部位不出现塑性铰，因此要求增大一级抗震等级剪力墙底部加强部位以上部位的弯矩设计值，为了实现强剪弱弯设计要求，弯矩增大部位剪力墙的剪力设计值也应相应增大。

7.2.6 抗震设计时，为实现强剪弱弯的原则，剪力设计值应由实配受弯钢筋反算得到。为了方便实际操作，一、二、三级剪力墙底部加强部位的剪力设计值是由计算组合剪力按式（7.2.6-1）乘以增大系数得到，按一、二、三级的不同要求，增大系数不同。一般情况下，由乘以增大系数得到的设计剪力，有利于保证强剪弱弯的实现。

在设计9度一级抗震的剪力墙时，剪力墙底部加强部位要求用实际抗弯配筋计算的受弯承载力反算其设计剪力，如式（7.2.6-2）。

由抗弯能力反算剪力，比较符合实际情况。因此，在某些情况下，一、二、三级抗震剪力墙均可按式（7.2.6-2）计算设计剪力，得到比较符合强剪弱弯要求而不浪费的抗剪配筋。

7.2.7 剪力墙的名义剪应力值过高，会在早期出现斜裂缝，抗剪钢筋不能充分发挥作用，即使配置很多抗剪钢筋，也会过早切破坏。

7.2.8 钢筋混凝土剪力墙正截面受弯计算公式是依据现行国家标准《混凝土结构设计规范》GB 50010中偏心受压和偏心受拉构件的假定及有关规定，又根据中国建筑科学研究院结构所等单位所做的剪力墙试验研究结果进行了适当简化。

按照平截面假定，不考虑受拉混凝土的作用，受压区混凝土按矩形应力图块计算。大偏心受压时受拉、受压端部钢筋都达到屈服，在1.5倍受压区范围之外，假定受拉区分布钢筋应力全部达到屈服；小偏压时端部受压钢筋屈服，而受拉分布钢筋及端部钢筋均未屈服，且忽略部分钢筋的作用。

条文中分别给出了工字形截面的两个基本平衡公式（$\sum N = 0$，$\sum M = 0$），由上述假定可得到各种情况下的设计计算公式。

7.2.9 偏心受拉正截面计算公式直接采用了现行国家标准《混凝土结构设计规范》GB 50010的有关规定。

7.2.10、7.2.11 剪切脆性破坏有剪拉破坏、斜压破坏、剪压破坏三种形式。剪力墙截面设计时，是通过构造措施（最小配筋率和分布钢筋最大间距等）防止发生剪拉破坏和斜压破坏，通过计算确定墙中需要配置的水平钢筋数量，防止发生剪压破坏。

偏压构件中，轴压力有利于受剪承载力，但压力增大到一定程度后，对抗剪的有利作用减小，因此应用验算公式（7.2.10）时，要对轴力的取值加以限制。

偏拉构件中，考虑了轴向拉力对受剪承载力的不利影响。

7.2.12 按一级抗震等级设计的剪力墙，要防止水平施工缝处发生滑移。公式（7.2.12）验算通过水平施工缝的竖向钢筋是否足以抵抗水平剪力，如果所配置的端部和分布竖向钢筋不够，则可设置附加插筋，附加插筋在上、下层剪力墙中都要有足够的锚固长度。

7.2.13 轴压比是影响剪力墙在地震作用下塑性变形能力的重要因素。清华大学及国内外研究单位的试验表明，相同条件的剪力墙，轴压比低的，其延性大，轴压比高的，其延性小；通过设置约束边缘构件，可以提高高轴压比剪力墙的塑性变形能力，但轴压比大于一定值后，即使设置约束边缘构件，在强震作用下，剪力墙仍可能因混凝土压溃而丧失承受重力荷载的能力。因此，规程规定了剪力墙的轴压比限值。本次修订的主要内容为：将轴压比限值扩大到三级剪力墙；将轴压比限值扩大到结构全高，不仅仅是底部加强部位。

7.2.14 轴压比低的剪力墙，即使不设约束边缘构件，在水平力作用下也能有比较大的塑性变形能力。本条规定了可以不设约束边缘构件的剪力墙的最大轴压比。B级高度的高层建筑，考虑到其高度比较高，为避免边缘构件配筋急剧减少的不利情况，规定了约束边缘构件与构造边缘构件之间设置过渡层的要求。

7.2.15 对于轴压比大于本规程表7.2.14规定的剪力墙，通过设置约束边缘构件，使其具有比较大的塑性变形能力。

截面受压区高度不仅与轴压力有关，而且与截面形状有关，在相同的轴压力作用下，带翼缘或带端柱的剪力墙，其受压区高度小于一字形截面剪力墙。因此，带翼缘或带端柱的剪力墙的约束边缘构件沿墙的长度，小于一字形截面剪力墙。

本次修订的主要内容为：增加了三级剪力墙约束边缘构件的要求；将轴压比分为两级，较大一级的约束边缘构件要求与02规程相同，较小一级的有所降低；可计入符合规定条件的水平钢筋的约束作用；取消了计算配箍特征值时，箍筋（拉筋）抗拉强度设计值不大于360MPa的规定。

本条"符合构造要求的水平分布钢筋"，一般指水平分布钢筋伸入约束边缘构件，在墙端有90°弯折后延伸到另一排分布钢筋并勾住其竖向钢筋，内、外排水平分布钢筋之间设置足够的拉筋，从而形成复合箍，可以起到有效约束混凝土的作用。

7.2.16 剪力墙构造边缘构件的设计要求与02规程变化不大，将箍筋、拉筋肢距"不应大于300mm"改为"不宜大于300mm"及不应大于竖向钢筋间距的2倍；增加了底部加强部位构造边缘构件的设计要求。

剪力墙构造边缘构件中的纵向钢筋按承载力计算和构造要求二者中的较大值设置。设计时需注意计算边缘构件竖向最小配筋所用的面积 A_c 的取法和配筋范围。承受集中荷载的端柱还要符合框架柱的配筋要求。构造边缘构件中的纵向钢筋宜采用高强钢筋。构造边缘构件可配置箍筋与拉筋相结合的横向钢筋。

02规程第7.2.17条对抗震设计的复杂高层建筑结构、混合结构、框架-剪力墙结构、筒体结构以及B级高度的高层剪力墙结构中剪力墙构造边缘构件提出了比一般剪力墙更高的要求，本次修订明确为连体结构、错层结构以及B级高度的高层建筑结构，适当缩小了加强范围。

7.2.17 为了防止混凝土墙体在受弯裂缝出现后立即达到极限受弯承载力，配置的竖向分布钢筋必须满足最小配筋百分率要求。同时，为了防止斜裂缝出现后发生脆性的剪拉破坏，规定了水平分布钢筋的最小配筋百分率。本条所指剪力墙不包括部分框支剪力墙，后者比全部落地剪力墙更为重要，其分布钢筋最小配筋率应符合本规程第10章的有关规定。

本次修订不再把剪力墙分布钢筋最大间距和最小直径的规定作为强制性条文，相关内容反映在本规程第7.2.18条中。

7.2.18 剪力墙中配置直径过大的分布钢筋，容易产生墙面裂缝，一般宜配置直径小而间距较密的分布钢筋。

7.2.19 房屋顶层墙、长矩形平面房屋的楼、电梯间墙、山墙和纵墙的端开间等是温度应力可能较大的部位，应当适当增大其分布钢筋配筋量，以抵抗温度应力的不利影响。

7.2.20 钢筋的锚固与连接要求与02规程有所不同。

本条主要依据现行国家标准《混凝土结构设计规范》GB 50010的有关规定制定。

7.2.21 连梁应与剪力墙取相同的抗震等级。

为了实现连梁的强剪弱弯、推迟剪切破坏、提高延性，应当采用实际抗弯钢筋反算设计剪力的方法；但是为了程序计算方便，本条规定，对于一、二、三级抗震采用了组合剪力乘以增大系数的方法确定连梁剪力设计值，对9度一级抗震等级的连梁，设计时要求用连梁实际抗弯配筋反算该增大系数。

7.2.22、7.2.23 根据清华大学及国内外的有关试验研究可知，连梁截面的平均剪应力大小对连梁破坏性能影响较大，尤其在小跨高比条件下，如果平均剪应力过大，在箍筋充分发挥作用之前，连梁就会发生剪切破坏。因此对小跨高比连梁，本规程对截面平均剪应力及斜截面受剪承载力验算提出更加严格的要求。

7.2.24、7.2.25 为实现连梁的强剪弱弯，本规程第7.2.21、7.2.22条分别规定了按强剪弱弯要求计算连梁剪力设计值和名义剪应力的上限值，两条规定共同使用，就相当于限制了连梁的受弯配筋。但由于第7.2.21条是用乘以增大系数的方法获得剪力设计值（与实际配筋量无关），容易使设计人员忽略受弯钢筋数量的限制，特别是在计算配筋值很小而按构造要求配置受弯钢筋时，容易忽略强剪弱弯的要求。因此，本次修订新增第7.2.24条和7.2.25条，分别给出了连梁最小和最大配筋率的限值，防止连梁的受弯钢筋配置过多。

跨高比超过2.5的连梁，其最大配筋率限值可按一般框架梁采用，即不宜大于2.5%。

7.2.26 剪力墙连梁对剪切变形十分敏感，其名义剪应力限制比较严，在很多情况下设计计算会出现"超限"情况，本条给出了一些处理方法。

对第2款提出的塑性调幅作一些说明。连梁塑性调幅可采用两种方法，一是按照本规程第5.2.1条的方法，在内力计算前就将连梁刚度进行折减；二是在内力计算之后，将连梁弯矩和剪力组合值乘以折减系数。两种方法的效果都是减小连梁内力和配筋。无论用什么方法，连梁调幅后的弯矩、剪力设计值不应低于使用状况下的值，也不宜低于比设防烈度低一度的地震作用组合所得的弯矩、剪力设计值，其目的是避免在正常使用条件下或较小的地震作用下在连梁上出现裂缝。因此建议一般情况下，可掌握调幅后的弯矩不小于调幅前按刚度不折减计算的弯矩（完全弹性）的80%（6～7度）和50%（8～9度），并不小于风荷载作用下的连梁弯矩。

需注意，是否"超限"，必须用弯矩调幅后对应的剪力代入第7.2.22条公式进行验算。

当第1、2款的措施不能解决问题时，允许采用第3款的方法处理，即假定连梁在大震下剪切破坏，不再能约束墙肢，因此可考虑连梁不参与工作，而按独立墙肢进行第二次结构内力分析，它相当于剪力墙的第二道防线，这种情况往往使墙肢的内力及配筋加大，可保证墙肢的安全。第二道防线的计算没有了连梁的约束，位移会加大，但是大震作用下就不必按小震作用要求限制其位移。

7.2.27 一般连梁的跨高比都较小，容易出现剪切斜裂缝，为防止斜裂缝出现后的脆性破坏，除了减小其名义剪应力，并加大其箍筋配置外，本条规定了在构造上的一些要求，例如钢筋锚固、箍筋配置、腰筋配置等。

7.2.28 当开洞较小，在整体计算中不考虑其影响时，应将切断的分布钢筋集中在洞口边缘补足，以保证剪力墙截面的承载力。连梁是剪力墙中的薄弱部位，应重视连梁中开洞后的截面抗剪验算和加强措施。

8 框架-剪力墙结构设计

8.1 一般规定

8.1.1 本章包括框架-剪力墙结构和板柱-剪力墙结构的设计。墨西哥地震等震害表明，板柱框架破坏严重，其板与柱的连接节点为薄弱点。因而在地震区必须加设剪力墙（或筒体）以抵抗地震作用，形成板柱-剪力墙结构。板柱-剪力墙结构受力特点与框架-剪力墙结构类似，故把这种结构纳入本章，并专门列出相关条文以规定其设计需要遵守的有关要求。除应遵守本章关于框架-剪力墙结构、板柱-剪力墙结构的结构布置、计算分析、截面设计及构造要求的规定外，还应遵守第5章计算分析的有关规定，以及第3章、第6章和第7章对框架-剪力墙结构最大适用高度、高宽比的规定和对框架、剪力墙的有关规定。

8.1.2 框架-剪力墙结构由框架和剪力墙组成，以其整体承担荷载和作用；其组成形式较灵活，本条仅列举了一些常用的组成形式，设计时可根据工程具体情况选择适当的组成形式和适量的框架和剪力墙。

8.1.3 框架-剪力墙结构在规定的水平力作用下，结构底层框架部分承受的地震倾覆力矩与结构总地震倾覆力矩的比值不尽相同，结构性能有较大的差别。本次修订对此作了较为具体的规定。在结构设计时，应据此比值确定该结构相应的适用高度和构造措施，计算模型及分析均按框架-剪力墙结构进行实际输入和计算分析。

1 当框架部分承担的倾覆力矩不大于结构总倾覆力矩的10％时，意味着结构中框架承担的地震作用较小，绝大部分均由剪力墙承担，工作性能接近于纯剪力墙结构，此时结构中的剪力墙抗震等级可按剪力墙结构的规定执行；其最大适用高度仍按框架-剪力墙结构的要求执行；其中的框架部分应按框架-剪

力墙结构的框架进行设计，也就是说需要进行本规程8.1.4条的剪力调整，其侧向位移控制指标按剪力墙结构采用。

2 当框架部分承受的地震倾覆力矩大于结构总地震倾覆力矩的10％但不大于50％时，属于典型的框架-剪力墙结构，按本章有关规定进行设计。

3 当框架部分承受的倾覆力矩大于结构总倾覆力矩的50％但不大于80％时，意味着结构中剪力墙的数量偏少，框架承担较大的地震作用，此时框架部分的抗震等级和轴压比宜按框架结构的规定执行，剪力墙部分的抗震等级和轴压比按框架-剪力墙结构的规定采用；其最大适用高度不宜再按框架-剪力墙结构的要求执行，但可比框架结构的要求适当提高，提高的幅度可视剪力墙承担的地震倾覆力矩来确定。

4 当框架部分承受的倾覆力矩大于结构总倾覆力矩的80％时，意味着结构中剪力墙的数量极少，此时框架部分的抗震等级和轴压比应按框架结构的规定执行，剪力墙部分的抗震等级和轴压比按框架-剪力墙结构的规定采用；其最大适用高度宜按框架结构采用。对于这种少墙框剪结构，由于其抗震性能较差，不主张采用，以避免剪力墙受力过大、过早破坏。当不可避免时，宜采取将此种剪力墙减薄、开竖缝、开结构洞、配置少量单排钢筋等措施，减小剪力墙的作用。

在条文第3、4款规定的情况下，为避免剪力墙过早开裂或破坏，其位移相关控制指标按框架-剪力墙结构的规定采用。对第4款，如果最大层间位移角不能满足框架-剪力墙结构的限值要求，可按本规程第3.11节的有关规定，进行结构抗震性能分析论证。

8.1.4 框架-剪力墙结构在水平地震作用下，框架部分计算所得的剪力一般都较小。按多道防线的概念设计要求，墙体是第一道防线，在设防地震、罕遇地震下先于框架破坏，由于塑性内力重分布，框架部分按侧向刚度分配的剪力会比多遇地震下加大，为保证作为第二道防线的框架具有一定的抗侧力能力，需要对框架承担的剪力予以适当的调整。随着建筑形式的多样化，框架柱的数量沿竖向有时会有较大的变化，框架柱的数量沿竖向有规律分段变化时可分段调整的规定，对框架柱数量沿竖向变化更复杂的情况，设计时应专门研究框架柱剪力的调整方法。

对有加强层的结构，框架承担的最大剪力不包含加强层及相邻上下层的剪力。

8.1.5 框架-剪力墙结构是框架和剪力墙共同承担竖向和水平作用的结构体系，布置适量的剪力墙是其基本特点。为了发挥框架-剪力墙结构的优势，无论是否抗震设计，均应设计成双向抗侧力体系，且结构在两个主轴方向的刚度和承载力不宜相差过大；抗震设计时，框架-剪力墙结构在结构两个主轴方向均应布置剪力墙，以体现多道防线的要求。

8.1.6 框架-剪力墙结构中，主体结构构件之间一般不宜采用铰接，但在某些具体情况下，比如采用铰接对主体结构构件受力有利时可以针对具体构件进行分析判定后，在局部位置采用铰接。

8.1.7 本条主要指出框架-剪力墙结构中在结构布置时要处理好框架和剪力墙之间的关系，遵循这些要求，可使框架-剪力墙结构更好地发挥两种结构各自的作用并且使整体合理地工作。

8.1.8 长矩形平面或平面有一方向较长（如 L 形平面中有一肢较长）时，如横向剪力墙间距过大，在侧向力作用下，因不能保证楼盖平面的刚性而会增加框架的负担，故对剪力墙的最大间距作出规定。当剪力墙之间的楼板有较大开洞时，对楼盖平面刚度有所削弱，此时剪力墙的间距宜再减小。纵向剪力墙布置在平面的尽端时，会造成对楼盖两端的约束作用，楼盖中部的梁板容易因混凝土收缩和温度变化而出现裂缝，故宜避免。同时也考虑到在设计中有剪力墙布置在建筑中部，而端部无剪力墙的情况，用表注 4 的相应规定，可防止布置框架的楼面伸出太长，不利于地震力传递。

8.1.9 板柱结构由于楼盖基本没有梁，可以减小楼层高度，对使用和管道安装都较方便，因而板柱结构在工程中时有采用。但板柱结构抵抗水平力的能力差，特别是板与柱的连接点是非常薄弱的部位，对抗震尤为不利。为此，本规程规定抗震设计时，高层建筑不能单独使用板柱结构，而必须设置剪力墙（或剪力墙组成的筒体）来承担水平力。本规程除在第 3 章对其适用高度及高宽比严格控制外，这里尚做出结构布置的有关要求。8 度设防时应采用有柱托板，托板处总厚度不小于 16 倍柱纵筋直径是为了保证板柱节点的抗弯刚度。当板厚不满足受冲切承载力要求而又不能设置柱托板时，建议采用型钢剪力架（键）抵抗冲切，剪力架（键）型钢应根据计算确定。型钢剪力架（键）的高度不应大于板面筋的下排钢筋和板底筋的上排钢筋之间的净距，并确保型钢具有足够的保护层厚度，据此确定板的厚度并不应小于 200mm。

8.1.10 抗震设计时，按多道设防的原则，规定全部地震剪力应由剪力墙承担，但各层板柱部除应符合计算要求外，仍应能承担不少于该层相应方向 20% 的地震剪力。另外，本条在 02 规程的基础上增加了抗风设计时的要求，以提高板柱-剪力墙结构在适用高度提高后抵抗水平力的性能。

8.2 截面设计及构造

8.2.1 规定剪力墙竖向和水平分布钢筋的最小配筋率，理由与本规程第 7.2.17 条相同。框架-剪力墙结构、板柱-剪力墙结构中的剪力墙是承担水平风荷载或水平地震作用的主要受力构件，必须要保证其安全可靠。因此，四级抗震等级时剪力墙的竖向、水平分

布钢筋的配筋率比本规程第 7.2.17 条适当提高；为了提高混凝土开裂后的性能和保证施工质量，各排分布钢筋之间应设置拉筋，其直径不应小于 6mm、间距不应大于 600mm。

8.2.2 带边框的剪力墙，边框与嵌入的剪力墙应共同承担对其的作用力，本条列出为满足此要求的有关规定。

8.2.3 板柱-剪力墙结构设计主要考虑了下列几个方面：

1 明确了结构分析中规则的板柱结构可用等代框架法，及其等代梁宽度的取值原则。但等代框架法是近似的简化方法，尤其是对不规则布置的情况，故有条件时，建议尽量采用连续体有限元空间模型进行计算分析以获取更准确的计算结果。

2 设计无梁平板（包括有托板）的受冲切承载力时，当冲切应力大于 $0.7f_t$ 时，可使用箍筋承担剪力。跨越剪切裂缝的竖向钢筋（箍筋的竖向肢）能阻止裂缝开展，但是，当竖向筋有滑动时，效果有所降低。一般的箍筋，由于竖肢的上下端皆为圆弧，在竖肢受力较大接近屈服时，皆有滑动发生，此点在国外的试验中得到证实。在板柱结构中，如不设托板，柱周围之板厚度不大，再加上双向纵筋使 h_0 减小，箍筋的竖向肢往往较短，少量滑动就能使应变减少较多，其箍筋竖肢的应力也不能达到屈服强度。因此，加拿大规范（CSA - A23.3-94）规定，只有当板厚（包括托板厚度）不小于 300mm 时，才允许使用箍筋。美国 ACI 规范要求在箍筋转角处配置较粗的水平筋以协助固定箍筋的竖肢。美国近年大量采用的"抗剪栓钉"（shear studs），能避免上述箍筋的缺点，且施工方便，既有良好的抗冲切性能，又能节约钢材。因此本规程建议尽可能采用高效能抗剪栓钉来提高抗冲切能力。在构造方面，可以参照钢结构栓钉的做法，按设计规定的直径及间距，将栓钉用自动焊接法焊在钢板上；典型布置的抗剪栓钉设置如图 8 所示；图 9、图 10 分别给出了矩形柱和圆柱抗剪栓钉的不同排列示意图。

当地震作用能导致柱上板带的支座弯矩反号时，应验算如图 11 所示虚线界面的冲切承载力。

3 为防止无柱托板板柱结构的楼板在柱边开裂后楼板坠落，穿过柱截面板底两个方向钢筋的受拉承载力应满足该柱承担的该层楼面重力荷载代表值所产生的轴压力设计值。

8.2.4 板柱-剪力墙结构中，地震作用虽由剪力墙全部承担，但结构在整体工作时，板柱部分仍会承担一定的水平力。由柱上板带和柱组成的板柱框架中的板，受力主要集中在柱的连线附近，故抗震设计应沿柱轴线设置暗梁，目的在于加强板与柱的连接，较好地起到板柱框架的作用，此时柱上板带的钢筋应比较集中在暗梁部位。

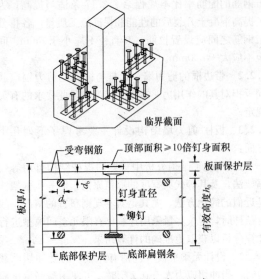

图 8 典型抗剪栓钉布置示意

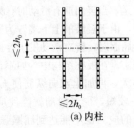

(a) 内柱

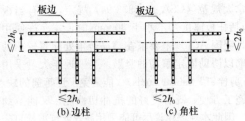

(b) 边柱   (c) 角柱

图 9 矩形柱抗剪栓钉排列示意

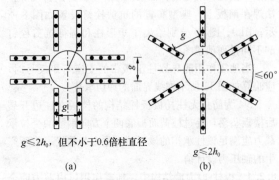

$g \leqslant 2h_0$, 但不小于0.6倍柱直径 $g \leqslant 2h_0$

(a)   (b)

图 10 圆柱周边抗剪栓钉排列示意

当无梁板有局部开洞时, 除满足图 8.2.4 的要求外, 冲切计算中应考虑洞口对冲切能力的削弱, 具体计算及构造应符合现行国家标准《混凝土结构设计规范》GB 50010 的有关规定。

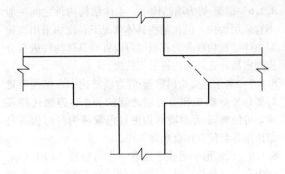

图 11 冲切截面验算示意

9 筒体结构设计

9.1 一般规定

9.1.1 筒体结构具有造型美观、使用灵活、受力合理, 以及整体性强等优点, 适用于较高的高层建筑。目前全世界最高的 100 幢高层建筑约有 2/3 采用筒体结构; 国内 100m 以上的高层建筑约有一半采用钢筋混凝土筒体结构, 所用形式大多为框架-核心筒结构和筒中筒结构, 本章条文主要针对这两类筒体结构, 其他类型的筒体结构可参照使用。

本条是 02 规程第 9.1.1 条和 9.1.12 条的合并。

9.1.2 研究表明, 筒中筒结构的空间受力性能与其高度和高宽比有关, 当高宽比小于 3 时, 就不能较好地发挥结构的整体空间作用; 框架-核心筒结构的高度和高宽比可不受此限制。对于高度较低的框架-核心筒结构, 可按框架-抗震墙结构设计, 适当降低核心筒和框架的构造要求。

9.1.3 筒体结构尤其是筒中筒结构, 当建筑需要较大空间时, 外周框架或框筒有时需要抽掉一部分柱, 形成带转换层的筒体结构。本条取消了 02 规程有关转换梁的设计要求, 转换层结构的设计应符合本规程第 10.2 节的有关规定。

9.1.4 筒体结构的双向楼板在竖向荷载作用下, 四周外角要上翘, 但受到剪力墙的约束, 加上楼板混凝土的自身收缩和温度变化影响, 使楼板外角可能产生斜裂缝。为防止这类裂缝出现, 楼板外角顶面和底面配置双向钢筋网, 适当加强。

9.1.5 筒体结构中筒体墙与外周框架之间的距离不宜过大, 否则楼盖结构的设计较困难。根据近年来的工程经验, 适当放松了核心筒或内筒外墙与外框柱之间的距离要求, 非抗震设计和抗震设计分别由 02 规程的 12m、10m 调整为 15m、12m。

9.1.7 本条规定了筒体结构核心筒、内筒设计的基本要求。第 3 款墙体厚度是最低要求, 同时要求所有筒体墙应按本规程附录 D 验算墙体稳定, 必要时可增设扶壁柱或扶壁墙以增强墙体的稳定性; 第 5 款对连梁的要求主要目的是提高其抗震延性。

9.1.8 为防止核心筒或内筒中出现小墙肢等薄弱环节，墙面应尽量避免连续开洞，对个别无法避免的小墙肢，应控制最小截面高度，并按柱的抗震构造要求配置箍筋和纵向钢筋，以加强其抗震能力。

9.1.9 在筒体结构中，大部分水平剪力由核心筒或内筒承担，框架柱或框筒柱所受剪力远小于框架结构中的柱剪力，剪跨比明显增大，因此其轴压比限值可比框架结构适当放松，可按框架-剪力墙结构的要求控制柱轴压比。

9.1.10 楼盖主梁搁置在核心筒的连梁上，会使连梁产生较大剪力和扭矩，容易产生脆性破坏，应尽量避免。

9.1.11 对框架-核心筒结构和筒中筒结构，如果各层框架承担的地震剪力不小于结构底部总地震剪力的20%，则框架地震剪力可不进行调整；否则，应按本条的规定调整框架柱及与之相连的框架梁的剪力和弯矩。

设计恰当时，框架-核心筒结构可以形成外周框架与核心筒协同工作的双重抗侧力结构体系。实际工程中，由于外周框架柱的柱距过大、梁高过小，造成其刚度过低、核心筒刚度过高，结构底部剪力主要由核心筒承担。这种情况，在强烈地震作用下，核心筒墙体可能损伤严重，经内力重分布后，外周框架会承担较大的地震作用。因此，本条第1款对外周框架按弹性刚度分配的地震剪力作了基本要求；对本规程规定的房屋最大适用高度范围的筒体结构，经过合理设计，多数情况应该可以达到此要求。一般情况下，房屋高度越高时，越不容易满足本条第1款的要求。

通常，筒体结构外周框架剪力调整的方法与本规程第8章框架-剪力墙结构相同，即本条第3款的规定。当框架部分分配的地震剪力不满足本条第1款的要求，即小于结构底部总地震剪力的10%时，意味着筒体结构的外周框架刚度过弱，框架总剪力如果仍按第3款进行调整，框架部分承担的剪力最大值的1.5倍可能过小，因此要求按第2款执行，即各层框架剪力按结构底部总地震剪力的15%进行调整，同时要求对核心筒的设计剪力和抗震构造措施予以加强。

对带加强层的筒体结构，框架部分最大楼层地震剪力可不包括加强层及其相邻上、下楼层的框架剪力。

9.2 框架-核心筒结构

9.2.1 核心筒是框架-核心筒结构的主要抗侧力结构，应尽量贯通建筑物全高。一般来讲，当核心筒的宽度不小于筒体总高度的1/12时，筒体结构的层间位移就能满足规定。

9.2.2 抗震设计时，核心筒为框架-核心筒结构的主要抗侧力构件，本条对其底部加强部位水平和竖向分布钢筋的配筋率、边缘构件设置提出了比一般剪力墙结构更高的要求。

约束边缘构件通常需要一个沿周边的大箍，再加上各个小箍或拉筋，而小箍是无法勾住大箍的，会造成大箍的长边无支长度过大，起不到应有的约束作用。因此，第2款将02规程"约束边缘构件范围内全部采用箍筋"的规定改为主要采用箍筋，即采用箍筋与拉筋相结合的配箍方法。

9.2.3 由于框架-核心筒结构外周框架的柱距较大，为了保证其整体性，外周框架柱间必须要设置框架梁，形成周边框架。实践证明，纯无梁楼盖会影响框架-核心筒结构的整体刚度和抗震性能，尤其是板柱节点的抗震性能较差。因此，在采用无梁楼盖时，更应在各层楼盖沿周边框架柱设置框架梁。

9.2.5 内筒偏置的框架-筒体结构，其质心与刚心的偏心距较大，导致结构在地震作用下的扭转反应增大。对这类结构，应特别关注结构的扭转特性，控制结构的扭转反应。本条要求对该类结构的位移比和周期比均按B级高度高层建筑从严控制。内筒偏置时，结构的第一自振周期 T_1 中会含有较大的扭转成分，为了改善结构抗震的基本性能，除控制结构扭转为主的第一自振周期 T_t 与平动为主的第一自振周期 T_1 之比不应大于0.85外，尚需控制 T_1 的扭转成分不宜大于平动成分之半。

9.2.6、9.2.7 内筒采用双筒可增强结构的扭转刚度，减小结构在水平地震作用下的扭转效应。考虑到双筒间的楼板因传递双筒间的力偶会产生较大的平面剪力，第9.2.7条对双筒间开洞楼板的构造作了具体规定，并建议按弹性板进行细化分析。

9.3 筒中筒结构

9.3.1～9.3.5 研究表明，筒中筒结构的空间受力性能与其平面形状和构件尺寸等因素有关，选用圆形和正多边形等平面，能减小外框筒的"剪力滞后"现象，使结构更好地发挥空间作用，矩形和三角形平面的"剪力滞后"现象相对较严重，矩形平面的长宽比大于2时，外框筒的"剪力滞后"更突出，应尽量避免；三角形平面切角后，空间受力性质会相应改善。

除平面形状外，外框筒的空间作用的大小还与柱距、墙面开洞率，以及洞口高宽比与层高和柱距之比等有关，矩形平面框筒的柱距越接近层高、墙面开洞率越小，洞口高宽比与层高和柱距之比越接近，外框筒的空间作用越强；在第9.3.5条中给出了矩形平面的柱距，以及墙面开洞率的最大限值。由于外框筒在侧向荷载作用下的"剪力滞后"现象，角柱的轴向力约为邻柱的1～2倍，为了减小各层楼盖的翘曲，角柱的截面可适当放大，必要时可采用L形角墙或角筒。

9.3.7 在水平地震作用下，框筒梁和内筒连梁的端部反复承受正、负弯矩和剪力，而一般的弯起钢筋无法承担正、负剪力，必须要加强箍筋配筋构造要求；对框筒梁，由于梁高较大、跨度较小，对其纵向钢筋、腰筋的配置也提出了最低要求。跨高比较小的框筒梁和内筒连梁宜增配对角斜向钢筋或设置交叉暗撑；当梁内设置交叉暗撑时，全部剪力可由暗撑承担，抗震设计时箍筋的间距可由 100mm 放宽至 200mm。

9.3.8 研究表明，在跨高比较小的框筒梁和内筒连梁增设交叉暗撑对提高其抗震性能有较好的作用，但交叉暗撑的施工有一定难度。本条对交叉暗撑的适用范围和构造作了调整：对跨高比不大于 2 的框筒梁和内筒连梁，宜增配对角斜向钢筋，具体要求可参照现行国家标准《混凝土结构设计规范》GB 50010 的有关规定；对跨高比不大于 1 的框筒梁和内筒连梁，宜设置交叉暗撑。为方便施工，交叉暗撑的箍筋不再设加密区。

10 复杂高层建筑结构设计

10.1 一般规定

10.1.1 为适应体型、结构布置比较复杂的高层建筑发展的需要，并使其结构设计质量、安全得到基本保证，02 规程增加了复杂高层建筑结构设计内容，包括带转换层的结构、带加强层的结构、错层结构、连体结构和多塔楼结构等。本次修订增加了竖向体型收进、悬挑结构，并将多塔楼结构并入其中，因为这三种结构的刚度和质量沿竖向变化的情况有一定的共性。

10.1.2 带转换层的结构、带加强层的结构、错层结构、连体结构等，在地震作用下受力复杂，容易形成抗震薄弱部位。9 度抗震设计时，这些结构目前尚缺乏研究和工程实践经验，为了确保安全，因此规定不应采用。

10.1.3 本规程涉及的错层结构，一般包含框架结构、框架-剪力墙结构和剪力墙结构。筒体结构因建筑上一般无错层要求，本规程也没有对其作出相应的规定。错层结构受力复杂，地震作用下易形成多处薄弱部位，目前对错层结构的研究和工程实践经验较少，需对其适用高度加以适当限制，因此规定了 7 度、8 度抗震设计时，剪力墙结构错层高层建筑的房屋高度分别不宜大于 80m、60m；框架-剪力墙结构错层高层建筑的房屋高度分别不应大于 80m、60m。连体结构的连接体部位易产生严重震害，房屋高度越高，震害加重，因此 B 级高度高层建筑不宜采用连体结构。抗震设计时，底部带转换层的筒中筒结构 B 级高度高层建筑，当外筒框支层以上采用壁式框架时，其抗震性能比密柱框架更为不利，因此其最

大适用高度应比本规程表 3.3.1-2 规定的数值适当降低。

10.1.4 本章所指的各类复杂高层建筑结构均属不规则结构。在同一个工程中采用两种以上这类复杂结构，在地震作用下易形成多处薄弱部位。为保证结构设计的安全性，规定 7 度、8 度抗震设计的高层建筑不宜同时采用两种以上本章所指的复杂结构。

10.1.5 复杂高层建筑结构的计算分析应符合本规程第 5 章的有关规定，并按本规程有关规定进行截面承载力设计与配筋构造。对于复杂高层建筑结构，必要时，对其中某些受力复杂部位尚宜采用有限元法等方法进行详细的应力分析，了解应力分布情况，并按应力进行配筋校核。

10.2 带转换层高层建筑结构

10.2.1 本节的设计规定主要用于底部带托墙转换层的剪力墙结构（部分框支剪力墙结构）以及底部带托柱转换层的筒体结构，即框架-核心筒、筒中筒结构中的外框架（外筒体）密柱在房屋底部通过托柱转换层转变为稀柱框架的筒体结构。这两种带转换层结构的设计有其相同之处也有其特殊性。为表述清楚，本节将这两种带转换层结构相同的设计要求以及大部分要求相同、仅部分设计要求不同的设计规定在若干条文中作出规定，对仅适用于某一种带转换层结构的设计要求在专门条文中规定，如第 10.2.5 条、第 10.2.16～10.2.25 条是专门针对部分框支剪力墙结构的设计规定，第 10.2.26 条及第 10.2.27 条是专门针对底部带托柱转换层的筒体结构的设计规定。

本节的设计规定可供在房屋高处设置转换层的结构设计参考。对仅有个别结构构件进行转换的结构，如剪力墙结构或框架-剪力墙结构中存在的个别墙或柱在底部进行转换的结构，可参照本节中有关转换构件和转换柱的设计要求进行构件设计。

10.2.2 由于转换层位置的增高，结构传力路径复杂、内力变化较大，规定剪力墙底部加强范围亦增大，可取转换层加上转换层以上两层的高度或房屋总高度的 1/10 二者的较大值。这里的剪力墙包括落地剪力墙和转换构件上部的剪力墙。相比于 02 规程，将墙肢总高度的 1/8 改为房屋总高度的 1/10。

10.2.3 在水平荷载作用下，当转换层上、下部楼层的结构侧向刚度相差较大时，会导致转换层上、下部结构构件内力突变，促使部分构件提前破坏；当转换层位置相对较高时，这种内力突变会进一步加剧。因此本条规定，控制转换层上、下层结构等效刚度比满足本规程附录 E 的要求，以缓解构件内力和变形的突变现象。带转换层结构当转换层设置在 1、2 层时，应满足第 E.0.1 条等效剪切刚度比的要求；当转换层设置在 2 层以上时，应满足第 E.0.2、E.0.3 条规定的楼层侧向刚度比要求。当采用本规程附录第 E.0.3 条的规定时，要强调转换层上、下两个计算模型的高

度宜相等或接近的要求，且上部计算模型的高度不大于下部计算模型的高度。本规程第 E.0.2 条的规定与美国规范 IBC 2006 关于严重不规则结构的规定是一致的。

10.2.4 底部带转换层的高层建筑设置的水平转换构件，近年来除转换梁外，转换桁架、空腹桁架、箱形结构、斜撑、厚板等均已采用，并积累了一定设计经验，故本章增加了一般可采用的各种转换构件设计的条文。由于转换厚板在地震区使用经验较少，本条文规定仅在非地震区和 6 度设防的地震区采用。对于大空间地下室，因周围有约束作用，地震反应不明显，故 7、8 度抗震设计时可采用厚板转换层。

带转换层的高层建筑，本条取消了 02 规程"其薄弱层的地震剪力应按本规程第 5.1.14 条的规定乘以 1.15 的增大系数"这一段重复的文字，本规程第 3.5.8 条已有相关的规定，并将增大系数由 1.15 提高为 1.25。为保证转换构件的设计安全度并具有良好的抗震性能，本条规定特一、一、二级转换构件在水平地震作用下的计算内力应分别乘以增大系数 1.9、1.6、1.3，并应按本规程第 4.3.2 条考虑竖向地震作用。

10.2.5 带转换层的底层大空间剪力墙结构于 20 世纪 80 年代中开始采用，90 年代初《钢筋混凝土高层建筑结构设计与施工规程》JGJ 3-91 列入该结构体系及抗震设计有关规定。近几十年，底部带转换层的大空间剪力墙结构迅速发展，在地震区许多工程的转换层位置已较高，一般做到 3～6 层，有的工程转换层位于 7～10 层。中国建筑科学研究院在原有研究的基础上，研究了转换层高度对框支剪力墙结构抗震性能的影响，研究得出，转换层位置较高时，更易使框支剪力墙结构在转换层附近的刚度、内力发生突变，并易形成薄弱层，其抗震设计概念与底层框支剪力墙结构有一定差别。转换层位置较高时，转换层下部的落地剪力墙及框支结构易于开裂和屈服，转换层上部几层墙体易于破坏。转换层位置较高的高层建筑不利于抗震，规定 7 度、8 度地区可以采用，但限制部分框支剪力墙结构转换层设置位置：7 度区不宜超过第 5 层，8 度区不宜超过第 3 层。如转换层位置超过上述规定时，应作专门分析研究并采取有效措施，避免框支层破坏。对托柱转换层结构，考虑到其刚度变化、受力情况同框支剪力墙结构不同，对转换层位置未作限制。

10.2.6 对部分框支剪力墙结构，高位转换对结构抗震不利，因此规定部分框支剪力墙结构转换层的位置设置在 3 层及 3 层以上时，其框支柱、落地剪力墙的底部加强部位的抗震等级宜按本规程表 3.9.3、表 3.9.4 的规定提高一级采用（已经为特一级时可不再提高），提高其抗震构造措施。而对于托柱转换结构，因其受力情况和抗震性能比部分框支剪力墙结构有利，故未要求根据转

换层设置高度采取更严格的措施。

10.2.7 本次修订将"框支梁"改为更广义的"转换梁"。转换梁包括部分框支剪力墙结构中的框支梁以及上面托柱的框架梁，是带转换层结构中应用最为广泛的转换结构构件。结构分析和试验研究表明，转换梁受力复杂，而且十分重要，因此本条第 1、2 款分别对其纵向钢筋、梁端加密区箍筋的最小构造配筋提出了比一般框架梁更高的要求。

本条第 3 款针对偏心受拉的转换梁（一般为框支梁）顶面纵向钢筋及腰筋的配置提出了更高要求。研究表明，偏心受拉的转换梁（如框支梁），截面受拉区域较大，甚至全截面受拉，因此除了按结构分析配置钢筋外，加强梁跨中区段顶面纵向钢筋以及两侧面腰筋的最低构造配筋要求是非常必要的。非偏心受拉转换梁的腰筋设置应符合本规程第 10.2.8 条的有关规定。

10.2.8 转换梁受力较复杂，为保证转换梁安全可靠，分别对框支梁和托柱转换梁的截面尺寸及配筋构造等，提出了具体要求。

转换梁承受较大的剪力，开洞会对转换梁的受力造成很大影响，尤其是转换梁端部剪力最大的部位开洞的影响更加不利，因此对转换梁上开洞进行了限制，并规定梁上洞口避开转换梁端部，开洞部位要加强配筋构造。

研究表明，托柱转换梁在托柱部位承受较大的剪力和弯矩，其箍筋应加密配置（图 12a）。框支梁多数情况下为偏心受拉构件，并承受较大的剪力；框支梁上墙体开有边门洞时，往往形成小墙肢，此小墙肢的应力集中尤为突出，而边门洞部位框支梁应力急剧加大。在水平荷载作用下，上部有边门洞框支梁的弯矩约为上部无边门洞框支梁弯矩的 3 倍，剪力也约为 3 倍，因此除小墙肢应加强外，边门洞墙边部位对应的框支梁的抗剪能力也应加强，箍筋应加密配置（图 12b）。当洞口靠近梁端且剪压比不满足规定时，也可采用梁端加腋提高其抗剪承载力，并加密配箍。

需要注意的是，对托柱转换梁，在转换层尚宜设置承担正交方向柱底弯矩的楼面梁或框架梁，避免转换梁承受过大的扭矩作用。

与 02 规程相比，第 2 款梁截面高度由原来的不应小于计算跨度的 1/6 改为不宜小于计算跨度的 1/8；第 4 款对托柱转换梁的腰筋配置提出要求；图 10.2.8 中钢筋锚固作了调整。

10.2.9 带转换层的高层建筑，当上部平面布置复杂而采用框支主梁承托剪力墙并承托转换次梁及其上剪力墙时，这种多次转换传力路径长，框支主梁将承受较大的剪力、扭矩和弯矩，一般不宜采用。中国建筑科学研究院抗震所进行的试验表明，框支主梁易产生受剪破坏，应进行应力分析，按应力校核配筋，并加强配筋构造措施；条件许可时，可采用箱形转换层。

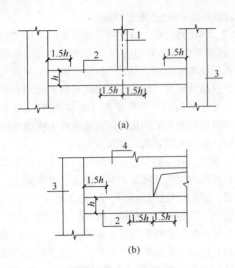

图 12　托柱转换梁、框支梁箍筋加密区示意

1—梁上托柱；2—转换梁；3—转换柱；4—框支剪力墙

10.2.10　本次修订将"框支柱"改为"转换柱"。转换柱包括部分框支剪力墙结构中的框支柱和框架-核心筒、框架-剪力墙结构中支承托柱转换梁的柱，是带转换层结构重要构件，受力性能与普通框架大致相同，但受力大，破坏后果严重。计算分析和试验研究表明，随着地震作用的增大，落地剪力墙逐渐开裂、刚度降低，转换柱承受的地震作用逐渐增大。因此，除了在内力调整方面对转换柱作了规定外，本条对转换柱的构造配筋提出了比普通框架柱更高的要求。

本条第 3 款中提到的普通框架柱的箍筋最小配箍特征值要求，见本规程第 6.4.7 条的有关规定，转换柱的箍筋最小配箍特征值应比本规程表 6.4.7 的规定提高 0.02 采用。

10.2.11　抗震设计时，转换柱截面主要由轴压比控制并要满足剪压比的要求。为增大转换柱的安全性，有地震作用组合时，一、二级转换柱由地震作用引起的轴力值应分别乘以增大系数 1.5、1.2，但计算柱轴压比时可不考虑该增大系数。同时为推迟转换柱的屈服，以免影响整个结构的变形能力，规定一、二级转换柱与转换构件相连的柱上端和底层柱下端截面的弯矩组合值应分别乘以 1.5、1.3，剪力设计值也应按规定调整。由于转换柱为重要受力构件，本条对柱截面尺寸、柱内竖向钢筋总配筋率、箍筋配置等提出了相应的要求。

10.2.12　因转换构件节点区受力非常大，本条强调了对转换梁柱节点核心区的要求。

10.2.13　箱形转换构件设计时要保证其整体受力作用，因此规定箱形转换结构上、下楼板（即顶、底板）厚度不宜小于 180mm，并应设置横隔板。箱形转换层的顶、底板，除产生局部弯曲外，还会产生因箱形结构整体变形引起的整体弯曲，截面承载力设计时应该同时考虑这两种弯曲变形在截面内产生的拉应力、压应力。

10.2.14　根据中国建筑科学研究院进行的厚板试验、计算分析以及厚板转换工程的设计经验，规定了本条关于厚板的设计原则和基本要求。

10.2.15　根据已有设计经验，空腹桁架作转换层时，一定要保证其整体作用，根据桁架各杆件的不同受力特点进行相应的设计构造，上、下弦杆应考虑轴向变形的影响。

10.2.16　关于部分框支剪力墙结构布置和设计的基本要求是根据中国建筑科学研究院结构所等进行的底层大空间剪力墙结构 12 层模型拟动力试验和底部为 3～6 层大空间剪力墙结构的振动台试验研究、清华大学土木系的振动台试验研究、近年来工程设计经验及计算分析研究成果而提出来的，满足这些设计要求，可以满足 8 度及 8 度以下抗震设计要求。

由于转换层位置不同，对建筑中落地剪力墙间距作了不同的规定；并规定了框支柱与相邻的落地剪力墙距离，以满足底部大空间层楼板的刚度要求，使转换层上部的剪力能有效地传递给落地剪力墙，框支柱只承受较小的剪力。

相比于 02 规程，此条有两处修改：一是将原来的规定范围限定为部分框支剪力墙结构；二是增加第 7 款对框支框架承担的倾覆力矩的限制，防止落地剪力墙过少。

10.2.17　对于部分框支剪力墙结构，在转换层以下，一般落地剪力墙的刚度远远大于框支柱的刚度，落地剪力墙几乎承受全部地震剪力，框支柱的剪力非常小。考虑到在实际工程中转换层楼面会有显著的面内变形，从而使框支柱的剪力显著增加。12 层底层大空间剪力墙住宅模型试验表明：实测框支柱的剪力为按楼板刚度无限大假定计算值的 6～8 倍；且落地剪力墙出现裂缝后刚度下降，也导致框支柱剪力增加。所以按转换层位置的不同以及框支柱数目的多少，对框支柱剪力的调整增大作了不同的规定。

10.2.18　部分框支剪力墙结构设计时，为加强落地剪力墙的底部加强部位，规定特一、一、二、三级落地剪力墙底部加强部位的弯矩设计值应分别按墙底截面有地震作用组合的弯矩值乘以增大系数 1.8、1.5、1.3、1.1 采用；其剪力设计值应按规定进行强剪弱弯调整。

10.2.19　部分框支剪力墙结构中，剪力墙底部加强部位是指房屋高度的 1/10 以及地下室顶板至转换层以上两层高度二者的较大值。落地剪力墙是框支层以下最主要的抗侧力构件，受力很大，破坏后果严重，十分重要；框支层上部两层剪力墙直接与转换构件相连，相当于一般剪力墙的底部加强部位，且其承受的竖向力和水平力要通过转换构件传递至框支层竖向构件。因此，本条对部分框支剪力墙底部加强部位剪力墙的分布钢筋最低构造，提出了比普通剪力墙底部加强部位更高的要求。

10.2.20 部分框支剪力墙结构中，抗震设计时应在墙体两端设置约束边缘构件，对非抗震设计的框支剪力墙结构，也规定了剪力墙底部加强部位的增强措施。

10.2.21 当地基土较软弱或基础刚度和整体性较差时，在地震作用下剪力墙基础可能产生较大的转动，对框支剪力墙结构的内力和位移均会产生不利影响。因此落地剪力墙基础应有良好的整体性和抗转动的能力。

10.2.22 根据中国建筑科学研究院结构所等单位的试验及有限元分析，在竖向及水平荷载作用下，框支梁上部的墙体在多个部位会出现较大的应力集中，这些部位的剪力墙容易发生破坏，因此对这些部位的剪力墙规定了多项加强措施。

10.2.23～10.2.25 部分框支剪力墙结构中，框支转换层楼板是重要的传力构件，不落地剪力墙的剪力需要通过转换层楼板传递到落地剪力墙，为保证楼板能可靠传递面内相当大的剪力（弯矩），规定了转换层楼板截面尺寸要求、抗剪截面验算、楼板平面内受弯承载力验算以及构造配筋要求。

10.2.26 试验表明，带托柱转换层的筒体结构，外围框架柱与内筒的距离不宜过大，否则难以保证转换层上部外框架（框筒）的剪力能可靠地传递到筒体。

10.2.27 托柱转换层结构采用转换桁架时，本条规定可保障上部密柱构件内力传递。此外，桁架节点非常重要，应引起重视。

10.3 带加强层高层建筑结构

10.3.1 根据近年来高层建筑的设计经验及理论分析研究，当框架-核心筒结构的侧向刚度不能满足设计要求时，可以设置加强层以加强核心筒与周边框架的联系，提高结构整体刚度，控制结构位移。本节规定了设置加强层的要求及加强层构件的类型。

10.3.2 根据中国建研院等单位的理论分析，带加强层的高层建筑，加强层的设置位置和数量如果比较合理，则有利于减少结构的侧移。本条第1款的规定供设计人员参考。

结构模型振动台试验及研究分析表明：由于加强层的设置，结构刚度突变，伴随着结构内力的突变，以及整体结构传力途径的改变，从而使结构在地震作用下，其破坏和位移容易集中在加强层附近，形成薄弱层，因此规定了在加强层及相邻层的竖向构件需要加强。伸臂桁架会造成核心筒墙体承受很大的剪力，上下弦杆的拉力也需要可靠地传递到核心筒上，所以要求伸臂构件贯通核心筒。

加强层的上下层楼面结构承担着协调内筒和外框架的作用，存在很大的面内应力，因此本条规定的带加强层结构设计的原则中，对设置水平伸臂构件的楼层在计算时宜考虑楼板平面内的变形，并注意加强层及相邻层的结构构件的配筋加强措施，加强各构件的

连接锚固。

由于加强层的伸臂构件强化了内筒与周边框架的联系，内筒与周边框架的竖向变形差将产生很大的次应力，因此需要采取有效的措施减小这些变形差（如伸臂桁架斜腹杆的滞后连接等），而且在结构分析时就应该进行合理的模拟，反映这些措施的影响。

10.3.3 带加强层的高层建筑结构，加强层刚度和承载力较大，与其上、下相邻楼层相比有突变，加强层相邻楼层往往成为抗震薄弱层；与加强层水平伸臂结构相连接部位的核心筒剪力墙以及外围框架柱受力大且集中。因此，为了提高加强层及其相邻楼层与加强层水平伸臂结构相连接的核心筒墙体及外围框架柱的抗震承载力和延性，本条规定应对此部位结构构件的抗震等级提高一级采用（已经为特一级者可不提高）；框架柱箍筋应全柱段加密，轴压比从严（减小0.05）控制；剪力墙应设置约束边缘构件。本条第3款为本次修订新增加内容。

10.4 错 层 结 构

10.4.1 中国建筑科学研究院抗震所等单位对错层剪力墙结构做了两个模型振动台试验。试验研究表明，平面规则的错层剪力墙结构使剪力墙形成错洞墙，结构竖向刚度不规则，对抗震不利，但错层对抗震性能的影响不十分严重；平面布置不规则、扭转效应显著的错层剪力墙结构破坏严重。错层框架结构或框架-剪力墙结构尚未见试验研究资料，但从计算分析表明，这些结构的抗震性能要比错层剪力墙结构更差。因此，高层建筑宜避免错层。

相邻楼盖结构高差超过梁高范围的，宜按错层结构考虑。结构中仅局部存在错层构件的不属于错层结构，但这些错层构件宜参考本节的规定进行设计。

10.4.2 错层结构应尽量减少扭转效应，错层两侧宜采用侧向刚度和变形性能相近的结构方案，以减小错层处墙、柱内力，避免错层处结构形成薄弱部位。

10.4.3 当采用错层结构时，为了保证结构分析的可靠性，相邻错开的楼层不应归并为一个刚性楼层计算。

10.4.4 错层结构属于竖向布置不规则结构，错层部位的竖向抗侧力构件受力复杂，容易形成多处应力集中部位。框架错层更为不利，容易形成长、短柱沿竖向交替出现的不规则体系。因此，规定抗震设计时错层处柱的抗震等级应提高一级采用（特一级时允许不再提高），截面高度不应过小，箍筋应全柱段加密配置，以提高其抗震承载力和延性。

和02规程相比，本次修订明确了本条规定是针对抗震设计的错层结构。

10.4.5 本条为新增条文。错层结构错层处的框架柱受力复杂，易发生短柱受剪破坏，因此要求其满足设防烈度地震（中震）作用下性能水准2的设计

要求。

10.4.6 错层结构在错层处的构件（图13）要采取加强措施。

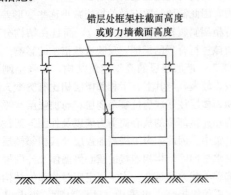

错层处框架柱截面高度或剪力墙截面高度

图13 错层结构加强部位示意

本规程第10.4.4条和本条规定了错层处柱截面高度、剪力墙截面厚度以及剪力墙分布钢筋的最小配筋率要求，并规定平面外受力的剪力墙应设置与其垂直的墙肢或扶壁柱，抗震设计时，错层处框架柱和平面外受力的剪力墙的抗震等级应提高一级采用，以免该类构件先于其他构件破坏。如果错层处混凝土构件不能满足设计要求，则需采取有效措施。框架柱采用型钢混凝土柱或钢管混凝土柱，剪力墙内设置型钢，可改善构件的抗震性能。

10.5 连 体 结 构

10.5.1 连体结构各独立部分宜有相同或相近的体型、平面和刚度，宜采用双轴对称的平面形式，否则在地震中将出现复杂的 X、Y、θ 相互耦联的振动，扭转影响大，对抗震不利。

1995年日本阪神地震和1999年我国台湾集集地震的震害表明，连体结构破坏严重，连接体本身塌落的情况较多，同时使主体结构中与连接体相连的部分结构严重破坏，尤其当两个主体结构层数和刚度相差较大时，采用连体结构更为不利，因此规定7、8度抗震时层数和刚度相差悬殊的不宜采用连体结构。

10.5.2 连体结构的连接体一般跨度较大、位置较高，对竖向地震的反应比较敏感，放大效应明显，因此抗震设计时高烈度区应考虑竖向地震的不利影响。本次修订增加了7度设计基本地震加速度为0.15g抗震设防区考虑竖向地震影响的规定，与本规程第4.3.2条的规定保持一致。

10.5.3 计算分析表明，高层建筑中连体结构连接体的竖向地震作用受连体跨度、所处位置以及主体结构刚度等多方面因素的影响，6度和7度0.10g抗震设计时，对于高位连体结构（如连体位置高度超过80m时）宜考虑其影响。

10.5.4、10.5.5 连体结构的连体部位受力复杂，连

体部分的跨度一般也较大，采用刚性连接的结构分析和构造上更容易把握，因此推荐采用刚性连接的连体形式。刚性连接体既要承受很大的竖向重力荷载和地震作用，又要在水平地震作用下协调两侧结构的变形，因此要保证连体部分与两侧主体结构的可靠连接，这两条规定了连体结构与主体结构连接的要求，并强调了连体部位楼板的要求。

根据具体项目的特点分析后，也可采用滑动连接方式。震害表明，当采用滑动连接时，连接体往往由于滑移量较大致使支座发生破坏，因此增加了对采用滑动连接时的防坠落措施要求和需采用时程分析方法进行复核计算的要求。

10.5.6 中国建筑科学研究院等单位对连体结构的计算分析及振动台试验研究说明，连体结构自振振型较为复杂，前几个振型与单体建筑有明显不同，除顺向振型外，还出现反向振型；连体结构抗扭转性能较差，扭转振型丰富，当第一扭转频率与场地卓越频率接近时，容易引起较大的扭转反应，易造成结构破坏。因此，连体结构的连接体及与连接体相连的结构构件受力复杂，易形成薄弱部位，抗震设计时必须予以加强，以提高其抗震承载力和延性。

本条第2、3两款为本次修订新增内容。

10.5.7 刚性连接的连体部分结构在地震作用下需要协调两侧塔楼的变形，因此需要进行连体部分楼板的验算，楼板的受剪截面和受剪承载力按转换层楼板的计算方法进行验算，计算剪力可取连体楼板承担的两侧塔楼楼层地震作用力之和的较小值。当连体部分楼板较弱时，在强烈地震作用下可能发生破坏，因此建议补充两侧分塔楼的计算分析，确保连体部分失效后两侧塔楼可以独立承担地震作用不致发生严重破坏或倒塌。

10.6 竖向体型收进、悬挑结构

10.6.1 将02规程多塔楼结构的内容与新增的体型收进、悬挑结构的相关内容合并，统称为"竖向体型收进、悬挑结构"。对于多塔楼结构、竖向体型收进和悬挑结构，其共同的特点就是结构侧向刚度沿竖向发生剧烈变化，往往在变化的部位产生结构的薄弱部位，因此本节对其统一进行规定。

10.6.2 竖向体型收进、悬挑结构在体型突变的部位，楼板承担着很大的面内应力，为保证上部结构的地震作用可靠地传递到下部结构，体型突变部位的楼板应加厚并加强配筋，板面负弯矩配筋宜贯通。体型突变部位上、下层结构的楼板也应加强构造措施。

10.6.3 中国建筑科学研究院结构所等单位的试验研究和计算分析表明，多塔楼结构振型复杂，且高振型对结构内力的影响大，当各塔楼质量和刚度分布不均匀时，结构扭转振动反应大，高振型对内力的影响更为突出。因此本条规定多塔楼结构各塔楼的层数、

平面和刚度宜接近；塔楼对底盘宜对称布置，减小塔楼和底盘的刚度偏心。大底盘单塔楼结构的设计，也应符合本条关于塔楼与底盘的规定。

震害和计算分析表明，转换层宜设置在底盘楼层范围内，不宜设置在底盘以上的塔楼内（图14）。若转换层设置在底盘屋面的上层塔楼内时，易形成结构薄弱部位，不利于结构抗震，应尽量避免；否则应采取有效的抗震措施，包括增大构件内力、提高抗震等级等。

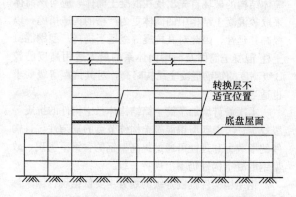

图 14　多塔楼结构转换层不适宜位置示意

为保证结构底盘与塔楼的整体作用，裙房屋面板应加厚并加强配筋，板面负弯矩配筋宜贯通；裙房屋面上、下层结构的楼板也应加强构造措施。

为保证多塔楼建筑中塔楼与底盘整体工作，塔楼之间裙房连接体的屋面梁以及塔楼中与裙房连接体相连的外围柱、墙，从固定端至出裙房屋面上一层的高度范围内，在构造上应予以特别加强（图15）。

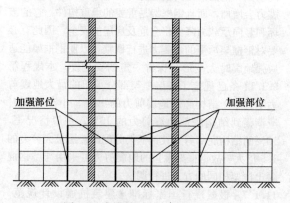

图 15　多塔楼结构加强部位示意

10.6.4　本条为新增条文，对悬挑结构提出了明确要求。

悬挑部分的结构一般竖向刚度较差、结构的冗余度不高，因此需要采取措施降低结构自重、增加结构冗余度，并进行竖向地震作用的验算，且应提高悬挑关键构件的承载力和抗震措施，防止相关部位在竖向地震作用下发生结构的倒塌。

悬挑结构上下层楼板承受较大的面内作用，因此

在结构分析时应考虑楼板面内的变形，分析模型应包含竖向振动的质量，保证分析结果可以反映结构的竖向振动反应。

10.6.5　本条为新增条文，对体型收进结构提出了明确要求。大量地震震害以及相关的试验研究和分析表明，结构体型收进较多或收进位置较高时，因上部结构刚度突然降低，其收进部位形成薄弱部位，因此规定在收进的相邻部位采取更高的抗震措施。当结构偏心收进时，受结构整体扭转效应的影响，下部结构的周边竖向构件内力增加较多，应予以加强。图16中表示了应该加强的结构部位。

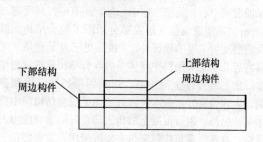

图 16　体型收进结构的加强部位示意

收进程度过大、上部结构刚度过小时，结构的层间位移角增加较多，收进部位成为薄弱部位，对结构抗震不利，因此限制上部楼层层间位移角不大于下部结构层间位移角的1.15倍，当结构分段收进时，控制收进部位底部楼层的层间位移角和下部相邻区段楼层的最大层间位移角之间的比例（图17）。

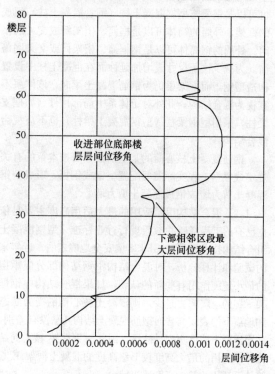

图 17　结构收进部位楼层层间位移角分布

11 混合结构设计

11.1 一般规定

11.1.1 钢和混凝土混合结构体系是近年来在我国迅速发展的一种新型结构体系，由于其在降低结构自重、减少结构断面尺寸、加快施工进度等方面的明显优点，已引起工程界和投资商的广泛关注，目前已经建成了一批高度在 150m～200m 的建筑，如上海森茂大厦、国际航运大厦、世界金融大厦、新金桥大厦、深圳发展中心、北京京广中心等，还有一些高度超过 300m 的高层建筑也采用或部分采用了混合结构。除设防烈度为 7 度的地区外，8 度区也已开始建造。考虑到近几年来采用筒中筒体系的混合结构建筑日趋增多，如上海环球金融中心、广州西塔、北京国贸三期、大连世贸等，故本次修订增加了混合结构筒中筒体系。另外，钢管混凝土结构因其良好的承载能力及延性，在高层建筑中越来越多地被采用，故而将钢管混凝土结构也一并列入。尽管采用型钢混凝土（钢管混凝土）构件与钢筋混凝土、钢构件组成的结构均可称为混合结构，构件的组合方式多种多样，所构成的结构类型会很多，但工程实际中使用最多的还是框架-核心筒及筒中筒混合结构体系，故本规程仅列出上述两种结构体系。

型钢混凝土（钢管混凝土）框架可以是型钢混凝土梁与型钢混凝土柱（钢管混凝土柱）组成的框架，也可以是钢梁与型钢混凝土柱（钢管混凝土柱）组成的框架，外周的筒体可以是框筒、桁架筒或交叉网格筒。外周的钢筒体可以是钢框筒、桁架筒或交叉网格筒。为减少柱子尺寸或增加延性而在混凝土柱中设置构造型钢，而框架梁仍为钢筋混凝土梁时，该体系不宜视为混合结构；此外对于体系中局部构件（如框支梁柱）采用型钢梁柱（型钢混凝土梁柱）也不应视为混合结构。

钢筋混凝土核心筒的某些部位，可按本章的有关规定或根据工程实际需要配置型钢或钢板，形成型钢混凝土剪力墙或钢板混凝土剪力墙。

11.1.2 混合结构房屋适用的最大适用高度主要是依据已有的工程经验并参照现行行业标准《型钢混凝土组合结构技术规程》JGJ 138 偏安全地确定的。近年来的试验和计算分析，对混合结构中钢结构部分应承担的最小地震作用有些新的认识，如果混合结构中钢框架承担的地震剪力过少，则混凝土核心筒的受力状态和地震下的表现与普通钢筋混凝土结构几乎没有差别，甚至混凝土墙体更容易破坏，因此对钢框架-核心筒结构体系适用的最大高度较 B 级高度的混凝土框架-核心筒体系适用的最大高度适当减少。

11.1.3 高层建筑的高宽比是对结构刚度、整体稳定、承载能力和经济合理性的宏观控制。钢（型钢混凝土）框架-钢筋混凝土筒体混合结构体系高层建筑，其主要抗侧力体系仍然是钢筋混凝土筒体，因此其高宽比的限值和层间位移限值均取钢筋混凝土结构体系的同一数值，而筒中筒体系混合结构，外周筒体抗侧刚度较大，承担水平力也较多，钢筋混凝土内筒分担的水平力相应减小，且外筒体延性相对较好，故高宽比要求适当放宽。

11.1.4 试验表明，在地震作用下，钢框架-混凝土筒体结构的破坏首先出现在混凝土筒体，应对该筒体采取较混凝土结构中的筒体更为严格的构造措施，以提高其延性，因此对其抗震等级适当提高。型钢混凝土柱-混凝土筒体及筒中筒体系的最大适用高度已较 B 级高度的钢筋混凝土结构略高，对其抗震等级要求也适当提高。

本次修订增加了筒中筒结构体系中构件的抗震等级规定。考虑到型钢混凝土构件节点的复杂性，且构件的承载力和延性可通过提高型钢的含钢率实现，故型钢混凝土构件仍不出现特一级。

钢结构构件抗震等级的划分主要依据现行国家标准《建筑抗震设计规范》GB 50011 的相关规定。

11.1.5 补充了混合结构在预估罕遇地震下弹塑性层间位移的规定。

11.1.6 在地震作用下，钢-混凝土混合结构体系中，由于钢筋混凝土核心筒抗侧刚度较钢框架大很多，因而承担了绝大部分的地震力，而钢筋混凝土核心筒墙体在达到本规程限定的变形时，有些部位的墙体已经开裂，此时钢框架尚处于弹性阶段，地震作用在核心筒墙体和钢框架之间会进行再分配，钢框架承受的地震力会增加，而且钢框架是重要的承重构件，它的破坏和竖向承载力降低将会危及房屋的安全，因此有必要对钢框架承受的地震力进行调整，以使钢框架能适应强地震时大变形且保有一定的安全度。本规程第 9.1.11 条已规定了各层框架部分承担的最大地震剪力不宜小于结构底部地震剪力的 10%；小于 10% 时应调整到结构底部地震剪力的 15%。一般情况下，15% 的结构底部剪力较钢框架分配的楼层最大剪力的 1.5 倍大，故钢框架承担的地震剪力可采用与型钢混凝土框架相同的方式进行调整。

11.1.7 根据现行国家标准《建筑抗震设计规范》GB 50011 的有关规定，修改了钢柱的承载力抗震调整系数。

11.1.8 高层建筑层数较多，减轻结构构件及填充墙的自重是减轻结构重量、改善结构抗震性能的有效措施。其他材料的相关规定见本规程第 3.2 节。随着高性能钢材和混凝土技术的发展，在高层建筑中采用高性能钢材和混凝土成为首选，对于提高结构效率，增加经济性大有益处。

11.2 结 构 布 置

11.2.2 从抗震的角度提出了建筑的平面应简单、规则、对称的要求，从方便制作、减少构件类型的角度提出了开间及进深宜尽量统一的要求。考虑到混合结构多属 B 级高度高层建筑，故位移比及周期比按照 B 类高度高层建筑进行控制。

框筒结构中，将强轴布置在框筒平面内时，主要是为了增加框筒平面内的刚度，减少剪力滞后。角柱为双向受力构件，采用方形、十字形等主要是为了方便连接，且受力合理。

减小横风向风振可采取平面角部柔化、沿竖向退台或呈锥形、改变截面形状、设置扰流部件、立面开洞等措施。

楼面梁使连梁受扭，对连梁受力非常不利，应予避免；如必须设置时，可设置型钢混凝土连梁或沿核心筒外周设置宽度大于墙厚的环向楼面梁。

11.2.3 国内外的震害表明，结构沿竖向刚度或抗侧力承载力变化过大，会导致薄弱层的变形和构件应力过于集中，造成严重震害。刚度变化较大的楼层，是指上、下层侧向刚度变化明显的楼层，如转换层、加强层、空旷的顶层、顶部突出部分、型钢混凝土框架与钢框架的交接层及邻近楼层等。竖向刚度变化较大时，不但刚度变化的楼层受力增大，而且其上、下邻近楼层的内力也会增大，所以采取加强措施应包括相邻楼层在内。

对于型钢钢筋混凝土与钢筋混凝土交接的楼层及相邻楼层的柱子，应设置剪力栓钉，加强连接；另外，钢-混凝土混合结构的顶层型钢混凝土柱也需设置栓钉，因为一般来说，顶层柱子的弯矩较大。

11.2.4 本条是在 02 规程第 11.2.4 条基础上修改完成的。钢（型钢混凝土）框架-混凝土筒体结构体系中的混凝土筒体在底部一般均承担了 85% 以上的水平剪力及大部分的倾覆力矩，所以必须保证混凝土筒体具有足够的延性，配置了型钢的混凝土筒体墙在弯曲时，能避免发生平面外的错断及筒体角部混凝土的压溃，同时也能减少钢柱与混凝土筒体之间的竖向变形差异产生的不利影响。而筒中筒体系的混合结构，结构底部内筒承担的剪力及倾覆力矩的比例有所减少，但考虑到此种体系的高度均很高，在大震作用下很有可能出现角部受拉，为延缓核心筒弯曲铰及剪切铰的出现，筒体的角部也宜布置型钢。

型钢柱可设置在核心筒的四角、核心筒剪力墙的大开口两侧及楼面钢梁与核心筒的连接处。试验表明，钢梁与核心筒的连接处，存在部分弯矩及轴力，而核心筒剪力墙的平面外刚度又较小，很容易出现裂缝，因此楼面梁与核心筒剪力墙刚接时，在筒体剪力墙中宜设置型钢柱，同时也能方便钢结构的安装；楼面梁与核心筒剪力墙铰接时，应采取措施保证墙上的

预埋件不被拔出。混凝土筒体的四角受力较大，设置型钢柱后核心筒剪力墙开裂后的承载力下降不多，能防止结构的迅速破坏。因为核心筒剪力墙的塑性铰一般出现在高度的 1/10 范围内，所以在此范围内，核心筒剪力墙四角的型钢柱宜设置栓钉。

11.2.5 外框架平面内采用梁柱刚接，能提高其刚度及抵抗水平荷载的能力。如在混凝土筒体墙中设置型钢并需要增加整体结构刚度时，可采用楼面钢梁与混凝土筒体刚接；当混凝土筒体墙中无型钢柱时，宜采用铰接。刚度发生突变的楼层，梁柱、梁墙采用刚接可以增加结构的空间刚度，使层间变形有效减小。

11.2.6 本条是 02 规程第 11.2.10、11.2.11 条的合并修改。为了使整个抗侧力结构在任意方向水平荷载作用下能协同工作，楼盖结构具有必要的面内刚度和整体性是基本要求。

高层建筑混合结构楼盖宜采用压型钢板组合楼盖，以方便施工并加快施工进度；压型钢板与钢梁连接宜采用剪力栓钉等措施保证其可靠连接和共同工作，栓钉数量应通过计算或按构造要求确定。设备层楼板进行加强，一方面是因为设备层荷重较大，另一方面也是隔声的需要。伸臂桁架上、下弦杆所在楼层，楼板平面内受力较大且受力复杂，故这些楼层也应进行加强。

11.2.7 本条是根据 02 规程第 11.2.9 条修改而来，明确了外伸臂桁架深入墙体内弦杆和腹杆的具体要求。采用伸臂桁架主要是将筒体剪力墙的弯曲变形转换成框架柱的轴向变形以减小水平荷载下结构的侧移，所以必须保证伸臂桁架与剪力墙刚接。为增强伸臂桁架的抗侧力效果，必要时，周边可配合布置带状桁架。布置周边带状桁架，除了可增大结构侧向刚度外，还可增强加强层结构的整体性，同时也可减少周边柱子的竖向变形差异。外柱承受的轴向力要能够传至基础，故外柱必须上、下连续，不得中断。由于外柱与混凝土内筒轴向变形往往不一致，会使伸臂桁架产生很大的附加内力，因而伸臂桁架宜分段拼装。在设置多道伸臂桁架时，下层伸臂桁架可在施工上层伸臂桁架时予以封闭；仅设一道伸臂桁架时，可在主体结构完成后再进行封闭，形成整体。在施工期间，可采取斜杆上设长圆孔、斜杆后装等措施使伸臂桁架的杆件能适应外围构件与内筒在施工期间的竖向变形差异。

在高设防烈度区，当在较高的不规则高层建筑中设置加强层时，还宜采取进一步的性能设计要求和措施。为保证在中震或大震作用下的安全，可以要求其杆件和相邻杆件在中震下不屈服，或者选择更高的性能设计要求。结构抗震性能设计可按本规程第 3.11 节的规定执行。

11.3 结 构 计 算

11.3.1 在弹性阶段，楼板对钢梁刚度的加强作用不

可忽视。从国内外工程经验看，作为主要抗侧力构件的框架梁支座处尽管有负弯矩，但由于楼板钢筋的作用，其刚度增大作用仍然很大，故在整体结构计算时宜考虑楼板对钢梁刚度的加强作用。框架梁承载力设计时一般不按照组合梁设计。次梁设计一般由变形要求控制，其承载力有较大富余，故一般也不按照组合梁设计，但次梁及楼板作为直接受力构件的设计应有足够的安全储备，以适应不同使用功能的要求，其设计采用的活载宜适当放大。

11.3.2 在进行结构整体内力和变形分析时，型钢混凝土梁、柱及钢管混凝土柱的轴向、抗弯、抗剪刚度都可按照型钢与混凝土两部分刚度叠加方法计算。

11.3.3 外柱与内筒的竖向变形差异宜根据实际的施工工况进行计算。在施工阶段，宜考虑施工过程中已对这些差异的逐层进行调整的有利因素，也可考虑采取外伸臂桁架延迟封闭、楼面梁与外周柱及内筒体采用铰接等措施减小差异变形的影响。在伸臂桁架永久封闭以后，后期的差异变形会对伸臂桁架或楼面梁产生附加内力，伸臂桁架及楼面梁的设计时应考虑这些不利影响。

11.3.4 混凝土筒体先于钢框架施工时，必须控制混凝土筒体超前钢框架安装的层次，否则在风荷载及其他施工荷载作用下，会使混凝土筒体产生较大的变形和应力。根据以往的经验，一般核心筒提前钢框架施工不宜超过14层，楼板混凝土浇筑迟于钢框架安装不宜超过5层。

11.3.5 影响结构阻尼比的因素很多，因此准确确定结构的阻尼比是一件非常困难的事情。试验研究及工程实践表明，一般带填充墙的高层钢结构的阻尼比为0.02左右，钢筋混凝土结构的阻尼比为0.05左右，且随着建筑高度的增加，阻尼比有不断减小的趋势。钢-混凝土混合结构的阻尼比应介于两者之间，考虑到钢-混凝土混合结构抗侧刚度主要来自混凝土核心筒，故阻尼比取为0.04，偏向于混凝土结构。风荷载作用下，结构的塑性变形一般较设防烈度地震作用下为小，故抗风设计时的阻尼比应比抗震设计时为小，阻尼比可根据房屋高度和结构形式选取不同的值；结构高度越高阻尼比越小，采用的风荷载回归期越短，其阻尼比取值越小。一般情况下，风荷载作用时结构楼层位移和承载力验算时的阻尼比可取为0.02~0.04，结构顶部加速度验算时的阻尼比可取为0.01~0.015。

11.3.6 对于设置伸臂桁架的楼层或楼板开大洞的楼层，如果采用楼板平面内刚度无限大的假定，就无法得到桁架弦杆或洞口周边构件的轴力和变形，对结构设计偏于不安全。

11.4 构件设计

11.4.1 试验表明，由于混凝土及箍筋、腰筋对型钢的约束作用，在型钢混凝土中的型钢截面的宽厚比可较纯钢结构适当放宽。型钢混凝土中，型钢翼缘的宽厚比取为纯钢结构的1.5倍，腹板取为纯钢结构的2倍，填充式箱形钢管混凝土可取为纯钢结构的1.5~1.7倍。本次修订增加了Q390级钢材型钢钢板的宽厚比要求，是在Q235级钢材规定数值的基础上乘以$\sqrt{235/f_y}$得到。

11.4.2 本条是对型钢混凝土梁的基本构造要求。

第1款规定型钢混凝土梁的强度等级和粗骨料的最大直径，主要是为了保证外包混凝土与型钢有较好的粘结强度和方便混凝土的浇筑。

第2款规定型钢混凝土梁纵向钢筋不宜超过两排，因为超过两排时，钢筋绑扎及混凝土浇筑将产生困难。

第3款规定了型钢的保护层厚度，主要是为了保证型钢混凝土构件的耐久性以及保证型钢与混凝土的粘结性能，同时也是为了方便混凝土的浇筑。

第4款提出了纵向钢筋的连接锚固要求。由于型钢混凝土梁中钢筋直径一般较大，如果钢筋穿越梁柱节点，将对柱翼缘有较大削弱，所以原则上不希望钢筋穿过柱翼缘；如果需锚固在柱中，为满足锚固长度，钢筋应伸过柱中心线并弯折在柱内。

第5款对型钢混凝土梁上开洞提出要求。开洞高度按梁截面高度和型钢尺寸双重控制，对钢梁开洞超过0.7倍钢梁高度时，抗剪能力会急剧下降，对一般混凝土梁则同样限制开洞高度为混凝土梁高的0.3倍。

第6款对型钢混凝土悬臂梁及转换梁提出钢筋锚固、设置抗剪栓钉要求。型钢混凝土悬臂梁端无约束，而且挠度较大；转换梁受力大且复杂。为保证混凝土与型钢的共同变形，应设置栓钉以抵抗混凝土与型钢之间的纵向剪力。

11.4.3 箍筋的最低配置要求主要是为了增强混凝土部分的抗剪能力及加强对箍筋内部混凝土的约束，防止型钢失稳和主筋压曲。当梁中箍筋采用335MPa、400MPa级钢筋时，箍筋末端要求135°施工有困难时，箍筋末端可采用90°直钩加焊接的方式。

11.4.4 型钢混凝土柱的轴向力大于柱子的轴向承载力的50%时，柱子的延性将显著下降。型钢混凝土柱有其特殊性，在一定轴力的长期作用下，随着轴向塑性的发展以及长期荷载作用下混凝土的徐变收缩会产生内力重分布，钢筋混凝土部分承担的轴力逐渐向型钢部分转移。根据型钢混凝土柱的试验结果，考虑长期荷载下徐变的影响，一、二、三抗震等级的型钢混凝土框架柱的轴压比限制分别取为0.7、0.8、0.9。计算轴压比时，可计入型钢的作用。

11.4.5 本条第1款对柱长细比提出要求，长细比λ可取为l_0/i，l_0为柱的计算长度，i为柱截面的回转半径。第2、3款主要是考虑型钢混凝土柱的耐久性、防火性、良好的粘结锚固及方便混凝土浇筑。

第 6 款规定了型钢的最小含钢率。试验表明，当柱子的型钢含钢率小于 4% 时，其承载力和延性与钢筋混凝土柱相比，没有明显提高。根据我国的钢结构发展水平及型钢混凝土构件的浇筑施工可行性，一般型钢混凝土构件的总含钢率也不宜大于 8%，一般来说比较常用的含钢率为 4%～8%。

11.4.6 柱箍筋的最低配置要求主要是为了增强混凝土部分的抗剪能力及加强对箍筋内部混凝土的约束，防止型钢失稳和主筋压屈。从型钢混凝土柱的受力性能来看，不配箍筋或少配箍筋的型钢混凝土柱在大多数情况下，出现型钢与混凝土之间的粘结破坏，特别是型钢高强混凝土构件，更应配置足够数量的箍筋，并宜采用高强度箍筋，以保证箍筋有足够的约束能力。

箍筋末端做成 135° 弯钩且直段长度取 10 倍箍筋直径，主要是满足抗震要求。在某些情况下，箍筋直段取 10 倍箍筋直径会与内置型钢相碰，或者当柱中箍筋采用 335MPa 级以上钢筋而使箍筋末端的 135° 弯钩施工有困难时，箍筋末端可采用 90° 直钩加焊接的方式。

型钢混凝土柱中钢骨提供了较强的抗震能力，其配箍要求可比混凝土构件适当降低；同时由于钢骨的存在，箍筋的设置有一定的困难，考虑到施工的可行性，实际配置的箍筋不可能太多，本条规定的最小配箍要求是根据国内外试验研究，并考虑抗震等级的差别确定的。

11.4.7 规定节点箍筋的间距，一方面是为了不使钢梁腹板开洞削弱过大，另一方面也是为了方便施工。一般情况下可在柱中型钢腹板上开孔使梁纵筋贯通；翼缘上的孔对柱抗弯十分不利，因此应避免在柱型钢翼缘开梁筋贯通孔。也不能直接将钢筋焊在翼缘上；梁纵筋遇柱型钢翼缘时，可采用翼缘上预先焊接钢筋套筒、设置水平加劲板等方式与梁中钢筋进行连接。

11.4.9 高层混合结构，柱的截面不会太小，因此圆形钢管的直径不应过小，以保证结构基本安全要求。圆形钢管混凝土柱一般采用薄壁钢管，但钢管壁不宜太薄，以避免钢管壁屈曲。套箍指标是圆形钢管混凝土柱的一个重要参数，反映薄钢管对管内混凝土的约束程度。若套箍指标过小，则不能有效地提高钢管内混凝土的轴心抗压强度和变形能力；若套箍指标过大，则对进一步提高钢管内混凝土的轴心抗压强度和变形能力的作用不大。

当钢管直径过大时，管内混凝土收缩会造成钢管与混凝土脱开，影响钢管与混凝土的共同受力，因此需要采取有效措施减少混凝土收缩的影响。

长细比 λ 取 l_0/i，其中 l_0 为柱的计算长度，i 为柱截面的回转半径。

11.4.10 为保证钢管与混凝土共同工作，矩形钢管截面边长之比不宜过大。为避免矩形钢管混凝土柱在丧失整体承载能力之前钢管壁板件局部屈曲，并保证钢管全截面有效，钢管壁板件的边长与其厚度的比值不宜过大。

矩形钢管混凝土柱的延性与轴压比、长细比、含钢率、钢材屈服强度、混凝土抗压强度等因素有关。本规程对矩形钢管混凝土柱的轴压比提出了具体要求，以保证其延性。

11.4.11 钢板混凝土剪力墙是指两端设置型钢暗柱、上下有型钢暗梁，中间设置钢板，形成的钢-混凝土组合剪力墙。

11.4.12 试验研究表明，两端设置型钢、内藏钢板的混凝土组合剪力墙可以提供良好的耗能能力，其受剪截面限制条件可以考虑两端型钢和内藏钢板的作用，扣除两端型钢和内藏钢板发挥的抗剪作用后，控制钢筋混凝土部分承担的平均剪应力水平。

11.4.13 试验研究表明，两端设置型钢、内藏钢板的混凝土组合剪力墙，在满足本规程第 11.4.14、11.4.15 条规定的构造要求时，其型钢和钢板可以充分发挥抗剪作用，因此截面受剪承载力公式中包含了两端型钢和内藏钢板对应的受剪承载力。

11.4.14 试验研究表明，内藏钢板的钢板混凝土组合剪力墙可以提供良好的耗能能力，在计算轴压比时，可以考虑内藏钢板的有利作用。

11.4.15 在墙身中加入薄钢板，对于墙体承载力和破坏形态会产生显著影响，而钢板与周围构件的连接关系对于承载力和破坏形态的影响至关重要。从试验情况来看，钢板与周围构件的连接越强，则承载力越大。四周焊接的钢板组合剪力墙可显著提高剪力墙受剪承载能力，并具有与普通钢筋混凝土剪力墙基本相当或略高的延性系数。这对于承受很大剪力的剪力墙设计具有十分突出的优势。为充分发挥钢板的强度，建议钢板四周采用焊接的连接形式。

对于钢板混凝土剪力墙，为使钢筋混凝土墙有足够的刚度，对墙身钢板形成有效的侧向约束，从而使钢板与混凝土能协同工作，应控制内置钢板的厚度不宜过大；同时，为了达到钢板剪力墙应用的性能和便于施工，内置钢板的厚度也不宜过小。

对于墙身分布筋，考虑到以下两方面的要求：1) 钢筋混凝土墙与钢板共同工作，混凝土部分的承载力不宜太低，宜适当提高混凝土部分的承载力，使钢筋混凝土与钢板两者协调，提高整个墙体的承载力；2) 钢板组合墙的优势是可以充分发挥钢和混凝土的优点，混凝土可以防止钢板的屈曲失稳，为满足这一要求，宜适当提高墙身配筋，因此钢筋混凝土墙体的分布筋配筋率不宜太小。本规程建议对于钢板组合墙的墙身分布钢筋配筋率不宜小于 0.4%。

11.4.17 日本阪神地震的震害经验表明：非埋入式

柱脚、特别在地面以上的非埋入式柱脚在地震区容易产生破坏，因此钢柱或型钢混凝土柱宜采用埋入式柱脚。若存在刚度较大的多层地下室，当有可靠的措施时，型钢混凝土柱也可考虑采用非埋入式柱脚。根据新的研究成果，埋入柱脚型钢的最小埋置深度修改为型钢截面长边的 2.5 倍。

11.4.18 考虑到钢框架-钢筋混凝土核心筒中核心筒的重要性，其墙体配筋较钢筋混凝土框架-核心筒中核心筒的配筋率适当提高，提高其构造承载力和延性要求。

12 地下室和基础设计

12.1 一 般 规 定

12.1.1 震害调查表明，有地下室的高层建筑的破坏比较轻，而且有地下室对提高地基的承载力有利，对结构抗倾覆有利。另外，现代高层建筑设置地下室也往往是建筑功能所要求的。

12.1.2 本条是基础设计的原则规定。高层建筑基础设计应因地制宜，做到技术先进、安全合理、经济适用。高层建筑基础设计时，对相邻建筑的相互影响应有足够的重视，并了解掌握邻近地下构筑物及各类地下设施的位置和标高，以便设计时合理确定基础方案及提出施工时保证安全的必要措施。

12.1.3 在地震区建造高层建筑，宜选择有利地段，避开不利地段，这不仅关系到建造时采取必要措施的费用，而且由于地震不确定性，一旦发生地震可能带来不可预计的震害损失。

12.1.4 高层建筑的基础设计，根据上部结构和地质状况，从概念设计上考虑地基基础与上部结构相互影响是必要的。高层建筑深基坑施工期间的防水及护坡，既要保证本身的安全，同时必须注意对临近建筑物、构筑物、地下设施的正常使用和安全的影响。

12.1.5 高层建筑采用天然地基上的筏形基础比较经济。当采用天然地基而承载力和沉降不能完全满足需要时，可采用复合地基。目前国内在高层建筑中采用复合地基已经有比较成熟的经验，可根据需要把地基承载力特征值提高到（300～500）kPa，满足一般高层建筑的需要。

现在多数高层建筑的地下室，用作汽车库、机电用房等大空间，采用整体性好和刚度大的筏形基础是比较方便的；在没有特殊要求时，没有必要强调采用箱形基础。

当地质条件好、荷载小、且能满足地基承载力和变形要求时，高层建筑采用交叉梁基础、独立柱基也是可以的。地下室外墙一般均为钢筋混凝土，因此，交叉梁基础的整体性和刚度也是比较好的。

12.1.6 高层建筑由于质心高、荷载重，对基础底面一般难免有偏心。建筑物在沉降的过程中，其总重量对基础底面形心将产生新的倾覆力矩增量，而此倾覆力矩增量又产生新的倾斜增量，倾斜可能随之增长，直至地基变形稳定为止。因此，为减少基础产生倾斜，应尽量使结构竖向荷载重心与基础底面形心相重合。本条删去了 02 规程中偏心距计算公式及其要求，但并不是放松要求，而是因为实际工程平面形状复杂时，偏心距及其限值难以准确计算。

12.1.7 为使高层建筑结构在水平力和竖向荷载作用下，其地基应力不致过于集中，对基础底面压应力较小一端的应力状态作了限制。同时，满足本条规定时，高层建筑结构的抗倾覆能力具有足够的安全储备，不需再验算结构的整体倾覆。

对裙房和主楼质量偏心较大的高层建筑，裙房和主楼可分别进行基底应力验算。

12.1.8 地震作用下结构的动力效应与基础埋置深度关系比较大，软弱土层时更为明显，因此，高层建筑的基础应有一定的埋置深度；当抗震设防烈度高、场地差时，宜用较大埋置深度，以抗倾覆和滑移，确保建筑物的安全。

根据我国高层建筑发展情况，层数越来越多，高度不断增高，按原来的经验规定天然地基和桩基的埋置深度分别不小于房屋高度的 1/12 和 1/15，对一些较高的高层建筑而使用功能又无地下室时，对施工不便且不经济。因此，本条对基础埋置深度作了调整。同时，在满足承载力、变形、稳定以及上部结构抗倾覆要求的前提下，埋置深度的限值可适当放松。基础位于岩石地基上，可能产生滑移时，还应验算地基的滑移。

12.1.9 带裙房的大底盘高层建筑，现在全国各地应用较普遍，高层主楼与裙房之间根据使用功能要求多数不设永久沉降缝。我国从 20 世纪 80 年代以来，对多栋带有裙房的高层建筑沉降观测表明，地基沉降曲线在高低层连接处是连续的，未出现突变。高层主楼地基下沉，由于土的剪切传递，高层主楼以外的地基随之下沉，其影响范围随土质而异。因此，裙房与主楼连接处不会发生突变的差异沉降，而是在裙房若干跨内产生连续的差异沉降。

高层建筑主楼基础与其相连的裙房基础，若采取有效措施的，或经过计算差异沉降引起的内力满足承载力要求的，裙房与主楼连接处可以不设沉降缝。

12.1.10 本条参照现行国家标准《地下工程防水技术规程》GB 50108 修改了混凝土的抗渗等级要求；考虑全国的实际情况，修改了混凝土强度等级要求，由 C30 改为 C25。

12.1.11 本条依据现行国家标准《粉煤灰混凝土应用技术规范》GB 50146 的有关规定制定。充分利用粉煤灰混凝土的后期强度，有利于减小水泥用量和混凝土收缩影响。

12.1.12 本条系考虑抗震设计的要求而增加的。

12.2 地下室设计

12.2.1 本条是在 02 规程第 4.8.5 条基础上修改补充的。当地下室顶板作为上部结构的嵌固部位时，地下室顶板及其下层竖向结构构件的设计应当加强，以符合作为嵌固部位的要求。梁端截面实配的受弯承载力应根据实配钢筋面积（计入受压筋）和材料强度标准值等确定；柱端实配的受弯承载力应根据轴力设计值、实配钢筋面积和材料强度标准值等确定。

12.2.2 本条明确规定地下室应注意满足抗浮及防腐蚀的要求。

12.2.3 考虑到地下室周边嵌固以及使用功能要求，提出地下室不宜设永久变形缝，并进一步根据全国行之有效的经验提出针对性技术措施。

12.2.4 主体结构厚底板与扩大地下室薄底板交界处应力较为集中，该过渡区适当予以加强是十分必要的。

12.2.5 根据工程经验，提出外墙竖向、水平分布钢筋的设计要求。

12.2.6 控制和提高高层建筑地下室周边回填土质量，对室外地面建筑工程质量及地下室嵌固、结构抗震和抗倾覆均较为有利。

12.2.7 有窗井的地下室，窗井外墙实为地下室外墙一部分，窗井外墙应计入侧向土压和水压影响进行设计；挡土墙与地下室外墙之间应有可靠连接、支撑，以保证结构的有效埋深。

12.3 基础设计

12.3.1 目前国内高层建筑基础设计较多为直接采用电算程序得到的各种荷载效应的标准组合和同一地基或桩基承载力特征值进行设计，风荷载和地震作用主要引起高层建筑边角竖向结构较大轴力，将此短期效应与永久效应同等对待，加大了边角竖向结构的基础，相应重力荷载长期作用下中部竖向结构基础未得以增强，导致某些国内高层建筑出现地下室底部横向墙体八字裂缝、典型盆式差异沉降等现象。

12.3.2 本条系参照重庆、深圳、厦门及国外工程实践经验教训提出，以利于避免和减小基础及外墙裂缝。

12.3.4 筏形基础的板厚度，应满足受冲切承载力的要求；计算时应考虑不平衡弯矩作用在冲切面上的附加剪力。

12.3.5 按本条倒楼盖法计算时，地基反力可视为均布，其值应扣除底板及其地面自重，并可仅考虑局部弯曲作用。当地基、上部结构刚度较差，或柱荷载及柱间距变化较大时，筏板内力宜按弹性地基板分析。

12.3.7 上部墙、柱纵向钢筋的锚固长度，可从筏板梁的顶面算起。

12.3.8 梁板式筏基的梁截面，应满足正截面受弯及斜截面受剪承载力计算要求；必要时应验算基础梁顶面柱下局部受压承载力。

12.3.9 筏板基础，当周边或内部有钢筋混凝土墙时，墙下可不再设基础梁，墙一般按深梁进行截面设计。周边有墙时，当基础底面已满足地基承载力要求，筏板可不外伸，有利减小盆式差异沉降，有利于外包防水施工。当需要外伸扩大时，应注意满足其刚度和承载力要求。

12.3.10 桩基的设计应因地制宜，各地区对桩的选型、成桩工艺、承载力取值有各自的成熟经验。当工程所在地有地区性地基设计规范时，可依据该地区规范进行桩基设计。

12.3.15 为保证桩与承台的整体性及水平力和弯矩可靠传递，桩顶嵌入承台应有一定深度，桩纵向钢筋应可靠地锚固在承台内。

12.3.21 当箱形基础的土层及上部结构符合本条件所列诸条件时，底板反力可假定为均布，可仅考虑局部弯曲作用计算内力，整体弯曲的影响在构造上加以考虑。本规定主要依据工程实际观测数据及有关研究成果。

13 高层建筑结构施工

13.1 一般规定

13.1.1 高层建筑结构施工技术难度大，涉及深基础、钢结构等特殊专业施工要求，施工单位应具备相应的施工总承包和专业施工承包的技术能力和相应资质。

13.1.2 施工单位应认真熟悉图纸，参加建设（监理）单位组织的设计交底，并结合施工情况提出合理建议。

13.1.3 高层建筑施工组织设计和施工方案十分重要。施工前，应针对高层建筑施工特点和施工条件，认真做好施工组织设计的策划和施工方案的优选，并向有关人员进行技术交底。

13.1.4 高层建筑施工过程中，不同的施工方法可能对结构的受力产生不同的影响，某些施工工况下甚至与设计计算工况存在较大不同；大型机械设备使用量大，且多数要与结构连接并对结构受力产生影响；超高层建筑高空施工时的温度、风力等自然条件与天气预报和地面环境也会有较大差异。因此，应根据有关情况进行必要的施工模拟、计算。

13.1.5 提出季节性施工应遵循的标准和一般要求。

13.2 施工测量

13.2.1 高层建筑混凝土结构施工测量方案应根据实际情况确定，一般应包括以下内容：

1) 工程概况；
2) 任务要求；
3) 测量依据、方法和技术要求；
4) 起始依据点校测；
5) 建筑物定位放线、验线与基础施工测量；
6) ±0.000 以上结构施工测量；
7) 安全、质量保证措施；
8) 沉降、变形观测；
9) 成果资料整理与提交。

建筑小区工程、大型复杂建筑物、特殊工程的施工测量方案，除以上内容外，还可根据工程的实际情况，增加场地准备测量、场区控制网测量、装饰与安装测量、竣工测量与变形测量等。

13.2.2 高层建筑施工测量仪器的精度及准确性对施工质量、结构安全的影响大，应及时进行检定、校准和标定，且应在标定有效期内使用。本条还对主要测量仪器的精度提出了要求。

13.2.3 本条要求及所列两种常用方格网的主要技术指标与现行国家标准《工程测量规范》GB 50026 中有关规定一致。如采用其他形式的控制网，亦应符合现行国家标准《工程测量规范》GB 50026 的相关规定。

13.2.4 表 13.2.4 基础放线尺寸的允许偏差是根据成熟施工经验并参照现行国家标准《砌体工程施工质量验收规范》GB 50203 的有关规定制定的。

13.2.5 高层建筑结构施工，要逐层向上投测轴线，尤其是对结构四廓轴线的投测直接影响结构的竖向偏差。根据目前国内高层建筑施工已达到的水平，本条的规定可以达到。竖向投测前，应对建筑物轴线控制桩事先进行校测，确保其位置准确。

竖向投测的方法，当建筑高度在 50m 以下时，宜使用在建筑物外部施测的外控法；当建筑高度高于 50m 时，宜使用在建筑物内部施测的内控法，内控法宜使用激光经纬仪或激光铅直仪。

13.2.7 附合测法是根据一个已知标高点引测到场地后，再与另一个已知标高点复核、校核，以保证引测标高的准确性。

13.2.8 标高竖向传递可采用钢尺直接量取，或采用测距仪量测。施工层抄平之前，应先校测由首层传递上来的三个标高点，当其标高差值小于 3mm 时，以其平均点作为标高引测水平线；抄平时，宜将水准仪安置在测点范围的中心位置。

建筑物下沉与地层土质、基础构造、建筑高度等有关，下沉量一般在基础设计中有预估值，若能在基础施工中预留下沉量（即提高基础标高），有利于工程竣工后建筑与市政工程标高的衔接。

13.2.10 设计单位根据建筑高度、结构形式、地质情况等因素和相关标准的规定，对高层建筑沉降、变形观测提出要求。观测工作一般由建设单位委托第三

方进行。施工期间，施工单位应做好相关工作，并及时掌握情况，如有异常，应配合相关单位采取相应措施。

13.3 基 础 施 工

13.3.1 深基础施工影响整个工程质量和安全，应全面、详细地掌握地下水文地质资料、场地环境，按照设计图纸和有关规范要求，调查研究，进行方案比较，确定地下施工方案，并按照国家的有关规定，经审查通过后实施。

13.3.2 列举了深基础施工应符合的有关标准。

13.3.3 土方开挖前应采取降低水位措施，将地下水降到低于基底设计标高 500mm 以下。当含水丰富、降水困难时，或满足节约地下水资源、减少对环境的影响等要求时，宜采用止水帷幕等截水措施。停止降水时间应符合设计要求，以防水位过早上升使建筑物发生上浮等问题。

13.3.4 列举了基础工程施工时针对不同土质条件可采用的不同施工方法。

13.3.5 列举了深基坑支护结构的选型原则和施工时针对不同土质条件应采用不同的施工方法和要求。

13.3.6 指明了地基处理可采取的土体加固措施。

13.3.7、13.3.8 深基坑支护及支护拆除时，施工单位应依据监测方案进行监测。对可能受影响的相邻建筑物、构筑物、道路、地下管线等作重点监测。

13.4 垂 直 运 输

13.4.1 提出了垂直运输设备使用的基本要求。

13.4.2 列举出高层建筑施工垂直运输所采用的设备应符合的有关标准。

13.4.3 依据高层建筑结构施工对垂直运输要求高的特点，明确垂直运输设施配置应考虑的情况，提出垂直运输设备的选用、安装、使用、拆除等要求。

13.4.4～13.4.6 对高层建筑施工垂直运输设备一般包括的起重设备、混凝土泵送设备和施工电梯，按其特点分别提出施工要求。

13.5 脚手架及模板支架

13.5.1 脚手架和模板支架的搭设对安全性要求高，应进行专项设计。高、大模板支架和脚手架工程施工方案应按住房与城乡建设部《危险性较大的分项工程安全管理办法》[建质（2009）87 号]的要求进行专家论证。

13.5.2 列举了脚手架及模板支架施工应遵守的标准规范。

13.5.3 基于脚手架的安全性要求和经验做法，作此规定。

13.5.5 工字钢的抗侧向弯曲性能优于槽钢，故推荐采用工字钢作为悬挑支架。

13.5.6 卸料平台应经过有关安全或技术人员的验收合格后使用，转运时不得站人，以防发生安全事故。

13.5.7 采用定型工具式的模板支架有利于提高施工效率，利于周转、降低成本。

13.6 模 板 工 程

13.6.1 强调模板工程应进行专项设计，以满足强度、刚度和稳定性要求。

13.6.2 列举了模板工程应符合的有关标准和对模板的基本要求。

13.6.3 对现浇梁、板、柱、墙模板的选型提出基本要求。现浇混凝土宜优先选用工具式模板，但不排除选用组合式、永久式模板。为提高工效，模板宜整体或分片预制安装和脱模。作为永久性模板的混凝土薄板，一般包括预应力混凝土板、双钢筋混凝土板和冷轧扭钢筋混凝土板。清水混凝土模板应满足混凝土的设计效果。

13.6.4 现浇楼板模板选用早拆模板体系，可加速模板的周转，节约投资。后浇带模架应设计为可独立支拆的体系，避免在顶板拆模时对后浇带部位进行二次支模与回顶。

13.6.5～13.6.7 分别阐述大模板、滑动模板和爬升模板的适用范围和施工要点。模板制作、安装允许偏差参照了相关标准的规定。

13.6.8 空心混凝土楼板浇筑混凝土时，易发生预制芯管和钢筋上浮，防止上浮的有效措施是将芯管或钢筋骨架与模板进行拉结，在模板施工时就应综合考虑。

13.6.9 规定模板拆除时混凝土应满足的强度要求。

13.7 钢 筋 工 程

13.7.1 指出钢筋的原材料、加工、安装应符合的有关标准。

13.7.2 高层建筑宜推广应用高强钢筋，可以节约大量钢材。设计单位综合考虑钢筋性能、结构抗震要求等因素，对不同部位、构件采用的钢筋作出明确规定。施工中，钢筋的品种、规格、性能应符合设计要求。

13.7.3 本条提出粗直径钢筋接头应优先采用机械连接。列举了钢筋连接应符合的有关现行标准。锥螺纹接头现已基本不使用，故取消了原规程中的有关内容。

13.7.4 指出采用点焊钢筋网片应符合的有关标准。

13.7.5 指出采用新品种钢筋应符合的有关标准。

13.7.6 梁柱、梁梁相交部位钢筋位置及相互关系比较复杂，施工中容易出错，本条规定对基本要求进行了明确。

13.7.7 提出了箍筋的基本要求。螺旋箍有利于抗震性能的提高，已得到越来越多的使用，施工中应按照

设计及工艺要求，保证质量。

13.7.8 高层建筑中，压型钢板-混凝土组合楼板已十分常见，其钢筋位置及保护层厚度影响组合楼板的受力性能和使用安全，应严格保证。

13.7.9 现场钢筋施工宜采用预制安装，对预制安装钢筋骨架和网片大小和运输提出要求，以保证质量，提高效率。

13.8 混 凝 土 工 程

13.8.1 高层建筑基础深、层数多，需要混凝土质量高、数量大，应尽量采用预拌泵送混凝土。

13.8.2 列举了混凝土工程应符合的主要标准。

13.8.3 高性能混凝土以耐久性、工作性、适当高强度为基本要求，并根据不同用途强化某些性能，形成补偿收缩混凝土、自密实免振混凝土等。

13.8.4～13.8.6 增加对混凝土坍落度、浇筑、振捣的要求。强调了对混凝土浇筑过程中模板支架安全性的监控。

13.8.7 强调了混凝土应及时有效养护及养护覆盖的主要方法。

13.8.8 列举了现浇预应力混凝土应符合的技术规程。

13.8.9 提出对柱、墙与梁、板混凝土强度不同时的混凝土浇筑要求。施工中，当强度相差不超过两个等级时，已有采用较低强度等级的梁板混凝土浇筑核心区（直接浇筑或采取必要加强措施）的实践，但必须经设计和有关单位协商认可。

13.8.10 混凝土施工缝留置的具体位置和浇筑应符合本规程和有关现行国家标准的规定。

13.8.11 后浇带留置及不同类型后浇带的混凝土浇筑时间，应符合设计要求。提高后浇带混凝土一个强度等级是出于对该部位的加强，也是目前的通常做法。

13.8.12 混凝土结构允许偏差主要根据现行国家标准《混凝土结构工程施工质量验收规范》GB 50204的有关规定，其中截面尺寸和表面平整的抹灰部分系指采用中、小型模板的允许偏差，不抹灰部分系指采用大模板及爬模工艺的允许偏差。

13.9 大体积混凝土施工

13.9.1 大体积混凝土指混凝土结构物实体最小尺寸不小于1m的大体量混凝土，或预计会因混凝土中胶凝材料水化引起的温度变化和收缩而导致有害裂缝产生的混凝土。高层建筑底板、转换层及梁柱构件中，属于大体积混凝土范畴的很多，因此本规程将大体积混凝土施工单独成节，以明确其主要要求。

超长结构目前没有明确定义。本节所述超长结构，通常指平面尺寸大于本规程第3.4.12条规定的伸缩缝间距的结构。

本条强调大体积混凝土与超长结构混凝土施工前应编制专项施工方案，施工方案应进行必要的温控计算，并明确控制大体积混凝土裂缝的措施。

13.9.3 大体积混凝土由于水化热产生的内外温差和混凝土收缩变形大，易产生裂缝。预防大体积混凝土裂缝应从设计构造、原材料、混凝土配合比、浇筑等方面采取综合措施。大体积基础底板、外墙混凝土可采用混凝土 60d 或 90d 强度，并采用相应的配合比，延缓混凝土水化热的释放，减少混凝土温度应力裂缝，但应由设计单位认可，并满足施工荷载的要求。

13.9.4 对大体积混凝土与超长结构混凝土原材料及配合比提出要求。

13.9.5 对大体积混凝土浇筑、振捣提出相关要求。

13.9.6 对大体积混凝土养护、测温提出相关要求。养护、测温的根本目的是控制混凝土内外温差。养护方法应考虑季节性特点。测温可采用人工测量、记录，目前很多工程已成功采用预埋温度电偶并利用计算机进行自动测温记录。测温结果应及时向有关技术人员报告，温差超出规定范围时应采取相应措施。

13.9.7 在超长结构混凝土施工中，采用留后浇带或跳仓法施工是防止和控制混凝土裂缝的主要措施之一。跳仓浇筑间隔时间不宜少于 7d。

13.10 混合结构施工

13.10.1 列举出混合结构的钢结构、混凝土结构、型钢混凝土结构等施工应符合的有关标准规范。

13.10.2 混合结构具有工序多、流程复杂、协同作业要求高等特点，施工中应加强各专业之间的协调与配合。

13.10.3 钢结构深化设计图是在工程施工图的基础上，考虑制作安装因素，将各专业所需要的埋件及孔洞，集中反映到构件加工详图上的技术文件。

钢结构深化设计应在钢结构施工图完成之后进行，根据施工图提供的构件位置、节点构造、构件安装内力及其他影响等，为满足加工要求形成构件加工图，并提交原设计单位确认。

13.10.4～13.10.6 明确了混合结构及其构件的施工顺序。

13.10.7 对钢框架-钢筋混凝土筒体结构施工提出进行结构时变分析要求，并控制变形差。

13.10.8～13.10.13 提出了钢管混凝土、型钢混凝土框架-钢筋混凝土筒体结构施工应注意的重点环节。

13.11 复杂混凝土结构施工

13.11.1 为保证复杂混凝土结构工程质量和施工安全，应编制专项施工方案。

13.11.2 提出了混凝土结构转换层、加强层的施工要求。需要注意的是，应根据转换层、加强层自重大的特点，对支撑体系设计和荷载传递路径等关键环节进行重点控制。

13.11.3～13.11.5 提出了悬挑结构、大底盘多塔楼结构、塔楼连接体的施工要求。

13.12 施 工 安 全

13.12.1 列出高层建筑施工安全应遵守的技术规范、规程。

13.12.2 附着式整体爬升脚手架应采用经住房和城乡建设部组织鉴定并发放生产和使用证的产品，并具有当地建筑安全监督管理部门发放的产品准用证。

13.12.3 高层建筑施工现场避雷要求高，避雷系统应覆盖整个施工现场。

13.12.4 高层建筑施工应严防高空坠落。安全网除应随施工楼层架设外，尚应在首层和每隔四层各设一道。

13.12.5 钢模板的吊装、运输、装拆、存放，必须稳固。模板安装就位后，应注意接地。

13.12.6 提出脚手架和工作平台施工安全要求。

13.12.7 提出高层建筑施工中上、下楼层通信联系要求。

13.12.8 提出施工现场防止火灾的消防设施要求。

13.12.9 对油漆和涂料的施工提出防火要求。

13.13 绿 色 施 工

13.13.1 对高层建筑施工组织设计和方案提出绿色施工及其培训的要求。

13.13.2 提出了混凝土耐久性和环保要求。

13.13.3～13.13.7 针对高层建筑施工，提出"四节一环保"要求。第13.13.7条的降尘措施如洒水、地面硬化、围挡、密网覆盖、封闭等；降噪措施包括：尽量使用低噪声机具，对噪声大的机械合理安排位置，采用吸声、消声、隔声、隔振等措施等。

附录 D 墙体稳定验算

根据国内研究成果并与德国《混凝土与钢筋混凝土结构设计和施工规范》DIN1045 的比较表明，对不同支承条件弹性墙肢的临界荷载，可表达为统一形式：

$$q_{cr} = \frac{\pi^2 E_c t^3}{12 l_0^3} \tag{7}$$

其中，计算长度 l_0 取为 βh，β 为计算长度系数，可根据墙肢的支承条件确定；h 为层高。

考虑到混凝土材料的弹塑性、荷载的长期性以及荷载偏心距等因素的综合影响，要求墙顶的竖向均布线荷载设计值不大于 $q_{cr}/8$，即 $\frac{E_c t^3}{10 (\beta h)^2}$。为保证安全，对 T 形、L 形、槽形和工字形剪力墙各墙肢，本附录第 D.0.3 条规定的计算长度系数大于理论值。

当剪力墙的截面高度或宽度较小且层高较大时，

其整体失稳可能先于各墙肢局部失稳，因此本附录第 D.0.4 条规定，对截面高度或宽度小于截面厚度的 2 倍和 800mm 的 T 形、L 形、槽形和工字形剪力墙，除按第 D.0.1～D.0.3 条规定验算墙肢局部稳定外，尚宜验算剪力墙的整体稳定性。

附录 F 圆形钢管混凝土构件设计

F.1 构件设计

F.1.1 本规程对圆型钢管混凝土柱承载力的计算采用基于实验的极限平衡理论，参见蔡绍怀著《现代钢管混凝土结构》（人民交通出版社，北京，2003），其主要特点是：

1）不以柱的某一临界截面作为考察对象，而以整长的钢管混凝土柱，即所谓单元柱，作为考察对象，视之为结构体系的基本元件。

2）应用极限平衡理论中的广义应力和广义应变概念，在试验观察的基础上，直接探讨单元柱在轴力 N 和柱端弯矩 M 这两个广义力共同作用下的广义屈服条件。

本规程将长径比 L/D 不大于 4 的钢管混凝土柱定义为短柱，可忽略其受压极限状态的压曲效应（即 P-δ 效应）影响，其轴心受压的破坏荷载（最大荷载）记为 N_0，是钢管混凝土柱承载力计算的基础。

短柱轴心受压极限承载力 N_0 的计算公式 (F.1.2-2)、(F.1.2-3) 系在总结国内外约 480 个试验资料的基础上，用极限平衡法导得的。试验结果和理论分析表明，该公式对于（a）钢管与核心混凝土同时受载，（b）仅核心混凝土直接受载，（c）钢管在弹性极限内预先受载，然后再与核心混凝土共同受载等加载方式均适用。

公式 (F.1.2-2)、(F.1.2-3) 右端的系数 0.9，是参照现行国家标准《混凝土结构设计规范》GB 50010，为提高包括螺旋箍筋柱在内的各种钢筋混凝土受压构件的安全度而引入的附加系数。

公式 (F.1.2-1) 的双系数乘积规律是根据中国建筑科学研究院的系列试验结果确定的。经用国内外大量试验结果（约 360 个）复核，证明该公式与试验结果符合良好。在压弯柱的承载力计算中，采用该公式后，可避免求解 M-N 相关方程，从而使计算大为简化，用双系数表达的承载力变化规律也更为直观。

值得强调指出，套箍效应使钢管混凝土柱的承载力较普通钢筋混凝土柱有大幅度提高（可达 30%～50%），相应地，在使用荷载下的材料使用应力也有同样幅度的提高。经试验观察和理论分析证明，在规程规定的套箍指标 θ 不大于 3 和规程所设置的安全度

水平内，钢管混凝土柱在使用荷载下仍然处于弹性工作阶段，符合极限状态设计原则的基本要求，不会影响其使用质量。

F.1.3 由极限平衡理论可知，钢管混凝土标准单元柱在轴力 N 和端弯矩 M 共同作用下的广义屈服条件，在 M-N 直角坐标系中是一条外凸曲线，并可足够精确地简化为两条直线 AB 和 BC（图18）。其中 A 为轴心受压；C 为纯弯受力状态，由试验数据得纯弯时的抗弯强度取 $M_0 = 0.3N_0r_c$；B 为大小偏心受压的分界点，$\dfrac{e_0}{r_c} = 1.55$，$M_u = M_l = 0.4N_0r_c$。

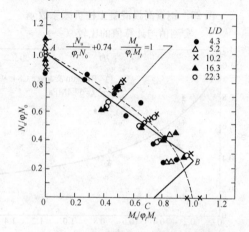

图 18　M-N 相关曲线（根据中国建筑科学研究院的试验资料）

定义 $\varphi_e = \dfrac{N_u}{\varphi_l N_0}$，经简单变换后，即得：

AB 段 $\left(\dfrac{e_0}{r_c} < 1.55\right)$，$\varphi_e = \dfrac{N_u}{\varphi_l N_0} = \dfrac{1}{1 + 1.85\dfrac{e_0}{r_c}}$

$$\tag{8}$$

BC 段 $\left(\dfrac{e_0}{r_c} \geqslant 1.55\right)$，$\varphi_e = \dfrac{N_u}{\varphi_l N_0} = \dfrac{0.3}{\dfrac{e_0}{r_c} - 0.4}$　(9)

此即公式 (F.1.3-1) 和 (F.1.3-3)。

公式 (F.1.3-1) 与试验实测值的比较见图19～图21。

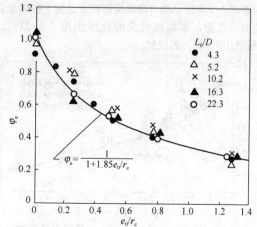

图 19　折减系数 φ_e 与偏心率的相关曲线（根据中国建筑科学研究院的试验资料）

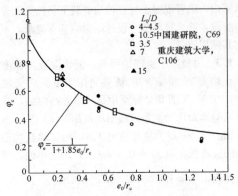

图 20 钢管高强混凝土柱折减系数 φ_e
实测值与计算值的比较（一）

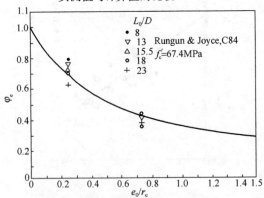

图 21 钢管高强混凝土柱折减系数 φ_e
实测值与计算值的比较（二）

F.1.4 规程公式（F.1.4-1）是总结国内外大量试验结果（约 340 个）得出的经验公式。对于普通混凝土，$L_0/D \leqslant 50$ 在的范围内，对于高强混凝土，在 $L_0/D \leqslant 20$ 的范围内，该公式的计算值与试验实测值均符合良好（图 22、23）。从现有的试验数据看，钢管径厚比 D/t，钢材品种以及混凝土强度等级或套箍指标等的变化，对 φ_l 值的影响无明显规律，其变化幅度都在试验结果的离散程度以内，故公式中对这些因素都不予考虑。为合理地发挥钢管混凝土抗压承载能力的优势，本规程对柱的长径比作了 $L/D \leqslant 20$（长细比 $\lambda \leqslant 80$）的限制。

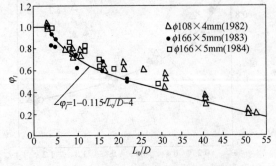

图 22 长细比对轴心受压柱承载能力的影响
（中国建筑科学研究院结构所的试验）

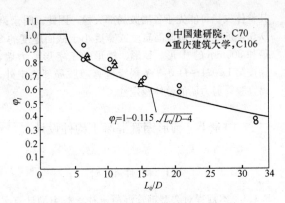

图 23 考虑长细比影响的折减系数试验值
与计算曲线比较（高强混凝土）

F.1.5、F.1.6 本条的等效计算长度考虑了柱端约束条件（转动和侧移）和沿柱身弯矩分布梯度等因素对柱承载力的影响。

柱端约束条件的影响，借引入"计算长度"的办法予以考虑，与现行国家标准《钢结构设计规范》GB 50017 所采用的办法完全相同。

为考虑沿柱身弯矩分布梯度的影响，在实用上可采用等效标准单元柱的办法予以考虑。即将各种一次弯矩分布图不为矩形的两端铰支柱以及悬臂柱等非标准柱转换为具有相同承载力的一次弯矩分布图呈矩形的等效标准柱。我国现行国家标准《钢结构设计规范》GB 50017 和国外的一些结构设计规范，例如美国 ACI 混凝土结构规范，采用的是等效弯矩法，即将非标准柱的较大端弯矩予以缩减，取等效弯矩系数 c 不大于 1，相应的柱长保持不变（图 24a）；本规程采用的则是等效长度法，即将非标准柱的长度予以缩减，取等效长度系数 k 不大于 1，相应的柱端较大弯矩 M_2 保持不变（图 24b）。两种处理办法的效果应该是相同的。本规程采用等效长度法，在概念上更为直观，对于在实验中观察到的双曲压弯下的零挠度点漂移现象，更易于解释。

本条所列的等效长度系数公式，是根据中国建筑科学研究院专门的试验结果建立的经验公式。

F.1.7 虽然钢管混凝土柱的优势在抗压，只宜作受压构件，但在个别特殊工况下，钢管混凝土柱也可能有处于拉弯状态的时候。为验算这种工况下的安全性，本规程假定钢管混凝土柱的 N-M 曲线在拉弯区为直线，给出了以钢管混凝土纯弯状态和轴心受拉状态时的承载力为基础的相关公式，其中纯弯承载力与压弯公式中的纯弯承载力相同，轴心受拉承载力仅考虑钢管的作用。

F.1.8、F.1.9 钢管混凝土中的钢管，是一种特殊形式的配筋，系三维连续的配筋场，既是纵筋，又是横向箍筋，无论构件受到压、拉、弯、剪、扭等何种作用，钢管均可随着应变场的变化而自行调节变换其配筋功能。一般情况下，钢管混凝土柱主要受压弯作

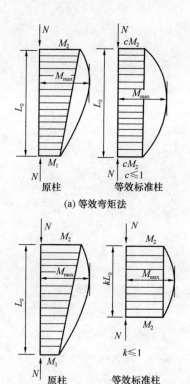

图 24 非标准单元柱的两种等效转换法

用，在按压弯构件确定了柱的钢管规格和套箍指标后，其抗剪配筋场亦相应确定，无须像普通钢筋混凝土构件那样另做抗剪配筋设计。以往的试验观察表明，钢管混凝土柱在剪跨柱径比 a/D 大于 2 时，都是弯曲型破坏。在一般建筑工程中的钢管混凝土框架柱，其高度与柱径之比（即剪跨柱径比）大都在 3 以上，横向抗剪问题不突出。在某些情况下，例如钢管混凝土柱之间设有斜撑的节点处，大跨重载梁的梁柱节点区等，仍可能出现影响设计的钢管混凝土小剪跨抗剪问题。为解决这一问题，中国建筑科学研究院进行了专门的抗剪试验研究，本条的计算公式（F.1.9-1）和（F.1.9-2）即系根据这批试验结果提出的，适用于横向剪力以压力方式作用于钢管外壁的情况。

F.1.10～F.1.12 众所周知，对混凝土配置螺旋箍筋或横向方格钢筋网片，形成所谓套箍混凝土，可显著提高混凝土的局部承压强度。钢管混凝土是一种特殊形式的套箍混凝土，其钢管具有类似螺旋箍筋的功能，显然也应具有较高的局部承压强度。钢管混凝土的局部承压可分为中央部位的局部承压和组合界面附近的局部承压两类。中国建筑科学研究院的试验研究表明，在上述两类局部承压下的钢管混凝土强度提高系数亦服从与面积比的平方根成线性关系的规律。

第 F.1.12 条的公式可用于抗剪连接件的承载力计算，其中所指的柔性抗剪连接件包括节点构造中采用的内加强环、环形隔板、钢筋环和焊钉等。至于内衬管段和穿心牛腿（承重销）则应视为刚性抗剪连接件。

当局压强度不足时，可将局压区段管壁加厚予以补强，这比局部配置螺旋箍筋更简便些。局压区段的长度可取为钢管直径的 1.5 倍。

F.2 连 接 设 计

F.2.1 外加强环可以拼接，拼接处的对接焊缝必须与母材等强。

F.2.2 采用内加强环连接时，梁与柱之间最好通过悬臂梁段连接。悬臂梁段在工厂与钢管采用全焊连接，即梁翼缘与钢管壁采用全熔透坡口焊缝连接、梁腹板与为钢管壁采用角焊缝连接；悬臂梁段在现场与梁拼接，可以采用栓焊连接，也可以采用全螺栓连接。采用不等截面悬臂梁段，即翼缘端部加宽或腹板加腋或同时翼缘端部加宽和腹板加腋，可以有效转移塑性铰，避免悬臂梁段与钢管的连接破坏。

F.2.3 本规程中钢筋混凝土梁与钢管混凝土柱的连接方式分别针对管外剪力传递和管外弯矩传递两个方面做了具体规定，在相应条文的图示中只针对剪力传递或弯矩传递的一个方面做了表示，工程中的连接节点可以根据工程特点采用不同的剪力和弯矩传递方式进行组合。

F.2.8 井字双梁与钢管之间浇筑混凝土，是为了确保节点上各梁端的不平衡弯矩能传递给柱。

F.2.9 规定了钢筋混凝土环梁的构造要求，目的是使框架梁端弯矩能平稳地传递给钢管混凝土柱，并使环梁不先于框架梁端出现塑性铰。

F.2.10 "穿筋单梁"节点增设内衬管或外套管，是为了弥补钢管开孔所造成的管壁削弱。穿筋后，孔与筋的间隙可以补焊。条件许可时，框架梁端可水平加腋，并令梁的部分纵筋从柱侧绕过，以减少穿筋的数量。

中华人民共和国国家标准

建筑设计防火规范

Code for fire protection design of buildings

GB 50016—2014

主编部门：中华人民共和国公安部
批准部门：中华人民共和国住房和城乡建设部
施行日期：２０１５ 年 ５ 月 １ 日

中华人民共和国住房和城乡建设部
公 告

第 517 号

住房城乡建设部关于发布国家标准
《建筑设计防火规范》的公告

现批准《建筑设计防火规范》为国家标准，编号为 GB 50016—2014，自 2015 年 5 月 1 日起实施。其中，第 3.2.2、3.2.3、3.2.4、3.2.7、3.2.9、3.2.15、3.3.1、3.3.2、3.3.4、3.3.5、3.3.6（2）、3.3.8、3.3.9、3.4.1、3.4.2、3.4.4、3.4.9、3.5.1、3.5.2、3.6.2、3.6.6、3.6.8、3.6.11、3.6.12、3.7.2、3.7.3、3.7.6、3.8.2、3.8.3、3.8.7、4.1.2、4.1.3、4.2.1、4.2.2、4.2.3、4.2.5（3、4、5、6）、4.3.1、4.3.2、4.3.3、4.3.8、4.4.1、4.4.2、4.4.5、5.1.3、5.1.4、5.2.2、5.2.6、5.3.1、5.3.2、5.3.4、5.3.5、5.4.2、5.4.3、5.4.4（1、2、3、4）、5.4.5、5.4.6、5.4.9（1、4、5、6）、5.4.10（1、2）、5.4.11、5.4.12、5.4.13（2、3、4、5、6）、5.4.15（1、2）、5.4.17（1、2、3、4、5）、5.5.8、5.5.12、5.5.13、5.5.15、5.5.16（1）、5.5.17、5.5.18、5.5.21（1、2、3、4）、5.5.23、5.5.24、5.5.25、5.5.26、5.5.29、5.5.30、5.5.31、6.1.1、6.1.2、6.1.5、6.1.7、6.2.2、6.2.4、6.2.5、6.2.6、6.2.7、6.2.9（1、2、3）、6.3.5、6.4.1（2、3、4、5、6）、6.4.2、6.4.3（1、3、4、5、6）、6.4.4、6.4.5、6.4.10、6.4.11、6.6.2、6.7.2、6.7.4、6.7.5、6.7.6、7.1.2、7.1.3、7.1.8（1、2、3）、7.2.1、7.2.2（1、2、3）、7.2.3、7.2.4、7.3.1、7.3.2、7.3.5（2、3、4）、7.3.6、8.1.2、8.1.3、8.1.6、8.1.7（1、3、4）、8.1.8、8.2.1、8.3.1、8.3.2、8.3.3、8.3.4、8.3.5、8.3.7、8.3.8、8.3.9、8.3.10、8.4.1、8.4.3、8.5.1、8.5.2、8.5.3、8.5.4、9.1.2、9.1.3、9.1.4、9.2.2、9.2.3、9.3.2、9.3.5、9.3.8、9.3.9、9.3.11、9.3.16、10.1.1、10.1.2、10.1.5、10.1.6、10.1.8、10.1.10（1、2）、10.2.1、10.2.4、10.3.1、10.3.2、10.3.3、11.0.3、11.0.4、11.0.7（2、3、4）、11.0.9、11.0.10、12.1.3、12.1.4、12.3.1、12.5.1、12.5.4 条（款）为强制性条文，必须严格执行。原《建筑设计防火规范》GB 50016—2006 和《高层民用建筑设计防火规范》GB 50045—95 同时废止。

本规范由我部标准定额研究所组织中国计划出版社出版发行。

中华人民共和国住房和城乡建设部
2014 年 8 月 27 日

前　　言

本规范是根据住房城乡建设部《关于印发〈2007年工程建设标准规范制订、修订计划（第一批）〉的通知》（建标〔2007〕125 号）和《关于调整〈建筑设计防火规范〉、〈高层民用建筑设计防火规范〉修订项目计划的函》（建标〔2009〕94 号），由公安部天津消防研究所、四川消防研究所会同有关单位，在《建筑设计防火规范》GB 50016—2006 和《高层民用建筑设计防火规范》GB 50045—95（2005 年版）的基础上，经整合修订而成。

本规范在修订过程中，遵循国家有关基本建设的方针政策，贯彻"预防为主，防消结合"的消防工作方针，深刻吸取近年来我国重特大火灾事故教训，认真总结国内外建筑防火设计实践经验和消防科技成果，深入调研工程建设发展中出现的新情况、新问题和规范执行过程中遇到的疑难问题，认真研究借鉴发达国家经验，开展了大量课题研究、技术研讨和必要的试验，广泛征求了有关设计、生产、建设、科研、教学和消防监督等单位意见，最后经审查定稿。

本规范共分 12 章和 3 个附录，主要内容有：生产和储存的火灾危险性分类、高层建筑的分类要求，厂房、仓库、住宅建筑和公共建筑等工业与民用建筑的建筑耐火等级分级及其建筑构件的耐火极限、平面布置、防火分区、防火分隔、建筑防火构造、防火间距和消防设施设置的基本要求，工业建筑防爆的基本措施与要求；工业与民用建筑的疏散距离、疏散宽度、疏散楼梯设置形式、应急照明和疏散指示标志以及安全出口和疏散门设置的基本要求；甲、乙、丙类液体、气体储罐（区）和可燃材料堆场的防火间距、成组布置和储量的基本要求；木结构建筑和城市交通隧道工程防火设计的基本要求；满足灭火救援要求设置的救援场地、消防车道、消防电梯等设施的基本要求；建筑供暖、通风、空气调节和电气等方面的防火要求以及消防用电设备的电源与配电线路等基本要求。

与《建筑设计防火规范》GB 50016—2006 和《高层民用建筑设计防火规范》GB 50045—95（2005年版）相比，本规范主要有以下变化：

1. 合并了《建筑设计防火规范》和《高层民用建筑设计防火规范》，调整了两项标准间不协调的要求。将住宅建筑统一按照建筑高度进行分类。

2. 增加了灭火救援设施和木结构建筑两章，完善了有关灭火救援的要求，系统规定了木结构建筑的防火要求。

3. 补充了建筑保温系统的防火要求。

4. 对消防设施的设置作出明确规定并完善了有关内容；有关消防给水系统、室内外消火栓系统和防烟排烟系统设计的要求分别由相应的国家标准作出规定。

5. 适当提高了高层住宅建筑和建筑高度大于100m 的高层民用建筑的防火要求。

6. 补充了有顶商业步行街两侧的建筑利用该步行街进行安全疏散时的防火要求；调整、补充了建材、家具、灯饰商店营业厅和展览厅的设计疏散人员密度。

7. 补充了地下仓库、物流建筑、大型可燃气体储罐（区）、液氨储罐、液化天然气储罐的防火要求，调整了液氧储罐等的防火间距。

8. 完善了防止建筑火灾竖向或水平蔓延的相关要求。

本规范中以黑体字标志的条文为强制性条文，必须严格执行。

本规范由住房城乡建设部负责管理和对强制性条文的解释，公安部负责日常管理，公安部消防局组织天津消防研究所、四川消防研究所负责具体技术内容的解释。

鉴于本规范是一项综合性的防火技术标准，政策性和技术性强，涉及面广，希望各单位结合工程实践和科学研究认真总结经验，注意积累资料，在执行过程中如有意见、建议和问题，请径寄公安部消防局（地址：北京市西城区广安门南街 70 号，邮政编码：100054），以便今后修订时参考和组织公安部天津消防研究所、四川消防研究所作出解释。

本规范主编单位、参编单位、主要起草人和主要审查人：

主 编 单 位： 公安部天津消防研究所
公安部四川消防研究所

参 编 单 位： 中国建筑科学研究院
中国建筑东北设计研究院有限公司
中国中元国际工程有限公司
中国市政工程华北设计研究院
中国中轻国际工程有限公司
中国寰球化学工程公司
中国建筑设计研究院
公安部沈阳消防研究所
北京市建筑设计研究院
天津市建筑设计院
清华大学建筑设计研究院
东北电力设计院

华东建筑设计研究院有限公司 　李引擎　曾　杰　刘祖玲
上海隧道工程轨道交通设计研究院 　郭树林　丁宏军　沈友弟
北京市公安消防总队 　陈云玉　谢树俊　郑　实
上海市公安消防总队 　刘建华　黄晓家　李向东
天津市公安消防总队 　张凤新　宋孝春　寇九贵
四川省公安消防总队 　郑铁一
陕西省公安消防总队 主要审查人：方汝清　张耀泽　赵　锂
辽宁省公安消防总队 　刘跃红　张树平　张福麟
福建省公安消防总队 　何任飞　金鸿祥　王庆生
主要起草人：杜兰萍　马　恒　倪照鹏 　吴　华　潘一平　苏　丹
　卢国建　沈　纹　王宗存 　夏卫平　江　刚　党　杰
　黄德祥　邱培芳　张　磊 　郭　景　范　珑　杨西伟
　王　炯　杜　霞　王金元 　胡小媛　朱冬青　龙卫国
　高建民　郑晋丽　周　详 　黄小坤
　宋晓勇　赵克伟　晁海鸥

目　次

Contents

1 总 则

1.0.1 为了预防建筑火灾，减少火灾危害，保护人身和财产安全，制定本规范。

1.0.2 本规范适用于下列新建、扩建和改建的建筑：

　　1 厂房；

　　2 仓库；

　　3 民用建筑；

　　4 甲、乙、丙类液体储罐（区）；

　　5 可燃、助燃气体储罐（区）；

　　6 可燃材料堆场；

　　7 城市交通隧道。

　　人民防空工程、石油和天然气工程、石油化工工程和火力发电厂与变电站等的建筑防火设计，当有专门的国家标准时，宜从其规定。

1.0.3 本规范不适用于火药、炸药及其制品厂房（仓库）、花炮厂房（仓库）的建筑防火设计。

1.0.4 同一建筑内设置多种使用功能场所时，不同使用功能场所之间应进行防火分隔，该建筑及其各功能场所的防火设计应根据本规范的相关规定确定。

1.0.5 建筑防火设计应遵循国家的有关方针政策，针对建筑及其火灾特点，从全局出发，统筹兼顾，做到安全适用、技术先进、经济合理。

1.0.6 建筑高度大于 250m 的建筑，除应符合本规范的要求外，尚应结合实际情况采取更加严格的防火措施，其防火设计应提交国家消防主管部门组织专题研究、论证。

1.0.7 建筑防火设计除应符合本规范的规定外，尚应符合国家现行有关标准的规定。

2 术语、符号

2.1 术 语

2.1.1 高层建筑 high-rise building

　　建筑高度大于 27m 的住宅建筑和建筑高度大于 24m 的非单层厂房、仓库和其他民用建筑。

　　注：建筑高度的计算应符合本规范附录 A 的规定。

2.1.2 裙房 podium

　　在高层建筑主体投影范围外，与建筑主体相连且建筑高度不大于 24m 的附属建筑。

2.1.3 重要公共建筑 important public building

　　发生火灾可能造成重大人员伤亡、财产损失和严重社会影响的公共建筑。

2.1.4 商业服务网点 commercial facilities

　　设置在住宅建筑的首层或首层及二层，每个分隔单元建筑面积不大于 300m² 的商店、邮政所、储蓄所、理发店等小型营业性用房。

2.1.5 高架仓库 high rack storage

　　货架高度大于 7m 且采用机械化操作或自动化控制的货架仓库。

2.1.6 半地下室 semi-basement

　　房间地面低于室外设计地面的平均高度大于该房间平均净高 1/3，且不大于 1/2 者。

2.1.7 地下室 basement

　　房间地面低于室外设计地面的平均高度大于该房间平均净高 1/2 者。

2.1.8 明火地点 open flame location

　　室内外有外露火焰或赤热表面的固定地点（民用建筑内的灶具、电磁炉等除外）。

2.1.9 散发火花地点 sparking site

　　有飞火的烟囱或进行室外砂轮、电焊、气焊、气割等作业的固定地点。

2.1.10 耐火极限 fire resistance rating

　　在标准耐火试验条件下，建筑构件、配件或结构从受到火的作用时起，至失去承载能力、完整性或隔热性时止所用时间，用小时表示。

2.1.11 防火隔墙 fire partition wall

　　建筑内防止火灾蔓延至相邻区域且耐火极限不低于规定要求的不燃性墙体。

2.1.12 防火墙 fire wall

　　防止火灾蔓延至相邻建筑或相邻水平防火分区且耐火极限不低于 3.00h 的不燃性墙体。

2.1.13 避难层（间） refuge floor（room）

　　建筑内用于人员暂时躲避火灾及其烟气危害的楼层（房间）。

2.1.14 安全出口 safety exit

　　供人员安全疏散用的楼梯间和室外楼梯的出入口或直通室内外安全区域的出口。

2.1.15 封闭楼梯间 enclosed staircase

　　在楼梯间入口处设置门，以防止火灾的烟和热气进入的楼梯间。

2.1.16 防烟楼梯间 smoke-proof staircase

　　在楼梯间入口处设置防烟的前室、开敞式阳台或凹廊（统称前室）等设施，且通向前室和楼梯间的门均为防火门，以防止火灾的烟和热气进入的楼梯间。

2.1.17 避难走道 exit passageway

　　采取防烟措施且两侧设置耐火极限不低于 3.00h 的防火隔墙，用于人员安全通行至室外的走道。

2.1.18 闪点 flash point

　　在规定的试验条件下，可燃性液体或固体表面产生的蒸气与空气形成的混合物，遇火源能够闪燃的液体或固体的最低温度（采用闭杯法测定）。

2.1.19 爆炸下限 lower explosion limit

　　可燃的蒸气、气体或粉尘与空气组成的混合物，遇火源即能发生爆炸的最低浓度。

2.1.20 沸溢性油品 boil-over oil

含水并在燃烧时可产生热波作用的油品。

2.1.21 防火间距 fire separation distance

防止着火建筑在一定时间内引燃相邻建筑，便于消防扑救的间隔距离。

注：防火间距的计算方法应符合本规范附录B的规定。

2.1.22 防火分区 fire compartment

在建筑内部采用防火墙、楼板及其他防火分隔设施分隔而成，能在一定时间内防止火灾向同一建筑的其余部分蔓延的局部空间。

2.1.23 充实水柱 full water spout

从水枪喷嘴起至射流90%的水柱水量穿过直径380mm圆孔处的一段射流长度。

2.2 符　号

A——泄压面积；

C——泄压比；

D——储罐的直径；

DN——管道的公称直径；

ΔH——建筑高差；

L——隧道的封闭段长度；

N——人数；

n——座位数；

K——爆炸特征指数；

V——建筑物、堆场的体积，储罐、瓶组的容积或容量；

W——可燃材料堆场或粮食筒仓、席穴囤、土圆仓的储量。

3 厂房和仓库

3.1 火灾危险性分类

3.1.1 生产的火灾危险性应根据生产中使用或产生的物质性质及其数量等因素划分，可分为甲、乙、丙、丁、戊类，并应符合表3.1.1的规定。

表3.1.1　生产的火灾危险性分类

生产的火灾危险性类别	使用或产生下列物质生产的火灾危险性特征
甲	1. 闪点小于28℃的液体； 2. 爆炸下限小于10%的气体； 3. 常温下能自行分解或在空气中氧化能导致迅速自燃或爆炸的物质； 4. 常温下受水或空气中水蒸气的作用，能产生可燃气体并引起燃烧或爆炸的物质； 5. 遇酸、受热、撞击、摩擦、催化以及遇有机物或硫黄等易燃的无机物，极易引起燃烧或爆炸的强氧化剂； 6. 受撞击、摩擦或与氧化剂、有机物接触时能引起燃烧或爆炸的物质； 7. 在密闭设备内操作温度不小于物质本身自燃点的生产

生产的火灾危险性类别	使用或产生下列物质生产的火灾危险性特征
乙	1. 闪点不小于28℃，但小于60℃的液体； 2. 爆炸下限不小于10%的气体； 3. 不属于甲类的氧化剂； 4. 不属于甲类的易燃固体； 5. 助燃气体； 6. 能与空气形成爆炸性混合物的浮游状态的粉尘、纤维、闪点不小于60℃的液体雾滴
丙	1. 闪点不小于60℃的液体； 2. 可燃固体
丁	1. 对不燃烧物质进行加工，并在高温或熔化状态下经常产生强辐射热、火花或火焰的生产； 2. 利用气体、液体、固体作为燃料或将气体、液体进行燃烧作其他用的各种生产； 3. 常温下使用或加工难燃烧物质的生产
戊	常温下使用或加工不燃烧物质的生产

3.1.2 同一座厂房或厂房的任一防火分区内有不同火灾危险性生产时，厂房或防火分区内的生产火灾危险性类别应按火灾危险性较大的部分确定；当生产过程中使用或产生易燃、可燃物的量较少，不足以构成爆炸或火灾危险时，可按实际情况确定；当符合下述条件之一时，可按火灾危险性较小的部分确定：

1 火灾危险性较大的生产部分占本层或本防火分区建筑面积的比例小于5%或丁、戊类厂房内的油漆工段小于10%，且发生火灾事故时不足以蔓延至其他部位或火灾危险性较大的生产部分采取了有效的防火措施；

2 丁、戊类厂房内的油漆工段，当采用封闭喷漆工艺，封闭喷漆空间内保持负压、油漆工段设置可燃气体探测报警系统或自动抑爆系统，且油漆工段占所在防火分区建筑面积的比例不大于20%。

3.1.3 储存物品的火灾危险性应根据储存物品的性质和储存物品中的可燃物数量等因素划分，可分为甲、乙、丙、丁、戊类，并应符合表3.1.3的规定。

表3.1.3　储存物品的火灾危险性分类

储存物品的火灾危险性类别	储存物品的火灾危险性特征
甲	1. 闪点小于28℃的液体； 2. 爆炸下限小于10%的气体，受到水或空气中水蒸气的作用能产生爆炸下限小于10%气体的固体物质； 3. 常温下能自行分解或在空气中氧化能导致迅速自燃或爆炸的物质； 4. 常温下受到水或空气中水蒸气的作用，能产生可燃气体并引起燃烧或爆炸的物质； 5. 遇酸、受热、撞击、摩擦以及遇有机物或硫黄等易燃的无机物，极易引起燃烧或爆炸的强氧化剂； 6. 受撞击、摩擦或与氧化剂、有机物接触时能引起燃烧或爆炸的物质

续表 3.1.3

储存物品的火灾危险性类别	储存物品的火灾危险性特征
乙	1. 闪点不小于 28℃，但小于 60℃ 的液体； 2. 爆炸下限不小于 10% 的气体； 3. 不属于甲类的氧化剂； 4. 不属于甲类的易燃固体； 5. 助燃气体； 6. 常温下与空气接触能缓慢氧化，积热不散引起自燃的物品
丙	1. 闪点不小于 60℃ 的液体； 2. 可燃固体
丁	难燃烧物品
戊	不燃烧物品

3.1.4 同一座仓库或仓库的任一防火分区内储存不同火灾危险性物品时，仓库或防火分区的火灾危险性应按火灾危险性最大的物品确定。

3.1.5 丁、戊类储存物品仓库的火灾危险性，当可燃包装重量大于物品本身重量 1/4 或可燃包装体积大于物品本身体积的 1/2 时，应按丙类确定。

3.2 厂房和仓库的耐火等级

3.2.1 厂房和仓库的耐火等级可分为一、二、三、四级，相应建筑构件的燃烧性能和耐火极限，除本规范另有规定外，不应低于表 3.2.1 的规定。

表 3.2.1 不同耐火等级厂房和仓库建筑构件的燃烧性能和耐火极限（h）

构件名称		耐火等级			
		一级	二级	三级	四级
墙	防火墙	不燃性 3.00	不燃性 3.00	不燃性 3.00	不燃性 3.00
	承重墙	不燃性 3.00	不燃性 2.50	不燃性 2.00	难燃性 0.50
	楼梯间和前室的墙电梯井的墙	不燃性 2.00	不燃性 2.00	不燃性 1.50	难燃性 0.50
	疏散走道两侧的隔墙	不燃性 1.00	不燃性 1.00	不燃性 0.50	难燃性 0.25
	非承重外墙房间隔墙	不燃性 0.75	不燃性 0.50	难燃性 0.50	难燃性 0.25
柱		不燃性 3.00	不燃性 2.50	不燃性 2.00	难燃性 0.50
梁		不燃性 2.00	不燃性 1.50	不燃性 1.00	难燃性 0.50
楼板		不燃性 1.50	不燃性 1.00	不燃性 0.75	难燃性 0.50

续表 3.2.1

构件名称	耐火等级			
	一级	二级	三级	四级
屋顶承重构件	不燃性 1.50	不燃性 1.00	难燃性 0.50	可燃性
疏散楼梯	不燃性 1.50	不燃性 1.00	不燃性 0.75	可燃性
吊顶（包括吊顶搁栅）	不燃性 0.25	难燃性 0.25	难燃性 0.15	可燃性

注：二级耐火等级建筑内采用不燃材料的吊顶，其耐火极限不限。

3.2.2 高层厂房，甲、乙类厂房的耐火等级不应低于二级，建筑面积不大于 300m² 的独立甲、乙类单层厂房可采用三级耐火等级的建筑。

3.2.3 单、多层丙类厂房和多层丁、戊类厂房的耐火等级不应低于三级。

使用或产生丙类液体的厂房和有火花、赤热表面、明火的丁类厂房，其耐火等级均不应低于二级，当为建筑面积不大于 500m² 的单层丙类厂房或建筑面积不大于 1000m² 的单层丁类厂房时，可采用三级耐火等级的建筑。

3.2.4 使用或储存特殊贵重的机器、仪表、仪器等设备或物品的建筑，其耐火等级不应低于二级。

3.2.5 锅炉房的耐火等级不应低于二级，当为燃煤锅炉房且锅炉的总蒸发量不大于 4t/h 时，可采用三级耐火等级的建筑。

3.2.6 油浸变压器室、高压配电装置室的耐火等级不应低于二级，其他防火设计应符合现行国家标准《火力发电厂与变电站设计防火规范》GB 50229 等标准的规定。

3.2.7 高架仓库、高层仓库、甲类仓库、多层乙类仓库和储存可燃液体的多层丙类仓库，其耐火等级不应低于二级。

单层乙类仓库，单层丙类仓库，储存可燃固体的多层丙类仓库和多层丁、戊类仓库，其耐火等级不应低于三级。

3.2.8 粮食筒仓的耐火等级不应低于二级；二级耐火等级的粮食筒仓可采用钢板仓。

粮食平房仓的耐火等级不应低于三级；二级耐火等级的散装粮食平房仓可采用无防火保护的金属承重构件。

3.2.9 甲、乙类厂房和甲、乙、丙类仓库内的防火墙，其耐火极限不应低于 4.00h。

3.2.10 一、二级耐火等级单层厂房（仓库）的柱，其耐火极限分别不应低于 2.50h 和 2.00h。

3.2.11 采用自动喷水灭火系统全保护的一级耐火等级单、多层厂房（仓库）的屋顶承重构件，其耐火极限不应低于 1.00h。

3.2.12 除甲、乙类仓库和高层仓库外，一、二级耐火等级建筑的非承重外墙，当采用不燃性墙体时，其耐火极限不应低于0.25h；当采用难燃性墙体时，不应低于0.50h。

4层及4层以下的一、二级耐火等级丁、戊类地上厂房（仓库）的非承重外墙，当采用不燃性墙体时，其耐火极限不限。

3.2.13 二级耐火等级厂房（仓库）内的房间隔墙，当采用难燃性墙体时，其耐火极限应提高0.25h。

3.2.14 二级耐火等级多层厂房和多层仓库内采用预应力钢筋混凝土的楼板，其耐火极限不应低于0.75h。

3.2.15 一、二级耐火等级厂房（仓库）的上人平屋顶，其屋面板的耐火极限分别不应低于1.50h和1.00h。

3.2.16 一、二级耐火等级厂房（仓库）的屋面板应采用不燃材料。

屋面防水层宜采用不燃、难燃材料，当采用可燃防水材料且铺设在可燃、难燃保温材料上时，防水材料或可燃、难燃保温材料应采用不燃材料作防护层。

3.2.17 建筑中的非承重外墙、房间隔墙和屋面板，当确需采用金属夹芯板材时，其芯材应为不燃材料，且耐火极限应符合本规范有关规定。

3.2.18 除本规范另有规定外，以木柱承重且墙体采用不燃材料的厂房（仓库），其耐火等级可按四级确定。

3.2.19 预制钢筋混凝土构件的节点外露部位，应采取防火保护措施，且节点的耐火极限不应低于相应构件的耐火极限。

3.3 厂房和仓库的层数、面积和平面布置

3.3.1 除本规范另有规定外，厂房的层数和每个防火分区的最大允许建筑面积应符合表3.3.1的规定。

表3.3.1 厂房的层数和每个防火分区的最大允许建筑面积

生产的火灾危险性类别	厂房的耐火等级	最多允许层数	每个防火分区的最大允许建筑面积（m²）			
			单层厂房	多层厂房	高层厂房	地下或半地下厂房（包括地下或半地下室）
甲	一级	宜采用单层	4000	3000	—	—
	二级		3000	2000	—	—
乙	一级	不限	5000	4000	2000	—
	二级	6	4000	3000	1500	—
丙	一级	不限	不限	6000	3000	500
	二级	不限	8000	4000	2000	500
	三级	2	3000	2000	—	—
丁	一、二级	不限	不限	不限	4000	1000
	三级	3	4000	2000	—	—
	四级	1	1000	—	—	—
戊	一、二级	不限	不限	不限	6000	1000
	三级	3	5000	3000	—	—
	四级	1	1500	—	—	—

注：1 防火分区之间应采用防火墙分隔。除甲类厂房外的一、二级耐火等级厂房，当其防火分区的建筑面积大于本表规定，且设置防火墙确有困难时，可采用防火卷帘或防火分隔水幕分隔。采用防火卷帘时，应符合本规范第6.5.3条的规定；采用防火分隔水幕时，应符合现行国家标准《自动喷水灭火系统设计规范》GB 50084的规定。

2 除麻纺厂房外，一级耐火等级的多层纺织厂房和二级耐火等级的单、多层纺织厂房，其每个防火分区的最大允许建筑面积可按本表的规定增加0.5倍，但厂房内的原棉开包、清花车间与厂房内其他部位之间均应采用耐火极限不低于2.50h的防火隔墙分隔，需要开设门、窗、洞口时，应设置甲级防火门、窗。

3 一、二级耐火等级的单、多层造纸生产联合厂房，其每个防火分区的最大允许建筑面积可按本表的规定增加1.5倍。一、二级耐火等级的湿式造纸联合厂房，当纸机烘缸罩内设置自动灭火系统，完成工段设置有效灭火设施保护时，其每个防火分区的最大允许建筑面积可按工艺要求确定。

4 一、二级耐火等级的谷物筒仓工作塔，当每层工作人数不超过2人时，其层数不限。

5 一、二级耐火等级卷烟生产联合厂房内的原料、备料及成组配方、制丝、储丝和卷接包、辅料周转、成品暂存、二氧化碳膨胀烟丝等生产用房应划分独立的防火分隔单元，当工艺条件许可时，应采用防火墙进行分隔。其中制丝、储丝和卷接包车间可划分为一个防火分区，每个防火分区的最大允许建筑面积可按工艺要求确定，但制丝、储丝及卷接包车间之间采用耐火极限不低于2.00h的防火隔墙和1.00h的楼板进行分隔。厂房内各水平和竖向防火分隔之间的开口应采取防止火灾蔓延的措施。

6 厂房内的操作平台、检修平台，当使用人数少于10人时，平台的面积可不计入所在防火分区的建筑面积内。

7 "—"表示不允许。

3.3.2 除本规范另有规定外，仓库的层数和面积应符合表3.3.2的规定。

表3.3.2 仓库的层数和面积

储存物品的火灾危险性类别		仓库的耐火等级	最多允许层数	每座仓库的最大允许占地面积和每个防火分区的最大允许建筑面积（m²）						
				单层仓库		多层仓库		高层仓库		地下或半地下仓库（包括地下或半地下室）
				每座仓库	防火分区	每座仓库	防火分区	每座仓库	防火分区	防火分区
甲	3、4项	一级	1	180	60	—	—	—	—	—
	1、2、5、6项	一、二级	1	750	250	—	—	—	—	—
乙	1、3、4项	一、二级	3	2000	500	900	300	—	—	—
		三级	1	500	250	—	—	—	—	—
	2、5、6项	一、二级	5	2800	700	1500	500	—	—	—
		三级	1	900	300	—	—	—	—	—
丙	1项	一、二级	5	4000	1000	2800	700	—	—	150
		三级	1	1200	400	—	—	—	—	—
	2项	一、二级	不限	6000	1500	4800	1200	4000	1000	300
		三级	3	2100	700	1200	400	—	—	—
丁		一、二级	不限	不限	3000	不限	1500	4800	1200	500
		三级	3	3000	1000	1500	500	—	—	—
		四级	1	2100	700	—	—	—	—	—
戊		一、二级	不限	不限	不限	不限	2000	6000	1500	1000
		三级	3	3000	1000	2100	700	—	—	—
		四级	1	2100	700	—	—	—	—	—

注：1 仓库内的防火分区之间必须采用防火墙分隔，甲、乙类仓库内防火分区之间的防火墙不应开设门、窗、洞口；地下或半地下仓库（包括地下或半地下室）的最大允许占地面积，不应大于相应类别地上仓库的最大允许占地面积。

　　2 石油库区内的桶装油品仓库应符合现行国家标准《石油库设计规范》GB 50074的规定。

　　3 一、二级耐火等级的煤均化库，每个防火分区的最大允许建筑面积不应大于12000m²。

　　4 独立建造的硝酸铵仓库、电石仓库、聚乙烯等高分子制品仓库、尿素仓库、配煤仓库、造纸厂的独立成品仓库，当建筑的耐火等级不低于二级时，每座仓库的最大允许占地面积和每个防火分区的最大允许建筑面积可按本表的规定增加1.0倍。

　　5 一、二级耐火等级粮食平房仓的最大允许占地面积不应大于12000m²，每个防火分区的最大允许建筑面积不应大于3000m²；三级耐火等级粮食平房仓的最大允许占地面积不应大于3000m²，每个防火分区的最大允许建筑面积不应大于1000m²。

　　6 一、二级耐火等级且占地面积不大于2000m²的单层棉花库房，其防火分区的最大允许建筑面积不应大于2000m²。

　　7 一、二级耐火等级冷库的最大允许占地面积和防火分区的最大允许建筑面积，应符合现行国家标准《冷库设计规范》GB 50072的规定。

　　8 "—"表示不允许。

3.3.3 厂房内设置自动灭火系统时，每个防火分区的最大允许建筑面积可按本规范第3.3.1条的规定增加1.0倍。当丁、戊类的地上厂房内设置自动灭火系统时，每个防火分区的最大允许建筑面积不限。厂房内局部设置自动灭火系统时，其防火分区的增加面积可按该局部面积的1.0倍计算。

　　仓库内设置自动灭火系统时，除冷库的防火分区外，每座仓库的最大允许占地面积和每个防火分区的最大允许建筑面积可按本规范第3.3.2条的规定增加1.0倍。

3.3.4 甲、乙类生产场所（仓库）不应设置在地下或半地下。

3.3.5 员工宿舍严禁设置在厂房内。

办公室、休息室等不应设置在甲、乙类厂房内，确需贴邻本厂房时，其耐火等级不应低于二级，并应采用耐火极限不低于 3.00h 的防爆墙与厂房分隔，且应设置独立的安全出口。

办公室、休息室设置在丙类厂房内时，应采用耐火极限不低于 2.50h 的防火隔墙和 1.00h 的楼板与其他部位分隔，并应至少设置 1 个独立的安全出口。如隔墙上需开设相互连通的门时，应采用乙级防火门。

3.3.6 厂房内设置中间仓库时，应符合下列规定：

1 甲、乙类中间仓库应靠外墙布置，其储量不宜超过 1 昼夜的需要量；

2 甲、乙、丙类中间仓库应采用防火墙和耐火极限不低于 1.50h 的不燃性楼板与其他部位分隔；

3 丁、戊类中间仓库应采用耐火极限不低于 2.00h 的防火隔墙和 1.00h 的楼板与其他部位分隔；

4 仓库的耐火等级和面积应符合本规范第 3.3.2 条和第 3.3.3 条的规定。

3.3.7 厂房内的丙类液体中间储罐应设置在单独房间内，其容量不应大于 5m³。设置中间储罐的房间，应采用耐火极限不低于 3.00h 的防火隔墙和 1.50h 的楼板与其他部位分隔，房间门应采用甲级防火门。

3.3.8 变、配电站不应设置在甲、乙类厂房内或贴邻，且不应设置在爆炸性气体、粉尘环境的危险区域内。供甲、乙类厂房专用的 10kV 及以下的变、配电站，当采用无门、窗、洞口的防火墙分隔时，可一面贴邻，并应符合现行国家标准《爆炸危险环境电力装置设计规范》GB 50058 等标准的规定。

乙类厂房的配电站确需在防火墙上开窗时，应采用甲级防火窗。

3.3.9 员工宿舍严禁设置在仓库内。

办公室、休息室等严禁设置在甲、乙类仓库内，也不应贴邻。

办公室、休息室设置在丙、丁类仓库内时，应采用耐火极限不低于 2.50h 的防火隔墙和 1.00h 的楼板与其他部位分隔，并应设置独立的安全出口。隔墙上需开设相互连通的门时，应采用乙级防火门。

3.3.10 物流建筑的防火设计应符合下列规定：

1 当建筑功能以分拣、加工等作业为主时，应按本规范有关厂房的规定确定，其中仓储部分应按中间仓库确定。

2 当建筑功能以仓储为主或建筑难以区分主要功能时，应按本规范有关仓库的规定确定，但当分拣等作业区采用防火墙与储存区完全分隔时，作业区和储存区的防火要求可分别按本规范有关厂房和仓库的规定确定。其中，当分拣等作业区采用防火墙与储存区完全分隔且符合下列条件时，除自动化控制的丙类高架仓库外，储存区的防火分区最大允许建筑面积和储存区部分建筑的最大允许占地面积，可按本规范表 3.3.2（不含注）的规定增加 3.0 倍：

　1）储存除可燃液体、棉、麻、丝、毛及其他纺织品、泡沫塑料等物品外的丙类物品且建筑的耐火等级不低于一级；

　2）储存丁、戊类物品且建筑的耐火等级不低于二级；

　3）建筑内全部设置自动水灭火系统和火灾自动报警系统。

3.3.11 甲、乙类厂房（仓库）内不应设置铁路线。

需要出入蒸汽机车和内燃机车的丙、丁、戊类厂房（仓库），其屋顶应采用不燃材料或采取其他防火措施。

3.4 厂房的防火间距

3.4.1 除本规范另有规定外，厂房之间及与乙、丙、丁、戊类仓库、民用建筑等的防火间距不应小于表 3.4.1 的规定，与甲类仓库的防火间距应符合本规范第 3.5.1 条的规定。

表 3.4.1 厂房之间及与乙、丙、丁、戊类仓库、民用建筑等的防火间距 (m)

名 称			甲类厂房	乙类厂房（仓库）			丙、丁、戊类厂房（仓库）				民用建筑				
			单、多层	单、多层		高层	单、多层			高层	裙房，单、多层			高层	
			一、二级	一、二级	三级	一、二级	一、二级	三级	四级	一、二级	一、二级	三级	四级	一类	二类
甲类厂房	单、多层	一、二级	12	12	14	13	12	14	16	13					
乙类厂房	单、多层	一、二级	12	10	12	13	10	12	14	13	25			50	
		三级	14	12	14	15	12	14	16	15					
	高层	一、二级	13	13	15	13	13	15	17	13					

名称			甲类厂房	乙类厂房（仓库）		丙、丁、戊类厂房（仓库）				民用建筑				
			单、多层	单、多层	高层	单、多层			高层	裙房,单、多层			高层	
			一、二级	一、二级	三级	一、二级	三级	四级	一、二级	一、二级	三级	四级	一类	二类
丙类厂房	单、多层	一、二级	12	10	12	10	12	14	13	10	12	14	20	15
		三级	14	12	14	12	14	16	15	12	14	16	25	20
		四级	16	14	16	14	16	18	17	14	16	18	25	20
	高层	一、二级	13	13	15	13	13	15	13	13	15	17	20	15
丁、戊类厂房	单、多层	一、二级	12	10	12	10	12	14	13	10	12	14	15	13
		三级	14	12	14	12	14	16	15	12	14	16	18	15
		四级	16	14	16	14	16	18	17	14	16	18	18	15
	高层	一、二级	13	13	15	13	13	15	13	13	15	17	15	13
室外变、配电站	变压器总油量(t)	≥5,≤10	25	25	25	25	12	15	20	12	15	20	25	20
		>10,≤50	25	25	25	25	15	20	25	15	20	25	30	25
		>50	25	25	25	25	20	25	30	20	25	30	35	30

注：1 乙类厂房与重要公共建筑的防火间距不宜小于50m；与明火或散发火花地点，不宜小于30m。单、多层戊类厂房之间及与戊类仓库的防火间距可按本表的规定减少2m，与民用建筑的防火间距可将戊类厂房等同民用建筑按本规范第5.2.2条的规定执行。为丙、丁、戊类厂房服务而单独设置的生活用房应按民用建筑确定，与所属厂房的防火间距不应小于6m。确需相邻布置时，应符合本表注2、3的规定。

　　2 两座厂房相邻较高一面外墙为防火墙，或相邻两座高度相同的一、二级耐火等级建筑中相邻任一侧外墙为防火墙且屋顶的耐火极限不低于1.00h时，其防火间距不限，但甲类厂房之间不应小于4m。两座丙、丁、戊类厂房相邻两面外墙均为不燃性墙体，当无外露的可燃性屋檐，每面外墙上的门、窗、洞口面积之和各不大于外墙面积的5%，且门、窗、洞口不正对开设时，其防火间距可按本表的规定减少25%。甲、乙类厂房（仓库）不应与本规范第3.3.5条规定外的其他建筑贴邻。

　　3 两座一、二级耐火等级的厂房，当相邻较低一面外墙为防火墙且较低一座厂房的屋顶无天窗，屋顶的耐火极限不低于1.00h，或相邻较高一面外墙的门、窗等开口部位设置甲级防火门、窗或防火分隔水幕或按本规范第6.5.3条的规定设置防火卷帘时，甲、乙类厂房之间的防火间距不应小于6m；丙、丁、戊类厂房之间的防火间距不应小于4m。

　　4 发电厂内的主变压器，其油量可按单台确定。

　　5 耐火等级低于四级的既有厂房，其耐火等级可按四级确定。

　　6 当丙、丁、戊类厂房与丙、丁、戊类仓库相邻时，应符合本表注2、3的规定。

3.4.2 甲类厂房与重要公共建筑的防火间距不应小于50m，与明火或散发火花地点的防火间距不应小于30m。

3.4.3 散发可燃气体、可燃蒸气的甲类厂房与铁路、道路等的防火间距不应小于表3.4.3的规定，但甲类厂房所属厂内铁路装卸线当有安全措施时，防火间距不受表3.4.3规定的限制。

表3.4.3 散发可燃气体、可燃蒸气的甲类厂房与铁路、道路等的防火间距（m）

名称	厂外铁路线中心线	厂内铁路线中心线	厂外道路路边	厂内道路路边	
				主要	次要
甲类厂房	30	20	15	10	5

3.4.4 高层厂房与甲、乙、丙类液体储罐，可燃、助燃气体储罐，液化石油气储罐，可燃材料堆场（除煤和焦炭场外）的防火间距，应符合本规范第4章的规定，且不应小于13m。

3.4.5 丙、丁、戊类厂房与民用建筑的耐火等级均为一、二级时，丙、丁、戊类厂房与民用建筑的防火间距可适当减小，但应符合下列规定：

　　1 当较高一面外墙为无门、窗、洞口的防火墙，或比相邻较低一座建筑屋面高15m及以下范围内的外墙为无门、窗、洞口的防火墙时，其防火间距不限；

　　2 相邻较低一面外墙为防火墙，且屋顶无天窗或洞口、屋顶的耐火极限不低于1.00h，或相邻较高一面外墙为防火墙，且墙上开口部位采取了防火措施，其防火间距可适当减小，但不应小于4m。

3.4.6 厂房外附设化学易燃物品的设备，其外壁与相邻厂房室外附设设备的外壁或相邻厂房外墙的防火间距，不应小于本规范第3.4.1条的规定。用不燃材料制作的室外设备，可按一、二级耐火等级建筑确定。

总容量不大于15m³的丙类液体储罐，当直埋于厂房外墙外，且面向储罐一面4.0m范围内的外墙为防火墙时，其防火间距不限。

3.4.7 同一座"U"形或"山"形厂房中相邻两翼之间的防火间距，不宜小于本规范第3.4.1条的规定，但当厂房的占地面积小于本规范第3.3.1条规定的每个防火分区最大允许建筑面积时，其防火间距可为6m。

3.4.8 除高层厂房和甲类厂房外，其他类别的数座厂房占地面积之和小于本规范第3.3.1条规定的防火分区最大允许建筑面积（按其中较小者确定，但防火分区的最大允许建筑面积不限者，不应大于10000 m²）时，可成组布置。当厂房建筑高度不大于7m时，组内厂房之间的防火间距不应小于4m；当厂房建筑高度大于7m时，组内厂房之间的防火间距不应小于6m。

组与组或组与相邻建筑的防火间距，应根据相邻两座中耐火等级较低的建筑，按本规范第3.4.1条的规定确定。

3.4.9 一级汽车加油站、一级汽车加气站和一级汽车加油加气合建站不应布置在城市建成区内。

3.4.10 汽车加油、加气站和加油加气合建站的分级，汽车加油、加气站和加油加气合建站及其加油（气）机、储油（气）罐等与站外明火或散发火花地点、建筑、铁路、道路的防火间距以及站内各建筑或设施之间的防火间距，应符合现行国家标准《汽车加油加气站设计与施工规范》GB 50156的规定。

3.4.11 电力系统电压为35kV～500kV且每台变压器容量不小于10MV·A的室外变、配电站以及工业企业的变压器总油量大于5t的室外降压变电站，与其他建筑的防火间距不应小于本规范第3.4.1条和第3.5.1条的规定。

3.4.12 厂区围墙与厂区内建筑的间距不宜小于5m，围墙两侧建筑的间距应满足相应建筑的防火间距要求。

3.5 仓库的防火间距

3.5.1 甲类仓库之间及与其他建筑、明火或散发火花地点、铁路、道路等的防火间距不应小于表3.5.1的规定。

表3.5.1 甲类仓库之间及与其他建筑、明火或散发火花地点、铁路、道路等的防火间距（m）

名　称		甲类仓库（储量，t）			
		甲类储存物品第3、4项		甲类储存物品第1、2、5、6项	
		≤5	>5	≤10	>10
高层民用建筑、重要公共建筑		50			
裙房、其他民用建筑、明火或散发火花地点		30	40	25	30
甲类仓库		20	20	20	20
厂房和乙、丙、丁、戊类仓库	一、二级	15	20	12	15
	三级	20	25	15	20
	四级	25	30	20	25
电力系统电压为35kV～500kV且每台变压器容量不小于10MV·A的室外变、配电站，工业企业的变压器总油量大于5t的室外降压变电站		30	40	25	30
厂外铁路线中心线		40			
厂内铁路线中心线		30			
厂外道路路边		20			
厂内道路路边	主要	10			
	次要	5			

注：甲类仓库之间的防火间距，当第3、4项物品储量不大于2t，第1、2、5、6项物品储量不大于5t时，不应小于12m。甲类仓库与高层仓库的防火间距不应小于13m。

3.5.2 除本规范另有规定外，乙、丙、丁、戊类仓库之间及与民用建筑的防火间距，不应小于表 3.5.2 的规定。

表 3.5.2　乙、丙、丁、戊类仓库之间及与民用建筑的防火间距（m）

名　　称			乙类仓库			丙类仓库				丁、戊类仓库			
			单、多层		高层	单、多层			高层	单、多层			高层
			一、二级	三级	一、二级	一、二级	三级	四级	一、二级	一、二级	三级	四级	一、二级
乙、丙、丁、戊类仓库	单、多层	一、二级	10	12	13	10	12	14	13	10	12	14	13
		三级	12	14	15	12	14	16	15	12	14	16	15
		四级	14	16	17	14	16	18	17	14	16	18	17
	高层	一、二级	13	15	13	13	15	17	13	13	15	17	13
民用建筑	裙房，单、多层	一、二级				10	12	14	13	10	12	14	13
		三级	25			12	14	16	15	12	14	16	15
		四级				14	16	18	17	14	16	18	17
	高层	一类	50			20	25	25	20	15	18	18	15
		二类				15	20	20	15	13	15	15	13

注：1　单、多层戊类仓库之间的防火间距，可按本表的规定减少 2m。

　　2　两座仓库的相邻外墙均为防火墙时，防火间距可以减小，但丙类仓库，不应小于 6m；丁、戊类仓库，不应小于 4m。两座仓库相邻较高一面外墙为防火墙，或相邻两座高度相同的一、二级耐火等级建筑中相邻任一侧外墙为防火墙且屋顶的耐火极限不低于 1.00h，且总占地面积不大于本规范第 3.3.2 条一座仓库的最大允许占地面积规定时，其防火间距不限。

　　3　除乙类第 6 项物品外的乙类仓库，与民用建筑的防火间距不宜小于 25m，与重要公共建筑的防火间距不应小于 50m，与铁路、道路等的防火间距不宜小于表 3.5.1 中甲类仓库与铁路、道路等的防火间距。

3.5.3　丁、戊类仓库与民用建筑的耐火等级均为一、二级时，仓库与民用建筑的防火间距可适当减小，但应符合下列规定：

　　1　当较高一面外墙为无门、窗、洞口的防火墙，或比相邻较低一座建筑屋面高 15m 及以下范围内的外墙为无门、窗、洞口的防火墙时，其防火间距不限；

　　2　相邻较低一面外墙为防火墙，且屋顶无天窗或洞口、屋顶耐火极限不低于 1.00h，或相邻较高一面外墙为防火墙，且墙上开口部位采取了防火措施，其防火间距可适当减小，但不应小于 4m。

3.5.4　粮食筒仓与其他建筑、粮食筒仓组之间的防火间距，不应小于表 3.5.4 的规定。

表 3.5.4　粮食筒仓与其他建筑、粮食筒仓组之间的防火间距（m）

名称	粮食总储量 W（t）	粮食立筒仓			粮食浅圆仓		其他建筑		
		W≤40000	40000<W≤50000	W>50000	W≤50000	W>50000	一、二级	三级	四级
粮食立筒仓	500<W≤10000	15			20	25	10	15	20
	10000<W≤40000		20	25			15	20	25
	40000<W≤50000	20					20	25	30
	W>50000	25					25	30	—

续表 3.5.4

名称	粮食总储量 W（t）	粮食立筒仓			粮食浅圆仓		其他建筑		
		W≤40000	40000<W≤50000	W>50000	W≤50000	W>50000	一、二级	三级	四级
粮食浅圆仓	W≤50000	20	20	25	20	25	20	25	—
	W>50000	25					25	30	—

注：1 当粮食立筒仓、粮食浅圆仓与工作塔、接收塔、发放站为一个完整工艺单元的组群时，组内各建筑之间的防火间距不受本表限制。

2 粮食浅圆仓组内每个独立仓的储量不应大于 10000t。

3.5.5 库区围墙与库区内建筑的间距不宜小于 5m，围墙两侧建筑的间距应满足相应建筑的防火间距要求。

3.6 厂房和仓库的防爆

3.6.1 有爆炸危险的甲、乙类厂房宜独立设置，并宜采用敞开或半敞开式。其承重结构宜采用钢筋混凝土或钢框架、排架结构。

3.6.2 有爆炸危险的厂房或厂房内有爆炸危险的部位应设置泄压设施。

3.6.3 泄压设施宜采用轻质屋面板、轻质墙体和易于泄压的门、窗等，应采用安全玻璃等在爆炸时不产生尖锐碎片的材料。

泄压设施的设置应避开人员密集场所和主要交通道路，并宜靠近有爆炸危险的部位。

作为泄压设施的轻质屋面板和墙体的质量不宜大于 60kg/m²。

屋顶上的泄压设施应采取防冰雪积聚措施。

3.6.4 厂房的泄压面积宜按下式计算，但当厂房的长径比大于 3 时，宜将建筑划分为长径比不大于 3 的多个计算段，各计算段中的公共截面不得作为泄压面积：

$$A = 10CV^{\frac{2}{3}}$$ (3.6.4)

式中：A——泄压面积（m²）；

V——厂房的容积（m³）；

C——泄压比，可按表 3.6.4 选取（m²/m³）。

表 3.6.4 厂房内爆炸性危险物质的类别与泄压比规定值（m²/m³）

厂房内爆炸性危险物质的类别	C 值
氨、粮食、纸、皮革、铅、铬、铜等 $K_尘$<10MPa·m·s⁻¹ 的粉尘	≥0.030
木屑、炭屑、煤粉、锑、锡等 10MPa·m·s⁻¹≤$K_尘$≤30MPa·m·s⁻¹ 的粉尘	≥0.055
丙酮、汽油、甲醇、液化石油气、甲烷、喷漆间或干燥室，苯酚树脂、铝、镁、锆等 $K_尘$>30MPa·m·s⁻¹ 的粉尘	≥0.110

续表 3.6.4

厂房内爆炸性危险物质的类别	C 值
乙烯	≥0.160
乙炔	≥0.200
氢	≥0.250

注：1 长径比为建筑平面几何外形尺寸中的最长尺寸与其横截面周长的积和 4.0 倍的建筑横截面积之比。

2 $K_尘$是指粉尘爆炸指数。

3.6.5 散发较空气轻的可燃气体、可燃蒸气的甲类厂房，宜采用轻质屋面板作为泄压面积。顶棚应尽量平整、无死角，厂房上部空间应通风良好。

3.6.6 散发较空气重的可燃气体、可燃蒸气的甲类厂房和有粉尘、纤维爆炸危险的乙类厂房，应符合下列规定：

1 应采用不发火花的地面。采用绝缘材料作整体面层时，应采取防静电措施。

2 散发可燃粉尘、纤维的厂房，其内表面应平整、光滑，并易于清扫。

3 厂房内不宜设置地沟，确需设置时，其盖板应严密，地沟采取防止可燃气体、可燃蒸气和粉尘、纤维在地沟积聚的有效措施，且应在与相邻厂房连通处采用防火材料密封。

3.6.7 有爆炸危险的甲、乙类生产部位，宜布置在单层厂房靠外墙的泄压设施或多层厂房顶层靠外墙的泄压设施附近。

有爆炸危险的设备宜避开厂房的梁、柱等主要承重构件布置。

3.6.8 有爆炸危险的甲、乙类厂房的总控制室应独立设置。

3.6.9 有爆炸危险的甲、乙类厂房的分控制室宜独立设置，当贴邻外墙设置时，应采用耐火极限不低于 3.00h 的防火隔墙与其他部位分隔。

3.6.10 有爆炸危险区域内的楼梯间、室外楼梯或有爆炸危险的区域与相邻区域连通处，应设置门斗等防护措施。门斗的隔墙应为耐火极限不应低于 2.00h 的防火隔墙，门应采用甲级防火门并应与楼梯间的门错位设置。

3.6.11 使用和生产甲、乙、丙类液体的厂房，其管、沟不应与相邻厂房的管、沟相通，下水道应设置隔油设施。

3.6.12 甲、乙、丙类液体仓库应设置防止液体流散的设施。遇湿会发生燃烧爆炸的物品仓库应采取防止水浸渍的措施。

3.6.13 有粉尘爆炸危险的筒仓，其顶部盖板应设置必要的泄压设施。

　　粮食筒仓工作塔和上通廊的泄压面积应按本规范第3.6.4条的规定计算确定。有粉尘爆炸危险的其他粮食储存设施应采取防爆措施。

3.6.14 有爆炸危险的仓库或仓库内有爆炸危险的部位，宜按本节规定采取防爆措施、设置泄压设施。

3.7　厂房的安全疏散

3.7.1 厂房的安全出口应分散布置。每个防火分区或一个防火分区的每个楼层，其相邻2个安全出口最近边缘之间的水平距离不应小于5m。

3.7.2 厂房内每个防火分区或一个防火分区内的每个楼层，其安全出口的数量应经计算确定，且不应少于2个；当符合下列条件时，可设置1个安全出口：

　　1 甲类厂房，每层建筑面积不大于100m²，且同一时间的作业人数不超过5人；

　　2 乙类厂房，每层建筑面积不大于150m²，且同一时间的作业人数不超过10人；

　　3 丙类厂房，每层建筑面积不大于250m²，且同一时间的作业人数不超过20人；

　　4 丁、戊类厂房，每层建筑面积不大于400m²，且同一时间的作业人数不超过30人；

　　5 地下或半地下厂房（包括地下或半地下室），每层建筑面积不大于50m²，且同一时间的作业人数不超过15人。

3.7.3 地下或半地下厂房（包括地下或半地下室），当有多个防火分区相邻布置，并采用防火墙分隔时，每个防火分区可利用防火墙上通向相邻防火分区的甲级防火门作为第二安全出口，但每个防火分区必须至少有1个直通室外的独立安全出口。

3.7.4 厂房内任一点至最近安全出口的直线距离不应大于表3.7.4的规定。

表3.7.4　厂房内任一点至最近安全
出口的直线距离（m）

生产的火灾危险性类别	耐火等级	单层厂房	多层厂房	高层厂房	地下或半地下厂房（包括地下或半地下室）
甲	一、二级	30	25	—	—

生产的火灾危险性类别	耐火等级	单层厂房	多层厂房	高层厂房	地下或半地下厂房（包括地下或半地下室）
乙	一、二级	75	50	30	—
丙	一、二级	80	60	40	30
	三级	60	40	—	—
丁	一、二级	不限	不限	50	45
	三级	60	50	—	—
	四级	50	—	—	—
戊	一、二级	不限	不限	75	60
	三级	100	75	—	—
	四级	60	—	—	—

3.7.5 厂房内疏散楼梯、走道、门的各自总净宽度，应根据疏散人数按每100人的最小疏散净宽度不小于表3.7.5的规定计算确定。但疏散楼梯的最小净宽度不宜小于1.10m，疏散走道的最小净宽度不宜小于1.40m，门的最小净宽度不宜小于0.90m。当每层疏散人数不相等时，疏散楼梯的总宽度应分层计算，下层楼梯总净宽度应按该层及以上疏散人数最多一层的疏散人数计算。

表3.7.5　厂房内疏散楼梯、走道和门的
每100人最小疏散净宽度

厂房层数（层）	1～2	3	≥4
最小疏散净宽度（m/百人）	0.60	0.80	1.00

　　首层外门的总净宽度应按该层及以上疏散人数最多一层的疏散人数计算，且该门的最小净宽度不应小于1.20m。

3.7.6 高层厂房和甲、乙、丙类多层厂房的疏散楼梯应采用封闭楼梯间或室外楼梯。建筑高度大于32m且任一层人数超过10人的厂房，应采用防烟楼梯间或室外楼梯。

3.8　仓库的安全疏散

3.8.1 仓库的安全出口应分散布置。每个防火分区或一个防火分区的每个楼层，其相邻2个安全出口最近边缘之间的水平距离不应小于5m。

3.8.2 每座仓库的安全出口不应少于2个，当一座仓库的占地面积不大于300m²时，可设置1个安全出口。仓库内每个防火分区通向疏散走道、楼梯或室外的出口不宜少于2个，当防火分区的建筑面积不大于100m²时，可设置1个出口。通向疏散走道或楼梯的门应为乙级防火门。

3.8.3 地下或半地下仓库（包括地下或半地下室）的安全出口不应少于2个；当建筑面积不大于100m²时，可设置1个安全出口。

　　地下或半地下仓库（包括地下或半地下室），当

有多个防火分区相邻布置并采用防火墙分隔时，每个防火分区可利用防火墙上通向相邻防火分区的甲级防火门作为第二安全出口，但每个防火分区必须至少有1个直通室外的安全出口。

3.8.4 冷库、粮食筒仓、金库的安全疏散设计应分别符合现行国家标准《冷库设计规范》GB 50072 和《粮食钢板筒仓设计规范》GB 50322 等标准的规定。

3.8.5 粮食筒仓上层面积小于 $1000m^2$，且作业人数不超过 2 人时，可设置 1 个安全出口。

3.8.6 仓库、筒仓中符合本规范第 6.4.5 条规定的室外金属梯，可作为疏散楼梯，但筒仓室外楼梯平台的耐火极限不应低于 0.25h。

3.8.7 高层仓库的疏散楼梯应采用封闭楼梯间。

3.8.8 除一、二级耐火等级的多层戊类仓库外，其他仓库内供垂直运输物品的提升设施宜设置在仓库外，确需设置在仓库内时，应设置在井壁的耐火极限不低于 2.00h 的井筒内。室内外提升设施通向仓库的入口应设置乙级防火门或符合本规范第 6.5.3 条规定的防火卷帘。

4 甲、乙、丙类液体、气体储罐（区）和可燃材料堆场

4.1 一般规定

4.1.1 甲、乙、丙类液体储罐区，液化石油气储罐区，可燃、助燃气体储罐区和可燃材料堆场等，应布置在城市（区域）的边缘或相对独立的安全地带，并宜布置在城市（区域）全年最小频率风向的上风侧。

甲、乙、丙类液体储罐（区）宜布置在地势较低的地带。当布置在地势较高的地带时，应采取安全防护设施。

液化石油气储罐（区）宜布置在地势平坦、开阔等不易积存液化石油气的地带。

4.1.2 桶装、瓶装甲类液体不应露天存放。

4.1.3 液化石油气储罐组或储罐区的四周应设置高度不小于 1.0m 的不燃性实体防护墙。

4.1.4 甲、乙、丙类液体储罐区，液化石油气储罐区，可燃、助燃气体储罐区和可燃材料堆场，应与装卸区、辅助生产区及办公区分开布置。

4.1.5 甲、乙、丙类液体储罐，液化石油气储罐，可燃、助燃气体储罐和可燃材料堆垛，与架空电力线的最近水平距离应符合本规范第 10.2.1 条的规定。

4.2 甲、乙、丙类液体储罐（区）的防火间距

4.2.1 甲、乙、丙类液体储罐（区）和乙、丙类液体桶装堆场与其他建筑的防火间距，不应小于表 4.2.1 的规定。

表 4.2.1 甲、乙、丙类液体储罐（区）和乙、丙类液体桶装堆场与其他建筑的防火间距（m）

类别	一个罐区或堆场的总容量 V（m³）	建筑物				室外变、配电站
		一、二级		三级	四级	
		高层民用建筑	裙房，其他建筑			
甲、乙类液体储罐（区）	1≤V<50	40	12	15	20	30
	50≤V<200	50	15	20	25	35
	200≤V<1000	60	20	25	30	40
	1000≤V<5000	70	25	30	40	50
丙类液体储罐（区）	5≤V<250	40	12	15	20	24
	250≤V<1000	50	15	20	25	28
	1000≤V<5000	60	20	25	30	32
	5000≤V<25000	70	25	30	40	40

注： 1 当甲、乙类液体储罐和丙类液体储罐布置在同一储罐区时，罐区的总容量可按 $1m^3$ 甲、乙类液体相当于 $5m^3$ 丙类液体折算。

　　2 储罐防火堤外侧基脚线至相邻建筑的距离不应小于 10m。

　　3 甲、乙、丙类液体的固定顶储罐区或半露天堆场，乙、丙类液体桶装堆场与甲类厂房（仓库）、民用建筑的防火间距，应按本表的规定增加 25%，且甲、乙类液体的固定顶储罐区或半露天堆场，乙、丙类液体桶装堆场与甲类厂房（仓库）、裙房、单、多层民用建筑的防火间距不应小于 25m，与明火或散发火花地点的防火间距应按本表有关四级耐火等级建筑物的规定增加 25%。

　　4 浮顶储罐区或闪点大于 120℃ 的液体储罐区与其他建筑的防火间距，可按本表的规定减少 25%。

　　5 当数个储罐区布置在同一库区内时，储罐区之间的防火间距不应小于本表相应容量的储罐区与四级耐火等级建筑物防火间距的较大值。

　　6 直埋地下的甲、乙、丙类液体卧式罐，当单罐容量不大于 $50m^3$，总容量不大于 $200m^3$ 时，与建筑物的防火间距可按本表规定减少 50%。

　　7 室外变、配电站指电力系统电压为 35kV～500kV 且每台变压器容量不小于 10MV·A 的室外变、配电站和工业企业的变压器总油量大于 5t 的室外降压变电站。

4.2.2 甲、乙、丙类液体储罐之间的防火间距不应小于表4.2.2的规定。

表4.2.2 甲、乙、丙类液体储罐之间的防火间距（m）

类 别			固定顶储罐			浮顶储罐或设置充氮保护设备的储罐	卧式储罐
			地上式	半地下式	地下式		
甲、乙类液体储罐	单罐容量 V（m³）	V≤1000	0.75D	0.5D	0.4D	0.4D	≥0.8m
		V>1000	0.6D				
丙类液体储罐		不限	0.4D	不限	不限	—	

注：1 D为相邻较大立式储罐的直径（m），矩形储罐的直径为长边与短边之和的一半。

2 不同液体、不同形式储罐之间的防火间距不应小于本表规定的较大值。

3 两排卧式储罐之间的防火间距不应小于3m。

4 当单罐容量不大于1000m³且采用固定冷却系统时，甲、乙类液体的地上式固定顶储罐之间的防火间距不应小于0.6D。

5 地上式储罐同时设置液下喷射泡沫灭火系统、固定冷却水系统和扑救防火堤内液体火灾的泡沫灭火设施时，储罐之间的防火间距可适当减小，但不宜小于0.4D。

6 闪点大于120℃的液体，当单罐容量大于1000m³时，储罐之间的防火间距不应小于5m；当单罐容量不大于1000m³时，储罐之间的防火间距不应小于2m。

4.2.3 甲、乙、丙类液体储罐成组布置时，应符合下列规定：

1 组内储罐的单罐容量和总容量不应大于表4.2.3的规定。

表4.2.3 甲、乙、丙类液体储罐分组布置的最大容量

类 别	单罐最大容量（m³）	一组罐最大容量（m³）
甲、乙类液体	200	1000
丙类液体	500	3000

2 组内储罐的布置不应超过两排。甲、乙类液体立式储罐之间的防火间距不应小于2m，卧式储罐之间的防火间距不应小于0.8m；丙类液体储罐之间的防火间距不限。

3 储罐组之间的防火间距应根据组内储罐的形式和总容量折算为相同类别的标准单罐，按本规范第4.2.2条的规定确定。

4.2.4 甲、乙、丙类液体的地上式、半地下式储罐区，其每个防火堤内宜布置火灾危险性类别相同或相近的储罐。沸溢性油品储罐不应与非沸溢性油品储罐布置在同一防火堤内。地上式、半地下式储罐不应与地下式储罐布置在同一防火堤内。

4.2.5 甲、乙、丙类液体的地上式、半地下式储罐或储罐组，其四周应设置不燃性防火堤。防火堤的设置应符合下列规定：

1 防火堤内的储罐布置不宜超过2排，单罐容量不大于1000m³且闪点大于120℃的液体储罐不宜超过4排。

2 防火堤的有效容量不应小于其中最大储罐的容量。对于浮顶罐，防火堤的有效容量可为其中最大储罐容量的一半。

3 防火堤内侧基脚线至立式储罐外壁的水平距离不应小于罐壁高度的一半。防火堤内侧基脚线至卧式储罐的水平距离不应小于3m。

4 防火堤的设计高度应比计算高度高出0.2m，且应为1.0m～2.2m，在防火堤的适当位置应设置便于灭火救援人员进出防火堤的踏步。

5 沸溢性油品的地上式、半地下式储罐，每个储罐均应设置一个防火堤或防火隔堤。

6 含油污水排水管应在防火堤的出口处设置水封设施，雨水排水管应设置阀门等封闭、隔离装置。

4.2.6 甲类液体半露天堆场，乙、丙类液体桶装堆场和闪点大于120℃的液体储罐（区），当采取了防止液体流散的设施时，可不设置防火堤。

4.2.7 甲、乙、丙类液体储罐与其泵房、装卸鹤管的防火间距不应小于表4.2.7的规定。

表4.2.7 甲、乙、丙类液体储罐与其泵房、装卸鹤管的防火间距（m）

液体类别和储罐形式		泵房	铁路或汽车装卸鹤管
甲、乙类液体储罐	拱顶罐	15	20
	浮顶罐	12	15
丙类液体储罐		10	12

注：1 总容量不大于1000m³的甲、乙类液体储罐和总容量不大于5000m³的丙类液体储罐，其防火间距可按本表的规定减少25%。

2 泵房、装卸鹤管与储罐防火堤外侧基脚线的距离不应小于5m。

4.2.8 甲、乙、丙类液体装卸鹤管与建筑物、厂内铁路线的防火间距不应小于表4.2.8的规定。

表4.2.8 甲、乙、丙类液体装卸鹤管与建筑物、厂内铁路线的防火间距（m）

表4.2.8 甲、乙、丙类液体装卸鹤管与建筑物、厂内铁路线的防火间距（m）

名　称	建筑物			厂内铁路线	泵房
	一、二级	三级	四级		
甲、乙类液体装卸鹤管	14	16	18	20	8
丙类液体装卸鹤管	10	12	14	10	

注：装卸鹤管与其直接装卸用的甲、乙、丙类液体装卸铁路线的防火间距不限。

4.2.9 甲、乙、丙类液体储罐与铁路、道路的防火间距不应小于表4.2.9的规定。

表4.2.9 甲、乙、丙类液体储罐与铁路、道路的防火间距（m）

名　称	厂外铁路线中心线	厂内铁路线中心线	厂外道路路边	厂内道路路边	
				主要	次要
甲、乙类液体储罐	35	25	20	15	10
丙类液体储罐	30	20	15	10	5

4.2.10 零位罐与所属铁路装卸线的距离不应小于6m。

4.2.11 石油库的储罐（区）与建筑的防火间距，石油库内的储罐布置和防火间距以及储罐与泵房、装卸鹤管等库内建筑的防火间距，应符合现行国家标准《石油库设计规范》GB 50074的规定。

4.3 可燃、助燃气体储罐（区）的防火间距

4.3.1 可燃气体储罐与建筑物、储罐、堆场等的防火间距应符合下列规定：

　　1 湿式可燃气体储罐与建筑物、储罐、堆场等的防火间距不应小于表4.3.1的规定。

　　2 固定容积的可燃气体储罐与建筑物、堆场等的防火间距不应小于表4.3.1的规定。

　　3 干式可燃气体储罐与建筑物、储罐、堆场等的防火间距：当可燃气体的密度比空气大时，应按表4.3.1的规定增加25%；当可燃气体的密度比空气小时，可按表4.3.1的规定确定。

　　4 湿式或干式可燃气体储罐的水封井、油泵房和电梯间等附属设施与该储罐的防火间距，可按工艺要求布置。

表4.3.1 湿式可燃气体储罐与建筑物、储罐、堆场等的防火间距（m）

名　称	湿式可燃气体储罐（总容积 V，m³）				
	V<1000	1000≤V<10000	10000≤V<50000	50000≤V<100000	100000≤V<300000
甲类仓库 甲、乙、丙类液体储罐 可燃材料堆场 室外变、配电站 明火或散发火花的地点	20	25	30	35	40
高层民用建筑	25	30	35	40	45
裙房，单、多层民用建筑	18	20	25	30	35
其他建筑　一、二级	12	15	20	25	30
其他建筑　三级	15	20	25	30	35
其他建筑　四级	20	25	30	35	40

注：固定容积可燃气体储罐的总容积按储罐几何容积（m³）和设计储存压力（绝对压力，10⁵Pa）的乘积计算。

　　5 容积不大于20m³的可燃气体储罐与其使用厂房的防火间距不限。

4.3.2 可燃气体储罐（区）之间的防火间距应符合下列规定：

　　1 湿式可燃气体储罐或干式可燃气体储罐之间及湿式与干式可燃气体储罐的防火间距，不应小于相邻较大罐直径的1/2。

　　2 固定容积的可燃气体储罐之间的防火间距不

应小于相邻较大罐直径的 2/3。

3 固定容积的可燃气体储罐与湿式或干式可燃气体储罐的防火间距，不应小于相邻较大罐直径的 1/2。

4 数个固定容积的可燃气体储罐的总容积大于 200000m³ 时，应分组布置。卧式储罐组之间的防火间距不小于相邻较大罐长度的一半；球形储罐组之间的防火间距不应小于相邻较大罐直径，且不应小于 20m。

4.3.3 氧气储罐与建筑物、储罐、堆场等的防火间距应符合下列规定：

1 湿式氧气储罐与建筑物、储罐、堆场等的防火间距不应小于表 4.3.3 的规定。

表 4.3.3　湿式氧气储罐与建筑物、
储罐、堆场等的防火间距（m）

名　称		湿式氧气储罐（总容积 V，m³）		
		V≤1000	1000<V≤50000	V>50000
明火或散发火花地点		25	30	35
甲、乙、丙类液体储罐，可燃材料堆场，甲类仓库，室外变、配电站		20	25	30
民用建筑		18	20	25
其他建筑	一、二级	10	12	14
	三级	12	14	16
	四级	14	16	18

注：固定容积氧气储罐的总容积按储罐几何容积（m³）和设计储存压力（绝对压力，10⁵Pa）的乘积计算。

2 氧气储罐之间的防火间距不应小于相邻较大罐直径的 1/2。

3 氧气储罐与可燃气体储罐的防火间距不应小于相邻较大罐的直径。

4 固定容积的氧气储罐与建筑物、储罐、堆场等的防火间距不应小于表 4.3.3 的规定。

5 氧气储罐与其制氧厂房的防火间距可按工艺布置要求确定。

6 容积不大于 50m³ 的氧气储罐与其使用厂房的防火间距不限。

注：1m³ 液氧折合标准状态下 800m³ 气态氧。

4.3.4 液氧储罐与建筑物、储罐、堆场等的防火间距应符合本规范第 4.3.3 条相应容积湿式氧气储罐防火间距的规定。液氧储罐与其泵房的间距不宜小于 3m。总容积小于或等于 3m³ 的液氧储罐与其使用建筑的防火间距应符合下列规定：

1 当设置在独立的一、二级耐火等级的专用建筑物内时，其防火间距不应小于 10m；

2 当设置在独立的一、二级耐火等级的专用建筑物内，且面向使用建筑物一侧采用无门窗洞口的防火墙隔开时，其防火间距不限；

3 当低温储存的液氧储罐采取了防火措施时，其防火间距不应小于 5m。

医疗卫生机构中的医用液氧储罐气源站的液氧储罐应符合下列规定：

1 单罐容积不应大于 5m³，总容积不宜大于 20m³；

2 相邻储罐之间的距离不应小于最大储罐直径的 0.75 倍；

3 医用液氧储罐与医疗卫生机构外建筑的防火间距应符合本规范第 4.3.3 条的规定，与医疗卫生机构内建筑的防火间距应符合现行国家标准《医用气体工程技术规范》GB 50751 的规定。

4.3.5 液氧储罐周围 5m 范围内不应有可燃物和沥青路面。

4.3.6 可燃、助燃气体储罐与铁路、道路的防火间距不应小于表 4.3.6 的规定。

表 4.3.6　可燃、助燃气体储罐与铁路、
道路的防火间距（m）

名　称	厂外铁路线中心线	厂内铁路线中心线	厂外道路路边	厂内道路路边	
				主要	次要
可燃、助燃气体储罐	25	20	15	10	5

4.3.7 液氢、液氨储罐与建筑物、储罐、堆场等的防火间距可按本规范第 4.4.1 条相应容积液化石油气储罐防火间距的规定减少 25% 确定。

4.3.8 液化天然气气化站的液化天然气储罐（区）与站外建筑等的防火间距不应小于表 4.3.8 的规定，与表 4.3.8 未规定的其他建筑的防火间距，应符合现行国家标准《城镇燃气设计规范》GB 50028 的规定。

表 4.3.8 液化天然气气化站的液化天然气储罐（区）与站外建筑等的防火间距（m）

名　　称		液化天然气储罐（区）（总容积 V, m³）							集中放散装置的天然气放散总管
		$V\leqslant10$	$10<V\leqslant30$	$30<V\leqslant50$	$50<V\leqslant200$	$200<V\leqslant500$	$500<V\leqslant1000$	$1000<V\leqslant2000$	
单罐容积 V（m³）		$V\leqslant10$	$V\leqslant30$	$V\leqslant50$	$V\leqslant200$	$V\leqslant500$	$V\leqslant1000$	$V\leqslant2000$	
居住区、村镇和重要公共建筑（最外侧建筑物的外墙）		30	35	45	50	70	90	110	45
工业企业（最外侧建筑物的外墙）		22	25	27	30	35	40	50	20
明火或散发火花地点，室外变、配电站		30	35	45	50	55	60	70	30
其他民用建筑，甲、乙类液体储罐，甲、乙类仓库，甲、乙类厂房，秸秆、芦苇、打包废纸等材料堆场		27	32	40	45	50	55	65	25
丙类液体储罐，可燃气体储罐，丙、丁类厂房，丙、丁类仓库		25	27	32	35	40	45	55	20
公路（路边）	高速，I、II级，城市快速	20					25		15
	其他	15					20		10
架空电力线（中心线）		1.5 倍杆高					1.5 倍杆高，但 35kV 及以上架空电力线不应小于 40m		2.0 倍杆高
架空通信线（中心线）	I、II级	1.5 倍杆高		30			40		1.5 倍杆高
	其他	1.5 倍杆高							
铁路（中心线）	国家线	40	50	60	70		80		40
	企业专用线	25			30		35		30

注：居住区、村镇指 1000 人或 300 户及以上者；当少于 1000 人或 300 户时，相应防火间距应按本表有关其他民用建筑的要求确定。

4.4 液化石油气储罐（区）的防火间距

4.4.1 液化石油气供应基地的全压式和半冷冻式储罐（区），与明火或散发火花地点和基地外建筑等的防火间距不应小于表 4.4.1 的规定，与表 4.4.1 未规定的其他建筑的防火间距应符合现行国家标准《城镇燃气设计规范》GB 50028 的规定。

表 4.4.1 液化石油气供应基地的全压式和半冷冻式储罐（区）与明火或散发火花地点和基地外建筑等的防火间距（m）

名　　称		液化石油气储罐（区）（总容积 V, m³）						
		30<V≤50	50<V≤200	200<V≤500	500<V≤1000	1000<V≤2500	2500<V≤5000	5000<V≤10000
单罐容积 V（m³）		V≤20	V≤50	V≤100	V≤200	V≤400	V≤1000	V>1000
居住区、村镇和重要公共建筑（最外侧建筑物的外墙）		45	50	70	90	110	130	150
工业企业（最外侧建筑物的外墙）		27	30	35	40	50	60	75
明火或散发火花地点，室外变、配电站		45	50	55	60	70	80	120
其他民用建筑，甲、乙类液体储罐，甲、乙类仓库，甲、乙类厂房，秸秆、芦苇、打包废纸等材料堆场		40	45	50	55	65	75	100
丙类液体储罐，可燃气体储罐，丙、丁类厂房，丙、丁类仓库		32	35	40	45	55	65	80
助燃气体储罐，木材等材料堆场		27	30	35	40	50	60	75
其他建筑	一、二级	18	20	22	25	30	40	50
	三级	22	25	27	30	40	50	60
	四级	27	30	35	40	50	60	75
公路（路边）	高速、Ⅰ、Ⅱ级	20	25					30
	Ⅲ、Ⅳ级	15	20					25
架空电力线（中心线）		应符合本规范第 10.2.1 条的规定						
架空通信线（中心线）	Ⅰ、Ⅱ级	30			40			
	Ⅲ、Ⅳ级	1.5 倍杆高						
铁路（中心线）	国家线	60	70		80		100	
	企业专用线	25	30		35		40	

注：1 防火间距应按本表储罐区的总容积或单罐容积的较大者确定。

　　2 当地下液化石油气储罐的单罐容积不大于 50m³，总容积不大于 400m³ 时，其防火间距可按本表的规定减少 50%。

　　3 居住区、村镇指 1000 人或 300 户及以上者；当少于 1000 人或 300 户时，相应防火间距应按本表有关其他民用建筑的要求确定。

4.4.2 液化石油气储罐之间的防火间距不应小于相邻较大罐的直径。

数个储罐的总容积大于 3000m³ 时，应分组布置，组内储罐宜采用单排布置。组与组相邻储罐之间的防火间距不应小于 20m。

4.4.3 液化石油气储罐与所属泵房的防火间距不应小于 15m。当泵房面向储罐一侧的外墙采用无门、窗、洞口的防火墙时，防火间距可减至 6m。液化石油气泵露天设置在储罐区内时，储罐与泵的防火间距不限。

4.4.4 全冷冻式液化石油气储罐、液化石油气气化站、混气站的储罐与周围建筑的防火间距，应符合现行国家标准《城镇燃气设计规范》GB 50028 的规定。

工业企业内总容积不大于 10m³ 的液化石油气气化站、混气站的储罐，当设置在专用的独立建筑内时，建筑外墙与相邻厂房及其附属设备的防火间距可按甲类厂房有关防火间距的规定确定。当露天设置时，与建筑物、储罐、堆场等的防火间距应符合现行国家标准《城镇燃气设计规范》GB 50028 的规定。

4.4.5 Ⅰ、Ⅱ级瓶装液化石油气供应站瓶库与站外建筑等的防火间距不应小于表 4.4.5 的规定。瓶装液化石油气供应站的分级及总存瓶容积不大于 1m³ 的瓶装供应站瓶库的设置，应符合现行国家标准《城镇燃气设计规范》GB 50028 的规定。

表 4.4.5 Ⅰ、Ⅱ级瓶装液化石油气供应站瓶库与站外建筑等的防火间距（m）

名　　称	Ⅰ级		Ⅱ级	
瓶库的总存瓶容积 V（m³）	6<V ≤10	10<V ≤20	1<V ≤3	3<V ≤6
明火或散发火花地点	30	35	20	25
重要公共建筑	20	25	12	15
其他民用建筑	10	15	6	8
主要道路路边	10	10	8	8
次要道路路边	5	5	5	5

注：总存瓶容积应按实瓶个数与单瓶几何容积的乘积计算。

4.4.6 Ⅰ级瓶装液化石油气供应站的四周宜设置不燃性实体围墙，但面向出入口一侧可设置不燃性非实体围墙。

Ⅱ级瓶装液化石油气供应站的四周宜设置不燃性实体围墙，或下部实体部分高度不低于 0.6m 的围墙。

4.5 可燃材料堆场的防火间距

4.5.1 露天、半露天可燃材料堆场与建筑物的防火间距不应小于表 4.5.1 的规定。

表 4.5.1 露天、半露天可燃材料堆场与建筑物的防火间距（m）

名　称	一个堆场的总储量	建筑物		
		一、二级	三级	四级
粮食席穴囤 W（t）	10≤W<5000	15	20	25
	5000≤W<20000	20	25	30
粮食土圆仓 W（t）	500≤W<10000	10	15	20
	10000≤W<20000	15	20	25
棉、麻、毛、化纤、百货 W（t）	10≤W<500	10	15	20
	500≤W<1000	15	20	25
	1000≤W<5000	20	25	30
秸秆、芦苇、打包废纸等 W（t）	10≤W<5000	15	20	25
	5000≤W<10000	20	25	30
	W≥10000	25	30	40
木材等 V（m³）	50≤V<1000	10	15	20
	1000≤V<10000	15	20	25
	V≥10000	20	25	30
煤和焦炭 W（t）	100≤W<5000	6	8	10
	W≥5000	8	10	12

注：露天、半露天秸秆、芦苇、打包废纸等材料堆场，与甲类厂房（仓库）、民用建筑的防火间距应根据建筑物的耐火等级分别按本表的规定增加 25% 且不应小于 25m，与室外变、配电站的防火间距不应小于 50m，与明火或散发火花地点的防火间距应按本表四级耐火等级建筑物的相应规定增加 25%。

当一个木材堆场的总储量大于 25000m³ 或一个秸秆、芦苇、打包废纸等材料堆场的总储量大于 20000t 时，宜分设堆场。各堆场之间的防火间距不应小于相邻较大堆场与四级耐火等级建筑物的防火间距。

不同性质物品堆场之间的防火间距，不应小于本表相应储量堆场与四级耐火等级建筑物防火间距的较大值。

4.5.2 露天、半露天可燃材料堆场与甲、乙、丙类液体储罐的防火间距，不应小于本规范表 4.2.1 和表 4.5.1 中相应储量堆场与四级耐火等级建筑物防火间距的较大值。

4.5.3 露天、半露天秸秆、芦苇、打包废纸等材料堆场与铁路、道路的防火间距不应小于表 4.5.3 的规定，其他可燃材料堆场与铁路、道路的防火间距可根据材料的火灾危险性按类比原则确定。

表 4.5.3 露天、半露天可燃材料堆场与铁路、道路的防火间距（m）

名称	厂外铁路线中心线	厂内铁路线中心线	厂外道路路边	厂内道路路边	
				主要	次要
秸秆、芦苇、打包废纸等材料堆场	30	20	15	10	5

5 民用建筑

5.1 建筑分类和耐火等级

5.1.1 民用建筑根据其建筑高度和层数可分为单、多层民用建筑和高层民用建筑。高层民用建筑根据其建筑高度、使用功能和楼层的建筑面积可分为一类和二类。民用建筑的分类应符合表5.1.1的规定。

表 5.1.1 民用建筑的分类

名称	高层民用建筑		单、多层民用建筑
	一类	二类	
住宅建筑	建筑高度大于54m的住宅建筑（包括设置商业服务网点的住宅建筑）	建筑高度大于27m，但不大于54m的住宅建筑（包括设置商业服务网点的住宅建筑）	建筑高度不大于27m的住宅建筑（包括设置商业服务网点的住宅建筑）
公共建筑	1. 建筑高度大于50m的公共建筑； 2. 建筑高度24m以上部分任一楼层建筑面积大于1000m²的商店、展览、电信、邮政、财贸金融建筑和其他多种功能组合的建筑； 3. 医疗建筑、重要公共建筑； 4. 省级及以上的广播电视和防灾指挥调度建筑、网局级和省级电力调度建筑； 5. 藏书超过100万册的图书馆、书库	除一类高层公共建筑外的其他高层公共建筑	1. 建筑高度大于24m的单层公共建筑； 2. 建筑高度不大于24m的其他公共建筑

注：1 表中未列入的建筑，其类别应根据本表类比确定。

2 除本规范另有规定外，宿舍、公寓等非住宅类居住建筑的防火要求，应符合本规范有关公共建筑的规定。

3 除本规范另有规定外，裙房的防火要求应符合本规范有关高层民用建筑的规定。

5.1.2 民用建筑的耐火等级可分为一、二、三、四级。除本规范另有规定外，不同耐火等级建筑相应构件的燃烧性能和耐火极限不应低于表5.1.2的规定。

表 5.1.2 不同耐火等级建筑相应构件的燃烧性能和耐火极限（h）

构件名称		耐火等级			
		一级	二级	三级	四级
墙	防火墙	不燃性 3.00	不燃性 3.00	不燃性 3.00	不燃性 3.00
	承重墙	不燃性 3.00	不燃性 2.50	不燃性 2.00	难燃性 0.50
	非承重外墙	不燃性 1.00	不燃性 1.00	不燃性 0.50	可燃性
	楼梯间和前室的墙电梯井的墙住宅建筑单元之间的墙和分户墙	不燃性 2.00	不燃性 2.00	不燃性 1.50	难燃性 0.50
	疏散走道两侧的隔墙	不燃性 1.00	不燃性 1.00	不燃性 0.50	难燃性 0.25
	房间隔墙	不燃性 0.75	不燃性 0.50	不燃性 0.50	难燃性 0.25
柱		不燃性 3.00	不燃性 2.50	不燃性 2.00	难燃性 0.50
梁		不燃性 2.00	不燃性 1.50	不燃性 1.00	难燃性 0.50
楼板		不燃性 1.50	不燃性 1.00	不燃性 0.50	可燃性
屋顶承重构件		不燃性 1.50	不燃性 1.00	可燃性 0.50	可燃性
疏散楼梯		不燃性 1.50	不燃性 1.00	不燃性 0.50	可燃性
吊顶（包括吊顶搁栅）		不燃性 0.25	难燃性 0.25	难燃性 0.15	可燃性

注：1 除本规范另有规定外，以木柱承重且墙体采用不燃材料的建筑，其耐火等级应按四级确定。

2 住宅建筑构件的耐火极限和燃烧性能可按现行国家标准《住宅建筑规范》GB 50368的规定执行。

5.1.3 民用建筑的耐火等级应根据其建筑高度、使用功能、重要性和火灾扑救难度等确定，并应符合下列规定：

　　1　地下或半地下建筑（室）和一类高层建筑的耐火等级不应低于一级；

　　2　单、多层重要公共建筑和二类高层建筑的耐火等级不应低于二级。

5.1.4 建筑高度大于100m的民用建筑，其楼板的耐火极限不应低于2.00h。

　　一、二级耐火等级建筑的上人平屋顶，其屋面板的耐火极限分别不应低于1.50h和1.00h。

5.1.5 一、二级耐火等级建筑的屋面板应采用不燃材料。

　　屋面防水层宜采用不燃、难燃材料，当采用可燃防水材料且铺设在可燃、难燃保温材料上时，防水材料或可燃、难燃保温材料应采用不燃材料作防护层。

5.1.6 二级耐火等级建筑内采用难燃性墙体的房间隔墙，其耐火极限不应低于0.75h；当房间的建筑面积不大于100m²时，房间隔墙可采用耐火极限不低于0.50h的难燃性墙体或耐火极限不低于0.30h的不燃性墙体。

　　二级耐火等级多层住宅建筑内采用预应力钢筋混凝土的楼板，其耐火极限不应低于0.75h。

5.1.7 建筑中的非承重外墙、房间隔墙和屋面板，当确需采用金属夹芯板材时，其芯材应为不燃材料，且耐火极限应符合本规范有关规定。

5.1.8 二级耐火等级建筑内采用不燃材料的吊顶，其耐火极限不限。

　　三级耐火等级的医疗建筑、中小学校的教学建筑、老年人建筑及托儿所、幼儿园的儿童用房和儿童游乐厅等儿童活动场所的吊顶，应采用不燃材料；当采用难燃材料时，其耐火极限不应低于0.25h。

　　二、三级耐火等级建筑内门厅、走道的吊顶应采用不燃材料。

5.1.9 建筑内预制钢筋混凝土构件的节点外露部位，应采取防火保护措施，且节点的耐火极限不应低于相应构件的耐火极限。

5.2 总平面布局

5.2.1 在总平面布局中，应合理确定建筑的位置、防火间距、消防车道和消防水源等，不宜将民用建筑布置在甲、乙类厂（库）房，甲、乙、丙类液体储罐，可燃气体储罐和可燃材料堆场的附近。

5.2.2 民用建筑之间的防火间距不应小于表5.2.2的规定，与其他建筑的防火间距，除应符合本节规定外，尚应符合本规范其他章的有关规定。

表5.2.2　民用建筑之间的防火间距（m）

建筑类别		高层民用建筑	裙房和其他民用建筑		
		一、二级	一、二级	三级	四级
高层民用建筑	一、二级	13	9	11	14
裙房和其他民用建筑	一、二级	9	6	7	9
	三级	11	7	8	10
	四级	14	9	10	12

注：1　相邻两座单、多层建筑，当相邻外墙为不燃性墙体且无外露的可燃性屋檐，每面外墙上无防火保护的门、窗、洞口不正对开设且该门、窗、洞口的面积之和不大于外墙面积的5%时，其防火间距可按本表的规定减少25%。

　　2　两座建筑相邻较高一面外墙为防火墙，或高出相邻较低一座一、二级耐火等级建筑的屋面15m及以下范围内的外墙为防火墙时，其防火间距不限。

　　3　相邻两座高度相同的一、二级耐火等级建筑中相邻任一侧外墙为防火墙，屋顶的耐火极限不低于1.00h时，其防火间距不限。

　　4　相邻两座建筑中较低一座建筑的耐火等级不低于二级，相邻较低一面外墙为防火墙且屋顶无天窗，屋顶的耐火极限不低于1.00h时，其防火间距不应小于3.5m；对于高层建筑，不应小于4m。

　　5　相邻两座建筑中较低一座建筑的耐火等级不低于二级且屋顶无天窗，相邻较高一面外墙高出较低一座建筑的屋面15m及以下范围内的开口部位设置甲级防火门、窗，或设置符合现行国家标准《自动喷水灭火系统设计规范》GB 50084规定的防火分隔水幕或本规范第6.5.3条规定的防火卷帘时，其防火间距不应小于3.5m；对于高层建筑，不应小于4m。

　　6　相邻建筑通过连廊、天桥或底部的建筑物等连接时，其间距不应小于本表的规定。

　　7　耐火等级低于四级的既有建筑，其耐火等级可按四级确定。

5.2.3 民用建筑与单独建造的变电站的防火间距应符合本规范第3.4.1条有关室外变、配电站的规定，但与单独建造的终端变电站的防火间距，可根据变电站的耐火等级按本规范第5.2.2条有关民用建筑的规定确定。

　　民用建筑与10kV及以下的预装式变电站的防火间距不应小于3m。

　　民用建筑与燃油、燃气或燃煤锅炉房的防火间距应符合本规范第3.4.1条有关丁类厂房的规定，但与单台蒸汽锅炉的蒸发量不大于4t/h或单台热水锅炉的额定热功率不大于2.8MW的燃煤锅炉房的防火间距，可根据锅炉房的耐火等级按本规范第5.2.2条有关民用建筑的规定确定。

5.2.4 除高层民用建筑外，数座一、二级耐火等级的住宅建筑或办公建筑，当建筑物的占地面积总和不大于2500m²时，可成组布置，但组内建筑物之间的间距不宜小于4m。组与组或组与相邻建筑物的防火间距不应小于本规范第5.2.2条的规定。

5.2.5 民用建筑与燃气调压站、液化石油气气化站或混气站、城市液化石油气供应站瓶库等的防火间距，应符合现行国家标准《城镇燃气设计规范》GB 50028的规定。

5.2.6 建筑高度大于100m的民用建筑与相邻建筑的防火间距，当符合本规范第3.4.5条、第3.5.3条、第4.2.1条和第5.2.2条允许减小的条件时，仍不应减小。

5.3 防火分区和层数

5.3.1 除本规范另有规定外，不同耐火等级建筑的允许建筑高度或层数、防火分区最大允许建筑面积应符合表5.3.1的规定。

表5.3.1 不同耐火等级建筑的允许建筑高度或
层数、防火分区最大允许建筑面积

名称	耐火等级	允许建筑高度或层数	防火分区的最大允许建筑面积（m²）	备注
高层民用建筑	一、二级	按本规范第5.1.1条确定	1500	对于体育馆、剧场的观众厅，防火分区的最大允许建筑面积可适当增加
单、多层民用建筑	一、二级	按本规范第5.1.1条确定	2500	
	三级	5层	1200	
	四级	2层	600	
地下或半地下建筑（室）	一级	—	500	设备用房的防火分区最大允许建筑面积不应大于1000m²

注：1 表中规定的防火分区最大允许建筑面积，当建筑内设置自动灭火系统时，可按本表的规定增加1.0倍；局部设置时，防火分区的增加面积可按该局部面积的1.0倍计算。
2 裙房与高层建筑主体之间设置防火墙时，裙房的防火分区可按单、多层建筑的要求确定。

5.3.2 建筑内设置自动扶梯、敞开楼梯等上、下层相连通的开口时，其防火分区的建筑面积应按上、下层相连通的建筑面积叠加计算；当叠加计算后的建筑面积大于本规范第5.3.1条的规定时，应划分防火分区。

建筑内设置中庭时，其防火分区的建筑面积应按上、下层相连通的建筑面积叠加计算；当叠加计算后的建筑面积大于本规范第5.3.1条的规定时，应符合下列规定：

1 与周围连通空间应进行防火分隔：采用防火隔墙时，其耐火极限不应低于1.00h；采用防火玻璃墙时，其耐火隔热性和耐火完整性不应低于1.00h，采用耐火完整性不低于1.00h的非隔热性防火玻璃墙时，应设置自动喷水灭火系统进行保护；采用防火卷帘时，其耐火极限不应低于3.00h，并应符合本规范第6.5.3条的规定；与中庭相连通的门、窗，应采用火灾时能自行关闭的甲级防火门、窗；

2 高层建筑内的中庭回廊应设置自动喷水灭火

系统和火灾自动报警系统；

3 中庭应设置排烟设施；

4 中庭内不应布置可燃物。

5.3.3 防火分区之间应采用防火墙分隔，确有困难时，可采用防火卷帘等防火分隔设施分隔。采用防火卷帘分隔时，应符合本规范第6.5.3条的规定。

5.3.4 一、二级耐火等级建筑内的商店营业厅、展览厅，当设置自动灭火系统和火灾自动报警系统并采用不燃或难燃装修材料时，其每个防火分区的最大允许建筑面积应符合下列规定：

1 设置在高层建筑内时，不应大于4000m²；

2 设置在单层建筑或仅设置在多层建筑的首层内时，不应大于10000m²；

3 设置在地下或半地下时，不应大于2000m²。

5.3.5 总建筑面积大于20000m²的地下或半地下商店，应采用无门、窗、洞口的防火墙、耐火极限不低于2.00h的楼板分隔为多个建筑面积不大于20000m²的区域。相邻区域确需局部连通时，应采用下沉式广场等室外开敞空间、防火隔间、避难走道、防烟楼梯间等方式进行连通，并应符合下列规定：

1　下沉式广场等室外开敞空间应能防止相邻区域的火灾蔓延和便于安全疏散，并应符合本规范第6.4.12条的规定；

2　防火隔间的墙应为耐火极限不低于3.00h的防火隔墙，并应符合本规范第6.4.13条的规定；

3　避难走道应符合本规范第6.4.14条的规定；

4　防烟楼梯间的门应采用甲级防火门。

5.3.6　餐饮、商店等商业设施通过有顶棚的步行街连接，且步行街两侧的建筑需利用步行街进行安全疏散时，应符合下列规定：

1　步行街两侧建筑的耐火等级不应低于二级。

2　步行街两侧建筑相对面的最近距离均不应小于本规范对相应高度建筑的防火间距要求且不应小于9m。步行街的端部在各层均不宜封闭，确需封闭时，应在外墙上设置可开启的门窗，且可开启门窗的面积不应小于该部位外墙面积的一半。步行街的长度不宜大于300m。

3　步行街两侧建筑的商铺之间应设置耐火极限不低于2.00h的防火隔墙，每间商铺的建筑面积不宜大于300m²。

4　步行街两侧建筑的商铺，其面向步行街一侧的围护构件的耐火极限不应低于1.00h，并宜采用实体墙，其门、窗应采用乙级防火门、窗；当采用防火玻璃墙（包括门、窗）时，其耐火隔热性和耐火完整性不应低于1.00h；当采用耐火完整性不低于1.00h的非隔热性防火玻璃墙（包括门、窗）时，应设置闭式自动喷水灭火系统进行保护。相邻商铺之间面向步行街一侧应设置宽度不小于1.0m、耐火极限不低于1.00h的实体墙。

当步行街两侧的建筑为多个楼层时，每层面向步行街一侧的商铺均应设置防止火灾竖向蔓延的措施，并应符合本规范第6.2.5条的规定；设置回廊或挑檐时，其出挑宽度不应小于1.2m；步行街两侧的商铺在上部各层需设置回廊和连接天桥时，应保证步行街上部各层楼板的开口面积不应小于步行街地面面积的37%，且开口宜均匀布置。

5　步行街两侧建筑内的疏散楼梯应靠外墙设置并宜直通室外，确有困难时，可在首层直接通至步行街；首层商铺的疏散门可直接通至步行街，步行街内任一点到达最近室外安全地点的步行距离不应大于60m。步行街两侧建筑二层及以上各层商铺的疏散门至该层最近疏散楼梯口或其他安全出口的直线距离不应大于37.5m。

6　步行街的顶棚材料应采用不燃或难燃材料，其承重结构的耐火极限不应低于1.00h。步行街内不应布置可燃物。

7　步行街的顶棚下檐距地面的高度不应小于6.0m，顶棚应设置自然排烟设施并宜采用常开式的排烟口，且自然排烟口的有效面积不应小于步行街地面面积的25%。常闭式自然排烟设施应能在火灾时手动和自动开启。

8　步行街两侧建筑的商铺外应每隔30m设置DN65的消火栓，并应配备消防软管卷盘或消防水龙，商铺内应设置自动喷水灭火系统和火灾自动报警系统；每层回廊均应设置自动喷水灭火系统。步行街内宜设置自动跟踪定位射流灭火系统。

9　步行街两侧建筑的商铺内外均应设置疏散照明、灯光疏散指示标志和消防应急广播系统。

5.4　平面布置

5.4.1　民用建筑的平面布置应结合建筑的耐火等级、火灾危险性、使用功能和安全疏散等因素合理布置。

5.4.2　除为满足民用建筑使用功能所设置的附属库房外，民用建筑内不应设置生产车间和其他库房。

经营、存放和使用甲、乙类火灾危险性物品的商店、作坊和储藏间，严禁附设在民用建筑内。

5.4.3　商店建筑、展览建筑采用三级耐火等级建筑时，不应超过2层；采用四级耐火等级建筑时，应为单层。营业厅、展览厅设置在三级耐火等级的建筑内时，应布置在首层或二层；设置在四级耐火等级的建筑内时，应布置在首层。

营业厅、展览厅不应设置在地下三层及以下楼层。地下或半地下营业厅、展览厅不应经营、储存和展示甲、乙类火灾危险性物品。

5.4.4　托儿所、幼儿园的儿童用房，老年人活动场所和儿童游乐厅等儿童活动场所宜设置在独立的建筑内，且不应设置在地下或半地下；当采用一、二级耐火等级的建筑时，不应超过3层；采用三级耐火等级的建筑时，不应超过2层；采用四级耐火等级的建筑时，应为单层；确需设置在其他民用建筑内时，应符合下列规定：

1　设置在一、二级耐火等级的建筑内时，应布置在首层、二层或三层；

2　设置在三级耐火等级的建筑内时，应布置在首层或二层；

3　设置在四级耐火等级的建筑内时，应布置在首层；

4　设置在高层建筑内时，应设置独立的安全出口和疏散楼梯；

5　设置在单、多层建筑内时，宜设置独立的安全出口和疏散楼梯。

5.4.5　医院和疗养院的住院部分不应设置在地下或半地下。

医院和疗养院的住院部分采用三级耐火等级建筑时，不应超过2层；采用四级耐火等级建筑时，应为单层；设置在三级耐火等级的建筑内时，应布置在首层或二层；设置在四级耐火等级的建筑内时，应布置在首层。

医院和疗养院的病房楼内相邻护理单元之间应采用耐火极限不低于 2.00h 的防火隔墙分隔，隔墙上的门应采用乙级防火门，设置在走道上的防火门应采用常开防火门。

5.4.6 教学建筑、食堂、菜市场采用三级耐火等级建筑时，不应超过 2 层；采用四级耐火等级建筑时，应为单层；设置在三级耐火等级的建筑内时，应布置在首层或二层；设置在四级耐火等级的建筑内时，应布置在首层。

5.4.7 剧场、电影院、礼堂宜设置在独立的建筑内；采用三级耐火等级建筑时，不应超过 2 层；确需设置在其他民用建筑内时，至少应设置 1 个独立的安全出口和疏散楼梯，并应符合下列规定：

1 应采用耐火极限不低于 2.00h 的防火隔墙和甲级防火门与其他区域分隔。

2 设置在一、二级耐火等级的建筑内时，观众厅宜布置在首层、二层或三层；确需布置在四层及以上楼层时，一个厅、室的疏散门不应少于 2 个，且每个观众厅的建筑面积不宜大于 400m²。

3 设置在三级耐火等级的建筑内时，不应布置在三层及以上楼层。

4 设置在地下或半地下时，宜设置在地下一层，不应设置在地下三层及以下楼层。

5 设置在高层建筑内时，应设置火灾自动报警系统及自动喷水灭火系统等自动灭火系统。

5.4.8 建筑内的会议厅、多功能厅等人员密集的场所，宜布置在首层、二层或三层。设置在三级耐火等级的建筑内时，不应布置在三层及以上楼层。确需布置在一、二级耐火等级建筑的其他楼层时，应符合下列规定：

1 一个厅、室的疏散门不应少于 2 个，且建筑面积不宜大于 400m²；

2 设置在地下或半地下时，宜设置在地下一层，不应设置在地下三层及以下楼层；

3 设置在高层建筑内时，应设置火灾自动报警系统和自动喷水灭火系统等自动灭火系统。

5.4.9 歌舞厅、录像厅、夜总会、卡拉 OK 厅（含具有卡拉 OK 功能的餐厅）、游艺厅（含电子游艺厅）、桑拿浴室（不包括洗浴部分）、网吧等歌舞娱乐放映游艺场所（不含剧场、电影院）的布置应符合下列规定：

1 不应布置在地下二层及以下楼层；

2 宜布置在一、二级耐火等级建筑内的首层、二层或三层的靠外墙部位；

3 不宜布置在袋形走道的两侧或尽端；

4 确需布置在地下一层时，地下一层的地面与室外出入口地坪的高差不应大于 10m；

5 确需布置在地下或四层及以上楼层时，一个厅、室的建筑面积不应大于 200m²；

6 厅、室之间及与建筑的其他部位之间，应采用耐火极限不低于 2.00h 的防火隔墙和 1.00h 的不燃性楼板分隔，设置在厅、室墙上的门和该场所与建筑内其他部位相通的门均应采用乙级防火门。

5.4.10 除商业服务网点外，住宅建筑与其他使用功能的建筑合建时，应符合下列规定：

1 住宅部分与非住宅部分之间，应采用耐火极限不低于 2.00h 且无门、窗、洞口的防火隔墙和 1.50h 的不燃性楼板完全分隔；当为高层建筑时，应采用无门、窗、洞口的防火墙和耐火极限不低于 2.00h 的不燃性楼板完全分隔。建筑外墙上、下层开口之间的防火措施应符合本规范第 6.2.5 条的规定。

2 住宅部分与非住宅部分的安全出口和疏散楼梯应分别独立设置；为住宅部分服务的地上车库应设置独立的疏散楼梯或安全出口，地下车库的疏散楼梯应按本规范第 6.4.4 条的规定进行分隔。

3 住宅部分和非住宅部分的安全疏散、防火分区和室内消防设施配置，可根据各自的建筑高度分别按照本规范有关住宅建筑和公共建筑的规定执行；该建筑的其他防火设计应根据建筑的总高度和建筑规模按本规范有关公共建筑的规定执行。

5.4.11 设置商业服务网点的住宅建筑，其居住部分与商业服务网点之间应采用耐火极限不低于 2.00h 且无门、窗、洞口的防火隔墙和 1.50h 的不燃性楼板完全分隔，住宅部分和商业服务网点部分的安全出口和疏散楼梯应分别独立设置。

商业服务网点中每个分隔单元之间应采用耐火极限不低于 2.00h 且无门、窗、洞口的防火隔墙相互分隔，当每个分隔单元任一层建筑面积大于 200m² 时，该层应设置 2 个安全出口或疏散门。每个分隔单元内的任一点至最近直通室外的出口的直线距离不应大于本规范表 5.5.17 中有关多层其他建筑位于袋形走道两侧或尽端的疏散门至最近安全出口的最大直线距离。

注：室内楼梯的距离可按其水平投影长度的 1.50 倍计算。

5.4.12 燃油或燃气锅炉、油浸变压器、充有可燃油的高压电容器和多油开关等，宜设置在建筑外的专用房间内；确需贴邻民用建筑布置时，应采用防火墙与所贴邻的建筑分隔，且不应贴邻人员密集场所，该专用房间的耐火等级不应低于二级；确需布置在民用建筑内时，不应布置在人员密集场所的上一层、下一层或贴邻，并应符合下列规定：

1 燃油或燃气锅炉房、变压器室应设置在首层或地下一层的靠外墙部位，但常（负）压燃油或燃气锅炉可设置在地下二层或屋顶上。设置在屋顶上的常（负）压燃气锅炉，距离通向屋面的安全出口不应小于 6m。

采用相对密度（与空气密度的比值）不小于 0.75 的可燃气体为燃料锅炉，不得设置在地下或半地下。

2 锅炉房、变压器室的疏散门均应直通室外或安全出口。

3 锅炉房、变压器室等与其他部位之间应采用耐火极限不低于 2.00h 的防火隔墙和 1.50h 的不燃性楼板分隔。在隔墙和楼板上不应开设洞口，确需在隔墙上设置门、窗时，应采用甲级防火门、窗。

4 锅炉房内设置储油间时，其总储存量不应大于 $1m^3$，且储油间应采用耐火极限不低于 3.00h 的防火隔墙与锅炉间分隔；确需在防火隔墙上设置门时，应采用甲级防火门。

5 变压器室之间、变压器室与配电室之间，应设置耐火极限不低于 2.00h 的防火隔墙。

6 油浸变压器、多油开关室、高压电容器室，应设置防止油品流散的设施。油浸变压器下面应设置能储存变压器全部油量的事故储油设施。

7 应设置火灾报警装置。

8 应设置与锅炉、变压器、电容器和多油开关等的容量及建筑规模相适应的灭火设施，当建筑内其他部位设置自动喷水灭火系统时，应设置自动喷水灭火系统。

9 锅炉的容量应符合现行国家标准《锅炉房设计规范》GB 50041 的规定。油浸变压器的总容量不应大于 1260kV·A，单台容量不应大于 630kV·A。

10 燃气锅炉房应设置爆炸泄压设施。燃油或燃气锅炉房应设置独立的通风系统，并应符合本规范第 9 章的规定。

5.4.13 布置在民用建筑内的柴油发电机房应符合下列规定：

1 宜布置在首层或地下一、二层。

2 不应布置在人员密集场所的上一层、下一层或贴邻。

3 应采用耐火极限不低于 2.00h 的防火隔墙和 1.50h 的不燃性楼板与其他部位分隔，门应采用甲级防火门。

4 机房内设置储油间时，其总储存量不应大于 $1m^3$，储油间应采用耐火极限不低于 3.00h 的防火隔墙与发电机间分隔；确需在防火隔墙上开门时，应设置甲级防火门。

5 应设置火灾报警装置。

6 应设置与柴油发电机容量和建筑规模相适应的灭火设施，当建筑内其他部位设置自动喷水灭火系统时，机房内应设置自动喷水灭火系统。

5.4.14 供建筑内使用的丙类液体燃料，其储罐应布置在建筑外，并应符合下列规定：

1 当总容量不大于 $15m^3$，且直埋于建筑附近、面向油罐一面 4.0m 范围内的建筑外墙为防火墙时，储罐与建筑的防火间距不限；

2 当总容量大于 $15m^3$ 时，储罐的布置应符合本规范第 4.2 节的规定；

3 当设置中间罐时，中间罐的容量不应大于 $1m^3$，并应设置在一、二级耐火等级的单独房间内，房间门应采用甲级防火门。

5.4.15 设置在建筑内的锅炉、柴油发电机，其燃料供给管道应符合下列规定：

1 在进入建筑物前和设备间内的管道上均应设置自动和手动切断阀；

2 储油间的油箱应密闭且应设置通向室外的通气管，通气管应设置带阻火器的呼吸阀，油箱的下部应设置防止油品流散的设施；

3 燃气供给管道的敷设应符合现行国家标准《城镇燃气设计规范》GB 50028 的规定。

5.4.16 高层民用建筑内使用可燃气体燃料时，应采用管道供气。使用可燃气体的房间或部位宜靠外墙设置，并应符合现行国家标准《城镇燃气设计规范》GB 50028 的规定。

5.4.17 建筑采用瓶装液化石油气瓶组供气时，应符合下列规定：

1 应设置独立的瓶组间；

2 瓶组间不应与住宅建筑、重要公共建筑和其他高层公共建筑贴邻，液化石油气气瓶的总容积不大于 $1m^3$ 的瓶组间与所服务的其他建筑贴邻时，应采用自然气化方式供气；

3 液化石油气气瓶的总容积大于 $1m^3$、不大于 $4m^3$ 的独立瓶组间，与所服务建筑的防火间距应符合本规范表 5.4.17 的规定；

表 5.4.17 液化石油气气瓶的独立瓶组间与所服务建筑的防火间距（m）

名　　称		液化石油气气瓶的独立瓶组间的总容积 V（m^3）	
		V≤2	2<V≤4
明火或散发火花地点		25	30
重要公共建筑、一类高层民用建筑		15	20
裙房和其他民用建筑		8	10
道路（路边）	主要	10	
	次要	5	

注：气瓶总容积应按配置气瓶个数与单瓶几何容积的乘积计算。

4 在瓶组间的总出气管道上应设置紧急事故自动切断阀；

5 瓶组间应设置可燃气体浓度报警装置；

6 其他防火要求应符合现行国家标准《城镇燃气设计规范》GB 50028 的规定。

5.5 安全疏散和避难

Ⅰ 一般要求

5.5.1 民用建筑应根据其建筑高度、规模、使用功能和耐火等级等因素合理设置安全疏散和避难设施。安全出口和疏散门的位置、数量、宽度及疏散楼梯间的形式，应满足人员安全疏散的要求。

5.5.2 建筑内的安全出口和疏散门应分散布置，且建筑内每个防火分区或一个防火分区的每个楼层、每个住宅单元每层相邻两个安全出口以及每个房间相邻两个疏散门最近边缘之间的水平距离不应小于 5m。

5.5.3 建筑的楼梯间宜通至屋面，通向屋面的门或窗应向外开启。

5.5.4 自动扶梯和电梯不应计作安全疏散设施。

5.5.5 除人员密集场所外，建筑面积不大于 500m²、使用人数不超过 30 人且埋深不大于 10m 的地下或半地下建筑（室），当需要设置 2 个安全出口时，其中一个安全出口可利用直通室外的金属竖向梯。

除歌舞娱乐放映游艺场所外，防火分区建筑面积不大于 200m² 的地下或半地下设备间、防火分区建筑面积不大于 50m² 且经常停留人数不超过 15 人的其他地下或半地下建筑（室），可设置 1 个安全出口或 1 部疏散楼梯。

除本规范另有规定外，建筑面积不大于 200m² 的地下或半地下设备间、建筑面积不大于 50m² 且经常停留人数不超过 15 人的其他地下或半地下房间，可设置 1 个疏散门。

5.5.6 直通建筑内附设汽车库的电梯，应在汽车库部分设置电梯候梯厅，并应采用耐火极限不低于 2.00h 的防火隔墙和乙级防火门与汽车库分隔。

5.5.7 高层建筑直通室外的安全出口上方，应设置挑出宽度不小于 1.0m 的防护挑檐。

Ⅱ 公共建筑

5.5.8 公共建筑内每个防火分区或一个防火分区的每个楼层，其安全出口的数量应经计算确定，且不应少于 2 个。符合下列条件之一的公共建筑，可设置 1 个安全出口或 1 部疏散楼梯：

1 除托儿所、幼儿园外，建筑面积不大于 200m² 且人数不超过 50 人的单层公共建筑或多层公共建筑的首层；

2 除医疗建筑，老年人建筑，托儿所、幼儿园的儿童用房，儿童游乐厅等儿童活动场所和歌舞娱乐放映游艺场所等外，符合表 5.5.8 规定的公共建筑。

表 5.5.8 可设置 1 部疏散楼梯的公共建筑

耐火等级	最多层数	每层最大建筑面积（m²）	人　数
一、二级	3 层	200	第二、三层的人数之和不超过 50 人
三级	3 层	200	第二、三层的人数之和不超过 25 人
四级	2 层	200	第二层人数不超过 15 人

5.5.9 一、二级耐火等级公共建筑内的安全出口全部直通室外确有困难的防火分区，可利用通向相邻防火分区的甲级防火门作为安全出口，但应符合下列要求：

1 利用通向相邻防火分区的甲级防火门作为安全出口时，应采用防火墙与相邻防火分区进行分隔；

2 建筑面积大于 1000m² 的防火分区，直通室外的安全出口不应少于 2 个；建筑面积不大于 1000m² 的防火分区，直通室外的安全出口不应少于 1 个；

3 该防火分区通向相邻防火分区的疏散净宽度不应大于其按本规范第 5.5.21 条规定计算所需疏散总净宽度的 30%，建筑各层直通室外的安全出口总净宽度不应小于按照本规范第 5.5.21 条规定计算所需疏散总净宽度。

5.5.10 高层公共建筑的疏散楼梯，当分散设置确有困难且从任一疏散门至最近疏散楼梯间入口的距离不大于 10m 时，可采用剪刀楼梯间，但应符合下列规定：

1 楼梯间应为防烟楼梯间；

2 梯段之间应设置耐火极限不低于 1.00h 的防火隔墙；

3 楼梯间的前室应分别设置。

5.5.11 设置不少于 2 部疏散楼梯的一、二级耐火等级多层公共建筑，如顶层局部升高，当高出部分的层数不超过 2 层、人数之和不超过 50 人且每层建筑面积不大于 200m² 时，高出部分可设置 1 部疏散楼梯，但至少应另外设置 1 个直通建筑主体上人平屋面的安全出口，且上人屋面应符合人员安全疏散的要求。

5.5.12 一类高层公共建筑和建筑高度大于 32m 的二类高层公共建筑，其疏散楼梯应采用防烟楼梯间。

裙房和建筑高度不大于 32m 的二类高层公共建筑，其疏散楼梯应采用封闭楼梯间。

注：当裙房与高层建筑主体之间设置防火墙时，裙房的疏散楼梯可按本规范有关单、多层建筑的要求确定。

5.5.13 下列多层公共建筑的疏散楼梯，除与敞开式外廊直接相连的楼梯间外，均应采用封闭楼梯间：

1 医疗建筑、旅馆、老年人建筑及类似使用功能的建筑；

    2 设置歌舞娱乐放映游艺场所的建筑；

    3 商店、图书馆、展览建筑、会议中心及类似使用功能的建筑；

    4 6层及以上的其他建筑。

5.5.14 公共建筑内的客、货电梯宜设置电梯候梯厅，不宜直接设置在营业厅、展览厅、多功能厅等场所内。

5.5.15 公共建筑内房间的疏散门数量应经计算确定且不应少于2个。除托儿所、幼儿园、老年人建筑、医疗建筑、教学建筑内位于走道尽端的房间外，符合下列条件之一的房间可设置1个疏散门：

    1 位于两个安全出口之间或袋形走道两侧的房间，对于托儿所、幼儿园、老年人建筑，建筑面积不大于50m²；对于医疗建筑、教学建筑，建筑面积不大于75m²；对于其他建筑或场所，建筑面积不大于120m²。

    2 位于走道尽端的房间，建筑面积小于50m²

且疏散门的净宽度不小于0.90m，或由房间内任一点至疏散门的直线距离不大于15m、建筑面积不大于200m²且疏散门的净宽度不小于1.40m。

    3 歌舞娱乐放映游艺场所内建筑面积不大于50m²且经常停留人数不超过15人的厅、室。

5.5.16 剧场、电影院、礼堂和体育馆的观众厅或多功能厅，其疏散门的数量应经计算确定且不应少于2个，并应符合下列规定：

    1 对于剧场、电影院、礼堂的观众厅或多功能厅，每个疏散门的平均疏散人数不应超过250人；当容纳人数超过2000人时，其超过2000人的部分，每个疏散门的平均疏散人数不应超过400人。

    2 对于体育馆的观众厅，每个疏散门的平均疏散人数不宜超过400人～700人。

5.5.17 公共建筑的安全疏散距离应符合下列规定：

    1 直通疏散走道的房间疏散门至最近安全出口的直线距离不应大于表5.5.17的规定。

表 5.5.17 直通疏散走道的房间疏散门至
最近安全出口的直线距离（m）

名称			位于两个安全出口之间的疏散门			位于袋形走道两侧或尽端的疏散门		
			一、二级	三级	四级	一、二级	三级	四级
托儿所、幼儿园 老年人建筑			25	20	15	20	15	10
歌舞娱乐放映游艺场所			25	20	15	9	—	—
医疗建筑	单、多层		35	30	25	20	15	10
	高层	病房部分	24	—	—	12	—	—
		其他部分	30	—	—	15	—	—
教学建筑	单、多层		35	30	25	22	20	10
	高层		30	—	—	15	—	—
高层旅馆、展览建筑			30	—	—	15	—	—
其他建筑	单、多层		40	35	25	22	20	15
	高层		40	—	—	20	—	—

注：1 建筑内开向敞开式外廊的房间疏散门至最近安全出口的直线距离可按本表的规定增加5m。

    2 直通疏散走道的房间疏散门至最近敞开楼梯间的直线距离，当房间位于两个楼梯间之间时，应按本表的规定减少5m；当房间位于袋形走道两侧或尽端时，应按本表的规定减少2m。

    3 建筑物内全部设置自动喷水灭火系统时，其安全疏散距离可按本表的规定增加25%。

    2 楼梯间应在首层直通室外，确有困难时，可在首层采用扩大的封闭楼梯间或防烟楼梯间前室。当层数不超过4层且未采用扩大的封闭楼梯间或防烟楼梯间前室时，可将直通室外的门设置在离楼梯间不大于15m处。

    3 房间内任一点至房间直通疏散走道的疏散门的直线距离，不应大于表5.5.17规定的袋形走道两

侧或尽端的疏散门至最近安全出口的直线距离。

    4 一、二级耐火等级建筑内疏散门或安全出口不少于2个的观众厅、展览厅、多功能厅、餐厅、营业厅等，其室内任一点至最近疏散门或安全出口的直线距离不应大于30m；当疏散门不能直通室外地面或疏散楼梯间时，应采用长度不大于10m的疏散走道通至最近的安全出口。当该场所设置自动喷水灭火系

统时，室内任一点至最近安全出口的安全疏散距离可分别增加 25%。

5.5.18 除本规范另有规定外，公共建筑内疏散门和安全出口的净宽度不应小于 0.90m，疏散走道和疏散楼梯的净宽度不应小于 1.10m。

高层公共建筑内楼梯间的首层疏散门、首层疏散外门、疏散走道和疏散楼梯的最小净宽度应符合表 5.5.18 的规定。

表 5.5.18　高层公共建筑内楼梯间的
首层疏散门、首层疏散外门、疏散
走道和疏散楼梯的最小净宽度（m）

建筑类别	楼梯间的首层疏散门、首层疏散外门	走道		疏散楼梯
		单面布房	双面布房	
高层医疗建筑	1.30	1.40	1.50	1.30
其他高层公共建筑	1.20	1.30	1.40	1.20

5.5.19 人员密集的公共场所、观众厅的疏散门不应设置门槛，其净宽度不应小于 1.40m，且紧靠门口内外各 1.40m 范围内不应设置踏步。

人员密集的公共场所的室外疏散通道的净宽度不应小于 3.00m，并应直接通向宽敞地带。

5.5.20 剧场、电影院、礼堂、体育馆等场所的疏散走道、疏散楼梯、疏散门、安全出口的各自总净宽度，应符合下列规定：

　　1 观众厅内疏散走道的净宽度应按每 100 人不小于 0.60m 计算，且不应小于 1.00m；边走道的净宽度不宜小于 0.80m。

　　布置疏散走道时，横走道之间的座位排数不宜超过 20 排；纵走道之间的座位数：剧场、电影院、礼堂等，每排不宜超过 22 个；体育馆，每排不宜超过 26 个；前后排座椅的排距不小于 0.90m 时，可增加 1.0 倍，但不得超过 50 个；仅一侧有纵走道时，座位数应减少一半。

　　2 剧场、电影院、礼堂等场所供观众疏散的所有内门、外门、楼梯和走道的各自总净宽度，应根据疏散人数按每 100 人的最小疏散净宽度不小于表 5.5.20-1 的规定计算确定。

　　3 体育馆供观众疏散的所有内门、外门、楼梯和走道的各自总净宽度，应根据疏散人数按每 100 人的最小疏散净宽度不小于表 5.5.20-2 的规定计算确定。

　　4 有等场需要的入场门不应作为观众厅的疏散门。

表 5.5.20-1　剧场、电影院、礼堂
等场所每 100 人所需
最小疏散净宽度（m/百人）

观众厅座位数（座）			≤2500	≤1200
耐火等级			一、二级	三级
疏散部位	门和走道	平坡地面	0.65	0.85
		阶梯地面	0.75	1.00
	楼梯		0.75	1.00

表 5.5.20-2　体育馆每 100 人所需
最小疏散净宽度（m/百人）

观众厅座位数范围（座）			3000~5000	5001~10000	10001~20000
疏散部位	门和走道	平坡地面	0.43	0.37	0.32
		阶梯地面	0.50	0.43	0.37
	楼梯		0.50	0.43	0.37

注：本表中对应较大座位数范围按规定计算的疏散总净宽度，不应小于对应相邻较小座位数范围按其最多座位数计算的疏散总净宽度。对于观众厅座位数少于 3000 个的体育馆，计算供观众疏散的所有内门、外门、楼梯和走道的各自总净宽度时，每 100 人的最小疏散净宽度不应小于表 5.5.20-1 的规定。

5.5.21 除剧场、电影院、礼堂、体育馆外的其他公共建筑，其房间疏散门、安全出口、疏散走道和疏散楼梯的各自总净宽度，应符合下列规定：

　　1 每层的房间疏散门、安全出口、疏散走道和疏散楼梯的各自总净宽度，应根据疏散人数按每 100 人的最小疏散净宽度不小于表 5.5.21-1 的规定计算确定。当每层疏散人数不等时，疏散楼梯的总净宽度可分层计算，地上建筑内下层楼梯的总净宽度应按该层及以上疏散人数最多一层的人数计算；地下建筑内上层楼梯的总净宽度应按该层及以下疏散人数最多一层的人数计算。

　　2 地下或半地下人员密集的厅、室和歌舞娱乐放映游艺场所，其房间疏散门、安全出口、疏散走道和疏散楼梯的各自总净宽度，应根据疏散人数按每 100 人不小于 1.00m 计算确定。

　　3 首层外门的总净宽度应按该建筑疏散人数最多一层的人数计算确定，不供其他楼层人员疏散的外门，可按本层的疏散人数计算确定。

　　4 歌舞娱乐放映游艺场所中录像厅的疏散人数，应根据厅、室的建筑面积按不小于 1.0 人/m² 计算；其他歌舞娱乐放映游艺场所的疏散人数，应根据厅、室的建筑面积按不小于 0.5 人/m² 计算。

表 5.5.21-1　每层的房间疏散门、安全
出口、疏散走道和疏散楼梯的
每 100 人最小疏散净宽度（m/百人）

建筑层数		建筑的耐火等级		
		一、二级	三级	四级
地上楼层	1～2 层	0.65	0.75	1.00
	3 层	0.75	1.00	—
	≥4 层	1.00	1.25	—
地下楼层	与地面出入口地面的高差 $\Delta H \leqslant 10m$	0.75		
	与地面出入口地面的高差 $\Delta H > 10m$	1.00		

5　有固定座位的场所，其疏散人数可按实际座位数的 1.1 倍计算。

6　展览厅的疏散人数应根据展览厅的建筑面积和人员密度计算，展览厅内的人员密度不宜小于 0.75 人/m²。

7　商店的疏散人数应按每层营业厅的建筑面积乘以表 5.5.21-2 规定的人员密度计算。对于建材商店、家具和灯饰展示建筑，其人员密度可按表 5.5.21-2 规定值的 30% 确定。

表 5.5.21-2　商店营业厅内的人员密度（人/m²）

楼层位置	地下第二层	地下第一层	地上第一、二层	地上第三层	地上第四层及以上各层
人员密度	0.56	0.60	0.43～0.60	0.39～0.54	0.30～0.42

5.5.22　人员密集的公共建筑不宜在窗口、阳台等部位设置封闭的金属栅栏，确需设置时，应能从内部易于开启；窗口、阳台等部位宜根据其高度设置适用的辅助疏散逃生设施。

5.5.23　建筑高度大于 100m 的公共建筑，应设置避难层（间）。避难层（间）应符合下列规定：

1　第一个避难层（间）的楼地面至灭火救援场地地面的高度不应大于 50m，两个避难层（间）之间的高度不宜大于 50m。

2　通向避难层（间）的疏散楼梯应在避难层分隔、同层错位或上下层断开。

3　避难层（间）的净面积应能满足设计避难人数避难的要求，并宜按 5.0 人/m² 计算。

4　避难层可兼作设备层。设备管道宜集中布置，其中的易燃、可燃液体或气体管道应集中布置，设备管道区应采用耐火极限不低于 3.00h 的防火隔墙与避难区分隔。管道井和设备间应采用耐火极限不低于

2.00h 的防火隔墙与避难区分隔，管道井和设备间的门不应直接开向避难区；确需直接开向避难区时，与避难层区出入口的距离不应小于 5m，且应采用甲级防火门。

避难间内不应设置易燃、可燃液体或气体管道，不应开设除外窗、疏散门之外的其他开口。

5　避难层应设置消防电梯出口。

6　应设置消火栓和消防软管卷盘。

7　应设置消防专线电话和应急广播。

8　在避难层（间）进入楼梯间的入口处和疏散楼梯通向避难层（间）的出口处，应设置明显的指示标志。

9　应设置直接对外的可开启窗口或独立的机械防烟设施，外窗应采用乙级防火窗。

5.5.24　高层病房楼应在二层及以上的病房楼层和洁净手术部设置避难间。避难间应符合下列规定：

1　避难间服务的护理单元不应超过 2 个，其净面积应按每个护理单元不小于 25.0m² 确定。

2　避难间兼作其他用途时，应保证人员的避难安全，且不得减少可供避难的净面积。

3　应靠近楼梯间，并应采用耐火极限不低于 2.00h 的防火隔墙和甲级防火门与其他部位分隔。

4　应设置消防专线电话和消防应急广播。

5　避难间的入口处应设置明显的指示标志。

6　应设置直接对外的可开启窗口或独立的机械防烟设施，外窗应采用乙级防火窗。

Ⅲ　住宅建筑

5.5.25　住宅建筑安全出口的设置应符合下列规定：

1　建筑高度不大于 27m 的建筑，当每个单元任一层的建筑面积大于 650m²，或任一户门至最近安全出口的距离大于 15m 时，每个单元每层的安全出口不应少于 2 个；

2　建筑高度大于 27m、不大于 54m 的建筑，当每个单元任一层的建筑面积大于 650m²，或任一户门至最近安全出口的距离大于 10m 时，每个单元每层的安全出口不应少于 2 个；

3　建筑高度大于 54m 的建筑，每个单元每层的安全出口不应少于 2 个。

5.5.26　建筑高度大于 27m，但不大于 54m 的住宅建筑，每个单元设置一座疏散楼梯时，疏散楼梯应通至屋面，且单元之间的疏散楼梯应能通过屋面连通，户门应采用乙级防火门。当不能通至屋面或不能通过屋面连通时，应设置 2 个安全出口。

5.5.27　住宅建筑的疏散楼梯设置应符合下列规定：

1　建筑高度不大于 21m 的住宅建筑可采用敞开楼梯间；与电梯井相邻布置的疏散楼梯应采用封闭楼梯间，当户门采用乙级防火门时，仍可采用敞开楼

梯间。

　　2　建筑高度大于 21m，不大于 33m 的住宅建筑应采用封闭楼梯间；当户门采用乙级防火门时，可采用敞开楼梯间。

　　3　建筑高度大于 33m 的住宅建筑应采用防烟楼梯间。户门不宜直接开向前室，确有困难时，每层开向同一前室的户门不应大于 3 樘且应采用乙级防火门。

5.5.28　住宅单元的疏散楼梯，当分散设置确有困难且任一户门至最近疏散楼梯间入口的距离不大于 10m 时，可采用剪刀楼梯间，但应符合下列规定：

　　1　应采用防烟楼梯间。

　　2　梯段之间应设置耐火极限不低于 1.00h 的防火隔墙。

　　3　楼梯间的前室不宜共用；共用时，前室的使用面积不应小于 6.0m²。

　　4　楼梯间的前室或共用前室不宜与消防电梯的前室合用；楼梯间的共用前室与消防电梯的前室合用时，合用前室的使用面积不应小于 12.0m²，且短边不应小于 2.4m。

5.5.29　住宅建筑的安全疏散距离应符合下列规定：

　　1　直通疏散走道的户门至最近安全出口的直线距离不应大于表 5.5.29 的规定。

表 5.5.29　住宅建筑直通疏散走道的户门
至最近安全出口的直线距离（m）

住宅建筑类别	位于两个安全出口之间的户门			位于袋形走道两侧或尽端的户门		
	一、二级	三级	四级	一、二级	三级	四级
单、多层	40	35	25	22	20	15
高层	40			20		

　　注：1　开向敞开式外廊的户门至最近安全出口的最大直线距离可按本表的规定增加 5m。

　　　　2　直通疏散走道的户门至最近敞开楼梯间的直线距离，当户门位于两个楼梯间之间时，应按本表的规定减少 5m；当户门位于袋形走道两侧或尽端时，应按本表的规定减少 2m。

　　　　3　住宅建筑内全部设置自动喷水灭火系统时，其安全疏散距离可按本表的规定增加 25%。

　　　　4　跃廊式住宅的户门至最近安全出口的距离，应从户门算起，小楼梯的一段距离可按其水平投影长度的 1.50 倍计算。

　　2　楼梯间应在首层直通室外，或在首层采用扩大的封闭楼梯间或防烟楼梯间前室。层数不超过 4 层时，可将直通室外的门设置在离楼梯间不大于 15m 处。

　　3　户内任一点至直通疏散走道的户门的直线距离不应大于表 5.5.29 规定的袋形走道两侧或尽端的疏散门至最近安全出口的最大直线距离。

　　注：跃层式住宅，户内楼梯的距离可按其梯段水平投影长度的 1.50 倍计算。

5.5.30　住宅建筑的户门、安全出口、疏散走道和疏散楼梯的各自总净宽度应经计算确定，且户门和安全出口的净宽度不应小于 0.90m，疏散走道、疏散楼梯和首层疏散外门的净宽度不应小于 1.10m。建筑高度不大于 18m 的住宅中一边设置栏杆的疏散楼梯，其净宽度不应小于 1.0m。

5.5.31　建筑高度大于 100m 的住宅建筑应设置避难层，避难层的设置应符合本规范第 5.5.23 条有关避难层的要求。

5.5.32　建筑高度大于 54m 的住宅建筑，每户应有一间房间符合下列规定：

　　1　应靠外墙设置，并应设置可开启外窗；

　　2　内、外墙体的耐火极限不应低于 1.00h，该房间的门宜采用乙级防火门，外窗的耐火完整性不宜低于 1.00h。

6　建　筑　构　造

6.1　防　火　墙

6.1.1　防火墙应直接设置在建筑的基础或框架、梁等承重结构上，框架、梁等承重结构的耐火极限不应低于防火墙的耐火极限。

　　防火墙应从楼地面基层隔断至梁、楼板或屋面板的底面基层。当高层厂房（仓库）屋顶承重结构和屋面板的耐火极限低于 1.00h，其他建筑屋顶承重结构和屋面板的耐火极限低于 0.50h 时，防火墙应高出屋面 0.5m 以上。

6.1.2　防火墙横截面中心线水平距离天窗端面小于 4.0m，且天窗端面为可燃性墙体时，应采取防止火势蔓延的措施。

6.1.3　建筑外墙为难燃性或可燃性墙体时，防火墙应凸出墙的外表面 0.4m 以上，且防火墙两侧的外墙均应为宽度均不小于 2.0m 的不燃性墙体，其耐火极限不应低于外墙的耐火极限。

　　建筑外墙为不燃性墙体时，防火墙可不凸出墙的外表面，紧靠防火墙两侧的门、窗、洞口之间最近边缘的水平距离不应小于 2.0m；采取设置乙级防火窗等防止火灾水平蔓延的措施时，该距离不限。

6.1.4　建筑内的防火墙不宜设置在转角处，确需设置时，内转角两侧墙上的门、窗、洞口之间最近边缘的水平距离不应小于 4.0m；采取设置乙级防火窗等防止火灾水平蔓延的措施时，该距离不限。

6.1.5　防火墙上不应开设门、窗、洞口，确需开设时，应设置不可开启或火灾时能自动关闭的甲级防火门、窗。

可燃气体和甲、乙、丙类液体的管道严禁穿过防火墙。防火墙内不应设置排气道。

6.1.6 除本规范第 6.1.5 条规定外的其他管道不宜穿过防火墙，确需穿过时，应采用防火封堵材料将墙与管道之间的空隙紧密填实，穿过防火墙处的管道保温材料，应采用不燃材料；当管道为难燃及可燃材料时，应在防火墙两侧的管道上采取防火措施。

6.1.7 防火墙的构造应能在防火墙任意一侧的屋架、梁、楼板等受到火灾的影响而破坏时，不会导致防火墙倒塌。

6.2 建筑构件和管道井

6.2.1 剧场等建筑的舞台与观众厅之间的隔墙应采用耐火极限不低于 3.00h 的防火隔墙。

舞台上部与观众厅闷顶之间的隔墙可采用耐火极限不低于 1.50h 的防火隔墙，隔墙上的门应采用乙级防火门。

舞台下部的灯光操作室和可燃物储藏室应采用耐火极限不低于 2.00h 的防火隔墙与其他部位分隔。

电影放映室、卷片室应采用耐火极限不低于 1.50h 的防火隔墙与其他部位分隔，观察孔和放映孔应采取防火分隔措施。

6.2.2 医疗建筑内的手术室或手术部、产房、重症监护室、贵重精密医疗装备用房、储藏间、实验室、胶片室等，附设在建筑内的托儿所、幼儿园的儿童用房和儿童游乐厅等儿童活动场所、老年人活动场所，应采用耐火极限不低于 2.00h 的防火隔墙和 1.00h 的楼板与其他场所或部位分隔，墙上必须设置的门、窗应采用乙级防火门、窗。

6.2.3 建筑内的下列部位应采用耐火极限不低于 2.00h 的防火隔墙与其他部位分隔，墙上的门、窗应采用乙级防火门、窗，确有困难时，可采用防火卷帘，但应符合本规范第 6.5.3 条的规定：

　1　甲、乙类生产部位和建筑内使用丙类液体的部位；

　2　厂房内有明火和高温的部位；

　3　甲、乙、丙类厂房（仓库）内布置有不同火灾危险性类别的房间；

　4　民用建筑内的附属库房，剧场后台的辅助用房；

　5　除居住建筑中套内的厨房外，宿舍、公寓建筑中的公共厨房和其他建筑内的厨房；

　6　附设在住宅建筑内的机动车库。

6.2.4 建筑内的防火隔墙应从楼地面基层隔断至梁、楼板或屋面板的底面基层。住宅分户墙和单元之间的墙应隔断至梁、楼板或屋面板的底面基层，屋面板的耐火极限不应低于 0.50h。

6.2.5 除本规范另有规定外，建筑外墙上、下层开口之间应设置高度不小于 1.2m 的实体墙或挑出宽度不小于 1.0m、长度不小于开口宽度的防火挑檐；当室内设置自动喷水灭火系统时，上、下层开口之间的实体墙高度不应小于 0.8m。当上、下层开口之间设置实体墙确有困难时，可设置防火玻璃墙，但高层建筑的防火玻璃墙的耐火完整性不应低于 1.00h，多层建筑的防火玻璃墙的耐火完整性不应低于 0.50h。外窗的耐火完整性不应低于防火玻璃墙的耐火完整性要求。

住宅建筑外墙上相邻户开口之间的墙体宽度不应小于 1.0m；小于 1.0m 时，应在开口之间设置突出外墙不小于 0.6m 的隔板。

实体墙、防火挑檐和隔板的耐火极限和燃烧性能，均不应低于相应耐火等级建筑外墙的要求。

6.2.6 建筑幕墙应在每层楼板外沿处采取符合本规范第 6.2.5 条规定的防火措施，幕墙与每层楼板、隔墙处的缝隙应采用防火封堵材料封堵。

6.2.7 附设在建筑内的消防控制室、灭火设备室、消防水泵房和通风空气调节机房、变配电室等，应采用耐火极限不低于 2.00h 的防火隔墙和 1.50h 的楼板与其他部位分隔。

设置在丁、戊类厂房内的通风机房，应采用耐火极限不低于 1.00h 的防火隔墙和 0.50h 的楼板与其他部位分隔。

通风、空气调节机房和变配电室开向建筑内的门应采用甲级防火门，消防控制室和其他设备房开向建筑内的门应采用乙级防火门。

6.2.8 冷库、低温环境生产场所采用泡沫塑料等可燃材料作墙体内的绝热层时，宜采用不燃绝热材料在每层楼板处做水平防火分隔。防火分隔部位的耐火极限不应低于楼板的耐火极限。冷库阁楼层和墙体的可燃绝热层宜采用不燃性墙体分隔。

冷库、低温环境生产场所采用泡沫塑料作内绝热层时，绝热层的燃烧性能不应低于 B₁ 级，且绝热层的表面应采用不燃材料做防护层。

冷库的库房与加工车间贴邻建造时，应采用防火墙分隔，当确需开设相互连通的开口时，应采取防火隔间等措施进行分隔，隔间两侧的门应为甲级防火门。当冷库的氨压缩机房与加工车间贴邻时，应采用不开门窗洞口的防火墙分隔。

6.2.9 建筑内的电梯井等竖井应符合下列规定：

　1　电梯井应独立设置，井内严禁敷设可燃气体和甲、乙、丙类液体管道，不应敷设与电梯无关的电缆、电线等。电梯井的井壁除设置电梯门、安全逃生门和通气孔洞外，不应设置其他开口。

　2　电缆井、管道井、排烟道、排气道、垃圾道等竖向井道，应分别独立设置。井壁的耐火极限不应低于 1.00h，井壁上的检查门应采用丙级防火门。

3 建筑内的电缆井、管道井应在每层楼板处采用不低于楼板耐火极限的不燃材料或防火封堵材料封堵。

建筑内的电缆井、管道井与房间、走道等相连通的孔隙应采用防火封堵材料封堵。

4 建筑内的垃圾道宜靠外墙设置，垃圾道的排气口应直接开向室外，垃圾斗应采用不燃材料制作，并应能自行关闭。

5 电梯层门的耐火极限不应低于1.00h，并应符合现行国家标准《电梯层门耐火试验 完整性、隔热性和热通量测定法》GB/T 27903规定的完整性和隔热性要求。

6.2.10 户外电致发光广告牌不应直接设置在有可燃、难燃材料的墙体上。

户外广告牌的设置不应遮挡建筑的外窗，不应影响外部灭火救援行动。

6.3 屋顶、闷顶和建筑缝隙

6.3.1 在三、四级耐火等级建筑的闷顶内采用可燃材料作绝热层时，屋顶不应采用冷摊瓦。

闷顶内的非金属烟囱周围0.5m、金属烟囱0.7m范围内，应采用不燃材料作绝热层。

6.3.2 层数超过2层的三级耐火等级建筑内的闷顶，应在每个防火隔断范围内设置老虎窗，且老虎窗的间距不宜大于50m。

6.3.3 内有可燃物的闷顶，应在每个防火隔断范围内设置净宽度和净高度均不小于0.7m的闷顶入口；对于公共建筑，每个防火隔断范围内的闷顶入口不宜少于2个。闷顶入口宜布置在走廊中靠近楼梯间的部位。

6.3.4 变形缝内的填充材料和变形缝的构造基层应采用不燃材料。

电线、电缆、可燃气体和甲、乙、丙类液体的管道不宜穿过建筑内的变形缝，确需穿过时，应在穿过处加设不燃材料制作的套管或采取其他防变形措施，并应采用防火封堵材料封堵。

6.3.5 防烟、排烟、供暖、通风和空气调节系统中的管道及建筑内的其他管道，在穿越防火隔墙、楼板和防火墙处的孔隙应采用防火封堵材料封堵。

风管穿过防火隔墙、楼板和防火墙时，穿越处风管上的防火阀、排烟防火阀两侧各2.0m范围内的风管应采用耐火风管或风管外壁应采取防火保护措施，且耐火极限不应低于该防火分隔体的耐火极限。

6.3.6 建筑内受高温或火焰作用易变形的管道，在贯穿楼板部位和穿越防火隔墙的两侧宜采取阻火措施。

6.3.7 建筑屋顶上的开口与邻近建筑或设施之间，应采取防止火灾蔓延的措施。

6.4 疏散楼梯间和疏散楼梯等

6.4.1 疏散楼梯间应符合下列规定：

1 楼梯间应能天然采光和自然通风，并宜靠外墙设置。靠外墙设置时，楼梯间、前室及合用前室外墙上的窗口与两侧门、窗、洞口最近边缘的水平距离不应小于1.0m。

2 楼梯间内不应设置烧水间、可燃材料储藏室、垃圾道。

3 楼梯间内不应有影响疏散的凸出物或其他障碍物。

4 封闭楼梯间、防烟楼梯间及其前室，不应设置卷帘。

5 楼梯间内不应设置甲、乙、丙类液体管道。

6 封闭楼梯间、防烟楼梯间及其前室内禁止穿过或设置可燃气体管道。敞开楼梯间内不应设置可燃气体管道，当住宅建筑的敞开楼梯间内确需设置可燃气体管道和可燃气体计量表时，应采用金属管和设置切断气源的阀门。

6.4.2 封闭楼梯间除应符合本规范第6.4.1条的规定外，尚应符合下列规定：

1 不能自然通风或自然通风不能满足要求时，应设置机械加压送风系统或采用防烟楼梯间。

2 除楼梯间的出入口和外窗外，楼梯间的墙上不应开设其他门、窗、洞口。

3 高层建筑、人员密集的公共建筑、人员密集的多层丙类厂房、甲、乙类厂房，其封闭楼梯间的门应采用乙级防火门，并应向疏散方向开启；其他建筑，可采用双向弹簧门。

4 楼梯间的首层可将走道和门厅等包括在楼梯间内形成扩大的封闭楼梯间，但应采用乙级防火门等与其他走道和房间分隔。

6.4.3 防烟楼梯间除应符合本规范第6.4.1条的规定外，尚应符合下列规定：

1 应设置防烟设施。

2 前室可与消防电梯间前室合用。

3 前室的使用面积：公共建筑、高层厂房（仓库），不应小于6.0m²；住宅建筑，不应小于4.5m²。

与消防电梯间前室合用时，合用前室的使用面积：公共建筑、高层厂房（仓库），不应小于10.0m²；住宅建筑，不应小于6.0m²。

4 疏散走道通向前室以及前室通向楼梯间的门应采用乙级防火门。

5 除住宅建筑的楼梯间前室外，防烟楼梯间和前室内的墙上不应开设除疏散门和送风口外的其他门、窗、洞口。

6 楼梯间的首层可将走道和门厅等包括在楼梯间前室内形成扩大的前室，但应采用乙级防火门等与其他走道和房间分隔。

6.4.4 除通向避难层错位的疏散楼梯外，建筑内的疏散楼梯间在各层的平面位置不应改变。

除住宅建筑套内的自用楼梯外，地下或半地下建筑（室）的疏散楼梯间，应符合下列规定：

1 室内地面与室外出入口地坪高差大于 10m 或 3 层及以上的地下、半地下建筑（室），其疏散楼梯应采用防烟楼梯间；其他地下或半地下建筑（室），其疏散楼梯应采用封闭楼梯间。

2 应在首层采用耐火极限不低于 2.00h 的防火隔墙与其他部位分隔并应直通室外，确需在隔墙上开门时，应采用乙级防火门。

3 建筑的地下或半地下部分与地上部分不应共用楼梯间，确需共用楼梯间时，应在首层采用耐火极限不低于 2.00h 的防火隔墙和乙级防火门将地下或半地下部分与地上部分的连通部位完全分隔，并应设置明显的标志。

6.4.5 室外疏散楼梯应符合下列规定：

1 栏杆扶手的高度不应小于 1.10m，楼梯的净宽度不应小于 0.90m。

2 倾斜角度不应大于 45°。

3 梯段和平台均应采用不燃材料制作。平台的耐火极限不应低于 1.00h，梯段的耐火极限不应低于 0.25h。

4 通向室外楼梯的门应采用乙级防火门，并应向外开启。

5 除疏散门外，楼梯周围 2m 内的墙面上不应设置门、窗、洞口。疏散门不应正对梯段。

6.4.6 用作丁、戊类厂房内第二安全出口的楼梯可采用金属梯，但其净宽度不应小于 0.90m，倾斜角度不应大于 45°。

丁、戊类高层厂房，当每层工作平台上的人数不超过 2 人且各层工作平台上同时工作的人数总和不超过 10 人时，其疏散楼梯可采用敞开楼梯或利用净宽度不小于 0.90m、倾斜角度不大于 60°的金属梯。

6.4.7 疏散用楼梯和疏散通道上的阶梯不宜采用螺旋楼梯和扇形踏步；确需采用时，踏步上、下两级所形成的平面角度不应大于 10°，且每级离扶手 250mm 处的踏步深度不应小于 220mm。

6.4.8 建筑内的公共疏散楼梯，其两梯段及扶手间的水平净距不宜小于 150mm。

6.4.9 高度大于 10m 的三级耐火等级建筑应设置通至屋顶的室外消防梯。室外消防梯不应面对老虎窗，宽度不应小于 0.6m，且宜从离地面 3.0m 高处设置。

6.4.10 疏散走道在防火分区处应设置常开甲级防火门。

6.4.11 建筑内的疏散门应符合下列规定：

1 民用建筑和厂房的疏散门，应采用向疏散方向开启的平开门，不应采用推拉门、卷帘门、吊门、转门和折叠门。除甲、乙类生产车间外，人数不超过

60 人且每樘门的平均疏散人数不超过 30 人的房间，其疏散门的开启方向不限。

2 仓库的疏散门应采用向疏散方向开启的平开门，但丙、丁、戊类仓库首层靠墙的外侧可采用推拉门或卷帘门。

3 开向疏散楼梯或疏散楼梯间的门，当其完全开启时，不应减少楼梯平台的有效宽度。

4 人员密集场所内平时需要控制人员随意出入的疏散门和设置门禁系统的住宅、宿舍、公寓建筑的外门，应保证火灾时不需使用钥匙等任何工具即能从内部易于打开，并应在显著位置设置具有使用提示的标识。

6.4.12 用于防火分隔的下沉式广场等室外开敞空间，应符合下列规定：

1 分隔后的不同区域通向下沉式广场等室外开敞空间的开口最近边缘之间的水平距离不应小于 13m。室外开敞空间除用于人员疏散外不得用于其他商业或可能导致火灾蔓延的用途，其中用于疏散的净面积不应小于 169m²。

2 下沉式广场等室外开敞空间内应设置不少于 1 部直通地面的疏散楼梯。当连接下沉广场的防火分区需利用下沉广场进行疏散时，疏散楼梯的总净宽度不应小于任一防火分区通向室外开敞空间的设计疏散总净宽度。

3 确需设置防风雨篷时，防风雨篷不应完全封闭，四周开口部位应均匀布置，开口的面积不应小于该空间地面面积的 25%，开口高度不应小于 1.0m；开口设置百叶时，百叶的有效排烟面积可按百叶通风口面积的 60% 计算。

6.4.13 防火隔间的设置应符合下列规定：

1 防火隔间的建筑面积不应小于 6.0m²；

2 防火隔间的门应采用甲级防火门；

3 不同防火分区通向防火隔间的门不应计入安全出口，门的最小间距不应小于 4m；

4 防火隔间内部装修材料的燃烧性能应为 A 级；

5 不应用于除人员通行外的其他用途。

6.4.14 避难走道的设置应符合下列规定：

1 避难走道防火隔墙的耐火极限不应低于 3.00h，楼板的耐火极限不应低于 1.50h。

2 避难走道直通地面的出口不应少于 2 个，并应设置在不同方向；当避难走道仅与一个防火分区相通且该防火分区至少有 1 个直通室外的安全出口时，可设置 1 个直通地面的出口。任一防火分区通向避难走道的门至该避难走道最近直通地面的出口的距离不应大于 60m。

3 避难走道的净宽度不应小于任一防火分区通向该避难走道的设计疏散总净宽度。

4 避难走道内部装修材料的燃烧性能应为

A级。

5 防火分区至避难走道入口处应设置防烟前室，前室的使用面积不应小于 6.0m²，开向前室的门应采用甲级防火门，前室开向避难走道的门应采用乙级防火门。

6 避难走道内应设置消火栓、消防应急照明、应急广播和消防专线电话。

6.5 防火门、窗和防火卷帘

6.5.1 防火门的设置应符合下列规定：

1 设置在建筑内经常有人通行处的防火门宜采用常开防火门。常开防火门应能在火灾时自行关闭，并应具有信号反馈的功能。

2 除允许设置常开防火门的位置外，其他位置的防火门均应采用常闭防火门。常闭防火门应在其明显位置设置"保持防火门关闭"等提示标识。

3 除管井检修门和住宅的户门外，防火门应具有自行关闭功能。双扇防火门应具有按顺序自行关闭的功能。

4 除本规范第 6.4.11 条第 4 款的规定外，防火门应能在其内外两侧手动开启。

5 设置在建筑变形缝附近时，防火门应设置在楼层较多的一侧，并应保证防火门开启时门扇不跨越变形缝。

6 防火门关闭后应具有防烟性能。

7 甲、乙、丙级防火门应符合现行国家标准《防火门》GB 12955 的规定。

6.5.2 设置在防火墙、防火隔墙上的防火窗，应采用不可开启的窗扇或具有火灾时能自行关闭的功能。

防火窗应符合现行国家标准《防火窗》GB 16809 的有关规定。

6.5.3 防火分隔部位设置防火卷帘时，应符合下列规定：

1 除中庭外，当防火分隔部位的宽度不大于 30m 时，防火卷帘的宽度不应大于 10m；当防火分隔部位的宽度大于 30m 时，防火卷帘的宽度不应大于该部位宽度的 1/3，且不应大于 20m。

2 防火卷帘应具有火灾时靠自重自动关闭功能。

3 除本规范另有规定外，防火卷帘的耐火极限不应低于本规范对所设置部位墙体的耐火极限要求。

当防火卷帘的耐火极限符合现行国家标准《门和卷帘的耐火试验方法》GB/T 7633 有关耐火完整性和耐火隔热性的判定条件时，可不设置自动喷水灭火系统保护。

当防火卷帘的耐火极限仅符合现行国家标准《门和卷帘的耐火试验方法》GB/T 7633 有关耐火完整性的判定条件时，应设置自动喷水灭火系统保护。自动喷水灭火系统的设计应符合现行国家标准《自动喷水灭火系统设计规范》GB 50084 的规定，

但火灾延续时间不应小于该防火卷帘的耐火极限。

4 防火卷帘应具有防烟性能，与楼板、梁、墙、柱之间的空隙应采用防火封堵材料封堵。

5 需在火灾时自动降落的防火卷帘，应具有信号反馈的功能。

6 其他要求，应符合现行国家标准《防火卷帘》GB 14102 的规定。

6.6 天桥、栈桥和管沟

6.6.1 天桥、跨越房屋的栈桥以及供输送可燃材料、可燃气体和甲、乙、丙类液体的栈桥，均应采用不燃材料。

6.6.2 输送有火灾、爆炸危险物质的栈桥不应兼作疏散通道。

6.6.3 封闭天桥、栈桥与建筑物连接处的门洞以及敷设甲、乙、丙类液体管道的封闭管沟（廊），均宜采取防止火灾蔓延的措施。

6.6.4 连接两座建筑物的天桥、连廊，应采取防止火灾在两座建筑间蔓延的措施。当仅供通行的天桥、连廊采用不燃材料，且建筑物通向天桥、连廊的出口符合安全出口的要求时，该出口可作为安全出口。

6.7 建筑保温和外墙装饰

6.7.1 建筑的内、外保温系统，宜采用燃烧性能为 A 级的保温材料，不宜采用 B_2 级保温材料，严禁采用 B_3 级保温材料；设置保温系统的基层墙体或屋面板的耐火极限应符合本规范的有关规定。

6.7.2 建筑外墙采用内保温系统时，保温系统应符合下列规定：

1 对于人员密集场所，用火、燃油、燃气等具有火灾危险性的场所以及各类建筑内的疏散楼梯间、避难走道、避难间、避难层等场所或部位，应采用燃烧性能为 A 级的保温材料。

2 对于其他场所，应采用低烟、低毒且燃烧性能不低于 B_1 级的保温材料。

3 保温系统应采用不燃材料做防护层。采用燃烧性能为 B_1 级的保温材料时，防护层的厚度不应小于 10mm。

6.7.3 建筑外墙采用保温材料与两侧墙体构成无空腔复合保温结构体时，该结构体的耐火极限应符合本规范的有关规定；当保温材料的燃烧性能为 B_1、B_2 级时，保温材料两侧的墙体应采用不燃材料且厚度均不应小于 50mm。

6.7.4 设置人员密集场所的建筑，其外墙外保温材料的燃烧性能应为 A 级。

6.7.5 与基层墙体、装饰层之间无空腔的建筑外墙外保温系统，其保温材料应符合下列规定：

1 住宅建筑：

1) 建筑高度大于 100m 时，保温材料的燃烧

性能应为 A 级；

  2）建筑高度大于 27m，但不大于 100m 时，保温材料的燃烧性能不应低于 B_1 级；

  3）建筑高度不大于 27m 时，保温材料的燃烧性能不应低于 B_2 级。

  2 除住宅建筑和设置人员密集场所的建筑外，其他建筑：

  1）建筑高度大于 50m 时，保温材料的燃烧性能应为 A 级；

  2）建筑高度大于 24m，但不大于 50m 时，保温材料的燃烧性能不应低于 B_1 级；

  3）建筑高度不大于 24m 时，保温材料的燃烧性能不应低于 B_2 级。

6.7.6 除设置人员密集场所的建筑外，与基层墙体、装饰层之间有空腔的建筑外墙外保温系统，其保温材料应符合下列规定：

  1 建筑高度大于 24m 时，保温材料的燃烧性能应为 A 级；

  2 建筑高度不大于 24m 时，保温材料的燃烧性能不应低于 B_1 级。

6.7.7 除本规范第 6.7.3 条规定的情况外，当建筑的外墙外保温系统按本节规定采用燃烧性能为 B_1、B_2 级的保温材料时，应符合下列规定：

  1 除采用 B_1 级保温材料且建筑高度不大于 24m 的公共建筑或采用 B_1 级保温材料且建筑高度不大于 27m 的住宅建筑外，建筑外墙上门、窗的耐火完整性不应低于 0.50h。

  2 应在保温系统中每层设置水平防火隔离带。防火隔离带应采用燃烧性能为 A 级的材料，防火隔离带的高度不应小于 300mm。

6.7.8 建筑的外墙外保温系统应采用不燃材料在其表面设置防护层，防护层应将保温材料完全包覆。除本规范第 6.7.3 条规定的情况外，当按本节规定采用 B_1、B_2 级保温材料时，防护层厚度首层不应小于 15mm，其他层不应小于 5mm。

6.7.9 建筑外墙外保温系统与基层墙体、装饰层之间的空腔，应在每层楼板处采用防火封堵材料封堵。

6.7.10 建筑的屋面外保温系统，当屋面板的耐火极限不低于 1.00h 时，保温材料的燃烧性能不应低于 B_2 级；当屋面板的耐火极限低于 1.00h 时，不应低于 B_1 级。采用 B_1、B_2 级保温材料的外保温系统应采用不燃材料作防护层，防护层的厚度不应小于 10mm。

  当建筑的屋面和外墙外保温系统均采用 B_1、B_2 级保温材料时，屋面与外墙之间应采用宽度不小于 500mm 的不燃材料设置防火隔离带进行分隔。

6.7.11 电气线路不应穿越或敷设在燃烧性能为 B_1 或 B_2 级的保温材料中；确需穿越或敷设时，应采取穿金属管并在金属管周围采用不燃隔热材料进行防火隔离等防火保护措施。设置开关、插座等电器配件的部位周围应采取不燃隔热材料进行防火隔离等防火保护措施。

6.7.12 建筑外墙的装饰层应采用燃烧性能为 A 级的材料，但建筑高度不大于 50m 时，可采用 B_1 级材料。

7 灭火救援设施

7.1 消 防 车 道

7.1.1 街区内的道路应考虑消防车的通行，道路中心线间的距离不宜大于 160m。

  当建筑物沿街道部分的长度大于 150m 或总长度大于 220m 时，应设置穿过建筑物的消防车道。确有困难时，应设置环形消防车道。

7.1.2 高层民用建筑，超过 3000 个座位的体育馆，超过 2000 个座位的会堂，占地面积大于 3000m² 的商店建筑、展览建筑等单、多层公共建筑应设置环形消防车道，确有困难时，可沿建筑的两个长边设置消防车道；对于高层住宅建筑和山坡地或河道边临空建造的高层民用建筑，可沿建筑的一个长边设置消防车道，但该长边所在建筑立面应为消防车登高操作面。

7.1.3 工厂、仓库区内应设置消防车道。

  高层厂房，占地面积大于 3000m² 的甲、乙、丙类厂房和占地面积大于 1500m² 的乙、丙类仓库，应设置环形消防车道，确有困难时，应沿建筑物的两个长边设置消防车道。

7.1.4 有封闭内院或天井的建筑物，当内院或天井的短边长度大于 24m 时，宜设置进入内院或天井的消防车道；当该建筑物沿街时，应设置连通街道和内院的人行通道（可利用楼梯间），其间距不宜大于 80m。

7.1.5 在穿过建筑物或进入建筑物内院的消防车道两侧，不应设置影响消防车通行或人员安全疏散的设施。

7.1.6 可燃材料露天堆场区，液化石油气储罐区，甲、乙、丙类液体储罐区和可燃气体储罐区，应设置消防车道。消防车道的设置应符合下列规定：

  1 储量大于表 7.1.6 规定的堆场、储罐区，宜设置环形消防车道。

表 7.1.6 堆场或储罐区的储量

名称	棉、麻、毛、化纤（t）	秸秆、芦苇（t）	木材（m³）	甲、乙、丙类液体储罐（m³）	液化石油气储罐（m³）	可燃气体储罐（m³）
储量	1000	5000	5000	1500	500	30000

  2 占地面积大于 30000m² 的可燃材料堆场，应

设置与环形消防车道相通的中间消防车道，消防车道的间距不宜大于150m。液化石油气储罐区、甲、乙、丙类液体储罐区和可燃气体储罐区内的环形消防车道之间宜设置连通的消防车道。

  3 消防车道的边缘距离可燃材料堆垛不应小于5m。

7.1.7 供消防车取水的天然水源和消防水池应设置消防车道。消防车道的边缘距离取水点不宜大于2m。

7.1.8 消防车道应符合下列要求：

  1 车道的净宽度和净空高度均不应小于**4.0m**；

  2 转弯半径应满足消防车转弯的要求；

  3 消防车道与建筑之间不应设置妨碍消防车操作的树木、架空管线等障碍物；

  4 消防车道靠建筑外墙一侧的边缘距离建筑外墙不宜小于5m；

  5 消防车道的坡度不宜大于8%。

7.1.9 环形消防车道至少应有两处与其他车道连通。尽头式消防车道应设置回车道或回车场，回车场的面积不应小于12m×12m；对于高层建筑，不宜小于15m×15m；供重型消防车使用时，不宜小于18m×18m。

  消防车道的路面、救援操作场地、消防车道和救援操作场地下面的管道和暗沟等，应能承受重型消防车的压力。

  消防车道可利用城乡、厂区道路等，但该道路应满足消防车通行、转弯和停靠的要求。

7.1.10 消防车道不宜与铁路正线平交，确需平交时，应设置备用车道，且两车道的间距不应小于一列火车的长度。

7.2 救援场地和入口

7.2.1 高层建筑应至少沿一个长边或周边长度的1/4且不小于一个长边长度的底边连续布置消防车登高操作场地，该范围内的裙房进深不应大于**4m**。

  建筑高度不大于50m的建筑，连续布置消防车登高操作场地确有困难时，可间隔布置，但间隔距离不宜大于30m，且消防车登高操作场地的总长度仍应符合上述规定。

7.2.2 消防车登高操作场地应符合下列规定：

  1 场地与厂房、仓库、民用建筑之间不应设置妨碍消防车操作的树木、架空管线等障碍物和车库出入口。

  2 场地的长度和宽度分别不应小于**15m**和**10m**。对于建筑高度大于50m的建筑，场地的长度和宽度分别不应小于**20m**和**10m**。

  3 场地及其下面的建筑结构、管道和暗沟等，应能承受重型消防车的压力。

  4 场地应与消防车道连通，场地靠建筑外墙一侧的边缘距离建筑外墙不宜小于5m，不应大于10m，场地的坡度不宜大于3%。

7.2.3 建筑物与消防车登高操作场地相对应的范围内，应设置直通室外的楼梯或直通楼梯间的入口。

7.2.4 厂房、仓库、公共建筑的外墙应在每层的适当位置设置可供消防救援人员进入的窗口。

7.2.5 供消防救援人员进入的窗口的净高度和净宽度均不应小于1.0m，下沿距室内地面不宜大于1.2m，间距不宜大于20m且每个防火分区不应少于2个，设置位置应与消防车登高操作场地相对应。窗口的玻璃应易于破碎，并应设置可在室外易于识别的明显标志。

7.3 消防电梯

7.3.1 下列建筑应设置消防电梯：

  1 建筑高度大于**33m**的住宅建筑；

  2 一类高层公共建筑和建筑高度大于**32m**的二类高层公共建筑；

  3 设置消防电梯的建筑的地下或半地下室，埋深大于**10m**且总建筑面积大于**3000m²**的其他地下或半地下建筑（室）。

7.3.2 消防电梯应分别设置在不同防火分区内，且每个防火分区不应少于**1台**。

7.3.3 建筑高度大于32m且设置电梯的高层厂房（仓库），每个防火分区内宜设置1台消防电梯，但符合下列条件的建筑可不设置消防电梯：

  1 建筑高度大于32m且设置电梯，任一层工作平台上的人数不超过2人的高层塔架；

  2 局部建筑高度大于32m，且局部高出部分的每层建筑面积不大于50m²的丁、戊类厂房。

7.3.4 符合消防电梯要求的客梯或货梯可兼作消防电梯。

7.3.5 除设置在仓库连廊、冷库穿堂或谷物筒仓工作塔内的消防电梯外，消防电梯应设置前室，并应符合下列规定：

  1 前室宜靠外墙设置，并应在首层直通室外或经过长度不大于30m的通道通向室外；

  2 前室的使用面积不应小于**6.0m²**；与防烟楼梯间合用的前室，应符合本规范第**5.5.28**条和第**6.4.3**条的规定；

  3 除前室的出入口、前室内设置的正压送风口和本规范第**5.5.27**条规定的户门外，前室内不应开设其他门、窗、洞口；

  4 前室或合用前室的门应采用乙级防火门，不应设置卷帘。

7.3.6 消防电梯井、机房与相邻电梯井、机房之间应设置耐火极限不低于**2.00h**的防火隔墙，隔墙上的门应采用甲级防火门。

7.3.7 消防电梯的井底应设置排水设施，排水井的容量不应小于2m³，排水泵的排水量不应小于10L/s。消防电梯间前室的门口宜设置挡水设施。

7.3.8 消防电梯应符合下列规定：

 1 应能每层停靠；

 2 电梯的载重量不应小于 800kg；

 3 电梯从首层至顶层的运行时间不宜大于 60s；

 4 电梯的动力与控制电缆、电线、控制面板应采取防水措施；

 5 在首层的消防电梯入口处应设置供消防队员专用的操作按钮；

 6 电梯轿厢的内部装修应采用不燃材料；

 7 电梯轿厢内部应设置专用消防对讲电话。

7.4 直升机停机坪

7.4.1 建筑高度大于 100m 且标准层建筑面积大于 2000m² 的公共建筑，宜在屋顶设置直升机停机坪或供直升机救助的设施。

7.4.2 直升机停机坪应符合下列规定：

 1 设置在屋顶平台上时，距离设备机房、电梯机房、水箱间、共用天线等突出物不应小于 5m；

 2 建筑通向停机坪的出口不应少于 2 个，每个出口的宽度不宜小于 0.90m；

 3 四周应设置航空障碍灯，并应设置应急照明；

 4 在停机坪的适当位置应设置消火栓；

 5 其他要求应符合国家现行航空管理有关标准的规定。

8 消防设施的设置

8.1 一 般 规 定

8.1.1 消防给水和消防设施的设置应根据建筑的用途及其重要性、火灾危险性、火灾特性和环境条件等因素综合确定。

8.1.2 城镇（包括居住区、商业区、开发区、工业区等）应沿可通行消防车的街道设置市政消火栓系统。

 民用建筑、厂房、仓库、储罐（区）和堆场周围应设置室外消火栓系统。

 用于消防救援和消防车停靠的屋面上，应设置室外消火栓系统。

 注：耐火等级不低于二级且建筑体积不大于 3000m³ 的戊类厂房，居住区人数不超过 500 人且建筑层数不超过两层的居住区，可不设置室外消火栓系统。

8.1.3 自动喷水灭火系统、水喷雾灭火系统、泡沫灭火系统和固定消防炮灭火系统等系统以及下列建筑的室内消火栓给水系统应设置消防水泵接合器：

 1 超过 5 层的公共建筑；

 2 超过 4 层的厂房或仓库；

 3 其他高层建筑；

 4 超过 2 层或建筑面积大于 10000m² 的地下建筑（室）。

8.1.4 甲、乙、丙类液体储罐（区）内的储罐应设置移动水枪或固定水冷却设施。高度大于 15m 或单罐容积大于 2000m³ 的甲、乙、丙类液体地上储罐，宜采用固定水冷却设施。

8.1.5 总容积大于 50m³ 或单罐容积大于 20m³ 的液化石油气储罐（区）应设置固定水冷却设施，埋地的液化石油气储罐可不设置固定喷水冷却装置。总容积不大于 50m³ 或单罐容积不大于 20m³ 的液化石油气储罐（区），应设置移动式水枪。

8.1.6 消防水泵房的设置应符合下列规定：

 1 单独建造的消防水泵房，其耐火等级不应低于二级；

 2 附设在建筑内的消防水泵房，不应设置在地下三层及以下或室内地面与室外出入口地坪高差大于 10m 的地下楼层；

 3 疏散门应直通室外或安全出口。

8.1.7 设置火灾自动报警系统和需要联动控制的消防设备的建筑（群）应设置消防控制室。消防控制室的设置应符合下列规定：

 1 单独建造的消防控制室，其耐火等级不应低于二级；

 2 附设在建筑内的消防控制室，宜设置在建筑内首层或地下一层，并宜布置在靠外墙部位；

 3 不应设置在电磁场干扰较强及其他可能影响消防控制设备正常工作的房间附近；

 4 疏散门应直通室外或安全出口。

 5 消防控制室内的设备构成及其对建筑消防设施的控制与显示功能以及向远程监控系统传输相关信息的功能，应符合现行国家标准《火灾自动报警系统设计规范》GB 50116 和《消防控制室通用技术要求》GB 25506 的规定。

8.1.8 消防水泵房和消防控制室应采取防水淹的技术措施。

8.1.9 设置在建筑内的防排烟风机应设置在不同的专用机房内，有关防火分隔措施应符合本规范第 6.2.7 条的规定。

8.1.10 高层住宅建筑的公共部位和公共建筑内应设置灭火器，其他住宅建筑的公共部位宜设置灭火器。

 厂房、仓库、储罐（区）和堆场，应设置灭火器。

8.1.11 建筑外墙设置有玻璃幕墙或采用火灾时可能脱落的墙体装饰材料或构造时，供灭火救援用的水泵接合器、室外消火栓等室外消防设施，应设置在距离建筑外墙相对安全的位置或采取安全防护措施。

8.1.12 设置在建筑室内外供人员操作或使用的消防设施，均应设置区别于环境的明显标志。

8.1.13 有关消防系统及设施的设计，应符合现行国家标准《消防给水及消火栓系统技术规范》GB

50974、《自动喷水灭火系统设计规范》GB 50084、《火灾自动报警系统设计规范》GB 50116 等标准的规定。

8.2 室内消火栓系统

8.2.1 下列建筑或场所应设置室内消火栓系统：

1 建筑占地面积大于 300m² 的厂房和仓库；

2 高层公共建筑和建筑高度大于 21m 的住宅建筑；

> 注：建筑高度不大于 27m 的住宅建筑，设置室内消火栓系统确有困难时，可只设置干式消防竖管和不带消火栓箱的 DN65 的室内消火栓。

3 体积大于 5000m³ 的车站、码头、机场的候车（船、机）建筑、展览建筑、商店建筑、旅馆建筑、医疗建筑和图书馆建筑等单、多层建筑；

4 特等、甲等剧场，超过 800 个座位的其他等级的剧场和电影院等以及超过 1200 个座位的礼堂、体育馆等单、多层建筑；

5 建筑高度大于 15m 或体积大于 10000m³ 的办公建筑、教学建筑和其他单、多层民用建筑。

8.2.2 本规范第 8.2.1 条未规定的建筑或场所和符合本规范第 8.2.1 条规定的下列建筑或场所，可不设置室内消火栓系统，但宜设置消防软管卷盘或轻便消防水龙：

1 耐火等级为一、二级且可燃物较少的单、多层丁、戊类厂房（仓库）。

2 耐火等级为三、四级且建筑体积不大于 3000m³ 的丁类厂房；耐火等级为三、四级且建筑体积不大于 5000m³ 的戊类厂房（仓库）。

3 粮食仓库、金库、远离城镇且无人值班的独立建筑。

4 存有与水接触能引起燃烧爆炸的物品的建筑。

5 室内无生产、生活给水管道，室外消防用水取自储水池且建筑体积不大于 5000m³ 的其他建筑。

8.2.3 国家级文物保护单位的重点砖木或木结构的古建筑，宜设置室内消火栓系统。

8.2.4 人员密集的公共建筑、建筑高度大于 100m 的建筑和建筑面积大于 200m² 的商业服务网点内应设置消防软管卷盘或轻便消防水龙。高层住宅建筑的户内宜配置轻便消防水龙。

8.3 自动灭火系统

8.3.1 除本规范另有规定和不宜用水保护或灭火的场所外，下列厂房或生产部位应设置自动灭火系统，并宜采用自动喷水灭火系统：

1 不小于 50000 纱锭的棉纺厂的开包、清花车间，不小于 5000 锭的麻纺厂的分级、梳麻车间，火柴厂的烤梗、筛选部位；

2 占地面积大于 1500m² 或总建筑面积大于 3000m² 的单、多层制鞋、制衣、玩具及电子等类似生产的厂房；

3 占地面积大于 1500m² 的木器厂房；

4 泡沫塑料厂的预发、成型、切片、压花部位；

5 高层乙、丙类厂房；

6 建筑面积大于 500m² 的地下或半地下丙类厂房。

8.3.2 除本规范另有规定和不宜用水保护或灭火的仓库外，下列仓库应设置自动灭火系统，并宜采用自动喷水灭火系统：

1 每座占地面积大于 1000m² 的棉、毛、丝、麻、化纤、毛皮及其制品的仓库；

> 注：单层占地面积不大于 2000m² 的棉花库房，可不设置自动喷水灭火系统。

2 每座占地面积大于 600m² 的火柴仓库；

3 邮政建筑内建筑面积大于 500m² 的空邮袋库；

4 可燃、难燃物品的高架仓库和高层仓库；

5 设计温度高于 0℃ 的高架冷库，设计温度高于 0℃ 且每个防火分区建筑面积大于 1500m² 的非高架冷库；

6 总建筑面积大于 500m² 的可燃物品地下仓库；

7 每座占地面积大于 1500m² 或总建筑面积大于 3000m² 的其他单层或多层丙类物品仓库。

8.3.3 除本规范另有规定和不宜用水保护或灭火的场所外，下列高层民用建筑或场所应设置自动灭火系统，并宜采用自动喷水灭火系统：

1 一类高层公共建筑（除游泳池、溜冰场外）及其地下、半地下室；

2 二类高层公共建筑及其地下、半地下室的公共活动用房、走道、办公室和旅馆的客房、可燃物品库房、自动扶梯底部；

3 高层民用建筑内的歌舞娱乐放映游艺场所；

4 建筑高度大于 100m 的住宅建筑。

8.3.4 除本规范另有规定和不宜用水保护或灭火的场所外，下列单、多层民用建筑或场所应设置自动灭火系统，并宜采用自动喷水灭火系统：

1 特等、甲等剧场，超过 1500 个座位的其他等级的剧场，超过 2000 个座位的会堂或礼堂，超过 3000 个座位的体育馆，超过 5000 人的体育场的室内人员休息室与器材间等；

2 任一层建筑面积大于 1500m² 或总建筑面积大于 3000m² 的展览、商店、餐饮和旅馆建筑以及医院中同样建筑规模的病房楼、门诊楼和手术部；

3 设置送回风道（管）的集中空气调节系统且总建筑面积大于 3000m² 的办公建筑等；

4 藏书量超过 50 万册的图书馆；

5 大、中型幼儿园，总建筑面积大于 500m² 的老年人建筑；

6 总建筑面积大于 500m² 的地下或半地下商店；

7 设置在地下或半地下或地上四层及以上楼层的歌舞娱乐放映游艺场所（除游泳场所外），设置在首层、二层和三层且任一层建筑面积大于 300m² 的地上歌舞娱乐放映游艺场所（除游泳场所外）。

8.3.5 根据本规范要求难以设置自动喷水灭火系统的展览厅、观众厅等人员密集的场所和丙类生产车间、库房等高大空间场所，应设置其他自动灭火系统，并宜采用固定消防炮等灭火系统。

8.3.6 下列部位宜设置水幕系统：

1 特等、甲等剧场、超过 1500 个座位的其他等级的剧场、超过 2000 个座位的会堂或礼堂和高层民用建筑内超过 800 个座位的剧场或礼堂的舞台口及上述场所内与舞台相连的侧台、后台的洞口；

2 应设置防火墙等防火分隔物而无法设置的局部开口部位；

3 需要防护冷却的防火卷帘或防火幕的上部。

注：舞台口也可采用防火幕进行分隔，侧台、后台的较小洞口宜设置乙级防火门、窗。

8.3.7 下列建筑或部位应设置雨淋自动喷水灭火系统：

1 火柴厂的氯酸钾压碾厂房，建筑面积大于 100m² 且生产或使用硝化棉、喷漆棉、火胶棉、赛璐珞胶片、硝化纤维的厂房；

2 乒乓球厂的轧坯、切片、磨球、分球检验部位；

3 建筑面积大于 60m² 或储存量大于 2t 的硝化棉、喷漆棉、火胶棉、赛璐珞胶片、硝化纤维的仓库；

4 日装瓶数量大于 3000 瓶的液化石油气储配站的灌瓶间、实瓶库；

5 特等、甲等剧场、超过 1500 个座位的其他等级剧场和超过 2000 个座位的会堂或礼堂的舞台葡萄架下部；

6 建筑面积不小于 400m² 的演播室，建筑面积不小于 500m² 的电影摄影棚。

8.3.8 下列场所应设置自动灭火系统，并宜采用水喷雾灭火系统：

1 单台容量在 40MV·A 及以上的厂矿企业油浸变压器，单台容量在 90MV·A 及以上的电厂油浸变压器，单台容量在 125MV·A 及以上的独立变电站油浸变压器；

2 飞机发动机试验台的试车部位；

3 充可燃油并设置在高层民用建筑内的高压电容器和多油开关室。

注：设置在室内的油浸变压器、充可燃油的高压电容器和多油开关室，可采用细水雾灭火系统。

8.3.9 下列场所应设置自动灭火系统，并宜采用气体灭火系统：

1 国家、省级或人口超过 100 万的城市广播电视发射塔内的微波机房、分米波机房、米波机房、变配电室和不间断电源（UPS）室；

2 国际电信局、大区中心、省中心和一万路以上的地区中心内的长途程控交换机房、控制室和信令转接点室；

3 两万线以上的市话汇接局和六万门以上的市话端局内的程控交换机房、控制室和信令转接点室；

4 中央及省级公安、防灾和网局级及以上的电力等调度指挥中心内的通信机房和控制室；

5 A、B 级电子信息系统机房内的主机房和基本工作间的已记录磁（纸）介质库；

6 中央和省级广播电视中心内建筑面积不小于 120m² 的音像制品库房；

7 国家、省级或藏书量超过 100 万册的图书馆内的特藏库；中央和省级档案馆内的珍藏库和非纸质档案库；大、中型博物馆内的珍品库房；一级纸绢质文物的陈列室；

8 其他特殊重要设备室。

注：1 本条第 1、4、5、8 款规定的部位，可采用细水雾灭火系统。

2 当有备用主机和备用已记录磁（纸）介质，且设置在不同建筑内或同一建筑内的不同防火分区内时，本条第 5 款规定的部位可采用预作用自动喷水灭火系统。

8.3.10 甲、乙、丙类液体储罐的灭火系统设置应符合下列规定：

1 单罐容量大于 1000m³ 的固定顶罐应设置固定式泡沫灭火系统；

2 罐壁高度小于 7m 或容量不大于 200m³ 的储罐可采用移动式泡沫灭火系统；

3 其他储罐宜采用半固定式泡沫灭火系统；

4 石油库、石油化工、石油天然气工程中甲、乙、丙类液体储罐的灭火系统设置，应符合现行国家标准《石油库设计规范》GB 50074 等标准的规定。

8.3.11 餐厅建筑面积大于 1000m² 的餐馆或食堂，其烹饪操作间的排油烟罩及烹饪部位应设置自动灭火装置，并应在燃气或燃油管道上设置与自动灭火装置联动的自动切断装置。

食品工业加工场所内有明火作业或高温食用油的食品加工部位宜设置自动灭火装置。

8.4 火灾自动报警系统

8.4.1 下列建筑或场所应设置火灾自动报警系统：

1 任一层建筑面积大于 1500m² 或总建筑面积大于 3000m² 的制鞋、制衣、玩具、电子等类似用途的厂房；

2 每座占地面积大于 1000m² 的棉、毛、丝、麻、化纤及其制品的仓库，占地面积大于 500m² 或总建筑面积大于 1000m² 的卷烟仓库；

3 任一层建筑面积大于 1500m² 或总建筑面积大于 3000m² 的商店、展览、财贸金融、客运和货运等类似用途的建筑，总建筑面积大于 500m² 的地下或半地下商店；

4 图书或文物的珍藏库，每座藏书超过 50 万册的图书馆，重要的档案馆；

5 地市级及以上广播电视建筑、邮政建筑、电信建筑，城市或区域性电力、交通和防灾等指挥调度建筑；

6 特等、甲等剧场，座位数超过 1500 个的其他等级的剧场或电影院，座位数超过 2000 个的会堂或礼堂，座位数超过 3000 个的体育馆；

7 大、中型幼儿园的儿童用房等场所，老年人建筑，任一层建筑面积大于 1500m² 或总建筑面积大于 3000m² 的疗养院的病房楼、旅馆建筑和其他儿童活动场所，不少于 200 床位的医院门诊楼、病房楼和手术部等；

8 歌舞娱乐放映游艺场所；

9 净高大于 2.6m 且可燃物较多的技术夹层，净高大于 0.8m 且有可燃物的闷顶或吊顶内；

10 电子信息系统的主机房及其控制室、记录介质库，特殊贵重或火灾危险性大的机器、仪表、仪器设备室、贵重物品库房；

11 二类高层公共建筑内建筑面积大于 50m² 的可燃物品库房和建筑面积大于 500m² 的营业厅；

12 其他一类高层公共建筑；

13 设置机械排烟、防烟系统，雨淋或预作用自动喷水灭火系统，固定消防水炮灭火系统、气体灭火系统等需与火灾自动报警系统联锁动作的场所或部位。

8.4.2 建筑高度大于 100m 的住宅建筑，应设置火灾自动报警系统。

建筑高度大于 54m 但不大于 100m 的住宅建筑，其公共部位应设置火灾自动报警系统，套内宜设置火灾探测器。

建筑高度不大于 54m 的高层住宅建筑，其公共部位宜设置火灾自动报警系统。当设置需联动控制的消防设施时，公共部位应设置火灾自动报警系统。

高层住宅建筑的公共部位应设置具有语音功能的火灾声警报装置或应急广播。

8.4.3 建筑内可能散发可燃气体、可燃蒸气的场所应设置可燃气体报警装置。

8.5 防烟和排烟设施

8.5.1 建筑的下列场所或部位应设置防烟设施：

1 防烟楼梯间及其前室；

2 消防电梯间前室或合用前室；

3 避难走道的前室、避难层（间）。

建筑高度不大于 50m 的公共建筑、厂房、仓库和建筑高度不大于 100m 的住宅建筑，当其防烟楼梯间的前室或合用前室符合下列条件之一时，楼梯间可不设置防烟系统：

1 前室或合用前室采用敞开的阳台、凹廊；

2 前室或合用前室具有不同朝向的可开启外窗，且可开启外窗的面积满足自然排烟口的面积要求。

8.5.2 厂房或仓库的下列场所或部位应设置排烟设施：

1 人员或可燃物较多的丙类生产场所，丙类厂房内建筑面积大于 300m² 且经常有人停留或可燃物较多的地上房间；

2 建筑面积大于 5000m² 的丁类生产车间；

3 占地面积大于 1000m² 的丙类仓库；

4 高度大于 32m 的高层厂房（仓库）内长度大于 20m 的疏散走道，其他厂房（仓库）内长度大于 40m 的疏散走道。

8.5.3 民用建筑的下列场所或部位应设置排烟设施：

1 设置在一、二、三层且房间建筑面积大于 100m² 的歌舞娱乐放映游艺场所，设置在四层及以上楼层、地下或半地下的歌舞娱乐放映游艺场所；

2 中庭；

3 公共建筑内建筑面积大于 100m² 且经常有人停留的地上房间；

4 公共建筑内建筑面积大于 300m² 且可燃物较多的地上房间；

5 建筑内长度大于 20m 的疏散走道。

8.5.4 地下或半地下建筑（室）、地上建筑内的无窗房间，当总建筑面积大于 200m² 或一个房间建筑面积大于 50m²，且经常有人停留或可燃物较多时，应设置排烟设施。

9 供暖、通风和空气调节

9.1 一般规定

9.1.1 供暖、通风和空气调节系统应采取防火措施。

9.1.2 甲、乙类厂房内的空气不应循环使用。

丙类厂房内含有燃烧或爆炸危险粉尘、纤维的空气，在循环使用前应经净化处理，并应使空气中的含尘浓度低于其爆炸下限的 25%。

9.1.3 为甲、乙类厂房服务的送风设备与排风设备应分别布置在不同通风机房内，且排风设备不应和其他房间的送、排风设备布置在同一通风机房内。

9.1.4 民用建筑内空气中含有容易起火或爆炸危险物质的房间，应设置自然通风或独立的机械通风设施，且其空气不应循环使用。

9.1.5 当空气中含有比空气轻的可燃气体时，水平排风管全长应顺气流方向向上坡度敷设。

9.1.6 可燃气体管道和甲、乙、丙类液体管道不应穿过通风机房和通风管道，且不应紧贴通风管道的外壁敷设。

9.2 供　暖

9.2.1 在散发可燃粉尘、纤维的厂房内，散热器表面平均温度不应超过 82.5℃。输煤廊的散热器表面平均温度不应超过 130℃。

9.2.2 甲、乙类厂房（仓库）内严禁采用明火和电热散热器供暖。

9.2.3 下列厂房应采用不循环使用的热风供暖：

　　1 生产过程中散发的可燃气体、蒸气、粉尘或纤维与供暖管道、散热器表面接触能引起燃烧的厂房；

　　2 生产过程中散发的粉尘受到水、水蒸气的作用能引起自燃、爆炸或产生爆炸性气体的厂房。

9.2.4 供暖管道不应穿过存在与供暖管道接触能引起燃烧或爆炸的气体、蒸气或粉尘的房间，确需穿过时，应采用不燃材料隔热。

9.2.5 供暖管道与可燃物之间应保持一定距离，并应符合下列规定：

　　1 当供暖管道的表面温度大于 100℃时，不应小于 100mm 或采用不燃材料隔热；

　　2 当供暖管道的表面温度不大于 100℃时，不应小于 50mm 或采用不燃材料隔热。

9.2.6 建筑内供暖管道和设备的绝热材料应符合下列规定：

　　1 对于甲、乙类厂房（仓库），应采用不燃材料；

　　2 对于其他建筑，宜采用不燃材料，不得采用可燃材料。

9.3 通风和空气调节

9.3.1 通风和空气调节系统，横向宜按防火分区设置，竖向不宜超过 5 层。当管道设置防止回流设施或防火阀时，管道布置可不受此限制。竖向风管应设置在管井内。

9.3.2 厂房内有爆炸危险场所的排风管道，严禁穿过防火墙和有爆炸危险的房间隔墙。

9.3.3 甲、乙、丙类厂房内的送、排风管道宜分层设置。当水平或竖向送风管在进入生产车间处设置防火阀时，各层的水平或竖向送风管可合用一个送风系统。

9.3.4 空气中含有易燃、易爆危险物质的房间，其送、排风系统应采用防爆型的通风设备。当送风机布置在单独分隔的通风机房内且送风干管上设置防止回流设施时，可采用普通型的通风设备。

9.3.5 含有燃烧和爆炸危险粉尘的空气，在进入排风机前应采用不产生火花的除尘器进行处理。对于遇水可能形成爆炸的粉尘，严禁采用湿式除尘器。

9.3.6 处理有爆炸危险粉尘的除尘器、排风机的设置应与其他普通型的风机、除尘器分开设置，并宜按单一粉尘分组布置。

9.3.7 净化有爆炸危险粉尘的干式除尘器和过滤器宜布置在厂房外的独立建筑内，建筑外墙与所属厂房的防火间距不应小于 10m。

　　具备连续清灰功能，或具有定期清灰功能且风量不大于 15000m³/h、集尘斗的储尘量小于 60kg 的干式除尘器和过滤器，可布置在厂房内的单独房间内，但应采用耐火极限不低于 3.00h 的防火隔墙和 1.50h 的楼板与其他部位分隔。

9.3.8 净化或输送有爆炸危险粉尘和碎屑的除尘器、过滤器或管道，均应设置泄压装置。

　　净化有爆炸危险粉尘的干式除尘器和过滤器应布置在系统的负压段上。

9.3.9 排除有燃烧或爆炸危险气体、蒸气和粉尘的排风系统，应符合下列规定：

　　1 排风系统应设置导除静电的接地装置；

　　2 排风设备不应布置在地下或半地下建筑（室）内；

　　3 排风管应采用金属管道，并应直接通向室外安全地点，不应暗设。

9.3.10 排除和输送温度超过 80℃的空气或其他气体以及易燃碎屑的管道，与可燃或难燃物体之间的间隙不应小于 150mm，或采用厚度不小于 50mm 的不燃材料隔热；当管道上下布置时，表面温度较高者应布置在上面。

9.3.11 通风、空气调节系统的风管在下列部位应设置公称动作温度为 70℃的防火阀：

　　1 穿越防火分区处；

　　2 穿越通风、空气调节机房的房间隔墙和楼板处；

　　3 穿越重要或火灾危险性大的场所的房间隔墙和楼板处；

　　4 穿越防火分隔处的变形缝两侧；

　　5 竖向风管与每层水平风管交接处的水平管段上。

　　注：当建筑内每个防火分区的通风、空气调节系统均独立设置时，水平风管与竖向总管的交接处可不设置防火阀。

9.3.12 公共建筑的浴室、卫生间和厨房的竖向排风管，应采取防止回流措施并宜在支管上设置公称动作温度为 70℃的防火阀。

　　公共建筑内厨房的排油烟管道宜按防火分区设置，且在与竖向排风管连接的支管处应设置公称动作温度为 150℃的防火阀。

9.3.13 防火阀的设置应符合下列规定：

1 防火阀宜靠近防火分隔处设置；

2 防火阀暗装时，应在安装部位设置方便维护的检修口；

3 在防火阀两侧各 2.0m 范围内的风管及其绝热材料应采用不燃材料；

4 防火阀应符合现行国家标准《建筑通风和排烟系统用防火阀门》GB 15930 的规定。

9.3.14 除下列情况外，通风、空气调节系统的风管应采用不燃材料：

1 接触腐蚀性介质的风管和柔性接头可采用难燃材料；

2 体育馆、展览馆、候机（车、船）建筑（厅）等大空间建筑，单、多层办公建筑和丙、丁、戊类厂房内通风、空气调节系统的风管，当不跨越防火分区且在穿越房间隔墙处设置防火阀时，可采用难燃材料。

9.3.15 设备和风管的绝热材料、用于加湿器的加湿材料、消声材料及其粘结剂，宜采用不燃材料，确有困难时，可采用难燃材料。

风管内设置电加热器时，电加热器的开关应与风机的启停联锁控制。电加热器前后各 0.8m 范围内的风管和穿过有高温、火源等容易起火房间的风管，均应采用不燃材料。

9.3.16 燃油或燃气锅炉房应设置自然通风或机械通风设施。燃气锅炉房应选用防爆型的事故排风机。当采取机械通风时，机械通风设施应设置导除静电的接地装置，通风量应符合下列规定：

1 燃油锅炉房的正常通风量应按换气次数不少于 3 次/h 确定，事故排风量应按换气次数不少于 6 次/h 确定；

2 燃气锅炉房的正常通风量应按换气次数不少于 6 次/h 确定，事故排风量应按换气次数不少于 12 次/h 确定。

10 电 气

10.1 消防电源及其配电

10.1.1 下列建筑物的消防用电应按一级负荷供电：

1 建筑高度大于 50m 的乙、丙类厂房和丙类仓库；

2 一类高层民用建筑。

10.1.2 下列建筑物、储罐（区）和堆场的消防用电应按二级负荷供电：

1 室外消防用水量大于 30L/s 的厂房（仓库）；

2 室外消防用水量大于 35L/s 的可燃材料堆场、可燃气体储罐（区）和甲、乙类液体储罐（区）；

3 粮食仓库及粮食筒仓；

4 二类高层民用建筑；

5 座位数超过 1500 个的电影院、剧场，座位数超过 3000 个的体育馆，任一层建筑面积大于 3000m² 的商店和展览建筑，省（市）级及以上的广播电视、电信和财贸金融建筑，室外消防用水量大于 25L/s 的其他公共建筑。

10.1.3 除本规范第 10.1.1 条和第 10.1.2 条外的建筑物、储罐（区）和堆场等的消防用电，可按三级负荷供电。

10.1.4 消防用电按一、二级负荷供电的建筑，当采用自备发电设备作备用电源时，自备发电设备应设置自动和手动启动装置。当采用自动启动方式时，应能保证在 30s 内供电。

不同级别负荷的供电电源应符合现行国家标准《供配电系统设计规范》GB 50052 的规定。

10.1.5 建筑内消防应急照明和灯光疏散指示标志的备用电源的连续供电时间应符合下列规定：

1 建筑高度大于 100m 的民用建筑，不应小于 1.5h；

2 医疗建筑、老年人建筑、总建筑面积大于 100000m² 的公共建筑和总建筑面积大于 20000m² 的地下、半地下建筑，不应少于 1.0h；

3 其他建筑，不应少于 0.5h。

10.1.6 消防用电设备应采用专用的供电回路，当建筑内的生产、生活用电被切断时，应仍能保证消防用电。

备用消防电源的供电时间和容量，应满足该建筑火灾延续时间内各消防用电设备的要求。

10.1.7 消防配电干线宜按防火分区划分，消防配电支线不宜穿越防火分区。

10.1.8 消防控制室、消防水泵房、防烟和排烟风机房的消防用电设备及消防电梯等的供电，应在其配电线路的最末一级配电箱处设置自动切换装置。

10.1.9 按一、二级负荷供电的消防设备，其配电箱应独立设置；按三级负荷供电的消防设备，其配电箱宜独立设置。

消防配电设备应设置明显标志。

10.1.10 消防配电线路应满足火灾时连续供电的需要，其敷设应符合下列规定：

1 明敷时（包括敷设在吊顶内），应穿金属导管或采用封闭式金属槽盒保护，金属导管或封闭式金属槽盒应采取防火保护措施；当采用阻燃或耐火电缆并敷设在电缆井、沟内时，可不穿金属导管或采用封闭式金属槽盒保护；当采用矿物绝缘类不燃性电缆时，可直接明敷。

2 暗敷时，应穿管并应敷设在不燃性结构内且保护层厚度不应小于 30mm。

3 消防配电线路宜与其他配电线路分开敷设在不同的电缆井、沟内；确有困难需敷设在同一电缆井、沟内时，应分别布置在电缆井、沟的两侧，且消防配电线路应采用矿物绝缘类不燃性电缆。

10.2 电力线路及电器装置

10.2.1 架空电力线与甲、乙类厂房（仓库），可燃材料堆垛，甲、乙、丙类液体储罐，液化石油气储罐，可燃、助燃气体储罐的最近水平距离应符合表10.2.1的规定。

35kV及以上架空电力线与单罐容积大于200m³或总容积大于1000m³液化石油气储罐（区）的最近水平距离不应小于40m。

表10.2.1 架空电力线与甲、乙类厂房（仓库）、可燃材料堆垛等的最近水平距离（m）

名　　称	架空电力线
甲、乙类厂房（仓库），可燃材料堆垛，甲、乙类液体储罐，液化石油气储罐，可燃、助燃气体储罐	电杆（塔）高度的1.5倍
直埋地下的甲、乙类液体储罐和可燃气体储罐	电杆（塔）高度的0.75倍
丙类液体储罐	电杆（塔）高度的1.2倍
直埋地下的丙类液体储罐	电杆（塔）高度的0.6倍

10.2.2 电力电缆不应和输送甲、乙、丙类液体管道、可燃气体管道、热力管道敷设在同一管沟内。

10.2.3 配电线路不得穿越通风管道内腔或直接敷设在通风管道外壁上，穿金属导管保护的配电线路可紧贴通风管道外壁敷设。

配电线路敷设在有可燃物的闷顶、吊顶内时，应采取穿金属导管、采用封闭式金属槽盒等防火保护措施。

10.2.4 开关、插座和照明灯具靠近可燃物时，应采取隔热、散热等防火措施。

卤钨灯和额定功率不小于100W的白炽灯泡的吸顶灯、槽灯、嵌入式灯，其引入线应采用瓷管、矿棉等不燃材料作隔热保护。

额定功率不小于60W的白炽灯、卤钨灯、高压钠灯、金属卤化物灯、荧光高压汞灯（包括电感镇流器）等，不应直接安装在可燃物体上或采取其他防火措施。

10.2.5 可燃材料仓库内宜使用低温照明灯具，并应对灯具的发热部件采取隔热等防火措施，不应使用卤钨灯等高温照明灯具。

配电箱及开关应设置在仓库外。

10.2.6 爆炸危险环境电力装置的设计应符合现行国家标准《爆炸危险环境电力装置设计规范》GB 50058

的规定。

10.2.7 下列建筑或场所的非消防用电负荷宜设置电气火灾监控系统：

1 建筑高度大于50m的乙、丙类厂房和丙类仓库，室外消防用水量大于30L/s的厂房（仓库）；

2 一类高层民用建筑；

3 座位数超过1500个的电影院、剧场，座位数超过3000个的体育馆，任一层建筑面积大于3000m²的商店和展览建筑，省（市）级及以上的广播电视、电信和财贸金融建筑，室外消防用水量大于25L/s的其他公共建筑；

4 国家级文物保护单位的重点砖木或木结构的古建筑。

10.3 消防应急照明和疏散指示标志

10.3.1 除建筑高度小于27m的住宅建筑外，民用建筑、厂房和丙类仓库的下列部位应设置疏散照明：

1 封闭楼梯间、防烟楼梯间及其前室、消防电梯间的前室或合用前室、避难走道、避难层（间）；

2 观众厅、展览厅、多功能厅和建筑面积大于200m²的营业厅、餐厅、演播室等人员密集的场所；

3 建筑面积大于100m²的地下或半地下公共活动场所；

4 公共建筑内的疏散走道；

5 人员密集的厂房内的生产场所及疏散走道。

10.3.2 建筑内疏散照明的地面最低水平照度应符合下列规定：

1 对于疏散走道，不应低于1.0lx。

2 对于人员密集场所、避难层（间），不应低于3.0lx；对于病房楼或手术部的避难间，不应低于10.0lx。

3 对于楼梯间、前室或合用前室、避难走道，不应低于5.0lx。

10.3.3 消防控制室、消防水泵房、自备发电机房、配电室、防排烟机房以及发生火灾时仍需正常工作的消防设备房应设置备用照明，其作业面的最低照度不应低于正常照明的照度。

10.3.4 疏散照明灯具应设置在出口的顶部、墙面的上部或顶棚上；备用照明灯具应设置在墙面的上部或顶棚上。

10.3.5 公共建筑、建筑高度大于54m的住宅建筑、高层厂房（库房）和甲、乙、丙类单、多层厂房，应设置灯光疏散指示标志，并应符合下列规定：

1 应设置在安全出口和人员密集的场所的疏散门的正上方。

2 应设置在疏散走道及其转角处距地面高度1.0m以下的墙面或地面上。灯光疏散指示标志的间距不应大于20m；对于袋形走道，不应大于10m；在走道转角区，不应大于1.0m。

10.3.6 下列建筑或场所应在疏散走道和主要疏散路径的地面上增设能保持视觉连续的灯光疏散指示标志或蓄光疏散指示标志：

　　1 总建筑面积大于8000m²的展览建筑；

　　2 总建筑面积大于5000m²的地上商店；

　　3 总建筑面积大于500m²的地下或半地下商店；

　　4 歌舞娱乐放映游艺场所；

　　5 座位数超过1500个的电影院、剧场，座位数超过3000个的体育馆、会堂或礼堂；

　　6 车站、码头建筑和民用机场航站楼中建筑面积大于3000m²的候车、候船厅和航站楼的公共区。

10.3.7 建筑内设置的消防疏散指示标志和消防应急照明灯具，除应符合本规范的规定外，还应符合现行国家标准《消防安全标志》GB 13495和《消防应急照明和疏散指示系统》GB 17945的规定。

11　木结构建筑

11.0.1 木结构建筑的防火设计可按本章的规定执行。建筑构件的燃烧性能和耐火极限应符合表11.0.1的规定。

表11.0.1　木结构建筑构件的燃烧性能和耐火极限

构件名称	燃烧性能和耐火极限（h）	
防火墙	不燃性	3.00
承重墙，住宅建筑单元之间的墙和分户墙，楼梯间的墙	难燃性	1.00
电梯井的墙	不燃性	1.00
非承重外墙，疏散走道两侧的隔墙	难燃性	0.75
房间隔墙	难燃性	0.50
承重柱	可燃性	1.00
梁	可燃性	1.00
楼板	难燃性	0.75
屋顶承重构件	可燃性	0.50
疏散楼梯	难燃性	0.50
吊顶	难燃性	0.15

注：1 除本规范另有规定外，当同一座木结构建筑存在不同高度的屋顶时，较低部分的屋顶承重构件和屋面不应采用可燃性构件，采用难燃性屋顶承重构件时，其耐火极限不应低于0.75h。

　　2 轻型木结构建筑的屋顶，除防水层、保温层及屋面板外，其他部分均应视为屋顶承重构件，且不应采用可燃性构件，耐火极限不应低于0.50h。

　　3 当建筑的层数不超过2层、防火墙间的建筑面积小于600m²且防火墙间的建筑长度小于60m时，建筑构件的燃烧性能和耐火极限可按本规范有关四级耐火等级建筑的要求确定。

11.0.2 建筑采用木骨架组合墙体时，应符合下列规定：

　　1 建筑高度不大于18m的住宅建筑、建筑高度不大于24m的办公建筑和丁、戊类厂房（库房）的房间隔墙和非承重外墙可采用木骨架组合墙体，其他建筑的非承重外墙不得采用木骨架组合墙体；

　　2 墙体填充材料的燃烧性能应为A级；

　　3 木骨架组合墙体的燃烧性能和耐火极限应符合表11.0.2的规定，其他要求应符合现行国家标准《木骨架组合墙体技术规范》GB/T 50361的规定。

表11.0.2　木骨架组合墙体的燃烧性能和耐火极限（h）

构件名称	建筑物的耐火等级或类型				
	一级	二级	三级	木结构建筑	四级
非承重外墙	不允许	难燃性 1.25	难燃性 0.75	难燃性 0.75	无要求
房间隔墙	难燃性 1.00	难燃性 0.75	难燃性 0.50	难燃性 0.50	难燃性 0.25

11.0.3 甲、乙、丙类厂房（库房）不应采用木结构建筑或木结构组合建筑。丁、戊类厂房（库房）和民用建筑，当采用木结构建筑或木结构组合建筑时，其允许层数和允许建筑高度应符合表11.0.3-1的规定，木结构建筑中防火墙间的允许建筑长度和每层最大允许建筑面积应符合表11.0.3-2的规定。

表11.0.3-1　木结构建筑或木结构组合建筑的允许层数和允许建筑高度

木结构建筑的形式	普通木结构建筑	轻型木结构建筑	胶合木结构建筑	木结构组合建筑
允许层数（层）	2	3	1	3	7
允许建筑高度（m）	10	10	不限	15	24

表11.0.3-2　木结构建筑中防火墙间的允许建筑长度和每层最大允许建筑面积

层数（层）	防火墙间的允许建筑长度（m）	防火墙间的每层最大允许建筑面积（m²）
1	100	1800
2	80	900
3	60	600

注：1 当设置自动喷水灭火系统时，防火墙间的允许建筑长度和每层最大允许建筑面积可按本表的规定增加1.0倍，对于丁、戊类地上厂房，防火墙间的每层最大允许建筑面积不限。

　　2 体育场馆等高大空间建筑，其建筑高度和建筑面积可适当增加。

11.0.4 老年人建筑的住宿部分，托儿所、幼儿园的儿童用房和活动场所设置在木结构建筑内时，应布置在首层或二层。

商店、体育馆和丁、戊类厂房（库房）应采用单层木结构建筑。

11.0.5 除住宅建筑外，建筑内发电机间、配电间、锅炉间的设置及其防火要求，应符合本规范第5.4.12条～第5.4.15条和第6.2.3条～第6.2.6条的规定。

11.0.6 设置在木结构住宅建筑内的机动车库、发电机间、配电间、锅炉间，应采用耐火极限不低于2.00h的防火隔墙和1.00h的不燃性楼板与其他部位分隔，不宜开设与室内相通的门、窗、洞口，确需开设时，可开设一樘不直通卧室的单扇乙级防火门。机动车库的建筑面积不宜大于60m²。

11.0.7 民用木结构建筑的安全疏散设计应符合下列规定：

1 建筑的安全出口和房间疏散门的设置，应符合本规范第5.5节的规定。当木结构建筑的每层建筑面积小于200m²且第二层和第三层的人数之和不超过25人时，可设置1部疏散楼梯。

2 房间直通疏散走道的疏散门至最近安全出口的直线距离不应大于表11.0.7-1的规定。

表11.0.7-1 房间直通疏散走道的疏散门至
最近安全出口的直线距离（m）

名　　称	位于两个安全出口之间的疏散门	位于袋形走道两侧或尽端的疏散门
托儿所、幼儿园、老年人建筑	15	10
歌舞娱乐放映游艺场所	15	6
医院和疗养院建筑、教学建筑	25	12
其他民用建筑	30	15

3 房间内任一点至该房间直通疏散走道的疏散门的直线距离，不应大于表11.0.7-1中有关袋形走道两侧或尽端的疏散门至最近安全出口的直线距离。

4 建筑内疏散走道、安全出口、疏散楼梯和房间疏散门的净宽度，应根据疏散人数按每100人的最小疏散净宽度不小于表11.0.7-2的规定计算确定。

表11.0.7-2 疏散走道、安全出口、
疏散楼梯和房间疏散门
每100人的最小疏散净宽度（m/百人）

层　　数	地上1～2层	地上3层
每100人的疏散净宽度	0.75	1.00

11.0.8 丁、戊类木结构厂房内任意一点至最近安全出口的疏散距离分别不应大于50m和60m，其他安全疏散要求应符合本规范第3.7节的规定。

11.0.9 管道、电气线路敷设在墙体内或穿过楼板、墙体时，应采取防火保护措施，与墙体、楼板之间的缝隙应采用防火封堵材料填塞密实。

住宅建筑内厨房的明火或高温部位及排油烟管道等，应采用防火隔热措施。

11.0.10 民用木结构建筑之间及其与其他民用建筑的防火间距不应小于表11.0.10的规定。

民用木结构建筑与厂房（仓库）等建筑的防火间距、木结构厂房（仓库）之间及其与其他民用建筑的防火间距，应符合本规范第3、4章有关四级耐火等级建筑的规定。

表11.0.10 民用木结构建筑之间及其与
其他民用建筑的防火间距（m）

建筑耐火等级或类别	一、二级	三级	木结构建筑	四级
木结构建筑	8	9	10	11

注：1 两座木结构建筑之间或木结构建筑与其他民用建筑之间，外墙均无任何门、窗、洞口时，防火间距可为4m；外墙上的门、窗、洞口不正对且开口面积之和不大于外墙面积的10%时，防火间距可按本表的规定减少25%。

2 当相邻建筑外墙有一面为防火墙，或建筑物之间设置防火墙且墙体截断不燃性屋面或高出难燃性、可燃性屋面不低于0.5m时，防火间距不限。

11.0.11 木结构墙体、楼板及封闭吊顶或屋顶下的密闭空间内应采取防火分隔措施，且水平分隔长度或宽度均不应大于20m，建筑面积不应大于300m²，墙体的竖向分隔高度不应大于3m。

轻型木结构建筑的每层楼梯梁处应采取防火分隔措施。

11.0.12 木结构建筑与钢结构、钢筋混凝土结构或砌体结构等其他结构类型组合建造时，应符合下列规定：

1 竖向组合建造时，木结构部分的层数不应超过3层并应设置在建筑的上部，木结构部分与其他结构部分宜采用耐火极限不低于1.00h的不燃性楼板分隔。

水平组合建造时，木结构部分与其他结构部分宜采用防火墙分隔。

2 当木结构部分与其他结构部分之间按上款规定进行了防火分隔时，木结构部分和其他部分的防火设计，可分别执行本规范对木结构建筑和其他结构建筑的规定；其他情况，建筑的防火设计应执行本规范有关木结构建筑的规定。

3 室内消防给水应根据建筑的总高度、体积或层数和用途按本规范第8章和国家现行有关标准的规

定确定，室外消防给水应按本规范有关四级耐火等级建筑的规定确定。

11.0.13 总建筑面积大于1500m²的木结构公共建筑应设置火灾自动报警系统，木结构住宅建筑内应设置火灾探测与报警装置。

11.0.14 木结构建筑的其他防火设计应执行本规范有关四级耐火等级建筑的规定，防火构造要求除应符合本规范的规定外，尚应符合现行国家标准《木结构设计规范》GB 50005等标准的规定。

12 城市交通隧道

12.1 一般规定

12.1.1 城市交通隧道（以下简称隧道）的防火设计应综合考虑隧道内的交通组成、隧道的用途、自然条件、长度等因素。

12.1.2 单孔和双孔隧道应按其封闭段长度和交通情况分为一、二、三、四类，并应符合表12.1.2的规定。

表12.1.2 单孔和双孔隧道分类

用途	一类	二类	三类	四类
	隧道封闭段长度 L（m）			
可通行危险化学品等机动车	L>1500	500<L≤1500	L≤500	—
仅限通行非危险化学品等机动车	L>3000	1500<L≤3000	500<L≤1500	L≤500
仅限人行或通行非机动车			L>1500	L≤1500

12.1.3 隧道承重结构体的耐火极限应符合下列规定：

1 一、二类隧道和通行机动车的三类隧道，其承重结构体耐火极限的测定应符合本规范附录C的规定；对于一、二类隧道，火灾升温曲线应采用本规范附录C第C.0.1条规定的RABT标准升温曲线，耐火极限分别不应低于2.00h和1.50h；对于通行机动车的三类隧道，火灾升温曲线应采用本规范附录C第C.0.1条规定的HC标准升温曲线，耐火极限不应低于2.00h。

2 其他类别隧道承重结构体耐火极限的测定应符合现行国家标准《建筑构件耐火试验方法 第1部分：通用要求》GB/T 9978.1的规定；对于三类隧道，耐火极限不应低于2.00h；对于四类隧道，耐火极限不限。

12.1.4 隧道内的地下设备用房、风井和消防救援出入口的耐火等级应为一级，地面的重要设备用房、运营管理中心及其他地面附属用房的耐火等级不应低于二级。

12.1.5 除嵌缝材料外，隧道的内部装修应采用不燃材料。

12.1.6 通行机动车的双孔隧道，其车行横通道或车行疏散通道的设置应符合下列规定：

1 水底隧道宜设置车行横通道或车行疏散通道。车行横通道的间隔和隧道通向车行疏散通道入口的间隔宜为1000m～1500m。

2 非水底隧道应设置车行横通道或车行疏散通道。车行横通道的间隔和隧道通向车行疏散通道入口的间隔不宜大于1000m。

3 车行横通道应沿垂直隧道长度方向布置，并应通向相邻隧道；车行疏散通道应沿隧道长度方向布置在双孔中间，并应直通隧道外。

4 车行横通道和车行疏散通道的净宽度不应小于4.0m，净高度不应小于4.5m。

5 隧道与车行横通道或车行疏散通道的连通处，应采取防火分隔措施。

12.1.7 双孔隧道应设置人行横通道或人行疏散通道，并应符合下列规定：

1 人行横通道的间隔和隧道通向人行疏散通道入口的间隔，宜为250m～300m。

2 人行疏散横通道应沿垂直双孔隧道长度方向布置，并应通向相邻隧道。人行疏散通道应沿隧道长度方向布置在双孔中间，并应直通隧道外。

3 人行横通道可利用车行横通道。

4 人行横通道或人行疏散通道的净宽度不应小于1.2m，净高度不应小于2.1m。

5 隧道与人行横通道或人行疏散通道的连通处，应采取防火分隔措施，门应采用乙级防火门。

12.1.8 单孔隧道宜设置直通室外的人员疏散出口或独立避难所等避难设施。

12.1.9 隧道内的变电站、管廊、专用疏散通道、通风机房及其他辅助用房等，应采取耐火极限不低于2.00h的防火隔墙和乙级防火门等分隔措施与车行隧道分隔。

12.1.10 隧道内地下设备用房的每个防火分区的最大允许建筑面积不应大于1500m²，每个防火分区的安全出口数量不应少于2个，与车道或其他防火分区相通的出口可作为第二安全出口，但必须至少设置1个直通室外的安全出口；建筑面积不大于500m²且无人值守的设备用房可设置1个直通室外的安全出口。

12.2 消防给水和灭火设施

12.2.1 在进行城市交通的规划和设计时，应同时设计消防给水系统。四类隧道和行人或通行非机动车辆的三类隧道，可不设置消防给水系统。

12.2.2 消防给水系统的设置应符合下列规定：

  1 消防水源和供水管网应符合国家现行有关标准的规定。

  2 消防用水量应按隧道的火灾延续时间和隧道全线同一时间发生一次火灾计算确定。一、二类隧道的火灾延续时间不应小于3.0h；三类隧道，不应小于2.0h。

  3 隧道内的消防用水量应按同时开启所有灭火设施的用水量之和计算。

  4 隧道内宜设置独立的消防给水系统。严寒和寒冷地区的消防给水管道及室外消火栓应采取防冻措施；当采用干式给水系统时，应在管网的最高部位设置自动排气阀，管道的充水时间不宜大于90s。

  5 隧道内的消火栓用水量不应小于20L/s，隧道外的消火栓用水量不应小于30L/s。对于长度小于1000m的三类隧道，隧道内、外的消火栓用水量可分别为10L/s和20L/s。

  6 管道内的消防供水压力应保证用水量达到最大时，最不利点处的水枪充实水柱不小于10.0m。消火栓栓口处的出水压力大于0.5MPa时，应设置减压设施。

  7 在隧道出入口处应设置消防水泵接合器和室外消火栓。

  8 隧道内消火栓的间距不应大于50m，消火栓的栓口距地面高度宜为1.1m。

  9 设置消防水泵供水设施的隧道，应在消火栓箱内设置消防水泵启动按钮。

  10 应在隧道单侧设置室内消火栓箱，消火栓箱内应配置1支喷嘴口径19mm的水枪、1盘长25m、直径65mm的水带，并宜配置消防软管卷盘。

12.2.3 隧道内应设置排水设施。排水设施应考虑排除渗水、雨水、隧道清洗等水量和灭火时的消防用水量，并应采取防止事故时可燃液体或有害液体沿隧道漫流的措施。

12.2.4 隧道内应设置ABC类灭火器，并应符合下列规定：

  1 通行机动车的一、二类隧道和通行机动车并设置3条及以上车道的三类隧道，在隧道两侧均应设置灭火器，每个设置点不应少于4具；

  2 其他隧道，可在隧道一侧设置灭火器，每个设置点不应少于2具；

  3 灭火器设置点的间距不应大于100m。

12.3 通风和排烟系统

12.3.1 通行机动车的一、二、三类隧道应设置排烟设施。

12.3.2 隧道内机械排烟系统的设置应符合下列规定：

  1 长度大于3000m的隧道，宜采用纵向分段排烟方式或重点排烟方式；

  2 长度不大于3000m的单洞单向交通隧道，宜采用纵向排烟方式；

  3 单洞双向交通隧道，宜采用重点排烟方式。

12.3.3 机械排烟系统与隧道的通风系统宜分开设置。合用时，合用的通风系统应具备在火灾时快速转换的功能，并应符合机械排烟系统的要求。

12.3.4 隧道内设置的机械排烟系统应符合下列规定：

  1 采用全横向和半横向通风方式时，可通过排风管道排烟。

  2 采用纵向排烟方式时，应能迅速组织气流、有效排烟，其排烟风速应根据隧道内的最不利火灾规模确定，且纵向气流的速度不应小于2m/s，并应大于临界风速。

  3 排烟风机和烟气流经的风阀、消声器、软接等辅助设备，应能承受设计的隧道火灾烟气排放温度，并应能在250℃下连续正常运行不小于1.0h。排烟管道的耐火极限不应低于1.00h。

12.3.5 隧道的避难设施内应设置独立的机械加压送风系统，其送风的余压值应为30Pa～50Pa。

12.3.6 隧道内用于火灾排烟的射流风机，应至少备用一组。

12.4 火灾自动报警系统

12.4.1 隧道入口外100m～150m处，应设置隧道内发生火灾时能提示车辆禁入隧道的警报信号装置。

12.4.2 一、二类隧道应设置火灾自动报警系统，通行机动车的三类隧道宜设置火灾自动报警系统。火灾自动报警系统的设置应符合下列规定：

  1 应设置火灾自动探测装置；

  2 隧道出入口和隧道内每隔100m～150m处，应设置报警电话和报警按钮；

  3 应设置火灾应急广播或应每隔100m～150m处设置发光警报装置。

12.4.3 隧道用电缆通道和主要设备用房内应设置火灾自动报警系统。

12.4.4 对于可能产生屏蔽的隧道，应设置无线通信等保证灭火时通信联络畅通的设施。

12.4.5 封闭段长度超过1000m的隧道宜设置消防控制室，消防控制室的建筑防火要求应符合本规范第8.1.7条和第8.1.8条的规定。

  隧道内火灾自动报警系统的设计应符合现行国家标准《火灾自动报警系统设计规范》GB 50116的规定。

12.5 供电及其他

12.5.1 一、二类隧道的消防用电应按一级负荷要求供电；三类隧道的消防用电应按二级负荷要求供电。

12.5.2 隧道的消防电源及其供电、配电线路等的其他要求应符合本规范第 10.1 节的规定。

12.5.3 隧道两侧、人行横通道和人行疏散通道上应设置疏散照明和疏散指示标志，其设置高度不宜大于 1.5m。

一、二类隧道内疏散照明和疏散指示标志的连续供电时间不应小于 1.5h；其他隧道，不应小于 1.0h。其他要求可按本规范第 10 章的规定确定。

12.5.4 隧道内严禁设置可燃气体管道；电缆线槽应与其他管道分开敷设。当设置 10kV 及以上的高压电缆时，应采用耐火极限不低于 2.00h 的防火分隔体与其他区域分隔。

12.5.5 隧道内设置的各类消防设施均应采取与隧道内环境条件相适应的保护措施，并应设置明显的发光指示标志。

附录 A　建筑高度和建筑层数的计算方法

A.0.1 建筑高度的计算应符合下列规定：

　　1　建筑屋面为坡屋面时，建筑高度应为建筑室外设计地面至其檐口与屋脊的平均高度。

　　2　建筑屋面为平屋面（包括有女儿墙的平屋面）时，建筑高度应为建筑室外设计地面至其屋面面层的高度。

　　3　同一座建筑有多种形式的屋面时，建筑高度应按上述方法分别计算后，取其中最大值。

　　4　对于台阶式地坪，当位于不同高程地坪上的同一建筑之间有防火墙分隔，各自有符合规范规定的安全出口，且可沿建筑的两个长边设置贯通式或尽头式消防车道时，可分别计算各自的建筑高度。否则，应按其中建筑高度最大者确定该建筑的建筑高度。

　　5　局部突出屋顶的瞭望塔、冷却塔、水箱间、微波天线间或设施、电梯机房、排风和排烟机房以及楼梯出口小间等辅助用房占屋面面积不大于 1/4 者，可不计入建筑高度。

　　6　对于住宅建筑，设置在底部且室内高度不大于 2.2m 的自行车库、储藏室、敞开空间，室内外高差或建筑的地下或半地下室的顶板面高出室外设计地面的高度不大于 1.5m 的部分，可不计入建筑高度。

A.0.2 建筑层数应按建筑的自然层数计算，下列空间可不计入建筑层数：

　　1　室内顶板面高出室外设计地面的高度不大于 1.5m 的地下或半地下室；

　　2　设置在建筑底部且室内高度不大于 2.2m 的自行车库、储藏室、敞开空间；

　　3　建筑屋顶上突出的局部设备用房、出屋面的

楼梯间等。

附录 B　防火间距的计算方法

B.0.1 建筑物之间的防火间距应按相邻建筑外墙的最近水平距离计算，当外墙有凸出的可燃或难燃构件时，应从其凸出部分外缘算起。

建筑物与储罐、堆场的防火间距，应为建筑外墙至储罐外壁或堆场中相邻堆垛外缘的最近水平距离。

B.0.2 储罐之间的防火间距应为相邻两储罐外壁的最近水平距离。

储罐与堆场的防火间距应为储罐外壁至堆场中相邻堆垛外缘的最近水平距离。

B.0.3 堆场之间的防火间距应为两堆场中相邻堆垛外缘的最近水平距离。

B.0.4 变压器之间的防火间距应为相邻变压器外壁的最近水平距离。

变压器与建筑物、储罐或堆场的防火间距，应为变压器外壁至建筑外墙、储罐外壁或相邻堆垛外缘的最近水平距离。

B.0.5 建筑物、储罐或堆场与道路、铁路的防火间距，应为建筑外墙、储罐外壁或相邻堆垛外缘距道路最近一侧路边或铁路中心线的最小水平距离。

附录 C　隧道内承重结构体的耐火极限试验升温曲线和相应的判定标准

C.0.1 RABT 和 HC 标准升温曲线应符合现行国家标准《建筑构件耐火试验可供选择和附加的试验程序》GB/T 26784 的规定。

C.0.2 耐火极限判定标准应符合下列规定：

　　1　当采用 HC 标准升温曲线测试时，耐火极限的判定标准为：受火后，当距离混凝土底表面 25mm 处钢筋的温度超过 250℃，或者混凝土表面的温度超过 380℃时，则判定为达到耐火极限。

　　2　当采用 RABT 标准升温曲线测试时，耐火极限的判定标准为：受火后，当距离混凝土底表面 25mm 处钢筋的温度超过 300℃，或者混凝土表面的温度超过 380℃时，则判定为达到耐火极限。

本规范用词说明

1　为便于在执行本规范条文时区别对待，对要求严格程度不同的用词说明如下：

　　1）表示很严格，非这样做不可的：

　　　　正面词采用"必须"，反面词采用"严禁"；

　　2）表示严格，在正常情况下均应这样做的：

　　　　正面词采用"应"，反面词采用"不应"或

"不得";

　3) 表示允许稍有选择,在条件许可时首先应这样做的:

　正面词采用"宜",反面词采用"不宜";

　4) 表示有选择,在一定条件下可以这样做的,采用"可"。

　2 条文中指明应按其他有关标准执行的写法为:"应符合……的规定"或"应按……执行"。

引用标准名录

《木结构设计规范》GB 50005

《城镇燃气设计规范》GB 50028

《锅炉房设计规范》GB 50041

《供配电系统设计规范》GB 50052

《爆炸危险环境电力装置设计规范》GB 50058

《冷库设计规范》GB 50072

《石油库设计规范》GB 50074

《自动喷水灭火系统设计规范》GB 50084

《火灾自动报警系统设计规范》GB 50116

《汽车加油加气站设计与施工规范》GB 50156

《火力发电厂与变电站设计防火规范》GB 50229

《粮食钢板筒仓设计规范》GB 50322

《木骨架组合墙体技术规范》GB/T 50361

《住宅建筑规范》GB 50368

《医用气体工程技术规范》GB 50751

《消防给水及消火栓系统技术规范》GB 50974

《门和卷帘的耐火试验方法》GB/T 7633

《建筑构件耐火试验方法　第1部分:通用要求》GB/T 9978.1

《防火门》GB 12955

《消防安全标志》GB 13495

《防火卷帘》GB 14102

《建筑通风和排烟系统用防火阀门》GB 15930

《防火窗》GB 16809

《消防应急照明和疏散指示系统》GB 17945

《消防控制室通用技术要求》GB 25506

《建筑构件耐火试验可供选择和附加的试验程序》GB/T 26784

《电梯层门耐火试验　完整性、隔热性和热通量测定法》GB/T 27903

中华人民共和国国家标准

建筑设计防火规范

GB 50016—2014

条 文 说 明

修 订 说 明

《建筑设计防火规范》50016—2014，经住房城乡建设部2014年8月27日以第517号公告批准发布。

此前，我国建筑防火设计主要执行《建筑设计防火规范》GB 50016—2006 和《高层民用建筑设计防火规范》GB 50045—95（2005年版）。随着我国经济建设快速发展以及近年来我国重特大火灾暴露出的突出问题，这两项规范中的部分内容已不适应发展需要，且《高层民用建筑设计防火规范》与《建筑设计防火规范》规定相同或相近的条文，约占总条文的80%，还有些规定相互不够协调，急需修订完善。为深刻吸取近年来我国重特大火灾教训，适应工程建设发展需要，便于管理和使用，根据住房城乡建设部《关于印发〈2007年工程建设标准规范制订、修订计划（第一批）〉的通知》（建标〔2007〕125号）要求以及住房城乡建设部标准定额司《关于同意调整〈建筑设计防火规范〉、〈高层民用建筑设计防火规范〉修订计划的函》（建标〔2009〕94号）的要求，此次修订将这两项规范合并，并定名为《建筑设计防火规范》。

此次修订的原则为：认真吸取火灾教训，积极借鉴发达国家标准和消防科研成果，重点解决两项标准相互间不一致、不协调以及工程建设和消防工作中反映的突出问题。

修订后的《建筑设计防火规范》规定了厂房、仓库、堆场、储罐、民用建筑、城市交通隧道，以及建筑构造、消防救援、消防设施等的防火设计要求，在附录中明确了建筑高度、层数、防火间距的计算方法。主要修订内容为：

1. 为便于建筑分类，将原来按层数将住宅建筑划分为多层和高层住宅建筑，修改为按建筑高度划分，并与原规范规定相衔接；修改、完善了住宅建筑的防火要求，主要包括：

1）住宅建筑与其他使用功能的建筑合建时，高层建筑中的住宅部分与非住宅部分防火分隔处的楼板耐火极限，从1.50h修改为2.00h；

2）建筑高度大于54m小于或等于100m的高层住宅建筑套内宜设置火灾自动报警系统，并对公共部位火灾自动报警系统的设置提出了要求；

3）规定建筑高度大于54m的住宅建筑应设置可兼具使用功能与避难要求的房间，建筑高度大于100m的住宅建筑应设置避难层；

4）明确了住宅建筑剪刀式疏散楼梯间的前室与消防电梯前室合用的要求；

5）规定高层住宅建筑的公共部位应设置灭火器。

2. 适当提高了高层公共建筑的防火要求：

1）建筑高度大于100m的建筑楼板的耐火极限，从1.50h修改为2.00h；

2）建筑高度大于100m的建筑与相邻建筑的防火间距，当符合本规范有关允许减小的条件时，仍不能减小；

3）完善了公共建筑避难层（间）的防火要求，高层病房楼从第二层起，每层应设置避难间；

4）规定建筑高度大于100m的建筑应设置消防软管卷盘或轻便消防水龙；

5）建筑高度大于100m的建筑中消防应急照明和疏散指示标志的备用电源的连续供电时间，从30min修改为90min。

3. 补充、完善了幼儿园、托儿所和老年人建筑有关防火安全疏散距离的要求；对于医疗建筑，要求按照护理单元进行防火分隔；增加了大、中型幼儿园和总建筑面积大于500m²的老年人建筑应设置自动喷水灭火系统，大、中型幼儿园和老年人建筑应设置火灾自动报警系统的规定；医疗建筑、老年人建筑的消防应急照明和疏散指示标志的备用电源的连续供电时间，从20min和30min修改为60min。

4. 为满足各地商业步行街建设快速发展的需要，系统提出了利用有顶商业步行街进行疏散时有顶商业步行街及其两侧建筑的排烟设施、防火分隔、安全疏散和消防救援等防火设计要求；针对商店建筑疏散设计反映的问题，调整、补充了建材、家具、灯饰商店营业厅和展览厅的设计疏散人数计算依据。

5. 在"建筑构造"一章中补充了建筑保温系统的防火要求。

6. 增加"灭火救援设施"一章，补充和完善了有关消防车登高操作场地、救援入口等的设置要求；规定消防设施应设置明显的标识，消防水泵接合器和室外消火栓等消防设施的设置，应考虑灭火救援时对消防救援人员的安全防护；用于消防救援和消防车停靠的屋面上，应设置室外消火栓系统；建筑室外广告牌的设置，不应影响灭火救援行动。

7. 对消防设施的设置作出明确规定并完善了有关内容；有关消防给水系统、室内外消火栓系统和防烟排烟系统设计的内容分别由相应的国家标准作出规定。

8. 补充了地下仓库与物流建筑的防火要求，如要求物流建筑应按生产和储存功能划分不同的防火分区，储存区应采用防火墙与其他功能空间进行分隔；补充了 $1\times10^5\,m^3\sim3\times10^5\,m^3$ 的大型可燃气体储罐

（区）、液氨、液氧储罐和液化天然气气化站及其储罐的防火间距。

9. 完善了公共建筑上下层之间防止火灾蔓延的基本防火设计要求，补充了地下商店的总建筑面积大于 20000m² 时有关防火分隔方式的具体要求。

10. 适当扩大了火灾自动报警系统的设置范围：如高层公共建筑、歌舞娱乐放映游艺场所、商店、展览建筑、财贸金融建筑、客运和货运等建筑；明确了甲、乙、丙类液体储罐应设置灭火系统和公共建筑中餐饮场所应设置厨房自动灭火装置的范围；增加了冷库设置自动喷水灭火系统的范围。

11. 在比较研究国内外有关木结构建筑防火标准，开展木结构建筑的火灾危险性和木结构构件的耐火性能试验，并与《木结构设计规范》GB 50005 和《木骨架组合墙体技术规范》GB/T 50361 等标准协调的基础上，系统地规定了木结构建筑的防火设计要求。

12. 对原《建筑设计防火规范》、《高层民用建筑设计防火规范》及与其他标准之间不协调的内容进行了调整，补充了高层民用建筑与工业建筑和甲、乙、丙类液体储罐之间的防火间距、柴油机房等的平面布置要求、有关防火门等级和电梯层门的防火要求等；统一了一类、二类高层民用建筑有关防火分区划分的建筑面积要求，统一了设置在高层民用建筑或裙房内商店营业厅的疏散人数计算要求。

13. 进一步明确了剪刀楼梯间的设置及其合用前室的要求、住宅建筑户门开向前室的要求及高层民用建筑与裙房、防烟楼梯间与前室、住宅与公寓等的关系；完善了建筑高度大于 27m，但小于或等于 54m 的住宅建筑设置一座疏散楼梯间的要求。

根据住房城乡建设部有关工程建设强制性条文的规定，在确定本规范的强制性条文时，对直接涉及工程质量、安全、卫生及环境保护等方面的条文进行了认真分析和研究，共确定了 165 条强制性条文，约占全部条文的 39%。尽管在编写条文和确定强制性条文时注意将强制性要求与非强制性要求区别开来，但为保持条文及相关要求完整、清晰和宽严适度，使其不会因强制某一事项而忽视了其中有条件可以调整的要求，导致个别强制性条文仍包含了一些非强制性的要求。对此，在执行时，要注意区别对待。如果某一强制性条文中含有允许调整的非强制性要求时，仍可根据工程实际情况和条件进行确定，如本规范第 4.4.2 条强制要求进行分组布置和组与组之间应设置防火间距，但组内储罐是否要单排布置则不是强制性的要求，而可以视储罐数量、大小和场地情况进行确定。

本规范是在《建筑设计防火规范》GB 50016—2006 和《高层民用建筑设计防火规范》GB 50045—95（2005 年版）及其局部修订工作的基础上进行的，

凝聚了这两项标准原编制组前辈、局部修订工作组各位专家的心血。在此次修订过程中，浙江、吉林、广东省公安消防总队和吉林市、东莞市、深圳市公安消防局等公安消防部门，吉林市城乡规划设计研究院、欧文斯科宁（中国）投资有限公司、欧洲木业协会、加拿大木业协会、美国林业与纸业协会等单位以及有关设计、研究、生产单位和专家给予了多方面的大力支持。在此，谨表示衷心的感谢。

国家标准《建筑设计防火规范》GBJ 16—87 的主编单位、参编单位和主要起草人：

主 编 单 位： 中华人民共和国公安部消防局

参 编 单 位： 机械委设计研究院

　　　　　　　纺织工业部纺织设计院

　　　　　　　中国人民武装警察部队技术学院

　　　　　　　杭州市公安局消防支队

　　　　　　　北京市建筑设计院

　　　　　　　天津市建筑设计院

　　　　　　　中国市政工程华北设计院

　　　　　　　北京市公安局消防总队

　　　　　　　化工部寰球化学工程公司

主要起草人： 张永胜　蒋永琨　潘　丽

　　　　　　　沈章焰　朱嘉福　朱吕通

　　　　　　　潘左阳　冯民基　庄敬仪

　　　　　　　冯长海　赵克伟　郑铁一

国家标准《建筑设计防火规范》GB 50016—2006 的主编单位、参编单位和主要起草人：

主 编 单 位： 公安部天津消防研究所

参 编 单 位： 天津市建筑设计院

　　　　　　　北京市建筑设计研究院

　　　　　　　清华大学建筑设计研究院

　　　　　　　中国中元兴华工程公司

　　　　　　　上海市公安消防总队

　　　　　　　四川省公安消防总队

　　　　　　　辽宁省公安消防总队

　　　　　　　公安部四川消防研究所

　　　　　　　建设部建筑设计研究院

　　　　　　　中国市政工程华北设计研究院

　　　　　　　东北电力设计院

　　　　　　　中国轻工业北京设计院

　　　　　　　中国寰球化学工程公司

　　　　　　　上海隧道工程轨道交通设计研究院

　　　　　　　Johns Manville 中国有限公司

　　　　　　　Huntsman 聚氨酯中国有限公司

　　　　　　　Hilti 有限公司

主要起草人： 经建生　倪照鹏　马　恒

　　　　　　　沈　纹　杜　霞　庄敬仪

　　　　　　　陈孝华　王诗萃　王万钢

　　　　　　　张菊良　黄晓家　李娥飞

　　　　　　　金石坚　王宗存　王国辉

黄德祥　苏慧英　李向东
宋晓勇　郭树林　郑铁一
刘栋权　冯长海　丁瑞元
陈景霞　宋燕燕　贺　琳
王　稚

国家标准《高层民用建筑设计防火规范》GB
50045—95 的主编单位、参编单位和主要起草人：

主 编 单 位：中华人民共和国公安部消防局

参 编 单 位：中国建筑科学研究院
北京市建筑设计研究院
上海市民用建筑设计院
天津市建筑设计院
中国建筑东北设计院
华东建筑设计院
北京市消防局

公安部天津消防科学研究所
公安部四川消防科学研究所

主要起草人：蒋永琨　马　恒　吴礼龙
李贵文　孙东远　姜文源
潘渊清　房家声　贺新年
黄天德　马玉杰　饶文德
纪祥安　黄德祥　李春镐

为便于建筑设计、施工、验收和监督等部门的有关人员在使用本规范时能正确理解和执行条文规定，《建筑设计防火规范》修订组按章、节、条顺序编制了本规范的条文说明，对条文规定的目的、依据及执行中需要注意的有关事项进行了说明，还着重对强制性条文的强制性理由作了解释。但是，本条文说明不具备与规范正文同等的法律效力，仅供使用者作为理解和把握规范规定的参考。

目　　次

1 总　则

1.0.1 本条规定了制定本规范的目的。

在建筑设计中，采用必要的技术措施和方法来预防建筑火灾和减少建筑火灾危害、保护人身和财产安全，是建筑设计的基本消防安全目标。在设计中，设计师既要根据建筑物的使用功能、空间与平面特征和使用人员的特点，采取提高本质安全的工艺防火措施和控制火源的措施，防止发生火灾，也要合理确定建筑物的平面布局、耐火等级和构件的耐火极限，进行必要的防火分隔，设置合理的安全疏散设施与有效的灭火、报警与防排烟等设施，以控制和扑灭火灾，实现保护人身安全，减少火灾危害的目的。

1.0.2 本规范所规定的建筑设计的防火技术要求，适用于各类厂房、仓库及其辅助设施等工业建筑，公共建筑、居住建筑等民用建筑，储罐或储罐区、各类可燃材料堆场和城市交通隧道工程。

其中，城市交通隧道工程是指在城市建成区内建设的机动车和非机动车交通隧道及其辅助建筑。根据国家标准《城市规划基本术语标准》GB/T 50280—1998，城市建成区简称"建成区"，是指城市行政区内实际已成片开发建设、市政公用设施和公共设施基本具备的地区。

对于人民防空、石油和天然气、石油化工、酒厂、纺织、钢铁、冶金、煤化工和电力等工程，专业性较强、有些要求比较特殊，特别是其中的工艺防火和生产过程中的本质安全要求部分与一般工业或民用建筑有所不同。本规范只对上述建筑或工程的普遍性防火设计作了原则要求，但难以更详尽地确定这些工程的某些特殊防火要求，因此设计中的相关防火要求可以按照这些工程的专项防火规范执行。

1.0.3 对于火药、炸药及其制品厂房（仓库）、花炮厂房（仓库），由于这些建筑内的物质可以引起剧烈的化学爆炸，防火要求特殊，有关建筑设计中的防火要求在现行国家标准《民用爆破器材工程设计安全规范》GB 50089、《烟花爆竹工厂设计安全规范》GB 50161 等规范中有专门规定，本规范的适用范围不包括这些建筑或工程。

1.0.4 本条规定了在同一建筑内设置多种使用功能场所时的防火设计原则。

当在同一建筑物内设置两种或两种以上使用功能的场所时，如住宅与商店的上下组合建造，幼儿园、托儿所与办公建筑或电影院、剧场与商业设施合建等，不同使用功能区或场所之间需要进行防火分隔，以保证火灾不会相互蔓延，相关防火分隔要求要符合本规范及国家其他有关标准的规定。当同一建筑内，可能会存在多种用途的房间或场所，如办公建筑内设置的会议室、餐厅、锅炉房等，属于同一使用功能。

1.0.5 本条规定要求设计师在确定建筑设计的防火要求时，须遵循国家有关安全、环保、节能、节地、节水、节材等经济技术政策和工程建设的基本要求，贯彻"预防为主，防消结合"的消防工作方针，从全局出发，针对不同建筑及其使用功能的特点和防火、灭火需要，结合具体工程及当地的地理环境等自然条件、人文背景、经济技术发展水平和消防救援力量等实际情况进行综合考虑。在设计中，不仅要积极采用先进、成熟的防火技术和措施，更要正确处理好生产或建筑功能要求与消防安全的关系。

1.0.6 高层建筑火灾具有火势蔓延快、疏散困难、扑救难度大的特点，高层建筑的设计，在防火上应立足于自防、自救，建筑高度超过 250m 的建筑更是如此。我国近年来建筑高度超过 250m 的建筑越来越多，尽管本规范对高层建筑以及超高层建筑作了相关规定，但为了进一步增强建筑高度超过 250m 的高层建筑的防火性能，本条规定要通过专题论证的方式，在本规范现有规定的基础上提出更严格的防火措施，有关论证的程序和组织要符合国家有关规定。有关更严格的防火措施，可以考虑提高建筑主要构件的耐火性能、加强防火分隔、增加疏散设施、提高消防设施的可靠性和有效性、配置适应超高层建筑的消防救援装备，设置适用于满足超高层建筑的灭火救援场地、消防站等。

1.0.7 本规范虽涉及面广，但也很难把各类建筑、设备的防火内容和性能要求、试验方法等全部包括其中，仅对普遍性的建筑防火问题和建筑的基本消防安全需求作了规定。设计采用的产品、材料要符合国家有关产品和材料标准的规定，采取的防火技术和措施还要符合国家其他有关工程建设技术标准的规定。

2　术语、符号

2.1　术　语

2.1.1 明确了高层建筑的含义，确定了高层民用建筑和高层工业建筑的划分标准。建筑的高度、体积和占地面积等直接影响到建筑内的人员疏散、灭火救援的难易程度和火灾的后果。本规范在确定高层及单、多层建筑的高度划分标准时，既考虑到上述因素和实际工程情况，也与现行国家标准保持一致。

本规范以建筑高度为 27m 作为划分单、多层住宅建筑与高层住宅建筑的标准，便于对不同建筑高度的住宅建筑区别对待，有利于处理好消防安全和消防投入的关系。

对于除住宅外的其他民用建筑（包括宿舍、公寓、公共建筑）以及厂房、仓库等工业建筑，高层与单、多层建筑的划分标准是24m。但对于有些单层建筑，如体育馆、高大的单层厂房等，由于具有相对方便的疏散和扑救条件，虽建筑高度大于24m，仍不划分为高层建筑。

有关建筑高度的确定方法，本规范附录A作了详细规定，涉及本规范有关建筑高度的计算，应按照该附录的规定进行。

2.1.2 裙房的特点是其结构与高层建筑主体直接相连，作为高层建筑主体的附属建筑而构成同一座建筑。为便于规定，本规范规定裙房为建筑中建筑高度小于或等于24m且位于与其相连的高层建筑主体对地面的正投影之外的这部分建筑；其他情况的高层建筑的附属建筑，不能按裙房考虑。

2.1.3 对于重要公共建筑，不同地区的情况不尽相同，难以定量规定。本条根据我国的国情和多年的火灾情况，从发生火灾可能产生的后果和影响作了定性规定。一般包括党政机关办公楼、人员密集的大型公共建筑或集会场所，较大规模的中小学校教学楼、宿舍楼，重要的通信、调度和指挥建筑，广播电视建筑，医院等以及城市集中供水设施、主要的电力设施等涉及城市或区域生命线的支持性建筑或工程。

2.1.4 本条术语解释中的"建筑面积"是指设置在住宅建筑首层或一层及二层，且相互完全分隔后的每个小型商业用房的总建筑面积。比如，一个上、下两层室内直接相通的商业服务网点，该"建筑面积"为该商业服务网点一层和二层商业用房的建筑面积之和。

商业服务网点包括百货店、副食店、粮店、邮政所、储蓄所、理发店、洗衣店、药店、洗车店、餐饮店等小型营业性用房。

2.1.8 本条术语解释中将民用建筑内的灶具、电磁炉等与其他室内外外露火焰或赤热表面区别对待，主要是因其使用时间相对集中、短暂，并具有间隔性，同时又易于封闭或切断。

2.1.10 本条术语解释中的"标准耐火试验条件"是指符合国家标准规定的耐火试验条件。对于升温条件，不同使用性质和功能的建筑，火灾类型可能不同，因而在建筑构配件的标准耐火性能测定过程中，受火条件也有所不同，需要根据实际的火灾类型确定不同标准的升温条件。目前，我国对于以纤维类火灾为主的建筑构件耐火试验主要参照ISO 834标准规定的时间-温度标准曲线进行试验；对于石油化工建筑、通行大型车辆的隧道等以烃类为主的场所，结构的耐火极限需采用碳氢时间-温度曲线等相适应的升温曲线进行试验测定。对于不同类型的建筑构件，耐火极限的判定标准也不一样，比如非承重墙体，其耐火极限测定主要考察该墙体在试验条件下的完整性能和

隔热性能；而柱的耐火极限测定则主要考察其在试验条件下的承载力和稳定性能。因此，对于不同的建筑结构或构、配件，耐火极限的判定标准和所代表的含义也不完全一致，详见现行国家标准《建筑构件耐火试验方法》系列GB/T 9978.1～GB/T 9978.9。

2.1.14 本条术语解释中的"室内安全区域"包括符合规范规定的避难层、避难走道等，"室外安全区域"包括室外地面、符合疏散要求并具有直接到达地面设施的上人屋面、平台以及符合本规范第6.6.4条要求的天桥、连廊等。尽管本规范将避难走道视为室内安全区，但其安全性能仍有别于室外地面，因此设计的安全出口要直接通向室外，尽量避免通过避难走道再疏散到室外地面。

2.1.18 本条术语解释中的"规定的试验条件"为按照现行国家有关闪点测试方法标准，如现行国家标准《闪点的测定 宾斯基-马丁闭口杯法》GB/T 261等标准中规定的试验条件。

2.1.19 可燃蒸气和可燃气体的爆炸下限为可燃蒸气或可燃气体与其和空气混合气体的体积百分比。

2.1.20 对于沸溢性油品，不仅油品要具有一定含水率，且必须具有热波作用，才能使油品液面燃烧产生的热量从液面逐渐向液下传递。当液下的温度高于100℃时，热量传递过程中遇油品所含水后便可引起水的汽化，使水的体积膨胀，从而引起油品沸溢。常见的沸溢性油品有原油、渣油和重油等。

2.1.21 防火间距是不同建筑间的空间间隔，既是防止火灾在建筑之间发生蔓延的间隔，也是保证灭火救援行动既方便又安全的空间。有关防火间距的计算方法，见本规范附录B。

3 厂房和仓库

3.1 火灾危险性分类

本规范根据物质的火灾危险特性，定性或定量地规定了生产和储存建筑的火灾危险性分类原则，石油化工、石油天然气、医药等有关行业还可根据实际情况进一步细化。

3.1.1 本条规定了生产的火灾危险性分类原则。

（1）表3.1.1中生产中使用的物质主要指所用物质为生产的主要组成部分或原材料，用量相对较多或需对其进行加工等。

（2）划分甲、乙、丙类液体闪点的基准。

为了比较切合实际地确定划分液体物质的闪点标准，本规范1987年版编制组曾对596种易燃、可燃液体的闪点进行了统计和分析，情况如下：

1）常见易燃液体的闪点多数小于28℃；

2）国产煤油的闪点在28℃～40℃之间；

3) 国产 16 种规格的柴油闪点大多数为60℃～90℃（其中仅"-35#"柴油为50℃）；

4) 闪点在60℃～120℃的73个品种的可燃液体，绝大多数火灾危险性不大；

5) 常见的煤焦油闪点为65℃～100℃。

据此认为：凡是在常温环境下遇火源能引起闪燃的液体属于易燃液体，可列入甲类火灾危险性范围。我国南方城市的最热月平均气温在28℃左右，而厂房的设计温度在冬季一般采用12℃～25℃。

根据上述情况，将甲类火灾危险性的液体闪点标准确定为小于28℃；乙类，为大于或等于28℃至小于60℃；丙类，为大于或等于60℃。

（3）火灾危险性分类中可燃气体爆炸下限的确定基准。

由于绝大多数可燃气体的爆炸下限均小于10%，一旦设备泄漏，在空气中很容易达到爆炸浓度，所以将爆炸下限小于10%的气体划为甲类；少数气体的爆炸下限大于10%，在空气中较难达到爆炸浓度，所以将爆炸下限大于或等于10%的气体划为乙类。但任何一种可燃气体的火灾危险性，不仅与其爆炸下限有关，而且与其爆炸极限范围值、点火能量、混合气体的相对湿度等有关，在实际设计时要加注意。

（4）火灾危险性分类中应注意的几个问题。

1) 生产的火灾危险性分类，一般要分析整个生产过程中的每个环节是否有引起火灾的可能性。生产的火灾危险性分类一般要按其中最危险的物质确定，通常可根据生产中使用的全部原材料的性质、生产中操作条件的变化是否会改变物质的性质、生产中产生的全部中间产物的性质、生产的最终产品及其副产品的性质和生产过程中的自然通风、气温、湿度等环境条件等因素分析确定。当然，要同时兼顾生产的实际使用量或产出量。

在实际中，一些产品可能有若干种不同工艺的生产方法，其中使用的原材料和生产条件也可能不尽相同，因而不同生产方法所具有的火灾危险性也可能有所差异，分类时要注意区别对待。

2) 甲类火灾危险性的生产特性。

"甲类"第1项和第2项参见前述说明。

"甲类"第3项：生产中的物质在常温下可以逐渐分解，释放出大量的可燃气体并且迅速放热引起燃烧，或者物质与空气接触后能发生猛烈的氧化作用，同时放出大量的热。温度越高，氧化反应速度越快，产生的热越多，使温度升高越快，如此互为因果而引起燃烧或爆炸，如硝化棉、赛璐珞、黄磷等的生产。

"甲类"第4项：生产中的物质遇水或空气中的水蒸气会发生剧烈的反应，产生氢气或其他可燃气体，同时产生热量引起燃烧或爆炸。该类物质遇酸或氧化剂也能发生剧烈反应，发生燃烧爆炸的火灾危险性比遇水或水蒸气时更大，如金属钾、钠、氧化钠、氢化钙、碳化钙、磷化钙等的生产。

"甲类"第5项：生产中的物质有较强的氧化性。有些过氧化物中含有过氧基（—O—O—），性质极不稳定，易放出氧原子，具有强烈的氧化性，促使其他物质迅速氧化，放出大量的热而发生燃烧爆炸。该类物质对于酸、碱、热、撞击、摩擦、催化或与易燃品、还原剂等接触后能迅速分解，极易发生燃烧或爆炸，如氯酸钠、氯酸钾、过氧化氢、过氧化钠等的生产。

"甲类"第6项：生产中的物质燃点较低、易燃烧，受热、撞击、摩擦或与氧化剂接触能引起剧烈燃烧或爆炸，燃烧速度快，燃烧产物毒性大，如赤磷、三硫化二磷等的生产。

"甲类"第7项：生产中操作温度较高，物质被加热到自燃点以上。此类生产必须是在密闭设备内进行，因设备内没有助燃气体，所以设备内的物质不能燃烧。但是，一旦设备或管道泄漏，即使没有其他火源，该类物质也会在空气中立着火燃烧。这类生产在化工、炼油、生物制药等企业中常见，火灾的事故也不少，应引起重视。

3) 乙类火灾危险性的生产特性。

"乙类"第1项和第2项参见前述说明。

"乙类"第3项中所指的不属于甲类的氧化剂是二级氧化剂，即非强氧化剂。特性是：比甲类第5项的性质稳定些，生产过程中的物质遇热、还原剂、酸、碱等也能分解产生高热，遇其他氧化剂也能分解发生燃烧甚至爆炸，如过二硫酸钠、高碘酸、重铬酸钠、过醋酸等的生产。

"乙类"第4项：生产中的物质燃点较低、较易燃烧或爆炸，燃烧性能比甲类易燃固体差，燃烧速度较慢，但可能放出有毒气体，如硫黄、樟脑或松香等的生产。

"乙类"第5项：生产中的助燃气体本身不能燃烧（如氧气），但在有火源的情况下，如遇可燃物会加速燃烧，甚至有些含碳的难燃或不燃固体也会迅速燃烧。

"乙类"第6项：生产中可燃物质的粉尘、纤维、雾滴悬浮在空气中与空气混合，当达到一定浓度时，遇火源立即引起爆炸。这些细小的可燃物质表面吸附包围了氧气，当温度升高时，便加速了它的氧化反应，反应中放出的热促使其燃烧。这些细小的可燃物质比原来块状固体或较大量的液体具有较低的自燃点，在适当的条件下，着火后以爆炸的速度燃烧。另外，铝、锌等有些金属在块状时并不燃烧，但在粉尘状态时则能够爆炸燃烧。

研究表明，可燃液体的雾滴也可以引起爆炸。因而，将"丙类液体的雾滴"的火灾危险性列入乙类。

有关信息可参见《石油化工生产防火手册》、《可燃性气体和蒸汽的安全技术参数手册》和《爆炸事故分析》等资料。

4）丙类火灾危险性的生产特性。

"丙类"第1项参见前述说明。可熔化的可燃固体应视为丙类液体，如石蜡、沥青等。

"丙类"第2项：生产中物质的燃点较高，在空气中受到火焰或高温作用时能够着火或微燃，当火源移走后仍能持续燃烧或微燃，如对木料、棉花加工、橡胶等的加工和生产。

5）丁类火灾危险性的生产特性。

"丁类"第1项：生产中被加工的物质不燃烧，且建筑物内可燃物很少，或生产中虽有赤热表面、火花、火焰也不易引起火灾，如炼钢、炼铁、热轧或制造玻璃制品等的生产。

"丁类"第2项：虽然利用气体、液体或固体为原料进行燃烧，是明火生产，但均在固定设备内燃烧，不易造成事故。虽然也有一些爆炸事故，但一般多属于物理性爆炸，如锅炉、石灰焙烧、高炉车间等的生产。

"丁类"第3项：生产中使用或加工的物质（原料、成品）在空气中受到火焰或高温作用时难着火、难微燃、难碳化，当火源移走后燃烧或微燃立即停止。厂房内为常温环境，设备通常处于敞开状态。这类生产一般为热压成型的生产，如难燃的铝塑材料、酚醛泡沫塑料加工等的生产。

6）戊类火灾危险性的生产特性。

生产中使用或加工的液体或固体物质在空气中受到火烧时，不着火、不微燃、不碳化，不会因使用的原料或成品引起火灾，且厂房内为常温环境，如制砖、石棉加工、机械装配等的生产。

（5）生产的火灾危险性分类受众多因素的影响，设计还需要根据生产工艺、生产过程中使用的原材料以及产品及其副产品的火灾危险性以及生产时的实际环境条件等情况确定。为便于使用，表1列举了部分常见生产的火灾危险性分类。

表1　生产的火灾危险性分类举例

生产的火灾危险性类别	举　例
甲类	1. 闪点小于28℃的油品和有机溶剂的提炼、回收或洗涤部位及其泵房，橡胶制品的涂胶和胶浆部位，二硫化碳的粗馏、精馏工段及其应用部位，青霉素提炼部位，原料药厂的非纳西汀车间的烃化、回收及电感精馏部位，皂素车间的抽提、结晶及过滤部位，冰片精制部位，

续表1

生产的火灾危险性类别	举　例
甲类	农药厂乐果厂房，敌敌畏的合成厂房、磺化法糖精厂房，氯乙醇厂房，环氧乙烷、环氧丙烷工段，苯酚厂房的磺化、蒸馏部位，焦化厂吡啶工段，胶片厂片基车间，汽油加铅室，甲醇、乙醇、丙酮、丁醇异丙醇、醋酸乙酯、苯等的合成或精制厂房，集成电路工厂的化学清洗间（使用闪点小于28℃的液体），植物油加工厂的浸出车间；白酒液态法酿酒车间、酒精蒸馏塔，酒精度为38度及以上的勾兑车间、灌装车间、酒泵房；白兰地蒸馏车间、勾兑车间、灌装车间、酒泵房； 　　2. 乙炔站，氢气站，石油气体分馏（或分离）厂房，氯乙烯厂房，乙烯聚合厂房，天然气、石油伴生气、矿井气、水煤气或焦炉煤气的净化（如脱硫）厂房压缩机室及鼓风机室，液化石油气灌瓶间，丁二烯及其聚合厂房，醋酸乙烯厂房，电解水或电解食盐厂房，环己酮厂房，乙基苯和苯乙烯厂房，化肥厂的氢氮气压缩厂房，半导体材料厂使用氢气的拉晶间，硅烷热分解室； 　　3. 硝化棉厂房及其应用部位，赛璐珞厂房，黄磷制备厂房及其应用部位，三乙基铝厂房，染化厂某些能自行分解的重氮化合物生产，甲胺厂房，丙烯腈厂房； 　　4. 金属钠、钾加工厂房及其应用部位，聚乙烯厂房的一氧二乙基铝部位，三氯化磷厂房，多晶硅车间三氯氢硅部位，五氧化二磷厂房； 　　5. 氯酸钠、氯酸钾厂房及其应用部位，过氧化氢厂房，过氧化钠、过氧化钾厂房，次氯酸钙厂房； 　　6. 赤磷制备厂房及其应用部位，五硫化二磷厂房及其应用部位； 　　7. 洗涤剂厂房石蜡裂解部位，冰醋酸裂解厂房
乙类	1. 闪点大于或等于28℃至小于60℃的油品和有机溶剂的提炼、回收、洗涤部位及其泵房，松节油或松香蒸馏厂房及其应用部位，醋酸酐精馏厂房，己内酰胺厂房，甲酚厂房，氯丙醇厂房，樟脑油提取部位，环氧氯丙烷厂房，松针油精制部位，煤油灌桶间； 　　2. 一氧化碳压缩机室及净化部位，发生炉煤气或鼓风炉煤气净化部位，氨压缩机房； 　　3. 发烟硫酸或发烟硝酸浓缩部位，高锰酸钾厂房，重铬酸钠（红钒钠）厂房； 　　4. 樟脑或松香提炼厂房，硫黄回收厂房，焦化厂精萘厂房； 　　5. 氧气站，空分厂房； 　　6. 铝粉或镁粉厂房，金属制品抛光部位，煤粉厂房、面粉厂的碾磨部位、活性炭制造及再生厂房，谷物筒仓的工作塔，亚麻厂的除尘器和过滤器室

生产的火灾危险性类别	举　例
丙类	1. 闪点大于或等于60℃的油品和有机液体的提炼、回收工段及其抽送泵房，香料厂的松油醇部位和乙酸松油脂部位，苯甲醛厂房，苯乙酮厂房，焦化厂焦油厂房，甘油、桐油的制备厂房，油浸变压器室，机器油或变压油灌桶间，润滑油再生部位，配电室（每台装油量大于60kg的设备），沥青加工厂房，植物油加工厂的精炼部位； 2. 煤、焦炭、油母页岩的筛分、转运工段和栈桥或储仓，木工厂房，竹、藤加工厂房，橡胶制品的压延、成型和硫化厂房，针织品厂房，纺织、印染、化纤生产的干燥部位，服装加工厂房，棉花加工和打包厂房，造纸厂备料、干燥车间，印染厂成品车间，麻纺厂粗加工车间，谷物加工厂房，卷烟厂的切丝、卷制、包装车间，印刷厂的印刷车间，毛涤厂选毛车间，电视机、收音机装配厂房，显像管厂装配工段烧枪间，磁带装配厂房，集成电路工厂的氧化扩散间、光刻间，泡沫塑料厂的发泡、成型、印片压花部位，饲料加工厂房，畜（禽）屠宰、分割及加工车间，鱼加工车间
丁类	1. 金属冶炼、锻造、铆焊、热轧、铸造、热处理厂房； 2. 锅炉房，玻璃原料熔化厂房，灯丝烧拉部位，保温瓶胆厂房，陶瓷制品的烘干、烧成厂房，蒸汽机车库，石灰焙烧厂房，电石炉部位，耐火材料烧成部位，转炉厂房，硫酸车间焙烧部位，电极煅烧工段，配电室（每台装油量小于等于60kg的设备）； 3. 难燃铝塑料材料的加工厂房，酚醛泡沫塑料的加工厂房，印染厂的漂炼部位，化纤厂后加工润湿部位
戊类	制砖车间，石棉加工车间，卷扬机室，不燃液体的泵房和阀门室，不燃液体的净化处理工段，除镁合金外的金属冷加工车间，电动车库，钙镁磷肥车间（焙烧炉除外），造纸厂或化学纤维厂的浆粕蒸煮工段，仪表、器械或车辆装配车间，氟利昂厂房，水泥厂的轮窑厂房，加气混凝土厂的材料准备、构件制作厂房

3.1.2 本条规定了同一座厂房或厂房中同一个防火分区内存在不同火灾危险性的生产时，该建筑或区域火灾危险性的确定原则。

（1）在一座厂房中或一个防火分区内存在甲、乙类等多种火灾危险性生产时，如果甲类生产着火后，可燃物质足以构成爆炸或燃烧危险，则该建筑物中的生产类别应按甲类划分；如果该厂房面积很大，其中甲类生产所占用的面积比例小，并采取了相应的工艺保护和防火防爆分隔措施将甲类生产部位与其他区域完全隔开，即使发生火灾也不会蔓延到其他区域时，该厂房可按火灾危险性较小者确定。如：在一座汽车总装厂房中，喷漆工段占总装厂房的面积比例不足10%，并将喷漆工段采用防火分隔和自动灭火设施保护时，厂房的生产火灾危险性仍可划分为戊类。近年来，喷漆工艺有了很大的改进和提高，并采取了一些行之有效的防护措施，生产过程中的火灾危害减少。本条同时考虑了国内现有工业建筑中同类厂房喷漆工段所占面积的比例，规定了在同时满足本文规定的三个条件时，其面积比例最大可为20%。

另外，有的生产过程中虽然使用或产生易燃、可燃物质，但是数量少，当气体全部逸出或可燃液体全部气化也不会在同一时间内使厂房内任何部位的混合气体处于爆炸极限范围内，或即使局部存在爆炸危险、可燃物全部燃烧也不可能使建筑物着火而造成灾害。如：机械修配厂或修理车间，虽然使用少量的汽油等甲类溶剂清洗零件，但不会因此而发生爆炸。所以，该厂房的火灾危险性仍可划分为戊类。又如，某场所内同时具有甲、乙类和丙、丁类火灾危险性的生产或物质，当其中产生或使用的甲、乙类物质的量很小，不足以导致爆炸时，该场所的火灾危险性类别可以按照其他占主要部分的丙类或丁类火灾危险性确定。

（2）一般情况下可不按物质危险特性确定生产火灾危险性类别的最大允许量，参见表2。

表2列出了部分生产中常见的甲、乙类火灾危险性物品的最大允许量。本表仅供使用本条文时参考。现将其计算方法和数值确定的原则及应用本表应注意的事项说明如下：

1）厂房或实验室内单位容积的最大允许量。

单位容积的最大允许量是实验室或非甲、乙类厂房内使用甲、乙类火灾危险性物品的两个控制指标之一。实验室或非甲、乙类厂房内使用甲、乙类火灾危险性物品的总量同其室内容积之比应小于此值。即：

$$\frac{甲、乙类物品的总量（kg）}{厂房或实验室的容积（m^3）}<单位容积的最大允许量$$

$$(1)$$

下面按气、液、固态甲、乙类危险物品分别说明该数值的确定。

①气态甲、乙类火灾危险性物品。

表2 可不按物质危险特性确定生产火灾危险性类别的最大允许量

火灾危险性类别		火灾危险性的特性	物质名称举例	最大允许量	
				与房间容积的比值	总量
甲类	1	闪点小于28℃的液体	汽油、丙酮、乙醚	0.004L/m³	100L
	2	爆炸下限小于10%的气体	乙炔、氢、甲烷、乙烯、硫化氢	1L/m³（标准状态）	25m³（标准状态）
	3	常温下能自行分解导致迅速自燃爆炸的物质	硝化棉、硝化纤维胶片、喷漆棉、火胶棉、赛璐珞棉	0.003kg/m³	10kg
		在空气中氧化即导致迅速自燃的物质	黄磷	0.006kg/m³	20kg
	4	常温下受到水和空气中水蒸气的作用能产生可燃气体并能燃烧或爆炸的物质	金属钾、钠、锂	0.002kg/m³	5kg
	5	遇酸、受热、撞击、摩擦、催化以及遇有机物或硫黄等易燃的无机物能引起爆炸的强氧化剂	硝酸胍、高氯酸铵	0.006kg/m³	20kg
		遇酸、受热、撞击、摩擦、催化以及遇有机物或硫黄等极易分解引起燃烧的强氧化剂	氯酸钾、氯酸钠、过氧化钠	0.015kg/m³	50kg
	6	与氧化剂、有机物接触时能引起燃烧或爆炸的物质	赤磷、五硫化磷	0.015kg/m³	50kg
	7	受到水或空气中水蒸气的作用能产生爆炸下限小于10%的气体的固体物质	电石	0.075kg/m³	100kg
乙类	1	闪点大于等于28℃至60℃的液体	煤油、松节油	0.02L/m³	200L
	2	爆炸下限大于等于10%的气体	氨	5L/m³（标准状态）	50m³（标准状态）
	3	助燃气体	氧、氟	5L/m³（标准状态）	50m³（标准状态）
		不属于甲类的氧化剂	硝酸、硝酸铜、铬酸、发烟硫酸、铬酸钾	0.025kg/m³	80kg
	4	不属于甲类的化学易燃危险固体	赛璐珞板、硝化纤维色片、镁粉、铝粉	0.015kg/m³	50kg
			硫黄、生松香	0.075kg/m³	100kg

　　一般，可燃气体浓度探测报警装置的报警控制值采用该可燃气体爆炸下限的25%。因此，当室内使用的可燃气体同空气所形成的混合性气体不大于爆炸下限的5%时，可不按甲、乙类火灾危险性划分。本条采用5%

这个数值还考虑到，在一个面积或容积较大的场所内，可能存在可燃气体扩散不均匀，会形成局部高浓度而引发爆炸的危险。

　　由于实际生产中使用或产生的甲、乙类可燃气体的种类较多，在本表中不可能一一列出。对于爆炸下限小于10％的甲类可燃气体，空间内单位容积的最大允许量采用几种甲类可燃气体计算结果的平均值（如乙炔的计算结果是 0.75L/m³，甲烷的计算结果为 2.5L/m³），取 1L/m³。对于爆炸下限大于或等于 10％的乙类可燃气体，空间内单位容积的最大允许量取5L/m³。

②液态甲、乙类火灾危险性物品。

在室内少量使用易燃、易爆甲、乙类火灾危险性物品，要考虑这些物品全部挥发而弥漫在整个室内空间后，同空气的混合比是否低于其爆炸下限的 5％。如低于该值，可以不确定为甲、乙类火灾危险性。某种甲、乙类火灾危险性液体单位体积（L）全部挥发后的气体体积，参考美国消防协会《美国防火手册》（Fire Protection Handbook，NFPA），可以按下式进行计算：

$$V = 830.93 \frac{B}{M} \qquad (2)$$

式中：V——气体体积（L）；

B——液体的相对密度；

M——挥发性气体的相对密度。

③固态（包括粉状）甲、乙类火灾危险性物品。

对于金属钾、金属钠、黄磷、赤磷、赛璐珞板等固态甲、乙类火灾危险性物品和镁粉、铝粉等乙类火灾危险性物品的单位容积的最大允许量，参照了国外有关消防法规的规定。

2）厂房或实验室等室内空间最多允许存放的总量。

对于容积较大的空间，单凭空间内"单位容积的最大允许量"一个指标来控制是不够的。有时，尽管这些空间内单位容积的最大允许量不大于规定，也可能会相对集中放置较大量的甲、乙类火灾危险性物品，而这些物品着火后常难以控制。

3）在应用本条进行计算时，如空间内存在两种或两种以上火灾危险性的物品，原则上要以其中火灾危险性较大、两项控制指标要求较严格的物品为基础进行计算。

3.1.3 本条规定了储存物品的火灾危险性分类原则。

（1）本规范将生产和储存物品的火灾危险性分类分别列出，是因为生产和储存物品的火灾危险性既有相同之处，又有所区别。如甲、乙、丙类液体在高温、高压生产过程中，实际使用时的温度往往高于液体本身的自燃点，当设备或管道损坏时，液体喷出就会着火。有些生产的原料、成品的火灾危险性较低，但当生产条件发生变化或经化学反应后产生了中间产物，则可能增加火灾危险性。例如，可燃粉尘静止时的火灾危险性较小，但在生产过程中，粉尘悬浮在空气中并与空气形成爆炸性混合物，遇火源则可能爆炸着火，而这类物品在储存时就不存在这种情况。与此相反，桐油织物及其制品，如堆放在通风不良地点，受到一定温度作用时，则会缓慢氧化、积热不散而自燃着火，因而在储存时其火灾危险性较大，而在生产

过程中则不存在此种情形。

储存物品的分类方法主要依据物品本身的火灾危险性，参照本规范生产的火灾危险性分类，并吸取仓库储存管理经验和参考我国的《危险货物运输规则》。

1）甲类储存物品的划分，主要依据我国《危险货物运输规则》中确定的Ⅰ级易燃固体、Ⅰ级易燃液体、Ⅰ级氧化剂、Ⅰ级自燃物品、Ⅰ级遇水燃烧物品和可燃气体的特性。这类物品易燃、易爆，燃烧时会产生大量有害气体。有的遇水发生剧烈反应，产生氢气或其他可燃气体，遇火燃烧爆炸；有的具有强烈的氧化性能，遇有机物或无机物极易燃烧爆炸；有的因受热、撞击、催化或气体膨胀而可能发生爆炸，或与空气混合容易达到爆炸浓度，遇火而发生爆炸。

2）乙类储存物品的划分，主要依据我国《危险货物运输规则》中确定的Ⅱ级易燃固体、Ⅱ级易燃烧物质、Ⅱ级氧化剂、助燃气体、Ⅱ级自燃物品的特性。

3）丙、丁、戊类储存物品的划分，主要依据有关仓库调查和储存管理情况。

丙类储存物品包括可燃固体物质和闪点大于或等于60℃的可燃液体，特性是液体闪点较高、不易挥发。可燃固体在空气中受到火焰和高温作用时能发生燃烧，即使移走火源，仍能继续燃烧。

对于粒径大于或等于 2mm 的工业成型硫黄（如球状、颗粒状、团状、锭状或片状），根据公安部天津消防研究所与中国石化工程建设公司等单位共同开展的"散装硫黄储存与消防关键技术研究"成果，其火灾危险性为丙类固体。

丁类储存物品指难燃烧物品，其特性是在空气中受到火焰或高温作用时，难着火、难燃或微燃，移走火源，燃烧即可停止。

戊类储存物品指不会燃烧的物品，其特性是在空气中受到火焰或高温作用时，不着火、不微燃、不碳化。

（2）表 3 列举了一些常见储存物品的火灾危险性分类，供设计参考。

表3 储存物品的火灾危险性分类举例

火灾危险性类别	举　例
甲类	1. 己烷、戊烷、环戊烷、石脑油、二硫化碳、苯、甲苯、甲醇、乙醇、乙醚、蚁酸甲酯、醋酸甲酯、硝酸乙酯、汽油、丙酮、丙烯、酒精度为 38 度及以上的白酒； 2. 乙炔、氢、甲烷、环氧乙烷、水煤气、液化石油气、乙烯、丙烯、丁二烯、硫化氢、氯乙烯、电石、碳化铝； 3. 硝化棉、硝化纤维胶片、喷漆棉、火胶棉、赛璐珞棉、黄磷； 4. 金属钾、钠、锂、钙、锶、氢化锂、氢化钠、四氢化锂铝； 5. 氯酸钾、氯酸钠、过氧化钾、过氧化钠、硝酸铵； 6. 赤磷、五硫化二磷、三硫化二磷

火灾危险性类别	举例
乙类	1. 煤油，松节油，丁烯醇，异戊醇，丁醚，醋酸丁酯，硝酸戊酯，乙酰丙酮，环己胺，溶剂油，冰醋酸，樟脑油，蚁酸； 2. 氨气，一氧化碳； 3. 硝酸铜，铬酸，亚硝酸钾，重铬酸钠，铬酸钾，硝酸，硝酸汞，硝酸钴，发烟硫酸，漂白粉； 4. 硫黄，镁粉，铝粉，赛璐珞板（片），樟脑，萘，生松香，硝化纤维漆布，硝化纤维色片； 5. 氧气，氟气，液氯； 6. 漆布及其制品，油布及其制品，油纸及其制品，油绸及其制品
丙类	1. 动物油、植物油、沥青、蜡、润滑油、机油、重油，闪点大于等于60℃的柴油，糖醛，白兰地成品库； 2. 化学、人造纤维及其织物，纸张，棉、毛、丝、麻及其织物，谷物，面粉，粒径大于等于2mm的工业成型硫黄，天然橡胶及其制品，竹、木及其制品，中药材，电视机、收音机等电子产品，计算机房已录数据的磁盘储存间，冷库中的鱼、肉间
丁类	自熄性塑料及其制品，酚醛泡沫塑料及其制品，水泥刨花板
戊类	钢材、铝材、玻璃及其制品，搪瓷制品，陶瓷制品，不燃气体，玻璃棉、岩棉、陶瓷棉、硅酸铝纤维、矿棉，石膏及其无纸制品，水泥、石、膨胀珍珠岩

3.1.4 本条规定了同一座仓库或其中同一防火分区内存在多种火灾危险性的物质时，确定该建筑或区域火灾危险性的原则。

一个防火分区内存放多种可燃物时，火灾危险性分类原则应按其中火灾危险性大的确定。当数种火灾危险性不同的物品存放在一起时，建筑的耐火等级、允许层数和允许面积均要求按最危险者的要求确定。如：同一座仓库存放有甲、乙、丙三类物品，仓库就需要按甲类储存物品仓库的要求设计。

此外，甲、乙类物品和一般物品以及容易相互发生化学反应或者灭火方法不同的物品，必须分间、分库储存，并在醒目处标明储存物品的名称，性质和灭火方法。因此，为了有利于安全和便于管理，同一座仓库或其中同一个防火分区内，要尽量储存一种物品。如有困难需将数种物品存放在一座仓库或同一个防火分区内时，存储过程中要采取分区域布置，但性质相互抵触或灭火方法不同的物品不允许存放在一起。

3.1.5 丁、戊类物品本身虽属难燃烧或不燃烧物质，但有很多物品的包装是可燃的木箱、纸盒、泡沫塑料等。据调查，有些仓库内的可燃包装物，多者在$100kg/m^2 \sim 300kg/m^2$，少者也有$30kg/m^2 \sim 50kg/m^2$。因此，这两类仓库，除考虑物品本身的燃烧性能外，还要考虑可燃包装的数量，在防火要求上应较丁、戊类仓库严格。

在执行本条时，要注意有些包装物与被包装物品的重量比虽然小于1/4，但包装物（如泡沫塑料等）的单位体积重量较小，极易燃烧且初期燃烧速率较快、释热量大，如果仍然按照丁、戊类仓库来确定则可能出现与实际火灾危险性不符的情况。因此，针对这种情况，当可燃包装体积大于物品本身体积的1/2时，要相应提高该库房的火灾危险性类别。

3.2 厂房和仓库的耐火等级

3.2.1 本条规定了厂房和仓库的耐火等级分级及相应建筑构件的燃烧性能和耐火极限。

（1）本规范第3.2.1条表3.2.1中有关建筑构件的燃烧性能和耐火极限的确定，参考了美国、加拿大、澳大利亚等国建筑规范和相关消防标准的规定，详见表4～表6。

表4 前苏联建筑物的耐火等级分类及其构件的燃烧性能和耐火极限

建筑的耐火等级	建筑构件耐火极限（h）和沿该构件火焰传播的最大极限（h/cm）								
	墙壁				支柱	楼梯平台、楼梯梁、踏步、梁和梯段	平板、铺面（其中包括有保温层的）和其他楼板自承重结构	屋顶构件	
	自承重楼梯间	自承重	外部非承重的（其中包括由悬吊板构成）	内部非承重的（隔离的）				平板、铺面（其中包括有保温层的）和大梁	梁、门式刚架、横梁、框架
I	$\dfrac{2.5}{0}$	$\dfrac{1.25}{0}$	$\dfrac{0.5}{0}$	$\dfrac{0.5}{0}$	$\dfrac{2.5}{0}$	$\dfrac{1}{0}$	$\dfrac{1}{0}$	$\dfrac{0.5}{0}$	$\dfrac{0.5}{0}$
II	$\dfrac{2}{0}$	$\dfrac{1}{0}$	$\dfrac{0.25}{0}$	$\dfrac{0.25}{0}$	$\dfrac{2}{0}$	$\dfrac{0.75}{0}$	$\dfrac{0.25}{0}$	$\dfrac{0.25}{0}$	$\dfrac{0.25}{0}$

续表4

建筑的耐火等级	建筑构件耐火极限（h）和沿该构件火焰传播的最大极限（h/cm）								
	墙壁				支柱	楼梯平台、楼梯梁、踏步、梁和梯段	平板、铺面（其中包括有保温层的）和其他楼板自承重结构	屋顶构件	
	自承重楼梯间	自承重	外部非承重的（其中包括由悬吊板构成）	内部非承重的（隔离的）				平板、铺面（其中包括有保温层的）和大梁	梁、门式刚架、横梁、框架
Ⅲ	$\dfrac{2}{0}$	$\dfrac{1}{0}$	$\dfrac{0.25}{0}$；$\dfrac{0.5}{40}$	$\dfrac{0.25}{40}$	$\dfrac{2}{0}$	$\dfrac{1}{0}$	$\dfrac{0.75}{25}$	$\dfrac{H.H}{H.H}$	$\dfrac{H.H}{H.H}$
Ⅲ$_a$	$\dfrac{1}{0}$	$\dfrac{0.5}{0}$	$\dfrac{0.25}{40}$	$\dfrac{0.25}{40}$	$\dfrac{0.25}{0}$	$\dfrac{1}{0}$	$\dfrac{0.25}{0}$	$\dfrac{0.25}{25}$	$\dfrac{0.25}{0}$
Ⅲ$_б$	$\dfrac{1}{40}$	$\dfrac{0.5}{40}$	$\dfrac{0.25}{0}$；$\dfrac{0.5}{40}$	$\dfrac{0.25}{40}$	$\dfrac{1}{40}$	$\dfrac{0.25}{0}$	$\dfrac{0.75}{25}$	$\dfrac{0.25}{0}$；$\dfrac{0.5}{25（40）}$	$\dfrac{0.75}{25（40）}$
Ⅳ	$\dfrac{0.5}{40}$	$\dfrac{0.25}{40}$	$\dfrac{0.25}{40}$	$\dfrac{0.25}{40}$	$\dfrac{0.5}{40}$	$\dfrac{0.25}{40}$	$\dfrac{0.25}{40}$	$\dfrac{H.H}{H.H}$	$\dfrac{H.H}{H.H}$
Ⅳ$_a$	$\dfrac{0.5}{40}$	$\dfrac{0.25}{40}$	$\dfrac{0.25}{H.H}$	$\dfrac{0.25}{40}$	$\dfrac{0.25}{0}$	$\dfrac{0.25}{0}$	$\dfrac{0.25}{0}$	$\dfrac{0.25}{H.H}$	$\dfrac{0.25}{0}$
Ⅴ	没有标准化								

注：1 译自1985年前苏联《防火标准》CHиП2.01.02。

2 在括号中给出了竖直结构段和倾斜结构段的火焰传播极限。

3 缩写"H.H"表示指标没有标准化。

表5 日本建筑标准法规中有关建筑构件耐火结构方面的规定（h）

建筑的层数（从上部层数开始）	房盖	梁	楼板	柱	承重外墙	承重间隔墙
（2～4）层以内	0.5	1	1	1	1	1
（5～14）层	0.5	2	2	2	2	2
15层以上	0.5	3	2	3	2	2

注：译自2001年版日本《建筑基准法施行令》第107条。

表6 美国消防协会标准《建筑结构类型标准》NFPA220
（1996年版）中关于Ⅰ型～Ⅴ型结构的耐火极限（h）

名 称	Ⅰ型		Ⅱ型			Ⅲ型		Ⅳ型	Ⅴ型	
	443	332	222	111	000	211	200	2HH	111	000
外承重墙：										
支撑多于一层、柱或其他承重墙	4	3	2	1	0	2	2	2	1	0
只支撑一层	4	3	2	1	0	2	2	2	1	0
只支撑一个屋顶	4	3	2	1	0	2	2	2	1	0
内承重墙										
支撑多于一层、柱或其他承重墙	4	3	2	1	0	1	0	2	1	0
只支撑一层	3	2	1	0		1	0	1	1	0
只支撑一个屋顶	3	2	1	1		1	0	1	1	0

名称	Ⅰ型		Ⅱ型			Ⅲ型		Ⅳ型	Ⅴ型	
	443	332	222	111	000	211	200	2HH	111	000
柱 支撑多于一层、柱或其他承重墙	4	3	2	1	0	1	0	H	1	0
只支撑一层	3	2	2	1	0	1	0	H	1	0
只支撑一个屋顶	3	2	1	1	0	1	0	H	1	0
梁、梁构桁架的腹杆、拱顶和桁架 支撑多于一层、柱或其他承重墙	4	3	2	1	0	1	0	H	1	0
只支撑一层	3	2	2	1	0	1	0	H	1	0
只支撑屋顶	3	2	1	1	0	1	0	H	1	0
楼面结构	3	2	2	1	0	1	0	H	1	0
屋顶结构	2	1.5	1	1	0	1	0	H	1	0
非承重外墙	0	0	0	0	0	0	0	0	0	0

注：1 ▨ 表示这些构件允许采用经批准的可燃材料。

　　2 "H"表示大型木构件。

（2）柱的受力和受火条件更苛刻，耐火极限至少不应低于承重墙的要求。但这种规定未充分考虑设计区域内的火灾荷载情况和空间的通风条件等因素，设计需以此规定为最低要求，根据工程的具体情况确定合理的耐火极限，而不能仅为片面满足规范规定。

（3）由于同一类构件在不同施工工艺和不同截面、不同组分、不同受力条件以及不同升温曲线等情况下的耐火极限是不一样的。本条文说明附录中给出了一些构件的耐火极限试验数据，设计时，对于与表中所列情况完全一样的构件可以直接采用。但实际构件的构造、截面尺寸和构成材料等往往与附录中所列试验数据不同，对于该构件的耐火极限需要通过试验测定，当难以通过试验确定时，一般应根据理论计算和试验测试试验证相结合的方法进行确定。

3.2.2 本条为强制性条文。由于高层厂房和甲、乙类厂房的火灾危险性大，火灾后果严重，应有较高的耐火等级，故确定为强制性条文。但是，发生火灾后对周围建筑的危害较小且建筑面积小于或等于300m² 的甲、乙类厂房，可以采用三级耐火等级建筑。

3.2.3 本条为强制性条文。使用或产生丙类液体的厂房及丁类生产中的某些工段，如炼钢炉出钢水喷出钢火花，从加热炉内取出赤热的钢件进行锻打，钢件在热处理油池中进行淬火处理，使油池内油温升高，都容易发生火灾。对于三级耐火等级建筑，如屋顶承重构件采用木构件或钢构件，难以承受经常的高温烘烤。这些厂房虽属丙、丁类生产，也要严格控制，除建筑面积较小并采取了防火分隔措施外，均需采用一、二级耐火等级的建筑。

对于使用或产生丙类液体、建筑面积小于或等于500m² 的单层丙类厂房和生产过程中有火花、赤热表面或明火，但建筑面积小于或等于1000m² 的单层丁类厂房，仍可以采用三级耐火等级的建筑。

3.2.4 本条为强制性条文。特殊贵重的设备或物品，为价格昂贵、稀缺设备、物品或影响生产全局或正常生活秩序的重要设施、设备，其所在建筑应具有较高的耐火性能，故确定为强制性条文。特殊贵重的设备或物品主要有：

　　1 价格昂贵、损失大的设备。

　　2 影响工厂或地区生产全局或影响城市生命线供给的关键设施，如热电厂、燃气供给站、水厂、发电厂、化工厂等的主控室，失火后影响大、损失大、修复时间长，也应认为是"特殊贵重"的设备。

　　3 特殊贵重物品，如货币、金银、邮票、重要文物、资料、档案库以及价值较高的其他物品。

3.2.5 锅炉房属于使用明火的丁类厂房。燃油、燃气锅炉房的火灾危险性大于燃煤锅炉房，火灾事故比燃煤的多，且损失严重的火灾中绝大多数是三级耐火等级的建筑，故本条规定锅炉房应采用一、二级耐火等级建筑。

每小时总蒸发量不大于4t 的燃煤锅炉房，一般为规模不大的企业或非采暖地区的工厂，专为厂房生产用汽而设置的、规模较小的锅炉房，建筑面积一般为350m²～400m²，故这些建筑可采用三级耐火等级。

3.2.6 油浸变压器是一种多油电器设备。油浸变压器因油温过高而着火或产生电弧使油剧烈气化，使变压器外壳爆裂酿成火灾事故。实际运行中的变压器存在燃烧或爆裂的可能，需提高其建筑的防火要求。对于干式或非燃液体的变压器，因其火灾危险性小，不易发生爆炸，故未作限制。

3.2.7 本条为强制性条文。高层仓库具有储存物资集中、价值高、火灾危险性大、灭火和物资抢救困难等特点。甲、乙类物品仓库起火后，燃速快、火势猛烈，其中有不少物品还会发生爆炸，危险性高、危害大。因此，对高层仓库、甲类仓库和乙类仓库的耐火等级要求高。

高架仓库是货架高度超过 7m 的机械化操作或自动化控制的货架仓库，其共同特点是货架密集、货架间距小、货物存放高度高、储存物品数量大和疏散扑救困难。为了保障火灾时不会很快倒塌，并为扑救赢得时间，尽量减少火灾损失，故要求其耐火等级不低于二级。

3.2.8 粮食库中储存的粮食属于丙类储存物品，火灾的表现以阴燃和产生大量热量为主。对于大型粮食储备库和筒仓，目前主要采用钢结构和钢筋混凝土结构，而粮食库的高度较低，粮食火灾对结构的危害作用与其他物质的作用有所区别，因此，规定二级耐火等级的粮食库可采用全钢或半钢结构。其他有关防火设计要求，除本规范规定外，更详细的要求执行现行国家标准《粮食平房仓设计规范》GB 50320 和《粮食钢板筒仓设计规范》GB 50322。

3.2.9 本条为强制性条文。甲、乙类厂房和甲、乙、丙类仓库，一旦着火，其燃烧时间较长和（或）燃烧过程中释放的热量巨大，有必要适当提高防火墙的耐火极限。

3.2.11 钢结构在高温条件下存在强度降低和蠕变现象。对建筑用钢而言，在 260℃ 以下强度不变，260℃～280℃ 开始下降；达到 400℃ 时，屈服现象消失，强度明显降低；达到 450℃～500℃ 时，钢材内部再结晶使强度快速下降；随着温度的进一步升高，钢结构的承载力将会丧失。蠕变在较低温度时也会发生，但温度越高蠕变越明显。近年来，未采取有效防火保护措施的钢结构建筑在火灾中，出现大面积垮塌，造成建筑使用人员和消防救援人员伤亡的事故时有发生。这些火灾事故教训表明，钢结构若不采取有效的防火保护措施，耐火性能较差，因此，在规范修订时取消了钢结构等金属结构构件可以不采取防火保护措施的有关规定。

钢结构或其他金属结构的防火保护措施，一般包括无机耐火材料包覆和防火涂料喷涂等方式，考虑到砖石、砂浆、防火板等无机耐火材料包覆的可靠性更好，应优先采用。对这些部位的金属结构的防火保护，要求能够达到本规范第 3.2.1 条规定的相应耐火等级建筑对该结构的耐火极限要求。

3.2.12 本条规定了非承重外墙采用不同燃烧性能材料时的要求。

近年来，采用聚苯乙烯、聚氨酯材料作为芯材的金属夹芯板材的建筑发生火灾时，极易蔓延且难以扑救，为了吸取火灾事故教训，此次修订了非承重外墙采用难燃性轻质复合墙体的要求，其中，金属夹芯板材的规定见第 3.2.17 条，其他难燃性轻质复合墙体，如砂浆面钢丝夹芯板、钢龙骨水泥刨花板、钢龙骨石棉水泥板等，仍按本条执行。

采用金属板、砂浆面钢丝夹芯板、钢龙骨水泥刨花板、钢龙骨石棉水泥板等板材作非承重外墙，具有投资较省、施工期限短的优点，工程应用较多。该类板材难以达到本规范第 3.2.1 条表 3.2.1 中相应构件的要求，如金属板的耐火极限约为 15min；夹芯材料为非泡沫塑料的难燃性墙体，耐火极限约为 30min，考虑到该类板材的耐火性能相对较高且多用于工业建筑中主要起保温隔热和防风、防雨作用，本条对该类板材的使用范围及燃烧性能分别作了规定。

3.2.13 目前，国内外均开发了大量新型建筑材料，且已用于各类建筑中。为规范这些材料的使用，同时又满足人员疏散与扑救的需要，本着燃烧性能与耐火极限协调平衡的原则，在降低构件燃烧性能的同时适当提高其耐火极限，但一级耐火等级的建筑，多为性质重要或火灾危险性较大或为了满足其他某些要求（如防火分区建筑面积）的建筑，因此本条仅允许适当调整二级耐火等级建筑的房间隔墙的耐火极限。

3.2.15 本条为强制性条文。建筑物的上人平屋顶，可用于火灾时的临时避难场所，符合要求的上人平屋面可作为建筑的室外安全地点。为确保安全，参照相应耐火等级楼板的耐火极限，对一、二级耐火等级建筑物上人平屋顶的屋面板耐火极限作了规定。在此情况下，相应屋顶承重构件的耐火极限也不能低于屋面板的耐火极限。

3.2.16 本条对一、二级耐火等级建筑的屋面板要求采用不燃材料，如钢筋混凝土屋面板或其他不燃屋面板；对于三、四级耐火等级建筑的屋面板的耐火性能未作规定，但要尽量采用不燃、难燃材料，以防止火灾通过屋顶蔓延。当采用金属夹芯板材时，有关要求见第 3.2.17 条。

为降低屋顶的火灾荷载，其防水材料要尽量采用不燃、难燃材料，但考虑到现有防水材料多为沥青、高分子等可燃材料，有必要根据防水材料铺设的构造做法采取相应的防火保护措施。该类防水材料厚度一般为 3mm～5mm，火灾荷载相对较小，如果铺设在不燃材料表面，可不做防护层。当铺设在难燃、可燃保温材料上时，需采用不燃材料作防护层，防护层可位于防水材料上部或防水材料与可燃、难燃保温材料之间，从而使得可燃、难燃保温材料不裸露。

3.2.17 近年来，采用聚苯乙烯、聚氨酯作为芯材的金属夹芯板材的建筑火灾多发，短时间内即造成大面积蔓延，产生大量有毒烟气，导致金属夹芯板材的垮塌和掉落，不仅影响人员安全疏散，不利于灭火救援，而且造成了使用人员及消防救援人员的伤亡。为了吸取火灾事故教训，此次修订提高了金属夹芯板材芯材燃烧性能的要求，即对于按本规范允许采用的难燃性和可燃性非承重外墙、房间隔墙及屋面板，当采用金属夹芯板材时，要采用不燃夹芯材料。

按本规范的有关规定，建筑构件需要满足相应的燃烧性能和耐火极限要求，因此，当采用金属夹芯板材时，要注意以下几点：

（1）建筑中的防火墙、承重墙、楼梯间的墙、疏散走道隔墙、电梯井的墙以及楼板等构件，本规范均要求具有较高的燃烧性能和耐火极限，而不燃金属夹芯板材的耐火极限受其夹芯材料的容重、填塞的密实度、金属板的厚度及其构造等影响，不同生产商的金属夹芯板材的耐火极限差异较大且通常均较低，难以满足相应建筑构件的耐火性能、结构承载力及其自身稳定性能的要求，因此不能采用金属夹芯板材。

（2）对于非承重外墙、房间隔墙，当建筑的耐火等级为一、二级时，按本规范要求，其燃烧性能为不燃，且耐火极限分别为不低于 0.75h 和 0.50h，因此也不宜采用金属夹芯板材。当确需采用时，夹芯材料应为 A 级，且要符合本规范对相应构件的耐火极限要求；当建筑的耐火等级为三、四级时，金属夹芯板材的芯材也要 A 级，并符合本规范对相应构件的耐火极限要求。

（3）对于屋面板，当确需采用金属夹芯板材时，其夹芯材料的燃烧性能等级也要为 A 级；对于上人屋面板，由于夹芯板材受其自身构造和承载力的限制，无法达到本规范相应耐火极限要求，因此，此类屋面也不能采用金属夹芯板材。

3.2.19 预制钢筋混凝土结构构件的节点和明露的钢支承构件部位，一般是构件的防火薄弱环节和结构的重要受力点，要求采取防火保护措施，使该节点的耐火极限不低于本规范第 3.2.1 条表 3.2.1 中相应构件的规定，如对于梁柱的节点，其耐火极限就要与柱的耐火极限一致。

3.3 厂房和仓库的层数、面积和平面布置

3.3.1 本条为强制性条文。根据不同的生产火灾危险性类别，正确选择厂房的耐火等级，合理确定厂房的层数和建筑面积，可以有效防止火灾蔓延扩大，减少损失。在设计厂房时，要综合考虑安全与节约的关系，合理确定其层数和建筑面积。

甲类生产具有易燃、易爆的特性，容易发生火灾和爆炸，疏散和救援困难，如层数多则更难扑救，严重者对结构有严重破坏。因此，本条对甲类厂房层数及防火分区面积提出了较严格的规定。

为适应生产发展需要建设大面积厂房和布置连续生产线工艺时，防火分区采用防火墙分隔有时比较困难。对此，除甲类厂房外，规范允许采用防火分隔水幕或防火卷帘等进行分隔，有关要求参见本规范第 6 章和现行国家标准《自动喷水灭火系统设计规范》GB 50084 的规定。

对于传统的干式造纸厂房，其火灾危险性较大，仍需符合本规范表 3.3.1 的规定，不能按本条表 3.3.1 注 3 的规定调整。

厂房内的操作平台、检修平台主要布置在高大的生产装置周围，在车间内多为局部或全部镂空，面积较小、操作人员或检修人员较少，且主要为生产服务的工艺设备而设置，这些平台可不计入防火分区的建筑面积。

3.3.2 本条为强制性条文。仓库物资储存比较集中，可燃物数量多，灭火救援难度大，一旦着火，往往整个仓库或防火分区就被全部烧毁，造成严重经济损失，因此要严格控制其防火分区的大小。本条根据不同储存物品的火灾危险性类别，确定了仓库的耐火等级、层数和建筑面积的相互关系。

本条强调仓库内防火分区之间的水平分隔必须采用防火墙进行分隔，不能用其他分隔方式替代，这是根据仓库内可能的火灾强度和火灾延续时间，为提高防火墙分隔的可靠性确定的。特别是甲、乙类物品，着火后蔓延快、火势猛烈，其中有不少物品还会发生爆炸，危害大。要求甲、乙类仓库内的防火分区之间采用不开设门窗洞口的防火墙分隔，且甲类仓库应采用单层结构。这样做有利于控制火势蔓延，便于扑救，减少灾害。对于丙、丁、戊类仓库，在实际使用中确因物流等使用需要开口的部位，需采用与防火墙等效的措施进行分隔，如甲级防火门、防火卷帘，开口部位的宽度一般控制在不大于 6.0m，高度最好控制在 4.0m 以下，以保证该部位分隔的有效性。

设置在地下、半地下的仓库，火灾时室内气温高，烟气浓度比较高和热分解产物成分复杂、毒性大，而且威胁上部仓库的安全，所以要求相对较严。本条规定甲、乙类仓库不应附设在建筑物的地下室和半地下室内；对于单独建设的甲、乙类仓库，甲、乙类物品也不应储存在该建筑的地下、半地下。随着地下空间的开发利用，地下仓库的规模也越来越大，火灾危险性及灭火救援难度随之增加。针对该种情况，本次修订明确了地下、半地下仓库或仓库的地下、半地下室的占地面积要求。

根据国家建设粮食储备库的需要以及仓房式粮食仓库发生火灾的概率确实很小这一实际情况，对粮食平房仓的最大允许占地面积和防火分区的最大允许建筑面积及建筑的耐火等级确定均作了一定扩大。对于粮食中转库以及袋装粮库，由于操作频繁、可燃因素较多、火灾危险性较大等，仍应按规范第 3.3.2 条表 3.3.2 的规定执行。

对于冷库，根据现行国家标准《冷库设计规范》GB 50072—2010的规定，每座冷库面积要求见表7。

表7　冷库建筑的耐火等级、层数和面积（m²）

冷藏间耐火等级	最多允许层数	冷藏间的最大允许占地面积和防火分区的最大允许建筑面积			
		单层、多层冷库		高层冷库	
		冷藏间占地	防火分区	冷藏间占地	防火分区
一、二级	不限	7000	3500	5000	2500
三级	3	1200	400	—	—

注：1　当设置地下室时，只允许设置一层地下室，且地下冷藏间占地面积不应大于地上冷藏间的最大允许占地面积，防火分区不应大于1500m²。

2　本表中"—"表示不允许建高层建筑。

此次修订还根据公安部消防局和原建设部标准定额司针对中央直属棉花储备库库房建筑设计防火问题的有关论证会议纪要，补充了棉花库房防火分区建筑面积的有关要求。

3.3.3　自动灭火系统能及时控制和扑灭防火分区内的初起火，有效地控制火势蔓延。运行维护良好的自动灭火设施，能较大地提高厂房和仓库的消防安全性。因此，本条规定厂房和仓库内设置自动灭火系统后，防火分区的建筑面积及仓库的占地面积可以按表3.3.1和表3.3.2的规定增加。但对于冷库，由于冷库内每个防火分区的建筑面积已根据本规范的要求进行了较大调整，故在防火分区内设置了自动灭火系统后，其建筑面积不能再按本规范的有关要求增加。

一般，在防火分区内设置自动灭火系统时，需要整个防火分区全部设置。但有时在一个防火分区内，有些部位的火灾危险性较低，可以不需要设置自动灭火设施，而有些部位的火灾危险性较高，需要局部设置。对于这种情况，防火分区内所增加的面积只能按该设置自动灭火系统的局部区域建筑面积的一倍计入防火分区的总建筑面积内，但局部区域包括所增加的面积均要同时设置自动灭火系统。为防止系统失效导致火灾的蔓延，还需在该防火分区内采用防火隔墙与未设置自动灭火系统的部分分隔。

3.3.4　本条为强制性条文。本条规定的目的在于减少爆炸的危害和便于救援。

3.3.5　本条为强制性条文。住宿与生产、储存、经营合用场所（俗称"三合一"建筑）在我国造成过多起重特大火灾，教训深刻。甲、乙类生产过程中发生的爆炸，冲击波有很大的摧毁力，用普通的砖墙很难抗御，即使原来墙体耐火极限很高，也会因墙体破坏失去防护作用。为保证人身安全，要求有爆炸危险的厂房内不应设置休息室、办公室等，确因条件限制需要设置时，应采用能够抵御相应爆炸作用的墙体

分隔。

防爆墙为在墙体任意一侧受到爆炸冲击波作用并达到设计压力时，能够保持设计所要求的防护性能的实体墙体。防爆墙的通常做法有：钢筋混凝土墙、砖墙配筋和夹砂钢木板。防爆墙的设计，应根据生产部位可能产生的爆炸超压值、泄压面积大小、爆炸的概率，结合工艺和建筑中采取的其他防爆措施与建造成本等情况综合考虑进行。

在丙类厂房内设置用于管理、控制或调度生产的办公房间以及工人的中间临时休息室，要采用规定的耐火构件与生产部分隔开，并设置不经过生产区域的疏散楼梯、疏散门等直通厂房外，为方便沟通而设置的、与生产区域相通的门要采用乙级防火门。

3.3.6　本条第2款为强制性条文。甲、乙、丙类仓库的火灾危险性和危害性大，故厂房内的这类中间仓库要采用防火墙进行分隔，甲、乙类仓库还需考虑墙体的防爆要求，保证发生火灾或爆炸时，不会危及生产区。

条文中的"中间仓库"是指为满足日常连续生产需要，在厂房内存放从仓库或上道工序的厂房（或车间）取得的原材料、半成品、辅助材料的场所。中间仓库不仅要求靠外墙设置，有条件时，中间仓库还要尽量设置直通室外的出口。

对于甲、乙类物品中间仓库，由于工厂规模、产品不同，一昼夜需用量的绝对值有大有小，难以规定一个具体的限量数据，本条规定中间仓库的储量要尽量控制在一昼夜的需用量内。当需用量较少的厂房，如有的手表厂用于清洗的汽油，每昼夜需用只有20kg，可适当调整到存放（1～2）昼夜的用量；如一昼夜需用量较大，则要严格控制为一昼夜用量。

对于丙、丁、戊类物品中间仓库，为减小库房火灾对建筑的危害，火灾危险性较大的物品库房要尽量设置在建筑的上部。在厂房内设置的仓库，耐火等级和面积应符合本规范第3.3.2条表3.3.2的规定，且中间仓库与所服务车间的建筑面积之和不应大于该类厂房有关一个防火分区的最大允许建筑面积。例如：在一级耐火等级的丙类多层厂房内设置丙类2项物品库房，厂房每个防火分区的最大允许建筑面积为6000m²，每座仓库的最大允许占地面积为4800m²，每个防火分区的最大允许建筑面积为1200m²，则该中间仓库与所服务车间的防火分区最大允许建筑面积之和不应大于6000m²，但对厂房占地面积不作限制，其中，用于中间库房的最大允许建筑面积一般不能大于1200m²；当设置自动灭火系统时，仓库的占地面积和防火分区的建筑面积可按本规范第3.3.3条的规定增加。

在厂房内设置中间仓库时，生产车间和中间仓库的耐火等级应当一致，且该耐火等级要按仓库和厂房两者中要求较高者确定。对于丙类仓库，需要采用防

火墙和耐火极限不低于1.50h的不燃性楼板与生产作业部位隔开。

3.3.7 本条要求主要为防止液体流散或储存丙类液体的储罐受外部火的影响。条文中的"容量不应大于5m³"是指每个设置丙类液体储罐的单独房间内储罐的容量。

3.3.8 本条为强制性条文。本条规定了变、配电站与甲、乙类厂房之间的防火分隔要求。

（1）运行中的变压器存在燃烧或爆裂的可能，易导致相邻的甲、乙类厂房发生更大的次生灾害，故需考虑采用独立的建筑并在相互间保持足够的防火间距。如果生产上确有需要，可以设置一个专为甲类或乙类厂房服务的10kV及10kV以下的变电站、配电站，在厂房的一面外墙贴邻建造，并用无门窗洞口的防火墙隔开。条文中的"专用"，是指该变电站、配电站仅向与其贴邻的厂房供电，而不向其他厂房供电。

对于乙类厂房的配电站，如氨压缩机房的配电站，为观察设备、仪表运转情况而需要设观察窗时，允许在配电站的防火墙上设置采用不燃材料制作并且不能开启的防火窗。

（2）除执行本条的规定外，其他防爆、防火要求，见本规范第3.6节、第9、10章和现行国家标准《爆炸危险环境电力装置设计规范》GB 50058的相关规定。

3.3.9 本条为强制性条文。从使用功能上，办公、休息等类似场所应属民用建筑范畴，但为生产和管理方便，直接为仓库服务的办公管理用房、工作人员临时休息用房、控制室等可以根据所服务场所的火灾危险性类别设置。相关说明参见第3.3.5条的条文说明。

3.3.10 本条规定了同一座建筑内同时具有物品储存与物品装卸、分拣、包装等生产性功能或其中某种功能为主时的防火技术要求。物流建筑的类型主要有作业型、存储型和综合型，不同类型物流建筑的防火要求也要有所区别。

对于作业型的物流建筑，由于其主要功能为分拣、加工等生产性质的活动，故其防火分区要根据其生产加工的火灾危险性按本规范对相应的火灾危险性类别厂房的规定进行划分。其中的仓储部分要根据本规范第3.3.6条有关中间仓库的要求确定其防火分区大小。

对于以仓储为主或分拣加工作业与仓储难以分清哪个功能为主的物流建筑，则可以将加工作业部分采用防火墙分隔后分别按照加工和仓储的要求确定其中仓储部分可以按本条第2款的要求和条件确定其防火分区。由于这类建筑处理的货物主要为可燃、难燃固体，且因流转和功能需要，所需装卸、分拣、储存等作业面积大，且多为机械化操作，与传统的仓库相

比，在存储周期、运行和管理等方面均存在一定差异，故对丙类2项可燃物品和丁、戊类物品储存区相关建筑面积进行了部分调整。但对于甲、乙类物品，棉、麻、丝、毛及其他纺织品、泡沫塑料和自动化控制的高架仓库等，考虑到其火灾危险性和灭火救援难度等，有关建筑面积仍应按照本规范第3.3.2条的规定执行。

本条中的"泡沫塑料"是指泡沫塑料制品或单纯的泡沫塑料成品，不包括用作包装的泡沫塑料。采用泡沫塑料包装时，仓库的火灾危险性按本规范第3.1.5条规定确定。

3.4 厂房的防火间距

本规范第3.4节和第3.5节中规定的有关防火间距均为建筑间的最小间距要求，有条件时，设计师要根据建筑的体量、火灾危险性和实际条件等因素，尽可能加大建筑间的防火间距。

影响防火间距的因素较多，条件各异。在确定建筑间的防火间距时，综合考虑了灭火救援需要、防止火势向邻近建筑蔓延扩大、节约用地等因素以及灭火救援力量、火灾实例和灭火救援的经验教训。

在确定防火间距时，主要考虑飞火、热对流和热辐射等的作用。其中，火灾的热辐射作用是主要方式。热辐射强度与灭火救援力量、火灾延续时间、可燃物的性质和数量、相对外墙开口面积的大小、建筑物的长度和高度以及气象条件等有关。对于周围存在露天可燃物堆放场所时，还应考虑飞火的影响。飞火与风力、火焰高度有关，在大风情况下，从火场飞出的"火团"可达数十米至数百米。

3.4.1 本条为强制性条文。建筑间的防火间距是重要的建筑防火措施，本条确定了厂房之间，厂房与乙、丙、丁、戊类仓库，厂房与民用建筑及其他建筑物的基本防火间距。各类火灾危险性的厂房与甲类仓库的防火间距，在本规范第3.5.1条中作了规定，本条不再重复。

（1）由于厂房生产类别、高度不同，不同火灾危险性类别的厂房之间的防火间距也有所区别。对于受用地限制，在执行本条有关防火间距的规定有困难时，允许采取可以有效防止火灾在建筑物之间蔓延的等效措施后减小其间距。

（2）本规范第3.4.1条及其注1中所指"民用建筑"，包括设置在厂区内独立建造的办公、实验研究、食堂、浴室等不具有生产或储存功能的建筑。为厂房生产服务而专设的辅助生活用房，有的与厂房组合建造在同一座建筑内，有的为满足通风采光需要，将生活用房与厂房分开布置。为方便生产工作联系和节约用地，丙、丁、戊类厂房与所属的辅助生活用房的防火间距可减小为6m。生活用房是指车间办公室、工人更衣休息室、浴室（不包括锅炉房）、就餐室（不

包括厨房）等。

考虑到戊类厂房的火灾危险性较小，对戊类厂房之间及其与戊类仓库的防火间距作了调整，但戊类厂房与其他生产类别的厂房或仓库的防火间距，仍需执行本规范第3.4.1条、第3.5.1条和第3.5.2条的规定。

（3）在本规范第3.4.1条表3.4.1中，按变压器总油量将防火间距分为三档。每台额定容量为5MV·A的35kV铝线电力变压器，存油量为2.52t，2台的总油量为5.04t；每台额定容量为10MV·A时，油量为4.3t，2台的总油量为8.6t。每台额定容量为10MV·A的110kV双卷铝线电力变压器，存油量为5.05t，两台的总油量为10.1t。表中第一档总油量定为5t～10t，基本相当于设置2台5MV·A～10MV·A变压器的规模。但由于变压器的电压、制造厂家、外形尺寸的不同，同样容量的变压器，油量也不尽相同，故分档仍以总油量多少来区分。

3.4.2 本条为强制性条文。甲类厂房的火灾危险性大，且以爆炸火灾为主，破坏性大，故将其与重要公共建筑和明火或散发火花地点的防火间距作为强制性要求。

尽管本条规定了甲类厂房与重要公共建筑、明火或散发火花地点的防火间距，但甲类厂房涉及行业较多，凡有专门规范且规定的间距大于本规定的，要按这些专项标准的规定执行，如乙炔站、氧气站和氢氧站等与其他建筑的防火间距，还应符合现行国家标准《氧气站设计规范》GB 50030、《乙炔站设计规范》GB 50031和《氢气站设计规范》GB 50177等的规定。

有关甲类厂房与架空电力线的最小水平距离要求，执行本规范第10.2.1条的规定，与甲、乙、丙类液体储罐、可燃气体和助燃气体储罐、液化石油气储罐和可燃材料堆场的防火间距，执行本规范第4章的有关规定。

3.4.3 明火或散发火花地点以及会散发火星等火源的铁路、公路，位于散发可燃气体、可燃蒸气的甲类厂房附近时，均存在引发爆炸的危险，因此二者要保持足够的距离。综合各类明火或散发火花地点的火源情况，规定明火或散发火花地点与散发可燃气体、可燃蒸气的甲类厂房防火间距不小于30m。

甲类厂房与铁路的防火间距，主要考虑机车飞火对厂房的影响和发生火灾或爆炸时，对铁路正常运行的影响。内燃机车当燃油雾化不好时，排气管仍会喷火星，因此应与蒸汽机车一样要求，不能减小其间距。当厂外铁路与国家铁路干线相邻时，防火间距除执行本条规定外，尚应符合有关专业规范的规定，如《铁路工程设计防火规范》TB 10063等。

专为某一甲类厂房运送物料而设计的铁路装卸线，当有安全措施时，此装卸线与厂房的间距可不受20m间距的限制。如机车进入装卸线时，关闭机车灰箱、设置阻火罩、车厢顶进并在装甲类物品的车辆之间停放隔离车辆等阻止机车火星散发和防止影响厂房安全的措施，均可认为是安全措施。

厂外道路，如道路已成型不会再扩宽，则按现有道路的最近路边算起；如有扩宽计划，则要按其规划路的路边算起。厂内主要道路，一般为连接厂内主要建筑或功能区的道路，车流量较大。次要道路，则反之。

3.4.4 本条为强制性条文。本条规定了高层厂房与各类储罐、堆场的防火间距。

高层厂房与甲、乙、丙类液体储罐的防火间距应按本规范第4.2.1条的规定执行，与甲、乙、丙类液体装卸鹤管的防火间距应按本规范第4.2.8条的规定执行，与湿式可燃气体储罐或罐区的防火间距应按本规范表4.3.1的规定执行，与湿式氧气储罐或罐区的防火间距应按本规范表4.3.3的规定执行，与液化天然气储罐的防火间距应按本规范表4.3.8的规定执行，与液化石油气储罐的间距按本规范表4.4.1的规定执行，与可燃材料堆场的防火间距应按本规范表4.5.1的规定执行。高层厂房、仓库与上述储罐、堆场的防火间距，凡小于13m者，仍应按13m确定。

3.4.5 本条根据上面几条说明的情况和本规范第3.4.1条、第5.2.2条规定的防火间距，考虑建筑及其灭火救援需要，规定了厂房与民用建筑物的防火间距可适当减小的条件。

3.4.6 本条主要规定了厂房外设置化学易燃物品的设备时，与相邻厂房、设备的防火间距确定方法，如图1。装有化学易燃物品的室外设备，当采用不燃材料制作的设备时，设备本身可按相当于一、二级耐火等级的建筑考虑。室外设备的外壁与相邻厂房室外设备的防火间距，不应小于10m；与相邻厂房外墙的防火间距，不应小于本规范第3.4.1条～第3.4.4条的规定，即室外设备内装有甲类物品时，与相邻厂房的间距不小于12m；装有乙类物品时，与相邻厂房的间距不小于10m。

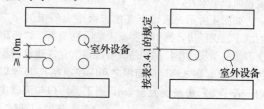

图1 有室外设备时的防火间距

化学易燃物品的室外设备与所属厂房的间距，主要按工艺要求确定，本规范不作要求。

小型可燃液体中间罐常放在厂房外墙附近，为安全起见，要求可能受到火灾作用的部分外墙采用防火墙，并提倡将储罐直接埋地设置。条文"面向储罐一面4.0m范围内的外墙为防火墙"中"4.0m范围"的含义是指储罐两端和上下部各4m范围，见图2。

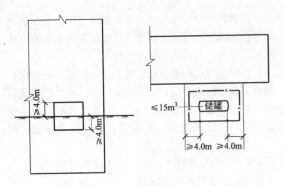

图 2 油罐面 4m 范围外墙设防火墙示意图

3.4.7 对于图 3 所示的"山形"、"凵形"等类似形状的厂房，建筑的两翼相当于两座厂房。本条规定了建筑两翼之间的防火间距（L），主要为便于灭火救援和控制火势蔓延。但整个厂房的占地面积不大于本规范第 3.3.1 条规定的一个防火分区允许最大建筑面积时，该间距 L 可以减小到 6m。

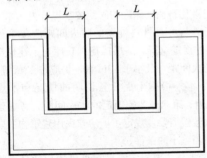

图 3 山形厂房

3.4.8 对于成组布置的厂房，组与组或组与相邻厂房的防火间距，应符合本规范第 3.4.1 条的有关规定。而高层厂房扑救困难，甲类厂房火灾危险性大，不允许成组布置。

（1）厂房建设过程中有时受场地限制或因建设用地紧张，当数座厂房占地面积之和不大于第 3.3.1 条规定的防火分区最大允许建筑面积时，可以成组布置；面积不限者，按不大于 10000m² 考虑。

如图 4 所示：假设有 3 座二级耐火等级的单层丙、丁、戊厂房，其中丙类火灾危险性最高，二级耐火等级的单层丙类厂房的防火分区最大允许建筑面积为 8000m²，则 3 座厂房面积之和应控制在 8000m² 以内；若丁类厂房高度大于 7m，则丁类厂房与丙、戊

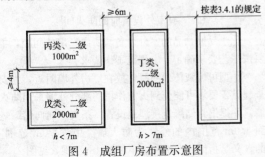

图 4 成组厂房布置示意图

类厂房间距不应小于 6m；若丙、戊类厂房高度均不大于 7m，则丙、戊类厂房间距不应小于 4m。

（2）组内厂房之间规定 4m 的最小间距，主要考虑消防车通行需要，也是考虑灭火救援的需要。当厂房高度为 7m 时，假定消防员手提水枪往上成 60°角，就需要 4m 的水平间距才能喷射到 7m 的高度，故以高度 7m 为划分的界线，当大于 7m 时，则应至少需要 6m 的水平间距。

3.4.9 本条为强制性条文。汽油、液化石油气和天然气均属甲类物品，火灾或爆炸危险性较大，而城市建成区建筑物和人员均较密集，为保证安全，减少损失，本规范对在城市建成区建设的加油站和加气站的规模作了必要的限制。

3.4.10 现行国家标准《汽车加油加气站设计与施工规范》GB 50156 对加气站、加油站及其附属建筑物之间和加气站、加油站与其他建筑物的防火间距，均有详细要求。考虑到规范本身的体系和方便执行，为避免重复和矛盾，本规范未再规定。

3.4.11 室外变、配电站是各类企业、工厂的动力中心，电气设备在运行中可能产生电火花，存在燃烧或爆裂的危险。一旦发生燃烧或爆炸，不但本身遭到破坏，而且会使一个企业或由变、配电站供电的所有企业、工厂的生产停顿。为保护保证生产的重点设施，室外变、配电站与其他建筑、堆场、储罐的防火间距要求比一般厂房严格些。

室外变、配电站区域内的变压器与主控室、配电室、值班室的防火间距主要根据工艺要求确定，与变、配电站内其他附属建筑（不包括产生明火或散发火花的建筑）的防火间距，执行本规范第 3.4.1 条及其他有关规定。变压器可以按一、二级耐火等级建筑考虑。

3.4.12 厂房与本厂区围墙的间距不宜小于 5m，是考虑本厂区与相邻地块建筑物之间的最小防火间距要求。厂房之间的最小防火间距是 10m，每方各留出一半即为 5m，也符合一条消防车道的通行宽度要求。具体执行时，尚应结合工程实际情况合理确定，故条文中用了"不宜"的措词。

如靠近相邻单位，本厂拟建甲类厂房和仓库，甲、乙、丙类液体储罐，可燃气体储罐、液体石油气储罐等火灾危险性较大的建构筑物时，应使两相邻单位的建构筑物之间的防火间距符合本规范相关条文的规定。故本条文又规定了在不宜小于 5m 的前提下，还应满足围墙两侧建筑物之间的防火间距要求。

当围墙外是空地，相邻地块拟建建筑物类别尚不明了时，可按上述建构筑物与一、二级厂房应有防火间距的一半确定与本厂围墙的距离，其余部分由相邻地块的产权方考虑。例如，甲类厂房与一、二级厂房的防火间距为 12m，则与本厂区围墙的间距需预先留足 6m。

工厂建设如因用地紧张，在满足与相邻不同产权

的建筑物之间的防火间距或设置了防火墙等防止火灾蔓延的措施时，丙、丁、戊类厂房可不受距围墙5m间距的限制。例如，厂区围墙外隔有城市道路，街区的建筑红线宽度已能满足防火间距的需要，厂房与本厂区围墙的间距可以不限。甲、乙类厂房和仓库及火灾危险性较大的储罐、堆场不能沿围墙建设，仍要执行5m间距的规定。

3.5 仓库的防火间距

3.5.1 本条为强制性条文。甲类仓库火灾危险性大，发生火灾后对周边建筑的影响范围广，有关防火间距要严格控制。本条规定除要考虑在确定厂房的防火间距时的因素外，还考虑了以下情况：

（1）硝化棉、硝化纤维胶片、喷漆棉、火胶棉、赛璐珞和金属钾、钠、锂、氢化锂、氢化钠等甲类物品，发生爆炸或火灾后，燃速快、燃烧猛烈、危害范围广。甲类物品仓库着火时的影响范围取决于所存放物品数量、性质和仓库规模等，其中储存量大小是决定其危害性的主要因素。如某座存放硝酸纤维废影片仓库，共存放影片约10t，爆炸着火后，周围30m～70m范围内的建筑物和其他可燃物均被引燃。

（2）对于高层民用建筑、重要公共建筑，由于建筑受到火灾或爆炸作用的后果较严重，相关要求应比对其他建筑的防火间距要求要严些。

（3）甲类仓库与铁路线的防火间距，主要考虑蒸汽机车飞火对仓库的影响。甲类仓库与道路的防火间距，主要考虑道路的通行情况、汽车和拖拉机排气管飞火的影响等因素。一般汽车和拖拉机的排气管飞火距离远者为8m～10m，近者为3m～4m。考虑到车辆流量大且不便管理等因素，与厂外道路的间距要求较厂内道路要大些。根据表3.5.1，储存甲类物品第1、2、5、6项的甲类仓库与一、二级耐火等级乙、丙、丁、戊类仓库的防火间距最小为12m。但考虑到高层仓库的火灾危险性较大，表3.5.1的注将该甲类仓库与乙、丙、丁、戊类高层仓库的防火间距从12m增加到13m。

3.5.2 本条为强制性条文。本条规定了除甲类仓库外的其他单层、多层和高层仓库之间的防火间距，明确了乙、丙、丁、戊类仓库与民用建筑的防火间距。主要考虑了满足灭火救援、防止初期火灾（一般为20min内）向邻近建筑蔓延扩大以及节约用地等因素：

（1）防止初期火灾蔓延扩大，主要考虑"热辐射"强度的影响。

（2）考虑在二、三级风情况下仓库火灾的影响。

（3）不少乙类物品不仅火灾危险性大，燃速快、燃烧猛烈，而且有爆炸危险，乙类储存物品的火灾危险性虽较甲类的低，但发生爆炸时的影响仍很大。为有所区别，故规定与民用建筑和重要公共建筑的防火间距分别不小于25m、50m。实际上，乙类火灾危险性的物品发生火灾后的危害与甲类物品相差不大，因此设计应尽可能与甲类仓库的要求一致，并在规范规定的基础上通过合理布局等来确保和增大相关间距。

乙类6项物品，主要是桐油漆布及其制品、油纸油绸及其制品、浸油的豆饼、浸油金属屑等。这些物品在常温下与空气接触能够缓慢氧化，如果积蓄的热量不能散发出来，就会引起自燃，但燃速不快，也不爆燃，故这些仓库与民用建筑的防火间距可不增大。

本条注2中的"总占地面积"为相邻两座仓库的占地面积之和。

3.5.3 本条为满足工程建设需要，除本规范第3.5.2条的注外，还规定了其他可以减少建筑间防火间距的条件，这些条件应能有效减小火灾的作用或防止火灾的相互蔓延。

3.5.4 本条规定的粮食筒仓与其他建筑的防火间距，为单个粮食筒仓与除表3.5.4注1以外的建筑的防火间距。粮食筒仓组与组的防火间距为粮食仓群与仓群，即多个且成组布置的筒仓群之间的防火间距。每个筒仓组应只共用一套粮食收发放系统或工作塔。

3.5.5 对于库区围墙与库区内各类建筑的间距，据调查，一些地方为了解决两个相邻不同业主用地合理留出空地问题，通常做到了仓库与本用地的围墙距离不小于5m，并且要满足围墙两侧建筑物之间的防火间距要求。后者的要求是，如相邻不同业主的用地上的建筑物距围墙为5m，而要求围墙两侧建筑物之间的防火间距为15m时，则另一侧建筑距围墙的距离还必须保证10m，其余类推。

3.6 厂房和仓库的防爆

3.6.1 有爆炸危险的厂房设置足够的泄压面积，可大大减轻爆炸时的破坏强度，避免因主体结构遭受破坏而造成人员重大伤亡和经济损失。因此，要求有爆炸危险的厂房的围护结构有相适应的泄压面积，厂房的承重结构和重要部位的分隔墙体应具备足够的抗爆性能。

采用框架或排架结构形式的建筑，便于在外墙面开设大面积的门窗洞口或采用轻质墙体作为泄压面积，能为厂房设计成敞开或半敞开式的建筑形式提供有利条件。此外，框架和排架的结构整体性强，较之砖墙承重结构的抗爆性能好。规定有爆炸危险的厂房尽量采用敞开、半敞开式厂房，并且采用钢筋混凝土柱、钢柱承重的框架和排架结构，能够起到良好的泄压和抗爆效果。

3.6.2 本条为强制性条文。一般，等量的同一爆炸介质在密闭的小空间内和在开敞的空间爆炸，爆炸压强差别较大。在密闭的空间内，爆炸破坏力将大很多，因此相对封闭的有爆炸危险性厂房需要考虑设置必要的泄压设施。

3.6.3 为在发生爆炸后快速泄压和避免爆炸产生二次危害，泄压设施的设计应考虑以下主要因素：

（1）泄压设施需采用轻质屋盖、轻质墙体和易于泄压的门窗，设计尽量采用轻质屋盖。

易于泄压的门窗、轻质墙体、轻质屋盖，是指门窗的单位质量轻、玻璃受压易破碎、墙体屋盖材料容重较小、门窗选用的小五金断面较小、构造节点连接受到爆炸力作用易断裂或脱落等。比如，用于泄压的门窗可采用楔形木块固定，门窗上用的金属百页、插销等的断面可稍小，门窗向外开启。这样，一旦发生爆炸，因室内压力大，原关着的门窗上的小五金可能因冲击波而被破坏，门窗则可自动打开或自行脱落，达到泄压的目的。

降低泄压面积构配件的单位质量，也可减小承重结构和不作为泄压面积的围护构件所承受的超压，从而减小爆炸所引起的破坏。本条参照美国消防协会《防爆泄压指南》NFPA68 和德国工程师协会标准的要求，结合我国不同地区的气候条件差异较大等实际情况，规定泄压面积构配件的单位质量不应大于60kg/m²，但这一规定仍比《防爆泄压指南》NFPA68 要求的 12.5kg/m²，最大为 39.0kg/m² 和德国工程师协会要求的 10.0kg/m² 高很多。因此，设计要尽可能采用容重更轻的材料作为泄压面积的构配件。

（2）在选择泄压面积的构配件材料时，除要求容重轻外，最好具有在爆炸时易破裂成非尖锐碎片的特性，便于泄压和减少对人的危害。同时，泄压面设置最好靠近易发生爆炸的部位，保证迅速泄压。对于爆炸时易形成尖锐碎片而四面喷射的材料，不能布置在公共走道或贵重设备的正面或附近，以减小对人员和设备的伤害。

有爆炸危险的甲、乙类厂房爆炸后，用于泄压的门窗、轻质墙体、轻质屋盖将被摧毁，高压气流夹杂大量的爆炸物碎片从泄压面喷出，对周围的人员、车辆和设备等均具有一定破坏性，因此泄压面积应避免面向人员密集场所和主要交通道路。

（3）对于我国北方和西北、东北等严寒或寒冷地区，由于积雪和冰冻时间长，易增加屋面上泄压面积的单位面积荷载而使其产生较大静力惯性，导致泄压受到影响，因而设计要考虑采取适当措施防止积雪。

总之，设计应采取措施，尽量减少泄压面积的单位质量（即重力惯性）和连接强度。

3.6.4 本条规定参照了美国消防协会标准《爆炸泄压指南》NFPA·68 的相关规定和公安部天津消防研究所的有关研究试验成果。在过去的工程设计中，存在依照规范设计并满足规范要求，而可能不能有效泄压的情况，本条规定的计算方法能在一定程度上解决该问题。有关爆炸危险等级的分级参照了美国和日本的相关规定，见表 8 和表 9；表中未规定的，需通过试验测定。

表 8　厂房爆炸危险等级与泄压比值表（美国）

厂房爆炸危险等级	泄压比值（m²/m³）
弱级（颗粒粉尘）	0.0332
中级（煤粉、合成树脂、锌粉）	0.0650
强级（在干燥室内漆料、溶剂的蒸气、铝粉、镁粉等）	0.2200
特级（丙酮、天然汽油、甲醇、乙炔、氢）	尽可能大

表 9　厂房爆炸危险等级与泄压比值表（日本）

厂房爆炸危险等级	泄压比值（m²/m³）
弱级（谷物、纸、皮革、铅、铬、铜等粉末醋酸蒸气）	0.0334
中级（木屑，炭屑，煤粉，锑、锡等粉尘，乙烯树脂，尿素，合成树脂粉尘）	0.0667
强级（油漆干燥或热处理室，醋酸纤维，苯酚树脂粉尘，铝、镁、锆等粉尘）	0.2000
特级（丙酮、汽油、甲醇、乙炔、氢）	>0.2

长径比过大的空间，会因爆炸压力在传递过程中不断叠加而产生较高的压力。以粉尘为例，如空间过长，则在爆炸后期，未燃烧的粉尘-空气混合物受到压缩，初始压力上升，燃气泄放流动会产生紊流，使燃速增大，产生较高的爆炸压力。因此，有可燃气体或可燃粉尘爆炸危险性的建筑物的长径比要避免过大，以防止爆炸时产生较大超压，保证所设计的泄压面积能有效作用。

3.6.5 在生产过程中，散发比空气轻的可燃气体、可燃蒸气的甲类厂房上部容易积聚可燃气体，条件合适时可能引发爆炸，故在厂房上部采取泄压措施较合适，并以采用轻质屋盖效果较好。采用轻质屋盖泄压，具有爆炸时屋盖被掀掉而不影响房屋的梁、柱承重构件，可设置较大泄压面积等优点。

当爆炸介质比空气轻时，为防止气流向上在死角处积聚而不易排除，导致气体达到爆炸浓度，规定顶棚应尽量平整，避免死角，厂房上部空间要求通风良好。

3.6.6 本条为强制性条文。生产过程中，甲、乙类厂房内散发的较空气重的可燃气体、可燃蒸气、可燃粉尘或纤维等可燃物质，会在建筑的下部空间靠近地面或地沟、洼地等处积聚。为防止地面因摩擦打出火花引发爆炸，要避免车间地面、墙面因为凹凸不平积聚粉尘。本条规定主要为防止在建筑内形成引发爆炸的条件。

3.6.7 本条规定主要为尽量减小爆炸产生的破坏性作用。单层厂房中如某一部分为有爆炸危险的甲、乙类生产，为防止或减少爆炸对其他生产部分的破坏、减少人员伤亡，要求甲、乙类生产部位靠建筑的外墙布置，以便直接向外泄压。多层厂房中某一部分或某一层为有爆炸危险的甲、乙类生产时，为避免因该生产设置在建筑的下部及其中间楼层，爆炸时导致结构破坏严重而影响上层建筑结构的安全，要求这些甲、乙类生产部位尽量设置在建筑的最上一层靠外墙的部位。

3.6.8 本条为强制性条文。总控制室设备仪表较多、价值较高，是某一工厂或生产过程的重要指挥、控制、调度与数据交换、储存场所。为了保障人员、设备仪表的安全和生产的连续性，要求这些场所与有爆炸危险的甲、乙类厂房分开，单独建造。

3.6.9 本条规定基于工程实际，考虑有些分控制室常常和其厂房紧邻，甚至设在其中，有的要求能直接观察厂房中的设备运行情况，如分开设则要增加控制系统，增加建筑用地和造价，还给生产管理带来不便。因此，当分控制室在受条件限制需与厂房贴邻建造时，须靠外墙设置，以尽可能减少其所受危害。

对于不同生产工艺或不同生产车间，甲、乙类厂房内各部位的实际火灾危险性均可能存在较大差异。对于贴邻建造且可能受到爆炸作用的分控制室，除分隔墙体的耐火性能要求外，还需要考虑其抗爆要求，即墙体还需采用抗爆墙。

3.6.10 在有爆炸危险的甲、乙类厂房或场所中，有爆炸危险的区域与相邻的其他有爆炸危险或无爆炸危险的生产区域因生产工艺需要连通时，要尽量在外墙上开门，利用外廊或阳台联系或在防火墙上做门斗，门斗的两个门错开设置。考虑到对疏散楼梯的保护，设置在有爆炸危险场所内的疏散楼梯也要考虑设置门斗，以此缓冲爆炸冲击波的作用，降低爆炸对疏散楼梯间的影响。此外，门斗还可以限制爆炸性可燃气体、可燃蒸气混合物的扩散。

3.6.11 本条为强制性条文。使用和生产甲、乙、丙类液体的厂房，发生事故时易造成液体在地面流淌或滴漏至地下管沟里，若遇火源即会引起燃烧或爆炸，可能影响地下管沟行经的区域，危害范围大。甲、乙、丙类液体流入下水道也易造成火灾或爆炸。为避免殃及相邻厂房，规定管、沟不应与相邻厂房相通，下水道需设隔油设施。

但是，对于水溶性可燃、易燃液体，采用常规的隔油设施不能有效防止可燃液体蔓延与流散，而应根据具体生产情况采取相应的排放处理措施。

3.6.12 本条为强制性条文。甲、乙、丙类液体，如汽油、苯、甲苯、甲醇、乙醇、丙酮、煤油、柴油、重油等，一般采用桶装存放在仓库内。此类库房一旦着火，特别是上述桶装液体发生爆炸，容易在库内地面流淌，设置防止液体流散的设施，能防止其流散到仓库外，避免造成火势扩大蔓延。防止液体流散的基本做法有两种：一是在桶装仓库门洞处修筑漫坡，一

般高为150mm～300mm；二是在仓库门口砌筑高度为150mm～300mm的门坎，再在门坎两边填沙土形成漫坡，便于装卸。

金属钾、钠、锂、钙、锶、氢化锂等遇水会发生燃烧爆炸的物品的仓库，要求设置防止水浸渍的设施，如使室内地面高出室外地面、仓库屋面严密遮盖，防止渗漏雨水，装卸这类物品的仓库栈台有防雨水的遮挡等措施。

3.6.13 谷物粉尘爆炸事故屡有发生，破坏严重，损失很大。谷物粉尘爆炸必须具备一定浓度、助燃剂（如氧气）和火源三个条件。表10列举了一些谷物粉尘的爆炸特性。

表 10　粮食粉尘爆炸特性

物质名称	最低着火温度 （℃）	最低爆炸浓度 （g/m³）	最大爆炸压力 （kg/cm³）
谷物粉尘	430	55	6.68
面粉粉尘	380	50	6.68
小麦粉尘	380	70	7.38
大豆粉尘	520	35	7.03
咖啡粉尘	360	85	2.66
麦芽粉尘	400	55	6.75
米粉尘	440	45	6.68

粮食筒仓在作业过程中，特别是在卸料期间易发生爆炸，由于筒壁设计通常较牢固，并且一旦受到破坏对周围建筑的危害也大，故在筒仓的顶部设置泄压面积，十分必要。本条未规定泄压面积与粮食筒仓容积比值的具体数值，主要由于国内这方面的试验研究尚不充分，还未获得成熟可靠的设计数据。根据筒仓爆炸案例分析和国内某些粮食筒仓设计的实例，推荐采用0.008～0.010。

3.6.14 在生产、运输和储存可燃气体的场所，经常由于泄漏和其他事故，在建筑物或装置中产生可燃气体或液体蒸气与空气的混合物。当场所内存在点火源且混合物的浓度合适时，则可能引发灾难性爆炸事故。为尽量减少事故的破坏程度，在建筑物或装置上预先开设具有一定面积且采用低强度材料做成的爆炸泄压设施是有效措施之一。在发生爆炸时，这些泄压设施可使建筑物或装置内由于可燃气体在密闭空间中燃烧而产生的压力能够迅速泄放，从而避免建筑物或储存装置受到严重损害。

在实际生产和储存过程中，还有许多因素影响到燃烧爆炸的发生与强度，这些很难在本规范中一一明确，特别是仓库的防爆与泄压，还有赖于专门标准进行专项研究确定。为此，本条对存在爆炸危险的仓库作了原则规定，设计需根据其实际情况考虑防爆措施和相应的泄压措施。

3.7 厂房的安全疏散

3.7.1 本条规定了厂房安全出口布置的原则要求。

建筑物内的任一楼层或任一防火分区着火时，其中一个或多个安全出口被烟火阻挡，仍要保证有其他出口可供安全疏散和救援使用。在有的国家还要求同一房间或防火分区内的出口布置的位置，应能使同一房间或同一防火分区内最远点与其相邻2个出口中心点连线的夹角不应小于45°，以确保相邻出口用于疏散时安全可靠。本条规定了5m这一最小水平间距，设计应根据具体情况和保证人员有不同方向的疏散路径这一原则合理布置。

3.7.2 本条为强制性条文。本条规定了厂房地上部分安全出口设置数量的一般要求，所规定的安全出口数量既是对一座厂房而言，也是对厂房内任一个防火分区或某一使用房间的安全出口数量要求。

要求厂房每个防火分区至少应有2个安全出口，可提高火灾时人员疏散通道和出口的可靠性。但对所有建筑，不论面积大小、人数多少均要求设置2个出口，有时会有一定困难，也不符合实际情况。因此，对面积小、人员少的厂房分别按其火灾危险性分档，规定了允许设置1个安全出口的条件：对火灾危险性大的厂房，可燃物多、火势蔓延较快，要求严格些；对火灾危险性小的，要求低些。

3.7.3 本条为强制性条文。本条规定的地下、半地下厂房为独立建造的地下、半地下厂房和布置在其他建筑的地下、半地下生产场所以及生产性建筑的地下、半地下室。

地下、半地下生产场所难以直接天然采光和自然通风，排烟困难，疏散只能通过楼梯间进行。为保证安全，避免出现出口被堵住无法疏散的情况，要求至少需设置2个安全出口。考虑到建筑面积较大的地下、半地下生产场所，如果要求每个防火分区均需设置至少2个直通室外的出口，可能有很大困难，所以规定至少要有1个直通室外的独立安全出口，另一个可通向相邻防火分区，但是该防火分区须采用防火墙与相邻防火分区分隔，以保证人员进入另一个防火分区内后有足够安全的条件进行疏散。

3.7.4 本条规定了不同火灾危险性类别厂房内的最大疏散距离。本条规定的疏散距离均为直线距离，即室内最远点至最近安全出口的直线距离，未考虑因布置设备而产生的阻挡，但有通道连接或墙体遮挡时，要按其中的折线距离计算。

通常，在火灾条件下人员能安全走出安全出口，即可认为到达安全地点。考虑单层、多层、高层厂房的疏散难易程度不同，不同火灾危险性类别厂房发生火灾的可能性及火灾后的蔓延和危害不同，分别作了不同的规定。将甲类厂房的最大疏散距离定为30m、25m，是以人的正常水平疏散速度为1m/s确定的。

乙、丙类厂房较甲类厂房火灾危险性小，火灾蔓延速度也慢些，故乙类厂房的最大疏散距离参照国外规范定为75m。丙类厂房中工作人员较多，人员密度一般为2人/m^2，疏散速度取办公室内的水平疏散速度（60m/min）和学校教学楼的水平疏散速度（22m/min）的平均速度（60m/min＋22m/min）÷2＝41m/min。当疏散距离为80m时，疏散时间需要2min。丁、戊类厂房一般面积大、空间大，火灾危险性小，人员的可用安全疏散时间较长。因此，对一、二级耐火等级的丁、戊类厂房的安全疏散距离未作规定；三级耐火等级的戊类厂房，因建筑耐火等级低，安全疏散距离限在100m。四级耐火等级的戊类厂房耐火等级更低，可和丙、丁类生产的三级耐火等级厂房相同，将其安全疏散距离定在60m。

实际火灾环境往往比较复杂，厂房内的物品和设备布置以及人在火灾条件下的心理和生理因素都对疏散有直接影响，设计师应根据不同的生产工艺和环境，充分考虑人员的疏散需要来确定疏散距离以及厂房的布置与选型，尽量均匀布置安全出口，缩短疏散距离，特别是实际步行距离。

3.7.5 本条规定了厂房的百人疏散宽度计算指标、疏散总净宽度和最小净宽度要求。

厂房的疏散走道、楼梯、门的总宽度计算，参照了国外有关规范的要求，结合我国有关门窗的模数规定，将门洞的最小宽度定为1.0m，则门的净宽在0.9m左右，故规定门的最小净宽度不小于0.9m。走道的最小净宽度与人员密集的场所疏散门的最小净宽度相同，取不小于1.4m。

为保证建筑中下部楼层的楼梯宽度不小于上部楼层的楼梯宽度，下层楼梯、楼梯出口和入口的宽度要按照这一层上部各层中设计疏散人数最多一层的人数计算；上层的楼梯和楼梯出入口的宽度可以分别计算。存在地下室时，则地下部分上一层楼梯、楼梯出口和入口的宽度要按照这一层下部各层中设计疏散人数最多一层的人数计算。

3.7.6 本条为强制性条文。本条规定了各类厂房疏散楼梯的设置形式。

高层厂房和甲、乙、丙类厂房火灾危险性较大，高层建筑发生火灾时，普通客（货）用电梯无防烟、防火等措施，火灾时不能用于人员疏散使用，楼梯是人员的主要疏散通道，要保证疏散楼梯在火灾时的安全，不能被烟或火侵袭。对于高度较高的建筑，敞开式楼梯间具有烟囱效应，会使烟气很快通过楼梯间向上扩散蔓延，危及人员的疏散安全。同时，高温烟气的流动也大大加快了火势蔓延，故作本条规定。

厂房与民用建筑相比，一般层高较高，四、五层的厂房，建筑高度即可达24m，而楼梯的习惯做法是敞开式。同时考虑到有的厂房虽高，但人员不多，厂房建筑可燃装修少，故对设置防烟楼梯间的条件作了调整，即如果厂房的建筑高度低于32m，人数不足10人或只有10人时，可以采用封闭楼梯间。

3.8 仓库的安全疏散

3.8.1 本条的有关说明见第3.7.1条条文说明。

3.8.2 本条为强制性条文。本条规定为地上仓库安全出口设置的基本要求，所规定的安全出口数量既是对一座仓库而言，也是对仓库内任一个防火分区或某一使用房间的安全出口数量要求。

要求仓库每个防火分区至少应有2个安全出口，可提高火灾时人员疏散通道和出口的可靠性。考虑到仓库本身人员数量较少，若不论面积大小均要求设置2个出口，有时会有一定困难，也不符合实际情况。因此，对面积小的仓库规定了允许设置1个安全出口的条件。

3.8.3 本条为强制性条文。本条规定为地下、半地下仓库安全出口设置的基本要求。本条规定的地下、半地下仓库，包括独立建造的地下、半地下仓库和布置在其他建筑的地下、半地下仓库。

地下、半地下仓库难以直接天然采光和自然通风，排烟困难，疏散只能通过楼梯间进行。为保证安全，避免出现出口被堵无法疏散的情况，要求至少需设置2个安全出口。考虑到建筑面积较大的地下、半地下仓库，如果要求每个防火分区均需设置至少2个直通室外的出口，可能有很大困难，所以规定至少要有1个直通室外的独立安全出口，另一个可通向相邻防火分区，但是该防火分区须采用防火墙与相邻防火分区分隔，以保证人员进入另一个防火分区内后有足够安全的条件进行疏散。

3.8.4 对于粮食钢板筒仓、冷库、金库等场所，平时库内无人，需要进入的人员也很少，且均为熟悉环境的工作人员，粮库、金库还有严格的保安管理措施与要求，因此这些场所可以按照国家相应标准或规定的要求设置安全出口。

3.8.7 本条为强制性条文。高层仓库内虽经常停留人数不多，但垂直疏散距离较长，如采用敞开式楼梯间不利于疏散和救援，也不利于控制烟火向上蔓延。

3.8.8 本条规定了垂直运输物品的提升设施的防火要求，以防止火势向上蔓延。

多层仓库内供垂直运输物品的升降机（包括货梯），有些紧贴仓库外墙设置在仓库外，这样设置既利于平时使用，又利于安全疏散；也有些将升降机（货梯）设置在仓库内，但未设置在升降机竖井内，是敞开的。这样的设置很容易使火焰通过升降机的楼板孔洞向上蔓延，设计中应避免这样的不安全做法。但戊类仓库的可燃物少、火灾危险性小，升降机可以设在仓库内。

其他类别仓库内的火灾荷载相对较大，强度大、火灾延续时间可能较长，为避免因门的破坏而导致火灾蔓延扩大，井筒防火分隔处的洞口应采用乙级防火门或其他防火分隔物。

4 甲、乙、丙类液体、气体储罐（区）和可燃材料堆场

4.1 一般规定

4.1.1 本条结合我国城市的发展需要，规定了甲、乙、丙类液体储罐区，液化石油气储罐区，可燃、助燃气体储罐区，可燃材料堆场等的平面布局要求，以有利于保障城市、居住区的安全。

本规范中的可燃材料露天堆场，包括秸秆、芦苇、烟叶、草药、麻、甘蔗渣、木材、纸浆原料、煤炭等的堆场。这些场所一旦发生火灾，灭火难度大、危害范围大。在实际选址时，应尽量将这些场所布置在城市全年最小频率风向的上风侧；确有困难时，也要尽量选择在本地区或本单位全年最小频率风向的上风侧，以便防止飞火殃及其他建筑物或可燃物堆垛等。

甲、乙、丙类液体储罐或储罐区要尽量布置在地势较低的地带，当受条件限制不得不布置在地势较高的地带时，需采取加强防火堤或另外增设防护墙等可靠的防护措施；液化石油气储罐区因液化石油气的相对密度较大、气化体积大、爆炸极限低等特性，要尽量远离居住区、工业企业和建有剧场、电影院、体育馆、学校、医院等重要公共建筑的区域，单独布置在通风良好的区域。

本条规定的这些场所，着火后燃烧速度快、辐射热强、难以扑救，火灾延续时间往往较长，有的还存在爆炸危险，危及范围较大，扑救和冷却用水量较大。因而，在选址时还要充分考虑消防水源的来源和保障程度。

4.1.2 本条为强制性条文。本条规定主要针对闪点较低的甲类液体，这类液体对温度敏感，特别要预防夏季高温炎热气候条件下因露天存放而发生超压爆炸、着火。

4.1.3 本条为强制性条文。液化石油气泄漏时的气化体积大、扩散范围大，并易积聚引发较严重的灾害。除在选址要综合考虑外，还需考虑采取尽量避免和减少储罐爆炸或泄漏对周围建筑物产生危害的措施。

设置防护墙可以防止储罐漏液外流危及其他建筑物。防护墙高度不大于1.0m，对通风影响较小，不会窝气。美国、前苏联的有关规范均对罐区设置防护墙有相应要求。日本各液化石油气罐区以及每个储罐也均设置防火堤。因此，本条要求液化石油气罐区设置不小于1.0m高的防护墙，但储罐距防护墙的距离，卧式储罐按其长度的一半，球形储罐按其直径的

一半考虑为宜。

液化石油气储罐与周围建筑物的防火间距，应符合本规范第4.4节和现行国家标准《城镇燃气设计规范》GB 50028的有关规定。

4.1.4 装卸设施设置在储罐区内或距离储罐区较近，当储罐发生泄漏、有汽车出入或进行装卸作业时，存在爆燃引发火灾的危险。这些场所在设计时应首先考虑按功能进行分区，储罐与其装卸设施及辅助管理设施分开布置，以便采取隔离措施和实施管理。

4.2 甲、乙、丙类液体储罐（区）的防火间距

本节规定主要针对工业企业内以及独立建设的甲、乙、丙类液体储罐（区）。为便于规范执行和标准间的协调，有关专业石油库的储罐布置及储罐与库内外建筑物的防火间距，应执行现行国家标准《石油库设计规范》GB 50074的有关规定。

4.2.1 本条为强制性条文。本条规定了甲、乙、丙类液体储罐和乙、丙类液体桶装堆场与建筑物的防火间距。

（1）甲、乙、丙类液体储罐和乙、丙类液体桶装堆场的最大总容量，是根据工厂企业附属可燃液体库和其他甲、乙、丙类液体储罐及仓库等的容量确定的。

本规范中表4.2.1规定的防火间距主要根据火灾实例、基本满足灭火扑救要求和现行的一些实际做法提出的。一个30m³的地上卧式油罐爆炸着火，能震碎相距15m范围的门窗玻璃，辐射热可引燃相距12m的可燃物。根据扑救油罐实践经验，油罐（池）着火时燃烧猛烈、辐射热强，小罐着火至少应有12m～15m的距离，较大罐着火至少应有15m～20m的距离，才能满足灭火需要。

（2）对于可能同时存放甲、乙、丙类液体的一个储罐区，在确定储罐之间的防火间距时，要先将不同类别的可燃液体折算成同一类液体的容量（可折算成甲、乙类液体，也可折算成丙类液体）后，按本规范表4.2.1的规定确定。

（3）关于表4.2.1注的说明。

注3：因甲、乙、丙类液体的固定顶储罐区、半露天堆场和乙、丙类液体桶装堆场与甲类厂房和仓库以及民用建筑发生火灾时，相互影响较大，相应的防火间距应分别按4.2.1中规定的数值增加25%。上述储罐、堆场发生沸溢或破裂使油品外泄时，遇到点火源会引发火灾，故增加了与明火或散发火花地点的防火间距，即在本表对四级耐火等级建筑要求的基础上增加25%。

注4：浮顶储罐的罐区或闪点大于120℃的液体储罐区火灾危险性相对较小，故规定可按表4.2.1中规定的数值减少25%，对于高层建筑及其裙房尽量

不减少。

注5：数个储罐区布置在同一库区内时，罐区与罐区应视为两座不同的建、构筑物，防火间距原则上应按两个不同库区对待。但为节约土地资源，并考虑到灭火救援需要及同一库区的管理等因素，规定按不小于表4.2.1中相应容量的储罐区与四级耐火等级建筑的防火间距之较大值考虑。

注6：直埋式地下甲、乙、丙类液体储罐较地上式储罐安全，故规定相应的防火间距可按表4.2.1中规定的数值减少50%。但为保证安全，单罐容积不应大于50m³，总容积不应大于200m³。

4.2.2 本条为强制性条文。甲、乙、丙类液体储罐之间的防火间距，除考虑安装、检修的间距外，还要考虑避免火灾相互蔓延和便于灭火救援。

目前国内大多数专业油库和工业企业内油库的地上储罐之间的距离多为相邻储罐的一个 D（D—储罐的直径）或大于一个 D，也有些小于一个 D（$0.7D$～$0.9D$）。当其中一个储罐着火时，该距离能在一定程度上减少对相邻储罐的威胁。当采用水枪冷却油罐时，水枪喷水的仰角通常为 $45°$～$60°$，$0.60D$～$0.75D$ 的距离基本可行。当油罐上的固定或半固定泡沫管线被破坏时，消防员需向着火罐上挂泡沫钩管，该距离能满足其操作要求。考虑到设置充氮保护设备的液体储罐比较安全，故规定其间距与浮顶储罐一样。

关于表4.2.2注的说明：

注2：主要明确不同火灾危险性的液体（甲类、乙类、丙类）、不同形式的储罐（立式罐、卧式罐；地上罐、半地下罐、地下罐等）布置在一起时，防火间距应按其中较大者确定，以利安全。对于矩形储罐，其当量直径为长边 A 与短边 B 之和的一半。设当量直径为 D，则：

$$D = \frac{A+B}{2} \qquad (3)$$

注3：主要考虑一排卧式储罐中的某个罐着火，不会导致火灾很快蔓延到另一排卧式储罐，并为灭火操作创造条件。

注4：单罐容积小于1000m³的甲、乙类液体地上固定顶油罐，罐容相对较小，采用固定冷却水设备后，可有效地降低燃烧辐射热对相邻罐的影响；同时，消防员还在火场采用水枪进行冷却，故油罐之间的防火间距可适当减少。

注5：储罐设置液下喷射泡沫灭火设备后，不需用泡沫钩管（枪）；如设置固定消防冷却水设备，通常不需用水枪进行冷却。在防火堤内如设置泡沫灭火设备（如固定泡沫产生器等），能及时扑灭流散液体火。故这些储罐间的防火间距可适当减小，但尽量不小于0.4D。

4.2.3 本条为强制性条文。本条是对小型甲、乙、

丙类液体储罐成组布置时的规定，目的在于既保证一定消防安全，又节约用地、节约输油管线，方便操作管理。当容量大于本条规定时，应执行本规范的其他规定。

据调查，有的专业油库和企业内的小型甲、乙、丙类液体库，将容量较小油罐成组布置。实践证明，小容量的储罐发生火灾时，一般情况下易于控制和扑救，不像大罐那样需要较大的操作场地。

为防止火势蔓延扩大、有利灭火救援、减少火灾损失，组内储罐的布置不应多于两排。组内储罐之间的距离主要考虑安装、检修的需要。储罐组与组之间的距离可按储罐的形式（地上式、半地下式、地下式等）和总容量相同的标准单罐确定。如：一组甲、乙类液体固定顶地上式储罐总容量为 950m³，其中 100m³ 单罐 2 个，150m³ 单罐 5 个，则组与组的防火间距按小于或等于 1000m³ 的单罐 0.75D 确定。

4.2.4 把火灾危险性相同或接近的甲、乙、丙类液体地上、半地下储罐布置在一个防火堤分隔范围内，既有利于统一考虑消防设计，储罐之间也能互相调配管线布置，又可节省输送管线和消防管线，便于管理。

将沸溢性油品与非沸溢性油品，地上液体储罐与地下、半地下液体储罐分别布置在不同防火堤内，可有效防止沸溢性油品储罐着火后因突沸现象导致火灾蔓延，或者地下储罐发生火灾威胁地上、半地下储罐，避免危及非沸溢性油品储罐，从而减小扑救难度和损失。本条规定遵循了不同火灾危险性的储罐分别分区布置的原则。

4.2.5 本条第 3、4、5、6 款为强制性条文。实践证明，防火堤能将燃烧的流散液体限制在防火堤内，给灭火救援创造有利条件。在甲、乙、丙类液体储罐区设置防火堤，是防止储罐内的液体因罐体破坏或突沸导致外溢流散而使火灾蔓延扩大，减少火灾损失的有效措施。前苏联、美国、英国、日本等国家有关规范都明确规定，甲、乙、丙类液体储罐区应设置防火堤，并规定了防火堤内的储罐布置、总容量和具体做法。本条规定既总结了国内的成功经验，也参考了国外的类似规定与做法。有关防火堤的其他技术要求，还可参见国家标准《储罐区防火堤设计规范》GB 50351—2005。

1 防火堤内的储罐布置不宜大于两排，主要考虑储罐失火时便于扑救，如布置大于两排，当中间一排储罐发生火灾时，将对两边储罐造成威胁，必然会给扑救带来较大困难。

对于单罐容量不大于 1000m³ 且闪点大于 120℃ 的液体储罐，储罐体形较小、高度较低，若中间一行储罐发生火灾是可以进行扑救的，同时还可节省用地，故规定可不大于 4 排。

2 防火堤内的储罐发生爆炸时，储罐内的油品常不会全部流出，规定防火堤的有效容积不应小于其中较大储罐的容量。浮顶储罐发生爆炸的概率较低，故取其中最大储罐容量的一半。

3、4 这两款规定主要考虑储罐爆炸着火后，油品因罐体破裂而大量外流时，能防止流散到防火堤外，并要能避免液体静压力冲击防火堤。

5 沸溢性油品储罐要求每个储罐设置一个防火堤或防火隔堤，以防止发生因液体沸溢，四处流散而威胁相邻储罐。

6 含油污水管道应设置水封装置以防止油品流至污水管道而造成安全隐患。雨水管道应设置阀门等隔离装置，主要为防止储罐破裂时液体流向防火堤之外。

4.2.6 闪点大于 120℃ 的液体储罐或储罐区以及桶装、瓶装的乙、丙类液体堆场，甲类液体半露天堆场（有盖无墙的棚房），由于液体储罐爆裂可能性小，或即使桶装液体爆裂，外溢的液体量也较少，因此当采取了有效防止液体流散的设施时，可以不设置防火堤。实际工程中，一般采用设置黏土、砖石等不燃材料的简易围堤和事故油池等方法来防止液体流散。

4.2.7 据调查，目前国内一些甲、乙类液体储罐与泵房的距离一般在 14m～20m 之间，与铁路装卸栈桥一般在 18m～23m 之间。

发生火灾时，储罐对泵房等的影响与罐容和所存可燃液体的量有关，泵房等对储罐的影响相对较小。但从引发的火灾情况看，往往是两者相互作用的结果。因此，从保障安全、便于灭火救援出发，储罐与泵房和铁路、汽车装卸设备要求保持一定的防火间距，前者宜为 10m～15m。无论是铁路还是汽车的装卸鹤管，其火灾危险性基本一致，故将有关防火间距统一，将后者定为 12m～20m。

4.2.8 本条规定主要为减小装卸鹤管与建筑物、铁路线之间的相互影响。根据对国内一些储罐区的调查，装卸鹤管与建筑物的距离一般为 14m～18m。对丙类液体鹤管与建筑的距离，则据其火灾危险性作了一定调整。

4.2.9 甲、乙、丙类液体储罐与铁路走行线的距离，主要考虑蒸汽机车飞火对储罐的威胁，而飞火的控制距离难以准确确定，但机车的飞火通常能量较小，一定距离后即会快速衰减，故将最小间距控制在 20m，对甲、乙类储罐与厂外铁路走行线的间距，考虑到这些物质的可燃蒸气的点火能相对较低，故规定大一些。

与道路的距离是据汽车和拖拉机排气管飞火对储罐的威胁确定的。据调查，机动车辆的飞火的影响范围远者为 8m～10m，近者为 3m～4m，故与厂内次要道路定为 5m 和 10m，与主要道路和厂外道路的间距则需适当增大些。

4.2.10 零位储罐罐容较小，是铁路槽车向储罐卸油作业时的缓冲罐。零位罐置于低处，铁路槽车内的油品借助液位高程自流进零位罐，然后利用油泵送入储罐。

4.3 可燃、助燃气体储罐（区）的防火间距

4.3.1 本条为强制性条文。本条是对可燃气体储罐与其他建筑防火间距的基本规定。可燃气体储罐指盛装氢气、甲烷、乙烷、乙烯、氨气、天然气、油田伴生气、水煤气、半水煤气、发生炉煤气、高炉煤气、焦炉煤气、伍德炉煤气、矿井煤气等可燃气体的储罐。

可燃气体储罐分低压和高压两种。低压可燃气体储罐的几何容积是可变的，分湿式和干式两种。湿式可燃气体储罐的设计压力通常小于4kPa，干式可燃气体储罐的设计压力通常小于8kPa。高压可燃气体储罐的几何容积是固定的，外形有卧式圆筒形和球形两种。卧式储气罐容积较小，通常不大于120m³。球型储气罐罐容积较大，最大容积可达10000m³。这类储罐的设计压力通常为1.0MPa～1.6MPa。目前国内湿式可燃气储罐单罐容积档次有：小于1000m³、1000m³、5000m³、10000m³、20000m³、30000m³、50000m³、100000m³、150000m³、200000m³；干式可燃气体储罐单罐容积档次有：小于1000m³、1000m³、5000m³、10000m³、20000m³、30000m³、50000m³、80000m³、170000m³、300000m³。

表中储罐总容积小于或等于1000m³者，一般为小氮肥厂、小化工厂和其他小型工业企业的可燃气体储罐。储罐总容积为1000m³～10000m³者，多是小城市的煤气储配站、中型氮肥厂、化工厂和其他中小型工业企业的可燃气体储罐。储罐总容积大于或等于10000m³至小于50000m³者，为中小城市的煤气储配站、大型氮肥厂、化工厂和其他大中型工业企业的可燃气体储罐。储罐总容积大于或等于50000m³至小于100000m³者，为大中城市的煤气储配站、焦化厂、钢铁厂和其他大型工业企业的可燃气体储罐。

近10年，国内各钢铁企业为节能减排，对钢厂产生的副产煤气进行了回收利用。为充分利用钢厂的副产煤气，调节煤气发生与消耗间的不平衡性，保证煤气的稳定供给，钢铁企业均设置了煤气储罐。由于产能增加，国内多家钢铁企业的煤气储罐容量已大于100000m³，部分钢铁企业大型煤气储罐现状见表11。

表11　国内部分钢铁企业大型煤气储罐现状

序号	储存介质	柜型	容积（×10⁴m³）	座数	规格（高×直径）（m×m）	储气压力（kPa）
宝山钢铁股份公司宝钢分公司						
1	高炉煤气	可隆型	15	2		8.0
2	焦炉煤气	POC型	30	1	121×64.6	6.3
3	焦炉煤气	POP型	12	1		6.3
4	转炉煤气	POC型	8	4	41×58	3.0
鞍山钢铁股份有限公司鞍山工厂						
1	高炉煤气	POC型	30	2	121×64.6	10
2	焦炉煤气	POP型	16.5	1		6.3
3	转炉煤气	POC型	8	2	41×58	3
武汉钢铁公司						
1	高炉煤气	POC型	15	2	99×51.2	9.5
2	高炉煤气	POC型	30	2		10
3	焦炉煤气	POP型	12	1		6.3
4	转炉煤气	PRC型	8	2	41×58	3
5	转炉煤气	PRC型	5	3		3

据调查，国内目前最大的煤气储罐容积为300000m³，最高压力为10kPa。为适应我国煤气罐单罐容积趋向大型化的需要，本次修订增加了第五档，即100000m³～300000m³，明确了该档储罐与建筑物、储罐、堆场的防火间距要求。

表4.3.1注：固定容积的可燃气体储罐设计压力较高，易漏气，火灾危险性较大，防火间距要先按其实际几何容积（m³）与设计压力（绝对压力，10⁵Pa）乘积折算出总容积，再按表4.3.1的规定确定。

本条有关间距的主要确定依据：

（1）湿式储气罐内可燃气体的密度多数比空气轻，泄漏时易向上扩散，发生火灾时易扑救。根据有关分析，湿式可燃气体储罐一般不会发生爆炸，即使发生爆炸一般也不会发生二次或连续爆炸。爆炸原因大多为在检修时因处理不当或违章焊接引起。湿式储气罐或堆场等发生火灾爆炸时，相互危及范围一般在20m~40m，近者约10m，远者100m~200m，碎片飞出可能伤人或砸坏建筑物。

（2）考虑施工安装的需要，大、中型可燃气体储罐施工安装所需的距离一般为20m~25m。根据储气罐扑救实践，人员与罐体之间至少要保持15m~20m的间距。

（3）现行国家标准《城镇燃气设计规范》GB 50028、《钢铁冶金企业设计防火规范》GB 50414对不同容积可燃气体储罐与建筑物、储罐、堆场的防火间距也均有要求。《城镇燃气设计规范》中表格第五档为"大于200000m³"，没有规定储罐容积上限，这主要是因为考虑到安全性、经济性等方面的因素，城镇中的燃气储罐容积不会太大，一般不大于200000m³。大型的可燃气体储罐主要集中在钢铁等企业中。本规范在确定100000m³~300000m³可燃气体储罐与建筑物、储罐、堆场的防火间距要求时，主要是基于辐射热计算、国内部分钢铁企业现状与需求和此类储罐的实际火灾危险性。

（4）干式储气罐的活塞和罐体间靠油或橡胶夹布密封，当密封部分漏气时，可燃气体泄漏到活塞上部空间，经排气孔排至大气中。当可燃气体密度大于空气时，不易向罐顶外部扩散，比空气小时，则易扩散，故前者防火间距应按表4.3.1增加25%，后者可按表4.3.1的规定执行。

（5）小于20m³的储罐，可燃气体总量及其火灾危险性较小，与其使用燃气厂房的防火间距可不限。

（6）湿式可燃气体储罐的燃气进出口阀门室、水封井和干式可燃气体储罐的阀门室、水封井、密封油循环泵和电梯间，均是储罐不宜分离的附属设施。为节省用地，便于运行管理，这些设施间可按工艺要求布置，防火间距不限。

4.3.2 本条为强制性条文。可燃气体储罐或储罐区之间的防火间距，是发生火灾时减少相互间的影响和便于灭火救援和施工、安装、检修所需的距离。鉴于干式可燃气体储罐与湿式可燃气体储罐火灾危险性基本相同且罐体高度均较高，故储罐之间的距离均规定不应小于相邻较大罐直径的一半。固定容积的可燃气体储罐设计压力较高、火灾危险性较湿式和干式可燃气体储罐大，卧式和球形储罐虽形式不同，但其火灾危险性基本相同，故均规定为不应小于相邻较大罐的2/3。

固定容积的可燃气体储罐与湿式或干式可燃气体储罐的防火间距，不应小于相邻较大罐的半径，主要

考虑在一般情况下后者的直径大于前者，本条规定可以满足灭火救援和施工安装、检修需要。

我国在实施天然气"西气东输"工程中，已建成一批大型天然气球形储罐，当设计压力为1.0MPa~1.6MPa时，容积相当于50000m³~80000m³、100000m³~160000m³。据此，与燃气管理和燃气规范归口单位共同调研，并对其实际火灾危险性进行研究后，将储罐分组布置的规定调整为"数个固定容积的可燃气体储罐总容积大于200000m³（相当于设计压力为1.0MPa时的10000m³球形储罐2台）时，应分组布置"。由于本规范只涉及储罐平面布置的规定，未全面、系统地规定其他相关消防安全技术要求。设计时，不能片面考虑储罐区的总容量与间距的关系，而需根据现行国家标准《城镇燃气设计规范》GB 50028等标准的规定进行综合分析，确定合理和安全可靠的技术措施。

4.3.3 本条为强制性条文。氧气为助燃气体，其火灾危险性属乙类，通常储存于钢罐内。氧气储罐与民用建筑，甲、乙、丙类液体储罐，可燃材料堆场的防火间距，主要考虑这些建筑在火灾时的相互影响和灭火救援的需要；与制氧厂房的防火间距可按现行国家标准《氧气站设计规范》GB 50030的有关规定，根据工艺要求确定。确定防火间距时，将氧气储罐视为一、二级耐火等级建筑，与储罐外的其他建筑物的防火间距原则按厂房之间的防火间距考虑。

氧气储罐之间的防火间距不小于相邻较大储罐的半径，则是灭火救援和施工、检修的需要；与可燃气体储罐之间的防火间距不应小于相邻较大罐的直径，主要考虑可燃气体储罐发生爆炸时对相邻氧气储罐的影响和灭火救援的需要。

本条表4.3.3中总容积小于或等于1000m³的湿式氧气储罐，一般为小型企业和一些使用氧气的事业单位的氧气储罐；总容积为1000m³~50000m³者，主要为大型机械工厂和中、小型钢铁企业的氧气储罐；总容积大于50000m³者，为大型钢铁企业的氧气储罐。

4.3.4 确定液氧储罐与其他建筑物、储罐或堆场的防火间距时，要将液氧的储罐容积按1m³液氧折算成800m³标准状态的氧气后进行。如某厂有1个100m³的液氧储罐，则先将其折算成800×100＝80000（m³）的氧气，再按本规范第4.3.3条第三档（$V>50000m³$）的规定确定液氧储罐的防火间距。

液氧储罐与泵房的间隔不宜小于3m的规定，与国外有关规范规定和国内有关工程的实际做法一致。根据分析医用液氧储罐的火灾危险性及其多年运行经验，为适应医用标准调整要求和医院建设需求，将医用液氧储罐的单罐容积和总容积分别调整为5m³和20m³。医用液氧储罐与医疗卫生机构内建筑的防火间距，国家标准《医用气体工程技术规范》GB

50751—2012 已有明确规定。医用液氧储罐与医疗卫生机构外建筑的防火间距，仍要符合本规范第4.3.3条的规定。

4.3.5 当液氧储罐泄漏的液氧气化后，与稻草、木材、刨花、纸屑等可燃物以及溶化的沥青接触时，遇到火源容易引起猛烈的燃烧，致使火势扩大和蔓延，故规定其周围一定范围内不应存在可燃物。

4.3.6 可燃、助燃气体储罐发生火灾时，对铁路、道路威胁较甲、乙、丙类液体储罐小，故防火间距的规定较本规范表4.2.9的要求小些。

4.3.7 液氢的闪点为−50℃，爆炸极限范围为4.0%～75.0%，密度比水轻（沸点时0.07g/cm³）。液氢发生泄漏后会因其密度比空气重（在−25℃时，相对密度1.04）而使气化的气体沉积在地面上，当温度升高后才扩散，并在空气中形成爆炸性混合气体，遇到点火源即会发生爆炸而产生火球。氢气是最轻的气体，燃烧速度最快（测试管的管径 $D=$25.4mm，引燃温度400℃，火焰传播速度为4.85m/s，在化学反应浓度下着火能量为 1.5×10^{-5} J）。

液氢为甲类火灾危险性物质，燃烧、爆炸的猛烈程度和破坏力等均较气态氢气大。参考国外规范，本条规定液氢储罐与建筑物及甲、乙、丙类液体储罐和堆场等的防火间距，按本规范对液化石油气储罐的有关防火间距，即表4.4.1规定的防火间距减小25%。

液氨为乙类火灾危险性物质，与氟、氯等能发生剧烈反应。氨与空气混合到一定比例时，遇明火能引起爆炸，其爆炸极限范围为15.5%～25%。氨具有较高的体积膨胀系数，超装的液氨气瓶极易发生爆炸。为适应工程建设需要，对比液氨和液氢的火灾危险性，参照液氢的有关规定，明确了液氨储罐与建筑物、储罐、堆场的防火间距。

4.3.8 本条为强制性条文。液化天然气是以甲烷为主要组分的烃类混合物，液化天然气的自燃点、爆炸极限均比液化石油气的高。当液化天然气的温度高于−112℃时，液化天然气的蒸气比空气轻，易向高处扩散，而液化石油气蒸气比空气重，易在低处聚集而引发火灾或爆炸，以上特点使液化天然气在运输、储存和使用上比液化石油气要安全。

表4.3.8中规定的液化天然气储罐和集中放散装置的天然气放散总管与站外建、构筑物的防火间距，总结了我国液化天然气气化站的建设与运行管理经验。

4.4 液化石油气储罐（区）的防火间距

4.4.1 本条为强制性条文。液化石油气是以丙烷、丙烯、丁烷、丁烯等低碳氢化合物为主要成分的混合物，闪点低于−45℃，爆炸极限范围为2%～9%，为火灾和爆炸危险性高的甲类火灾危险性物质。液化石油气通常以液态形式常温储存，饱和蒸气压随环境温度变化而变化，一般在0.2MPa～1.2MPa。1m³液态液化石油气可气化成250m³～300m³的气态液化石油气，与空气混合形成3000m³～15000m³的爆炸性混合气体。

液化石油气着火能量很低（3×10^{-4}J～4×10^{-4}J），电话、步话机、手电筒开关时产生的火花即可成为爆炸、燃烧的点火源，火焰扑灭后易复燃。液态液化石油气的密度为水的一半（0.5t/m³～0.6t/m³），发生火灾后用水难以扑灭；气态液化石油气的比重比空气重一倍（2.0kg/m³～2.5kg/m³），泄漏后易在低洼或通风不良处窝存而形成爆炸性混合气体。此外，液化石油气储罐破裂时，罐内压力急剧下降，罐内液态液化石油气会立即气化成大量气体，并向上空喷出形成蘑菇云，继而降至地面向四周扩散，与空气混合形成爆炸性气体。一旦被引燃即发生爆炸，继之大火以火球形式返回罐区形成火海，致使储罐发生连续性爆炸。因此，一旦液化石油气储罐发生泄漏，危险性高，危害极大。

表4.4.1将液化石油气储罐和储罐区分为7档，按单罐和罐区不同容积规定了防火间距。第一档主要为工业企业、事业等单位和居住小区内的气化站、混气站和小型灌装站的容积规模。第二档为中小城市调峰气源厂和大中型工业企业的气化站和混气站的容积规模。第三、四、五档为大中型灌瓶站，大、中城市调峰气源厂的容积规模。第六、七档主要为特大型灌瓶站，大、中型储配站、储存站和石油化工厂的储罐区。为更好地控制液化石油气储罐的火灾危害，本次修订时，经与国家标准《液化石油气厂站设计规范》编制组协商，将其最大总容积限制在10000m³。

表4.4.1注2的说明：埋地液化石油气储罐运行压力较低，且压力稳定，通常不大于0.6MPa，比地上储罐安全，故参考国内外有关规范其防火间距减小一半。为了安全起见，限制了单罐容积和储罐区的总容积。

有关防火间距规定的主要确定依据：

（1）根据液化石油气爆炸实例，当储罐发生液化石油气泄漏后，与空气混合并遇到点火源发生爆炸后，危及范围与单罐和罐区的总容积、破坏程度、泄漏量大小、地理位置、气象、风速以及消防设施和扑救情况等因素有关。当储罐和罐区容积较小，泄漏量不大时，爆炸和火灾的波及范围，近者20m～30m，远者50m～60m。当储罐和罐区容积较大，泄漏量很大时，爆炸和火灾的波及范围通常100m～300m，有资料记载，最远可达1500m。

（2）参考了美国消防协会《国家燃气规范》NFPA 59—2008规定的非冷冻液化石油气储罐与建筑物的防火间距（见表12）、英国石油学会《液化石油气安全规范》规定的炼油厂及大型企业的压力储罐与其他建筑物的防火间距（见表13）和日本液化石油气设备协会《一般标准》JLPA 001：2002 的规定(见表 14)。

**表 12　非冷冻液化石油气储罐与
建筑物的防火间距**

储罐充水容积（美加仑） （m³）	储罐距重要建筑物，或不与液化气体装置相连的建筑，或可用于建筑的相邻地界红线（ft）（m）
2001～30000（7.6～114）	50（15）
30001～70000（114～265）	75（23）
70001～90000（265～341）	100（30）
90001～120000（341～454）	125（38）
120001～200000（454～757）	200（61）
200001～1000000（747～3785）	300（91）
≥1000001（≥3785）	400（122）

注：储罐与用气厂房的间距可按上表减少 50％，但不得低于 50ft（15m）。表中数字后括号内的数值为按公制单位换算值。1 美加仑＝3.79×10⁻³m³。

**表 13　炼油厂和大型企业压力储罐
与其他建筑物的防火间距**

名称（英加仑）（m³）	间距(ft)（m）	备注
至其他企业的厂界或固定火源， 当储罐水容积＜30000(136.2) 30000～125000(136.2～567.50) ＞125000(＞567.5) 有火灾危险性的建筑物， 如灌装间、仓库等	50(15.24) 75(22.86) 100(30.48) 50(15.24)	
甲、乙级储罐	50(15.24)	自甲、乙类油品的储罐的围堤顶部算起
至低温冷冻液化石油气储罐	最大低温罐直径，但不小于 100(30.48)	
压力液化石油气储罐之间	相邻储罐直径之和的 1/4	

注：1 英加仑＝4.5×10⁻³m³。表中括号内的数值为按公制单位换算值。

表 14　日本不同区域储罐储量的限制

用地区域	一般居住区	商业区	准工业区	工业区或工业专用区
储存量（t）	3.5	7.0	35	不限

日本液化石油气设备协会《一般标准》JLPA 001：2002 的规定：第一种居住用地范围内，不允许设置液化石油气储罐；其他用地区域，设置储罐容量有严格限制。在此基础上，规定了地上储罐与第一种保护对象（学校、医院、托幼院、文物古迹、博物馆、车站候车室、百货大楼、酒店、旅馆等）的距离按下式计算确定：

$$L=0.12\sqrt{X+10000} \qquad (4)$$

式中：L——储罐与保护对象的防火间距（m）；
　　　X——液化石油气的总储量（kg）。

在日本，液化石油气站储罐的平均容积很小，当按上式计算大于 30m 时，可取不小于 30m。当采用地下储罐或采取水喷淋、防火墙等安全措施时，其防火间距可以按该规范的有关规定减小距离。对于液化石油气储罐与站内建筑物的防火间距，日本的规定也很小：与明火、耐火等级较低的建筑物的间距不应于 8m，与非明火建筑、站内围墙的间距不应小于 3.0m。

（3）总结了原规范执行情况，考虑了当前我国液化石油气行业设备制造安装、安全设施装备和管理的水平等现状。液化石油气单罐容积大于 1000m³ 和罐区总容积大于 5000m³ 的储存站，属特大型储存站，万一发生火灾或爆炸，其危及的范围也大，故有必要加大其防火间距要求。

4.4.2　本条为强制性条文。对于液化石油气储罐之间的防火间距，要考虑当一个储罐发生火灾时，能减少对相邻储罐的威胁，同时要便于施工安装、检修和运行管理。多个储罐的布置要求，主要考虑要减少发生火灾时的相互影响，并便于灭火救援，保证至少有一只消防水枪的充实水柱能到任一储罐的任何部位。

4.4.3　对于液化石油气储罐与所属泵房的距离要求，主要考虑泵房的火灾不要引发储罐爆炸着火，也是扑灭泵房火灾所需的最小安全距离。为满足液化石油气泵房正常运行，当泵房面向储罐一侧的外墙采用无门窗洞口的防火墙时，防火间距可适当调整。液化石油气泵露天设置时，对防火是有利的，为更好地满足工艺需要，对其与储罐的距离可不限。

4.4.4　有关全冷冻式液化石油气储罐和液化石油气气化站、混气站的储罐与重要公共建筑和其他民用建筑、道路等的防火间距，为保证安全，便于使用，与现行国家标准《城镇燃气设计规范》GB 50028 管理组协商后，将有关防火间距在《城镇燃气设计规范》中作详细规定，本规范不再规定。

总容积不大于 10m³ 的储罐，当设置在专用的独立建筑物内时，通常设置 2 个。单罐容积小，又设置在建筑物内，火灾危险性较小。故规定该建筑外墙与相邻厂房及其附属设备的防火间距，可以按甲类厂房的防火间距执行。

4.4.5　本条为强制性条文。本条规定了液化石油气瓶装供应站的基本防火间距。

目前，我国各城市液化石油气瓶装供应站的供应规模大都在 5000 户～7000 户，少数在 10000 户左右，个别站也有大于 10000 户的。根据各地运行经验，考虑方便用户、维修服务等因素，供气规模以 5000 户～10000 户为主。该供气规模日售瓶量按 15kg 钢瓶计，为170瓶~350瓶左右。瓶库通常应按1.5天~2天的售瓶量存储，才能保证正常供应，需储存250瓶~700瓶，相当于容积为4m³~20m³的液化石油气。

表4.4.5对液化石油气站的瓶库与站外建、构筑物的防火间距，按总存储容积分四档规定了不同的防火间距。与站外建、构筑物防火间距，考虑了液化石油气钢瓶单瓶容量较小，总存瓶量也严格限制最多不大于20m³，火灾危险性较液化石油气储罐小等因素。

表4.4.5注中的总存瓶容积按实瓶个数与单瓶几何容积的乘积计算，具体计算可按下式进行：

$$V = N \cdot V \cdot 10^{-3} \tag{5}$$

式中：V——总存瓶容积（m³）；

　　　N——实瓶个数；

　　　V——单瓶几何容积，15kg钢瓶为35.5L，50kg钢瓶为112L。

4.4.6 液化石油气瓶装供应站的四周，要尽量采用不燃材料构筑实体围墙，即无孔洞、花格的墙体。这不但有利于安全，而且可减少和防止瓶库发生爆炸时对周围区域的破坏。液化石油气瓶装供应站通常设置在居民区内，考虑与环境协调，面向出入口（一般为居民区道路）一侧可采用不燃材料构筑非实体的围墙，如装饰型花格围墙，但面向该侧的瓶装供应站建筑外墙不能设置泄压口。

4.5 可燃材料堆场的防火间距

4.5.1 据调查，粮食围垛堆场目前仍在使用，总储量较大且多利用稻草、竹竿等可燃物材料建造，容易引发火灾。本条根据过去粮食围垛的火灾情况，对粮食围垛的防火间距作了规定，并将粮食围垛堆场的最大储量定为20000t。根据我国部分地区粮食收储情况和火灾形势，2013年国家有关部门和单位也组织对粮食席穴囤、简易罩棚等粮食存放场所的防火，制定了更详细的规定。

对于棉花堆场，尽管国家近几年建设了大量棉花储备库，但仍有不少地区采用露天或半露天堆放的方式储存，且储量较大，每个棉花堆场储量大都在5000t左右。麻、毛、化纤和百货等火灾危险性类同，故将每个堆场最大储量限制在5000t以内。棉、麻、毛、百货等露天或半露天堆场与建筑物的防火间距，主要根据案例和现有堆场管理实际情况，并考虑避免和减少火灾时的损失。秸秆、芦苇、亚麻等的总储量较大，且在一些行业，如造纸厂或纸浆厂，储量更大。

从这些材料堆场发生火灾的情况看，火灾具有延续时间长、辐射热大、扑救难度较大、灭火时间长、用水量大的特点，往往损失巨大。根据以上情况，为了有效地防止火灾蔓延扩大，有利于灭火救援，将可燃材料堆场至建筑物的最小间距定为15m~40m。

对于木材堆场，采用统堆方式较多，往往堆垛

高、储量大，有必要对每个堆垛储量和防火间距加以限制。但为节约用地，规定当一个木材堆场的总储量如大于25000m³或一个秸秆可燃材料堆场的总储量大于20000t时，宜分设堆场，且各堆场之间的防火间距按不小于相邻较大堆场与四级建筑的间距确定。

关于表4.5.1注的说明：

（1）甲类厂房、甲类仓库发生火灾时，较其他类别建筑的火灾对可燃材料堆场的威胁大，故规定其防火间距按表4.5.1的规定增加25％且不应小于25m。

电力系统电压为35kV~500kV且每台变压器容量在10MV·A以上的室外变、配电站，以及工业企业的变压器总油量大于5t的室外总降压变电站对堆场威胁也较大，故规定有关防火间距不应小于50m。

（2）为防止明火或散发火花地点的飞火引发可燃材料堆场火灾，露天、半露天可燃材料堆场与明火或散发火花地点的防火间距，应按本表四级建筑的规定增加25％。

4.5.2 甲、乙、丙类液体储罐一旦发生火灾，威胁较大、辐射强度大，故规定有关防火间距不应小于表4.2.1和表4.5.1中相应储量与四级建筑防火间距的较大值。

4.5.3 可燃材料堆场着火时影响范围较大，一般在20m~40m之间。汽车和拖拉机的排气管飞火距离远者一般为8m~10m，近者为3m~4m。露天、半露天堆场与铁路线的防火间距，主要考虑蒸汽机车飞火对堆场的影响；与道路的防火间距，主要考虑道路的通行情况、汽车和拖拉机排气管飞火的影响以及堆场的火灾危险性。

5 民 用 建 筑

5.1 建筑分类和耐火等级

5.1.1 本条对民用建筑根据其建筑高度、功能、火灾危险性和扑救难易程度等进行了分类。以该分类为基础，本规范分别在耐火等级、防火间距、防火分区、安全疏散、灭火设施等方面对民用建筑的防火设计提出了不同的要求，以实现保障建筑消防安全与保证工程建设和提高投资效益的统一。

（1）对民用建筑进行分类是一个较为复杂的问题，现行国家标准《民用建筑设计通则》GB 50352将民用建筑分为居住建筑和公共建筑两大类，其中居住建筑包括住宅建筑、宿舍建筑等。在防火方面，除住宅建筑外，其他类型居住建筑的火灾危险性与公共建筑接近，其防火要求需按公共建筑的有关规定执行。因此，本规范将民用建筑分为住宅建筑和公共建筑两大类，并进一步按照建筑高度分为高层民用建筑和单层、多层民用建筑。

（2）对于住宅建筑，本规范以27m作为区分多

层和高层住宅建筑的标准；对于高层住宅建筑，以54m划分为一类和二类。该划分方式主要为了与原国家标准《建筑设计防火规范》GB 50016—2006和《高层民用建筑设计防火规范》GB 50045—1995中按9层及18层的划分标准相一致。

对于公共建筑，本规范以24m作为区分多层和高层公共建筑的标准。在高层建筑中将性质重要、火灾危险性大、疏散和扑救难度大的建筑定为一类。例如，将医疗建筑划为一类，主要考虑了建筑中有不少人员行动不便、疏散困难、建筑内发生火灾易致人员伤亡。

表中"一类"第2项中的"其他多种功能组合"，指公共建筑中具有两种或两种以上的公共使用功能，不包括住宅与公共建筑组合建造的情况。比如，住宅建筑的下部设置商业服务网点时，该建筑仍为住宅建筑；住宅建筑下部设置有商业或其他功能的裙房时，该建筑不同部分的防火设计可按本规范第5.4.10条的规定进行。条文中"建筑高度24m以上部分任一楼层建筑面积大于1000m²"的"建筑高度24m以上部分任一楼层"是指该层楼板的标高大于24m。

（3）本条中建筑高度大于24m的单层公共建筑，在实际工程中情况往往比较复杂，可能存在单层和多层组合建造的情况，难以确定是按单、多层建筑还是高层建筑进行防火设计。在防火设计时要根据建筑各使用功能的层数和建筑高度综合确定。如某体育馆建筑主体为单层，建筑高度30.6m，座位区下部设置4层辅助用房，第四层顶板标高22.7m，该体育馆可不按高层建筑进行防火设计。

（4）由于实际建筑的功能和用途千差万别，称呼也多种多样，在实际工作中，对于未明确列入表5.1.1中的建筑，可以比照其功能和火灾危险性进行分类。

（5）由于裙房与高层建筑主体是一个整体，为保证安全，除规范对裙房另有规定外，裙房的防火设计要求应与高层建筑主体的一致，如高层建筑主体的耐火等级为一级时，裙房的耐火等级也不应低于一级，防火分区划分、消防设施设置等也要与高层建筑主体一致等。表5.1.1注3"除本规范另有规定外"是指，当裙房与高层建筑主体之间采用防火墙分隔时，可以按本规范第5.3.1条、第5.5.12条的规定确定裙房的防火分区及安全疏散要求等。

宿舍、公寓不同于住宅建筑，其防火设计要按照公共建筑的要求确定。具体设计时，要根据建筑的实际用途来确定其是按照本规范有关公共建筑的一般要求，还是按照有关旅馆建筑的要求进行防火设计。比如，用作宿舍的学生公寓或职工公寓，就可以按照公共建筑的一般要求确定其防火设计要求；而酒店式公寓的用途及其火灾危险性与旅馆建筑类似，其防火要求就需要根据本规范有关旅馆建筑的要求确定。

5.1.2 民用建筑的耐火等级分级是为了便于根据建筑自身结构的防火性能来确定该建筑的其他防火要求。相反，根据这个分级及其对应建筑构件的耐火性能，也可以用于确定既有建筑的耐火等级。

（1）据统计，我国住宅建筑在全部建筑中所占比例较高，住宅内的火灾荷载及引发火灾的因素也在不断变化，并呈增加趋势。住宅建筑的公共消防设施管理比较困难，如能将火灾控制在住宅建筑中的套内，则可有效减少火灾的危害和损失。因此，本规范在适当提高住宅建筑的套与套之间或单元与单元之间的防火分隔性能基础上，确定了建筑内的消防设施配置等其他相关设防要求。表5.1.2有关住宅建筑单元之间和套之间墙体的耐火极限的规定，是在房间隔墙耐火极限要求的基础上提高到重要设备间隔墙的耐火极限。

（2）建筑整体的耐火性能是保证建筑结构在火灾时不发生较大破坏的根本，而单一建筑结构构件的燃烧性能和耐火极限是确定建筑整体耐火性能的基础。故表5.1.2规定了各构件的燃烧性能和耐火极限。

（3）表5.1.2中有关构件燃烧性能和耐火极限的规定是对构件耐火性能的基本要求。建筑的形式多样、功能不一，火灾荷载及其分布与火灾类型等在不同的建筑中均有较大差异。对此，本章有关条款作了一定调整，但仍不一定能完全满足某些特殊建筑的设计要求。因此，对一些特殊建筑，还需根据建筑的空间高度、室内的火灾荷载和火灾类型、结构承载情况和室内外灭火设施设置等，经理论分析和实验验证后按照国家有关规定经论证后确定。

（4）表5.1.2中的注2主要为与现行国家标准《住宅建筑规范》GB 50368有关三、四级耐火等级住宅建筑构件的耐火极限的规定协调。根据注2的规定，按照本规范和《住宅建筑规范》GB 50368进行防火设计均可。《住宅建筑规范》GB 50368规定：四级耐火等级的住宅建筑允许建造3层，三级耐火等级的住宅建筑允许建造9层，但其构件的燃烧性能和耐火极限比本规范的相应耐火等级的要求有所提高。

5.1.3 本条为强制性条文。本条规定了一些性质重要、火灾扑救难度大、火灾危险性大的民用建筑的最低耐火等级要求。

1 地下、半地下建筑（室）发生火灾后，热量不易散失，温度高，烟雾大，燃烧时间长，疏散和扑救难度大，故对其耐火等级要求高。一类高层民用建筑发生火灾，疏散和扑救都很困难，容易造成人员伤亡或财产损失。因此，要求达到一级耐火等级。

本条及本规范所指"地下、半地下建筑"，包括附建在建筑中的地下室、半地下室和单独建造的地下、半地下建筑。

2 重要公共建筑对某一地区的政治、经济和生产活动以及居民的正常生活有重大影响，需尽量减小火灾对建筑结构的危害，以便灾后尽快恢复使用功能，故规定重要公共建筑应采用一、二级耐火等级。

5.1.4 本条为强制性条文。近年来，高层民用建筑在我国呈快速发展之势，建筑高度大于100m的建筑越来越多，火灾也呈多发态势，火灾后果严重。各国对高层建筑的防火要求不同，建筑高度分段也不同，如我国规范按24m、32m、50m、100m和250m，新加坡规范按24m和60m，英国规范按18m、30m和60m，美国规范按23m、37m、49m和128m等分别进行规定。

构件耐火性能、安全疏散和消防救援等均与建筑高度有关，对于建筑高度大于100m的建筑，其主要承重构件的耐火极限要求对比情况见表15。从表15可以看出，我国规范中有关柱、梁、承重墙等承重构件的耐火极限要求与其他国家的规定比较接近，但楼板的耐火极限相对偏低。由于此类高层建筑火灾的扑救难度巨大，火灾延续时间可能较长，为保证超高层建筑的防火安全，将其楼板的耐火极限从1.50h提高到2.00h。

表15　各国对建筑高度大于100m的建筑主要承重构件耐火极限的要求（h）

名称	中国	美国	英国	法国
柱	3.00	3.00	2.00	2.00
承重墙	3.00	3.00	2.00	2.00
梁	2.00	2.00	2.00	2.00
楼板	1.50	2.00	2.00	2.00

上人屋面的耐火极限除应考虑其整体性外，还应考虑应急避难人员在屋面上停留时的实际需要。对于一、二级耐火等级建筑物的上人屋面板，耐火极限应与相应耐火等级建筑楼板的耐火极限一致。

5.1.5 对于屋顶要求一、二级耐火等级建筑的屋面板采用不燃材料，以防止火灾蔓延。考虑到防水层材料本身的性能和安全要求，结合防水层、保温层的构造情况，对防水层的燃烧性能及防火保护做法作了规定，有关说明见本规范第3.2.16条条文说明。

5.1.6 为使一些新材料、新型建筑构件能得到推广应用，同时又能不降低建筑的整体防火性能，保障人员疏散安全和控制火灾蔓延，本条规定当降低房间隔墙的燃烧性能要求时，耐火极限应相应提高。

设计应注意尽量采用发烟量低、烟气毒性低的材料，对于人员密集场所以及重要的公共建筑，需严格控制使用。

5.1.7 本条对民用建筑内采用金属夹芯板的芯材燃烧性能和耐火极限作了规定，有关说明见本规范第3.2.17条的条文说明。

5.1.8 本条规定主要为防止吊顶因受火作用塌落而影响人员疏散，同时避免火灾通过吊顶蔓延。

5.1.9 对于装配式钢筋混凝土结构，其节点缝隙和明露钢支承构件部位一般是构件的防火薄弱环节，容易被忽视，而这些部位却是保证结构整体承载力的关键部位，要求采取防火保护措施。在经过防火保护处理后，该节点的耐火极限要不低于本章对该节点部位连接构件中要求耐火极限最高者。

5.2　总平面布局

5.2.1 为确保建筑总平面布局的消防安全，本条提出了在建筑设计阶段要合理进行总平面布置，要避免在甲、乙类厂房和仓库，可燃液体和可燃气体储罐以及可燃材料堆场的附近布置民用建筑，以从根本上防止和减少火灾危险性大的建筑发生火灾时对民用建筑的影响。

5.2.2 本条为强制性条文。本条综合考虑灭火救援需要、防止火势向邻近建筑蔓延以及节约用地等因素，规定了民用建筑之间的防火间距要求。

（1）根据建筑的实际情形，将一、二级耐火等级多层建筑之间的防火间距定为6m。考虑到扑救高层建筑需要使用曲臂车、云梯登高消防车等车辆，为满足消防车辆通行、停靠、操作的需要，结合实践经验，规定一、二级耐火等级高层建筑之间的防火间距不应小于13m。其他三、四级耐火等级的民用建筑之间的防火间距，因耐火等级低，受热辐射作用易着火而致火势蔓延，其防火间距在一、二级耐火等级建筑的要求基础上有所增加。

（2）表5.2.2注1：主要考虑了有的建筑物防火间距不足，而全部不开设门窗洞口又有困难的情况。因此，允许每一面外墙开设门窗洞口面积之和不大于该外墙全部面积的5%时，防火间距可缩小25%。考虑到门窗洞口的面积仍然较大，故要求门窗洞口应错开、不应正对，以防止火灾通过开口蔓延至对面建筑。

（3）表5.2.2注2～注5：考虑到建筑在改建和扩建过程中，不可避免地会遇到一些诸如用地限制等具体困难，对两座建筑物之间的防火间距作了有条件的调整。当两座建筑，较高一面的外墙为防火墙，或超出高度较高时，应主要考虑较低一面对较高一面的影响。当两座建筑高度相同时，如果贴邻建造，防火墙的构造应符合本规范第6.1.1条的规定。当较低一座建筑的耐火等级不低于二级，较低一面的外墙为防火墙，且屋顶承重构件和屋面板的耐火极限不低于1.00h，防火间距允许减少到3.5m，但如果相邻建筑中有一座为高层建筑或两座均为高层建筑时，该间距允许减少到4m。火灾通常都是从下向上蔓延，考虑较低的建筑物着火时，火势容易蔓延到较高的建筑物，有必要采取防火墙和耐火屋盖，故规定屋顶承重构件和屋面板的耐火极限不应低于1.00h。

两座相邻建筑，当较高建筑高出较低建筑的部位着火时，对较低建筑的影响较小，而相邻建筑正对部位着火时，则容易相互影响。故要求较高建筑在一定高度范围内通过设置防火门、窗或卷帘和水幕等防火分隔设施，来满足防火间距调整的要求。有关防火分隔水幕和防护冷却水幕的设计要求应符合现行国家标准《自动喷水灭火系统设计规范》GB 50084 的规定。

最小防火间距确定为 3.5m，主要为保证消防车通行的最小宽度；对于相邻建筑中存在高层建筑的情况，则要增加到 4m。

本条注 4 和注 5 中的"高层建筑"，是指在相邻的两座建筑中有一座为高层民用建筑或相邻两座建筑均为高层民用建筑。

（4）表 5.2.2 注 6：对于通过裙房、连廊或天桥连接的建筑物，需将该相邻建筑视为不同的建筑来确定防火间距。对于回字形、U 型、L 型建筑等，两个不同防火分区的相对外墙之间也要有一定的间距，一般不小于 6m，以防止火灾蔓延到不同分区内。本注中的"底部的建筑物"，主要指如高层建筑通过裙房连成一体的多座高层建筑主体的情形，在这种情况下，尽管在下部的建筑是一体的，但上部建筑之间的防火间距，仍需按两座不同建筑的要求确定。

（5）表 5.2.2 注 7：当确定新建建筑与耐火等级低于四级的既有建筑的防火间距时，可将该既有建筑的耐火等级视为四级后确定防火间距。

5.2.3 民用建筑所属单独建造的终端变电站，通常是指 10kV 降压至 380V 的最末一级变电站。这些变电站的变压器大致在 630kV·A～1000kV·A 之间，可以按照民用建筑的有关防火间距执行。但单独建造的其他变电站，则应将其视为丙类厂房来确定有关防火间距。对于预装式变电站，有干式和湿式两种，其电压一般在 10kV 或 10kV 以下。这种装置内部结构紧凑、用金属外壳罩住，使用过程中的安全性能较高。因此，此类型的变压器与邻近建筑的防火间距，比照一、二级耐火等级建间的防火间距减少一半，确定为 3m。规模较大的油浸式箱式变压器的火灾危险性较大，仍应按本规范第 3.4 节的有关规定执行。

锅炉房可视为丁类厂房。在民用建筑中使用的单台蒸发量在 4t/h 以下或额定功率小于或等于 2.8MW 的燃煤锅炉房，由于火灾危险性较小，将这样的锅炉房视为民用建筑确定相应的防火间距。大于上述规模时，与工业用锅炉基本相当，要求将锅炉房按照丁类厂房的有关防火间距执行。至于燃油、燃气锅炉房，因火灾危险性较燃煤锅炉房大，还涉及燃料储罐等问题，故也要提高要求，将其视为厂房来确定有关防火间距。

5.2.4 本条主要为了解决城市用地紧张，方便小型多层建筑的布局与建设问题。

除住宅建筑成组布置外，占地面积不大的其他类型的多层民用建筑，如办公楼、教学楼等成组布置的

也不少。本条主要针对住宅建筑、办公楼等使用功能单一的建筑，当数座建筑占地面积总和不大于防火分区最大允许建筑面积时，可以把它视为一座建筑。允许占地面积在 2500m² 内的建筑成组布置时，考虑到必要的消防车通行和防止火灾蔓延等，要求组内建筑之间的间距尽量不小于 4m。组与组、组与周围相邻建筑的间距，仍应按本规范第 5.2.2 条等有关民用建筑防火间距的要求确定。

5.2.5 对于民用建筑与燃气调压站、液化石油气气化站、混气站和城市液化石油气供应站瓶库等的防火间距，经协商，在现行国家标准《城镇燃气设计规范》GB 50028 中进行规定，本规范未再作要求。

5.2.6 本条为强制性条文。对于建筑高度大于 100m 的民用建筑，由于灭火救援和人员疏散均需要建筑周边有相对开阔的场地，因此，建筑高度大于 100m 的民用建筑与相邻建筑的防火间距，即使按照本规范有关要求可以减小，也不能减小。

5.3 防火分区和层数

5.3.1 本条为强制性条文。防火分区的作用在于发生火灾时，将火势控制在一定的范围内。建筑设计中应合理划分防火分区，以有利于灭火救援、减少火灾损失。

国外有关标准均对建筑的防火分区最大允许建筑面积有相应规定。例如法国高层建筑防火规范规定，I 类高层办公建筑每个防火分区的最大允许建筑面积为 750m²；德国标准规定高层住宅每隔 30m 应设置一道防火墙，其他高层建筑每隔 40m 应设置一道防火墙；日本建筑规范规定每个防火分区的最大允许建筑面积：十层以下部分 1500m²，十一层以上部分，根据吊顶、墙体材料的燃烧性能及防火门情况，分别规定为 100m²、200m²、500m²；美国规范规定每个防火分区的最大建筑面积为 1400m²；前苏联的防火标准规定，非单元式住宅的每个防火分区的最大建筑面积为 500m²（地下室与此相同）。虽然各国划定防火分区的建筑面积各异，但都是要求在设计中将建筑物的平面和空间以防火墙和防火门、窗等以及楼板分成若干防火区域，以便控制火灾蔓延。

（1）表 5.3.1 参照国外有关标准、规范资料，根据我国目前的经济水平以及灭火救援能力和建筑防火实际情况，规定了防火分区的最大允许建筑面积。

当裙房与高层建筑主体之间设置了防火墙，且相互间的疏散和灭火设施设置均相对独立时，裙房与高层建筑主体之间的火灾相互影响能受到较好的控制，故裙房的防火分区可以按照建筑高度不大于 24m 的建筑的要求确定。如果裙房与高层建筑主体间未采取上述措施时，裙房的防火分区要按照高层建筑主体的要求确定。

（2）对于住宅建筑，一般每个住宅单元每层的建

筑面积不大于一个防火分区的允许建筑面积，当超过时，仍需要按照本规范要求划分防火分区。塔式和通廊式住宅建筑，当每层的建筑面积大于一个防火分区的允许建筑面积时，也需要按照本规范要求划分防火分区。

（3）设置在地下的设备用房主要为水、暖、电等保障用房，火灾危险性相对较小，且平时只有巡检人员，故将其防火分区允许建筑面积规定为1000m²。

（4）表5.3.1注1中有关设置自动灭火系统的防火分区建筑面积可以增加的规定，参考了美国、英国、澳大利亚、加拿大等国家的有关规范规定，也考虑了主动防火与被动防火之间的平衡。注1中所指局部设置自动灭火系统时，防火分区的增加面积可按该局部面积的一倍计算，应为建筑内某一局部位置与其他部位有防火分隔又需增加防火分区的面积时，可通过设置自动灭火系统的方式提高其消防安全水平的方式来实现，但局部区域包括所增加的面积，均要同时设置自动灭火系统。

（5）体育馆、剧场的观众厅等由于使用需要，往往要求较大面积和较高的空间，建筑也多以单层或2层为主，防火分区的建筑面积可适当增加。但这涉及建筑的综合防火设计问题，设计不能单纯考虑防火分区。因此，为确保这类建筑的防火安全最大限度地提高建筑的消防安全水平，当此类建筑内防火分区的建筑面积为满足功能要求而需要扩大时，要采取相关防火措施，按照国家相关规定和程序进行充分论证。

（6）表5.3.1中"防火分区的最大允许建筑面积"，为每个楼层采用防火墙和楼板分隔的建筑面积，当有未封闭的开口连接多个楼层时，防火分区的建筑面积需将这些相连通的面积叠加计算。防火分区的建筑面积包括各类楼梯间的建筑面积。

5.3.2 本条为强制性条文。建筑内连通上下楼层的开口破坏了防火分区的完整性，会导致火灾在多个区域和楼层蔓延发展。这样的开口主要有：自动扶梯、中庭、敞开楼梯等。中庭等共享空间，贯通数个楼层，甚至从首层直通到顶层，四周与建筑物各楼层的廊道、营业厅、展览厅或窗口直接连通；自动扶梯、敞开楼梯也是连通上下两层或数个楼层。火灾时，这些开口是火势竖向蔓延的主要通道，火势和烟气会从开口部位侵入上下楼层，对人员疏散和火灾控制带来困难。因此，应对这些相连通的空间采取可靠的防火分隔措施，以防止火灾通过连通空间迅速向上蔓延。

对于本规范允许采用敞开楼梯间的建筑，如5层或5层以下的教学建筑、普通办公建筑等，该敞开楼梯间可以不按上、下层相连通的开口考虑。

对于中庭，考虑到建筑内部形态多样，结合建筑功能需求和防火安全要求，本条对几种不同的防火分隔物提出了一些具体要求。在采取了能防止火灾和烟气蔓延的措施后，一般将中庭单独作为一个独立的防

火单元。对于中庭部分的防火分隔物，推荐采用实体墙，有困难时可采用防火玻璃墙，但防火玻璃墙的耐火完整性和耐火隔热性要达到1.00h。当仅采用耐火完整性达到要求的防火玻璃墙时，要设置自动喷水灭火系统对防火玻璃进行保护。自动喷水灭火系统可采用闭式系统，也可采用冷却水幕系统。尽管规范未排除采取防火卷帘的方式，但考虑到防火卷帘在实际应用中存在可靠性不够高等问题，故规范对其耐火极限提出了更高要求。

本条同时要求有耐火完整性和耐火隔热性的防火玻璃墙，其耐火性能采用国家标准《镶玻璃构件耐火试验方法》GB/T 12513中对隔热性镶玻璃构件的试验方法和判定标准进行测定。只有耐火完整性要求的防火玻璃墙，其耐火性能可采用国家标准《镶玻璃构件耐火试验方法》GB/T 12513中对非隔热性镶玻璃构件的试验方法和判定标准进行测定。

设计时应注意，与中庭相通的过厅、通道等处应设置防火门，对于平时需保持开启状态的防火门，应设置自动释放装置使门在火灾时可自行关闭。

本条中，中庭与周围相连通空间的分隔方式，可以多样，部位也可以根据实际情况确定，但要确保能防止中庭周围空间的火灾和烟气通过中庭迅速蔓延。

5.3.3 防火分区之间的分隔是建筑内防止火灾在分区之间蔓延的关键防线，因此要采用防火墙进行分隔。如果因使用功能需要不能采用防火墙分隔时，可以采用防火卷帘、防火分隔水幕、防火玻璃或防火门进行分隔，但要认真研究其与防火墙的等效性。因此，要严格控制采用非防火墙进行分隔的开口大小。对此，加拿大建筑规范规定不应大于20m²。我国目前在建筑中大量采用大面积、大跨度的防火卷帘替代防火墙进行水平防火分隔的做法，存在较大消防安全隐患，需引起重视。有关采用防火卷帘进行分隔时的开口宽度要求，见本规范第6.5.3条。

5.3.4 本条为强制性条文。本条本身是根据现实情况对商店营业厅、展览建筑的展览厅的防火分区大小所作调整。

当营业厅、展览厅仅设置在多层建筑（包括与高层建筑主体采用防火墙分隔的裙房）的首层，其他楼层用于火灾危险性较营业厅或展览厅小的其他用途，或所在建筑本身为单层建筑时，考虑到人员安全疏散和灭火救援均具有较好的条件，且营业厅和展览厅需与其他功能区域划分为不同的防火分区，分开设置各自的疏散设施，将防火分区的建筑面积调整为10000m²。需要注意的是，这些场所的防火分区的面积尽管增大了，但疏散距离仍应满足本规范第5.5.17条的规定。

当营业厅、展览厅同时设置在多层建筑的首层及其他楼层时，考虑到涉及多个楼层的疏散和火灾蔓延危险，防火分区仍应按照本规范第5.3.1条的规定

确定。

当营业厅内设置餐饮场所时，防火分区的建筑面积需要按照民用建筑的其他功能的防火分区要求划分，并要与其他商业营业厅进行防火分隔。

本条规定了允许营业厅、展览厅防火分区可以扩大的条件，即设置自动灭火系统、火灾自动报警系统，采用不燃或难燃装修材料。该条件与本规范第8章的规定和国家标准《建筑内部装修设计防火规范》GB 50222有关降低装修材料燃烧性能的要求无关，即当按本条要求进行设计时，这些场所不仅要设置自动灭火系统和火灾自动报警系统，装修材料要求采用不燃或难燃材料，且不能低于《建筑内部装修设计防火规范》GB 50222的要求，而且不能再按照该规范的规定降低材料的燃烧性能。

5.3.5 本条为强制性条文。为最大限度地减少火灾的危害，并参照国外有关标准，结合我国商场内的人员密度和管理等多方面实际情况，对地下商店总建筑面积大于20000m²时，提出了比较严格的防火分隔规定，以解决目前实际工程中存在地下商店规模越建越大，并大量采用防火卷帘作防火分隔，以致数万平方米的地下商店连成一片，不利于安全疏散和扑救的问题。本条所指的总建筑面积包括营业面积、储存面积及其他配套服务面积。

同时，考虑到使用的需要，可以采取规范提出的措施进行局部连通。当然，实际中不限于这些措施，也可采用其他等效方式。

5.3.6 本条确定的有顶棚的商业步行街，其主要特征为：零售、餐饮和娱乐等中小型商业设施或商铺通过有顶棚的步行街连接，步行街两端均有开放的出入口并具有良好的自然通风或排烟条件，步行街两侧均为建筑面积较小的商铺，一般不大于300m²。有顶棚的商业步行街与商业建筑内中庭的主要区别在于，步行街如果没有顶棚，则步行街两侧的建筑就成为相对独立的多座不同建筑，而中庭则不能。此外，步行街两侧的建筑不会因步行街上部设置了顶棚而明显增大火灾蔓延的危险，也不会导致火灾烟气在该空间内明显积聚。因此，其防火设计有别于建筑内的中庭。

为阻止步行街两侧商铺发生的火灾在步行街内沿水平方向或竖直方向蔓延，预防步行街自身空间内发生火灾，确保步行街的顶棚在人员疏散过程中不会垮塌，本条参照两座相邻建筑的要求规定了步行街两侧建筑的耐火等级、两侧商铺之间的距离和商铺围护结构的耐火极限、步行街端部的开口宽度、步行街顶棚材料的燃烧性能以及防止火灾竖向蔓延的要求等。

规范要求步行街的端部各层要尽量不封闭；如需要封闭，则每层均要设置开口或窗口与外界直接连通，不能设置商铺或采用其他方式封闭。因此，要使在端部外墙上开设的门窗洞口的开口面积不小于这一楼层外墙面积的一半，确保其具有良好的自然通风条件。至于要求步行街的长度尽量控制在300m以内，主要为防止火灾一旦失控导致过火面积过大；另外，灭火救援时，消防人员必须进入建筑内，但火灾中的烟气大、能见度低，敷设水带距离长也不利于有效供水和消防人员安全进出，故控制这一长度有利于火灾扑救和保证救援人员安全。

与步行街相连的商业设施内一旦发生火灾，要采取措施尽量把火灾控制在着火房间内，限制火势向步行街蔓延。主要措施有：商业设施面向步行街一侧的墙体和门要具有一定的耐火极限，商业设施相互之间采用防火隔墙或防火墙分隔，设置火灾自动报警系统和自动喷水灭火系统。

本条规定的同时要求有耐火完整性和耐火隔热性的防火玻璃墙（包括门、窗），其耐火性能采用国家标准《镶玻璃构件耐火试验方法》GB/T 12513中对隔热性镶玻璃构件的试验方法和判定标准进行测定。只有耐火完整性要求的防火玻璃墙（包括门、窗），其耐火性能可采用国家标准《镶玻璃构件耐火试验方法》GB/T 12513中对非隔热性镶玻璃构件的试验方法和判定标准进行测定。

为确保室内步行街可以作为安全疏散区，该区域内的排烟十分重要。这首先要确保步行街各层楼板上的开口要尽量大，除设置必要的廊道和步行街两侧的连接天桥外，不可以设置其他设施或楼板。本规范总结实际工程建设情况，并为满足防止烟气在各层积聚蔓延的需要，确定了步行街上部各层楼板上的开口率不小于37%。此外，为确保排烟的可靠性，要求该步行街上部采用自然排烟方式进行排烟；为保证有效排烟，要求在顶棚上设置的自然排烟设施，要尽量采用常开的排烟口，当采用平时需要关闭的常闭式排烟口时，既要设置能在火灾时与火灾自动报警系统联动自动开启的装置，还要设置能人工手动开启的装置。本条确定的自然排烟口的有效开口面积与本规范第6.4.12条的规定是一致的。当顶棚上采用自然排烟，而回廊区域采用机械排烟时，要合理设计排烟设施的控制顺序，以保证排烟效果。同时，要尽量加大步行街上部可开启的自然排烟口的面积，如高侧窗或自动开启排烟窗等。

尽管步行街满足规定条件时，步行街两侧商业设施内的人员可以通至步行街进行疏散，但步行街毕竟不是室外的安全区域。因此，比照位于两个安全出口之间的房间的疏散距离，并考虑步行街的空间高度相对较高的特点，规定了通过步行街到达室外安全区域的步行距离。同时，设计时要尽可能将两侧建筑中的安全出口设置在靠外墙部位，使人员不必经过步行街而直接疏散至室外。

5.4 平面布置

5.4.1 民用建筑的功能多样，往往有多种用途或功能的空间布置在同一座建筑内。不同使用功能空间的火灾危险性及人员疏散要求也各不相同，通常要按照本规范第1.0.4条的原则进行分隔；当相互间的火灾危险性差别较大时，各自的疏散设施也需尽量分开设置，如商业经营与居住部分。即使一座单一功能的建筑内也可能存在多种用途的场所，这些用途间的火灾危险性也可能各不一样。通过合理组合布置建筑内不同用途的房间以及疏散走道、疏散楼梯间等，可以将火灾危险性大的空间相对集中并方便划分为不同的防火分区，或将这样的空间布置在对建筑结构、人员疏散影响较小的部位等，以尽量降低火灾的危害。设计需结合本规范的防火要求、建筑的功能需要等因素，科学布置不同功能或用途的空间。

5.4.2 本条为强制性条文。民用建筑功能复杂，人员密集，如果内部布置生产车间及库房，一旦发生火灾，极易造成重大人员伤亡和财产损失。因此，本条规定不应在民用建筑内布置生产车间、库房。

民用建筑由于使用功能要求，可以布置部分附属库房。此类附属库房是指直接为民用建筑使用功能服务，在整座建筑中所占面积比例较小，且内部采取了一定防火分隔措施的库房，如建筑中的自用物品暂存库房、档案室和资料室等。

如在民用建筑中存放或销售易燃、易爆物品，发生火灾或爆炸时，后果较严重。因此，对存放或销售这些物品的建筑的设置位置要严格控制，一般要采用独立的单层建筑。本条主要规定这些用途的场所不应与其他用途的民用建筑合建，如设置在商业服务网点内、办公楼的下部等，不包括独立设置并经营、存放或使用此类物品的建筑。

5.4.3 本条为强制性条文。本条规定主要为保证人员疏散安全和便于火灾扑救。甲、乙类火灾危险性物品，极易燃烧、难以扑救，故严格规定营业厅、展览厅不得经营、展示，仓库不得储存此类物品。

5.4.4 本条第1～4款为强制性条文。

儿童和老年人的行为能力均较弱，需要其他人协助进行疏散，故将本条规定作为强制性条文。本条中有关布置楼层和安全出口或疏散楼梯的设置要求，均为便于火灾时快速疏散人员。

有关老年人活动场所的防火设计要求，还应符合现行行业标准《老年人建筑设计规范》JGJ 122 的规定。有关儿童活动场所的防火设计在我国现行行业标准《托儿所、幼儿园建筑设计规范》JGJ 39 中也有部分规定。

本条规定中的"儿童活动场所"主要指设置在建筑内的儿童游乐厅、儿童乐园、儿童培训班、早教中心等类似用途的场所。这些场所与其他功能的场所混合建造时，不利于火灾时儿童疏散和灭火救援，应严格控制。托儿所、幼儿园或老年人活动场所等设置在高层建筑内时，一旦发生火灾，疏散更加困难，要进

一步提高疏散的可靠性，避免与其他楼层和场所的疏散人员混合，故规范要求这些场所的安全出口和疏散楼梯要完全独立于其他场所，不与其他场所内的疏散人员共用，而仅供托儿所、幼儿园或老年人活动场所等的人员疏散用。

这里的"老年人活动场所"主要指老年公寓、养老院、托老所等中的老年人公共活动场所。

5.4.5 本条为强制性条文。病房楼内的大多数人员行为能力受限，比办公楼等公共建筑的火灾危险性高。根据近些年的医院火灾情况，在按照规范要求划分防火分区后，病房楼的每个防火分区还需结合护理单元根据面积大小和疏散路线做进一步的防火分隔，以便将火灾控制在更小的区域内，并有效地减小烟气的危害，为人员疏散与灭火救援提供更好的条件。

病房楼内每个护理单元的建筑面积，不同地区、不同类型的医院差别较大，一般每个护理单元的护理床位数为 40 床～60 床，建筑面积约 1200m^2 ～ 1500m^2，个别达 2000m^2，包括护士站、重症监护室和活动间等。因此，本条要求按护理单元再做防火分隔，没有按建筑面积进行规定。

5.4.6 本条为强制性条文。学校、食堂、菜市场等建筑，均系人员密集场所、人员组成复杂，故建筑耐火等级较低时，其层数不宜过多，以利人员安全疏散。这些建筑原则上不应采用四级耐火等级的建筑，但我国地域广大，部分经济欠发达地区以及建筑面积小的此类建筑，允许采用四级耐火等级的单层建筑。

5.4.7 剧院、电影院和礼堂均为人员密集的场所，人群组成复杂，安全疏散需要重点考虑。当设置在其他建筑内时，考虑到这些场所在使用时，人员通常集中精力于观演等某件事情中，对周围火灾可能难以及时知情，在疏散时与其他场所的人员也可能混合。因此，要采用防火隔墙将这些场所与其他场所分隔，疏散楼梯尽量独立设置，不能完全独立设置时，也至少要保证一部疏散楼梯，仅供该场所使用，不与其他用途的场所或楼层共用。

5.4.8 在民用建筑内设置的会议厅（包括宴会厅）等人员密集的厅、室，有的设在接近建筑的首层或较低的楼层，有的设在建筑的上部或顶层。设置在上部或顶层的，会给灭火救援和人员安全疏散带来很大困难。因此，本条规定会议厅等人员密集的厅、室尽可能布置在建筑的首层、二层或三层，使人员能在短时间内安全疏散完毕，尽量不与其他疏散人群交叉。

5.4.9 本条第1、4、5、6款为强制性条文。本规范所指歌舞娱乐放映游艺场所为歌厅、舞厅、录像厅、夜总会、卡拉OK厅和具有卡拉OK功能的餐厅或包房、各类游艺厅、桑拿浴室的休息室和具有桑拿服务功能的客房、网吧等场所，不包括电影院和剧场的观众厅。

本条中的"厅、室"，是指歌舞娱乐放映游艺场

所中相互分隔的独立房间，如卡拉 OK 的每间包房、桑拿浴的每间按摩房或休息室，这些房间是独立的防火分隔单元，即需采用耐火极限不低于 2.00h 的墙体和 1.00h 的楼板与其他单元或场所分隔，疏散门为耐火极限不低于乙级的防火门。单元之间或与其他场所之间的分隔构件上无任何门窗洞口，每个厅室的最大建筑面积限定在 200m²，即使设置自动喷水灭火系统，面积也不能增加，以便将火灾限制在该房间内。

当前，有些采用上述分隔方式将多个小面积房间组合在一起且建筑面积小于 200m²，并看作一个厅室的做法，不符合本条规定的要求。

5.4.10 本条第 1、2 款为强制性条文。本条规定为防止其他部分的火灾和烟气蔓延至住宅部分。

住宅建筑的火灾危险性与其他功能的建筑有较大差别，一般需独立建造。当将住宅与其他功能场所空间组合在同一座建筑内时，需在水平与竖向采取防火分隔措施与住宅部分分隔，并使各自的疏散设施相互独立，互不连通。在水平方向，一般应采用无门窗洞口的防火墙分隔；在竖向，一般采用楼板分隔并在建筑立面开口位置的上下楼层分隔处采用防火挑檐、窗间墙等防止火灾蔓延。

防火挑檐是防止火灾通过建筑外部在建筑的上、下层间蔓延的构造，需要满足一定的耐火性能要求。有关建筑的防火挑檐和上下层窗间墙的要求，见本规范第 6.2.5 条。

本条中的"建筑的总高度"，为建筑中住宅部分与住宅外的其他使用功能部分组合后的最大高度。"各自的建筑高度"，对于建筑中其他使用功能部分，其高度为室外设计地面至其最上一层顶板或屋面面层的高度；住宅部分的高度为可供住宅部分的人员疏散和满足消防车停靠与灭火救援的室外设计地面（包括屋面、平台）至住宅部分屋面面层的高度。有关建筑高度的具体计算方法见本规范的附录 A。

本条第 3 款确定的设计原则为：住宅部分的安全疏散楼梯、安全出口和疏散门的布置与设置要求，室内消火栓系统、火灾自动报警系统等的设置，可以根据住宅部分的建筑高度，按照本规范有关住宅建筑的要求确定，但住宅部分疏散楼梯间内防烟与排烟系统的设置应根据该建筑的总高度确定；非住宅部分的安全疏散楼梯、安全出口和疏散门的布置与设置要求，防火分区划分、室内消火栓系统、自动灭火系统、火灾自动报警系统和防排烟系统等的设置，可以根据非住宅部分的建筑高度，按照本规范有关公共建筑的要求确定。该建筑与邻近建筑的防火间距、消防车道和救援场地的布置、室外消防给水系统设置、室外消防用水量计算、消防电源的负荷等级确定等，需要根据该建筑的总高度和本规范第 5.1.1 条有关建筑的分类要求，按照公共建筑的要求确定。

5.4.11 本条为强制性条文。本条结合商业服务网点的火灾危险性，确定了设置商业服务网点的住宅建筑中各自部分的防火要求，有关防火分隔的做法参见第 5.4.10 条的说明。设有商业服务网点的住宅建筑仍可按照住宅建筑定性来进行防火设计，住宅部分的设计要求要根据该建筑的总高度来确定。

对于单层的商业服务网点，当建筑面积大于 200m² 时，需设置 2 个安全出口。对于 2 层的商业服务网点，当首层的建筑面积大于 200m² 时，首层需设置 2 个安全出口，二层可通过 1 部楼梯到达首层。当二层的建筑面积大于 200m² 时，二层需设置 2 部楼梯，首层需设置 2 个安全出口；当二层设置 1 部楼梯时，二层需增设 1 个通向公共疏散走道的疏散门且疏散走道可通过公共楼梯到达室外，首层可设置 1 个安全出口。

商业服务网点每个分隔单元的建筑面积不大于 300m²，为避免进深过大，不利于人员安全疏散，本条规定了单元内的疏散距离，如对于一、二级耐火等级的情况，单元内的疏散距离不大于 22m。当商业服务网点为 2 层时，该疏散距离为二层任一点到达室内楼梯，经楼梯到达首层，然后到室外的距离之和，其中室内楼梯的距离按其水平投影长度的 1.50 倍计算。

5.4.12 本条为强制性条文。本条规定了民用燃油、燃气锅炉房，油浸变压器室，充有可燃油的高压电容器，多油开关等的平面布置要求。

（1）我国目前生产的锅炉，其工作压力较高（一般为 1kg/cm²～13kg/cm²），蒸发量较大（1t/h～30t/h），如安全保护设备失灵或操作不慎等原因都有导致发生爆炸的可能，特别是燃油、燃气的锅炉，容易发生燃烧爆炸，设计要尽量单独设置。

由于建筑所需锅炉的蒸发量越来越大，而锅炉在运行过程中又存在较大火灾危险、发生火灾后的危害也较大，因而应严格控制。对此，原国家劳动部制定的《蒸汽锅炉安全技术监察规程》和《热水锅炉安全技术监察规程》对锅炉的蒸发量和蒸汽压力规定：设在多层或高层建筑的半地下室或首层的锅炉房，每台蒸汽锅炉的额定蒸发量必须小于 10t/h，额定蒸汽压力必须小于 1.6MPa；设在多层或高层建筑的地下室、中间楼层或顶层的锅炉房，每台蒸汽锅炉的额定蒸发量不应大于 4t/h，额定蒸汽压力不应大于 1.6MPa，必须采用油或气体做燃料或电加热的锅炉；设在多层或高层建筑的地下室、半地下室、首层或顶层的锅炉房，热水锅炉的额定出口热水温度不应大于 95℃并有超温报警装置，用时必须装设可靠的点火程序控制和熄火保护装置。在现行国家标准《锅炉房设计规范》GB 50041 中也有较详细的规定。

充有可燃油的高压电容器、多油开关等，具有较大的火灾危险性，但干式或其他无可燃液体的变压器火灾危险性小，不易发生爆炸，故本条文未作限制。

但干式变压器工作时易升温，温度升高易着火，故应在专用房间内做好室内通风排烟，并应有可靠的降温散热措施。

（2）燃油、燃气锅炉房、油浸变压器室，充有可燃油的高压电容器、多油开关等受条件限制不得不布置在其他建筑内时，需采取相应的防火安全措施。锅炉具有爆炸危险，不允许设置在居住建筑和公共建筑中人员密集场所的上面、下面或相邻。

目前，多数手烧锅炉已被快装锅炉代替，并且逐步被燃气锅炉替代。在实际中，快装锅炉的火灾后果更严重，不应布置在地下室、半地下室等对建筑危害严重且不易扑救的部位。对于燃气锅炉，由于燃气的火灾危险性大，为防止燃气积聚在室内而产生火灾或爆炸隐患，故规定相对密度（与空气密度的比值）大于或等于 0.75 的燃气不得设置在地下及半地下建筑（室）内。

油浸变压器由于存有大量可燃油品，发生故障产生电弧时，将使变压器内的绝缘油迅速发生热分解，析出氢气、甲烷、乙烯等可燃气体，压力骤增，造成外壳爆裂而大量喷油，或者析出的可燃气体与空气混合形成爆炸性混合物，在电弧或火花的作用下极易引起燃烧爆炸。变压器爆裂后，火势将随高温变压器油的流淌而蔓延，容易形成大范围的火灾。

（3）本条第 8 款规定了锅炉、变压器、电容器和多油开关等房间设置灭火设施的要求，对于容量大、规模大的多层建筑以及高层建筑，需设置自动灭火系统。对于按照规范要求设置自动喷水灭火系统的建筑，建筑内设置的燃油、燃气锅炉房等房间也要相应地设置自动喷水灭火系统。对于未设置自动喷水灭火系统的建筑，可以设置推车式 ABC 干粉灭火器或气体灭火器，如规模较大，则可设置水喷雾、细水雾或气体灭火系统等。

本条中的"直通室外"，是指疏散门不经过其他用途的房间或空间直接开向室外或疏散门靠近室外出口，只经过一条距离较短的疏散走道直接到达室外。

（4）本条中的"人员密集场所"，既包括我国《消防法》定义的人员密集场所，也包括会议厅等人员密集的场所。

5.4.13 本条第 2、3、4、5、6 款为强制性条文。柴油发电机是建筑内的备用电源，柴油发电机房需要具有较高的防火性能，使之能在应急情况下保证发电。同时，柴油发电机本身及其储油设施也具有一定的火灾危险性。因此，应将柴油发电机房与其他部位进行良好的防火分隔，还要设置必要的灭火和报警设施。对于柴油发电机房内的灭火设施，应根据发电机组的大小、数量、用途等实际情况确定，有关灭火设施选型参见第 5.4.12 条的说明。

柴油储油间和室外储油罐的进出油路管道的防火设计应符合本规范第 5.4.14 条、第 5.4.15 条的规定。由于部分柴油的闪点可能低于 60°，因此，需要设置在建筑内的柴油设备或柴油储罐，柴油的闪点不应低于 60°。

5.4.14 目前，民用建筑中使用柴油等可燃液体的用量越来越大，且设置此类燃料的锅炉、直燃机、发电机的建筑也越来越多。因此，有必要在规范中予以明确。为满足使用需要，规定允许储存量小于或等于 15m³ 的储罐靠建筑外墙就近布置。否则，应按照本规范第 4.2 节的有关规定进行设计。

5.4.15 本条第 1、2 款为强制性条文。建筑内的可燃液体、可燃气体发生火灾时应首先切断其燃料供给，才能有效防止火势扩大，控制油品流散和可燃气体扩散。

5.4.16 鉴于可燃气体的火灾危险性大和高层建筑运输不便，运输中也会导致危险因素增加，如用电梯运输气瓶，一旦可燃气体漏入电梯井，容易发生爆炸等事故，故要求高层民用建筑内使用可燃气体作燃料的部位，应采用管道集中供气。

燃气灶、开水器等燃气设备或其他使用可燃气体的房间，当设备管道损坏或操作有误时，往往漏出大量可燃气体，达到爆炸浓度时，遇到明火就会引起燃烧爆炸，为了便于泄压和降低爆炸对建筑其他部位的影响，这些房间宜靠外墙设置。

燃气供给管道的敷设及应急切断阀的设置，在国家标准《城镇燃气设计规范》GB 50028 中已有规定，设计应执行该规范的要求。

5.4.17 本条第 1、2、3、4、5 款为强制性条文。本条规定主要针对建筑或单位自用，如宾馆、饭店等建筑设置的集中瓶装液化石油气储瓶间，其容量一般在 10 瓶以上，有的达 30 瓶~40 瓶（50kg/瓶）。本条是在总结各地实践经验和参考国外资料、规定的基础上，与现行国家标准《城镇燃气设计规范》GB 50028 协商后确定的。对于本条未作规定的其他要求，应符合现行国家标准《城镇燃气设计规范》GB 50028 的规定。

在总出气管上设置紧急事故自动切断阀，有利于防止发生更大的事故。在液化石油气储瓶间内设置可燃气体浓度报警装置，采用防爆型电器，可有效预防因接头或阀门密封不严漏气而发生爆炸。

5.5 安全疏散和避难

I 一般要求

5.5.1 建筑的安全疏散和避难设施主要包括疏散门、疏散走道、安全出口或疏散楼梯（包括室外楼梯）、避难走道、避难间或避难层、疏散指示标志和应急照明，有时还要考虑疏散诱导广播等。

安全出口和疏散门的位置、数量、宽度，疏散楼梯的形式和疏散距离，避难区域的防火保护措施，对于满足人员安全疏散至关重要。而这些与建筑的高度、楼层或一个防火分区、房间的大小及内部布置、室内空间高度和可燃物的数量、类型等关系密切。设计时应区别对待，充分考虑区域内使用人员的特性，结合上述因素合理确定相应的疏散和避难设施，为人员疏散和避难提供安全的条件。

5.5.2 对于安全出口和疏散门的布置，一般要使人员在建筑着火后能有多个不同方向的疏散路线可供选择和疏散，要尽量将疏散出口均匀分散布置在平面上的不同方位。如果两个疏散出口之间距离太近，在火灾中实际上只能起到 1 个出口的作用，因此，国外有关标准还规定同一房间最近 2 个疏散出口与室内最远点的夹角不应小于 45°。这在工程设计时要注意把握。对于面积较小的房间或防火分区，符合一定条件时，可以设置 1 个出口，有关要求见本规范第 5.5.8 条和 5.5.15 条等条文的规定。

相邻出口的间距是根据我国实际情况并参考国外有关标准确定的。目前，在一些建筑设计中存在安全出口不合理的现象，降低了火灾时出口的有效疏散能力。英国、新加坡、澳大利亚等国家的建筑规范对相邻出口的间距均有较严格的规定。如法国《公共建筑物安全防火规范》规定：2 个疏散门之间相距不应小于 5m；澳大利亚《澳大利亚建筑规范》规定：公众聚集场所内 2 个疏散门之间的距离不应小于 9m。

5.5.3 将建筑的疏散楼梯通至屋顶，可使人员多一条疏散路径，有利于人员及时避难和逃生。因此，有条件时，如屋面为平屋面或其具有连通相邻两楼梯间的屋面通道，均要尽量将楼梯通至屋面。楼梯间通屋面的门要易于开启，同时门也要向外开启，以利于人员的安全疏散。特别是住宅建筑，当只有 1 部疏散楼梯时，如楼梯间未通至屋面，人员在火灾时一般就只有竖向一个方向的疏散路径，这会对人员的疏散安全造成较大危害。

5.5.4 本条规定要求在计算民用建筑的安全出口数量和疏散宽度时，不能将建筑中设置的自动扶梯和电梯的数量和宽度计算在内。

建筑内的自动扶梯处于敞开空间，火灾时容易受到烟气的侵袭，且梯段坡度和踏步高度与疏散楼梯的要求有较大差异，难以满足人员安全疏散的需要，故设计不能考虑其疏散能力。对此，美国《生命安全规范》NFPA 101 也规定：自动扶梯与自动人行道不应视作规范中规定的安全疏散通道。

对于普通电梯，火灾时动力将被切断，且普通电梯不防烟、不防火、不防水，若火灾时作为人员的安全疏散设施是不安全的。世界上大多数国家，在电梯的警示牌中几乎都规定电梯在火灾情况下不能使用，火灾时人员疏散只能使用楼梯，电梯不能用作疏散设施。另外，从国内外已有的研究成果看，利用电梯进行应急疏散是一个十分复杂的问题，不仅涉及建筑和设备本身的设计问题，而且涉及火灾时的应急管理和电梯的安全使用问题，不同应用场所之间有很大差异，必须分别进行专门考虑和处理。

消防电梯在火灾时如供人员疏散使用，需要配套多种管理措施，目前只能由专业消防救援人员控制使用，且一旦进入应急控制程序，电梯的楼层呼唤按钮将不起作用，因此消防电梯也不能计入建筑的安全出口。

5.5.5 本条是对地下、半地下建筑或建筑内的地下、半地下室可设置一个安全出口或疏散门的通用条文。除本条规定外的其他情况，地下、半地下建筑或地下、半地下室的安全出口或疏散楼梯、其中一个防火分区的安全出口以及一个房间的疏散门，均不应少于 2 个。

考虑到设置在地下、半地下的设备间使用人员较少，平常只有检修、巡查人员，因此本条规定，当其建筑面积不大于 200m² 时，可设置 1 个安全出口或疏散门。

5.5.6 受用地限制，在建筑内布置汽车库的情况越来越普遍，但设置在汽车库内与建筑其他部分相连通的电梯、楼梯间等竖井也为火灾和烟气的竖向蔓延提供了条件。因此，需采取设置带防火门的电梯候梯厅、封闭楼梯间或防烟楼梯间等措施将汽车库与楼梯间和电梯竖井进行分隔，以阻止火灾和烟气蔓延。对于地下部分疏散楼梯间的形式，本规范第 6.4.4 条已有规定，但设置在建筑的地上或地下汽车库内、与其他部分相通且不用作疏散用的楼梯间，也要按照防止火灾上下蔓延的要求，采用封闭楼梯间或防烟楼梯间。

5.5.7 本条规定的防护挑檐，主要为防止建筑上部坠落物对人体产生伤害，保护从首层出口疏散出来的人员安全。防护挑檐可利用防火挑檐，与防火挑檐不同的是，防护挑檐只需满足人员在疏散和灭火救援过程中的人身防护要求，一般设置在建筑首层出入口门的上方，不需具备与防火挑檐一样的耐火性能。

Ⅱ 公 共 建 筑

5.5.8 本条为强制性条文。本条规定了公共建筑设置安全出口的基本要求，包括地下建筑和半地下建筑或建筑的地下室。

由于在实际执行规范时，普遍认为安全出口和疏散门不易分清楚。为此，本规范在不同条文作了区分。疏散门是房间直接通向疏散走道的房门、直接开向疏散楼梯间的门（如住宅的户门）或室外的门，不包括套间内的隔间门或住宅套内的房间门；安全出口是直接通向室外的房门或直接通向室外疏散楼梯、室内的疏散楼梯间及其他安全区的出口，是疏散门的一个特例。

本条中的医疗建筑不包括无治疗功能的休养性质的疗养院，这类疗养院要按照旅馆建筑的要求确定。

根据原规范在执行过程中的反馈意见，此次修订将可设置一部疏散楼梯的公共建筑的每层最大建筑面积和第二、三层的人数之和，比照可设置一个安全出口的单层建筑和可设置一个疏散门的房间的条件进行了调整。

5.5.9 本条规定了建筑内的防火分区利用相邻防火分区进行疏散时的基本要求。

（1）建筑内划分防火分区后，提高了建筑的防火性能。当其中一个防火分区发生火灾时，不致快速蔓延至更大的区域，使得非着火的防火分区在某种程度上能起到临时安全区的作用。因此，当人员需要通过相邻防火分区疏散时，相邻两个防火分区之间要严格采用防火墙分隔，不能采用防火卷帘、防火分隔水幕等措施替代。

（2）本条要求是针对某一楼层内中少数防火分区内的部分安全出口，因平面布置受限不能直接通向室外的情形。某一楼层内个别防火分区直通室外的安全出口的疏散宽度不足或其中局部区域的安全疏散距离过长时，可将通向相邻防火分区的甲级防火门作为安全出口，但不能大于该防火分区所需总疏散净宽度的30%。显然，当人员从着火区进入非着火的防火分区后，将会增加该区域的人员疏散时间，因此，设计除需保证相邻防火分区的疏散宽度符合规范要求外，还需要增加该防火分区的疏散宽度以满足增加人员的安全疏散需要，使整个楼层的总疏散宽度不减少。

此外，为保证安全出口的布置和疏散宽度的分布更加合理，规定了一定面积的防火分区最少应具备的直通室外的安全出口数量。计算时，不能将利用通向相邻防火分区的安全出口宽度计算在楼层的总疏散宽度内。

（3）考虑到三、四级耐火等级的建筑，不仅建筑规模小、建筑耐火性能低，而且火灾蔓延更快，故本规范不允许三、四级耐火等级的建筑借用相邻防火分区进行疏散。

5.5.10 本条规定是对于楼层面积比较小的高层公共建筑，在难以按本规范要求间隔5m设置2个安全出口时的变通措施。本条规定房间疏散门到安全出口的距离小于10m，主要是限制楼层的面积。

由于剪刀楼梯是垂直方向的两个疏散通道，两梯段之间如没有隔墙，则两条通道处在同一空间内。如果其中一个楼梯间进烟，会使这两个楼梯间的安全都受到影响。为此，不同楼层之间应设置分隔墙，且分别设置前室，使之成为各自独立的空间。

5.5.11 本条规定是参照公共建筑设置一个疏散楼梯的条件确定的。据调查，有些办公、教学或科研等公共建筑，往往要在屋顶部分局部高出1层～2层，用作会议室、报告厅等。

5.5.12 本条为强制性条文。本规定是要保障人员疏散的安全，使疏散楼梯能在火灾时防火，不积聚烟气。高层建筑中的疏散楼梯如果不能可靠封闭，火灾时存在烟囱效应，使烟气在短时间里就能经过楼梯向上部扩散，并蔓延至整幢建筑物，威胁疏散人员的安全。随着烟气的流动也大大地加快了火势的蔓延。因此，高层建筑内疏散楼梯间的安全性要求较多层建筑高。

5.5.13 本条为强制性条文。对于多层建筑，在我国华东、华南和西南部分地区，采用敞开式外廊的集体宿舍、教学、办公等建筑，其中与敞开式外廊相连通的楼梯间，由于具有较好的防止烟气进入的条件，可以不设置封闭楼梯间。

本条规定需要设置封闭楼梯间的建筑，无论其楼层面积多大均要考虑采用封闭楼梯间，而与该建筑通过楼梯间连通的楼层的总建筑面积是否大于一个防火分区的最大允许建筑面积无关。

对应设置封闭楼梯间的建筑，其底层楼梯间可以适当扩大封闭范围。所谓扩大封闭楼梯间，就是将楼梯间的封闭范围扩大，如图5所示。因为一般公共建筑首层入口处的楼梯往往比较宽大开敞，而且和门厅的空间合为一体，使得楼梯间的封闭范围变大。对于不需采用封闭楼梯间的公共建筑，其首层门厅内的主楼梯如不计入疏散设计需要总宽度之内，可不设置楼梯间。

由于剧场、电影院、礼堂、体育馆属于人员密集场所，楼梯间的人流量较大，使用者大都不熟悉内部环境，且这类建筑多为单层，因此规定中未规定剧场、电影院、礼堂、体育馆的室内疏散楼梯应采用封闭楼梯间。但当这些场所与其他功能空间组合在同一座建筑内时，则其疏散楼梯的设置形式应按其中要求最高者确定，或按该建筑的主要功能确定。如电影院

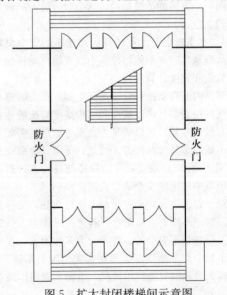

图5 扩大封闭楼梯间示意图

设置在多层商店建筑内，则需要按多层商店建筑的要求设置封闭楼梯间。

本条第1、3款中的"类似使用功能的建筑"是指设置有本款前述用途场所的建筑或建筑的使用功能与前述建筑或场所类似。

5.5.14 建筑内的客货电梯一般不具备防烟、防火、防水性能，电梯井在火灾时可能会成为加速火势蔓延扩大的通道，而营业厅、展览厅、多功能厅等场所是人员密集、可燃物质较多的空间，火势蔓延、烟气填充速度较快。因此，应尽量避免将电梯井直接设置在这些空间内，要尽量设置电梯间或设置在公共走道内，并设置候梯厅，以减小火灾和烟气的影响。

5.5.15 本条为强制性条文。疏散门的设置原则与安全出口的设置原则基本一致，但由于房间大小与防火分区的大小差别较大，因而具体的设置要求有所区别。

本条第1款规定可设置1个疏散门的房间的建筑面积，是根据托儿所、幼儿园的活动室和中小学校的教室的面积要求确定的。袋形走道，是只有一个疏散方向的走道，因而位于袋形走道两侧的房间，不利于人员的安全疏散，但与位于走道尽端的房间仍有所区别。

对于歌舞娱乐放映游艺场所，无论位于袋形走道或两个安全出口之间还是位于走道尽端，不符合本条规定条件的房间均需设置2个及以上的疏散门。对于托儿所、幼儿园、老年人建筑、医疗建筑、教学建筑内位于走道尽端的房间，需要设置2个及以上的疏散门；当不能满足此要求时，不能将此类用途的房间布置在走道的尽端。

5.5.16 本条第1款为强制性条文。

本条有关疏散门数量的规定，是以人员从一、二级耐火等级建筑的观众厅疏散出去的时间不大于2min，从三级耐火等级建筑的观众厅疏散出去的时间不大于1.5min为原则确定的。根据这一原则，规范规定了每个疏散门的疏散人数。据调查，剧场、电影院等观众厅的疏散门宽度多在1.65m以上，即可通过3股疏散人流。这样，一座容纳人数不大于2000人的剧场或电影院，如果池座和楼座的每股人流通过能力按40人/min计算（池座平坡地面按43人/min，楼座阶梯地面按37人/min），则250人需要的疏散时间为250/（3×40）＝2.08（min），与规定的控制疏散时间基本吻合。同理，如果剧场或电影院的容纳人数大于2000人，则大于2000人的部分，每个疏散门的平均人数按不大于400人考虑。这样，对于整个观众厅，每个疏散门的平均疏散人数就会大于250人，此时如果按照疏散门的通行能力，计算出的疏散时间超过2min，则要增加每个疏散门的宽度。在这里，设计仍要注意掌握和合理确定每个疏散门的人流通行股数和控制疏散时间的协调关系。如一座容纳人数为

2400人的剧场，按规定需要的疏散门数量为：2000/250＋400/400＝9（个），则每个疏散门的平均疏散人数为：2400/9≈267（人），按2min控制疏散时间计算出每个疏散门所需通过的人流股数为：267/（2×40）≈3.3（股）。此时，一般宜按4股通行能力来考虑设计疏散门的宽度，即采用4×0.55＝2.2（m）较为合适。

实际工程设计可根据每个疏散门平均负担的疏散人数，按上述办法对每个疏散门的宽度进行必要的校核和调整。

体育馆建筑的耐火等级均为一、二级，观众厅内人员的疏散时间依据不同容量按3min～4min控制，观众厅每个疏散门的平均疏散人数要求一般不能大于400人～700人。如一座一、二级耐火等级、容量为8600人的体育馆，如果观众厅设计14个疏散门，则每个疏散门的平均疏散人数为8600/14≈614（人）。假设每个疏散门的宽度为2.2m（即4股人流所需宽度），则通过每个疏散门需要的疏散时间为614/（4×37）≈4.15（min），大于3.5min，不符合规范要求。因此，应考虑增加疏散门的数量或加大疏散门的宽度。如果采取增加出口的数量的办法，将疏散门增加到18个，则每个疏散门的平均疏散人数为8600/18≈478（人）。通过每个疏散门需要的疏散时间则缩短为478/（4×37）≈3.23（min），不大于3.5min，符合要求。

体育馆的疏散设计，要注意将观众厅疏散门的数量与观众席位的连续排数和每排的连续座位数联系起来综合考虑。如图6所示，一个观众席位区，观众通过两侧的2个出口进行疏散，其中共有可供4股人流通行的疏散走道。若规定出观众厅的疏散时间为3.5min，则该席位区最多容纳的观众席位数为4×37×3.5＝518（人）。在这种情况下，疏散门的宽度就不应小于2.2m；而观众席位区的连续排数如定为20排，则每一排的连续座位就不宜大于518/20≈26（个）。如果一定要增加连续座位数，就必须相应加大疏散走道和疏散门的宽度。否则，就会违反"来去相等"的设计原则。

图6 席位区示意图

体育馆的室内空间体积比较大，火灾时的火场温度上升速度和烟雾浓度增加速度，要比在剧场、电影院、礼堂等的观众厅内的发展速度慢。因此，可供人员安全疏散的时间也较长。此外，体育馆观众厅内部装修用的可燃材料较剧场、电影院、礼堂的观众厅

少，其火灾危险性也较这些场所小。但体育馆观众厅内的容纳人数较剧场、电影院、礼堂的观众厅要多很多，往往是后者的几倍，甚至十几倍。在疏散设计上，由于受座位排列和走道布置等技术和经济因素的制约，使得体育馆观众厅每个疏散门平均负担的疏散人数要比剧场和电影院的多。此外，体育馆观众厅的面积比较大，观众厅内最远处的座位至最近疏散门的距离，一般也都比剧场、电影院的要大。体育馆观众厅的地面形式多为阶梯地面，导致人员行走速度也较慢，这些必然会增加人员所需的安全疏散时间。因此，体育馆如果按剧场、电影院、礼堂的规定进行设计，困难会比较大，并且容纳人数越多、规模越大越困难，这在本规范确定相应的疏散设计要求时，作了区别。其他防火要求还应符合国家现行行业标准《体育建筑设计规范》JGJ 31 的规定。

5.5.17 本条为强制性条文。本条规定了公共建筑内安全疏散距离的基本要求。安全疏散距离是控制安全疏散设计的基本要素，疏散距离越短，人员的疏散过程越安全。该距离的确定既要考虑人员疏散的安全，也要兼顾建筑功能和平面布置的要求，对不同火灾危险性场所和不同耐火等级建筑有所区别。

（1）建筑的外廊敞开时，其通风排烟、采光、降温等方面的情况较好，对安全疏散有利。本条表5.5.17 注 1 对设有敞开式外廊的建筑的有关疏散距离要求作了调整。

注 3 考虑到设置自动喷水灭火系统的建筑，其安全性能有所提高，也对这些建筑或场所内的疏散距离作了调整，可按规定增加 25%。

本表的注是针对各种情况对表中规定值的调整，对于一座全部设置自动喷水灭火系统的建筑，且符合注 1 或注 2 的要求时，其疏散距离是按照注 3 的规定增加后，再进行增减。如一设有敞开式外廊的多层办公楼，当未设置自动喷水灭火系统时，其位于两个安全出口之间的房间疏散门至最近安全出口的疏散距离为40+5=45（m）；当设有自动喷水灭火系统时，该疏散距离可为40×(1+25%)+5=55(m)。

（2）对于建筑首层为火灾危险性小的大厅，该大厅与周围办公、辅助商业等其他区域进行了防火分隔时，可以在首层将该大厅扩大为楼梯间的一部分。考虑到建筑层数不大于 4 层的建筑内部垂直疏散距离相对较短，当楼层数不大于 4 层时，楼梯间到达首层后可通过 15m 的疏散走道到达直通室外的安全出口。

（3）有关建筑内观众厅、营业厅、展览厅等的内部最大疏散距离要求，参照了国外有关标准规定，并考虑了我国的实际情况。如美国相关建筑规范规定，在集会场所的大空间中从房间最远点至安全出口的步行距离为61m，设置自动喷水灭火系统后可增加25%。英国建筑规范规定，在开敞办公室、商店和商业用房中，如有多个疏散方向时，从最远点至安

全出口的直线距离不应大于 30m，直线行走距离不应大于 45m。我国台湾地区的建筑技术规则规定：戏院、电影院、演艺场、歌厅、集会堂、观览场以及其他类似用途的建筑物，自楼面居室之任一点至楼梯口之步行距离不应大于 30m。

本条中的"观众厅、展览厅、多功能厅、餐厅、营业厅等"场所，包括开敞式办公区、会议报告厅、宴会厅、观演建筑的序厅、体育建筑的入场等候与休息厅等，不包括用作舞厅和娱乐场所的多功能厅。

本条第 4 款中有关设置自动灭火系统时的疏散距离，当需采用疏散走道连接营业厅等场所的安全出口时，可以按室内最远点至最近疏散门的距离、该疏散走道的长度分别增加 25%。条文中的"该场所"包括连接的疏散走道。如：当某营业厅需采用疏散走道连接至安全出口，且该疏散走道的长度为 10m 时，该场所内任一点至最近安全出口的疏散距离可为 30×（1+25%)+10×(1+25%)=50(m)，即营业厅内任一点至其最近出口的距离可为 37.5m，连接走道的长度可以为 12.5m，但不可以将连接走道上增加的长度用到营业厅内。

5.5.18 本条为强制性条文。本条根据人员疏散的基本需要，确定了民用建筑中疏散门、安全出口与疏散走道和疏散楼梯的最小净宽度。按本规范其他条文规定计算出的总疏散宽度，在确定不同位置的门洞宽度或梯段宽度时，需要仔细分配其宽度并根据通过的人流股数进行校核和调整，尽量均匀设置并满足本条的要求。

设计应注意门宽与走道、楼梯宽度的匹配。一般，走道的宽度均较宽，因此，当以门宽为计算宽度时，楼梯的宽度不应小于门的宽度；当以楼梯的宽度为计算宽度时，门的宽度不应小于楼梯的宽度。此外，下层的楼梯或门的宽度不应小于上层的宽度；对于地下、半地下，则上层的楼梯或门的宽度不应小于下层的宽度。

5.5.19 观众厅等人员比较集中且数量多的场所，疏散时在门口附近往往会发生拥堵现象，如果设计采用带门槛的疏散门等，紧急情况下人流往外拥挤时很容易被绊倒，影响人员安全疏散，甚至造成伤亡。本条中"人员密集的公共场所"主要指营业厅、观众厅、礼堂、电影院、剧院和体育场馆的观众厅，公共娱乐场所中出入大厅、舞厅、候机（车、船）厅及医院的门诊大厅等面积较大、同一时间聚集人数较多的场所。本条规定的疏散门为进出上述这些场所的门，包括直接对外的安全出口或通向楼梯间的门。

本条规定的紧靠门口内外各 1.40m 范围内不应设置踏步，主要指正对门的内外 1.40m 范围，门两侧 1.40m 范围内尽量不要设置台阶，对于剧场、电影院等的观众厅，尽量采用坡道。

人员密集的公共场所的室外疏散小巷，主要针对

礼堂、体育馆、电影院、剧场、学校教学楼、大中型商场等同一时间有大量人员需要疏散的建筑或场所。一旦大量人员离开建筑物后，如没有一个较开阔的地带，人员还是不能尽快疏散，可能会导致后续人流更加集中和恐慌而发生意外。因此，规定该小巷的宽度不应小于 3.00m，但这是规定的最小宽度，设计要因地制宜地，尽量加大。为保证人流快速疏散、不发生阻滞现象，该疏散小巷应直接通向更宽阔的地带。对于那些主要出入口临街的剧场、电影院和体育馆等公共建筑，其主体建筑应后退红线一定的距离，以保证有较大的疏散缓冲及消防救援场地。

5.5.20 为便于人员快速疏散，不会在走道上发生拥挤，本条规定了剧场、电影院、礼堂、体育馆等观众厅内座位的布置和疏散通道、疏散门的布置基本要求。

（1）关于剧场、电影院、礼堂、体育馆等观众厅内疏散走道及座位的布置。

观众厅内疏散走道的宽度按疏散 1 股人流需要 0.55m 考虑，同时并排行走 2 股人流需要 1.1m 的宽度，但观众厅内座椅的高度均在行人的身体下部，座椅不妨碍人体最宽处的通过，故 1.00m 宽度基本能保证 2 股人流通行需要。观众厅内设置边走道不但对疏散有利，并且还能起到协调安全出口或疏散门和疏散走道通行能力的作用，从而充分发挥安全出口或疏散门的作用。

对于剧场、电影院、礼堂等观众厅中两条纵走道之间的最大连续排数和连续座位数，在工程设计中应与疏散走道和安全出口或疏散门的设计宽度联系起来考虑，合理确定。

对于体育馆观众厅中纵走道之间的座位数可增加到 26 个，主要是因为体育馆观众厅内的总容纳人数和每个席位分区内所包容的座位数都比剧场、电影院的多，发生火灾后的危险性也较影剧院的观众厅要小些，采用与剧场等相同的规定数据既不现实也不客观，但也不能因此而任意加大每个席位分区中的连续排数、连续座位数，而要与观众厅内的疏散走道和安全出口或疏散门的设计相呼应、相协调。

本条规定的连续 20 排和每排连续 26 个座位，是基于人员出观众厅的控制疏散时间按不大于 3.5min 和每个安全出口或疏散门的宽度按 2.2m 考虑的。疏散走道之间布置座位连续 20 排、每排连续 26 个作为一个席位分区的包容座位数为 20×26=520（人），通过能容 4 股人流宽度的走道和 2.20m 宽的安全（疏散）出口出去所需要的时间为 520/（4×37）≈3.51（min），基本符合规范的要求。对于体育馆观众厅平面中呈梯形或扇形布置的席位区，其纵走道之间的座位数，按最多一排和最少一排的平均座位数计算。

另外，在本条中"前后排座椅的排距不小于

0.9m 时，可增加 1.0 倍，但不得大于 50 个"的规定，设计也应按上述原理妥善处理。本条限制观众席位仅一侧布置有纵走道时的座位数，是为防止延误疏散时间。

（2）关于剧场、电影院、礼堂等公共建筑的安全疏散宽度。

本条第 2 款规定的疏散宽度指标是根据人员疏散出观众厅的疏散时间，按一、二级耐火等级建筑控制为 2min、三级耐火等级建筑控制为 1.5min 这一原则确定的。

$$百人指标 = \frac{单股人流宽度 \times 100}{疏散时间 \times 每分钟每股人流通过人数}$$
（6）

据此，按照疏散净宽度指标公式计算出一、二级耐火等级建筑的观众厅中每 100 人所需疏散宽度为：

门和平坡地面：$B=100 \times 0.55/(2 \times 43) \approx 0.64$（m）

取 0.65m；

阶梯地面和楼梯：$B=100 \times 0.55/(2 \times 37) \approx 0.74$（m）

取 0.75m。

三级耐火等级建筑的观众厅中每 100 人所需要的疏散宽度为：

门和平坡地面：$B=100 \times 0.55/(1.5 \times 43) \approx 0.85$（m）

取 0.85m；

阶梯地面和楼梯：$B=100 \times 0.55/(1.5 \times 37) \approx 0.99$（m）

取 1.00m。

根据本条第 2 款规定的疏散宽度指标计算所得安全出口或疏散门的总宽度，为实际需要设计的最小宽度。在确定安全出口或疏散门的设计宽度时，还应按每个安全出口或疏散门的疏散时间进行校核和调整，其理由参见第 5.5.16 条的条文说明。本款的适用规模为：对于一、二级耐火等级的建筑，容纳人数不大于 2500 人；对于三级耐火等级的建筑，容纳人数不大于 1200 人。

此外，对于容量较大的会堂等，其观众厅内部会设置多层楼座，且楼座部分的观众人数往往占整个观众厅容纳总人数的一半多，这和一般剧场、电影院、礼堂的池座人数比例相反，而楼座部分又都以阶梯式地面为主，其疏散情况与体育馆的情况有些类似。尽管本条对此没有明确规定，设计也可以根据工程的具体情况，按照体育馆的相应规定确定。

（3）关于体育馆的安全疏散宽度。

国内各大、中城市已建成的体育馆，其容量多在 3000 人以上。考虑到剧场、电影院的观众厅与体育馆的观众厅之间在容量和室内空间方面的差异，在规范中分别规定了其疏散宽度指标，并在规定容量的适用范围时拉开档次，防止出现交叉或不一致现象，故将体育馆观众厅的最小人数容量定为3000人。

对于体育馆观众厅的人数容量，表5.5.20-2中规定的疏散宽度指标，按照观众厅容量的大小分为三档：（3000～5000）人、（5001～10000）人和（10001～20000）人。每个档次中所规定的百人疏散宽度指标（m），是根据人员出观众厅的疏散时间分别控制在3min、3.5min、4min来确定的。根据计算公式：

计算出一、二级耐火等级建筑观众厅中每100人所需要的疏散宽度分别为：

平坡地面：$B_1 = 0.55 \times 100/(3 \times 43) \approx 0.426(m)$
取0.43m；
$B_2 = 0.55 \times 100/(3.5 \times 43) \approx 0.365(m)$
取0.37m；
$B_3 = 0.55 \times 100/(4 \times 43) \approx 0.320(m)$
取0.32m。

阶梯地面：$B_1 = 0.55 \times 100/(3 \times 37) \approx 0.495(m)$
取0.50m；
$B_2 = 0.55 \times 100/(3.5 \times 37) \approx 0.425(m)$
取0.43m；
$B_3 = 0.55 \times 100/(4 \times 37) \approx 0.372(m)$
取0.37m。

本款将观众厅的最高容纳人数规定为20000人，当实际工程大于该规模时，需要按照疏散时间确定其座位数、疏散门和走道宽度的布置，但每个座位区的座位数仍应符合本规范要求。根据规定的疏散宽度指标计算得到的安全出口或疏散门总宽度，为实际需要设计的概算宽度，确定安全出口或疏散门的设计宽度时，还需对每个安全出口或疏散门的宽度进行核算和调整。如，一座二级耐火等级、容量为10000人的体育馆，按上述规定疏散宽度指标计算的安全出口或疏散门总宽度为$10000 \times 0.43/100 = 43$（m）。如果设计16个安全出口或疏散门，则每个出口的平均疏散人数为625人，每个出口的平均宽度为$43/16 \approx 2.68$（m）。如果每个出口的宽度采用2.68m，则能通过4股人流，核算其疏散时间为$625/(4 \times 37) \approx 4.22$（min）＞3.5min，不符合规范要求。如果将每个出口的设计宽度调整为2.75m，则能够通过5股人流，疏散时间：$625/(5 \times 37) \approx 3.38$（min）＜3.5min，符合规范要求。但推算出的每百人宽度指标为$16 \times 2.75 \times 100/10000 = 0.44$（m），比原百人疏散宽度指标高2%。

本条表5.5.20-2的"注"，明确了采用指标进行计算和选定疏散宽度时的原则：即容量大的观众厅，计算出的需要宽度不应小于根据容量小的观众厅计算出的需要宽度。否则，应采用较大宽度。如：一座容量为5400人的体育馆，按规定指标计算出来的疏散宽度为$54 \times 0.43 = 23.22$（m），而一座容量为5000人的体育馆，按规定指标计算出来的疏散宽度则为

$50 \times 0.50 = 25$（m），在这种情况下就应采用25m作为疏散宽度。另外，考虑到容量小于3000人的体育馆，其疏散宽度计算方法原规范未在条文中明确，此次修订时在表5.5.20-2中作了补充。

（4）体育馆观众厅内纵横走道的布置是疏散设计中的一个重要内容，在工程设计中应注意：

1）观众席位中的纵走道担负着把全部观众疏散到安全出口或疏散门的重要功能。在观众席位中不设置横走道时，观众厅内通向安全出口或疏散门的纵走道的设计总宽度应与观众厅安全出口或疏散门的设计总宽度相等。观众席位中的横走道可以起到调剂安全出口或疏散门人流密度和加大出口疏散流通能力的作用。一般容量大于6000人或每个安全出口或疏散门设计的通过人流股数大于4股时，在观众席位中要尽量设置横走道。

2）经过观众席中的纵、横走道通向安全出口或疏散门的设计人流股数与安全出口或疏散门设计的通行股数，应符合"来去相等"的原则。如安全出口或疏散门设计的宽度为2.2m，则经过纵、横走道通向安全出口或疏散门的人流股数不能大于4股；否则，就会造成出口处堵塞，延误疏散时间。反之，如果经过纵、横走道通向安全出口或疏散门的人流股数少于安全出口或疏散门的设计通行人流股数，则不能充分发挥安全出口或疏散门的作用，在一定程度上造成浪费。

（5）设计还要注意以下两个方面：

1）安全出口或疏散门的数量应密切联系控制疏散时间。

疏散设计确定的安全出口或疏散门的总宽度，要大于根据控制疏散时间而规定出的宽度指标，即计算得到的所需疏散总宽度。同时，安全出口或疏散门的数量，要满足每个安全出口或疏散门平均疏散人数的规定要求，并且根据此疏散人数计算得到的疏散时间要小于控制疏散时间（建筑中可用的疏散时间）的规定要求。

2）安全出口或疏散门的数量应与安全出口或疏散门的设计宽度协调。

安全出口或疏散门的数量与安全出口或疏散门的宽度之间有着相互协调、相互配合的密切关系，并且也是严格控制疏散时间，合理执行疏散宽度指标需充分注意和精心设计的一个重要环节。在确定观众厅安全出口或疏散门的宽度时，要认真考虑通过人流股数的多少，如单股人流的宽度为0.55m，2股人流的宽度为1.1m，3股人流的宽度为1.65m，以更好地发挥安全出口或疏散门的疏散功能。

5.5.21 本条第1、2、3、4款为强制性条文。疏散人数的确定是建筑疏散设计的基础参数之一，不能准确计算建筑内的疏散人数，就无法合理确定建筑中各区域疏散门或安全出口和建筑内疏散楼梯所需要的有

效宽度，更不能确定设计的疏散设施是否满足建筑内的人员安全疏散需要。

1 在实际中，建筑各层的用途可能各不相同，即使相同用途在每层上的使用人数也可能有所差异。如果整栋建筑物的楼梯按人数最多的一层计算，除非人数最多的一层是在顶层，否则不尽合理，也不经济。对此，各层楼梯的总宽度可按该层或该层以上人数最多的一层分段计算确定，下层楼梯的总宽度按该层以上各层疏散人数最多一层的疏散人数计算。如：一座二级耐火等级的 6 层民用建筑，第四层的使用人数最多为 400 人，第五层、第六层每层的人数均为 200 人。计算该建筑的疏散楼梯总宽度时，根据楼梯宽度指标 1.00m/百人的规定，第四层和第四层以下每层楼梯的总宽度为 4.0m；第五层和第六层每层楼梯的总宽度可为 2.0m。

2 本款中的人员密集的厅、室和歌舞娱乐放映游艺场所，由于设置在地下、半地下，考虑到其疏散条件较差，火灾烟气发展较快的特点，提高了百人疏散宽度指标要求。本款中"人员密集的厅、室"，包括商店营业厅、证券营业厅等。

4 对于歌舞娱乐放映游艺场所，在计算疏散人数时，可以不计算该场所内疏散走道、卫生间等辅助用房的建筑面积，而可以只根据该场所内具有娱乐功能的各厅、室的建筑面积确定，内部服务和管理人员的数量可根据核定人数确定。

6 对于展览厅内的疏散人数，本规定为最小人员密度设计值，设计要根据当地实际情况，采用更大的密度。

7 对于商店建筑的疏散人数，国家行业标准《商店建筑设计规范》JGJ 48 中有关条文的规定还不甚明确，导致出现多种计算方法，有的甚至是错误的。本规范在研究国内外有关资料和规范，并广泛征求意见的基础上，明确了确定商店营业厅疏散人数时的计算面积与其建筑面积的定量关系为（0.5～0.7）：1，据此确定了商店营业厅的人员密度设计值。从国内大量建筑工程实例的计算统计看，均在该比例范围内。但商店建筑内经营的商品类别差异较大，且不同地区或同一地区的不同地段，地上与地下商店等在实际使用过程中的人流和人员密度相差较大，因此执行过程中应对工程所处位置的情况作充分分析，再依据本条规定选取合理的数值进行设计。

本条所指"营业厅的建筑面积"，既包括营业厅内展示货架、柜台、走道等顾客参与购物的场所，也包括营业厅内的卫生间、楼梯间、自动扶梯等的建筑面积。对于进行了严格的防火分隔，并且疏散时无需进入营业厅内的仓储、设备房、工具间、办公室等，可不计入营业厅的建筑面积。

有关家具、建材商店和灯饰展示建筑的人员密度调查表明，该类建筑与百货商店、超市等相比，人员密度较小，高峰时刻的人员密度在 0.01 人/m² ～ 0.034 人/m² 之间。考虑到地区差异及开业庆典和节假日等因素，确定家具、建材商店和灯饰展示建筑的人员密度为表 5.5.21-2 规定值的 30%。

据表 5.5.21-2 确定人员密度值时，应考虑商店的建筑规模，当建筑规模较小（比如营业厅的建筑面积小于 3000m²）时宜取上限值，当建筑规模较大时，可取下限值。当一座商店建筑内设置有多种商业用途时，考虑到不同用途区域可能会随经营状况或经营者的变化而变化，尽管部分区域可能用于家具、建材经销等类似用途，但人员密度仍需要按照该建筑的主要商业用途来确定，不能再按照上述方法折减。

5.5.22 本条规定是在吸取有关火灾教训的基础上，为方便灭火救援和人员逃生的要求确定的，主要针对多层建筑或高层建筑的下部楼层。

本条要求设置的辅助疏散设施包括逃生袋、救生绳、缓降绳、折叠式人孔梯、滑梯等，设置位置要便于人员使用且安全可靠，但不一定要在每一个窗口或阳台设置。

5.5.23 本条为强制性条文。建筑高度大于 100m 的建筑，使用人员多、竖向疏散距离长，因而人员的疏散时间长。

根据目前国内主战举高消防车——50m 高云梯车的操作要求，规定从首层到第一个避难层之间的高度不应大于 50m，以便火灾时不能经楼梯疏散而要停留在避难层的人员可采用云梯车救援下来。根据普通人爬楼梯的体力消耗情况，结合各种机电设备及管道等的布置和使用管理要求，将两个避难层之间的高度确定为不大于 50m 较为适宜。

火灾时需要集聚在避难层的人员密度较大，为不至于过分拥挤，结合我国的人体特征，规定避难层的使用面积按平均每平方米容纳不大于 5 人确定。

第 2 款对通向避难层楼梯间的设置方式作出了规定，"疏散楼梯应在避难层分隔、同层错位或上下层断开"的做法，是为了使需要避难的人员不错过避难层（间）。其中，"同层错位和上下层断开"的方式是强制避难的做法，此时人员均须经避难层方能上下；"疏散楼梯在避难层分隔"的方式，可以使人员选择继续通过疏散楼梯疏散还是前往避难区域避难。当建筑内的避难人数较少而不需将整个楼层用作避难层时，除火灾危险性小的设备用房外，不能用于其他使用功能，并应采用防火墙将该楼层分隔成不同的区域。从非避难区进入避难区的部位，要采取措施防止非避难区的火灾和烟气进入避难区，如设置防烟前室。

一座建筑是设置避难层还是避难间，主要根据该建筑的不同高度段内需要避难的人数及其所需避难面积确定，避难间的分隔及疏散等要求同避难层。

5.5.24 本条为强制性条文。本条规定是为了满足高层病房楼和手术室中难以在火灾时及时疏散的人员的避难需要和保证其避难安全。本条是参考美国、英国等国对医疗建筑避难区域或使用轮椅等行动不便人员避难的规定，结合我国相关实际情况确定的。

每个护理单元的床位数一般是 40 床～60 床，建筑面积为 1200m²～1500m²，按 3 间病房、疏散着火房间和相邻房间的患者共 9 人，每个床位按 2m² 计算，共需要 18m²，加上消防员和医护人员、家属所占用面积，规定避难间面积不小于 25m²。

避难间可以利用平时使用的房间，如每层的监护室，也可以利用电梯前室。病房楼按最少 3 部病床梯对面布置，其电梯前室面积一般为 24m²～30m²。但合用前室不适合用作避难间，以防止病床影响人员通过楼梯疏散。

Ⅲ 住宅建筑

5.5.25 本条为强制性条文。本条规定为住宅建筑安全出口设置的基本要求。考虑到当前住宅建筑形式趋于多样化，条文未明确住宅建筑的具体类型，只根据住宅建筑单元每层的建筑面积和户门到安全出口的距离，分别规定了不同建筑高度住宅建筑安全出口的设置要求。

54m 以上的住宅建筑，由于建筑高度高，人员相对较多，一旦发生火灾，烟和火易竖向蔓延，且蔓延速度快，而人员疏散路径长，疏散困难。故同时要求此类建筑每个单元每层设置不少于两个安全出口，以利人员安全疏散。

5.5.26 本条为强制性条文。将建筑的疏散楼梯通至屋顶，可使人员通过相邻单元的楼梯进行疏散，使之多一条疏散路径，以利于人员能及时逃生。由于本规范已强制要求建筑高度大于 54m 的住宅建筑，每个单元应设置 2 个安全出口，而建筑高度大于 27m，但小于等于 54m 的住宅建筑，当每个单元任一层的建筑面积不大于 650m²，且任一户门至最近安全出口的距离不大于 10m，每个单元可以设置 1 个安全出口时，可以通过将楼梯间通至屋面并在屋面将各单元连通来满足 2 个不同疏散方向的要求，便于人员疏散；对于只有 1 个单元的住宅建筑，可将疏散楼梯仅通至屋顶。此外，由于此类建筑高度较高，即使疏散楼梯能通至屋顶，也不等同于 2 部疏散楼梯。为提高疏散楼梯的安全性，本条还对户门的防火性能提出了要求。

5.5.27 电梯井是烟火竖向蔓延的通道，火灾和高温烟气可借助该竖井蔓延到建筑中的其他楼层，会给人员安全疏散和火灾的控制与扑救带来更大困难。因此，疏散楼梯的位置要尽量远离电梯井或将疏散楼梯设置为封闭楼梯间。

对于建筑高度低于 33m 的住宅建筑，考虑到其竖向疏散距离较短，如每层每户通向楼梯间的门具有

一定的耐火性能，能一定程度降低烟火进入楼梯间的危险，因此，可以不设封闭楼梯间。

楼梯间是火灾时人员在建筑内竖向疏散的唯一通道，不具备防火性能的户门不应直接开向楼梯间，特别是高层住宅建筑的户门不应直接开向楼梯间的前室。

5.5.28 有关说明参见本规范第 5.5.10 条的说明。楼梯间的防烟前室，要尽可能分别设置，以提高其防火安全性。

防烟前室不共用时，其面积等要求还需符合本规范第 6.4.3 条的规定。当两部剪刀楼梯间共用前室时，进入剪刀楼梯间前室的入口应该位于不同方位，不能通过同一个入口进入共用前室，入口之间的距离仍要不小于 5m；在首层的对外出口，要尽量分开设置在不同方向。当首层的公共区无可燃物且首层的户门不直接开向前室时，剪刀梯在首层的对外出口可以共用，但宽度需满足人员疏散的要求。

5.5.29 本条为强制性条文。本条规定了住宅建筑安全疏散距离的基本要求，有关说明参见本规范第 5.5.17 条的条文说明。

跃廊式住宅用与楼梯、电梯连接的户外走廊将多个住户组合在一起，而跃层式住宅则在套内有多个楼层，户与户之间主要通过本单元的楼梯或电梯组合在一起。跃层式住宅建筑的户外疏散路径较跃廊式住宅短，但套内的疏散距离则要长。因此，在考虑疏散距离时，跃廊式住宅要将人员在此楼梯上的行走时间折算到水平走道上的时间，故采用小楼梯水平投影的 1.5 倍计算。为简化规定，对于跃层式住宅户内的小楼梯，户内楼梯的距离由原来规定按楼梯梯段总长度的水平投影尺寸计算修改为按其梯段水平投影长度的 1.5 倍计算。

5.5.30 本条为强制性条文。本条说明参见本规范第 5.5.18 条的条文说明。住宅建筑相对于公共建筑，同一空间内或楼层的使用人数较少，一般情况下 1.1m 的最小净宽可以满足大多数住宅建筑的使用功能需要，但在设计疏散走道、安全出口和疏散楼梯以及户门时仍应进行核算。

5.5.31 本条为强制性条文。有关说明参见本规范第 5.5.23 条的条文说明。

5.5.32 对于大于 54m 但不大于 100m 的住宅建筑，尽管规范不强制要求设置避难层（间），但此类建筑较高，为增强此类建筑户内的安全性能，规范对户内的一个房间提出了要求。

本条规定有耐火完整性要求的外窗，其耐火性能可按照现行国家标准《镶玻璃构件耐火试验方法》GB/T 12513 中对非隔热性镶玻璃构件的试验方法和判定标准进行测定。

6 建 筑 构 造

6.1 防 火 墙

6.1.1 本条为强制性条文。防火墙是分隔水平防火分区或防止建筑间火灾蔓延的重要分隔构件,对于减少火灾损失发挥着重要作用。

防火墙能在火灾初期和灭火过程中,将火灾有效地限制在一定空间内,阻断火灾在防火墙一侧而不蔓延到另一侧。国外相关建筑规范对于建筑内部及建筑物之间的防火墙设置十分重视,均有较严格的规定。如美国消防协会标准《防火墙与防火隔墙标准》NFPA 221 对此有专门规定,并被美国有关建筑规范引用为强制性要求。

实际上,防火墙应从建筑基础部分就应与建筑物完全断开,独立建造。但目前在各类建筑物中设置的防火墙,大部分是建造在建筑框架上或与建筑框架相连接。要保证防火墙在火灾时真正发挥作用,就应保证防火墙的结构安全且从上至下均应处在同一轴线位置,相应框架的耐火极限要与防火墙的耐火极限相适应。由于过去没有明确设置防火墙的框架或承重结构的耐火极限要求,使得实际工程中建筑框架的耐火极限可能低于防火墙的耐火极限,从而难以很好地实现防止火灾蔓延扩大的目标。

为阻止火势通过屋面蔓延,要求防火墙截断屋顶承重结构,并根据实际情况确定突出屋面与否。对于不同用途、建筑高度以及建筑的屋顶耐火极限的建筑,应有所区别。当高层厂房和高层仓库屋顶承重结构和屋面板的耐火极限大于或等于 1.00h,其他建筑屋顶承重结构和屋面板的耐火极限大于或等于 0.50h 时,由于屋顶具有较好的耐火性能,其防火墙可不高出屋面。

本条中的数值是根据我国有关火灾的实际调查和参考国外有关标准确定的。不同国家有关防火墙高出屋面高度的要求,见表16。设计应结合工程具体情况,尽可能采用比本规范规定较大的数值。

表 16 不同国家有关防火墙高出屋面高度的要求

屋面构造	防火墙高出屋面的尺寸(mm)			
	中国	日本	美国	前苏联
不燃性屋面	500	500	450~900	300
可燃性屋面	500	500	450~900	600

6.1.2 本条为强制性条文。设置防火墙就是为了防止火灾不能从防火墙任意一侧蔓延至另外一侧。通常屋顶是不开口的,一旦开口则有可能成为火灾蔓延的通道,因而也需要进行有效的防护。否则,防火墙的作用将被削弱,甚至失效。防火墙横截面中心线水平距离天窗端面不小于 4.0m,能在一定程度上阻止火势蔓延,但设计还是要尽可能加大该距离,或设置不可开启窗扇的乙级防火窗或火灾时可自动关闭的乙级防火窗等,以防止火灾蔓延。

6.1.3 对于难燃或可燃外墙,为阻止火势通过外墙横向蔓延,要求防火墙凸出外墙一定宽度,且应在防火墙两侧每侧各不小于 2.0m 范围内的外墙和屋面采用不燃性的墙体,并不得开设孔洞。不燃性外墙具有一定耐火极限且不会被引燃,允许防火墙不凸出外墙。

防火墙两侧的门窗洞口最近的水平距离规定不应小于 2.0m。根据火场调查,2.0m 的间距在一定程度上阻止火势蔓延,但也存在个别蔓延现象。

6.1.4 火灾事故表明,防火墙设在建筑物的转角处且防火墙两侧开设门窗等洞口时,如门窗洞口采取防火措施,则能有效防止火势蔓延。设置不可开启窗扇的乙级防火窗、火灾时可自动关闭的乙级防火窗、防火卷帘或防火分隔水幕等,均可视为能防止火灾水平蔓延的措施。

6.1.5 本条为强制性条文。

(1) 对于因防火间距不足而需设置的防火墙,不应开设门窗洞口。必须设置的开口要符合本规范有关防火间距的规定。用于防火分区或建筑内其他防火分隔用途的防火墙,如因工艺或使用等要求必须在防火墙上开口时,须严格控制开口大小并采取在开口部位设置防火门窗等能有效防止火灾蔓延的防火措施。根据国外有关标准,在防火墙上设置的防火门,耐火极限一般都应与相应防火墙的耐火极限一致,但各国有关防火门的标准略有差异,因此我国要求采用甲级防火门。其他洞口,包括观察窗、工艺口等,由于大小不一,所设置的防火设施也各异,如防火窗、防火卷帘、防火阀、防火分隔水幕等。但无论何种设施,均应能在火灾时封闭开口,有效阻止火势蔓延。

(2) 本条规定在于保证防火墙防火分隔的可靠性。可燃气体和可燃液体管道穿越防火墙,很容易将火灾从防火墙的一侧引到另外一侧。排气管道内的气体一般为燃烧的余气,温度较高,将排气管道设置在防火墙内不仅对防火墙本身的稳定性有影响,而且排气时长时间聚集的热量有可能引燃防火墙两侧的可燃物。此外,在布置输送氧气、煤气、乙炔等可燃气体和汽油、苯、甲醇、乙醇、煤油、柴油等甲、乙、丙类液体的管道时,还要充分考虑这些管道发生可燃气体或蒸气逸漏对防火墙本身安全以及防火墙两侧空间的危害。

6.1.6 本条规定在于防止建筑物内的高温烟气和火势穿过防火墙上的开口和孔隙等蔓延扩散,以保证防火分区的防火安全。如水管、输送无火灾危险的液体管道等因条件限制必须穿过防火墙时,要用弹性较好的不燃材料或防火封堵材料将管道周围的缝隙紧密填塞。对于采用塑料等遇高温或火焰易收缩变形或烧蚀的材质的管道，要采取措施使该类管道在受火后能被封闭，如设置热膨胀型阻火圈或者设置在具有耐火性能的管道井内等，以防止火势和烟气穿过防火分隔体。有关防火封堵措施，在中国工程建设标准化协会标准《建筑防火封堵应用技术规程》CECS 154：2003中有详细要求。

6.1.7 本条为强制性条文。本条规定了防火墙构造的本质要求，是确保防火墙自身结构安全的基本规定。防火墙的构造应该使其能在火灾中保持足够的稳定性能，以发挥隔烟阻火作用，不会因高温或邻近结构破坏而引起防火墙的倒塌，致使火势蔓延。耐火等级较低一侧的建筑结构或其中燃烧性能和耐火极限较低的结构，在火灾中易发生垮塌，从而可能以侧向力或下拉力作用于防火墙，设计应考虑这一因素。此外，在建筑物室内外建造的独立防火墙，也要考虑其高度与厚度的关系以及墙体的内部加固构造，使防火墙具有足够的稳固性与抗力。

6.2 建筑构件和管道井

6.2.1 本条规定了剧场、影院等建筑的舞台与观众厅的防火分隔要求。

剧场等建筑的舞台及后台部分，常使用或存放着大量幕布、布景、道具，可燃装修和用电设备多。另外，由于演出需要，人为着火因素也较多，如烟火效果及演员在台上吸烟表演等，也容易引发火灾。着火后，舞台部位的火势往往发展迅速，难以及时控制。剧场等建筑舞台下面的灯光操纵室和存放道具、布景的储藏室，可燃物较多，也是该场所防火设计的重点控制部位。

电影放映室主要放映以硝酸纤维片等易燃材料的影片，极易发生燃烧，或断片时使用易燃液体丙酮接片子而导致火灾，且室内电气设备又比较多。因此，该部位要与其他部位进行有效分隔。对于放映数字电影的放映室，当室内可燃物较少时，其观察孔和放映孔也可不采取防火分隔措施。

剧场、电影院内的其他建筑防火构造措施与规定，还应符合国家现行标准《剧场建筑设计规范》JGJ 57和《电影院建筑设计规范》JGJ 58的要求。

6.2.2 本条为强制性条文。本条规定为对建筑内一些需要重点防火保护的特殊场所的防火分隔要求。本条中规定的防火分隔墙体和楼板的耐火极限是根据二级耐火等级建筑的相应要求确定的。

（1）医疗建筑内存在一些性质重要或发生火灾时不能马上撤离的部位，如产房、手术室、重症病房、贵重的精密医疗装备用房等，以及可燃物多或火灾危险性较大，容易发生火灾的场所，如药房、储藏间、实验室、胶片室等。因此，需要加强对这些房间的防火分隔，以减小火灾危害。对于医院洁净手术部，还应符合国家现行有关标准《医院洁净手术部建筑技术

规范》GB 50333和《综合医院建筑设计规范》JGJ 49的有关要求。

（2）托儿所、幼儿园的婴幼儿、老年人建筑内的老弱者等人员行为能力较弱，容易在火灾时造成伤亡，当设置在其他建筑内时，要与其他部位分隔。其他防火要求还应符合国家现行有关标准《托儿所、幼儿园建筑设计规范》JGJ 39、《老年人建筑设计规范》JGJ 122和《老年人居住建筑设计标准》GB/T 50340等标准的要求。

6.2.3 本条规定了属于易燃、易爆且容易发生火灾或高温、明火生产部位的防火分隔要求。

厨房火灾危险性较大，主要原因有电气设备过载老化、燃气泄漏或油烟机、排油烟管道着火等。因此，本条对厨房的防火分隔提出了要求。本条中的"厨房"包括公共建筑和工厂中的厨房、宿舍和公寓等居住建筑中的公共厨房，不包括住宅、宿舍、公寓等居住建筑中套内设置的供家庭或住宿人员自用的厨房。

当厂房或仓库内有工艺要求必须将不同火灾危险性的生产布置在一起时，除属丁、戊类火灾危险性的生产与储存场所外，厂房或仓库中甲、乙、丙类火灾危险性的生产或储存物品一般要分开设置，并应采用具有一定耐火极限的墙体分隔，以降低不同火灾危险性场所之间的相互影响。如车间内的变电所、变压器、可燃或易燃液体或气体储存房间、人员休息室或车间管理与调度室、仓库内不同火灾危险性的物品存放区等，有的在本规范第3.3.5条~第3.3.8条和第6.2.7条等条文中也有规定。

6.2.4 本条为强制性条文。本条为保证防火隔墙的有效性，对其构造做法作了规定。为有效控制火势和烟气蔓延，特别是烟气对人员安全的威胁，旅馆、公共娱乐场所等人员密集场所内的防火隔墙，应注意将隔墙从地面或楼面砌至上一层楼板或屋面板底部。楼板与隔墙之间的缝隙、穿越墙体的管道及其缝隙、开口等应按照本规范有关规定采取防火措施。

在单元式住宅中，分户墙是主要的防火分隔墙体，户与户之间进行较严格的分隔，保证火灾不相互蔓延，也是确保住宅建筑防火安全的重要措施。要求单元之间的墙应无门窗洞口，单元之间的墙砌至屋面板底部，可使该隔墙真正起到防火隔断作用，从而把火灾限制在着火的一户内或一个单元之内。

6.2.5 本条为强制性条文。建筑外立面开口之间如未采取必要的防火分隔措施，易导致火灾通过开口部位相互蔓延，为此，本条规定了外立面开口之间的防火措施。

目前，建筑中采用落地窗，上、下层之间不设置实体墙的现象比较普遍，一旦发生火灾，易导致火灾通过外墙上的开口在水平和竖直方向上蔓延。本条结合有关火灾案例，规定了建筑外墙上在上、下层开口

之间的墙体高度或防火挑檐的挑出宽度，以及住宅建筑相邻套在外墙上的开口之间的墙体的水平宽度，以防止火势通过建筑外窗蔓延。关于上下层开口之间实体墙的高度计算，当下部外窗的上沿以上为上一层的梁时，该梁的高度可计入上、下层开口间的墙体高度。

当上、下层开口之间的墙体采用实体墙确有困难时，允许采用防火玻璃墙，但防火玻璃墙和外窗的耐火完整性都要能达到规范规定的耐火完整性要求，其耐火完整性按照现行国家标准《镶玻璃构件耐火试验方法》GB/T 12513 中对非隔热性镶玻璃构件的试验方法和判定标准进行测定。

国家标准《建筑用安全玻璃 第1部分：防火玻璃》GB 15763.1—2009 将防火玻璃按照耐火性能分为 A、C 两类，其中 A 类防火玻璃能够同时满足标准有关耐火完整性和耐火隔热性的要求，C 类防火玻璃仅能满足耐火完整性的要求。火势通过窗口蔓延时需经过外部卷吸后作用到窗玻璃上，且火焰需突破着火房间的窗户经室外再蔓延到其他房间，满足耐火完整性的 C 类防火玻璃，可基本防止火势通过窗口蔓延。

住宅内着火后，在窗户开启或窗户玻璃破碎的情况下，火焰将从窗户蔓出并向上卷吸，因此着火房间的同层相邻房间受火的影响要小于着火房间的上一层房间。此外，当火焰在环境风的作用下偏向一侧时，住宅户与户之间突出外墙的隔板可以起到很好的阻火隔热作用，效果要优于外窗之间设置的墙体。根据火灾模拟分析，当住宅户与户之间设置突出外墙不小于0.6m 的隔板或在外窗之间设置宽度不小于 1.0m 的不燃性墙体时，能够阻止火势向相邻住户蔓延。

6.2.6 本条为强制性条文。采用幕墙的建筑，主要因大部分幕墙存在空腔结构，这些空腔上下贯通，在火灾时会产生烟囱效应，如不采取一定分隔措施，会加剧火势在水平和竖向的迅速蔓延，导致建筑整体着火，难以实施扑救。幕墙与周边防火分隔构件之间的缝隙、与楼板或者隔墙外沿之间的缝隙、与相邻的实体墙洞口之间的缝隙等的填充材料常用玻璃棉、硅酸铝棉等不燃材料。实际工程中，存在受震动和温差影响易脱落、开裂等问题，故规定幕墙与每层楼板、隔墙处的缝隙，要采用具有一定弹性和防火性能的材料填塞密实。这种材料可以是不燃材料，也可以是难燃材料。如采用难燃材料，应保证其在火焰或高温作用下能发生膨胀变形，并具有一定的耐火性能。

设置幕墙的建筑，其上、下层外墙上开口之间的墙体或防火挑檐仍要符合本规范第 6.2.5 条的要求。

6.2.7 本条为强制性条文。本条规定了建筑内设置的消防控制室、消防设备房等重要设备房的防火分隔要求。

设置在其他建筑内的消防控制室、固定灭火系统的设备室等要保证该建筑发生火灾时，不会受到火灾的威胁，确保消防设施正常工作。通风、空调机房是通风管道汇集的地方，是火势蔓延的主要部位之一。基于上述考虑，本条规定这些房间要与其他部位进行防火分隔，但考虑到丁、戊类生产的火灾危险性较小，对这两类厂房中的通风机房分隔构件的耐火极限要求有所降低。

6.2.8 冷库的墙体保温采用难燃或可燃材料较多，面积大、数量多，且冷库内所存物品有些还是可燃的，包装材料也多是可燃的。冷库火灾主要由聚苯乙烯硬泡沫、软木易燃物质等隔热材料和可燃制冷剂等引起。因此，有些国家对冷库采用可燃塑料作隔热材料有较严格的限制，在规范中确定小于 150m² 的冷库才允许用可燃材料隔热层。为了防止隔热层造成火势蔓延扩大，规定应作水平防火分隔，且该水平分隔体应具备与分隔部位相应构件相当的耐火极限。其他有关分隔和构造要求还应符合现行国家标准《冷库设计规范》GB 50072的规定。

近年来冷库及低温环境生产场所已发生多起火灾，火灾案例表明，当建筑采用泡沫塑料作内绝热层时，裸露的泡沫材料易被引燃，火灾时蔓延速度快且产生大量的有毒烟气，因此，吸取火灾事故教训，加强冷库及人工制冷降温厂房的防火措施很有必要。本条不仅对泡沫材料的燃烧性能作了限制，而且要求采用不燃材料做防护层。

氨压缩机房属于乙类火灾危险性场所，当冷库的氨压缩机房确需与加工车间贴邻时，要采用不开门窗洞口的防火墙分隔，以降低氨压缩机房发生事故时对加工车间的影响。同时，冷库也要与加工车间采取可靠的防火分隔措施。

6.2.9 本条第 1、2、3 款为强制性条文。由于建筑内的竖井上下贯通一旦发生火灾，易沿竖井竖向蔓延，因此，要求采取防火措施。

电梯井的耐火极限要求，见本规范第 3.2.1 条和第 5.1.2 条的规定。电梯层门是设置在电梯层站入口的封闭门，即梯井门。电梯层门的耐火极限应按照现行国家标准《电梯层门耐火试验》GB/T 27903 的规定进行测试，并符合相应的判定标准。

建筑中的管道井、电缆井等竖向管井是烟火竖向蔓延的通道，需采取在每层楼板处用相当于楼板耐火极限的不燃材料等防火措施分隔。实际工程中，每层分隔对于检修影响不大，却能提高建筑的消防安全性。因此，要求这些竖井要在每层进行防火分隔。

本条中的"安全逃生门"是指根据电梯相关标准要求，对于电梯不停靠的楼层，每隔 11m 需要设置的可开启的电梯安全逃生门。

6.2.10 直接设置在有可燃、难燃材料的墙体上的户外电致发光广告牌，容易因供电线路和电器原因使墙体或可燃广告牌着火而引发火灾，并能导致火势沿建筑外立面蔓延。户外广告牌遮挡建筑外窗，也不利于火灾时建筑的排烟和人员的应急逃生以及外部灭火救援。

本条中的"可燃、难燃材料的墙体"，主要指设置广告牌所在部位的墙体本身是由可燃或难燃材料构成，或该部位的墙体表面设置有由难燃或可燃的保温材料构成的外保温层或外装饰层。

6.3 屋顶、闷顶和建筑缝隙

6.3.1～6.3.3 冷摊瓦屋顶具有较好的透气性，瓦片间相互重叠而有缝隙，可直接铺在挂瓦条上，也可铺在处理后的屋面上起装饰作用，我国南方和西南地区的坡屋顶建筑应用较多。第6.3.1条规定主要为防止火星通过冷摊瓦的缝隙落在闷顶内引燃可燃物而酿成火灾。

闷顶着火后，闷顶内温度比较高、烟气弥漫，消防员进入闷顶侦察火情、灭火救援相当困难。为尽早发现火情、避免发展成为较大火灾，有必要设置老虎窗。设置老虎窗的闷顶着火后，火焰、烟和热空气可以从老虎窗排出，不至于向两旁扩散到整个闷顶，有助于把火势局限在老虎窗附近范围内，并便于消防员侦察火情和灭火。楼梯是消防员进入建筑进行灭火的主要通道，闷顶入口设在楼梯间附近，便于消防员快速侦察火情和灭火。

闷顶为屋盖与吊顶之间的封闭空间，一般起隔热作用，常见于坡屋顶建筑。闷顶火灾一般阴燃时间较长，因空间相对封闭且不上人，火灾不易被发现，待发现之后火已着大，难以扑救。阴燃开始后，由于闷顶内空气供应不充足，燃烧不完全，如果让未完全燃烧的气体积热、积聚在闷顶内，一旦吊顶突然局部塌落，氧气充分供应就会引起局部轰燃。因此，这些建筑要设置必要的闷顶入口。但有的建筑物，其屋架、吊顶和其他屋顶构件为不燃材料，闷顶内又无可燃物，像这样的闷顶，可以不设置闷顶入口。

第6.3.3条中的"每个防火隔断范围"，主要指住宅单元或其他采用防火隔墙分隔成较小空间（墙体隔断闷顶）的建筑区域。教学、办公、旅馆等公共建筑，每个防火隔断范围面积较大，一般为1000m²，最大可达2000m²以上，因此要求设置不小于2个闷顶入口。

6.3.4 建筑变形缝是在建筑长度较长的建筑中或建筑中有较大高差部分之间，为防止温度变化、沉降不均匀或地震等引起的建筑变形而影响建筑结构安全和使用功能，将建筑结构断开为若干部分所形成的缝隙。特别是高层建筑的变形缝，因抗震等需要留得较宽，在火灾中具有很强的拔火作用，会使火灾通过变形缝内的可燃填充材料蔓延，烟气也会通过变形缝等竖向结构缝隙扩散到全楼。因此，要求变形缝内的填充材料、变形缝在外墙上的连接与封堵构造处理和在

楼层位置的连接与封盖的构造基层采用不燃烧材料。有关构造参见图7。该构造由铝合金型材、铝合金板（或不锈钢板）、橡胶嵌条及各种专用胶条组成。配合止水带、阻火带，还可以满足防水、防火、保温等要求。

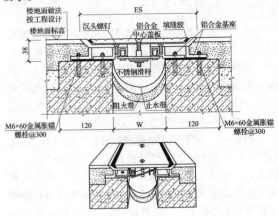

图7 变形缝构造示意图

据调查，有些高层建筑的变形缝内还敷设电缆或填充泡沫塑料等，这是不妥当的。为了消除变形缝的火灾危险因素，保证建筑物的安全，本条规定变形缝内不应敷设电缆、可燃气体管道和甲、乙、丙类液体管道等。在建筑使用过程中，变形缝两侧的建筑可能发生位移等现象，故应避免将一些易引发火灾或爆炸的管线布置其中。当需要穿越变形缝时，应采用穿刚性管等方法，管线与套管之间的缝隙应采用不燃材料、防火材料或耐火材料紧密填塞。本条规定主要为防止因建筑变形破坏管线而引发火灾并使烟气通过变形缝扩散。

因建筑内的孔洞或防火分隔处的缝隙未封堵或封堵不当导致人员死亡的火灾，在国内外均发生过。国际标准化组织标准及欧美等国家的建筑规范均对此有明确的要求。这方面的防火处理容易被忽视，但却是建筑消防安全体系中的有机组成部分，设计中应予重视。

6.3.5 本条为强制性条文。穿越墙体、楼板的风管或排烟管道设置防火阀、排烟防火阀，就是要防止烟气和火势蔓延到不同的区域。在阀门之间的管道采取防火保护措施，可保证管道不会因受热变形而破坏整个分隔的有效性和完整性。

6.3.6 目前，在一些建筑，特别是民用建筑中，越来越多地采用硬聚氯乙烯管道。这类管道遇高温和火焰容易导致楼板或墙体出现孔洞。为防止烟气或火势蔓延，要求采取一定的防火措施，如在管道的贯穿部位采用防火套箍和防火封堵等。本条和本规范第6.1.6条、第6.2.6条、第6.2.9条所述防火封堵材料，均要符合国家现行标准《防火膨胀密封件》GB 16807和《防火封堵材料》GB 23864等的要求。

6.3.7 本条规定主要是为防止通过屋顶开口造成火

灾蔓延。当建筑的辅助建筑屋顶有开口时，如果该开口与主体之间距离过小，火灾就能通过该开口蔓延至上部建筑。因此，要采取一定的防火保护措施，如将开口布置在距离建筑高度较高部分较远的地方，一般不宜小于6m，或采取设置防火采光顶、邻近开口一侧的建筑外墙采用防火墙等措施。

6.4 疏散楼梯间和疏散楼梯等

6.4.1 本条第2～6款为强制性条文。本条规定为疏散楼梯间的通用防火要求。

1 疏散楼梯间是人员竖向疏散的安全通道，也是消防员进入建筑进行灭火救援的主要路径。因此，疏散楼梯间应保证人员在楼梯间内疏散时能有较好的光线，有天然采光条件的要首先采用天然采光，以尽量提高楼梯间内照明的可靠性。当然，即使采用天然采光的楼梯间，仍需要设置疏散照明。

建筑发生火灾后，楼梯间任一侧的火灾及其烟气可能会通过楼梯间外墙上的开口蔓延至楼梯间内。本款要求楼梯间窗口（包括楼梯间的前室或合用前室外墙上的开口）与两侧的门窗洞口之间要保持必要的距离，主要为确保疏散楼梯间内不被烟火侵袭。无论楼梯间与门窗洞口是处于同一立面位置还是处于转角处等不同立面位置，该距离都是外墙上的开口与楼梯间开口之间的最近距离，含折线距离。

疏散楼梯间要尽量采用自然通风，以提高排除进入楼梯间内烟气的可靠性，确保楼梯间的安全。楼梯间靠外墙设置，有利于楼梯间直接天然采光和自然通风。不能利用天然采光和自然通风的疏散楼梯间，需按本规范第6.4.2条、第6.4.3条的要求设置封闭楼梯间或防烟楼梯间，并采取防烟措施。

2 为避免楼梯间内发生火灾或防止火灾通过楼梯间蔓延，规定楼梯间内不应附设烧水间、可燃材料储藏室、非封闭的电梯井、可燃气体管道，甲、乙、丙类液体管道等。

3 人员在紧急疏散时容易在楼梯出入口及楼梯间内发生拥挤现象，楼梯间的设计要尽量减少布置凸出墙体的物体，以保证不会减少楼梯间的有效疏散宽度。楼梯间的宽度设计还需考虑采取措施，以保证人行宽度不宜过宽，防止人群疏散时失稳跌倒而导致踩踏等意外。澳大利亚建筑规范规定：当阶梯式走道的宽度大于4m时，应在每2m宽度处设置栏杆扶手。

4 虽然防火卷帘在耐火极限上可达到防火要求，但卷帘密闭性不好，防烟效果不理想，加之联动设施、固定槽或卷轴电机等部件如果不能正常发挥作用，防烟楼梯间或封闭楼梯间的防烟措施将形同虚设。此外，卷帘在关闭时也不利于人员逃生。因此，封闭楼梯间、防烟楼梯间及其前室不应设置卷帘。

5 楼梯间是保证人员安全疏散的重要通道，输送甲、乙、丙液体等物质的管道不应设置在楼梯间内。

6 布置在楼梯间内的天然气、液化石油气等燃气管道，因楼梯间相对封闭，容易因管道维护管理不到位或碰撞等其他原因发生泄漏而导致严重后果。因此，燃气管道及其相关控制阀门等不能布置在楼梯间内。但为方便管理，各地正在推行住宅建筑中的水表、电表、气表等出户设置。为适应这一要求，本条规定允许可燃气体管道进入住宅建筑未封闭的楼梯间，但为防止管道意外损伤发生泄漏，要求采用金属管。为防止燃气因该部分管道破坏而引发较大火灾，应在计量表前或管道进入建筑物前安装紧急切断阀，并且该阀门应具备可手动操作关断气源的装置，有条件时可设置自动切断管路的装置。另外，管道的布置与安装位置，应注意避免人员通过楼梯间时与管道发生碰撞。有关设计还应符合现行国家标准《城镇燃气设计规范》GB 50028的规定。其他建筑的楼梯间内，不允许敷设可燃气体管道或设置可燃气体计量表。

6.4.2 本条为强制性条文。本条规定为封闭楼梯间的专门防火要求，除本条规定外的其他要求，要符合本规范第6.4.1条的通用要求。

通向封闭楼梯间的门，正常情况下需采用乙级防火门。在实际使用过程中，楼梯间出入口的门常因采用常闭防火门而致闭门器经常损坏，使门无法在火灾时自动关闭。因此，对于有人员经常出入的楼梯间门，要尽量采用常开防火门。对于自然通风或自然排烟口不能符合现行国家相关防排烟系统设计标准的封闭楼梯间，可以采用设置防烟前室或直接在楼梯间内加压送风的方式实现防烟目的。

有些建筑，在首层设置有大堂，楼梯间在首层的出口难以直接对外，往往需要将大堂或首层的一部分包括在楼梯间内而形成扩大的封闭楼梯间。在采用扩大封闭楼梯间时，要注意扩大区域与周围空间采取防火措施分隔。垃圾道、管道井等的检查门等，不能直接开向楼梯间内。

6.4.3 本条第1、3、4、5、6款为强制性条文。本条规定为防烟楼梯间的专门防火要求，除本条规定外的其他要求，要符合本规范第6.4.1条的通用要求。

防烟楼梯间是具有防烟前室等防烟设施的楼梯间。前室应具有可靠的防烟性能，使防烟楼梯间具有比封闭楼梯间更好的防烟、防火能力，防火可靠性更高。前室不仅起防烟作用，而且可作为疏散人群进入楼梯间的缓冲空间，同时也可以供灭火救援人员进行进攻前的整装和灭火准备工作。设计要注意使前室的大小与楼层中疏散进入楼梯间的人数相适应。条文中的前室或合用前室的面积，为可供人员使用的净面积。

本条及本规范中的"前室"，包括开敞式的阳台、凹廊等类似空间。当采用开敞式阳台或凹廊等防烟空间作为前室时，阳台或凹廊等的使用面积也要满足前室的有关要求。防烟楼梯间在首层直通室外时，其首层可不设置前室。对于防烟楼梯间在首层难以直通室外，可以采用在首层将火灾危险性低的门厅扩大到楼梯间的前室内，形成扩大的防烟楼梯间前室。对于住宅建筑，由于平面布置难以将电缆井和管道井的检查门开设在其他位置时，可以设置在前室或合用前室内，但检查门应采用丙级防火门。其他建筑的防烟楼梯间的前室或合用前室内，不允许开设除疏散门以外的其他开口和管道井的检查门。

6.4.4 本条为强制性条文。为保证人员疏散畅通、快捷、安全，除通向避难层且需错位的疏散楼梯和建筑的地下室与地上楼层的疏散楼梯外，其他疏散楼梯在各层不能改变平面位置或断开。相应的规定在国外有关标准中也有类似要求，如美国《统一建筑规范》规定：地下室的出口楼梯应直通建筑外部，不应经过首层；法国《公共建筑物安全防火规范》规定：地上与地下疏散楼梯应断开。

对于楼梯间在地下层与地上层连接处，如不进行有效分隔，容易造成地下楼层的火灾蔓延到建筑的地上部分。因此，为防止烟气和火焰蔓延到建筑的上部楼层，同时避免建筑上部的疏散人员误入地下楼层，要求在首层楼梯间通向地下室、半地下室的入口处采用防火分隔构件将地上部分的疏散楼梯与地下、半地下部分的疏散楼梯分隔开，并设置明显的疏散指示标志。当地上、地下楼梯间确因条件限制难以直通室外时，可以在首层通过与地上疏散楼梯共用的门厅直通室外。

对于地上建筑，当疏散设施不能使用时，紧急情况下还可以通过阳台以及其他的外墙开口逃生，而地下建筑只能通过疏散楼梯垂直向上疏散。因此，设计要确保人员进入疏散楼梯间后的安全，要采用封闭楼梯间或防烟楼梯间。

根据执行规范过程中出现的问题和火灾时的照明条件，设计要采用灯光疏散指示标志。

6.4.5 本条为强制性条文。本条规定主要为防止因楼梯倾斜度过大、楼梯过窄或栏杆扶手过低导致不安全，同时防止火焰从门内窜出而将楼梯烧坏，影响人员疏散。室外楼梯可作为防烟楼梯间或封闭楼梯间使用，但主要还是辅助用于人员的应急逃生和消防员直接从室外进入建筑物，到达着火层进行灭火救援。对于某些建筑，由于楼层使用面积紧张，也可采用室外疏散楼梯进行疏散。

在布置室外楼梯平台时，要避免疏散门开启后，因门扇占用楼梯平台而减少其有效疏散宽度。也不应将疏散门正对梯段开设，以避免疏散时人员发生意外，影响疏散。同时，要避免建筑外墙在疏散楼梯的平台、梯段的附近开设外窗。

6.4.6 丁、戊类厂房的火灾危险性较小，即使发生火灾，也比较容易控制，危害也小，故对相应疏散楼

梯的防火要求作了适当调整。金属梯同样要考虑防滑、防跌落等措施。室外疏散楼梯的栏杆高度、楼梯宽度和坡度等设计均要考虑人员应急疏散的安全。

6.4.7 疏散楼梯或可作疏散用的楼梯和疏散通道上的阶梯踏步，其深度、高度和形式均要有利于人员快速、安全疏散，能较好地防止人员在紧急情况下出现摔倒等意外。弧形楼梯、螺旋梯及楼梯斜踏步在内侧坡度陡、每级扇步深度小，不利于快速疏散。美国《生命安全规范》NFPA 101 对于采用螺旋梯进行疏散有较严格的规定：使用人数不大于 5 人，楼梯宽度不小于 660mm，阶梯高度不大于 241mm，最小净空高度为 1980mm，距最窄边 305mm 处的踏步深度不小于 191mm 且所有踏步均一致。

6.4.8 本条规定主要考虑火灾时消防员进入建筑后，能利用楼梯间内两梯段及扶手之间的空隙向上吊挂水带，快速展开救援作业，减少水头损失。根据实际操作和平时使用安全需要，规定公共疏散楼梯梯段之间空隙的宽度不小于 150mm。对于住宅建筑，也要尽可能满足此要求。

6.4.9 由于三、四级耐火等级的建筑屋顶可采用难燃性或可燃性屋顶承重构件和屋面，设置室外消防梯可方便消防员直接上到屋顶采取截断火势、开展有效灭火等行动。本条主要是根据这些建筑的特性及其灭火需要确定的。实际上，建筑设计要尽可能为方便消防灭火救援提供一些设施，如室外消防梯、进入建筑的专门通道或路径，特别是地下、半地下建筑（室）和一些消防装备还相对落后的地区。

为尽量减小消防员进入建筑时与建筑内疏散人群的冲突，设计应充分考虑消防员进入建筑物内的需要。室外消防梯可以方便消防员登上屋顶或由窗口进入楼层，以接近火源、控制火势、及时灭火。在英国和我国香港地区的相关建筑规范中，要求为消防员进入建筑物设置有防火保护的专门通道或入口。

消防员赴火场进行灭火救援时均会配备单杠梯或挂钩梯。本条规定主要为避免闷顶着火时因老虎窗向外喷烟火而妨碍消防员登上屋顶，同时防止闲杂人员攀爬，又能满足灭火救援需要。

6.4.10 本条为强制性条文。在火灾时，建筑内可供人员安全进入楼梯间的时间比较短，一般为几分钟。而疏散走道是人员在楼层疏散过程中的一个重要环节，且也是人员汇集的场所，要尽量使人员的疏散行动通畅不受阻。因此，在疏散走道上不应设置卷帘、门等其他设施，但在防火分区处设置的防火门，则需要采用常开的方式以满足人员快速疏散、火灾时自动关闭起到阻火挡烟的作用。

6.4.11 本条为强制性条文。本条规定了安全出口和疏散出口上的门的设置形式、开启方向等基本要求，要求在人员疏散过程中不会因为疏散门而出现阻滞或无法疏散的情况。

疏散楼梯间、电梯间或防烟楼梯间的前室或合用前室的门，应采用平开门。侧拉门、卷帘门、旋转门或电动门，包括帘中门，在人群紧急疏散情况下无法保证安全、快速疏散，不允许作为疏散门。防火分区处的疏散门要求能够防火、防烟并能便于人员疏散通行，满足较高的防火性能，要采用甲级防火门。

疏散门为设置在建筑内各房间直接通向疏散走道的门或安全出口上的门。为避免在着火时由于人群惊慌、拥挤而压紧内开门扇，使门无法开启，要求疏散门应向疏散方向开启。对于使用人员较少且人员对环境及门的开启形式熟悉的场所，疏散门的开启方向可以不限。公共建筑中一些平时很少使用的疏散门，可能需要处于锁闭状态，但无论如何，设计均要考虑采取措施使疏散门能在火灾时从内部方便打开，且在打开后能自行关闭。

本条规定参照了美、英等国的相关规定，如美国消防协会标准《生命安全规范》NFPA 101规定：距楼梯或电动扶梯的底部或顶部3m范围内不应设置旋转门。设置旋转门的墙上应设侧铰链式双向弹簧门，且两扇门的间距应小于3m。通向室外的电控门和感应门均应设计成一旦断电，即能自动开启或手动开启。英国建筑规范规定：门厅或出口处的门，如果着火时使用该门疏散的人数大于60人，则疏散门合理、实用、可行的开启方向应朝向疏散方向。对火灾危险性高的工业建筑，人数低于60人时，也应要求门朝疏散方向开启。

考虑到仓库内的人员一般较少且门洞较大，故规定门设置在墙体的外侧时允许采用推拉门或卷帘门，但不允许设置在仓库外墙的内侧，以防止因货物翻倒等原因压住或阻碍而无法开启。对于甲、乙类仓库，因火灾时的火焰温度高、火灾蔓延迅速，甚至会引起爆炸，故强调甲、乙类仓库不应采用侧拉门或卷帘门。

6.4.12～6.4.14 这3条规定了本规范第5.3.5条规定的防火分隔方式的技术要求。

（1）下沉式广场等室外开敞空间能有效防止烟气积聚；足够宽度的室外空间，可以有效阻止火灾的蔓延。根据本规范第5.3.5条的规定，下沉式广场主要用于将大型地下商店分隔为多个相互相对独立的区域，一旦某个区域着火且不能有效控制时，该空间要能防止火灾蔓延至采用该下沉式广场分隔的其他区域。故该区域内不能布置任何经营性商业设施或其他可能导致火灾蔓延的设施或物体。在下沉式广场等开敞空间上部设置防风雨篷等设施，不利于烟气迅速排出。但考虑到国内不同地区的气候差异，确需设置防风雨篷时，应能保证火灾烟气快速地自然排放，有条件时要尽可能根据本规定加大雨篷的敞口面积或自动排烟窗的开口面积，并均匀布置开口或排烟窗。

为保证人员逃生需要，下沉广场等区域内需设置

至少1部疏散楼梯直达地面。当该开敞空间兼作人员疏散用途时，该区域通向地面的疏散楼梯要均匀布置，使人员的疏散距离尽量短，疏散楼梯的总净宽度，原则上不能小于各防火分区通向该区域的所有安全出口的净宽度之和。但考虑到该区域内可用于人员停留的面积较大，具有较好的人员缓冲条件，故规定疏散楼梯的总净宽度不应小于通向该区域的疏散总净宽度最大一个防火分区的疏散宽度。条文规定的"169m²"，是有效分隔火灾的开敞区域的最小面积，即最小长度×宽度，13m×13m。对于兼作人员疏散用的开敞空间，是该区域内可用于人员行走、停留并直接通向地面的面积，不包括水池等景观所占用的面积。

按本规范第5.3.5条要求设置的下沉式广场等室外开敞空间，为确保20000m²防火分隔的安全性，不大于20000m²的不同区域通向该开敞空间的开口之间的最小水平间距不能小于13m；不大于20000m²的同一区域中不同防火分区外墙上开口之间的最小水平间距，可以按照本规范第6.1.3条、第6.1.4条的有关规定确定。

（2）防火隔间只能用于相邻两个独立使用场所的人员相互通行，内部不应布置任何经营性商业设施。防火隔间的面积参照防烟楼梯间前室的面积作了规定。该防火隔间上设置的甲级防火门，在计算防火分区的安全出口数量和疏散宽度时，不能计入数量和宽度。

（3）避难走道主要用于解决大型建筑中疏散距离过长，或难以按照规范要求设置直通室外的安全出口等问题。避难走道和防烟楼梯间的作用类似，疏散时人员只要进入避难走道，就可视为进入相对安全的区域。为确保人员疏散的安全，当避难走道服务于多个防火分区时，规定避难走道直通地面的出口不少于2个，并设置在不同的方向；当避难走道只与一个防火分区相连时，直通地面的出口虽然不强制要求设置2个，但有条件时应尽量在不同方向设置出口。避难走道的宽度要求，参见本条下沉式广场的有关说明。

6.5 防火门、窗和防火卷帘

6.5.1 本条为对建筑内防火门的通用设置要求，其他要求见本规范的有关条文的规定，有关防火门的性能要求还应符合国家标准《防火门》GB 12955的要求。

（1）为便于针对不同情况采取不同的防火措施，规定了防火门的耐火极限和开启方式等。建筑内设置的防火门，既要能保持建筑防火分隔的完整性，又要能方便人员疏散和开启，应保证门的防火、防烟性能符合现行国家标准《防火门》GB 12955的有关规定和人员的疏散需要。

建筑内设置防火门的部位，一般为火灾危险性大

或性质重要房间的门以及防火墙、楼梯间及前室上的门等。因此，防火门的开启方式、开启方向等均要保证在紧急情况下人员能快捷开启，不会导致阻塞。

（2）为避免烟气或火势通过门洞窜入疏散通道内，保证疏散通道在一定时间内的相对安全，防火门在平时要尽量保持关闭状态；为方便平时经常有人通行而需要保持常开的防火门，要采取措施使之能在着火时以及人员疏散后能自行关闭，如设置与报警系统联动的控制装置和闭门器等。

（3）建筑变形缝处防火门的设置要求，主要为保证分区间的相互独立。

（4）在现实中，防火门因密封条在未达到规定的温度时不会膨胀，不能有效阻止烟气侵入，这对宾馆、住宅、公寓、医院住院部等场所在发生火灾后的人员安全带来隐患。故本条要求防火门在正常使用状态下关闭后具备防烟性能。

6.5.2 防火窗一般均设置在防火间距不足部位的建筑外墙上的开口处或屋顶天窗部位、建筑内的防火墙或防火隔墙上需要进行观察和监控活动等的开口部位、需要防止火灾竖向蔓延的外墙开口部位。因此，应将防火窗的窗扇设计成不能开启的窗扇，否则，防火窗应在火灾时能自行关闭。

6.5.3 本条为对设置在防火墙、防火隔墙以及建筑外墙开口上的防火卷帘的通用要求。

（1）防火卷帘主要用于需要进行防火分隔的墙体，特别是防火墙、防火隔墙上因生产、使用等需要开设较大开口而又无法设置防火门时的防火分隔。在实际使用过程中，防火卷帘存在着防烟效果差、可靠性低等问题以及在部分工程中存在大面积使用防火卷帘的现象，导致建筑内的防火分隔可靠性差，易造成火灾蔓延扩大。因此，设计中不仅要尽量减少防火卷帘的使用，而且要仔细研究不同类型防火卷帘在工程中运行的可靠性。本条所指防火分隔部位的宽度是指某一防火分隔区域与相邻防火分隔区域两两之间需要进行分隔的部位的总宽度。如某防火分隔区域为 B，与相邻的防火分隔区域 A 有 1 条边 L1 相邻，则 B 区的防火分隔部位的总宽度为 L1；与相邻的防火分隔区域 A 有 2 条边 L1、L2 相邻，则 B 区的防火分隔部位的总宽度为 L1 与 L2 之和；与相邻的防火分隔区域 A 和 C 分别有 1 条边 L1、L2 相邻，则 B 区的防火分隔部位的总宽度可以分别按 L1 和 L2 计算，而不需要叠加。

（2）根据国家标准《门和卷帘的耐火试验方法》GB 7633 的规定，防火卷帘的耐火极限判定条件有按卷帘的背火面温升和背火面辐射热两种。为避免使用混乱，按不同试验测试判定条件，规定了卷帘在用于防火分隔时的不同耐火要求。在采用防火卷帘进行防火分隔时，应认真考虑分隔空间的宽度、高度及其在火灾情况下高温烟气对卷帘面、卷轴及电机的影响。

采用多樘防火卷帘分隔一处开口时，还要考虑采取必要的控制措施，保证这些卷帘能同时动作和同步下落。

（3）由于有关标准未规定防火卷帘的烟密闭性能，故根据防火卷帘在实际建筑中的使用情况，本条还规定了防火卷帘周围的缝隙应做好严格的防火防烟封堵，防止烟气和火势通过卷帘周围的空隙传播蔓延。

（4）有关防火卷帘的耐火时间，由于设置部位不同，所处防火分隔部位的耐火极限要求不同，如在防火墙上设置或需设置防火墙的部位设置防火卷帘，则卷帘的耐火极限就需要至少达到 3.00h；如是在耐火极限要求为 2.00h 的防火隔墙处设置，则卷帘的耐火极限就不能低于 2.00h。如采用防火冷却水幕保护防火卷帘时，水幕系统的火灾延续时间也需按上述方法确定。

6.6 天桥、栈桥和管沟

6.6.1 天桥系指连接不同建筑物、主要供人员通行的架空桥。栈桥系指主要供输送物料的架空桥。天桥、越过建筑物的栈桥以及供输送煤粉、粮食、石油、各种可燃气体（如煤气、氢气、乙炔气、甲烷气、天然气等）的栈桥，应考虑采用钢筋混凝土结构、钢结构或其他不燃材料制作的结构，栈桥不允许采用木质结构等可燃、难燃结构。

6.6.2 本条为强制性条文。栈桥一般距地面较高，长度较长，如本身就具有较大火灾危险，人员利用栈桥进行疏散，一旦遇险很难避险和施救，存在很大安全隐患。

6.6.3 要求在天桥、栈桥与建筑物的连接处设置防火隔断的措施，主要为防止火势经由建筑物之间的天桥、栈桥蔓延。特别是甲、乙、丙类液体管道的封闭管沟（廊），如果没有防止液体流散的设施，一旦管道破裂着火，可能造成严重后果。这些管沟要尽量采用干净的沙子填塞或分段封堵等措施。

6.6.4 实际工程中，有些建筑采用天桥、连廊将几座建筑物连接起来，以方便使用。采用这种方式连接的建筑，一般仍需分别按独立的建筑考虑，有关要求见本规范表 5.2.2 注 6。这种连接方式虽方便了相邻建筑间的联系和交通，但也可能成为火灾蔓延的通道，因此需要采取必要的防火措施，以防止火灾蔓延和保证用于疏散时的安全。此外，用于安全疏散的天桥、连廊等，不应用于其他使用用途，也不应设置可燃物，只能用于人员通行等。

设计需注意研究天桥、连廊周围是否有危及其安全的情况，如位于天桥、连廊下方相邻部位开设的门窗洞口，应积极采取相应的防护措施，同时应考虑天桥两端门的开启方向和能够计入疏散总宽度的门宽。

6.7 建筑保温和外墙装饰

6.7.1 本条规定了建筑内外保温系统中保温材料的燃烧性能的基本要求。不同建筑，其燃烧性能要求有所差别。

A级材料属于不燃材料，火灾危险性很低，不会导致火焰蔓延。因此，在建筑的内、外保温系统中，要尽量选用A级保温材料。

B_2级保温材料属于普通可燃材料，在点火源功率较大或有强烈热辐射时，容易燃烧且火焰传播速度较快，有较大的火灾危险。如果必须要采用B_2级保温材料，需采取严格的构造措施进行保护。同时，在施工过程中也要注意采取相应的防火措施，如分别堆放、远离焊接区域、上墙后立即做构造保护等。

B_3级保温材料属于易燃材料，很容易被低能量的火源或电焊渣等点燃，而且火焰传播速度极为迅速，无论是在施工，还是在使用过程中，其火灾危险性都非常高。因此，在建筑的内、外保温系统中严禁采用B_3级保温材料。

具有必要耐火性能的建筑外围护结构，是防止火势蔓延的重要屏障。耐火性能差的屋顶和墙体，容易被外部高温作用而受到破坏或引燃建筑内部的可燃物，导致火势扩大。本条规定的基层墙体或屋面板的耐火极限，即为本规范第3.2节和第5.1节对建筑外墙和屋面板的耐火极限要求，不考虑外保温系统的影响。

6.7.2 本条为强制性条文。对于建筑外墙的内保温系统，保温材料设置在建筑外墙的室内侧，如果采用可燃、难燃保温材料，遇热或燃烧分解产生的烟气和毒性较大，对于人员安全带来较大威胁。因此，本规范规定在人员密集场所，不能采用这种材料做保温材料；其他场所，要严格控制使用，要尽量采用低烟、低毒的材料。

6.7.3 建筑外墙采用保温材料与两侧墙体无空腔的复合保温结构体系时，由两侧保护层和中间保温层共同组成的墙体的耐火极限应符合本规范的有关规定。当采用B_1、B_2级保温材料时，保温材料两侧的保护层需采用不燃材料，保护层厚度要等于或大于50mm。

本条所规定的保温体系主要指夹芯保温等系统，保温层处于结构构件内部，与保温层两侧的墙体和结构受力体系共同作为建筑外墙使用，但要求保温层与两侧的墙体及结构受力体系之间不存在空隙或空腔。该类保温体系的墙体同时兼有墙体保温和建筑外墙体的功能。

本条中的"结构体"，指保温层及其两侧的保护层和结构受力体系一体所构成的外墙。

6.7.4 本条为强制性条文。有机保温材料在我国建筑外保温应用中占据主导地位，但由于有机保温材料

的可燃性，使得外墙外保温系统火灾屡屡发生，并造成了严重后果。国外一些国家对外保温系统使用的有机保温材料的燃烧性能进行了较严格的规定。对于人员密集场所，火灾容易导致人员群死群伤，故本条要求设有人员密集场所的建筑，其外墙外保温材料应采用A级材料。

6.7.5 本条为强制性条文。本条规定的外墙外保温系统，主要指类似薄抹灰外保温系统，即保温材料与基层墙体及保护层、装饰层之间均无空腔的保温系统，该空腔不包括采用粘贴方式施工时在保温材料与墙体找平层之间形成的空隙。结合我国现状，本规范对此保温系统的保温材料进行了必要的限制。

与住宅建筑相比，公共建筑等往往具有更高的火灾危险性，因此结合我国现状，对于除人员密集场所外的其他非住宅类建筑或场所，根据其建筑高度，对外墙外保温系统保温材料的燃烧性能等级做出了更为严格的限制和要求。

6.7.6 本条为强制性条文。本条规定的保温体系，主要指在类似建筑幕墙与建筑基层墙体间存在空腔的外墙外保温系统。这类系统一旦被引燃，因烟囱效应而造成火势快速发展，迅速蔓延，且难以从外部进行扑救。因此要严格限制其保温材料的燃烧性能，同时，在空腔处要采取相应的防火封堵措施。

6.7.7～6.7.9 这三条主要针对采用难燃或可燃保温材料的外保温系统以及有保温材料的幕墙系统，对其防火构造措施提出相应要求，以增强外保温系统整体的防火性能。

第6.7.7条第1款是指采用B_2级保温材料的建筑，以及采用B_1级保温材料且建筑高度大于24m的公共建筑或采用B_1级保温材料且建筑高度大于27m的住宅建筑。有耐火完整性要求的窗，其耐火完整性按照现行国家标准《镶玻璃构件耐火试验方法》GB/T 12513中对非隔热性镶玻璃构件的试验方法和判定标准进行测定。有耐火完整性要求的门，其耐火完整性按照国家标准《门和卷帘的耐火试验方法》GB/T 7633的有关规定进行测定。

6.7.10 由于屋面保温材料的火灾危害较建筑外墙的要小，且当保温层覆盖在具有较高耐火极限的屋面板上时，对建筑内部的影响不大，故对其保温材料的燃烧性能要求较外墙的要求要低些。但为限制火势通过外墙向下蔓延，要求屋面与建筑外墙的交接部位应做好防火隔离处理，具体分隔位置可以根据实际情况确定。

6.7.11 电线因使用年限长、绝缘老化或过负荷运行发热等均能引发火灾，因此不应在可燃保温材料中直接敷设，而需采取穿金属导管保护等防火措施。同时，开关、插座等电器配件也可能会因为过载、短路等发热引发火灾，因此，规定安装开关、插座等电器配件的周围应采取可靠的防火措施，不应直接安装在

难燃或可燃的保温材料中。

6.7.12 近些年，由于在建筑外墙上采用可燃性装饰材料导致外墙面发生火灾的事故屡次发生，这类火灾往往会从外立面蔓延至多个楼层，造成了严重的火灾危害。因此，本条根据不同的建筑高度及外墙外保温系统的构造情况，对建筑外墙使用的装饰材料的燃烧性能作了必要限制，但该装饰材料不包括建筑外墙表面的饰面涂料。

7 灭火救援设施

7.1 消防车道

7.1.1 对于总长度和沿街的长度过长的沿街建筑，特别是U形或L形的建筑，如果不对其长度进行限制，会给灭火救援和内部人员的疏散带来不便，延误灭火时机。为满足灭火救援和人员疏散要求，本条对这些建筑的总长度作了必要的限制，而未限制U形、L形建筑物的两翼长度。由于我国市政消火栓的保护半径在150m左右，按规定一般设在城市道路两旁，故将消防车道的间距定为160m。本条规定对于区域规划也具有一定指导作用。

在住宅小区的建设和管理中，存在小区内道路宽度、承载能力或净空不能满足消防车通行需要的情况，给灭火救援带来不便。为此，小区的道路设计要考虑消防车的通行需要。

计算建筑长度时，其内折线或内凹曲线，可按突出点间的直线距离确定；外折线或突出曲线，应按实际长度确定。

7.1.2 本条为强制性条文。沿建筑物设置环形消防车道或沿建筑物的两个长边设置消防车道，有利于在不同风向条件下快速调整灭火救援场地和实施灭火。对于大型建筑，更有利于众多消防车辆到场后展开救援行动和调度。本条规定要求建筑物周围具有能满足基本灭火需要的消防车道。

对于一些超大体量或超长建筑物，一般均有较大的间距和开阔地带。这些建筑只要在平面布局上能保证灭火救援需要，在设置穿过建筑物的消防车道确有困难时，也可设置环行消防车道。但根据灭火救援实际，建筑物的进深最好控制在50m以内。少数高层建筑，受山地或河道等地理条件限制时，允许沿建筑的一个长边设置消防车道，但需结合消防车登高操作场地设置。

7.1.3 本条为强制性条文。工厂或仓库区内不同功能的建筑通常采用道路连接，但有些道路并不能满足消防车的通行和停靠要求，故要求设置专门的消防车道以便灭火救援。这些消防车道可以结合厂区或库区内的其他道路设置，或利用厂、库区内的机动车通行道路。

高层建筑、较大型的工厂和仓库往往一次火灾延续时间较长，在实际灭火中用水量大、消防车辆投入多，如果没有环形车道或平坦空地等，会造成消防车辆堵塞，难以靠近灭火救援现场。因此，该类建筑的平面布局和消防车道设计要考虑保证消防车通行、灭火展开和调度的需要。

7.1.4 本条规定主要为满足消防车在火灾时方便进入内院展开救援操作及回车需要。

本条所指"街道"为城市中可通行机动车、行人和非机动车，一般设置有路灯、供水和供气、供电管网等其他市政公用设施的道路，在道路两侧一般建有建筑物。天井为由建筑或围墙四面围合的露天空地，与内院类似，只是面积大小有所区别。

7.1.5 本条规定旨在保证消防车快速通行和疏散人员的安全，防止建筑物在通道两侧的外墙上设置影响消防车通行的设施或开设出口，导致人员在火灾时大量进入该通道，影响消防车通行。在穿过建筑物或进入建筑物内院的消防车道两侧，影响人员安全疏散或消防车通行的设施主要有：与车道连接的车辆进出口、栅栏、开向车道的窗扇、疏散门、货物装卸口等。

7.1.6 在甲、乙、丙类液体储罐区和可燃气体储罐区内设置的消防车道，如设置位置合理、道路宽阔、路面坡度小，具有足够的车辆转弯或回转场地，则可大大方便消防车的通行和灭火救援行动。

将露天、半露天可燃物堆场通过设置道路进行分区并使车道与堆垛间保持一定距离，既可较好地防止火灾蔓延，又可较好地减小高强辐射热对消防车和消防员的作用，便于车辆调度，有利于展开灭火行动。

7.1.7 由于消防车的吸水高度一般不大于6m，吸水管长度也有一定限制，而多数天然水源与市政道路的距离难以满足消防车快速就近取水的要求，消防水池的设置有时也受地形限制难以在建筑物附近就近设置或难以设置在可通行消防车的道路附近。因此，对于这些情况，均要设置可接近水源的专门消防车道，方便消防车应急取水供应火场。

7.1.8 本条第1、2、3款为强制性条文。本条为保证消防车道满足消防车通行和扑救建筑火灾的需要，根据目前国内在役各种消防车辆的外形尺寸，按照单车道并考虑消防车快速通行的需要，确定了消防车道的最小净宽度、净空高度，并对转弯半径提出了要求。对于需要通行特种消防车辆的建筑物、道路桥梁，还应根据消防车的实际情况增加消防车道的净宽度与净空高度。由于当前在城市或某些区域内的消防车道，大多数需要利用城市道路或居住小区内的公共道路，而消防车的转弯半径一般均较大，通常为9m～12m。因此，无论是专用消防车道还是兼作消防车道的其他道路或公路，均应满足消防车的转弯半径要求，该转弯半径可以结合当地消防车的配置情况和区域内的建筑物建设与规划情况综合考虑确定。

本条确定的道路坡度是满足消防车安全行驶的坡度，不是供消防车停靠和展开灭火行动的场地坡度。

根据实际灭火情况，除高层建筑需要设置灭火救援操作场地外，一般建筑均可直接利用消防车道展开灭火救援行动，因此，消防车道与建筑间要保持足够的距离和净空，避免高大树木、架空高压电力线、架空管廊等影响灭火救援作业。

7.1.9 目前，我国普通消防车的转弯半径为9m，登高车的转弯半径为12m，一些特种车辆的转弯半径为16m～20m。本条规定回车场地不应小于12m×12m，是根据一般消防车的最小转弯半径而确定的，对于重型消防车的回车场则还要根据实际情况增大。如，有些重型消防车和特种消防车，由于车身长度和最小转弯半径已有12m左右，就需设置更大面积的回车场才能满足使用要求；少数消防车的车身全长为15.7m，而15m×15m的回车场可能也满足不了使用要求。因此，设计还需根据当地的具体建设情况确定回车场的大小，但最小不应小于12m×12m，供重型消防车使用时不宜小于18m×18m。

在设置消防车道和灭火救援操作场地时，如果考虑不周，也会发生路面或场地的设计承受荷载过小，道路下面管道埋深过浅，沟渠选用轻型盖板等情况，从而不能承受重型消防车的通行荷载。特别是，有些情况需要利用裙房屋顶或高架桥等作为灭火救援场地或消防车通行时，更要认真核算相应的设计承载力。表17为各种消防车的满载（不包括消防员）总重，可供设计消防车道时参考。

表17 各种消防车的满载总重量（kg）

名称	型号	满载重量	名称	型号	满载重量
水罐车	SG65、SG65A	17286	泡沫车	CPP181	2900
	SHX5350、GXFSG160	35300		PM35GD	11000
	CG60	17000		PM50ZD	12500
	SG120	26000	供水车	GS140ZP	26325
	SG40	13320		GS150ZP	31500
	SG55	14500		GS150P	14100
	SG60	14100		东风144	5500
	SG170	31200		GS70	13315
	SG35ZP	9365	干粉车	GF30	1800
	SG80	19000		GF60	2600
	SG85	18525	干粉-泡沫联用消防车	PF45	17286
	SG70	13260		PF110	2600
	SP30	9210	登高平台车举高喷射消防车抢险救援车	CDZ53	33000
	EQ144	5000		CDZ40	2630
	SG36	9700		CDZ32	2700
	EQ153A-F	5500		CDZ20	9600
	SG110	26450		CJQ25	11095
	SG35GD	11000		SHX5110TTXFQJ73	14500
	SH5140GXFSG55GD	4000	消防通讯指挥车	CX10	3230
泡沫车	PM40ZP	11500		FXZ25	2160
	PM55	14100	火场供给消防车	FXZ25A	2470
	PM60ZP	1900		FXZ10	2200
	PM80、PM85	18525		XXFZM10	3864
	PM120	26000		XXFZM12	5300
	PM35ZP	9210		TQXZ20	5020
	PM55GD	14500		QXZ16	4095
	PP30	9410	供水车	GS1802P	31500
	EQ140	3000			

7.1.10 建筑灭火有效与否，与报警时间、专业消防队的第一出动和到场时间关系较大。本条规定主要为避免延误消防车奔赴火场的时间。据成都铁路局提供的数据，目前一列火车的长度一般不大于900m，新型16车编组的和谐号动车，长度不超过402m。对于存在通行特殊超长火车的地方，需根据铁路部门提供的数据确定。

7.2 救援场地和入口

7.2.1 本条为强制性条文。本条规定是为满足扑救建筑火灾和救助高层建筑中遇困人员需要的基本要求。对于高层建筑，特别是布置有裙房的高层建筑，要认真考虑合理布置，确保登高消防车能够靠近高层建筑主体，便于登高消防车开展灭火救援。

由于建筑场地受多方面因素限制，设计要在本条确定的基本要求的基础上，尽量利用建筑周围地面，使建筑周边具有更多的救援场地，特别是在建筑物的长边方向。

7.2.2 本条第1、2、3款为强制性条文。本条总结和吸取了相关实战的经验、教训，根据实战需要规定了消防车登高操作场地的基本要求。实践中，有的建筑没有设计供消防车停靠、消防员登高操作和灭火救援的场地，从而延误战机。

对于建筑高度超过100m的建筑，需考虑大型消防车辆灭火救援作业的需求。如对于举升高度112m、车长19m、展开支腿跨度8m、车重75t的消防车，一般情况下，灭火救援场地的平面尺寸不小于20m×10m，场地的承载力不小于10kg/cm²，转弯半径不小于18m。

一般举高消防车停留、展开操作的场地的坡度不宜大于3%，坡地等特殊情况，允许采用5%的坡度。当建筑屋顶或高架桥等兼做消防车登高操作场地时，屋顶或高架桥等的承载能力要符合消防车满载时的停靠要求。

7.2.3 本条为强制性条文。为使消防员能尽快安全到达着火层，在建筑与消防车登高操作场地相对应的范围内设置直通室外的楼梯或直通楼梯间的入口十分必要，特别是高层建筑和地下建筑。

灭火救援时，消防员一般要通过建筑物直通室外的楼梯间或出入口，从楼梯间进入着火层对该层及其上、下部楼层进行内攻灭火和搜索救人。对于埋深较深或地下面积大的地下建筑，还有必要结合消防电梯的设置，在设计中考虑设置供专业消防人员出入火场的专用出入口。

7.2.4 本条为强制性条文。本条是根据近些年我国建筑发展和实际灭火中总结的经验教训确定的。

过去，绝大部分建筑均开设有外窗。而现在，不仅仓库、洁净厂房无外窗或外窗开设少，而且一些大型公共建筑，如商场、商业综合体、设置玻璃幕墙或金属幕墙的建筑等，在外墙上均很少设置可直接开向室外并可供人员进入的外窗。而在实际火灾事故中，大部分建筑的火灾在消防队到达时均已发展到比较大的规模，从楼梯间进入有时难以直接接近火源，但灭火时只有将灭火剂直接作用于火源或燃烧的可燃物，才能有效灭火。因此，在建筑的外墙设置可供专业消防人员使用的入口，对于方便消防员灭火救援十分必要。救援窗口的设置既要结合楼层走道在外墙上的开口，还要结合避难层、避难间以及救援场地，在外墙上选择合适的位置进行设置。

7.2.5 本条确定的救援口大小是满足一个消防员背负基本救援装备进入建筑的基本尺寸。为方便实际使用，不仅该开口的大小要在本条规定的基础上适当增大，而且其位置、标识设置也要便于消防员快速识别

和利用。

7.3 消防电梯

7.3.1 本条为强制性条文。本条确定了应设置消防电梯的建筑范围。

对于高层建筑，消防电梯能节省消防员的体力，使消防员能快速接近着火区域，提高战斗力和灭火效果。根据在正常情况下对消防员的测试结果，消防员从楼梯攀登的有利登高高度一般不大于23m，否则，人体的体力消耗很大。对于地下建筑，由于排烟、通风条件很差，受当前装备的限制，消防员通过楼梯进入地下的困难较大，设置消防电梯，有利于满足灭火作战和火场救援的需要。

本条第3款中"设置消防电梯的建筑的地下或半地下室"应设置消防电梯，主要指当建筑的上部设置了消防电梯且建筑有地下室时，该消防电梯应延伸到地下部分；除此之外，地下部分是否设置消防电梯应根据其埋深和总建筑面积来确定。

7.3.2 本条为强制性条文。建筑内的防火分区具有较高的防火性能。一般，在火灾初期，较易将火灾控制在着火的一个防火分区内，消防员利用着火区内的消防电梯就可以进入着火区直接接近火源实施灭火和搜索等其他行动。对于有多个防火分区的楼层，即使一个防火分区的消防电梯受阻难以安全使用时，还可利用相邻防火分区的消防电梯。因此，每个防火分区应至少设置一部消防电梯。

7.3.3 本条规定建筑高度大于32m且设置电梯的高层厂房（仓库）应设消防电梯，且尽量每个防火分区均设置。对于高层塔架或局部区域较高的厂房，由于面积和火灾危险性小，也可以考虑不设置消防电梯。

7.3.5 本条第2～4款为强制性条文。在消防电梯间（井）前设置具有防烟性能的前室，对于保证消防电梯的安全运行和消防员的行动安全十分重要。

消防电梯为火灾时相对安全的竖向通道，其前室靠外墙设置既安全，又便于天然采光和自然排烟，电梯出口在首层也可直接通向室外。一些受平面布置限制不能直接通向室外的电梯出口，可以采用受防火保护的通道，不经过任何其他房间通向室外。该通道要具有防烟性能。

7.3.6 本条为强制性条文。本条规定为确保消防电梯的可靠运行和防火安全。

在实际工程中，为有效利用建筑面积，方便建筑布置及电梯的管理和维护，往往多台电梯设置在同一部位，电梯梯井相互毗邻。一旦其中某部电梯或电梯井出现火情，可能因相互间的分隔不充分而影响其他电梯特别是消防电梯的安全使用。因此，参照本规范对消防电梯井井壁的耐火性能要求，规定消防电梯的梯井、机房要采用耐火极限不低于2.00h的防火隔墙与其他电梯的梯井、机房进行分隔。在机房上必须开设的开口部位应

设置甲级防火门。

7.3.7 火灾时，应确保消防电梯能够可靠、正常运行。建筑内发生火灾后，一旦自动喷水灭火系统动作或消防队进入建筑展开灭火行动，均会有大量水在楼层上积聚、流散。因此，要确保消防电梯在灭火过程中能保持正常运行，消防电梯井内外就要考虑设置排水和挡水设施，并设置可靠的电源和供电线路。

7.3.8 本条是为满足一个消防战斗班配备装备后使用电梯的需要所作的规定。消防电梯每层停靠，包括地下室各层，着火时，要首先停靠在首层，以便于展开消防救援。对于医院建筑等类似功能的建筑，消防电梯轿厢内的净面积尚需考虑病人、残障人员等的救援以及方便对外联络的需要。

7.4 直升机停机坪

7.4.1 对于高层建筑，特别是建筑高度超过100m的高层建筑，人员疏散及消防救援难度大，设置屋顶直升机停机坪，可为消防救援提供条件。屋顶直升机停机坪的设置要尽量结合城市消防站建设和规划布局。当设置屋顶直升机停机坪确有困难时，可设置能保证直升机安全悬停与救援的设施。

7.4.2 为确保直升机安全起降，本条规定了设置屋顶停机坪时对屋顶的基本要求。有关直升机停机坪和屋顶承重等其他技术要求，见行业标准《民用直升机场飞行场地技术标准》MH 5013—2008 和《军用永备直升机机场场道工程建设标准》GJB 3502—1998。

8 消防设施的设置

本章规定了建筑设置消防给水、灭火、火灾自动报警、防烟与排烟系统和配置灭火器的基本范围。由于我国幅员辽阔、各地经济发展水平差异较大，气候、地理、人文等自然环境和文化背景各异、建筑的用途也千差万别，难以在本章中一一规定相应的设施配置要求。因此，除本规范规定外，设计还应从保障建筑及其使用人员的安全、减少火灾损失出发，根据有关专业建筑设计标准或专项防火标准的规定以及建筑的实际火灾危险性，综合确定配置适用的灭火、火灾报警和防排烟设施等消防设施与灭火器材。

8.1 一般规定

8.1.1 本条规定为建筑消防给水设计和消防设施配置设计的基本原则。

建筑的消防给水和其他主动消防设施设计，应充分考虑建筑的类型及火灾危险性、建筑高度、使用人员的数量与特性、发生火灾可能产生的危害和影响、建筑的周边环境条件和需配置的消防设施的适用性，使之早报警、快速灭火，及时排烟，从而保障人员及建筑的消防安全。本规范对有些场所设置主动消防设施的类别虽有规定，但并不限制应用更好、更有效或更经济合理的其他消防设施。对于某些新技术、新设备的应用，应根据国家有关规定在使用前提出相应的使用和设计方案与报告，并进行必要的论证或试验，以切实保证这些技术、方法、设备或材料在消防安全方面的可行性与应用的可靠性。

8.1.2 本条为强制性条文。建筑室外消火栓系统包括水源、水泵接合器、室外消火栓、供水管网和相应的控制阀门等。室外消火栓是设置在建筑物外消防给水管网上的供水设施，也是消防队到场后需要使用的基本消防设施之一，主要供消防车从市政给水管网或室外消防给水管网取水向建筑室内消防给水系统供水，也可以经加压后直接连接水带、水枪出水灭火。本条规定了应设置室外消火栓系统的建筑。当建筑物的耐火等级为一、二级且建筑体积较小，或建筑物内无可燃物或可燃物较少时，灭火用水量较小，可直接依靠消防车所带水量实施灭火，而不需设置室外消火栓系统。

为保证消防车在灭火时能便于从市政管网中取水，要沿城镇中可供消防车通行的街道设置市政消火栓系统，以保证市政基础消防设施能满足灭火需要。这里的街道是在城市或镇范围内，全路或大部分地段两侧建有或规划有建筑物，一般设有人行道和各种市政公用设施的道路，不包括城市快速路、高架路、隧道等。

8.1.3 本条为强制性条文。水泵接合器是建筑室外消防给水系统的组成部分，主要用于连接消防车，向室内消火栓给水系统、自动喷水或水喷雾等水灭火系统或设施供水。在建筑外墙上或建筑外墙附近设置水泵接合器，能更有效地利用建筑内的消防设施，节省消防员登高扑救、铺设水带的时间。因此，原则上，设置室内消防给水系统或设置自动喷水、水喷雾灭火系统、泡沫雨淋灭火系统等系统的建筑，都需要设置水泵接合器。但考虑到一些层数不多的建筑，如小型公共建筑和多层住宅建筑，也可在灭火时在建筑内铺设水带采用消防车直接供水，而不需设置水泵接合器。

8.1.4、8.1.5 这两条规定了可燃液体储罐或罐区和可燃气体储罐或罐区设置冷却水系统的范围，有关要求还要符合相应专项标准的规定。

8.1.6 本条为强制性条文。消防水泵房需保证泵房内部设备在火灾情况下仍能正常工作，设备和需进入房间进行操作的人员不会受到火灾的威胁。本条规定是为了便于操作人员在火灾时进入泵房，并保证泵不会受到外部火灾的影响。

本条规定中"疏散门应直通室外"，要求进出泵房的人员不需要经过其他房间或使用空间而可以直接到达建筑外，开设在建筑首层门厅大门附近的疏散门可以视为直通室外；"疏散门应直通安全出口"，要求泵房的门通过疏散走道直接连通到进入疏散楼梯（间）或直通室外的门，不需要经过其他空间。

有关消防水泵房的防火分隔要求，见本规范第6.2.7条。

8.1.7 本条第1、3、4款为强制性条文。消防控制室是建筑物内防火、灭火设施的显示、控制中心，必须确保控制室具有足够的防火性能，设置的位置能便于安全进出。

对于自动消防设施设置较多的建筑，设置消防控制室可以方便采用集中控制方式管理、监视和控制建筑内自动消防设施的运行状况，确保建筑消防设施的可靠运行。消防控制室的疏散门设置说明，见本规范第8.1.6条的条文说明。有关消防控制室内应具备的显示、控制和远程监控功能，在国家标准《消防控制室通用技术要求》GB 25506 中有详细规定，有关消防控制室内相关消防控制设备的构成和功能、电源要求、联动控制功能等的要求，在国家标准《火灾自动报警系统设计规范》GB 50116 中也有详细规定，设计应符合这些标准的相应要求。

8.1.8 本条为强制性条文。本条是根据近年来一些重特大火灾事故的教训确定的。在实际火灾中，有不少消防水泵房和消防控制室因被淹或进水而无法使用，严重影响自动消防设施的灭火、控火效果，影响灭火救援行动。因此，既要通过合理确定这些房间的布置楼层和位置，也要采取门槛、排水措施等方法防止灭火或自动喷水等灭火设施动作后的水积聚而致消防控制设备或消防水泵、消防电源与配电装置等被淹。

8.1.9 设置在建筑内的防烟风机和排烟风机的机房要与通风空气调节系统风机的机房分别设置，且防烟风机和排烟风机的机房应独立设置。当确有困难时，排烟风机可与其他通风空气调节系统风机的机房合用，但用于排烟补风的送风风机不应与排烟风机机房合用，并应符合相关国家标准的要求。防烟风机和排烟风机的机房均需采用耐火极限不小于2.00h的隔墙和耐火极限不小于1.50h的楼板与其他部位隔开。

8.1.10 灭火器是扑救建筑初起火较方便、经济、有效的消防器材。人员发现火情后，首先应考虑采用灭火器等器材进行处置与扑救。灭火器的配置要根据建筑物内可燃物的燃烧特性和火灾危险性、不同场所中工作人员的特点、建筑的内外环境条件等因素，按照现行国家标准《建筑灭火器配置设计规范》GB 50140 和其他有关专项标准的规定进行设计。

8.1.11 本条是根据近年来的一些火灾事故，特别是高层建筑火灾的教训确定的。本条规定主要为防止建筑幕墙在火灾时可能因墙体材料脱落而危及消防员的安全。

建筑幕墙常采用玻璃、石材和金属等材料。当幕墙受到火烧或受热时，易破碎或变形、爆裂，甚至造成大面积的破碎、脱落。供消防员使用的水泵接合器、消火栓等室外消防设施的设置位置，要根据建筑幕墙的位置、高度确定。当需离开建筑外墙一定距离时，一般不小于5m，当受平面布置条件限制时，可采取设置防护挑檐、防护棚等其他防坠落物砸伤的防护措施。

8.1.12 本条规定的消防设施包括室外消火栓、阀门和消防水泵接合器等室外消防设施、室内消火栓箱、消防设施中的操作与控制阀门、灭火器配置箱、消防给水管道、自动灭火系统的手动按钮、报警按钮、排烟设施的手动按钮、消防设备室、消防控制室等。

8.1.13 本章对于建筑室内外消火栓系统、自动喷水灭火系统、水喷雾灭火系统、气体灭火系统、泡沫灭火系统、细水雾灭火系统、火灾自动报警系统和防烟与排烟系统以及建筑灭火器等系统、设施的设置场所和部位作了规定，这些消防系统及设施的具体设计，还要按照国家现行有关标准的要求进行，有关系统标准主要包括《消防给水及消火栓系统技术规范》GB 50974、《自动喷水灭火系统设计规范》GB 50084、《气体灭火系统设计规范》GB 50370、《泡沫灭火系统设计规范》GB 50151、《水喷雾灭火系统设计规范》GB 50219、《细水雾灭火系统设计规范》GB 50898、《火灾自动报警系统设计规范》GB 50116、《建筑灭火器配置设计规范》GB 50140 等。

8.2 室内消火栓系统

8.2.1 本条为强制性条文。室内消火栓是控制建筑内初期火灾的主要灭火、控火设备，一般需要专业人员或受过训练的人员才能较好地使用和发挥作用。

本条所规定的室内消火栓系统的设置范围，在实际设计中不应仅限于这些建筑或场所，还应按照有关专项标准的要求确定。对于在本条规定规模以下的建筑或场所，可根据各地实际情况确定设置与否。

对于 27m 以下的住宅建筑，主要通过加强被动防火措施和依靠外部扑救来防止火势扩大和灭火。住宅建筑的室内消火栓可以根据地区气候、水源等情况设置干式消防竖管或湿式室内消火栓系统。干式消防竖管平时无水，着火后由消防车通过设置在首层外墙上的接口向室内干式消防竖管输水，消防员自带水龙带驳接室内消防给水竖管的消火栓口进行取水灭火。如能设置湿式室内消火栓系统，则要尽量采用湿式系统。当住宅建筑中的楼梯间位置不靠外墙时，应采用管道与干式消防竖管连接。干式竖管的管径宜采用80mm，消火栓口径应采用65mm。

8.2.2 一、二级耐火等级的单层、多层丁、戊类厂房（仓库）内，可燃物较少，即使着火，发展蔓延慢，不易造成较大面积的火灾，一般可以依靠灭火器、消防软管卷盘等灭火器材或外部消防救援进行灭火。但由于丁、戊类厂房的范围较大，有些丁类厂房内也可能有较多可燃物，例如有淬火槽；丁、戊类仓库内也可能有较多可燃物，例如有较多的可燃包装材料，木箱包装机器、纸箱包装灯泡等，这些场所需要设置室内消火栓系统。

对于粮食仓库，库房内通常被粮食充满，将室内消火栓系统设置在建筑内往往难以发挥作用，一般需设置在建筑外。因此，其室内消火栓系统可与建筑的室外消火栓系统合用，而不设置室内消火栓系统。

建筑物内存有与水接触能引起爆炸的物质，即与水能起强烈化学反应发生爆炸燃烧的物质（例如：电石、钾、钠等物质）时，不应在该部位设置消防给水设备，而应采取其他灭火设施或防火保护措施。但实验楼、科研楼内存有少数该类物质时，仍应设置室内消火栓。

远离城镇且无人值班的独立建筑，如卫星接收基站、变电站等可不设置室内消火栓系统。

8.2.3 国家级文物保护单位的重点砖木或木结构古建筑，可以根据具体情况尽量考虑设置室内消火栓系统。对于不能设置室内消火栓的，可采取防火喷涂保护，严格控制用电、用火等其他防火措施。

8.2.4 消防软管卷盘和轻便消防水龙是控制建筑物内固体可燃物初起火的有效器材，用水量小、配备方便。本条结合建筑的规模和使用功能，确定了设置消防软管卷盘和轻便消防水龙的范围，以方便建筑内的人员扑灭初起火时使用。

轻便消防水龙为在自来水供水管路上使用的由专用消防接口、水带及水枪组成的一种小型简便的喷水灭火设备，有关要求见公共安全标准《轻便消防水龙》GA 180。

8.3 自动灭火系统

自动喷水、水喷雾、七氟丙烷、二氧化碳、泡沫、干粉、细水雾、固定水炮灭火系统等及其他自动灭火装置，对于扑救和控制建筑物内的初起火，减少损失、保障人身安全，具有十分明显的作用，在各类建筑内应用广泛。但由于建筑功能及其内部空间用途千差万别，本规范难以对各类建筑及其内部的各类场所一一作出规定。设计应按照有关专项标准的要求，或根据不同灭火系统的特点及其适用范围、系统选型和设置场所的相关要求，经技术、经济等多方面比较后确定。

本节中各条的规定均有三个层次，一是这些场所应设置自动灭火系统；二是推荐了一种较适合该类场所的灭火系统类型，正常情况下应采用该类系统，但并不排斥采用其他适用的系统类型或灭火装置。如在有的场所空间很大，只有部分设备是主要的火灾危险源并需要灭火保护，或建筑内只有少数面积较小的场所内的设备需要保护时，可对该局部火灾危险性大的设备采用火探管、气溶胶、超细干粉等小型自动灭火装置进行局部保护，而不必采用大型自动灭火系统保护整个空间的方法；三是在选用某一系统的何种灭火方式时，应根据该场所的特点和条件、系统的特性以及国家相关政策确定。在选择灭火系统时，应考虑在一座建筑物内尽量采用同一种或同一类型的灭火系统，以便维护管理，简化系统设计。

此外，本规范未规定设置自动灭火系统的场所，并不排斥或限制根据工程实际情况以及建筑的整体消防安全需要而设置相应的自动灭火系统或设施。

8.3.1～8.3.4 这四条均为强制性条文。自动喷水灭火系统适用于扑救绝大多数建筑内的初起火，应用广泛。根据我国当前的条件，条文规定了应设置自动灭火系统，并宜采用自动喷水灭火系统的建筑或场所，规定中有的明确了具体的设置部位，有的是规定了建筑。对于按建筑规定的，要求该建筑内凡具有可燃物且适用设置自动喷水灭火系统的部位或场所，均需设置自动喷水灭火系统。

这四条所规定的这些建筑或场所具有火灾危险性大、发生火灾可能导致经济损失大、社会影响大或人员伤亡大的特点。自动灭火系统的设置原则是重点部位、重点场所，重点防护；不同分区，措施可以不同；总体上要能保证整座建筑物的消防安全，特别要考虑所设置的部位或场所在设置灭火系统后应能防止一个防火分区内的火灾蔓延到另一个防火分区中去。

（1）邮政建筑既有办公，也有邮件处理和邮袋存放功能，在设计中一般按丙类厂房考虑，并按照不同功能实行较严格的防火分区或分隔。对于邮件处理车间，可在处理好竖向连通部位的防火分隔条件下，不设置自动喷水灭火系统，但其中的重要部位仍要尽量采用其他对邮件及邮件处理设备无较大损害的灭火剂及其灭火系统保护。

（2）木器厂房主要指以木材为原料生产、加工各类木质板材、家具、构配件、工艺品、模具等成品、半成品的车间。

（3）高层建筑的火灾危险性较高、扑救难度大，设置自动灭火系统可提高其自防、自救能力。

对于建筑高度大于100m的住宅建筑，需要在住宅建筑的公共部位、套内各房间设置自动喷水灭火系统。

对于医院内手术部的自动喷水灭火系统设置，可以根据国家标准《医院洁净手术部建筑技术规范》GB 50333的规定，不在手术室内设置洒水喷头。

（4）建筑内采用送回风管道的集中空气调节系统具有较大的火灾蔓延传播危险。旅馆、商店、展览建筑使用人员较多、有的室内装修还采用了较多难燃或可燃材料、大多设置有集中空气调节系统。这些场所人员的流动性大、对环境不太熟悉且功能复杂，有的建筑内的使用人员还可能较长时间处于休息、睡眠状态。可燃装修材料的烟生成量及其毒性分解物较多、火源控制较复杂或易传播火灾及其烟气。有固定座位的场所，人员疏散相对较困难，所需疏散时间可能较长。

（5）第8.3.4条第7款中的"建筑面积"是指歌舞娱乐放映游艺场所任一层的建筑面积。每个厅、室的防火要求应符合本规范第5章的有关规定。

8.3.5 本条为强制性条文。对于以可燃固体燃烧物为主的高大空间，根据本规范第8.3.1条～第8.3.4条的规定需要设置自动灭火系统，但采用自动喷水灭火系统、气体灭火系统、泡沫灭火系统等都不合适，此类场所可以采用固定消防炮或自动跟踪定位射流等类型的灭火系统进行保护。

固定消防炮灭火系统可以远程控制并自动搜索火源、对准着火点、自动喷洒水或其他灭火剂进行灭火，可与火灾自动报警系统联动，既可手动控制，也可实现自动操作，适用于扑救大空间内的早期火灾。对于设置自动喷水灭火系统不能有效发挥早期响应和灭火作用的场所，采用与火灾探测器联动的固定消防炮或自动跟踪定位射流灭火系统比快速响应喷头更能及时扑救早期火灾。

消防炮水量集中，流速快、冲量大，水流可以直接接触燃烧物而作用到火焰根部，将火焰剥离燃烧物使燃烧中止，能有效扑救高大空间内蔓延较快或火灾荷载大的火灾。固定消防炮灭火系统的设计应符合现行国家标准《固定消防炮灭火系统设计规范》GB 50338的有关规定。

8.3.6 水幕系统是现行国家标准《自动喷水灭火系统设计规范》GB 50084规定的系统之一。根据水幕系统的工作特性，该系统可以用于防止火灾通过建筑开口部位蔓延，或辅助其他防火分隔物实施有效分隔。水幕系统主要用于因生产工艺需要或使用功能需要而无法设置防火墙等的开口部位，也可用于辅助防火卷帘和防火幕作防火分隔。

本条第1、2款规定的开口部位所设置的水幕系统主要用于防火分隔，第3款规定部位设置的水幕系统主要用于防护冷却。水幕系统的火灾延续时间需要根据不同部位设置防火墙或防火墙时所需耐火极限确定，系统设计应符合现行国家标准《自动喷水灭火系统设计规范》GB 50084的规定。

8.3.7 本条为强制性条文。雨淋系统是自动喷水灭火系统之一，主要用于扑救燃烧猛烈、蔓延快的大面积火灾。雨淋系统应有足够的供水速度，保证灭火效果，其设计应符合现行国家标准《自动喷水灭火系统设计规范》GB 50084的规定。

本条规定应设置雨淋系统的场所均为发生火灾蔓延快，需尽快控制的高火灾危险场所：

（1）火灾危险性大、着火后燃烧速度快或可能发生爆炸性燃烧的厂房或部位。

（2）易燃物品仓库，当面积较大或储存量较大

时，发生火灾后影响面较大，如面积大于60m²硝化棉等仓库。

（3）可燃物较多且空间较大、火灾易迅速蔓延扩大的演播室、电影摄影棚等场所。

（4）乒乓球的主要原料是赛璐珞，在生产过程中还采用甲类液体溶剂，乒乓球厂的轧坯、切片、磨球、分球检验部位具有火灾危险性大且着火后燃烧强烈、蔓延快等特点。

8.3.8 本条为强制性条文。水喷雾灭火系统喷出的水滴粒径一般在1mm以下，喷出的水雾能吸收大量的热量，具有良好的降温作用，同时水在热作用下会迅速变成水蒸气，并包裹保护对象，起到部分窒息灭火的作用。水喷雾灭火系统对于重质油品具有良好的灭火效果。

1 变压器油的闪点一般都在120℃以上，适用采用水喷雾灭火系统保护。对于缺水或严寒、寒冷地区、无法采用水喷雾灭火系统的电力变压器和设置在室内的电力变压器，可以采用二氧化碳等气体灭火系统。另外，对于变压器，目前还有一些有效的其他灭火系统可以采用，如自动喷水－泡沫联用系统、细水雾灭火系统等。

2 飞机发动机试验台的火灾危险源为燃料油和润滑油，设置自动灭火系统主要用于保护飞机发动机和试车台架。该部位的灭火系统设计应全面考虑，一般可采用水喷雾灭火系统，也可以采用气体灭火系统、泡沫灭火系统、细水雾灭火系统等。

8.3.9 本条为强制性条文。本条规定的气体灭火系统主要包括高低压二氧化碳、七氟丙烷、三氟甲烷、氮气、IG541、IG55等灭火系统。气体灭火剂不导电、一般不造成二次污染，是扑救电子设备、精密仪器设备、贵重仪器和档案图书等纸质、绢质或磁介质材料信息载体的良好灭火剂。气体灭火系统在密闭的空间里有良好的灭火效果，但系统投资较高，故本规范只要求在一些重要的机房、贵重设备室、珍藏室、档案库内设置。

（1）电子信息系统机房的主机房，按照现行国家标准《电子信息系统机房设计规范》GB 50174的规定确定。根据《电子信息系统机房设计规范》GB 50174—2008的规定，A、B级电子信息系统机房的分级为：电子信息系统运行中断将造成重大的经济损失或公共场所秩序严重混乱的机房为A级机房，电子信息系统运行中断将造成较大的经济损失或公共场所秩序混乱的机房为B级机房。图书馆的特藏库，按照国家现行标准《图书馆建筑设计规范》JGJ 38的规定确定。档案馆的珍藏库，按照国家现行标准《档案馆建筑设计规范》JGJ 25的规定确定。大、中型博物馆按照国家现行标准《博物馆建筑设计规范》JGJ 66的规定确定。

（2）特殊重要设备，主要指设置在重要部位和场

所中，发生火灾后将严重影响生产和生活的关键设备。如化工厂中的中央控制室和单台容量 300MW 机组及以上容量的发电厂的电子设备间、控制室、计算机房及继电器室等。高层民用建筑内火灾危险性大，发生火灾后对生产、生活产生严重影响的配电室等，也属于特殊重要设备室。

（3）从近几年二氧化碳灭火系统的使用情况看，该系统应设置在不经常有人停留的场所。

8.3.10 本条为强制性条文。可燃液体储罐火灾事故较多，且一旦初起火未得到有效控制，往往后期灭火效果不佳。设置固定或半固定式灭火系统，可对储罐火灾起到较好的控火和灭火作用。

低倍数泡沫主要通过泡沫的遮断作用，将燃烧液体与空气隔离实现灭火。中倍数泡沫灭火取决于泡沫的发泡倍数和使用方式，当以较低的倍数用于扑救甲、乙、丙类液体流淌火时，灭火机理与低倍数泡沫相同；当以较高的倍数用于全淹没方式灭火时，其灭火机理与高倍数泡沫相同。高倍数泡沫主要通过密集状态的大量高倍数泡沫封闭区域，阻断新空气的流入实现窒息灭火。

低倍数泡沫灭火系统被广泛用于生产、加工、储存、运输和使用甲、乙、丙类液体的场所。甲、乙、丙类可燃液体储罐主要采用泡沫灭火系统保护。中倍数泡沫灭火系统可用于保护小型油罐和其他一些类似场所。高倍数泡沫可用于大空间和人员进入有危险以及用水难以灭火或灭火后水渍损失大的场所，如大型易燃液体仓库、橡胶轮胎库、纸张和卷烟仓库、电缆沟及地下建筑（汽车库）等。有关泡沫灭火系统的设计与选型应执行现行国家标准《泡沫灭火系统设计规范》GB 50151 等的有关规定。

8.3.11 据统计，厨房火灾是常见的建筑火灾之一。厨房火灾主要发生在灶台操作部位及其排烟道。从试验情况看，厨房的炉灶或排烟道部位一旦着火，发展迅速且常规灭火设施扑救易发生复燃；烟道内的火扑救又比较困难。根据国外近 40 年的应用历史，在该部位采用自动灭火装置灭火，效果理想。

目前，国内外相关产品在国内市场均有销售，不同产品之间的性能差异较大。因此，设计应注意选用能自动探测与自动灭火动作且灭火前能自动切断燃料供应、具有防复燃功能且灭火效能（一般应以保护面积为参考指标）较高的产品，且必须在排烟管道内设置喷头。有关装置的设计、安装可执行中国工程建设标准化协会标准《厨房设备灭火装置技术规程》CECS 233 的规定。

本条规定的餐馆根据国家现行标准《饮食建筑设计规范》JGJ 64 的规定确定，餐厅为餐馆、食堂中的就餐部分，"建筑面积大于 1000m²" 为餐厅总的营业面积。

8.4 火灾自动报警系统

8.4.1 本条为强制性条文。火灾自动报警系统能起到早期发现和通报火警信息，及时通知人员进行疏散、灭火的作用，应用广泛。本条规定的设置范围，主要为同一时间停留人数较多，发生火灾容易造成人员伤亡需及时疏散的场所或建筑；可燃物较多，火灾蔓延迅速，扑救困难的场所或建筑；以及不易及时发现火灾且性质重要的场所或建筑。该规定是对国内火灾自动报警系统工程实践经验的总结，并考虑了我国经济发展水平。本条所规定的场所，如未明确具体部位的，除个别火灾危险性小的部位，如卫生间、泳池、水泵房等外，需要在该建筑内全部设置火灾自动报警系统。

1 制鞋、制衣、玩具、电子等类似火灾危险性的厂房主要考虑了该类建筑面积大、同一时间内人员密度较大、可燃物多。

3 商店和展览建筑中的营业、展览厅和娱乐场所等场所，为人员较密集、可燃物较多、容易发生火灾，需要早报警、早疏散、早扑救的场所。

4 重要的档案馆，主要指国家现行标准《档案馆设计规范》JGJ 25 规定的国家档案馆。其他专业档案馆可视具体情况比照本规定确定。

5 对于地市级以下的电力、交通和防灾调度指挥、广播电视、电信和邮政建筑，可视建筑的规模、高度和重要性等具体情况确定。

6 剧场和电影院的级别，按国家现行标准《剧场建筑设计规范》JGJ 57 和《电影院建筑设计规范》JGJ 58 确定。

10 根据现行国家标准《电子信息系统机房设计规范》GB 50174 的规定，电子信息系统的主机房为主要用于电子信息处理、存储、交换和传输设备的安装和运行的建筑空间，包括服务器机房、网络机房、存储机房等功能区域。

13 建筑中有需要与火灾自动报警系统联动的设施主要有：机械排烟系统、机械防烟系统、水幕系统、雨淋系统、预作用系统、水喷雾灭火系统、气体灭火系统、防火卷帘、常开防火门、自动排烟窗等。

8.4.2 为使住宅建筑中的住户能够尽早知晓火灾发生情况，及时疏散，按照安全可靠、经济适用的原则，本条对不同建筑高度的住宅建筑如何设置火灾自动报警系统作出了具体规定。

8.4.3 本条为强制性条文。本条规定应设置可燃气体探测报警装置的场所，包括工业生产、储存，公共建筑中可能散发可燃蒸气或气体，并存在爆炸危险的场所与部位，也包括丙、丁类厂房、仓库中存储或使用燃气加工的部位，以及公共建筑中的燃气锅炉房等场所，不包括住宅建筑内的厨房。

8.5 防烟和排烟设施

火灾烟气中所含一氧化碳、二氧化碳、氟化氢、氯化氢等多种有毒成分，以及高温缺氧等都会对人体造成极大的危害。及时排除烟气，对保证人员安全疏散，控制烟气蔓延，便于扑救火灾具有重要作用。对于一座建筑，当其中某部位着火时，应采取有效的排烟措施排除可燃物燃烧产生的烟气和热量，使该局部空间形成相对负压区；对非着火部位及疏散通道等应采取防烟措施，以阻止烟气侵入，以利人员的疏散和灭火救援。因此，在建筑内设置排烟设施十分必要。

8.5.1 本条为强制性条文。建筑物内的防烟楼梯间、消防电梯间前室或合用前室、避难区域等，都是建筑物着火时的安全疏散、救援通道。火灾时，可通过开启外窗等自然排烟设施将烟气排出，亦可采用机械加压送风的防烟设施，使烟气不致侵入疏散通道或疏散安全区内。

对于建筑高度小于或等于50m的公共建筑、工业建筑和建筑高度小于或等于100m的住宅建筑，由于这些建筑受风压作用影响较小，可利用建筑本身的采光通风，基本起到防止烟气进一步进入安全区域的作用。

当采用凹廊、阳台作为防烟楼梯间的前室或合用前室，或者防烟楼梯间前室或合用前室具有两个不同朝向的可开启外窗且有满足需要的可开启窗面积时，可以认为该前室或合用前室的自然通风能及时排出漏入前室或合用前室的烟气，并可防止烟气进入防烟楼梯间。

8.5.2 本条为强制性条文。事实证明，丙类仓库和丙类厂房的火灾往往会产生大量浓烟，不仅加速了火灾的蔓延，而且增加了灭火救援和人员疏散的难度。在建筑内采取排烟措施，尽快排除火灾过程中产生的烟气和热量，对于提高灭火救援的效果、保证人员疏散安全具有十分重要的作用。

厂房和仓库内的排烟设施可结合自然通风、天然采光等要求设置，并在车间内火灾危险性相对较高部位局部考虑加强排烟措施。尽管丁类生产车间的火灾危险性较小，但建筑面积较大的车间仍可能存在火灾危险性大的局部区域，如空调生产与组装车间、汽车部件加工和组装车间等，且车间进深大、烟气难以依靠外墙的开口进行排除，因此应考虑设置机械排烟设施或在厂房中间适当部位设置自然排烟口。

有爆炸危险的甲、乙类厂房（仓库），主要考虑加强正常通风和事故通风等预防发生爆炸的技术措施。因此，本规范未明确要求该类建筑设置排烟设施。

8.5.3 本条为强制性条文。为吸取娱乐场所的火灾教训，本条规定建筑中的歌舞娱乐放映游艺场所应当设置排烟设施。

中庭在建筑中往往贯通数层，在火灾时会产生一定的烟囱效应，能使火势和烟气迅速蔓延，易在较短时间内使烟气充填或弥散到整个中庭，并通过中庭扩散到相连通的邻近空间。设计需结合中庭和相连通空间的特点、火灾荷载的大小和火灾的燃烧特性等，采取有效的防烟、排烟措施。中庭烟控的基本方法包括减少烟气产生和控制烟气运动两方面。设置机械排烟设施，能使烟气有序运动和排出建筑物，使各楼层的烟气层维持在一定的高度以上，为人员赢得必要的逃生时间。

根据试验观测，人在浓烟中低头掩鼻的最大行走距离为20m～30m。为此，本条规定建筑内长度大于20m的疏散走道应设排烟设施。

8.5.4 本条为强制性条文。地下、半地下建筑（室）不同于地上建筑，地下空间的对流条件、自然采光和自然通风条件差，可燃物在燃烧过程中缺乏充足的空气补充，可燃物燃烧慢、产烟量大、温升快、能见度降低很快，不仅增加人员的恐慌心理，而且对安全疏散和灭火救援十分不利。因此，地下空间的防排烟设置要求比地上空间严格。

地上建筑中无窗房间的通风与自然排烟条件与地下建筑类似，因此其相关要求也与地下建筑的要求一致。

9 供暖、通风和空气调节

9.1 一般规定

9.1.1 本条规定为采暖、通风和空气调节系统应考虑防火安全措施的原则要求，相关专项标准可根据具体情况确定更详细的相应技术措施。

9.1.2 本条为强制性条文。甲、乙类厂房，有的存在甲、乙类挥发性可燃蒸气，有的在生产使用过程中会产生可燃气体，在特定条件下易积聚而与空气混合形成具有爆炸危险的混合气体。甲、乙类厂房内的空气如循环使用，尽管可减少一定能耗，但火灾危险性可能持续增大。因此，甲、乙类厂房要具备良好的通风条件，将室内空气及时排出到室外，而不循环使用。同时，需向车间内送入新鲜空气，但排风设备在通风机房内存在泄漏可燃气体的可能，因此应符合本规范第9.1.3条的规定。

丙类厂房中有的工段存在可燃纤维（如纺织厂、亚麻厂）和粉尘，易造成火灾的蔓延，除及时清除外，若要循环使用空气，要在通风机前设滤尘器对空气进行净化后才能循环使用。某些火灾危险性相对较低的场所，正常条件下不具有火灾与爆炸危险，但只要条件适宜仍可能发生火灾。因此，规定空气的含尘浓度要求低于含燃烧或爆炸危险粉尘、纤维的爆炸下限的25%。此规定参考了国内外有关标准对类似场所的要求。

9.1.3 本条为强制性条文。本条规定主要为防止空气中的可燃气体再被送入甲、乙类厂房内或将可燃气体送到其他生产类别的车间内形成爆炸气氛而导致爆炸事故。因此，为甲、乙类车间服务的排风设备，不能与送风设备布置在同一通风机房内，也不能与为其他车间服务的送、排风设备布置在同一通风机房内。

9.1.4 本条为强制性条文。本条要求民用建筑内存放容易着火或爆炸物质（例如，容易放出氢气的蓄电池、使用甲类液体的小型零配件等）的房间所设置的排风设备要采用独立的排风系统，主要为避免将这些容易着火或爆炸的物质通过通风系统送入该建筑内的其他房间。因此，将这些房间的排风系统所排出的气体直接排到室外安全地点，是经济、有效的安全方法。

此外，在有爆炸危险场所使用的通风设备，要根据该场所的防爆等级和国家有关标准要求选用相应防爆性能的防爆设备。

9.1.5 本条规定主要为排除比空气轻的可燃气体混合物。将水平排风管沿着排风气流流向上设置坡度，有利于比空气轻的气体混合物顺气流方向自然排出，特别是在通风机停机时，能更好地防止在管道内局部积存而形成有爆炸危险的高浓度混合气体。

9.1.6 火灾事故表明，通风系统中的通风管道可能成为建筑火灾和烟气蔓延的通道。本条规定主要为避免这两类管道相互影响，防止火灾和烟气经由通风管道蔓延。

9.2 供　暖

9.2.1 本条规定主要为防止散发可燃粉尘、纤维的厂房和输煤廊内的供暖散热器表面温度过高，导致可燃粉尘、纤维与采暖设备接触引起自燃。

目前，我国供暖的热媒温度范围一般为：130℃～70℃、110℃～70℃和95℃～70℃，散热器表面的平均温度分别为：100℃、90℃和82.5℃。若热媒温度为130℃或110℃，对于有些易燃物质，例如，赛璐珞（自燃点为125℃）、三硫化二磷（自燃点为100℃）、松香（自燃点为130℃），有可能与采暖的设备和管道的热表面接触引起自燃，还有部分粉尘积聚厚度大于5mm时，也会因融化或焦化而引发火灾，如树脂、小麦、淀粉、糊精制磷等。本条规定散热器表面的平均温度不应高于82.5℃，相当于供水温度95℃、回水温度70℃，这时散热器入口处的最高温度为95℃，与自燃点最低的100℃相差5℃，具有一定的安全余量。

对于输煤廊，如果热煤温度低，容易发生供暖系统冻结事故，考虑到输煤廊内煤粉在稍高温度时不易引起自燃，故将该场所内散热器的表面温度放宽到130℃。

9.2.2 本条为强制性条文。甲、乙类生产厂房内遇明火发生的火灾，后果十分严重。为吸取教训，规定甲、乙类厂房（仓库）内严禁采用明火和电热散热器供暖。

9.2.3 本条为强制性条文。本条规定应采用不循环使用热风供暖的场所，均为具有爆炸危险性的厂房，主要有：

（1）生产过程中散发的可燃气体、蒸气、粉尘、纤维与采暖管道、散热器表面接触，虽然供暖温度不高，也可能引起燃烧的厂房，如二硫化碳气体、黄磷蒸气及其粉尘等。

（2）生产过程中散发的粉尘受到水、水蒸气的作用，能引起自燃和爆炸的厂房，如生产和加工钾、钠、钙等物质的厂房。

（3）生产过程中散发的粉尘受到水、水蒸气的作用，能产生爆炸性气体的厂房，如电石、碳化铝、氢化钾、氢化钠、硼氢化钠等放出的可燃气体等。

9.2.4、9.2.5 供暖管道长期与可燃物体接触，在特定条件下会引起可燃物体蓄热、分解或炭化而着火，需采取必要的隔热防火措施。一般，可将供暖管道与可燃物保持一定的距离。

本条规定的距离，在有条件时应尽可能加大。若保持一定距离有困难时，可采用不燃材料对供暖管道进行隔热处理，如外包覆绝热性能好的不燃烧材料等。

9.2.6 本条规定旨在防止火势沿着管道的绝热材料蔓延到相邻房间或整个防火区域。在设计中，除首先考虑采用不燃材料外，当采用难燃材料时，还要注意选用热分解毒性小的绝热材料。

9.3 通风和空气调节

9.3.1 由于火灾中的热烟气扩散速度较快，在布置通风和空气调节系统的管道时，要采取措施阻止火灾的横向蔓延，防止和控制火灾的竖向蔓延，使建筑的防火体系完整。本条结合工程设计实际和建筑布置需要，规定通风和空气调节系统的布置，横向尽量按每个防火分区设置，竖向一般不大于5层。通风管道在穿越防火分隔处设置防火阀，可以有效地控制火灾蔓延，在此条件下，通风管道横向或竖向均可以不分区或按楼层分段布置。在住宅建筑中的厨房、厕所的垂直排风管道上，多见用防止回流设施防止火势蔓延，在公共建筑的卫生间和多个排风系统的排风机房里需同时设防火阀和防止回流设施。

本规范要求建筑内管道井的井壁应采用耐火极限不低于1.00h的防火隔墙，故穿过楼层的竖向风管也要求设在管井内或者采用耐火极限不低于1.00h的耐火管道。

住宅建筑中的排风管道内采取的防止回流方法，可参见图8所示的做法。具体做法有：

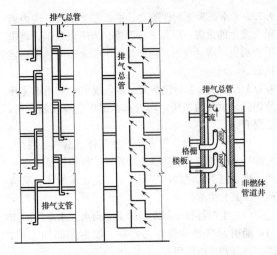

图 8　排气管防止回流示意图

（1）增加各层垂直排风支管的高度，使各层排风支管穿越 2 层楼板；

（2）把排风竖管分成大小两个管道，竖向干管直通屋面，排风支管分层与竖向干管连通；

（3）将排风支管顺气流方向插入竖向风道，且支管到支管出口的高度不小于 600mm；

（4）在支管上安装止回阀。

9.3.2　本条为强制性条文。对于有爆炸危险的车间或厂房，容易通过通风管道蔓延到建筑的其他部分，本条对排风管道穿越防火墙和有爆炸危险的部位作了严格限制，以保证防火墙等防火分隔物的完整性，并防止通过排风管道将有爆炸危险场所的火灾或爆炸波引入其他场所。

9.3.3　在火灾危险性较大的甲、乙、丙类厂房内，送排风管要尽量考虑分层设置。当进入生产车间或厂房的水平或垂直风管设置了防火阀时，可以阻止火灾从着火层向相邻层蔓延，因而各层的水平或垂直送风管可以共用一个系统。

9.3.4　在风机停机时，一般会出现空气从风管倒流到风机的现象。当空气中含有易燃或易爆炸物质且风机未做防爆处理时，这些物质会随之被带到风机内，并因风机产生的火花而引起爆炸，故风机要采取防爆措施。一般可采用有色金属制造的风机叶片和防爆的电动机。

若通风机设置在单独隔开的通风机房内，在送风干管内设置止回阀，即顺气流方向开启的单向阀，能防止危险物质倒流到风机内，且通风机房发生火灾后也不致蔓延至其他房间，因此可采用普通的通风设备。

9.3.5　本条为强制性条文。含有燃烧和爆炸危险粉尘的空气不能进入排风机或在进入排风机前对其进行净化。采用不产生火花的除尘器，主要为防止除尘器工作过程中产生火花引起粉尘、碎屑燃烧或爆炸。

空气中可燃粉尘的含量控制在爆炸下限的 25%

以下，通常是可防止可燃粉尘形成局部高浓度、满足安全要求的数值。美国消防协会（NFPA）《防火手册》指出：可燃蒸气和气体的警告响应浓度为其爆炸下限的 20%；当浓度达到爆炸下限的 50% 时，要停止操作并进行惰化。国内大部分文献和标准也均采用物质爆炸下限的 25% 为警告值。

9.3.6　根据火灾爆炸案例，有爆炸危险粉尘的排风机、除尘器采取分区、分组布置是必要的。一个系统对应一种粉尘，便于粉尘回收；不同性质的粉尘在一个系统中，有引起化学反应的可能。如硫黄与过氧化铅、氯酸盐混合物能发生爆炸，碳黑混入氧化剂自燃点会降低到 100℃。因此，本条强调在布置除尘器和排风机时，要尽量按单一粉尘分组布置。

9.3.7　从国内一些用于净化有爆炸危险粉尘的干式除尘器和过滤器发生爆炸的危害情况看，这些设备如果条件允许布置在厂房之外的独立建筑内，并与所属厂房保持一定的防火间距，对于防止发生爆炸和减少爆炸危害十分有利。

9.3.8　本条为强制性条文。试验和爆炸案例分析均表明，用于排除有爆炸危险的粉尘、碎屑的除尘器、过滤器和管道，如果设置泄压装置，对于减轻爆炸的冲击波破坏较为有效。泄压面积大小则需根据有爆炸危险的粉尘、纤维的危险程度，经计算确定。

要求除尘器和过滤器布置在负压段上，主要为缩短含尘管道的长度，减少管道内的积尘，避免因干式除尘器布置在系统的正压段上漏风而引起火灾。

9.3.9　本条为强制性条文。含可燃气体、蒸气和粉尘场所的排风系统，通过设置导除静电接地的装置，可以减少因静电引发爆炸的可能性。地下、半地下场所易积聚有爆炸危险的蒸气和粉尘等物质，因此对上述场所进行排风的设备不能设置在地下、半地下。

本条第 3 款规定主要为便于检查维修和排除危险，消除安全隐患。为安全考虑，排气口要尽量远离明火和人员通过或停留的地方。

9.3.10　温度超过 80℃ 的气体管道与可燃或难燃物体长期接触，易引起火灾；容易起火的碎屑也可能在管道内发生火灾，并易引燃邻近的可燃、难燃物体。因此，要求与可燃、难燃物体之间保持一定间隙或应用导热性差的不燃隔热材料进行隔热。

9.3.11　本条为强制性条文。通风和空气调节系统的风管是建筑内部火灾蔓延的途径之一，要采取措施防止火势穿过防火墙和不燃性防火分隔物等位置蔓延。通风、空气调节系统的风管上应设防火阀的部位主要有：

1　防火分区等防火分隔处，主要防止火灾在防火分区或不同防火单元之间蔓延。在某些情况下，必须穿过防火墙或防火隔墙时，需在穿越处设置防火阀，此防火阀一般依靠感烟火灾探测器控制动作，用电讯号通过电磁铁等装置关闭，同时它还具有温度熔断器自动关闭以及手动关闭的功能。

2、3　风管穿越通风、空气调节机房或其他防火隔墙和楼板处。主要防止机房的火灾通过风管蔓延到建筑内的其他房间，或者防止建筑内的火灾通过风管蔓延到机房。此外，为防止火灾蔓延至重要的会议室、贵宾休息室、多功能厅等性质重要的房间或有贵重物品、设备的房间以及易燃物品实验室或易燃物品库房等火灾危险性大的房间，规定风管穿越这些房间的隔墙和楼板处应设置防火阀。

4　在穿越变形缝的两侧风管上。在该部位两侧风管上各设一个防火阀，主要为使防火阀在一定时间里达到耐火完整性和耐火稳定性要求，有效地起到隔烟阻火作用，参见图9。

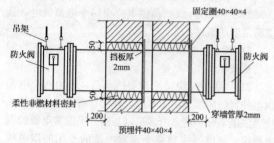

图 9　变形缝处的防火阀

5　竖向风管与每层水平风管交接处的水平管段上。主要为防止火势竖向蔓延。

有关防火阀的分类，参见表18。

表 18　防火阀、排烟防火阀的基本分类

类别	名称	性能及用途
防火类	防火阀	采用 70℃ 温度熔断器自动关闭（防火），可输出联动讯号。用于通风空调系统风管内，防止火势沿风管蔓延
	防烟防火阀	靠感烟火灾探测器控制动作，用电讯号通过电磁铁关闭（防烟），还可采用 70℃ 温度熔断器自动关闭（防火）。用于通风空调系统风管内，防止烟火蔓延
	防火调节阀	70℃时自动关闭，手动复位，0°～90°无级调节，可以输出关闭电讯号
防火烟	加压送风口	靠感烟火灾探测器控制，电讯号开启，也可手动（或远距离缆绳）开启，可设 70℃温度熔断器重新关闭装置，输出电讯号联动送风机开启。用于加压送风系统的风口，防止外部烟气进入

续表 18

类别	名称	性能及用途
排烟类	排烟阀	电讯号开启或手动开启，输出开启电讯号联动排烟机开启，用于排烟系统风管上
	排烟防火阀	电讯号开启，手动开启，输出动作电讯号，用于排烟风机吸入口管道或排烟支管上。采用 280℃ 温度熔断器重新关闭
	排烟口	电讯号开启，手动（或远距离缆绳）开启，输出电讯号联动排烟机，用于排烟房间的顶棚或墙壁上。采用 280℃ 重新关闭装置

9.3.12　为防止火势通过建筑内的浴室、卫生间、厨房的垂直排风管道（自然排风或机械排风）蔓延，要求这些部位的垂直排风管采取防回流措施并尽量在其支管上设置防火阀。

由于厨房中平时操作排出的废气温度较高，若在垂直排风管上设置 70℃ 时动作的防火阀，将会影响平时厨房操作中的排风。根据厨房操作需要和厨房常见火灾发生时的温度，本条规定公共建筑厨房的排油烟管道的支管与垂直排风管连接处要设 150℃ 时动作的防火阀，同时，排油烟管道尽量按防火分区设置。

9.3.13　本条规定了防火阀的主要性能和具体设置要求。

（1）为使防火阀能自行严密关闭，防火阀关闭的方向应与通风和空调的管道内气流方向相一致。采用感温元件控制的防火阀，其动作温度高于通风系统在正常工作的最高温度（45℃）时，宜取 70℃。现行国家标准《建筑通风和排烟系统用防火阀门》GB 15930规定防火阀的公称动作温度应为 70℃。

（2）为使防火阀能及时关闭，控制防火阀关闭的易熔片或其他感温元件应设在容易感温的部位。设置防火阀的通风管要求具备一定强度，设置防火阀处要设置单独的支吊架，以防止管段变形。在暗装时，需在安装部位设置方便检修的检修口，参见图10。

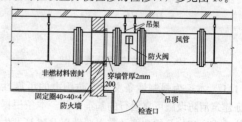

图 10　防火阀检修口设置示意图

（3）为保证防火阀能在火灾条件下发挥预期作用，穿过防火墙两侧各2.0m范围内的风管绝热材料需采用不燃材料且具备足够的刚性和抗变形能力，穿越处的空隙要用不燃材料或防火封堵材料严密填实。

9.3.14 国内外均有不少因通风、空调系统风管可燃而致火灾蔓延，造成重大的人员和财产损失的案例，故本条规定通风、空调系统的风管应采用不燃材料制作。

本条规定参考了国外有关标准，考虑了我国有关防火分隔的具体要求及应用实例，如一些大空间民用或工业生产场所。设计要注意控制材料的燃烧性能及其发烟性能和热解产物的毒性。

9.3.15 加湿器的加湿材料常为可燃材料，这给类似设备留下了一定火灾隐患。因此，风管和设备的绝热材料、用于加湿器的加湿材料、消声材料及其粘结剂，应采用不燃材料。在采用不燃材料确有困难时，允许有条件地采用难燃材料。

为防止通风机已停而电加热器继续加热引起过热而着火，电加热器的开关与风机的开关应进行联锁，风机停止运转，电加热器的电源亦应自动切断。同时，电加热器前后各 800mm 的风管采用不燃材料进行绝热，穿过有火源及容易着火的房间的风管也应采用不燃绝热材料。

目前，不燃绝热材料、消声材料有超细玻璃棉、玻璃纤维、岩棉、矿渣棉等。难燃材料有自熄性聚氨酯泡沫塑料、自熄性聚苯乙烯泡沫塑料等。

9.3.16 本条为强制性条文。本条所指锅炉房包括燃油、燃气的热水、蒸汽锅炉房和直燃型溴化锂冷（热）水机组的机房。

燃油、燃气锅炉房在使用过程中存在逸漏或挥发的可燃性气体，要在这些房间内通过自然通风或机械通风方式保持良好的通风条件，使逸漏或挥发的可燃性气体与空气混合气体的浓度不能达到其爆炸下限值的 25%。

燃油锅炉所用油的闪点温度一般高于 60℃，油泵房内的温度一般不会高于 60℃，不存在爆炸危险。机房的通风量可按泄漏量计算或按换气次数计算，具体设计要求参见现行国家标准《锅炉房设计规范》GB 50041—2008 第 15.3 节有关燃油、燃气锅炉房的通风要求。

10 电 气

10.1 消防电源及其配电

10.1.1 本条为强制性条文。消防用电的可靠性是保证建筑消防设施可靠运行的基本保证。本条根据建筑扑救难度和建筑的功能及其重要性以及建筑发生火灾后可能的危害与损失、消防设施的用电情况，确定了建筑中的消防用电设备要求按一级负荷进行供电的建筑范围。

本规范中的"消防用电"包括消防控制室照明、消防水泵、消防电梯、防烟排烟设施、火灾探测与报警系统、自动灭火系统或装置、疏散照明、疏散指示标志和电动的防火门窗、卷帘、阀门等设施、设备在正常和应急情况下的用电。

10.1.2 本条为强制性条文。本条规定了需按二级负荷要求对消防用电设备供电的建筑范围，有关说明参见第 10.1.1 条的条文说明。

10.1.4 消防用电设备的用电负荷分级可参见现行国家标准《供配电系统设计规范》GB 50052 的规定。此外，为尽快让自备发电设备发挥作用，对备用电源的设置及其启动作了要求。根据目前我国的供电技术条件，规定其采用自动启动方式时，启动时间不应大于 30s。

（1）根据国家标准《供配电系统设计规范》GB 50052 的要求，一级负荷供电应由两个电源供电，且应满足下述条件：

1）当一个电源发生故障时，另一个电源不应同时受到破坏；

2）一级负荷中特别重要的负荷，除由两个电源供电外，尚应增设应急电源，并严禁将其他负荷接入应急供电系统。应急电源可以是独立于正常电源的发电机组、供电网中独立于正常电源的专用的馈电线路、蓄电池或干电池。

（2）结合目前我国经济和技术条件、不同地区的供电状况以及消防用电设备的具体情况，具备下列条件之一的供电，可视为一级负荷：

1）电源来自两个不同发电厂；

2）电源来自两个区域变电站（电压一般在 35kV 及以上）；

3）电源来自一个区域变电站，另一个设置自备发电设备。

建筑的电源分正常电源和备用电源两种。正常电源一般是直接取自城市低压输电网，电压等级为 380V/220V。当城市有两路高压（10kV 级）供电时，其中一路可作为备用电源；当城市只有一路供电时，可采用自备柴油发电机作为备用电源。国外一般使用自备发电机设备和蓄电池作消防备用电源。

（3）二级负荷的供电系统，要尽可能采用两回线路供电。在负荷较小或地区供电条件困难时，二级负荷可以由一回 6kV 及以上专用的架空线路或电缆供电。当采用架空线时，可为一回架空线供电；当采用电缆线路，应采用两根电缆组成的线路供电，其每根电缆应能承受 100% 的二级负荷。

（4）三级负荷供电是建筑供电的最基本要求，有条件的建筑要尽量通过设置两台终端变压器来保证建筑的消防用电。

10.1.5 本条为强制性条文。疏散照明和疏散指示标志是保证建筑中人员疏散安全的重要保障条件，应急备用照明主要用于建筑中消防控制室、重要控制室等一些特别重要岗位的照明。在火灾时，在一定时间内持续保障这些照明，十分必要和重要。

本规范中的"消防应急照明"是指火灾时的疏散照明和备用照明。对于疏散照明备用电源的连续供电时间，试验和火灾证明，单、多层建筑和部分高层建筑着火时，人员一般能在10min以内疏散完毕。本条规定的连续供电时间，考虑了一定安全系数以及实际人员疏散状况和个别人员疏散困难等情况。对于建筑高度大于100m的民用建筑、医院等场所和大型公共建筑等，由于疏散人员体质弱、人员较多或疏散距离较长等，会出现疏散时间较长的情况，故对这些场所的连续供电时间要求有所提高。

为保证应急照明和疏散指示标志用电的安全可靠，设计要尽可能采用集中供电方式。应急备用电源无论采用何种方式，均需在主电源断电后能立即自动投入，并保持持续供电，功率能满足所有应急用电照明和疏散指示标志在设计供电时间内连续供电的要求。

10.1.6 本条为强制性条文。本条旨在保证消防用电设备供电的可靠性。实践中，尽管电源可靠，但如果消防设备的配电线路不可靠，仍不能保证消防用电设备供电可靠性，因此要求消防用电设备采用专用的供电回路，确保生产、生活用电被切断时，仍能保证消防供电。

如果生产、生活用电与消防用电的配电线路采用同一回路，火灾时，可能因电气线路短路或切断生产、生活用电，导致消防用电设备不能运行，因此，消防用电设备均应采用专用的供电回路。同时，消防电源宜直接取自建筑内设置的配电室的母线或低压电缆进线，且低压配电系统主接线方案应合理，以保证当切断生产、生活电源时，消防电源不受影响。

对于建筑的低压配电系统主接线方案，目前在国内建筑电气工程中采用的设计方案有不分组设计和分组设计两种。对于不分组方案，常见消防负荷采用专用母线段，但消防负荷与非消防负荷共用同一进线断路器或消防负荷与非消防负荷共用同一进线断路器和同一低压母线段。这种方案主接线简单、造价较低，但这种方案使消防负荷受非消防负荷故障的影响较大；对于分组设计方案，消防供电电源是从建筑的变电站低压侧封闭母线处将消防电源分出，形成各自独立的系统，这种方案主接线相对复杂，造价较高，但这种方案使消防负荷受非消防负荷故障的影响较小。图11给出了几种接线方案的示意做法。

当采用柴油发电机作为消防设备的备用电源时，要尽量设计独立的供电回路，使电源能直接与消防用电设备连接，参见图12。

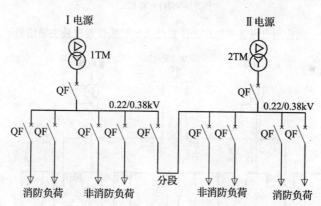

负荷不分组设计方案（一）

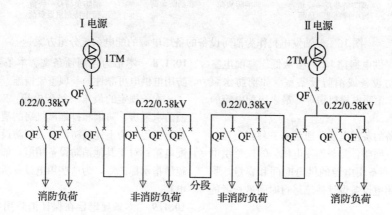

负荷不分组设计方案（二）

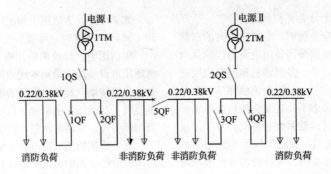

负荷分组设计方案（一）

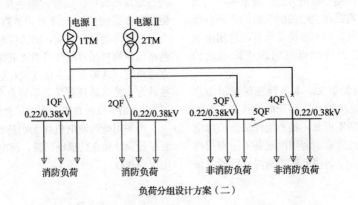

负荷分组设计方案（二）

图 11 消防用电设备电源在变压器低压出线端设置单独主断路器示意

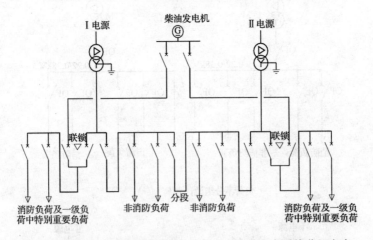

图 12 柴油发电机作为消防设备的备用电源的配电系统分组方案

本条规定的"供电回路"，是指从低压总配电室或分配电室至消防设备或消防设备室（如消防水泵房、消防控制室、消防电梯机房等）最末级配电箱的配电线路。

对于消防设备的备用电源，通常有三种：①独立于工作电源的市电回路，②柴油发电机，③应急供电电源（EPS）。这些备用电源的供电时间和容量，均要求满足各消防用电设备设计持续运行时间最长者的要求。

10.1.8 本条为强制性条文。本条要求也是保证消防用电供电可靠性的一项重要措施。

本条规定的最末一级配电箱：对于消防控制室、消防水泵房、防烟和排烟风机房的消防用电设备及消防电梯等，为上述消防设备或消防设备室处的最末级配电箱；对于其他消防设备用电，如消防应急照明和疏散指示标志等，为这些用电设备所在防火分区的配电箱。

10.1.9 本条规定旨在保证消防用电设备配电箱的

防火安全和使用的可靠性。

火场的温度往往很高，如果安装在建筑中的消防设备的配电箱和控制箱无防火保护措施，当箱体内温度达到200℃及以上时，箱内电器元件的外壳就会变形跳闸，不能保证消防供电。对消防设备的配电箱和控制箱应采取防火隔离措施，可以较好地确保火灾时配电箱和控制箱不会因为自身防护不好而影响消防设备正常运行。

通常的防火保护措施有：将配电箱和控制箱安装在符合防火要求的配电间或控制间内；采用内衬岩棉对箱体进行防火保护。

10.1.10 本条第1、2款为强制性条文。消防配电线路的敷设是否安全，直接关系到消防用电设备在火灾时能否正常运行，因此，本条对消防配电线路的敷设提出了强制性要求。

工程中，电气线路的敷设方式主要有明敷和暗敷两种方式。对于明敷方式，由于线路暴露在外，火灾时容易受火焰或高温的作用而损毁，因此，规范要求线路明敷时要穿金属导管或金属线槽并采取保护措施。保护措施一般可采取包覆防火材料或涂刷防火涂料。

对于阻燃或耐火电缆，由于其具有较好的阻燃和耐火性能，故当敷设在电缆井、沟内时，可不穿金属导管或封闭式金属槽盒。"阻燃电缆"和"耐火电缆"为符合国家现行标准《阻燃及耐火电缆：塑料绝缘阻燃及耐火电缆分级和要求》GA 306.1～2的电缆。

矿物绝缘类不燃性电缆由铜芯、矿物质绝缘材料、铜等金属护套组成，除具有良好的导电性能、机械物理性能、耐火性能外，还具有良好的不燃性，这种电缆在火灾条件下不仅能够保证火灾延续时间内的消防供电，还不会延燃、不产生烟雾，故规范允许这类电缆可以直接明敷。

暗敷时，配电线路穿金属导管并敷设在保护层厚度达到30mm以上的结构内，是考虑到这种敷设方式比较安全、经济，且试验表明，这种敷设能保证线路在火灾中继续供电，故规范对暗敷时的厚度作出相关规定。

10.2 电力线路及电器装置

10.2.1 本条为强制性条文。本条规定的甲、乙类厂房，甲、乙类仓库，可燃材料堆垛，甲、乙、丙类液体储罐，液化石油气储罐和可燃、助燃气体储罐，均为容易引发火灾且难以扑救的场所和建筑。本条确定的这些场所或建筑与电力架空线的最近水平距离，主要考虑了架空电力线在倒杆断线时的危害范围。

据调查，架空电力线倒杆断线现象多发生在刮大风特别是刮台风时。据21起倒杆、断线事故统计，倒杆后偏移距离在1m以内的6起，2m～4m的4起，半杆高的4起，一杆高的4起，1.5倍杆高的2起，2

倍杆高的1起。对于采用塔架方式架设电线时，由于顶部用于稳定部分较高，该杆高可按最高一路调设线路的吊杆距地高度计算。

储存丙类液体的储罐，液体的闪点不低于60℃，在常温下挥发可燃蒸气少，蒸气扩散达到燃烧爆炸范围的可能性更小。对此，可按不少于1.2倍电杆（塔）高的距离确定。

对于容积大的液化石油气单罐，实践证明，保持与高压架空电力线1.5倍杆（塔）高的水平距离，难以保障安全。因此，本条规定35kV以上的高压电力架空线与单罐容积大于200m³液化石油气储罐或总容积大于1000m³的液化石油气储罐区的最小水平间距，当根据表10.2.1的规定按电杆或电塔高度的1.5倍计算后，距离小于40m时，仍需要按照40m确定。

对于地下直埋的储罐，无论储存的可燃液体或可燃气体的物性如何，均因这种储存方式有较高的安全性、不易大面积散发可燃蒸气或气体，该储罐与架空电力线路的距离可在相应规定距离的基础上减小一半。

10.2.2 在厂矿企业特别是大、中型工厂中，将电力电缆与输送原油、苯、甲醇、乙醇、液化石油气、天然气、乙炔气、煤气等各类可燃气体、液体管道敷设在同一管沟内的现象较常见。由于上述液体或气体管道渗漏、电缆绝缘老化、线路出现破损、产生短路等原因，可能引发火灾或爆炸事故。

对于架空的开敞管廊，电力电缆的敷设应按相关专业规范的规定执行。一般可布置同一管廊中，但要根据甲、乙、丙类液体或可燃气体的性质，尽量与输送管道分开布置在管廊的两侧或不同标高层中。

10.2.3 低压配电线路因使用时间长绝缘老化，产生短路着火或因接触电阻大而发热不散。因此，规定了配电线路不应敷设在金属风管内，但采用穿金属导管保护的配电线路，可以紧贴风管外壁敷设。过去发生在有可燃物的闷顶（吊顶与屋盖或上部楼板之间的空间）或吊顶内的电气火灾，大多因未采取穿金属导管保护，电线使用年限长、绝缘老化，产生漏电着火或电线过负荷运行发热着火等情况而引起。

10.2.4 本条为强制性条文。本条规定主要为预防和减少因照明器表面的高温部位靠近可燃物所引发的火灾。卤钨灯（包括碘钨灯和溴钨灯）的石英玻璃表面温度很高，如1000W的灯管温度高达500℃～800℃，很容易烤燃与其靠近的纸、布、木构件等可燃物。吸顶灯、槽灯、嵌入式灯等采用功率不小于100W的白炽灯泡的照明灯具和不小于60W的白炽灯、卤钨灯、荧光高压汞灯、高压钠灯、金属卤灯光源等灯具，使用时间较长时，引入线及灯泡的温度会上升，甚至到100℃以上。本条规定旨在防止高温灯泡引燃可燃物，而要求采用瓷管、石棉、玻璃丝等不燃烧材料将这些灯具的引入线与可燃物隔开。根据试验，不同功率的白炽灯的表面温度及其烤燃可燃物的 时间、温度，见表19。

表 19　白炽灯泡将可燃物烤至着火的时间、温度

灯泡功率 （W）	摆放形式	可燃物	烤至着火的 时间（min）	烤至着火的 温度（℃）	备注
75	卧式	稻草	2	360～367	埋入
100	卧式	稻草	12	342～360	紧贴
100	垂式	稻草	50	炭化	紧贴
100	卧式	稻草	2	360	埋入
100	垂式	棉絮被套	13	360～367	紧贴
100	卧式	乱纸	8	333～360	埋入
200	卧式	稻草	2	367	紧贴
200	卧式	乱稻草	4	342	紧贴
200	卧式	稻草	1	360	埋入
200	垂式	玉米秸	15	365	埋入
200	垂式	纸张	12	333	紧贴
200	垂式	多层报纸	125	333～360	紧贴
200	垂式	松木箱	57	398	紧贴
200	垂式	棉被	5	367	紧贴

10.2.5 本条是根据仓库防火安全管理的需要而作的规定。

10.2.7 本条规定了有条件时需要设置电气火灾监控系统的建筑范围，电气火灾监控系统的设计要求见现行国家标准《火灾自动报警系统设计规范》GB 50116。

电气过载、短路等一直是我国建筑火灾的主要原因。电气火灾隐患形成和存留时间长，且不易发现，一旦引发火灾往往造成很大损失。根据有关统计资料，我国的电气火灾大部分是由电气线路直接或间接引起的。

电气火灾监控系统类型较多，本条规定主要指剩余电流电气火灾监控系统，一般由电流互感器、漏电探测器、漏电报警器组成。该系统能监控电气线路的故障和异常状态，发现电气火灾隐患，及时报警以消除这些隐患。由于我国存在不同的接地系统，在设置剩余电流电气火灾监控系统时，应注意区别对待。如在接地型式为 TN-C 的系统中，就要将其改造为 TN-C-S、TN-S 或局部 TT 系统后，才可以安装使用报警式剩余电流保护装置。

10.3　消防应急照明和疏散指示标志

10.3.1 本条为强制性条文。设置疏散照明可以使人们在正常照明电源被切断后，仍能以较快的速度逃生，是保证和有效引导人员疏散的设施。本条规定了建筑内应设置疏散照明的部位，这些部位主要为人员安全疏散必须经过的重要节点部位和建筑内人员相对集中、人员疏散时易出现拥堵情况的场所。

对于本规范未明确规定的场所或部位，设计师应根据实际情况，从有利于人员安全疏散需要出发考虑设置疏散照明，如生产车间、仓库、重要办公楼中的会议室等。

10.3.2 本条为强制性条文。本条规定的区域均为疏散过程中的重要过渡区或视作室内的安全区，适当提高疏散应急照明的照度值，可以大大提高人员的疏散速度和安全疏散条件，有效减少人员伤亡。

本条规定设置消防疏散照明场所的照度值，考虑了我国各类建筑中暴露出来的一些影响人员疏散的问题，参考了美国、英国等国家的相关标准，但仍较这些国家的标准要求低。因此，有条件的，要尽量增加该照明的照度，从而提高疏散的安全性。

10.3.3 本条为强制性条文。消防控制室、消防水泵房、自备发电机房等是要在建筑发生火灾时继续保持正常工作的部位，故消防应急照明的照度值仍应保证正常照明的照度要求。这些场所一般照明标准值参见现行国家标准《建筑照明设计标准》GB 50034 的有关规定。

10.3.4、10.3.5 应急照明的设置位置一般有：设在楼梯间的墙面或休息平台板下，设在走道的墙面或顶棚的下面，设在厅、堂的顶棚或墙面上，设在楼梯口、太平门的门口上部。

对于疏散指示标志的安装位置，是根据国内外的建筑实践和火灾中人的行为习惯提出的。具体设计还可结合实际情况，在规范规定的范围内合理选定安装位置，比如也可设置在地面上等。总之，所设置的标志要便于人们辨认，并符合一般人行走时目视前方的习惯，能起诱导作用，但要防止被烟气遮挡，如设在顶棚下的疏散标志应考虑距离顶棚一定高度。

目前，在一些场所设置的标志存在不符合现行国家标准《消防安全标志》GB 13495 规定的现象，如将"疏散门"标成"安全出口"，"安全出口"标成"非常口"或"疏散口"等，还有的疏散指示方向混乱等。因此，有必要明确建筑中这些标志的设置要求。

对于疏散指示标志的间距，设计还要根据标志的大小和发光方式以及便于人员在较低照度条件清楚识别的原则进一步缩小。

10.3.6 本条要求展览建筑、商店、歌舞娱乐放映游艺场所、电影院、剧场和体育馆等大空间或人员密集场所的建筑设计，应在这些场所内部疏散走道和主要疏散路线的地面上增设能保持视觉连续的疏散指示标志。该标志是辅助疏散指示标志，不能作为主要的疏散指示标志。

合理设置疏散指示标志，能更好地帮助人员快速、安全地进行疏散。对于空间较大的场所，人们在火灾时依靠疏散照明的照度难以看清较大范围的情况，依靠行走路线上的疏散指示标志，可以及时识别疏散位置和方向，缩短到达安全出口的时间。

11　木结构建筑

11.0.1 本条规定木结构建筑可以按本章进行防火设计，其构件燃烧性能和耐火极限、层数和防火分区面积，以及防火间距等都要满足要求，否则应按本规范相应耐火等级建筑的要求进行防火设计。

（1）表11.0.1中有关电梯井的墙、非承重外墙、疏散走道两侧的隔墙、承重柱、梁、楼板、屋顶承重构件及吊顶的燃烧性能和耐火极限的要求，主要依据我国对承重柱、梁、楼板等主要木结构构件的耐火试验数据，并参考国外建筑规范的有关规定，结合我国对材料燃烧性能和构件耐火极限的试验要求而确定。在确定木结构构件的燃烧性能和耐火极限时，考虑了现代木结构建筑的特点、我国建筑耐火等级分级、不同耐火等级建筑构件的燃烧性能和耐火极限及与现行国家相关标准的协调，力求做到科学、合理、可行。

（2）电梯井内一般敷设有电线电缆，同时也可能成为火灾竖向蔓延的通道，具有较大的火灾危险性，但木结构建筑的楼层通常较低，即使与其他结构类型组合建造的木结构建筑，其建筑高度也不大于24m。因此，在表11.0.1中，将电梯井的墙体确定为不燃性墙体，并比照本规范对木结构建筑中承重墙的耐火极限要求确定了其耐火极限，即不应低于1.00h。

（3）木结构建筑中的梁和柱，主要采用胶合木或重型木构件，属于可燃材料。国内外进行的大量相关耐火试验表明，胶合木或重型木构件受火作用时，会在木材表面形成一定厚度的炭化层，并可因此降低木材内部的烧蚀速度，且炭化速率在标准耐火试验条件下基本保持不变。因此，设计可以根据不同种木材的炭化速率、构件的设计耐火极限和设计荷载来确定梁和柱的设计截面尺寸，只要该截面尺寸预留了在实际火灾时间内可能被烧蚀的部分，承载力就可满足设计要求。此外，为便于在工程中尽可能地体现胶合木或原木的美感，本条规定允许梁和柱采用不经防火处理的木构件。

（4）当同一座木结构建筑由不同高度部分的结构组成时，考虑到较低部分的结构发生火灾时，火焰会向较高部分的外墙蔓延；或者较高部分的结构发生火灾时，飞火可能掉落到较低部分的屋顶，存在火灾从外向内蔓延的可能，故要求较低部分的屋顶承重构件和屋面不能采用可燃材料。

（5）轻型木结构屋顶承重构件的截面尺寸一般较小，耐火时间较短。为了确保轻型木结构建筑屋顶承重构件的防火安全，本条要求将屋顶承重构件的燃烧性能提高到难燃。在工程中，一般采用在结构外包覆耐火石膏板等防火保护方法来实现。

（6）为便于设计，在本条文说明附录中列出了木结构建筑主要构件达到规定燃烧性能和耐火极限的构造方法，这些数据源自公安部天津消防研究所对木结构墙体、楼板、吊顶和胶合木梁、柱的耐火试验结果。需要说明的是，本条文说明附录中所列楼板中的定向刨花板和外墙外侧的定向刨花板（胶合板）的厚度，可根据实际结构受力经计算确定。设计时，对于与附录中所列情况完全一样的构件可以直接采用；如果存在较大变化，则需按照理论计算和试验测试验证相结合的方法确定所设计木构件的耐火极限。

（7）表注3的规定主要为与本规范第5.1.2条和第5.3.1条的要求协调一致。

11.0.2 本条在国家标准《木骨架组合墙体技术规范》GB/T 50361—2005第4.5.3条、第5.6.1条、第5.6.2条规定的基础上作了调整。木骨架组合墙体由木骨架外覆石膏板或其他耐火板材、内填充岩棉等隔音、绝热材料构成。根据试验结果，木骨架组合墙体只能满足难燃性墙体的相关性能，所以本条限制了采用该类墙体的建筑的使用功能和建筑高度。

具有一定耐火性能的非承重外墙可有效防止火灾在建筑间的相互蔓延或通过外墙上下蔓延。为防止火势通过木骨架组合墙体内部进行蔓延，本条要求其墙体填充材料的燃烧性能要不能低于A级，即采用不燃性绝热和隔音材料。

对于木骨架墙体应用中的更详细要求，见现行国家标准《木骨架组合墙体技术规范》GB/T 50361。

11.0.3 本条为强制性条文。控制木结构建筑的应用范围、高度、层数和防火分区大小，是控制其火灾危害的重要手段。本条参考国外相关标准规定，根据我国实际情况规定丁、戊类厂房（库房）和民用建筑可采用木结构建筑或木结构组合建筑，而甲、乙、丙类厂房（库房）则不允许。

（1）从木结构建筑构件的耐火性能看，木结构建筑的耐火等级介于三级和四级之间。本规范规定四级耐火等级的建筑只允许建造2层。在本章规定的木结构建筑中，构件的耐火性能优于四级耐火等级的建筑，因此规定木结构建筑的最多允许层数为3层。此外，本规范第11.0.4条对商店、体育馆以及丁、戊类厂房（库房）还规定其层数只能为单层。表 11.0.3-1、表 11.0.3-2 规定的数值是在消化吸收国外有关规范和协调我国相关标准规定的基础上确定的。

表 11.0.3-2 中"防火墙间的每层最大允许建筑面积"，指位于两道防火墙之间的一个楼层的建筑面积。如果建筑只有 1 层，则该防火墙间的建筑面积可允许 1800m²；如果建筑需要建造 3 层，则两道防火墙之间的每个楼层的建筑面积最大只允许 600m²，使 3 个楼层的建筑面积之和不能大于单层时的最大允许建筑面积，即 1800m²。这一规定主要考虑到支撑楼板的柱、梁和竖向的分隔构件——楼板的燃烧性能较低，不能达到不燃的要求，因而，某一层着火后有可能导致位于两座防火墙之间的这 3 层楼均被烧毁。

（2）由于体育场馆等高大空间建筑，室内空间高度高、建筑面积大，一般难以全部采用木结构构件，主要为大跨度的梁和高大的柱可能采用胶合木结构，其他部分还需采用混凝土结构等具有较好耐火性能的传统建筑结构，故对此类建筑做了调整。为确保建筑的防火安全，建筑的高度和面积的扩大的程度以及因扩大后需要采取的防火措施等，应该按照国家规定程序进行论证和评审来确定。

11.0.4 本条为强制性条文。本条规定是比照本规范第 5.4.3 条和第 5.4.4 条有关三级和四级耐火等级建筑的要求确定的。

本条对于木结构的商店、体育馆和丁、戊类厂房（仓库），要求其只能采用单层的建筑，并宜采用胶合木结构，同时，建筑高度仍要符合第 11.0.3 条的要求。商店、体育馆和丁、戊类厂（库）房等，因使用功能需要，往往要求较大的面积和较高的空间，胶合木具有较好的耐火承载力，用作柱和梁具有一定优势，无论外观与日常维护，还是实际防火性能均较钢材要好。

11.0.5、11.0.6 这两条规定了建筑内火灾危险性较大部位的防火分隔要求，对因使用需要等而开设的门、窗或洞口，要求采取相应的防火保护措施，以限制火灾在建筑内蔓延。

条文中规定的车库，为小型住宅建筑中的自用车库。根据我国的实际情况，没有限制停放机动车的数量，而是通过限制建筑面积来控制附属车库的大小和可能带来的火灾危险。

11.0.7 本条第 2、3、4 款为强制性条文。本条是结合木结构建筑的整体耐火性能及其楼层的允许建筑面积，按照民用建筑安全疏散设计的原则，比照本规范第 5 章的有关规定确定的。表 11.0.7-1 中的数据取值略小于三级耐火等级建筑的对应值。

11.0.8 根据本规范第 11.0.4 条的规定，丁、戊类木结构厂房建筑只能建造一层，根据本规范第 3.7 节的规定，四级耐火等级的单层丁、戊类厂房内任一点到最近安全出口的疏散距离分别不应大于 50m 和 60m。因此，尽管木结构建筑的耐火等级要稍高于四级耐火等级，但鉴于该距离较大，为保证人员安全，本条仍采用与本规范第 3.7.4 条规定相同的疏散距离。

11.0.9 本条为强制性条文。木结构建筑，特别是轻型木结构体系的建筑，其墙体、楼板和木骨架组合墙体内的龙骨均为木材。在其中敷设或穿过电线、电缆时，因电气原因导致发热或火灾时不易被发现，存在较大安全隐患，因此规定相关电线、电缆均需采取如穿金属导管保护。建筑内的明火部位或厨房内的灶台、热加工部位、烟道或排油烟管道等高温作业或温度较高的排气管道、易着火的油烟管道，均需避免与这些墙体直接接触，要在其周围采用导热性差的不燃材料隔热等防火保护或隔热措施，以降低其火灾危险性。

有关防火封堵要求，见本规范第 6.3.4 条和第 6.3.5 条的条文说明。

11.0.10 本条为强制性条文。木结构建筑之间及木结构建筑与其他结构类型建筑的防火间距，是在分析了国内外相关建筑规范基础上，根据木结构和其他结构类型建筑的耐火性能确定的。

试验证明，发生火灾的建筑对相邻建筑的影响与该建筑物外墙的耐火极限和外墙上的门、窗或洞口的开口比例有直接关系。美国《国际建筑规范》（2012年版）对建筑物类型及其耐火性能和防火间距的规定见表 20，对外墙上不同开口比例的建筑间的防火间距的规定见表 21。

表 20 建筑物类型及其耐火极限和防火间距的规定

防火间距 (m)	耐火极限（h）		
	高危险性：H 类建筑	中等危险性：F-1 类厂房、M 类商业建筑、S-1 类仓库	低危险性的建筑：其他厂房、仓库、居住建筑和商业建筑
0~3	3	2	1
3~9	2 或 3	1 或 2	1
9~18	1 或 2	0 或 1	0 或 1
18 以上	0	0	0

表 21　外墙上不同开口比例的建筑间的防火间距

开口分类	防火间距 L（m）							
	$0<L$ $\leqslant 2$	$2<L$ $\leqslant 3$	$3<L$ $\leqslant 6$	$6<L$ $\leqslant 9$	$9<L$ $\leqslant 12$	$12<L$ $\leqslant 15$	$15<L$ $\leqslant 18$	$18<L$
无防火保护，无自动喷水灭火系统	不允许	不允许	10%	15%	25%	45%	70%	不限制
无防火保护，有自动喷水灭火系统	不允许	15%	25%	45%	75%	不限制	不限制	不限制
有防火保护	不允许	15%	25%	45%	75%	不限制	不限制	不限制

目前，木结构建筑的允许建造规模均较小。根据加拿大国家建筑研究院的相关试验结果，如果相邻两建筑的外墙均无洞口，并且外墙的耐火极限均不低于1.00h时，防火间距减少至4m后仍能够在足够时间内有效阻止火灾的相互蔓延。考虑到有些建筑完全不开门、窗比较困难，比照本规范第 5 章的规定，当每一面外墙开孔不大于 10% 时，允许防火间距按照表 11.0.10 的规定减少 25%。

11.0.11　木结构建筑，特别是轻型木结构建筑中的框架构件和面板之间存在许多空腔。对墙体、楼板及封闭吊顶或屋顶下的密闭空间采取防火分隔措施，可阻止因构件内某处着火所产生的火焰、高温气体以及烟气在这些空腔内蔓延。根据加拿大《国家建筑规范》（2010 年版），常采用厚度不小于 38mm 的实木锯材、厚度不小于 12mm 的石膏板或厚度不小于 0.38mm 的钢挡板进行防火分隔。

在轻型木结构建筑中设置水平防火分隔，主要用于限制火焰和烟气在水平构件内蔓延。水平防火构造的设置，一般要根据空间的长度、宽度和面积来确定。常见的做法是，将这些空间按照每一空间的面积不大于 300m²，长度或宽度不大于 20m 的要求划分为较小的防火分隔空间。

当顶棚材料安装在龙骨上时，一般需在双向龙骨形成的空间内增加水平防火分隔构件。采用实木锯材或工字搁栅的楼板和屋顶盖，搁栅之间的支撑通常可用作水平防火分隔构件，但当空间的长度或宽度大于 20m 时，沿搁栅平行方向还需要增加防火分隔构件。

墙体竖向的防火分隔，主要用于阻挡火焰和烟气通过构件上的开孔或墙体内的空腔在不同构件之间蔓延。多数轻型木结构墙体的防火分隔，主要采用墙体的顶梁板和底梁板来实现。

对于弧型转角吊顶、下沉式吊顶和局部下沉式吊顶，在构件的竖向空腔与横向空腔的交汇处，需要采取防火分隔构造措施。在其他大多数情况下，这种防火分隔可采用墙体的顶梁板、楼板中的端部桁架以及端部支撑来实现。

水平密闭空腔与竖向密闭空腔的连接交汇处、轻型木结构建筑的梁与楼板交接的最后一级踏步处，一般也需要采取类似的防火分隔措施。

11.0.12　本条规定了木结构与钢结构、钢筋混凝土结构或砌体结构等其他结构类型组合建造时的防火设计要求。

对于竖向组合建造的形式，火灾通常都是从下往上蔓延，当建筑物下部着火时，火焰会蔓延到上层的木结构部分；但有时火灾也能从上部蔓延到下部，故有必要在木结构与其他结构之间采取竖向防火分隔措施。本条规定要求：当下部建筑为钢筋混凝土结构或其他不燃性结构时，建筑的总楼层数可大于 3 层，但无论与哪种不燃性结构竖向组合建造，木结构部分的层数均不能多于 3 层。

对于水平组合建造的形式，采用防火墙将木结构部分与其他结构部分分隔开，能更好地防止火势从建筑物的一侧蔓延至另一侧。如果未做分隔，就要将组合建筑整体按照木结构建筑的要求确定相关防火要求。

11.0.13　木结构建筑内可燃材料较多，且空间一般较小，火灾发展相对较快。为能及早报警，通知人员尽早疏散和采取灭火行动，特别是有人住宿的场所和用于儿童或老年人活动的场所，要求一定规模的此类建筑设置火灾自动报警系统。木结构住宅建筑的火灾自动报警系统，一般采用家用火灾报警装置。

12　城市交通隧道

国内外发生的隧道火灾均表明，隧道特殊的火灾环境对人员逃生和灭火救援是一个严重的挑战，而且火灾在短时间内就能对隧道设施造成很大的破坏。由于隧道设置逃生出口困难，救援条件恶劣，要求对隧道采取与地面建筑不同的防火措施。

由于国家对地下铁道的防火设计要求已有标准，而管线隧道、电缆隧道的情况与城市交通隧道有一定差异，本章主要根据国内外隧道情况和相关标准，确定了城市交通隧道的通用防火技术要求。

12.1　一　般　规　定

12.1.1　隧道的用途及交通组成、通风情况决定了隧道可燃物数量与种类、火灾的可能规模及其增长过程和火灾延续时间，影响隧道发生火灾时可能逃生的人员数量及其疏散设施的布置；隧道的环境条件和隧道长度等决定了消防救援和人员的逃生难易程度及隧道的防烟、排烟和通风方案；隧道的通风与排烟等因素又对隧道中的人员逃生和灭火救援影响很大。因此，隧道设计应综合考虑各种因素和条件后，合理确定防火要求。

12.1.2 交通隧道的火灾危险性主要在于：①现代隧道的长度日益增加，导致排烟和逃生、救援困难；②不仅车载量更大，而且需通行运输危险材料的车辆，有时受条件限制还需采用单孔双向行车道，导致火灾规模增大，对隧道结构的破坏作用大；③车流量日益增长，导致发生火灾的可能性增加。本规范在进行隧道分类时，参考了日本《道路隧道紧急情况用设施设置基准及说明》和我国行业标准《公路隧道交通工程设计规范》JTG/T D71 等标准，并适当做了简化，考虑的主要因素为隧道长度和通行车辆类型。

12.1.3 本条为强制性条文。隧道结构一旦受到破坏，特别是发生坍塌时，其修复难度非常大，花费也大。同时，火灾条件下的隧道结构安全，是保证火灾时灭火救援和火灾后隧道尽快修复使用的重要条件。不同隧道可能的火灾规模与持续时间有所差异。目前，各国以建筑构件为对象的标准耐火试验，均以《建筑构件耐火试验》ISO 834 的标准升温曲线（纤维质类）为基础，如《建筑材料及构件耐火试验 第 20 部分 建筑构件耐火性能试验方法一般规定》BS 476：Part 20、《建筑材料及构件耐火性能》DIN 4102、《建筑材料及构件耐火试验方法》AS 1530 和《建筑构件耐火试验方法》GB 9978 等。该标准升温曲线以常规工业与民用建筑物内可燃物的燃烧特性为基础，模拟了地面开放空间火灾的发展状况，但这一模型不适用于石油化工工程中的有些火灾，也不适用于常见的隧道火灾。

隧道火灾是以碳氢火灾为主的混合火灾。碳氢（HC）标准升温曲线的特点是所模拟的火灾在发展初期带有爆燃—热冲击现象，温度在最初 5min 之内可达到 930℃左右，20min 后稳定在 1080℃左右。这种升温曲线模拟了火灾在特定环境或高潜热值燃料燃烧的发展过程，在国际石化工业领域和隧道工程防火中得到了普遍应用。过去，国内外开展了大量研究来确定可能发生在隧道以及其他地下建筑中的火灾类型，特别是 1990 年前后欧洲开展的 Eureka 研究计划。根据这些研究的成果，发展了一系列不同火灾类型的升温曲线。其中，法国提出了改进的碳氢标准升温曲线、德国提出了 RABT 曲线、荷兰交通部与 TNO 实验室提出了 RWS 标准升温曲线，我国则以碳氢升温曲线为主。在 RABT 曲线中，温度在 5min 之内就能快速升高到 1200℃，在 1200℃处持续 90min，随后在

30min 内温度快速下降。这种升温曲线能比较真实地模拟隧道内大型车辆火灾的发展过程：在相对封闭的隧道空间内因热量难以扩散而导致火灾初期升温快、有较强的热冲击，随后由于缺氧状态和灭火作用而快速降温。

此外，试验研究表明，混凝土结构受热后会由于内部产生高压水蒸气而导致表层受压，使混凝土爆裂。结构荷载压力和混凝土含水率越高，发生爆裂的可能性也越大。当混凝土的质量含水率大于 3％时，受高温作用后肯定会发生爆裂现象。当充分干燥的混凝土长时间暴露在高温下时，混凝土内各种材料的结合水将会蒸发，从而使混凝土失去结合力而发生爆裂，最终会一层一层地穿透整个隧道的混凝土拱顶结构。这种爆裂破坏会影响人员逃生，使增强钢筋因暴露于高温中失去强度而致结构破坏，甚至导致结构垮塌。

为满足隧道防火设计需要，在本规范附录 C 中增加了有关隧道结构耐火试验方法的有关要求。

12.1.4 本条为强制性条文。服务于隧道的重要设备用房，主要包括隧道的通风与排烟机房、变电站、消防设备房。其他地面附属用房，主要包括收费站、道口检查亭、管理用房等。隧道内及地面保障隧道日常运行的各类设备用房、管理用房等基础设施以及消防救援专用口、临时避难间，在火灾情况下担负着灭火救援的重要作用，需确保这些用房的防火安全。

12.1.5 隧道内发生火灾时的烟气控制和减小火灾烟气对人的毒性作用是隧道防火面临的主要问题，要严格控制装修材料的燃烧性能及其发烟量，特别是可能产生大量毒性气体的材料。

12.1.6 本条主要规定了不同隧道车行横通道或车行疏散通道的设置要求。

(1) 当隧道发生火灾时，下风向的车辆可继续向前方出口行驶，上风向的车辆则需要利用隧道辅助设施进行疏散。隧道内的车辆疏散一般可采用两种方式，一是在双孔隧道之间设置车行横通道，另一种是在双孔中间设置专用车行疏散通道。前者工程量小、造价较低，在工程中得到普遍应用；后者可靠性更好、安全性高，但因造价高，在工程中应用不多。双孔隧道之间的车行横通道、专用车行疏散通道不仅可用于隧道内车辆疏散，还可用于巡查、维修、救援及车辆转换行驶方向。

车行横通道间隔及隧道通向车行疏散通道的入口间隔，在本次修订时进行了适当调整，水底隧道由原规定的 500m～1500m 调整为 1000m～1500m，非水底隧道由原规定的 200m～500m 调整为不宜大于 1000m。主要考虑到两方面因素：一方面，受地质条件多样性的影响，城市隧道的施工方法较多，而穿越江、河、湖泊等水底隧道常采用盾构法、沉管法施工，在隧道两管间设置车行横通道的工程风险非常

大，可实施性不强；另一方面，城市隧道灭火救援响应快、隧道内消防设施齐全，而且越来越多的城市隧道设计有多处进、出口匝道，事故时，车辆可利用匝道进行疏散。

此外，本条规定还参考了国内、外相关规范，如国家行业标准《公路隧道设计规范》JTG D70—2004和《欧洲道路隧道安全》（European Commission Directorate General for Energy and Transport）等标准或技术文件。《公路隧道设计规范》JTG D70—2004规定，山岭公路隧道的车行横通道间隔：车行横通道的设置间距可取750m，并不得大于1000m；长1000m～1500m的隧道宜设置1处，中、短隧道可不设；《欧洲道路隧道安全》规定，双管隧道之间车行横通道的间距为1500m；奥地利RVS9.281/9.282规定，车行横向连接通道的间距为1000m。综上所述，本次修订适当加大了车行横通道的间隔。

（2）《公路隧道设计规范》JTG D70—2004对山岭公路隧道车行横通道的断面建筑限界规定，如图13所示。城市交通隧道对通行车辆种类有严格的规定，如有些隧道只允许通行小型机动车、有些隧道禁止通行大、中型货车、有些是客货混用隧道。横通道的断面建筑限界应与隧道通行车辆种类相适应，仅通行小型机动车或禁止通行大型货车的隧道横通道的断面建筑限界可适当降低。

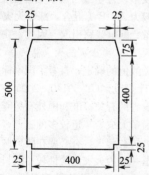

图13　车行横通道的断面建筑
限界（单位：cm）

（3）隧道与车行横通道或车行疏散通道的连通处采取防火分隔措施，是为防止火灾向相邻隧道或车行疏散通道蔓延。防火分隔措施可采用耐火极限与相应结构耐火极限一致的防火门，防火门还要具有良好的密闭防烟性能。

12.1.7　本条规定了双孔隧道设置人行横通道或人行疏散通道的要求。

在隧道设计中，可以采用多种逃生避难形式，如横通道、地下管廊、疏散专用道等。采用人行横通道和人行疏散通道进行疏散与逃生，是目前隧道中应用较为普遍的形式。人行横通道是垂直于两孔隧道长度方向设置、连接相邻两孔隧道的通道，当两孔隧道中某一条隧道发生火灾时，该隧道内的人员可以通过人行横通道疏散至相邻隧道。人行疏散通道是设在两孔隧道中间或隧道路面下方、直通隧道外的通道，当隧道发生火灾时，隧道内的人员进入该通道进行逃生。人行横通道与人行疏散通道相比，造价相对较低，且可以利用隧道内车行横通道。设置人行横通道和人行疏散通道时，需符合以下原则：

（1）人行横通道的间隔和隧道通向人行疏散通道的入口间隔，要能有效保证隧道内的人员在较短时间内进入人行横通道或人行疏散通道。

根据荷兰及欧洲的一系列模拟实验，250m为隧道内的人员在初期火灾烟雾浓度未造成更大影响情况下的最大逃生距离。行业标准《公路隧道设计规范》JTG D70—2004规定了山岭公路隧道的人行横通道间隔：人行横通道的设置间距可取250m，并不大于500m。美国消防协会《公路隧道、桥梁及其他限行公路标准》NFPA 502（2011年版）规定：隧道应有应急出口，且间距不应大于300m；当隧道采用耐火极限为2.00h以上的结构分隔，或隧道为双孔时，两孔间的横通道可以替代应急出口，且间距不应大于200m。其他一些国家对人行横通道的规定如表22。

（2）人行横通道或人行疏散通道的尺寸要能保证人员的应急通行。

本次修订对人行横通道的净尺寸进行了适当调整，由原来的净宽度不应小于2.0m、净高度不应小于2.2m分别调整为净宽度不应小于1.2m、净高度不应小于2.1m。原规定主要参照行业标准《公路隧道设计规范》JTG D70—2004对山岭公路人行隧道横通道的断面建筑限界规定。城市隧道由于地质条件的复杂性和施工方法的多样性，相当多的城市隧道采用盾构法施工，设置宽度不小于2.0m的人行横通道难度很大、工程风险高。本次修订的人行横通道宽度，参考了美国消防协会《公路隧道、桥梁及其他限行公路标准》NFPA 502（2011年版）的相关规定（人行横通道的净宽不小于1.12m），同时，结合我国人体特征，考虑了满足2股人流通行及消防员带装备通行的需求。

另外，人行横通道的宽度加大后也不利于对疏散通道实施正压送风。

综合以上因素，本次修订时适当调整了人行横通道的尺寸，使之既满足人员疏散和消防员通行的要求，又能降低施工风险。

（3）隧道与人行横通道或人行疏散通道的连通处所进行的防火分隔，应能防止火灾和烟气影响人员安全疏散。

目前较为普遍的做法是，在隧道与人行横通道或人行疏散通道的连通处设置防火门。美国消防协会《公路隧道、桥梁及其他限行公路标准》NFPA 502（2011年版）规定，人行横通道与隧道连通处门的耐火极限应达到1.5h。

表22 国外有关设计准则中道路隧道横向人行通道间距推荐值

国家	出版物/号	年份	横向人行通道间距（m）	备注
奥地利	RVS 9.281/9.282	1989	500	通道间距最大允许至1km 未设通风的隧道或隧道纵坡大于3%的隧道内，通道间距250m
德国	RABT	1984	350	根据最新的RABT曲线，通道间距将调整至300m
挪威	Road Tunnels		250	—
瑞士	Tunnel Task Force	2000	300	—

12.1.8 避难设施不仅可为逃生人员提供保护，还可用作消防员暂时躲避烟雾和热气的场所。在中、长隧道设计中，设置人员的安全避难场所是一项重要内容。避难场所的设置要充分考虑通道的设置、隔间及空间的分配以及相应的辅助设施的要求。对于较长的单孔隧道和水底隧道，采用人行疏散通道或人行横通道存在一定难度时，可以考虑其他形式的人员疏散或避难，如设置直通室外的疏散出口、独立的避难场所、路面下的专用疏散通道等。

12.1.9 隧道内的变电站、管廊、专用疏散通道、通风机房等是保障隧道日常运行和应急救援的重要设施，有的本身还具有一定的火灾危险性。因此，在设计中要采取一定的防火分隔措施与车行隧道分隔。其分隔要求可参照本规范第6章有关建筑物内重要房间的分隔要求确定。

12.1.10 本条规定了地下设备用房的防火分区划分和安全出口设置要求。考虑到隧道的一些专用设备，如风机房、风道等占地面积较大、安全出口难以开设，且机房无人值守，只有少数人员巡检的实际情况，规定了单个防火分区的最大允许建筑面积不大于1500m²，以及无人值守的设备用房可设1个安全出口的条件。

12.2 消防给水和灭火设施

12.2.1、12.2.2 这两条条文参照国内外相关标准的要求，规定了隧道的消防给水及其管道、设备等的一般设计要求。四类隧道和通行人员或非机动车辆的三类隧道，通常隧道长度较短或火灾危险性较小，可以利用城市公共消防系统或者灭火器进行灭火、控火，而不需单独设置消防给水系统。

隧道的火灾延续时间，与隧道内的通风情况和实际的交通状况关系密切，有时延续较长时间。本条尽管规定了一个基本的灭火延续时间，但有条件的，还是要根据隧道通行车辆及其长度，特别是一类隧道，尽量采用更长的设计灭火延续时间，以保证有较充分的灭火用水储备量。

在洞口附近设置的水泵接合器，对于城市隧道的灭火救援而言，十分重要。水泵接合器的设置位置，既要便于消防车向隧道内的管网供水，还要不影响附近的其他救援行动。

12.2.3 本条规定的隧道排水，其目的在于排除灭火过程中产生的大量积水，避免隧道内因积聚雨水、渗水、灭火产生的废水而导致可燃液体流散、增加疏散与救援的困难，防止运输可燃液体或有害液体车辆逸漏但未燃烧的液体，因缺乏有组织的排水措施而漫流进入其他设备沟、疏散通道、重要设备房等区域内而引发火灾事故。

12.2.4 引发隧道内火灾的主要部位有：行驶车辆的油箱、驾驶室、行李或货物和客车的旅客座位等，火灾类型一般为A、B类混合，部分火灾可能因隧道内的电器设备、配电线路引起。因此，在隧道内要合理配置能扑灭ABC类火灾的灭火器。

本条有关数值的确定，参考了国家标准《建筑灭火器配置设计规范》GB 50140—2005，美国消防协会、日本建设省的有关标准和国外有关隧道的研究报告。对于交通量大或者车道较多的隧道，为保证人身安全和快速处置初起火，有必要在隧道两侧设置灭火器。四类隧道一般为火灾危险性较小或长度较短的隧道，即使发生火灾，人员疏散和扑救也较容易。因此，消防设施的设置以配备适用的灭火器为主。

12.3 通风和排烟系统

根据对隧道的火灾事故分析，由一氧化碳导致的人员死亡和因直接烧伤、爆炸及其他有毒气体引起的人员死亡约各占一半。通常，采用通风、防排烟措施控制烟气产物及烟气运动可以改善火灾环境，并降低火场温度以及热烟气和热分解产物的浓度，改善视线。但是，机械通风会通过不同途径对不同类型和规模的火灾产生影响，在某些情况下反而会加剧火势发展和蔓延。实验表明：在低速通风时，对小轿车的火灾影响不大；可以降低小型油池（约10m²）火的热释放速率，但会加强通风控制型的大型油池（约100m²）火的热释放速率；在纵向机械通风条件下，载重货车火的热释放速率可以达到自然通风条件下的数倍。因此，隧道内的通风排烟系统设计，要针对不同隧道环境确定合适的通风排烟方式和排烟量。

12.3.1 本条为强制性条文。隧道的空间特性，导致其一旦发生火灾，热烟排除非常困难，往往会因高温而使结构发生破坏，烟气积聚而导致灭火、疏散困难且火灾延续时间很长。因此，隧道内发生火灾时的排烟是隧道防火设计的重要内容。本条规定了需设置排烟设施的隧道，四类隧道因长度较短、发生火灾的概率较低或火灾危险性较小，可不设置排烟设施。

12.3.2~12.3.5 隧道排烟方式分为自然排烟和机械排烟。自然排烟，是利用短隧道的洞口或在隧道沿途顶部开设的通风口（例如，隧道敷设在路中绿化带下的情形）以及烟气自身浮力进行排烟的方式。采用自然排烟时，应注意错位布置上、下行隧道开设的自然排烟口或上、下行隧道的洞口，防止非着火隧道汽车行驶形成的活塞风将邻近隧道排出的烟气"倒吸"入非着火隧道，造成烟气蔓延。

（1）隧道的机械排烟模式分为纵向排烟和横向排烟方式以及由这两种基本排烟模式派生的各种组合排烟模式。排烟模式应根据隧道种类、疏散方式，并结合隧道正常工况的通风方式确定，并将烟气控制在较小范围之内，以保证人员疏散路径满足逃生环境要求，同时为灭火救援创造条件。

（2）火灾时，迫使隧道内的烟气沿隧道纵深方向流动的排烟形式为纵向排烟模式，是适用于单向交通隧道的一种最常用烟气控制方式。该模式可通过悬挂在隧道内的射流风机或其他射流装置、风井送排风设施等及其组合方式实现。纵向通风排烟，且气流方向与车行方向一致时，以火源点为界，火源点下游为烟气区、上游为非烟气区，人员往气流上游方向疏散。由于高温烟气沿坡度向上扩散速度很快，当在坡道上发生火灾，并采用纵向排烟控制烟流，排烟气流逆坡向时，必须使纵向气流的流速高于临界风速。试验证明，纵向排烟控制烟气的效果较好。国际道路协会（PIARC）的相关报告以及美国纪念隧道试验（1993年~1995年）均表明，对于火灾功率低于100MW的火灾、隧道坡度不高于4%时，3m/s的气流速度可以控制烟气回流。

近年来，大于3km的长大城市隧道越来越多，若整个隧道长度不进行分段通风，会造成火灾及烟气在隧道中的影响范围非常大，不利于消防救援以及灾后的修复。因此，本规范规定大于3km的长大隧道宜采用纵向分段排烟或重点排烟方式，以控制烟气的影响范围。

纵向排烟方式不适用于双向交通的隧道，因在此情况下采用纵向排烟方式会使火源一侧、不能驶离隧道的车辆处于烟气中。

（3）重点排烟是横向排烟方式的一种特殊情况，即在隧道纵向设置专用排烟风道，并设置一定数量的排烟口，火灾时只开启火源附近或火源所在设计排烟区的排烟口，直接从火源附近将烟气快速有效地排出行车道空间，并从两端洞口自然补风，隧道内可形成一定的纵向风速。该排烟方式适用于双向交通隧道或经常发生交通阻塞的隧道。

隧道试验表明，全横向或半横向排烟系统对发生火灾的位置比较敏感，控烟效果不很理想。因此，对于双向通行的隧道，尽量采用重点排烟方式。重点排烟的排烟量应根据火灾规模、隧道空间形状等确定，排烟量不应小于火灾的产烟量。隧道中重点排烟的排烟量目前还没有公认的数值，表23是国际道路协会（PIARC）推荐的排烟量。

表23　国际道路协会推荐的排烟量

车辆类型	等同燃烧汽油盘面积（m²）	火灾规模（MW）	排烟量（m³/s）
小客车	2	5	20
公交/货车	8	20	60
油罐车	30~100	100	100~200

（4）流经风机的烟气温度与隧道的火灾规模和风机距火源点的距离有关，火源小、距离远，隧道结构的冷却作用大，烟气温度也相应较低。通常位于排风道末端的排烟风机，排出的气体为位于火源附近的高温烟气与周围冷空气的混合气体，该气体在沿隧道和土建风道流动过程中得到了进一步冷却。澳大利亚某隧道、美国纪念隧道以及我国在上海进行的隧道试验均表明：即使火源距排烟风机较近，由于隧道的冷却作用，在排烟风机位置的烟气温度仍然低于250℃。因此，规定排烟风机要能耐受250℃的高温基本可以满足隧道排烟的要求。当设计火灾规模很大、风机离火源点很近时，排烟风机的耐高温设计要求可根据工程实际情况确定。本条的相关温度规定值为最低要求。

（5）排烟设备的有效工作时间，是保证隧道内人员逃生和灭火救援环境的基本时间。人员撤离时间与隧道内的实际人数、逃生路径及环境有关。目前，已经有多种计算机模拟软件可以对建筑物中的人员疏散时间进行预测，设备的耐高温时间可在此基础上确定。本规范规定的排烟风机的耐高温时间还参考了欧洲有关隧道的设计要求和试验研究成果。

（6）第12.3.5条中避难场所内有关防烟的要求，参照了建筑内防烟楼梯间和避难走道的有关规定。

12.3.6 隧道内用于通风和排烟的射流风机悬挂于隧道车行道的上部，火灾时可能直接暴露于高温下。此外，隧道内的排烟风机设置是要根据其有效作用范围来确定，风机间有一定的间隔。采用射流风机进行排烟的隧道，设计需考虑到正好在火源附近的射流风机由于温度过高而导致失效的情况，保证有一定的冗余配置。

12.4 火灾自动报警系统

12.4.1 隧道内发生火灾时，隧道外行驶的车辆往往还按正常速度驶入隧道，对隧道内的情况多处于不知情的状态，故规定本条要求，以警示并阻止后续车辆进入隧道。

12.4.2 为早期发现、及早通知隧道内的人员与车辆进行疏散和避让，向相关管理人员报警以采取救援行动，尽可能在初期将火扑灭，要求在隧道内设置合适的火灾报警系统。火灾报警装置的设置需根据隧道类别分别考虑，并至少要具备手动或自动报警功能。对于长大隧道，应设置火灾自动报警系统，并要求具备报警联络电话、声光显示报警功能。由于隧道内的环境特殊，较工业与民用建筑物内的条件恶劣，如风速大、空气污染程度高等，因此火灾探测与报警装置的选择要充分考虑这些不利因素。

12.4.3 隧道内的主要设备用房和电缆通道，因平时无人值守，着火后人员很难及时发现，因此也需设置必要的探测与报警系统，并使其火警信号能传送到监控室。

12.4.4 隧道内一般均具有一定的电磁屏蔽效应，可能导致通信中断或无法进行无线联络。为保障灭火救援的通信联络畅通，在可能出现屏蔽的隧道内需采取措施使无线通信信号，特别是要保证城市公安消防机构的无线通信网络信号能进入隧道。

12.4.5 为保证能及时处理火警，要求长大隧道均应设置消防控制室。消防控制室的设置可以与其他监控室合用，其他要求应符合本规范第8章及现行国家标准《火灾自动报警系统设计规范》GB 50116有关消防控制室的要求。隧道内的火灾自动报警系统及其控制设备组成、功能、设备布置以及火灾探测器、应急广播、消防专用电话等的设计要求，均需符合现行国家标准《火灾自动报警系统设计规范》GB 50116的规定。

12.5 供电及其他

12.5.1 本条为强制性条文。消防用电的可靠性是保证消防设施可靠运行的基本保证。本条根据不同隧道火灾的扑救难度和发生火灾后可能的危害与损失、消防设施的用电情况，确定了隧道中消防用电的供电负荷要求。

12.5.2、12.5.3 隧道火灾的延续时间一般较长，火场环境条件恶劣、温度高，对消防用电设备、电源、供电、配电及其配电线路等的设计，要求较一般工业与民用建筑高。本条所规定的消防应急照明的延续供电时间，较一般工业与民用建筑的要求长，设计要采取有效的防火保护措施，确保消防配电线路不受高温作用而中断供电。

一、二类隧道和三类隧道内消防应急照明灯具和疏散指示标志的连续供电时间，由原来的3.0h和1.5h分别调整为1.5h和1.0h。这主要基于两方面的原因：一方面，根据隧道建设和运营经验，火灾时隧道内司乘人员的疏散时间多为15min～60min，如应急照明灯具和疏散指示标志的时间过长，会造成UPS电源设备数量庞大、维护成本高；另一方面，欧洲一些国家对隧道防火的研究时间长，经验丰富，这些国家的隧道规范和地铁隧道技术文件对应急照明时间的相关要求多数在1.0h之内。因此，本次修订缩短了隧道内消防应急照明灯具和疏散指示标志的连续供电时间。

12.5.4 本条为强制性条文。本条规定目的在于控制隧道内的灾害源，降低火灾危险，防止隧道着火时因高压线路、燃气管线等加剧火势的发展而影响安全疏散与抢险救援等行动。考虑到城市空间资源紧张，少数情况下不可避免存在高压电缆敷设需搭载隧道穿越江、河、湖泊等的情况，要求采取一定防火措施后允许借道敷设，以保障输电线路和隧道的安全。

12.5.5 隧道内的环境较恶劣，风速高、空气污染程度高，隧道内所设置的相关消防设施要能耐受隧道内的恶劣环境影响，防止发生霉变、腐蚀、短路、变质等情况，确保设施有效。此外，也要在消防设施上或旁边设置可发光的标志，便于人员在火灾条件下快速识别和寻找。

附录 各类建筑构件的燃烧性能和耐火极限

附表1 各类非木结构构件的燃烧性能和耐火极限

序号	构件名称	构件厚度或截面最小尺寸(mm)	耐火极限(h)	燃烧性能
一	承重墙			
1	普通黏土砖、硅酸盐砖、混凝土、钢筋混凝土实体墙	120 180 240 370	2.50 3.50 5.50 10.50	不燃性 不燃性 不燃性 不燃性
2	加气混凝土砌块墙	100	2.00	不燃性

序号	构 件 名 称			构件厚度或截面最小尺寸(mm)	耐火极限(h)	燃烧性能
3	轻质混凝土砌块、天然石料的墙			120 240 370	1.50 3.50 5.50	不燃性 不燃性 不燃性
二	非承重墙					
1	普通黏土砖墙	1. 不包括双面抹灰		60 120	1.50 3.00	不燃性 不燃性
		2. 包括双面抹灰(15mm 厚)		150 180 240	4.50 5.00 8.00	不燃性 不燃性 不燃性
2	七孔黏土砖墙(不包括墙中空 120mm)	1. 不包括双面抹灰		120	8.00	不燃性
		2. 包括双面抹灰		140	9.00	不燃性
3	粉煤灰硅酸盐砌块墙			200	4.00	不燃性
4	轻质混凝土墙	1. 加气混凝土砌块墙		75 100 200	2.50 6.00 8.00	不燃性 不燃性 不燃性
		2. 钢筋加气混凝土垂直墙板墙		150	3.00	不燃性
		3. 粉煤灰加气混凝土砌块墙		100	3.40	不燃性
		4. 充气混凝土砌块墙		150	7.50	不燃性
5	空心条板隔墙	1. 菱苦土珍珠岩圆孔		80	1.30	不燃性
		2. 炭化石灰圆孔		90	1.75	不燃性
6	钢筋混凝土大板墙(C20)			60 120	1.00 2.60	不燃性 不燃性
7	轻质复合隔墙	1. 菱苦土板夹纸蜂窝隔墙,构造(mm):2.5+50(纸蜂窝)+25		77.5	0.33	难燃性
		2. 水泥刨花复合板隔墙(内空层 60mm)		80	0.75	难燃性
		3. 水泥刨花板龙骨水泥板隔墙,构造(mm):12+86(空)+12		110	0.50	难燃性
		4. 石棉水泥龙骨石棉水泥板隔墙,构造(mm):5+80(空)+60		145	0.45	不燃性
8	石膏空心条板隔墙	1. 石膏珍珠岩空心条板,膨胀珍珠岩的容重为(50~80)kg/m³		60	1.50	不燃性
		2. 石膏珍珠岩空心条板,膨胀珍珠岩的容重为(60~120)kg/m³		60	1.20	不燃性
		3. 石膏珍珠岩塑料网空心条板,膨胀珍珠岩的容重为(60~120)kg/m³		60	1.30	不燃性

序号	构件名称		构件厚度或截面最小尺寸(mm)	耐火极限(h)	燃烧性能
8	石膏空心条板隔墙	4. 石膏珍珠岩双层空心条板,构造(mm): 60+50 (空)+60	170	3.75	不燃性
		膨胀珍珠岩的容重为(50~80)kg/m³	170	3.75	不燃性
		膨胀珍珠岩的容重为(60~120)kg/m³	60	1.50	不燃性
		5. 石膏硅酸盐空心条板	90	2.25	不燃性
		6. 石膏粉煤灰空心条板	60	1.28	不燃性
		7. 增强石膏空心墙板	90	2.50	不燃性
9	石膏龙骨两面钉表右侧材料的隔墙	1. 纤维石膏板,构造(mm):			
		10+64(空)+10	84	1.35	不燃性
		8.5+103(填矿棉,容重为100kg/m³)+8.5	120	1.00	不燃性
		10+90(填矿棉,容重为100kg/m³)+10	110	1.00	不燃性
		2. 纸面石膏板,构造(mm):			
		11+68(填矿棉,容重为100kg/m³)+11	90	0.75	不燃性
		12+80(空)+12	104	0.33	不燃性
		11+28(空)+11+65(空)+11+28(空)+11	165	1.50	不燃性
		9+12+128(空)+12+9	170	1.20	不燃性
		25+134(空)+12+9	180	1.50	不燃性
		12+80(空)+12+12+80(空)+12	208	1.00	不燃性
10	木龙骨两面钉表右侧材料的隔墙	1. 石膏板,构造(mm): 12+50(空)+12	74	0.30	难燃性
		2. 纸面玻璃纤维石膏板,构造(mm): 10+55(空)+10	75	0.60	难燃性
		3. 纸面纤维石膏板,构造(mm): 10+55(空)+10	75	0.60	难燃性
		4. 钢丝网(板)抹灰,构造(mm): 15+50(空)+15	80	0.85	难燃性
		5. 板条抹灰,构造(mm): 15+50(空)+15	80	0.85	难燃性
		6. 水泥刨花板,构造(mm): 15+50(空)+15	80	0.30	难燃性
		7. 板条抹1:4石棉水泥隔热灰浆,构造(mm): 20+50(空)+20	90	1.25	难燃性
		8. 苇箔抹灰,构造(mm): 15+70+15	100	0.85	难燃性
11	钢龙骨两面钉表右侧材料的隔墙	1. 纸面石膏板,构造:			
		20mm+46mm(空)+12mm	78	0.33	不燃性
		2×12mm+70mm(空)+2×12mm	118	1.20	不燃性
		2×12mm+70mm(空)+3×12mm	130	1.25	不燃性
		2×12mm+75mm(填岩棉,容重为100kg/m³)+2×12mm	123	1.50	不燃性
		12mm+75mm(填50mm玻璃棉)+12mm	99	0.50	不燃性
		2×12mm+75mm(填50mm玻璃棉)+2×12mm	123	1.00	不燃性
		3×12mm+75mm(填50mm玻璃棉)+3×12mm	147	1.50	不燃性
		12mm+75mm(空)+12mm	99	0.52	不燃性
		12mm+75mm(其中5.0%厚岩棉)+12mm	99	0.90	不燃性
		15mm+9.5mm+75mm+15mm	123	1.50	不燃性

序号		构 件 名 称	构件厚度或截面 最小尺寸(mm)	耐火极限 (h)	燃烧 性能
11	钢龙骨两面钉表右侧材料的隔墙	2. 复合纸面石膏板，构造(mm)： 10＋55(空)＋10 15＋75(空)＋1.5＋9.5(双层板受火)	75 101	0.60 1.10	不燃性 不燃性
		3. 耐火纸面石膏板，构造： 12mm＋75mm(其中5.0%厚岩棉)＋12mm 2×12mm＋75mm＋2×12mm 2×15mm＋100mm(其中8.0%厚岩棉)＋15mm	99 123 145	1.05 1.10 1.50	不燃性 不燃性 不燃性
		4. 双层石膏板，板内掺纸纤维，构造： 2×12mm＋75mm(空)＋2×12mm	123	1.10	不燃性
		5. 单层石膏板，构造(mm)： 12＋75(空)＋12 12＋75(填50mm厚岩棉，容重100kg/m³)＋12	99 99	0.50 1.20	不燃性 不燃性
		6. 双层石膏板，构造： 18mm＋70mm(空)＋18mm 2×12mm＋75mm(空)＋2×12mm 2×12mm＋75mm(填岩棉，容重100kg/m³)＋2×12mm	106 123 123	1.35 1.35 2.10	不燃性 不燃性 不燃性
		7. 防火石膏板，板内掺玻璃纤维，岩棉容重为60kg/m³，构造： 2×12mm＋75mm(空)＋2×12mm 2×12mm＋75mm(填40mm岩棉)＋2×12mm 12mm＋75mm(填50mm岩棉)＋12mm 3×12mm＋75mm(填50mm岩棉)＋3×12mm 4×12mm＋75mm(填50mm岩棉)＋4×12mm	123 123 99 147 171	1.35 1.60 1.20 2.00 3.00	不燃性 不燃性 不燃性 不燃性 不燃性
		8. 单层玻镁砂光防火板，硅酸铝纤维棉容重为180kg/m³，构造： 8mm＋75mm(填硅酸铝纤维棉)＋8mm 10mm＋75mm(填硅酸铝纤维棉)＋10mm	91 95	1.50 2.00	不燃性 不燃性
		9. 布面石膏板，构造： 12mm＋75mm(空)＋12mm 12mm＋75mm(填玻璃棉)＋12mm 2×12mm＋75mm(空)＋2×12mm 2×12mm＋75mm(填玻璃棉)＋2×12mm	99 99 123 123	0.40 0.50 1.00 1.20	难燃性 难燃性 难燃性 难燃性
		10. 矽酸钙板(氧化镁板)填岩棉，岩棉容重为180kg/m³，构造： 8mm＋75mm＋8mm 10mm＋75mm＋10mm	91 95	1.50 2.00	不燃性 不燃性

序号	构件名称		构件厚度或截面最小尺寸(mm)	耐火极限(h)	燃烧性能
11	钢龙骨两面钉表右侧材料的隔墙	11. 硅酸钙板填岩棉，岩棉容重为 100 kg/m³，构造：			
		8mm＋75mm＋8mm	91	1.00	不燃性
		2×8mm＋75mm＋2×8mm	107	2.00	不燃性
		9mm＋100mm＋9mm	118	1.75	不燃性
		10mm＋100mm＋10mm	120	2.00	不燃性
12	轻钢龙骨两面钉表右侧材料的隔墙	1. 耐火纸面石膏板，构造：			
		3×12mm＋100mm(岩棉)＋2×12mm	160	2.00	不燃性
		3×15mm＋100mm(50mm 厚岩棉)＋2×12mm	169	2.95	不燃性
		3×15mm＋100mm(80mm 厚岩棉)＋2×15mm	175	2.82	不燃性
		3×15mm＋150mm(100mm 厚岩棉)＋3×15mm	240	4.00	不燃性
		9.5mm＋3×12mm＋100mm(空)＋100mm(80mm 厚岩棉)＋2×12mm＋9.5mm＋12mm	291	3.00	不燃性
		2. 水泥纤维复合硅酸钙板，构造(mm)：			
		4(水泥纤维板)＋52(水泥聚苯乙烯粒)＋4(水泥纤维板)	60	1.20	不燃性
		20(水泥纤维板)＋60(岩棉)＋20(水泥纤维板)	100	2.10	不燃性
		4(水泥纤维板)＋92(岩棉)＋4(水泥纤维板)	100	2.00	不燃性
		3. 单层双面夹矿棉硅酸钙板	100	1.50	不燃性
			90	1.00	不燃性
			140	2.00	不燃性
		4. 双层双面夹矿棉硅酸钙板			
		钢龙骨水泥刨花板，构造(mm)：12＋76(空)＋12	100	0.45	难燃性
		钢龙骨石棉水泥板，构造(mm)：12＋75(空)＋6	93	0.30	难燃性
13	两面用强度等级32.5# 硅酸盐水泥，1：3水泥砂浆的抹面的隔墙	1. 钢丝网架矿棉或聚苯乙烯夹芯板隔墙，构造(mm)：			
		25(砂浆)＋50(矿棉)＋25(砂浆)	100	2.00	不燃性
		25(砂浆)＋50(聚苯乙烯)＋25(砂浆)	100	1.07	难燃性
		2. 钢丝网聚苯乙烯泡沫塑料复合板隔墙，构造(mm)：			
		23(砂浆)＋54(聚苯乙烯)＋23(砂浆)	100	1.30	难燃性
		3. 钢丝网塑夹芯板(内填自熄性聚苯乙烯泡沫)隔墙	76	1.20	难燃性

序号	构件名称		构件厚度或截面最小尺寸(mm)	耐火极限(h)	燃烧性能
13	两面用强度等级32.5#硅酸盐水泥，1∶3水泥砂浆的抹面的隔墙	4. 钢丝网架石膏复合墙板，构造(mm)：15(石膏板)＋50(硅酸盐水泥)＋50(岩棉)＋50(硅酸盐水泥)＋15(石膏板)	180	4.00	不燃性
		5. 钢丝网岩棉夹芯复合板	110	2.00	不燃性
		6. 钢丝网架水泥聚苯乙烯夹芯板隔墙，构造(mm)：35(砂浆)＋50(聚苯乙烯)＋35(砂浆)	120	1.00	难燃性
14	增强石膏轻质板墙 增强石膏轻质内墙板(带孔)		60 90	1.28 2.50	不燃性 不燃性
15	空心轻质板墙	1. 孔径38，表面为10mm水泥砂浆	100	2.00	不燃性
		2.62mm孔空心板拼装，两侧抹灰19mm(砂∶碳∶水泥比为5∶1∶1)	100	2.00	不燃性
16	混凝土砌块墙	1. 轻集料小型空心砌块	330×140 330×190	1.98 1.25	不燃性 不燃性
		2. 轻集料(陶粒)混凝土砌块	330×240 330×290	2.92 4.00	不燃性 不燃性
		3. 轻集料小型空心砌块(实体墙体)	330×190	4.00	不燃性
		4. 普通混凝土承重空心砌块	330×140 330×190 330×290	1.65 1.93 4.00	不燃性 不燃性 不燃性
17	纤维增强硅酸钙板轻质复合隔墙		50～100	2.00	不燃性
18	纤维增强水泥加压平板墙		50～100	2.00	不燃性
19	1. 水泥聚苯乙烯粒子复合板(纤维复合)墙		60	1.20	不燃性
	2. 水泥纤维加压板墙		100	2.00	不燃性
20	采用纤维水泥加轻质粗细填充骨料混合浇注，振动滚压成型玻璃纤维增强水泥空心板隔墙		60	1.50	不燃性
21	金属岩棉夹芯板隔墙，构造：双面单层彩钢板，中间填充岩棉(容重为100kg/m³)		50 80 100 120 150 200	0.30 0.50 0.80 1.00 1.50 2.00	不燃性 不燃性 不燃性 不燃性 不燃性 不燃性

序号	构 件 名 称		构件厚度或截面 最小尺寸(mm)	耐火极限 (h)	燃烧 性能
22	轻质条板隔墙，构造： 双面单层 4mm 硅钙板，中间填充聚苯混凝土		90 100 120	1.00 1.20 1.50	不燃性 不燃性 不燃性
23	轻集料混凝土条板隔墙		90 120	1.50 2.00	不燃性 不燃性
24	灌浆水泥板隔墙，构造（mm）	6+75(中灌聚苯混凝土)+6	87	2.00	不燃性
		9+75(中灌聚苯混凝土)+9	93	2.50	不燃性
		9+100(中灌聚苯混凝土)+9	118	3.00	不燃性
		12+150(中灌聚苯混凝土)+12	174	4.00	不燃性
25	双面单层彩钢面玻镁夹芯板隔墙	1. 内衬一层 5mm 玻镁板，中空	50	0.30	不燃性
		2. 内衬一层 10mm 玻镁板，中空	50	0.50	不燃性
		3. 内衬一层 12mm 玻镁板，中空	50	0.60	不燃性
		4. 内衬一层 5mm 玻镁板，中填容重为 100kg/m³ 的岩棉	50	0.90	不燃性
		5. 内衬一层 10mm 玻镁板，中填铝蜂窝	50	0.60	不燃性
		6. 内衬一层 12mm 玻镁板，中填铝蜂窝	50	0.70	不燃性
26	双面单层彩钢面石膏复合板隔墙	1. 内衬一层 12mm 石膏板，中填纸蜂窝	50	0.70	难燃性
		2. 内衬一层 12mm 石膏板，中填岩棉(120kg/m³)	50 100	1.00 1.50	不燃性 不燃性
		3. 内衬一层 12mm 石膏板，中空	75 100	0.70 0.90	不燃性 不燃性
27	钢框架间填充墙、混凝土墙，当钢框架为	1. 用金属网抹灰保护，其厚度为：25mm	—	0.75	不燃性
		2. 用砖砌面或混凝土保护，其厚度为：60mm 120mm	— —	2.00 4.00	不燃性 不燃性
三	柱				
1	钢筋混凝土柱		180×240	1.20	不燃性
			200×200	1.40	不燃性
			200×300	2.50	不燃性
			240×240	2.00	不燃性
			300×300	3.00	不燃性
			200×400	2.70	不燃性
			200×500	3.00	不燃性
			300×500	3.50	不燃性
			370×370	5.00	不燃性

序号		构 件 名 称	构件厚度或截面 最小尺寸(mm)	耐火极限 (h)	燃烧 性能
2		普通黏土砖柱	370×370	5.00	不燃性
3		钢筋混凝土圆柱	直径 300 直径 450	3.00 4.00	不燃性 不燃性
4	有保护层的钢柱，保护层	1. 金属网抹 M5 砂浆，厚度(mm)：25 50	— —	0.80 1.30	不燃性 不燃性
		2. 加气混凝土，厚度(mm)：40 50 70 80	— — — —	1.00 1.40 2.00 2.33	不燃性 不燃性 不燃性 不燃性
		3. C20 混凝土，厚度(mm)：25 50 100	— — —	0.80 2.00 2.85	不燃性 不燃性 不燃性
		4. 普通黏土砖，厚度(mm)：120	—	2.85	不燃性
		5. 陶粒混凝土，厚度(mm)：80	—	3.00	不燃性
		6. 薄涂型钢结构防火涂料，厚度(mm)：5.5 7.0	— —	1.00 1.50	不燃性 不燃性
		7. 厚涂型钢结构防火涂料，厚度(mm)：15 20 30 40 50	— — — — —	1.00 1.50 2.00 2.50 3.00	不燃性 不燃性 不燃性 不燃性 不燃性
5	有保护层的钢管混凝土圆柱(λ≤60)，保护层	金属网抹 M5 砂浆，厚度(mm)：25 35 45 60 70	D=200	1.00 1.50 2.00 2.50 3.00	不燃性 不燃性 不燃性 不燃性 不燃性
		金属网抹 M5 砂浆，厚度(mm)：20 30 35 45 50	D=600	1.00 1.50 2.00 2.50 3.00	不燃性 不燃性 不燃性 不燃性 不燃性
		金属网抹 M5 砂浆，厚度(mm)：18 26 32 40 45	D=1000	1.00 1.50 2.00 2.50 3.00	不燃性 不燃性 不燃性 不燃性 不燃性

序号	构件名称		构件厚度或截面最小尺寸(mm)	耐火极限(h)	燃烧性能
5	有保护层的钢管混凝土圆柱(λ≤60),保护层	金属网抹 M5 砂浆,厚度(mm): 15	D≥1400	1.00	不燃性
		25		1.50	不燃性
		30		2.00	不燃性
		36		2.50	不燃性
		40		3.00	不燃性
		厚涂型钢结构防火涂料,厚度(mm): 8	D=200	1.00	不燃性
		10		1.50	不燃性
		14		2.00	不燃性
		16		2.50	不燃性
		20		3.00	不燃性
		厚涂型钢结构防火涂料,厚度(mm): 7	D=600	1.00	不燃性
		9		1.50	不燃性
		12		2.00	不燃性
		14		2.50	不燃性
		16		3.00	不燃性
		厚涂型钢结构防火涂料,厚度(mm): 6	D=1000	1.00	不燃性
		8		1.50	不燃性
		10		2.00	不燃性
		12		2.50	不燃性
		14		3.00	不燃性
		厚涂型钢结构防火涂料,厚度(mm): 5	D≥1400	1.00	不燃性
		7		1.50	不燃性
		9		2.00	不燃性
		10		2.50	不燃性
		12		3.00	不燃性
6	有保护层的钢管混凝土方柱、矩形柱(λ≤60),保护层	金属网抹 M5 砂浆,厚度(mm): 40	B=200	1.00	不燃性
		55		1.50	不燃性
		70		2.00	不燃性
		80		2.50	不燃性
		90		3.00	不燃性
		金属网抹 M5 砂浆,厚度(mm): 30	B=600	1.00	不燃性
		40		1.50	不燃性
		55		2.00	不燃性
		65		2.50	不燃性
		70		3.00	不燃性

序号		构 件 名 称	构件厚度或截面 最小尺寸(mm)	耐火极限 (h)	燃烧 性能
6	有保护层的钢管混凝土方柱、矩形柱(λ≤60)，保护层	金属网抹 M5 砂浆，厚度(mm)：25 35 45 55 65	B=1000	1.00 1.50 2.00 2.50 3.00	不燃性 不燃性 不燃性 不燃性 不燃性
		金属网抹 M5 砂浆，厚度(mm)：20 30 40 45 55	B≥1400	1.00 1.50 2.00 2.50 3.00	不燃性 不燃性 不燃性 不燃性 不燃性
		厚涂型钢结构防火涂料，厚度(mm)：8 10 14 18 25	B=200	1.00 1.50 2.00 2.50 3.00	不燃性 不燃性 不燃性 不燃性 不燃性
		厚涂型钢结构防火涂料，厚度(mm)：6 8 10 12 15	B=600	1.00 1.50 2.00 2.50 3.00	不燃性 不燃性 不燃性 不燃性 不燃性
		厚涂型钢结构防火涂料，厚度(mm)：5 6 8 10 12	B=1000	1.00 1.50 2.00 2.50 3.00	不燃性 不燃性 不燃性 不燃性 不燃性
		厚涂型钢结构防火涂料，厚度(mm)：4 5 6 8 10	B=1400	1.00 1.50 2.00 2.50 3.00	不燃性 不燃性 不燃性 不燃性 不燃性
四		梁			
	简支的钢筋混凝土梁	1. 非预应力钢筋，保护层厚度(mm)：10 20 25 30 40 50	— — — — — —	1.20 1.75 2.00 2.30 2.90 3.50	不燃性 不燃性 不燃性 不燃性 不燃性 不燃性

序号	构件名称		构件厚度或截面最小尺寸(mm)	耐火极限(h)	燃烧性能
	简支的钢筋混凝土梁	2. 预应力钢筋或高强度钢丝，保护层厚度(mm)：25	—	1.00	不燃性
		30	—	1.20	不燃性
		40	—	1.50	不燃性
		50	—	2.00	不燃性
		3. 有保护层的钢梁：15mm 厚 LG 防火隔热涂料保护层	—	1.50	不燃性
		20mm 厚 LY 防火隔热涂料保护层	—	2.30	不燃性
五	楼板和屋顶承重构件				
1	非预应力简支钢筋混凝土圆孔空心楼板，保护层厚度(mm)：10		—	0.90	不燃性
	20		—	1.25	不燃性
	30		—	1.50	不燃性
2	预应力简支钢筋混凝土圆孔空心楼板，保护层厚度(mm)：10		—	0.40	不燃性
	20		—	0.70	不燃性
	30		—	0.85	不燃性
3	四边简支的钢筋混凝土楼板，保护层厚度(mm)：10		70	1.40	不燃性
	15		80	1.45	不燃性
	20		80	1.50	不燃性
	30		90	1.85	不燃性
4	现浇的整体式梁板，保护层厚度(mm)：10		80	1.40	不燃性
	15		80	1.45	不燃性
	20		80	1.50	不燃性
	现浇的整体式梁板，保护层厚度(mm)：10		90	1.75	不燃性
	20		90	1.85	不燃性
	现浇的整体式梁板，保护层厚度(mm)：10		100	2.00	不燃性
	15		100	2.00	不燃性
	20		100	2.10	不燃性
	30		100	2.15	不燃性
	现浇的整体式梁板，保护层厚度(mm)：10		110	2.25	不燃性
	15		110	2.30	不燃性
	20		110	2.30	不燃性
	30		110	2.40	不燃性
	现浇的整体式梁板，保护层厚度(mm)：10		120	2.50	不燃性
	20		120	2.65	不燃性

序号	构 件 名 称			构件厚度或截面最小尺寸(mm)	耐火极限(h)	燃烧性能
5	钢丝网抹灰粉刷的钢梁，保护层厚度(mm)：10			—	0.50	不燃性
			20	—	1.00	不燃性
			30	—	1.25	不燃性
6	屋面板	1. 钢筋加气混凝土屋面板，保护层厚度10mm		—	1.25	不燃性
		2. 钢筋充气混凝土屋面板，保护层厚度10mm		—	1.60	不燃性
		3. 钢筋混凝土方孔屋面板，保护层厚度10mm		—	1.20	不燃性
		4. 预应力钢筋混凝土槽形屋面板，保护层厚度10mm			0.50	不燃性
		5. 预应力钢筋混凝土槽瓦，保护层厚度10mm		—	0.50	不燃性
		6. 轻型纤维石膏板屋面板			0.60	不燃性
六	吊顶					
1	木吊顶搁栅	1. 钢丝网抹灰		15	0.25	难燃性
		2. 板条抹灰		15	0.25	难燃性
		3. 1∶4水泥石棉浆钢丝网抹灰		20	0.50	难燃性
		4. 1∶4水泥石棉浆板条抹灰		20	0.50	难燃性
		5. 钉氧化镁锯末复合板		13	0.25	难燃性
		6. 钉石膏装饰板		10	0.25	难燃性
		7. 钉平面石膏板		12	0.30	难燃性
		8. 钉纸面石膏板		9.5	0.25	难燃性
		9. 钉双层石膏板(各厚8mm)		16	0.45	难燃性
		10. 钉珍珠岩复合石膏板(穿孔板和吸音板各厚15mm)		30	0.30	难燃性
		11. 钉矿棉吸音板		—	0.15	难燃性
		12. 钉硬质木屑板		10	0.20	难燃性
2	钢吊顶搁栅	1. 钢丝网(板)抹灰		15	0.25	不燃性
		2. 钉石棉板		10	0.85	不燃性
		3. 钉双层石膏板		10	0.30	不燃性
		4. 挂石棉型硅酸钙板		10	0.30	不燃性
		5. 两侧挂0.5mm厚薄钢板，内填容重为100kg/m³的陶瓷棉复合板		40	0.40	不燃性
3	双面单层彩钢面岩棉夹芯板吊顶，中间填容重为120kg/m³的岩棉			50	0.30	不燃性
				100	0.50	不燃性

序号	构件名称			构件厚度或截面最小尺寸(mm)	耐火极限(h)	燃烧性能
4	钢龙骨单面钉表右侧材料	1. 防火板,填容重为100kg/m³的岩棉,构造: 9mm+75mm(岩棉) 12mm+100mm(岩棉) 2×9mm+100mm(岩棉)		84 112 118	0.50 0.75 0.90	不燃性 不燃性 不燃性
		2. 纸面石膏板,构造: 12mm+2mm填缝料+60mm(空) 12mm+1mm填缝料+12mm+1mm填缝料+60mm(空)		74 86	0.10 0.40	不燃性 不燃性
		3. 防火纸面石膏板,构造: 12mm+50mm(填60kg/m³的岩棉) 15mm+1mm填缝料+15mm+1mm填缝料+60mm(空)		62 92	0.20 0.50	不燃性 不燃性
七	防火门					
1	木质防火门:木质面板或木质面板内设防火板	1. 门扇内填充珍珠岩 2. 门扇内填充氯化镁、氧化镁	丙级 乙级 甲级	40~50 45~50 50~90	0.50 1.00 1.50	难燃性 难燃性 难燃性
2	钢木质防火门	1. 木质面板 1)钢质或钢木质复合门框、木质骨架,迎/背火面一面或两面设防火板,或不设防火板。门扇内填充珍珠岩,或氯化镁、氧化镁 2)木质门框、木质骨架,迎/背火面一面或两面设防火板或钢板。门扇内填充珍珠岩,或氯化镁、氧化镁 2. 钢质面板 钢质或钢木质复合门框、钢质或木质骨架,迎/背火面一面或两面设防火板,或不设防火板。门扇内填充珍珠岩,或氯化镁、氧化镁	丙级 乙级 甲级	40~50 45~50 50~90	0.50 1.00 1.50	难燃性 难燃性 难燃性

序号		构 件 名 称	构件厚度或截面最小尺寸(mm)	耐火极限(h)	燃烧性能
3	钢质防火门	钢质门框、钢质面板、钢质骨架。迎/背火面一面或两面设防火板,或不设防火板。门扇内填充珍珠岩或氧化镁、氧化镁			
		丙级	40~50	0.50	不燃性
		乙级	45~70	1.00	不燃性
		甲级	50~90	1.50	不燃性
八		防火窗			
1	钢质防火窗	窗框钢质,窗扇钢质,窗框填充水泥砂浆,窗扇内填充珍珠岩,或氧化镁、氯化镁,或防火板。复合防火玻璃	25~30	1.00	不燃性
			30~38	1.50	不燃性
2	木质防火窗	窗框、窗扇均为木质,或均为防火板和木质复合。窗框无填充材料,窗扇迎/背火面外设防火板和木质面板,或为阻燃实木。复合防火玻璃	25~30	1.00	难燃性
			30~38	1.50	难燃性
3	钢木复合防火窗	窗框钢质,窗扇木质,窗框填充采用水泥砂浆、窗扇迎背火面外设防火板和木质面板,或为阻燃实木。复合防火玻璃	25~30	1.00	难燃性
			30~38	1.50	难燃性
九		防火卷帘			
		1. 钢质普通型防火卷帘(帘板为单层)	1.50~3.00		不燃性
		2. 钢质复合型防火卷帘(帘板为双层)	2.00~4.00		不燃性
		3. 无机复合防火卷帘(采用多种无机材料复合而成)	3.00~4.00		不燃性
		4. 无机复合轻质防火卷帘(双层,不需水幕保护)	4.00		不燃性

注：1 λ 为钢管混凝土构件长细比,对于圆钢管混凝土,$\lambda=4L/D$;对于方、矩形钢管混凝土,$\lambda=2\sqrt{3}L/B$;L 为构件的计算长度。

2 对于矩形钢管混凝土柱,B 为截面短边边长。

3 钢管混凝土柱的耐火极限为根据福州大学土木建筑工程学院提供的理论计算值,未经逐个试验验证。

4 确定墙的耐火极限不考虑墙上有无洞孔。

5 墙的总厚度包括抹灰粉刷层。

6 中间尺寸的构件,其耐火极限建议经试验确定,亦可按插入法计算。

7 计算保护层时,应包括抹灰粉刷层在内。

8 现浇的无梁楼板按简支板的数据采用。

9 无防火保护层的钢梁、钢柱、钢楼板和钢屋架,其耐火极限可按 0.25h 确定。

10 人孔盖板的耐火极限可参照防火门确定。

11 防火门和防火窗中的"木质"均为经阻燃处理。

附表2　各类木结构构件的燃烧性能和耐火极限

		构 件 名 称	截面图和结构厚度或截面最小尺寸(mm)	耐火极限(h)	燃烧性能
承重墙	木龙骨两侧钉石膏板的承重内墙	1. 15mm 耐火石膏板 2. 木龙骨：截面尺寸 40mm×90mm 3. 填充岩棉或玻璃棉 4. 15mm 耐火石膏板 木龙骨的间距为 400mm 或 600mm	厚度 120	1.00	难燃性
		1. 15mm 耐火石膏板 2. 木龙骨：截面尺寸 40mm×140mm 3. 填充岩棉或玻璃棉 4. 15mm 耐火石膏板 木龙骨的间距为 400mm 或 600mm	厚度 170	1.00	难燃性
	木龙骨两侧钉石膏板＋定向刨花板的承重外墙	1. 15mm 耐火石膏板 2. 木龙骨：截面尺寸 40mm×90mm 3. 填充岩棉或玻璃棉 4. 15mm 定向刨花板 木龙骨的间距为 400mm 或 600mm	厚度 120 曝火面	1.00	难燃性
		1. 15mm 耐火石膏板 2. 木龙骨：截面尺寸 40mm×140mm 3. 填充岩棉或玻璃棉 4. 15mm 定向刨花板 木龙骨的间距为 400mm 或 600mm	厚度 170 曝火面	1.00	难燃性
非承重墙	木龙骨两侧钉石膏板的非承重内墙	1. 双层 15mm 耐火石膏板 2. 双排木龙骨，木龙骨截面尺寸 40mm×90mm 3. 填充岩棉或玻璃棉 4. 双层 15mm 耐火石膏板 木龙骨的间距为 400mm 或 600mm	厚度 245	2.00	难燃性
		1. 双层 15mm 耐火石膏板 2. 双排木龙骨交错放置在 40mm×140mm 的底梁板上，木龙骨截面尺寸 40mm×90mm 3. 填充岩棉或玻璃棉 4. 双层 15mm 耐火石膏板 木龙骨的间距为 400mm 或 600mm	厚度 200	2.00	难燃性

	构 件 名 称		截面图和结构厚度或 截面最小尺寸(mm)	耐火极 限(h)	燃烧 性能
非承重墙	木龙骨两侧钉石膏板的非承重内墙	1. 双层 12mm 耐火石膏板 2. 木龙骨：截面尺寸 40mm×90mm 3. 填充岩棉或玻璃棉 4. 双层 12mm 耐火石膏板 木龙骨的间距为 400mm 或 600mm	厚度 138	1.00	难燃性
		1. 12mm 耐火石膏板 2. 木龙骨：截面尺寸 40mm×90mm 3. 填充岩棉或玻璃棉 4. 12mm 耐火石膏板 木龙骨的间距为 400mm 或 600mm	厚度 114	0.75	难燃性
		1. 15mm 普通石膏板 2. 木龙骨：截面尺寸 40mm×90mm 3. 填充岩棉或玻璃棉 4. 15mm 普通石膏板 木龙骨的间距为 400mm 或 600mm	厚度 120	0.50	难燃性
	木龙骨两侧钉石膏板或定向刨花板的非承重外墙	1. 12mm 耐火石膏板 2. 木龙骨：截面尺寸 40mm×90mm 3. 填充岩棉或玻璃棉 4. 12mm 定向刨花板 木龙骨的间距为 400mm 或 600mm	厚度 114 曝火面	0.75	难燃性
		1. 15mm 耐火石膏板 2. 木龙骨：截面尺寸 40mm×90mm 3. 填充岩棉或玻璃棉 4.15mm 耐火石膏板 木龙骨的间距为 400mm 或 600mm	厚度 120 曝火面	1.25	难燃性
		1.12mm 耐火石膏板 2. 木龙骨：截面尺寸 40mm×140mm 3. 填充岩棉或玻璃棉 4.12mm 定向刨花板 木龙骨的间距为 400mm 或 600mm	厚度 164 曝火面	0.75	难燃性
		1.15mm 耐火石膏板 2. 木龙骨：截面尺寸 40mm×140mm 3. 填充岩棉或玻璃棉 4.15mm 耐火石膏板 木龙骨的间距为 400mm 或 600mm	厚度 170 曝火面	1.25	难燃性

构件名称		截面图和结构厚度或 截面最小尺寸(mm)	耐火极限(h)	燃烧性能
柱	支持屋顶和楼板的胶合木柱(四面曝火): 　1. 横截面尺寸:200mm×280mm		1.00	可燃性
	支持屋顶和楼板的胶合木柱(四面曝火): 　2. 横截面尺寸:272mm×352mm 　横截面尺寸在 200mm×280mm 的基础上每个曝火面厚度各增加 36mm		1.00	可燃性
梁	支持屋顶和楼板的胶合木梁(三面曝火): 　1. 横截面尺寸:200mm×400mm		1.00	可燃性
	支持屋顶和楼板的胶合木梁(三面曝火): 　2. 横截面尺寸:272mm×436mm 　截面尺寸在 200mm×400mm 的基础上每个曝火面厚度各增加 36mm		1.00	可燃性
楼板	1. 楼面板为 18mm 定向刨花板或胶合板 　2. 楼板搁栅 40mm×235mm 　3. 填充岩棉或玻璃棉 　4. 顶棚为双层 12mm 耐火石膏板 采用实木搁栅或工字木搁栅,间距 400mm 或 600mm	厚度 277 	1.00	难燃性

构 件 名 称		截面图和结构厚度或 截面最小尺寸(mm)	耐火极 限(h)	燃烧 性能
屋顶 承重 构件	1. 屋顶椽条或轻型木桁架 2. 填充保温材料 3. 顶棚为 12mm 耐火石膏板 木桁架的间距为 400mm 或 600mm	椽檩屋顶截面 轻型木桁架屋顶截面	0.50	难燃性
吊顶	1. 实木楼盖结构 40mm×235mm 2. 木板条 30mm×50mm（间距为 400mm） 3. 顶棚为 12mm 耐火石膏板	独立吊顶，厚度 42mm。总厚 度 277mm 1 2　3 406　406	0.25	难燃性

中华人民共和国行业标准

建筑桩基技术规范

Technical code for building pile foundations

JGJ 94—2008

J 793—2008

批准部门：中华人民共和国住房和城乡建设部
施行日期：2 0 0 8 年 1 0 月 1 日

中华人民共和国住房和城乡建设部
公　告

第 18 号

关于发布行业标准
《建筑桩基技术规范》的公告

现批准《建筑桩基技术规范》为行业标准，编号为 JGJ 94 - 2008，自 2008 年 10 月 1 日起实施。其中，第 3.1.3、3.1.4、5.2.1、5.4.2、5.5.1、5.5.4、5.9.6、5.9.9、5.9.15、8.1.5、8.1.9、9.4.2 条为强制性条文，必须严格执行。原行业标准《建筑桩基技术规范》JGJ 94 - 94 同时废止。

本规范由我部标准定额研究所组织中国建筑工业出版社出版发行。

中华人民共和国住房和城乡建设部
2008 年 4 月 22 日

前　言

本规范是根据建设部《关于印发〈二○○二~二○○三年度工程建设城建、建工行业标准制订、修订计划〉的通知》建标［2003］104 号文的要求，由中国建筑科学研究院会同有关设计、勘察、施工、研究和教学单位，对《建筑桩基技术规范》JGJ 94 - 94 修订而成。

在修订过程中，开展了专题研究，进行了广泛的调查分析，总结了近年来我国桩基础设计、施工经验，吸纳了该领域新的科研成果，以多种方式广泛征求了全国有关单位的意见，并进行了试设计，对主要问题进行了反复修改，最后经审查定稿。

本规范主要技术内容有：基本设计规定、桩基构造、桩基计算、灌注桩施工、混凝土预制桩与钢桩施工、承台施工、桩基工程质量检查和验收及有关附录。

本规范修订增加的内容主要有：减少差异沉降和承台内力的变刚度调平设计；桩基耐久性规定；后注浆灌注桩承载力计算与施工工艺；软土地基减沉复合疏桩基础设计；考虑桩径因素的 Mindlin 解计算单桩、单排桩和疏桩基础沉降；抗压桩与抗拔桩桩身承载力计算；长螺旋钻孔压灌混凝土后插钢筋笼灌注桩施工方法；预应力混凝土空心桩承载力计算与沉桩等。调整的主要内容有：基桩和复合基桩承载力设计取值与计算；单桩侧阻力和端阻力经验参数；嵌岩桩嵌岩段侧阻和端阻综合系数；等效作用分层总和法计算桩基沉降经验系数；钻孔灌注桩孔底沉渣厚度控制标准等。

本规范中以黑体字标志的条文为强制性条文，必须严格执行。

本规范由住房和城乡建设部负责管理和对强制性条文的解释，由中国建筑科学研究院负责具体技术内容的解释。

本规范主编单位：中国建筑科学研究院（地址：北京市北三环东路 30 号；邮编：100013）。

本规范参编单位：北京市勘察设计研究院有限公司

现代设计集团华东建筑设计研究院有限公司

上海岩土工程勘察设计研究院有限公司

天津大学

福建省建筑科学研究院

中冶集团建筑研究总院

机械工业勘察设计研究院

中国建筑东北设计院

广东省建筑科学研究院

北京筑都方圆建筑设计有限

公司

广州大学

本规范主要起草人：黄　强　刘金砺　高文生

　　　　　　　　刘金波　沙志国　侯伟生

邱明兵　顾晓鲁　吴春林

顾国荣　王卫东　张　炜

杨志银　唐建华　张丙吉

杨　斌　曹华先　张季超

目　次

目　次

1 总　则

1.0.1 为了在桩基设计与施工中贯彻执行国家的技术经济政策，做到安全适用、技术先进、经济合理、确保质量、保护环境，制定本规范。

1.0.2 本规范适用于建筑（包括构筑物）桩基的设计、施工及验收。

1.0.3 桩基的设计与施工，应综合考虑工程地质与水文地质条件、上部结构类型、使用功能、荷载特征、施工技术条件与环境；应重视地方经验，因地制宜，注重概念设计，合理选择桩型、成桩工艺和承台形式，优化布桩，节约资源；应强化施工质量控制与管理。

1.0.4 在进行桩基设计、施工及验收时，除应符合本规范外，尚应符合国家现行有关标准、规范的规定。

2　术语、符号

2.1　术　语

2.1.1 桩基　pile foundation

由设置于岩土中的桩和与桩顶连接的承台共同组成的基础或由柱与桩直接连接的单桩基础。

2.1.2 复合桩基　composite pile foundation

由基桩和承台下地基土共同承担荷载的桩基础。

2.1.3 基桩　foundation pile

桩基础中的单桩。

2.1.4 复合基桩　composite foundation pile

单桩及其对应面积的承台下地基土组成的复合承载基桩。

2.1.5 减沉复合疏桩基础　composite foundation with settlement-reducing piles

软土地基天然地基承载力基本满足要求的情况下，为减小沉降采用疏布摩擦型桩的复合桩基。

2.1.6 单桩竖向极限承载力　ultimate vertical bearing capacity of a single pile

单桩在竖向荷载作用下到达破坏状态前或出现不适于继续承载的变形时所对应的最大荷载，它取决于土对桩的支承阻力和桩身承载力。

2.1.7 极限侧阻力　ultimate shaft resistance

相应于桩顶作用极限荷载时，桩身侧表面所发生的岩土阻力。

2.1.8 极限端阻力　ultimate tip resistance

相应于桩顶作用极限荷载时，桩端所发生的岩土阻力。

2.1.9 单桩竖向承载力特征值　characteristic value of the vertical bearing capacity of a single pile

单桩竖向极限承载力标准值除以安全系数后的承载力值。

2.1.10 变刚度调平设计　optimized design of pile foundation stiffness to reduce differential settlement

考虑上部结构形式、荷载和地层分布以及相互作用效应，通过调整桩径、桩长、桩距等改变基桩支承刚度分布，以使建筑物沉降趋于均匀、承台内力降低的设计方法。

2.1.11 承台效应系数　pile cap effect coefficient

竖向荷载下，承台底地基土承载力的发挥率。

2.1.12 负摩阻力　negative skin friction，negative shaft resistance

桩周土由于自重固结、湿陷、地面荷载作用等原因而产生大于基桩的沉降所引起的对桩表面的向下摩阻力。

2.1.13 下拉荷载　downdrag

作用于单桩中性点以上的负摩阻力之和。

2.1.14 土塞效应　plugging effect

敞口空心桩沉桩过程中土体涌入管内形成的土塞，对桩端阻力的发挥程度的影响效应。

2.1.15 灌注桩后注浆　post grouting for cast-in-situ pile

灌注桩成桩后一定时间，通过预设于桩身内的注浆导管及与之相连的桩端、桩侧注浆阀注入水泥浆，使桩端、桩侧土体（包括沉渣和泥皮）得到加固，从而提高单桩承载力，减小沉降。

2.1.16 桩基等效沉降系数　equivalent settlement coefficient for calculating settlement of pile foundations

弹性半无限体中群桩基础按 Mindlin（明德林）解计算沉降量 w_M 与按等代墩基 Boussinesq（布辛奈斯克）解计算沉降量 w_B 之比，用以反映 Mindlin 解应力分布对计算沉降的影响。

2.2　符　号

2.2.1　作用和作用效应

F_k ——按荷载效应标准组合计算的作用于承台顶面的竖向力；

G_k ——桩基承台和承台上土自重标准值；

H_k ——按荷载效应标准组合计算的作用于承台底面的水平力；

H_{ik} ——按荷载效应标准组合计算的作用于第 i 基桩或复合基桩的水平力；

M_{xk}、M_{yk} ——按荷载效应标准组合计算的作用于承台底面的外力，绕通过桩群形心的 x、y 主轴的力矩；

N_{ik} ——荷载效应标准组合偏心竖向力作用下第 i 基桩或复合基桩的竖向力；

Q_g^n ——作用于群桩中某一基桩的下拉荷载；

q_f ——基桩切向冻胀力。

2.2.2 抗力和材料性能

E_s —— 土的压缩模量；

f_t、f_c —— 混凝土抗拉、抗压强度设计值；

f_{rk} —— 岩石饱和单轴抗压强度标准值；

f_s、q_c —— 静力触探双桥探头平均侧阻力、平均端阻力；

m —— 桩侧地基土水平抗力系数的比例系数；

p_s —— 静力触探单桥探头比贯入阻力；

q_{sik} —— 单桩第 i 层土的极限侧阻力标准值；

q_{pk} —— 单桩极限端阻力标准值；

Q_{sk}、Q_{pk} —— 单桩总极限侧阻力、总极限端阻力标准值；

Q_{uk} —— 单桩竖向极限承载力标准值；

R —— 基桩或复合基桩竖向承载力特征值；

R_a —— 单桩竖向承载力特征值；

R_{ha} —— 单桩水平承载力特征值；

R_h —— 基桩水平承载力特征值；

T_{gk} —— 群桩呈整体破坏时基桩抗拔极限承载力标准值；

T_{uk} —— 群桩呈非整体破坏时基桩抗拔极限承载力标准值；

γ、γ_e —— 土的重度、有效重度。

2.2.3 几何参数

A_p —— 桩端面积；

A_{ps} —— 桩身截面面积；

A_c —— 计算基桩所对应的承台底净面积；

B_c —— 承台宽度；

d —— 桩身设计直径；

D —— 桩端扩底设计直径；

l —— 桩身长度；

L_c —— 承台长度；

s_a —— 基桩中心距；

u —— 桩身周长；

z_n —— 桩基沉降计算深度（从桩端平面算起）。

2.2.4 计算系数

α_E —— 钢筋弹性模量与混凝土弹性模量的比值；

η_c —— 承台效应系数；

η_t —— 冻胀影响系数；

ζ_r —— 桩嵌岩段侧阻和端阻综合系数；

ψ_{si}、ψ_p —— 大直径桩侧阻力、端阻力尺寸效应系数；

λ_p —— 桩端土塞效应系数；

λ —— 基桩抗拔系数；

ψ —— 桩基沉降计算经验系数；

ψ_c —— 成桩工艺系数；

ψ_e —— 桩基等效沉降系数；

α、$\bar{\alpha}$ —— Boussinesq 解的附加应力系数、平均附加应力系数。

3 基本设计规定

3.1 一般规定

3.1.1 桩基础应按下列两类极限状态设计：

1 承载能力极限状态：桩基达到最大承载能力、整体失稳或发生不适于继续承载的变形；

2 正常使用极限状态：桩基达到建筑物正常使用所规定的变形限值或达到耐久性要求的某项限值。

3.1.2 根据建筑规模、功能特征、对差异变形的适应性、场地地基和建筑物体形的复杂性以及由于桩基问题可能造成建筑破坏或影响正常使用的程度，应将桩基设计分为表 3.1.2 所列的三个设计等级。桩基设计时，应根据表 3.1.2 确定设计等级。

表 3.1.2　建筑桩基设计等级

设计等级	建 筑 类 型
甲 级	（1）重要的建筑； （2）30 层以上或高度超过 100m 的高层建筑； （3）体型复杂且层数相差超过 10 层的高低层（含纯地下室）连体建筑； （4）20 层以上框架-核心筒结构及其他对差异沉降有特殊要求的建筑； （5）场地和地基条件复杂的 7 层以上的一般建筑及坡地、岸边建筑； （6）对相邻既有工程影响较大的建筑
乙 级	除甲级、丙级以外的建筑
丙 级	场地和地基条件简单，荷载分布均匀的 7 层及 7 层以下的一般建筑

3.1.3 桩基应根据具体条件分别进行下列承载能力计算和稳定性验算：

1 应根据桩基的使用功能和受力特征分别进行桩基的竖向承载力计算和水平承载力计算；

2 应对桩身和承台结构承载力进行计算；对于桩侧土不排水抗剪强度小于 10kPa 且长径比大于 50 的桩，应进行桩身压屈验算；对于混凝土预制桩，应按吊装、运输和锤击作用进行桩身承载力验算；对于钢管桩，应进行局部压屈验算；

3 当桩端平面以下存在软弱下卧层时，应进行软弱下卧层承载力验算；

4 对位于坡地、岸边的桩基，应进行整体稳定性验算；

5 对于抗浮、抗拔桩基，应进行基桩和群桩的抗拔承载力计算；

6 对于抗震设防区的桩基，应进行抗震承载力验算。

3.1.4 下列建筑桩基应进行沉降计算：

　　1 设计等级为甲级的非嵌岩桩和非深厚坚硬持力层的建筑桩基；

　　2 设计等级为乙级的体形复杂、荷载分布显著不均匀或桩端平面以下存在软弱土层的建筑桩基；

　　3 软土地基多层建筑减沉复合疏桩基础。

3.1.5 对受水平荷载较大，或对水平位移有严格限制的建筑桩基，应计算其水平位移。

3.1.6 应根据桩基所处的环境类别和相应的裂缝控制等级，验算桩和承台正截面的抗裂和裂缝宽度。

3.1.7 桩基设计时，所采用的作用效应组合与相应的抗力应符合下列规定：

　　1 确定桩数和布桩时，应采用传至承台底面的荷载效应标准组合；相应的抗力应采用基桩或复合基桩承载力特征值。

　　2 计算荷载作用下的桩基沉降和水平位移时，应采用荷载效应准永久组合；计算水平地震作用、风载作用下的桩基水平位移时，应采用水平地震作用、风载效应标准组合。

　　3 验算坡地、岸边建筑桩基的整体稳定性时，应采用荷载效应标准组合；抗震设防区，应采用地震作用效应和荷载效应的标准组合。

　　4 在计算桩基结构承载力、确定尺寸和配筋时，应采用传至承台顶面的荷载效应基本组合。当进行承台和桩身裂缝控制验算时，应分别采用荷载效应标准组合和荷载效应准永久组合。

　　5 桩基结构安全等级、结构设计使用年限和结构重要性系数 γ_0 应按现行有关建筑结构规范的规定采用，除临时性建筑外，重要性系数 γ_0 应不小于1.0。

　　6 对桩基结构进行抗震验算时，其承载力调整系数 γ_{RE} 应按现行国家标准《建筑抗震设计规范》GB 50011的规定采用。

3.1.8 以减小差异沉降和承台内力为目标的变刚度调平设计，宜结合具体条件按下列规定实施：

　　1 对于主裙楼连体建筑，当高层主体采用桩基时，裙房（含纯地下室）的地基或桩基刚度宜相对弱化，可采用天然地基、复合地基、疏桩或短桩基础。

　　2 对于框架-核心筒结构高层建筑桩基，应强化核心筒区域桩基刚度（如适当增加桩长、桩径、桩数、采用后注浆等措施），相对弱化核心筒外围桩基刚度（采用复合桩基，视地层条件减小桩长）。

　　3 对于框架-核心筒结构高层建筑天然地基承载力满足要求的情况下，宜于核心筒区域局部设置增强刚度、减小沉降的摩擦型桩。

　　4 对于大体量筒仓、储罐的摩擦型桩基，宜按内强外弱原则布桩。

　　5 对上述按变刚度调平设计的桩基，宜进行上部结构—承台—桩—土共同工作分析。

3.1.9 软土地基上的多层建筑物，当天然地基承载力基本满足要求时，可采用减沉复合疏桩基础。

3.1.10 对于本规范第3.1.4条规定应进行沉降计算的建筑桩基，在其施工过程及建成后使用期间，应进行系统的沉降观测直至沉降稳定。

3.2 基 本 资 料

3.2.1 桩基设计应具备以下资料：

　　1 岩土工程勘察文件：

　　　1）桩基按两类极限状态进行设计所需用岩土物理力学参数及原位测试参数；

　　　2）对建筑场地的不良地质作用，如滑坡、崩塌、泥石流、岩溶、土洞等，有明确判断、结论和防治方案；

　　　3）地下水位埋藏情况、类型和水位变化幅度及抗浮设计水位，土、水的腐蚀性评价，地下水浮力计算的设计水位；

　　　4）抗震设防区按设防烈度提供的液化土层资料；

　　　5）有关地基土冻胀性、湿陷性、膨胀性评价。

　　2 建筑场地与环境条件的有关资料：

　　　1）建筑场地现状，包括交通设施、高压架空线、地下管线和地下构筑物的分布；

　　　2）相邻建筑物安全等级、基础形式及埋置深度；

　　　3）附近类似工程地质条件场地的桩基工程试桩资料和单桩承载力设计参数；

　　　4）周围建筑物的防振、防噪声的要求；

　　　5）泥浆排放、弃土条件；

　　　6）建筑物所在地区的抗震设防烈度和建筑场地类别。

　　3 建筑物的有关资料：

　　　1）建筑物的总平面布置图；

　　　2）建筑物的结构类型、荷载，建筑物的使用条件和设备对基础竖向及水平位移的要求；

　　　3）建筑结构的安全等级。

　　4 施工条件的有关资料：

　　　1）施工机械设备条件，制桩条件，动力条件，施工工艺对地质条件的适应性；

　　　2）水、电及有关建筑材料的供应条件；

　　　3）施工机械的进出场及现场运行条件。

　　5 供设计比较用的有关桩型及实施的可行性的资料。

3.2.2 桩基的详细勘察除应满足现行国家标准《岩土工程勘察规范》GB 50021的有关要求外，尚应满足下列要求：

1 勘探点间距：

1) 对于端承型桩（含嵌岩桩）：主要根据桩端持力层顶面坡度决定，宜为 12~24m。当相邻两个勘察点揭露出的桩端持力层层面坡度大于 10% 或持力层起伏较大、地层分布复杂时，应根据具体工程条件适当加密勘探点。

2) 对于摩擦型桩：宜按 20~35m 布置勘探孔，但遇到土层的性质或状态在水平方向分布变化较大，或存在可能影响成桩的土层时，应适当加密勘探点。

3) 复杂地质条件下的柱下单桩基础应按柱列线布置勘探点，并宜每桩设一勘探点。

2 勘探深度：

1) 宜布置 1/3~1/2 的勘探孔为控制性孔。对于设计等级为甲级的建筑桩基，至少应布置 3 个控制性孔；设计等级为乙级的建筑桩基，至少应布置 2 个控制性孔。控制性孔应穿透桩端平面以下压缩层厚度；一般性勘探孔应深入预计桩端平面以下 3~5 倍桩身设计直径，且不得小于 3m；对于大直径桩，不得小于 5m。

2) 嵌岩桩的控制性钻孔应深入预计桩端平面以下不小于 3~5 倍桩身设计直径，一般性钻孔应深入预计桩端平面以下不小于 1~3 倍桩身设计直径。当持力层较薄时，应有部分钻孔钻穿持力岩层。在岩溶、断层破碎带地区，应查明溶洞、溶沟、溶槽、石笋等的分布情况，钻孔应钻穿溶洞或断层破碎带进入稳定土层，进入深度应满足上述控制性钻孔和一般性钻孔的要求。

3 在勘探深度范围内的每一地层，均应采取不扰动试样进行室内试验或根据土质情况选用有效的原位测试方法进行原位测试，提供设计所需参数。

3.3 桩的选型与布置

3.3.1 基桩可按下列规定分类：

1 按承载性状分类：

1) 摩擦型桩：
摩擦桩：在承载能力极限状态下，桩顶竖向荷载由桩侧阻力承受，桩端阻力小到可忽略不计；
端承摩擦桩：在承载能力极限状态下，桩顶竖向荷载主要由桩侧阻力承受。

2) 端承型桩：
端承桩：在承载能力极限状态下，桩顶竖向荷载由桩端阻力承受，桩侧阻力小

到可忽略不计；
摩擦端承桩：在承载能力极限状态下，桩顶竖向荷载主要由桩端阻力承受。

2 按成桩方法分类：

1) 非挤土桩：干作业法钻（挖）孔灌注桩、泥浆护壁法钻（挖）孔灌注桩、套管护壁法钻（挖）孔灌注桩；

2) 部分挤土桩：冲孔灌注桩、钻孔挤扩灌注桩、搅拌劲芯桩、预钻孔打入（静压）预制桩、打入（静压）式敞口钢管桩、敞口预应力混凝土空心桩和 H 型钢桩；

3) 挤土桩：沉管灌注桩、沉管夯（挤）扩灌注桩、打入（静压）预制桩、闭口预应力混凝土空心桩和闭口钢管桩。

3 按桩径（设计直径 d）大小分类：

1) 小直径桩：$d \leq 250mm$；

2) 中等直径桩：$250mm < d < 800mm$；

3) 大直径桩：$d \geq 800mm$。

3.3.2 桩型与成桩工艺应根据建筑结构类型、荷载性质、桩的使用功能、穿越土层、桩端持力层、地下水位、施工设备、施工环境、施工经验、制桩材料供应条件等，按安全适用、经济合理的原则选择。选择时可按本规范附录 A 进行。

1 对于框架-核心筒等荷载分布很不均匀的桩筏基础，宜选择基桩尺寸和承载力可调性较大的桩型和工艺。

2 挤土沉管灌注桩用于淤泥和淤泥质土层时，应局限于多层住宅桩基。

3 抗震设防烈度为 8 度及以上地区，不宜采用预应力混凝土管桩（PC）和预应力混凝土空心方桩（PS）。

3.3.3 基桩的布置应符合下列条件：

1 基桩的最小中心距应符合表 3.3.3 的规定；当施工中采取减小挤土效应的可靠措施时，可根据当地经验适当减小。

表 3.3.3 基桩的最小中心距

土类与成桩工艺		排数不少于 3 排且桩数不少于 9 根的摩擦型桩桩基	其他情况
非挤土灌注桩		3.0d	3.0d
部分挤土桩	非饱和土、饱和非黏性土	3.5d	3.0d
	饱和黏性土	4.0d	3.5d
挤土桩	非饱和土、饱和非黏性土	4.0d	3.5d
	饱和黏性土	4.5d	4.0d

土类与成桩工艺		排数不少于3排且桩数不少于9根的摩擦型桩桩基	其他情况
钻、挖孔扩底桩		2D 或 D+2.0m（当 D＞2m）	1.5D 或 D+1.5m（当 D＞2m）
沉管夯扩、钻孔挤扩桩	非饱和土、饱和非黏性土	2.2D 且 4.0d	2.0D 且 3.5d
	饱和黏性土	2.5D 且 4.5d	2.2D 且 4.0d

注：1 d——圆桩设计直径或方桩设计边长，D——扩大端设计直径；

2 当纵横向桩距不相等时，其最小中心距应满足"其他情况"一栏的规定。

3 当为端承桩时，非挤土灌注桩的"其他情况"一栏可减小至 2.5d。

2 排列基桩时，宜使桩群承载力合力点与竖向永久荷载合力作用点重合，并使基桩受水平力和力矩较大方向有较大抗弯截面模量。

3 对于桩箱基础、剪力墙结构桩筏（含平板和梁板式承台）基础，宜将桩布置于墙下。

4 对于框架-核心筒结构桩筏基础应按荷载分布考虑相互影响，将桩相对集中布置于核心筒和柱下；外围框架柱宜采用复合桩基，有合适桩端持力层时，桩长宜减小。

5 应选择较硬土层作为桩端持力层。桩端全断面进入持力层的深度，对于黏性土、粉土不宜小于 2d，砂土不宜小于 1.5d，碎石类土不宜小于 1d。当存在软弱下卧层时，桩端以下硬持力层厚度不宜小于 3d。

6 对于嵌岩桩，嵌岩深度应综合荷载、上覆土层、基岩、桩径、桩长诸因素确定；对于嵌入倾斜的完整和较完整岩的全断面深度不宜小于 0.4d 且不小于 0.5m，倾斜度大于 30％的中风化岩，宜根据倾斜度及岩石完整性适当加大嵌岩深度；对于嵌入平整、完整的坚硬岩和较硬岩的深度不宜小于 0.2d，且不应小于 0.2m。

3.4 特殊条件下的桩基

3.4.1 软土地基的桩基设计原则应符合下列规定：

1 软土中的桩基宜选择中、低压缩性土层作为桩端持力层；

2 桩周围软土因自重固结、场地填土、地面大面积堆载、降低地下水位、大面积挤土沉桩等原因而产生的沉降大于基桩的沉降时，应视具体工程情况分析计算桩侧负摩阻力对基桩的影响；

3 采用挤土桩和部分挤土桩时，应采取消减孔隙水压力和挤土效应的技术措施，并应控制沉桩速率，减小挤土效应对成桩质量、邻近建筑物、道路、地下管线和基坑边坡等产生的不利影响；

4 先成桩后开挖基坑时，必须合理安排基坑挖土顺序和控制分层开挖的深度，防止土体侧移对桩的影响。

3.4.2 湿陷性黄土地区的桩基设计原则应符合下列规定：

1 基桩应穿透湿陷性黄土层，桩端应支承在压缩性低的黏性土、粉土、中密和密实砂土以及碎石类土层中；

2 湿陷性黄土地基中，设计等级为甲、乙级建筑桩基的单桩极限承载力，宜以浸水载荷试验为主要依据；

3 自重湿陷性黄土地基中的单桩极限承载力，应根据工程具体情况分析计算桩侧负摩阻力的影响。

3.4.3 季节性冻土和膨胀土地基中的桩基设计原则应符合下列规定：

1 桩端进入冻深线或膨胀土的大气影响急剧层以下的深度，应满足抗拔稳定性验算要求，且不得小于 4 倍桩径及 1 倍扩大端直径，最小深度应大于 1.5m；

2 为减小和消除冻胀或膨胀对桩基的作用，宜采用钻（挖）孔灌注桩；

3 确定基桩竖向极限承载力时，除不计入冻胀、膨胀深度范围内桩侧阻力外，还应考虑地基土的冻胀、膨胀作用，验算桩基的抗拔稳定性和桩身受拉承载力；

4 为消除桩基受冻胀或膨胀作用的危害，可在冻胀或膨胀深度范围内，沿桩周及承台作隔冻、隔胀处理。

3.4.4 岩溶地区的桩基设计原则应符合下列规定：

1 岩溶地区的桩基，宜采用钻、冲孔桩；

2 当单桩荷载较大，岩层埋深较浅时，宜采用嵌岩桩；

3 当基岩面起伏很大且埋深较大时，宜采用摩擦型灌注桩。

3.4.5 坡地、岸边桩基的设计原则应符合下列规定：

1 对建于坡地、岸边的桩基，不得将桩支承于边坡潜在的滑动体上。桩端进入潜在滑裂面以下稳定岩土层内的深度，应能保证基桩的稳定；

2 建筑桩基与边坡应保持一定的水平距离；建筑场地内的边坡必须是完全稳定的边坡，当有崩塌、滑坡等不良地质现象存在时，应按现行国家标准《建筑边坡工程技术规范》GB 50330 的规定进行整治，确保其稳定性；

3 新建坡地、岸边建筑桩基工程应与建筑边坡工程统一规划，同步设计，合理确定施工顺序；

4 不宜采用挤土桩；

5 应验算最不利荷载效应组合下桩基的整体稳

定性和基桩水平承载力。

3.4.6 抗震设防区桩基的设计原则应符合下列规定：

1 桩进入液化土层以下稳定土层的长度（不包括桩尖部分）应按计算确定；对于碎石土，砾、粗、中砂，密实粉土，坚硬黏性土尚不应小于$(2\sim3)d$，对其他非岩石土尚不宜小于$(4\sim5)d$；

2 承台和地下室侧墙周围应采用灰土、级配砂石、压实性较好的素土回填，并分层夯实，也可采用素混凝土回填；

3 当承台周围为可液化土或地基承载力特征值小于40kPa（或不排水抗剪强度小于15kPa）的软土，且桩基水平承载力不满足计算要求时，可将承台外每侧1/2承台边长范围内的土进行加固；

4 对于存在液化扩展的地段，应验算桩基在土流动的侧向作用力下的稳定性。

3.4.7 可能出现负摩阻力的桩基设计原则应符合下列规定：

1 对于填土建筑场地，宜先填土并保证填土的密实性，软土场地填土前应采取预设塑料排水板等措施，待填土地基沉降基本稳定后方可成桩；

2 对于有地面大面积堆载的建筑物，应采取减小地面沉降对建筑物桩基影响的措施；

3 对于自重湿陷性黄土地基，可采用强夯、挤密土桩等先行处理，消除上部或全部土的自重湿陷；对于欠固结土宜采取先期排水预压等措施；

4 对于挤土沉桩，应采取消减超孔隙水压力、控制沉桩速率等措施；

5 对于中性点以上的桩身可对表面进行处理，以减少负摩阻力。

3.4.8 抗拔桩基的设计原则应符合下列规定：

1 应根据环境类别及水、土对钢筋的腐蚀、钢筋种类对腐蚀的敏感性和荷载作用时间等因素确定抗拔桩的裂缝控制等级；

2 对于严格要求不出现裂缝的一级裂缝控制等级，桩身应设置预应力筋；对于一般要求不出现裂缝的二级裂缝控制等级，桩身宜设置预应力筋；

3 对于三级裂缝控制等级，应进行桩身裂缝宽度计算；

4 当基桩抗拔承载力要求较高时，可采用桩侧后注浆、扩底等技术措施。

3.5 耐久性规定

3.5.1 桩基结构的耐久性应根据设计使用年限、现行国家标准《混凝土结构设计规范》GB 50010 的环境类别规定以及水、土对钢、混凝土腐蚀性的评价进行设计。

3.5.2 二类和三类环境中，设计使用年限为50年的桩基结构混凝土耐久性应符合表3.5.2的规定。

表3.5.2 二类和三类环境桩基结构混凝土耐久性的基本要求

环境类别		最大水灰比	最小水泥用量（kg/m³）	混凝土最低强度等级	最大氯离子含量（%）	最大碱含量（kg/m³）
二	a	0.60	250	C25	0.3	3.0
	b	0.55	275	C30	0.2	3.0
三		0.50	300	C30	0.1	3.0

注：1 氯离子含量系指其与水泥用量的百分率；

2 预应力构件混凝土中最大氯离子含量为0.06%，最小水泥用量为300kg/m³；混凝土最低强度等级应按表中规定提高两个等级；

3 当混凝土中加入活性掺合料或能提高耐久性的外加剂时，可适当降低最小水泥用量；

4 当使用非碱活性骨料时，对混凝土中碱含量不作限制；

5 当有可靠工程经验时，表中混凝土最低强度等级可降低一个等级。

3.5.3 桩身裂缝控制等级及最大裂缝宽度应根据环境类别和水、土介质腐蚀性等级按表3.5.3规定选用。

表3.5.3 桩身的裂缝控制等级及最大裂缝宽度限值

环境类别		钢筋混凝土桩		预应力混凝土桩	
		裂缝控制等级	w_{lim}(mm)	裂缝控制等级	w_{lim}(mm)
二	a	三	0.2 (0.3)	二	0
	b	三	0.2	二	0
三		三	0.2	二	0

注：1 水、土为强、中腐蚀性时，抗拔桩裂缝控制等级应提高一级；

2 二a类环境中，位于稳定地下水位以下的基桩，其最大裂缝宽度限值可采用括弧中的数值。

3.5.4 四类、五类环境桩基结构耐久性设计可按国家现行标准《港口工程混凝土结构设计规范》JTJ 267和《工业建筑防腐蚀设计规范》GB 50046等执行。

3.5.5 对三、四、五类环境桩基结构，受力钢筋宜采用环氧树脂涂层带肋钢筋。

4 桩 基 构 造

4.1 基 桩 构 造

I 灌 注 桩

4.1.1 灌注桩应按下列规定配筋：

1 配筋率：当桩身直径为300～2000mm时，正截面配筋率可取 0.65%～0.2%（小直径桩取高值）；对受荷载特别大的桩、抗拔桩和嵌岩端承桩应根据计算确定配筋率，并不应小于上述规定值；

 2 配筋长度：

  1）端承型桩和位于坡地、岸边的基桩应沿桩身等截面或变截面通长配筋；

  2）摩擦型灌注桩配筋长度不应小于 2/3 桩长；当受水平荷载时，配筋长度尚不宜小于 $4.0/\alpha$（α 为桩的水平变形系数）；

  3）对于受地震作用的基桩，桩身配筋长度应穿过可液化土层和软弱土层，进入稳定土层的深度不应小于本规范第 3.4.6 条的规定；

  4）受负摩阻力的桩、因成桩后开挖基坑而随地基土回弹的桩，其配筋长度应穿过软弱土层并进入稳定土层，进入的深度不应小于（2～3）d；

  5）抗拔桩及因地震作用、冻胀或膨胀力作用而受拔力的桩，应等截面或变截面通长配筋。

 3 对于受水平荷载的桩，主筋不应小于 8φ12；对于抗压桩和抗拔桩，主筋不应少于 6φ10；纵向主筋应沿桩身周边均匀布置，其净距不应小于 60mm；

 4 箍筋应采用螺旋式，直径不应小于 6mm，间距宜为 200～300mm；受水平荷载较大的桩基、承受水平地震作用的桩基以及考虑主筋作用计算桩身受压承载力时，桩顶以下 5d 范围内的箍筋应加密，间距不应大于 100mm；当桩身位于液化土层范围内时箍筋应加密；当考虑箍筋受力作用时，箍筋配置应符合现行国家标准《混凝土结构设计规范》GB 50010 的有关规定；当钢筋笼长度超过 4m 时，应每隔 2m 设一道直径不小于 12mm 的焊接加劲箍筋。

4.1.2 桩身混凝土及混凝土保护层厚度应符合下列要求：

 1 桩身混凝土强度等级不得小于 C25，混凝土预制桩尖强度等级不得小于 C30；

 2 灌注桩主筋的混凝土保护层厚度不应小于 35mm，水下灌注桩的主筋混凝土保护层厚度不得小于 50mm；

 3 四类、五类环境中桩身混凝土保护层厚度应符合国家现行标准《港口工程混凝土结构设计规范》JTJ 267、《工业建筑防腐蚀设计规范》GB 50046 的相关规定。

4.1.3 扩底灌注桩扩底端尺寸应符合下列规定（见图 4.1.3）：

 1 对于持力层承载力较高、上覆土层较差的抗压桩和桩端以上有一定厚度较好土层的抗拔桩，可采用扩底；扩底端直径与桩身直径之比 D/d，应根据承载力要求及扩底端侧面和桩端持力层土性特征以及扩

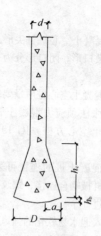

图 4.1.3 扩底灌注桩构造

底施工方法确定；挖孔桩的 D/d 不应大于 3，钻孔桩的 D/d 不应大于 2.5；

 2 扩底端侧面的斜率应根据实际成孔及土体自立条件确定，a/h_c 可取 1/4～1/2，砂土可取 1/4，粉土、黏性土可取 1/3～1/2；

 3 抗压桩扩底端底面宜呈锅底形，矢高 h_b 可取（0.15～0.20）D。

Ⅱ 混凝土预制桩

4.1.4 混凝土预制桩的截面边长不应小于 200mm；预应力混凝土预制实心桩的截面边长不宜小于 350mm。

4.1.5 预制桩的混凝土强度等级不宜低于 C30；预应力混凝土实心桩的混凝土强度等级不应低于 C40；预制桩纵向钢筋的混凝土保护层厚度不宜低于 30mm。

4.1.6 预制桩的桩身配筋应按吊运、打桩及桩在使用中的受力等条件计算确定。采用锤击法沉桩时，预制桩的最小配筋率不宜小于 0.8%。静压法沉桩时，最小配筋率不宜小于 0.6%，主筋直径不宜小于 14mm，打入桩桩顶以下（4～5）d 长度范围内箍筋应加密，并设置钢筋网片。

4.1.7 预制桩的分节长度应根据施工条件及运输条件确定；每根桩的接头数量不宜超过 3 个。

4.1.8 预制桩的桩尖可将主筋合拢焊在桩尖辅助钢筋上，对于持力层为密实砂和碎石类土时，宜在桩尖处包以钢钣桩靴，加强桩尖。

Ⅲ 预应力混凝土空心桩

4.1.9 预应力混凝土空心桩按截面形式可分为管桩、空心方桩；按混凝土强度等级可分为预应力高强混凝土管桩（PHC）和空心方桩（PHS）、预应力混凝土管桩（PC）和空心方桩（PS）。离心成型的先张法预应力混凝土桩的截面尺寸、配筋、桩身极限弯矩、桩身竖向受压承载力设计值等参数可按本规范附录 B

确定。

4.1.10 预应力混凝土空心桩桩尖形式宜根据地层性质选择闭口形或敞口形；闭口形分为平底十字形和锥形。

4.1.11 预应力混凝土空心桩质量要求，尚应符合国家现行标准《先张法预应力混凝土管桩》GB 13476和《预应力混凝土空心方桩》JG 197及其他的有关标准规定。

4.1.12 预应力混凝土桩的连接可采用端板焊接连接、法兰连接、机械啮合连接、螺纹连接。每根桩的接头数量不宜超过3个。

4.1.13 桩端嵌入遇水易软化的强风化岩、全风化岩和非饱和土的预应力混凝土空心桩，沉桩后，应对桩端以上约2m范围内采取有效的防渗措施，可采用微膨胀混凝土填芯或在内壁预涂柔性防水材料。

Ⅳ 钢 桩

4.1.14 钢桩可采用管型、H型或其他异型钢材。

4.1.15 钢桩的分段长度宜为12～15m。

4.1.16 钢桩焊接接头应采用等强度连接。

4.1.17 钢桩的端部形式，应根据桩所穿越的土层、桩端持力层性质、桩的尺寸、挤土效应等因素综合考虑确定，并可按下列规定采用：

 1 钢管桩可采用下列桩端形式：

  1）敞口：

  带加强箍（带内隔板、不带内隔板）；不带加强箍（带内隔板、不带内隔板）。

  2）闭口：

  平底；锥底。

 2 H型钢桩可采用下列桩端形式：

  1）带端板；

  2）不带端板：

  锥底；

  平底（带扩大翼、不带扩大翼）。

4.1.18 钢桩的防腐处理应符合下列规定：

 1 钢桩的腐蚀速率当无实测资料时可按表4.1.18确定。

 2 钢桩防腐处理可采用外表面涂防腐层、增加腐蚀余量及阴极保护；当钢管桩内壁同外界隔绝时，可不考虑内壁防腐。

表 4.1.18 钢桩年腐蚀速率

钢桩所处环境		单面腐蚀率（mm/y）
地面以上	无腐蚀性气体或腐蚀性挥发介质	0.05～0.1
地面以下	水位以上	0.05
	水位以下	0.03
	水位波动区	0.1～0.3

4.2 承台构造

4.2.1 桩基承台的构造，除应满足抗冲切、抗剪切、抗弯承载力和上部结构要求外，尚应符合下列要求：

 1 柱下独立桩基承台的最小宽度不应小于500mm，边桩中心至承台边缘的距离不应小于桩的直径或边长，且桩的外边缘至承台边缘的距离不应小于150mm。对于墙下条形承台梁，桩的外边缘至承台梁边缘的距离不应小于75mm，承台的最小厚度不应小于300mm。

 2 高层建筑平板式和梁板式筏形承台的最小厚度不应小于400mm，墙下布桩的剪力墙结构筏形承台的最小厚度不应小于200mm。

 3 高层建筑箱形承台的构造应符合《高层建筑筏形与箱形基础技术规范》JGJ 6的规定。

4.2.2 承台混凝土材料及其强度等级应符合结构混凝土耐久性的要求和抗渗要求。

4.2.3 承台的钢筋配置应符合下列规定：

 1 柱下独立桩基承台钢筋应通长配置［见图4.2.3(a)］，对四桩以上（含四桩）承台宜按双向均匀布置，对三桩的三角形承台应按三向板带均匀布置，且最里面的三根钢筋围成的三角形应在柱截面范围内［见图4.2.3(b)］。钢筋锚固长度自边桩内侧（当为圆桩时，应将其直径乘以0.8等效为方桩）算起，不应小于 $35d_g$（d_g 为钢筋直径）；当不满足时应将钢筋向上弯折，此时水平段的长度不应小于 $25d_g$，弯折段长度不应小于 $10d_g$。承台纵向受力钢筋的直径不应小于12mm，间距不应大于200mm。柱下独立桩基承台的最小配筋率不应小于0.15%。

 2 柱下独立两桩承台，应按现行国家标准《混凝土结构设计规范》GB 50010中的深受弯构件配置纵向受拉钢筋、水平及竖向分布钢筋。承台纵向受力钢筋端部的锚固长度及构造应与柱下多桩承台的规定相同。

 3 条形承台梁的纵向主筋应符合现行国家标准《混凝土结构设计规范》GB 50010关于最小配筋率的规定［见图4.2.3（c）］，主筋直径不应小于12mm，架立筋直径不应小于10mm，箍筋直径不应小于6mm。承台梁端部纵向受力钢筋的锚固长度及构造应与柱下多桩承台的规定相同。

 4 筏形承台板或箱形承台板在计算中当仅考虑局部弯矩作用时，考虑到整体弯曲的影响，在纵横两个方向的下层钢筋配筋率不宜小于0.15%；上层钢筋应按计算配筋率全部连通。当筏板的厚度大于2000mm时，宜在板厚中间部位设置直径不小于12mm、间距不大于300mm的双向钢筋网。

 5 承台底面钢筋的混凝土保护层厚度，当有混凝土垫层时，不应小于50mm，无垫层时不应小于70mm；此外尚不应小于桩头嵌入承台内的长度。

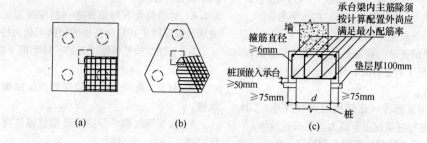

图 4.2.3　承台配筋示意
（a）矩形承台配筋；（b）三桩承台配筋；（c）墙下承台梁配筋图

4.2.4 桩与承台的连接构造应符合下列规定：

1 桩嵌入承台内的长度对中等直径桩不宜小于50mm；对大直径桩不宜小于100mm。

2 混凝土桩的桩顶纵向主筋应锚入承台内，其锚入长度不宜小于35倍纵向主筋直径。对于抗拔桩，桩顶纵向主筋的锚固长度应按现行国家标准《混凝土结构设计规范》GB 50010 确定。

3 对于大直径灌注桩，当采用一柱一桩时可设置承台或将桩与柱直接连接。

4.2.5 柱与承台的连接构造应符合下列规定：

1 对于一柱一桩基础，柱与桩直接连接时，柱纵向主筋锚入桩身内长度不应小于35倍纵向主筋直径。

2 对于多桩承台，柱纵向主筋应锚入承台不小于35倍纵向主筋直径；当承台高度不满足锚固要求时，竖向锚固长度不应小于20倍纵向主筋直径，并向柱轴线方向呈90°弯折。

3 当有抗震设防要求时，对于一、二级抗震等级的柱，纵向主筋锚固长度应乘以 1.15 的系数；对于三级抗震等级的柱，纵向主筋锚固长度应乘以1.05 的系数。

4.2.6 承台与承台之间的连接构造应符合下列规定：

1 一柱一桩时，应在桩顶两个主轴方向上设置联系梁。当桩与柱的截面直径之比大于 2 时，可不设联系梁。

2 两桩桩基的承台，应在其短向设置联系梁。

3 有抗震设防要求的柱下桩基承台，宜沿两个主轴方向设置联系梁。

4 联系梁顶面宜与承台顶面位于同一标高。联系梁宽度不宜小于250mm，其高度可取承台中心距的 1/10～1/15，且不宜小于400mm。

5 联系梁配筋应按计算确定，梁上下部配筋不宜小于 2 根直径 12mm 钢筋；位于同一轴线上的相邻跨联系梁纵筋应连通。

4.2.7 承台和地下室外墙与基坑侧壁间隙应灌注素混凝土或搅拌流动性水泥土，或采用灰土、级配砂石、压实性较好的素土分层夯实，其压实系数不宜小于 0.94。

5 桩 基 计 算

5.1 桩顶作用效应计算

5.1.1 对于一般建筑物和受水平力（包括力矩与水平剪力）较小的高层建筑群桩基础，应按下列公式计算柱、墙、核心筒群桩中基桩或复合基桩的桩顶作用效应：

1 竖向力

轴心竖向力作用下

$$N_k = \frac{F_k + G_k}{n} \qquad (5.1.1-1)$$

偏心竖向力作用下

$$N_{ik} = \frac{F_k + G_k}{n} \pm \frac{M_{xk} y_i}{\sum y_j^2} \pm \frac{M_{yk} x_i}{\sum x_j^2} \qquad (5.1.1-2)$$

2 水平力

$$H_{ik} = \frac{H_k}{n} \qquad (5.1.1-3)$$

式中　F_k ——荷载效应标准组合下，作用于承台顶面的竖向力；

G_k ——桩基承台和承台上土自重标准值，对稳定的地下水位以下部分应扣除水的浮力；

N_k ——荷载效应标准组合轴心竖向力作用下，基桩或复合基桩的平均竖向力；

N_{ik} ——荷载效应标准组合偏心竖向力作用下，第 i 基桩或复合基桩的竖向力；

M_{xk}、M_{yk} ——荷载效应标准组合下，作用于承台底面，绕通过桩群形心的 x、y 主轴的力矩；

x_i、x_j、y_i、y_j ——第 i、j 基桩或复合基桩至 y、x 轴的距离；

H_k ——荷载效应标准组合下，作用于桩基承台底面的水平力；

H_{ik} ——荷载效应标准组合下，作用于第 i 基桩或复合基桩的水平力；

n ——桩基中的桩数。

5.1.2 对于主要承受竖向荷载的抗震设防区低承台桩基，在同时满足下列条件时，桩顶作用效应计算可不考虑地震作用：

1 按现行国家标准《建筑抗震设计规范》GB 50011 规定可不进行桩基抗震承载力验算的建筑物；

2 建筑场地位于建筑抗震的有利地段。

5.1.3 属于下列情况之一的桩基，计算各基桩的作用效应、桩身内力和位移时，宜考虑承台（包括地下墙体）与基桩协同工作和土的弹性抗力作用，其计算方法可按本规范附录 C 进行：

1 位于 8 度和 8 度以上抗震设防区的建筑，当其桩基承台刚度较大或由于上部结构与承台协同作用能增强承台的刚度时；

2 其他受较大水平力的桩基。

5.2 桩基竖向承载力计算

5.2.1 桩基竖向承载力计算应符合下列要求：

1 荷载效应标准组合：

轴心竖向力作用下

$$N_{k} \leqslant R \qquad (5.2.1-1)$$

偏心竖向力作用下，除满足上式外，尚应满足下式的要求：

$$N_{kmax} \leqslant 1.2R \qquad (5.2.1-2)$$

2 地震作用效应和荷载效应标准组合：

轴心竖向力作用下

$$N_{Ek} \leqslant 1.25R \qquad (5.2.1-3)$$

偏心竖向力作用下，除满足上式外，尚应满足下式的要求：

$$N_{Ekmax} \leqslant 1.5R \qquad (5.2.1-4)$$

式中 N_{k} ——荷载效应标准组合轴心竖向力作用下，基桩或复合基桩的平均竖向力；

N_{kmax} ——荷载效应标准组合偏心竖向力作用下，桩顶最大竖向力；

N_{Ek} ——地震作用效应和荷载效应标准组合下，基桩或复合基桩的平均竖向力；

N_{Ekmax} ——地震作用效应和荷载效应标准组合下，基桩或复合基桩的最大竖向力；

R ——基桩或复合基桩竖向承载力特征值。

5.2.2 单桩竖向承载力特征值 R_{a} 应按下式确定：

$$R_{a} = \frac{1}{K}Q_{uk} \qquad (5.2.2)$$

式中 Q_{uk} ——单桩竖向极限承载力标准值；

K ——安全系数，取 $K=2$。

5.2.3 对于端承型桩基、桩数少于 4 根的摩擦型柱下独立桩基、或由于地层土性、使用条件等因素不宜考虑承台效应时，基桩竖向承载力特征值应取单桩竖

向承载力特征值。

5.2.4 对于符合下列条件之一的摩擦型桩基，宜考虑承台效应确定其复合基桩的竖向承载力特征值：

1 上部结构整体刚度较好、体型简单的建（构）筑物；

2 对差异沉降适应性较强的排架结构和柔性构筑物；

3 按变刚度调平原则设计的桩基刚度相对弱化区；

4 软土地基的减沉复合疏桩基础。

5.2.5 考虑承台效应的复合基桩竖向承载力特征值可按下列公式确定：

不考虑地震作用时 $\quad R = R_{a} + \eta_{c} f_{ak} A_{c}$

$$(5.2.5-1)$$

考虑地震作用时 $\quad R = R_{a} + \dfrac{\zeta_{a}}{1.25} \eta_{c} f_{ak} A_{c}$

$$(5.2.5-2)$$

$$A_{c} = (A - nA_{ps})/n \qquad (5.2.5-3)$$

式中 η_{c} ——承台效应系数，可按表 5.2.5 取值；

f_{ak} ——承台下 1/2 承台宽度且不超过 5m 深度范围内各层土的地基承载力特征值按厚度加权的平均值；

A_{c} ——计算基桩所对应的承台底净面积；

A_{ps} ——桩身截面面积；

A ——承台计算域面积对于柱下独立桩基，A 为承台总面积；对于桩筏基础，A 为柱、墙筏板的 1/2 跨距和悬臂边 2.5 倍筏板厚度所围成的面积；桩集中布置于单片墙下的桩筏基础，取墙两边各 1/2 跨距围成的面积，按条形承台计算 η_{c}；

ζ_{a} ——地基抗震承载力调整系数，应按现行国家标准《建筑抗震设计规范》GB 50011 采用。

当承台底为可液化土、湿陷性土、高灵敏度软土、欠固结土、新填土时，沉桩引起超孔隙水压力和土体隆起时，不考虑承台效应，取 $\eta_{c} = 0$。

表 5.2.5 承台效应系数 η_{c}

B_{c}/l ＼ s_{a}/d	3	4	5	6	＞6
≤0.4	0.06～0.08	0.14～0.17	0.22～0.26	0.32～0.38	
0.4～0.8	0.08～0.10	0.17～0.20	0.26～0.30	0.38～0.44	0.50～0.80
＞0.8	0.10～0.12	0.20～0.22	0.30～0.34	0.44～0.50	

s_a/d B_c/l	3	4	5	6	>6
单排桩条形承台	0.15~ 0.18	0.25~ 0.30	0.38~ 0.45	0.50~ 0.60	0.50~ 0.80

注：1　表中 s_a/d 为桩中心距与桩径之比；B_c/l 为承台宽度与桩长之比。当计算基桩为非正方形排列时，$s_a = \sqrt{A/n}$，A 为承台计算域面积，n 为总桩数。

2　对于桩布置于墙下的箱、筏承台，η_c 可按单排桩条形承台取值。

3　对于单排桩条形承台，当承台宽度小于 $1.5d$ 时，η_c 按非条形承台取值。

4　对于采用后注浆灌注桩的承台，η_c 宜取低值。

5　对于饱和黏性土中的挤土桩基、软土地基上的桩基承台，η_c 宜取低值的 0.8 倍。

5.3　单桩竖向极限承载力

Ⅰ　一 般 规 定

5.3.1　设计采用的单桩竖向极限承载力标准值应符合下列规定：

1　设计等级为甲级的建筑桩基，应通过单桩静载试验确定；

2　设计等级为乙级的建筑桩基，当地质条件简单时，可参照地质条件相同的试桩资料，结合静力触探等原位测试和经验参数综合确定；其余均应通过单桩静载试验确定；

3　设计等级为丙级的建筑桩基，可根据原位测试和经验参数确定。

5.3.2　单桩竖向极限承载力标准值、极限侧阻力标准值和极限端阻力标准值应按下列规定确定：

1　单桩竖向静载试验应按现行行业标准《建筑基桩检测技术规范》JGJ 106 执行；

2　对于大直径端承型桩，也可通过深层平板（平板直径应与孔径一致）载荷试验确定极限端阻力；

3　对于嵌岩桩，可通过直径为 0.3m 岩基平板载荷试验确定极限端阻力标准值，也可通过直径为 0.3m 嵌岩短墩载荷试验确定极限侧阻力标准值和极限端阻力标准值；

4　桩的极限侧阻力标准值和极限端阻力标准值宜通过埋设桩身轴力测试元件由静载试验确定。并通过测试结果建立极限侧阻力标准值和极限端阻力标准值与土层物理指标、岩石饱和单轴抗压强度以及与静力触探等土的原位测试指标间的经验关系，以经验参数法确定单桩竖向极限承载力。

Ⅱ　原 位 测 试 法

5.3.3　当根据单桥探头静力触探资料确定混凝土预制桩单桩竖向极限承载力标准值时，如无当地经验，可按下式计算：

$$Q_{uk} = Q_{sk} + Q_{pk} = u\sum q_{sik}l_i + \alpha p_{sk}A_p$$
$$(5.3.3-1)$$

当 $p_{sk1} \leqslant p_{sk2}$ 时

$$p_{sk} = \frac{1}{2}(p_{sk1} + \beta \cdot p_{sk2}) \quad (5.3.3-2)$$

当 $p_{sk1} > p_{sk2}$ 时

$$p_{sk} = p_{sk2} \quad (5.3.3-3)$$

式中　Q_{sk}、Q_{pk}——分别为总极限侧阻力标准值和总极限端阻力标准值；

u——桩身周长；

q_{sik}——用静力触探比贯入阻力值估算的桩周第 i 层土的极限侧阻力；

l_i——桩周第 i 层土的厚度；

α——桩端阻力修正系数，可按表 5.3.3-1 取值；

p_{sk}——桩端附近的静力触探比贯入阻力标准值（平均值）；

A_p——桩端面积；

p_{sk1}——桩端全截面以上 8 倍桩径范围内的比贯入阻力平均值；

p_{sk2}——桩端全截面以下 4 倍桩径范围内的比贯入阻力平均值，如桩端持力层为密实的砂土层，其比贯入阻力平均值超过 20MPa 时，则需乘以表 5.3.3-2 中系数 C 予以折减后，再计算 p_{sk}；

β——折减系数，按表 5.3.3-3 选用。

表 5.3.3-1　桩端阻力修正系数 α 值

桩长(m)	$l<15$	$15 \leqslant l \leqslant 30$	$30 < l \leqslant 60$
α	0.75	0.75~0.90	0.90

注：桩长 $15m \leqslant l \leqslant 30m$，$\alpha$ 按 l 值直线内插；l 为桩长（不包括桩尖高度）。

表 5.3.3-2　系　数　C

p_{sk}(MPa)	20~30	35	>40
系数 C	5/6	2/3	1/2

表 5.3.3-3　折减系数 β

p_{sk2}/p_{sk1}	$\leqslant 5$	7.5	12.5	$\geqslant 15$
β	1	5/6	2/3	1/2

注：表 5.3.3-2、表 5.3.3-3 可内插取值。

表 5.3.3-4　系数 η_s 值

p_{sk}/p_{sl}	$\leqslant 5$	7.5	$\geqslant 10$
η_s	1.00	0.50	0.33

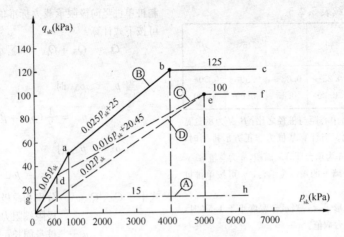

图 5.3.3　q_{sk}-p_{sk} 曲线

注：1　q_{sik} 值应结合土工试验资料，依据土的类别、埋藏深度、排列次序，按图 5.3.3 折线取值；图 5.3.3 中，直线Ⓐ（线段 gh）适用于地表下 6m 范围内的土层；折线Ⓑ（线段 oabc）适用于粉土及砂土土层以上（或无粉土及砂土土层地区）的黏性土；折线Ⓒ（线段 odef）适用于粉土及砂土土层以下的黏性土；折线Ⓓ（线段 oef）适用于粉土、粉砂、细砂及中砂。

　　2　p_{sk} 为桩端穿过的中密～密实砂土、粉土的比贯入阻力平均值；p_{sl} 为砂土、粉土的下卧软土层的比贯入阻力平均值。

　　3　采用的单桥探头，圆锥底面积为 15cm²，底部带 7cm 高滑套，锥角 60°。

　　4　当桩端穿过粉土、粉砂、细砂及中砂层底面时，折线Ⓓ估算的 q_{sik} 值需乘以表 5.3.3-4 中系数 η_s 值。

5.3.4　当根据双桥探头静力触探资料确定混凝土预制桩单桩竖向极限承载力标准值时，对于黏性土、粉土和砂土，如无当地经验时可按下式计算：

$$Q_{uk} = Q_{sk} + Q_{pk} = u\sum l_i \cdot \beta_i \cdot f_{si} + \alpha \cdot q_c \cdot A_p$$
(5.3.4)

式中　f_{si}——第 i 层土的探头平均侧阻力（kPa）；

　　　q_c——桩端平面上、下探头阻力，取桩端平面以上 $4d$（d 为桩的直径或边长）范围内按土层厚度的探头阻力加权平均值（kPa），然后再和桩端平面以下 $1d$ 范围内的探头阻力进行平均；

　　　α——桩端阻力修正系数，对于黏性土、粉土取 2/3，饱和砂土取 1/2；

　　　β_i——第 i 层土桩侧阻力综合修正系数，黏性土、粉土：$\beta_i = 10.04 (f_{si})^{-0.55}$；砂

土：$\beta_i = 5.05 (f_{si})^{-0.45}$。

注：双桥探头的圆锥底面积为 15cm²，锥角 60°，摩擦套筒高 21.85cm，侧面积 300cm²。

Ⅲ　经验参数法

5.3.5　当根据土的物理指标与承载力参数之间的经验关系确定单桩竖向极限承载力标准值时，宜按下式估算：

$$Q_{uk} = Q_{sk} + Q_{pk} = u\sum q_{sik}l_i + q_{pk}A_p \quad (5.3.5)$$

式中　q_{sik}——桩侧第 i 层土的极限侧阻力标准值，如无当地经验时，可按表 5.3.5-1 取值；

　　　q_{pk}——极限端阻力标准值，如无当地经验时，可按表 5.3.5-2 取值。

表 5.3.5-1　桩的极限侧阻力标准值 q_{sik}（kPa）

土的名称	土的状态		混凝土预制桩	泥浆护壁钻（冲）孔桩	干作业钻孔桩
填土	—		22～30	20～28	20～28
淤泥	—		14～20	12～18	12～18
淤泥质土	—		22～30	20～28	20～28
黏性土	流塑	$I_L > 1$	24～40	21～38	21～38
	软塑	$0.75 < I_L \leqslant 1$	40～55	38～53	38～53
	可塑	$0.50 < I_L \leqslant 0.75$	55～70	53～68	53～66
	硬可塑	$0.25 < I_L \leqslant 0.50$	70～86	68～84	66～82
	硬塑	$0 < I_L \leqslant 0.25$	86～98	84～96	82～94
	坚硬	$I_L \leqslant 0$	98～105	96～102	94～104

土的名称	土的状态		混凝土预制桩	泥浆护壁钻(冲)孔桩	干作业钻孔桩
红黏土	$0.7 < a_w \leqslant 1$		13~32	12~30	12~30
	$0.5 < a_w \leqslant 0.7$		32~74	30~70	30~70
粉土	稍密	$e > 0.9$	26~46	24~42	24~42
	中密	$0.75 \leqslant e \leqslant 0.9$	46~66	42~62	42~62
	密实	$e < 0.75$	66~88	62~82	62~82
粉细砂	稍密	$10 < N \leqslant 15$	24~48	22~46	22~46
	中密	$15 < N \leqslant 30$	48~66	46~64	46~64
	密实	$N > 30$	66~88	64~86	64~86
中砂	中密	$15 < N \leqslant 30$	54~74	53~72	53~72
	密实	$N > 30$	74~95	72~94	72~94
粗砂	中密	$15 < N \leqslant 30$	74~95	74~95	76~98
	密实	$N > 30$	95~116	95~116	98~120
砾砂	稍密	$5 < N_{63.5} \leqslant 15$	70~110	50~90	60~100
	中密(密实)	$N_{63.5} > 15$	116~138	116~130	112~130
圆砾、角砾	中密、密实	$N_{63.5} > 10$	160~200	135~150	135~150
碎石、卵石	中密、密实	$N_{63.5} > 10$	200~300	140~170	150~170
全风化软质岩	—	$30 < N \leqslant 50$	100~120	80~100	80~100
全风化硬质岩	—	$30 < N \leqslant 50$	140~160	120~140	120~150
强风化软质岩	—	$N_{63.5} > 10$	160~240	140~200	140~220
强风化硬质岩	—	$N_{63.5} > 10$	220~300	160~240	160~260

注：1 对于尚未完成自重固结的填土和以生活垃圾为主的杂填土，不计算其侧阻力；

2 a_w 为含水比，$a_w = w/w_l$，w 为土的天然含水量，w_l 为土的液限；

3 N 为标准贯入击数；$N_{63.5}$ 为重型圆锥动力触探击数；

4 全风化、强风化软质岩和全风化、强风化硬质岩系指其母岩分别为 $f_{rk} \leqslant 15MPa$、$f_{rk} > 30MPa$ 的岩石。

表 5.3.5-2 桩的极限端阻力标准值 q_{pk} （kPa）

土名称	桩型 土的状态		混凝土预制桩桩长 l （m）				泥浆护壁钻(冲)孔桩桩长 l（m）				干作业钻孔桩桩长 l （m）		
			$l \leqslant 9$	$9 < l \leqslant 16$	$16 < l \leqslant 30$	$l > 30$	$5 \leqslant l < 10$	$10 \leqslant l < 15$	$15 \leqslant l < 30$	$30 \leqslant l$	$5 \leqslant l < 10$	$10 \leqslant l < 15$	$15 \leqslant l$
黏性土	软塑	$0.75 < I_L \leqslant 1$	210~850	650~1400	1200~1800	1300~1900	150~250	250~300	300~450	300~450	200~400	400~700	700~950
	可塑	$0.50 < I_L \leqslant 0.75$	850~1700	1400~2200	1900~2800	2300~3600	350~450	450~600	600~750	750~800	500~700	800~1100	1000~1600
	硬可塑	$0.25 < I_L \leqslant 0.50$	1500~2300	2300~3300	2700~3600	3600~4400	800~900	900~1000	1000~1200	1200~1400	850~1100	1500~1700	1700~1900
	硬塑	$0 < I_L \leqslant 0.25$	2500~3800	3800~5500	5500~6000	6000~6800	1100~1200	1200~1400	1400~1600	1600~1800	1600~1800	2200~2400	2600~2800
粉土	中密	$0.75 \leqslant e \leqslant 0.9$	950~1700	1400~2100	1900~2700	2500~3400	300~500	500~650	650~750	750~850	800~1200	1200~1400	1400~1600
	密实	$e < 0.75$	1500~2600	2100~3000	2700~3600	3600~4400	650~900	750~950	900~1100	1100~1200	1200~1700	1400~1900	1600~2100
粉砂	稍密	$10 < N \leqslant 15$	1000~1600	1500~2300	1900~2700	2100~3000	350~500	450~600	600~700	650~750	500~950	1300~1600	1500~1700
	中密、密实	$N > 15$	1400~2200	2100~3000	3000~4500	3800~5500	600~750	750~900	900~1100	1100~1200	900~1000	1700~1900	1700~1900
细砂	中密、密实	$N > 15$	2500~4000	3600~5000	4400~6000	5300~7000	650~850	900~1200	1200~1500	1500~1800	1200~1600	2000~2400	2400~2700
中砂			4000~6000	5500~7000	6500~8000	7500~9000	850~1050	1100~1500	1500~1900	1900~2100	1800~2400	2800~3800	3600~4400
粗砂			5700~7500	7500~8500	8500~10000	9500~11000	1500~1800	2100~2400	2400~2600	2600~2800	2900~3600	4000~4600	4600~5200

土名称 \ 桩型 \ 土的状态		混凝土预制桩桩长 l（m）				泥浆护壁钻(冲)孔桩桩长 l(m)				干作业钻孔桩桩长 l（m）		
		$l \leqslant 9$	$9 < l \leqslant 16$	$16 < l \leqslant 30$	$l > 30$	$5 \leqslant l < 10$	$10 \leqslant l < 15$	$15 \leqslant l < 30$	$30 \leqslant l$	$5 \leqslant l < 10$	$10 \leqslant l < 15$	$15 \leqslant l$
砾砂	$N > 15$	6000~9500	9000~10500			1400~2000		2000~3200		3500~5000		
角砾、圆砾	中密、密实 $N_{63.5} > 10$	7000~10000	9500~11500			1800~2200		2200~3600		4000~5500		
碎石、卵石	$N_{63.5} > 10$	8000~11000	10500~13000			2000~3000		3000~4000		4500~6500		
全风化软质岩	$30 < N \leqslant 50$	4000~6000				1000~1600				1200~2000		
全风化硬质岩	$30 < N \leqslant 50$	5000~8000				1200~2000				1400~2400		
强风化软质岩	$N_{63.5} > 10$	6000~9000				1400~2200				1600~2600		
强风化硬质岩	$N_{63.5} > 10$	7000~11000				1800~2800				2000~3000		

注：1 砂土和碎石类土中桩的极限端阻力取值，宜综合考虑土的密实度，桩端进入持力层的深径比 h_b/d，土愈密实，h_b/d 愈大，取值愈高；

2 预制桩的岩石极限端阻力指桩端支承于中、微风化基岩表面或进入强风化岩、软质岩一定深度条件下极限端阻力；

3 全风化、强风化软质岩和全风化、强风化硬质岩指其母岩分别为 $f_{rk} \leqslant 15MPa$、$f_{rk} > 30MPa$ 的岩石。

5.3.6 根据土的物理指标与承载力参数之间的经验关系，确定大直径桩单桩极限承载力标准值时，可按下式计算：

$$Q_{uk} = Q_{sk} + Q_{pk} = u \sum \psi_{si} q_{sik} l_i + \psi_p q_{pk} A_p$$

（5.3.6）

式中 q_{sik} ——桩侧第 i 层土极限侧阻力标准值，如无当地经验值时，可按本规范表 5.3.5-1 取值，对于扩底桩变截面以上 $2d$ 长度范围不计侧阻力；

q_{pk} ——桩径为 800mm 的极限端阻力标准值，对于干作业挖孔（清底干净）可采用深层载荷板试验确定；当不能进行深层载荷板试验时，可按表 5.3.6-1 取值；

ψ_{si}、ψ_p ——大直径桩侧阻力、端阻力尺寸效应系数，按表 5.3.6-2 取值。

u ——桩身周长，当人工挖孔桩桩周护壁为振捣密实的混凝土时，桩身周长可按护壁外直径计算。

表 5.3.6-1 干作业挖孔桩（清底干净，$D = 800mm$）极限端阻力标准值 q_{pk}（kPa）

土名称		状 态		
黏性土		$0.25 < I_L \leqslant 0.75$	$0 < I_L \leqslant 0.25$	$I_L \leqslant 0$
		800~1800	1800~2400	2400~3000
粉土		—	$0.75 \leqslant e \leqslant 0.9$	$e < 0.75$
		—	1000~1500	1500~2000
砂土、碎石类土		稍密	中密	密实
	粉砂	500~700	800~1100	1200~2000
	细砂	700~1100	1200~1800	2000~2500
	中砂	1000~2000	2200~3200	3500~5000
	粗砂	1200~2200	2500~3500	4000~5500
	砾砂	1400~2400	2600~4000	5000~7000
	圆砾、角砾	1600~3000	3200~5000	6000~9000
	卵石、碎石	2000~3000	3300~5000	7000~11000

注：1 当桩进入持力层的深度 h_b 分别为：$h_b \leqslant D$，$D < h_b \leqslant 4D$，$h_b > 4D$ 时，q_{pk} 可相应取低、中、高值。

2 砂土密实度可根据标贯击数判定，$N \leqslant 10$ 为松散，$10 < N \leqslant 15$ 为稍密，$15 < N \leqslant 30$ 为中密，$N > 30$ 为密实。

3 当桩的长径比 $l/d \leqslant 8$ 时，q_{pk} 宜取较低值。

4 当对沉降要求不严时，q_{pk} 可取高值。

表 5.3.6-2　大直径灌注桩侧阻力尺寸效应系数 ψ_{si}、端阻力尺寸效应系数 ψ_p

土类型	黏性土、粉土	砂土、碎石类土
ψ_{si}	$(0.8/d)^{1/5}$	$(0.8/d)^{1/3}$
ψ_p	$(0.8/D)^{1/4}$	$(0.8/D)^{1/3}$

注：当为等直径桩时，表中 $D=d$。

Ⅳ　钢 管 桩

5.3.7　当根据土的物理指标与承载力参数之间的经验关系确定钢管桩单桩竖向极限承载力标准值时，可按下列公式计算：

$$Q_{uk} = Q_{sk} + Q_{pk} = u\sum q_{sik}l_i + \lambda_p q_{pk}A_p$$
$$(5.3.7\text{-}1)$$

当 $h_b/d < 5$ 时，　$\lambda_p = 0.16 h_b/d$　$(5.3.7\text{-}2)$

当 $h_b/d \geqslant 5$ 时，　$\lambda_p = 0.8$　$(5.3.7\text{-}3)$

式中　q_{sik}、q_{pk}——分别按本规范表 5.3.5-1、表 5.3.5-2 取与混凝土预制桩相同值；

λ_p——桩端土塞效应系数，对于闭口钢管桩 $\lambda_p = 1$，对于敞口钢管桩按式（5.3.7-2）、（5.3.7-3）取值；

h_b——桩端进入持力层深度；

d——钢管桩外径。

对于带隔板的半敞口钢管桩，应以等效直径 d_e 代替 d 确定 λ_p；$d_e = d/\sqrt{n}$；其中 n 为桩端隔板分割数（见图 5.3.7）。

$n=2$　　$n=4$　　$n=9$

图 5.3.7　隔板分割数

Ⅴ　混凝土空心桩

5.3.8　当根据土的物理指标与承载力参数之间的经验关系确定敞口预应力混凝土空心桩单桩竖向极限承载力标准值时，可按下列公式计算：

$$Q_{uk} = Q_{sk} + Q_{pk} = u\sum q_{sik}l_i + q_{pk}(A_j + \lambda_p A_{pl})$$
$$(5.3.8\text{-}1)$$

当 $h_b/d < 5$ 时，　$\lambda_p = 0.16 h_b/d$　$(5.3.8\text{-}2)$

当 $h_b/d \geqslant 5$ 时，　$\lambda_p = 0.8$　$(5.3.8\text{-}3)$

式中　q_{sik}、q_{pk}——分别按本规范表 5.3.5-1、表 5.3.5-2 取与混凝土预制桩相同值；

A_j——空心桩桩端净面积：

管桩：$A_j = \dfrac{\pi}{4}(d^2 - d_1^2)$；

空心方桩：$A_j = b^2 - \dfrac{\pi}{4}d_1^2$；

A_{pl}——空心桩敞口面积：$A_{pl} = \dfrac{\pi}{4}d_1^2$；

λ_p——桩端土塞效应系数；

d、b——空心桩外径、边长；

d_1——空心桩内径。

Ⅵ　嵌 岩 桩

5.3.9　桩端置于完整、较完整基岩的嵌岩桩单桩竖向极限承载力，由桩周土总极限侧阻力和嵌岩段总极限阻力组成。当根据岩石单轴抗压强度确定单桩竖向极限承载力标准值时，可按下列公式计算：

$$Q_{uk} = Q_{sk} + Q_{rk}$$
$$(5.3.9\text{-}1)$$

$$Q_{sk} = u\sum q_{sik}l_i$$
$$(5.3.9\text{-}2)$$

$$Q_{rk} = \zeta_r f_{rk}A_p$$
$$(5.3.9\text{-}3)$$

式中　Q_{sk}、Q_{rk}——分别为土的总极限侧阻力标准值、嵌岩段总极限阻力标准值；

q_{sik}——桩周第 i 层土的极限侧阻力，无当地经验时，可根据成桩工艺按本规范表 5.3.5-1 取值；

f_{rk}——岩石饱和单轴抗压强度标准值，黏土岩取天然湿度单轴抗压强度标准值；

ζ_r——桩嵌岩段侧阻和端阻综合系数，与嵌岩深径比 h_r/d、岩石软硬程度和成桩工艺有关，可按表 5.3.9 采用；表中数值适用于泥浆护壁成桩，对于干作业成桩（清底干净）和泥浆护壁成桩后注浆，ζ_r 应取表列数值的 1.2 倍。

表 5.3.9　桩嵌岩段侧阻和端阻综合系数 ζ_r

嵌岩深径比 h_r/d	0	0.5	1.0	2.0	3.0	4.0	5.0	6.0	7.0	8.0
极软岩、软岩	0.60	0.80	0.95	1.18	1.35	1.48	1.57	1.63	1.66	1.70
较硬岩、坚硬岩	0.45	0.65	0.81	0.90	1.00	1.04	—	—	—	—

注：1　极软岩、软岩指 $f_{rk} \leqslant 15\text{MPa}$，较硬岩、坚硬岩指 $f_{rk} > 30\text{MPa}$，介于二者之间可内插取值。

2　h_r 为桩身嵌岩深度，当岩面倾斜时，以坡下方嵌岩深度为准；当 h_r/d 为非表值时，ζ_r 可内插取值。

5.3.10 后注浆灌注桩的单桩极限承载力，应通过静载试验确定。在符合本规范第 6.7 节后注浆技术实施规定的条件下，其后注浆单桩极限承载力标准值可按下式估算：

$$Q_{uk} = Q_{sk} + Q_{gsk} + Q_{gpk}$$
$$= u\sum q_{sjk}l_j + u\sum \beta_{si}q_{sik}l_{gi} + \beta_p q_{pk}A_p$$
$$(5.3.10)$$

式中　Q_{sk}——后注浆非竖向增强段的总极限侧阻力标准值；

　　　　Q_{gsk}——后注浆竖向增强段的总极限侧阻力标准值；

　　　　Q_{gpk}——后注浆总极限端阻力标准值；

　　　　u——桩身周长；

　　　　l_j——后注浆非竖向增强段第 j 层土厚度；

　　　　l_{gi}——后注浆竖向增强段内第 i 层土厚度；对于泥浆护壁成孔灌注桩，当为单一桩端后注浆时，竖向增强段为桩端以上 12m；当为桩端、桩侧复式注浆时，竖向增强段为桩端以上 12m 及各桩侧注浆断面以上 12m，重叠部分应扣除；对于干作业灌注桩，竖向增强段为桩端以上、桩侧注浆断面上下各 6m；

　　　　q_{sik}、q_{sjk}、q_{pk}——分别为后注浆竖向增强段第 i 土层初始极限侧阻力标准值、非竖向增强段第 j 土层初始极限侧阻力标准值、初始极限端阻力标准值；根据本规范第 5.3.5 条确定；

　　　　β_{si}、β_p——分别为后注浆侧阻力、端阻力增强系数，无当地经验时，可按表 5.3.10 取值。对于桩径大于 800mm 的桩，应按本规范表 5.3.6-2 进行侧阻和端阻尺寸效应修正。

表 5.3.10　后注浆侧阻力增强系数 β_{si}，端阻力增强系数 β_p

土层名称	淤泥 淤泥质土	黏性土 粉土	粉砂 细砂	中砂	粗砂 砾砂	砾石 卵石	全风化岩 强风化岩
β_{si}	1.2～1.3	1.4～1.8	1.6～2.0	1.7～2.1	2.0～2.5	2.4～3.0	1.4～1.8
β_p	—	2.2～2.5	2.4～2.8	2.6～3.0	3.0～3.5	3.2～4.0	2.0～2.4

注：干作业钻、挖孔桩，β_p 按表列值乘以小于 1.0 的折减系数。当桩端持力层为黏性土或粉土时，折减系数取 0.6；为砂土或碎石土时，取 0.8。

5.3.11 后注浆钢导管注浆后可等效替代纵向主筋。

Ⅷ 液化效应

5.3.12 对于桩身周围有液化土层的低承台桩基，当承台底面上下分别有厚度不小于 1.5m、1.0m 的非液化土或非软弱土层时，可将液化土层极限侧阻力乘以土层液化影响折减系数计算单桩极限承载力标准值。土层液化影响折减系数 ψ_l 可按表 5.3.12 确定。

表 5.3.12　土层液化影响折减系数 ψ_l

$\lambda_N = \dfrac{N}{N_{cr}}$	自地面算起的液化 土层深度 d_L（m）	ψ_l
$\lambda_N \leqslant 0.6$	$d_L \leqslant 10$	0
	$10 < d_L \leqslant 20$	1/3
$0.6 < \lambda_N \leqslant 0.8$	$d_L \leqslant 10$	1/3
	$10 < d_L \leqslant 20$	2/3
$0.8 < \lambda_N \leqslant 1.0$	$d_L \leqslant 10$	2/3
	$10 < d_L \leqslant 20$	1.0

注：1 N 为饱和土标贯击数实测值；N_{cr} 为液化判别标贯击数临界值；
　　2 对于挤土桩当桩距不大于 $4d$，且桩的排数不少于 5 排、总桩数不少于 25 根时，土层液化影响折减系数可按表列值提高一档取值；桩间土标贯击数达到 N_{cr} 时，取 $\psi_l=1$。

当承台底面上下非液化土层厚度小于以上规定时，土层液化影响折减系数 ψ_l 取 0。

5.4　特殊条件下桩基竖向承载力验算

Ⅰ 软弱下卧层验算

5.4.1 对于桩距不超过 $6d$ 的群桩基础，桩端持力层下存在承载力低于桩端持力层承载力 1/3 的软弱下卧层时，可按下列公式验算软弱下卧层的承载力（见图 5.4.1）：

$$\sigma_z + \gamma_m z \leqslant f_{az} \qquad (5.4.1-1)$$

$$\sigma_z = \frac{(F_k + G_k) - 3/2(A_0 + B_0) \cdot \sum q_{sik}l_i}{(A_0 + 2t \cdot \tan\theta)(B_0 + 2t \cdot \tan\theta)} \qquad (5.4.1-2)$$

式中　σ_z——作用于软弱下卧层顶面的附加应力；

　　　　γ_m——软弱层顶面以上各土层重度（地下水位以下取浮重度）按厚度加权平均值；

　　　　t——硬持力层厚度；

　　　　f_{az}——软弱下卧层经深度 z 修正的地基承载力特征值；

　　　　A_0、B_0——桩群外缘矩形底面的长、短边边长；

q_{sik} ——桩周第 i 层土的极限侧阻力标准值，无
当地经验时，可根据成桩工艺按本规
范表 5.3.5-1 取值；

θ ——桩端硬持力层压力扩散角，按表 5.4.1
取值。

表 5.4.1　桩端硬持力层压力扩散角 θ

E_{s1}/E_{s2}	$t = 0.25B_0$	$t \geq 0.50B_0$
1	4°	12°
3	6°	23°
5	10°	25°
10	20°	30°

注：1　E_{s1}、E_{s2} 为硬持力层、软弱下卧层的压缩模量；
　　2　当 $t < 0.25B_0$ 时，取 $\theta = 0°$，必要时，宜通过试验
　　确定；当 $0.25B_0 < t < 0.50B_0$ 时，可内插取值。

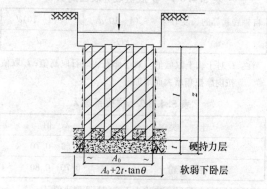

图 5.4.1　软弱下卧层承载力验算

Ⅱ　负摩阻力计算

5.4.2　符合下列条件之一的桩基，当桩周土层产生
的沉降超过基桩的沉降时，在计算基桩承载力时应计
入桩侧负摩阻力：

1　桩穿越较厚松散填土、自重湿陷性黄土、欠
固结土、液化土层进入相对较硬土层时；

2　桩周存在软弱土层，邻近桩侧地面承受局部
较大的长期荷载，或地面大面积堆载（包括填土）
时；

3　由于降低地下水位，使桩周土有效应力增大，
并产生显著压缩沉降时。

5.4.3　桩周土沉降可能引起桩侧负摩阻力时，应根
据工程具体情况考虑负摩阻力对桩基承载力和沉降的
影响；当缺乏可参照的工程经验时，可按下列规定验
算。

1　对于摩擦型基桩可取桩身计算中性点以上侧
阻力为零，并可按下式验算基桩承载力：

$$N_k \leq R_a \qquad (5.4.3-1)$$

2　对于端承型基桩除应满足上式要求外，尚应
考虑负摩阻力引起基桩的下拉荷载 Q_g^n，并可按下式
验算基桩承载力：

$$N_k + Q_g^n \leq R_a \qquad (5.4.3-2)$$

3　当土层不均匀或建筑物对不均匀沉降较敏感
时，尚应将负摩阻力引起的下拉荷载计入附加荷载验
算桩基沉降。

注：本条中基桩的竖向承载力特征值 R_a 只计中性点以
下部分侧阻值及端阻值。

5.4.4　桩侧负摩阻力及其引起的下拉荷载，当无实
测资料时可按下列规定计算：

1　中性点以上单桩桩周第 i 层土负摩阻力标准
值，可按下列公式计算：

$$q_{si}^n = \xi_{ni}\sigma_i' \qquad (5.4.4-1)$$

当填土、自重湿陷性黄土湿陷、欠固结土层产生
固结和地下水降低时：$\sigma_i' = \sigma_{\gamma i}'$

当地面分布大面积荷载时：$\sigma_i' = p + \sigma_{\gamma i}'$

$$\sigma_{\gamma i}' = \sum_{e=1}^{i-1} \gamma_e \Delta z_e + \frac{1}{2} \gamma_i \Delta z_i \qquad (5.4.4-2)$$

式中　q_{si}^n ——第 i 层土桩侧负摩阻力标准值；当按
式（5.4.4-1）计算值大于正摩阻力标
准值时，取正摩阻力标准值进行设计；

ξ_{ni} ——桩周第 i 层土负摩阻力系数，可按表
5.4.4-1 取值；

$\sigma_{\gamma i}'$ ——由土自重引起的桩周第 i 层土平均竖
向有效应力；桩群外围桩自地面算起，
桩群内部桩自承台底算起；

σ_i' ——桩周第 i 层土平均竖向有效应力；

γ_i、γ_e ——分别为第 i 计算土层和其上第 e 土层
的重度，地下水位以下取浮重度；

Δz_i、Δz_e ——第 i 层土、第 e 层土的厚度；

p ——地面均布荷载。

表 5.4.4-1　负摩阻力系数 ξ_n

土　类	ξ_n
饱和软土	0.15～0.25
黏性土、粉土	0.25～0.40
砂土	0.35～0.50
自重湿陷性黄土	0.20～0.35

注：1　在同一类土中，对于挤土桩，取表中较大值，对
于非挤土桩，取表中较小值；
　　2　填土按其组成取表中同类土的较大值。

2　考虑群桩效应的基桩下拉荷载可按下式计算：

$$Q_g^n = \eta_n \cdot u \sum_{i=1}^n q_{si}^n l_i \qquad (5.4.4-3)$$

$$\eta_n = s_{ax} \cdot s_{ay} \left/ \left[\pi d \left(\frac{q_s^n}{\gamma_m} + \frac{d}{4} \right) \right] \right. \qquad (5.4.4-4)$$

式中　n ——中性点以上土层数；

l_i ——中性点以上第 i 土层的厚度；

η_n ——负摩阻力群桩效应系数；

s_{ax}、s_{ay} ——分别为纵、横向桩的中心距；

q_s^n ——中性点以上桩周土层厚度加权平均负摩

阻力标准值；

γ_m——中性点以上桩周土层厚度加权平均重度（地下水位以下取浮重度）。

对于单桩基础或按式(5.4.4-4)计算的群桩效应系数 $\eta_n > 1$ 时，取 $\eta_n = 1$。

3 中性点深度 l_n 应按桩周土层沉降与桩沉降相等的条件计算确定，也可参照表5.4.4-2确定。

表 5.4.4-2 中性点深度 l_n

持力层性质	黏性土、粉土	中密以上砂	砾石、卵石	基岩
中性点深度比 l_n/l_0	0.5～0.6	0.7～0.8	0.9	1.0

注：1 l_n、l_0——分别为自桩顶算起的中性点深度和桩周软弱土层下限深度；

2 桩穿过自重湿陷性黄土层时，l_n 可按表列值增大10%（持力层为基岩除外）；

3 当桩周土层固结与桩基固结沉降同时完成时，取 $l_n = 0$；

4 当桩周土层计算沉降量小于20mm时，l_n 应按表列值乘以0.4～0.8折减。

Ⅲ 抗拔桩基承载力验算

5.4.5 承受拔力的桩基，应按下列公式同时验算群桩基础呈整体破坏和呈非整体破坏时基桩的抗拔承载力：

$$N_k \leqslant T_{gk}/2 + G_{gp} \qquad (5.4.5-1)$$
$$N_k \leqslant T_{uk}/2 + G_p \qquad (5.4.5-2)$$

式中　N_k——按荷载效应标准组合计算的基桩拔力；

T_{gk}——群桩呈整体破坏时基桩的抗拔极限承载力标准值，可按本规范第5.4.6条确定；

T_{uk}——群桩呈非整体破坏时基桩的抗拔极限承载力标准值，可按本规范第5.4.6条确定；

G_{gp}——群桩基础所包围体积的桩土总自重除以总桩数，地下水位以下取浮重度；

G_p——基桩自重，地下水位以下取浮重度，对于扩底桩应按本规范表5.4.6-1确定桩、土柱体周长，计算桩、土自重。

5.4.6 群桩基础及其基桩的抗拔极限承载力的确定应符合下列规定：

1 对于设计等级为甲级和乙级建筑桩基，基桩的抗拔极限承载力应通过现场单桩上拔静载荷试验确定。单桩上拔静载荷试验及抗拔极限承载力标准值取值可按现行行业标准《建筑基桩检测技术规范》JGJ 106进行。

2 如无当地经验时，群桩基础及设计等级为丙级建筑桩基，基桩的抗拔极限载力取值可按下列规定计算：

1）群桩呈非整体破坏时，基桩的抗拔极限承载力标准值可按下式计算：

$$T_{uk} = \sum \lambda_i q_{sik} u_i l_i \qquad (5.4.6-1)$$

式中　T_{uk}——基桩抗拔极限承载力标准值；

u_i——桩身周长，对于等直径桩取 $u = \pi d$；对于扩底桩按表5.4.6-1取值；

q_{sik}——桩侧表面第 i 层土的抗压极限侧阻力标准值，可按本规范表5.3.5-1取值；

λ_i——抗拔系数，可按表5.4.6-2取值。

表 5.4.6-1 扩底桩破坏表面周长 u_i

自桩底起算的长度 l_i	$\leqslant (4 \sim 10)d$	$> (4 \sim 10)d$
u_i	πD	πd

注：l_i 对于软土取低值，对于卵石、砾石取高值；l_i 取值按内摩擦角增大而增加。

表 5.4.6-2 抗拔系数 λ

土　类	λ 值
砂土	0.50～0.70
黏性土、粉土	0.70～0.80

注：桩长 l 与桩径 d 之比小于20时，λ 取小值。

2）群桩呈整体破坏时，基桩的抗拔极限承载力标准值可按下式计算：

$$T_{gk} = \frac{1}{n} u_l \sum \lambda_i q_{sik} l_i \qquad (5.4.6-2)$$

式中　u_l——桩群外围周长。

5.4.7 季节性冻土上轻型建筑的短桩基础，应按下列公式验算其抗冻拔稳定性：

$$\eta_f q_f u z_0 \leqslant T_{gk}/2 + N_G + G_{gp} \qquad (5.4.7-1)$$
$$\eta_f q_f u z_0 \leqslant T_{uk}/2 + N_G + G_p \qquad (5.4.7-2)$$

式中　η_f——冻深影响系数，按表5.4.7-1采用；

q_f——切向冻胀力，按表5.4.7-2采用；

z_0——季节性冻土的标准冻深；

T_{gk}——标准冻深线以下群桩呈整体破坏时基桩抗拔极限承载力标准值，可按本规范第5.4.6条确定；

T_{uk}——标准冻深线以下单桩抗拔极限承载力标准值，可按本规范第5.4.6条确定；

N_G——基桩承受的桩承台底面以上建筑物自重、承台及其上土重标准值。

表 5.4.7-1 冻深影响系数 η_f 值

标准冻深（m）	$z_0 \leqslant 2.0$	$2.0 < z_0 \leqslant 3.0$	$z_0 > 3.0$
η_f	1.0	0.9	0.8

表 5.4.7-2 切向冻胀力 q_f （kPa）值

冻胀性分类 土 类	弱冻胀	冻胀	强冻胀	特强冻胀
黏性土、粉土	30～60	60～80	80～120	120～150
砂土、砾（碎）石（黏、粉粒含量>15%）	<10	20～30	40～80	90～200

注：1 表面粗糙的灌注桩，表中数值应乘以系数 1.1～1.3；
　　2 本表不适用于含盐量大于 0.5% 的冻土。

5.4.8 膨胀土上轻型建筑的短桩基础，应按下列公式验算群桩基础呈整体破坏和非整体破坏的抗拔稳定性：

$$u\sum q_{ei}l_{ei} \leqslant T_{gk}/2 + N_G + G_{gp} \quad (5.4.8-1)$$

$$u\sum q_{ei}l_{ei} \leqslant T_{uk}/2 + N_G + G_p \quad (5.4.8-2)$$

式中　T_{gk} ——群桩呈整体破坏时，大气影响急剧层下稳定土层中基桩的抗拔极限承载力标准值，可按本规范第 5.4.6 条计算；

　　　T_{uk} ——群桩呈非整体破坏时，大气影响急剧层下稳定土层中基桩的抗拔极限承载力标准值，可按本规范第 5.4.6 条计算；

　　　q_{ei} ——大气影响急剧层中第 i 层土的极限胀切力，由现场浸水试验确定；

　　　l_{ei} ——大气影响急剧层中第 i 层土的厚度。

5.5 桩基沉降计算

5.5.1 建筑桩基沉降变形计算值不应大于桩基沉降变形允许值。

5.5.2 桩基沉降变形可用下列指标表示：

　　1 沉降量；

　　2 沉降差；

　　3 整体倾斜：建筑物桩基础倾斜方向两端点的沉降差与其距离之比值；

　　4 局部倾斜：墙下条形承台沿纵向某一长度范围内桩基础两点的沉降差与其距离之比值。

5.5.3 计算桩基沉降变形时，桩基变形指标应按下列规定选用：

　　1 由于土层厚度与性质不均匀、荷载差异、体形复杂、相互影响等因素引起的地基沉降变形，对于砌体承重结构应由局部倾斜控制；

　　2 对于多层或高层建筑和高耸结构应由整体倾斜值控制；

　　3 当其结构为框架、框架-剪力墙、框架-核心筒结构时，尚应控制柱（墙）之间的差异沉降。

5.5.4 建筑桩基沉降变形允许值，应按表 5.5.4 规定采用。

表 5.5.4 建筑桩基沉降变形允许值

变 形 特 征		允许值
砌体承重结构基础的局部倾斜		0.002
各类建筑相邻柱（墙）基的沉降差		
（1）框架、框架—剪力墙、框架—核心筒结构		$0.002 l_0$
（2）砌体墙填充的边排柱		$0.0007 l_0$
（3）当基础不均匀沉降时不产生附加应力的结构		$0.005 l_0$
单层排架结构（柱距为6m）桩基的沉降量（mm）		120
桥式吊车轨面的倾斜（按不调整轨道考虑）		
纵向		0.004
横向		0.003
多层和高层建筑的整体倾斜	$H_g \leqslant 24$	0.004
	$24 < H_g \leqslant 60$	0.003
	$60 < H_g \leqslant 100$	0.0025
	$H_g > 100$	0.002
高耸结构桩基的整体倾斜	$H_g \leqslant 20$	0.008
	$20 < H_g \leqslant 50$	0.006
	$50 < H_g \leqslant 100$	0.005
	$100 < H_g \leqslant 150$	0.004
	$150 < H_g \leqslant 200$	0.003
	$200 < H_g \leqslant 250$	0.002
高耸结构基础的沉降量（mm）	$H_g \leqslant 100$	350
	$100 < H_g \leqslant 200$	250
	$200 < H_g \leqslant 250$	150
体型简单的剪力墙结构高层建筑桩基最大沉降量（mm）		200

注：l_0 为相邻柱（墙）二测点间距离，H_g 为自室外地面算起的建筑物高度（m）。

5.5.5 对于本规范表 5.5.4 中未包括的建筑桩基沉降变形允许值，应根据上部结构对桩基沉降变形的适应能力和使用要求确定。

I 桩中心距不大于 6 倍桩径的桩基

5.5.6 对于桩中心距不大于 6 倍桩径的桩基，其最终沉降量计算可采用等效作用分层总和法。等效作用面位于桩端平面，等效作用面积为桩承台投影面积，等效作用附加压力近似取承台底平均附加压力。等效作用面以下的应力分布采用各向同性均质直线变形体理论。计算模式如图 5.5.6 所示，桩基任一点最终沉降量可用角点法按下式计算：

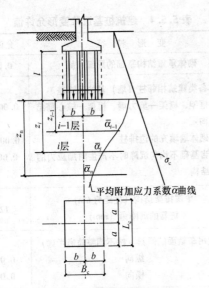

图 5.5.6 桩基沉降计算示意图

$$s = \psi \cdot \psi_e \cdot s'$$
$$= \psi \cdot \psi_e \cdot \sum_{j=1}^{m} p_{0j} \sum_{i=1}^{n} \frac{z_{ij}\bar{\alpha}_{ij} - z_{(i-1)j}\bar{\alpha}_{(i-1)j}}{E_{si}}$$
$$(5.5.6)$$

式中　s ——桩基最终沉降量（mm）；

　　　s' ——采用布辛奈斯克（Boussinesq）解，按实体深基础分层总和法计算出的桩基沉降量（mm）；

　　　ψ ——桩基沉降计算经验系数，当无当地可靠经验时可按本规范第 5.5.11 条确定；

　　　ψ_e ——桩基等效沉降系数，可按本规范第 5.5.9 条确定；

　　　m ——角点法计算点对应的矩形荷载分块数；

　　　p_{0j} ——第 j 块矩形底面在荷载效应准永久组合下的附加压力（kPa）；

　　　n ——桩基沉降计算深度范围内所划分的土层数；

　　　E_{si} ——等效作用面以下第 i 层土的压缩模量（MPa），采用地基土在自重压力至自重压力加附加压力作用时的压缩模量；

　　　z_{ij}、$z_{(i-1)j}$ ——桩端平面第 j 块荷载作用面至第 i 层土、第 $i-1$ 层土底面的距离（m）；

　　　$\bar{\alpha}_{ij}$、$\bar{\alpha}_{(i-1)j}$ ——桩端平面第 j 块荷载计算点至第 i 层土、第 $i-1$ 层土底面深度范围内平均附加应力系数，可按本规范附录 D 选用。

5.5.7　计算矩形桩基中点沉降时，桩基沉降量可按下式简化计算：

$$s = \psi \cdot \psi_e \cdot s' = 4 \cdot \psi \cdot \psi_e \cdot p_0 \sum_{i=1}^{n} \frac{z_i\bar{\alpha}_i - z_{i-1}\bar{\alpha}_{i-1}}{E_{si}}$$
$$(5.5.7)$$

式中　p_0 ——在荷载效应准永久组合下承台底的平均附加压力；

　　　$\bar{\alpha}_i$、$\bar{\alpha}_{i-1}$ ——平均附加应力系数，根据矩形长宽比 a/b 及深宽比 $\frac{z_i}{b} = \frac{2z_i}{B_c}$，$\frac{z_{i-1}}{b} = \frac{2z_{i-1}}{B_c}$，可按本规范附录 D 选用。

5.5.8　桩基沉降计算深度 z_n 应按应力比法确定，即计算深度处的附加应力 σ_z 与土的自重应力 σ_c 应符合下列公式要求：

$$\sigma_z \leqslant 0.2\sigma_c \qquad (5.5.8-1)$$

$$\sigma_z = \sum_{j=1}^{m} a_j p_{0j} \qquad (5.5.8-2)$$

式中　a_j ——附加应力系数，可根据角点法划分的矩形长宽比及深宽比按本规范附录 D 选用。

5.5.9　桩基等效沉降系数 ψ_e 可按下列公式简化计算：

$$\psi_e = C_0 + \frac{n_b - 1}{C_1(n_b - 1) + C_2} \qquad (5.5.9-1)$$

$$n_b = \sqrt{n \cdot B_c / L_c} \qquad (5.5.9-2)$$

式中　n_b ——矩形布桩时的短边布桩数，当布桩不规则时可按式（5.5.9-2）近似计算，$n_b > 1$；$n_b = 1$ 时，可按本规范式（5.5.14）计算；

　　　C_0、C_1、C_2 ——根据群桩距径比 s_a/d、长径比 l/d 及基础长宽比 L_c/B_c，按本规范附录 E 确定；

　　　L_c、B_c、n ——分别为矩形承台的长、宽及总桩数。

5.5.10　当布桩不规则时，等效距径比可按下列公式近似计算：

　　圆形桩　$s_a/d = \sqrt{A}/(\sqrt{n} \cdot d) \qquad (5.5.10-1)$

　　方形桩　$s_a/d = 0.886\sqrt{A}/(\sqrt{n} \cdot b) \qquad (5.5.10-2)$

式中　A ——桩基承台总面积；

　　　b ——方形桩截面边长。

5.5.11　当无当地可靠经验时，桩基沉降计算经验系数 ψ 可按表 5.5.11 选用。对于采用后注浆施工工艺的灌注桩，桩基沉降计算经验系数应根据桩端持力土层类别，乘以 0.7（砂、砾、卵石）～0.8（黏性土、粉土）折减系数；饱和土中采用预制桩（不含复打、复压、引孔沉桩）时，应根据桩距、土质、沉桩速率和顺序等因素，乘以 1.3～1.8 挤土效应系数，土的渗透性低，桩距小，桩数多，沉降速率快时取大值。

表 5.5.11　桩基沉降计算经验系数 ψ

$\overline{E}_s$(MPa)	$\leqslant 10$	15	20	35	$\geqslant 50$
ψ	1.2	0.9	0.65	0.50	0.40

注：1　$\overline{E}_s$ 为沉降计算深度范围内压缩模量的当量值，可按下式计算：$\overline{E}_s = \sum A_i / \sum \dfrac{A_i}{E_{si}}$，式中 A_i 为第 i 层土附加压力系数沿土层厚度的积分值，可近似按分块面积计算；

2　ψ 可根据 $\overline{E}_s$ 内插取值。

5.5.12　计算桩基沉降时，应考虑相邻基础的影响，采用叠加原理计算；桩基等效沉降系数可按独立基础计算。

5.5.13　当桩基形状不规则时，可采用等效矩形面积计算桩基等效沉降系数，等效矩形的长宽比可根据承台实际尺寸和形状确定。

Ⅱ　单桩、单排桩、疏桩基础

5.5.14　对于单桩、单排桩、桩中心距大于 6 倍桩径的疏桩基础的沉降计算应符合下列规定：

1　承台底地基土不分担荷载的桩基。桩端平面以下地基中由基桩引起的附加应力，按考虑桩径影响的明德林（Mindlin）解附录 F 计算确定。将沉降计算点水平面影响范围内各基桩对应力计算点产生的附加应力叠加，采用单向压缩分层总和法计算土层的沉降，并计入桩身压缩 s_e。桩基的最终沉降量可按下列公式计算：

$$s = \psi \sum_{i=1}^{n} \frac{\sigma_{zi}}{E_{si}} \Delta z_i + s_e \qquad (5.5.14\text{-}1)$$

$$\sigma_{zi} = \sum_{j=1}^{m} \frac{Q_j}{l_j^2} \left[\alpha_j I_{p,ij} + (1-\alpha_j) I_{s,ij} \right] \qquad (5.5.14\text{-}2)$$

$$s_e = \xi_e \frac{Q_j l_j}{E_c A_{ps}} \qquad (5.5.14\text{-}3)$$

2　承台底地基土分担荷载的复合桩基。将承台底土压力对地基中某点产生的附加应力按 Boussinesq 解（附录 D）计算，与基桩产生的附加应力叠加，采用与本条第 1 款相同方法计算沉降。其最终沉降量可按下列公式计算：

$$s = \psi \sum_{i=1}^{n} \frac{\sigma_{zi} + \sigma_{zci}}{E_{si}} \Delta z_i + s_e \qquad (5.5.14\text{-}4)$$

$$\sigma_{zci} = \sum_{k=1}^{u} \alpha_{ki} \cdot p_{c,k} \qquad (5.5.14\text{-}5)$$

式中　m —— 以沉降计算点为圆心，0.6 倍桩长为半径的水平面影响范围内的基桩数；

n —— 沉降计算深度范围内土层的计算分层数；分层数应结合土层性质，分层厚度不应超过计算深度的 0.3 倍；

σ_{zi} —— 水平面影响范围内各基桩对应力计算点桩端平面以下第 i 层土 1/2 厚度处产生的附加竖向应力之和；应力计算点应取与沉降计算点最近的桩中心点；

σ_{zci} —— 承台压力对应力计算点桩端平面以下第 i 计算土层 1/2 厚度处产生的应力；可将承台板划分为 u 个矩形块，可按本规范附录 D 采用角点法计算；

Δz_i —— 第 i 计算土层厚度（m）；

E_{si} —— 第 i 计算土层的压缩模量（MPa），采用土的自重压力至土的自重压力加附加压力作用时的压缩模量；

Q_j —— 第 j 桩在荷载效应准永久组合作用下（对于复合桩基应扣除承台底土分担荷载），桩顶的附加荷载（kN）；当地下室埋深超过 5m 时，取荷载效应准永久组合作用下的总荷载为考虑回弹再压缩的等代附加荷载；

l_j —— 第 j 桩桩长（m）；

A_{ps} —— 桩身截面面积；

α_j —— 第 j 桩总桩端阻力与桩顶荷载之比，近似取极限总端阻力与单桩极限承载力之比；

$I_{p,ij}$，$I_{s,ij}$ —— 分别为第 j 桩的桩端阻力和桩侧阻力对计算轴线第 i 计算土层 1/2 厚度处的应力影响系数，可按本规范附录 F 确定；

E_c —— 桩身混凝土的弹性模量；

$p_{c,k}$ —— 第 k 块承台底均布压力，可按 $p_{c,k} = \eta_{c,k} \cdot f_{ak}$ 取值，其中 $\eta_{c,k}$ 为第 k 块承台底板的承台效应系数，按本规范表 5.2.5 确定；f_{ak} 为承台底地基承载力特征值；

α_{ki} —— 第 k 块承台底角点处，桩端平面以下第 i 计算土层 1/2 厚度处的附加应力系数，可按本规范附录 D 确定；

s_e —— 计算桩身压缩；

ξ_e —— 桩身压缩系数。端承型桩，取 $\xi_e = 1.0$；摩擦型桩，当 $l/d \leqslant 30$ 时，取 $\xi_e = 2/3$；$l/d \geqslant 50$ 时，取 $\xi_e = 1/2$；介于两者之间可线性插值；

ψ —— 沉降计算经验系数，无当地经验时，可取 1.0。

5.5.15　对于单桩、单排桩、疏桩复合桩基础的最终沉降计算深度 Z_n，可按应力比法确定，即 Z_n 处由桩引起的附加应力 σ_z、由承台土压力引起的附加应力 σ_{zc} 与土的自重应力 σ_c 应符合下式要求：

$$\sigma_z + \sigma_{zc} = 0.2\sigma_c \qquad (5.5.15)$$

5.6　软土地基减沉复合疏桩基础

5.6.1　当软土地基上多层建筑，地基承载力基本满足要求（以底层平面面积计算）时，可设置穿过软土层进入相对较好土层的疏布摩擦型桩，由桩和桩间土共同分担荷载。该种减沉复合疏桩基础，可按下列公式确定承台面积和桩数：

$$A_c = \xi \frac{F_k + G_k}{f_{ak}} \quad (5.6.1\text{-}1)$$

$$n \geqslant \frac{F_k + G_k - \eta_c f_{ak} A_c}{R_a} \quad (5.6.1\text{-}2)$$

式中　A_c——桩基承台总净面积；
　　　f_{ak}——承台底地基承载力特征值；
　　　ξ——承台面积控制系数，$\xi \geqslant 0.60$；
　　　n——基桩数；
　　　η_c——桩基承台效应系数，可按本规范表5.2.5取值。

5.6.2 减沉复合疏桩基础中点沉降可按下列公式计算：

$$s = \psi(s_s + s_{sp}) \quad (5.6.2\text{-}1)$$

$$s_s = 4p_0 \sum_{i=1}^{m} \frac{z_i \overline{\alpha}_i - z_{(i-1)} \overline{\alpha}_{(i-1)}}{E_{si}} \quad (5.6.2\text{-}2)$$

$$s_{sp} = 280 \frac{\overline{q}_{su}}{\overline{E}_s} \cdot \frac{d}{(s_a/d)^2} \quad (5.6.2\text{-}3)$$

$$p_0 = \eta_p \frac{F - nR_a}{A_c} \quad (5.6.2\text{-}4)$$

式中　s——桩基中心点沉降量；
　　　s_s——由承台底地基土附加压力作用下产生的中点沉降（见图5.6.2）；
　　　s_{sp}——由桩土相互作用产生的沉降；
　　　p_0——按荷载效应准永久值组合计算的假想天然地基平均附加压力（kPa）；
　　　E_{si}——承台底以下第 i 层土的压缩模量，应取自重压力至自重压力与附加压力段的模量值；
　　　m——地基沉降计算深度范围的土层数；沉降计算深度按 $\sigma_z = 0.1\sigma_c$ 确定，σ_z 可按本规范第5.5.8条确定；
　　　$\overline{q}_{su}$、$\overline{E}_s$——桩身范围内按厚度加权的平均桩侧极限摩阻力、平均压缩模量；
　　　d——桩身直径，当为方形桩时，$d=1.27b$（b 为方形桩截面边长）；
　　　s_a/d——等效距径比，可按本规范第5.5.10条执行；
　　　$z_i、z_{i-1}$——承台底至第 i 层、第 $i-1$ 层土底面的距离；
　　　$\overline{\alpha}_i、\overline{\alpha}_{i-1}$——承台底至第 i 层、第 $i-1$ 层土层底范围内的角点平均附加应力系数；根据承台等效面积的计算分块矩形长宽比 a/b 及深宽比 $z_i/b=2z_i/B_c$，由本规范附录D确定；其中承台等效宽度 $B_c = B\sqrt{A_c}/L$；$B、L$ 为建筑物基础外缘平

面的宽度和长度；
　　　F——荷载效应准永久值组合下，作用于承台底的总附加荷载（kN）；
　　　η_p——基桩刺入变形影响系数；按桩端持力层土质确定，砂土为1.0，粉土为1.15，黏性土为1.30；
　　　ψ——沉降计算经验系数，无当地经验时，可取1.0。

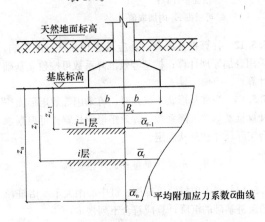

图5.6.2　复合疏桩基础沉降计算的分层示意图

5.7　桩基水平承载力与位移计算

Ⅰ　单桩基础

5.7.1 受水平荷载的一般建筑物和水平荷载较小的高大建筑物单桩基础和群桩中基桩应满足下式要求：

$$H_{ik} \leqslant R_h \quad (5.7.1)$$

式中　H_{ik}——在荷载效应标准组合下，作用于基桩 i 桩顶处的水平力；
　　　R_h——单桩基础或群桩中基桩的水平承载力特征值，对于单桩基础，可取单桩的水平承载力特征值 R_{ha}。

5.7.2 单桩的水平承载力特征值的确定应符合下列规定：

　1 对于受水平荷载较大的设计等级为甲级、乙级的建筑桩基，单桩水平承载力特征值应通过单桩水平静载试验确定，试验方法可按现行行业标准《建筑基桩检测技术规范》JGJ 106执行。

　2 对于钢筋混凝土预制桩、钢桩、桩身配筋率不小于0.65%的灌注桩，可根据静载试验结果取地面处水平位移为10mm（对于水平位移敏感的建筑物取水平位移6mm）所对应的荷载的75%为单桩水平承载力特征值。

　3 对于桩身配筋率小于0.65%的灌注桩，可取单桩水平静载试验的临界荷载的75%为单桩水平承载力特征值。

　4 当缺少单桩水平静载试验资料时，可按下列

公式估算桩身配筋率小于 0.65% 的灌注桩的单桩水平承载力特征值：

$$R_{ha} = \frac{0.75\alpha\gamma_m f_t W_0}{\nu_M}(1.25 + 22\rho_g)\left(1 \pm \frac{\zeta_N N_k}{\gamma_m f_t A_n}\right)$$

$$(5.7.2-1)$$

式中 α——桩的水平变形系数，按本规范第 5.7.5 条确定；

R_{ha}——单桩水平承载力特征值，±号根据桩顶竖向力性质确定，压力取"+"，拉力取"—"；

γ_m——桩截面模量塑性系数，圆形截面 $\gamma_m = 2$，矩形截面 $\gamma_m = 1.75$；

f_t——桩身混凝土抗拉强度设计值；

W_0——桩身换算截面受拉边缘的截面模量，圆形截面为：

$$W_0 = \frac{\pi d}{32}[d^2 + 2(\alpha_E - 1)\rho_g d_0^2]$$

方形截面为：$W_0 = \frac{b}{6}[b^2 + 2(\alpha_E - 1)\rho_g b_0^2]$，其中 d 为桩直径，d_0 为扣除保护层厚度的桩直径；b 为方形截面边长，b_0 为扣除保护层厚度的桩截面宽度；α_E 为钢筋弹性模量与混凝土弹性模量的比值；

ν_M——桩身最大弯距系数，按表 5.7.2 取值，当单桩基础和单排桩基纵向轴线与水平力方向相垂直时，按桩顶铰接考虑；

ρ_g——桩身配筋率；

A_n——桩身换算截面积，圆形截面为：$A_n = \frac{\pi d^2}{4}[1 + (\alpha_E - 1)\rho_g]$；方形截面为：$A_n = b^2[1 + (\alpha_E - 1)\rho_g]$

ζ_N——桩顶竖向力影响系数，竖向压力取 0.5；竖向拉力取 1.0；

N_k——在荷载效应标准组合下桩顶的竖向力（kN）。

表 5.7.2 桩顶（身）最大弯矩系数 ν_M 和桩顶水平位移系数 ν_x

桩顶约束情况	桩的换算埋深（αh）	ν_M	ν_x
铰接、自由	4.0	0.768	2.441
	3.5	0.750	2.502
	3.0	0.703	2.727
	2.8	0.675	2.905
	2.6	0.639	3.163
	2.4	0.601	3.526
固接	4.0	0.926	0.940
	3.5	0.934	0.970
	3.0	0.967	1.028
	2.8	0.990	1.055
	2.6	1.018	1.079
	2.4	1.045	1.095

注：1 铰接（自由）的 ν_M 系桩身的最大弯矩系数，固接的 ν_M 系桩顶的最大弯矩系数；

2 当 $\alpha h > 4$ 时取 $\alpha h = 4.0$。

5 对于混凝土护壁的挖孔桩，计算单桩水平承载力时，其设计桩径取护壁内直径。

6 当桩的水平承载力由水平位移控制，且缺少单桩水平静载试验资料时，可按下式估算预制桩、钢桩、桩身配筋率不小于 0.65% 的灌注桩单桩水平承载力特征值：

$$R_{ha} = 0.75\frac{\alpha^3 EI}{\nu_x}\chi_{0a} \qquad (5.7.2-2)$$

式中 EI——桩身抗弯刚度，对于钢筋混凝土桩，$EI = 0.85E_c I_0$；其中 E_c 为混凝土弹性模量，I_0 为桩身换算截面惯性矩；圆形截面为 $I_0 = W_0 d_0/2$；矩形截面为 $I_0 = W_0 b_0/2$；

χ_{0a}——桩顶允许水平位移；

ν_x——桩顶水平位移系数，按表 5.7.2 取值，取值方法同 ν_M。

7 验算永久荷载控制的桩基的水平承载力时，应将上述 2~5 款方法确定的单桩水平承载力特征值乘以调整系数 0.80；验算地震作用桩基的水平承载力时，应将按上述 2~5 款方法确定的单桩水平承载力特征值乘以调整系数 1.25。

Ⅱ 群桩基础

5.7.3 群桩基础（不含水平力垂直于单排桩基纵向轴线和力矩较大的情况）的基桩水平承载力特征值应考虑由承台、桩群、土相互作用产生的群桩效应，可按下列公式确定：

$$R_h = \eta_h R_{ha} \qquad (5.7.3-1)$$

考虑地震作用且 $s_a/d \leqslant 6$ 时：

$$\eta_h = \eta_i \eta_r + \eta_l \qquad (5.7.3-2)$$

$$\eta_i = \frac{\left(\frac{s_a}{d}\right)^{0.015n_2 + 0.45}}{0.15n_1 + 0.10n_2 + 1.9} \qquad (5.7.3-3)$$

$$\eta_l = \frac{m\chi_{0a}B'_c h_c^2}{2n_1 n_2 R_{ha}} \qquad (5.7.3-4)$$

$$\chi_{0a} = \frac{R_{ha}\nu_x}{\alpha^3 EI} \qquad (5.7.3-5)$$

其他情况： $\eta_h = \eta_i \eta_r + \eta_l + \eta_b \qquad (5.7.3-6)$

$$\eta_b = \frac{\mu P_c}{n_1 n_2 R_h} \qquad (5.7.3-7)$$

$$B'_c = B_c + 1 \qquad (5.7.3-8)$$

$$P_c = \eta_c f_{ak}(A - nA_{ps}) \qquad (5.7.3-9)$$

式中 η_h——群桩效应综合系数；

η_i——桩的相互影响效应系数；

η_r——桩顶约束效应系数（桩顶嵌入承台长度 50~100mm 时），按表 5.7.3-1 取值；

η_l——承台侧向土水平抗力效应系数（承台外围回填土为松散状态时取 $\eta_l = 0$）；

η_b ——承台底摩阻效应系数；

s_a/d ——沿水平荷载方向的距径比；

n_1，n_2 ——分别为沿水平荷载方向与垂直水平荷载方向每排桩中的桩数；

m ——承台侧向土水平抗力系数的比例系数，当无试验资料时可按本规范表5.7.5取值；

χ_{0a} ——桩顶（承台）的水平位移允许值，当以位移控制时，可取 $\chi_{0a}=10mm$（对水平位移敏感的结构物取 $\chi_{0a}=6mm$）；当以桩身强度控制（低配筋率灌注桩）时，可近似按本规范式（5.7.3-5）确定；

B'_c ——承台受侧向土抗力一边的计算宽度（m）；

B_c ——承台宽度（m）；

h_c ——承台高度（m）；

μ ——承台底与地基土间的摩擦系数，可按表5.7.3-2取值；

P_c ——承台底地基土分担的竖向总荷载标准值；

η_c ——按本规范第5.2.5条确定；

A ——承台总面积；

A_{ps} ——桩身截面面积。

表 5.7.3-1 桩顶约束效应系数 η_r

换算深度 αh	2.4	2.6	2.8	3.0	3.5	≥4.0
位移控制	2.58	2.34	2.20	2.13	2.07	2.05
强度控制	1.44	1.57	1.71	1.82	2.00	2.07

注：$\alpha=\sqrt[5]{\dfrac{mb_0}{EI}}$，$h$ 为桩的入土长度。

表 5.7.3-2 承台底与地基土间的摩擦系数 μ

土的类别		摩擦系数 μ
黏性土	可塑	0.25～0.30
	硬塑	0.30～0.35
	坚硬	0.35～0.45
粉土	密实、中密（稍湿）	0.30～0.40
中砂、粗砂、砾砂		0.40～0.50
碎石土		0.40～0.60
软岩、软质岩		0.40～0.60
表面粗糙的较硬岩、坚硬岩		0.65～0.75

5.7.4 计算水平荷载较大和水平地震作用、风载作用的带地下室的高大建筑物桩基的水平位移时，可考虑地下室侧墙、承台、桩群、土共同作用，按本规范附录C方法计算基桩内力和变位，与水平外力作用

平面相垂直的单排桩基础可按本规范附录C中表C.0.3-1计算。

5.7.5 桩的水平变形系数和地基土水平抗力系数的比例系数 m 可按下列规定确定：

1 桩的水平变形系数 α（1/m）

$$\alpha=\sqrt[5]{\frac{mb_0}{EI}} \qquad (5.7.5)$$

式中 m ——桩侧土水平抗力系数的比例系数；

b_0 ——桩身的计算宽度（m）；

圆形桩：当直径 $d\leqslant 1m$ 时，$b_0=0.9(1.5d+0.5)$；

当直径 $d>1m$ 时，$b_0=0.9(d+1)$；

方形桩：当边宽 $b\leqslant 1m$ 时，$b_0=1.5b+0.5$；

当边宽 $b>1m$ 时，$b_0=b+1$；

EI ——桩身抗弯刚度，按本规范第5.7.2条的规定计算。

2 地基土水平抗力系数的比例系数 m，宜通过单桩水平静载试验确定，当无静载试验资料时，可按表5.7.5取值。

表 5.7.5 地基土水平抗力系数的比例系数 m 值

序号	地基土类别	预制桩、钢桩		灌注桩	
		m (MN/m⁴)	相应单桩在地面处水平位移（mm）	m (MN/m⁴)	相应单桩在地面处水平位移（mm）
1	淤泥；淤泥质土；饱和湿陷性黄土	2～4.5	10	2.5～6	6～12
2	流塑（$I_L>1$）、软塑（$0.75<I_L\leqslant 1$）状黏性土；$e>0.9$ 粉土；松散粉细砂；松散、稍密填土	4.5～6.0	10	6～14	4～8
3	可塑（$0.25<I_L\leqslant 0.75$）状黏性土、湿陷性黄土；$e=0.75\sim 0.9$ 粉土；中密填土；稍密细砂	6.0～10	10	14～35	3～6
4	硬塑（$0<I_L\leqslant 0.25$）、坚硬（$I_L\leqslant 0$）状黏性土、湿陷性黄土；$e<0.75$ 粉土；中密的中粗砂；密实老填土	10～22	10	35～100	2～5

续表 5.7.5

序号	地基土类别	预制桩、钢桩		灌注桩	
		m (MN/ m^4)	相应单桩在地面处水平位移 (mm)	m (MN/ m^4)	相应单桩在地面处水平位移 (mm)
5	中密、密实的砾砂、碎石类土	—	—	100～300	1.5～3

注：1 当桩顶水平位移大于表列数值或灌注桩配筋率较高（≥0.65%）时，m 值应适当降低；当预制桩的水平向位移小于 10mm 时，m 值可适当提高；

2 当水平荷载为长期或经常出现的荷载时，应将表列数值乘以 0.4 降低采用；

3 当地基为可液化土层时，应将表列数值乘以本规范表 5.3.12 中相应的系数 ψ_l。

5.8 桩身承载力与裂缝控制计算

5.8.1 桩身应进行承载力和裂缝控制计算。计算时应考虑桩身材料强度、成桩工艺、吊运与沉桩、约束条件、环境类别等因素，除按本节有关规定执行外，尚应符合现行国家标准《混凝土结构设计规范》GB 50010、《钢结构设计规范》GB 50017 和《建筑抗震设计规范》GB 50011 的有关规定。

Ⅰ 受 压 桩

5.8.2 钢筋混凝土轴心受压桩正截面受压承载力应符合下列规定：

1 当桩顶以下 5d 范围的桩身螺旋式箍筋间距不大于 100mm，且符合本规范第 4.1.1 条规定时：

$$N \leqslant \psi_c f_c A_{ps} + 0.9 f'_y A'_s \quad (5.8.2-1)$$

2 当桩身配筋不符合上述 1 款规定时：

$$N \leqslant \psi_c f_c A_{ps} \quad (5.8.2-2)$$

式中 N——荷载效应基本组合下的桩顶轴向压力设计值；

ψ_c——基桩成桩工艺系数，按本规范第 5.8.3 条规定取值；

f_c——混凝土轴心抗压强度设计值；

f'_y——纵向主筋抗压强度设计值；

A'_s——纵向主筋截面面积。

5.8.3 基桩成桩工艺系数 ψ_c 应按下列规定取值：

1 混凝土预制桩、预应力混凝土空心桩：$\psi_c = 0.85$；

2 干作业非挤土灌注桩：$\psi_c = 0.90$；

3 泥浆护壁和套管护壁非挤土灌注桩、部分挤土灌注桩、挤土灌注桩：$\psi_c = 0.7 \sim 0.8$；

4 软土地区挤土灌注桩：$\psi_c = 0.6$。

5.8.4 计算轴心受压混凝土桩正截面受压承载力时，一般取稳定系数 $\varphi = 1.0$。对于高承台基桩、桩身穿越可液化土或不排水抗剪强度小于 10kPa 的软弱土层的基桩，应考虑压屈影响，可按本规范式（5.8.2-1）、式（5.8.2-2）计算所得桩身正截面受压承载力乘以 φ 折减。其稳定系数 φ 可根据桩身压屈计算长度 l_c 和桩的设计直径 d（或矩形桩短边尺寸 b）确定。桩身压屈计算长度可根据桩顶的约束情况、桩身露出地面的自由长度 l_0、桩的入土长度 h、桩侧和桩底的土质条件按表 5.8.4-1 确定。桩的稳定系数 φ 可按表 5.8.4-2 确定。

表 5.8.4-1 桩身压屈计算长度 l_c

注：1 表中 $\alpha = \sqrt[5]{\dfrac{mb_0}{EI}}$；

2 l_0 为高承台基桩露出地面的长度，对于低承台桩基，$l_0 = 0$；

3 h 为桩的入土长度，当桩侧有厚度为 d_l 的液化土层时，桩露出地面长度 l_0 和桩的入土长度 h 分别调整为，$l'_0 = l_0 + \psi_l d_l$，$h' = h - \psi_l d_l$，ψ_l 按表 5.3.12 取值。

表 5.8.4-2　桩身稳定系数 φ

l_c/d	≤7	8.5	10.5	12	14	15.5	17	19	21	22.5	24	26	28	29.5	31	33	34.5	36.5	38	40	41.5	43
l_c/b	≤8	10	12	14	16	18	20	22	24	26	28	30	32	34	36	38	40	42	44	46	48	50
φ	1.00	0.98	0.95	0.92	0.87	0.81	0.75	0.70	0.65	0.60	0.56	0.52	0.48	0.44	0.40	0.36	0.32	0.29	0.26	0.23	0.21	0.19

注：b 为矩形桩短边尺寸，d 为桩直径。

5.8.5 计算偏心受压混凝土桩正截面受压承载力时，可不考虑偏心距的增大影响，但对于高承台基桩、桩身穿越可液化土或不排水抗剪强度小于 10kPa 的软弱土层的基桩，应考虑桩身在弯矩作用平面内的挠曲对轴向力偏心距的影响，应将轴向力对截面重心的初始偏心矩 e_i 乘以偏心距增大系数 η，偏心距增大系数 η 的具体计算方法可按现行国家标准《混凝土结构设计规范》GB 50010 执行。

5.8.6 对于打入式钢管桩，可按以下规定验算桩身局部压屈：

1 当 $t/d = \dfrac{1}{50} \sim \dfrac{1}{80}$，$d \leqslant 600$mm，最大锤击压应力小于钢材强度设计值时，可不进行局部压屈验算；

2 当 $d > 600$mm，可按下式验算：

$$t/d \geqslant f'_y/0.388E \qquad (5.8.6\text{-}1)$$

3 当 $d \geqslant 900$mm，除按（5.8.6-1）式验算外，尚应按下式验算：

$$t/d \geqslant \sqrt{f'_y/14.5E} \qquad (5.8.6\text{-}2)$$

式中　t、d——钢管桩壁厚、外径；

　　　E、f'_y——钢材弹性模量、抗压强度设计值。

Ⅱ　抗　拔　桩

5.8.7 钢筋混凝土轴心抗拔桩的正截面受拉承载力应符合下式规定：

$$N \leqslant f_y A_s + f_{py} A_{py} \qquad (5.8.7)$$

式中　N——荷载效应基本组合下桩顶轴向拉力设计值；

　　f_y、f_{py}——普通钢筋、预应力钢筋的抗拉强度设计值；

　　A_s、A_{py}——普通钢筋、预应力钢筋的截面面积。

5.8.8 对于抗拔桩的裂缝控制计算应符合下列规定：

1 对于严格要求不出现裂缝的一级裂缝控制等级预应力混凝土基桩，在荷载效应标准组合下混凝土不应产生拉应力，应符合下式要求：

$$\sigma_{ck} - \sigma_{pc} \leqslant 0 \qquad (5.8.8\text{-}1)$$

2 对于一般要求不出现裂缝的二级裂缝控制等级预应力混凝土基桩，在荷载效应标准组合下的拉应力不应大于混凝土轴心受拉强度标准值，应符合下列公式要求：

在荷载效应标准组合下：$\sigma_{ck} - \sigma_{pc} \leqslant f_{tk}$

$$(5.8.8\text{-}2)$$

在荷载效应准永久组合下：$\sigma_{cq} - \sigma_{pc} \leqslant 0$

$$(5.8.8\text{-}3)$$

3 对于允许出现裂缝的三级裂缝控制等级基桩，

按荷载效应标准组合计算的最大裂缝宽度应符合下列规定：

$$w_{max} \leqslant w_{lim} \qquad (5.8.8\text{-}4)$$

式中　σ_{ck}、σ_{cq}——荷载效应标准组合、准永久组合下正截面法向应力；

　　　σ_{pc}——扣除全部应力损失后，桩身混凝土的预应力；

　　　f_{tk}——混凝土轴心抗拉强度标准值；

　　　w_{max}——按荷载效应标准组合计算的最大裂缝宽度，可按现行国家标准《混凝土结构设计规范》GB 50010 计算；

　　　w_{lim}——最大裂缝宽度限值，按本规范表 3.5.3 取用。

5.8.9 当考虑地震作用验算桩身抗拔承载力时，应根据现行国家标准《建筑抗震设计规范》GB 50011 的规定，对作用于桩顶的地震作用效应进行调整。

Ⅲ　受水平作用桩

5.8.10 对于受水平荷载和地震作用的桩，其桩身受弯承载力和受剪承载力的验算应符合下列规定：

1 对于桩顶固端的桩，应验算桩顶正截面弯矩；对于桩顶自由或铰接的桩，应验算桩身最大弯矩截面处的正截面弯矩；

2 应验算桩顶斜截面的受剪承载力；

3 桩身所承受最大弯矩和水平剪力的计算，可按本规范附录 C 计算；

4 桩身正截面受弯承载力和斜截面受剪承载力，应按现行国家标准《混凝土结构设计规范》GB 50010 执行；

5 当考虑地震作用验算桩身正截面受弯和斜截面受剪承载力时，应根据现行国家标准《建筑抗震设计规范》GB 50011 的规定，对作用于桩顶的地震作用效应进行调整。

Ⅳ　预制桩吊运和锤击验算

5.8.11 预制桩吊运时单吊点和双吊点的设置，应按吊点（或支点）跨间正弯矩与吊点处的负弯矩相等的原则进行布置。考虑预制桩吊运时可能受到冲击和振动的影响，计算吊运弯矩和吊运拉力时，可将桩身重力乘以 1.5 的动力系数。

5.8.12 对于裂缝控制等级为一级、二级的混凝土预制桩、预应力混凝土管桩，可按下列规定验算桩身的锤击压应力和锤击拉应力：

1 最大锤击压应力 σ_p 可按下式计算：

$$\sigma_{p} = \frac{\alpha\sqrt{2eE\gamma_{p}H}}{\left[1+\dfrac{A_{c}}{A_{H}}\sqrt{\dfrac{E_{c}\cdot\gamma_{c}}{E_{H}\cdot\gamma_{H}}}\right]\left[1+\dfrac{A}{A_{c}}\sqrt{\dfrac{E\cdot\gamma_{p}}{E_{c}\cdot\gamma_{c}}}\right]}$$

(5.8.12)

式中 σ_{p}——桩的最大锤击压应力;

α——锤型系数;自由落锤为 1.0;柴油锤取 1.4;

e——锤击效率系数;自由落锤为 0.6;柴油锤取 0.8;

$\tilde{A}_{H}$、A_{c}、A——锤、桩垫、桩的实际断面面积;

E_{H}、E_{c}、E——锤、桩垫、桩的纵向弹性模量;

γ_{H}、γ_{c}、γ_{p}——锤、桩垫、桩的重度;

H——锤落距。

2 当桩需穿越软土层或桩存在变截面时,可按表 5.8.12 确定桩身的最大锤击拉应力。

表 5.8.12 最大锤击拉应力 σ_{t} 建议值(kPa)

应力类别	桩 类	建 议 值	出现部位
桩轴向拉应力值	预应力混凝土管桩	$(0.33\sim0.5)\sigma_{p}$	①桩刚穿越软土层时;②距桩尖 $(0.5\sim0.7)$ 倍桩长处
	混凝土及预应力混凝土桩	$(0.25\sim0.33)\sigma_{p}$	
桩截面环向拉应力或侧向拉应力	预应力混凝土管桩	$0.25\sigma_{p}$	最大锤击压应力相应的截面
	混凝土及预应力混凝土桩(侧向)	$(0.22\sim0.25)\sigma_{p}$	

3 最大锤击压应力和最大锤击拉应力分别不应超过混凝土的轴心抗压强度设计值和轴心抗拉强度设计值。

5.9 承 台 计 算

Ⅰ 受 弯 计 算

5.9.1 桩基承台应进行正截面受弯承载力计算。承台弯距可按本规范第 5.9.2~5.9.5 条的规定计算,受弯承载力和配筋可按现行国家标准《混凝土结构设计规范》GB 50010 的规定进行。

5.9.2 柱下独立桩基承台的正截面弯矩设计值可按下列规定计算:

1 两桩条形承台和多桩矩形承台弯矩计算截面取在柱边和承台变阶处[见图 5.9.2(a)],可按下列公式计算:

$$M_{x} = \sum N_{i}y_{i} \tag{5.9.2-1}$$

$$M_{y} = \sum N_{i}x_{i} \tag{5.9.2-2}$$

式中 M_{x}、M_{y}——分别为绕 X 轴和绕 Y 轴方向计算截面处的弯矩设计值;

x_{i}、y_{i}——垂直 Y 轴和 X 轴方向自桩轴线到相应计算截面的距离;

N_{i}——不计承台及其上土重,在荷载效应基本组合下的第 i 基桩或复合基桩竖向反力设计值。

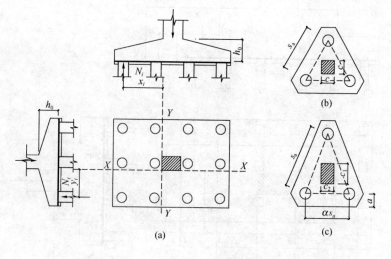

图 5.9.2 承台弯矩计算示意
(a) 矩形多桩承台;(b) 等边三桩承台;(c) 等腰三桩承台

2 三桩承台的正截面弯距值应符合下列要求:

1) 等边三桩承台[见图 5.9.2(b)]

$$M = \frac{N_{\max}}{3}\left(s_{a}-\frac{\sqrt{3}}{4}c\right) \tag{5.9.2-3}$$

式中 M——通过承台形心至各边边缘正交截面范围内板带的弯矩设计值;

$N_{\max}$——不计承台及其上土重,在荷载效应基本组合下三桩中最大基桩或复合基桩竖向反力设计值;

s_{a}——桩中心距;

c ——方柱边长，圆柱时 $c = 0.8d$ （d 为圆柱直径）。

2）等腰三桩承台［见图 5.9.2（c）］

$$M_1 = \frac{N_{max}}{3}\left(s_a - \frac{0.75}{\sqrt{4 - \alpha^2}}c_1\right) \quad (5.9.2\text{-}4)$$

$$M_2 = \frac{N_{max}}{3}\left(\alpha s_a - \frac{0.75}{\sqrt{4 - \alpha^2}}c_2\right) \quad (5.9.2\text{-}5)$$

式中 M_1、M_2 ——分别为通过承台形心至两腰边缘和底边边缘正交截面范围内板带的弯矩设计值；

s_a ——长向桩中心距；

α ——短向桩中心距与长向桩中心距之比，当 α 小于 0.5 时，应按变截面的二桩承台设计；

c_1、c_2 ——分别为垂直于、平行于承台底边的柱截面边长。

5.9.3 箱形承台和筏形承台的弯矩可按下列规定计算：

1 箱形承台和筏形承台的弯矩宜考虑地基土层性质、基桩分布、承台和上部结构类型和刚度，按地基—桩—承台—上部结构共同作用原理分析计算；

2 对于箱形承台，当桩端持力层为基岩、密实的碎石类土、砂土且深厚均匀时；或当上部结构为剪力墙；或当上部结构为框架-核心筒结构且按变刚度调平原则布桩时，箱形承台底板可仅按局部弯矩作用进行计算；

3 对于筏形承台，当桩端持力层深厚坚硬、上部结构刚度较好，且柱荷载及柱间距的变化不超过20%时；或当上部结构为框架-核心筒结构且按变刚度调平原则布桩时，可仅按局部弯矩作用进行计算。

5.9.4 柱下条形承台梁的弯矩可按下列规定计算：

1 可按弹性地基梁（地基计算模型应根据地基土层特性选取）进行分析计算；

2 当桩端持力层深厚坚硬且桩柱轴线不重合时，可视桩为不动铰支座，按连续梁计算。

5.9.5 砌体墙下条形承台梁，可按倒置弹性地基梁计算弯矩和剪力，并应符合本规范附录 G 的要求。对于承台上的砌体墙，尚应验算桩顶部位砌体的局部承压强度。

Ⅱ 受冲切计算

5.9.6 桩基承台厚度应满足柱（墙）对承台的冲切和基桩对承台的冲切承载力要求。

5.9.7 轴心竖向力作用下桩基承台受柱（墙）的冲切，可按下列规定计算：

1 冲切破坏锥体应采用自柱（墙）边或承台变阶处至相应桩顶边缘连线所构成的锥体，锥体斜面与承台底面之夹角不应小于45°（见图5.9.7）。

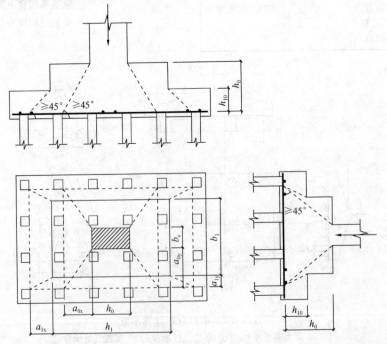

图 5.9.7 柱对承台的冲切计算示意

2 受柱（墙）冲切承载力可按下列公式计算：

$$F_l \leqslant \beta_{hp}\beta_0 u_m f_t h_0 \quad (5.9.7\text{-}1)$$

$$F_l = F - \sum Q_i \quad (5.9.7\text{-}2)$$

$$\beta_0 = \frac{0.84}{\lambda + 0.2} \quad (5.9.7\text{-}3)$$

式中 F_l ——不计承台及其上土重，在荷载效应基本组合下作用于冲切破坏锥体上的冲切力设计值；

f_t ——承台混凝土抗拉强度设计值；

β_{hp}——承台受冲切承载力截面高度影响系数，当 $h \leqslant 800\text{mm}$ 时，β_{hp} 取 1.0，$h \geqslant 2000\text{mm}$ 时，β_{hp} 取 0.9，其间按线性内插法取值；

u_m——承台冲切破坏锥体一半有效高度处的周长；

h_0——承台冲切破坏锥体的有效高度；

β——柱（墙）冲切系数；

λ——冲跨比，$\lambda = a_0/h_0$，a_0 为柱（墙）边或承台变阶处到桩边水平距离；当 $\lambda < 0.25$ 时，取 $\lambda = 0.25$；当 $\lambda > 1.0$ 时，取 $\lambda = 1.0$；

F——不计承台及其上土重，在荷载效应基本组合作用下柱（墙）底的竖向荷载设计值；

$\sum Q_i$——不计承台及其上土重，在荷载效应基本组合下冲切破坏锥体内各基桩或复合基桩的反力设计值之和。

3 对于柱下矩形独立承台受柱冲切的承载力可按下列公式计算（图 5.9.7）：

$$F_l \leqslant 2[\beta_{0x}(b_c + a_{0y}) + \beta_{0y}(h_c + a_{0x})]\beta_{hp}f_t h_0 \tag{5.9.7-4}$$

式中　β_{0x}、β_{0y}——由式（5.9.7-3）求得，$\lambda_{0x} = a_{0x}/h_0$，$\lambda_{0y} = a_{0y}/h_0$；$\lambda_{0x}$、$\lambda_{0y}$ 均应满足 0.25～1.0 的要求；

h_c、b_c——分别为 x、y 方向的柱截面的边长；

a_{0x}、a_{0y}——分别为 x、y 方向柱边至最近桩边的水平距离。

4 对于柱下矩形独立阶形承台受上阶冲切的承载力可按下列公式计算（见图 5.9.7）：

$$F_l \leqslant 2[\beta_{1x}(b_1 + a_{1y}) + \beta_{1y}(h_1 + a_{1x})]\beta_{hp}f_t h_{10} \tag{5.9.7-5}$$

式中　β_{1x}、β_{1y}——由式（5.9.7-3）求得，$\lambda_{1x} = a_{1x}/h_{10}$，$\lambda_{1y} = a_{1y}/h_{10}$；$\lambda_{1x}$、$\lambda_{1y}$ 均应满足 0.25～1.0 的要求；

h_1、b_1——分别为 x、y 方向承台上阶的边长；

a_{1x}、a_{1y}——分别为 x、y 方向承台上阶边至最近桩边的水平距离。

对于圆柱及圆桩，计算时应将其截面换算成方柱及方桩，即取换算柱截面边长 $b_c = 0.8d_c$（d_c 为圆柱直径），换算桩截面边长 $b_p = 0.8d$（d 为圆桩直径）。

对于柱下两桩承台，宜按深受弯构件（$l_0/h < 5.0$，$l_0 = 1.15l_n$，l_n 为两桩净距）计算受弯、受剪承载力，不需要进行受冲切承载力计算。

5.9.8 对位于柱（墙）冲切破坏锥体以外的基桩，可按下列规定计算承台受基桩冲切的承载力：

1 四桩以上（含四桩）承台受角桩冲切的承载力可按下列公式计算（见图 5.9.8-1）：

$$N_l \leqslant [\beta_{1x}(c_2 + a_{1y}/2) + \beta_{1y}(c_1 + a_{1x}/2)]\beta_{hp}f_t h_0 \tag{5.9.8-1}$$

$$\beta_{1x} = \frac{0.56}{\lambda_{1x} + 0.2} \tag{5.9.8-2}$$

$$\beta_{1y} = \frac{0.56}{\lambda_{1y} + 0.2} \tag{5.9.8-3}$$

式中　N_l——不计承台及其上土重，在荷载效应基本组合作用下角桩（含复合基桩）反力设计值；

β_{1x}、β_{1y}——角桩冲切系数；

a_{1x}、a_{1y}——从承台底角桩顶内边缘引 45°冲切线与承台顶面相交点至角桩内边缘的水平距离；当柱（墙）边或承台变阶处位于该 45°线以内时，则取由柱（墙）边或承台变阶处与桩内边缘连线为冲切锥体的锥线（见图 5.9.8-1）；

h_0——承台外边缘的有效高度；

λ_{1x}、λ_{1y}——角桩冲跨比，$\lambda_{1x} = a_{1x}/h_0$，$\lambda_{1y} = a_{1y}/h_0$，其值均应满足 0.25～1.0 的要求。

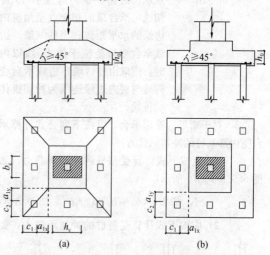

图 5.9.8-1　四桩以上（含四桩）承台角桩冲切计算示意
（a）锥形承台；（b）阶形承台

2 对于三桩三角形承台可按下列公式计算受角桩冲切的承载力（见图 5.9.8-2）：

底部角桩：

$$N_l \leqslant \beta_{11}(2c_1 + a_{11})\beta_{hp}\tan\frac{\theta_1}{2}f_t h_0 \tag{5.9.8-4}$$

$$\beta_{11} = \frac{0.56}{\lambda_{11} + 0.2} \tag{5.9.8-5}$$

顶部角桩：

$$N_l \leqslant \beta_{12}(2c_2 + a_{12})\beta_{hp}\tan\frac{\theta_2}{2}f_t h_0 \tag{5.9.8-6}$$

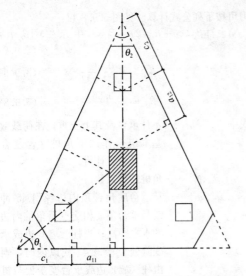

图 5.9.8-2 三桩三角形承台角桩冲切计算示意

$$\beta_{12} = \frac{0.56}{\lambda_{12} + 0.2} \tag{5.9.8-7}$$

式中　λ_{11}、λ_{12}——角桩冲跨比，$\lambda_{11} = a_{11}/h_0$，$\lambda_{12} = a_{12}/h_0$，其值均应满足 $0.25 \sim 1.0$ 的要求；

a_{11}、a_{12}——从承台底角桩顶内边缘引 $45°$ 冲切线与承台顶面相交点至角桩内边缘的水平距离；当柱（墙）边或承台变阶处位于该 $45°$ 线以内时，则取由柱（墙）边或承台变阶处与桩内边缘连线为冲切锥体的锥线。

3　对于箱形、筏形承台，可按下列公式计算承台受内部基桩的冲切承载力：

1）应按下式计算受基桩的冲切承载力，如图 5.9.8-3（a）所示：

$$N_l \leqslant 2.8 (b_p + h_0) \beta_{hp} f_t h_0 \tag{5.9.8-8}$$

2）应按下式计算受桩群的冲切承载力，如

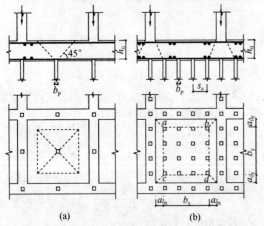

（a）　　　　　　　（b）

图 5.9.8-3　基桩对筏形承台的冲切和
墙对筏形承台的冲切计算示意
（a）受基桩的冲切；（b）受桩群的冲切

图 5.9.8-3（b）所示：

$$\sum N_{li} \leqslant 2 [\beta_{0x} (b_y + a_{0y}) + \beta_{0y} (b_x + a_{0x})] \beta_{hp} f_t h_0 \tag{5.9.8-9}$$

式中　β_{0x}、β_{0y}——由式（5.9.7-3）求得，其中 $\lambda_{0x} = a_{0x}/h_0$，$\lambda_{0y} = a_{0y}/h_0$，$\lambda_{0x}$、$\lambda_{0y}$ 均应满足 $0.25 \sim 1.0$ 的要求；

N_l、$\sum N_{li}$——不计承台和其上土重，在荷载效应基本组合下，基桩或复合基桩的净反力设计值、冲切锥体内各基桩或复合基桩反力设计值之和。

Ⅲ　受 剪 计 算

5.9.9　柱（墙）下桩基承台，应分别对柱（墙）边、变阶处和桩边联线形成的贯通承台的斜截面的受剪承载力进行验算。当承台悬挑边有多排基桩形成多个斜截面时，应对每个斜截面的受剪承载力进行验算。

5.9.10　柱下独立桩基承台斜截面受剪承载力应按下列规定计算：

1　承台斜截面受剪承载力可按下列公式计算（见图 5.9.10-1）：

$$V \leqslant \beta_{hs} \alpha f_t b_0 h_0 \tag{5.9.10-1}$$

$$\alpha = \frac{1.75}{\lambda + 1} \tag{5.9.10-2}$$

$$\beta_{hs} = \left(\frac{800}{h_0}\right)^{1/4} \tag{5.9.10-3}$$

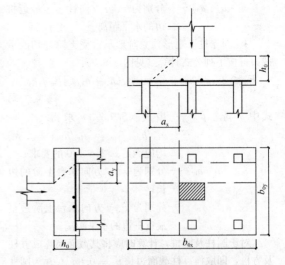

图 5.9.10-1　承台斜截面受剪计算示意

式中　V——不计承台及其上土自重，在荷载效应基本组合下，斜截面的最大剪力设计值；

f_t——混凝土轴心抗拉强度设计值；

b_0——承台计算截面处的计算宽度；

h_0——承台计算截面处的有效高度；

α——承台剪切系数；按式（5.9.10-2）确定；

λ——计算截面的剪跨比，$\lambda_x = a_x/h_0$，$\lambda_y = a_y/h_0$，此处，a_x，a_y 为柱边（墙边）或承台变阶处至 y、x 方向计算一排桩的桩边的水平距离，当 $\lambda < 0.25$ 时，取 $\lambda = 0.25$；当 $\lambda > 3$ 时，取 $\lambda = 3$；

β_{hs}——受剪切承载力截面高度影响系数；当 $h_0 < 800\mathrm{mm}$ 时，取 $h_0 = 800\mathrm{mm}$；当 $h_0 > 2000\mathrm{mm}$ 时，取 $h_0 = 2000\mathrm{mm}$；其间按线性内插法取值。

2 对于阶梯形承台应分别在变阶处（$A_1 - A_1$，$B_1 - B_1$）及柱边处（$A_2 - A_2$，$B_2 - B_2$）进行斜截面受剪承载力计算（见图 5.9.10-2）。

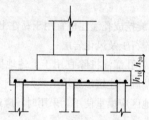

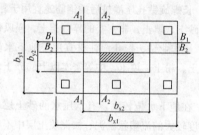

图 5.9.10-2 阶梯形承台斜截面受剪计算示意

计算变阶处截面（$A_1 - A_1$，$B_1 - B_1$）的斜截面受剪承载力时，其截面有效高度均为 h_{10}，截面计算宽度分别为 b_{y1} 和 b_{x1}。

计算柱边截面（$A_2 - A_2$，$B_2 - B_2$）的斜截面受剪承载力时，其截面有效高度均为 $h_{10} + h_{20}$，截面计算宽度分别为：

对 $A_2 - A_2$ $b_{y0} = \dfrac{b_{y1} \cdot h_{10} + b_{y2} \cdot h_{20}}{h_{10} + h_{20}}$

（5.9.10-4）

对 $B_2 - B_2$ $b_{x0} = \dfrac{b_{x1} \cdot h_{10} + b_{x2} \cdot h_{20}}{h_{10} + h_{20}}$

（5.9.10-5）

3 对于锥形承台应对变阶处及柱边处（$A - A$ 及 $B - B$）两个截面进行受剪承载力计算（见图 5.9.10-3），截面有效高度均为 h_0，截面的计算宽度分别为：

对 $A - A$ $b_{y0} = \left[1 - 0.5 \dfrac{h_{20}}{h_0}\left(1 - \dfrac{b_{y2}}{b_{y1}}\right)\right]b_{y1}$

（5.9.10-6）

对 $B - B$ $b_{x0} = \left[1 - 0.5 \dfrac{h_{20}}{h_0}\left(1 - \dfrac{b_{x2}}{b_{x1}}\right)\right]b_{x1}$

（5.9.10-7）

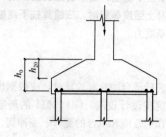

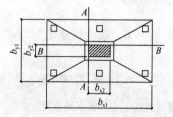

图 5.9.10-3 锥形承台斜截面受剪计算示意

5.9.11 梁板式筏形承台的梁的受剪承载力可按现行国家标准《混凝土结构设计规范》GB 50010 计算。

5.9.12 砌体墙下条形承台梁配有箍筋，但未配弯起钢筋时，斜截面的受剪承载力可按下式计算：

$$V \leqslant 0.7 f_t b h_0 + 1.25 f_{yv} \dfrac{A_{sv}}{s} h_0 \quad (5.9.12)$$

式中 V——不计承台及其上土自重，在荷载效应基本组合下，计算截面处的剪力设计值；

A_{sv}——配置在同一截面内箍筋各肢的全部截面面积；

s——沿计算斜截面方向箍筋的间距；

f_{yv}——箍筋抗拉强度设计值；

b——承台梁计算截面处的计算宽度；

h_0——承台梁计算截面处的有效高度。

5.9.13 砌体墙下承台梁配有箍筋和弯起钢筋时，斜截面的受剪承载力可按下式计算：

$$V \leqslant 0.7 f_t b h_0 + 1.25 f_y \dfrac{A_{sv}}{s} h_0 + 0.8 f_y A_{sb} \sin \alpha_s$$

（5.9.13）

式中 A_{sb}——同一截面弯起钢筋的截面面积；

f_y——弯起钢筋的抗拉强度设计值；

α_s——斜截面上弯起钢筋与承台底面的夹角。

5.9.14 柱下条形承台梁，当配有箍筋但未配弯起钢筋时，其斜截面的受剪承载力可按下式计算：

$$V \leqslant \dfrac{1.75}{\lambda + 1} f_t b h_0 + f_y \dfrac{A_{sv}}{s} h_0 \quad (5.9.14)$$

式中 λ——计算截面的剪跨比，$\lambda = a/h_0$，a 为柱边至桩边的水平距离；当 $\lambda < 1.5$ 时，取 $\lambda = 1.5$；当 $\lambda > 3$ 时，取 $\lambda = 3$。

5.9.15 对于柱下桩基，当承台混凝土强度等级低于柱或桩的混凝土强度等级时，应验算柱下或桩上承台的局部受压承载力。

5.9.16 当进行承台的抗震验算时，应根据现行国家标准《建筑抗震设计规范》GB 50011 的规定对承台顶面的地震作用效应和承台的受弯、受冲切、受剪承载力进行抗震调整。

6 灌注桩施工

6.1 施工准备

6.1.1 灌注桩施工应具备下列资料：

1 建筑场地岩土工程勘察报告；

2 桩基工程施工图及图纸会审纪要；

3 建筑场地和邻近区域内的地下管线、地下构筑物、危房、精密仪器车间等的调查资料；

4 主要施工机械及其配套设备的技术性能资料；

5 桩基工程的施工组织设计；

6 水泥、砂、石、钢筋等原材料及其制品的质检报告；

7 有关荷载、施工工艺的试验参考资料。

6.1.2 钻孔机具及工艺的选择，应根据桩型、钻孔深度、土层情况、泥浆排放及处理条件综合确定。

6.1.3 施工组织设计应结合工程特点，有针对性地制定相应质量管理措施，主要应包括下列内容：

1 施工平面图：标明桩位、编号、施工顺序、水电线路和临时设施的位置；采用泥浆护壁成孔时，应标明泥浆制备设施及其循环系统；

2 确定成孔机械、配套设备以及合理施工工艺的有关资料，泥浆护壁灌注桩必须有泥浆处理措施；

3 施工作业计划和劳动力组织计划；

4 机械设备、备件、工具、材料供应计划；

5 桩基施工时，对安全、劳动保护、防火、防雨、防台风、爆破作业、文物和环境保护等方面应按有关规定执行；

6 保证工程质量、安全生产和季节性施工的技术措施。

6.1.4 成桩机械必须经鉴定合格，不得使用不合格机械。

6.1.5 施工前应组织图纸会审，会审纪要连同施工图等应作为施工依据，并应列入工程档案。

6.1.6 桩基施工用的供水、供电、道路、排水、临时房屋等临时设施，必须在开工前准备就绪，施工场地应进行平整处理，保证施工机械正常作业。

6.1.7 基桩轴线的控制点和水准点应设在不受施工影响的地方。开工前，经复核后应妥善保护，施工中应经常复测。

6.1.8 用于施工质量检验的仪表、器具的性能指标，应符合现行国家相关标准的规定。

6.2 一般规定

6.2.1 不同桩型的适用条件应符合下列规定：

1 泥浆护壁钻孔灌注桩宜用于地下水位以下的黏性土、粉土、砂土、填土、碎石土及风化岩层；

2 旋挖成孔灌注桩宜用于黏性土、粉土、砂土、填土、碎石土及风化岩层；

3 冲孔灌注桩除宜用于上述地质情况外，还能穿透旧基础、建筑垃圾填土或大孤石等障碍物。在岩溶发育地区应慎重使用，采用时，应适当加密勘察钻孔；

4 长螺旋钻孔压灌桩后插钢筋笼宜用于黏性土、粉土、砂土、填土、非密实的碎石类土、强风化岩；

5 干作业钻、挖孔灌注桩宜用于地下水位以上的黏性土、粉土、填土、中等密实以上的砂土、风化岩层；

6 在地下水位较高，有承压水的砂土层、滞水层、厚度较大的流塑状淤泥、淤泥质土层中不得选用人工挖孔灌注桩；

7 沉管灌注桩宜用于黏性土、粉土和砂土；夯扩桩宜用于桩端持力层为埋深不超过 20m 的中、低压缩性黏性土、粉土、砂土和碎石类土。

6.2.2 成孔设备就位后，必须平整、稳固，确保在成孔过程中不发生倾斜和偏移。应在成孔钻具上设置控制深度的标尺，并应在施工中进行观测记录。

6.2.3 成孔的控制深度应符合下列要求：

1 摩擦型桩：摩擦桩应以设计桩长控制成孔深度；端承摩擦桩必须保证设计桩长及桩端进入持力层深度。当采用锤击沉管法成孔时，桩管入土深度控制应以标高为主，以贯入度控制为辅。

2 端承型桩：当采用钻（冲）、挖掘成孔时，必须保证桩端进入持力层的设计深度；当采用锤击沉管法成孔时，桩管入土深度控制以贯入度为主，以控制标高为辅。

6.2.4 灌注桩成孔施工的允许偏差应满足表 6.2.4 的要求。

表 6.2.4　灌注桩成孔施工允许偏差

成　孔　方　法		桩径允许偏差（mm）	垂直度允许偏差（%）	桩位允许偏差（mm）	
				1～3根桩、条形桩基沿垂直轴线方向和群桩基础中的边桩	条形桩基沿轴线方向和群桩基础的中间桩
泥浆护壁钻、挖、冲孔桩	$d \leqslant 1000$mm	±50	1	$d/6$ 且不大于100	$d/4$ 且不大于150
	$d > 1000$mm	±50		$100 + 0.01H$	$150 + 0.01H$
锤击（振动）沉管振动冲击沉管成孔	$d \leqslant 500$mm	−20	1	70	150
	$d > 500$mm			100	150
螺旋钻、机动洛阳铲干作业成孔		−20	1	70	150
人工挖孔桩	现浇混凝土护壁	±50	0.5	50	150
	长钢套管护壁	±20	1	100	200

注：1　桩径允许偏差的负值是指个别断面；
　　2　H 为施工现场地面标高与桩顶设计标高的距离；d 为设计桩径。

6.2.5　钢筋笼制作、安装的质量应符合下列要求：

1　钢筋笼的材质、尺寸应符合设计要求，制作允许偏差应符合表 6.2.5 的规定；

表 6.2.5　钢筋笼制作允许偏差

项　　　　目	允许偏差（mm）
主筋间距	±10
箍筋间距	±20
钢筋笼直径	±10
钢筋笼长度	±100

2　分段制作的钢筋笼，其接头宜采用焊接或机械式接头（钢筋直径大于 20mm），并应遵守国家现行标准《钢筋机械连接通用技术规程》JGJ 107、《钢筋焊接及验收规程》JGJ 18 和《混凝土结构工程施工质量验收规范》GB 50204 的规定；

3　加劲箍宜设在主筋外侧，当因施工工艺有特殊要求时也可置于内侧；

4　导管接头处外径应比钢筋笼的内径小 100mm以上；

5　搬运和吊装钢筋笼时，应防止变形，安放应对准孔位，避免碰撞孔壁和自由落下，就位后应立即固定。

6.2.6　粗骨料可选用卵石或碎石，其粒径不得大于钢筋间最小净距的 1/3。

6.2.7　检查成孔质量合格后应尽快灌注混凝土。直径大于 1m 或单桩混凝土量超过 25m³ 的桩，每根桩桩身混凝土应留有 1 组试件；直径不大于 1m 的桩或单桩混凝土量不超过 25m³ 的桩，每个灌注台班不得少于 1 组；每组试件应留 3 件。

6.2.8　在正式施工前，宜进行试成孔。

6.2.9　灌注桩施工现场所有设备、设施、安全装置、工具配件以及个人劳保用品必须经常检查，确保完好和使用安全。

6.3　泥浆护壁成孔灌注桩

Ⅰ　泥浆的制备和处理

6.3.1　除能自行造浆的黏性土层外，均应制备泥浆。泥浆制备应选用高塑性黏土或膨润土。泥浆应根据施工机械、工艺及穿越土层情况进行配合比设计。

6.3.2　泥浆护壁应符合下列规定：

1　施工期间护筒内的泥浆面应高出地下水位 1.0m 以上，在受水位涨落影响时，泥浆面应高出最高水位 1.5m 以上；

2　在清孔过程中，应不断置换泥浆，直至灌注水下混凝土；

3　灌注混凝土前，孔底 500mm 以内的泥浆相对密度应小于 1.25；含砂率不得大于 8%；黏度不得大于 28s；

4　在容易产生泥浆渗漏的土层中应采取维持孔壁稳定的措施。

6.3.3　废弃的浆、渣应进行处理，不得污染环境。

Ⅱ　正、反循环钻孔灌注桩的施工

6.3.4　对孔深较大的端承型桩和粗粒土层中的摩擦型桩，宜采用反循环工艺成孔或清孔，也可根据土层情况采用正循环钻进，反循环清孔。

6.3.5　泥浆护壁成孔时，宜采用孔口护筒，护筒设置应符合下列规定：

1　护筒埋设应准确、稳定，护筒中心与桩位中心的偏差不得大于 50mm；

2 护筒可用 4～8mm 厚钢板制作，其内径应大于钻头直径 100mm，上部宜开设 1～2 个溢浆孔；

3 护筒的埋设深度：在黏性土中不宜小于 1.0m；砂土中不宜小于 1.5m。护筒下端外侧应采用黏土填实；其高度尚应满足孔内泥浆面高度的要求；

4 受水位涨落影响或水下施工的钻孔灌注桩，护筒应加高加深，必要时应打入不透水层。

6.3.6 当在软土层中钻进时，应根据泥浆补给情况控制钻进速度；在硬层或岩层中的钻进速度应以钻机不发生跳动为准。

6.3.7 钻机设置的导向装置应符合下列规定：

1 潜水钻的钻头上应有不小于 3d 长度的导向装置；

2 利用钻杆加压的正循环回转钻机，在钻具中应加设扶正器。

6.3.8 如在钻进过程中发生斜孔、塌孔和护筒周围冒浆、失稳等现象时，应停钻，待采取相应措施后再进行钻进。

6.3.9 钻孔达到设计深度，灌注混凝土之前，孔底沉渣厚度指标应符合下列规定：

1 对端承型桩，不应大于 50mm；

2 对摩擦型桩，不应大于 100mm；

3 对抗拔、抗水平力桩，不应大于 200mm。

Ⅲ 冲击成孔灌注桩的施工

6.3.10 在钻头锥顶和提升钢丝绳之间应设置保证钻头自动转向的装置。

6.3.11 冲孔桩孔口护筒，其内径应大于钻头直径 200mm，护筒应按本规范第 6.3.5 条设置。

6.3.12 泥浆的制备、使用和处理应符合本规范第 6.3.1～6.3.3 条的规定。

6.3.13 冲击成孔质量控制应符合下列规定：

1 开孔时，应低锤密击，当表土为淤泥、细砂等软弱土层时，可加黏土块夹小片石反复冲击造壁，孔内泥浆面应保持稳定；

2 在各种不同的土层、岩层中成孔时，可按照表 6.3.13 的操作要点进行；

3 进入基岩后，应采用大冲程、低频率冲击，当发现成孔偏移时，应回填片石至偏孔上方 300～500mm 处，然后重新冲孔；

4 当遇到孤石时，可预爆或采用高低冲程交替冲击，将大孤石击碎或挤入孔壁；

5 应采取有效的技术措施防止扰动孔壁、塌孔、扩孔、卡钻和掉钻及泥浆流失等事故；

6 每钻进 4～5m 应验孔一次，在更换钻头或容易缩孔处，均应验孔；

7 进入基岩后，非桩端持力层每钻进 300～500mm 和桩端持力层每钻进 100～300m 时，应清孔取样一次，并应做记录。

表 6.3.13 冲击成孔操作要点

项 目	操作要点
在护筒刃脚以下 2m 范围内	小冲程 1m 左右，泥浆相对密度 1.2～1.5，软弱土层投入黏土块夹小片石
黏性土层	中、小冲程 1～2m，泵入清水或稀泥浆，经常清除钻头上的泥块
粉砂或中粗砂层	中冲程 2～3m，泥浆相对密度 1.2～1.5，投入黏土块，勤冲、勤掏渣
砂卵石层	中、高冲程 3～4m，泥浆相对密度 1.3 左右，勤掏渣
软弱土层或塌孔回填重钻	小冲程反复冲击，加黏土块夹小片石，泥浆相对密度 1.3～1.5

注：1 土层不好时提高泥浆相对密度或加黏土块；
　　2 防黏钻可投入碎砖石。

6.3.14 排渣可采用泥浆循环或抽渣筒等方法，当采用抽渣筒排渣时，应及时补给泥浆。

6.3.15 冲孔中遇到斜孔、弯孔、梅花孔、塌孔及护筒周围冒浆、失稳等情况时，应停止施工，采取措施后方可继续施工。

6.3.16 大直径桩孔可分级成孔，第一级成孔直径应为设计桩径的 0.6～0.8 倍。

6.3.17 清孔宜按下列规定进行：

1 不易塌孔的桩孔，可采用空气吸泥清孔；

2 稳定性差的孔壁应采用泥浆循环或抽渣筒排渣，清孔后灌注混凝土之前的泥浆指标应本规范第 6.3.1 条执行；

3 清孔时，孔内泥浆面应符合本规范第 6.3.2 条的规定；

4 灌注混凝土前，孔底沉渣允许厚度应符合本规范第 6.3.9 条的规定。

Ⅳ 旋挖成孔灌注桩的施工

6.3.18 旋挖钻成孔灌注桩应根据不同的地层情况及地下水位埋深，采用干作业成孔和泥浆护壁成孔工艺，干作业成孔工艺可按本规范第 6.6 节执行。

6.3.19 泥浆护壁旋挖钻机成孔应配备成孔和清孔用泥浆及泥浆池（箱），在容易产生泥浆渗漏的土层中可采取提高泥浆相对密度，掺入锯末、增黏剂提高泥浆黏度等维持孔壁稳定的措施。

6.3.20 泥浆制备的能力应大于钻孔时的泥浆需求量，每台套钻机的泥浆储备量不应少于单桩体积。

6.3.21 旋挖钻机施工时，应保证机械稳定、安全作业，必要时可在场地辅设能保证其安全行走和操作的钢板或垫层（路基板）。

6.3.22 每根桩均应安设钢护筒，护筒应满足本规范第 6.3.5 条的规定。

6.3.23 成孔前和每次提出钻斗时，应检查钻斗和钻杆连接销子、钻斗门连接销子以及钢丝绳的状况，并应清除钻斗上的渣土。

6.3.24 旋挖钻机成孔应采用跳挖方式，钻斗倒出的土距桩孔口的最小距离应大于 6m，并应及时清除。应根据钻进速度同步补充泥浆，保持所需的泥浆面高度不变。

6.3.25 钻孔达到设计深度时，应采用清孔钻头进行清孔，并应满足本规范第 6.3.2 条和第 6.3.3 条要求。孔底沉渣厚度控制指标应符合本规范第 6.3.9 条规定。

V 水下混凝土的灌注

6.3.26 钢筋笼吊装完毕后，应安置导管或气泵管二次清孔，并应进行孔位、孔径、垂直度、孔深、沉渣厚度等检验，合格后应立即灌注混凝土。

6.3.27 水下灌注的混凝土应符合下列规定：

1 水下灌注混凝土必须具备良好的和易性，配合比应通过试验确定；坍落度宜为 180～220mm；水泥用量不应少于 360kg/m³（当掺入粉煤灰时水泥用量可不受此限）；

2 水下灌注混凝土的含砂率宜为 40%～50%，并宜选用中粗砂；粗骨料的最大粒径应小于 40mm；并应满足本规范第 6.2.6 条的要求；

3 水下灌注混凝土宜掺外加剂。

6.3.28 导管的构造和使用应符合下列规定：

1 导管壁厚不宜小于 3mm，直径宜为 200～250mm；直径制作偏差不应超过 2mm，导管的分节长度可视工艺要求确定，底管长度不宜小于 4m，接头宜采用双螺纹方扣快速接头；

2 导管使用前应试拼装、试压，试水压力可取为 0.6～1.0MPa；

3 每次灌注后应对导管内外进行清洗。

6.3.29 使用的隔水栓应有良好的隔水性能，并应保证顺利排出；隔水栓宜采用球胆或与桩身混凝土强度等级相同的细石混凝土制作。

6.3.30 灌注水下混凝土的质量控制应满足下列要求：

1 开始灌注混凝土时，导管底部至孔底的距离宜为 300～500mm；

2 应有足够的混凝土储备量，导管一次埋入混凝土灌注面以下不应少于 0.8m；

3 导管埋入混凝土深度宜为 2～6m。严禁将导管提出混凝土灌注面，并应控制拔拔导管速度，应有专人测量导管埋深及管内外混凝土灌注面的高差，填写水下混凝土灌注记录；

4 灌注水下混凝土必须连续施工，每根桩的灌注时间应按初盘混凝土的初凝时间控制，对灌注过程

中的故障应记录备案；

5 应控制最后一次灌注量，超灌高度宜为 0.8～1.0m，凿除泛浆后必须保证暴露的桩顶混凝土强度达到设计等级。

6.4 长螺旋钻孔压灌桩

6.4.1 当需要穿越老黏土、厚层砂土、碎石土以及塑性指数大于 25 的黏土时，应进行试钻。

6.4.2 钻机定位后，应进行复检，钻头与桩位点偏差不得大于 20mm，开孔时下钻速度应缓慢；钻进过程中，不宜反转或提升钻杆。

6.4.3 钻进过程中，当遇到卡钻、钻机摇晃、偏斜或发生异常声响时，应立即停钻，查明原因，采取相应措施后方可继续作业。

6.4.4 根据桩身混凝土的设计强度等级，应通过试验确定混凝土配合比；混凝土坍落度宜为 180～220mm；粗骨料可采用卵石或碎石，最大粒径不宜大于 30mm；可掺加粉煤灰或外加剂。

6.4.5 混凝土泵型号应根据桩径选择，混凝土输送泵管布置宜减少弯道，混凝土泵与钻机的距离不宜超过 60m。

6.4.6 桩身混凝土的泵送压灌应连续进行，当钻机移位时，混凝土泵料斗内的混凝土应连续搅拌，泵送混凝土时，料斗内混凝土的高度不得低于 400mm。

6.4.7 混凝土输送泵管宜保持水平，当长距离泵送时，泵管下面应垫实。

6.4.8 当气温高于 30℃时，宜在输送泵管上覆盖隔热材料，每隔一段时间应洒水降温。

6.4.9 钻至设计标高后，应先泵入混凝土并停顿 10～20s，再缓慢提升钻杆。提钻速度应根据土层情况确定，且应与混凝土泵送量相匹配，保证管内有一定高度的混凝土。

6.4.10 在地下水位以下的砂土层中钻进时，钻杆底部活门应有防止进水的措施，压灌混凝土应连续进行。

6.4.11 压灌桩的充盈系数宜为 1.0～1.2。桩顶混凝土超灌高度不宜小于 0.3～0.5m。

6.4.12 成桩后，应及时清除钻杆及泵管内残留混凝土。长时间停置时，应采用清水将钻杆、泵管、混凝土泵清洗干净。

6.4.13 混凝土压灌结束后，应立即将钢筋笼插至设计深度。钢筋笼插设宜采用专用插筋器。

6.5 沉管灌注桩和内夯沉管灌注桩

I 锤击沉管灌注桩施工

6.5.1 锤击沉管灌注桩施工应根据土质情况和荷载要求，分别选用单打法、复打法或反插法。

6.5.2 锤击沉管灌注桩施工应符合下列规定：

1 群桩基础的基桩施工，应根据土质、布桩情况，采取消减负面挤土效应的技术措施，确保成桩质量；

2 桩管、混凝土预制桩尖或钢桩尖的加工质量和埋设位置应与设计相符，桩管与桩尖的接触应有良好的密封性。

6.5.3 灌注混凝土和拔管的操作控制应符合下列规定：

1 沉管至设计标高后，应立即检查和处理桩管内的进泥、进水和吞桩尖等情况，并立即灌注混凝土；

2 当桩身配置局部长度钢筋笼时，第一次灌注混凝土应先灌至笼底标高，然后放置钢筋笼，再灌至桩顶标高。第一次拔管高度应以能容纳第二次灌入的混凝土量为限。在拔管过程中应采用测锤或浮标检测混凝土面的下降情况；

3 拔管速度应保持均匀，对一般土层拔管速度宜为 1m/min，在软弱土层和软硬土层交界处拔管速度宜控制在 0.3～0.8m/min；

4 采用倒打拔管的打击次数，单动汽锤不得少于 50 次/min，自由落锤小落距轻击不得少于 40 次/min；在管底未拔至桩顶设计标高之前，倒打和轻击不得中断。

6.5.4 混凝土的充盈系数不得小于 1.0；对于充盈系数小于 1.0 的桩，应全长复打，对可能断桩和缩颈桩，应进行局部复打。成桩后的桩身混凝土顶面应高于桩顶设计标高 500mm 以内。全长复打时，桩管入土深度宜接近原桩长，局部复打应超过断桩或缩颈区 1m 以上。

6.5.5 全长复打桩施工时应符合下列规定：

1 第一次灌注混凝土应达到自然地面；

2 拔管过程中应及时清除粘在管壁上和散落在地面上的混凝土；

3 初打与复打的桩轴线应重合；

4 复打施工必须在第一次灌注的混凝土初凝之前完成。

6.5.6 混凝土的坍落度宜为 80～100mm。

Ⅱ 振动、振动冲击沉管灌注桩施工

6.5.7 振动、振动冲击沉管灌注桩应根据土质情况和荷载要求，分别选用单打法、复打法、反插法等。单打法可用于含水量较小的土层，且宜采用预制桩尖；反插法及复打法可用于饱和土层。

6.5.8 振动、振动冲击沉管灌注桩单打法施工的质量控制应符合下列规定：

1 必须严格控制最后 30s 的电流、电压值，其值按设计要求或根据试桩和当地经验确定；

2 桩管内灌满混凝土后，应先振动 5～10s，再开始拔管，应边振边拔，每拔出 0.5～1.0m，停拔振动 5～10s；如此反复，直至桩管全部拔出；

3 在一般土层内，拔管速度宜为 1.2～1.5m/min，用活瓣桩尖时宜慢，用预制桩尖时可适当加快；在软弱土层中宜控制在 0.6～0.8m/min。

6.5.9 振动、振动冲击沉管灌注桩反插法施工的质量控制应符合下列规定：

1 桩管灌满混凝土后，先振动再拔管，每次拔管高度 0.5～1.0m，反插深度 0.3～0.5m；在拔管过程中，应分段添加混凝土，保持管内混凝土面始终不低于地表面或高于地下水位 1.0～1.5m 以上，拔管速度应小于 0.5m/min；

2 在距桩尖处 1.5m 范围内，宜多次反插以扩大桩端部断面；

3 穿过淤泥夹层时，应减慢拔管速度，并减少拔管高度和反插深度，在流动性淤泥中不宜使用反插法。

6.5.10 振动、振动冲击沉管灌注桩复打法的施工要求可按本规范第 6.5.4 条和第 6.5.5 条执行。

Ⅲ 内夯沉管灌注桩施工

6.5.11 当采用外管与内夯管结合锤击沉管进行夯压、扩底、扩径时，内夯管应比外管短 100mm，内夯管底端可采用闭口平底或闭口锥底（见图 6.5.11）。

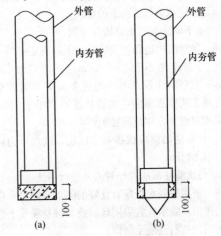

图 6.5.11 内外管及管塞
（a）平底内夯管；（b）锥底内夯管

6.5.12 外管封底可采用干硬性混凝土、无水混凝土配料，经夯击形成阻水、阻泥管塞，其高度可为 100mm。当内、外管间不会发生间隙涌水、涌泥时，亦可不采用上述封底措施。

6.5.13 桩端夯扩头平均直径可按下列公式估算：

一次夯扩 $\quad D_1 = d_0 \sqrt{\dfrac{H_1 + h_1 - C_1}{h_1}} \quad$ (6.5.13-1)

二次夯扩 $\quad D_2 = d_0 \sqrt{\dfrac{H_1 + H_2 + h_2 - C_1 - C_2}{h_2}}$

(6.5.13-2)

式中 D_1、D_2——第一次、第二次夯扩扩头平均直径（m）；

　　　　d_0——外管直径（m）；

　　　　H_1、H_2——第一次、第二次夯扩工序中，外管内灌注混凝土面从桩底算起的高度（m）；

　　　　h_1、h_2——第一次、第二次夯扩工序中，外管从桩底算起的上拔高度（m），分别可取为 $H_1/2$，$H_2/2$；

　　　　C_1、C_2——第一次、二次夯扩工序中，内外管同步下沉至离桩底的距离，均可取为 0.2m（见图 6.5.13）。

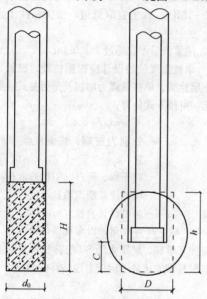

图 6.5.13　扩底端

6.5.14 桩身混凝土宜分段灌注；拔管时内夯管和桩锤应施压于外管中的混凝土顶面，边压边拔。

6.5.15 施工前宜进行试成桩，并应详细记录混凝土的分次灌注量、外管上拔高度、内管夯击次数、双管同步沉入深度，并应检查外管的封底情况，有无进水、涌泥等，经核定后可作为施工控制依据。

6.6　干作业成孔灌注桩

Ⅰ　钻孔（扩底）灌注桩施工

6.6.1 钻孔时应符合下列规定：

　　1 钻杆应保持垂直稳固，位置准确，防止因钻杆晃动引起扩大孔径；

　　2 钻进速度应根据电流值变化，及时调整；

　　3 钻进过程中，应随时清理孔口积土，遇到地下水、塌孔、缩孔等异常情况时，应及时处理。

6.6.2 钻孔扩底桩施工，直孔部分应按本规范第 6.6.1、6.6.3、6.6.4 条规定执行，扩底部位尚应符合下列规定：

　　1 应根据电流值或油压值，调节扩孔刀片削土量，防止出现超负荷现象；

　　2 扩底直径和孔底的虚土厚度应符合设计要求。

6.6.3 成孔达到设计深度后，孔口应予保护，应按本规范第 6.2.4 条规定验收，并应做好记录。

6.6.4 灌注混凝土前，应在孔口安放护孔漏斗，然后放置钢筋笼，并应再次测量孔内虚土厚度。扩底桩灌注混凝土时，第一次应灌到扩底部位的顶面，随即振捣密实；浇筑桩顶以下 5m 范围内混凝土时，应随浇筑随振捣，每次浇筑高度不得大于 1.5m。

Ⅱ　人工挖孔灌注桩施工

6.6.5 人工挖孔桩的孔径（不含护壁）不得小于 0.8m，且不宜大于 2.5m；孔深不宜大于 30m。当桩净距小于 2.5m 时，应采用间隔开挖。相邻排桩跳挖的最小施工净距不得小于 4.5m。

6.6.6 人工挖孔桩混凝土护壁的厚度不应小于 100mm，混凝土强度等级不应低于桩身混凝土强度等级，并应振捣密实；护壁应配置直径不小于 8mm 的构造钢筋，竖向筋应上下搭接或拉接。

6.6.7 人工挖孔桩施工应采取下列安全措施：

　　1 孔内必须设置应急软爬梯供人员上下；使用的电葫芦、吊笼等应安全可靠，并配有自动卡紧保险装置，不得使用麻绳和尼龙绳吊挂或脚踏井壁凸缘上下；电葫芦宜用按钮式开关，使用前必须检验其安全起吊能力；

　　2 每日开工前必须检测井下的有毒、有害气体，并应有相应的安全防范措施；当桩孔开挖深度超过 10m 时，应有专门向井下送风的设备，风量不宜少于 25L/s；

　　3 孔口四周必须设置护栏，护栏高度宜为 0.8m；

　　4 挖出的土石方应及时运离孔口，不得堆放在孔口周边 1m 范围内，机动车辆的通行不得对井壁的安全造成影响；

　　5 施工现场的一切电源、电路的安装和拆除必须遵守现行行业标准《施工现场临时用电安全技术规范》JGJ 46 的规定。

6.6.8 开孔前，桩位应准确定位放样，在桩位外设置定位基准桩，安装护壁模板必须用桩中心点校正模板位置，并应由专人负责。

6.6.9 第一节井圈护壁应符合下列规定：

　　1 井圈中心线与设计轴线的偏差不得大于 20mm；

　　2 井圈顶面应比场地高出 100～150mm，壁厚应比下面井壁厚度增加 100～150mm。

6.6.10 修筑井圈护壁应符合下列规定：

　　1 护壁的厚度、拉接钢筋、配筋、混凝土强度等级均应符合设计要求；

2 上下节护壁的搭接长度不得小于 50mm；

3 每节护壁均应在当日连续施工完毕；

4 护壁混凝土必须保证振捣密实，应根据土层渗水情况使用速凝剂；

5 护壁模板的拆除应在灌注混凝土 24h 之后；

6 发现护壁有蜂窝、漏水现象时，应及时补强；

7 同一水平面上的井圈任意直径的极差不得大于 50mm。

6.6.11 当遇有局部或厚度不大于 1.5m 的流动性淤泥和可能出现涌土涌砂时，护壁施工可按下列方法处理：

1 将每节护壁的高度减小到 300～500mm，并随挖、随验、随灌注混凝土；

2 采用钢护筒或有效的降水措施。

6.6.12 挖至设计标高后，应清除护壁上的泥土和孔底残渣、积水，并应进行隐蔽工程验收。验收合格后，应立即封底和灌注桩身混凝土。

6.6.13 灌注桩身混凝土时，混凝土必须通过溜槽；当落距超过 3m 时，应采用串筒，串筒末端距孔底高度不宜大于 2m；也可采用导管泵送；混凝土宜采用插入式振捣器振实。

6.6.14 当渗水量过大时，应采取场地截水、降水或水下灌注混凝土等有效措施。严禁在桩孔中边抽水边开挖，同时不得灌注相邻桩。

6.7 灌注桩后注浆

6.7.1 灌注桩后注浆工法可用于各类钻、挖、冲孔灌注桩及地下连续墙的沉渣（虚土）、泥皮和桩底、桩侧一定范围土体的加固。

6.7.2 后注浆装置的设置应符合下列规定：

1 后注浆导管应采用钢管，且应与钢筋笼加劲筋绑扎固定或焊接；

2 桩端后注浆导管及注浆阀数量宜根据桩径大小设置：对于直径不大于 1200mm 的桩，宜沿钢筋笼圆周对称设置 2 根；对于直径大于 1200mm 而不大于 2500mm 的桩，宜对称设置 3 根；

3 对于桩长超过 15m 且承载力增幅要求较高者，宜采用桩端桩侧复式注浆；桩侧后注浆管阀设置数量应综合地层情况、桩长和承载力增幅要求等因素确定，可在离桩底 5～15m 以上、桩顶 8m 以下，每隔 6～12m 设置一道桩侧注浆阀，当有粗粒土时，宜将注浆阀设置于粗粒土层下部，对于干作业成孔灌注桩宜设于粗粒土层中部；

4 对于非通长配筋桩，下部应有不少于 2 根与注浆管等长的主筋组成的钢筋笼通底；

5 钢筋笼应沉放到底，不得悬吊，下笼受阻时不得撞笼、墩笼、扭笼。

6.7.3 后注浆阀应具备下列性能：

1 注浆阀应能承受 1MPa 以上静水压力；注浆阀外部保护层应能抵抗砂石等硬质物的刮撞而不致使注浆阀受损；

2 注浆阀应具备逆止功能。

6.7.4 浆液配比、终止注浆压力、流量、注浆量等参数设计应符合下列规定：

1 浆液的水灰比应根据土的饱和度、渗透性确定，对于饱和土，水灰比宜为 0.45～0.65；对于非饱和土，水灰比宜为 0.7～0.9（松散碎石土、砂砾宜为 0.5～0.6）；低水灰比浆液宜掺入减水剂；

2 桩端注浆终止注浆压力应根据土层性质及注浆点深度确定，对于风化岩、非饱和黏性土及粉土，注浆压力宜为 3～10MPa；对于饱和土层注浆压力宜为 1.2～4MPa，软土宜取低值，密实黏性土宜取高值；

3 注浆流量不宜超过 75L/min；

4 单桩注浆量的设计应根据桩径、桩长、桩端桩侧土层性质、单桩承载力增幅及是否复式注浆等因素确定，可按下式估算：

$$G_c = \alpha_p d + \alpha_s n d \qquad (6.7.4)$$

式中 α_p、α_s——分别为桩端、桩侧注浆量经验系数，$\alpha_p = 1.5～1.8$，$\alpha_s = 0.5～0.7$；对于卵、砾石、中粗砂取较高值；

n——桩侧注浆断面数；

d——基桩设计直径（m）；

G_c——注浆量，以水泥质量计（t）。

对独立单桩、桩距大于 $6d$ 的群桩和群桩初始注浆的数根基桩的注浆量应按上述估算值乘以 1.2 的系数；

5 后注浆作业开始前，宜进行注浆试验，优化并最终确定注浆参数。

6.7.5 后注浆作业起始时间、顺序和速率应符合下列规定：

1 注浆作业宜于成桩 2d 后开始；不宜迟于成桩 30d 后；

2 注浆作业与成孔作业点的距离不宜小于 8～10m；

3 对于饱和土中的复式注浆顺序宜先桩侧后桩端；对于非饱和土宜先桩端后桩侧；多断面桩侧注浆应先上后下；桩侧桩端注浆间隔时间不宜少于 2h；

4 桩端注浆应对同一根桩的各注浆导管依次实施等量注浆；

5 对于桩群注浆宜先外围、后内部。

6.7.6 当满足下列条件之一时可终止注浆：

1 注浆总量和注浆压力均达到设计要求；

2 注浆总量已达到设计值的 75%，且注浆压力超过设计值。

6.7.7 当注浆压力长时间低于正常值或地面出现冒浆或周围桩孔串浆，应改为间歇注浆，间歇时间宜为 30～60min，或调低浆液水灰比。

6.7.8 后注浆施工过程中，应经常对后注浆的各项工艺参数进行检查，发现异常应采取相应处理措施。当注浆量等主要参数达不到设计值时，应根据工程具体情况采取相应措施。

6.7.9 后注浆桩基工程质量检查和验收应符合下列要求：

1 后注浆施工完成后应提供水泥材质检验报告、压力表检定证书、试注浆记录、设计工艺参数、后注浆作业记录、特殊情况处理记录等资料；

2 在桩身混凝土强度达到设计要求的条件下，承载力检验应在注浆完成20d后进行，浆液中掺入早强剂时可于注浆完成15d后进行。

7 混凝土预制桩与钢桩施工

7.1 混凝土预制桩的制作

7.1.1 混凝土预制桩可在施工现场预制，预制场地必须平整、坚实。

7.1.2 制桩模板宜采用钢模板，模板应具有足够刚度，并应平整，尺寸应准确。

7.1.3 钢筋骨架的主筋连接宜采用对焊和电弧焊，当钢筋直径不小于20mm时，宜采用机械接头连接。主筋接头配置在同一截面内的数量，应符合下列规定：

1 当采用对焊或电弧焊时，对于受拉钢筋，不得超过50%；

2 相邻两根主筋接头截面的距离应大于 $35d_g$（d_g 为主筋直径），并不应小于500mm；

3 必须符合现行行业标准《钢筋焊接及验收规程》JGJ 18 和《钢筋机械连接通用技术规程》JGJ 107的规定。

7.1.4 预制桩钢筋骨架的允许偏差应符合表 7.1.4 的规定。

表 7.1.4 预制桩钢筋骨架的允许偏差

项次	项 目	允许偏差（mm）
1	主筋间距	±5
2	桩尖中心线	10
3	箍筋间距或螺旋筋的螺距	±20
4	吊环沿纵轴线方向	±20
5	吊环沿垂直于纵轴线方向	±20
6	吊环露出桩表面的高度	±10
7	主筋距桩顶距离	±5
8	桩顶钢筋网片位置	±10
9	多节桩桩顶预埋件位置	±3

7.1.5 确定桩的单节长度时应符合下列规定：

1 满足桩架的有效高度、制作场地条件、运输

与装卸能力；

2 避免在桩尖接近或处于硬持力层中时接桩。

7.1.6 浇注混凝土预制桩时，宜从桩顶开始灌筑，并应防止另一端的砂浆积聚过多。

7.1.7 锤击预制桩的骨料粒径宜为5～40mm。

7.1.8 锤击预制桩，应在强度与龄期均达到要求后，方可锤击。

7.1.9 重叠法制作预制桩时，应符合下列规定：

1 桩与邻桩及底模之间的接触面不得粘连；

2 上层桩或邻桩的浇筑，必须在下层桩或邻桩的混凝土达到设计强度的30%以上时，方可进行；

3 桩的重叠层数不应超过4层。

7.1.10 混凝土预制桩的表面应平整、密实，制作允许偏差应符合表7.1.10的规定。

表 7.1.10 混凝土预制桩制作允许偏差

桩 型	项 目	允许偏差（mm）
钢筋混凝土实心桩	横截面边长	±5
	桩顶对角线之差	≤5
	保护层厚度	±5
	桩身弯曲矢高	不大于1‰桩长且不大于20
	桩尖偏心	≤10
	桩端面倾斜	≤0.005
	桩节长度	±20
钢筋混凝土管桩	直径	±5
	长度	±0.5%桩长
	管壁厚度	−5
	保护层厚度	+10，−5
	桩身弯曲（度）矢高	1‰桩长
	桩尖偏心	≤10
	桩头板平整度	≤2
	桩头板偏心	≤2

7.1.11 本规范未作规定的预应力混凝土桩的其他要求及离心混凝土强度等级评定方法，应符合国家现行标准《先张法预应力混凝土管桩》GB 13476 和《预应力混凝土空心方桩》JG 197 的规定。

7.2 混凝土预制桩的起吊、运输和堆放

7.2.1 混凝土实心桩的吊运应符合下列规定：

1 混凝土设计强度达到70%及以上方可起吊，达到100%方可运输；

2 桩起吊时应采取相应措施，保证安全平稳，保护桩身质量；

3 水平运输时，应做到桩身平稳放置，严禁在场地上直接拖拉桩体。

7.2.2 预应力混凝土空心桩的吊运应符合下列规定：

1 出厂前应作出厂检查，其规格、批号、制作日期应符合所属的验收批号内容；

2 在吊运过程中应轻吊轻放，避免剧烈碰撞；

3 单节桩可采用专用吊钩勾住桩两端内壁直接进行水平起吊；

4 运至施工现场时应进行检查验收，严禁使用质量不合格及在吊运过程中产生裂缝的桩。

7.2.3 预应力混凝土空心桩的堆放应符合下列规定：

1 堆放场地应平整坚实，最下层与地面接触的垫木应有足够的宽度和高度。堆放时桩应稳固，不得滚动；

2 应按不同规格、长度及施工流水顺序分别堆放；

3 当场地条件许可时，宜单层堆放；当叠层堆放时，外径为 500～600mm 的桩不宜超过 4 层，外径为 300～400mm 的桩不宜超过 5 层；

4 叠层堆放桩时，应在垂直于桩长度方向的地面上设置 2 道垫木，垫木应分别位于距桩端 1/5 桩长处；底层最外缘的桩应在垫木处用木楔塞紧；

5 垫木宜选用耐压的长木枋或枕木，不得使用有棱角的金属构件。

7.2.4 取桩应符合下列规定：

1 当桩叠层堆放超过 2 层时，应采用吊机取桩，严禁拖拉取桩；

2 三点支撑自行式打桩机不应拖拉取桩。

7.3 混凝土预制桩的接桩

7.3.1 桩的连接可采用焊接、法兰连接或机械快速连接（螺纹式、啮合式）。

7.3.2 接桩材料应符合下列规定：

1 焊接接桩：钢钣宜采用低碳钢，焊条宜采用 E43；并应符合现行行业标准《建筑钢结构焊接技术规程》JGJ 81 要求。

2 法兰接桩：钢钣和螺栓宜采用低碳钢。

7.3.3 采用焊接接桩除应符合现行行业标准《建筑钢结构焊接技术规程》JGJ 81 的有关规定外，尚应符合下列规定：

1 下节桩段的桩头宜高出地面 0.5m；

2 下节桩的桩头处宜设导向箍；接桩时上下节桩段应保持顺直，错位偏差不宜大于 2mm；接桩就位纠偏时，不得采用大锤横向敲打；

3 桩对接前，上下端钣表面应采用铁刷子清刷干净，坡口处应刷至露出金属光泽；

4 焊接宜在桩四周对称地进行，待上下桩节固定后拆除导向箍再分层施焊；焊接层数不得少于 2 层，第一层焊完后必须把焊渣清理干净，方可进行第二层（的）施焊，焊缝应连续、饱满；

5 焊好后的桩接头应自然冷却后方可继续锤击，

自然冷却时间不宜少于 8min；严禁采用水冷却或焊好即施打；

6 雨天焊接时，应采取可靠的防雨措施；

7 焊接接头的质量检查宜采用探伤检测，同一工程探伤抽样检验不得少于 3 个接头。

7.3.4 采用机械快速螺纹接桩的操作与质量应符合下列规定：

1 接桩前应检查桩两端制作的尺寸偏差及连接件，无受损后方可起吊施工，其下节桩端宜高出地面 0.8m；

2 接桩时，卸下上下节桩两端的保护装置后，应清理接头残物，涂上润滑脂；

3 应采用专用接头锥度对中，对准上下节桩进行旋紧连接；

4 可采用专用链条式扳手进行旋紧，（臂长 1m，卡紧后人工旋紧再用铁锤敲击板臂，）锁紧后两端板尚应有 1～2mm 的间隙。

7.3.5 采用机械啮合接头接桩的操作与质量应符合下列规定：

1 将上下接头钣清理干净，用扳手将已涂抹沥青涂料的连接销逐根旋入上节桩 I 型端头钣的螺栓孔内，并用钢模板调整好连接销的方位；

2 剔除下节桩 II 型端头钣连接槽内泡沫塑料保护块，在连接槽内注入沥青涂料，并在端头钣面周边抹上宽度 20mm、厚度 3mm 的沥青涂料；当地基土、地下水含中等以上腐蚀介质时，桩端钣板面应满涂沥青涂料；

3 将上节桩吊起，使连接销与 II 型端头钣上各连接口对准，随即将连接销插入连接槽内；

4 加压使上下节桩的桩头钣接触，完成接桩。

7.4 锤击沉桩

7.4.1 沉桩前必须处理空中和地下障碍物，场地应平整，排水应畅通，并应满足打桩所需的地面承载力。

7.4.2 桩锤的选用应根据地质条件、桩型、桩的密集程度、单桩竖向承载力及现有施工条件等因素确定，也可按本规范附录 H 选用。

7.4.3 桩打入时应符合下列规定：

1 桩帽或送桩帽与桩周围的间隙应为 5～10mm；

2 锤与桩帽、桩帽与桩之间应加设硬木、麻袋、草垫等弹性衬垫；

3 桩锤、桩帽或送桩帽应和桩身在同一中心线上；

4 桩插入时的垂直度偏差不得超过 0.5%。

7.4.4 打桩顺序要求应符合下列规定：

1 对于密集桩群，自中间向两个方向或四周对称施打；

2 当一侧毗邻建筑物时，由毗邻建筑物处向另一方向施打；

3 根据基础的设计标高，宜先深后浅；

4 根据桩的规格，宜先大后小，先长后短。

7.4.5 打入桩（预制混凝土方桩、预应力混凝土空心桩、钢桩）的桩位偏差，应符合表 7.4.5 的规定。斜桩倾斜度的偏差不得大于倾斜角正切值的 15%（倾斜角系桩的纵向中心线与铅垂线间夹角）。

表 7.4.5 打入桩桩位的允许偏差

项　　　　目	允许偏差（mm）
带有基础梁的桩：（1）垂直基础梁的中心线 （2）沿基础梁的中心线	$100+0.01H$ $150+0.01H$
桩数为 1～3 根桩基中的桩	100
桩数为 4～16 根桩基中的桩	1/2 桩径或边长
桩数大于 16 根桩基中的桩： （1）最外边的桩 （2）中间桩	1/3 桩径或边长 1/2 桩径或边长

注：H 为施工现场地面标高与桩顶设计标高的距离。

7.4.6 桩终止锤击的控制应符合下列规定：

1 当桩端位于一般土层时，应以控制桩端设计标高为主，贯入度为辅；

2 桩端达到坚硬、硬塑的黏性土、中密以上粉土、砂土、碎石类土及风化岩时，应以贯入度控制为主，桩端标高为辅；

3 贯入度已达到设计要求而桩端标高未达到时，应继续锤击 3 阵，并按每阵 10 击的贯入度不应大于设计规定的数值确认，必要时，施工控制贯入度应通过试验确定。

7.4.7 当遇到贯入度剧变，桩身突然发生倾斜、位移或有严重回弹、桩顶或桩身出现严重裂缝、破碎等情况时，应暂停打桩，并分析原因，采取相应措施。

7.4.8 当采用射水法沉桩时，应符合下列规定：

1 射水法沉桩宜用于砂土和碎石土；

2 沉桩至最后 1～2m 时，应停止射水，并采用锤击至规定标高，终锤控制标准可按本规范第 7.4.6 条有关规定执行。

7.4.9 施打大面积密集桩群时，应采取下列辅助措施：

1 对预钻孔沉桩，预钻孔孔径可比桩径（或方桩对角线）小 50～100mm，深度可根据桩距和土的密实度、渗透性确定，宜为桩长的 1/3～1/2；施工时应随钻随打；桩架宜具备钻孔锤击双重性能；

2 对饱和黏性土地基，应设置袋装砂井或塑料排水板；袋装砂井直径宜为 70～80mm，间距宜为

1.0～1.5m，深度宜为 10～12m；塑料排水板的深度、间距与袋装砂井相同；

3 应设置隔离板桩或地下连续墙；

4 可开挖地面防震沟，并可与其他措施结合使用，防震沟沟宽可取 0.5～0.8m，深度按土质情况决定；

5 应控制打桩速率和日打桩量，24 小时内休止时间不应少于 8h；

6 沉桩结束后，宜普遍实施一次复打；

7 应对不少于总桩数 10% 的桩顶上涌和水平位移进行监测；

8 沉桩过程中应加强邻近建筑物、地下管线等的观测、监护。

7.4.10 预应力混凝土管桩的总锤击数及最后 1.0m 沉桩锤击数应根据桩身强度和当地工程经验确定。

7.4.11 锤击沉桩送桩应符合下列规定：

1 送桩深度不宜大于 2.0m；

2 当桩顶打至接近地面需要送桩时，应测出桩的垂直度并检查桩顶质量，合格后应及时送桩；

3 送桩的最后贯入度应参考相同条件下不送桩时的最后贯入度并修正；

4 送桩后遗留的桩孔应立即回填或覆盖；

5 当送桩深度超过 2.0m 且不大于 6.0m 时，打桩机应为三点支撑履带自行式或步履式柴油打桩机；桩帽和桩锤之间应用竖纹硬木或盘圆层叠的钢丝绳作"锤垫"，其厚度宜取 150～200mm。

7.4.12 送桩器及衬垫设置应符合下列规定：

1 送桩器宜做成圆筒形，并应有足够的强度、刚度和耐打性。送桩器长度应满足送桩深度的要求，弯曲度不得大于 1/1000；

2 送桩器上下两端面应平整，且与送桩器中心轴线相垂直；

3 送桩器下端面应开孔，使空心桩内腔与外界连通；

4 送桩器应与桩匹配：套筒式送桩器下端的套筒深度宜取 250～350mm，套管内径应比桩外径大 20～30mm；插销式送桩器下端的插销长度宜取 200～300mm，杆销外径应比（管）桩内径小 20～30mm，对于腔内存有余浆的管桩，不宜采用插销式送桩器；

5 送桩作业时，送桩器与桩头之间应设置 1～2 层麻袋或硬纸板等衬垫。内填弹性衬垫压实后的厚度不宜小于 60mm。

7.4.13 施工现场应配备桩身垂直度观测仪器（长条水准尺或经纬仪）和观测人员，随时量测桩身的垂直度。

7.5 静压沉桩

7.5.1 采用静压沉桩时，场地地基承载力不应小于压桩机接地压强的 1.2 倍，且场地应平整。

7.5.2 静力压桩宜选择液压式和绳索式压桩工艺；宜根据单节桩的长度选用顶压式液压压桩机和抱压式液压压桩机。

7.5.3 选择压桩机的参数应包括下列内容：

1 压桩机型号、桩机质量（不含配重）、最大压桩力等；

2 压桩机的外型尺寸及拖运尺寸；

3 压桩机的最小边桩距及最大压桩力；

4 长、短船型履靴的接地压强；

5 夹持机构的型式；

6 液压油缸的数量、直径，率定后的压力表读数与压桩力的对应关系；

7 吊桩机构的性能及吊桩能力。

7.5.4 压桩机的每件配重必须用量具核实，并将其质量标记在该件配重的外露表面；液压式压桩机的最大压桩力应取压桩机的机架重量和配重之和乘以0.9。

7.5.5 当边桩空位不能满足中置式压桩机施压条件时，宜利用压边桩机构或选用前置式液压压桩机进行压桩，但此时应估计最大压桩能力减少造成的影响。

7.5.6 当设计要求或施工需要采用引孔法压桩时，应配备螺旋钻孔机，或在压桩机上配备专用的螺旋钻。当桩端需进入较坚硬的岩层时，应配备可入岩的钻孔桩机或冲孔桩机。

7.5.7 最大压桩力不宜小于设计的单桩竖向极限承载力标准值，必要时可由现场试验确定。

7.5.8 静力压桩施工的质量控制应符合下列规定：

1 第一节桩下压时垂直度偏差不应大于0.5%；

2 宜将每根桩一次性连续压到底，且最后一节有效桩长不宜小于5m；

3 抱压力不应大于桩身允许侧向压力的1.1倍；

4 对于大面积桩群，应控制日压桩量。

7.5.9 终压条件应符合下列规定：

1 应根据现场试桩的试验结果确定终压标准；

2 终压连续复压次数应根据桩长及地质条件等因素确定。对于入土深度大于或等于8m的桩，复压次数可为2～3次；对于入土深度小于8m的桩，复压次数可为3～5次；

3 稳压压桩力不得小于终压力，稳定压桩的时间宜为5～10s。

7.5.10 压桩顺序宜根据场地工程地质条件确定，并应符合下列规定：

1 对于场地地层中局部含砂、碎石、卵石时，宜先对该区域进行压桩；

2 当持力层埋深或桩的入土深度差别较大时，宜先施压长桩后施压短桩。

7.5.11 压桩过程中应测量桩身的垂直度。当桩身垂直度偏差大于1%时，应找出原因并设法纠正；当桩尖进入较硬土层后，严禁用移动机架等方法强行纠偏。

7.5.12 出现下列情况之一时，应暂停压桩作业，并分析原因，采用相应措施：

1 压力表读数显示情况与勘察报告中的土层性质明显不符；

2 桩难以穿越硬夹层；

3 实际桩长与设计桩长相差较大；

4 出现异常响声；压桩机械工作状态出现异常；

5 桩身出现纵向裂缝和桩头混凝土出现剥落等异常现象；

6 夹持机构打滑；

7 压桩机下陷。

7.5.13 静压送桩的质量控制应符合下列规定：

1 测量桩的垂直度并检查桩头质量，合格后方可送桩、压桩、送桩作业应连续进行；

2 送桩应采用专制钢质送桩器，不得将工程桩用作送桩器；

3 当场地上多数桩的有效桩长小于或等于15m或桩端持力层为风化软质岩，需要复压时，送桩深度不宜超过1.5m；

4 除满足本条上述3款规定外，当桩的垂直度偏差小于1%，且桩的有效桩长大于15m时，静压桩送桩深度不宜超过8m；

5 送桩的最大压桩力不宜超过桩身允许抱压压桩力的1.1倍。

7.5.14 引孔压桩法质量控制应符合下列规定：

1 引孔宜采用螺旋钻干作业法；引孔的垂直度偏差不宜大于0.5%；

2 引孔作业和压桩作业应连续进行，间隔时间不宜大于12h；在软土地基中不宜大于3h；

3 引孔中有积水时，宜采用开口型桩尖。

7.5.15 当桩较密集，或地基为饱和淤泥、淤泥质土及黏性土时，应设置塑料排水板、袋装砂井消减超孔压或采取引孔等措施，并可按本规范第7.4.9条执行。在压桩施工过程中应对总桩数10%的桩设置上涌和水平偏位观测点，定时检测桩的上浮量及桩顶水平偏位值，若上涌和偏位值较大，应采取复压等措施。

7.5.16 对预制混凝土方桩、预应力混凝土空心桩、钢桩等压入桩的桩位偏差，应符合本规范表7.4.5的规定。

7.6 钢桩（钢管桩、H型桩及其他异型钢桩）施工

Ⅰ 钢桩的制作

7.6.1 制作钢桩的材料应符合设计要求，并应有出厂合格证和试验报告。

7.6.2 现场制作钢桩应有平整的场地及挡风防雨措施。

7.6.3 钢桩制作的允许偏差应符合表7.6.3的规定，钢桩的分段长度应满足本规范第7.1.5条的规定，且不宜大于15m。

表7.6.3 钢桩制作的允许偏差

项　　目		容许偏差（mm）
外径或断面尺寸	桩端部	±0.5%外径或边长
	桩　身	±0.1%外径或边长
长　　度		＞0
矢　　高		≤1‰桩长
端部平整度		≤2（H型桩≤1）
端部平面与桩身中心线的倾斜值		≤2

7.6.4 用于地下水有侵蚀性的地区或腐蚀性土层的钢桩，应按设计要求作防腐处理。

Ⅱ 钢桩的焊接

7.6.5 钢桩的焊接应符合下列规定：

1 必须清除桩端部的浮锈、油污等脏物，保持干燥；下节桩顶经锤击后变形的部分应割除；

2 上下节桩焊接时应校正垂直度，对口的间隙宜为2～3mm；

3 焊丝（自动焊）或焊条应烘干；

4 焊接应对称进行；

5 应采用多层焊，钢管桩各层焊缝的接头应错开，焊渣应清除；

6 当气温低于0℃或雨雪天及无可靠措施确保焊接质量时，不得焊接；

7 每个接头焊接完毕，应冷却1min后方可锤击；

8 焊接质量应符合国家现行标准《钢结构工程施工质量验收规范》GB 50205和《建筑钢结构焊接技术规程》JGJ 81的规定，每个接头除应按表7.6.5规定进行外观检查外，还应按接头总数的5%进行超声或2%进行X射线拍片检查，对于同一工程，探伤抽样检验不得少于3个接头。

表7.6.5 接桩焊缝外观允许偏差

项　　目	允许偏差（mm）
上下节桩错口	
①钢管桩外径≥700mm	3
②钢管桩外径＜700mm	2
H型钢桩	1
咬边深度（焊缝）	0.5
加强层高度（焊缝）	2
加强层宽度（焊缝）	3

7.6.6 H型钢桩或其他异型薄壁钢桩，接头处应加连接板，可按等强度设置。

Ⅲ 钢桩的运输和堆放

7.6.7 钢桩的运输与堆放应符合下列规定：

1 堆放场地应平整、坚实、排水通畅；

2 桩的两端应有适当保护措施，钢管桩应设保护圈；

3 搬运时应防止桩体撞击而造成桩端、桩体损坏或弯曲；

4 钢桩应按规格、材质分别堆放，堆放层数：φ900mm的钢桩，不宜大于3层；φ600mm的钢桩，不宜大于4层；φ400mm的钢桩，不宜大于5层；H型钢桩不宜大于6层。支点设置应合理，钢桩的两侧应采用木楔塞住。

Ⅳ 钢桩的沉桩

7.6.8 当钢桩采用锤击沉桩时，可按本规范第7.4节有关条文实施；当采用静压沉桩时，可按本规范第7.5节有关条文实施。

7.6.9 对敞口钢管桩，当锤击沉桩有困难时，可在管内取土助沉。

7.6.10 锤击H型钢桩时，锤重不宜大于4.5t级（柴油锤），且在锤击过程中桩架前应有横向约束装置。

7.6.11 当持力层较硬时，H型钢桩不宜送桩。

7.6.12 当地表层遇有大块石、混凝土块等回填物时，应在插入H型钢桩前进行触探，并应清除桩位上的障碍物。

8 承台施工

8.1 基坑开挖和回填

8.1.1 桩基承台施工顺序宜先深后浅。

8.1.2 当承台埋置较深时，应对邻近建筑物及市政设施采取必要的保护措施，在施工期间应进行监测。

8.1.3 基坑开挖前应对边坡支护形式、降水措施、挖土方案、运土路线及堆土位置编制施工方案，若桩基施工引起超孔隙水压力，宜待超孔隙水压力大部分消散后开挖。

8.1.4 当地下水位较高需降水时，可根据周围环境情况采用内降水或外降水措施。

8.1.5 挖土应均衡分层进行，对流塑状软土的基坑开挖，高差不应超过1m。

8.1.6 挖出的土方不得堆置在基坑附近。

8.1.7 机械挖土时必须确保基坑内的桩体不受损坏。

8.1.8 基坑开挖结束后，应在基坑底做出排水盲沟及集水井，如有降水设施仍应维持运转。

8.1.9 在承台和地下室外墙与基坑侧壁间隙回填土前，应排除积水，清除虚土和建筑垃圾，填土应按设计要求选料，分层夯实，对称进行。

8.2 钢筋和混凝土施工

8.2.1 绑扎钢筋前应将灌注桩桩头浮浆部分和预制桩桩顶锤击面破碎部分去除，桩体及其主筋人承台的长度应符合设计要求；钢管桩尚应加焊桩顶连接件；并应按设计施作桩头和垫层防水。

8.2.2 承台混凝土应一次浇筑完成，混凝土入槽宜采用平铺法。对大体积混凝土施工，应采取有效措施防止温度应力引起裂缝。

9 桩基工程质量检查和验收

9.1 一般规定

9.1.1 桩基工程应进行桩位、桩长、桩径、桩身质量和单桩承载力的检验。

9.1.2 桩基工程的检验按时间顺序可分为三个阶段：施工前检验、施工检验和施工后检验。

9.1.3 对砂、石子、水泥、钢材等桩体原材料质量的检验项目和方法应符合国家现行有关标准的规定。

9.2 施工前检验

9.2.1 施工前应严格对桩位进行检验。

9.2.2 预制桩（混凝土预制桩、钢桩）施工前应进行下列检验：

1 成品桩应按选定的标准图或设计图制作，现场应对其外观质量及桩身混凝土强度进行检验；

2 应对接桩用焊条、压桩用压力表等材料和设备进行检验。

9.2.3 灌注桩施工前应进行下列检验：

1 混凝土拌制应对原材料质量与计量、混凝土配合比、坍落度、混凝土强度等级等进行检查；

2 钢筋笼制作应对钢筋规格、焊条规格、品种、焊口规格、焊缝长度、焊缝外观和质量、主筋和箍筋的制作偏差等进行检查，钢筋笼制作允许偏差应符合本规范表6.2.5的要求。

9.3 施工检验

9.3.1 预制桩（混凝土预制桩、钢桩）施工过程中应进行下列检验：

1 打入（静压）深度、停锤标准、静压终止压力值及桩身（架）垂直度检查；

2 接桩质量、接桩间歇时间及桩顶完整状况；

3 每米进尺锤击数、最后1.0m进尺锤击数、总锤击数、最后三阵贯入度及桩尖标高等；

9.3.2 灌注桩施工过程中应进行下列检验：

1 灌注混凝土前，应按照本规范第6章有关施工质量要求，对已成孔的中心位置、孔深、孔径、垂直度、孔底沉渣厚度进行检验；

2 应对钢筋笼安放的实际位置等进行检查，并填写相应质量检测、检查记录；

3 干作业条件下成孔后应对大直径灌注桩桩端持力层进行检验。

9.3.3 对于沉管灌注桩施工工序的质量检查宜按本规范第9.1.1～9.3.2条有关项目进行。

9.3.4 对于挤土预制桩和挤土灌注桩，施工过程均应对桩顶和地面土体的竖向和水平位移进行系统观测；若发现异常，应采取复打、复压、引孔、设置排水措施及调整沉桩速率等措施。

9.4 施工后检验

9.4.1 根据不同桩型应按本规范表6.2.4及表7.4.5规定检查成桩桩位偏差。

9.4.2 工程桩应进行承载力和桩身质量检验。

9.4.3 有下列情况之一的桩基工程，应采用静荷载试验对工程桩单桩竖向承载力进行检测，检测数量应根据桩基设计等级、施工前取得试验数据的可靠性因素，按现行行业标准《建筑基桩检测技术规范》JGJ 106确定：

1 工程施工前已进行单桩静载试验，但施工过程变更了工艺参数或施工质量出现异常时；

2 施工前工程未按本规范第5.3.1条规定进行单桩静载试验的工程；

3 地质条件复杂、桩的施工质量可靠性低；

4 采用新桩型或新工艺。

9.4.4 有下列情况之一的桩基工程，可采用高应变动测法对工程桩单桩竖向承载力进行检测：

1 除本规范第9.4.3条规定条件外的桩基；

2 设计等级为甲、乙级的建筑桩基静载试验检测的辅助检测。

9.4.5 桩身质量除对预留混凝土试件进行强度等级检验外，尚应进行现场检测。检测方法可采用可靠的动测法，对于大直径桩还可采取钻芯法、声波透射法；检测数量可根据现行行业标准《建筑基桩检测技术规范》JGJ 106确定。

9.4.6 对专用抗拔桩和对水平承载力有特殊要求的桩基工程，应进行单桩抗拔静载试验和水平静载试验检测。

9.5 基桩及承台工程验收资料

9.5.1 当桩顶设计标高与施工场地标高相近时，基桩的验收应待基桩施工完毕后进行；当桩顶设计标高低于施工场地标高时，应待开挖到设计标高后进行验收。

9.5.2 基桩验收应包括下列资料：

1 岩土工程勘察报告、桩基施工图、图纸会审纪要、设计变更单及材料代用通知单等；

2 经审定的施工组织设计、施工方案及执行中的变更单；

3 桩位测量放线图，包括工程桩位线复核签证单；

4 原材料的质量合格和质量鉴定书；

5 半成品如预制桩、钢桩等产品的合格证；

6 施工记录及隐蔽工程验收文件；

7 成桩质量检查报告；

8 单桩承载力检测报告；

9 基坑挖至设计标高的基桩竣工平面图及桩顶标高图；

10 其他必须提供的文件和记录。

9.5.3 承台工程验收时应包括下列资料：

1 承台钢筋、混凝土的施工与检查记录；

2 桩头与承台的锚筋、边桩离承台边缘距离、承台钢筋保护层记录；

3 桩头与承台防水构造及施工质量；

4 承台厚度、长度和宽度的量测记录及外观情况描述等。

9.5.4 承台工程验收除符合本节规定外，尚应符合现行国家标准《混凝土结构工程施工质量验收规范》GB 50204 的规定。

附录 A 桩型与成桩工艺选择

A.0.1 桩型与成桩工艺应根据建筑结构类型、荷载性质、桩的使用功能、穿越土层、桩端持力层、地下水位、施工设备、施工环境、施工经验、制桩材料供应等条件选择。可按表 A.0.1 进行。

表 A.0.1 桩型与成桩工艺选择

桩类			桩身(mm)	扩底端(mm)	最大桩长(m)	一般黏性土及其填土	淤泥和淤泥质土	粉土	砂土	碎石土	季节性冻土膨胀土	非自重湿陷性黄土	自重湿陷性黄土	中间有硬夹层	中间有砂夹层	中间有砾石夹层	硬黏性土	密实砂土	碎石土	软质岩石和风化岩石	以上	以下	振动和噪声	排浆	孔底有无挤密
非挤土成桩	干作业法	长螺旋钻孔灌注桩	300~800	—	28	○	×	○	△	×	○	○	○	△	×	△	○	○	△	△	○	×	无	无	无
		短螺旋钻孔灌注桩	300~800	—	20	○	×	○	△	×	○	○	○	△	×	△	○	○	△	△	○	×	无	无	无
		钻孔扩底灌注桩	300~600	800~1200	30	○	×	△	△	×	○	○	△	△	×	△	○	○	△	△	○	×	无	有	无
		机动洛阳铲成孔灌注桩	300~500	—	20	○	×	○	△	×	○	○	○	△	×	△	○	△	△	△	○	×	无	无	无
		人工挖孔扩底灌注桩	800~2000	1600~3000	30	○	×	△	△	△	○	○	△	△	△	△	○	△	△	△	○	△	无	有	无
	泥浆护壁法	潜水钻成孔灌注桩	500~800	—	50	○	△	○	○	△	○	○	△	△	○	△	○	○	△	△	○	○	无	有	无
		反循环钻成孔灌注桩	600~1200	—	80	○	△	○	○	△	○	○	△	△	○	△	○	○	△	△	○	○	无	有	无
		正循环钻成孔灌注桩	600~1200	—	80	○	△	○	○	△	○	○	△	△	○	△	○	○	△	△	○	○	无	有	无
		旋挖成孔灌注桩	600~1200	—	60	○	△	○	○	△	○	○	△	△	○	△	○	○	△	△	○	○	无	有	无
		钻孔扩底灌注桩	600~1200	1000~1600	30	○	△	△	△	△	○	○	△	△	○	△	○	○	△	△	○	○	无	有	无
	套管护壁	贝诺托灌注桩	800~1600	—	50	○	△	○	○	△	○	○	△	△	○	△	○	○	△	△	○	○	无	无	无
		短螺旋钻孔灌注桩	300~800	—	20	○	△	○	○	×	△	○	△	△	×	△	○	○	△	△	○	○	无	无	无
部分挤土成桩	灌注桩	冲击成孔灌注桩	600~1200	—	50	○	△	○	○	△	○	○	△	△	×	△	○	○	△	△	○	○	有	有	无
		长螺旋钻孔压灌桩	300~800	—	25	○	△	○	○	△	○	○	△	△	△	△	○	○	△	△	○	×	无	无	无
		钻孔挤扩多支盘桩	700~900	1200~1600	40	○	○	○	△	△	○	○	△	△	△	△	○	○	△	×	○	○	无	有	无

续表 A.0.1

桩 类			桩径		最大桩长(m)	穿越土层											桩端进入持力层				地下水位		对环境影响		孔底有无挤密
			桩身(mm)	扩底端(mm)		一般黏性土及其填土	淤泥和淤泥质土	粉土	砂土	碎石土	季节性冻土膨胀土	黄土非自重湿陷性黄土	自重湿陷性黄土	中间有硬黏土夹层	中间有砂夹层	中间有砾石夹层	硬黏性土	密实砂土	碎石土	软质岩石和风化岩石	以上	以下	振动和噪声	排浆	
部分挤土成桩	预制桩	预钻孔打入式预制桩	500	—	50	○	○	○	△	×	○	○	○	○	△	○	△	△	○	○	○	○	有	无	有
		静压混凝土(预应力混凝土)敞口管桩	800	—	60	○	○	○	△	×	△	○	○	○	○	△	○	○	△	○	○	○	无	无	有
		H型钢桩	规格	—	80	○	○	○	△	△	△	○	○	○	△	△	○	○	△	○	○	○	有	无	无
		敞口钢管桩	600～900	—	80	○	○	○	△	△	△	○	○	○	△	△	○	○	△	○	○	○	有	无	有
挤土成桩	灌注桩	内夯沉管灌注桩	325，377	460～700	25	○	○	△	△	△	△	○	○	△	×	△	○	△	△	△	○	○	有	无	有
	预制桩	打入式混凝土预制桩闭口钢管桩、混凝土管桩	500×500 1000	—	60	○	○	△	△	△	△	○	○	△	△	△	○	△	△	○	○	○	有	无	有
		静压桩	1000	—	60	○	○	△	△	△	△	○	△	△	×	△	○	△	△	×	○	○	无	无	有

注：表中符号○表示比较合适；△表示有可能采用；×表示不宜采用。

附录 B　预应力混凝土空心桩基本参数

B.0.1 离心成型的先张法预应力混凝土管桩的基本参数可按表 B.0.1 选用。

表 B.0.1　预应力混凝土管桩的配筋和力学性能

品种	外径 d (mm)	壁厚 t (mm)	单节桩长 (m)	混凝土强度等级	型号	预应力钢筋	螺旋筋规格	混凝土有效预压应力 (MPa)	抗裂弯矩检验值 M_{cr} (kN·m)	极限弯矩检验值 M_u (kN·m)	桩身竖向承载力设计值 R_p (kN)	理论质量 (kg/m)
预应力高强混凝土管桩(PHC)	300	70	≤11	C80	A	6Φ7.1	φb4	3.8	23	34	1410	131
					AB	6Φ9.0		5.3	28	45		
					B	8Φ9.0		7.2	33	59		
					C	8Φ10.7		9.3	38	76		
	400	95	≤12	C80	A	10Φ7.1	φb4	3.6	52	77	2550	249
					AB	10Φ9.0		4.9	63	704		
					B	12Φ9.0		6.6	75	135		
					C	12Φ10.7		8.5	87	174		
	500	100	≤15	C80	A	10Φ9.0	φb5	3.9	99	148	3570	327
					AB	10Φ10.7		5.3	121	200		
					B	13Φ10.7		7.2	144	258		
					C	13Φ12.6		9.5	166	332		
	500	125	≤15	C80	A	10Φ9.0	φb5	3.5	99	148	4190	368
					AB	10Φ10.7		4.7	121	200		
					B	13Φ10.7		6.2	144	258		
					C	13Φ12.6		8.2	166	332		

品种	外径 d (mm)	壁厚 t (mm)	单节桩长 (m)	混凝土强度等级	型号	预应力钢筋	螺旋筋规格	混凝土有效预压应力 (MPa)	抗裂弯矩检验值 M_{cr} (kN·m)	极限弯矩检验值 M_u (kN·m)	桩身竖向承载力设计值 R_p (kN)	理论质量 (kg/m)
预应力高强混凝土管桩（PHC）	550	100	≤15	C80	A	11φ9.0	φb5	3.9	125	188	4020	368
					AB	11φ10.7		5.3	154	254		
					B	15φ10.7		6.9	182	328		
					C	15φ12.6		9.2	211	422		
	550	125	≤15	C80	A	11φ9.0	φb5	3.4	125	188	4700	434
					AB	11φ10.7		4.7	154	254		
					B	15φ10.7		6.1	182	328		
					C	15φ12.6		7.9	211	422		
	600	110	≤15	C80	A	13φ9.0	φb5	3.9	164	246	4810	440
					AB	13φ10.7		5.5	201	332		
					B	17φ10.7		7	239	430		
					C	17φ12.6		9.1	276	552		
	600	130	≤15	C80	A	13φ9.0	φb5	3.5	164	246	5440	499
					AB	13φ10.7		4.8	201	332		
					B	17φ10.7		6.2	239	430		
					C	17φ12.6		8.2	276	552		
	800	110	≤15	C80	A	15φ10.7	φb6	4.4	367	550	6800	620
					AB	15φ12.6		6.1	451	743		
					B	22φ12.6		8.2	535	962		
					C	27φ12.6		11	619	1238		
	1000	130	≤15	C80	A	22φ10.7	φb6	4.4	689	1030	10080	924
					AB	22φ12.6		6	845	1394		
					B	30φ12.6		8.3	1003	1805		
					C	40φ12.6		10.9	1161	2322		
预应力混凝土管桩（PC）	300	70	≤11	C60	A	6φ7.1	φb4	3.8	23	34	1070	131
					AB	6φ9.0		5.2	28	45		
					B	8φ9.0		7.1	33	59		
					C	8φ10.7		9.3	38	76		
	400	95	≤12	C60	A	10φ7.1	φb4	3.7	52	77	1980	249
					AB	10φ9.0		5.0	63	104		
					B	13φ9.0		6.7	75	135		
					C	13φ10.7		9.0	87	174		
	500	100	≤15	C60	A	10φ9.0	φb5	3.9	99	148	2720	327
					AB	10φ10.7		5.4	121	200		
					B	14φ10.7		7.2	144	258		
					C	14φ12.6		9.8	166	332		
	550	100	≤15	C60	A	11φ9.0	φb5	3.9	125	188	3060	368
					AB	11φ10.7		5.4	154	254		
					B	15φ10.7		7.2	182	328		
					C	15φ12.6		9.7	211	422		
	600	110	≤15	C60	A	13φ9.0	φb5	3.9	164	246	3680	440
					AB	13φ10.7		5.4	201	332		
					B	18φ10.7		7.2	239	430		
					C	18φ12.6		9.8	276	552		

B.0.2 离心成型的先张法预应力混凝土空心方桩的基本参数可按表 B.0.2 选用。

表 B.0.2 预应力混凝土空心方桩的配筋和力学性能

品种	边长 b (mm)	内径 d_l (mm)	单节桩长 (m)	混凝土强度等级	预应力钢筋	螺旋筋规格	混凝土有效预压应力 (MPa)	抗裂弯矩 M_{cr} (kN·m)	极限弯矩 M_u (kN·m)	桩身竖向承载力设计值 R_p(kN)	理论质量 (kg/m)
预应力高强混凝土空心方桩 (PHS)	300	160	≤12	C80	8ϕ^D7.1	ϕ^b4	3.7	37	48	1880	185
					8ϕ^D9.0	ϕ^b4	5.9	48	77		
	350	190	≤12	C80	8ϕ^D9.0	ϕ^b4	4.4	66	93	2535	245
	400	250	≤14	C80	8ϕ^D9.0	ϕ^b4	3.8	88	110	2985	290
					8ϕ^D10.7	ϕ^b4	5.3	102	155		
	450	250	≤15	C80	12ϕ^D9.0	ϕ^b5	4.1	135	185	4130	400
					12ϕ^D10.7	ϕ^b5	5.7	160	261		
					12ϕ^D12.6	ϕ^b5	7.9	190	352		
	500	300	≤15	C80	12ϕ^D9.0	ϕ^b5	3.5	170	210	4830	470
					12ϕ^D10.7	ϕ^b5	4.9	198	295		
					12ϕ^D12.6	ϕ^b5	6.8	234	406		
	550	350	≤15	C80	16ϕ^D9.0	ϕ^b5	4.1	237	310	5550	535
					16ϕ^D10.7	ϕ^b5	5.7	278	440		
					16ϕ^D12.6	ϕ^b5	7.8	331	582		
	600	380	≤15	C80	20ϕ^D9.0	ϕ^b5	4.2	315	430	6640	645
					20ϕ^D10.7	ϕ^b5	5.9	370	596		
					20ϕ^D12.6	ϕ^b5	8.1	440	782		
预应力混凝土空心方桩 (PS)	300	160	≤12	C60	8ϕ^D7.1	ϕ^b4	3.7	35	48	1440	185
					8ϕ^D9.0	ϕ^b4	5.9	46	77		
	350	190	≤12	C60	8ϕ^D9.0	ϕ^b4	4.4	63	93	1940	245
	400	250	≤14	C60	8ϕ^D9.0	ϕ^b4	3.8	85	110	2285	290
					8ϕ^D10.7	ϕ^b4	5.3	99	155		
	450	250	≤15	C60	12ϕ^D9.0	ϕ^b5	4.1	129	185	3160	400
					12ϕ^D10.7	ϕ^b5	5.7	152	256		
					12ϕ^D12.6	ϕ^b5	7.8	182	331		
	500	300	≤15	C60	12ϕ^D9.0	ϕ^b5	3.5	163	210	3700	470
					12ϕ^D10.7	ϕ^b5	4.9	189	295		
					12ϕ^D12.6	ϕ^b5	6.7	223	388		
	550	350	≤15	C60	16ϕ^D9.0	ϕ^b5	4.1	225	310	4250	535
					16ϕ^D10.7	ϕ^b5	5.6	266	426		
					16ϕ^D12.6	ϕ^b5	7.7	317	558		
	600	380	≤15	C60	20ϕ^D9.0	ϕ^b5	4.2	300	430	5085	645
					20ϕ^D10.7	ϕ^b5	5.9	355	576		
					20ϕ^D12.6	ϕ^b5	8.0	425	735		

附录 C 考虑承台(包括地下墙体)、基桩协同工作和土的弹性抗力作用计算受水平荷载的桩基

C.0.1 基本假定:

1 将土体视为弹性介质,其水平抗力系数随深度线性增加(m法),地面处为零。

对于低承台桩基,在计算桩基时,假定桩顶标高处的水平抗力系数为零并随深度增长。

2 在水平力和竖向压力作用下,基桩、承台、地下墙体表面上任一点的接触应力(法向弹性抗力)与该点的法向位移 δ 成正比。

3 忽略桩身、承台、地下墙体侧面与土之间的黏着力和摩擦力对抵抗水平力的作用。

4 按复合桩基设计时,即符合本规范第 5.2.5 条规定,可考虑承台底土的竖向抗力和水平摩阻力。

5 桩顶与承台刚性连接(固接),承台的刚度视为无穷大。因此,只有当承台的刚度较大,或由于上部结构与承台的协同作用使承台的刚度得到增强的情况下,才适于采用此种方法计算。

计算中考虑土的弹性抗力时,要注意土体的稳定性。

C.0.2 基本计算参数:

1 地基土水平抗力系数的比例系数 m,其值按本规范第 5.7.5 条规定采用。

当基桩侧面为几种土层组成时,应求得主要影响深度

$h_m = 2(d+1)$ 米范围内的 m 值作为计算值(见图 C.0.2)。

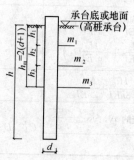

图 C.0.2

当 h_m 深度内存在两层不同土时:

$$m = \frac{m_1 h_1^2 + m_2(2h_1+h_2)h_2}{h_m^2} \quad (C.0.2-1)$$

当 h_m 深度内存在三层不同土时:

$$m = \frac{m_1 h_1^2 + m_2(2h_1+h_2)h_2 + m_3(2h_1+2h_2+h_3)h_3}{h_m^2}$$

$$(C.0.2-2)$$

2 承台侧面地基土水平抗力系数 C_n:

$$C_n = m \cdot h_n \quad (C.0.2-3)$$

式中 m——承台埋深范围地基土的水平抗力系数的比例系数(MN/m^4);

h_n——承台埋深(m)。

3 地基土竖向抗力系数 C_0、C_b 和地基土竖向抗力系数的比例系数 m_0:

    1)桩底面地基土竖向抗力系数 C_0

$$C_0 = m_0 h \quad (C.0.2-4)$$

式中 m_0——桩底面地基土竖向抗力系数的比例系数(MN/m^4),近似取 $m_0 = m$;

h——桩的入土深度(m),当 h 小于 10m 时,按 10m 计算。

    2)承台底面地基土竖向抗力系数 C_b

$$C_b = m_0 h_n \eta_c \quad (C.0.2-5)$$

式中 h_n——承台埋深(m),当 h_n 小于 1m 时,按 1m 计算;

η_c——承台效应系数,按本规范第 5.2.5 条确定。

不随岩层埋深而增长,其值按表 C.0.2 采用。

表 C.0.2 岩石地基竖向抗力系数 C_R

岩石饱和单轴抗压强度标准值 f_{rk}(kPa)	C_R(MN/m^3)
1000	300
≥25000	15000

注:f_{rk} 为表列数值的中间值时,C_R 采用插入法确定。

4 岩石地基的竖向抗力系数 C_R

5 桩身抗弯刚度 EI:按本规范第 5.7.2 条第 6 款的规定计算确定。

6 桩身轴向压力传递系数 ξ_N:

$$\xi_N = 0.5 \sim 1.0$$

摩擦型桩取小值,端承型桩取大值。

7 地基土与承台底之间的摩擦系数 μ,按本规范表 5.7.3-2 取值。

C.0.3 计算公式:

1 单桩基础或垂直于外力作用平面的单排桩基础,见表 C.0.3-1。

2 位于(或平行于)外力作用平面的单排(或多排)桩低承台桩基,见表 C.0.3-2。

3 位于(或平行于)外力作用平面的单排(或多排)桩高承台桩基,见表 C.0.3-3。

C.0.4 确定地震作用下桩基计算参数和图式的几个问题:

1 当承台底面以上土层为液化层时,不考虑承台侧面土体的弹性抗力和承台底土的竖向弹性抗力与摩阻力,此时,令 $C_n = C_b = 0$,可按表 C.0.3-3 高承台公式计算。

2 当承台底面以上为非液化层,而承台底面与承台底面下土体可能发生脱离时(承台底面以下有欠固结、自重湿陷、震陷、液化土体时),不考虑承台底地基土的竖向弹性抗力和摩阻力,只考虑承台侧面土体的

弹性抗力，宜按表 C.0.3-3 高承台图式进行计算；但计算承台单位变位引起的桩顶、承台、地下墙体的反力和时，应考虑承台和地下墙体侧面土体弹性抗力的影响。可按表 C.0.3-2 的步骤 5 的公式计算（$C_b = 0$）。

3 当桩顶以下 $2(d+1)$ 米深度内有液化夹层时，其水平抗力系数的比例系数综合计算值 m，系将液化层的 m 值按本规范表 5.3.12 折减后，代入式（C.0.2-1）或式（C.0.2-2）中计算确定。

表 C.0.3-1 单桩基础或垂直于外力作用平面的单排桩基础

计算步骤			内容	备注
1	确定荷载和计算图式		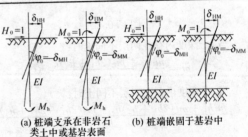	桩底支撑在非岩石类土中或基岩表面
2	确定基本参数		m、EI、α	详见附录 C.0.2
3	求地面处桩身内力		弯距（$F \times L$）水平力（F）$\quad M_0 = \dfrac{M}{n} + \dfrac{H}{n}l_0 \quad H_0 = \dfrac{H}{n}$	n——单排桩的桩数；低承台桩时，令 $l_0 = 0$
4	求单位力作用于桩身地面处，桩身在该处产生的变位	$H_0 = 1$ 作用时	水平位移（$F^{-1} \times L$）$\quad \delta_{HH} = \dfrac{1}{\alpha^3 EI} \times \dfrac{(B_3 D_4 - B_4 D_3) + K_h(B_2 D_4 - B_4 D_2)}{(A_3 B_4 - A_4 B_3) + K_h(A_2 B_4 - A_4 B_2)}$	桩底支承于非岩石类土中，且当 $h \geqslant 2.5/\alpha$，可令 $K_h = 0$；桩底支承于基岩面上，且当 $h \geqslant 3.5/\alpha$，可令 $K_h = 0$。K_h 计算见本表注③。系数 $A_1 \cdots\cdots D_4$、A_f、B_f、C_f 根据 $\bar{h} = \alpha h$ 查表 C.0.3-4 中相应 $\bar{h}$ 的值确定
			转角（F^{-1}）$\quad \delta_{MH} = \dfrac{1}{\alpha^2 EI} \times \dfrac{(A_3 D_4 - A_4 D_3) + K_h(A_2 D_4 - A_4 D_2)}{(A_3 B_4 - A_4 B_3) + K_h(A_2 B_4 - A_4 B_2)}$	
		$M_0 = 1$ 作用时	水平位移（F^{-1}）$\quad \delta_{HM} = \delta_{MH}$	
			转角（$F^{-1} \times L^{-1}$）$\quad \delta_{MM} = \dfrac{1}{\alpha EI} \times \dfrac{(A_3 C_4 - A_4 C_3) + K_h(A_2 C_4 - A_4 C_2)}{(A_3 B_4 - A_4 B_3) + K_h(A_2 B_4 - A_4 B_2)}$	
5	求地面处桩身的变位	水平位移（L）转角（弧度）	$x_0 = H_0 \delta_{HH} + M_0 \delta_{HM}$ $\varphi_0 = -(H_0 \delta_{MH} + M_0 \delta_{MM})$	
6	求地面以下任一深度的桩身内力	弯距（$F \times L$）水平力（F）	$M_y = \alpha^2 EI\left(x_0 A_3 + \dfrac{\varphi_0}{\alpha} B_3 + \dfrac{M_0}{\alpha^2 EI} C_3 + \dfrac{H_0}{\alpha^3 EI} D_3\right)$ $H_y = \alpha^3 EI\left(x_0 A_4 + \dfrac{\varphi_0}{\alpha} B_4 + \dfrac{M_0}{\alpha^2 EI} C_4 + \dfrac{H_0}{\alpha^3 EI} D_4\right)$	
7	求桩顶水平位移	（L）	$\Delta = x_0 - \varphi_0 l_0 + \Delta_0$ 其中 $\Delta_0 = \dfrac{H l_0^3}{3nEI} + \dfrac{M l_0^2}{2nEI}$	
8	求桩身最大弯距及其位置	最大弯距位置（L）	由 $\dfrac{\alpha M_0}{H_0} = C_I$ 查表 C.0.3-5 得相应的 αy，$y_{M_{max}} = \dfrac{\alpha y}{\alpha}$	C_I、D_{II} 查表 C.0.3-5
		最大弯距（$F \times L$）	$M_{max} = H_0/D_{II}$	

注：1 δ_{HH}、δ_{MH}、δ_{HM}、δ_{MM} 的图示意义：

2 当桩底嵌固于基岩中时，$\delta_{HH} \cdots\cdots \delta_{MM}$ 按下列公式计算：

$$\delta_{HH} = \frac{1}{\alpha^3 EI} \times \frac{B_2 D_1 - B_1 D_2}{A_2 B_1 - A_1 B_2}; \quad \delta_{MH} = \frac{1}{\alpha^2 EI} \times \frac{A_2 D_1 - A_1 D_2}{A_2 B_1 - A_1 B_2};$$

$$\delta_{HM} = \delta_{MH}$$

$$\delta_{MM} = \frac{1}{\alpha EI} \times \frac{A_2 C_1 - A_1 C_2}{A_2 B_1 - A_1 B_2};$$

3 系数 K_h $\quad K_h = \dfrac{C_0 I_0}{\alpha EI}$

　　式中：C_0、α、E、I——详见附录 C.0.2；

　　　　　I_0——桩底截面惯性矩；对于非扩底

　　　　　$I_0 = I$。

4 表中 F、L 分别为表示力、长度的量纲。

（a）桩端支承在非岩石类土中或基岩表面　（b）桩端嵌固于基岩中

表C.0.3-2 位于(或平行于)外力作用平面的单排(或多排)桩低承台桩基

计 算 步 骤			内 容	备 注
1	确定荷载和计算图式			坐标原点应选在桩群对称点上或重心上
2	确定基本计算参数		m、m_0、EI、α、ξ_N、C_0、C_b、μ	详见附录C.0.2
3	求单位力作用于桩顶时，桩顶产生的变位	$H=1$作用时	水平位移($F^{-1}\times L$) …… δ_{HH}	公式同表C.0.3-1中步骤4，且$K_h=0$；当桩底嵌入基岩中时，应按表C.0.3-1注2计算。
			转角(F^{-1}) …… δ_{MH}	
		$M=1$作用时	水平位移(F^{-1}) …… $\delta_{HM}=\delta_{MH}$	
			转角($F^{-1}\times L^{-1}$) …… δ_{MM}	
4	求桩顶发生单位变位时，在桩顶引起的内力	发生单位竖向位移时	轴向力($F\times L^{-1}$) …… $\rho_{NN}=\dfrac{1}{\dfrac{\zeta_N h}{EA}+\dfrac{1}{C_0 A_0}}$	ξ_N、C_0、A_0——见附录C.0.2 E、A——桩身弹性模量和横截面面积
		发生单位水平位移时	水平力($F\times L^{-1}$) …… $\rho_{HH}=\dfrac{\delta_{MM}}{\delta_{HH}\delta_{MM}-\delta_{MH}^2}$	
			弯距(F) …… $\rho_{MH}=\dfrac{\delta_{MH}}{\delta_{HH}\delta_{MM}-\delta_{MH}^2}$	
		发生单位转角时	水平力(F) …… $\rho_{HM}=\rho_{MH}$	
			弯距($F\times L$) …… $\rho_{MM}=\dfrac{\delta_{HH}}{\delta_{HH}\delta_{MM}-\delta_{MH}^2}$	
5	求承台发生单位变位时所有桩顶、承台和侧墙引起的反力和	发生单位竖向位移时	竖向反力($F\times L^{-1}$) …… $\gamma_{VV}=n\rho_{NN}+C_b A_b$	$B_0=B+1$ B——垂直于力作用面方向的承台宽； A_b、I_b、F^c、S^c 和 I^c——详见本表附注3、4 n——基桩数 x_i——坐标原点至各桩的距离 K_i——第i排桩的桩数
			水平反力($F\times L^{-1}$) …… $\gamma_{UV}=\mu C_b A_b$	
		发生单位水平位移时	水平反力($F\times L^{-1}$) …… $\gamma_{UU}=n\rho_{HH}+B_0 F^c$	
			反弯距(F) …… $\gamma_{\beta U}=-n\rho_{MH}+B_0 S^c$	
		发生单位转角时	水平反力(F) …… $\gamma_{U\beta}=\gamma_{\beta U}$	
			反弯距($F\times L$) …… $\gamma_{\beta\beta}=n\rho_{MM}+\rho_{NN}\Sigma K_i x_i^2+B_0 I^c+C_b I^c$	
6	求承台变位	竖向位移(L)	$V=\dfrac{(N+G)}{\gamma_{VV}}$	
		水平位移(L)	$U=\dfrac{\gamma_{\beta\beta}H-\gamma_{U\beta}M}{\gamma_{UU}\gamma_{\beta\beta}-\gamma_{U\beta}^2}-\dfrac{(N+G)\gamma_{UV}\gamma_{\beta\beta}}{\gamma_{VV}(\gamma_{UU}\gamma_{\beta\beta}-\gamma_{U\beta}^2)}$	
		转角(弧度)	$\beta=\dfrac{\gamma_{UU}M-\gamma_{U\beta}H}{\gamma_{UU}\gamma_{\beta\beta}-\gamma_{U\beta}^2}+\dfrac{(N+G)\gamma_{UV}\gamma_{U\beta}}{\gamma_{VV}(\gamma_{UU}\gamma_{\beta\beta}-\gamma_{U\beta}^2)}$	
7	求任一基桩桩顶内力	轴向力(F)	$N_{0i}=(V+\beta\cdot x_i)\rho_{NN}$	x_i 在原点以右取正，以左取负
		水平力(F)	$H_{0i}=U\rho_{HH}-\beta\rho_{HM}$	
		弯距($F\times L$)	$M_{0i}=\beta\rho_{MM}-U\rho_{MH}$	
8	求任一深度桩身弯距	弯距($F\times L$)	$M_y=\alpha^2 EI$ $\times\left(UA_3+\dfrac{\beta}{\alpha}B_3+\dfrac{M_0}{\alpha^2 EI}C_3+\dfrac{H_0}{\alpha^3 EI}D_3\right)$	A_3、B_3、C_3、D_3 查表C.0.3-4，当桩身变截面配筋时作该项计算

计 算 步 骤		内　　容	备　　注
9	求任一基桩桩身最大弯距及其位置	最大弯矩位置（L）	y_{Mmax}	计算公式同表 C.0.3-1
		最大弯距（F×L）	M_{max}	
10	求承台和侧墙的弹性抗力	水平抗力（F）	$H_E = UB_0 F^c + \beta B_0 S^c$	10、11、12 项为非必算内容
		反弯距（F×L）	$M_E = UB_0 S^c + \beta B_0 I^c$	
11	求承台底地基土的弹性抗力和摩阻力	竖向抗力（F）	$N_b = VC_b A_b$	
		水平抗力（F）	$H_b = \mu N_b$	
		反弯距（F×L）	$M_b = \beta C_b I_b$	
12	校核水平力的计算结果		$\sum H_i + H_E + H_b = H$	

注：1　ρ_{NN}、ρ_{HH}、ρ_{MH}、ρ_{HM} 和 ρ_{MM} 的图示意义：

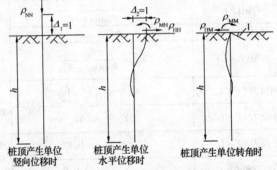

桩顶产生单位竖向位移时　　桩顶产生单位水平位移时　　桩顶产生单位转角时

2　A_0——单桩桩底压力分布面积，对于端承型桩，A_0 为单桩的底面积，对于摩擦型桩，取下列二公式计算值之较小者：

$$A_0 = \pi \left(h \, \mathrm{tg} \frac{\varphi_m}{4} + \frac{d}{2} \right)^2 \qquad A_0 = \frac{\pi}{4} s^2$$

式中　h——桩入土深度；

　　　φ_m——桩周各土层内摩擦角的加权平均值；

　　　d——桩的设计直径；

　　　s——桩的中心距。

3　F^c、S^c、I^c——承台底面以上侧向水平抗力系数 C 图形的面积、对于底面的面积矩、惯性矩：

$$F^c = \frac{C_n h_n}{2}$$

$$S^c = \frac{C_n h_n^2}{6}$$

$$I^c = \frac{C_n h_n^3}{12}$$

4　A_b、I_b——承台底与地基土的接触面积、惯性矩：

$$A_b = F - nA$$

$$I_b = I_F - \sum A K_i x_i^2$$

式中　F——承台底面积；

　　　nA——各基桩桩顶横截面积和。

表 C.0.3-3 位于(或平行于)外力作用平面的单排(或多排)桩高承台桩基

计 算 步 骤				内 容	备 注
1	确定荷载和计算图式				坐标原点应选在桩群对称点上或重心上
2	确定基本计算参数			m、m_0、EI、α、ξ_N、C_0	详见附录 C.0.2
3	求单位力作用于桩身地面处，桩身在该处产生的变位			δ_{HH}、δ_{MH}、δ_{HM}、δ_{MM}	公式同表 C.0.3-2
4	求单位力作用于桩顶时，桩顶产生的变位	$H_i=1$ 作用时	水平位移($F^{-1}\times L$)	$\delta'_{HH}=\dfrac{l_0^3}{3EI}+\sigma_{mm}l_0^2+2\delta_{MH}l_0+\delta_{HH}$	
			转角(F^{-1})	$\delta'_{HM}=\dfrac{l_0^2}{2EI}+\delta_{MM}l_0+\delta_{MH}$	
		$M_i=1$ 作用时	水平位移(F^{-1})	$\delta'_{HM}=\delta'_{MH}$	
			转角($F^{-1}\times L^{-1}$)	$\delta'_{MM}=\dfrac{l_0}{EI}+\delta_{MM}$	
5	求桩顶发生单位变位时，桩顶引起的内力	发生单位竖向位移时	轴向力($F\times L^{-1}$)	$\rho_{NN}=\dfrac{1}{\dfrac{l_0+\zeta_N h}{EA}+\dfrac{1}{C_0 A_0}}$	
		发生单位水平位移时	水平力($F\times L^{-1}$)	$\rho_{HH}=\dfrac{\delta'_{MM}}{\delta'_{HH}\delta'_{MM}-\delta'^2_{MH}}$	
			弯距(F)	$\rho_{MH}=\dfrac{\delta'_{MH}}{\delta'_{HH}\delta'_{MM}-\delta'^2_{MH}}$	
		发生单位转角时	水平力(F)	$\rho_{HM}=\rho_{MH}$	
			弯距($F\times L$)	$\rho_{MM}=\dfrac{\delta'_{HH}}{\delta'_{HH}\delta'_{MM}-\delta'^2_{MH}}$	
6	求承台发生单位变位时，所有桩顶引起的反力和	发生单位竖向位移时	竖向反力($F\times L^{-1}$)	$\gamma_{VV}=n\rho_{NN}$	n——基桩数 x_i——坐标原点至各桩的距离 K_i——第 i 排桩的根数
		发生单位水平位移时	水平反力($F\times L^{-1}$)	$\gamma_{UU}=n\rho_{HH}$	
			反弯距(F)	$\gamma_{\beta U}=-n\rho_{MH}$	
		发生单位转角时	水平反力(F)	$\gamma_{U\beta}=\gamma_{\beta U}$	
			反弯距($F\times L$)	$\gamma_{\beta\beta}=n\rho_{MM}+\rho_{NN}\Sigma K_i x_i^2$	
7	求承台变位		竖直位移(L)	$V=\dfrac{N+G}{\gamma_{VV}}$	
			水平位移(L)	$U=\dfrac{\gamma_{\beta\beta}H-\gamma_{U\beta}M}{\gamma_{UU}\gamma_{\beta\beta}-\gamma^2_{U\beta}}$	
			转角(弧度)	$\beta=\dfrac{\gamma_{UU}M-\gamma_{U\beta}H}{\gamma_{UU}\gamma_{\beta\beta}-\gamma^2_{U\beta}}$	
8	求任一基桩桩顶内力		竖向力(F)	$N_i=(V+\beta\cdot x_i)\rho_{NN}$	x_i 在原点 O 以右取正，以左取负
			水平力(F)	$H_i=u\rho_{HH}-\beta\rho_{HM}=\dfrac{H}{n}$	
			弯距($F\times L$)	$M_i=\beta\rho_{MM}-U\rho_{MH}$	

	计 算 步 骤		内 容	备 注
9	求地面处任一基桩桩身截面上的内力	水平力（F）	$H_{0i}=H_i$	
		弯距（F×L）	$M_{0i}=M_i+H_il_0$	
10	求地面处任一基桩桩身的变位	水平位移（L）	$x_{0i}=H_{0i}\delta_{HH}+M_{0i}\delta_{HM}$	
		转角（弧度）	$\varphi_{0i}=-(H_{0i}\delta_{MH}+M_{0i}\delta_{MM})$	
11	求任一基桩地面下任一深度桩身截面内力	弯距（F×L）	$M_{yi}=\alpha^2EI\times\left(x_{0i}A_3+\dfrac{\varphi_{0i}}{\alpha}B_3+\dfrac{M_{0i}}{\alpha^2EI}C_3+\dfrac{H_{0i}}{\alpha^3EI}D_3\right)$	$A_3\cdots\cdots D_4$ 查表 C.0.3-4，当桩身变截面配筋时作该项计算
		水平力（F）	$H_{yi}=\alpha^3EI\times\left(x_{0i}A_4+\dfrac{\varphi_{0i}}{\alpha}B_4+\dfrac{M_{0i}}{\alpha^2EI}C_4+\dfrac{H_{0i}}{\alpha^3EI}D_4\right)$	
12	求任一基桩桩身最大弯距及其位置	最大弯距位置（L）	y_{Mmax}	计算公式同表 C.0.3-1
		最大弯距（F×L）	M_{max}	

表 C.0.3-4 影响函数值表

换算深度 $\bar{h}=\alpha y$	A_3	B_3	C_3	D_3	A_4	B_4	C_4	D_4	$B_3D_4 -B_4D_3$	$A_3B_4 -A_4B_3$	$B_2D_4 -B_4D_2$
0	0.00000	0.00000	1.00000	0.00000	0.00000	0.0000	0.00000	1.00000	0.00000	0.00000	1.00000
0.1	−0.00017	−0.00001	1.00000	0.10000	−0.00500	−0.00033	−0.00001	1.00000	0.00002	0.00000	1.00000
0.2	−0.00133	−0.00013	0.99999	0.20000	−0.02000	−0.00267	−0.00020	0.99999	0.00040	0.00000	1.00004
0.3	−0.00450	−0.00067	0.99994	0.30000	−0.04500	−0.00900	−0.00101	0.99992	0.00203	0.00001	1.00029
0.4	−0.01067	−0.00213	0.99974	0.39998	−0.08000	−0.02133	−0.00320	0.99966	0.00640	0.00006	1.00120
0.5	−0.02083	−0.00521	0.99922	0.49991	−0.12499	−0.04167	−0.00781	0.99896	0.01563	0.00022	1.00365
0.6	−0.03600	−0.01080	0.99806	0.59974	−0.17997	−0.07199	−0.01620	0.99741	0.03240	0.00065	1.00917
0.7	−0.05716	−0.02001	0.99580	0.69935	−0.24490	−0.11433	−0.03001	0.99440	0.06006	0.00163	1.01962
0.8	−0.08532	−0.03412	0.99181	0.79854	−0.31975	−0.17060	−0.05120	0.98908	0.10248	0.00365	1.03824
0.9	−0.12144	−0.05466	0.98524	0.89705	−0.40443	−0.24284	−0.08198	0.98032	0.16426	0.00738	1.06893
1.0	−0.16652	−0.08329	0.97501	0.99445	−0.49881	−0.33298	−0.12493	0.96667	0.25062	0.01390	1.11679
1.1	−0.22152	−0.12192	0.95975	1.09016	−0.60268	−0.44292	−0.18285	0.94634	0.36747	0.02464	1.18823
1.2	−0.28737	−0.17260	0.93783	1.18342	−0.71573	−0.57450	−0.25886	0.91712	0.52158	0.04156	1.29111
1.3	−0.36496	−0.23760	0.90727	1.27320	−0.83753	−0.72950	−0.35631	0.87638	0.72057	0.06724	1.43498
1.4	−0.45515	−0.31933	0.86575	1.35821	−0.96746	−0.90954	−0.47883	0.82102	0.97317	0.10504	1.63125

续表 C.0.3-4

换算深度 $\bar{h}=\alpha y$	A_3	B_3	C_3	D_3	A_4	B_4	C_4	D_4	B_3D_4 $-B_4D_3$	A_3B_4 $-A_4B_3$	B_2D_4 $-B_4D_2$
1.5	−0.55870	−0.42039	0.81054	1.43680	−1.10468	−1.11609	−0.63027	0.74745	1.28938	0.15916	1.89349
1.6	−0.67629	−0.54348	0.73859	1.50695	−1.24808	−1.35042	−0.81466	0.65156	1.68091	0.23497	2.23776
1.7	−0.80848	−0.69144	0.64637	1.56621	−1.39623	−1.61346	−1.03616	0.52871	2.16145	0.33904	2.68296
1.8	−0.95564	−0.86715	0.52997	1.61162	−1.54728	−1.90577	−1.29909	0.37368	2.74734	0.47951	3.25143
1.9	−1.11796	−1.07357	0.38503	1.63969	−1.69889	−2.22745	−1.60770	0.18071	3.45833	0.66632	3.96945
2.0	−1.29535	−1.31361	0.20676	1.64628	−1.84818	−2.57798	−1.96620	−0.05652	4.31831	0.91158	4.86824
2.2	−1.69334	−1.90567	−0.27087	1.57538	−2.12481	−3.35952	−2.84858	−0.69158	6.61044	1.63962	7.36356
2.4	−2.14117	−2.66329	−0.94885	1.35201	−2.33901	−4.22811	−3.97323	−1.59151	9.95510	2.82366	11.13130
2.6	−2.62126	−3.59987	−1.87734	0.91679	−2.43695	−5.14023	−5.35541	−2.82106	14.86800	4.70118	16.74660
2.8	−3.10341	−4.71748	−3.10791	0.19729	−2.34558	−6.02299	−6.99007	−4.44491	22.15710	7.62658	25.06510
3.0	−3.54058	−5.99979	−4.68788	−0.89126	−1.96928	−6.76460	−8.84029	−6.51972	33.08790	12.13530	37.38070
3.5	−3.91921	−9.54367	−10.34040	−5.85402	1.07408	−6.78895	−13.69240	−13.82610	92.20900	36.85800	101.36900
4.0	−1.61428	−11.7307	−17.91860	−15.07550	9.24368	−0.35762	−15.61050	−23.14040	266.06100	109.01200	279.99600

注：表中 y 为桩身计算截面的深度；α 为桩的水平变形系数。

续表 C.0.3-4

换算深度 $\bar{h}=\alpha y$	A_2B_4 $-A_1B_2$	A_3D_4 $-A_1D_3$	A_2D_4 $-A_1D_2$	A_3C_4 $-A_1C_3$	A_2C_4 $-A_1C_2$	$A_f=$ $\dfrac{B_3D_1-B_4D_3}{A_3B_4-A_4B_3}$	$B_f=$ $\dfrac{A_3D_1-A_4D_3}{A_3B_4-A_4B_3}$	$C_f=$ $\dfrac{A_3C_4-A_4C_3}{A_3B_4-A_4B_3}$	$\dfrac{B_2D_1-B_1D_2}{A_2B_1-A_1B_2}$	$\dfrac{A_2D_1-A_1D_2}{A_2B_1-A_1B_2}$	$\dfrac{A_2C_1-C_2A_1}{A_2B_1-A_1B_2}$
0	0.00000	0.00000	0.00000	0.00000	0.00000	∞	∞	∞	0.00000	0.00000	0.00000
0.1	0.00500	0.00033	0.00003	0.00500	0.00050	1800.00	24000.00	36000.00	0.00033	0.00500	0.10000
0.2	0.02000	0.00267	0.00033	0.02000	0.00400	450.00	3000.000	22500.10	0.00269	0.02000	0.20000
0.3	0.04500	0.00900	0.00169	0.04500	0.01350	200.00	888.898	4444.590	0.00900	0.04500	0.30000
0.4	0.07999	0.02133	0.00533	0.08001	0.03200	112.502	375.017	1406.444	0.02133	0.07999	0.39996
0.5	0.12504	0.04167	0.01302	0.12505	0.06251	72.102	192.214	576.825	0.04165	0.12495	0.49988
0.6	0.18013	0.07203	0.02701	0.18020	0.10804	50.012	111.179	278.134	0.07192	0.17893	0.59962
0.7	0.24535	0.11443	0.05004	0.24559	0.17161	36.740	70.001	150.236	0.11406	0.24448	0.69902
0.8	0.32091	0.17094	0.03539	0.32150	0.25632	28.108	46.884	88.179	0.16985	0.31867	0.79783
0.9	0.40709	0.24374	0.13685	0.40842	0.36533	22.245	33.009	55.312	0.24092	0.40199	0.89562
1.0	0.50436	0.33507	0.20873	0.50714	0.50194	18.028	24.102	36.480	0.32855	0.49374	0.99179
1.1	0.61351	0.44739	0.30600	0.61893	0.66965	14.915	18.160	25.122	0.43351	0.59294	1.08560
1.2	0.73565	0.58346	0.43412	0.74562	0.87232	12.550	14.039	17.941	0.55589	0.69811	1.17605
1.3	0.87244	0.74650	0.59910	0.88991	1.11429	10.716	11.102	13.235	0.69488	0.80737	1.26199
1.4	1.02612	0.94032	0.80887	1.05550	1.40059	9.265	8.952	10.049	0.84855	0.91831	1.34213

换算深度 $\bar{h}=\alpha y$	$A_2B_4 -A_4B_2$	$A_3D_4 -A_4D_3$	$A_2D_4 -A_4D_2$	$A_3C_4 -A_4C_3$	$A_2C_4 -A_4C_2$	$A_f= \dfrac{B_3D_4-B_4D_3}{A_3B_4-A_4B_3}$	$B_f= \dfrac{A_3D_4-A_4D_3}{A_3B_4-A_4B_3}$	$C_f= \dfrac{A_3C_4-A_4C_3}{A_3B_4-A_4B_3}$	$\dfrac{B_2D_1-B_1D_2}{A_2B_1-A_1B_2}$	$\dfrac{A_2D_1-A_1D_2}{A_2B_1-A_1B_2}$	$\dfrac{A_2C_1-C_2A_1}{A_2B_1-A_1B_2}$
1.5	1.19981	1.16960	1.07061	1.24752	1.73720	8.101	7.349	7.838	1.01382	1.02816	1.41516
1.6	1.39771	1.44015	1.39379	1.47277	2.13135	7.154	6.129	6.268	1.18632	1.13380	1.47990
1.7	1.62522	1.75934	1.78918	1.74019	2.59200	6.375	5.189	5.133	1.36088	1.23219	1.53540
1.8	1.88946	2.13653	2.26933	2.06147	3.13039	5.730	4.456	4.300	1.53179	1.32058	1.58115
1.9	2.19944	2.58362	2.84909	2.45147	3.76049	5.190	3.878	3.680	1.69343	1.39688	1.61718
2.0	2.56664	3.11583	3.54638	2.92905	4.49999	4.737	3.418	3.213	1.84091	1.43979	1.64405
2.2	3.53366	4.51846	5.38469	4.24806	6.40196	4.032	2.756	2.591	2.08041	1.54549	1.67490
2.4	4.95288	6.57004	8.02219	6.28800	9.09220	3.526	2.327	2.227	2.23974	1.58566	1.68520
2.6	7.07178	9.62890	11.82060	9.46294	12.97190	3.161	2.048	2.013	2.32965	1.59617	1.68665
2.8	10.26420	14.25710	17.33620	14.40320	18.66360	2.905	1.869	1.889	2.37119	1.59262	1.68717
3.0	15.09220	21.32850	25.42750	22.06800	27.12570	2.727	1.758	1.818	2.38547	1.58606	1.69051
3.5	41.01820	60.47600	67.49820	64.76960	72.04850	2.502	1.641	1.757	2.38891	1.58435	1.71100
4.0	114.7220	176.7060	185.9960	190.8340	200.0470	2.441	1.625	1.751	2.40074	1.59979	1.73218

表 C.0.3-5　桩身最大弯距截面系数 C_I、最大弯距系数 D_{II}

换算深度 $\bar{h}=\alpha y$	C_I						D_{II}					
	$\alpha h=4.0$	$\alpha h=3.5$	$\alpha h=3.0$	$\alpha h=2.8$	$\alpha h=2.6$	$\alpha h=2.4$	$\alpha h=4.0$	$\alpha h=3.5$	$\alpha h=3.0$	$\alpha h=2.8$	$\alpha h=2.6$	$\alpha h=2.4$
0.0	∞	∞	∞	∞	∞	∞	∞	∞	∞	∞	∞	∞
0.1	131.252	129.489	120.507	112.954	102.805	90.196	131.250	129.551	120.515	113.017	102.839	90.226
0.2	34.186	33.699	31.158	29.090	26.326	22.939	34.315	33.818	31.282	29.218	26.451	23.065
0.3	15.544	15.282	14.013	13.003	11.671	10.064	15.738	15.476	14.206	13.197	11.864	10.258
0.4	8.781	8.605	7.799	7.176	6.368	5.409	9.039	8.862	8.057	7.434	6.625	5.667
0.5	5.539	5.403	4.821	4.385	3.829	3.183	5.855	5.720	5.138	4.702	4.147	3.502
0.6	3.710	3.597	3.141	2.811	2.400	1.931	4.086	3.973	3.519	3.189	2.778	2.310
0.7	2.566	2.465	2.089	1.826	1.506	1.150	2.999	2.899	2.525	2.263	1.943	1.587
0.8	1.791	1.699	1.377	1.160	0.902	0.623	2.282	2.191	1.871	1.655	1.398	1.119
0.9	1.238	1.151	0.867	0.683	0.471	0.248	1.784	1.698	1.417	1.235	1.024	0.800
1.0	0.824	0.740	0.484	0.327	0.149	−0.032	1.425	1.342	1.091	0.934	0.758	0.577
1.1	0.503	0.420	0.187	0.049	−0.100	−0.247	1.157	1.077	0.848	0.713	0.564	0.416
1.2	0.246	0.163	−0.052	−0.172	−0.299	−0.418	0.952	0.873	0.664	0.546	0.420	0.299
1.3	0.034	−0.049	−0.249	−0.355	−0.465	−0.557	0.792	0.714	0.522	0.418	0.311	0.212
1.4	−0.145	−0.229	−0.416	−0.508	−0.597	−0.672	0.666	0.588	0.410	0.319	0.229	0.148
1.5	−0.299	−0.384	−0.559	−0.639	−0.712	−0.769	0.563	0.486	0.321	0.241	0.166	0.101

换算深度 $\bar{h}=\alpha y$	C_{I}						D_{II}					
	$\alpha h=4.0$	$\alpha h=3.5$	$\alpha h=3.0$	$\alpha h=2.8$	$\alpha h=2.6$	$\alpha h=2.4$	$\alpha h=4.0$	$\alpha h=3.5$	$\alpha h=3.0$	$\alpha h=2.8$	$\alpha h=2.6$	$\alpha h=2.4$
1.6	−0.434	−0.521	−0.634	−0.753	−0.812	−0.853	0.480	0.402	0.250	0.181	0.118	0.067
1.7	−0.555	−0.645	−0.796	−0.854	−0.898	−0.025	0.411	0.333	0.193	0.134	0.082	0.043
1.8	−0.665	−0.756	−0.896	−0.943	−0.975	−0.987	0.353	0.276	0.147	0.097	0.055	0.026
1.9	−0.768	−0.862	−0.988	−1.024	−1.043	−1.043	0.304	0.227	0.110	0.068	0.035	0.014
2.0	−0.865	−0.961	−1.073	−1.098	−1.105	−1.092	0.263	0.186	0.081	0.046	0.022	0.007
2.2	−1.048	−1.148	−1.225	−1.227	−1.210	−1.176	0.196	0.122	0.040	0.019	0.006	0.001
2.4	−1.230	−1.328	−1.360	−1.338	−1.299	0	0.145	0.075	0.016	0.005	0.001	0
2.6	−1.420	−1.507	−1.482	−1.434	0		0.106	0.043	0.005	0.001	0	
2.8	−1.635	−1.692	−1.593	0			0.074	0.021	0.001	0		
3.0	−1.893	−1.886	0				0.049	0.008	0			
3.5	−2.994	0					0.010	0				
4.0	0						0					

注：表中 α 为桩的水平变形系数；y 为桩身计算截面的深度；h 为桩长。当 $\alpha h>4.0$ 时，按 $\alpha h=4.0$ 计算。

附录D Boussinesq(布辛奈斯克)解的附加应力系数 α、平均附加应力系数 $\bar{\alpha}$

D.0.1 矩形面积上均布荷载作用下角点的附加应力系数 α、平均附加应力系数 $\bar{\alpha}$ 应按表 D.0.1-1、D.0.1-2 确定。

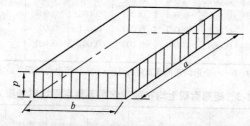

表 D.0.1-1 矩形面积上均布荷载作用下角点附加应力系数 α

z/b \ a/b	1.0	1.2	1.4	1.6	1.8	2.0	3.0	4.0	5.0	6.0	10.0	条形
0.0	0.250	0.250	0.250	0.250	0.250	0.250	0.250	0.250	0.250	0.250	0.250	0.250
0.2	0.249	0.249	0.249	0.249	0.249	0.249	0.249	0.249	0.249	0.249	0.249	0.249
0.4	0.240	0.242	0.243	0.243	0.244	0.244	0.244	0.244	0.244	0.244	0.244	0.244
0.6	0.223	0.228	0.230	0.232	0.232	0.233	0.234	0.234	0.234	0.234	0.234	0.234
0.8	0.200	0.207	0.212	0.215	0.216	0.218	0.220	0.220	0.220	0.220	0.220	0.220
1.0	0.175	0.185	0.191	0.195	0.198	0.200	0.203	0.204	0.204	0.204	0.205	0.205
1.2	0.152	0.163	0.171	0.176	0.179	0.182	0.187	0.188	0.189	0.189	0.189	0.189
1.4	0.131	0.142	0.151	0.157	0.161	0.164	0.171	0.173	0.174	0.174	0.174	0.174
1.6	0.112	0.124	0.133	0.140	0.145	0.148	0.157	0.159	0.160	0.160	0.160	0.160
1.8	0.097	0.108	0.117	0.124	0.129	0.133	0.143	0.146	0.147	0.148	0.148	0.148
2.0	0.084	0.095	0.103	0.110	0.116	0.120	0.131	0.135	0.136	0.137	0.137	0.137
2.2	0.073	0.083	0.092	0.098	0.104	0.108	0.121	0.125	0.126	0.127	0.128	0.128
2.4	0.064	0.073	0.081	0.088	0.093	0.098	0.111	0.116	0.118	0.118	0.119	0.119
2.6	0.057	0.065	0.072	0.079	0.084	0.089	0.102	0.107	0.110	0.111	0.112	0.112

z/b \ a/b	1.0	1.2	1.4	1.6	1.8	2.0	3.0	4.0	5.0	6.0	10.0	条形
2.8	0.050	0.058	0.065	0.071	0.076	0.080	0.094	0.100	0.102	0.104	0.105	0.105
3.0	0.045	0.052	0.058	0.064	0.069	0.073	0.087	0.093	0.096	0.097	0.099	0.099
3.2	0.040	0.047	0.053	0.058	0.063	0.067	0.081	0.087	0.090	0.092	0.093	0.094
3.4	0.036	0.042	0.048	0.053	0.057	0.061	0.075	0.081	0.085	0.086	0.088	0.089
3.6	0.033	0.038	0.043	0.048	0.052	0.056	0.069	0.076	0.080	0.082	0.084	0.084
3.8	0.030	0.035	0.040	0.044	0.048	0.052	0.065	0.072	0.075	0.077	0.080	0.080
4.0	0.027	0.032	0.036	0.040	0.044	0.048	0.060	0.067	0.071	0.073	0.076	0.076
4.2	0.025	0.029	0.033	0.037	0.041	0.044	0.056	0.063	0.067	0.070	0.072	0.073
4.4	0.023	0.027	0.031	0.034	0.038	0.041	0.053	0.060	0.064	0.066	0.069	0.067
4.6	0.021	0.025	0.026	0.029	0.032	0.035	0.046	0.053	0.058	0.060	0.064	0.064
4.8	0.019	0.023	0.024	0.027	0.030	0.033	0.043	0.050	0.058	0.057	0.061	0.062
5.0	0.018	0.021	0.024	0.027	0.030	0.033	0.039	0.043	0.055	0.046	0.051	0.052
6.0	0.013	0.015	0.017	0.020	0.022	0.024	0.033	0.039	0.043	0.038	0.043	0.045
7.0	0.009	0.011	0.013	0.015	0.016	0.018	0.025	0.031	0.035	0.031	0.037	0.039
8.0	0.007	0.009	0.010	0.011	0.013	0.014	0.020	0.025	0.028	0.026	0.032	0.035
9.0	0.006	0.007	0.008	0.009	0.010	0.011	0.016	0.020	0.024	0.022	0.028	0.032
10.0	0.005	0.006	0.007	0.007	0.008	0.009	0.013	0.017	0.020	0.022	0.028	0.032
12.0	0.003	0.004	0.005	0.005	0.006	0.006	0.009	0.012	0.014	0.017	0.022	0.026
14.0	0.002	0.003	0.003	0.004	0.004	0.005	0.007	0.009	0.011	0.013	0.018	0.023
16.0	0.002	0.002	0.003	0.003	0.003	0.004	0.005	0.007	0.009	0.010	0.014	0.020
18.0	0.001	0.002	0.002	0.002	0.003	0.003	0.004	0.006	0.007	0.008	0.012	0.018
20.0	0.001	0.001	0.002	0.002	0.002	0.002	0.002	0.005	0.006	0.007	0.010	0.016
25.0	0.001	0.001	0.001	0.001	0.001	0.001	0.002	0.004	0.004	0.004	0.007	0.013
30.0	0.001	0.001	0.001	0.001	0.001	0.001	0.002	0.003	0.003	0.003	0.005	0.011
35.0	0.000	0.000	0.001	0.001	0.001	0.001	0.001	0.002	0.002	0.002	0.004	0.009
40.0	0.000	0.000	0.000	0.000	0.001	0.001	0.001	0.001	0.001	0.002	0.003	0.008

注：a——矩形均布荷载长度(m)；b——矩形均布荷载宽度(m)；z——计算点离桩端平面垂直距离(m)。

表 D.0.1-2 矩形面积上均布荷载作用下角点平均附加应力系数 $\bar{\alpha}$

z/b \ a/b	1.0	1.2	1.4	1.6	1.8	2.0	2.4	2.8	3.2	3.6	4.0	5.0	10.0
0.0	0.2500	0.2500	0.2500	0.2500	0.2500	0.2500	0.2500	0.2500	0.2500	0.2500	0.2500	0.2500	0.2500
0.2	0.2496	0.2497	0.2497	0.2498	0.2498	0.2498	0.2498	0.2498	0.2498	0.2498	0.2498	0.2498	0.2498
0.4	0.2474	0.2479	0.2481	0.2483	0.2483	0.2484	0.2485	0.2485	0.2485	0.2485	0.2485	0.2485	0.2485
0.6	0.2423	0.2437	0.2444	0.2448	0.2451	0.2452	0.2454	0.2455	0.2455	0.2455	0.2455	0.2455	0.2456
0.8	0.2346	0.2372	0.2387	0.2395	0.2400	0.2403	0.2407	0.2408	0.2409	0.2409	0.2410	0.2410	0.2410
1.0	0.2252	0.2291	0.2313	0.2326	0.2335	0.2340	0.2346	0.2349	0.2351	0.2352	0.2352	0.2353	0.2353
1.2	0.2149	0.2199	0.2229	0.2248	0.2260	0.2268	0.2278	0.2282	0.2285	0.2286	0.2287	0.2288	0.2289
1.4	0.2043	0.2102	0.2140	0.2166	0.2180	0.2191	0.2204	0.2211	0.2215	0.2217	0.2218	0.2220	0.2221
1.6	0.1939	0.2006	0.2049	0.2079	0.2099	0.2113	0.2130	0.2138	0.2143	0.2146	0.2148	0.2150	0.2152
1.8	0.1840	0.1912	0.1960	0.1994	0.2018	0.2034	0.2055	0.2066	0.2073	0.2077	0.2079	0.2082	0.2084
2.0	0.1746	0.1822	0.1875	0.1912	0.1939	0.1958	0.1982	0.1996	0.2004	0.2009	0.2012	0.2015	0.2018
2.2	0.1659	0.1737	0.1793	0.1833	0.1862	0.1883	0.1911	0.1927	0.1937	0.1943	0.1947	0.1952	0.1955
2.4	0.1578	0.1657	0.1715	0.1757	0.1789	0.1812	0.1843	0.1862	0.1873	0.1880	0.1885	0.1890	0.1895
2.6	0.1503	0.1583	0.1642	0.1686	0.1719	0.1745	0.1779	0.1799	0.1812	0.1820	0.1825	0.1832	0.1838
2.8	0.1433	0.1514	0.1574	0.1619	0.1654	0.1680	0.1717	0.1739	0.1753	0.1763	0.1769	0.1777	0.1784

a/b z/b	1.0	1.2	1.4	1.6	1.8	2.0	2.4	2.8	3.2	3.6	4.0	5.0	10.0
3.0	0.1369	0.1449	0.1510	0.1556	0.1592	0.1619	0.1658	0.1682	0.1698	0.1708	0.1715	0.1725	0.1733
3.2	0.1310	0.1390	0.1450	0.1497	0.1533	0.1562	0.1602	0.1628	0.1645	0.1657	0.1664	0.1675	0.1685
3.4	0.1256	0.1334	0.1394	0.1441	0.1478	0.1508	0.1550	0.1577	0.1595	0.1607	0.1616	0.1628	0.1639
3.6	0.1205	0.1282	0.1342	0.1389	0.1427	0.1456	0.1500	0.1528	0.1548	0.1561	0.1570	0.1583	0.1595
3.8	0.1158	0.1234	0.1293	0.1340	0.1378	0.1408	0.1452	0.1482	0.1502	0.1516	0.1526	0.1541	0.1554
4.0	0.1114	0.1189	0.1248	0.1294	0.1332	0.1362	0.1408	0.1438	0.1459	0.1474	0.1485	0.1500	0.1516
4.2	0.1073	0.1147	0.1205	0.1251	0.1289	0.1319	0.1365	0.1396	0.1418	0.1434	0.1445	0.1462	0.1479
4.4	0.1035	0.1107	0.1164	0.1210	0.1248	0.1279	0.1325	0.1357	0.1379	0.1396	0.1407	0.1425	0.1444
4.6	0.1000	0.1070	0.1127	0.1172	0.1209	0.1240	0.1287	0.1319	0.1342	0.1359	0.1371	0.1390	0.1410
4.8	0.0967	0.1036	0.1091	0.1136	0.1173	0.1204	0.1250	0.1283	0.1307	0.1324	0.1337	0.1357	0.1379
5.0	0.0935	0.1003	0.1057	0.1102	0.1139	0.1169	0.1216	0.1249	0.1273	0.1291	0.1304	0.1325	0.1348
5.2	0.0906	0.0972	0.1026	0.1070	0.1106	0.1136	0.1183	0.1217	0.1241	0.1259	0.1273	0.1295	0.1320
5.4	0.0878	0.0943	0.0996	0.1039	0.1075	0.1105	0.1152	0.1186	0.1210	0.1229	0.1243	0.1265	0.1292
5.6	0.0852	0.0916	0.0968	0.1010	0.1046	0.1076	0.1122	0.1156	0.1181	0.1200	0.1215	0.1238	0.1266
5.8	0.0828	0.0890	0.0941	0.0983	0.1018	0.1047	0.1094	0.1128	0.1153	0.1172	0.1187	0.1211	0.1240
6.0	0.0805	0.0866	0.0916	0.0957	0.0991	0.1021	0.1067	0.1101	0.1126	0.1146	0.1161	0.1185	0.1216
6.2	0.0783	0.0842	0.0891	0.0932	0.0966	0.0995	0.1041	0.1075	0.1101	0.1120	0.1136	0.1161	0.1193
6.4	0.0762	0.0820	0.0869	0.0909	0.0942	0.0971	0.1016	0.1050	0.1076	0.1096	0.1111	0.1137	0.1171
6.6	0.0742	0.0799	0.0847	0.0886	0.0919	0.0948	0.0993	0.1027	0.1053	0.1073	0.1088	0.1114	0.1149
6.8	0.0723	0.0779	0.0826	0.0865	0.0898	0.0926	0.0970	0.1004	0.1030	0.1050	0.1066	0.1092	0.1129
7.0	0.0705	0.0761	0.0806	0.0844	0.0877	0.0904	0.0949	0.0982	0.1008	0.1028	0.1044	0.1071	0.1109
7.2	0.0688	0.0742	0.0787	0.0825	0.0857	0.0884	0.0928	0.0962	0.0987	0.1008	0.1023	0.1051	0.1090
7.4	0.0672	0.0725	0.0769	0.0806	0.0838	0.0865	0.0908	0.0942	0.0967	0.0988	0.1004	0.1031	0.1071
7.6	0.0656	0.0709	0.0752	0.0789	0.0820	0.0846	0.0889	0.0922	0.0948	0.0968	0.0984	0.1012	0.1054
7.8	0.0642	0.0693	0.0736	0.0771	0.0802	0.0828	0.0871	0.0904	0.0929	0.0950	0.0966	0.0994	0.1036
8.0	0.0627	0.0678	0.0720	0.0755	0.0785	0.0811	0.0853	0.0886	0.0912	0.0932	0.0948	0.0976	0.1020
8.2	0.0614	0.0663	0.0705	0.0739	0.0769	0.0795	0.0837	0.0869	0.0894	0.0914	0.0931	0.0959	0.1004
8.4	0.0601	0.0649	0.0690	0.0724	0.0754	0.0779	0.0820	0.0852	0.0878	0.0893	0.0914	0.0943	0.0938
8.6	0.0588	0.0636	0.0676	0.0710	0.0739	0.0764	0.0805	0.0836	0.0862	0.0882	0.0898	0.0927	0.0973
8.8	0.0576	0.0623	0.0663	0.0696	0.0724	0.0749	0.0790	0.0821	0.0846	0.0866	0.0882	0.0912	0.0959
9.2	0.0554	0.0599	0.0637	0.0670	0.0697	0.0721	0.0761	0.0792	0.0817	0.0837	0.0853	0.0882	0.0931
9.6	0.0533	0.0577	0.0614	0.0645	0.0672	0.0696	0.0734	0.0765	0.0789	0.0809	0.0825	0.0855	0.0905
10.0	0.0514	0.0556	0.0592	0.0622	0.0649	0.0672	0.0710	0.0739	0.0763	0.0783	0.0799	0.0829	0.0880
10.4	0.0496	0.0537	0.0572	0.0601	0.0627	0.0649	0.0686	0.0716	0.0739	0.0759	0.0775	0.0804	0.0857
10.8	0.0479	0.0519	0.0553	0.0581	0.0606	0.0628	0.0664	0.0693	0.0717	0.0736	0.0751	0.0781	0.0834
11.2	0.0463	0.0502	0.0535	0.0563	0.0587	0.0609	0.0664	0.0672	0.0695	0.0714	0.0730	0.0759	0.0813
11.6	0.0448	0.0486	0.0518	0.0545	0.0569	0.0590	0.0625	0.0652	0.0675	0.0694	0.0709	0.0738	0.0793
12.0	0.0435	0.0471	0.0502	0.0529	0.0552	0.0573	0.0606	0.0634	0.0656	0.0674	0.0690	0.0719	0.0774
12.8	0.0409	0.0444	0.0474	0.0499	0.0521	0.0541	0.0573	0.0599	0.0621	0.0639	0.0654	0.0682	0.0739
13.6	0.0387	0.0420	0.0448	0.0472	0.0493	0.0512	0.0543	0.0568	0.0589	0.0607	0.0621	0.0649	0.0707
14.4	0.0367	0.0398	0.0425	0.0488	0.0468	0.0486	0.0516	0.0540	0.0561	0.0577	0.0592	0.0619	0.0677
15.2	0.0349	0.0379	0.0404	0.0426	0.0446	0.0463	0.0492	0.0515	0.0535	0.0551	0.0565	0.0592	0.0650
16.0	0.0332	0.0361	0.0385	0.0407	0.0425	0.0442	0.0469	0.0492	0.0511	0.0527	0.0540	0.0567	0.0625
18.0	0.0297	0.0323	0.0345	0.0364	0.0381	0.0396	0.0422	0.0442	0.0460	0.0475	0.0487	0.0512	0.0570
20.0	0.0269	0.0292	0.0312	0.0330	0.0345	0.0359	0.0383	0.0402	0.0418	0.0432	0.0444	0.0468	0.0524

D.0.2 矩形面积上三角形分布荷载作用下角点的附加应力系数 α、平均附加应力系数 $\bar{\alpha}$ 应按表 D.0.2 确定。

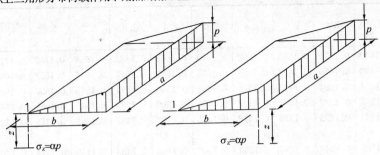

$$\sigma_z = \alpha p \qquad\qquad \sigma_z = \alpha p$$

表 D.0.2　矩形面积上三角形分布荷载作用下的附加
应力系数 α 与平均附加应力系数 $\bar{\alpha}$

a/b	0.2				0.4				0.6				a/b
点	1		2		1		2		1		2		点
z/b 系数	α	$\bar{\alpha}$	α	$\bar{\alpha}$	α	$\bar{\alpha}$	α	$\bar{\alpha}$	α	$\bar{\alpha}$	α	$\bar{\alpha}$	系数 z/b
0.0	0.0000	0.0000	0.2500	0.2500	0.0000	0.0000	0.2500	0.2500	0.0000	0.0000	0.2500	0.2500	0.0
0.2	0.0223	0.0112	0.1821	0.2161	0.0280	0.0140	0.2115	0.2308	0.0296	0.0148	0.2165	0.2333	0.2
0.4	0.0269	0.0179	0.1094	0.1810	0.0420	0.0245	0.1604	0.2084	0.0487	0.0270	0.1781	0.2153	0.4
0.6	0.0259	0.0207	0.0700	0.1505	0.0448	0.0308	0.1165	0.1851	0.0560	0.0355	0.1405	0.1966	0.6
0.8	0.0232	0.0217	0.0480	0.1277	0.0421	0.0340	0.0853	0.1640	0.0553	0.0405	0.1093	0.1787	0.8
1.0	0.0201	0.0217	0.0346	0.1104	0.0375	0.0351	0.0638	0.1461	0.0508	0.0430	0.0852	0.1624	1.0
1.2	0.0171	0.0212	0.0260	0.0970	0.0324	0.0351	0.0491	0.1312	0.0450	0.0439	0.0673	0.1480	1.2
1.4	0.0145	0.0204	0.0202	0.0865	0.0278	0.0344	0.0386	0.1187	0.0392	0.0436	0.0540	0.1356	1.4
1.6	0.0123	0.0195	0.0160	0.0779	0.0238	0.0333	0.0310	0.1082	0.0339	0.0427	0.0440	0.1247	1.6
1.8	0.0105	0.0186	0.0130	0.0709	0.0204	0.0321	0.0254	0.0993	0.0294	0.0415	0.0363	0.1153	1.8
2.0	0.0090	0.0178	0.0108	0.0650	0.0176	0.0308	0.0211	0.0917	0.0255	0.0401	0.0304	0.1071	2.0
2.5	0.0063	0.0157	0.0072	0.0538	0.0125	0.0276	0.0140	0.0769	0.0183	0.0365	0.0205	0.0908	2.5
3.0	0.0046	0.0140	0.0051	0.0458	0.0092	0.0248	0.0100	0.0661	0.0135	0.0330	0.0148	0.0786	3.0
5.0	0.0018	0.0097	0.0019	0.0289	0.0036	0.0175	0.0038	0.0424	0.0054	0.0236	0.0056	0.0476	5.0
7.0	0.0009	0.0073	0.0010	0.0211	0.0019	0.0133	0.0019	0.0311	0.0028	0.0180	0.0029	0.0352	7.0
10.0	0.0005	0.0053	0.0004	0.0150	0.0009	0.0097	0.0010	0.0222	0.0014	0.0133	0.0014	0.0253	10.0

a/b	0.8				1.0				1.2				a/b
点	1		2		1		2		1		2		点
z/b 系数	α	$\bar{\alpha}$	α	$\bar{\alpha}$	α	$\bar{\alpha}$	α	$\bar{\alpha}$	α	$\bar{\alpha}$	α	$\bar{\alpha}$	系数 z/b
0.0	0.0000	0.0000	0.2500	0.2500	0.0000	0.0000	0.2500	0.2500	0.0000	0.0000	0.2500	0.2500	0.0
0.2	0.0301	0.0151	0.2178	0.2339	0.0304	0.0152	0.2182	0.2341	0.0305	0.0153	0.2184	0.2342	0.2
0.4	0.0517	0.0280	0.1844	0.2175	0.0531	0.0285	0.1870	0.2184	0.0539	0.0288	0.1881	0.2187	0.4
0.6	0.6210	0.0376	0.1520	0.2011	0.0654	0.0388	0.1575	0.2030	0.0673	0.0394	0.1602	0.2039	0.6
0.8	0.0637	0.0440	0.1232	0.1852	0.0688	0.0459	0.1311	0.1883	0.0720	0.0470	0.1355	0.1899	0.8
1.0	0.0602	0.0476	0.0996	0.1704	0.0666	0.0502	0.1086	0.1746	0.0708	0.0518	0.1143	0.1769	1.0
1.2	0.0546	0.0492	0.0807	0.1571	0.0615	0.0525	0.0901	0.1621	0.0664	0.0546	0.0962	0.1649	1.2
1.4	0.0483	0.0495	0.0661	0.1451	0.0554	0.0534	0.0751	0.1507	0.0606	0.0559	0.0817	0.1541	1.4
1.6	0.0424	0.0490	0.0547	0.1345	0.0492	0.0533	0.0628	0.1405	0.0545	0.0561	0.0696	0.1443	1.6

z/b	a/b 0.8 点1 α	ᾱ	点2 α	ᾱ	a/b 1.0 点1 α	ᾱ	点2 α	ᾱ	a/b 1.2 点1 α	ᾱ	点2 α	ᾱ	z/b
1.8	0.0371	0.0480	0.0457	0.1252	0.0435	0.0525	0.0534	0.1313	0.0487	0.0556	0.0596	0.1354	1.8
2.0	0.0324	0.0467	0.0387	0.1169	0.0384	0.0513	0.0456	0.1232	0.0434	0.0547	0.0513	0.1274	2.0
2.5	0.0236	0.0429	0.0265	0.1000	0.0284	0.0478	0.0318	0.1063	0.0326	0.0513	0.0365	0.1107	2.5
3.0	0.0176	0.0392	0.0192	0.0871	0.0214	0.0439	0.0233	0.0931	0.0249	0.0476	0.0270	0.0976	3.0
5.0	0.0071	0.0285	0.0074	0.0576	0.0088	0.0324	0.0091	0.0624	0.0104	0.0356	0.0108	0.0661	5.0
7.0	0.0038	0.0219	0.0038	0.0427	0.0047	0.0251	0.0047	0.0465	0.0056	0.0277	0.0056	0.0496	7.0
10.0	0.0019	0.0162	0.0019	0.0308	0.0023	0.0186	0.0024	0.0336	0.0028	0.0207	0.0028	0.0359	10.0

z/b	a/b 1.4 点1 α	ᾱ	点2 α	ᾱ	a/b 1.6 点1 α	ᾱ	点2 α	ᾱ	a/b 1.8 点1 α	ᾱ	点2 α	ᾱ	z/b
0.0	0.0000	0.0000	0.2500	0.2500	0.0000	0.0000	0.2500	0.2500	0.0000	0.0000	0.2500	0.2500	0.0
0.2	0.0305	0.0153	0.2185	0.2343	0.0306	0.0153	0.2185	0.2343	0.0306	0.0153	0.2185	0.2343	0.2
0.4	0.0543	0.0289	0.1886	0.2189	0.0545	0.0290	0.1889	0.2190	0.0546	0.0290	0.1891	0.2190	0.4
0.6	0.0684	0.0397	0.1616	0.2043	0.0690	0.0399	0.1625	0.2046	0.0649	0.0400	0.1630	0.2047	0.6
0.8	0.0739	0.0476	0.1381	0.1907	0.0751	0.0480	0.1396	0.1912	0.0759	0.0482	0.1405	0.1915	0.8
1.0	0.0735	0.0528	0.1176	0.1781	0.0753	0.0534	0.1202	0.1789	0.0766	0.0538	0.1215	0.1794	1.0
1.2	0.0698	0.0560	0.1007	0.1666	0.0721	0.0568	0.1037	0.1678	0.0738	0.0574	0.1055	0.1684	1.2
1.4	0.0644	0.0575	0.0864	0.1562	0.0672	0.0586	0.0897	0.1576	0.0692	0.0594	0.0921	0.1585	1.4
1.6	0.0586	0.0580	0.0743	0.1467	0.0616	0.0594	0.0780	0.1484	0.0639	0.0603	0.0806	0.1494	1.6
1.8	0.0528	0.0578	0.0644	0.1381	0.0560	0.0593	0.0681	0.1400	0.0585	0.0604	0.0709	0.1413	1.8
2.0	0.0474	0.0570	0.0560	0.1303	0.0507	0.0587	0.0596	0.1324	0.0533	0.0599	0.0625	0.1338	2.0
2.5	0.0362	0.0540	0.0405	0.1139	0.0393	0.0560	0.0440	0.1163	0.0419	0.0575	0.0469	0.1180	2.5
3.0	0.0280	0.0503	0.0303	0.1008	0.0307	0.0525	0.0333	0.1033	0.0331	0.0541	0.0359	0.1052	3.0
5.0	0.0120	0.0382	0.0123	0.0690	0.0135	0.0403	0.0139	0.0714	0.0148	0.0421	0.0154	0.0734	5.0
7.0	0.0064	0.0299	0.0066	0.0520	0.0073	0.0318	0.0074	0.0541	0.0081	0.0333	0.0083	0.0558	7.0
10.0	0.0033	0.0224	0.0032	0.0379	0.0037	0.0239	0.0037	0.0395	0.0041	0.0252	0.0042	0.0409	10.0

续表 D.0.2

z/b	2.0 点1 α	2.0 点1 $\bar{\alpha}$	2.0 点2 α	2.0 点2 $\bar{\alpha}$	3.0 点1 α	3.0 点1 $\bar{\alpha}$	3.0 点2 α	3.0 点2 $\bar{\alpha}$	4.0 点1 α	4.0 点1 $\bar{\alpha}$	4.0 点2 α	4.0 点2 $\bar{\alpha}$	z/b
0.0	0.0000	0.0000	0.2500	0.2500	0.0000	0.0000	0.2500	0.2500	0.0000	0.0000	0.2500	0.2500	0.0
0.2	0.0306	0.0153	0.2185	0.2343	0.0306	0.0153	0.2186	0.2343	0.0306	0.0153	0.2186	0.2343	0.2
0.4	0.0547	0.0290	0.1892	0.2191	0.0548	0.0290	0.1894	0.2192	0.0549	0.0291	0.1894	0.2192	0.4
0.6	0.0696	0.0401	0.1633	0.2048	0.0701	0.0402	0.1638	0.2050	0.0702	0.0402	0.1639	0.2050	0.6
0.8	0.0764	0.0483	0.1412	0.1917	0.0773	0.0486	0.1423	0.1920	0.0776	0.0487	0.1424	0.1920	0.8
1.0	0.0774	0.0540	0.1225	0.1797	0.0790	0.0545	0.1244	0.1803	0.0794	0.0546	0.1248	0.1803	1.0
1.2	0.0749	0.0577	0.1069	0.1689	0.0774	0.0584	0.1096	0.1697	0.0779	0.0586	0.1103	0.1699	1.2
1.4	0.0707	0.0599	0.0937	0.1591	0.0739	0.0609	0.0973	0.1603	0.0748	0.0612	0.0982	0.1605	1.4
1.6	0.0656	0.0609	0.0826	0.1502	0.0697	0.0623	0.0870	0.1517	0.0708	0.0626	0.0882	0.1521	1.6
1.8	0.0604	0.0611	0.0730	0.1422	0.0652	0.0628	0.0782	0.1441	0.0666	0.0633	0.0797	0.1445	1.8
2.0	0.0553	0.0608	0.0649	0.1348	0.0607	0.0629	0.0707	0.1371	0.0624	0.0634	0.0726	0.1377	2.0
2.5	0.0440	0.0586	0.0491	0.1193	0.0504	0.0614	0.0559	0.1223	0.0529	0.0623	0.0585	0.1233	2.5
3.0	0.0352	0.0554	0.0380	0.1067	0.0419	0.0589	0.0451	0.1104	0.0449	0.0600	0.0482	0.1116	3.0
5.0	0.0161	0.0435	0.0167	0.0749	0.0214	0.0480	0.0221	0.0797	0.0248	0.0500	0.0256	0.0817	5.0
7.0	0.0089	0.0347	0.0091	0.0572	0.0124	0.0391	0.0126	0.0619	0.0152	0.0414	0.0154	0.0642	7.0
10.0	0.0046	0.0263	0.0046	0.0403	0.0066	0.0302	0.0066	0.0462	0.0084	0.0325	0.0083	0.0485	10.0

z/b	6.0 点1 α	6.0 点1 $\bar{\alpha}$	6.0 点2 α	6.0 点2 $\bar{\alpha}$	8.0 点1 α	8.0 点1 $\bar{\alpha}$	8.0 点2 α	8.0 点2 $\bar{\alpha}$	10.0 点1 α	10.0 点1 $\bar{\alpha}$	10.0 点2 α	10.0 点2 $\bar{\alpha}$	z/b
0.0	0.0000	0.0000	0.2500	0.2500	0.0000	0.0000	0.2500	0.2500	0.0000	0.0000	0.2500	0.2500	0.0
0.2	0.0306	0.0153	0.2186	0.2343	0.0306	0.0153	0.2186	0.2343	0.0306	0.0153	0.2186	0.2343	0.2
0.4	0.0549	0.0291	0.1894	0.2192	0.0549	0.0291	0.1894	0.2192	0.0549	0.0291	0.1894	0.2192	0.4
0.6	0.0702	0.0402	0.1640	0.2050	0.0702	0.0402	0.1640	0.2050	0.0702	0.0402	0.1640	0.2050	0.6
0.8	0.0776	0.0487	0.1426	0.1921	0.0776	0.0487	0.1426	0.1921	0.0776	0.0487	0.1426	0.1921	0.8
1.0	0.0795	0.0546	0.1250	0.1804	0.0796	0.0546	0.1250	0.1804	0.0796	0.0546	0.1250	0.1804	1.0
1.2	0.0782	0.0587	0.1105	0.1700	0.0783	0.0587	0.1105	0.1700	0.0783	0.0587	0.1105	0.1700	1.2
1.4	0.0752	0.0613	0.0986	0.1606	0.0752	0.0613	0.0987	0.1606	0.0753	0.0613	0.0987	0.1606	1.4
1.6	0.0714	0.0628	0.0887	0.1523	0.0715	0.0628	0.0888	0.1523	0.0715	0.0628	0.0889	0.1523	1.6
1.8	0.0673	0.0635	0.0805	0.1447	0.0675	0.0635	0.0806	0.1448	0.0675	0.0635	0.0808	0.1448	1.8
2.0	0.0634	0.0637	0.0734	0.1380	0.0636	0.0638	0.0736	0.1380	0.0636	0.0638	0.0738	0.1380	2.0
2.5	0.0543	0.0627	0.0601	0.1237	0.0547	0.0628	0.0604	0.1238	0.0548	0.0628	0.0605	0.1239	2.5
3.0	0.0469	0.0607	0.0504	0.1123	0.0474	0.0609	0.0509	0.1124	0.0476	0.0609	0.0511	0.1125	3.0
5.0	0.0283	0.0515	0.0290	0.0833	0.0296	0.0519	0.0303	0.0837	0.0301	0.0521	0.0309	0.0839	5.0
7.0	0.0186	0.0435	0.0190	0.0663	0.0204	0.0442	0.0207	0.0671	0.0212	0.0445	0.0216	0.0674	7.0
10.0	0.0111	0.0349	0.0111	0.0509	0.0128	0.0359	0.0130	0.0520	0.0139	0.0364	0.0141	0.0526	10.0

D.0.3 圆形面积上均布荷载作用下中点的附加应力系数 α、平均附加应力系数 $\bar{\alpha}$ 应按表 D.0.3 确定。

表 D.0.3(d) 圆形面积上均布荷载作用下中点的附加应力系数 α 与平均附加应力系数 $\bar{\alpha}$

z/r	圆形 α	圆形 $\bar{\alpha}$	z/r	圆形 α	圆形 $\bar{\alpha}$
0.0	1.000	1.000	2.6	0.187	0.560
0.1	0.999	1.000	2.7	0.175	0.546
0.2	0.992	0.998	2.8	0.165	0.532
0.3	0.976	0.993	2.9	0.155	0.519
0.4	0.949	0.986	3.0	0.146	0.507
0.5	0.911	0.974	3.1	0.138	0.495
0.6	0.864	0.960	3.2	0.130	0.484
0.7	0.811	0.942	3.3	0.124	0.473
0.8	0.756	0.923	3.4	0.117	0.463
0.9	0.701	0.901	3.5	0.111	0.453
1.0	0.647	0.878	3.6	0.106	0.443
1.1	0.595	0.855	3.7	0.101	0.434
1.2	0.547	0.831	3.8	0.096	0.425
1.3	0.502	0.808	3.9	0.091	0.417
1.4	0.461	0.784	4.0	0.087	0.409
1.5	0.424	0.762	4.1	0.083	0.401
1.6	0.390	0.739	4.2	0.079	0.393
1.7	0.360	0.718	4.3	0.076	0.386
1.8	0.332	0.697	4.4	0.073	0.379
1.9	0.307	0.677	4.5	0.070	0.372
2.0	0.285	0.658	4.6	0.067	0.365
2.1	0.264	0.640	4.7	0.064	0.359
2.2	0.245	0.623	4.8	0.062	0.353
2.3	0.229	0.606	4.9	0.059	0.347
2.4	0.210	0.590	5.0	0.057	0.341
2.5	0.200	0.574			

D.0.4 圆形面积上三角形分布荷载作用下边点的附加应力系数 α、平均附加应力系数 $\bar{\alpha}$ 应按表 D.0.4 确定。

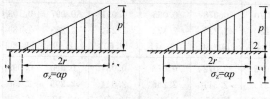

r—圆形面积的半径

表 D.0.4 圆形面积上三角形分布荷载作用下边点的附加应力系数 α 与平均附加应力系数 $\bar{\alpha}$

z/r	点1 α	点1 $\bar{\alpha}$	点2 α	点2 $\bar{\alpha}$
0.0	0.000	0.000	0.500	0.500
0.1	0.016	0.008	0.465	0.483
0.2	0.031	0.016	0.433	0.466
0.3	0.044	0.023	0.403	0.450
0.4	0.054	0.030	0.376	0.435
0.5	0.063	0.035	0.349	0.420
0.6	0.071	0.041	0.324	0.406
0.7	0.078	0.045	0.300	0.393
0.8	0.083	0.050	0.279	0.380
0.9	0.088	0.054	0.258	0.368
1.0	0.091	0.057	0.238	0.356
1.1	0.092	0.061	0.221	0.344
1.2	0.093	0.063	0.205	0.333
1.3	0.092	0.065	0.190	0.323
1.4	0.091	0.067	0.177	0.313
1.5	0.089	0.069	0.165	0.303
1.6	0.087	0.070	0.154	0.294
1.7	0.085	0.071	0.144	0.286
1.8	0.083	0.072	0.134	0.278
1.9	0.080	0.072	0.126	0.270
2.0	0.078	0.073	0.117	0.263
2.1	0.075	0.073	0.110	0.255
2.2	0.072	0.073	0.104	0.249
2.3	0.070	0.073	0.097	0.242
2.4	0.067	0.073	0.091	0.236
2.5	0.064	0.072	0.086	0.230
2.6	0.062	0.072	0.081	0.225
2.7	0.059	0.071	0.078	0.219
2.8	0.057	0.071	0.074	0.214
2.9	0.055	0.070	0.070	0.209
3.0	0.052	0.070	0.067	0.204
3.1	0.050	0.069	0.064	0.200
3.2	0.048	0.069	0.061	0.196
3.3	0.046	0.068	0.059	0.192
3.4	0.045	0.067	0.055	0.188
3.5	0.043	0.067	0.053	0.184
3.6	0.041	0.066	0.051	0.180
3.7	0.040	0.065	0.048	0.177
3.8	0.038	0.065	0.046	0.173
3.9	0.037	0.064	0.043	0.170
4.0	0.036	0.063	0.041	0.167
4.2	0.033	0.062	0.038	0.161
4.4	0.031	0.061	0.034	0.155
4.6	0.029	0.059	0.031	0.150
4.8	0.027	0.058	0.029	0.145
5.0	0.025	0.057	0.027	0.140

附录 E 桩基等效沉降系数 ψ_e 计算参数

E.0.1 桩基等效沉降系数应按表 E.0.1-1～表 E.0.1-5 中列出的参数，采用本规范式(5.5.9-1)和式 (5.5.9-2)计算。

表 E.0.1-1 $(s_a/d=2)$

l/d		L_c/B_c 1	2	3	4	5	6	7	8	9	10
5	C_0	0.203	0.282	0.329	0.363	0.389	0.410	0.428	0.443	0.456	0.468
	C_1	1.543	1.687	1.797	1.845	1.915	1.949	1.981	2.047	2.073	2.098
	C_2	5.563	5.356	5.086	5.020	4.878	4.843	4.817	4.704	4.690	4.681
10	C_0	0.125	0.188	0.228	0.258	0.282	0.301	0.318	0.333	0.346	0.357
	C_1	1.487	1.573	1.653	1.676	1.731	1.750	1.768	1.828	1.844	1.860
	C_2	7.000	6.260	5.737	5.535	5.292	5.191	5.114	4.949	4.903	4.865
15	C_0	0.093	0.146	0.180	0.207	0.228	0.246	0.262	0.275	0.287	0.298
	C_1	1.508	1.568	1.637	1.647	1.696	1.707	1.718	1.776	1.787	1.798
	C_2	8.413	7.252	6.520	6.208	5.878	5.722	5.604	5.393	5.320	5.259
20	C_0	0.075	0.120	0.151	0.175	0.194	0.211	0.225	0.238	0.249	0.260
	C_1	1.548	1.592	1.654	1.656	1.701	1.706	1.712	1.770	1.777	1.783
	C_2	9.783	8.236	7.310	6.897	6.486	6.280	6.123	5.870	5.771	5.689
25	C_0	0.063	0.103	0.131	0.152	0.170	0.186	0.199	0.211	0.221	0.231
	C_1	1.596	1.628	1.686	1.679	1.722	1.722	1.724	1.783	1.786	1.789
	C_2	11.118	9.205	8.094	7.583	7.095	6.841	6.647	6.353	6.230	6.128
30	C_0	0.055	0.090	0.116	0.135	0.152	0.166	0.179	0.190	0.200	0.209
	C_1	1.646	1.669	1.724	1.711	1.753	1.748	1.745	1.806	1.806	1.806
	C_2	12.426	10.159	8.868	8.264	7.700	7.400	7.170	6.836	6.689	6.568
40	C_0	0.044	0.073	0.095	0.112	0.126	0.139	0.150	0.160	0.169	0.177
	C_1	1.754	1.761	1.812	1.787	1.827	1.814	1.803	1.867	1.861	1.855
	C_2	14.984	12.036	10.396	9.610	8.900	8.509	8.211	7.797	7.605	7.446
50	C_0	0.036	0.062	0.081	0.096	0.108	0.120	0.129	0.138	0.147	0.154
	C_1	1.865	1.860	1.909	1.873	1.911	1.889	1.872	1.939	1.927	1.916
	C_2	17.492	13.885	11.905	10.945	10.090	9.613	9.247	8.755	8.519	8.323
60	C_0	0.031	0.054	0.070	0.084	0.095	0.105	0.114	0.122	0.130	0.137
	C_1	1.979	1.962	2.010	1.962	1.999	1.970	1.945	2.016	1.998	1.981
	C_2	19.967	15.719	13.406	12.274	11.278	10.715	10.284	9.713	9.433	9.200
70	C_0	0.028	0.048	0.063	0.075	0.085	0.094	0.102	0.110	0.117	0.123
	C_1	2.095	2.067	2.114	2.055	2.091	2.054	2.021	2.097	2.072	2.049
	C_2	22.423	17.546	14.901	13.602	12.465	11.818	11.322	10.672	10.349	10.080
80	C_0	0.025	0.043	0.056	0.067	0.077	0.085	0.093	0.100	0.106	0.112
	C_1	2.213	2.174	2.220	2.150	2.185	2.139	2.099	2.178	2.147	2.119
	C_2	24.868	19.370	16.398	14.933	13.655	12.925	12.364	11.635	11.270	10.964
90	C_0	0.022	0.039	0.051	0.061	0.070	0.078	0.085	0.091	0.097	0.103
	C_1	2.333	2.283	2.328	2.245	2.280	2.225	2.177	2.261	2.223	2.189
	C_2	27.307	21.195	17.897	16.267	14.849	14.036	13.411	12.603	12.194	11.853
100	C_0	0.021	0.036	0.047	0.057	0.065	0.072	0.078	0.084	0.090	0.095
	C_1	2.453	2.392	2.436	2.341	2.375	2.311	2.256	2.344	2.299	2.259
	C_2	29.744	23.024	19.400	17.608	16.049	15.153	14.464	13.575	13.123	12.745

注：L_c——群桩基础承台长度；B_c——群桩基础承台宽度；l——桩长；d——桩径。

表 E. 0. 1-2　($s_a/d=3$)

l/d		L_c/B_c 1	2	3	4	5	6	7	8	9	10
5	C_0	0.203	0.318	0.377	0.416	0.445	0.468	0.486	0.502	0.516	0.528
	C_1	1.483	1.723	1.875	1.955	2.045	2.098	2.144	2.218	2.256	2.290
	C_2	3.679	4.036	4.006	4.053	3.995	4.007	4.014	3.938	3.944	3.948
10	C_0	0.125	0.213	0.263	0.298	0.324	0.346	0.364	0.380	0.394	0.406
	C_1	1.419	1.559	1.662	1.705	1.770	1.801	1.828	1.891	1.913	1.935
	C_2	4.861	4.723	4.460	4.384	4.237	4.193	4.158	4.038	4.017	4.000
15	C_0	0.093	0.166	0.209	0.240	0.265	0.285	0.302	0.317	0.330	0.342
	C_1	1.430	1.533	1.619	1.646	1.703	1.723	1.741	1.801	1.817	1.832
	C_2	5.900	5.435	5.010	4.855	4.641	4.559	4.496	4.340	4.300	4.267
20	C_0	0.075	0.138	0.176	0.205	0.227	0.246	0.262	0.276	0.288	0.299
	C_1	1.461	1.542	1.619	1.635	1.687	1.700	1.712	1.772	1.783	1.793
	C_2	6.879	6.137	5.570	5.346	5.073	4.958	4.869	4.679	4.623	4.577
25	C_0	0.063	0.118	0.153	0.179	0.200	0.218	0.233	0.246	0.258	0.268
	C_1	1.500	1.565	1.637	1.644	1.693	1.699	1.706	1.767	1.774	1.780
	C_2	7.822	6.826	6.127	5.839	5.511	5.364	5.252	5.030	4.958	4.899
30	C_0	0.055	0.104	0.136	0.160	0.180	0.196	0.210	0.223	0.234	0.244
	C_1	1.542	1.595	1.663	1.662	1.709	1.711	1.712	1.775	1.777	1.780
	C_2	8.741	7.506	6.680	6.331	5.949	5.772	5.638	5.383	5.297	5.226
40	C_0	0.044	0.085	0.112	0.133	0.150	0.165	0.178	0.189	0.199	0.208
	C_1	1.632	1.667	1.729	1.715	1.759	1.750	1.743	1.808	1.804	1.799
	C_2	10.535	8.845	7.774	7.309	6.822	6.588	6.410	6.093	5.978	5.883
50	C_0	0.036	0.072	0.096	0.114	0.130	0.143	0.155	0.165	0.174	0.182
	C_1	1.726	1.746	1.805	1.778	1.819	1.801	1.786	1.855	1.843	1.832
	C_2	12.292	10.168	8.860	8.284	7.694	7.405	7.185	6.805	6.662	6.543
60	C_0	0.031	0.063	0.084	0.101	0.115	0.127	0.137	0.146	0.155	0.163
	C_1	1.822	1.828	1.885	1.845	1.885	1.858	1.834	1.907	1.888	1.870
	C_2	14.029	11.486	9.944	9.259	8.568	8.224	7.962	7.520	7.348	7.206
70	C_0	0.028	0.056	0.075	0.090	0.103	0.114	0.123	0.132	0.140	0.147
	C_1	1.920	1.913	1.968	1.916	1.954	1.918	1.885	1.962	1.936	1.911
	C_2	15.756	12.801	11.029	10.237	9.444	9.047	8.742	8.238	8.038	7.871
80	C_0	0.025	0.050	0.068	0.081	0.093	0.103	0.112	0.120	0.127	0.134
	C_1	2.019	2.000	2.053	1.988	2.025	1.979	1.938	2.019	1.985	1.954
	C_2	17.478	14.120	12.117	11.220	10.325	9.874	9.527	8.959	8.731	8.540
90	C_0	0.022	0.045	0.062	0.074	0.085	0.095	0.103	0.110	0.117	0.123
	C_1	2.118	2.087	2.139	2.060	2.096	2.041	1.991	2.076	2.036	1.998
	C_2	19.200	15.442	13.210	12.208	11.211	10.705	10.316	9.684	9.427	9.211
100	C_0	0.021	0.042	0.057	0.069	0.097	0.087	0.095	0.102	0.108	0.114
	C_1	2.218	2.174	2.225	2.133	2.168	2.103	2.044	2.133	2.086	2.042
	C_2	20.925	16.770	14.307	13.201	12.101	11.541	11.110	10.413	10.127	9.886

注：L_c——群桩基础承台长度；B_c——群桩基础承台宽度；l——桩长；d——桩径。

表 E. 0. 1-3 （$s_a/d=4$）

l/d	L_c/B_c	1	2	3	4	5	6	7	8	9	10
5	C_0	0.203	0.354	0.422	0.464	0.495	0.519	0.538	0.555	0.568	0.580
	C_1	1.445	1.786	1.986	2.101	2.213	2.286	2.349	2.434	2.484	2.530
	C_2	2.633	3.243	3.340	3.444	3.431	3.466	3.488	3.433	3.447	3.457
10	C_0	0.125	0.237	0.294	0.332	0.361	0.384	0.403	0.419	0.433	0.445
	C_1	1.378	1.570	1.695	1.756	1.830	1.870	1.906	1.972	2.000	2.027
	C_2	3.707	3.873	3.743	3.729	3.630	3.612	3.597	3.500	3.490	3.482
15	C_0	0.093	0.185	0.234	0.269	0.296	0.317	0.335	0.351	0.364	0.376
	C_1	1.384	1.524	1.626	1.666	1.729	1.757	1.781	1.843	1.863	1.881
	C_2	4.571	4.458	4.188	4.107	3.951	3.904	3.866	3.736	3.712	3.693
20	C_0	0.075	0.153	0.198	0.230	0.254	0.275	0.291	0.306	0.319	0.331
	C_1	1.408	1.521	1.611	1.638	1.695	1.713	1.730	1.791	1.805	1.818
	C_2	5.361	5.024	4.636	4.502	4.297	4.225	4.169	4.009	3.973	3.944
25	C_0	0.063	0.132	0.173	0.202	0.225	0.244	0.260	0.274	0.286	0.297
	C_1	1.441	1.534	1.616	1.633	1.686	1.698	1.708	1.770	1.779	1.786
	C_2	6.114	5.578	5.081	4.900	4.650	4.555	4.482	4.293	4.246	4.208
30	C_0	0.055	0.117	0.154	0.181	0.203	0.221	0.236	0.249	0.261	0.271
	C_1	1.477	1.555	1.633	1.640	1.691	1.696	1.701	1.764	1.768	1.771
	C_2	6.843	6.122	5.524	5.298	5.004	4.887	4.799	4.581	4.524	4.477
40	C_0	0.044	0.095	0.127	0.151	0.170	0.186	0.200	0.212	0.223	0.233
	C_1	1.555	1.611	1.681	1.673	1.720	1.714	1.708	1.774	1.770	1.765
	C_2	8.261	7.195	6.402	6.093	5.713	5.556	5.436	5.163	5.085	5.021
50	C_0	0.036	0.081	0.109	0.130	0.148	0.162	0.175	0.186	0.196	0.205
	C_1	1.636	1.674	1.740	1.718	1.762	1.745	1.730	1.800	1.787	1.775
	C_2	9.648	8.258	7.277	6.887	6.424	6.227	6.077	5.749	5.650	5.569
60	C_0	0.031	0.071	0.096	0.115	0.131	0.144	0.156	0.166	0.175	0.183
	C_1	1.719	1.742	1.805	1.768	1.810	1.783	1.758	1.832	1.811	1.791
	C_2	11.021	9.319	8.152	7.684	7.138	6.902	6.721	6.338	6.219	6.120
70	C_0	0.028	0.063	0.086	0.103	0.117	0.130	0.140	0.150	0.158	0.166
	C_1	1.803	1.811	1.872	1.821	1.861	1.824	1.789	1.867	1.839	1.812
	C_2	12.387	10.381	9.029	8.485	7.856	7.580	7.369	6.929	6.789	6.672
80	C_0	0.025	0.057	0.077	0.093	0.107	0.118	0.128	0.137	0.145	0.152
	C_1	1.887	1.882	1.940	1.876	1.914	1.866	1.822	1.904	1.868	1.834
	C_2	13.753	11.447	9.911	9.291	8.578	8.262	8.020	7.524	7.362	7.226
90	C_0	0.022	0.051	0.071	0.085	0.098	0.108	0.117	0.126	0.133	0.140
	C_1	1.972	1.953	2.009	1.931	1.967	1.909	1.857	1.943	1.899	1.858
	C_2	15.119	12.518	10.799	10.102	9.305	8.949	8.674	8.122	7.938	7.782
100	C_0	0.021	0.047	0.065	0.079	0.090	0.100	0.109	0.117	0.123	0.130
	C_1	2.057	2.025	2.079	1.986	2.021	1.953	1.891	1.981	1.931	1.883
	C_2	16.490	13.595	11.691	10.918	10.036	9.639	9.331	8.722	8.515	8.339

注：L_c——群桩基础承台长度；B_c——群桩基础承台宽度；l——桩长；d——桩径。

L_c/B_c l/d		1	2	3	4	5	6	7	8	9	10
5	C_0	0.203	0.389	0.464	0.510	0.543	0.567	0.587	0.603	0.617	0.628
	C_1	1.416	1.864	2.120	2.277	2.416	2.514	2.599	2.695	2.761	2.821
	C_2	1.941	2.652	2.824	2.957	2.973	3.018	3.045	3.008	3.023	3.033
10	C_0	0.125	0.260	0.323	0.364	0.394	0.417	0.437	0.453	0.467	0.480
	C_1	1.349	1.593	1.740	1.818	1.902	1.952	1.996	2.065	2.099	2.131
	C_2	2.959	3.301	3.255	3.278	3.208	3.206	3.201	3.120	3.116	3.112
15	C_0	0.093	0.202	0.257	0.295	0.323	0.345	0.364	0.379	0.393	0.405
	C_1	1.351	1.528	1.645	1.697	1.766	1.800	1.829	1.893	1.916	1.938
	C_2	3.724	3.825	3.649	3.614	3.492	3.465	3.442	3.329	3.314	3.301
20	C_0	0.075	0.168	0.218	0.252	0.278	0.299	0.317	0.332	0.345	0.357
	C_1	1.372	1.513	1.615	1.651	1.712	1.735	1.755	1.818	1.834	1.849
	C_2	4.407	4.316	4.036	3.957	3.792	3.745	3.708	3.566	3.542	3.522
25	C_0	0.063	0.145	0.190	0.222	0.246	0.267	0.283	0.298	0.310	0.322
	C_1	1.399	1.517	1.609	1.633	1.690	1.705	1.717	1.781	1.791	1.800
	C_2	5.049	4.792	4.418	4.301	4.096	4.031	3.982	3.812	3.780	3.754
30	C_0	0.055	0.128	0.170	0.199	0.222	0.241	0.257	0.271	0.283	0.294
	C_1	1.431	1.531	1.617	1.630	1.684	1.692	1.697	1.762	1.767	1.770
	C_2	5.668	5.258	4.796	4.644	4.401	4.320	4.259	4.063	4.022	3.990
40	C_0	0.044	0.105	0.141	0.167	0.188	0.205	0.219	0.232	0.243	0.253
	C_1	1.498	1.573	1.650	1.646	1.695	1.689	1.683	1.751	1.746	1.741
	C_2	6.865	6.176	5.547	5.331	5.013	4.902	4.817	4.568	4.512	4.467
50	C_0	0.036	0.089	0.121	0.144	0.163	0.179	0.192	0.204	0.214	0.224
	C_1	1.569	1.623	1.695	1.675	1.720	1.703	1.868	1.758	1.743	1.730
	C_2	8.034	7.085	6.296	6.018	5.628	5.486	5.379	5.078	5.006	4.948
60	C_0	0.031	0.078	0.106	0.128	0.145	0.159	0.171	0.182	0.192	0.201
	C_1	1.642	1.678	1.745	1.710	1.753	1.724	1.697	1.772	1.749	1.727
	C_2	9.192	7.994	7.046	6.709	6.246	6.074	5.943	5.590	5.502	5.429
70	C_0	0.028	0.069	0.095	0.114	0.130	0.143	0.155	0.165	0.174	0.182
	C_1	1.715	1.735	1.799	1.748	1.789	1.749	1.712	1.791	1.760	1.730
	C_2	10.345	8.905	7.800	7.403	6.868	6.664	6.509	6.104	5.999	5.911
80	C_0	0.025	0.063	0.086	0.104	0.118	0.131	0.141	0.151	0.159	0.167
	C_1	1.788	1.793	1.854	1.788	1.827	1.776	1.730	1.812	1.773	1.737
	C_2	11.498	9.820	8.558	8.102	7.493	7.258	7.077	6.620	6.497	6.393
90	C_0	0.022	0.057	0.079	0.095	0.109	0.120	0.130	0.139	0.147	0.154
	C_1	1.861	1.851	1.909	1.830	1.866	1.805	1.749	1.835	1.789	1.745
	C_2	12.653	10.741	9.321	8.805	8.123	7.854	7.647	7.138	6.996	6.876
100	C_0	0.021	0.052	0.072	0.088	0.100	0.111	0.120	0.129	0.136	0.143
	C_1	1.934	1.909	1.966	1.871	1.905	1.834	1.769	1.859	1.805	1.755
	C_2	13.812	11.667	10.089	9.512	8.755	8.453	8.218	7.657	7.495	7.358

注：L_c——群桩基础承台长度；B_c——群桩基础承台宽度；l——桩长；d——桩径。

l/d	L_c/B_c	1	2	3	4	5	6	7	8	9	10
5	C_0	0.203	0.423	0.506	0.555	0.588	0.613	0.633	0.649	0.663	0.674
	C_1	1.393	1.956	2.277	2.485	2.658	2.789	2.902	3.021	3.099	3.179
	C_2	1.438	2.152	2.365	2.503	2.538	2.581	2.603	2.586	2.596	2.599
10	C_0	0.125	0.281	0.350	0.393	0.424	0.449	0.468	0.485	0.499	0.511
	C_1	1.328	1.623	1.793	1.889	1.983	2.044	2.096	2.169	2.210	2.247
	C_2	2.421	2.870	2.881	2.927	2.879	2.886	2.887	2.818	2.817	2.815
15	C_0	0.093	0.219	0.279	0.318	0.348	0.371	0.390	0.406	0.419	0.423
	C_1	1.327	1.540	1.671	1.733	1.809	1.848	1.882	1.949	1.975	1.999
	C_2	3.126	3.366	3.256	3.250	3.153	3.139	3.126	3.024	3.015	3.007
20	C_0	0.075	0.182	0.236	0.272	0.300	0.322	0.340	0.355	0.369	0.380
	C_1	1.344	1.513	1.625	1.669	1.735	1.762	1.785	1.850	1.868	1.884
	C_2	3.740	3.815	3.607	3.565	3.428	3.398	3.374	3.243	3.227	3.214
25	C_0	0.063	0.157	0.207	0.024	0.266	0.287	0.304	0.319	0.332	0.343
	C_1	1.368	1.509	1.610	1.640	1.700	1.717	1.731	1.796	1.807	1.816
	C_2	4.311	4.242	3.950	3.877	3.703	3.659	3.625	3.468	3.445	3.427
30	C_0	0.055	0.139	0.184	0.216	0.240	0.260	0.276	0.291	0.303	0.314
	C_1	1.395	1.516	1.608	1.627	1.683	1.692	1.699	1.765	1.769	1.773
	C_2	4.858	4.659	4.288	4.187	3.977	3.921	3.879	3.694	3.666	3.643
40	C_0	0.044	0.114	0.153	0.181	0.203	0.221	0.236	0.249	0.261	0.271
	C_1	1.455	1.545	1.627	1.626	1.676	1.671	1.664	1.733	1.727	1.721
	C_2	5.912	5.477	4.957	4.804	4.528	4.447	4.386	4.151	4.111	4.078
50	C_0	0.036	0.097	0.132	0.157	0.177	0.193	0.207	0.219	0.230	0.240
	C_1	1.517	1.584	1.659	1.640	1.687	1.669	1.650	1.723	1.707	1.691
	C_2	6.939	6.287	5.624	5.423	5.080	4.974	4.896	4.610	4.557	4.514
60	C_0	0.031	0.085	0.116	0.139	0.157	0.172	0.185	0.196	0.207	0.216
	C_1	1.581	1.627	1.698	1.662	1.706	1.675	1.645	1.722	1.697	1.672
	C_2	7.956	7.097	6.292	6.043	5.634	5.504	5.406	5.071	5.004	4.948
70	C_0	0.028	0.076	0.104	0.125	0.141	0.156	0.168	0.178	0.188	0.196
	C_1	1.645	1.673	1.740	1.688	1.728	1.686	1.646	1.726	1.692	1.660
	C_2	8.968	7.908	6.964	6.667	6.191	6.035	5.917	5.532	5.450	5.382
80	C_0	0.025	0.068	0.094	0.113	0.129	0.142	0.153	0.163	0.172	0.180
	C_1	1.708	1.720	1.783	1.716	1.754	1.700	1.650	1.734	1.692	1.652
	C_2	9.981	8.724	7.640	7.293	6.751	6.569	6.428	5.994	5.896	5.814
90	C_0	0.022	0.062	0.086	0.104	0.118	0.131	0.141	0.150	0.159	0.167
	C_1	1.772	1.768	1.827	1.745	1.780	1.716	1.657	1.744	1.694	1.648
	C_2	10.997	9.544	8.319	7.924	7.314	7.103	6.939	6.457	6.342	6.244
100	C_0	0.021	0.057	0.079	0.096	0.110	0.121	0.131	0.140	0.148	0.155
	C_1	1.835	1.815	1.872	1.775	1.808	1.733	1.665	1.755	1.698	1.646
	C_2	12.016	10.370	9.004	8.557	7.879	7.639	7.450	6.919	6.787	6.673

注：L_c——群桩基础承台长度；B_c——群桩基础承台宽度；l——桩长；d——桩径。

附录 F 考虑桩径影响的 Mindlin(明德林) 解应力影响系数

F.0.1 本规范第 5.5.14 条规定基桩引起的附加应力应根据考虑桩径影响的明德林解按下列公式计算：

$$\sigma_z = \sigma_{zp} + \sigma_{zsr} + \sigma_{zst} \quad (F.0.1\text{-}1)$$

$$\sigma_{zp} = \frac{\alpha Q}{l^2} I_p \quad (F.0.1\text{-}2)$$

$$\sigma_{zsr} = \frac{\beta Q}{l^2} I_{sr} \quad (F.0.1\text{-}3)$$

$$\sigma_{zst} = \frac{(1-\alpha-\beta)Q}{l^2} I_{st} \quad (F.0.1\text{-}4)$$

式中 σ_{zp}——端阻力在应力计算点引起的附加应力；

σ_{zsr}——均匀分布侧阻力在应力计算点引起的附加应力；

σ_{zst}——三角形分布侧阻力在应力计算点引起的附加应力；

α——桩端阻力比；

β——均匀分布侧阻力比；

l——桩长；

I_p、I_{sr}、I_{st}——考虑桩径影响的明德林解应力影响系数，按 F.0.2 条确定。

F.0.2 考虑桩径影响的明德林解应力影响系数，将端阻力和侧阻力简化为图 F.0.2 的形式，求解明德林解应力影响系数。

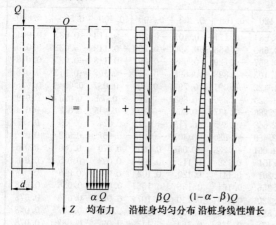

图 F.0.2 单桩荷载分担及侧阻力、端阻力分布

1 考虑桩径影响，沿桩身轴线的竖向应力系数解析式：

$$I_p = \frac{l^2}{\pi \cdot r^2} \cdot \frac{1}{4(1-\mu)}$$

$$\times \left\{ 2(1-\mu) - \frac{(1-2\mu)(z-l)}{\sqrt{r^2+(z-l)^2}} \right.$$

$$- \frac{(1-2\mu)(z-l)}{z+l} + \frac{(1-2\mu)(z-l)}{\sqrt{r^2+(z+l)^2}}$$

$$- \frac{(z-l)^3}{[r^2+(z-l)^2]^{3/2}}$$

$$+ \frac{(3-4\mu)z}{z+l} - \frac{(3-4\mu)z(z+l)^2}{[r^2+(z+l)^2]^{3/2}}$$

$$- \frac{l(5z-l)}{(z+l)^2} + \frac{l(z+l)(5z-l)}{[r^2+(z+l)^2]^{3/2}}$$

$$\left. + \frac{6lz}{(z+l)^2} - \frac{6zl(z+l)^3}{[r^2+(z+l)^2]^{5/2}} \right\}$$

$$(F.0.2\text{-}1)$$

$$I_{sr} = \frac{l}{2\pi r} \cdot \frac{1}{4(1-\mu)} \left\{ \frac{2(2-\mu)r}{\sqrt{r^2+(z-l)^2}} \right.$$

$$- \frac{2(2-\mu)r^2 + 2(1-2\mu)z(z+l)}{r\sqrt{r^2+(z+l)^2}}$$

$$+ \frac{2(1-2\mu)z^2}{r\sqrt{r^2+z^2}} - \frac{4z^2[r^2-(1+\mu)z^2]}{r(r^2+z^2)^{3/2}}$$

$$- \frac{4(1+\mu)z(z+l)^3 - 4z^2r^2 - r^4}{r[r^2+(z+l)^2]^{3/2}}$$

$$- \frac{r^3}{[r^2+(z-l)^2]^{3/2}} - \frac{6z^2[z^4-r^4]}{r(r^2+z^2)^{5/2}}$$

$$\left. - \frac{6z[zr^4-(z+l)^5]}{r[r^2+(z+l)^2]^{5/2}} \right\} \quad (F.0.2\text{-}2)$$

$$I_{st} = \frac{l}{\pi r} \cdot \frac{1}{4(1-\mu)} \left\{ \frac{2(2-\mu)r}{\sqrt{r^2+(z-l)^2}} \right.$$

$$+ \frac{2(1-2\mu)z^2(z+l) - 2(2-\mu)(4z+l)r^2}{lr\sqrt{r^2+(z+l)^2}}$$

$$+ \frac{8(2-\mu)zr^2 - 2(1-2\mu)z^3}{lr\sqrt{r^2+z^2}}$$

$$+ \frac{12z^7 + 6zr^4(r^2-z^2)}{lr(r^2+z^2)^{5/2}}$$

$$+ \frac{15zr^4 + 2(5+2\mu)z^2(z+l)^3 - 4\mu zr^4 - 4z^3r^2 - r^2(z+l)^3}{lr[r^2+(z+l)^2]^{3/2}}$$

$$- \frac{6zr^4(r^2-z^2) + 12z^2(z+l)^5}{lr[r^2+(z+l)^2]^{5/2}}$$

$$+ \frac{6z^3r^2 - 2(5+2\mu)z^5 - 2(7-2\mu)zr^4}{lr[r^2+z^2]^{3/2}}$$

$$- \frac{zr^3 + (z-l)^3r}{l[r^2+(z-l)^2]^{3/2}} + 2(2-\mu)\frac{r}{l}$$

$$\ln \frac{(\sqrt{r^2+(z-l)^2}+z-l)(\sqrt{r^2+(z+l)^2}+z+l)}{[\sqrt{r^2+z^2}+z]^2} \right\}$$

$$(F.0.2\text{-}3)$$

式中 μ——地基土的泊松比；

r——桩身半径；

l——桩长；

z——计算应力点离桩顶的竖向距离。

2 考虑桩径影响，明德林解竖向应力影响系数表，1)桩端以下桩身轴线上 $(n=\rho/l=0)$ 各点的竖向应力影响系数，系按式(F.0.2-1)~式(F.0.2-3)计算，其值列于表 F.0.2-1～表 F.0.2-3。2)水平向有效影响范围内桩的竖向应力影响系数，系按数值积分法计算，其值列于表 F.0.2-1～表 F.0.2-3。表中：$m=z/l$; $n=\rho/l$; ρ 为相邻桩至计算桩轴线的水平距离。

表 F.0.2-1 考虑桩径影响，均布桩端阻力竖向应力影响系数 I_p

l/d	10												
m \ n	0.000	0.020	0.040	0.060	0.080	0.100	0.120	0.160	0.200	0.300	0.400	0.500	0.600
0.500				−0.600	−0.581	−0.558	−0.531	−0.468	−0.400	−0.236	−0.113	−0.037	0.004
0.550				−0.779	−0.751	−0.716	−0.675	−0.585	−0.488	−0.270	−0.119	−0.034	0.010
0.600				−1.021	−0.976	−0.922	−0.860	−0.725	−0.587	−0.297	−0.119	−0.026	0.018
0.650				−1.357	−1.283	−1.196	−1.099	−0.893	−0.694	−0.314	−0.109	−0.013	0.027
0.700				−1.846	−1.717	−1.568	−1.408	−1.086	−0.797	−0.311	−0.088	0.003	0.038
0.750				−2.589	−2.349	−2.080	−1.805	−1.289	−0.873	−0.279	−0.057	0.022	0.049
0.800				−3.781	−3.289	−2.772	−2.276	−1.448	−0.875	−0.212	−0.018	0.041	0.059
0.850				−5.787	−4.666	−3.606	−2.701	−1.434	−0.737	−0.117	0.023	0.059	0.067
0.900				−9.175	−6.341	−4.137	−2.625	−1.047	−0.426	−0.015	0.057	0.072	0.072
0.950				−13.522	−6.132	−2.699	−1.262	−0.327	−0.078	0.059	0.079	0.080	0.075
1.004	62.563	62.378	60.503	1.756	0.367	0.208	0.157	0.123	0.111	0.100	0.093	0.085	0.078
1.008	61.245	60.784	55.653	4.584	0.705	0.325	0.214	0.144	0.121	0.102	0.093	0.086	0.078
1.012	59.708	58.836	50.294	7.572	1.159	0.468	0.280	0.166	0.131	0.105	0.094	0.086	0.078
1.016	57.894	56.509	45.517	9.951	1.729	0.643	0.356	0.190	0.142	0.108	0.095	0.086	0.078
1.020	55.793	53.863	41.505	11.637	2.379	0.853	0.446	0.217	0.154	0.110	0.096	0.087	0.078
1.024	53.433	51.008	38.145	12.763	3.063	1.094	0.549	0.248	0.167	0.113	0.097	0.087	0.078
1.028	50.868	48.054	35.286	13.474	3.737	1.360	0.666	0.282	0.181	0.116	0.098	0.087	0.078
1.040	42.642	39.423	28.667	14.106	5.432	2.227	1.084	0.406	0.230	0.126	0.101	0.089	0.079
1.060	30.269	27.845	21.170	13.000	6.839	3.469	1.849	0.677	0.342	0.148	0.108	0.091	0.080
1.080	21.437	19.955	16.036	11.179	6.992	4.152	2.467	0.980	0.481	0.176	0.117	0.094	0.081
1.100	15.575	14.702	12.379	9.386	6.552	4.348	2.834	1.254	0.631	0.211	0.127	0.098	0.083
1.120	11.677	11.153	9.734	7.831	5.896	4.240	2.977	1.465	0.773	0.250	0.140	0.103	0.085
1.140	9.017	8.692	7.795	6.548	5.208	3.977	2.960	1.601	0.893	0.292	0.154	0.109	0.087
1.160	7.146	6.937	6.349	5.509	4.565	3.650	2.845	1.669	0.985	0.334	0.170	0.115	0.090
1.180	5.791	5.651	5.254	4.672	3.996	3.310	2.678	1.684	1.048	0.374	0.187	0.122	0.094
1.200	4.782	4.686	4.410	3.996	3.503	2.986	2.489	1.659	1.083	0.411	0.204	0.130	0.097
1.300	2.252	2.230	2.167	2.067	1.938	1.788	1.627	1.302	1.010	0.513	0.277	0.170	0.140
1.400	1.312	1.306	1.284	1.250	1.204	1.149	1.087	0.949	0.807	0.506	0.312	0.201	0.154
1.500	0.866	0.863	0.854	0.839	0.820	0.795	0.767	0.701	0.629	0.451	0.311	0.215	0.154
1.600	0.619	0.617	0.613	0.606	0.596	0.583	0.569	0.534	0.494	0.387	0.290	0.215	0.160

l/d	15												
m \ n	0.000	0.020	0.040	0.060	0.080	0.100	0.120	0.160	0.200	0.300	0.400	0.500	0.600
0.500			−0.619	−0.605	−0.585	−0.562	−0.534	−0.471	−0.402	−0.236	−0.113	−0.037	0.004
0.550			−0.808	−0.786	−0.757	−0.721	−0.680	−0.588	−0.490	−0.269	−0.119	−0.033	0.010
0.600			−1.067	−1.032	−0.986	−0.930	−0.867	−0.729	−0.589	−0.297	−0.118	−0.025	0.018
0.650			−1.433	−1.375	−1.299	−1.208	−1.108	−0.898	−0.695	−0.312	−0.108	−0.013	0.028
0.700			−1.981	−1.876	−1.742	−1.587	−1.422	−1.091	−0.797	−0.308	−0.087	0.004	0.038
0.750			−2.850	−2.645	−2.389	−2.108	−1.820	−1.290	−0.868	−0.275	−0.056	0.023	0.049
0.800			−4.342	−3.889	−3.355	−2.805	−2.286	−1.437	−0.862	−0.207	−0.016	0.042	0.059
0.850			−7.174	−5.996	−4.747	−3.609	−2.668	−1.395	−0.713	−0.112	0.024	0.059	0.067
0.900			−13.179	−9.428	−6.231	−3.949	−2.469	−0.980	−0.401	−0.012	0.057	0.072	0.072
0.950			−25.874	−11.676	−4.925	−2.196	−1.061	−0.288	−0.067	0.060	0.079	0.080	0.076
1.004	139.202	137.028	6.771	0.657	0.288	0.189	0.151	0.122	0.111	0.100	0.093	0.085	0.078
1.008	134.212	127.885	16.907	1.416	0.502	0.283	0.201	0.141	0.120	0.102	0.093	0.086	0.078
1.012	127.849	116.582	24.338	2.473	0.771	0.392	0.256	0.161	0.130	0.105	0.094	0.086	0.078
1.016	120.095	104.985	28.589	3.784	1.109	0.522	0.320	0.184	0.140	0.107	0.095	0.086	0.078
1.020	111.316	94.178	30.723	5.224	1.516	0.677	0.394	0.209	0.152	0.110	0.096	0.087	0.078
1.024	102.035	84.503	31.544	6.655	1.981	0.858	0.478	0.236	0.164	0.113	0.097	0.087	0.078
1.028	92.751	75.959	31.545	7.976	2.487	1.062	0.575	0.267	0.177	0.116	0.098	0.087	0.078
1.040	67.984	55.962	29.127	10.814	4.040	1.776	0.927	0.379	0.223	0.126	0.101	0.089	0.079
1.060	40.837	35.291	22.966	12.108	5.919	2.983	1.625	0.627	0.328	0.147	0.108	0.091	0.080
1.080	26.159	23.586	17.507	11.187	6.586	3.808	2.255	0.914	0.460	0.174	0.116	0.094	0.081
1.100	17.897	16.610	13.391	9.640	6.442	4.160	2.679	1.187	0.605	0.208	0.127	0.098	0.083
1.120	12.923	12.226	10.406	8.241	5.921	4.162	2.881	1.406	0.746	0.246	0.139	0.103	0.085
1.140	9.737	9.332	8.241	6.781	5.281	3.962	2.911	1.555	0.868	0.288	0.153	0.108	0.087
1.160	7.588	7.339	6.652	5.693	4.648	3.666	2.827	1.637	0.963	0.329	0.169	0.115	0.090
1.180	6.075	5.915	5.463	4.813	4.073	3.340	2.678	1.663	1.030	0.369	0.185	0.122	0.093
1.200	4.973	4.866	4.558	4.104	3.570	3.019	2.499	1.647	1.070	0.406	0.202	0.130	0.097
1.300	2.291	2.269	2.202	2.097	1.962	1.807	1.640	1.307	1.010	0.511	0.276	0.170	0.118
1.400	1.325	1.318	1.296	1.261	1.214	1.157	1.094	0.953	0.809	0.505	0.311	0.201	0.139
1.500	0.871	0.868	0.859	0.844	0.824	0.799	0.770	0.704	0.630	0.451	0.310	0.215	0.154
1.600	0.621	0.620	0.615	0.608	0.598	0.586	0.571	0.536	0.496	0.388	0.290	0.215	0.160

l/d						20							
n m	0.000	0.020	0.040	0.060	0.080	0.100	0.120	0.160	0.200	0.300	0.400	0.500	0.600
0.500			−0.621	−0.606	−0.587	−0.563	−0.535	−0.472	−0.402	−0.236	−0.113	−0.037	0.004
0.550			−0.811	−0.789	−0.759	−0.723	−0.682	−0.589	−0.491	−0.269	−0.118	−0.033	0.010
0.600			−1.071	−1.036	−0.989	−0.933	−0.869	−0.731	−0.590	−0.296	−0.118	−0.033	0.010
0.650			−1.440	−1.381	−1.304	−1.213	−1.112	−0.899	−0.696	−0.296	−0.117	−0.025	0.018
0.700			−1.993	−1.887	−1.751	−1.594	−1.426	−1.092	−0.797	−0.307	−0.086	−0.013	0.028
0.750			−2.875	−2.665	−2.404	−2.117	−1.826	−1.290	−0.867	−0.273	−0.055	0.004	0.038
0.800			−4.396	−3.927	−3.378	−2.816	−2.288	−1.432	−0.857	−0.205	−0.016	0.042	0.049
0.850			−7.309	−6.069	−4.773	−3.608	−2.656	−1.382	−0.705	−0.110	0.024	0.059	0.067
0.900			−13.547	−9.494	−6.176	−3.877	−2.414	−0.957	−0.392	−0.011	0.058	0.072	0.072
0.950			−25.714	−10.848	−4.530	−2.043	−1.000	−0.275	−0.064	0.060	0.079	0.080	0.076
1.004	244.665	222.298	2.507	0.549	0.270	0.184	0.149	0.121	0.111	0.100	0.093	0.085	0.078
1.008	231.267	181.758	6.607	1.118	0.459	0.271	0.196	0.140	0.120	0.102	0.093	0.086	0.078
1.012	213.422	152.271	11.947	1.893	0.691	0.372	0.249	0.160	0.130	0.105	0.094	0.086	0.078
1.016	192.367	130.925	17.172	2.882	0.981	0.491	0.309	0.182	0.140	0.107	0.095	0.086	0.078
1.020	170.266	114.368	21.429	4.037	1.330	0.632	0.379	0.206	0.151	0.110	0.095	0.086	0.078
1.024	148.975	100.844	24.487	5.275	1.735	0.796	0.458	0.232	0.163	0.113	0.096	0.087	0.078
1.028	129.596	89.450	26.439	6.511	2.184	0.983	0.549	0.262	0.175	0.116	0.098	0.087	0.078
1.040	85.457	63.853	27.680	9.582	3.636	1.647	0.881	0.370	0.221	0.126	0.101	0.089	0.078
1.060	46.430	38.661	23.310	11.634	5.588	2.825	1.554	0.611	0.323	0.146	0.108	0.091	0.079
1.080	28.320	25.133	17.998	11.118	6.418	3.685	2.183	0.893	0.453	0.174	0.116	0.094	0.080
1.100	18.875	17.385	13.759	9.705	6.387	4.088	2.623	1.164	0.597	0.207	0.126	0.098	0.081
1.120	13.422	12.647	10.654	8.197	5.921	4.130	2.846	1.386	0.737	0.245	0.139	0.103	0.083
1.140	10.016	9.577	8.407	6.863	5.303	3.953	2.892	1.539	0.859	0.286	0.153	0.108	0.085
1.160	7.755	7.490	6.763	5.758	4.676	3.670	2.819	1.626	0.955	0.327	0.169	0.115	0.087
1.180	6.181	6.013	5.540	4.863	4.099	3.349	2.677	1.656	1.024	0.367	0.185	0.122	0.090
1.200	5.044	4.931	4.612	4.142	3.593	3.030	2.502	1.643	1.065	0.404	0.202	0.129	0.093
1.300	2.306	2.283	2.215	2.108	1.971	1.813	1.645	1.308	1.010	0.510	0.275	0.170	0.097
1.400	1.330	1.323	1.301	1.265	1.218	1.160	1.096	0.954	0.810	0.505	0.311	0.201	0.118
1.500	0.873	0.870	0.861	0.846	0.826	0.801	0.772	0.705	0.631	0.451	0.310	0.215	0.139
1.600	0.622	0.621	0.616	0.609	0.599	0.586	0.572	0.536	0.496	0.388	0.290	0.214	0.160

l/d						25							
n m	0.000	0.020	0.040	0.060	0.080	0.100	0.120	0.160	0.200	0.300	0.400	0.500	0.600
0.500			−0.622	−0.607	−0.588	−0.564	−0.536	−0.472	−0.402	−0.236	−0.112	−0.037	0.004
0.550			−0.812	−0.790	−0.760	−0.724	−0.683	−0.590	−0.491	−0.269	−0.118	−0.033	0.010
0.600			−1.073	−1.037	−0.991	−0.934	−0.870	−0.731	−0.590	−0.296	−0.117	−0.025	0.018
0.650			−1.444	−1.384	−1.306	−1.215	−1.113	−0.900	−0.696	−0.311	−0.107	−0.012	0.028
0.700			−1.999	−1.892	−1.755	−1.597	−1.428	−1.093	−0.796	−0.307	−0.086	0.004	0.038
0.750			−2.886	−2.674	−2.411	−2.122	−1.828	−1.290	−0.866	−0.273	−0.055	0.023	0.049
0.800			−4.422	−3.945	−3.389	−2.821	−2.290	−1.430	−0.855	−0.205	−0.016	0.042	0.059
0.850			−7.373	−6.103	−4.785	−3.607	−2.650	−1.375	−0.701	−0.109	0.024	0.059	0.067
0.900			−13.719	−9.519	−6.147	−3.843	−2.388	−0.946	−0.388	−0.011	0.058	0.072	0.072
0.950			−25.463	−10.446	−4.355	−1.975	−0.973	−0.270	−0.062	0.060	0.079	0.080	0.076
1.004	377.628	178.408	1.913	0.511	0.263	0.182	0.148	0.121	0.111	0.100	0.093	0.085	0.078
1.008	348.167	161.588	4.792	1.019	0.442	0.267	0.195	0.140	0.120	0.102	0.093	0.085	0.078
1.012	309.027	146.104	8.847	1.700	0.660	0.364	0.246	0.159	0.129	0.105	0.094	0.086	0.078
1.016	265.983	131.641	13.394	2.574	0.930	0.478	0.305	0.181	0.140	0.107	0.095	0.086	0.078
1.020	224.824	118.197	17.660	3.613	1.257	0.613	0.372	0.205	0.150	0.110	0.096	0.086	0.078
1.024	188.664	105.842	21.169	4.756	1.637	0.770	0.450	0.231	0.162	0.113	0.097	0.087	0.078
1.028	158.336	94.627	23.753	5.931	2.062	0.949	0.537	0.260	0.175	0.116	0.098	0.087	0.078
1.040	96.846	67.688	26.679	9.029	3.464	1.592	0.860	0.366	0.220	0.125	0.101	0.089	0.079
1.060	49.548	40.374	23.390	11.390	5.436	2.754	1.522	0.603	0.321	0.146	0.108	0.091	0.080
1.080	29.440	25.906	18.214	11.073	6.336	3.628	2.151	0.883	0.450	0.173	0.116	0.094	0.081
1.100	19.363	17.765	13.931	9.731	6.358	4.054	2.598	1.154	0.593	0.206	0.126	0.098	0.083
1.120	13.666	12.851	10.772	8.237	5.920	4.114	2.829	1.376	0.732	0.244	0.139	0.103	0.085
1.140	10.150	9.695	8.485	6.901	5.313	3.949	2.883	1.532	0.855	0.285	0.153	0.108	0.087
1.160	7.835	7.562	6.816	5.788	4.689	3.671	2.815	1.621	0.952	0.327	0.168	0.115	0.090
1.180	6.232	6.059	5.576	4.887	4.112	3.353	2.677	1.653	1.021	0.366	0.185	0.122	0.093
1.200	5.077	4.963	4.637	4.160	3.604	3.035	2.503	1.641	1.063	0.403	0.202	0.129	0.097
1.300	2.312	2.289	2.221	2.113	1.975	1.816	1.647	1.309	1.010	0.509	0.275	0.170	0.118
1.400	1.332	1.325	1.303	1.267	1.219	1.162	1.097	0.955	0.810	0.505	0.311	0.201	0.139
1.500	0.874	0.871	0.862	0.847	0.826	0.801	0.772	0.705	0.631	0.451	0.310	0.215	0.154
1.600	0.623	0.621	0.617	0.609	0.599	0.587	0.572	0.537	0.496	0.388	0.290	0.214	0.160

l/d = 30

m \ n	0.000	0.020	0.040	0.060	0.080	0.100	0.120	0.160	0.200	0.300	0.400	0.500	0.600
0.500		−0.631	−0.622	−0.608	−0.588	−0.564	−0.536	−0.472	−0.403	−0.236	−0.112	−0.037	0.004
0.550		−0.827	−0.813	−0.791	−0.761	−0.725	−0.683	−0.590	−0.491	−0.269	−0.118	−0.033	0.010
0.600		−1.096	−1.074	−1.038	−0.991	−0.935	−0.871	−0.732	−0.590	−0.296	−0.117	−0.025	0.018
0.650		−1.483	−1.445	−1.386	−1.308	−1.216	−1.114	−0.900	−0.696	−0.311	−0.107	−0.012	0.028
0.700		−2.071	−2.002	−1.895	−1.757	−1.598	−1.429	−1.093	−0.796	−0.306	−0.086	0.004	0.038
0.750		−3.032	−2.892	−2.679	−2.414	−2.124	−1.829	−1.290	−0.865	−0.272	−0.054	0.023	0.049
0.800		−4.764	−4.436	−3.955	−3.395	−2.824	−2.290	−1.429	−0.854	−0.204	−0.015	0.042	0.059
0.850		−8.367	−7.408	−6.122	−4.791	−3.606	−2.646	−1.372	−0.699	−0.109	0.025	0.059	0.067
0.900		−17.766	−13.813	−9.532	−6.130	−3.824	−2.374	−0.941	−0.386	−0.010	0.058	0.072	0.072
0.950		−53.070	−25.276	−10.224	−4.262	−1.940	−0.959	−0.267	−0.062	0.060	0.079	0.080	0.076
1.004	536.535	67.314	1.695	0.493	0.259	0.181	0.148	0.121	0.111	0.100	0.093	0.085	0.078
1.008	480.071	114.047	4.129	0.973	0.433	0.264	0.194	0.140	0.120	0.102	0.093	0.086	0.078
1.012	407.830	125.866	7.619	1.610	0.644	0.359	0.245	0.159	0.129	0.105	0.094	0.086	0.078
1.016	335.065	123.804	11.742	2.429	0.905	0.471	0.302	0.180	0.139	0.107	0.095	0.087	0.078
1.020	271.631	116.207	15.857	3.410	1.220	0.603	0.369	0.204	0.150	0.110	0.096	0.087	0.078
1.024	220.202	106.561	19.459	4.502	1.587	0.757	0.445	0.230	0.162	0.113	0.097	0.087	0.078
1.028	179.778	96.493	22.283	5.641	1.999	0.932	0.531	0.259	0.174	0.116	0.098	0.087	0.078
1.040	104.344	69.738	26.055	8.735	3.375	1.563	0.850	0.364	0.219	0.125	0.101	0.089	0.079
1.060	51.415	41.346	23.409	11.251	5.354	2.717	1.505	0.599	0.320	0.146	0.108	0.091	0.080
1.080	30.085	26.343	18.329	11.045	6.290	3.597	2.133	0.878	0.448	0.173	0.116	0.094	0.081
1.100	19.639	17.978	14.025	9.744	6.342	4.035	2.584	1.148	0.591	0.206	0.126	0.098	0.083
1.120	13.802	12.964	10.836	8.259	5.919	4.105	2.820	1.371	0.730	0.244	0.139	0.103	0.085
1.140	10.224	9.760	8.528	6.921	5.318	3.946	2.878	1.528	0.853	0.285	0.153	0.108	0.087
1.160	7.879	7.602	6.845	5.805	4.695	3.672	2.813	1.618	0.950	0.326	0.168	0.115	0.090
1.180	6.259	6.084	5.596	4.900	4.118	3.356	2.676	1.651	1.019	0.366	0.185	0.122	0.093
1.200	5.095	4.980	4.651	4.170	3.610	3.038	2.503	1.640	1.062	0.403	0.202	0.129	0.097
1.300	2.316	2.293	2.224	2.116	1.977	1.818	1.648	1.310	1.010	0.509	0.275	0.169	0.118
1.400	1.333	1.326	1.304	1.268	1.220	1.163	1.098	0.955	0.811	0.505	0.310	0.200	0.139
1.500	0.874	0.872	0.862	0.847	0.827	0.802	0.773	0.705	0.631	0.451	0.310	0.215	0.154
1.600	0.623	0.621	0.617	0.610	0.599	0.587	0.572	0.537	0.496	0.388	0.290	0.214	0.160

l/d = 40

m \ n	0.000	0.020	0.040	0.060	0.080	0.100	0.120	0.160	0.200	0.300	0.400	0.500	0.600
0.500		−0.631	−0.622	−0.608	−0.588	−0.564	−0.536	−0.472	−0.403	−0.236	−0.112	−0.036	0.004
0.550		−0.827	−0.814	−0.791	−0.762	−0.725	−0.684	−0.590	−0.491	−0.269	−0.118	−0.033	0.010
0.600		−1.097	−1.075	−1.039	−0.992	−0.936	−0.872	−0.732	−0.591	−0.296	−0.117	−0.025	0.018
0.650		−1.485	−1.447	−1.387	−1.309	−1.217	−1.115	−0.901	−0.696	−0.311	−0.107	−0.012	0.028
0.700		−2.074	−2.006	−1.898	−1.759	−1.600	−1.431	−1.094	−0.796	−0.306	−0.086	0.004	0.038
0.750		−3.039	−2.899	−2.684	−2.418	−2.126	−1.831	−1.290	−0.865	−0.272	−0.054	0.023	0.049
0.800		−4.781	−4.449	−3.965	−3.401	−2.826	−2.291	−1.428	−0.853	−0.204	−0.015	0.042	0.059
0.850		−8.418	−7.443	−6.140	−4.797	−3.606	−2.643	−1.368	−0.696	−0.108	0.025	0.059	0.067
0.900		−17.982	−13.906	−9.543	−6.114	−3.805	−2.360	−0.935	−0.384	−0.010	0.058	0.072	0.072
0.950		−54.543	−25.054	−10.003	−4.171	−1.905	−0.945	−0.264	−0.061	0.060	0.079	0.080	0.076
1.004	924.755	26.114	1.523	0.477	0.255	0.180	0.147	0.121	0.111	0.100	0.093	0.085	0.078
1.008	769.156	68.377	3.614	0.931	0.425	0.262	0.193	0.139	0.120	0.102	0.093	0.086	0.078
1.012	595.591	97.641	6.633	1.529	0.630	0.355	0.243	0.159	0.129	0.105	0.094	0.086	0.078
1.016	449.984	109.641	10.343	2.298	0.881	0.465	0.300	0.180	0.139	0.107	0.095	0.086	0.078
1.020	341.526	110.416	14.244	3.224	1.185	0.594	0.366	0.203	0.150	0.110	0.096	0.087	0.078
1.024	263.543	105.215	17.851	4.267	1.541	0.744	0.441	0.229	0.162	0.113	0.097	0.087	0.078
1.028	207.450	97.302	20.843	5.369	1.940	0.916	0.526	0.258	0.174	0.116	0.098	0.087	0.079
1.040	112.989	71.701	25.382	8.448	3.288	1.535	0.839	0.362	0.219	0.125	0.101	0.089	0.079
1.060	53.411	42.340	23.410	11.109	5.272	2.680	1.488	0.596	0.319	0.146	0.108	0.091	0.080
1.080	30.754	26.788	18.440	11.014	6.245	3.566	2.116	0.872	0.447	0.173	0.116	0.094	0.081
1.100	19.920	18.194	14.119	9.755	6.325	4.016	2.570	1.143	0.589	0.206	0.126	0.098	0.083
1.120	13.939	13.078	10.900	8.281	5.917	4.096	2.811	1.366	0.728	0.244	0.139	0.103	0.085
1.140	10.300	9.825	8.571	6.941	5.323	3.944	2.873	1.524	0.850	0.284	0.153	0.108	0.087
1.160	7.923	7.642	6.874	5.822	4.702	3.673	2.811	1.615	0.948	0.326	0.168	0.115	0.090
1.180	6.287	6.110	5.616	4.912	4.125	3.358	2.676	1.649	1.018	0.366	0.185	0.122	0.093
1.200	5.113	4.997	4.665	4.180	3.615	3.040	2.504	1.639	1.061	0.402	0.201	0.129	0.097
1.300	2.320	2.297	2.227	2.119	1.980	1.820	1.649	1.310	1.009	0.509	0.275	0.169	0.118
1.400	1.334	1.327	1.305	1.269	1.221	1.163	1.098	0.956	0.811	0.505	0.310	0.200	0.139
1.500	0.875	0.872	0.863	0.848	0.827	0.802	0.773	0.706	0.632	0.451	0.310	0.215	0.154
1.600	0.623	0.622	0.617	0.610	0.600	0.587	0.572	0.537	0.496	0.388	0.290	0.214	0.160

l/d	50												
m \ n	0.000	0.020	0.040	0.060	0.080	0.100	0.120	0.160	0.200	0.300	0.400	0.500	0.600
0.500		−0.632	−0.623	−0.608	−0.589	−0.564	−0.537	−0.473	−0.403	−0.236	−0.112	−0.036	0.004
0.550		−0.828	−0.814	−0.792	−0.762	−0.725	−0.684	−0.590	−0.491	−0.269	−0.118	−0.033	0.010
0.600		−1.097	−1.075	−1.040	−0.993	−0.936	−0.872	−0.732	−0.591	−0.296	−0.117	−0.025	0.018
0.650		−1.486	−1.448	−1.388	−1.310	−1.217	−1.115	−0.901	−0.696	−0.311	−0.107	−0.012	0.028
0.700		−2.076	−2.007	−1.899	−1.760	−1.601	−1.431	−1.094	−0.796	−0.306	−0.086	0.004	0.038
0.750		−3.042	−2.902	−2.686	−2.420	−2.127	−1.831	−1.290	−0.865	−0.272	−0.054	0.023	0.049
0.800		−4.789	−4.456	−3.969	−3.403	−2.828	−2.291	−1.428	−0.852	−0.203	−0.015	0.042	0.059
0.850		−8.441	−7.460	−6.149	−4.800	−3.605	−2.641	−1.367	−0.696	−0.108	0.025	0.059	0.067
0.900		−18.083	−13.950	−9.548	−6.106	−3.797	−2.354	−0.933	−0.383	−0.010	0.058	0.072	0.072
0.950		−55.231	−24.939	−9.900	−4.129	−1.889	−0.938	−0.263	−0.060	0.060	0.079	0.080	0.076
1.004	1392.355	18.855	1.455	0.470	0.254	0.180	0.147	0.121	0.111	0.100	0.093	0.085	0.078
1.008	1063.621	53.265	3.413	0.913	0.421	0.261	0.192	0.139	0.120	0.102	0.093	0.086	0.078
1.012	754.349	84.366	6.241	1.495	0.623	0.353	0.242	0.159	0.129	0.105	0.094	0.086	0.078
1.016	533.576	101.473	9.768	2.241	0.871	0.462	0.299	0.180	0.139	0.107	0.095	0.086	0.078
1.020	387.082	106.414	13.556	3.143	1.170	0.590	0.364	0.203	0.150	0.110	0.096	0.087	0.078
1.024	289.666	103.778	17.142	4.164	1.520	0.738	0.438	0.229	0.161	0.113	0.097	0.087	0.078
1.028	223.218	97.234	20.188	5.248	1.914	0.908	0.523	0.257	0.174	0.116	0.098	0.087	0.078
1.040	117.472	72.569	25.055	8.317	3.249	1.522	0.835	0.361	0.219	0.125	0.101	0.089	0.079
1.060	54.386	42.810	23.404	11.042	5.235	2.663	1.481	0.594	0.318	0.146	0.108	0.091	0.080
1.080	31.073	26.999	18.490	10.999	6.223	3.552	2.108	0.870	0.446	0.173	0.116	0.094	0.081
1.100	20.053	18.296	14.162	9.760	6.317	4.007	2.563	1.140	0.588	0.206	0.126	0.098	0.083
1.120	14.004	13.132	10.930	8.290	5.916	4.092	2.806	1.364	0.727	0.244	0.139	0.103	0.085
1.140	10.335	9.856	8.591	6.951	5.325	3.942	2.870	1.522	0.849	0.284	0.153	0.108	0.087
1.160	7.944	7.660	6.887	5.829	4.705	3.673	2.810	1.613	0.947	0.326	0.168	0.115	0.090
1.180	6.300	6.122	5.625	4.918	4.128	3.359	2.676	1.648	1.017	0.365	0.185	0.122	0.093
1.200	5.122	5.005	4.672	4.184	3.618	3.042	2.504	1.639	1.060	0.402	0.201	0.129	0.097
1.300	2.321	2.298	2.229	2.120	1.981	1.821	1.650	1.310	1.009	0.509	0.275	0.169	0.118
1.400	1.335	1.328	1.305	1.269	1.221	1.164	1.099	0.956	0.811	0.505	0.310	0.200	0.139
1.500	0.875	0.872	0.863	0.848	0.827	0.802	0.773	0.706	0.632	0.451	0.310	0.200	0.139
1.600	0.623	0.622	0.617	0.610	0.600	0.587	0.572	0.537	0.497	0.388	0.290	0.214	0.160

l/d	60												
m \ n	0.000	0.020	0.040	0.060	0.080	0.100	0.120	0.160	0.200	0.300	0.400	0.500	0.600
0.500		−0.632	−0.623	−0.608	−0.589	−0.565	−0.537	−0.473	−0.403	−0.236	−0.112	−0.036	0.004
0.550		−0.828	−0.814	−0.792	−0.762	−0.726	−0.684	−0.590	−0.491	−0.269	−0.118	−0.033	0.010
0.600		−1.098	−1.076	−1.040	−0.993	−0.936	−0.872	−0.732	−0.591	−0.296	−0.117	−0.025	0.018
0.650		−1.486	−1.448	−1.389	−1.310	−1.218	−1.116	−0.901	−0.696	−0.311	−0.107	−0.012	0.028
0.700		−2.077	−2.008	−1.900	−1.761	−1.601	−1.431	−1.094	−0.796	−0.306	−0.086	0.004	0.038
0.750		−3.044	−2.903	−2.688	−2.421	−2.128	−1.832	−1.290	−0.864	−0.272	−0.054	0.023	0.049
0.800		−4.793	−4.459	−3.972	−3.405	−2.828	−2.291	−1.427	−0.852	−0.203	−0.015	0.042	0.059
0.850		−8.454	−7.469	−6.153	−4.802	−3.605	−2.640	−1.366	−0.695	−0.108	0.025	0.059	0.067
0.900		−18.139	−13.973	−9.551	−6.101	−3.792	−2.350	−0.931	−0.382	−0.010	0.058	0.072	0.072
0.950		−55.606	−24.874	−9.844	−4.106	−1.881	−0.935	−0.262	−0.060	0.060	0.079	0.080	0.076
1.004	1919.968	16.202	1.420	0.466	0.253	0.179	0.147	0.121	0.111	0.100	0.093	0.085	0.078
1.008	1339.951	46.658	3.312	0.904	0.419	0.260	0.192	0.139	0.120	0.102	0.093	0.086	0.078
1.012	880.499	77.527	6.043	1.476	0.620	0.352	0.242	0.159	0.129	0.105	0.094	0.086	0.078
1.016	592.844	96.782	9.474	2.211	0.865	0.460	0.299	0.180	0.139	0.107	0.095	0.086	0.078
1.020	417.074	103.916	13.198	3.101	1.162	0.587	0.363	0.203	0.150	0.110	0.096	0.086	0.078
1.024	306.046	102.769	16.767	4.110	1.509	0.735	0.437	0.228	0.161	0.113	0.097	0.087	0.078
1.028	232.784	97.065	19.836	5.184	1.900	0.904	0.521	0.257	0.174	0.116	0.098	0.087	0.079
1.040	120.052	73.026	24.874	8.247	3.228	1.515	0.832	0.361	0.218	0.125	0.101	0.089	0.079
1.060	54.929	43.067	23.399	11.006	5.214	2.654	1.477	0.593	0.318	0.146	0.108	0.091	0.080
1.080	31.250	27.114	18.517	10.990	6.212	3.544	2.103	0.869	0.445	0.173	0.116	0.094	0.081
1.100	20.126	18.351	14.185	9.763	6.312	4.002	2.560	1.139	0.587	0.206	0.126	0.098	0.083
1.120	14.040	13.161	10.947	8.296	5.916	4.090	2.804	1.363	0.726	0.243	0.138	0.103	0.085
1.140	10.354	9.873	8.602	6.956	5.326	3.942	2.869	1.521	0.849	0.284	0.153	0.108	0.087
1.160	7.955	7.670	6.895	5.833	4.707	3.673	2.809	1.613	0.947	0.325	0.168	0.115	0.090
1.180	6.307	6.128	5.630	4.922	4.130	3.359	2.676	1.647	1.017	0.365	0.184	0.122	0.093
1.200	5.127	5.009	4.675	4.187	3.620	3.042	2.505	1.638	1.060	0.402	0.201	0.129	0.097
1.300	2.322	2.299	2.230	2.121	1.981	1.821	1.650	1.310	1.009	0.509	0.275	0.169	0.118
1.400	1.335	1.328	1.306	1.270	1.222	1.164	1.099	0.956	0.811	0.505	0.310	0.200	0.139
1.500	0.875	0.872	0.863	0.848	0.828	0.802	0.773	0.706	0.632	0.451	0.310	0.215	0.154
1.600	0.623	0.622	0.617	0.610	0.600	0.587	0.572	0.537	0.497	0.388	0.290	0.214	0.160

l/d	70												
m \ n	0.000	0.020	0.040	0.060	0.080	0.100	0.120	0.160	0.200	0.300	0.400	0.500	0.600
0.500		−0.632	−0.623	−0.608	−0.589	−0.565	−0.537	−0.473	−0.403	−0.236	−0.112	−0.036	0.004
0.550		−0.828	−0.814	−0.792	−0.762	−0.726	−0.684	−0.590	−0.492	−0.269	−0.118	−0.033	0.010
0.600		−1.098	−1.076	−1.040	−0.993	−0.936	−0.872	−0.732	−0.591	−0.296	−0.117	−0.025	0.018
0.650		−1.486	−1.449	−1.389	−1.310	−1.218	−1.116	−0.901	−0.696	−0.311	−0.107	−0.012	0.028
0.700		−2.078	−2.008	−1.900	−1.761	−1.601	−1.432	−1.094	−0.796	−0.306	−0.086	0.004	0.038
0.750		−3.045	−2.904	−2.688	−2.421	−2.128	−1.832	−1.290	−0.864	−0.272	−0.054	0.023	0.049
0.800		−4.795	−4.462	−3.973	−3.406	−2.829	−2.292	−1.427	−0.852	−0.203	−0.015	0.042	0.059
0.850		−8.462	−7.474	−6.156	−4.802	−3.605	−2.640	−1.365	−0.695	−0.108	0.025	0.060	0.067
0.900		−18.172	−13.987	−9.553	−6.099	−3.789	−2.348	−0.930	−0.382	−0.010	0.058	0.072	0.072
0.950		−55.833	−24.833	−9.810	−4.093	−1.876	−0.933	−0.261	−0.060	0.060	0.079	0.080	0.076
1.004	2487.589	14.895	1.400	0.464	0.252	0.179	0.147	0.121	0.111	0.100	0.093	0.085	0.078
1.008	1586.401	43.156	3.254	0.898	0.418	0.260	0.192	0.139	0.120	0.102	0.093	0.086	0.078
1.012	978.338	73.579	5.929	1.465	0.617	0.351	0.242	0.159	0.129	0.105	0.094	0.086	0.078
1.016	635.104	93.901	9.302	2.193	0.862	0.459	0.298	0.180	0.139	0.107	0.095	0.087	0.078
1.020	437.410	102.308	12.987	3.075	1.157	0.586	0.363	0.203	0.161	0.113	0.097	0.087	0.078
1.024	316.808	102.082	16.544	4.077	1.502	0.733	0.437	0.257	0.174	0.116	0.098	0.087	0.079
1.028	238.940	96.915	19.626	5.146	1.891	0.902	0.521	0.360	0.218	0.125	0.101	0.089	0.079
1.040	121.661	73.297	24.763	8.205	3.216	1.511	0.831	0.360	0.218	0.146	0.108	0.091	0.080
1.060	55.262	43.223	23.396	10.984	5.202	2.648	1.474	0.592	0.318	0.146	0.108	0.091	0.080
1.080	31.357	27.184	18.534	10.985	6.205	3.540	2.101	0.868	0.445	0.173	0.116	0.094	0.081
1.100	20.170	18.385	14.200	9.764	6.310	3.999	2.558	1.138	0.587	0.206	0.126	0.098	0.083
1.120	14.061	13.179	10.957	8.299	5.916	4.088	2.803	1.362	0.726	0.243	0.138	0.103	0.085
1.140	10.365	9.883	8.608	6.959	5.327	3.941	2.868	1.520	0.849	0.284	0.153	0.108	0.087
1.160	7.962	7.676	6.899	5.836	4.708	3.673	2.809	1.612	0.946	0.325	0.168	0.115	0.090
1.180	6.311	6.132	5.633	4.924	4.131	3.360	2.676	1.647	1.016	0.365	0.184	0.122	0.093
1.200	5.129	5.011	4.677	4.188	3.620	3.043	2.505	1.638	1.060	0.402	0.201	0.129	0.097
1.300	2.323	2.300	2.230	2.121	1.982	1.821	1.650	1.310	1.009	0.504	0.310	0.200	0.139
1.400	1.335	1.328	1.306	1.270	1.222	1.164	1.099	0.956	0.811	0.632	0.451	0.310	0.215	0.154
1.500	0.875	0.872	0.863	0.848	0.828	0.802	0.773	0.706	0.497	0.388	0.290	0.214	0.160
1.600	0.623	0.622	0.617	0.610	0.600	0.587	0.572	0.537	0.497	0.388	0.290	0.214	0.160

l/d	80												
m \ n	0.000	0.020	0.040	0.060	0.080	0.100	0.120	0.160	0.200	0.300	0.400	0.500	0.600
0.500		−0.632	−0.623	−0.608	−0.589	−0.565	−0.537	−0.473	−0.403	−0.236	−0.112	−0.036	0.004
0.550		−0.828	−0.814	−0.792	−0.762	−0.726	−0.684	−0.590	−0.492	−0.269	−0.118	−0.033	0.010
0.600		−1.098	−1.076	−1.040	−0.993	−0.936	−0.872	−0.732	−0.591	−0.296	−0.117	−0.025	0.018
0.650		−1.487	−1.449	−1.389	−1.310	−1.218	−1.116	−0.901	−0.696	−0.311	−0.107	−0.012	0.028
0.700		−2.078	−2.009	−1.900	−1.761	−1.602	−1.432	−1.094	−0.796	−0.306	−0.086	0.004	0.038
0.750		−3.046	−2.905	−2.689	−2.422	−2.129	−1.832	−1.290	−0.864	−0.272	−0.054	0.023	0.049
0.800		−4.797	−4.463	−3.974	−3.406	−2.829	−2.292	−1.427	−0.852	−0.203	−0.015	0.042	0.059
0.850		−8.467	−7.478	−6.158	−4.803	−3.605	−2.639	−1.365	−0.694	−0.108	0.025	0.060	0.067
0.900		−18.194	−13.997	−9.554	−6.097	−3.787	−2.347	−0.930	−0.382	−0.010	0.058	0.072	0.072
0.950		−55.980	−24.806	−9.788	−4.084	−1.872	−0.931	−0.261	−0.060	0.060	0.079	0.080	0.076
1.004	3076.311	14.141	1.388	0.462	0.252	0.179	0.147	0.121	0.111	0.100	0.093	0.085	0.078
1.008	1799.624	41.060	3.217	0.894	0.417	0.259	0.192	0.139	0.120	0.102	0.093	0.086	0.078
1.012	1053.864	71.096	5.856	1.458	0.616	0.351	0.242	0.159	0.129	0.105	0.094	0.086	0.078
1.016	665.764	92.018	9.193	2.182	0.860	0.459	0.298	0.180	0.139	0.107	0.095	0.087	0.078
1.020	451.655	101.227	12.853	3.059	1.154	0.585	0.362	0.203	0.161	0.113	0.097	0.087	0.078
1.024	324.188	101.604	16.401	4.056	1.498	0.732	0.436	0.228	0.174	0.116	0.098	0.087	0.078
1.028	243.104	96.798	19.490	5.122	1.886	0.900	0.520	0.257	0.174	0.116	0.098	0.087	0.079
1.040	122.727	73.470	24.691	8.177	3.208	1.508	0.830	0.360	0.218	0.125	0.101	0.089	0.079
1.060	55.480	43.325	23.393	10.969	5.194	2.645	1.473	0.592	0.318	0.146	0.108	0.091	0.080
1.080	31.427	27.230	18.544	10.982	6.200	3.537	2.099	0.868	0.445	0.173	0.116	0.094	0.081
1.100	20.199	18.407	14.209	9.765	6.308	3.997	2.556	1.137	0.587	0.206	0.126	0.098	0.083
1.120	14.075	13.190	10.963	8.301	5.915	4.087	2.802	1.361	0.726	0.243	0.138	0.103	0.085
1.140	10.373	9.889	8.613	6.961	5.327	3.941	2.868	1.520	0.848	0.284	0.153	0.108	0.087
1.160	7.966	7.680	6.902	5.837	4.708	3.673	2.809	1.612	0.946	0.325	0.168	0.115	0.090
1.180	6.314	6.135	5.635	4.925	4.131	3.360	2.676	1.647	1.016	0.365	0.184	0.122	0.093
1.200	5.131	5.013	4.679	4.189	3.621	3.043	2.505	1.638	1.060	0.402	0.201	0.129	0.097
1.300	2.323	2.300	2.231	2.122	1.982	1.821	1.650	1.310	1.009	0.508	0.275	0.169	0.118
1.400	1.335	1.328	1.306	1.270	1.222	1.164	1.099	0.956	0.811	0.504	0.310	0.200	0.139
1.500	0.875	0.872	0.863	0.848	0.828	0.802	0.773	0.706	0.632	0.451	0.310	0.215	0.154
1.600	0.623	0.622	0.617	0.610	0.600	0.587	0.572	0.537	0.497	0.388	0.290	0.214	0.160

l/d	90												
m \ n	0.000	0.020	0.040	0.060	0.080	0.100	0.120	0.160	0.200	0.300	0.400	0.500	0.600
0.500		−0.632	−0.623	−0.608	−0.589	−0.565	−0.537	−0.473	−0.403	−0.236	−0.112	−0.036	0.004
0.550		−0.828	−0.814	−0.792	−0.762	−0.726	−0.684	−0.590	−0.492	−0.269	−0.118	−0.033	0.010
0.600		−1.098	−1.076	−1.040	−0.993	−0.936	−0.872	−0.732	−0.591	−0.296	−0.117	−0.025	0.018
0.650		−1.487	−1.449	−1.389	−1.311	−1.218	−1.116	−0.901	−0.696	−0.311	−0.107	−0.012	0.028
0.700		−2.078	−2.009	−1.900	−1.761	−1.602	−1.432	−1.094	−0.796	−0.306	−0.086	−0.012	0.038
0.750		−3.046	−2.905	−2.689	−2.422	−2.129	−1.832	−1.290	−0.864	−0.271	−0.054	0.023	0.049
0.800		−4.798	−4.464	−3.975	−3.407	−2.829	−2.292	−1.427	−0.851	−0.203	−0.015	0.042	0.059
0.850		−8.471	−7.480	−6.159	−4.803	−3.605	−2.639	−1.365	−0.694	−0.108	0.025	0.060	0.067
0.900		−18.209	−14.003	−9.554	−6.096	−3.786	−2.346	−0.929	−0.382	−0.010	0.058	0.072	0.072
0.950		−56.081	−24.787	−9.773	−4.078	−1.870	−0.930	−0.261	−0.060	0.060	0.079	0.080	0.076
1.004	3669.635	13.662	1.379	0.461	0.252	0.179	0.147	0.121	0.111	0.100	0.093	0.085	0.078
1.008	1980.993	39.699	3.192	0.892	0.417	0.259	0.192	0.139	0.120	0.102	0.093	0.086	0.078
1.012	1112.459	69.431	5.807	1.454	0.615	0.351	0.242	0.158	0.129	0.105	0.094	0.086	0.078
1.016	688.476	90.724	9.119	2.174	0.858	0.458	0.298	0.179	0.129	0.105	0.094	0.086	0.078
1.020	461.944	100.469	12.761	3.048	1.151	0.584	0.362	0.203	0.139	0.107	0.095	0.086	0.078
1.024	329.440	101.263	16.303	4.042	1.495	0.731	0.436	0.228	0.150	0.110	0.096	0.087	0.078
1.028	246.040	96.709	19.397	5.105	1.882	0.899	0.520	0.256	0.161	0.113	0.097	0.087	0.078
1.040	123.468	73.588	24.641	8.159	3.202	1.507	0.829	0.360	0.218	0.125	0.101	0.089	0.079
1.060	55.631	43.395	23.391	10.959	5.189	2.642	1.472	0.592	0.318	0.146	0.108	0.091	0.079
1.080	31.475	27.261	18.551	10.979	6.197	3.535	2.098	0.867	0.445	0.173	0.116	0.094	0.081
1.100	20.219	18.422	14.215	9.766	6.307	3.996	2.555	1.137	0.586	0.206	0.126	0.098	0.083
1.120	14.084	13.198	10.967	8.302	5.915	4.087	2.801	1.361	0.725	0.243	0.138	0.103	0.085
1.140	10.378	9.894	8.616	6.962	5.328	3.941	2.867	1.520	0.848	0.284	0.153	0.108	0.087
1.160	7.969	7.683	6.904	5.839	4.709	3.673	2.809	1.612	0.946	0.325	0.168	0.115	0.090
1.180	6.316	6.137	5.636	4.926	4.132	3.360	2.676	1.647	1.016	0.365	0.184	0.122	0.093
1.200	5.132	5.014	4.680	4.190	3.621	3.043	2.505	1.638	1.059	0.402	0.201	0.129	0.097
1.300	2.323	2.300	2.231	2.122	1.982	1.822	1.651	1.310	1.009	0.508	0.275	0.169	0.118
1.400	1.336	1.328	1.306	1.270	1.222	1.164	1.099	0.956	0.811	0.504	0.310	0.200	0.139
1.500	0.875	0.872	0.863	0.848	0.828	0.802	0.773	0.706	0.632	0.451	0.310	0.200	0.154
1.600	0.623	0.622	0.617	0.610	0.600	0.587	0.572	0.537	0.497	0.388	0.290	0.214	0.160

l/d	100												
m \ n	0.000	0.020	0.040	0.060	0.080	0.100	0.120	0.160	0.200	0.300	0.400	0.500	0.600
0.500		−0.632	−0.623	−0.608	−0.589	−0.565	−0.537	−0.473	−0.403	−0.236	−0.112	−0.036	0.004
0.550		−0.828	−0.814	−0.792	−0.762	−0.726	−0.684	−0.590	−0.492	−0.269	−0.118	−0.033	0.010
0.600		−1.098	−1.076	−1.040	−0.993	−0.936	−0.872	−0.732	−0.591	−0.296	−0.117	−0.025	0.018
0.650		−1.487	−1.449	−1.389	−1.311	−1.218	−1.116	−0.901	−0.696	−0.311	−0.107	−0.012	0.028
0.700		−2.078	−2.009	−1.901	−1.761	−1.602	−1.432	−1.094	−0.796	−0.306	−0.086	0.004	0.038
0.750		−3.047	−2.906	−2.689	−2.422	−2.129	−1.832	−1.290	−0.864	−0.271	−0.054	0.023	0.049
0.800		−4.799	−4.465	−3.975	−3.407	−2.829	−2.292	−1.427	−0.851	−0.203	−0.015	0.042	0.059
0.850		−8.473	−7.482	−6.160	−4.804	−3.605	−2.639	−1.364	−0.694	−0.108	0.025	0.060	0.067
0.900		−18.220	−14.007	−9.555	−6.095	−3.785	−2.345	−0.929	−0.381	−0.010	0.058	0.072	0.072
0.950		−56.153	−24.774	−9.762	−4.074	−1.868	−0.930	−0.261	−0.060	0.060	0.079	0.080	0.076
1.004	4254.172	13.337	1.373	0.461	0.252	0.179	0.147	0.121	0.111	0.100	0.093	0.085	0.078
1.008	2133.993	38.762	3.174	0.890	0.416	0.259	0.192	0.139	0.120	0.102	0.093	0.085	0.078
1.012	1158.357	68.260	5.773	1.450	0.615	0.351	0.241	0.158	0.129	0.105	0.093	0.086	0.078
1.016	705.653	89.797	9.066	2.169	0.857	0.458	0.298	0.179	0.129	0.105	0.094	0.086	0.078
1.020	469.584	99.919	12.696	3.040	1.150	0.584	0.362	0.203	0.139	0.107	0.095	0.086	0.078
1.024	333.298	101.011	16.233	4.032	1.493	0.731	0.436	0.228	0.150	0.110	0.096	0.087	0.078
1.028	248.182	96.640	19.330	5.093	1.880	0.898	0.519	0.256	0.161	0.113	0.097	0.087	0.078
1.040	124.004	73.672	24.605	8.145	3.198	1.505	0.828	0.360	0.218	0.125	0.101	0.089	0.079
1.060	55.739	43.445	23.390	10.952	5.185	2.640	1.471	0.592	0.318	0.146	0.108	0.091	0.080
1.080	31.509	27.283	18.556	10.978	6.195	3.533	2.097	0.867	0.445	0.173	0.116	0.094	0.081
1.100	20.233	18.432	14.220	9.766	6.306	3.995	2.555	1.137	0.586	0.206	0.126	0.098	0.083
1.120	14.091	13.204	10.971	8.303	5.915	4.086	2.801	1.361	0.725	0.243	0.138	0.103	0.085
1.140	10.382	9.897	8.618	6.963	5.328	3.941	2.867	1.519	0.848	0.284	0.153	0.108	0.087
1.160	7.971	7.685	6.905	5.839	4.709	3.674	2.809	1.612	0.946	0.325	0.168	0.115	0.090
1.180	6.317	6.138	5.637	4.926	4.132	3.360	2.675	1.647	1.016	0.365	0.184	0.122	0.093
1.200	5.133	5.015	4.680	4.190	3.622	3.043	2.505	1.638	1.059	0.402	0.201	0.129	0.097
1.300	2.324	2.300	2.231	2.122	1.982	1.822	1.651	1.310	1.009	0.508	0.275	0.169	0.118
1.400	1.336	1.328	1.306	1.270	1.222	1.164	1.099	0.956	0.811	0.504	0.310	0.200	0.139
1.500	0.875	0.872	0.863	0.848	0.828	0.802	0.773	0.706	0.632	0.451	0.310	0.215	0.154
1.600	0.623	0.622	0.617	0.610	0.600	0.587	0.572	0.537	0.497	0.388	0.290	0.214	0.160

表 F.0.2-2　考虑桩径影响，沿桩身均布侧阻力竖向应力影响系数 I_{sr}

l/d	10												
m ＼ n	0.000	0.020	0.040	0.060	0.080	0.100	0.120	0.160	0.200	0.300	0.400	0.500	0.600
0.500				0.498	0.490	0.480	0.469	0.441	0.409	0.322	0.241	0.175	0.125
0.550				0.517	0.509	0.499	0.488	0.460	0.428	0.340	0.257	0.189	0.137
0.600				0.550	0.541	0.530	0.517	0.487	0.452	0.358	0.271	0.201	0.147
0.650				0.600	0.589	0.575	0.559	0.523	0.482	0.376	0.284	0.211	0.156
0.700				0.672	0.656	0.638	0.617	0.569	0.518	0.395	0.296	0.220	0.163
0.750				0.773	0.750	0.723	0.692	0.626	0.559	0.413	0.305	0.226	0.169
0.800				0.921	0.883	0.839	0.791	0.694	0.604	0.428	0.312	0.231	0.173
0.850				1.140	1.071	0.994	0.916	0.769	0.647	0.440	0.316	0.235	0.177
0.900				1.483	1.342	1.196	1.060	0.838	0.680	0.446	0.318	0.237	0.179
0.950				2.066	1.721	1.415	1.183	0.879	0.695	0.447	0.319	0.238	0.181
1.004	2.801	2.925	3.549	3.062	1.969	1.496	1.214	0.885	0.696	0.446	0.318	0.238	0.183
1.008	2.797	2.918	3.484	3.010	1.966	1.495	1.213	0.885	0.695	0.445	0.318	0.238	0.183
1.012	2.789	2.905	3.371	2.917	1.959	1.493	1.212	0.884	0.695	0.445	0.318	0.238	0.183
1.016	2.776	2.882	3.236	2.807	1.948	1.490	1.211	0.884	0.694	0.445	0.318	0.238	0.183
1.020	2.756	2.850	3.098	2.696	1.932	1.485	1.207	0.883	0.694	0.445	0.317	0.238	0.183
1.024	2.730	2.808	2.966	2.589	1.912	1.480	1.204	0.882	0.693	0.444	0.317	0.238	0.183
1.028	2.696	2.757	2.843	2.489	1.887	1.473	1.190	0.877	0.691	0.444	0.317	0.238	0.183
1.040	2.555	2.569	2.525	2.232	1.797	1.442	1.154	0.865	0.685	0.442	0.316	0.238	0.183
1.060	2.247	2.223	2.121	1.907	1.627	1.365	1.102	0.847	0.685	0.442	0.316	0.238	0.184
1.080	1.940	1.910	1.817	1.661	1.467	1.273	1.043	0.823	0.677	0.440	0.315	0.238	0.184
1.100	1.676	1.652	1.579	1.465	1.325	1.179	1.043	0.823	0.666	0.437	0.314	0.237	0.184
1.120	1.462	1.443	1.389	1.304	1.200	1.089	0.981	0.794	0.652	0.433	0.313	0.237	0.184
1.140	1.289	1.275	1.234	1.171	1.092	1.006	0.920	0.762	0.635	0.428	0.311	0.236	0.184
1.160	1.148	1.138	1.107	1.059	0.998	0.931	0.861	0.729	0.616	0.423	0.309	0.235	0.184
1.180	1.032	1.024	1.001	0.964	0.917	0.863	0.806	0.695	0.596	0.417	0.307	0.235	0.183
1.200	0.936	0.930	0.911	0.882	0.845	0.802	0.756	0.662	0.575	0.410	0.304	0.233	0.180
1.300	0.628	0.626	0.619	0.609	0.595	0.578	0.559	0.517	0.472	0.367	0.286	0.225	0.174
1.400	0.465	0.464	0.461	0.456	0.450	0.442	0.347	0.334	0.320	0.278	0.236	0.198	0.165
1.500	0.364	0.364	0.362	0.360	0.356	0.352	0.347	0.278	0.269	0.241	0.211	0.182	0.155
1.600	0.297	0.296	0.295	0.294	0.292	0.289	0.286	0.278	0.269	0.241	0.211	0.182	0.155

l/d	15												
m ＼ n	0.000	0.020	0.040	0.060	0.080	0.100	0.120	0.160	0.200	0.300	0.400	0.500	0.600
0.500			0.508	0.502	0.494	0.484	0.472	0.444	0.411	0.323	0.241	0.175	0.125
0.550			0.527	0.521	0.513	0.503	0.491	0.463	0.430	0.340	0.257	0.189	0.137
0.600			0.561	0.555	0.546	0.534	0.521	0.490	0.454	0.359	0.271	0.201	0.147
0.650			0.614	0.606	0.594	0.580	0.564	0.526	0.484	0.377	0.284	0.211	0.156
0.700			0.691	0.679	0.663	0.644	0.622	0.572	0.520	0.396	0.296	0.220	0.163
0.750			0.804	0.785	0.760	0.731	0.699	0.630	0.561	0.413	0.305	0.226	0.169
0.800			0.973	0.940	0.898	0.850	0.799	0.697	0.605	0.428	0.311	0.231	0.173
0.850			1.241	1.174	1.094	1.008	0.923	0.770	0.646	0.439	0.316	0.234	0.177
0.900			1.703	1.544	1.370	1.204	1.059	0.834	0.676	0.444	0.318	0.237	0.179
0.950			2.597	2.119	1.697	1.385	1.160	0.868	0.690	0.444	0.317	0.238	0.181
1.004	4.206	4.682	4.571	2.553	1.830	1.435	1.181	0.873	0.689	0.444	0.317	0.238	0.182
1.008	4.191	4.625	4.384	2.546	1.829	1.434	1.181	0.872	0.689	0.444	0.317	0.238	0.183
1.012	4.158	4.511	4.135	2.534	1.825	1.431	1.179	0.871	0.688	0.443	0.317	0.238	0.183
1.016	4.103	4.352	3.892	2.513	1.821	1.428	1.177	0.870	0.688	0.443	0.317	0.238	0.183
1.020	4.024	4.172	3.672	2.484	1.814	1.424	1.176	0.869	0.687	0.443	0.317	0.238	0.183
1.024	3.921	3.984	3.477	2.446	1.805	1.424	1.176	0.869	0.687	0.443	0.317	0.238	0.183
1.028	3.800	3.798	3.302	2.402	1.793	1.420	1.173	0.869	0.687	0.443	0.317	0.238	0.183
1.040	3.381	3.288	2.872	2.248	1.744	1.400	1.164	0.865	0.685	0.442	0.316	0.238	0.183
1.060	2.715	2.622	2.349	1.976	1.624	1.346	1.136	0.855	0.680	0.440	0.316	0.238	0.183
1.080	2.207	2.144	1.971	1.732	1.487	1.271	1.094	0.839	0.673	0.438	0.315	0.237	0.184
1.100	1.838	1.797	1.684	1.525	1.352	1.187	1.042	0.818	0.662	0.435	0.314	0.237	0.184
1.120	1.565	1.538	1.462	1.353	1.227	1.101	0.985	0.792	0.649	0.432	0.312	0.236	0.184
1.140	1.358	1.339	1.287	1.209	1.117	1.020	0.926	0.762	0.633	0.427	0.311	0.236	0.184
1.160	1.196	1.183	1.146	1.089	1.019	0.944	0.869	0.730	0.616	0.422	0.309	0.235	0.184
1.180	1.067	1.057	1.030	0.987	0.934	0.875	0.814	0.697	0.596	0.416	0.306	0.234	0.183
1.200	0.962	0.955	0.934	0.901	0.860	0.813	0.763	0.665	0.576	0.409	0.304	0.233	0.183
1.300	0.636	0.634	0.627	0.616	0.601	0.584	0.564	0.520	0.473	0.367	0.286	0.225	0.174
1.400	0.468	0.467	0.464	0.459	0.453	0.444	0.435	0.412	0.387	0.321	0.262	0.213	0.174
1.500	0.366	0.366	0.364	0.361	0.358	0.353	0.348	0.336	0.321	0.279	0.236	0.198	0.165
1.600	0.298	0.297	0.296	0.295	0.293	0.290	0.287	0.279	0.270	0.242	0.211	0.182	0.155

l/d	20												
m＼n	0.000	0.020	0.040	0.060	0.080	0.100	0.120	0.160	0.200	0.300	0.400	0.500	0.600
0.500			0.509	0.503	0.495	0.485	0.473	0.444	0.412	0.323	0.241	0.175	0.125
0.550			0.529	0.523	0.514	0.504	0.492	0.463	0.430	0.341	0.257	0.189	0.137
0.600			0.563	0.556	0.547	0.536	0.522	0.491	0.454	0.359	0.272	0.201	0.147
0.650			0.616	0.608	0.596	0.582	0.565	0.527	0.484	0.377	0.284	0.211	0.156
0.700			0.694	0.682	0.666	0.646	0.623	0.573	0.520	0.396	0.295	0.219	0.163
0.750			0.809	0.789	0.764	0.734	0.701	0.631	0.562	0.413	0.304	0.226	0.169
0.800			0.981	0.947	0.903	0.854	0.802	0.698	0.605	0.428	0.311	0.231	0.173
0.850			1.258	1.187	1.102	1.013	0.925	0.770	0.646	0.438	0.315	0.234	0.177
0.900			1.742	1.565	1.378	1.206	1.058	0.832	0.675	0.444	0.317	0.236	0.179
0.950			2.684	2.123	1.684	1.374	1.152	0.865	0.688	0.445	0.318	0.237	0.181
1.004	5.608	6.983	3.947	2.445	1.791	1.416	1.171	0.868	0.687	0.443	0.317	0.238	0.182
1.008	5.567	6.487	3.913	2.441	1.790	1.415	1.170	0.868	0.687	0.443	0.317	0.238	0.182
1.012	5.476	5.949	3.841	2.434	1.787	1.414	1.170	0.867	0.687	0.443	0.317	0.238	0.182
1.016	5.328	5.476	3.737	2.421	1.783	1.412	1.168	0.867	0.686	0.443	0.317	0.238	0.183
1.020	5.129	5.069	3.613	2.403	1.778	1.410	1.167	0.866	0.686	0.443	0.317	0.238	0.183
1.024	4.895	4.715	3.479	2.379	1.771	1.407	1.165	0.865	0.685	0.442	0.317	0.238	0.183
1.028	4.643	4.405	3.344	2.349	1.762	1.403	1.163	0.864	0.685	0.442	0.316	0.238	0.183
1.040	3.902	3.657	2.958	2.231	1.722	1.386	1.155	0.861	0.683	0.441	0.316	0.238	0.183
1.060	2.951	2.804	2.428	1.991	1.619	1.338	1.129	0.851	0.678	0.440	0.315	0.237	0.183
1.080	2.326	2.243	2.028	1.754	1.491	1.269	1.091	0.837	0.671	0.437	0.314	0.237	0.183
1.100	1.904	1.855	1.724	1.546	1.360	1.189	1.041	0.816	0.661	0.435	0.313	0.237	0.184
1.120	1.605	1.575	1.490	1.370	1.236	1.105	0.986	0.791	0.648	0.431	0.312	0.236	0.184
1.140	1.384	1.364	1.306	1.223	1.125	1.024	0.928	0.762	0.633	0.427	0.310	0.236	0.184
1.160	1.214	1.200	1.160	1.099	1.027	0.949	0.871	0.730	0.615	0.422	0.308	0.235	0.183
1.180	1.080	1.070	1.040	0.996	0.940	0.879	0.817	0.698	0.596	0.416	0.306	0.234	0.183
1.200	0.971	0.964	0.942	0.908	0.865	0.817	0.766	0.666	0.576	0.409	0.304	0.233	0.183
1.300	0.639	0.637	0.630	0.618	0.604	0.586	0.565	0.521	0.474	0.368	0.286	0.225	0.180
1.400	0.469	0.468	0.465	0.460	0.454	0.445	0.436	0.413	0.388	0.321	0.262	0.213	0.174
1.500	0.367	0.366	0.365	0.362	0.359	0.354	0.349	0.336	0.321	0.279	0.236	0.198	0.165
1.600	0.298	0.298	0.297	0.295	0.293	0.290	0.287	0.279	0.270	0.242	0.211	0.182	0.155

l/d	25												
m＼n	0.000	0.020	0.040	0.060	0.080	0.100	0.120	0.160	0.200	0.300	0.400	0.500	0.600
0.500			0.510	0.504	0.496	0.486	0.473	0.445	0.412	0.323	0.241	0.175	0.125
0.550			0.529	0.523	0.515	0.505	0.493	0.464	0.431	0.341	0.257	0.189	0.137
0.600			0.564	0.557	0.548	0.536	0.523	0.491	0.455	0.359	0.272	0.201	0.147
0.650			0.617	0.609	0.597	0.582	0.566	0.527	0.485	0.377	0.284	0.211	0.155
0.700			0.696	0.683	0.667	0.647	0.624	0.574	0.521	0.396	0.295	0.219	0.163
0.750			0.811	0.791	0.765	0.735	0.702	0.632	0.562	0.413	0.304	0.226	0.169
0.800			0.985	0.950	0.906	0.855	0.803	0.699	0.605	0.428	0.311	0.231	0.173
0.850			1.266	1.192	1.106	1.015	0.927	0.770	0.646	0.438	0.315	0.234	0.176
0.900			1.761	1.574	1.382	1.207	1.058	0.831	0.674	0.444	0.317	0.236	0.179
0.950			2.720	2.122	1.678	1.369	1.149	0.863	0.687	0.445	0.318	0.237	0.181
1.004	7.005	9.219	3.759	2.402	1.774	1.408	1.166	0.866	0.686	0.443	0.317	0.238	0.182
1.008	6.914	7.657	3.740	2.398	1.773	1.407	1.166	0.866	0.686	0.443	0.317	0.238	0.182
1.012	6.717	6.731	3.699	2.392	1.771	1.406	1.165	0.865	0.686	0.443	0.317	0.238	0.182
1.016	6.415	6.063	3.634	2.382	1.767	1.404	1.164	0.865	0.685	0.442	0.317	0.238	0.183
1.020	6.045	5.536	3.547	2.368	1.762	1.402	1.162	0.864	0.685	0.442	0.317	0.238	0.183
1.024	5.648	5.099	3.445	2.348	1.756	1.399	1.161	0.863	0.684	0.442	0.316	0.238	0.183
1.028	5.254	4.725	3.334	2.323	1.748	1.395	1.159	0.862	0.684	0.442	0.316	0.238	0.183
1.040	4.227	3.852	2.986	2.220	1.712	1.380	1.151	0.859	0.682	0.441	0.316	0.237	0.183
1.060	3.079	2.898	2.463	1.996	1.616	1.334	1.127	0.850	0.677	0.439	0.315	0.237	0.183
1.080	2.387	2.293	2.054	1.764	1.493	1.268	1.089	0.835	0.670	0.437	0.314	0.237	0.183
1.100	1.937	1.884	1.743	1.556	1.364	1.189	1.041	0.815	0.660	0.434	0.313	0.237	0.184
1.120	1.625	1.592	1.503	1.378	1.240	1.107	0.986	0.790	0.648	0.431	0.312	0.236	0.184
1.140	1.397	1.375	1.316	1.229	1.129	1.026	0.929	0.762	0.632	0.427	0.310	0.236	0.184
1.160	1.223	1.208	1.167	1.104	1.030	0.951	0.872	0.731	0.615	0.422	0.308	0.235	0.183
1.180	1.086	1.076	1.045	1.000	0.943	0.881	0.818	0.698	0.596	0.416	0.306	0.234	0.183
1.200	0.976	0.968	0.946	0.911	0.867	0.818	0.767	0.666	0.576	0.409	0.303	0.233	0.183
1.300	0.640	0.638	0.631	0.620	0.605	0.587	0.566	0.521	0.474	0.368	0.286	0.225	0.180
1.400	0.470	0.469	0.466	0.461	0.454	0.446	0.436	0.413	0.388	0.321	0.262	0.213	0.173
1.500	0.367	0.367	0.365	0.362	0.359	0.354	0.349	0.336	0.321	0.279	0.236	0.198	0.165
1.600	0.298	0.298	0.297	0.295	0.293	0.291	0.287	0.280	0.270	0.242	0.211	0.182	0.155

续表 F.0.2-2

l/d	30												
m \ n	0.000	0.020	0.040	0.060	0.080	0.100	0.120	0.160	0.200	0.300	0.400	0.500	0.600
0.500		0.514	0.510	0.504	0.496	0.486	0.474	0.445	0.412	0.323	0.241	0.175	0.125
0.550		0.533	0.530	0.524	0.515	0.505	0.493	0.464	0.431	0.341	0.257	0.189	0.137
0.600		0.568	0.564	0.557	0.548	0.537	0.523	0.491	0.455	0.359	0.272	0.201	0.147
0.650		0.623	0.618	0.609	0.597	0.583	0.566	0.528	0.485	0.378	0.284	0.211	0.155
0.700		0.704	0.696	0.684	0.667	0.647	0.625	0.574	0.521	0.396	0.295	0.219	0.163
0.750		0.824	0.812	0.792	0.766	0.736	0.703	0.632	0.562	0.413	0.304	0.226	0.168
0.800		1.010	0.987	0.952	0.907	0.856	0.803	0.699	0.605	0.428	0.311	0.231	0.173
0.850		1.321	1.270	1.195	1.108	1.016	0.927	0.770	0.645	0.438	0.315	0.234	0.176
0.900		1.919	1.772	1.579	1.384	1.207	1.058	0.831	0.674	0.444	0.317	0.236	0.179
0.950		3.402	2.738	2.120	1.674	1.366	1.147	0.862	0.686	0.445	0.318	0.237	0.181
1.004	8.395	8.783	3.673	2.380	1.765	1.403	1.164	0.865	0.686	0.443	0.317	0.237	0.182
1.008	8.222	7.799	3.658	2.377	1.764	1.402	1.163	0.865	0.685	0.443	0.317	0.238	0.182
1.012	7.859	6.970	3.627	2.371	1.762	1.401	1.161	0.864	0.685	0.442	0.317	0.238	0.183
1.016	7.350	6.307	3.577	2.362	1.759	1.400	1.161	0.864	0.685	0.442	0.317	0.238	0.183
1.020	6.781	5.761	3.507	2.349	1.754	1.397	1.160	0.863	0.684	0.442	0.316	0.238	0.183
1.024	6.216	5.299	3.420	2.331	1.748	1.395	1.158	0.862	0.684	0.442	0.316	0.237	0.183
1.028	5.692	4.899	3.322	2.309	1.741	1.391	1.157	0.861	0.683	0.442	0.316	0.237	0.183
1.040	4.436	3.964	2.997	2.214	1.707	1.376	1.148	0.858	0.681	0.441	0.316	0.237	0.183
1.060	3.156	2.951	2.482	1.998	1.614	1.332	1.125	0.849	0.677	0.439	0.315	0.237	0.183
1.080	2.422	2.321	2.069	1.769	1.494	1.267	1.088	0.835	0.670	0.437	0.314	0.237	0.183
1.100	1.956	1.900	1.753	1.561	1.366	1.190	1.040	0.815	0.660	0.434	0.313	0.237	0.184
1.120	1.636	1.602	1.510	1.382	1.243	1.108	0.986	0.790	0.647	0.431	0.312	0.236	0.184
1.140	1.404	1.382	1.321	1.233	1.131	1.027	0.929	0.762	0.632	0.427	0.310	0.236	0.184
1.160	1.227	1.213	1.170	1.107	1.032	0.952	0.873	0.731	0.615	0.422	0.308	0.235	0.183
1.180	1.089	1.079	1.048	1.002	0.945	0.882	0.819	0.699	0.596	0.416	0.306	0.234	0.183
1.200	0.978	0.970	0.948	0.913	0.869	0.819	0.768	0.666	0.576	0.409	0.303	0.233	0.183
1.300	0.641	0.639	0.632	0.620	0.605	0.587	0.566	0.521	0.474	0.368	0.285	0.225	0.180
1.400	0.470	0.469	0.466	0.461	0.455	0.446	0.436	0.414	0.388	0.322	0.262	0.213	0.173
1.500	0.367	0.367	0.365	0.363	0.359	0.354	0.349	0.336	0.321	0.279	0.236	0.198	0.165
1.600	0.298	0.298	0.297	0.295	0.293	0.291	0.287	0.280	0.270	0.242	0.211	0.182	0.155

l/d	40												
m \ n	0.000	0.020	0.040	0.060	0.080	0.100	0.120	0.160	0.200	0.300	0.400	0.500	0.600
0.500		0.514	0.511	0.505	0.496	0.486	0.474	0.445	0.412	0.323	0.241	0.175	0.125
0.550		0.534	0.530	0.524	0.516	0.505	0.493	0.464	0.431	0.341	0.257	0.189	0.137
0.600		0.569	0.565	0.558	0.549	0.537	0.523	0.491	0.455	0.359	0.272	0.201	0.147
0.650		0.624	0.618	0.610	0.598	0.583	0.566	0.528	0.485	0.378	0.284	0.211	0.155
0.700		0.705	0.697	0.685	0.668	0.648	0.625	0.575	0.521	0.396	0.295	0.219	0.163
0.750		0.826	0.813	0.793	0.767	0.737	0.703	0.632	0.562	0.413	0.304	0.226	0.168
0.800		1.013	0.989	0.953	0.908	0.857	0.804	0.700	0.605	0.428	0.311	0.231	0.173
0.850		1.326	1.275	1.199	1.110	1.017	0.928	0.770	0.645	0.438	0.315	0.234	0.176
0.900		1.935	1.782	1.584	1.386	1.208	1.057	0.830	0.674	0.443	0.317	0.236	0.179
0.950		3.481	2.755	2.119	1.671	1.363	1.145	0.861	0.686	0.445	0.318	0.237	0.181
1.004	11.147	7.840	3.595	2.359	1.757	1.399	1.161	0.864	0.685	0.443	0.317	0.237	0.182
1.008	10.671	7.490	3.583	2.356	1.755	1.398	1.161	0.864	0.685	0.443	0.317	0.237	0.182
1.012	9.805	6.975	3.560	2.351	1.753	1.397	1.160	0.863	0.685	0.442	0.317	0.237	0.182
1.016	8.791	6.438	3.520	2.343	1.750	1.395	1.159	0.863	0.684	0.442	0.316	0.237	0.183
1.020	7.821	5.934	3.464	2.331	1.746	1.393	1.158	0.862	0.684	0.442	0.316	0.237	0.183
1.024	6.967	5.476	3.392	2.315	1.740	1.391	1.156	0.861	0.683	0.442	0.316	0.237	0.183
1.028	6.240	5.066	3.306	2.294	1.733	1.387	1.154	0.860	0.683	0.441	0.316	0.237	0.183
1.040	4.674	4.078	3.006	2.207	1.701	1.373	1.146	0.857	0.681	0.441	0.316	0.237	0.183
1.060	3.237	3.006	2.500	2.000	1.613	1.330	1.123	0.848	0.676	0.439	0.315	0.237	0.183
1.080	2.458	2.349	2.084	1.774	1.494	1.267	1.087	0.834	0.669	0.437	0.314	0.237	0.183
1.100	1.975	1.916	1.763	1.566	1.367	1.190	1.040	0.814	0.660	0.434	0.313	0.237	0.184
1.120	1.647	1.612	1.517	1.387	1.245	1.109	0.986	0.790	0.647	0.431	0.312	0.236	0.184
1.140	1.411	1.388	1.326	1.236	1.133	1.029	0.930	0.761	0.632	0.426	0.310	0.236	0.184
1.160	1.232	1.217	1.174	1.110	1.034	0.953	0.873	0.731	0.615	0.421	0.308	0.235	0.183
1.180	1.093	1.082	1.051	1.004	0.946	0.883	0.819	0.699	0.596	0.416	0.306	0.234	0.183
1.200	0.980	0.973	0.950	0.914	0.870	0.820	0.768	0.667	0.576	0.409	0.303	0.233	0.183
1.300	0.642	0.639	0.632	0.621	0.606	0.587	0.567	0.522	0.474	0.368	0.285	0.225	0.180
1.400	0.471	0.470	0.467	0.462	0.455	0.446	0.437	0.414	0.388	0.322	0.262	0.213	0.173
1.500	0.367	0.367	0.365	0.363	0.359	0.355	0.349	0.336	0.321	0.279	0.236	0.198	0.165
1.600	0.298	0.298	0.297	0.296	0.293	0.291	0.288	0.280	0.270	0.242	0.211	0.182	0.155

续表 F.0.2-2

l/d	50												
m \ n	0.000	0.020	0.040	0.060	0.080	0.100	0.120	0.160	0.200	0.300	0.400	0.500	0.600
0.500		0.514	0.511	0.505	0.497	0.486	0.474	0.445	0.412	0.323	0.241	0.175	0.125
0.550		0.534	0.530	0.524	0.516	0.505	0.493	0.464	0.431	0.341	0.257	0.189	0.137
0.600		0.569	0.565	0.558	0.549	0.537	0.524	0.492	0.455	0.359	0.272	0.201	0.147
0.650		0.624	0.619	0.610	0.598	0.583	0.567	0.528	0.485	0.378	0.284	0.211	0.155
0.700		0.705	0.697	0.685	0.668	0.648	0.625	0.575	0.521	0.396	0.295	0.219	0.163
0.750		0.826	0.814	0.794	0.768	0.737	0.703	0.632	0.562	0.413	0.304	0.226	0.168
0.800		1.014	0.990	0.954	0.909	0.858	0.804	0.700	0.605	0.428	0.311	0.231	0.173
0.850		1.329	1.277	1.200	1.111	1.018	0.928	0.770	0.645	0.438	0.315	0.234	0.176
0.900		1.943	1.787	1.587	1.386	1.208	1.057	0.830	0.674	0.443	0.317	0.236	0.179
0.950		3.519	2.762	2.118	1.669	1.362	1.144	0.861	0.686	0.444	0.317	0.237	0.181
1.004	13.842	7.494	3.561	2.349	1.753	1.397	1.160	0.864	0.685	0.443	0.317	0.237	0.182
1.008	12.845	7.283	3.551	2.346	1.751	1.396	1.159	0.863	0.685	0.443	0.317	0.237	0.182
1.012	11.311	6.907	3.530	2.341	1.749	1.395	1.159	0.863	0.684	0.442	0.317	0.237	0.182
1.016	9.780	6.454	3.495	2.334	1.746	1.393	1.158	0.862	0.684	0.442	0.316	0.237	0.182
1.020	8.471	5.990	3.444	2.323	1.742	1.391	1.156	0.862	0.683	0.442	0.316	0.237	0.182
1.024	7.406	5.547	3.377	2.307	1.737	1.389	1.155	0.861	0.683	0.442	0.316	0.237	0.183
1.028	6.546	5.138	3.298	2.288	1.730	1.385	1.153	0.860	0.682	0.442	0.316	0.237	0.183
1.040	4.796	4.131	3.010	2.203	1.699	1.371	1.145	0.857	0.681	0.441	0.316	0.237	0.183
1.060	3.276	3.032	2.508	2.001	1.612	1.329	1.123	0.848	0.676	0.439	0.315	0.237	0.183
1.080	2.475	2.363	2.090	1.776	1.495	1.266	1.087	0.834	0.669	0.437	0.314	0.237	0.183
1.100	1.983	1.924	1.768	1.568	1.368	1.190	1.040	0.814	0.659	0.434	0.313	0.237	0.183
1.120	1.652	1.617	1.521	1.389	1.246	1.109	0.986	0.790	0.647	0.431	0.312	0.236	0.184
1.140	1.414	1.391	1.328	1.238	1.134	1.029	0.930	0.761	0.632	0.426	0.310	0.236	0.184
1.160	1.234	1.219	1.176	1.111	1.035	0.953	0.874	0.731	0.615	0.421	0.308	0.235	0.183
1.180	1.094	1.083	1.052	1.005	0.947	0.884	0.820	0.699	0.596	0.416	0.306	0.234	0.183
1.200	0.982	0.974	0.951	0.915	0.871	0.821	0.769	0.667	0.576	0.409	0.303	0.233	0.183
1.300	0.642	0.640	0.633	0.621	0.606	0.588	0.567	0.522	0.475	0.368	0.285	0.225	0.180
1.400	0.471	0.470	0.467	0.462	0.455	0.447	0.437	0.414	0.388	0.322	0.262	0.213	0.173
1.500	0.367	0.367	0.365	0.363	0.359	0.355	0.349	0.336	0.321	0.279	0.236	0.198	0.165
1.600	0.298	0.298	0.297	0.296	0.294	0.291	0.288	0.280	0.270	0.242	0.211	0.182	0.155

l/d	60												
m \ n	0.000	0.020	0.040	0.060	0.080	0.100	0.120	0.160	0.200	0.300	0.400	0.500	0.600
0.500		0.515	0.511	0.505	0.497	0.486	0.474	0.446	0.412	0.323	0.241	0.175	0.125
0.550		0.534	0.530	0.524	0.516	0.506	0.493	0.465	0.431	0.341	0.257	0.189	0.137
0.600		0.569	0.565	0.558	0.549	0.537	0.524	0.492	0.455	0.359	0.272	0.201	0.147
0.650		0.624	0.619	0.610	0.598	0.584	0.567	0.528	0.485	0.378	0.284	0.211	0.155
0.700		0.705	0.698	0.685	0.668	0.648	0.626	0.575	0.521	0.396	0.295	0.219	0.163
0.750		0.826	0.814	0.794	0.768	0.737	0.704	0.632	0.562	0.413	0.304	0.226	0.168
0.800		1.014	0.991	0.955	0.909	0.858	0.805	0.700	0.606	0.428	0.311	0.231	0.173
0.850		1.330	1.278	1.201	1.111	1.018	0.928	0.770	0.645	0.438	0.315	0.234	0.176
0.900		1.947	1.789	1.588	1.387	1.208	1.057	0.830	0.674	0.443	0.317	0.236	0.179
0.950		3.540	2.766	2.117	1.668	1.361	1.144	0.860	0.685	0.444	0.317	0.237	0.181
1.004	16.456	7.330	3.543	2.344	1.751	1.396	1.159	0.863	0.685	0.443	0.317	0.237	0.182
1.008	14.714	7.168	3.534	2.341	1.749	1.395	1.159	0.863	0.685	0.443	0.317	0.237	0.182
1.012	12.449	6.856	3.514	2.336	1.747	1.394	1.158	0.863	0.684	0.442	0.317	0.237	0.182
1.016	10.458	6.451	3.481	2.329	1.744	1.392	1.157	0.862	0.684	0.442	0.317	0.237	0.182
1.020	8.890	6.013	3.433	2.318	1.740	1.390	1.156	0.861	0.683	0.442	0.316	0.237	0.182
1.024	7.677	5.581	3.369	2.303	1.735	1.388	1.154	0.861	0.683	0.442	0.316	0.237	0.183
1.028	6.729	5.175	3.293	2.284	1.728	1.384	1.152	0.860	0.682	0.441	0.316	0.237	0.183
1.040	4.865	4.161	3.011	2.202	1.697	1.370	1.145	0.856	0.680	0.441	0.316	0.237	0.183
1.060	3.298	3.047	2.513	2.001	1.611	1.329	1.122	0.848	0.676	0.439	0.315	0.237	0.183
1.080	2.484	2.370	2.094	1.778	1.495	1.266	1.087	0.834	0.669	0.437	0.314	0.237	0.183
1.100	1.988	1.928	1.771	1.570	1.369	1.190	1.040	0.814	0.659	0.434	0.313	0.237	0.183
1.120	1.655	1.619	1.523	1.390	1.246	1.109	0.987	0.790	0.647	0.431	0.312	0.236	0.184
1.140	1.416	1.393	1.330	1.239	1.135	1.029	0.930	0.761	0.632	0.426	0.310	0.236	0.184
1.160	1.236	1.220	1.177	1.112	1.035	0.954	0.874	0.731	0.615	0.421	0.308	0.235	0.183
1.180	1.095	1.084	1.053	1.006	0.948	0.884	0.820	0.699	0.596	0.416	0.306	0.234	0.183
1.200	0.982	0.974	0.951	0.916	0.871	0.821	0.769	0.667	0.576	0.409	0.303	0.233	0.183
1.300	0.642	0.640	0.633	0.621	0.606	0.588	0.567	0.522	0.475	0.368	0.285	0.225	0.180
1.400	0.471	0.470	0.467	0.462	0.455	0.447	0.437	0.414	0.388	0.322	0.262	0.213	0.173
1.500	0.367	0.367	0.365	0.363	0.359	0.355	0.349	0.336	0.321	0.279	0.236	0.198	0.165
1.600	0.298	0.298	0.297	0.296	0.294	0.291	0.288	0.280	0.270	0.242	0.211	0.182	0.155

l/d	70												
m \ n	0.000	0.020	0.040	0.060	0.080	0.100	0.120	0.160	0.200	0.300	0.400	0.500	0.600
0.500		0.515	0.511	0.505	0.497	0.486	0.474	0.446	0.413	0.323	0.241	0.175	0.125
0.550		0.534	0.530	0.524	0.516	0.506	0.493	0.465	0.431	0.341	0.257	0.189	0.137
0.600		0.569	0.565	0.558	0.549	0.537	0.524	0.492	0.455	0.359	0.272	0.201	0.147
0.650		0.624	0.619	0.610	0.598	0.584	0.567	0.528	0.485	0.378	0.284	0.211	0.155
0.700		0.705	0.698	0.685	0.669	0.648	0.626	0.575	0.521	0.396	0.295	0.219	0.163
0.750		0.827	0.814	0.794	0.768	0.737	0.704	0.632	0.562	0.413	0.304	0.226	0.168
0.800		1.015	0.991	0.955	0.909	0.858	0.805	0.700	0.606	0.428	0.311	0.231	0.173
0.850		1.331	1.278	1.201	1.111	1.018	0.928	0.770	0.645	0.438	0.315	0.234	0.176
0.900		1.949	1.791	1.589	1.387	1.208	1.057	0.830	0.674	0.443	0.317	0.236	0.179
0.950		3.552	2.768	2.117	1.668	1.361	1.143	0.860	0.685	0.444	0.317	0.237	0.181
1.004	18.968	7.238	3.533	2.341	1.749	1.395	1.159	0.863	0.685	0.443	0.317	0.237	0.182
1.008	16.288	7.100	3.523	2.338	1.748	1.394	1.158	0.863	0.684	0.443	0.317	0.237	0.182
1.012	13.303	6.822	3.504	2.334	1.746	1.393	1.158	0.862	0.684	0.442	0.317	0.237	0.182
1.016	10.933	6.445	3.473	2.326	1.743	1.392	1.157	0.862	0.684	0.442	0.316	0.237	0.182
1.020	9.170	6.024	3.426	2.316	1.739	1.390	1.155	0.861	0.683	0.442	0.316	0.237	0.183
1.024	7.853	5.601	3.365	2.301	1.734	1.387	1.154	0.860	0.682	0.441	0.316	0.237	0.183
1.028	6.845	5.197	3.290	2.282	1.727	1.384	1.152	0.856	0.680	0.441	0.316	0.237	0.183
1.040	4.909	4.178	3.012	2.200	1.697	1.370	1.144	0.856	0.680	0.441	0.316	0.237	0.183
1.060	3.311	3.055	2.515	2.001	1.611	1.328	1.122	0.847	0.676	0.439	0.315	0.237	0.183
1.080	2.490	2.375	2.096	1.778	1.495	1.266	1.086	0.833	0.669	0.437	0.314	0.237	0.183
1.100	1.991	1.930	1.772	1.570	1.369	1.190	1.040	0.814	0.659	0.434	0.313	0.237	0.183
1.120	1.657	1.621	1.524	1.391	1.247	1.109	0.987	0.790	0.647	0.431	0.312	0.236	0.184
1.140	1.417	1.394	1.330	1.239	1.135	1.029	0.930	0.761	0.632	0.426	0.310	0.236	0.183
1.160	1.236	1.221	1.177	1.112	1.035	0.954	0.874	0.731	0.615	0.421	0.308	0.235	0.183
1.180	1.095	1.085	1.053	1.006	0.948	0.884	0.820	0.699	0.596	0.415	0.306	0.234	0.183
1.200	0.983	0.975	0.952	0.916	0.871	0.821	0.769	0.667	0.576	0.409	0.303	0.233	0.183
1.300	0.642	0.640	0.633	0.621	0.606	0.588	0.567	0.522	0.475	0.368	0.285	0.225	0.180
1.400	0.471	0.470	0.467	0.462	0.455	0.447	0.437	0.414	0.388	0.322	0.262	0.213	0.173
1.500	0.367	0.367	0.365	0.363	0.359	0.355	0.349	0.337	0.321	0.279	0.236	0.198	0.165
1.600	0.298	0.298	0.297	0.296	0.294	0.291	0.288	0.280	0.270	0.242	0.211	0.182	0.155

l/d	80												
m \ n	0.000	0.020	0.040	0.060	0.080	0.100	0.120	0.160	0.200	0.300	0.400	0.500	0.600
0.500		0.515	0.511	0.505	0.497	0.486	0.474	0.446	0.413	0.323	0.241	0.175	0.125
0.550		0.534	0.530	0.524	0.516	0.506	0.493	0.465	0.431	0.341	0.257	0.189	0.137
0.600		0.569	0.565	0.558	0.549	0.537	0.524	0.492	0.455	0.359	0.272	0.201	0.147
0.650		0.624	0.619	0.610	0.598	0.584	0.567	0.528	0.485	0.378	0.284	0.211	0.155
0.700		0.706	0.698	0.685	0.669	0.648	0.626	0.575	0.521	0.396	0.295	0.219	0.163
0.750		0.827	0.814	0.794	0.768	0.737	0.704	0.632	0.562	0.413	0.304	0.226	0.168
0.800		1.015	0.991	0.955	0.910	0.858	0.805	0.700	0.606	0.428	0.311	0.231	0.173
0.850		1.332	1.279	1.202	1.112	1.018	0.928	0.770	0.645	0.438	0.315	0.234	0.176
0.900		1.951	1.792	1.589	1.387	1.208	1.057	0.830	0.674	0.443	0.317	0.236	0.179
0.950		3.560	2.770	2.117	1.667	1.360	1.143	0.860	0.685	0.444	0.317	0.237	0.181
1.004	21.355	7.180	3.526	2.339	1.749	1.395	1.159	0.863	0.685	0.443	0.317	0.237	0.182
1.008	17.597	7.056	3.517	2.336	1.747	1.394	1.158	0.863	0.684	0.442	0.317	0.237	0.182
1.012	13.949	6.799	3.498	2.332	1.745	1.393	1.157	0.862	0.684	0.442	0.316	0.237	0.182
1.016	11.273	6.444	3.467	2.324	1.742	1.391	1.156	0.862	0.684	0.442	0.316	0.237	0.182
1.020	9.365	6.031	3.422	2.314	1.738	1.389	1.155	0.861	0.683	0.442	0.316	0.237	0.183
1.024	7.973	5.613	3.361	2.299	1.733	1.387	1.154	0.860	0.683	0.442	0.316	0.237	0.183
1.028	6.924	5.211	3.288	2.281	1.726	1.384	1.152	0.860	0.682	0.441	0.316	0.237	0.183
1.040	4.937	4.190	3.012	2.200	1.696	1.369	1.144	0.856	0.680	0.441	0.316	0.237	0.183
1.060	3.320	3.061	2.517	2.002	1.611	1.328	1.122	0.847	0.676	0.439	0.315	0.237	0.183
1.080	2.494	2.377	2.098	1.779	1.495	1.266	1.086	0.833	0.669	0.437	0.314	0.237	0.183
1.100	1.993	1.932	1.773	1.571	1.369	1.190	1.040	0.814	0.659	0.434	0.313	0.237	0.183
1.120	1.658	1.622	1.524	1.391	1.247	1.110	0.987	0.790	0.647	0.431	0.312	0.236	0.184
1.140	1.418	1.395	1.331	1.239	1.135	1.030	0.930	0.761	0.632	0.426	0.310	0.236	0.183
1.160	1.237	1.221	1.178	1.113	1.035	0.954	0.874	0.731	0.615	0.421	0.308	0.235	0.183
1.180	1.096	1.085	1.054	1.006	0.948	0.884	0.820	0.699	0.596	0.415	0.306	0.234	0.183
1.200	0.983	0.975	0.952	0.916	0.871	0.821	0.769	0.667	0.576	0.409	0.303	0.233	0.183
1.300	0.642	0.640	0.633	0.621	0.606	0.588	0.567	0.522	0.475	0.368	0.285	0.225	0.180
1.400	0.471	0.470	0.467	0.462	0.455	0.447	0.437	0.414	0.388	0.322	0.262	0.213	0.173
1.500	0.368	0.367	0.365	0.363	0.359	0.355	0.349	0.337	0.321	0.279	0.236	0.198	0.165
1.600	0.298	0.298	0.297	0.296	0.294	0.291	0.288	0.280	0.270	0.242	0.211	0.182	0.155

l/d	90												
m \ n	0.000	0.020	0.040	0.060	0.080	0.100	0.120	0.160	0.200	0.300	0.400	0.500	0.600
0.500		0.515	0.511	0.505	0.497	0.486	0.474	0.446	0.413	0.323	0.241	0.175	0.125
0.550		0.534	0.530	0.524	0.516	0.506	0.493	0.465	0.431	0.341	0.257	0.189	0.137
0.600		0.569	0.565	0.558	0.549	0.537	0.524	0.492	0.455	0.359	0.272	0.201	0.147
0.650		0.624	0.619	0.610	0.598	0.584	0.567	0.528	0.485	0.378	0.284	0.211	0.155
0.700		0.706	0.698	0.685	0.669	0.649	0.626	0.575	0.521	0.396	0.295	0.219	0.163
0.750		0.827	0.814	0.794	0.768	0.738	0.704	0.632	0.562	0.413	0.304	0.226	0.168
0.800		1.015	0.992	0.955	0.910	0.858	0.805	0.700	0.606	0.428	0.311	0.231	0.173
0.850		1.332	1.279	1.202	1.112	1.018	0.928	0.770	0.645	0.438	0.315	0.234	0.176
0.900		1.952	1.793	1.590	1.387	1.208	1.057	0.830	0.673	0.443	0.317	0.236	0.179
0.950		3.566	2.770	2.116	1.667	1.360	1.143	0.860	0.685	0.444	0.317	0.237	0.181
1.004	23.603	7.142	3.521	2.338	1.748	1.394	1.159	0.863	0.685	0.443	0.317	0.237	0.182
1.008	18.680	7.026	3.512	2.335	1.747	1.394	1.158	0.863	0.684	0.442	0.317	0.237	0.182
1.012	14.444	6.783	3.494	2.330	1.745	1.393	1.157	0.862	0.684	0.442	0.317	0.237	0.182
1.016	11.523	6.436	3.464	2.323	1.742	1.391	1.156	0.862	0.684	0.442	0.317	0.237	0.182
1.020	9.505	6.034	3.419	2.313	1.738	1.389	1.155	0.861	0.683	0.442	0.316	0.237	0.182
1.024	8.058	5.621	3.359	2.298	1.733	1.386	1.154	0.860	0.683	0.442	0.316	0.237	0.183
1.028	6.980	5.220	3.286	2.280	1.726	1.383	1.152	0.859	0.682	0.441	0.316	0.237	0.183
1.040	4.957	4.198	3.013	2.199	1.696	1.369	1.144	0.856	0.680	0.441	0.316	0.237	0.183
1.060	3.326	3.065	2.518	2.002	1.610	1.328	1.122	0.847	0.676	0.439	0.315	0.237	0.183
1.080	2.496	2.379	2.099	1.779	1.495	1.266	1.086	0.833	0.669	0.437	0.314	0.237	0.183
1.100	1.995	1.933	1.774	1.571	1.369	1.190	1.040	0.814	0.659	0.434	0.313	0.237	0.183
1.120	1.659	1.623	1.525	1.391	1.247	1.110	0.987	0.790	0.647	0.431	0.312	0.236	0.184
1.140	1.418	1.395	1.331	1.240	1.135	1.030	0.930	0.761	0.632	0.426	0.310	0.236	0.183
1.160	1.237	1.222	1.178	1.113	1.036	0.954	0.874	0.731	0.615	0.421	0.308	0.235	0.183
1.180	1.096	1.085	1.054	1.006	0.948	0.884	0.820	0.699	0.596	0.415	0.306	0.234	0.183
1.200	0.983	0.975	0.952	0.916	0.871	0.821	0.769	0.667	0.576	0.409	0.303	0.233	0.183
1.300	0.642	0.640	0.633	0.621	0.606	0.588	0.567	0.522	0.475	0.368	0.285	0.225	0.180
1.400	0.471	0.470	0.467	0.462	0.455	0.447	0.437	0.414	0.388	0.322	0.262	0.213	0.173
1.500	0.368	0.367	0.365	0.363	0.359	0.355	0.349	0.337	0.321	0.279	0.236	0.198	0.165
1.600	0.298	0.298	0.297	0.296	0.294	0.291	0.288	0.280	0.270	0.242	0.211	0.182	0.155

l/d	100												
m \ n	0.000	0.020	0.040	0.060	0.080	0.100	0.120	0.160	0.200	0.300	0.400	0.500	0.600
0.500		0.515	0.511	0.505	0.497	0.486	0.474	0.446	0.413	0.323	0.241	0.175	0.125
0.550		0.534	0.530	0.524	0.516	0.506	0.493	0.465	0.431	0.341	0.257	0.189	0.137
0.600		0.569	0.565	0.558	0.549	0.537	0.524	0.492	0.455	0.359	0.272	0.201	0.147
0.650		0.624	0.619	0.610	0.598	0.584	0.567	0.528	0.485	0.378	0.284	0.211	0.155
0.700		0.706	0.698	0.685	0.669	0.649	0.626	0.575	0.521	0.396	0.295	0.219	0.163
0.750		0.827	0.814	0.794	0.768	0.738	0.704	0.633	0.562	0.413	0.304	0.226	0.168
0.800		1.015	0.992	0.955	0.910	0.858	0.805	0.700	0.606	0.428	0.311	0.231	0.173
0.850		1.332	1.279	1.202	1.112	1.018	0.928	0.770	0.645	0.438	0.315	0.234	0.176
0.900		1.953	1.793	1.590	1.388	1.208	1.057	0.830	0.673	0.443	0.317	0.236	0.179
0.950		3.570	2.771	2.116	1.667	1.360	1.143	0.860	0.685	0.444	0.317	0.237	0.181
1.004	25.703	7.115	3.518	2.337	1.748	1.394	1.159	0.863	0.685	0.443	0.317	0.237	0.182
1.008	19.574	7.004	3.509	2.334	1.746	1.393	1.158	0.863	0.684	0.442	0.317	0.237	0.182
1.012	14.827	6.771	3.491	2.329	1.744	1.392	1.157	0.862	0.684	0.442	0.317	0.237	0.182
1.016	11.710	6.433	3.461	2.322	1.741	1.391	1.156	0.862	0.684	0.442	0.316	0.237	0.182
1.020	9.609	6.037	3.417	2.312	1.737	1.389	1.155	0.861	0.683	0.442	0.316	0.237	0.183
1.024	8.121	5.626	3.358	2.298	1.732	1.386	1.153	0.860	0.683	0.442	0.316	0.237	0.183
1.028	7.020	5.227	3.285	2.279	1.726	1.383	1.152	0.859	0.682	0.441	0.316	0.237	0.183
1.040	4.971	4.203	3.013	2.199	1.695	1.369	1.144	0.856	0.680	0.441	0.316	0.237	0.183
1.060	3.330	3.068	2.519	2.002	1.610	1.328	1.122	0.847	0.676	0.439	0.315	0.237	0.183
1.080	2.498	2.381	2.099	1.779	1.495	1.266	1.086	0.833	0.669	0.437	0.314	0.237	0.183
1.100	1.995	1.934	1.775	1.571	1.369	1.190	1.040	0.814	0.659	0.434	0.313	0.237	0.183
1.120	1.659	1.623	1.525	1.391	1.247	1.110	0.987	0.790	0.647	0.431	0.312	0.236	0.184
1.140	1.418	1.395	1.332	1.240	1.135	1.030	0.930	0.761	0.632	0.426	0.310	0.236	0.183
1.160	1.237	1.222	1.178	1.113	1.036	0.954	0.874	0.731	0.615	0.421	0.308	0.235	0.183
1.180	1.096	1.085	1.054	1.006	0.948	0.885	0.820	0.699	0.596	0.415	0.306	0.234	0.183
1.200	0.983	0.975	0.952	0.916	0.871	0.821	0.769	0.667	0.576	0.409	0.303	0.233	0.183
1.300	0.642	0.640	0.633	0.622	0.606	0.588	0.567	0.522	0.475	0.368	0.285	0.225	0.180
1.400	0.471	0.470	0.467	0.462	0.455	0.447	0.437	0.414	0.388	0.322	0.262	0.213	0.173
1.500	0.368	0.367	0.365	0.363	0.359	0.355	0.349	0.337	0.321	0.279	0.236	0.198	0.165
1.600	0.298	0.298	0.297	0.296	0.294	0.291	0.288	0.280	0.270	0.242	0.211	0.182	0.155

表 F.0.2-3　考虑桩径影响，沿桩身线性增长侧阻力竖向应力影响系数 I_{st}

l/d	10												
m＼n	0.000	0.020	0.040	0.060	0.080	0.100	0.120	0.160	0.200	0.300	0.400	0.500	0.600
0.500				−0.899	−0.681	−0.518	−0.391	−0.209	−0.089	0.061	0.105	0.107	0.092
0.550				−0.842	−0.625	−0.464	−0.340	−0.164	−0.049	0.088	0.123	0.119	0.102
0.600				−0.753	−0.539	−0.383	−0.263	−0.097	0.007	0.122	0.143	0.132	0.111
0.650				−0.626	−0.418	−0.268	−0.156	−0.006	0.081	0.163	0.165	0.144	0.118
0.700				−0.448	−0.250	−0.111	−0.012	0.111	0.173	0.208	0.186	0.155	0.125
0.750				−0.199	−0.019	0.099	0.177	0.257	0.281	0.256	0.208	0.166	0.132
0.800				0.154	0.301	0.383	0.423	0.433	0.403	0.302	0.227	0.175	0.137
0.850				0.671	0.751	0.761	0.733	0.632	0.527	0.344	0.243	0.183	0.142
0.900				1.463	1.390	1.251	1.096	0.828	0.637	0.377	0.257	0.190	0.146
0.950				2.781	2.278	1.797	1.433	0.974	0.714	0.404	0.269	0.196	0.150
1.004	4.437	4.686	5.938	5.035	2.956	2.096	1.604	1.059	0.768	0.427	0.281	0.203	0.154
1.008	4.450	4.694	5.836	4.953	2.963	2.104	1.610	1.064	0.771	0.429	0.282	0.204	0.155
1.012	4.454	4.689	5.635	4.790	2.964	2.110	1.616	1.068	0.774	0.430	0.283	0.204	0.155
1.016	4.449	4.665	5.390	4.592	2.956	2.114	1.622	1.072	0.778	0.432	0.284	0.205	0.155
1.020	4.431	4.622	5.138	4.388	2.938	2.116	1.626	1.076	0.781	0.433	0.285	0.205	0.156
1.024	4.398	4.559	4.897	4.194	2.911	2.115	1.629	1.080	0.783	0.435	0.286	0.206	0.156
1.028	4.351	4.478	4.673	4.014	2.876	2.111	1.631	1.083	0.786	0.436	0.287	0.206	0.156
1.040	4.128	4.161	4.096	3.552	2.734	2.080	1.629	1.091	0.794	0.441	0.289	0.208	0.157
1.060	3.600	3.557	3.373	2.976	2.457	1.975	1.595	1.095	0.803	0.448	0.293	0.210	0.159
1.080	3.060	3.007	2.836	2.547	2.190	1.836	1.530	1.086	0.807	0.454	0.297	0.213	0.161
1.100	2.599	2.554	2.420	2.210	1.954	1.690	1.447	1.064	0.804	0.458	0.301	0.215	0.162
1.120	2.226	2.192	2.092	1.937	1.749	1.548	1.356	1.031	0.795	0.461	0.304	0.217	0.164
1.140	1.927	1.902	1.827	1.713	1.571	1.418	1.264	0.992	0.780	0.463	0.306	0.219	0.165
1.160	1.687	1.668	1.613	1.527	1.419	1.299	1.176	0.948	0.761	0.462	0.308	0.221	0.167
1.180	1.493	1.478	1.436	1.370	1.286	1.192	1.093	0.902	0.738	0.460	0.310	0.223	0.168
1.200	1.332	1.321	1.289	1.238	1.172	1.097	1.017	0.857	0.713	0.457	0.311	0.224	0.170
1.300	0.838	0.834	0.823	0.806	0.783	0.755	0.723	0.653	0.580	0.419	0.304	0.226	0.174
1.400	0.591	0.590	0.585	0.577	0.567	0.554	0.539	0.505	0.466	0.368	0.284	0.220	0.173
1.500	0.447	0.446	0.444	0.440	0.434	0.428	0.420	0.401	0.379	0.318	0.259	0.209	0.168
1.600	0.354	0.353	0.352	0.350	0.347	0.343	0.338	0.327	0.313	0.274	0.232	0.194	0.161

l/d	15												
m＼n	0.000	0.020	0.040	0.060	0.080	0.100	0.120	0.160	0.200	0.300	0.400	0.500	0.600
0.500			−1.210	−0.892	−0.674	−0.512	−0.385	−0.204	−0.085	0.064	0.107	0.107	0.093
0.550			−1.150	−0.834	−0.617	−0.457	−0.333	−0.158	−0.045	0.091	0.125	0.120	0.102
0.600			−1.057	−0.744	−0.531	−0.374	−0.255	−0.090	0.012	0.125	0.144	0.132	0.111
0.650			−0.922	−0.614	−0.407	−0.258	−0.147	0.001	0.086	0.165	0.165	0.144	0.119
0.700			−0.731	−0.431	−0.234	−0.098	0.000	0.119	0.178	0.210	0.187	0.155	0.125
0.750			−0.459	−0.173	0.004	0.118	0.192	0.266	0.286	0.257	0.208	0.166	0.132
0.800			−0.058	0.196	0.335	0.408	0.441	0.442	0.406	0.342	0.243	0.183	0.142
0.850			0.564	0.746	0.802	0.793	0.751	0.636	0.527	0.375	0.256	0.189	0.146
0.900			1.609	1.596	1.453	1.273	1.099	0.820	0.630	0.375	0.268	0.196	0.150
0.950			3.584	2.907	2.239	1.742	1.391	0.953	0.703	0.401	0.268	0.196	0.150
1.004	7.095	8.049	7.900	4.012	2.678	1.973	1.538	1.034	0.755	0.424	0.280	0.203	0.154
1.008	7.096	7.972	7.562	4.018	2.687	1.981	1.545	1.038	0.759	0.425	0.281	0.203	0.154
1.012	7.063	7.778	7.097	4.012	2.694	1.989	1.551	1.042	0.762	0.427	0.282	0.204	0.155
1.016	6.985	7.496	6.641	3.989	2.697	1.994	1.556	1.047	0.765	0.428	0.283	0.204	0.155
1.020	6.857	7.167	6.230	3.948	2.697	1.999	1.561	1.051	0.768	0.430	0.284	0.205	0.155
1.024	6.682	6.822	5.866	3.891	2.691	2.002	1.566	1.054	0.771	0.431	0.284	0.205	0.156
1.028	6.469	6.481	5.542	3.821	2.681	2.003	1.569	1.058	0.774	0.433	0.285	0.206	0.156
1.040	5.713	5.540	4.750	3.563	2.619	1.992	1.573	1.067	0.782	0.437	0.288	0.207	0.157
1.060	4.493	4.318	3.801	3.097	2.441	1.931	1.556	1.074	0.792	0.444	0.292	0.210	0.159
1.080	3.568	3.450	3.123	2.676	2.221	1.826	1.509	1.069	0.796	0.450	0.296	0.212	0.160
1.100	2.903	2.826	2.615	2.320	2.000	1.700	1.441	1.052	0.795	0.455	0.299	0.215	0.162
1.120	2.417	2.367	2.227	2.025	1.795	1.568	1.359	1.025	0.788	0.458	0.302	0.217	0.164
1.140	2.054	2.020	1.924	1.782	1.614	1.440	1.273	0.989	0.776	0.460	0.305	0.219	0.165
1.160	1.775	1.752	1.683	1.580	1.455	1.321	1.188	0.948	0.758	0.460	0.307	0.221	0.167
1.180	1.555	1.538	1.488	1.412	1.317	1.212	1.105	0.905	0.737	0.458	0.309	0.222	0.168
1.200	1.379	1.366	1.329	1.271	1.197	1.115	1.029	0.860	0.713	0.455	0.310	0.224	0.169
1.300	0.852	0.848	0.836	0.818	0.793	0.763	0.730	0.657	0.582	0.419	0.303	0.220	0.173
1.400	0.597	0.595	0.590	0.582	0.572	0.558	0.543	0.508	0.468	0.369	0.284	0.209	0.173
1.500	0.450	0.449	0.446	0.442	0.437	0.430	0.422	0.403	0.380	0.318	0.259	0.209	0.168
1.600	0.355	0.355	0.353	0.351	0.348	0.344	0.339	0.328	0.314	0.274	0.232	0.194	0.161

续表 F. 0. 2-3

l/d	20												
m \ n	0.000	0.020	0.040	0.060	0.080	0.100	0.120	0.160	0.200	0.300	0.400	0.500	0.600
0.500			−1.207	−0.890	−0.672	−0.509	−0.383	−0.202	−0.084	0.065	0.107	0.107	0.093
0.550			−1.147	−0.831	−0.615	−0.455	−0.331	−0.156	−0.043	0.092	0.125	0.120	0.102
0.600			−1.054	−0.740	−0.527	−0.371	−0.253	−0.088	0.014	0.125	0.145	0.132	0.102
0.650			−0.918	−0.609	−0.402	−0.254	−0.143	0.003	0.088	0.166	0.166	0.144	0.119
0.700			−0.725	−0.425	−0.229	−0.093	0.004	0.122	0.180	0.210	0.187	0.155	0.126
0.750			−0.448	−0.164	0.012	0.125	0.197	0.269	0.288	0.257	0.208	0.166	0.132
0.800			−0.040	0.212	0.347	0.417	0.448	0.445	0.407	0.302	0.226	0.175	0.137
0.850			0.600	0.773	0.820	0.804	0.757	0.637	0.527	0.342	0.243	0.182	0.142
0.900			1.694	1.642	1.473	1.279	1.099	0.818	0.628	0.374	0.256	0.189	0.146
0.950			3.771	2.920	2.217	1.722	1.376	0.946	0.700	0.400	0.268	0.196	0.150
1.004	9.793	12.556	6.649	3.796	2.599	1.936	1.517	1.025	0.751	0.422	0.280	0.202	0.154
1.008	9.754	11.616	6.610	3.806	2.608	1.944	1.524	1.030	0.754	0.424	0.281	0.203	0.154
1.012	9.616	10.588	6.496	3.809	2.616	1.951	1.530	1.034	0.758	0.426	0.281	0.203	0.155
1.016	9.361	9.685	6.317	3.801	2.621	1.957	1.535	1.038	0.761	0.427	0.282	0.204	0.155
1.020	9.003	8.912	6.096	3.783	2.624	1.962	1.540	1.042	0.764	0.429	0.283	0.204	0.155
1.024	8.573	8.243	5.855	3.752	2.622	1.966	1.545	1.046	0.767	0.430	0.284	0.205	0.155
1.028	8.106	7.656	5.610	3.709	2.617	1.968	1.549	1.049	0.769	0.432	0.285	0.205	0.156
1.040	6.721	6.253	4.909	3.524	2.574	1.963	1.554	1.058	0.777	0.436	0.287	0.207	0.157
1.060	4.947	4.667	3.949	3.121	2.427	1.913	1.542	1.066	0.787	0.443	0.291	0.209	0.159
1.080	3.795	3.638	3.229	2.715	2.227	1.820	1.501	1.063	0.793	0.449	0.295	0.212	0.160
1.100	3.028	2.936	2.689	2.358	2.013	1.701	1.438	1.048	0.792	0.454	0.299	0.214	0.162
1.120	2.493	2.436	2.278	2.056	1.811	1.573	1.360	1.022	0.786	0.457	0.302	0.217	0.163
1.140	2.103	2.066	1.960	1.806	1.628	1.447	1.276	0.988	0.774	0.459	0.305	0.219	0.165
1.160	1.808	1.783	1.709	1.599	1.468	1.328	1.191	0.948	0.757	0.459	0.307	0.221	0.166
1.180	1.579	1.561	1.508	1.427	1.328	1.219	1.110	0.905	0.736	0.458	0.308	0.222	0.168
1.200	1.396	1.382	1.343	1.282	1.206	1.121	1.033	0.861	0.713	0.454	0.309	0.224	0.169
1.300	0.857	0.853	0.841	0.822	0.797	0.766	0.733	0.658	0.583	0.419	0.303	0.226	0.173
1.400	0.599	0.597	0.592	0.584	0.573	0.560	0.544	0.509	0.469	0.369	0.284	0.220	0.173
1.500	0.451	0.450	0.447	0.443	0.438	0.431	0.423	0.403	0.381	0.318	0.259	0.209	0.168
1.600	0.356	0.355	0.354	0.352	0.349	0.345	0.340	0.328	0.315	0.274	0.232	0.194	0.161

l/d	25												
m \ n	0.000	0.020	0.040	0.060	0.080	0.100	0.120	0.160	0.200	0.300	0.400	0.500	0.600
0.500			−1.206	−0.889	−0.671	−0.508	−0.382	−0.202	−0.083	0.065	0.107	0.107	0.093
0.550			−1.146	−0.830	−0.614	−0.453	−0.330	−0.155	−0.042	0.092	0.125	0.120	0.102
0.600			−1.052	−0.739	−0.526	−0.370	−0.252	−0.087	0.015	0.126	0.145	0.132	0.111
0.650			−0.916	−0.607	−0.401	−0.252	−0.142	0.005	0.089	0.166	0.166	0.144	0.119
0.700			−0.722	−0.422	−0.226	−0.091	0.006	0.123	0.181	0.210	0.187	0.155	0.126
0.750			−0.443	−0.160	0.015	0.128	0.200	0.271	0.289	0.257	0.208	0.166	0.132
0.800			−0.031	0.219	0.353	0.422	0.450	0.446	0.408	0.302	0.226	0.175	0.137
0.850			0.617	0.786	0.829	0.809	0.760	0.638	0.526	0.342	0.242	0.182	0.137
0.900			1.734	1.663	1.482	1.281	1.098	0.816	0.627	0.374	0.256	0.189	0.141
0.950			3.849	2.920	2.206	1.712	1.369	0.943	0.698	0.399	0.268	0.196	0.146
1.004	12.508	16.972	6.271	3.709	2.565	1.919	1.508	1.021	0.749	0.422	0.280	0.202	0.150
1.008	12.381	13.914	6.261	3.720	2.575	1.927	1.514	1.026	0.752	0.424	0.280	0.203	0.154
1.012	12.039	12.117	6.208	3.725	2.583	1.934	1.520	1.030	0.756	0.425	0.281	0.203	0.155
1.016	11.487	10.831	6.105	3.722	2.588	1.940	1.526	1.034	0.759	0.427	0.282	0.204	0.155
1.020	10.795	9.822	5.959	3.710	2.592	1.946	1.531	1.038	0.762	0.428	0.283	0.204	0.155
1.024	10.046	8.988	5.781	3.688	2.592	1.950	1.535	1.042	0.765	0.430	0.284	0.205	0.156
1.028	9.301	8.278	5.584	3.655	2.588	1.952	1.539	1.046	0.768	0.431	0.285	0.205	0.156
1.040	7.355	6.630	4.959	3.500	2.553	1.949	1.546	1.055	0.775	0.436	0.287	0.207	0.157
1.060	5.196	4.846	4.015	3.129	2.420	1.905	1.535	1.063	0.786	0.443	0.291	0.209	0.159
1.080	3.912	3.732	3.279	2.733	2.228	1.817	1.497	1.060	0.791	0.449	0.295	0.212	0.160
1.100	3.091	2.990	2.724	2.375	2.019	1.702	1.436	1.046	0.791	0.453	0.299	0.214	0.162
1.120	2.530	2.469	2.302	2.071	1.818	1.576	1.360	1.021	0.785	0.457	0.302	0.216	0.163
1.140	2.127	2.087	1.977	1.818	1.635	1.450	1.277	0.987	0.773	0.459	0.305	0.219	0.165
1.160	1.824	1.797	1.721	1.608	1.474	1.332	1.193	0.948	0.756	0.459	0.307	0.220	0.166
1.180	1.590	1.571	1.517	1.434	1.333	1.223	1.112	0.906	0.736	0.457	0.308	0.222	0.168
1.200	1.404	1.390	1.350	1.288	1.211	1.124	1.035	0.862	0.713	0.454	0.309	0.223	0.169
1.300	0.859	0.855	0.843	0.824	0.798	0.768	0.734	0.659	0.583	0.419	0.303	0.226	0.173
1.400	0.600	0.598	0.593	0.585	0.574	0.561	0.545	0.509	0.469	0.369	0.284	0.220	0.173
1.500	0.451	0.450	0.448	0.444	0.438	0.431	0.423	0.404	0.381	0.319	0.259	0.209	0.168
1.600	0.356	0.356	0.354	0.352	0.349	0.345	0.340	0.329	0.315	0.274	0.232	0.194	0.161

続表 F.0.2-3

l/d = 30

m \ n	0.000	0.020	0.040	0.060	0.080	0.100	0.120	0.160	0.200	0.300	0.400	0.500	0.600
0.500		−1.759	−1.206	−0.888	−0.670	−0.508	−0.382	−0.201	−0.082	0.065	0.107	0.108	0.093
0.550		−1.698	−1.145	−0.829	−0.613	−0.453	−0.329	−0.155	−0.042	0.092	0.125	0.120	0.102
0.600		−1.603	−1.051	−0.738	−0.525	−0.369	−0.251	−0.087	0.015	0.126	0.145	0.132	0.111
0.650		−1.463	−0.915	−0.606	−0.400	−0.251	−0.141	0.005	0.089	0.166	0.166	0.144	0.119
0.700		−1.263	−0.720	−0.420	−0.225	−0.089	0.007	0.124	0.181	0.211	0.187	0.155	0.126
0.750		−0.973	−0.441	−0.157	0.017	0.129	0.201	0.272	0.289	0.257	0.208	0.166	0.132
0.800		−0.536	−0.026	0.223	0.356	0.424	0.452	0.447	0.408	0.302	0.226	0.175	0.137
0.850		0.177	0.627	0.793	0.833	0.812	0.761	0.638	0.526	0.342	0.242	0.182	0.146
0.900		1.507	1.756	1.675	1.486	1.282	1.098	0.816	0.627	0.374	0.256	0.189	0.150
0.950		4.706	3.888	2.919	2.199	1.707	1.366	0.941	0.748	0.422	0.279	0.202	0.154
1.004	15.226	16.081	6.097	3.664	2.547	1.910	1.503	1.019	0.751	0.423	0.280	0.203	0.154
1.008	14.944	14.179	6.096	3.676	2.557	1.918	1.509	1.024	0.755	0.425	0.281	0.203	0.155
1.012	14.281	12.577	6.062	3.682	2.565	1.925	1.515	1.028	0.758	0.426	0.282	0.204	0.155
1.016	13.323	11.303	5.988	3.681	2.571	1.932	1.521	1.032	0.761	0.428	0.283	0.204	0.155
1.020	12.240	10.258	5.874	3.672	2.575	1.937	1.526	1.036	0.764	0.429	0.284	0.205	0.156
1.024	11.162	9.376	5.728	3.654	2.575	1.941	1.530	1.040	0.764	0.429	0.284	0.205	0.156
1.028	10.159	8.616	5.557	3.626	2.573	1.944	1.534	1.043	0.766	0.431	0.285	0.205	0.156
1.040	7.763	6.846	4.979	3.486	2.541	1.942	1.541	1.053	0.774	0.435	0.287	0.207	0.157
1.060	5.344	4.949	4.050	3.132	2.416	1.901	1.532	1.061	0.785	0.442	0.291	0.209	0.159
1.080	3.978	3.786	3.307	2.741	2.229	1.815	1.495	1.059	0.790	0.448	0.295	0.212	0.160
1.100	3.126	3.020	2.743	2.384	2.022	1.702	1.435	1.045	0.790	0.453	0.299	0.214	0.162
1.120	2.551	2.488	2.316	2.079	1.822	1.577	1.360	1.020	0.784	0.457	0.302	0.216	0.163
1.140	2.140	2.099	1.986	1.824	1.639	1.452	1.278	0.987	0.773	0.458	0.304	0.218	0.165
1.160	1.833	1.806	1.728	1.613	1.477	1.334	1.194	0.948	0.756	0.459	0.307	0.220	0.166
1.180	1.596	1.577	1.522	1.438	1.336	1.224	1.113	0.906	0.736	0.457	0.308	0.222	0.168
1.200	1.408	1.394	1.354	1.291	1.213	1.126	1.036	0.862	0.713	0.454	0.309	0.223	0.169
1.300	0.860	0.856	0.844	0.825	0.799	0.769	0.734	0.660	0.584	0.419	0.303	0.226	0.173
1.400	0.600	0.599	0.594	0.586	0.575	0.561	0.545	0.509	0.469	0.369	0.284	0.220	0.173
1.500	0.451	0.451	0.448	0.444	0.439	0.432	0.423	0.404	0.381	0.319	0.259	0.209	0.168
1.600	0.356	0.356	0.354	0.352	0.349	0.345	0.340	0.329	0.315	0.275	0.232	0.194	0.161

l/d = 40

m \ n	0.000	0.020	0.040	0.060	0.080	0.100	0.120	0.160	0.200	0.300	0.400	0.500	0.600
0.500		−1.759	−1.205	−0.888	−0.670	−0.507	−0.381	−0.201	−0.082	0.066	0.108	0.108	0.093
0.550		−1.698	−1.145	−0.829	−0.612	−0.452	−0.329	−0.154	−0.042	0.092	0.125	0.120	0.102
0.600		−1.602	−1.050	−0.737	−0.524	−0.369	−0.250	−0.086	0.015	0.126	0.145	0.132	0.111
0.650		−1.462	−0.913	−0.605	−0.399	−0.250	−0.140	0.006	0.090	0.166	0.166	0.144	0.119
0.700		−1.261	−0.718	−0.419	−0.223	−0.088	0.008	0.125	0.182	0.211	0.187	0.155	0.126
0.750		−0.970	−0.438	−0.155	0.019	0.131	0.203	0.272	0.290	0.257	0.208	0.166	0.132
0.800		−0.531	−0.022	0.227	0.359	0.426	0.454	0.448	0.408	0.302	0.226	0.175	0.137
0.850		0.188	0.636	0.799	0.838	0.814	0.763	0.638	0.526	0.341	0.242	0.182	0.146
0.900		1.542	1.778	1.686	1.491	1.284	1.098	0.815	0.626	0.373	0.256	0.189	0.150
0.950		4.869	3.924	2.917	2.193	1.702	1.362	0.940	0.696	0.399	0.268	0.196	0.150
1.004	20.636	14.185	5.940	3.622	2.530	1.901	1.498	1.017	0.747	0.421	0.279	0.202	0.154
1.008	19.770	13.545	5.945	3.634	2.539	1.909	1.504	1.021	0.750	0.423	0.280	0.203	0.154
1.012	18.119	12.571	5.925	3.641	2.548	1.916	1.510	1.026	0.754	0.425	0.281	0.203	0.155
1.016	16.165	11.550	5.873	3.642	2.554	1.923	1.516	1.030	0.757	0.426	0.282	0.204	0.155
1.020	14.288	10.589	5.786	3.635	2.558	1.928	1.521	1.034	0.760	0.428	0.283	0.204	0.155
1.024	12.638	9.718	5.667	3.621	2.559	1.933	1.526	1.038	0.763	0.429	0.284	0.205	0.156
1.028	11.236	8.937	5.522	3.597	2.557	1.936	1.530	1.041	0.765	0.431	0.284	0.205	0.156
1.040	8.228	7.066	4.993	3.470	2.530	1.935	1.537	1.051	0.773	0.435	0.287	0.207	0.157
1.060	5.500	5.055	4.083	3.134	2.411	1.896	1.528	1.059	0.784	0.442	0.291	0.209	0.159
1.080	4.047	3.840	3.334	2.750	2.230	1.814	1.493	1.057	0.789	0.448	0.295	0.214	0.162
1.100	3.162	3.051	2.762	2.393	2.025	1.702	1.434	1.044	0.789	0.453	0.298	0.216	0.163
1.120	2.572	2.506	2.329	2.086	1.825	1.578	1.360	1.019	0.784	0.456	0.302	0.218	0.165
1.140	2.153	2.111	1.996	1.830	1.642	1.454	1.278	0.987	0.772	0.458	0.306	0.220	0.166
1.160	1.842	1.814	1.735	1.618	1.480	1.335	1.195	0.948	0.756	0.457	0.308	0.222	0.168
1.180	1.602	1.583	1.526	1.442	1.338	1.226	1.114	0.906	0.736	0.454	0.309	0.223	0.169
1.200	1.413	1.399	1.357	1.294	1.215	1.127	1.037	0.863	0.713	0.454	0.309	0.223	0.169
1.300	0.862	0.858	0.845	0.826	0.800	0.769	0.735	0.660	0.584	0.419	0.303	0.220	0.173
1.400	0.601	0.599	0.594	0.586	0.575	0.562	0.546	0.510	0.469	0.369	0.284	0.220	0.173
1.500	0.452	0.451	0.448	0.444	0.439	0.432	0.424	0.404	0.381	0.319	0.259	0.209	0.168
1.600	0.356	0.356	0.355	0.352	0.349	0.345	0.340	0.329	0.315	0.275	0.232	0.194	0.161

l/d	50												
m \ n	0.000	0.020	0.040	0.060	0.080	0.100	0.120	0.160	0.200	0.300	0.400	0.500	0.600
0.500		−1.758	−1.205	−0.887	−0.669	−0.507	−0.381	−0.200	−0.082	0.066	0.108	0.108	0.093
0.550		−1.697	−1.144	−0.828	−0.612	−0.452	−0.329	−0.154	−0.041	0.093	0.125	0.120	0.102
0.600		−1.601	−1.050	−0.737	−0.524	−0.368	−0.250	−0.086	0.016	0.126	0.145	0.132	0.111
0.650		−1.461	−0.913	−0.605	−0.398	−0.250	−0.140	0.006	0.090	0.166	0.166	0.144	0.119
0.700		−1.260	−0.718	−0.418	−0.223	−0.088	0.008	0.125	0.182	0.211	0.187	0.155	0.126
0.750		−0.969	−0.437	−0.154	0.020	0.132	0.203	0.273	0.290	0.257	0.208	0.166	0.132
0.800		−0.528	−0.020	0.229	0.360	0.427	0.454	0.448	0.409	0.302	0.226	0.175	0.137
0.850		0.193	0.641	0.803	0.840	0.816	0.763	0.638	0.526	0.341	0.242	0.182	0.141
0.900		1.558	1.789	1.691	1.493	1.284	1.098	0.815	0.626	0.373	0.256	0.189	0.146
0.950		4.947	3.940	2.916	2.190	1.699	1.360	0.939	0.696	0.398	0.268	0.196	0.150
1.004	25.958	13.491	5.873	3.603	2.522	1.897	1.495	1.016	0.747	0.421	0.279	0.202	0.154
1.008	24.069	13.126	5.879	3.615	2.532	1.905	1.502	1.020	0.750	0.423	0.280	0.203	0.154
1.012	21.098	12.429	5.864	3.622	2.540	1.912	1.508	1.025	0.753	0.424	0.281	0.203	0.155
1.016	18.118	11.575	5.820	3.624	2.546	1.919	1.513	1.029	0.756	0.426	0.282	0.204	0.155
1.020	15.572	10.695	5.745	3.619	2.551	1.924	1.519	1.033	0.759	0.427	0.283	0.204	0.155
1.024	13.503	9.854	5.638	3.605	2.552	1.929	1.523	1.037	0.762	0.429	0.284	0.205	0.156
1.028	11.836	9.077	5.503	3.583	2.551	1.932	1.527	1.040	0.765	0.431	0.284	0.205	0.156
1.040	8.466	7.170	4.998	3.463	2.524	1.931	1.535	1.050	0.773	0.435	0.287	0.207	0.157
1.060	5.577	5.105	4.098	3.135	2.409	1.894	1.527	1.058	0.783	0.442	0.291	0.209	0.159
1.080	4.080	3.866	3.347	2.754	2.230	1.813	1.492	1.057	0.789	0.448	0.295	0.212	0.160
1.100	3.179	3.065	2.771	2.397	2.027	1.702	1.434	1.043	0.789	0.453	0.298	0.214	0.162
1.120	2.581	2.515	2.335	2.090	1.827	1.579	1.360	1.019	0.783	0.456	0.302	0.216	0.163
1.140	2.159	2.117	2.000	1.833	1.644	1.455	1.279	0.987	0.772	0.458	0.304	0.218	0.165
1.160	1.846	1.818	1.738	1.620	1.481	1.336	1.195	0.948	0.756	0.458	0.306	0.220	0.166
1.180	1.605	1.585	1.529	1.443	1.340	1.227	1.114	0.906	0.736	0.457	0.308	0.222	0.168
1.200	1.415	1.401	1.359	1.296	1.216	1.128	1.037	0.863	0.713	0.454	0.309	0.223	0.169
1.300	0.862	0.858	0.846	0.826	0.801	0.770	0.735	0.660	0.584	0.419	0.303	0.226	0.173
1.400	0.601	0.599	0.594	0.586	0.575	0.562	0.546	0.510	0.469	0.369	0.284	0.220	0.173
1.500	0.452	0.451	0.449	0.444	0.439	0.432	0.424	0.404	0.381	0.319	0.259	0.209	0.168
1.600	0.356	0.356	0.355	0.352	0.349	0.345	0.340	0.329	0.315	0.275	0.233	0.194	0.161

l/d	60												
m \ n	0.000	0.020	0.040	0.060	0.080	0.100	0.120	0.160	0.200	0.300	0.400	0.500	0.600
0.500		−1.758	−1.205	−0.887	−0.669	−0.507	−0.381	−0.200	−0.082	0.066	0.108	0.108	0.093
0.550		−1.697	−1.144	−0.828	−0.612	−0.452	−0.328	−0.154	−0.041	0.093	0.125	0.120	0.102
0.600		−1.601	−1.050	−0.737	−0.524	−0.368	−0.250	−0.086	0.016	0.126	0.145	0.132	0.111
0.650		−1.461	−0.913	−0.604	−0.398	−0.250	−0.140	0.006	0.090	0.166	0.166	0.144	0.119
0.700		−1.260	−0.717	−0.417	−0.222	−0.087	0.008	0.125	0.182	0.211	0.187	0.155	0.126
0.750		−0.968	−0.436	−0.153	0.021	0.132	0.203	0.273	0.290	0.257	0.208	0.166	0.132
0.800		−0.527	−0.018	0.230	0.361	0.428	0.455	0.448	0.409	0.302	0.226	0.175	0.137
0.850		0.196	0.643	0.804	0.841	0.816	0.764	0.638	0.526	0.341	0.242	0.182	0.141
0.900		1.566	1.794	1.694	1.494	1.284	1.098	0.814	0.626	0.373	0.256	0.189	0.146
0.950		4.990	3.948	2.915	2.188	1.698	1.360	0.938	0.695	0.398	0.267	0.196	0.150
1.004	31.136	13.161	5.837	3.593	2.518	1.895	1.494	1.015	0.746	0.421	0.279	0.202	0.154
1.008	27.775	12.894	5.845	3.604	2.527	1.903	1.500	1.020	0.750	0.423	0.280	0.203	0.154
1.012	23.351	12.325	5.832	3.612	2.536	1.910	1.507	1.024	0.753	0.424	0.281	0.203	0.155
1.016	19.460	11.565	5.792	3.614	2.542	1.917	1.512	1.028	0.756	0.426	0.282	0.204	0.155
1.020	16.399	10.738	5.722	3.610	2.547	1.922	1.517	1.032	0.759	0.427	0.283	0.204	0.155
1.024	14.037	9.920	5.621	3.597	2.548	1.927	1.522	1.036	0.762	0.429	0.284	0.204	0.155
1.028	12.197	9.149	5.493	3.576	2.547	1.930	1.526	1.040	0.765	0.430	0.284	0.205	0.156
1.040	8.602	7.226	5.000	3.459	2.522	1.930	1.533	1.049	0.773	0.435	0.287	0.207	0.157
1.060	5.619	5.133	4.106	3.135	2.408	1.893	1.526	1.058	0.783	0.442	0.291	0.209	0.159
1.080	4.098	3.880	3.354	2.756	2.230	1.812	1.492	1.056	0.789	0.448	0.295	0.212	0.160
1.100	3.188	3.073	2.776	2.400	2.028	1.702	1.434	1.043	0.789	0.453	0.298	0.214	0.162
1.120	2.587	2.520	2.339	2.092	1.828	1.579	1.360	1.019	0.783	0.456	0.302	0.216	0.163
1.140	2.162	2.120	2.003	1.835	1.645	1.455	1.279	0.987	0.772	0.458	0.304	0.218	0.165
1.160	1.848	1.820	1.740	1.622	1.482	1.337	1.196	0.948	0.756	0.458	0.306	0.220	0.166
1.180	1.606	1.587	1.530	1.444	1.340	1.227	1.114	0.906	0.736	0.457	0.308	0.222	0.168
1.200	1.416	1.402	1.360	1.296	1.217	1.129	1.037	0.863	0.713	0.454	0.309	0.223	0.169
1.300	0.862	0.858	0.846	0.827	0.801	0.770	0.735	0.660	0.584	0.419	0.303	0.226	0.173
1.400	0.601	0.600	0.595	0.586	0.575	0.562	0.546	0.510	0.470	0.369	0.284	0.220	0.173
1.500	0.452	0.451	0.449	0.445	0.439	0.432	0.424	0.404	0.381	0.319	0.259	0.209	0.168
1.600	0.356	0.356	0.355	0.352	0.349	0.345	0.340	0.329	0.315	0.275	0.233	0.194	0.161

续表 F.0.2-3

l/d							70						
m \ n	0.000	0.020	0.040	0.060	0.080	0.100	0.120	0.160	0.200	0.300	0.400	0.500	0.600
0.500		−1.758	−1.204	−0.887	−0.669	−0.507	−0.381	−0.200	−0.082	0.066	0.108	0.108	0.093
0.550		−1.697	−1.144	−0.828	−0.612	−0.452	−0.328	−0.154	−0.041	0.093	0.125	0.120	0.102
0.600		−1.601	−1.050	−0.736	−0.524	−0.368	−0.250	−0.086	0.016	0.126	0.145	0.132	0.111
0.650		−1.461	−0.912	−0.604	−0.398	−0.250	−0.140	0.006	0.090	0.166	0.166	0.144	0.119
0.700		−1.260	−0.717	−0.417	−0.222	−0.087	0.009	0.125	0.182	0.211	0.187	0.155	0.126
0.750		−0.968	−0.436	−0.153	0.021	0.133	0.204	0.273	0.290	0.257	0.208	0.166	0.132
0.800		−0.526	−0.018	0.230	0.362	0.428	0.455	0.448	0.409	0.341	0.242	0.182	0.141
0.850		0.198	0.645	0.805	0.842	0.817	0.764	0.638	0.526	0.373	0.256	0.189	0.146
0.900		1.572	1.798	1.696	1.495	1.285	1.098	0.814	0.626	0.373	0.256	0.189	0.146
0.950		5.016	3.953	2.915	2.187	1.697	1.359	0.938	0.695	0.398	0.267	0.196	0.150
1.004	36.118	12.976	5.816	3.587	2.515	1.894	1.493	1.015	0.746	0.421	0.279	0.202	0.154
1.008	30.900	12.756	5.824	3.598	2.525	1.902	1.500	1.020	0.749	0.423	0.280	0.203	0.154
1.012	25.046	12.255	5.813	3.606	2.533	1.909	1.506	1.024	0.753	0.424	0.281	0.203	0.155
1.016	20.400	11.552	5.775	3.608	2.540	1.915	1.511	1.028	0.756	0.426	0.282	0.204	0.155
1.020	16.954	10.759	5.708	3.604	2.544	1.921	1.517	1.032	0.759	0.427	0.283	0.204	0.155
1.024	14.385	9.957	5.611	3.592	2.546	1.925	1.521	1.036	0.762	0.429	0.284	0.205	0.156
1.028	12.427	9.191	5.486	3.571	2.545	1.929	1.525	1.040	0.764	0.435	0.287	0.207	0.156
1.040	8.687	7.261	5.002	3.457	2.520	1.929	1.533	1.049	0.772	0.442	0.291	0.209	0.157
1.060	5.645	5.150	4.111	3.135	2.407	1.892	1.525	1.056	0.789	0.448	0.295	0.212	0.159
1.080	4.109	3.888	3.358	2.757	2.230	1.812	1.434	1.043	0.789	0.453	0.298	0.214	0.160
1.100	3.194	3.078	2.779	2.401	2.028	1.702	1.360	1.019	0.783	0.456	0.302	0.216	0.162
1.120	2.590	2.523	2.341	2.093	1.829	1.579	1.360	1.019	0.783	0.456	0.302	0.216	0.163
1.140	2.164	2.122	2.004	1.836	1.645	1.455	1.279	0.987	0.772	0.458	0.304	0.218	0.165
1.160	1.849	1.821	1.741	1.622	1.483	1.337	1.196	0.948	0.756	0.458	0.306	0.220	0.166
1.180	1.607	1.588	1.531	1.445	1.341	1.228	1.114	0.906	0.736	0.457	0.308	0.222	0.168
1.200	1.417	1.402	1.361	1.297	1.217	1.129	1.037	0.863	0.713	0.454	0.309	0.223	0.169
1.300	0.863	0.859	0.846	0.827	0.801	0.770	0.736	0.660	0.584	0.419	0.303	0.226	0.173
1.400	0.601	0.600	0.595	0.586	0.575	0.562	0.546	0.510	0.470	0.369	0.284	0.220	0.173
1.500	0.452	0.451	0.449	0.445	0.439	0.432	0.424	0.404	0.381	0.319	0.259	0.209	0.168
1.600	0.356	0.356	0.355	0.352	0.349	0.345	0.340	0.329	0.315	0.275	0.233	0.194	0.161

l/d							80						
m \ n	0.000	0.020	0.040	0.060	0.080	0.100	0.120	0.160	0.200	0.300	0.400	0.500	0.600
0.500		−1.758	−1.204	−0.887	−0.669	−0.507	−0.381	−0.200	−0.082	0.066	0.108	0.108	0.093
0.550		−1.697	−1.144	−0.828	−0.612	−0.452	−0.328	−0.154	−0.041	0.093	0.125	0.120	0.102
0.600		−1.601	−1.050	−0.736	−0.524	−0.368	−0.250	−0.086	0.016	0.126	0.145	0.132	0.111
0.650		−1.461	−0.912	−0.604	−0.398	−0.249	−0.139	0.006	0.090	0.166	0.166	0.144	0.119
0.700		−1.259	−0.717	−0.417	−0.222	−0.087	0.009	0.125	0.182	0.211	0.187	0.155	0.126
0.750		−0.968	−0.436	−0.153	0.021	0.133	0.204	0.273	0.290	0.257	0.208	0.166	0.132
0.800		−0.526	−0.017	0.230	0.362	0.428	0.455	0.448	0.409	0.302	0.226	0.175	0.137
0.850		0.199	0.646	0.806	0.842	0.817	0.764	0.638	0.526	0.341	0.242	0.182	0.141
0.900		1.575	1.800	1.697	1.495	1.285	1.098	0.814	0.625	0.373	0.256	0.189	0.146
0.950		5.032	3.956	2.914	2.186	1.697	1.359	0.938	0.695	0.398	0.267	0.196	0.150
1.004	40.860	12.861	5.803	3.583	2.513	1.893	1.493	1.015	0.746	0.421	0.279	0.202	0.154
1.008	33.500	12.667	5.811	3.594	2.523	1.901	1.499	1.019	0.749	0.423	0.280	0.203	0.154
1.012	26.328	12.207	5.800	3.602	2.532	1.908	1.505	1.024	0.753	0.424	0.281	0.203	0.155
1.016	21.074	11.541	5.765	3.605	2.538	1.915	1.511	1.028	0.756	0.426	0.282	0.204	0.155
1.020	17.339	10.770	5.699	3.601	2.543	1.920	1.516	1.032	0.759	0.427	0.283	0.204	0.155
1.024	14.622	9.979	5.604	3.589	2.544	1.925	1.521	1.036	0.762	0.429	0.284	0.205	0.156
1.028	12.582	9.218	5.482	3.568	2.543	1.928	1.525	1.039	0.764	0.435	0.287	0.207	0.157
1.040	8.743	7.283	5.002	3.455	2.519	1.928	1.525	1.049	0.772	0.442	0.291	0.209	0.159
1.060	5.662	5.161	4.114	3.136	2.407	1.892	1.491	1.056	0.788	0.448	0.295	0.212	0.160
1.080	4.116	3.894	3.360	2.758	2.230	1.812	1.433	1.043	0.789	0.453	0.298	0.214	0.162
1.100	3.197	3.081	2.781	2.402	2.028	1.702	1.360	1.019	0.783	0.456	0.301	0.216	0.163
1.120	2.592	2.524	2.342	2.094	1.829	1.580	1.360	1.019	0.783	0.456	0.301	0.216	0.163
1.140	2.166	2.123	2.005	1.836	1.646	1.455	1.279	0.986	0.772	0.458	0.304	0.218	0.165
1.160	1.850	1.822	1.741	1.623	1.483	1.337	1.196	0.948	0.756	0.458	0.306	0.220	0.166
1.180	1.608	1.588	1.531	1.445	1.341	1.228	1.115	0.906	0.736	0.457	0.308	0.222	0.168
1.200	1.417	1.403	1.361	1.297	1.217	1.129	1.038	0.863	0.713	0.454	0.309	0.223	0.169
1.300	0.863	0.859	0.847	0.827	0.801	0.770	0.736	0.660	0.584	0.419	0.303	0.226	0.173
1.400	0.601	0.600	0.595	0.587	0.575	0.562	0.546	0.510	0.470	0.369	0.284	0.220	0.173
1.500	0.452	0.451	0.449	0.445	0.439	0.432	0.424	0.404	0.381	0.319	0.259	0.209	0.168
1.600	0.356	0.356	0.355	0.352	0.349	0.345	0.340	0.329	0.315	0.275	0.233	0.194	0.161

l/d						90							
m \ n	0.000	0.020	0.040	0.060	0.080	0.100	0.120	0.160	0.200	0.300	0.400	0.500	0.600
0.500		−1.758	−1.204	−0.887	−0.669	−0.507	−0.381	−0.200	−0.082	0.066	0.108	0.108	0.093
0.550		−1.697	−1.144	−0.828	−0.612	−0.452	−0.328	−0.154	−0.041	0.093	0.125	0.120	0.102
0.600		−1.601	−1.050	−0.736	−0.524	−0.368	−0.249	−0.086	0.016	0.126	0.145	0.132	0.111
0.650		−1.460	−0.912	−0.604	−0.398	−0.249	−0.139	0.006	0.090	0.166	0.166	0.144	0.119
0.700		−1.259	−0.717	−0.417	−0.222	−0.087	0.009	0.125	0.182	0.211	0.187	0.155	0.126
0.750		−0.967	−0.435	−0.152	0.022	0.133	0.204	0.273	0.290	0.257	0.208	0.166	0.132
0.800		−0.525	−0.017	0.231	0.362	0.428	0.455	0.448	0.409	0.302	0.226	0.175	0.137
0.850		0.200	0.646	0.807	0.842	0.817	0.764	0.639	0.526	0.341	0.242	0.182	0.141
0.900		1.578	1.801	1.697	1.495	1.285	1.098	0.814	0.625	0.373	0.256	0.189	0.146
0.950		5.044	3.958	2.914	2.186	1.696	1.358	0.938	0.695	0.398	0.267	0.196	0.150
1.004	45.330	12.784	5.793	3.580	2.512	1.892	1.492	1.015	0.746	0.421	0.279	0.202	0.154
1.008	35.651	12.606	5.802	3.592	2.522	1.900	1.499	1.019	0.749	0.423	0.280	0.203	0.154
1.012	27.309	12.174	5.792	3.600	2.530	1.908	1.505	1.024	0.752	0.424	0.281	0.203	0.155
1.016	21.569	11.532	5.757	3.602	2.537	1.914	1.511	1.028	0.756	0.426	0.282	0.204	0.155
1.020	17.616	10.777	5.693	3.598	2.541	1.920	1.516	1.032	0.759	0.427	0.283	0.204	0.155
1.024	14.790	9.994	5.600	3.587	2.543	1.924	1.521	1.036	0.761	0.429	0.283	0.205	0.156
1.028	12.691	9.236	5.479	3.566	2.542	1.927	1.525	1.039	0.764	0.430	0.284	0.205	0.156
1.040	8.782	7.298	5.003	3.454	2.518	1.927	1.532	1.049	0.772	0.435	0.287	0.207	0.157
1.060	5.674	5.168	4.116	3.136	2.406	1.891	1.525	1.057	0.783	0.442	0.291	0.209	0.159
1.080	4.121	3.898	3.362	2.759	2.230	1.812	1.491	1.056	0.788	0.448	0.295	0.212	0.160
1.100	3.200	3.083	2.783	2.402	2.029	1.702	1.433	1.043	0.789	0.453	0.298	0.214	0.162
1.120	2.594	2.526	2.343	2.094	1.829	1.580	1.360	1.019	0.783	0.456	0.301	0.216	0.163
1.140	2.166	2.124	2.006	1.837	1.646	1.456	1.279	0.986	0.772	0.458	0.304	0.218	0.165
1.160	1.851	1.822	1.742	1.623	1.483	1.337	1.196	0.948	0.756	0.458	0.306	0.220	0.166
1.180	1.608	1.589	1.532	1.446	1.341	1.228	1.115	0.906	0.736	0.457	0.308	0.222	0.168
1.200	1.417	1.403	1.361	1.297	1.218	1.129	1.038	0.863	0.713	0.454	0.309	0.223	0.169
1.300	0.863	0.859	0.847	0.827	0.801	0.770	0.736	0.660	0.584	0.419	0.303	0.226	0.173
1.400	0.601	0.600	0.595	0.587	0.576	0.562	0.546	0.510	0.470	0.369	0.284	0.220	0.173
1.500	0.452	0.451	0.449	0.445	0.439	0.432	0.424	0.404	0.381	0.319	0.259	0.209	0.168
1.600	0.356	0.356	0.355	0.352	0.349	0.345	0.340	0.329	0.315	0.275	0.233	0.194	0.161

l/d						100							
m \ n	0.000	0.020	0.040	0.060	0.080	0.100	0.120	0.160	0.200	0.300	0.400	0.500	0.600
0.500		−1.758	−1.204	−0.887	−0.669	−0.507	−0.381	−0.200	−0.082	0.066	0.108	0.108	0.093
0.550		−1.697	−1.144	−0.828	−0.612	−0.452	−0.328	−0.154	−0.041	0.093	0.125	0.120	0.102
0.600		−1.601	−1.049	−0.736	−0.524	−0.368	−0.249	−0.085	0.016	0.127	0.145	0.132	0.111
0.650		−1.460	−0.912	−0.604	−0.397	−0.249	−0.139	0.007	0.090	0.166	0.166	0.144	0.119
0.700		−1.259	−0.717	−0.417	−0.222	−0.087	0.009	0.125	0.182	0.211	0.187	0.155	0.126
0.750		−0.967	−0.435	−0.152	0.022	0.133	0.204	0.273	0.290	0.257	0.208	0.166	0.132
0.800		−0.525	−0.017	0.231	0.362	0.428	0.455	0.448	0.409	0.302	0.226	0.175	0.137
0.850		0.201	0.647	0.807	0.843	0.817	0.764	0.639	0.526	0.341	0.242	0.182	0.141
0.900		1.579	1.803	1.698	1.495	1.285	1.098	0.814	0.625	0.373	0.256	0.189	0.146
0.950		5.052	3.960	2.914	2.186	1.696	1.358	0.938	0.695	0.398	0.267	0.196	0.150
1.004	49.507	12.730	5.787	3.578	2.511	1.892	1.492	1.015	0.746	0.421	0.279	0.202	0.154
1.008	37.430	12.563	5.795	3.590	2.521	1.900	1.499	1.019	0.749	0.423	0.280	0.203	0.154
1.012	28.070	12.149	5.786	3.598	2.530	1.907	1.505	1.024	0.752	0.424	0.281	0.203	0.155
1.016	21.941	11.524	5.752	3.600	2.536	1.914	1.510	1.028	0.755	0.426	0.282	0.204	0.155
1.020	17.820	10.782	5.689	3.596	2.541	1.919	1.516	1.032	0.759	0.427	0.283	0.204	0.155
1.024	14.913	10.005	5.596	3.585	2.543	1.924	1.520	1.036	0.761	0.429	0.283	0.205	0.155
1.028	12.771	9.249	5.477	3.565	2.541	1.927	1.524	1.039	0.764	0.430	0.284	0.205	0.156
1.040	8.810	7.309	5.003	3.453	2.517	1.927	1.532	1.048	0.772	0.435	0.287	0.207	0.157
1.060	5.682	5.174	4.118	3.136	2.406	1.891	1.525	1.057	0.783	0.442	0.291	0.209	0.159
1.080	4.125	3.900	3.364	2.759	2.230	1.812	1.491	1.056	0.788	0.448	0.295	0.212	0.160
1.100	3.202	3.085	2.783	2.403	2.029	1.702	1.433	1.043	0.789	0.453	0.298	0.214	0.162
1.120	2.595	2.527	2.344	2.095	1.829	1.580	1.360	1.019	0.783	0.456	0.301	0.216	0.163
1.140	2.167	2.124	2.006	1.837	1.646	1.456	1.279	0.986	0.772	0.458	0.304	0.218	0.165
1.160	1.851	1.823	1.742	1.623	1.483	1.337	1.196	0.948	0.756	0.458	0.306	0.220	0.166
1.180	1.609	1.589	1.532	1.446	1.341	1.228	1.115	0.906	0.736	0.457	0.308	0.222	0.168
1.200	1.417	1.403	1.361	1.297	1.218	1.129	1.038	0.863	0.713	0.454	0.309	0.223	0.169
1.300	0.863	0.859	0.847	0.827	0.801	0.770	0.736	0.660	0.584	0.419	0.303	0.226	0.173
1.400	0.601	0.600	0.595	0.587	0.576	0.562	0.546	0.510	0.470	0.369	0.284	0.220	0.173
1.500	0.452	0.451	0.449	0.445	0.439	0.432	0.424	0.404	0.381	0.319	0.259	0.209	0.168
1.600	0.356	0.356	0.355	0.352	0.349	0.345	0.340	0.329	0.315	0.275	0.233	0.194	0.161

F.0.3 桩侧阻力分布可采用下列模式：

基桩侧阻力分布简化为沿桩身均匀分布模式，即取 $\beta=1-\alpha$［式(F.0.1-1)中 $\sigma_{zst}=0$］。当有测试依据时，可根据测试结果分别采用沿深度线性增长的正三角形分布［$\beta=0$，式(F.0.1-1)中 $\sigma_{zsr}=0$］、正梯形分布（均布＋正三角形分布）或倒梯形分布（均布－正三角形分布）等。

F.0.4 长、短桩竖向应力影响系数应按下列原则计算：

1 计算长桩 l_1 对短桩 l_2 影响时，应以长桩的 $m_1=z/l_1=l_2/l_1$ 为起始计算点，向下计算对短桩桩端以下不同深度产生的竖向应力影响系数；

2 计算短桩 l_2 对长桩 l_1 影响时，应以短桩的 $m_2=z/l_2=l_1/l_2$ 为起始计算点，向下计算对长桩桩端以下不同深度产生的竖向应力影响系数；

3 当计算点下正应力叠加结果为负值时，应按零取值。

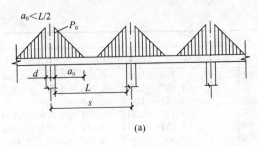

(a)

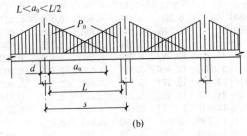

(b)

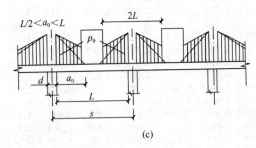

(c)

附录 G 按倒置弹性地基梁
计算砌体墙下条形桩基承台梁

G.0.1 按倒置弹性地基梁计算砌体墙下条形桩基连续承台梁时，先求得作用于梁上的荷载，然后按普通连续梁计算其弯距和剪力。弯距和剪力的计算公式可根据图 G.0.1 所示计算简图，分别按表 G.0.1 采用。

表 G.0.1 砌体墙下条形桩基
连续承台梁内力计算公式

内力	计算简图编号	内力计算公式
支座弯距	(a)、(b)、(c)	$M=-p_0\dfrac{a_0^2}{12}\left(2-\dfrac{a_0}{L_c}\right)$ (G.0.1-1)
	(d)	$M=-q\dfrac{L_c^2}{12}$ (G.0.1-2)
跨中弯距	(a)、(c)	$M=p_0\dfrac{a_0^3}{12L_c}$ (G.0.1-3)
	(b)	$M=\dfrac{p_0}{12}\left[L_c\left(6a_0-3L_c+0.5\dfrac{L_c^2}{a_0}\right)-a_0^2\left(4-\dfrac{a_0}{L_c}\right)\right]$ (G.0.1-4)
	(d)	$M=\dfrac{qL_c^2}{24}$ (G.0.1-5)
最大剪力	(a)、(b)、(c)	$Q=\dfrac{p_0a_0}{2}$ (G.0.1-6)
	(d)	$Q=\dfrac{qL}{2}$ (G.0.1-7)

注：当连续承台梁少于 6 跨时，其支座与跨中弯距应按实际跨数和图 G.0.1-1 求计算公式。

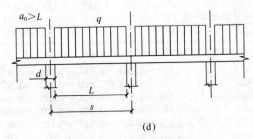

(d)

图 G.0.1 砌体墙下条形桩基
连续承台梁计算简图

式 (G.0.1-1)～式 (G.0.1-7) 中：

p_0——线荷载的最大值（kN/m），按下式确定：

$$p_0=\frac{qL_c}{a_0} \qquad (G.0.1-8)$$

a_0——自桩边算起的三角形荷载图形的底边长度，分别按下列公式确定：

中间跨 $\qquad a_0=3.14\sqrt[3]{\dfrac{E_nI}{E_kb_k}} \qquad (G.0.1-9)$

边跨 $\qquad a_0=2.4\sqrt[3]{\dfrac{E_nI}{E_kb_k}} \qquad (G.0.1-10)$

式中 L_c——计算跨度，$L_c=1.05L$；

L——两相邻桩之间的净距；

s——两相邻桩之间的中心距；

d——桩身直径；

q——承台梁底面以上的均布荷载；

E_nI——承台梁的抗弯刚度；

E_n——承台梁混凝土弹性模量；

I——承台梁横截面的惯性矩；

E_k——墙体的弹性模量；

b_k——墙体的宽度。

当门窗口下布有桩，且承台梁顶面至门窗口的砌体高度小于门窗口的净宽时，则应按倒置的简支梁计算该段梁的弯距，即取门窗净宽的 1.05 倍为计算跨度，取门窗下桩顶荷载为计算集中荷载进行计算。

附录 H 锤击沉桩锤重的选用

H.0.1 锤击沉桩的锤重可根据表 H.0.1 选用。

表 H.0.1 锤重选择表

锤 型		柴油锤（t）						
		D25	D35	D45	D60	D72	D80	D100
锤的动力性能	冲击部分质量（t）	2.5	3.5	4.5	6.0	7.2	8.0	10.0
	总质量（t）	6.5	7.2	9.6	15.0	18.0	17.0	20.0
	冲击力（kN）	2000~2500	2500~4000	4000~5000	5000~7000	7000~10000	>10000	>12000
	常用冲程（m）	1.8~2.3						
持力层	预制方桩、预应力管桩的边长或直径（mm）	350~400	400~450	450~500	500~550	550~600	600以上	600以上
	钢管桩直径（mm）	400		600	900	900~1000	900以上	900以上
黏性土粉土	一般进入深度（m）	1.5~2.5	2.0~3.0	2.5~3.5	3.0~4.0	3.0~5.0		
	静力触探比贯入阻力 P_s 平均值（MPa）	4	5	>5	>5	>5		
砂土	一般进入深度（m）	0.5~1.5	1.0~2.0	1.5~2.5	2.0~3.0	2.5~3.5	4.0~5.0	5.0~6.0
	标准贯入击数 $N_{63.5}$（未修正）	20~30	30~40	40~45	45~50	50	>50	>50
锤的常用控制贯入度（cm/10击）		2~3		3~5	4~8		5~10	7~12
设计单桩极限承载力（kN）		800~1600	2500~4000	3000~5000	5000~7000	7000~10000	>10000	>10000

注：1 本表仅供选锤用；

  2 本表适用于桩端进入硬土层一定深度的长度为 20~60m 的钢筋混凝土预制桩及长度为 40~60m 的钢管桩。

本规范用词说明

1 为了便于在执行本规范条文时区别对待，对于要求严格程度不同的用词说明如下：

 1) 表示很严格，非这样做不可的：

  正面词采用"必须"，反面词采用"严禁"。

 2) 表示严格，在正常情况下均应这样做的：

  正面词采用"应"，反面词采用"不应"或"不得"。

 3) 表示允许稍有选择，在条件允许时首先应这样做的：

  正面词采用"宜"，反面词采用"不宜"。

  表示有选择，在一定条件下可以这样做的，采用"可"。

2 条文中指明应按其他有关标准、规范执行的，写法为："应按……执行"或"应符合……的规定（或要求）"。

中华人民共和国行业标准

建筑桩基技术规范

JGJ 94—2008

条 文 说 明

前　言

《建筑桩基技术规范》JGJ 94-2008，经住房和城乡建设部 2008 年 4 月 22 日以第 18 号公告批准、发布。

本规范的主编单位是中国建筑科学研究院，参编单位是北京市勘察设计研究院有限公司、现代设计集团华东建筑设计研究院有限公司、上海岩土工程勘察设计研究院有限公司、天津大学、福建省建筑科学研究院、中冶集团建筑研究总院、机械工业勘察设计研究院、中国建筑东北设计院、广东省建筑科学研究院、北京筑都方圆建筑设计有限公司、广州大学。

为便于广大设计、施工、科研、学校等单位有关人员在使用本标准时能正确理解和执行条文规定，《建筑桩基技术规范》编制组按章、节、条顺序编制了本规范的条文说明，供使用者参考。在使用中如发现本条文说明有不妥之处，请将意见函寄中国建筑科学研究院。

目　次

1 总 则

1.0.1~1.0.3 桩基的设计与施工要实现安全适用、技术先进、经济合理、确保质量、保护环境的目标，应综合考虑下列诸因素，把握相关技术要点。

1 地质条件。建设场地的工程地质和水文地质条件，包括地层分布特征和土性、地下水赋存状态与水质等，是选择桩型、成桩工艺、桩端持力层及抗浮设计等的关键因素。因此，场地勘察做到完整可靠，设计和施工者对于勘察资料做出正确解析和应用均至关重要。

2 上部结构类型、使用功能与荷载特征。不同的上部结构类型对于抵抗或适应桩基差异沉降的性能不同，如剪力墙结构抵抗差异沉降的能力优于框架、框架-剪力墙、框架-核心筒结构；排架结构适应差异沉降的性能优于框架、框架-剪力墙、框架-核心筒结构。建筑物使用功能的特殊性和重要性是决定桩基设计等级的依据之一；荷载大小与分布是确定桩型、桩的几何参数与布桩所应考虑的主要因素。地震作用在一定条件下制约桩的设计。

3 施工技术条件与环境。桩型与成桩工艺的优选，在综合考虑地质条件、单桩承载力要求前提下，尚应考虑成桩设备与技术的既有条件，力求既先进且实际可行、质量可靠；成桩过程产生的噪声、振动、泥浆、挤土效应等对于环境的影响应作为选择成桩工艺的重要因素。

4 注重概念设计。桩基概念设计的内涵是指综合上述诸因素制定该工程桩基设计的总体构思。包括桩型、成桩工艺、桩端持力层、桩径、桩长、单桩承载力、布桩、承台形式、是否设置后浇带等，它是施工图设计的基础。概念设计应在规范框架内，考虑桩、土、承台、上部结构相互作用对于承载力和变形的影响，既满足荷载与抗力的整体平衡，又兼顾荷载与抗力的局部平衡，以优化桩型选择和布桩为重点，力求减小差异变形，降低承台内力和上部结构次内力，实现节约资源、增强可靠性和耐久性。可以说，概念设计是桩基设计的核心。

2 术语、符号

2.1 术 语

术语以《建筑桩基技术规范》JGJ94-94为基础，根据本规范内容，作了相应的增补、修订和删节；增加了减沉复合疏桩基础、变刚度调平设计、承台效应系数、灌注桩后注浆、桩基等效沉降系数。

2.2 符 号

符号以沿用《建筑桩基技术规范》JGJ94-94既有符号为主，根据规范条文的变化作了相应调整，主要是由于桩基竖向和水平承载力计算由原规范按荷载效应基本组合改为按标准组合。共有四条：2.2.1作用和作用效应；2.2.2抗力和材料性能：用单桩竖向承载力特征值、单桩水平承载力特征值取代原规范的竖向和水平承载力设计值；2.2.3几何参数；2.2.4计算系数。

3 基本设计规定

3.1 一 般 规 定

3.1.1 本条说明桩基设计的两类极限状态的相关内容。

1 承载能力极限状态

原《建筑桩基技术规范》JGJ 94-94采用桩基承载能力概率极限状态分项系数的设计法，相应的荷载效应采用基本组合。本规范改为以综合安全系数 K 代替荷载分项系数和抗力分项系数，以单桩极限承载力和综合安全系数 K 为桩基抗力的基本参数。这意味着承载能力极限状态的荷载效应基本组合的荷载分项系数为1.0，亦即为荷载效应标准组合。本规范作这种调整的原因如下：

1) 与现行国家标准《建筑地基基础设计规范》（GB 50007）的设计原则一致，以方便使用。

2) 关于不同桩型和成桩工艺对极限承载力的影响，实际上已反映于单桩极限承载力静载试验值或极限侧阻力与极限端阻力经验参数中，因此承载力随桩型和成桩工艺的变异特征已在单桩极限承载力取值中得到较大程度反映，采用不同的承载力分项系数意义不大。

3) 鉴于地基土性的不确定性对基桩承载力可靠性影响目前仍处于研究探索阶段，原《建筑桩基技术规范》JGJ 94-94的承载力概率极限状态设计模式尚属不完全的可靠性分析设计。

关于桩身、承台结构承载力极限状态的抗力仍采用现行国家标准《混凝土结构设计规范》GB 50010、《钢结构设计规范》GB 50017（钢桩）规定的材料强度设计值，作用力采用现行国家标准《建筑结构荷载规范》GB 50009规定的荷载效应基本组合设计值计算确定。

2 正常使用极限状态

由于问题的复杂性，以桩基的变形、抗裂、裂缝宽度为控制内涵的正常使用极限状态计算，如同上部结构一样从未实现基于可靠性分析的概率极限状态设计。因此桩基正常使用极限状态设计计算维持原《建筑桩基技术规范》JGJ 94-94规范的规定。

3.1.2 划分建筑桩基设计等级，旨在界定桩基设计的复杂程度、计算内容和应采取的相应技术措施。桩基设计等级是根据建筑物规模、体型与功能特征、场地地质与环境的复杂程度，以及由于桩基问题可能造成建筑物破坏或影响正常使用的程度划分为三个等级。

甲级建筑桩基，第一类是（1）重要的建筑；（2）30层以上或高度超过100m的高层建筑。这类建筑物的特点是荷载大、重心高、风载和地震作用水平剪力大，设计时应选择基桩承载力变幅大、布桩具有较大灵活性的桩型，基础埋置深度足够大，严格控制桩基的整体倾斜和稳定。第二类是（3）体型复杂且层数相差超过10层的高低层（含纯地下室）连体建筑物；（4）20层以上框架-核心筒结构及其他对于差异沉降有特殊要求的建筑物。这类建筑物由于荷载与刚度分布极为不均，抵抗和适应差异变形的性能较差，或使用功能上对变形有特殊要求（如冷藏库、精密生产工艺的多层厂房、液面控制严格的贮液罐体、精密机床和透平设备基础等）的建（构）筑物桩基，须严格控制差异变形乃至沉降量。桩基设计中，首先，概念设计要遵循变刚度调平设计原则；其二，在概念设计的基础上要进行上部结构——承台——桩土的共同作用分析，计算沉降等值线、承台内力和配筋。第三类是（5）场地和地基条件复杂的7层以上的一般建筑物及坡地、岸边建筑；（6）对相邻既有工程影响较大的建筑物。这类建筑物自身无特殊性，但由于场地条件、环境条件的特殊性，应按桩基设计等级甲级设计。如场地处于岸边高坡、地基为半填半挖、基底同置于岩石和土质地层、岩溶极为发育且岩面起伏很大、桩身范围有较厚自重湿陷性黄土或可液化土等等，这种情况下首先应把握好桩基的概念设计，控制差异变形和整体稳定、考虑负摩阻力等至关重要；又如在相邻既有工程的场地上建造新建筑物，包括基础跨越地铁、基础埋深大于紧邻的重要或高层建筑物等，此时如何确定桩基传递荷载和施工不致影响既有建筑物的安全成为设计施工应予控制的关键因素。

丙级建筑桩基的要素同时包含两方面，一是场地和地基条件简单，二是荷载分布较均匀、体型简单的7层及7层以下一般建筑；桩基设计较简单，计算内容可视具体情况简略。

乙级建筑桩基，为甲级、丙级以外的建筑桩基，设计较甲级简单，计算内容应根据场地与地基条件、建筑物类型酌定。

3.1.3 关于桩基承载力计算和稳定性验算，是承载能力极限状态设计的具体内容，应结合工程具体条件有针对性地进行计算或验算，条文所列6项内容中有的为必算项，有的为可算项。

3.1.4、3.1.5 桩基变形涵盖沉降和水平位移两大方面，后者包括长期水平荷载、高烈度区水平地震作用以及风荷载等引起的水平位移；桩基沉降是计算绝对沉降、差异沉降、整体倾斜和局部倾斜的基本参数。

3.1.6 根据基桩所处环境类别，参照现行《混凝土结构设计规范》GB 50010关于结构构件正截面的裂缝控制等级分为三级：一级严格要求不出现裂缝的构件，按荷载效应标准组合计算的构件受拉边缘混凝土不应产生拉应力；二级一般要求不出现裂缝的构件，按荷载效应标准组合计算的构件受拉边缘混凝土拉应力不应大于混凝土轴心抗拉强度标准值；按荷载效应准永久组合计算构件受拉边缘混凝土不宜产生拉应力；三级允许出现裂缝的构件，应按荷载效应标准组合计算裂缝宽度。最大裂缝宽度限值见本规范表3.5.3。

3.1.7 桩基设计所采用的作用效应组合和抗力是根据计算或验算的内容相适应的原则确定。

1 确定桩数和布桩时，由于抗力是采用基桩或复合基桩极限承载力除以综合安全系数$K=2$确定的特征值，故采用荷载分项系数γ_G、$\gamma_Q=1$的荷载效应标准组合。

2 计算荷载作用下基桩沉降和水平位移时，考虑土体固结变形时效特点，应采用荷载效应准永久组合；计算水平地震作用、风荷载作用下桩基的水平位移时，应按水平地震作用、风载作用效应的标准组合。

3 验算坡地、岸边建筑桩基整体稳定性采用综合安全系数，故其荷载效应采用γ_G、$\gamma_Q=1$的标准组合。

4 在计算承台结构和桩身结构时，应与上部混凝土结构一致，承台顶面作用效应采用基本组合，其抗力应采用包含抗力分项系数的设计值；在进行承台和桩身的裂缝控制验算时，应与上部混凝土结构一致，采用荷载效应标准组合和荷载效应准永久组合。

5 桩基结构作为结构体系的一部分，其安全等级、结构设计使用年限，应与混凝土结构设计规范一致。考虑到桩基结构的修复难度更大，故结构重要性系数γ_0除临时性建筑外，不应小于1.0。

3.1.8 本条说明关于变刚度调平设计的相关内容。

变刚度调平概念设计旨在减小差异变形、降低承台内力和上部结构次内力，以节约资源，提高建筑物使用寿命，确保正常使用功能。以下就传统设计存在的问题、变刚度调平设计原理与方法、试验验证、工程应用效果进行说明。

1 天然地基箱基的变形特征

图1所示为北京中信国际大厦天然地基箱形基础竣工时和使用3.5年相应的沉降等值线。该大厦高104.1m，框架-核心筒结构；双层箱基，高11.8m；地基为砂砾与黏性土交互层；1984年建成至今20年，最大沉降由6.0cm发展至12.5cm，最大差异沉降

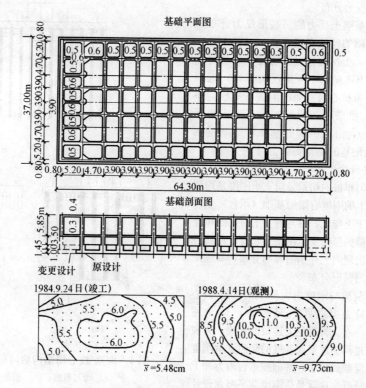

基础平面图

基础剖面图

1984.9.24日(竣工)

$\bar{s}=5.48cm$

1988.4.14日(观测)

$\bar{s}=9.73cm$

图1　北京中信国际大厦箱基沉降等值线（s单位：cm）

$\Delta s_{max}=0.004L_0$，超过规范允许值 $[\Delta s_{max}]=0.002L_0$（$L_0$为二测点距离）一倍，碟形沉降明显。这说明加大基础的抗弯刚度对于减小差异沉降的效果并不突出，但材料消耗相当可观。

2　均匀布桩的桩筏基础的变形特征

图2为北京南银大厦桩筏基础建成一年的沉降等值线。该大厦高113m，框架-核心筒结构；采用ϕ400PHC管桩，桩长$l=11$m，均匀布桩；考虑到预制桩沉桩出现上浮，对所有桩实施了复打；筏板厚2.5m；建成一年，最大差异沉降$[\Delta s_{max}]=0.002L_0$。

由于桩端以下有黏性土下卧层，桩长相对较短，预计最终最大沉降量将达7.0cm左右，Δs_{max}将超过允许值。沉降分布与天然地基上箱基类似，呈明显碟形。

3　均匀布桩的桩顶反力分布特征

图3所示为武汉某大厦桩箱基础的实测桩顶反力分布。该大厦为22层框架-剪力墙结构，桩基为ϕ500PHC管桩，桩长22m，均匀布桩，桩距3.3d，桩数344根，桩端持力层为粗中砂。由图3看出，随荷载和结构刚度增加，中、边桩反力差增大，最终达1∶1.9，呈马鞍形分布。

4　碟形沉降和马鞍形反力分布的负面效应

1）碟形沉降

约束状态下的非均匀变形与荷载一样也是一种作用，受作用体将产生附加应力。箱筏基础或桩承台的碟形沉降，将引起自身和上部结构的附加弯、剪内力乃至开裂。

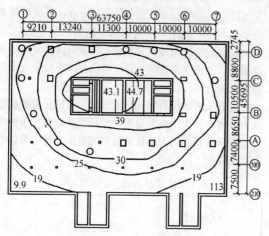

图2　南银大厦桩筏基础沉降等值线
（建成一年，s单位：mm）

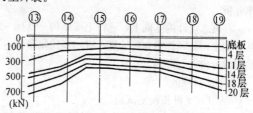

图3　武汉某大厦桩箱基础桩顶反力实测结果

2）马鞍形反力分布

天然地基箱筏基础土反力的马鞍形反力分布的负面效应将导致基础的整体弯矩增大。以图1北京中信国际大厦为例，土反力按《高层建筑箱形与筏形基础技术规范》JGJ 6-99 所给反力系数，近似计算中间单位宽板带核心筒一侧的附加弯矩较均布反力增加16.2%。根据图3所示桩箱基础实测反力内外比达1：1.9，由此引起的整体弯矩增量比中信国际大厦天然地基的箱基更大。

5 变刚度调平概念设计

天然地基和均匀布桩的初始竖向支承刚度是均匀分布的，设置于其上的刚度有限的基础（承台）受均布荷载作用时，由于土与土、桩与桩、土与桩的相互作用导致地基或桩群的竖向支承刚度分布发生内弱外强变化，沉降变形出现内大外小的碟形分布，基底反力出现内小外大的马鞍形分布。

当上部结构为荷载与刚度内大外小的框架-核心筒结构时，碟形沉降会更趋明显[见图4(a)]，上述工程实例证实了这一点。为避免上述负面效应，突破传统设计理念，通过调整地基或基桩的竖向支承刚度分布，促使差异沉降减到最小，基础或承台内力和上部结构次应力显著降低。这就是变刚度调平概念设计的内涵。

1）局部增强变刚度

在天然地基满足承载力要求的情况下，可对荷载集度高的区域如核心筒等实施局部增强处理，包括采用局部桩基与局部刚性桩复合地基[见图4(c)]。

2）桩基变刚度

对于荷载分布较均匀的大型油罐等构筑物，宜按变桩距、变桩长布桩（图5）以抵消因相互作用对中心区支承刚度的削弱效应。对于框架-核心筒和框架-剪力墙结构，应按荷载分布考虑相互作用，将桩相对集中布置于核心筒和柱下，对于外围框架区应适当弱化，按复合桩基设计，桩长宜减小（当有合适桩端持力层时），如图4(b)所示。

3）主裙连体变刚度

对于主裙连体建筑基础，应按增强主体（采用桩基）、弱化裙房（采用天然地基、疏短桩、复合地基、褥垫增沉等）的原则设计。

4）上部结构—基础—地基（桩土）共同工作分析

在概念设计的基础上，进行上部结构—基础—地基（桩土）共同作用分析计算，进一步优化布桩，并确定承台内力与配筋。

6 试验验证

1）变桩长模型试验

在石家庄某现场进行了20层框架-核心筒结构1/10现场模型试验。从图6看出，等桩长布桩（$d=150mm$，$l=2m$）与变桩长（$d=150mm$，$l=2m$、

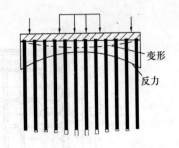

(a)

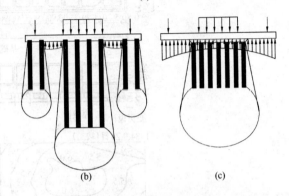

(b)　　　　(c)

图4　框架-核心筒结构均匀布桩与变刚度布桩
（a）均匀布桩；（b）桩基-复合桩基；
（c）局部刚性桩复合地基或桩基

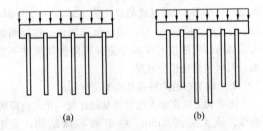

(a)　　　　(b)

图5　均布荷载下变刚度布桩模式
（a）变桩距；（b）变桩长

3m、4m）布桩相比，在总荷载 $F=3250kN$ 下，其最大沉降由 $s_{max}=6mm$ 减至 $s_{max}=2.5mm$，最大沉降差由 $\Delta s_{max}\leqslant 0.012L_0$（$L_0$ 为二测点距离）减至 $\Delta s_{max}\leqslant 0.0005L_0$。这说明按常规布桩，差异沉降难免超出规范要求，而按变刚度调平设计可大幅减小最大沉降和差异沉降。

由表1桩顶反力测试结果看出，等桩长桩基桩顶反力呈内小外大马鞍形分布，变桩长桩基转变为内大外小碟形分布。后者可使承台整体弯矩、核心筒冲切力显著降低。

表1　桩顶反力比（$F=3250kN$）

试验细目	内部桩	边桩	角桩
	Q_i/Q_{av}	Q_b/Q_{bv}	Q_c/Q_{av}
等长度布桩试验C	76%	140%	115%
变长度布桩试验D	105%	93%	92%

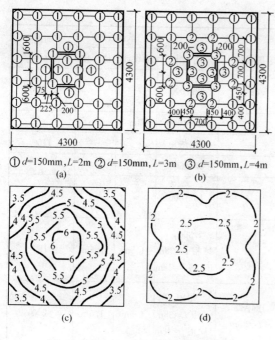

① $d=150mm,L=2m$ ② $d=150mm,L=3m$ ③ $d=150mm,L=4m$

(a) | (b)

图 6　等桩长与变桩长桩基模型试验

$(P=3250kN)$

(a) 等长度布桩试验 C；(b) 变长度布桩试验 D；

(c) 等长度布桩沉降等值线；

(d) 变长度布桩沉降等值线

2）核心筒局部增强模型试验

图 7 为试验场地在粉质黏土地基上的 20 层框架结构 1/10 模型试验，无桩筏板与局部增强（刚性桩复合地基）试验比较。从图 7(a)、(b) 可看出，在相同荷载（$F=3250kN$）下，后者最大沉降量 $s_{max}=8mm$，外围沉降为 7.8mm，差异沉降接近于零；而前者最大沉降量 $s_{max}=20mm$，外围最大沉降量 $s_{min}=10mm$，最大相对差异沉降 $\Delta s_{max}/L_0=0.4\%>$容许值

0.2%。可见，在天然地基承载力满足设计要求的情况下，采用对荷载集度高的核心区局部增强措施，其调平效果十分显著。

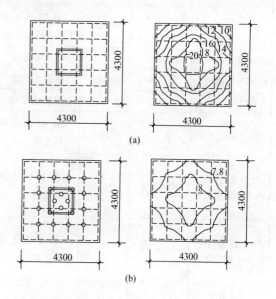

(a)

(b)

图 7　核心筒区局部增强（刚性桩复合地基）

与无桩筏板模型试验 $(P=3250kN)$

(a) 无桩筏板；(b) 核心区刚性桩复合地基

$(d=150mm，L=2m)$

7　工程应用

采用变刚度调平设计理论与方法结合后注浆技术对北京皂君庙电信楼、山东农行大厦、北京长青大厦、北京电视台、北京呼家楼等 27 项工程的桩基设计进行了优化，取得了良好的技术经济效益（部分工程见表 2）。最大沉降 $s_{max}\leqslant38mm$，最大差异沉降 $\Delta s_{max}\leqslant0.0008L_0$，节约投资逾亿元。

表 2　变刚度调平设计工程实例

工程名称	层数（层）/高度（m）	建筑面积（m²）	结构形式	桩　数		承台板厚		节约投资（万元）
				原设计	优　化	原设计	优　化	
农行山东省分行大厦	44/170	80000	框架-核心筒，主裙连体	377φ1000	146φ1000	—	—	300
北京皂君庙电信大厦	18/150	66308	框架-剪力墙，主裙连体	373φ800 391φ1000	302φ800	—	—	400
北京盛富大厦	26/100	60000	框架-核心筒，主裙连体	365φ1000	120φ1000	—	—	150
北京机械工业经营大厦	27/99.8	41700	框架-核心筒，主裙连体	桩基	复合地基	—	—	60
北京长青大厦	26/99.6	240000	框架-核心筒，主裙连体	1251φ800	860φ800	—	1.4m	959

工程名称	层数（层）/高度（m）	建筑面积（m²）	结构形式	桩数		承台板厚		节约投资（万元）
				原设计	优化	原设计	优化	
北京紫云大厦	32/113	68000	框架-核心筒，主裙连体	—	92φ1000	—	—	50
BTV综合业务楼	41/255	—	框架-核心筒	—	126φ1000	3m	2m	—
BTV演播楼	11/48	183000	框架-剪力墙	—	470φ800			1100
BTV生活楼	11/52		框架-剪力墙	—	504φ600			
万豪国际大酒店	33/128	—	框架-核心筒，主裙连体		162φ800			
北京嘉美风尚中心公寓式酒店	28/99.8	180000	框架-剪力墙，主群连体	233φ800，$l=38m$	φ800，64根 $l=38m$ 152根 $l=18m$	1.5m	1.5m	150
北京嘉美风尚中心办公楼	24/99.8		框架-剪力墙，主群连体	194φ800，$l=38m$	φ800，65根 $l=38m$ 117根 $l=18m$	1.5m	1.5m	200
北京财源国际中心西塔	36/156.5	220000	框架-核心筒	φ800桩，扩底后注浆	280φ1000	3.0m	2.2m	200
北京悠乐汇B区酒店、商业及写字楼（共3栋塔楼）	28/99.15	220000	框架-核心筒，主群连体	—	558φ800	核心下3.0m外围柱下2.2m	1.6m	685

3.1.9 软土地区多层建筑，若采用天然地基，其承载力许多情况下满足要求，但最大沉降往往超过20cm，差异变形超过允许值，引发墙体开裂者多见。20世纪90年代以来，首先在上海采用以减小沉降为目标的疏布小截面预制桩复合桩基，简称为减沉复合疏桩基础，上海称其为沉降控制复合桩基。近年来，这种减沉复合疏桩基础在温州、天津、济南等地也相继应用。

对于减沉复合疏桩基础应用中要注意把握三个关键技术，一是桩端持力层不应是坚硬岩层、密实砂、卵石层，以确保基桩受荷能产生刺入变形，承台底基土能有效分担份额很大的荷载；二是桩距应在5～6d以上，使桩间土受桩牵连变形较小，确保桩间土较充分发挥承载作用；三是由于基桩数量少而疏，成桩质量可靠性应严加控制。

3.1.10 对于按规范第3.1.4条进行沉降计算的建筑桩基，在施工过程及建成后使用期间，必须进行系统的沉降观测直至稳定。系统的沉降观测，包含四个要点：一是桩基完工之后即应在柱、墙脚部位设置测点，以测量地基的回弹再压缩量。待地下室建造出地面后，将测点移至地面柱、墙脚部成为长期测点，并加设保护措施；二是对于框架-核心筒、框架-剪力墙结构，应于内部柱、墙和外围柱、墙上设置测点，以

获取建筑物内、外部的沉降和差异沉降值；三是沉降观测应委托专业单位负责进行，施工单位自测自检平行作业，以资校对；四是沉降观测应事先制定观测间隔时间和全程计划，观测数据和所绘曲线应作为工程验收内容，移交建设单位存档，并按相关规范观测直至稳定。

3.2 基本资料

3.2.1、3.2.2 为满足桩基设计所需的基本资料，除建筑场地工程地质、水文地质资料外，对于场地的环境条件、新建工程的平面布置、结构类型、荷载分布、使用功能上的特殊要求、结构安全等级、抗震设防烈度、场地类别、桩的施工条件、类似地质条件的试桩资料等，都是桩基设计所需的基本资料。根据工程与场地条件，结合桩基工程特点，对勘探点间距、勘探深度、原位试验这三方面制定合理完整的勘探方案，以满足桩型、桩端持力层、单桩承载力、布桩等概念设计阶段和施工图设计阶段的资料要求。

3.3 桩的选型与布置

3.3.1、3.3.2 本条说明桩的分类与选型的相关内容。

1 应正确理解桩的分类内涵

1）按承载力发挥性状分类

承载性状的两个大类和四个亚类是根据其在极限承载力状态下，总侧阻力和总端阻力所占份额而定。承载性状的变化不仅与桩端持力层性质有关，还与桩的长径比、桩周土层性质、成桩工艺等有关。对于设计而言，应依据基桩竖向承载性状合理配筋、计算负摩阻力引起的下拉荷载、确定沉降计算图式、制定灌注桩沉渣控制标准和预制桩锤击和静压终止标准等。

2）按成桩方法分类

按成桩挤土效应分类，经大量工程实践证明是必要的，也是借鉴国外相关标准的规定。成桩过程中有无挤土效应，涉及设计选型、布桩和成桩过程质量控制。

成桩过程的挤土效应在饱和黏性土中是负面的，会引发灌注桩断桩、缩颈等质量事故，对于挤土预制混凝土桩和钢桩会导致桩体上浮，降低承载力，增大沉降；挤土效应还会造成周边房屋、市政设施受损；在松散土和非饱和填土中则是正面的，会起到加密、提高承载力的作用。

对于非挤土桩，由于其既不存在挤土负面效应，又具有穿越各种硬夹层、嵌岩和进入各类硬持力层的能力，桩的几何尺寸和单桩的承载力可调空间大。因此钻、挖孔灌注桩使用范围大，尤以高重建筑物更为合适。

3）按桩径大小分类

桩径大小影响桩的承载力性状，大直径钻（挖、冲）孔桩成孔过程中，孔壁的松驰变形导致侧阻力降低的效应随桩径增大而增大，桩端阻力则随直径增大而减小。这种尺寸效应与土的性质有关，黏性土、粉土与砂土、碎石类土相比，尺寸效应相对较弱。另外侧阻和端阻的尺寸效应与桩身直径 d、桩底直径 D 呈双曲线函数关系，尺寸效应系数：$\psi_{si} = (0.8/d)^m$；$\psi_p = (0.8/D)^n$。

2 应避免基桩选型常见误区

1）凡嵌岩桩必为端承桩

将嵌岩桩一律视为端承桩会导致将桩端嵌岩深度不必要地加大，施工周期延长，造价增加。

2）挤土灌注桩也可应用于高层建筑

沉管挤土灌注桩无需排土排浆，造价低。20世纪80年代曾风行于南方各省，由于设计施工对于这类桩的挤土效应认识不足，造成的事故极多，因而21世纪以来趋于淘汰。然而，重温这类桩使用不当的教训仍属必要。某28层建筑，框架-剪力墙结构；场地地层自上而下为饱和粉质黏土、粉土、黏土；采用 $\phi500$、$l = 22m$、沉管灌注桩，梁板式筏形承台，桩距3.6d，均匀满堂布桩；成桩过程出现明显地面隆起和桩上浮；建至12层底板即开裂，建成后梁板式筏形承台的主次梁及部分与核心筒相连的框架梁开裂。最后采取加固措施，将梁板式筏形承台主次梁两

侧加焊钢板，梁与梁之间充填混凝土变为平板式筏形承台。

鉴于沉管灌注桩应用不当的普遍性及其严重后果，本次规范修订中，严格控制沉管灌注桩的应用范围，在软土地区仅限于多层住宅单排桩条基使用。

3）预制桩的质量稳定性高于灌注桩

近年来，由于沉管灌注桩事故频发，PHC和PC管桩迅猛发展，取代沉管灌注桩。毋庸置疑，预应力管桩不存在缩颈、夹泥等质量问题，其质量稳定性优于沉管灌注桩，但是与钻、挖、冲孔灌注桩比较则不然。首先，沉桩过程的挤土效应常常导致断桩（接头处）、桩端上浮、增大沉降，以及对周边建筑物和市政设施造成破坏等；其次，预制桩不能穿透硬夹层，往往使得桩长过短，持力层不理想，导致沉降过大；其三，预制桩的桩径、桩长、单桩承载力可调范围小，不能或难于按变刚度调平原则优化设计。因此，预制桩的使用要因地、因工程对象制宜。

4）人工挖孔桩质量稳定可靠

人工挖孔桩在低水位非饱和土中成孔，可进行彻底清孔，直观检查持力层，因此质量稳定性较高。但是，设计者对于高水位条件下采用人工挖孔桩的潜在隐患认识不足。有的边挖孔边抽水，以至将桩侧细颗粒淘走，引起地面下沉，甚至导致护壁整体滑脱，造成人身事故；还有的将相邻桩新灌注混凝土的水泥颗粒带走，造成离析；在流动性淤泥中实施强制性挖孔，引起大量淤泥发生侧向流动，导致土体滑移将桩体推歪、推断。

5）凡扩底可提高承载力

扩底桩用于持力层较好、桩较短的端承型灌注桩，可取得较好的技术经济效益。但是，若将扩底不适当应用，则可能走进误区。如：在饱和单轴抗压强度高于桩身混凝土强度的基岩中扩底，是不必要的；在桩侧土层较好、桩长较大的情况下扩底，一则损失扩底端以上部分侧阻力，二则增加扩底费用，可能得失相当或失大于得；将扩底端放置于有软弱下卧层的薄硬土层上，既无增强效应，还可能留下安全隐患。

近年来，全国各地研发的新桩型，有的已取得一定的工程应用经验，编制了推荐性专业标准或企业标准，各有其适用条件。由于选用不当，造成事故者也不少见。

3.3.3 基桩的布置是桩基概念设计的主要内涵，是合理设计、优化设计的主要环节。

1 基桩的最小中心距。基桩最小中心距规定基于两个因素确定。第一，有效发挥桩的承载力，群桩试验表明对于非挤土桩，桩距3~4d时，侧阻和端阻的群桩效应系数接近或略大于1；砂土、粉土略高于黏性土。考虑承台效应的群桩效率则均大于1。但桩基的变形因群桩效应而增大，亦即桩基的竖向支承刚度因桩土相互作用而降低。

基桩最小中心距所考虑的第二个因素是成桩工艺。对于非挤土桩而言，无需考虑挤土效应问题；对于挤土桩，为减小挤土负面效应，在饱和黏性土和密实土层条件下，桩距应适当加大。因此最小桩距的规定，考虑了非挤土、部分挤土和挤土效应，同时考虑桩的排列与数量等因素。

2 考虑力系的最优平衡状态。桩群承载力合力点宜与竖向永久荷载合力作用点重合，以减小荷载偏心的负面效应。当桩基承受水平力时，应使基桩承受水平力和力矩较大方向有较大的抗弯截面模量，以增强桩基的水平承载力，减小桩基的倾斜变形。

3 桩箱、桩筏基础的布桩原则。为改善承台的受力状态，特别是降低承台的整体弯矩、冲切力和剪切力，宜将桩布置于墙下和梁下，并适当弱化外围。

4 框架-核心筒结构的优化布桩。为减小差异变形、优化反力分布、降低承台内力，应按变刚度调平原则布桩。也就是根据荷载分布，作到局部平衡，并考虑相互作用对于桩土刚度的影响，强化内部核心筒和剪力墙区，弱化外围框架区。调整基桩支承刚度的具体做法是：对于刚度强化区，采取加大桩长（有多层持力层）、或加大桩径（端承型桩）、减小桩距（满足最小桩距）；对于刚度相对弱化区，除调整桩的几何尺寸外，宜按复合桩基设计。由此改变传统设计带来的碟形沉降和马鞍形反力分布，降低冲切力、剪切力和弯矩，优化承台设计。

5 关于桩端持力层选择和进入持力层的深度要求。桩端持力层是影响基桩承载力的关键因素，不仅制约桩端阻力而且影响侧阻力的发挥，因此选择较硬土层为桩端持力层至关重要；其次，应确保桩端进入持力层的深度，有效发挥其承载力。进入持力层的深度除考虑承载性状外尚应同成桩工艺可行性相结合。本款是综合以上二因素结合工程经验确定的。

6 关于嵌岩桩的嵌岩深度原则上应按计算确定，计算中综合反映荷载、上覆土层、基岩性质、桩径、桩长诸因素，但对于嵌入倾斜的完整和较完整岩的深度不宜小于 $0.4d$（以岩面坡下方深度计），对于倾斜度大于 30% 的中风化岩，宜根据倾斜度及岩石完整程度适当加大嵌岩深度，以确保基桩的稳定性。

3.4 特殊条件下的桩基

3.4.1 本条说明关于软土地基桩基的设计原则。

1 软土地基特别是沿海深厚软土区，一般坚硬地层埋置很深，但选择较好的中、低压缩性土层作为桩端持力层仍有可能，且十分重要。

2 软土地区桩基因负摩阻力而受损的事故不少，原因各异。一是有些地区覆盖有新近沉积的欠固结土层；二是采取开山或吹填围海造地；三是使用过程地面大面积堆载；四是邻近场地降低地下水；五是大面积挤土沉桩引起超孔隙水压和土体上涌等等。负摩阻

力的发生和危害是可以预防、消减的。问题是设计和施工者的事先预测和采取应对措施。

3 挤土沉桩在软土地区造成的事故不少，一是预制桩接头被拉断、桩体侧移和上涌，沉管灌注桩发生断桩、缩颈；二是邻近建筑物、道路和管线受到破坏。设计时要因地制宜选择桩型和工艺，尽量避免采用沉管灌注桩。对于预制桩和钢桩的沉桩，应采取减小孔压和减轻挤土效应的措施，包括施打塑料排水板、应力释放孔、引孔沉桩、控制沉桩速率等。

4 关于基坑开挖对已成桩的影响问题。在软土地区，考虑到基桩施工有利的作业条件，往往采取先成桩后开挖基坑的施工程序。由于基坑开挖得不均衡，形成"坑中坑"，导致土体蠕变滑移将基桩推歪推断，有的水平位移达 1m 多，造成严重的质量事故。这类事故自 20 世纪 80 年代以来，从南到北屡见不鲜。因此，软土场地在已成桩的条件下开挖基坑，必须严格实行均衡开挖，高差不应超过 1m，不得在坑边弃土，以确保已成基桩不因土体滑移而发生水平位移和折断。

3.4.2 本条说明湿陷性黄土地区桩基的设计原则。

1 湿陷性黄土地区的桩基，由于土的自重湿陷对基桩产生负摩阻力，非自重湿陷性土由于浸水削弱桩侧阻力，承台底土抗力也随之消减，导致基桩承载力降低。为确保基桩承载力的安全可靠性，桩端持力层应选择低压缩性的黏性土、粉土、中密和密实土以及碎石类土层。

2 湿陷性黄土地基中的单桩极限承载力的不确定性较大，故设计等级为甲、乙级桩基工程的单桩极限承载力的确定，强调采用浸水载荷试验方法。

3 自重湿陷性黄土地基中的单桩极限承载力，应视浸水可能性、桩端持力层性质、建筑桩基设计等级等因素考虑负摩阻力的影响。

3.4.3 本条说明季节性冻土和膨胀土地基中的桩基的设计原则。

主要应考虑冻胀和膨胀对于基桩抗拔稳定性问题，避免冻胀或膨胀力作用下产生上拔变形，乃至因累积上拔变形而引起建筑物开裂。因此，对于荷载不大的多层建筑桩基设计应考虑以下诸因素：桩端进入冻深线或膨胀土的大气影响急剧层以下一定深度；宜采用无挤土效应的钻、挖孔桩；对桩基的抗拔稳定性和桩身受拉承载力进行验算；对承台和桩身上部采取隔冻、隔胀处理。

3.4.4 本条说明岩溶地区桩基的设计原则。

主要考虑岩溶地区的基岩表面起伏大，溶沟、溶槽、溶洞往往较发育，无风化岩层覆盖等特点，设计应把握三方面要点：一是基桩选型和工艺宜采用钻、冲孔灌注桩，以利于嵌岩；二是应控制嵌岩最小深度，以确保倾斜基岩上基桩的稳定；三是当基岩的溶蚀极为发育，溶沟、溶槽、溶洞密布，岩面起伏很

大，而上覆土层厚度较大时，考虑到嵌岩桩桩长变异性过大，嵌岩施工难以实施，可采用较小桩径（φ500～φ700）密布非嵌岩桩，并后注浆，形成整体性和刚度很大的块体基础。如宜春邮电大楼即是一例，楼高80m，框架-剪力墙结构，地质条件与上述情况类似，原设计为嵌岩桩，成桩过程出现个别桩充盈系数达20以上，后改为φ700灌注桩，利用上部20m左右较好的土层，实施桩端桩侧后注浆，筏板承台。建成后沉降均匀，最大不超过10mm。

3.4.5 本条说明坡地、岸边建筑桩基的设计原则。

坡地、岸边建筑桩基的设计，关键是确保其整体稳定性，一旦失稳既影响自身建筑物的安全也会波及相邻建筑的安全。整体稳定性涉及这样三个方面问题：一是建筑场地必须是稳定的，如果存在软弱土层或岩土界面等潜在滑移面，必须将桩支承于稳定岩土层以下足够深度，并验算桩基的整体稳定性和基桩的水平承载力；二是建筑桩基外缘与坡顶的水平距离必须符合有关规范规定；边坡自身必须是稳定的或经整治后确保其稳定性；三是成桩过程不得产生挤土效应。

3.4.6 本条说明抗震设防区桩基的设计原则。

桩基较其他基础形式具有较好的抗震性能，但设计中应把握这样三点：一是基桩进入液化土层以下稳定土层的长度不应小于本条规定的最小值；二是为确保承台和地下室外墙土抗力能分担水平地震作用，肥槽回填质量必须确保；三是当承台周围为软土和可液化土，且桩基水平承载力不满足要求时，可对外侧土体进行适当加固以提高水平抗力。

3.4.7 本条说明可能出现负摩阻力的桩基的设计原则。

1 对于填土建筑场地，宜先填土后成桩，为保证填土的密实性，应根据填料及下卧层性质，对低水位场地应分层填土分层辗压或分层强夯，压实系数不应小于0.94。为加速下卧层固结，宜采取插塑料排水板等措施。

2 室内大面积堆载常见于各类仓库、炼钢、轧钢车间，由堆载引起上部结构开裂乃至破坏的事故不少。要防止堆载对桩基产生负摩阻力，对堆载地基进行加固处理是措施之一，但造价往往偏高。对与堆载相邻的桩基采用刚性排桩进行隔离，对预制桩表面涂层处理等都是可供选用的措施。

3 对于自重湿陷性黄土，采用强夯、挤密土桩等处理，消除土层的湿陷性，属于防止负摩阻力的有效措施。

3.4.8 本条说明关于抗拔桩基的设计原则。

建筑桩基的抗拔问题主要出现于两种情况，一种是建筑物在风荷载、地震作用下的局部非永久上拔力；另一种是抵抗超补偿地下室地下水浮力的抗浮桩。对于前者，抗拔力与建筑物高度、风压强度、抗震设防等级等因素相关。当建筑物设有地下室时，由于风荷载、地震引起的桩顶拔力显著减小，一般不起控制作用。

随着近年地下空间的开发利用，抗浮成为较普遍的问题。抗浮有多种方式，包括地下室底板上配重（如素混凝土或钢渣混凝土）、设置抗浮桩。后者具有较好的灵活性、适用性和经济性。对于抗浮桩基的设计，首要问题是根据场地勘察报告关于环境类别、水、土腐蚀性，参照现行《混凝土结构设计规范》GB 50010确定桩身的裂缝控制等级，对于不同裂缝控制等级采取相应设计原则。对于抗浮荷载较大的情况宜采用桩侧后注浆、扩底灌注桩，当裂缝控制等级较高时，可采用预应力桩；以岩层为主的地基宜采用岩石锚杆抗浮。其次，对于抗浮桩承载力应按本规范进行单桩和群桩抗拔承载力计算。

3.5 耐久性规定

3.5.2 二、三类环境桩基结构耐久性设计，对于混凝土的基本要求应根据现行《混凝土结构设计规范》GB 50010规定执行，最大水灰比、最小水泥用量、混凝土最低强度等级、混凝土的最大氯离子含量、最大碱含量应符合相应的规定。

3.5.3 关于二、三类环境桩基结构的裂缝控制等级的判别，应按现行《混凝土结构设计规范》GB 50010规定的环境类别和水、土对混凝土结构的腐蚀性等级制定，对桩基结构正截面尤其是对抗拔桩的抗裂和裂缝宽度控制进行设计计算。

4 桩基构造

4.1 基桩构造

4.1.1 本条说明关于灌注桩的配筋率、配筋长度和箍筋的配置的相关内容。

灌注桩的配筋与预制桩不同之处是无需考虑吊装、锤击沉桩等因素。正截面最小配筋率宜根据桩径确定，如φ300mm桩，配6φ10mm，$A_g = 471mm^2$，$\mu_g = A_g/A_{ps} = 0.67\%$；又如φ2000mm桩，配16φ22mm，$A_g = 6280mm^2$，$\mu_g = A_g/A_{ps} = 0.2\%$。另外，从承受水平力的角度考虑，桩身受弯截面模量为桩径的3次方，配筋对水平抗力的贡献随桩径增大显著增大。从以上两方面考虑，规定正截面最小配筋率为0.2%～0.65%，大桩径取低值，小桩径取高值。

关于配筋长度，主要考虑轴向荷载的传递特征及荷载性质。对于端承桩应通长等截面配筋，摩擦型桩宜分段变截面配筋；当桩较长也可部分长度配筋，但不宜小于2/3桩长。当受水平力时，尚不应小于反弯点下限$4.0/\alpha$；当有可液化层、软弱土层时，纵向主筋应穿越这些土层进入稳定土层一定深度。对于抗拔桩应根据桩长、裂缝控制等级、桩侧土性等因素通长等截面或变截面配筋。对于受水平荷载桩，其极限承载力受配筋率影响大，主筋不应小于 8ϕ12，以保证受拉区主筋不小于 3ϕ12。对于抗压桩和抗拔桩，为保证桩身钢筋笼的成型刚度以及桩身承载力的可靠性，主筋不应小于 6ϕ10；$d\leqslant$400mm 时，不应小于 4ϕ10。

关于箍筋的配置，主要考虑三方面因素。一是箍筋的受剪作用，对于地震设防地区，基桩桩顶要承受较大剪力和弯矩，在风载等水平力作用下也同样如此，故规定桩顶 5d 范围箍筋应适当加密，一般间距为 100mm；二是箍筋在轴压荷载下对混凝土起到约束加强作用，可大幅提高桩身受压承载力，而桩顶部分荷载最大，故桩顶部位箍筋应适当加密；三是为控制钢筋笼的刚度，根据桩身直径不同，箍筋直径一般为 ϕ6~ϕ12，加劲箍为 ϕ12~ϕ18。

4.1.2 桩身混凝土的最低强度等级由原规定 C20 提高到 C25，这主要是根据《混凝土结构设计规范》GB 50010 规定，设计使用年限为 50 年，环境类别为二 a 时，最低强度等级为 C25；环境类别为二 b 时，最低强度等级为 C30。

4.1.13 根据广东省采用预应力管桩的经验，当桩端持力层为非饱和状态的强风化岩时，闭口桩沉桩后一定时间由于桩端构造缝隙浸水导致风化岩软化，端阻力有显著降低现象。经研究，沉桩后立刻灌入微膨胀性混凝土至桩端以上约 2m，能起到防止渗水软化现象发生。

4.2 承 台 构 造

4.2.1 承台除满足抗冲切、抗剪切、抗弯承载力和上部结构的需要外，尚需满足如下构造要求才能保证实现上述要求。

1 承台最小宽度不应小于 500mm，桩中心至承台边缘的距离不宜小于桩直径或边长，边缘挑出部分不应小于 150mm，主要是为满足嵌固及斜截面承载力（抗冲切、抗剪切）的要求。对于墙下条形承台梁，其边缘挑出部分可减少至 75mm，主要是考虑到墙体与承台梁共同工作可增强承台梁的整体刚度，受力情况良好。

2 承台的最小厚度规定为不应小于 300mm，高层建筑平板式筏形基础承台最小厚度不应小于 400mm，是为满足承台基本刚度、桩与承台的连接等构造需要。

4.2.2 承台混凝土强度等级应满足结构混凝土耐久性要求，对设计使用年限为 50 年的承台，根据现行《混凝土结构设计规范》GB 50010 的规定，当环境类别为二 a 类别时不应低于 C25，二 b 类别时不应低于 C30。有抗渗要求时，其混凝土的抗渗等级应符合有关标准的要求。

4.2.3 承台的钢筋配置除应满足计算要求外，尚需满足构造要求。

1 柱下独立桩基承台的受力钢筋应通长配置，主要是为保证桩基承台的受力性能良好，根据工程经验及承台受弯试验对矩形承台将受力钢筋双向均匀布置；对三桩的三角形承台应按三向板带均匀布置，为提高承台中部的抗裂性能，最里面的三根钢筋围成的三角形应在柱截面范围内。承台受力钢筋的直径不宜小于 12mm，间距不宜大于 200mm。主要是为满足施工及受力要求。独立桩基承台的最小配筋率不应小于 0.15%。具体工程的实际最小配筋率宜考虑结构安全等级、基桩承载力等因素综合确定。

2 柱下独立两桩承台，当桩距与承台有效高度之比小于 5 时，其受力性能属深受弯构件范畴，因而宜按现行《混凝土结构设计规范》GB 50010 中的深受弯构件配置纵向受拉钢筋、水平及竖向分布钢筋。

3 条形承台梁纵向主筋应满足现行《混凝土结构设计规范》GB 50010 关于最小配筋率 0.2% 的要求以保证具有最小抗弯能力。关于主筋、架立筋、箍筋直径的要求是为满足施工及受力要求。

4 筏板承台在计算中仅考虑局部弯矩时，由于未考虑实际存在的整体弯距的影响，因此需要加强构造，故规定纵横两个方向的下层钢筋配筋率不宜小于 0.15%；上层钢筋按计算钢筋全部连通。当筏板厚度大于 2000mm 时，在筏板中部设置直径不小于 12mm、间距不大于 300mm 的双向钢筋网，是为减小大体积混凝土温度收缩的影响，并提高筏板的抗剪承载力。

5 承台底面钢筋的混凝土保护层厚度除应符合现行《混凝土结构设计规范》GB 50010 的要求外，尚不应小于桩头嵌入承台的长度。

4.2.4 本条说明桩与承台的连接构造要求。

1 桩嵌入承台的长度规定是根据实际工程经验确定。如果桩嵌入承台深度过大，会降低承台的有效高度，使受力不利。

2 混凝土桩的桩顶纵向主筋锚入承台内的长度一般情况下为 35 倍直径，对于专用抗拔桩，桩顶纵向主筋的锚固长度应按现行《混凝土结构设计规范》GB 50010 的受拉钢筋锚固长度确定。

3 对于大直径灌注桩，当采用一柱一桩时，连接构造通常有两种方案：一是设置承台，将桩与柱通过承台相连接；二是将桩与柱直接相连。实际工程根据具体情况选择。

关于桩与承台连接的防水构造问题：

当前工程实践中，桩与承台连接的防水构造形式繁多，有的用防水卷材将整个桩头包裹起来，致使桩与承台无连接，仅是将承台支承于桩顶；有的虽设有防水措施，但在钢筋与混凝土或底板与桩之间形成渗水通道，影响桩及底板的耐久性。本规范建议的防水构造如图 8。

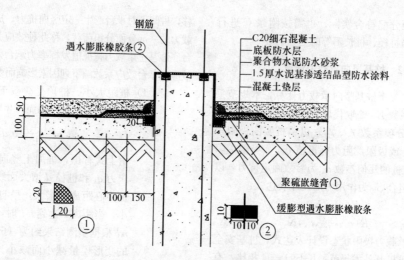

图 8 桩与承台连接的防水构造

具体操作时要注意以下几点：

1）桩头要剔凿至设计标高，并用聚合物水泥防水砂浆找平；桩侧剔凿至混凝土密实处；

2）破桩后如发现渗漏水，应采取相应堵漏措施；

3）清除基层上的混凝土、粉尘等，用清水冲洗干净；基面要求潮湿，但不得有明水；

4）沿桩头根部及桩头钢筋根部分别剔凿 20mm×25mm 及 10mm×10mm 的凹槽；

5）涂刷水泥基渗透结晶型防水涂料必须连续、均匀，待第二层涂料呈半干状态后开始喷水养护，养护时间不小于三天；

6）待膨胀型止水条紧密、连续、牢固地填塞于凹槽后，方可施工聚合物水泥防水砂浆层；

7）聚硫嵌缝膏嵌填时，应保护好垫层防水层，并与之搭接严密；

8）垫层防水层及聚硫嵌缝膏施工完成后，应及时做细石混凝土保护层。

4.2.6 本条说明承台与承台之间的连接构造要求。

1 一柱一桩时，应在桩顶两个相互垂直方向上设置联系梁，以保证桩基的整体刚度。当桩与柱的截面直径之比大于 2 时，在水平力作用下，承台水平变位较小，可以认为满足结构内力分析时柱底为固端的假定。

2 两桩桩基承台短向抗弯刚度较小，因此应设置承台连系梁。

3 有抗震设防要求的柱下桩基承台，由于地震作用下，建筑物的各桩基承台所受的地震剪力和弯矩是不确定的，因此在纵横两方向设置连系梁，有利于桩基的受力性能。

4 连系梁顶面与承台顶面位于同一标高，有利于直接将柱底剪力、弯矩传递至承台。

连系梁的截面尺寸及配筋一般按下述方法确定：以柱剪力作用于梁端，按轴心受压构件确定其截面尺寸，配筋则取与轴心受压相同的轴力（绝对值），按轴心受拉构件确定。在抗震设防区也可取柱轴力的 1/10 为梁端拉压力的粗略方法确定截面尺寸及配筋。连系梁最小宽度和高度尺寸的规定，是为了确保其平面外有足够的刚度。

5 连系梁配筋除按计算确定外，从施工和受力要求，其最小配筋量为上下配置不小于 2φ12 钢筋。

4.2.7 承台和地下室外墙的肥槽回填土质量至关重要。在地震和风载作用下，可利用其外侧土抗力分担相当大份额的水平荷载，从而减小桩顶剪力分担，降低上部结构反应。但工程实践中，往往忽视肥槽回填质量，以至出现浸水湿陷，导致散水破坏，给桩基结构在遭遇地震工况下留下安全隐患。设计人员应加以重视，避免这种情况发生。一般情况下，采用灰土和压实性较好的素土分层夯实；当施工中分层夯实有困难时，可采用素混凝土回填。

5 桩 基 计 算

5.1 桩顶作用效应计算

5.1.1 关于桩顶竖向力和水平力的计算，应是在上部结构分析将荷载凝聚于柱、墙底部的基础上进行。这样，对于柱下独立桩基，按承台为刚性板和反力呈线性分布的假定，得到计算各基桩或复合基桩的桩顶竖向力和水平力公式(5.1.1-1)～(5.1.1-3)。对于桩筏、桩箱基础，则按各柱、剪力墙、核心筒底部荷载分别按上述公式进行桩顶竖向力和水平力的计算。

5.1.3 属于本条所列的第一种情况，为了考虑其在高烈度地震作用或风载作用下桩基承台和地下室侧墙的侧向土抗力，合理的计算基桩的水平承载力和位移，宜按附录 C 进行承台——桩——土协同作用分析。属于本条所列的第二种情况，高承台桩基（使用要求架空的大型储罐、上部土层液化、湿陷）和低承台桩基，在较大水平力作用下，为使基桩桩顶竖向力、剪力、弯矩分配符合实际，也需按附录 C 进行计算，尤其是当桩径、桩长不等时更为必要。

5.2 桩基竖向承载力计算

5.2.1、5.2.2 关于桩基竖向承载力计算，本规范采用以综合安全系数 $K=2$ 取代原规范的荷载分项系数 γ_G、γ_Q 和抗力分项系数 γ_s、γ_p，以单桩竖向极限承载力标准值 Q_{uk} 或极限侧阻力标准值 q_{sik}、极限端阻力标准值 q_{pk}、桩的几何参数 a_k 为参数确定抗力，以荷载效应标准组合 S_k 为作用力的设计表达式：

$$S_k \leqslant R(Q_{uk}, K)$$

$$\text{或 } S_k \leqslant R(q_{sik}, q_{pk}, a_k, K)$$

采用上述承载力极限状态设计表达式，桩基安全度水准与《建筑桩基技术规范》JGJ 94-94 相比，有所提高。这是由于（1）建筑结构荷载规范的均布活载标准值较前提高了 1/4（办公楼、住宅），荷载组合系数提高了 17%；由此使以土的支承阻力制约的桩基承载力安全度有所提高；（2）基本组合的荷载分项系数由 1.25 提高至 1.35（以永久荷载控制的情况）；（3）钢筋和混凝土强度设计值略有降低。以上（2）、（3）因素使桩基结构承载力安全度有所提高。

5.2.4 对于本条规定的考虑承台竖向土抗力的四种情况：一是上部结构刚度较大、体形简单的建（构）筑物，由于其可适应较大的变形，承台分担的荷载份额往往也较大；二是对于差异变形适应性较强的排架结构和柔性构筑物桩基，采用考虑承台效应的复合桩基不致降低安全度；三是按变刚度调平原则设计的核心筒外围框架柱桩基，适当增加沉降、降低基桩支承刚度，可达到减小差异沉降、降低承台外围基桩反力、减小承台整体弯距的目标；四是软土地区减沉复合疏桩基础，考虑承台效应按复合桩基设计是该方法的核心。以上四种情况，在近年工程实践中的应用已取得成功经验。

5.2.5 本条说明关于承台效应及复合桩基承载力计算的相关内容

1 承台效应系数

摩擦型群桩在竖向荷载作用下，由于桩土相对位移，桩间土对承台产生一定竖向抗力，成为桩基竖向承载力的一部分而分担荷载，称此种效应为承台效应。承台底地基土承载力特征值发挥率为承台效应系数。承台效应和承台效应系数随下列因素影响而变化。

1）桩距大小。桩顶受荷载下沉时，桩周土受桩侧剪应力作用而产生竖向位移 w_r

$$w_r = \frac{1 + \mu_s}{E_o} q_s d \ln \frac{nd}{r}$$

由上式看出，桩周土竖向位移随桩侧剪应力 q_s 和桩径 d 增大而线性增加，随与桩中心距离 r 增大，呈自然对数关系减小，当距离 r 达到 nd 时，位移为零；而 nd 根据实测结果约为 $(6 \sim 10)d$，随土的变形模量减小而减小。显然，土竖向位移愈小，土反力愈大，对于群桩，桩距愈大，土反力愈大。

2）承台土抗力随承台宽度与桩长之比 B_c/l 减小而减小。现场原型试验表明，当承台宽度与桩长之比较大时，承台土反力形成的压力泡包围整个桩群，由此导致桩侧阻力、端阻力发挥值降低，承台底土抗力随之加大。由图 9 看出，在相同桩数、桩距条件下，承台分担荷载比随 B_c/l 增大而增大。

3）承台土抗力随区位和桩的排列而变化。承台内区（桩群包络线以内）由于桩土相互影响明显，土的竖向位移加大，导致内区土反力明显小于外区（承台悬挑部分），即呈马鞍形分布。从图 10（a）还可看出，桩数由 2^2 增至 3^2、4^2，承台分担荷载比 P_c/P 递减，这也反映出承台内、外区面积比随桩数增多而增大导致承台土抗力随之降低。对于单排桩条基，由于承台外区面积比大，故其土抗力显著大于多排桩桩基。图 10 所示多排和单排桩基承台分担荷载比明显不同证实了这一点。

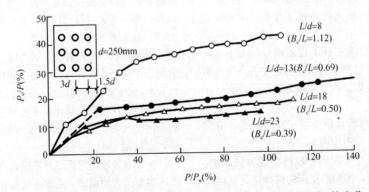

图 9　粉土中承台分担荷载比 P_c/P 随承台宽度与桩长比 B_c/L 的变化

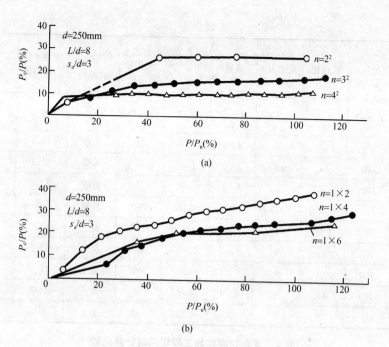

图 10　粉土中多排群桩和单排群桩承台分担荷载比

(a) 多排桩；(b) 单排桩

4）承台土抗力随荷载的变化。由图 9、图 10 看出，桩基受荷后承台底产生一定土抗力，随荷载增加土抗力及其荷载分担比的变化分二种模式。一种模式是，到达工作荷载（$P_u/2$）时，荷载分担比 P_c/P 趋于稳值，也就是说土抗力和荷载增速是同步的；这种变化模式出现于 $B_c/l \leqslant 1$ 和多排桩。对于 $B_c/l > 1$ 和单排桩桩基属于第二种变化模式，P_c/P 在荷载达到 $P_u/2$ 后仍随荷载水平增大而持续增长；这说明这两种类型桩基承台土抗力的增速持续大于荷载增速。

5）承台效应系数模型试验实测、工程实测与计算比较（见表 3、表 4）。

表 3　承台效应系数模型试验实测与计算比较

序号	土类	桩径	长径比	距径比	桩数	承台宽与桩长比	承台底土承载力特征值	桩端持力层	实测土抗力平均值	承台效应系数	
		d(mm)	l/d	s_a/d	$r \times m$	B_c/l	f_{ak}(kPa)		(kPa)	实测 η_c	计算 η_c
1		250	18	3	3×3	0.50	125		32	0.26	0.16
2		250	8	3	3×3	1.125	125		40	0.32	0.18
3		250	13	3	3×3	0.692	125		35	0.28	0.16
4		250	23	3	3×3	0.391	125		30	0.24	0.14
5		250	18	4	3×3	0.611	125		34	0.27	0.22
6		250	18	6	3×3	0.833	125		60	0.48	0.44
7	粉土	250	18	3	1×4	0.167	125	粉黏	40	0.32	0.30
8		250	18	3	2×4	0.333	125		32	0.26	0.14
9		250	18	3	3×4	0.507	125		30	0.24	0.15
10		250	18	3	4×4	0.667	125		29	0.23	0.16
11		250	18	3	2×2	0.333	125		40	0.32	0.14
12		250	18	3	1×6	0.167	125		32	0.26	0.14
13		250	18	3	3×3	0.500	125		28	0.22	0.15

序号	土类	桩径 d(mm)	长径比 l/d	距径比 s_a/d	桩数 $r \times m$	承台宽与桩长比 B_c/l	承台底土承载力特征值 f_{ak}(kPa)	桩端持力层	实测土抗力平均值 (kPa)	承台效应系数 实测 η_c	计算 η_c
14	粉黏	150	11	3	6×6	1.55	75	砾砂	13.3	0.18	0.18
15		150	11	3.75	5×5	1.55	75	砾砂	21.1	0.28	0.23
16		150	11	5	4×4	1.55	75	砾砂	27.7	0.37	0.37
17		114	17.5	3.5	3×9	0.50	200	粉黏	48	0.24	0.19
18	粉土	325	12.3	4	2×2	1.55	150	粉土	51	0.34	0.24
19	淤泥质黏土	100	45	3	4×4	0.267	40	黏土	11.2	0.28	0.13
20		100	45	4	4×4	0.333	40	黏土	12.0	0.30	0.21
21		100	45	6	4×4	0.467	40	黏土	14.4	0.36	0.38
22		100	45	6	3×3	0.333	40	黏土	16.4	0.41	0.36

表4　承台效应系数工程实测与计算比较

序号	建筑结构	桩径 d(mm)	桩长 l(m)	距径比 s_a/d	承台平面尺寸 (m²)	承台宽与桩长比 B_c/l	承台底土承载力特征值 f_{ak}(kPa)	计算承台效应系数	承台土抗力 计算 p_c	实测 p'_c	实测 p'_c/计算 p_c
1	22层框架—剪力墙	550	22.0	3.29	42.7×24.7	1.12	80	0.15	12	13.4	1.12
2	25层框架—剪力墙	450	25.8	3.94	37.0×37.0	1.44	90	0.20	18	25.3	1.40
3	独立柱基	400	24.5	3.55	5.6×4.4	0.18	60	0.21	17.1	17.7	1.04
4	20层剪力墙	400	7.5	3.75	29.7×16.7	2.95	90	0.20	18.0	20.4	1.13
5	12层剪力墙	450	25.5	3.82	25.5×12.9	0.506	80	0.80	23.2	33.8	1.46
6	16层框架—剪力墙	500	26.0	3.14	44.2×12	0.456	80	0.23	16.1	15	0.93
7	32层剪力墙	500	54.6	4.31	27.5×24.5	0.453	80	0.27	18.9	19	1.01
8	26层框架—核心筒	609	53.0	4.26	38.7×36.4	0.687	80	0.33	26.4	29.4	1.11
9	7层砖混	400	13.5		439	0.163	79	0.18	13.7	14.4	1.05
10	7层砖混	400	13.5	4.6	335	0.111	79	0.18	14.2	18.5	1.30
11	7层框架	380	15.5	4.15	14.7×17.7	0.98	110	0.17	19.0	19.5	1.03
12	7层框架	380	15.5	4.3	10.5×39.6	0.73	110	0.16	18.0	24.5	1.36
13	7层框架	380	15.5	4.4	9.1×36.3	0.61	110	0.18	19.3	32.1	1.66
14	7层框架	380	15.5	4.3	10.5×39.6	0.73	110	0.16	19.1	19.4	1.02
15	某油田塔基	325	4.0	5.5	ϕ=6.9	1.4	120	0.50	60	66	1.10

2　复合基桩承载力特征值

根据粉土、粉质黏土、软土地基群桩试验取得的承台土抗力的变化特征（见表3），结合15项工程桩基承台土抗力实测结果（见表4），给出承台效应系数 η_c。承台效应系数 η_c 按距径比 s_a/d 和承台宽度与桩长比 B_c/l 确定（见本规范表5.2.5）。相应于单根桩的承台抗力特征值为 $\eta_c f_{ak} A_c$，由此得规范式（5.2.5-1）、式（5.2.5-2）。对于单排条形桩基的 η_c，如前所述大于多排桩群桩，故单独给出其 η_c 值。但对于承台宽度小于 $1.5d$ 的条形基础，内区面积比大，故 η_c 按非条基取值。上述承台土抗力计算方法，较 JGJ 94-94 简化，不区分承台内外区面积比。按该法计算，对于柱下独立桩基计算值偏小，对于大桩群筏形台差别不大。A_c 为计算基桩对应的承台底净面积。关于承台计算域 A、基桩对应的承台面积 A_c 和承台效应系数 η_c，具体规定如下：

1) 柱下独立桩基：A 为全承台面积。

2) 桩筏、桩箱基础：按柱、墙侧 1/2 跨距，悬臂边取 2.5 倍板厚处确定计算域，桩距、桩径、桩长不同，采用上式分区计算，或取平均 s_a、B_c/l 计算 η_c。

3) 桩集中布置于墙下的剪力墙高层建筑桩筏基础：计算域自墙两边外扩各 1/2 跨距，对于悬臂板自墙边外扩 2.5 倍板厚，按条基计算 η_c。

4) 对于按变刚度调平原则布桩的核心筒外围平板式和梁板式筏形承台复合桩基：计算域为自柱侧 1/2 跨，悬臂板边取 2.5 倍板厚处围成。

不能考虑承台效应的特殊条件：可液化土、湿陷性土、高灵敏度软土、欠固结土、新填土、沉桩引起孔隙水压力和土体隆起等，这是由于这些条件下承台土抗力随时可能消失。

对于考虑地震作用时，按本规范式（5.2.5-2）计算复合基桩承载力特征值。由于地震作用下轴心竖向力作用下基桩承载力按本规范式（5.2.1-3）提高 25%，故地基土抗力乘以 $\zeta_a/1.25$ 系数，其中 ζ_a 为地基抗震承载力调整系数；除以 1.25 是与本规范式（5.2.1-3）相适应的。

3 忽略侧阻和端阻的群桩效应的说明

影响桩基的竖向承载力的因素包含三个方面，一是基桩的承载力；二是桩土相互作用对于桩侧阻力和端阻力的影响，即侧阻端阻的群桩效应；三是承台底土抗力分担荷载效应。对于第三部分，上面已就条文的规定作了说明。对于第二部分，在《建筑桩基技术规范》JGJ 94-94 中规定了侧阻的群桩效应系数 η_s，端阻的群桩效应系数 η_p。所给出的 η_s、η_p 源自不同土质中的群桩试验结果。其总的变化规律是：对于侧阻力，在黏性土中因群桩效应而削弱，即非挤土桩在常用桩距条件下 η_s 小于 1，在非密实的粉土、砂土中因群桩效应产生沉降硬化而增强，即 η_s 大于 1；对于端阻力，在黏性土和非黏性土中，均因相邻桩桩端土互逆的侧向变形而增强，即 $\eta_p \geq 1$。但侧阻、端阻的综合群桩效应系数 η_{sp} 对于非单一黏性土大于 1，单一黏性土当桩距为 3~4d 时略小于 1。计入承台土抗力的综合群桩效应系数略大于 1，非黏性土群桩较黏性土更大一些。就实际工程而言，桩所穿越的土层往往是两种以上性质土层交互出现，且水平向变化不均，由此计算群桩效应确定承载力较为繁琐。另据美国、英国规范规定，当桩距 $s_a \geq 3d$ 时不考虑群桩效应。本规范第 3.3.3 条所规定的最小桩距除桩数少于

3 排和 9 根桩的非挤土端承桩群桩外，其余均不小于 $3d$。鉴于此，本规范关于侧阻和端阻的群桩效应不予考虑，即取 $\eta_s = \eta_p = 1.0$。这样处理，方便设计，多数情况下可留给工程更多安全储备。对单一黏性土中的小桩距低承台桩基，不应再另行计入承台效应。

关于群桩沉降变形的群桩效应，由于桩—桩、桩—土、土—桩、土—土的相互作用导致桩群的竖向刚度降低，压缩层加深，沉降增大，则是概念设计布桩应考虑的问题。

5.3 单桩竖向极限承载力

5.3.1 本条说明不同桩基设计等级对于单桩竖向极限承载力标准值确定方法的要求。

目前对单桩竖向极限承载力计算受土强度参数、成桩工艺、计算模式不确定性影响的可靠度分析仍处于探索阶段的情况下，单桩竖向极限承载力仍以原位原型试验为最可靠的确定方法，其次是利用地质条件相同的试桩资料和原位测试及端阻力、侧阻力与土的物理指标的经验关系参数确定。对于不同桩基设计等级应采用不同可靠性水准的单桩竖向极限承载力确定的方法。单桩竖向极限承载力的确定，要把握两点，一是以单桩静载试验为主要依据，二是要重视综合判定的思想。因为静载试验一则数量少，二则在很多情况下如地下室土方尚未开挖，设计前进行完全与实际条件相符的试验不可能。因此，在设计过程中，离不开综合判定。

本规范规定采用单桩极限承载力标准值作为桩基承载力设计计算的基本参数。试验单桩极限承载力标准值指通过不少于 2 根的单桩现场静载试验确定的，反映特定地质条件、桩型与工艺、几何尺寸的单桩极限承载力代表值。计算单桩极限承载力标准值指根据特定地质条件、桩型与工艺、几何尺寸、以极限侧阻力标准值和极限端阻力标准值的统计经验值计算的单桩极限承载力标准值。

5.3.2 本条主旨是说明单桩竖向极限承载力标准值及其参数包括侧阻力、端阻力以及嵌岩桩嵌岩段的侧阻力、端阻力如何根据具体情况通过试验直接测定，并建立承载力参数与土层物性指标、静探等原位测试指标的相关关系以及岩石侧阻、端阻与饱和单轴抗压强度等的相关关系。直径为 0.3m 的嵌岩短墩试验，其嵌岩深度根据岩层软硬程度确定。

5.3.5 根据土的物理指标与承载力参数之间的经验关系计算单桩竖向极限承载力，核心问题是经验参数的收集，统计分析，力求涵盖不同桩型、地区、土质，具有一定的可靠性和较大适用性。

原《建筑桩基技术规范》JGJ 94-94 收集的试桩资料经筛选得到完整资料 229 根，涵盖 11 个省市。本次修订又共收集试桩资料 416 根，其中预制桩资料 88 根，水下钻（冲）孔灌注桩资料 184 根，干作业

钻孔灌注桩资料 144 根。前后合计总试桩数为 645 根。以原规范表列 q_{sik}、q_{pk} 为基础对新收集到的资料进行试算调整，其间还参考了上海、天津、浙江、福建、深圳等省市地方标准给出的经验值，最终得到本规范表 5.3.5-1、表 5.3.5-2 所列各桩型的 q_{sik}、q_{pk} 经验值。

对按各桩型建议的 q_{sik}、q_{pk} 经验值计算统计样本的极限承载力 Q_{uk}，各试桩的极限承载力实测值 Q'_u 与计算值 Q_{uk} 比较，$\eta = Q'_u/Q_{uk}$，将统计得到预制桩（317 根）、水下钻（冲）孔桩（184 根）、干作业钻孔桩（144 根）的 η 按 0.1 分位与其频数 N 之间的关系，Q'_u/Q_{uk} 平均值及均方差 S_n 分别表示于图 11~图 13。

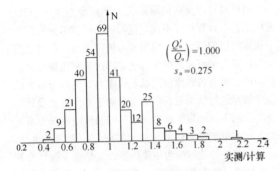

图 11 预制桩（317 根）极限承载力实测/计算频数分布

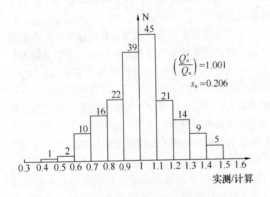

图 12 水下钻（冲）孔桩（184 根）极限承载力实测/计算频数分布

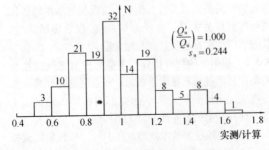

图 13 干作业钻孔桩（144 根）极限承载力实测/计算频数分布

5.3.6 本条说明关于大直径桩（$d \geqslant 800$mm）极限侧阻力和极限端阻力的尺寸效应。

1）大直径桩端阻力的尺寸效应。 大直径桩静载试验 Q-S 曲线均呈缓变型，反映出其端阻力以压剪变形为主导的渐进破坏。G. G. Meyerhof（1998）指出，砂土中大直径桩的极限端阻随桩径增大而呈双曲线减小。根据这一特性，将极限端阻的尺寸效应系数表示为：

$$\psi_p = \left(\frac{0.8}{D}\right)^n$$

式中　D——桩端直径；

　　　n——经验指数，对于黏性土、粉土，$n = 1/4$；对于砂土、碎石土，$n = 1/3$。

图 14 为试验结果与上式计算端阻尺寸效应系数 ψ_p 的比较。

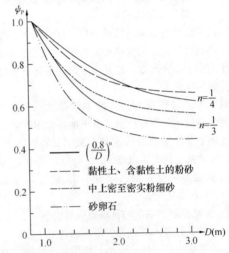

图 14 大直径桩端阻尺寸效应系数 ψ_p 与桩径 D 关系计算与试验比较

2）大直径桩侧阻尺寸效应系数

桩成孔后产生应力释放，孔壁出现松弛变形，导致侧阻力有所降低，侧阻力随桩径增大呈双曲线型减小（图 15 H. Brand1. 1988）。本规范建议采用如下表达式进行侧阻尺寸效应计算。

$$\psi_s = \left(\frac{0.8}{d}\right)^m$$

式中　d——桩身直径；

　　　m——经验指数；黏性土、粉土 $m = 1/5$；砂土、碎石 $m = 1/3$。

5.3.7 本条说明关于钢管桩的单桩竖向极限承载力的相关内容。

1 闭口钢管桩

闭口钢管桩的承载变形机理与混凝土预制桩相同。钢管桩表面性质与混凝土桩表面虽有所不同，但大量试验表明，两者的极限侧阻力可视为相等，因为除坚硬黏性土外，侧阻剪切破坏面是发生于靠近桩表

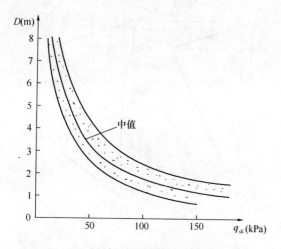

图 15 砂、砾土中极限侧阻力随桩径的变化

面的土体中，而不是发生于桩土介面。因此，闭口钢管桩承载力的计算可采用与混凝土预制桩相同的模式与承载力参数。

2　敞口钢管桩的端阻力

敞口钢管桩的承载力机理与承载力有关因素的变化比闭口钢管桩复杂。这是由于沉桩过程，桩端部分土将涌入管内形成"土塞"。土塞的高度及闭塞效果随土性、管径、壁厚、桩进入持力层的深度等诸多因素变化。而桩端土的闭塞程度又直接影响桩的承载力性状。称此为土塞效应。闭塞程度的不同导致端阻力以两种不同模式破坏。

一种是土塞沿管内向上挤出，或由于土塞压缩量大而导致桩端土大量涌入。这种状态称为非完全闭塞，这种非完全闭塞将导致端阻力降低。

另一种是如同闭口桩一样破坏，称其为完全闭塞。

土塞的闭塞程度主要随桩端进入持力层的相对深度 h_b/d（h_b 为桩端进入持力层的深度，d 为桩外径）而变化。

为简化计算，以桩端土塞效应系数 λ_p 表征闭塞程度对端阻力的影响。图 16 为 λ_p 与桩进入持力层相对深度 h_b/d 的关系，$\lambda_p=$ 静载试验总极限端阻/ $30NA_p$。其中 $30NA_p$ 为闭口桩总极限端阻，N 为桩端土标贯击数，A_p 为桩端投影面积。从该图看出，当 $h_b/d \leqslant 5$ 时，λ_p 随 h_b/d 线性增大；当 $h_b/d > 5$ 时，λ_p 趋于常量。由此得到本规范式（5.3.7-2）、式（5.3.7-3）。

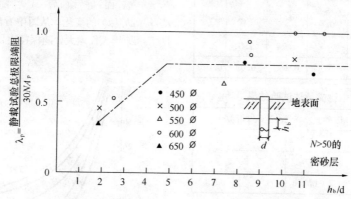

图 16　λ_p 与 h_b/d 关系（日本钢管桩协会，1986）

5.3.8　混凝土敞口管桩单桩竖向极限承载力的计算。与实心混凝土预制桩相同的是，桩端阻力由于桩端敞口，类似于钢管桩也存在桩端的土塞效应；不同的是，混凝土管桩壁厚度较钢管桩大得多，计算端阻力时，不能忽略管壁端部提供的端阻力，故分为两部分：一部分为管壁端部的端阻力，另一部分为敞口部分端阻力。对于后者类似于钢管桩的承载机理，考虑桩端土塞效应系数 λ_p，λ_p 随桩端进入持力层的相对深度 h_b/d 而变化（d 为管桩外径），按本规范式（5.3.8-2）、式（5.3.8-3）计算确定。敞口部分端阻力为 $\lambda_p q_{pk} A_{p1}$ $\left(A_{p1} = \dfrac{\pi}{4}d_1^2 \text{，} d_1 \text{为空心内径} \right)$，管壁端部端阻力为 $q_{pk}A_j$ $\left(A_j \text{为桩端净面积，圆形管桩} A_j \right.$ $= \dfrac{\pi}{4}(d^2-d_1^2)\text{，空心方桩} A_j = b^2 - \dfrac{\pi}{4}d_1^2 \left. \right)$。故敞口混凝土空心桩总极限端阻力 $Q_{pk} = q_{pk}(A_j +$ $\lambda_p A_{p1})$。总极限侧阻力计算与闭口预应力混凝土空心桩相同。

5.3.9　嵌岩桩极限承载力由桩周土总阻力 Q_{sk}、嵌岩段总侧阻力 Q_{rk} 和总端阻力 Q_{pk} 三部分组成。

《建筑桩基技术规范》JGJ 94-94 是基于当时数量不多的小直径嵌岩试验确定嵌岩段侧阻力和端阻力系数，近十余年嵌岩桩工程和试验研究积累了更多资料，对其承载状况的认识进一步深化，这是本次修订的良好基础。

1　关于嵌岩段侧阻力发挥机理及侧阻力系数 $\zeta_s (q_{rs}/f_{rk})$

1)　嵌岩段桩岩之间的剪切模式即其剪切面可分为三种，对于软质岩（$f_{rk} \leqslant$ 15MPa），剪切面发生于岩体一侧；对于硬质岩（$f_{rk} > 30$MPa），发生于桩体一侧；对于泥浆护壁成桩，剪切面一般发生于桩岩介面，当清孔好，泥浆相对密度小，与上述规律一致。

2）嵌岩段桩的极限侧阻力大小与岩性、桩体材料和成桩清孔情况有关。表5～表8是部分不同岩性嵌岩段极限侧阻力 q_{rs} 和侧阻系数 ζ_s。

表5 Thorne（1997）的试验结果

q_{rs}（MPa）	0.5	2.0
f_{rk}（MPa）	5	50
$\zeta_s = q_{rs}/f_{rk}$	0.1	0.04

表6 Shin and chung（1994）和 Lam et al（1991）的试验结果

q_{rs}（MPa）	0.5	0.7	1.2	2.0
f_{rk}（MPa）	5	10	40	100
$\zeta_s = q_{rs}/f_{rk}$	0.1	0.07	0.03	0.02

表7 王国民论文所述试验结果

岩　类	砂砾岩	中粗砂岩	中细砂岩	黏土质粉砂岩	粉细砂岩
q_{rs}（MPa）	0.7～0.8	0.5～0.6	0.8	0.7	0.6
f_{rk}（MPa）	7.5	—	4.76	7.5	8.3
$\zeta_s = q_{rs}/f_{rk}$	0.1		0.168	0.09	0.072

表8 席宁中论文所述试验结果

模拟材料	M5 砂浆		C30 混凝土	
q_{rs}（MPa）	1.3	1.7	2.2	2.7
f_{rk}（MPa）	3.34		20.1	
$\zeta_s = q_{rs}/f_{rk}$	0.39	0.51	0.11	0.13

由表5～表8看出实测 ζ_s 较为离散，但总的规律是岩石强度愈高，ζ_s 愈低。作为规范经验值，取嵌岩段极限侧阻力峰值，硬质岩 $q_{s1} = 0.1 f_{rk}$，软质岩 $q_{s1} = 0.12 f_{rk}$。

3）根据有限元分析，硬质岩（$E_r > E_p$）嵌岩段侧阻力分布呈单驼峰形分布，软质岩（$E_r < E_p$）嵌岩段呈双驼峰形分布。为计算侧阻系数 ζ_s 的平均值，将侧阻力分布概化为图17。各特征点侧阻力为：

硬质岩　$q_{s1} = 0.1 f_r$，$q_{s4} = \dfrac{d}{4h_r} q_{s1}$

软质岩　$q_{s1} = 0.12 f_r$，$q_{s2} = 0.8 q_{s1}$，$q_{s3} = 0.6 q_{s1}$，$q_{s4} = \dfrac{d}{4h_r} q_{s1}$

分别计算出硬质岩 $h_r = 0.5d$，$1d$，$2d$，$3d$，$4d$；软质岩 $h_r = 0.5d$，$1d$，$2d$，$3d$，$4d$，$5d$，$6d$，$7d$，$8d$ 情况下的嵌岩段侧阻力系数 ζ_s 如表9所示。

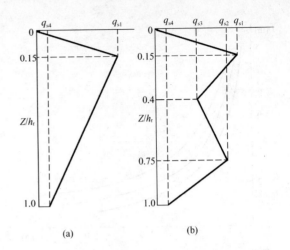

图17 嵌岩段侧阻力分布概化
（a）硬质岩；（b）软质岩

2 嵌岩桩极限端阻力发挥机理及端阻力系数 ζ_p（$\zeta_p = q_{rp}/f_{rk}$）。

1）嵌岩桩端阻性状

图18所示不同桩、岩刚度比（E_p/E_r）干作业条件下，桩端分担荷载比 F_b/F_t（F_b——总桩端阻力；F_t——岩面桩顶荷载）随嵌岩深径比 d_r/r_0（$2h_r/d$）的变化。从图中看出，桩端总阻力 F_b 随 E_p/E_r 增大而增大，随深径比 d_r/r_0 增大而减小。

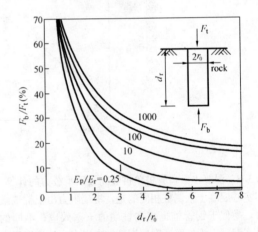

图18 嵌岩桩端阻分担荷载比随桩岩刚度比和嵌岩深径比的变化
（引自 Pells and Turner，1979）

2）端阻系数 ζ_p

Thorne（1997）所给端阻系数 $\zeta_p = 0.25 \sim 0.75$；吴其芳等通过孔底载荷板（$d = 0.3$m）试验得到 $\zeta_p = 1.38 \sim 4.50$，相应的岩石 $f_{rk} = 1.2 \sim 5.2$MPa，载荷板在岩石中埋深 0.5～4m。总的说来，ζ_p 是随岩石饱和单轴抗压强度 f_{rk} 降低而增大，随嵌岩深度增加而减小，受清底情况影响较大。

基于以上端阻性状及有关试验资料，给出硬质岩和软质岩的端阻系数 ζ_p 如表9所示。

3 嵌岩段总极限阻力简化计算

嵌岩段总极限阻力由总极限侧阻力和总极限端阻力组成：

$$Q_{rk} = Q_{rs} + Q_{rp}$$

$$= \zeta_s f_{rk} \pi d h_r + \zeta_p f_{rk} \frac{\pi}{4} d^2$$

$$= \left[\zeta_s \frac{4h_r}{d} + \zeta_{rp} \right] f_{rk} \frac{\pi}{4} d^2$$

令

$$\zeta_s \frac{4h_r}{d} + \zeta_{rp} = \zeta_r$$

称 ζ_r 为嵌岩段侧阻和端阻综合系数。故嵌岩段总极限阻力标准值可按如下简化公式计算：

$$Q_{rk} = \zeta_r f_{rk} \frac{\pi}{4} d^2$$

其中 ζ_r 可按表9确定。

表9 嵌岩段侧阻力系数 ζ_s、端阻系数 ζ_p 及侧阻和端阻综合系数 ζ_r

嵌岩深径比 h_r/d		0	0.5	1.0	2.0	3.0	4.0	5.0	6.0	7.0	8.0
极软岩 软岩	ζ_s	0.0	0.052	0.056	0.056	0.054	0.051	0.048	0.045	0.042	0.040
	ζ_p	0.60	0.70	0.73	0.73	0.70	0.66	0.61	0.55	0.48	0.42
	ζ_r	0.60	0.80	0.95	1.18	1.35	1.48	1.57	1.63	1.66	1.70
较硬岩 坚硬岩	ζ_s	0.0	0.050	0.052	0.050	0.045	0.040				
	ζ_p	0.45	0.55	0.60	0.50	0.46	0.40				
	ζ_r	0.45	0.65	0.81	0.90	1.00	1.04				

5.3.10 后注浆灌注桩单桩极限承载力计算模式与普通灌注桩相同，区别在于侧阻力和端阻力乘以增强系数 β_{si} 和 β_p。β_{si} 和 β_p 系数通过数十根不同土层中的后注浆灌注桩与未注浆灌注桩静载对比试验求得。浆液在不同桩端和桩侧土层中的扩散与加固机理不尽相同，因此侧阻和端阻增强系数 β_{si} 和 β_p 不同，而且变幅很大。总的变化规律是：端阻的增幅高于侧阻，粗粒土的增幅高于细粒土。桩端、桩侧复式注浆高于桩端、桩侧单一注浆。这是由于端阻受沉渣影响敏感，经后注浆后沉渣得到加固且桩端有扩底效应，桩端沉渣和土的加固效应强于桩侧泥皮的加固效应；粗粒土是渗透注浆，细粒土是劈裂注浆，前者的加固效应强于后者。另一点是桩侧注浆增强段对于泥浆护壁和干作业桩，由于浆液扩散特性不同，承载力计算时应有区别。

收集北京、上海、天津、河南、山东、西安、武汉、福州等城市后注浆灌注桩静载试桩资料106份，根据本规范第5.3.10条的计算公式求得 Q_{ult}，其中 q_{sik}、q_{pk} 取勘察报告提供的经验值或本规范所列经验值；增强系数 β_{si}、β_p 取本规范表5.3.10所列上限值。计算值 Q_{ult} 与实测值 $Q_{u实}$ 散点图如图19所示。该图显示，实测值均位于45°线以上，即均高于或接近于计算值。这说明后注浆灌注桩极限承载力按规范第5.3.10条计算的可靠性是较高的。

5.3.11 振动台试验和工程地震液化实际观测表明，首先土层的地震液化严重程度与土层的标贯数 N 与液化临界标贯数 N_{cr} 之比 λ_N 有关，λ_N 愈小液化愈严重；其二，土层的液化并非随地震同步出现，而显示滞后，即地震过后若干小时乃至一二天后才出现喷水冒砂。这说明，桩的极限侧阻力并非瞬间丧失，而且

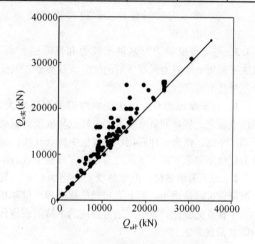

图19 后注浆灌注桩单桩极限
承载力实测值与计算值关系

并非全部损失，而上部有无一定厚度非液化覆盖层对此也有很大影响。因此，存在3.5m厚非液化覆盖层时，桩侧阻力根据 λ_N 值和液化土层埋深乘以不同的折减系数。

5.4 特殊条件下桩基竖向承载力验算

5.4.1 桩距不超过 $6d$ 的群桩，当桩端平面以下软弱下卧层承载力与桩端持力层相差过大（低于持力层的 1/3）且荷载引起的局部压力超出其承载力过多时，将引起软弱下卧层侧向挤出，桩基偏沉，严重者引起整体失稳。对于本条软弱下卧层承载力验算公式着重说明四点：

1）验算范围。规定在桩端平面以下受力层范围存在低于持力层承载力1/3的软弱下卧层。实际工程持力层以下存在相对

软弱土层是常见现象，只有当强度相差过大时才有必要验算。因下卧层地基承载力与桩端持力层差异甚小，土体的塑性挤出和失稳也不致出现。

2）传递至桩端平面的荷载，按扣除实体基础外表面总极限侧阻力的 3/4 而非 1/2 总极限侧阻力。这是主要考虑荷载传递机理，在软弱下卧层进入临界状态前基桩侧阻平均值已接近于极限。

3）桩端荷载扩散。持力层刚度愈大扩散角愈大，这是基本性状，这里所规定的压力扩散角与《建筑地基基础设计规范》GB 50007 一致。

4）软弱下卧层承载力只进行深度修正。这是因为下卧层受压区应力分布并非均匀，呈内大外小，不应作宽度修正；考虑到承台底面以上土已挖除且可能和土体脱空，因此修正深度从承台底部计算至软弱土层顶面。另外，既然是软弱下卧层，即多为软弱黏性土，故深度修正系数取 1.0。

5.4.3 桩周负摩阻力对基桩承载力和沉降的影响，取决于桩周负摩阻力强度、桩的竖向承载类型，因此分三种情况验算。

1 对于摩擦型桩，由于受负摩阻力沉降增大，中性点随之上移，即负摩阻力、中性点与桩顶荷载处于动态平衡。作为一种简化，取假想中性点（按桩端持力层性质取值）以上摩阻力为零验算基桩承载力。

2 对于端承型桩，由于桩受负摩阻力后桩不发生沉降或沉降量很小，桩土无相对位移或相对位移很小，中性点无变化，故负摩阻力构成的下拉荷载应作为附加荷载考虑。

3 当土层分布不均匀或建筑物对不均匀沉降较敏感时，由于下拉荷载是附加荷载的一部分，故应将其计入附加荷载进行沉降验算。

5.4.4 本条说明关于负摩阻力及下拉荷载计算的相关内容。

1 负摩阻力计算

负摩阻力对基桩而言是一种主动作用。多数学者认为桩侧负摩阻力的大小与桩侧土的有效应力有关，不同负摩阻力计算式中也多反映有效应力因素。大量试验与工程实测结果表明，以负摩阻力有效应力法计算较接近于实际。因此本规范规定如下有效应力法为负摩阻力计算方法。

$$q_{ni} = k \cdot \mathrm{tg}\varphi' \cdot \sigma_i' = \zeta_n \cdot \sigma_i'$$

式中　q_{ni}——第 i 层土桩侧负摩阻力；
　　　k——土的侧压力系数；
　　　φ'——土的有效内摩擦角；

　　　σ_i'——第 i 层土的平均竖向有效应力；
　　　ζ_n——负摩阻力系数。

ζ_n 与土的类别和状态有关，对于粗粒土，ζ_n 随土的粒度和密实度增加而增大；对于细粒土，则随土的塑性指数、孔隙比、饱和度增大而降低。综合有关文献的建议值和各类土中的测试结果，给出如本规范表 5.4.4-1 所列 ζ_n 值。由于竖向有效应力随上覆土层自重增大而增加，当 $q_{ni} = \zeta_n \cdot \sigma_i'$ 超过土的极限侧阻力 q_{sk} 时，负摩阻力不再增大。故当计算负摩阻力 q_{ni} 超过极限侧阻力时，取极限侧摩阻力值。

下面列举饱和软土中负摩阻力实测与按规范方法计算的比较（图 20）。

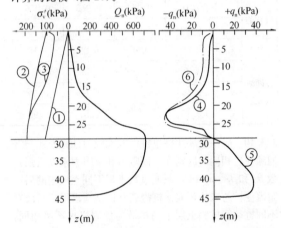

图 20　采用有效应力法计算负摩阻力图
① 土的计算自重应力 $\sigma_c = \gamma_m z$，γ_m——土的浮重度加权平均值；
② 竖向应力 $\sigma_v = \sigma_z + \sigma_c$；
③ 竖向有效应力 $\sigma_v' = \sigma_v - u$，u——实测孔隙水压力；
④ 由实测桩身轴力 Q_n，求得的负摩阻力 $-q_n$；
⑤ 由实测桩身轴力 Q_n，求得的正摩阻力 $+q_n$；
⑥ 由实测孔隙水压力，按有效应力法计算的负摩阻力。

某电厂的贮煤场位于厚 70～80m 的第四系全新统海相地层上，上部为厚 20～35m 的低强度、高压缩性饱和软黏土。用底面积为 35m×35m、高度为 4.85m 的土石堆载模拟煤堆荷载，堆载底面压力为 99kPa，在堆载中心设置了一根入土 44m 的 ϕ610 闭口钢管桩，桩端进入超固结黏土、粉质黏土和粉土层中。在钢管桩内采用应变计量测了桩身应变，从而得到桩身正、负摩阻力分布图、中性点位置；在桩周土中埋设了孔隙水压力计，测得地基中不同深度的孔隙水压力变化。

按本规范式（5.4.4-1）估算，得图 20 所示曲线。

由图中曲线比较可知，计算值与实测值相近。

2 关于中性点的确定

当桩穿越厚度为 l_0 的高压缩土层，桩端设置于较坚硬的持力层时，在桩的某一深度 l_n 以上，土的沉降大于桩的沉降，在该段桩长内，桩侧产生负摩阻力；l_n 深度以下的可压缩层内，土的沉降小于桩的沉降，土对桩产生正摩阻力，在 l_n 深度处，桩土相对位移为零，既没有负摩阻力，又没有正摩阻力，习惯上称该点为中性点。中性点截面桩身的轴力最大。

一般来说，中性点的位置，在初期多少是有变化的，它随着桩的沉降增加而向上移动，当沉降趋于稳定，中性点也将稳定在某一固定的深度 l_n 处。

工程实测表明，在高压缩性土层 l_0 的范围内，负摩阻力的作用长度，即中性点的稳定深度 l_n，是随桩端持力层的强度和刚度的增大而增加的，其深度比 l_n/l_0 的经验值列于本规范表 5.4.4-2 中。

3 关于负摩阻力的群桩效应的考虑

对于单桩基础，桩侧负摩阻力的总和即为下拉荷载。

对于桩距较小的群桩，其基桩的负摩阻力因群桩效应而降低。这是由于桩侧负摩阻力是由桩侧土体沉降而引起，若群桩中各桩表面单位面积所分担的土体重量小于单桩的负摩阻力极限值，将导致基桩负摩阻力降低，即显示群桩效应。计算群桩中基桩的下拉荷载时，应乘以群桩效应系数 $\eta_n < 1$。

本规范推荐按等效圆法计算其群桩效应，即独立单桩单位长度的负摩阻力由相应长度范围内半径 r_e 形成的土体重量与之等效，得

$$\pi d q_s^n = \left(\pi r_e^2 - \frac{\pi d^2}{4}\right)\gamma_m$$

解上式得

$$r_e = \sqrt{\frac{d q_s^n}{\gamma_m} + \frac{d^2}{4}}$$

式中　r_e ——等效圆半径（m）；

　　　d ——桩身直径（m）；

　　　q_s^n ——单桩平均极限负摩阻力标准值（kPa）；

　　　γ_m ——桩侧土体加权平均重度（kN/m³）；地下水位以下取浮重度。

以群桩各基桩中心为圆心，以 r_e 为半径做圆，由各圆的相交点作矩形。矩形面积 $A_r = s_{ax} \cdot s_{ay}$ 与圆

面积 $A_e = \pi r_e^2$ 之比，即为负摩阻力群桩效应系数。

$$\eta_n = A_r/A_e = \frac{s_{ax} \cdot s_{ay}}{\pi r_e^2} = s_{ax} \cdot s_{ay} / \pi d\left(\frac{q_s^n}{\gamma_m} + \frac{d}{4}\right)$$

式中　s_{ax}、s_{ay} ——分别为纵、横向桩的中心距。

　　　$\eta_n \leqslant 1$，当计算 $\eta_n > 1$ 时，取 $\eta_n = 1$。

5.4.5 桩基的抗拔承载力破坏可能呈单桩拔出或群桩整体拔出，即呈非整体破坏或整体破坏模式，对两种破坏的承载力均应进行验算。

5.4.6 本条说明关于群桩基础及其基桩的抗拔极限承载力的确定问题。

1 对于设计等级为甲、乙级建筑桩基应通过单桩现场上拔试验确定单桩抗拔极限承载力。群桩的抗拔极限承载力难以通过试验确定，故可通过计算确定。

2 对于设计等级为丙级建筑桩基可通过计算确定单桩抗拔极限承载力，但应进行工程桩抗拔静载试验检测。单桩抗拔极限承载力计算涉及如下三个问题：

　　1）单桩抗拔承载力计算分为两大类：一类为理论计算模式，以土的抗剪强度及侧压力系数为参数按不同破坏模式建立的计算公式；另一类是以抗拔桩试验资料为基础，采用抗压极限承载力计算模式乘以抗拔系数 λ 的经验性公式。前一类公式影响其剪切破坏面模式的因素较多，包括桩的长径比、有无扩底、成桩工艺、地层土性等，不确定因素多，计算较为复杂。为此，本规范采用后者。

　　2）关于抗拔系数 λ（抗拔极限承载力/抗压极限承载力）。

从表 10 所列部分单桩抗拔抗压极限承载力之比即抗拔系数 λ 看出，灌注桩高于预制桩，长桩高于短桩，黏性土高于砂土。本规范表 5.4.6-2 给出的 λ 是基于上述试验结果并参照有关规范给出的。

表 10　抗拔系数 λ 部分试验结果

资料来源	工艺	桩径 d（m）	桩长 l（m）	l/d	土质	λ
无锡国棉一厂	钻孔桩	0.6	20	33	黏性土	0.6～0.8
南通 200kV 泰刘线	反循环	0.45	12	26.7	粉土	0.9
南通 1979 年试验	反循环		9 12		黏性土 黏性土	0.79 0.98
四航局广州试验	预制桩	—	—	13～33	砂土	0.38～0.53
甘肃建研所	钻孔桩				天然黄土 饱和黄土	0.78 0.5
《港口工程桩基规范》（JTJ 254）	—				黏性土	0.8

3）对于扩底抗拔桩的抗拔承载力。扩底桩的抗拔承载力破坏模式，随土的内摩擦角大小而变，内摩擦角愈大，受扩底影响的破坏柱体愈长。桩底以上长度约4～10d范围内，破裂柱体直径增大至扩底直径D；超过该范围以上部分，破裂面缩小至桩土界面。按此模型给出扩底抗拔承载力计算周长u_i，如本规范表5.4.6-1。

5.5 桩基沉降计算

5.5.6～5.5.9 桩距小于和等于6倍桩径的群桩基础，在工作荷载下的沉降计算方法，目前有两大类。一类是按实体深基础计算模型，采用弹性半空间表面荷载下Boussinesq应力解计算附加应力，用分层总和法计算沉降；另一类是以半无限弹性体内部集中力作用下的Mindlin解为基础计算沉降。后者主要分为两种，一种是Poulos提出的相互作用因子法；第二种是Geddes对Mindlin公式积分而导出集中力作用于弹性半空间内部的应力解，按叠加原理，求得群桩桩端平面下各单桩附加应力和，按分层总和法计算群桩沉降。

上述方法存在如下缺陷：①实体深基础法，其附加应力按Boussinesq解计算与实际不符（计算应力偏大），且实体深基础模型不能反映桩的长径比、距径比等的影响；②相互作用因子法不能反映压缩范围层内土的成层性；③Geddes应力叠加—分层总和法对于大桩群不能手算，且要求假定侧阻力分布，并给出桩端荷载分担比。针对以上问题，本规范给出等效作用分层总和法。

1 运用弹性半无限体内作用力的Mindlin位移解，基于桩、土位移协调条件，略去桩身弹性压缩，给出匀质土中不同距径比、长径比、桩数、基础长径比条件下刚性承台群桩的沉降数值解：

$$w_M = \frac{\overline{Q}}{E_s d} \overline{w}_M \quad (1)$$

式中　$\overline{Q}$——群桩中各桩的平均荷载；

E_s——均质土的压缩模量；

d——桩径；

$\overline{w}_M$——Mindlin解群桩沉降系数，随群桩的距径比、长径比、桩数、基础长径比而变。

2 运用弹性半无限体表面均布荷载下的Boussinesq解，不计实体深基础侧阻力和应力扩散，求得实体深基础的沉降：

$$w_B = \frac{P}{a E_s} \overline{w}_B \quad (2)$$

式中　$\overline{w}_B = \frac{1}{4\pi}$

$$\left[\ln \frac{\sqrt{1+m^2}+m}{\sqrt{1+m^2}-m} + m\ln \frac{\sqrt{1+m^2}+1}{\sqrt{1+m^2}-1} \right]$$

$$(3)$$

m——矩形基础的长宽比；$m = a/b$；

P——矩形基础上的均布荷载之和。

由于数据过多，为便于分析应用，当$m \leqslant 15$时，式（3）经统计分析后简化为

$$\overline{w}_B = (m+0.6336)/(1.1951m+4.6275) \quad (4)$$

由此引起的误差在2.1%以内。

3 两种沉降解之比：

相同基础平面尺寸条件下，对于按不同几何参数刚性承台群桩Mindlin位移解沉降计算值w_M与不考虑群桩侧面剪应力和应力不扩散实体深基础Boussinesq解沉降计算值w_B二者之比为等效沉降系数ψ_e。按实体深基础Boussinesq解分层总和法计算沉降w_B，乘以等效沉降系数ψ_e，实质上纳入了按Mindlin位移解计算桩基础沉降时，附加应力及桩群几何参数的影响，称此为等效作用分层总和法。

$$\psi_e = \frac{w_M}{w_B} = \frac{\dfrac{\overline{Q}}{E_s \cdot d} \cdot \overline{w}_M}{\dfrac{n_a \cdot n_b \cdot \overline{Q} \cdot \overline{w}_B}{a \cdot E_s}}$$

$$= \frac{\overline{w}_M}{\overline{w}_B} \cdot \frac{a}{n_a \cdot n_b \cdot d} \quad (5)$$

式中　n_a、n_b——分别为矩形桩基础长边布桩数和短边布桩数。

为应用方便，将按不同距径比$s_a/d = 2$、3、5、6，长径比$l/d = 5$、10、15…100，总桩数$n = 4…600$，各种布桩形式（$n_a/n_b = 1$、2、…10），桩基承台长宽比$L_c/B_c = 1$、2…10，对式（5）计算出的ψ_e进行回归分析，得到本规范式（5.5.9-1）。

4 等效作用分层总和法桩基最终沉降量计算式

$$s = \psi \cdot \psi_e \cdot s'$$

$$= \psi \cdot \psi_e \cdot \sum_{j=1}^{m} p_{oj} \sum_{i=1}^{n} \frac{z_{ij} \overline{\alpha}_{ij} - z_{(i-1)j} \overline{\alpha}_{(i-1)j}}{E_{si}} \quad (6)$$

沉降计算公式与习惯使用的等代实体深基础分层总和法基本相同，仅增加一个等效沉降系数ψ_e。其中要注意的是：等效作用面位于桩端平面，等效作用面积为桩基承台投影面积，等效作用附加压力取承台底附加压力，等效作用面以下（等代实体深基底以下）的应力分布按弹性半空间Boussinesq解确定，应力系数为角点下平均附加应力系数$\overline{\alpha}$。各分层沉降量$\Delta s'_i = p_0 \dfrac{z_i \overline{\alpha}_i - z_{(i-1)} \overline{\alpha}_{(i-1)}}{E_{si}}$，其中$z_i$、$z_{(i-1)}$为有效作用面至$i$、$i-1$层层底的深度；$\overline{\alpha}_i$、$\overline{\alpha}_{(i-1)}$为按计算分块长宽比$a/b$及深宽比$z_i/b$、$z_{(i-1)}/b$，由附录D确定。$p_0$为承台底面荷载效应准永久组合附加压力，将其作用于桩端等效作用面。

5.5.11 本条说明关于桩基沉降计算经验系数ψ。本次规范修编时，收集了软土地区的上海、天津，一般第四纪土地区的北京、沈阳，黄土地区的西安等共计150份已建桩基工程的沉降观测资料，得出实测沉降与计算沉降之比ψ与沉降计算深度范围内压缩模量当

量值 $\overline{E_s}$ 的关系如图 21 所示，同时给出 ψ 值列于本规范表 5.5.11。

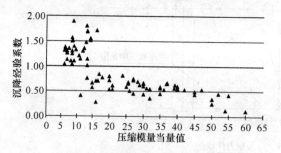

图 21 沉降经验系数 ψ 与压缩模
量当量值 $\overline{E_s}$ 的关系

关于预制桩沉桩挤土效应对桩基沉降的影响问题。根据收集到的上海、天津、温州地区预制桩和灌注桩基础沉降观测资料合计 110 份，将实测最终沉降量与桩长关系散点图分别表示于图 22（a）、（b）、（c）。图 22 反映出一个共同规律：预制桩基础的最终沉降量显著大于灌注桩基础的最终沉降量，桩长愈

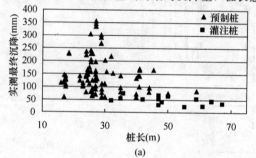

(a)

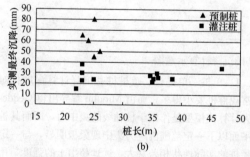

(b)

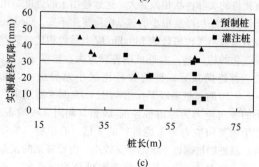

(c)

图 22 预制桩基础与灌注桩基础实测
沉降量与桩长关系

（a）上海地区；（b）天津地区；（c）温州地区

小，其差异愈大。这一现象反映出预制桩因挤土沉桩产生桩土上涌导致沉降增大的负面效应。由于三个地区地层条件存在差异，桩端持力层、桩长、桩距、沉桩工艺流程等因素变化，使得预制桩挤土效应不同。为使计算沉降更符合实际，建立以灌注桩基础实测沉降与计算沉降之比 ψ 随桩端压缩层范围内模量当量值 $\overline{E_s}$ 而变的经验值，对于饱和土中未经复打、复压、引孔沉桩的预制桩基础按本规范表 5.5.11 所列值再乘以挤土效应系数 1.3～1.8，对于桩数多、桩距小、沉桩速率快、土体渗透性低的情况，挤土效应系数取大值；对于后注浆灌注桩则乘以 0.7～0.8 折减系数。

5.5.14 本条说明关于单桩、单排桩、疏桩（桩距大于 $6d$）基础的最终沉降量计算。工程实际中，采用一柱一桩或一柱两桩、单排桩、桩距大于 $6d$ 的疏桩基础并非罕见。如：按变刚度调平设计的框架-核心筒结构工程中，刚度相对弱化的外围桩基，柱下布 1～3 桩者居多；剪力墙结构，常采取墙下布桩（单排桩）；框架和排架结构建筑桩基按一柱一桩或一柱二桩布置也不少。有的设计考虑承台分担荷载，即设计为复合桩基，此时承台多数为平板式或梁板式筏形承台；另一种情况是仅在柱、墙下单独设置承台，或即使设计为满堂筏形承台，由于承台底土层为软土、欠固结土、可液化、湿陷性土等原因，承台不分担荷载，或因使用要求，变形控制严格，只能考虑桩的承载作用。首先，就桩数、桩距等而言，这类桩基不能应用等效作用分层总和法，需要另行给出沉降计算方法。其次，对于复合桩基和普通桩基的计算模式应予区分。

单桩、单排桩、疏桩复合桩基沉降计算模式是基于新推导的 Mindlin 解计入桩径影响公式计算桩的附加应力，以 Boussinesq 解计算承台底压力引起的附加应力，将二者叠加按分层总和法计算沉降，计算式为本规范式（5.5.14-1）～式（5.5.14-5）。

计算时应注意，沉降计算点取底层柱、墙中心点，应力计算点应取与沉降计算点最近的桩中心点，见图 23。当沉降计算点与应力计算点不重合时，二者的沉降并不相等，但由于承台刚度的作用，在工程实践的意义上，近似取二者相同。本规范中，应力计算点的沉降包含桩端以下土层的压缩和桩身压缩，桩端以下土层的压缩应按桩端以下轴线处的附加应力计算（桩身以外土中附加应力远小于轴线处）。

承台底压力引起的沉降实际上包含两部分，一部分为回弹再压缩变形，另一部分为超出土自重部分的附加压力引起的变形。对于前者的计算较为复杂，一是回弹再压缩量对于整个基础而言分布是不均的，坑中央最大，基坑边缘最小；二是再压缩层深度及其分布难以确定。若将此二部分压缩变形分别计算，目前尚难解决。故计算时近似将全部承台底压力等效为附加压力计算沉降。

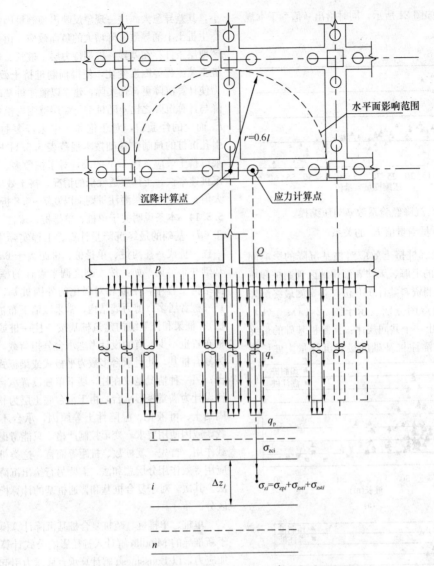

图 23 单桩、单排桩、疏桩基础沉降计算示意图

这里应着重说明三点：一是考虑单排桩、疏桩基础在基坑开挖（软土地区往往是先成桩后开挖；非软土地区，则是开挖一定深度后再成桩）时，桩对土体的回弹约束效应小，故应将回弹再压缩计入沉降量；二是当基坑深度小于 5m 时，回弹量很小，可忽略不计；三是中、小桩距桩基的桩对于土体回弹的约束效应导致回弹量减小，故其回弹再压缩可予忽略。

计算复合桩基沉降时，假定承台底附加压力为均布，$p_c = \eta_c f_{ak}$，η_c 按 $s_a > 6d$ 取值，f_{ak} 为地基承载力特征值，对全承台分块按式（5.5.14-5）计算桩端平面以下土层的应力 σ_{zci}，与基桩产生的应力 σ_{zi} 叠加，按本规范式（5.5.14-4）计算最终沉降量。若核心筒桩群在计算点 0.6 倍桩长范围以内，应考虑其影响。

单桩、单排桩、疏桩常规桩基，取承台压力 $p_c = 0$，即按本规范式（5.5.14-1）进行沉降计算。

这里应着重说明上述计算式有关的五个问题：

1 单桩、单排桩、疏桩桩基沉降计算深度相对于常规群桩要小得多，而由 Mindlin 解导出得 Geddes 应力计算式模型是作用于桩轴线的集中力，因而其桩端平面以下一定范围内应力集中现象极明显，与一定直径桩的实际性状相差甚大，远远超出土的强度，用于计算压缩层厚度很小的桩基沉降显然不妥。Geddes 应力系数与考虑桩径的 Mindlin 应力系数相比，其差异变化的特点是：愈近桩端差异愈大，桩端下 $l/10$ 处二者趋向接近；桩的长径比愈小差异愈大，如 $l/d = 10$ 时，桩端以下 $0.008l$ 处，Geddes 解端阻产生的竖向应力为考虑桩径的 44 倍，侧阻（按均布）产生的竖向应力为考虑桩径的 8 倍。而单桩、单排桩、疏桩的桩端以下压缩层又较小，由此带来的误差过大。故对 Mindlin 应力解考虑桩径因素求解，桩端、桩侧阻力的分布如附录 F 图 F.0.2 所示。为便于使用，求得基桩长径比 $l/d = 10, 15, 20, 25, 30,$ $40 \sim 100$ 的应力系数 I_p、I_{sr}、I_{st} 列于附录 F。

2 关于土的泊松比 ν 的取值。土的泊松比 $\nu = 0.25 \sim 0.42$；鉴于对计算结果不敏感，故统一取 $\nu = 0.35$ 计算应力系数。

3 关于相邻基桩的水平面影响范围。对于相邻基桩荷载对计算点竖向应力的影响，以水平距离 $\rho = 0.6l$（l 为计算点桩长）范围内的桩为限，即取最大 $n = \rho/l = 0.6$。

4 沉降计算经验系数 ψ。这里仅对收集到的部分单桩、双桩、单排桩的试验资料进行计算。若无当地经验，取 $\psi = 1.0$。对部分单桩、单排桩沉降进行计算与实测的对比，列于表 11。

5 关于桩身压缩。由表 11 单桩、单排桩计算与实测沉降比较可见，桩身压缩比 s_e/s 随桩的长径比 l/d 增大和桩端持力层刚度增大而增加。如 CCTV 新

台址桩基，长径比 l/d 为 43 和 28，桩端持力层为卵砾、中粗砂层，$E_s \geqslant 100\mathrm{MPa}$，桩身压缩分别为 22mm，$s_e/s = 88\%$；14.4mm，$s_e/s = 59\%$。因此，本规范第 5.5.14 条规定应计入桩身压缩。这是基于单桩、单排桩总沉降量较小，桩身压缩比例超过 50%，若忽略桩身压缩，则引起的误差过大。

6 桩身弹性压缩的计算。基于桩身材料的弹性假定及桩侧阻力呈矩形、三角形分布，由下式可简化计算桩身弹性压缩量：

$$s_e = \frac{1}{AE_p} \int_0^l \left[Q_0 - \pi d \int_0^z q_s(z)\mathrm{d}z\right]\mathrm{d}z = \xi_e \frac{Q_0 l}{AE_p}$$

对于端承型桩，$\xi_e = 1.0$；对于摩擦型桩，随桩侧阻力份额增加和桩长增加，ξ_e 减小；$\xi_e = 1/2 \sim 2/3$。

表 11　单桩、单排桩计算与实测沉降对比

项　目		桩顶特征荷载（kN）	桩长/桩径（m）	压缩模量（MPa）	计算沉降（mm）			实测沉降（mm）	$S_{实测}/S_{计}$	备注
					桩端土压缩（mm）	桩身压缩（mm）	预估总沉降量（mm）			
长青大厦	4#	2400	17.8/0.8	100	0.8	1.4	2.2	1.76	0.80	—
	3#	5600			2.9	3.4	6.3	5.60	0.89	—
	2#	4800			2.3	2.9	5.2	5.66	1.09	—
	1#	4000			1.8	2.4	4.2	4.93	1.17	—
		2400			0.9	1.5	2.4	3.04	1.27	—
皇冠大厦	465#	6000	15/0.8	100	3.6	2.8	6.4	4.74	0.74	—
	467#	5000			2.9	2.3	5.2	4.55	0.88	—
北京SOHO	S1	8000	29.5/1.0	70	2.8	4.7	7.5	13.30	1.77	—
	S2	6500	29.5/0.8		3.8	6.5	10.3	9.88	0.96	—
	S3	8000	29.5/1.0		2.8	4.7	7.5	9.61	1.28	—
洛口试桩[①]	D-8	316	4.5/0.25	8	16.0			20	1.25	—
	G-19	280	4.5/0.25		28.7			23.9	0.83	—
	G-24	201.7	4.5/0.25		28.0			30	1.07	—
北京电视中心	S1	7200	27/1.0	70	2.6	3.9	6.5	7.41	1.14	—
	S2	7200	27/1.0		2.6	3.9	6.5	9.59	1.48	—
	S3	7200	27/1.0		2.6	3.9	6.5	6.48	1.00	—
	S4	5600	27/0.8		2.5	4.8	7.3	8.84	1.21	—
	S5	5600	27/0.8		2.5	4.8	7.3	7.82	1.07	—
	S6	5600	27/0.8		2.5	4.8	7.3	8.18	1.12	—
北京银泰中心	A-S1	9600	30/1.1	70	2.9	4.5	7.4	3.99	0.54	—
	A-S1-1	6800			1.6	3.2	4.8	2.59	0.54	—
	A-S1-2	6800			1.6	3.2	4.8	3.16	0.66	—
	B-S3	9600			2.9	4.5	7.4	3.87	0.52	—
	B1-14	5100			1.0	2.4	3.4	1.53	0.45	—
	B-S1-2	5100			1.0	2.4	3.4	1.96	0.58	—

项 目		桩顶特征荷载（kN）	桩长/桩径（m）	压缩模量（MPa）	计算沉降（mm）			实测沉降（mm）	$S_{实测}/S_{计}$	备注
					桩端土压缩（mm）	桩身压缩（mm）	预估总沉降量（mm）			
北京银泰中心	C-S2	9600	30/1.1	70	2.9	4.5	7.4	4.28	0.58	—
	C-S1-1	5100			1.0	2.4	3.4	3.09	0.91	—
	C-S1-2	5100			1.0	2.4	3.4	2.85	0.84	—
CCTV[②]	TP-A1	33000	51.7/1.2	120	3.3	22.5	25.8	21.78	0.85	1.98
	TP-A2	30250	51.7/1.2		2.5	20.6	23.1	21.44	0.93	5.22
	TP-A3	33000	53.4/1.2		3.0	23.2	26.2	18.78	0.72	1.78
	TP-B1	33000	33.4/1.2	100	10.0	14.5	24.5	20.92	0.85	5.38
	TP-B2	33000	33.4/1.2		10.0	14.5	24.5	14.50	0.59	3.79
	TP-B3	35000	33.4/1.2		11.0	15.4	26.4	21.80	0.83	3.32

注：① 洛口试桩为单排桩（分别是单排2桩、4桩、6桩），采用桩顶极限荷载。

② CCTV试桩备注栏为实测桩端沉降，采用桩顶极限荷载。

5.5.15 上述单桩、单排桩、疏桩基础及其复合桩基的沉降计算深度均采用应力比法，即按 $\sigma_z + \sigma_{zc} = 0.2\sigma_c$ 确定。

关于单桩、单排桩、疏桩复合桩基沉降计算方法的可靠性问题。从表11单桩、单排桩静载试验实测与计算比较来看，还是具有较大可靠性。采用考虑桩径因素的Mindlin解进行单桩应力计算，较之Geddes集中应力公式应该说是前进了一大步。其缺陷与其他手算方法一样，不能考虑承台整体和上部结构刚度调整沉降的作用。因此，这种手算方法主要用于初步设计阶段，最终应采用上部结构—承台—桩土共同作用

有限元方法进行分析。

为说明本规范第3.1.8条变刚度调平设计要点及本规范第5.5.14条疏桩复合桩基沉降计算过程，以某框架-核心筒结构为例，叙述如下。

1 概念设计

1）桩型、桩径、桩长、桩距、桩端持力层、单桩承载力

该办公楼由地上36层、地下7层与周围地下7层车库连成一体，基础埋深26m。框架-核心筒结构。建筑标准层平面图见图24，立面图见图25，主体高度156m。拟建场地地层柱状土如图26所示，第⑨层

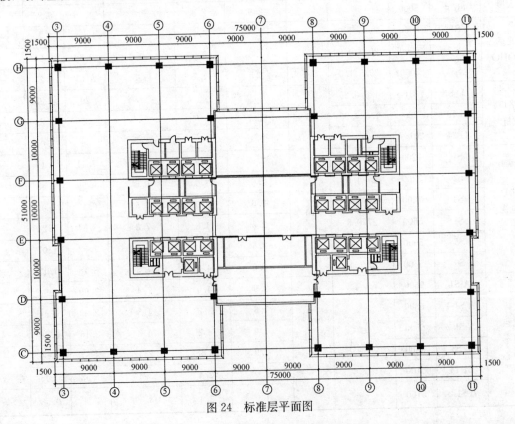

图24 标准层平面图

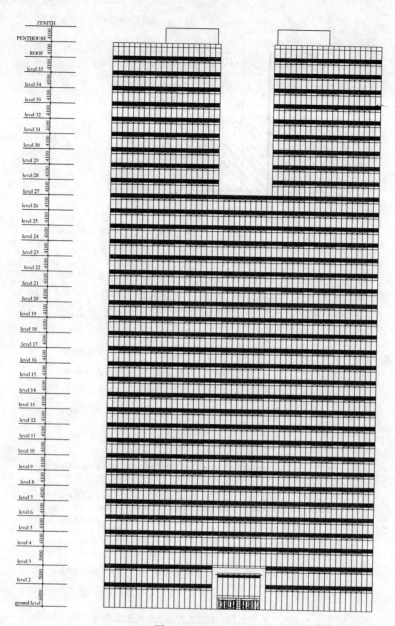

图 25　立面图

为卵石—圆砾，第⑬层为细—中砂，是桩基础良好持力层。采用后注浆灌注桩桩筏基础，设计桩径1000mm。按强化核心筒桩基的竖向支承刚度、相对弱化外围框架柱桩基竖向支承刚度的总体思路，核心筒采用常规桩基，桩长25m，外围框架采用复合桩基，桩长15m。核心筒桩端持力层选为第⑬层细—中砂，单桩承载力特征值 $R_a = 9500kN$，桩距 $s_a = 3d$；外围边框架柱采用复合桩基础，荷载由桩土共同承担，单桩承载力特征值 $R_a = 7000kN$。

2）承台结构形式

由于变刚度调平布桩起到减小承台筏板整体弯距和冲切力的作用，板厚可减少。核心筒承台采用平板式，厚度 $h_1 = 2200mm$；外围框架采用梁板式筏板承台，梁截面 $b_b \times h_b = 2000mm \times 2200mm$，板厚 $h_2 =$ 1600mm。与主体相连裙房（含地下室）采用天然地基，梁板式片筏基础。

2　基桩承载力计算与布桩

1）核心筒

荷载效应标准组合（含承台自重）：$N_{ck} = 843592kN$；

基桩承载力特征值 $R_a = 9500kN$，每个核心筒布桩90根，并使桩反力合力点与荷载重心接近重合。偏心距如下：

左核心筒荷载偏心距离：$\Delta X = -0.04m$；$\Delta Y = 0.26m$

右核心筒荷载偏心距离：$\Delta X = 0.04m$；$\Delta Y = 0.15m$

$$9500kN \times 90 = 855000kN > 843592kN$$

2）外围边框架柱

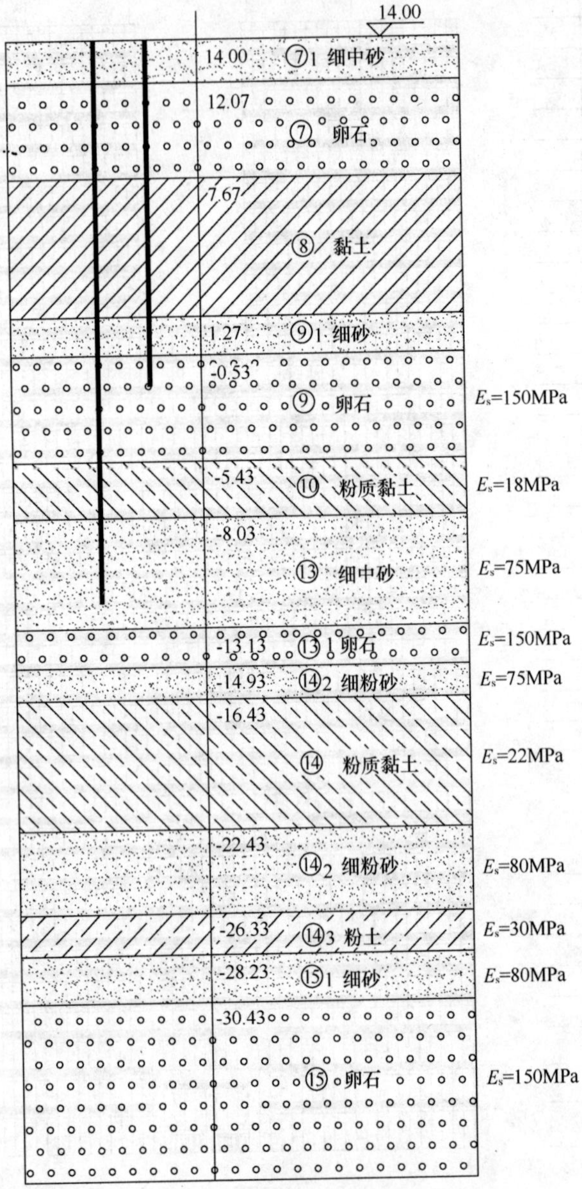

图 26　场地地层柱状土

选荷载最大的框架柱进行验算，柱下布桩 3 根。桩底荷载标准值 $F_k = 36025kN$，

单根复合基桩承台面积 $A_c = (9 \times 7.5 - 2.36)/3 = 21.7m^2$

承台梁自重 $G_{kb} = 2.0 \times 2.2 \times 14.5 \times 25 = 1595kN$

承台板自重 $G_{ks} = 5.5 \times 3.5 \times 2 \times 1.6 \times 25 = 1540kN$

承台上土重 $G = 5.5 \times 3.5 \times 2 \times 0.6 \times 18 = 415.8kN$

总重 $G_k = 1595 + 1540 + 415.8 = 3550.8kN$

承台效应系数 η_c 取 0.7，地基承载力特征值 $f_{ak} = 350kPa$

复合基桩承载力特征值

$R = R_a + \eta_c f_{ak} A_c = 7000 + 0.7 \times 350 \times 21.7 = 12317kN$

复合基桩荷载标准值

$(F_k + G_k)/3 = 13192kN$，超出承载力 6.6%。考虑到以下二个因素，一是所验算柱为荷载最大者，这种荷载与承载力的局部差异通过上部结构和承台的共同作用得到调整；二是按变刚度调平原则，外框架桩基刚度宜适当弱化。故外框架柱桩基满足设计要求。桩基础平面布置图见图 27。

3　沉降计算

1）核心筒沉降采用等效作用分层总和法计算

附加压力 $p_0 = 680kPa$，$L_c = 32m$，$B_c = 21.5m$，$n = 90$，$d = 1.0m$，$l = 25m$；

$n_b = \sqrt{n \cdot B_c / L_c} = 7.75$，$l/d = 25$，$s_a/d = 3$

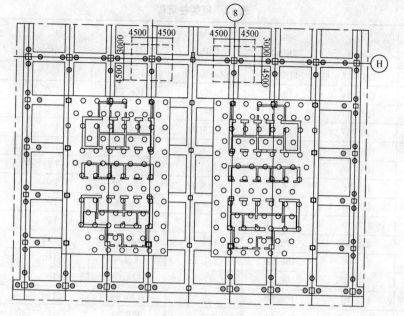

图 27　桩基础及承台布置图

由附录 E 得：

$L_c/B_c = 1$，$l/d = 25$ 时，$C_0 = 0.063$，$C_1 = 1.500$，$C_2 = 7.822$

$L_c/B_c = 2$，$l/d = 25$ 时，$C_0 = 0.118$，$C_1 = 1.565$，$C_2 = 6.826$

$$\psi_{e1} = C_0 + \frac{n_b - 1}{C_1 (n_b - 1) + C_2} = 0.44,\ \psi_{e2} = 0.50,$$

插值得：$\psi_e = 0.47$

外围框架柱桩基对核心筒桩端以下应力的影响，按本规范第 5.5.14 条计算其对核心筒计算点桩端平面以下的应力影响，进行叠加，按单向压缩分层总和法计算核心筒沉降。

沉降计算深度由 $\sigma_z = 0.2\sigma_c$ 得：$z_n = 20m$

压缩模量当量值：$\overline{E_s} = 35MPa$

由本规范第 5.5.11 条得：$\psi = 0.5$；采用后注浆施工工艺乘以 0.7 折减系数

由本规范第 5.5.7 条及第 5.5.12 条得：

$s' = 272mm$

最终沉降量：

$$s = \psi \cdot \psi_e \cdot s' = 0.5 \times 0.7 \times 0.47 \times 272mm = 45mm$$

2）边框架复合桩基沉降计算，采用复合应力分层总和法，即按本规范式（5.5.14-4）

计算范围见图 28，计算参数及结果列于表 12。

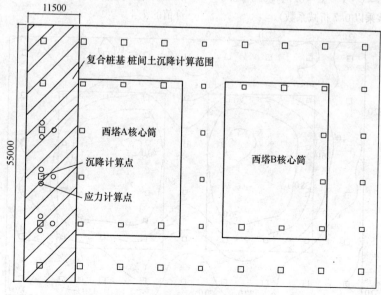

图 28　复合桩基沉降计算范围及计算点示意图

表 12　框架柱沉降

σ / z/l	σ_{zi} (kPa)	σ_{zci} (kPa)	$\sum\sigma$ (kPa)	$0.2\sigma_{ci}$ (kPa)	E_s (MPa)	分层沉降 (mm)
1.004	1319.87	118.65	1438.52	168.25	150	0.62
1.008	1279.44	118.21	1397.65	168.51	150	0.60
1.012	1227.14	117.77	1344.91	168.76	150	0.58
1.016	1162.57	117.34	1279.91	169.02	150	0.55
1.020	1088.67	116.91	1205.58	169.28	150	0.52
1.024	1009.80	116.48	1126.28	169.53	150	0.49
1.028	930.21	116.06	1046.27	169.79	150	0.46
1.040	714.80	114.80	829.60	170.56	150	1.09
1.060	473.19	112.74	585.93	171.84	150	1.30
1.080	339.68	110.73	450.41	173.12	150	1.01
1.100	263.05	108.78	371.83	174.4	150	0.85
1.120	215.47	106.87	322.34	175.68	150	0.75
1.14	183.49	105.02	288.51	176.96	150	0.68
1.16	160.24	103.21	263.45	178.24	150	0.62
1.18	142.34	101.44	243.78	179.52	150	0.58
1.2	127.88	99.72	227.60	180.80	150	0.55
1.3	82.14	91.72	173.86	187.20	18	18.30
1.4	57.63	84.61	142.24	193.60	—	—
最终沉降量（mm）						30

注：z 为承台底至应力计算点的竖向距离。

沉降计算荷载应考虑回弹再压缩，采用准永久荷载效应组合的总荷载为等效附加荷载；桩顶荷载取 $Q=7000\mathrm{kN}$；

承台土压力，近似取 $p_{ck}=\eta_c f_{ak}=245\mathrm{kPa}$；

用应力比法得计算深度：$z_n=6.0\mathrm{m}$，桩身压缩量 $s_e=2\mathrm{mm}$。

最终沉降量，$s=\psi\cdot s'+s_e=0.7\times30.0+2.0=23\mathrm{mm}$（采用后注浆乘以 0.7 折减系数）。

上述沉降计算只计入相邻基桩对桩端平面以下应力的影响，未考虑筏板整体刚度和上部结构刚度对调整差异沉降的贡献，故实际差异沉降比上述计算值要小。

4　按上部结构刚度—承台—桩土相互作用有限元法计算沉降。按共同作用有限元分析程序计算所得沉降等值线如图 29 所示。从中看出，最大沉降为 40mm，最大差异沉降 $\Delta s_{max}=0.0005L_0$，仅为规范允许值的 1/4。

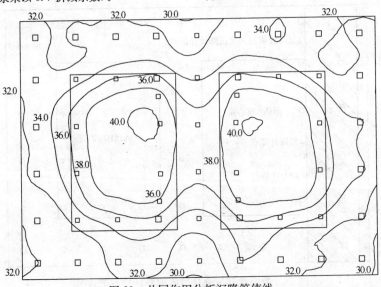

图 29　共同作用分析沉降等值线

5.6 软土地基减沉复合疏桩基础

5.6.1 软土地基减沉复合疏桩基础的设计应遵循两个原则，一是桩和桩间土在受荷变形过程中始终确保两者共同分担荷载，因此单桩承载力宜控制在较小范围，桩的横截面尺寸一般宜选择 $\phi 200 \sim \phi 400$（或 $200\text{mm} \times 200\text{mm} \sim 300\text{mm} \times 300\text{mm}$），桩应穿越上部软土层，桩端支承于相对较硬土层；二是桩距 $s_a > (5 \sim 6)d$，以确保桩间土的荷载分担比足够大。

减沉复合疏桩基础承台型式可采用两种，一种是筏式承台，多用于承载力小于荷载要求和建筑物对差异沉降控制较严或带有地下室的情况；另一种是条形承台，但承台面积系数（承台与首层面积相比）较大，多用于无地下室的多层住宅。

桩数除满足承载力要求外，尚应经沉降计算最终确定。

5.6.2 本条说明减沉复合疏桩基础的沉降计算。

对于复合疏桩基础而言，与常规桩基相比其沉降性状有两个特点。一是桩的沉降发生塑性刺入的可能性大，在受荷变形过程中桩、土分担荷载随土体固结而使其在一定范围变动，随固结变形逐渐完成而趋于稳定。二是桩间土体的压缩固结受承台压力作用为主，受桩、土相互作用影响居次。由于承台底面桩、土的沉降是相等的，桩基的沉降既可通过计算桩的沉降，也可通过计算桩间土沉降实现。桩的沉降包含桩端平面以下土的压缩和塑性刺入（忽略桩的弹性压缩），同时应考虑承台土反力对桩沉降的影响。桩间土的沉降包含承台底土的压缩和桩对土的影响。为了回避桩端塑性刺入这一难以计算的问题，本规范采取计算桩间土沉降的方法。

基础平面中点最终沉降计算式为：$s = \psi(s_s + s_{sp})$。

1 承台底地基土附加应力作用下的压缩变形沉降 s_s。按 Boussinesq 解计算土中的附加应力，按单向压缩分层总和法计算沉降，与常规浅基沉降计算模式相同。

关于承台底附加压力 p_0，考虑到桩的刺入变形导致承台分担荷载量增大，故计算 p_0 时乘以刺入变形影响系数，对于黏性土 $\eta_p = 1.30$，粉土 $\eta_p = 1.15$，砂土 $\eta_p = 1.0$。

2 关于桩对土影响的沉降增加值 s_{sp}。桩侧阻力引起桩周土的沉降，按桩侧剪切位移传递法计算，桩侧土离桩中心任一点 r 的竖向位移为：

$$w_r = \frac{\tau_0 r_0}{G_s} \int_r^{r_m} \frac{dr}{r} = \frac{\tau_0 r_0}{G_s} \ln \frac{r_m}{r} \qquad (7)$$

减沉桩桩端阻力比例较小，端阻力对承台底地基土位移的影响也较小，予以忽略。

式（7）中，τ_0 为桩侧阻力平均值；r_0 为桩半径；G_s 为土的剪切模量，$G_s = E_0/2(1+\nu)$，ν 为泊松

比，软土取 $\nu = 0.4$；E_0 为土的变形模量，其理论关系式 $E_0 = 1 - \frac{2\nu^2}{(1-\nu)} E_s \approx 0.5 E_s$，$E_s$ 为土的压缩模量；软土桩侧土剪切位移最大半径 r_m，软土地区取 $r_m = 8d$。将式（7）进行积分，求得任一基桩桩周碟形位移体积，为：

$$V_{sp} = \int_0^{2\pi} \int_{r_0}^{r_m} \frac{\tau_0 r_0}{G_s} r \ln \frac{r_m}{r} \, dr d\theta$$

$$= \frac{2\pi \tau_0 r_0}{G_s} \left(\frac{r_0^2}{2} \ln \frac{r_0}{r_m} + \frac{r_m^2}{4} - \frac{r_0^2}{4} \right) \qquad (8)$$

桩对土的影响值 s_{sp} 为单一基桩桩周位移体积除以圆面积 $\pi(r_m^2 - r_0^2)$；另考虑桩距较小时剪切位移的重叠效应，当桩侧土剪切位移最大半径 r_m 大于平均桩距 $\overline{s_a}$ 时，引入近似重叠系数 $\pi(r_m/\overline{s_a})^2$，则

$$s_{sp} = \frac{V_{sp}}{\pi(r_m^2 - r_0^2)} \cdot \pi \frac{r_m^2}{\overline{s_a}^2}$$

$$= \frac{\dfrac{8(1+\nu)\pi \tau_0 r_0}{E_s} \left(\dfrac{r_0^2}{2} \ln \dfrac{r_0}{r_m} + \dfrac{r_m^2}{4} - \dfrac{r_0^2}{4} \right)}{\pi(r_m^2 - r_0^2)} \cdot \pi \frac{r_m^2}{\overline{s_a}^2}$$

$$= \frac{(1+\nu)8\pi \tau_0}{4E_s} \cdot \frac{1}{(\overline{s_a}/d)^2}$$

$$\cdot \frac{r_m^2 \left(\dfrac{r_0^2}{2} \ln \dfrac{r_0}{r_m} + \dfrac{r_m^2}{4} - \dfrac{r_0^2}{4} \right)}{(r_m^2 - r_0^2) r_0}$$

因 $r_m = 8d \gg r_0$，且 $\tau_0 = q_{su}$，$\nu = 0.4$，故上式简化为：

$$s_{sp} = \frac{280 q_{su}}{E_s} \cdot \frac{d}{(\overline{s_a}/d)^2}$$

因此，$s = \psi(s_s + s_{sp})$；

$$s_s = 4p_0 \sum_{i=1}^m \frac{z_i \overline{\alpha}_i - z_{(i-1)} \overline{\alpha}_{(i-1)}}{E_{si}},$$

$$s_{sp} = 280 \frac{\overline{q_{su}}}{\overline{E_s}} \cdot \frac{d}{(\overline{s_a}/d)^2}$$

一般地，$\overline{q_{su}} = 30\text{kPa}$，$\overline{E_s} = 2\text{MPa}$，$\overline{s_a}/d = 6$，$d = 0.4\text{m}$

$$s_{sp} = \frac{280 \overline{q_{su}}}{\overline{E_s}} \cdot \frac{d}{(\overline{s_a}/d)^2} = 280 \times \frac{30 \ (\text{kPa})}{2 \ (\text{MPa})}$$

$$\times \frac{1}{36} \times 0.4 \ (\text{m})$$

$$= 47\text{mm}。$$

3 条形承台减沉复合疏桩基础沉降计算

无地下室多层住宅多数将承台设计为墙下条形承台板，条基之间净距较小，若按实际平面计算相邻影响十分繁琐，为此，宜将其简化为等效平板式承台，按角点法分块计算基础中点沉降。

4 工程验证

表 13 软土地基减沉复合疏桩基础计算沉降与实测沉降

名称（编号）	建筑物层数（地下）/附加压力（kN）	基础平面尺寸（m×m）	桩径 d（m）/桩长 L（m）	承台埋深（m）/桩数	桩端持力层	计算沉降（mm）	按实测推算的最终沉降（mm）
上海×××	6/61210	53×11.7	0.2×0.2/16	1.6/161	黏土	108	77
上海×××	6/52100	52.5×11	0.2×0.2/16	1.6/148	黏土	76	81
上海×××	6/49718	42×11	0.2×0.2/16	1.6/118	黏土	120	69
上海×××	6/43076	40×10	0.2×0.2/16	1.6/139	黏土	76	76
上海×××	6/45490	58×12	0.2×0.2/16	1.6/250	黏土	132	127
绍兴×××	6/49505	35×10	ϕ0.4/12	1.45/142	粉土	55	50
上海×××	6/43500	40×9	0.2×0.2/16	1.27/152	黏土夹砂	158	150
天津×××	—/56864	46×16	ϕ0.42/10	1.7/161	黏质粉土	63.7	40
天津×××	—/62507	52×15	ϕ0.42/10	1.7/176	黏质粉土	62	50
天津×××	—/74017	62×15	ϕ0.42/10	1.7/224	黏质粉土	55	50
天津×××	—/62000	52×14	0.35×0.35/17	1.5/127	粉质黏土	100	80
天津×××	—/106840	84×15	0.35×0.35/17	1.5/220	粉质黏土	100	90
天津×××	—/64200	54×14	0.35×0.35/17	1.5/135	粉质黏土	95	90
天津×××	—/82932	56×18	0.35×0.35/12.5	1.5/155	粉质黏土	161	120

5.7 桩基水平承载力与位移计算

5.7.2 本条说明单桩水平承载力特征值的确定。

影响单桩水平承载力和位移的因素包括桩身截面抗弯刚度、材料强度、桩侧土质条件、桩的入土深度、桩顶约束条件。如对于低配筋率的灌注桩，通常是桩身先出现裂缝，随后断裂破坏；此时，单桩水平承载力由桩身强度控制。对于抗弯性能强的桩，如高配筋率的混凝土预制桩和钢桩，桩身虽未断裂，但由于桩侧土体塑性隆起，或桩顶水平位移大大超过使用允许值，也认为桩的水平承载力达到极限状态。此时，单桩水平承载力由位移控制。由桩身强度控制和桩顶水平位移控制两种工况均受桩侧土水平抗力系数的比例系数 m 的影响，但是，前者受影响较小，呈 $m^{1/5}$ 的关系；后者受影响较大，呈 $m^{3/5}$ 的关系。对于受水平荷载较大的建筑桩基，应通过现场单桩水平承载力试验确定单桩水平承载力特征值。对于初设阶段可通过规范所列的按桩身承载力控制的本规范式（5.7.2-1）和按桩顶水平位移控制的本规范式（5.7.2-2）进行计算。最后对工程桩进行静载试验检测。

5.7.3 建筑物的群桩基础多数为低承台，且多数带地下室，故承台侧面和地下室外墙侧面均能分担水平荷载，对于带地下室桩基受水平荷载较大时应按本规范附录C计算基桩、承台与地下室外墙水平抗力及位移。本条适用于无地下室，作用于承台顶面的弯矩较小的情况。本条所述群桩效应综合系数法，是以单

桩水平承载力特征值 R_{ha} 为基础，考虑四种群桩效应，求得群桩综合效应系数 η_h，单桩水平承载力特征值乘以 η_h 即得群桩中基桩的水平承载力特征值 R_h。

1 桩的相互影响效应系数 η_i

桩的相互影响随桩距减小、桩数增加而增大，沿荷载方向的影响远大于垂直于荷载作用方向，根据23组双桩、25组群桩的水平荷载试验结果的统计分析，得到相互影响系数 η_i，见本规范式（5.7.3-3）。

2 桩顶约束效应系数 η_r

建筑桩基桩顶嵌入承台的深度较浅，为 5～10cm，实际约束状态介于铰接与固接之间。这种有限约束连接既能减小桩顶水平位移（相对于桩顶自由），又能降低桩顶约束弯矩（相对于桩顶固接），重新分配桩身弯矩。

根据试验结果统计分析表明，由于桩顶的非完全嵌固导致桩顶弯矩降低至完全嵌固理论值的40%左右，桩顶位移较完全嵌固增大约25%。

为确定桩顶约束效应对群桩水平承载力的影响，以桩顶自由单桩与桩顶固接单桩的桩顶位移比 R_x、最大弯矩比 R_M 基准进行比较，确定其桩顶约束效应系数为：

当以位移控制时

$$\eta_r = \frac{1}{1.25} R_x$$

$$R_x = \frac{\chi_0^o}{\chi_0^r}$$

当以强度控制时

$$\eta_r = \frac{1}{0.4}R_M$$

$$R_M = \frac{M^o_{max}}{M^r_{max}}$$

式中 χ^o_0、χ^r_0——分别为单位水平力作用下桩顶自由、桩顶固接的桩顶水平位移；

M^o_{max}、M^r_{max}——分别为单位水平力作用下桩顶自由的桩，其桩身最大弯矩；桩顶固接的桩，其桩顶最大弯矩。

将 m 法对应的桩顶有限约束效应系数 η_r 列于本规范表 5.7.3-1。

3 承台侧向土抗力效应系数 η_l

桩基发生水平位移时，面向位移方向的承台侧面将受到土的弹性抗力。由于承台位移一般较小，不足以使其发挥至被动土压力，因此承台侧向土抗力应采用与桩相同的方法——线弹性地基反力系数法计算。该弹性总土抗力为：

$$\Delta R_{hl} = \chi_{0a}B'_c\int_0^{h_c} K_n(z)dz$$

按 m 法，$K_n(z)=mz$（m 法），则

$$\Delta R_{hl} = \frac{1}{2}m\chi_{0a}B'_c h_c^2$$

由此得本规范式（5.7.3-4）承台侧向土抗力效应系数 η_l。

4 承台底摩阻效应系数 η_b

本规范规定，考虑地震作用且 $s_a/d \leqslant 6$ 时，不计入承台底的摩阻效应，即 $\eta_b=0$；其他情况应计入承台底摩阻效应。

5 群桩中基桩的群桩综合效应系数分别由本规范式（5.7.3-2）和式（5.7.3-6）计算。

5.7.5 按 m 法计算桩的水平承载力。桩的水平变形系数 α，由桩身计算宽度 b_0、桩身抗弯刚度 EI、以及土的水平抗力系数沿深度变化的比例系数 m 确定，$\alpha=\sqrt[5]{\frac{mb_0}{EI}}$。$m$ 值，当无条件进行现场试验测定时，可采用本规范表 5.7.5 的经验值。这里应指出，m 值对于同一根桩并非定值，与荷载呈非线性关系，低荷载水平下，m 值较高；随荷载增加，桩侧土的塑性区逐渐扩展而降低。因此，m 取值应与实际荷载、允许位移相适应。如根据试验结果求低配筋率桩的 m，应取临界荷载 H_{cr} 及对应位移 χ_{cr} 按下式计算

$$m = \frac{\left(\dfrac{H_{cr}}{\chi_{cr}}v_x\right)^{\frac{5}{3}}}{b_0\,(EI)^{\frac{2}{3}}} \tag{9}$$

对于配筋率较高的预制桩和钢桩，则应取允许位移及其对应的荷载按上式计算 m。

根据所收集到的具有完整资料参加统计的试桩，灌注桩 114 根，相应桩径 $d=300\sim1000$mm，其中 $d=300\sim600$mm 占 60%；预制桩 85 根。统计前，将水平承载力主要影响深度 [$2(d+1)$] 内的土层划分为 5 类，然后

分别按上式（9）计算 m 值。对各类土层的实测 m 值采用最小二乘法统计，取 m 值置信区间按可靠度大于 95%，即 $m=\overline{m}-1.96\sigma_m$，$\sigma_m$ 为均方差，统计经验值 m 值列于本规范表 5.7.5。表中预制桩、钢桩的 m 值系根据水平位移为 10 mm 时求得，故当其位移小于 10mm 时，m 应予适当提高；对于灌注桩，当水平位移大于表列值时，则应将 m 值适当降低。

5.8 桩身承载力与裂缝控制计算

5.8.2、5.8.3 钢筋混凝土轴向受压桩正截面受压承载力计算，涉及以下三方面因素：

1 纵向主筋的作用。轴向受压桩的承载性状与上部结构柱相近，较柱的受力条件更为有利的是桩周受土的约束，侧阻力使轴向荷载随深度递减，因此，桩身受压承载力由桩顶下一定区段控制。纵向主筋的配置，对于长摩擦型桩和摩擦端承桩可随深度变断面或局部长度配置。纵向主筋的承压作用在一定条件下可计入桩身受压承载力。

2 箍筋的作用。箍筋不仅起水平抗剪作用，更重要的是对混凝土起侧向约束增强作用。图 30 是带箍筋与不带箍筋混凝土轴压应力-应变关系。由图看出，带箍筋的约束混凝土轴压强度较无约束混凝土提高 80% 左右，且其应力-应变关系改善。因此，本规范明确规定凡桩顶 $5d$ 范围箍筋间距不大于 100mm 者，均可考虑纵向主筋的作用。

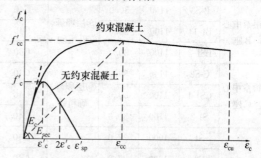

图 30 约束与无约束混凝土应力-应变关系
（引自 Mander et al 1984）

3 成桩工艺系数 ψ_c。桩身混凝土的受压承载力是桩身受压承载力的主要部分，但其强度和截面变异受成桩工艺的影响。就其成桩环境、质量可控度不同，将成桩工艺系数 ψ_c 规定如下。ψ_c 取值在原 JGJ 94-94 规范的基础上，汲取了工程试桩的经验数据，适当提高了安全度。

混凝土预制桩、预应力混凝土空心桩：$\psi_c=0.85$；主要考虑在沉桩后桩身常出现裂缝。

干作业非挤土灌注桩（含机钻、挖、冲孔桩、人工挖孔桩）：$\psi_c=0.90$；泥浆护壁和套管护壁非挤土灌注桩、部分挤土灌注桩、挤土灌注桩：$\psi_c=0.7\sim0.8$；软土地区挤土灌注桩：$\psi_c=0.6$。对于泥浆护壁非挤土灌注桩应视地层土质取 ψ_c 值，对于易塌孔的

流塑状软土、松散粉土、粉砂，ψ_c 宜取 0.7。

4 桩身受压承载力计算及其与静载试验比较

本规范规定，对于桩顶以下 $5d$ 范围箍筋间距不大于 100mm 者，桩身受压承载力设计值可考虑纵向主筋按本规范式 (5.8.2-1) 计算，否则只考虑桩身混凝土的受压承载力。对于按本规范式 (5.8.2-1) 计算桩身受压承载力的合理性及其安全度，从所收集到的 43 根泥浆护壁后注浆钻孔灌注桩静载试验结果与桩身极限受压承载力计算值 R_u 进行比较，以检验桩身受压承载力计算模式的合理性和安全性（列于表 14）。其中 R_u 按如下关系计算：

$$R_u = \frac{2R_p}{1.35}$$

$$R_p = \psi_c f_c A_{ps} + 0.9 f'_y A'_s$$

其中 R_p 为桩身受压承载力设计值；ψ_c 为成桩工艺系数；f_c 为混凝土轴心抗压强度设计值；f'_y 为主筋受压强度设计值；A_{ps}、A_s 为桩身和主筋截面积，其中 A'_s 包含后注浆钢管截面积；1.35 系数为单桩承载力特征值与设计值的换算系数（综合荷载分项系数）。

从表 14 可见，虽然后注浆桩由于土的支承阻力（侧阻、端阻）大幅提高，绝大部分试桩未能加载至破坏，但其荷载水平是相当高的。最大加载值 Q_{max} 与桩身受压承载力极限值 R_u 之比 Q_{max}/R_u 均大于 1，且无一根桩桩身被压坏。

以上计算与试验结果说明三个问题：一是影响混凝土受压承载力的成桩工艺系数，对于泥浆护壁非挤土桩一般取 $\psi_c = 0.8$ 是合理的；二是在桩顶 $5d$ 范围箍筋加密情况下计入纵向主筋承载力是合理的；三是按本规范公式计算桩身受压承载力的安全系数高于由土的支承阻力确定的单桩承载力特征值安全系数 $K = 2$，桩身承载力的安全可靠性处于合理水平。

表 14 灌注桩（泥浆护壁、后注浆）桩身受压承载力计算与试验结果

工程名称	桩号	桩径 d (mm)	桩长 L (m)	桩端持力层	桩身混凝土等级	主筋	桩顶 $5d$ 箍筋	最大加载 Q_{max} (kN)	沉降 (mm)	桩身受压极限承载力 R_u (kN)	$\dfrac{Q_{max}}{R_u}$
银泰中心 A 座	A-S1	1100	30.0	⑨层卵砾、砾粗砂	C40	10ϕ22	ϕ8@100	24×10^3	16.31	22.76×10^3	>1.05
	AS1-1	1100	30.0		C40	10ϕ22	ϕ8@100	17×10^3	7.65	22.76×10^3	
	AS1-2	1100	30.0		C40	10ϕ22	ϕ8@100	17×10^3	10.11	22.76×10^3	
银泰中心 B 座	B-S3	1100	30.0	⑨层卵砾、砾粗砂	C40	10ϕ22	ϕ8@100	24×10^3	16.70	22.76×10^3	>1.05
	B1-14	1100	30.0		C40	10ϕ22	ϕ8@100	17×10^3	10.34	22.76×10^3	
	BS1-2	1100	30.0		C40	10ϕ22	ϕ8@100	17×10^3	10.62	22.76×10^3	
银泰中心 C 座	C-S2	1100	30.0	⑨层卵砾、砾粗砂	C40	10ϕ22	ϕ8@100	24×10^3	18.71	22.76×10^3	>1.05
	CS1-1	1100	30.0		C40	10ϕ22	ϕ8@100	17×10^3	14.89	22.76×10^3	
	S1-2	1100	30.0		C40	10ϕ22	ϕ8@100	17×10^3	13.14	22.76×10^3	
北京电视中心	S1	1000	27.0	⑦层卵砾、砾	C40	12ϕ20	ϕ8@100	18×10^3	21.94	19.01×10^3	—
	S2	1000	27.0		C40	12ϕ20	ϕ8@100	18×10^3	27.38	19.01×10^3	—
	S3	1000	27.0		C40	12ϕ20	ϕ8@100	18×10^3	24.78	19.01×10^3	—
	S4	800	27.0		C40	10ϕ20	ϕ8@100	14×10^3	25.81	12.40×10^3	>1.13
	S6	800	27.0		C40	10ϕ20	ϕ8@100	16.8×10^3	29.86	12.40×10^3	>1.35
财富中心一期公寓	22#	800	24.6	⑦层卵砾	C40	12ϕ18	ϕ8@100	13.8×10^3	12.32	11.39×10^3	>1.12
	21#	800	24.6		C40	12ϕ18	ϕ8@100	13.8×10^3	12.17	11.39×10^3	>1.12
	59#	800	24.6		C40	12ϕ18	ϕ8@100	13.8×10^3	14.98	11.39×10^3	>1.12
财富中心二期办公楼	64#	800	25.2	⑦层卵砾	C40	12ϕ18	ϕ8@100	13.7×10^3	17.30	11.39×10^3	>1.11
	1#	800	25.2		C40	12ϕ18	ϕ8@100	13.7×10^3	16.12	11.39×10^3	>1.11
	127#	800	25.2		C40	12ϕ18	ϕ8@100	13.7×10^3	16.34	11.39×10^3	>1.11
财富中心二期公寓	402#	800	21.0	⑦层卵砾	C40	12ϕ18	ϕ8@100	13.0×10^3	18.60	11.39×10^3	>1.05
	340#	800	21.0		C40	12ϕ18	ϕ8@100	13.0×10^3	14.35	11.39×10^3	>1.05
	93#	800	21.0		C40	12ϕ18	ϕ8@100	13.0×10^3	12.64	11.39×10^3	>1.05

工程名称	桩号	桩径 d (mm)	桩长 L (m)	桩端持力层	桩身混凝土等级	主筋	桩顶 $5d$ 箍筋	最大加载 Q_{max} (kN)	沉降 (mm)	桩身受压极限承载力 R_u (kN)	$\dfrac{Q_{max}}{R_u}$
财富中心酒店	16#	800	22.0		C40	12φ18	φ8@100	13.0×10^3	13.72	11.39×10^3	>1.05
	148#	800	22.0	⑦层卵砾	C40	12φ18	φ8@100	13.0×10^3	14.27	11.39×10^3	>1.05
	226#	800	22.0		C40	12φ18	φ8@100	13.0×10^3	13.66	11.39×10^3	>1.05
首都国际机场航站楼	NB-T	800	30.8		C40	10φ22	φ8@100	16.0×10^3	37.43	19.89×10^3	>1.26
	NB-T	800	41.8		C40	16φ22	φ8@100	28.0×10^3	53.72	19.89×10^3	>1.57
	NB-T	1000	30.8		C40	16φ22	φ8@100	18.0×10^3	37.65	11.70×10^3	—
	NC-T	800	25.5	粉砂、粉土	C40	12φ22	φ8@100	12.8×10^3	43.50	18.30×10^3	>1.12
	NC-T	1000	25.5		C40	12φ22	φ8@100	16.0×10^3	68.44	11.70×10^3	>1.13
	ND-T	800	27.65		C40	10φ22	φ8@100	14.4×10^3	62.33	11.70×10^3	>1.23
	ND-T	1000	38.65		C40	16φ22	φ8@100	24.5×10^3	61.03	19.89×10^3	>1.03
	ND-T	1000	27.65		C40	12φ22	φ8@100	20.0×10^3	67.56	19.39×10^3	>1.40
	ND-T	800	38.65		C40	12φ22	φ8@100	18.0×10^3	69.27	12.91×10^3	>1.42
中央电视台	TP-A1	1200	51.70		C40	24φ25	φ10@100	33.0×10^3	21.78	29.4×10^3	>1.12
	TP-A2	1200	51.70		C40	24φ25	φ10@100	30.0×10^3	31.44	29.4×10^3	>1.03
	TP-A3	1200	53.40		C40	24φ25	φ10@100	33.0×10^3	18.78	29.4×10^3	>1.12
	TP-B2	1200	33.40	中粗砂、卵砾	C40	24φ25	φ10@100	33.0×10^3	14.50	29.4×10^3	>1.12
	TP-B3	1200	33.40		C40	24φ25	φ8@100	35.0×10^3	21.80	29.4×10^3	>1.19
	TP-C1	800	23.40		C40	16φ20	φ8@100	17.6×10^3	18.50	13.0×10^3	>1.35
	TP-C2	800	22.60		C40	16φ20	φ8@100	17.6×10^3	18.65	13.0×10^3	>1.35
	TP-C3	800	22.60		C40	16φ20	φ8@100	17.6×10^3	18.14	13.0×10^3	>1.35

这里应强调说明一个问题，在工程实践中常见有静载试验中桩头被压坏的现象，其实这是试桩桩头处理不当所致。试桩桩头未按现行行业标准《建筑基桩检测技术规范》JGJ 106 规定进行处理，如：桩顶千斤顶接触不平整引起应力集中；桩顶混凝土再处理后强度过低；桩顶未加钢板围裹或未设箍筋等，由此导致桩头先行破坏。很明显，这种由于试验处置不当而引发无法真实评价单桩承载力的现象是应该而且完全可以杜绝的。

5.8.4 本条说明关于桩身稳定系数的相关内容。工程实践中，桩身处于土体内，一般不会出现压屈失稳问题，但下列两种情况应考虑桩身稳定系数确定桩身受压承载力，即将按本规范第 5.8.2 条计算的桩身受压承载力乘以稳定系数 φ。一是桩的自由长度较大（这种情况只见于少数构筑物桩基）、桩周围为可液化土；二是桩周围为超软弱土，即土的不排水抗剪强度小于 10kPa。当桩的计算长度与桩径比 $l_c/d > 7.0$ 时要按本规范表 5.8.4-2 确定 φ 值。而桩的压屈计算长度 l_c 与桩顶、桩端约束条件有关，l_c 的具体确定方法按本规范表 5.8.4-1 规定执行。

5.8.7、5.8.8 对于抗拔桩桩身正截面设计应满足受拉承载力，同时应按裂缝控制等级，进行裂缝控制计算。

1 桩身承载力设计

本规范式（5.8.7）中预应力筋的受拉承载力为 $f_{py}A_{py}$，由于目前工程实践中多数为非预应力抗拔桩，故该项承载力为零。近来较多工程将预应力混凝土空心桩用于抗拔桩，此时桩顶与承台连接系通过桩顶管中埋设吊筋浇注混凝土芯，此时应确保加芯的抗拔承载力。对抗拔灌注桩施加预应力，由于构造、工艺较复杂，实践中应用不多，仅限于单桩承载力要求高的条件。从目前既有工程应用情况看，预应力灌注桩要处理好两个核心问题，一是无粘结预应力筋在桩身下部的锚固：宜于端部加锚头，并剥掉 2m 长左右塑料套管，以确保端头有效锚固。二是张拉锁定，有两种模式，一种是于桩顶预埋张拉锁定垫板，桩顶张拉锁定；另一种是在承台浇注预留张拉锁定平台，张拉锁定后，第二次浇注承台锁定锚头部分。

2 裂缝控制

首先根据本规范第 3.5 节耐久性规定，参考现行《混凝土结构设计规范》GB 50010，按环境类别和腐蚀性介质弱、中、强等级诸因素划分抗拔桩裂缝控制等级，对于不同裂缝控制等级桩基采取相应措施。对于严格要求不出现裂缝的一级和一般要求不出现裂缝的二级裂缝控制等级基桩，宜设预应力筋；对于允许出现裂缝的三级裂缝控制等级基桩，应按荷载效应标准组合计算裂缝最大宽度 w_{max}，使其不超过裂缝宽度限值，即 $w_{max} \leqslant w_{lim}$。

5.8.10 当桩处于成层土中且土层刚度相差大时，水平地震作用下，软硬土层界面处的剪力和弯距将出现突增，这是基桩震害的主要原因之一。因此，应采用地震反应的时程分析方法分析软硬土层界面处的地震作用效应，进而采取相应的措施。

5.9 承 台 计 算

5.9.1 本条对桩基承台的弯矩及其正截面受弯承载力和配筋的计算原则作出规定。

5.9.2 本条对柱下独立桩基承台的正截面弯矩设计值的取值计算方法系依据承台的破坏试验资料作出规定。20 世纪 80 年代以来，同济大学、郑州工业大学（郑州工学院）、中国石化总公司、洛阳设计院等单位进行的大量模型试验表明，柱下多桩矩形承台呈"梁式破坏"，即弯曲裂缝在平行于柱边两个方向交替出现，承台在两个方向交替呈梁式承担荷载（见图31），最大弯矩产生在平行于柱边两个方向的屈服线处。利用极限平衡原理导得柱下多桩矩形承台两个方向的承台正截面弯矩为本规范式（5.9.2-1）、式（5.9.2-2）。

对柱下三桩三角形承台进行的模型试验，其破坏模式也为"梁式破坏"。由于三桩承台的钢筋一般均平行于承台边呈三角形配置，因而等边三桩承台具有代表性的破坏模式见图 31（b），可利用钢筋混凝土板的屈服线理论按机动法基本原理推导，得通过柱边屈服曲线的等边三桩承台正截面弯矩计算公式：

$$M = \frac{N_{max}}{3}\left(s_a - \frac{\sqrt{3}}{2}c\right) \qquad (10)$$

由图 31（c）的等边三桩承台最不利破坏模式，可得另一公式：

$$M = \frac{N_{max}}{3}s_a \qquad (11)$$

考虑到图 31（b）的屈服线产生在柱边，过于理想化，而图 31（c）的屈服线未考虑柱的约束作用，其弯矩偏于安全。根据试件破坏的多数情况采用式（10）、式（11）两式的平均值作为本规范的弯矩计算公式，即得到本规范式（5.9.2-3）。

对等腰三桩承台，其典型的屈服线基本上都垂直于等腰三桩承台的两个腰，试件通常在长跨发生弯曲

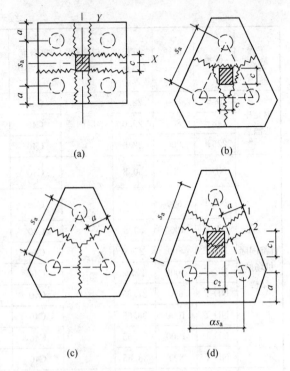

图 31　承台破坏模式
(a) 四桩承台；(b) 等边三桩承台；
(c) 等边三桩承台；(d) 等腰三桩承台

破坏，其屈服线见图 31（d）。按梁的理论可导出承台正截面弯矩的计算公式：

当屈服线 2 通过柱中心时　$M_1 = \dfrac{N_{max}}{3}s_a$ 　(12)

当屈服线 1 通过柱边时　$M_2 = \dfrac{N_{max}}{3}\left(s_a - \dfrac{1.5}{\sqrt{4-\alpha^2}}c_1\right)$

(13)

式（12）未考虑柱的约束影响，偏于安全；而式（13）又不够安全，因而本规范采用该两式的平均值确定等腰三桩承台的正截面弯矩，即本规范式（5.9.2-4）、式（5.9.2-5）。

上述关于三桩承台计算的 M 值均指通过承台形心与相应承台边正交截面的弯矩设计值，因而可按此相应宽度采用三向均匀配筋。

5.9.3 本条对箱形承台和筏形承台的弯矩计算原则进行规定。

1 对箱形承台及筏形承台的弯矩宜按地基——桩——承台——上部结构共同作用的原理分析计算。这是考虑到结构的实际受力情况具有共同作用的特性，因而分析计算应反映这一特性。

2 对箱形承台，当桩端持力层为基岩、密实的碎石类土、砂土且深厚均匀时；或当上部结构为剪力墙；或当上部结构为框架－核心筒结构且按变刚度调平原则布桩时，由于基础各部分的沉降变形较均匀，桩顶反力分布较均匀，整体弯矩较小，因而箱形承台顶、底板可仅考虑局部弯矩作用进行计算、忽略基础

的整体弯矩，但需在配筋构造上采取措施承受实际上存在的一定数量的整体弯矩。

3 对筏形承台，当桩端持力层深厚坚硬、上部结构刚度较好，且柱荷载及柱间距变化不超过 20% 时；或当上部结构为框架—核心筒结构且按变刚度调平原则布桩时，由于基础各部分的沉降变形均较均匀，整体弯矩较小，因而可仅考虑局部弯矩作用进行计算，忽略基础的整体弯矩，但需在配筋构造上采取措施承受实际上存在的一定数量的整体弯矩。

5.9.4 本条对柱下条形承台梁的弯矩计算方法根据桩端持力层情况不同，规定可按下列两种方法计算。

1 按弹性地基梁（地基计算模型应根据地基土层特性选取）进行分析计算，考虑桩、柱垂直位移对承台梁内力的影响。

2 当桩端持力层深厚坚硬且桩柱轴线不重合时，可将桩视为不动铰支座，采用结构力学方法，按连续梁计算。

5.9.5 本条对砌体墙下条形承台梁的弯矩和剪力计算方法规定可按倒置弹性地基梁计算。将承台上的砌体墙视为弹性半无限体，根据弹性理论求解承台梁上的荷载，进而求得承台梁的弯矩和剪力。为方便设计，附录 G 已列出承台梁不同位置处的弯矩和剪力计算公式。对于承台上的砌体墙，尚应验算桩顶以上部分砌体的局部承压强度，防止砌体发生压坏。

5.9.7 本条对桩基承台受柱（墙）冲切承载力的计算方法作出规定：

1 根据冲切破坏的试验结果进行简化计算，取冲切破坏锥体为自柱（墙）边或承台变阶处至相应桩顶边缘连线所构成的锥体。锥体斜面与承台底面之夹角不小于 45°。

2 对承台受柱的冲切承载力按本规范式（5.9.7-1）～式（5.9.7-3）计算。依据现行国家标准《混凝土结构设计规范》GB 50010，对冲切系数作了调整。对混凝土冲切破坏承载力由 $0.6f_t u_m h_0$ 提高至 $0.7f_t u_m h_0$，即冲切系数 β_0 提高了 16.7%，故本规范将其表达式 $\beta_0 = 0.72/(\lambda + 0.2)$ 调整为 $\beta_0 = 0.84/(\lambda + 0.2)$。

3 关于最小冲跨比取值，由原 $\lambda = 0.2$ 调整为 $\lambda = 0.25$，λ 满足 0.25～1.0。

根据现行《混凝土结构设计规范》GB 50010 的规定，需考虑承台受冲切承载力截面高度影响系数 β_{hp}。

必须强调对圆柱及圆桩计算时应将其截面换算成方柱或方桩，即取换算柱截面边长 $b_c = 0.8d_c$（d_c 为圆柱直径），换算桩截面边长 $b_p = 0.8d$，以确定冲切破坏锥体。

5.9.8 本条对承台受柱冲切破坏锥体以外基桩的冲切承载力的计算方法作出规定，这些规定与《建筑桩基技术规范》JGJ 94-94 的计算模式相同。同时按现行《混凝土结构设计规范》GB 50010 规定，对冲切系数 β_0 进行调整，并增加受冲切承载力截面高度影

响系数 β_{hp}。

5.9.9 本条对柱（墙）下桩基承台斜截面的受剪承载力计算作出规定。由于剪切破坏面通常发生在柱边（墙边）与桩边连线形成的贯通承台的斜截面处，因而受剪计算斜截面取在柱边处。当柱（墙）承台悬挑边有多排基桩时，应对多个斜截面的受剪承载力进行计算。

5.9.10 本条说明柱下独立桩基承台的斜截面受剪承载力的计算。

1 斜截面受剪承载力的计算公式是以《建筑桩基技术规范》JGJ 94-94 计算模式为基础，根据现行《混凝土结构设计规范》GB 50010 规定，斜截面受剪承载力由按混凝土受压强度设计值改为按受拉强度设计值进行计算，作了相应调整。即由原承台剪切系数 $\alpha = 0.12/(\lambda + 0.3)$（$0.3 \leqslant \lambda < 1.4$）、$\alpha = 0.20/(\lambda + 1.5)$（$1.4 \leqslant \lambda < 3.0$）调整为 $\alpha = 1.75/(\lambda + 1)$（$0.25 \leqslant \lambda \leqslant 3.0$）。最小剪跨比取值由 $\lambda = 0.3$ 调整为 $\lambda = 0.25$。

2 对柱下阶梯形和锥形、矩形承台斜截面受剪承载力计算时的截面计算有效高度和宽度的确定作出相应规定，与《建筑桩基技术规范》JGJ 94-94 规定相同。

5.9.11 本条对梁板式筏形承台的梁的受剪承载力计算作出规定，求得各计算斜截面的剪力设计值后，其受剪承载力可按现行《混凝土结构设计规范》GB 50010 的有关公式进行计算。

5.9.12 本条对配有箍筋但未配弯起钢筋的砌体墙下条形承台梁，规定其斜截面的受剪承载力可按本规范式（5.9.12）计算。该公式来源于《混凝土结构设计规范》GB 50010-2002。

5.9.13 本条对配有箍筋和弯起钢筋的砌体墙下条形承台梁，规定其斜截面的受剪承载力可按本规范式（5.9.13）计算，该公式来源同上。

5.9.14 本条对配有箍筋但未配弯起钢筋的柱下条形承台梁，由于梁受集中荷载，故规定其斜截面的受剪承载力可按本规范式（5.9.14）计算，该公式来源同上。

5.9.15 承台混凝土强度等级低于柱或桩的混凝土强度等级时，应按现行《混凝土结构设计规范》GB 50010 的规定验算柱下或桩顶承台的局部受压承载力，避免承台发生局部受压破坏。

5.9.16 对处于抗震设防区的承台受弯、受剪、受冲切承载力进行抗震验算时，应根据现行《建筑抗震设计规范》GB 50011，将上部结构传至承台顶面的地震作用效应乘以相应的调整系数；同时将承载力除以相应的抗震调整系数 γ_{RE}，予以提高。

6 灌注桩施工

6.2 一 般 规 定

6.2.1 在岩溶发育地区采用冲、钻孔桩应适当加密

勘察钻孔。在较复杂的岩溶地段施工时经常会发生偏孔、掉钻、卡钻及泥浆流失等情况，所以应在施工前制定出相应的处理方案。

人工挖孔桩在地质、施工条件较差时，难以保证施工人员的安全工作条件，特别是遇有承压水、流动性淤泥层、流砂层时，易引发安全和质量事故，因此不得选用此种工艺。

6.2.3 当很大深度范围内无良好持力层时的摩擦桩，应按设计桩长控制成孔深度。当桩较长且桩端置于较好持力层时，应以确保桩端置于较好持力层作主控标准。

6.3 泥浆护壁成孔灌注桩

6.3.2 清孔后要求测定的泥浆指标有三项，即相对密度、含砂率和黏度。它们是影响混凝土灌注质量的主要指标。

6.3.9 灌注混凝土之前，孔底沉渣厚度指标规定，对端承型桩不应大于50mm；对摩擦型桩不应大于100mm。首先这是多年灌注桩的施工经验；其二，近年对于桩底不同沉渣厚度的试桩结果表明，沉渣厚度大小不仅影响端阻力的发挥，而且也影响侧阻力的发挥值。这是近年来灌注桩承载性状的重要发现之一，故对原规范关于摩擦桩沉渣厚度≤300mm作修订。

6.3.18～6.3.24 旋挖钻机重量较大、机架较高、设备较昂贵，保证其安全作业很重要。强调其作业的注意事项，这是总结近几年的施工经验后得出的。

6.3.25 旋挖钻机成孔，孔底沉渣（虚土）厚度较难控制，目前积累的工程经验表明，采用旋挖钻机成孔时，应采用清孔钻头进行清渣清孔，并采用桩端后注浆工艺保证桩端承载力。

6.3.27 细骨料宜选用中粗砂，是根据全国多数地区的使用经验和条件制订，少数地区若无中粗砂而选用其他砂，可通过试验进行选定，也可用合格的石屑代替。

6.3.30 条文中规定了最小的埋管深度宜为2～6m，是为了防止导管拔出混凝土面造成断桩事故，但埋管也不宜太深，以免造成埋管事故。

6.4 长螺旋钻孔压灌桩

6.4.1～6.4.13 长螺旋钻孔压灌桩成桩工艺是国内近年开发且使用较广的一种新工艺，适用于地下水位以上的黏性土、粉土、素填土、中等密实以上的砂土，属非挤土成桩工艺，该工艺有穿透力强、低噪声、无振动、无泥浆污染、施工效率高、质量稳定等特点。

长螺旋钻孔压灌桩成桩施工时，为提高混凝土的流动性，一般宜掺入粉煤灰。每方混凝土的粉煤灰掺量宜为70～90kg，坍落度应控制在160～200mm，这主要是考虑保证施工中混合料的顺利输送。坍落度过大，易产生泌水、离析等现象，在泵压作用下，骨料与砂浆分离，导致堵管。坍落度过小，混合料流动性差，也容易造成堵管。另外所用粗骨料石子粒径不宜大于30mm。

长螺旋钻孔压灌桩成桩，应准确掌握提拔钻杆时间，钻至预定标高后，开始泵送混凝土，管内空气从排气阀排出，待钻杆内管及输送软、硬管内混凝土达到连续时提钻。若提钻时间较晚，在泵送压力下钻头处的水泥浆液被挤出，容易造成管路堵塞。应杜绝在泵送混凝土前提拔钻杆，以免造成桩端处存在虚土或桩端混合料离析、端阻力减小。提拔钻杆中应连续泵料，特别是在饱和砂土、饱和粉土层中不得停泵待料，避免造成混凝土离析、桩身缩径和断桩，目前施工多采用商品混凝土或现场用两台0.5m³的强制式搅拌机拌制。

灌注桩后插钢筋笼工艺近年有较大发展，插笼深度提高到目前20～30m，较好地解决了地下水位以下压灌桩的配筋问题。但后插钢筋笼的导向问题没有得到很好的解决，施工时应注意根据具体条件采取综合措施控制钢筋笼的垂直度和保护层有效厚度。

6.5 沉管灌注桩和内夯沉管灌注桩

振动沉管灌注成桩若混凝土坍落度过大，将导致桩顶浮浆过多，桩体强度降低。

6.6 干作业成孔灌注桩

人工挖孔桩在地下水疏干状态不佳时，对桩端及时采用低水混凝土封底是保证桩基础承载力的关键之一。

6.7 灌注桩后注浆

灌注桩桩底后注浆和桩侧后注浆技术具有以下特点：一是桩底注浆采用管式单向注浆阀，有别于构造复杂的注浆预载箱、注浆囊、U形注浆管，实施开敞式注浆，其竖向导管可与桩身完整性声速检测兼用，注浆后可代替纵向主筋；二是桩侧注浆是外置于桩土界面的弹性注浆管阀，不同于设置于桩身内的袖阀式注浆管，可实现桩身无损注浆。注浆装置安装简便、成本较低、可靠性高，适用于不同钻具成孔的锥形和平底孔型。

6.7.1 灌注桩后注浆（Cast-in-place pile post grouting，简写PPG）是灌注桩的辅助工法。该技术旨在通过桩底桩侧后注浆固化沉渣（虚土）和泥皮，并加固桩底和桩周一定范围的土体，以大幅提高桩的承载力，增强桩的质量稳定性，减小桩基沉降。对于干作业的钻、挖孔灌注桩，经实践表明均取得良好成效。故本规定适用于除沉管灌注桩外的各类钻、挖、冲孔灌注桩。该技术目前已应用于全国二十多个省市的数以千计的桩基工程中。

6.7.2 桩底后注浆管阀的设置数量应根据桩径大小确定，最少不少于 2 根，对于 $d>1200mm$ 桩应增至 3 根。目的在于确保后注浆浆液扩散的均匀对称及后注浆的可靠性。桩侧注浆断面间距视土层性质、桩长、承载力增幅要求而定，宜为 6～12m。

6.7.4～6.7.5 浆液水灰比是根据大量工程实践经验提出的。水灰比过大容易造成浆液流失，降低后注浆的有效性，水灰比过小会增大注浆阻力，降低可注性，乃至转化为压密注浆。因此，水灰比的大小应根据土层类别、土的密实度、土是否饱和诸因素确定。当浆液水灰比不超过 0.5 时，加入减水、微膨胀等外加剂在于增加浆液的流动性和对土体的增强效应。确保最佳注浆量是确保桩的承载力增幅达到要求的重要因素，过量注浆会增加不必要的消耗，应通过试注浆确定。这里推荐的用于预估注浆量公式是以大量工程经验确定有关参数推导提出的。关于注浆作业起始时间和顺序的规定是大量工程实践经验的总结，对于提高后注浆的可靠性和有效性至关重要。

6.7.6～6.7.9 规定终止注浆的条件是为了保证后注浆的预期效果及避免无效过量注浆。采用间歇注浆的目的是通过一定时间的休止使已压入浆提高抗浆液流失阻力，并通过调整水灰比消除规定中所述的两种不正常现象。实践过程曾发生过高压输浆管管口松脱或爆管而伤人的事故，因此，操作人员应采取相应的安全防护措施。

7 混凝土预制桩与钢桩施工

7.1 混凝土预制桩的制作

7.1.3 预制桩在锤击沉桩过程中要出现拉应力，对于受水平、上拔荷载桩桩身拉应力是不可避免的，故按现行《混凝土结构工程施工质量验收规范》GB 50204 的规定，同一截面的主筋接头数量不得超过主筋数量的 50%，相邻主筋接头截面的距离应大于 $35d_g$。

7.1.4 本规范表 7.1.4 中 7 和 8 项次应予以强调。按以往经验，如制作时质量控制不严，造成主筋距桩顶面过近，甚至与桩顶齐平，在锤击时桩身容易产生纵向裂缝，被迫停锤。网片位置不准，往往也会造成桩顶被击碎事故。

7.1.5 桩尖停在硬层内接桩，如电焊连接耗时较长，桩周摩阻得到恢复，使进一步锤击发生困难。对于静力压桩，则沉桩更困难，甚至压不下去。若采用机械式快速接头，则可避免这种情况。

7.1.8 根据实践经验，凡达到强度与龄期的预制桩大都能顺利打入土中，很少打裂；而仅满足强度不满足龄期的预制桩打裂或打断的比例较大。为使沉桩顺利进行，应做到强度与龄期双控。

7.3 混凝土预制桩的接桩

管桩接桩有焊接、法兰连接和机械快速连接三种方式。本规范对不同连接方式的技术要点和质量控制环节作出相应规定，以避免以往工程实践中常见的由于接桩质量问题导致沉桩过程由于锤击拉应力和土体上涌接头被拉断的事故。

7.4 锤击沉桩

7.4.3 桩帽或送桩帽的规格应与桩的断面相适应，太小会将桩顶打碎，太大易造成偏心锤击。插桩应控制其垂直度，才能确保沉桩的垂直度，重要工程插桩均应采用二台经纬仪从两个方向控制垂直度。

7.4.4 沉桩顺序是沉桩施工方案的一项重要内容。以往施工单位不注意合理安排沉桩顺序造成事故的事例很多，如桩位偏移、桩体上涌、地面隆起过多、建筑物破坏等。

7.4.6 本条所规定的停止锤击的控制原则适用于一般情况，实践中也存在某些特例。如软土中的密集桩群，由于大量桩沉入土中产生挤土效应，对后续桩的沉桩带来困难，如坚持按设计标高控制很难实现。按贯入度控制的桩，有时也会出现满足不了设计要求的情况。对于重要建筑，强调贯入度和桩端标高均达到设计要求，即实行双控是必要的。因此确定停锤标准是较复杂的，宜借鉴经验与通过静载试验综合确定停锤标准。

7.4.9 本条列出的一些减少打桩对邻近建筑物影响的措施是对多年实践经验的总结。如某工程，未采取任何措施沉桩地面隆起达 15～50cm，采用预钻孔措施后地面隆起则降为 2～10cm。控制打桩速率减少挤土隆起也是有效措施之一。对于经检测，确有桩体上涌的情况，应实施复打。具体用哪一种措施要根据工程实际条件，综合分析确定，有时可同时采用几种措施。即使采取了措施，也应加强监测。

7.6 钢桩（钢管桩、H 型桩及其他异型钢桩）施工

7.6.3 钢桩制作偏差不仅要在制作过程中控制，运到工地后在施打前还应检查，否则沉桩时会发生困难，甚至成桩失败。这是因为出厂后在运输或堆放过程中会因措施不当而造成桩身局部变形。此外，出厂成品均为定尺钢桩，而实际施工时都是由数根焊接而成，但不会正好是定尺桩的组合，多数情况下，最后一节为非定尺桩，这就要进行切割。因此要对切割后的节段和拼接后的桩进行外形尺寸检验。

7.6.5 焊接是钢桩施工中的关键工序，必须严格控制质量。如焊丝不烘干，会引起烧焊时含氢量高，使焊缝容易产生气孔而降低其强度和韧性，因而焊丝必须在 200～300℃ 温度下烘干 2h。据有关资料，未烘干的焊丝其含氢量为 12mL/100gm，经过 300℃ 温度

烘干 2h 后，减少到 9.5mL/100gm。

现场焊接受气候的影响较大，雨天烧焊时，由于水分蒸发会有大量氢气混入焊缝内形成气孔。大于 10m/s 的风速会使自保护气体和电弧火焰不稳定。雨天或刮风条件下施工，必须采取防风避雨措施，否则质量不能保证。

焊缝温度未冷却到一定温度就锤击，易导致焊缝出现裂缝。浇水骤冷更易使之发生脆裂。因此，必须对冷却时间予以限定且要自然冷却。有资料介绍，1min 停歇，母材温度即降至 300℃，此时焊缝强度可以经受锤击压力。

外观检查和无破损检验是确保焊接质量的重要环节。超声或拍片的数量应视工程的重要程度和焊接人员的技术水平而定，这里提供的数量，仅一般工程的要求。还应注意，检验应实行随机抽样。

7.6.6 H 型钢桩或其他薄壁钢桩不同于钢管桩，其断面与刚度本来很小，为保证原有的刚度和强度不致因焊接而削弱，一般应加连接板。

7.6.7 钢管桩出厂时，两端应有防护圈，以防坡口受损。对 H 型桩，因其刚度不大，若支点不合理，堆放层数过多，均会造成桩体弯曲，影响施工。

7.6.9 钢管桩内取土，需配以专用抓斗，若要穿透砂层或硬土层，可在桩下端焊一圈钢箍以增强穿透力，厚度为 8～12mm，但需先试沉桩，方可确定采用。

7.6.10 H 型钢桩，其刚度不如钢管桩，且两个方向的刚度不一，很容易在刚度小的方向发生失稳，因而要对锤重予以限制。如在刚度小的方向设约束装置有利于顺利沉桩。

7.6.11 H 型钢桩送桩时，锤的能量损失约 1/3～4/5，故桩端持力层较好时，一般不送桩。

7.6.12 大块石或混凝土块容易嵌入 H 钢桩的槽口内，随桩一起沉入下层土内，如遇硬土层则使沉桩困难，甚至继续锤击导致桩体失稳，故应事先清除桩位上的障碍物。

8 承台施工

8.1 基坑开挖和回填

8.1.3 目前大型基坑越来越多，且许多工程位于建筑群中或闹市区。完善的基坑开挖方案，对确保邻近建筑物和公用设施（煤气管线、上下水道、电缆等）的安全至关重要。本条中所列的各项工作均应慎重研究以定出最佳方案。

8.1.4 外降水可降低主动土压力，增加边坡的稳定；内降水可增加被动土压，减少支护结构的变形，且利于机具在基坑内作业。

8.1.5 软土地区基坑开挖分层均衡进行极其重要。某电厂厂房基础，桩断面尺寸为 450mm×450mm，基坑开挖深度 4.5m。由于没有分层挖土，由基坑的一边挖至另一边，先挖部分的桩体发生很大水平位移，有些桩由于位移过大而断裂。类似的由于基坑开挖失当而引起的事故在软土地区屡见不鲜。因此对挖土顺序必须合理适当，严格均衡开挖，高差不应超过 1m；不得于坑边弃土；对已成桩须妥善保护，不得让挖土设备撞击；对支护结构和已成桩应进行严密监测。

8.2 钢筋和混凝土施工

8.2.2 大体积承台日益增多，钢厂、电厂、大型桥墩的承台一次浇注混凝土量近万方，厚达 3～4m。对这种桩基承台的浇注，事先应作充分研究。当浇注设备适应时，可用平铺法；如不适应，则应从一端开始采用滚浇法，以减少混凝土的浇注面。对水泥用量，减少温差措施均需慎重研究；措施得当，可实现一次浇注。

9 桩基工程质量检查和验收

9.1.1～9.1.3 现行国家标准《建筑地基基础工程施工质量验收规范》GB 50202 和行业标准《建筑基桩检测技术规范》JGJ 106 以强制性条文规定必须对基桩承载力和桩身完整性进行检验。桩身质量与基桩承载力密切相关，桩身质量有时会严重影响基桩承载力，桩身质量检测抽样率较高，费用较低，通过检测可减少桩基安全隐患，并可为判定基桩承载力提供参考。

9.2.1～9.4.5 对于具体的检测项目，应根据检测目的、内容和要求，结合各检测方法的适用范围和检测能力，考虑工程重要性、设计要求、地质条件、施工因素等情况选择检测方法和检测数量。影响桩基承载力和桩身质量的因素存在于桩基施工的全过程中，仅有施工后的试验和施工后的验收是不全面、不完整的。桩基施工过程中出现的局部地质条件与勘察报告不符、工程桩施工参数与施工前的试验参数不同、原材料发生变化、设计变更、施工单位变更等情况，都可能产生质量隐患，因此，加强施工过程中的检验是有必要的。不同阶段的检验要求可参照现行《建筑地基基础工程施工质量验收规范》GB 50202 和现行《建筑基桩检测技术规范》JGJ 106 执行。

中华人民共和国行业标准

混凝土异形柱结构技术规程

Technical specification for concrete structures with specially shaped columns

JGJ 149—2006

J 514—2006

批准部门：中华人民共和国建设部
施行日期：2006年8月1日

中华人民共和国建设部
公　告

第 415 号

建设部关于发布行业标准
《混凝土异形柱结构技术规程》的公告

现批准《混凝土异形柱结构技术规程》为行业标准，编号为 JGJ 149—2006，自 2006 年 8 月 1 日起实施。其中，第 3.3.1、4.1.1、4.2.3、4.2.4、4.3.6、5.3.1、6.1.6、6.2.5、6.2.10、7.0.2、7.0.3、7.0.4 条为强制性条文，必须严格执行。

本规程由建设部标准定额研究所组织中国建筑工业出版社出版发行。

中华人民共和国建设部
2006 年 3 月 9 日

前　　言

根据建设部建标〔2004〕84 号文件的要求，规程编制组经广泛调查研究，认真总结实践经验，依据国内研究成果，参考有关标准，并在广泛征求意见的基础上，制定了本规程。

本规程的主要技术内容是：1. 总则；2. 术语、符号；3. 结构设计的基本规定；4. 结构计算分析；5. 截面设计；6. 结构构造；7. 异形柱结构的施工。

本规程由建设部负责管理和对强制性条文的解释，由主编单位负责具体技术内容的解释。

本规程主编单位：天津大学（邮政编码：300072，地址：天津市卫津路 92 号）

本规程参加单位：中国建筑科学研究院
　　　　　　　　清华大学
　　　　　　　　东南大学
　　　　　　　　南昌有色冶金设计研究院
　　　　　　　　南昌大学
　　　　　　　　天津市建筑设计院

天津市新型建材建筑设计研究院
甘肃省建筑设计研究院
广东省建筑设计研究院
昆明市建设局
昆明理工大学
同济大学
中国建筑标准设计研究院
天津市建筑材料集团总公司

本规程主要起草人：严士超　康谷贻　王依群
　　　　　　　　　陈云霞　戴国莹　赵艳静
　　　　　　　　　容柏生　吕志涛　徐世晖
　　　　　　　　　张元坤　桂国庆　黄　锐
　　　　　　　　　冯　健　徐有邻　钱稼茹
　　　　　　　　　贺民宪　黄兆纬　刘　建
　　　　　　　　　潘　文　简洪平　熊进刚
　　　　　　　　　卢文胜　张　方　王铁成
　　　　　　　　　李文清　李晓明　李　红

目　次

1 总　则

1.0.1 为在混凝土异形柱结构设计及施工中贯彻执行国家技术经济政策，做到安全适用、技术先进、经济合理、确保质量，制定本规程。

1.0.2 本规程主要适用于非抗震设计和抗震设防烈度为 6 度、7 度（0.10g，0.15g）和 8 度（0.20g）抗震设计的一般居住建筑混凝土异形柱结构的设计及施工。

1.0.3 混凝土异形柱结构的设计及施工，除应符合本规程的规定外，尚应符合国家现行有关标准的规定。

2 术语、符号

2.1 术　语

2.1.1 异形柱　specially shaped column

截面几何形状为 L 形、T 形和十字形，且截面各肢的肢高肢厚比不大于 4 的柱。

2.1.2 异形柱结构　structure with specially shaped columns

采用异形柱的框架结构和框架-剪力墙结构。

2.1.3 柱截面肢高肢厚比　ratio of section height to section thickness of column leg

异形柱柱肢截面高度与厚度的比值。

2.2 符　号

2.2.1 作用和作用效应

G_j——第 j 层的重力荷载代表值；

M_b^l、M_b^r——框架节点左、右侧梁端弯矩设计值；

M_x、M_y——对截面形心轴 x、y 的弯矩设计值；

N——轴向力设计值；

V_c——柱斜截面剪力设计值；

V_{EKi}——第 i 层对应于水平地震作用标准值的剪力；

V_j——节点核心区剪力设计值；

σ_{ci}——第 i 个混凝土单元的应力；

σ_{sj}——第 j 个钢筋单元的应力。

2.2.2 材料性能

f_c——混凝土轴心抗压强度设计值；

f_t——混凝土轴心抗拉强度设计值；

f_y——钢筋的抗拉强度设计值；

f_{yv}——箍筋的抗拉强度设计值。

2.2.3 几何参数

a_s'——受压钢筋合力点至截面近边的距离；

A——柱的全截面面积；

A_{ci}——第 i 个混凝土单元的面积；

A_{sj}——第 j 个钢筋单元的面积；

A_{sv}——验算方向的柱肢截面厚度 b_c 范围内同一截面箍筋各肢总截面面积；

A_{svj}——节点核心区有效验算宽度范围内同一截面验算方向的箍筋各肢总截面面积；

b_c——验算方向的柱肢截面厚度；

b_f——垂直于验算方向的柱肢截面高度；

b_j——节点核心区的截面有效验算厚度；

d——纵向受力钢筋直径；

d_v——箍筋直径；

e_a——附加偏心距；

e_i——初始偏心距；

e_0——轴向力对截面形心的偏心距；

e_{ix}——轴向力对截面形心轴 y 的初始偏心距；

e_{iy}——轴向力对截面形心轴 x 的初始偏心距；

h_b——梁截面高度；

h_{b0}——梁截面有效高度；

h_c——验算方向的柱肢截面高度；

h_f——垂直于验算方向的柱肢截面厚度；

h_i——第 i 层楼层层高；

h_j——节点核心区的截面高度；

h_{c0}——验算方向的柱肢截面有效高度；

H——房屋总高度；

H_c——节点上、下层柱反弯点之间的距离；

l_0——柱的计算长度；

r_α——柱截面对垂直于弯矩作用方向形心轴 x_α-x_α 的回转半径；

r_{min}——柱截面最小回转半径；

s——箍筋间距；

X_{ci}、Y_{ci}——第 i 个混凝土单元的形心坐标；

X_{sj}、Y_{sj}——第 j 个钢筋单元的形心坐标；

X_0、Y_0——截面形心坐标；

α——弯矩作用方向角。

2.2.4 系数及其他

λ——框架柱的剪跨比；

λ_v——配箍特征值；

η_{jb}——节点核心区剪力增大系数；

γ_{RE}——承载力抗震调整系数；

ζ_f——节点核心区翼缘影响系数；

ζ_h——节点核心区截面高度影响系数；

ζ_N——节点核心区轴压比影响系数；

η_α——偏心距增大系数；

ρ——全部纵向受力钢筋配筋率；

ρ_{min}——全部纵向受力钢筋最小配筋率；

ρ_{max}——全部纵向受力钢筋最大配筋率；

ρ_v——箍筋体积配箍率；

ψ_T——考虑非承重填充墙刚度对结构自振周期影响的折减系数；

n_c——混凝土单元总数；

n_s——钢筋单元总数。

3 结构设计的基本规定

3.1 结构体系

3.1.1 异形柱结构可采用框架结构和框架-剪力墙结构体系。

根据建筑布置及结构受力的需要，异形柱结构中的框架柱，可全部采用异形柱，也可部分采用一般框架柱。

当根据建筑功能需要设置底部大空间时，可通过框架底部抽柱并设置转换梁，形成底部抽柱带转换层的异形柱结构，其结构设计应符合本规程附录A的规定。

3.1.2 异形柱结构适用的房屋最大高度应符合表3.1.2的要求。

表 3.1.2　异形柱结构适用的房屋最大高度（m）

结构体系	非抗震设计	抗 震 设 计			
		6 度	7 度		8 度
		0.05g	0.10g	0.15g	0.20g
框架结构	24	24	21	18	12
框架-剪力墙结构	45	45	40	35	28

注：1　房屋高度指室外地面至主要屋面板板顶的高度（不包括局部突出屋顶部分）；
2　框架-剪力墙结构在基本振型地震作用下，当框架部分承受的地震倾覆力矩大于结构总地震倾覆力矩的50%时，其适用的房屋最大高度可比框架结构适当增加；
3　平面和竖向均不规则的异形柱结构或Ⅳ类场地上的异形柱结构，适用的房屋最大高度应适当降低；
4　底部抽柱带转换层的异形柱结构，适用的房屋最大高度应符合本规程附录A的规定；
5　房屋高度超过表内规定的数值时，结构设计应有可靠依据，并采取有效的加强措施。

3.1.3 异形柱结构适用的最大高宽比不宜超过表3.1.3的限值。

表 3.1.3　异形柱结构适用的最大高宽比

结构体系	非抗震设计	抗 震 设 计			
		6 度	7 度		8 度
		0.05g	0.10g	0.15g	0.20g
框架结构	4.5	4	3.5	3	2.5
框架-剪力墙结构	5	5	4.5	4	3.5

3.1.4 异形柱结构体系应通过技术、经济和使用条件的综合分析比较确定，除应符合国家现行标准对一般钢筋混凝土结构的有关要求外，还应符合下列规定：

1 异形柱结构中不应采用部分由砌体墙承重的混合结构形式；

2 抗震设计时，异形柱结构不应采用多塔、连体和错层等复杂结构形式，也不应采用单跨框架结构；

3 异形柱结构的楼梯间、电梯井应根据建筑布置及结构抗侧向作用的需要，合理地配置剪力墙或一般框架柱；

4 异形柱结构的柱、梁、剪力墙均应采用现浇结构。

3.1.5 异形柱结构的填充墙与隔墙应符合下列要求：

1 填充墙与隔墙应优先采用轻质墙体材料，根据不同条件选用非承重砌体或墙板；

2 墙体厚度应与异形柱柱肢厚度协调一致，墙身应满足保温、隔热、节能、隔声、防水和防火等要求；

3 填充墙和隔墙的布置、材料强度和连接构造应符合国家现行标准的有关规定。

3.2 结构布置

3.2.1 异形柱结构宜采用规则的结构设计方案。抗震设计的异形柱结构应符合抗震概念设计的要求，不应采用特别不规则的结构设计方案。

3.2.2 抗震设计时，对不规则异形柱结构的定义和设计要求，除应符合国家现行标准外，尚应符合本规程第3.2.4条和第3.2.5条的有关规定。

3.2.3 异形柱结构的平面布置应符合下列要求：

1 异形柱结构的一个独立单元内，结构的平面形状宜简单、规则、对称，减少偏心，刚度和承载力分布宜均匀；

2 异形柱结构的框架纵、横柱网轴线宜分别对齐拉通；异形柱截面肢厚中心线宜与框架梁及剪力墙中心线对齐；

3 异形柱框架-剪力墙结构中剪力墙的最大间距不宜超过表3.2.3的限值（取表中两个数值的较小值），当剪力墙之间的楼盖、屋盖有较大开洞时，剪力墙间距应比表中限值适当减小。当剪力墙间距超过限值时，在结构计算中应计入楼盖、屋盖平面内变形的影响。底部抽柱带转换层异形柱结构的剪力墙间距宜符合本规程附录A的有关规定。

表 3.2.3　异形柱结构的剪力墙最大间距（m）

楼盖、屋盖类型	非抗震设计	抗 震 设 计			
		6 度	7 度		8 度
		0.05g	0.10g	0.15g	0.20g
现浇	4.5B,55	4.0B,50	3.5B,45	3.0B,40	2.5B,35
装配整体	3.0B,45	2.7B,40	2.5B,35	2.2B,30	2.0B,25

注：1　表中 B 为楼盖宽度（m）；
2　现浇层厚度不小于60mm的叠合楼板可作为现浇板考虑。

3.2.4 异形柱结构的竖向布置应符合下列要求：

1 建筑的立面和竖向剖面宜规则、均匀，避免过大的外挑和内收；

2 结构的侧向刚度沿竖向宜均匀变化，避免抗侧力结构的侧向刚度和承载力沿竖向的突变，竖向结构构件的截面尺寸和材料强度不宜在同一楼层变化；

3 异形柱框架-剪力墙结构体系的剪力墙应上下对齐连续贯通房屋全高。

3.2.5 不规则的异形柱结构，其抗震设计尚应符合下列要求：

1 扭转不规则时，楼层竖向构件的最大水平位移和层间位移与该楼层两端弹性水平位移和层间位移平均值的比值不应大于1.45；

2 楼层承载力突变时，其薄弱层地震剪力应乘以1.20的增大系数；楼层受剪承载力不应小于相邻上一楼层的65%；

3 竖向抗侧力构件不连续（底部抽柱带转换层异形柱结构）时，该构件传递给水平转换构件的地震内力应乘以1.25～1.5的增大系数；

4 受力复杂部位的异形柱，宜采用一般框架柱。

3.3 结构抗震等级

3.3.1 抗震设计时，异形柱结构应根据结构体系、抗震设防烈度和房屋高度，按表3.3.1的规定采用不同的抗震等级，并应符合相应的计算和构造措施要求。

3.3.2 框架-剪力墙结构，在基本振型地震作用下，当框架部分承受的地震倾覆力矩大于结构总地震倾覆力矩的50%时，其框架部分的抗震等级应按框架结构确定。

3.3.3 当异形柱结构的地下室顶层作为上部结构的嵌固端时，地下一层结构的抗震等级应按上部结构的相应等级采用，地下一层以下的抗震等级可根据具体情况采用三级或四级。

表3.3.1 异形柱结构的抗震等级

结构体系		抗震设防烈度						
		6度		7度				8度
		0.05g		0.10g		0.15g		0.20g
框架结构	高度(m)	≤21	>21	≤21	>21	≤18	>18	≤12
	框架	四	三	三	二	三(二)	二(二)	二
框架-剪力墙结构	高度(m)	≤30	>30	≤30	>30	≤30	>30	≤28
	框架	四	三	三	二	三(二)	二(二)	二
	剪力墙	三	三	三	二	二(二)	二(一)	二

注：1 房屋高度指室外地面到主要屋面板板顶的高度（不包括局部突出屋顶部分）；

2 建筑场地为Ⅰ类时，除6度外，应允许按本地区抗震设防烈度降低一度所对应的抗震等级采取抗震构造措施，但相应的计算要求不应降低；

3 对7度（0.15g）时建于Ⅲ、Ⅳ类场地的异形柱框架结构和异形柱框架-剪力墙结构，应按表中括号内所示的抗震等级采取抗震构造措施；

4 接近或等于高度分界线时，应结合房屋不规则程度及场地、地基条件确定抗震等级。

4 结构计算分析

4.1 极限状态设计

4.1.1 居住建筑异形柱结构的安全等级应采用二级。

4.1.2 异形柱结构的设计使用年限不应少于50年。

4.1.3 异形柱结构应进行承载能力极限状态和正常使用极限状态的计算和验算。

4.1.4 异形柱结构中异形柱正截面、斜截面及梁柱节点承载力应按本规程第5章的规定进行计算；其他构件的承载力计算应遵守国家现行相关标准的规定。

4.1.5 异形柱结构构件承载力应按下列公式验算：

无地震作用组合： $\gamma_0 S \leqslant R$ (4.1.5-1)

有地震作用组合： $S \leqslant R/\gamma_{RE}$ (4.1.5-2)

式中 γ_0——结构重要性系数：对安全等级为一级或设计使用年限为100年及以上的结构构件，不应小于1.1；对安全等级为二级或设计使用年限为50年的结构构件，不应小于1.0。结构的设计使用年限分类和安全等级划分，应分别按现行国家标准《建筑结构可靠度设计统一标准》GB 50008有关规定采用；

S——作用效应组合的设计值；

R——构件承载力设计值；

γ_{RE}——构件承载力抗震调整系数。

4.1.6 异形柱结构的构件截面设计应根据实际情况，按国家现行标准的有关规定进行竖向荷载、风荷载和地震作用效应分析及作用效应组合，并取最不利的作用效应组合作为设计的依据。

4.1.7 异形柱结构应进行风荷载、地震作用下的水平位移验算。

4.2 荷载和地震作用

4.2.1 异形柱结构的竖向荷载、风荷载及雪荷载等取值及组合应符合现行国家标准《建筑结构荷载规范》GB 50009 的有关规定。

4.2.2 异形柱结构抗震设防烈度和设计地震动参数应按现行国家标准《建筑抗震设计规范》GB 50011 的有关规定确定；对已编制抗震设防区划的地区，可按批准的抗震设防烈度或设计地震动参数进行抗震设防。

4.2.3 抗震设防烈度为 6 度、7 度（0.10g、0.15g）及 8 度（0.20g）的异形柱结构应进行地震作用计算及结构抗震验算。

4.2.4 异形柱结构的地震作用计算，应符合下列规定：

1 一般情况下，应允许在结构两个主轴方向分别计算水平地震作用并进行抗震验算，各方向的水平地震作用应由该方向抗侧力构件承担，7 度（0.15g）及 8 度（0.20g）时尚应对与主轴成 45°方向进行补充验算；

2 在计算单向水平地震作用时应计入扭转影响；对扭转不规则的结构，水平地震作用计算应计入双向水平地震作用下的扭转影响。

4.2.5 异形柱结构地震作用计算宜采用振型分解反应谱法，不规则的异形柱结构的地震作用计算应采用扭转耦联振型分解反应谱法。

4.3 结构分析模型与计算参数

4.3.1 在竖向荷载、风荷载或多遇地震作用下，异形柱结构的内力和位移可按弹性方法计算。框架梁及连梁等构件可考虑在竖向荷载作用下梁端局部塑性变形引起的内力重分布。

4.3.2 异形柱结构的分析模型应符合结构的实际受力状况，异形柱结构的内力和位移分析应采用空间分析模型，可选择空间杆系模型、空间杆-薄壁杆系模型、空间杆-墙板元模型或其他组合有限元等分析模型。

规则结构初步设计时，也可采用平面结构空间协同模型估算。

4.3.3 异形柱结构按空间分析模型计算时，应考虑下列变形：

——梁的弯曲、剪切、扭转变形，必要时考虑轴向变形；

——柱的弯曲、剪切、轴向、扭转变形；

——剪力墙的弯曲、剪切、轴向、扭转变形，当采用薄壁杆系分析模型时，还应考虑翘曲变形；

4.3.4 异形柱结构内力与位移计算时，可假定楼板在其自身平面内为无限刚性，并应在设计中采取措施

保证楼板平面内的整体刚度。

对楼板大洞口的不规则类型，计算时应考虑楼板平面内的变形，或对采用楼板平面内无限刚性假定的计算结果进行适当调整。

4.3.5 异形柱结构内力与位移计算时，楼面梁刚度增大系数、梁端负弯矩和跨中正弯矩调幅系数、扭矩折减系数、连梁刚度折减系数的取值，以及框架-剪力墙结构中框架部分承担的地震剪力调整要求，可根据国家现行标准按一般混凝土结构的有关规定采用。

4.3.6 计算各振型地震影响系数所采用的结构自振周期，应考虑非承重填充墙体对结构整体刚度的影响予以折减。

4.3.7 异形柱结构的计算自振周期折减系数 ψ_T 可按下列规定取值：

1 框架结构可取 0.60～0.75；

2 框架-剪力墙结构可取 0.70～0.85。

4.3.8 设计中所采用的异形柱结构分析软件的技术条件，应符合本规程的有关规定。软件应经考核验证和正式鉴定，对结构分析软件的计算结果应经分析判断，确认其合理有效后方可用于工程设计。

4.4 水平位移限值

4.4.1 在风荷载、多遇地震作用下，异形柱结构按弹性方法计算的楼层最大层间位移应符合下式要求：

$$\Delta u_e \leqslant [\theta_e]h \qquad (4.4.1)$$

式中 Δu_e ——风荷载、多遇地震作用标准值产生的楼层最大弹性层间位移；

$[\theta_e]$ ——弹性层间位移角限值，按表 4.4.1 采用；

h ——计算楼层层高。

表 4.4.1 异形柱结构弹性层间位移角限值

结 构 体 系	$[\theta_e]$
框 架 结 构	1/600 (1/700)
框架-剪力墙结构	1/850 (1/950)

注：表中括号内的数字用于底部抽柱带转换层的异形柱结构。

4.4.2 7 度抗震设计时，底部抽柱带转换层的异形柱结构、层数为 10 层及 10 层以上或高度超过 28m 的竖向不规则异形柱框架—剪力墙结构，宜进行罕遇地震作用下的弹塑性变形验算。弹塑性变形的计算方法，可采用静力弹塑性分析方法或弹塑性时程分析方法。

4.4.3 罕遇地震作用下，异形柱结构的弹塑性层间位移应符合下式要求：

$$\Delta u_p \leqslant [\theta_p]h \qquad (4.4.3)$$

式中 Δu_p ——罕遇地震作用标准值产生的弹塑性层间位移；

$[\theta_p]$ ——弹塑性层间位移角限值，按表 4.4.3 采用。

表 4.4.3 异形柱结构弹塑性层间位移角限值

结　构　体　系	$[\theta_{\text{p}}]$
框　架　结　构	1/ 60　（1/70）
框架-剪力墙结构	1/110　（1/120）

注：表中括号内的数字用于底部抽柱带转换层的异形柱结构。

5　截面设计

5.1　异形柱正截面承载力计算

5.1.1　异形柱正截面承载力计算的基本假定应按现行国家标准《混凝土结构设计规范》GB 50010 第7.1.2条的规定采用。

5.1.2　异形柱双向偏心受压的正截面承载力可按下列方法计算：

　　1　将柱截面划分为有限个混凝土单元和钢筋单元（图 5.1.2-1），近似取单元内的应变和应力为均匀分布，合力点在单元形心处；

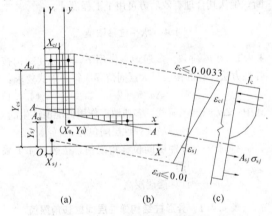

图 5.1.2-1　异形柱双向偏心受压
正截面承载力计算

（a）截面配筋及单元划分；（b）应变分布；（c）应力分布
A-A—截面中和轴

　　2　截面达到承载能力极限状态时各单元的应变按截面应变保持平面的假定确定；

　　3　混凝土单元的压应力和钢筋单元的应力应按本规程第 5.1.1 条的假定确定；

　　4　无地震作用组合时异形柱双向偏心受压的正截面承载力应按下列公式计算（图 5.1.2-1）：

$$N \leqslant \sum_{i=1}^{n_c} A_{ci}\sigma_{ci} + \sum_{j=1}^{n_s} A_{sj}\sigma_{sj} \qquad (5.1.2\text{-}1)$$

$$N\eta_a e_{iy} \leqslant \sum_{i=1}^{n_c} A_{ci}\sigma_{ci}(Y_{ci} - Y_0) + \sum_{j=1}^{n_s} A_{sj}\sigma_{sj}(Y_{sj} - Y_0)$$
$$(5.1.2\text{-}2)$$

$$N\eta_a e_{ix} \leqslant \sum_{i=1}^{n_c} A_{ci}\sigma_{ci}(X_{ci} - X_0) + \sum_{j=1}^{n_s} A_{sj}\sigma_{sj}(X_{sj} - X_0)$$
$$(5.1.2\text{-}3)$$

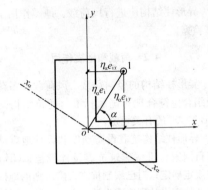

图 5.1.2-2　双向偏心异形柱截面
1—轴向力作用点；o—截面形心；x、y—截面形心轴；x_a-x_a—垂直于弯矩作用方向的截面形心轴

$$e_{ix} = e_i\cos\alpha \qquad (5.1.2\text{-}4)$$

$$e_{iy} = e_i\sin\alpha \qquad (5.1.2\text{-}5)$$

$$e_i = e_0 + e_a \qquad (5.1.2\text{-}6)$$

$$e_0 = \frac{\sqrt{M_x^2 + M_y^2}}{N} \qquad (5.1.2\text{-}7)$$

$$\alpha = \arctan\frac{M_x}{M_y} + n\pi \qquad (5.1.2\text{-}8)$$

式中　N——轴向力设计值；

　　　η_a——偏心距增大系数，按本规程第 5.1.4 条的规定计算；

　　　e_{ix}、e_{iy}——轴向力对截面形心轴 y、x 的初始偏心距（图 5.1.2-2）；

　　　e_i——初始偏心距；

　　　e_0——轴向力对截面形心的偏心距；

　　　M_x、M_y——对截面形心轴 x、y 的弯矩设计值，由压力产生的偏心在 x 轴上侧时 M_x 取正值，由压力产生的偏心在 y 轴右侧时 M_y 取正值；

　　　e_a——附加偏心距，取 20mm 和 $0.15r_{\min}$ 的较大值，此处 $r_{\min}$ 为截面最小回转半径；

　　　α——弯矩作用方向角（图 5.1.2-2），为轴向压力作用点至截面形心的连线与截面形心轴 x 正向的夹角，逆时针旋转为正；

　　　n——角度参数，当 M_x、M_y 均为正值时 $n=0$；当 M_y 为负值，M_x 为正或负值时 $n=1$；当 M_x 为负值，M_y 为正值时 $n=2$；

　　　σ_{ci}、A_{ci}——第 i 个混凝土单元的应力及面积，σ_{ci} 为压应力时取正值；

　　　σ_{sj}、A_{sj}——第 j 个钢筋单元的应力及面积，σ_{sj} 为压应力时取正值；

　　　X_0、Y_0——截面形心坐标；

　　　X_{ci}、Y_{ci}——第 i 个混凝土单元的形心坐标；

　　　X_{sj}、Y_{sj}——第 j 个钢筋单元的形心坐标；

　　　n_c、n_s——混凝土及钢筋单元总数。

　　5　有地震作用组合时异形柱双向偏心受压正截

面承载力应按公式（5.1.2-1）～（5.1.2-8）计算，但在公式（5.1.2-1）～（5.1.2-3）右边应除以相应的承载力抗震调整系数 γ_{RE}。γ_{RE} 应按本规程第5.1.8条采用。

5.1.3 异形柱双向偏心受拉正截面承载力应按本规程公式（5.1.2-1）～（5.1.2-3）计算，但式中 $N\eta_a e_{iy}$、$N\eta_a e_{ix}$ 分别以 M_x、M_y 替代；轴向拉力设计值 N 应取负值。

5.1.4 异形柱双向偏心受压正截面承载力计算，应考虑结构侧移和构件挠曲引起的附加内力，此时可将轴向力对截面形心的初始偏心距 e_i 乘以偏心距增大系数 η_a。η_a 应按下列公式计算：

$$\eta_a = 1 + \frac{1}{(e_i/r_a)}(l_0/r_a)^2 C \quad (5.1.4\text{-}1)$$

$$C = \frac{1}{6000}[0.232 + 0.604(e_i/r_a) - 0.106(e_i/r_a)^2]$$
$$(5.1.4\text{-}2)$$

$$r_a = \sqrt{I_a/A} \quad (5.1.4\text{-}3)$$

式中　e_i——初始偏心距；

l_0——柱的计算长度，应按现行国家标准《混凝土结构设计规范》GB 50010 第7.3.11条采用；

r_a——柱截面对垂直于弯矩作用方向形心轴 x_a-x_a 的回转半径（图5.1.2-2）；

I_a——柱截面对垂直于弯矩作用方向形心轴 x_a-x_a 的惯性矩；

A——柱的全截面面积。

按公式（5.1.4-1）计算时，柱的长细比 $\dfrac{l_0}{r_a}$ 不应大于70。

注：当柱的长细比 $\dfrac{l_0}{r_a}$ 不大于17.5时，可取 $\eta_a = 1.0$。

5.1.5 有地震作用组合的异形柱，其节点上、下柱端的截面内力设计值应按下列规定采用：

1 节点上、下柱端弯矩设计值：

1） 二级抗震等级

$$\Sigma M_c = 1.3\Sigma M_b \quad (5.1.5\text{-}1)$$

2） 三级抗震等级

$$\Sigma M_c = 1.1\Sigma M_b \quad (5.1.5\text{-}2)$$

3） 四级抗震等级，柱端弯矩设计值取地震作用组合下的弯矩设计值。

式中　ΣM_b——节点左、右梁端，按顺时针和逆时针方向计算的两端有地震作用组合的弯矩设计值之和的较大值；

ΣM_c——有地震作用组合的节点上、下柱端弯矩设计值之和；柱端弯矩设计值的确定，在一般情况下，可按上、下柱端弹性分析所得的有地震作用组合的弯矩比进行分配。

当反弯点不在柱的层高范围内时，二、三级抗震等级的异形柱端弯矩设计值应按有地震作用组合的弯矩设计值分别乘以系数1.3、1.1确定；框架顶层柱及轴压比小于0.15的柱，柱端弯矩设计值可取地震作用组合下的弯矩设计值。

2 节点上、下柱端的轴向力设计值，应取地震作用组合下各自的轴向力设计值。

5.1.6 有地震作用组合的框架结构底层柱下端截面的弯矩设计值，对二、三级抗震等级应按有地震作用组合的弯矩设计值分别乘以系数1.4和1.2确定。

5.1.7 二、三级抗震等级框架的角柱，其弯矩设计值应按本规程第5.1.5和5.1.6条调整后的弯矩设计值乘以不小于1.1的增大系数。

5.1.8 有地震作用组合的异形柱，正截面承载力抗震调整系数 γ_{RE} 应按下列规定采用：

——轴压比小于0.15的偏心受压柱应取0.75；

——轴压比不小于0.15的偏心受压柱应取0.80；

——偏心受拉柱应取0.85。

5.2 异形柱斜截面受剪承载力计算

5.2.1 异形柱的受剪截面应符合下列条件：

1 无地震作用组合

$$V_c \leqslant 0.25 f_c b_c h_{c0} \quad (5.2.1\text{-}1)$$

2 有地震作用组合

剪跨比大于2的柱：

$$V_c \leqslant \frac{1}{\gamma_{RE}}(0.2 f_c b_c h_{c0}) \quad (5.2.1\text{-}2)$$

剪跨比不大于2的柱：

$$V_c \leqslant \frac{1}{\gamma_{RE}}(0.15 f_c b_c h_{c0}) \quad (5.2.1\text{-}3)$$

式中　V_c——斜截面组合的剪力设计值；

γ_{RE}——受剪承载力抗震调整系数，取0.85；

b_c——验算方向的柱肢截面厚度；

h_{c0}——验算方向的柱肢截面有效高度。

5.2.2 异形柱的斜截面受剪承载力应符合下列规定：

1 当柱承受压力时

1） 无地震作用组合

$$V_c \leqslant \frac{1.75}{\lambda + 1.0} f_t b_c h_{c0} + f_{yv}\frac{A_{sv}}{s}h_{c0} + 0.07N \quad (5.2.2\text{-}1)$$

2） 有地震作用组合

$$V_c \leqslant \frac{1}{\gamma_{RE}}\left(\frac{1.05}{\lambda + 1.0} f_t b_c h_{c0} + f_{yv}\frac{A_{sv}}{s}h_{c0} + 0.056N\right)$$
$$(5.2.2\text{-}2)$$

2 当柱出现拉力时

1） 无地震作用组合

$$V_c \leqslant \frac{1.75}{\lambda + 1.0} f_t b_c h_{c0} + f_{yv}\frac{A_{sv}}{s}h_{c0} - 0.2N$$
$$(5.2.2\text{-}3)$$

2） 有地震作用组合

$$V_c \leqslant \frac{1}{\gamma_{RE}}\left(\frac{1.05}{\lambda + 1.0} f_t b_c h_{c0} + f_{yv}\frac{A_{sv}}{s}h_{c0} - 0.2N\right)$$
$$(5.2.2\text{-}4)$$

式中 λ——剪跨比。无地震作用组合时，取柱上、下端组合的弯矩设计值 M_c 的较大值与相应的剪力设计值 V_c 和柱肢截面有效高度 h_{c0} 的比值；有地震作用组合时，取柱上、下端未经按本规程第 5.1.5 条～第 5.1.7 条调整的组合的弯矩设计值 M_c 的较大值与相应的剪力设计值 V_c 和柱肢截面有效高度 h_{c0} 的比值，即 $\lambda = M_c/(V_c h_{c0})$；当柱的反弯点在层高范围内时，均可取 $\lambda = H_n/2h_{c0}$；当 $\lambda < 1.0$ 时，取 $\lambda = 1.0$；当 $\lambda > 3$ 时，取 $\lambda = 3$；此处，H_n 为柱净高；

N——无地震作用组合时，为与荷载效应组合的剪力设计值 V_c 相应的轴向压力或拉力设计值；有地震作用组合时，为有地震作用组合的轴向压力或拉力设计值，当轴向压力设计值 $N > 0.3f_c A$ 时，取 $N = 0.3f_c A$；此处，A 为柱的全截面面积；

A_{sv}——验算方向的柱肢截面厚度 b_c 范围内同一截面箍筋各肢总截面面积；$A_{sv} = nA_{sv1}$，此处，n 为 b_c 范围内同一截面内箍筋的肢数，A_{sv1} 为单肢箍筋的截面面积；

s——沿柱高度方向的箍筋间距。

当公式 (5.2.2-3) 右边的计算值和公式 (5.2.2-4) 右边括号内的计算值小于 $f_{yv}\dfrac{A_{sv}}{s}h_{c0}$ 时，应取等于 $f_{yv}\dfrac{A_{sv}}{s}h_{c0}$，且 $f_{yv}\dfrac{A_{sv}}{s}h_{c0}$ 值不应小于 $0.36f_t b_c h_{c0}$。

5.2.3 有地震作用组合的异形柱斜截面剪力设计值 V_c 应按下列公式计算：

1 二级抗震等级

$$V_c = 1.2\frac{M_c^t + M_c^b}{H_n} \qquad (5.2.3\text{-}1)$$

2 三级抗震等级

$$V_c = 1.1\frac{M_c^t + M_c^b}{H_n} \qquad (5.2.3\text{-}2)$$

3 四级抗震等级取有地震作用组合的剪力设计值。

式中 M_c^t、M_c^b——有地震作用组合、且经调整后的柱上、下端弯矩设计值；

H_n——柱的净高。

在公式 (5.2.3-1) 和公式 (5.2.3-2) 中，M_c^t 与 M_c^b 之和应分别按顺时针和逆时针方向计算，并取其较大值。M_c^t、M_c^b 的取值应符合本规程第 5.1.5 条～第 5.1.7 条的规定。

5.2.4 二、三级抗震等级的角柱，有地震作用组合的剪力设计值应按本规程第 5.2.3 条经调整后的剪力设计值乘以不小于 1.1 的增大系数。

5.3 异形柱框架梁柱节点核心区受剪承载力计算

5.3.1 异形柱框架应进行梁柱节点核心区受剪承载力计算。

5.3.2 节点核心区受剪的水平截面应符合下列条件：

1 无地震作用组合

$$V_j \leqslant 0.24\zeta_f\zeta_h f_c b_j h_j \qquad (5.3.2\text{-}1)$$

2 有地震作用组合

$$V_j \leqslant \frac{0.19}{\gamma_{RE}}\zeta_N\zeta_f\zeta_h f_c b_j h_j \qquad (5.3.2\text{-}2)$$

式中 V_j——节点核心区组合的剪力设计值；

γ_{RE}——承载力抗震调整系数，取 0.85；

b_j、h_j——节点核心区的截面有效验算厚度和截面高度，当梁截面宽度与柱截面厚度相同，或梁截面宽度每侧凸出柱边小于 50mm 时，可取 $b_j = b_c$，$h_j = h_c$，此处，b_c、h_c 分别为验算方向的柱肢截面厚度和高度（图 5.3.2）；

ζ_N——轴压比影响系数，应按表 5.3.2-1 采用；

ζ_f——翼缘影响系数，应按本规程第 5.3.4 条的规定采用；

ζ_h——截面高度影响系数，应按表 5.3.2-2 采用。

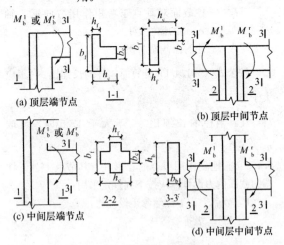

(a) 顶层端节点　(b) 顶层中间节点
(c) 中间层端节点　(d) 中间层中间节点

图 5.3.2　框架节点和梁柱截面

表 5.3.2-1　轴压比影响系数 ζ_N

轴压比	≤0.3	0.4	0.5	0.6	0.7	0.8	0.9
ζ_N	1.00	0.98	0.95	0.90	0.88	0.86	0.84

注：轴压比 $N/(f_c A)$ 指与节点剪力设计值对应的该节点上柱底部轴向压力设计值 N 与柱全截面面积 A 和混凝土轴心抗压强度设计值 f_c 乘积的比值。

表 5.3.2-2　截面高度影响系数 ζ_h

h_j (mm)	≤600	700	800	900	1000
ζ_h	1	0.9	0.85	0.80	0.75

5.3.3 节点核心区的受剪承载力应符合下列规定：

1 无地震作用组合

$$V_j \leqslant 1.38\left(1+\frac{0.3N}{f_c A}\right)\zeta_f \zeta_h f_t b_j h_j + \frac{f_{yv}A_{svj}}{s}(h_{b0}-a'_s)$$

$$(5.3.3-1)$$

2 有地震作用组合

$$V_j \leqslant \frac{1}{\gamma_{RE}}\left[1.1\zeta_N\left(1+\frac{0.3N}{f_c A}\right)\zeta_f \zeta_h f_t b_j h_j \right.$$
$$\left. + \frac{f_{yv}A_{svj}}{s}(h_{b0}-a'_s)\right] \quad (5.3.3-2)$$

式中 N——与组合的节点剪力设计值对应的该节点上柱底部轴向力设计值，当 N 为压力且 $N>0.3f_c A$ 时，取 $N=0.3f_c A$；当 N 为拉力时，取 $N=0$；

A_{svj}——核心区有效验算宽度范围内同一截面验算方向的箍筋各肢总截面面积；

h_{b0}——梁截面有效高度，当节点两侧梁截面有效高度不等时取平均值；

a'_s——梁纵向受压钢筋合力点至截面近边的距离。

5.3.4 翼缘对节点核心区受剪承载力提高作用的翼缘影响系数应按下列规定采用：

1 对柱肢截面高度和厚度相同的等肢异形柱节点，翼缘影响系数 ζ_f 应按表 5.3.4-1 取用；

表 5.3.4-1 翼缘影响系数 ζ_f

b_f-b_c (mm)		0	300	400	500	600	700
ζ_f	L形	1	1.05	1.10	1.10	1.10	1.10
	T形	1	1.25	1.30	1.35	1.40	1.40
	十字形	1	1.40	1.45	1.50	1.55	1.55

注：1 表中 b_f 为垂直于验算方向的柱肢截面高度（图 5.3.2）；

2 表中的十字形和 T 形截面是指翼缘为对称的截面。若不对称时，则翼缘的不对称部分不计算在 b_f 数值内；

3 对 T 形截面，当验算方向为翼缘方向时，ζ_f 按 L 形截面取值。

2 对柱肢截面高度与厚度不相同的不等肢异形柱节点，根据柱肢截面高度与厚度不相同的情况，按表 5.3.4-2 可分为四类；在公式（5.3.2-1）、（5.3.2-2）和公式（5.3.3-1）、（5.3.3-2）中，ζ_f 均应以有效翼缘影响系数 $\zeta_{f,ef}$ 代替，$\zeta_{f,ef}$ 应按表 5.3.4-2 取用。

表 5.3.4-2 有效翼缘影响系数 $\zeta_{f,ef}$

截面类型	L形、T形和十字形截面			
	A类	B类	C类	D类
截面特征	$b_f \geqslant b_c$ 和 $h_f \geqslant b_c$	$b_f \geqslant b_c$ 和 $h_f < b_c$	$b_f < b_c$ 和 $h_f \geqslant b_c$	$b_f < b_c$ 和 $h_f < b_c$

续表 5.3.4-2

截面类型	L形、T形和十字形截面			
	A类	B类	C类	D类
$\zeta_{f,ef}$	ζ_f	$1+\dfrac{(\zeta_f-1)h_f}{b_c}$	$1+\dfrac{(\zeta_f-1)b_f}{h_c}$	$1+\dfrac{(\zeta_f-1)b_f h_f}{b_c h_c}$

注：1 对 A 类节点，取 $\zeta_{f,ef}=\zeta_f$，ζ_f 值按表 5.3.4-1 取用，但表中 (b_f-b_c) 值应以 (h_c-b_c) 值代替；

2 对 B 类、C 类和 D 类节点，确定 $\zeta_{f,ef}$ 值时，ζ_f 值按表 5.3.4-1 取用，但对 B 类和 D 类节点，表中 (b_f-b_c) 值应分别以 (h_c-h_f) 和 (b_f-h_f) 值代替。

5.3.5 框架梁柱节点（本规程图 5.3.2）核心区组合的剪力设计值 V_j 应按下列公式计算：

1 无地震作用组合

1）顶层中间节点和端节点

$$V_j = \frac{M_b^l + M_b^r}{h_{b0}-a'_s} \quad (5.3.5-1)$$

2）中间层中间节点和端节点

$$V_j = \frac{M_b^l + M_b^r}{h_{b0}-a'_s}\left(1-\frac{h_{b0}-a'_s}{H_c-h_b}\right) \quad (5.3.5-2)$$

2 有地震作用组合

1）顶层中间节点和端节点

$$V_j = \eta_{jb}\left(\frac{M_b^l + M_b^r}{h_{b0}-a'_s}\right) \quad (5.3.5-3)$$

2）中间层中间节点和端节点

$$V_j = \eta_{jb}\left(\frac{M_b^l + M_b^r}{h_{b0}-a'_s}\right)\left(1-\frac{h_{b0}-a'_s}{H_c-h_b}\right)$$

$$(5.3.5-4)$$

式中 η_{jb}——核心区剪力增大系数，对二、三、四级抗震等级分别取 1.2、1.1、1.0；

M_b^l、M_b^r——框架节点左、右两侧梁端弯矩设计值，无地震作用组合时，取荷载效应组合的弯矩设计值；有地震作用组合时，取有地震作用组合的弯矩设计值；

H_c——柱的计算高度，可取节点上柱与下柱反弯点之间的距离；

h_{b0}、h_b——梁的截面有效高度、截面高度，当节点两侧梁高不相同时，取其平均值。

5.3.6 当框架梁梁截面宽度每侧凸出柱边不小于 50mm 但不大于 75mm，且梁上、下角部的纵向受力钢筋在本柱肢的纵向受力钢筋外侧锚入梁柱节点时，可忽略凸出柱边部分的作用，近似取节点核心区有效验算厚度为柱肢截面厚度（$b_j = b_c$），并应按本规程第 5.3.2 条～第 5.3.4 条的规定验算节点核心区受剪承载力。也可根据梁纵向受力钢筋在柱肢截面厚度范围内、外的截面面积比例，对柱肢截面厚度以内和以外的范围分别验算其受剪承载力。此时，除应符合本规程第5.3.2条～第5.3.4条要求外，尚宜符合下列规定：

1 按本规程公式（5.3.2-1）和公式（5.3.2-2）验算核心区受剪截面时，核心区截面有效验算厚度可取梁宽和柱肢截面厚度的平均值；

2 验算核心区受剪承载力时，在柱肢截面厚度范围内的核心区，轴向力的取值应与本规程第5.3.3条的规定相同；柱肢截面厚度范围外的核心区，可不考虑轴向压力对受剪承载力的有利作用。

6 结 构 构 造

6.1 一 般 规 定

6.1.1 异形柱结构的梁、柱、剪力墙和节点构造措施，除应符合本规程要求外，尚应符合国家现行有关标准的规定。

6.1.2 异形柱、梁、剪力墙和节点的材料应符合下列要求：

1 混凝土的强度等级不应低于C25，且不应高于C50；

2 纵向受力钢筋宜采用 HRB400、HRB335 级钢筋；箍筋宜采用 HRB335、HRB400、HPB235 级钢筋。

6.1.3 框架梁截面高度可按$\left(\frac{1}{10}\sim\frac{1}{15}\right)l_b$确定（$l_b$为计算跨度），且非抗震设计时不宜小于350mm；抗震设计时不宜小于400mm。梁的净跨与截面高度的比值不宜小于4。梁的截面宽度不宜小于截面高度的1/4和200mm。

6.1.4 异形柱截面的肢厚不应小于200mm，肢高不应小于500mm。

6.1.5 异形柱、梁的纵向受力钢筋的连接接头可采用焊接、机械连接或绑扎搭接。接头位置宜设在构件受力较小处。在层高范围内柱的每根纵向受力钢筋接头数不应超过一个。

柱的纵向受力钢筋在同一连接区段的连接接头面积百分率不应大于50%，连接区段的长度应按现行国家标准《混凝土结构设计规范》GB 50010 的有关规定确定。

6.1.6 异形柱、梁纵向受力钢筋的混凝土保护层厚度应符合国家标准《混凝土结构设计规范》GB 50010—2002第9.2.1条的规定。

注：处于一类环境且混凝土强度等级不低于C40时，异形柱纵向受力钢筋的混凝土保护层最小厚度应允许减小5mm。

6.1.7 异形柱、梁纵向受拉钢筋的锚固长度l_a和抗震锚固长度l_{aE}应按现行国家标准《混凝土结构设计规范》GB 50010 的有关规定确定。

6.2 异形柱结构

6.2.1 异形柱的剪跨比宜大于2，抗震设计时不应小于1.5。

6.2.2 抗震设计时，异形柱的轴压比不宜大于表6.2.2规定的限值。

表 6.2.2 异形柱的轴压比限值

结构体系	截面形式	抗 震 等 级		
		二级	三级	四级
框架结构	L形	0.50	0.60	0.70
	T形	0.55	0.65	0.75
	十字形	0.60	0.70	0.80
框架—剪力墙结构	L形	0.55	0.65	0.75
	T形	0.60	0.70	0.80
	十字形	0.65	0.75	0.85

注：1 轴压比 $N/(f_cA)$ 指考虑地震作用组合的异形柱轴向压力设计值 N 与柱全截面面积 A 和混凝土轴心抗压强度设计值 f_c 乘积的比值；

2 剪跨比不大于2的异形柱，轴压比限值应按表内相应数值减小 0.05；

3 框架-剪力墙结构，在基本振型地震作用下，当框架部分承担的地震倾覆力矩大于结构总地震倾覆力矩的 50% 时，异形柱轴压比限值应按框架结构采用。

6.2.3 异形柱的钢筋应满足下列要求（图 6.2.3）：

1 在同一截面内，纵向受力钢筋宜采用相同直径，其直径不应小于14mm，且不应大于25mm；

2 内折角处应设置纵向受力钢筋；

3 纵向钢筋间距：二、三级抗震等级不宜大于200mm；四级不宜大于 250mm；非抗震设计不宜大于300mm。当纵向受力钢筋的间距不能满足上述要求时，应设置纵向构造钢筋，其直径不应小于12mm，并应设置拉筋，拉筋间距应与箍筋间距相同。

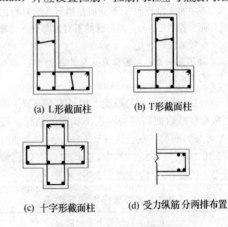

(a) L形截面柱   (b) T形截面柱

(c) 十字形截面柱   (d) 受力纵筋分两排布置

图 6.2.3 异形柱的配筋方式

6.2.4 异形柱纵向受力钢筋之间的净距不应小于50mm。柱肢厚度为 200～250mm 时，纵向受力钢筋每排不应多于 3 根；根数较多时，可分二排设置（本

当采用拉筋形成复合箍时，拉筋应紧靠纵向钢筋并钩住箍筋。

6.2.5 异形柱中全部纵向受力钢筋的配筋百分率不应小于表 6.2.5 规定的数值，且按柱全截面面积计算的柱肢各肢端纵向受力钢筋的配筋百分率不应小于 0.2；建于 Ⅳ 类场地且高于 28m 的框架，全部纵向受力钢筋的最小配筋百分率应按表 6.2.5 中的数值增加 0.1 采用。

表 6.2.5　异形柱全部纵向受力钢筋的最小配筋百分率（%）

柱类型	抗震等级			非抗震
	二级	三级	四级	
中柱、边柱	0.8	0.8	0.8	0.8
角柱	1.0	0.9	0.8	0.8

注：采用 HRB400 级钢筋时，全部纵向受力钢筋的最小配筋百分率应允许按表中数值减小 0.1，但调整后的数值不应小于 0.8。

6.2.6 异形柱全部纵向受力钢筋的配筋率，非抗震设计时不应大于 4%；抗震设计时不应大于 3%。

6.2.7 异形柱应采用复合箍筋（图 6.2.7），严禁采用有内折角的箍筋。箍筋应做成封闭式，其末端应做成 135° 的弯钩。

图 6.2.7　箍筋型式

弯钩端头平直段长度，非抗震设计时不应小于 5d（d 为箍筋直径）；当柱中全部纵向受力钢筋的配筋率大于 3% 时，不应小于 10d。抗震设计时不应小于 10d，且

6.2.8 非抗震设计时，异形柱的箍筋直径不应小于 0.25d（d 为纵向受力钢筋的最大直径），且不应小于 6mm；箍筋间距不应大于 250mm，且不应大于柱肢厚度和 15d（d 为纵向受力钢筋的最小直径）；当柱中全部纵向受力钢筋的配筋率大于 3% 时，箍筋直径不应小于 8mm，间距不应大于 200mm，且不应大于 10d（d 为纵向受力钢筋的最小直径）；箍筋肢距不宜大于 300mm。

6.2.9 抗震设计时，异形柱箍筋加密区的箍筋应符合下列规定：

1 加密区的体积配箍率应符合下列要求：

$$\rho_v \geqslant \lambda_v \frac{f_c}{f_{yv}} \tag{6.2.9}$$

式中　ρ_v——箍筋加密区的箍筋体积配箍率，计算复合箍的体积配箍率时，应扣除重叠部分的箍筋体积；

　　f_c——混凝土轴心抗压强度设计值，强度等级低于 C35 时，应按 C35 计算；

　　f_{yv}——箍筋或拉筋抗拉强度设计值，超过 $300 N/mm^2$ 时，应取 $300 N/mm^2$ 计算；

　　λ_v——最小配箍特征值，按表 6.2.9 采用。

2 对抗震等级为二、三、四级的框架柱，箍筋加密区的箍筋体积配箍率分别不应小于 0.8%、0.6%、0.5%。

3 当剪跨比 λ≤2 时，二、三级抗震等级的柱，箍筋加密区的箍筋体积配箍率不应小于 1.2%。

表 6.2.9　异形柱箍筋加密区的箍筋最小配箍特征值 λ_v

抗震等级	截面形式	柱轴压比										
		≤0.30	0.40	0.45	0.50	0.55	0.60	0.65	0.70	0.75	0.80	0.85
二级	L形	0.10	0.13	0.15	0.18	0.20	—	—	—	—	—	—
三级		0.09	0.10	0.12	0.14	0.16	0.18	0.20	—	—	—	—
四级		0.08	0.09	0.10	0.11	0.12	0.14	0.16	0.18	0.20	—	—
二级	T形	0.09	0.11	0.14	0.17	0.19	0.21	—	—	—	—	—
三级		0.08	0.09	0.11	0.13	0.15	0.17	0.19	0.21	—	—	—
四级		0.07	0.08	0.09	0.10	0.11	0.13	0.15	0.17	0.19	0.21	—
二级	十字形	0.08	0.11	0.13	0.16	0.18	0.20	0.22	—	—	—	—
三级		0.07	0.08	0.10	0.12	0.14	0.16	0.18	0.20	0.22	—	—
四级		0.06	0.07	0.08	0.09	0.10	0.12	0.14	0.16	0.18	0.20	0.22

6.2.10 抗震设计时，异形柱箍筋加密区的箍筋最大间距和箍筋最小直径应符合表 6.2.10 的规定。

表 6.2.10 异形柱箍筋加密区箍筋的
最大间距和最小直径

抗震等级	箍筋最大间距（mm）	箍筋最小直径（mm）
二级	纵向钢筋直径的 6 倍和 100 的较小值	8
三级	纵向钢筋直径的 7 倍和 120（柱根 100）的较小值	8
四级	纵向钢筋直径的 7 倍和 150（柱根 100）的较小值	6（柱根 8）

注：1 底层柱的柱根系指地下室的顶面或无地下室情况的基础顶面；

2 三、四级抗震等级的异形柱，当剪跨比 λ 不大于 2 时，箍筋间距不应大于 100mm，箍筋直径不应小于 8mm。

6.2.11 异形柱箍筋加密区箍筋的肢距：二、三级抗震等级不宜大于 200mm，四级抗震等级不宜大于 250mm。此外，每隔一根纵向钢筋宜在两个方向均有箍筋或拉筋约束。

6.2.12 异形柱的箍筋加密区范围应按下列规定采用：

1 柱端取截面长边尺寸、柱净高的 1/6 和 500mm 三者中的最大值；

2 底层柱柱根不小于柱净高的 1/3；当有刚性地面时，除柱端外尚应取刚性地面上、下各 500mm；

3 剪跨比不大于 2 的柱以及因设置填充墙等形成的柱净高与柱肢截面高度之比不大于 4 的柱取全高；

4 二、三级抗震等级的角柱取柱全高。

6.2.13 抗震设计时，异形柱非加密区箍筋的体积配箍率不宜小于箍筋加密区的 50%；箍筋间距不应大于柱肢截面厚度；二级抗震等级不应大于 10d（d 为纵向受力钢筋直径）；三、四级抗震等级不应大于 15d 和 250mm。

6.2.14 当柱的纵向受力钢筋采用绑扎搭接接头时，搭接长度范围内箍筋直径不应小于搭接钢筋较大直径的 25%，箍筋间距不应小于搭接钢筋较小直径的 5 倍，且不应大于 100mm。

6.3 异形柱框架梁柱节点

6.3.1 框架柱的纵向钢筋，应贯穿中间层的中间节点和端节点，且接头不应设置在节点核心区内。

6.3.2 框架顶层柱的纵向受力钢筋应锚固在柱顶、梁、板内，锚固长度应由梁底算起。顶层端节点柱内侧的纵向钢筋和顶层中间节点处的柱纵向钢筋均应伸至柱顶（图 6.3.2），当采用直线锚固方式时，锚固长度对非抗震设计不应小于 l_a，抗震设计不应小于 l_{aE}。直线段锚固长度不足时，该纵向钢筋伸到柱顶后

应分别向内、外弯折，弯弧内半径，对顶层端节点和顶层中间节点分别不宜小于 5d 和 6d（d 为纵向受力钢筋直径）。弯折前的竖直投影长度非抗震设计时不应小于 0.5l_a，抗震设计时不应小于 0.5l_{aE}。弯折后的水平投影长度不应小于 12d。

抗震设计时，贯穿顶层中间节点的梁上部纵向钢筋直径，对二、三级抗震等级不宜大于该方向柱肢截面高度 h_c 的 1/30。

顶层端节点处柱外侧纵向钢筋可与梁上部纵向钢筋搭接（图 6.3.2a），搭接长度非抗震设计时不应小于 1.6l_a；抗震设计时不应小于 1.6l_{aE}。且伸入梁内的柱外侧纵向钢筋截面面积不宜少于柱外侧全部纵向钢筋面积的 50%。在梁宽范围以外的柱外侧纵向钢筋可伸入现浇板内，伸入长度应与伸入梁内的相同。

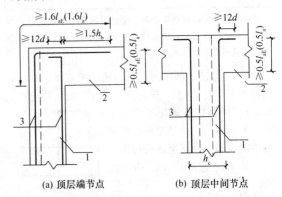

(a) 顶层端节点   (b) 顶层中间节点

图 6.3.2 框架顶层柱纵向钢筋的锚固和搭接
注：括号内数值为相应的非抗震设计规定
1—异形柱；2—框架梁；3—柱的纵向钢筋

6.3.3 当框架梁的截面宽度与异形柱柱肢截面厚度相等或梁截面宽度每侧凸出柱边小于 50mm 时，在梁四角上的纵向受力钢筋应在离柱边不小于 800mm 且满足坡度不大于 1/25 的条件下，向本柱肢纵向钢筋的内侧弯折锚入梁柱节点核心区。在梁筋弯折处应设置不少于 2 根直径 8mm 的附加封闭箍筋（图 6.3.3-1a）。

对梁的纵筋弯折区段内过厚的混凝土保护层尚应采取有效的防裂构造措施。

当梁截面宽度的任一侧凸出柱边不小于 50mm 时，该侧梁角部的纵向受力钢筋可在本柱肢纵向受力钢筋的外侧锚入节点核心区，但凸出柱边尺寸不应大于 75mm（图 6.3.3-1b）。且从柱肢纵向受力钢筋内侧锚入的梁上部、下部纵向受力钢筋，分别不宜小于梁上部、下部纵向受力钢筋截面面积的 70%。

当上部、下部梁角的纵向钢筋在本柱肢纵向受力钢筋的外侧锚入节点核心区时，梁的箍筋配置范围应延伸到与另一方向框架梁相交处（图 6.3.3-2）。且节点处一倍梁高范围内梁的侧面应设置纵向构造钢筋并伸至柱外侧，钢筋直径不应小于 8mm，间距不应大

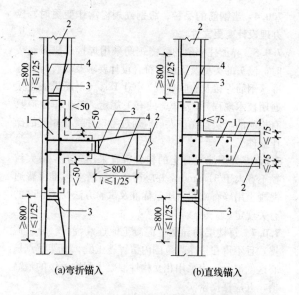

图 6.3.3-1　框架梁纵向钢筋锚入节点区的构造
1—异形柱；2—框架梁；3—附加封闭箍筋；
4—梁的纵向受力钢筋

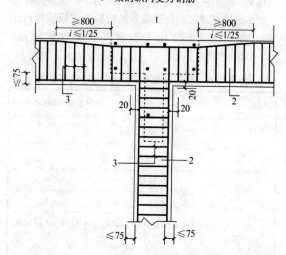

图 6.3.3-2　梁宽大于柱肢厚时的箍筋构造
1—异形柱；2—框架梁；3—梁箍筋

于 100mm。

6.3.4 框架中间层端节点（图 6.3.4a），框架梁上部和下部纵向钢筋可采用直线方式锚入端节点，锚固长度除非抗震设计不应小于 l_a，抗震设计不应小于 l_{aE} 外，尚应伸至柱外侧。当水平直线段的锚固长度不足时，梁上部和下部纵向钢筋应伸至柱外侧并分别向下、向上弯折，弯弧内半径不宜小于 $5d$（d 为纵向受力钢筋直径），弯折前的水平投影长度非抗震设计时不应小于 $0.4l_a$，抗震设计时不应小于 $0.4l_{aE}$，对框架梁纵向钢筋在柱筋外侧伸入节点的情况，则分别不应小于 $0.5l_a$ 和 $0.5l_{aE}$，弯折后的竖直投影长度取 $15d$。

框架顶层端节点（图 6.3.4b），梁上部纵向钢筋应伸至柱外侧并向下弯折到梁底标高，梁下部纵向钢

筋应伸至柱外侧并向上弯折，弯弧内半径不宜小于 $6d$。弯折前的水平投影长度非抗震设计时不应小于 $0.4l_a$，抗震设计时不应小于 $0.4l_{aE}$，对框架梁纵向钢筋在柱筋外侧伸入节点的情况，则分别不应小于 $0.5l_a$ 和 $0.5l_{aE}$。弯折后的竖直投影长度取 $15d$。

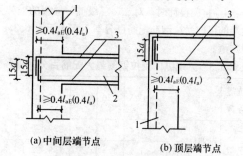

（a）中间层端节点　　　（b）顶层端节点

图 6.3.4　框架梁的纵向钢筋
在端节点区的锚固
注：括号内数值为相应的非抗震设计规定
1—异形柱；2—框架梁；3—梁的纵向钢筋

6.3.5 中间层中间节点框架梁纵向钢筋应满足下列要求：

1 抗震设计时，对二、三级抗震等级，贯穿中柱的梁纵向钢筋直径不宜大于该方向柱肢截面高度 h_c 的 1/30，当混凝土的强度等级为 C40 及以上时可取 1/25，且纵向钢筋的直径不应大于 25mm；

2 两侧高度相等的梁（图 6.3.5a），上部及下部纵向钢筋各排宜分别采用相同直径，并均应贯穿中间节点；若两侧梁的下部钢筋根数不相同时，差额钢筋伸入中间节点的总长度，非抗震设计时不应小于 l_a；抗震设计时不应小于 l_{aE}，且伸过柱肢中心线不应小于 $5d$（d 为纵向受力钢筋直径）；

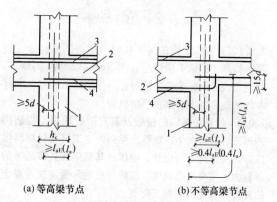

（a）等高梁节点　　　（b）不等高梁节点

图 6.3.5　框架梁纵向钢筋在中间节点区的锚固
注：括号内数值为相应的非抗震设计规定
1—异形柱；2—框架梁；3—梁上部纵向钢筋；
4—梁下部纵向钢筋

3 两侧高度不相等的梁（图 6.3.5b），上部纵向钢筋应贯穿中间节点，下部纵向钢筋伸入中间节点的总长度，非抗震设计时不应小于 l_a，抗震设计时不应小于 l_{aE}。下部钢筋弯折时，弯弧内半径不宜小于

$5d$。弯折前的水平投影长度非抗震设计时不应小于 $0.4l_a$，抗震设计时不应小于 $0.4l_{aE}$；对框架梁纵向钢筋在柱筋外侧伸入节点核心区的情况，则分别不应小于 $0.5l_a$ 和 $0.5l_{aE}$。弯折后的竖直投影长度不应小于 $15d$；

    4 抗震设计时，对二、三级抗震等级的框架梁，梁端的纵向受拉钢筋配筋百分率不宜大于表 6.3.5 的规定值。

表 6.3.5　梁端纵向受拉钢筋最大配筋百分率（％）

抗震等级	混凝土	C25	C30	C35	C40	C45	C50
二、三级	钢筋 HRB335	1.4	1.7	2.0	2.2	2.4	2.4
	钢筋 HRB400	1.1	1.4	1.7	1.9	2.1	2.1

6.3.6 节点核心区应设置水平箍筋。水平箍筋的配置应满足节点核心区受剪承载力的要求，并应符合下列规定：

    1 非抗震设计时，节点核心区箍筋的最小直径、最大间距应符合本规程第 6.2.8 条的规定；

    2 抗震设计时，节点核心区箍筋最大间距和最小直径宜按本规程表 6.2.10 采用。对二、三和四级抗震等级，节点核心区配箍特征值分别不宜小于 0.10、0.08 和 0.06，且体积配箍率分别不宜小于 0.8%、0.6% 和 0.5%。对二、三级抗震等级且剪跨比不大于 2 的框架柱，节点核心区配箍特征值不宜小于核心区上、下柱端配箍特征值的较大值；

    3 当顶层端节点内设有梁上部纵向钢筋与柱外侧纵向钢筋的搭接接头时，节点核心区的箍筋尚应符合本规程第 6.2.14 条的规定。

7　异形柱结构的施工

7.0.1 异形柱结构的施工应符合现行国家标准《混凝土结构工程施工质量验收规范》GB 50204 的要求，并应与设计单位配合，针对异形柱结构的特点，制订专门的施工技术方案并严格执行。

7.0.2 异形柱结构的模板及其支架应根据工程结构的形式、荷载大小、地基土类别、施工设备和材料供应等条件进行专门设计。模板及其支架应具有足够的承载力、刚度和稳定性，应能可靠地承受浇筑混凝土的重量、侧压力和施工荷载。

7.0.3 异形柱结构的纵向受力钢筋，应符合国家标准《混凝土结构设计规范》GB 50010—2002 第 4.2.2 条的要求，对二级抗震等级设计的框架结构，检验所得的强度实测值，尚应符合下列要求：

    1 钢筋的抗拉强度实测值与屈服强度实测值的比值不应小于 1.25；

    2 钢筋的屈服强度实测值与标准值的比值不应大于 1.3。

7.0.4 当钢筋的品种、级别或规格需作变更时，应办理设计变更文件。

7.0.5 异形柱框架的受力钢筋采用焊接或机械连接时，接头的类型及质量应符合设计要求及现行行业标准《钢筋焊接及验收规程》JGJ 18、《钢筋机械连接通用技术规程》JGJ 107 的有关规定。施工单位应具有相应的资质，操作人员应通过考核并持有相应的操作证件。

7.0.6 异形柱混凝土的粗骨料宜采用碎石，最大粒径不宜大于 31.5mm，并应符合现行行业标准《普通混凝土用碎石或卵石质量标准及试验方法》JGJ 53 的有关规定。

7.0.7 每楼层的异形柱混凝土应连续浇筑、分层振捣，且不得在柱净高范围内留置施工缝。框架节点核心区的混凝土应采用相交构件混凝土强度等级的最高值，并应振捣密实。

7.0.8 冬期施工应符合现行行业标准《建筑工程冬期施工规程》JGJ 104 和施工技术方案的规定。

7.0.9 异形柱结构施工的尺寸允许偏差应符合表 7.0.9 的规定，尺寸允许偏差的检验方法应按现行国家标准《混凝土结构工程施工质量验收规范》GB 50204 的规定执行。

表 7.0.9　异形柱结构施工的尺寸允许偏差

项次	项　目		允许偏差（mm）
1	轴线位置	梁、柱	6
		剪力墙	4
2	垂直度	层间　层高不大于 5m	6
		层高大于 5m	8
		全高 H（mm）	$H/1000$ 且≤30
3	标　高	层　高	±10
		全　高	±30
4	截面尺寸		+8，0
5	表面平整（在 2m 长度范围内）		8
6	预埋设施中心线位置	预埋件	8
		预埋螺栓、预埋管	4
7	预留孔洞中心线位置		10

7.0.10 当需要替换原设计的墙体材料时，应办理设计变更文件。填充墙与框架柱、梁之间均应有可靠的连接。

7.0.11 异形柱肢体及节点核心区内不得预留或埋设水、电、燃气管道和线缆；安装水、电、燃气管道和线缆时，不应削弱柱截面。

附录 A　底部抽柱带转换层的异形柱结构

A.0.1　底部抽柱带转换层的异形柱结构，其转换结构构件宜采用梁。

A.0.2　底部抽柱带转换层的异形柱结构可用于非抗震设计和6度、7度（0.10g）抗震设计的房屋建筑。

A.0.3　底部抽柱带转换层的异形柱结构在地面以上大空间的层数：非抗震设计不宜超过3层；抗震设计不宜超过2层。

A.0.4　底部抽柱带转换层异形柱结构适用的房屋最大高度应按本规程第3.1.2条规定的限值降低不少于10%，且框架结构不应超过6层。框架-剪力墙结构，非抗震设计不应超过12层，抗震设计不应超过10层。

A.0.5　底部抽柱带转换层异形柱结构的结构布置除应符合本规程第3章的规定外，尚应符合下列要求：

　　1　框架-剪力墙结构中的剪力墙应全部落地，并贯通房屋全高。抗震设计时，在基本振型地震作用下，剪力墙部分承受的地震倾覆力矩应大于结构总地震倾覆力矩的50%；

　　2　矩形平面建筑中剪力墙的间距，非抗震设计不宜大于3倍楼盖宽度，且不宜大于36m；抗震设计不宜大于2倍楼盖宽度，且不宜大于24m；

　　3　框架结构的底部托柱框架不应采用单跨框架；

　　4　落地的框架柱应连续贯通房屋全高；不落地的框架柱应连续贯通转换层以上的所有楼层。底部抽柱数不宜超过转换层相邻上部楼层框架柱总数的30%；

　　5　转换层下部结构的框架柱不应采用异形柱；

　　6　不落地的框架柱应直接落在转换层主结构上。托柱梁应双向布置，可双向均为框架梁，或一方向为框架梁，另一方向为托柱次梁。

　　注：直接承托不落地柱的框架称托柱框架，直接承托不落地柱的框架梁称托柱框架梁，直接承托不落地柱的非框架梁称托柱次梁。

A.0.6　转换层上部结构与下部结构的侧向刚度比宜接近1。转换层上、下部结构侧向刚度比可按现行行业标准《高层建筑混凝土结构技术规程》JGJ 3第E.0.2条的规定计算。

A.0.7　托柱框架梁的截面宽度，不应小于梁宽度方向被托异形柱截面的肢高或一般框架柱的截面高度；不宜大于托柱框架柱相应方向的截面宽度。托柱框架梁的截面高度不宜小于托柱框架梁计算跨度的1/8；当双向均为托柱框架时，不宜小于短跨框架梁计算跨度的1/8。

托柱次梁应垂直于托柱框架梁方向布置，梁的宽度不应小于400mm，其中心线应与同方向被托异形柱截面肢厚或一般框架柱截面的中心线重合。

A.0.8　转换层及下部结构的混凝土强度等级不应低于C30。

A.0.9　转换层楼面应采用现浇楼板，楼板的厚度不应小于150mm，且应双层双向配筋，每层每方向的配筋率不宜小于0.25%。楼板钢筋应锚固在边梁或墙体内。

楼板与异形柱内拐角相交部位宜加设呈放射形或斜向平行布置的板面钢筋。

楼板边缘和较大洞口周边应设置边梁，其宽度不宜小于板厚的2倍，纵向钢筋配筋率不应小于1.0%，钢筋连接接头宜采用焊接或机械连接。

A.0.10　转换层上部异形柱向底部框架柱转换时，下部框架柱截面的外轮廓尺寸不宜小于上部异形柱截面外轮廓尺寸。转换层上部异形柱截面形心与下部框架柱截面形心宜重合，当不重合时应考虑偏心的影响。

A.0.11　底部大空间带转换层的异形柱结构的结构布置、计算分析、截面设计和构造要求，除应符合本规程的规定外，尚应符合国家现行标准的有关规定。

本规程用词说明

　　1　为了便于在执行本规程条文时区别对待，对要求严格程度不同的用词说明如下：

　　1)　表示很严格，非这样做不可的用词：

　　　　正面词采用"必须"；反面词采用"严禁"；

　　2)　表示严格，在正常情况下均应这样做的用词：

　　　　正面词采用"应"，反面词采用"不应"或"不得"；

　　3)　表示允许稍有选择，在条件许可时首先应这样做的用词：

　　　　正面词采用"宜"；反面词采用"不宜"。

　　　　表示有选择，在一定条件下可以这样做的，采用"可"。

　　2　规程中指定应按其他有关标准、规范执行时，写法为："应符合……的规定"或"应按……执行"。

中华人民共和国行业标准

混凝土异形柱结构技术规程

JGJ 149—2006

条 文 说 明

前　言

《混凝土异形柱结构技术规程》JGJ 149－2006 经建设部 2006 年 3 月 9 日以 415 号公告批准发布。

为便于广大设计、施工、科研、教学等单位有关人员在使用本规程时正确理解和执行条文规定，《混凝土异形柱结构技术规程》编制组按章、节、条顺序编制了本标准的条文说明，供使用者参考。在使用中如发现本条文说明有不妥之处，请将意见函寄天津大学（主编单位）。

（邮政编码：300072，地址：天津市南开区卫津路 92 号天津大学土木工程系）

目　次

1 总　则

1.0.1 混凝土异形柱结构是以 T 形、L 形、十字形的异形截面柱（以下简称异形柱）代替一般框架柱作为竖向支承构件而构成的结构，以避免框架柱在室内凸出，少占建筑空间，改善建筑观瞻，为建筑设计及使用功能带来灵活性和方便性；同时结合墙体改革，采用保温、隔热、轻质、高效的墙体材料作为框架填充墙及内隔墙，代替传统的烧结普通砖墙，以贯彻国家关于节约能源、节约土地、利用废料、保护环境的政策。

混凝土异形柱结构体系与一般矩形柱结构体系之间既存在着共性，也具有各自的特性。由于异形柱与矩形柱二者在截面特性、内力和变形特性、抗震性能等方面的显著差异，导致在异形柱结构设计与施工中一些不容忽视的问题，这些方面在目前我国现行规范、规程中尚未得到反映。随着异形柱结构在各地逐渐推广应用，迫切需要异形柱结构的行业标准作为指导异形柱结构设计施工、工程审查及质量监控的规程依据。近年来国内各高等院校、设计、研究单位对异形柱结构的基本性能、设计方法、构造措施及工程应用等方面进行了大量的科学研究与工程实践，包括：异形柱正截面、斜截面、梁柱节点的试验及理论研究、异形柱结构模型的模拟地震作用试验（振动台试验及低周反复水平荷载试验）研究、异形柱结构抗震分析及抗震性能研究、异形柱结构专用设计软件研究及异形柱结构标准设计研究等。一些省市制订并实施了异形柱结构地方标准，一些地方的国家级住宅示范小区中也建有异形柱结构住宅建筑，我国异形柱结构的科学研究成果不断充实，设计与施工的工程实践经验不断积累，为了在混凝土异形柱结构设计与施工中贯彻执行国家技术经济政策，做到安全适用、技术先进、经济合理、确保质量，特制订《混凝土异形柱结构技术规程》作为中华人民共和国行业标准。

1.0.2 混凝土异形柱结构体系原来主要用于住宅建筑，近年来逐渐扩展到用于平面及竖向布置较为规则的宿舍建筑等，工程实践表明效果良好。异形柱结构体系也可用于类似的较为规则的一般民用建筑。

由于我国目前尚无在 8 度（0.30g）及 9 度抗震设防地区异形柱结构的设计与施工工程实践经验，也没有相应的可资依据的研究成果，且考虑到异形柱结构的抗震性能特点，故未将抗震设防烈度为 8 度（0.30g）及 9 度抗震设计的建筑列入本规程适用范围。

1.0.3 本规程遵照现行国家标准《建筑结构可靠度设计统一标准》GB 50068、《建筑结构荷载规范》GB 50009、《混凝土结构设计规范》GB 50010、《建筑抗震设计规范》GB 50011、《混凝土结构工程施工

质量验收规范》GB 50204 及现行行业标准《高层建筑混凝土结构技术规程》JGJ 3 等，并根据异形柱结构有关试验、理论的研究成果和工程设计、施工的实践经验编制而成。

2　术语、符号

2.1　术　语

本规程的术语系根据现行国家标准《工程结构设计基本术语和通用符号》GBJ 132 和《建筑结构设计术语和符号标准》GB/T 50083 给出的。

2.2　符　号

本规程的符号主要是根据现行国家标准《混凝土结构设计规范》GB 50010 和《建筑抗震设计规范》GB 50011 规定的。有些符号基于异形柱结构特点作了相应的调整和补充。

3　结构设计的基本规定

3.1　结　构　体　系

3.1.1 长期以来，工程实际应用的主要是以 T 形、L 形和十字形截面的异形柱构成的框架结构和框架-剪力墙结构体系，对柱的其他截面形式由于问题的复杂性及目前缺乏充分研究依据而未列入。

这里的异形柱框架结构体系包括全部由异形柱作为竖向受力构件组成的钢筋混凝土结构，也包括由于结构受力需要而部分采用一般框架柱的情形。

为满足在建筑物底部设置大空间的建筑功能要求，异形柱结构体系还可以采用底部抽柱带转换层的异形柱框架结构或异形柱框架-剪力墙结构，此时应遵守本规程附录 A 的规定。

框架-核心筒结构是框架-剪力墙结构中剪力墙集中布置于建筑平面核心部位的一种特殊情形，其核心筒具有较大的空间刚度和抗倾覆力矩的能力，其外围周边框架柱的抗扭能力相对薄弱，成为抗震的薄弱环节，现有的震害资料表明，框架-核心筒结构在强烈地震作用下，框架柱的损坏程度明显大于核心筒。目前对异形柱用于此类结构体系尚缺乏研究，故现阶段规程的异形柱结构中不包括此类结构体系。

3.1.2 对混凝土异形柱结构，从结构安全和经济合理等方面综合考虑，其适用的房屋最大高度应有所限制，我国现行有关标准中还没有对异形柱结构适用的房屋最大高度做出规定，为此，本规程针对混凝土异形柱框架及框架-剪力墙两种结构体系的一批代表性典型工程，主要考虑下列基本条件：①非抗震设计；②抗震设防烈度为 6 度、7 度（0.10g，0.15g）及 8

度（0.20g）的抗震设计；③不同场地类别；④不同开间柱网尺寸；⑤结构平均自重按 12～14kN/m²；⑥标准层层高按 2.9m。根据本规程及现行国家标准的有关规定，进行了系统的结构弹性及弹塑性分析计算，综合考虑异形柱结构现有的理论研究、试验研究成果及设计、施工的工程实践经验，由此归纳总结得到本规程关于异形柱结构适用的房屋最大高度的条文规定，并与现行国家标准相关规定的表达方式基本保持一致，用作工程设计的宏观控制。通过 25 项典型工程试设计的核验，认为本条关于异形柱结构适用的房屋最大高度的规定是合适的、可行的。

结构的顶层采用坡屋顶时适用的房屋最大高度在国家现行有关标准中未作具体规定，异形柱结构设计时可由设计人员根据实际情况合理确定。当檐口标高不设水平楼板时，总高度可算至檐口标高处；当檐口标高附近有水平楼板，即带阁楼的坡屋顶情形，此时高度可算至坡高的 1/2 高度处。

异形柱框架-剪力墙结构在基本振型地震作用下，框架部分承受的地震倾覆力矩若大于结构总地震倾覆力矩的 50%，其最大适用高度不宜再按框架-剪力墙结构的要求执行，但可比框架结构的要求适当放松，放松的幅度可根据剪力墙的数量及剪力墙承受的地震倾覆力矩确定。

平面和竖向均不规则的异形柱结构或Ⅳ类场地上的异形柱结构，适用的房屋最大高度应适当降低，一般可降低 20% 左右；底部抽柱带转换层异形柱结构，适用的房屋最大高度应符合本规程附录 A 的规定。

当异形柱结构中采用少量一般框架柱时，其适用的房屋最大高度仍按全部为异形柱的结构采用。

在异形柱结构实际工程设计中应综合考虑不同结构体系、结构设计方案、抗震设防烈度、场地类别、结构平均自重、开间尺寸、进深尺寸及结构布置的规则性等影响因素，正确使用本规程关于异形柱结构适用的房屋最大高度规定。当房屋高度超过表中规定的数值时，结构设计应有可靠的依据，并采取有效的加强措施。

3.1.3 高宽比是对结构刚度、整体稳定、承载能力和经济合理性的宏观控制。本规程对异形柱结构适用的最大高宽比的规定系根据异形柱结构的特性，比现行行业标准《高层建筑混凝土结构技术规程》JGJ 3 对应的规定有所加严。本条文适用于 10 层及 10 层以上或高度超过 28m 的情形，当层数或高度低于上述数值时，可适当放宽。

3.1.4 影响建筑结构安全的因素有三个层次：结构方案、内力效应分析和截面设计。结构方案虽属概念设计的范畴，但由此所决定的整体稳定性对结构安全的重要意义远超过其他因素。在异形柱结构设计中，应根据是否抗震设防、抗震设防烈度、场地类别、房屋高度和高宽比、施工技术等因素，通过安全、技术、经济和使用条件的综合分析比较，选用合理的结构体系，并宜通过增加结构体系的多余约束和超静定次数、考虑传力途径的多重性、避免采用脆性材料和加强结构的延性等措施来加强结构的整体稳定性，使结构当承受自然界的灾害或人为破坏等意外作用而发生局部破坏时，不至于引发连续倒塌而导致严重恶性后果。

异形柱结构体系除应符合现行国家标准《建筑抗震设计规范》GB 50011、《混凝土结构设计规范》GB 50010 及现行行业标准《高层建筑混凝土结构技术规程》JGJ 3 的有关规定外，尚应符合本规程的有关规定。

1 框架结构与砌体结构在抗侧刚度、变形能力、抗震性能方面有很大差异，将这两种不同的结构混合使用于同一结构中，会对结构的抗震性能产生不利的影响。现行行业标准《高层建筑混凝土结构技术规程》JGJ 3 对此做了强制性条文的规定，对异形柱结构同样必须遵守。

2 根据震害资料，多层及高层单跨框架结构震害严重，故本规程规定：抗震设计的异形柱结构不宜采用单跨框架结构。又基于对异形柱抗震性能特点的考虑，以及目前缺乏专门研究，规定异形柱结构不应采用多塔、连体和错层等复杂结构形式。

3 在结构设计中利用楼梯间、电梯井位置合理布置剪力墙，对电梯设备运行、结构抗震、抗风均有好处，但若剪力墙布置不合理，将导致平面不规则，加剧扭转效应，反而会对抗震带来不利影响，故这里强调"合理地布置剪力墙"。对高度不大的异形柱结构的楼梯间、电梯井，可采用一般框架柱。

4 在异形柱结构中异形柱的肢厚尺寸较小，相应地梁宽尺寸及梁柱节点核心区尺寸均较小，为保证异形柱结构的整体安全，对主要受力构件——柱、梁、剪力墙应采用现浇的施工方式。

3.1.5 国家有关部门已经发布专门文件，禁止使用烧结黏土砖，积极发展和推广应用新型墙体材料，是当前墙体材料革新的一项主要任务。异形柱结构体系就是 20 世纪 70 年代以来墙体材料革新推动下促进结构体系变革的产物，它属于框架-轻墙（填充墙、隔墙）结构体系，应优先采用轻质高效的墙体材料，不应采用烧结实心黏土砖，由此带来的效益不仅是改善建筑的保温、隔热性能，节约能源消耗，而且减轻了结构的自重，有利于节约基础建设投资，有利于减小结构的地震作用；采用工业废料制作轻质墙体，有利于利用废料，有利于环境保护，其综合效益值得重视。

异形柱结构的主要特点就是柱肢厚度与墙体厚度取齐一致，在工程实用中尚应综合考虑墙身满足保温、隔热、节能、隔声、防水及防火等要求，以满足建筑功能的需要。在此前提下根据不同条件选用合理经济的墙体形式——砌体或墙板。各地应根据当地实际条件，大力推进住宅产业现代化，解决好与异形柱结构体系配套的墙体材料产品，以确保质量，提高效率和降低成本。

3.2 结 构 布 置

3.2.1 合理的结构布置（包括平面布置及竖向布置）无论在非抗震设计还是抗震设计中都具有非常重要的意义，结构的平面和竖向布置宜简单、规则、均匀，这就需要结构工程师与建筑师密切协调配合，兼顾建筑功能与结构功能的合理性。关于结构布置中对规则性的要求，本规程提出：异形柱结构宜采用规则的结构设计方案，抗震设计的异形柱结构应符合抗震概念设计的要求，不应采用特别不规则的结构设计方案，比现行国家标准《建筑抗震设计规范》GB 50011对一般钢筋混凝土结构的有关规定有所加严，这是根据异形柱结构抗震性能和抗震设计特点而提出的。

关于"规则的结构设计方案"是指体型（平面和立面形状）简单，抗侧力体系的刚度和承载力上下连续均匀地变化，平面布置基本对称，即在平面、竖向的抗侧力体系或计算图形中没有明显的、实质的不连续（突变）；"特别不规则的结构设计方案"是指多项不规则指标均超过国家现行标准或本规程有关的规定，或某一项超过规定指标较多，具有较明显的抗震薄弱部位，将会导致不良后果者。

3.2.2 在异形柱结构抗震设计时，首先应对结构设计方案关于平面和竖向布置的规则性进行判别。对不规则异形柱结构的定义和设计要求，除应符合国家现行标准对一般钢筋混凝土结构的有关要求外，尚应符合本规程第3.2.4条和第3.2.5条的有关规定。

为方便异形柱结构的抗震设计，这里列出现行国家标准《建筑抗震设计规范》GB 50011对平面不规则类型及竖向不规则类型的定义，作为对异形柱结构不规则类型判别的依据。

表 1　平面不规则的类型

不规则类型	定　义
扭转不规则	楼层的最大弹性水平位移（或层间位移）大于该楼层两端弹性水平位移（或层间位移）平均值的1.2倍
凹凸不规则	结构平面凹进的一侧尺寸大于相应投影方向总尺寸的30%
楼板局部不连续	楼板的尺寸和平面刚度急剧变化，例如，有效楼板宽度小于该层楼板典型宽度的50%，或开洞面积大于该层楼面面积的30%，或较大的楼层错层

表 2　竖向不规则的类型

不规则类型	定　义
侧向刚度不规则	该层的侧向刚度小于相邻上一层的70%，或小于其上相邻3个楼层侧向刚度平均值的80%；除顶层外，局部收进的水平向尺寸大于相邻下一层的25%
竖向抗侧力构件不连续	竖向抗侧力构件（柱、剪力墙）的内力由水平转换构件（梁、桁架等）向下传递
楼层承载力突变	抗侧力结构的层间受剪承载力小于相邻上一楼层的80%

注：抗侧力结构的楼层层间受剪承载力是指所考虑的水平地震作用方向上，该层全部柱及剪力墙的受剪承载力之和。

3.2.3 本规程根据异形柱结构的特点及抗震概念设计原则，对结构平面布置提出应符合的要求。

本规程3.2.1条规定：异形柱结构宜采用规则的设计方案，相应地在对结构柱网轴线的布置方面，本条提出了纵、横柱网轴线宜分别对齐拉通的要求。震害表明，若柱网轴线不对齐，形不成完整的框架，地震中因扭转效应和传力路线中断等原因可能造成结构的严重震害，因此在设计中宜尽量使纵、横柱网轴线对齐拉通。

异形柱的肢厚较薄，其中心线宜与梁中心线对齐，尽量避免由于二者中心线偏移对受力带来的不利影响。

对异形柱框架-剪力墙结构中剪力墙的最大间距提出了限制要求，其限值较现行国家标准对一般钢筋混凝土结构的相关规定有所加严。底部抽柱带转换层异形柱结构的剪力墙间距宜符合本规程附录A的有关规定。

3.2.4 本规程根据异形柱结构的特点及抗震概念设计原则，对结构竖向布置提出应符合的要求。

异形柱结构体系中，除异形柱上下连续贯通落地的一般框架结构之外，根据建筑功能之需要尚可采用底部抽柱带转换层的异形柱框架-剪力墙结构，这种结构上部楼层的一部分异形柱根据建筑功能的要求，并不上下连续贯通落地（即底部抽柱），而是落在转换大梁上（即梁托柱），完成上部小柱网到底部大柱网的转换，以形成底部大空间结构，但剪力墙应上下连续贯通房屋全高。

3.2.5 当异形柱结构的扭转位移比（即楼层竖向构件的最大水平位移和层间位移与该楼层两端弹性水平位移和层间位移平均值之比）大于1.20时，根据现行国家标准《建筑抗震设计规范》GB 50011的有关规定，可界定为"扭转不规则类型"，但本规程规定此时控制扭转位移比不应大于1.45，较现行国家标准的规定有所加严。目的是为了限制结构平面布置的不规则性，避免过大的扭转效应。

当异形柱结构的层间受剪承载力小于相邻上一楼层的80%时，根据现行国家标准的有关规定，可界定为"楼层承载力突变类型"，其薄弱层的受剪承载力不应小于相邻上一楼层的65%，且薄弱层的地震剪力应乘以1.20的增大系数，较现行国家标准的相应规定有所加严。

本规程中的底部抽柱带转换层异形柱结构，根据现行国家标准的有关规定，可界定为"竖向抗侧力构件不连续类型"，且该构件传递给水平转换构件的地震内力应乘以1.25～1.5的增大系数，但本规程建议此时可按该系数的较大值取用。

抗震设计时，对异形柱结构中处于受力复杂、不利部位的异形柱，例如结构平面柱网轴线斜交处的异形柱，平面凹进不规则等部位的异形柱，提出采用一般框架柱的要求，以改善结构的整体受力性能。

3.3 结构抗震等级

3.3.1 抗震设计的混凝土异形柱结构应根据抗震设防烈度、结构类型、房屋高度划分为不同的抗震等级，有区别地分别采用相应的抗震措施，包括内力调整和抗震构造措施。抗震等级的高低，体现了对结构抗震性能要求的严格程度。本规程的结构抗震等级系针对异形柱结构的抗震性能特点及丙类建筑抗震设计的要求制定的。

本条文表3.3.1注2和注3还明确了某些场地类别对抗震构造措施的影响。

3.3.2、3.3.3 条文系根据国家现行标准《建筑抗震设计规范》GB 50011和《高层建筑混凝土结构技术规程》JGJ 3的相应规定给出的。

4 结构计算分析

4.1 极限状态设计

4.1.1 按现行国家标准《混凝土结构设计规范》GB 50010关于承载能力极限状态的计算规定，根据建筑结构破坏后果的严重程度，建筑结构划分为三个安全等级，采用混凝土异形柱结构的居住建筑属于"一般的建筑物"类，其破坏后果属于"严重"类，其安全等级应采用二级。当异形柱结构用于类似的较为规则的一般民用建筑时，其安全等级也可参照此条规定。

4.1.2 混凝土异形柱结构属于一般混凝土结构，根据现行国家标准《建筑结构可靠度设计统一标准》GB 50068的规定，其设计使用年限为50年。

若建设单位对设计使用年限提出更长的要求，应采取专门措施，包括相应荷载设计值，设计地震动参数和耐久性措施等均应依据设计使用年限相应确定。

4.1.3 异形柱结构和一般混凝土结构一样，应进行承载能力极限状态和正常使用极限状态的计算和验算。

4.1.4 基于异形柱受力性能及设计、构造的特点，本条明确异形柱正截面、斜截面及梁-柱节点承载力应按本规程第5章的规定进行计算；其他构件的承载力计算应遵守国家现行相关标准。

4.2 荷载和地震作用

4.2.1、4.2.2 根据国家现行有关标准执行。

4.2.3 按现行国家标准《建筑抗震设计规范》GB 50011的有关规定，"对乙、丙、丁类建筑，当抗震设防烈度为6度时可不进行地震作用计算"；且"6度时的建筑（建造于Ⅳ类场地上的较高建筑除外），……，应允许不进行截面抗震验算"，但本规程将6度也列入应进行地震作用计算及结构抗震验算范围。这是基于异形柱抗震性能特点和要求而制定的。

4.2.4 异形柱结构对地震作用计算应符合的规定，基本按国家现行标准的有关规定，但考虑了异形柱结构的特点而补充要求。

1 异形柱与矩形柱具有不同的截面特性及受力特性，试验研究及理论分析表明：异形柱的双向偏压正截面承载力随荷载（作用）方向不同而有较大的差异。在L形、T形和十字形三种异形柱中，以L形柱的差异最为显著。当异形柱结构中混合使用等肢异形柱与不等肢异形柱时，则差异情况更为错综复杂，成为异形柱结构地震作用计算中不容忽视的问题。

《规程》编制组进行的典型工程试设计表明：按45°方向水平地震作用计算所得的结构底部剪力，与0°及90°正交方向水平地震作用下的结构底部剪力相比，可能减小，也可能增大。即使结构底部剪力减小，有可能在某些异形柱构件出现内力增大的现象，甚至增幅不小，这种由于荷载（作用）不同方向导致内力变化的差异，除与柱截面形状、柱截面尺寸比例有关外，还与结构平面形状、结构布置及柱所在位置等因素有关。

要精确地确定异形柱结构中各异形柱构件对应的水平地震作用的最不利方向是一个很复杂的问题，具体设计中一般可以采取工程实用方法。编制组对异形柱结构的地震作用分析研究及典型工程试设计表明：对于全部采用等肢异形柱且较为规整的矩形平面结构布置情形，一般地震作用沿45°、135°方向作用时，L形柱要求的配筋量变化差异最大，比0°、90°方向情形的增幅有时可达10%～20%。由于6度、7度（0.10g）抗震设计时异形柱的截面设计一般是由构造配筋控制的，其差异可能被掩盖，故本条文仅规定7度（0.15g）及8度（0.20g）抗震设计时才进行45°方向的水平地震作用计算与抗震验算，着重注意结构底部、角部、负荷较大及结构平面变化部位的异形柱在水平地震作用不同方向情形的内力变化，从中选取最不利情形作为异形柱截面设计的依据，以增加异形柱结构抗震设计的安全性。对于更复杂的情形，例如具有较多不等肢异形柱情形，适当补充其他角度方向的水平地震作用计算，并通过分析比较从中选出最不利数据作为设计的依据是可取的。

2 国内外历次大地震的震害、试验和理论研究均表明，平面不规则，质量与刚度偏心和抗扭刚度太弱的结构，扭转效应可能导致结构严重的震害，对异形柱结构尤其需要在抗震设计中加以重视。条文中所指"扭转不规则的结构"，可按现行国家标准《建筑抗震设计规范》GB 50011 有关规定的条件（即扭转位移比大于 1.20）来判别，此时异形柱结构的水平地震作用计算应计入双向水平地震作用下的扭转影响，并可不考虑质量偶然偏心的影响；而计算单向地震作用时则应考虑偶然偏心的影响。

4.2.5 异形柱结构地震作用计算的方法，根据现行国家标准《建筑抗震设计规范》GB 50011 的规定，振型分解反应谱法和底部剪力法都是地震作用计算的基本方法，但考虑到现今在结构设计计算中计算机应用日益普遍，和实际工程中大都存在着不同程度的不对称、不均匀情况，已很少应用底部剪力法，故本条文中仅列考虑振型分解反应谱法；平面不规则结构的扭转影响显著，应采用扭转耦联振型分解反应谱法。

本规程主要用于住宅建筑，突出屋面的大多为面积较小、高度不大的屋顶间、女儿墙或烟囱，根据现行国家标准《建筑抗震设计规范》GB 50011 的有关规定，当采用振型分解法时此类突出屋面部分可作为一个质点来计算；当结构顶部有小塔楼且采用振型分解反应谱法时，根据现行行业标准《高层建筑混凝土结构技术规程》JGJ3 的有关规定，无论是考虑或是不考虑扭转耦联振动影响，小塔楼宜每层作为一个质点参与计算。

4.3 结构分析模型与计算参数

4.3.1 无论是非抗震设计还是抗震设计，在竖向荷载、风荷载、多遇地震作用下混凝土异形柱结构的内力和变形分析，按我国现行规范体系，均采用弹性方法计算，但在截面设计时则考虑材料的弹塑性性质。在竖向荷载作用下框架梁及连梁等构件可以考虑梁端部塑性变形引起的内力重分布。

4.3.2 关于分析模型的选择方面，在当今计算机使用普及和讲求计算分析精度的情况下，且考虑到异形柱结构的特点，应采用基于空间工作的计算机分析方法及相应软件。平面结构空间协同计算模型虽然计算简便，其缺点是对结构空间整体的受力性能反映得不完全，现已较少应用，当规则结构初步设计时也可应用。

4.3.3 本规程适用的异形柱，其柱肢截面的肢高肢厚比限制在不大于 4 的范围，与矩形柱相比，其柱肢一般相对较薄，研究表明：这样尺度比例的异形柱，其内力和变形性能具有一般杆件的特征，并不满足划分为薄壁杆件的基本条件。故在计算分析中，异形柱应按杆系模型分析，剪力墙可按薄壁杆系或墙板元模型分析。

按空间整体工作分析时，不同分析模型的梁、柱自由度是相同的；剪力墙采用薄壁杆系模型时比采用墙板元模型时多考虑翘曲变形自由度。

4.3.4 进行结构内力和位移计算时，可采取楼板在其自身平面内为无限刚性的假定，以使结构分析的自由度大大减少，从而减少由于庞大自由度系统而带来的计算误差，实践证明这种刚性楼板假定对绝大多数多、高层结构分析具有足够的工程精度，但这时应在设计中采取必要措施以保证楼盖的整体刚度。绝大多数异形柱结构的楼板采用现浇钢筋混凝土楼板，能够满足该假定的要求，但还应在结构平面布置中注意避免楼板局部削弱或不连续，当存在有楼盖大洞口的不规则类型时，计算时应考虑楼板的面内变形，或对采用楼板面内无限刚性假定计算方法的计算结果进行适当调整，并采取楼板局部加厚、设置边梁、加大楼板配筋等措施。

4.3.5 计算系数根据现行国家标准按一般钢筋混凝土结构的有关规定采用。

4.3.6 框架结构中的非承重填充墙属于非结构构件，但框架结构中非承重填充墙体的存在，会增大结构整体刚度，减小结构自振周期，从而产生增大结构地震作用的影响。为反映这种影响，可采用折减系数 ψ_T 对结构的计算自振周期进行折减。

4.3.7 本规程对计算的自振周期折减系数 ψ_T 给出了一个范围，当按本规程第 3.1.5 条的规定采用的轻质填充墙时，可按所给系数范围的较大值取用。目前轻质填充墙体材料品种繁多，应根据工程实际情况，合理选定计算自振周期折减系数。

4.3.8 现有的一些结构分析软件，主要适用于一般钢筋混凝土结构，尚不能满足异形柱结构设计计算的需要。本规程颁布实施后，应从异形柱结构内力和变形计算到异形柱截面设计、构造措施，全面按照本规程及国家现行有关标准的要求编制异形柱结构专用的设计软件，确保设计质量。

4.4 水平位移限值

4.4.1～4.4.3 对结构楼层层间位移的控制，实际上是对构件截面大小、刚度大小的控制，从而达到：保证主体结构基本处于弹性受力状态，保证填充墙、隔墙的完好，避免产生明显损伤。

非抗震设计中风荷载作用下的异形柱结构处于正常使用状态，此时结构应避免产生过大的位移而影响结构的承载力、稳定性和使用要求。为此，应保证结构具有必要的刚度。

抗震设计是根据抗震设防三个水准的要求，采用二阶段设计方法来实现的。要求在多遇地震作用下主体结构不受损坏，填充墙及隔墙没有过重破坏，保证建筑的正常使用功能；在罕遇地震作用下，主体结构遭受破坏或严重破坏但不倒塌。本规程对异形柱结构的弹性及弹塑性层间位移角限值的规定，系根据对一批异形柱结构设计中水平层间位移计算值的统计，并考虑已有的异形柱结构试验研究成果制定的，均比对一般钢筋混凝土框架结构和框架-剪力墙结构有所加严。

5 截 面 设 计

5.1 异形柱正截面承载力计算

5.1.1 通过对 28 个 L 形、T 形、十字形柱在轴力与双向弯矩共同作用下的试验研究，结果表明：从加载至破坏的全过程，截面平均应变保持平面的假定仍然成立。混凝土受压应力-应变曲线、极限压应变 ε_{cu} 及纵向受拉钢筋极限拉应变 ε_{su} 的取用，均与现行国家标准《混凝土结构设计规范》GB 50010 一致。

5.1.2、5.1.3 采用数值积分方法编制的电算程序，对 28 个 L 形、T 形、十字形截面双向偏心受压柱正截面承载力进行计算，结果表明：试验值与计算值之比的平均值为 1.198，变异系数为 0.087，彼此吻合较好。又通过对 5 个矩形截面双向偏心受拉试件承载力及矩形截面偏心受压构件 M—N 相关曲线的核算，均有很好的一致性。表明所提出的计算方法正确可行。

由于荷载作用位置的不定性，混凝土质量的不均匀性以及施工的偏差，可能产生附加偏心距 e_a。本规程 e_a 的取值基本与现行国家标准《混凝土结构设计规范》GB 50010 第 7.3.3 条中 e_a 的取值相协调。

5.1.4 试验研究及理论分析表明，在截面、混凝土的强度等级以及配筋已定的条件下，柱的长细比 l_0/r_a、相对偏心距 e_0/r_a 和弯矩作用方向角 α 是影响异形截面双向偏心受压柱承载力及侧向挠度的主要因素。为此，针对实际工程中常见的等肢 L 形、T 形、十字形柱，以两端铰接的基本长柱作为计算模型，对各种不同情况的 350 根 L 形、T 形、十字形截面双向偏心受压长柱（变化 10 种弯矩作用方向角，5 种长细比 $l_0/r_a = 17.5\sim90.07$，5 种相对偏心距 $e_0/r_a = 0.346\sim2.425$）进行了非线性全过程分析，得到了等肢异形柱承载力及侧向挠度的规律。电算分析表明：对于同一截面柱在相同的弯矩作用方向角下，异形柱的正截面承载能力及侧向挠度随计算长度 l_0 及偏心距 e_0 的变化而变化；在相同 l_0 及 e_0 情况下，由于各弯矩作用方向角截面的受力特性及回转半径的差异，承

载力及侧向挠度迥然不同。经分析：沿偏心方向的偏心距增大系数 $\eta_a = 1+e_0/f_a$ 主要与 l_0/r_a 及 e_0/r_a 有关，根据 350 个数据拟合回归得到偏心距增大系数 η_a 的计算公式（5.1.4-1）、（5.1.4-2）、（5.1.4-3），其相关系数 $\gamma = 0.905$。

按公式（5.1.4-1）、（5.1.4-2）、（5.1.4-3）计算的偏心距增大系数 η_a 与 350 个等肢异形柱电算 η'_a 之比，其平均值为 1.013，均方差为 0.045；与 38 个不等肢异形柱电算 η'_a 之比，其平均值为 1.014，均方差为 0.025。因此式（5.1.4-1）、（5.1.4-2）、（5.1.4-3）也适用于一般不等肢异形柱（指短肢不小于 500mm，长肢不大于 800mm，肢厚小于 300mm 的异形柱）。

当 $l_0/r_a > 17.5$ 时，应考虑侧向挠度的影响。当 $l_0/r_a \leqslant 17.5$ 时，构件截面中由二阶效应引起的附加弯矩平均不会超过截面一阶弯矩的 4.2%，满足现行国家标准《混凝土结构设计规范》GB 50010 的要求。但当 $l_0/r_a > 70$ 时，属于细长柱，破坏时接近弹性失稳，本规程不适用。

5.1.5 框架柱节点上、下端弯矩设计值的增大系数，参照了现行国家标准《混凝土结构设计规范》GB 50010 第 11.4.2 条的有关规定，但二级抗震等级时，异形截面框架柱柱端弯矩增大系数则由 1.2 调整为 1.3，以提高框架强柱弱梁机制的程度。

5.1.6 为了推迟异形柱框架结构底层柱下端截面塑性铰的出现，设计中对此部位柱的弯矩设计值应乘以增大系数，以增大其正截面承载力。考虑到异形柱较薄弱，其增大系数大于现行国家标准《混凝土结构设计规范》GB 50010 第 11.4.3 条的规定值。

5.1.7 考虑到异形柱框架结构的角柱为薄弱部位，扭转效应对其内力影响较大，且受力复杂，因此规定对角柱的弯矩设计值按本规程第 5.1.5 条和 5.1.6 条调整后的弯矩设计值再乘以不小于 1.1 的增大系数，以增大其正截面承载力，推迟塑性铰的出现。

5.1.8 承载力抗震调整系数按现行国家标准《混凝土结构设计规范》GB 50010 第 11.1.6 条规定采用。

5.2 异形柱斜截面受剪承载力计算

5.2.1 本条规定异形柱的受剪承载力上限值，即受剪截面限制条件。计算公式不考虑另一正交方向柱肢的作用，与现行国家标准《混凝土结构设计规范》GB 50010 第 7.5.11 条和第 11.4.8 条规定相同。

5.2.2 L 形柱和验算方向与腹板方向一致的 T 形柱的试验表明，外伸翼缘可以提高柱的斜截面受剪承载力。根据现行国家标准《混凝土结构设计规范》GB 50010 适当提高框架柱受剪可靠度的原则，并为简化计算，本规程采用了与现行国家标准《混凝土结构设计规范》GB 50010 相同的计算公式，即按矩形截面柱计算而不考虑与验算方向正交柱肢的作用。

按公式（5.2.1-1）、（5.2.2-1）计算与 52 个单调

加载的 L 形、T 形和十字形截面异形柱试件的试验结果比较，计算值与试验值之比的平均值为 0.696，变异系数为 0.148，基本吻合并有较大的安全储备。

按公式 (5.2.1-2)、(5.2.1-3) 和公式 (5.2.2-2) 计算与 11 个低周反复荷载作用的 L 形和 T 形截面异形柱试件的试验结果比较，计算值与试验值之比的平均值为 0.609，是足够安全的。

公式 (5.2.2-3) 和公式 (5.2.2-4) 中轴向拉力对异形柱受剪承载力的影响项，由于缺乏试验资料，取与现行国家标准《混凝土结构设计规范》GB 50010 的规定相同。

5.3 异形柱框架梁柱节点核心区 受剪承载力计算

5.3.1 试验研究表明，异形柱框架梁柱节点核心区的受剪承载力低于截面面积相同的矩形柱框架梁柱节点的受剪承载力，是异形柱框架的薄弱环节。为确保安全，对抗震设计的二、三、四级抗震等级的梁柱节点核心区以及非抗震设计的梁柱节点核心区均应进行受剪承载力计算。在设计中，尚可采取各类有效措施，包括例如梁端增设支托或水平加腋等构造措施，以提高或改善梁柱节点核心区的受剪性能。

对于纵横向框架共同交汇的节点，可以按各自方向分别进行节点核心区受剪承载力计算。

5.3.2～5.3.4 公式 (5.3.2-1) 和公式 (5.3.2-2) 为规定的节点核心区截面限制条件，它是为避免节点核心区截面太小，混凝土承受过大的斜压力，导致核心区混凝土首先被压碎破坏而制定的。

公式 (5.3.3-1) 和公式 (5.3.3-2) 是节点核心区受剪承载力设计计算公式，参照现行国家标准《混凝土结构设计规范》GB 50010 第 11.6.4 条，取受剪承载力为混凝土项和水平箍筋项之和，并根据试验谨慎地考虑了柱轴向压力的有利影响。

针对异形柱框架的特点，由于正交方向梁的截面宽度相对较小且偏置（对 T 形、L 形柱框架梁柱节点），正交梁对节点核心区混凝土的约束作用甚微，公式 (5.3.2-1)、(5.3.2-2) 和公式 (5.3.3-1)、(5.3.3-2) 均未考虑正交梁对节点的约束影响系数。

研究表明，肢高与肢厚相同的等肢异形柱框架梁柱节点核心区的水平截面面积可表达为 $\zeta_f b_j h_j = b_c h_c + h_f (b_f - b_c)$，取 $b_j = b_c$ 和 $h_j = h_c$，则有 $\zeta_f = 1 + \dfrac{h_f (b_f - b_c)}{b_j h_j}$，$\zeta_f$ 为翼缘全部有效利用时的翼缘影响系数。本规程建立计算公式所依据的基本试验试件有 L 形、T 形和十字形三种截面，其 $(b_f - b_c)$ 值分别为 300mm、270mm 和 360mm，计算求得的 ζ_f 分别为 1.625、1.560 和 1.654。

试验表明，在相同条件下，节点水平截面面积相等时，等肢 L 形、T 形和十字形截面柱的节点受剪承

载力分别比矩形柱节点降低 33%、18% 和 8% 左右，这主要是由于节点核心区外伸翼缘面积 $(b_f - b_c) h_f$ 在节点破坏时未充分发挥作用所致。为此，对于等肢异形柱框架梁柱节点，在公式 (5.3.2-1)、(5.3.2-2) 和公式 (5.3.3-1)、(5.3.3-2) 中，当 $(b_f - b_c)$ 等于 300mm 时，表 5.3.4-1 中翼缘影响系数 ζ_f 分别取为 1.05、1.25 和 1.40。对于 T 形柱节点，当 $(b_f - b_c)$ 值由 270mm 增加到 570mm 时，试验得到的受剪承载力提高约 30%，而用有限元分析得到的受剪承载力仅提高约 12%。据此当 $(b_f - b_c)$ 等于 600mm 时，ζ_f 分别取为 1.10、1.40 和 1.55。对于肢高与肢厚不相同的不等肢异形柱框架梁柱节点，表 5.3.4-2 中 $\zeta_{f,cf}$ 的取值是基于对等肢异形柱节点的分析并偏于安全给出的。

试验还表明，十字形截面柱中间节点在轴压比为 0.3 时的节点核心区受剪承载力较轴压比为 0.1 时提高约 10% 左右，但在轴压比为 0.6 时，其受剪承载力反而降低并接近轴压比为 0.1 时的数值。为此计算公式 (5.3.2-2) 和公式 (5.3.3-2) 引用轴压比影响系数 ζ_N 来反映轴压比对节点核心区受剪承载力的影响。

根据节点试件 h_j 为 480mm 和 550mm 的试验结果比较，以及 $h_j = 480 \sim 1200$mm 的有限元计算分析结果说明，节点核心区的受剪承载力并不随 h_j 呈线性增加的变化规律。为保证计算公式应用的可靠性，公式通过截面高度影响系数 ζ_h 予以调整。

通过对 116 个 T 形柱节点（$f_{cu} = 10 \sim 50$N/mm²，$\rho_v = 0 \sim 1.3\%$，b_f 和 h_f 为 $480 \sim 1200$mm）进行的有限元分析，并考虑试验结果及反复加载的影响，求得节点核心区混凝土首先被压碎破坏的受剪承载力计算公式为：$V_u = (0.232 + 0.56 \rho_v f_{yv}/f_c + 0.349/f_c) \zeta_f \zeta_h f_c b_j h_j$。若考虑在使用阶段节点核心区的裂缝宽度不宜大于 0.2mm；根据 12 个试件的试验数据得到的 $P_{0.2}/P_u$ 变化范围在 $0.387 \sim 0.692$ 之间，平均值为 0.534，变异系数为 0.157，假定按正态分布分析，取保证率 93.3%，则得 $P_{0.2}/P_u = 0.408$。使用阶段用荷载和材料强度的标准值，在承载力计算时应分别乘以荷载和材料分项系数，合并近似取为 1.55，则得 $1.55 \times 0.408 = 0.632$。最后将上式右边乘以 0.632，从而 $V_u = (0.147 + 0.354 \rho_v f_{yv}/f_c + 0.221/f_c) \zeta_f \zeta_h f_c b_j h_j$。取常用的混凝土强度及框架节点核心区配箍特征最小值代入取整，引入轴压比影响系数 ζ_N 和承载力抗震调整系数 γ_{RE} 得到公式 (5.3.2-2)。

对于无地震作用组合情况的公式 (5.3.2-1) 和公式 (5.3.3-1) 系取地震作用组合情况考虑反复荷载作用的受剪承载力为非抗震情况的 80% 条件（但箍筋作用项不予折减）得出，且不引入轴压比影响系数 ζ_N。

对低周反复荷载作用的 31 个异形柱框架节点试件的试验结果分析证明，本规程提出的考虑翼缘等因

素的作用和影响的设计计算公式是可靠的。

5.3.5 当框架梁的宽度大于柱肢截面宽，且梁角部的纵向钢筋在本柱肢纵筋的外侧锚入梁柱节点核心区时，节点核心区的受剪承载力验算可偏安全地采用本规程第5.3.2条～第5.3.4条规定，取框架梁的宽度等于柱肢截面厚度即取 $b_j = b_c$ 而不计柱肢截面厚度以外部分作用的简化方法，亦可采用本条规定的后一种较准确的方法。

本条文规定的后一种方法主要是参考现行国家标准《建筑抗震设计规范》GB 50011扁梁框架梁柱节点的规定，并根据类似的异形柱框架梁柱节点试验结果给出的。

6 结构构造

6.1 一般规定

6.1.2 混凝土强度等级不应超过C50的规定，主要是考虑到C50级以上的混凝土在力学性能、本构关系等方面与一般强度混凝土有着较大的差异。由这类混凝土所建造的异形柱的结构性能、计算方法、构造措施等方面尚缺乏深入的研究，故未列入采用范围。

6.1.3 梁截面高度太小会使梁纵向钢筋在节点核心区内锚固长度不足，容易引起锚固失效，损害节点的受力性能，特别是地震作用下的抗震性能。所以对框架梁的截面高度最小值给出了规定。

6.1.4 本规程适用的异形柱柱肢截面最小厚度为200mm，最大厚度应小于300mm。根据近年异形柱结构的工程实践，异形柱柱肢厚度小于200mm时，会造成梁柱节点核心区的钢筋设置困难及钢筋与混凝土的粘结锚固强度不足，故限制肢厚不应小于200mm，以保证结构的安全及施工的方便。

抗震设计时宜采用等肢异形柱。当不得不采用不等肢异形柱时，两肢肢高比不宜超过1.6，且肢厚相差不大于50mm。

6.1.5 异形柱截面尺寸较小，在焊接连接的质量有保证的条件下宜优先采用焊接，以方便钢筋的布置和施工，并有利于混凝土的浇注。

6.1.6 较高的混凝土强度具有较好的密实性，且考虑到本规程第7.0.9条异形柱截面尺寸不允许出现负偏差的规定，给出一类环境且混凝土强度等级不低于C40时，保护层最小厚度允许减小5mm的规定。

6.2 异形柱结构

6.2.1 试验表明，异形柱在单调荷载特别在低周反复荷载作用下粘结破坏较矩形柱严重。对柱的剪跨比不应小于1.5的要求，是为了避免出现极短柱，减小地震作用下发生脆性粘结破坏的危险性。为设计方便，当反弯点位于层高范围内时，本规定可表述为柱

的净高与柱肢截面高度之比不宜小于4，抗震设计时不应小于3。

6.2.2、6.2.9 研究分析表明：对于L形、T形及十字形截面双向压弯柱，截面曲率延性比 μ_φ 不仅与轴压比 μ_N、配箍特征值 λ_v 有关，而且弯矩作用方向角 α 有极重要的影响，因为在相同轴压比及配筋条件下，α 角不同，混凝土受压区图形及高度差异很大，致使截面曲率延性相差甚多。另外，控制箍筋间距与纵筋直径之比 s/d 不要太大，推迟纵筋压曲也是保证异形柱截面延性需求的重要因素。因此，针对各截面在不同轴压比情况时最不利弯矩作用方向角 α 区域，进行了12960根L形、T形、十字形截面双向压弯柱截面曲率延性比 μ_φ 的电算分析，并拟合得到了L形、T形、十字形截面柱的 μ_φ 计算公式。电算分析所用的参数为：常用的15种等肢截面（肢长500～800mm，肢厚200～250mm）；箍筋（HPB235）直径 $d_v = 6$、8、10mm，箍筋间距 $s = 70～150$mm；纵筋（HRB335）直径 $d = 16～25$mm；混凝土强度等级C30～C50；箍筋间距与纵筋直径之比 $s/d = 4～7$。若抗震等级为二、三、四级框架柱的截面曲率延性比 μ_φ 分别取9～10、7～8、5～6，则根据不同的 λ_v，可由拟合的公式 $\mu_\varphi = f(\lambda_v, \mu_N)$ 反算出相应的轴压比 μ_N，据此提出异形柱在不同轴压比时柱端加密区对箍筋最小配箍特征值的要求，以保证异形柱在不利弯矩作用方向角域时也具有足够的延性。异形柱柱端加密区的最小配箍特征值如表6.2.9所示，与矩形柱的最小配箍特征值有着较大的差异。

考虑到实际施工的可操作性，体积配箍率 ρ_v 不宜大于2%，通过核算对L形、T形、十字形柱配箍特征值的上限值可分别取为0.2、0.21、0.22，则可得到各抗震等级下异形柱的轴压比限值，如表6.2.2所示。研究表明，若不等肢异形柱肢长变化范围是500～800mm，则各抗震等级下不等肢异形柱的轴压比限值仍可按表6.2.2采用。

6.2.3 对L形、T形、十字形截面双向偏心受压柱截面上的应变及应力分析表明：在不同弯矩作用方向角 α 时，截面任一端部的钢筋均可能受力最大，为适应弯矩作用方向角的任意性，纵向受力钢筋宜采用相同直径；当轴压比较大，受压破坏时（承载力由 $\varepsilon_{cu} = 0.0033$ 控制），在诸多弯矩作用方向角情形，内折角处钢筋的压应变可达到甚至超过屈服应变，受力也很大。同时还考虑此处应力集中的不利影响，所以内折角处也应设置相同直径的受力钢筋。

异形柱肢厚有限，当纵向受力钢筋直径太大（大于25mm），会造成粘结强度不足及节点核心区钢筋设置的困难。当纵向受力钢筋直径太小时（小于14mm），在相同的箍筋间距下，由于 s/d 增大，使柱延性下降，故也不宜采用。

6.2.4 参照现行国家标准《混凝土结构设计规范》

GB 50010 第 10.3.1 条规定给出。

6.2.5 异形柱纵向受力钢筋最小总配筋率的规定，是根据现行国家标准《混凝土结构设计规范》GB 50010 第 11.4 和第 9.5.1 条的规定并考虑异形柱的特点做了一些调整。

柱肢肢端的配筋百分率按异形柱全截面面积计算。

6.2.6 异形柱肢厚有限，柱中纵向受力钢筋的粘结强度较差，因此将纵向受力钢筋的总配筋率由对矩形柱不大于 5% 降为不应大于 4%（非抗震设计）和 3%（抗震设计），以减少粘结破坏和节点处钢筋设置的困难。

6.2.10 异形柱柱端箍筋加密区的箍筋应根据受剪承载力计算，同时满足体积配箍率条件和构造要求确定。

研究表明，箍筋间距与纵筋直径之比 $\frac{s}{d}$，是异形柱纵向受压钢筋压曲的直接影响因素，$\frac{s}{d}$ 大，会加速受压纵筋的压曲；反之，则可延缓纵筋的压曲，从而提高异形柱截面的延性。因此为了保证异形柱的延性，根据对各抗震等级下最大轴压比时近 6000 根异形柱纵筋压曲情况的分析，当其箍筋加密区的构造要求符合表 6.2.10 的要求时，纵筋压曲柱的百分比可降到 5% 以下。

对箍筋合理配置的研究中发现，当体积配箍率 ρ_v 相同时，采用较小的箍筋直径 d_v 和箍筋间距 s 比采用较大的箍筋直径 d_v 和箍筋间距 s 的延性好；只增大箍筋直径来提高体积配箍率而不减小箍筋间距并不一定能提高异形柱的延性，只有在箍筋间距 s 对受压纵筋支撑长度达到一定要求时，增大体积配箍率 ρ_v，才能达到提高延性的目的。

6.3 异形柱框架梁柱节点

6.3.2 顶层端节点柱内侧的纵向钢筋和顶层中间节点处的柱纵向钢筋均应伸至柱顶，并可采用直线锚固方式或伸到柱顶后分别向内、外弯折，弯折前后竖直和水平投影长度要求见本规程图 6.3.2。

根据现行国家标准《混凝土结构设计规范》GB 50010 第 11.6.7 条规定并考虑异形柱的特点，顶层端节点柱外侧纵向钢筋沿节点外边和梁上边与梁上部纵向钢筋的搭接长度增大到 1.6l_{aE}（1.6l_a），但伸入梁内的柱外侧纵向钢筋截面面积调整为不宜少于柱外侧全部纵向钢筋截面面积的 50%。

6.3.3 当梁的纵向钢筋在本柱肢纵筋的内侧弯折伸入节点核心区内时，若该纵向钢筋受拉，则在柱边折角处会产生垂直于该纵向钢筋方向的撕拉力。折角越大，撕拉力越大。为此，条文对折角起点位置和弯折坡度给出了规定，并采用增添附加封闭箍筋（不少于

2 根直径 8mm）来承受该撕拉力。当上部、下部梁角的纵向钢筋在本柱肢纵筋的外侧锚入柱肢截面厚度范围外的核心区时，为保证节点核心区的完整性，除要求控制从柱肢纵筋的外侧锚入的梁上部和下部纵向受力钢筋截面面积外，尚要求在节点处一倍梁高范围内的梁侧面设置纵向构造钢筋并伸至柱外侧。同时，为保证梁纵向钢筋在节点核心区的锚固，要求梁的箍筋设置到与另一向框架梁相交处。

6.3.4 异形柱的柱肢截面厚度小，为了保证梁纵向钢筋锚固的可靠性，采用直线锚固方式时，梁纵向钢筋要求伸至柱外侧。当水平直线段锚固长度不足时，梁纵向钢筋向上、下弯折位置应设置在柱外侧，弯折前、后的水平和竖直投影长度要求见本规程图 6.3.4。若梁纵向钢筋在柱筋外侧锚入节点核心区时，由于锚固条件较差，弯折前的水平投影长度由 ≥0.4l_{aE}（0.4l_a）增加到 ≥0.5l_{aE}（0.5l_a）。

6.3.5 本条规定了框架梁纵向钢筋在中间节点处的构造尚应满足的其他要求：

1 矩形柱框架的框架梁纵向钢筋伸入节点后，其相对保护层一般能满足 $c/d \geqslant 4.5$，而异形柱的 c/d 大部分仅为 2.0 左右，根据变形钢筋粘结锚固强度公式分析对比可知，后者的粘结能力约为前者的 0.7。为此，规定抗震设计时，梁纵向钢筋直径不宜大于该方向柱截面高度的 1/30。由于粘结锚固强度随混凝土强度的提高而提高，当采用混凝土强度等级在 C40 及以上时，可放宽到 1/25。且纵向钢筋的直径不应大于 25mm；

2 考虑异形柱的柱肢截面厚度较小，若中间柱两侧梁高度相等时，梁的下部钢筋均在节点核心区内满足 l_{aE}（l_a）条件后切断的做法会使节点区下部钢筋过于密集，造成施工困难和影响节点核心区的受力性能，故采取梁的上部和下部纵向钢筋均贯穿中间节点的规定；

3 当梁下部纵向钢筋伸入中间节点且弯折时，弯折前、后的水平和竖直投影长度要求见图 6.3.5（b）；

4 在地震作用组合内力作用下，梁支座处纵向钢筋有可能在节点一侧受拉，另一侧受压，对于异形柱框架梁柱节点易引起纵向钢筋在节点核心区锚固破坏。为保证梁的支座截面有足够的延性，对二、三级抗震等级，框架梁梁端的纵向受拉钢筋最大配盘率系根据单筋梁满足 $x \leqslant 0.35h_0$ 的条件给出。

6.3.6 为使梁、柱纵向钢筋有可靠的锚固，并从构造上对框架柱节点核心区提供必要的约束给出了本条文规定。条文中的第二款规定是参照本规程第 6.2.9 条和现行国家标准《建筑抗震设计规范》GB 50011 第 6.3.14 条给出的。

7 异形柱结构的施工

7.0.1～7.0.6 根据现行国家标准《混凝土结构施工

质量验收规范》GB 50204 的规定，针对异形柱结构的特点，为了保证施工质量和结构安全，对模板、混凝土用粗骨料、钢筋和钢筋的连接等提出了控制施工质量的要求。

7.0.7 异形柱结构节点核心区较小、且钢筋密集，混凝土不易浇筑，在施工中应特别注意。本条强调当柱、楼盖、剪力墙的混凝土强度等级不同时，节点核心区混凝土应采用相交构件混凝土强度等级的最高值，以确保结构安全。

7.0.8 考虑异形柱结构截面尺寸较小、表面系数较大的特点，强调冬期施工时应采取有效的防冻措施。

7.0.9 由于异形柱结构截面尺寸较小，为保证结构的安全和钢筋的保护层厚度，要求截面尺寸不允许出现负偏差。

7.0.10 本规程编制的初衷之一是促进墙体改革，减轻建筑物自重。因此规定：在施工中遇有框架填充墙体材料需替换时，应形成设计变更文件，且规定墙体材料自重不得超过设计要求。

有抗震设防要求的异形柱结构，其墙体与框架柱、梁的连结应注意满足抗震构造要求。

7.0.11 异形柱框架柱肢尺寸较小，柱肢损坏对结构的安全影响较大。在水、电、燃气管道和线缆等的施工安装过程中应特别注意避让，不应削弱异形柱截面。

附录 A 底部抽柱带转换层
的异形柱结构

A.0.1 国内已有一些采用梁式转换的底部抽柱带转换层异形柱结构的试验研究成果和工程实例资料，且积累了一定的设计、施工实践经验，而采用其他形式转换构件，尚缺乏理论、试验研究和工程实践经验的依据。梁式转换的受力途径是柱→梁→柱，具有传力直接、明确、简捷的优点，故本规程规定转换构件宜采用梁式转换，并对采用梁式转换的异形柱结构设计作了相应规定。

A.0.2 目前对底部抽柱带转换层异形柱结构的研究和工程实践经验主要限于非抗震设计及抗震设防烈度为 6 度、7 度（0.10g）的条件，又考虑到其结构性能特点，故本规程没有将底部抽柱带转换层异形柱结构纳入抗震设防烈度为 7 度（0.15g）及 8 度的使用范围。

A.0.3 高位转换对结构抗震不利，必须对地面以上大空间层数予以限制。考虑到工程实际情况，因此规定底部抽柱带转换层的异形柱结构在地面以上的大空间层数，非抗震设计时不宜超过 3 层；抗震设计时不宜超过 2 层。

A.0.4 底部抽柱带转换层的异形柱结构属不规则结构，故对其适用最大高度作了严格的规定。

A.0.5 振动台试验表明，异形柱结构在地震作用下的破坏呈现明显的梁铰机制，但由于平面布置不规则导致异形柱结构的扭转效应对异形柱较为不利，因此对底部大空间带转换层异形柱结构的平面布置要求应更严。本规程不允许剪力墙不落地，即仅允许底部抽柱转换。转换层下部结构框架柱应优先采用矩形柱，也可根据建筑外形需要采用圆形或六（八）角形截面柱。

A.0.6 底部抽柱带转换层异形柱结构，当转换层上、下部结构侧向刚度相差较大时，在水平荷载和水平地震作用下，会导致转换层上、下部结构构件的内力突变，促使部分构件提前破坏；而转换层上、下柱的截面几何形状不同，则会导致构件受力状况更加复杂，因此本规程对底部抽柱带转换层异形柱结构的转换层上、下部结构侧向刚度比作了更严格的规定。工程实例和试设计工程的计算分析表明，当底部结构布置符合本规程第 A.0.5 条规定要求并合理地控制底部抽柱数量，合理地选择转换层上、下部柱截面，一般情况可以满足侧向刚度比接近 1 的要求。

本规程规定底部抽柱带转换层的异形柱框架结构和框架-剪力墙结构，仅允许底部抽柱，且采用梁式转换，因此，计算转换层上、下结构的刚度变化时，应考虑竖向抗侧力构件的布置和抗侧刚度中弯曲刚度的影响。现行行业标准《高层建筑混凝土结构技术规程》JGJ 3 附录 E 第 E.0.2 条规定的计算方法，综合考虑了转换层上、下结构竖向抗侧力构件的布置、抗剪刚度和抗弯刚度对层间位移量的影响。工程实例和试设计工程的计算分析表明，该方法也可用于本规程规定的底部大空间层数为 1 层的情况。

A.0.7 底部抽柱带转换层异形柱结构的托柱梁，是支托上部不落地柱的水平转换构件，托柱梁的设计应满足承载力和刚度要求。托柱梁截面高度除满足本条规定外，尚应满足剪压比的要求。托柱梁截面组合的最大剪力设计值应满足现行行业标准《高层建筑混凝土结构技术规程》JGJ 3 第 10.2.8 条，公式（10.2.9-1）和（10.2.9-2）的规定。

结构分析表明，托柱框架梁刚度大，其承受的内力就大。过大地增加托柱框架梁刚度，不仅增加了结构高度、不经济，而且将较大的内力集中在托柱框架梁上，对抗震不利。合理地选择托柱框架梁的刚度，可以有效地达到托柱框架梁与上部结构共同工作、有利于抗震和优化设计的目的。

A.0.8 转换层楼板是重要的传力构件，底部抽柱带转换层异形柱结构的振动台试验结果显示，转换层楼板角部裂缝严重，故本条给出了该部位构造措施要求，并做出了保证楼板面内刚度的相应规定。

A.0.9 本条规定转换层上部异形柱截面外轮廓尺寸不宜大于下部框架柱截面的外轮廓尺寸，转换层上部异形柱截面形心与转换层下部框架柱截面形心宜重合，主要从节点受力和节点构造考虑。

中华人民共和国行业标准

钢结构高强度螺栓连接技术规程

Technical specification for high strength bolt
connections of steel structures

JGJ 82—2011

批准部门：中华人民共和国住房和城乡建设部
施行日期：２０１１年１０月１日

中华人民共和国住房和城乡建设部
公　告

第 875 号

关于发布行业标准《钢结构高强度
螺栓连接技术规程》的公告

现批准《钢结构高强度螺栓连接技术规程》为行业标准，编号为 JGJ 82-2011，自 2011 年 10 月 1 日起实施。其中，第 3.1.7、4.3.1、6.1.2、6.2.6、6.4.5、6.4.8 条为强制性条文，必须严格执行。原行业标准《钢结构高强度螺栓连接的设计、施工及验收规程》JGJ 82-91 同时废止。

本规程由我部标准定额研究所组织中国建筑工业出版社出版发行。

中华人民共和国住房和城乡建设部
2011 年 1 月 7 日

前　言

根据原建设部《关于印发〈2004 年工程建设标准规范制订、修订计划〉的通知》（建标 [2004] 66 号）的要求，规程编制组经广泛调查研究，认真总结实践经验，参考有关国际标准和国外先进标准，并在广泛征求意见的基础上，修订本规程。

本规程的主要技术内容是：1. 总则；2. 术语和符号；3. 基本规定；4. 连接设计；5. 连接接头设计；6. 施工；7. 施工质量验收。

本规程修订的主要技术内容是：1. 增加调整内容：由原来的 3 章增加调整到 7 章；增加第 2 章"术语和符号"、第 3 章"基本规定"、第 5 章"接头设计"；原来的第二章"连接设计"调整为第 4 章，原来第三章"施工及验收"调整为第 6 章"施工"和第 7 章"施工质量验收"；2. 增加孔型系数，引入标准孔、大圆孔和槽孔概念；3. 增加涂层摩擦面及其抗滑移系数 μ；4. 增加受拉连接和端板连接接头，并提出杠杆力计算方法；5. 增加栓焊并用连接接头；6. 增加转角法施工和检验；7. 细化和明确高强度螺栓连接分项工程检验批。

本规程中以黑体字标志的条文为强制性条文，必须严格执行。

本规程由住房和城乡建设部负责管理和强制性条文的解释，由中冶建筑研究总院有限公司负责具体技术内容的解释。执行过程中如有意见或建议，请寄送中冶建筑研究总院有限公司（地址：北京市海淀区西土城路 33 号，邮编：100088）。

本规程主编单位：中冶建筑研究总院有限公司

本规程参编单位：国家钢结构工程技术研究中心
铁道科学研究院
中冶京诚工程技术有限公司
包头钢铁设计研究总院
清华大学
青岛理工大学
天津大学
北京工业大学
西安建筑科技大学
中国京冶工程技术有限公司
北京远达国际工程管理有限公司
中冶京唐建设有限公司
浙江杭萧钢构股份有限公司
上海宝冶建设有限公司
浙江精工钢结构有限公司
浙江泽恩标准件有限公司
北京三杰国际钢结构有限公司
宁波三江检测有限公司
北京多维国际钢结构有限公司

北京首钢建设集团有限公司

五洋建设集团股份有限公司

本规程主要起草人员：侯兆欣　柴　昶　沈家骅　贺贤娟　文双玲　王　燕　王元清　何文汇　王　清　马天鹏　杨强跃　张爱林

陈志华　严洪丽　程书华　陈桥生　郭剑云　郝际平　洪　亮　蒋荣夫　张圣华　张亚军　孟令阁

本规程主要审查人员：沈祖炎　陈禄如　刘树屯　柯长华　徐国彬　赵基达　尹敏达　范　重　游大江　李元齐

目　次

Contents

1 总 则

1.0.1 为在钢结构高强度螺栓连接的设计、施工及质量验收中做到技术先进、经济合理、安全适用、确保质量，制定本规程。

1.0.2 本规程适用于建筑钢结构工程中高强度螺栓连接的设计、施工与质量验收。

1.0.3 高强度螺栓连接的设计、施工与质量验收除应符合本规程外，尚应符合国家现行有关标准的规定。

2 术语和符号

2.1 术 语

2.1.1 高强度大六角头螺栓连接副 heavy-hex high strength bolt assembly

由一个高强度大六角头螺栓，一个高强度大六角螺母和两个高强度平垫圈组成一副的连接紧固件。

2.1.2 扭剪型高强度螺栓连接副 twist-off-type high strength bolt assembly

由一个扭剪型高强度螺栓，一个高强度大六角螺母和一个高强度平垫圈组成一副的连接紧固件。

2.1.3 摩擦面 faying surface

高强度螺栓连接板层之间的接触面。

2.1.4 预拉力（紧固轴力） pre-tension

通过紧固高强度螺栓连接副而在螺栓杆轴方向产生的，且符合连接设计所要求的拉力。

2.1.5 摩擦型连接 friction-type joint

依靠高强度螺栓的紧固，在被连接件间产生摩擦阻力以传递剪力而将构件、部件或板件连成整体的连接方式。

2.1.6 承压型连接 bearing-type joint

依靠螺杆抗剪和螺杆与孔壁承压以传递剪力而将构件、部件或板件连成整体的连接方式。

2.1.7 杠杆力（撬力）作用 prying action

在受拉连接接头中，由于拉力荷载与螺栓轴心线偏离引起连接件变形和连接接头中的杠杆作用，从而在连接件边缘产生的附加压力。

2.1.8 抗滑移系数 mean slip coefficient

高强度螺栓连接摩擦面滑移时，滑动外力与连接中法向压力（等同于螺栓预拉力）的比值。

2.1.9 扭矩系数 torque-pretension coefficient

高强度螺栓连接中，施加于螺母上的紧固扭矩与其在螺栓导入的轴向预拉力（紧固轴力）之间的比例系数。

2.1.10 栓焊并用连接 connection of sharing on a shear load by bolts and welds

考虑摩擦型高强度螺栓连接和贴角焊缝同时承担同一剪力进行设计的连接接头形式。

2.1.11 栓焊混用连接 joint with combined bolts and welds

在梁、柱、支撑构件的拼接及相互间的连接节点中，翼缘采用熔透焊缝连接，腹板采用摩擦型高强度螺栓连接的连接接头形式。

2.1.12 扭矩法 calibrated wrench method

通过控制施工扭矩值对高强度螺栓连接副进行紧固的方法。

2.1.13 转角法 turn-of-nut method

通过控制螺栓与螺母相对转角值对高强度螺栓连接副进行紧固的方法。

2.2 符 号

2.2.1 作用及作用效应

F——集中荷载；

M——弯矩；

N——轴心力；

P——高强度螺栓的预拉力；

Q——杠杆力（撬力）；

V——剪力。

2.2.2 计算指标

f——钢材的抗拉、拉压和抗弯强度设计值；

f_c^b——高强度螺栓连接件的承压强度设计值；

f_t^b——高强度螺栓的抗拉强度设计值；

f_v——钢材的抗剪强度设计值；

f_v^b——高强度螺栓的抗剪强度设计值；

N_c^b——单个高强度螺栓的承压承载力设计值；

N_t^b——单个高强度螺栓的受拉承载力设计值；

N_v^b——单个高强度螺栓的受剪承载力设计值；

σ——正应力；

τ——剪应力。

2.2.3 几何参数

A——毛截面面积；

A_{eff}——高强度螺栓螺纹处的有效截面面积；

A_f——一个翼缘毛截面面积；

A_n——净截面面积；

A_w——腹板毛截面面积；

a——间距；

d——直径；

d_0——孔径；

e——偏心距；

h——截面高度；

h_f——角焊缝的焊脚尺寸；

I——毛截面惯性矩；

l——长度；

S——毛截面面积矩。

2.2.4 计算系数及其他

k——扭矩系数；

n——高强度螺栓的数目；

n_i——所计算截面上高强度螺栓的数目；

n_v——螺栓的剪切面数目；

n_f——高强度螺栓传力摩擦面数目；

μ——高强度螺栓连接摩擦面的抗滑移系数；

N_v——单个高强度螺栓所承受的剪力；

N_t——单个高强度螺栓所承受的拉力；

P_c——高强度螺栓施工预拉力；

T_c——施工终拧扭矩；

T_{ch}——检查扭矩。

3 基 本 规 定

3.1 一 般 规 定

3.1.1 高强度螺栓连接设计采用概率论为基础的极限状态设计方法，用分项系数设计表达式进行计算。除疲劳计算外，高强度螺栓连接应按下列极限状态准则进行设计：

　　1 承载能力极限状态应符合下列规定：

　　　　1）抗剪摩擦型连接的连接件之间产生相对滑移；

　　　　2）抗剪承压型连接的螺栓或连接件达到剪切强度或承压强度；

　　　　3）沿螺栓杆轴方向受拉连接的螺栓或连接件达到抗拉强度；

　　　　4）需要抗震验算的连接其螺栓或连接件达到极限承载力。

　　2 正常使用极限状态应符合下列规定：

　　　　1）抗剪承压型连接的连接件之间应产生相对滑移；

　　　　2）沿螺栓杆轴方向受拉连接的连接件之间应产生相对分离。

3.1.2 高强度螺栓连接设计，宜符合连接强度不低于构件的原则。在钢结构设计文件中，应注明所用高强度螺栓连接副的性能等级、规格、连接类型及摩擦型连接摩擦面抗滑移系数值等要求。

3.1.3 承压型高强度螺栓连接不得用于直接承受动力荷载重复作用且需要进行疲劳计算的构件连接，以及连接变形对结构承载力和刚度等影响敏感的构件连接。

　　承压型高强度螺栓连接不宜用于冷弯薄壁型钢构件连接。

3.1.4 高强度螺栓连接长期受辐射热（环境温度）达 150℃ 以上，或短时间受火焰作用时，应采取隔热降温措施予以保护。当构件采用防火涂料进行防火保护时，其高强度螺栓连接处的涂料厚度不应小于相邻构件的涂料厚度。

当高强度螺栓连接的环境温度为 100℃～150℃ 时，其承载力应降低 10%。

3.1.5 直接承受动力荷载重复作用的高强度螺栓连接，当应力变化的循环次数等于或大于 5×10^4 次时，应按现行国家标准《钢结构设计规范》GB 50017 中的有关规定进行疲劳验算，疲劳验算应符合下列原则：

　　1 抗剪摩擦型连接可不进行疲劳验算，但其连接处开孔主体金属应进行疲劳验算；

　　2 沿螺栓轴向抗拉为主的高强度螺栓连接在动力荷载重复作用下，当荷载和杠杆力引起螺栓轴向拉力超过螺栓受拉承载力 30% 时，应对螺栓拉应力进行疲劳验算；

　　3 对于进行疲劳验算的受拉连接，应考虑杠杆力作用的影响；宜采取加大连接板厚度等加强连接刚度的措施，使计算所得的撬力不超过荷载外拉力值的 30%；

　　4 栓焊并用连接应按全部剪力由焊缝承担的原则，对焊缝进行疲劳验算。

3.1.6 当结构有抗震设防要求时，高强度螺栓连接应按现行国家标准《建筑抗震设计规范》GB 50011 等相关标准进行极限承载力验算和抗震构造设计。

3.1.7 在同一连接接头中，高强度螺栓连接不应与普通螺栓连接混用。承压型高强度螺栓连接不应与焊接连接并用。

3.2 材料与设计指标

3.2.1 高强度大六角头螺栓（性能等级 8.8s 和 10.9s）连接副的材质、性能等应分别符合现行国家标准《钢结构用高强度大六角头螺栓》GB/T 1228、《钢结构用高强度大六角螺母》GB/T 1229、《钢结构用高强度垫圈》GB/T 1230 以及《钢结构用高强度大六角头螺栓、大六角螺母、垫圈技术条件》GB/T 1231 的规定。

3.2.2 扭剪型高强度螺栓（性能等级 10.9s）连接副的材质、性能等应符合现行国家标准《钢结构用扭剪型高强度螺栓连接副》GB/T 3632 的规定。

3.2.3 承压型连接的强度设计值应按表 3.2.3 采用。

表 3.2.3 承压型高强度螺栓连接的
强度设计值（N/mm²）

螺栓的性能等级、构件钢材的牌号和连接类型			抗拉强度 f_t^b	抗剪强度 f_v^b	承压强度 f_c^b
承压型连接	高强度螺栓连接副	8.8s	400	250	—
		10.9s	500	310	—
	连接处构件	Q235	—	—	470
		Q345	—	—	590
		Q390	—	—	615
		Q420	—	—	655

3.2.4 高强度螺栓连接摩擦面抗滑移系数 μ 的取值应符合表 3.2.4-1 和表 3.2.4-2 中的规定。

表 3.2.4-1 钢材摩擦面的抗滑移系数 μ

连接处构件接触面的处理方法		构件的钢号			
		Q235	Q345	Q390	Q420
普通钢结构	喷砂（丸）	0.45	0.50		0.50
	喷砂（丸）后生赤锈	0.45	0.50		0.50
	钢丝刷清除浮锈或未经处理的干净轧制表面	0.30	0.35		0.40
冷弯薄壁型钢结构	喷砂（丸）	0.40	0.45	—	—
	热轧钢材轧制表面清除浮锈	0.30	0.35	—	—
	冷轧钢材轧制表面清除浮锈	0.25	—	—	—

注：1 钢丝刷除锈方向应与受力方向垂直；
　　2 当连接构件采用不同钢号时，μ 应按相应的较低值取值；
　　3 采用其他方法处理时，其处理工艺及抗滑移系数值均应经试验确定。

表 3.2.4-2 涂层摩擦面的抗滑移系数 μ

涂层类型	钢材表面处理要求	涂层厚度（μm）	抗滑移系数
无机富锌漆	Sa2$\frac{1}{2}$	60～80	0.40 *
锌加底漆（ZINGA）			0.45
防滑防锈硅酸锌漆		80～120	0.45
聚氨酯富锌底漆或醇酸铁红底漆	Sa2 及以上	60～80	0.15

注：1 当设计要求使用其他涂层（热喷铝、镀锌等）时，其钢材表面处理要求、涂层厚度以及抗滑移系数值均应经试验确定；
　　2 *当连接板材为 Q235 钢时，对于无机富锌漆涂层抗滑移系数 μ 值取 0.35；
　　3 防滑防锈硅酸锌漆、锌加底漆（ZINGA）不应采用手工涂刷的施工方法。

3.2.5 每一个高强度螺栓的预拉力设计取值应按表 3.2.5 采用。

表 3.2.5 一个高强度螺栓的预拉力 P（kN）

螺栓的性能等级	螺栓规格						
	M12	M16	M20	M22	M24	M27	M30
8.8s	45	80	125	150	175	230	280
10.9s	55	100	155	190	225	290	355

3.2.6 高强度螺栓连接的极限承载力取值应符合现行国家标准《建筑抗震设计规范》GB 50011 有关规定。

4 连接设计

4.1 摩擦型连接

4.1.1 摩擦型连接中，每个高强度螺栓的受剪承载力设计值应按下式计算：

$$N_v^b = k_1 k_2 n_f \mu P \qquad (4.1.1)$$

式中：k_1——系数，对冷弯薄壁型钢结构（板厚 $t \leqslant$ 6mm）取 0.8；其他情况取 0.9；

　　　k_2——孔型系数，标准孔取 1.0；大圆孔取 0.85；荷载与槽孔长方向垂直时取 0.7；荷载与槽孔长方向平行时取 0.6；

　　　n_f——传力摩擦面数目；

　　　μ——摩擦面的抗滑移系数，按本规程表 3.2.4-1 和 3.2.4-2 采用；

　　　P——每个高强度螺栓的预拉力（kN），按本规程表 3.2.5 采用；

　　　N_v^b——单个高强度螺栓的受剪承载力设计值（kN）。

4.1.2 在螺栓杆轴方向受拉的连接中，每个高强度螺栓的受拉承载力设计值应按下式计算：

$$N_t^b = 0.8P \qquad (4.1.2)$$

式中：N_t^b——单个高强度螺栓的受拉承载力设计值（kN）。

4.1.3 高强度螺栓连接同时承受剪力和螺栓杆轴方向的外拉力时，其承载力应按下式计算：

$$\frac{N_v}{N_v^b} + \frac{N_t}{N_t^b} \leqslant 1 \qquad (4.1.3)$$

式中：N_v——某个高强度螺栓所承受的剪力（kN）；

　　　N_t——某个高强度螺栓所承受的拉力（kN）。

4.1.4 轴心受力构件在摩擦型高强度螺栓连接处的强度应按下列公式计算：

$$\sigma = \frac{N'}{A_n} \leqslant f \qquad (4.1.4-1)$$

$$\sigma = \frac{N}{A} \leqslant f \qquad (4.1.4-2)$$

式中：A——计算截面处构件毛截面面积（mm^2）；

　　　A_n——计算截面处构件净截面面积（mm^2）；

　　　f——钢材的抗拉、拉压和抗弯强度设计值（N/mm^2）；

　　　N——轴心拉力或轴心压力（kN）；

　　　N'——折算轴力（kN），$N' = \left(1 - 0.5\frac{n_1}{n}\right)N$；

　　　n——在节点或拼接处，构件一端连接的高强度螺栓数；

　　　n_1——计算截面（最外列螺栓处）上高强度螺栓数。

4.1.5 在构件节点或拼接接头的一端，当螺栓沿受力方向连接长度 l_1 大于 $15 d_0$ 时，螺栓承载力设计值应乘以折减系数 $\left(1 - \frac{l_1}{150 d_0}\right)$。当 l_1 大于 $60 d_0$ 时，折减系数为 0.7，d_0 为相应的标准孔孔径。

4.2 承压型连接

4.2.1 承压型高强度螺栓连接接触面应清除油污及

浮锈等,保持接触面清洁或按设计要求涂装。设计和施工时不应要求连接部位的摩擦面抗滑移系数值。

4.2.2 承压型连接的构造、选材、表面除锈处理以及施加预拉力等要求与摩擦型连接相同。

4.2.3 承压型连接承受螺栓杆轴方向的拉力时,每个高强度螺栓的受拉承载力设计值应按下式计算:

$$N_t^b = A_{eff} f_t^b \qquad (4.2.3)$$

式中:A_{eff}——高强度螺栓螺纹处的有效截面面积(mm^2),按表 4.2.3 选取。

表 4.2.3 螺栓在螺纹处的有效截面面积 A_{eff}(mm^2)

螺栓规格	M12	M16	M20	M22	M24	M27	M30
A_{eff}	84.3	157	245	303	353	459	561

4.2.4 在受剪承压型连接中,每个高强度螺栓的受剪承载力,应按下列公式计算,并取受剪和承压承载力设计值中的较小者:

受剪承载力设计值:

$$N_v^b = n_v \frac{\pi d^2}{4} f_v^b \qquad (4.2.4-1)$$

承压承载力设计值:

$$N_c^b = d\sum t f_c^b \qquad (4.2.4-2)$$

式中:n_v——螺栓受剪面数目;

d——螺栓公称直径(mm);在式(4.2.4-1)中,当剪切面在螺纹处时,应按螺纹处的有效截面面积 A_{eff} 计算受剪承载力设计值;

$\sum t$——在不同受力方向中一个受力方向承压构件总厚度的较小值(mm)。

4.2.5 同时承受剪力和杆轴方向拉力的承压型连接的高强度螺栓,应分别符合下列公式要求:

$$\sqrt{\left(\frac{N_v}{N_v^b}\right)^2 + \left(\frac{N_t}{N_t^b}\right)^2} \leqslant 1 \qquad (4.2.5-1)$$

$$N_v \leqslant N_c^b/1.2 \qquad (4.2.5-2)$$

4.2.6 轴心受力构件在承压型高强度螺栓连接处的强度应按本规程第 4.1.4 条规定计算。

4.2.7 在构件的节点或拼接接头的一端,当螺栓沿受力方向连接长度 l_1 大于 15d_0 时,螺栓承载力设计值应按本规程第 4.1.5 条规定乘以折减系数。

4.2.8 抗剪承压型连接正常使用极限状态下的设计计算应按照本规程第 4.1 节有关规定进行。

4.3 连 接 构 造

4.3.1 每一杆件在高强度螺栓连接节点及拼接接头的一端,其连接的高强度螺栓数量不应少于 2 个。

4.3.2 当型钢构件的拼接采用高强度螺栓时,其拼接件宜采用钢板;当连接处型钢斜面斜度大于 1/20 时,应在斜面上采用斜垫板。

4.3.3 高强度螺栓连接的构造应符合下列规定:

1 高强度螺栓孔径应按表 4.3.3-1 匹配,承压型连接螺栓孔径不应大于螺栓公称直径 2mm。

2 不得在同一个连接摩擦面的盖板和芯板同时采用扩大孔型(大圆孔、槽孔)。

表 4.3.3-1 高强度螺栓连接的孔径匹配(mm)

螺栓公称直径			M12	M16	M20	M22	M24	M27	M30
孔型	标准圆孔	直径	13.5	17.5	22	24	26	30	33
	大圆孔	直径	16	20	24	28	30	35	38
	槽孔	短向 长度	13.5	17.5	22	24	26	30	33
		长向	22	30	37	40	45	50	55

3 当盖板用大圆孔、槽孔制孔时,应增大垫圈厚度或采用孔径与标准垫圈相同的连续型垫板。垫圈或连续垫板厚度应符合下列规定:

　1)M24 及以下规格的高强度螺栓连接副,垫圈或连续垫板厚度不宜小于 8mm;

　2)M24 以上规格的高强度螺栓连接副,垫圈或连续垫板厚度不宜小于 10mm;

　3)冷弯薄壁型钢结构的垫圈或连续垫板厚度不宜小于连接板(芯板)厚度。

4 高强度螺栓孔距和边距的容许间距应按表 4.3.3-2 的规定采用。

表 4.3.3-2 高强度螺栓孔距和边距的容许间距

名 称			位置和方向	最大容许间距(两者较小值)	最小容许间距
中心间距	外排(垂直内力方向或顺内力方向)			8d_0 或 12t	3d_0
	中间排	垂直内力方向		16d_0 或 24t	
		顺内力方向	构件受压力	12d_0 或 18t	
			构件受拉力	16d_0 或 24t	
	沿对角线方向			—	
中心至构件边缘距离	顺力方向				2d_0
	切割边或自动手工气割边			4d_0 或 8t	1.5d_0
	轧制边、自动气割边或锯割边				

注:1 d_0 为高强度螺栓连接板的孔径,对槽孔为短向尺寸;t 为外层较薄板件的厚度。

　　2 钢板边缘与刚性构件(如角钢、槽钢等)相连的高强度螺栓的最大间距,可按中间排的数值采用。

4.3.4 设计布置螺栓时,应考虑工地专用施工工具的可操作空间要求。常用扳手可操作空间尺寸宜符合表 4.3.4 的要求。

表 4.3.4 施工扳手可操作空间尺寸

扳手种类		参考尺寸（mm）		示 意 图
		a	b	
手动定矩扳手		$1.5 d_0$ 且不小于 45	$140+c$	
扭剪型电动扳手		65	$530+c$	
大六角电动扳手	M24 及以下	50	$450+c$	
	M24 以上	60	$500+c$	

5 连接接头设计

5.1 螺栓拼接接头

5.1.1 高强度螺栓全栓拼接接头适用于构件的现场全截面拼接，其连接形式应采用摩擦型连接。拼接接头宜按等强原则设计，也可根据使用要求按接头处最大内力设计。当构件按地震组合内力进行设计计算并控制截面选择时，尚应按现行国家标准《建筑抗震设计规范》GB 50011 进行接头极限承载力的验算。

5.1.2 H 型钢梁截面螺栓拼接接头（图 5.1.2）的计算原则应符合下列规定：

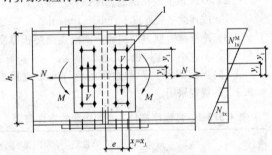

图 5.1.2 H 型钢梁高强度螺栓拼接接头
1—角点 1 号螺栓

1 翼缘拼接板及拼接缝每侧的高强度螺栓，应能承受按翼缘净截面面积计算的翼缘受拉承载力；

2 腹板拼接板及拼接缝每侧的高强度螺栓，应能承受拼接截面的全部剪力及按刚度分配到腹板上的弯矩；同时拼接处拼材与螺栓的受剪承载力不应小于构件截面受剪承载力的 50%；

3 高强度螺栓在弯矩作用下的内力分布应符合平截面假定，即腹板角点上的螺栓水平剪力值与翼缘螺栓水平剪力值成线性关系；

4 按等强原则计算腹板拼接时，应按与腹板净截面承载力等强计算；

5 当翼缘采用单侧拼接板或双侧拼接板中夹有垫板拼接时，螺栓的数量应按计算增加 10%。

5.1.3 在 H 型钢梁截面螺栓拼接接头中的翼缘螺栓计算应符合下列规定：

1 拼接处需由螺栓传递翼缘轴力 N_f 的计算，应符合下列规定：

1）按等强拼接原则设计时，应按下列公式计算，并取二者中的较大者：

$$N_f = A_{nf} f \left(1 - 0.5 \frac{n_1}{n}\right) \quad (5.1.3-1)$$

$$N_f = A_f f \quad (5.1.3-2)$$

式中：A_{nf} ——一个翼缘的净截面面积（mm²）；

A_f ——一个翼缘的毛截面面积（mm²）；

n_1 ——拼接处构件一端翼缘高强度螺栓中最外列螺栓数目。

2）按最大内力法设计时，可按下式计算取值：

$$N_f = \frac{M_1}{h_1} + N_1 \frac{A_f}{A} \quad (5.1.3-3)$$

式中：h_1 ——拼接截面处，H 型钢上下翼缘中心间距离（mm）；

M_1 ——拼接截面处作用的最大弯矩（kN·m）；

N_1 ——拼接截面处作用的最大弯矩相应的轴力（kN）。

2 H 型钢翼缘拼接缝一侧所需的螺栓数量 n 应符合下式要求：

$$n \geqslant N_f / N_v^b \quad (5.1.3-4)$$

式中：N_f ——拼接处需由螺栓传递的上、下翼缘轴向力（kN）。

5.1.4 在 H 型钢梁截面螺栓拼接接头中的腹板螺栓计算应符合下列规定：

1 H 型钢腹板拼接缝一侧的螺栓群角点栓 1（图 5.1.2）在腹板弯矩作用下所承受的水平剪力 N_{1x}^M 和竖向剪力 N_{1y}^M，应按下列公式计算：

$$N_{1x}^M = \frac{(M I_{wx}/I_x + Ve) y_1}{\sum (x_i^2 + y_i^2)} \quad (5.1.4-1)$$

$$N_{1y}^M = \frac{(M I_{wx}/I_x + Ve) x_1}{\sum (x_i^2 + y_i^2)} \quad (5.1.4-2)$$

式中：e ——偏心距（mm）；

I_{wx} ——梁腹板的惯性矩（mm⁴），对轧制 H 型钢，腹板计算高度取至弧角的上下边缘点；

I_x ——梁全截面的惯性矩（mm⁴）；

M ——拼接截面的弯矩（kN·m）；

V ——拼接截面的剪力（kN）；

N_{1x}^M ——在腹板弯矩作用下，角点栓 1 所承受的水平剪力(kN)；

N_{1y}^M ——在腹板弯矩作用下，角点栓 1 所承受的竖向剪力（kN）；

x_i ——所计算螺栓至栓群中心的横标距（mm）；

y_i ——所计算螺栓至栓群中心的纵标距（mm）。

2 H 型钢腹板拼接缝一侧的螺栓群角点栓 1（图 5.1.2）在腹板轴力作用下所承受的水平剪力 N_{1x}^N 和竖向剪力 N_{1y}^N，应按下列公式计算：

$$N_{1x}^N = \frac{N}{n_w} \frac{A_w}{A} \quad (5.1.4\text{-}3)$$

$$N_{1y}^V = \frac{V}{n_w} \quad (5.1.4\text{-}4)$$

式中：A_w——梁腹板截面面积（mm²）；

N_{1x}^N——在腹板轴力作用下，角点栓 1 所承受的同号水平剪力（kN）；

N_{1y}^V——在剪力作用下每个高强度螺栓所承受的竖向剪力（kN）；

n_w——拼接缝一侧腹板螺栓的总数。

3 在拼接截面处弯矩 M 与剪力偏心弯矩 Ve、剪力 V 和轴力 N 作用下，角点 1 处螺栓所受的剪力 N_v 应满足下式的要求：

$$N_v = \sqrt{(N_{1x}^M + N_{1x}^N)^2 + (N_{1y}^M + N_{1y}^N)^2} \leqslant N_v^b$$
$$(5.1.4\text{-}5)$$

5.1.5 螺栓拼接接头的构造应符合下列规定：

1 拼接板材质应与母材相同；

2 同一类拼接节点中高强度螺栓连接副性能等级及规格应相同；

3 型钢翼缘斜面斜度大于 1/20 处应加斜垫板；

4 翼缘拼接板宜双面设置；腹板拼接板宜在腹板两侧对称配置。

5.2 受拉连接接头

5.2.1 沿螺栓杆轴方向受拉连接接头（图 5.2.1），由 T 形受拉件与高强度螺栓连接承受并传递拉力，适用于吊挂 T 形件连接节点或梁柱 T 形件连接节点。

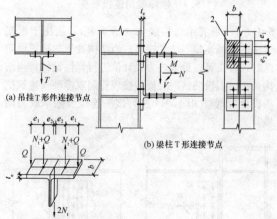

(a) 吊挂 T 形件连接节点

(b) 梁柱 T 形件连接节点

(c) T 形受拉件受力简图

图 5.2.1 T 形受拉件连接接头
1—T 形受拉件；2—计算单元

5.2.2 T 形件受拉连接接头的构造应符合下列规定：

1 T 形受拉件的翼缘厚度不宜小于 16mm，且不宜小于连接螺栓的直径；

2 有预拉力的高强度螺栓受拉连接接头中，高强度螺栓预拉力及其施工要求应与摩擦型连接相同；

3 螺栓应紧凑布置，其间距除应符合本规程第 4.3.3 条规定外，尚应满足 $e_1 \leqslant 1.25 e_2$ 的要求；

4 T 形受拉件宜选用热轧剖分 T 型钢。

5.2.3 计算不考虑撬力作用时，T 形受拉连接接头应按下列规定计算确定 T 形件翼缘板厚度与连接螺栓。

1 T 形件翼缘板的最小厚度 t_{ec} 按下式计算：

$$t_{ec} = \sqrt{\frac{4e_2 N_t^b}{bf}} \quad (5.2.3\text{-}1)$$

式中：b——按一排螺栓覆盖的翼缘板（端板）计算宽度（mm）；

e_1——螺栓中心到 T 形件翼缘边缘的距离（mm）；

e_2——螺栓中心到 T 形件腹板边缘的距离（mm）。

2 一个受拉高强度螺栓的受拉承载力应满足下式要求：

$$N_t \leqslant N_t^b \quad (5.2.3\text{-}2)$$

式中：N_t——一个高强度螺栓的轴向拉力（kN）。

5.2.4 计算考虑撬力作用时，T 形受拉连接接头应按下列规定计算确定 T 形件翼缘板厚度、撬力与连接螺栓。

1 当 T 形件翼缘厚度小于 t_{ec} 时应考虑撬力作用影响，受拉 T 形件翼缘板厚度 t_e 按下式计算：

$$t_e \geqslant \sqrt{\frac{4e_2 N_t}{\psi bf}} \quad (5.2.4\text{-}1)$$

式中：ψ——撬力影响系数，$\psi = 1 + \delta\alpha'$；

δ——翼缘板截面系数，$\delta = 1 - \dfrac{d_0}{b}$；

α'——系数，当 $\beta \geqslant 1.0$ 时，α' 取 1.0；当 $\beta < 1.0$ 时，$\alpha' = \dfrac{1}{\delta}\left(\dfrac{\beta}{1-\beta}\right)$，且满足 $\alpha' \leqslant 1.0$；

β——系数，$\beta = \dfrac{1}{\rho}\left(\dfrac{N_t^b}{N_t} - 1\right)$；

ρ——系数，$\rho = \dfrac{e_2}{e_1}$。

2 撬力 Q 按下式计算：

$$Q = N_t^b \left[\delta\alpha\rho\left(\frac{t_e}{t_{ec}}\right)^2\right] \quad (5.2.4\text{-}2)$$

式中：α——系数，$\alpha = \dfrac{1}{\delta}\left[\dfrac{N_t}{N_t^b}\left(\dfrac{t_{ec}}{t_e}\right)^2 - 1\right] \geqslant 0$。

3 考虑撬力影响时，高强度螺栓的受拉承载力应按下列规定计算：

1）按承载能力极限状态设计时应满足下式要求：

$$N_t + Q \leqslant 1.25 N_t^b \quad (5.2.4\text{-}3)$$

2）按正常使用极限状态设计时应满足下式要求：

$$N_t + Q \leqslant N_t^b \quad (5.2.4\text{-}4)$$

5.3 外伸式端板连接接头

5.3.1 外伸式端板连接为梁或柱端头焊以外伸端板，

再以高强度螺栓连接组成的接头（图 5.3.1）。接头可同时承受轴力、弯矩与剪力，适用于钢结构框架（刚架）梁柱连接节点。

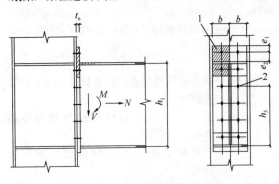

图 5.3.1 外伸式端板连接接头
1—受拉 T 形件；2—第三排螺栓

5.3.2 外伸式端板连接接头的构造应符合下列规定：

1 端板连接宜采用摩擦型高强度螺栓连接；

2 端板的厚度不宜小于 16mm，且不宜小于连接螺栓的直径；

3 连接螺栓至板件边缘的距离在满足螺栓施拧条件下应采用最小间距紧凑布置；端板螺栓竖向最大间距不应大于 400mm；螺栓布置与间距除应符合本规程第 4.3.3 条规定外，尚应满足 $e_1 \leqslant 1.25e_2$ 的要求；

4 端板直接与柱翼缘连接时，相连部位的柱翼缘板厚度不应小于端板厚度；

5 端板外伸部位宜设加劲肋；

6 梁端与端板的焊接宜采用熔透焊缝。

5.3.3 计算不考虑撬力作用时，应按下列规定计算确定端板厚度与连接螺栓。计算时接头在受拉螺栓部位按 T 形件单元（图 5.3.1 阴影部分）计算。

1 端板厚度应按本规程公式（5.2.3-1）计算。

2 受拉螺栓按 T 形件（图 5.3.1 阴影部分）对称于受拉翼缘的两排螺栓均匀受拉计算，每个螺栓的最大拉力 N_t 应符合下式要求：

$$N_t = \frac{M}{n_2 h_1} + \frac{N}{n} \leqslant N_t^b \qquad (5.3.3\text{-}1)$$

式中：M——端板连接处的弯矩；

N——端板连接处的轴拉力，轴力沿螺栓轴向为压力时不考虑（$N=0$）；

n_2——对称布置于受拉翼缘侧的两排螺栓的总数（如图 5.3.1 中 $n_2 = 4$）；

h_1——梁上、下翼缘中心间的距离。

3 当两排受拉螺栓承载力不能满足公式（5.3.3-1）要求时，可计入布置于受拉区的第三排螺栓共同工作，此时最大受拉螺栓的拉力 N_t 应符合下式要求：

$$N_t = \frac{M}{h_1 \left[n_2 + n_3 \left(\dfrac{h_3}{h_1} \right)^2 \right]} + \frac{N}{n} \leqslant N_t^b$$

$$(5.3.3\text{-}2)$$

式中：n_3——第三排受拉螺栓的数量（如图 5.3.1 中 $n_3 = 2$）；

h_3——第三排螺栓中心至受压翼缘中心的距离（mm）。

4 除抗拉螺栓外，端板上其余螺栓按承受全部剪力计算，每个螺栓承受的剪力应符合下式要求：

$$N_v = \frac{V}{n_v} \leqslant N_v^b \qquad (5.3.3\text{-}3)$$

式中：n_v——抗剪螺栓总数。

5.3.4 计算考虑撬力作用时，应按下列规定计算确定端板厚度、撬力与连接螺栓。计算时接头在受拉螺栓部位按 T 形件单元（图 5.3.1 阴影部分）计算。

1 端板厚度应按本规程式（5.2.4-1）计算；

2 作用于端板的撬力 Q 应按本规程式（5.2.4-2）计算；

3 受拉螺栓按对称于梁受拉翼缘的两排螺栓均匀受拉承担全部拉力计算，每个螺栓的最大拉力应符合下式要求：

$$\frac{M}{n_t h_1} + \frac{N}{n} + Q \leqslant 1.25 N_t^b \qquad (5.3.4)$$

当轴力沿螺栓轴向为压力时，取 $N=0$。

4 除抗拉螺栓外，端板上其余螺栓可按承受全部剪力计算，每个螺栓承受的剪力应符合式（5.3.3-3）的要求。

5.4 栓焊混用连接接头

5.4.1 栓焊混用连接接头（图 5.4.1）适用于框架梁柱的现场连接与构件拼接。当结构处于非抗震设防区时，接头可按最大内力设计值进行弹性设计；当结构处于抗震设防区时，尚应按现行国家标准《建筑抗震设计规范》GB 50011 进行接头连接极限承载力的验算。

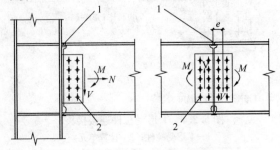

(a) 梁柱栓焊节点 　　　　(b) 梁栓焊拼接接头

图 5.4.1 栓焊混用连接接头
1—梁翼缘熔透焊；2—梁腹板高强度螺栓连接

5.4.2 梁、柱、支撑等构件的栓焊混用连接接头中，腹板连（拼）接的高强度螺栓的计算及构造，应符合本规程第 5.1 节以及下列规定：

1 按等强方法计算拼接接头时，腹板净截面宜考虑锁口孔的折减影响；

2 施工顺序宜在高强度螺栓初拧后进行翼缘的焊接，然后再进行高强度螺栓终拧；

3 当采用先终拧螺栓再进行翼缘焊接的施工工序时，腹板拼接高强度螺栓宜采取补拧措施或增加螺栓数量10%。

5.4.3 处于抗震设防区且由地震作用组合控制截面设计的框架梁柱栓焊混用接头，当梁翼缘的塑性截面模量小于梁全截面塑性截面模量的70%时，梁腹板与柱的连接螺栓不得少于2列，且螺栓总数不得小于计算值的1.5倍。

5.5 栓焊并用连接接头

5.5.1 栓焊并用连接接头（图5.5.1）宜用于改造、加固的工程。其连接构造应符合下列规定：

1 平行于受力方向的侧焊缝端部起弧点距板边不应小于 h_f，且与最外端的螺栓距离应不小于 $1.5d_0$；同时侧焊缝末端应连续绕角焊不小于 $2h_f$ 长度；

2 栓焊并用连接的连接板边缘与焊件边缘距离不应小于30mm。

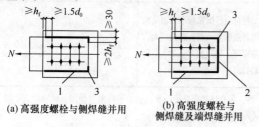

图 5.5.1 栓焊并用连接接头
1—侧焊缝；2—端焊缝；3—连续绕焊

5.5.2 栓焊并用连接的施工顺序应先高强度螺栓紧固，后实施焊接。焊缝形式应为贴角焊缝。高强度螺栓直径和焊缝尺寸应按栓、焊各自受剪承载力设计值相差不超过3倍的要求进行匹配。

5.5.3 栓焊并用连接的受剪承载力应分别按下列公式计算：

1 高强度螺栓与侧焊缝并用连接

$$N_{wb} = N_{fs} + 0.75N_{bv} \qquad (5.5.3-1)$$

式中：N_{bv} ——连接接头中摩擦型高强度螺栓连接受剪承载力设计值（kN）；

N_{fs} ——连接接头中侧焊缝受剪承载力设计值（kN）；

N_{wb} ——连接接头的栓焊并用连接受剪承载力设计值（kN）。

2 高强度螺栓与侧焊缝及端焊缝并用连接

$$N_{wb} = 0.85N_{fs} + N_{fe} + 0.25N_{bv} \qquad (5.5.3-2)$$

式中：N_{fe} ——连接接头中端焊缝受剪承载力设计值（kN）。

5.5.4 在既有摩擦型高强度螺栓连接接头上新增角焊缝进行加固补强时，其栓焊并用连接设计应符合下列规定：

1 摩擦型高强度螺栓连接和角焊缝焊接连接应分别承担加固焊接补强前的荷载和加固焊接补强后所增加的荷载；

2 当加固前进行结构卸载或加固焊接补强前的荷载小于摩擦型高强度螺栓连接承载力设计值25%时，可按本规程第5.5.3条进行连接设计。

5.5.5 当栓焊并用连接采用先栓后焊的施工工序时，应在焊接24h后对离焊缝100mm范围内的高强度螺栓补拧，补拧扭矩应为施工终拧扭矩值。

5.5.6 摩擦型高强度螺栓连接不宜与垂直受力方向的贴角焊缝（端焊缝）单独并用连接。

6 施 工

6.1 储运和保管

6.1.1 大六角头高强度螺栓连接副由一个螺栓、一个螺母和两个垫圈组成，使用组合应按表6.1.1规定。扭剪型高强度连接副由一个螺栓、一个螺母和一个垫圈组成。

表 6.1.1 大六角头高强度螺栓连接副组合

螺 栓	螺 母	垫 圈
10.9s	10H	（35～45）HRC
8.8s	8H	（35～45）HRC

6.1.2 高强度螺栓连接副应按批配套进场，并附有出厂质量保证书。高强度螺栓连接副应在同批内配套使用。

6.1.3 高强度螺栓连接副在运输、保管过程中，应轻装、轻卸，防止损伤螺纹。

6.1.4 高强度螺栓连接副应按包装箱上注明的批号、规格分类保管；室内存放，堆放应有防止生锈、潮湿及沾染脏物等措施。高强度螺栓连接副在安装使用前严禁随意开箱。

6.1.5 高强度螺栓连接副的保管时间不应超过6个月。当保管时间超过6个月后使用时，必须按要求重新进行扭矩系数或紧固轴力试验，检验合格后，方可使用。

6.2 连接构件的制作

6.2.1 高强度螺栓连接构件的栓孔孔径应符合设计要求。高强度螺栓连接构件制孔允许偏差应符合表6.2.1的规定。

表 6.2.1　高强度螺栓连接构件制孔允许偏差（mm）

公称直径		M12	M16	M20	M22	M24	M27	M30
孔型	标准圆孔	直径	13.5	17.5	22.0	24.0	26.0	30.0	33.0
		允许偏差	+0.43 0	+0.43 0	+0.52 0	+0.52 0	+0.52 0	+0.84 0	+0.84 0
		圆度	1.00				1.50		
	大圆孔	直径	16.0	20.0	24.0	28.0	30.0	35.0	38.0
		允许偏差	+0.43 0	+0.43 0	+0.52 0	+0.52 0	+0.52 0	+0.84 0	+0.84 0
		圆度	1.00				1.50		
	槽孔	长度 短向	13.5	17.5	22.0	24.0	26.0	30.0	33.0
		长度 长向	22.0	30.0	37.0	40.0	45.0	50.0	55.0
		允许偏差 短向	+0.43 0	+0.43 0	+0.52 0	+0.52 0	+0.52 0	+0.84 0	+0.84 0
		允许偏差 长向	+0.84 0	+0.84 0	+1.00 0	+1.00 0	+1.00 0	+1.00 0	+1.00 0
中心线倾斜度			应为板厚的3%，且单层板应为2.0mm，多层板叠组合应为3.0mm						

6.2.2 高强度螺栓连接构件的栓孔孔距允许偏差应符合表 6.2.2 的规定。

表 6.2.2　高强度螺栓连接构件孔距允许偏差（mm）

孔距范围	<500	501~1200	1201~3000	>3000
同一组内任意两孔间	±1.0	±1.5	—	—
相邻两组的端孔间	±1.5	±2.0	±2.5	±3.0

注：孔的分组规定：
　　1　在节点中连接板与一根杆件相连的所有螺栓孔为一组；
　　2　对接接头在拼接板一侧的螺栓孔为一组；
　　3　在两相邻节点或接头间的螺栓孔为一组，但不包括上述1、2两款所规定的孔；
　　4　受弯构件翼缘上的孔，每米长度范围内的螺栓孔为一组。

6.2.3 主要构件连接和直接承受动力荷载重复作用且需要进行疲劳计算的构件，其连接高强度螺栓孔应采用钻孔成型。次要构件连接且板厚小于或等于12mm时可采用冲孔成型，孔边应无飞边、毛刺。

6.2.4 采用标准圆孔连接处板迭上所有螺栓孔，均应采用量规检查，其通过率应符合下列规定：
　　1　用比孔的公称直径小1.0mm的量规检查，每组至少应通过85%；
　　2　用比螺栓公称直径大（0.2~0.3）mm的量规检查（M22及以下规格为大0.2mm，M24~M30规格为大0.3mm），应全部通过。

6.2.5 按本规程第6.2.4条检查时，凡量规不能通过的孔，必须经施工图编制单位同意后，方可扩钻或补焊后重新钻孔。扩钻后的孔径不应超过1.2倍螺栓直径。补焊时，应用与母材相匹配的焊条补焊，严禁

用钢块、钢筋、焊条等填塞。每组孔中经补焊重新钻孔的数量不得超过该组螺栓数量的20%。处理后的孔应作出记录。

6.2.6 高强度螺栓连接处的钢板表面处理方法及除锈等级应符合设计要求。连接处钢板表面应平整、无焊接飞溅、无毛刺、无油污。经处理后的摩擦型高强度螺栓连接的摩擦面抗滑移系数应符合设计要求。

6.2.7 经处理后的高强度螺栓连接处摩擦面应采取保护措施，防止沾染脏物和油污。严禁在高强度螺栓连接处摩擦面上作标记。

6.3　高强度螺栓连接副和摩擦面抗滑移系数检验

6.3.1 高强度大六角头螺栓连接副应进行扭矩系数、螺栓楔负载、螺母保证载荷检验，其检验方法和结果应符合现行国家标准《钢结构用高强度大六角头螺栓、大六角螺母、垫圈技术条件》GB/T 1231规定。高强度大六角头螺栓连接副扭矩系数的平均值及标准偏差应符合表6.3.1的要求。

表 6.3.1　高强度大六角头螺栓连接副扭矩系数平均值及标准偏差值

连接副表面状态	扭矩系数平均值	扭矩系数标准偏差
符合现行国家标准《钢结构用高强度大六角头螺栓、大六角螺母、垫圈技术条件》GB/T 1231的要求	0.110~0.150	≤0.0100

注：每套连接副只做一次试验，不得重复使用。试验时，垫圈发生转动，试验无效。

6.3.2 扭剪型高强度螺栓连接副应进行紧固轴力、螺栓楔负载、螺母保证载荷检验，检验方法和结果应符合现行国家标准《钢结构用扭剪型高强度螺栓连接副》GB/T 3632规定。扭剪型高强度螺栓连接副的紧固轴力平均值及标准偏差应符合表6.3.2的要求。

表 6.3.2　扭剪型高强度螺栓连接副紧固轴力平均值及标准偏差值

螺栓公称直径		M16	M20	M22	M24	M27	M30
紧固轴力值（kN）	最小值	100	155	190	225	290	355
	最大值	121	187	231	270	351	430
标准偏差（kN）		≤10.0	≤15.4	≤19.0	≤22.5	≤29.0	≤35.4

注：每套连接副只做一次试验，不得重复使用。试验时，垫圈发生转动，试验无效。

6.3.3 摩擦面的抗滑移系数（图6.3.3）应按下列规定进行检验：
　　1　抗滑移系数检验应以钢结构制作检验批为单位，由制作厂和安装单位分别进行，每一检验批三组；单项工程的构件摩擦面选用两种及两种以上表面

处理工艺时,则每种表面处理工艺均需检验;

2 抗滑移系数检验用的试件由制作厂加工,试件与所代表的构件应为同一材质、同一摩擦面处理工艺、同批制作,使用同一性能等级的高强度螺栓连接副,并在相同条件下同批发运;

3 抗滑移系数试件宜采用图 6.3.3 所示形式(试件钢板厚度 $2t_2 \geqslant t_1$);试件的设计应考虑摩擦面在滑移之前,试件钢板的净截面仍处于弹性状态;

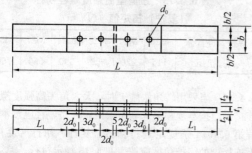

图 6.3.3 抗滑移系数试件

4 抗滑移系数应在拉力试验机上进行并测出其滑移荷载;试验时,试件的轴线应与试验机夹具中心严格对中;

5 抗滑移系数 μ 应按下式计算,抗滑移系数 μ 的计算结果应精确到小数点后 2 位。

$$\mu = \frac{N}{n_f \cdot \sum P_t} \qquad (6.3.3)$$

式中:N ——滑移荷载;

n_f ——传力摩擦面数目,$n_f = 2$;

P_t ——高强度螺栓预拉力实测值(误差小于或等于 2%),试验时控制在 $0.95P \sim 1.05P$ 范围内;

$\sum P_t$ ——与试件滑动荷载一侧对应的高强度螺栓预拉力之和。

6 抗滑移系数检验的最小值必须大于或等于设计规定值。当不符合上述规定时,构件摩擦面应重新处理。处理后的构件摩擦面应按本节规定重新检验。

6.4 安 装

6.4.1 高强度螺栓长度 l 应保证在终拧后,螺栓外露丝扣为 2~3 扣。其长度应按下式计算:

$$l = l' + \Delta l \qquad (6.4.1)$$

式中:l' ——连接板层总厚度(mm);

Δl ——附加长度(mm),$\Delta l = m + n_w s + 3p$;

m ——高强度螺母公称厚度(mm);

n_w ——垫圈个数;扭剪型高强度螺栓为 1,大六角头高强度螺栓为 2;

s ——高强度垫圈公称厚度(mm);

p ——螺纹的螺距(mm)。

当高强度螺栓公称直径确定之后,Δl 可按表 6.4.1 取值。但采用大圆孔或槽孔时,高强度垫圈公

称厚度(s)应按实际厚度取值。根据式 6.4.1 计算出的螺栓长度按修约间隔 5mm 进行修约,修约后的长度为螺栓公称长度。

表 6.4.1 高强度螺栓附加长度 Δl (mm)

螺栓公称直径	M12	M16	M20	M22	M24	M27	M30
高强度螺母公称厚度	12.0	16.0	20.0	22.0	24.0	27.0	30.0
高强度垫圈公称厚度	3.00	4.00	4.00	5.00	5.00	5.00	5.00
螺纹的螺距	1.75	2.00	2.50	2.50	3.00	3.00	3.50
大六角头高强度螺栓附加长度	23.0	30.0	35.5	39.5	43.0	46.0	50.5
扭剪型高强度螺栓附加长度	—	26.0	31.5	34.5	38.0	41.0	45.5

6.4.2 高强度螺栓连接处摩擦面如采用喷砂(丸)后生赤锈处理方法时,安装前应以细钢丝刷除去摩擦面上的浮锈。

6.4.3 对因板厚公差、制造偏差或安装偏差等产生的接触面间隙,应按表 6.4.3 规定进行处理。

表 6.4.3 接触面间隙处理

项目	示意图	处理方法
1		$\Delta < 1.0$mm 时不予处理
2	磨斜面	$\Delta = (1.0 \sim 3.0)$ mm 时将厚板一侧磨成 1:10 缓坡,使间隙小于 1.0mm
3		$\Delta > 3.0$mm 时加垫板,垫板厚度不小于 3mm,最多不超过 3 层,垫板材质和摩擦面处理方法应与构件相同

6.4.4 高强度螺栓连接安装时,在每个节点上应穿入的临时螺栓和冲钉数量,由安装时可能承担的荷载计算确定,并应符合下列规定:

1 不得少于节点螺栓总数的 1/3;

2 不得少于 2 个临时螺栓;

3 冲钉穿入数量不宜多于临时螺栓数量的 30%。

6.4.5 在安装过程中,不得使用螺纹损伤及沾染脏物的高强度螺栓连接副,不得用高强度螺栓兼作临时螺栓。

6.4.6 工地安装时,应按当天高强度螺栓连接副需要使用的数量领取。当天安装剩余的必须妥善保管,不得乱扔、乱放。

6.4.7 高强度螺栓的安装应在结构构件中心位置调

整后进行，其穿入方向应以施工方便为准，并力求一致。高强度螺栓连接副组装时，螺母带圆台面的一侧应朝向垫圈有倒角的一侧。对于大六角头高强度螺栓连接副组装时，螺栓头下垫圈有倒角的一侧应朝向螺栓头。

6.4.8 安装高强度螺栓时，严禁强行穿入。当不能自由穿入时，该孔应用铰刀进行修整，修整后孔的最大直径不应大于1.2倍螺栓直径，且修孔数量不应超过该节点螺栓数量的25%。修孔前应将四周螺栓全部拧紧，使板迭密贴后再进行铰孔。严禁气割扩孔。

6.4.9 按标准孔型设计的孔，修整后孔的最大直径超过1.2倍螺栓直径或修孔数量超过该节点螺栓数量的25%时，应经设计单位同意。扩孔后的孔型尺寸应作记录，并提交设计单位，按大圆孔、槽孔等扩大孔型进行折减后复核计算。

6.4.10 安装高强度螺栓时，构件的摩擦面应保持干燥，不得在雨中作业。

6.4.11 大六角头高强度螺栓施工所用的扭矩扳手，班前必须校正，其扭矩相对误差应为±5%，合格后方准使用。校正用的扭矩扳手，其扭矩相对误差应为±3%。

6.4.12 大六角头高强度螺栓拧紧时，应只在螺母上施加扭矩。

6.4.13 大六角头高强度螺栓的施工终拧扭矩可由下式计算确定：

$$T_c = kP_c d \qquad (6.4.13)$$

式中：d——高强度螺栓公称直径（mm）；

k——高强度螺栓连接副的扭矩系数平均值，该值由第6.3.1条试验测得；

P_c——高强度螺栓施工预拉力（kN），按表6.4.13取值；

T_c——施工终拧扭矩（N·m）。

表6.4.13 高强度大六角头螺栓施工预拉力（kN）

螺栓性能等级	螺栓公称直径						
	M12	M16	M20	M22	M24	M27	M30
8.8s	50	90	140	165	195	255	310
10.9s	60	110	170	210	250	320	390

6.4.14 高强度大六角头螺栓连接副的拧紧应分为初拧、终拧。对于大型节点应分为初拧、复拧、终拧。初拧扭矩和复拧扭矩为终拧扭矩的50%左右。初拧或复拧后的高强度螺栓应用颜色在螺母上标记，按本规程第6.4.13条规定的终拧扭矩值进行终拧。终拧后的高强度螺栓应用另一种颜色在螺母上标记。高强度大六角头螺栓连接副的初拧、复拧、终拧宜在一天内完成。

6.4.15 扭剪型高强度螺栓连接副的拧紧应分为初拧、终拧。对于大型节点应分为初拧、复拧、终拧。

初拧扭矩和复拧扭矩值为$0.065 \times P_c \times d$，或按表6.4.15选用。初拧或复拧后的高强度螺栓应用颜色在螺母上标记，用专用扳手进行终拧，直至拧掉螺栓尾部梅花头。对于个别不能用专用扳手进行终拧的扭剪型高强度螺栓，应按本规程第6.4.13条规定的方法进行终拧（扭矩系数可取0.13）。扭剪型高强度螺栓连接副的初拧、复拧、终拧宜在一天内完成。

表6.4.15 扭剪型高强度螺栓初拧（复拧）扭矩值（N·m）

螺栓公称直径	M16	M20	M22	M24	M27	M30
初拧扭矩	115	220	300	390	560	760

6.4.16 当采用转角法施工时，大六角头高强度螺栓连接副应按本规程第6.3.1条检验合格，且应按本规程第6.4.14条规定进行初拧、复拧。初拧（复拧）后连接副的终拧角度应按表6.4.16规定执行。

表6.4.16 初拧（复拧）后大六角头高强度螺栓连接副的终拧转角

螺栓长度L范围	螺母转角	连接状态
$L \leqslant 4d$	1/3圈（120°）	
$4d < L \leqslant 8d$或200mm及以下	1/2圈（180°）	连接形式为一层芯板加两层盖板
$8d < L \leqslant 12d$或200mm以上	2/3圈（240°）	

注：1 螺母的转角为螺母与螺栓杆之间的相对转角；

2 当螺栓长度L超过螺栓公称直径d的12倍时，螺母的终拧角度应由试验确定。

6.4.17 高强度螺栓在初拧、复拧和终拧时，连接处的螺栓应按一定顺序施拧，确定施拧顺序的原则为由螺栓群中央顺序向外拧紧，和从接头刚度大的部位向约束小的方向拧紧（图6.4.17）。几种常见接头螺栓施拧顺序应符合下列规定：

1 一般接头应从接头中心顺序向两端进行（图6.4.17a）；

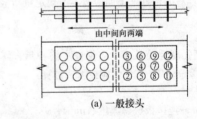

(a) 一般接头

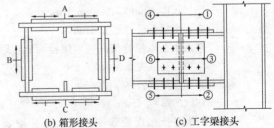

(b) 箱形接头 　　(c) 工字梁接头

图6.4.17 常见螺栓连接接头施拧顺序

2 箱形接头应按 A、C、B、D 的顺序进行（图6.4.17b）；

3 工字梁接头栓群应按①～⑥顺序进行（图6.4.17c）；

4 工字形柱对接螺栓紧固顺序为先翼缘后腹板；

5 两个或多个接头栓群的拧紧顺序应先主要构件接头，后次要构件接头。

6.4.18 对于露天使用或接触腐蚀性气体的钢结构，在高强度螺栓拧紧检查验收合格后，连接处板缝应及时用腻子封闭。

6.4.19 经检查合格后的高强度螺栓连接处，防腐、防火应按设计要求涂装。

6.5 紧固质量检验

6.5.1 大六角头高强度螺栓连接施工紧固质量检查应符合下列规定：

1 扭矩法施工的检查方法应符合下列规定：

1）用小锤（约 0.3kg）敲击螺母对高强度螺栓进行普查，不得漏拧；

2）终拧扭矩应按节点数抽查 10%，且不应少于 10 个节点；对每个被抽查节点应按螺栓数抽查 10%，且不应少于 2 个螺栓；

3）检查时先在螺杆端面和螺母上画一直线，然后将螺母拧松约 60°；再用扭矩扳手重新拧紧，使两线重合，测得此时的扭矩应在 $0.9 T_{ch} \sim 1.1 T_{ch}$ 范围内。T_{ch} 应按下式计算：

$$T_{ch} = kPd \qquad (6.5.1)$$

式中：P——高强度螺栓预拉力设计值（kN），按本规程表 3.2.5 取用；

T_{ch}——检查扭矩（N·m）。

4）如发现有不符合规定的，应再扩大 1 倍检查，如仍有不合格者，则整个节点的高强度螺栓应重新施拧；

5）扭矩检查宜在螺栓终拧 1h 以后、24h 之前完成；检查用的扭矩扳手，其相对误差应为±3%。

2 转角法施工的检查方法应符合下列规定：

1）普查初拧后在螺母与相对位置所画的终拧起始线和终止线所夹的角度应达到规定值；

2）终拧转角应按节点数抽查 10%，且不应少于 10 个节点；对每个被抽查节点按螺栓数抽查 10%，且不应少于 2 个螺栓；

3）在螺杆端面和螺母相对位置画线，然后全部卸松螺母，再按规定的初拧扭矩和终拧角度重新拧紧螺母，测量终止线与原终止线画线间的角度，应符合本规程表 6.4.16 要求，误差在±30°者为合格；

4）如发现有不符合规定的，应再扩大 1 倍检

查，如仍有不合格者，则整个节点的高强度螺栓应重新施拧；

5）转角检查宜在螺栓终拧 1h 以后、24h 之前完成。

6.5.2 扭剪型高强度螺栓终拧检查，以目测尾部梅花头拧断为合格。对于不能用专用扳手拧紧的扭剪型高强度螺栓，应按本规程第 6.5.1 条的规定进行终拧紧固质量检查。

7 施工质量验收

7.1 一 般 规 定

7.1.1 高强度螺栓连接分项工程验收应按现行国家标准《钢结构工程施工质量验收规范》GB 50205 和本规程的规定执行。

7.1.2 高强度螺栓连接分项工程检验批合格质量标准应符合下列规定：

1 主控项目必须符合现行国家标准《钢结构工程施工质量验收规范》GB 50205 中合格质量标准的要求；

2 一般项目其检验结果应有 80% 及以上的检查点（值）符合现行国家标准《钢结构工程施工质量验收规范》GB 50205 中合格质量标准的要求，且允许偏差项目中最大超偏差值不应超过其允许偏差限值的 1.2 倍；

3 质量检查记录、质量证明文件等资料应完整。

7.1.3 当高强度螺栓连接分项工程施工质量不符合现行国家标准《钢结构工程施工质量验收规范》GB 50205 和本规程的要求时，应按下列规定进行处理：

1 返工或更换高强度螺栓连接副的检验批，应重新进行验收；

2 经有资质的检测单位检测鉴定能够达到设计要求的检验批，应予以验收；

3 经有资质的检测单位检测鉴定达不到设计要求，但经原设计单位核算认可能够满足结构安全的检验批，可予以验收；

4 经返修或加固处理的检验批，如满足安全使用要求，可按处理技术方案和协商文件进行验收。

7.2 检验批的划分

7.2.1 高强度螺栓连接分项工程检验批宜与钢结构安装阶段分项工程检验批相对应，其划分宜遵循下列原则：

1 单层结构按变形缝划分；

2 多层及高层结构按楼层或施工段划分；

3 复杂结构按独立刚度单元划分。

7.2.2 高强度螺栓连接副进场验收检验批划分宜遵循下列原则：

1 与高强度螺栓连接分项工程检验批划分一致；

2 按高强度螺栓连接副生产出厂检验批批号，宜以不超过 2 批为 1 个进场验收检验批，且不超过6000 套；

3 同一材料（性能等级）、炉号、螺纹（直径）规格、长度（当螺栓长度≤100mm 时，长度相差≤15mm；当螺栓长度＞100mm 时，长度相差≤20mm，可视为同一长度）、机械加工、热处理工艺及表面处理工艺的螺栓、螺母、垫圈为同批，分别由同批螺栓、螺母及垫圈组成的连接副为同批连接副。

7.2.3 摩擦面抗滑移系数验收检验批划分宜遵循下列原则：

1 与高强度螺栓连接分项工程检验批划分一致；

2 以分部工程每 2000t 为一检验批；不足 2000t 者视为一批进行检验；

3 同一检验批中，选用两种及两种以上表面处理工艺时，每种表面处理工艺均需进行检验。

7.3 验 收 资 料

7.3.1 高强度螺栓连接分项工程验收资料应包含下列内容：

1 检验批质量验收记录；

2 高强度大六角头螺栓连接副或扭剪型高强度螺栓连接副见证复验报告；

3 高强度螺栓连接摩擦面抗滑移系数见证试验报告（承压型连接除外）；

4 初拧扭矩、终拧扭矩（终拧转角）、扭矩扳手检查记录和施工记录等；

5 高强度螺栓连接副质量合格证明文件；

6 不合格质量处理记录；

7 其他相关资料。

本规程用词说明

1 为便于在执行本规程条文时区别对待，对要求严格程度不同的用词说明如下：

1) 表示很严格，非这样做不可的：
正面词采用"必须"，反面词采用"严禁"；

2) 表示严格，在正常情况下均应这样做的：
正面词采用"应"，反面词采用"不应"或"不得"；

3) 表示允许稍有选择，在条件许可时首先应这样做的：
正面词采用"宜"，反面词采用"不宜"；

4) 表示有选择，在一定条件下可以这样做的，采用"可"。

2 条文中指明应按其他有关标准执行的写法为："应符合……的规定"或"应按……执行"。

引用标准名录

1 《建筑抗震设计规范》GB 50011
2 《钢结构设计规范》GB 50017
3 《钢结构工程施工质量验收规范》GB 50205
4 《钢结构用高强度大六角头螺栓》GB/T 1228
5 《钢结构用高强度大六角螺母》GB/T 1229
6 《钢结构用高强度垫圈》GB/T 1230
7 《钢结构用高强度大六角头螺栓、大六角螺母、垫圈技术条件》GB/T 1231
8 《钢结构用扭剪型高强度螺栓连接副》GB/T 3632

中华人民共和国行业标准

钢结构高强度螺栓连接技术规程

JGJ 82—2011

条 文 说 明

修 订 说 明

《钢结构高强度螺栓连接技术规程》JGJ 82 - 2011，经住房和城乡建设部 2011 年 1 月 7 日以第 875 号公告批准、发布。

本规程是在《钢结构高强度螺栓连接的设计、施工及验收规程》JGJ 82 - 91 的基础上修订而成，上一版的主编单位是湖北省建筑工程总公司，参编单位是包头钢铁设计研究院、铁道部科学院、冶金部建筑研究总院、北京钢铁设计研究总院，主要起草人员是柴昶、吴有常、沈家骅、程季青、李国兴、肖建华、贺贤娟、李云、罗经宙。本规程修订的主要技术内容是：1. 增加、调整内容：由原来的 3 章增加调整到 7 章；增加第 2 章"术语和符号"、第 3 章"基本规定"、第 5 章"接头设计"；原第二章"连接设计"调整为第 4 章，原第三章"施工及验收"调整为第 6 章"施工"和第 7 章"施工质量验收"；2. 增加孔型系数，引入标准孔、大圆孔和槽孔概念；3. 增加涂层摩擦面及其抗滑移系数；4. 增加受拉连接和端板连接接头，并提出杠杆力（撬力）计算方法；5. 增加栓焊并用连接接头；6. 增加转角法施工和检验内容；7. 细化和明确高强度螺栓连接分项工程检验批。

本规程修订过程中，编制组进行了一般调研和专题调研相结合的调查研究，总结了我国工程建设的实践经验，对本次新增内容"孔型系数"、"涂层摩擦面抗滑移系数"、"栓焊并用连接"、"转角法施工"等进行了大量试验研究，并参考国内外类似规范而取得了重要技术参数。

为便于广大设计、施工、科研、学校等单位有关人员在使用本规程时能正确理解和执行条文规定，《钢结构高强度螺栓连接技术规程》编制组按章、节、条顺序编制了本规程的条文说明，对条文规定的目的、依据以及执行中需注意的有关事项进行了说明，还着重对强制性条文的强制性理由做了解释。但是，本条文说明不具备与规程正文同等的法律效力，仅供使用者作为理解和把握规程规定的参考。

目　次

1 总　则

1.0.1 本条为编制本规程的宗旨和目的。

1.0.2 本条明确了本规程的适用范围。

1.0.3 本规程的编制是以原行业标准《钢结构高强度螺栓连接的设计、施工及验收规程》JGJ 82-91 为基础，对现行国家标准《钢结构设计规范》GB 50017、《冷弯薄壁型钢结构技术规范》GB 50018 及《钢结构工程施工质量验收规范》GB 50205 等规范中有关高强度螺栓连接的内容，进行细化和完善，对上述三个规范中没有涉及但实际工程实践中又遇到的内容，参照国内外相关试验研究成果和标准引入和补充，以满足工程实际要求。

2　术语和符号

2.1　术　语

本规程给出了 13 个有关高强度螺栓连接方面的特定术语，该术语是从钢结构高强度螺栓连接设计与施工的角度赋予其涵义的，但涵义又不一定是术语的定义。本规程给出了相应的推荐性英文术语，该英文术语不一定是国际上的标准术语，仅供参考。

2.2　符　号

本规程给出了 41 个符号及其定义，这些符号都是本规程各章节中所引用且未给具体解释的。对于在本规程各章节条文中所使用的符号，应以本条或相关条文中的解释为准。

3　基本规定

3.1　一般规定

3.1.1 高强度螺栓的摩擦型连接和承压型连接是同一个高强度螺栓连接的两个阶段，分别为接头滑移前、后的摩擦和承压阶段。对承压型连接来说，当接头处于最不利荷载组合时才发生接头滑移直至破坏，荷载没有达到设计值的情况下，接头可能处于摩擦阶段。所以承压型连接的正常使用状态定义为摩擦型连接是符合实际的。

沿螺栓杆轴方向受拉连接接头在外拉力的作用下也分两个阶段，首先是连接端板之间被拉脱离前，螺栓拉应力变化很小，被拉脱离后螺栓或连接件达到抗拉强度而破坏。当外拉力（含撬力）不超过 $0.8P$（摩擦型连接螺栓受拉承载力设计值）时，连接端板之间不会被拉脱离，因此将定义为受拉连接的正常使用状态。

3.1.2 目前国内只有高强度大六角头螺栓连接副（10.9s、8.8s）和扭剪型高强度螺栓连接副（10.9s）两种产品，从设计计算角度上没有区别，仅施工方法和构造上稍有差别。因此设计可以不选定产品类型，由施工单位根据工程实际及施工经验来选定产品类型。

3.1.3 因承压型连接允许接头滑移，并有较大变形，故对承受动力荷载的结构以及接头变形会引起结构内力和结构刚度有较大变化的敏感构件，不应采用承压型连接。

冷弯薄壁型钢因板壁很薄，孔壁承压能力非常低，易引起连接板撕裂破坏，并因承压承载力较小且低于摩擦承载力，使用承压型连接非常不经济，故不宜采用承压型连接。但当承载力不是控制因素时，可以考虑采用承压型连接。

3.1.4 高环境温度会引起高强度螺栓预拉力的松弛，同时也会使摩擦面状态发生变化，因此对高强度螺栓连接的环境温度应加以限制。试验结果表明，当温度低于 100℃时，影响很小。当温度在（100～150）℃范围时，钢材的弹性模量折减系数在 0.966 左右，强度折减很小。中冶建筑研究总院有限公司的试验结果表明，当接头承受 350℃ 以下温度烘烤时，螺栓、螺母、垫圈的基本性能及摩擦面抗滑移系数基本保持不变。温度对高强度螺栓预拉力有影响，试验结果表明，当温度在（100～150）℃范围时，螺栓预拉力损失增加约为 10%，因此本条规定降低 10%。当温度超过 150℃时，承载力降低显著，采取隔热防护措施应更经济合理。

3.1.5 对摩擦型连接，当其疲劳荷载小于滑移荷载时，螺栓本身不会产生交变应力，高强度螺栓没有疲劳破坏的情况。但连接板或拼接板母材有疲劳破坏的情况发生。本条中循环次数的规定是依据现行国家标准《钢结构设计规范》GB 50017 的有关规定确定的。

高强度螺栓受拉时，其连接螺栓有疲劳破坏可能，国内外研究及国外规范的相关规定表明，螺栓应力低于螺栓抗拉强度 30% 时，或螺栓所产生的轴向拉力（由荷载和杠杆力引起）低于螺栓受拉承载力 30% 时，螺栓轴向应力几乎没有变化，可忽略疲劳影响。当螺栓应力超过螺栓抗拉强度 30% 时，应进行疲劳验算，由于国内有关高强度螺栓疲劳强度的试验不足，相关规范中没有设计指标可依据，因此目前只能针对个案进行试验，并根据试验结果进行疲劳设计。

3.1.6 现行国家标准《建筑抗震设计规范》GB 50011 规定钢结构构件连接除按地震组合内力进行弹性设计外，还应进行极限承载力验算，同时要满足抗震构造要求。

3.1.7 高强度螺栓连接和普通螺栓连接的工作机理完全不同，两者刚度相差悬殊，同一接头中两者并用没有意义。承压型连接允许接头滑移，并有较大变形，而焊缝的变形有限，因此从设计概念上，承压型连接不能和焊接并用。本条涉及结构连接的安全，为从设计源头上把关，定为强制性条款。

3.2 材料与设计指标

3.2.1 当设计采用进口高强度大六角头螺栓(性能等级 8.8s 和 10.9s)连接副时，其材质、性能等应符合相应产品标准的规定。设计计算参数的取值应有可靠依据。

3.2.2 当设计采用进口扭剪型高强度螺栓(性能等级 10.9s)连接副时，其材质、性能等应符合相应产品标准的规定。设计计算参数的取值应有可靠依据。

3.2.3 当设计采用其他钢号的连接材料时，承压强度取值应有可靠依据。

3.2.4 高强度螺栓连接摩擦面抗滑移系数可按表 3.2.4 规定值取值，也可按摩擦面的实际情况取值。当摩擦承载力不起控制因素时，设计可以适当降低摩擦面抗滑移系数值。设计应考虑施工单位在设备及技术条件上的差异，慎重确定摩擦面抗滑移系数值，以保证连接的安全度。

喷砂应优先使用石英砂；其次为铸钢砂；普通的河砂能够起到除锈的目的，但对提高摩擦面抗滑移系数效果不理想。

喷丸(或称抛丸)是钢材表面处理常用的方法，其除锈的效果较好，但对满足高摩擦面抗滑移系数的要求有一定的难度。对于不同抗滑移系数要求的摩擦面处理，所使用的磨料(主要是钢丸)成分要求不同。例如，在钢丸中加入部分钢丝切头或破碎钢丸，以及增加磨料循环使用次数等措施都能改善摩擦面处理效果。这些工艺措施需要加工厂家多年经验积累和总结。

对于小型工程、加固改造工程以及现场处理，可以采用手工砂轮打磨的处理方法，此时砂轮打磨的方向应与受力方向垂直，打磨的范围不应小于 4 倍螺栓直径。手工砂轮打磨处理的摩擦面抗滑移系数离散相对较大，需要试验确定。

试验结果表明，摩擦面处理后生成赤锈的表面，其摩擦面抗滑移系数会有所提高，但安装前应除去浮锈。

本条新增加涂层摩擦面的抗滑移系数值，其中无机富锌漆是依据现行国家标准《钢结构设计规范》GB 50017 的有关规定制定。防滑防锈硅酸锌漆已在铁路桥梁中广泛应用，效果很好。锌加底漆(ZINGA)属新型富锌类底漆，其锌颗粒较小，在国内外所进行试验结果表明，抗滑移系数取 0.45 是可靠的。同济大学所进行的试验表明，聚氨酯富锌底漆或醇酸铁红底漆抗滑移系数平均值在 0.2 左右，取 0.15 是有足够可靠度的。

涂层摩擦面的抗滑移系数值与钢材表面处理及涂层厚度有关，因此本条列出钢材表面处理及涂层厚度有关要求。当钢材表面处理及涂层厚度不符合本条的要求时，应需要试验确定。

在实际工程中，高强度螺栓连接摩擦面采用热喷铝、镀锌、喷锌、有机富锌以及其他底漆处理，其涂层摩擦面的抗滑移系数值需要有可靠依据。

3.2.5 高强度螺栓预拉力 P 只与螺栓性能等级有关。当采用进口高强度大六角头螺栓和扭剪型高强度螺栓时，预拉力 P 取值应有可靠依据。

3.2.6 抗震设计中构件的高强度螺栓连接或焊接连接尚应进行极限承载力设计验算，据此本条作出了相应规定。具体计算方法见《建筑抗震设计规范》GB 50011-2010 第 8.2.8 条。

4 连 接 设 计

4.1 摩擦型连接

4.1.1 本条所列螺栓受剪承载力计算公式与现行国家标准《钢结构设计规范》GB 50017 规定的基本公式相同，仅将原系数 0.9 替换为 k_1，并增加系数 k_2。

k_1 可取值为 0.9 与 0.8，后者适用于冷弯型钢等较薄板件(板厚 $t \leqslant 6mm$)连接的情况。

k_2 为孔型系数，其取值系参考国内外试验研究及相关标准确定的。中冶建筑研究总院有限公司所进行的试验结果表明，M20 高强度螺栓大圆孔和槽型孔孔型系数分别为 0.95 和 0.86，M24 高强度螺栓大圆孔和槽型孔孔型系数分别为 0.95 和 0.87，因此本条参照美国规范的规定，高强度螺栓大圆孔和槽型孔孔型系数分别为 0.85、0.7、0.6。另外美国规范所采用的槽型孔分短槽孔和长槽孔，考虑到我国制孔加工工艺的现状，本次只考虑一种尺寸的槽型孔，其短向尺寸与标准圆孔相同，但长向尺寸介于美国规范短槽孔和长槽孔尺寸的中间。正常情况下，设计应采用标准圆孔。

涂层摩擦面对预拉力松弛有一定的影响，但涂层摩擦面抗滑移系数值中已考虑该因素，因此不再折减。

摩擦面抗滑移系数的取值原则上应按本规程 3.2.4 条采用，但设计可以根据实际情况适当调整。

4.1.5 本条所规定的折减系数同样适用于栓焊并用连接接头。

4.2 承压型连接

4.2.1 除正常使用极限状态设计外，承压型连接承载力计算中没有摩擦面抗滑移系数的要求，因此连接板表面可不作摩擦面处理。虽无摩擦面处理的要求，但其他如除锈、涂装等设计要求不能降低。

由于承压型连接和摩擦型连接是同一高强度螺栓

连接的两个不同阶段，因此，两者在设计和施工的基本要求（除抗滑移系数外）是一致的。

4.2.3 按照现行国家标准《钢结构设计规范》GB 50017的规定，公式4.2.3是按承载能力极限状态设计时螺栓达到其受拉极限承载力。

4.2.8 由于承压型连接和摩擦型连接是同一高强度螺栓连接的两个不同阶段，因此，将摩擦型连接定义为承压型连接的正常使用极限状态。按正常使用极限状态设计承压型连接的抗剪、抗拉以及剪、拉同时作用计算公式同摩擦型连接。

4.3 连 接 构 造

4.3.1 高强度大六角头螺栓扭矩系数和扭剪型高强度螺栓紧固轴力以及摩擦面抗滑移系数都是统计数据，再加上施工的不确定性以及螺栓延迟断裂问题，单独一个高强度螺栓连接的不安全隐患概率较高，一旦出现螺栓断裂，会造成结构的破坏，本条为强制性条文。

对不施加预拉力的普通螺栓连接，在个别情况下允许采用一个螺栓。

4.3.3 本条列出了高强度螺栓连接孔径匹配表，其内容除原有规定外，参照国内外相应规定与资料，补充了大圆孔、槽孔的孔径匹配规定，以便于应用。对于首次引入大圆孔、槽孔的应用，设计上应谨慎采用，有三点值得注意：

1 大圆孔、槽孔仅限在摩擦型连接中使用；

2 只允许在芯板或盖板其中之一按相应的扩大孔型制孔，其余仍按标准圆孔制孔；

3 当盖板采用大圆孔、槽孔时，为减少螺栓预拉力松弛，应增设连续型垫板或使用加厚垫圈（特制）。

考虑工程施工的实际情况，对承压型连接的孔径匹配关系均按与摩擦型连接相同取值（现行国家标准《钢结构设计规范》GB 50017对承压型连接孔径要求比摩擦型连接严）。

4.3.4 高强度螺栓的施拧均需使用特殊的专用扳手，也相应要求必需的施拧操作空间，设计人员在布置螺栓时应考虑这一施工要求。实际工程中，常有为紧凑布置而净空限制过小的情况，造成施工困难或大部分施拧均采用手工套筒，影响施工质量与效率，这一情况应尽量避免。表4.3.4仅为常用扳手的数据，供设计参考，设计可根据施工单位的专用扳手尺寸来调整。

5 连接接头设计

5.1 螺栓拼接接头

5.1.1 高强度螺栓全栓拼接接头应采用摩擦型连接，以保证连接接头的刚度。当拼接接头设计内力明确且不变号时，可根据使用要求按接头处最大内力设计，其所需接头螺栓数量较少。当构件按地震组合内力进行设计计算并控制截面选择时，应按现行国家标准《建筑抗震设计规范》GB 50011进行连接螺栓极限承载力的验算。

5.1.2 本条适用于H型钢梁截面螺栓拼接接头，在拼接截面处可有弯矩M与剪力偏心弯矩Ve、剪力V和轴力N共同作用，一般情况弯矩M为主要内力。

5.1.3 本条对腹板拼接螺栓的计算只列出按最大内力计算公式，当腹板拼接按等强原则计算时，应按与腹板净截面承载力等强计算。同时，按弹性计算方法要求，可仅对受力较大的角点栓1(图5.1.2)处进行验算。

一般情况下H型钢杜与支撑构件的轴力N为主要内力，其腹板的拼接螺栓与拼接板宜按与腹板净截面承载力等强原则计算。

5.2 受拉连接接头

5.2.3、5.2.4 T形受拉件在外加拉力作用下其翼缘板发生弯曲变形，而在板边缘产生撬力，撬力会增加螺栓的拉力并降低接头的刚度，必要时在计算中考虑其不利影响。T形件撬力作用计算模型如图1所示，分析时假定翼缘与腹板连接处弯矩M与翼缘板栓孔中心净截面处弯矩M_2'均达到塑性弯矩值，并由平衡条件得：

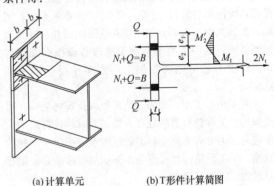

(a)计算单元　　(b)T形件计算简图

图1　T形件计算模型

$$B = Q + N_t \tag{1}$$
$$M_2' = Qe_1 \tag{2}$$
$$M_1 + M_2' - N_t e_2 = 0 \tag{3}$$

经推导后即可得到计入撬力影响的翼缘厚度计算公式如下：

$$t = \sqrt{\frac{4N_t e_2}{bf_y(1 + \alpha\delta)}} \tag{4}$$

式中：f_y 为翼缘钢材的屈服强度，α、δ 为相关参数。当$\alpha = 0$时，撬力$Q = 0$，并假定螺栓受力N_t达到N_t^b，以钢板设计强度f代替屈服强度f_y，则得到

翼缘厚度 t_c 的计算公式(5)。故可认为 t_c 为 T 形件不考虑撬力影响的最小厚度。撬力 $Q=0$ 意味着 T 形件翼缘在受力中不产生变形，有较大的抗弯刚度，此时，按欧洲规范计算要求 t_c 不应小于 $(1.8\sim2.2)d$（d 为连接螺栓直径），这在实用中很不经济。故工程设计宜适当考虑撬力并减少翼缘板厚度。即当翼缘板厚度小于 t_c 时，T 形连接件及其连接应考虑撬力的影响，此时计算所需的翼缘板较薄，T 形件刚度较弱，但同时连接螺栓会附加撬力 Q，从而会增大螺栓直径或提高强度级别。本条根据上述公式推导与使用条件，并参考了美国钢结构设计规范（AISC）中受拉 T 形连接接头设计方法，分别提出了考虑或不考虑撬力的 T 形受拉接头的设计方法与计算公式。由于推导中简化了部分参数，计算所得撬力值会略偏大。

$$t_c = \sqrt{\frac{4N_t^b e_2}{bf}} \qquad (5)$$

公式中的 N_t^b 取值为 $0.8P$，按正常使用极限状态设计时，应使高强度螺栓受拉板间保留一定的压紧力，保证连接件之间不被拉离；按承载能力极限状态设计时应满足式(5.2.4-3)的要求，此时螺栓轴向拉力控制在 $1.0P$ 的限值内。

5.3 外伸式端板连接接头

5.3.1 端板连接接头分外伸式和平齐式，后者转动刚度只及前者的 30%，承载力也低很多。除组合结构半刚性连接节点外，已较少应用，故本节只列出外伸式端板连接接头。图 5.3.1 外伸端板连接接头仅为典型图，实际工程中可按受力需要做成上下端均为外伸端板的构造。关于接头连接一般应采用摩擦型连接，对门式刚架等轻钢结构也宜采用承压型连接。

5.3.2 本条根据工程经验与国内外相关规定的要求，列出了外伸端板的构造规定。当考虑撬力作用时，外伸端板的构造尺寸（见图 5.3.1）应满足 $e_1 \leqslant 1.25e_2$ 的要求。这是由于计算模型假定在极限荷载作用时杠杆力分布在端板边缘，若 e_1 与 e_2 比值过大，则杠杆力的分布由端板边缘向内侧扩展，与杠杆力计算模型不符，为保证计算模型的合理性，因此应限制 $e_1 \leqslant 1.25e_2$。

为了减小弯矩作用下端板的弯曲变形，增加接头刚度，宜在外伸端板的中间设竖向短加劲肋。同时考虑梁受拉翼缘的全部撬力均由梁端焊缝传递，故要求该部位焊缝为熔透焊缝。

5.3.3、5.3.4 按国内外研究与相关资料，外伸端板接头计算均可按受拉 T 形件单元计算，本条据此提出了相关的计算公式。主要假定是对称于受拉翼缘的两排螺栓均匀受拉，以及转动中心在受压翼缘中心。关于第三排螺栓参与受拉工作是按陈绍蕃教授的有关论文列入的。对于上下对称布置螺栓的外伸式端板连接接头，本条计算公式同样适用。当考虑撬力作

时，受拉螺栓宜按承载能力极限状态设计。当按正常使用极限状态设计时，公式(5.3.4)右边的 $1.25N_t^b$ 改为 N_t^b 即可。

5.4 栓焊混用连接接头

5.4.1 栓焊混用连接接头是多、高层钢结构梁柱节点中最常用的接头形式，本条中图示了此类典型节点，规定了接头按弹性设计与极限承载力验算的条件。

5.4.2 混用连接接头中，腹板螺栓连（拼）接的计算构造仍可参照第 5.1 节的规定进行。同时，结合工程经验补充提出了有关要求。翼缘焊缝焊后收缩有可能会引起腹板高强度螺栓连接摩擦面发生滑移，因此对施工的顺序有所要求，施工单位应采取措施以避免腹板摩擦面滑移。

5.5 栓焊并用连接接头

5.5.1 栓焊并用连接在国内设计中应用尚少，故原则上不宜在新设计中采用。

5.5.2 从国内外相关标准和研究文献以及试验研究看，摩擦型高强度螺栓连接与角焊缝能较好地共同工作，当螺栓的规格、数量等与焊缝尺寸相匹配到一定范围时，两种连接的承载力可以叠加，甚至超过两者之和。据此本文提出节点构造匹配的规定。

5.5.3 综合国内外相关标准和研究文献以及试验研究结果得出并用系数，计算分析和试验结果证明栓焊并用连接承载力长度折减系数要小于单独螺栓或焊接连接，本条不考虑这一有利因素，偏于安全。

5.5.4 在加固改造或事故处理中采用栓焊并用连接比较现实，本条结合国外相关标准和研究文献以及试验研究，给出比较实用、简化的设计计算方法。

5.5.5 焊接时高强度螺栓处的温度有可能超过 100℃，而引起高强度螺栓预拉力松弛，因此需要对靠近焊缝的螺栓补拧。

5.5.6 由于端焊缝与摩擦型高强度螺栓连接的刚度差异较大，目前对于摩擦型高强度螺栓连接单独与端焊缝并用连接的研究尚不充分，本次修订暂不纳入。

6 施 工

6.1 储运和保管

6.1.1 本条规定了大六角头高强度螺栓连接副的组成、扭剪型高强度螺栓连接副的组成。

6.1.2 高强度螺栓连接副的质量是影响高强度螺栓连接安全性的重要因素，必须达到螺栓标准中技术条件的要求，不符合技术条件的产品，不得使用。因此，每一制造批必须由制造厂出具质量保证书。由于高强度螺栓连接副制造厂是按批保证扭矩系数或紧固

轴力，所以在使用时应在同批内配套使用。

6.1.3 螺纹损伤后将会改变高强度螺栓连接副的扭矩系数或紧固轴力，因此在运输、保管过程中应轻装、轻卸，防止损伤螺纹。

6.1.4 本条规定了高强度螺栓连接副在保管过程中应注意事项，其目的是为了确保高强度螺栓连接副使用时同批；尽可能保持出厂状态，以保证扭矩系数或紧固轴力不发生变化。

6.1.5 现行国家标准《钢结构用高强度大六角头螺栓、大六角螺母、垫圈技术条件》GB/T 1231 和《钢结构用扭剪型高强度螺栓连接副》GB/T 3632 中规定高强度螺栓的保质期 6 个月。在不破坏出厂状态情况下，对超过 6 个月再次使用的高强度螺栓，需重新进行扭矩系数或轴力复验，合格后方准使用。

6.2 连接构件的制作

6.2.1 根据第 4.3.3 条，增加大圆孔和槽孔两种孔型。并规定大圆孔和槽孔仅限于盖板或芯板之一，两者不能同时采用大圆孔和槽孔。

6.2.3 当板厚时，冲孔工艺会使孔边产生微裂纹和变形，钢板表面的不平整降低钢结构疲劳强度。随着冲孔设备及加工工艺的提高，允许板厚小于或等于12mm 时可冲孔成型，但对于承受动力荷载且需进行疲劳计算的构件连接以及主体结构梁、柱等构件连接不应采用冲孔成型。孔边的毛刺和飞边将影响摩擦面板层密贴。

6.2.6 钢板表面不平整，有焊接飞溅、毛刺等将会使板面不密贴，影响高强度螺栓连接的受力性能，另外，板面上的油污将大幅度降低摩擦面的抗滑移系数，因此表面不得有油污。表面处理方法的不同，直接影响摩擦面的抗滑移系数的取值，设计图中要求的处理方法决定了抗滑移系数值的大小，故加工中必须与设计要求一致。

6.2.7 高强度螺栓连接处钢板表面上，如粘有脏物和油污，将大幅度降低板面的抗滑移系数，影响高强度螺栓连接的承载能力，所以摩擦面上严禁作任何标记，还应加以保护。

6.3 高强度螺栓连接副和摩擦面抗滑移系数检验

6.3.1、6.3.2 高强度螺栓运到工地后，应按规定进行有关性能的复验。合格后方准使用，是使用前把好质量的关键。其中高强度大六角头螺栓连接副扭矩系数复验和扭剪型高强度螺栓连接副紧固轴力复验是现行国家标准《钢结构工程施工质量验收规范》GB 50205进场验收中的主控项目，应特别重视。

6.3.3 本条规定抗滑移系数应分别经制造厂和安装单位检验。当抗滑移系数符合设计要求时，方准出厂和安装。

 1 制造厂必须保证所制作的钢结构构件摩擦面

的抗滑移系数符合设计规定，安装单位应检验运至现场的钢结构构件摩擦面的抗滑移系数是否符合设计要求；考虑到每项钢结构工程的数量和制造周期差别较大，因此明确规定了检验批量的划分原则及每一批应检验的组数；

 2 抗滑移系数检验不能在钢结构构件上进行，只能通过试件进行模拟测定；为使试件能真实地反映构件的实际情况，规定了试件与构件为相同的条件；

 3 为了避免偏心引起测试误差，本条规定了试件的连接形式采用双面对接拼接；为使试件能真实反映实际构件，因此试件的连接计算应符合有关规定；试件滑移时，试板仍处于弹性状态；

 4 用拉力试验测得的抗滑移系数值比用压力试验测得的小，为偏于安全，本条规定了抗滑移系数检验采用拉力试验；为避免偏心对试验值的影响，试验时要求试件的轴线与试验机夹具中心线严格对中；

 5 在计算抗滑移系数值时，对于大六角头高强度螺栓 P_t 为拉力试验前拧在试件上的高强度螺栓实测预拉力值；因为高强度螺栓预拉力值的大小对测定抗滑移系数有一定的影响，所以本条规定了每个高强度螺栓拧紧预拉力的范围；

 6 为确保高强度螺栓连接的可靠性，本条规定了抗滑移系数检验的最小值必须大于或等于设计值，否则就认为构件的摩擦面没有处理好，不符合设计要求，钢结构不能出厂或者工地不能进行拼装，必须对摩擦面作重新处理，重新检验，直到合格为止。

 监理工程师将试验合格的摩擦面作为样板，对照检查构件摩擦面处理结果，有参考和借鉴的作用。

6.4 安　装

6.4.1 相同直径的螺栓其螺纹部分的长度是固定的，其值为螺母厚度加 5～6 扣螺纹。使用过长的螺栓将浪费钢材，增加不必要的费用，并给高强度螺栓施拧时带来困难，有可能出现拧到头的情况。螺栓太短的会使螺母受力不均匀，为此本条提出了螺栓长度的计算公式。

6.4.4 构件安装时，应用冲钉来对准连接节点各板层的孔位。应用临时螺栓和冲钉是确保安装精度和安全的必要措施。

6.4.5 螺纹损伤及沾染脏物的高强度螺栓连接副其扭矩系数将会大幅度变大，在同样终拧扭矩下达不到螺栓设计预拉力，直接影响连接的安全性。用高强度螺栓兼作临时螺栓，由于该螺栓从开始使用到终拧完成相隔时间较长，在这段时间内因环境等各种因素的影响（如下雨等），其扭矩系数将会发生变化，特别是螺纹损伤概率极大，会严重影响高强度螺栓终拧预拉力的准确性，因此，本条规定高强度螺栓不能兼作临时螺栓。

6.4.6 为保证大六角头高强度螺栓的扭矩系数和扭

剪型高强度螺栓的轴力，螺栓、螺母、垫圈及表面处理出厂时，按批配套装箱供应。因此要求用到螺栓应保持其原始出厂状态。

6.4.7 对于大六角头高强度螺栓连接副，垫圈设置内倒角是为了与螺栓头下的过渡圆弧相配合，因此在安装时垫圈带倒角的一侧必须朝向螺栓头，否则螺栓头就不能很好与垫圈密贴，影响螺栓的受力性能。对于螺母一侧的垫圈，因倒角侧的表面平整、光滑，拧紧时扭矩系数较小，且离散率也较小，所以垫圈有倒角一侧应朝向螺母。

6.4.8 强行穿入螺栓，必然损伤螺纹，影响扭矩系数从而达不到设计预拉力。气割扩孔的随意性大，切割面粗糙，严禁使用。修整后孔的最大直径和修孔数量作强制性规定是必要的。

6.4.9 过大孔，对构件截面局部削弱，且减少摩擦接触面，与原设计不一致，需经设计核算。

6.4.11 大六角头高强度螺栓，采用扭矩法施工时，影响预拉力因素除扭矩系数外，就是拧紧机具及扭矩值，所以规定了施拧用的扭矩扳手和矫正扳手的误差。

6.4.13 高强度螺栓连接副在拧紧后会产生预拉力损失，为保证连接副在工作阶段达到设计预拉力，为此在施拧时必须考虑预拉力损失值，施工预拉力比设计预拉力增加10%。

6.4.14 由于连接处钢板不平整，致使先拧与后拧的高强度螺栓预拉力有很大的差别，为克服这一现象，提高拧紧预拉力的精度，使各螺栓受力均匀，高强度螺栓的拧紧应分为初拧和终拧。当单排（列）螺栓个数超过15时，可认为是属于大型接头，需要进行复拧。

6.4.15 扭剪型高强度螺栓连接副不进行扭矩系数检验，其初拧（复拧）扭矩值参照大六角头高强度螺栓连接副扭矩系数的平均值（0.13）确定。

6.4.16 在某些情况下，大六角头高强度螺栓也可采用转角法施工。高强度螺栓连接副首先须经第6.3.1条检验合格方可应用转角法施工。大量转角试验用一层芯板、两层盖板基础上得出，所以作出三层板规定。本条是参考国外（美国和日本）标准及中冶建筑研究总院有限公司试验研究成果得出。作为国内第一次引入转角法施工，对其适用范围有较严格的规定，应符合下列要求：

    1 螺栓直径规格范围为：M16、M20、M22、M24；

    2 螺栓长度在12d之内；

    3 连接件（芯板和盖板）均为平板，连接件两面与螺栓轴线垂直；

    4 连接形式为双剪接头（一层芯板加两层盖板）；

    5 按本规程第6.4.14条初拧（复拧），并画出转角起始标记，按本条进行终拧。

6.4.17 螺栓群由中央顺序向外拧紧，为使高强度螺

栓连接处板层能更好密贴。

6.4.19 高强度螺栓连接副在工厂制造时，虽经表面防锈处理，有一定的防锈能力，但远不能满足长期使用的防锈要求，故在高强度螺栓连接处，不仅要对钢板进行涂漆防锈，对高强度螺栓连接副也应按照设计要求进行涂漆防锈、防火。

6.5 紧固质量检验

6.5.1 考虑到在进行施工质量检查时，高强度螺栓的预拉力损失大部分已经完成，故在检查扭矩计算公式中，高强度螺栓的预拉力采用设计值。现行国家标准《钢结构工程施工质量验收规范》GB 50205 中终拧扭矩的检验是按照施工扭矩值的±10%以内为合格，由于预拉力松弛等原因，终拧扭矩值基本上在1.0～1.1倍终拧扭矩标准值范围内（施工扭矩值＝1.1倍终拧扭矩标准值），因此本条规定与现行国家标准《钢结构工程施工质量验收规范》GB 50205 并无实质矛盾，待修订时统一。

6.5.2 不能用专用扳手拧紧的扭剪型高强度螺栓，应根据所采用的紧固方法（扭矩法或转角法）按本规程第6.5.1条的规定进行检查。

7 施工质量验收

7.1 一般规定

7.1.1 高强度螺栓连接属于钢结构工程中的分项工程之一，其施工质量的验收按照现行国家标准《钢结构工程施工质量验收规范》GB 50205 执行，对于超出《钢结构工程施工质量验收规范》GB 50205 的项目可按本规程的规定进行验收。

7.1.2、7.1.3 本节中列出的合格质量标准及不合格项目的处理程序来自于现行国家标准《钢结构工程施工质量验收规范》GB 50205 和《建筑工程施工质量验收统一标准》GB 50300，其目的是强调并便于工程使用。

7.2 检验批的划分

7.2.1 高强度螺栓连接分项工程检验批划分应按照现行国家标准《钢结构工程施工质量验收规范》GB 50205 的规定执行。

7.2.2 高强度螺栓连接副进场验收属于高强度螺栓连接分项工程中的验收项目，其验收批的划分除考虑高强度螺栓连接分项工程检验批划分外，还应考虑出厂批及螺栓规格。

    高强度螺栓连接副进场验收属于复验，其产品标准中规定出厂检验最大批量不超过3000套，作为复验的最大批量不宜超过2个出厂检验批，且不宜超过6000套。

同一材料（性能等级）、炉号、螺纹（直径）规格、长度（当螺栓长度≤100mm时，长度相差≤15mm；当螺栓长度＞100mm时，长度相差≤20mm，可视为同一长度）、机械加工、热处理工艺及表面处理工艺的螺栓为同批；同一材料、炉号、螺纹规格、厚度、机械加工、热处理工艺及表面处理工艺的螺母为同批；同一材料、炉号、直径规格、厚度、机械加工、热处理工艺及表面处理工艺的垫圈为同批。分别由同批螺栓、螺母及垫圈组成的连接副为同批连接副。

7.2.3 摩擦面抗滑移系数检验属于高强度螺栓连接分项工程中的一个强制性检验项目，其检验批的划分除应考虑高强度螺栓连接分项检验批外，还应考虑不同的处理工艺和钢结构用量。

中华人民共和国行业标准

城市桥梁设计规范

Code for design of the municipal bridge

CJJ 11—2011

批准部门：中华人民共和国住房和城乡建设部
施行日期：２０１２年４月１日

中华人民共和国住房和城乡建设部
公　告

第 993 号

关于发布行业标准
《城市桥梁设计规范》的公告

现批准《城市桥梁设计规范》为行业标准，编号为 CJJ 11-2011，自 2012 年 4 月 1 日起实施。其中，第 3.0.8、3.0.14、3.0.19、8.1.4、10.0.2、10.0.3、10.0.7 条为强制性条文，必须严格执行。原行业标准《城市桥梁设计准则》CJJ 11-93 同时废止。

本规范由我部标准定额研究所组织中国建筑工业出版社出版发行。

中华人民共和国住房和城乡建设部
2011 年 4 月 22 日

前　　言

根据原建设部《关于印发〈二〇〇四年度工程建设城建、建工行业标准制订、修订计划〉的通知》（建标〔2004〕66 号）的要求，规范编制组经广泛调查研究，认真总结实践经验，参考有关国际标准和国外先进标准，并在广泛征求意见的基础上，修订本规范。

本规范的主要技术内容是：1. 总则；2. 术语和符号；3. 基本规定；4. 桥位选择；5. 桥面净空；6. 桥梁的平面、纵断面和横断面设计；7. 桥梁引道、引桥；8. 立交、高架道路桥梁和地下通道；9. 桥梁细部构造及附属设施；10. 桥梁上的作用。

本规范修订的主要技术内容是：

1. 补充了工程结构可靠度设计内容有关的条文，明确了桥梁结构应进行承载能力极限状态和正常使用极限状态设计；桥梁设计应区分持久状况、短暂状况和偶然状况三种设计状况。

2. 修改了桥梁设计荷载标准。

3. 对桥梁分类标准、桥上及地下通道内管线敷设的规定、跨越桥梁的架空电缆线、桥位附近的管线以及紧靠下穿道路的桥梁墩位布置要求等进行了调整。

4. 增加节能、环保、防洪抢险、抗震救灾等方面的条文；增加涉及桥梁结构耐久性设计以及斜、弯、坡等特殊桥梁设计的条文。

5. 对桥梁的细部构造及附属设施的设计提出了更为具体的要求和规定。

6. 制定了强制性条文。

本规范中以黑体字标志的条文是强制性条文，必须严格执行。

本规范由住房和城乡建设部负责管理和对强制性条文的解释，由上海市政工程设计研究总院负责具体技术内容的解释。执行过程中如有意见或建议，请寄送上海市政工程设计研究总院（地址：上海市中山北二路 901 号，邮政编码：200092）。

本规范主编单位：上海市政工程设计研究总院

本规范参编单位：北京市市政工程设计研究总院

天津市市政工程设计研究院

兰州市城市建设设计院

重庆市设计院

广州市市政工程设计研究院

南京市市政设计研究院

杭州市城建设计研究院

沈阳市市政工程设计研

究院

同济大学

本规范主要起草人员：程为和　马　矗　沈中冶

都锡龄　秦大航　崔健球

袁建兵　贾军政　张剑英

刘旭锴　陈翰新　纪　诚

古秀丽　郑宪政　宁平华

张启伟

本规范主要审查人员：周　良　韩振勇　赵君黎

段　政　刘新痴　刘　敏

彭栋木　毛应生　王今朝

李国平

目　次

Contents

1 总　则

1.0.1 为使城市桥梁设计符合安全可靠、适用耐久、技术先进、经济合理、与环境协调的要求，制定本规范。

1.0.2 本规范适用于城市道路上新建永久性桥梁和地下通道的设计，也适用于镇（乡）村道路上新建永久性桥梁和地下通道的设计。

1.0.3 城市桥梁设计应根据城乡规划确定的道路等级、城市交通发展需要，遵循有利于节约资源、保护环境、防洪抢险、抗震救灾的原则进行设计。

1.0.4 城市桥梁设计除应执行本规范外，尚应符合国家现行有关标准的规定。

2　术语和符号

2.1　术　语

2.1.1 可靠性　reliability
结构在规定的时间内，在规定条件下，完成预定功能的能力。

2.1.2 可靠度　degree of reliability
结构在规定的时间内，在规定条件下，完成预定功能的概率。

2.1.3 设计洪水频率　design flood freguency
设计采用的等于或大于某一强度的洪水出现一次的平均时间间隔为洪水重现期，其倒数为洪水频率。

2.1.4 设计基准期　design period
在进行结构可靠性分析时，为确定可变作用及与时间有关的材料性能等取值而选用的时间参数。

2.1.5 设计使用年限　design working life
设计规定的结构或结构构件不需进行大修即可按预定目的使用的年限。

2.1.6 作用（荷载）　action（load）
施加在结构上的集中力或分布力（直接作用，也称为荷载）和引起结构外加变形或约束变形的原因（间接作用）。

2.1.7 永久作用　permanent action
在结构使用期间，其量值不随时间而变化，或其变化值与平均值比较可忽略不计的作用。

2.1.8 可变作用　variable action
在结构使用期间，其量值随时间变化，且其变化值与平均值比较不可忽略的作用。

2.1.9 偶然作用　accidental action
在结构使用期间出现的概率很小，一旦出现，其值很大且持续时间很短的作用。

2.1.10 作用效应　effect of action
由作用引起的结构或结构构件的反应，例如内力、变形、裂缝等。

2.1.11 作用效应的组合　combination for action effects
结构或在结构构件上几种作用分别产生的效应随机叠加。

2.1.12 设计状况　design situation
代表一定时段的一组物理条件，设计时应做到结构在该时段内不超越有关的极限状态。

2.1.13 极限状态　limit state
结构或构件超过某一特定状态就不能满足设计规定的某一功能要求，此特定状态为该功能的极限状态。

2.1.14 承载能力极限状态　ultimate limit states
对应于桥梁结构或其构件达到最大承载能力或出现不适于继续承载的变形或变位的状态。

2.1.15 正常使用极限状态　serviceability limit states
对应于桥梁结构或其构件达到正常使用或耐久性能的某项规定限值的状态。

2.1.16 安全等级　safety classes
为使结构具有合理的安全性，根据工程结构破坏所产生后果的严重程度而划分的设计等级。

2.1.17 高架桥　viaduct
通过架空于地面修建的城市道路称为高架道路。其构筑物称为高架桥。

2.1.18 地下通道　underpass
穿越道路或铁路线的构筑物，称为地下通道。

2.1.19 小型车专用道路　compacted car-only road
只允许小型客（货）车通行的道路。

2.2　符　号

L——加载长度；
P_k——车道荷载的集中荷载；
q_k——车道荷载的均布荷载；
W——单位面积的人群荷载；
W_p——单边人行道宽度；在专用非机动车桥上为 1/2 桥宽。

3　基本规定

3.0.1 桥梁设计应符合城乡规划的要求。应根据道路功能、等级、通行能力及防洪抗灾要求，结合水文、地质、通航、环境等条件进行综合设计。因技术经济上的原因需分期实施时，应保留远期发展余地。

3.0.2 桥梁按其多孔跨径总长或单孔跨径的长度，可分为特大桥、大桥、中桥和小桥等四类，桥梁分类应符合表 3.0.2 的规定。

表3.0.2　桥梁按总长或跨径分类

桥梁分类	多孔跨径总长 L（m）	单孔跨径 L_o（m）
特大桥	$L>1000$	$L_o>150$
大　桥	$1000{\geqslant}L{\geqslant}100$	$150{\geqslant}L_o{\geqslant}40$
中　桥	$100>L>30$	$40>L_o{\geqslant}20$
小　桥	$30{\geqslant}L{\geqslant}8$	$20>L_o{\geqslant}5$

注：1　单孔跨径系指标准跨径。梁式桥、板式桥以两桥墩中线之间桥中心线长度或桥墩中线与桥台台背前缘线之间桥中心线长度为标准跨径；拱式桥以净跨径为标准跨径。

　　2　梁式桥、板式桥的多孔跨径总长为多孔标准跨径的总长；拱式桥为两岸桥台起拱线间的距离；其他形式的桥梁为桥面系的行车道长度。

3.0.3　城市桥梁设计宜采用百年一遇的洪水频率，对特别重要的桥梁可提高到三百年一遇。

　　城市中防洪标准较低的地区，当按百年一遇或三百年一遇的洪水频率设计，导致桥面高程较高而引起困难时，可按相交河道或排洪沟渠的规划洪水频率设计，但应确保桥梁结构在百年一遇或三百年一遇洪水频率下的安全。

3.0.4　桥梁孔径应按批准的城乡规划中的河道及（或）航道整治规划，结合现状布设。当无规划时，应根据现状按设计洪水流量满足泄洪要求和通航要求布置。不宜过大改变水流的天然状态。

　　设计洪水流量可按国家现行标准的规定进行分析、计算。

3.0.5　桥梁的桥下净空应符合下列规定：

　　1　通航河流的桥下净空应按批准的城乡规划的航道等级确定。通航海轮桥梁的通航水位和桥下净空应符合现行行业标准《通航海轮桥梁通航标准》JTJ 311 的规定。通航内河轮船桥梁的通航水位和桥下净空应符合现行国家标准《内河通航标准》GB 50139 的规定，并应充分考虑河床演变和不同通航水位航迹线的变化。

　　2　不通航河流的桥下净空应根据计算水位或最高流冰面加安全高度确定。

　　当河流有形成流冰阻塞的危险或有漂浮物通过时，应按实际调查的数据，在计算水位的基础上，结合当地具体情况酌留一定富余量，作为确定桥下净空的依据。对淤积的河流，桥下净空应适当增加。

　　在不通航或无流放木筏河流上及通航河流的不通航桥孔内，桥下净空不应小于表3.0.5的规定。

表3.0.5　非通航河流桥下最小净空表

桥梁的部位		高出计算水位（m）	高出最高流冰面（m）
梁底	洪水期无大漂流物	0.50	0.75
	洪水期有大漂流物	1.50	—
	有泥石流	1.00	—
支承垫石顶面		0.25	0.50
拱　脚		0.25	0.25

　　3　无铰拱的拱脚被设计洪水淹没时，水位不宜超过拱圈高度的2/3，且拱顶底面至计算水位的净高不得小于1.0m。

　　4　在不通航和无流筏的水库区域内，梁底面或拱顶底面离开水面的高度不应小于计算浪高的0.75倍加0.25m。

　　5　跨越道路或公路的城市跨线桥梁，桥下净空应分别符合现行行业标准《城市道路设计规范》CJJ 37、《公路工程技术标准》JTG B01 的建筑限界规定。跨越城市轨道交通或铁路的桥梁，桥下净空应分别符合现行国家标准《地铁设计规范》GB 50157 和《标准轨距铁路建筑限界》GB 146.2 的规定。

　　桥梁墩位布置同时应满足桥下道路或铁路的行车视距和前方交通信息识别的要求，并应按相关规范的规定要求，避开既有的地下构筑物和地下管线。

　　6　对桥下净空有特殊要求的航道或路段，桥下净空尺度应作专题研究、论证。

3.0.6　桥梁建筑应符合城乡规划的要求。桥梁建筑重点应放在总体布置和主体结构上，结构受力应合理，总体布置应舒展、造型美观，且应与周围环境和景观协调。

3.0.7　桥梁应根据城乡规划、城市环境、市容特点，进行绿化、美化市容和保护环境设计。对特大型和大型桥梁、高架道路桥、大型立交桥梁在工程建设前期应作环境影响评价，工程设计中应作相应的环境保护设计。

3.0.8　桥梁结构的设计基准期应为100年。

3.0.9　桥梁结构的设计使用年限应按表3.0.9的规定采用。

表3.0.9　桥梁结构的设计使用年限

类　别	设计使用年限（年）	类　别
1	30	小桥
2	50	中桥、重要小桥
3	100	特大桥、大桥、重要中桥

注：对有特殊要求结构的设计使用年限，可在上述规定基础上经技术经济论证后予以调整。

3.0.10 桥梁结构应满足下列功能要求：

1 在正常施工和正常使用时，能承受可能出现的各种作用；

2 在正常使用时，具有良好的工作性能；

3 在正常维护下，具有足够的耐久性能；

4 在设计规定的偶然事件发生时和发生后，能保持必需的整体稳定性。

3.0.11 桥梁结构应按承载能力极限状态和正常使用极限状态进行设计，并应同时满足构造和工艺方面的要求。

3.0.12 根据桥梁结构在施工和使用中的环境条件和影响，可将桥梁设计分为以下三种状况：

1 持久状况：在桥梁使用过程中一定出现，且持续期很长的设计状况。

2 短暂状况：在桥梁施工和使用过程中出现概率较大而持续期较短的状况。

3 偶然状况：在桥梁使用过程中出现概率很小，且持续期极短的状况。

3.0.13 桥梁结构或其构件：对 3.0.12 条所述三种设计状况均应进行承载能力极限状态设计；对持久状况还应进行正常使用极限状态设计；对短暂状况及偶然状况中的地震设计状况，可根据需要进行正常使用极限状态设计；对偶然状况中的船舶或汽车撞击等设计状况，可不进行正常使用极限状态设计。

当进行承载能力极限状态设计时，应采用作用效应的基本组合和作用效应的偶然组合；当按正常使用极限状态设计时，应采用作用效应的标准组合、作用短期效应组合（频遇组合）和作用长期效应组合（准永久组合）。

3.0.14 当桥梁按持久状况承载能力极限状态设计时，根据结构的重要性、结构破坏可能产生后果的严重性，应采用不低于表 3.0.14 规定的设计安全等级。

表 3.0.14 桥梁设计安全等级

安全等级	结构类型	类　别
一级	重要结构	特大桥、大桥、中桥、重要小桥
二级	一般结构	小桥、重要挡土墙
三级	次要结构	挡土墙、防撞护栏

注：1　表中所列特大、大、中桥等系按本规范表 3.0.2中单孔跨径确定，对多跨不等跨桥梁，以其中最大跨径为准；冠以"重要"的小桥、挡土墙系指城市快速路、主干路及交通特别繁忙的城市次干路上的桥梁、挡土墙。

　　2　对有特殊要求的桥梁，其设计安全等级可根据具体情况另行确定。

3.0.15 桥梁结构构件的设计应符合国家现行有关标准的规定。地下通道结构的设计应符合本规范第 8.3节的有关规定。

3.0.16 桥梁结构应符合下列规定：

1 构件在制造、运输、安装和使用过程中，应具有规定的强度、刚度、稳定性和耐久性。

2 构件应减小由附加力、局部力和偏心力引起的应力。

3 结构或构件应根据其所处的环境条件进行耐久性设计。采用的材料及其技术性能应符合相关标准的规定。

4 选用的形式应便于制造、施工和养护。

5 桥梁应进行抗震设计。抗震设计应按国家现行标准《中国地震动参数区划图》GB 18306、《城市道路设计规范》CJJ 37 和《公路工程技术标准》JTG B01 的规定进行。对已编制地震小区划的城市，可按行政主管部门批准的地震动参数进行抗震设计。

地震作用的计算及结构的抗震设计应符合国家现行相关规范的规定。

6 当受到城市区域条件限制，需建斜桥、弯桥、坡桥时，应根据其具体特点，作为特殊桥梁进行设计。

7 桥梁基础沉降量应符合现行行业标准《公路桥涵地基与基础设计规范》JTG D63 的规定。对外部为超静定体系的桥梁，应控制引起桥梁上部结构附加内力的基础不均匀沉降量，宜在结构设计中预留调节基础不均匀沉降的构造装置或空间。

3.0.17 对位于城市快速路、主干路、次干路上的多孔梁（板）桥，宜采用整体连续结构，也可采用连续桥面简支结构。

设计应保证桥梁在使用期间运行通畅，养护维修方便。

3.0.18 桥梁应根据工程规模和不同的桥型结构设置照明、交通信号标志、航运信号标志、航空障碍标志、防雷接地装置以及桥面防水、排水、检修、安全等附属设施。

3.0.19 桥上或地下通道内的管线敷设应符合下列规定：

1 不得在桥上敷设污水管、压力大于 0.4MPa的燃气管和其他可燃、有毒或腐蚀性的液、气体管。条件许可时，在桥上敷设的电信电缆、热力管、给水管、电压不高于 10kV 配电电缆、压力不大于0.4MPa 燃气管必须采取有效的安全防护措施。

2 严禁在地下通道内敷设电压高于 10kV 配电电缆、燃气管及其他可燃、有毒或腐蚀性液、气体管。

3.0.20 对特大桥和重要大桥竣工后应进行荷载试验，并应保留作为运行期间监测系统所需的测点和参数。

3.0.21 桥梁设计必须严格实施质量管理和质量控制，设计文件的组成应符合有关文件编制的规定，对涉及工程质量的构造设计、材料性能和结构耐久性及需特别指明的制作或施工工艺、桥梁运行条件、养护维修等应提出相应的要求。

4 桥位选择

4.0.1 桥位选择应根据城乡规划，近远期交通流向和流量的需要，结合水文、航运、地形、地质、环境及对邻近建筑物和公用设施的影响进行全面分析、综合比较后确定。

4.0.2 特大桥、大桥的桥位应选择在河道顺直、河床稳定、河滩较窄、河槽能通过大部分设计流量且地质良好的河段。桥位不宜选择在河滩、沙洲、古河道、急弯、汇合口、渡口、港口作业区及易形成流冰、流木阻塞的河段以及活动性断层、强岩溶、滑坡、崩塌、地震易液化、泥石流等不良地质的河段。中小桥桥位宜按道路的走向进行布置。

4.0.3 桥梁纵轴线宜与洪水主流流向正交；当不能正交时，对中小桥宜采用斜交或弯桥。

4.0.4 通航河流上桥梁的桥位选择，除应符合城乡规划，选择在河道顺直、河床稳定、水深充裕、水流条件良好的航段上外，还应符合下列规定：

1 桥梁墩台沿水流方向的轴线，应与最高通航水位的主流方向一致，当为斜交时，其交角不宜大于5°；当交角大于5°时，应加大通航孔净宽。对变迁性河流，应考虑河床变迁对通航孔的影响。

2 位于内河航道上的桥梁，尚应符合现行国家标准《内河通航标准》GB 50139 中关于水上过河建筑物选址的要求。

3 通航海轮的桥梁、桥位选择应符合现行行业标准《通航海轮桥梁通航标准》JTJ 311 的规定。

4.0.5 非通航河流上相邻桥梁的间距除应符合洪水水流顺畅，满足城市防洪要求外，尚应根据桥址工程地质条件、既有桥梁结构的状态、与运营干扰等因素来确定。

4.0.6 当桥址处有两个及以上的稳定河槽，或滩地流量占设计流量比例较大，且水流不易引入同一座桥时，可在主河槽、河汊和滩地上分别设桥，不宜采用长大导流堤强行集中水流。桥轴线宜与主河槽的水流流向正交。天然河道不宜改移或裁弯取直。

4.0.7 桥位应避开泥石流区。当无法避开时，宜建大跨径桥梁跨过泥石流区。当没有条件建大跨桥时，应避开沉积区，可在流通区跨越。桥位不宜布置在河床的纵坡由陡变缓、断面突然变化及平面上的急弯处。

4.0.8 桥位上空不宜设有架空高压电线，当无法避开时，桥梁主体结构最高点与架空电线之间的最小垂直距离，应符合国家现行标准《城市电力规划规范》GB 50293 和《110～550kV 架空送电线路设计技术规程》DL/T 5092 的规定。

当桥位旁有架空高压电线时，桥边缘与架空电线

之间的水平距离应符合国家现行相关标准的规定。

4.0.9 桥位应与燃气输送管道、输油管道，易燃、易爆和有毒气体等危险品工厂、车间、仓库保持一定安全距离。当距离较近时，应设置满足消防、防爆要求的防护设施。

桥位距燃气输送管道、输油管道的安全距离应符合国家现行相关标准的规定。

5 桥面净空

5.0.1 城市桥梁的桥面净空限界、桥面最小净高、机动车车行道宽度、非机动车车行道宽度、中小桥的人行道宽度、路缘带宽度、安全带宽度、分隔带宽度应符合现行行业标准《城市道路设计规范》CJJ 37 的规定。

特大桥、大桥的单侧人行道宽度宜采用 2.0m～3.0m。

5.0.2 城市桥梁中的小桥桥面布置形式及净空限界应与道路相同，特大桥、大桥、中桥的桥面布置及净空限界中的车行道及路缘带的宽度应与道路相同，分隔带宽度可适当缩窄，但不应小于现行行业标准《城市道路设计规范》CJJ 37 规定的最小值。

6 桥梁的平面、纵断面和横断面设计

6.0.1 桥梁在平面上宜做成直桥，当特殊情况时可做成弯桥，其线形布置应符合现行行业标准《城市道路设计规范》CJJ 37 的规定。

6.0.2 对下承式和中承式桥的主梁、主桁或拱肋，悬索桥、斜拉桥的索面及索塔，可设置在人行道或车行道的分隔带上，但必须采取防止车辆直接撞击的防护措施。悬索桥、斜拉桥的索面及索塔亦可设置在人行道或检修道栏杆外侧。

6.0.3 桥面车行道路幅宽度宜与所衔接道路的车行道路幅宽度一致。当道路现状与规划断面相差很大，桥梁按规划车行道布置难度较大时，应按本规范第3.0.1 条规定分期实施。

当两端道路上设有较宽的分隔带或绿化带时，桥梁可考虑分幅布置（横向组成分离式桥），桥上不宜设置绿化带。特大桥、大桥、中桥的桥面宽度可适当减小，但车行道的宽度应与两端道路车行道有效宽度的总和相等并在引道上设变宽缓和段与两端道路接顺。小桥的机动车道平面线形应与道路保持一致。

6.0.4 当特大桥、大桥、中桥与两端道路为新建时，桥面车行道布设应根据规划道路等级，按现行行业标准《城市道路设计规范》CJJ 37 的规定和交通流量来确定。

6.0.5 桥梁宽度应按本规范第5章的规定确定。

6.0.6 桥面最小纵坡不宜小于 0.3%。桥面最大纵

坡、坡度长度与竖曲线布设应符合现行行业标准《城市道路设计规范》CJJ 37 的规定。

桥梁纵断面设计时，应考虑到长期荷载作用下的构件挠曲和墩台沉降的影响。

6.0.7 桥梁横断面布置除桥面净空应符合本规范第 5 章规定外，尚应符合下列规定：

1 桥梁人行道或检修道外侧必须设置人行道栏杆。

2 对主干路和次干路的桥梁，当两侧无人行道时，两侧应设检修道，其宽度宜为 0.50m～0.75m。

3 对桥面上机动车道与非机动车道上有永久性分隔带的桥或专用非机动车的桥，其两旁的人行道或检修道缘石宜高出车行道路面 0.15m～0.20m。

4 对主干路、次干路、支路的桥梁，桥面为混合行车道或专用机动车道时，人行道或检修道缘石宜高出车行道路面 0.25m～0.40m。当跨越急流、大河、深谷、重要道路、铁路、主要航道或桥面常有积雪、结冰时，其缘石高度宜取较大值，外侧应采用加强栏杆。

5 对快速路桥、机动车专用桥的桥面两侧应设置防撞护栏，防撞护栏应符合本规范第 9.5.2 条规定。

6.0.8 桥面车行道应按现行行业标准《城市道路设计规范》CJJ 37 的规定设置横坡，在快速路和主干路桥上，横坡宜为 2%；在次干路和支路桥上横坡宜为 1.5%～2.0%，人行道上宜设置 1%～2% 向车行道的单向横坡。在路缘石或防撞护栏旁应设置足够数量的排水孔。在排水孔之间的纵坡不宜小于 0.3%～0.5%。

7 桥梁引道、引桥

7.0.1 桥梁引道应按现行行业标准《城市道路设计规范》CJJ 37 的规定要求布设；引桥应按本规范的有关要求布设。

7.0.2 桥梁引道的设计应与引桥的设计统一，从安全、经济、美观等方面进行综合比较。

7.0.3 桥梁引道及引桥的布设应遵循下列原则：

1 桥梁引道及引桥与两侧街区交通衔接，并应预留防洪抢险通道。

2 当引道为填土路堤时，宜将城市给水、排水、燃气、热力等地下管道迁移至桥梁填土范围以外或填土影响范围以外布设。

3 位于软土地基上的引道填土路堤最大高度应予以控制。

4 引桥墩台基础设计应分析基础施工及基础沉降对邻近永久性建筑物的影响。

5 在纵坡较大的桥梁引道上，不宜设置平交道口和公共交通车辆的停靠站及工厂、街区出入口。

7.0.4 当引道采用填土路堤，且两侧采用较高挡土墙时，两侧应设置栏杆，其布置可按本规范第 6.0.7 条有关规定执行。

7.0.5 特大桥、大桥、中桥的桥头应避免分隔带路缘石突变。路缘石在平面上应设置缓和接顺段，折角处应采用平曲线接顺。

7.0.6 当主孔斜交角度较大、引桥较长时，宜根据桥址的地形、地物在引桥与主桥衔接处布设若干个过渡孔，使其后的引桥均按正交布置。

7.0.7 桥台侧墙后端深入桥头锥坡顶点以内的长度不应小于 0.75m。

位于城市快速路、主干路和次干路上的桥梁，桥头宜设置搭板，搭板长度不宜小于 6m。

7.0.8 桥头锥体及桥台台后 5m～10m 长度的引道，可采用砂性土等材料填筑。在非严寒地区当无透水性材料时，可就地取土填筑，也可采用土工合成材料或其他轻质材料填筑。

8 立交、高架道路桥梁和地下通道

8.1 一般规定

8.1.1 立交、高架道路桥梁和地下通道应按城市规划和现行行业标准《城市道路设计规范》CJJ 37 中的有关规定设置。

8.1.2 立交、高架道路桥梁和地下通道的布设应综合考虑下列因素：

1 宜按规划一次兴建，分期建设时应考虑后期的实施条件；

2 应减少工程占用的土地、房屋拆迁及重要公共设施的搬迁；

3 充分考虑与街区间交通的相互关系；

4 结构形式及建筑造型应与城市景观协调，桥下空间利用应防止可能产生的对交通的干扰，墩台的布置应考虑桥下空间的净空利用，以及转向交通视距等要求；

5 应密切结合地形、地物、地质、地下水情况以及地下工程设施等因素；

6 应密切结合规划及现有的地上、地下管线；

7 应综合分析设计中所采用的立交形式、桥梁结构和施工工艺对周围现有建筑、道路交通以及规划中的新建筑的影响；

8 应根据环境保护的要求，采取工程措施减少工程建设对周围环境的影响。

8.1.3 立交、高架道路桥梁和地下通道的平面、纵断面、横断面设计，应满足下列要求：

1 平面布置应与其相衔接道路的标准相适应，应满足工程所在区域道路行车需要；

2 纵断面设计应与其衔接的道路标准相适应，

并应结合当地气候条件、车辆类型及爬坡能力等因素，选用适当的纵坡值。竖曲线最低点不宜设在地下通道暗埋段箱体内，凸曲线应满足行车视距。对混合交通应满足非机动车辆的最大纵坡限制值要求。

　　3　横断面设计应与其衔接的道路标准相适应。在机动车道与非机动车道之间，可设置分隔带疏导交通。对设有中间分隔带的宽桥，桥梁结构可设计成上下行分离的独立桥梁。

　　4　立交区段的各种杆、柱、架空线网的布置，应保持该区段的整洁、开阔。当桥面灯杆置于人行道靠缘石处，杆座边缘与车行道路面（路缘石外侧）的净距不应小于0.25m。地下通道引道的杆、柱宜设置在分隔带上或路幅以外。

8.1.4　当立交、高架道路桥梁的下穿道路紧靠柱式墩或薄壁墩台、墙时，所需的安全带宽度应符合下列规定：

　　1　当道路设计行车速度大于或等于60km/h时，安全带宽度不应小于0.50m；

　　2　当道路设计行车速度小于60km/h时，安全带宽度不应小于0.25m。

8.1.5　当下穿道路路缘带外侧与柱、墩台、墙之间设有检修道，其宽度大于所需的安全带宽度时，可不再设安全带。

8.1.6　汽车撞击墩台作用的力值和位置可按现行行业标准《公路桥涵设计通用规范》JTG D60的规定取值。对易受汽车撞击的相关部位应采取相应的防撞构造措施，但安全带宽度仍应符合本规范第8.1.4条的规定。

8.1.7　当高架道路桥梁的长度较长时，应考虑每隔一定距离在中央分隔带上设置开启式护栏，设置的最小间距不宜小于2km。

8.2　立交、高架道路桥梁

8.2.1　当立交、高架道路桥梁与桥下道路斜交时，可采用斜交桥的形式跨越。当斜交角度较大时，宜采用加大桥梁跨度，减小斜交角度或斜桥正做的方式，同时应满足桥下道路平面线形、视距及前方交通信息识别的要求。

8.2.2　曲线梁桥的结构形式及横断面形状，应具有足够的抗扭刚度。结构支承体系应满足曲线桥梁上部结构的受力和变形要求，并采取可靠的抗倾覆措施。

8.2.3　对纵坡较大的桥梁或独柱支承的匝道桥梁，应分析桥梁向下坡方向累计位移的影响，总体设计时独柱墩连续梁分联长度不宜过长，中墩应采用适宜的结构尺寸，并应保证墩柱具有较大的纵横向抗推刚度。

8.2.4　当立交、高架道路桥梁的跨度小于30m，且桥宽较大时，桥墩可采用柱式桥墩，柱数宜少，视觉应通透、舒适。

8.2.5　当立交、高架道路桥下设置停车场时，不得妨碍桥梁结构的安全，应设置相应的防火设施，并应满足有关消防的安全规定。

8.2.6　当立交、高架道路桥梁跨越城市轨道交通或电气化铁路时，接触网与桥梁结构的最小净距应符合国家现行标准《地铁设计规范》GB 50157和《铁路电力牵引供电设计规范》TB 10009的规定。

8.3　地　下　通　道

8.3.1　采用地下通道方案前，应与立交跨线桥方案作技术、经济、运营等方面的比较。设计时应对建设地点的地形、地质、水文、地上、地下的既有构筑物及规划要求，地下管线，地面交通或铁路运营情况进行详细调查分析。位于铁路运营线下的地下通道，为保证施工期间铁路运营安全，地下通道位置除应按本规范第8.1.1条的规定设置外，还应选在地质条件较好、铁路路基稳定、沉降量小的地段。

8.3.2　地下通道净空应符合本规范第5章的规定。当地下通道中设置机动车道、非机动车道和人行道时，可将非机动车道、人行道和机动车道布置在不同的高程上。

　　在仅布置机动车道的地下通道内，应在一侧路缘石与墙面之间设置检修道，宽度宜为0.50m～0.75m。当孔内机动车的车行道为四条及以上时，另一侧还应再设置0.50m～0.75m宽的检修道。

8.3.3　下穿城市道路或公路的地下通道，设计荷载应符合本规范及现行行业标准《公路桥涵设计通用规范》JTG D60的规定，结构内力、截面强度、挠度、裂缝宽度计算及允许值的取用应符合现行行业标准《公路钢筋混凝土及预应力混凝土桥涵设计规范》JTG D62的规定，裂缝宽度也可按现行国家标准《混凝土结构设计规范》GB 50010的规定进行计算；抗震验算应符合相关抗震设计规范的规定。地下通道长度应根据地下通道上方的道路性质符合本规范及现行行业标准《公路桥涵设计通用规范》JTG D60相关的道路净空宽度的规定。

8.3.4　下穿铁路的地下通道，其设计荷载、结构内力、截面强度、挠度、裂缝宽度计算及允许值的取用、抗震验算应符合国家现行标准《铁路桥涵设计基本规范》TB 10002.1、《铁路桥涵钢筋混凝土和预应力混凝土结构设计规范》TB 10002.3和《铁路工程抗震设计规范》GB 50111的规定。地下通道长度除应符合上跨铁路线路的净空宽度要求外，还应满足管线、沟漕、信号标志等附属设施和铁路员工检修便道的需求。

8.3.5　当地下通道轴线与置于地下通道上的道路或铁路轴线的斜交角 $\alpha \leqslant 15°$ 时，可按正交结构分析；当 $\alpha > 15°$ 时，应按斜交结构分析。

8.3.6　地下通道混凝土强度等级不宜低于C30；当

地下通道及与其衔接的引道结构的最低点位于地下水位以下时，混凝土抗渗等级不应低于 P8。下穿铁路的地下通道混凝土强度等级和抗渗等级应符合现行行业标准《铁路桥涵钢筋混凝土和预应力混凝土结构设计规范》TB 10002.3 的规定。

8.3.7 地下通道结构连续长度不宜过长。当地下通道结构长度较长时，应设置沉降缝或伸缩缝。沉降缝或伸缩缝的间距应按地基土性质、荷载、结构形式及结构变化情况确定。

8.3.8 当地下通道采用顶进施工工艺时，宜布置成正交；当采用斜交时，斜交角不应大于 45°。地下通道的结构尺寸应计入顶进时的施工偏差，角隅处的构造筋及中墙、侧墙的纵向钢筋宜适当加强。位于地下通道上的铁路线路的加固应满足保证铁路安全运营的要求。

8.3.9 当地下水位较高时，地下通道及与其衔接的引道结构应进行抗浮计算，并应采取相应的抗浮措施。

9 桥梁细部构造及附属设施

9.1 桥面铺装

9.1.1 桥面铺装的结构形式宜与所衔接的道路路面相协调，可采用沥青混凝土或水泥混凝土材料。

9.1.2 桥面铺装层材料、构造与厚度应符合下列规定：

1 当为快速路、主干路桥梁和次干路上的特大桥、大桥时，桥面铺装宜采用沥青混凝土材料，铺装层厚度不宜小于 80mm，粒料宜与桥头引道上的沥青面层一致。水泥混凝土整平层强度等级不应低于 C30，厚度宜为 70mm～100mm，并应配有钢筋网或焊接钢筋网。

当为次干路、支路时，桥梁沥青混凝土铺装层和水泥混凝土整平层的厚度均不宜小于 60mm。

2 水泥混凝土铺装层的面层厚度不应小于 80mm，混凝土强度等级不应低于 C40，铺装层内应配有钢筋网或焊接钢筋网，钢筋直径不应小于 10mm，间距不宜大于 100mm，必要时采用纤维混凝土。

9.1.3 钢桥面沥青混凝土铺装结构应根据铺装材料的性能、施工工艺、车辆轮压、桥梁跨径与结构形式、桥面系的构造尺寸以及桥梁纵断面线形、当地的气象与环境条件等因素综合分析后确定。

9.2 桥面与地下通道防水、排水

9.2.1 桥面铺装应设置防水层。

沥青混凝土铺装底面在水泥混凝土整平层之上应设置柔性防水卷材或涂料，防水材料应具有耐热、冷柔、防渗、耐腐、粘结、抗碾压等性能。材料性能技术要求和设计应符合国家现行相关标准的规定。

水泥混凝土铺装可采用刚性防水材料，或底层采用不影响水泥混凝土铺装受力性能的防水涂料等。

9.2.2 圬工桥台台身背墙、拱桥拱圈顶面及侧墙背面应设置防水层。下穿地下通道箱涵等封闭式结构顶板顶面应设置排水横坡，坡度宜为 0.5%～1%，箱体防水应采用自防水，也可在顶板顶面、侧墙外侧设置防水层。

9.2.3 桥面排水设施的设置应符合下列规定：

1 桥面排水设施应适应桥梁结构的变形，细部构造布置应保证桥梁结构的任何部分不受排水设施及泄漏水流的侵蚀；

2 应在行车道较低处设排水口，并可通过排水管将桥面水泄入地面排水系统中；

3 排水管道应采用坚固的、抗腐蚀性能良好的材料制成，管道直径不宜小于 150mm；

4 排水管道的间距可根据桥梁汇水面积和桥面纵坡大小确定：

当纵坡大于 2% 时，桥面设置排水管的截面积不宜小于 60mm²/m²；

当纵坡小于 1% 时，桥面设置排水管的截面积不宜小于 100mm²/m²；

南方潮湿地区和西北干燥地区可根据暴雨强度适当调整；

5 当中桥、小桥的桥面设有不小于 3% 纵坡时，桥上可不设排水口，但应在桥头引道上两侧设置雨水口；

6 排水管宜在墩台处接入地面，排水管布置应方便养护，少设连接弯头，且宜采用有清除孔的连接弯头；排水管底部应作散水处理，在使用除冰盐的地区应在墩台受水影响区域涂混凝土保护剂；

7 沥青混凝土铺装在桥跨伸缩缝上坡侧，现浇带与沥青混凝土相接处应设置渗水管；

8 高架桥桥面应设置横坡及不小于 0.3% 的纵坡；当纵断面为凹形竖曲线时，宜在凹形竖曲线最低点及其前后 3m～5m 处分别设置排水口。当条件受限制，桥面为平坡时，应沿主梁纵向设置排水管，排水管纵坡不应小于 3%。

9.2.4 地下通道排水应符合下列规定：

1 地下通道内排水应设置独立的排水系统，其出水口必须可靠。排水设计应符合国家现行标准《室外排水设计规范》GB 50014、《城市道路设计规范》CJJ 37 的规定。

2 地下通道纵断面设计除应符合本规范第8.1.3 条第 2 款的规定外，应将引道两端的起点处设置倒坡，其高程宜高于地面 0.2m～0.5m 左右，并加强引道路面排水，在引道与地下通道接头处的两侧应设一排截水沟。

3 地下通道内路面边沟雨水口间应有不小于 $0.3\% \sim 0.5\%$ 的排水纵坡。当较短地下通道内不设置雨水口时，地下通道纵坡不应小于 0.5%。引道与地下通道内车行道路面，应设不小于 2% 的横坡。

地下通道引道段选用的径流系数应考虑坡陡径流增加的因素，其雨水口的设置与选型应适应汇水快而急的特点。

4 当下穿地下通道不能自流排水时，应设置泵站排水，其管渠设计、降雨重现期应大于道路标准。排水泵站应保证地下通道内不积水。

5 采用盲沟排水和兼排雨水的管道和泵站，应保证有效、可靠。

9.3 桥面伸缩装置

9.3.1 桥面伸缩装置，应满足梁端自由伸缩、转角变形及使车辆平稳通过的要求。伸缩装置应根据桥梁长度、结构形式采用经久耐用、防渗、防滑等性能良好，且易于清洁、检修、更换的材料和构造形式。材料及其成品的技术要求应符合国家现行相关标准的规定。

在多跨简支梁间，可采用连续桥面。连续桥面的长度不宜大于 $100\mathrm{m}$，连续桥面的构造应完善、牢固和耐用。

9.3.2 对变形量较大的桥面伸缩缝，宜采用梳板式或模数式伸缩装置。伸缩装置应与梁端牢固锚固。

城市快速路、主干路桥梁不得采用浅埋的伸缩装置。

9.3.3 当设计伸缩装置时，应考虑其安装的时间，伸缩量应根据温度变化及混凝土收缩、徐变、受荷转角、梁体纵坡及伸缩装置更换所需的间隙量等因素确定。

对异型桥的伸缩装置，必须检算其纵横向的错位量。

9.3.4 在使用除冰盐地区，对栏杆底座、混凝土铺装以及桥梁伸缩装置以下的盖梁、墩台帽等处，应进行耐久性处理。

9.3.5 地下通道的沉降缝、伸缩缝必须满足防水要求。

9.4 桥 梁 支 座

9.4.1 桥梁支座可按其跨径、结构形式、反力力值、支承处的位移及转角变形值选取不同的支座。

桥梁可选用板式橡胶支座或四氟滑板橡胶支座、盆式橡胶支座和球形钢支座。不宜采用带球冠的板式橡胶支座或坡形板式橡胶支座。

支座的材料、成品等技术要求应符合国家现行相关标准的规定。

9.4.2 支座的设计、安装要求应符合有关标准的规定，且应易于检查、养护、更换，并应有防尘、清洁、防止积水等构造措施。

墩台构造应满足更换支座的要求，在墩台帽顶面与主梁梁底之间应预留顶升主梁更换支座的空间。

支座安装时应预留由于施工期间温度变化、预应力张拉以及混凝土收缩、徐变等因素产生的变形和位移，成桥后的支座状态应符合设计要求。

9.4.3 主梁应在墩、台部位处设置横向限位构造。

9.4.4 对大中跨径的钢桥、弯桥和坡桥等连续体系桥梁，应根据需要设置固定支座或采用墩梁固结，不宜全桥采用活动支座或等厚度的板式橡胶支座。

对中小跨径连续梁桥，梁端宜采用四氟滑板橡胶支座或小型盆式纵向活动支座。

9.5 桥 梁 栏 杆

9.5.1 人行道或安全带外侧的栏杆高度不应小于 $1.10\mathrm{m}$。栏杆构件间的最大净间距不得大于 $140\mathrm{mm}$，且不宜采用横线条栏杆。栏杆结构设计必须安全可靠，栏杆底座应设置锚筋，其强度应满足本规范第 10.0.7 条的要求。

9.5.2 防撞护栏的设计可按现行行业标准《公路交通安全设施设计规范》JTG D81 的有关规定进行。

防撞护栏的防撞等级可按本规范第 10.0.8 条规定选择。

9.5.3 桥梁栏杆及防撞护栏的设计除应满足受力要求以外，其栏杆造型、色调应与周围环境协调。对重要桥梁宜作景观设计。

9.5.4 当桥梁跨越快速路、城市轨道交通、高速公路、铁路干线等重要交通通道时，桥面人行道栏杆上应加设护网，护网高度不应小于 $2\mathrm{m}$，护网长度宜为下穿道路的宽度并各向路外延长 $10\mathrm{m}$。

9.6 照明、节能与环保

9.6.1 桥上照明及地下通道照明不应低于两端道路的照明标准。道路照明标准应符合现行行业标准《城市道路设计规范》CJJ 37、《城市道路照明设计标准》CJJ 45 的规定。大型桥梁及长度较长的地下通道照明应进行专门设计。

9.6.2 桥梁与地下通道照明应满足节能、环保、防眩等要求。灯具宜采用黄色高光通量、无光污染的节能光源。

9.6.3 桥上应设置照明灯杆。根据人行道宽度及桥面照度要求，灯杆宜设置在人行道外侧栏杆处；当人行道较宽时，灯杆可设置在人行道内侧或分隔带中，杆座边缘距车行道路面的净距不应小于 $0.25\mathrm{m}$。

当采用金属杆的照明灯杆时，应有可靠接地装置。

9.6.4 照明灯杆灯座的设计选用应与环境、桥型、栏杆协调一致。

9.6.5 当高架道路桥梁沿线为医院、学校、住宅等对声源敏感地段时，应设置防噪声屏障等降噪设施。对防噪声屏障结构应验算风荷载作用下的强度、抗倾覆稳定以及其所依附构件的强度安全。当其依附构件为防撞护栏时，可考虑风荷载与车辆撞击力不同时作用。

9.7　其他附属设施

9.7.1　特大桥、大桥宜根据桥梁结构形式设置检修通道及供检查、养护使用的专用设施，并宜配置必要的管理用房。斜拉桥、悬索桥索塔顶部应设置防雷装置，并应按航空管理规定设置航空障碍标志灯。当主梁、索塔为钢箱结构时，宜设置内部抽湿系统。

9.7.2　特大桥、大桥宜根据需要布置测量标志，跨河、跨海的特大桥、大桥宜设置水尺或水位标志，通航孔宜设置导航标志。标志设置应符合国家现行有关标准的规定。

9.7.3　特大桥、大桥及中长地下通道宜考虑在桥梁、地下通道两端或其他取用方便的部位设置消防、给水设施。

9.7.4　照明、环保、消防、交通标志等附属设施不得侵入桥梁、地下通道的净空限界，不得影响桥梁和地下通道的安全使用。

9.7.5　对符合本规范第3.0.19条规定而设置的各种管线，尚应符合下列规定：

　　1　口径较大的管道不宜在桥梁立面上外露。

　　2　应妥善安排各类管线，在敷设、养护、检修、更换时不得损坏桥梁。刚性管道宜与桥梁上部结构分离。

　　3　电力电缆与燃气管道不得布置在同一侧。

　　4　各类管线不得侵入桥面和桥下净空限界。

　　5　敷设在地下通道内的各类管线，应便于维修、养护、更换。宜敷设在非机动车道或人行道下。

10　桥梁上的作用

10.0.1　桥梁设计采用的作用应按永久作用、可变作用、偶然作用分类。除可变作用中的设计汽车荷载与人群荷载外，作用与作用效应组合均应按现行行业标准《公路桥涵设计通用规范》JTG D60的有关规定执行。

10.0.2　桥梁设计时，汽车荷载的计算图式、荷载等级及其标准值、加载方法和纵横向折减等应符合下列规定：

　　1　汽车荷载应分为城—A级和城—B级两个等级。

　　2　汽车荷载应由车道荷载和车辆荷载组成。车道荷载应由均布荷载和集中荷载组成。桥梁结构的整体计算应采用车道荷载，桥梁结构的局部加载、桥台和挡土墙压力等的计算应采用车辆荷载。车道荷载与车辆荷载的作用不得叠加。

　　3　车道荷载的计算（图10.0.2-1）应符合下列规定：

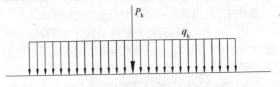

图 10.0.2-1　车道荷载

　　1）城—A级车道荷载的均布荷载标准值（q_k）应为10.5kN/m。集中荷载标准值（P_k）的选取：当桥梁计算跨径小于或等于5m时，$P_k=180$kN；当桥梁计算跨径等于或大于50m时，$P_k=360$kN；当桥梁计算跨径在5m～50m之间时，P_k值应采用直线内插求得。当计算剪力效应时，集中荷载标准值（P_k）应乘以1.2的系数。

　　2）城—B级车道荷载的均布荷载标准值（q_k）和集中荷载标准值（P_k）应按城—A级车道荷载的75%采用；

　　3）车道荷载的均布荷载标准值应满布于使结构产生最不利效应的同号影响线上；集中荷载标准值应只作用于相应影响线中一个最大影响线峰值处。

　　4　车辆荷载的立面、平面布置及标准值应符合下列规定：

　　1）城—A级车辆荷载的立面、平面、横桥向布置（图10.0.2-2）及标准值应符合表10.0.2的规定：

车轴编号	1	2	3	4	5
轴重（kN）	60	140	140	200	160
轮重（kN）	30	70	70	100	80
总重（kN）	700				

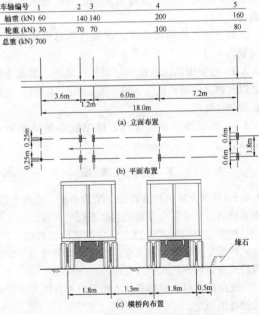

图 10.0.2-2　城—A级车辆荷载立面、
平面、横桥向布置

表 10.0.2 城—A 级车辆荷载

车轴编号	单位	1	2	3	4	5
轴重	kN	60	140	140	200	160
轮重	kN	30	70	70	100	80
纵向轴距	m		3.6	1.2	6	7.2
每组车轮的横向中距	m	1.8	1.8	1.8	1.8	1.8
车轮着地的宽度×长度	m	0.25×0.25	0.6×0.25	0.6×0.25	0.6×0.25	0.6×0.25

2) 城—B 级车辆荷载的立面、平面布置及标准值应采用现行行业标准《公路桥涵设计通用规范》JTG D60 车辆荷载的规定值。

5 车道荷载横向分布系数、多车道的横向折减系数、大跨径桥梁的纵向折减系数、汽车荷载的冲击力、离心力、制动力及车辆荷载在桥台或挡土墙后填土的破坏棱体上引起的土侧压力等均应按现行行业标准《公路桥涵设计通用规范》JTG D60 的规定计算。

10.0.3 应根据道路的功能、等级和发展要求等具体情况选用设计汽车荷载。桥梁的设计汽车荷载应根据表 10.0.3 选用，并应符合下列规定：

表 10.0.3 桥梁设计汽车荷载等级

城市道路等级	快速路	主干路	次干路	支 路
设计汽车荷载等级	城—A 级或城—B 级	城—A 级	城—A 级或城—B 级	城—B 级

1 快速路、次干路上如重型车辆行驶频繁时，设计汽车荷载应选用城—A 级汽车荷载；

2 小城市中的支路上如重型车辆较少时，设计汽车荷载采用城—B 级车道荷载的效应乘以 0.8 的折减系数，车辆荷载的效应乘以 0.7 的折减系数；

3 小型车专用道路，设计汽车荷载可采用城—B 级车道荷载的效应乘以 0.6 的折减系数，车辆荷载的效应乘以 0.5 的折减系数。

10.0.4 在城市指定路线上行驶的特种平板挂车应根据具体情况按本规范附录 A 中所列的特种荷载进行验算。对既有桥梁，可根据过桥特重车辆的主要技术

指标，按本规范附录 A 的要求进行验算。

对设计汽车荷载有特殊要求的桥梁，设计汽车荷载标准应根据具体交通特征进行专题论证。

10.0.5 桥梁人行道的设计人群荷载应符合下列规定：

1 人行道板的人群荷载按 5kPa 或 1.5kN 的竖向集中力作用在一块构件上，分别计算，取其不利者。

2 梁、桁架、拱及其他大跨结构的人群荷载（W）可采用下列公式计算，且 W 值在任何情况下不得小于 2.4kPa：

当加载长度 L<20m 时：

$$W = 4.5 \times \frac{20 - w_p}{20} \quad (10.0.5-1)$$

当加载长度 L≥20m 时：

$$W = \left(4.5 - 2 \times \frac{L - 20}{80}\right)\left(\frac{20 - w_p}{20}\right)$$

$$(10.0.5-2)$$

式中：W——单位面积的人群荷载，（kPa）；

L——加载长度，（m）；

w_p——单边人行道宽度，（m）；在专用非机动车桥上为 1/2 桥宽，大于 4m 时仍按 4m 计。

3 检修道上设计人群荷载应按 2kPa 或 1.2kN 的竖向集中荷载，作用在短跨小构件上，可分别计算，取其不利者。计算与检修道相连构件，当计入车辆荷载或人群荷载时，可不计检修道上的人群荷载。

4 专用人行桥和人行地道的人群荷载应按现行行业标准《城市人行天桥与人行地道技术规范》CJJ 69 的有关规定执行。

10.0.6 桥梁的非机动车道和专用非机动车桥的设计荷载，应符合下列规定：

1 当桥面上非机动车与机动车道间未设置永久性分隔带时，除非机动车道上按本规范第 10.0.5 条的人群荷载作为设计荷载外，尚应将非机动车道与机动车道合并后的总宽作为机动车道，采用机动车布载，分别计算，取其不利者；

2 桥面上机动车道与非机动车道间设置永久性分隔带的非机动车道和非机动车专用桥，当桥面宽度大于 3.50m，除按本规范第 10.0.5 条的人群荷载作为设计荷载外，尚应采用本规范第 10.0.3 条规定的小型车专用道路设计汽车荷载（不计冲击）作为设计荷载，分别计算，取其不利者；

3 当桥面宽度小于 3.50m，除按本规范第 10.0.5 条的人群荷载作为设计荷载外，再以一辆人力劳动车（图 10.0.6）作为设计荷载分别计算，取其不利者。

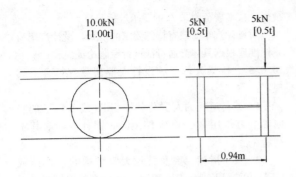

图 10.0.6　一辆人力劳动车荷载图

10.0.7 作用在桥上人行道栏杆扶手上竖向荷载应为 1.2kN/m；水平向外荷载应为 2.5kN/m。两者应分别计算。

10.0.8 防撞护栏的防撞等级可按表 10.0.8 选用。与防撞等级相应的作用于桥梁护栏上的碰撞荷载大小可按现行行业标准《公路交通安全设施设计规范》JTG D81 的规定确定。

表 10.0.8　护栏防撞等级

道路等级	设计车速（km/h）	车辆驶出桥外有可能造成的交通事故等级	
		重大事故或特大事故	二次重大事故或二次特大事故
快速路	100、80、60	SB、SBm	SS
主干路	60		SA、SAm
	50、40	A、Am	SB、SBm
次干路	50、40、30	A	SB
支　路	40、30、20	B	A

注：1　表中 A、Am、B、SA、SB、SAm、SBm、SS 等均为防撞等级代号。

2　因桥梁线形、运行速度、桥梁高度、交通量、车辆构成和桥下环境等因素造成更严重碰撞后果的区段，应在表 10.0.8 基础上提高护栏的防撞等级。

附录 A　特种荷载及结构验算

A.0.1 特种平板挂车主要技术指标应符合表 A.0.1 的规定，特种荷载（图 A.0.1）可包括下列内容：

　　1　特—160：1600kN（160t）特种平板挂车荷载；

　　2　特—220：2200kN（220t）特种平板挂车荷载；

　　3　特—300：3000kN（300t）特种平板挂车荷载；

　　4　特—420：4200kN（420t）特种平板挂车荷载。

表 A.0.1　特种平板挂车的主要技术指标

主要指标	单位	特—160	特—220	特—300	特—420
车头（牵引车）自重	kN（t）	350（35）	350（35）	420（42）	420（42）
平板（挂车）自重	kN（t）	250（25）	350（35）	580（58）	780（78）
装载重量	kN（t）	1000（100）	1500（150）	2000（200）	3000（300）
平板车车轴数	个	5 排10 轴	7 排14 轴	9 排18 轴	12 排24 轴
每个车轴压力	kN（t）	125（12.5）	132（13.2）	143.5（14.35）	157.5（15.75）
纵向轴距	m	4×1.6	1.575＋4×1.5＋1.575	8×1.5	11×1.5
每个车轴的车轮组数	个	2	2	2	2
每组车轴的横向中轴	m	2.17	2.17	2.20	2.20
每组车轮着地的宽度和长度	m	0.5(宽)×0.2(长)	0.5(宽)×0.2(长)	0.5(宽)×0.2(长)	0.5(宽)×0.2(长)

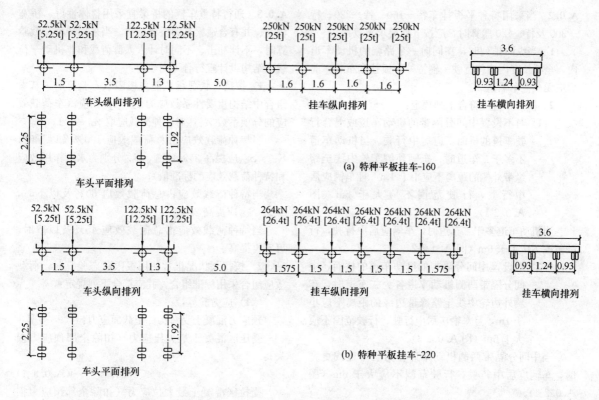

图 A.0.1 特种平板挂车-160、220、300、420 的纵向排列和横向（或平面）布置（一）

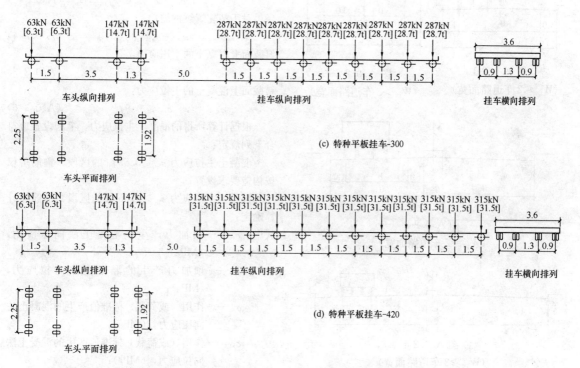

图 A.0.1 特种平板挂车-160、220、300、420 的纵向排列和横向（或平面）布置（二）

注：为使计算方便，挂车各个轴重取相同数值，其总和与挂车称号略有出入。图中尺寸，以 m 为单位。

A.0.2 当采用特种平板挂车特—160、特—220、特—300及特—420验算时，应按下列要求布载：

1 当纵向排列时，在同向一个路幅的机动车道内，全桥长度内应按行驶一辆特种平板挂车布载，前后应无其他车辆荷载。

2 横向布置应符合下列规定：

1）对不设置中间分隔带的机动车道或混合行驶车道的桥面，应居中行驶。当机动车道不多于二车道时，车辆外侧车轮中线至路缘带外侧的距离不应小于1m，且车辆应居中行驶，行驶范围不应大于6m（图A.0.2-1）。

当机动车道多于二车道时，车辆应居中行驶，行驶范围不应大于6m（图A.0.2-2）。

2）对设置中间分隔带的机动车道的桥面，中间分隔带两侧机动车道各为二车道时，车辆外边轮中线至路缘带边缘的距离不应小于1m，且车辆应居中行驶，行驶范围不应大于6m（图A.0.2-3）。

当中间分隔带两侧机动车道各为三车道或更宽时，车辆应居中行驶，行驶范围不应大于6m（图A.0.2-4）。

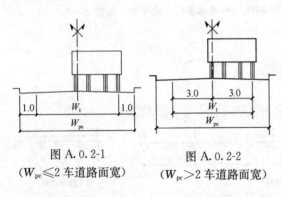

图 A.0.2-1
（$W_{pc} \leqslant 2$ 车道路面宽）

图 A.0.2-2
（$W_{pc} > 2$ 车道路面宽）

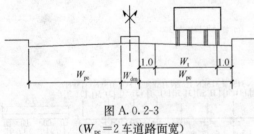

图 A.0.2-3
（$W_{pc} = 2$ 车道路面宽）

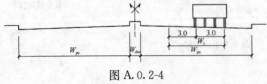

图 A.0.2-4
（$W_{pc} \geqslant 3$ 车道路面宽）

注：图中尺寸以 m 为单位；W_t—特种挂车行驶范围；W_{pc}—车行道总宽度；W_{dm}—分隔带宽度。

A.0.3 通行特重车辆的桥梁宜采用整体性好、桥宽较宽、并有合适梁高的桥梁结构。当采用特种荷载验算时，不计冲击、不同时计入人群荷载和非机动车荷载。结构设计宜符合下列规定：

1 按持久状况承载能力极限状态验算时，基本组合中结构重要性系数应为 $\gamma_0 = 1$，相应汽车荷载效应的分项系数 γ_{Q1}，对特种荷载应取 $\gamma_{Q1} = 1.1$。

当特种荷载效应占总荷载效应 100% 及以下时，S_{Gik}、S_{Qik} 应提高 3%（S_{Gik}、S_{Qik} 分别为永久作用效应和特种荷载效应的标准值）；

当特种荷载效应占总荷载效应 60% 及以下时，S_{Gik}、S_{Qik} 应提高 2%；

当特种荷载效应占总荷载效应 45% 及以下时，可不再提高。

2 按持久状况正常使用极限状态验算时，荷载效应组合采用标准组合，并应符合下列规定：

1）应力验算：

预应力混凝土受弯构件正截面应力：

受压区混凝土最大压应力（扣除全部预应力损失）：

$$\sigma_{pt} + \sigma_{kc} \leqslant 0.6 f_{ck} \qquad (A.0.3-1)$$

受拉区混凝土最大拉应力（扣除全部预应力损失）：

$$\sigma_{pc} + \sigma_{kt} \leqslant 0.9 f_{tk} \qquad (A.0.3-2)$$

受拉区预应力钢筋最大拉应力：

对于钢丝、钢绞线：

$$\sigma_{pe} + \sigma_p \leqslant 0.7 f_{pk} \qquad (A.0.3-3)$$

对于精轧螺纹钢筋：

$$\sigma_{pe} + \sigma_p \leqslant 0.85 f_{pk} \qquad (A.0.3-4)$$

斜截面上混凝土的主压应力：

$$\sigma_{cp} \leqslant 0.65 f_{ck} \qquad (A.0.3-5)$$

斜截面上混凝土的主拉应力：

$$\sigma_{tp} \leqslant 0.9 f_{tk} \qquad (A.0.3-6)$$

根据计算所得的混凝土主拉应力，箍筋设置应符合下列规定：

混凝土主拉应力 $\sigma_{tp} \leqslant 0.55 f_{tk}$ 的区段，箍筋可仅按构造要求设置；

混凝土主拉应力 $\sigma_{tp} > 0.55 f_{tk}$ 的区段，箍筋按计算确定；

式中：σ_{pc}——预加力产生的混凝土法向压应力，（MPa）；

σ_{pt}——预加力产生的混凝土法向拉应力，（MPa）；

σ_{kc}——作用（或荷载）标准值产生的混凝土法向压应力，（MPa）；

σ_{kt}——作用（或荷载）标准值产生的混凝土法向拉应力，（MPa）；

σ_{pe}——截面受拉区纵向预应力钢筋的有效预应力，（MPa）；

σ_{p}——作用（或荷载）标准值预应力的应力或应力增量，（MPa）；

σ_{cp}——构件混凝土中的主压应力，（MPa）；

σ_{tp}——构件混凝土中的主拉应力，（MPa）；

f_{ck}、f_{tk}——分别为混凝土抗压、抗拉强度的标准值，（MPa）；

f_{pk}——为预应力钢筋抗拉强度的标准值，（MPa）。

2）钢结构的强度和稳定性验算：

钢材和各种连接件的容许应力限值可按国家现行相关标准的规定提高。

3）裂缝宽度验算：

钢筋混凝土构件和 B 类预应力混凝土构件，其计算的最大裂缝宽度不应超过下列限值：

钢筋混凝土构件Ⅰ类和Ⅱ类环境 0.25mm

Ⅲ类和Ⅳ类环境 0.15mm

采用精轧螺纹钢筋的预应力混凝土构件

Ⅰ类和Ⅱ类环境 0.25mm

Ⅲ类和Ⅳ类环境 0.15mm

采用钢丝或钢绞线的预应力混凝土构件

Ⅰ类和Ⅱ类环境 0.15mm

根据现行行业标准《公路钢筋混凝土及预应力混凝土桥涵设计规范》JTG D62 的规定Ⅲ类和Ⅳ类环境不得进行带裂缝的 B 类构件设计。

4）挠度验算：

钢筋混凝土、预应力混凝土受弯构件在特种荷载作用下的挠度限值可按现行行业标准《公路钢筋混凝土及预应力混凝土桥涵设计规范》JTG D62 规定的限值提高 20%。

钢结构的挠度限值可按国家现行相关标准规定的限值提高。

本规范用词说明

1 为便于在执行本规范条文时区别对待，对要求严格程度不同的用词说明如下：

1）表示很严格，非这样做不可的：

正面词采用"必须"，反面词采用"严禁"。

2）表示严格，在正常情况下均应这样做的：

正面词采用"应"，反面词采用"不应"或"不得"。

3）表示允许稍有选择，在条件许可时，首先应这样做的：

正面词采用"宜"，反面词采用"不宜"。

4）表示有选择，一定条件下可以这样做的，采用"可"。

2 条文中指明应按其他有关标准执行的写法为"应符合……的规定"或"应按……执行"。

引用标准名录

1 《混凝土结构设计规范》GB 50010

2 《室外排水设计规范》GB 50014

3 《铁路工程抗震设计规范》GB 50111

4 《内河通航标准》GB 50139

5 《地铁设计规范》GB 50157

6 《城市电力规划规范》GB 50293

7 《标准轨距铁路建筑限界》GB 146.2

8 《中国地震动参数区划图》GB 18306

9 《城市道路设计规范》CJJ 37

10 《城市道路照明设计标准》CJJ 45

11 《城市人行天桥与人行地道技术规范》CJJ 69

12 《公路工程技术标准》JTG B01

13 《公路桥涵设计通用规范》JTG D60

14 《公路钢筋混凝土及预应力混凝土桥涵设计规范》JTG D62

15 《公路桥涵地基与基础设计规范》JTG D63

16 《公路交通安全设施设计规范》JTG D81

17 《通航海轮桥梁通航标准》JTJ 311

18 《铁路桥涵设计基本规范》TB 10002.1

19 《铁路桥涵钢筋混凝土和预应力混凝土结构设计规范》TB 10002.3

20 《铁路电力牵引供电设计规范》TB 10009

21 《110～550kV 架空送电线路设计技术规程》DL/T5092

中华人民共和国行业标准

城市桥梁设计规范

CJJ 11—2011

条 文 说 明

修 订 说 明

《城市桥梁设计规范》CJJ 11-2011，经住房和城乡建设部 2011 年 4 月 22 日以第 993 号公告批准、发布。

本规范是在《城市桥梁设计准则》CJJ 11-93 的基础上修订而成，上一版的主编单位是上海市政工程设计研究院，参编单位是北京市市政工程设计研究院、南京市勘测设计院、天津市市政工程勘测设计院、广州市市政设计研究院、沈阳市市政设计研究院、杭州市城建设计院、兰州市勘测设计院，主要起草人员是胡克治、黎宝松、姜维龙、傅丛立。本次修订的主要技术内容是：

1. 补充了工程结构可靠度设计内容有关的条文，明确了桥梁结构应进行承载能力极限状态和正常使用极限状态设计；桥梁设计应区分持久状况、短暂状况和偶然状况三种设计状况。

2. 修改了桥梁设计荷载标准。

3. 对桥梁分类标准、桥上及地下通道内管线敷设的规定、跨越桥梁的架空电缆线、桥位附近的管线以及紧靠下穿道路的桥梁墩位布置要求等进行了调整。

4. 增加节能、环保、防洪抢险、抗震救灾等方面的条文；增加涉及桥梁结构耐久性设计以及斜、弯、坡等特殊桥梁设计的条文。

5. 对桥梁的细部构造及附属设施的设计提出了更为具体的要求、规定。

6. 制定了必须严格执行的强制性条文。

本规范修订过程中，编制组进行了广泛的调查研究，总结了我国桥梁建设的实践经验，同时参考了国外先进技术法规、技术标准。

为便于广大设计、施工、科研、学校等单位有关人员在使用本标准时能正确理解和执行条文规定，《城市桥梁设计规范》编制组按章、节、条顺序编制了本标准的条文说明，对条文规定的目的、依据以及执行中需注意的有关事项进行了说明，还着重对强制性条文的强制性理由作了解释。但是，本条文说明不具备与标准正文同等的法律效力，仅供使用者作为理解和把握标准规定的参考。

目　次

1 总　则

1.0.1 本规范是在原《城市桥梁设计准则》CJJ 11-93（以下简称《准则》）的基础上修订而成的。在修订过程中吸取了自《准则》施行以来，反映城市桥梁发展和设计技术水平提高的经验和成果，同时亦考虑了近年来相关行业标准的技术内容更新与变化，使城市桥梁设计标准统一，并符合安全可靠、适用耐久、技术先进、经济合理、与环境协调的要求。

安全可靠、适用耐久是设计的目的和功能需求，技术先进要求城市桥梁设计积极采用新技术、新材料、新工艺、新结构，大型城市桥梁、高架道路桥梁、立交桥梁的设计应注意工程总体的经济合理，除桥梁主体结构的造价外，还应综合考虑桥梁附属设施、征地拆迁、施工工艺、建设周期、维修养护等诸多影响工程总投资的因素。城市桥梁建设主要是解决交通功能的需求，但大多数情况下城市大型桥梁还将成为城市中一座比较突出的景观建筑，在安全可靠、适用耐久、技术先进、经济合理的前提下，设计中应对其与周围环境的协调、总体布局的舒展、造型的美观予以足够重视。

1.0.2 本规范是按照《工程结构可靠性设计统一标准》GB 50153 等标准规定的基本原则和方法编制的，适用于城市道路上新建永久性桥梁和地下通道的设计，也适用于镇（乡）村道路上新建永久性桥梁和地下通道的设计。对城市中其他有特殊用途的桥梁，如管线专用桥、人行天桥、港口码头、厂矿专用桥以及施工便桥不在本规范范围内。对于城市道路上的旧桥改建，往往需要利用部分旧桥，而旧桥又有一定的局限性，要完全符合本规范有困难，鉴此未提出适用于改建桥梁。

1.0.3 城市桥梁设计应符合城乡规划的要求。鉴于我国是世界上人口最多的国家，也是最大的发展中国家，众多的人口、蓬勃发展的经济与现有资源、生态环境的矛盾日趋突出。土地、淡水、能源、矿产资源和环境状况已严重制约了经济的发展，环境污染和生态环境的恶化影响了人民生活质量的提高，危及人民财产和生命安全的自然灾害亦时有发生。节约资源、保护环境、提高防灾减灾能力、构建资源节约型、环境友好型社会是我国的基本国策。城市桥梁是一项重要的城市基础设施，城市桥梁设计应在安全、适用的前提下，遵循有利于节约资源、保护环境、防洪抢险、抗震救灾的原则，控制工程建设规模、工程用地、材料用量及工程投资，选用经济合理、与环境协调的总体布局和结构造型。

3　基本规定

3.0.1 桥梁尤其是大型桥梁是城市交通中重要构筑

物。应根据城乡规划、道路功能、等级、通行能力及抗洪、抗灾要求结合地形、河流水文、河床地质、通航要求、河堤防洪、环境影响等条件进行综合考虑。本条特别强调桥梁设计应按城乡规划要求、交通量预测，考虑远期交通量增长需求。在远期要求与近期现状发生较大矛盾时（如拆迁量过大等），或目前按规划要求建设有很大困难时（如工程规模大，一时难以实现等），则可按近期的交通量要求进行设计，但仍应在设计中保留远期发展的可能性，以使桥梁能长期充分地发挥它的作用。

3.0.2 本条与《公路桥涵设计通用规范》JTG D60 中的桥梁分类标准相同。单孔跨径反映技术复杂程度，跨径总长反映建设规模。除跨河桥梁外，城市跨线桥、立交桥、高架桥均应按此分类。

3.0.3 考虑到城市桥梁安全对确保城市交通的重要性，本规范特别规定不论特大、大、中、小桥设计洪水频率一般均采用百年一遇，条文中的特别重要桥梁主要是指位于城市快速路、主干路上的特大桥。

城市中有时会遇到建桥地区的总体防洪标准低于一百年一遇的洪水频率，若仍按此高洪水频率设计，桥面高程可能高出原地面很多，会引起布置上的困难，诸如拆迁过多，接坡太长或太陡，工程造价增加许多，甚至还会遇上两岸道路受淹，交通停顿，而桥梁高耸，此时可按当地规划防洪标准来确定梁底设计标高及桥面高程。而从桥梁结构的安全考虑，结构设计中如墩、台基础埋置深度，孔径的大小（满足泄洪要求），洪水时结构稳定等，仍需按本规范规定的洪水频率进行计算。

3.0.4 桥梁孔径布设，既要根据河道（泄洪、航运）规划，又要考虑桥位上、下游已建或拟建桥梁、水工建筑物及堤岸的状况。设计桥梁孔径时，过大改变河流水流的天然状态，将会给桥梁本身，甚至桥位附近地区造成严重后果。压缩孔径、缩短桥长、较大压缩过洪断面、提高流速的做法并不可取。根据各类桥梁的大量实际经验，这样做将会大大增加桥下冲刷，对桥梁基础不利。由于水文计算有一定的偶然性，一旦估计不足，在洪水到来时，会使桥梁基础面临危险境地，这在过去的建桥实践中是不乏先例的。

3.0.5 本条所规定的桥梁桥下净空，除跨越城市道路和轨道交通的桥下净空外其余均与现行《公路桥涵设计通用规范》JTG D60 的规定一致。对于桥下净空有特殊要求的航道或路段，桥下净空尺度应作专题研究、论证。计算水位根据设计水位，同时考虑壅水、浪高等因素确定。

3.0.6 《城市道路设计规范》CJJ 37 中对桥梁景观设计作了原则性规定，而本条强调桥梁建筑重点，应放在总体布置和主体结构上，主体结构设计应首先考虑桥梁受力合理，不应采用造型怪异、受力不合理、施工复杂、工程量大、造价昂贵的结构形式，亦不宜在主体结构之外过多增加装饰。

3.0.7 随着社会进步、经济发展和人民生活质量的不断提高，人们越来越重视对自然生态环境的保护。桥梁应根据城乡规划中所确定的保护和改善环境的目标和任务，结合城市环境的现状、市容特点，进行绿化、美化市容和保护环境设计。对于特大型、大型桥梁、高架道路桥梁和大型立交桥梁，在工程建设前期应对大气环境质量、交通噪声、振动环境质量、日照环境质量等作出评价，在工程设计中应根据环境评价的结论和建议进行环保设计。

3.0.8 以可靠性理论为基础的极限状态设计都需有一个确定的设计基准期。设计基准期是指结构可靠性分析时，为确定可变作用及与时间有关的材料性能取值而选用的时间参数，也就是可靠度定义中的"规定时间"。公路桥梁的设计基准期取为 100 年是根据我国公路桥梁使用的现状和以往的设计经验确定的，根据《公路工程结构可靠度设计统一标准》GB/T 50283-1999 公路桥梁的车辆荷载统计参数都是按 100 年确定的，而未考虑材料性能随时间的变化。当设计基准期定为 100 年时，荷载效应最大值分布的 0.95 分位值接近于原《公路桥涵设计通用规范》JTJ 021-89 规定的汽车荷载标准值。设计基准期不完全等同于使用年限，当结构的使用年限超过设计基准期后，并不等于结构丧失功能或报废，只表明结构的失效概率（指结构不能完成预定功能的概率）可能会比设计时的预期值增大。

本规范规定桥梁设计基准期为 100 年，符合《城市道路设计规范》CJJ 37 中关于桥梁的设计基准期要求，同时也是为了与公路桥梁保持一致，但需对原《城市桥梁设计荷载标准》CJJ 77-98 进行适当调整。

3.0.9 设计使用年限是设计规定的一个时期，在这一规定时期内结构只需进行正常维护（包括必要的检测、养护、维修等）而不需要进行大修就能按预期目的使用，完成预定功能，即桥梁主体结构在正常设计、正常施工、正常使用、正常维护下达到的使用年限。根据现行国家标准《工程结构可靠性设计统一标准》GB 50153 附录 A.3.3 条文，对于桥梁结构使用年限应按本规范表 3.0.9 的规定采用。

3.0.10 本条为桥梁结构必须满足的四项功能，其中第 1、第 4 两项是结构的安全性要求，第 2 项是结构的适用性要求，第 3 项是结构的耐久性要求，安全性、适用性、耐久性三者可概括为桥梁结构可靠性的要求。

足够的耐久性能系指桥梁在规定的工作环境中，在预定时间内，其材料性能的恶化不致导致桥梁结构出现不可接受的失效概率。从工程概念上说，足够的耐久性能就是指正常维护条件下桥梁结构能够正常使用到规定的期限。

整体稳定性，系指在偶然事件发生时和发生后桥梁结构仅产生局部的损坏而不致发生连续或整体倒塌。

3.0.11 承载能力极限状态关系到结构的破坏和安全问题，体现了桥梁结构的安全性。桥梁结构或结构构件出现下列状态之一时，应认为超过承载能力极限状态：

1 整个结构或结构的一部分作为刚体失去平衡（如倾覆、滑移等）；

2 结构构件或连接因材料强度被超过而破坏（包括疲劳破坏），或因过度变形而不适于继续承载；

3 结构转变为机动体系；

4 结构或结构构件丧失稳定（如压屈等）。

正常使用极限状态仅涉及结构的工作条件和性能，体现了桥梁结构的适用性和耐久性。当结构或结构构件出现下列状态之一时，应认为超过了正常使用极限状态：

1 影响正常使用或外观的变形；

2 影响正常使用或耐久性能的局部损坏（包括裂缝）；

3 影响正常使用的振动；

4 影响正常使用的其他特定状态。

显然，这两类极限状态概括了结构的可靠性，只有每项设计都符合有关规范规定的两类极限状态设计要求，才能使所设计的桥梁结构满足本规范第 3.0.10 条规定的功能要求。

3.0.12、3.0.13 第 3.0.12 条中"环境"一词含义是广义的，包括桥梁在施工和使用过程中所受的各种作用。

持久状况是指桥梁使用阶段适用于结构使用时的正常情况。这个阶段要对桥梁的所有预定功能进行设计，即必须进行承载能力极限状态和正常使用极限状态计算。

短暂状况所对应的是桥梁施工阶段及使用期间维修养护适用于结构出现的临时情况。与使用阶段相比施工阶段及维修养护的持续时间较短，桥梁结构体系，所承受的各种荷载亦与使用阶段不同，设计要根据具体情况而定。短暂状况除需进行承载能力极限状态计算外亦可根据需要进行正常使用极限状态计算。

偶然状况是指桥梁可能遇到的偶发事件如地震、撞击等的状况，适用于结构出现的异常情况。对此状况除地震设计状况外，其他设计状况只需作承载能力极限状态设计。

3.0.14 与公路桥梁相同，进行持久状况承载能力极限状态设计时，桥梁亦应按其重要性，破坏后果划分为三个设计安全等级。根据现行国家标准《工程结构可靠性设计统一标准》GB 50153-2008 附录 A.3.1 条文，表 3.0.14 列出了不同安全等级所对应的桥梁类型。设计工程师也可根据桥梁的具体情况与业主商定，但不能低于表列等级。

3.0.16 对桥梁结构设计提出总的要求

桥梁结构设计除按 3.0.10 条规定满足强度、刚度、稳定性和耐久性要求外，还应考虑如何方便制造、简化施工、提供必要的养护条件以及在运输、安装、使用的过程中防止构件产生过大的变形或开裂。

对于钢结构应注意焊接时所产生的附加应力，预应力混凝土构件应注意锚固处的局部应力，当轴向力偏离构件轴线时还应考虑偏心力引起的附加弯矩等等，鉴此本条提出："构件应减小由附加力、局部力和偏心力引起的应力。"

桥梁结构的耐久性设计，可按国家现行标准《混凝土结构耐久性设计规范》GB/T 50476 和《公路工程混凝土结构防腐技术规范》JTG/TB 07-01 的规定进行。

地震作用计算及结构的抗震设计可按现行《公路工程抗震设计规范》JTJ 004、《公路桥梁抗震设计细则》JTG B02-01 的规定进行。住房和城乡建设部正在编制《城市桥梁抗震设计规范》，该规范正式颁布后，桥梁结构的抗震设计应执行此规范的规定。

斜桥、弯桥、坡桥的设计注意事项详见本规范第 8.2.1 条～第 8.2.3 条的条文及条文说明。

3.0.17 位于快速路、主干路、次干路上的多孔梁（板）桥，采用整体连续结构和连续桥面简支结构，可以少设伸缩缝，改善行车条件，增加行车舒适度。但在设计中宜优先考虑采用整体连续结构（见本规范第 9.3.1 条条文说明）。

本规范第 3.0.9 条规定了桥梁的设计使用年限，条文说明中已指出："设计使用年限是设计规定的一个时期，在这一规定时期结构只需进行正常维护（包括必要的检测、养护、维修等）而不需要进行大修就能按预定目的使用，完成预定功能。"而桥梁结构本身的工作条件和环境比较差，鉴此在规定的设计使用年限内，为保证结构具有良好的工作状态，不管建桥采用何种材料，经常的养护维修是非常重要的和必需的，本条强调设计应充分考虑便于养护维修。

3.0.18 桥梁建设应考虑各项必需的附属设施的布置和安排，以免桥梁建成后再重新设置，损伤桥梁结构或破坏桥梁外观。具体规定详见本规范第 9 章。

3.0.19 对桥上或地下通道内敷设的管线作出规定主要是确保桥梁或地下通道结构的运营安全，避免发生危及桥梁或地下通道自身和在桥上或地下通道内通行的车辆、行人安全的重大燃爆事故。国务院颁发的《城市道路管理条例》（1996 年第 198 号令）第四章第二十七条规定：城市道路范围内禁止"在桥梁上架设压力在 4 公斤/平方厘米（0.4 兆帕）以上的煤气管道，10 千伏以上的高压电力线和其他燃爆管线。"对于按本条规定允许在桥上通过的压力不大于 0.4 兆帕燃气

管道和电压在 10kV 以内的高压电力线，其安全防护措施应分别满足现行的《城镇燃气设计规范》GB 50028、《电力工程电缆设计规范》GB 50217 的规定要求。

对于超过本条规定的管线，如因特殊需要在桥上或地下通道内通过，应作可行性、安全性专题论证，并报请主管部门批准。

3.0.20 城市重要桥梁竣工后应做荷载试验，测定桥梁的静力和动力特性，有关试验资料可作为桥梁运行期间继续监测和健康评估的依据。

3.0.21 为保证桥梁结构在设计基准期内有规定的可靠度，必须对桥梁设计严格实施质量管理和质量控制。根据现行《工程结构可靠性设计统一标准》GB/T 50153 附录 B 桥梁设计的质量控制应做到：勘察资料应符合工程要求、数据正确、结论可靠，设计方案、基本假定和计算模型合理、数据运用正确。设计文件的编制应符合《建设工程勘察设计管理条例》（中华人民共和国国务院令 2000 年 9 月 25 日）和现行《市政公用工程设计文件编制深度规定》的要求。

4 桥位选择

4.0.1 我国大多数城市因河而建，有的山城依山傍水。城因河而兴，河以城为依托。桥梁建设应在城乡规划的指导下进行。桥位应按城市交通建设和发展需要，同时注意发挥近期作用的原则来选择。

城市河（江）道多属渠化河道，沿河（江）两岸，一般都有房屋、市政设施、驳岸、堤防等，桥位选择和布置应对上述建筑物的安全和稳定性给予高度重视和周密考虑。

4.0.2 桥梁是永久性的大型公共设施，应有一定的安全度和耐久性。一般情况下，狭窄的河槽，河床比较稳定，水流较顺畅，在这种河段上选择桥位，会减少桥长。不良地质河段，常会增加基础处理的难度，增加桥梁的造价，或影响桥梁的安全和使用寿命，因此桥位应尽量避免这些地段。河滩急弯、汇合处，水流流向多变，流速不稳定，对航运和桥梁墩台安全不利。在港口作业区，船舶载重较大，且各项作业交错进行，发生船舶撞击桥墩的机会较多，对船舶航运和桥梁安全运营非常不利，桥位亦应尽量避免这些地区。容易发生流冰的河段，小跨径桥梁容易遭受冰冻胀裂甚至冰毁，在选择桥位时也应该考虑这一因素。某市的一座公路桥，就因大面积流冰而遭毁。

4.0.3 一般情况下桥梁纵轴线以与河道水流流向正交（指桥梁纵轴线与水流流向法线的交角为 0°）布置为好，这样可简化结构布置、缩短桥长，降低造价。但城市桥梁常受两岸地形地物的限制，并受规划道路的影响，本规范第 4.0.2 条规定"中、小桥桥位宜按道

路的走向进行布置"。鉴此，中、小桥梁如条件所限可考虑斜交或弯桥，但应同时考虑本规范第 3.0.16 条的有关要求。

4.0.4 通航河道的主流宜与桥梁纵轴线正交，如有困难时其偏角不宜大于 5°，这是从船舶航行安全考虑。通航净宽及加宽值，对内河航道、通航海轮的航道可分别按现行《内河通航标准》GB 50139、《通航海轮桥梁通航标准》JTJ 311 的有关规定计算确定。当桥位布置有困难，交角大于 5°时，应加大通航孔的跨径。计算公式如下：

$$L_a = \frac{l + b\sin\alpha}{\cos\alpha} \tag{1}$$

式中：L_a——相应于计算水位的墩(台)边缘之间的净距(m)；

　　　l——通航要求的有效跨径(m)(应不小于由航迹带宽度与富裕宽度组成的航道有效宽度)；

　　　b——墩(台)的长度(m)；

　　　α——内河桥为垂直于水流主流方向与桥梁纵轴线间的交角(°)，跨海桥为垂直于涨、落潮流主流方向与桥轴线间的大角(°)。

通航河流上的桥梁的桥位选择，尚应符合现行《内河通航标准》GB 50139 中的下列规定：

1 桥位应避开滩险、通航控制河段、弯道、分流口、汇流口、港口作业区、锚地；其距离，上游不得小于顶推船队长度的 4 倍或拖带船队长度的 3 倍；下游不得小于顶推船队长度的 2 倍或拖带船队长度的 1.5 倍。

2 两座相邻桥梁轴线间距，对 Ⅰ～Ⅴ级航道应大于代表船队长度与代表船队下行 5min 航程之和，Ⅳ～Ⅷ级航道应大于代表船队长度与代表船队下行 3min 航程之和。

若不能满足上述 1、2 条要求的距离时，应采取相应措施，保证安全通航。在不能满足 1、2 条要求，而其所处通航水域无碍航水流时，可靠近布置，但两桥相邻边缘的净距应控制在 50m 以内，且通航孔必须相互对应。水流平缓的河网地区相邻桥梁的边缘距离，经论证后可适当加大。

随着我国国民经济的持续发展，大江、大河及沿海近海水域上修建跨越通航海轮航道上的桥日趋增多，为了适应新形势的发展，有必要增加通行海轮桥梁的桥位选择的条文，并应遵循现行《通航海轮桥梁通航标准》JTJ 311 的规定："桥址应远离航道弯道、滩险、汇流口、渡口、港口作业区和锚地，其距离应能保证船舶安全通航。通航海轮的内河航道桥梁上游不得小于代表船型或控制性顶推船队长度 4 倍的大值，下游不得小于代表船型或控制性顶推船队长度 2 倍的大值；跨越海域的桥梁上、下游均为不得小于代表船型长度的 4 倍；通航 10^4 DWT(船舶等级)及以上

船舶航道上的桥梁，远离的距离可适当加大。不能远离时需经实船试验或模型试验论证确实。在航道弯道上建桥宜一孔跨越或相应加大净空宽度。"

4.0.7 泥石流是一种携带大量泥、石、砂等物质，历时短暂的山洪急流，对桥梁等构筑物的破坏性极大。在泥石流地区选择桥位时应采取措施，以保证桥梁安全。一般选桥位时应尽量避开泥石流地区；不能避开时可采用大跨跨越。在没有条件建大跨时，应尽量避开河床纵坡由陡变缓，断面突然收缩或扩大，及平面急弯处，因这些地段容易使泥石流沉积、阻塞。

4.0.8 桥位上空若有架空高压送电线路通过或桥位旁有架空高压电线时，对桥梁的正常运营存在不安全因素，尤其在大风天或雷雨天，或极端低温时，更为严重。因此桥梁不宜在架空送电线路下穿越，桥梁边缘与架空电线之间的水平距离除国家现行标准《66kV 及以下架空电力线路设计规范》GB 50061 及《110～500kV 架空送电线路设计技术规程》DL/T 5092 有所规定外，现行行业标准《公路桥涵设计通用规范》JTG D60 规定不得小于高压电线的塔(杆)架高度。

4.0.9 桥位附近存在燃气输送管道、输油管道、易爆和有毒气体等危险品工厂、车间、仓库，对桥梁正常运营存在安全隐患。本规范第 3.0.19 条已根据国务院颁发的《城市道路管理条例》(1996 年第 198 号令)的规定提出："不得在桥上敷设污水管；压力大于 0.4MPa 的煤气管和其他可燃、有毒或腐蚀性的液、气体管。"因此不符合此规定的燃气输送管道，输油管道不得借桥过河。当桥位附近有燃气输送管道、输油管道时，桥位距管道的安全距离，应按国家现行标准《公路桥涵设计通用规范》JTG D60、《输油管道工程设计规范》GB 50253 等规范的规定执行。

5 桥面净空

5.0.1 特大桥、大桥桥长长、建设规模大、投资高，而从已建成的特大桥、大桥上行人通行情况来看，行人大多选择乘车过桥，步行过桥者为数不多，从经济适用角度考虑，特大桥、大桥人行道宽度不宜太宽，鉴此本规范 5.0.1 条提出特大桥、大桥人行道宽度宜采用 2.0m～3.0m。

5.0.2 本条条文按现行行业标准《城市道路设计规范》CJJ 37 的相关条文规定制订。

6 桥梁的平面、纵断面和横断面设计

6.0.1 桥梁在平面上宜做成直桥，这对于简化设计、方便施工、保证工程质量、降低工程造价等均较为有利。但由于城市原有道路系统并非十分理想，已有建筑比较密集，交通设施布设复杂，如将桥梁平面布置

为直桥，可能会遇到相当大的困难，或是满足不了道路线路上的技术要求，或是增加大量拆迁，或是较严重地影响已有的重要设施及重要建筑的使用等等。为此，可以在平面上做成弯桥。弯桥布置的线形应符合现行行业标准《城市道路设计规范》CJJ 37 的规定。

6.0.2 下承式、中承式桥的主梁、主桁或拱肋和悬索桥、斜拉桥的索面及索塔都是桥梁的主要承重构件，对桥梁结构的安全至关重要，本条规定主要是为了保证桥梁结构安全。

6.0.3 "桥面车行道路幅宽度宜与所衔接道路的车行道路幅宽度一致"，这是为了不致使桥上车行道路幅与道路车行道的路幅交接不顺。当道路现状与规划断面相差很大时，如桥梁一次按规划车行道建成，既造成兴建困难，又导致很大的浪费，则可按本规范第3.0.1条规定考虑近、远期结合，分期实施。

如城市道路的横断面按三幅或四幅布置，中间有较宽的分隔带或很宽的绿化带，整个路幅非常宽，此时，线路上的桥梁宽度布置要分别对待，妥善解决。

小桥的车行道路幅宽度（指路缘石之间）及线形取其与两端道路相同，目的是保证路、桥连接顺直，不使驾驶员在视野和行车条件的适应上发生变化，从而达到过桥交通与原道路线形一致舒适通畅，且投资增加不多。

在一般情况下，桥上不应设绿化分隔带，因绿化土层薄，树木易枯萎；土层厚则对桥梁增加不必要的荷重。

对特大桥、大桥、中桥，如果两端道路有较宽的分隔带，若桥面缘石间宽度与道路缘石间的宽度相同，将会使桥梁上、下部结构工程量增加，大大增加工程费用。因而，按本规范第5.0.2条规定，特大桥、大桥、中桥车行道宽度取相当于两端道路的车行道有效宽度（即不计分隔带或绿化带宽度）的总和。这样，桥面虽然收窄了，但并不影响车流通行。

6.0.6 桥梁纵断面布设不当，对安全、适用、经济、美观都有影响。

桥面最小纵坡不宜小于 0.3%，主要是考虑桥面排水顺畅。

桥面纵坡和竖曲线原则上应与道路的要求一致。

桥面最大纵坡、坡度长度与竖曲线的布设要求见现行行业标准《城市道路设计规范》CJJ 37 的相关规定。

长期荷载作用下的构件挠曲和墩台沉降，会改变桥面纵断面的线形，影响行车的舒适性和桥梁美观。

6.0.7 检修道指供执勤、养护、维修人员通行的专用通道。本条规定主要是为了保证桥上通行车辆和行人的安全，避免由于车辆失控，坠入桥下，造成重大伤亡事故和财产损失。

6.0.8 必须充分重视桥梁车行道排水问题。桥面积

水既有碍观瞻，也影响行车安全。因排水不畅在桥面车道形成薄层水，当车速较高，制动时会导致车轮与路面打滑，易发生事故。

排水孔一般均在车道路缘石处，故不论纵坡多大，均需有横向排水坡度。

城市桥常较公路桥宽，从理论上讲，其横向排水要求应比公路桥高。

7 桥梁引道、引桥

7.0.1 桥梁引道本身属道路性质，故应按《城市道路设计规范》CJJ 37 的规定布设。引桥系桥梁结构，故应按本规范规定布设。

7.0.2 桥梁引道与引桥长度关系到桥梁工程的总投资和桥梁景观效果。为片面强调桥梁美观，某些桥梁布设采用长桥短引道，造成引桥下空间狭小，如不作封闭处理，保洁人员无法清洁，不利于城市管理。同样，为降低工程投资，采用短桥长引道会影响城市景观，位于软土地基上的高填土还会引起较大的路堤沉降。为合理布设桥梁的引道、引桥，应从安全、经济、美观等方面进行综合比较，避免不合理的长桥短引道或短桥长引道布设。

7.0.3 市区、特别是老市区受条件限制在布设引道、引桥时易造成两侧街区出入交通堵塞，为保证消防、救护、抢险等车辆进出畅通，应结合引道、引桥、街区支路和防洪抢险的要求布设必要的通道，处理好与两侧街区交通的衔接。

桥梁引道为填土路堤时，尤其是在软弱地基上设置较高的引道时，路基沉降会对附近建筑物和原有地下管道产生不利影响，同时城市给水排水等地下管道破坏后会造成桥梁引道、引桥塌陷，因此宜将给、排水等刚性地下管道移至桥梁引道范围以外布设。

引桥的墩、台沉降会影响附近建筑物。在墩、台施工时也会影响附近建筑物，特别在桩基施工时更容易影响附近建筑物。

具有较大纵坡的引道上不宜设置平交道口，工厂、街区出入口、车辆停靠站。

7.0.4 主要是为了提高桥梁使用时的安全性。

7.0.5 鉴于本规范第 5.0.2 条、第 6.0.3 条中已分别规定特大桥、大桥、中桥的桥面宽度可适当减小，为了确保行车安全，本条提出桥与路的缘石在平面上应设置缓和接顺段。

7.0.6 简化设计，改善桥梁立面景观效果。

7.0.7 桥台侧墙后端要深入桥头锥坡 0.75m（按路基和锥坡沉实后计），是为了保证桥台与引道路堤密切衔接。

台后设置搭板已在城市桥上使用多年，实践表明这是目前治理桥头跳车简单、实用且有效的办法。

7.0.8 桥头锥坡填土或实体式桥台背面的一段引道填土，宜用砂性土或其他透水性土，这对于台背排水和防止台背填土冻胀是十分必要的。在非严寒地区，桥头填土也可以就地取材，利用桥址附近的土填筑或采用土工合成材料及其他轻质材料填筑。

8 立交、高架道路桥梁和地下通道

8.1 一般规定

8.1.1 在城市交通繁忙的区域或路段是否需要建立交、高架道路桥梁或地下通道，应按城市道路等级（快速路、主干路等）、交叉线路的种类（城市道路、轨道交通、公路以及铁路）和等级（城市快速路、主干路，高速公路、一级公路，铁路干线、支线、专用线及站场区等）、车流量等条件综合考虑，作出规划，按现行行业标准《城市道路设计规范》CJJ 37 中的有关规定进行布置。

8.1.2 设计立交、高架道路桥梁和地下通道时，因受当地各种条件制约，其平面布置、跨越形式、跨径、结构布置等方案是比较多的，除应符合本规范第8.1.1 条的规定要求外，根据经验，提出应按以下各条进行综合比较分析：

1 城市立交、高架道路的交通量大、涉及面广，建成后改造拓宽、加长、提高标准比较困难。特别是地下通道，扩建难度更大，改建费用更高，故强调主体部分宜按规划一次修建。在特殊情况下（如相交道路暂不兴建等），次要部分（如立交匝道）可分期建设，但要考虑后建部分的可实施性。

2 城市征地、拆迁（尤其对城市中心区或较大建筑）是个大问题，拆迁费用巨大，有时往往是控制整个工程能否实施的关键，故提出特别注意。

3 本规范第 7.0.3 条已提出"桥梁引道及引桥的布设，应处理好与两侧街区交通的衔接，并应预留防洪抢险通道。"同样对于立交、高架道路的匝道以及地下通道的引道布设亦可能由于对邻近原有街区的交通出行考虑不周，特别是填土引道或下穿地下通道的引道往往会引起消防、救护、抢险车辆的出入困难，给邻近街区周边行人及非机动车交通带来不便。为解决这类问题，设计时常需在引道两侧另辟地方道路（辅道系统），解决周边车辆出入、转向及行人和非机动车辆通行的问题，增加了工程投资规模。因此，设计中应全面考虑。

4 立交、高架道路桥梁的总体布置和外形处理不当，会带来不良景观。高架道路桥下空间的利用也要综合考虑，如作为停车场，则桥下须满足车辆进、出口位置，出、入路线以及行车视距等要求，这样可能会影响桥跨布置和墩、台的形式。作为交通枢纽的立交桥梁、位于快速路上的高架道路桥梁在桥下不应

设置商场、自由集市等，以免干扰交通，影响使用功能。

5 地形、地物将影响立交的平面布置（正、斜、直、弯）。地质、地下水情况及地下工程设施对选用上跨桥还是下穿地下通道起决定作用，在设计时应仔细衡量。

6 城市中各类重要管线较多，使用不能中断。在修建立交或高架道路时应考虑桥梁结构的施工工艺对城市管线的影响，对不能切断的城市管线会出现先期二次拆迁而增加整个工程投资。对于下穿结构会遇到重力流排水管的拆改等问题，在设计时应妥善解决。

7 在城市改造中，拟建立交附近会有较多的建筑物，立交形式、结构、施工工艺会对原有建筑和景观产生不同影响。

通常，总是在重要、交通繁忙的道路或道路交叉口，枢纽修建高架道路或立交，在施工中必须维持必要的交通，尤其是与铁路交会的立交要保证铁路所需的运行条件，在设计中必须加以考虑。

在设计中选用的结构形式，特别是基础形式，要充分考虑拟建工程对规划中的邻近建筑物的影响。这方面也有一些教训。如某市的一座跨线铁路立交（建于 20 世纪 50 年代中期），其墩、台、引道挡土墙均采用天然地基（该工程位于铁路站场区，限于当时的技术条件，采用桩基等人工基础，将影响铁路运行），引道挡土墙高出地面 8m 左右，在当时被认为是在软土地基上获得成功的一项优秀设计。后因交通需要，规划部门欲利用两侧既有道路，在立交两侧加建地下通道。但在具体设计时发现：如要保证原有墩、台、挡土墙的基础稳定，新开挖基坑需离原挡土墙 15m 以外，不能按规划设想利用既有道路，只得另觅新址，并使邻近地区成为新建较大结构工程的禁区。

8 在城市建成区或居民集中区域修建立交或高架道路时，由于行车条件的改善，往往机动车的行车速度较高，其尾气、噪声对周边的影响不容忽视，必要时应采取工程措施（如增设隔声屏障等）减小对周边环境的影响。

8.1.3 立交、高架道路的平面、纵断面、横断面设计

1 提出了平面设计要求。

2 提出了纵断面设计要求。下穿地下通道设有凹形竖曲线，竖曲线最低点不宜设在地下通道暗埋段箱涵内，可将其设在敞开段引道内，这是为了使暗埋段地下通道内不易产生积水，地下通道内路面潮湿后易干，以免人、车打滑。因此一般在地下通道内常不设排水口，通常利用边沟纵向排水至设在竖曲线最低点的引道排水口，进入集水井，用泵将集水井中的水排出。一般在引道下设集水井要比地下通道下设集水

井方便。

根据《城市道路设计规范》CJJ 37 规定。非机动车车行道坡度宜小于 2.5%，大于或等于 2.5% 时，应按规定限制坡长。

3 提出了对横断面布置的要求。

4 立交区段的各种杆、柱、架空线网的布置，不要呈凌乱状，线网宜入地。照明灯具布置要与两端道路结合良好。

8.1.4 本条按现行行业标准《城市道路设计规范》CJJ 37 的规定制订。

8.1.5 墩、柱受汽车撞击作用的力值、位置可按现行《公路桥涵设计通用规范》JTG D60 的规定取值。对易受汽车撞击的相关部位应采用如增设钢筋或钢筋网、外包钢结构或柔性防撞垫等防护构造措施，对于采用外包钢结构或柔性防撞垫等防护构造措施，安全带宽度应从外包结构的外缘起算。

8.1.7 本条提出："高架道路桥梁长度较长时，应每隔一定距离在中央分隔带上设置开启式护栏，"主要是为了疏散因交通事故等原因造成车辆阻塞，为救援工作创造条件。

8.2 立交、高架道路桥梁

8.2.1 当桥梁与桥下道路斜交时，为满足桥下车辆的行车要求可采用斜桥方式跨越。当斜交角度较大（一般大于 45°）时，主桥梁上部结构受力复杂。随着斜交角度的增大，钝角处支承力相应增大；而锐角处支承力相应减少，甚至可能会出现上拔力。由于斜桥在温度变化时会产生横向位移和不平衡的旋转力矩，从而导致"爬移现象"。因此，当斜交角度较大时，宜采用加大跨径改善斜交角度或采用斜桥正做（如独柱墩等）的方式改善桥梁的受力性能。同时，应满足桥下行车视距的要求。

8.2.2 弯扭耦合效应是曲线梁桥力学性质的最大特点，在外荷载作用下，梁截面产生弯矩的同时，必然伴随产生"耦合"扭矩。同样，梁截面内产生扭矩的同时，也伴随产生"耦合"弯矩。其相应的竖向挠度也与扭转角之间对应地产生耦合效应。因此，曲线梁桥在选择结构形式及横断面截面形状时，必须考虑具有足够的抗扭刚度。

对于曲线桥梁，特别是独柱支承的曲线梁桥。在温度变化、收缩、徐变、预加力、制动力、离心力等情况作用下，其平面变形与曲线梁桥的曲率半径、墩柱的抗推刚度、支承体系的约束情况及支座的剪切刚度密切相关，在设计中应采用满足梁体受力和变形要求的合理支承形式，并在墩顶设置防止梁体外移、倾覆的限位构造等。

在曲线梁桥施工和运营过程中，国内各地曾多次发生过上部结构的平面变形过大而发生破坏的情况。如某市一座匝道桥，上部结构为六孔一联独柱预应力连续弯箱梁。箱梁底宽 5.0m，高 2.2m，桥面全宽 9.0m，桥梁中心线平曲线半径 $R=255$m，桥梁中心线跨度分别为：22.8m、35m、55m、39.9m、55m、32m，全联长度为 239.7m。该匝道桥在建成运营 1 年半后，突然发生梁体变位。各墩位处有不同程度的切向、径向和扭转变位。端部倾角达 2.42°，最大水平位移达 22cm，最大径向位移达 47cm；各墩顶支座均受到不同程度的过量变形和损坏。边墩曲线内侧的板式橡胶支座脱空，造成外侧的板式橡胶支座超载后产生明显的压缩变形；独柱中墩盆式橡胶支座的大部分橡胶体从圆心挤出支座钢盆外。

8.2.3 当桥梁纵坡较大时，对于桥梁，特别是独柱支承的桥梁由于结构重力、制动力、收缩、徐变和温度变化的影响，有向下坡方向发生累计位移的潜在危险。如某地一座匝道桥，桥宽 10.5m，墩柱高度 12m 左右，单箱单室箱形截面，纵向坡度 3.5%，在建成通车 5 年后发生沿下坡方向的累计位移，致使伸缩缝挤死不能保证其使用功能。因此，在连续梁的分联长度、墩柱的水平抗推刚度上应引起重视。

8.2.4 30m 以下跨径，并为宽桥跨越街道时，对于下穿道路上的人群，墙式桥墩会妨碍视线，同时由于墙面过大，产生压抑感。采用柱式墩效果较好，但应注意合理安排桥墩横向墩柱数、截面形状与尺寸大小，以免墩柱过多、尺寸过大影响视觉和景观。

8.3 地 下 通 道

8.3.1 "位于铁路运营线下的地下通道，为保证施工期间铁路运营安全，地下通道位置除应按本规范第 8.1.1 条的规定设置外，还应选在地质条件较好、铁路路基稳定、沉降量小的地段。"主要是为了避免地下通道基坑施工时，铁路路基发生大体积滑坡。如果地质条件确实较差，施工困难，则应选地质条件较好的位置，并据此调整线路的走向或采用上跨方案。

8.3.2 较长的地下通道，在行驶机动车的车行道孔中，若无人行道，为了保证执勤、维修人员安全，应设置检修道。孔中车行道窄时，在一侧设检修道；车行道较宽时，应在两侧都设检修道。

8.3.3 地下结构的裂缝宽度一般按现行国家标准《混凝土结构设计规范》GB 50010 的规定计算。

8.3.4 城市地下通道有时下穿铁路站场区或作业区，故在布置这类地下通道长度时，除满足上跨铁路线路的净空要求外，还应满足给水管线、沟漕、信号标志等附属设施和人行通道的需求。

8.3.6、8.3.7 为防止地面水、地下水渗入地下通道，要求地下通道箱涵能满足防水要求。根据现行《地铁设计规范》GB 50157 的相关条文，由原北京地下铁道工程局提供的大量试验资料表明，采用普通级配制强度为 C30 的混凝土其抗渗等级均大于 P12。

鉴此本条提出地下通道箱体混凝土强度等级不低于C30，混凝土抗渗等级不应低于P8。箱体防水层设置，伸缩缝、沉降缝的防水要求见本规范第9.2.2条与第9.3.5条。

8.3.8 斜交角度过大会导致地下通道结构受力复杂、施工困难，据此本条提出斜交角度不应大于45°。

8.3.9 一般情况下，地下通道及与其衔接的引道结构下卧土层为黏土时，采用盲沟倒滤层形式的排水抗浮措施较为经济、合理；下卧层为砂性土层时宜根据抗浮计算采用其他形式的抗浮措施，抗浮安全系数宜取1.10。

9 桥梁细部构造及附属设施

9.1 桥面铺装

9.1.1 桥面铺装是车轮直接作用的部分，要求平整、防滑、有利排水。桥面铺装亦可以认为是桥梁行车道板的保护层，其作用在于分布车轮荷载、防止车轮直接磨损行车道板，使桥梁主体结构免受雨水侵蚀。为了保证行车舒适、平稳，便于连续施工，桥面铺装的结构形式宜与所在位置的道路路面相协调。综合行车条件、经济性和耐久性等因素，桥梁的桥面铺装材料宜采用沥青混凝土和水泥混凝土材料。

9.1.2 城市快速路、主干路桥梁和次干路上的特大桥、大桥，桥面铺装大多数采用沥青混凝土，一般为两层，上层为细粒式沥青混凝土，具有抗滑、耐磨、密实稳定的特性；下层为中粒式沥青混凝土，具有传力、承重作用。在沥青混凝土铺装以下设有水泥混凝土整平层，以起到保护桥面板和调整桥面标高、平整借以敷设桥面防水层的目的。

水泥混凝土铺装具有强度高、耐磨强、稳定性好、养护方便等优点，但接缝多，平整度差影响行车舒适，且存在修补困难等缺点，目前仅在道路为水泥混凝土路面时才采用。

为保证工程质量、行车安全、舒适、耐久，本条规定了各种铺装材料性能、最小的厚度及必要的构造要求。水泥铺装层的厚度仅为面层厚度、未包括整平层、垫层的厚度。

9.1.3 钢桥面铺装一般采用沥青混凝土材料，钢桥面沥青混凝土铺装的使用状况与铺装材料的性能（包括基本强度、变形性能、抗腐蚀性、水稳性、高温稳定性、低温抗裂性、粘结性、抗滑性等）、施工工艺、车轮轮压大小、结构的整体刚度（桥梁跨径、结构形式）、局部刚度（桥面系的构造尺寸）以及桥梁的纵断面线形、桥梁所在地的气象与环境条件有关。国内大跨径钢桥的沥青混凝土桥面铺装的使用时间不长，缺少成熟经验，因此钢桥面的沥青混凝土铺装应根据上述因素综合分析后确定。

9.2 桥面与地下通道防水、排水

9.2.1 由于桥梁在车辆、温度等荷载反复作用下桥面板的应力、变形、裂缝也随着周期性的变化，为适应这种情况，沥青混凝土桥面必须采用柔性防水层，而刚性防水层易造成开裂、脱落，最终起不到防水效果。

水泥混凝土由于构造的限制，目前尚无一种完善的防水层形式。根据目前使用的经验，建议采用渗透型或外掺剂型的刚性防水层形式。对于在水泥混凝土铺装和桥面板之间设置防水层的做法，应注意到防水层的厚度会影响水泥混凝土铺装的受力状态，对此设计应有切实的措施和对策。

9.2.3 桥面防水是桥梁耐久性的一个重要方面，对延长桥梁寿命起到关键性的作用。而桥面防水又是一个涉及铺装材料、设计、施工综合性的系统工程，还必须和桥面排水等配合，做到"防排结合"。

桥面应有完善的排水设施，必须设排水管将水排到地面排水系统中，不能直接将水排到桥下。过去对跨河桥梁不受限制，现在应重视环保净化水源，对跨河桥、跨铁路桥也不能直接将水排入河中或铁路区段上。

排水管直径不仅以排水量控制，还应考虑防止杂物堵塞。根据以往经验，最小直径为150mm。

排水管间距根据桥梁汇水面积和水平管纵坡而定。参照《公路排水设计规范》，全国地区的设计降雨量，以北京地区为例，5年一遇10min降雨强度 $q_{5,10}$＝2.2mm/min（北京地区能包容全国80%以上），如按快速路、主干路桥梁设计重现期为5年，降雨历程为5min，则其降雨强度 $q_{5,10}$＝3.03mm/min，按ϕ150泄水管其纵坡为 $i=1\%$ 和 $i=2\%$ 时，计算出每平方米桥面面积所需设置的排水管面积分别为43mm²和30mm²，如考虑两倍的安全率，则为86mm²和60mm²。以此作为确定排水管面积的依据。

根据美国规范，当降雨强度为100mm/h（1.67mm/min）时，横坡为3%，Φ150mm的氯乙烯管能排除汇水面积390m²（坡度1：96）和557m²（坡度1：48）的水量（见下表）。折合相当的降雨强度，每平方米桥面排水管面积为81mm²/m²和58mm²/m²。如计算两倍安全率，则也和本条规定的数据相一致的。

管径 (mm)	容许的最大水平断面积(m²)		
	水平排水管		
	坡度1：96	坡度1：48	坡度1：24
100	144	200	238
125	251	334	502
150	390	557	780

管径 （mm）	容许的最大水平断面积（m²）		
	水平排水管		
	坡度1：96	坡度1：48	坡度1：24
200	808	1106	1616
250	1412	1821	2824
300	2295	2954	4589

根据南方潮湿地区如广东，$q_{5,10}＝2.5\sim3.0mm/min$；西北干燥地区新疆、内蒙古、宁夏、青海等，$q_{5,10}＝0.5\sim1.5mm/min$（详见《公路排水设计规范》JTJ018-97，图3.07-1，对排水管面积作出适当调整）。

桥面排水必须设置纵坡和横坡，不宜设置平坡（坡度为零），对于高架桥梁一般应设凸型竖曲线纵坡，当桥梁过长或其他原因需要凹形竖曲线纵坡时根据《公路排水设计规范》JTJ 018-97在曲线最低处必须增加排水口数量。

参照《日本高等级公路设计规范》（1990年6月），桥上排水管的纵坡原则上不小于3%，如纵坡过小会影响桥面径流水量的排泄，应加大排水管面积。

9.2.4 地下通道排水

1 通常情况下，地下通道内需设排水泵，采用雨水设计的重现期要比两端道路规划的重现期高一些。国家现行标准《室外排水设计规范》GB 50014、《城市道路设计规范》CJJ 37对立交排水设计原则，设计重现期有明确规定，规定立交范围内高水高排、低水低排的设计原则。

2 提出为了不使地面水流入地下通道的一些措施。

3 条文中所提的措施是为了保证地下通道路面车道排水畅通，减少路面薄层水影响，以保证行车安全。

4 强调不能自流排水时设泵站的重要性。因为一般道路短时间内积一些水问题不大，而地下通道所处地形低，若路面积水较深，拦截无效流入地下通道，而排水泵能力不足，则地下通道有被水灌满的危险。某地下通道在一次暴雨时，积水深达2.0m，这样容易引发安全事故，地下通道照明等设施亦会受到损坏。

5 采用盲沟排水的目的是降低地下水对结构的压力，若失效将危及地下通道结构的安全，故必须保证。

9.3 桥面伸缩装置

9.3.1 简支梁连续桥面，类似于连续梁，减少了多跨简支梁的伸缩缝，使桥面行车舒适，节省造价，方便养护，这是目前仍在采用的原因。但从使用效果

看，简支梁端连续桥面部位的构造较弱，该处桥面容易开裂，从长远看是全桥"薄弱"环节，影响桥梁耐久性，破损后也难以修复，因此本条对使用范围作出一定的限制，并且对构造提出一定的要求。

9.3.2 桥梁伸缩装置使用至今已有很多类型，到目前为止比较成熟和常用的有模数式和梳板式。伸缩装置关键之一是和梁端的锚固，不少是由于锚固不善被破坏的。

对于浅埋嵌缝式伸缩装置，由于到目前为止，从材料、构造、机理等各方面都还存在着问题，从使用效果上也有不少失败的教训，因此在快速路、主干路上不能使用。

9.3.3 桥梁伸缩装置安装的时间温度是计算伸缩量的一个依据，另外还要考虑条文中列举的多方面因素。过去设计伸缩装置时，常仅只计及温度、收缩等1～2项，导致伸缩量不够，检查一些旧桥时发现伸缩装置拉断、拉脱的情况，因此除温度、收缩外其余伸缩因素也是不能忽视的。异型桥（包括斜、弯桥）是空间结构，结构变形大小和方向存在着任意性，因此必须检算纵横向的错位量。

9.3.4 对北方使用除冰盐地区，由于盐水氯离子渗入钢筋混凝土，破坏了钢筋钝化膜使钢筋锈蚀，混凝土受损，所以在桥梁容易受到水侵蚀的部位，应进行耐久性处理如采用钢筋阻锈剂等。

9.4 桥梁支座

9.4.1 桥梁支座是联系上下部结构和传递上部结构反力的传力装置，也是形成结构体系的关键部件，如果支座不够完善会造成因体系受力变化带来的影响，因此支座的合理选择在设计中至关重要。

球形钢支座能适应较大的转动角度，但转动刚度较小，在弯桥设计中为增大主梁抗扭刚度，一般仍使用盆式橡胶支座，只有转角较大或其他特殊要求时才采用球形钢支座。

9.4.2 板式橡胶支座有规定的使用年限，而且比桥梁主体结构设计使用年限期短得多，根据北京市在20世纪80年代以后修建的桥梁检查，板式橡胶支座出现了多种形式的损坏，有一定数量的支座需要更换。因此设计时应在墩台帽顶预留更换空间。

支座安装时要考虑施工时的温度，以及施工阶段的其他影响（如预应力张拉等），设计中若没有充分考虑这些因素，会使成桥后支座受力和变形"超量"，造成支座剪切变形过大，墩台顶面混凝土拉裂等现象。

9.4.3 一般情况下在主梁的墩、台部位处均需设置"横向限位"构造，特别是斜、弯、异型桥及采用四氟滑板橡胶支座的上部结构，根据其受力特点及四氟滑板橡胶支座的滑移特性，主梁端部会产生水平转动和横向位移，为保持梁体平面线型和桥梁伸缩装置的正

常使用，保证梁体安全，更应在主梁的墩、台部位处设置横向限位设施。限位设施的间隙和强度应根据计算确定。

9.4.4 弯桥、坡桥必须具有一定的纵向水平刚度，以避免梁体在正常使用条件下，由于水平制动力、温度力或自重水平分力等的作用，产生纵向"飘移"（是累计的不可逆飘移）变位。大中跨钢桥如采用板式橡胶支座，由于梁底支座楔形钢板在施工制作时产生的微小坡面误差，在自重水平分力及反复温度力的叠加作用下，由于桥体水平刚度较小，微小的不平衡水平力就会累计产生不可逆的单向水平飘移变位。如1998年建成的某大桥是三孔 62m＋95m＋62m 钢箱连续梁，全桥采用板式橡胶支座，桥面纵坡仅为 $i=0.28\%$，建成后第二年夏天发生梁体自东向西（下坡方向）移动，西侧伸缩缝挤死，东侧伸缩缝拉开 7.5cm，梁端支座累计推移 100mm。究其原因是胀缩力的不平衡作用，由于桥梁的纵坡产生微小的自重水平分力，叠加夏天较大的温差力，产生了向西方向的微量位移，日复一日，就累计成较大的不可逆的位移量。事后，在中墩上，将梁体与墩顶刚性固定后，加大了桥体水平刚度，至今再也没有发生"飘移"的现象。

对于中小跨径的多跨连续梁，梁端宜采用四氟乙烯板橡胶支座或小型盆式纵向活动支座的原因是为了释放水平变形简化梁端支座的受力状态。

9.5 桥梁栏杆

9.5.1 本规范第 6.0.7 条规定"桥梁人行道或检修道外侧必须设置人行道栏杆"。本条规定栏杆高度不小于 1.10m，与《公路桥涵设计通用规范》JTG D60 规定的一致。栏杆构件间的最大净间距不得大于 140mm，与现行《城市人行天桥与人行地道技术规范》CJJ 69 的有关规定相同。栏杆底座必须设置锚筋，满足栏杆荷载要求，这是为确保行人安全所必需的，以往在栏杆设计中，有的底座仅留榫槽。

9.5.4 桥梁跨越快速路、城市轨道交通、高速公路、重要铁路时为防止行人往桥下乱扔弃物、烟头引起火灾及确保桥下车辆安全，应设置护网，护网高度应从人行道面起算。这在以往的工程实践中已经得到建设、设计、养护多方认可，是行之有效的规定。

9.6 照明、节能与环保

9.6.1～9.6.5 根据本规范第 1.0.3 条、第 3.0.7 条、第 3.0.18 条的规定及现行的相关规范和标准提出桥梁设计中有关照明、节能与环保的一般要求。

9.7 其他附属设施

9.7.1～9.7.5 确保桥梁或地下通道能安全、正常使用，在正常维护时有足够的耐久性。

10 桥梁上的作用

10.0.1 根据《工程结构可靠性设计统一标准》GB 50153："结构上的作用应包括施加在结构上的集中力和分布力，和引起结构外加变形和约束变形的原因。"而"施加在结构上的集中力和分布力，可称为荷载。"《公路工程结构可靠度设计统一标准》GB/T 50283-1999："结构上的作用应分为直接作用和间接作用。直接作用为直接施加于结构上的集中或分布力；间接作用为引起结构外加变形或约束变形的地震、基础变位、温度和湿度变化、混凝土收缩和徐变等。直接作用又称为荷载。"

本规范第 3.0.8 条规定："桥梁结构的设计基准期为 100 年"需对原《城市桥梁设计荷载标准》CJJ 77-98 进行适当调整。在本规范修编过程中曾对城市桥梁车辆荷载标准、公路桥涵汽车荷载标准，以及两种荷载标准对梁式桥(包括简支梁、连续梁)产生的荷载效应和荷载效应组合进行了详细的比较分析：

1 现行荷载标准异同比较

《城市桥梁设计荷载标准》CJJ 77-98	《公路桥梁设计荷载标准》JTG D60-2004
(1) 汽车荷载等级： 城—A 级 城—B 级 由车道荷载和车辆荷载组成。	(1) 汽车荷载等级： 公路—Ⅰ级 公路—Ⅱ级 由车道荷载和车辆荷载组成。
(2) 加载方式 桥梁的主梁、主拱和主桁等计算采用车道荷载，桥梁的横梁、行车道板桥台或挡土墙后土压力计算应采用车辆荷载。不得将车道荷载和车辆荷载的作用叠加。	(2) 加载方式 桥梁结构的整体计算采用车道荷载；桥梁结构的局部加载、涵洞、桥台和挡土墙土压力计算采用车辆荷载。车道荷载与车辆荷载的作用不得叠加
(3) 适用范围 适用于桥梁跨径或加载长度不大于 150m 的城市桥梁结构。	(3) 适用范围 无跨径和加载长度的限制，但大跨径桥梁应考虑车道荷载的纵向折减系数，见(7)。

(4) 车道荷载的计算图式

跨径 2～20m 时

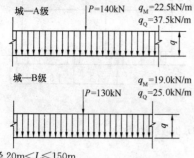

当车道数等于或大于 4 条时，计算弯矩不乘增长系数。计算剪力应乘增长系数 1.25。

城—B级

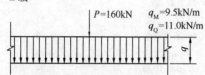

当车道数等于或大于 4 条时，计算弯矩不乘增长系数。计算剪力应乘增长系数 1.30。

(5) 车辆荷载标准车的主要技术指标

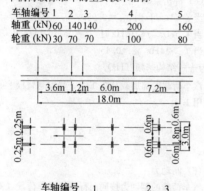

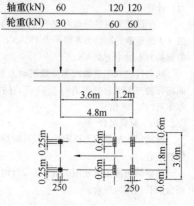

(4) 车道荷载的计算图式：

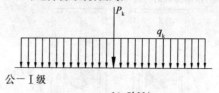

公—Ⅰ级

$$q_k = 10.5 \text{kN/m}$$

P_k：

桥梁计算跨径小于或等于 5m 时，$P_k = 180$kN

桥梁计算跨径等于或大于 50m 时，$P_k = 360$kN

桥梁计算跨径在 5m～50m 之间时，P_k 值采用直线内插求得。计算剪力时 P_k 值应乘以 1.2 的系数。

公路—Ⅱ级，按公路—Ⅰ级乘以 0.75 的系数。

车道荷载的均布荷载应满布于使结构产生最不利效应的同号影响线上，集中荷载只作用于相应影响线中一个最大影响线峰值处。

(5) 车辆荷载标准车的主要技术指标

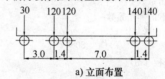

a) 立面布置

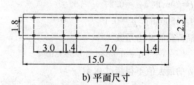

b) 平面尺寸

车辆荷载的主要技术指标

项目	单位	技术指标
车辆重力标准值	kN	550
前轴重力标准值	kN	30
中轴重力标准值	kN	2×120
后轴重力标准值	kN	2×140
轴距	m	3+1.4+7+1.4
轮距	m	1.8
前轮着地宽度及长度	m	0.3×0.2
中、后轮着地宽度及长度	m	0.6×0.2
车辆外形尺寸（长×宽）	m	15×2.5

公路—Ⅰ级和公路—Ⅱ级的车辆荷载采用相同的标准车。

《城市桥梁设计荷载标准》CJJ 77-98	《公路桥梁设计荷载标准》JTG D60-2004

（6）汽车荷载的横向布置

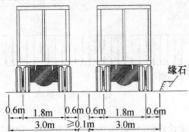

（6）汽车荷载的横向布置

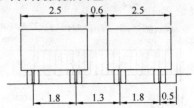

（7）折减系数
横向折减系数

二车道	1.0
三车道	0.8
四车道	0.67
五车道	0.60
≥六车道	0.55

（7）折减系数

二车道	1.0	七车道	0.52
三车道	0.78	八车道	0.50
四车道	0.67		
五车道	0.60		
六车道	0.55		

纵向折减系数

当计算跨径大于150m时汽车荷载应考虑纵向折减。

纵向折减系数为：

$150 < l_0 < 400$	0.97
$400 \leqslant l_0 < 600$	0.96
$600 \leqslant l_0 < 800$	0.95
$800 \leqslant l_0 < 1000$	0.94
$l_0 \geqslant 1000$	0.93

其中 l_0（m）为桥梁计算跨径。

（8）冲击系数
车道荷载的冲击系数

$$\mu = \frac{20}{80 + l}$$

l——跨径（m）

当 $l = 20$m 时，$\mu = 0.2$
当 $l = 150$m 时，$\mu = 0.1$
车辆荷载的冲击系数

$$\mu = 0.6686 - 0.3032 \log l$$

但 μ 的最大值不得超过 0.4。

（8）冲击系数
当 $f < 1.5$Hz 时，$\mu = 0.05$
当 1.5Hz $\leqslant f \leqslant 14$Hz 时，$\mu = 0.1767 \ln f - 0.0157$
当 $f > 14$Hz，$\mu = 0.45$

f——结构基频（Hz）

汽车荷载局部加载及在 T 梁、箱梁悬臂板上的冲击系数采用 1.3。

（9）制动力
一个设计车道的制动力（不计冲击力）

城—A 级：应采用 160kN 或 10％车道荷载并取两者中的较大值。

城—B 级：应采用 90kN 或 10％车道荷载，并取两者中的较大值。

当计算的加载车道为 2 条或 2 条以上时，应以 2 条车道为准，其制动力不折减。

（9）制动力
汽车荷载的制动力按同向行驶的汽车荷载（不计冲击力）计算。

一个设计车道的制动力按车道荷载的 10％计算，但公路—Ⅰ级荷载的制动力不得小于 165kN，公路—Ⅱ级荷载的制动力不得小于 90kN。

同向行驶双车道的汽车荷载制动力为单车道的两倍；同向行驶三车道为单车道的 2.34 倍，同向行驶四车道为单车道的 2.68 倍。

（10）荷载组合
与已废除的原《公路桥涵设计通用规范》JTJ 021-89 除组合Ⅲ外基本一致。

（10）荷载组合
桥梁结构按承载力极限状态设计时应采用基本组合和偶然组合。

桥梁结构按正常使用极限状态设计时采用短期效应组合和长期效应组合。

《城市桥梁设计荷载标准》CJJ 77-98	《公路桥梁设计荷载标准》JTG D60-2004

（11）其他

《城市桥梁设计荷载标准》CJJ 77-98 中的汽车荷载标准是"根据现代城市桥梁车辆荷载的特点，参照加拿大安大略省桥梁设计规范中的有关规定"并"充分考虑了与公路桥梁荷载标准（指 JTJ 021-89）的兼容性"制定的。（摘自何宗华：《城市桥梁设计荷载标准》简介）。"加拿大车辆荷载标准是以 1975 年交通调查为依据"，设计基准期为 50 年（见《城市桥梁设计荷载标准》P44）。

（11）其他

现行《公路桥梁设计荷载标准》（见《公路桥涵设计通行规范》JTG D60-2004）以我国近期大量的车辆调查统计、分析资料为依据，结合我国公路桥梁使用现状和以往经验测定的，相应的设计基准期为 100 年。

2 荷载及荷载效应组合比较

（1）荷载效应比较（以单车道计）

简支梁

比较项目		跨径（m） 6	10	15	20	22	25	30	35
城—A/ 公路—Ⅰ	跨中弯矩	0.963	1.000	1.033	1.058	1.127	1.087	1.028	0.982
	支点剪力	1.001	1.120	1.229	1.311	1.125	1.100	1.064	1.033
城—B/ 公路—Ⅱ	跨中弯矩	1.157	1.188	1.215	1.236	0.970	0.951	0.922	0.899
	支点剪力	1.083	1.163	1.235	1.289	0.907	0.894	0.879	0.864

比较项目		跨径（m） 40	45	50	55	60	70	80
城—A/ 公路—Ⅰ	跨中弯矩	0.943	0.911	0.884	0.886	0.889	0.892	0.898
	支点剪力	1.010	0.989	0.972	0.989	1.004	1.032	1.056
城—B/ 公路—Ⅱ	跨中弯矩	0.880	0.865	0.851	0.866	0.880	0.902	0.923
	支点剪力	0.853	0.843	0.835	0.856	0.874	0.908	0.938

两跨等跨连续梁

比较项目		位置 跨径（m）	10	15	20	25	30	35	40	50	60	70
城—A/ 公路—Ⅰ	弯矩	跨中	0.981	1.010	1.031	1.090	1.031	0.983	0.943	0.881	0.887	0.891
		中支点	1.283	1.362	1.412	1.039	1.000	0.971	0.947	0.911	0.916	0.920
	剪力	边支点	1.065	1.161	1.232	1.089	1.050	1.018	0.991	0.949	0.981	1.008
		中支点	1.228	1.361	1.459	1.121	1.091	1.066	1.045	1.611	1.043	1.072
城—B/ 公路—Ⅱ	弯矩	跨中	1.166	1.191	1.208	0.943	0.913	0.890	0.870	0.839	0.868	0.893
		中支点	1.488	1.572	1.621	1.039	1.025	1.015	1.007	0.994	1.019	1.038
	剪力	边支点	1.120	1.178	1.227	0.878	0.856	0.839	0.829	0.808	0.846	0.879
		中支点	1.251	1.344	1.413	0.926	0.916	0.907	0.897	0.881	0.923	0.959

三跨等跨连续梁

比较项目		位置＼跨径（m）	10	15	20	25	30	35	40	50	60	70
城—A/公路—I	弯矩	边跨中	0.966	1.027	1.051	1.087	1.029	0.982	0.943	0.883	0.889	0.893
		中支点	1.236	1.312	1.361	1.046	1.005	0.972	0.946	0.908	0.912	0.917
		中跨中	0.967	0.991	1.010	1.093	1.033	0.984	0.943	0.879	0.884	0.889
	剪力	边支点	1.075	1.173	1.249	1.091	1.051	1.022	0.995	0.954	0.986	1.012
		中支点左	1.216	1.354	1.439	1.120	1.088	1.064	1.041	1.008	1.041	1.070
		中支点右	1.195	1.320	1.416	1.116	1.082	1.058	1.035	0.999	1.034	1.059
城—B/公路—II	弯矩	边跨中	1.184	1.210	1.229	0.949	0.921	0.898	0.878	0.850	0.877	0.902
		中支点	1.441	1.516	1.566	1.027	1.011	0.999	0.989	0.975	1.001	1.022
		中跨中	1.152	1.171	1.183	0.937	0.907	0.882	0.861	0.829	0.856	0.879
	剪力	边支点	1.129	1.189	1.236	0.882	0.860	0.846	0.833	0.814	0.851	0.885
		中支点左	1.239	1.338	1.398	0.426	0.911	0.904	0.893	0.879	0.919	0.954
		中支点右	1.229	1.309	1.377	0.916	0.904	0.893	0.883	0.868	0.911	0.943

四跨等跨连续梁

比较项目		位置＼跨径（m）	10	15	20	25	30	35	40	50	60	70
城—A/公路—I	弯矩	边跨1中	0.990	1.024	1.046	1.088	1.029	0.982	0.943	0.883	0.888	0.893
		边跨2中	0.984	1.016	1.034	1.089	1.031	0.983	0.943	0.881	0.887	0.891
		中支点B	1.248	1.321	1.371	1.045	1.004	0.972	0.946	0.908	0.913	0.917
		中跨点C	1.269	1.346	1.396	1.041	1.002	0.971	0.947	0.910	0.915	0.919
	剪力	边支点A	1.071	1.170	1.245	1.091	1.049	1.020	0.993	0.952	0.984	1.011
		中支点B左	1.213	1.351	1.439	1.120	1.088	1.064	1.041	1.007	1.041	1.069
		中支点B右	1.214	1.340	1.437	1.119	1.085	1.061	1.039	1.003	1.040	1.065
		中支点C左	1.180	1.307	1.391	1.112	1.078	1.053	1.029	0.994	1.027	1.059
城—B/公路—II	弯矩	边跨1中	1.180	1.204	1.224	0.948	0.919	0.897	0.876	0.847	0.875	0.899
		边跨2中	1.170	1.195	1.211	0.941	0.914	0.892	0.871	0.840	0.868	0.891
		中支点B	1.456	1.529	1.577	1.029	1.015	1.003	0.993	0.980	1.005	1.025
		中跨点C	1.476	1.554	1.606	1.036	1.021	1.011	1.002	0.989	1.014	1.033
	剪力	边支点A	1.124	1.190	1.233	0.879	0.860	0.843	0.830	0.811	0.850	0.885
		中支点B左	1.239	1.338	1.395	0.926	0.913	0.901	0.893	0.880	0.919	0.954
		中支点B右	1.236	1.326	1.393	0.922	0.910	0.899	0.891	0.875	0.917	0.950
		中支点C左	1.207	1.299	1.359	0.915	0.900	0.889	0.879	0.863	0.903	0.941

五跨等跨连续梁

跨径（m）比较项目 位置			10	15	20	25	30	35	40	50	60	70
城—A/公路—Ⅰ	弯矩	边跨1中	0.993	1.023	1.047	1.087	1.029	0.982	0.943	0.883	0.888	0.893
		中跨2中	0.979	1.009	1.028	1.090	1.033	0.983	0.943	0.881	0.886	0.891
		中跨3中	1.002	1.034	1.058	1.086	1.029	0.982	0.943	0.863	0.889	0.893
		中支点B	1.245	1.321	1.369	1.045	1.004	0.972	0.946	0.908	0.913	0.917
		中支点C	1.281	1.360	1.409	1.040	1.001	0.971	0.947	0.911	0.916	0.920
	剪力	边支点A	1.071	1.170	1.245	1.089	1.052	1.020	0.993	0.952	0.983	1.012
		中支点B左	1.213	1.351	1.439	1.120	1.090	1.064	1.041	1.007	1.041	1.069
		中支点B右	1.207	1.335	1.430	1.117	1.085	1.061	1.038	1.003	1.039	1.063
		中支点C左	1.180	1.308	1.388	1.112	1.081	1.053	1.029	0.993	1.027	1.055
		中支点C右	1.205	1.331	1.422	1.115	1.083	1.057	1.037	1.000	1.035	1.063
城—B/公路—Ⅱ	弯矩	边跨1中	1.177	1.206	1.224	0.948	0.919	0.896	0.876	0.849	0.875	0.899
		中跨2中	1.165	1.189	1.256	0.942	0.913	0.889	0.868	0.838	0.865	0.889
		中跨3中	1.191	1.215	1.236	0.950	0.922	0.899	0.880	0.851	0.879	0.902
		中支点B	1.448	1.525	1.575	1.028	1.013	1.002	0.992	0.978	1.004	1.024
		中支点C	1.486	1.567	1.618	1.039	1.025	1.014	1.006	0.993	1.018	1.037
	剪力	边支点A	1.124	1.186	1.233	0.879	0.860	0.843	0.830	0.811	0.850	0.885
		中支点B左	1.239	1.338	1.395	0.926	0.913	0.901	0.893	0.878	0.916	0.954
		中支点B右	1.237	1.322	1.388	0.922	0.907	0.898	0.888	0.871	0.917	0.947
		中支点C左	1.207	1.299	1.355	0.915	0.901	0.889	0.876	0.862	0.903	0.936
		中支点C右	1.228	1.316	1.382	0.919	0.904	0.898	0.886	0.870	0.913	0.947

(2) 荷载效应组合比较（永久作用仅考虑结构重力，可变作用只计入车辆荷载）。

先张法预应力混凝土空心板
（板宽：中板1.00m，边板1.40m，车行道≥7.0m）

空心板计算数据

数据 \\ 板位	跨径	计算跨径 (m)	板高 (m)	横向分布系数 跨中（城市/公路）	横向分布系数 支点	冲击系数 城市－$\frac{A}{B}$	冲击系数 公路－$\frac{I}{II}$
中板	10	9.46	0.52	0.313/0.323	0.5	0.2	0.430
边板				0.357/0.368			
中板	13	12.46	0.62	0.306/0.313	0.5	0.2	0.351
边板				0.341/0.349			
中板	16	15.46	0.82	0.303/0.310	0.5	0.2	0.335
边板				0.353/0.361			
中板	18	17.46	0.82	0.301/0.306	0.5	0.2	0.292
边板				0.351/0.357			
中板	20	19.36	0.90	0.299/0.303	0.5	0.2	0.269
边板				0.344/0.349			
中板	22	21.56	0.90	0.297/0.301	0.5	0.197	0.240
边板				0.342/0.347			

以上数据摘自上海市市政工程标准设计《先张法预应力混凝土空心板（桥梁）》。

空心板 城—A/公路—I 表

跨径 (m)	计算跨径 (m)	组合 \\ 板位	基本组合 跨中弯矩	基本组合 支点剪力	短期效应组合 跨中弯矩	短期效应组合 支点剪力	长期效应组合 跨中弯矩	长期效应组合 支点剪力
10	9.46	中板	0.833	0.864	0.988	0.987	0.993	0.990
		边板	0.886	0.890	0.989	1.004	0.993	1.003
13	12.46	中板	0.944	0.939	1.003	1.011	1.002	1.008
		边板	0.944	0.958	1.002	1.022	1.001	1.016
16	15.46	中板	0.962	0.972	1.010	1.028	1.006	1.019
		边板	0.960	1.999	1.008	1.044	1.012	1.031
18	17.46	中板	0.987	1.006	1.014	1.036	1.010	1.026
		边板	0.985	1.032	1.012	1.053	1.008	1.036
20	19.36	中板	1.001	1.025	1.014	1.041	1.001	1.028
		边板	0.998	1.048	1.001	1.054	1.009	1.037
22	21.36	中板	1.035	1.036	1.031	1.039	1.020	1.027
		边板	1.034	1.037	1.031	1.038	1.020	1.027

空心板 城—B/公路—Ⅱ表

跨径 (m)	计算跨径 (m)	组合 板位	基本组合		短期效应组合		长期效应组合	
			跨中 弯矩	支点 剪力	跨中 弯矩	支点 剪力	跨中 弯矩	支点 剪力
10	9.46	中板	0.985	0.915	1.060	1.023	1.040	1.018
		边板	0.985	0.935	1.054	1.032	1.036	1.023
13	12.46	中板	1.029	0.971	1.056	1.030	1.036	1.020
		边板	1.026	0.986	1.051	1.036	1.033	1.023
16	15.46	中板	1.046	0.992	1.056	1.037	1.036	1.025
		边板	1.036	1.011	1.052	1.045	1.034	1.030
18	17.46	中板	1.059	1.017	1.057	1.039	1.037	1.028
		边板	1.056	1.035	1.054	1.049	1.035	1.032
20	19.36	中板	1.064	1.029	1.052	1.039	1.033	1.026
		边板	1.061	1.044	1.050	1.047	1.032	1.030
22	21.36	中板	0.976	0.919	0.992	0.957	0.996	0.971
		边板	0.976	0.929	0.992	0.963	0.995	0.976

后张预应力混凝土 T 梁
(梁距 2.25m，桥宽 12.75m)

T 梁计算数据

数据 梁位	跨径 (m)	计算 跨径 (m)	梁高 (m)	横向分布系数		冲击系数	
				跨中 (城市/公路)	支点 (城市/公路)	城市	公路
中梁	25	24.30	1.25	0.554/0.561	0.811/0.811	0.1918	0.2233
边梁				0.635/0.648	0.444/0.489		
中梁	30	29.20	1.50	0.553/0.560	0.811/0.811	0.1832	0.1953
边梁				0.641/0.653	0.444/0.489		
中梁	35	34.10	1.75	0.552/0.560	0.811/0.811	0.1753	0.1710
边梁				0.644/0.656	0.444/0.489		
中梁	40	39.00	2.00	0.550/0.558	0.811/0.811	0.1681	0.1540
边梁				0.638/0.650	0.444/0.489		
中梁	45	43.90	2.25	0.550/0.558	0.811/0.811	0.1614	0.1348
边梁				0.640/0.651	0.444/0.489		

T 梁 城—A/公路—Ⅰ表

跨径 (m)	计算跨径 (m)	组合 梁位	基本组合		短期效应组合		长期效应组合	
			跨中 弯矩	支点 剪力	跨中 弯矩	支点 剪力	跨中 弯矩	支点 剪力
25	24.30	中梁	1.021	1.026	1.021	1.027	1.013	1.018
		边梁	1.022	1.011	1.023	1.015	1.015	1.010
30	29.20	中梁	1.005	1.013	1.005	1.012	1.003	1.008
		边梁	1.003	1.007	1.005	1.007	1.003	1.005

跨径 (m)	计算跨径 (m)	组合 / 梁位	基本组合		短期效应组合		长期效应组合	
			跨中 弯矩	支点 剪力	跨中 弯矩	支点 剪力	跨中 弯矩	支点 剪力
35	34.10	中梁	0.993	1.003	0.995	1.001	0.997	1.001
		边梁	0.989	1.003	0.992	1.001	0.995	1.001
40	39.00	中梁	0.984	0.994	0.988	0.993	0.992	0.995
		边梁	0.978	0.999	0.983	0.997	0.989	0.998
45	43.90	中梁	0.978	0.989	0.982	0.987	0.989	0.992
		边梁	0.971	0.998	0.976	0.993	0.985	0.996

T梁   城—B/公路—Ⅱ表

跨径 (m)	计算跨径 (m)	组合 / 梁位	基本组合		短期效应组合		长期效应组合	
			跨中 弯矩	支点 剪力	跨中 弯矩	支点 剪力	跨中 弯矩	支点 剪力
25	24.30	中梁	0.973	0.928	0.989	0.960	1.013	1.018
		边梁	0.962	0.941	0.983	0.970	0.989	0.981
30	29.20	中梁	0.972	0.930	0.985	0.958	0.991	0.973
		边梁	0.961	0.948	0.978	0.970	0.986	0.981
35	34.10	中梁	0.971	0.933	0.982	0.958	0.962	0.973
		边梁	0.960	0.954	0.975	0.971	0.984	0.982
40	39.00	中梁	0.971	0.936	0.981	0.958	0.988	0.974
		边梁	0.960	0.958	0.973	0.972	0.983	0.983
45	43.90	中梁	0.971	0.938	0.980	0.957	0.988	0.973
		边梁	0.960	0.961	0.971	0.973	0.982	0.983

后张预应力混凝土小箱梁

（桥宽 15.5m，单箱两室箱形断面、腹板间距 5.25m）

小箱梁计算数据

数据 / 梁位	跨径 (m)	计算 跨径 (m)	梁高 (m)	横向分布系数		冲击系数	
				跨中 （城市/公路）	支点 （城市/公路）	城市	公路
中梁	22.52	21.76	1.60	0.916/0.916	1.41/1.41	0.197	0.32
边梁				1.04/1.05	1.60/1.64		
中梁	25.52	24.76	1.60	0.909/0.909	1.41/1.41	0.191	0.27
边梁				1.025/1.03	1.60/1.64		
中梁	28.52	27.76	1.60	0.904/0.904	1.41/1.41	0.186	0.23
边梁				1.01/1.02	1.6/1.64		
中梁	33.52	32.66	1.80	0.899/0.899	1.41/1.41	0.178	0.20
边梁				1.01/1.02	1.60/1.64		
中梁	38.52	37.56	2.00	0.884/0.884	1.41/1.41	0.176	0.170
边梁				1.00/1.01	1.60/1.64		

跨径 (m)	计算跨径 (m)	组合 梁位	基本组合		短期效应组合		长期效应组合	
			跨中 弯矩	支点 剪力	跨中 弯矩	支点 剪力	跨中 弯矩	支点 剪力
22.52	21.76	中梁	1.009	1.001	1.026	1.029	1.017	1.019
		边梁	1.006	0.990	1.027	1.025	1.017	1.016
25.52	24.76	中梁	1.006	1.002	1.017	1.020	1.011	1.013
		边梁	1.004	0.992	1.017	1.015	1.011	1.010
28.52	27.76	中梁	1.004	1.003	1.010	1.012	1.006	1.008
		边梁	1.000	0.993	1.008	1.007	1.005	1.004
33.52	32.66	中梁	0.996	0.998	1.000	1.002	1.000	1.002
		边梁	0.992	0.988	0.998	0.997	0.999	0.998
38.52	37.56	中梁	0.991	0.993	0.994	0.995	0.996	0.997
		边梁	0.986	0.984	0.991	0.989	0.994	0.993

小箱梁　　城—B/公路—Ⅱ表

跨径 (m)	计算跨径 (m)	组合 梁位	基本组合		短期效应组合		长期效应组合	
			跨中 弯矩	支点 剪力	跨中 弯矩	支点 剪力	跨中 弯矩	支点 剪力
22.52	21.76	中梁	0.966	0.918	0.996	0.971	0.998	0.981
		边梁	0.960	0.903	0.994	0.962	0.996	0.975
25.52	24.76	中梁	0.971	0.926	0.993	0.969	0.996	0.980
		边梁	0.966	0.912	0.991	0.960	0.995	0.974
28.52	27.76	中梁	0.975	0.932	0.991	0.967	0.994	0.979
		边梁	0.969	0.918	0.988	0.957	0.993	0.972
33.50	32.66	中梁	0.976	0.937	0.988	0.965	0.993	0.978
		边梁	0.971	0.924	0.985	0.956	0.991	0.972
38.52	37.56	中梁	0.978	0.943	0.987	0.965	0.992	0.978
		边梁	0.978	0.930	0.974	0.957	0.990	0.973

30m＋30m＋30m 预应力混凝土连续箱梁

（梁高 2.0m，桥宽 25.5m，单箱三室，腹板间距 5.16m、5.60m)

比较项目	组合		冲击系数		基本组合	短期效应 组　合	长期效应 组　合
			城市	公路			
城—A/ 公路—Ⅰ	边跨	跨中弯矩	0.18	0.31	0.978	1.006	1.004
		边支点剪力	0.18	0.31	1.059	1.056	1.035
	中跨	支点弯矩	0.18	0.41	0.978	1.008	1.005
		中支点剪力	0.18	0.31	1.058	1.051	1.031
	中跨	跨中弯矩	0.18	0.31	0.960	1.012	1.008
城—B/ 公路—Ⅱ	边跨	跨中弯矩	0.18	0.31	0.957	0.990	0.994
		边支点剪力	0.18	0.31	1.001	1.016	1.010
	中跨	支点弯矩	0.18	0.41	0.984	1.006	1.004
		中支点剪力	0.18	0.31	1.013	1.020	1.012
	中跨	跨中弯矩	0.18	0.31	0.907	0.969	0.980

＊　车道数≥4，按城市荷载计算剪力：城—A 级乘增长系数 1.25；城—B 级乘增长系数 1.30；冲击系数按跨径计。

35m＋42m＋35m预应力混凝土连续箱梁

（梁高2.0m，桥宽25.5m，单箱三室，腹板间距5.15m、5.60m）

组合 比较项目			冲击系数		基本组合	短期效应组合	长期效应组合
			城市	公路			
城—A/ 公路—Ⅰ	边跨	跨中弯矩	0.17	0.26	0.995	1.010	1.006
		边支点剪力	0.17	0.26	1.058	1.048	1.030
	中跨	支点弯矩	0.17	0.36	0.977	1.002	1.001
		中支点剪力	0.17	0.26	1.060	1.044	1.027
	中跨	跨中弯矩	0.17	0.26	0.982	1.004	1.002
城—B/ 公路—Ⅱ	边跨	跨中弯矩	0.17	0.26	0.972	0.994	0.996
		边支点剪力	0.17	0.26	1.006	1.014	1.008
	中跨	支点弯矩	0.17	0.36	0.984	1.002	1.001
		中支点剪力	0.17	0.26	1.021	1.019	1.012
	中跨	跨中弯矩	0.17	0.26	0.960	0.988	0.992

＊ 车道数≥4，按城市荷载计算剪力：城—A级乘增长系数1.25；城—B级乘增长系数1.30；冲击系数按跨径计。

52m＋70m＋52m变高度预应力混凝土连续箱梁

（桥宽16m，梁高支点3.65m，跨中2.0m，单箱单室）

组合 比较项目			冲击系数		基本组合	短期效应组合	长期效应组合
			城市	公路			
城—A/ 公路—Ⅰ	边跨	跨中弯矩	0.133	0.08	0.972	0.973	0.983
		边支点剪力	0.133	0.08	1.081	1.040	1.025
	中跨	支点弯矩	0.133	0.18	0.981	0.993	0.996
		中支点剪力	0.133	0.08	1.061	1.031	1.018
	中跨	跨中弯矩	0.133	0.08	0.970	0.966	0.978
城—B/ 公路—Ⅱ	边跨	跨中弯矩	0.133	0.08	0.973	0.975	0.984
		边支点剪力	0.133	0.08	1.008	1.011	1.007
	中跨	支点弯矩	0.133	0.18	0.995	1.000	1.000
		中支点剪力	0.133	0.08	1.034	1.015	1.009
	中跨	跨中弯矩	0.133	0.08	0.966	0.967	0.979

＊ 城市荷载冲击系数按跨径计。

7×50m预应力混凝土连续箱梁

（梁高3.0m，桥宽17.15m，单箱单室）

组合 比较项目			冲击系数		基本组合	短期效应组合	长期效应组合
			城市	公路			
城—A/ 公路—Ⅰ	边跨	跨中弯矩	0.154	0.202	0.956	0.981	0.988
		边支点剪力					
	第二跨	中支点弯矩	0.111	0.299	0.956	0.991	0.994
		中支点剪力	0.111	0.202	1.025	1.032	1.019
城—B/ 公路—Ⅱ	边跨	跨中弯矩	0.154	0.202	0.958	0.981	0.988
		边支点剪力					
	第二跨	中支点弯矩	0.111	0.299	0.975	0.998	0.999
		中支点剪力	0.111	0.202	1.002	1.014	1.008

＊ 城市荷载冲击系数按内力影响线加载长度算得。

6×60m 预应力混凝土连续箱梁

(梁高 3.4m，桥宽 16m，单箱单室)

比较项目	组合		冲击系数		基本组合	短期效应组合	长期效应组合
			城市	公路			
城—A/公路—Ⅰ	边跨	跨中弯矩	0.143	0.171	0.964	0.982	0.989
		边支点剪力					
	第二跨	中支点弯矩	0.100	0.269	0.959	0.991	0.994
		中支点剪力	0.100	0.171	1.031	1.034	1.021
城—B/公路—Ⅱ	边跨	跨中弯矩	0.143	0.171	0.968	0.984	0.991
		边支点剪力					
	第二跨	中支点弯矩	0.100	0.269	0.980	1.000	1.000
		中支点剪力	0.100	0.171	1.009	1.017	1.010

* 城市荷载冲击系数按内力影响线加载长度算得。

6×70m 预应力混凝土连续箱梁

(梁高 4.0m，桥宽 17.15m，单箱单室)

比较项目	组合		冲击系数		基本组合	短期效应组合	长期效应组合
			城市	公路			
城—A/公路—Ⅰ	边跨	跨中弯矩	0.133	0.135	0.977	0.987	0.992
		边支点剪力					
	第二跨	中支点弯矩	0.100	0.233	0.972	0.993	0.996
		中支点剪力	0.100	0.135	1.032	1.031	1.019
城—B/公路—Ⅱ	边跨	跨中弯矩	0.133	0.135	0.982	0.99	0.994
		边支点剪力					
	第二跨	中支点弯矩	0.100	0.233	0.989	1.001	1.001
		中支点剪力	0.100	0.135	1.015	1.017	1.010

* 城市荷载冲击系数按内力影响线加载长度算得。

69m＋120m＋120m＋69m 变高度预应力混凝土连续箱梁

(桥宽 16m，三车道，梁高：跨中 2.8m、支点 7m，单箱单室)

比较项目	组合		冲击系数		基本组合	短期效应组合	长期效应组合
			城市	公路			
城—A/公路—Ⅰ	第二跨	跨中弯矩	0.10	0.05	0.988	0.977	0.995
		支点剪力	0.10	0.05	1.004	1.013	0.983
	第二跨	支点弯矩	0.10	0.05	0.999	0.997	0.998
城—B/公路—Ⅱ	第二跨	跨中弯矩	0.10	0.05	1.005	0.995	0.996
		支点剪力	0.10	0.05	1.012	1.005	0.956
	第二跨	支点弯矩	0.10	0.05	1.009	1.003	1.002

80m＋140m＋140m＋80m 变高度预应力混凝土连续箱梁

（桥宽 16m，三车道，梁高：跨中 3.5m、支点 8m，单箱单室）

比较项目	组合		冲击系数		基本组合	短期效应组合	长期效应组合
			城市	公路			
城-A/公路-Ⅰ	第二跨	跨中弯矩	0.10	0.05	0.983	0.980	0.987
		支点剪力	0.10	0.05	1.064	1.034	1.020
	第二跨	支点弯矩	0.10	0.05	0.996	0.995	0.997
城-B/公路-Ⅱ	第二跨	跨中弯矩	0.10	0.05	1.002	0.993	0.996
		支点剪力	0.10	0.05	1.044	1.023	1.014
	第二跨	支点弯矩	0.10	0.05	1.008	1.003	1.002

如以计算值差异 5% 作为比较控制值，就车道荷载而言通过以上比较可以清楚地看到：

①两种现行荷载标准荷载效应的差异：由于荷载图式的差异，对于城—A/公路—Ⅰ，超过 5% 比较控制值的范围为：简支梁跨径≤30m，等跨等高度连续梁跨径≤35m。对于城-B/公路-Ⅱ，超过 5% 比较控制值的范围为跨径≤20m。超过上述跨径范围有部分计算截面的剪力差异超过 5%。

②两种现行荷载标准荷载效应组合的差异：由于冲击系数与恒载权重的影响，仅在跨径≤20m 的简支结构有超过 5% 比较控制值的差异，最大为 6.4%。部分连续结构的剪力差异亦有少数计算截面超过 5%，最大为 8.1%。

但两种现行荷载标准的车辆荷载标准值有一定的差异。

鉴于上述比较，本条提出："除可变作用中的设计汽车荷载与人群荷载外，作用与作用效应组合均按现行行业标准《公路桥涵设计通用规范》JTG D60 的有关规定执行"。

10.0.2 现行《公路桥涵设计通用规范》中车辆荷载的标准值采用原规范汽车—超 20 级的加重车。车辆总重 550kN，轴重分别为 30kN、120kN、120kN、140kN、140kN。这是由于"对公路上行驶的单项汽车随机过程的统计分析表明，单车的前后轴重与原规范汽车—超 20 级的加重车相近。"但根据北京、天津、上海等城市相关部门提供的资料表明，尚有一定数量总重超过 550kN、轴重超过 140kN 的重型车辆频繁行驶在城区道路上。美国、加拿大、日本等国规范的车辆荷载轴重都大于 140kN，加拿大安大略省与日本规范车辆荷载的总重与轴重尚有增大的趋势。鉴此本规范规定城市—A 级、城市—B 级的车道荷载的计算图式、标准值与现行公路荷载标准中公路—Ⅰ级、公路—Ⅱ级的车道荷载计算图式、标准值相同。而城市—A 级的车辆荷载则采用原《城市桥梁设计荷载标准》CJJ 77-98 中的城—A 级车辆荷载，城市—B 级的车辆荷载采用公路荷载标准中的车辆荷载。

10.0.3 支路上如重型车辆较少时，采用的设计汽车荷载相当于原公路荷载标准汽车—15 级，小型车专用道路系指只允许小型客货车通行的道路，位于小型车专用道上的桥梁的设计汽车荷载相当于原公路荷载标准汽车—10 级。

10.0.4 特种荷载主要是应对通行次数较少特重车，故不作为设计荷载列入本规范正文。附录 A.0.2 条中提出"车辆应居中行驶"是要求特重车沿路面中线行驶，行驶速度一般控制在 5km/h。

10.0.5 鉴于城市人口稠密，人行交通繁忙，桥梁人行道的设计人群荷载仍沿用原《城市桥梁设计准则》规定的人群荷载。人行道板等局部构件可以一块板为单位进行计算。

10.0.6 2 原《准则》为原公路荷载标准汽车—10 级。

10.0.7 沿用现行《城市人行天桥与人行地道技术规范》CJJ 69 的规定，作用在人行道栏杆、扶手上的荷载仅考虑人群作用。这也是对局部构件的计算（只供计算栏杆、扶手用），不影响其他构件，而且规定水平和竖向荷载分别计算。这是符合结构实际受力情况的。

10.0.8 防撞护栏的设计要求可按现行行业标准《公路交通安全设施设计规范》JTG D81 的规定执行。防撞等级选用是按上述规范第 5.2.5 条的规定换算成城市道路等级改写而成的。

中华人民共和国行业标准

城市桥梁抗震设计规范

Code for seismic design of urban bridges

CJJ 166—2011

批准部门：中华人民共和国住房和城乡建设部
施行日期：2 0 1 2 年 3 月 1 日

中华人民共和国住房和城乡建设部
公 告

第 1060 号

关于发布行业标准
《城市桥梁抗震设计规范》的公告

现批准《城市桥梁抗震设计规范》为行业标准，编号为 CJJ 166-2011，自 2012 年 3 月 1 日起实施。其中，第 3.1.3、3.1.4、4.2.1、6.3.2、6.4.2、8.1.1、9.1.3 条为强制性条文，必须严格执行。

本规范由我部标准定额研究所组织中国建筑工业

出版社出版发行。

中华人民共和国住房和城乡建设部
2011 年 7 月 13 日

前 言

根据原建设部《关于印发〈一九九八年工程建设城建、建工行业标准制订、修订项目计划〉的通知》（建标 [1998] 59 号）文的要求，标准编制组经广泛调查研究，认真总结实践经验，参考有关国际标准和国外先进标准，并在广泛征求意见的基础上，编制了本规范。

本规范的主要技术内容是：1. 总则；2. 术语和符号；3. 基本要求；4. 场地、地基与基础；5. 地震作用；6. 抗震分析；7. 抗震验算；8. 抗震构造细节设计；9. 桥梁减隔震设计；10. 斜拉桥、悬索桥和大跨度拱桥；11. 抗震措施。

本规范中以黑体字标志的条文为强制性条文，必须严格执行。

本规范由住房和城乡建设部负责管理和对强制性条文的解释，由同济大学负责具体技术内容的解释。执行过程中如有意见和建议，请寄送同济大学（地址：上海市四平路 1239 号，邮编：200092）。

本 规 范 主 编 单 位：同济大学
本 规 范 参 编 单 位：上海市政工程设计研究总院

上海市城市建设设计研究院
天津市政工程设计研究院
北京市市政工程设计研究总院

本规范主要起草人员：范立础 李建中（以下按姓氏笔画排列）

马骉　王志强　包琦玮
叶爱君　刘旭揩　闫兴非
张恺　张宏远　杨澄宇
沈中治　周良　胡世德
徐艳　袁万城　袁建兵
贾乐盈　郭卓明　都锡龄
曹景　彭天波　程为和
管仲国

本规范主要审查人员：韩振勇　沈永林　刘四田
刘健新　孙虎平　李龙安
李承根　陈文艳　周峥
秦权　唐光武　谢旭
鲍卫刚　魏立新

目　次

Contents

1 总　则

1.0.1 为使城市桥梁经抗震设防后，减轻结构的地震破坏，避免人员伤亡，减少经济损失，制定本规范。

1.0.2 本规范适用于地震基本烈度 6、7、8 和 9 度地区的城市梁式桥和跨度不超过 150m 的拱桥。斜拉桥、悬索桥和大跨度拱桥可按本规范给出的抗震设计原则进行设计。

1.0.3 桥址处地震基本烈度数值可由现行《中国地震动参数区划图》查取地震动峰值加速度，按表 1.0.3 确定。

表 1.0.3　地震基本烈度和地震动峰值加速度的对应关系

地震基本烈度	6 度	7 度	8 度	9 度
地震动峰值加速度	0.05g	0.10 (0.15)g	0.20 (0.30)g	0.40g

注：g 为重力加速度。

1.0.4 城市桥梁抗震设计除应符合本规范外，尚应符合国家现行有关标准的要求。

2 术语和符号

2.1 术　语

2.1.1 地震动参数区划　seismic ground motion parameter zoning

以地震动峰值加速度和地震动反应谱特征周期为指标，将国土划分为不同抗震设防要求的区域。

2.1.2 抗震设防标准　seismic fortification criterion

衡量抗震设防要求的尺度，由地震基本烈度和城市桥梁使用功能的重要性确定。

2.1.3 地震作用　earthquake action

作用在结构上的地震动，包括水平地震作用和竖向地震作用。

2.1.4 E1 地震作用　earthquake action E1

工程场地重现期较短的地震作用，对应于第一级设防水准。

2.1.5 E2 地震作用　earthquake action E2

工程场地重现期较长的地震作用，对应于第二级设防水准。

2.1.6 地震作用效应　seismic effect

由地震作用引起的桥梁结构内力与变形等作用效应的总称。

2.1.7 地震动参数　seismic ground motion parameter

包括地震动峰值加速度、反应谱曲线特征周期、地震动持续时间和拟合的人工地震时程。

2.1.8 地震安全性评价　seismic safety assessment

地震安全性评价是指针对建设工程场地及其地震环境，按照工程的重要性和相应的设防风险水准，给出工程抗震设计参数以及相关资料。

2.1.9 特征周期　characteristic period

抗震设计用的加速度反应谱曲线下降段起始点对应的周期值，取决于地震环境和场地类别。

2.1.10 非一致地震动输入　nonuniform ground motion input

特大跨径桥梁抗震分析中，尤其是时程分析中各个桥墩基础处的地震动输入有所不同，反映了地震动场地的空间变异性。

2.1.11 场地土分类　site classification

根据地震时场地土层的振动特性对场地所划分的类型，同类场地具有相似的反应谱特征。

2.1.12 液化　liquefaction

地震中覆盖土层内孔隙水压急剧上升，一时难以消散，导致土体抗剪强度大大降低的现象。多发生在饱和粉细砂中，常伴随喷水、冒砂以及构筑物沉陷、倾倒等现象。

2.1.13 抗震概念设计　seismic conceptual design

根据地震灾害和工程经验等归纳的基本设计原则和设计思想，进行桥梁结构总体布置、确定细部构造的过程。

2.1.14 延性构件　ductile member

延性抗震设计时，允许发生塑性变形的构件。

2.1.15 能力保护设计方法　capacity protection design method

为保证在预期地震作用下，桥梁结构中的能力保护构件在弹性范围工作，其抗弯能力应高于塑性铰区抗弯能力的设计方法。

2.1.16 能力保护构件　capacity protected member

采用能力保护设计方法设计的构件。

2.1.17 减隔震设计　seismic isolation design

在桥梁上部结构和下部结构或基础之间设置减隔震系统，以增大原结构体系阻尼和（或）周期，降低结构的地震反应和（或）减小输入到上部结构的能量，达到预期的防震要求。

2.1.18 限位装置　restrainer

为限制梁墩以及梁台间的相对位移而设计的构造装置。

2.1.19 P-Δ 效应　P-Δ effect

进行抗震反应分析时，考虑轴力作用和弯矩作用相互耦合的效应。

2.2 主要符号

2.2.1 作用和作用效应

A——水平向地震动峰值加速度；

E_{hp}——墩身所承受的水平地震力；

E_{hau}——作用于台身重心处的水平地震力；

E_{ea}——地震主动土压力；

E_w——地震时，作用于桥墩的总动水压力；

E_{max}——固定支座容许承受的最大水平力；

E_{hzh}——地震作用效应、永久作用和均匀温度作用效应组合后板式橡胶支座或固定盆式支座的水平力设计值；

M_{sp}——上部结构的重力或一联上部结构的总质量；

M_{cp}——盖梁质量；

M_p——墩身质量；

M_{au}——基础顶面以上台身质量；

S_{max}——设计加速度反应谱最大值。

2.2.2 计算系数

η_e——阻尼调整系数；

C_e——液化抵抗系数；

α——土层液化影响折减系数；

K_E——地基抗震容许承载力调整系数；

K_A——非地震条件下作用于台背的主动土压力系数；

η_p——墩身质量换算系数；

η_{cp}——盖梁质量换算系数。

2.2.3 几何特征

d_0——液化土特征深度；

d_b——基础埋置深度；

d_s——标准贯入点深度；

d_u——上覆非液化土层厚度；

d_w——地下水位深度；

I_{eff}——截面有效抗弯惯性矩；

s——箍筋间距；

Σt——板式橡胶支座橡胶层总厚度；

θ——斜交角；

φ——曲线梁的圆心角。

2.2.4 材料指标

E_c——混凝土的弹性模量；

G_d——板式橡胶支座动剪变模量；

$[f_{aE}]$——调整后的地基抗震承载力容许值；

$[f_a]$——修正后的地基承载力容许值；

γ_s——土的重力密度；

γ_w——水的重力密度；

μ_d——支座摩阻系数。

2.2.5 设计参数

f_{kh}——箍筋抗拉强度标准值；

f_{yh}——箍筋抗拉强度设计值；

f_{cd}——混凝土抗压强度设计值；

f_{ck}——混凝土抗压强度标准值；

$f_{c,ck}$——约束混凝土的峰值应力；

K——延性安全系数；

L_P——等效塑性铰长度；

M_y——屈服弯矩；

Δ_u——桥墩容许位移；

θ_u——塑性铰区域的最大容许转角；

ϕ^o——桥墩正截面受弯承载能力超强系数；

ϕ_y——屈服曲率；

ϕ_u——极限曲率；

ρ_t——纵向配筋率；

ε_{su}^R——约束钢筋的折减极限应变；

ε_{lu}——纵筋的折减极限应变；

η_k——轴压比。

2.2.6 其他参数

g——重力加速度；

N_1——土层实际标准贯入锤击数；

N_{cr}——土层液化判别标准贯入锤击数临界值；

T——结构自振周期；

T_g——特征周期；

ξ——结构阻尼比。

3 基本要求

3.1 抗震设防分类和设防标准

3.1.1 城市桥梁应根据结构形式、在城市交通网络中位置的重要性以及承担的交通量，按表 3.1.1 分为甲、乙、丙和丁四类。

表 3.1.1 城市桥梁抗震设防分类

桥梁抗震设防分类	桥 梁 类 型
甲	悬索桥、斜拉桥以及大跨度拱桥
乙	除甲类桥梁以外的交通网络中枢纽位置的桥梁和城市快速路上的桥梁
丙	城市主干路和轨道交通桥梁
丁	除甲、乙和丙三类桥梁以外的其他桥梁

3.1.2 本规范采用两级抗震设防，在 E1 和 E2 地震作用下，各类城市桥梁抗震设防标准应符合表 3.1.2 的规定。

表 3.1.2 城市桥梁抗震设防标准

桥梁抗震设防分类	E1 地震作用		E2 地震作用	
	震后使用要求	损伤状态	震后使用要求	损伤状态
甲	立即使用	结构总体反应在弹性范围，基本无损伤	不需修复或经简单修复可继续使用	可发生局部轻微损伤

桥梁抗震设防分类	E1 地震作用		E2 地震作用	
	震后使用要求	损伤状态	震后使用要求	损伤状态
乙	立即使用	结构总体反应在弹性范围，基本无损伤	经抢修可恢复使用，永久性修复后恢复正常运营功能	有限损伤
丙	立即使用	结构总体反应在弹性范围，基本无损伤	经临时加固，可供紧急救援车辆使用	不产生严重的结构损伤
丁	立即使用	结构总体反应在弹性范围，基本无损伤	—	不致倒塌

3.1.3 地震基本烈度为 6 度及以上地区的城市桥梁，必须进行抗震设计。

3.1.4 各类城市桥梁的抗震措施，应符合下列要求：

1 甲类桥梁抗震措施，当地震基本烈度为 6～8 度时，应符合本地区地震基本烈度提高一度的要求；当为 9 度时，应符合比 9 度更高的要求。

2 乙类桥梁和丙类桥梁抗震措施，一般情况下，当地震基本烈度为 6～8 度时，应符合本地区地震基本烈度提高一度的要求；当为 9 度时，应符合比 9 度更高的要求。

3 丁类桥梁抗震措施均应符合本地区地震基本烈度的要求。

3.2 地震影响

3.2.1 甲类桥梁所在地区遭受的 E1 和 E2 地震影响，应按地震安全性评价确定，相应的 E1 和 E2 地震重现期分别为 475 年和 2500 年。其他各类桥梁所在地区遭受的 E1 和 E2 地震影响，应根据现行《中国地震动参数区划图》的地震动峰值加速度、地震动反应谱特征周期以及本规范第 3.2.2 条规定的 E1 和 E2 地震调整系数来表征。

3.2.2 乙类、丙类和丁类桥梁 E1 和 E2 的水平向地震动峰值加速度 A 的取值，应根据现行《中国地震动参数区划图》查得的地震动峰值加速度，乘以表 3.2.2 中的 E1 和 E2 地震调整系数 C_i 得到。

表 3.2.2 各类桥梁 E1 和 E2 地震调整系数 C_i

抗震设防分类	E1 地震作用				E2 地震作用			
	6度	7度	8度	9度	6度	7度	8度	9度
乙类	0.61	0.61	0.61	0.61	—	2.2 (2.05)	2.0 (1.7)	1.55
丙类	0.46	0.46	0.46	0.46	—	2.2 (2.05)	2.0 (1.7)	1.55
丁类	0.35	0.35	0.35	0.35	—			

注：括号内数值为相应于表 1.0.3 中括号内数值的地震调整系数。

3.3 抗震设计方法分类

3.3.1 甲类桥梁的抗震设计可参考本规范第 10 章给出的抗震设计原则进行设计。

3.3.2 乙、丙和丁类桥梁的抗震设计方法根据桥梁场地地震基本烈度和桥梁结构抗震设防分类，分为：A、B 和 C 三类，并应符合下列规定：

1 A 类：应进行 E1 和 E2 地震作用下的抗震分析和抗震验算，并应满足本章 3.4 节桥梁抗震体系以及相关构造和抗震措施的要求；

2 B 类：应进行 E1 地震作用下的抗震分析和抗震验算，并应满足相关构造和抗震措施的要求；

3 C 类：应满足相关构造和抗震措施的要求，不需进行抗震分析和抗震验算。

3.3.3 乙、丙和丁类桥梁的抗震设计方法应按表 3.3.3 选用。

表 3.3.3 桥梁抗震设计方法选用

抗震设防分类 \ 地震基本烈度	乙	丙	丁
6度	B	C	C
7度、8度和9度地区	A	A	B

3.4 桥梁抗震体系

3.4.1 桥梁结构抗震体系应符合下列规定：

1 有可靠和稳定传递地震作用到地基的途径；

2 有效的位移约束，能可靠地控制结构地震位移，避免发生落梁破坏；

3 有明确、可靠、合理的地震能量耗散部位；

4 应避免因部分结构构件的破坏而导致整个结构丧失抗震能力或对重力荷载的承载能力。

3.4.2 对采用 A 类抗震设计方法的桥梁，可采用的抗震体系有以下两种类型：

1 类型Ⅰ：地震作用下，桥梁的塑性变形、耗能部位位于桥墩，其中连续梁、简支梁单柱墩和双柱墩的耗能部位如图 3.4.2 所示。

2 类型Ⅱ：地震作用下，桥梁的耗能部位位于桥梁上、下部连接构件（支座、耗能装置）。

3.4.3 对采用抗震体系为类型Ⅰ的桥梁，其盖梁、基础、支座和墩柱抗剪的内力设计值应按能力保护设计方法计算，根据墩柱塑性铰区域截面的超强弯矩确定。

3.4.4 对采用板式橡胶支座的桥梁结构，如在地震作用下，支座抗滑性能不满足本规范第 7.2.2 条和 7.4.5 条要求，应采用限位装置，或应按本规范第 9 章的要求进行桥梁减隔震设计。

3.4.5 地震作用下，如桥梁固定支座水平抗震能力不满足本规范第 7.2.2 条和 7.4.6 条要求，应通过计

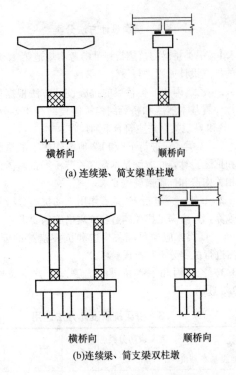

横桥向　　　　　　　　顺桥向

(a) 连续梁、简支梁单柱墩

横桥向　　　　　　　　顺桥向

(b)连续梁、简支梁双柱墩

图 3.4.2　墩柱塑性铰区域

（图中：⊠代表塑性铰区域）

算设置连接梁体和墩柱间的剪力键，由剪力键承受支座所受地震水平力或按本规范第 9 章的要求进行桥梁减隔震设计。

3.4.6　桥台不宜作为抵抗梁体地震惯性力的构件，桥台处宜采用活动支座，桥台上的横向抗震挡块宜设计为在 E2 地震作用下可以损伤。

3.4.7　当采用 A 类抗震设计方法的桥梁抗震体系不满足本规范第 3.4.2 条要求时，应进行专题论证，并必须要求结构在地震作用下的抗震性能满足本规范表 3.1.2 的要求。

3.5　抗震概念设计

3.5.1　对梁式桥，一联内桥墩的刚度比宜满足下列要求：

1　任意两桥墩刚度比：

1）桥面等宽：

$$\frac{k_i^e}{k_j^e} \geqslant 0.5 \qquad (3.5.1\text{-}1)$$

2）桥面变宽：

$$\frac{k_i^e m_j}{k_j^e m_i} \geqslant 0.5 \qquad (3.5.1\text{-}2)$$

2　相邻桥墩刚度比：

1）桥面等宽：

$$\frac{k_i^e}{k_j^e} \geqslant 0.75 \qquad (3.5.1\text{-}3)$$

2）桥面变宽：

$$\frac{k_i^e m_j}{k_j^e m_i} \geqslant 0.75 \qquad (3.5.1\text{-}4)$$

式中：k_i^e、k_j^e——分别为第 i 和第 j 桥墩考虑支座、挡块或剪力键后计算出的组合刚度（含顺桥向和横桥向），$k_i^e \geqslant k_j^e$；

m_i、m_j——分别为第 i 和第 j 桥墩墩顶等效的梁体质量。

3.5.2　梁式桥（多联桥）相邻联的基本周期比宜满足下式：

$$\frac{T_i}{T_j} \geqslant 0.7 \qquad (3.5.2)$$

式中：T_i、T_j——分别为第 i 和第 j 联的基本周期（含顺桥向和横桥向），$T_j \geqslant T_i$。

3.5.3　对梁式桥，一联内各桥墩刚度相差较大或相邻联基本周期相差较大的情况，宜采用以下方法调整一联内各墩刚度比或相邻联周期比：

1　顺桥向，宜在各墩顶设置合理剪切刚度的橡胶支座，来调整各墩的等效刚度；

2　改变墩柱尺寸或纵向配筋率。

3.5.4　双柱或多柱墩在横桥向地震作用下，进行盖梁抗震设计时，应考虑盖梁可能会出现的正负弯矩交替作用。

4　场地、地基与基础

4.1　场　地

4.1.1　桥位选择应在工程地质勘察和专项的工程地质、水文地质调查的基础上，按地质构造的活动性、边坡稳定性和场地的地质条件等进行综合评价，应按表 4.1.1 查明对城市桥梁抗震有利、不利和危险的地段，宜充分利用对抗震有利的地段。

表 4.1.1　有利、不利和危险地段的划分

地段类别	地质、地形
有利地段	无晚近期活动性断裂，地质构造相对稳定，同时地基为比较完整的岩体、坚硬土或开阔平坦密实的中硬土等
不利地段	软弱黏性土层、液化土层和严重不均匀地层的地段；地形陡峭、孤突、岩土松散、破碎的地段；地下水位埋藏较浅、地表排水条件不良的地段
危险地段	地震时可能发生滑坡、崩塌地段；地震时可能塌陷的暗河、溶洞等岩溶地段和已采空的矿穴地段；河床内基岩具有倾向河槽的构造软弱面被深切河槽所切割的地段；发震断裂、地震时可能坍塌而中断交通的各种地段

注：严重不均匀地层系指岩性、土质、层厚、界面等在水平方向变化很大的地层。

4.1.2　选择桥梁场地时，应符合下列要求：

1　应根据工程需要，掌握地震活动情况、工程地质和地震地质的有关资料，作出综合评价，使墩、台位置避开不利地段，当无法避开时，不宜在危险地段建造甲、乙和丙类桥梁；

2 应避免或减轻在地震作用下因地基变形或地基失效对桥梁工程造成的破坏。

4.1.3 桥梁工程场地土层剪切波速应按下列要求确定：

1 甲类桥梁，应由工程场地地震安全性评价工作确定；

2 乙和丙类桥梁，可通过现场实测确定。现场实测时，钻孔数量应为：中桥不少于 1 个，大桥不少于 2 个，特大桥宜适当增加；

3 丁类桥梁，当无实测剪切波速时，可根据岩土名称和性状按表 4.1.3 划分土的类型，并应结合当地的经验，在表 4.1.3 的范围内估计各土层的剪切波速。

表 4.1.3 土的类型划分和剪切波速范围

土的类型	岩石名称和性状	土的剪切波速范围（m/s）
坚硬土或岩土	稳定岩石、密实的碎石土	$v_s > 500$
中硬土	中密、稍密的碎石土，密实、中密的砾、粗砂、中砂，$f_k > 200$kPa 的黏性土和粉土，坚硬黄土	$500 \geqslant v_s > 250$
中软土	稍密的砾、粗砂、中砂，除松散外的细砂和粉砂，$f_k \leqslant 200$kPa 的黏性土和粉土，$f_k \geqslant 130$kPa 的填土和可塑黄土	$250 \geqslant v_s > 140$
软弱土	淤泥和淤泥质土，松散的砂，新近沉积的黏性土和粉土，$f_k < 130$kPa 的填土和新近堆积黄土和流塑黄土	$v_s \leqslant 140$

注：f_k 为由载荷试验等方法得到的地基承载力特征值（kPa），v_s 为岩土剪切波速。

4.1.4 工程场地土分类应符合下列要求：

1 当工程场地为单一场地土时，场地类别应与场地土类别一致；

2 当工程场地内为多层场地土时，应以土层等效剪切波速和场地覆盖层厚度为定量标准。

4.1.5 工程场地覆盖层厚度的确定，应符合下列要求：

1 一般情况下，应按地面至剪切波速大于500m/s 的坚硬土层或岩层顶面的距离确定；

2 当地面 5m 以下存在剪切波速大于相邻的上层土剪切波速的 2.5 倍的土层，且其下卧岩土的剪切波速均不小于 400m/s 时，可按地面至该土层面的距离确定；

3 剪切波速大于 500m/s 的孤石、透镜体，应视同周围土层；

4 土层中的火山岩硬夹层，应视为刚体，其厚度应从覆盖土层中扣除。

4.1.6 土层等效剪切波速应按下列公式计算：

$$v_{se} = d_{s0}/t \qquad (4.1.6\text{-}1)$$

$$t = \sum_{i=1}^{n} (d_i/v_{si}) \qquad (4.1.6\text{-}2)$$

式中：v_{se}——土层等效剪切波速（m/s）；

d_{s0}——计算深度（m），取覆盖层厚度和 20m 两者的较小值；

t——剪切波在地表与计算深度之间传播的时间（s）；

d_i——计算深度范围内第 i 土层的厚度（m）；

n——计算深度范围内土层的分层数；

v_{si}——计算深度范围内第 i 土层的剪切波速（m/s），宜采用现场实测方法确定。

4.1.7 工程场地类别，应根据土层等效剪切波速和场地覆盖层厚度划分为四类，并应符合表 4.1.7 的规定。当在场地范围内有可靠的剪切波速和覆盖层厚度值且处于表 4.1.7 所列类别的分界线附近时，允许按插值方法确定地震作用计算所用的特征周期值。

表 4.1.7 工程场地类别划分

等效剪切波速（m/s）	场地类别			
	Ⅰ类	Ⅱ类	Ⅲ类	Ⅳ类
$v_{se} > 500$	0m	—	—	—
$500 \geqslant v_{se} > 250$	<5m	$\geqslant$5m	—	—
$250 \geqslant v_{se} > 140$	<3m	3m～50m	>50m	—
$v_{se} \leqslant 140$	<3m	3m～15m	16m～80m	>80m

4.1.8 工程场地范围内分布有发震断裂时，应对断裂的工程影响进行评价，当符合下列条件之一者，可不考虑发震断裂对桥梁的错动影响：

1 地震基本烈度小于 8 度；

2 非全新世活动断裂；

3 地震基本烈度为 8 度、9 度地区的隐伏断裂，前第四纪基岩以上的土层覆盖层厚度分别大于60m、90m；

4 当不能满足上述条件时，宜避开主断裂带，其避让距离宜按下列要求采用：

1) 甲类桥梁应尽量避开主断裂，地震基本烈度为 8 度和 9 度地区，其避开主断裂的距离为桥墩边缘至主断裂带外缘分别不宜小于 300m 和 500m；

2) 乙、丙及丁类桥梁宜采用跨径较小便于修复的结构；

3) 当桥位无法避开发震断裂时，宜将全部墩台布置在断层的同一盘（最好是下盘）上。

4.2 液 化 土

4.2.1 存在饱和砂土或饱和粉土（不含黄土）的地基，除 6 度设防外，应进行液化判别；存在液化土层的地基，应根据桥梁的抗震设防类别、地基的液化等级，结合具体情况采取相应的措施。

4.2.2 饱和的砂土或粉土（不含黄土），当符合下列条件之一时，可初步判别为不液化或不考虑液化影响：

1 地质年代为第四纪晚更新世（Q_3）及其以前时，7、8 度时可判为不液化；

2 粉土的黏粒（粒径小于 0.005mm 的颗粒）含量百分率，7 度、8 度和 9 度分别不小于 10、13 和 16 时，可判为不液化土；

注：用于液化判别的黏粒含量系采用六偏磷酸钠作分散剂测定，采用其他方法时应按有关规定换算。

3 天然地基的桥梁，当上覆非液化土层厚度和地下水位深度符合下列条件之一时，可不考虑液化影响：

$$d_u > d_0 + d_b - 2 \quad (4.2.2-1)$$
$$d_w > d_0 + d_b - 3 \quad (4.2.2-2)$$
$$d_u + d_w > 1.5d_0 + 2d_b - 4.5 \quad (4.2.2-3)$$

式中：d_w——地下水位深度（m），宜按桥梁使用期内年平均最高水位采用，也可按近期内年最高水位采用；

d_u——上覆非液化土层厚度（m），计算时宜将淤泥和淤泥质土层扣除；

d_b——基础埋置深度（m），不超过 2m 应采用 2m；

d_0——液化土特征深度（m），可按表 4.2.2 采用。

表 4.2.2　液化土特征深度（m）

饱和土类别	地震基本烈度		
	7 度	8 度	9 度
粉土	6	7	8
砂土	7	8	9

4.2.3 当初步判别认为需进一步进行液化判别时，应采用标准贯入试验判别法判别地面下 15m 深度范围内的液化；当采用桩基或埋深大于 5m 的基础时，尚应判别 15m～20m 范围内土的液化。当饱和土标准贯入锤击数（未经杆长修正）小于液化判别标准贯入锤击数临界值 N_{cr} 时，应判为液化土。当有成熟经验

时，尚可采用其他判别方法。

在地面下 15m 深度范围内，液化判别标准贯入锤击数临界值可按下式计算：

$$N_{cr} = N_0 [0.9 + 0.1(d_s - d_w)] \sqrt{3/\rho_c} \, (d_s \leqslant 15m)$$
$$(4.2.3-1)$$

在地面下 15m～20m 范围内，液化判别标准贯入锤击数临界值可按下式计算：

$$N_{cr} = N_0 (2.4 - 0.1d_w) \sqrt{3/\rho_c} \, (15m < d_s \leqslant 20m)$$
$$(4.2.3-2)$$

式中：N_{cr}——液化判别标准贯入锤击数临界值；

N_0——液化判别标准贯入锤击数基准值，应按表 4.2.3 采用；

d_s——饱和土标准贯入点深度（m）；

ρ_c——黏粒含量百分率（%），当小于 3 或为砂土时，应采用 3。

表 4.2.3　标准贯入锤击数基准值 N_0

特征周期分区	7 度	8 度	9 度
1 区	6(8)	10(13)	16
2 区和 3 区	8(10)	12(15)	18

注：1 特征周期分区根据场地位置在《中国地震动参数区划图》上查取。

2 括号内数值用于设计基本地震动加速度为 0.15g 和 0.30g 的地区。

4.2.4 对存在液化土层的地基，应探明各液化土层的深度和厚度，按下式计算液化指数，并按表 4.2.4 划分液化等级：

$$I_{lE} = \sum_{i=1}^{n} \left(1 - \frac{N_i}{N_{cri}}\right) d_i W_i \quad (4.2.4)$$

式中：I_{lE}——液化指数；

n——每一个钻孔深度范围内液化土中标准贯入试验点的总数；

N_i、N_{cri}——分别为 i 点标准贯入锤击数的实测值和临界值，当实测值大于临界值时应取临界值的数值；

d_i——i 点所代表的土层厚度（m），可采用与该标准贯入试验点相邻的上、下两标准贯入试验点深度差的一半，但上界不高于地下水位深度，下界不深于液化深度；

W_i——i 土层考虑单位土层厚度的层位影响权函数值（m^{-1}）。若判别深度为 15m，当该层中点深度不大于 5m 时应采用 10，等于 15m 时应采用零值，5m～15m 时应按线性内插法取值；若判别深度为 20m，当该层中点深度不大于 5m 时应采用 10，等于 20m 时应采用零值，5m～20m 时应按线性内插法取值。

表 4.2.4　液化等级

液化等级	轻 微	中 等	严 重
判别深度为 15m 时的液化指数	$0 < I_{lE} \leq 5$	$5 < I_{lE} \leq 15$	$I_{lE} > 15$
判别深度为 20m 时的液化指数	$0 < I_{lE} \leq 6$	$6 < I_{lE} \leq 18$	$I_{lE} > 18$

4.2.5 地基抗液化措施应根据桥梁的抗震设防类别、地基的液化等级，结合具体情况综合确定。当液化土层较平坦且均匀时可按表 4.2.5 选用抗液化措施，尚可考虑上部结构重力荷载对液化危害的影响，根据液化震陷量的估计适当调整抗液化措施。

表 4.2.5　抗液化措施

抗震设防类别	地基的液化等级		
	轻 微	中 等	严 重
甲、乙类	部分消除液化沉陷，或对基础和上部结构处理	全部消除液化沉陷，或部分消除液化沉陷且对基础和上部结构处理	全部消除液化沉陷
丙类	基础和上部结构处理，也可不采取措施	基础和上部结构处理，或更高要求的措施	全部消除液化沉陷，或部分消除液化沉陷且对基础和上部结构处理
丁类	可不采取措施	可不采取措施	基础和上部结构处理，或其他经济的措施

4.2.6 全部消除地基液化沉陷的措施，应符合下列要求：

1　采用长桩基时，桩端伸入液化深度以下稳定土层中的长度（不包括桩尖部分），应按计算确定；

2　采用深基础时，基础底面应埋入液化深度以下的稳定土层中，其深度不应小于 2m；

3　采用加密法（如振冲、振动加密、砂桩挤密、强夯等）加固时，应处理至液化土层下界，且处理后土层的标准贯入锤击数的实测值，应大于相应的临界值；加固后的复合地基的标准贯入锤击数可按下式计算，并不应小于液化标准贯入锤击数的临界值：

$$N_{com} = N_s[1 + \lambda(\rho + 1)] \quad (4.2.6)$$

式中：N_{com}——加固后复合地基的标准贯入锤击数；

N_s——桩间土加固后的标准贯入锤击数（未经杆长修正）；

λ——桩土应力比，取 2～4；

ρ——面积置换率。

4　用非液化土置换全部液化土层；

5　采用加密法或换土法处理时，在基础边缘以外的处理宽度，应超过基础底面下处理深度的 1/2 且

不小于基础宽度的 1/5。

4.2.7 部分消除地基液化沉陷的措施，应符合下列要求：

1　处理深度应使处理后的地基液化指数不大于 5，对独立基础与条形基础，尚不应小于基础底面下液化土特征深度值和基础宽度的较大值；

2　加固后复合地基的标准贯入锤击数应符合本规范第 4.2.3 条的要求；

3　基础边缘以外的处理宽度，应符合本规范第 4.2.6 条的要求。

4.2.8 减轻液化影响的基础和上部结构处理，可综合考虑采用下列各项措施：

1　选择合适的基础埋置深度；

2　调整基础底面积，减少基础偏心；

3　加强基础的整体性和刚性；

4　减轻荷载，增强上部结构的整体刚度和均匀对称性，避免采用对不均匀沉降敏感的结构形式等。

4.3　地基的承载力

4.3.1 地基抗震验算时，应采用地震作用效应与永久作用效应组合。

4.3.2 地基抗震承载力容许值应按下式计算：

$$[f_{aE}] = K_E[f_a] \quad (4.3.2)$$

式中：$[f_{aE}]$——调整后的地基抗震承载力容许值；

K_E——地基抗震容许承载力调整系数，应按表 4.3.2 取值；

$[f_a]$——修正后的地基承载力容许值，应按现行行业标准《公路桥涵地基与基础设计规范》JTG D63采用。

表 4.3.2　地基土抗震承载力调整系数

岩土名称和性状	K_E
岩石，密实的碎石土，密实的砾、粗（中）砂，$f_k \geq 300$ 的黏性土和粉土	1.5
中密、稍密的碎石土，中密和稍密的砾、粗（中）砂，密实和中密的细、粉砂，$150 \leq f_k < 300$ 的黏性土和粉土，坚硬黄土	1.3
稍密的细、粉砂，$100 \leq f_k < 150$ 的黏性土和粉土，可塑黄土	1.1
淤泥，淤泥质土，松散的砂，杂填土，新近堆积黄土及流塑黄土	1.0

注：f_k 为由载荷试验等方法得到的地基承载力特征值（kPa）。

4.4　桩　基

4.4.1 E2 地震作用下，非液化土中，单桩的抗压承载能力可以提高至原来的 2 倍，单桩的抗拉承载力可比非抗震设计时提高 25%。

4.4.2 当桩基内有液化土层时,液化土层的承载力(包括桩侧摩阻力)、土抗力(地基系数)、内摩擦角和内聚力等,可根据液化抵抗系数 C_e 予以折减,折减系数 α 应按表 4.4.2 采用。液化土层以下单桩部分的承载能力,可采用本规范第 4.4.1 条的规定;液化土层内及以上部分单桩承载能力不应提高。

$$C_e = \frac{N_1}{N_{cr}} \qquad (4.4.2)$$

式中:C_e ——液化抵抗系数;

N_1、N_{cr} ——分别为实际标准贯入锤击数和标准贯入锤击数临界值。

表 4.4.2 土层液化影响折减系数 α

C_e	d_s (m)	α
$C_e \leq 0.6$	$d_s \leq 10$	0
	$10 < d_s \leq 20$	1/3
$0.6 < C_e \leq 0.8$	$d_s \leq 10$	1/3
	$10 < d_s \leq 20$	2/3
$0.8 < C_e \leq 1.0$	$d_s \leq 10$	2/3
	$10 < d_s \leq 20$	1

注:表中 d_s 为标准贯入点深度(m)。

5 地 震 作 用

5.1 一 般 规 定

5.1.1 各类桥梁结构的地震作用,应按下列原则考虑:

1 一般情况下,城市桥梁可只考虑水平向地震作用,直线桥可分别考虑顺桥向 X 和横桥向 Y 的地震作用;

2 地震基本烈度为 8 度和 9 度时的拱式结构、长悬臂桥梁结构和大跨度结构,以及竖向作用引起的地震效应很重要时,应考虑竖向地震的作用。

5.1.2 当采用反应谱法,考虑三个正交方向(顺桥向 X、横桥向 Y 和竖向 Z)的地震作用时,可分别单独计算 X 向地震作用在计算方向产生的最大效应 E_X、Y 向地震作用在计算方向产生的最大效应 E_Y 以及 Z 向地震作用在计算方向产生的最大效应 E_Z,计算方向总的设计最大地震作用效应 E 按下式计算:

$$E = \sqrt{E_X^2 + E_Y^2 + E_Z^2} \qquad (5.1.2)$$

5.1.3 本规范地震作用采用设计加速度反应谱和设计地震动加速度时程表征。

5.1.4 对甲类桥梁,应根据专门的工程场地地震安全性评价确定地震作用。

5.2 设计加速度反应谱

5.2.1 水平向设计加速度反应谱谱值 S(图 5.2.1)可由下式确定:

$$S = \begin{cases} 0.45S_{max} & T = 0s \\ \eta_2 S_{max} & 0.1s < T \leq T_g \\ \eta_2 S_{max} \left(\dfrac{T_g}{T}\right)^\gamma & T_g < T \leq 5T_g \\ [\eta_2 0.2^\gamma - \eta_1(T - 5T_g)]S_{max} & 5T_g < T \leq 6s \end{cases}$$

$$(5.2.1\text{-}1)$$

$$S_{max} = 2.25A \qquad (5.2.1\text{-}2)$$

式中:T_g ——特征周期(s),根据场地类别和地震动参数区划的特征周期分区按表 5.2.1 采用;计算 8、9 度 E2 地震作用时,特征周期宜增加 0.05s;

η_2 ——结构的阻尼调整系数,阻尼比为 0.05时取 1.0,阻尼比不等于 0.05 时按本规范第 5.2.2 条计算;

A ——E1 或 E2 地震作用下水平向地震动峰值加速度,按本规范第 3.2.2 条取值;

γ ——自特征周期至 5 倍特征周期区段曲线衰减指数,阻尼比为 0.05 时取 0.9,阻尼比不等于 0.05 时按本规范第 5.2.2条计算;

η_1 ——自 5 倍特征周期至 6s 区段直线下降段下降斜率调整系数,阻尼比为 0.05 时取 0.02,阻尼比不等于 0.05 时按本规范第 5.2.2条计算;

T ——结构自振周期(s)。

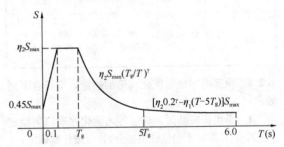

图 5.2.1 水平向设计加速度反应谱

表 5.2.1 特征周期值(s)

分 区	场地类别			
	I	II	III	IV
1 区	0.25	0.35	0.45	0.65
2 区	0.30	0.40	0.55	0.75
3 区	0.35	0.45	0.65	0.90

5.2.2 当桥梁结构的阻尼比按有关规定不等于 0.05时,地震加速度谱曲线的阻尼调整系数和形状参数应符合下列规定:

1 曲线下降段的衰减指数按下式确定:

$$\gamma = 0.9 + \frac{0.05 - \xi}{0.5 + 5\xi} \qquad (5.2.2\text{-}1)$$

式中:γ ——曲线下降段的衰减指数;

ξ——结构实际阻尼比。

2 直线下降段下降斜率调整系数按下式确定：

$$\eta_1 = 0.02 + (0.05 - \xi)/8 \qquad (5.2.2-2)$$

式中：η_1——直线下降段下降斜率调整系数，小于 0 时取 0。

3 阻尼调整系数按下式确定：

$$\eta_2 = 1 + \frac{0.05 - \xi}{0.06 + 1.7\xi} \qquad (5.2.2-3)$$

式中：η_2——阻尼调整系数，当小于 0.55 时，应取 0.55。

5.2.3 竖向设计加速度反应谱可由水平向设计加速度反应谱乘以 0.65 得到。

5.3 设计地震动时程

5.3.1 已进行地震安全性评价的桥址，设计地震动时程应根据地震安全性评价的结果确定。

5.3.2 未进行地震安全性评价的桥址，可采用本规范设计加速度反应谱为目标拟合设计加速度时程；也可选用与设定地震震级、距离、场地特性大体相近的实际地震动加速度记录，通过时域方法调整，使其加速度反应谱与本规范设计加速度反应谱匹配。

5.4 地震主动土压力和动水压力

5.4.1 地震时作用于桥台台背的主动土压力可按下式计算：

$$E_{ea} = \frac{1}{2}\gamma_s H^2 K_A \left(1 + \frac{3A}{g}\tan\varphi_A\right)$$
$$(5.4.1-1)$$

$$K_A = \frac{\cos^2\varphi_A}{(1 + \sin\varphi_A)^2} \qquad (5.4.1-2)$$

式中：E_{ea}——作用于台背每延米长度上的地震主动土压力（kN/m），其作用点距台底 0.4H 处；

γ_s——土的重力密度（kN/m³）；

H——台身高度（m）；

K_A——非地震条件下作用于台背的主动土压力系数；

φ_A——台背土的内摩擦角（°）；

A——E1 或 E2 地震作用下水平向地震动峰值加速度。

5.4.2 当判定桥台地表以下 10m 内有液化土层或软土层时，桥台基础应穿过液化土层或软土层；当液化土层或软土层超过 10m 时，桥台基础应埋深至地表以下 10m 处。其作用于桥台台背的主动土压力应按下式计算：

$$E_{ea} = \frac{1}{2}\gamma_s H^2 (K_A + 2A/g) \qquad (5.4.2)$$

地震基本烈度为 9 度地区的液化区，桥台宜采用桩基。其作用于台背的主动土压力可按式（5.4.2）计算。

5.4.3 地震时作用于桥墩上的地震动水压力应分别按下列各式进行计算：

1 $\frac{b}{h} \leqslant 2.0$ 时：

$$E_w = 0.15\left(1 - \frac{b}{4h}\right)A\xi_h\gamma_w b^2 h/g \quad (5.4.3-1)$$

2 $2.0 < \frac{b}{h} \leqslant 3.1$ 时：

$$E_w = 0.075A\xi_h\gamma_w b^2 h/g \qquad (5.4.3-2)$$

3 $\frac{b}{h} > 3.1$ 时：

$$E_w = 0.24A\gamma_w b^2 h/g \qquad (5.4.3-3)$$

式中：E_w——地震时在 $h/2$ 处作用于桥墩的总动水压力（kN）；

ξ_h——截面形状系数，矩形墩和方形墩，取 $\xi_h = 1$；圆形墩取 $\xi_h = 0.8$；圆端形墩，顺桥向取 $\xi_h = 0.9 \sim 1.0$，横桥向取 $\xi_h = 0.8$；

γ_w——水的重力密度（kN/m³）；

h——从一般冲刷线算起的水深（m）；

b——与地震作用方向相垂直的桥墩宽度（m），可取 $h/2$ 处的截面宽度，对于矩形墩，取长边边长；对于圆形墩，取直径。

5.5 作用效应组合

5.5.1 城市桥梁抗震设计应考虑以下作用：

1 永久作用，包括结构重力、土压力、水压力；

2 地震作用，包括地震动的作用和地震土压力、水压力等；

3 在进行支座抗震验算时，应计入 50% 均匀温度作用效应；

4 对城市轨道交通桥梁，应分别按有车、无车进行计算；当桥上有车时，顺桥向不计算活载引起的地震作用；横桥向计入 50% 活载引起的地震力，作用于轨顶以上 2m 处，活载竖向力按列车竖向静活载的 100% 计算。

5.5.2 城市桥梁抗震设计时的作用效应组合应包括本规范第 5.5.1 条要求的各种作用之和，组合方式应包括各种作用效应的最不利组合。

6 抗震分析

6.1 一般规定

6.1.1 复杂立交工程应进行专门抗震研究。对墩高超过 40m，墩身第一阶振型有效质量低于 60%，且结构进入塑性的高墩桥梁，应进行专门研究。

6.1.2 抗震分析时，可将桥梁划分为规则桥梁和非规则桥梁两类。简支梁及表 6.1.2 限定范围内的梁桥属于规则桥梁，不在此限定范围内的桥梁属于非规则桥梁。

表 6.1.2 规则桥梁的定义

参数	参数值				
单跨最大跨径	≤90m				
墩高	≤30m				
单墩长细比	大于2.5且小于10				
跨数	2	3	4	5	6
曲线桥梁圆心角 φ 及半径 R	单跨 $\varphi<30°$ 且一联累计 $\varphi<90°$，同时曲梁半径 $R \geqslant 20B_0$（B_0 为桥宽）				
跨与跨间最大跨长比	3	2	2	1.5	1.5
轴压比	<0.3				
任意两桥墩间最大刚度比	—	4	4	3	2
下部结构类型	桥墩为单柱墩、双柱框架墩、多柱排架墩				
地基条件	不易液化、侧向滑移或不易冲刷的场地，远离断层				

6.1.3 根据本规范第6.1.2条的规则桥梁和非规则桥梁分类，桥梁的抗震分析计算方法可按表6.1.3选用。

表 6.1.3 桥梁抗震分析方法

桥梁分类 地震作用	采用 A 类抗震设计方法		采用 B 类抗震设计方法	
	规则	非规则	规则	非规则
E1 地震作用	SM/MM	MM/TH	SM/MM	MM/TH
E2 地震作用	SM/MM	MM/TH	—	—

注：TH 为线性或非线性时程计算方法；
　　SM 为单振型反应谱法；
　　MM 为多振型反应谱法。

6.1.4 E2地震作用下，若大跨度连续梁或连续刚构桥（主跨超过90m）墩柱已进入塑性工作范围，且桥梁承台质量较大，地震下承台质量惯性力对桩基础地震作用效应不能忽略时，应采用非线性时程分析方法进行抗震分析。

6.1.5 对6跨及6跨以上一联主跨超过90m连续梁桥，应采用非线性时程分析方法考虑活动支座摩擦作用效应，进行抗震分析。

6.1.6 对复杂立交工程、斜桥和非规则曲线桥，宜采用非线性时程分析方法进行抗震分析。

6.1.7 地震作用下，桥台台身地震惯性力可按静力法计算。

6.1.8 在进行桥梁抗震分析时，E1地震作用下，桥梁的所有构件抗弯刚度均应按毛截面计算；E2地震作用下，延性构件的有效截面抗弯刚度应按式

（6.1.8）计算，对圆形和矩形桥墩，可按本规范附录A取值，但其他构件抗弯刚度仍应按毛截面计算：

$$E_c \times I_{eff} = \frac{M_y}{\phi_y} \qquad (6.1.8)$$

式中：E_c——桥墩混凝土的弹性模量（kN/m²）；

I_{eff}——桥墩有效截面抗弯惯性矩（m⁴）；

M_y——等效屈服弯矩（kN·m），可按本规范第7.3.8条计算；

ϕ_y——等效屈服曲率（1/m），可按本规范第7.3.8条计算。

6.1.9 在进行桥梁结构抗震分析时，地震动的输入宜按下列方式选取：

1 跨越河流的桥梁，地震动输入宜取一般冲刷线处场地地震动；

2 其他桥梁，地震动输入宜取地表处场地地震动。

6.2 建模原则

6.2.1 在E1和E2地震作用下，一般情况下应建立桥梁结构的空间动力计算模型进行抗震分析，计算模型应反映实际桥梁结构的动力特性。规则桥梁可按本规范第6.5节的要求选用简化计算模型。

6.2.2 桥梁结构动力计算模型应能正确反映桥梁上部结构、下部结构、支座和地基的刚度、质量分布及阻尼特性，一般情况下应满足下列要求：

1 计算模型中的梁体和墩柱可采用空间杆系单元模拟，单元质量可采用集中质量代表；墩柱和梁体的单元划分应反映结构的实际动力特性；

2 支座单元应反映支座的力学特性；

3 混凝土结构的阻尼比可取为0.05；进行时程分析时，可采用瑞利阻尼；

4 计算模型应考虑相邻结构和边界条件的影响，对于共同参与地震力分配的相邻结构，应考虑相邻结构边界条件的影响，一般情况应取计算模型左右各一联桥梁结构作为边界条件。

6.2.3 当进行直线桥梁地震反应分析时，可分别考虑沿顺桥向和横桥向两个水平方向地震动输入；当进行曲线桥梁地震反应分析时，宜分别沿相邻两桥墩连线方向和垂直于连线水平方向进行多方向地震输入，以确定最不利地震水平输入方向。

6.2.4 当进行非线性时程分析时，墩柱应采用能反映结构弹塑性动力行为的单元。

6.2.5 桥梁结构抗震分析时应考虑支座的影响。板式橡胶支座可采用线性弹簧单元模拟；其剪切刚度可按下式计算：

$$k = \frac{G_d A_r}{\Sigma t} \qquad (6.2.5)$$

式中：G_d——板式橡胶支座的动剪切模量（kN/m²），一般取1200kN/m²；

A_r——橡胶支座的剪切面积（m^2）；

Σt——橡胶层的总厚度（m）。

6.2.6 活动支座的摩擦作用效应可采用双线性理想弹塑性弹簧单元模拟，其恢复力模型见图6.2.6，并应符合下列要求：

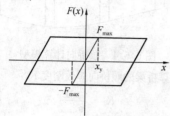

图6.2.6　活动支座恢复力模型

1 活动支座临界滑动摩擦力 F_{max}（kN）：

$$F_{max} = \mu_d W \qquad (6.2.6\text{-}1)$$

2 初始刚度：

$$k = \frac{F_{max}}{x_y} \qquad (6.2.6\text{-}2)$$

式中：μ_d——滑动摩擦系数，一般取0.02；

$\quad W$——支座所承担的上部结构重力（kN）；

$\quad x_y$——活动盆式支座屈服位移（m），取支座临界滑动时的位移，一般取0.003m。

6.2.7 对采用桩基础的桥梁，计算模型应考虑桩土共同作用，桩土的共同作用可采用等代土弹簧模拟，等代土弹簧的刚度可采用 m 法计算。

6.2.8 当墩柱的计算高度与矩形截面短边尺寸之比大于8时，或墩柱的计算高度与圆形截面直径之比大于6时，应考虑 $P\text{-}\Delta$ 效应。

6.3　反应谱法

6.3.1 当采用反应谱法计算时，加速度反应谱应按本规范第5.2节的规定确定。

6.3.2 当采用多振型反应谱法计算时，振型阶数在计算方向给出的有效振型参与质量不应低于该方向结构总质量的**90%**。

6.3.3 振型组合方法应按下列规定采用：

1 一般可采用 SRSS 方法，按下式确定：

$$F = \sqrt{\Sigma S_i^2} \qquad (6.3.3\text{-}1)$$

式中：F——结构的地震作用效应；

$\quad S_i$——结构第 i 阶振型地震作用效应。

2 当结构相邻两阶振型的自振周期 T_m 和 T_n 接近时（$T_m > T_n$），即 T_n 和 T_m 之比 ρ_T 满足式（6.3.3-2），应采用 CQC 方法按式（6.3.3-3）计算地震作用效应：

$$\rho_T = \frac{T_n}{T_m} \geqslant \frac{0.1}{0.1+\xi} \qquad (6.3.3\text{-}2)$$

$$F = \sqrt{\Sigma\Sigma S_i r_{ij} S_j} \qquad (6.3.3\text{-}3)$$

$$r_{ij} = \frac{8\xi^2(1+\rho_T)\rho_T^{3/2}}{(1-\rho_T^2)^2 + 4\xi^2\rho_T(1+\rho_T)^2} \qquad (6.3.3\text{-}4)$$

式中：ξ——阻尼比；

$\quad \rho_T$——周期比；

$\quad r_{ij}$——相关系数。

6.4　时程分析法

6.4.1 地震加速度时程应按本规范第5.3节的规定选取。

6.4.2 时程分析的最终结果，当采用 **3** 组地震加速度时程计算时，应取各组计算结果的最大值；当采用 **7** 组及以上地震加速度时程计算时，可取结果的平均值。

6.5　规则桥梁抗震分析

6.5.1 对满足本规范第6.1.3条要求的规则桥梁可按本节分析方法，等效为单自由度体系，按单振型反应谱方法进行 E1 和 E2 地震作用下结构的内力和变形计算。

6.5.2 对简支梁桥，其顺桥向和横桥向水平地震力可采用下列简化方法计算，其计算简图如图6.5.2所示：

1 顺桥向和横桥向水平地震力可按下式计算：

$$E_{ktp} = SM_t \qquad (6.5.2\text{-}1)$$

$$M_t = M_{sp} + \eta_{cp}M_{cp} + \eta_p M_p \qquad (6.5.2\text{-}2)$$

$$\eta_{cp} = X_0^2 \qquad (6.5.2\text{-}3)$$

$$\eta_p = 0.16(X_0^2 + X_f^2 + 2X_{f\frac{1}{2}}^2 + X_f X_{f\frac{1}{2}} + X_0 X_{f\frac{1}{2}}) \qquad (6.5.2\text{-}4)$$

式中：E_{ktp}——顺桥向作用于固定支座顶面或横桥向作用于上部结构质心处的水平力（kN）；

$\quad S$——根据结构基本周期，按本规范第5.2.1条计算出的反应谱值；

$\quad M_t$——换算质点质量（t）；

$\quad M_{sp}$——桥梁上部结构的质量（t），一跨梁的质量，对于轨道交通桥梁横桥向，还应计入50%活载质量；

$\quad M_{cp}$——盖梁的质量（t）；

$\quad M_p$——墩身质量（t），对于扩大基础，为基础顶面以上墩身的质量；

$\quad \eta_{cp}$——盖梁质量换算系数；

$\quad \eta_p$——墩身质量换算系数；

$\quad X_0$——考虑地基变形时，顺桥向作用于支座顶面或横桥向作用于上部结构质心处的单位水平力在墩身计算高度 H 处引起的水平位移与单位力作用处的水平位移之比值；

$\quad X_f, X_{f\frac{1}{2}}$——分别为考虑地基变形时，顺桥向作用于支座顶面上或横桥向作用于上部结构质心处的单位水平力在墩身计算高度 $H/2$ 处，一般冲刷线或基础顶面引起的水平位移与单位力作用处的水平位移之比值。

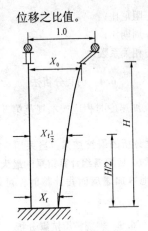

图 6.5.2　柱式墩计算简图

2　一般情况可按下式计算各简支梁桥的基本周期：

$$T_1 = 2\pi \sqrt{M_t \delta} \qquad (6.5.2\text{-}5)$$

式中：T_1——简支梁桥顺桥向或横桥向的基本周期（s）；

δ——在顺桥或横桥向作用于支座顶面或上部结构质心上单位水平力在该处引起的水平位移（m/kN），顺桥和横桥方向应分别计算，计算时可按现行行业标准《公路桥涵地基与基础设计规范》JTG D63 的有关规定计算地基变形作用效应。

6.5.3　连续梁一联中一个墩采用顺桥向固定支座，其余均为顺桥向活动支座，其顺桥向地震反应可按下列公式计算：

1　顺桥向作用于固定支座顶面地震力可按下式计算：

$$E_{ktp} = SM_t - \sum_{i=1}^{N} \mu_i R_i \qquad (6.5.3\text{-}1)$$

$$M_t = M_{sp} + M_{cp} + \eta_p M_p \qquad (6.5.3\text{-}2)$$

2　顺桥向作用于活动支座顶面地震力可按下式计算：

$$E_{kti} = \mu_i R_i \qquad (6.5.3\text{-}3)$$

式中：M_t——支座顶面处的换算质点质量（t）；

M_{sp}——一联桥梁上部结构的质量（t）；

M_{cp}——固定墩盖梁的质量（t）；

M_p——固定墩墩身质量（t）；

R_i——第 i 个活动支座的恒载反力（kN）；

μ_i——第 i 个活动支座的摩擦系数，一般取 0.02。

6.5.4　采用板式橡胶支座的规则连续梁和连续刚构桥梁在顺桥向 E1 和 E2 地震作用下的地震反应可按以下简化方法计算：

1　建立结构计算模型，模型中应考虑上部结构、支座、桥墩及基础等刚度的影响，计算均布荷载 p_0 沿一联梁体轴线作用下结构的位移 $v_s(x)$，计算简图

如图 6.5.4 所示。

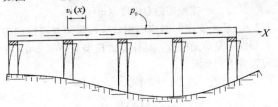

图 6.5.4　顺桥向计算模型

2　计算桥梁的顺桥向等效刚度 K_l：

$$K_l = \frac{p_0 L}{v_{s,\max}} \qquad (6.5.4\text{-}1)$$

式中：p_0——均布荷载（kN/m）；

L——一联桥梁总长（m）；

$v_{s,\max}$——p_0 作用下的最大水平位移（m）；

K_l——桥梁的顺桥向等效刚度（kN/m）。

3　计算结构周期 T：

$$T = 2\pi \sqrt{\frac{M_t}{K_l}} \qquad (6.5.4\text{-}2)$$

式中：M_t——一联桥梁总质量，应包含梁体质量，以及按本规范第 6.5.2 条墩身质量换算系数 η_p、盖梁质量换算系数 η_{cp} 等效的各墩身及其盖梁质量（t）。

4　计算地震等效均布荷载 p_e：

$$p_e = \frac{SM_t}{L} \qquad (6.5.4\text{-}3)$$

式中：p_e——地震等效静力荷载（kN/m）；

S——根据结构周期 T 计算出的反应谱值。

5　按静力方法计算均布荷载 p_e 作用下的结构内力、位移反应。

6.5.5　规则连续梁和连续刚架桥，当全桥墩梁间横桥向没有相对位移时，在横桥向 E1 和 E2 地震作用下的地震反应，可按下列方法计算：

1　建立结构计算模型，在模型中应考虑上部结构、支座、桥墩及基础等刚度的影响，为了考虑相邻结构边界条件的影响，一般情况应取计算模型左右各一联桥梁结构作为边界条件。

2　计算均布荷载 p_0 沿计算模型（包含边界联）垂直梁体轴线方向作用下，计算联横桥向最大结构的位移 $v_s(x)$，计算简图如图 6.5.5 所示。

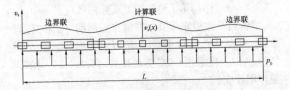

图 6.5.5　横桥向计算模型

3　计算桥梁的横桥向等效刚度 K_t：

$$K_t = \frac{p_0 L}{v_{s,\max}} \qquad (6.5.5\text{-}1)$$

式中：p_0——均布荷载（kN/m）；

L——计算模型总长（包含左右边界联的长度）（m）；

$v_{s,max}$——p_0 作用下计算联最大横向水平位移（m）；

K_t——横桥向等效刚度（kN/m）。

4 计算结构周期 T：

$$T = 2\pi\sqrt{\frac{M_t}{K_t}} \qquad (6.5.5\text{-}2)$$

5 计算地震等效均布荷载 p_e：

$$p_e = \frac{SM_t}{L} \qquad (6.5.5\text{-}3)$$

式中：p_e——地震等效均布荷载（kN/m）。

6 按静力法计算均布荷载 p_e 作用下的结构内力、位移反应。

6.6 能力保护构件计算

6.6.1 在 E2 地震作用下，如结构未进入塑性，桥梁墩柱的剪力设计值，桥梁盖梁、基础和支座的内力设计值可采用 E2 地震作用的计算结果。

6.6.2 当桥梁盖梁、基础、支座和墩柱抗剪作为能力保护构件设计时，其弯矩和剪力设计值，应取与墩柱塑性铰区域截面超强弯矩所对应的弯矩和剪力值。

6.6.3 单柱墩塑性铰区域截面超强弯矩应按下式计算：

$$M_{y0} = \phi^0 M_u \qquad (6.6.3)$$

式中：M_{y0}——顺桥向和横桥向超强弯矩；

M_u——按截面实配钢筋，采用材料强度标准值，在恒载轴力作用下计算出的截面顺桥向和横桥向受弯承载力；

ϕ^0——桥墩正截面受弯承载力超强系数，ϕ^0 取 1.2。

6.6.4 双柱和多柱墩塑性铰区域截面顺桥向超强弯矩可按本规范第 6.6.3 条计算，横桥向超强弯矩可按下列步骤计算：

1 假设墩柱轴力为恒载轴力。

2 按截面实配钢筋，采用材料强度标准值，按本规范式（6.6.3）计算出各墩柱塑性铰区域截面超强弯矩。

3 计算各墩柱相应于其超强弯矩的剪力值，并按下式计算各墩柱剪力值之和 V（kN）：

$$V = \sum_i^N V_i \qquad (6.6.4)$$

式中：V_i——各墩柱相应于塑性铰区域截面的超强弯矩的剪力值（kN）。

4 将 V 按正、负方向分别施加于盖梁质心处，计算各墩柱所产生的轴力（如图 6.6.4 所示）。

5 将合剪力 V 产生的轴力与恒载轴力组合后，采用组合的轴力，重复步骤 2 和 4 进行迭代计算，直到相邻 2 次计算各墩柱剪力之和相差在 10% 以内。

6 采用上述组合中的轴力最大压力组合，按步骤 2 计算各墩柱塑性区域截面超强弯矩。

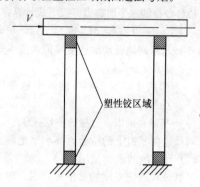

图 6.6.4 轴力计算模式

6.6.5 延性墩柱沿顺桥向和横桥向剪力设计值应根据塑性铰区域截面超强弯矩来计算。

6.6.6 固定支座和板式橡胶支座的水平地震设计力可按能力保护方法计算；当按能力保护方法计算时，支座在顺桥向和横桥向的地震水平力可分别直接取本规范第 6.6.5 条计算出的各墩柱沿顺桥向和横桥向剪力值。

6.6.7 延性桥墩的盖梁弯矩设计值 M_{p0}，应按下式计算：

$$M_{p0} = M_{hc}^{fi} + M_G \qquad (6.6.7)$$

式中：M_{hc}^{fi}——墩柱顶端截面超强弯矩（应分别考虑正负弯矩）（kN·m）；

M_G——由结构恒载产生的弯矩（kN·m）。

6.6.8 延性桥墩盖梁的剪力设计值 V_{c0} 可按下式计算：

$$V_{c0} = \frac{M_{pc}^R + M_{pc}^L}{L_0} \qquad (6.6.8)$$

式中：M_{pc}^L，M_{pc}^R——盖梁左右端截面按实配钢筋，采用材料强度标准值计算出的正截面抗弯承载力（kN·m）；

L_0——盖梁的净跨度（m）。

6.6.9 梁桥基础的弯矩、剪力和轴力的设计值应根据墩柱底部可能出现塑性铰处截面的超强弯矩、剪力设计值和墩柱恒载轴力，并考虑承台的贡献来计算。对双柱墩、多柱墩横桥向基础，应根据本规范式（6.6.4）计算出的各墩柱合剪力 V 作用在盖梁质心处在承台顶产生的弯矩、剪力和轴力。

6.6.10 对低桩承台基础，作用在承台的水平地震惯性力可用静力法按下式计算：

$$F_t = M_t A \qquad (6.6.10)$$

式中：F_t——作用在承台中心处的水平地震力（kN）；

M_t——承台的质量（t）；

A——水平向地震动峰值加速度，按本规范第 3.2.2 条取值。

6.7 桥　台

6.7.1 桥台台身的水平地震力可按下式计算：

$$E_{hau} = M_{au}A \qquad (6.7.1)$$

式中：A——水平向地震动加速度峰值，按本规范第 3.2.2 条取值；

E_{hau}——作用于台身重心处的水平地震作用力（kN）；

M_{au}——基础顶面以上台身的质量（t）。

1 对修建在基岩上的桥台，其水平地震力可按式（6.7.1）计算值的 80% 采用；

2 验算设有固定支座的梁桥桥台时，应计入由上部结构所产生的水平地震力，其值按式（6.7.1）计算，但 M_{au} 应加上一孔（简支梁）或一联（连续梁）梁的质量。

6.7.2 作用在桥台上的主动土压力和动水压力可按本规范第 5.4 节计算。

7 抗 震 验 算

7.1 一 般 规 定

7.1.1 城市梁式桥的桥墩、桥台、基础及支座等应作抗震验算。

7.1.2 在 E1 和 E2 地震作用下，各类城市桥梁的抗震验算目标应满足本规范表 3.1.2 的要求。

7.2 E1 地震作用下抗震验算

7.2.1 采用 A 类抗震设计方法设计的桥梁，顺桥向和横桥向 E1 地震作用效应按本规范第 5.5.2 条组合后，应按现行行业标准《公路钢筋混凝土及预应力混凝土桥涵设计规范》JTG D62 和《公路桥涵地基与基础设计规范》JTG D63 相关规定验算桥墩、桥台的强度；采用 B 类抗震设计方法设计的桥梁，顺桥向和横桥向 E1 地震作用效应按本规范第 5.5.2 条组合后，应按现行行业标准《公路钢筋混凝土及预应力混凝土桥涵设计规范》JTG D62 和《公路桥涵地基与基础设计规范》JTG D63 相关规定验算桥墩、桥台、盖梁和基础等的强度。

7.2.2 采用 B 类抗震设计方法设计的桥梁，支座抗震能力可按下列方法验算：

1 板式橡胶支座的抗震验算：

1）支座厚度验算

$$\Sigma t \geqslant \frac{X_E}{\tan\gamma} = X_E \qquad (7.2.2-1)$$

$$X_E = \alpha_d X_D + X_H + 0.5X_T \qquad (7.2.2-2)$$

式中：X_E——考虑地震作用、均匀温度作用和永久作用组合后的支座位移（m）；

Σt——橡胶层的总厚度（m）；

$\tan\gamma$——橡胶片剪切角正切值，取 $\tan\gamma = 1.0$；

X_D——E1 地震作用下支座水平位移（m）；

X_H——永久作用产生的支座水平位移（m）；

X_T——均匀温度作用产生的支座水平位移（m）；

α_d——支座调整系数，一般取 2.3。

2）支座抗滑稳定性验算：

$$\mu_d R_b \geqslant E_{hzh} \qquad (7.2.2-3)$$

$$E_{hzh} = \alpha_d E_{hze} + E_{hzd} + 0.5E_{hzt} \qquad (7.2.2-4)$$

式中：μ_d——支座的动摩阻系数，橡胶支座与混凝土表面的动摩阻系数采用 0.15；与钢板的动摩阻系数采用 0.10；

E_{hzh}——支座水平组合地震力（kN）；

R_b——上部结构重力在支座上产生的反力（kN）；

E_{hze}——E1 地震作用下支座的水平地震力（kN）；

E_{hzd}——永久作用产生的支座水平力（kN）；

E_{hzt}——均匀温度引起的支座水平力（kN）；

α_d——支座调整系数，一般取 2.3。

2 盆式支座和球形支座的抗震验算：

1）活动支座

$$X_E \leqslant X_{max} \qquad (7.2.2-5)$$

2）固定支座

$$E_{hzh} \leqslant E_{max} \qquad (7.2.2-6)$$

式中：X_{max}——活动支座容许滑动的水平位移（m）；

E_{max}——固定支座容许承受的水平力（kN）。

7.3 E2 地震作用下抗震验算

7.3.1 E2 地震作用下，应按式（7.3.4-1）验算桥墩墩顶的位移。对高宽比小于 2.5 的矮墩，可不验算桥墩的变形，但应按本规范第 7.3.2 条验算抗弯和抗剪强度。采用非线性时程进行地震反应分析的桥梁可按式（7.3.4-2）验算塑性转角。

7.3.2 对矮墩，顺桥向和横桥向 E2 地震作用效应和永久作用效应组合后，应按现行行业标准《公路钢筋混凝土及预应力混凝土桥涵设计规范》JTG D62 相关规定验算桥墩抗弯和抗剪强度，在验算矮墩抗弯强度时，截面抗弯能力可采用材料强度标准值计算。

7.3.3 在进行桥墩位移验算时，按弹性方法计算出的地震位移应乘以考虑弹塑性效应的地震位移修正系数 R_d，地震位移修正系数 R_d 可按下式计算：

$$R_d = \left(1 - \frac{1}{\mu_D}\right)\frac{T^*}{T} + \frac{1}{\mu_D} \geqslant 1.0, \quad \frac{T^*}{T} > 1.0 \qquad (7.3.3-1)$$

$$R_d = 1.0, \quad \frac{T^*}{T} \leqslant 1.0 \qquad (7.3.3-2)$$

$$T^* = 1.25T_g \qquad (7.3.3-3)$$

式中：T——结构自振周期；

T_g——反应谱特征周期；

μ_D——桥墩构件延性系数；一般情况可取 3。

7.3.4 E2 地震作用下，应按下列公式验算顺桥向和横桥向桥墩墩顶的位移或桥墩塑性铰区域塑性转动能力：

$$\Delta_d \leqslant \Delta_u \qquad (7.3.4\text{-}1)$$
$$\theta_p \leqslant \theta_u \qquad (7.3.4\text{-}2)$$

式中：Δ_d——E2 地震作用下墩顶的位移（cm）；若 E2 地震作用墩顶的位移是采用弹性方法计算，应乘以本规范第 7.3.3 条规定的地震位移修正系数；

Δ_u——桥墩容许位移（cm），按本规范第 7.3.5 和 7.3.7 条计算；

θ_p——E2 地震作用下，塑性铰区域的塑性转角；

θ_u——塑性铰区域的最大容许转角，可按本规范式（7.3.6）计算。

7.3.5 单柱墩容许位移可按下式计算：

$$\Delta_u = \frac{1}{3}H^2 \times \phi_y + \left(H - \frac{L_p}{2}\right) \times \theta_u$$
$$(7.3.5\text{-}1)$$
$$L_p = 0.08H + 0.022 f_y d_{bl} \geqslant 0.044 f_y d_{bl}$$
$$(7.3.5\text{-}2)$$

式中：H——悬臂墩的高度或塑性铰截面到反弯点的距离（cm）；

ϕ_y——截面的等效屈服曲率（1/cm），一般情况下，可按本规范第 7.3.8 条计算；但对于圆形截面和矩形截面桥墩，可按本规范附录 B 计算；

L_p——等效塑性铰长度（cm）；

f_y——纵向钢筋抗拉强度标准值（MPa）；

d_{bl}——纵向主筋的直径（cm）。

7.3.6 塑性铰区域的最大容许转角应根据极限破坏状态的曲率能力，按下式计算：

$$\theta_u = L_p(\phi_u - \phi_y)/K \qquad (7.3.6)$$

式中：ϕ_u——极限破坏状态的曲率能力（1/cm），一般情况下，可按本规范第 7.3.9 条计算；但对于矩形截面和圆形截面桥墩，可按本规范附录 B 计算；

K——延性安全系数，取 2.0。

7.3.7 对双柱墩、排架墩，其顺桥向的容许位移可按本规范式（7.3.5-1）计算，横桥向的容许位移可在盖梁处施加水平力 F（图 7.3.7），进行非线性静力分析，当墩柱的任一塑性铰达到其最大容许转角或塑性铰区控制截面达到最大容许曲率时，盖梁处的横向水平位移即为容许位移。

注：最大容许曲率为极限破坏状态的曲率能力除以安全系数，安全系数取 2。

7.3.8 截面的等效屈服曲率 ϕ_y 和等效屈服弯矩 M_y

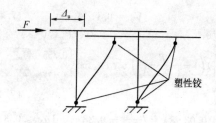

图 7.3.7　双柱墩的容许位移

可通过把实际的弯矩-曲率曲线等效为理想弹塑性弯矩-曲率曲线来求得，等效方法可根据图中两个阴影面积相等求得（图 7.3.8），计算中应考虑最不利轴力组合。

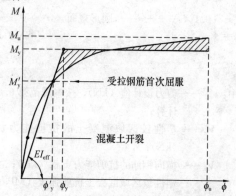

图 7.3.8　等效屈服曲率

7.3.9 极限破坏状态的曲率能力 ϕ_u 应通过考虑最不利轴力组合的 M-ϕ 曲线确定，为混凝土应变达到极限压应变 ε_{cu}，或纵筋达到折减极限应变 ε_{lu} 时相应的曲率。混凝土的极限压应变 ε_{cu} 可按下式计算：

$$\varepsilon_{cu} = 0.004 + \frac{1.4\rho_s \cdot f_{kh} \cdot \varepsilon_{su}^R}{f_{c,ck}} \qquad (7.3.9)$$

式中：ρ_s——约束钢筋的体积含筋率；

f_{kh}——箍筋抗拉强度标准值（MPa）；

$f_{c,ck}$——约束混凝土的峰值应力（MPa），一般情况下可取 1.25 倍的混凝土抗压强度标准值；

ε_{su}^R——约束钢筋的折减极限应变，$\varepsilon_{su}^R = 0.09$。

纵筋的折减极限应变 ε_{lu} 取为 0.1。

7.3.10 应根据本规范第 6.7 节计算出桥台的地震作用效应和永久作用效应组合后，按现行行业标准《公路钢筋混凝土及预应力混凝土桥涵设计规范》JTG D62-2004 相关规定验算桥台的承载能力。

7.4　能力保护构件验算

7.4.1 采用 A 类抗震设计方法设计的桥梁，其能力保护构件（墩柱抗剪、盖梁、基础及支座等）宜按本节方法进行抗震验算。

7.4.2 墩柱塑性铰区域沿顺桥向和横桥向的斜截面抗剪强度应按下列公式验算：

$$V_{c0} \leqslant \phi(V_c + V_s) \qquad (7.4.2\text{-}1)$$

$$V_c = 0.1 v_c A_e \qquad (7.4.2\text{-}2)$$

$$v_c = \begin{cases} 0, & P_c \leqslant 0 \\ \lambda\left(1 + \dfrac{P_c}{1.38 \times A_g}\right)\sqrt{f_{cd}} \leqslant \min\begin{cases} 0.355\ \sqrt{f_{cd}} \\ 1.47\lambda\ \sqrt{f_{cd}} \end{cases}, & P_c > 0 \end{cases}$$
$$(7.4.2\text{-}3)$$

$$0.03 \leqslant \lambda = \frac{\rho_s f_{yh}}{10} + 0.38 - 0.1\mu_\Delta \leqslant 0.3$$
$$(7.4.2\text{-}4)$$

$$\rho_s = \begin{cases} \dfrac{4A_{sp}}{sD'}, & \text{圆形截面} \\ \dfrac{2A_v}{bs}, & \text{矩形截面} \end{cases} \leqslant 2.4/f_{yh} \quad (7.4.2\text{-}5)$$

$$V_s = \begin{cases} 0.1 \times \dfrac{\pi}{2}\dfrac{A_{sp} f_{yh} D'}{s}, & \text{圆形截面} \\ 0.1 \times \dfrac{A_v f_{yh} h_0}{s}, & \text{矩形截面} \end{cases} \leqslant 0.08\ \sqrt{f_{cd}}A_e$$
$$(7.4.2\text{-}6)$$

式中：V_{c0} ——剪力设计值（kN），按本规范第 6.6 节计算；

V_c ——塑性铰区域混凝土的抗剪能力贡献（kN）；

V_s ——横向钢筋的抗剪能力贡献（kN）；

v_c ——塑性铰区域混凝土抗剪强度（MPa）；

f_{cd} ——混凝土抗压强度设计值（MPa）；

A_e ——核芯混凝土面积，可取 $A_e = 0.8A_g$（cm²）；

A_g ——墩柱塑性铰区域截面全面积（cm²）；

μ_Δ ——墩柱位移延性系数，为墩柱地震位移需求 Δ_d 与墩柱塑性铰屈服时的位移之比；

P_c ——墩柱截面最小轴压力，对于框架墩横向需按本规范第 6.6.4 条计算（kN）；

A_{sp} ——螺旋箍筋面积（cm²）；

A_v ——计算方向上箍筋面积总和（cm²）；

s ——箍筋的间距（cm）；

f_{yh} ——箍筋抗拉强度设计值（MPa）；

b ——墩柱的宽度（cm）；

D' ——螺旋箍筋环的直径（cm）；

h_0 ——核芯混凝土受压边缘至受拉侧钢筋重心的距离（cm）；

ϕ ——抗剪强度折减系数，$\phi = 0.85$。

7.4.3 根据本规范第 6.6 节计算的基础弯矩、剪力和轴力设计值和永久作用效应组合后，应按现行行业标准《公路桥涵地基与基础设计规范》JTG D63 进行基础强度验算。在验算桩基础截面抗弯强度时，截面抗弯能力可采用材料强度标准值计算。

7.4.4 根据本规范第 6.6 节计算的盖梁弯矩设计值、剪力设计值和永久作用效应组合后，应按现行行业标准《公路钢筋混凝土及预应力混凝土桥涵设计规范》JTG D62 验算盖梁的正截面抗弯强度和斜截面抗剪

强度。

7.4.5 板式橡胶支座的抗震验算应符合下列要求：

1 支座厚度验算：

$$\Sigma t \geqslant \frac{X_B}{\tan\gamma} = X_B \qquad (7.4.5\text{-}1)$$

$$X_B = X_D + X_H + 0.5X_T \qquad (7.4.5\text{-}2)$$

式中：Σt ——橡胶层的总厚度（m）；

$\tan\gamma$ ——橡胶片剪切角正切值，取 $\tan\gamma = 1.0$；

X_B ——按照本规范第 6.6.6 条计算的支座水平地震设计力产生的支座水平位移、永久作用效应以及均匀温度作用效应组合后的支座水平位移；

X_D ——按照本规范第 6.6.6 条计算的支座水平地震设计力产生的支座水平位移（m）；

X_H ——永久作用产生的支座水平位移（m）；

X_T ——均匀温度作用引起的支座水平位移（m）。

2 支座抗滑稳定性验算：

$$\mu_d R_b \geqslant E_{hzh} \qquad (7.4.5\text{-}3)$$

$$E_{hzh} = E_{hze} + E_{hzd} + 0.5E_{hzt} \qquad (7.4.5\text{-}4)$$

式中：μ_d ——支座的动摩阻系数，橡胶支座与混凝土表面的动摩阻系数采用 0.15；与钢板的动摩阻系数采用 0.10；

E_{hzh} ——按照本规范第 6.6.6 条计算的支座水平地震设计力、永久作用效应以及均匀温度作用效应组合后得到的支座的水平力设计值（kN）；

E_{hze} ——按本规范第 6.6.6 条计算的支座水平地震设计力（kN）；

E_{hzd} ——永久作用产生的支座水平力（kN）；

E_{hzt} ——均匀温度作用引起的支座水平力（kN）。

7.4.6 盆式支座和球形支座的抗震验算应符合下列要求：

1 活动支座：

$$X_B \leqslant X_{max} \qquad (7.4.6\text{-}1)$$

2 固定支座：

$$E_{hzh} \leqslant E_{max} \qquad (7.4.6\text{-}2)$$

式中：X_{max} ——活动支座容许滑动水平位移（m）；

E_{max} ——固定支座容许承受的水平力（kN）。

8 抗震构造细节设计

8.1 墩柱结构构造

8.1.1 对地震基本烈度 7 度及以上地区，墩柱塑性铰区域内加密箍筋的配置，应符合下列要求：

1 加密区的长度不应小于墩柱弯曲方向截面边长或墩柱上弯矩超过最大弯矩 80% 的范围；当墩柱

的高度与弯曲方向截面边长之比小于 2.5 时，墩柱加密区的长度应取墩柱全高；

2 加密箍筋的最大间距不应大于 10cm 或 $6d_{bl}$ 或 $b/4$（d_{bl} 为纵筋的直径，b 为墩柱弯曲方向的截面边长）；

3 箍筋的直径不应小于 10mm；

4 螺旋式箍筋的接头必须采用对接焊，矩形箍筋应有 135° 弯钩，并应伸入核心混凝土之内 $6d_{bl}$ 以上。

8.1.2 对地震基本烈度 7 度、8 度地区，圆形、矩形墩柱塑性铰区域内加密箍筋的最小体积配箍率 ρ_{smin}，应按式（8.1.2-1）和式（8.1.2-2）计算。对地震基本烈度 9 度及以上地区，圆形、矩形墩柱塑性铰区域内加密箍筋的最小体积配箍率 ρ_{smin} 应比地震基本烈度 7 度、8 度地区适当增加，以提高其延性能力。

1 圆形截面：

$$\rho_{smin} = [0.14\eta_k + 5.84(\eta_k - 0.1)(\rho_t - 0.01) + 0.028]\frac{f_{ck}}{f_{hk}}$$
$$\geqslant 0.004 \qquad (8.1.2\text{-}1)$$

2 矩形截面：

$$\rho_{smin} = [0.1\eta_k + 4.17(\eta_k - 0.1)(\rho_t - 0.01) + 0.02]\frac{f_{ck}}{f_{hk}}$$
$$\geqslant 0.004 \qquad (8.1.2\text{-}2)$$

式中：η_k——轴压比，指结构的最不利组合轴向压力与柱的全截面面积和混凝土轴心抗压强度设计值乘积之比值；

ρ_t——纵向配筋率；

f_{hk}——箍筋抗拉强度标准值（MPa）；

f_{ck}——混凝土抗压强度标准值（MPa）。

8.1.3 墩柱塑性铰加密区以外区域的箍筋量应逐渐减少，但箍筋的体积配箍率不应少于塑性铰区域体积配箍率的 50%。

8.1.4 墩柱的纵向钢筋宜对称配置，纵向钢筋的面积不宜小于 $0.006A_g$，且不应超过 $0.04A_g$（A_g 为墩柱截面全面积）。

8.1.5 空心截面墩柱塑性铰区域内加密箍筋的构造，除满足对实体桥墩的要求外，还应配置内外两层环形箍筋，在内外两层环形箍筋之间应配置足够的拉筋（图 8.1.5）。

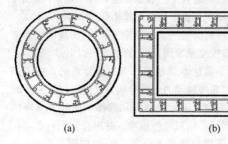

|(a)|(b)|

图 8.1.5 常用空心截面类型

8.1.6 墩柱的纵筋应延伸至盖梁和承台的另一侧面，纵筋的锚固和搭接长度应在现行行业标准《公路钢筋混凝土及预应力混凝土桥涵设计规范》JTG D62 要求

的基础上增加 $10d_{bl}$（d_{bl} 为纵筋的直径），不应在塑性铰区域进行纵筋的连接。

8.1.7 塑性铰加密区域配置的箍筋应延伸到盖梁和承台内，延伸到盖梁或承台的距离不宜小于墩柱长边尺寸的 1/2，并不应小于 50cm。

8.2 节 点 构 造

8.2.1 节点的主拉应力和主压应力可按下式计算：

$$\sigma_c, \sigma_t = \frac{f_v + f_h}{2} \pm \sqrt{\left(\frac{f_v - f_h}{2}\right)^2 + v_{jh}^2}$$
$$(8.2.1\text{-}1)$$

$$v_{jh} = v_{jv} = \frac{V_{jh}}{b_{je}h_b} \times 10^{-3} \qquad (8.2.1\text{-}2)$$

$$V_{jh} = T_c^t + C_c^b \qquad (8.2.1\text{-}3)$$

$$f_v = \frac{P_c^b + P_c^t}{2b_b h_c} \times 10^{-3} \qquad (8.2.1\text{-}4)$$

$$f_h = \frac{P_b}{b_{je}h_b} \times 10^{-3} \qquad (8.2.1\text{-}5)$$

式中：σ_c, σ_t——节点的名义主压应力和名义主拉应力（MPa）；

v_{jh}——节点的水平方向名义剪应力（MPa）；

v_{jv}——节点的竖直方向名义剪应力（MPa）；

V_{jh}——节点的名义剪力（kN）（见图 8.2.1）；

T_c^t——考虑超强系数 ϕ^0（$\phi^0 = 1.2$）的混凝土墩柱纵筋拉力（kN）（见图 8.2.1）；

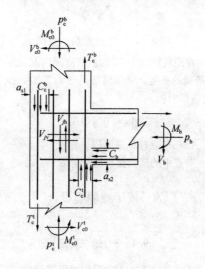

图 8.2.1 节点受力图

C_c^b——考虑超强系数 ϕ^0（$\phi^0 = 1.2$）的混凝土墩柱受压区压应力合力（见图8.2.1）；

f_v, f_h——节点沿竖直方向和水平方向的正应力（MPa）；

b_{je}, h_b——分别为横梁横截面的宽度和高度

(m)；

b_b, h_c ——分别为上立柱横截面的宽度和高度
（m）；

P_c^b, P_c^t ——分别为上下立柱的轴力（kN）；

P_b ——横梁的轴力（kN）（包括预应力产生
的轴力）。

8.2.2 当主拉应力 $\sigma_t \leqslant 0.34\sqrt{f_{cd}}$（MPa），节点的
水平向和竖向箍筋配置可按下式计算：

$$\rho_{smin} = \rho_x + \rho_y = \frac{0.34\sqrt{f_{cd}}}{f_{yh}} \quad (8.2.2)$$

8.2.3 当主拉应力 $\sigma_t > 0.34\sqrt{f_{cd}}$（MPa），应按下
列要求进行节点的水平和竖向箍筋配置：

1 节点中的横向配箍率不应小于本规范第
8.1.1、8.1.2 条对于塑性铰加密区域配箍率的要求
（横向箍筋的配置见图 8.2.3）。

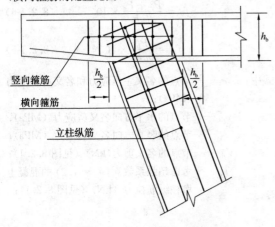

图 8.2.3 节点配筋示意图

2 在距柱侧面 $h_b/2$ 的盖梁范围内配置竖向箍筋
（h_b 为盖梁的高度，竖向箍筋见图 8.2.3），按下式计
算竖向箍筋面积 A_v：

$$A_v = 0.174 A_s \quad (8.2.3)$$

式中 A_s ——立柱纵筋面积。

3 节点中的竖向箍筋面积可取 $A_v/2$。

9 桥梁减隔震设计

9.1 一般规定

9.1.1 下列条件下，不宜采用减隔震设计：

1 基础土层不稳定；

2 结构的固有周期比较长；

3 位于软弱场地，延长周期可能引起共振；

4 支座中出现负反力。

9.1.2 采用减隔震设计的桥梁可只进行 E2 地震作用
下的抗震设计和验算。

9.1.3 桥梁减隔震设计，应满足下列要求：

1 桥梁减隔震支座应具有足够的刚度和屈服
强度。

2 相邻上部结构之间应设置足够的间隙。

9.1.4 桥梁的其他抗震措施不得妨碍桥梁的正常使
用及减隔震装置作用的效果。

9.2 减隔震装置

9.2.1 减隔震装置的构造应简单、性能可靠且对环
境温度变化不敏感；减隔震装置应具有可替换性，并
应进行定期维护和检查。

9.2.2 应通过试验对减隔震装置的变形、阻尼比等
力学参数值进行验证。试验值与设计值的差别应在±
10%以内。

9.2.3 应依据相关的检测规程，对减隔震装置的性
能和特性进行严格的检测实验。

9.2.4 减隔震装置可分为整体型和分离型两类，两
类减隔震装置水平位移从 50% 的设计位移增加到设
计位移时，其恢复力增量不宜低于其上部结构重量
的 2.5%。

9.2.5 整体型减隔震装置宜选用下列类型：

1 铅芯橡胶支座；

2 高阻尼橡胶支座；

3 摩擦摆式减隔震支座。

9.2.6 分离型减隔震装置宜选用下列类型：

1 橡胶支座＋金属阻尼器；

2 橡胶支座＋摩擦阻尼器；

3 橡胶支座＋黏性材料阻尼器。

9.3 减隔震桥梁地震反应分析

9.3.1 减隔震桥梁水平地震力的计算，可采用反应
谱分析法和非线性动力时程分析法。

9.3.2 当同时满足以下条件时，可采用单振型反应
谱法进行减隔震桥梁抗震分析：

1 桥梁几何形状满足本规范表 6.1.2 对规则桥
梁的要求；

2 距离最近的活动断层大于 15km；

3 场地类型为 Ⅰ、Ⅱ、Ⅲ 类，且场地条件稳定；

4 减隔震装置等效阻尼比不超过 30%；

5 减隔震桥梁的基本周期 T_1（隔震周期）为未
采用减隔震桥梁基本周期 T_0 的 2.5 倍以上。

9.3.3 当不满足本规范第 9.3.2 条要求时，减隔震
桥梁应采用非线性动力时程分析方法进行抗震分析。

9.3.4 一般情况下，弹塑性和摩擦类减隔震支座的
恢复力模型可采用双线性模型，并应符合下列规定：

1 铅芯橡胶支座的恢复力模型如图 9.3.4-1 所
示，其等效刚度和等效阻尼比分别为：

$$K_{eff} = F_d/D_d = Q_d/D_d + K_d \quad (9.3.4-1)$$

$$\xi_{eff} = \frac{2Q_d(D_d - \Delta_y)}{\pi D_d^2 K_{eff}} \quad (9.3.4-2)$$

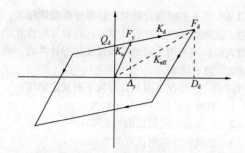

图 9.3.4-1　铅芯橡胶支座的恢复力模型

（图中：K_u—初始弹性刚度）

式中：D_d——为铅芯橡胶支座的设计位移（m）；

Δ_y——为铅芯橡胶支座的屈服位移（m）；

Q_d——为铅芯橡胶支座的特征强度（kN）；

K_{eff}——为铅芯橡胶支座的等效刚度（kN/m）；

K_d——为铅芯橡胶支座的屈后刚度（kN/m）；

ξ_{eff}——为铅芯橡胶支座的等效阻尼比。

2　摩擦摆式减隔震支座的恢复力模型如图 9.3.4-2 所示，屈后刚度为：

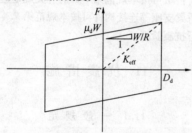

图 9.3.4-2　摆式支座的恢复力模型

$$K_d = \frac{W}{R} \qquad (9.3.4\text{-}3)$$

等效刚度为：

$$K_{eff} = \frac{W}{R} + \mu_d \frac{W}{D_d} \qquad (9.3.4\text{-}4)$$

等效阻尼比为：

$$\xi_{eff} = \frac{2}{\pi} \cdot \frac{\mu_d}{D_d/R + \mu_d} \qquad (9.3.4\text{-}5)$$

式中：W——恒载作用下支座竖向反力（kN）；

R——为滑动曲面的曲率半径（m）；

D_d——支座设计水平位移（m）；

μ_d——为滑动摩擦系数。

9.3.5　采用单振型反应谱法进行减隔震桥梁抗震分析时，计算方法如下：

1　减隔震桥梁顺桥向、横桥向的水平地震力，可按下式计算：

$$E_{hp} = SM_t \qquad (9.3.5\text{-}1)$$

2　梁体顺桥向和横桥向的位移可按下式计算：

$$D_d = \frac{T_{eq}^2}{4\pi^2} S \qquad (9.3.5\text{-}2)$$

式中：S——相应于减隔震桥等效周期（顺桥向或横桥向），采用等效阻尼比修正的反应谱值；

M_t——一联桥梁总质量，应包含梁体，以及按本规范第 6.5.2 条墩身质量换算系数 η_p、盖梁质量换算系数 η_{cp} 等效的墩身质量与盖梁质量（t）。

3　减隔震桥梁等效周期 T_{eq}（s），可按下式计算：

$$T_{eq} = 2\pi \sqrt{\frac{M_t}{\sum K_{eq,i}}} \qquad (9.3.5\text{-}3)$$

$$\sum K_{eq,i} = \sum \frac{k_{eff,i} \cdot k_{p,i}}{k_{eff,i} + k_{p,i}} \qquad (9.3.5\text{-}4)$$

式中：$K_{eq,i}$——第 i 桥墩、桥台与其上的减隔震装置等效刚度串联后的组合刚度值（kN/m）；

$k_{p,i}$——为第 i 桥墩、桥台的抗推刚度（kN/m）；

$k_{eff,i}$——为第 i 桥墩、桥台上减隔震装置的等效刚度（kN/m）。

4　减隔震桥梁等效阻尼比 ξ_{eq} 可根据第 i 个桥墩、桥台上减隔震装置的等效阻尼比 $\xi_{eff,i}$ 与第 i 个桥墩、桥台等效阻尼比 $\xi_{p,i}$，按下式计算：

$$\xi_{eq} = \frac{\sum k_{eff,i}(D_{d,i})^2 \left(\xi_{eff,i} + \frac{\xi_{p,i} k_{eff,i}}{k_{p,i}} \right)}{\sum k_{eff,i}(D_{d,i})^2 \left(1 + \frac{k_{eff,i}}{k_{p,i}} \right)}$$

$$(9.3.5\text{-}5)$$

式中：$D_{d,i}$——第 i 个桥墩、桥台上减隔震装置的水平设计位移（m）。

9.3.6　反应谱方法计算地震作用效应（内力、位移），可根据本规范第 6 章中有关条文确定。

9.3.7　采用反应谱分析方法计算作用在减隔震桥梁第 i 个墩台顶的水平地震力可按下式计算：

$$E_{ld,i} = k_{eff,i}\Delta_i \qquad (9.3.7)$$

式中：$E_{ld,i}$——作用在第 i 个桥墩、桥台顶的水平地震力（kN）；

$k_{eff,i}$——第 i 个桥墩、桥台上减隔震支座的等效刚度（kN/m）；

Δ_i——第 i 个桥墩、桥台上减隔震支座的地震水平位移（m）。

9.4　减隔震桥梁抗震验算

9.4.1　E2 地震作用下，桥梁墩台与基础的验算，应将减隔震装置传递的水平地震力除以 1.5 的折减系数后，按现行行业标准《公路钢筋混凝土及预应力混凝土桥涵设计规范》JTG D62 和《公路桥涵地基与基础设计规范》JTG D63 进行。

9.4.2　减隔震装置的验算应符合下列要求：

1　对橡胶型减隔震支座，E2 地震作用下产生的剪切应变必须在 250% 以下，并应校核其稳定性；

2　非橡胶型减隔震装置，应根据具体的产品性能指标进行验算。

10 斜拉桥、悬索桥和大跨度拱桥

10.1 一般规定

10.1.1 斜拉桥、悬索桥和大跨度拱桥应采用对称的结构形式，上、下部结构之间的连接构造应均匀对称。

10.1.2 建在地震基本烈度8度、9度地区的斜拉桥宜优先考虑飘浮体系方案；如飘浮体系导致梁端位移过大，宜采用塔、梁弹性约束或阻尼约束体系。

10.1.3 建在地震基本烈度8度、9度地区的大跨度拱桥，主拱圈宜采用抗扭刚度较大、整体性较好的断面形式。当采用钢筋混凝土肋拱时，应加强横向联系。

10.1.4 建在地震基本烈度8度、9度地区的下承式拱桥和中承式拱桥应设置风撑，应加强端横梁刚度。

10.1.5 主要承重结构（塔、墩及拱桥主拱）宜选择有利于提高延性变形能力的结构形式及材料，避免发生脆性破坏。

10.2 建模与分析原则

10.2.1 大跨度桥梁的地震反应分析可采用时程分析法和多振型反应谱法。

10.2.2 地震反应分析所采用的地震加速度时程、反应谱的频谱含量应包括结构第一阶自振周期在内的长周期成分。

10.2.3 地震反应分析时，采用的计算模型应真实模拟桥梁结构的刚度和质量分布及边界连接条件，并应满足下列要求：

1 计算模型应考虑相邻引桥对主桥地震反应的影响；

2 墩、塔、拱肋及拱上立柱可采用空间梁单元模拟；桥面系应根据截面形式选用合理计算模型；斜拉桥拉索、悬索桥主缆和吊杆、拱桥吊杆和系杆可采用空间桁架单元；

3 应考虑恒载作用下结构初应力刚度，拉索垂度效应等几何非线性影响；

4 当进行非线性时程分析时，支承连接条件应采用能反映支座力学特性的单元模拟，应选用适当的弹塑性单元进行模拟。

10.2.4 当采用桩基时，应考虑桩-土-结构相互作用对桥梁地震作用效应的影响。

10.2.5 反应谱分析应满足下列要求：

1 当墩、塔、锚碇基础建在不同土质条件的地基上时，可采用包络反应谱法计算；

2 当进行多振型反应谱法分析时，振型阶数在计算方向给出的有效振型参与质量不应低于该方向结构总质量的90%，振型组合应采用CQC法。

10.2.6 当采用时程分析时，时程分析最终结果：当采用3组地震加速度时程计算时，应取3组计算结果的最大值；当采用7组地震加速度时程计算时，可取7组结果的平均值。

10.2.7 一般情况下阻尼比可按下列规定确定：

1 混凝土拱桥的阻尼比取为0.05；

2 斜拉桥的阻尼比取为0.03；

3 悬索桥的阻尼比取为0.02。

10.3 性能要求与抗震验算

10.3.1 在E1地震作用下，结构不应发生损伤，保持在弹性范围内。

10.3.2 在E2地震作用下，主缆不应发生损伤，主塔、基础、主梁等重要结构受力构件可发生局部轻微的损伤，震后不需修复或简单修复可继续使用；边墩等桥梁结构中比较容易修复的构件可按延性构件设计，震后应能修复。

10.3.3 拱桥桥墩和拱上立柱、斜拉桥引桥桥墩和悬索桥引桥桥墩可按本规范第7章的有关规定进行抗震验算；桥梁支座等连接构件可按本规范第7.4节相关要求进行抗震验算。

11 抗震措施

11.1 一般规定

11.1.1 应采用有效的防落梁措施。

11.1.2 桥梁抗震措施的使用不宜导致桥梁主要构件的地震反应发生较大改变，否则，在进行抗震分析时，应考虑抗震措施的影响。抗震措施应根据其受到的地震作用进行设计。

11.1.3 过渡墩及桥台处的支座垫石不宜高于10cm，且顺桥向宜与墩、台最外边缘平齐。

11.2 6度区

11.2.1 简支梁梁端至墩、台帽或盖梁边缘应有一定的距离（图11.2.1）。其最小值 a（cm）按下式计算：

$$a \geqslant 40 + 0.5L \qquad (11.2.1)$$

式中：L——梁的计算跨径（m）。

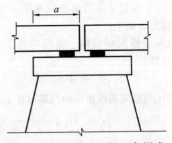

图 11.2.1 梁端至墩、台帽或盖梁边缘的最小距离 a

11.2.2 斜交桥梁（板）端至墩、台帽或盖梁边缘的最小距离 a（cm）（如图 11.2.2）应按式（11.2.2）和式（11.2.1）计算，取较大值。

$$a \geq 50L_\theta \left[\sin\theta - \sin(\theta - \alpha_E) \right] \quad (11.2.2)$$

式中：L_θ——计算长度，对简支梁桥取其跨径（m）；

θ——斜交角（°）；

α_E——极限脱落转角（°），一般取 5°。

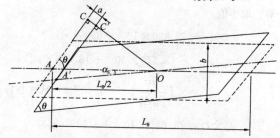

图 11.2.2 斜交桥最小边缘距离

11.2.3 曲线桥梁端至墩、台帽或盖梁边缘的最小距离 a（cm）（如图 11.2.3）应按式（11.2.3-1）和式（11.2.1）计算，取较大值。

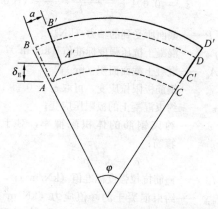

图 11.2.3 曲线桥最小边缘距离

$$a \geq \delta_E \frac{\sin\varphi}{\cos(\varphi/2)} + 30 \quad (11.2.3-1)$$

$$\delta_E = 0.5\varphi + 70 \quad (11.2.3-2)$$

式中：δ_E——上部结构端部向外侧的移动量（cm）；

φ——曲线梁的圆心角（°）。

11.3 7 度 区

11.3.1 7 度区的抗震措施，除应符合 6 度区的规定外，尚应符合本节的规定。

11.3.2 简支梁梁端至墩、台帽或盖梁边缘应有一定的距离，其最小值 a（cm）按下式计算：

$$a \geq 70 + 0.5L \quad (11.3.2)$$

11.3.3 拱桥基础宜置于地质条件一致，两岸地形相似的坚硬土层或岩石上。实腹式拱桥宜减小拱上填料厚度，并宜采用轻质填料，填料应逐层夯实。

11.3.4 在梁与梁之间，梁与桥台胸墙之间应加装橡胶垫或其他弹性衬垫。其构造示意如图 11.3.4-1、图

11.3.4-2 所示。

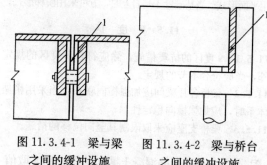

图 11.3.4-1 梁与梁　　图 11.3.4-2 梁与桥台
之间的缓冲设施　　　之间的缓冲设施
1—弹性垫块　　　　　1—弹性垫块

11.3.5 桥梁宜采用挡块、螺栓连接和钢夹板连接等防止纵横向落梁的措施。

11.4 8 度 区

11.4.1 8 度区的抗震措施，除应符合 7 度区的规定外，尚应符合本节的规定。

11.4.2 应设置限位装置控制梁墩位移，常用的限位装置如图 11.4.2 所示。

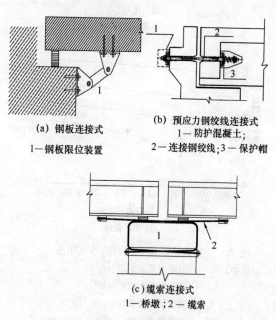

(a) 钢板连接式　　　(b) 预应力钢绞线连接式
1—钢板限位装置　　　1—防护混凝土；
　　　　　　　　　　2—连接钢绞线；3—保护帽

(c) 缆索连接式
1—桥墩；2—缆索

图 11.4.2 常用限位装置

11.4.3 拱桥的主拱圈宜采用抗扭刚度较大、整体性较好的断面形式。当采用钢筋混凝土肋拱时，必须加强横向联系。

11.4.4 连续梁桥宜采取使上部构造所产生的水平地震荷载能由各个墩、台共同承担的措施。

11.4.5 连续曲梁的边墩和上部构造之间宜采用锚栓连接。

11.4.6 桥台宜采用整体性强的结构形式。

11.4.7 当桥梁下部为钢筋混凝土结构时，其混凝土强度等级不应低于 C25。

11.4.8 基础宜置于基岩或坚硬土层上。基础底面宜采用平面形式。当基础置于基岩上时，方可采用阶梯形式。

11.5 9 度 区

11.5.1 9度区的抗震措施，除应符合8度区的规定外，尚应符合本节的规定。

11.5.2 梁桥各片梁间应加强横向联系。当采用桁架体系时，应加强横向稳定性。

11.5.3 梁桥支座应采取限制其竖向位移的措施。

附录 A 开裂钢筋混凝土截面的等效刚度取值

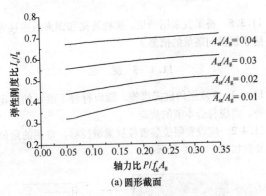

(a) 圆形截面

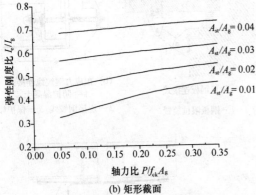

(b) 矩形截面

图 A 开裂钢筋混凝土截面的等效刚度

图中：A_g ——混凝土截面面积（m^2）；

A_{st} ——截面纵筋总面积（m^2）；

I_e ——截面的等效惯性矩（m^4）；

I_g ——毛截面惯性矩（m^4）；

f_{ck} ——混凝土抗压强度标准值（kN/m^2）；

P ——截面所受到的轴力（kN）。

附录 B 圆形和矩形截面屈服曲率和极限曲率计算

B.0.1 对圆形截面和矩形截面，其截面屈服曲率可按下式计算：

圆形截面：$\phi_y \times D = 2.213 \times \varepsilon_y$ (B.0.1-1)

矩形截面：$\phi_y \times b = 1.957 \times \varepsilon_y$ (B.0.1-2)

式中：ϕ_y ——截面屈服曲率（$1/m$）；

ε_y ——相应于钢筋屈服时的应变；

D ——圆形截面的直径（m）；

b ——矩形截面计算方向的截面高度（m）。

B.0.2 截面极限曲率应符合下列要求：

1 圆形截面：

截面极限曲率 ϕ_u（$1/m$）可分别根据以下两式计算，取小值。

$$\phi_u \times D = (2.826 \times 10^{-3} + 6.850 \times \varepsilon_{cu})$$
$$- (8.575 \times 10^{-3} + 18.638 \times \varepsilon_{cu})$$
$$\times \left(\frac{P}{f_{ck}A_g}\right) \quad (B.0.2-1)$$

$$\phi_u \times D = (1.635 \times 10^{-3} + 1.179 \times \varepsilon_s)$$
$$+ (28.739 \times \varepsilon_s^2 + 0.656 \times \varepsilon_s + 0.010)$$
$$\times \left(\frac{P}{f_{ck}A_g}\right) \quad (B.0.2-2)$$

$$\varepsilon_{cu} = 0.004 + \frac{1.4\rho_s \times f_{kh} \times \varepsilon_{su}^R}{f_{c,ck}} \quad (B.0.2-3)$$

式中：P ——截面所受到的轴力（kN）；

f_{ck} ——混凝土抗压强度标准值（kN/m^2）；

A_g ——混凝土截面面积（m^2）；

ε_s ——钢筋极限拉应变，可取 $\varepsilon_s = 0.09$；

ε_{cu} ——约束混凝土的极限压应变；

ρ_s ——约束钢筋的体积配箍率，对于矩形箍筋；

$$\rho_s = \rho_x + \rho_y$$

f_{kh} ——箍筋抗拉强度标准值（kN/m^2）；

$f_{c,ck}$ ——约束混凝土的峰值应力（kN/m^2），一般可取 1.25 倍的混凝土抗压强度标准值；

ε_{su}^R ——约束钢筋的折减极限应变，$\varepsilon_{su}^R = 0.09$。

2 矩形截面：

截面极限曲率 ϕ_u（$1/m$）可分别根据以下两式计算，取小值。

$$\phi_u \times b = (4.999 \times 10^{-3} + 11.825 \times \varepsilon_{cu})$$
$$- (7.004 \times 10^{-3} + 44.486 \times \varepsilon_{cu})$$
$$\times \left(\frac{P}{f_{ck}A_g}\right) \quad (B.0.2-4)$$

$$\phi_u \times b = (5.387 \times 10^{-4} + 1.097 \times \varepsilon_s)$$
$$+ (37.722 \times \varepsilon_s^2 + 0.039\varepsilon_s + 0.015)$$
$$\times \left(\frac{P}{f_{ck}A_g}\right) \quad (B.0.2-5)$$

本规范用词说明

1 为了便于在执行本规范条文时区别对待，对要求严格程度不同的用词说明如下：

1) 表示很严格，非这样做不可的用词：

正面词采用"必须"；反面词采用"严禁"。

2) 表示严格，在正常情况下均应这样做的用词：

正面词采用"应"；反面词采用"不应"或"不得"。

3) 表示允许稍有选择，在条件许可时首先应这样做的用词：

正面词采用"宜"；反面词采用"不宜"。

4) 表示有选择，在一定条件下可以这样做的，

采用"可"。

2 规范中指定应按其他有关标准、规范执行，写法为："应符合……的规定"或"应按……执行"。

引用标准名录

1 《公路钢筋混凝土及预应力混凝土桥涵设计规范》JTG D62

2 《公路桥涵地基与基础设计规范》JTG D63

中华人民共和国行业标准

城市桥梁抗震设计规范

CJJ 166—2011

条 文 说 明

制 定 说 明

《城市桥梁抗震设计规范》CJJ 166-2011，经住房和城乡建设部 2011 年 7 月 13 日以第 1060 号公告批准、发布。

现代化城市桥梁成为城市交通网络的枢纽工程，地位十分重要。至今，这些桥梁的抗震设计都是参照《铁路工程抗震设计规范》和《公路工程抗震设计规范》，它们与国际先进标准相比落后了两个台阶，已不适于现代化城市生命线工程的抗震设计要求。鉴于现代化城市桥梁无论从功能或体型构造都有显著特点，重视抗震设计，减轻地震灾害导致的经济损失，是编制本规范的意义所在。本规范在制定过程中，编制组进行了广泛的调查研究，认真总结了实践经验，同时参考有关国际标准和国外先进标准。

为便于广大设计单位有关人员在使用本规范时能正确理解和执行条文规定，《城市桥梁抗震设计规范》编写组按照章、节、条顺序编写了本规范的条文说明，对条文规定的目的、依据以及执行中需注意的有关事项进行了说明。但是，本条文说明不具备与标准正文同等的法律效力，仅供使用者作为理解和把握标准规定时的参考。

目　次

1 总　则

1.0.1 我国处于世界两大地震带即环太平洋地震带和亚欧地震带之间，是一个强震多发国家。我国地震的特点是发生频率高、强度大、分布范围广、伤亡大、灾害严重。几乎所有的省市、自治区都发生过六级以上的破坏性地震。自 20 世纪 80 年代以来，国内外发生的强烈地震，不仅造成了人员伤亡，而且造成了极大的经济损失。突发的强烈地震使建设成果毁于一旦，引发长期的社会政治、经济问题，并带来难以慰藉的感情创伤。公路桥梁是生命线系统工程中的重要组成部分，在抗震救灾中，公路交通运输网更是抢救人民生命财产和尽快恢复生产、重建家园、减轻次生灾害的重要环节。

1998 年 3 月 1 日《中华人民共和国防震减灾法》颁布实施，对我国的防震减灾工作提出了更为明确的要求和相应的具体规定。在此后，国内外桥梁抗震技术有了长足进展，而且，从国外的情况来看，美国、日本等发达国家都有专门的桥梁抗震设计规范。因此，在广泛吸收、消化国内外先进的桥梁抗震设计成熟新技术基础上，首次编写我国《城市桥梁抗震设计规范》，供城市桥梁抗震设计时遵循。

1.0.2 本规范所指城市梁式桥包含双向主干道立交工程和城市轨道交通高架桥，由于在抗震分析方法、计算模型等方面增加了多振型反应谱和时程分析方法，因此对于《公路工程抗震设计规范》JTJ 004－89 只适用跨度 150m 内的梁桥不再作要求。本规范中跨度大于 150m 的拱桥定义为大跨度拱桥，而跨度小于等于 150m 的拱桥定义为中、小跨度拱桥。

自 20 世纪 90 年代以来，我国桥梁建设发展非常快，修建了大量斜拉桥、悬索桥、拱桥等大跨径桥梁。因此本规范给出了斜拉桥、悬索桥、大跨度拱桥等的抗震设计原则供参考。

2　术语和符号

本章仅将本规范出现的、人们比较生疏的术语列出。术语的解释，其中部分是国际公认的定义，但大部分是概括性的涵义，并非国际或国家公认的定义。术语的英文名称不是标准化名称，仅供引用时参考。

3　基　本　要　求

3.1　抗震设防分类和设防标准

3.1.1 本规范从我国目前的具体情况出发，考虑到城市桥梁的重要性和在抗震救灾中的作用，本着确保重点和节约投资的原则，将不同桥梁给予不同的抗震安全度。具体来讲，将城市桥梁分为甲、乙、丙和丁

四个抗震设防类别，其中甲类桥梁定义为悬索桥、斜拉桥和大跨度拱桥（跨度大于 150m 的拱桥定义为大跨度拱桥），这些桥梁承担交通量大，投资很大，而且在政治、经济上具有非常重要的地位；乙类桥梁为交通网络上枢纽位置的桥梁、快速路上的城市桥梁；丙类为城市主干路，轨道交通桥梁；丁类为除甲、乙、丙三类桥梁以外的其他桥梁。

3.1.2 条文中表 3.1.2 给出了各类设防桥梁在 E1 地震和 E2 地震作用下的设防目标。要求各类桥梁在 E1 地震作用下，基本无损伤，结构在弹性范围工作，正常的交通在地震后立刻得以恢复。在 E2 地震作用下，甲类桥梁可发生混凝土裂缝开裂过大、截面部分钢筋进入屈服等轻微损坏，地震后不需修复或经简单修复可继续使用；乙类桥梁可发生混凝土保护层脱落、结构发生弹塑性变形等可修复破坏，地震后数天内可恢复部分交通（可能发生车道减少或小规模的紧急交通管制），永久性修复后可恢复正常运营功能。

3.1.4 抗震构造措施是在总结国内外桥梁震害经验的基础上提出来的设计原则，历次大地震的震害表明，抗震构造措施可以起到有效减轻震害的作用，而其所耗费的工程代价往往较低。因此，本规范对抗震构造措施提出了更高和更细致的要求。

3.2　地　震　影　响

3.2.1、3.2.2 甲类桥梁（城市斜拉桥、悬索桥和大跨度拱桥），大都建在依傍大江大河的现代化大城市，它的特点是桥高（通航净空要求高）、桥长、造价高。一般都占据交通网络上的枢纽位置，无论在政治、经济、国防上都有重要意义，如发生破坏则修复困难，因此甲类桥梁的设防水准重现期定得较高，甲类桥梁设防的 E1 和 E2 地震影响，相应的地震重现期分别为 475 年和 2500 年；乙、丙和丁类桥梁的 E1 地震作用是在现行国家标准《建筑抗震设计规范》GB 50011－2001 中的多遇地震（重现期 63 年）的基础上，考虑表 1 中的重要性系数得到的；乙、丙和丁类桥梁的 E2 地震作用直接采用现行国家标准《建筑抗震设计规范》GB 50011－2001 中的罕遇地震（重现期 2000 年～2450 年）。

表 1　E1 地震考虑的重要系数

乙类	丙类	丁类
1.7	1.3	1.0

3.3　抗震设计方法分类

3.3.1～3.3.3 参考现行国内外相关桥梁抗震设计规范，对于位于 6 度地区的普通桥梁，只需满足相关构造和抗震措施要求，不需进行抗震分析，本规范称此类桥梁抗震设计方法为 C 类；对于位于 6 度地区的乙类桥梁，7 度、8 度和 9 度地区的丁类桥梁，本规范

仅要求进行 E1 地震作用下的抗震计算，并满足相关构造要求，这类抗震设计方法为 B 类；对于 7 度及 7 度以上的乙和丙类桥梁，本规范要求进行 E1 地震和 E2 地震的抗震分析和验算，并满足结构抗震体系以及相关构造和抗震措施要求，此类抗震设计方法为 A 类。采用 A、B 和 C 类抗震设计方法桥梁的抗震设计可参考图 1 所示流程进行。

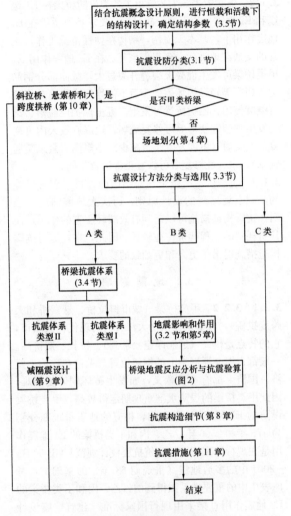

图 1　桥梁抗震设计流程

3.4　桥梁抗震体系

3.4.1　本条是在吸取历次地震震害教训基础上，为提高桥梁结构抗震性能，防止地震作用下桥梁结构整体倒塌破坏，切断震区交通生命线而规定的。

3.4.2　美国最新编制的《AASHTO Guide Specifications for LRFD Seismic Bridge Design》（2007 年版）明确提出了 3 种类型桥梁结构抗震体系，类型Ⅰ、类型Ⅱ和类型Ⅲ。其中类型Ⅲ主要是针对钢桥结构，由于本规范主要适用于混凝土桥，不引用。因此，参考美国《AASHTO Guide Specifications for LRFD Seismic Bridge Design》，明确提出 2 类梁式桥梁抗震体

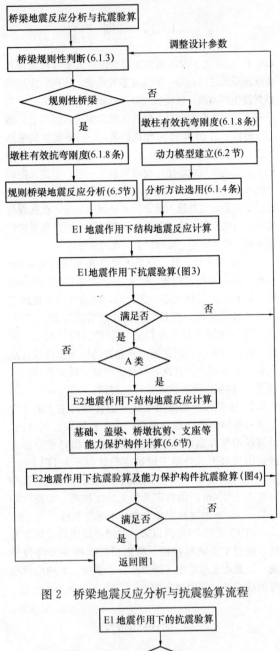

图 2　桥梁地震反应分析与抗震验算流程

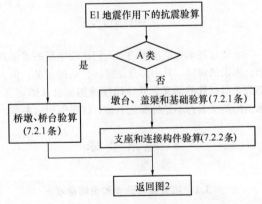

图 3　E1 地震作用下抗震验算流程

系。类型Ⅰ结构抗震体系实际上就是延性抗震设计，地震下利用桥梁墩柱发生塑性变形，延长结构周期，

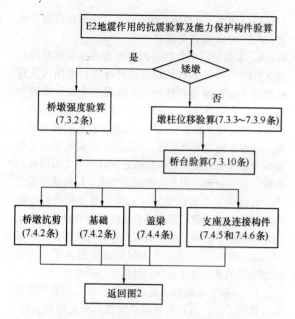

图 4　E2 地震作用下抗震验算流程

耗散地震能量。

类型Ⅱ结构抗震体系实际上就是减隔震设计，地震作用下，桥梁上、下部连接构件（支座、耗能装置）发生塑性变形，延长结构周期、耗散地震能量，从而减小结构地震反应。

3.4.3 1971 年美国圣弗尔南多（San Fernand）地震爆发以后，各国都认识到结构的延性能力对结构抗震性能的重要意义；在 1994 年美国北岭（Northridge）地震和 1995 年日本神户（Kobe）地震爆发后，强调结构延性能力，已成为一种共识。为保证结构的延性，同时最大限度地避免地震破坏的随机性，新西兰学者 Park 等在 20 世纪 70 年代中期提出了结构抗震设计理论中的一个重要方法——能力保护设计方法（Philosophy of Capacity Design），并最早在新西兰混凝土设计规范（NZS3101，1982）中得到应用。以后这个原则先后被美国、欧洲和日本等国家的桥梁抗震规范所采用。

能力保护设计方法的基本思想在于：通过设计，使结构体系中的延性构件和能力保护构件形成强度等级差异，确保结构构件不发生脆性的破坏模式。基于能力保护设计方法的结构抗震设计过程，一般都具有以下特征：

1）选择合理的结构布局；

2）选择地震中预期出现的弯曲塑性铰的合理位置，保证结构能形成一个适当的塑性耗能机制；通过强度和延性设计，确保塑性铰区域截面的延性能力；

3）确立适当的强度等级，确保预期出现弯曲塑性铰的构件不发生脆性破坏模式（如剪切破坏、粘结破坏等），并确保脆性构件和不宜用于耗能的构件（能力保护构件）处

于弹性反应范围。

具体到梁桥，按能力保护设计方法，应考虑以下几方面：

1）塑性铰的位置一般选择出现在墩柱上，墩柱作为延性构件设计，可以发生弹塑性变形，耗散地震能量；

2）墩柱的设计剪力值按能力设计方法计算，应为与柱的极限弯矩（考虑超强系数）所对应的剪力，在计算剪力设计值时应考虑所有塑性铰位置以确定最大的设计剪力；

3）盖梁、节点及基础按能力保护构件设计，其设计弯矩、设计剪力和设计轴力应为与柱的极限弯矩（考虑超强系数）所对应的弯矩、剪力和轴力；在计算盖梁、节点和基础的设计弯矩、设计剪力和轴力值时应考虑所有塑性铰位置以确定最大的设计弯矩、剪力和轴力。

3.4.4 我国中小跨度桥梁广泛采用板式橡胶支座，梁体直接搁置在支座上，支座与梁底和墩顶无螺栓连接。汶川地震等震害表明，这种支座布置形式，在地震作用下梁底与支座顶面非常容易产生相对滑动，导致较大的梁体位移，甚至落梁破坏。考虑到板式橡胶支座在我国中小跨度桥梁中的广泛应用，对于地震作用下，橡胶支座抗滑性能不能满足要求的桥梁，应采用墩梁位移约束装置，或按减隔震桥梁设计，以防止发生落梁破坏。

3.4.5 纵向地震作用下，多跨连续梁桥的固定支座一般要承受较大的水平地震力，很难满足条文第 7.2.2 和 7.4.6 条支座抗震性能要求，对于这种情况，如固定墩以及固定墩基础有足够的抗震能力，能满足相关抗震性能要求，可以通过计算设置剪力键，由剪力键承受支座所受地震水平力。

3.4.6 顺桥向，对于连续梁桥或多跨简支梁桥，我国一般都在桥台处设置纵向活动支座，因此，顺桥向地震作用下，梁体纵向惯性力主要由桥墩承受；横桥向，如在桥台处设置横向抗震挡块，横向地震作用下，梁体横向惯性力按墩、台水平刚度分配，由于桥台刚度大，将承受较大的横向水平地震力，因此建议桥台上的横向抗震挡块宜设计为 E2 地震作用下可以破坏，以减小桥台所受横向地震力。但是，对于单跨简支梁桥，宜在桥台处采用板式橡胶支座，使两侧桥台能共同分担地震力。

3.5　抗震概念设计

3.5.1　刚度和质量平衡是桥梁抗震理念中最重要的一条。对于上部结构连续的桥梁，各桥墩高度宜尽可能相近。对于相邻桥墩高度相差较大导致刚度相差较大的情况，水平地震力在各墩间的分配一般不理想，刚度大的墩将承受较大的水平地震力，影响结构的整

体抗震能力。刚度扭转中心和质量中心的偏离会在上部结构产生转动效应，加重落梁和碰撞等破坏风险。美国《AASHTO Guide Specifications for LRFD Seismic Bridge Design》明确给出了连续梁桥桥墩间刚度要求，本条直接引用。

3.5.2 梁式桥相邻联周期相差较大的情况会产生相邻联间的非同向振动（out-of-phase vibration），从而导致伸缩缝处相邻梁体间较大的相对位移和伸缩缝处碰撞。为了减小相邻联的非同向振动，美国《AASHTO Guide Specifications for LRFD Seismic Bridge Design》给出了规定，本条直接引用。

3.5.3 为保证桥梁刚度和质量的平衡，设计时应优先考虑采用等跨径、等墩高、等桥面宽度的结构形式。如不能满足，也可通过调整墩的直径和支座等方法来改善桥的平衡情况。其中，调整支座可能是最简单易行的办法了，效果也很显著。当采用橡胶支座后，由墩和支座构成的串联体系的水平刚度为：

$$k_t = \frac{k_z k_p}{k_z + k_p} \tag{1}$$

其中：k_t 是由墩和支座构成的串联体系的水平刚度，k_z 和 k_p 分别为橡胶支座的剪切刚度和桥墩的水平刚度。

水平地震力就是根据各墩串联体系的水平刚度按比例进行分配的。从上式可以看出，调整支座的刚度可以有效地调整各墩位处的刚度平衡。

4 场地、地基与基础

4.1 场　地

4.1.1 抗震有利地段一般系指：建设场地及其临近无晚近期活动性断裂，地质构造相对稳定，同时地基为比较完整的岩体、坚硬土或开阔平坦密实的中硬土等。

抗震不利地段一般系指：软弱黏性土层、液化土层和地层严重不均匀的地段；地形陡峭、孤突、岩土松散、破碎的地段；地下水位埋藏较浅、地表排水条件不良的地段。严重不均匀地层系指岩性、土质、层厚、界面等在水平方向变化很大的地层。

抗震危险地段一般系指：地震时可能发生滑坡、崩塌地段；地震时可能塌陷的暗河、溶洞等岩溶地段和已采空的矿穴地段；河床内基岩具有倾向河槽的构造软弱面被深切河槽所切割的地段；发震断裂、地震时可能坍塌而中断交通的各种地段。

4.1.3 对于甲类桥梁，本规范要求进行工程场地地震安全性评价。对于丁类桥梁，当无实测剪切波速时，可按条文中表 4.1.3 划分土的类型，条文中表 4.1.3 土的类型划分直接引用现行国家标准《建筑抗震设计规范》GB 50011 的有关规定。

4.1.4～4.1.7 引自现行国家标准《建筑抗震设计规范》GB 50011 的有关规定。

4.1.8 本条规定引自现行国家标准《建筑抗震设计规范》GB 50011 的有关规定。对构造物范围内发震断裂的工程影响进行评价，是地震安全性评价的内容，对于本规范没有要求必须进行工程场地地震安全性评价的桥梁工程，可以结合场地工程地震勘察的评价，按本条规定采取措施。在此处，发震断裂的工程影响主要是指发震断裂引起的地表破裂对工程结构的影响，对这种瞬时间产生的地表错动，目前还没有经济、有效的工程构造措施，主要靠避让来减轻危险性。国外有报道称，某些具有坚固基础的建筑物曾成功地抵抗住了数英寸的地表破裂，结构物未发生破坏（Youd，1989），并指出优质配筋的筏形基础和内部拉结坚固的基础效果最好，可供设计者参考。

1 实际发震断裂引起的地表破裂与地震烈度没有直接的关系，而是与地震的震级有一定的相关性。从目前积累的资料看，6 级以下的地震引起地表破裂的仅有一例，所以本款的"地震基本烈度低于 8 度"，实质是指地震的震级小于 6 级。设计人员很难判断工程所面临的未来地震震级，地震烈度可以直接从地震区划图上了解到，本款的提法，便于设计人员使用。

2 在活动断层调查中取得断层物质（断层泥、糜棱岩）及上覆沉积物样本，可以根据已有的一些方法（C14、热释光等）测试断层最新活动年代。显然，活动断层和发震断裂，尤其是发生 6 级以上地震的断裂，并不完全一样，从中鉴别需要专门的工作。为了便于设计人员使用，根据我国的资料和研究成果，此处排除了全新世以前活动断裂上发生 6 级以上地震的可能性，对于一般的公路工程在大体上是可行性的。

3 覆盖土层的变形可以"吸收"部分下伏基岩的错动量，是指土层地表的错动会小于下伏基岩顶面错动的事实。显然，这种"吸收"的程度与土层的工程性质和厚度有关。各场地土层的结构和土质条件往往会不同，有的差别很大，目前规范中不能一一规定，只能就平均情况，大体上规定一个厚度。如上所述，此处提到的地震基本烈度 8 度和 9 度实质上是指震级 6.0 和 6.7，基岩顶面的错动量随地震震级的增加会有增大，数值大约在一米至若干米，土层厚度到底多大才能使地表的错动量减小到对工程结构没有显著影响，是一个正在研究中的问题。数值 60m 和 90m，是根据最近一次大型离心机模拟试验的结果归纳的，也得到一些数值计算结果的支持。

4 当不能满足上述条件时，宜采取避让的措施。避开主断裂距离为桥墩边缘至主断裂边缘分别为 300m 和 500m，主要的依据是国内外地震断裂破裂宽度的资料，取值有一定的保守程度。在受各种客观条件限制，难以避开数百米时，美国加州的相关规定可供参考：一般而言，场地的避让距离应由负责场地勘察的岩土工程师与主管建筑和规划的专业人员协商确定。在有足够的地质资料可以精确地确定存在活断层迹线的地区，且该地区并不复杂时，避让距离可规定为 50 英尺（约 16m）；在复杂的断层带宜要求较大的避让距离。倾滑的断层，通常会在较宽且不规则的断层带内产生多处破裂，在上盘边缘受到的影响大、下盘边缘的扰动很小，避让距离在下盘边缘可稍小，上盘边缘则应较大。某些断层带可包含如挤压脊和凹陷之类的巨大变形，不能揭露清晰的断层面或剪切破碎带，应由有资质的工程师和地质师专门研究，如能保证建筑基础能抗御可能的地面变形，可修建不重要的结构。

4.2 液 化 土

引自现行国家标准《建筑抗震设计规范》GB 50011 的有关规定。

4.3 地基的承载力

4.3.2 由于地震作用属于偶然的瞬时荷载，地基土在短暂的瞬时荷载作用下，可以取用较高的容许承载力。世界上大多数国家的抗震规范和我国其他规范，在验算地基的抗震强度时，对于抗震容许承载力的取值，大都采用在静力设计容许承载力的基础上乘以调整系数来提高。本条在原 89 规范基础上，参照现行国家标准《建筑抗震设计规范》GB 50011 的有关规定，对地基土的划分作了少量修订。

4.4 桩 基

4.4.1 由于 E2 地震本身是罕遇地震，桩基础在短暂的瞬时荷载作用下，可以直接取用其极限承载力，而不考虑安全系数，因此单桩的抗压承载能力可以提高 2 倍。

4.4.2 直接引用现行国家标准《建筑抗震设计规范》GB 50011 的有关规定。

5 地 震 作 用

5.1 一 般 规 定

5.1.1 本条对地震作用的分量选取作出了规定。

对于常规桥梁结构，通常可只考虑水平向地震作用，但对拱式结构、长悬臂桥梁结构和大跨度结构，竖向地震作用对结构地震反应有显著影响，应考虑竖向地震作用。

5.1.2 一般情况下，采用反应谱法同时考虑顺桥向 X、横桥向 Y 与竖向 Z 的地震作用时，可分别计算顺桥向 X、横桥向 Y 与竖向 Z 地震作用下的响应，其总的地震作用效应按本条规定进行组合。但对于双柱墩、桩基础，由于顺桥向 X、横桥向 Y 地震作用下都可能在结构中产生轴力，对于这种情形，可不考虑顺桥向 X 地震作用产生的轴力与横桥向 Y 地震作用产生的轴力相组合。

5.2 设计加速度反应谱

5.2.1、5.2.2 引自现行国家标准《建筑抗震设计规范》GB 50011 的有关规定。

5.2.3 主要参考现行行业标准《公路桥梁抗震设计细则》JTG/T B02 的有关规定。

5.3 设计地震动时程

5.3.2 本条规定主要参考现行行业标准《公路桥梁抗震设计细则》JTG/T B02 的有关规定简化而来。

5.4 地震主动土压力和动水压力

引自原《公路工程抗震设计规范》JTJ 004-89 的相关规定。

6 抗 震 分 析

6.1 一 般 规 定

6.1.1 由于复杂立交工程（三向及以上主干道立交工程）的地震最不利输入方向和结构地震反应非常复杂，很难在规范中给出具体要求，需进行专门抗震研究。对于墩高超过 40m，墩身第一阶振型有效质量低于 60%，且结构进入塑性的高墩桥梁，由于墩身高阶振型贡献，现行常规的抗震验算方法会带来很大误差，应作专门研究。

6.1.2 为了简化桥梁结构的动力响应计算及抗震设计和校核，根据梁桥结构在地震作用下动力响应的复杂程度分为两大类，即规则桥梁和非规则桥梁。规则桥梁地震反应以一阶振型为主，因此可以采用本规范建议的各种简化计算公式进行分析。对于非规则桥梁，由于其动力响应特性复杂，采用简化计算方法不能很好地把握其动力响应特性，因此对非规则桥梁，本规范要求采用比较复杂的分析方法来确保其在实际地震作用下的性能满足设计要求。

显然，要满足规则桥梁的定义，实际桥梁结构应在跨数、几何形状、质量分布、刚度分布以及桥址的地质条件等方面服从一定的限制。具体地讲，要求实际桥梁的跨数不应太多，跨径不宜太大（避免轴压力过高），在桥梁顺桥向和横桥向上的质量分布、刚度分布以及几何形状都不应有突变，桥墩间的刚度差异不应太大，桥墩长细比应处于一定范围，桥址的地形、地质没有突变，而且桥址场地不会有发生液化和地基失效的危险等；对曲线桥，要求其最大圆心角应处于一定范围；对斜桥以及安装有减隔震支座和

（或）阻尼器的桥梁，则不属于规则桥梁。

为了便于实际操作，此处对规则桥梁给出了一些规定。迄今为止，国内还没有对规则桥梁结构的定义范围作专门研究，这里仅借鉴国外一些桥梁抗震设计规范的规定并结合国内已有的一些研究成果，给出条文中表 6.1.2 的规定。不在此表限定范围内的桥梁，都属于非规则桥梁。

6.1.3 E1 地震作用下，结构处在弹性工作范围，可采用反应谱方法计算，对于规则桥梁，由于其动力响应主要由一阶振型控制，因此可采用简化的单振型反应谱方法计算。E2 地震作用下，虽然容许桥梁结构进入弹塑性工作范围，但可以利用结构动力学中的等位移原则，对结构的弹性地震位移反应进行修正来代表结构的非线性地震位移反应，因此也可采用反应谱方法进行分析；但对于多联大跨度连续梁等复杂结构，只有采用非线性时程的方法才能正确预计结构的非线性地震反应。

6.1.4～6.1.6 对于多联大跨度连续梁桥、曲线桥和斜桥等复杂结构，采用反应谱方法很难正确预计其地震反应，应采用非线性时程分析方法进行地震反应。

6.1.7 一般情况下，桥台为重力式，其质量和刚度都非常大，为了和原《公路工程抗震设计规范》JTJ 004-89 衔接，可采用静力法计算。

6.1.8 E1 地震作用下结构在弹性范围工作，关注的是结构的强度，在此情况下可近似偏于安全地取桥墩的毛截面进行抗震分析（一般情况下，取毛截面计算出的结构周期相对较短，计算出的地震力偏大）；而 E2 地震作用下，容许结构进入弹塑性工作状态，关注的是结构的变形，对于延性构件取毛截面计算出的变形偏小，偏于不安全，因此取开裂后等效截面刚度是合理的。

6.2 建 模 原 则

6.2.1、6.2.2 由于非规则桥梁动力特性的复杂性，采用简化计算方法不能正确地把握其动力响应特性，要求采用杆系有限元建立动力空间计算模型。正确地建立桥梁结构的动力空间模型是进行桥梁抗震设计的基础。为了正确反应实际桥梁结构的动力特性，要求每个墩柱至少采用三个杆系单元；桥梁支座采用支座连接单元模拟，单元的质量可采用集中质量代表（如图 5）。

阻尼是影响结构地震反应的重要因素，在进行非规则桥梁时程反应分析时，可采用瑞利阻尼假设建立阻尼矩阵。根据瑞利阻尼假设，结构的阻尼矩阵可表示为下式：

$$[C] = a_0[M] + a_1[K] \quad (2)$$

上式中：$[M]$ 和 $[K]$ 分别为结构的质量和刚度矩阵；a_0 和 a_1 可按下式确定：

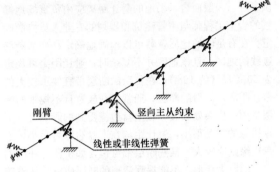

图 5　桥梁动力空间计算模型

$$\begin{Bmatrix} a_0 \\ a_1 \end{Bmatrix} = \frac{2\xi}{\omega_n + \omega_m} \begin{Bmatrix} \omega_n \omega_m \\ 1 \end{Bmatrix} \quad (3)$$

上式中：ξ 为结构阻尼比，对于混凝土桥梁 $\xi = 0.05$；ω_n 和 ω_m 为结构振动的第 n 阶和第 m 阶圆频率，一般 ω_n 可取结构的基频，ω_m 取后几阶对结构振动贡献大的振型的频率。

在建立一般非规则桥梁动力空间模型时应尽量建立全桥计算模型，但对于桥梁长度很长的桥梁，可以选取具有典型结构或特殊地段或有特殊构造的多联梁桥（一般不少于 3 联）进行地震反应分析。这时应考虑邻联结构和边界条件的影响，邻联结构和边界条件的影响可以在所取计算模型的末端再加上一联梁桥或桥台模拟（如图 6 所示）。

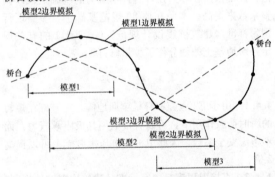

图 6　边界条件和后继结构的模拟

6.2.4 在 E2 地震作用下桥梁可以进入非线性工作范围，因此，在进行结构非线性时程地震反应分析时，梁柱单元的弹塑性可以采用 Bresler 建议的屈服面来表示（如图 7），也可采用非线性梁柱纤维单元模拟。

6.2.5 大量板式橡胶支座的试验结果表明，板式橡胶支座的滞回曲线呈狭长形，可以近似作线性处理。它的剪切刚度尽管随着最大剪应变和频率的变化而变化，但对于特定频率和最大的剪切角而言，可以近似看作常数。因此，可将板式橡胶支座的恢复力模型取为线弹性。

6.2.6 活动盆式和球形支座的试验表明，当支座受到的剪力超过其临界滑动摩擦力 F_{max} 后，支座开始滑动，其动力滞回曲线可用类似于理想弹塑性材料的滞回曲线代表。

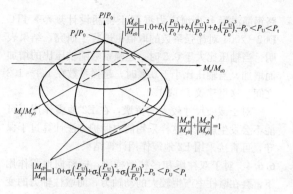

图 7 典型钢筋混凝土墩柱截面的屈服面

6.2.7 桥梁的下部结构处理通常为桥墩支承在刚性承台上，承台下采用群桩布置。因此，地震荷载作用下桥墩边界应是弹性约束，而不是刚性固结。对桩基边界条件进行精确模拟要涉及复杂的桩土相互作用问题，但分析表明，对于桥梁结构本身的分析问题，只要对边界作适当的模拟就能得到较满意的结果。考虑桩基边界条件最常用的处理方法是用承台底六个自由度的弹簧刚度模拟桩土相互作用（如图8），这六个弹簧刚度是竖向刚度、顺桥向和横桥向的抗推刚度、绕竖轴的抗转动刚度和绕两个水平轴的抗转动刚度。它们的计算方法与静力计算相同，所不同的仅是土的抗力取值比静力的大，一般取 $m_{动}$＝（2～3）$m_{静}$。

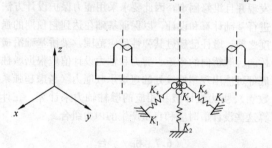

图 8 考虑桩-土共同作用边界单元

注：K_1、K_2、K_3 分别为 x、y、z 方向的拉压弹簧，
K_4、K_5、K_6 分别为 x、y、z 方向的转动弹簧。

6.2.8 当桥墩的高度较高时，桥墩的几何非线性效应不能忽略，参考美国 CALTRANS 抗震设计规范，墩柱的计算长度与矩形截面短边尺寸之比大于 8，或墩柱的计算长度与圆形截面直径之比大于 6 时，应考虑 $P-\Delta$ 效应。

6.3 反应谱法

6.3.1～6.3.3 自 1943 年美国 M. Biot 提出反应谱的概念，以及 1948 年美国 G. W. Housner 提出基于反应谱理论的动力法以来，反应谱分析方法在结构抗震领域得到不断完善与发展，并在工程实践中得到广泛应用。国内外许多专家学者对反应谱法进行了大量研究，并提出了种种振型组合方法。其中最简单而又最普遍采用的是 SRSS（Square Root of Sum of Squares）

法，该法对于频率分离较好的平面结构具有很好的精度，但是对于频率密集的空间结构，由于忽略了各振型间的耦合项，故时常过高或过低地估计结构的反应。1969 年，Rosenblueth 和 Elorduy 提出了 DSC（Double Sum Combination）法来考虑振型间的耦合项影响，之后 Humar 和 Gupta 又对 DSC 法进行了修正与完善。1981 年，E. L. Wilson 等人把地面运动视为一宽带、高斯平稳过程，根据随机过程理论导出了线性多自由度体系的振型组合规则 CQC 法，较好地考虑了频率接近时的振型相关性，克服了 SRSS 法的不足。

6.4 时程分析法

6.4.2 一组时程分析结果只是结构随机响应的一个样本，不能反映结构响应的统计特性，因此，需要对多个样本的分析结果进行统计才能得到可靠的结果。本规范参照美国 AASHTO 规范给出了本规定。

6.5 规则桥梁抗震分析

6.5.1 规则桥梁的地震反应应以一阶振型为主，因此可以采用本规范建议的各种简化计算公式进行分析。

6.5.2 引自《公路工程抗震设计规范》JTJ 004-89的有关规定，给出了规则梁桥桥墩顺桥向和横桥向水平地震力的计算公式。

在确定简支梁桥的基本周期和地震作用时，可按单墩模型考虑。对于墩身不高的简支梁，在确定地震作用时一般只考虑第 1 振型，而将高振型贡献略去不计。考虑到墩身在横桥向和顺桥方向的刚度不同，在计算两个方向分别采用不同的振型。在确定了振型曲线 X_{1i} 之后（一般采用静力挠曲线），就可以应用能量法或代替质量法对墩身各分段重量核算到墩顶上。这样，在确定基本周期时，仍可以简化为单质点处理，避免了多质点体系基本周期计算十分繁杂的缺点。

6.5.3 连续梁桥顺桥向一般只设一个固定支座，其余均为纵向活动支座，因此顺桥向地震作用下结构地震反应可以简化为单墩模型计算，但应考虑各活动支座的摩擦效应。

6.5.4 对全联均采用板式橡胶支座的梁桥，首先采用静力方法，计算出结构考虑板式橡胶支座、墩柱和基础柔度的顺桥向静力等效水平刚度，在此基础上简化为单墩模型，计算出梁体质点所受地震顺桥向惯性力，然后采用静力法计算梁体惯性力产生的下部结构内力和变形。

6.5.5 一般情况下，梁式桥在横桥向，梁和墩之间采用刚性约束，对于规则性连续梁和连续刚架桥，主要是第一阶横向振型起主要贡献，因此可简化为单自由度模型计算。在横向模型简化时，本规范考虑相邻联的边界效应，采用静力方法计算横桥向水平等效刚度，利用单振型反应谱方法计算梁体横向地震惯性水平力，然后采用静力法计算梁体横向惯性水平力产生的下部结构内力和变形。

6.6 能力保护构件计算

6.6.1 在 E2 地震作用下，截面尺寸较大的桥墩可能不会发生屈服，这样采用能力保护方法计算过于保守，可直接采用 E2 地震作用计算结果。在判断桥墩是否屈服时，屈服弯矩可以采用行业标准《公路钢筋混凝土及预应力混凝土桥涵设计规范》JTG D62－2004 中偏心受压构件的受弯承载能力近似代表，但计算偏心受压构件的受弯承载能力时应采用材料标准值。

6.6.2、6.6.3 钢筋混凝土构件的剪切破坏属于脆性破坏，是一种危险的破坏模式，对于抗震结构来说，墩柱剪切破坏还会大大降低结构的延性能力，因此，为了保证钢筋混凝土墩柱不发生剪切破坏，应采用能力保护设计方法进行延性墩柱的抗剪设计。根据能力保护设计方法，墩柱的剪切强度应大于墩柱可能在地震中承受的最大剪力（对应于墩柱塑性铰处截面可能达到的最大弯矩承载能力）；桥梁基础是桥梁结构最主要的受力构件，地震作用下，如发生损伤，不但很难检查，也很难修复，因此作为能力保护构件设计；桥梁支座若在地震中发生损伤或破坏，虽然震后可以维修和替换，但改变了结构传力途径，因此，按类型 I 结构抗震体系设计的桥梁结构，应把支座作为能力保护构件设计，具有稳定传力途径，以达到桥梁墩柱等延性构件发生弹塑性变形、耗散地震能量的设计目标。

从大量震害和试验结果的观察发现，墩柱的实际受弯承载能力要大于其设计承载能力，这种现象称为墩柱抗弯超强现象（Overstrength）。引起墩柱抗弯超强的原因很多，但最主要的原因是钢筋在屈服后的极限强度比其屈服强度大许多和钢筋实际屈服强度又比设计强度大很多。如果墩柱塑性铰的受弯承载能力出现很大的超强，超过了能力保护构件所能承受的地震力，则将导致能力保护构件先失效，预设的塑性铰不能产生，桥梁发生脆性破坏。

为了保证预期出现弯曲塑性铰的构件不发生脆性的破坏模式（如剪切破坏、粘结破坏等），并保证脆性构件和不宜用于耗能的构件（能力保护构件）处于弹性反应范围，在确定它们的弯矩、剪力设计值时，采用墩柱抗弯超强系数 ϕ^0 来考虑超强现象。各国规范对 ϕ^0 取值的差异较大，对钢筋混凝土结构，欧洲规范（Eurocode 8；Part2，1998 年）中 ϕ^0 取值为 1.375，美国 AASHTO 规范（2004 版）取值为 1.25，而《Caltrans Seismic Design Criteria》 （version 1.3）ϕ^0 取值为 1.2。同济大学结合我国行业标准《公

路钢筋混凝土及预应力混凝土桥涵设计规范》JTG D62－2004 对超强系数的取值也进行了研究，结果表明：当轴压比大于 0.2 时，超强系数随轴压比的增加而增加，当轴压比小于 0.2 时，超强系数在 1.1～1.3 之间。这里建议 ϕ^0 取 1.2。

对于截面尺寸较大的桥墩，在 E2 地震作用下可能不会发生屈服，这样采用能力保护方法计算过于保守，可直接采用 E2 地震作用计算结果。

6.6.4 对于双柱墩和多柱墩桥梁，横桥向地震作用下，会在墩柱中产生较大的动轴力，而墩柱轴力的变化会引起钢筋混凝土墩柱抗弯承载力的改变，因此，本规范建议采用静力推倒方法（Pushover 方法），通过迭代计算出各墩柱塑性区域截面超强弯矩。

6.6.7、6.6.8 双柱墩和多柱墩桥梁，横桥向地震作用下，钢筋混凝土墩柱作为延性构件产生弯塑性变形耗散地震能量，而盖梁、基础等作为能力保护构件，应保持弹性。因此，应采用能力保护设计方法进行盖梁的设计。根据能力保护设计方法，盖梁的抗弯强度应大于盖梁可能在地震中承受的最大、最小弯矩（对应于墩柱塑性铰处截面可能达到的正、负弯矩承载能力）。进行盖梁验算时，首先要计算出盖梁可能承受的最大、最小弯矩作为设计弯矩，然后进行验算。

6.6.9 由于在地震过程中，如基础发生损伤，难以发现并且维修困难，因此要求采用能力保护设计方法进行基础计算和设计，以保证基础在达到它预期的强度之前，墩柱已超过其弹性反应范围。梁桥基础沿横桥向、顺桥向的弯矩、剪力和轴力设计值应根据墩柱底部可能出现塑性铰处的弯矩承载能力（考虑超强系数 ϕ^0）、剪力设计值和相应的墩柱轴力来计算，在计算这些设计值时应和自重产生的内力组合。

6.7 桥 台

6.7.1 一般情况下，桥台为重力式桥台，其质量和刚度都非常大，为了和公路工程抗震设计规范衔接，可采用静力法计算。

7 抗 震 验 算

7.1 一 般 规 定

7.1.1 大量地震桥梁震害表明，地震作用下桥梁桥墩、桥台、基础及支座等是地震易损部位，应此，这些部位是桥梁抗震设计的重点部位。

7.2 E1 地震作用下抗震验算

7.2.1 按 A 类抗震设计方法设计的桥梁需要进行两水平抗震设计，根据两水平抗震设防要求，在 E1 地震作用下要求结构保持弹性，基本无损伤，E1 地震作用效应和相关荷载效应组合后，按行业标准《公路

钢筋混凝土及预应力混凝土桥涵设计规范》JTG D62 - 2004 有关偏心受压构件的规定进行墩、台验算。

采用 B 类抗震设计方法设计的桥梁只考虑进行 E1 地震作用下的抗震验算。因此根据抗震设防要求，在 E1 地震作用下要求结构保持弹性，基本无损伤，E1 地震作用效应和相应荷载效应组合后，按行业标准《公路钢筋混凝土及预应力混凝土桥涵设计规范》JTG D62 - 2004 有关规定进行验算。

7.2.2 由于采用 B 类抗震设计方法设计的桥梁只要求进行 E1 地震作用下的地震验算，但对于支座如只进行 E1 地震作用下的验算，可能在 E2 地震作用下发生破坏、造成落梁，对于支座需要考虑 E2 地震作用下不破坏。但为了简化计算，在进行采用 B 类抗震设计方法设计的桥梁的支座抗震验算时，虽然只进行 E1 地震作用下的地震反应分析，但采用一个支座调整系数 α_d 来考虑 E2 地震作用效应，通过大量分析，建议取 $\alpha_d = 2.3$。

如板式橡胶支座的抗滑性和固定支座水平抗震能力不满足本条的要求，应采用本规范第 3.4.5、3.4.6 条的规定。

7.3 E2 地震作用下抗震验算

7.3.1 E2 地震作用下，由于延性构件可以进入塑性工作，因此主要验算其极限变形能力是否满足要求，对于采用非线性时程分析方法进行地震反应分析的桥梁，由于可以直接得到塑性铰区域的塑性转动需求，因此可直接接验算塑性铰区域的转动能力；对于矮墩，一般不作为延性构件设计，因此需要验算抗弯和抗剪强度。

7.3.2 地震作用下，矮墩的主要破坏模式为剪切破坏，即脆性破坏，没有延性。因此，E2 地震作用效应和永久荷载效应组合后，应按行业标准《公路钢筋混凝土及预应力混凝土桥涵设计规范》JTG D62 - 2004 的相关规定验算桥墩的强度，但考虑到 E2 地震是偶遇荷载，可采用材料标准值计算。

7.3.3 大量理论和实验研究表明：地震作用下，当结构自振周期较长时，采用弹性方法计算出的弹性位移与采用非线性方法计算出的弹塑性位移基本相等，即等位移原理；但当结构周期比较短时，需要对弹性位移进行修正才能代表弹塑性位移。本条直接引用美国《AASHTO Guide Specifications for LRFD Seismic Bridge Design》的相关规定。

7.3.4 为了保证罕遇地震作用下，梁式桥、高架桥梁墩柱具有足够的变形能力而不发生倒塌，应验算墩柱位移能力或塑性铰区域塑性转动能力。

7.3.5、7.3.6 假设截面的极限曲率 ϕ_u 和屈服曲率 ϕ_y 在塑性铰范围内均匀分布（如图 9），塑性铰的长度为 L_p，则塑性铰的极限塑性转角为：

$$\theta_u = (\phi_u - \phi_y) \cdot L_p / K \tag{4}$$

等效塑性铰长度 L_p 同塑性变形的发展和极限压

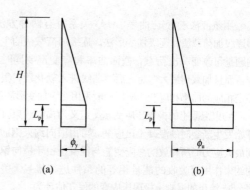

图 9 曲率分布模式

（a）相应于钢筋屈服；（b）相应于极限曲率

应变有很大的关系，由于实验结果离散性很大，目前主要用经验公式来确定，本规范引用美国《AASHTO Guide Specifications for LRFD Seismic Bridge Design》的相关公式。

对于单柱墩，相应于塑性铰区域的塑性转动能力 θ_u 时墩顶的塑性位移为：

$$\Delta_\theta = \left(H - \frac{L_p}{2} \right) \times \theta_u \tag{5}$$

而相应于塑性铰区域屈服时的位移为：

$$\Delta_y = \frac{1}{3} H^2 \times \phi_y \tag{6}$$

由以上（5）、（6）式可得单柱墩墩顶相应于塑性铰区域达到塑性转动能力时的位移能力为：

$$\Delta_u = \frac{1}{3} H^2 \times \phi_y + \left(H - \frac{L_p}{2} \right) \times \theta_u \tag{7}$$

7.3.7 对于双柱墩横桥向，由于很难根据塑性铰转动能力直接给出计算墩顶的容许位移的计算公式，建议采用推倒分析方法，计算墩顶容许位移。

7.3.8、7.3.9 钢筋混凝土延性构件的塑性弯曲能力可以根据材料的特性，通过截面的弯矩-曲率（M-ϕ）分析来得到，截面的弯矩-曲率（M-ϕ）关系曲线，可采用条带法（如图 10）计算，其基本假定为：

1）平截面假定；

2）剪切应变的影响忽略不计；

3）钢筋和混凝土之间无滑移现象；

4）采用钢筋和混凝土的应力-应变关系。

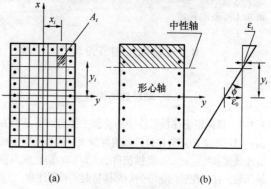

图 10 计算简图

用条带法求弯矩-曲率（$M\phi$）关系时有两种方法，即逐级加荷载法和逐级加变形法。逐级加荷载法的主要问题是每改变一次荷载，截面曲率和应变都要同时改变，而且加载到最大弯矩之后，曲线进入软化段，很难确定相应的曲率和应变。所以一般采用逐级加变形法。

约束混凝土的极限压应变 ε_{cu}，定义为横向约束箍筋开始发生断裂时的混凝土压应变，可由横向约束钢筋达到最大应力时所释放的总应变能与混凝土由于横向钢筋的约束作用而吸收的能量相等的条件进行推导。美国 Mander 给出的混凝土极限压应变的保守估计为：

$$\varepsilon_{cu} = 0.004 + \frac{1.4\rho_s \cdot f_{kh} \cdot \varepsilon_{su}^R}{f_{c,ck}} \qquad (8)$$

式中，$f_{c,ck}$ 为约束混凝土名义抗压强度。

7.4 能力保护构件验算

7.4.2 地震中大量钢筋混凝土墩柱的剪切破坏表明：在墩柱塑性铰区域由于弯曲延性增加会使混凝土所提供的抗剪强度降低。为此，各国对墩柱塑性铰区域的抗剪强度进行了许多研究，美国 ACI-319-89 要求在端部塑性铰区域当轴压比小于 0.05 时，不考虑混凝土的抗剪能力，新西兰规范 NZS-3101 中规定当轴压比小于 0.1 时，不考虑混凝土的抗剪能力。而我国《公路工程抗震设计规范》JTJ 004-89 没有对地震荷载作用下的钢筋混凝土墩柱抗剪设计作出特别的规定，工程设计中缺乏有效的依据，只能套用普通设计中采用的斜截面强度设计公式来进行设计和校核，存在较大缺陷。因此，采用美国《AASHTO Guide Specifications for LRFD Seismic Bridge Design》（2007 年版）的抗剪计算公式。

7.4.3、7.4.4 桥梁基础、盖梁以及梁体为能力保护构件，墩柱的抗剪按能力保护设计方法设计。为了保证其抗震安全要求其在 E2 地震作用下基本不发生损伤；可参照行业标准《公路钢筋混凝土及预应力混凝土桥涵设计规范》JTG D62-2004 和《公路桥涵地基与基础设计规范》JTG D63-2007 的相关规定进行验算，但考虑到地震是偶遇荷载，可采用标准值计算。

7.4.5、7.4.6 如板式橡胶支座的抗滑性和固定支座水平抗震能力不满足要求，应采用本规范第 3.4.5 条和 3.4.6 条的规定。

8 抗震构造细节设计

8.1 墩柱结构构造

8.1.1 横向钢筋在桥墩柱中的功能主要有以下三个方面：（1）用于约束塑性铰区域内混凝土，提高混凝土的抗压强度和延性；（2）提供抗剪能力；（3）防止纵向钢筋压屈。在处理横向钢筋的细部构造时需特别注意。

由于表层混凝土保护层不受横向钢筋约束，在地震作用下会剥落，这层混凝土不能为横向钢筋提供锚固。因此，所有箍筋都应采用等强度焊接来闭合，或者在端部弯过纵向钢筋到混凝土核心内，角度至少为 135°。

为了防止纵向受压钢筋屈曲，矩形箍筋和螺旋箍筋的间距不应过大，Priestley 通过分析提出，建议箍筋之间的间距应满足下式：

$$s \leqslant \left[3 + 6\left(\frac{f_u}{f_y}\right) \right] d_{bl} \qquad (9)$$

式中，f_y 和 f_u 分别为纵向钢筋的屈服强度和强化强度；d_{bl} 为纵筋的直径。

8.1.2 各国抗震设计规范对塑性铰区域横向钢筋的最小配筋率都进行了具体规定。下表 2 为美国 AASHTO 规范、欧洲规范 Eurocode 8、原《公路工程抗震设计规范》JTJ 004-89 及《建筑抗震设计规范》GB 50011 对横向钢筋最小配筋率的具体规定。同济大学通过大量的试验和分析，结合我国的实际情况，对横向钢筋最小配筋率进行了研究，并提出了相应的计算公式：

1 圆形截面：

$$\rho_{smin} = \left[0.14\eta_k + 5.84(\eta_k - 0.1)(\rho_t - 0.01) + 0.028 \right] \frac{f_{ck}}{f_{hk}}$$
$$\geqslant 0.004 \qquad (10)$$

2 矩形截面：

$$\rho_{smin} = \left[0.1\eta_k + 4.17(\eta_k - 0.1)(\rho_t - 0.01) + 0.02 \right] \frac{f_{ck}}{f_{hk}}$$
$$\geqslant 0.004 \qquad (11)$$

式中符号意义见本规范条文第 8.1.2 条。

若假定钢筋混凝土墩柱为矩形截面，混凝土的强度等级为 C30，箍筋的屈服应力为 240MPa，保护层混凝土厚度与截面尺寸之比为 1/20，则各国规范规定的最小配筋率和轴压比的关系如下表 2 所示。

表 2 各国规范对横向构造的规定

规范	螺旋箍筋或圆形箍筋	矩形箍筋
美国 AASHTO 规范	$\rho_v = 0.45\dfrac{f_c}{f_{yh}}\left[\left(\dfrac{A_g}{A_{he}}\right) - 1\right]$ 或 $\rho_v = 0.12\dfrac{f_c}{f_{yh}}$	$\rho_s = 0.3\dfrac{f_c}{f_{yh}}\left[\left(\dfrac{A_g}{A_{he}}\right) - 1\right]$ 或 $\rho_s = 0.12\dfrac{f_c}{f_{yh}}$
欧洲规范 Eurocode 8	$\omega_{wd} \geqslant 1.90(0.15 + 0.01\mu_\phi)$ $\dfrac{A_g}{A_{he}}(\eta_k - 0.08)$ 或 $\omega_{wd} \geqslant 0.18$	$\omega_{wd} \geqslant 1.30(0.15 + 0.01\mu_\phi)$ $\dfrac{A_g}{A_{he}}(\eta_k - 0.08)$ 或 $\omega_{wd} \geqslant 0.12$
公路工程抗震设计规范		顺桥和横桥方向含箍率 $\rho_s = 0.3\%$
建筑抗震设计规范	$\rho_v = \lambda_v\dfrac{f_c}{f_{yh}}$	$\rho_v = \lambda_v\dfrac{f_c}{f_{yh}}$

注：A_g、A_{he} 分别为墩柱横截面的面积和核心混凝土面积（按箍筋外围边长计算）；f_c 为混凝土强度，f_{yh} 为箍筋抗拉强度设计值；ρ_s 对于矩形截面为截面计算方向的配箍率，对于圆形截面为截面螺旋箍筋的体积配箍率，λ_v 为最小配箍特征值；ω_{wd} 为力学含箍率，$\omega_{wd} = \rho_s\dfrac{f_c}{f_{yh}}$；$\mu_\phi$ 为截面曲率延性；η_k 为截面轴压比。

8.1.4、8.1.5 试验研究表明：沿截面布置若干适当分布的纵筋，纵筋和箍筋形成一整体骨架（如图12），当混凝土纵向受压、横向膨胀时，纵向钢筋也会受到混凝土的压力，这时箍筋给予纵向钢筋约束作用。因此，为了确保对核心混凝土的约束作用，墩柱的纵向配筋宜对称配筋。

纵向钢筋对约束混凝土墩柱的延性有较大影响，因此，延性墩柱中纵向钢筋含量不应太低。重庆交通科研设计院通过大量的理论计算和试验研究表明，如果纵向钢筋含量低，即使箍筋含量较低，墩柱也会表现出良好的延性能力，但此时结构在地震作用下对延性的需求也会很大，因此，这种情况对结构抗震也是不利的。但纵向钢筋的含量太高不利于施工，另外，纵向钢筋含量过高还会影响墩柱的延性，所以纵向钢筋的含量应有一个上限。各国抗震设计规范都对墩柱纵向最小、最大配筋率进行了规定（图11）：其中美国 AASHTO 规范（2004 年版）建议的纵筋配筋率范围为 0.01～0.008；我国《建筑抗震设计规范》GB 50011 建议为 0.008～0.004；我国《公路工程抗震设计规范》JTJ 004-89 建议的最小配筋率为 0.004，对最大配筋率没有规定。这里根据我国桥梁结构的具体情况，建议墩柱纵向钢筋的配筋率范围0.006～0.004。

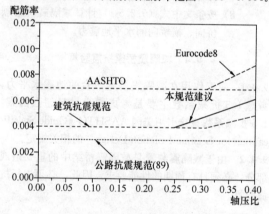

图 11　最小配筋率比较示意图

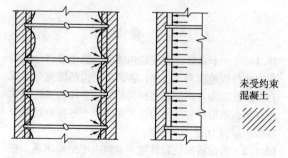

图 12　柱中横向和纵向钢筋的约束作用

8.1.7 为了保证在地震荷载作用下，纵向钢筋不发生粘结破坏，墩柱的纵筋应尽可能地延伸至盖梁和承台的另一侧面，纵筋的锚固和搭接长度应在按行业标准《公路钢筋混凝土及预应力混凝土桥涵设计规范》

JTG D62-2004 的要求基础上增加 $10d_{bl}$，d_{bl} 为纵筋的直径，不应在塑性铰区域进行纵筋的搭接。

8.2　节点构造

我国对桥梁节点的抗震构造和性能研究不足，很少有试验资料可以借鉴。但历次地震震害都表明，桥梁节点是地震易损部位之一，因此本节直接采用美国《AASHTO Guide Specifications for LRFD Seismic Bridge Design》的相关规定。

9　桥梁减隔震设计

9.1　一般规定

9.1.1 在桥梁抗震设计中，引入减隔震技术的目的就是利用减隔震装置在满足正常使用功能要求的前提下，达到延长结构周期、消耗地震能量，降低结构的响应。因此，对于桥梁的减隔震设计，最重要的因素就是设计合理、可靠的减隔震装置并使其在结构抗震中充分发挥作用，即桥梁结构的大部分耗能、塑性变形应集中于这些装置，允许这些装置在 E2 地震作用下发生大的塑性变形和存在一定的残余位移，而结构其他构件的响应基本为弹性。

但是，减隔震技术并不是在任何情况下均适用。对于下列情况，不宜采用减隔震技术：基础土层不稳定，易于发生液化的场地；下部结构刚度小，桥梁结构本身的基本振动周期比较长；位于场地特征周期比较长，延长周期可能引起地基与桥梁结构共振，以及支座中出现较大负反力等。

9.1.2 对于采用减隔震设计的桥梁，即使在 E2 地震作用下，桥梁的耗能部位位于桥梁上、下部连接构件（支座、耗能装置）；上部结构、桥墩和基础不受损伤、基本在弹性工作范围，因此没有必要再进行 E1 地震作用下的计算。

9.1.3、9.1.4 桥梁减隔震设计是通过延长结构的基本周期，避开地震能量集中的范围，从而降低结构的地震力。但延长结构周期的同时，必然使得结构变柔，从而可能导致结构在正常使用荷载作用下结构发生有害振动，因此要求减隔震结构应具有一定的刚度和屈服强度，保证在正常使用荷载下（如风、制动力等）结构不发生屈服和有害振动。

同时，采用减隔震设计的桥梁结构的变形比不采用减隔震技术的桥梁大，为了确保减隔震桥梁在地震作用下的预期性能，在相邻上部结构之间应设置足够的间隙，因此必须对伸缩缝装置、相邻梁间限位装置、防落梁装置等进行合理的设计，并对施工质量给予明确规定。

9.2　减隔震装置

9.2.1 从桥梁减隔震设计的原理可知，减隔震桥梁耗能的主要构件是减隔震装置，而且，在地震中允许这些构件发生损伤。这就要求减隔震装置性能可靠，且震后可对这些构件进行维护。此外，为了确保减隔震装置在地震中能够发挥应有的作用，也必须对其进行定期的检查和维护。

9.2.2、9.2.3 由于减隔震装置是减隔震桥梁中的重要组成部分，它们必须具有预期的性能要求。因此，本规范要求在实际采用减隔震装置前，必须对预期减隔震装置的性能和特性进行严格的检测实验。原则上须由原型测试结果来确认隔震系统在地震时的性能与设计相符。检测实验包括减隔震装置在动力荷载和静力荷载下的两部分试验，并依据相关的试验检测条文、检测规程等进行。

9.2.4 地震作用下，为控制减隔震装置发生过大的位移，除要求提供减隔震装置阻尼外，同时要求减隔震装置具有一定的屈后刚度、提供自恢复力。本条规定直接采用美国 AASHTO《Guide Specifications for Seismic Isolation Design》的相关规定。

9.3 减隔震桥梁地震反应分析

9.3.1 由于弹性反应谱分析方法比较简洁，并已为大多数设计人员所熟悉，且在一定条件下，使用该分析方法进行减隔震桥梁的分析仍可得到较理想的计算结果，尤其在初步设计阶段，可帮助设计人员迅速把握结构的动力特性和响应值，因此，它仍是减隔震桥梁分析中一种十分重要的分析方法。但由于目前大多数减隔震装置的力学特性是非线性的，必须借助于等效线性化模型才能采用反应谱分析方法。由于减隔震装置的非线性特性，在分析开始时，减隔震装置的位移反应是未知的，因而其等效刚度、等效阻尼比也是未知的，所以弹性反应谱分析过程是一个迭代过程。正是由于减隔震装置的非线性特性以及减隔震桥梁响应对伸缩装置、挡块等防落梁装置的敏感性等因素，如果需要合理地考虑这些因素的影响时，宜采用非线性动力时程分析方法。

9.3.2、9.3.3 对于比较规则的减隔震桥梁，其地震反应可以用单振型模型代表，可采用单振型反应谱分析。但一定要注意，反应谱方法计算时，应采用等效刚度、等效阻尼比。

9.3.4 一般情况下，减隔震装置的恢复力模型可以用双线性模型代表，其主要设计参数有：特征强度、屈服强度、屈服位移和屈后刚度，根据这些参数可以计算减隔震装置在地震作用下的位移，可以计算等效刚度和等效阻尼比。

9.3.5 由于减隔震装置的非线性性能，采用反应谱分析时，减隔震装置的等效刚度、等效阻尼比随减隔震装置变形不同而变化，因此，当考虑减隔震装置的非线性滞回特性时需要用迭代法来求解地震反应。此外，目前规范大多数是针对普通桥梁的抗震设计给出

设计谱的规定，即设计谱是针对阻尼比为 5％ 给出的。但对于减隔震桥梁，减隔震装置处的耗能能力大，而其他耗能机理所耗能量相对比较少，导致整个体系耗能能力不再均匀，因此，减隔震桥梁各振动周期对应阻尼比是不相同的，基本周期（有时称为隔震周期）的阻尼比一般比较大，约 10％～20％，有时甚至更高，这就要求在反应谱分析过程中一方面要考虑不同振型采用不同的阻尼比，另一方面需考虑不同阻尼比对反应谱值的修正。

在采用单自由度反应谱分析时，具体求解过程为：

1) 假设上部结构（梁体）的位移初始值 D_0；
2) 按条文中式（9.3.5-4）计算等效刚度；
3) 按条文中式（9.3.5-3）计算等效周期；
4) 按条文中式（9.3.5-5）计算等效阻尼比；
5) 根据等效阻尼比，修正反应谱，得到相应于等效阻尼比的加速度反应谱；
6) 由条文中式（9.3.5-2）计算梁体位移 D_d；
7) 比较假设的 D_0 和计算出的 D_d，如两者相差大于 5％，则重新假设梁体位移 $D_0 = D_d$，返回到第二步进行迭代，直至假设的 D_0 和计算出的 D_d 相差在 5％ 以内；
8) 按条文中式（9.3.5-1）计算减隔震桥梁顺桥向、横桥向的水平地震力。

9.4 减隔震桥梁抗震验算

9.4.1 对于作用在减隔震桥梁墩台的地震水平力，考虑 1.5 折减系数主要是考虑墩台材料超强因素，1.5 折减系数直接引用美国 AASHTO《Guide Specifications for Seismic Isolation Design》的相关规定。

9.4.2 由于减隔震装置是减隔震桥梁中的重要组成部分，必须具有预期的性能要求。因此，必须进行抗震验算。

10 斜拉桥、悬索桥和大跨度拱桥

10.1 一般规定

10.1.1 一个良好的抗震结构体系应能使各部分结构合理地分担地震力，这样，各部分结构都能充分发挥自身的抗震能力，对保证桥梁结构的整体抗震性能比较有利。采用对称的结构形式是有利于各部分结构合理分担地震力的一个措施。

10.1.2 斜拉桥的抗震性能主要取决于结构体系。在地震作用下，塔、梁固结体系斜拉桥的塔柱内力与所有其他体系相比是最大的，在烈度较高的地区要避免采用。飘浮体系的塔柱内力反应较小，因此在烈度较高的地区应优先考虑，但飘浮体系可能导致过大的位移反应。这时，可在塔与梁之间增设弹性约束装置或

阻尼约束装置，形成塔、梁弹性约束体系或阻尼约束体系，以有效降低地震位移反应。

10.1.3 拱桥的主拱圈在强烈地震作用下，不仅在拱平面内受弯，而且还在拱平面外受扭，当地基由于强烈地震产生不均匀沉陷时，主拱圈还会发生斜向扭转和斜向剪切。因此，大跨径拱桥的主拱圈宜采用抗扭刚度较大、整体性较好的断面形式。一般以采用箱形拱、板拱等闭合式断面为宜，不宜采用开口断面。当采用肋拱时，不宜采用石肋或混凝土肋，宜采用钢筋混凝土肋，并加强拱肋之间的横向联系，以提高主拱圈的横向刚度和整体性。

在拱平面内，从拱桥的振动特性看，拱圈与拱上建筑之间振动变形的不协调性将更加突出。为了消除或减少这种振动变形的不协调，宜在拱上立柱或立墙端设铰，允许这些部位有一些转动或变形。

10.1.4 在强烈地震作用下，为了保证大跨度拱桥不发生侧向失稳破坏，应采取提高拱桥整体性和稳定性的措施。如下承式和中承式拱桥设置风撑，并加强端横梁刚度；上承式拱桥加强拱脚部位的横向联系。

10.2 建模与分析原则

10.2.1 大跨度桥梁的结构构造比较复杂，因此地震反应也比较复杂，如高阶振型的影响不可忽略，多点非一致激励（包括行波效应）的影响可能较大等。在地震中较易遭受破坏的细部结构，其地震反应往往是由高阶振型的贡献起控制作用的。

反应谱方法概念简单、计算方便、可以用较少的计算量获得结构的最大反应值。但是，反应谱法是线弹性分析方法，不能考虑各种非线性因素的影响，当非线性因素的影响显著时，反应谱法可能得不到正确的结果，或判断不出结构真正的薄弱部位。

国内外大多数工程抗震设计规范中都指出，对于复杂桥梁结构的地震反应分析，应采用动态时程分析法。动态时程分析法可以精细地考虑桩-土-结构相互作用、地震动的空间变化影响、结构的各种非线性因素（包括几何、材料、边界连接条件非线性）以及分块阻尼等问题。所以，时程分析法一般认为是精细的计算方法，但时程分析法的结果，依赖于地震输入，如地震输入选择不好，也会导致结果偏小。

10.2.2 结构的动力反应与结构的自振周期和地震时程输入的频谱成分关系非常密切。大跨度桥梁大多是柔性结构，第一阶振型的周期往往较长。因此大跨度桥梁的地震反应中，第一阶振型的贡献非常重要，因此提供的地震加速度时程或反应谱曲线的频谱含量应包括第一阶自振周期在内的长周期成分。

10.2.3 桥梁结构的刚度和质量分布，以及边界连接条件决定了结构本身的动力特性。因此，在大跨度桥梁的地震反应分析中，为了真实地模拟桥梁结构的力学特性，所建立的计算模型必须如实地反映结构的刚

度和质量分布，以及边界连接条件。建立大跨度桥梁的计算模型时，应满足以下要求：

1 大跨度桥梁结构主桥一般通过过渡孔与中小跨度引桥相连，因此主桥与引桥是互相影响的，另外，由于大跨度桥梁结构主桥与中小跨度引桥的动力特性差异，会使主、引桥在连接处产生较大的相对位移或支座损坏，从而导致落梁震害。因而，在结构计算分析时，必须建立主桥与相邻引桥孔（联）耦联的计算模型。大跨桥梁的空间性决定了其动力特性和地震反应的空间性，因而应建立三维空间计算模型。

2 大跨桥梁的几何非线性主要来自三个方面：①（斜拉桥、悬索桥的）缆索垂度效应，一般用等效弹性模量模拟；②梁柱效应，即梁柱单元轴向变形和弯曲变形的耦合作用，一般引入几何刚度矩阵来模拟，只考虑轴力对弯曲刚度的影响；③大位移引起的几何形状变化。但研究表明：大位移引起的几何形状变化对结构地震后影响较小，一般可忽略。

3 边界连接条件应根据具体情况进行模拟。反应谱方法只能用于线性分析，因此边界条件只能采用主从关系粗糙模拟；而时程分析法可以精细地考虑各种非线性因素，因此建立计算模型时可真实地模拟结构的边界条件和墩柱的弹塑性性质。

10.2.5 当考虑地震动空间变化的影响采用反应谱分析时，欧洲规范对两个水平方向和竖向分量采用与场地相关的加权平均反应谱。考虑到加权平均反应谱计算相当复杂，因此，本规范建议偏安全地采用包络反应谱计算。

在大跨度桥梁的地震反应中，高阶振型的影响比较显著。因此，采用反应谱法进行地震反应分析时，应充分考虑高阶振型的影响，即所计算的振型阶数要包括所有贡献较大的振型。

由于反应谱法仅能给出结构各振型反应的最大值，而丢失了与最大值有关且对振型组合又非常重要的信息，如最大值发生的时间及其正负号，使得各振型最大值的组合陷入困境，对此，国内外许多专家学者进行了研究，并提出了种种振型组合方法。其中最简单而又最普遍采用的是 SRSS（Square Root of Sum of Squares）法，该法对于频率分离较好的平面结构具有很好的精度，但是对频率密集的空间结构，由于忽略了各振型间的耦合项，故时常过高或过低地估计结构的反应。1981 年，E. L. Wilson 等人把地面运动视为一宽带、高斯平稳过程，根据随机过程理论导出了线性多自由度体系的振型组合规则 CQC 法，较好地考虑了频率接近时的振型相关性，克服了 SRSS 法的不足。目前，CQC 法以其严密的理论推导和较好的精度在桥梁结构的反应谱分析中得到越来越多的应用，而且已被世界各国的桥梁抗震设计规范所采用。因此，本规范建议采用较为成熟的 CQC 法进行振型组合。

10.2.6 时程分析的结果依赖于地震动输入，如地震动输入选择不好，则可能导致结果偏小，欧洲规范和美国 AASHTO 规范均规定，在时程分析时，采用的地震动输入时程应和设计反应谱兼容。同时美国 AASHTO 规范规定采用 3 组地震波参与计算时取反应的最大值验算，取 7 组波参与计算时取反应的平均值验算。因此本规范给出了和美国 AASHTO 规范相同的规定。

10.3 性能要求与抗震验算

10.3.1、10.3.2 为了实现条文中第 10.3.1 和 10.3.2 条规定的大跨度桥梁性能目标，可采用以下抗震验算方法：首先，将桥塔和桩截面划分为纤维单元（如图 13 所示），采用实际的钢筋和混凝土应力-应变关系分别模拟钢筋和混凝土单元。采用数值积分法进行截面弯矩-曲率分析（考虑相应的轴力），得到如图 14 所示的截面弯矩-曲率曲线。M'_y 为截面最外层钢筋首次屈服时对应的初始屈服弯矩；M_u 为截面极限弯矩；M_y 为截面等效抗弯屈服弯矩，即把实际弯矩-曲率曲线等效为图中所示理想弹塑性恢复力模型时的等效抗弯屈服弯矩。

图 13 截面纤维单元划分图

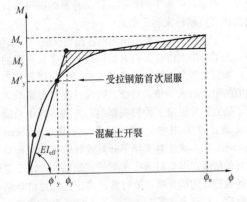

图 14 弯矩-曲率曲线

1 E1 地震作用下，桥塔截面和桩基截面要求其在地震作用下的截面弯矩应小于截面初始屈服弯矩（考虑轴力）M'_y。由于 M'_y 为截面最外层钢筋首次屈服时对应的初始屈服弯矩，因此当地震反应弯矩小于初始屈服弯矩时，整个截面保持为弹性，研究表明：截面的裂缝宽度不会超过容许值，结构基本无损伤，满足结构在弹性范围工作的性能目标。

2 E2 地震作用下，桥塔截面和桩基截面要求其在地震作用下的截面弯矩应小于截面等效抗弯屈服弯矩 M_y（考虑轴力）。M_y 是把实际弯矩-曲率曲线等效为图中所示理想弹塑性双线性模型时得到的等效抗弯屈服弯矩。从理想弹塑性双线性模型看，当地震反应小于等效抗弯屈服弯矩 M_y 时，结构整体反应还在弹性范围。实际上，在地震过程中，对应于等效抗弯屈服弯矩 M_y，截面上还是有部分钢筋进入了屈服，研究表明：截面的裂缝宽度可能会超过容许值，但混凝土保护层还是完好（对应保护层损伤的弯矩为截面极限弯矩 M_u，$M_y \leqslant M_u$）。由于地震过程的持续时间比较短，地震后，由于结构自重，地震过程中开展的裂缝一般可以闭合，不影响使用，满足 E2 地震作用下局部可发生可修复的损伤，地震发生后，基本不影响车辆通行的性能目标要求。

3 在 E2 地震作用下，边墩等桥梁结构中较易修复的构件和引桥桥墩，按延性抗震设计，满足不倒塌的性能目标要求。

11 抗震措施

11.1 一般规定

11.1.1~11.1.3 由于工程场地可能遭受地震的不确定性，以及人们对桥梁结构地震破坏机理的认识尚不完备，因此桥梁抗震实际上还不能完全依靠定量的计算方法。实际上，历次大地震的震害表明，一些从震害经验中总结出来或经过基本力学概念启示得到的一些构造措施被证明可以有效地减轻桥梁的震害。如主梁与主梁或主梁与墩之间适当的连接措施可以防止落梁，但这些构造措施不应影响桥梁的正常使用功能，不应妨碍减隔震、耗能装置发挥作用。

如构造措施的使用导致桥梁地震响应定量计算的结果有较大的改变，导致定量计算结果失效，在进行抗震分析时，应考虑抗震措施的影响，抗震措施应根据其受到的地震力进行设计。

11.2 6 度 区

11.2.1~11.2.3 对于 6 度地区，考虑到地震作用较小，对直桥其搭接长度的相关公式在行业标准《公路桥梁抗震设计细则》JTG/T B02-01-2008 相关公式的基础上进行了折减，曲桥和斜桥搭接长度的相关公式直接引用了行业标准《公路桥梁抗震设计细则》JTG/T B02-01-2008 的相关公式。

11.3 7 度 区

11.3.3 本条直接引用了行业标准《公路桥梁抗震设计细则》JTG/T B02-01-2008 的相关规定。

11.3.4、11.3.5 直接引用了原《公路工程抗震设规范》JTJ 004 - 89 的规定。

11.4 8 度 区

11.4.2 使用横向和纵向限位装置可以实现桥梁结构的内力反应和位移反应之间的协调，一般来讲，限位装置的间隙小，内力反应增大，而位移反应减小；相反，若限位装置的间隙大，则内力反应减小，但位移反应增大。横向和纵向限位装置的使用应使内力反应和位移反应二者之间达到某种平衡，另外桥轴方向的限位装置移动能力应与支承部分的相适应；限位装置的设置不得有碍于防落梁构造功能的发挥。

限位装置可使用与条文中图 11.4.2 类似的结构。

11.4.3～11.4.8 引用原《公路工程抗震设计规范》JTJ 004 - 89 的规定。

11.5 9 度 区

11.5.2、11.5.3 引用原《公路工程抗震设计规范》JTJ 004 - 89 的规定。

中华人民共和国行业标准

既有建筑地基基础加固技术规范

Technical code for improvement of soil and
foundation of existing buildings

JGJ 123—2012

批准部门：中华人民共和国住房和城乡建设部
施行日期：２０１３年６月１日

中华人民共和国住房和城乡建设部
公 告

第1452号

住房城乡建设部关于发布行业标准
《既有建筑地基基础加固技术规范》的公告

现批准《既有建筑地基基础加固技术规范》为行业标准，编号为 JGJ 123 - 2012，自 2013 年 6 月 1 日起实施。其中，第 3.0.2、3.0.4、3.0.8、3.0.9、3.0.11、5.3.1 条为强制性条文，必须严格执行。原行业标准《既有建筑地基基础加固技术规范》JGJ 123 - 2000 同时废止。

本规范由我部标准定额研究所组织中国建筑工业出版社出版发行。

中华人民共和国住房和城乡建设部
2012 年 8 月 23 日

前　言

根据住房和城乡建设部《关于印发〈2009 年工程建设标准规范制订、修订计划〉的通知》（建标[2009] 88 号）的要求，规范编制组经广泛调查研究，认真总结实践经验，参考有关国际标准和国外先进标准，并在广泛征求意见的基础上，修订了《既有建筑地基基础加固技术规范》JGJ 123‐2000。

本规范的主要技术内容是：总则、术语和符号、基本规定、地基基础鉴定、地基基础计算、增层改造、纠倾加固、移位加固、托换加固、事故预防与补救、加固方法、检验与监测。

本规范修订的主要技术内容是：1. 增加术语一节；2. 增加既有建筑地基基础加固设计的基本要求；3. 增加邻近新建建筑、深基坑开挖、新建地下工程对既有建筑产生影响时，应采取对既有建筑的保护措施；4. 增加不同加固方法的承载力和变形计算方法；5. 增加托换加固；6. 增加地下水位变化过大引起的事故预防与补救；7. 增加检验与监测；8. 增加既有建筑地基承载力持载再加荷载荷试验要点；9. 增加既有建筑桩基础单桩承载力持载再加荷载荷试验要点；10. 增加既有建筑地基基础鉴定评价的要求；11. 原规范纠倾加固和移位一章，调整为纠倾加固、移位加固两章；12. 修订增层改造、事故预防和补救、加固方法等内容。

本规范中以黑体字标志的条文为强制性条文，必须严格执行。

本规范由住房和城乡建设部负责管理和对强制性条文的解释，由中国建筑科学研究院负责具体技术内容的解释。执行过程中如有意见或建议，请寄送中国建筑科学研究院（地址：北京市北三环东路 30 号，邮编：100013）。

本 规 范 主 编 单 位：中国建筑科学研究院
本 规 范 参 编 单 位：福建省建筑科学研究院
　　　　　　　　　　　河南省建筑科学研究院
　　　　　　　　　　　北京交通大学
　　　　　　　　　　　同济大学
　　　　　　　　　　　山东建筑大学
　　　　　　　　　　　中国建筑技术集团有限公司
本规范主要起草人员：滕延京　张永钧　刘金波
　　　　　　　　　　　张天宇　赵海生　崔江余
　　　　　　　　　　　叶观宝　李　湛　张　鑫
　　　　　　　　　　　李安起　冯　禄
本规范主要审查人员：沈小克　顾国荣　张丙吉
　　　　　　　　　　　康景文　柳建国　柴万先
　　　　　　　　　　　潘凯云　滕文川　杨俊峰
　　　　　　　　　　　袁内镇　侯伟生

目 次

Contents

1 总　则

1.0.1 为了在既有建筑地基基础加固的设计、施工和质量检验中贯彻执行国家的技术经济政策，做到安全适用、技术先进、经济合理、确保质量、保护环境，制定本规范。

1.0.2 本规范适用于既有建筑因勘察、设计、施工或使用不当；增加荷载、纠倾、移位、改建、古建筑保护；遭受邻近新建建筑、深基坑开挖、新建地下工程或自然灾害的影响等需对其地基和基础进行加固的设计、施工和质量检验。

1.0.3 既有建筑地基基础加固设计、施工和质量检验除应执行本规范外，尚应符合国家现行有关标准的规定。

2　术语和符号

2.1　术　语

2.1.1 既有建筑　existing building

已实现或部分实现使用功能的建筑物。

2.1.2 地基基础加固　soil and foundation improvement

为满足建筑物使用功能和耐久性的要求，对建筑地基和基础采取加固技术措施的总称。

2.1.3 既有建筑地基承载力特征值　characteristic value of subsoil bearing capacity of existing buildings

由载荷试验测定的在既有建筑荷载作用下地基土固结压密后再加荷，压力变形曲线线性变形段内规定的变形所对应的压力值，其最大值为再加荷段的比例界限值。

2.1.4 既有建筑单桩竖向承载力特征值　characteristic value of a single pile bearing capacity of existing buildings

由单桩静载荷试验测定的在既有建筑荷载作用下桩周和桩端土固结压密后再加荷，荷载变形曲线线性变形段内规定的变形所对应的荷载值，其最大值为再加荷段的比例界限值。

2.1.5 增层改造　vertical extension

通过增加建筑物层数，提高既有建筑使用功能的方法。

2.1.6 纠倾加固　improvement for tilt rectifying

为纠正建筑物倾斜，使之满足使用要求而采取的地基基础加固技术措施的总称。

2.1.7 移位加固　improvement for building shifting

为满足建筑物移位要求，而采取的地基基础加固技术措施的总称。

2.1.8 托换加固　improvement for underpinning

通过在结构与基础间设置构件或在地基中设置构件，改变原地基和基础的受力状态，而采取托换技术进行地基基础加固的技术措施的总称。

2.2　符　号

2.2.1　作用和作用效应

F_k ——作用的标准组合时基础加固或增加荷载后上部结构传至基础顶面的竖向力；

G_k ——基础自重和基础上的土重；

H_k ——作用的标准组合时基础加固或增加荷载后桩基承台底面所受水平力；

M_k ——作用的标准组合时基础加固或增加荷载后作用于基础底面的力矩；

M_{xk} ——作用的标准组合时作用于承台底面通过桩群形心的 x 轴的力矩；

M_{yk} ——作用的标准组合时作用于承台底面通过桩群形心的 y 轴的力矩；

N ——滑板承受的竖向作用力；

N_a ——顶升支承点的荷载；

p_k ——作用的标准组合时基础加固或增加荷载后基础底面处的平均压力；

p_{kmax} ——作用的标准组合时基础加固或增加荷载后基础底面边缘的最大压力；

p_{kmin} ——作用的标准组合时基础加固或增加荷载后基础底面边缘的最小压力；

P_p ——静压桩施工设计最终压桩力；

Q ——单片墙线荷载或单柱集中荷载；

Q_k ——作用的标准组合时基础加固或增加荷载后桩基中轴心竖向力作用下任一单桩的竖向力；

2.2.2　材料的性能和抗力

F ——水平移位总阻力；

f_a ——修正后的既有建筑地基承载力特征值；

f_0 ——滑板材料抗压强度；

p_s ——静压桩压桩时的比贯入阻力；

q_{pa} ——桩端端阻力特征值；

q_{sia} ——桩侧阻力特征值；

R_a ——既有建筑单桩竖向承载力特征值；

R_{Ha} ——既有建筑单桩水平承载力特征值；

W ——基础加固或增加荷载后基础底面的抵抗矩，建筑物基底总竖向荷载；

μ ——行走机构摩擦系数。

2.2.3　几何参数

A ——基础底面面积；

A_p ——桩底端横截面面积；

A_0 ——滑动式行走机构上下轨道滑板的水平面积；

d ——设计桩径；

s ——地基最终变形量；

s_0——地基基础加固前或增加荷载前已完成的地基变形量；

s_1——地基基础加固后或增加荷载后产生的地基变形量；

s_2——原建筑荷载下尚未完成的地基变形量；

u_p——桩身周长。

2.2.4 设计参数和计算系数

n——桩基中的桩数或顶升点数；

q——石灰桩每延米灌灰量；

η_c——充盈系数。

3 基 本 规 定

3.0.1 既有建筑地基基础加固，应根据加固目的和要求取得相关资料后，确定加固方法，并进行专业设计与施工。施工完成后，应按国家现行有关标准的要求进行施工质量检验和验收。

3.0.2 既有建筑地基基础加固前，应对既有建筑地基基础及上部结构进行鉴定。

3.0.3 既有建筑地基基础加固设计与施工，应具备下列资料：

1 场地岩土工程勘察资料。当无法搜集或资料不完整，不能满足加固设计要求时，应进行重新勘察或补充勘察。

2 既有建筑结构、地基基础设计资料和图纸、隐蔽工程施工记录、竣工图等。当搜集的资料不完整，不能满足加固设计要求时，应进行补充检验。

3 既有建筑结构、基础使用现状的鉴定资料，包括沉降观测资料、裂缝、倾斜观测资料等。

4 既有建筑改扩建、纠倾、移位等对地基基础的设计要求。

5 对既有建筑可能产生影响的邻近新建建筑、深基坑开挖、降水、新建地下工程的有关勘察、设计、施工、监测资料等。

6 受保护建筑物的地基基础加固要求。

3.0.4 既有建筑地基基础加固设计，应符合下列规定：

1 应验算地基承载力。

2 应计算地基变形。

3 应验算基础抗弯、抗剪、抗冲切承载力。

4 受较大水平荷载或位于斜坡上的既有建筑物地基基础加固，以及邻近新建建筑、深基坑开挖、新建地下工程基础埋深大于既有建筑基础埋深并对既有建筑产生影响时，应进行地基稳定性验算。

3.0.5 邻近新建建筑、深基坑开挖、新建地下工程对既有建筑产生影响时，除应优化新建地下工程施工方案外，尚应对既有建筑采取深基坑开挖支撑、地下墙（桩）隔离地基应力和变形、地基基础或上部结构加固等保护措施。

3.0.6 既有建筑地基基础加固设计，可按下列步骤进行：

1 根据加固的目的，结合地基基础和上部结构的现状，考虑上部结构、基础和地基的共同作用，选择并制定加固地基、加固基础或加强上部结构刚度和加固地基基础相结合的方案。

2 对制定的各种加固方案，应分别从预期加固效果，施工难易程度，施工可行性和安全性，施工材料来源和运输条件，以及对邻近建筑和周围环境的影响等方面进行技术经济分析和比较，优选加固方法。

3 对选定的加固方法，应通过现场试验确定具体施工工艺参数和施工可行性。

3.0.7 既有建筑地基基础加固使用的材料，应符合国家现行有关标准对耐久性设计的要求。

3.0.8 加固后的既有建筑地基基础使用年限，应满足加固后的既有建筑设计使用年限的要求。

3.0.9 纠倾加固、移位加固、托换加固施工过程应设置现场监测系统，监测纠倾变位、移位变位和结构的变形。

3.0.10 既有建筑地基基础的鉴定、加固设计和施工，应由具有相应资质的单位和有经验的专业人员承担。承担既有建筑地基基础加固施工的工程管理和技术人员，应掌握所承担工程的地基基础加固技术与质量要求，严格进行质量控制和工程监测。当发现异常情况时，应及时分析原因并采取有效处理措施。

3.0.11 既有建筑地基基础加固工程，应对建筑物在施工期间及使用期间进行沉降观测，直至沉降达到稳定为止。

4 地基基础鉴定

4.1 一 般 规 定

4.1.1 既有建筑地基基础鉴定应按下列步骤进行：

1 搜集鉴定所需要的基本资料。

2 对搜集到的资料进行初步分析，制定现场调查方案，确定现场调查的工作内容及方法。

3 结合搜集的资料和调查的情况进行分析，提出检验方法并进行现场检验。

4 综合分析评价，作出鉴定结论和加固方法的建议。

4.1.2 现场调查应包括下列内容：

1 既有建筑使用历史和现状，包括建筑物的实际荷载、变形、开裂等情况，以及前期鉴定、加固情况。

2 相邻的建筑、地下工程和管线等情况。

3 既有建筑改造及保护所涉及范围内的地基情况。

4 邻近新建建筑、深基坑开挖、新建地下工程的现状情况。

4.1.3 具有下列情况时，应进行现场检验：

　　1 基本资料无法搜集齐全时。

　　2 基本资料与现场实际情况不符时。

　　3 使用条件与设计条件不符时。

　　4 现有资料不能满足既有建筑地基基础加固设计和施工要求时。

4.1.4 具有下列情况时，应对既有建筑进行沉降观测：

　　1 既有建筑的沉降、开裂仍在发展。

　　2 邻近新建建筑、深基坑开挖、新建地下工程等，对既有建筑安全仍有较大影响。

4.1.5 既有建筑地基基础鉴定，应对下列内容进行分析评价：

　　1 既有建筑地基基础的承载力、变形、稳定性和耐久性。

　　2 引起既有建筑开裂、差异沉降、倾斜的原因。

　　3 邻近新建建筑、深基坑开挖和降水、新建地下工程或自然灾害等，对既有建筑地基基础已造成的影响或仍然存在的影响。

　　4 既有建筑地基基础加固的必要性，以及采用的加固方法。

　　5 上部结构鉴定和加固的必要性。

4.1.6 鉴定报告应包含下列内容：

　　1 工程名称，地点，建设、勘察、设计、监理和施工单位，基础、结构形式，层数，改造加固的设计要求，鉴定目的，鉴定日期等。

　　2 现场的调查情况。

　　3 现场检验的方法、仪器设备、过程及结果。

　　4 计算分析与评价结果。

　　5 鉴定结论及建议。

4.2 地基鉴定

4.2.1 应结合既有建筑原岩土工程勘察资料，重点分析下列内容：

　　1 地基土层的分布及其均匀性，尤其是沟、塘、古河道、墓穴、岩溶、土洞等的分布情况。

　　2 地基土的物理力学性质，特别是软土、湿陷性土、液化土、膨胀土、冻土等的特殊性质。

　　3 地下水的水位变化及其腐蚀性的影响。

　　4 建造在斜坡上或相邻深基坑的建筑物场地稳定性。

　　5 自然灾害或环境条件变化，对地基土工程特性的影响。

4.2.2 地基的检验应符合下列规定：

　　1 勘探点位置或测试点位置应靠近基础，并在建筑物变形较大或基础开裂部位重点布置，条件允许时，宜直接布置在基础之下。

　　2 地基土承载力宜选择静载荷试验的方法进行检验，对于重要的增层、增加荷载等建筑，应按本规范附录A的规定，进行基础下载荷试验，或按本规范附录B的规定，进行地基土持载再加荷载荷试验，检测数量不宜少于3点。

　　3 选择井探、槽探、钻探、物探等方法进行勘探，地下水埋深较大时，优先选用人工探井的方法，采用物探方法时，应结合人工探井、钻孔等其他方法进行验证，验证数量不应少于3点。

　　4 选用静力触探、标准贯入、圆锥动力触探、十字板剪切或旁压试验等原位测试方法，并结合不扰动土样的室内物理力学性质试验，进行现场检验，其中每层地基土的原位测试数量不应少于3个，土样的室内试验数量不应少于6组。

4.2.3 地基分析评价应包括下列内容：

　　1 地基承载力、地基变形的评价；对经常受水平荷载作用的高层建筑，以及建造在斜坡上或边坡附近的建（构）筑物，应验算地基稳定性。

　　2 引起既有建筑开裂、差异沉降、倾斜等的原因。

　　3 邻近新建建筑，深基坑开挖和降水，新建地下工程或自然灾害等，对既有建筑地基基础已造成的影响，以及仍然存在的影响。

　　4 地基加固的必要性，提出加固方法的建议。

　　5 提出地基加固设计所需的有关参数。

4.3 基础鉴定

4.3.1 基础的现场调查，应包括下列内容：

　　1 基础的外观质量。

　　2 基础的类型、尺寸及埋置深度。

　　3 基础的开裂、腐蚀或损坏程度。

　　4 基础的倾斜、弯曲、扭曲等情况。

4.3.2 基础的检验可采用下列方法：

　　1 基础材料的强度，可采用非破损法或钻孔取芯法检验。

　　2 基础中的钢筋直径、数量、位置和锈蚀情况，可通过局部凿开或非破损方法检验。

　　3 桩的完整性可通过低应变法、钻孔取芯法检验，桩的长度可通过开挖、钻孔取芯法或旁孔透射法等方法检验，桩的承载力可通过静载荷试验检验。

4.3.3 基础的检验应符合下列规定：

　　1 对具有代表性的部位进行开挖检验，检验数量不应少于3处。

　　2 对开挖露出的基础应进行结构尺寸、材料强度、配筋等结构检验。

　　3 对已开裂的或处于有腐蚀性地下水中的基础钢筋锈蚀情况应进行检验。

　　4 对重要的增层、增加荷载等采用桩基础的建筑，宜按本规范附录C的规定进行桩的持载再加荷载荷试验。

4.3.4 基础的分析评价应包括下列内容：

1 结合基础的裂缝、腐蚀或破损程度，以及基础材料的强度等，对基础结构的完整性和耐久性进行分析评价。

2 对于桩基础，应结合桩身质量检验、场地岩土的工程性质、桩的施工工艺、沉降观测记录、载荷试验资料等，结合地区经验对桩的承载力进行分析和评价。

3 进行基础结构承载力验算，分析基础加固的必要性，提出基础加固方法的建议。

5 地基基础计算

5.1 一般规定

5.1.1 既有建筑地基基础加固设计计算，应符合下列规定：

1 地基承载力、地基变形计算及基础验算，应符合现行国家标准《建筑地基基础设计规范》GB 50007 的有关规定。

2 地基稳定性计算，应符合国家现行标准《建筑地基基础设计规范》GB 50007 和《建筑地基处理技术规范》JGJ 79 的有关规定。

3 抗震验算，应符合现行国家标准《建筑抗震设计规范》GB 50011 的有关规定。

5.1.2 既有建筑地基基础加固设计，应遵循新、旧基础，新增桩和原有桩变形协调原则，进行地基基础计算。新、旧基础的连接应采取可靠的技术措施。

5.2 地基承载力计算

5.2.1 地基基础加固或增加荷载后，基础底面的压力，可按下列公式确定：

1 当轴心荷载作用时：

$$p_k = \frac{F_k + G_k}{A} \quad (5.2.1-1)$$

式中：p_k——相应于作用的标准组合时，地基基础加固或增加荷载后，基础底面的平均压力值（kPa）；

F_k——相应于作用的标准组合时，地基基础加固或增加荷载后，上部结构传至基础顶面的竖向力值（kN）；

G_k——基础自重和基础上的土重（kN）；

A——基础底面积（m²）。

2 当偏心荷载作用时：

$$p_{kmax} = \frac{F_k + G_k}{A} + \frac{M_k}{W} \quad (5.2.1-2)$$

$$p_{kmin} = \frac{F_k + G_k}{A} - \frac{M_k}{W} \quad (5.2.1-3)$$

式中：p_{kmax}——相应于作用的标准组合时，地基基础加固或增加荷载后，基础底面边缘最

大压力值（kPa）；

M_k——相应于作用的标准组合时，地基基础加固或增加荷载后，作用于基础底面的力矩值（kN·m）；

p_{kmin}——相应于作用的标准组合时，地基基础加固或增加荷载后，基础底面边缘最小压力值（kPa）；

W——基础底面的抵抗矩（m³）。

5.2.2 既有建筑地基基础加固或增加荷载时，地基承载力计算应符合下列规定：

1 当轴心荷载作用时：

$$p_k \leqslant f_a \quad (5.2.2-1)$$

式中：f_a——修正后的既有建筑地基承载力特征值（kPa）。

2 当偏心荷载作用时，除应符合式（5.2.2-1）要求外，尚应符合下式规定：

$$p_{kmax} \leqslant 1.2 f_a \quad (5.2.2-2)$$

5.2.3 既有建筑地基承载力特征值的确定，应符合下列规定：

1 当不改变基础埋深及尺寸，直接增加荷载时，可按本规范附录 B 的方法确定。

2 当不具备持载试验条件时，可按本规范附录 A 的方法，并结合土工试验、其他原位试验结果以及地区经验等综合确定。

3 既有建筑外接结构地基承载力特征值，应按外接结构的地基变形允许值确定。

4 对于需要加固的地基，应采用地基处理后检验确定的地基承载力特征值。

5 对扩大基础的地基承载力特征值，宜采用原天然地基承载力特征值。

5.2.4 地基基础加固或增加荷载后，既有建筑桩基础群桩中单桩桩顶竖向力和水平力，应按下列公式计算：

1 轴心竖向力作用下：

$$Q_k = \frac{F_k + G_k}{n} \quad (5.2.4-1)$$

2 偏心竖向力作用下：

$$Q_{ik} = \frac{F_k + G_k}{n} \pm \frac{M_{xk} y_i}{\sum y_i^2} \pm \frac{M_{yk} x_i}{\sum x_i^2} \quad (5.2.4-2)$$

3 水平力作用下：

$$H_{ik} = \frac{H_k}{n} \quad (5.2.4-3)$$

式中：Q_k——地基基础加固或增加荷载后，轴心竖向力作用下任一单桩的竖向力（kN）；

F_k——相应于作用的标准组合时，地基基础加固或增加荷载后，作用于桩基承台顶面的竖向力（kN）；

G_k——地基基础加固或增加荷载后，桩基承台自重及承台上土自重（kN）；

n——桩基中的桩数；

Q_{ik} ——地基基础加固或增加荷载后，偏心竖向力作用下第 i 根桩的竖向力（kN）；

M_{xk}、M_{yk} ——相应于作用的标准组合时，作用于承台底面通过桩群形心的 x、y 轴的力矩（kN·m）；

x_i、y_i ——桩 i 至桩群形心的 y、x 轴线的距离（m）；

H_k ——相应于作用的标准组合时，地基基础加固或增加荷载后，作用于承台底面的水平力（kN）；

H_{ik} ——地基基础加固或增加荷载后，作用于任一单桩的水平力（kN）。

5.2.5 既有建筑单桩承载力计算，应符合下列规定：

1 轴心竖向力作用下：

$$Q_k \leqslant R_a \qquad (5.2.5-1)$$

式中：R_a ——既有建筑单桩竖向承载力特征值（kN）。

2 偏心竖向力作用下，除满足公式（5.2.5-1）外，尚应满足下式要求：

$$Q_{ikmax} \leqslant 1.2R_a \qquad (5.2.5-2)$$

式中：Q_{ikmax} ——基础中受力最大的单桩荷载值（kN）。

3 水平荷载作用下：

$$H_{ik} \leqslant R_{Ha} \qquad (5.2.5-3)$$

式中：R_{Ha} ——既有建筑单桩水平承载力特征值（kN）。

5.2.6 既有建筑单桩承载力特征值的确定，应符合下列规定：

1 既有建筑下原有的桩，以及新增加的桩的单桩竖向承载力特征值，应通过单桩竖向静载荷试验确定；既有建筑原有桩的单桩静载荷试验，可按本规范附录 C 进行；在同一条件下的试桩数量，不宜少于增加总桩数的 1%，且不应少于 3 根；新增加桩的单桩竖向承载力特征值，应按现行国家标准《建筑地基基础设计规范》GB 50007 的方法确定。

2 原有桩的单桩竖向承载力特征值，有地区经验时，可按地区经验确定。

3 新增加的桩初步设计时，单桩竖向承载力特征值可按下式估算：

$$R_a = q_{pa}A_p + u_p \Sigma q_{sia}l_i \qquad (5.2.6-1)$$

式中：R_a ——单桩竖向承载力特征值（kN）；

q_{pa}，q_{sia} ——桩端端阻力、桩侧阻力特征值（kPa），按地区经验确定；

A_p ——桩底端横截面面积（m²）；

u_p ——桩身周边长度（m）；

l_i ——第 i 层岩土的厚度（m）。

4 桩端嵌入完整或较完整的硬质岩中，可按下式估算单桩竖向承载力特征值：

$$R_a = q_{pa}A_p \qquad (5.2.6-2)$$

式中：q_{pa} ——桩端岩石承载力特征值（kN）。

5.2.7 在既有建筑原基础内增加桩时，宜按新增加的全部荷载，由新增加的桩承担进行承载力计算。

5.2.8 对既有建筑的独立基础、条形基础进行扩大基础，并增加桩时，可按既有建筑原地基增加的承载力承担部分新增荷载、其余新增加的荷载由桩承担进行承载力计算，此时地基土承担部分新增荷载的基础面积应按原基础面积计算。

5.2.9 既有建筑桩基础扩大基础并增加桩时，可按新增加的荷载由原基础桩和新增加桩共同承担，进行承载力计算。

5.2.10 当地基持力层范围内存在软弱下卧层时，应进行软弱下卧层地基承载力验算，验算方法应符合现行国家标准《建筑地基基础设计规范》GB 50007 的有关规定。

5.2.11 对邻近新建建筑、深基坑开挖、新建地下工程改变原建筑地基基础设计条件时，原建筑地基应根据改变后的条件，按现行国家标准《建筑地基基础设计规范》GB 50007 的规定进行承载力验算。

5.3 地基变形计算

5.3.1 既有建筑地基基础加固或增加荷载后，建筑物相邻柱基的沉降差、局部倾斜、整体倾斜值的允许值，应符合现行国家标准《建筑地基基础设计规范》**GB 50007** 的有关规定。

5.3.2 对有特殊要求的保护性建筑，地基基础加固或增加荷载后的地基变形允许值，应按建筑物的保护要求确定。

5.3.3 对地基基础加固或增加荷载的既有建筑，其地基最终变形量可按下式确定：

$$s = s_0 + s_1 + s_2 \qquad (5.3.3)$$

式中：s ——地基最终变形量（mm）；

s_0 ——地基基础加固前或增加荷载前，已完成的地基变形量，可由沉降观测资料确定，或根据当地经验估算（mm）；

s_1 ——地基基础加固或增加荷载后产生的地基变形量（mm）；

s_2 ——原建筑物尚未完成的地基变形量（mm），可由沉降观测结果推算，或根据地方经验估算；当原建筑物基础沉降已稳定时，此值可取零。

5.3.4 地基基础加固或增加荷载后产生的地基变形量，可按下列规定计算：

1 天然地基不改变基础尺寸时，可按增加荷载量，采用由本规范附录 B 试验得到的变形模量计算。

2 扩大基础尺寸或改变基础形式时，可按增加荷载量，以及扩大后或改变后的基础面积，采用原地基压缩模量计算。

3 地基加固时，可采用加固后经检验测得的地基压缩模量或变形模量计算。

5.3.5 采用增加桩进行地基基础加固的建筑物基础沉降，可按下列规定计算：

1 既有建筑不改变基础尺寸，在原基础内增加桩时，可按增加荷载量，采用桩基础沉降计算方法计算。

2 既有建筑独立基础、条形基础扩大基础增加桩时，可按新增加的桩承担的新增荷载，采用桩基础沉降计算方法计算。

3 既有建筑桩基础扩大基础增加桩时，可按新增加的荷载，由原基础桩和新增加桩共同承担荷载，采用桩基础沉降计算方法计算。

6 增层改造

6.1 一般规定

6.1.1 既有建筑增层改造后的地基承载力、地基变形和稳定性计算，以及基础结构验算，应符合本规范第5章的有关规定。采用外套结构增层时，应按新建工程的要求，确定地基承载力。

6.1.2 当采用新、旧结构通过构造措施相连接的增层方案时，除应满足地基承载力条件外，尚应分别对新、旧结构进行地基变形验算，并应满足新、旧结构变形协调的设计要求；当既有建筑局部增层时，应进行结构分析，并进行地基基础验算。

6.1.3 当既有建筑的地基承载力和地基变形，不能满足增层荷载要求时，可按本规范第11章有关方法进行加固。

6.1.4 既有建筑增层改造时，对其地基基础加固工程，应进行质量检验和评价，待隐蔽工程验收合格后，方可进行上部结构的施工。

6.2 直接增层

6.2.1 对沉降稳定的建筑物直接增层时，其地基承载力特征值，可根据增层工程的要求，按下列方法综合确定：

1 按基底土的载荷试验及室内土工试验结果确定：

1) 按本规范附录B的规定进行载荷试验确定地基承载力；

2) 在原建筑物基础下1.5倍基础宽度的深度范围内，取原状土进行室内土工试验，确定地基土的抗剪强度指标，以及土的压缩模量等参数，并结合地区经验，确定地基承载力特征值。

2 按地区经验确定：

建筑物增层时，可根据既有建筑原基底压力值、建筑使用年限、地基土的类别，并结合当地建筑物增层改造的工程经验确定，但其值不宜超过原地基承载力特征值的1.20倍。

6.2.2 直接增层需新设承重墙时，应采用调整新、旧基础底面积，增加桩基础或地基处理等方法，减少基础的沉降差。

6.2.3 直接增层时，地基基础的加固设计，应符合下列规定：

1 加大基础底面积时，加大的基础底面积宜比计算值增加10%。

2 采用桩基础承受增层荷载时，应符合本规范第5.2.8条的规定，并验算基础沉降。

3 采用锚杆静压桩加固时，当原钢筋混凝土条形基础的宽度或厚度不能满足压桩要求时，压桩前应先加宽或加厚基础。

4 采用抬梁或挑梁承受新增层结构荷载时，梁的截面尺寸及配筋应通过计算确定。

5 上部结构和基础刚度较好，持力层埋置较浅，地下水位较低，施工开挖对原结构不会产生附加下沉和开裂时，可采用加深基础或在原基础下做坑式静压桩加固。

6 施工条件允许时，可采用树根桩、旋喷桩等方法加固。

7 采用注浆法加固既有建筑地基时，对注浆加固易引起附加变形的地基，应进行现场试验，确定其适用性。

8 既有建筑为桩基础时，应检查原桩体质量及状况，实测土的物理力学性质指标，确定桩间土的压密状况，按桩土共同工作条件，提高原桩基础的承载能力。对于承台与土层脱空情况，不得考虑桩土共同工作。当桩数不足时，应补桩；对已腐烂的木桩或破损的混凝土桩，应经加固处理后，方可进行增层施工。

9 对于既有建筑无地质勘察资料或原地质勘察资料过于简单不能满足设计需要、而建筑物下有人防工程或场地条件复杂，以及地基情况与原设计发生了较大变化时，应补充进行岩土工程勘察。

10 采用扶壁柱式结构直接增层时，柱体应落在新设置的基础上，新、旧基础宜连成整体，且应满足新、旧基础变形协调条件，不满足时应进行地基加固处理。

6.3 外套结构增层

6.3.1 采用外套结构增层，可根据土质、地下水位、新增结构类型及荷载大小选用合理的基础形式。

6.3.2 位于微风化、中风化硬质岩地基上的外套增层工程，其基础类型与埋深可与原基础不同，新、旧基础可相连在一起，也可分开设置。

6.3.3 采用外套结构增层，应评价新设基础对原基础的影响，对原基础产生超过允许值的附加沉降和倾斜时应对新设基础地基进行处理或采用桩基础。

6.3.4 外套结构的桩基施工，不得扰动原地基基础。

6.3.5 外套结构增层采用天然地基或采用由旋喷桩、搅拌桩等构成的复合地基，应考虑地基受荷后的变形，避免增层后，新、旧结构产生标高差异。

6.3.6 既有建筑有地下室，外套增层结构宜采用桩基础，桩位布置应避开原地下室挑出的底板；如需凿除部分底板时，应通过验算确定；新、旧基础不得相连。

7 纠倾加固

7.1 一般规定

7.1.1 纠倾加固适用于整体倾斜值超过现行国家标准《建筑地基基础设计规范》GB 50007规定的允许值，且影响正常使用或安全的既有建筑纠倾。

7.1.2 应根据工程实际情况，选择迫降纠倾和顶升纠倾的方法，复杂建筑纠倾可采用多种纠倾方法联合进行。

7.1.3 既有建筑纠倾加固设计前，应进行倾斜原因分析，对纠倾施工方案进行可行性论证，并对上部结构进行安全性评估。当上部结构不能满足纠倾施工安全性要求时，应对上部结构进行加固。当可能发生再度倾斜时，应确定地基加固的必要性，并提出加固方案。

7.1.4 建筑物纠倾加固设计应具备下列资料：

    1 纠倾建筑物有关设计和施工资料。

    2 建筑场地岩土工程勘察资料。

    3 建筑物沉降观测资料。

    4 建筑物倾斜现状及结构安全性评价。

    5 纠倾施工过程结构安全性评价分析。

7.1.5 既有建筑纠倾加固后，建筑物的整体倾斜值及各角点纠倾位移值应满足设计要求。尚未通过竣工验收的倾斜建筑物，纠倾后的验收标准，应符合有关新建工程验收标准要求。

7.1.6 纠倾加固完成后，应立即对工作槽（孔）进行回填，对施工破损面进行修复；当上部结构因纠倾施工产生裂损时，应进行修复或加固处理。

7.2 迫降纠倾

7.2.1 迫降纠倾应根据地质条件、工程对象及当地经验，采用掏土纠倾法（基底掏土纠倾法、井式纠倾法、钻孔取土纠倾法）、堆载纠倾法、降水纠倾法、地基加固纠倾法和浸水纠倾法等方法。

7.2.2 迫降纠倾的设计，应符合下列规定：

    1 对建筑物倾斜原因，结构和基础形式、整体刚度，工程地质条件，环境条件等进行综合分析，遵循确保安全、经济合理、技术可靠、施工方便的原则，确定迫降纠倾方法。

    2 迫降纠倾不应对上部结构产生结构损伤和破坏。当施工对周边建筑物、场地和管线等产生不良影响时，应采取有效技术措施。

    3 纠倾后的地基承载力，地基变形和稳定性应按本规范第5章的有关规定进行验算，防止纠倾后的再度倾斜。当既有建筑的地基承载力和变形不能满足要求时，可按本规范第11章有关方法进行加固。

    4 应确定各控制点的迫降纠倾量。

    5 纠倾施工工艺和操作要点。

    6 设置迫降的监控系统。沉降观测点纵向布置每边不应少于4点，横向每边不应少于2点，相邻测点间距不应大于6m，且建筑物角点部位应设置倾斜值观测点。

    7 应根据建筑物的结构类型和刚度确定纠倾速率。迫降速率不宜大于5mm/d，迫降接近终止时，应预留一定的沉降量，以防发生过纠现象。

    8 应制定出现异常情况的应急预案，以及防止过量纠倾的技术处理措施。

7.2.3 迫降纠倾施工，应符合下列规定：

    1 施工前，应对建筑物及现场进行详细查勘，检查纠倾施工可能影响的周边建筑物和场地设施，并应采取措施消除迫降纠倾施工的影响，或降低影响程度及影响范围，并做好查勘记录。

    2 编制详细的施工技术方案和施工组织设计。

    3 在施工过程中，应做到设计、施工紧密配合，严格按设计要求进行监测，及时调整迫降量及施工顺序。

7.2.4 基底掏土纠倾法可分为人工掏土法或水冲掏土法，适用于匀质黏性土、粉土、填土、淤泥质土和砂土上的浅埋基础建筑物的纠倾。当缺少地方经验时，应通过现场试验确定具体施工方法和施工参数，且应符合下列规定：

    1 人工掏土法可选择分层掏土、室外开槽掏土、穿孔掏土等方法，掏土范围、沟槽位置、宽度、深度应根据建筑物迫降量、地基土性质、基础类型、上部结构荷载中心位置等，结合当地经验和现场试验综合确定。

    2 掏挖时，应先从沉降量小的部位开始，逐渐过渡，依次掏挖。

    3 当采用高压水冲掏土时，水冲压力、流量应根据土质条件通过现场试验确定，水冲压力宜为1.0MPa～3.0MPa，流量宜为40L/min。

    4 水冲过程中，掏土槽应逐渐加深，不得超宽。

    5 当出现掏土过量，或纠倾速率超出控制值时，应立即停止掏土施工。当纠倾至设计控制值可能出现过纠现象时，应立即采用砾砂、细石或卵石进行回填，确保安全。

7.2.5 井式纠倾法适用于黏性土、粉土、砂土、淤泥、淤泥质土或填土等地基上建筑物的纠倾。井式纠倾施工，应符合下列规定：

    1 取土工作井，可采用沉井或挖孔护壁等方式形成，具体应根据土质情况及当地经验确定，井壁宜采用钢筋混凝土，井的内径不宜小于 800mm，井壁混凝土强度等级不得低于 C15。

    2 井孔施工时，应观察土层的变化，防止流砂、涌土、塌孔、突陷等意外情况出现。施工前，应制定相应的防护措施。

    3 井位应设置在建筑物沉降量较小的一侧，井位可布置在室内，井位数量、深度和间距应根据建筑物的倾斜情况、基础类型、场地环境和土层性质等综合确定。

    4 当采用射水施工时，应在井壁上设置射水孔与回水孔，射水孔孔径宜为 150mm～200mm，回水孔孔径宜为 60mm；射水孔位置，应根据地基土质情况及纠倾量进行布置，回水孔宜在射水孔下方交错布置。

    5 高压射水泵工作压力、流量，宜根据土层性质，通过现场试验确定。

    6 纠倾达到设计要求后，工作井及射水孔均应回填，射水孔可采用生石灰和粉煤灰拌合料回填。

7.2.6 钻孔取土纠倾法适用于淤泥、淤泥质土等软弱地基建筑物的纠倾。钻孔取土纠倾施工，应符合下列规定：

    1 应根据建筑物不均匀沉降情况和土层性质，确定钻孔位置和取土顺序。

    2 应根据建筑物的底面尺寸和附加应力的影响范围，确定钻孔的直径及深度，取土深度不应小于 3m，钻孔直径不应小于 300mm。

    3 钻孔顶部 3m 深度范围内，应设置套管或套筒，保护浅层土体不受扰动，防止地基出现局部变形过大。

7.2.7 堆载纠倾法适用于淤泥、淤泥质土和松散填土等软弱地基上体量较小且纠倾量不大的浅埋基础建筑物的纠倾。堆载纠倾施工，应符合下列规定：

    1 应根据工程规模、基底附加压力的大小及土质条件，确定堆载纠倾施加的荷载量、荷载分布位置和分级加载速率。

    2 应评价地基土的整体稳定，控制加载速率；施工过程中，应进行沉降观测。

7.2.8 降水纠倾法适用于渗透系数大于 10^{-4} cm/s 的地基土层的浅埋基础建筑物的纠倾。设计施工前，应论证施工对周边建筑物及环境的影响，并采取必要的隔水措施。降水施工，应符合下列规定：

    1 人工降水的井点布置、井深设计及施工方法，应按抽水试验或地区经验确定。

    2 纠倾时，应根据建筑物的纠倾量来确定抽水量大小及水位下降深度，并应设置水位观测孔，随时

记录所产生的水力坡降，与沉降实测值比较，调整纠倾水位降深。

    3 人工降水时，应采取措施防止对邻近建筑地基造成影响，且应在邻近建筑附近设置水位观测井和回灌井；降水对邻近建筑产生的附加沉降超过允许值时，可采取设置地下隔水墙等保护措施。

    4 建筑物纠倾接近设计值时，应预留纠倾值的 1/10～1/12 作为滞后回倾值，并停止降水，防止建筑物过纠。

7.2.9 地基加固纠倾法适用于淤泥、淤泥质土等软弱地基上沉降尚未稳定、整体刚度较好且倾斜量不大的既有建筑物的纠倾。应根据结构现况和地区经验确定适用性。地基加固纠倾施工，应符合下列规定：

    1 优先选择托换加固地基的方法。

    2 先对建筑物沉降较大一侧的地基进行加固，使该侧的建筑物沉降减少；根据监测结果，再对建筑物沉降较小一侧的地基进行加固，迫使建筑物倾斜纠正，沉降稳定。

    3 对注浆等可能产生增大地基变形的加固方法，应通过现场试验确定其适用性。

7.2.10 浸水纠倾法适用于湿陷性黄土地基上整体刚度较大的建筑物的纠倾。当缺少当地经验时，应通过现场试验，确定其适用性。浸水纠倾施工，应符合下列规定：

    1 根据建筑结构类型和场地条件，可选用注水孔、坑或槽等方式注水纠倾。注水孔、注水坑（槽）应布置在建筑物沉降量较小的一侧。

    2 浸水纠倾前，应通过现场注水试验，确定渗透半径、浸水量与渗透速度的关系。当采用注水孔（坑）浸水时，应确定注水孔（坑）布置、孔径或坑的平面尺寸、孔（坑）深度、孔（坑）间距及注水量；当采用注水槽浸水时，应确定槽宽、槽深及分隔段的注水量；工程设计，应明确水量控制和计量系统。

    3 浸水纠倾前，应设置严密的监测系统及防护措施。应根据基础类型、地基土层参数、现场试验数据等估算注水后的后期纠倾值，防止过纠的发生；设置限位桩；对注水流入沉降较大一侧地基采取防护措施。

    4 当浸水纠倾的速率过快时，应立即停止注水，并回填生石灰料或采取其他有效的措施；当浸水纠倾速率较慢时，可与其他纠倾方法联合使用。

7.2.11 当纠倾速率较小，或原纠倾方法无法满足纠倾要求时，可结合掏土、降水、堆载等方法综合使用进行纠倾。

7.3 顶升纠倾

7.3.1 顶升纠倾适用于建筑物的整体沉降及不均匀沉降较大，以及倾斜建筑物基础为桩基础等不适用采

用迫降纠倾的建筑纠倾。

7.3.2 顶升纠倾，可根据建筑物基础类型和纠倾要求，选用整体顶升纠倾、局部顶升纠倾。顶升纠倾的最大顶升高度不宜超过800mm；采用局部顶升纠倾，应进行顶升过程结构的内力分析，对结构产生裂缝等损伤，应采取结构加固措施。

7.3.3 顶升纠倾的设计，应符合下列规定：

1 通过上部钢筋混凝土顶升梁与下部基础梁组成上、下受力梁系，中间采用千斤顶顶升，受力梁系平面上应连续闭合，且应进行承载力及变形等验算（图7.3.3-1）。

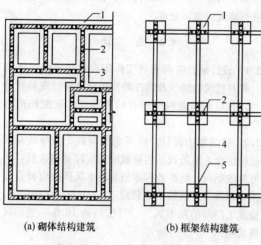

(a) 砌体结构建筑 (b) 框架结构建筑

图7.3.3-1 千斤顶平面布置图
1—基础；2—千斤顶；3—托换梁；4—连系梁；
5—后置牛腿

2 顶升梁应通过托换加固形成，顶升托换梁宜设置在地面以上500mm位置，当基础梁埋深较大时，可在基础梁上增设钢筋混凝土千斤顶底座，并与基础连成整体。顶升梁、千斤顶、底座应形成稳固的整体（图7.3.3-2）。

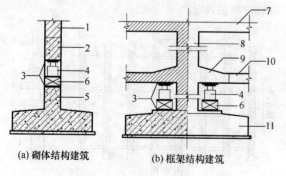

(a) 砌体结构建筑 (b) 框架结构建筑

图7.3.3-2 顶升梁、千斤顶、底座布置
1—墙体；2—钢筋混凝土顶升梁；3—钢垫板；4—千斤顶；
5—钢筋混凝土基础梁；6—垫块（底座）；7—框架梁；
8—框架柱；9—托换牛腿；10—连系梁；11—原基础

3 对砌体结构建筑，可根据墙体线荷载分布布

置顶升点，顶升点间距不宜大于1.5m，且应避开门窗洞及薄弱承重构件位置；对框架结构建筑，应根据柱荷载大小布置。单片墙或单柱下顶升点数量，可按下式估算：

$$n \geqslant K\frac{Q}{N_a} \qquad (7.3.3)$$

式中：n——顶升点数（个）；

Q——相应于作用的标准组合时，单片墙总荷载或单柱集中荷载（kN）；

N_a——顶升支承点千斤顶的工作荷载设计值（kN），可取千斤顶额定工作荷载的0.8；

K——安全系数，可取2.0。

4 顶升量可根据建筑物的倾斜值、使用要求以及设计过纠量确定。纠倾后，倾斜值应符合现行国家标准《建筑地基基础设计规范》GB 50007的要求。

7.3.4 砌体结构建筑的顶升梁系，可按倒置在弹性地基上的墙梁设计，并应符合下列规定：

1 顶升梁设计时，计算跨度应取相邻三个支承点中两边缘支点间的距离，并进行顶升梁的截面承载力及配筋设计。

2 当既有建筑的墙体承载力验算不能满足墙梁的要求时，可调整支承点的间距或对墙体进行加固补强。

7.3.5 框架结构建筑的顶升梁系的设置，应为有效支承结构荷载和约束框架柱的体系。顶升梁系包含顶升牛腿及连系梁两个部分，牛腿应按后设置牛腿设计，并应符合下列规定：

1 计算分析截断前、后柱端的抗压，抗弯和抗剪承载力是否满足顶升要求。

2 后设置牛腿，应符合现行国家标准《混凝土结构设计规范》GB 50010的规定，并验算牛腿的正截面受弯承载力，局部受压承载力及斜截面的受剪承载力。

3 后设置牛腿设计时，钢筋的布置、焊接长度及（植筋）锚固应符合现行国家标准《混凝土结构设计规范》GB 50010和《混凝土结构加固设计规范》GB 50367的有关规定。

7.3.6 顶升纠倾的施工，应按下列步骤进行：

1 顶升梁系的托换施工。

2 设置千斤顶底座及顶升标尺，确定各点顶升值。

3 对每个千斤顶进行检验，安放千斤顶。

4 顶升前两天内，应设置完成监测测量系统，对尚存在连接的墙、柱等结构，以及水、电、暖气和燃气等进行截断处理。

5 实施顶升施工。

6 顶升到位后，应及时进行结构连接和回填。

7.3.7 顶升纠倾的施工，应符合下列规定：

1 砌体结构建筑的顶升梁应分段施工，梁分段

长度不应大于 1.5m，且不应大于开间墙段的 1/3，并应间隔进行施工。主筋应预留搭接或焊接长度，相邻分段混凝土接头处，应按混凝土施工缝做法进行处理。当上部砌体无法满足托换施工要求，可在各段设置支承芯垫，其间距应视实际情况确定。

　2　框架结构建筑的顶升梁、牛腿施工，宜按柱间隔进行，并应设置必要的辅助措施（如支撑等）。当在原柱中钻孔植筋时，应分批（次）进行，每批（次）钻孔削弱后的柱净截面，应满足柱承载力计算要求。

　3　顶升的千斤顶上、下应设置应力扩散的钢垫块，顶升过程应均匀分布，且应有不少于 30% 的千斤顶保持与顶升梁、垫块、基础梁连成一体。

　4　顶升前，应对顶升点进行承载力试验。试验荷载应为设计荷载的 1.5 倍，试验数量不应少于总数的 20%，试验合格后，方可正式顶升。

　5　顶升时，应设置水准仪和经纬仪观测站。顶升标尺应设置在每个支承点上，每次顶升量不宜超过 10mm。各点顶升量的偏差，应小于结构的允许变形。

　6　顶升应设统一的监测系统，并应保证千斤顶按设计要求同步顶升和稳固。

　7　千斤顶回程时，相邻千斤顶不得同时进行；回程前，应先用楔形垫块进行保护，或采用备用千斤顶支顶进行保护，并保证千斤顶底座平稳。楔形垫块及千斤顶底座垫块，应采用外包钢板的混凝土垫块或钢垫块。垫块使用前，应进行强度检验。

　8　顶升达到设计高度后，应立即在墙体交叉点或主要受力部位增设垫块支承，并迅速进行结构连接。顶升高度较大时，应设置安全保护措施。千斤顶应待结构连接达到设计强度后，方可分批分期拆除。

　9　结构的连接处应不低于原结构的强度，纠倾施工受到削弱时，应进行结构加固补强。

8　移　位　加　固

8.1　一　般　规　定

8.1.1　建筑物移位加固适用于既有建筑物需保留而改变其平面位置的整体移位。

8.1.2　建筑物移位，按移动方法可分为滚动移位和滑动移位两种，应优先采用滚动移位方法；滑动移位方法适用于小型建筑物。

8.1.3　建筑物移位加固设计前，应具备下列资料：

　1　移位总平面布置。

　2　场地及移位路线的岩土工程勘察资料。

　3　既有建筑物相关设计和施工资料，以及检测鉴定报告。

　4　既有建筑物结构现状分析。

　5　移位施工对周边建筑物、场地、地下管线的影响分析。

8.1.4　建筑物移位加固，应对上部结构进行安全性评估。当上部结构不能满足移位施工要求时，应对上部结构进行加固或采取有效的支撑措施。

8.1.5　建筑物移位加固设计时，应对移位建筑的地基承载力和变形进行验算。当不满足移位要求时，应对地基基础进行加固。

8.1.6　建筑移位就位后，应对建筑物轴线、垂直度进行测量，其水平位置偏差应为 ±40mm，垂直度位移增量应为 ±10mm。

8.1.7　移位工程完成后，应立即对工作槽（孔）进行回填、回灌，当上部结构因移位施工产生裂损时，应进行修复或加固处理。

8.2　设　　计

8.2.1　设计前，应调查核实作用在结构上的实际荷载，并对建筑物轴线及构件的实际尺寸进行现场测量核对，并对结构或构件的材料强度、实际配筋进行抽检。

8.2.2　移位加固设计，应考虑恒荷载、活荷载及风荷载的组合，恒荷载及活荷载应按实际荷载取值，当无可靠依据时，活荷载标准值及基本风压值应符合现行国家标准《建筑结构荷载规范》GB 50009 的规定；移位施工期间的基本风压，可按当地 10 年一遇的风压值采用。

8.2.3　建筑物移位加固设计，应包括托换结构梁系、移位地基基础、移动装置、施力系统和结构连接等设计内容。

8.2.4　托换结构梁系的设计，应符合下列规定：

　1　托换梁系由上轨道梁、托换梁及连系梁组成（图 8.2.4）。托换梁系应考虑移位过程中，上部结构竖向荷载和水平荷载的分布和传递，以及移位时的最不利组合，可按承载能力极限状态进行设计。荷载分项系数，应符合现行国家标准《建筑结构荷载规范》GB 50009 的规定。

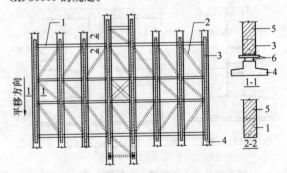

图 8.2.4　托换梁系构件组成示意
1—托换梁；2—连系梁；3—上轨道梁；4—轨道基础；
5—墙（柱）；6—移动装置

　2　托换梁可按简支梁、连续梁设计。对砌体结构,当上部砌体及托换梁符合现行国家标准《砌体结构设计规范》GB 50003 的要求时,可按简支墙梁、连续墙梁设计。

3 上轨道梁应根据地基承载力、上部荷载及上部结构形式,选用连续上轨道梁或悬挑上轨道梁。连续上轨道梁可按无翼缘的柱(墙)下条形基础梁设计。悬挑上轨道梁宜用于柱构件下,且应以柱中线对称布置,按悬挑梁或牛腿设计。上轨道梁线刚度,应满足梁底反力直线分布假定。

4 根据上部结构的整体性、刚度、平移路线地基情况,以及水平移位类型等情况对托换梁系的平面内、外刚度进行设计。

8.2.5 移位加固地基基础设计,应包括轨道地基基础及新址地基基础,且应符合下列规定:

1 轨道地基设计时,原地基承载力特征值或单桩承载力特征值可乘以系数 1.20;轨道基础应按永久性工程设计,荷载分项系数按现行国家标准《混凝土结构设计规范》GB 50010 的规定采用。当验算不满足移位要求时,地基基础加固方法可按本规范第 11 章选用。

2 新址地基基础应符合新建工程的要求,且应考虑移位过程中的荷载不利布置,以及就位后的结构布置,进行地基基础的设计;当就位地基基础由新、旧两部分组成时,应考虑新、旧基础的变形协调条件。

3 轨道基础,可根据荷载传递方式分为抬梁式、直承式及复合式。设计时,应根据场地地质条件,以及建筑物原基础形式选择轨道基础形式。

4 抬梁式轨道基础由下轨道梁及集中布置的桩基础或独立基础组成。下轨道梁应考虑移位过程荷载的不利布置,按连续梁进行正截面受弯承载力及斜截面承载力计算,其梁高不得小于梁跨度的 1/6。当下轨道梁直接支承于桩上时,其构造尚应满足承台梁的构造要求。

5 直承式轨道基础以天然地基为基础持力层,可采用无筋扩展基础或扩展基础。当辊轴均匀分布时,按墙下条形基础设计。当辊轴集中分布时,按柱下条形基础设计,基础梁高不小于辊轴集中分布区中心间距的 1/6。

6 复合式轨道基础为抬梁式与直承式复合基础,当采用复合基础时,应按桩土共同作用进行计算分析。

7 应对轨道基础进行沉降验算,并应进行平移偏位时的抗扭验算。

8.2.6 移动装置可分为滚动式及滑动式两种,设计应符合下列规定:

1 滚动式移动装置(图 8.2.6)上、下承压板宜采用钢板,厚度应根据荷载大小计算确定,且不宜小于 20mm。辊轴可采用直径不小于 50mm 的实心钢

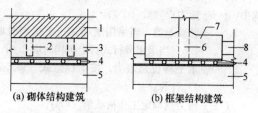

(a) 砌体结构建筑   (b) 框架结构建筑

图 8.2.6 水平移位辊轴均匀分布构造示意
1—墙;2—托换梁;3—连续上轨道梁;
4—移动装置;5—轨道基础;6—墙(柱);
7—悬挑上轨道梁;8—连系梁

棒或直径不小于 100mm 的厚壁钢管混凝土棒,辊轴间距应根据计算确定,且不宜大于 200mm。辊轴的径向承压力宜通过试验确定,也可用下式计算实心钢辊轴的径向承压力设计值 P_i:

$$P_i = k_p \frac{40dlf^2}{E} \qquad (8.2.6-1)$$

式中:k_p——经验系数,由试验或施工经验确定,一般可取 0.6;

d——辊轴直径(mm);

l——辊轴有效承压长度(mm),取上、下承压长度的较小值;

f——辊轴的抗压强度设计值(N/mm²);

E——钢材的弹性模量(N/mm²)。

2 滑动式行走机构上、下轨道滑板的水平面积 A_0,应根据滑板的耐压性能,按下式计算:

$$A_0 \geqslant \frac{N}{f_0} \qquad (8.2.6-2)$$

式中:N——滑板承受的竖向作用力设计值(N);

f_0——滑板材料抗压强度设计值(N/mm²)。

8.2.7 施力系统设计,应符合下列规定:

1 移位动力的施加可采用牵引、顶推和牵引顶推组合三种施力方式。牵引式适用于重量较小的建筑物移位,顶推式及牵引顶推组合方式适用于重量较大的建筑物移位。当建筑物旋转移位时,应优先选用牵引式或牵引顶推组合方式。

2 移位设计时,水平移位总阻力 F 可按下式计算:

$$F = k_s(iW + \mu W) \qquad (8.2.7-1)$$

式中:k_s——经验系数,由试验或施工经验确定,可取 1.5~3.0;

i——移位路线下轨道坡度;

W——作用的标准组合时建筑物基底总竖向荷载(kN);

μ——行走机构摩擦系数,应根据试验确定。

3 施力点应根据荷载分布均匀布置,施力点的竖向位置应靠近上轨道底面,施力点的数量可按下式估算:

$$n = k_G \frac{F}{T} \qquad (8.2.7-2)$$

式中：n —— 施力点数量（个）；

k_G —— 经验系数，当采用滚动式行走机构时取1.5，当采用滑行式行走机构时取2.0；

F —— 水平移位总阻力，按本规范式（8.2.7-1）计算；

T —— 施力点额定工作荷载值（kN）。

8.2.8 建筑物移位就位后，应进行上部结构与新址地基基础的连接设计，连接设计应符合下列规定：

1 连接构件应按国家有关标准的要求进行承载力和变形计算。

2 砌体结构建筑移位就位后，上部构造柱纵筋应与新址基础中预埋构造柱纵筋连接，连接区段箍筋间距应加密，且不大于100mm，托换梁系与基础间的空隙采用细石混凝土填充密实。

3 框架结构柱的连接应按计算确定。新址基础应预埋柱筋与上部框架柱纵筋连接，连接区段箍筋间距应加密，且不应大于100mm。柱连接区段采用细石混凝土灌注，连接区段宜采用外包钢筋混凝土套、外包型钢法等进行加固。

4 对于特殊建筑，当抗震设计要求无法满足时，可结合移位加固采用减震、隔震技术连接。

8.3 施 工

8.3.1 移位加固施工前，应编制详细的施工技术方案和施工组织设计。

8.3.2 托换梁施工，除应符合本规范第7.3.7条的规定外，尚应符合下列规定：

1 施工前，应设置水平标高控制线，上轨道梁底面标高应保证在同一水平面上。

2 上轨道梁施工时，可分段置入上承压板，并保证其在同一水平面上，上承压板宜可靠固定在上轨道梁底面，板端部应设置防翘曲构造措施。

3 当设计需要双向移位时，其上承压板可在托换施工时，进行双向预埋；也可先进行单向预埋，另一方向可在换向时进行置换。

8.3.3 移位加固地基基础施工，应符合下列规定：

1 轨道基础顶面标高应保证在同一水平面上，其表面应平整。

2 轨道地基基础和新址地基基础施工后，经检验达到设计要求时，方可进行移位施工。

8.3.4 移动装置施工，应符合下列规定：

1 移动装置包括上、下承压板，滚动支座或滑动支座，可在托换施工时，分段预先安装；也可在托换施工完成后，采取整体顶升后，一次性安装。

2 当采用滚动移位时，可采用直径不小于50mm的钢辊轴作为滚动支座；采用滑动移位时，可采用合适的橡胶支座作为滑动支座，其规格、型号等应统一。

3 当采用工具式下承压板时，每根承压板长度宜为2000mm，相互间连接构件应根据移位反力，按钢结构设计进行计算。

4 当移位距离较长时，宜采用可移动、可重复使用、易拆装的工具式下承压板，并与反力支座结合。

8.3.5 移位施工，应符合下列规定：

1 移位前，应对上托换梁系和移位地基基础等进行施工质量检验及验收。

2 移位前，应对移动装置、反力装置、施力系统、控制系统、监测系统、应急措施等进行检验与检查。

3 正式移位前，应进行试验性移位，检验各装置与系统的工作状态和安全可靠性能，并测读各移位轨道推力，当推力与设计值有较大差异时，应分析其原因。

4 移动施工时，动力施加应遵循均匀、分级、缓慢、同步的原则，动力系统应有测读装置，移动速度不宜大于50mm/min，应设置限制滚动装置，及时纠正移位中产生的偏移。

5 移位施工时，应避免建筑物长时间处于新、旧基础交接处，减少不均匀沉降对移位施工的影响。

6 移位施工过程中，应对上部建筑结构进行实时监测。出现异常时，应立即停止移位施工，待查明原因，消除隐患后，方可继续施工。

7 当折线、曲线移位施工过程需进行换向，或建筑物移位完成后，需置换或拆除移动装置时，可采用整体顶升方法，顶升施工应符合本规范第7.3.7条的规定。

9 托换加固

9.1 一般规定

9.1.1 发生下列情况时，可采用托换技术进行既有建筑地基基础加固：

1 地基不均匀变形引起建筑物倾斜、裂缝。

2 地震、地下洞穴及采空区土体移动，软土地基沉陷等引起建筑物损害。

3 建筑功能改变，结构承重体系改变，基础形式改变。

4 新建地下工程，邻近新建建筑，深基坑开挖，降水等引起建筑物损害。

5 地铁及地下工程穿越既有建筑，对既有建筑地基影响较大时。

6 古建筑保护。

7 其他需采用基础托换的工程。

9.1.2 托换加固设计，应根据工程的结构类型、基础形式、荷载情况以及场地地基情况进行方案比选，分别采用整体托换、局部托换或托换与加强建筑物整体刚度相结合的设计方案。

9.1.3 托换加固设计，应满足下列规定：

1 按上部结构、基础、地基变形协调原则进行承载力、变形验算。

2 当既有建筑基础沉降、倾斜、变形、开裂超过国家有关标准规定的控制指标时，应在原因分析的基础上，进行地基基础加固设计。

9.1.4 托换加固施工前，应制定施工方案；施工过程中，应对既有建筑结构变形、裂缝、基础沉降进行监测；工程需要时，尚应进行应力（或应变）监测。

9.2 设 计

9.2.1 整体托换加固的设计，应符合下列规定：

1 对于砌体结构，应在承重墙与基础梁间设置托换梁，对于框架结构，应在承重柱与基础间设置托换梁。

2 砌体结构的托换梁，可按连续梁计算。框架结构的托换梁，可按倒置的牛腿计算。

3 基础梁应进行地基承载力和变形验算；原基础梁刚度不满足时，应增大截面尺寸；地基承载力和变形验算不满足要求时，可按本规范第 11 章的方法进行地基加固。

4 按托换过程中最不利工况，进行上部结构内力复核。

5 分析评价进行上部结构加固的必要性及采取的保护措施。

9.2.2 局部托换加固的设计，应符合下列规定：

1 进行上部结构的受力分析，确定局部托换加固的范围，明确局部托换的变形控制标准。

2 进行局部托换加固的地基承载力和变形验算。

3 进行局部托换基础或基础梁的内力验算。

4 按局部托换最不利工况，进行上部结构的内力、变形复核。

5 分析评价进行上部结构加固的必要性及采取的保护措施。

9.2.3 地基承载力和变形不满足设计要求时，应进行地基基础加固。加固方法可按本规范第 11 章的规定采用锚杆静压桩、树根桩、加大基础底面积或采用抬墙梁、坑（墩）式托换，以及采用复合地基、桩基相结合的托换方式，并对地基加固后的基础内力进行验算，必要时，应采取基础加固措施。

9.2.4 新建地铁或地下工程穿越建筑物时，地基基础托换加固设计应符合下列规定：

1 应进行穿越工程对既有建筑物影响的分析评价，计算既有建筑的内力和变形。影响较小时，可采用加强建筑物基础刚度和结构刚度，或采用隔断防护措施的方法；可能引起既有建筑裂缝和正常使用时，可采用地基加固和基础、上部结构加固相结合的方

法；穿越施工既有建筑存在安全隐患时，应采用加强上部结构的刚度、局部改变结构承重体系和加固地基基础的方法。

2 需切断建筑物桩体或在桩端下穿越时，应采用桩梁式托换、桩筏式托换以及增加基础整体刚度、扩大基础的荷载托换体系，必要时，应采用整体托换技术。

3 穿越天然地基、复合地基的建筑物托换加固，应采用桩梁式托换、桩筏式托换或地基注浆加固的方法。

9.2.5 既有建筑功能改造，改变上部结构承重体系或基础形式，地基基础托换加固设计，可采用下列方法：

1 建筑物需增加层高或因建筑物沉降量过大，需抬升时，可采用整体托换。

2 建筑物改变平面尺寸，增大开间或使用面积，改变承重体系时，可采用局部托换。

3 建筑物增加地下室，宜采用桩基进行整体托换。

9.2.6 因地震、地下洞穴及采空区土体移动、软土地基变形、地下水位变化、湿陷等造成地基基础损害时，地基基础托换加固，可采用下列方法：

1 建筑物不能正常使用时，可采用整体托换加固，也可采用改变基础形式的方法进行处理。

2 结构（包括基础）构件损害，不能满足设计要求时，可采用局部托换及结构构件加固相结合的方法。

3 地基承载力和变形不满足要求时，应进行地基加固。

9.2.7 采用抬墙法托换，应符合下列规定：

1 抬墙梁应根据其受力特点，按现行国家标准《混凝土结构设计规范》GB 50010 的规定进行结构设计。

2 抬墙梁的位置，应避开一层门窗洞口，当不能避开时，应对抬墙梁上方的门窗洞口采取加强措施。

3 当抬墙梁与上部墙体材料不同时，抬墙梁处的墙体，应进行局部承压验算。

9.2.8 采用桩式托换，应满足下列规定：

1 当有地下洞穴、采空区影响时，应进行成桩的可行性分析。

2 评估托换桩的施工对原基础的影响。对产生影响的基础采取加固处理后，方可进行托换桩的施工。

3 布桩时，托换桩与新建地下工程、采空区、地下洞穴净距不应小于 1.0m，托换桩端进入地下工程、采空区、地下洞穴底面以下土层的深度不应少于 1.0m。

4 采取减少托换桩与原基础沉降差的措施。

9.3 施 工

9.3.1 采用钢筋混凝土坑（墩）式托换时，应在既有基础基底部位采用膨胀混凝土、分次浇筑、排气等措施充填密实；当既有基础两侧土体存在高度差时，应采取防止基础侧移的措施。

9.3.2 采用桩式托换时，应采用对地基土扰动较小的成桩方法进行施工。

10 事故预防与补救

10.1 一般规定

10.1.1 当既有建筑因外部条件改变，可能引起的地基基础变形影响其正常使用或危及安全时，应遵循预防为主的原则，采取必要措施，确保既有建筑的安全。

10.1.2 既有建筑地基基础出现工程事故时的补救，应符合下列原则：

1 分析判断造成工程事故的原因。

2 分析判断事故对整体结构安全及建筑物正常使用的影响。

3 分析判断事故对周围建筑物、道路、管线的影响。

4 采取安全、快速、施工方便、经济的补救方案。

10.1.3 当重要的既有建筑物地基存在液化土时，或软土地区建筑物因地震可能产生震陷时，应按现行国家标准《建筑抗震设计规范》GB 50011 的规定进行地基、基础或上部结构加固。

10.2 地基不均匀变形过大引起事故的补救

10.2.1 对于建造在软土地基上出现损坏的建筑，可采取下列补救措施：

1 对于建筑体型复杂或荷载差异较大引起的不均匀沉降，或造成建筑物损坏时，可根据损坏程度采用局部卸载，增加上部结构或基础刚度，加深基础，锚杆静压桩，树根桩加固等补救措施。

2 对于局部软弱土层或暗塘、暗沟等引起差异沉降较大，造成建筑物损坏时，可采用锚杆静压桩、树根桩等加固补救措施。

3 对于基础承受荷载过大或加荷速率过快，引起较大沉降或不均匀沉降，造成建筑物损坏时，可采用卸除部分荷载、加大基础底面积或加深基础等减小基底附加压力的措施。

4 对于大面积地面荷载或大面积填土引起柱基、墙基不均匀沉降，地面大量凹陷，或柱身、墙身断裂时，可采用锚杆静压桩或树根桩等加固。

5 对于地质条件复杂或荷载分布不均，引起建

筑物倾斜较大时，可按本规范第 7 章有关规定选用纠倾加固措施。

10.2.2 对于建造在湿陷性黄土地基上出现损坏的建筑，可采取下列补救措施：

1 对非自重湿陷性黄土场地，当湿陷性土层较薄，湿陷变形已趋稳定或估计再次浸水湿陷量较小时，可选用上部结构加固措施；当湿陷性土层较厚，湿陷变形较大或估计再次浸水湿陷量较大时，可选用石灰桩、灰土挤密桩、坑式静压桩、锚杆静压桩、树根桩、硅化法或碱液法等进行加固，加固深度宜达到基础压缩层下限。

2 对自重湿陷性黄土场地，可选用灰土挤密桩、坑式静压桩、锚杆静压桩、树根桩或灌注桩等进行加固。加固深度宜穿透全部湿陷性土层。

10.2.3 对于建造在人工填土地基上出现损坏的建筑，可采取下列补救措施：

1 对于素填土地基，由于浸水引起较大的不均匀沉降而造成建筑物损坏时，可采用锚杆静压桩、树根桩、灌注桩、坑式静压桩、石灰桩或注浆等进行加固。加固深度应穿透素填土层。

2 对于杂填土地基上损坏的建筑，可根据损坏程度，采用加强上部结构或基础刚度，并进行锚杆静压桩、灌注桩、旋喷桩、石灰桩或注浆等加固。

3 对于冲填土地基上损坏的建筑，可采用本规范第 10.2.1 条的规定进行加固。

10.2.4 对于建造在膨胀土地基上出现损坏的建筑，可采取下列补救措施：

1 对建筑物损坏轻微，且膨胀等级为 Ⅰ 级的膨胀土地基，可采用设置宽散水及在周围种植草皮等保护措施。

2 对于建筑物损坏程度中等，且膨胀等级为 Ⅰ、Ⅱ 级的膨胀土地基，可采用加强结构刚度和设置宽散水等处理措施。

3 对于建筑物损坏程度较严重或膨胀等级为 Ⅲ 级的膨胀土地基，可采用锚杆静压桩、树根桩、坑式静压桩或加深基础等加固方法。桩端应埋置在非膨胀土层中或伸到大气影响深度以下的土层中。

4 建造在坡地上的损坏建筑物，除应对地基或基础加固外，尚应在坡地周围采取保湿措施，防止多向失水造成的危害。

10.2.5 对于建造在土岩组合地基上，因差异沉降造成建筑物损坏，可根据损坏程度，采用局部加深基础、锚杆静压桩、树根桩、坑式静压桩或旋喷桩等加固措施。

10.2.6 对于建造在局部软弱地基上，因差异沉降过大造成建筑物损坏，可根据损坏程度，采用局部加深基础或桩基加固等措施。

10.2.7 对于基底下局部基岩出露或存在大块孤石，造成建筑物损坏时，可将局部基岩或孤石凿去，铺设褥

垫层或采用在土层部位加深基础或桩基加固等。

10.3 邻近建筑施工引起事故的预防与补救

10.3.1 当邻近工程的施工对既有建筑可能产生影响时，应查明既有建筑的结构和基础形式、结构状态、建成年代和使用情况等，根据邻近工程的结构类型、荷载大小、基础埋深、间隔距离以及土质情况等因素，分析可能产生的影响程度，并提出相应的预防措施。

10.3.2 当软土地基上采用有挤土效应的桩基，对邻近既有建筑有影响时，可在邻近既有建筑一侧设置砂井、排水板、应力释放孔或开挖隔离沟，减小沉桩引起的孔隙水压力和挤土效应。对重要建筑，可设地下挡墙。

10.3.3 遇有振动效应的地基处理或桩基施工时，可采用开挖隔振沟，减少振动波传递。

10.3.4 当邻近建筑开挖基槽、人工降低地下水或迫降纠倾施工等，可能造成土体侧向变形或产生附加应力时，可对既有建筑进行地基基础局部加固，减小该侧地基附加应力，控制基础沉降。

10.3.5 在邻近既有建筑进行人工挖孔桩或钻孔灌注桩时，应防止地下水的流失及土的侧向变形，可采用回灌、截水措施或跳挖、套管护壁等施工方法等，并进行沉降观测，防止既有建筑出现不均匀沉降而造成裂损。

10.3.6 当邻近工程施工造成既有建筑裂损或倾斜时，应根据既有建筑的结构特点、结构损害程度和地基土层条件，采用本规范第7章、第9章和第11章的方法对既有建筑地基基础进行加固。

10.4 深基坑工程引起事故的预防与补救

10.4.1 当既有建筑周围进行新建工程基坑施工时，应分析新建工程基坑支护施工过程、基坑支护体系变形、基坑降水、基坑失稳等对既有建筑地基基础安全的影响，并采取有效的预防措施。

10.4.2 基坑支护工程对既有建筑地基基础的保护设计，应包括下列内容：

　　1 查清既有建筑的地基基础和上部结构现状，分析基坑土方开挖对既有建筑的影响。

　　2 查清基坑支护工程周围管线的位置、尺寸和埋深以及采取的保护措施。

　　3 当地下水位较高需要降水时，应采用帷幕截水、回灌等技术措施，避免由于地下水位下降影响邻近既有建筑和周围管线的安全。

　　4 基坑采用锚杆支护结构时，避免采用对邻近既有建筑地基稳定和基础安全有影响的锚杆施工工艺。

　　5 应在既有建筑上和深基坑周边设置水平变形和竖向变形观测点。当水平或竖向变形速率超过规定

时，应立即停止施工，分析原因，并采取相应的技术措施。

　　6 对可能发生的基坑工程事故，应制定应急处理方案。

10.4.3 当基坑内降水开挖，造成邻近既有建筑或地下管线发生沉降、倾斜或裂损时，应立刻停止坑内降水，查出事故原因，并采取有效加固措施。应在基坑截水墙外侧，靠近邻近既有建筑附近设置水位观测井和回灌井。

10.4.4 当邻近既有建筑为桩基础或新建建筑采用打入式桩基础时，新建基坑支护结构外缘与邻近既有建筑的距离不应小于基坑开挖深度的1.5倍。无法满足最小安全距离时，应采用隔振墙或钢筋混凝土地下连续墙等保护既有建筑安全的基坑支护形式。

10.4.5 当既有建筑临近基坑时，该侧基坑周边不得搭建临时施工建筑和库房，不得堆放建筑材料和弃土，不得停放大型施工机械和车辆。基坑周边地面应做护面和排水沟，使地面水流向坑外，并防止雨水、施工用水渗入地下或坑内。

10.4.6 当既有建筑或地下管线因深基坑施工而出现倾斜、裂缝或损坏时，应根据既有建筑的上部结构特点、结构损害程度和地基土层条件，采用本规范第7章、第9章和第11章的方法对既有建筑地基基础进行加固或对地下管线采取保护措施。

10.5 地下工程施工引起事故的预防与补救

10.5.1 当地下工程施工对既有建筑、地下管线或道路造成影响时，可采用隔断墙将既有建筑、地下管线或道路隔开或对既有建筑地基进行加固。隔断墙可采用钢板桩、树根桩、深层搅拌桩、注浆加固或地下连续墙等；对既有建筑地基加固，可采用锚杆静压桩、树根桩或注浆加固等方法，加固深度应大于地下工程底面深度。

10.5.2 应对地下工程施工影响范围内的通信电缆、高压、易燃和易爆管道等管线采取预防保护措施。

10.5.3 应对地下工程施工影响范围内的既有建筑和地下管线的沉降和水平位移进行监测。

10.6 地下水位变化过大引起事故的预防与补救

10.6.1 对于建造在天然地基上的既有建筑，当地下水位降低幅度超出设计条件时，应评价地下水位降低引起的附加沉降对既有建筑的影响，当附加沉降值超过允许值时应对既有建筑地基采取加固处理措施；当地下水位升高幅度超出设计条件时，应对既有建筑采取增加荷载、增设抗浮桩等加固处理措施。

10.6.2 对于采用桩基或刚性桩复合地基的既有建筑物，应计算因地下水位降低引起既有建筑基础产生的附加沉降。

10.6.3 对于建造在湿陷性黄土、膨胀土、冻胀土及

回填土地基上的既有建筑，地下水位变化过大引起事故的预防与补救措施应符合下列规定：

1 对于建造在湿陷性黄土地基上的既有建筑，应分析地下水位升高产生的湿陷对既有建筑地基变形的影响。当既有建筑地基湿陷沉降量超过现行国家标准《湿陷性黄土地区建筑规范》GB 50025 的要求时，应按本规范第 10.2.2 条的规定，对既有建筑采取加固处理措施。

2 对于建造在膨胀土或冻胀土上的既有建筑，应分析地下水位升高产生的膨胀或冻胀对既有建筑基础的影响，不满足正常使用要求时可按本规范第 10.2.4 条的规定采取补救措施。

3 对建造在回填土上的既有建筑，当地下水位升高，造成既有建筑的地基附加变形超过允许值时，可按照本规范第 10.2.3 条的规定，对既有建筑采取加固处理措施。

11 加 固 方 法

11.1 一 般 规 定

11.1.1 确定地基基础加固施工方案时，应分析评价施工工艺和方法对既有建筑附加变形的影响。

11.1.2 对既有建筑地基基础加固采取的施工方法，应保证新、旧基础可靠连接，导坑回填应达到设计密实度要求。

11.1.3 当选用钢管桩等进行既有建筑地基基础加固时，应采取有效的防腐或增加钢管腐蚀量壁厚的技术保护措施。

11.2 基础补强注浆加固

11.2.1 基础补强注浆加固适用于因不均匀沉降、冻胀或其他原因引起的基础裂损的加固。

11.2.2 基础补强注浆加固施工，应符合下列规定：

1 在原基础裂损处钻孔，注浆管直径可为 25mm，钻孔与水平面的倾角不应小于 30°，钻孔孔径不应小于注浆管的直径，钻孔孔距可为 0.5m ～1.0m。

2 浆液材料可采用水泥浆或改性环氧树脂等，注浆压力可取 0.1MPa～0.3MPa。如果浆液不下沉，可逐渐加大压力至 0.6MPa，浆液在 10min～15min 内不再下沉，可停止注浆。

3 对单独基础每边钻孔不应少于 2 个；对条形基础应沿基础纵向分段施工，每段长度可取 1.5m～2.0m。

11.3 扩 大 基 础

11.3.1 扩大基础加固包括加大基础底面积法、加深基础法和抬墙梁法等。

11.3.2 加大基础底面积法适用于当既有建筑物荷载增加、地基承载力或基础底面尺寸不满足设计要求，且基础埋置较浅，基础具有扩大条件时的加固，可采用混凝土套或钢筋混凝土套扩大基础底面积。设计时，应采取有效措施，保证新、旧基础的连接牢固和变形协调。

11.3.3 加大基础底面积法的设计和施工，应符合下列规定：

1 当基础承受偏心受压荷载时，可采用不对称加宽基础；当承受中心受压荷载时，可采用对称加宽基础。

2 在灌注混凝土前，应将原基础凿毛和刷洗干净，刷一层高强度等级水泥浆或涂混凝土界面剂，增加新、老混凝土基础的粘结力。

3 对基础加宽部分，地基上应铺设厚度和材料与原基础垫层相同的夯实垫层。

4 当采用混凝土套加固时，基础每边加宽后的外形尺寸应符合现行国家标准《建筑地基基础设计规范》GB 50007 中有关无筋扩展基础或刚性基础台阶宽高比允许值的规定，沿基础高度隔一定距离应设置锚固钢筋。

5 当采用钢筋混凝土套加固时，基础加宽部分的主筋应与原基础内主筋焊接连接。

6 对条形基础加宽时，应按长度 1.5m～2.0m 划分单独区段，并采用分批、分段、间隔施工的方法。

11.3.4 当不宜采用混凝土套或钢筋混凝土套加大基础底面积时，可将原独立基础改成条形基础；将原条形基础改成十字交叉条形基础或筏形基础；将原筏形基础改成箱形基础。

11.3.5 加深基础法适用于浅层地基土层可作为持力层，且地下水位较低的基础加固。可将原基础埋置深度加深，使基础支承在较好的持力层上。当地下水位较高时，应采取相应的降水或排水措施，同时应分析评价降排水对建筑物的影响。设计时，应考虑原基础能否满足施工要求，必要时，应进行基础加固。

11.3.6 基础加深的混凝土墩可以设计成间断的或连续的。施工时，应先设置间断的混凝土墩，并在挖掉墩间土后，灌注混凝土形成连续墩式基础。基础加深的施工，应按下列步骤进行：

1 先在贴近既有建筑基础的一侧分批、分段、间隔开挖长约 1.2m、宽约 0.9m 的竖坑，对坑壁不能直立的砂土或软弱地基，应进行坑壁支护，竖坑底面埋深应大于原基础底面埋深 1.5m。

2 在原基础底面下，沿横向开挖与基础同宽，且深度达到设计持力层深度的基坑。

3 基础下的坑体，应采用现浇混凝土灌注，并在距原基础底面下 200mm 处停止灌注，待养护一天后，用掺入膨胀剂和速凝剂的干稠水泥砂浆填入基底空隙，并挤实填筑的砂浆。

11.3.7 当基础为承重的砖石砌体、钢筋混凝土基础梁时，墙基应跨越两墩之间，如原基础强度不能满足两墩间的跨越，应在坑间设置过梁。

11.3.8 对较大的柱基用基础加深法加固时，应将柱基面积划分为几个单元进行加固，一次加固不宜超过基础总面积的 20%，施工顺序，应先从角端处开始。

11.3.9 抬墙梁法可采用预制的钢筋混凝土梁或钢梁，穿过原房屋基础梁下，置于基础两侧预先做好的钢筋混凝土桩或墩上。抬墙梁的平面位置应避开一层门窗洞口。

11.4 锚杆静压桩

11.4.1 锚杆静压桩法适用于淤泥、淤泥质土、黏性土、粉土、人工填土、湿陷性黄土等地基加固。

11.4.2 锚杆静压桩设计，应符合下列规定：

　1 锚杆静压桩的单桩竖向承载力可通过单桩载荷试验确定；当无试验资料时，可按地区经验确定，也可按国家现行标准《建筑地基基础设计规范》GB 50007 和《建筑桩基技术规范》JGJ 94 有关规定估算。

　2 压桩孔应布置在墙体的内外两侧或柱子四周。设计桩数应由上部结构荷载及单桩竖向承载力计算确定；施工时，压桩力不得大于该加固部分的结构自重荷载。压桩孔可预留，或在扩大基础上由人工或机械开凿，压桩孔的截面形状，可做成上小下大的截头锥形，压桩孔洞口的底板、板面应设保护附加钢筋，其孔口每边不宜小于桩截面边长的 50mm～100mm。

　3 当既有建筑基础承载力和刚度不满足压桩要求时，应对基础进行加固补强，或采用新浇筑钢筋混凝土挑梁或抬梁作为压桩承台。

　4 桩身制作除应满足现行行业标准《建筑桩基技术规范》JGJ 94 的规定外，尚应符合下列规定：

　　1）桩身可采用钢筋混凝土桩、钢管桩、预制管桩、型钢等；

　　2）钢筋混凝土桩宜采用方形，其边长宜为 200mm～350mm；钢管桩直径宜为 100mm～600mm，壁厚宜为 5mm～10mm；预制管桩直径宜为 400mm～600mm，壁厚不宜小于 10mm；

　　3）每段桩节长度，应根据施工净空高度及机具条件确定，每段桩节长度宜为 1.0m～3.0m；

　　4）钢筋混凝土桩的主筋配置应按计算确定，且应满足最小配筋率要求。当方桩截面边长为 200mm 时，配筋不宜少于 4ϕ10；当边长为 250mm 时，配筋不宜少于 4ϕ12；当边长为 300mm 时，配筋不宜少于 4ϕ14；当边长为 350mm 时，配筋不宜少于 4ϕ16；抗拔

桩主筋由计算确定；

　　5）钢筋宜选用 HRB335 级以上，桩身混凝土强度等级不应小于 C30 级；

　　6）当单桩承载力设计值大于 1500kN 时，宜选用直径不小于 ϕ400mm 的钢管桩；

　　7）当桩身承受拉应力时，桩节的连接应采用焊接接头；其他情况下，桩节的连接可采用硫磺胶泥或其他方式连接。当采用硫磺胶泥接头连接时，桩节两端连接处，应设置焊接钢筋网片，一端应预埋插筋，另一端应预留插筋孔和吊装孔；当采用焊接接头时，桩节的两端均应设置预埋连接件。

　5 原基础承台除应满足承载力要求外，尚应符合下列规定：

　　1）承台周边至边桩的净距不宜小于 300mm；

　　2）承台厚度不宜小于 400mm；

　　3）桩顶嵌入承台内长度应为 50mm～100mm；当桩承受拉力或有特殊要求时，应在桩顶四角增设锚固筋，锚固筋伸入承台内的锚固长度，应满足钢筋锚固要求；

　　4）压桩孔内应采用混凝土强度等级为 C30 或不低于基础强度等级的微膨胀早强混凝土浇筑密实；

　　5）当原基础厚度小于 350mm 时，压桩孔应采用 2ϕ16 钢筋交叉焊接于锚杆上，并应在浇筑压桩孔混凝土时，在桩孔顶面以上浇筑桩帽，厚度不得小于 150mm。

　6 锚杆应根据压桩力大小通过计算确定。锚杆可采用带螺纹锚杆、端头带镦粗锚杆或带爪肢锚杆，并应符合下列规定：

　　1）当压桩力小于 400kN 时，可采用 M24 锚杆；当压桩力为 400kN～500kN 时，可采用 M27 锚杆；

　　2）锚杆螺栓的锚固深度可采用 12 倍～15 倍螺栓直径，且不应小于 300mm，锚杆露出承台顶面长度应满足压桩机具要求，且不应小于 120mm；

　　3）锚杆螺栓在锚杆孔内的胶粘剂可采用植筋胶、环氧砂浆或硫磺胶泥等；

　　4）锚杆与压桩孔、周围结构及承台边缘的距离不应小于 200mm。

11.4.3 锚杆静压桩施工应符合下列规定：

　1 锚杆静压桩施工前，应做好下列准备工作：

　　1）清理压桩孔和锚杆孔施工工作面；

　　2）制作锚杆螺栓和桩节；

　　3）开凿压桩孔，孔壁凿毛，将原承台钢筋割断后弯起，待压桩后再焊接；

　　4）开凿锚杆孔，应确保锚杆孔内清洁干燥后再埋设锚杆，并以胶粘剂加以封固。

2 压桩施工应符合下列规定:

1) 压桩架应保持竖直,锚固螺栓的螺母或锚具应均衡紧固,压桩过程中,应随时拧紧松动的螺母;

2) 就位的桩节应保持竖直,使千斤顶、桩节及压桩孔轴线重合,不得采用偏心加压;压桩时,应垫钢板或桩垫,套上钢桩帽后再进行压桩。桩位允许偏差应为±20mm,桩节垂直度允许偏差应为桩节长度的±1.0%;钢管桩平整度允许偏差应为±2mm,接桩处的坡口应为45°,焊缝应饱满、无气孔、无杂质,焊缝高度应为 $h=t+1$(mm,t 为壁厚);

3) 桩应一次连续压到设计标高。当必须中途停压时,桩端应停留在软弱土层中,且停压的间隔时间不宜超过24h;

4) 压桩施工应对称进行,在同一个独立基础上,不应数台压桩机同时加压施工;

5) 焊接接桩前,应对准上、下节桩的垂直轴线,且应清除焊面铁锈后,方可进行满焊施工;

6) 采用硫磺胶泥接桩时,其操作施工应按现行国家标准《建筑地基基础工程施工质量验收规范》GB 50202 的规定执行;

7) 可根据静力触探资料,预估最大压桩力选择压桩设备。最大压桩力 $P_{p(z)}$ 和设计最终压桩力 P_p 可分别按式(11.4.3-1)和式(11.4.3-2)计算:

$$P_{p(z)} = K_s \cdot p_{s(z)} \qquad (11.4.3-1)$$
$$P_p = K_p \cdot R_d \qquad (11.4.3-2)$$

式中:$P_{p(z)}$——桩入土深度为 z 时的最大压桩力(kN);

K_s——换算系数(m²),可根据当地经验确定;

$p_{s(z)}$——桩入土深度为 z 时的最大比贯入阻力(kPa);

P_p——设计最终压桩力(kN);

K_p——压桩力系数,可根据当地经验确定,且不宜小于 2.0;

R_d——单桩竖向承载力特征值(kN)。

8) 桩尖应达到设计深度,且压桩力不小于设计单桩承载力1.5倍时的持续时间不少于5min时,可终止压桩;

9) 封桩前,应凿毛和刷洗干净桩顶桩侧表面,并涂混凝土界面剂,压桩孔内封桩应采用C30或C35微膨胀混凝土,封桩可采用不施加预应力的方法或施加预应力的方法。

11.4.4 锚杆静压桩质量检验,应符合下列规定:

1 最终压桩力与桩压入深度,应符合设计要求。

2 桩帽梁、交叉钢筋及焊接质量,应符合设计要求。

3 桩位允许偏差应为±20mm。

4 桩节垂直度允许偏差不应大于桩节长度的 1.0%。

5 钢管桩平整度允许偏差应为±2mm,接桩处的坡口应为45°,接桩处焊缝应饱满、无气孔、无杂质,焊缝高度应为 $h=t+1$(mm,t 为壁厚)。

6 桩身试块强度和封桩混凝土试块强度,应符合设计要求。

11.5 树 根 桩

11.5.1 树根桩适用于淤泥、淤泥质土、黏性土、粉土、砂土、碎石土及人工填土等地基加固。

11.5.2 树根桩设计,应符合下列规定:

1 树根桩的直径宜为150mm～400mm,桩长不宜超过30m,桩的布置可采用直桩或网状结构斜桩。

2 树根桩的单桩竖向承载力可通过单桩载荷试验确定;当无试验资料时,也可按现行国家标准《建筑地基基础设计规范》GB 50007 的有关规定估算。

3 桩身混凝土强度等级不应小于C20;混凝土细石骨料粒径宜为 10mm～25mm;钢筋笼外径宜小于设计桩径的 40mm～60mm;主筋直径宜为 12mm～18mm;箍筋直径宜为 6mm～8mm,间距宜为150mm～250mm;主筋不得少于 3 根;桩承受压力作用时,主筋长度不得小于桩长的 2/3;桩承受拉力作用时,桩身应通长配筋;对直径小于200mm 树根桩,宜注水泥砂浆,砂粒粒径不宜大于 0.5mm。

4 有经验地区,可用钢管代替树根桩中的钢筋笼,并采用压力注浆提高承载力。

5 树根桩设计时,应对既有建筑的基础进行承载力的验算。当基础不满足承载力要求时,应对原基础进行加固或增设新的桩承台。

6 网状结构树根桩设计时,可将桩及周围土体视作整体结构进行整体验算,并应对网状结构中的单根树根桩进行内力分析和计算。

7 网状结构树根桩的整体稳定性计算,可采用假定滑动面不通过网状结构树根桩的加固体进行计算,有地区经验时,可按圆弧滑动法,考虑树根桩的抗滑力进行计算。

11.5.3 树根桩施工,应符合下列规定:

1 桩位允许偏差应为±20mm;直桩垂直度和斜桩倾斜度允许偏差不应大于1%。

2 可采用钻机成孔,穿过原基础混凝土。在土层中钻孔时,应采用清水或天然地基泥浆护壁;可在孔口附近下一段套管;作为端承桩使用时,钻孔应全桩长下套管。钻孔到设计标高后,清漫至孔口泛清水为止;当土层中有地下水,且成孔困难时,可采用套管跟进成孔或利用套管替代钢筋笼一次成桩。

3 钢筋笼宜整根吊放。当分节吊放时，节间钢筋搭接焊缝采用双面焊时，搭接长度不得小于5倍钢筋直径；采用单面焊时，搭接长度不得小于10倍钢筋直径。注浆管应直插到孔底，需二次注浆的树根桩应插两根注浆管，施工时，应缩短吊放和焊接时间。

4 当采用碎石和细石填料时，填料应经清洗，投入量不应小于计算桩孔体积的90%。填灌时，应同时采用注浆管注水清孔。

5 注浆材料可采用水泥浆、水泥砂浆或细石混凝土，当采用碎石填灌时，注浆应采用水泥浆。

6 当采用一次注浆时，泵的最大工作压力不应低于1.5MPa。注浆时，起始注浆压力不应小于1.0MPa，待浆液经注浆管从孔底压出后，注浆压力可调整为0.1MPa～0.3MPa，浆液泛出孔口时，应停止注浆。

当采用二次注浆时，泵的最大工作压力不宜低于4.0MPa，且待第一次注浆的浆液初凝时，方可进行第二次注浆。浆液的初凝时间根据水泥品种和外加剂掺量确定，且宜为45min～100min。第二次注浆压力宜为1.0MPa～3.0MPa，二次注浆不宜采用水泥砂浆和细石混凝土。

7 注浆施工时，应采用间隔施工、间歇施工或增加速凝剂掺量等技术措施，防止出现相邻桩冒浆和窜孔现象。

8 树根桩施工，桩身不得出现缩颈和塌孔。

9 拔管后，应立即在桩顶填充碎石，并在桩顶1m～2m范围内补充注浆。

11.5.4 树根桩质量检验，应符合下列规定：

1 每3根～6根桩，应留一组试块，并测定试块抗压强度。

2 应采用载荷试验检验树根桩的竖向承载力，有经验时，可采用动测法检验桩身质量。

11.6 坑式静压桩

11.6.1 坑式静压桩适用于淤泥、淤泥质土、黏性土、粉土、湿陷性黄土和人工填土且地下水位较低的地基加固。

11.6.2 坑式静压桩设计，应符合下列规定：

1 坑式静压桩的单桩承载力，可按现行国家标准《建筑地基基础设计规范》GB 50007的有关规定估算。

2 桩身可采用直径为100mm～600mm的开口钢管，或边长为150mm～350mm的预制钢筋混凝土方桩，每节桩长可按既有建筑基础下坑的净空高度和千斤顶的行程确定。

3 钢管桩管内应满灌混凝土，桩管外宜做防腐处理，桩段之间的连接宜用焊接连接；钢筋混凝土预制桩，上、下桩节之间宜用预埋插筋并采用硫磺胶泥接桩，或采用上、下桩节预埋铁件焊接成桩。

4 桩的平面布置，应根据既有建筑的墙体和基础形式及荷载大小确定，可采用一字形、三角形、正方形或梅花形等布置方式，应避开门窗等墙体薄弱部位，且应设置在结构受力节点位置。

5 当既有建筑基础承载力不能满足压桩反力时，应对原基础进行加固，增设钢筋混凝土地梁、型钢梁或钢筋混凝土垫块，加强基础结构的承载力和刚度。

11.6.3 坑式静压桩施工，应符合下列规定：

1 施工时，先在贴近被加固建筑物的一侧开挖竖向工作坑，对砂土或软弱土等地基应进行坑壁支护，并在基础梁、承台梁或直接在基础底面下开挖竖向工作坑。

2 压桩施工时，应在第一节桩桩顶上安置千斤顶及测力传感器，再驱动千斤顶压桩，每压入下一节桩后，再接上一节桩。

3 钢管桩各节的连接处可采用套管接头，当钢管桩较长或土中有障碍物时，需采用焊接接头，整个焊口（包括套管接头）应为满焊；预制钢筋混凝土方桩，桩尖可将主筋拢焊在桩尖辅助钢筋上，在密实砂和碎石类土中，可在桩尖处包以钢板桩靴，桩与桩间接头，可采用焊接或硫磺胶泥接头。

4 桩位允许偏差应为±20mm；桩节垂直度允许偏差不应大于桩节长度的1%。

5 桩尖到达设计深度后，压桩力不得小于单桩竖向承载力特征值的2倍，且持续时间不应少于5min。

6 封桩可采用预应力法或非预应力法施工：

　　1）对钢筋混凝土方桩，压桩达到设计深度后，应采用C30微膨胀早强混凝土将桩与原基础浇筑成整体；

　　2）当施加预应力封桩时，可采用型钢支架托换，再浇筑混凝土；对钢管桩，应根据工程要求，在钢管内浇筑微膨胀早强混凝土，最后用混凝土将桩与原基础浇筑成整体。

11.6.4 坑式静压桩质量检验，应符合下列规定：

1 最终压桩力与压桩深度，应符合设计要求。

2 桩材试块强度，应符合设计要求。

11.7 注 浆 加 固

11.7.1 注浆加固适用于砂土、粉土、黏性土和人工填土等地基加固。

11.7.2 注浆加固设计前，宜进行室内浆液配比试验和现场注浆试验，确定设计参数和检验施工方法及设备；有地区经验时，可按地区经验确定设计参数。

11.7.3 注浆加固设计，应符合下列规定：

1 劈裂注浆加固地基的浆液材料可选用以水泥为主剂的悬浊液，或选用水泥和水玻璃的双液型混合液。防渗堵漏注浆的浆液可选用水玻璃、水玻璃与水泥的混合液或化学浆液，不宜采用对环境有污染的化学浆液。对有地下水流动的地基土层加固，不宜采用单液水泥浆，宜采用双液注浆或其他初凝时间短的速凝配方。压密注浆可选用低坍落度的水泥砂浆，并应设置排水通道。

    2 注浆孔间距应根据现场试验确定，宜为 1.2m～2.0m；注浆孔可布置在基础内、外侧或基础内，基础内注浆后，应采取措施对基础进行封孔。

    3 浆液的初凝时间，应根据地基土质条件和注浆目的确定，砂土地基中宜为 5min～20min，黏性土地基中宜为 1h～2h。

    4 注浆量和注浆有效范围的初步设计，可按经验公式确定。施工图设计前，应通过现场注浆试验确定。在黏性土地基中，浆液注入率宜为 15%～20%。注浆点上的覆盖土厚度不应小于 2.0m。

    5 劈裂注浆的注浆压力，在砂土中宜为 0.2MPa～0.5MPa，在黏性土中宜为 0.2MPa～0.3MPa；对压密注浆，水泥砂浆浆液坍落度宜为 25mm～75mm，注浆压力宜为 1.0MPa～7.0MPa。当采用水泥-水玻璃双液快凝浆液时，注浆压力不应大于 1MPa。

11.7.4 注浆加固施工，应符合下列规定：

    1 施工场地应预先平整，并沿钻孔位置开挖沟槽和集水坑。

    2 注浆施工时，宜采用自动流量和压力记录仪，并应及时对资料进行整理分析。

    3 注浆孔的孔径宜为 70mm～110mm，垂直度偏差不应大于 1%。

    4 花管注浆施工，可按下列步骤进行：
      1）钻机与注浆设备就位；
      2）钻孔或采用振动法将花管置入土层；
      3）当采用钻孔法时，应从钻杆内注入封闭泥浆，插入孔径为 50mm 的金属花管；
      4）待封闭泥浆凝固后，移动花管自下向上或自上向下进行注浆。

    5 塑料阀管注浆施工，可按下列步骤进行：
      1）钻机与灌浆设备就位；
      2）钻孔；
      3）当钻孔钻到设计深度后，从钻杆内灌入封闭泥浆，或直接采用封闭泥浆钻孔；
      4）插入塑料单向阀管到设计深度。当注浆孔较深时，阀管中应加入水，以减小阀管插入土层时的弯曲；
      5）待封闭泥浆凝固后，在塑料阀管中插入双向密封注浆芯管，再进行注浆，注浆时，应在设计注浆深度范围内自下而上（或自上而下）移动注浆芯管；
      6）当使用同一塑料阀管进行反复注浆时，每次注浆完毕后，应用清水冲洗塑料阀管中的残留浆液。对于不宜采用清水冲洗的场

地，宜用陶土浆灌满阀管内。

    6 注浆管注浆施工，可按下列步骤进行：
      1）钻机与灌浆设备就位；
      2）钻孔或采用振动法将金属注浆管压入土层；
      3）当采用钻孔法时，应从钻杆内灌入封闭泥浆，然后插入金属注浆管；
      4）待封闭泥浆凝固后（采用钻孔法时），捅去金属管的活络堵头进行注浆，注浆时，应在设计注浆深度范围内，自下而上移动注浆管。

    7 低坍落度砂浆压密注浆施工，可按下列步骤进行：
      1）钻机与灌浆设备就位；
      2）钻孔或采用振动法将金属注浆管置入土层；
      3）向底层注入低坍落度水泥砂浆，应在设计注浆深度范围内，自下而上移动注浆管。

    8 封闭泥浆的 7d 立方体试块的抗压强度应为 0.3MPa～0.5MPa，浆液黏度应为 80″～90″。

    9 注浆用水泥的强度等级不宜小于 32.5 级。

    10 注浆时可掺用粉煤灰，掺入量可为水泥重量的 20%～50%。

    11 根据工程需要，浆液拌制时，可根据下列情况加入外加剂：
      1）加速浆体凝固的水玻璃，其模数应为 3.0～3.3。水玻璃掺量应通过试验确定，宜为水泥用量的 0.5%～3%；
      2）为提高浆液扩散能力和可泵性，可掺加表面活性剂（或减水剂），其掺加量应通过试验确定；
      3）为提高浆液均匀性和稳定性，防止固体颗粒离析和沉淀，可掺加膨润土，膨润土掺加量不宜大于水泥用量的 5%；
      4）可掺加早强剂、微膨胀剂、抗冻剂、缓凝剂等，其掺加量应分别通过试验确定。

    12 注浆用水不得采用 pH 值小于 4 的酸性水或工业废水。

    13 水泥浆的水灰比宜为 0.6～2.0，常用水灰比为 1.0。

    14 劈裂注浆的流量宜为 7L/min～15L/min。充填型灌浆的流量不宜大于 20L/min。压密注浆的流量宜为 10L/min～40L/min。

    15 注浆管上拔时，宜使用拔管机。塑料阀管注浆时，注浆芯管每次上拔高度应与阀管开孔间距一致，且宜为 330mm；花管或注浆管注浆时，每次上拔或下钻高度宜为 300mm～500mm；采用砂浆压密注浆，每次上拔高度宜为 400mm～600mm。

    16 浆体应经过搅拌机充分搅拌均匀后，方可开始压注。注浆过程中，应不停缓慢搅拌，搅拌时间不应大于浆液初凝时间。浆液在泵送前，应经过筛网

过滤。

17 在日平均温度低于 5℃ 或最低温度低于 -3℃ 的条件下注浆时，应在施工现场采取保温措施，确保浆液不冻结。

18 浆液水温不得超过 35℃，且不得将盛浆桶和注浆管路在注浆体静止状态暴露于阳光下，防止浆液凝固。

19 注浆顺序应根据地基土质条件、现场环境、周边排水条件及注浆目的等确定，并应符合下列规定：

1) 注浆应采用先外围后内部的跳孔间隔的注浆施工，不得采用单向推进的压注方式；
2) 对有地下水流动的土层注浆，应自水头高的一端开始注浆；
3) 对注浆范围以外有边界约束条件时，可采用从边界约束远侧往近侧推进的注浆的方式，深度方向宜由下向上进行注浆；
4) 对渗透系数相近的土层注浆，应先注浆封顶，再由下至上进行注浆。

20 既有建筑地基注浆时，应对既有建筑及其邻近建筑、地下管线和地面的沉降、倾斜、位移和裂缝进行监测，且应采用多孔间隔注浆和缩短浆液凝固时间等技术措施，减少既有建筑基础、地下管线和地面因注浆而产生的附加沉降。

11.7.5 注浆加固地基的质量检验，应符合下列规定：

1 注浆检验时间应在注浆施工结束 28d 后进行。质量检测方法可用标准贯入试验、静力触探试验、轻便触探试验或静载荷试验对加固地层进行检测。对注浆效果的评定，应注重注浆前后数据的比较，并结合建筑物沉降观测结果综合评价注浆效果。

2 应在加固土的全部深度范围内，每间隔 1.0m 取样进行室内试验，测定其压缩性、强度或渗透性。

3 注浆检验点应设在注浆孔之间，检测数量应为注浆孔数的 2%～5%。当检验点合格率小于或等于 80%，或虽大于 80% 但检验点的平均值达不到强度或防渗的设计要求时，应对不合格的注浆区实施重复注浆。

4 应对注浆凝固体试块进行强度试验。

11.8 石 灰 桩

11.8.1 石灰桩适用于加固地下水位以下的黏性土、粉土、松散粉细砂、淤泥、淤泥质土、杂填土或饱和黄土等地基加固，对重要工程或地质条件复杂而又缺乏经验的地区，施工前，应通过现场试验确定其适用性。

11.8.2 石灰桩加固设计，应符合下列规定：

1 石灰桩桩身材料宜采用生石灰和粉煤灰（火山灰或其他掺合料）。生石灰氧化钙含量不得低于 70%，含粉量不得超过 10%，最大块径不得大于 50mm。

2 石灰桩的配合比（体积比）宜为生石灰：粉煤灰＝1：1、1：1.5 或 1：2。为提高桩身强度，可掺入适量水泥、砂或石屑。

3 石灰桩桩径应由成孔机具确定。桩距宜为 2.5 倍～3.5 倍桩径，桩的布置可按三角形或正方形布置。石灰桩地基处理的范围应比基础的宽度加宽 1 排～2 排桩，且不小于加固深度的一半。石灰桩桩长应由加固目的和地基土质等决定。

4 成桩时，石灰桩材料的干密度 ρ_d 不应小于 1.1t/m³，石灰桩每延米灌灰量可按下式估算：

$$q = \eta_c \frac{\pi d^2}{4} \qquad (11.8.2)$$

式中：q——石灰桩每延米灌灰量（m³/m）；

η_c——充盈系数，可取 1.4～1.8。振动管外投料成桩取高值；螺旋钻成桩取低值；

d——设计桩径（m）。

5 在石灰桩顶部宜铺设 200mm～300mm 厚的石屑或碎石垫层。

6 复合地基承载力和变形计算，应符合现行行业标准《建筑地基处理技术规范》JGJ 79 的有关规定。

11.8.3 石灰桩施工，应符合下列规定：

1 根据加固设计要求、土质条件、现场条件和机具供应情况，可选用振动成桩法（分管内填料成桩和管外填料成桩）、锤击成桩法、螺旋钻成桩法或洛阳铲成桩工艺等。桩位中心点的允许偏差不应超过桩距设计值的 8%，桩的垂直度允许偏差不应大于桩长的 1.5%。

2 采用振动成桩法和锤击成桩法施工时，应符合下列规定：

1) 采用振动管内填料成桩法时，为防止生石灰膨胀堵住桩管，应加压缩空气装置及空中加料装置；管外填料成桩，应控制每次填料数量及沉管的深度；采用锤击成桩法时，应根据锤击的能量，控制分段的填料量和成桩长度；
2) 桩顶上部空孔部分，应采用 3：7 灰土或素土填孔封顶。

3 采用螺旋钻成桩法施工时，应符合下列规定：

1) 根据成孔时电流大小和土质情况，检验场地情况与原勘察报告和设计要求是否相符；
2) 钻杆达设计要求深度后，提钻检查成孔质量，清除钻杆上泥土；
3) 施工过程中，将钻杆沉入孔底，钻杆反转，叶片将填料边搅拌边压入孔底，钻杆被压密的填料逐渐顶起，钻尖升至离地面 1.0m～1.5m 或预定标高后停止填料，用 3：7

灰土或素土封顶。

4 洛阳铲成桩法适用于施工场地狭窄的地基加固工程。洛阳铲成桩直径可为 200mm～300mm，每层回填料厚度不宜大于 300mm，用杆状重锤分层夯实。

5 施工过程中，应设专人监测成孔及回填料的质量，并做好施工记录。如发现地基土质与勘察资料不符时，应查明情况并采取有效处理措施后，方可继续施工。

6 当地基土含水量很高时，石灰桩应由外向内或沿地下水流方向施打，且宜采用间隔跳打施工。

11.8.4 石灰桩质量检验，应符合下列规定：

1 施工时，应及时检查施工记录。当发现回填料不足，缩径严重时，应立即采取补救处理措施。

2 施工过程中，应检查施工现场有无地面隆起异常及漏桩现象；并应按设计要求，抽查桩位、桩距，详细记录，对不符合质量要求的石灰桩，应采取补救处理措施。

3 质量检验可在施工结束 28d 后进行。检验方法可采用标准贯入、静力触探以及钻孔取样室内试验等测试方法，检测项目应包括桩体和桩间土强度，验算复合地基承载力。

4 对重要或大型工程，应进行复合地基载荷试验。

5 石灰桩的检验数量不应少于总桩数的 2%，且不得少于 3 根。

11.9 其他地基加固方法

11.9.1 旋喷桩适用于处理淤泥、淤泥质土、黏性土、粉土、砂土、黄土、素填土和碎石土等地基。对于砾石粒径过大，含量过多及淤泥、淤泥质土有大量纤维质的腐殖土等，应通过现场试验确定其适用性。

11.9.2 灰土挤密桩适用于处理地下水位以上的粉土、黏性土、素填土、杂填土和湿陷性黄土等地基。

11.9.3 水泥土搅拌桩适用于处理正常固结的淤泥与淤泥质土、素填土、软—可塑黏性土、松散—中密粉细砂、稍密—中密粉土、松散—稍密中粗砂、饱和黄土等地基。

11.9.4 硅化注浆可分双液硅化法和单液硅化法。当地基土为渗透系数大于 2.0m/d 的粗颗粒土时，可采用双液硅化法（水玻璃和氯化钙）；当地基的渗透系数为 0.1m/d～2.0m/d 的湿陷性黄土时，可采用单液硅化法（水玻璃）；对自重湿陷性黄土，宜采用无压力单液硅化法。

11.9.5 碱液注浆适用于处理非自重湿陷性黄土地基。

11.9.6 人工挖孔混凝土灌注桩适用于地基变形过大或地基承载力不足等情况的基础托换加固。

11.9.7 旋喷桩、灰土挤密桩、水泥土搅拌桩、硅化注浆、碱液注浆的设计与施工应符合现行行业标准《建筑地基处理技术规范》JGJ 79 的有关规定。人工挖孔混凝土灌注桩的设计与施工应符合现行行业标准《建筑桩基技术规范》JGJ 94 的有关规定。

12 检验与监测

12.1 一般规定

12.1.1 既有建筑地基基础加固工程，应按设计要求及现行国家标准《建筑地基基础工程施工质量验收规范》GB 50202 的规定进行质量检验。

12.1.2 对既有建筑地基基础加固工程，当监测数据出现异常时，应立即停止施工，分析原因，必要时采取调整既有建筑地基基础加固设计或施工方案的技术措施。

12.2 检 验

12.2.1 既有建筑地基基础加固施工，基槽开挖后，应进行地基检验。当发现与勘察报告和设计文件不一致，或遇到异常情况时，应结合地质条件，提出处理意见；对加固设计参数取值、施工方案实施影响大时，应进行补充勘察。

12.2.2 应对新、旧基础结构连接构件进行检验，并提供隐蔽工程检验报告。

12.2.3 基础补强注浆加固基础，应在基础补强后，对基础钻芯取样进行检验。

12.2.4 采用锚杆静压桩、坑式静压桩，应进行下列检验：

1 桩节的连接质量。

2 桩顶标高、桩位偏差等。

3 最终压桩力及压入深度。

12.2.5 采用现浇混凝土施工的树根桩、混凝土灌注桩，应进行下列检验：

1 提供经确认的原材料力学性能检验报告，混凝土试件留置数量及制作养护方法、混凝土抗压强度试验报告，钢筋笼制作质量检验报告等。

2 桩顶标高、桩位偏差等。

3 对桩的承载力应进行静载荷试验检验。

12.2.6 注浆加固施工后，应进行下列检验：

1 采用钻孔取样检验，室内试验测定加固土体的抗剪强度、压缩模量等，检验地基土加固土层的均匀性。

2 加固后地基土承载力的静载荷试验；有地区经验时，可采用标准贯入试验、静力触探试验，并结合地区经验进行加固后地基土承载力检验。

12.2.7 复合地基加固施工后，应对地基处理的施工质量进行检验：

1 桩顶标高、桩位偏差等。

2 增强体的密实度或强度。

3 复合地基承载力的静载荷试验，增强体承载力和桩身完整性检验。

12.2.8 纠倾加固和移位加固施工，应对顶升梁或托换梁的施工质量进行检验。

12.2.9 托换加固施工，应对托换结构以及连接构造进行检验，并提供隐蔽工程检验报告。

12.3 监 测

12.3.1 既有建筑地基基础加固施工时，应对影响范围内的周边建筑物、地下管线等市政设施的沉降和位移进行监测。

12.3.2 既有建筑地基基础加固施工降水对周边环境有影响时，应对有影响的建筑物及地下管线、道路进行沉降监测，对地下水位的变化进行监测。

12.3.3 外套结构增层，应对外套结构新增荷载引起的既有建筑附加沉降进行监测。

12.3.4 迫降纠倾施工，应在施工过程中对建筑物的沉降、倾斜值及结构构件的变形、裂缝进行监测，直到纠倾施工结束，监测周期应根据纠倾速率确定。

12.3.5 顶升纠倾施工，应在施工过程中对建筑物的倾斜值，结构构件的变形、裂缝以及千斤顶的工作状态进行监测，必要时，应对结构的内力进行监测。

12.3.6 移位施工过程中，应对建筑物结构构件的变形、裂缝以及施力系统的工作状态进行实时监测，必要时，应对结构的内力进行监测。

12.3.7 托换加固施工，应对建筑的沉降、倾斜、裂缝进行监测，必要时，应对建筑的水平移位或结构内力（或应变）进行监测。

12.3.8 注浆加固施工，应对施工引起的建筑物附加沉降进行监测。

12.3.9 采用加大基础底面积、加深基础进行基础加固时，应对开挖施工槽段内结构的变形和裂缝情况进行监测。

附录 A 既有建筑基础下地基土载荷试验要点

A.0.1 本试验要点适用于测定地下水位以上既有建筑地基的承载力和变形模量。

A.0.2 试验压板面积宜取 $0.25m^2 \sim 0.50m^2$，基坑宽度不应小于压板宽度或压板直径的 3 倍。试验时，应保持试验土层的原状结构和天然湿度。在试压土层的表面，宜铺不大于 20mm 厚的中、粗砂层找平。

A.0.3 试验位置应在承重墙的基础下，加载反力可利用建筑物的自重，使千斤顶上的测力计直接与基础下钢板接触（图 A.0.3）。钢板大小和厚度，可根据基础材料强度和加载大小确定。

A.0.4 在含水量较大或松散的地基土中挖试验坑

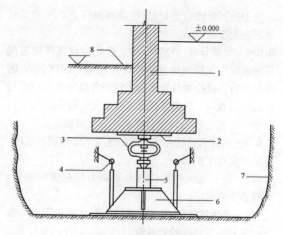

图 A.0.3 载荷试验示意

1—建筑物基础；2—钢板；3—测力计；4—百分表；
5—千斤顶；6—试验压板；7—试坑壁；8—室外地坪

时，应采取坑壁支护措施。

A.0.5 加载分级、稳定标准、终止加载条件和承载力取值，应按现行国家标准《建筑地基基础设计规范》GB 50007 的规定执行。

A.0.6 在试验挖坑时，可同时取土样检验其物理力学性质，并对地基承载力取值和地基变形进行综合分析。

A.0.7 当既有建筑基础下有垫层时，试验压板应埋置在垫层下的原土层上。

A.0.8 试验结束后，应及时采用低强度等级混凝土将基坑回填密实。

附录 B 既有建筑地基承载力持载再加荷载试验要点

B.0.1 本试验要点适用于测定既有建筑基础再增加荷载时的地基承载力和变形模量。

B.0.2 试验压板可取方形或圆形。压板宽度或压板直径，对独立基础、条形基础应取基础宽度。对基础宽度大，试验条件不满足时，应考虑尺寸效应对检测结果的影响，并结合结构和基础形式以及地基条件综合分析，确定地基承载力和地基变形模量；当场地地基无软弱下卧层时，可用小尺寸压板的试验确定，但试验压板的面积不宜小于 $2.0m^2$。

B.0.3 试验位置应在与原建筑物地基条件相同的场地进行，并应尽量靠近既有建筑物。试验压板的底标高应与原建筑物基础底标高相同。试验时，应保持试验土层的原状结构和天然湿度。

B.0.4 在试压土层的表面，宜铺不大于 20mm 厚的中、粗砂层找平。基坑宽度不应小于压板宽度或压板直径的 3 倍。

B.0.5 试验使用的荷载稳压设备稳压偏差允许值不

应大于施加荷载的±1%；沉降观测仪表 24h 的漂移值不应大于 0.2mm。

B.0.6 加载分级、稳定标准、终止加载条件应按现行国家标准《建筑地基基础设计规范》GB 50007 的规定执行。试验加荷至原基底使用荷载压力时应进行持载。持载时，应继续进行沉降观测。持载时间不得少于 7d。然后再继续分级加载，直至试验完成。

B.0.7 在含水量较大或松散的地基土中挖试验坑时，应采取坑壁支护措施。

B.0.8 既有建筑再加荷地基承载力特征值的确定，应符合下列规定：

  1 当再加荷压力-沉降曲线上有比例界限时，取该比例界限所对应的荷载值。

  2 当极限荷载小于对应比例界限的荷载值的 2 倍时，取极限荷载值的一半。

  3 当不能按上述两款要求确定时，可取再加荷压力-沉降曲线上 $s/b=0.006$ 或 $s/d=0.006$ 所对应的荷载，但其值不应大于最大加载量的一半。

  4 取建筑物地基的允许变形值对应的荷载值。

  注：s 为载荷板沉降值；b、d 分别为载荷板的宽度或直径。

B.0.9 同一土层参加统计的试验点不应少于 3 点，各试验实测值的极差不得超过其平均值的 30%，取平均值作为该土层的既有建筑再加荷的地基承载力特征值。既有建筑再加荷的地基变形模量，可按比例界限所对应的荷载值和变形进行计算，或按规定的变形对应的荷载值进行计算。

附录 C 既有建筑桩基础单桩承载力持载再加荷载荷试验要点

C.0.1 本试验要点适用于测定既有建筑桩基础再增加荷载时的单桩承载力。

C.0.2 试验桩应在与原建筑物地基条件相同的场地，并应尽量靠近既有建筑物，按原设计的尺寸、长度、施工工艺制作。开始试验的时间：桩在砂土中入土 $7d$ 后；黏性土不得少于 $15d$；对于饱和软黏土不得少于 $25d$；灌注桩应在桩身混凝土达到设计强度后，方能进行。

C.0.3 加载反力装置，试桩、锚桩和基准桩之间的中心距离，加载分级，稳定标准，终止加载条件，卸载观测应按现行国家标准《建筑地基基础设计规范》GB 50007 的规定执行。试验加荷至原基桩使用荷载时，应进行持载。持载时，应继续进行沉降观测。持载时间不得少于 7d。然后再继续分级加载，直至试验完成。

C.0.4 试验使用的荷载稳压设备稳压偏差允许值不应大于施加荷载的±1%；沉降观测仪表 24h 的漂移值不应大于 0.2mm。

C.0.5 既有建筑再加荷的单桩竖向极限承载力确定，应符合下列规定：

  1 作再加荷的荷载-沉降（Q-s）曲线和其他辅助分析所需的曲线。

  2 当曲线陡降段明显时，取相应于陡降段起点的荷载值。

  3 当出现 $\dfrac{\Delta s_{n+1}}{\Delta s_n} \geqslant 2$ 且经 24h 尚未达到稳定而终止试验时，取终止试验的前一级荷载值。

  4 Q-s 曲线呈缓变型时，取桩顶总沉降量 s 为 40mm 所对应的荷载值。

  5 按上述方法判断有困难时，可结合其他辅助分析方法综合判定。对桩基沉降有特殊要求时，应根据具体情况选取。

  6 参加统计的试桩，当满足其极差不超过平均值的 30% 时，可取其平均值作为单桩竖向极限承载力。极差超过平均值的 30% 时，宜增加试桩数量，并分析离差过大的原因，结合工程具体情况，确定极限承载力。对桩数为 3 根及 3 根以下的柱下桩台，取最小值。

C.0.6 再加荷的单桩竖向承载力特征值的确定，应符合下列规定：

  1 当再加荷压力-沉降曲线上有比例界限时，取该比例界限所对应的荷载值。

  2 当极限荷载小于对应比例界限荷载值的 2 倍时，取极限荷载值的一半。

  3 当按既有建筑单桩允许变形进行设计时，应按 Q-s 曲线上允许变形对应的荷载确定。

本规范用词说明

  1 为便于在执行本规范条文时区别对待，对要求严格程度不同的用词说明如下：

    1）表示很严格，非这样做不可的：
      正面词采用"必须"，反面词采用"严禁"；

    2）表示严格，在正常情况下均应这样做的：
      正面词采用"应"，反面词采用"不应"或"不得"；

    3）表示允许稍有选择，在条件许可时首先应这样做的：
      正面词采用"宜"，反面词采用"不宜"；

    4）表示有选择，在一定条件可以这样做的，采用"可"。

  2 条文中指明应按其他有关标准执行的写法为："应按……执行"或"应符合……的规定"。

引用标准名录

1 《砌体结构设计规范》GB 50003
2 《建筑地基基础设计规范》GB 50007
3 《建筑结构荷载规范》GB 50009
4 《混凝土结构设计规范》GB 50010
5 《建筑抗震设计规范》GB 50011
6 《湿陷性黄土地区建筑规范》GB 50025
7 《建筑地基基础工程施工质量验收规范》GB 50202
8 《混凝土结构加固设计规范》GB 50367
9 《建筑变形测量规范》JGJ 8
10 《建筑地基处理技术规范》JGJ 79
11 《建筑桩基技术规范》JGJ 94

中华人民共和国行业标准

既有建筑地基基础加固技术规范

JGJ 123—2012

条 文 说 明

修 订 说 明

《既有建筑地基基础加固技术规范》JGJ 123 - 2012，经住房和城乡建设部 2012 年 8 月 23 日以第 1452 号公告批准、发布。

本规范是在《既有建筑地基基础加固技术规范》JGJ 123 - 2000 的基础上修订而成的，上一版的主编单位是中国建筑科学研究院，参编单位是同济大学、北方交通大学、福建省建筑科学研究院，主要起草人员是张永钧、叶书麟、唐业清、侯伟生。本次修订的主要技术内容是：1. 既有建筑地基基础加固设计的基本规定；2. 邻近新建建筑、深基坑开挖、新建地下工程对既有建筑产生影响时，对既有建筑采取的保护措施；3. 不同加固方法的承载力和变形计算方法；4. 托换加固；5. 地下水位变化过大引起的事故预防与补救；6. 检验与监测要求；7. 既有建筑地基承载力持载再加荷载荷试验要点；8. 既有建筑桩基础单桩承载力持载再加荷载荷试验要点；9. 既有建筑地基基础鉴定评价要求；10. 增层改造、事故预防和补救、加固方法等。

本次规范修订过程中，编制组进行了广泛的调查研究，总结了我国建筑地基基础领域的实践经验，同时参考了国外先进技术法规、技术标准，通过调研、征求意见及工程试算，对增加和修订内容的反复讨论、分析、论证，取得了重要技术参数。

为便于广大设计、施工、科研、学校等单位有关人员在使用本规范时能正确理解和执行条文规定，《既有建筑地基基础加固技术规范》编制组按章、节、条顺序编制了本规范的条文说明，对条文规定的目的、依据以及执行中需注意的有关事项进行了说明，还着重对强制性条文的强制性理由作了解释。但是，本条文说明不具备与规范正文同等的法律效力，仅供使用者作为理解和把握规范规定的参考。

目　　次

1 总 则

1.0.1 根据我国情况，既有建筑因各种原因需要进行地基基础加固者，从建造年代来看，除少数古建筑和新中国成立前建造的建筑外，绝大多数是新中国成立以来建造的建筑，其中又以新中国成立初期至20世纪70年代末建造的建筑占主体，改革开放以来建造的大量建筑，也有一小部分需要进行加固。就建筑类型而言，有工业建筑和构筑物，也有公用建筑和大量住宅建筑。因而，需要进行地基基础加固的既有建筑范围很广、数量很多、工程量很大、投资很高。因此，既有建筑地基基础加固的设计和施工必须认真贯彻国家的各项技术经济政策，做到技术先进、经济合理、安全适用、确保质量、保护环境。

1.0.2 本条规定了规范的适用范围。增加荷载包括加固改造增加的荷载以及直接增层增加的荷载；自然灾害包括地震、风灾、水灾、泥石流、海啸等。

3 基 本 规 定

3.0.1 本条是对地基基础加固的设计、施工、质量检测的总体要求。既有建筑使用后地基土经压密固结作用后，其工程性质与天然地基不同，应根据既有建筑地基基础的工作性状制定设计方案和施工组织设计，精心施工，保证加固后的建筑安全使用。

3.0.2 既有建筑在进行加固设计和施工之前，应先对地基、基础和上部结构进行鉴定，根据鉴定结果，确定加固的必要性和可能性，针对地基、基础和上部结构的现状分析和评价，进行加固设计，制定施工方案。

3.0.3 本条是对既有建筑地基基础加固前应取得资料的规定。

3.0.4 本条是对既有建筑地基基础加固设计的要求。既有建筑地基基础加固设计，应满足地基承载力、变形和稳定性要求。既有建筑在荷载作用下地基土已固结压密，再加荷时的荷载分担、基底反力分布与直接加荷的天然地基不同，应按新老地基基础的共同作用分析结果进行地基基础加固设计。

3.0.5 邻近新建建筑、深基坑开挖、新建地下工程对既有建筑产生影响时，改变了既有建筑地基基础的设计条件，一方面应在邻近新建建筑、深基坑开挖、新建地下工程设计时对既有建筑地基基础的原设计进行复核，同时在邻近新建建筑、深基坑开挖、新建地下工程自身的结构设计时应对其长期荷载作用的荷载取值、变形条件考虑既有建筑的作用。不满足时，应优先采取调整邻近新建建筑的规划设计、新建地下工程施工方案、深基坑开挖支挡、地下墙（桩）隔离地基应力和变形等对既有建筑的保护措施，需要时应进

行既有建筑地基基础或上部结构加固。

3.0.6 在选择地基基础加固方案时，本条强调应根据所列各种因素对初步选定的各种加固方案进行对比分析，选定最佳的加固方法。

大量工程实践证明，在进行地基基础设计时，采用加强上部结构刚度和承载力的方法，能减少地基的不均匀变形，取得较好的技术经济效果。因此，在选择既有建筑地基基础加固方案时，同样也应考虑上部结构、基础和地基的共同作用，采取切实可行的措施，既可降低费用，又可收到满意的效果。

3.0.7 地基基础加固使用的材料，包括水泥、碱液、硅酸钠以及其他胶结材料等，应符合环境保护要求，根据场地类别不同加固方法形成的增强体或基础结构应符合耐久性设计要求。

3.0.8 根据现行国家标准《工程结构可靠性设计统一标准》GB 50153 的要求，既有建筑加固后的地基基础设计使用年限应满足加固后的建筑物设计使用年限。

3.0.9 纠倾加固、移位加固、托换加固施工过程可能对结构产生损伤或产生安全隐患，必须设置现场监测系统，监测纠倾变位、移位变位和结构的变形，根据监测结果及时调整设计和施工方案，必要时启动应急预案，保证工程按设计完成。目前按工程建设需要，纠倾加固、移位加固、托换加固工程的设计图纸和施工组织设计，均应进行专项审查，通过审查后方可实施。

3.0.10 既有建筑地基基础加固的施工，一般来说，具有技术要求高、施工难度大、场地条件差、不安全因素多、风险大等特点，本条特别强调施工人员应具备较高的素质。施工过程中除了应有专人负责质量控制外，还应有专人负责严密的监测，当出现异常情况时，应采取果断措施，以免发生安全事故。

3.0.11 既有建筑进行地基基础加固时，沉降观测是一项必须做的工作，它不仅是施工过程中进行监测的重要手段，而且是对地基基础加固效果进行评价和工程验收的重要依据。由于地基基础加固过程中容易引起对周围土体的扰动，因此，施工过程中对邻近建筑和地下管线也应进行监测。沉降观测终止时间应按设计要求确定，或按国家现行标准《工程测量规范》GB 50026 和《建筑变形测量规范》JGJ 8 的有关规定确定。

4 地基基础鉴定

4.1 一般规定

4.1.1 既有建筑地基基础进行鉴定可采用以下步骤（图1）：

由于现场实际情况的变化，鉴定程序可根据实际

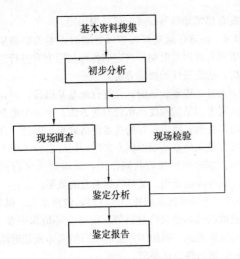

基本资料搜集 → 初步分析 → 现场调查 / 现场检验 → 鉴定分析 → 鉴定报告

图 1 鉴定工作程序框图

情况调整。例如：所鉴定的既有建筑基本资料严重缺失，则首先应进行现场调查，根据调查的情况分析确定现场检验方法和内容。根据现场调查及现场检验获得的资料作出分析，根据分析结果再到现场进行进一步的调查和必要的现场检验，才可能给出鉴定结论。现场调查情况与搜集的资料不符或在现场检验后发现新的问题而需要进一步的检验。

4.1.2 由于地基基础的隐蔽性，现场检验困难、复杂，不可能进行大面积的现场检验，在进行现场检验前，应首先在所掌握的基本资料基础上进行初步分析，根据初步分析的结果，确定下一步现场检验的工作重点和工作内容，并根据现场实际情况确定可以采用的现场检验方法。无论是资料搜集还是现场调查都应围绕加固的目的结合初步分析结果进行。资料搜集和现场调查过程中可能发生对初步分析结果更进一步深入的分析结果，两者应结合进行。

4.1.3、4.1.4 当根据所搜集和调查的资料仍无法对既有建筑的地基基础作出正确评价时，应进行现场检验和沉降观测，严禁凭空推断而得出鉴定结论。

基础的沉降是反映地基基础情况的一个最直接的综合指标，而目前往往无法获得连续的、真实的沉降观测资料。当既有建筑的变形仍在发展，根据当前状况得出的鉴定结果并不能代表既有建筑以后的情况，也需要进一步进行沉降观测。

当需要了解历史沉降情况而缺乏有效的沉降资料时，也可根据设计标高结合现场调查情况依照当地经验进行估算。

4.1.5 分析评价是鉴定工作的重要内容之一，需要根据所得到的资料围绕加固的目的、结合当地经验进行综合分析。除了给出既有建筑地基基础的承载力、变形、稳定性和耐久性的分析评价外，尚应根据加固目的的不同进行下列相应的分析评价：

1 因勘察、设计、施工或因使用不当而进行的既有建筑地基基础加固，应在充分了解引起建筑物开裂、沉降、倾斜的原因后，才能针对原因提出合理有效的加固方法，因此，对于此类加固，应分析引起既有建筑的开裂、沉降、倾斜的原因，以便确定合理有效的加固方法。

2 增加荷载、纠倾、移位、改建、古建筑保护而进行的既有建筑地基基础加固，只有在对既有建筑地基基础的实际承载力和改造、保护的要求比较后，才能确定出既有建筑的地基基础是否需要进行加固及如何加固，故此类加固应针对改造、保护的要求，结合既有建筑的地基基础的现状，来比较分析既有建筑改造、保护时地基加固的必要性。

3 遭受邻近新建建筑、深基坑开挖、新建地下工程或自然灾害的影响而进行的既有建筑地基基础加固，应首先分析清楚对既有建筑地基基础已造成的影响和仍然存在的影响情况后，才能采取有效措施消除已经造成的影响和避免进一步的影响，所以对于该类地基基础加固应对既有建筑的影响情况作出分析评价。

另外，对既有建筑地基基础进行鉴定的主要目的就是为了进行既有建筑地基基础加固，因此，对既有建筑地基基础的分析评价尚应结合现场条件来分析不同地基基础加固方法的适用性和可行性，以便给出建议的地基基础加固方法；当涉及上部结构的问题时，应对上部结构鉴定和加固的必要性进行分析，必要时提出进行上部结构鉴定和加固的建议。

4.1.6 本条规定为鉴定报告应该包含的基本内容。为了使得鉴定报告内容完整，有针对性，报告的内容有时尚应包括必要的情况说明甚至证明材料等。

鉴定结论是鉴定报告的核心内容，必须叙述用词规范、表达内容明确。同时为了使得鉴定报告确实能够对既有建筑地基基础加固的设计和施工起到一定的指导作用，鉴定结论的内容除了给出对既有建筑地基基础的评价外，尚应给出对加固设计和施工方法的建议。

鉴定报告应包含调查资料及现场测试数据和曲线，以及必要的计算分析过程和分析评价结果，严禁鉴定报告仅有鉴定结论而无数据和分析过程。

4.2 地基鉴定

4.2.1 地基基础需要加固的原因与场地工程地质、水文地质情况以及由于环境条件变化或者是地下水的变化关系密切，这种情况需结合既有建筑原岩土工程勘察报告中提供的水文、岩土数据，结合现场调查和检验的结果，进行比较分析。

4.2.2 地基检验的方法应根据加固的目的和现场条件选用，作以下几点说明：

1 当有原岩土工程勘察报告且勘察报告的内容较齐全时，可补充少量代表性的勘探点和原位测试点，一方面用来验证原岩土工程勘察报告的数据，另一方面比较前后水位、岩土的物理力学参数等变化情况。

2 对于一般的工程，测点在变形较大部位（如既有建筑的四个"大角"及对应建筑物的重心点位置）或其附近布置即可，而对于重要的既有建筑，应根据既有建筑的情况在中间部位增加 1 个～3 个测点。

当仅仅需要查明局部岩土情况时，也可仅仅在需要查明的部位布置 3 个～5 个测点。但当土层变化较大如探测原始冲沟的分布情况时，则需要根据情况增加测点。

3 当条件允许时宜在基础下取不扰动土样进行室内土的物理力学性质试验。当无地下水时勘探点应尽量采用人工挖槽的方法，该方法还可以利用开挖的坑槽对基础进行现场调查和检测。坑槽的布置应分段，严禁集中布置而对基础产生影响。

4 目前越来越多的物理勘探方法应用在工程测试中，但由于各种物探方法都有着这样或那样的局限，因此，实际工程中应采用物探方法与常规勘探方法相结合的方式来进行地基的检验测试，利用物探方法快速方便的优点进行大面积检测，对物探检测发现的异常点采用常规勘探方法（如开挖、钻探等）来验证物探检测结果和确定具体数据。

5 对于重要的增加荷载如增层改造的建筑，应按本规范规定的方法通过现场荷载试验确定地基土的承载力特征值。

4.2.3 地基进行评价时地区经验很重要，应结合当地经验根据现场调查和检验结果进行综合分析评价。

4.3 基础鉴定

4.3.1～4.3.3 基础为隐蔽工程，由于现场条件的限制，其检测不可能大面积展开，因此应根据初步分析结果结合现场调查情况，确定代表性的部位进行检测，现场检测可按下述方法步骤进行：

1 确定代表性的检查点位置。一般选取上部变形较大处、荷载较大处及上部结构对沉降敏感处对应的位置或附近作为代表性点，另选取 2 处～3 处一般性代表点，一般性代表点应随机均匀布置。

2 开挖目测检查基础的情况。

3 根据开挖检查的结果，根据现场实际条件选用合适的检测方法对基础进行结构检测，如基础为桩基时尚需进行基桩完整性和承载力检测。

4 对于重要的增加荷载如增层改造的建筑，采用桩基时应按本规范规定的方法通过现场载荷试验确定基桩的承载力特征值。

4.3.4 基础结构的评价，重点是结构承载力、完整性和耐久性评价。涉及地基评价的数据包括基础尺寸、埋深等，应给出检测评价结果。

桩的承载力不但和桩周土的性质有关，而且还和桩本身的质量、桩的施工工艺等有着极大的关系，如果现场条件允许，宜通过静载试验确定既有建筑桩基中桩的承载力，当现场条件确实无法进行静载试验时，在测试确定桩身质量、桩长等情况下，应结合地质情况、施工工艺、沉降观测记录并结合地区经验综合分析后给出桩的承载力估算值。

5 地基基础计算

5.1 一般规定

5.1.1 进行结构加固的工程或改变上部结构功能时对地基的验算是必要的，需进行地基基础加固的工程均应进行地基计算。既有建筑因勘察、设计、施工或使用不当，增加荷载，遭受邻近新建建筑、深基坑开挖、新建地下工程或自然灾害的影响等可能产生对建筑物稳定性的不利影响，应进行稳定性计算。既有建筑地基基础加固或增加荷载时，尚应对基础的抗冲、剪、弯能力进行验算。

5.1.2 既有建筑地基在建筑物荷载作用下，地基土经压密固结作用，承载力提高，在一定荷载作用下，变形减少，加固设计可充分利用这一特性。但扩大基础或增加桩进行加固时，新旧基础、新增加桩与原基础桩由于地基变形的差异，地基反力的分布是按变形协调的原则，新旧基础、新增加桩与原基础桩分担的荷载与天然地基时有所不同，应按变形协调的原则进行设计。扩大基础或改变基础形式时应保证新旧基础采取可靠的连接构造。

5.2 地基承载力计算

5.2.3 既有建筑地基承载力特征值的确定，应根据既有建筑地基基础的工作性状确定。既有建筑地基土的压密在荷载作用下已完成或基本完成，再加荷时地基土的"压密效应"，使其增加荷载的一部分由原地基土承担。

1 本规范附录 B 是采用与原基础、地基条件基本相同条件下，通过持载试验确定承载力，用于不改变原基础尺寸、埋深条件直接增加荷载的设计条件。中国建筑科学研究院地基所的试验结果表明（图 2），原地基土在压力下固结压密后再加荷，荷载变形曲线明显变缓，表明其承载力提高。图 3 的结果表明，持载 7d 后（粉质黏土），变形趋于稳定。

2 采用本规范附录 B 进行试验有困难时，可按本规范附录 A 的方法结合土工试验、其他原位试验结果结合地区经验综合确定。

3 外接结构的地基变形允许值一般较严格，应根据场地特性和加固施工的措施，按变形允许值确定地基承载力特征值。

4 加固后的地基应采用在地基处理后通过检验

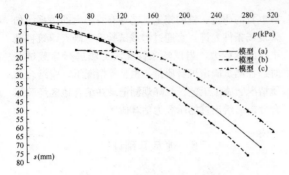

图2 直接加载模型(a)、持载后扩大基础加载模型(b)和持载后继续加载模型(c) p-s 曲线对比

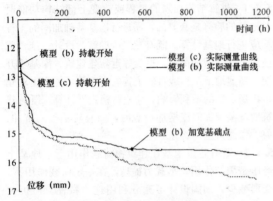

图3 基础板(b)和(c)在持载时位移随时间发展情况

确定的地基承载力特征值。

5 扩大基础加固或改变基础形式，再加荷时原基础仍能承担部分荷载，可采用本规范附录B的方法确定其增加值，其余增加荷载由扩大基础承担而采用原地基承载力特征值设计，相对简单。

模型试验的结果见图4。

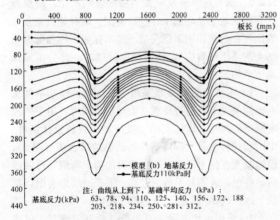

图4 模型(b)基底下的地基反力

当附加荷载小于先前作用荷载的42.8%时，上部荷载基本上由旧基础承担。但当附加荷载增加到先前作用荷载的100%时，新旧基础开始共同承担上部荷载。此时基底反力基本上呈现平均分布状态。

但扩大基础再加荷的荷载变形曲线变形比未扩大

基础时的变形大，为简化设计，本次修订建议采用扩大基础加固或改变基础形式加固时，仍采用天然地基承载力特征值设计。

5.2.6 本条为既有建筑单桩承载力特征值的确定原则。

既有建筑下原有的桩以及新增加的桩单桩竖向承载力特征值应通过单桩竖向静载荷试验确定。既有建筑原有的桩单桩的静载荷试验，有条件时应在既有建筑下进行，无条件时可按本规范附录C的方法进行；既有建筑下原有的桩的单桩竖向承载力特征值，有地区经验时也可按地区经验确定。

5.2.7 天然地基在使用荷载下下载，土层固结完成后在原基础内增加桩的试验结果，新增荷载在再加荷的初始阶段，大部分荷载由新增加的桩承担。

模型试验独立基础持载结束后在基础内植入树根桩形成桩基础再加载，在荷载达到320 kN前，承台下地基土反力增加很小（表1），这说明上部结构传来的荷载几乎都由树根桩承担。随着上部结构的荷载增大，承台下地基土反力有了一定的增长，在加荷的中后期，承台下地基土分担的上部结构荷载达到30%左右。

表1 桩土分担荷载

荷载（kN）	240	280	320	360	400	440
荷载增加（kN）①	40	80	120	160	200	240
桩承担荷载（kN）	35.50	78.12	117.11	146.19	164.42	184.36
土承担荷载（kN）	4.50	1.88	2.89	13.81	35.58	55.64
桩土分担荷载比	7.89	41.55	40.52	10.59	4.62	3.31
荷载（kN）	480	520	560	600	640	680
荷载增加（kN）②	280	320	360	400	440	480
桩承担荷载（kN）	208.74	228.81	255.97	273.95	301.51	324.62
土承担荷载（kN）	71.26	91.19	104.03	126.05	138.49	155.38
桩土分担荷载比	2.93	2.51	2.46	2.17	2.18	2.09

注：①和②是指对200kN增加值。

5.2.8 既有建筑原地基增加的承载力可按本规范第5.2.3条的原则确定，地基土承担部分新增荷载的基础面积应按原基础面积计算。

模型试验独立基础持载结束后扩大基础底面积并植入树根桩，基础上部结构传来的荷载由原独立基础下的地基土、扩大基础底面积下的地基土、桩共同承担（表2）。

表2 桩土分担荷载

荷载（kN）	240	280	340	400	460	520	580
荷载增加（kN）	40	80	140	200	260	320	380
桩承担荷载（kN）	18.5	37.7	64.2	104.2	148.1	180.8	219.3
桩土分担荷载比（kN）	0.86	0.89	0.85	1.09	1.32	1.30	1.36

荷载（kN）	640	700	760	820	880	940	1000
荷载增加（kN）	440	500	560	620	680	740	800
桩承担荷载（kN）	253.7	293.0	324.9	357.8	382.7	410.4	432.9
桩土分担荷载比（kN）	1.36	1.41	1.38	1.36	1.29	1.25	1.18

5.2.9 本条原则的试验资料如下：

模型试验原桩基础持载结束后扩大基础底面积并植入树根桩，桩土分担荷载见表3。可知在增加荷载量为原荷载量时，新增加桩与原桩基础桩分担的荷载虽先后不同，但几乎共同分担。

表3 桩土分担荷载

荷载（kN）	240	280	360	440	520	600
荷载增加（kN）	40	80	160	240	320	400
原基础桩顶荷载增加（kN）	6.17	11.06	14.66	20.06	25.28	31.78
新基础桩顶荷载增加（kN）	3.05	8.02	15.23	23.76	32.09	39.42
桩承担荷载	36.88	76.32	119.56	175.28	229.48	284.80
桩分担总荷载比	0.92	0.95	0.75	0.73	0.72	0.71
桩土分担荷载比	11.82	20.74	2.96	2.71	2.54	2.47
荷载（kN）	760	840	920	1000	1160	1320
荷载增加（kN）	560	640	720	800	960	1120
原基础桩顶荷载增加（kN）	47.24	57.33	66.58	75.88	87.96	102.00
新基础桩顶荷载增加（kN）	54.18	60.68	67.44	75.49	96.50	112.95
桩承担荷载	405.68	472.04	536.08	605.48	737.84	859.80
桩分担总荷载比	0.72	0.74	0.74	0.76	0.77	0.77
桩土分担荷载比	2.63	2.81	2.91	3.11	3.32	3.30

5.2.11 邻近新建建筑、深基坑开挖、新建地下工程改变既有建筑地基设计条件的复核，应包括基础侧限条件、深宽修正条件、地下水条件等。

5.3 地基变形计算

5.3.1 加固后既有建筑的地基变形控制重要的是差异沉降和倾斜两项指标，国家标准《建筑地基基础设计规范》GB 50007－2011 表 5.3.4 中给出砌体承重结构基础的局部倾斜、工业与民用建筑相邻柱基的沉降差、桥式吊车轨面的倾斜（按不调整轨道考虑）、多层和高层建筑的整体倾斜、高耸结构基础的倾斜值是保证建筑物正常使用和结构安全的数值，工程设计应严格控制。既有建筑加固后的建筑物整体沉降控制，对于有相邻基础连接或地下管线连接时应视工程情况控制，可采取临时工程措施，包括断开、改变连接方式等，不允许时应对建筑物整体沉降控制，采用减少建筑物整体沉降的处理措施或顶升托换抬高建筑等方法。

5.3.2 有特殊要求的建筑物，包括古建筑、历史建筑等保护，要求保持现状；或者建筑物变形有更严格的要求时，应按建筑物的地基变形允许值，进行地基变形控制。

5.3.3 既有建筑地基变形计算，可根据既有建筑沉降稳定情况分为沉降已经稳定者和沉降尚未稳定者两种。对于沉降已经稳定的既有建筑，其地基最终变形量 s 包括已完成的地基变形量 s_0 和地基基础加固后或增加荷载后产生的地基变形量 s_1，其中 s_1 是通过计算确定的。计算时采用的压缩模量，对于地基基础加固的情况和增加荷载的情况是有区别的：前者是采用地基基础加固后经检测得到的压缩模量，而后者是采用增加荷载前经检验得到的压缩模量。对于原建筑沉降尚未稳定且增加荷载的既有建筑，其地基最终变形量 s 除了包括上述 s_0 和 s_1 外，尚应包括原建筑荷载下尚未完成的地基变形量 s_2。

5.3.4 本条为地基基础加固或增加荷载后产生的地基变形量的计算原则：

1 按本规范附录 B 进行试验，可按增加荷载量以及由试验得到的变形模量计算确定。

2 增大基础尺寸或改变基础形式时，可按增加荷载量以及增大后的基础或改变后的基础由原地基压缩模量计算确定。

3 地基加固时，应采用加固后经检验测得的地基压缩模量，按现行行业标准《建筑地基处理技术规范》JGJ 79 的有关原则计算确定。

5.3.5 本条为既有建筑基础为桩基础时的基础沉降计算原则：

1 按桩基础的变形计算方法，其变形为桩端下卧层的变形。

2 增加的桩承担的新增荷载，为新增荷载减去原地基承载力提高承担的荷载。

3 既有建筑桩基础扩大基础增加桩时，可按新增加的荷载由原基础桩和新增加桩共同承担荷载按桩基础计算确定，此时可不考虑桩间土分担荷载。

6 增层改造

6.1 一般规定

6.1.1 既有建筑增层改造的类型较多，可分为地上增层、室内增层和地下增层。地上增层又分为直接增层，外扩整体增层与外套结构增层。各类增层方式，都涉及对原地基的正确评价和新老基础协调工作问题。既有建筑直接增层时，既有建筑基础应满足现行有关规范的要求。

6.1.2 采用新旧结构通过构造措施相连接的增层方案时，地基承载力应按变形协调条件确定。

6.2 直接增层

6.2.1 确定直接增层地基承载力特征值的方法，本规范推荐了试验法和经验法。经验法是指当地的成熟经验，如没有这方面材料的积累，应采用试验法。对重要建筑物的地基承载力确定，应采用两种以上方法综合确定。直接增层时，由于受到原墙体强度和地基承载力限制，一般不宜增层太多，通常不宜超过3层。

6.2.2 直接增层需新设承重墙基础，确定新基础宽度时，应以新旧纵横墙基础能均匀下沉为前提，可按以下经验公式确定新基础宽度：

$$b' = \frac{F+G}{f_a}M \qquad (1)$$

式中：b' ——新基础宽度（m）；

$F+G$ ——作用的标准组合时单位基础长度上的线荷载（kN/m）；

f_a ——修正后的地基承载力特征值（kPa）；

M ——增大系数，建议按 $M = E_{s2}/E_{s1} > 1$ 取值；

E_{s1}、E_{s2} ——分别为新旧基础下地基土的压缩模量。

6.2.3 直接增层时，地基基础的加固方法应根据地基基础的实际情况和增层荷载要求选用。本规范列出的部分方法都有其适用条件，还可参考各地区经验选用适合、有效的方法。

采用抬梁或挑梁承受新增层结构荷载时，梁可置于原基础或地梁下，当采用预制的抬梁时，梁、桩和基础应紧密连接，并应验算抬梁或挑梁与基础或地梁间的局部受压、受弯、受剪承载力。

6.3 外套结构增层

6.3.1~6.3.6 当既有建筑增加楼层较多时常采用外套结构增层的形式。外套结构的地基基础应按新建工程设计。施工时应将新旧基础分开，互不干扰，并避免对既有建筑地基的扰动，而降低其承载力。

对位于高水位深厚软土地基上建筑物的外套结构增层，由于增层结构荷载一般较大，常采用埋置较深的桩基础。在桩基施工成孔时，易对原基础（尤其是浅埋基础）产生影响，引起基础附加下沉，造成既有建筑下沉或开裂等，因此应根据工程的具体情况，选择合理的地基处理方法和基础加固施工方案。

7 纠倾加固

7.1 一般规定

7.1.1 纠倾的建筑层数多数在8层以内，构筑物高度多数在25m以内。近年来，国内已有高层建筑纠倾成功的例子，这些建筑物其整体倾斜多数超过0.7%，即超过现行行业标准《危险房屋鉴定标准》JGJ 125的危险临界值，影响安全使用；也有部分虽未超过危险临界值，但已超过设计规定的允许值，影响正常使用。

7.1.2 既有建筑纠倾加固方法可分为迫降纠倾和顶升纠倾两类。

迫降纠倾是从地基入手，通过改变地基的原始应力状态，强迫建筑物下沉；顶升纠倾是从建筑结构入手，通过调整结构自身来满足纠倾的目的。因此从总体来讲，迫降纠倾要比顶升纠倾经济、施工简便，但遇到不适合采用迫降纠倾时即可采用顶升纠倾。特殊情况可综合采用多种纠倾方法。

7.1.3 建筑物的倾斜多数是由于地基原因造成的，或是浅基础的变形控制欠佳，或是由于桩基和地基处理设计、施工质量问题等，建筑物纠倾施工将影响地基基础和上部结构的受力状态，因此纠倾加固设计应根据现状条件分析产生倾斜的原因，论证纠倾可行性，对上部结构进行安全评估，确保建筑物安全。如果建筑物的倾斜原因包括建筑物荷载中心偏移等，应论证地基加固的必要性，提出地基加固方法，防止再度倾斜。

7.1.4 建筑物纠倾加固设计是指导纠倾加固施工的技术性文件，以往有些纠倾工程存在直接按经验方法施工的情况，存在一定盲目性，因此有必要明确纠倾加固前期应做的工作，使之做到经济、合理、确保安全。

7.1.5 由于既有建筑物各角点倾斜值与其自身原有垂直度有关，因此对于纠倾加固后的验收，规定了以设计要求控制，对于尚未通过竣工验收的建筑物规定按新建工程验收要求控制。

7.1.6 施工过程中开挖的槽、孔等在工程完工后如不及时进行回填等处理将会对建筑物安全使用和人们日常生活带来安全隐患，水、电、暖等设施与日常生活有关，应予重视。

要加强对避雷设施修复后的检查与检测。当上部结构产生裂损时，应由设计单位明确加固修复处理方法。

7.2 迫降纠倾

7.2.1 迫降纠倾是通过人工或机械的办法来调整地基土体固有的应力状态，使建筑物原来沉降较小侧的地基土土体应力增加，迫使土体产生新的竖向变形或侧向变形，使建筑物在短时间内沉降加剧，达到纠倾的目的。

7.2.2 迫降纠倾与建筑物特征、地质情况、采用的迫降方法等有关，因此迫降的设计应围绕几个主要环节进行：选择合理的纠倾方法；编制详细的施工工艺；确定各个部位迫降量；设置监控系统；制定实施计划。根据选择的方法和编制的操作规程，做到有章可循，否则盲目施工往往失败或达不到预期的效果。由于纠倾施工会影响建筑物，因此强调了对主体结构不应产生损伤和破坏，对非主体结构的裂损应为可修复范围，否则应在纠倾加固前先进行加固处理。纠倾后应防止出现再次倾斜的可能性，必要时应对地基基础进行加固处理。对于纠倾过程可能存在的结构裂损、局部破坏应有加固处理预案。

纠倾加固施工过程可能出现危及安全的情况，设计时应有应急预案。过量纠倾可能会产生结构的再次损伤，应该防止其出现，设计时必须制定防止过量纠倾的技术措施。

7.2.3 迫降纠倾是一种动态设计信息化施工过程，因此沉降观测是极其重要的，同时观测结果应反馈给设计，以调整设计，指导施工，这就要求设计施工紧密配合。迫降纠倾施工前应做好详细的施工组织设计，并详细勘察周围场地现状，确定影响范围，做好查勘记录，采取措施防止出现对相邻建筑物和设施可能产生的影响。

7.2.4 基底掏土纠倾法是在基础底面以下进行掏挖土体，削弱基础下土体的承载面积迫使沉降，其特点是可在浅部进行处理，机具简单，操作方便。人工掏土法早在 20 世纪 60 年代初期就开始使用，已经处理了相当多的多层倾斜建筑。水冲掏土法则是 20 世纪 80 年代才开始应用研究，它主要利用压力水泵代替人工。该法直接在基础底面下操作，通过掏冲带出部分土体，因此对匀质土比较适用，施工时控制掏土槽的宽度及位置是非常重要的，也是掏土迫降效果好坏或成败的关键。

7.2.5 井式纠倾法是利用工作井（孔）在基础下一定深度范围内进行排土、冲土，一般包括人工挖孔、沉井两种。井壁有钢筋混凝土壁、混凝土孔壁，为确保施工安全，对于软土或砂土地基应先试挖成井，方可大面积开挖井（孔）施工。

井式纠倾法可分为两种：一种是通过挖井（孔）排土、抽水直接迫降，这种在沿海软土地区比较适用；另一种是通过井（孔）辐射孔进行射水掏冲土迫降。可视土质情况选择。

工作井（孔）一般是设置在建筑物周边，在沉降较小侧多设置，沉降较大侧少设置或不设置。建筑的宽度比较大时，井（孔）也可设置在室内，每开间设一个井（孔），可根据不同的迫降量布置辐射孔。

为方便施工井底深度宜比射水孔位置低。

工作井可用砂土或砂石混合料分层夯实回填，也可用灰土比为 2∶8 的灰土分层夯实回填，接近地面 1m 范围内的井壁应拆除。

7.2.6 钻孔取土纠倾法是通过机械钻孔取土成孔，依靠钻孔所形成的临空面，使土体产生侧向变形形成

淤孔，反复钻孔取土使建筑物下沉。

7.2.7 堆载纠倾法适用于小型工程且地基承载力比较低的土层条件，对大型工程项目一般不适用，此法常与其他方法联合使用。

沉降观测应及时绘制荷载-沉降-时间关系曲线，及时调整堆载量，防止过纠，保证施工安全。

7.2.8 降水纠倾法适用的地基土主要取决于降水的方法，当采用真空法或电渗法时，也适用于淤泥土，但在既有建筑邻近使用应慎重，若有当地成功经验时也可采用。采用人工降水时应注意对水资源保护以及对环境影响。

7.2.9 加固纠倾法，实际上是对沉降大的部分采用地基托换补强，使其沉降减少；而沉降小的一侧仍继续下沉，这样慢慢地调整原来的差异沉降。这种方法一般用于差异沉降不大且沉降未稳定尚有一定沉降量的建筑物纠倾。使用该方法时，由于建筑物沉降未稳定，应对上部结构变形的适应能力进行评价，必要时应采取临时支撑或采取结构加固措施。

7.2.10 浸水纠倾法是利用湿陷性黄土遇水湿陷的特性对建筑物进行纠倾的，为了确保纠倾安全，必须通过系统的现场试验确定各项设计、施工参数，施工过程中应设置水量控制计量系统以及监测系统，确保浸水量准确，应有必要的防护措施，如预设限沉的桩基等，当水量过量时采用生石灰吸收。

7.3 顶升纠倾

7.3.1 顶升纠倾是通过钢筋混凝土或砌体的结构托换加固技术，将建筑物的基础和上部结构沿某一特定的位置进行分离，采用钢筋混凝土进行加固、分段托换、形成全封闭的顶升托换梁（柱）体系。设置能支承整个建筑物的若干个支承点，通过这些支承点的顶升设备的启动，使建筑物沿某一直线（点）作平面转动，即可使倾斜建筑物得到纠正。若大幅度调整各支承点的顶高量，即可提高建筑物的标高。

顶升纠倾过程是一种基础沉降差异快速逆补偿过程，当地基土的固结度达 80% 以上，基础沉降接近稳定时，可通过顶升纠倾来调整剩余不均匀沉降。

顶升纠倾法仅对沉降较大处顶升，而沉降小处则仅作分离及同步转动，其目的是将已倾斜的建筑物纠正，该法适用于各类倾斜建筑物。

7.3.2 顶升纠倾早期在福建、浙江、广东等省应用较多，现在国内应用已较普遍，这足以证明顶升纠倾技术是一种可靠的技术，但如何正确使用却是问题的关键。某工程公司承接了一栋三层住宅的顶升纠倾，由于施工未能遵循一般的规律，顶升施工作用与反作用力，即基础梁与托换梁这对关系不具备，顶升机具没有足够的安全储备和承托垫块无法提供稳定性等原因造成重大的工程事故。从理论上顶升高度是没有限值的，但为确保顶升的稳定性，本规范规定顶升纠倾

最大顶升高度不宜超过 80cm。因为当一次顶升高度达到 80cm 时，其顶升的建筑物整体稳定性存在较大风险，目前国内虽已有顶升 240cm 的成功例子，但实际是分多次顶升施工的。

整体顶升也可应用于建筑物竖向抬升，提高其空间使用功能。

7.3.3 顶升纠倾设计必须遵循下列原则：

1 顶升应通过钢筋混凝土组成的一对上、下受力梁系实施，虽然在实际工程中已出现类似利用锚杆静压桩、原有基础或地基作为反力基座来进行顶升纠倾，其应用主要为较小型建筑物，且实际工程不多，尚缺乏普遍性，并存在一定的不确定因素和危险性，因此规范仍强调应由上、下梁系受力。

2 原规范采用荷载设计值，荷载分项系数约为 1.35，本次修订改为采用荷载标准组合值，安全系数调整为 2.0，以保持安全储备与原规范一致。

3 托换梁（柱）体系应是一套封闭式的钢筋混凝土结构体系。

4 顶升是在钢筋混凝土梁柱之间进行，因此顶升梁及底座都应该是钢筋混凝土的整体结构。

5 顶升的支托垫块必须是钢板混凝土块或钢垫块，具有足够的承载力及平整度，且是组合装配的工具式垫块，可抵抗水平力。顶升过程中保证上下顶升梁及千斤顶、垫块有不少于 30% 支点可连成一整体。

顶升量的确定应包括三个方面：

1）纠正建筑物倾斜所需各点的顶升量，可根据不同倾斜率及距离计算。

2）使用要求需要的整体顶升量。

3）过纠量。考虑纠正以后建筑物沉降尚未稳定还有少量的倾斜，则可通过超量的纠正量来调整最终的垂直度。这个量应通过沉降计算确定，要求超过的纠倾量或最终稳定的倾斜值应满足现行国家标准《建筑地基基础设计规范》GB 50007 的要求，当计算不能满足时，则应进行地基基础加固。

7.3.4 砌体结构建筑的荷载是通过砌体传递的。根据顶升的技术特点，顶升时砌体结构的受力特点相当于墙梁作用体系或将托换梁上的墙体视为弹性地基，托换梁按支座反力作用下的弹性地基梁设计。考虑协同工作的差异，顶升梁的支座计算距离可按图 5 所示选取。有地区经验时也可加大顶升梁的刚度，不考虑墙体的刚度，按连续梁进行顶升梁设计。

7.3.5 框架结构荷载是通过框架柱传递的，顶升力应作用于框架柱下，但是要将框架柱切断，首先必须增设一个能支承整体框架柱的结构体系，这个结构托换体系就是后设置的牛腿及连系梁共同组成的。连系梁应能约束框架柱间的变位及调整差异顶升量。

纠倾前建筑已出现倾斜，结构的内力有不同程度的变化，断柱时结构的内力又将发生改变，因此设计

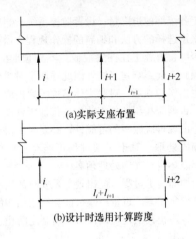

(a)实际支座布置

(b)设计时选用计算跨度

图 5 计算跨度示意

时应对各种状态下的结构内力进行验算。

7.3.6 顶升纠倾一般分为顶升梁系托换，千斤顶设置与检验，测量监测系统设置，统一指挥系统设置、整体顶升、结构连接修复等步骤。

7.3.7 砌体结构进行顶升托换梁施工前，必须对墙体按平面进行分段，其分段长度不应大于 1.5m，应根据砌体质量考虑在分段长度内每 0.5m～0.6m 先开凿一个竖槽，设置一个芯垫（芯垫埋入托换梁不取出，应不影响托换梁的承载力、钢筋绑扎及混凝土浇筑施工），用高强度等级水泥砂浆塞紧。预留搭接钢筋向两边凿槽外伸，且相邻墙段应间隔进行，并每段长不超过开间段的 1/3，门窗洞口位置保证连续不得中断。

框架结构建筑的施工应先进行后设置牛腿、连系梁及千斤顶下支座的施工。由于凿除结构柱的保护层，露出部分主筋，因此一定要间隔进行，待托换梁（柱）体系达到强度后再进行相邻柱施工。当全部托换完成并经过试顶后确定承载力满足设计要求，方可进行断柱施工。

顶升前应对顶升点进行试顶试验，试验的抽检数量不少于 20%，试验荷载为设计值的 1.5 倍，可分五级施工，每级历时 1min～2min 并观测顶升梁的变形情况。

每次顶升最大值不超过 10mm，主要考虑到位置的先后对结构的影响，按结构允许变形（0.003～0.005）l 来限制顶升量。

若千斤顶的最大间距为 1.2m，则结构允许变形差为（0.003～0.005）×1200＝3.6mm～6.0mm。

当顶升到位的先后误差为 30% 时，变形差 3mm ＜3.6mm。

基于上述原因，力求协调一致，因此强调统一指挥系统，千斤顶同步工作。当有条件采用电气自动化控制全液压机械顶时，则可靠更高。

顶升到位后应立即进行连接，因为此时整体建筑靠支承点支承着，若是有地震等的影响会出现危险，

所以应尽量缩短这种不利时间。

8 移位加固

8.1 一般规定

8.1.1 由于城市改造、市政道路扩建、规划变更、场地用途改变、兴建地下建筑等需要建筑物搬迁移位或转动一定的角度，有时为了更好地保护古建、文物建筑，减少拆除重建，均可采用移位加固技术。目前移位技术在国内已得到广泛应用，已有十二层建筑物移位的成功经验。但一般多用于多层建筑的同一水平面移位，对大幅度改变其标高的工程未见实例。

8.1.2 由于移位滚动摩阻小于移位滑动摩阻，且滚动移位的施工精度要求相对滑动移位要低些。在实际工程中一般多数采用滚动方法，滑动方法仅在小型建筑物有应用，在大型建筑物应用应慎重。

8.1.3 移位所涉及的建筑结构及地基基础问题专业技术性强，要求在移位方案确定前应先通过搜集资料、补充计算验算、补充勘察等取得有关资料。

8.1.4 建筑物移位时对原结构有一定影响，在移位过程中建筑物将处于运动状态和受力不稳定状态，相对于移位前有许多不利因素，因此应对移位的建筑物进行必要的安全性评估。评估的主要内容为建筑物的结构整体性、抵抗竖向及水平向变形的能力。

8.1.5 建筑移位将改变原地基基础的受力状态，经验算后若不能满足移位过程或移位后的要求，则应进行地基基础加固，可选用本规范第 11 章有关加固方法。

8.1.6 建筑物移位后的验收主要包含建筑物轴线偏差和垂直度偏差，由于建筑物移位过程不可避免存在偏位，因此，轴线偏差控制在 ±40mm 以内认为是适宜的，对垂直度允许误差在 ±10mm。

8.2 设计

8.2.1 一般情况下建筑物经多年使用后，其使用功能均可能存在一定程度变化，对使用较久的建筑设计前应调查核实其现状。

8.2.2 考虑到移位加固施工是一个短期过程，移位过程建筑物已停止使用。为使设计更为合理，建议恒荷载和活荷载按实际荷载取值，基本风压按当地 10 年一遇的风压采用。

由于移位加固工程的复杂性和不确定因素较多，设计时应注重概念设计，应尽量全面地考虑到各种不利因素，按最不利情况设计，从而确保建筑物安全。

8.2.4 托换梁系设计应遵循的原则：

1 托换梁系由上轨道梁、托换梁或连系梁组成，与顶升纠倾托换一样，托换梁系是通过托换方式形成的一个梁系，其设计应考虑上部结构竖向荷载受力和移位时水平荷载的传递，根据最不利组合按承载能力极限状态设计，其荷载分项系数应按现行国家标准《建筑结构荷载规范》GB 50009 采用。

2 托换梁是以上轨道梁为支座，可按简支梁或连续梁设计，托换梁的作用与转换梁相同，用于传递不连续的竖向荷载，由于一般需通过分段托换施工形成，故称为托换梁。对砌体结构当满足条件时其托换梁可按简支墙梁或连续墙梁设计。

3 上轨道梁可分成连续和悬挑两种类型，一般连续式上轨道梁用于砌体结构，而悬挑式上轨道梁用于框架结构或砌体结构中的柱构件。

4 在移位过程中，托换梁系平面内不可避免产生一定的不平衡力或力矩，因此造成偏位或对旋转轴心产生拉力。各下轨道基础（指抬梁式下轨道基础）也有可能存在不均匀的沉降变形，所以在进行托换梁系的设计时应充分考虑平移路线地基情况、水平移位类型、上部结构的整体性和刚度等，对托换梁系的平面内和平面外刚度进行设计。

8.2.5 移位地基基础包括移位过程中轨道地基基础和就位后新址地基基础，其设计原则如下：

1 轨道地基应满足建筑物行进过程中不出现过大沉降或不均匀沉降，其地基承载力特征值可考虑乘以 1.20 的系数采用。轨道基础设计的荷载分项系数应按现行国家标准《混凝土结构设计规范》GB 50010 采用。当有可靠工程经验时，当轨道基础利用建筑物原基础时，考虑长期荷载作用效应，原地基承载力特征值或单桩承载力特征值可提高 20%。

2 新址地基基础按新建工程设计，但应注意移位加固的特点，考虑移位就位时的荷载不利布置和一次性加载效应。

3 轨道基础形式是根据上部结构荷载传递与场地地质条件确定的，应综合考虑经济性和可靠性。

7 移位过程中的轨道地基基础沉降差和沉降量将直接影响移位施工，由于移位过程中不可避免会出现偏位，因此应对其进行抗扭计算。特别在抬梁式轨道基础设计中，应考虑偏位产生的对小直径桩的偏心作用，并保证轨道基础梁有一定的抗扭刚度。

8.2.6 滚动式移动装置主要由上、下承压板与钢辊轴组成，在实际工程中，承压板一般为钢板，主要起扩散滚轴径向压应力的作用，避免轨道基础混凝土产生局部承压破坏，其扩散面积与钢板厚度有关。规范建议采用的钢板厚度不宜小于 20mm。地基较好，轨道梁刚度较大，移位时钢板变形小时可适当减少厚度。国内工程应用中有采用 10mm 钢板成功的实例。辊轴的直径过小移动较慢，过大易产生偏位，规范建议控制在 50mm 较为合适。式（8.2.6-1）为经验公式，参考国家标准《钢结构设计规范》GB 50017－2003 式（7.6.2），引入经验系数

k_p以综合考虑平移过程减小摩擦阻力的要求以及辊轴受力的不均匀性。

8.2.7 根据实际情况和工程经验选择牵引式、顶推式或牵引顶推组合式施力系统，施力点的竖向位置在满足局部承压或偏心受拉的条件下，应尽量靠近托换梁底面，其目的是为了尽量减小反力支座的弯曲。行走机构摩擦系数，其经验值对钢材滚动摩擦系数可取 0.05～0.1，聚四氟乙烯与不锈钢板的滑动摩擦系数可取 0.05～0.07。

8.2.8 建筑物就位后的连接关系到建筑物后期使用安全，因此要保证不改变原有结构受力状态，连接可靠性不低于原有标准。对于框架结构而言，由于框柱主筋一般在同一平面切断，因此，要求对此区域进行加强。

结合移位加固对建筑物采用隔震、减震措施进行抗震加固可节省较多费用。因此建筑物移位且需抗震加固时应综合考虑进行设计与施工。

8.3 施 工

8.3.1 移位加固施工具有特殊性，应编制专项的施工技术方案和施工组织设计方案，并应通过专项论证后实施。

8.3.2 托换梁系中的上轨道梁的施工质量将直接影响到移位加固实施，其关键点在于上轨道梁底标高是否水平，及各上轨道梁底标高是否在同一水平面。

8.3.3 移位地基基础施工应严格按统一的水平标高控制线施工，保证其顶面标高在同一水平面上。其控制措施可在其地基基础顶面采用高强度材料进行补平，对局部超高区域可采用机械打磨修整。

8.3.4 移位装置包含上承压板、下承压板、滚动或滑行支座，其型号、材质等应统一，防止产生变形差。托换施工时预先安装其优点是节省费用，但施工要求较高；采用后期整体顶升后一次性安装其优点是水平控制较易调整，但增加费用。

工式下承压板由槽钢、钢板、混凝土加工制作而成，其大样示意图见图6，其优点是可移动、可拆装、可重复使用，使用方便，节省费用。

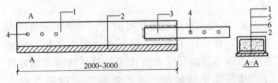

图 6　组合式下轨道板
1—槽钢；2—封底钢板；3—连接钢板；
4—ϕ20 孔；5—细石混凝土；6—ϕ6@200

8.3.5 移位实施前应对托换梁系和移位地基基础等进行验收，对移位装置、反力装置、施力系统、控制系统、监测系统、指挥系统、应急措施等进行检验和检查。确认合格后，方可实施移位施工。

正式移位前的试验性移位，主要是检测各装置与系统间的工作状态和安全可靠性能，测试各施力点推力与理论计算值差异，以便复核与调整。

移位过程中应控制移动速度并应及时调整偏位，其偏位宜采用辊轴角度来调整。对于建筑物长时间处于新旧基础交接处时应考虑不均匀沉降对上部结构后续移位产生的不利影响，对上部结构应进行实时监测，确保上部结构安全。

建筑物移位加固近年来得到了较大发展，其技术也日趋完善与成熟，从早期小型、低层、手动千斤顶或卷扬机外加动力，发展到目前多层或高层、液压千斤顶外加动力系统。在施力系统、控制系统、监测系统、指挥系统等方面尚可应用现代科技技术，增加自动化程度。

9 托 换 加 固

9.1 一般规定

9.1.1 "托换技术"是指对结构荷载传递路径改变的结构加固或地基加固的通称，在地基基础加固工程中广泛应用。本节所指"托换加固"，是对采用托换技术所需进行的地基基础加固措施的总称。在纠倾工程、移位工程中采用的"托换技术"尚应符合第7章、第8章的有关规定。

9.1.2 托换加固工程的设计应根据工程的结构类型、基础形式、荷载情况以及场地地基情况进行方案比选，选择设计可靠、施工技术可行且安全的方案。

9.1.3 托换加固是在原有受力体系下进行，其实施应按上部结构、基础、地基共同作用，按托换地基与原地基变形协调原则进行承载力、变形验算。为保证工程安全，当既有建筑沉降、倾斜、变形、开裂已出现超过国家现行有关标准规定的控制指标时，应采取相应处理措施，或制定适用于该托换工程的质量控制标准。

9.1.4 托换加固工程对既有建筑结构变形、裂缝、基础沉降进行监测，是保证工程安全、校核设计符合性的重要手段，必须严格执行。

9.2 设 计

9.2.1 本条为既有建筑整体托换加固设计的要求。整体托换加固，应在上部结构满足整体托换要求条件下进行，并进行必要的计算分析。

9.2.2 局部托换加固的受力分析难度较大，确定局部托换加固的范围以及局部托换的位移控制标准应考虑既有建筑的变形适应能力。

9.2.4 这是近年工程中产生的新的问题。穿越工程的评价分析方法，采用的托换技术，以及采用桩梁式托换、桩筏式托换以及增加基础整体刚度、扩大基础的荷载托换体系等，应根据工程情况具体分析确定。

9.2.5 既有建筑功能改造，改变上部结构承重体系或基础形式，地基基础托换加固设计方案应结合工程经验、施工技术水平综合分析后确定。

9.2.6 针对因地震、地下洞穴及采空区土体移动、软土地基变形、地下水变化、湿陷等造成地基基础损害，提出地基基础托换加固可采用的方法。

9.3 施　工

9.3.1、9.3.2 托换加固施工中可能对持力土层产生扰动，基础侧移等情况，应采取必要的工程措施。

10　事故预防与补救

10.1　一般规定

10.1.1 对于既有建筑，地基基础出现工程事故，轻则需加固处理，且加固处理一般比较困难；重则造成既有建筑的破坏，出现人员伤亡和重大经济损失。因此，对于既有建筑地基基础工程事故应采取预防为主的原则，避免事故发生。

10.1.2 本条为地基基础事故补救的一般原则。对于地基基础工程事故处理应遵循的原则首先应保证相关人员的安全，其次应分析事故原因，避免事故进一步扩大。采取的加固措施应具备安全、施工速度快、经济的特点。

10.1.3 20世纪五六十年代甚至更早的一些建筑，在勘察、设计阶段未进行抗震设防。当地震发生时由于液化和震陷造成建筑物的破坏。如我国的邢台地震、唐山地震、日本的阪神地震都有类似报道。采用天然地基的建筑物，液化常常造成建筑物的倾斜或整体倾覆。对于坡地岸边采用桩基的建筑物，可能会造成桩头部位混凝土受到剪压破坏。在软土地区采用天然地基的建筑，地震可能造成震陷，如1976年唐山地震影响到天津，天津汉沽的一些建筑震陷超过600mm。因此，对于一些重要的既有建筑物，可能存在液化或震陷问题时，应按现行国家标准《建筑抗震设计规范》GB 50011进行鉴定和加固。

10.2　地基不均匀变形过大引起事故的补救

10.2.1 软土地基系指主要由淤泥、淤泥质土或其他高压缩性土层构成的地基。这类地基土具有压缩性高、强度低、渗透性弱等特点，因此这类地基的变形特征除了建筑物沉降和不均匀沉降大以外，沉降稳定历时长，所以在选用补救措施时，尚应考虑加固后地基变形问题。此外，由于我国沿海地区的淤泥和淤泥质土一般厚度都较大，因此在采用本条的补救措施时，尚需考虑加固深度以下地基的变形。

10.2.2 湿陷性黄土地基的变形特征是在受水浸湿部位出现湿陷变形，一般变形量较大且发展迅速。在考虑选用补救措施时，首先应估计有无再次浸水的可能性，以及场地湿陷类型和等级，选择相应的措施。在确定加固深度时，对非自重湿陷性黄土场地，宜达到基础压缩层下限；对自重湿陷性黄土场地，宜穿透全部湿陷性土层。

10.2.3 人工填土地基中最常见的地基事故是发生在以黏性土为填料的素填土地基中。这种地基如堆填时间较短，又未经充分压实，一般比较疏松，承载力较低，压缩性高且不均匀，一旦遇水具有较强湿陷性，造成建筑物因大量沉降和不均匀沉降而开裂损坏，所以在采用各种补救措施时，加固深度均应穿透素填土层。

10.2.4 膨胀土是指土中黏粒成分主要由亲水性矿物组成，同时具有显著的吸水膨胀和失水收缩两种变形特性的黏性土。由于膨胀土的胀缩变形是可逆的，随着季节气候的变化，反复失水吸水，使地基不断产生反复升降变形，而导致建筑物开裂损坏。

目前采用胀缩等级来反映胀缩变形的大小，所以在选用补救措施时，应以建筑物损坏程度和胀缩等级作为主要依据。此外，对于建造在坡地上的损坏建筑，要贯彻"先治坡，后治房"的方针，才能取得预期的效果。

10.2.5 土岩组合地基上损坏的建筑主要是由于土层与基岩压缩性相差悬殊，而造成建筑物在土岩交界部位出现不均匀沉降而引起裂缝或损坏。由于土岩组合地基情况较为复杂，所以首先应详细探明地质情况，选用切合实际的补救措施。

10.3　邻近建筑施工引起事故的预防与补救

10.3.1 目前城市用地越来越紧张，建筑物密度也越来越大，相邻建筑施工的影响应引起高度重视，对邻近建筑、道路或管线可能造成影响的施工，主要有桩基施工、基槽开挖、降水等。主要事故有沉降、不均匀沉降、局部裂损、局部倾斜或整体倾斜等。施工前应分析可能产生的影响采用必要的预防措施，当出现事故后应采取补救措施。

10.3.2 在软土地基中进行挤土桩的施工，由于桩的挤土效应，土体产生超静孔隙水压力造成土体侧向挤出，出现地面隆起，可能对邻近既有建筑造成影响时，可以采用排水法（塑料排水板、砂桩或砂井等）、应力释放孔法或隔离沟等来预防对邻近既有建筑的影响，对重要的建筑可设地下挡墙阻挡挤土产生的影响。

10.3.5 人工挖孔桩是一种既简便又经济的桩基施工方法，被广泛地采用，但人工挖孔桩施工对周围影响较大，主要表现在降低地下水位后出现流砂、土的侧向变形等，应分析可能造成的影响并采取相应预防措施。

10.4 深基坑工程引起事故的预防与补救

10.4.1 基坑支护施工过程、基坑支护体系变形、基坑降水、基坑失稳都可能对既有建筑地基基础造成破坏，特别是在深厚淤泥、淤泥质土、饱和黏性土或饱和粉细砂等地层中开挖基坑，极易发生事故，对这类场地和深基坑必须充分重视，对可能发生的危害事故应有分析、有准备、预先做好危害事故的预防措施。

10.4.2 本条为基坑支护设计对既有建筑的保护措施：

2 近年来的一些基坑支护事故表明，如化粪池、污水井、给水排水管线的漏水均能造成基坑的破坏，影响既有建筑的安全。原因一是化粪池、污水井、给水排水管线原来就存在渗漏水现象，周围土体含水量高、强度低，如采用土钉墙支护会造成局部失稳；原因二是基坑水平变形过大，造成管线开裂，水渗透到基坑造成基坑破坏。这些基坑事故都可能危害既有建筑的安全。

3 我国每年都有基坑支护降水造成既有建筑、道路、管线开裂的报道，因此，地下水位较高时，宜避免采用开敞式降水方案，当既有建筑为天然地基时，支护结构应采用帷幕止水方案。

4 锚杆或土钉下穿既有建筑基础时，施工过程对基底土的扰动及浆液凝固前都可能产生沉降，如锚杆的倾斜角偏大则会出现建筑物的倾斜，应尽量避免下穿既有建筑基础。当无法解决锚杆对邻近建筑物的安全造成的影响时，应变更基坑支护方案。

5 基坑工程事故，影响到周边建筑物、构筑物及地下管线，工程损失很大。为了确保基坑及其周边既有建筑的安全，首先要有安全可靠的支护结构方案，其次要重视信息化施工，掌握基坑受力和变形状态，及时发现问题，迅速妥善处理。

10.4.3 基坑降水常引发基坑周边建筑物倾斜、地面或路面下陷开裂等事故，防止的关键在于保持基坑外水位的降深，一般可采取设置回灌井和有效的止水墙等措施。反之，不设回灌井，忽视对水位和邻近建筑物的观测或止水墙工程粗糙漏水，必然导致严重后果。因此，在地下水位较高的场地，地下水处理是保证基坑工程安全的重要技术措施。

10.4.4 在既有建筑附近进行打入式桩基础施工对既有建筑地基基础影响较大，应采取有效措施，保证既有建筑安全。

10.4.5 基坑周边不准修建临时工棚，因为场地坑边的临建工棚对环境卫生、工地施工安全、特别是对基坑安全会造成很大威胁。地表水或雨水渗漏对基坑安全不利，应采取疏导措施。

10.5 地下工程施工引起事故的预防与补救

10.5.1 隔断法是在既有建筑附近进行地下工程施工时，为避免或减少土体位移与变形对建筑物的影响，而在既有建筑与施工地面间设置隔断墙（如钢板桩、地下连续墙、树根桩或深层搅拌桩等墙体）予以保护的方法，国外称侧向托换（lateral underpinning）。墙体主要承受地下工程施工引起的侧向土压力，减少地基差异变形。上海市延安东路外滩天文台由于越江隧道经过其一侧时，就是采用树根桩进行隔断法加固的。

当地下工程施工时，会产生影响范围内的地面建筑物或地下管线的位移和变形，可在施工前对既有建筑的地基基础进行加固，其加固深度应大于地下工程的底面埋置深度，则既有建筑的荷载可直接传递至地下工程的埋置深度以下。

10.5.3 在地下工程施工过程中，为了及时掌握邻近建筑物和地下管线的沉降和水平位移情况，必须及时进行相应的监测。首先需在待测的邻近建筑或地下管线上设置观测点，其数量和位置的确定应能正确反映邻近建筑或地下管线关键点的沉降和位移情况，进行信息化施工。

10.6 地下水位变化过大引起事故的预防与补救

10.6.1 地下水位降低会增大建筑物沉降，造成道路、设备管线的开裂，因此在既有建筑周围大面积降水时，对既有建筑应采取保护措施。当地下水位的上升可能超过抗浮设防水位时，应重新进行抗浮设计验算，必要时应进行抗浮加固。

10.6.2 地下水位下降造成桩周土的沉降，对桩产生负摩阻力，相当于增大了桩身轴力，会增大沉降。

10.6.3 对于一些特殊土，如湿陷性黄土、膨胀土、回填土，地下水位上升都能造成地基变形，应采取预防措施。

11 加 固 方 法

11.1 一 般 规 定

11.1.1 既有建筑地基基础进行加固时，应分析评价由于施工扰动所产生的对既有建筑物附加变形的影响。由于既有建筑物在长期使用下，变形已处于稳定状态，对地基基础进行加固时，必然要改变已有的受力状态，通过加固处理会使新旧地基基础受力重新分配。首先应对既有建筑原有受力体系分析，然后根据加固的措施重新考虑加固后的受力体系。通常可借助于计算机对各种过程进行模拟，而且能对各种工况进行分析计算，对复杂的受力体系有定量的、较全面的了解。这个工作也是最近几年随着电子计算机的广泛应用才得以实现的。

对于有地区经验，可按地区经验评价。

11.1.2 既有地基基础加固对象是已投入使用的建筑

物，在不影响正常使用的前提下达到加固改造目的。新建基础与既有基础连接的变形协调，各种地基基础加固方法的地基变形协调，应在设计要求的条件下通过严格的施工质量控制实现。导坑回填施工应达到设计要求的密实度，保证地基基础工作条件。

锚杆静压桩加固，当采用钢筋混凝土方桩时，顶进至设计深度后即可取出千斤顶，再用 C30 微膨胀早强混凝土将桩与原基础浇筑成整体。当控制变形严格，需施加预应力封桩时，可采用型钢支架托换，而后浇筑混凝土。对钢管桩，应根据工程要求，在钢管内浇筑 C20 微膨胀早强混凝土，最后用 C30 混凝土将桩与原基础浇筑成整体。

抬墙梁法施工，穿过原建筑物的地圈梁，支承于砖砌、毛石或混凝土新基础上。基础下的垫层应与原基础采用同一材料，并且做在同一标高上。浇筑抬墙梁时，应充分振捣密实，使其与地圈梁紧密结合。若抬墙梁采用微膨胀混凝土，其与地圈梁挤密效果更佳。抬墙梁必须达到设计强度，才能拆除模板和墙体。

树根桩在既有基础上钻孔施工，树根桩完成后，在套管与孔之间采用非收缩的水泥浆注满。为了增强套管与水泥浆体之间的荷载传递能力，在套管置入之前，在钢套管上焊上一定间距的钢筋剪力环。树根桩在既有基础上钻孔施工，树根桩完成后，在套管与孔之间采用非收缩的水泥浆注满。

11.1.3 钢管桩表面应进行防腐处理，但实施的效果难于检验，采用增加钢管桩腐蚀量壁厚，较易实施。

11.2 基础补强注浆加固

11.2.1、11.2.2 基础补强注浆加固法的特点是：施工方便，可以加强基础的刚度与整体性。但是，注浆的压力一定要控制，压力不足，会造成基础裂缝不能充满，压力过高，会造成基础裂缝加大。实际施工时应进行试验性补强注浆，结合原基础材料强度和粘结强度，确定注浆施工参数。

注浆施工时的钻孔倾角是指钻孔中心线与地平面的夹角，倾角不应小于 30°，以免钻孔困难。注浆孔布置应在基础损伤检测结果基础上进行，间距不宜超过 2.0m。

封闭注浆孔，对混凝土基础，采用的水泥砂浆强度不应低于基础混凝土强度；对砌体基础，水泥砂浆强度不应低于原基础砂浆强度。

11.3 扩 大 基 础

11.3.2、11.3.3 扩大基础底面积加固的特点是：1.经济；2.加强基础刚度与整体性；3.减少基底压力；4.减少基础不均匀沉降。

对条形基础应按长度 1.5m～2.0m 划分成单独区段，分批、分段、间隔分别进行施工。绝不能在基础全长上挖成连续的坑槽或使坑槽内地基土暴露过久而使原基础产生或加剧不均匀沉降。沿基础高度隔一定距离应设置锚固钢筋，可使加固的新浇混凝土与原有基础混凝土紧密结合成为整体。

当既有建筑的基础开裂或地基基础不满足设计要求时，可采用混凝土套或钢筋混凝土套加大基础底面积，以满足地基承载力和变形的设计要求。

当基础承受偏心受压时，可采用不对称加宽；当承受中心受压时，可采用对称加宽。原则上应保持新旧基础的结合，形成整体。

对加套混凝土或钢筋混凝土的加宽部分，应采用与原基础垫层的材料及厚度相同的夯实垫层，可使加套后的基础与原基础的基底标高和应力扩散条件相同和变形协调。

11.3.4 采用混凝土或钢筋混凝土套加大基础底面积尚不能满足地基承载力和变形等的设计要求时，可将原独立基础改成条形基础；将原条形基础改成十字交叉条形基础或筏形基础；将原筏形基础改成箱形基础。这样更能扩大基底面积，用以满足地基承载力和变形的设计要求；另外，由于加固了基础的刚度，也可减少地基的不均匀变形。

11.3.5、11.3.6 加深基础法加固的特点是：1.经济；2.有效减少基础沉降；3.不得连续或集中施工；4.可以是间断墩式也可以是连续墩式。

加深基础法是直接在基础下挖槽坑，再在坑内浇筑混凝土，以增大原基础的埋置深度，使基础直接支承在较好的持力层上，用以满足设计对地基承载力和变形的要求。其适用范围必须在浅层有较好的持力层，不然会因采用人工挖坑而费工费时又不经济；另外，场地的地下水位必须较低合适，不然人工挖土时会造成邻近土的流失，即使采取相应的降水或排水措施，在施工上也会带来困难，而降水亦会导致对既有建筑产生附加不均匀沉降的隐患。

所浇筑的混凝土墩可以是间断的或连续的，主要取决于被托换的既有建筑的荷载大小和墩下地基土的承载能力及其变形性能。

鉴于施工是采用挖槽坑的方法，所以国外对基础加深法称坑式托换（pit underpinning）；亦因在坑内要浇筑混凝土，故国外对这种施工方法亦有称墩式托换（pier underpinning）。

11.3.7 如果加固的基础跨越较大时，应验算两墩之间能否满足承载力和变形的要求，如计算强度和变形不满足既有建筑原设计的要求，应采取设置过梁措施或采取托换措施，以保证施工中建筑物的安全。

11.3.9 抬墙梁法类似于结构的"托梁换柱法"，因此在采用这种方法时，必须掌握结构的形式和结构荷载的分布，合理地设置梁下桩的位置，同时还要考虑桩与原基础的受力及变形协调。抬墙梁的平面位置应避开一层门窗洞口，不能避开时，应对抬墙梁上的门窗洞口采取加强措施，并应验算梁支承处砖墙的局部承压强度。

11.4 锚杆静压桩

11.4.1 锚杆静压桩是锚杆和静压桩结合形成的桩基施工工艺。它是通过在基础上埋设锚杆固定压桩架，以既有建筑的自重荷载作为压桩反力，用千斤顶将桩段从基础中预留或开凿的压桩孔内逐段压入土中，再将桩与基础连接在一起，从而达到提高基础承载力和控制沉降的目的。

11.4.2、11.4.3 当既有建筑基础承载力不满足压桩所需的反力时，则应对基础进行加固补强；也可采用新浇筑的钢筋混凝土挑梁或抬梁作为压桩的承台。

封桩是锚杆静压桩技术的关键工序，封桩可分别采用不施加预应力的方法及施加预应力的方法。

不施加预应力的方法封桩工序（图7）为：

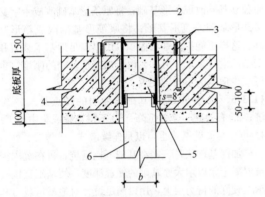

图7 锚杆静压桩封桩节点示意

1—锚固筋（下端与桩焊接，上端弯折后与交叉钢筋焊接）；2—交叉钢筋；3—锚杆（与交叉钢筋焊接）；4—基础；5—C30微膨胀混凝土；6—钢筋混凝土桩

清除压桩孔周围桩帽梁区域内的泥土-将桩帽梁区域内基础混凝土表面清洗干净-清洗压桩孔壁-清除压桩孔内的泥水-焊接交叉钢筋-检查-浇捣C30或C35微膨胀混凝土-检查封桩孔有无渗水。锚固筋不宜少于4Φ14。

对沉降敏感的建筑物或要求加固后制止沉降起到立竿见影效果的建筑物（如古建筑、沉降缝两侧等部位），其封桩可采用预加预应力的方法（图8）。通过预加反力封桩，附加沉降可以减少，收到良好的效果。

具体做法：在桩顶上预加反力（预加反力值一般为1.2倍单桩承载力），此时底板上保留了一个相反的上拔力，由此减少了基底反力，在桩顶预加反力作用下，桩身即形成了一个预加反力区，然后将桩与基础底板浇捣微膨胀混凝土，形成整体，待封桩混凝土硬结后拆除桩顶上千斤顶，桩身有很大的回弹力，从而减少基础的拖带沉降，起到减少沉降的作用。

常用的预加反力装置为一种用特制短反力架，通

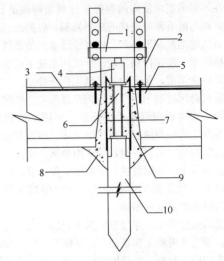

图8 预加反力封桩示意

1—反力架；2—压桩架；3—板面钢筋；4—千斤顶；5—锚杆；6—预加反力钢杆（槽钢或钢管）；7—锚固筋；8—C30微膨胀混凝土；9—压桩孔；10—钢筋混凝土桩

过特制的预加反力短柱，使千斤顶和桩顶起到传递荷载的作用，然后当千斤顶施加要求的反力后，立即浇捣C30或C35微膨胀早强混凝土，当封桩混凝土强度达到设计要求后，拆除千斤顶和反力架。

1）锚杆静压桩对工程地质勘察除常规要求外，应补充进行静力触探试验。

2）压桩施工时不宜数台压桩机同时在一个独立柱基上施工，压桩施工应一次到位。

3）条形基础桩位靠近基础两侧，减少基础的弯矩。独立柱基围绕柱子对称布置，板基、筏基靠近荷载大的部位及基础边缘，尤其角的部位，适应马鞍形基底接触应力分布。

大型锚杆静压桩法可用于新建高层建筑桩基工程中经常遇到的类似断桩、缩径、偏斜、接头脱开等质量事故工程，以及既有高层建筑的使用功能改变或裙房区的加层等基础托换加固工程。

在加固工程中硫磺胶泥是一种常用的连接材料，下面对硫磺胶泥的配合比和主要物理力学性能指标简单介绍。

1 硫磺胶泥的重量配合比为：硫磺：水泥：砂：聚硫橡胶（44：11：44：1）。

2 硫磺胶泥的主要物理性能如下：

1）热变性：硫磺胶泥的强度与温度的关系：在60℃以内强度无明显影响；120℃时变液态且随着温度的继续升高，由稠变稀；到140℃～145℃时，密度最大且和易性最好；170℃时开始沸腾；超过180℃开始焦化，且遇明火即燃烧。

2）重度：22.8kN/m³～23.2kN/m³。

3）吸水率：硫磺胶泥的吸水率与胶泥制作质

量、重度及试件表面的平整度有关，一般为 0.12%～0.24%。

  4）弹性模量：$5×10^4$ MPa。

  5）耐酸性：在常温下耐盐酸、硫酸、磷酸、40% 以下的硝酸、25% 以下的铬酸、中等浓度乳酸和醋酸。

3 硫磺胶泥的主要力学性能要求如下：

  1）抗拉强度：4MPa；

  2）抗压强度：40MPa；

  3）抗折强度：10MPa；

  4）握裹强度：与螺纹钢筋为 11MPa；与螺纹孔混凝土为 4MPa；

  5）疲劳强度：参照混凝土的试验方法，当疲劳应力比 ρ 为 0.38 时，疲劳强度修正系数为 $\gamma_p > 0.8$。

11.5 树 根 桩

11.5.1 树根桩也称为微型桩或小桩，树根桩适用于各种不同的土质条件，对既有建筑的修复、增层、地下铁道的穿越以及增加边坡稳定性等托换加固都可应用，其适用性非常广泛。

11.5.2 树根桩设计时，应对既有建筑的基础进行有关承载力的验算。当不满足要求时，应先对原基础进行加固或增设新的桩承台。树根桩的单桩竖向承载力可按载荷试验得到，也可按国家现行标准《建筑地基基础设计规范》GB 50007 有关规定结合地区经验估算，但应考虑既有建筑的地基变形条件的限制和考虑桩身材料强度的要求。设计人员要根据被加固建筑物的具体条件，预估既有建筑所能承受的最大沉降量。在载荷试验中，可由荷载-沉降曲线上求出相应允许沉降量的单桩竖向承载力。

11.5.3 树根桩的施工由于采用了注浆成桩的工艺，根据上海经验通常有 50% 以上的水泥浆液注入周围土层，从而增大了桩侧摩阻力。树根桩施工可采用二次注浆工艺。采用二次注浆可提高桩极限摩阻力的 30%～50%。由于二次注浆通常在某一深度范围内进行，极限摩阻力的提高仅对该土层范围而言。

  如采用二次注浆，则需待第一次注浆的浆液初凝时方可进行。第二次注浆压力必须克服初凝浆液的凝聚力并剪裂周围土体，从而产生劈裂现象。浆液的初凝时间一般控制在 45min～60min 范围，而第二次注浆的最大压力一般不大于 4MPa。

  拔管后孔内混凝土和浆液面会下降，当表层土质松散时会出现浆液流失现象，通常的做法是立即在桩顶填充碎石和补充注浆。

11.5.4 树根桩试块取自成桩后的桩顶混凝土，按现行国家标准《混凝土结构设计规范》GB 50010，试块尺寸为 150mm 立方体，其强度等级由 28d 龄期的用标准试验方法测得的抗压强度值确定。树根桩

静载荷试验可参照混凝土灌注桩试验方法进行。

11.6 坑式静压桩

11.6.1 坑式静压桩是采用既有建筑自重做反力，用千斤顶将桩段逐段压入土中的施工方法。千斤顶上的反力梁可利用原有基础下的基础梁或基础板，对无基础梁或基础板的既有建筑，则可将底层墙体加固后再进行坑式静压桩施工。这种对既有建筑地基的加固方法，国外称压入桩（jacked piles）。

  当地基土中含有较多的大块石、坚硬黏性土或密实的砂土夹层时，由于桩压入时难度较大，需要根据现场试验确定其适用与否。

11.6.2 国内坑式静压桩的桩身多数采用边长为 150mm～250mm 的预制钢筋混凝土方桩，亦有采用桩身直径为 100mm～600mm 开口钢管，国外一般不采用闭口的或实体的桩，因为后者顶进时属挤土桩，会扰动桩周的土，从而使桩周土的强度降低；另外，当桩端下遇到障碍时，则桩身就无法顶进。开口钢管桩的顶进对桩周土的扰动影响相对较小，国外使用钢管的直径一般为 300mm～450mm，如遇漂石，亦可用锤击破碎或用冲击钻头钻除，但一般不采用爆破方法。

  桩的平面布置都是按基础或墙体中心轴线布置的，同一个施工坑内可布置 1～3 根桩，绝大部分工程都是采用单桩和双桩。只有在纵横墙相交部位的施工坑内，横墙布置 1 根和纵墙 2 根形成三角的 3 根静压桩。

11.6.3 由于压桩过程中是动摩擦力，因此压桩力达 2 倍设计单桩竖向承载力特征值相应的深度土层内，对于细粒土一般能满足静载荷试验时安全系数为 2 的要求；遇有碎石土，卵石土粒径较大的夹层，压入困难时，应采取掏土、振动等技术措施，保证单桩承载力。

  对于静压桩与基础梁（或板）的连接，一般采用木模或临时砖模，再在模内浇灌 C30 混凝土，防止混凝土干缩与基础脱离。

  为了消除静压桩顶进至设计深度后，取出千斤顶时桩身的卸载回弹，可采用克服或消除这种卸载回弹的预应力方法。其做法是预先在桩顶上安装钢制托换支架，在支架上设置两台并排的同吨位千斤顶，垫好垫块后同步至压桩终止压力后，将已截好的钢管或工字钢的钢柱塞入桩顶与原基础底面间，并打入钢楔挤紧后，千斤顶同步卸荷至零，取出千斤顶，拆除托换支架，对填塞钢柱的上下两端周边均焊牢，最后用 C30 混凝土将其与原基础浇筑成整体。

  封桩可根据要求采用预应力法或非预应力法施工。施工工艺可参考第 11.4 节锚杆静压桩封桩方法。

11.7 注 浆 加 固

11.7.1 注浆加固（grouting）亦称灌浆法，是指利

用液压、气压或电化学原理，通过注浆管把浆液注入地层中，浆液以填充、渗透和挤密等方式，将土颗粒或岩石裂隙中的水分和空气排除后占据其位置，经一定时间后，浆液将原来松散的土粒或裂隙胶结成一个整体，形成一个结构新、强度大、防水性能高和化学稳定性良好的"结石体"。

注浆加固的应用范围有：

1 提高地基土的承载力、减少地基变形和不均匀变形。

2 进行托换技术，对古建筑的地基加固常用。

3 用以纠倾和抬升建筑。

4 用以减少地铁施工时的地面沉降，限制地下水的流动和控制施工现场土体的位移等。

11.7.2 注浆加固的效果与注浆材料、地基土性质、地下水性质关系密切，应通过现场试验确定加固效果，施工参数，注浆材料配比、外加剂等，有经验的地区应结合工程经验进行设计。注浆加固设计依加固目的，应满足土的强度、渗透性、抗剪强度等要求，加固后的地基满足均匀性要求。

11.7.3 浆液材料可分为下列几类（图9）：

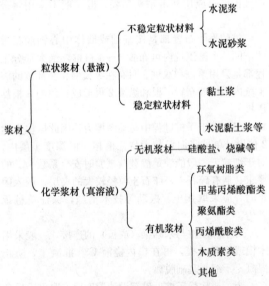

图9 浆液材料

注浆按工艺性质分类可分为单液注浆和双液注浆。在有地下水流动的情况下，不应采用单液水泥浆，而应采用双液注浆，及时凝结，以免流失。

初凝时间是指在一定温度条件下，浆液混合剂到丧失流动性的这一段时间。在调整初凝时间时必须考虑气温、水温和液温的影响。单液注浆适合于凝固时间长，双液注浆适合于凝固时间短。

假定软土的孔隙率 $n = 50\%$，充填率 $\alpha = 40\%$，故浆液注入率约为20%。

若注浆点上覆盖土厚度小于2m，则较难避免注浆初期产生"冒浆"现象。

按浆液在土中流动的方式，可将注浆法分为三类：

1 渗透注浆

浆液在很小的压力下，克服地下水压、土粒孔隙间的阻力和本身流动的阻力，渗入土体的天然孔隙，并与土粒骨架产生固化反应，在土层结构基本不受扰动和破坏的情况下达到加固的目的。

渗透注浆适用于渗透系数 $k > 10^{-4}$ cm/s 的砂性土。

2 劈裂注浆

当土的渗透系数 $k < 10^{-4}$ cm/s，应采用劈裂注浆，在劈裂注浆中，注浆管出口的浆液对周围地层施加了附加压应力，使土体产生剪切裂缝，而浆液则沿裂缝面劈裂。当周围土体是非匀质体时，浆液首先劈入强度最低的部分土体。当浆液的劈裂压力增大到一定程度时，再劈入另一部分强度较高的部分土体，这样劈入土体中的浆液便形成了加固土体的网络或骨架。

从实际加固地基开挖情况看，浆液的劈裂途径有竖向的、斜向的和水平向的。竖向劈裂是由土体受到扰动而产生的竖向裂缝；斜向的和水平向的劈裂是浆液沿软弱的或夹砂的土层劈裂而形成的。

3 压密注浆

压密注浆是指通过钻孔在土中灌入极浓的浆液，在注浆点使土体压密，在注浆管端部附近形成"浆泡"，当浆泡的直径较小时，灌浆压力基本上沿钻孔的径向扩展。随着浆泡尺寸的逐渐增大，便产生较大的上抬力而使地面抬动。浆泡的形状一般为球形或圆柱形。浆泡的最后尺寸取决于土的密度、湿度、力学条件、地表约束条件、灌浆压力和注浆速率等因素。离浆泡界面0.3m～2.0m内的土体都能受到明显的加密。评价浆液稠度的指标通常是浆液的坍落度。如采用水泥砂浆浆液，则坍落度一般为25mm～75mm，注浆压力为1MPa～7MPa。当坍落度较小时，注浆压力可取上限值。

渗透、劈裂和压密一般都会在注浆过程中同时出现。

"注浆压力"是指浆液在注浆孔口的压力，注浆压力的大小取决于以上三种注浆方式的不同、土性的不同和加固设计要求的不同。

由于土层的上部压力小，下部压力大，浆液就有向上抬高的趋势。灌注深度大，上抬不明显，而灌注深度浅，则上抬较多，甚至溢到地面上来，此时可用多孔间歇注浆法，亦即让一定数量的浆液灌注入上层孔隙大的土中后，暂停工作让浆液凝固，这样就可把上抬的通道堵死；或者加快浆液的凝固时间，使浆液（双液）出注浆管就凝固。

11.7.4 注浆压力和流量是施工中的两个重要参数，任何注浆方式均应有压力和流量的记录。自动流量和压力记录仪能随时记录并打印出注浆过程中的流量和压力值。

在注浆过程中，对注浆的流量、压力和注浆总流量中，可分析地层的空隙、确定注浆的结束条件、预测注浆的效果。

注浆施工方法较多，以上海地区而论最为常用的是花管注浆和单向阀管注浆两种施工方法。对一般工程的注浆加固，还是以花管注浆作为注浆工艺的主体。

花管注浆的注浆管在头部 1m～2m 范围内侧壁开孔，孔眼为梅花形布置，孔眼直径一般为 3mm～4mm。注浆管的直径一般比锥尖的直径小 1mm～2mm。有时为防止孔眼堵塞，可在开口的孔眼外再包一圈橡皮环。

为防止浆液沿管壁上冒，可加一些速凝剂或压浆后间歇数小时，使在加固层表面形成一层封闭层。如在地表有混凝土之类的硬壳覆盖的情况，也可将注浆管一次压到设计深度，再由而下而上分段施工。

花管注浆工艺虽简单，成本低廉，但其存在的缺点是：1 遇卵石或块石层时沉管困难；2 不能进行二次注浆；3 注浆时易于冒浆；4 注浆深度不及塑料单向阀管。

注浆时可采用粉煤灰代替部分水泥的原因是：

1 粉煤灰颗粒的细度比水泥还细，及其占优势的球形颗粒，使比仅含有水泥和砂的浆液更容易泵送，用粉煤灰代替部分水泥或砂，可保持浆体的悬浮状态，以免发生离析和减少沉积来改善可泵性和可灌性。

2 粉煤灰具有火山灰活性，当加入到水泥中可增加胶结性，这种反应产生的粘结力比水泥砂浆间的粘结更为坚固。

3 粉煤灰含有一定量的水溶性硫酸盐，增强了水泥浆的抗硫酸盐性。

4 粉煤灰掺入水泥的浆液比一般水泥浆液用的水少，而通常浆液的强度与水灰比有关，它随水的减少而增加。

5 使用粉煤灰可达到变废为宝，具有社会效益，并节约工程成本。

每段注浆的终止条件为吸浆量小于 1L/min～2L/min。当某段注浆量超过设计值的 1 倍～1.5 倍时，应停止注浆，间歇数小时后再注，以防浆液扩到加固段以外。

为防止邻孔串浆，注浆顺序应按跳孔间隔注浆方式进行，并宜采用先外围后内部的注浆施工方法，以防浆液流失。当地下水流速较大时，应考虑浆液在水流中的迁移效应，应从水头高的一端开始注浆。

在浆液进行劈裂的过程中，产生超孔隙水压力，孔隙水压力的消散使土体固结和劈裂浆体的凝结，从而提高土的强度和刚度。但土层的固结要引起土体的沉降和位移。因此，土体加固的效应与土体扰动的效应是同时发展的过程，其结果是导致加固土体的效应和某种程度土体的变形，这就是单液注浆的初期会产生地基附加沉降的原因。而多孔间隔注浆和缩短浆液凝固时间等措施，能尽量减少既有建筑基础因注浆而产生的附加沉降。

11.7.5 注浆施工质量高不等于注浆效果好，因此，在设计和施工中，除应明确规定某些质量指标外，还应规定所要达到的注浆效果及检查方法。

1 计算灌浆量，可利用注浆过程中的流量和压力曲线进行分析，从而判断注浆效果。

2 由于浆液注入地层的不均匀性，采用地球物理检测方法，实际上存在难以定量和直接反映的缺点。标准贯入、轻型动力触探和静力触探的检测方法，简单实用，但它存在仅能反映取样点的加固效果的特点，因此对地基注浆加固效果评价的检查数量应满足统计要求，检验标准应通过现场试验对比校核使用。

3 检验点的数量和合格的标准除应按规范条文执行外，对不足 20 孔的注浆工程，至少应检测 3 个点。

11.8 石 灰 桩

11.8.1 石灰桩是由生石灰和粉煤灰（火山灰或其他掺合料）组成的加固体。石灰桩对环境具有一定的污染，在使用时应充分论证对环境要求的可行性和必要性。

石灰桩对软弱土的加固作用主要有以下几个方面：

1 成孔挤密：其挤密作用与土的性质有关。在杂填土中，由于其粗颗粒较多，故挤密效果较好；黏性土中，渗透系数小的，挤密效果较差。

2 吸水作用：实践证明，1kg 纯氧化钙消化成为熟石灰可吸水 0.32kg。对石灰桩桩体，在一般压力下吸水量约为桩体体积的 65%～70%。根据石灰桩吸水总量等于桩间土降低的水总量，可得出软土含水量的降低值。

3 膨胀挤密：生石灰具有吸水膨胀作用，在压力 50kPa～100kPa 时，膨胀量为 20%～30%，膨胀的结果使桩周土挤密。

4 发热脱水：1kg 氧化钙在水化时可产生 280cal 热量，桩身温度可达 200℃～300℃，使土产生一定的气化脱水，从而导致土中含水量下降、孔隙比减小、土颗粒靠拢挤密，在所加固区的地下水位也有一定的下降，并促使某些化学反应形成，如水化硅酸钙的形成。

5 离子交换：软土中钠离子与石灰中的钙离子发生置换，改善了桩间土的性质，并在石灰桩表层形成一个强度很高的硬层。

以上这些作用，使桩间土的强度提高、对饱和粉土和粉细砂还改善了其抗液化性能。

6 置换作用：软弱土为强度较高的石灰桩所代替，从而增加了复合地基承载力，其复合地基承载力的大小，取决于桩身强度与置换率大小。

11.8.2 石灰桩桩径主要取决于成孔机具，目前使用的桩管常用的有直径 325mm 和 425mm 两种；用人工洛阳铲成孔的一般为 200mm～300mm，机动洛阳铲成孔的直径可达 400mm～600mm。

石灰桩的桩距确定，与原地基土的承载力和设计要求的复合地基承载力有关，一般采用 2.5 倍～3.5 倍桩径。根据山西省的经验，采用桩距 3.0 倍～3.5 倍桩径的，地基承载力可提高 0.7 倍～1.0 倍；采用桩距 2.5 倍～3.0 倍桩径的，地基承载力可提高 1.0 倍～1.5 倍。

桩的布置可采用三角形或正方形，而采用等边三角形布置更为合理，它使桩周土的加固较为均匀。

桩的长度确定，应根据地质情况而定，当软弱土层厚度不大时，桩长宜穿过软弱土层，也可先假定桩长，再对软弱下卧层强度和地基变形进行验算后确定。

石灰桩处理范围一般要超出基础轮廓线外围 1 排～2 排，是基底压力向外扩散的需要，另外考虑基础边桩的挤密效果较差。

11.8.4 石灰桩施工记录是评估施工质量的重要依据，结合抽检结果可作出质量检验评价。

通过现场原位测试的标准贯入、静力触探以及钻孔取样进行室内试验，检测石灰桩施工质量及其周围土的加固效果。桩周土的测试点应布置在等边三角形或正方形的中心，因为该处挤密效果较差。

11.9 其他地基加固方法

11.9.1 旋喷桩是利用钻机钻进至土层的预定位置后，以高压设备通过带有喷嘴的注浆管使浆液以 20MPa～40MPa 的高压射流从喷嘴中喷射出来，冲击破坏土体，同时钻杆以一定速度渐渐向上提升，将浆液与土粒强制搅拌混合，浆液凝固后，在土中形成固结加固体。

固结加固体形状与喷射流移动方向有关。一般分为旋转喷射（简称旋喷）、定向喷射（简称定喷）和摆动喷射（简称摆喷）三种形式。托换加固中一般采用旋转喷射，即旋喷桩。当前，高压喷射注浆法的基本工艺类型有：单管法、二重管法、三重管法和多重管法等四种方法。

旋喷固结体的直径大小与土的种类和密实程度有较密切的关系。对黏性土地基加固，单管旋喷注浆加固体直径一般为 0.3m～0.8m；三重管旋喷注浆加固体直径可达 0.7m～1.8m；二重管旋喷注浆加固体直径介于上述二者之间。多重管旋喷直径为 2.0m～4.0m。

一般在黏性土和黄土中的固结体，其抗压强度可达 5MPa～10MPa，砂类土和砂砾层中的固结体其抗压强度可达 8MPa～20MPa。

11.9.2 灰土挤密桩适应于无地下水的情况下，其特点是：1 经济；2 灵活性、机动性强；3 施工简单，施工作业面小等。灰土挤密桩法施作时一定要对称施工，不得使用生石灰与土拌合，应采用消解后的石灰，以防灰料膨胀不均匀造成基础拉裂。

11.9.3 水泥土搅拌桩由于设备较大，一般不用于既有建筑物基础下的地基加固。在相邻建筑施工时，要考虑其挤土效应对相邻基础的影响。

11.9.4 化学灌浆的特点是适应性比较强，施工作业面小，加固效果比较快。但是，这种方法对地下水有一定的污染，当施工场地位于饮水源、河流、湖泊、鱼池等附近时，对注浆材料和浆液配比要严格控制。

11.9.6 人工挖孔混凝土灌注桩的特点就是能提供大的承载能力，同时易于检查持力层的土质情况是否符合设计要求。缺点是施工作业面要求大，施工过程容易扰动周边的土。该方法应在保证安全的条件下实施。

12 检验与监测

12.1 一般规定

12.1.1 地基基础加固施工后，应按设计要求及现行国家标准《建筑地基基础工程施工质量验收规范》GB 50202 的规定进行施工质量检验。对于有特殊要求或国家标准没有具体要求的，可按设计要求或专门制定针对加固项目的检验标准及方法进行检验。

12.1.2 地基基础加固工程应在施工期间进行监测，根据监测结果采取调整既有建筑地基基础加固设计或施工方案的技术措施。

12.2 检 验

12.2.1 基槽检验是重要的施工检验程序，应按隐蔽工程要求进行。

12.2.2 新旧结构构件的连接构造应进行检验，提供隐蔽工程检验报告。

12.2.3 对基础钻芯取样，可采用目测方法检验浆液的扩散半径、浆液对基础裂缝的填充效果；尚应进行抗压强度试验测定注浆后基础的强度。钻芯取样数量，对条形基础宜每隔 5m～10m，或每边不少于 3 个，对独立柱基础，取样数可取 1 个～2 个，取样孔宜布置在两个注浆孔中间的位置。

12.2.7 复合地基加固可在原基础上开孔并对既有建筑基础下地基进行加固，也可用于扩大基础加固中既有建筑基础外的地基加固，或两者联合使用。但在原基础内实施难度较大，目前实际工程不多。对于扩大基础加固施工质量的检验，可根据场地条件按《建筑地基处理技术规范》JGJ 79 的要求确定检验方法。

12.3 监　测

12.3.1、12.3.2 基槽开挖和施工降水等可能对周边环境造成影响，为保证周边环境的安全和正常使用，应对周边建筑物、管线的变形及地下水位的变化等进行监测。

12.3.4、12.3.5 纠倾加固施工，当各点的顶升量和迫降量不一致时，可能造成结构产生新的裂损，应对结构的变形和裂缝进行监测，根据监测结果进行施工控制。

12.3.6 移位施工过程中，当建筑物处于新旧基础交接处时，由于新旧基础的地基变形不同，可能造成建筑物产生新的损害，因此应对建筑物的变形、裂缝等进行监测。

12.3.7 托换加固要改变结构或地基的受力状态，施工时应对建筑的沉降、倾斜、开裂进行监测。

12.3.8 注浆加固施工会引起建筑物附加沉降，应在施工期间进行建筑物沉降监测。视沉降发展速率，施工后的一段时间也应进行沉降监测。

12.3.9 采用加大基础底面积加固法、加深基础加固法对基础进行加固时，当开挖施工槽段内结构在加固前已产生裂缝或加固施工时产生裂缝或变形时，应对开挖施工槽段内结构的变形和裂缝情况进行监测，确保安全。

中华人民共和国行业标准

城市人行天桥与人行地道技术规范

Technical specifications of urban
pedestrian overcrossing and underpass

CJJ 69—95

主编部门：北京市市政工程研究院
批准部门：中华人民共和国建设部
施行日期：1996年9月1日

关于发布行业标准
《城市人行天桥与人行地道技术规范》的通知

建标〔1996〕144 号

根据建设部建标〔1990〕407 号文的要求，由北京市市政工程研究院主编的《城市人行天桥与人行地道技术规范》，业经审查，现批准为行业标准，编号 CJJ 69—95，自 1996 年 9 月 1 日起施行。

本规范由建设部城镇道路桥梁标准技术归口单位北京市市政设计研究院负责归口管理，具体解释等工作由主编单位负责，由建设部标准定额研究所组织出版。

中华人民共和国建设部
1996 年 3 月 14 日

目　次

1 总 则

1.0.1 为了统一城市人行天桥与人行地道标准（以下简称"天桥"与"地道"），使工程达到适用、安全、经济、美观，制定本规范。

1.0.2 本规范适用于城市中跨越或下穿道路的天桥或地道的设计与施工。郊区公路、厂矿及居住区的天桥与地道可参照使用。

1.0.3 天桥与地道的设计与施工应符合下列要求：

1.0.3.1 天桥与地道设计应符合城市规划布局的要求，应从工程环境出发，根据总体交通功能进行选型。

1.0.3.2 从实际出发，因地制宜，应积极采用新结构、新工艺、新技术。

1.0.3.3 结构应满足运输、安装和使用过程中强度、刚度和稳定性要求。

1.0.3.4 结构设计应与施工工艺统筹考虑，宜采用工厂预制的装配式结构。

1.0.3.5 应按适用、经济、美观相结合的原则确定装饰标准。

1.0.3.6 应符合防火、防电、防腐蚀、抗震等安全要求。

1.0.3.7 应限制结构振动对行人舒适感、安全感的不利影响。

1.0.3.8 选择施工工艺、制定施工组织方案时，应以少扰民、少影响正常交通为原则，做到安全、文明、快速施工。

1.0.4 天桥与地道的设计与施工，除应符合本规范外，在防火、防爆、防电、防腐蚀等方面尚应符合国家现行有关标准、规范的规定。

2 一般规定

2.1 设计通行能力

2.1.1 天桥与地道的设计通行能力应符合表2.1.1的规定：

天桥、地道设计通行能力 表2.1.1

类 别	天桥、地道 [P/（h·m）]	车站、码头的前的天桥、地道 [P/（h·m）]
设计通行能力	2400	1850

注：P/（h·m）为人/（小时·米），以下同。

2.1.2 天桥与地道设计通行能力的折减系数应符合下列规定：

2.1.2.1 全市性的车站、码头、商场、剧院、影院、体育馆（场）、公园、展览馆及市中心区行人集中的天桥（地道）计算设计通行能力的折减系数为0.75。

2.1.2.2 大商场、商店、公共文化中心及区中心等行人较多的天桥（地道）计算设计通行能力的折减系数为0.8。

2.1.2.3 区域性文化中心地带行人多的天桥（地道）计算设计通行能力折减系数为0.85。

2.2 净 宽

2.2.1 天桥与地道的通道净宽应符合下列规定：

2.2.1.1 天桥与地道的通道净宽，应根据设计年限内高峰小时人流量及设计通行能力计算。

2.2.1.2 天桥桥面净宽不宜小于3m，地道通道净宽不宜小于3.75m。

2.2.2 天桥与地道每端梯道或坡道的净宽之和应大于桥面（地

道）的净宽1.2倍以上。梯（坡）道的最小净宽为1.8m。

2.2.3 考虑兼顾自行车推车通过时，一条推车带宽按1m计，天桥或地道净宽按自行车流量计算增加通道净宽，梯（坡）道的最小净宽为2m。

2.2.4 考虑推自行车的梯道，应采用梯道带坡道的布置方式，一条坡道宽度不宜小于0.4m，坡道位置视方便推车流向设置。

2.3 净 高

2.3.1 天桥桥下净高应符合下列规定：

2.3.1.1 天桥桥下为机动车道时，最小净高为4.5m，行驶电车时，最小净高为5.0m。

2.3.1.2 跨铁路的天桥，其桥下净高应符合现行国标《标准轨距铁路建筑界限》的规定。

2.3.1.3 天桥桥下为非机动车道时，最小净高为3.5m，如有从道路两侧的建筑物内驶出的普通汽车需经桥下非机动车道通行时，其最小净高为4.0m。

2.3.1.4 天桥、梯道或坡道下面为人行道时，净高为2.5m，最小净高为2.3m。

2.3.1.5 考虑维修或改建道路可能提高路面标高时，其净高应适当提高。

2.3.2 地道的最小净高应符合下列规定：

2.3.2.1 地道通道的最小净高为2.5m。

2.3.2.2 地道梯道踏步中间位置的最小垂直净高为2.4m，坡道的最小垂直净高为2.5m，极限为2.2m。

2.3.3 天桥桥面净高应符合下列规定：

2.3.3.1 最小净高为2.5m。

2.3.3.2 各级架空电缆与天桥、梯（坡）道面最小垂直距离应符合表2.3.3规定。

天桥、梯道、坡道与各级电压电力线间最小垂直距离表
表2.3.3

最小 垂直距离 （m） 地区	线路电压 （kV）	配电线		送电线		
	1以下	1～10	35	60～110	154～220	330
居民区	6.0	6.5	7.0	7.0	7.5	8.5
非居民区	5.0	5.5	6.0	6.0	6.5	7.5

2.4 设计原则

2.4.1 天桥与地道设计布局应结合城市道路网规划，适应交通的需要，并应考虑由此引起附近范围内人行交通所发生的变化，且对此种变化后的步行交通进行全面规划设计。属于下列情况之一时，可设置天桥或地道。其中机动车交通量应按每小时当量小汽车交通量（辆/时，即pcu/h）计。

2.4.1.1 进入交叉口总人流量达到18000P/h，或交叉口的一个进口横过马路的人流量超过5000P/h，且同时在交叉口一个进口或路段上双向当量小汽车交通量超过1200pcu/h。

2.4.1.2 进入环形交叉口总人流量达18000P/h时，且同时进入环形交叉口的当量小汽车交通量达2000pcu/h时。

2.4.1.3 行人横过市区封闭式道路或快速干道或机动车道宽度大于25m时，可每隔300～400m应设一座。

2.4.1.4 铁路与城市道路相交道口，因列车通过一次阻塞人流超过1000人次或道口关闭时间超过15min时。

2.4.1.5 路段上双向当量小汽车交通量达1200pcu/h，或过街行人超过5000P/h。

2.4.1.6 有特殊需要可设专用过街设施。

2.4.1.7 复杂交叉路口，机动车行车方向复杂，对行人有明显危险处。

2.4.2 天桥或地道的选择应根据城市道路规划，结合地上地下管线、市政公用设施现状、周围环境、工程投资以及建成后的维护条件等因素做方案比较。地震多发地区宜考虑地道方案。

2.4.3 规划天桥与地道应以规划人流量及其主要流向为依据，在考虑自行车过天桥地道时，还应依据自行车流量和流向，因地制宜采取交通管理措施，保障行人交通安全和交通连续性。并做出有利于逐步形成步行系统的总体布局。

2.4.4 天桥与地道在路口的布局应从路口总体交通和建筑艺术等角度统一考虑，以求最大综合效益。

2.4.5 天桥与地道的设置应与公共车辆站点结合，还应有相应的交通管理措施。在天桥和地道附近布置交通护栏、交通岛、各种交通标志、标线、交通信号灯及其他设施。

2.4.6 天桥与地道的布局既要利于提高行人过街安全度，又要提高机动车道的通行能力。地面梯口不应占人行步道的空间，特殊困难处，人行步道至少应保留1.5m宽，应与附近大型公共建筑出入口结合，并在出入口留有人流集散用地。

2.4.7 天桥与地道设计要为文明快速施工创造条件，宜采用预制装配结构，在需要维持地面正常交通时地道应避免大开挖的施工方法。

2.4.8 天桥的建筑艺术应与周围建筑景观协调，主体结构的造型要简洁明快通透，除特殊需要处不宜过多装修。

2.4.9 天桥与地道可与商场、文体场（馆）、地铁车站等大型人流集散点直接连通以发挥疏导人流的功能。

2.5 构造要求

2.5.1 天桥与地道的结构应符合以下要求：

2.5.1.1 结构在制造、运输、安装和使用过程中，应具有规定的强度、刚度、稳定性和耐久性。

2.5.1.2 应从设计和施工工艺上减小结构的附加应力和局部应力。

2.5.1.3 结构形式应便于制造、运输、安装、施工和养护。

2.5.2 天桥上部结构，由人群荷载计算的最大竖向挠度，不应超过下列允许值：

梁板式主梁跨中　　　　$L/600$
梁板式主梁悬臂端　　　$L_1/300$
桁架、拱　　　　　　　$L/800$

注：L为计算跨径；L_1为悬臂长度。

2.5.3 天桥主梁结构应设置预拱度，其值采用结构重力和人群荷载所产生的竖向挠度，并应做成圆滑曲线。当结构重力和人群荷载产生的向下挠度不超过跨径的1/1600时，可不设预拱度。

2.5.4 为避免共振，减少行人不安全感，天桥上部结构竖向自振频率不应小于3Hz。

2.5.5 天桥、地道及梯（坡）面的铺装应符合平整、防滑、排水、无噪音、便于养护的要求。

2.5.6 天桥结构应视需要设置伸缩装置以适应结构端部线位移和角位移需要。伸缩装置应选用止水型的。

2.5.7 地道结构，以汽车荷载（不计冲击力）计算的最大挠度不应超过$L/600$。

注：用平板挂车或履带车荷载验算时，上述允许挠度可增加20%。

2.5.8 地道结构应视地质情况及结构受力需要设置沉降缝和变形缝。对沉降缝、变形缝和施工缝应做止水设计。采取设止水带等防水措施。

2.5.9 封闭式天桥与地道根据需要应有通风、排水和防护措施。

2.6 附属设施

2.6.1 天桥必须设桥下限高的交通标志，并应符合下列要求：

2.6.1.1 限高标志应放置在驾驶人员和行人最容易看到，并能准确判读的醒目位置。

2.6.1.2 限高标志的限高高度，应根据桥下净高、当地通行的

车辆种类和交叉情况等因素而定。天桥桥下限高标志数应比设计净高小0.5m。

2.6.1.3 限高标志牌应由交通管理部门统一规定。

2.6.1.4 限高标志牌的构造及设置应符合下列要求：

（1）限高标志可直接安装在天桥桥孔正中央或前进方向的右侧；

（2）标志牌所用的材料及构造由交通管理部门统一规定。

2.6.2 天桥与地道的导向标志，应设置在天桥、地道入口处及分叉口处。

2.6.3 在天桥与地道的地面梯道（坡道）口附近一定范围内，为引导行人经由天桥与地道过街，应设置地面导向护栏，护栏断口宜与天桥或地道两侧附近交叉路口的地形相结合，护栏连续长度不宜太短，每侧长度一般为50～100m，护栏除要求坚固外，其形式、颜色还应与周围环境相协调。

2.6.4 当天桥上方的架空线距桥面不足安全距离时，为确保安全，桥上应设置安全防护罩，安全防护罩距桥面的距离不宜小于2.5m。

2.6.5 天桥桥面或梯面必须有平整、粗糙、耐磨的防滑措施。多雨雪地区，天桥可加顶棚。

2.6.6 在地道两端，应设置消火栓，配备消防器材。在长地道内，应按有关消防规范，设置消防措施和急救通讯装置。

2.6.7 在设计人流量大或较长的重要地道时，应设置管理和维护专用设施。

2.6.8 天桥或地道结构不得敷设高压电缆、煤气管和其他可燃、易爆、有毒或有腐蚀性液（气）体管道过街。

3 天桥设计

3.1 荷 载

3.1.1 天桥设计荷载分类应符合表3.1.1的规定。

3.1.2 天桥设计，应根据可能同时出现的作用荷载，选择下列荷载组合：

组合Ⅰ：基本可变荷载与永久荷载的一种或几种相组合。

组合Ⅱ：基本可变荷载与永久荷载的一种或几种与其他可变荷载的一种或几种相组合。

组合Ⅲ：基本可变荷载与永久荷载的一种或几种与偶然荷载中的汽车撞击力相组合。

组合Ⅳ：天桥施工阶段的验算，应根据可能出现的施工荷载（如结构重力、脚手架、材料机具、人群、风力等）进行组合。

构件在吊装时，构件重力应乘以动力系数1.2或0.85，并可视构件具体情况做适当增减。

组合Ⅴ：结构重力、1kN/m²人群荷载、预应力中的一种或几种与地震力相组合。

荷载分类表　　　　　　表3.1.1

编号	荷载分类		荷 载 名 称
1	永久荷载 （恒载）		结构重力
2			预加应力
3			混凝土收缩及徐变影响力
4			基础变位影响力
5			水的浮力
6	可变荷载	基本可变荷载 （活载）	人 群
7			
8		其他可变荷载	风 力
			雪重力
			温度影响力
9	偶然荷载		地震力
10			汽车撞击力

注：如构件主要为承受某种其他可变荷载而设置，则计算该构件时，所承受荷载作为基本可变荷载。

3.1.3 人群设计荷载值及计算式应符合下列规定：

3.1.3.1 人行桥面板及梯（坡）道面板的人群荷载按5kPa或1.5kN竖向集中力作用在一块构件上计算。

3.1.3.2 梁、桁、拱及其他大跨结构，采用下列公式计算：

当加载长度为20m以下（包括20m）时

$$W = 5 \cdot \frac{20 - B}{20} \text{(kPa)} \qquad (3.1.3-1)$$

当加载长度为21～100m（100m以上同100m）时

$$W = \left(5 - 2 \cdot \frac{L - 20}{80}\right)\left(\frac{20 - B}{20}\right) \text{(kPa)} \qquad (3.1.3-2)$$

式中　W——单位面积的人群荷载，kPa；
　　　L——加载长度，m；
　　　B——半桥宽度，m。大于4m时仍按4m计。

3.1.4 结构物重力及桥面铺装、附属设备等外加重力均属结构重力，可按表3.1.4所列常用材料密度计算。

常用材料密度表　　　　　表3.1.4

材料种类		密度（10^2kg/m³）
钢、铸钢		78.5
铸铁		72.5
锌		70.5
铅		114.0
黄铜		81.1
青铜		87.4
钢筋混凝土		25.0～26.0
混凝土或片石混凝土		24
砖石砌体桥面	浆砌块石或料石	24.0～25.0
	浆砌片石	23.0
	干砌块石或片石	21.0
	砖砌体	18.0
	沥青混凝土	23.0
	沥青碎石	22.0
填土		17.0～18.0
填石		19.0～20.0
石灰三合土		17.5
石灰土		17.5
木材	松木　未防腐	6.0
	防腐	7.5
	橡木　未防腐	7.5
	落叶松　防腐	9.0
	杉木　未防腐	5.0
	枞木	7.0

注：1. 含筋量（以体积计）小于等于2%的钢筋混凝土，其密度采用2500kg/m³。大于2%的采用2600kg/m³。
　　2. 石灰三合土指石灰、砂、砾石。
　　3. 石灰土采用石灰30%，土70%。

3.1.5 预加应力在结构使用极限状态设计时，应作为永久荷载计算其效应，并考虑相应阶段的预应力损失，但不计由于偏心距增大引起的附加内力；在结构按承载能力极限状态设计时，预加应力不作为荷载，而将预应力钢筋作为结构抗力的一部分。

3.1.6 外部超静定的混凝土结构应考虑混凝土的收缩及徐变影响。混凝土收缩影响可作为相应于温度的降低考虑。

3.1.6.1 整体浇筑的混凝土结构的收缩影响力，对于一般地区相当于降温20℃，干燥地区为30℃；整体浇筑的钢筋混凝土结构的收缩影响力，相当于降低温度15～20℃。

3.1.6.2 分段浇筑的混凝土或钢筋混凝土结构的收缩影响力，相当于降温10～15℃。

3.1.6.3 装配式钢筋混凝土结构的收缩影响力，相当于降温5～10℃。

混凝土徐变影响的计算，可采用混凝土应力与徐变变形为直线关系的假定。混凝土徐变系数可参照现行的《公路钢筋混凝土及预应力混凝土桥涵设计规范》（JTJ023）采用。

3.1.7 超静定结构当考虑由于地基压密等引起的支座长期变位影响时，应根据最终位移量按弹性理论计算构件截面的附加内力。

3.1.8 水浮力的计算应符合下列要求：

3.1.8.1 位于透水性地基上的天桥墩台基础，当验算稳定时，应采用设计水位的浮力；当验算地基应力时，仅考虑低水位的浮力，或不考虑水的浮力。

3.1.8.2 基础嵌入不透水性地基的基础时，可不考虑水的浮力。

3.1.8.3 当不能肯定地基是否透水时，应以透水或不透水两种情况与其他荷载组合，取其最不利者。

3.1.8.4 作用在桩基承台底面的浮力，应考虑全部底面积，但桩嵌入岩层并灌注混凝土者，在计算承台底面浮力时应扣除桩的截面积。

注：低水位系指枯水季节经常保持的水位。

3.1.9 计算天桥的强度和稳定时，风力计算应符合下列规定：

3.1.9.1 横向风力（横桥方向）

（1）横向风力为横向风压乘以迎风面积，横向风压按式（3.1.9）计算：

$$W = K_1 \cdot K_2 \cdot K_3 \cdot K_4 \cdot W_0 \text{(Pa)} \qquad (3.1.9)$$

式中　W_0——基本风压值，Pa。当有可靠风速记录时，按$W_0 = \frac{1}{1.6}v^2$计算；若无风速记录时，可参照《全国基本风压分布图》，并通过实地调查核实后采用；v 为设计风速(m/s)，按平坦空旷地面离地面20m高，频率1/100的10min，平均最大风速确定；

　　　K_1——设计风速频率换算系数，采用0.85；
　　　K_2——风载体型系数，桥墩见表3.1.9，其他构件为1.3；
　　　K_3——风压高度变化系数，采用1.00；
　　　K_4——地形、地理条件系数，采用0.80。

桥墩风载体型系数K_2　　　表3.1.9

截　面　形　状			长宽比值	体型系数K_2
→	圆形截面		—	0.8
→	与风向平行的正方形截面		—	1.4
→	短边迎风的矩形截面		$1/b \leq 1.5$	1.4
			$1/b > 1.5$	0.9
→	长边迎风的矩形截面		$1/b \leq 1.5$	1.4
			$1/b > 1.5$	1.3
→	短边迎风的圆端形截面		$1/b \leq 1.5$	0.3
→	长边迎风的圆端形截面		$1/b \leq 1.5$	0.8
			$1/b > 1.5$	1.1

（2）设计桥墩时，风力在上部构造的着力点假定在迎风面积的形心上。

（3）天桥上部构件有可能被风力掀离支座时，应计算支座锚固的反力。

（4）桥台的纵、横向风力不计算。

（5）迎风面积可按结构物外轮廓线面积乘以下列折减系数计算：

两片钢桁架或钢拱架　　　　　　　　　　　　0.4
三片及三片以上钢桁架以及桁架两舷间的面积　　0.5
桁拱下弦与系杆间的面积、上弦与桥面间的面积、空腹式拱上构造的面积以及斜拉桥的加劲桁架（或梁）与斜索间：
面积　　　　　　　　　　　　　　　　　　　0.2
栏杆　　　　　　　　　　　　　　　　　　　0.2
实体式桥梁结构　　　　　　　　　　　　　　1.0

3.1.9.2 纵向风力（顺桥方向）

（1）桥墩的纵向风力，可按横向风压的70%乘以桥墩迎风面积计算。

（2）桁架式上部构造的纵向风力，可按横向风压的40%乘以桁架的迎风面积计算。

（3）斜拉桥塔架上的纵向风力，可按横向风压乘以塔架的迎风面积计算。

（4）由上部构造传至墩柱的纵向风力，在计算墩柱时，着力点在支座中心（或滚轴中心）或滑动支座、橡胶支座、摆动支座的底面上；计算刚构式天桥、拱式天桥时，则在桥面上，但不计因此而产生的竖向力和力矩。

（5）由上部构造传至下部结构的纵向风力，在墩台上的分配，可根据上部构造支座条件进行。设有油毡支座或钢板支座的钢筋混凝土墩柱，其所受的纵向风力应按墩柱的刚度分配；设有板式橡胶支座墩柱，当符合下列条件时可按其联合作用计算：

$$\phi = \frac{K_n}{\overline{K}_n} \geqslant 1/10 \quad (3.1.9\text{-}1)$$

$$K_n = \frac{K'K''}{K'+K''} \quad (3.1.9\text{-}2)$$

式中　ϕ——支座与桥墩抗推刚度比；

K_n——支座抗推刚度；

K'、K''——分别为一孔桥两端支座的抗推刚度，当支座抗推刚度相等时，K_n等于桥孔一端支座抗推刚度的$1/2$；

$\overline{K}_n$——桥墩抗推刚度。

3.1.10　温度影响力的计算应符合下列规定：

3.1.10.1　天桥各部构件受温度变化影响产生的变化值或由此引起的影响力，应根据当地具体情况、结构物使用的材料和施工条件等因素计算确定。

温度变化范围，应根据建桥地区的气温条件而定。钢结构可按当地最高和最低气温确定；钢筋混凝土及预应力混凝土结构，按当地月平均最高和最低气温确定；联合梁的钢梁与钢筋混凝土板的温度差，可参照现行的《公路桥涵钢结构及木结构设计规范》（JTJ025）的有关规定。

钢筋混凝土及预应力混凝土天桥，必要时尚需考虑日照所引起的温度影响力。

3.1.10.2　气温变化值应自结构合拢时的温度起算。

3.1.11　栏杆水平推力

水平荷载为2.5kN/m，竖向荷载为1.2kN/m，不与其他活载迭加。

3.1.12　地震力的计算应符合下列规定：

3.1.12.1　天桥的抗震设防，不应低于下线工程的设计烈度，对于跨越特别重要的道路工程，经报请批准后，其设计烈度可比基本烈度提高一度使用。地震力的计算可参照现行的《公路工程抗震设计规范》进行。

3.1.12.2　计算地震力时同时考虑静载与1.0kN/m² 人群荷载组合。

3.1.13　汽车撞击力的计算应符合下列规定：

天桥墩柱在有可能被汽车撞击之处，应设置刚性防撞墩，防撞墩宜与天桥墩柱之间保留一定空隙，条件不具备时也可与墩柱浇注为一体。钢筋混凝土防撞墩可参照《高速公路交通安全设施设计及施工技术规范》（JTJ074）设计。

汽车撞击力可按下式估算：

$$P = \frac{W \cdot v}{g \cdot T} \text{(kN)} \quad (3.1.13)$$

式中　W——汽车重力，建议值150kN；

v——车速，建议值22.2m/s；

g——重力加速度，9.18m/s²；

T——撞击时间，建议值1.0s。

墩柱体上撞击力作用点位于路面以上1.8m处。

在快速路、主干道及次干道顺行车方向上，估算撞击力不足

350kN，按350kN计；垂直行车方向则按175kN计。

3.1.14　有积雪地区须考虑雪荷载，结构顶面承受雪荷载按现行国家标准《建筑结构荷载规范》（GBJ9）"全国基本雪压分布图"进行。

3.2　建筑设计

3.2.1　总平面设计应符合规划要求，结合当地环境特征、交通状况、人流集散方向等因素进行。

3.2.2　天桥建筑应注意艺术性，在造型与色彩上应同环境形态和传统文化协调。

3.2.3　天桥建筑应按不同地域气候特点，采用防风雪、遮阳等造型构造设计。

3.2.4　建筑装修标准应以节约与效果相统一为原则。

3.2.5　天桥建筑设计应着重于主体结构的线型，体现工程结构的力度与材料的粗犷质感，体现桥、梯关系在总体环境中的空间形象。

3.2.6　梯道踏步规格应符合下列规定：

3.2.6.1　梯道踏步最小步宽以0.30m为宜，最大步高以0.15m为宜，螺旋梯内侧步宽可适当减小。

3.2.6.2　踏步的高宽关系按2R+T＝0.6m的关系式计算，其中R为踏步高度，T为踏步宽度。

3.2.7　考虑残疾人使用要求的建筑标准应符合现行《方便残疾人使用的城市道路和建筑物设计规范》（JGJ50）规定。

3.3　结构选型

3.3.1　结构体系选择应对工程性质、环境特征、结构功能、造型需要、施工条件、技术力量、投资可能等因素进行综合分析，采用适合当时当地的新材料、新工艺和新技术，保证结构体系实施的可行性。

3.3.2　天桥结构造型应符合下列要求：

3.3.2.1　主体结构形式应服从于结构受力合理。

3.3.2.2　结构的高度、宽度、跨度有良好的三维比例，使天桥造型轻巧美观。

3.3.2.3　主桥墩柱布置应根据道路性质和断面形式、结构合理、造型艺术、行车通畅和施工条件等因素综合处理。

3.3.3　天桥结构应优先选用钢筋混凝土或预应力混凝土结构。

3.3.4　天桥需加设顶棚时，宜采用下承式钢桁架结构，但应符合下列要求：

3.3.4.1　应把杆件限制在最小的空间方向上，并使其布置有节奏，避免杂乱感。

3.3.4.2　各杆件截面高度力求一致，厚度和长度比要适当，以求轻巧纤细。

下承式桁架顶部横向风构也要布置得简单有序，使结构稳定，造型美观。

3.3.5　悬索结构作为天桥的方案时，应注意这种结构的振动特性给行人造成不舒适感的影响，并与斜拉桥做方案比较。

3.4　梯（坡）道、平台

3.4.1　梯道坡度不得大于1：2。

3.4.2　手推自行车及童车的坡道坡度不宜大于1：4。

3.4.3　残疾人坡道设置应符合下列要求：

3.4.3.1　残疾人坡道的设置应以手摇三轮车为主要出行工具，并考虑坐轮椅者、拐杖者、视力残疾者的使用和通行。

3.4.3.2　坡道不宜大于1：12，有特殊困难时不应大于1：10。

3.4.4　梯道宜设休息平台，每个梯段踏步不应超过18级，否则必须加设缓步平台，改向平台深度不应小于桥面宽度，直梯（坡）平台，其深度不应小于1.5m；考虑自行车推行时，不应小于2m。自行车转向平台宜设不小于1.5m的转弯半径。

3.4.5 栏杆扶手应符合下列规定：

3.4.5.1 栏杆高度不应小于1.05m。

3.4.5.2 栏杆应以坚固、耐久的材料制作，并能承受3.1.11条规定的水平荷载。

3.4.5.3 栏杆构件间的最大净间距不得大于14cm，且不宜采用横线条栏杆。

3.4.5.4 考虑残疾人通行时，应在0.65m高度处另设扶手，在儿童通行较多处，应在0.8m高度处另设扶手。

3.4.5.5 梯宽大于6m，或冬季有积雪的地方，梯（坡）面有滑跌危险时，梯、坡道中间宜增设栏杆扶手。

3.5 照 明

3.5.1 天桥桥面、桥梯最低设计平均亮度（照度）应符合下列要求：非繁华地区敞开的天桥不低于0.3nt（≈5LX）；繁华地区敞开的天桥不低于0.7nt（≈10LX）；封闭式的天桥不低于2.2nt（≈30LX）。应合理选择和布置灯具，使照度均匀。

3.5.2 天桥的主梁和道路隔离带上的中墩立面的最低设计平均照度，应与所处道路路面的照度一致。

3.5.3 天桥照明灯具应与所处道路的路灯照明统筹安排。路段上的天桥可用调近路灯间距加高灯杆的办法解决天桥照明。路口的天桥照明应专门设置。天桥的照明不应对桥下车辆驾驶员的视觉造成不良影响。

3.6 结 构 设 计

3.6.1 天桥采用钢筋混凝土、预应力混凝土结构时，应符合现行《公路钢筋混凝土及预应力混凝土桥涵设计规范》（JTJ025）的规定。

3.6.2 天桥采用钢结构及联合梁结构时，除本规范有特殊规定外，尚应符合现行《公路桥涵钢结构及木结构设计规范》（JTJ025）的有关规定。

3.6.3 天桥主体钢结构的钢材宜采用符合现行国标《普通碳素结构钢技术条件》要求的3号（A3）钢。在冬季气温低于-20℃的地区的焊接钢结构宜采用3号镇静钢。

3.6.4 天桥的钢结构应进行各种荷载组合下的强度、稳定、刚度和施工应力验算。同时，应满足构造规定和工艺要求。

3.6.5 天桥的钢结构各部分截面最小厚度（mm）应符合JTJ025规范规定。

3.6.6 天桥主体钢结构的型钢梁、板梁、联合梁等的设计计算、结构与细部构造按第3.6.2条执行。

3.6.7 天桥钢结构的主体结构允许采用箱梁、正交异性板梁、桁架、刚架以及预应力钢结构。这类结构，应在满足3.6.4条规定的条件下参照国家批准的专门规范或有关的规定进行设计，并应注意所选结构有利于养护维修。

3.6.8 天桥为梁式体系时宜采用联合梁结构。

3.7 地 基 与 基 础

3.7.1 天桥的地基与基础设计，除本规范有特别规定外，可采用现行的《公路桥涵地基与基础设计规范》（JTJ024）等规范。

3.7.2 天桥的地基与基础，应保证其具有足够的强度、稳定性及耐久性。应验算基底压应力、地基下软弱土层的压应力、基底的倾覆稳定和滑动稳定等。有关地基的计算值均不得超过规范的限值。

对基础自身的结构强度、刚度、稳定性计算，视所用材料的不同，应符合本规范3.6和3.7节的规定。

3.7.3 天桥的基础应避开地下管线，其间距必须满足有关管线安全距离的规定；当基础无法避开地下管线时，经与有关单位协商，可采用移管线或骑跨管线的方法。修建天桥后，基础附近不再敷设管线时，可采用明挖浅基础；建桥后，基础附近有敷设管线可

能时，宜采用桩基础，并适当加大桩长。

3.7.4 天桥允许采用柔性基础、条形基础、装配式墩的杯口基础等基础结构，并可参照国家有关规范进行设计。

3.8 防水与排水

3.8.1 桥面最小坡度应符合下列要求：

3.8.1.1 天桥桥面应设置纵坡与横坡。

3.8.1.2 天桥桥面最小纵坡不宜小于0.5%，必要时可设置桥面竖曲线。

3.8.1.3 天桥桥面应根据不同类型铺装设置横坡。横坡可采用双向坡，也可采用单向坡，最小横坡值可采用1%。

3.8.2 桥面及梯道（或坡道）排水应符合下列要求：

3.8.2.1 桥面排水可设置地漏，导入落水管；落水管可采用隐蔽布置方式。

3.8.2.2 梯道（或坡道）可采用自然排水方式；为防止行人滑跌，踏步面可做1%～2%的横坡。

3.8.3 桥面防水层应符合下列要求：

天桥桥面铺装层下应设防水层，视当地的气温、雨量、桥梁结构和桥面铺装的形式等具体情况确定防水层做法；采用装配式预制梁板结构时，对结构拼接缝应采取止水措施。

3.9 其 他

3.9.1 天桥的墩、柱应在墩边设防撞护栏。

3.9.2 天桥桥墩按汽车撞击力核算桥墩的整体强度和局部受力时撞击力只与永久荷载进行组合。

3.9.3 天桥应按现行《公路工程抗震设计规范》（JTJ004）的要求以及《中国地震烈度区划图》所规定的基本烈度进行设计。天桥的抗震强度和稳定性的安全度应满足本规范组合Ⅴ的要求。

3.9.4 设在非全封闭路段上的天桥应设交通护栏阻隔行人横穿机动车道。当桥梯口附近有公共交通停靠车站时，宜在路中设交通护栏。当桥梯口附近无公共交通停靠站时宜在道路两侧设交通护栏。交通护栏设置范围应与交通管理部门商定。

3.9.5 挂有无轨电车馈电线的天桥，馈电线与天桥间应有双重绝缘设施，天桥应有接地设施。

3.9.6 天桥基础与各地下管线最小水平净距应满足施工、维修和安全的要求，遇特殊困难时需与有关部门协商解决。

3.9.7 天桥上可设交通标志牌或其他宣传牌。任何标志牌或宣传牌均不得侵入桥下道路净空界限，不得侵入桥上行人净空。所设标志牌或宣传牌应安装牢固，不得危及行人和交通安全。

3.9.8 天桥上任何标志牌或宣传牌应与天桥立面相协调，不损害景观。标志牌总长度不得大于1/2跨径。

3.9.9 所有标饰的设置在视觉方面应突出交通标志；严禁设置闪烁型灯光广告。

3.9.10 天桥桥面及梯（坡）道两侧原则上应设置10cm高的地袱或挡檐构造物；快速路机动车道范围，天桥两侧应设防护网罩。

3.9.11 天桥距房屋较近时，应根据需要设置视线遮板，并照顾到该房屋的日照问题。

3.9.12 天桥所用钢结构应慎重选择优质、耐老化的防腐涂料或油漆。

4 地 道 设 计

4.1 荷 载

4.1.1 地道设计荷载分类应符合表4.1.1的规定。

荷载分类表 表 4.1.1

编号	荷载分类	荷载名称
1	永久荷载（恒载）	结构重力
2		预加应力
3		土的重力及土侧压力
4		混凝土收缩及徐变影响力
5		基础变位影响力
6		水的浮力
7	可变荷载	汽　车
8		汽车引起的土侧压力
9		人　群
10		平板挂车或履带车
11		平板挂车或履带车引起的土侧压力
12	偶然荷载	地震力

注：如构件主要为承受某种其他可变荷载而设置，则计算该构件时，所承荷载作为基本可变荷载。

4.1.2 设计地道时，应根据可能同时出现的作用荷载，选择下列荷载组合：

组合Ⅰ：可变荷载（平板挂车除外）的一种或几种与永久荷载的一种或几种相组合；

组合Ⅱ：平板挂车与结构重力、预应力、土的重力及土侧压力中的一种或几种相组合；

组合Ⅲ：在进行施工阶段的验算时，根据可能出现的施工荷载（如结构重力、材料机具等）进行组合；

构件在吊装时，构件重力应乘以动力系数 1.2 或 0.85，并可视构件具体情况作适当增减。

组合Ⅳ：结构重力、预应力、土重及土侧压力中的一种或几种与地震力组合。

4.1.3 结构物重力及附属设备等外加重力均按结构重力，可按表 3.1.4 常用材料密度表计算。

4.1.4 预加应力可参照第 3.1.5 条进行计算

4.1.5 土的重力对地道的竖向和水平压力强度，可按下式计算：

竖向压力强度　　　$q_v = \gamma h$　　　(4.1.5-1)

水平压力强度　　　$q_H = \lambda \gamma h$　　(4.1.5-2)

式中　γ——土的重力密度，kN/m^3；

h——计算截面至路面顶的高度；

λ——侧压系数，按下式计算：

$$\lambda = tg^2(45° - \phi/2)$$

ϕ——土的内摩擦角。

4.1.6 混凝土收缩及徐变影响力可参照第 3.1.6 条进行计算。

4.1.7 基础变位影响力可参照第 3.1.7 条进行计算。

4.1.8 水浮力可参照第 3.1.8 条进行计算。

4.1.9 车辆荷载的计算应符合下列要求：

4.1.9.1 车辆荷载引起的竖直土压力

计算地道顶上车辆荷载引起的竖向压力时，车轮或履带按着地面积的边缘向下做 30°角分布。当几个车轮或两履带的压力扩散线相重叠时，则扩散面积以最外边线为准。

4.1.9.2 车辆荷载引起的土侧压力

车辆荷载引起的土侧压力可换算成等代均布土层厚度按 4.1.5 条土的水平压力强度公式来计算。

4.1.9.3 车辆荷载等级应根据在地道上面的道路使用任务、性质和将来的发展情况参照表 4.1.9 确定。

汽车、平板挂车、履带车的主要技术指标，参照现行的《公路桥涵设计通用规范》（JTJ021）第 2.3.1 条及其表 2.3.1 及第 2.3.5 条及其表 2.3.5 的有关规定。

4.1.10 人群荷载可按 $4kN/m^2$ 计算。

4.1.11 栏杆扶手上的竖向荷载 1.2kN/m；水平荷载 2.5kN/m。

两者应分别考虑，且不与其他活载叠加。

城市桥梁设计车辆荷载等级选用表 表 4.1.9

荷载类别 ＼ 城市道路等级	快速路	主干路	次干路	支路
计算荷载和验算荷载	汽车-超 20 级挂车-120	汽车-20 级挂车-100 或汽车-超 20 级挂车-120	汽车-15 级挂车-80 或汽车-20 级挂车-100	汽车-15 级挂车-80

注：表列城市道路等级系按"城市道路设计规范的分类划分"执行。小城市中支路根据具体情况也可考虑采用汽车-10 级、履带-50。

4.1.12 地震力可参照现行的有关抗震规范的规定计算。

4.2 建筑设计

4.2.1 总平面设计应符合规划要求，结合当地环境特征、交通状况、人流集散方向等因素进行。地道布局应结合特定的行政文化、体育娱乐、现有人防工程、商业活动地域等因素综合考虑，为远期逐步形成地下步行体系留有余地。

4.2.2 地道进出口是否设顶盖以及顶盖的建筑艺术，应遵循与环境协调的原则。

4.2.3 地道内可按其重要性和功能需要考虑设备、治安、卫生等工作用房。

4.2.4 建筑装修标准应以节约与效果相统一为原则。

4.2.4.1 合理选用装修材料，力求美观与耐久、维护与清洁相统一；宜选用表面光洁、不易沾染油污、耐酸碱、耐洗刷、易修复的材料；不得采用水泥拉毛墙面。

4.2.4.2 地道内的装修材料应采用阻燃材料。

4.2.5 梯道踏步规格同 3.2.6 条。

4.2.6 地道内长度、净宽与净高的比例应符合下列规定：

4.2.6.1 地道长度原则上按规划道路宽度确定，对较长通道或较宽通道应适当加大净高。

4.2.6.2 地道设计宽度应根据设计通行量及地道性质确定。

4.2.7 考虑残疾人使用的建筑标准应按现行《方便残疾人使用的城市道路和建筑物设计规范》（JGJ50）执行。

4.3 结构选型

4.3.1 地道结构体系选择应符合下列原则：

4.3.1.1 应满足使用要求和交通发展的需要，根据施工环境、交通条件、施工期限、施工条件和投资可能，结合施工工艺进行综合技术经济比较，选择结构体系。

在交通繁忙地区宜选择影响交通较少的暗挖工法及相应结构。

4.3.1.2 应根据水文、地质条件，按有利于结构安全和结构防水的原则进行选择。

4.4 梯（坡）道、平台与进出口

4.4.1 梯道、手推自行车及童车坡道的坡度应符合下列要求：

4.4.1.1 梯道坡度不应大于 1：2。

4.4.1.2 手推自行车及童车的坡度不应大于 1：4。

4.4.2 残疾人坡道设置条件同 3.4.3 条。

4.4.3 雨水较多地区和有需要时，可设顶盖。

4.4.4 梯道休息平台的规定同 3.4.4 条。

4.4.5 扶手高度应符合下列要求：

4.4.5.1 扶手高度自踏步前缘线量起不宜小于 0.80m。

4.4.5.2 供轮椅使用的坡道两侧应设高度为 0.65m 的扶手。

4.4.5.3 增设中间扶手规定同 3.4.5.5 条。

4.5 照明通风

4.5.1 地道通道及梯道地面设计平均亮度（照度）不得小于 2.2nt（≈30LX），应合理布设灯具，使照度均匀；地道进出口设计亮度（照度）不宜小于 2.2nt（≈30LX）。

4.5.2 灯具距地面的高度不宜小于 2.2m。当灯具低布时，必须采取防护措施。

4.5.3 地道照明电线的布设和配电箱宜考虑全部灯具照明、部分灯具照明、少量灯具深夜长明等不同要求，以节约用电。

4.5.4 地道主通道长度小于等于 50m 时，采用自然通风。

4.5.5 地道内应根据需要设置应急电源及应急照明装置。重要地道可考虑双路电源。

4.6 钢筋混凝土及预应力混凝土结构

4.6.1 地道的钢筋混凝土、预应力混凝土结构除应符合本规范规定外，尚应符合现行的《公路钢筋混凝土及预应力混凝土桥涵设计规范》（JTJ—023）的规定。

4.6.2 为行车平稳，地道上机动车行驶部分的覆盖层厚度宜大于 30cm。覆盖厚度大于或等于 50cm 的地道不计汽车荷载的冲击力。

4.6.3 地道可沿纵向取一单位宽度作平面结构（刚架、部分铰接的刚架、拱等）计算，计算中应考虑车辆在地道上和在地道一侧填土上使平面结构控制截面产生不利效应的各种工况。

4.6.4 地道应根据其纵向的刚度和地基土的情况进行分段。每段长度不宜大于 20m。地道各段间以及地道与门厅间应设置止水型沉降缝。

4.6.5 地道采用暗挖法、盖挖法、管棚法等工法施工时，应考虑所有施工阶段和体系转换过程的施工验算，确保施工和使用阶段的结构安全，并应满足有关地下工程规范的规定。

4.7 地基与基础

4.7.1 地道的地基与基础，可采用现行的《公路桥涵地基与基础设计规范》（JTJ024）

4.7.2 地道的基础应置于原状土层上。地基差时采用置换地基土或进行地基加固。

4.8 防水与给排水

4.8.1 地道防水应符合下列要求：

4.8.1.1 地道防水按一级防水标准设计，即不应有渗水，围护结构无湿渍。

4.8.1.2 地道防水宜采用防水混凝土自防水结构，并根据结构与施工需要设置附加防水层或采用其他防水措施。

4.8.1.3 当地道设置变形缝、施工缝时，应采取加强措施，以满足防水、防漏要求。

4.8.1.4 地道的其他防水要求应符合现行《地下工程防水技术规范》（GBJ108）的规定。

4.8.2 地道排水及泵房设置应符合下列规定：

4.8.2.1 地道内排水应设置独立的排水系统。凡能采用自流方式排入地道外的城市排水管道的，应采用自流排水；否则需设置泵房，排水设计应符合现行的《给水排水工程结构设计规范》（GBJ69）和《室外排水设计规范》（GBJ14）的规定，也可采取其他排水措施。

4.8.2.2 地道内地面铺装层应设置横坡，必要时也可同时设置纵坡与横坡，以利排水。最小横坡值宜采用 1%。

4.8.2.3 对于进出口未设置雨棚建筑的地道，除地道内铺装层设置纵横坡外，地面铺装两侧应设置排水边沟，并盖以格栅。

4.8.2.4 梯道踏步排水方式同 3.8.2.2 条。

4.8.3 进出口应有比路面高出 0.15m 以上的阻水措施，视当地地面积水情况定。

4.8.4 地道内应设置给水，供地道冲洗用。

4.9 其 他

4.9.1 地道应按现行《公路工程抗震设计规范》（JTJ004）进行设计并设防。

4.9.2 地道附近交通护栏的设置原则、位置、范围，与天桥的第 3.9.4 条相同。

4.9.3 人行地道的主通道宜采用埋深浅的结构，也可将进出口设在分隔带内，以便在非机动车道敷设管线。地道与各地下管线的最小水平净距与第 3.9.6 条同。

4.9.4 地道出入口以及地道内应根据需要设置导向牌；所有宣传性标志牌的设置不得妨碍地道通行能力。

5 施 工

5.1 一般规定

5.1.1 天桥与地道施工应注重安全、优质、快速、文明，做到不影响或少影响当地交通。精心施工，保证质量。

5.1.2 施工前应对地下管线及地下设施做充分调查核实，确认其种类、埋深、位置、尺寸，并同这些管线、设施的主管部门现场核对，协商施工前、后的处理方法。

5.1.3 施工前应对施工地点现有交通做调查统计，与交通管理部门共同商定施工期间交通管理的方式和措施；商议时需与施工方法、施工机械的配置方案一并研究。

5.1.4 施工前应对施工地点的环境做细致调查，在决定施工方案时应减少对当地环境的尘土、噪音、振动等污染。

5.1.5 施工现场应有必要的围挡，确保行人、车辆通行安全，且有利于工地维持整洁。

5.1.6 施工挖掘过程要注意土体稳定和地面沉降问题，应有量测监控，随时监视可能危及施工安全和周围建筑安全的动态，并有应急措施。

5.1.7 天桥与地道的施工除本规范规定的外，尚应符合现行《公路桥涵施工技术规范》（JTJ041）、《市政桥梁工程质量检验评定标准》（CJJ2）和《混凝土强度检验评定标准》（GBJ107）的有关规定。

5.1.8 所用主要材料应符合现行国标、行标和本规范的规定。

5.2 基础工程

5.2.1 开工前应做好给水、排水、电力、电讯、煤气、热力等管线的拆迁或加固。

5.2.1.1 天桥或地道开工前应再次核实工程范围内各种管线和结构物的资料。

5.2.1.2 天桥或地道基础开槽施工遇有地下管线时，应根据管线的重要性，考虑迁改或加固过程中管线所受影响以及技术经济因素，做全面衡量后确定处理措施。

（1）仅在天桥、地道基础施工期间有矛盾、竣工后并无矛盾的情况下可按如下加固措施进行处理：

1）采用临时支架的办法，等工程完工后，管线仍可保持原有位置；

2）采用钢筋混凝土包封加固，混凝土强度不应低于 C20 级，包封的结构尺寸及配筋根据结构计算确定；

3）采用做盖板沟保护的办法，在管缆两侧砌沟墙上面加盖板。

（2）在条件许可时，可采用局部改线的办法。

5.2.2 开挖基坑前应详细调查基坑开挖对附近建筑物安全的影响，并应采用相应预防措施。基坑顶有动载时，坑顶与动载间至少应留有 1m 宽的护道，若工程地质和水文地质不良或动载过大，应加宽护道或采取加固措施。

当坑壁不能保证适当稳定坡角时，基坑壁应采用支撑护壁或其他加固措施。

5.2.3 做好征地、拆迁树木移植、砍伐等的申报及协商工作。

5.2.4 做好交通临时管理措施（包括改道或建临时便线）的申报协商安排。

5.2.5 基坑顶面应设置防止地面水流入基坑的措施。

5.3 构件制作

5.3.1 钢筋、混凝土材料的加工、制作、质量标准及验收等应符合现行的《市政桥梁工程质量检验评定标准》（CJJ2）和《公路桥涵施工技术规范》（JTJ041）的有关规定。

5.3.2 天桥主梁构件浇筑或预制时，应确保设计规定的预留拱度。

5.3.3 分段预制时，应考虑构件分段长度、宽度、重量、现场临时支架位置、拼接难度及工期等因素。

5.4 运输吊装

5.4.1 天桥和地道预制构件的运输与吊装应按现行的《公路桥涵施工技术规范》（JTJ041）的有关规定执行。

5.4.2 运输吊装前应制定技术方案，对构件吊装方法、沿途道路障碍处理措施、交通疏导、现场的杆线和电车馈线停运与恢复时间及协作配合的指挥方式、安全措施等都应有安排。

5.4.3 安装分段预制的梁、组合梁、分段预制经体系转换而成的连续体系或空间结构，应制定技术方案和相应的施工验算，使最后形成的结构的内力、高程、线型与设计相符。

5.5 附属工程

5.5.1 天桥与地道各梯（坡）道口地面铺装工程应与附近原步道铺装相协调，尤其在高程和坡度方面应方便行人。

5.5.2 天桥与地道竣工时应同时完成各种交通标志的施工安装以及全部配套交通护栏工程。

5.5.3 天桥与地道主体结构施工部门应与有关部门做好照明、通讯、电力、煤热、上下水、绿化及其他附属工程的施工配合。

5.5.4 天桥施工与电车架空线有配合关系时，施工部门应与公交部门密切合作，确保双方的工程安全和人身安全。架空电线需悬挂在桥体上时必须设置绝缘装置。

附录 A 本规范用词说明

A.0.1 对执行条文严格程度的用词采用以下写法：

（1）表示很严格，非这样做不可的用词：

正面词采用"必须"；

反面词采用"严禁"。

（2）表示严格，在正常情况下均应这样做的用词：

正面词采用"应"；

反面词采用"不应"或"不得"。

（3）表示允许稍有选择，在条件许可时首先应这样做的用词：

正面词采用"宜"或"可"；

反面词采用"不宜"。

A.0.2 条文中应按指定的其他有关标准、规范的规定执行，其写法为"应按……执行"或"应符合……要求（或规定）"。

如非必须按指定的其他有关标准、规范的规定执行，其写法为"可参照……"。

附加说明

本规范主编单位、参加单位和
主要起草人名单

主 编 单 位： 北京市市政工程研究院

参 加 单 位： 上海市城市建设设计院

广州市市政工程设计研究院

北京市市政专业设计院

主要起草人： 石中柱　李　坚　张　靖　方志禾

欧阳立　许　平　罗景茂　史翠娣　范　良

中华人民共和国行业标准

城市人行天桥与人行地道技术规范

CJJ 69—95

条 文 说 明

前　言

根据建设部建标〔1990〕407 号文的要求，由北京市市政工程研究院主编，上海市城市建设设计院、广州市市政工程设计研究院、北京市市政专业设计院等单位参加共同编制的，《城市人行天桥与人行地道技术规范》（CJJ 69—95），经建设部 1996 年 3 月 14 日建标〔1996〕144 号文批准，业已发布。

为便于有关人员使用本规范时能正确理解和执行条文规定，《城市人行天桥与人行地道技术规范》编制组按章、节、条顺序，编制了本《条文说明》，供国内使用者参考。在使用中如发现本《条文说明》有欠妥之处，请将意见直接函寄北京市百万庄大街 3 号，北京市市政工程研究院《城市人行天桥与人行地道技术规范》管理组（邮编 100037）。

本《条文说明》由建设部标准定额研究所组织出版，仅供国内使用，不得外传和翻印。

目 次

1 总 则

1.0.1 随着经济建设的发展，我国城市交通日趋发达，为提高城市路网的通行能力，确保行人过街安全、方便，城市人行天桥与地道的建设日益增多。已有经验表明，这种人行过街设施对提高车辆运行速度、实现人车争流、改善交通拥挤状况、提高城市居民步行质量等有良好交通和社会效益，因而越来越受到城市建设部门的重视。为使人行过街设施建设有章可循，避免盲目性，并能以最低的投入取得最佳效果，特制定本规范，以统一标准。

1.0.2 本规范适用于城市道路的人行过街设施，原则上也可供修建郊区公路上的人行天桥、地道时参考，厂矿及居住区的天桥与地道建设可参照使用。

但因车站、码头、航空港以及大型公共场所的内部人行天桥或地道设施在人流、荷载、建筑等方面有特殊性，故不在本规范适用范围之内。

1.0.3 由于天桥、地道一般都在市区，人流与交通繁忙，设计与施工时应该注意满足一些基本要求，使这类工程能在各个方面满足功能需要，方便行人和当地居民，为城市建设带来最大限度的社会和经济效益。

人行过街设施在城市建设项目中是小项目，但因为它直接为万千群众所使用，因而最易对群众产生影响，并受到评论。为此，天桥地道的设计与施工必须认真对待。

2 一般规定

2.1 设计通行能力

2.1.1 人行天桥与地道的设计通行能力，80年代北京采用3000P/（h·m），上海、广州采用2500P/（h·m）。为了与现行的《城市道路设计规范》（CJJ37-90）一致，所以天桥与地道采用2400P/（h·m）；车站、码头前的天桥、地道是1850P/（h·m）。

2.2 净 宽

2.2.1 根据现行的《城市桥梁设计准则》、现行的《城市道路交通规划设计规范》和有关资料，一条人行带的标准宽度为0.75m，而车站、码头区域内，因人力运输较多，故其人行带宽度取0.9m。

2.2.2 因行人在通道上的步速大于梯道上攀登的步速，天桥与地道的梯（坡）道净宽应与通道相适应，且不应少于通道的人行带数。梯（坡）道净宽应大于通道净宽，与《城市道路设计规范》（CJJ37）相一致。

2.3 净 高

2.3.1.2 跨铁路天桥桥下净高按现行的《标准轨距铁路建筑限界》（GB146.2）规定与现行的《城市道路设计规范》一致。

2.3.1.3 桥下为非机动车道，一般桥下最小净高取3.5m，与现行的《城市道路设计规范》（CJJ37）相一致。但当两侧建筑物内驶出的普通汽车需经过天桥下非机动车道进入机动车道时，桥下净空取4.0m，不考虑电车和集装箱车，只考虑普通汽车，是从实际出发。

2.3.2.1 地道通道的最小净空为2.5m，与现行的《城市道路设计规范》（CJJ37）一致。

2.3.2.2 最小垂直净高为2.4m，是按地道通道最小净高为2.5m和梯道坡度为1：2～1：2.5，与现行的《城市道路设计规

范》（CJJ37）一致。极限净高2.2m与现行的《建筑楼梯模数协调标准》（GBJ162）规定一致。

2.4 设计原则

2.4.1 天桥与地道工程一般属永久建筑，建成后一般不轻易改建，因此在规划布局时，必须与城市道路网规划相一致，而且要适应交通需要才能较好起到应有作用。故应遵照本规范并参照有关道路交通规划设计规范的具体规定来规划天桥与地道。

2.4.1.6 在人流集散时间集中，对顽童、学生等需要倍加保护的地方，例如小学、中学校门口等，可设专用过街设施。

2.4.2 天桥和地道各其优缺点。天桥具有建筑结构简单、工期短、投资较少、施工容易、施工期基本不影响交通和附近建筑安全、与地下管线的矛盾较易解决、维护方便等优点，但是在与周围环境协调问题上要求较高，特别是附近有文物、重要建筑时更不易处理；其次是过街者一般不愿意走天桥，建天桥也常给道路改造带来困难，并且可能与将来修建立交桥和高架桥发生矛盾。地道的优点是与附近景观没有矛盾，净高比天桥要少些，一般与道路改造矛盾较少。但地道一般须设泵站排水，结构比较复杂，施工较难，影响交通，工期长，造价高，与地下管线矛盾较难处理，建成后还要专人管理，管理和维护费用大。因此在总体设计时，应对天桥与地道做详细全面的比较。

2.4.3 掌握使用者的动态是进行人行天桥或地道规划设计时的重要依据，应进行交通量调查、行人交通流动线规划等工作，然后具体确定天桥或地道的方案，平面布局合理组织人流，疏导交通。

2.4.4 城市道路两侧建筑比较复杂，要与周围环境协调，要不建造天桥而破坏附近建筑，特别是文物和重要建筑的景观。而地道最易遇到与地下管线、地下构筑物的矛盾，要不因为建造地道而使地下管线或构筑物拆迁太多，造成工程造价过大。

在路上交通复杂，人与车、车与车、人与人都产生交织矛盾，要找出交通矛盾的主要方面，比较选择出效益好的交通设施（天桥、地道或立交桥），同时还要考虑建筑艺术，以求最大综合效益。

2.4.5 天桥与地道虽然是过街行人的安全设施，但是走天桥与穿地道，一般都较费力，行人不太乐意，因此要采取必要的方便行人、诱导行人以及带一定强制性的措施，如将公交车站与天桥或地道出入口相结合，在出入口各端道路的人行道边缘，用一段相当长的栏杆与车行道隔离，强制过街行人走天桥或穿地道等。

2.4.6 建造天桥或地道工程，主要是消除人流对交通干扰，以利机动车在车行道上连续通行，并使过街者得以安全过街。但是建造天桥或地道中须占用地面，尤其是升降设施占地面积较多，主要是占用人行道和妨碍附近建筑及出入口的交通，故应尽量减少占地，有条件的应充分利用邻近公共建筑设置升降设施。

2.4.7 天桥或地道工程一般都建立在交通繁忙、人流密集的地区，在施工期间一般都不能中断交通。因此天桥地道必须采用有利于快速施工的结构和施工工艺。

2.4.8 人行天桥不同于一般桥梁，它是当地行人和附近居民接触最频繁的建筑物，人们在近距离内看到它的机会很多，故应使人行天桥具有远观和近视美，把人行天桥的建筑造型与周围环境相协调，溶于周围环境之中。其次还要考虑天桥的色彩和铺装，不使天桥在现代化建筑或其他优美典雅建筑的对比之下，相形见绌。

2.4.9 商场、文体场（馆）、地铁站等大型人流集散点的行人很多都需要横过道路到其他地方去进行购物文娱等活动。因此，如在这些地方规划人行天桥，并与各场馆出入口联结，就能有效地将行人迅速集散到各目的地，减少行人上下桥梯的次数。

2.5 构造要求

2.5.3 桥梁上部结构设置预拱度是为了补偿结构重力挠度，同时

要求在无荷载时有拱度，以增加舒适感和美观，所以预拱度采用结构重力挠度加静活载挠度。对于连续梁的预拱度，应在结构重力作用下足以抵消结构重力产生的挠度，使桥面保持平顺。

当由静载和静活载产生的挠度不超过跨径的1/1600时，因天桥变形很小，可不设预拱度。

对于预应力混凝土桥梁，设置预拱度时要考虑预加应力引起的反拱值。反拱值的计算应用材料力学公式，刚度采用未开裂截面的 $0.85E_nI_0$。此外，I_0 为换算截面惯性矩，即把配筋的因素考虑在内。

2.6 附属设施

2.6.1.2 该条是根据交通管理部门的有关车辆载物规定而定的。其规定如下：

(1) 大型货车载物高度从地面起不准超过4m。

(2) 小型货车载物高度从地面起不准超过1.5m。

(3) 后三轮摩托车、电瓶车和三轮车载物高度从地面起不准超过2m。

(4) 机动车的挂车载物高度不准超过机动车载物高度规定（大型拖拉机的挂车不准超过3m，小型拖拉机的挂车不准超过2m）。

(5) 人力货车载物高度从地面起不准超过2.5m。

(6) 自行车载物高度从地面起不准超过1.5m。

2.6.4 条文中所说的"架空线距桥面不足安全距离"是指最低线条（最大弧垂时）至桥面的最小垂直空距或最小间距。

3 天桥设计

3.1 荷 载

3.1.1 关于荷载的分类，本规范仍按《公路桥涵设计通用规范》(JTJ021)，将恒载、人群荷载及其影响力、其他荷载和外力，按荷载的性质和可能发生的机率，划分为永久荷载、可变荷载（基本可变荷载和其他荷载）和偶然荷载3类。永久荷载是经常作用的数值不随时间变化或变化很微小的荷载（相当于以往习惯称呼的恒载）；可变荷载的数值是随时间变化的，按其对天桥结构的影响，又分为基本可变荷载（相当于以往称谓的活载）和其他可变荷载两类；偶然荷载作用的时间是短暂的，或者是属于灾害性的，发生的机率很小。

混凝土的收缩和徐变影响力在混凝土结构中是必然产生的，而且是长期作用的；水的浮力对结构也是长期作用的，只要地基透水，必然产生浮力。因此，本规范也仍按《公路桥涵设计通用规范》(JTJ021)将这两项作用力列为永久荷载。

根据设计实际需要和工程实际出现的情况，将基础的变位影响力也列入永久荷载中。因为基础一旦发生变位后回不到原来位置，它的作用力也是永久的。

地震力和汽车撞击力发生的机率小，故列为偶然荷载。

对于超静定结构，必须考虑温度变化产生的变形和由此引起的内力，它的大小应根据当地具体情况、结构物使用材料和施工条件等因素而定，本规范将它列为其他可变荷载。

3.1.2 荷载组合是关系到人行天桥经济与安全的重要问题，它涉及到多种因素，主要有：(1)荷载的性质及其出现的机率；(2)建桥地点的地质、水文、气候等条件；(3)结构特性。因此在设计过程中，应加强调查研究工作，根据实际情况进行综合分析，把可能同时出现的各种荷载合理地加以组合。根据各种荷载同时发生的可能，本节对荷载组合做了5种规定。这几种规定，只指出了荷载组合要考虑的范围，其具体组合内容，尚需由设计者根据

实际情况确定，规范不宜规定过死。

3.1.3 我国在设计公路桥涵时，人群荷载一般规定为3kPa，城、近郊区行人密集地区一般为3.5kPa，日本《立体过街设施技术规范》规定设计桥面板时为5kPa。考虑到我国人口特点以及桥面人群分布的不均匀性，本规范规定桥面板的人群荷载按5kPa取用。

设计公路桥涵时，当行人道板为钢筋混凝土板时，应以1.2kN集中竖向力作用在一块板上进行验算。而城市人行天桥常常地处人流密集的商业繁华地区，因此本规范规定以1.5kN集中竖向力作用在一块板上进行验算。

3.1.4 结构物重力可按结构物实际体积或设计时所假设的体积及其材料的密度进行计算。

3.1.6 混凝土收缩的原因主要是水泥浆的凝缩和因环境干燥所产生的干缩。混凝土收缩有下列规律：

1. 随水灰比增长而增加；

2. 高标号水泥的收缩较大，采用某些外掺剂时也会加大收缩；

3. 增加填充集料可减少收缩，并随集料的种类、形状及颗粒组成的不同而异；

4. 收缩在凝结初期比较快，以后逐渐缓慢，但仍继续很长时间；

5. 环境湿度大的收缩小，干燥地区收缩大。

对于静不定结构（如拱式结构、框架等）和联合梁等，必须考虑由于混凝土收缩变形所引起赘余力的变化和截面内力的变化。但对于地道，此项影响力不大，一般可略去不计。

分段浇注的混凝土结构和钢筋混凝土结构，因收缩已在合拢前部分完成，故对混凝土收缩的影响可予酌减，拼装式结构也因同样理由予以酌减。

混凝土的收缩应变量，根据建筑科学研究院1963年试验资料，50号水泥拌制的30号混凝土，水灰比0.4，空气相对湿度93%～32%，210d的收缩系数为0.000308（混凝土温度每变化1℃的胀缩系数为0.00001），故相当于降温30.8℃。当采用高标号水泥，且水灰比大或养生条件差时，可根据实测或经验确定，取用较上述收缩系数更大些的值。

3.1.7 在连续梁或刚架结构等超静定结构桥梁上，由于地基沉降等引起结构物基础下沉、水平位移或转动而使构件应力增大，故做了此条规定。

对于混凝土和钢筋混凝土桥，如果不考虑徐变影响进行计算时，可将变位内力计算值的50%作为设计截面力。但对于最初就考虑徐变影响的精确计算，则不受此规定限制。

钢桥按弹性理论所求得的截面力就是设计截面力。

墩高与梁跨比很小的刚架结构，由于支点位移和转动在一些部位要引起大的应力，因而要特别注意。计算支点位移影响的内力时，容许力不能提高（即安全系数不能降低）。

3.1.8 水浮力为作用于建筑物基底面的由下向上的水压力，等于建筑物排开同体积的水重力。水浮力与地基的透水性、地基与基础的接触状态及水压大小（水头高低）和漫水时间等因素有关。

对于透水性土，如砂类土、碎石类土、粘砂土等，因其孔隙存在自由水，均应计算水浮力。粘土属非透水性土，可不考虑水浮力。由于水浮力对桥墩的稳定性不利，故在验算桥墩稳定时，应按设计频率水位计算；计算基底应力及基底偏心时，按常水位计算或不计浮力，这样考虑比较安全、合理。

完整岩石上的基础，当基础与基底岩石之间灌注混凝土且接触良好时，水浮力可以不计。但遇破碎的或裂隙严重的岩石，则应计入水浮力。作用在桩基承台座板底面的水浮力应予考虑，但管桩下沉嵌入岩层并灌注混凝土者，须扣除管柱载面。管柱亦不计水浮力。

计算水浮力时，基础襟边上的重力应采用浮容重力，且不计襟边上水柱重力。浮容重 r' 按下式计算：

$$r' = \frac{1}{1+e}(r_0 - 1)$$

式中 e ——土的孔隙比;

r_0 ——土的固体颗粒密度，一般采用 $27kN/m^3$。

3.1.9 风力对天桥的稳定和强度有一定的影响，特别在我国东南沿海地区，因受台风袭击，容易造成结构破坏，故在设计天桥时必须考虑这一因素。

作用于天桥上的风力，可能来自各个方向，而以横桥轴方向最为危险，故通常按横桥向的不平风力计算。上部构造，除桁架式上部构造应计算纵向风力外，一般不计纵向风力。桥墩应计算纵向风力。风对于桥面的向上掀起力，也应予以考虑。

纵向风力的计算方法：对梁式桥上部构造，由于纵向迎风面积很小，一般不计算。桁架式上部构造的纵向风压按横向风压的 0.4 倍计算。斜拉桥塔架上的纵向风压取值与横向风压相同。桥墩纵向风压强度为横向风压强度的 0.7 倍。

3.1.10 用各种材料修建的天桥，在温度变化影响下，都要产生变形。对于简支梁、连续梁与桥墩结构，因为有活动支座和伸缩缝准其自由伸缩，因而温度变化在结构内部不产生应力。对于拱、刚构等，因温度变化产生的变形受到约束，结构内部要产生附加应力，设计时必须考虑。

温度每升高或降低1℃，单位长度构件的伸长或缩短量称为材料的膨胀系数。本规范列出了几种主要材料的线胀系数。

钢材由于具有较好的导热性能，对温度变化敏感，所以本规范按建桥地区的最高、最低气温采用。砖、石、混凝土和钢筋混凝土，对温度变化的敏感性较差，导热慢，故按建桥地区的最高、最低月平均气温采用。我国多数地区最高月平均气温为7月，最低月平均气温为1月，所以可按7月和1月的平均温度采用。

结构的温度变化，应从结构物合拢时起算，设计时应按当地实际情况确定合拢温度。

3.1.11 一般公路桥梁人群作用于栏杆上的水平推力规定为 0.75kN/m，日本《立体过街设施技术规范》规定，作用于高栏顶部的水平力定为 2.5kN/m，不增加许应力。根据日本经验和我国的经验教训，本规范规定人群作用于栏杆上的水平推力为 2.5 kN/m，施力点在栏杆柱顶高度。

3.1.13 天桥墩柱时常有设置在道路分隔带上或离路缘较近的情况，因而有被汽车撞击之虞。为确保天桥不致因汽车撞击其墩柱而导致桥毁人亡、阻塞交通的事故，在上述墩柱周围有必要设置刚性防撞墩，以减轻被撞的损坏程度及汽车的毁坏程度。

根据交通部颁布的《高速公路交通安全设施及施工技术规范》（JTJ074—94）及条文说明，我国公路上10t以下中、小型汽车约占总数的80%，10t以上大型汽车占20%，主流车型是解放、东风等货运汽车。因此，计算撞击力的撞击车重力取100kN。又据统计，国产车平均最高车速为80km/h，一般撞击车速取其80%，即按64km/h计。由于本条文主要针对天桥安全，因此在建议值中汽车重力按150kN计，撞击速度按22.2m/s计。在没有试验资料时，撞击时间按《公路桥涵设计通用规范》的建议值1s计。

3.2 建筑设计

3.2.1 说明了天桥设计图低表达要求，提出了天桥设计的建筑设计质量，进一步重视了天桥的总体线型设计及天桥的造型设计。

主要说明了有关天桥建筑设计的总体构思要素、天桥桥体的设计依据、设计深度。

3.2.2 人行天桥可用于旧城道路改造，提高道路通行能力，同时也可用于新建交通设施的跨线交通。条文中说明天桥设计的原则，既要注重传统历史文化的保存与改造，又要在设计中不拘泥传统，创出时代风貌，同时也说明天桥建筑造型与周围环境的关系，与不同地域的气候条件有关。

3.2.3 广告牌是环境艺术的重要部分，但必须统一规划设计，统

一管理，否则会造成对环境的污染，造成城市环境景观的混乱。

3.2.4 说明建筑装修与周围环境的关系，装修在市政设施中不是主要手段，装修应该注重与环境的关系，应该与节约投资相统一。

3.2.5 提出的数据均为实践运用的经验数据，行车舒适的梯道应具有良好的攀登效率，并不是越平缓越好，条文规定几种不同使用功能坡度的控制值与踏步高宽比关系式，应用较普遍，且为一些国家的建筑规范所采用。目前国内有些梯道带坡道的人行天桥，因高宽比不符合人的跨步距离，行走不舒服，应引起注意。

3.3 结构选型

3.3.1 条文中有关意图简述如下：

工程性质：天桥工程具有很强的目的和功能特性，它的作用应该表现在能改善人车混杂交通的混乱状态，解决机动车得以继续通行和提高机动车的车速，消灭交通事故，保障行人过街的安全。所建天桥不致引起交通矛盾的转化，不因建桥而破坏周围环境或妨碍新建筑物的立面和今后建立交桥及道路改造的总体布局等。

环境特征：要使天桥结构体系与周围环境相协调，则要研究该地区的总体规划环境特征和现状条件。

不同地区城市建筑均有不同的特征和风格，人行天桥总体布置（包括平面、立面、横断面的布置）及结构体系的选择的关键问题是与城市环境的关系问题，城市环境的形成是一个长期积累和发展的过程，其风格和特征常常表现了一个城市的文化背景和传统习俗，城市环境所有的建筑和色彩是由该地区的风土人情所决定的，因此人行天桥不仅要改善城市交通问题和步行质量，而且还要与城市环境特征和人们的生活习俗相结合，才会被人们所接受和喜欢，并真正成为城市环境中不可缺少的因素。

道路平面：可分为直线形、三叉路口、十字交叉路口、复合（畸形）交叉口等，故天桥的平面布置大致有如下几种：①处在非交叉口的直线形道路一般采用一字形；②三叉路口有一字形、L形、∩形、Y形、△形、圆形等；③十字交叉路口有一字形，L形、□形、X形、I形、正方形、菱形、圆形等；④复合（畸形）交叉口有一字形、圆形、S形、梯形、弧线形等。

道路横截面组成部分有车行道和人行道、绿化隔离带及道路周围的公用设施和空地等。

道路竖向则有平坦地形及起伏地形等。

根据道路性质应区别对待，如在主干道、快速干道和繁华商业街上建天桥，则应采用简洁的结构形体，明快的建筑处理，使天桥轻盈而挺拔，并与现代化的交通设施在风格上统一，商业街的天桥结构形式必须充分考虑并把握建筑环境的风格、形象特征、空间形态、色彩轮廓及细部处理等因素。

要考虑交通状况和行人状况，不仅要与目前交通相一致，同时还应注意规划和发展的趋势。

3.3.2 我国目前已建的天桥结构造型设计基本遵循本条所述原则进行。

3.3.2.2 如广东省中山市中山路、孙文路交叉口天桥位于中山市进出口主要干道，天桥的规模较大，采用矩形空间刚架结构，造型美观、轻巧、通透，桥孔布置及主桥上下结构三维比例适宜，（跨径为4m×40m，跨中高跨比为1/44），结构均衡稳定，线条圆顺而有力，桥下净空开阔，与周围环境协调，为当地街景增添景色，达到建筑结构功能完善，结构受力合理，造型美观轻巧，结构精炼富有创新精神，进入桥区给人以美的享受。

3.3.2.3（1） 如上海市南京路石门路人行天桥设计是一个使用功能与环境形态结合考虑得很好的例子，该天桥所处的交叉口是由K字形组成的复合形状，在转角处都以弧形形态转折，天桥整体设计考虑了环境和建筑形态的特征，以S形的弧形曲线使原来并无联系的多个交叉口组成了一个完整的整体。

3.3.2.3（2） 交叉口空间：即道路交叉口由建筑物所围合的

空间，其空间特征是由交叉口建筑界面的形式及道路敞口的大小来决定的。

当交叉口空间较小时，不宜采用扩展性的天桥形式，如十字形，应采用方形或圆形等闭合型较合适。如上海南京路西藏路人行天桥，采用椭圆形的形式达到较好的效果，同时将楼梯与周围建筑综合考虑，使通过天桥与购物观赏活动及休息结合起来，深得行人的好评，同时也增加了商场的营业额。

当交叉口空间较大时，空间显示了一种明朗和自由的开放感，人行天桥采用十字形，其四翼向开敞空间充分伸展和扩张，并同其造型结构所具有轻盈通透交织在一起，使其和环境相协调。

当交叉口开阔空间四周的建筑具有较为一致的风格特征，整个环境具有一种整体感时，此时采用闭合型天桥形式比较合适。

3.3.3 在条件许可时，天桥结构可尽量选用钢筋混凝土或预应力混凝土结构。

普通钢筋混凝土结构易于就地取材，耐久性好，刚度大，具有可模性等优点，适用范围非常广泛，当采用标准化、装配化的预制构件时更能保证工程质量和加快施工进度。预应力混凝土结构可使高强钢材和高标号混凝土的高强性能在结构中得到充分利用，降低结构自重，增大跨越能力。从我国广州、上海已建的天桥情况调查资料可以看出，天桥跨径在 25m 以上基本采用钢结构，20m 以下有采用钢筋混凝土简支结构，20～25m（个别到29m）采用钢筋混凝土连续梁及双悬臂梁结构。1988 年 7 月广州解放北路中国大酒店门口的天桥采用 Y 形钢筋混凝土空间刚架结构，广州的人行天桥从 1985 年后钢筋混凝土结构越来越广泛地被采用。

预应力混凝土结构与钢结构相比，要求施工场地开阔，施工队伍技术力量强，施工张拉设备、吊装设备要齐全，施工期限长。但预应力混凝土结构能适应大跨度的要求，维修工作量小，因此条件许可时仍应尽量选用，并做技术经济比较。

3.3.4 桁架结构天桥外形比较庞大，必须对其做建筑处理，使之与周围环境相协调，桁架结构的天桥在国外采用较多，在国内目前仅北京崇文门天桥和上海共和新路天桥等少数地方采用。这种结构跨越能力大，便于加顶棚。

3.3.5 作为人行天桥，悬索结构的振动特性常会给人造成不舒适感，因而在做方案比较时应与具有相似跨越能力和立面效果的斜拉桥方案进行对比分析。近代在桥梁工程中斜拉得到了很大发展，在结构稳定性方面比悬索桥更具有优越性。斜拉桥斜张结构构思合理，轮廓悦目，结构简洁，结构组合变化多样，跨越能力大。对于人行天桥这种特殊桥梁来说，在条件许可和有此必要时可考虑选用此种结构形式。

目前国内在重庆市建造了第一座人行斜拉桥，在国外第一座人行斜拉桥建在德国跨越斯图加特的席勒大街上，近年来在日本建造了多座人行斜拉桥。

3.6 结构设计

3.6.1 人行天桥的工作条件介于建筑与公路桥之间，在《城市桥梁设计规范》公布之前，本规范应以现行《公路钢筋混凝土及预应力混凝土桥涵设计规范》（JTJ023）为标准。

承载能力极限状态设计法是以塑性理论为基础的，是指天桥结构达到极限承载能力，结构整体地或部分地丧失稳定性，在重复荷载作用下结构达到疲劳极限。避免出现这种极限状态是天桥结构安全可靠的前提，所以对天桥结构应进行承载能力极限状态计算。具体地说就是要进行结构强度、稳定性和疲劳计算。但公路上钢筋混凝土及预应力混凝土梁，不考虑重复荷载的疲劳影响，这是因为公路上的钢筋混凝土桥梁，尤其是预应力混凝土桥梁，其结构重力所占荷载比例很大，活载引起的疲劳影响较小，公路桥梁上通过的荷载不如铁路桥梁列车那样具有规律性振动。同样，钢筋混凝土和预应力混凝土人行天桥也不考虑重复荷载作用下的疲劳影响。

所谓正常使用极限状态是指结构在使用期内产生过大的变形或裂缝出现过早、开展过宽，从而使桥梁不能正常使用。因此，应根据桥梁结构的具体使用要求对其变形、抗裂性及裂缝宽度进行验算，以控制天桥在使用期间能正常工作。对于天桥设计，具体地说要进行以下内容验算：

(1) 全预应力混凝土构件和部分预应力混凝土 A 类构件，要进行抗裂性验算，即限制混凝土的拉应力。在一般情况下，钢筋混凝土构件允许开裂，所以不要求进行抗裂性验算。

(2) 钢筋混凝土构件和部分预应力混凝土 B 类构件（使用荷载弯矩 M＞开裂弯矩 M_r）要求进行裂缝宽度验算，后者采用混凝土拉应力来控制。

(3) 所有构件要进行短期荷载作用下的变形计算。

3.6.2 人行天桥之钢结构工作条件介于建筑与公路桥之间，在《城市桥梁设计规范》公布之前，应以《公路桥梁钢结构及木结构设计规范》（JTJ025）为标准。

3.6.3 天桥主体钢结构的钢材宜采用 3 号镇静钢，因为镇静钢脱氧完全，性能较半镇静钢和沸腾钢优良。沸腾钢脱氧不完全，内部杂质较多，成分偏析较大，冲击韧性低，冷脆倾向及时效敏感性较大，焊接性能较差，所以不适宜在低温条件下施工和使用。

3.6.4 钢结构天桥必进行疲劳计算是因为结构重力所占总荷载比例很大，而人群活载所引起的疲劳影响较小；另外，人行天桥上通过的人群活载不如铁路桥梁裂车通过时那样具有规律性振动。

3.7 地基与基础

3.7.2 地基与基础要有足够的强度、稳定性和耐久性。因此在设计天桥建筑物之前，必须进行建筑场地的工程地质勘测，充分研究地基土（岩）层的成因及构造、物理力学性质、地下水情况以及是否存在或可能产生影响地基稳定性的不良地质现象，从而对场地的工程地质作出正确的评价。最后根据上部结构的使用要求，提出经济、合理的基本方案。

天桥基础的建造使地基中原有的应力状态发生变化。这就必须应力力学方法来研究荷载作用下地基基础。设计满足以下两主要条件：

(1) 要求作用于地基的荷载不超过地基土的容许承载力；

(2) 控制基础沉降使之不超过地基的容许变形值，保证天桥不因地基变形而损坏或影响其正常使用。

3.8 防水与排水

3.8.1 人行天桥桥面设置纵、横坡，以利迅速排除雨水，方便行人行走，减少雨水对桥面铺装层的渗透，延长桥梁的使用寿命。所以，最小纵坡不能小于 0.5%，最小横坡值宜采用 1%。

3.8.2 当天桥比较长时，为防止雨水积滞桥面，可在桥面设置地漏，导入落水管，经路面直接排入雨水系统。

4 地道设计

4.1 荷载

4.1.1 关于荷载的分类，本规范仍按《公路桥涵设计通用规范》（JTJ021）将恒载、车辆荷载及其影响力、其他荷载和外力，按荷载的性质和可能发生的机率，划分为永久荷载、可变荷载和偶然荷载 3 类。永久荷载是经常作用的数值不随时间变化或变化很微小的荷载（相当于以往习惯称呼的恒载）；可变荷载的数值是随时间变化的；偶然荷载作用的时间是短暂的，或者是属于灾害性的，发生的机率很小。

混凝土的收缩、徐变影响力在混凝土结构中是必然产生的，而且是长期作用的；水的浮力对结构物也是长期作用的，只要地基透水，必然产生浮力。因此，本规范仍按照《公路桥涵设计通用规范》(JTJ021)将此两项作用力列为永久荷载。

根据设计实际需要和工程实际出现的情况，将基础的变位影响力也列入永久荷载。因为基础一旦发生变位后，再回不到原来位置，它的作用力也是永久的。

地震力发生的机率小，故列为偶然荷载。

4.1.2 荷载组合是关系到人行地道经济与安全的重要问题，它涉及到多种因素，主要有：(1)荷载的性质及其出现的机率；(2)建设现场的地质、水文、气候条件；(3)结构特性。因此，在测试过程中，应加强调查研究工作，根据实际情况进行综合分析，把可能同时出现的各种荷载合理地加以组合。根据各种荷载同时发生的可能，本条款对荷载组合做了4种规定，这几种规定只指出了荷载组合要考虑的范围，其具体组合内容，尚需由设计人根据实际情况确定，规范不宜规定过死。

4.1.3 可参照第3.1.4条条文说明。

4.1.5 填土对地道桥的土压力，分为竖向土压力和水平土压力两种。竖向压力的计算，目前有3种计算方法：(1)用"等沉面"理论计算；(2)用"卸荷拱"法计算；(3)用"土柱"法计算。"等沉面"理论现在用得比较广泛，计算结果与实测结果比较接近；"卸荷拱"理论，由于其形成条件不易满足，在多数情况下用不上，只有沟埋式或顶管法施工的地道可以考虑采用；"土柱"法计算比较简便，计算结果在上述两法之间，与实测结果比较，一般偏小，但对高填土地道还是比较接近的。一般情况下都按"土柱"法计算。只要填土夯实了，还是可以用的，所以至今仍采用"土柱"法计算地道竖向土压力。

地道水平压力，一直采用主动土压力计算，现在仍不变。

4.1.6 可参照第3.1.6条条文说明。

4.1.7 可参照第3.1.7条条文说明。

4.1.8 可参照第3.1.8条条文说明。

4.1.9.1 车辆荷载作用在地道顶上所引起的竖向土压力，考虑到高填土情况下，车辆荷载的影响不大，故规范规定不再考虑填土高度，一律采用车轮着地面积和向下30°角扩散范围内的总荷载作为均布荷载。

4.2 建筑设计

4.2.1 条文扼要说明了地道图纸表达要求，提出了为确保设计质量而应考虑的因素，强调总体布局时的综合性分析。

4.2.3 所谓地道的重要性与功能要求主要指主要路口、重要地区、与车站、码头、体育娱乐及经贸商业活动中心相关的地下交通网络、地下商场步行体系。不规定通告时间的地道，必须设置治安值班室，其他服务性的或功能性的设备用房按实际需要确定。

4.2.5 条文说明参照第3.2.5条。

4.2.6 根据地道实际情况，条文规定了最小净宽与净高，市政设施不宜规定高宽比，宽度由设计通行量技术条件确定，高度主要由功能要求、人的心理因素及技术条件决定，高度的心理因素不是主要的，建筑上可以进行处理以产生空间的扩大感。另外人应该适应市政设施的特定尺度，在高度、尺寸上条文给予的是受长度与宽度影响的变数。

地道长度较难规定，只能从通风、安全、疏散及心理因素等角度进行考虑，根据实际使用情况和参照现行的《建筑设计防火规范》(GBJ16)安全疏散距离，按净宽通行能力2400P/(h·m)考虑，一般疏散没有问题，因此条文中的距离主要从通风的心理因素上进行考虑。

条文提出设置采光井、下沉式庭园等是可行的，国内也有实例。

4.8 防水与给排水

4.8.1.1 (1) 防水混凝土可采用普遍防水混凝土或外加剂防水混凝土，配合成分应通过试验确定；试验时应考虑实际施工条件与试验室条件的差别。将抗渗压力值比设计规定的抗渗标号提高0.2～0.4MPa。抗渗标号如设计无规定时，可按表4.8.1.1选用。

防水混凝土抗渗标号的选用　　　　　表4.8.1.1

最大水头与防水混凝土厚度之比	<15	15～25	>25
设计抗渗标号(MPa)	0.8	1.2	1.6

(2) 防水混凝土结构如处于侵蚀性环境，其耐蚀系数不应小于0.8；

(3) 防水混凝土壁厚不得小于20cm，近水面钢筋保护层不应小于3.0cm；

(4) 防水混凝土结构应坐落在混凝土垫层上，垫层强度不应小于10MPa，厚度应不小于10cm；

(5) 所谓其他防水措施：即水泥砂浆防水层、卷材防水层、涂料防水层等，防水标高应高出最高地下水位50～100cm，防水层顶面以上部位的防潮，可按一般桥涵的规定办理。

4.8.1.3 (1) 变形缝发生变形时将影响结构的防水能力，因此必须进行防水处理。当不受水压时，其变形缝应用氟化钠等防腐掺料的沥青浸过的麻丝或纤维板等填塞严密，并用有纤维掺料的沥青嵌缝膏或其他填缝材料封缝。不受水压部位的卷材防水层，应在变形缝处加铺两层抗拉强度较高的卷材，如沥青玻璃布、油毡或再生胶毡等。

当受水压时，其变形缝除填塞外，还应用塑料或橡胶止水带封缝。止水带可采用埋入法安装或在预埋螺栓上安装。

(2) 地道的通道所设变形缝宽一般为2～3cm。

(3) 所谓防漏：即防水工程在设计、防水材料以及施工中，稍有不慎，就可能造成渗漏。渗漏后的补救措施，就是补漏。补漏之前，要查清原因以及所在部位，然后根据工程特点、漏水情况、工地条件，选择适当的工艺、材料和机具进行修补堵漏。

目前补漏方法和修补材料，有促凝灰浆、压力注浆和卷材贴面等。所使用材料有：快凝水泥、水玻璃、环氧树脂、丙凝及氧凝等。

5 施 工

5.1 一般规定

5.1.1 文明施工是相对于野蛮施工、混乱施工而言的。文明施工的表征是施工现场清洁，井然有序，没有随地乱扔的废旧材料、工具等杂物。使用过程中多余的材料，短期内不再使用的及时归库，不随地乱摊。工人调度、安排随工程需要而定。没有因窝工而到处闲逛或聚坐长时间闲谈的情况。施工中的废水、废渣不随地乱排。能否做到文明施工，是施工单位施工管理水平的问题。

所谓快速，不影响或减少影响当地交通是指：凡是设人行天桥或人行地道的地方，都是交通要道、商业繁华地区、高速或快速路段，过往人流、车流相当集中。因此，一般都采用装配式钢筋混凝土桥、预应力混凝土桥和钢桥。天桥与地道的构件应尽量做到标准化、预制工厂化、利用夜间施工，快速拼装就位，力争做到不中断交通或减少中断交通。

所谓精心施工保证质量，是指除应满足本规范规定的条文要求外，还应满足现行的《市政桥梁工程质量检验评定标准》(CJJ2)的规定。工程质量监理问题，按照"市政工程质量监理办法"的规定办理。

5.1.8 本条所述主要材料应符合设计规定是指钢材、混凝土材料、焊接材料的种类、强度等级、牌号、规格和各项力学性能等均应符合设计文件的规定。

5.2 基础工程

5.2.2 基坑顶的动荷载是指从基坑中挖出的弃土排水设备以及各种车辆或机械产生的附加荷载。这些动荷载离基坑顶边缘越近，则影响基坑边坡的稳定性越大，故应慎重对待。

5.2.3 当基础工程与树木发生矛盾时，若遇到古树，特别是具有文物价值的古树，需与设计单位交涉提出修改设计的建议。对于一般树木，在具有移植的条件下，尽可能移植，尽量保存树木。若在必须砍伐的情况下，则需申报园林、绿化、市容、拆迁等有关单位批准。

5.2.4 指当天桥、地道的基础工程在施工期间与交通发生矛盾时，须采用临时交通管理措施，如圈地、改道、修建临时便线等，并需申报市容、交通主管部门等有关单位批准。

5.2.5 基坑顶面设置防止地面水流入基坑的措施，以防止地面水集中冲刷基坑边坡，影响基坑边坡的稳定，并减少基坑内需要排出的水量。

5.3 构件制作

5.3.2 天桥主梁设置预拱度是为了补偿结构重力挠度，同时要求在无荷载时仍略有拱度，以增加舒适感和美观。所以，预拱度值采用结构重力挠度加人群荷载挠度。对于连续梁的预拱度，应在结构重力作用下足以抵消结构重力产生的挠度，使桥面保持平顺。

5.3.3 构件预制是装配式桥梁的主要工序之一，对质量要求很高，不仅强度应符合设计要求，同时，对构件的外形尺寸也应严格要求，否则就会给安装带来困难。因此，在选择装配式桥梁的合理形式时，既要考虑到构件尺寸、重量、现场吊装时临时支架位置以及拼装的难易程度、接头数目、运输方便、工期因素等等，还要做到少影响或不影响现况交通等一系列的问题。例如，要减少构件重量，就会使拼装接头数目增加；要采用构造简单的拼装接头，则在营运过程中容易遭到损坏；要使运输方便，拼装构件的分块就要小一些，则又往往会增加材料用量和施工工作量等等。因此，我们在选择装配式桥的合理形式，对预制构件进行分段时，要根据具体情况，因地制宜加以处理。

附录　标准目录

项目	标准号	标 准 名 称
1	GB146.2	标准轨距铁路建筑限界
2	JTJ023	公路钢筋混凝土及预应力混凝土桥涵设计规范
3	JTJ025	公路桥涵钢结构及木结构设计规范
4	JTJ004	公路工程抗震设计规范
5	JGJ50	方便残疾人使用的城市道路及建筑物设计规范
6	GB700	普通碳素结构钢技术条件
7	JTJ024	公路桥涵地基与基础设计规范
8	JTJ021	公路桥涵设计通用规范
9	GBJ108	地下工程防水技术规范
10	GBJ69	给水排水工程结构设计规范
11	TJ14	室外排水设计规范
12	JTJ041	公路桥涵施工技术规范
13	GBJ107	混凝土强度检验评定标准
14	CJJ2	市政桥梁工程质量检验评定标准；

注：表中GB、GBJ 代表工程建设国家标准；

　　JTJ 代表交通部标准；

　　JGJ、CJJ 代表建设部标准。

附录一 2017 年度全国一级注册结构工程师专业考试所使用的规范、标准

1. 《建筑结构可靠度设计统一标准》GB 50068—2001
2. 《建筑结构荷载规范》GB 50009—2012
3. 《建筑工程抗震设防分类标准》GB 50223—2008
4. 《建筑抗震设计规范》GB 50011—2010（2016 年版）
5. 《建筑地基基础设计规范》GB 50007—2011
6. 《建筑桩基技术规范》JGJ 94—2008
7. 《建筑边坡工程技术规范》GB 50330—2002
8. 《建筑地基处理技术规范》JGJ 79—2012
9. 《建筑地基基础工程施工质量验收规范》GB 50202—2002
10. 《既有建筑地基基础加固技术规范》JGJ 123—2012
11. 《混凝土结构设计规范》GB 50010—2010（2015 年版）
12. 《混凝土结构工程施工质量验收规范》GB 50204—2002（2010 年版）
13. 《混凝土异形柱结构技术规程》JGJ 149—2006
14. 《组合结构设计规范》JGJ 138—2016
15. 《钢结构设计规范》GB 50017—2003
16. 《冷弯薄壁型钢结构技术规范》GB 50018—2002
17. 《高层民用建筑钢结构技术规程》JGJ 99—2015
18. 《空间网格结构技术规程》JGJ 7—2010
19. 《钢结构焊接规范》GB 50661—2011
20. 《钢结构高强度螺栓连接技术规程》JGJ 82—2011
21. 《钢结构工程施工质量验收规范》GB 50205—2001
22. 《砌体结构设计规范》GB 50003—2011
23. 《砌体结构工程施工质量验收规范》GB 50203—2011
24. 《木结构设计规范》GB 50005—2003
25. 《木结构工程施工质量验收规范》GB 50206—2012
26. 《烟囱设计规范》GB 50051—2013
27. 《高层建筑混凝土结构技术规程》JGJ 3—2010
28. 《建筑设计防火规范》GB 50016—2014
29. 《公路桥涵设计通用规范》JTG D60—2004
30. 《城市桥梁设计规范》CJJ 11—2011
31. 《城市桥梁抗震设计规范》CJJ 166—2011
32. 《公路钢筋混凝土及预应力混凝土桥涵设计规范》JTG D62—2004
33. 《公路桥梁抗震设计细则》JTG/TB 02—01—2008
34. 《城市人行天桥和人行地道技术规程》CJJ 69—95（含 1998 年局部修订）

附录二 2017 年度全国二级注册结构工程师专业考试所使用的规范、标准

1. 《建筑结构可靠度设计统一标准》GB 50068—2001
2. 《建筑结构荷载规范》GB 50009—2012
3. 《建筑工程抗震设防分类标准》GB 50223—2008
4. 《建筑抗震设计规范》GB 50011—2010（2016 年版）
5. 《建筑地基基础设计规范》GB 50007—2011
6. 《建筑桩基技术规范》JGJ 94—2008
7. 《建筑地基处理技术规范》JGJ 79—2012
8. 《建筑地基基础工程施工质量验收规范》GB 50202—2002
9. 《混凝土结构设计规范》GB 50010—2010（2015 年版）
10. 《混凝土结构工程施工质量验收规范》GB 50204—2002（2010 年版）
11. 《混凝土异形柱结构技术规程》JGJ 149—2006
12. 《钢结构设计规范》GB 50017—2003
13. 《钢结构工程施工质量验收规范》GB 50205—2001
14. 《砌体结构设计规范》GB 50003—2011
15. 《砌体结构工程施工质量验收规范》GB 50203—2011
16. 《木结构设计规范》GB 50005—2003
17. 《木结构工程施工质量验收规范》GB 50206—2012
18. 《高层建筑混凝土结构技术规程》JGJ 3—2010
19. 《烟囱设计规范》GB 50051—2013